大话计算机

计算机系统底层架构原理极限剖析

冬瓜哥◎著

清華大学出版社
北京

内 容 简 介

现代计算机系统的软硬件架构十分复杂，是所有 IT 相关技术的根源。本书尝试从原始的零认知状态开始，逐步从最基础的数字电路一直介绍到计算机操作系统以及人工智能。本书用通俗的语言、恰到好处的疑问、符合原生态认知思维的切入点，来帮助读者洞悉整个计算机底层世界。本书在写作上遵循“先介绍原因，后思考，然后介绍解决方案，最终提炼抽象成概念”的原则。全书脉络清晰，带领读者重走作者的认知之路。本书集科普、专业为一体，用通俗详尽的语言、图表、模型来描述专业知识。

本书内容涵盖以下学科领域：计算机体系结构、计算机组成原理、计算机操作系统原理、计算机图形学、高性能计算机集群、计算加速、计算机存储系统、计算机网络、机器学习等。

本书共分为 12 章。第 1 章介绍数字计算机的设计思路，制作一个按键计算器，在这个过程中逐步理解数字计算机底层原理。第 2 章在第 1 章的基础上，改造按键计算器，实现能够按照编好的程序自动计算，并介绍对应的处理器内部架构概念。第 3 章介绍电子计算机的发展史，包括芯片制造等内容。第 4 章介绍流水线相关知识，包括流水线、分支预测、乱序执行、超标量等内容。第 5 章介绍计算机程序架构，理解单个、多个程序如何在处理器上编译、链接并最终运行的过程。第 6 章介绍缓存以及多处理器并行执行系统的体系结构，包括互联架构、缓存一致性架构的原理和实现。第 7 章介绍计算机 I/O 基本原理，包括 PCIE、USB、SAS 三大 I/O 体系。第 8 章介绍计算机是如何处理声音和图像的，包括 3D 渲染和图形加速原理架构和实现。第 9 章介绍大规模并行计算、超级计算机原理和架构，以及可编程逻辑器件（如 FPGA 等）的原理和架构。第 10 章介绍现代计算机操作系统基本原理和架构，包括内存管理、任务调度、中断管理、时间管理等架构原理。第 11 章介绍现代计算机形态和生态体系，包括计算、网络、存储方面的实际计算机产品和生态。第 12 章介绍机器学习和人工智能底层原理和架构实现。

本书适合所有 IT 行业从业者阅读，包括计算机（PC/ 服务器 / 手机 / 嵌入式）软硬件及云计算 / 大数据 / 人工智能等领域的研发、架构师、项目经理、产品经理、销售、售前。本书也同样适合广大高中生科普之用，另外计算机相关专业本科生、硕士生、博士生同样可以从本书中获取与课程教材截然不同的丰富营养。

图书在版编目(CIP)数据

大话计算机：计算机系统底层架构原理极限剖析 / 冬瓜哥著. — 北京：清华大学出版社，2019（2024.11重印）
ISBN 978-7-302-52647-6

Ⅰ. ①大…　Ⅱ. ①冬…　Ⅲ. ①计算机系统—基本知识　Ⅳ. ①TP303

中国版本图书馆 CIP 数据核字（2019）第 045444 号

责任编辑： 栾大成
封面设计： 杨玉芳
版式设计： 方加青
责任校对： 徐俊伟
责任印制： 杨　艳

出版发行： 清华大学出版社
网　　址： https://www.tup.com.cn，https://www.wqxuetang.com
地　　址： 北京清华大学学研大厦 A 座　　**邮　　编：** 100084
社 总 机： 010-83470000　　**邮　　购：** 010-62786544
投稿与读者服务： 010-62776969，c-service@tup.tsinghua.edu.cn
质 量 反 馈： 010-62772015，zhiliang@tup.tsinghua.edu.cn
印 装 者： 涿州汇美亿浓印刷有限公司
经　　销： 全国新华书店
开　　本： 188mm×260mm（附海报 15 张）　　**印　　张：** 96.25　　**字　　数：** 3546 千字
版　　次： 2019 年 5 月第 1 版　　**印　　次：** 2024 年 11 月第 6 次印刷
定　　价： 698.00 元（全三册）

产品编号：082577-02

目　录

第6章　多处理器微体系结构——多核心与缓存

第7章 计算机I/O子系统

第9章 万箭齐发——加速计算与超级计算机

第6章

多处理器微体系结构

多核心与缓存

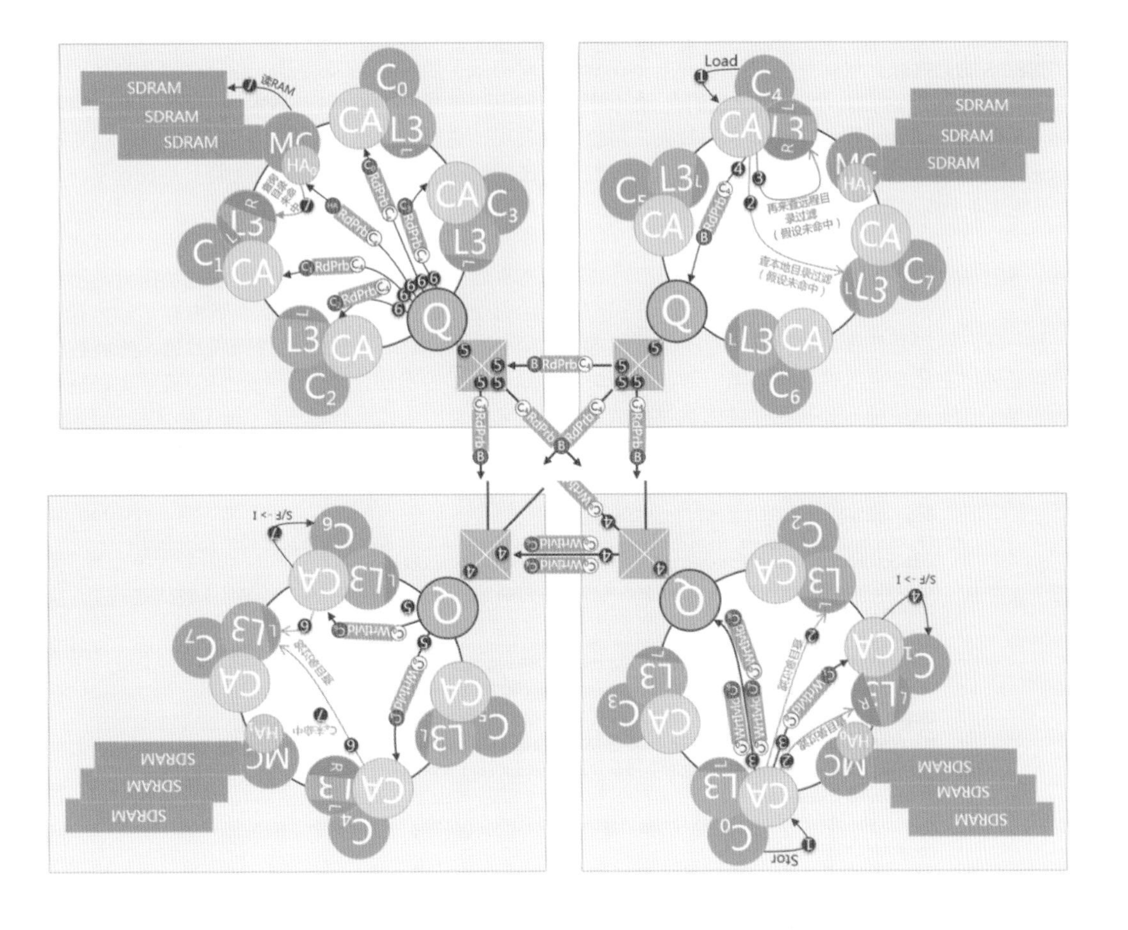

我们在第4章中介绍过流水线、多发射、超标量等概念和对应的示意设计。这些技术无一不是为了将指令并行地执行而设计的。那时候，咱们还不知道有“线程”这个概念，还是假设CPU上只有一个线程在运行，这个线路穿起来一堆的代码，利用流水线、多发射，将该线路中的这一堆代码三三两两地并行执行，并在ROB中重新排序，最后提交到数据寄存器。可以在同一个时刻并行发射多条指令的前提是：指令之间要做好去除部件冲突导致的伪相关（除了RAW之外的相关），比如利用寄存器重命名机制解决寄存器争抢冲突、放置多个计算ALU/FPU以解决对计算单元的争抢冲突导致的排队串行化。

6.1 从超线程到多核心

而现在我们知道了，内存中的一堆代码，可能有多个执行线路，每个线路是一个线程，每个线程轮流被调度到流水线上执行。也就是说，流水线上正在执行的指令总是某个线程内的一堆指令。我们在第5章中也说过，这种高速切换线程执行所产生的效果，可以给人脑一种错觉，认为所有线程在被“同时”执行。然而，能不能让多个线程真的在同一时刻都并行执行呢？

6.1.1 超线程并行

试想一下，线程是什么。线程除了是一堆被串起来的代码之外，它还有：入口地址、上一次被打断时执行到哪里了（断点地址）、其运行时的栈帧被放在哪里了（栈顶和栈底指针）、断点时各个数据寄存器的值、它的代码和数据（放在内存里）、线程的虚拟地址页表基地址，等等。只要知道这些信息，起码就可以把这个线程继续运行起来。线程运行的时候，需要什么资源呢？需要一个地址指挥棒（PC指针不断自增），需要流水线中的译码、执行、写回等硬件模块，需要内存来存放它的代码和数据，需要各个数据寄存器。那么，现在需要用一条流水线、一套寄存器来同时运行多个线程的代码的话，也就是说线程调度器要让CPU同一时刻将多个线程的指令混杂地载入流水线执行，就需要为这些线程提供好这些资源。流水线可以大家一起同时用，因为流水线是分了好几个级的，可以同时容纳多条指令的不同执行阶段，那就可以让多个线程的指令被同时载入流水线，只不过位于不同级，做到真的同时；那么，PC指针寄存器可以共用么？显然不行，怎么可能在一个寄存器中同时放置多个线程的下一条指令的地址呢。所以，需要新设立对应数量的PC指针寄存器，各自存储各自所归属线程的下一条指令的地址；同理，栈指针寄存器也不可以公用，也得设立多份；再者，单个可见数据寄存器无法同时存多个数，但是咱们之前不是设计了一堆的物理寄存器么？利用寄存器重命名，就可以同时存储多个线程指令中的运算中间值，做到同时。页表基地址寄存器也不可能同时保存多个基地址指针，所以也得给每个线程设立一份。最后剩下内存了，内存可以公用么？当然，多个线程的代码和数据本来就被同时存储在内存的不同位置，互不冲突。实际上，需要复制出来多套的东西还有很多，图6-1所示为Intel x86 CPU

The following features are duplicated for each logical processor:

- General purpose registers (EAX, EBX, ECX, EDX, ESI, EDI, ESP, and EBP)
- Segment registers (CS, DS, SS, ES, FS, and GS)
- EFLAGS and EIP registers. Note that the CS and EIP/RIP registers for each logical processor point to the instruction stream for the thread being executed by the logical processor.
- x87 FPU registers (ST0 through ST7, status word, control word, tag word, data operand pointer, and instruction pointer)
- MMX registers (MM0 through MM7)
- XMM registers (XMM0 through XMM7) and the MXCSR register
- Control registers and system table pointer registers (GDTR, LDTR, IDTR, task register)
- Debug registers (DR0, DR1, DR2, DR3, DR6, DR7) and the debug control MSRs
- Machine check global status (IA32_MCG_STATUS) and machine check capability (IA32_MCG_CAP) MSRs
- Thermal clock modulation and ACPI Power management control MSRs
- Time stamp counter MSRs
- Most of the other MSR registers, including the page attribute table (PAT). See the exceptions below.
- Local APIC registers.
- Additional general purpose registers (R8-R15), XMM registers (XMM8-XMM15), control register, IA32_EFER on Intel 64 processors.

图6-1 Intel x86 CPU超线程所需复制的硬件模块一览

超线程所需复制的硬件模块一览。

经过这样设计，不同线程拥有各自的PC寄存器、栈指针寄存器、物理寄存器（这些寄存器统称为**线程上下文寄存器**，Thread Context Register）、内存中数据。各自的PC寄存器被各自的指令引导着，要么自增，要么跳转，各增各的，各跳各的，互不干扰。至此好像资源都准备好了，可以执行了么？还有个关键的地方。假设第一个线程中的一条Divide A B C指令，和第二个线程中的一条Add C B A指令同时被载入了流水线，你说这两条指令冲突么？看似是发生了RAW冲突，Add需要利用Divide指令的结果。但是它俩实际上根本就是毫无关系的两条指令，因为这完全是两个线程，两条路线，还记得上一章中的“你的一天”和“猪的一天”这两个线程么？虽然小猪也要吃饭，你也要吃饭，比如其中某一步使用了相同的指令，都要吃，但是该指令操作的数据可是完全不同的，也就是你和小猪吃的饭是不同的，这个指令之前、之后的逻辑也很有可能是不同的，也就是上下文是不同的。如果底层不加以区分，把小猪要吃的东西作为你的指令中的操作数怎么办？所以，这里多个线程的代码只是公用了寄存器而已，属于一种部件访问冲突（结构相关），是可以通过新设一套对应的部件来解决的，但是这里需要用同一条流水线来节省资源，那就得想其他办法解决。必须要让流水线控制部件感知到这两条指令是不同路线里的，毫不相关。可以在保留站中增加一列，记录每一条指令到底是属于哪个线程的（线程ID），这个ID可以由硬件自动加入，对程序代码完全透明，比如，第一路PC寄存器取进来的指令属于线程ID1，第二个PC寄存器取进来的指令属于线程ID2。这样就可以让发射控制单元区分出来了，只要将这两条指令的目标操作数映射到物理寄存器中就可以解决冲突，就可以并行执行。这里有多种设计思路，比如可以在物理上将寄存器分隔开，如每个线程分配16个物理寄存器，共支持4线程，一共有64个物理寄存器；也可以让所有线程混杂使用这64个寄存器，使用单独的ID来记录哪个寄存器目前被哪个线程所使用。

现在思考一个引申问题，多个线程的指令到底应该怎么被塞入流水线？你一条我一条他一条，一人一条地来交织（Interleave），还是两条两条地交织？还是按照某种更小的时间窗口来交织，比如你执行1ms，我执行1ms，他再执行1ms？根据不同的设计思路，实际中的设计各有不同。比如有些设计采用事件触发的形式，如线程1发出了一个Load指令，结果没有命中缓存，需要访问SDRAM，此时可以立即决定切换到线程2执行，因为访问SDRAM需要很长时间，空等不划算。缓存不命中这个事件触发了线程切换。（注：这里所谓触发了线程切换并不是指触发了操作系统中的程序对线程进行切换，此时操作系统认为多个线程都处于运行过程中，但是CPU内部却同一时刻只在运行一个线程的代码。操作系统线程切换流程详见第10章。）

比如有些采用严格的单指令轮流交织，有些则动态地调整交织粒度，有时候一人一条，有时候你一条我两条他三条，不定。有些则根据时间窗来交织。有些则在不同的执行阶段采用不同策略，比如AMD在2017年推出的Ryzen锐龙系列CPU在指令队列中采用Round Robin轮流方式，在寄存器重命名阶段采用加权优先级方式调度，而在Load/Stor时采用静态分区的方式物理上把资源隔开给多个线程使用。可见，上述动态调整交织粒度的做法最为复杂，需要在硬件中记录更多状态和判断规则，比如CPU发现线程A的代码内部的RAW相关度太高，而且都是些耗时的RAW，如Divide A B C、Add C B A、Sub A B D、Mul D A B这几个指令，由于Divide指令耗时较长，后续这三条指令都卡在保留站里等待被发射，等待期间加减法ALU被闲置了，乘法单元也被限制了。如果这类指令太多，很快就会塞满保留站，导致流水线整体停顿。与其在这干耗着，不如择机载入一段线程B的代码执行着，把流水线中的资源利用起来。而根据时间窗来交织，实现最为简单，因为不会出现上文中说的那种两条分属不同线程的指令需要被区分的问题。

如果按照时间窗来交织，也就是让CPU一段时间内载入线程A的代码执行，然后切换到线程B执行一段时间，这段时间比如可以是几毫秒。这样就可以保证多个线程的代码不会相互无序掺杂在一起，也就不会出现上面那个两条看似相关的指令分属不同线程，其本质其实不相关，必须增加线程ID而且在发射控制单元中增加判断逻辑的问题。

咦？在第5章中我们不是已经介绍过利用时钟中断强行切换线程的思路和设计了么？这不就是时间窗交织么？靠线程调度器来切换不就可以了么？但是，线程内部代码之间的相关度如何，以及代码能否能够充分利用流水线，这两个信息线程调度器是根本无法发现的，这些只能靠CPU的硬件电路模块在运行时动态地判断出来，所以必须由CPU决定运行A线程多长时间，然后切换到B线程运行多长时间。既然这样，可以这样设计，只要CPU决定切换线程，就自动将自己中断，就像发生了一个时钟中断一样，然后在保护现场之后，跳转到时钟中断服务程序执行，最后执行到线程调度这一步，就可以调度其他线程执行了。但是这样做不太理想，上一章我们看到了，产生一个中断的代价是很高的，能不能不用中断，而在CPU决定载入其他线程代码时直接载入呢？因为我们已经给其他线程准备好它所需要的资源了（PC寄存器、栈指针寄存器等），这样可以省掉现场保护、载入新线程的相关寄存器这些步骤。既然这样，线程调度器就要被设计为一次调度多个线程到CPU上执行，然后CPU硬件决定某段时间内执行哪个就执行哪个。时钟中断到来后，线程调度器再调度另外的多个线程（或者可能还是这几个，或者换掉其中某个/几个）到CPU上执行。这样的话，时钟中断之后的处理方法保持不变，变化的则是每次需要调度多个而不是只有一个线程到CPU上，把每个被调度线程的PC寄存器、栈寄存器的值安装到前文中所述的每一份线程的对应寄存器中即可，这些寄存器在线程运行过程中不断各自变化。在两次时钟中断的时间窗内（比如10ms），CPU内部的电路可能会在这几个线程之间来回切换，多次将它们的指令载入流水线，比如每1ms切换一个线程，这样可以让多线程的切换粒度更细腻，还避免了中断导致的开销。这样不但能够让用户体验更连续流畅，而且还能充分利用流水线资源。单指令粒度交织其实与时间窗交织本质上没有区别，单指令交织可以看作是最小时间窗交织。

而更加智能的动态交织做法就会比较复杂，但是效果也会更好。它的做法就是见缝插针，比如在执行线程A时，本来是执行到某处时不得不插入几条NOOP指令空泡，但现在CPU可以不插入空泡，而将线程B的几条指令塞入流水线，利用了这个空泡。时钟中断到来时，CPU也要同时将这多个线程的现场寄存器保护下来，再跳转到时钟中断服务程序执行。

这样设计看上去不错。那么，为了让线程调度器可以将多个线程的寄存器的值从内存中（断点时被保存到内存中的线程状态表中）载入到各自线程的PC、栈、页表基地址等寄存器，是不是要给每个线程的这些寄存器编个号，然后新设计一套专门用于多线程场景的指令，比如Jmp_PC0、Jmp_PC1（分别表示将断点地址载入0号、1号线程的PC寄存器），或者LPTBR0、LPTBR1（Load Page Table Baseaddres Register，分别表示载入0号、1号线程的页表基地址指针），然后修改线程调度器，使用这些新指令来实现多线程并行调度到CPU上执行。如果这样的话，实现就有点复杂了。人们其实用了一个更加绝妙的办法。

在收到时钟中断之后，大家都知道CPU要跳到时钟中断服务程序运行然后跳到线程调度器运行。现在不是有多套线程上下文状态寄存器了么？那就让这多个PC指针都跳转到同一个/同一份时钟中断服务程序，然后跳到线程调度器执行。什么？多个线路都在执行同一份代码？怎么，不可以么？记得冬瓜哥在前面章节就提到过，多个厨师可以看同一份菜谱步骤（代码），各自做出各自的菜（运算结果数据）。但是，前提是，菜谱里需要这么写：

#1. 打着火；

#2. 烧热油；

#3. 如果是厨师A在掌勺请跳到6号指令，如果不是则跳到4号指令；

#4. 如果是厨师B在掌勺请跳到7号指令，如果不是则跳到5号指令；

#5. 警报警报！无法识别的掌勺人！（产生错误消息并停止运行）；

#6. 放入葱花爆锅，放胡萝卜丝、木耳、肉丝、酱料爆炒出锅；

#7. 放入蒜蓉爆锅，放胡萝卜丝、木耳、肉丝、酱料爆炒出锅。

这是一份鱼香肉丝的代码，但是不同厨师执行的时候却走了不同的分支，输出了不同口味的数据，也就是发生了不同的结果。那么谁说不同的执行者（厨师）不能运行同一份代码？完全可以，即使代码中不加判断，充其量两个执行者做出了完全一样的菜肴罢了。看到这里你应该隐约就知道了，在线程调度器中，加入“判断当前是谁在执行”的代码。怎么得知这个信息？需要利用CPU指令集中的一条叫作“CPUID”（CPU Identity）的指令。CPU执行这条指令之后，会将自己的ID号以及最多支持多少个线程的并行执行等信息放到数据寄存器中，然后程序再用Stor指令将数据寄存器中的内容保存到内存中某处就可以拿到对应信息了。调度器程序根据最大支持的并行线程数（内部做了多少套线程上下文状态寄存器）以及当前是哪套线程上下文状态寄存器在驱动着电路执行的，从而将不同线程的上下文状态寄存器的上一次的断点值复制到当前的上下文状态寄存器中接续执行。

这样设计之后，Jmp、装载栈指针、装载页表指针等指令都可以保持不变，因为这些指令操纵的就是当前的硬件。比如1号PC寄存器对应的硬件执行了装载页表指针这条指令，那么其装载的页表指针一定是这样一个线程的页表指针：该线程由线程调度器指定、将要被调度到由第一套线程上下文状态控制部件驱动的硬件上运行。同理第二套上下文状态控制寄存器也在做同样的事情，只不过它所载入的将会是另外线程的页表指针。这样就完成了调度任务。

线程调度器感知到的其实是多个**虚拟CPU**（可以让计算机操作员明确地看到系统中的逻辑CPU的个数，比如可以通过程序发出CPUID指令获取虚拟CPU的数量然后列出到屏幕上），或者说**逻辑CPU**，每套线程上下文状态寄存器和控制部件就是一个逻辑CPU，它们被中断后各自都跳到同一个地址入口，也就是线程调度程序入口，当执行到调度程序中的CPUID指令时，后续执行路径发生了差异，代码开始产生分支（因为每个逻辑CPU返回的信息都不一样），从而控制着每个逻辑CPU做了不同的事情（各自载入不同的线程执行）。Windows 10操作系统的任务管理器中就可以展示出物理CPU或者逻辑CPU的负载情况视图。

提示

那么系统具体是如何在初始时向这些逻辑CPU派发线程运行呢？现代操作系统一般会给每个逻辑CPU在内存中特定位置准备对应的线程队列，线程调度模块把要在该CPU上执行的所有线程的对应的入口地址等信息写入到该队列里。系统启动时会有一个主核心负责初始化操作，主核心在初始化流程后期采用IPI（处理期间中断，详见第10章）来通告其他逻辑CPU也开始运行线程调度模块（线程调度模块的入口地址会被包含在IPI中断消息中传递给对方CPU），线程调度模块根据当前CPU的ID决定到不同的运行队列中调度对应的线程运行。

至此总结一下。这种用同一条流水线、同一套数据寄存器，但是每个线程各自对应一套上下文状态寄存器，然后利用不同的交织粒度同时运行多个线程指令的设计，称为**超线程**（Hyper Threading）。如果交织的粒度比较粗，比如基于固定时间窗或者一定数量的指令或者某些事件（比如缓存不命中）触发为一个切换粒度的话，被称为**粗粒度超线程**；如果时间窗较小，比如达到了单条指令为切换粒度，这被称为**细粒度超线程**。

在早期的超线程设计中，流水线的各个执行级中只处理同一个线程的指令，但是不同级可以处理不同线程的指令，比如取指令单元在某个时钟周期内只从某个线程取回一定量的指令（利用该线程的PC寄存器），与此同时，译码级电路可能正在译码另外一个线程的指令；而在下一个时钟周期，取指令单元切换到使用另一个线程的PC寄存器来取指令，与此同时译码单元则开始译码上一步取回的上一个线程的指令。后来Intel公司做了改进，在取指令级上，每个周期切换一次线程的PC寄存器取出对应指令，进入译码阶段，译码阶段每个周期也就跟着分别译码某个线程的指令，达到细粒度超线程级别。然而，在所有指令进入保留站之后，在发射阶段，则允许同时发射多个线程的指令到运算单元执行，而不是像传统细粒度超线程那样发射阶段必须发射同一个线程的指令。这种改进之后的超线程技术被称为**同时多线程**（SMT，Simultaneous Multi Threading）。SMT技术是真正意义上的“并行”，也就是同一时刻多个线程的代码齐头并进地被发射执行，其他超线程技术本质上都是超细时间粒度的切换线程而已。

可以看到，在使用流水线、多发射等技术实现了单个线程内部多个指令可以并行执行之后，利用超线程技术实现了多个线程的指令流级别的并行执行，前者被称为**指令级并行**（ILP，Instruction Level Parallel），后者则被称为**线程级并行**（TLP，Thread Level Parallel）。线程级并行的效果是用户可以感受到多个独立的任务同时执行而且切换比较流畅，而单线程内部的指令级并行，用户能感受到的效果则是单个任务的执行速度很快，响应延迟变低。当然，如果二者兼具，则同时提升了并发度和降低了延迟，体验会更好。

值得一提的是，分支预测单元也应当感知超线程的存在，也就是需要为超线程做对应的设计变更，它必须为每个线程单独预测分支，甚至可以准备单独的BTB、PHT等，并更新各自线程的PC寄存器为预测出来的目标地址，而不能把多个线程的指令混杂起来进行预测，这样就乱套了，预测正确率将会大大降低。

超线程对流水线上的执行部件是多线程争用的，BTB、保留站、各种缓冲队列等都需要同时存放多个线程的指令/数据，有些设计完全采用物理平均分割的方式来分割上述这些资源，比如，保留站总体上有256项，打开x2超线程之后，每个线程只能利用128项，超出就不能使用了。这样做硬件实现最为简单但是也很不灵活，比如假设当前只有1个线程在执行，线程2发生了Cache Miss正在等待返回数据，那么线程1也只能利用128项，如果程序的行为导致经常发生这种情况，那么此时可以关闭超线程，则单个线程就可以利用全部资源了，总体性能反而能够提升。有些超线程设计是动态分配资源的，用多少占多少，某线程暂时不用则另一个可以全用满，这样更合理，性能也更好。有些CPU设计里，对资源A对半分，对资源B又动态分，这导致更难以判断超线程到底是否会增益整体性能。

注意

超线程并不是任何时候都可以提升性能的，如果同一条流水线上的多个线程运行时都由于指令的RAW相关或者由于访存等因素导致流水线阻塞的话，此时就只能怪运气差了。

6.1.2 多核心/多CPU并行

我想，早在大家阅读第4章的时候，一定有不少人会产生这个想法：为什么不能在CPU里做上多条流水线、多套寄存器、多套PC/栈/页表基地址寄存器呢？这本质上不就等价于多个CPU了么？是的，早期的高端计算机就是使用多个独立的CPU芯片共同连接到SDRAM上的，但是随着芯片制造工艺的不断提升，上面这些模块其实完全可以做成多套并被放到同一个芯片内部，不需要多个独立芯片。同一个芯片内部每一套上述这堆部件，被称为该CPU芯片内部的一个**核心**（Core）。多个线程之前住的是合租房（公用流水线和数据寄存器），现在终于有了自己的全配套设施单间了，真的可以完全各干各地并行执行了。线程被调度到这些核心上的过程与超线程是一样的，每个核心都是一个执行者，线程调度器同样会感知到多个逻辑CPU，只不过此时每个逻辑CPU是全配套设施的，而不是有些设施公用的。实际上，线程调度器等软件程序除非使用CPUID等控制类指令来获取深层次信息，否则也无法感知某个逻辑CPU到底是被CPU内部超线程模块虚拟出来的，还是物理上独立的核心。

现在实际的产品中普遍都在核心中保留了超线

程，比如Intel x86 CPU每个核心支持2个超线程，而IBM Power8 CPU每个核心支持8个超线程。这样，一个8核心Power8 CPU对外其实体现为64个逻辑CPU，每个逻辑CPU每个时刻可以执行一个线程，如果两个逻辑CPU落在同一个核心，那么这两个逻辑CPU所执行的两个线程会共用流水线。至于具体是如何分配流水线资源的，上文中也描述过那些交织粒度，在此不再赘述。

在单个核心中保留超线程的原因是因为单个线程无法100%利用流水线，比如当有大范围连续发生的RAW相关时，或者缓存不命中导致花费大量时间去访问RAM时，会导致流水线大范围空泡，此时如果有另一个线路中的指令能够顶上来占用这些时隙，就可以充分利用资源。超线程其实是一举两得的事情，既充分利用了流水线资源，又能让多线程以更小的时间窗齐头并进，提升用户体验。

注意

值得一提的是，超线程被发明的时候，其初衷并不是为了让线程更加细粒度地并行提升用户体验，因为靠时钟中断一样可以做到线程看上去并行，而纯粹是看到流水线没有被单线程完全利用觉得可惜，所以强行插入其他线程。

此外，多个多核心CPU也可以同时运行多个线程，比如4个8核心2超线程的CPU，总共的逻辑CPU数量为64，那么这个系统在同一时刻可以同时执行64个线程，其中有一半数量的线程并行得不是那么充分，因为它们使用的是公用设施。可以用特殊指令来关闭超线程，这样CPU内部就不会使能其他线程的状态寄存器了，只保留一套。

但是在现代CPU和现代的多数程序场景下，超线程对性能的提升并不是很明显，因为现代CPU在乱序执行、分支预测等方面的设计优化几乎做到了极致，流水线空闲的概率较低，在这种场景下多个线程就不是共同利用流水线了，而是共同争抢流水线，反而可能产生一些开销，比如第一个线程运行得好好的，没有空泡，结果非要调度第二个线程来乱入第一个线程，这样的话，配套的分支预测、乱序执行顺序提交等模块就要切换各自的上下文状态到第二个线程。为什么非要调度第二个线程呢？如果CPU看到第一个线程充分利用了流水线，就让它一直执行下去不就好了么？不可以，那此时其他线程不就被饿死了么，永远得不到执行。既然你选择了使用超线程，就会有线程被调度上去，你又不让人家上台执行，最后那些线程就会卡住，影响用户体验。

图6-2描述了从最原始的核心演变到超线程核心再到双物理核心的过程。

6.1.3 idle线程

现在思考一个问题。我们在前面章节中说到过，CPU必须运行点什么，就像汽车发动机总得转着一样，一旦熄火，就得手动打火；同理，如果你不想让CPU运行了，那就发送一条poweroff指令给CPU，CPU在做完一些善后工作之后，内部的供电控制电路直接切断自己的供电，以后就再也不会靠自己运行起来了，必须重新手动再按一下电源按钮。这也是为什么在上一章中需要让计算机运行一个无限循环的Loader程序（Shell）的原因之一，让计算机等待命令输入。

现在，我们的CPU内部出现了多个逻辑核心（超线程生成），以及多个物理核心，相当于之前的单缸发动机变成了双缸、四缸、六缸发动机，那就必

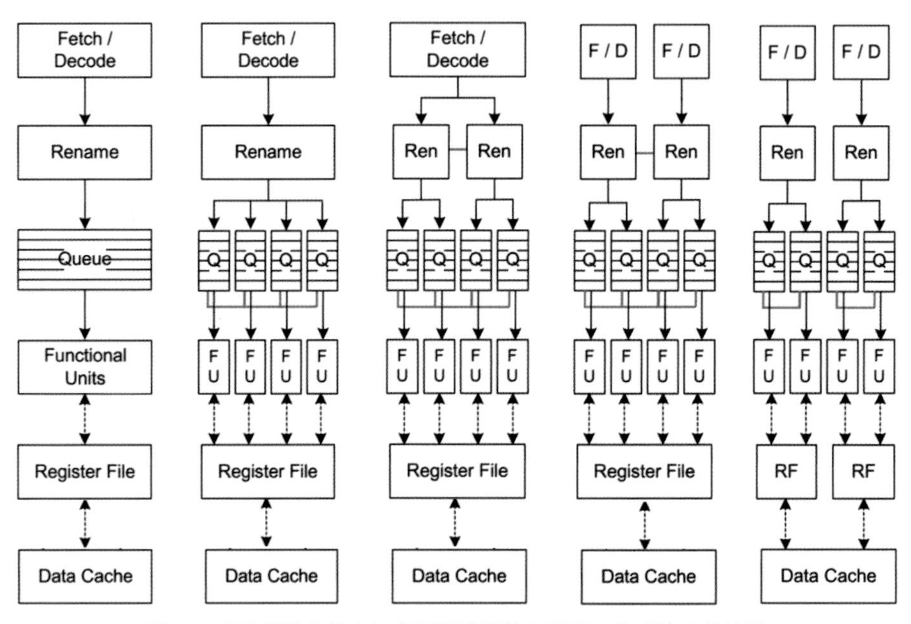

图6-2　从最原始的核心演变到超线程核心再到双物理核心的过程

须给这些逻辑CPU的每一个都喂上一个线程，因为它们一跑起来就停不下来了。那么，假设刚加电启动到Loader之后，还没有任何程序需要执行，唯一的一个Loader线程被喂给了其中一个逻辑CPU，其他逻辑CPU怎么办呢？是否可以让其他的每个逻辑CPU都载入Loader运行呢？可以，但是毫无意义，而且会得到莫名其妙的结果，比如多个CPU的每一个都在向屏幕输出同样的信息，而且可能因为速度不同导致闪屏，除非有多个屏幕，不同CPU输出到不同屏幕。可以这样，调度一个大循环while(1){noop;}不断发送NOOP指令的线程给这些CPU，让它们不断地原地空转，什么也不输出，这样就好了。可以，这些逻辑CPU执行NOOP指令也是需要消耗电的，电子还在电路中拉锯发热。最好的办法是让这些无事可做的逻辑CPU直接进入节能状态，而不是循环执行NOOP哇哇哭叫“NOOP，N~O~O~P”。所以，需要开发一个CPU“安抚奶嘴”，只要CPU一执行这个线程，就立即进入节能状态，比如将电路主模块的时钟直接脱挡（Clock Gating）。这就需要CPU的指令集中提供一条特殊指令，比如Intel CPU里使用MWAIT（Monitor Wait）指令让CPU静默，将一些电路模块的时钟脱挡。这个线程叫作**idle线程**，也就是在Windows任务管理器中看到的那个“System Idle Process”，其内部的主要逻辑就是发出让CPU进入节能态的指令。

思考一个问题，如果一个物理核心上虚拟出两个超线程逻辑CPU，其中一个逻辑CPU被灌输了MWAIT指令，执行后是不是可能会将整个物理核心的时钟脱挡了？这显然不行。所以物理核心内部的超线程电路部分会保证只将该逻辑CPU自己的那部分电路进入节能态，比如每线程一套的线程上下文寄存器等。

再思考一个问题，执行了MWAIT的逻辑CPU，如果后续想让它醒过来执行其他线程的话怎么办呢？是不是还得有一条Wakeup指令？问题是，这个逻辑CPU已经被静默了，它不会去取指令执行，甚至连时钟中断都不会响应，什么都听不见了，如果它能取指令就证明它根本没睡。所以，需要一种强制唤醒机制。为此，Intel CPU是这样设计的：其CPU内部增加了一个专门用于监控特定内存地址写入动作的硬件电路模块，在执行MWAIT指令之前，线程必须先用一条MONITOR指令将需要监控的内存地址范围（放在寄存器中作为指令的操作数）告诉这个电路模块，比如“我要监控内存地址0～127”，然后再执行MWAIT指令让CPU睡觉，当然，这个监控电路模块不能睡，一直在监控地址0～127字节是否有人写入，一旦有人写入，则该模块将强制叫醒该逻辑CPU继续执行排在MWAIT指令之后的指令。在其他逻辑CPU上运行的线程调度程序（还记得线程调度器是怎么得到执行机会的么？CPU被时钟中断强制中断之后可以进入，或者其他正在运行的线程调用它）可以将“是否有线程需要执行”的信息写入到0～127地址中的某处，这样就可以唤醒之前被睡眠的其他逻辑CPU，被唤醒的CPU继续执行MWAIT之后的指令（比如可以跳转到线程调度器执行，从而调度新的线程到该逻辑CPU执行）。

如果有多个逻辑CPU都在睡觉，它们都被设置为监控0～127字节的写入，那么这些逻辑CPU都会被唤醒，各自继续执行MWAIT的下一条代码。这条代码依然处于idle线程内，在这里，idle线程调用线程调度器函数，比如类似的逻辑idle () {MONITOR 0~127; MWAIT; Scheduler();}。调度器执行时，便可以调度其他线程到该逻辑CPU了，或者继续调度idle线程给该CPU。

线程调度器可以进一步判断，如果长时间没有多余的线程可运行，那就进入深度节能状态，比如向CPU发送Halt指令，直接关闭主要模块的电源（Power Gating），而不是只将时钟脱挡——时钟脱挡只是让电子不再拉锯振荡，但是半导体管中依然会有漏电流存在，而关闭电源之后，漏电流就消失了，功耗进一步降低。当然，每个逻辑CPU执行Halt时也只是关掉自己的那部分电路，不会把整个物理核心都关掉。

6.1.4　乱序执行还是SMT?

乱序执行纵使可以尽量让流水线保持忙碌，但是其代价是功耗会变得较高。相比**顺序执行**（In-Order）的CPU核心而言，支持乱序执行的核心又被称为**乱序执行**（Out-of-Order Execution）**核心**。乱序执行核心即使在单线程场景下也可以较好地利用流水线资源，最终结果是单线程执行速度较快。而有了超线程技术之后，多个线程的指令混合交织，天然就消除了RAW相关，就算不重排序，顺着执行，流水线资源也能够较好地利用。那么，此时是不是可以抛弃乱序执行，而重归顺序执行呢？因为顺序执行的控制部件简单，功耗会降低不少。

有些业界的学者对顺序执行核心+SMT的思路做了一些研究和仿真，结果证明效果不错。比如Khubaib团队设计的MorphCore（可变身的核心）。他们发现，不管是使用乱序执行核心还是顺序执行核心，在线程达到8个的时候，乱序和顺序执行核心达到了相同的单线程平均性能。如图6-3所示，在单线程时，顺序执行核心的单线程性能显然较乱序执行核心差了一大截；但是随着线程数量的增加，顺序执行核心内部的RAW相关越来越少，逐渐达到了与乱序执行核心相同的单线程平均性能。

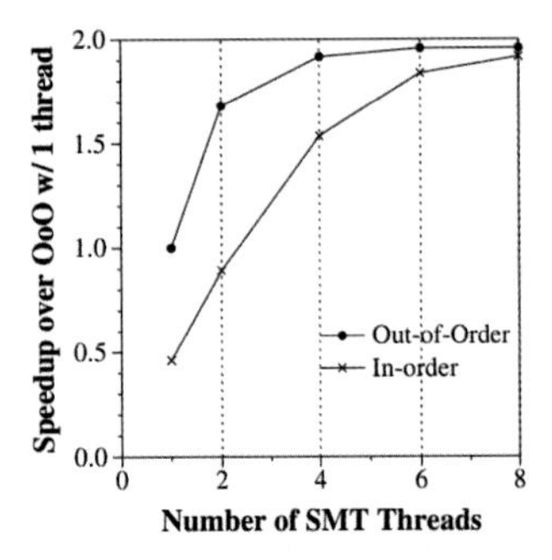

图6-3　顺序和乱序执行内核性能对比

为了同时兼顾单线程和多线程，MorphCore的核心设计思路是在单线程运行时依然采用乱序执行模式，而当被调度的线程达到了一定数量之后，自动切换为顺序执行模式，这就是其“变身”的含义。模式切换时对包括线程调度器在内的所有线程保持完全透明。线程调度器感知到的永远都是8个逻辑CPU核心，当线程调度器分配了1或者2个线程给某个核心时（向该核心虚拟的8个逻辑CPU中的任意1或者2个逻辑CPU），该核心采用乱序执行模式；当调度的线程大于2个时，该核心自动切换为顺序执行模式。只要线程调度器将某个线程写入了线程上下文寄存器，而且这个线程没有运行MWAIT指令，就证明该线程不是idle线程，而是用户线程，电路是可以识别出来的；如果调度器将某个线程用MWAIT指令暂停了，电路也可以检测到，从而知道该线程被静默了，当运行着的线程降低到2个及以下时，电路切换到乱序执行模式。电路的切换过程是将当前所有运行着的线程的上下文寄存器数据全部保存到RAM中某处固定区域，然后内部切换各个MUX/DEMUX路径，准备好之后，再将之前保存的上下文重新装回电路中，从而继续执行。

在顺序执行模式下，保留站、物理寄存器等公用部件会被切分为多份，每个线程一份，大小固定，这样可以简化硬件设计。MorphCore的流水线模块分了两套，一套专供乱序执行，另一套则用于顺序执行，然后根据当前所处的模式，用Mux和Demux来选择使用哪一套电路来执行，利用门控时钟来将另一套电路模块时钟脱挡以节能。当然，有一些电路模块是两个模式公用的。比如，取指令单元的架构示意图如图6-4所示，可以看到8个线程的PC寄存器被输入到一个MUX。指令存储器（i-cache）公用一份，取出的指令缓冲则是每个线程一份独立的。

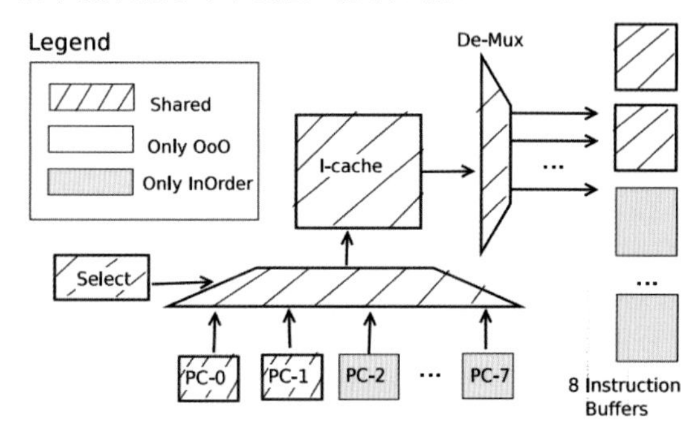

图6-4 MorphCore中的取指令单元示意图

当然，至于是不是各种场景下该理论都适用，还需要经过长时间的检验。

6.1.5 逆超线程？

现在的商用CPU的核心数量越来越多，要想发挥出多核心的并发性，就得在程序设计上考虑尽量切分为多个线程，而且还得保证每个线程都得有活干，而不是滥竽充数，因为线程是可以主动让出CPU的（本章其他节会详细介绍线程的各种状态和运行机制）。如果有太多不干活的线程和少数累到死的线程，多核心的性能就得不到提升。但是有些程序的确难以切分为多线程，其本身就是没有并发性的，对于这种程序，单核心的性能就非常关键了。但是提升单核心的性能，势必会占用更多的硬件资源，在相同面积的芯片上，核心数量也就做不上去，不利于多线程程序。为了兼顾这两种场景，人们提出了一种设想：CPU能否做到动态适配，在运行多线程场景时，采用每个核心运行一个线程的方式，而当运行单线程时，大量的核心是否可以同时运行该单个线程中的不同部分，然后将结果汇总提交？这个突发奇想被称为**逆超线程**，或者核心融合（core fusion），其基本思想也是动态地适配应用场景。

逆超线程与执行调度部件调度同一个线程中无关联的指令同时并行载入多个执行部件并行执行并无本质区别，只不过此时不但要将代码调度到同一个核心的多个执行部件，还要调度到不同核心的执行部件。可想而知，不同的核心相隔得实在是太远了，它们连L1缓存都不共享，这么做势必难度很大。试想一种设计思路：多个核心的取指令单元预先定义好，核心1从该线程的第1条指令开始，取8条指令执行，然后核心2取从第9条指令开始的8条指令载入执行，以此类推。假设共4个核心，每核心取8条指令执行，大家各自执行，但是结果必须提交到一个统一的Reorder Buffer以供判断哪个核心上的哪条指令依赖哪个核心上哪条指令的结果，也就是跨核心RAW相关。还有，假设核心1执行了指令Add_i 1 A B（将1和寄存器A中的数据相加写入寄存器B），而核心2执行了指令Add_i B A C，那么此时，核心1必须将寄存器B中的结果传送给核心2。如果是在同一个核心内部出现这种RAW相关，则可以采用前递方式节省一个时钟周期，但是跨核心前递就不太好实现了。目前在一些论文中普遍采用单独的硬件模块来将两个核心中的资源做整合，比如各种buffer、Register File，当逆超线程模式开启时，这些硬件模块将所有资源全局统一地管理和分配。现阶段要想实现逆超线程，在工程化设计上还比较难，实际使用效果上暂时还体现不出绝对优势。

6.1.6 线程与进程

现在回来思考一个问题。我们在上一章中提到过，可以把音乐播放器这个大程序拆分成多个小线程，各自独立运行。比如其中的三个线程：从磁盘读出音频文件放到内存、对音频文件进行解码、将解码后的数据发送给声卡进行发声。在上一章中我们也描述过，为了防止程序之间的相互影响，我们将物理内存虚拟成了多个独立的地址空间，然后用页表来追踪每个线程的虚拟地址到物理地址的映射，把每个程序关在了罩子里运行。既然如此，上述的读数据线程读出的数据，又怎么会被解码线程看到呢？

显然，这套机制需要改，改成这样：让需要相互传递数据的多个线程运行在同一个虚拟地址空间中，运行在同一个罩子里就可以解决了，但是这些线程之间会相互受到各自bug的影响。人们把运行在同一个地址空间中的所有线程称为一个**进程**（Process），比如上述的音乐播放器整体上可以被设计为一个进程，在进程中包含多个线程。每个进程有各自独立的虚拟地址空间，进程中的所有线程共享同一个虚拟地址空间。图6-5为一个假想中的多线程进程在虚拟内存地址空间中的布局示意图，实际中不同的设计各有不同考虑。

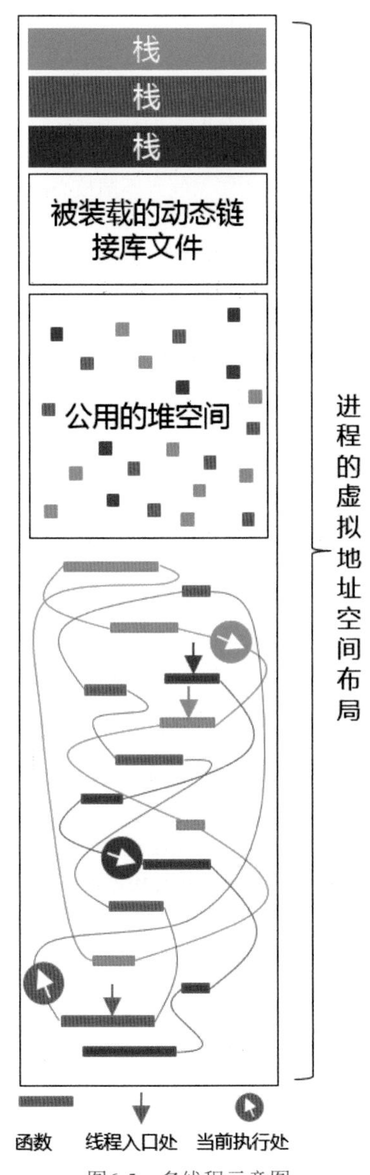

图6-5　多线程示意图

那么，多线程程序是怎么被系统运行起来的呢？可能会很自然地想到这种设计思路：在ELF/PE格式可执行文件的头部增加一个针对多线程的特殊控制字段，用于描述该可执行文件内部共有多少个执行线路，以及每个线路的入口函数所在的偏移量和参数，装载器可以根据这些信息直接将这些线程载入到同一个或者不同的CPU核心上运行。这样会非常不灵活，比如很多场景需要根据程序运行之后的各种条件动态创建线程，如某个网络服务程序，根据网络访问量动态地创建越来越多的线程；有些场景则需要动态地从网络、键盘等输入渠道来获取线程入口函数的参数，然后传递给线程入口函数。而上述这些动态的条件，在程序编写的时候是根本无法获知的，所以将线程数量和参数写死在可执行文件中理论上是可行的，但是却没有现实意义。

实际中，程序在运行的时候可以自行创建新的执行线路然后立即被调度执行，但是由于创建新线程势必要更新底层的线程调度管理方面的各种系统表，上一章中提到过，对这些系统级关键数据结构的管理和更新必须由内核级程序来负责，这些内核级程序通过系统调用的方式来被调用。所以为了方便统一起见，可以将这些底层的调用封装起来，形成更加易用的创建和管理线程的函数，比如起名为create_thread ()函数。对于线程管理和调度方面会在后续章节中详细介绍。

6.1.7　多核心访存基本拓扑

所谓“CPU核心”，我想本书进行到这一步，也该给大家一幅全景图了。在第2章中，我们介绍了一个简易CPU的基本组成模块：取指令单元、译码单元、运算单元等驱动着数据向前流动同时做运算的部件；以及主内存、指令存储器、数据存储器、数据寄存器等存储/暂存数据的地方。到了第4章，我们又向大家介绍了流水线以及额外追加的更加复杂的控制部件，包括：流水线阻塞控制单元、分支预测控制单元、寄存器重命名控制单元、结果侦听单元、发射控制单元、提交控制单元，以及内部私有的物理寄存器、流水线中间寄存器/队列、BTB/BHT/PHT、RAT、保留站、ROB等用于存储流水线运行时关键的映射表、控制位等的特殊内部存储器。上一章结尾介绍了中断处理模块、虚拟内存管理模块MMU；本章上一节又向大家介绍了超线程控制相关模块、节能控制模块。一个CPU核心所包含的主要模块除了上述这些部件之外，还要把缓存及其控制模块也算进去。最终我们将核心抽象为如图6-6所示的样子，当然，实际的CPU核心中还包含更多其他模块，随着本书的逐步讲解，你会逐渐了解到，比如图中所示的页表项缓存（Translation Lookaside Buffer，TLB），其作用为缓存MMU查询过的页表项，从而加速虚拟-物理地址的转换过程。

图中橘色导线表示控制信号，比如告诉对方读还是写，以及其他各种用于传输控制、状态等的信号；蓝色导线表示地址信号，用于告诉对方读/写的是哪个地址上的数据；绿色导线表示数据信号，用于向对方传送/从对方接收对应地址上的数据。

所以，每个模块之间的各种导线可以归成控制、地址、数据这三大类信号。每一类信号的导线又可以有多根，比如地址信号导线有32根（32位宽），则一共可以表示2^{32}个地址，如果每个地址上存储一字节数据，那么这32位的地址空间中可容纳4G字节的数据。控制信号的根数则由需要多少种控制信号而定；数据导线的位宽如果是64位，则每个时钟周期可以最大传输8字节数据（通过给出一个起始地址，再给出一个要读取数据的长度控制信号来实现）。

取指令单元只会读入数据，其发出的读请求信号会被MMU发送给一级指令缓存控制器，指令缓存控制器的处理逻辑比较简单，就是不断地从二级缓存中预读入当前正在执行的地址的后续地址上的内容即可，因为指令总是顺着读取执行的。当然，当发生跳转的时候，之前被读入的内容可能就会被作废。而Load/Stor单元（或简称L/S单元）既读又写，对于Stor指令，其存入的数据会被存入Stor Queue（或者叫Stor Buffer）中排队，然后异步写入到一级数据缓存中。往一级数据缓存中写入数据的过程还稍有些复杂，后文中会有描述。使用Stor Queue相当于在L/S单元与一级缓存之间又增加了一层缓冲，Stor指令存入的数据写入了Stor Queue，就被视作写入完成。

图6-6中可以看到一级缓存（L1 Cache），以及二级缓存（L2 Cache）。实际中可以有多层缓存，比如L3、L4。目前Intel的Xeon CPU有3级缓存，其中L1缓存和L2缓存是每个核心私有的，L3缓存则是所有核心共享的，详情待本章后面介绍。

各个控制器的运行频率可能不同，有快有慢，它们之间采用异步FIFO等方式来接收和发送请求。发送方将地址、控制、数据信号放置到导线上，接收端进

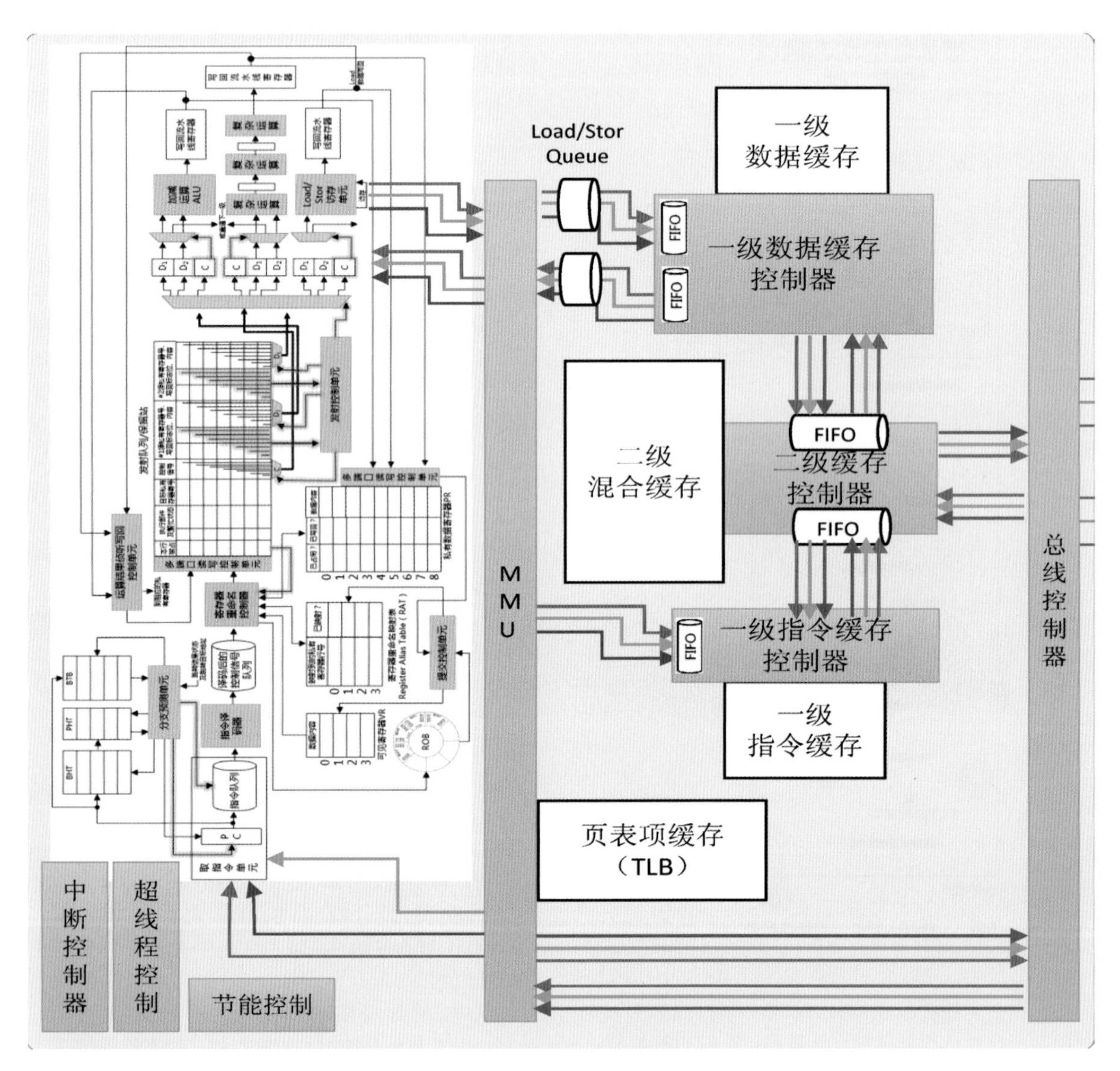

图6-6　CPU核心示意图

行异步采样，将对应的信号锁存到接收方寄存器中，然后处理该请求，并返回对应的状态信号给发送方。

如图6-7所示，左图是曾经在第3章中给出的，如果当时你还没有更加感性地理解图中的这些方方块块的东西是什么的话，那么和右图对比一下可能会更有感觉。当然，右图中的模块只是示意图，实际中会细分成更加密密麻麻的小块。

那么，这个核心与其他核心之间，以及与SDRAM大容量主存储器之间，又是怎么连接起来的呢？首先思考一个问题：多个核心之间并无关联，既然它们是各干各的，就没有必要相互连接起来啊。（实际上是需要的，在本章后面你会知道，由于缓存的存在，多个核心之间的缓存需要实时同步，必须以超高速度交换信息。）

但是多个核心都需要从SDRAM中来取数据进行处理，那么它们就都需要连接到SDRAM控制器上，对应的拓扑如图6-8所示。如果给每个核心单独连接一份SDRAM，这样的话就相当于多个独立的计算机了，这些核心之间也就不共享SDRAM内存（各自拥有各自的独立地址空间）。在前文中也说过，人们更加希望的是单台可以同时运行多个线程/进程的计算机。另外，对于一个进程，其运行时可能会创建多个线程，运行在多个不同核心上，而该进程对应的可执行文件的代码、数据是被载入到同一个地址空间中的，如果用多台独立的机器来运行同一个进程，运作起来就比较复杂（并不是不可以，比如本书后面章节中介绍的超算场景就是这样的）。所以，多核心共享内存是一个基本期望。

假设某个CPU有4个核心，那么可以设计一个有4个读写通道的SDRAM控制器。在第3章中大家可以看到SDRAM控制器内部的架构，如果做上4套读写接口，成本将会比较高，但不是不可以。最早的时候，人们采用了**共享总线**的形式来将多个核心连接到SDRAM控制器，如图6-9所示。

图6-10所示的是另一种核心、缓存、SDRAM的互联拓扑。可以看到，相比图6-8中所示的拓扑而言，其多了一个多核心全局共享的L3混合缓存，如果没有命中L3缓存，则由L3缓存控制器向SDRAM控制器发起数据读写请求。另外还可以看到，L3缓存控制器、SDRAM控制器、I/O桥使用了一套单独的总线互

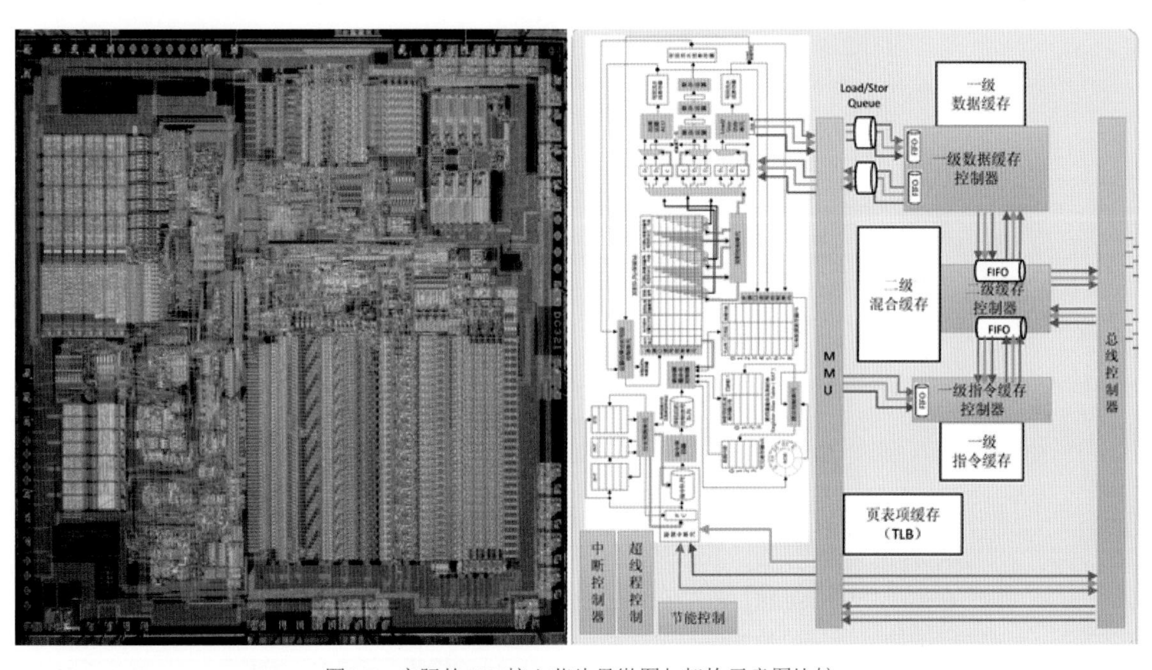

图6-7　实际的CPU核心芯片显微图与架构示意图比较

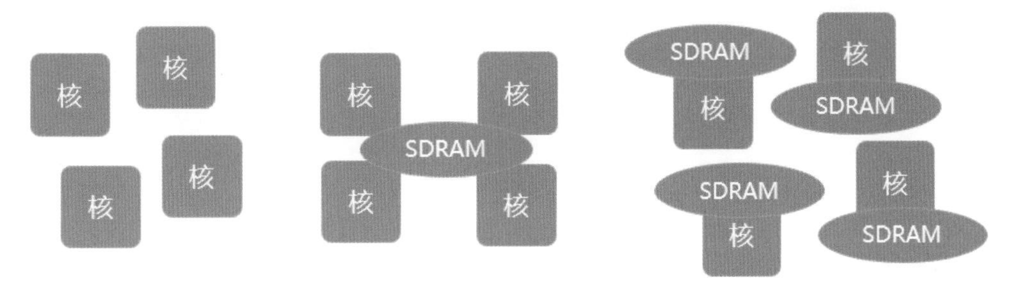

图6-8　CPU核心与SDRAM的连接示意图

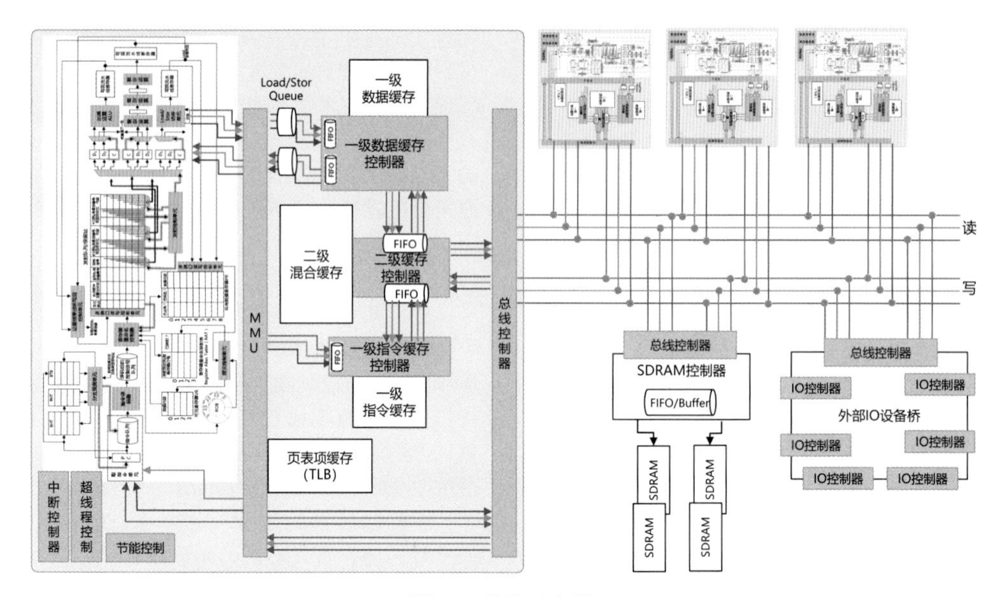

图6-9　总线示意图

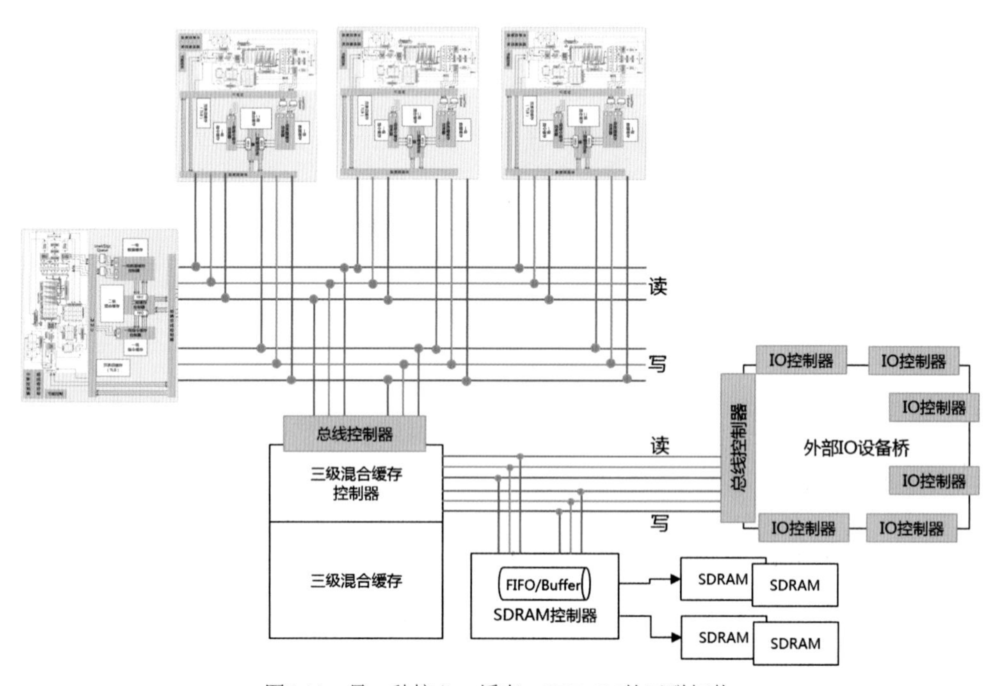

图6-10　另一种核心、缓存、SDRAM的互联拓扑

相连接。

提示

图中的这些模块，可以全部被集成到一个芯片中（System On Chip，SoC），也可以把所有的核心部分集成到一个芯片中，而内存控制器、I/O桥单独采用对应的芯片。第3章中大家也看到了，在早期的时候，连有些核心内部的模块都是独立的芯片，芯片之间通过电路板上的导线连接起来。随着芯片制作工艺的不断提升，集成度越来越高，比如目前的智能手机，基本上一块芯片就搞定一切了。

思考

可以看到，上述这些模块其实并不拘泥于连接方式，只要有模块能够响应CPU核心发出的对某地址的数据读写请求即可，至于响应请求的模块如何获取对应的数据，完全可以从任何地点、以任何方式获取。比如上一章介绍的虚拟内存，分页内存管理模块竟然可以欺骗取指令单元和L/S单元到那种程度，并且用那么复杂和夸张的方式。另外可以看到，CPU内部其实是一张复杂的互联网络，数据从硬盘上被读出，最终流入到CPU核心里的ALU进行运算，这条路上充满了各种模块，数据被一层层倒手，通过各种不同的总线一层层传输。之所以搞出这么多模块和层次，除了一些功能上的需求，比如虚拟-物理地址转换、流水线优化等不得不做的处理之外，还因为成本和芯片面积、功耗的问题。如果所有数据都放在寄存器中，皆大欢喜。寄存器（触发器）占电路面积太大，不够用了，就得挪到成本低一些、存储密度高一些的SRAM缓存中；L1缓存与核心运行在相同的频率，对电路设计要求高，功耗也高，做不了太大，那就降低频率增加容量成为L2缓存，然后再往下就是L3缓存，甚至有些设计都到L4缓存了；SRAM不够用，就挪到成本更低、存储密度更高的SDRAM中，再不够就往硬盘里挪；硬盘又有基于NAND Flash的、性能较高的固态硬盘，以及性能较差的机械硬盘，而机械硬盘里又有传统垂直记录硬盘以及容量更大性能较差的SMR瓦片式磁记录硬盘（第11章会详细介绍机械磁盘的原理）。这就是存储器的层级。其中，寄存器可以直接在指令中访问，缓存对程序透明，不可直接访问，只能由硬件在后台自行访问；SDRAM可以直接用指令来寻址访问，外部I/O设备控制器的寄存器可以直接用指令寻址访问。硬盘中的内容不可被直接寻址访问，访问硬盘中的内容时程序必须先将硬盘所能够识别的指令（比如SCSI/ATA/NVMe指令，注意，这些指令并非CPU所执行的底层汇编机器指令，而是硬盘里的程序需要解析指令的上层指令，其中包含很多信息，比如要读写的起始扇区号、长度，以及设备ID、返回数据应该写入到SDRAM的位置等）在SDRAM中准备好，然后将这条指令本身写入到硬盘控制器的寄存器中（这一步是用直接寻址，比如使用Stor指令方式写入的），硬盘控制器再根据指令中的描述执行该指令，读写盘片中的内容，并将内容直接写入到SDRAM中的对应位置，SDRAM并不只有CPU核心才能访问，I/O控制器也可以直接访问。第7章会详细介绍I/O。

总线可以是并行的，也可以是串行的，比如图6-10中的蓝色地址线，如果是32位地址，那么可以并排32根线，在一个时钟周期就可以同时放置32位的信号让接收方一次收到。而串行总线可以只用一根导线来传数据，每个时钟周期只放置一个位，但是时钟频率可以达到几十吉赫兹（GHz），每秒可以传递几十吉位（Gbit）的数据，一样可以达到比较快的速度。发送方和接收方需要配备SERDES（见第1章1.5.11节或者第3章的图3-34下方的描述），来将接收到的位依次排布到接收端寄存器中。并行总线无法达到太高的时钟频率，因为多根导线在传递信号的时候可能会不同步，有些线信号先到，有些则落后，这被称为**时钟偏斜**（clock skew）。另外，并行这么多根线路，流动的电子产生磁场，线路之间会有串扰问题，互相干扰，而这种干扰在频率高到一定值后就无法解决。

总线可以让多个节点共享同一套读写接口来读写SDRAM，当然，不允许多个节点同时（指同一时刻，而不是同一段时间）从总线上读写数据。数字信号不同于模拟信号，在同一介质中传递多路信号，模拟信号可以采用不同频段，然后滤波得到各波段的信号；而数字信号相互叠加之后，是无法再解析出来的。图6-10中可以清晰地看到，总线其实就是并联起来的一堆导线，1位宽的总线其本质上就是一根伸出了多个触角的导线，多个节点共同搭到这根线的多个触角上来感受和传递信号，大家必须在一段时间内轮流地、独占地使用总线，所以，需要一个仲裁机制。

如图6-11所示，每个共享总线必须配备一个仲裁器，该仲裁器的输入信号为各个节点的要求使用总线的请求信号（REQ，Request），输出信号则是向各个节点输送的授权信号（GNT，Grant）。每当某个节点需要使用总线，就将REQ信号抬高或拉低，如果有多个节点同时抬高/拉低REQ信号，则仲裁电路中的逻辑就会根据策略来选择某个节点，然后将总线使用权授权给它（抬高/拉低GNT信号）。每次只能授权一个节点，至于仲裁策略，在第1章中已经有所介绍，不再赘述。关于总线的更详细内容，请阅读本书后续章节。

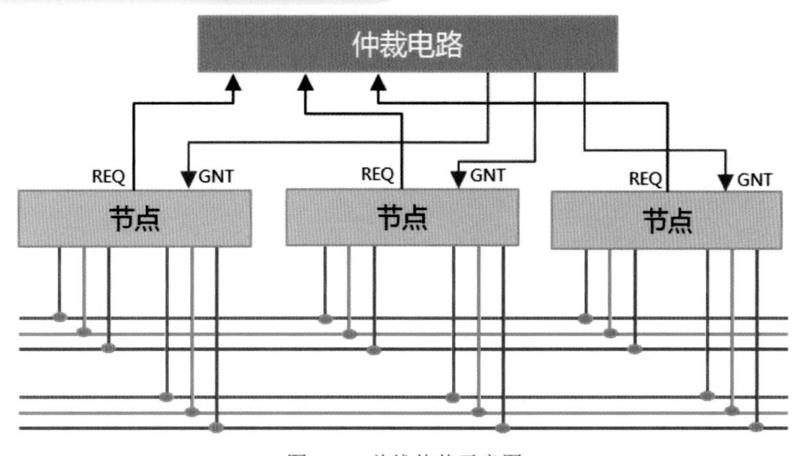

图6-11　总线仲裁示意图

6.2 缓存十九式

在前面已经多次提到了缓存。在第2章图2-16的简易CPU设计示意图中，取指令单元直接从“指令存储器”中读出指令，直接就输送到内部的暂存器，然后再直接输送给指令译码单元了。而在图2-34的示意图中加入了L1和L2缓存。其实，如果让取指令单元直接从SDRAM中读指令也是没问题的，但是SDRAM控制器以及SDRAM存储芯片（俗称**内存颗粒**）本身的运行频率远低于CPU核心可以达到的运行频率，喂不饱CPU核心，产生了所谓的“存储器墙”问题，存储器成为瓶颈。所以需要在SDRAM前方靠近CPU核心的地方放置速度更高的存储器，比如第3章中介绍过的SRAM，但是SRAM存储每个位需要多个（典型设计下是6个）半导体开关，占的面积大，所以在可接受成本下无法做到太高容量。

6.2.1 缓存是分级的

另外一个考虑则是容量太大的话，当核心访问某个地址的时候，缓存控制器在缓存中搜索该数据是否已经位于缓存时的速度会变慢，需要经过数个甚至数十上百个核心时钟周期。所以也不能做的太大。所以人们决定使用分级搜索的方式，将缓存分成多个层级：L1容量最小，电路规模小，运行频率就可以更高，搜索起来最快，只需要几个核心时钟周期即可，然后是L2、L3等，以及最后一级缓存（Last Level Cache，LLC），目前主流产品的LLC一般就是L3，有少量商用CPU的LLC是L4缓存。这些缓存层级一级比一级容量大，搜索速度逐渐减慢，可能会达到十几或者上百个CPU核心时钟周期。

提示

这里一定要深刻理解，比如“某某CPU的L2缓存的访问时延是16个时钟周期”，这句话里的时钟周期指的是CPU核心的周期，而并不是L2缓存自身的运行时钟周期。一般来讲，只有L1缓存与核心运行在相同的时钟频率下，而L2及后续的存储部件都运行在低于核心频率下。所以，对于L2缓存本身来讲，收到一个访存请求可能也会在几个周期（L2自身运行的时钟周期）内输出结果，但是L2的一个时钟周期相当于核心的多个时钟周期。但是这并不意味着L2缓存和L1缓存之间需要跨时钟域传递数据，因为它俩的时钟频率是同相位的，只是不同频率。在访存请求发出之后的期间内，如果假设核心内部的流水线由于该访存请求而不得不阻塞，那么核心将空转这16个时钟周期。

数据在这些缓存层级之间并不是定死的，而是随着访问流动的，核心访问某个地址时如果**不命中**（Cache miss）L1缓存的话，L1缓存控制器会从后续层级的缓存中将该地址对应的数据读入到L1缓存中。程序的访存行为具有**时间局部性**，也就是说上一次访问了该数据，下一次很大程度上还会继续访问；同时还具有**空间局部性**，也就是如果访问地址A上的数据，那么很有可能下一次会访问地址A±1上的数据，也就是地址A附近地址的数据。有了这两个前提，分层缓存会很有效地发挥作用。对于时间局部性，小容量高速度的L1缓存的**命中率**（Hit Rate）可以保持在很高的级别，比如95%以上；对于空间局部性，缓存控制器可以采用预读的方式，一次性从下级缓存中提取比核心发出的访问请求更多的数据上来，比如核心访问地址A，L1控制器可以从L2缓存中提取地址A、A+1、A+2等连续地址的内容，每个时钟周期能够提取的数据取决于两级缓存之间的总线位宽，比如位宽为128位，则每次可以提取16字节的数据，纵使核心可能只要求访问8字节。

提示

本书前文中曾经提到过队列、缓冲（buffer）。那么缓存与这两个概念之间的联系和区别是怎样的呢？这三个名词其实描述的是三种功能。纵观本书前文可以体会到，缓冲是一个临时存放数据的场所，突出“临时”，也就是说缓冲中的数据将会很快被取走，又有新的数据进来，它充当润滑剂、缓冲棉的作用，匹配发送方和接收方的速度差异。而队列是缓冲的一种最小实现形式，是一个微型缓冲。缓存的作用是为了提升命中率，有些经常访问的数据甚至可能会一直待在缓存中不动，所以与缓存配套的可以有预读、新老数据替换等概念。缓存是一个主动优化性能的手段，缓冲则不是，虽然缓冲的存在事实上也优化了性能，但它只是被动地优化，并没有主动成分。

由于缓存的英文Cache的发音与cash相同，所以在一些图示中经常用美元符号$来表示缓存，比如“L1 $$$”。由于缓存很珍贵，容量很小，很关键，很管用，见效快，所以符号$可谓是一语双关了。

6.2.2 缓存是透明的

要充分理解的一点是，缓存是不可以被寻址的；也就是说，核心如果有生命的话，它是看不到缓存的存在的，程序员也看不到，即不存在类似这样的代码：“Load 地址A L1缓存”“Stor L2缓存中的某行数据 地址A”。这就是说，程序员无法细粒度地控制缓存，但是可以粗粒度地操控缓存。比如，实际中存在类似这样的代码：“Flush Cache”（将已经写入缓存但是还没有写入SDRAM中的数据写入到SDRAM，比如Intel x86 CPU的CLWB指令）、“Prefetch 参数”

（根据参数将数据预读入缓存）。再如，可以控制将缓存中的某项数据写回到RAM后删除缓存中的该项数据，比如Intel CPU的CLFLUSH（Cache Line Flush）指令；或者将某项数据写回到RAM（如果已被修改）但是并不删除缓存中的该项数据，比如CLWB（Cache Line Write Back）指令。

当然，如果你自己设计一个CPU，就是要让程序员可以操控缓存，那也不是不可以。有些特殊的CPU是这样设计的：有数百KB的SRAM缓存（缓存控制器的运行频率与核心同频），有数GB的SDRAM，数百KB的SRAM可以直接寻址，也就是SRAM空间被映射到了地址空间中，而数GB的SDRAM不可直接寻址。在这种设计中，SDRAM控制器作为一个外部I/O设备控制器，其上只有少数的寄存器空间被映射到全局地址空间中，这些寄存器与SRAM同在一个地址空间。要访问SDRAM中的数据，程序必须将访存请求封装成某种格式的指令，然后将指令从SRAM缓存中写入到SDRAM控制器的相关寄存器中，SDRAM控制器再从SDRAM中读出数据写入到SRAM中。对于这类CPU，程序中指令部分的总容量就不能超过其缓存的总容量，因为外部SDRAM不可直接寻址，指令代码不能放到外部SDRAM中，那里只可以放数据。

还有一些CPU，缓存不可直接寻址，SDRAM可以直接寻址，但是为了给程序员提供更好的可控性，增加了一小块所谓的Scratchpad RAM，其物理上采用与缓存一样的SRAM，但是可以被直接寻址，程序员可以有目的地将一些需要经常访问的数据载入到这里永久存放。

6.2.3 缓存的容量、频率和延迟

L1 缓存与CPU核心同频率运行，但是这并不是说核心可以在一个时钟周期内就从L1获得数据或者向L1中写入数据（核心向外写数据其实是先写到stor buffer中，这一步是可以做到一个时钟周期结束的）。如果CPU要取的数据刚好命中L1缓存，那么核心只需要等待3到4个时钟周期便可以得到数据，而L2缓存、L3缓存、RAM内存等器件的工作频率一个比一个低，而且容量越来越大，查询起来越慢，核心就需要等待更多时钟周期。当然，核心不会白白原地等待，乱序执行模块会调度其他满足条件（操作数已经准备好）的指令去执行，同时超线程模块也会择机切换到其他线程的代码指令将它们载入流水线来填充这些原本会被浪费的时间间隙中。

图6-12为访问各类存储器的耗时和周期数量级示意图。具体的时间和周期数随着不同CPU型号、不同时代都会有所变化，这里只是一个大致量级。

只有核心内部的寄存器可以在1个核心时钟周期内访问到，包括L1在内的各级缓存都无法做到，即使L1缓存控制器与核心运行在相同的频率上。其中的原因主要有两点：第一个原因是核心发出的地址请求都是虚拟地址，需要由MMU转换为物理地址，MMU查询TLB或者SDRAM中的页表才能知道某虚拟地址对应的物理地址是什么，如果命中TLB则可以在1个时钟周期内查出，如果不命中就惨了，访问SDRAM需要等待更长时间。第二个原因是，查询到物理地址之后，MMU再用该物理地址向L1缓存控制器发出访问请求，L1缓存需要到缓存中去搜索数据所在的位置，然后读出数据，返回给取指令单元或者Load/Stor单元，所以这些步骤加起来总共需要耗费数个时钟周期，这段时间就是L1缓存的访存时延。如果L1不命中，要去L2找，时延将成倍增加，因为L2缓存容量大、频率低。

CPU访问	时钟周期	时间
主存RAM		60-80ns
QPI		20ns
L3 cache	40-45	15ns
L2 cache	10	3ns
L1 cache	3-4	1ns
寄存器	1	0.3ns

图6-12 核心访存耗时和周期

因不同产品和设计而异，L1缓存的容量一般在几十上百KB的级别，L2大概在数百KB到数MB级别，L3缓存大概在十几到几十MB级别。有些设计中还有L4缓存，L4多数采用SDRAM作为介质，大小在几十上百MB级别，相比同样用SDRAM作为介质的主存储器而言，L4缓存SDRAM运行频率更高，而且会通过更加高速的总线接口接入到离核心更近的地方，同时实际产品中一般直接把SDRAM集成到核心和缓存所在的同一个芯片内部，导线更短，所以其总线频率可以提升到更高。L4缓存一般又被称为eDRAM（Embeded DRAM）。

6.2.4 私有缓存和共享缓存

在多数设计中，每个核心都有自己的L1和L2缓存。存在这样一种可能性：核心1和核心2上运行的两个独立的线程都需要访问地址A上的数据，那么，核心1可以将地址A的数据载入自己的L1/L2缓存，同时核心2也可以将同一个地址A上的数据载入到自己的L1/L2缓存。原本位于SDRAM中的地址A上的数据，现在有了三个副本：核心1缓存中的副本、核心2缓存中的副本、SDRAM中的副本。在这个场景下，每个核心的L1/L2缓存只能被本核心访问，而且可以缓存任意地址上的数据，不用在乎其他核心缓存了哪些数据，所以将L1/L2缓存称为**私有缓存**（privatecache）。你一定会有个疑问：如果数据A在核心1的缓存中被更改，那么核心2上的程序访问的依然是旧数据，怎么办？好问题，本章后面大部分篇幅都用来解释这个问题了。

在多数设计中，L3缓存挂接到一个共享总线（或

者其他类型的总线）上，可以供所有核心存取，此为**共享缓存**（shared cache）。显然，当核心1访问了地址A，却由于不命中最终由L3缓存控制器从SDRAM中读入L3缓存之后，如果核心2也访问地址A而不命中从而请求到了L3的话，那么会在L3缓存处发生命中；也就是说，数据在共享缓存中只有一个副本，即不可能在共享缓存中同时存在两份某个地址的数据。

但是同一个地址的数据却有可能存在多个相同的副本分别放置在L1、L2、L3缓存中（**Inclusive模式**）。有些CPU设计允许这样，有些则不允许，要求同一个地址的数据在L1、L2和L3全局范围内只能存在单一副本（**Exclusive模式**）。

另外思考一个问题：如果地址A的数据a在核心1的L1缓存中被更改为b，那么此时核心2的L1缓存中原本缓存的地址A的内容a是不是就过期了？还能用么？肯定是不能用的，那么核心2上的程序要将过期的数据a载入寄存器进行运算，难道要阻止它么？这就牵扯到多核心缓存设计上一个最为复杂的问题：**缓存一致性**问题（cache coherency，CC）。这个问题作为本章的压轴戏放在后面介绍，前面先打一下基础，才能更深刻的理解这个问题。不过你可以尝试着思考一下，比如：当任何一个核心更新了某个其私有缓存中的数据时，如果能够将该数据内容广播给其他核心，让所有人同步更新一下自己私有缓存中的这份数据，不就可以了么？没错。另外，如果某个核心更新了共享缓存（比如L3缓存）中的某个数据，同时如果该CPU的设计为Exclusive缓存模式，那么该请求就不会产生缓存一致性问题。缓存一致性问题的根源在于多个核心缓存了同一个数据的多个副本，而之间又没有互相通气儿，各干各的，各自为政。Exclusive模式的共享缓存中的数据在所有核心范围内只有一个副本，自然就是永久一致的。

6.2.5 Inclusive模式和Exclusive模式

多级缓存的存在势必要考虑一个设计，那就是L1缓存里已经存在的某个地址的内容，是否还有必要呆在L2缓存以及L3缓存里？毕竟L1里的所有数据都是从RAM、L3、L2缓存里提升上来的，如果是Inclusive（包含）模式，L1里的数据在L2和L3以及RAM里都有对应的副本，只不过在L1里一定是最新的。

在这一点上，不同的CPU设计不同。截止本书写作时，Intel主流CPU采用的是Inclusive方式；而AMD则采用的是Exclusive（排他）的方式，也就是保证缓存行在L1、L2和L3缓存中只存在一份副本。要注意的是，Inclusive只有下级缓存包含上级缓存的内容，并不意味着L3中的某条数据必须也在L2/L1中存在，但是L1中存在的必须在L2和L3中存在副本。

Inclusive设计的劣势不用多说，自然是浪费了额外的空间，以及需要很多的同步操作，比如L1中的某条数据被程序更改了，那么L2和L3中的对应副本也需要被同步更改，反之亦然。同时，Inclusive设计还需要状态位来表示上级缓存与下级缓存之间的不一致，比如L1中更新了某个数据，但是L2中的副本尚未同步。

但是，其所带来的收益也不小。比如，当多个核心共享L3缓存时，L3缓存中会包含所有核心的L1和L2缓存内容，当某个核心的某个访问请求在其自身的L1和L2均不命中，需要查询L3的时候，通过L3缓存就可以知道其他核心的L1或者L2缓存中是否有该数据的副本，并且在哪个核心可能有（可能L1已经淘汰掉的数据依然呆在L3里，所以有一定误判率，只能是“可能有”），哪个没有（一定没有）。而如果L3未命中，那么也没有必要去其他核心的L1/L2中申请获取数据了（上文中说到过缓存一致性问题，因为其他核心中可能含有同一个地址的缓存副本，该核心必须拿到这份最新的副本），因为肯定也不命中。

可以在L3缓存中对每条数据记录一个bitmap（位图），每个核心对应一位，位为0则表示该核心的私有缓存中没有这条数据，为1则表示可能会有这条数据，这样就可以更快速地判断哪个数据在哪个核心的私有缓存中可能存在副本，从而有目的地去对应核心的L1/L2缓存请求最新的数据（接收到该请求的核心的缓存控制器必须把其L1和L2都查询一遍来找这条数据，因为L3里记录的只是一位，只能表示有或者没有，并不能区分出是在L1还是L2中有。

如果下层缓存容量相对上层较小，比如只有4倍上层的容量，那么此时采用Inclusive设计的话就会占用太大比例的冗余空间，会降低命中率；但是如果是十几倍甚至几十倍，那么由于空间因素导致的命中率下降就不是很大了。

相比之下，Exclusive设计的优点在于没有空间浪费，但是其缺点则在于需要交换的数据量较多，比如L1未命中但是L2命中了，那么会从L2读出该缓存行进入L1，同时L1淘汰一个缓存行进入L2，两者互换一下位置，同比之下，Inclusive模式只需要从下级缓存复制到上级缓存即可。

另外，Exclusive模式下，所有CPU的访存读入数据先进入L1，如果L1满则移出（victim，意思是被牺牲，被误伤）一条到L2，L2如果也满了，就移出一条到L3，L3满的话则直接淘汰（invalidate，做个标记，表示可以被新数据覆盖）掉一条。

6.2.6 Dirty标记位和Valid标记位

缓存毕竟只是临时存储，最终所有数据是要在待在RAM里的。如果有新数据要进入缓存，但是缓存已经被占满，那么就需要腾出空间了，腾出空间就意味着需要找出一些可以让新数据直接覆盖的条目。如果缓存中的某条数据已经被核心变更了，则它一定不能被新数据直接覆盖，否则数据就丢了，此时必须先将其刷回（Flush）到SDRAM中保存，然后方可被新数据覆盖。如果某条数据没有被核心更改过，则可以直接视其为可用空间，被直接覆盖。

哪些条目变更了，哪些没变更，要想快速判断的话，最方便的就是使用bitmap，每条数据用一位表示其是否更新，更新了置1，没更新过则保持0。实际上，缓存内部并不是集中使用bitmap保存这些状态的，而是在每条数据的内容旁边用一位来记录这个状态，也称为Dirty（脏，意思是核心变更了这条数据里的全部或者某些内容）位。如果脏条目被写入了RAM（比如使用Flush指令），则需要将Dirty位置为0。实际上所有数据条目的Dirty位也确实形成了一个bitmap。

为了表示“该条目是否可以被新数据直接覆盖”，还需要增加一个Invalid位，它为1表示可以直接覆盖，为0则不可以被覆盖。仔细想一下，好像Invalid位不是必要的，因为缓存控制器只需要判断Dirty是否为0即可知道是否可以直接覆盖它。其实，Invalid位源于应对多个核心同时访问某个地址数据的场景，也就是缓存一致性处理场景。比如核心1写入了地址A到其L1缓存，此时核心2上的L1缓存中原本缓存的地址A的数据既不能被设置为Dirty（如果设置为Dirty则需要刷回RAM，显然此时该数据已经过时，不需要刷回RAM），也不能设置为非Dirty，只能被设置为Invalid。

6.2.7 缓存行

缓存中的数据是如何管理的？首先要想到的是数据分块是多大，也就是上文中的“某条数据”中的“条”是多大。缓存控制器将数据读入、淘汰、置换、写出的时候，最小单位就是一条。假设一下，这一条数据是否可以是1字节？理论上完全可以，但是太不划算了，我们说程序的访存行为具有空间局部性，也就是访问了字节A，很大程度上接着就会访问字节A+1、A+2，所以缓存从SDRAM内存中尽量一次读取多个字节才划算，即将缓存和内存之间的数据总线的位宽加大，不要让它只有8位。另外，缓存中保存的不仅仅是实际内容，还要记录这条数据对应的物理地址，以及其他一些控制位和状态位（比如上述的bitmap、Invalid位等）。所以，单单保存地址（假设为64位地址）就得8字节，而如果以字节为管理单位，那么就得为每个字节保存至少64位（8字节）的地址记录，记录本身比内容都要大8倍，简直不可接受。

现实中一般采用16字节、64字节、128字节的粒度作为一条数据，此时只需要用该条数据第一个字节所在的物理基地址来描述这个块就可以了。这一“条”数据，专业上称为一个缓存行（cache line）。一般来讲，目前主流CPU的缓存行的大小都采用64字节，其主要原因是主流的DDR SDRAM一次连续数据传输通常最大只能到64字节，如图6-13所示。

假设，一个缓存行的大小为1MB，你有1024MB内存，则只需要记录1024个基地址就可以描述任意一个1MB空间，第一个基地址在0处，第二个在1MB处，第三个在2MB处，以此类推。数值1024的二进制只需要10 位就可以表示了，所以每1MB缓存行附带10位的额外数据，开销可以忽略不计。同理，同样是1024MB内存，如果将缓存行粒度降低为64字节，你可以自己推导一下，则需要24位来描述。同理，如果内存总量为4GB，缓存行为64字节，就需要26位。如果内存容量真的是2^{64}字节，则可以算出，需要58位的基地址标识来描述64位地址空间内的、从0开始以64字节为粒度的（64字节对齐）任意64字节数据。这个地址标识被称为**标签**（Tag）。

这样的话，对于任何也64位的访存地址，高58位用来表示该64字节的数据块位于整个地址空间内的偏移量，而64−58=6，剩下的6位表示和寻址的就是这2^6=64字节缓存行内部的每一个字节。同理，如果缓存行大小被设计为128字节，那么需要7位来描述一行内部的每个字节，然后再用n个位来表示“共有2^n个128字节缓存行”的内存空间。对于64位地址空间，那就是共有$2^{(64-7)}=2^{57}$个128字节缓存行，每个128字节内部又有2^7个字节。

CPU核心发出的访存地址信号以及长度信号会传递给缓存控制器。注意，核心发出的地址可以是任意地址，并不一定对齐到64字节的边界，比如核心要访问地址为333的字节，第333号地址虽然没卡在任何64字节边界上，但是该字节一定落入了某个64字节的行里。当缓存控制器收到这个地址信号之后，其必须判断出该地址到底落入了哪个64字节，然后得在缓存中所有条目的Tag字段中查找到底是否缓存了该64字节的行。

如何算出第333号地址（注意，该地址描述的是地址空间中的第几个字节，而不是第几个行）落在了第几个行（每行64字节）中？有个简便算法，就是用333除以64取整数商，也就是6，那么第333字节落入了第6个64字节的行里，这就算出来了。然后再去缓

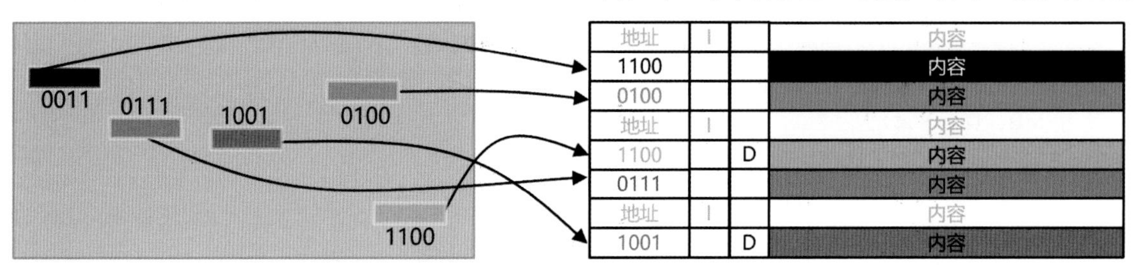

图6-13　缓存的数据组织示意图

存中的所有非Invalid状态的条目中的Tag字段去找有没有Tag=5的，有则命中，没有则不命中。

如果命中了，只能证明缓存中Tag为5的这64字节行中包含第333号地址的数据，那么又怎么知道第333号地址的数据在这64字节内的哪个地方（偏移量）呢？显然需要这么算：333除以64取余数为13；也就是说，第333号地址对应的字节在第5个64字节缓存行开始往后再数13个字节，就是那个字节。

实际上，地址都是二进制的。如果是64位地址空间、64字节缓存行容量，则对于任意一个64位地址，缓存控制器可以直接利用收到的访存请求中的64位地址的高58位就可以知道该地址落在了SDRAM内的第几个缓存行上，也就是第（58位所表示的数值）行上。所以，缓存控制器实际上直接拿这58位与缓存中所有条目所记录的行号/Tag比对，就可以判断是否命中缓存。如果命中了某行，就再用请求的地址中的剩下的6位来索引该行，也就是从该行开始往后数第（这6位所表示的数值）个字节，该64位地址寻址的就是这个字节。说到这里，大家应该翻过去回顾一下图4-42及其上下文。

这里有个问题，缓存中的条目是无序乱放的，因为核心什么时候访问哪里根本是不确定的，访问谁就把谁读进来，最后就是完全无序放置的。那么，如果每收到一条访存请求就把缓存中的所有Tag都比对一遍，这样非常耗费时间。在第3章中曾经介绍过CAM内存（每个位都自带比较器）确实可以做到一个周期内就能查到存储器中是否存储了某条数据，但是由于其增加了大量额外的逻辑门，面积非常大，而且要比对的地址比较长，所以功耗高，同时运行频率也上不去。所以一般是这样去处理：将Tag与Data分离到不同存储器中，Tag存储器使用CAM做到迅速输出结果，然后拿着这个结果再去选通对应的Data存储器中的行，从而读/写数据，而不是Tag和Data全用CAM。

即便如此，CAM的成本还是有些不能接受。如果不使用CAM，是否还有什么办法来加速搜索过程呢？

6.2.8 全关联/直接关联/组关联

人们想到了另一种办法提升查找速度，那就是不允许缓存行被凌乱地存放，必须按照一定的顺序和规则存放，具体机制如图6-14所示。

假设RAM容量为256MB，缓存的容量为32MB，那么可以在逻辑上将RAM空间逻辑分割成8个与缓存容量相同，也就是32MB的大块颗粒，假设缓存行的容量为8MB（实际中不可能这么大，在此仅举例使用），则缓存共可容纳4个缓存行。

人们这样来设计：当RAM中某个8MB的缓存行需要被读入缓存时，它只能被放在固定位置，不能乱放，这个固定位置与该行原来位于RAM空间的32MB颗粒中的相对位置相同，从图6-14中很容易理解这一点。比如，第一块32MB颗粒中的第一个缓存行，也就是1.1缓存行，只能被放在缓存中的第一行上，放其他位置上是不允许的，就算其他位置空闲也不可以。

图6-14　组关联示意图

这样看来，1.1和2.1、3.1以及*x*.1（*x*=任意）是不可能同时出现在缓存中的了。没错，这就是这种方案的一大劣势。如果缓存中已经存储了1.1，此时CPU如果想要访问4.1，那一定不会命中，此时缓存控制器必须将4.1读入，清掉1.1，如果1.1未被修改则直接清掉，如果已被修改则需要将1.1写入RAM空间中。

那么这个方案的优势在哪？优势当然是缓存控制器终于可以不用查表来找数据了，因为每个缓存行位置是按规则而固定，所以缓存控制根据收到的地址，先判断出该地址属于某个（哪个都行，这一步不用关心）32MB颗粒中的第几个缓存行，然后就直接去那个位置去比对该位置缓存行的Tag。如果缓存中该位置的Tag显示与所请求的地址属于同一个32MB颗粒（这一步才要关心，比对），那就命中了；如果不属于同一个颗粒，那就没命中，需要从RAM读出对应数据，挤占缓存中的该位置。比如，缓存控制器收到一个针对7.3行内某个地址的访存请求，缓存控制器判断出该地址落入了某32MB颗粒的第3个缓存行，则直接去缓存中的第3行读出其Tag进行比对，看看是不是刚好是7.3这一行（也有可能是1.3、2.3…9.3）。如果是，则命中。那么，缓存控制器是如何判断出某个地址与缓存的第几行相关联的呢？可以算出来，比如SDRAM中的第15行必须被落在缓存中的第3行，因为15除以缓存行的数量（4）的余数是3；同理，SDRAM中的第10行必须落入缓存的第2行。但是计算除法是需要耗费不少周期的，为了一条访存请求而去执行了更“宏大”的计算，本末倒置，所以必须要用更快的方法。

256MB的地址空间可以用28位来描述，如果将其分成8个与缓存相同大小，即32MB的块的话，也就是一共有2^3个32MB的块。这样的话，这28位地址的高3位就可以作为块序号，也就是说，所有000开头的地址一定会落入第1个32MB块内，所有001开头的地址一定会落入第二个32MB的块内。缓存行大小为8MB，共可容纳4行，这4行用2位就可以描述。所以，对于地址0011100000000000000000000111这个28位的地址来讲，可以这样逻辑分割：001 11 00000000000000000000111，001表示该28位地址对应的字节一定落入第2个32MB的块中；而11则表示该28位的地址对应的字节一定会落入刚才那个32MB块中的第4个行中；而00000000000000000000111（23位，描述了8MB的空间，也就是一个缓存行）则表示该28位对应的字节就是刚才这个行从头开始数的第7个字节。

可以看到，在这个示例下，缓存控制器根本不需要算出某个地址所在的行号，因为从高往低的第3位和第4位的两位组合起来就是行号，而头三位则是块号。上面说过，不用关心块号，只管行号。所以，该示例场景下，当缓存控制器将某个地址的数据从SDRAM读出写入缓存时，必须写入到该地址的高第3、4位索引的行中，比如如果是00则写入第1行，10则写入第3行。同时还需要将该地址的头3位，也就是块号，一同写入缓存行中，这头3位就是上文中所述的Tag。假如SDRAM中的8.4行被缓存在了缓存中，这一行的块号为111（第8个块），行号为11（第4行），那么缓存行中记录的就是：该行的Tag（111）、该行的内容。此时，假设核心要访问001 11 00000000000000000000111这个地址上的数据，那么缓存控制器收到该地址请求之后，判断第3、4位为11，便去缓存中的第4行将Tag字段读出，一看为111，而请求的地址的头3位是001，Tag不匹配，所以缓存不命中，于是去SDRAM读取其内容连同其Tag一起写入该行，然后将8.4行覆盖掉。当然，如果8.4行的D位被设置，不能直接覆盖，需要先将8.4这行内容写入到SDRAM。

这样设计之后，缓存控制器就有的放矢了，指哪打哪，而不是去遍历查表，这样查找速度就会增加。一个地址中的头几位块号称为**Tag**（注意，与上文中的Tag不同，上文中Tag指的是块号+行号一起），将后面几位行号称为**Index**，而剩下的位描述的则是行内的字节号，被称为**Offset**。实际上，缓存行容量一般在64字节左右（因为截止当前的商用大部分SDRAM控制器可一次性批量读写64字节），如果CPU的地址线位数为32位，也就是总寻址空间为4GB，缓存容量假设为512KB，那么4GB中共有8192个512KB的块，$\text{Log}_2 8192=13$，那么Tag就是高13位；512KB中共有8192个64字节的缓存行，那么Index位就是排在高13位之后的再13位，剩下的6位则作为Offset，寻址64字节中的每个字节。也就是说，实际设计中Tag和Index的位数比较多，Offset的位数比较少。

人们把之前那种SDRAM中的任何一行都可以放到缓存中任何一行的任意映射/关联的做法，称为**全关联缓存设计**（full associative），或者称为**全相联**或者**全映射**。而冬瓜哥认为“任意关联/任意映射”这个词更易理解。如果某个SDRAM行只能根据地址中的行

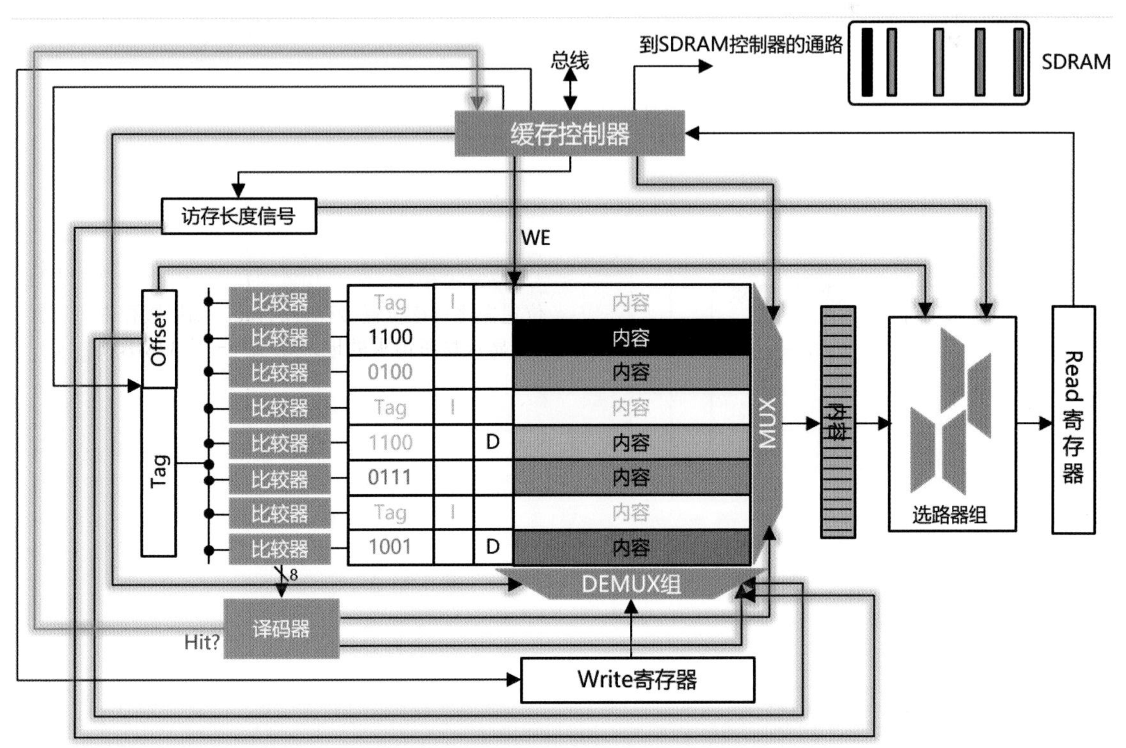

图6-15　全关联（任意关联）查表过程示意图

号放置到缓存中对应行号的行，人们把这种设计称为**直接关联/直接相联/直接映射**设计（direct associative/direct mapped）。

对于全关联设计，其对应的电路示意图如图6-15所示。缓存控制器先将收到的地址、访存长度等信号锁存到寄存器中，然后将地址中的Tag段直接输送到一堆比较器中（CAM型存储器自带），与缓存中所有行的Tag字段进行并行比较，然后将输出信号输送到一个译码器来判断是否命中、命中了第几行（如命中），然后用译码器的输出信号，与缓存控制器的综合判断信号以及Offset、访存长度字段共同作用于Mux/Demux组，来将对应的1个或者多个字节（取决于访存长度）写入缓存行，或者从缓存行读出到寄存器中，再经由缓存控制器从与取指令单元/LS单元连接的总线上传递给出去。如果读操作没有命中，则缓存控制器就向SDRAM控制器发送读信号，读入该缓存行，然后再按照相同的方法将数据输送出去。

提示 ▶▶▶

虽然缓存控制器从SDRAM一次至少拿/放一行，但是取指令单元和L/S单元是可以以字节为粒度向L1缓存控制器请求数据的，它们向缓存控制器发出的是一个起始地址，然后还要发送一个长度信号，告诉缓存控制器从这个地址开始读或者写几个字节。所以，需要复杂的Mux/Demux组来将对应数量的字节从缓存行中读出或者写入。缓存读写过程还是比较复杂的，这还是基本的操作，后文中你会看到缓存控制器要做的事情太多了。所以，一条访存请求几乎不可能在一个时钟周期就完成，而图6-15中给出的示意图其实是用了两个周期：第一个周期查询是否命中，命中则将数据读出放到读寄存器中；第二个周期缓存控制器将读寄存器的信号导通到数据总线，从而发送给上游发出请求的单元。

再来看看直接关联模式下的硬件示意图，如图6-16所示。

在直接关联架构下，不需要一大堆的比较器，地址的Index字段信号直接导通到Mux上选出对应行的Tag字段，然后与请求中的Tag字段比较，如果命中则读出数据，不命中就去SDRAM中载入这一行。

这种方法可以让电路更加简单，所以整体的运行频率可以做得比较高。但是很显然，这种方案的局限性就是缓存行必须被放在固定位置，缓存中不允许存在行号相同的两个缓存行，存在冲突。假设程序就是要访问1.1行中的某些字节，同时还要访问2.1行里的某些字节呢？此时就会发生乒乓效应，访问1.1时2.1行被淘汰掉，访问2.1行时再将1.1行淘汰掉，反反复复，效率很低。

有个办法解决这个问题，那就是放置多份缓存存储器，1.1放在其中一份的第一行，2.1则放在另一份的第一行，避免了冲突。每份缓存存储器被称为一路（Way），而多Way中具有相同行号的行逻辑上

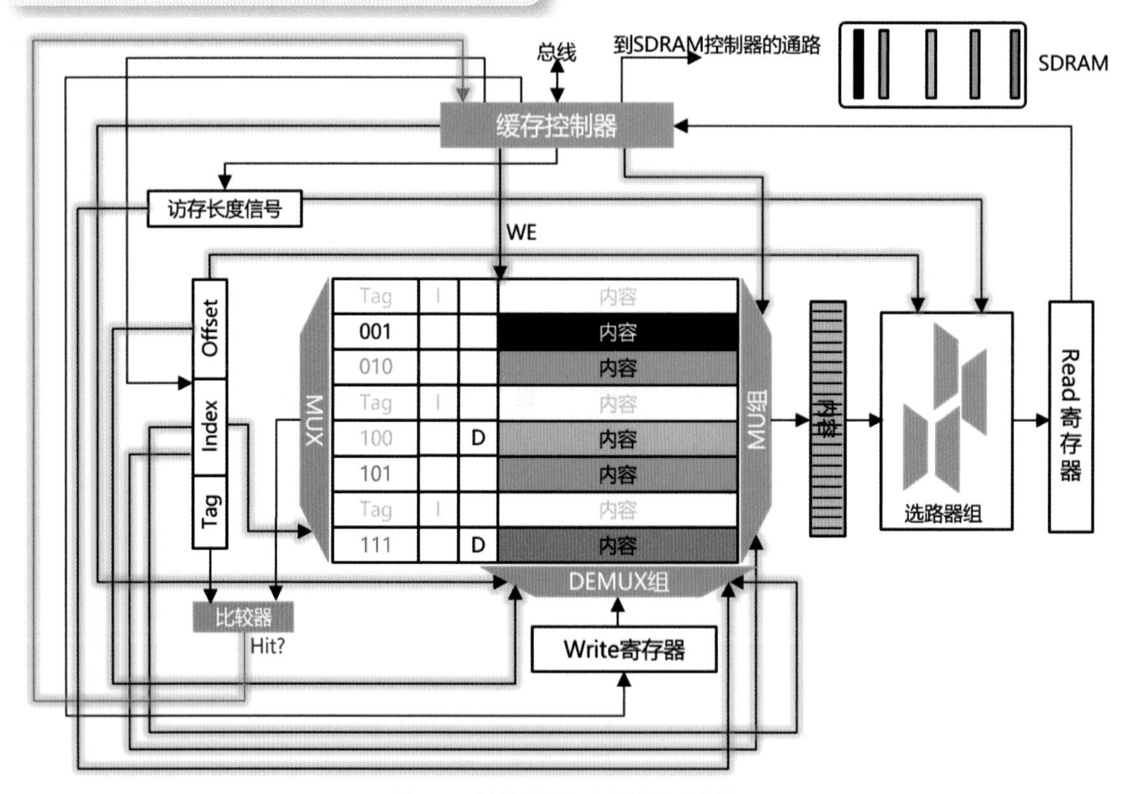

图6-16　组关联缓存查找过程示意图

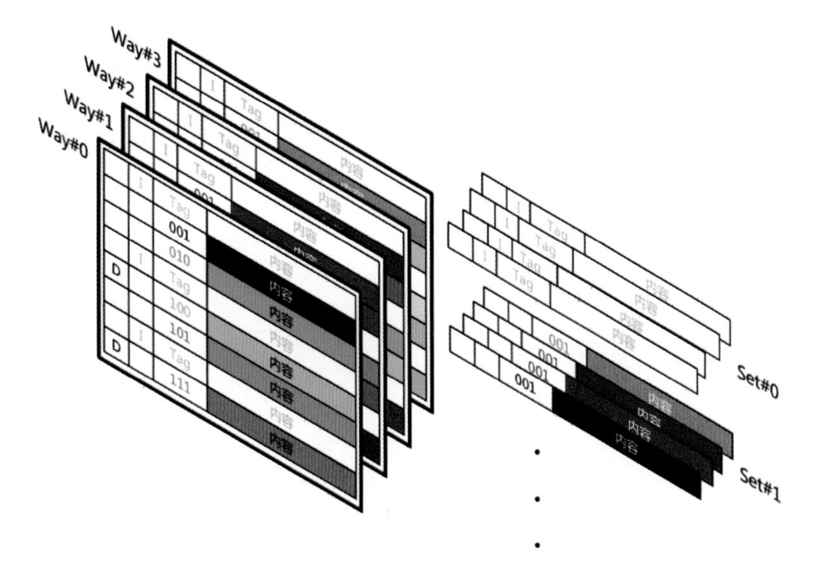

图6-17　一个4路组关联缓存架构示意图

组成一个组（set），一个组内的缓存行是相互争夺位置的、冲突的，所以用多个路尽可能多地为这些冲突的行提供位置。这种设计被称为**组关联/组相联**（set associative）。根据Way的数量，一般人们俗称为“2路组关联”“4路组关联”。一般来讲，4路组关联已经能够保证足够高的命中率，当然也有采用8路组关联的产品。所以该模式最终的通用叫法就是**多路组关联**。直接关联等价于1路组关联。有多少组，完全取决于缓存总容量、Way的数量、单个缓存行容量这三个因素。图6-17为一个4路组关联架构示意图。

图6-18为多路组关联设计示意图。3.1可以存在于Way1的第一行，而2.1可以同时被放在Way2的第一行，但是此时如果再有比如4.1也想进入缓存，就需要挤占某个Way里的第一行了，因为只有两个Way，所以只能存两个行号为1的行。Way越多，灵活性就越高，冲突概率也越小，但是成本会随之增加。

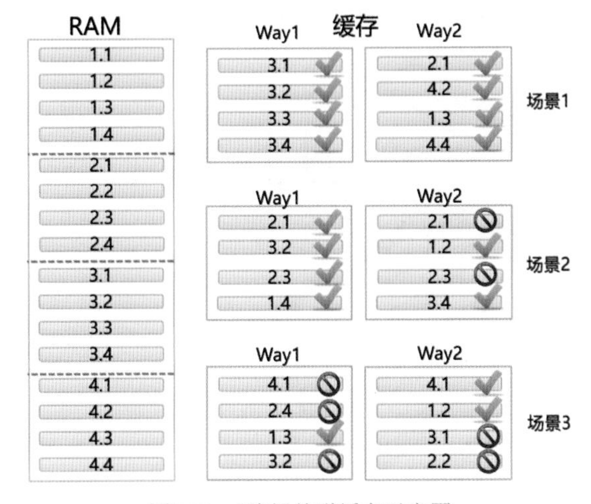

图6-18　2路组关联缓存示意图

在整个缓存空间一定的情况下，Way越多，每个Way里的行数就必须越少，倒头来还会影响命中率。所以最终设计都是根据当时所处时代的典型程序代码分析之后，反映到硬件设计之后权衡的结果。

直接关联本质上等价于1路组关联。另外，不仅仅是缓存和RAM之间广泛使用了多路组关联模式，就连各级缓存之间也都是普遍使用多路组关联模式映射的。比如L2 缓存控制器中的某行数据也只能被放到L1 缓存控制器中的固定位置。

多路组关联设计方式下，缓存控制器每收到一个请求，就会并行地去所有Way中将每个Way中同一个行号的Tag都读出来，然后与请求中的行号做比较，看看是命中在哪个Way里，再通过控制对应的Mux/Demux将数据读出或者写入。图6-19为冬瓜哥花了几个小时炮制的2路组关联缓存的硬件架构示意图。

电路越庞大，运行的频率就越低，即便其中可以存在一些并行执行的单元，但是在一定功耗下，单元越多，每个单元从电源分得的电流就越小，自然导致向导线中充放电到目标电压从而驱动逻辑门开合的速度变慢，时钟频率就得跟着降低。另外，多个单元之间虽然并行操作，但是这可能会增加其他单元的复杂度。比如1个Way时（等同于直接映射），从SDRAM提上来的缓存行只能落入一个地方，无其他可选；而多个Way的时候，就有多个地方可选，到哪里都可以。那么具体放到哪里好？这里又需要考虑更多问题，比如如果将很常用的行替换掉，反而降低了命中率，这里面的一些替换策略我们下面再介绍。所以，这些替换策略选择模块也会随之变得复杂，从而反过头来制约着时钟频率。

所以，多个Way的设计能够降低冲突，增加命中率，但是却可能会在其他环节又让命中率降低，甚至影响到时钟频率。所有因素到底哪一个对性能影响更大？这又是一个很难权衡的问题了，不同的CPU的设计各不相同。

另外上面这种2个Way并行查找的方式，会浪费50%的能源，因为其中一个Way一定不命中，但是必须将所有Way中的对应行号的数据都选出来输送到Mux从而等待被选出。如果能够先查出来某个地址命中在哪个Way，第二步只从该Way读出数据，另一个Way保持状态不变，这样就可以节省功耗。可以回顾一下第3章中的SRAM电路结构，只要控制读写的开关打开了，bitline就会在逻辑的驱动下进行充放电，从而输出对应的电压，这就是动态功耗。如果不读取它，开关关闭，对应的bitline就不会被充放电，只维持原来的电压，并存在一定的微小漏电流，这就是静态功耗。

于是，有些设计采用了冬瓜哥又花了2个小时雕琢而成的图6-20所示的方式。将Tag部分拿出来放到

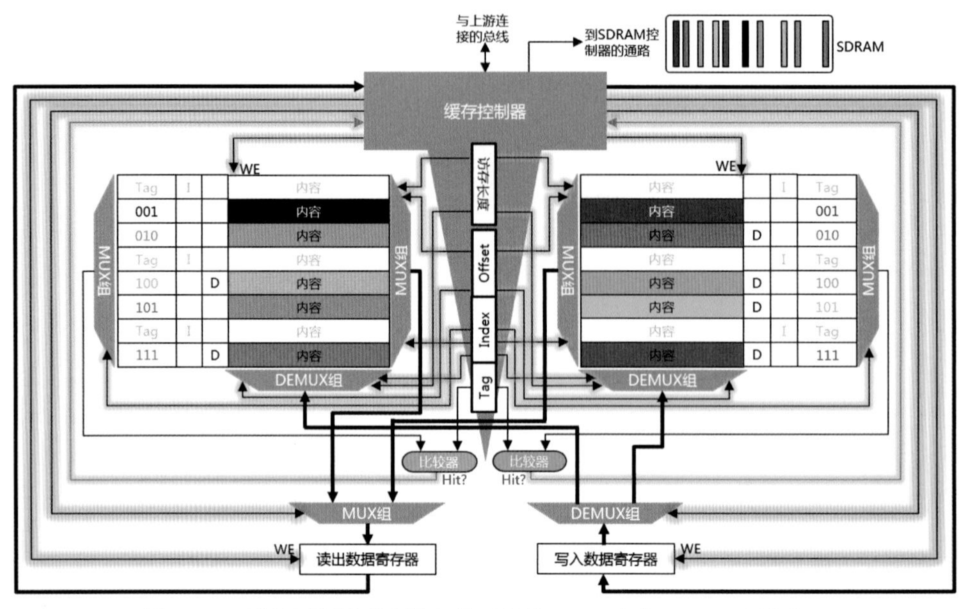

图6-19　2路组关联缓存的硬件架构示意图（Hit：命中；WE：写使能）

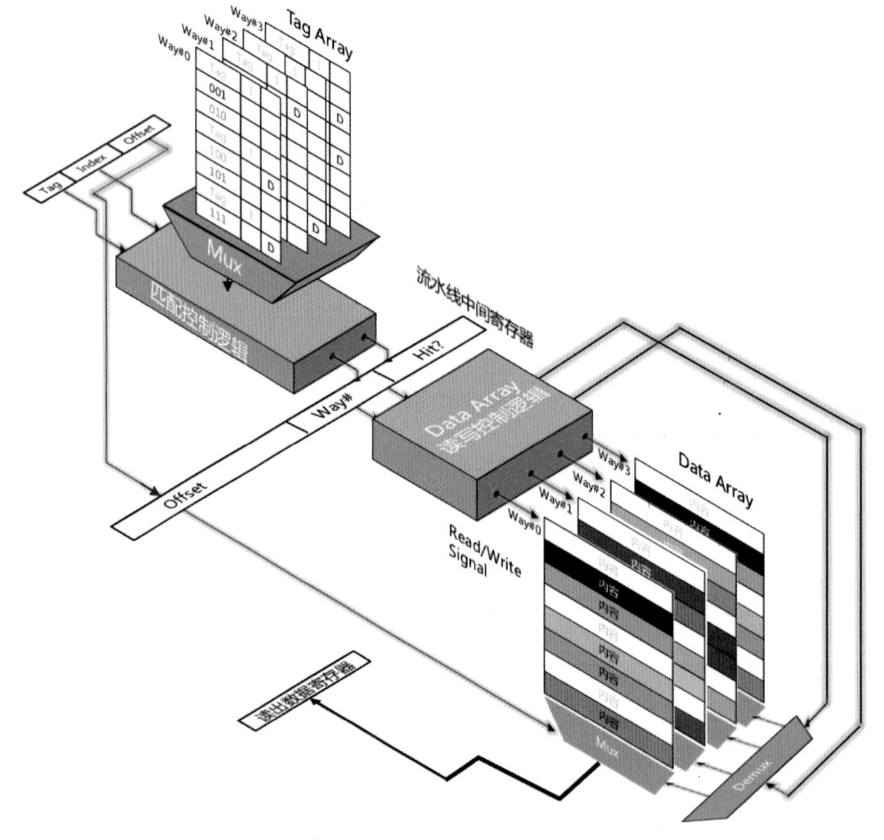

图6-20　分两步访问多路组关联缓存节省功耗

一片单独的SRAM阵列中，与Data部分分离，从而形成单独的**Tag Array**和单独的**Data Array**。Tag、Dirty、Invalid这些用于描述实际数据内容属性的数据被称为**元数据**（Metadata）。

对于一个访存地址，在第一个时钟周期内，先从Tag Array中读出Index字段所索引的行然后做Tag比对，如果命中，则将命中信号输送到流水线中间寄存器中暂存，同时也将Offset信号输送到中间寄存器。在第二个时钟周期内，Data Array读写控制逻辑判断Hit信号是否为1，如果为1则再根据匹配控制逻辑输送过来的上一步判断出的所命中的Way号，到对应的Way中将数据读出，然后在Offset字段的控制下，将上游所需的字节提出输送到读出数据寄存器。

但是很显然，这样做增加了时延，本来一步就可以完成的事情，变成了两步。想一下，如果能够用某种预测方法来预测出某个访存请求会命中在哪个Way，然后直接在第一步的时候依然同时比较所有Way的对应Index定位的那行的Tag，在同一个周期内，只读出预测将要命中的那个Way中对应的数据。一旦猜对，第二步读数据的过程就可以省了，缓存控制器直接就可以将读出的数据送往上游总线了。这样既可以保证速度，又可以避免并行读出所有Way中对应行号的数据，节省功耗。但是如果猜错了，大不了就用第一步匹配出来的Way号（第一步中哪个Way报告了Hit）再去相应的路将数据读出；也就是说，即便猜错了也最多会读两次Way，而不是读所有Way。这种方式被称为**路预测**（way prediction）。怎么提升猜准率呢？那还得翻回去看第4章中关于分支预测的介绍，其中提到了多种分支预测方法，它们同样适用于Way Pridiction。如果记录一个PHT，用访存地址的Index作为索引，所有拥有该Index的访存地址共享PHT中同一行用来存储上一次命中的Way号，下次访问就预测为该Way号。经过实测这种方法的命中率能达到80%以上。

可以将一个庞大电路分拆成多个小步骤形成流水线，从而提升频率，增加吞吐量，这在第4章中已经介绍过了。那么，除了上面的两步+预测方式之外，还可以将多个Way排布成流水线，这样可以同时处理多个访存请求，依然保持了并行查找的优势。但是，与单个访存请求独占所有Way一起找而最终只会在某个Way命中的霸道方式不同的是，流水线化之后，同一时刻下，多个访存请求的每一个各自独占多个Way中的一个来查找，有些请求可能在查找第一个Way的时候就命中了，那就不用去后续的Way查找了，后续的Way就可以得到休息（流水线寄存器中的内容保持不变，电路状态不变，没有动态电流流过，只有静态漏电路功耗），从而降低了功耗或者反过来可以选择提升频率。当然，如果不巧，每个请求都到查到最后一个Way时才命中，那么整体功耗就会比较高，功耗一定则频率就得设计得比较低，所以，具体还得根据平均命中概率来做设计取舍，如图6-21所示。

提示▶▶

为了对程序保持透明，核心到L1缓存之间的访问方式必须是以字节为粒度的，并且可以是任意起始地址和字节长度，当然有个最大长度，核心内部数据寄存器是64位，8字节，因此核心就不可能发出大于8字节的长度。但是L1缓存内部最小管理单位是一行，如果核心发出的起始地址+长度信号所描述的字节范围跨越了两行呢？那就得读出或者写入这两行，然后将核心所需的字节提取出来，再从总线发出去给核心，产生了读写惩罚从而降低性能。L1缓存与L2缓存之间的访问方式则是以缓存行为粒度的，而且不会有惩罚发生。L2缓存、L3缓存、SDRAM之间都是以缓存行为粒度来读写数据的。

6.2.9 用虚拟地址查缓存

现在开始思考一个问题。上一章中我们说过，CPU核心取指单元发出的都是虚拟地址。CPU内部的MMU会负责将虚拟地址转换为物理地址，而缓存中的Tag则是物理地址，那就意味着IF、L/S单元发出的请求要先经过MMU转换成虚拟地址。如上一章所述，在虚实地址转换这一步中本身就可能要去访问SDRAM中所存储的页表，而访问SDRAM相对于访问缓存是非常慢的，这就令人哭笑不得了，为了访问一个快的必须先访问一个慢的。当然，MMU自己会

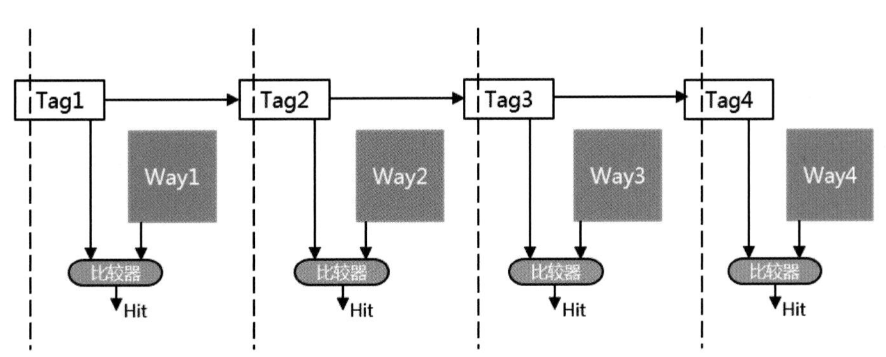

图6-21　4路组关联流水线查找示意图

维护一个专门用于存放页表中条目的缓存来加速地址翻译过程，这个缓存称为页表项缓存（Translation Lookaside Buffer，TLB缓存在计算机历史上的出现时间早于L1数据缓存）。TLB并不比L1缓存更快，而且也有可能出现不命中而必须访问SDRAM的情况，更可怕的是对应的页面还尚未被内存管理程序分配好，此时会产生Page Fault（缺页），则CPU会跳转到缺页管理程序去运行并分配这个页面，这就会耗费更多的时间。

解决办法似乎只有一个，那就是在物理地址还没有查到之前，直接先用虚拟地址而不是物理地址来匹配缓存行。具体如何实现呢？假设L1缓存大小为32KB，缓存行大小为64字节，这也是当前CPU的普遍规格，这就可以算出来，缓存共包含512个缓存行；假设，采用8路设计，每一路分得64行，也就是需要6位的Index（还记得上文中的介绍么，用收到地址的Index字段来定位到行号）。而每个缓存行有64字节，那么需要6位的Offset来定位行内的某个字节。这样，Index和Offset共12位。

假设内存管理程序按照4KB来分页，这4KB空间也可以用12位来寻址。或许，你已经看出了一些端倪。内存管理程序是按照4KB为一个粒度分配的；即虚拟地址空间中的某个4KB会被映射到物理地址空间中的某个4KB，但是不管是虚拟空间还是物理空间里的这4KB内部的字节都会按照相同的偏移量排布，即对于一个虚拟地址及其被映射到的物理地址而言，用来寻址这4KB内部的这12位是相同的。例如，对于一个32位的虚拟地址 10101001 01010001 0101**0111 01010011**，不管它被放在了哪个物理地址上，其最终的物理地址一定会是：xxxxxxxx xxxxxxxx xxxx**0111 01010011**，最后12位不会变，变的只是高20位。这20位描述了该地址属于哪个物理的4KB块（物理页），32位地址空间内一共有2^{20}个物理页/虚拟页。

既然这样，根本就不需要等待MMU翻译出物理地址之后再去匹配缓存了。在上面的例子中，每一路有64行，每一行有64字节，所以这12位**0111 01010011**的左边6位就是**Index 011101**，后面6位就是**Offset 010011**，直接用虚拟地址中的Index去读出对应行号的对应Tag即可。但是，是否命中其实还取决于Tag，Tag一样才算命中。而在MMU还没有翻译出物理地址的时候，缓存控制器不会知道该虚拟地址的Tag段的20位对应的物理地址的20位是多少。不过幸好，当缓存控制器用虚拟地址Index从某个Way（或者所有路，取决于具体设计）读出对应行的Tag的期间，MMU也会并行地执行完成地址翻译（如果命中TLB的话），这样，在下一个时钟周期内就可以用MMU给出的20位的Tag与读出的Tag进行比对了。所以，使用虚拟地址低12位直接作为Index可以节省一个时钟周期。

上述这种使用虚拟地址来查Index，物理地址来查Tag的缓存查找方式，被称为**VIPT**（Virtual Index Physical Tag）。同理，之前的传统方式则是**PIPT**。人们将VIPT模式的缓存俗称为Virtual Cache，但是切勿将其翻译成中文“虚拟缓存”，那可完全是两码事。

总结一下。第一，由于页面为映射最小单位，所以任何虚拟地址和其对应的物理地址的低（$\log_2$页面容量）位是相同的；如果精确调节缓存容量、Way的数量，使得地址的Index+Offset的位数小于等于（$\log_2$页面容量），那么就可以直接用虚拟地址来做第一次匹配。第二，L1缓存控制器在存入缓存行数据时会根据对应缓存行虚拟地址的Index段算出该缓存行必须落入第几行中，并且根据策略（随机、其他）选择一个未被占用的Way的对应行将其存入，如果没有空行（状态为Invalid的行）则强行挤占一行，原来的数据或直接被覆盖（如果Dirty位被置0）或写回到SDRAM（如果Dirty位被置1）。第三，读出数据时，根据虚拟地址的Index到某个way或者所有way（具体策略见上文）读出对应行的Tag比对以决定是否命中，如果不命中，则拿着MMU已经翻译出来的物理地址再去下一级缓存找数据（下一级缓存可能也是VIPT模式，也可能不是，但是SDRAM一定是只认物理地址的）。第四，同一缓存行中的所有字节的地址的Index段是相同的，但是Index相同的两个或者几个地址不一定表示其处于同一缓存行，因为高位的Tag可能不同，仅当Tag也相同时才表明这两个或者几个地址处于同一缓存行。

可以感觉到存在一个明显的约束条件，那就是地址的Index+Offset的位数必须小于等于（$\log_2$页面容量）。上文中冬瓜哥故意设定了一个特例，让Index+Offset为12位。那么如果缓存大小为256KB，缓存行为64字节，且为8 Way组关联呢？可以算一下，共4096个行，每个Way分得512行，则Index=$\mathrm{Log}_2 512=9$，Offset不变依然是6位。超出了12位，用虚拟地址的话只能保证6位与物理地址相同。但是如果把Way数量增加到64，那么每一路分得64行，则Index=$\mathrm{Log}_2 64=6$，可以满足条件，但是失去了可行性，Way太多了。

缓存容量、Way数量、页面容量，这三者共同决定了Index+Offset的位数是否与（$\log_2$页面容量）匹配，这三个参数之间此消彼长，具体如何均衡就看具体设计了。为什么与缓存行容量无关呢？大家可以自己算出这么一个公式出来：$\log_2[C_C/(C_L \cdot Q_W)]+\mathrm{Log}_2 C_L = \mathrm{Log}_2 C_C/Q_W \le \mathrm{Log}_2 C_P$，这等价于：$C_C/Q_W \le C_P$。其中$C_C$表示缓存容量（capacity cache），$C_L$表示缓存行容量（capacity line），$Q_W$表示Way的数量（quantity way），$C_P$表示页面容量（capacity page）也就是，可以看到C_L被约掉了。结论则是：**每个Way的容量不能超过页面大小**。当然，如果Way容量大于页面容量也不是不可以，但是会带来潜在的问题需要解决，详见6.2.12页面着色一节。

图6-22为Intel 某CPU内部访存模块架构示意图，其L/S单元与L1缓存之间采用了VIPT方式，32KB/8Way=4K/Way，符合了上述条件。但是其L2缓存并没有使用VIPT模式，而是PIPT模式（因为此时MMU早已查出了物理地址），所以并不需要遵循上述条件。

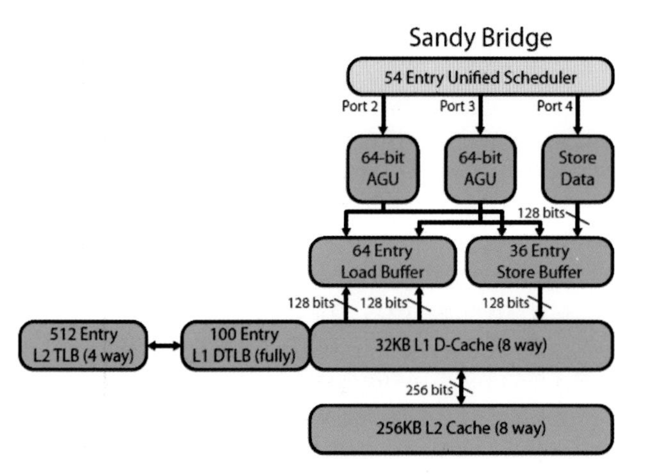

图6-22　Intel 某CPU内部访存模块架构示意图

VIPT这是由Intel的Wen-Han Wang在1990年提出的，现代处理器的L1缓存几乎普遍采用了这种方式。PIPT模式相比之下需要多等一个时钟周期，好处则是没有上述的限制，Way的容量可大可小，非常灵活。

那么是否可以采用VIVT模式呢？查询起来，VIVT比VIPT更快，因为连等待MMU给出物理Tag都不用了，在第一个周期就可以判定是否命中，如果第一个周期内连同数据也一同从路中读出的话，那么一个周期即可给出数据（不算数据进出总线所需要的周期）。既然VIVT这么好，为什么没有被广泛应用成为主流选择呢？这就要说到同名（homonym）问题了。

注意

PIPT、VIPT、VIVT这些缓存模式的一个前提是缓存采用直接关联（1路组关联）或者组关联（泛指多路组关联）模式，这才存在Index和Tag一说。对于全关联（任意关联）是不用Index来定位的。

6.2.10　缓存的同名问题

VIVT的缓存有个问题需要解决，即不同进程的代码可能会发出相同的虚拟地址访存请求，而这些虚拟地址对应的物理地址是不同的（也可能相同，见下一节），因为每个进程各自有一套独立的页表追踪着各自的虚拟到物理的映射关系。此时如果不作处理，缓存控制器就会发生误判，导致逻辑错误，比如进程1的虚拟地址A对应物理地址a，a中的数据已经进入了缓存某行中，而进程2此时也发出同一个虚拟地址A的访存请求，进程2的虚拟地址A对应的物理地址为b，其内容与地址a里的完全不同，但是缓存控制器只根据虚拟地址来做匹配，完全不看MMU查出的物理地址是否一样，所以导致误判认为进程2的访存命中了，进程2拿到了错误的数据。

一个解决办法就是在切换进程之前将缓存脏数据全部写回内存，然后再全部清空，这样，新的进程访存时全都不命中，缓存控制器就只能拿MMU查出的物理地址去访问后一级缓存，从而得到正确的数据。具体做法是，进程切换之前，负责管理线程切换程序主动执行缓存刷回指令，从而将当前所有的Dirty的缓存行写回到SDRAM内存，保存上一个进程的所有数据，然后再进行作废（Invalid）所有缓存行的动作，切换到另一个进程的某个线程。Intel x86 CPU的CLWB（Cache Line Write Back）指令以及INVD（Invalid）指令做的就是上述两步动作。这样，每次切换进程上下文（contex）会带来性能上的损失。

当VIVT缓存用在超线程场景下，问题就更加复杂了。开启了超线程的核心可以同时运行多个线程，如果这多个线程分属不同的进程，那么多个逻辑核心在一段时间内就可能交织穿插地发出对同一个虚拟地址的访存请求。如果是SMT模式，则同一时刻可能会出现两个相同的虚拟地址访存请求被发出，这就不是上面那种办法能解决的了。此时，必须对每个缓存行加以区分，判断其缓存的到底是哪个进程的数据，这需要在元数据中增加一列ASID（Address Space ID）用于区分当前要匹配的缓存行属于哪个进程（每个进程都运行在一个虚拟的Address Space中），再根据当前正在运行的进程ID判断该怎么做：如果ID不同则直接判断为不命中，ID相同则再看匹配结果。这种做法看上去档次更高，也避免了清空缓存，但是也更复杂，成本更高。对于不支持超线程的CPU，可以选择上面那种方式，但是需要内存管理程序模块的感知和配合。

如果VIVT模式的缓存被多个核心共享，此时不管核心是否开启了超线程，都只能用ASID的模式，因为多个核心会同时穿插向缓存发起访存请求。而一般只有L2及后续级的缓存才会被多核心共享，此时物理地址早已被MMU查出，所以完全没有必要使用VIVT模式。

上述由于多个进程地址空间重叠（overlap）导致的问题被称为缓存的**同名**（homonym）问题，有人又称之为ambiguity问题。抽象来讲，就是“同一个虚拟地址可能会被映射到不同的物理地址”。这是采用虚拟地址Tag缓存的一个不可避免的问题。如果使用物理地址作为Tag（比如VIPT）则不会出现误判的问题，因为读出该行Tag之后会发现其与MMU给出的Tag不一样，从而不会被误判，而VIVT则直接用虚拟地址当作Tag，完全不理会MMU查出的物理地址，这就是问题所在。

最终需要设计上的权衡取舍，所以VIVT模式的缓存鲜有产品使用。

6.2.11　缓存的别名问题

上面说的是“同一个虚拟地址可能会被映射到不同的物理地址”，那么“同一个物理地址可能会被映射到不同的虚拟地址”的场景是否存在呢？存在！内存管理程序可能会将同一个物理地址映射给不同的虚拟地址，比如多个不同的进程需要共享和传递数据，内存管理程序可以直接将虚拟页A和B都映射到物理页1，这样两个进程就可以同时访问物理页1，或者利用物理页1来传递数据，比如进程a写入一些数据，进程b再来这里读走。这也就是进程间**共享内存**通信的场景。

这种情况下对PIPT的缓存依然没有任何问题，不管有多少个虚拟地址指向该物理地址，其内容总会被定位到单个固定位置，也不会被误判。

对于VIVT缓存，两个Index不同的虚拟地址会被存储到不同的缓存行中，而其对应的物理地址相同，数据内容相同，但是缓存控制器并不知道这一点，导致一份内容被放到了两个缓存行中，导致一致性问题。所以，VIVT的缓存只有在不开启超线程且不作为多核心共享缓存的情况下，外加在线程切换管理程序的配合（每次进程切换就清空缓存）的情况下，才可以支持一个物理地址对应多个虚拟地址。

> **提示▶▶**
>
> 超线程的具体硬件实现方式有很多，比如其中一种是直接为每个线程的指令打上标签，这样流水线就可以区分混起来的指令以便判断相关性，标签不同的则毫不相关，可以乱序并发执行。对于缓存，则可以直接切开为多份分块，每份只能缓存某个在执行进程地址空间的数据，不再是共享缓存。这样就可以利用清空缓存的方式来避免别名问题，但是硬件会保证只清空对应的那份缓存分块。

或者，内存管理程序如果要将多个虚拟页映射到同一个物理页，那么其可以在对应虚拟页的描述信息中给出“该页不能被缓存”的提示，也就是设置某个控制位。CPU的MMU在读入页面数据的时候会检查该位从而决定是否缓存之，这样就可以避免上述问题。这种由于同一个虚拟地址可能会被映射到不同的物理地址而导致的数据一致性问题，被称为缓存的**别名**（alias）问题。

VIPT的缓存比较复杂，需要分四种情况单独分析。假设地址空间为32位，页面4KB，缓存行64字节。

（1）当只有一个Way（等价于直接相连）且Way容量小于等于页面（一般为4KB）容量时。

如图6-23所示。当满足Way小于页面容量4KB的约束条件后，虚拟地址的低12位与翻译出来的物理地址相同，由于两个虚拟地址映射到同一个物理地址，那么虚拟地址A和B的低12位也就相同，那就意味着用虚拟地址做Index之后，这两个地址会被定位到Way的同一个物理行上，并且由于MMU查出来的物理Tag也相同，任何一个进程之前如果访问过该行，那么另一个进程再访问时会被判断为命中，此时不会产生误判，没有问题。

（2）当有多个Way且Way容量小于等于页面容量时。

如图6-24所示，如果缓存设置了多个Way，但是每个Way依然是不超过4KB，那么这两个虚拟地址指向的数据依然会被存放在Way#1中的同一行，不可能跑到Way#2去，因为它俩的Index相同，查出的物理地址Tag也相同，缓存控制器会判定为命中，不会有问题。

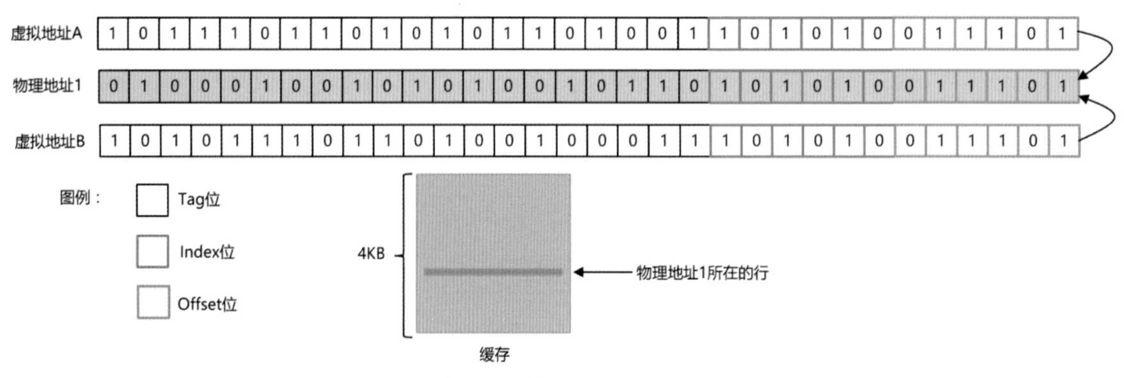

图6-23　Way容量小于等于4KB时的Index/Offset/Tag

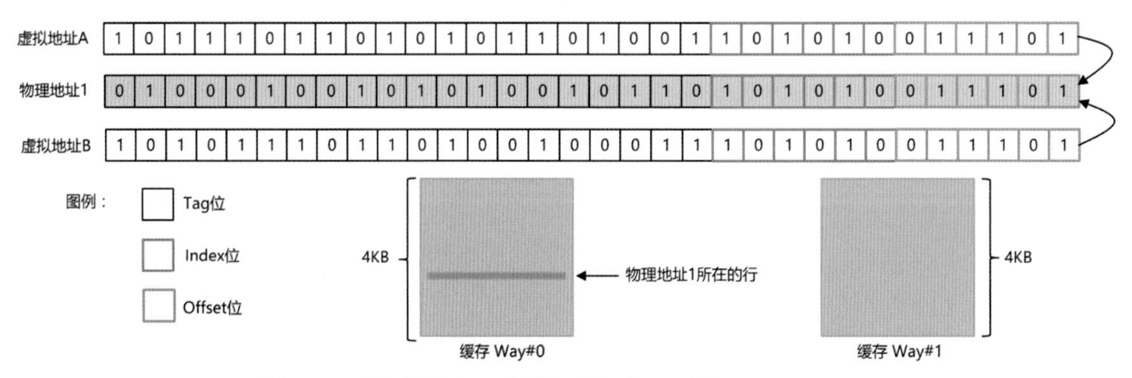

图6-24　2路组关联且Way容量小于等于4KB时的Index/Offset/Tag

（3）当只有一个Way且Way容量大于页面容量时。

如图6-25所示。假设缓存大小变为了16KB，容纳的缓存行数量变为256个，需要$\log_2 256=8$位的Index来描述，多出来的2位将缓存切分为4个4KB。当用虚拟地址A或者C访存时，由于这两个虚拟地址的Index位完全相同，所以会被定位到同一行上，加之这两个虚拟地址（virtual address，VA）指向同一个物理地址（physical address，PA），其查出来的Tag也是相同的，所以虚拟地址A和C共用同一行，对应的物理地址内容只有一个副本，不会有问题。

但是如果虚拟地址B也指向该物理地址，而B的Index位中的左边两位与A和C不同，那么其会被索引到另一行上，由于其指向同一个物理地址，则该物理地址的内容就会再次被缓存到这个新行上，产生了两个副本，导致不一致。可推出这样一个结论：对于VIPT缓存，如果虚拟地址的Index的位数相比（$\log_2$页面容量）超出了*n*位，那么同一个物理地址的内容就有可能被缓存2^n个副本。

这*n*位把缓存分成了2^n个与页面容量同等大小的分块，每个分块被称为一个**缓存Bin**（容器）。

（4）当有多个Way且Way容量大于等于页面容量时。

对于多个虚拟地址指向同一个物理地址的场景，这些虚拟地址不同，但是映射到同一个物理地址的多个虚拟地址都会被放在同一个Way中。因为缓存控制器在比对物理地址Tag的时候发现它们都是一样的，会按照命中处理，而不是冲突，所以不会跑到其他Way。但是依然会有一致性问题。

趣闻

在历史上，VIPT模式是MIPS CPU首次引入的，当时人们并没有想到其会带来别名问题，直到某次某程序无法启动，陷入无限循环当中，导致了别名问题被浮上水面，于是人们才开始寻找解决办法。

6.2.12 页面着色

对于VIVT模式的缓存，别名问题的解决办法如上文所述，关闭超线程、只用于私有缓存且进程切换之前清空缓存，或者将对应的页面标记为不可缓存。

对于VIPT模式的缓存，要解决别名问题有软硬两种方式，先看一下硬件方法。既然同一个物理行在多个地方有多个副本，那么假设如果硬件能够时刻保证这两个副本是一模一样的，也就可以避免一致性问题。这就要求：每次接收到写入缓存的请求的时候，缓存控制器必须并行地用物理Tag去查询所有Bin中对应的行（注意，不是Way，就是Bin，因为映射到同一个物理地址的多个虚拟地址索引的行只可能在一个Way的不同的Bin里），每个Bin给出一个是否Hit的信号，如果发生了多个Bin同时给出了Hit信号，则表明该虚拟地址产生了别名问题，而且有多个副本存在于这些Bin里，那么缓存控制器就同时更新这些Bin中对应的这一行，即可保证每次写入都同时更新所有副本。如果只有一个Hit，则只更新对应的行，如果都不Hit，那证明对应数据不在缓存里，没有别名问题。

可以看到，硬件方式解决需要将多个Bin并行起来，做成4套独立的存储器分块，每个分块也得有对应的读写控制接口电路，成本将会非常高。那还不如将每个Way限定在4KB，然后增加Way的数量，直接避免别名问题。但是Way的数量增加太多，有时候会适得其反，实践证明4Way组相联几乎已经可以避免98%以上的冲突。

还有一种做法，就是通过软件来保证指向同一个物理地址的多个虚拟地址的Bin号都相同，也就是人为地让这些虚拟地址都定位到同一个Bin的同一行上相互冲突挤占，这样就可以保证只有一个副本。如何做到呢？多个线程共享内存通信，需要调用内存管理程序，比如mmap()函数，由后者来决定将某个物理页面映射到进程的哪个虚拟页面（通过修改对应的页

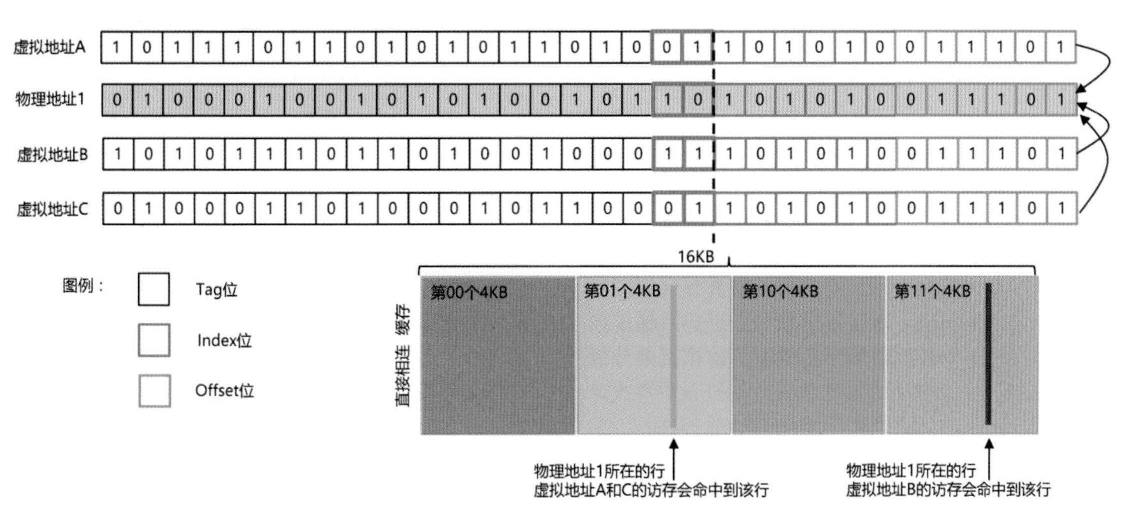

图6-25　Way容量大于页面容量时缓存被逻辑分割为多个分块

表条目），并将映射好的虚拟页面地址返回给线程，只要在mmap()函数下游增加一步计算就可以。当然，线程也可以强制指定映射到哪个虚拟页。mmap(void* start,size_t length,int prot,int flags,int fd,off_t offset)，这是实际中的mmap()的参数形式，其中start就是告诉mmap()往虚拟地址空间的哪里去映射，当然，如果强制指定，则mmap()就不会做上述计算了，所以一般也没人给出这个参数。如果不给出这个参数，mmap()默认会避免别名问题。

上述这种软件有目的地安排虚拟地址的做法，被称为页面着色（page coloring）。着色？从何而来？如图6-25所示。这里所谓“色彩”指的就是不同的Bin号，本例中Index超出了2位，那么就有2^2=4个Bin号，也就是4种颜色的分块。强行分配某个虚拟地址的Bin号，将会让其落入对应颜色的分块中，也就被着色了。

比如下面这几行代码就是从Linux操作系统内核的do_mmap()函数中摘抄出来的：

```
if (do_align)  addr = COLOUR_ALIGN(addr, pgoff);
else addr = PAGE_ALIGN(addr);
```

其意思是说，如果变量do_align为1的话，也就是被某种判断逻辑（比如使用CPUID指令读出CPU的所有属性发现，其L1 缓存采用VIPT模式，而且路的容量大于页面容量）判断为“需要按照页面着色方式映射虚拟页”的话，那么就调用COLOUR_ALIGN()函数，按照页面着色方式去映射；如果不要求页面着色，那么就调用PAGE_ALIGN()函数，按照传统方式去映射，不考虑别名问题。

页面着色的作用可不仅仅是用来避免缓存的别名问题。试想一下，如果有多个进程，每个进程包含多个线程，它们被轮流调度到核心上运行，在这个场景下，每个进程都有各自的虚拟地址空间。假设，进程A和B分别用malloc()或者mmap()函数申请了一段内存，内存管理程序为进程A分配了物理页1，并更新进程A的页表将其映射到了进程A虚拟地址空间中的第1024个虚拟页上；给进程B分配了物理页2，并也映射到了进程B虚拟地址空间的第1024号页上。此时，就产生了同名问题，同一个虚拟地址被映射到了不同的物理地址，但是对于VIPT的缓存，不受该问题困扰，因为当进程B访问该页并更新了某行时会不命中，因为Tag是不同的，于是缓存控制器挤出进程A在该页中的某行数据，将进程B的内容纳入；同理，进程A如果访问该页读取数据，如果对应的行目前是进程B的，那也不命中，所以也会挤占掉进程B的一行数据。也就是说，它们之间相互挤占，而其他地方的缓存空行却得不到利用，都往这挤。换个思路，如果内存管理程序能够有目的地将不同进程的虚拟页号分散到多个Bin上，比如采用轮流（Round Robin）方式，进程A申请了一页，则将虚拟页号分配到00号Bin；进程B又申请了一页，则分配到01号Bin，以此类推，这样就能最大程度避免冲突，提升缓存命中率。

所以，为了避免路的容量大于页面容量的VIPT缓存在共享内存通信场景下导致的别名问题，内存管理程序需要故意将指向同一个物理地址或者物理页面编号（physical page number，PPN）的所有虚拟页的Bin号设置为相同，让它们相互挤占，从而只在缓存中保持针对该行/该页的唯一的内容副本；而对于非共享内存通信场景，比如常规的多进程轮流执行场景，内存管理程序反其道而行之，将多个不同的虚拟地址或者虚拟页面编号（virtual page number，VPN）的Bin号打乱，让它们不互相挤占。打乱分散的算法多种多样，上述的轮流是最简单粗暴的一种，也是最盲目的一种，具体还得看内存管理程序的设计。

咦，相互挤占的问题，不是可以用多个Way来解决么？但是解决得不够彻底，比如如果每个Way对应的那行都被占满了呢，还是得挤出一行来。所以如果先通过页面着色，在Way内部分散存放，如果还是冲突，再利用其他Way，这样利用率更高了，命中率自然也就越高。当然，如果Way足够多的话，页面着色效果的加成比例就会降低，最后甚至看不出多少效果，不过最终结论还得看不同的程序类型以及CPU整体架构而定。

历史和趣闻

页面着色这个词第一次出现还是在1985年左右，在一些基于MIPS CPU平台的内存管理程序中，有些学者设计并提出了这个词。页面着色一开始并不是为了解决别名问题的，因为那时候别名问题还没被发现（见上文中的“趣闻”栏目），而单纯就是想将不同进程的页面分散开放置。仔细想一下，既然利用着色可以人为地选择将任意页面放置在某个Bin内，那么，内存管理程序就可以通过这种方式来控制数据在缓存中的布局，而且可以将某个进程的页面往多个Bin里映射一下，而不是只局限在一个Bin，那么这个进程就会多占用一些缓存资源，做到了可以在一定概率上人为控制占用缓存比例。

另外，页面着色不仅仅可以解决缓存冲突，还可以解决对SDRAM的访问冲突，SDRAM内部其实是有多个Bank组成的，每个Bank每次只能承载一个读/写请求，但是多个Bank可以并行读写，那么如果多个进程的数据被放置到了同一个Bank内，在没有命中缓存时，就会在访问SDRAM时产生冲突，页面着色可以利用地址中的某几个处在较高位置的位（因为每个Bank的容量相比缓存容量来讲要大得多，所以其索引会在地址中的较高的位置）来索引每个Bank，并通过控制这两个位来将虚拟页面映射到不同的Bank，从而做到并行访问，降低冲突概率。如果缓存容量、SDRAM的容量和Bank数量刚好符合某个配比的话，Bin Index与Bank Index会有一部分重合的位，通过控制这部分位，可以同时做到既让不同进程的数据既在缓存中分散，又能被分散到不同的SDRAM的Bank，比较理想。这种做法被称为Virtical Partition，垂直隔离，意思是从缓存到SDRAM全部做了分散隔离。

另外，采用虚拟地址索引的缓存模式，在内存管理程序针对进程的虚拟地址到物理地址的映射发生变更之前，必须写回+清空缓存，这样，核心再发出访存请求，就会不命中，然后用MMU给出的物理地址（此时的物理地址是从页表中查出的新鲜的物理地址）从SDRAM中将新映射的物理地址中的数据填充到缓存中。总结一下，如表6-1所示。

可见，为了支持虚拟地址Index，问题好像变得更加复杂了，要跟上一大堆的额外设计，就为了节省那访存时多出的一个时钟周期，或者那一点点功耗。别看就这一点点，由于频率非常高，每次访存节省一点点，积少成多，体现为每秒做功多少焦耳的话，还是非常可观的一笔节省呢。

6.2.13 小结及商用CPU的缓存模式

写到这里，冬瓜哥觉得有必要全局总结一下这一大堆东西的来龙去脉了，因为缓存这个课题实在是非常复杂，相互缠绕影响的因素太多，很容易让人摸不着头绪。

人们一开始很自然地用物理地址和全关联方式来查找缓存，但是由于必须使用CAM才能保证查询速度，每次查询所有的Tag都要读出比对，所以功耗高，虽然一个时钟周期就可以出结果，但是整体频率上不去，拖累了CPU核心的运行频率。

所以开始使用直接关联的方式，让某个缓存行只能存储到缓存中固定的行，把物理地址最尾部的Log_2（缓存行容量）个位作为行内字节的Offset，再接着从尾部截取出Log_2（缓存容量/缓存行容量）作为Index表示缓存内的行号，地址剩余的位作为Tag，每个地址只能被放到Index定位到的行号。这样收到一个访存地址，直接根据其Index到对应的行中读出之前存入该行的Tag进行比对来判断是不是同一行，如果是则命中，并用Offset索引读出的行从而寻址到字节粒度，如果不命中则从后级缓存填入该行并将Tag一同保存在行内（或者单独的存储器保存Tag）。这样做提升了频率，也可以做到一个时钟周期就可以匹配出是否命中。但是SDRAM容量很大，有大量Index相同的行，这些行会相互挤占缓存中的同一行导致冲突。

于是人们又发明了组关联方式，设立多份存储器，之前必须挤占别人的，现在可以到另外的一份存储器里的同一行待着。每份单独的存储器被称为一个Way，多个Way的总空间合起来就是缓存总容量。这样降低了冲突概率。代价就是需要并行查找每个Way的对应的那一行看看是否匹配，但是，相比全关联的所有Tag都需要读出而言，多路组关联也只是并行查询每个Way中的一行而已，如果是4路组关联，每次也就是查4行，而不是几十几，百或者上千行（看缓存容量）。

即便这样，还是有人琢磨着如何能降低功耗。传统做法是：①用收到地址的Index到所有Way中读出Tag；②与收到地址的Tag比对；③到所有Way中对应Index定位的那行把数据读出来输送到Mux；④将Tag比对结果输送到该Mux选出命中的那一行的数据。上述这四个动作都在一个时钟周期内完成，这样频率自然上不去。于是，有人将这一大步形成两步流水线：第一步查Tag，如果这一步不命中，那么根本就不用去读Way中的数据，省大了，如果命中了，第二步再去对应Way的对应行只把那一行读出来即可，也省大了。降低电压还是再提升100MHz的频率，你选吧！另外，由于形成了两级流水线，还可以并发执行两个访存请求，一举两得。

但是，就这样还有人不罢休！上面的步骤中还能省点什么呢？本来一步，分成两步，这可是两个周期啊，虽然能提升点频率，但是总不可能做到提升一倍的频率来弥补。有人就琢磨了，第二步中到某个Way对应行读出数据的过程，是否可以提前到第一步来做，这样就变成一个周期了。我呵~~~，刚才为了节省功耗，分成两个周期，现在又要回去，这是什么套路？仔细想一下，之前分成两个周期是为了避免并行读出所有Way中对应行的数据结果，只选出要的那个而其他都不要，如果能用某种方法做到在第一步中只读出某一个Way中的那行数据，也能省电，不就不用分成两个周期了么？问题是在第一步中的Tag没有完成判断是否命中之前，不可能知道该读哪个Way的数据。是啊，你可以猜一下啊！也是啊！猜一下起码有一定概率可以猜对，如果猜不对再走第二步，只赚不

表6-1 各种缓存模式的属性对比

缓存模式	命中判断步数	多个不同VA映射到一个PA时（别名问题）	切换进程时或者多进程同时访问时（同名问题）	单Way容量超过4KB时	页表变更是否需要清空缓存
PIPT	3	不影响	不影响	不影响	不需要
VIVT	1	• 对应VA不允许被缓存. • 或者不被用做共享缓存同时在进程切换时清空缓存	• 清空缓存（非超线程） • 或增加ASID区分（超线程或共享缓存）	不影响	需要
VIPT	2	只在路的容量大于页面容量时发生。 解决办法：多选一 • 硬件并行更新多个Bin • 对应VA不允许被缓存. • 不被用做共享缓存及超线程场景且在进程切换前清空缓存 • 用页面着色	不影响	产生别名问题	需要

亏啊！于是人们弄出了路预测技术，运作过程与分支预测类似。发指啊！连这一丁点的东西都要省下来？是的，现代CPU的架构设计已经到了瓶颈期，不去琢磨这个那还能干啥。关键是，随着芯片制造工艺的不断提升，比如从14nm提升到7nm，在功耗降低的情况下，还可以集成入更多的逻辑，所以自然要将各种花哨功能塞进去了。

上面这些设计都是直接用物理地址来做Index的，也就是PIPT模式。而核心发出的是虚拟地址，需要经过MMU才能查出物理地址，然后拿着物理地址去找缓存控制器访存。于是人们又开始琢磨能否直接用虚拟地址做Index，于是有了VIVT模式。核心发出的虚拟地址除了发送给MMU去查物理地址之外，还同时发送给了缓存控制器，后者直接用其中的Index定位到行，当MMU查出物理地址后，缓存控制器拿着物理地址去下一级缓存要数据填入本级缓存，并将虚拟地址中的Tag记录到行中，后续直接拿着虚拟地址的Tag来查就知道是否命中了。但是，VIVT深受相同的虚拟地址映射到不同物理地址的同名问题之痛，以及相同的物理地址映射到不同虚拟地址的别名问题之痛，解决办法是有的，然而代价是巨大的。所以很少有人用VIVT。

后来人们琢磨出VIPT模式，缓存控制器直接拿着虚拟地址的Index去定位行，但是要等MMU查出物理地址，再拿着物理地址的Tag去与从行中读出的Tag比对判断是否命中。相比VIVT，VIPT多耗费一个时钟周期。然而VIPT可以完全避免同名问题，但是对于别名问题，如果能保证Way容量小于等于页面容量，则不受其影响；如果不能保证，则需要通过内存管理程序配合，采用页面着色的方式来避免。VIPT比较折中，所以相当一部分产品采用。

可以看到，缓存如此复杂，所有影响因素按下葫芦起来瓢，此消彼长，难以取舍，最后搞了一圈或许会发现努力全白费。为了省掉某些东西不得不加上另一些东西，结果要么性能反而下降了，要么就是某些程序性能提升了而另一些则下降了。不过有一点是绝对的，那就是缓存及其相关控制逻辑占整个芯片的面积比例是非常大的。如图6-26所示，从右上图你一眼就能看到三大片面积较大的区域，这就是缓存。

缓存越大，电路就越复杂，寄生电容越多，从而会拖累主频。因为L1缓存一般与核心同频率运行，耦合的非常紧。历史上，Intel的奔腾III CPU的L1缓存为16KB，而到了奔腾IV，为了提升主频，竟然把L1缓存减少到只剩下8KB，但是当时主频已经可以上升到3GHz了。惠普的PA8000把L1缓存做到了1MB级别，访问却需要多个时钟周期，但是如此大的L1缓存却可以提升命中率，相比小缓存，一旦不命中就得去L2缓存查找，又得多耗费时钟周期，所以你还真不能说PA8000的设计就不好。Itannium2（安腾2）CPU的L1缓存为16KB、4路组关联，L2缓存256KB、8路组关联。历史上，MIPS R 10000及UltraSparcII CPU的L2缓存使用了路预测技术。

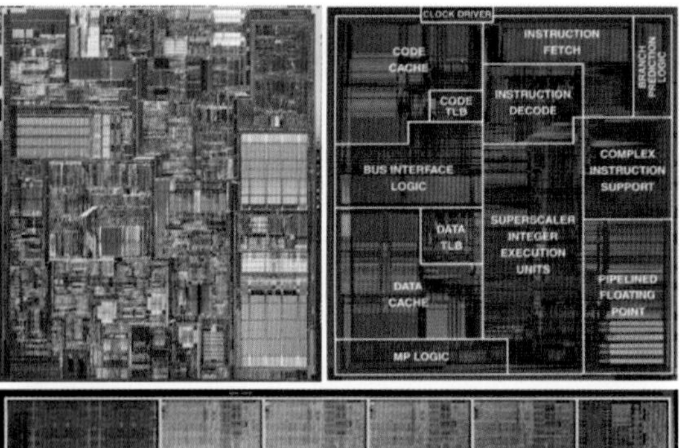

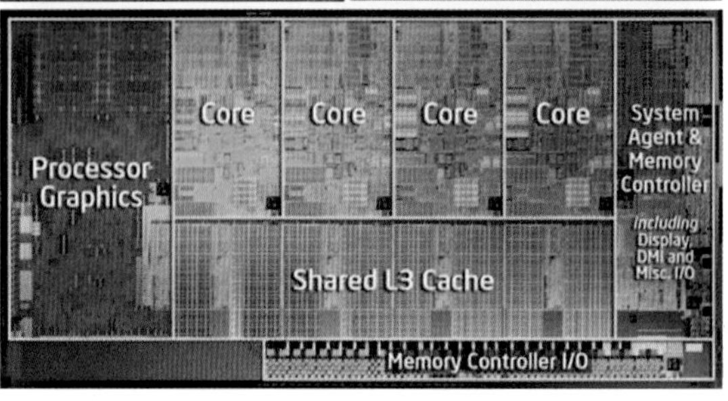

图6-26 缓存所占芯片面积的比例示意图

6.2.14 缓存对写入操作的处理

假设核心发出针对某地址上的字节的写操作，也就是Stor操作，该字节的地址为A（虚拟地址），其所在的缓存行并不在缓存中，或者之前曾经在但是后来被别人挤占了。缓存运行在VIPT模式，控制器拿着这个虚拟地址去匹配对应行的Tag，发现没有任何匹配，那么就查找哪个Way中对应Index的行处于I状态（空行），这一步可以与Tag匹配在同一步中完成，同时向下级缓存发起请求，读出来这一行准备填充到空行中。如果找到了一个空行，则数据返回后将对应行写入到该行内，并更改对应的Tag和状态，同时需要将核心发出的Stor请求要更新的字节写入到该行内对应的字节位置上，并将Dirty位置1。

可以看到，如果想写入一个或者几个字节，并不是找到一个空行只把这几个字节直接写进去就可以的，而是要把它先填满，再把新数据覆盖进去。原因很简单，举个例子，某个空行被标记为了I（Invalid）状态，并不表示其内容也被“清空”了，无所谓空与不空，因为内容非1即0，1和0都是数据。系统刚加电时，硬件底层会自动将所有缓存行设置为Invalid状态，也就是将I位置为1，但是这并不表示数据区里的内容就是全0，是什么值并不确定，这与具体电路的设计有关，也并不影响后续程序的正确执行，因为程序写入的数据会覆盖这些无用值，同时缓存控制器会将I位置为0，表示该行有效。那么，假设一开始缓存中的数据是全0，假设为0000，然后发生了Stor操作，要将前两个字节改为1，如果此时直接将两个1写进去，缓存行内容将变为1100，而在Stor操作发生之前，这一行缓存对应着的SDRAM中的数据并不一定是0000，可能是0011，而如果不先将0011填入缓存行，再将00改为11的话，而是直接将缓存改为1100，并设置Dirty位，那么SDRAM中右边的两个1就会被随后的脏行写回动作错误地覆盖掉。

所以在向缓存行中写入数据之前，需要先将其内容填充好，这个过程叫作**写分配**（write allocate），或者**行填充**（Line fill）。如果某个行已经被填充上来了，向其中写入一个或者多个字节时就会**写命中**。如果对应行的内容尚未被填充，向其中写入字节会发生**写不命中**，此时，就要先进行写分配再将这行的内容写进去。这种为了做一件事情而多做了其他事情的现象，被称为**惩罚**，上面这个例子被称为**写惩罚**，惩罚的结果就是多读了一整行，因为缓存必须以行为粒度来管理。

为了避免写惩罚，有些设计在写不命中时并不分配缓存行，而是直接越过本级缓存，往下一级缓存中写。如果在下一级缓存命中则好，如果还不命中，就继续越过向后续存储器（比如SDRAM）写入，在这里是一定会命中的。这种做法被称为**写不分配**（write none-allocate）。这样写入的时候会比较快，但是后续如果要读这行数据的时候（很有可能马上就会发生，因为程序的访存行为具有时间局部性），会发生不命中。你说说，早知如此当初为什么不在顶层缓存填充好这一行呢？但是，这也不能一概而论。

思考

如果核心发出的访存请求的尺寸比较大，比如直接写一整行的话，那么是不是就不需要预先读入该行了呢？是的，但是核心一般不会发出这么大尺寸的访存请求，因为目前64位宽的CPU里的一个寄存器最大也就是64位，即8字节，诸如Stor 寄存器A 地址1这种指令，最大访存尺寸也不过8字节。但是对于支持SIMD的CPU，会有一套额外的Load/Stor类指令，可以一次Load/Stor多个寄存器，比如Intel最新CPU里的AVX（Advanced Vector Extension，高级向量扩展）指令集。对于SIMD的介绍请参考本书第4章。

当写命中时，如果只将数据写入L1缓存后就认为访存指令执行完毕了（完毕是以L1缓存控制器向L/S单元在总线上发送Completion信号为准），被称为**回写**（write back，WB）；请注意，此Write Back并不是指“当要淘汰一行缓存时，如果它是脏的则必须将它写回到下层缓存”中的“写回”。

而如果写到L1缓存还不算完，必须同步写入到下一级缓存的话，这种方式被称为**透写**（write through，WT）。回写的速度当然要快于透写。一般来讲，L1缓存与核心之间采用WB模式，而L1和L2之间或许有些设计采用了WT模式，也就是L1缓存控制器在把脏数据写入L2缓存时，需要同步写入L3缓存。

WB模式当然很快，但是需要为每一行记录Dirty状态位，来追踪哪一行应该被写入下级缓存但是还没写。而WT模式固然慢，但是可以不记录脏位，因为每次更新都写透到了下一级缓存。另外，当决定Invalidate某行数据时，不需要判断其是否脏了而必须存到下一级缓存，而是直接置Invalid位即可，因为如果脏了，下一级缓存一定已经存储了该脏行了。L1缓存由于追求绝对的速度，所以L1到L2之间不用WT模式。但是，在L2和L3之间或者L3到SDRAM之间，有些设计则采用了WT模式。

一般来讲，WB和Write Allocate配合使用，而WT和Write None-Allocate配合使用。写分配和WT在一起意义不大。

提示

Intel的CPU里有个MTRR（Memory Type Range Register），地址空间内的不同范围区间可以通过设置这个寄存器来控制是否对指定的内存地址区间使用可被缓存、回写/透写等策略。具体对外的展现形式则可以是在BIOS配置中让用户来选配。

6.2.15 Load/Stor Queue与Stream Buffer

Stor操作也不能在一个时钟周期就完成，因为至少需要经过命中匹配、写分配等过程，如果遇到缓存已满，则还需要挤出去一行，这些步骤比较烦琐。虽然L1缓存在命中的情况下需要3个左右的时钟周期（随设计而不同）完成访存，但是人们就在想，能否在L1缓存与L/S单元之间再增加一个缓冲，Stor的数据先扔到这个缓冲中就算完成了？而且这个缓冲只用一个周期就可以完成数据存入，这样就可以降低核心流水线的阻塞频率。缓冲中最早的那个请求会被发出到连接L/S单元和L1缓存控制器的总线上，从而将请求再发送给缓存控制器处理。

这个专门用于Stor操作的缓冲被称为**Stor Queue**或者**Stor Buffer**，其本质上是一个FIFO队列，其中存储的其实就是L/S单元发出的Stor请求，包含：访存地址、长度和数据。增加了这个缓冲部件会产生一个代价，进行Load请求的时候，除了发送给缓存控制器去匹配查找之外，还需要并行地查询该FIFO内有没有对应地址的数据，如有则忽略缓存控制器的结果，直接从这里将数据读出并返回给核心L/S单元，因为这里才是最新的数据内容。这势必会增加硬件电路，FIFO队列外围要增加比较器。从这一点上来看，Load请求经历的第一站并非L1缓存，而是Stor Queue，当然也可以两者并行查找

提示

在Intel的CPU平台下，当发生一些特殊事件时，硬件会将Stor Buffer里的请求全部写入RAM【这个过程俗称冲刷（f冲刷）】，比如执行了Sfence/Mfence指令（这两条指令的用处见后文）等。

这种思路也可以用在L1和L2等不同级的缓存之间，而且可以适当增加容量，因为L1之后的缓存层级的运行频率会降低，人们通常将位于L1缓存之后的各级缓存之间的写缓冲队列称为写缓冲（write buffer）。增加Stor Queue/Buffer的另一个好处是，可以在这个缓冲中将多个针对同一个地址的Stor请求合并成一条，比如先用Stor指令存出了地址A，然后隔了几个请求之后又存出了地址A，那么此时就可以直接删除最早的Stor请求，只保留最新的这一条，这样L1缓存控制器只张罗一次就行了。这个优化被称为**写融合**（write coalition）。

现代CPU中除了在Stor路径上增加缓冲来优化访存时延之外，在Load路径上也增加了一个Load Queue，它也是一个FIFO队列，专门缓冲那些满足了发射条件从而被发射到L/S单元来执行访存的请求。这里有个地方值得思考一下，流水线中的保留站已经给指令们提供了一个歇息等待的地带，这些Load请求为什么不能在这里等待，而是要进入Load Queue里等呢？答案是，Load指令可能会缓存不命中，这样的话会有大量的Load指令积压在保留站里等待缓存将数据返回。由于保留站资源很宝贵，回顾一下流水线那一章，可以看到其并不仅仅是一个歇息的地方，其配套设施非常齐全，每一条指令都有配套的各种状态记录，每个时钟周期需要大量的比对、匹配和状态更新过程，非常繁忙。而对于没命中L1缓存的这些Load指令，其等待的时间相比其他那些由于相关性而不得不等待的指令而言，会占用保留站更长的时间，而且它们根本用不到那些配套设施，因为那些设施是用来记录和判断“该指令到底适不适合发射”的，现在它们已经被发射了，就可以被清掉了。但是，我们说访存相对于计算而言是一个慢速动作，这些L/S请求不会马上就执行完，需要有个地方积压起来，所以很自然地，人们便在保留站外面，也就是L/S单元中，为这些等待数据的Load指令开辟了一个小单间，把这些桌霸们请出保留站这间VIP休息区，进入这个极其简陋的单间里等待。这样，保留站便会空出不少空位置供其他指令来此歇息。那么为什么不直接把Load指令译码完毕就越过保留站而直接放入Load Queue呢？那是因为有些Load指令中并未包含直接地址，而是用了寄存器间接寻址，而且，有些Load类指令甚至支持将某些寄存器所保存的内容先做运算，然后用该运算结果来当作Load请求的目标地址。比如Load_ra 寄存器A+寄存器B/寄存器C 寄存器F，意思是先将寄存器A+寄存器B/寄存器C的结果算出来，然后拿着该结果访存。所以，这条Load指令在被发射到L/S单元执行前，必须等待寄存器B除以寄存器C再加上寄存器A的结果值，这就产生了RAW相关性了，所以在目标地址还没算出来之前，该Load指令不能被发射到L/S单元，必须在保留站VIP休息区待着，会用到上述那些配套设施。有些设计采用了一个单独的数学运算器来专门给Load/Stor类指令提供地址计算，被称为**地址生成单元**（address generating unit，AGU）。

Load/Stor Queue隶属于核心L/S单元，有些设计是Load和Stor各单独设立一个FIFO队列，有些则是使用同一个FIFO队列，统称为LSQ（Load/Stor Queue）。每次Load指令执行的时候都要并行查找Stor Queue，所以这两者之间耦合得非常紧密。同理，读缓冲也广泛存在于各级缓存之间，人们通常将处于L1缓存下游的各级缓存之间的读缓冲队列称为**填充缓冲**（fill buffer）。

由于Stor Queue 的存在，Stor指令的执行速度通常快于Load指令。Load需要在大量数据中查找，而Stor只是简单地向Stor Queue中一扔就完了。所以通常来讲，Stor访问比Load访问的时延要低。但是很显然，Load比Stor更加重要，因为Stor是干完了活把结果送到内存，而Load则是为了干活而从内存中拿数据，拿不到数据就干不了活，也无从执行Stor指令了。所以，缓存控制器会被设计为**优先执行Load请求**，这被称为**读优先**。

其实，也可以设计一个ALU队列放置到ALU前端，把需要ALU计算的指令排队在里面，只不过ALU计算时一般是比较快的，简单计算一个时钟周期就可以出结果，放一个队列所增加的硬件成本就不划算了。

除了采用Load/Stor Queue来加速访存之外，另一个广泛使用的技术是数据**预取**（prefetch）。缓存控制器可以私自将除了核心所请求的缓存行之外的接续的缓存行预先读入缓存，后续再访问便可增加命中率。如上文所述，将预读上来的数据直接写入到缓存中，是个需要好好张罗的事情，有不少步骤，比较麻烦，而且预读毕竟也只是猜测，如果让猜测的数据挤占了其他缓存行，则是本末倒置的。所以，有些设计是将这些预读上来的数据单独放置在一个FIFO队列/缓冲中，并不往缓存中写，这个FIFO被称为**流缓冲**（stream buffer）。对于后续的访存请求，如果没有命中缓存，则就去流缓冲中查找一下，也会有比较高的命中率。由于流缓冲通常不会很大，所以可以快速搜索，相比直接去下一级去搜索数据而言，如果命中在流缓冲中，访存时延将会有很大降低。另外，对于多核心场景，同时有多个线程在执行，而每个线程访问的地址是大相径庭的，为一个线程预读上来的数据，对其他线程几乎没有用处，为此，有些设计又设置了多个流缓冲来分摊不同线程的地址流，这也是流（stream）一词的由来了。

6.2.16 非阻塞缓存与MSHR

对于CPU核心，每一条机器指令对它来讲都是一个任务；对于缓存来讲，核心的L/S单元发出的访存请求也是一个任务。核心把计算任务交给ALU来执行，把访存任务交给L/S单元来执行，L/S单元再把任务交给缓存控制器来执行。在LSQ中，可能有多个Load/Stor类指令正在等待结果返回，这些请求会按照顺序一条一条地被发送给L1缓存控制器去执行。那么假设，排在LSQ中队首的某个Load指令被发往了L1缓存控制器，结果控制器的查找结果是本次访存请求不命中，也就是发生了Cache Miss，那么L1缓存控制器将会等待如10个左右的时钟周期才能从L2缓存中拿到数据，那么在这10个左右时钟周期内，难道L1缓存个控制器就无事可做了么？显然不划算，我们多么希望LSQ中后续的访存请求能够利用这个间隙被缓存控制器执行！

显然，我想所有人都在暗想：如果L1缓存控制器能够记录一个状态，比如哪个请求未命中，该请求访问的是哪个地址，等等；然后继续执行后续的Load/Stor请求，如果又不命中，则继续记录一条追踪记录。当数据返回时，比较这些追踪记录看看是哪个访存请求最终返回了数据，然后缓存控制器就在与L/S单元连接的总线上向L/S单元返回对应的数据，并对所有的返回数据加以区分，以告诉L/S单元这次返回的是哪一条访存请求的数据，比如通过ID标记机制，每个请求都有各自的ID，也可以直接在总线上通告该数据要被载入到的目标寄存器号。L/S单元拿到返回的数据之后，根据LSQ中记录的访存请求的目标数据寄存器号，直接将数据载入对应的核心的数据寄存器，从而完成访存操作。当然，这里其实是返回到了内部的私有寄存器中，会被流水线结果侦听单元捕获到，然后更新到保留站以及私有寄存器中的记录上，这样依赖这些数据的、依然等待在保留站中的其他指令就可以在下一个时钟周期内被发射控制单元判断为符合执行条件，从而被调度执行，这个过程建议回顾流水线那一章。

这种支持前序访存请求，即便不命中也不影响后续访存指令继续执行的缓存被称为**非阻塞缓存**（none blocking cache）。上面提到过的用于追踪各个不命中的访存请求的执行状态的硬件模块被称为**MSHR**（Miss Status Holding/Handling Register，丢失状态保持/处理寄存器）。

如图6-27所示，MSHR实际上是多组寄存器的组合，图中标出了3组MSHR，其中每组寄存器内部又分为记录缓存行的地址、状态的寄存器（我们尚且称之为MSHR Header），以及若干个记录访问该行内部数据的访存指令的类型、所访问的字节Offset以及目标寄存器号的寄存器（尚且称之为MSHR Body）。一开始，所有MSHR都被设置为“无效”，也就是Invalid状态。当某个访存请求Miss时，缓存控制器向下一级存储器发起缓存行读请求的同时，还会将这个Miss对应的缓存行Index以及其状态（包括：是否属于预读、是否已经去下一级存储器读入、已经拿到了缓存行内的哪些部分等）记录到其中一组MSHR中的Header寄存器中，同时向Body寄存器中记录本访存请求自身的信息，包括访存的类型、访问的Offset、数据返回时要存储到的目标寄存器号或者Stor指令的源寄存器号，使用寄存器号就可以区分每条访存指令。缓存控制器从后级缓存将缓存行的数据提取上来的过程并不是在一个时钟周期完成的，而可能会分为多次，每次拿过来一小部分，这取决于当前缓存与后级缓存之间的总线位宽。假设缓存行为64字节（512位），而总线位宽是128位，那么这行数据就得分四次，每次传递128位。在这个过程中，缓存控制器可以做一个优化，叫作**关键字优先**。一般来讲，一个Word（字）由2个字节组成，2个字一起被称为双字，由4字节组成。一个缓存行可容纳32个字，而128位的总线每个时钟周期可传递8个字，传完一个缓存行就需要至少4个时钟周期（请注意这里是指后级缓存运行在的时钟频率，而非核心时钟频率），假设某访存请求要访问的是某缓存行内的第30个字，则缓存控制器可以在第一个时钟周期内先从后级缓存请求32个字中最后那8个字并填充到缓存行中对应的存储单元，然后再请求其他三个8字，这样就可以先把第30个字拿回来，随后向上级部件返回数据了。关键字就是指当前访存请求要访问的字。

缓存控制器每拿到一个缓存行的一部分字段，就将其填充到对应缓存行中，同时还会在MSHR中查找是否存在针对这个缓存行的未命中的访存请求，如果有，就查找Body寄存器看看这些访存请求的Offset是否能够落入刚刚拿到的字段，如果落入，那么将拿到的数据返回给上级部件，并删掉该Body寄存器条目。如果一组MSHR下面的Body条目为空，则证明没有任何访存请求访问该MSHR Header寄存器中记录的对应Index的缓存行了，则将该Header寄存器设置为无效，也就是清空它，以便给后续Miss请求使用。

当收到新访存请求时，缓存控制器首先查询当前的所有MSHR Haeder寄存器中是否已经存在了对应Index的缓存行处于Miss状态，正在从后级缓存拿数据：如果存在，则在该组MSHR的Body寄存器中新记录一条描述本次访存请求的条目，不必向后级的缓存发起请

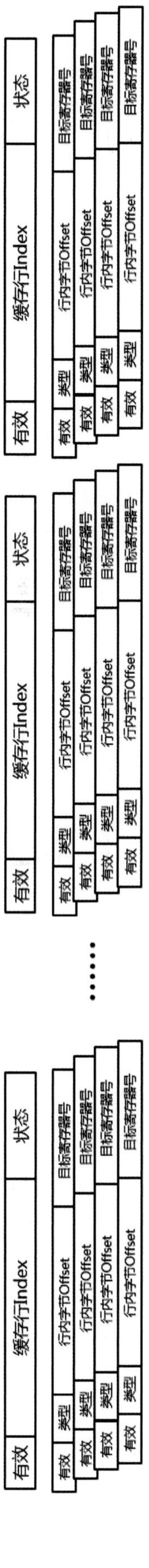

图6-27　MSHR组

求，因为之前的Miss已经触发了这个动作，正在等待数据返回；如果没有，则新用一个空闲的MSHR组，在其Header寄存器中记录本次访问的目标缓存行Index及其他信息，以及选择一个Body寄存器存入本次访存的Offset等信息，然后向后级缓存发起缓存行读请求。如果MSHR组已满，或者对应的组中的Body寄存器已满，则只能等待，也就是将其暂时阻塞在Load/Stor Queue中。

可以看到，MSHR与核心流水线的保留站的作用和角色是一样的。一般设计中，MSHR的数量为4～32个。另外，MSHR并不仅仅用于追踪不命中的访存请求，其Header寄存器中 “状态” 字段的信号，会直接与下游电路相连接并控制下游电路做对应的动作。当判断某个访存不命中且需要新启用一个MSHR Header时，硬件会向这条MSHR的状态字段填入Read Pending状态码，状态字段的导线直接连接到下游译码电路中，译码器判断该状态码为Read Pending，则控制对应的电路模块向后级缓存发出对应的访存请求，请求中的地址信号也来自MSHR。请求发出后，更改状态字段为Read Requested状态码，该状态码并不会触发下游电路发送访存请求。当下级缓存返回数据时，也携带有该数据的地址信号，电路将地址信号提出用于比对MSHR中的地址字段，若匹配，则证明返回的就是该缓存行，则将对应的状态字段改为Read Finished状态码。接下来，缓存控制器需要将该MSHR中的信号输出到与L/S单元连接的总线上，并将该MSHR置为Invali状态，表示空闲了。L/S单元将收到的这些信号锁存到一个寄存器中，并将L/S 队列中对应的请求删除，因为其已经执行完了；同时，将收到的数据传送到核心的目标数据寄存器中。MSHR中的状态字段还会表示更多的其他状态，后文中介绍缓存一致性问题时，还会遇到MSHR。

提示 ▶▶▶

所以要充分理解的一点是，寄存器的确是用来暂存数据/信息/信号的，但是存下来干什么用呢？当然要输送给下游的组合逻辑电路使用，如果是程序员可见的数据寄存器，它们的信号会被输送到ALU/FPU进行运算，如果是控制寄存器，比如上述的MSHR等，其内部的信号会被输送到控制电路中用于译码和控制其他模块，比如Mux/Demux选路等。

6.2.17 缓存行替换策略

对于直接关联（1路组关联）的缓存，当发生Load/Stor不命中时，需要将对应的缓存行从下级缓存读入，读入的这行只能存放在唯一的位置上，也就是Index索引的那个位置上，而这个位置之前存储的内容需要被淘汰掉（如果脏了就先写回再被Invalid，没脏则直接Invalid）。但是对于全关联或者多路组关联的缓存来讲，发生不命中时，读上来的缓存行是可以被放在多个可选位置上的，其中全关联模式下，可以挤出任何位置上的数据，n路组关联模式下，可以挤出n路中任意一路对应Index行的数据。这就需要一种策略来判断到底挤出或者说替换哪一行数据更加合适。在此列出一些常见算法。

随机替换（random replacement，RR）。这个算法最简单粗暴，不用动脑子，不用增加复杂的判断电路。当缓存容量比较大的时候，RR模式最划算，毕竟，任何复杂的优化方式在加大缓存容量后均会被一砖撂倒。

最近最少使用者被替换（least recently used，LRU）。缓存控制器为每个缓存行记录一个计数器（counter），但是该计数器并不是该行每被访问一次就+1的。缓存控制器自身会维护一个独立的计数器，每次不管访问了哪个行，这个独立的计数器都被+1，然后将其数值复制到本次访问的那个行的计数器中存放；也就是说，最近一次被访问的缓存行的计数器总是拥有最大的数值，上一次被访问的计数器拥有第二大数值，显然，拥有最小计数器数值的那个缓存行就是LRU，要挤占就挤占它。如果是全关联缓存，那么为了找出计数器值最小的行，就需要复杂的比较电路来比较所有的计数器值，比较电路会比较复杂。对于多路组关联缓存，比如4路组关联，要挤占的行只能从某个组中选择，一组里只有4路，一共只比较4个计数器值，所以比较电路可以比较简单，更具可行性。还有另外一种更加精妙的方式来实现LRU。假设有N个缓存行，首先设计一个具有$n \times n$ 位的方形bitmap，实际上就是一堆存储器，当访问了第m个缓存行时，就把这个bitmap的第m行中的位全部置为1，紧接着再把第m列全部置为0。在任意时刻，考察该bitmap中所有行里的数值，最小的那个就是LRU。

图6-28为一个4缓存行的缓存，访问顺序为：第

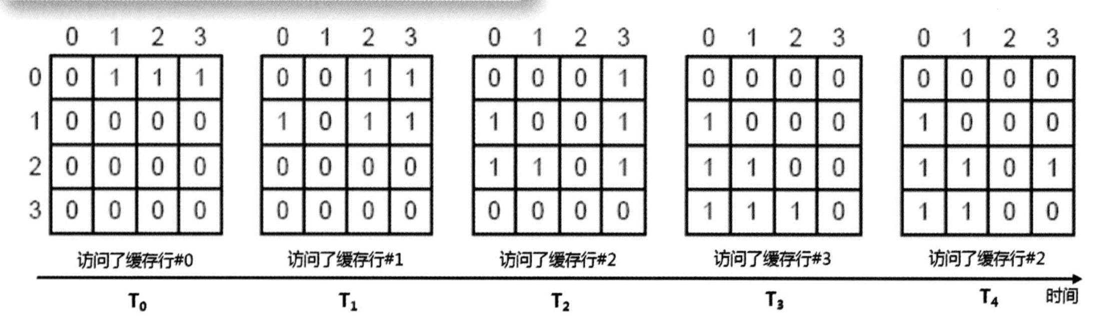

图6-28 使用bitmap方式实现LRU算法

0行、第1行、第2行、第3行、第2行。在T_3或者T_4时刻，由于bitmap的第0行数值最小（全0），所以判定第0个缓存行为LRU。不过这种实现对于硬件来讲不太友好，因为每次访存都需要改一行、一列，而SRAM阵列一般都是一行一行来读写的，改动一列就意味着每一行都要改。

伪LRU（pseudo LRU）。由于纯LRU算法需要比较多个计数器中的数值，硬件比较电路开销较大，不利于提升频率，所以有人发明了多种判定精度低一些，但是硬件实现比较简单的LRU实现方式，这被称为伪LRU。比如，其中一种最为粗暴的方式是，为每个缓存行增加一列，多记录1位的状态位，每次只要某个缓存行被访问命中了，就将该位置为1，那么在任意时刻，那些该位为0的缓存行一定是未被访问过的，此时可以随机选择一个挤出去，或者选择Index最小的挤出去。当所有缓存行都被访问过，该位都变为1时，将所有的1清零，重新来过。这个方法确实够伪，它只保证最近被访问的那个行一定不会被挤出去，但是其他行却被一刀切，但是实现起来很简单。

最不频繁使用者被替换（least frequently used，LFU）。LRU算法整体上略显粗暴，它并不关心一段时间内某个行总共被访问了多少次，某个行虽然不是最近被访问的，但是它在一段时间内可能总共被访问了很多次，是一个热点行，那么这个行貌似就不应该被挤出。基于这个角度设计，每个缓存行还是拥有一个计数器，每次访问命中了某个行时，将对应的计数器+1。当发生不命中需要挤出某行时，比较大小，最小的被挤占。LFU与LRU让人看了好像很难区分，因为最后都是比较计数器的数值，看谁小。注意，LRU的计数器记录的并不是某个行一共被访问了多少次，而是某个行是最近第几个被访问的，值越大说明越近，这也是Recently与Frequently的本质区别。

带时效的LFU（aged LFU）。LFU算法以一段时间内的访问总次数为判断依据，但是次数积累了太多，也不公平，比如某一行前1秒钟被疯狂访问，但是1秒以后就再也没被访问过，它凭借着前1秒钟积累的计数器值，吃起了老本，因为总体上来讲它的总访问量还是最高的，其他行一时半会追不上它，所以它依然悠然自得地躺在缓存中“颐养千年”。这不科学，需要引入强行淘汰机制，于是有些实现是在每次更新计数器的时候，强行将所有缓存行计数器的位进行右移一位，比如之前是10101010，右移一位之后就会变为01010101，这样其表示的数值就会降低一个数量级，也就是让所有行都不可能吃老本，每次访问了某一行，就将该行计数器的最左边一位置为1，将数值在增加回来，这样就可以同时实现LRU的保持最近访问的行拥有最高的计数器值（因为其他行最左边都是0，本次命中的行最左边为1，数值最大），同时利用其他位表示的数值作为访问频度的判断依据，兼顾了LFU的优点。

除了上述这些常用的替换策略之外，还有FIFO、Second Chance、Clock、Working Set、WSClock等算法，在此就不过多介绍了，读者有兴趣可以自行学习。

上文中介绍了可以用于全关联或者多路组关联缓存模式下的替换策略。那么对于直接关联的缓存，前文中也说过，没得选，只有一个候选行，必须挤出它。那么不管这一行是最近访问还是高频率访问，都得出去，这就很无辜了，就因为彼此共享了同一个坑，你来了我就得走。鉴于此，人们为这些被挤出的无辜缓存行提供了一个挽留之地，称为**无辜者缓存**（Victim Cache）。无辜者缓存位于两级缓存之间。每次接收到访存请求，除了查询主缓存之外，也同步查询一下无辜者缓存中是否命中。实践证明，无辜者缓存只需要几行容量，就可以对命中率有较大的提升。看来多数场景下无辜者确实是无辜的。那么，既然直接关联的缓存冲突严重，那到底是加足够大的无辜者缓存更好，还是直接增加路的数量更好呢？这是个见仁见智的问题，无定论。无辜者缓存本质上与多路方式是类似的，只不过多路方式下，缓存行还是要按照Index规则排布在多个路中，而无辜者缓存内的缓存行的放置没有规则，可以先进先出，灵活了许多。多路组关联设计相当于把多个路铺开形成一张完全被动等待着命中的大网，完全靠运气来实现多路并发。

6.2.18 i_Cache/d_Cache/TLB_ Cache

指令缓存（instruction cache）简称iCache，数据缓存（data cache）简称dCache。这两个缓存的运行机制类似，都符合上述介绍过的那些设计思想。其主要区别在于作用在整个执行过程中的位置不同，指令总是先从iCache中被取出，然后解析。如果是计算类指令则派发给计算单元执行，如果是访存指令则派发给L/S单元执行，从这里开始，L/S单元便会与L1 dCache产生交互。如图6-29所示，核心是个处理引擎，其从dCache里把数据吸（Load）进来，处理完后，又吐（Stor）回dCache。而引擎的所有动作都要由指令来驱动，引擎不断从iCache中提取指令，但从来不会向iCache中写入任何数据（除非在将来“自编程”程序得以成熟）。本例中，L1和L2缓存为每个核心私有，L3缓存所有核心共享。同时，L2缓存同时承载指令和数据。

现在思考一个问题，为什么要把指令缓存和数据缓存分开独立呢？那是因为指令流和数据流访问的根本就不是同一块SDRAM区域。我们在上一章介绍过一个程序在内存中的布局，链接器会将指令代码和数据内容分开存放，而不是混杂在一起，这实际上就是为了配合CPU的分离缓存设计。如果混杂在一起，会导致相互挤占，比如本来缓存了一堆指令，结果突然被数据给冲掉了，则指令读取时不命中，严重影响性能。指令多数时候是顺序执行的，偶尔发生跳转；而对数据的访问很多时候是没有一个固定形式的，这两者行为不同，分开更好。但是到了L2缓存，指令和数据就混杂存放了，因为L2缓存的容量比较大，冲突概

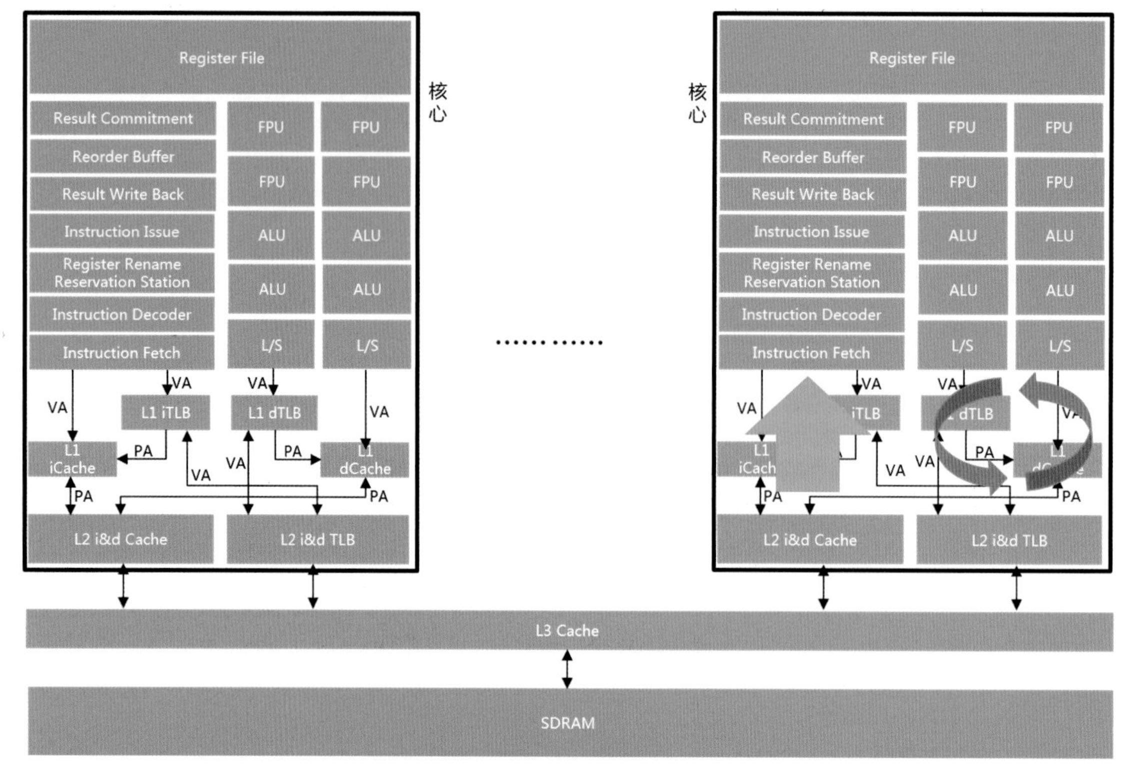

图6-29　iCache与dCache及其他部件的拓扑结构

率降低了，同时还可以降低硬件复杂度。

另外，iCache缓存控制器在预取的时候，可能会取数据内容到iCache中，比如当前所执行的指令恰好处在与数据区相接的边缘地带；同理，dCache也可能取进指令代码。但是这两种情况不会导致执行错误，因为即便是iCache中混入了数据内容，PC指针也永远不可能访问到这些地址，除非出现Bug；即便是在dCache中混入了指令代码，L/S单元发出的地址请求也不会落入到这些地址区域内，除非程序有意为之，或者有Bug。

前文中介绍过TLB，这个缓存非常关键，因为在核心访问iCache/dCache之前，必须先经过TLB查出物理地址（对于PIPT模式的iCache/dCache而言），TLB的命中率直接决定了整体的性能，否则后续缓存即便采用了宇宙无敌优化方法，在TLB产生瓶颈的话，犹如竹篮打水。TLB也分指令和数据，原因是一样的，因为它们所在的内存区域不同，分开会提高各自的命中率。另外，TLB也做成了分级的形式，存在L2 TLB，在这里指令和数据对应的页表项混杂存放。

再思考一个问题：如果线程调度程序调度了另外一个进程中的线程执行，那么此时由于虚拟地址空间被整体切换，TLB之前缓存过的内容就必须被清空，否则会翻译出错误的物理地址，因为不同进程可能会发出相同的虚拟地址，但是它们对应的物理地址是不同的，所以必须清空TLB，然后开始预热过程（从存储在SDRAM的页表中逐渐将表项提取填充到TLB）。这个代价太大了，因为进程切换的频率非常频繁，每10ms可能就会切换一次。人们的做法是给TLB中每个表项增加一列，记录该表项对应的进程ID，这样就可以区分开。切换进程之后，不必清空，查找的时候只去尝试匹配与当前运行的进程ID匹配的那些条目即可。

图6-30为Intel Nehalem平台CPU和AMD Opteron X4平台CPU在缓存方面的参数对比。

	Intel Nehalem	AMD Opteron X4
Virtual addr	48 bits	48 bits
Physical addr	44 bits	48 bits
Page size	4KB, 2/4MB	4KB, 2/4MB
L1 TLB (per core)	L1 I-TLB: 128 entries for small pages, 7 per thread (2×) for large pages L1 D-TLB: 64 entries for small pages, 32 for large pages Both 4-way, LRU replacement	L1 I-TLB: 48 entries L1 D-TLB: 48 entries Both fully associative, LRU replacement
L2 TLB (per core)	Single L2 TLB: 512 entries 4-way, LRU replacement	L2 I-TLB: 512 entries L2 D-TLB: 512 entries Both 4-way, round-robin LRU
TLB misses	Handled in hardware	Handled in hardware

	Intel Nehalem	AMD Opteron X4
L1 caches (per core)	L1 I-cache: 32KB, 64-byte blocks, 4-way, approx LRU replacement, hit time n/a L1 D-cache: 32KB, 64-byte blocks, 8-way, approx LRU replacement, write-back/allocate, hit time n/a	L1 I-cache: 32KB, 64-byte blocks, 2-way, LRU replacement, hit time 3 cycles L1 D-cache: 32KB, 64-byte blocks, 2-way, LRU replacement, write-back/allocate, hit time 9 cycles
L2 unified cache (per core)	256KB, 64-byte blocks, 8-way, approx LRU replacement, write-back/allocate, hit time n/a	512KB, 64-byte blocks, 16-way, approx LRU replacement, write-back/allocate, hit time n/a
L3 unified cache (shared)	8MB, 64-byte blocks, 16-way, replacement n/a, write-back/allocate, hit time n/a	2MB, 64-byte blocks, 32-way, replace block shared by fewest cores, write-back/allocate, hit time 32 cycles

图6-30　Intel Nehalem平台CPU和AMD Opteron X4平台CPU在缓存方面的参数对比

6.2.19 对齐和伪共享

由于缓存是以缓存行而不是字节为最小管理粒度的，这在一定程度上带来了不少问题。首先就是对齐问题。假设某个程序生成了一个数组，大小为64字节，一个缓存行也为64字节，但是这个数组的起始地址并没有与缓存行对齐，跨越了两个缓存行。如果程序针对该数组内的数据开始不停地读写，那么必须从下级存储器读出被跨越的这两个缓存行，而不是仅一个（如果这64字节被放置到一行里的话），这就产生了读惩罚。所以，编译器在这里会起到很大的优化作用，其会尽力保证变量位于的地址与缓存行的粒度是对齐的。对于那些由程序动态申请的内存（堆），程序要负责手动地将数据存储到这些内存中，此时就需要程序员来避免产生不对齐问题。

还有一个问题，如果两个线程各自访问各自的变量，而这两个变量数据处在同一个缓存行中。这个是高概率事件，因为OS对一个进程的内存一般是按照4KB页面为粒度来分配的，该进程内部的多个线程所操纵的数据有很高的概率落在同一个4KB之内，也有很高的概率落在同一个64字节缓存行内。但是，这两个线程却偏偏被线程调度程序分派到了两个不同的CPU核心上运行，而不同的CPU核心各有各的L1/L2缓存，所以该缓存行会被载入这两个核心的L1缓存中，如图6-31所示。如果运行在CPU 0上的线程0更改了它的变量A，那么CPU 0的L1缓存中的这一行就被记录为Dirty，已变更，则CPU 0必须通知CPU 1该缓存行已被更新，所以CPU 1上缓存的该行就不能再被使用了，需要从CPU 0的L1缓存里将其重新载入到CPU 1的L1缓存。

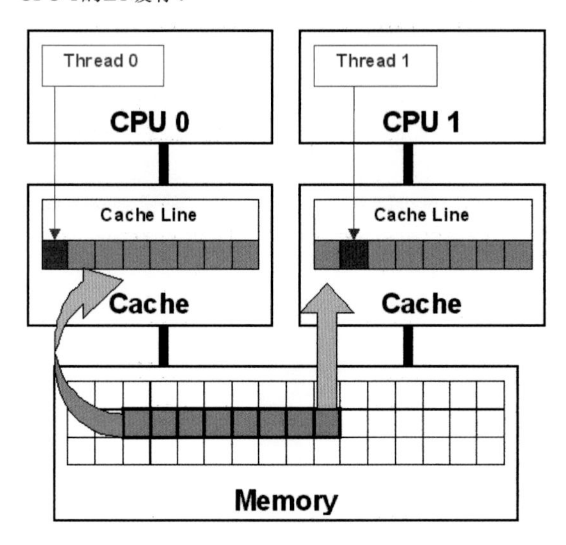

图6-31 伪共享示意图

同理，如果位于CPU 1上的线程1更改了它的变量B，那么该缓存行在CPU 0里的副本也要作废，CPU 0就得从CPU 1载入最新数据。每一次更改，都要互传数据，这代价太高，性能非常差！这种现象叫作“**伪共享**”，虽然变量A和变量B一起被读入并处于同一个缓存行，但是操作它们的线程却被调度到不同的CPU核心，这种共享不是我们所希望的。不同进程之间不会出现伪共享，因为不同进程的数据不可能被分配到同一个4KB页面，也就没有可能出现在同一个缓存行了。

伪共享是可以解决的，比如将同一个进程的多个线程所操作的变量数据打散到多个不会引发冲突的缓存行内存放，也就是在编译的时候主动分配到对应的地址上，这叫作**缓存行对齐**（cache line align）。还有一种做法是进行缓存行填充，如果某个变量占不了一个缓存行，为了防止其他变量与自己共享该缓存行而导致的潜在性能问题，索性在程序代码中主动生成一些填充数据来将缓存行剩余容量塞满，以阻止它与其他变量共享该空间，这种方式对内存浪费很严重，被称为**缓存行填充**（cache line padding）。

既然线程0所更新的行内Offset与线程1所更新的不同，那么如果不在多个核心之间同步这些缓存，这两个线程各自的运行结果就不会受到任何影响。但是请考虑：CPU 0迟早要将它缓存中的这一行写回到SDRAM，或者被其他行挤占，或者程序主动要求清空缓存，或者其他原因。随后，CPU 1也将这一行写入到SDRAM，那么，如果不在这两个核心之间同步，CPU 0写入SDRAM的数据中所包含的变量A，将会被CPU 1携带的旧变量A的内容给覆盖掉，后续任何程序再次访问变量A，取到的将是过时的内容，导致运算出错。这种由于缓存不同步导致的一份数据在不同的缓存中出现多个不同的副本的现象被称为**缓存不一致**。

那么，为了在多个核心/CPU之间同步对缓存的变更，就必须将这些核心全部相互连接起来。

6.3 互连，为了一致性

如果能把所有核心的L1缓存集中起来，让所有核心共享的话，那么自然就不需要相互同步了，因为任何一个核心更新的数据，其他的核心去读取的时候自然就是最新的。但是，把L1缓存给多个核心共享，势必容量要做得比较大，而且导线的长度也要增加，因为从缓存到其他所有核心都需要连线，整体会导致运行频率上不去。另外，也需要考虑多个核心与缓存的连接方式，如果是使用共享总线方式，那么频率上不去是因为寄生电容太大，而且需要仲裁，效率上不去，这些咱们在上文中都已经说过。

所以，必须给每个核心单独配备私有的、独立运作的L1缓存，然后再通过某种方式将它们互联起来，相互通告更新消息和数据。这显得有些矛盾了，因为，如果每一笔更新都要广播出去，那么实际上其效果与把L1缓存设置为共享的方式是一样的，都需要有一个总线/网络来用于互联，几乎没有本质区别。前者是先仲裁，后访存；后者是先访存，后同步，如图6-32所示。

但是，人们想到了一些方法，可以让有些更新不

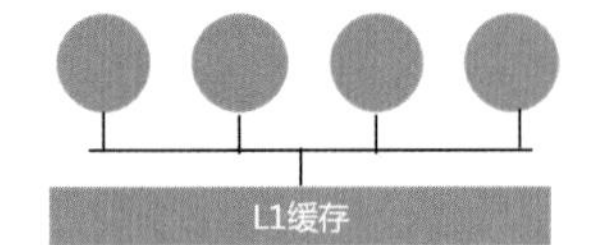

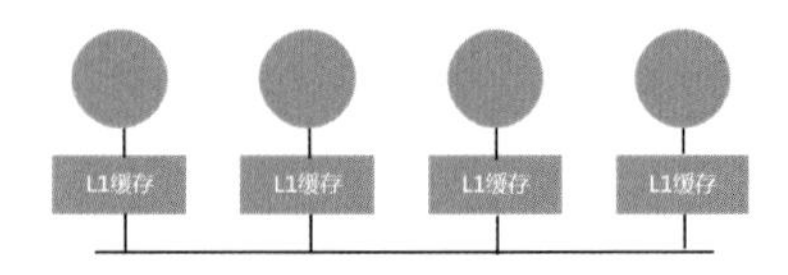

图6-32 如果不考虑优化的话，两种方式没有本质区别

必同步到其他核心缓存中去。比如一共2个核心，核心0的缓存中只存在缓存行0，而核心1的缓存中只存在缓存行1，那么核心0针对缓存行1的更新有必要通告给核心1么？完全没有必要，井水不犯河水。如果能够过滤掉足够多的广播通告，那么将L1缓存私有化而不是共享化，分成多块独立运作，多数访存请求只访问本地缓存，而不向其他核心发送任何消息，则请求就不会跨越总线/网络，时延不会增加，加上如果将核心间的互联方式变为与核心处在异步时钟域，这就不会拖累核心的运行频率了。这样带来的效果是非常不错的。这些广播通告消息被称为**询问/嗅探**（probe/snoop），而能够过滤不必要广播的硬件模块被称为**嗅探过滤器**（snoop filter）。这里面的细节放在后面再介绍，这也是缓存一致性的关键核心技术所在。

下面先来看看人们主要是用哪些方式来连接多个核心以及CPU芯片的。除了上文中介绍过的共享总线的形式，还有其他一些互联类型。

6.3.1 Crossbar交换矩阵

共享总线的方式固然简单，但是其效率比较低，原因有二：一是必须串行化访问，多个节点时分复用；二是因底层电信号因素，共享总线上无法挂接太多的设备。我们在第3章最后提到过，导线可以容纳电荷，接入的设备节点越多，导线就越长，电容就越大，总线能承载振荡的数字信号的频率就越低。因为电容增大而导致导线上的电压达到对应值所需的充放电荷数量增加了，而电压和电阻恒定，电流就恒定，那么达到对应电压值的时间也增加了，所以超频要加压同时加强散热就是这个道理。由于功耗与电压的平方成正比，电压提升会导致功耗骤增，需要加强冷却，这就是很多DIY玩家用液氮来冷却从3GHz标准频率超频到5GHz的CPU的原因。而如果CPU的体质不好，时钟频率上升之后，对应的逻辑电路还没来得及做出对应的翻转，下游的寄存器就被触发锁定的话，那么锁住的就是错误的值，这就是有时候超频之后会发生花屏、乱码甚至直接死机等各种奇葩错误的原因。

我们在第1章中介绍过Crossbar（交叉开关），其可以实现数据的传递，还可以通过配置将发送方的数据交换到不同的接收方。其实，在很早的时候，Crossbar就存在了，这个词也正是取自那个时代。如图6-33所示，一部电话想要和其他电话连通，需要有人帮忙拨动开关与某个触点接触上。早期有接线员把线头插入到对应的电话线路插孔中完成接线，后来出现更灵活的接线方式，引入了一些机械装置，图6-34就是一个机械式Crossbar装置。

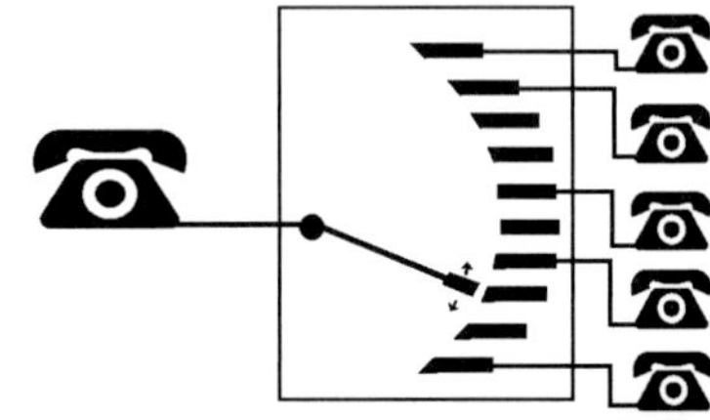

图6-33 电话交换

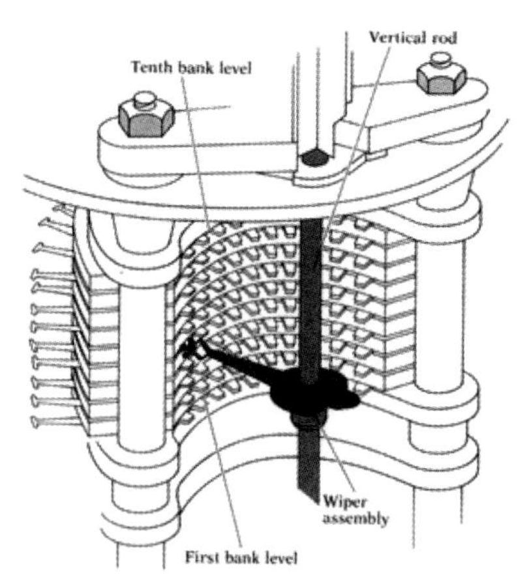

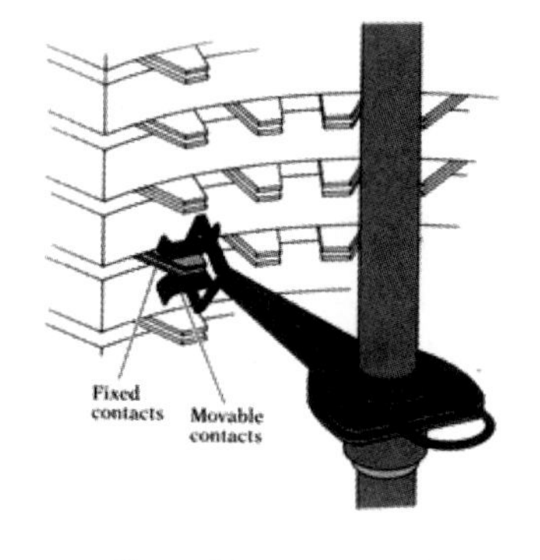

图6-34 机械式Crossbar

“Crossbar”的意思首先是要Cross，然后有bar，合起来就是：在每个交叉点上，都有一个开关来控制这个交叉点是否连通。上文中的例子都是一点对多点的通信方式。随着电子技术的发展，机械控制向程序控制逻辑电路发展，Crossbar也自然改为由程序控制的电路去拨动开关而不是用人手，同时开关也由机械式改为MOS管，支持了多点对多点的两两通信。但是“在交叉处有一个开关”这个本质，依然没有变化。图6-35为一个8×8 Crossbar的原理图。

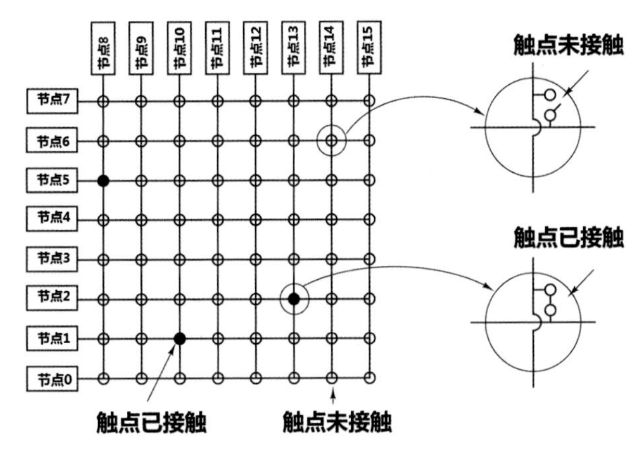

图6-35　8×8 Crossbar电路示意图

这个结构相当于在两层正交的导线格栅交叉的地方用一个MOS管连接起来，使用控制线控制MOS管的导通与截止，从而控制这个交叉点是否能够连通上下两根导线。图中，节点5和8、节点1和10、节点2和13的交叉点均被导通，也就意味着5和8之间可以通信、1和10之间可以通信、2和13之间也可以通信，而且这三对通信之间是可同时进行的。可以看出在这个Switch中，可以做到**无阻塞**交换，也就是在理想情况下，每个端口都与其他某个端口配对连接收发数据，互不冲突，不存在由于开关数量不够而必须等待的端口。但是比如节点7与节点8通信时，节点6就不能与节点8通信，这种冲突并非由于硬件资源不够而导致，所以该Switch依然属于无阻塞的。

一般情况下，一个点只能和另一个点通信；一些特殊情况下，比如广播/组播场景，一个点可能会同时与其他所有节点或者几个节点通信，但是必须经过严格的上层程序控制，此时在同一行或者同一列上，就会出现多于一个开关同时被导通的情况。比如图6-35中，如果再将节点5和9的交叉开关导通的话，那么节点5、8、9这三个节点会处于同一个广播域，共享一条总线，至于谁来发起通信，会不会有两个节点同时试图发起通信而导致冲突，这就完全应该由位于每个节点上与该交换矩阵连接的总线控制器以及配套的控制程序来控制了，比如组播/广播控制程序、底层数据通路仲裁程序等。这些程序运行在不同的器件和层次上，比如组播/广播控制程序多半运行在每个节点的主控CPU里，而底层通路仲裁程序则多半运行在Crossbar总线控制器的专用电路中，而且多半是不可编程的写死的硬件逻辑。图中的“节点”可以是任意器件，可以是CPU、内存，也可以是某专用电路，还可以是同一个硬件模块的发送端或者接收端电路模块。图示每路只有一根导线，实际上芯片内部几乎都是并行总线，比如32位宽，这就是说图示的每一路其实是有32根导线的。明白了上述原理，那么整个器件的交换带宽就很好计算了，即为电路时钟震荡频率×位宽×最大通信节点对的数量。另外，也可以算出对于一个n位宽、N对M个节点通信的Crossbar，其需要的交叉开关数量为$n \times N \times M$。

仔细观察这张图还会发现一个问题：节点7和节点6之间无法通信。如果这是故意这么设计的，没问题，然而一般情况下，都是要求任意两个节点间都可以通信的。如果要实现之，等价于把M当作N，也就是说，行节点和列节点是同一批，但是分别使用各自的发送端和接收端电路连入矩阵。那么，支撑n位宽总线N个节点之间互相通信的Crossbar需要的交叉开关的数量就为$n \times N^2$。这里有个学名，如果一个交换网络的连接方式只允许一批节点向另一批节点发送信息，这叫作单边（single sided）网络或者单工网络；如果允许任意一个节点向任意另一个节点发送数据，就叫作双边（two sided）网络或者双工网络。

还有一种稍微不同的设计方式，比如图6-36所示的结构。图中展示的是一个4×4交换矩阵，黑色圆点表示触点开关。只要初中物理及格的读者都能看懂这张图，通过闭合不同的开关或者同时闭合多个开关，它可以允许任意一个源端连接任意一个目标端，并且同时支持4个连接，还支持广播、组播。通信的发起端将它要连通的目标端的地址（格式并不重要，比如MAC地址、IP地址、WWN地址等，或者就是比如4位组合，可以表示16个地址）写入地址译码器，译码器根据这个地址，按照写好的译码逻辑拨动Crossbar内部的开关，也就是输出一串信号，这些信号中的每一位0或者1直接控制了图示Crossbar中的每个开关，比如1控制其闭合，0控制其断开。

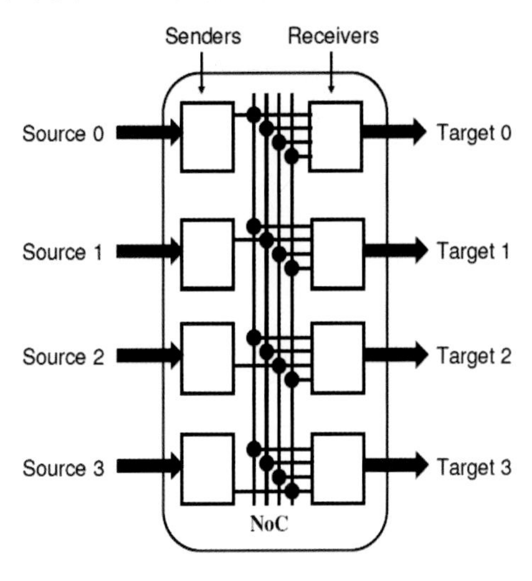

图6-36　另一种Crossbar示意图

点阵式Crossbar的最大优势就是时延极低，因为任意两点通信只需要经过一个开关联通即可，所以针对很多要求极低时延、极高性能的场景来说，使用这种Crossbar是不错的。

来鉴赏一下电路Crossbar鼻祖的尊严，如图6-37所示，自己体会吧。如果把这个大Crossbar做成集成电路，放到芯片里无非也就是1mm²左右的面积。

图6-37　点阵式Crossbar

其实在第1章中就已经为大家介绍过基于Mux/Demux的Crossbar，还记得当时为了解决键盘输入个位、十位、百位交换的问题而设计的那个交换电路么？第1章图1-108所示的网络数据交换机的示意图——FIFO队列+Mux/Demux即可组成一个简单的数据交换矩阵。目前在数字处理芯片内部几乎都采用的是基于Mux/Demux的Crossbar。

图6-38为一个真实Crossbar的原理图，该Crossbar用于某路由设备内部，通过routing_tag这个控制信号来控制复用器将开关切到对应的输出线路上。最上方是32组6位宽导线组，一共32×6根导线。这32组导线的每一组都接到一个32对1的复用器上，重复这个过程，接32次，那便有了32个输出端。同样，控制信号也要有32路，分别接到这32个复用器上。这就组成了一个32×32的Crossbar，读者可以自己推演一下。任何输入信号都可以被连通到任何输出线路上，而且只要不冲突（比如2个输入端要争抢连通同一个输出端，此时必须要有仲裁机制来排序），可以允许32个输入端各自连通一个输出端，并且这32路数据可以并行同时发送。这就是无阻塞交换矩阵。

图6-39为一个4×4 Crossbar的内部设计，其架构上与图6-38所示的Crossbar相同，这里给出的是内部细节.可以看到，实际产品中是在器件内部加了很多缓冲FIFO队列的，此外还有多个译码器/仲裁器，实际设计远比想象得要复杂。

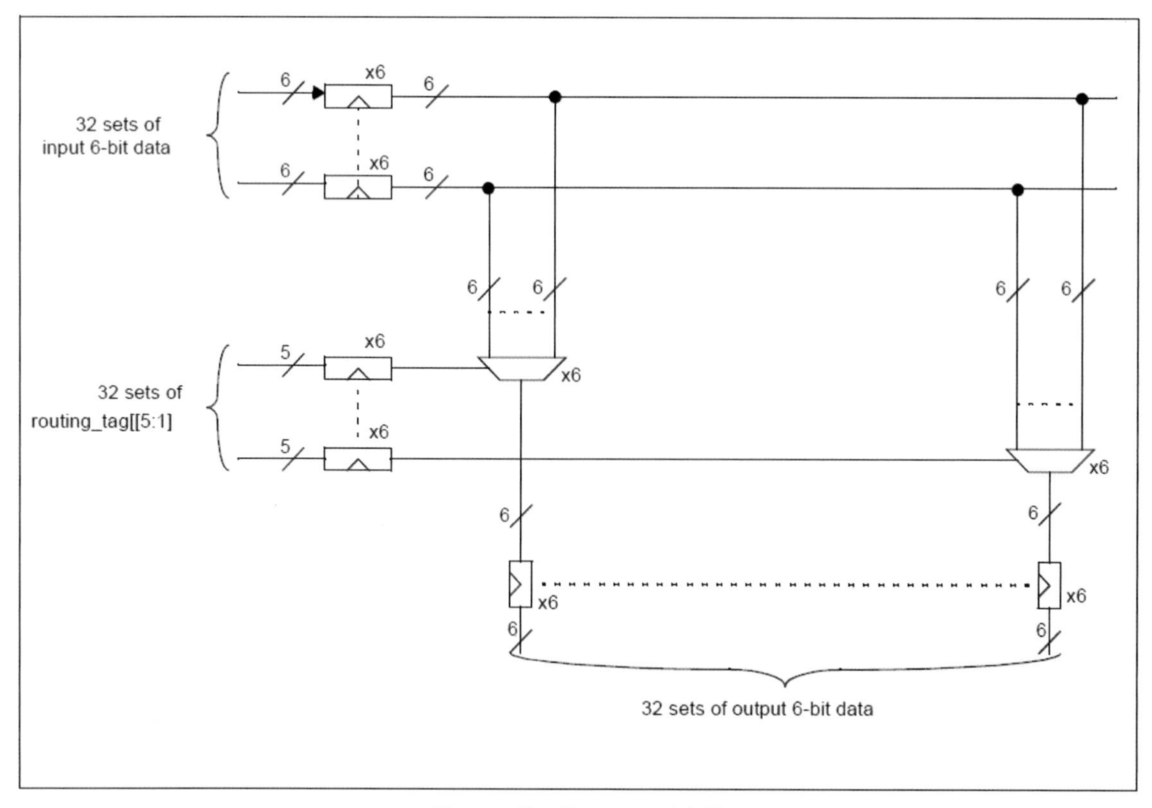

图6-38　另一种Crossbar示意图

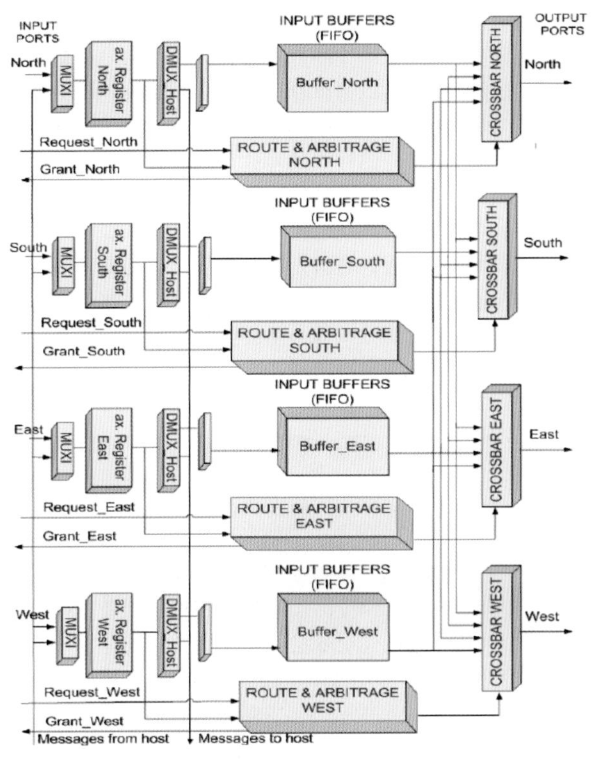

图6-39　基于复用器的Crossbar实例

基于复用器的Crossbar被广泛应用到了CPU、RAM、I/O控制器这三者之间的互联场景。图6-40为Fujitsu大型机SPARC Enterprise M9000内部的互联示意图。双Crossbar的每一个Crossbar都有 368.5GB/s 的带宽。如果一个 Crossbar 发生故障，系统可在重启时隔离故障Crossbar，使用另外一个Crossbar重新启动。

图6-41为Sun的UltraSPARC T2处理器的框图，中间标明CCX的模块就是Crossbar。可以看到，其面积占据了相当一部分，因为需要大量的导线和Mux/Demux。

Crossbar由于可以一跳直达，节点与节点之间的导线容量小，而且可以实现多节点在没有冲突的前提下并行收发数据，所以其频率可以做到比较高；同时由于并行的缘故，其总交换带宽会远高于共享总线的互联方式。

图6-42为一个Crossbar级联示意图。这是一个128×256的Crossbar，也就是允许128路输入信号灵活输出到256路线路上去。这种不对称也不难理解，比如输出线路就是很多，好比从2车道一下走入4车道。但是如果2车道和4车道的车速都是一样的话，那么就不能确保4车道的利用率了。所以在这种不对称情况下，一般是线路少的一方时钟频率较高，而线路多的一方时钟频率较低，如果两边的频率刚好是两倍的关系，那么就可以在相同的时隙内，从输入线路中获取两个数据帧，然后利用两条输出线路各输出一个数据帧，从而达到带宽适配。我们接下来看一下具体的级联形式。

首先，128路输入被逻辑分割为4部分：0～31、32～63、64～95、96～127。每路输入为6位宽，也就是6根并行导线，每一位都接入一个独立的32×32的Crossbar，所以一组是6个Crossbar，每个Crossbar有32路输入和32路输出。同时，将输入端信号复制8份，每一份再接入相同的一组（6个）Crossbar。图中的粗黑线表示32路输出信号，为了简化就不画32根线了。4组输入信号都循环上述拓扑，然后各输出32路信号，再将这4×32路信号输入到一个4-1复用器（图中只画了2条粗线是为了简化，实际上有4条），最终输入1×32路信号，8份相乘，就得到256路的输出信号。通过控制信号来控制底部复用器，从而可以以特定的频率将128路输入信号输出到256路输出线路上。

单个Crossbar容量有限，Crossbar之间级联之后再级联，所有Crossbar就组成一个逻辑更大的Crossbar，而且依然可以直接两点通信。如图6-43所示的方式，看上去很像多个交换矩阵的级联，每个2×2 Crossbar都是独立存在的。这样，可以利用低成本的12个2×2 Crossbar堆叠成一个8×8 Crossbar。这个Crossbar有两种运行模式，一种是基于连接的交换模式，另一种则

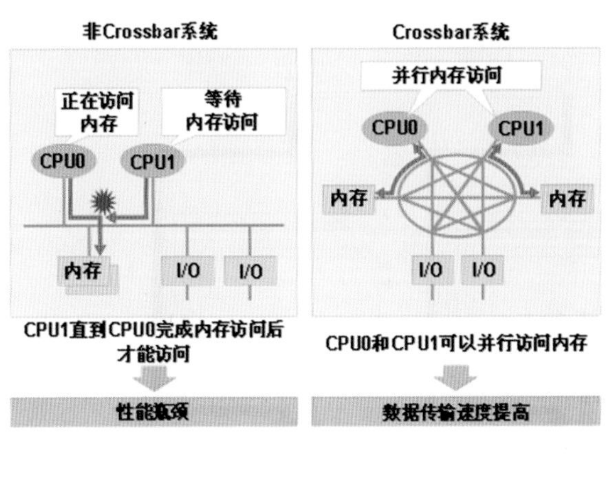

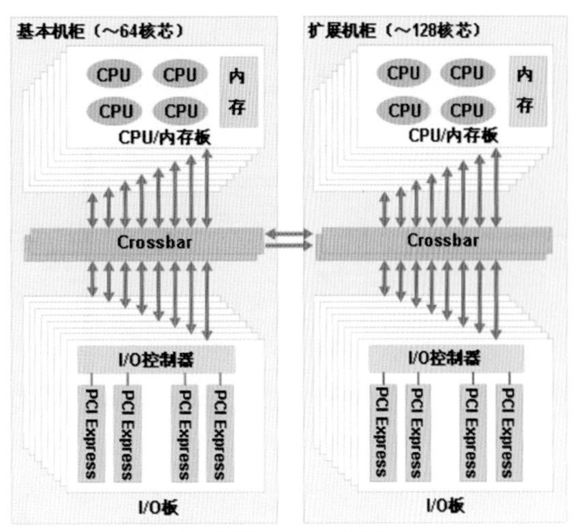

图6-40　Fujitsu大型机的系统总线架构

是包交换模式。我们假设利用这个矩阵设计一个用于交换以太网帧的以太网交换机。

以太网交换机是要靠MAC地址—端口对应表做交换的，每台交换机都维护这张表，并不断学习，从而才可能实现用一根线连接两台交换机之后交换机马上就会知道，凡是目标地址是对方某个端口的流量都需要从级联线传过去。当然，以太网交换机内部其实有一个自学习模块，将从各个端口抓取的MAC地址记录到端口号-MAC地址映射表中。交换机收到一个以太网帧之后，电路查表决定该帧的目标端口号，然后将这个帧发送到与源端口相连接的2×2交换矩阵，在这里交换到目标端口。

如果是采用基于连接的交换模式，则会有一个总控模块来计算出源端口到目的端口应该走哪几个Mux/Demux，以及在这几个Mux/Demux上各自应该选哪条路，然后直接将对应的控制信号并行输送到牵扯到的Mux/Demux上。这就相当于在源和目标端口之间打通了一条实实在在的导线连接，建立通信前，需要先在电路层面建立连接。这就是所谓基于连接的交换网络。建立连接之后，只要源端口把数据放置到端口发送寄存器中，对应的数据信号就会顺着这条通路输送到目标端口的接收寄存器前端，数据沿着通路传递的

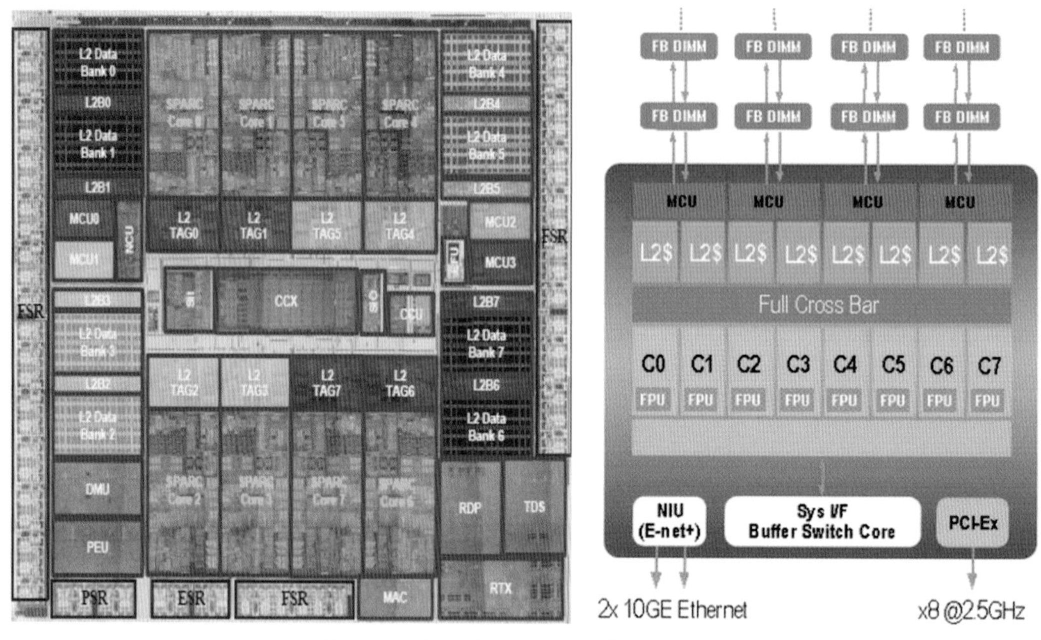

图6-41　传统点阵式Crossbar应用实例（2）

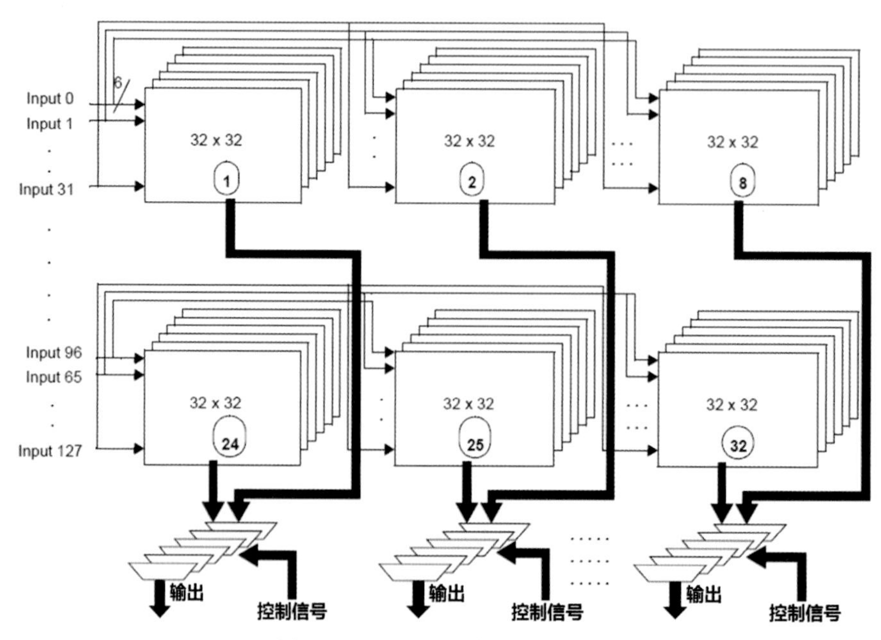

图6-42　Crossbar级联示意图（1）

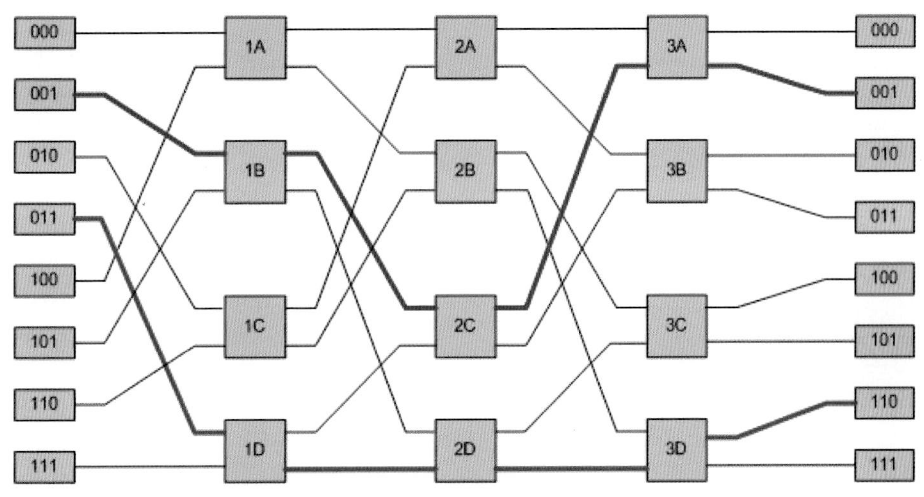

图6-43 Crossbar级联示意图（2）

过程可以在一个时钟周期内完成。在这12个2×2 Crossbar中，可以同时存在多条连接，并行传递多路数据，其总带宽之和被称为该交换矩阵的**总交换带宽**。

仔细观察上图可以发现，该网络并非**无阻塞**（所有端口之间的每个都可以与其他某个端口配对然后收发数据，没有由于连接数量不够而被迫等待的端口）。比如图中的蓝色线和红色线表示已经建立了连通关系。那么，此时111节点如果要与101节点发起通信，就没有可用路径了，必须等待。因为有阻塞，线路不够用，所以需要仲裁。做成完全无阻塞的也不是不可以，那就需要加入更多的Crossbar，成本就会提升。如图6-44所示，只有在特定条件下才能做到无阻塞交换。

显然，基于连接的交换很不灵活，效率比较低，当没有可用的通路的时候，其他通信就需要等待，而已被占用的通路上可能有一些时间又根本没有有效的数据在传递，因为发送方并不是时刻都在发送数据。在第1章中曾经将FIFO队列与Crossbar结合起来，第4章中也曾介绍过流水线的运作模式，尤其是流水线的思路，其用在很多地方都颇有成效。对于这个基于连接的交换矩阵，我们是否可以对其进行改造。首先，源端的信号经过的通路比较长，时延毕竟很高，这样会极大影响时钟频率，如果能够让数据一跳一跳地分成多步向目标端移动，在每一步的前后方放置对应的寄存器或者FIFO队列缓冲，形成传递流水线，这样便会极大地提升整体时钟频率以及并发性，可以同时有多个数据包在传递，效率就会高很多。这就是包交换方式，实现这种方式，还需要改进一个地方，那就是让每个2×2 Crossbar各自维护一个路由表，并判断收到的数据包要向自己的哪个端口转发。相对于集中控制来讲，分布式控制更加高效，因为每次查询的表的范围可以限制得较小，对于提高时钟频率很有帮助。每个Crossbar可以通过预先静态配置路由表，也可以通过自学习的方式来形成路由表。

这种一跳一跳的转发数据包模式学术上被称为**多级网络**（Multi-Stage Network），也就是需要经过多步才能抵达目标端口。图6-43中所示的网络，其每个Crossbar的路由方式是定死的，被称为**Omega网络**（Omega Network），具体实现原理有兴趣的读者可自行了解。IBM eServer p690 服务器所使用的多个Power CPU与内存之间的互联使用的就是Omega网络。除了Omega网络之外，还有Banyan、Delta、Clos、Butterfly等拓扑和路由形式。而之

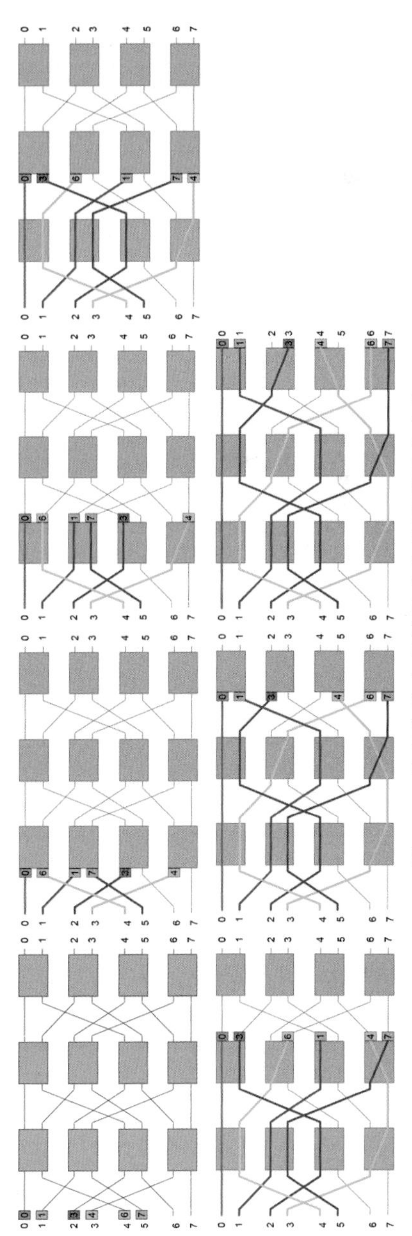

图6-44 只有在特定条件下才能做到无阻塞交换

前那种集中控制的、基于电路连接的方式，学术上被称为**单级网络**（Single-STage Network），因为电路已经连接好了，包在一个时钟周期内就可以从源传到目的。基于连接的交换在节点数量小的时候比较高效，但是当节点数量多了之后，包交换模式就比较合适。

图6-45给出了一个利用16×16 Crossbar堆叠级联而成的256 × 256 Crossbar。当然，这是极早期的设计，用了很多张板子。

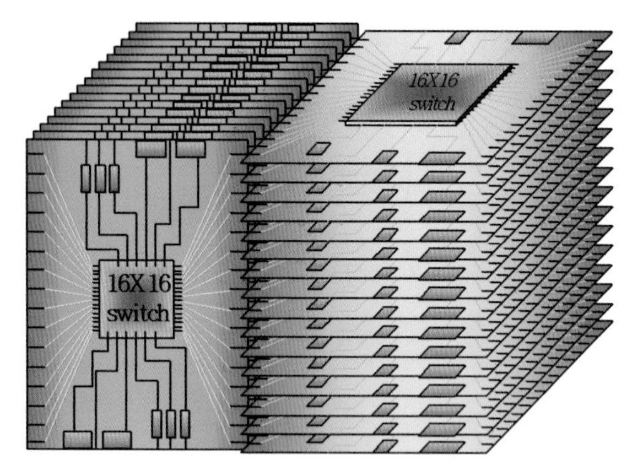

图6-45 Crossbar级联实例图

6.3.2 Ring

用Crossbar互联的优点是时延低，因为到任何一个节点走过的路径短，如果不级联，走几个Mux/Demux逻辑电路就可以了；如果利用点阵式Crossbar，经过一个开关就可以了。但是为了做到多点任意直连，开关或者Mux/Demux的数量将会非常庞大，占用很大的电路面积，成本过于高昂。于是人们设计出了时延高一些，但是非常节省电路面积，同时又可以达到较高时钟频率和吞吐量的新互联方式——Ring（环）。

所有节点都有发送和接收两套电路，这就像该节点的左右手，左手进右手出。它们手拉手在顺时针和逆时针方向各形成一个环，就像大型城市地铁环线一样，数据在这个环线上传递：从左手进来，如果一看不是给自己的，那就从右手再发出去；如果是给自己的，就收进来处理，不再向外发送。每个器件都有自己的地址ID，从环上各取所需，只要碰到带有自己ID标签的数据包，就收进来，否则就继续转发数据到下一站，数据包继续向下传递。这样，每个节点间的线路就会非常简单，长度也会很短，因为它只连接了两个端点，而不是像Switch一样多点互联，那么其运行频率自然就可以非常高。如果把导线数量（位宽）增加，比如增到256位位宽的话，那么两点间的传输吞吐量将会非常高，达到每秒数十兆字节不成问题。但是其代价就是时延会增加，因为随着环上节点数量的增加，数据传递的跳数也就增加了。对于总线或者单级 Crossbar网络，任意两点间一跳直达，而手拉手传递，数据可能会经过多跳才能传过来。如果目标节点在自己旁边，一跳即可，速度会高于总线和Crossbar，因为Ring的频率非常高，位宽也大；但是目标如果相隔自己较远，就得多跳。这也是为什么要同时设立顺时针和逆时针两个环的原因，到目标节点走哪个环更近，就上哪个环。

这里请深入思考几个问题：这个环是否是一个共享环？是否同一时刻只允许2个节点通信？环线上的电势是否处处相等？上面这三个问号，如果答案是肯定的话，那么这个环就与总线没有区别了，只不过总线两端是开路的，如果把总线两端连接成一个回路的话，看上去也是个环，其本质依然还是一个总线。所以上述第一个问号的答案就是“是”，其他都是“否”。总线是共享的没错，但是Ring也是共享的，只不过与总线的排他性共享不同，总线同一时刻只允许2点通信，而这个环同一时刻可以允许多点通信。如果环上有8个点，其中2个点正在传递数据，那么另外2个点也可以同时传递数据。这相当于有一条永不停止的环形传送带，站点1往传送带上扔一份贴有目的为站点2标签数据，与此同时，站点7也可以往传送带上扔一份贴有目的为站点8的数据，传送带往前走，当站点1的数据被传送到站点2时，站点2将其收入，与此同时站点8可能也收到了站点7发送的数据并将其收入，这样多个节点之间可以并行地收发数据。这样算下来，这个环的总传输带宽，是所有相邻的两个站点之间传输带宽的总和，其可达每秒数百吉字节。

如图6-46所示，左下角和上方的两个拓扑其实是同一回事，上面的可以说是线状共享总线，下面的是环状共享总线。但是右下角的拓扑就完全不同了，每个节点都把环路上的信号终结掉，然后再重新发起，每两个节点间的环路都是独立运作的。有不少人也将Ring网络也称为“环形总线”，这可能会给人一种误导。“总线”这个词已经成为一种泛指，泛指那些用于传递数据的导线，而不关心是多点共享、点对点交换，还是多点环路连接。

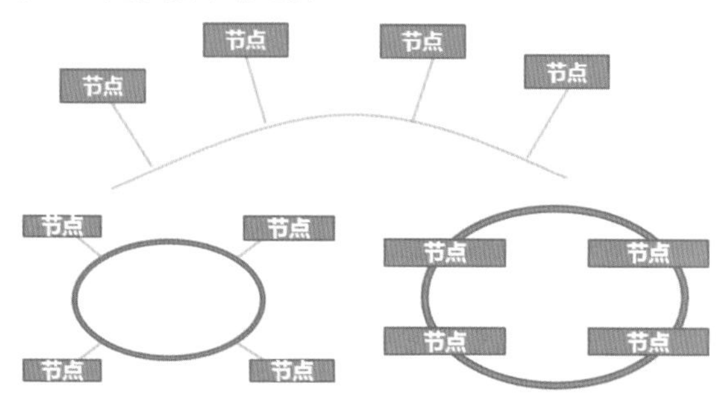

图6-46 Ring和总线的区别

这种环路由于需要一跳一跳地传递数据，所以也属于一种多级网络。节点数量较少的时候，总线效率较高，Crossbar Switch效率最高，但是总线受制于技术原因、Switch受制于成本原因，两者都无法扩展到太多节点。Ring网络的时延增加了，但是却可以以最低的成本和可接受的时延扩展到很多节点。

图6-47为Intel某代CPU内部所使用的Ring网络，蓝色方块为包含L1、L2缓存的核心；深绿色方块为L3缓存，即为LLC；浅绿色方块为L3缓存控制器（CBOX，Cache Controller BOX）。LLC被分为多个分片连接在Ring网络上，而不是集中在一起，分散开之后，就能保证每个核心不至于跨越太长的距离访问LLC，至少有些分片可以离得比较近，缓存行按照地址位的高若干位进行索引以决定放在哪个分片中；深红色部分为SDRAM内存控制器，其中Home Agent是一个实现缓存一致性的部件（后文中会有介绍）；青色部分为用于多芯片间互联的QPI网络控制器（下文就会介绍）以及用于连接外部I/O设备的PCIE总线控制器（I/O相关内容详见第7章）。所有上述部件，全都连接到Ring上。可以看到，橙色的色块表示Ring网络控制器，其上接L1/L2缓存，下接Ring网络，将L1/L2发出的请求载入到环上，或者从环上取出发给自己的请求然后发送给L1/L2缓存控制器。可以看到，图中有逆时针和顺时针传送数据的两条环。单方向的环传送带可并行传送256位数据，也就是说有256根数据导线，运行在很高的时钟频率上，每个时钟周期将数据向前推进一站，也就是两个相邻站点之间的256位/32字节数据传送只需要1个时钟周期。Intel在2017年发布的代号Skylake-EX的CPU转为使用图6-50、图6-56和图6-58中所示的2D Mesh架构来互联多个核心，因为随着核心数量的提升，Ring的扩展性成为了限制，导致任意两个核心之间的路径长度平均值增加，访问时延过高。

图6-48为一个环的局部示意图，囊括了两个站点，可以首尾相接，串接更多站点。其本质上就是将多个FIFO串接起来，这里可以返回到第1章回顾一下关于FIFO的介绍。上一站可以向本站的FIFO中写入数据，本站的模块如果有数据要发送，也可以向本站

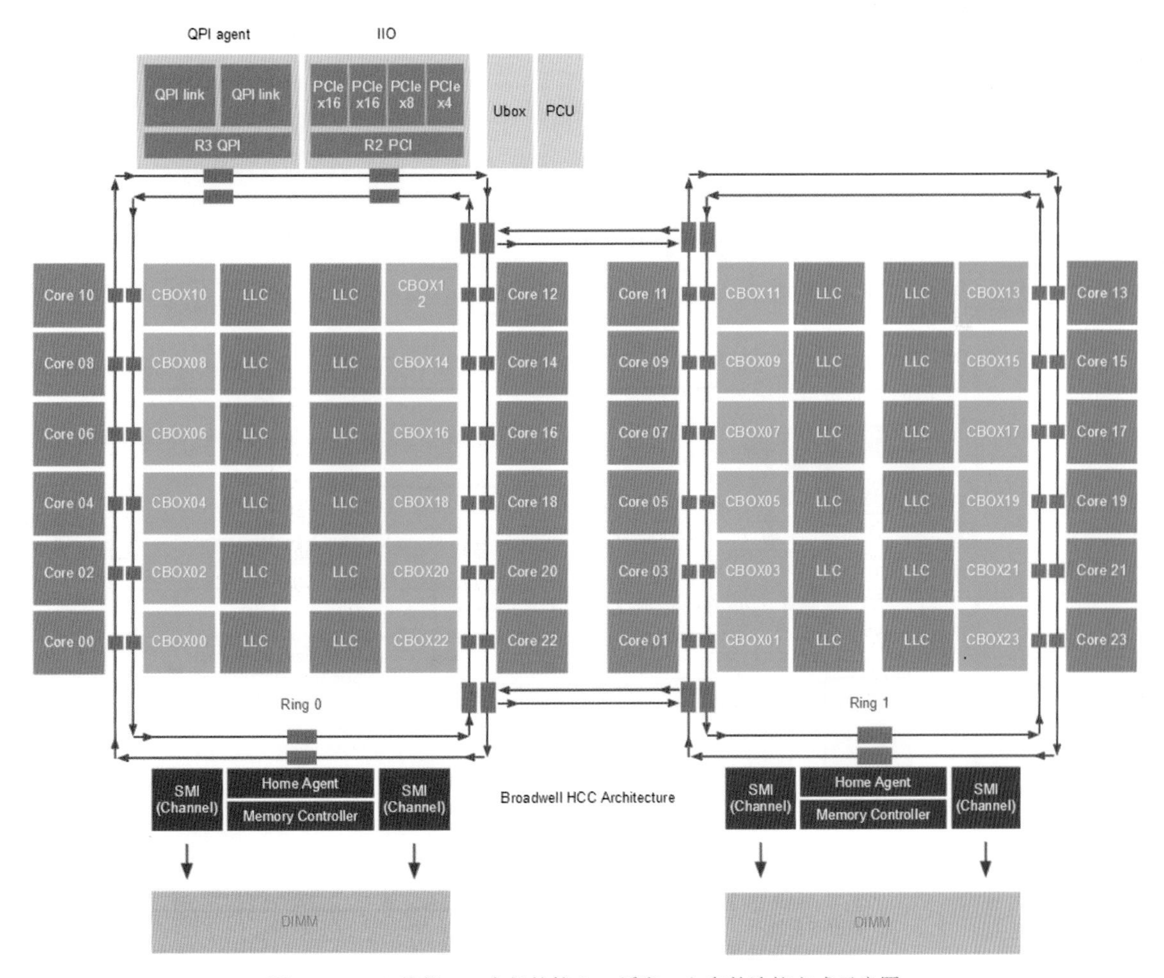

图6-47 Intel 某代CPU内部的核心、缓存、主存的连接方式示意图

中插入数据，这会导致双写冲突，所以必须确定优先级，那就是本站需要临时插入数据时，上一站就不能往本站发送数据，所以本站要向上一站输出写使能信号。同时，本站也需要从FIFO中读取那些发送给自己的数据，FIFO队列前置一个比较器，比较每个请求的目标地址，匹配则通过译码器控制Mux将对应数据读出输送给环收发控制器，后者继而需要更新FIFO的读指针。整个Ring在同一个时钟域以同频率同步运行，由于存在双写冲突，本站用写使能信号制约着上一站，所以两个站点之间不能使用异步FIFO。

在图6-47中还可以看到一个情况，就是两个Ring之间通过两条连接对接了起来，因为所有的LLC分片和所有的核心都必须可以做到两两相互访问，所有跨环访问的请求就必须经过主干线，主干线两端的Ring控制器比较特殊，其会维护一个路由表，以决定每个请求是发送到对端的环接口处还是继续在本环内传递。

第一个使用环线替代总线架构的CPU是2005年IBM/东芝/索尼联合研发的Cell处理器，频率4.6GHz，9核心，1个主核8个辅核，主要用于家用游戏机、高清数字系统等高端场合。其环线包含2个顺时针运转和2个逆时针旋转的128位位宽的数据环线。在实际的设计中，可以将不同的流量分开通过多个环发送，比如请求专用环、应答专用环、数据专用环等。

图6-49为某图像处理专用芯片内部架构。可以看到其使用了6个Crossbar Switch形成了一个星形网络（红色连线），同时又将4个13×13的Crossbar串接起来形成了一个Ring。每个Crossbar下面挂接了若干个处理单元（比如图中的SPE等），这些处理单元或

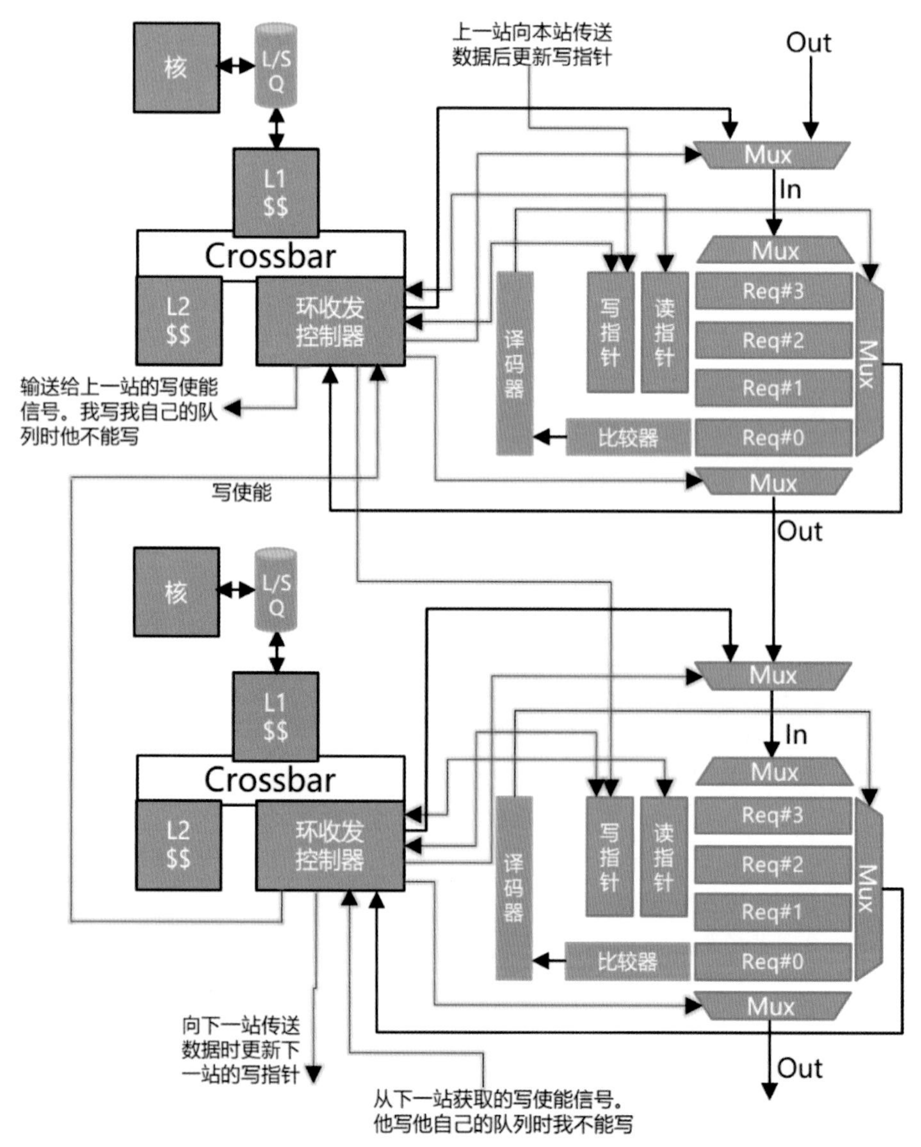

图6-48 Ring网络的实现示意图

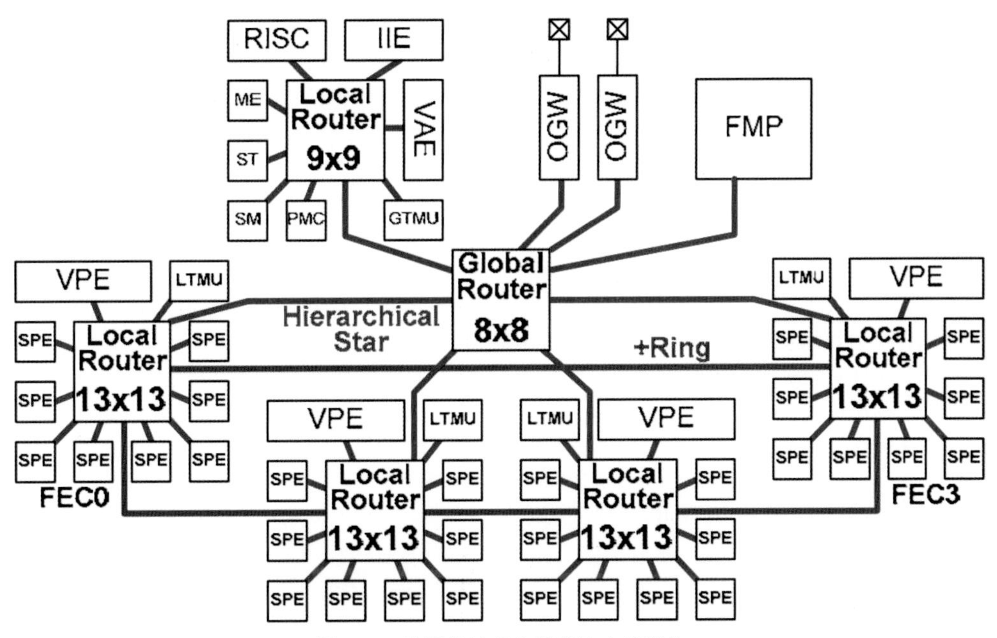

图6-49　某图像处理专用芯片内部架构

者是纯数字逻辑电路，或者是可编程可运行代码的CPU，或者是SDRAM控制器。

6.3.3 NoC

Crossbar和Ring是比较常用的两种用于多个核心、缓存之间互联的网络方式。Crossbar成本高、时延低，用于接入节点少，更加追求时延的地方，比如图6-48中核心、L1缓存、L2缓存之间的连接；Ring相对成本较低，就用于核心、LLC之间的连接。还有一些连接方式，用于连接更多的核心，比如几十上百个。

图6-50左图为一个**Full Mesh**（全网状）网络，其中每个方形表示一个5×5 Crossbar，每个圆形表示一个器件（比如核心的L/S单元或者缓存控制器，或者SDRAM控制器等）。每个Crossbar用4个端口分别与东西南北方向上的Crossbar连接，形成多级网络，数据在这个网络上一跳一跳地被转发到目的地。由于包交换方式更加高效，所以目前已经几乎没有网络使用基于连接的方式了。每个Crossbar都记录一份涵盖全网的路由表。这种分布式Crossbar多跳网络，相比任意两点都可以直接互联的大型Crossbar来讲，会节省很多成本，占用面积也可控，属于线性增长，每增加一个节点，只需要增加一个5×5 Crossbar即可，其以时延作为代价换来了高扩展性。

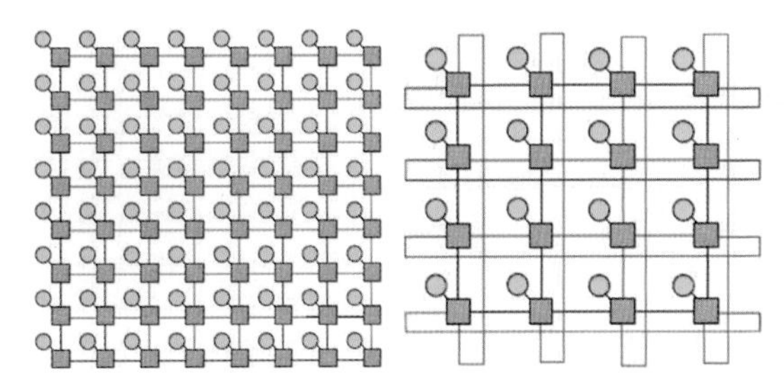

图6-50　2D Mesh和2D Torus分布式交换矩阵

相对于图6-43中Switch矩阵只在其边缘Crossbar上连接了器件，这个Full Mesh网格内的每个交叉点处的Crossbar都可以连接器件。这种每个器件跟着一个小Switch的网络互联方式被称为**直接网络**（Direct Network），而之前那种只在网络边缘连接器件的则被称为**间接网络**（Indirect Network）。可以看到，这个矩阵用了64个5×5 Crossbar，支撑了64个器件的互联通信。其相距最远的两个几点间隔了14跳，忽略其他因素的话，相当于路由一个数据包最差需要15个时钟周期。为了解决这个问题，另一种拓扑出现了，观察一下即可发现，这个矩阵的边缘Crossbar其实是有一路线路没有任何连接的，如果将每一行和每一列的首尾Crossbar的这条空闲线路连接起来之后，就形成了图6-50右图所示的结构，这个结构学名叫作**Torus**，也就是带有环的Mesh拓扑。经过这样的设计，有些相隔很远的节点间通信就可以抄近道了。但是不管怎样，在这种大范围网络中，两点之间通信的平均时延一定是增加一大截的。

Full Mesh网格接入大量的节点，时延也增加了，但是却换来了很高的灵活性和较低的成本，以及极高的扩展性。通常，人们习惯于将连接多台独立计算机的网络称为Network，而将芯片内部或者多个芯片之间的互联网络称为**Fabric**，而将这种嵌入到单个芯片内部的用于连接片内多个不同模块的大规模互联网络称为**NoC**（ Network on Chip，片上网络）。NoC已经属于计算机网络了，在NoC中可以实现更多有趣的特色技术，比如QoS（Quality of Service），也就是决定先转发哪个请求，后转发哪个，每个节点Crossbar的接收和发送端口上可以增加队列缓冲，以实现QoS优先级控制；再如实现更先进的流量控制策略，更加充分地利用队列；利用更先进的路由算法和拥塞判断算法，算出从哪条路走到目标节点更加顺畅。该领域内主要研究方向是如何让网络更加高效和低功耗、占用面积更小。

如果将图6-50中所示的Torus作为一个独立单元，然后多个Full Mesh网络再次互联的话，就会在更高维度上形成一个网络，称之为3D Torus。如图6-51所示，将多个2D Torus在Z轴方向上用环首尾串起来就形成了3D Torus。同理，3D Mesh就是Z轴方向串起来多个2D Mesh，但是并不首尾相连。值得注意的是，这些拓扑看上去是立体的，但是做到芯片中是可以在一个平面上的，只把导线立体架空，这里可以回顾第3章相关内容。当然，目前也有3D芯片，也就是制作多层半导体开关及导线，有兴趣可自行了解。

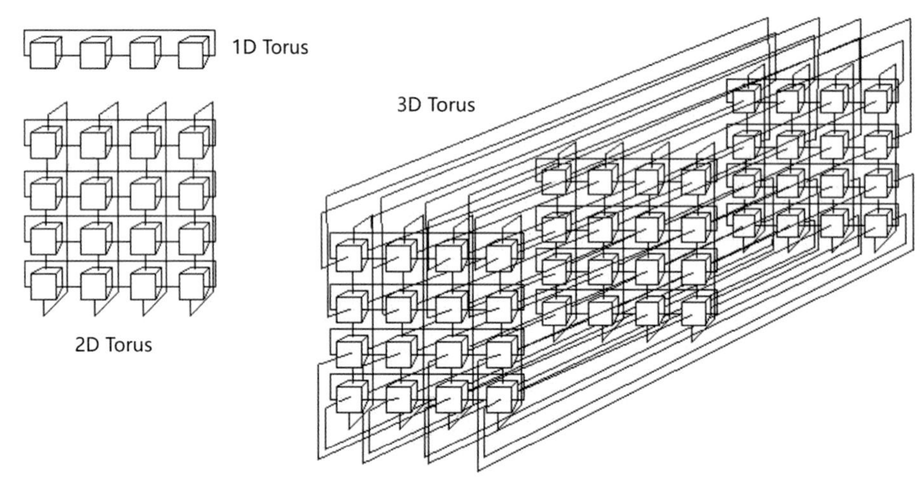

图6-51　3D Torus交换矩阵

如果将多个3D Torus再次按照某种方式连接起来呢？那就是4D Mesh/Torus，4D再次堆叠就是5D，而一般如此大规模的网络，是不可能用在NoC中的，一般只有超级计算机集群才会用到3D以上维度的网络，此时每个节点都是一台独立的计算机。比如，图6-52就是IBM蓝色基因超级计算机集群采用的5D Torus。

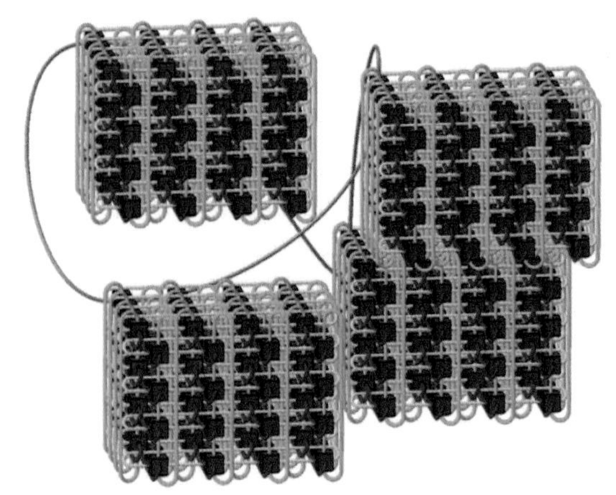
图6-52　5D Torus网络拓扑

图6-53为另外一些常用Fabric拓扑。HyperCube超立方也是Intel QPI网络（多个CPU芯片间的互联）所使用的拓扑，详见后面章节；胖树（Fat Tree），好胖一棵树，它的胖体现在越是处在高层的节点，其上联或者下联带宽就越宽（胖），因为高层节点要保证最底层节点间任意两点通信的无阻塞或者少阻塞，降低不同节点间互访的带宽差距，天河II超级计算机就是用胖树网络拓扑连接大量计算机节点的。至于金字塔（Pyramid）拓扑和蝴蝶展翅（Butterfly）拓扑比较少见。图6-54左图为胖树拓扑的另一种连接方式。右图则是一种Triple Ring架构，三串节点两两互相串接起来，Intel在其12核心的Ivy Bridge CPU微架构中就是利用Triple Ring来串接其12核心的。另外还有带弦环、带环立方体，请自行体会吧。

如图 6-55所示为ClosNetwork拓扑。

网络中相隔最远的两个点（跳数最多）之间的跳数被称为这个网络的**直径**。

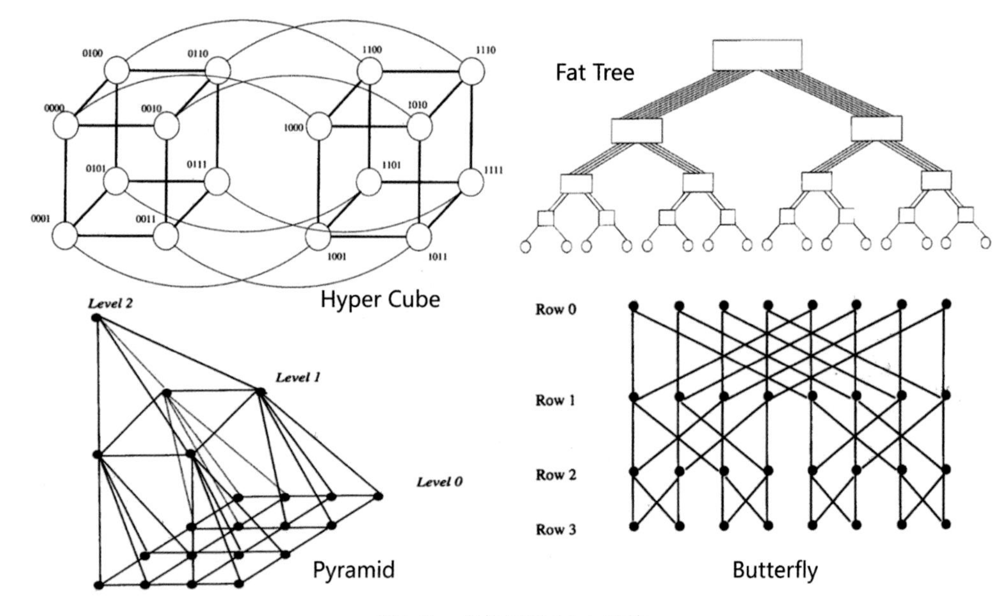

图6-53　其他互联Fabric结构

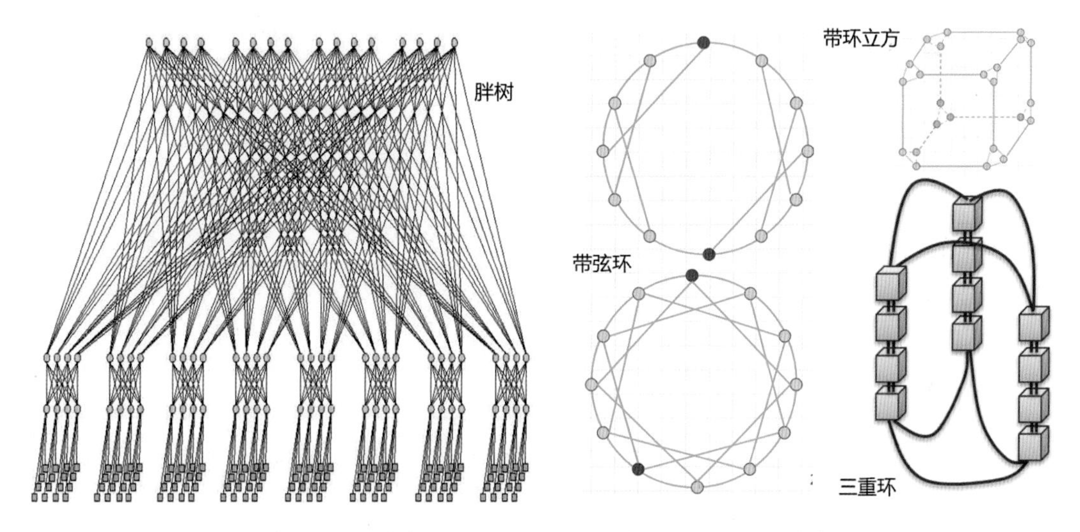

图6-54　胖树拓扑、带弦环、带环立方体以及Triple Ring拓扑

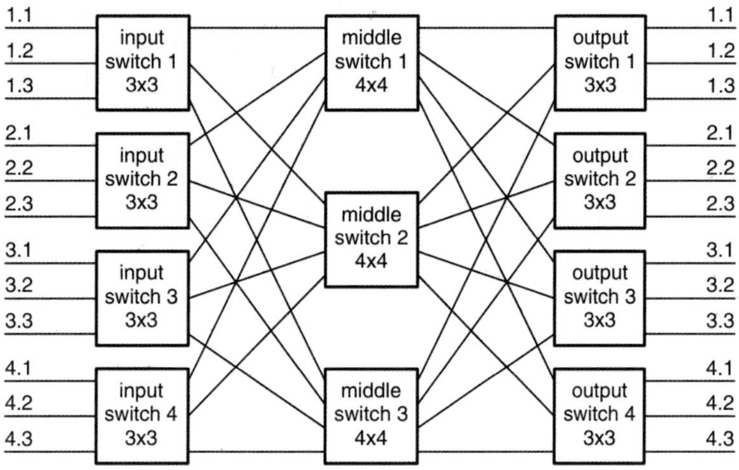

1.1 1.2 1.3 — input switch 1 3x3
2.1 2.2 2.3 — input switch 2 3x3
3.1 3.2 3.3 — input switch 3 3x3
4.1 4.2 4.3 — input switch 4 3x3
middle switch 1 4x4
middle switch 2 4x4
middle switch 3 4x4
output switch 1 3x3 — 1.1 1.2 1.3
output switch 2 3x3 — 2.1 2.2 2.3
output switch 3 3x3 — 3.1 3.2 3.3
output switch 4 3x3 — 4.1 4.2 4.3

图6-55　Clos Network拓扑

6.3.4 众核心CPU

图6-56为某64核心CPU架构图，其中每个CPU核心、SDRAM控制器、外部I/O控制器都连接着一个5端口的Crossbar Switch，它们互联成2D Full Mesh网络。每个Switch上有多条链路，分工各不相同。其中IDN 承担针对外部设备控制器寄存器的访问，也就是I/O访问，MDN承担缓存不命中之后的一系列访存操作，TDN和VDN负责节点之间的内存访问和缓存一致性同步，UDN和STN负责程序层面的数据传递。

图6-57所示为某80核心CPU的芯片图和架构图，每个核心节点附带一个5方向的路由器，所有节点组成Full Mesh网络互联。人们将在同一个芯片内集成几十到上百级别的CPU核心的CPU芯片，称为**众核心**（Many Core）CPU。众核心CPU的应用场景一般都是要求大量线程并发，但每个线程对性能要求并不是很高，因为芯片面积有限，核心数量多，那其他特性规格就得降低，包括缓存、分支预测、乱序执行等。

图6-58～图6-60为某Flash控制器芯片内部架构示意图。Flash控制器由于需要处理针对闪存的各种读写命令和控制逻辑，需要处理大量元数据和做统计计算，所以需要较强处理能力，而且需要充分并行化和流水线化。从图中可以看到其包含16个CPU核心，核心之间同样是用2D Full Mesh方式的Fabric互联。每个节点路由器（本质上就是Crossbar Switch）有5个多位宽并行端口用于各个节点间通信。另外如图6-58所示，其采用了两张Full Mesh网络，一张用于传输实际数据，另一张用于传输管理和配置消息。

从图中可以看到，除了通用CPU核心之外，其还包含了外围接口控制器，包括DDR内存控制器、PCIE总线控制器和后端Flash芯片通道控制器；以及各种加速器，包括缓冲分配管理加速器、链表加速器和XOR计算加速器。这些加速器也都是通过节点路由器与其他部件通信，包括访问RAM。

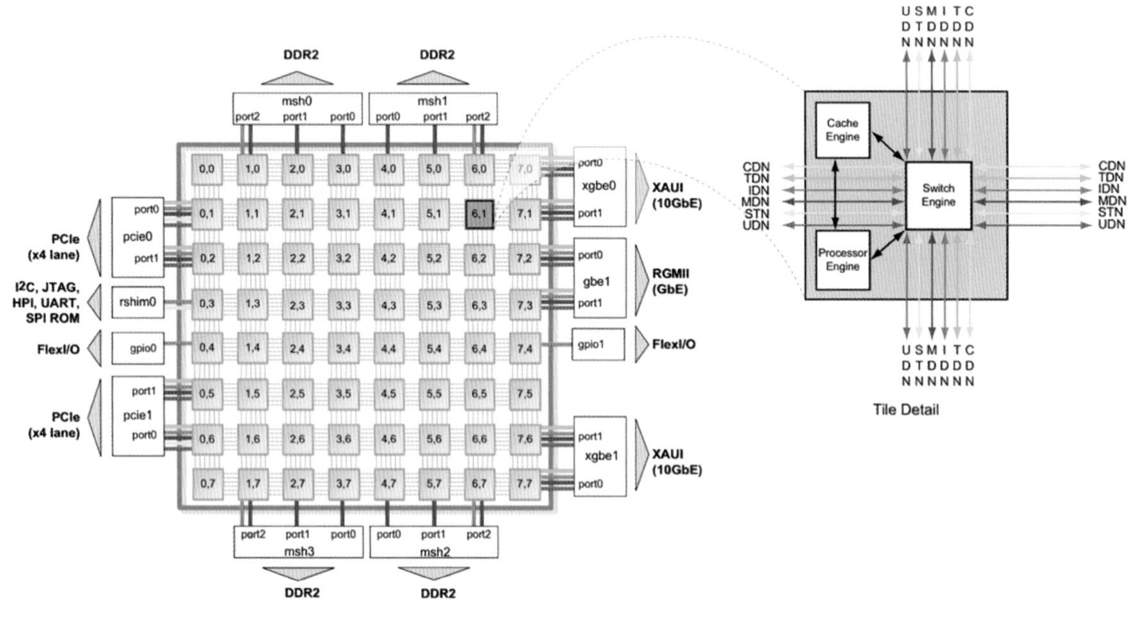

图6-56　某64核心CPU架构

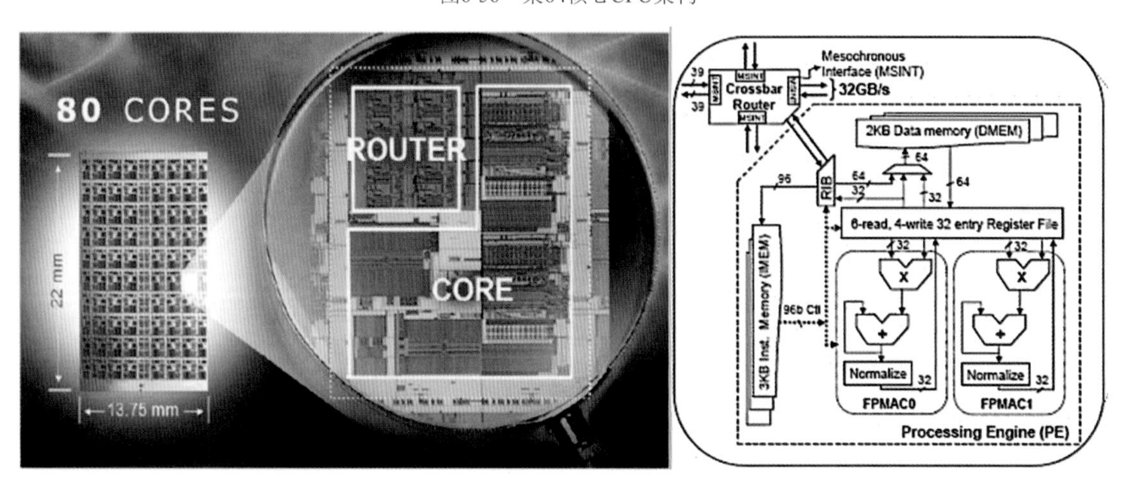

图6-57　某80核心CPU的芯片图和架构图

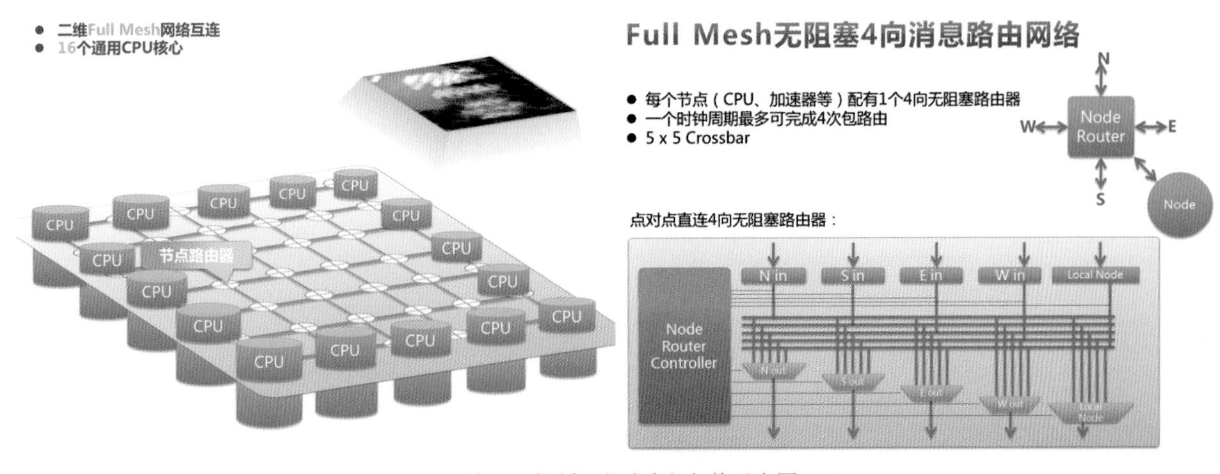

图6-58　某Flash控制器芯片内部架构示意图（1）

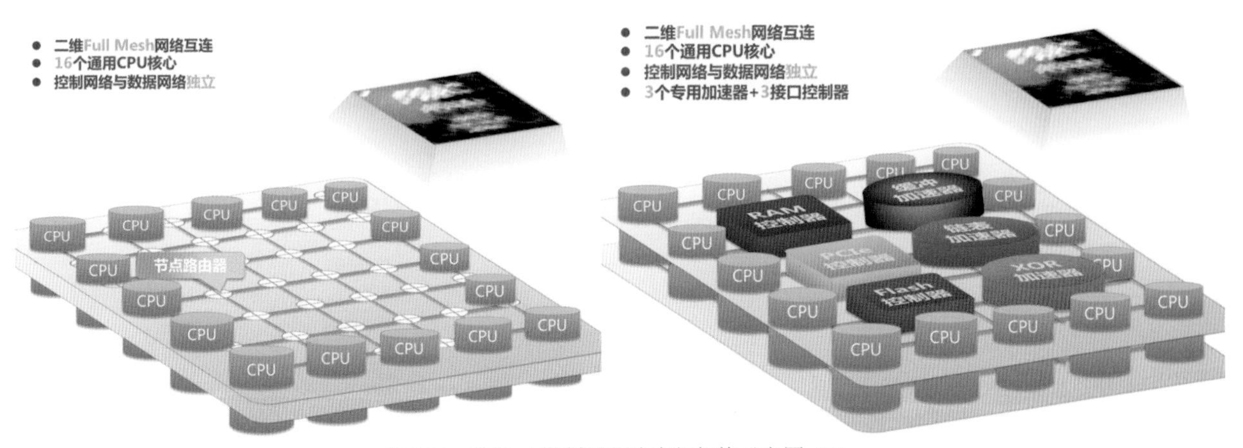

图6-59　某Flash控制器芯片内部架构示意图（2）

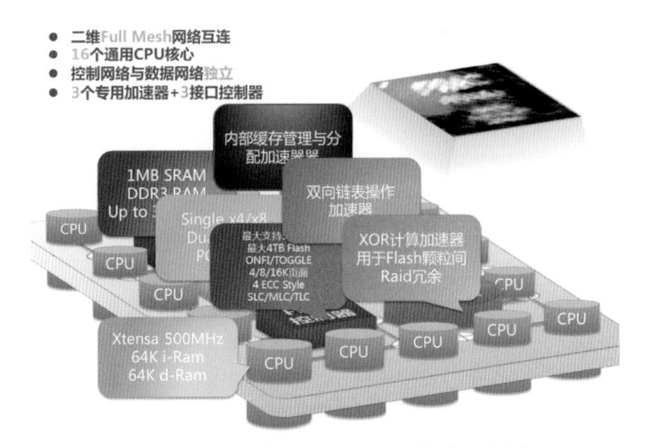

图6-60　某Flash控制器芯片内部架构示意图（3）

图6-61为某通信领域信号处理专用芯片内部架构。可以看到其6个处理模块各自通过一个5端口Crossbar Switch互联形成了一个2D Full Mesh网络。其中，OFDM（正交频分复用）模块是一个纯数字逻辑，其作用是对信号进行调制；FHT模块（滤波反投影算法）也是纯数字逻辑；MEM表示该模块是一个SDRAM控制器，其会挂接一定容量的SDRAM内存；80c51是Intel公司的极简化的CPU，俗称51单片机，用于总控，可运行代码。51单片机将操作码以及待处理的数据在SDRAM中的位置（指针）通过Mesh网络传递给OFDM或者FHT模块，然后由这两个模块自行根据指针去SDRAM中将数据取回、运算、写回SDRAM，这个过程中发生的访存指令、数据的传递都需要经过Mesh网络。

图6-62为上述芯片内部某模块中的5端口Crossbar Switch的近观图。

图6-63左图为该芯片的布局图，可以看到上述的各个模块，以及Switch模块在芯片中的布局位置。右图为OFDM模块内部的布局图，其是一片可编程门阵列（FPGA），可以将自己的电路动态地设计进去，关于FPGA的介绍详见本书后续章节。NoC Interface就是该模块与5端口Crossbar Switch的交互接口，数据的收发都要经过该Interface模块，Interface模块作为该OFDM模块的一个I/O设备而存在。

总结一下一些过气的大中型计算机以及超级计算机系统中所使用的互联Fabric（不区分是片内互联还是片间、机器间互联）：Sun Fire E25K（18 × 18单Crossbar）、Bull NovaScale（Crossbar）、Cambridge Parallel Processing Gamma II Plus（Clos

Network）、Unisys Server ES7000（Crossbar）、Cray Inc. X1（Crossbar）、Fujitsu/Siemens PRIMEPOWER（Crossbar）、Hitachi SR11000（3D Crossbar）、HP 9000 SuperDome（Crossbar）、HP Integrity SuperDome（Crossbar）、HP/Compaq GS series（2D Torus）、Compaq AlphaServer SC45 Series（Fat Tree）、IBM eServer p690（Omega Switch）、IBM BlueGene/L（3D Torus、Tree）、NEC SX-6（Omega Network）、NEC TX-7 series（Crossbar）、Quadrics Apemille（3D Mesh）、SGI Altix 3000 series（Crossbar/HyperCube）、HP Integrity SuperDome（Crossbar）、SGI Origin3900（Crossbar/HyperCube）、MasPar MP-2（2D Mesh/Crossbar）/Alenia Quadrics（3D Mesh）、Gordon（3D Torus）。图6-64为1993年推出的Cray T3D（Torus 3D）大型计算机，其最大可以将2048个DEC Alpha CPU用3D Torus拓扑互联起来，形成一个多CPU

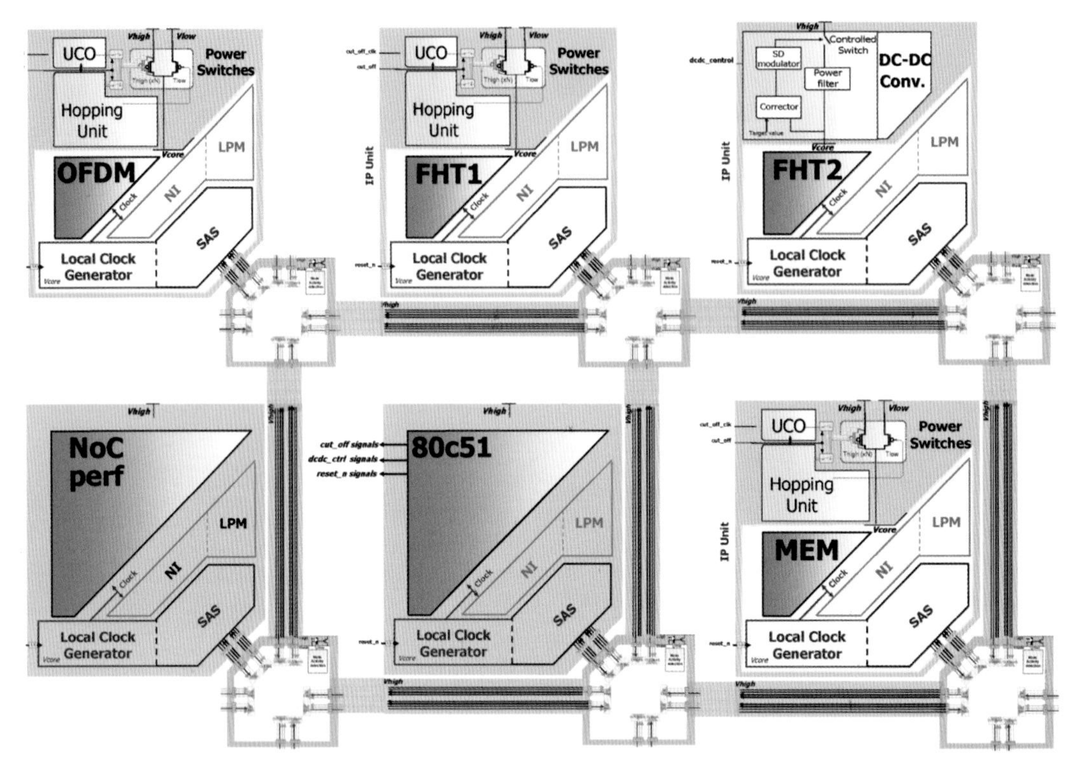

图6-61　某通信领域信号处理专用芯片内部架构

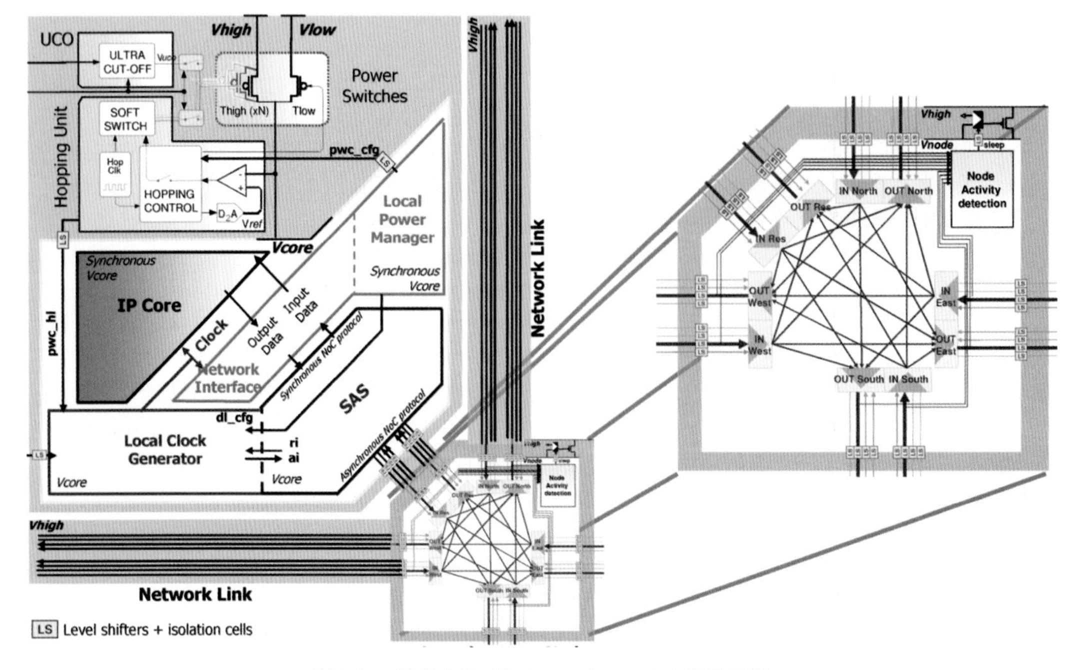

图6-62　模块中的5端口Crossbar Switch的近观图

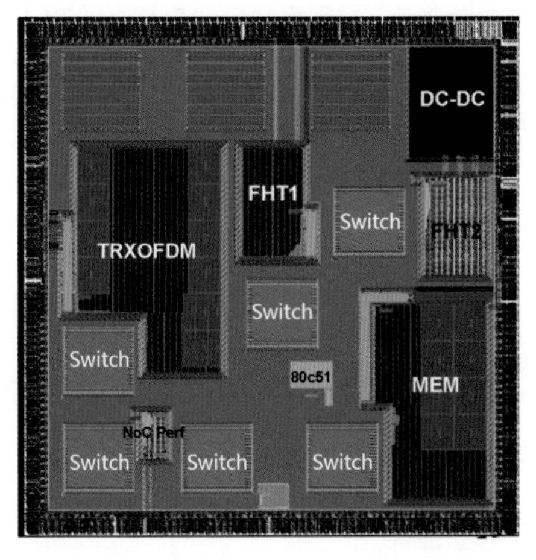

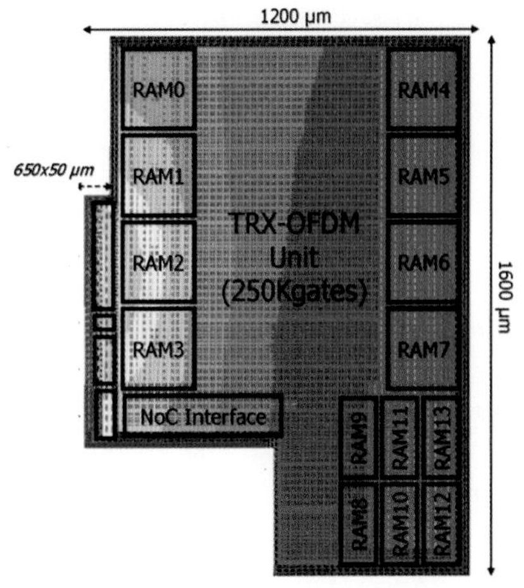

图6-63 上述芯片的布局图

的大型计算机。

图6-64 1993年推出的Cray T3D（Torus 3D）大型计算机

6.3.5 多核心程序执行过程回顾

走得太远之后，别忘了回眸过去，温故知新。看到Cray T3D将2048个CPU互联成网络，在惊叹之余，你也不妨就下面一连串的问题自问自答一下：

这么多CPU到底是如何执行程序（或者确切地说，线程）的，它们是怎么知道各自要执行线程的程序入口地址的？所有的CPU首先执行的是线程调度程序，由调度程序把对应的栈指针、页表指针等都载入CPU寄存器，准备好之后，直接跳转到目标线程上一个断点入口地址从而执行的。

那么线程调度程序又是怎么被执行的？线程调度程序可以通过外部中断被触发执行。每当外部的电子表强制中断CPU之后，CPU保存现场然后根据中断向量表中所描述的“中断号~中断服务程序入口地址”对应关系，找到时钟中断号对应的入口地址，跳转过去执行。时钟中断服务程序在做一些计时和其他操作之后，跳转到线程调度程序执行。每个CPU在被中断之后都跳转到同一份中断服务程序执行，但是至于哪个CPU做什么事情，则由中断服务程序根据CPUID指令返回的结果来定，比如CPU1负责更新系统时间从而让用户看到，CPU2则去做其他某件事。当所有CPU都运行线程调度程序的时候，线程调度程序也根据CPUID来判断，比如CPU1跳转到线程1入口执行，CPU2跳转到线程2入口执行，不断循环上面的动作，时钟中断大概每10ms级别中断一次。

中断向量表又是谁准备好的？CPU被中断后又怎么知道向量表在哪个地址从而去查表的？中断向量表被BIOS程序准备好放在SDRAM中某处，然后再用特殊的指令将表入口地址指针更新到CPU内部的专门用于存放中断向量表指针的寄存器中，CPU内部的电路就知道了。

BIOS程序是怎么被执行的？BIOS程序被放置在一片ROM存储器中，一般为2MB大小，以某种方式连接到系统总线上，这2MB可以直接被CPU发出的地址信号寻址到，其地址被外围访存硬件默认映射到位于整个地址空间的最高位置，负责访存的外围电路只要一看到是访问这段地址空间的，就自动将访存请求转发给ROM控制器执行，读出对应地址的代码供CPU执行。对于多核心/CPU系统，所有核心加电之后默认都从该地址段读出BIOS的代码执行，也就是说所有核心都会运行BIOS，BIOS里的代码根据CPUID返回的信息，选举出其中一个核心作为主核心，只让它继续执行BIOS后续的代码，然后把其他核心关掉（Halt指令），让其不执行代码，处于睡眠态。当BIOS把一切都准备好之后，操作系统启动，此时其他核心依然睡着呢，操作系统要把喂给每个核心的线程准备好（当然一开始没有用户线程，只能喂给它们Idle线程了），然后让主核心向其他核心发出一个核间中断信号（Inter Processor Interrupt，IPI，详见第10章），在这个信号中告诉醒来的CPU跳转到哪里去执行代码，这里当然是线程调度程序入口处了。这样，所有的核心都醒来然后各自去执行线程调度程序，从而被分派不同的线程运行。这一步之后，所有的核心都处于同等地位，不再区分主核心和睡眠核心。关于多核心系统启动过程，后文中还会有更具体的介绍。可以看到，将核心之间相互连接起来，并不仅仅是为了实现缓存一致性同步，核间中断信号也需要通过这个互联网络来传递。

BIOS都做了什么？它是怎么知道系统中有哪些外部设备的，比如电子表？BIOS执行后做的第一件事就是执行POST（Power on Self Testing，上电自检）过程，BIOS程序通过读取I/O桥对应的寄存器来获知当前所有连接到I/O桥上的外部设备信息，然后加载内置在BIOS中的对应设备的驱动程序，对这些设备做初始化配置（将一些选项控制字，比如运行速率、运行模式等，写入到对应设备控制器的寄存器中；对于一些即插即用的设备，还需要将其寄存器映射到CPU全局地址空间中，也就是分配一段地址并将地址指针写入到这些设备的寄存器中，同时将对应的路由记录更新到外围负责访存的电路模块中），并对设备做必要的检查。比如读取其状态寄存器，看看其是运行在正常状态还是处于某种故障状态；对SDRAM中的每个字节进行读取操作，看看SDRAM内部的存储单元是否都无故障（当然这一步会很长，因为要把所有字节都读取一遍，甚至写入一遍再读取一遍，这取决于不同的策略和对可靠性的要求级别）。这个过程称为设备扫描和自检。自检完后，BIOS程序将所有正常设备的信息生成一张表保存在SDRAM中某固定位置，表中包含每个设备控制器对应的操作寄存器的地址。同时，生成中断向量表，并用BIOS自带的中断服务程序绑定到对应的中断号上。

BIOS自带了设备驱动程序以及中断服务程序，这不都准备好了，程序直接就可以运行了，为什么还需要操作系统？BIOS中的B表示什么？表示Basic，基本的，它只提供基本的初始化和运行支撑，其他一概没有，比如计算器等各种应用程序。它只会内置那些非常通用的设备驱动程序，比如USB、P/S2等，有些比如独立声卡、显卡、网卡等高端设备是无法驱动的，但是BIOS依然会看到这些设备的存在。所以，操作系统做的事情就是提供更加丰满的运行支撑，不但加载最新的设备驱动，而且把中断服务程序也替换掉，因为OS提供的中断服务程序拥有更强的性能和功能。另外还有关键的一点，BIOS运行在实模式下（还记得吗？回顾上一章），对运行程序是极度不友好的，OS运行之后，会利用页表将所有程序运行在保护模式下，更方便。早期的DOS操作系统就是在BIOS的基础上直接在实模式运行的，利用BIOS提供的驱动和中断服务程序，自己做了上层的东西，比如文件系统和其他一些模块，这也是其名曰磁盘操作系统（Disk Operating System）的原因。

BIOS及其内部的驱动程序是谁开发的？开发商用计算机、服务器的BIOS程序的厂商主要有：Phoenix、AMI、Insyde、Byosoft等。驱动程序一般已经是公用的了，比如USB、P/S2控制器驱动程序，都是开源的，BIOS厂商自己集成进去就可以。至于非广泛普遍使用的设备，谁开发的设备，谁就得开发驱动。

6.3.6 在众核心上执行程序

对于二十世纪的Cray T3D这种机器来讲，所有CPU看到并共享同一个地址空间，它们发出的访存请求会被路由到正确的目的地，这被称为**共享内存**架构。从图6-64中也可以看出，在那个时代，芯片集成度很低，不得不用大量的电路板把大量的单个CPU芯片用网络互连起来。对于当前的众核心CPU来讲，一个芯片就能集成几十上百个CPU核心了，但是其网络互联的基本架构相比Cray T3D并没有本质变化，只不过是众多的导线都在芯片内部了。随着进一步阅读本书，你会知道，对于当前的众核心CPU来讲，做到共享内存并不是不可以，但是目前CPU运行频率比较高，吞吐量比较大，而一个访存请求跨越大规模网络到达目的地的时延太高，CPU会浪费太多时间原地等待（封闭相关的WE信号，封闭流水线），所以对于基于NoC的芯片，有很多产品不支持共享内存，这些产品或者无法直接寻址SDRAM（外围访存电路只能把访存请求路由到缓存），或者可以直接寻址但是不推荐，性能会非常差。在这些产品上运行的程序需要重新设计。

不支持直接寻址SDRAM的众核心CPU一般会提供数百KB的SRAM存储器，核心只能直接寻址这块存储器（还记得第3章中介绍过的Scratchpad RAM么，就是这个），所以地址线的位宽可以比较低。这就意味着多核心上的程序不能直接相互通信，比如核心1上某个线程将某个变量放在A地址，A地址指的是它自己的SRAM中的地址，这个地址是一个只能由该核心自己看得到的本地地址，其他核心访问不了这个地址，也就是说核心2如果发出访问地址A的请求，其访问到的是核心2自己的SRAM里的地址A，这里放的可不是那个变量。所以，多核心上的程序想交换数据的话，就得把数据放到核心外部、位于NoC某个节点上的SDRAM，其他核心再从这里拿走。但是SDRAM又不可以被直接寻址，如何访问它呢？需要给NoC接口收发控制器发送请求“我要访问SDRAM节点内部的第1024字节，拿到数据后请放置到本地SRAM中的第4096字节处”，NoC接口控制器的驱动程序会提供对应的API，比如Read_byte()、Write_Byte()等，上层程序调用之即可，驱动程序负责读写NoC控制器对应的寄存器，将上层程序传过来的参数写入其中，NoC控制器则自行封装出一个访存请求数据包，包中含有SDRAM节点的ID号、要访问的字节号、源节点ID号等控制信息，数据包被载入NoC路由到SDRAM，后者返回数据到发送方NoC控制器，NoC控制器再把数据放置到SRAM中指定地址，然后中断发送方CPU核心，处理该条数据。

提示

实际上，对于一些尺寸比较小的请求消息类数据，当某线程需要向其他线程发送请求的时候，可以直接由发送方通过NoC发送给接收方，而不是把消息放到SDRAM里（走数据NoC）再让对方来拿，这样能够节省很多来回。有些产品甚至使用了两个NoC来分别传送数据和消息，比如图6-59所示的芯片。传送消息的NoC被设计的带宽小一些，但是时延也更低一下，运行频率更高一些。

这样看来，多个线程还是可以共同访问SDRAM么？不也应该被称为共享内存么？一般来说，“共享内存”这四个字的含义已经被狭窄限定为“多个核心看到同一个地址空间且直接用Load/Stor指令就可以寻址全部空间”了。

可以看到，上述对SDRAM的访问方式，与访问硬盘等外部I/O设备别无二致。把SDRAM当作I/O方式来用，是有设计上的考量的，设计师完全可以加宽CPU核心的地址线让它可以寻址更大空间，同时把负责访存的电路与NoC控制器对接起来，只要收到访存请求落入了SDRAM，硬件自行操纵NoC控制器寄存器，让后者把访存请求载入NoC网络路由到目的，这样就可以实现透明的共享内存。

设计师之所以将RAM搞成了I/O，其原因有两个：第一是节省硬件资源；第二则是提升吞吐量。第二点原因看上去不太应该，将直接访存搞成I/O还能提升吞吐量？这可能与很多思维背道而驰。由于在一个芯片上要做大量核心，众核心只能降低核心内部控制逻辑的功能和复杂度，所以单核心性能都不会很高，其L/S单元队列深度很低，缓冲小，几乎就是同步操作了，L/S单元未返回数据之前，整个流水线就被阻塞了，严重影响吞吐量。这里可以回顾一下第4章流水线方面的内容，高时延的操作会极大降低吞吐量，其解决办法就是实现异步化。异步化的前提条件是必须积压足够多的请求在队列中，但是即便L/S单元中的队列再深，也得看程序自身，如果只有一个线程且顺序执行的，前一条指令不执行完，后一条几乎得不到执行，再加上众核心很有可能砍掉乱序执行特性，不支持超线程，那么队列中根本压入不了几条访存指令，即便异步化也得不到高吞吐量。所以，更好的办法是，由程序预先将需要访问的数据批量、大块地从SDRAM中读入本地SRAM中，然后本地执行，这就像非众核心架构的CPU场景下，程序预先把代码从硬盘载入内存，再执行一样。

传统CPU上运行的程序，可以肆无忌惮的任性，丝毫不关心某个地址对应的数据放在哪，怎么样才最快。而众核心上的程序就得精打细算了，所以，众核心基本被广泛用于专用场景，比如防火墙、流处理、视频处理等。大数据分析其实也很有应用潜力。所谓网络处理器（Network Processor，NP），多数也使用了这种众核心架构，因为要达到充分的并行性，核心数就越多，并行度越大，再辅之以一些专用数字逻辑。然而，通用CPU可以通过进行不断的线程切换，也能实现类似的并发操作，但是其并发是分时的、假的。

IBM的Cell/B.E处理器是一款单芯片的片上多核心系统。其在同一颗芯片中集成了8个支持128位SIMD的专用CPU核心（没有缓存，只有256KB的可直接寻址SRAM），以及一颗PowerPC通用CPU核心（单核性能较强，有L1、L2缓存），再加上内存控制器、I/O控制器，所有部件连接在一个Ring上，如图6-65所示。

整个系统的支撑程序，也就是操作系统，运行在PowerPC CPU上，用户程序的主线程也运行在其上。其他的核心则运行辅助线程，主线程负责任务分派，辅助线程负责任务执行。运行在PowerPC CPU上的主线程将任务数据的指针和描述信息（比如由哪个辅助线程执行，结果放到哪个SDRAM地址等）放到RAM中某个队列中，然后运行在辅助核心上的辅助线程从队列中读出任务描述信息，如果是给自己分派的，则根据指针从对应位置取走数据、计算处理然后将结果写回RAM，然后发出一个中断PowerPC（这种由一个CPU核心向另外一个CPU核心主动发出的核间中断，其并非由外部设备发出），运行在PowerPC上的中断服务程序调用对应的下游程序处理已经完成的结果，做收尾工作，然后输出到显示器、声卡或者外部网络等。

提示

这种内部不对称处理架构的CPU被称为**异构多处理器**（Asymmetric Multi Processor，**AMP**）。有些核心或者纯数字逻辑专门负责计算，有些核心专门负责协调、派发任务。相比之下，同构多处理则器是（Symmetric Multi Processor，**SMP**），每个核心的分工相同，都是对称。目前几乎所有的通用多核心CPU都是SMP方式的。而专用芯片，比如视频处理、信号处理、网络包处理等芯片，一般采用AMP方式。

SIMD专用辅助核心上运行的辅助线程与PowerPC上运行的主线程完全隔离，每个辅助线程各自只看到自己的256KB的地址空间，所以辅助线程的代码+数据不可超出256KB。辅助核心的地址线位数就可以是

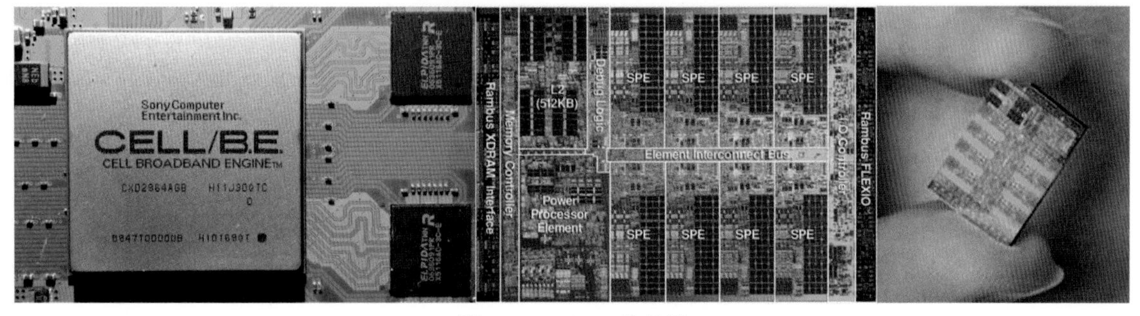

图6-65　Cell/B.E处理器

$log_2 256K$。外部的DDR RAM并不被纳入辅助核心的地址空间，而是按照上文中介绍的方式访问SDRAM。但是PowerPC CPU依然按照传统方式访存，外围访存硬件会保证SDRAM空间是被纳入它的可寻址范围的。

通用CPU在RAM和L/S单元之间会有一层缓存，并由硬件来管理，而Cell处理器内部的SIMD辅助核心并没有管理缓存的硬件，实际上也并没有缓存，其SRAM相当于RAM，其RAM相当于硬盘。代码想要实现缓存预读等缓冲操作，就需要自己在256KB的SRAM中开辟一块空间作为缓冲，自己管理预读、写回等全软件操作，这让软件开发者苦不堪言。Cell处理器率先被用在了游戏机中，这估计害苦了游戏开发商了，不过即便如此，仍有顶尖游戏开发商开发出《神秘海域》系列等顶级游戏。最终，Cell停止开发。目前最新的游戏机几乎都是x86体系的CPU，加上GPU，或者将二者做成一个芯片并以更高速的总线将CPU和GPU片内连接，称之为APU。

在众核心上调度任务，有两种方式。一种是将同一个任务分层多步，每个核心执行其中一步，执行结果传递给下一个核心继续处理下一步，流水线化之后，就可以提高整体吞吐量。这种任务处理方式一个典型例子是网络防火墙，防火墙设备处理一个网络数据包，需要经过多道工序，比如校验、解析地址、排查ACL、匹配正则表达式等，每个核心可以只做一件事，比如匹配ACL，一个包进来匹配完了走人，再下一个包，这样，每个核心都全速运转，只要匹配好每一步的速度。上述这种协作处理方式可以称之为**非对称式异构协作**，也就是每个核心处理不同数据的同一个子工序步骤，这也是现实中的工业生产流水线的常规做法。

然而，有些业务并不适合这样处理，比如3D图像渲染时光线追踪的计算，其计算过程中并不是我算完了扔给你就不管了，而可能会回来追溯让你提供更多信息，这就麻烦了，多个子工序之间有很强的关联性，需要不断地沟通交互数据，这一交互数据就得走外部网络，此时时延大增，那么CPU就会更多原地空转。面对这种场景，就需要切换到另一种数据切分方式上——**对称式同构协作**。比如光线追踪计算，可以将要处理的图像分割成多个切片，由主线程负责切分并生成任务描述结构和数据指针，放置在SDRAM中，形成一个队列，然后众核心上运行的辅助线程从队列中提取任务执行，多个辅助线程并行处理完成每个数据切片的所有工序，工序之间有无依赖都没有关系，因为是在同一个核心之内依赖，不牵扯到核心之间的数据交换，不会受到高时延网络的太多影响，最后由主线程将结果汇总输出。在这种调度方式下，每个核心之间完全不相关，各干各的。典型的，比如数据搜索1GB的数据，每个核心载入其中的一部分，然后搜，各搜各的。

图6-66为某802.11a基带信号处理芯片内部架构。左上角所示为信号处理的每一步流程，右上角为针对这些流程所设计的众核心节点处理模块，每个节点负责某步或者某几步的处理。左下角为芯片布局示意图，其中使用3个纯数字逻辑加速处理模块（图中的Accelerator，详见第9章），其他都是可编程运行代码的CPU核心，外加一个SDRAM控制器和SDRAM。中间右下角以及最右侧图所示为该2D Full Mesh NoC中的一个节点Switch内部的交换路径示意图，基于Mux/Demux的交换。所有核心对数据的处理方式上很显然都属于非对称式异构协作方式。

扎实，一定要扎实，不能说每走一小步吧，最起码走出一大步以后，一定要再回头把来龙去脉梳理清楚，知道自己从哪里来，要到哪里去。我们的思维已经走得有点远了，在这里再次明确一下我们在本章探索的最终目的是什么，那就是将所有的核心、缓存、SDRMA互联起来，然后用网络来承载缓存的同步，解决缓存一致性问题。至此我们刚刚了解了一些可能的、主流的互联方式，下一步需要考察在这个网络上，各种部件之间的关系以及位置，以及各种来龙去脉，因果关系，为解决缓存一致性问题打下更坚实的基础。

6.4 存储器在网络中的分布

存储器可以与核心采用任何方式互联，核心并不关心它所访问的地址的数据到底被放在哪里，你放到月球上用卫星发回来，核心也不知道，核心它只知道发出地址，发出操作码，数据返回时下级电路会在Ready信号线上拉低/高电平，核心将数据导线上的电压进行锁存，就拿到了数据。从访存请求发出，到成功拿到数据或者写出数据，所耗费的时间，被称为Load_to_Use Latency，也就是访存时延，这个时延越小越好，否则核心原地空转比例太高。这就是要加一层层缓存的原因，也是不能把硬盘上的存储空间映射到全局地址空间中统一路由的原因。

在可接受的时延范围内，如果你愿意，可以将缓存和SDRAM主存以距离核心任意距离的任意拓扑进行任意放置，只要有电路负责将核心发出的访存请求路由到正确的目标存储器即可。访问L1缓存可接受的时延范围在三四个核心时钟周期，所以L1缓存与核心L/S单元之间最好是直接用寄存器连接起来，比如一个FIFO队列，也就是L/S队列，你放进去，我拿走，这样最直接最迅速，这种通信方式被称为**寄存器接口**（Register Interface）。

提示 ▸

寄存器接口是所有通信方式中最原始的方式，其未经任何处理（比如信号重新编解码、串并转换、波形重整、附加上一些控制字段等），速度最快，但是局限性也很大（详见下面提示框），是所有通信方式的始发点和终点。在寄存器和寄存器之间增加一些控制和处理，就会形成各种上层的

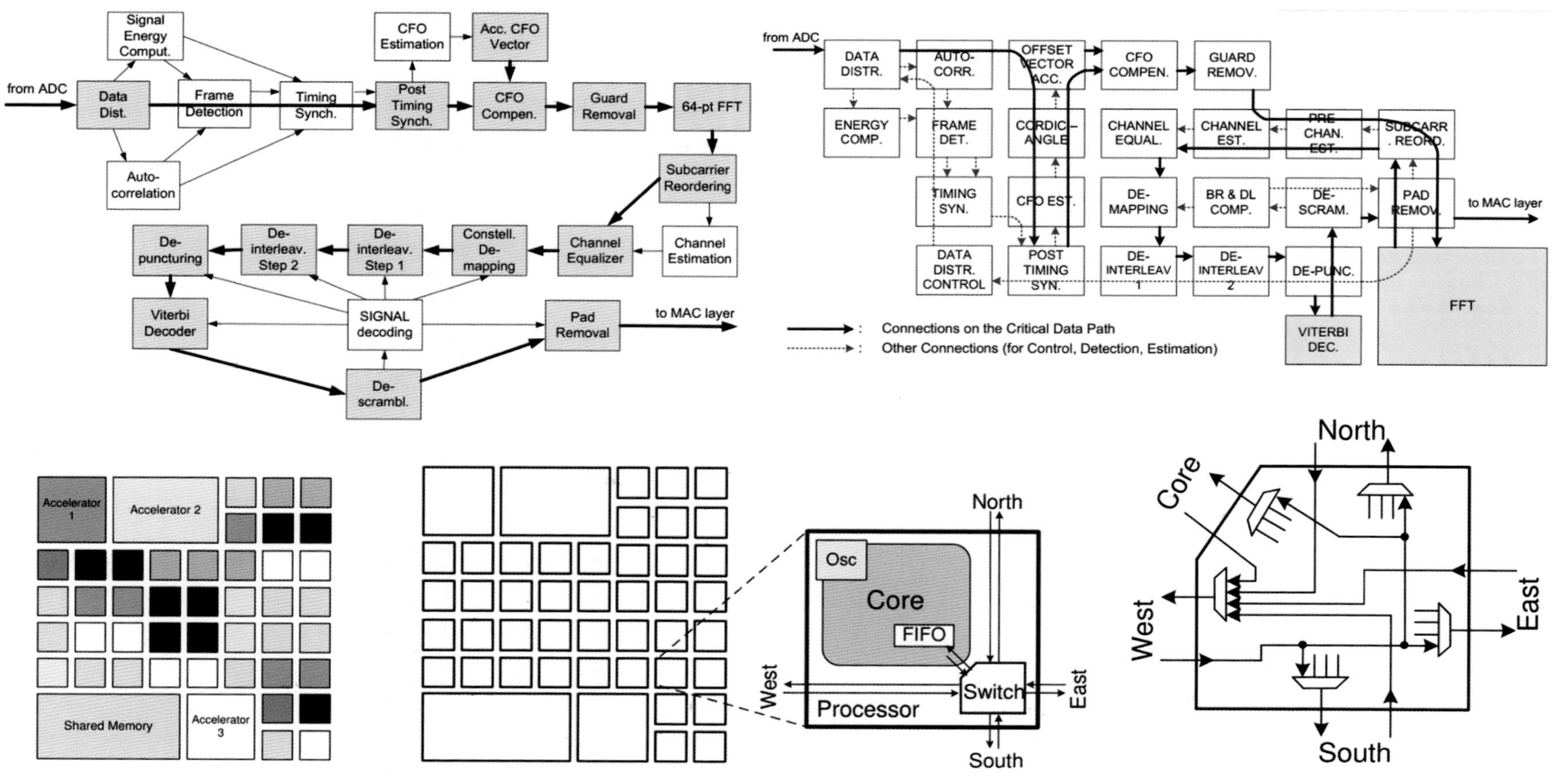

图6-66　某802.11a基带信号处理芯片内部架构

网络通信方式，也就是先将数据从发送方寄存器传送到处理模块中的寄存器，处理模块对数据做处理（比如上面括号中那些），通过各式各样的网络发送到目标端，网络中流淌的数据可能是已经变化了很多的、且被附加了很多控制信息的数据，目标端的处理模块接收这些数据，再将数据还原成最原始的数据，然后将数据传送到最终目标的寄存器中，所有的数字通信线路的两端都始于寄存器，终于寄存器。

L1与L2缓存之间通常也采用寄存器接口。由于L3缓存要被多核心共享访问，这就需要使用总线/Crossbar/Ring等网络方式把多个核心的L/S单元与L3缓存控制器连接起来，这样的话，就不能寄存器直连了，必须增加一个总线/网络控制电路来让数据有序地发送到目的端。图6-67为这个过程的演化示意图，从最原始的寄存器直连再到总线再到网络方式。总线控制器的作用除了实现多个模块同时发起请求时的仲裁之外，还负责将输送到总线上的信号进行加强处理，因为总线的电容非常高，需要强劲澎湃的充放电，总线控制器中会有对应的电路来做这件事，称之为总线驱动电路。另外，当某个模块没有数据要发送或者接收的时候，驱动电路会关闭与总线连接的电路，从而不吸收也不放出电流，既达到省电目的，又能保证总线的电容恒定。具体是使用三态缓冲门电路来实现，其可以让电路处于高阻态（可以回顾一下第1章1.3.7节“1和0的秘密”中的内容）。

提示 ▶▶▶

值得一提的是，图6-67中所示的各处连接依然用的是多位并行的导线。如果网络规模继续扩张，部件之间的距离就会增加，此时如果继续采用并行总线的话，第一成本太高，大量并排在一起的导线将占用太多的芯片面积；第二由于寄生电容的增加以及导线间的电磁干扰因素，使得导线能够承载的频率达到瓶颈。因此这时需要使用串行传送方式，需要在收发双方的数据寄存器前端增加一个串并转换器（SERDES，见第1章），使得最少只利用一收一发两根导线就可以传送数据，再辅之以信号整形电路对信号波形进行预加重以抗衡外界的干扰，这样就能够将频率提升到截至当前的25GHz。这种链路称为**串行链路**。还可以并排放置多个串行链路，再次将它们并行化，但也不能放置太多。传统的地址、数据、控制三大独立总线，如果改用串行传输，那么就需要把这三个信息

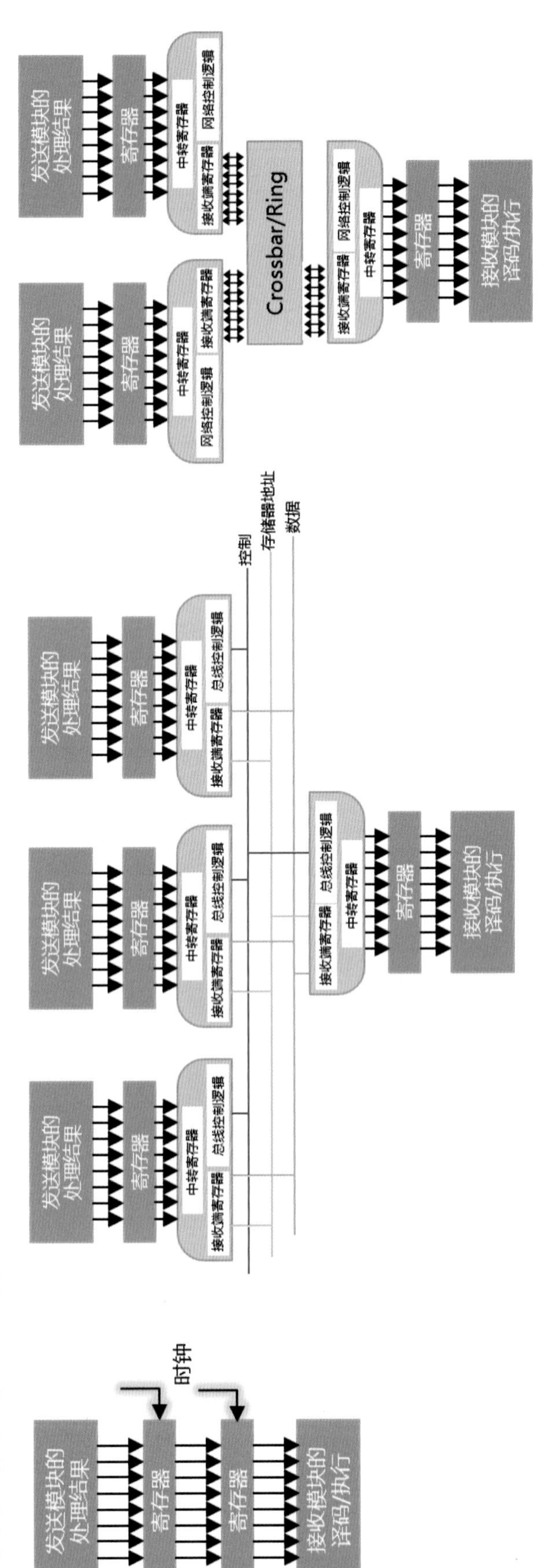

图6-67 最原始的寄存器直连再到总线再到网络

打包成一串位流，也就是数据包中串行传输出去，这就要求这个数据包必须规定好对应的格式，比如一个数据包的前1字节作为操作码（读/写等），中间4字节作为起始存储器地址，后面1字节描述本次访存的长度（字节数），再后面1字节作为其他控制码，再后面64字节为本次访存要写入存储器的实际数据（俗称有效载荷，payload）。目标端接收到这个数据包，就要根据规定的各字段的长度，提取出对应的信息，并输送到译码等电路模块中进行后续处理。当然，也可以用另一种方式，同样采用串行传输，双方约定好，访存时先发送一个包含操作码、控制码和起始地址的数据包给目标端，目标端接收之后，电路做好接收数据的准备，发送方再发送含有有效载荷数据的数据包，可以接连发送多个，然后传送一个含有结束标志的数据包告诉接收方所有数据发送完毕。可以看到，同样是利用串行链路，但是数据收发的姿势可以大不相同。我们将并行、串行、速率、位宽等这些用于规定底层传输介质和方式的约定称为通信的物理层协议，而把收发双方约定好的对于数据的交互方式和步骤等，称为通信的链路层协议。一般来讲，片内网络多采用并行链路，因为其导线距离短，运行频率尚可接受，片内网络属于局部网络/局部总线。而芯片间的互联网络则属于外部网络，通常都采用串行传输方式。但是在早期，比如2005年之前，芯片间也普遍采用局部网络/总线来连接，因为那时的运行频率非常低，即使导线距离长问题也不大。但是不管什么网络，其本质依然是发送方和接收方的寄存器之间的数据交互，数据的发源地和目的地一定是在存储器中，而其“行走”的时候一定是在直连导线、总线、网络中的Mux/Demux逻辑门中穿梭的。

6.4.1　CPU片内访存网络与存储器分布

如图6-68所示，与核心L/S单元或者IF单元直接相连的是L1缓存控制器，当然还有MMU，后者要并行做虚实地址转换，转换完的物理地址还是要再次输送

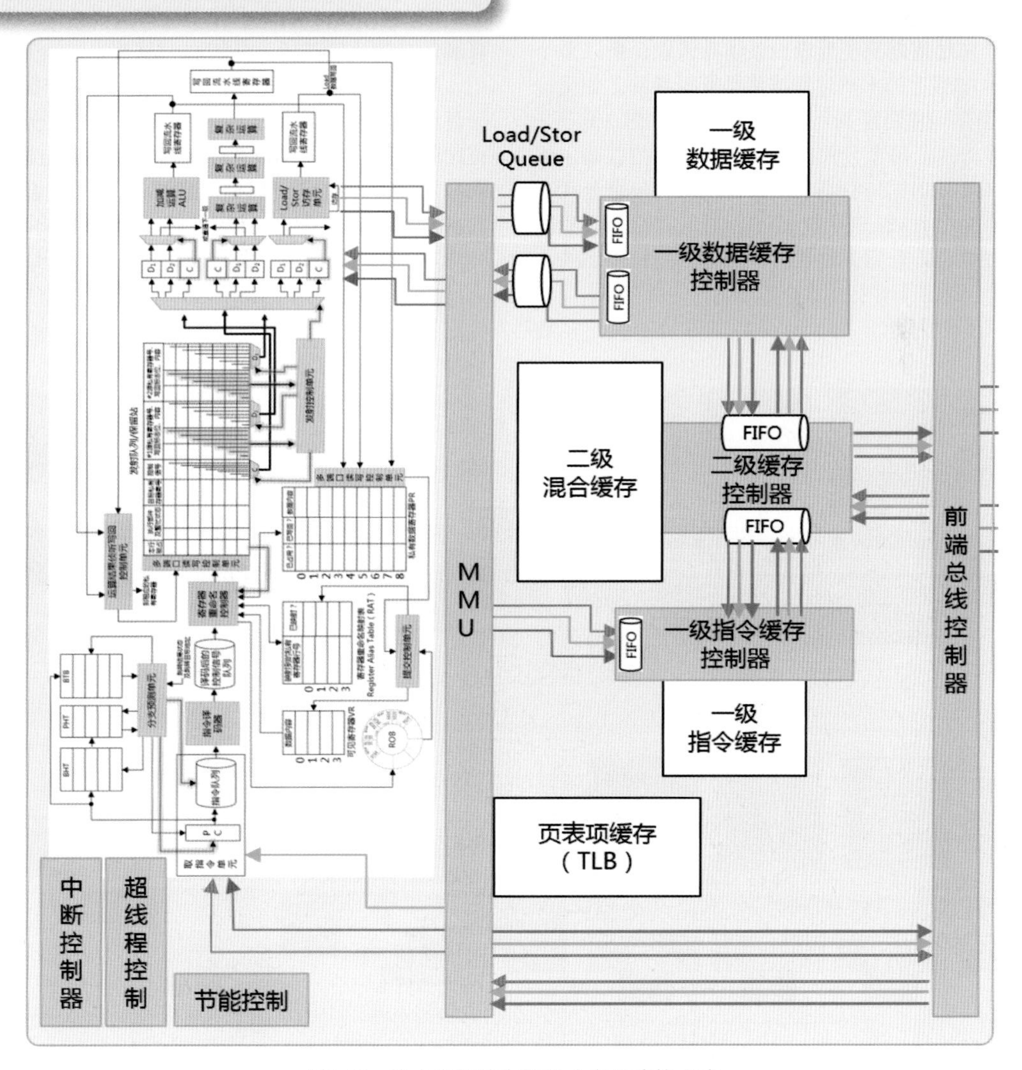

图6-68　核心内部的存储器分布和连接方式

给L1缓存控制器。

L/S单元与L1缓存控制之间、L1与L2缓存控制器之间可以采用寄存器直连接口，或者排队的寄存器直连接口（其实就是FIFO），这样最便捷。

而L2与L3缓存之间的接口，由于L3缓存是多核心共享，所以多采用总线、Crossbar、Ring、Mesh等NoC形式，所以其采用一个专用的接口控制器，接口控制器前端与L2缓存控制器之间采用寄存器接口，后端与总线、Crossbar、Ring采用各自的接口连接，相当于一个接口转换器，L3缓存控制器前端也需要前置一个对应的接口控制器，前端与总线、Crossbar、Ring等网络对接，后端与L3缓存控制器对接。

图6-69为CPU片内多核心与缓存、主存的布局示意图。SDRAM控制器也可以接入到多核心的前端网络/总线上。

可以看到，图中存在一个瓶颈点，那就是L3缓存控制器。对于基于Crossbar和Ring网络的多核心缓存互联架构来讲，虽然Crossbar、Ring都可以允许任意两点间同时通信，是一种无阻塞网络，但是所有访问L3缓存的请求，都要在L3缓存控制器前端的FIFO排队，L3缓存每个时钟周期只能处理一条访存请求，所以多个核心访问L3缓存的本质过程依然是有阻塞的。如果能够让L3缓存同时处理多个请求，那就需要把L3缓存分割为多个分片，每个分片都加入一个缓存控制器，然后多个核心发出的访存请求恰好各自落入一个分片，上面这几个条件缺一不可。如果不将缓存分片，只改进缓存控制器，让它并行执行多个请求是做不到的，因为每个请求都要并行搜索全部L3缓存的所有路。

如图6-70所示，为了减少共享访问冲突，多数CPU都直接连接了多个L3缓存控制器+L3缓存到网络中，比如图中的4个。这样可以并发4个请求，前提是每个核心的请求落入其中一个分片。值得一提的是，这4分片的L3缓存是**全局共享**的，也就是说某个缓存行在所有分片中只存在一份，而不是分片1缓存了一份，分片2又缓存了一份，任何核心都可以直接访问任何分片，会有一定的机制来判断哪个地址在哪个分片中。

对于某个缓存行，需要选择到底将它放入到哪个L3分片中，任意放置是不现实的，因为这样每次访存就又得并行查找全部缓存行。实际上一般实现是用访存地址的高n（$n=\text{Log}_2$分片数量）个位作为索引来将缓存行分散存放，这样的话，核心要写入某个缓存行时，L2缓存控制器先将这高n个位翻译成L3分片位于网络中的ID，然后网络接口控制器向该ID发出该访存请求，就将该请求路由到对应的分片中了，读过程也是一样的操作方式。

但是，利用高n个位来分割的方式，容易导致L3缓存不能被充分利用，比如如果多个核心中运行的多个线程发出的访存请求恰好总是集中在某个局部地址段范围，那么这些请求就会争相落入少数分片而迅速撑满该分片，而其他分片拥有大量空闲空间无法被利用。所以又有一些实现中，缓存控制器采用Hash算法硬件模块先把地址请求进行Hash计算生成另外一串位，然后用这些位来索引对应的分片，Hash算法能够保证即便是距离较近的地址的Hash结果也会大不相同，从而做到平均化。举个例子，假设共有4个缓存分片，利用取余数操作来计算所有访存地址，假设要访问的缓存行地址为26，则26÷4余2，该缓存行会被放到第2个分片；缓存行地址为，则27÷4余3，会被

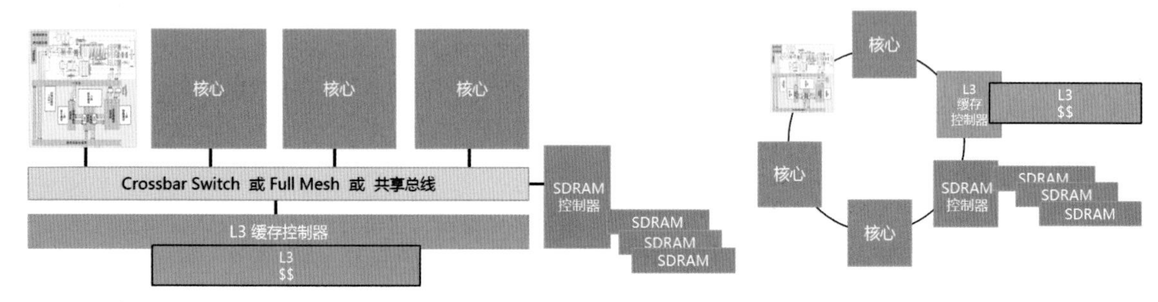

图6-69　CPU片内多核心与缓存、主存的布局示意图

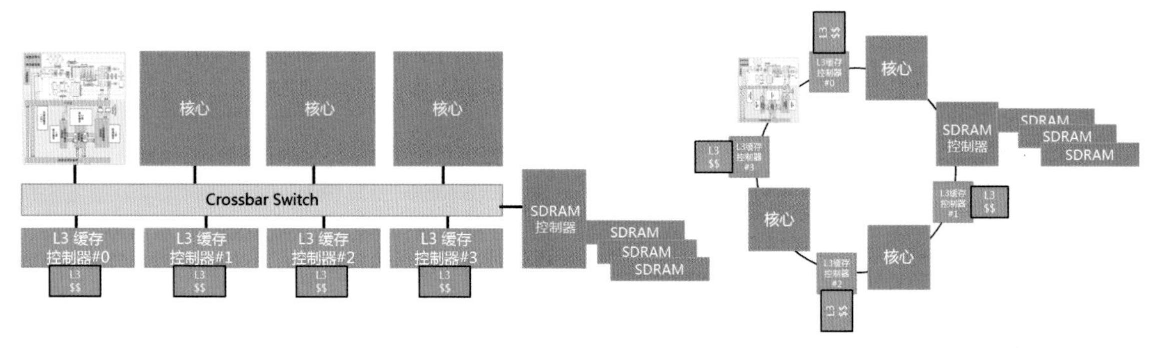

图6-70　分片的L3缓存

放到第3个分片，所以，26和27相隔很近，但依然被放入了不同的分片。实际上，Hash算法比取余数更加均衡，有兴趣可以自行了解。每次L3缓存控制器针对每个访存请求都要做一次Hash计算的话，会不会产生较大时延呢？一定会的，Hash计算可能要耗费1个或者数个L3缓存运行的时钟周期，但是由于L3缓存已经算是远离核心了，其访问时延稍大一些并不会直接拖累核心，相比增加并行性这个更加急迫的需求而言，牺牲时延也是划算的。

6.4.2 CPU片外访存网络

片内多核心之间可以有多种拓扑，从共享总线、Crossbar、Mesh再到Ring。同样，多个CPU芯片之间的外部访存网络连接拓扑，也可以基于这几种。至于SDRAM主存，不但需要被片内多个核心共享访问，而且需要被多个CPU芯片共享访问，所以SDRAM控制器就得放置在连接有多个CPU芯片的外部访存网络上。

对于通用CPU来讲，SDRAM可被直接寻址，位于访存网络（如图6-71所示）的倒数第二站（最后一站是外部I/O控制器中的用于接收I/O指令和数据/指针的寄存器）。

访存网络内部的所有请求都是针对存储器地址的访问和控制请求，访存网络也是CPU地址信号线所能够寻址的全部地址空间范围，当然缓存是个比较特殊的场所，对核心透明，不可直接寻址。

如图6-72为一个多CPU架构示意图。其中片内、片外都使用总线方式互联。能否将所有CPU的核心和L3缓存控制器全部连接到一个大总线上呢？理论上可以，技术上行不通，共享总线无法承载太多的节点，原因上文中已经多次提到过。由于L3缓存是在单片CPU内部的多个核心之间共享的，如果把所有L3缓存都连接到同一条大总线上，那么任何一个核心访存时，其他节点都要等待，很不划算。所以还是如图所示将多个总线分割开，各访问各的比较合适，当需要缓存同步的时候，才将请求发送到片间互联总线上。

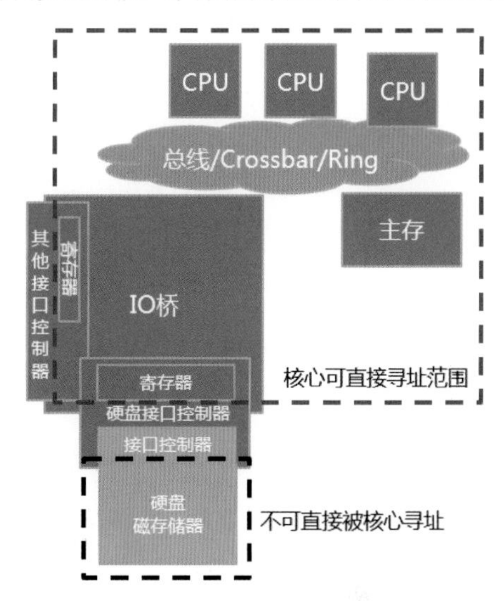

图6-71　访存网络（红线内）

片内总线与片外总线之间需要一个隔离器，或者说路由器，其具有两个接口控制器，上游接口控制器连接到片内总线，从片内总线接收或者向片内总线发送数据，下游的接口控制器与片间总线相接，从或者向片间总线接收或发送数据。路由器内部采用寄存器直连接口。路由器从片内总线上接收请求，如果发现该请求数据片内核心访问自己的L3缓存的请求，则无动作；如果发现该请求是缓存同步请求，则将该请求接收到内部寄存器，然后再将该请求发送到片间总线上，从而其他CPU也都能够接收到，接收端则根据收到的请求做相应的处理动作。

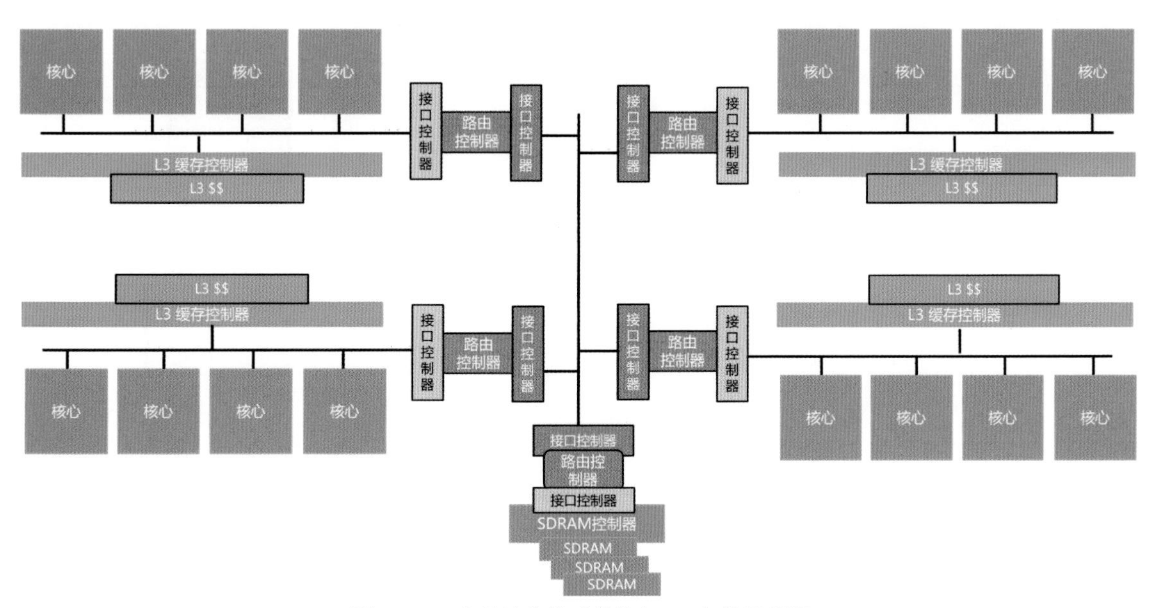

图6-72　一个基于总线互联的多CPU架构示意图

6.4.2.1 全总线拓扑及南桥与北桥

2004年之前，当时的主流消费级商用CPU是通过共享总线连接所有的CPU芯片以及SDRAM控制器的，那时候的一个CPU芯片只有一个核心，内部有L1和L2缓存，并无L3缓存。当时也有更加高端一些的CPU采用Crossbar与SDRAM控制器相互连接。不管是采用总线还是Crossbar方式，这两个网络均需要大量的导线来组成，Crossbar还需要大量的逻辑开关。如果将这一大堆的导线部署到电路板上，然后将CPU芯片和SDRAM控制器芯片的触点焊接到电路板上的触点，理论上可以，但是实际中会有问题，因为将导线放到芯片外面并不是个好选择，其会受到较强的干扰，布线距离也会增加。所以，对于高频率运行的总线，必须被放到集成电路芯片里去，而不是裸露在芯片外面的电路板上。

这个专门容纳CPU和SDRAM之间的访存总线的芯片，Intel称之为**MCH**（Memory Control Hub），其他CPU厂商不见得这么叫，但本质都是一样的。如图6-73所示，可单独售卖的CPU芯片采用插针或者触点的方式与主板上的CPU插槽中的针或者触点接触，MCH芯片也将内部的总线输出为触点，使用管脚焊接到电路板上，电路板上只需要部署一小部分导线即可，大量的总线导线被放置在了MCH内部。所以，表面看上去所有CPU与MCH芯片都采用星形点对点直连方式，实则它们在MCH内部是接到总线上了。SDRAM控制器通常被集成在MCH芯片内部，也与总线相连。

但是，上面这个系统很不易用，因为它缺乏I/O子系统，无法接入硬盘、键盘、鼠标、显示器、网络。所以，需要把硬盘通道控制器、键盘/鼠标控制器、网络控制器、显示控制器等一系列I/O控制器也接入到系统中来。由于I/O方式太多，将所有控制器都接入到MCH中的总线是不现实的，尤其是对于早期的计算机来讲，芯片集成度非常低，那就需要再来一个芯片专门接入这些I/O控制器，Intel称之为**IOH**（I/O Hub），IOH与MCH芯片之间通过某种接口连接起来。这个接口属于外部接口，一般不采用寄存器对寄存器直连接口，而是采用并行或者串行点对点网络连接，也就是在两端的数据收发寄存器之间加入一些适合于外部传输的因素，比如串并转换、重新编解码等物理层处理，以及一些链路层的数据交互方式。这个接口并不是将IOH中的所有部件连接到MCH内部的总线上，虽然它可以这么做，但大量的部件连接到总线，会导致总线运行频率降低，电容增大了，也会拖累CPU的访存性能。

MCH内部的连接CPU与SDRAM控制器的总线被称为**前端总线**（Front Side Bus，**FSB**）。而MCH与IOH之间的总线/链路/网络被称为桥间总线，FSB与桥间总线被统称为**系统总线**（System Bus）。IOH上各个I/O控制器连接各种设备所用的总线，被统称为**I/O总线**。图6-74为IOH和MCH的全局架构示意图。

可以看到，位于IOH上的SCSI硬盘通道控制器的后端出来一条SCSI总线。SCSI是早期计算机广泛使用的一种I/O总线，就如同现在的USB一样，当时都是SCSI硬盘、SCSI光驱、SCSI打印机、SCSI磁带机，等等。SCSI协议定义了一整套通信协议，包括物理层接口方式、链路层数据交互方式，一直到发送给设备的指令格式，直到今天SCSI定义的指令格式依然普遍被硬盘等存储设备所使用着。程序负责生成SCSI指令（当然，用户程序不需要管，只需要调用底层程序提供的接口即可，由专门负责生成SCSI指令的程序来做即可），然后将指令写入到SCSI控制器的寄存器中的相应寄存器（或者将指令在SDRAM中的地址写入寄存器，让SCSI控制器亲自去SDRAM中读出指令到自己的寄存器），剩下的就交给SCSI控制器来处理了，SCSI控制器会遵循SCSI总线的交互方式，实现仲裁机制，并将指令发送给连接到SCSI总线的某个设备来处

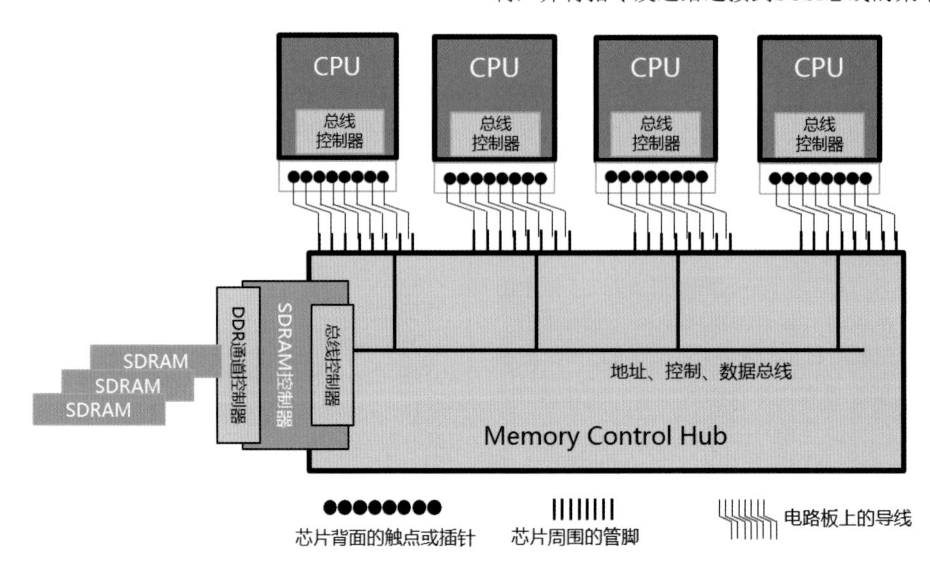

图6-73　MCH芯片

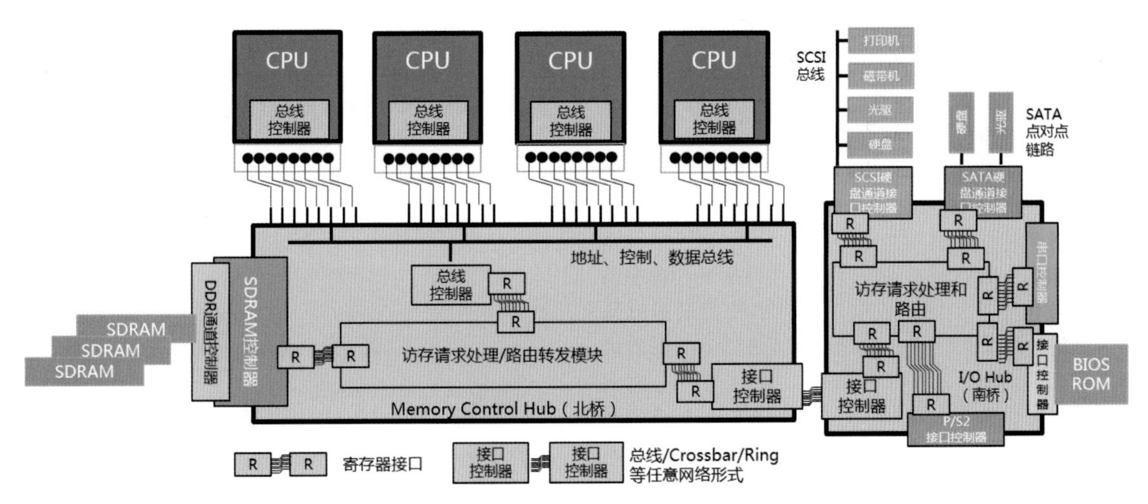

图6-74　北桥与南桥

理。再来看看IOH上的SATA控制器，与SCSI控制器的不同在于，其后端连接的是SATA协议的设备，遵循SATA协议的物理层、链路层以及指令格式等规则，可以看到SATA协议规定控制器与设备的连接方式为点对点方式，但是其运作原理与SCSI控制器类似，程序负责生成指令，SATA控制器负责接收并向对应的SATA设备转发指令以及数据。历史上，用于连接硬盘、光驱等外部存储设备的总线/网络出现过多种，包括最早期的已被淘汰的SCSI总线、FC环，以及当前普遍使用的SAS交换网络。

如果将图中黑灰色区域（深灰和浅灰）称为**内存区域网络**（Memory Area Network，MAN）的话，那么IOH后端连接的各种I/O设备所形成的网络，就是**I/O区域网络**（I/O Area Network，IAN）；而I/O Network中那些用于连接各种硬盘、光驱、磁带机等外部存储设备的网络又有多种多样的存在和发展历史，被单列出来称为**存储区域网络**（Storage Area Network，SAN）。关于整个存储系统的知识，可参阅冬瓜哥所著的《大话存储终极版》以及《大话存储后传》这两本书。

提示

MAN如今已经成为了一个领域的分支，其研究方向包括NoC以及如何利用片外网络形成MAN。截至当前，至少存在下面这些片外访存网络：Intel的QPI、IBM的SMI和OpenCAPI、ARM的CCIX、HP的GenZ，还有一些其他非常用CPU所采用的访存网络，恕冬瓜哥孤陋寡闻不能全部列出了。

由于制造主板的厂商一般将MCH做在主板的上方，IOH做到主板的下方，MCH如同CPU和SDRAM控制器、IOH之间的桥梁一样，所以俗称MCH为**北桥**（North Bridge）；IOH为架在MCH与各种I/O控制器之间的桥梁，俗称**南桥**（South Bridge）。北桥和南桥一起被称为**芯片组**（chipset），共同支撑一台计算机的运行。北桥为CPU提供主存访问通路，南桥为CPU提供I/O访问通路，所以芯片组指的就是为了支撑一台计算机运行所需的除了CPU之外的所有芯片的集合。

芯片组

CPU、北桥、南桥共同被称为芯片组，意思就是只靠CPU这一颗芯片并不能支撑起整个系统的运行，必须是一组芯片。当然，目前的CPU集成度越来越高，正在逐渐将越来越多的角色集成到CPU芯片内部去。

如果没有I/O部分，只有CPU和SDRAM的话，北桥内部什么都不用做，就是一个大总线。但是现在，加入I/O桥之后，还是用总线方式的话效率会非常低，拖累核心的运行频率，所以北桥内部变为Crossbar方式连接CPU、SDRAM控制器以及I/O桥接口控制器。有了Crossbar，就要有路由表以判断接收到的数据到底发往哪个接口；而总线是不需要路由的，因为总线上的数据所有人都能收到，但是所有连接到总线的节点必须明确知道对应的数据是不是给自己的，所以总线上每个节点需要维护一个描述自身所承载的访存地址范围基地址和长度的寄存器，以供BIOS程序在初始化做地址映射的时候写入分配好的基地址和长度。

所以，北桥和南桥的本质是路由器，它们路由的是访存请求，根据CPU发出的访存请求中的地址来判断该地址落入了SDRAM中还是连接在I/O桥上的I/O控制器寄存器或者BIOS ROM，然后利用内部接口，比如基于Crossbar的寄存器直连接口，将请求转发给对应的目标；如果MCH判定某地址落入了IOH后面，则通过桥间接口发送给IOH处理，IOH也需要判断哪个地址落入了哪个I/O控制器寄存器中，然后转发给对方。MCH和IOH的路由表是由BIOS程序在系统启动初始化的时候写进去的，MCH和IOH各自都有一些控制寄存器和用于存放路由地址范围的寄存器，这些寄存器会被映射到地址空间默认的地方，假设地址空间内的0～1024字节是MCH的控制寄存器（包含存放路由信息的寄存器），那么MCH收到落入这个范围的访存请求，就会将数据传送到其内部的控制寄存器或者从其中读出。

这一整套的转发判断和控制逻辑，由片内的一个关键电路模块完成，再辅之以外围的电路，比如总线控制器（负责仲裁、从总线收发数据等）、与IOH之间的接口控制器、SDRAM控制器等，就是一片北桥芯片了。南桥中也是同样的玩法。北桥和南桥内部的路由模块的核心其实是一个Crossbar，从而可以做到将接收到的数据转发到任何一个接口的寄存器中。

现在思考一个问题：既然共享总线的通信方式非常低效，那么为何不做成点对点直连的方式呢？比如上图中SATA控制器连接SATA设备的方式。MCH芯片难道不能换成这种方式么？是的，CPU厂商也是这么想的，之所以用总线是因为省成本，实现简单。当然，随着芯片制作工艺不断提升，频率可以提升，功耗可以降低，自然也就可以将总线升级成点对点方式，尤其是只有2个CPU的时候，没必要用Crossbar，点对点最合适。或者让MCH出多条FSB，每个FSB上少接几个CPU，比如2个FSB，每个FSB接2个CPU，而不是用一个FSB接4个CPU。

在2005年，有些商用CPU就实现了这种方式，如图6-75所示。这种架构下，一个CPU想要访问内存，首先要在自己所处的总线上与其伙伴竞争赢得仲裁，赢家进入二轮选拔，与其他总线的赢家一起，再经过北桥的选拔（按照一定策略，比如Round Robin轮流等），最终获胜者就会赢得内存控制器的访问权了。这种结构降低了内耗，增加了总线带宽利用率，但是也带来不方便的地方，出现了新的部件来解决问题，如图中的Snoop Filter（嗅探过滤器，还记得我们在6.3节一开始提到过的过滤缓存同步的装置么？就是这个，本来CPU之间需要相互连接通信同步缓存的，但是在这种设计之下，CPU之间被北桥分割开了，无法通信，所以北桥需要在两个总线之间负责转发缓存同步流量，同时还得过滤不必要的流量）。关于这个部件详见后面的章节，缓存一致性问题是我们本章要解决的最终问题。

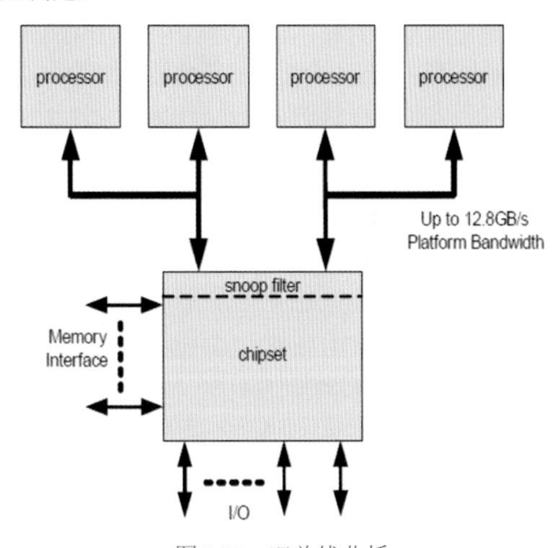

图6-75　双总线北桥

随着工艺不断提升，总线带宽越来越大，由此自然而然想到，干脆抛弃共享总线得了，与其两个人争抢仲裁，一旦冲突了还得再争抢，永无休止，还不如干脆让北桥这个公平公正的主持人来集中决定所有人的说话权，大家轮流来。

图6-76为2007年Intel的某CPU所实现的多CPU点对点直连北桥的架构示意图。可以看到，前端总线带宽明显提升了数倍。因为每个CPU都各自独立的直接与北桥连接，这就不存在内耗了。

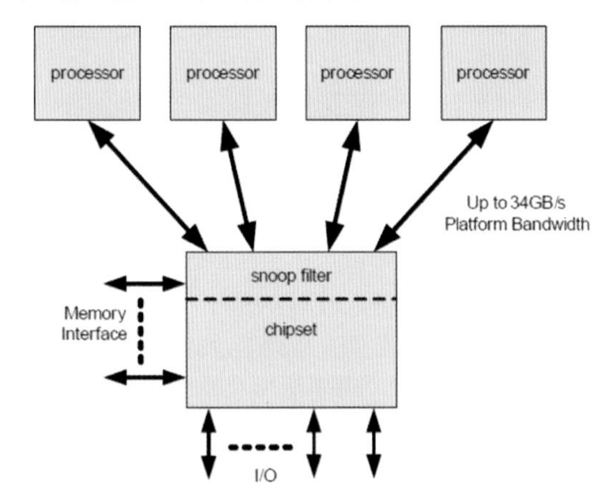

图6-76　点对点直连北桥

北桥上的内存控制器正在优哉游哉地空转，等待CPU们一帮乌合之众争抢总线，然后向自己发出访存请求，结果突然发现CPU们很有秩序地不再争吵了，北桥这个门卫很有秩序地安排CPU一个一个地轮流访问内存，内存控制器再也闲不下来了，无时无刻不在保持着忙碌状态。现在轮到CPU不高兴了，我们都排队不争抢了，怎么还这么慢？强烈要求增加内存控制器的数量！

内存控制器成了瓶颈，自然而然就会想到一种设计思路：放置多个内存控制器，接多批内存不就行了么？是的，有些产品的确是这么做的。多个内存控制器下面的所有内存同处在一个全局地址空间中，BIOS需要将每个内存控制下的所有空间处在全局地址空间中的基地址写入到北桥相应的路由信息寄存器中。

6.4.2.2 AMD Athlon北桥

图6-77为AMD比较经典的一款叱咤风云的CPU——Athlon（阿瑟龙）平台下的北桥（AMD称之为系统控制器）内部功能模块的示意图，可以清楚地看到，其中MRO为Memory Request Organizer，其相当于一个仲裁器以及访问优化器和Probe/Snoop Agent（用于缓存一致性同步和过滤），两个BIU（Bus Interface Unit）分别与两颗CPU通过前端总线对接。CFG指的是北桥内部的各种控制寄存器（供BIOS写入控制信息，这个过程是BIOS在初始化时对北桥进行配置，也是Config/CFG的由来）。PCI总线是一种专门用于连接高速I/O设备的高速总线，图中PCI就是指PCI总线控制器。AGP是当时专门为高端显示卡开发

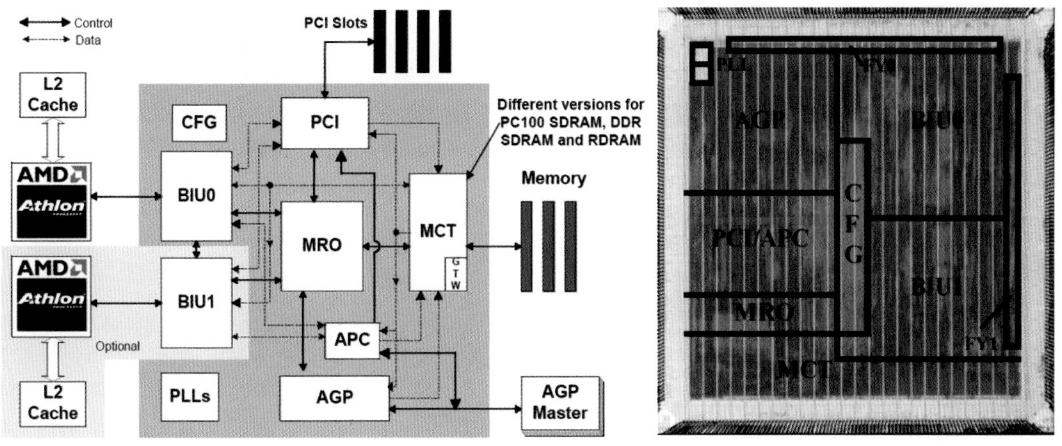

图6-77　AMD Athlon北桥架构示意图

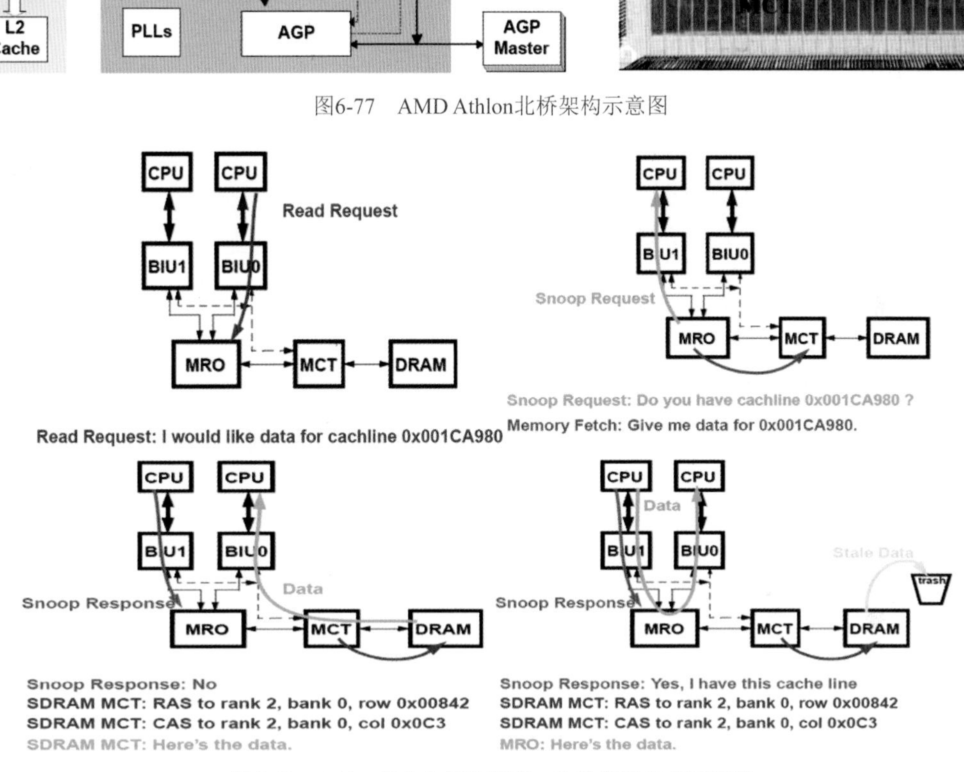

图6-78　Athlon平台北桥的缓存一致性广播方式示意图

的一种高速I/O总线，图中的AGP就是AGP总线控制器。MCT指的是SDRAM控制器。整个芯片约50万门电路，面积1.1cm^2。右图为Athlon平台北桥芯片的模块布局图。

现在，冬瓜哥决定来点有挑战的，率先介绍一下Athlon这款北桥处理缓存一致性的其中某个步骤。图6-78为这款北桥转发访存请求的过程。

可以看到，每当北桥收到某个CPU发出的访存请求，北桥都会同时发送该请求给SDRAM控制器以及其他CPU。访存、访存，访问存储器，只发给SDRAM控制器好了，为何要发给其他CPU呢？因为该缓存行对应的数据可能已被其他某个或者某些CPU读入到它们内部的缓存中了，甚至已经更改过，而SDRAM中这一行的数据很有可能是过期的。所以，其他CPU内部需要有一个专门的部件来负责接收这种探询（probe）请求，并去查找内部的缓存，将结果发送回来以供北桥判断。同时发送给其他CPU以及SDRAM控制器，是因为一旦另一个CPU的缓存内并没有该地址缓存行的最新副本，那么倒头来还得从SDRAM读，所以为了节省时间，不管其他CPU返回什么结果，都让RAM先读着。如果接到另一个或者多个CPU反馈的结果发现它们那里真没有这个行，那么从RAM读出的数据就派上了用场，直接返回给请求者；如果另一个CPU反馈说有，那么该CPU将数据发送给MRO，MRO再转发给请求者，同时丢弃已从RAM读出的数据。

图6-79为BIU接口控制器内部的架构示意图。可见，BIU并不仅仅是收发数据，还囊括了处理上述步骤的一些电路模块，其需要识别对应的请求类型，然后做相应的事情，还得发出相应的回复，比如“收到”“读完成了”“写完成了”等这些固定模式的数据，都会存储在这些内部电路模块中。

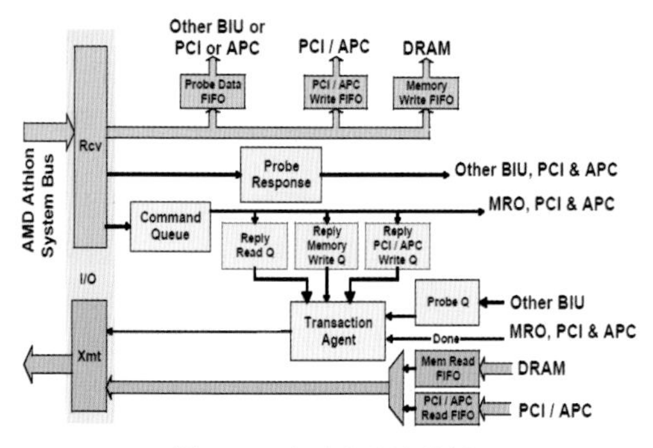

图6-79 点对点直连北桥

那么，然后呢？现在这两个CPU的缓存中都有这个缓存行，如果某个CPU更改了这行缓存，北桥是不知道的，另外一个CPU也是不知道的，这就产生了缓存一致性问题。北桥无法解决，所以得想其他办法。读者可以自己先想想，思考思考，纠结纠结，体会体会，等达到本章最终目的之后，就会更加深刻地理解该问题。

6.4.2.3 常用网络拓扑及UMA/NUMA

总线无疑是低效的。图6-80～图6-84为基于非总线拓扑的各种片外网络的系统示意图，其中绿色部分位

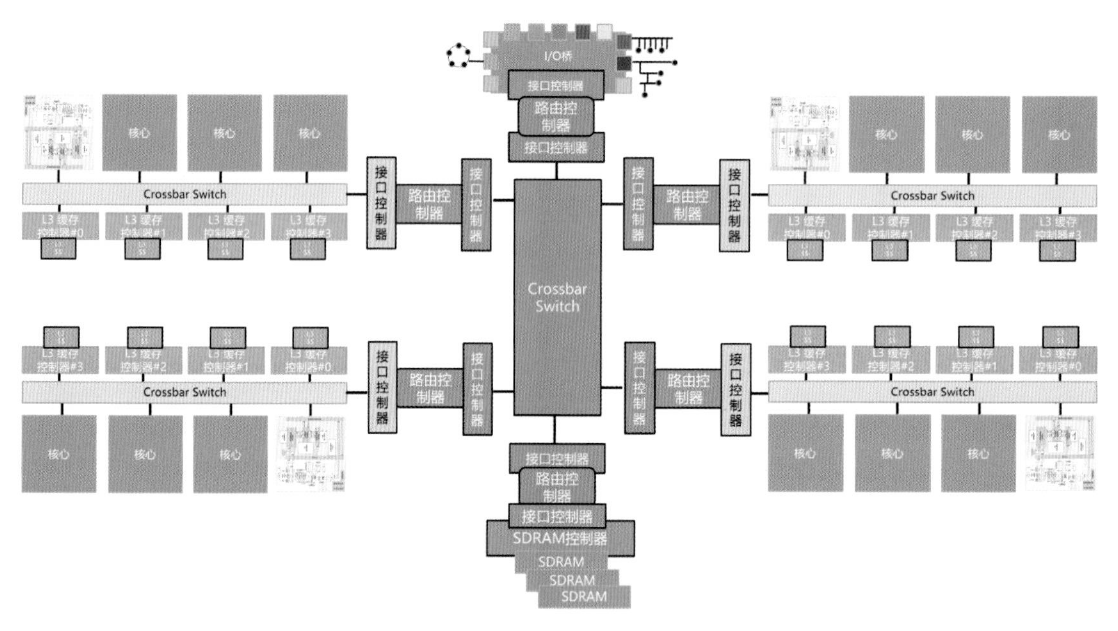

图6-80 片内片外都为Crossbar架构

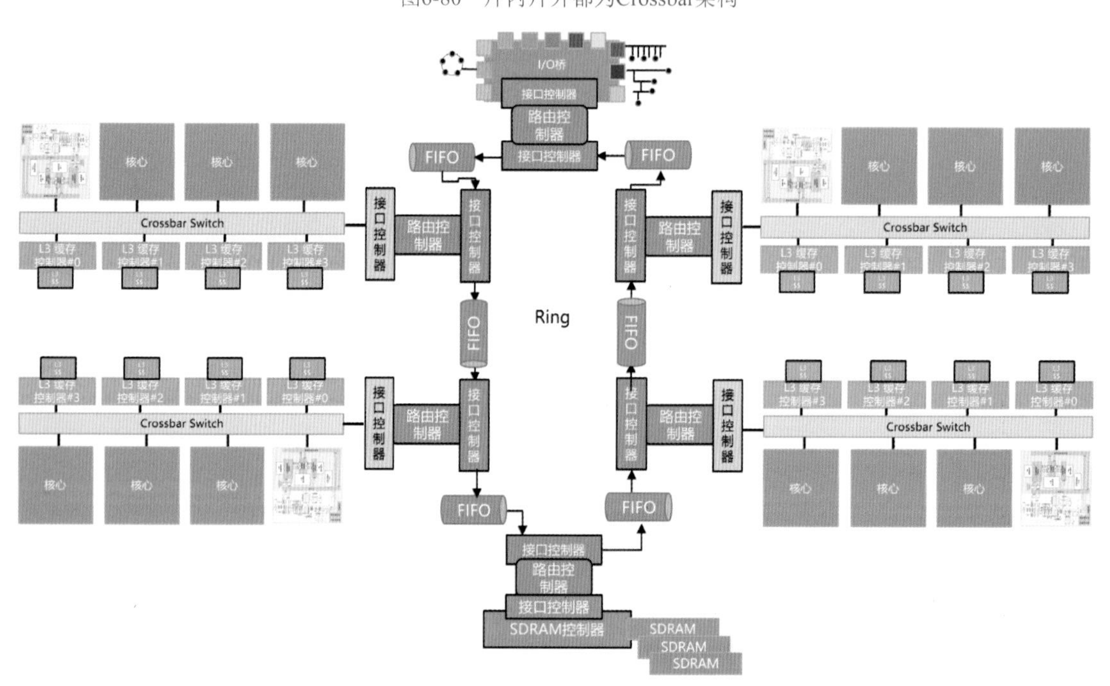

图6-81 片内Crossbar片外Ring架构

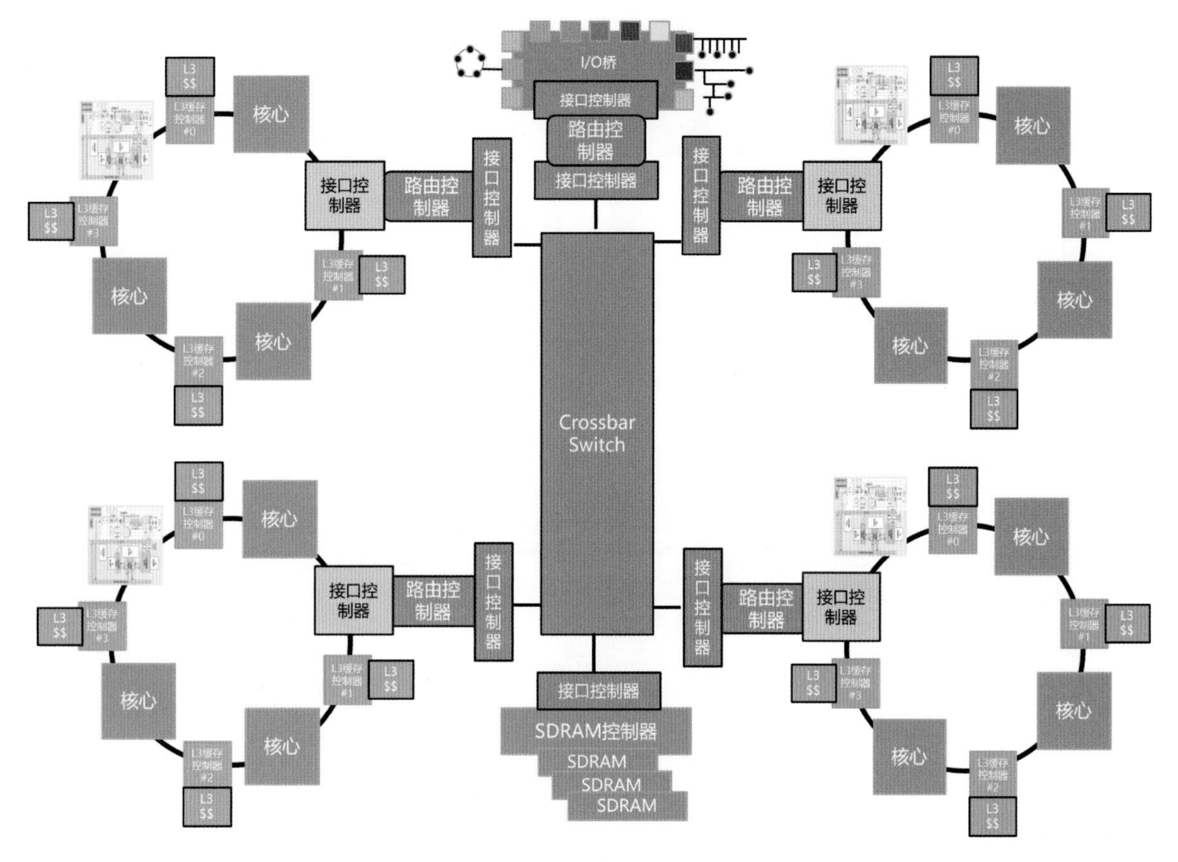

图6-82　片内Ring片外Crossbar架构

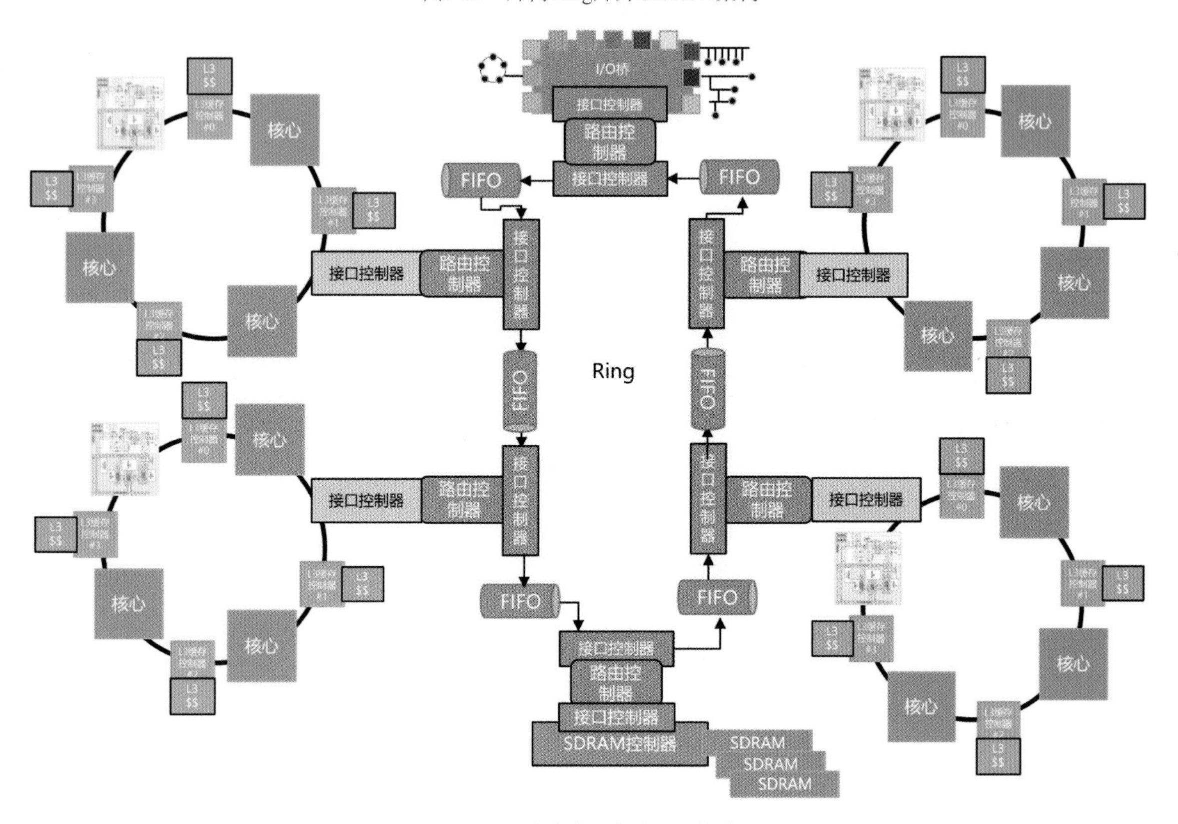

图6-83　片内片外都为Ring架构

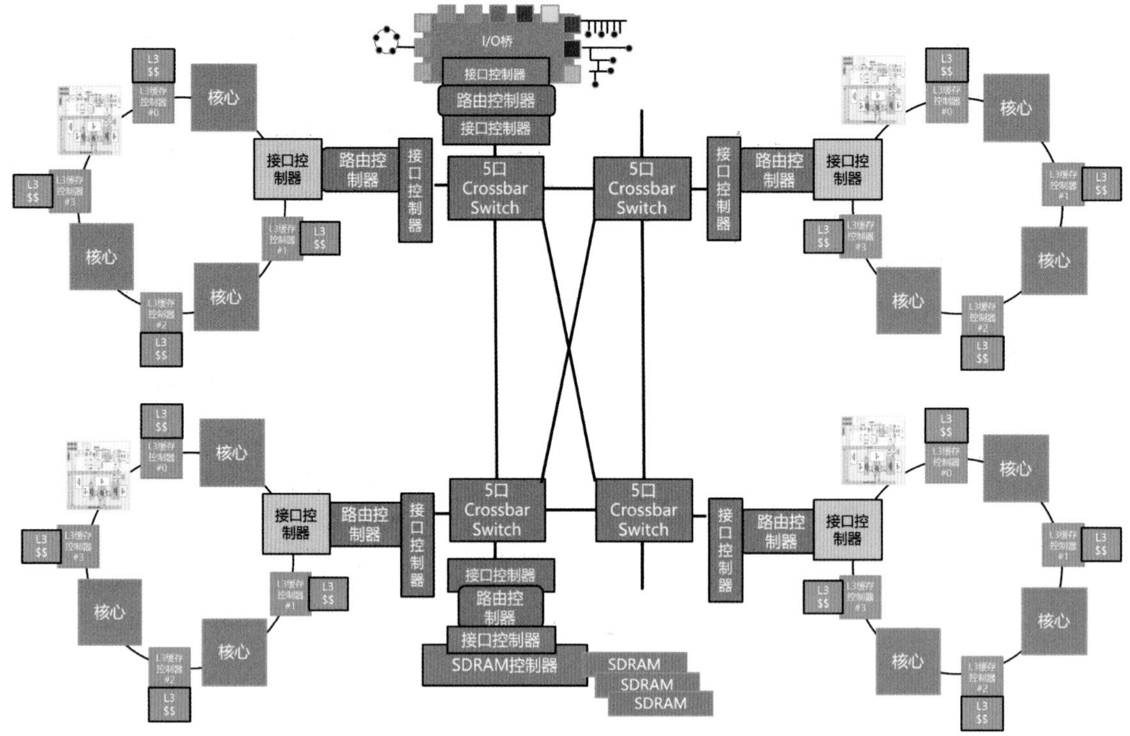

图6-84　片内Ring片外多级Crossbar Mesh架构

于北桥芯片内部。

纵观上述几种架构，SDRAM都是被集中挂接在外部网络上的，所有CPU的未命中缓存的访存流量都会被外部网络路由到与SDRAM控制器连接的网络端口上，那么很自然地，这个端口的缓冲队列将长期处于高压状态，一旦队列被充满，则网络会通知发送方队列满（Queue Full）信号，发送方只能原地等待，从而产生了瓶颈。所有人都挤进同一扇门，自然会有瓶颈。为何不放置多扇门呢？另外，能不能把SDRAM放在更加靠近核心的位置？系统架构师们也是这么想的。

2008年，Intel从代号Nehalem架构的CPU系列开始，对整个架构进行了脱胎换骨的改造，迈出了很大的一步。新的架构基于图6-84所示，但是取消了单独的北桥芯片，也就是将接口控制器、路由控制、5口Crossbar直接集成在了CPU芯片内部，或者说北桥被集成到了CPU内部了。随着半导体工艺不断提升，单颗芯片内部可以集成更多的电路，使得这一点可以做到，这样，只需要多个CPU芯片加上I/O桥片就可以搭建起一台基本的计算机了。而且，最关键的一个变化，是把SDRAM控制器【后文统一简称**内存控制器**（Memory Controller，MC）】直接挂接到了片内网络上，每个CPU片内有一个MC（也可以有多个），Intel称之为集成MC（integrated MC，iMC）。图6-85为一个由4个CPU芯片组成计算及系统架构示意图。

将原来集中挂接在片外网络上的MC提升到片内网络，与L3缓存控制器同级别待遇，显然降低了访问SDRAM的时延，再加上SDRAM自身的运行频率越来越快，也有诉求被挂接到更高速的网络中。这样一来，系统的路由表也得跟着增加对应的设计，Ring中的每个站上的接口控制器都有一个系统全局路由表，知晓访问任何一个地址应该发送给哪个站。这种将原本集中的资源分散存放在多个地方的做法，被称为**分布式**思想，对应的系统被称为**分布式共享内存系统**（Distributed Share Memory，DSM）。

Intel采用先串后并的方式（见下文的QPI介绍）作为Crossbar网络的底层传输方式，对应的片外互联接口控制器被称为**快速路径互连**（Quick Path Interconnection，QPI），图中标识为Q。每个Crossbar共有5个端口，其中一个连接到内侧的QPI控制器上，另外4路可以接其他网络节点。如果是4个CPU互联，按照图示拓扑互联之后，每个Crossbar还剩下1个端口，这个端口可以用于连接I/O桥片。也可以连接多个I/O桥，但是对一般计算机来讲，一个已经足够用了。

这样设计之后，CPU核心发出的访存请求的目标地址如果恰好落入了连接在与自己处于相同Ring的那个MC后面挂接的SDRAM中的话，那么访问时延将比较低，性能也较高；相反，如果访存地址落入了其他CPU芯片内的MC，那么该请求会被路由到本地的QPI控制器，然后经过Crossbar交换到对方的QPI控制器，再被路由到对方的MC上执行。访问远端的内存需要跨QPI网络通信，其时延势必很大，性能就较差。这里要理解一点，内存虽然被分布到各个CPU后面，但是所有CPU核心依然可以使用地址信号直接寻址，而并不关心也不知道它所访问的这个地址到底位于本地

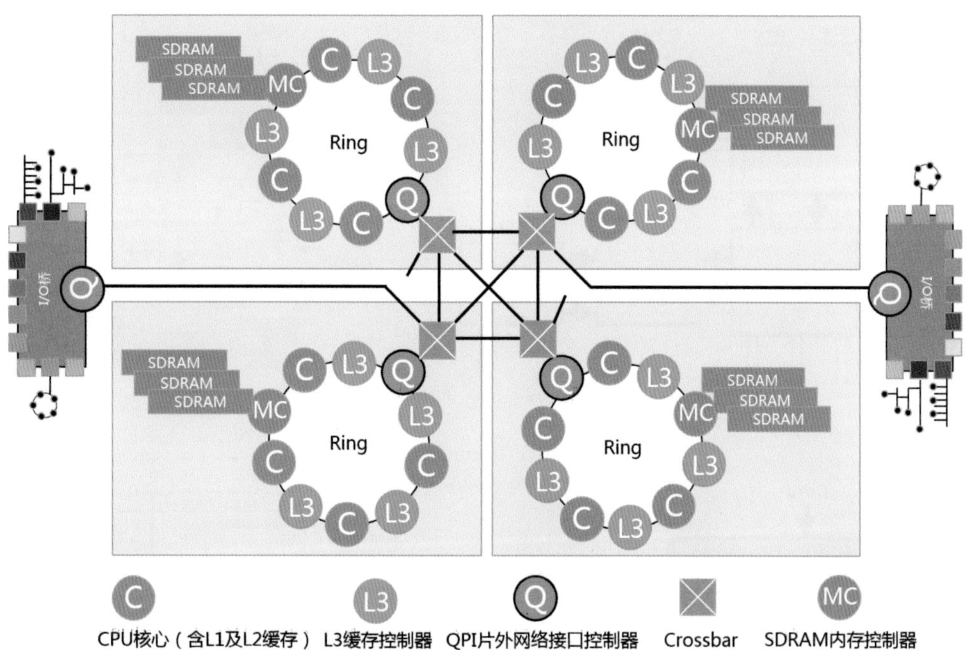

图6-85　当前最新的主流多CPU互联架构

内存，还是其他CPU后面的内存，因为Ring和QPI网络中的每个节点都会透明地路由每条访存请求。

这就自然会产生一种诉求，如果进程1在CPU 1上运行，那么内存管理程序如果能够将进程1的内存物理页分配到CPU 1而不是其他CPU所挂接的SDRAM中，这样就可以人为地提升进程运行的速度了。的确，现在的主流操作系统中的内存管理程序模块就可以被配置为这种策略，当然，还可以手动灵活调节各种其他策略和选项。

这种访问本地RAM快于远程RAM的访存形式，被称为**非一致性内存访问**（None Uniform Memory Access，NUMA）。相比之下，之前那种把SDRAM控制器集中挂接到北桥，所有节点对称访问的做法，则被称为**一致性内存访问**（UMA），因为此时多个CPU访问SDRAM的距离是相等的，性能是均匀一致的。但是，即便可能跨QPI网络访问SDRAM，也并不能说NUMA架构的性能就比北桥时代的性能差，因为QPI网络的速度和时延相比北桥时代还是有天壤之别的，虽然网络跳数增加了，但是也得综合来看。为什么不继续采用集中式而采用高速网络来连接MC呢？其实所有人都想要集中式，因为会节省系统复杂度，但是集中式意味着所有CPU都要连接到一个地方，访存请求组难免要通过片外网络传递，而片外网络的频率上不去，与其拖累所有CPU，不如让每个CPU至少可以以很高的速率访问一小块SDRAM，等访问其他区域时再去跨片外网络。

图6-47中所示的架构也是基于图6-85的架构继续发展而来的。随着单片CPU内集成的核心数量越来越多，单个Ring也不能串接太多站点了，因为跳数太多所导致时延不可接受，所以图6-47中采用的是将两个小Ring通过高速接口黏合起来的做法，可以看到，如果跨Ring访问L3缓存或者SDRAM，时延都会有所增加，但是Ring毕竟是高速网络，时延不会增加太多。而QPI就不同了，一旦跨越QPI，就意味着从一个Ring先到QPI，再从QPI到另一个Ring，时延就会大增。

NUMA架构目前已被包括Intel在内的主流CPU厂商广泛采用。另外，从图6-47中可以看到，原本位于南桥中的PCIE I/O控制器也被提升到了片内Ring网络中。其实PCIE控制器一度先是被提升到了直连北桥的前端总线，北桥被取消后则顺理成章地连入到内部Ring了。

提示 ▶

世界上第一台支持缓存一致性的NUMA（ccNUMA）系统是在上20纪80年代后期推出的Stanford DASH计算机系统，最高支持到64个CPU互相连接。

6.4.2.4　AMD Opteron北桥

图6-86左图为AMD Opteron平台的CPU架构示意图，北桥被集成到了CPU芯片内部。其北桥部分的核心是一个Crossbar，连接了4种器件：SRQ（System Request Queue，实际上是一堆队列，比如L/S 队列等）、主存控制器（Memory Controller，MCT）、DRAM控制器（DRAM Controller，DCT，也就是SDRAM内存条上的控制器）以及3个HT（Hyper Transport）片外访存网络接口控制器。

该系统为一个典型的DSM、NUMA系统。右图为多颗CPU芯片借由HT链路互联组成的NUMA结构。图6-87为CPU内部北桥部分的细节结构以及控制指令

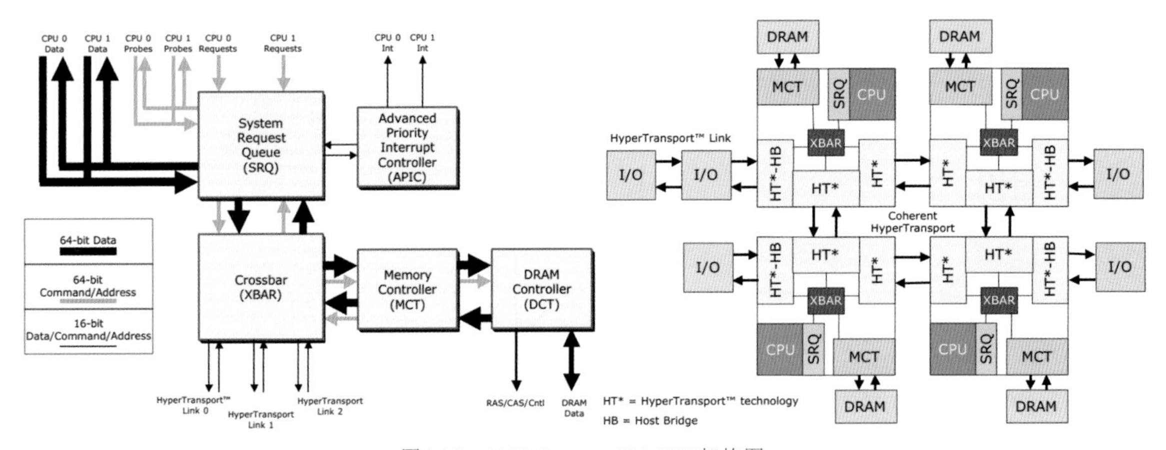

图6-86　AMD Opteron 800 CPU架构图

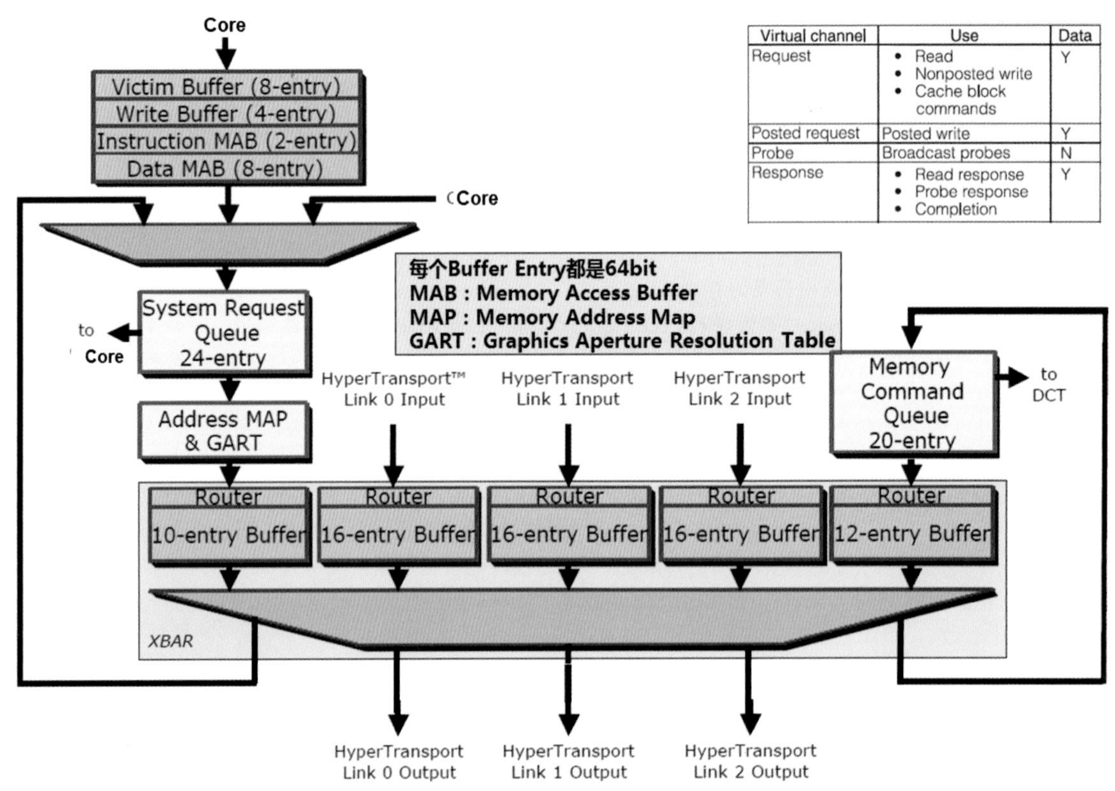

Virtual channel	Use	Data
Request	• Read • Nonposted write • Cache block commands	Y
Posted request	Posted write	Y
Probe	Broadcast probes	N
Response	• Read response • Probe response • Completion	Y

图6-87　AMD Opteron 800芯片北桥细节架构及控制流示意图

的流示意图。两个CPU核心（CPU 0/1）LLC下行的各种输出请求队列连接到一个复用器，然后转发到SRQ，SRQ会在保证请求消息时序的基础上，通过查询MAP和GART地址映射表，从而获知针对某地址的请求消息到底应该从哪个输出端口转发出去。MAP和GART表描述了整个地址空间的映射情况，包括I/O设备控制器寄存器所占用的地址空间、SDRAM空间（NUMA架构下的RAM空间还要再分，记录哪一段地址要从哪个HT端口路由到对端CPU）、显卡显存的映射空间（由GART表记录）等。

SRQ与HT输入端、访存请求输入端都作为Crossbar的输入；同时，该Crossbar的输出也各自有一路反馈到SRQ上方的复用器输入端以及MCT的MCQ（Memory Command Queue）的输入端。比如该Crossbar（XBAR）的一路HT输入端可能连接到另一个CPU芯片的HT输出端，对方CPU的访存地址落入在本CPU，那么该条访存消息便会输入到本地XBAR的输入端，然后输出到MCT的输入端，从而进入MCQ模块进行访存处理。当然，还需要做缓存一致性处理（图中的Probe/Snoop等流量），所以MCT会发送对应的Probe消息给本地CPU核心或者本NUMA域中的其他CPU处理。

图6-88为北桥部分的数据通路架构示意图。

消息请求存在多种类别，比如普通Request、

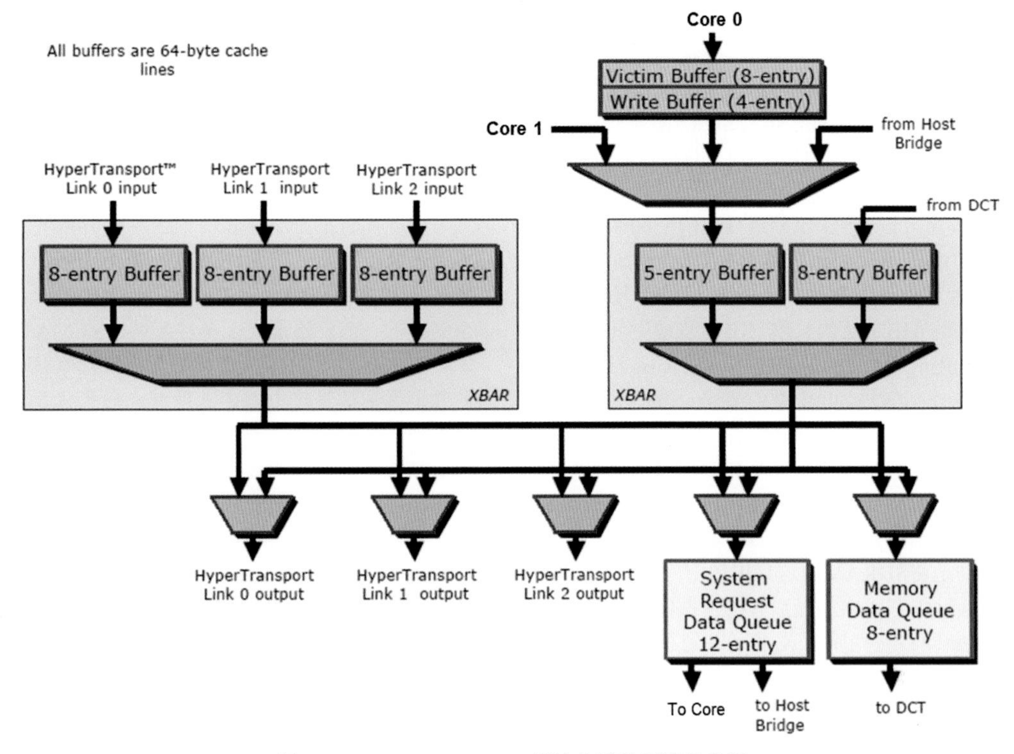

图6-88 AMD Opteron 800芯片北桥数据流示意图

Posted Request（下游部件收到消息后在继续转发给目标之前率先返回给上游部件成功信号，然后继续转发，相当于异步消息）、Probe探询消息以及应答消息等。XBAR的每个输入端口处都有不同深度的队列缓存，针对上述不同类别的消息，所分配的队列条目数量也不同（或者为每种类别的消息设置独立的队列，用复用器来控制对高优先级队列仲裁命中比例大，视不同设计而定），因为每种消息所要求的优先级、时延不同。这样做相当于给每种消息制定了QoS（Quality of Service），从而在一个公用的物理缓存/队列中形成了对应数量的虚拟队列，相当于把一条很宽的大道分割成多条道，有1米宽的，有2米宽的，还有更宽的，每种消息占用对应的道，这便形成了所谓**虚拟通道**（Virtual Channel），或者**虚拟输出队列**（Virtual Output Queue，VOQ）。在下文中的Intel所采用的QPI网络中，也使用了虚拟通道。虚拟通道思想在几乎所有的交换式网络中都有用到。

6.4.3 参悟全局共享内存架构

现在开始思考一个问题：如果把片外网络更换为以太网，QPI控制器换为以太网卡，QPI Crossbar Switch换为以太网交换机，是不是也可以传输访存请求，把所有SDRAM纳入统一的地址空间透明寻址呢？理论上完全没有问题。但是以太网的速率和时延都不理想，用于支撑访存网络的话，整体性能会很差。相比之下，用PCIE网络支撑访存的话就是可以接受的。关于PCIE网络的详细介绍，请参考本书第7章。

另外，请再次深刻理解什么是“共享内存”架构。共享内存，就是指通过各种网络/总线方式连接到一起的CPU和SDRAM，这个网络中的所有的SDRAM和连接到I/O桥上的设备控制器寄存器共同组成一个全局统一的地址空间，即便SDRAM可能并不是集中挂接到某单个MC后面，而是分布式地挂接到多个MC中，那么它们也会各自被映射到全局地址空间中的某块。另外，所有的CPU都可以发出任意地址信号，但是所有的CPU共享这个地址空间，发出同一个地址请求的CPU会得到同一份数据。而如果是非共享内存架构，那么这个网络所连接的CPU+SDRAM就不是一台单独的计算机，而是多台计算机。共享内存架构是属于**紧耦合**，非共享内存系统就是**松耦合**了。

提示 ▶▶▶

使用“共享地址空间”这个词更加精准。在NUMA架构中，所有的CPU核心不仅仅共享访问SDRAM，还共享访问BIOS ROM、I/O控制器寄存器等这些同样位于同一个地址空间中的存储器。

如果将图6-85所示的QPI网络的CPU之间的互联线断开的话，那就会将其分割成4份，也就是每个CPU及其自带的SDRAM（假设为1GB容量）都各自形成一台独立的计算机系统，那么将会有4个独立的地址空间。每个地址空间中有1GB的SDRAM以及若干的外部I/O设备寄存器。如果其中多个CPU发出同一个访存地址请求，那么会被路由到各自的地址空间中某处，得到不同的数据，因为这是4台独立的计算机。如果被分成了多台独立的计算机，那么就需要多套独立的系统底层程序分别运行在每台计算机中。

另一个地方值得一提。假设CPU有32位地址信号，可寻址最大4G个地址，但是SDRAM只有1GB，如果CPU发出11111111111111111111111111111111（第4G字节，从1开始）这个访存地址怎么办呢？要知道，BIOS程序可以将SDRAM这1GB的空间映射到全局地址空间中任何一处，也就是BIOS会向北桥或者各个Ring站点的路由表中写入一条记录，比如：凡是访问基地址3GB之后的长度1GB的地址空间的请求一律路由到Ring ID=2的站点上（使用Ring时）或者Mux/Demux控制信号为0010的Crossbar端口上（使用Crossbar时）。Ring ID是被定死的，BIOS可以从Ring站点的控制寄存器（被映射到全局地址空间的默认位置）中读出每个站点的描述信息，包括各自ID及其设备类型，也就是知道了MC的ID是多少。经过上述做法，就成功地将SDRAM的这1GB的空间映射到了4G全局可寻址地址空间中的最后1GB。做完这个映射之后，BIOS必须将这些映射关系写入到系统描述表中（即包含设备信息、地址信息等各种描述的那张表，上一章中介绍过），这样，内存管理程序通过读取这张表就可以充分知晓存储器的布局，然后分配对应的物理地址给程序使用了。

然而，在系统硬件底层其实还有一层透明的映射存在。对于存在多个MC的系统，为了将访问均衡到所有MC下的多个SDRAM中，底层可以再次将连续的空间以缓存行尺寸为粒度做重新分散，比如采用Roung Robin轮流方式放置到多个MC下的SDRAM空间（图6-89左图所示），甚至如果考虑同一个MC后面的不同控制通道，可以在通道之间均衡放置（图6-89右图所示）。但是，这种分散操作对上层是透明的，内存管理程序感知不到这种分散，BIOS可以向访存网络中所有Crossbar/Ring站点上的专门控制分散策略的寄存器写入对应的控制码来告诉底层硬件如何做分散，或者不分散。网络节点根据这个寄存器所表示的策略，控制对每一条访存请求的转发目的。相应的MC控制器中的寄存器也需要被精确地配置，以实现对应的路由策略。这种底层的透明分散过程被称为**交织**（interleaving）。所以，即便是内存管理程序，看到的也并非是最终的布局。如果决定使用交织，则要注意一点，那就是操作系统中的内存管理程序针对NUMA的优化效果可能会被抵消掉，因为内存管理程序将无法感知和控制哪个地址放在了哪个CPU内部的MC。

提示 ▶▶▶

在现代的企业级计算机（服务器）的BIOS中普遍提供两个选项：启用NUMA和禁用NUMA。当被配置为启用NUMA时，BIOS完成初始化后会在内存中留下一个表格来描述当前系统的NUMA节点、节点间的距离等NUMA拓扑信息，操作系统的内存管理模块会根据这个信息来做相应的优化算法，比如某个程序运行在某个核心上，那么就优先给该程序分配与该核心距离最近的内存空间从而保证该程序访存时的性能，同时操作系统一般还提供了一些配置参数供用户手动控制与NUMA相关的策略。而如果在BIOS中禁用了NUMA模式，那么BIOS就不会向操作系统展示NUMA拓扑，此时操作系统根本不知道底层的NUMA布局，那么操作系统就会认为该系统仍然是一个UMA/SMP系统，在分配内存的时候也就不会做什么优化，也没法优化。此时就可能导致操作系统顺序地分配内存，可能发生大量线程的内存都被挤在某个或者某几个SDRAM内存条上，导致访问瓶颈，谁让你不把底层的拓扑信息告诉操作系统呢？既然操作系统认为分配到哪段内存空间并不影响访问性能，那就怪不得操作系统了。正因如此才有了上文所述的底层硬件自动将地址空间交织地映射到系统中所有物理内存条上，BIOS在禁用NUMA模式的同时会开启底层交织模式，此时即便操作系统顺序分配内存，底层也可以一定在程度上缓解瓶颈。

基于上述的物理地址映射，如果再让CPU运行在保护模式下，那么情况又变了。采用虚拟地址的话，CPU发出的访存地址还是这32个1，该地址为虚拟地址，但此时访问的真不一定就是SDRAM中最后那个字节了，因为内存管理程序可能会将这个虚拟地址所在的虚拟页面映射到任意一个物理页面中，或者该地址指向的是I/O设备控制器寄存器所在的地址。咱们

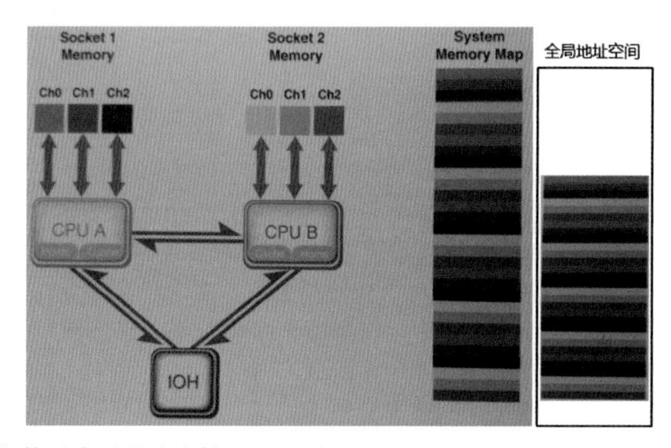

图6-89　底层硬件级的再次透明重映射

假设该地址落入的是SDRAM，那么该物理页面所在的物理地址，就一定会落入SDRAM的这1GB之内所在的某个物理地址段，而SDRAM又被映射到了物理地址空间的3GB～4GB这个区间，那么该访存请求进入MMU查找后，输出的物理地址也一定会落入3GB～4GB区段内。

这里的关键是要深刻理解，一个地址是要经过两次映射的：第一次是被BIOS做硬件路由表重新映射，内存管理程序必须知道这个映射关系；第二次映射是保护模式下的内存管理程序利用页表，将物理地址映射成虚拟地址，或者说将虚拟地址映射成物理地址。

巩固理解一下，程序是如何让CPU发出虚拟地址的呢？因为程序在被编译的时候，就把虚拟地址编译进去了，在链接的时候再重新修正内部的一些绝对地址引用，修正完后还是虚拟地址。程序内部调用malloc()分配地址时返回的指针也是虚拟地址。然后，假设加载器（loader）将该程序代码整体载入到虚拟地址A处，那么加载器还需要负责对程序进行基地址重定向（Rebasing）这一步操作，将所有绝对地址引用全部与A相加修正。再后，加载器采用Jmp指令让CPU跳转到程序的入口点，CPU的取指令单元（PC指针）便发出该入口点地址（虚拟地址）。由于该程序对应的页表已经预先被加载器创建好并分配了物理地址，则MMU通过查询页表找到该虚拟地址对应的物理地址，然后查找缓存、访问SDRAM，进行取指令操作。这就是完整的从程序的编译到载入运行，再到地址转换的大致过程。

如果SDRAM不够用了，虚拟内存管理程序还可以将不常用的页面移动到硬盘上，腾出空间。所以，CPU可寻址的地址空间的大小与SDRAM的大小并没有直接关系。

6.4.4　访存网络的硬分区

目前，基于Power或者Intel的高端CPU平台，可以将高达32/64个CPU互联成一个单一地址空间。截至当前，AMD的Naples平台CPU已经可以做到单芯片32核心/64个SMT超线程，Intel同时代的CPU也已经可以达到22核心。这样，在一个独立的计算机中就会拥有超过一千个核心，算上超线程，那就是两千多个逻辑核心。这个计算机的规模过大了。于是人们就产生了一种想法，能否将这台大计算机分割成多台逻辑上的小计算机。

一台计算机包含三大件：CPU、SDRAM、I/O桥，只要将这三大件隔离起来让其中的CPU发出的访存请求逃不开这个空间，就可以了。所以，可以在访存网络上下功夫，实现这种隔离。比如，对于图6-85来讲，其原本是由4个CPU组成的一台计算机，现在想将其分割为每台只包含1个CPU的4台计算机，那么只需要将中间的QPI互联网络断开即可。具体方式是通过向QPI Crossbar的控制寄存器中写入对应的控制码，禁止其与其他Crossbar连接，串行通信链路在初始化过程中需要进行链路协商，比如匹配各自的速率、信号相位的检测与微调等，只要控制它们不进行协商即可。这种将一个大网络隔离成多个小网络的思路被称为**分区**（partition或zone）。

图6-90为一个由8个CPU组成的访存网络，每个Crossbar有4个端口。为了降低该网络的直径（这个概念详见前文），采用图示的组网拓扑可以保证直径为2，同时还可以连接一个I/O桥。现在想要把这个网络切成4份，形成4台独立的计算机，将图中相同颜色的节点组成一个独立系统。可以发现，其实不能够简单地将某条链路切断而获得4个分区。这就像小学的“下列图形最少切几刀可以得到”的几何题一样，对于该题，无解，因为需要跨Crossbar创建分区。此时，需要另外一种机制，即在访存请求中引入一个新字段：Zone ID / Partition ID，让每一级Crossbar知道该请求到底是发送给哪个分区的，而且还需要在每一级Crossbar的路由表中增加分区路由信息，也就是记录“去哪个分区的流量要从哪个端口发出去”，而不能仅仅是根据访存地址来路由，因为不同分区中的CPU发出的地址可能是相同的，但是这些地址不在同一个地址空间中，所以一定不能被统一路由，而辅之以Zone ID就可以区分了。Zone ID需要被预先根据分区拓扑情况配置到每个Crossbar的相应控制寄存器中。某个分区中的CPU发出的访存请求并不携带Zone ID字段，但是请求到了Crossbar之后，会被自动加入Zone ID字段而后放到网络上路由。当某个Crossbar收到某个访存请求时，根据Zone ID来判断该请求是发送给自身的还是给别人的，根据分区路由表选择下一跳的端口转发出去。I/O桥也需要支持分区路由，从而将不同分区的访存请求路由到不同的设备控制器上去，这样就可以将连接到同一个I/O桥上的不同设备任意灵活映射到任意分区中了。

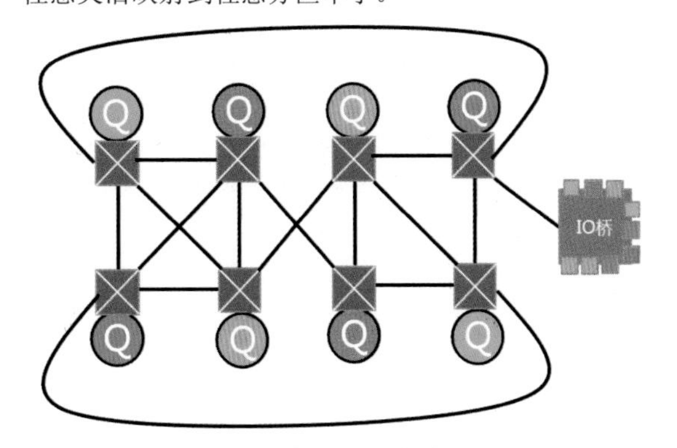

图6-90　跨Crossbar任意分区

那么，分区应该如何配置呢？可以明显体会到的是，不能在BIOS中配置分区，因为BIOS的代码是靠CPU运行的，分区配置好之前CPU是不能载入代码运行的，此时Crossbar还不知道分区路由信息，多个分区的不同CPU会发出相同地址的访存请求，导致地址错乱。所以，需要存在另外一个先于BIOS发挥作用的角色。人们想出一些办法，比如直接在电路板上增加一些手动开关，直接让用户通过搬动这些开关到不同的状态来输入Zone ID。

在早期，很多参数都是通过这种办法输入到电路中去的，包括有些I/O总线上的节点地址ID，都要用跳线帽来短接对应的阵脚，从而让电路区分不同的设备。图6-91为早期主板上用于配置这些参数的开关。这些开关对应的电路会直接输入到目标模块中，目标硬件模块每次加电之后，直接从这些输入开关获取其所表示的0/1信号，将其直接锁存到内部的寄存器中。这样，其效果就类似于将这些寄存器映射到系统全局地址空间，访存网络中配好路由信息，然后用机器指令的方式操纵CPU来写入ID到这些寄存器。

图6-91 输入开关及跳线

这种操作非常笨拙，人们总是不断追求更方便的方式。于是人们想出了另外一种方式，用另一台计算机运行某个程序，该计算机一方面负责通过网页等方式与用户交互（当然，用户也需要在用一台计算机打开浏览器来访问这台计算机的网页），另一方面则与需要被配置的硬件电路对接，对接方式可以的通过i2c等串行接口，从而将用户发送过来的配置请求转换为在i2c总线上传递的信息，发送给目标电路；目标电路从i2c总线上接收这些配置信息，然后配置到自己的寄存器中，完成分区或者各种其他操作。由于这台计算机需要用i2c与待配置的电路模块相连，所以它的实际形态是一个片上系统（System on Chip，SoC），在单一芯片中集成了CPU、SDRAM、i2c接口控制器、以太网控制。该芯片本身就是一台小计算机，与它要配置的那台大计算机放在同一张主板上，其内部运行着程序，包括底层的支撑程序（操作系统、各种控制器驱动程序）、Web网页服务端程序、后端向i2c总线发送配置信息的程序等。Web服务程序通过以太网接收用户通过网页访问方式发来的配置请求。经过这样的设计，用户再也不用去打开机箱，按照说明手册搬动开关去向电路输入参数了。

这个专门用于对计算机做更底层的配置或者监控的片上小计算机，被称为**基板管理控制器**（Baseboard Management Controller，BMC）。图6-92为当前比较流行的BMC芯片，可以看到其下方的一片1GB容量的SDRAM，是供BMC运行使用的内存。

当前的高端服务器计算机全都使用BMC来做基本配置和监控，其不仅仅是配置这些初始参数，还可以直接对计算机机箱内的其他模块（比如风扇、电源等）做控制和监控。只要系统电源有达标的电压输入，BMC芯片就自动启动，但是此时主计算机尚未被加电，可以在BMC提供的网页中控制对主计算机加电启动，或者强行断电关机。分区做好之后，分区内的CPU开始运行BIOS代码，所以需要给每个分区准备一个BIOS，或者把同一片BIOS ROM同时分配到所有分区中，因为BIOS是只读的，所以不会产生一致性问题。有些高端的计算机甚至提供了多个BIOS ROM芯片作为备份。

图6-92 BMC控制器

如果做了多个分区，则可以有选择地对某个分区加电启动，而其他分区不加电。这就要求对供电部分进行重新设计，达到可以单独对任何一颗CPU供电。不仅如此，由于有些分区是跨Crossbar的，其路径上的所有Crossbar都需要加电，而这些Crossbar目前又都是被做到CPU内部的，这就意味着路径上所有CPU都要被加电，即便某个CPU并不属于该分区，所以还需要特殊设计，只对CPU内部的Crossbar供电。但是，几乎没有产品能做到任意灵活分区，都是有所取舍的。

提示

上面提到过，使用BMC的计算机多为微型计算机（包括个人电脑、普通服务器）。对于小型机、大型机、超级计算机来讲，一般不会使用BMC来做初始底层控制管理，因为这三种机器并非只由一个机箱组成，而可能会由数个、十几个或者数百数千个机箱组成，此时会使用一台单独的微型计算机来充当底层管理控制器。比如IBM小型机的管理控制器被称为HMC（Host Management Controller，Host指的是主计算机）；有些超级计算机系统里的管理控制器被称为Service Node或者Service Console。在这些场景下，管理控制器做的工作就更复杂了，比如Service Node要同时管理数以千计的计算节点，给这些节点提供精简的操作系统程序，让它们通过网络来启动操作系统等。关于超级计算机，本书后面的章节会做详细介绍。

6.5 QPI片间互联网络简介

QPI（Quick Path Interconnection）是Intel的高端

CPU采用的片间互联网络的名称，其经历了多个版本的演进，速率不断提升。截至当前，已改名为UPI。

6.5.1　QPI物理层与同步异步通信原理

截止书写作时，QPI的最大运行时钟频率为3.2GHz，因为采用DDR技术，所以最终频率为双倍速，也就是6.4GHz。QPI采用20位并行线路传送，这样每条链路带宽就是20×6.4=16GB/s。如果将这样两条链路捆绑一下，就可以得到一个单向32GB/s的逻辑链路，两个节点之间采用一收一发两条单向逻辑链路（共4条物理链路）组成一个QPI端口。另外，每条物理链路需要跟着一条单独的导线，这条线就相当于手表，很重要，因为通信双方的两个节点必须保持时钟信号的步调一致，才可以收发数据。图6-93为QPI的物理层示意图。

通信双方的时钟步调必须严格一致，这里的“步调”不仅仅是指双方的时钟频率必须相同，更需要相位一致，频率相同可能相位不一致，一方总比另一方慢半拍的话，那链路就连不通。我们做个类比，理解这一点就比较容易了。比如我和你隔得很远，互相看不见也听不到对方说什么，彼此间只能用手拉着一根绳子，以此来互传信号。通信开始之前，我们对了下时间，约定好在10点钟准时开始通信，你发信号，我收信号并译码，从而知道你到底想要表达什么；并且我们事先约定好以水平线为基准往上抖动一下绳子，表示1，往下抖动一下绳子则表示0，不抖动表示无信号，而且约定好每秒抖动一次，也就是一秒钟传输一位，即抖动的频率为1Hz。因此你抖动的时候必须看着表的秒针，而我接收的时候也必须看着秒针。10点到了，我盯着绳子，但是第一个波在10点零2秒才到来，这2秒便是该链路的时延，时延并不会导致通信中断。我每秒都会在线路上采样一次，将链路上的信号采集到缓存中。

这个过程很合理，但是很不稳定，手表的误差是很大的，假设你我的手表产生了半秒的相位差，那么我在线路上采样的时候，便只会采到半个波，此时该波的振幅可能尚未达到最大，所以我无法判断该波是受到了干扰还是其他原因，只能断开通信，待稍后重试，而此时你我手表各自的秒针走动的频率还是一秒一次（每秒产生的误差可以忽略）。所以说，必须维护通信双方的相位一致。

很容易想到，有个很简单的做法可以实现步调一致，比如我们手持2根绳子，其中一根用来发送实际数据，另一根则专门发送节拍信号，不管有没有数据传输，节拍信号永不停止地传输过来，也就是这根节拍绳子上永远都在重复101010101的交替信号，我会看到一个正弦波，通过这个波形，便可以得知对方此时的相位，以此调整自己的相位，那就实现了完全时钟同步。按照节拍绳上的相位，去对应数据绳上的数据信号采样，就可以保证每次都采到完整的信号。这样做看上去很不错，但是很容易想到，其需要耗费多余的绳子，而且两只手一手拉住一根绳子抖，很显然增加了功耗；另外一个最重要也最不好把握的是，如果节拍绳的长度与数据绳的长度不同，那么节拍绳上传过来的信号时延就会与数据绳的时延不同，时延虽对频率没有影响，但是对相位是有影响的，时延相差了多少，相位也就相差了相应比例的数值。

有没有另一种方式来实现时钟和相位同步呢？先贤们是很有智慧的，何不直接从数据线上去“猜测”出对方当前的相位呢？如果数据线上不断有波到来，我就可以从波形里提取出相位，然后与我自身的相位比对，从而微调我的相位，时刻与对方保持一致。但是，数据线上不是时刻都有信号的，如果假设在5分钟之内，你什么都没有发给我，数据线上静默了5分钟，那就彻底没辙了，如果5分钟内的误差积累足够导致相位无法同步，那么此时通信就会中断，必须重新进入链路协商、相位同步等链路初始化过程。解决这个问题的办法就是，即便是发送方不发送数据，底层也要不停地发送一些填充数据，比如1010101交替，这些底层自动填充的数据帧被称为空闲（idle）帧，本书前文中也介绍过，其一个目的就是为了给接收方提供足够的波形让其双方保持时钟频率和相位的同步，接收方接收到空闲帧，微调了自己的相位之后，便可以直接丢掉这个无用帧了。这便是所谓同步通信的概念了。

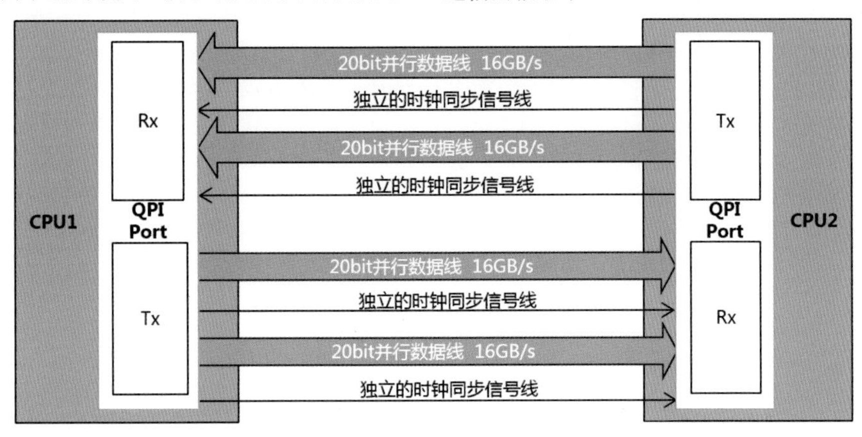

图6-93　QPI 物理层示意图

数字通信领域，并不是使用正弦全波/半波（想想绳子抖动）来表示0和1的，而是使用方波的形式，因为电路振荡速率是很高的，也并不像机械波一样从0振幅拉伸到最大振幅是个连续变化过程，数字电路从0到1是变化速度更快，所以波形上成了方波。如果有多个连续的1或者0要被发送，绳子上会出现多个弧形波，就像多孔拱桥一样，是按照一定频率和相位排列的，接收方是可以通过这个波形提取出频率和相位的。但如果是多个连续的方波，有些编码方式下（比如翻转不归零NRZI编码），电路并不会产生跳变，比如连续传输*n*个1，则电路持续拉高电平，持续（*n*/频率）秒，此时线路波形其实上就是一条直线，接收方是无法从其中提取出时钟和相位的。

难不成还不让传输连续的多个1或者0了？不可能的。先贤们发明了一种方法，也就是，不管源端发送什么数据，每8位数据底层编码电路会遵循固定的算法向其中强制插入2个冗余位，这个算法会分析这8位数据中到底在哪里插入0或者1，才能让这8位数据里包含的1和0的个数是尽量相等/平衡的，如果这8位数据恰好是8个1，则处理之后的数据就变为1111011110。大家可能已经知道底层为何要这么去做了，就是为了让线路上的信号不要总呈一条直线状，起码时不时地要跳变一下，这样接收方就不至于愣在那猜“对方现在是死机了呢，还是在传连续的1/0呢，还是咋回事？没法对表了啊！”，提取不出对方的相位就难免两边出现“同步丢失”，链路中断。只要有跳变，接收方就可以提取出频率和相位信号，从而微调本地频率和相位，**锁相环电路**（Phase Lock Loop，PLL）就是负责从接受线路上提取并同步 相位的，这样就可以保证时刻同步。接收方在收到编码之后的数据时，会用相同的算法去掉被插入的2位冗余码，恢复原来的8位数据。

上述的编码方式称为8b/10b编码，还有128b/130b编码，其目的都是一样的。另外，这种编码其实还有个作用就是保证直流平衡。大家都知道屏幕保护程序，对于早期的CRT显示器，如果长时间显示同一副画面，比如一些视频监控的显示器，屏幕上的画面长期都那一个样，一年之后，当你关闭显示器后，会发现那幅画面竟然被印在屏幕上了，当然没了灯管会很暗，但是依然可以看清，这就是屏幕老化了。长期一个动作，会导致很多问题，比如肌肉会老化僵硬、会得颈椎病，屏幕同理，电路也如此，长时间传1或者0，长期保持高/低电压，电路是受不了的，会老化，最后就是损坏。所以，人用脑时间长了必须休息，脖子伸长了对着屏幕必须时不时转两圈；同理，电路必须平衡1和0的数量。

链路初始化的时候，两边的相位多数时候不会那么巧，所以一定是不一致的，如何“对表”？这是个自动的过程，两边的链路会各自发送一些特殊的1/0交替的信号，供对方的PLL提取相位信息并调节自己的相位。两边各自微调，直到最后一下子对上了，才会进入下一步协商阶段。

采用单独时钟同步信号线来同步两边时钟的方法称为**外同步**，而利用数据线上的原生信号来提取出时钟和相位的方式称为**内同步**。

试想一下，如果你和我之间真的拉一根绳子来通信，用得着提前对表而且每次发送一个波还都得看表么？这样做太高端，咱们俗人就用俗人的方式，比如我们预先规定好，以每秒9600次的频率通信，并且最关键的一点，每次发送数据最多只能抖动8 下（8位，或称一个字符），而且发送这8位之前，还必须先往上/下抖动一下来告诉对方“哎，我要发了哈”（起始位），每次发送完必须往下/上抖动一下告诉对方“我发送完了哈”（停止位）。如果没有数据要发送，绳子上就风平浪静，保持上一个字符停止位时的电平，这样下一个字符发送时其起始位到来时会产生一个跳变，接收方感受这个跳变就可以知道有一个字符到来了。当然，接收方需要以更高的感知频率去感知这个跳变，也就是你的眼睛需要不断地以高频率观察这个跳变，否则可能会走神没看到，所以需要一个比9600 Hz高得多的采样时钟来对导线上的信号进行采样（用锁存器锁住信号）。这样的话，双方的手表不用严格保持相位相同，只要接收方感受到了起始位电压越变，就开始间隔一定的采样时钟频率对导线上的信号按照9600 Hz进行采样，可能每次无法在信号的正中心采到，但是由于采样时钟远高于9600Hz，所以偏一点没有任何问题。

提示

这里的一个疑惑在于，如果发送方在发送每个字节之前都有足够长时间的空闲，那么发送方检测到长时间空闲后的第一个低电平就是起始位。但是如果发送方如果接连不断地发送数据，接收方在半途中将线缆连接到了链路上（热插拔），由于数据位1->0也会让接收方检测到低电平，但是这却并不是起始位。此时接收方如何对每个字节定界？此时，接收方大可以就认为该低电平就是起始位，那么它后续接收到的整个字节，高概率是错误的，会丢弃，然后继续等待低电平到来，而有可能再次等到的是数据位的1到0的跃变，此时又会校验出错。假设碰巧校验正确了，那么该字节会被接收并显示，显然，该字节将会是一个乱码，这就是把串口连接到设备上，一开始可能出现乱码的原因。之后，下一个字符可能又会校验出错。就这样一直检测，一段时间之后，总能检测到正确的起始位，从此开始，后续的传输就会是正确无误的了。多数时候发送方并不会连续不断地发送字符，总会有一些间隔，间隔结束的第一个低电平一定是起始位，此时接收方就会接收到正确字符。而这一切对于人而言是瞬间的，从概率上讲，并不会出现长时间无法正确定界起始位的情况。

整个采样过程的示意图如图6-94所示。最后收到1位停止位表示本次发送结束。可以看到，每8位要附加2位控制位，开销25%，所以异步传输不适合于高速高带宽场景，PC上的COM口就是这种传输方式。这就是异步通信。相信大家也能体会出这里的“同步”“异步”的含义了。

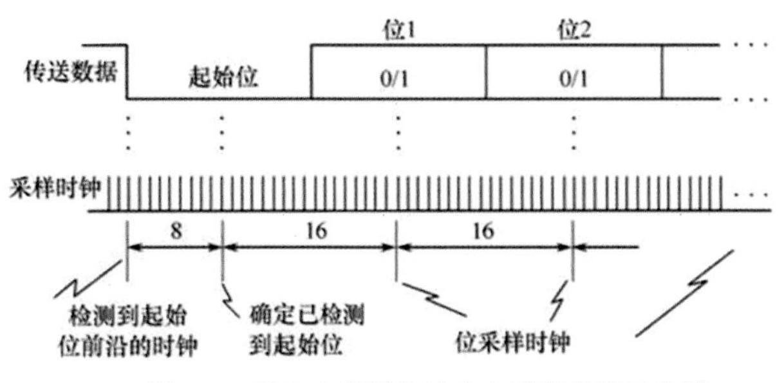

图6-94　异步串行通信接收方采样原理示意图

另外，同步通信时刻需要时钟同步，如果使用了内同步，则就算上层没有任何数据要发送，底层也得自动发送IDEL帧或者NULL帧（不同叫法而已），就是为了让对方时刻能够从线路上提取出时钟来。而异步通信由于时钟是临时同步起来的，所以上层没数据的时候，线路上就没信号，这样省电，但是速率不能太高，太高就不能靠临时提取时钟来锁定了，就得用同步通信。所以，同步通信可以说是按位来同步的，同步精度是位；而异步则是按一帧或者说一个字符、一段数据来同步的。

QPI使用的是外同步，每个20位（20 Lane）的并行链路都跟着一条时钟同步线。另外，不幸的是，这20位中，4位用来作为剩余16位的CRC校验数据，所以一个单向链路的有效位宽最终就是32位，有效带宽是25.6GB/s。另外，QPI是在不断提速的，到落笔为止，Intel最新CPU内的QPI编码器速率已经提升到8G次/s。

关于底层通信方面更详细的知识可以阅读本书第7章。

6.5.2　QPI链路层网络层和消息层

链路层的责任是负责数据帧的发送接收，并向上层提供数据发送接口。QPI链路层使用基于信用的流控机制，发送方只有在拥有足够的信用点数情况下才能发送相应数量的数据帧，接收方每成功接收到一个数据帧，就在应答帧中通知发送方信用点数可以+1。

核心不仅可以发出访存请求，还可能会发出用于实现缓存一致性的各种同步、探询请求。所有这些请求消息可以分为六大类别，不同消息类别的属性不同，比如有些消息不需要保证数据包的接收顺序与发送顺序相同，可以乱序发送，而有些消息发送时则必须保证顺序。当前设计下，QPI最多可支持14个消息类别，但是目前只使用了6个，如图6-95所示。在发送的数据帧中会包含类别字段，以告诉整个网络上的所有Crossbar该数据帧需要如何处理，是否必须按照顺序接收发送，以及可以根据类别排优先级从而决定先发送哪个后发送哪个。发送方发送数据时必须将消息类别通告给QPI控制器，后者则生成对应的数据帧。比如L3缓存控制器由于缓存未命中，发出一条读存储器请求时，该请求的类别为Snoop类别，因为这条访存请求其实是需要到其核心的私有缓存中去查找一番的。这些细节详见本章后面内容。

名称	属性	要求有序	携带数据
Snoop	SNP	None	No
Home	HOM	Required	No
Non-data Response	NDR	None	No
Data Response	DRS	None	Yes
Non-coherent Standard	NCS	None	No
Non-coherent Bypass	NCB	None	Yes

图6-95　QPI 链路层对上层提供的消息类别通道

QPI链路层将物理层虚拟成三个虚拟网络（Virtual Network）通道：VN0、VN1和VNA。本书前文中也提到过，虚拟通道的本质就是多个FIFO缓冲队列，按照不同的优先级策略，轮流地从这三个通道中取出消息，然后从同一个物理接口中发出去，但是每个通道队列中的消息只能按照FIFO顺序发送。VN其实就是QPI对虚拟通道（Virtual Channel，前文中介绍过）的另外一个包装名词而已。VN0、VN1和VNA这三个虚拟通道每个都具有相互独立的缓冲队列，为了区别对待，有些消息类别只能进入VN0，有些只能进入VN1，而VNA则可以承载任何类型的消息。由于不同消息类别必须走各自的VN，也就是放入各自对应的队列，所以即使被映射到VN0的消息过多，它们也不能走VN1，VN1此时如果有闲置资源，也不能被充分利用。VNA就是为了应对这种场景的，相当于咱们前文中提到过的无辜者缓存（Victim Cache），VNA可承载所有消息类型，用来放置临时排不开的那些消息。在系统设计时，可以根据不同场景选择使用VNA，这样流量就可以均摊到所有缓存/队列了。

所有消息共享同一个通道的后果就是一旦某个消息受到阻塞而迟迟得不到发送，那么该消息会堵住该通道队列后面排着队的所有消息，所以实际中如果选用了VNA，则需要同时启用VN0和VN1中的至少一个。

链路层将上层划分的6大消息类别按照一定的优先级和仲裁策略放置到对应的队列中，从这三个虚拟网络选择一个发出去，这样就相当于有6×3=18个虚拟路径/通道。每个数据帧都带有对应的消息类别标识和虚拟网络标识。如图6-96所示，消息经过虚拟通道到虚拟网络最后到物理层。

再来看看QPI网络的拓扑。QPI网络的连接方式属于前文中出现过的Cube型拓扑。仔细观察图6-97中图所示的拓扑，如果将这个二维平面在三维空间折叠的话，刚好会形成一个立方体，每个立方体有8个顶点，刚好对应一个CPU，每个CPU出3路QPI链路分别连接到其周围的3个顶点，再各出1路QPI链路连接到I/O桥片上。

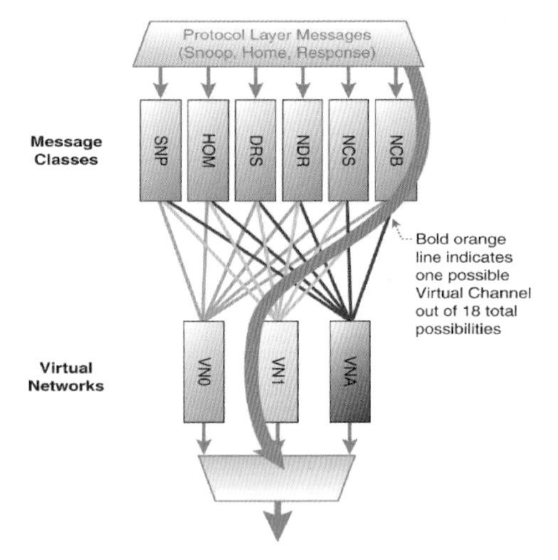

图6-96　消息类别经过虚拟通道到虚拟网络最后到物理层

经过这样的设计之后，任意一个CPU到其他CPU的通路最短是1跳，最长也只有2跳，性能上还是可以接受的。如果要做到任意两点间都是1跳可达，那么就需要每个CPU出7个QPI链路，分别直连到其他7个顶点，这样的话，从这个正方体在二维平面的投影就可以看出该拓扑变成了点对点直连拓扑，这是性能最高效的拓扑，但也是成本最高的拓扑。

4个CPU互联会组成等效于点对点直连的拓扑，任意两点间一跳直达。服务器一般每个主板最多能放得开4路CPU，这4个CPU之间的互联导线是直接印刷在主板PCB上的，定死的。但是如果要实现8路CPU紧耦合成一台独立计算机，就需要两个主板（两个机箱），两个机箱之间可以使用背板连接器连接起来，也可以使用线缆连接。多数实现都选择了后者，因为使用后者不需要开发单独的背板和机箱笼子，直接把两台单独的4路服务器级联起来就可以当8路卖，两不误。如图6-97所示，左图为固定配置不可扩展的4路服务器，中图则表示2台4路服务器通过线缆级联起来组成8路紧耦合系统，8路CPU互联拓扑，把它三维化之后，其实就是一个Cube拓扑。右图表示一台可扩展的4路服务器，如果就想用4路而不想扩展到8路的话，那么留出的4个连接器就没有用处了，此时可以把4个开放的QPI接口做环回处理，最终效果与左图所示的那种点对点直连拓扑等效，这样就可以为QPI网络增加更多路径，提升带宽。当然，也可以选择不环回，那么这样4个CPU之间就会少2条链路，不能实现一跳直达，性能会变差。

图6-98为QPI级联线的样子，可以对比一下其尺寸，还是不小的，连接器很长，插槽很深，而且不同厂商的连接器的相貌还不一样。其中第三幅图就是将两台4路服务器拼接成逻辑上一台8路紧耦合的服务器时的场景。图6-99所示为QPI环回卡，该卡的内部电路板上其实就是QPI导线，等价于级联线。

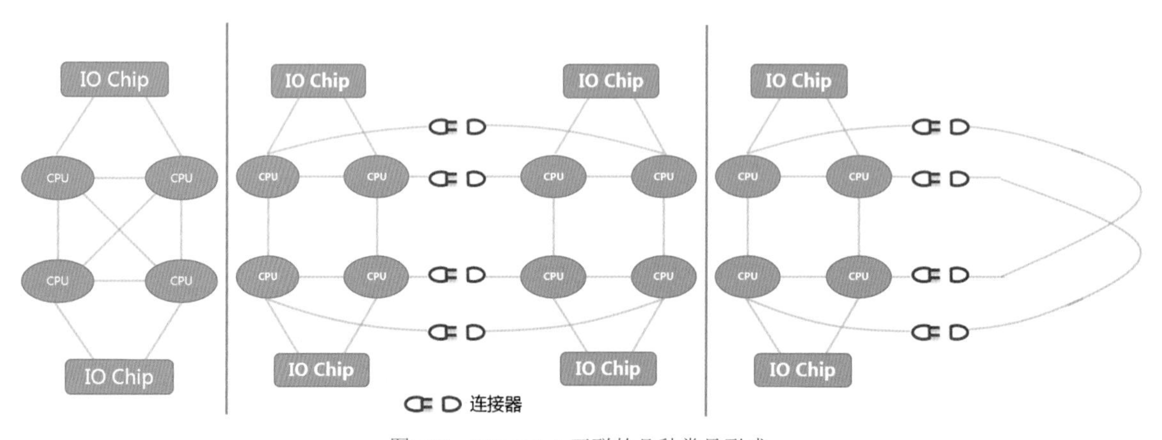

图6-97　QPI Fabric互联的几种常见形式

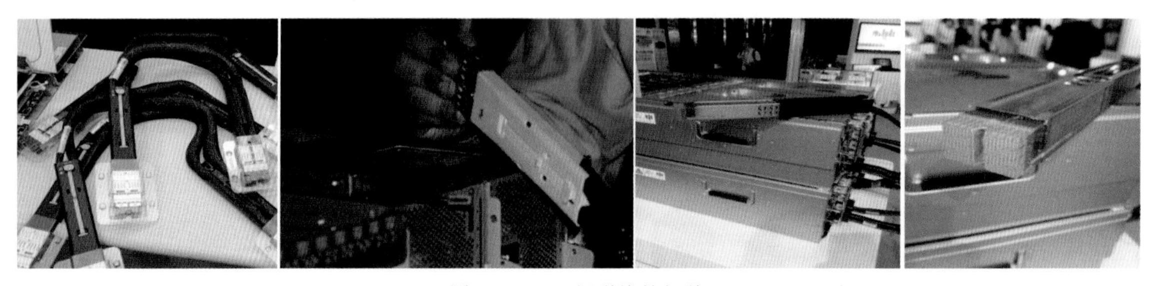

图6-98　QPI 级联线的相貌

图6-99右图是一个可扩展的4路系统的框图，可以看到每个CPU出1路QPI链路供级联另一个4路系统，QPI环回卡的作用就是将2个留出来的QPI链路在内部连接起来，从而将这个开放的4路系统变成一个封闭的4路系统。

QPI的网络层寻址采用的是Node ID，每个连接到QPI网络的节点，包括CPU、I/O桥，都会有各自的Node ID。Node ID是系统启动时根据拓扑动态自分配的。

6.5.3 QPI的初始化与系统启动

CPU是从板载ROM里读取代码启动的，ROM被存储在一块Flash芯片里，连接到I/O桥。当然，CPU本身是不会知道当前它所读取的代码到底存在于RAM？缓存？I/O控制器寄存器？还是ROM里？CPU加电后，主板上的硬件会在短暂时间内向CPU管脚放置reset信号，直到电压电流平稳之后，才会释放reset信号，此时CPU就像脱了缰的野马一样，它迈出的第一步总是从一个被写死的地址上读取代码，也就是说“嗷嗷待哺”的CPU核心会在它的地址信号线上放置该地址信号。而创世之初内存里空空如也，甚至内存自身都没有准备好，没有机器码来喂给CPU，还好，母亲已经储存好了有限的母乳让其度过这段艰难时刻，这就是被固化在Flash里的ROM中的代码。ROM Flash是连接到I/O桥的，而CPU芯片又是通过QPI连接到I/O桥的，所以，核心外围的部件以及CPU外围的芯片组必须知道应该把核心发出的这个地址信号传给QPI控制器，而QPI控制器以及Crossbar必须知道这个地址请求一定得发送给I/O桥，I/O桥也必须知道，收到这个地址的访问请求的话，就必须发送给其上的Flash控制器而不是USB控制器也不是PCIE控制器。这一切都是被写死的路由表控制完成的，大家必须这么做，否则就活不下去。这就像婴儿出生时嘴巴就在不停地吮吸一样，而不在乎你给她的是奶瓶还是手指。

6.5.3.1 链路初始化和拓扑发现

所以，在CPU开口吮吸之前，QPI必须已经完成初始化，并且掌握了整个QPI网络内的所有节点的路由信息。QPI初始化的第一步就是要先把链路给连通，也就是链路两边时钟频率和相位要先同步，这是前提。然后双方各自检测对方的链路是否已有信号，并发送一些测试帧来试探所有链路是否可用。QPI物理层初始化时并不会立即就运行在全速，它会以低速时钟频率33.3MHz（由于采用DDR，所以实际速率为66.6 M次/s）开始运行，通过交换双方所支持的参数，确定双方支持的最大速率。在QPI控制器内部硬件模块控制下，QPI控制器内部的初始化模块将对应的参数写入双方的控制寄存器，然后复位物理层，复位之后就可以以最大速率运行，这个过程称为链路训练。

物理层搞定之后，链路层开始忙活了。双方各自都维护了一个链路状态机硬件部件，其会向对方发送一些链路层初始化信息帧，即链路交换参数（Link Exchange Parameters，LEP），其中包含双方的QPI端口号、各自所连接的部件（比如内存控制器、L3缓存控制器、分管缓存一致性的控制器等QPI网络的消费者/使用者）、Node ID、所支持的节能档位、所支持及倾向的CRC校验模式、各自的Retry Buffer大小，等等。各节点的Node ID会根据一定的规则生成，I/O桥的Node ID先被写死，就是0，然后链路状态机再根据CPU与I/O桥之间的跳数、所连接I/O桥上QPI的端口ID等条件，来确定各自的Node ID。一般规则为，Node ID=Socket ID+I/O桥的Node ID+1，而Socket ID=连接到I/O桥的端口号，比如某CPU连接到I/O桥的0号QPI端口，那么这个CPU的Socket ID=0，Node ID=0+0+1=1。Node ID完全由QPI相关的硬件逻辑自行发现和生成，不需要任何系统软件参与。

6.5.3.2 系统启动

QPI的链路层初始化过程中，整个CPU一直被加着Reset信号，直到供电稳定以及QPI网络的基本参数被初始化好，Reset信号才会被释放。一旦释放，CPU便要开始取指令了。但是喜欢深究的人会思考这样的问题：现在的CPU都是多核心的了，到底启动的时候由哪个核心来执行BIOS ROM呢？还是一起并行执行？我们拿Intel的多核CPU来举例，真相远比你想象得复杂。

图6-99 QPI 环回卡及4路系统内部框图

当Reset信号被释放之后，系统中的每个CPU会从本CPU内的多个核心中选举出一个NBSP（Node Boot Strap Processor，节点启动主核心），这个选举过程本身也是靠执行一系列内部写死的逻辑来完成的。这些逻辑被保存在CPU内部的鲜为人知的微码中，执行微码的可以是专用的硬件逻辑，也可以是一个极简的单独的代码执行电路，还可以直接是主CPU核心自己，这方面视不同产品设计而不同。选举出的NBSP会进**内建自检**（Built-In Self-Testing，BIST）流程，BIST过程会耗费几千万个时钟周期，大概10 ms左右，主要是做一些非常底层的芯片内部电路级检测和配置。请注意，BIST是CPU芯片自己做的，此时还没有执行BIOS代码，与BIOS做的**上电自检**（Power On Self Testing，POST）完全不一回事。那些未被选为NBSP的核心被称为应用处理器（Application Processor，AP），会被强行进入Halt状态，直到被NBSP使用处理器间中断（IPI）唤醒为止。

提示

NBSP的选举过程中最终哪个核心获胜，完全取决于系统拓扑，那些距离I/O桥较近的核心的优先级会比距离较远的高，其主要方法是多个核心同时以原子写的方式争先将自己的标识写入到一个寄存器，谁先抢到谁获胜。因为选举出来的NBSP在下一步将要执行BIOS代码，所以离I/O桥较近的核心就会有更高的胜算。系统在最初初始化过程中，会根据自己离I/O桥的距离来给自己分配APIC ID，这个ID也决定了该核心的选举优先级。

每个CPU都会选举自己的NBSP并执行BIST过程，这个过程结束之后，NBSP就该去执行BIOS代码了。每个CPU芯片选举出来的NBSP核心紧接着都会去执行一个内嵌在BIOS中的一个特殊的独立小固件（firmware），它被称为Pre-EFI固件，是在整个系统执行EFI BIOS主程序之前所必须执行的一个固件。这个固件的作用是初始化本CPU内的其他核心（AP）以及连接在本CPU上的DDR内存，每个CPU上所选举出的NBSP都会执行这个固件（所有CPU共享同一份，存在BIOS ROM FLash中），从而初始化自己。这个固件也算是BIOS的一部分，共同被存储在ROM Flash中，而ROM可能被挂接到QPI网络远端的I/O桥上，NBSP从ROM中取指令，发出的地址访问请求必须被QPI路由到ROM芯片，所以在NBSP发出取指命令之前，QPI控制器自身就必须自己做基本的初始化，包括链路训练和协商过程。QPI底层连通了之后，还不够，还得知道ROM所在的具体位置，NBSP发出的取指信号到底要从哪个QPI口发出去才能到达对应的I/O桥。

上文中提到过，每个QPI控制器都会向外发送LEP帧声明自己后面挂接着哪些模块，I/O桥上的QPI控制器会声明自己后面挂接了固件ROM模块。NBSP执行微码，从而通过读取QPI控制器中的对应的寄存器来判断出固件ROM所在的位置，以及走哪条路可以到达，然后将对应的路由信息写入到网络上对应的QPI控制器中，就可以从ROM中取指令了。微码很关键，BIOS还没被执行之前，微码就是母亲仅存的一点点乳汁。微码会将一个写死的地址导入到NBSP的PC指针寄存器，从而让NBSP跳转到这个地址去取指令，该地址经过刚才配好的映射表查找之后，被重定向到对应的QPI端口，QPI控制器封装成QPI帧，加入对应的目的Node ID（I/O桥的Node ID），发送到I/O桥，I/O桥收到该消息后，解码，给挂在其上的Flash/Rom控制器发指令读出对应指令返回给NBSP执行，从而进入到BIOS程序中的Pre EFI阶段的控制逻辑中运行。

提示

Pre-EFI固件到底放在哪里，不同的设计有不同考虑。对于CPU数量较多的系统，基本都会放到外置Flash中与主BIOS代码放在一起，这个Flash再连接到I/O桥；而对于不需要扩展性的底端系统，可以直接放到CPU内部。规模较大的系统还可以使用专门的服务处理器（service processor）来负责BIOS加载和各种初始化过程；对于小规模系统，这些活就直接靠CPU自己干了。这些实现上的不同，就需要系统制造商去根据这些差异来设计主板和BIOS。

Pre-EFI固件接下来一步很重要的动作就是唤醒与NBSP处于同一颗CPU芯片里那些处于Halt状态的AP核心，让它们也开始执行初始化代码。NBSP通过向片内连接着所有核心的总线/网络/Ring上发送Startup IPI（SIPI）处理器间中断消息来唤醒AP核心们，在SIPI消息中含有一个中断向量AB（AB的值视具体设计而定），用这个向量可以拼成一个000AB000H（H表示十六进制）的地址，这个内存地址处（位于ROM中）存放的是专门为AP核心编写的系统初始化代码。每个核心都有一个用于接收中断信号的电路，AP收到这个中断消息，便从Halt状态醒来并且从000AB000H地址载入初始化代码执行。AP的初始化过程中会做一些诸如启用各级缓存、初始化相关寄存器、进入保护模式（UEFI BIOS运行在保护模式，传统BIOS运行在实模式）以及最终会向NBSP准备好的系统配置表中声明自己的存在（将核心数量变量+1）。AP有多个，它们必须一个接一个地执行初始化，而不能并行执行，因为它们需要对NBSP生成的系统配置表做变更，而它们之间又没有沟通，所以为了避免冲突（比如对COUNT变量的更新，本来是1，我加了1，你也加了1，如果顺着来结果就是3，如果并行的话，可能导致相互覆盖，结果可能是2），AP在执行初始化代码时必须通过访存网络获取访问BIOS的锁。初始化代码的最后一个动作是让AP打个盹（CLI关中断指令）继续睡大觉（HLT指令），唯有接收到INIT IPI中断信号之后才会继续执行。

提示

当AP再次醒来的时候，会发现另一番天地。此时OS已经载入，所有东西都准备好了，也正是OS里对应的多处理器初始化模块代码唤醒的AP。AP会从Startup IPI消息中提取对应的中断向量，然后从该向量所指示的地址执行。这个地址上的代码其实就是OS用于初始化多CPU运行环境的相关代码，最终一层层调用，所有CPU会被载入idle进程怠速执行，等待接收各种中断信号并跳转至进程调度器执行，最后执行其他用户进程。

NBSP唤醒AP之后，AP一个一个地初始化，此时NBSP会启动一个计时器，给出充足的时间让所有AP初始化。计时结束之后，中断NBSP，然后NBSP继续执行后续逻辑。

每个CPU芯片都会执行上述过程。每个NBSP初始化系统的最后一步便是与其他正在执行相同过程的CPU芯片经过QPI通信，联合选举出一个SBSP（System Boot Strap Processor，系统启动主核心）。SBSP才是负责运行BIOS主模块从而检测和初始化整个系统（主板）范围内的硬件资源（比如各PCIE设备）的角色。具体的选举方式是通过争抢读取一个寄存器/计数器，这个特殊设计的寄存器每次被访问，都会自动自行+1，初始值为0。所以，如果哪个NBSP读到了0，则证明它是第一个访问该寄存器的核心，就自认为是SBSP了。当其他NBSP读之时，其值已经不是0了，从而得知其他核心已捷足先登了。

选举失败的NBSP们也进入休眠态，变成AP。此时系统只剩下唯一的一颗位于某CPU芯片内的SBSP核心在执行代码，SBSP开始执行主BIOS代码。这个过程便会检测和配置每个CPU上报的各自连接的内存（这个信息是NBSP执行Pre-EFI固件代码时生成的），以及扫描并初始化各个PCIE设备、生成中断向量表，以及将QPI做更精细的配置，比如配置各种Message Class对应的虚拟通道/虚拟网络，以及配置QPI的电源管理参数（如允许进入低功耗模式等），然后还需要执行更精细的系统拓扑发现过程，包括所有连接到QPI网络内的各个模块的位置和路由表的建立，最后将QPI设置成全速运行。在配置内存控制器的时候，初始化程序会在源地址解码器（Source Address Decoder，SAD）中生成内存地址与Node ID的对应关系，用来判断目标内存地址的请求需要发送给哪个节点；在目标地址解码器（Target Address Decoder，TAD）中生成内存地址与节点内模块的对应关系，用来判断收到针对某内存地址请求后应该发给该节点内的哪个内存控制器处理（如果有多个内存控制器的话）；以及SAG寄存器表（Segment Address Register，如果内存条在DIMM槽位上是隔开插的，这个表负责将不连续的物理地址映射为连续的逻辑地址），前文中提到过的地址交织策略，就是在上述这些寄存器中设置的。

SBSP的最后一步便是调用BIOS中自带的存储设备驱动程序，从启动设备读入OS Boot Loader代码执行，Boot Loader会将OS代码载入执行。在某一步，OS会初始化好每个核心所需要的数据结构、线程结构等，并向所有AP发送Startup IPI消息，最终多核并行执行Idel进程，OS加载完毕。再后来呢？那就取决于用户的动作了，通过各种中断来触发各种后续逻辑。

6.5.4 QPI的扩展性

在图6-90中我们可以看到，如果每个CPU出4路QPI链路，同时还能保证任意两点间距离不超过一跳的话，那么最大只能组成8路CPU紧耦合系统。但是如果放宽要求，不再要求任意两点间最大一跳，那么就可以组成任意拓扑的访存网络，比如最简单的二维Mesh，每个CPU与其他4个CPU互联。但是这种设计鲜有用在共享内存紧耦合系统中的，究其原因，有两个：第一个是，一旦跳数过多，访问的时延就会过大，CPU周期就会浪费很多；第二个是，即便每个CPU可以使用一级和二级缓存来加速内存访问，但是对于一个紧耦合系统，必须维护全局的缓存一致性，而维护这种一致性是需要所有CPU之间额外的信息交互的，这种交互会拖累对缓存的访问，如果CPU数量过多，这种信息交互就会暴涨。所以，共享内存而且要求缓存一致性的紧耦合系统没法容纳太多CPU。

目前为止，基于Intel CPU的高端主机最大能够扩展到64路CPU的紧耦合系统。对于这种大规模访存网络，需要另一个角色登场才能解决由于缓存一致性导致的大量通信所带来的时延问题。这个角色就是**节点互联控制器**（Node Controller，NC），如图6-100所示。

NC的本质是一个QPI路由器，将多个子网黏合起来，让多个子网之间可以互通。比如，多个4路CPU主板可以连接到一个NC，并相互路由，组合成一个大的共享内存的访存网络。但是，NC并没有解决跳数问题，对访存时延没有帮助，反而是多了一跳，引入了时延。

还记得我们在前文中提到过的嗅探过滤器（Snoop Filter）么，NC上有对应的装置实现缓存一致性广播过滤机制，能够避免不必要的广播发到全网，在节约了QPI带宽的同时也降低了访存等待时延，因为一笔Snoop请求要求所有核心都做回应，不必要的Snoop请求被过滤掉之后，NC就可以直接发出回应。

关于具体是如何过滤这些广播的，下文中会有关于缓存一致性问题的详细介绍。

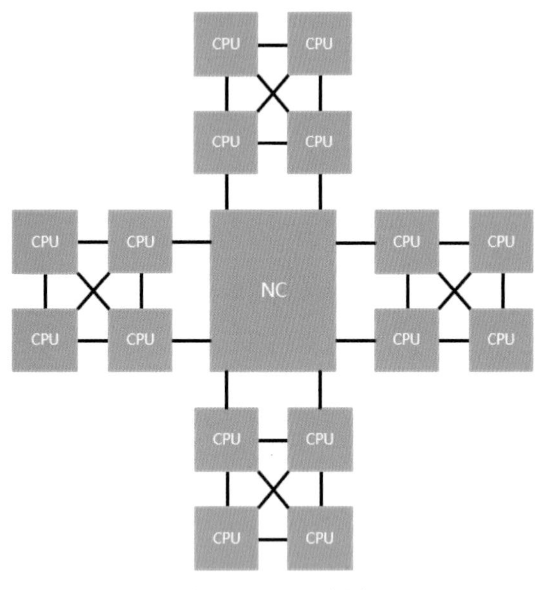

图6-100　NC示意图

图6-101为HP某款服务器采用的架构，同样是8路CPU系统，其并未使用CPU直连的方式，而是采用了两个NC板、共4片NC两两冗余来连接两个4路系统，每个CPU各出一路QPI链路连接一个NC芯片，NC芯片之间再采用QPI链路互联。一般将CPU直连互通的拓扑称为**Glueless（无黏合）架构**，而将使用NC黏合多个子系统的方式称为**Glue（黏合）架构**。Glue方式会增加额外的成本，但是可以提高性能，虽然增加了每一笔Snoop流量的传送时延，却降低了等待时延。因为实际环境中有相当比例的流量都是在处理缓存一致性探查同步，所以NC可以大量避免这种流量，以致整体性能反而提升。关于NC芯片内部具体实现原理，在6.9.11一节中再向大家展示。

6.6　基于QPI互联的高端服务器架构一览

本节向大家介绍一下基于Intel QPI访存网络的一些高端多CPU服务器。

6.6.1　某32路CPU高端主机

如图6-102所示，该主机系统最大支持32路CPU，系统支持8个主板，每个主板支持4路CPU，采用黏合式架构，意味着多个主板之间星形连接到集中的NC路由器上。实际上，为了充分保证性能和增强冗余性从而提升可靠性，每个主板上放置了两片NC芯片，4路CPU各出2路连接到2个NC芯片，NC芯片被直接焊在主板上，而不是像图6-101一样做成独立的单板。由于系统规模很大，因此在NC之间又增加了一层路由器，被称为**节点路由器（Node Router，NR）**。NC过滤广播，NR则只管路由转发访存请求以及系统底层的嗅探、应答等消息。

该系统主要由8个CPU主板、4个NR板、8个I/O笼，以及其他一些外围辅助模块组成，这三种板卡分别分布在机柜正面中上部、机柜背面中上部、机柜背面中部。

NR的作用是黏合多个NC控制器，如果不加NR，那么16个NC之间就需要两两互联，代价太高。而引入NR势必引入时延，这就是代价。NR的本质其实就是一个Crossbar或者其他类型的无阻塞交换芯片，没有更多的处理逻辑，由于不需要过滤广播，其设计本身并没有NC复杂。

图6-103所示为内存板、NR板以及系统主板。目前高端服务器领域针对DDR RAM普遍使用Buffer模式加速访问，所以可以看到图中每两条DIMM就配有一个缓存控制芯片位于散热片下。右图是NR板上的主要部件——NR路由芯片，这里不再多说。整个系统

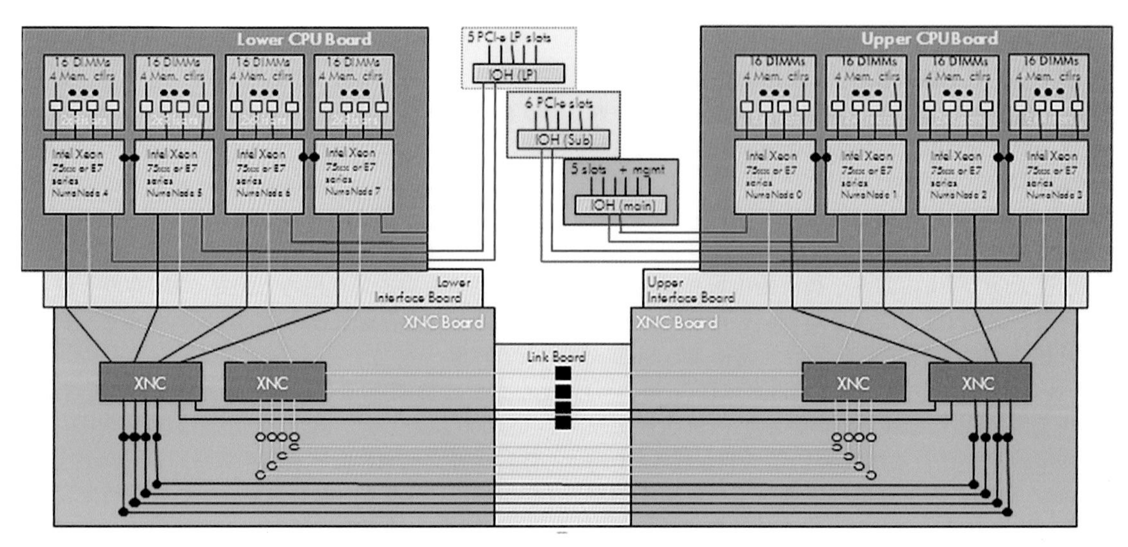

图6-101　使用NC来粘连两个4路系统的服务器

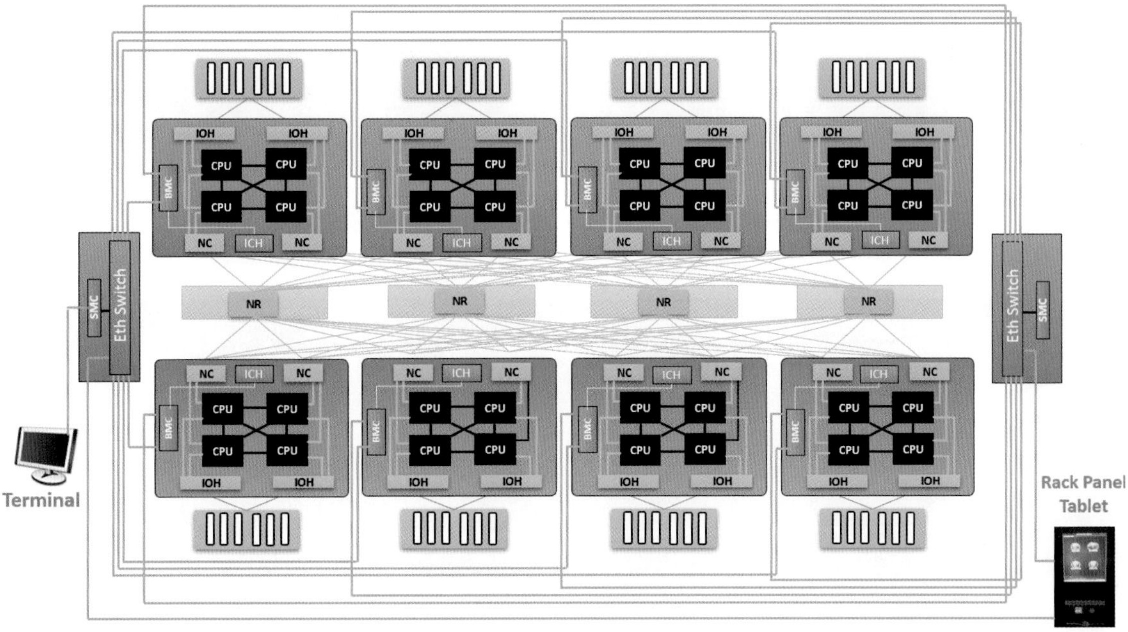

图6-102 某高端主机系统架构图

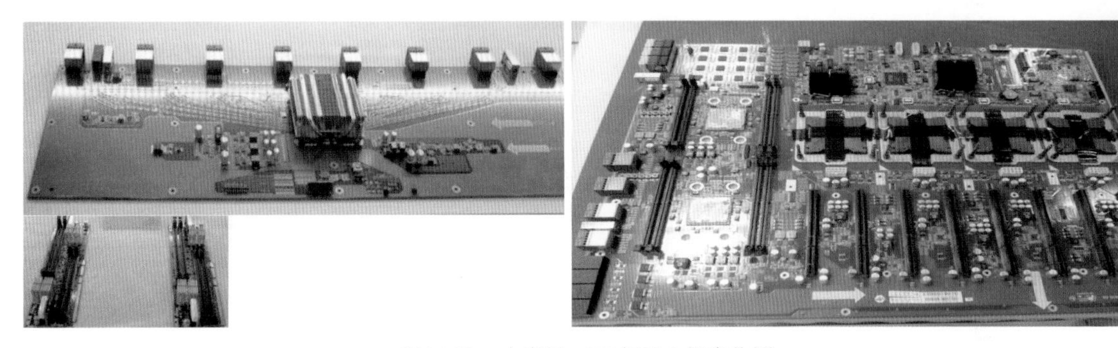

图6-103 内存板、NR板及主板实物图

采用连接器、插针形式通过背板上的导线相互连接在一起，没有线缆。

可以看到，主板右侧中部有4个CPU插座，上方两颗IOH桥片在散热片下；右侧下部则是内存板插槽。主板左侧有两颗NC芯片，左上方16颗芯片是PCIE信号缓冲器，其作用是提高总线的驱动能力。最左侧边沿上有很多连接器，包括供电、数据、监控/控制信号等，它们会连接到机柜背板上从而与其他部件相连。位于NC芯片左右两侧的DIMM插槽是用来插DDR SDRAM的，这8根独立RAM的作用是用来存储用于过滤广播的目录的，同时存储本地CPU和远端其他所有CPU上已经缓存的缓存行地址目录。对于NC的详细描述请参考后续章节。

6.6.2 DELLEMC的双层主板QPI互联

DELLEMC是服务器和存储系统设计领域的全球领先厂商，其R940产品是一款极具特色的产品，3U4路CPU（在服务器设计领域，U表示Unit，每个U高度是4.445cm），采用了双层主板设计，可维护性极强，如图6-104所示。

如图6-105所示，其在双层主板之间采用QPI线缆来接续两个双路CPU之间的QPI链路。

6.6.3 IBM x3850/3950 X5/X6主机

图6-106为IBM x3850 x5服务器主板架构及实物图。每个机箱可承载4路Intel Xeon CPU。具体就不再描述，基于Intel QPI框架的设计各家大同小异。

图6-107为内置的内存板以及外置的MAX5内存扩展单元实物图。这里有一个地方需要介绍一下，那就是对NC芯片组的设计和衍生产品MAX5的创新。NC的原理和功能各家差不多，但是目前只有IBM、HP、Fujitsu以及国内的两家公司拥有自主设计的Intel体系下的NC芯片，所以，自主设计NC就成为了主机厂商是否能进入高端服务器市场的象征。国内某公司之前曾尝试收购国外的某家专门设计CPU间互联网络的公司产品而以失败告终。

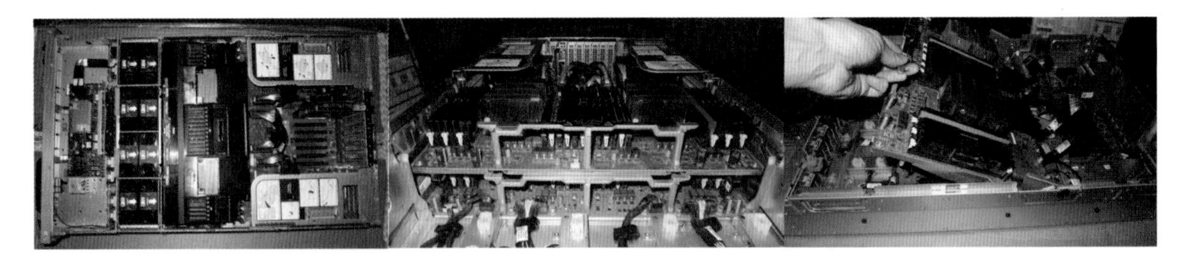

图6-104　DELLEMC的R940服务器双层主板设计实物图

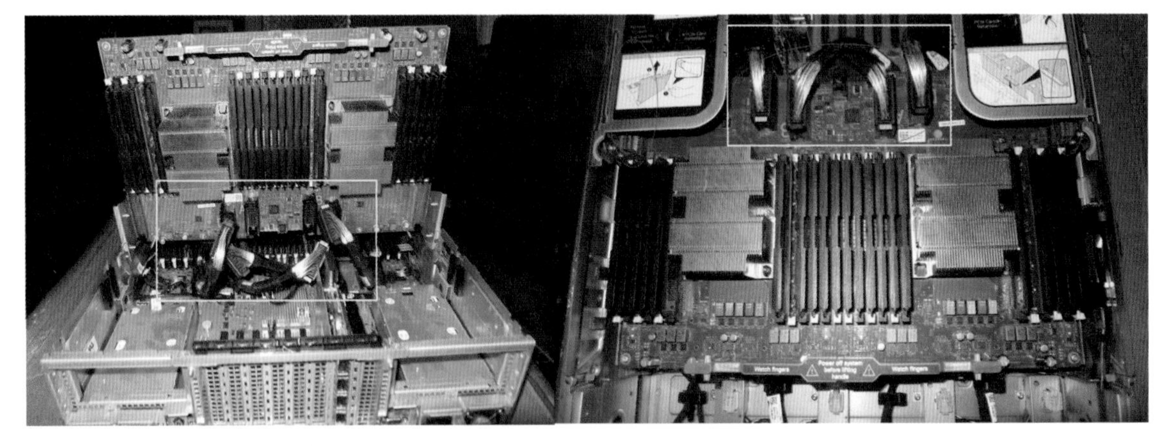

图6-105　DELLEMC R940服务器双层主板之间的QPI线缆

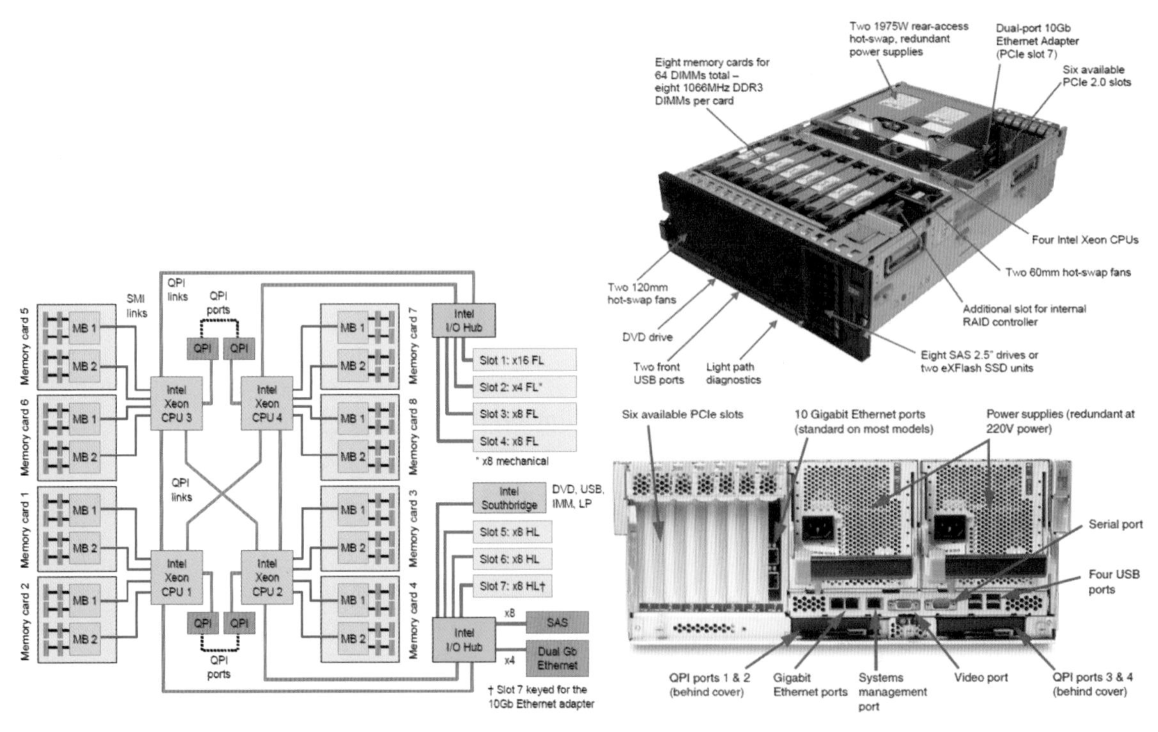

图6-106　IBM x3850 x5服务器主板架构及实物图

前文的描述中，NC在多数场景下都是用于黏合多个2路或者4路系统，使其成为更高路的高端服务器，相当于一个中转路由器的角色。但是没人规定不可以把终端设备直接连接到路由器使用，这就像拿一台PC用网线直连骨干路由器一样，此时这台PC会获得最高的Internet网络访问速度。同理，是不是也有可能将内存而不是CPU直接连接到NC芯片？IBM MAX5内存扩展单元就是这样一种设备。实物图如图6-107右图所示，板子后侧有一个较大的芯片位于散热片下，这就是IBM设计的可直连32根内存条的NC芯片，

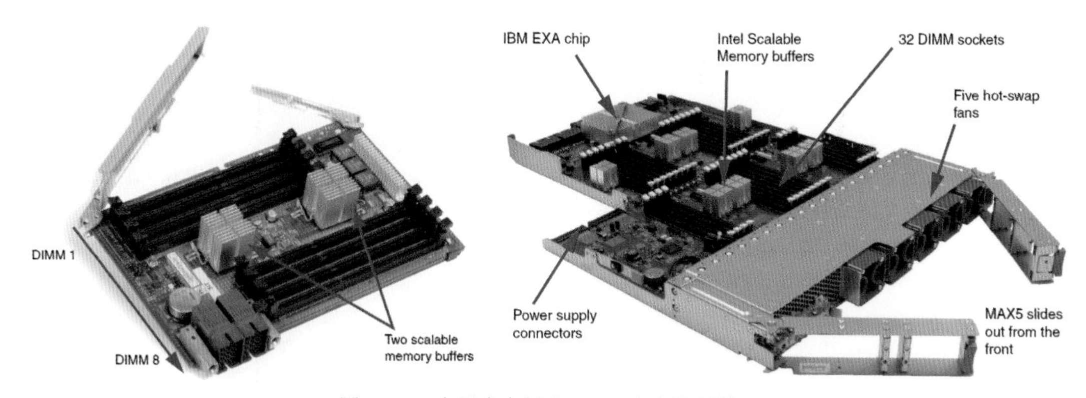

图6-107　内置内存板和MAX5内存扩展单元

IBM对其命名为EXA。整个单元的主要部件架构如图6-108所示。

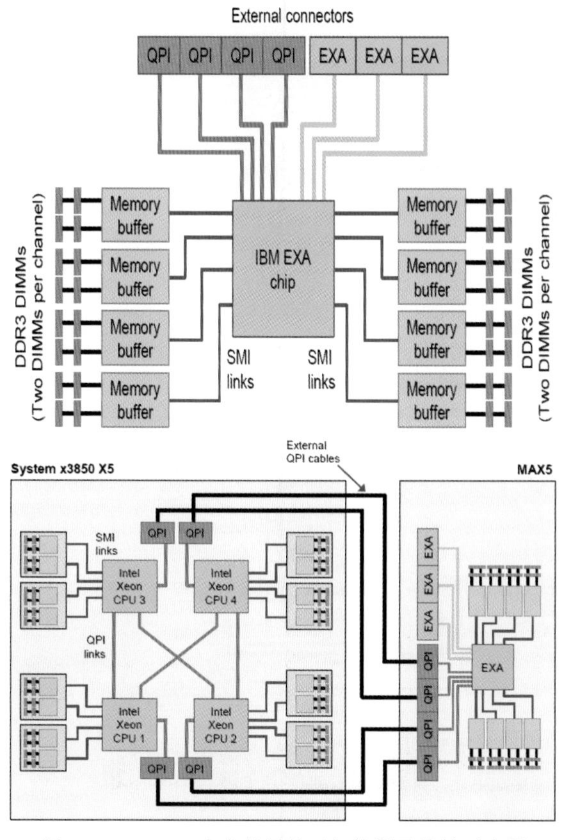

图6-108　MAX5内存扩展单元架构图及连接示意图

既然是NC，前端（连接本地CPU的一端）一定得是QPI协议，而后端（连接到另一个NC或者其他部件）可以是任意协议，视连接的器件不同而不同，比如如果后端级联到另一片NC，则两个NC之间一般是厂商自定义的私有协议，如果后端直接连接到其他Intel CPU，那也必须是QPI协议。EXA芯片在前端利用QPI与各路CPU连接起来，同时，利用芯片内部集成的内存控制器连接出最大32 DIMM内存插槽。如果理解了本书前文中对QPI的描述，就很容易理解这个设计了，Intel体系下的内存控制器其实就是QPI网络上的一个消费者而已，这样，这些内存就可以被系统内所有CPU访问。

图6-109左上图为一个4路x3850服务器利用4条QPI线缆级联一个MAX5内存扩展单元实物图。前文中描述过，EXA芯片前端是4路QPI端口，后端则是EXA私有协议。那一定还可以级联另一个EXA芯片了？是的，下图为双4路系统+双MAX5级联的示意图。

后视图

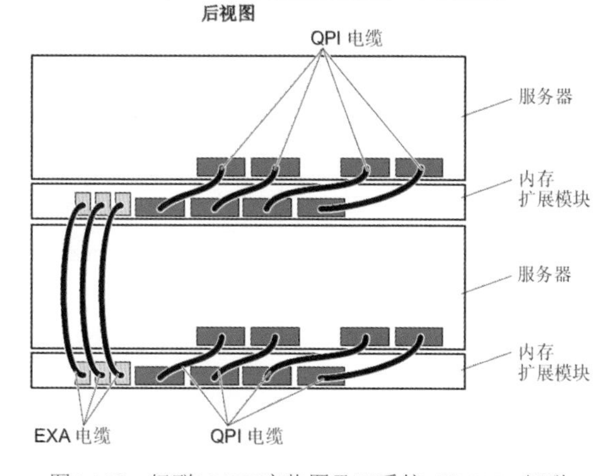

图6-109　级联MAX5实物图及双系统+双MAX5级联

当不使用NC时，一般厂商不提供物理分区支持，虽然Intel QPI控制器和交换机提供了分区支持。服务器厂商只要进行对应的硬件和BIOS设计（主要是BIOS）就可以在4路系统里提供物理分区支持，但是服务器厂商几乎都不这么做，因为对4路系统分区比较鸡肋，一般服务器对性能的要求都是2路以上，分区也就只能分成2个区。但是，对于8路及以上的服务器，分区就很有必要了。

图6-110为IBM x3850/3950 X6代产品前后视图，相对于X5代产品，最大的变化在于所有主要部件都变成了模块化设计，包括CPU/内存单元、存储单元、I/O单元、供电单元。x3950 X6实质上是两个x3850系统的上下堆叠，QPI级联触点被设计在节点中板上，无须外置线缆。x3950支持分区，可以将上下两部分机箱独立运行。X6之所以能够做得更加紧凑以及模块化，是因为其使用了Intel更新的CPU平台IvyBridge-EX，将PCIE控制器集成到了CPU内部而不是上一代体系的IOH独立芯片中，所以大大简化了设计，IOH的名字也变成了PCH（Platform Control Hub），PCH芯片位于机箱内中板上。

图6-111为x3950系统的逻辑拓扑图，除了CPU直接出PCIE总线、IOH变为PCH、QPI连接器内置之外，本质上与X5代架构没有本质区别。

图6-112为X6代产品的CPU单元实物图，含1颗CPU，正反两面各12根DIMM插槽。

图6-113为X6产品存储单元和全长、半长I/O单元

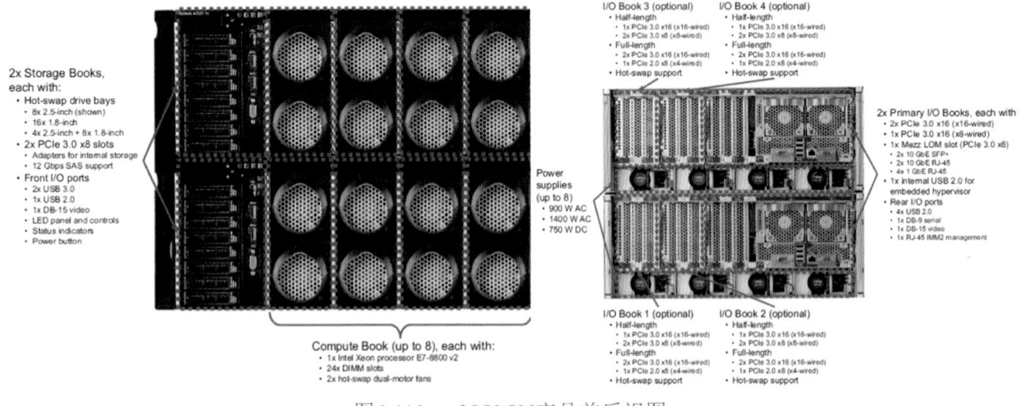

图6-110　x3950 X6产品前后视图

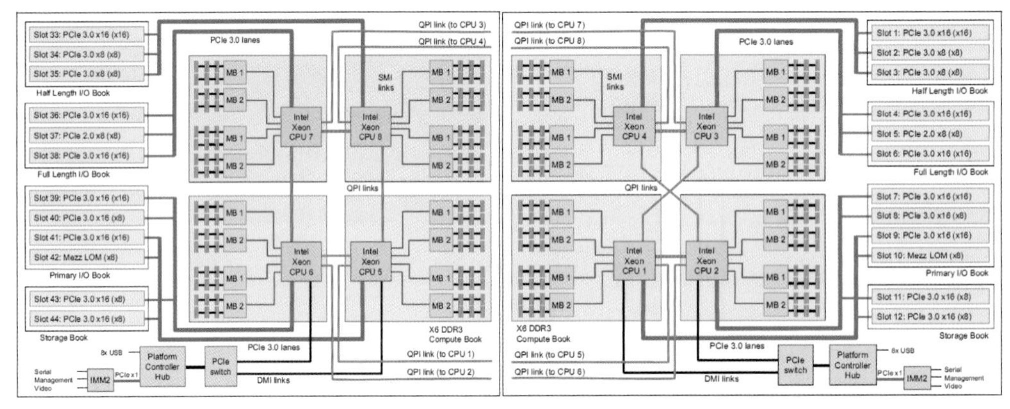

图6-111　x3950 X6产品主板架构示意图

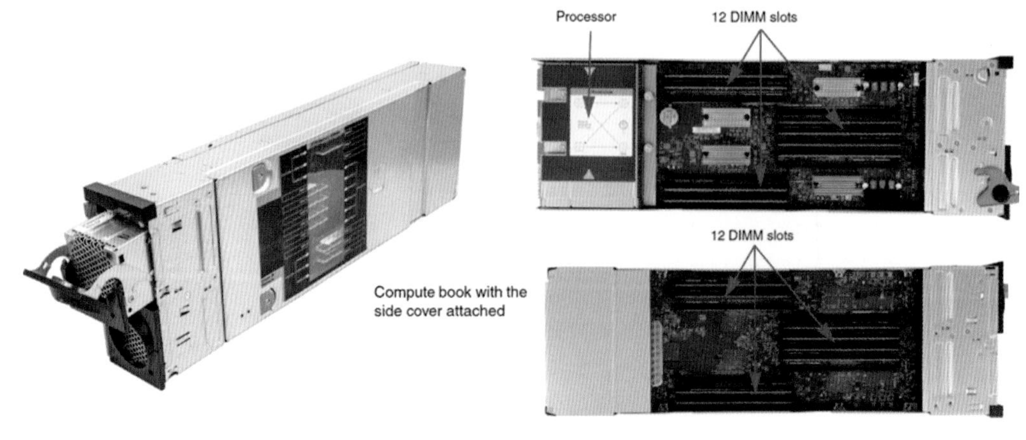

图6-112　X6产品CPU单元实物图

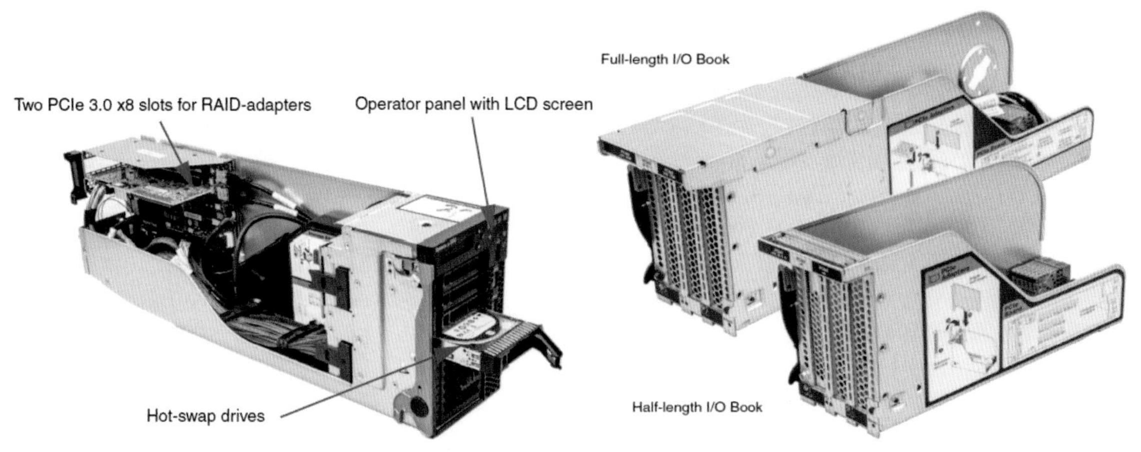

图6-113　X6产品CPU单元实物图

的实物图。可以看到，存储单元其实是由Raid卡+各种硬盘组成的，硬盘通过连线被接入Raid卡，Raid卡通过PCIE总线接入位于CPU内部的PCIE控制器。

6.6.4　HP Superdome2主机

读到这里，你应该对Intel体系服务器架构比较熟悉了，所以先看抽象架构图就可以了解一个系统的整体架构了。对于高端服务器，不可能把所有东西都集成到一个机箱内，其必然是高端、大气、上档次的。要高，板子自然要大，一个板子当然不够，得多个板子。非得是板子么，箱子行不行？当然可以，上文中x3950 X6就是箱子形态，IBM对每个模块称为“Book”，这也是沿袭其对Z系列大型机CPU/内存单元的叫法。HP Superdome2主机的CPU/内存单元称为Blade（刀片），也确实比Book更薄。

图6-114为SD2主机的架构示意图。CPU、NC、IOH这三大件自然不可少，不过Superdome2舍得成本，CPU与NC（图中的Agent）的数量做成了1:1；而且每个NC利用64MB的板载eDRAM（embedded SDRAM，前文中介绍过）作为远端节点数据的本地缓存（图示的L4缓存），具体可参考本书后面介绍NC的章节；再有，该系统没有使用Intel现成的IOH，而是自己做了一款，并且不与CPU直连，而是利用私有协议连接到NC上。每个NC芯片内部集成了一个小型（6口）Crossbar，用于在前端连接CPU一侧的QPI控制器、2个局部NC之间、IOH这三者之间的通信。另外其还利用上行链路连接到外置的高密度端口（20口）Crossbar

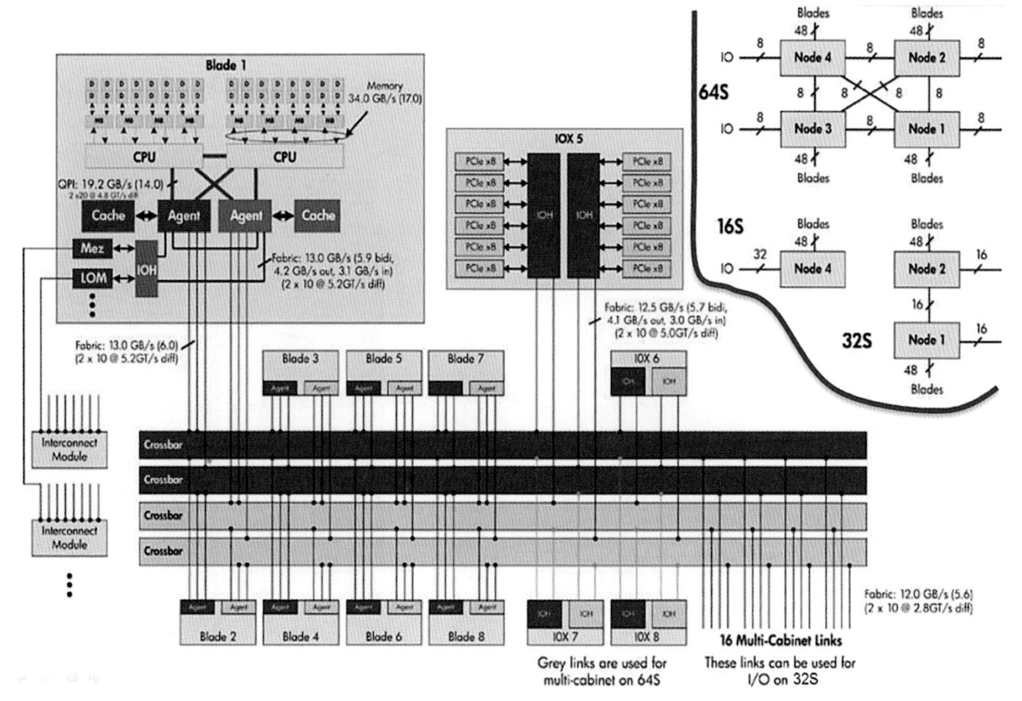

图6-114　HP Sumerdoem2 主机系统架构图

芯片上，从而与其他Blade以及I/O扩展柜（图中的IOX）互联。每个20口Crossbar芯片做成一个板子（被称为XFM，Crossbar Fabric Module），一共4个，插到机柜中板上，8个Blade平均地连接到这4个Crossbar板上，从而能够利用最大带宽与其他部件通信。8个Blade共支持16路CPU。每个Crossbar板预留4个端口，共预留16端口与另外一套16路系统互联，形成32路系统。如果每个Crossbar板预留6个端口，共预留24端口，各与其他三个16路系统互联形成Full Mesh拓扑，则可以扩充到64路CPU的系统。如图的右上角所示。

IOH芯片输出5路8速的PCIE链路，其中两个连接了2个万兆以太网控制器，每个控制器各出2个万兆口。其他3路各可连接一个Mezzanine卡（很薄的I/O扩展卡，俗称夹层卡），也就是每个Blade本地可以插3张PCIE Mezzanine卡。至于是什么卡，比如万兆以太、千兆以太、FC、IB，取决于HP提供什么卡可选了。

提示

Mezzanine卡（夹层卡）专用于一些刀片服务器、存储系统、笔记本电脑之类长相比较出众的设备，一般不使用标准PCIE插槽及半高全高、半长全长的标准PCIE卡设计，连接器一般在卡的正面而不是侧面，直接扣在主板上，子板与主板平行，可以节省大量空间，如图6-115所示。

图6-115 Mezzanine卡及其常用连接器形式

图6-116所示为整个系统各个功能单板之间的连接拓扑。这里需要注意的一点是，Blade本身并不出任何可供外连的端口，上述提及的万兆口、FC、IB口等，全部需要被引出到一处集中输出，比如如果一个Blade满配3张4口的FC卡的话，那么就会被引出4个万兆口（由2个原生板载万兆以太网控制器输出）+12个FC口，所有I/O端口都被引出到一个或者多个独立的I/O导向模块上，然后所有Blade的I/O端口统一从导向模块输出。

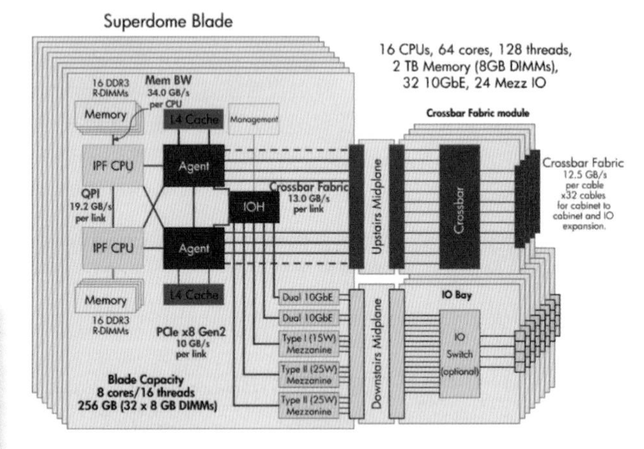

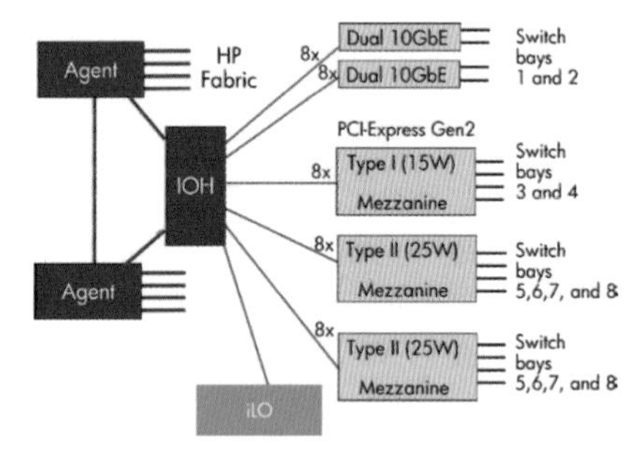

图6-116 HP Sumerdoem2 主机系统主板架构图

图6-117为Superdome2主机的前后视图。I/O导向

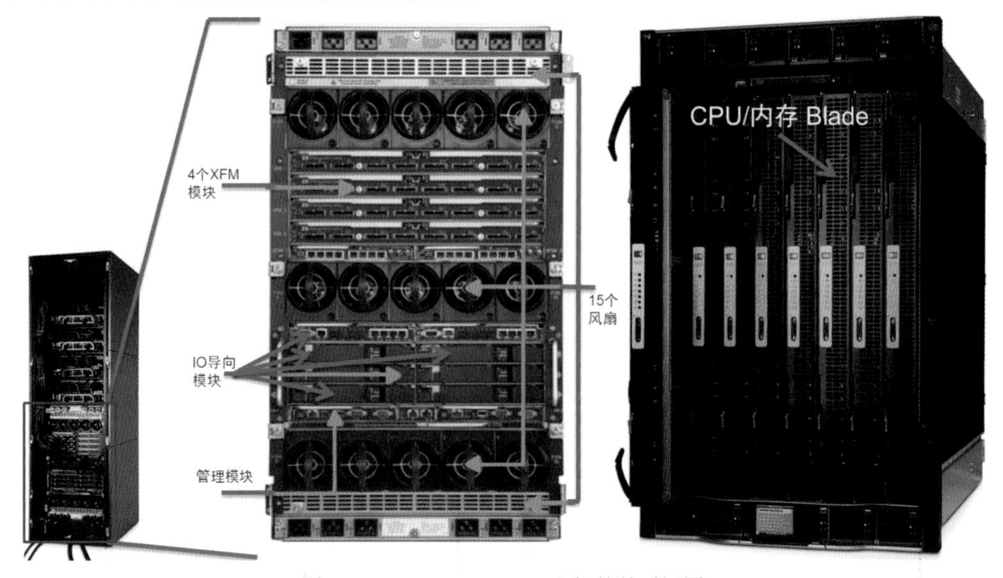

图6-117 HP Sumerdoem2 主机的前后视图

模块有两种类型，一种是直通模块，外表看上去像是交换机，实则不是，本质上是一个端口板，相当于把每个Blade上该有的I/O端口导向到这里集中摆放而已，后端Blade出多少个口，导向模块就放多少个口，所以称为I/O导向模块。第二种类型是内置交换芯片的模块，所有Blade出的端口通过系统中板与交换芯片连接，然后芯片出多个上行（外置）端口，用于级联到外部交换机上。

图6-118所示为I/O导向模块的实物图及几个典型的模块。图中的24口以太交换机外部只有4个口，是因为剩余的16个口其实是通过系统中板与Blade输出的以太口对接了，所以看不到。利用交换模块的好处是可以节省大量的线缆，无须每个端口都连线到外置的集中交换机了，只需用上行口级联即可。

图6-119为Blade实物图。终于轮到主角登场了，但是怎么感觉Blade反而不是主角了，配角更值得研究。图中的SX3000是HP研发的芯片组，包括IOH和NC。左上角两颗为NC（详见后文），Mezz表示Mezzanine卡连接器。下方是Scalable Memroy Buffer及DIMM。

图6-120所示为系统中板及XFM模块，也就是Crossbar模块的实物图，XFM模块除了用连接器与中板相连互通各个Blade之外，前面还有外置接口用于连接IOX扩展单元及级联到另一套16路系统。

图6-121为IOX扩展模块，其内部有两个HP自己设计的IOH芯片，内含Crossbar控制器。Crossbar控制器前端上联到Crossbar集中模块，后端则扩展出PCIE控制器，两片IOH各自出6个PCIE插槽。图6-117左下角所示的整机柜实物图中机柜上半部分放置的就是多台IOX，使用Crossbar专用线缆连接到XFM模块上。

HP Superdome2支持多个分区，最小分区粒度为1个Blade。另外，还通过软件Hypervisor的形式支持更细粒度的虚拟机。

图6-118 HP Sumerdoem2 I/O导向模块

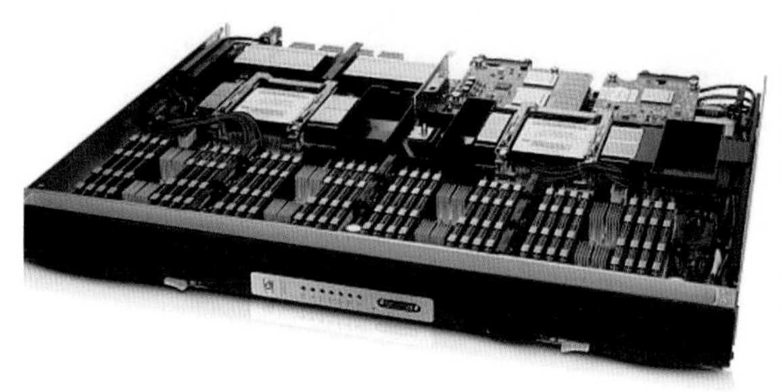

图6-119 HP Sumerdoem2 Blade

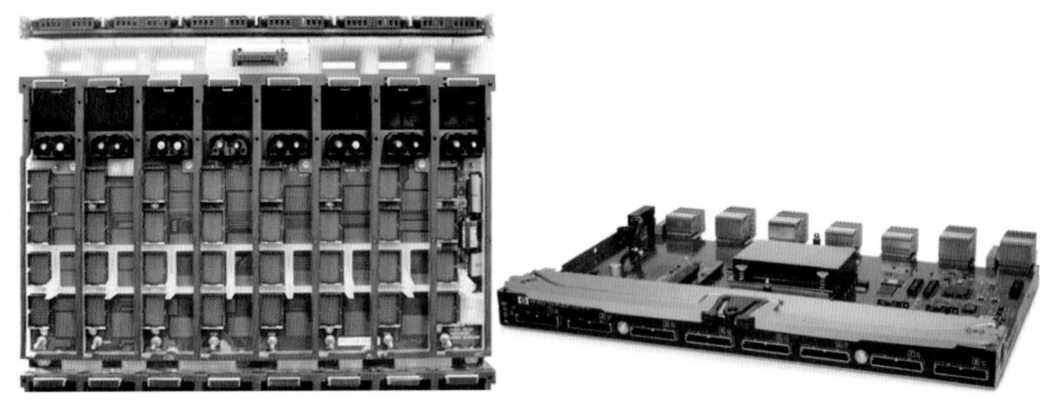

图6-120　HP Sumerdoem2 系统中板及XFM模块

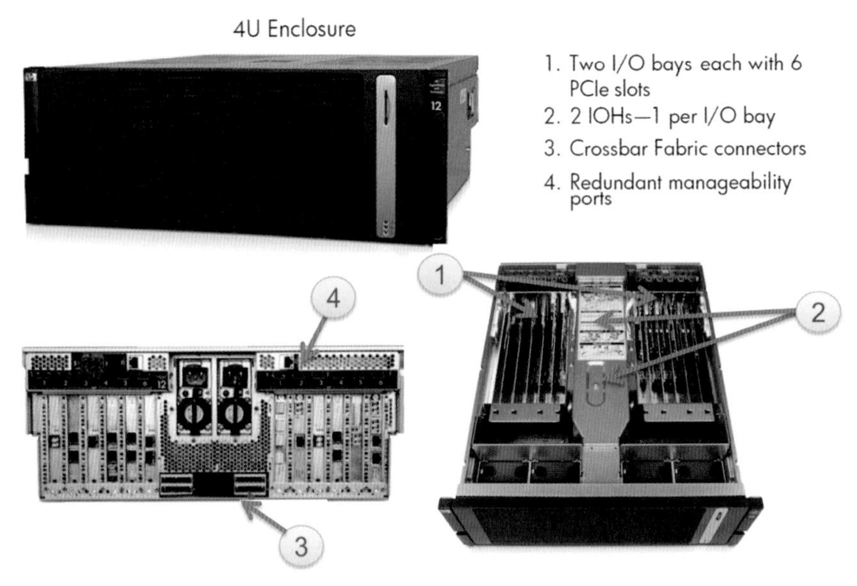

图6-121　HP Sumerdoem2 IOX扩展模块

6.6.5　Fujitsu PQ2K主机

Fujitsu PrimeQuest2K（这里简称为PQ2K）主机是一款最大支持8路Intel x86 CPU的系统。图6-122为PQ2K主机的前后视图。经过了前文中介绍的那些机器，读者此时应该已经练就了一番火眼，看待任何机器可以庖丁解牛并且泰然自若了。4个刀片每刀片2路，共8路CPU，Glueless设计，所以没有NC。

图6-123为单个刀片的内部示意图，其使用了一张标准PCIE Raid卡连接4块硬盘。系统支持物理分区，最

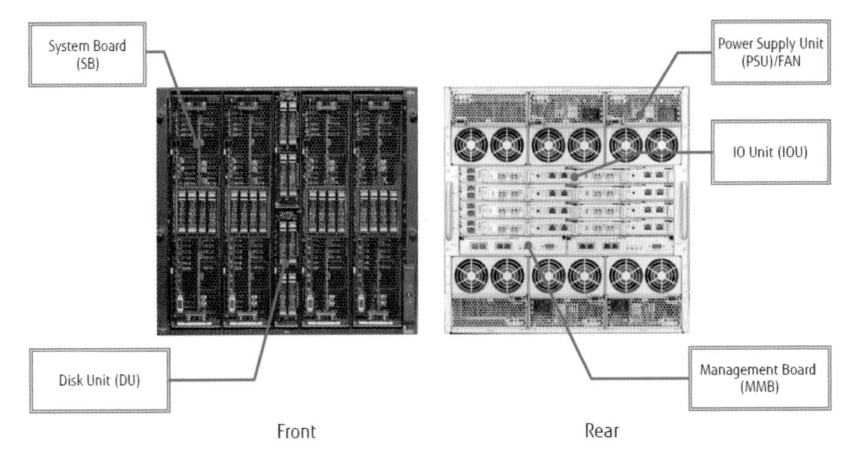

图6-122　PrimeQuest2K主机的前后视图

图6-123　刀片内部实物图及管理模块实物图

小1个刀片，不同物理分区可以使用不同型号的CPU。右图为控制管理模块，支持远程IPMI协议管理。

图6-124为插在主机箱背面的I/O模块实物图，每个I/O模块中又可以插入多个PCIE板卡。I/O模块主板上包含2个IOH桥片，通过系统中板与CPU刀片相连从而接入QPI网络。

图6-125左图为磁盘单元的实物图，系统主机箱前面可以竖插两个磁盘单元，每个磁盘单元可以容纳4块2.5寸盘，并可容纳两块Raid卡。Raid卡前端与I/O模块对连，相当于Raid卡本来可以插到I/O模块中的，但是考虑到连接磁盘不方便，所以将Raid卡放在离硬盘近的地方，再通过系统中板将Raid卡的PCIE针脚与I/O单元中的IOH针脚连接起来。右图为I/O扩展单元，可以插入更多的PCIE设备，不过它与主机箱中的I/O模块之间必须使用PCIE线缆相连了。

正是因为有了这些撒手锏技术，才会让IBM、HP、Fujitsu等专业主机厂商脱颖而出。相比其他厂商来讲，后者仅仅是按照Intel的设计和Intel提供的芯片把板子和箱子造起来，其技术含量仅体现在制造工艺上，而前面三家厂商其技术含量不仅体现在制造工艺上，更多体现在其芯片组设计和产品差异化上。性能自然不在话下，虽然用的同一家的CPU，但是由于芯片组设计不同，其性能自然也不同，当然了，价格也不同。

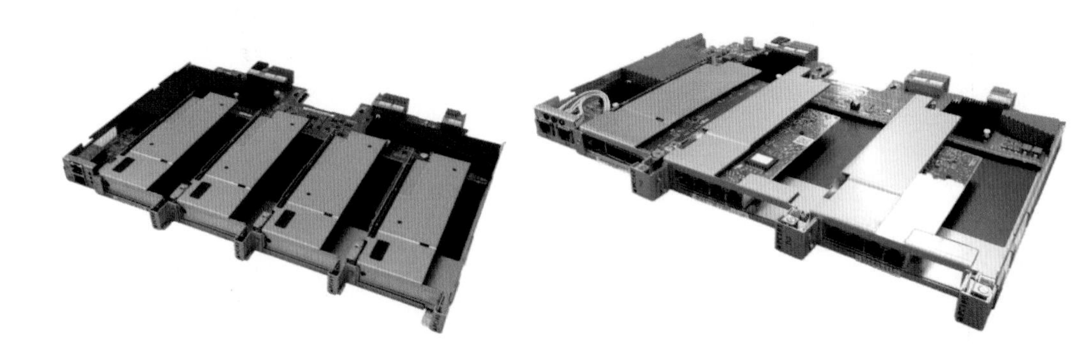

图6-124　I/O模块实物图

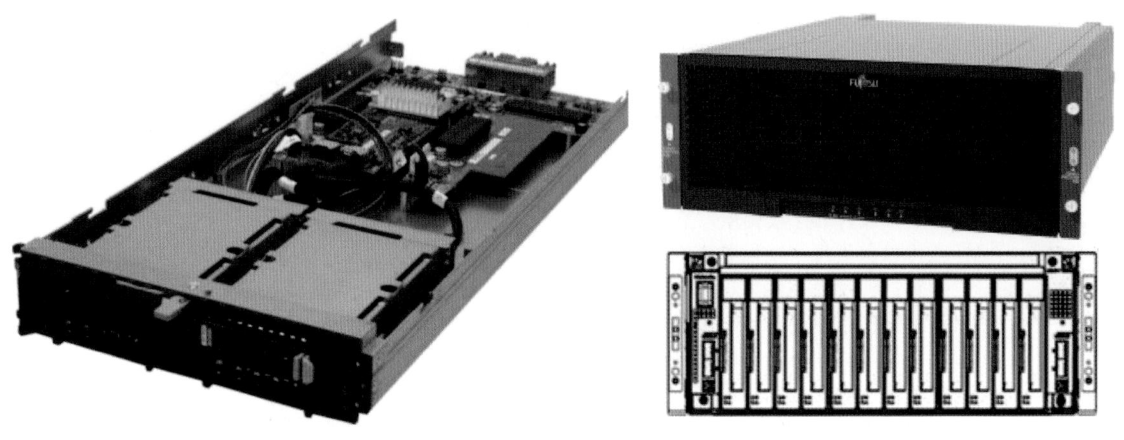

图6-125　磁盘单元的实物图及I/O扩展单元

6.7 理解多核心访存时空一致性问题

冬瓜哥的思维终于运行到了本章的尽头，你们的呢？不知道是在回味中，还是已经迫不及待地站在这里等待着这扇门最终被打开？我们很早就勾起了缓存一致性这个话题，在做了太多的铺垫之后，终于到了该解开其神秘面纱的时候了。现在，所有核心、缓存以及SDRAM内存都通过某种网络互相连接了起来。可以预先告诉你的是，你将会打开一个潘多拉魔盒，进入到一个让你可能需要理解很长时间才能参透的一个分支领域。

前文所述的QPI链路，其具有如此高的带宽，用于CPU与I/O桥之间通信，这很好理解，因为CPU需要与外部I/O设备互传数据，但是为何CPU之间也需要这么高的带宽？前文也讲述了一些CPU之间通信的例子，比如启动过程中，NBSP/SBSP需要使用各种IPI信号来唤醒AP，IPI请求当然得通过QPI网络传送；OS运行之后，也需要CPU使用IPI来向其他CPU分配或者转移线程。这样看来，貌似CPU之间传输的只是一些细碎的中断消息，不需要太高的带宽，只需要低时延即可，那么QPI链路动辄每秒几十吉字节的带宽，何用？实际上，CPU之间的IPI消息只占了很小一部分，大部分链路带宽都被缓存一致性探查和相互同步缓存数据给占用了。

在继续思考之前，我们得先弄清楚“为什么多个线程会同时访问同一个变量”，如果多线程永远都不同时访问同一个地址，那会皆大欢喜，就像两台独立计算机，老死不相往来也没什么问题。但是现实中却不是这样，比如，有10万条数据需要处理，为了提升性能，采用10个线程并发处理。为此，需要采用了一个变量来记录所有线程处理到这10万条数据中的哪一条了，该变量初值为0。当某个线程要处理数据之前，先读出该变量的值，假设当前值为n，将该变量值+1，即$n+1$，然后去处理对应数据，即第$n+1$条数据，处理完了再来更新该变量，一直到该变量值为10万为止。每个线程都做同样的事情，所以会共享访问该变量。

不过，上述程序可以通过优化而避免使用共享变量，比如人为静态分割，线程1处理第0～9999这一万条数据，线程2处理第10000～19999这一万条，以此类推。给每个线程初始化各自的计数变量，然后用for循环来控制，这样就可以做到每个线程各干各的，线程2不会去动线程1的数据，反之亦然。这样做性能会非常好，而且可以实现总体性能随着核心数量增加而线性增长。虽然如此，但是有些场景使用共享变量会让程序逻辑更加简单便捷，所以共享变量是程序员们的普遍诉求，必须支持。

然而，一切皆因此而起，从此江湖便没有了平静。你可知为了满足你的这个小小的要求，底层都发生了什么？

6.7.1 访存空间一致性问题

大家可能听说过平行宇宙理论，该理论认为每一次事件选择都会引发一个空间分支，形成另一个空间独立发展。缓存的存在会导致这种平行空间问题，RAM中某个地址A上的数据a，可能会被同时缓存到核心1的缓存1和核心2的缓存2中，初始时刻两个缓存中该地址的值可能还是a，RAM、缓存1、缓存2这三个空间是一致的。但是随后缓存2中该地址的值a被核心2更改为值b，此时便出现了两个数值版本，核心1如果继续使用缓存1中的a做计算，取决于程序的逻辑，十有八九会出错，除非程序逻辑决定了用a或者b来计算都无所谓，或者读到的值并不是拿来做算术运算的，而是去实现某种控制的（如果只是个把数值算错了还好，如果是控制路径错误，通常容易引发更加毁灭性的结果），也有可能会容忍短时间内得不到最新的值并不会导致错误。但是，多数程序场景下都不能容忍这种在空间上产生的不一致问题。

所以，为了实现空间一致性，必须将新生成的数据同步广播到其他的缓存中去。这又产生一个思考：将缓存2中的b同步到缓存1的过程也是需要时间的，无法做到0时延，所以，核心1如果在新数据没到来之前就从缓存1中取出了该地址的数据，那么取出的将是a而不是b，依然可能导致计算错误。既然这样，将数据同步来同步去的意义何在？同步时延问题是一道无法逾越的鸿沟，程序员必须接受，而且可以采用其他方法保证程序执行的时序正确性，比如互斥锁、同步屏障等机制（下文中将会介绍），但是并不能因噎废食而放任多个缓存形成多个版本的平行空间进而独立形成分支，这是不符合历史观的，这种分支发展完全不受控制，程序是无法容忍这种逻辑错误的。

使用硬件机制来确保所有核心都运行在同一个不存在，或者说短时间内最终不会存在多个平行副本的空间里，是程序员希望看到的事情。目前，所有的商用多核心CPU无一例外都支持硬件保障的**缓存一致性**（cache coherency）。缓存一致性仅仅指空间一致性，并不表示时序一致性。实现了缓存数据同步，也仅仅是实现了带有延迟的空间一致性，至于这个延迟有多大，无法预知。比如有8个核心的8份独立私有缓存，各自运行了一个线程，访问某共享变量，其中一个核心更新了该变量，如果还需要把这个变量同时发送给其他7个核心，那么这7个核心看到该变量最新值也是有先后顺序的，这取决于它们与发送数据的核心的距离以及其他相关因素。

不管有没有缓存，延迟问题导致的时序一致性问题总是存在的，时序问题与缓存的存在并无直接联系。缓存的存在只是在原本的时序问题上又增加了空间版本不一致问题，所以，必须先把空间问题解决掉之后，再解决时序问题，否则毫无意义。空间一致性问题涉及的机制非常复杂，具体的解决办法在下文中再做介绍。

访存时序一致性又被称为Memory Consistency，**访存空间一致性**又被称为Memory Coherency，但是空间一致性问题都是由缓存的存在而导致的，所以又特指缓存一致性Cache Coherency。这里有个疑问，同一个地址的数据也有可能在不同核心内部的寄存器里生成多个副本，即便没有缓存，也是存在一致性问题的啊！这里需要深刻理解一个更加本质的问题，那就是核心内部的流水线寄存器只是用来暂存数据的（缓冲），而不是缓存数据的。对于缓冲，寄存器中的数据一定会在一个最多几个时钟周期内就被搬移到外部存储器中存放，只有搬出去之后，其他核心才能看得到，所以其本质上导致的是时序问题，而不是故意产生的空序问题；而缓存则不同，其是有目的地将外部存储器中的数据在相当一段时间内保持在自己这里，如果不去有意识地将更新同步到其他核心的缓存，就会产生空序问题。

下面我们先来介绍一下这个头疼的时序一致性问题的各种场景以及对应的解决办法，然后再介绍空间一致性问题的解决办法。

6.7.2 访存时间一致性问题

时间一致性问题，或者说时序问题，对于人脑来讲理解起来比较困难。我们先假定不存在空间一致性问题，也就是CPU内部没有任何缓存存在，任何访存请求都必须访问SDRAM，而RAM是被多个CPU平等共享访问的，虽然RAM可能被分成多块挂接在不同CPU芯片上，但是它们依然是全局统一路由的共享存储器。在这个场景下，所有CPU在任何时刻都会看到一模一样的RAM数据，任何一个CPU对任何一个RAM地址处数据的更改，其他CPU在下次访存时，按理说，应该必然会看到。然而，事实却非常复杂。

6.7.2.1 延迟到达导致的错乱

CPU内部是个大工厂，就算没有缓存，起码也会有各级寄存器，数据被载入到CPU内部运算，然后输出结果某个RAM地址处的某个变量数据被核心载入之后，在经过运算部件之后，很有可能会被更改为不同的值，暂存在流水线某一级的寄存器中，处于尚未写入RAM或者正在被写入RAM的路径上某个寄存器的状态。而正当此时，另一个核心尝试加载该地址的数据，其访存请求被发送到RAM，结果取回了旧数据，导致程序看到的事物不符合历史因果关系。图6-126为数据延迟到达导致错乱的示意图。

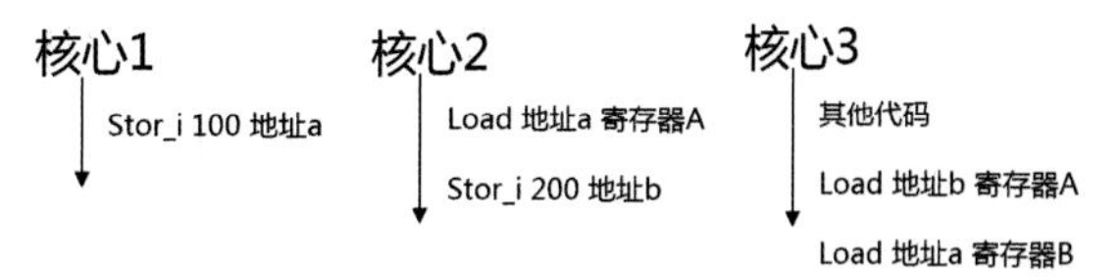

图6-126 延迟到达导致的错乱示意图

核心1向地址a写入数值100。由于多个核心之间的距离不同，这里假设100被传送到了核心2的缓存，但是尚未抵达核心3的缓存。在此期间，核心2已经从地址a获取了100这个数值并存入寄存器A，接着执行到了将200存入地址b这一步，由于核心2与核心3相隔较近，因而及时地将200传送到了核心3的缓存。同时，核心3刚刚执行到将数据从地址b载入到寄存器A这一步，其载入的是最新的值200（被核心2传送过来的），但是此时，核心1生成的100这个数值尚未到达核心3，因为它们相隔实在是太远了，网络跳数太多。此时，核心3执行了从地址a载入数据到寄存器B这一步，拿到了地址a上的旧数据。此时，核心2看到了新a，核心3看到了新b却看到了旧a，而核心2是拿到新a之后才把新b传送给核心3的，核心3却看到了将来，而丢失了历史。

这里牵扯到一个问题，就是在一个分布式系统中，某个节点生成的最新数据，会过多久才被其他节点观测到？无疑，这个时延最小值是两个核心之间的距离除以光速，结果不是0，但是数值会非常小，为皮秒级。这种时序一致性问题被称为延迟到达错乱。如果所有的更新都能够在“瞬间”让所有节点观测到、获取到，就比较理想了。然而，这看上去根本无法实现，因为即便是光速，也是有限值，做不到0延迟。

其实，0延迟是个伪命题，如果宇宙中存在0延迟，那么时间将会静止，空间中的事物也不再变化。因为时间指的就是一种先后顺序，有了先后顺序才能感受到事物的变化，才有因和果。如果0延迟，则因果会混为一谈，分不清谁是因谁是果，谁导致了谁。量子是世界存在的一个最小变化单位，正因如此，让速度变得有限，事物才会演化。

同理，由于数字电路是靠时钟来驱动的，因而其“量子”就是一个时钟周期（更精确地来讲是逻辑门电路内部一个开关的通断时间），在每个时钟周期里，电路的输入、输出变化一次。一个时钟周期相比光速级别而言还是很大的，正因如此，在工程上、理论上是可以消除延迟达到错乱的，但性能会非常差。要在一个时钟周期内完成数据同步，就不得不降低时钟频率，因为数据同步是需要一定时间的，比如数十纳秒，那么时钟频率就只能到几十上百兆赫兹了。

6.7.2.2 访问冲突导致的错乱

假设即便我们使用了某种方法真的实现了数据的

0延迟同步，解决了延迟到达乱序问题，如果两个核心同时发起对某个地址的更改操作，它们都瞬间把自己的新值广播给所有其他核心，那么这份数据最终是什么状态，到底算谁的呢？另外，很多存储器，包括缓存、RAM等，都有多个读写端口，同一个缓存行或者字节可以同时被输出到多个端口、被多个节点拿到，但是对于写入数据，如果多个节点从多个端口同时发起写怎么办？到底写哪一份数据？

如图6-127所示的程序逻辑，两个运行在不同核心上的线程都尝试对同一个变量做+1操作，程序员期望的结果是，任何一个线程都需要在对方线程的最新结果之上+1，如果使用了缓存，那么首先需要保障缓存的空间一致性，即每个线程的结果都需要同步到对方核心的缓存中，这是前提。但是这个同步过程是有延迟的，所以在此基础上还需要解决时序问题，也就是让某个核心更新的数据在达到其他核心之前其他核心不能访问该数据。硬件虽然可以保证缓存空间一致性，但是并不保证某个核心更新的数据立即就被其他核心看到。这里一定要深刻理解这个问题。不要天然地认为“硬件能够保证所有核心看到一模一样的数据”，这个说法是错误的，硬件只能保障“最终（eventually）的空间一致性”，也就是在延迟不确定的时间之后，更新会被同步到所有的核心。具体保障时序一致性的办法我们下文再介绍。

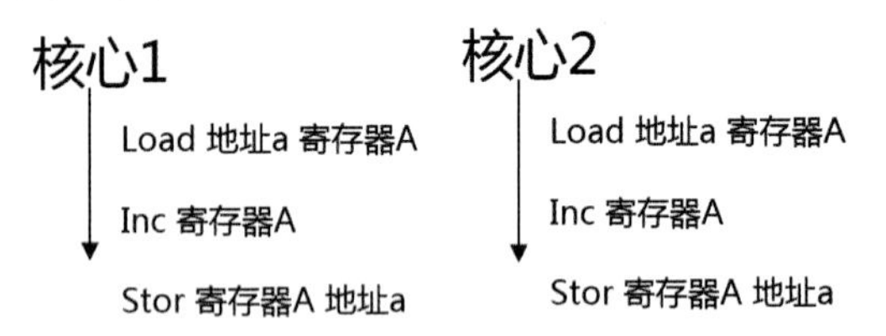

图6-127　分支预测导致的错乱示意图

上述时序问题被称为**访问冲突**。如何解决？下文中介绍。可以想象，必须用某种手段将多个同时发生的访问串行化，要么你先我后，要么我先你后。访问冲突又得细分一下，比如同时写、同时读、同时既读又写，这些都要解决。

6.7.2.3　提前执行导致的错乱

前文中我们提到过，异构多核心（AMP）架构下有一种工作机制是：主控核心将需要处理的数据指针、处理方式等描述结构写入到RAM某个地址段中，并将该地址段的基地址指针写入到变量Q中保存，再初始化一个变量P，每当主控生成了一个新任务需要处理时，就向P变量中+1。另外某个核心不停地读取变量P，并判断本次读取的P值与上次读取的是否不同：如果不同，则证明主控核心又下发了一个新任务，则去读取变量Q获取任务所在的位置，进行处理；如果相同，证明主控核心没有下发新任务，则继续循环地读取P做同样的判断工作。上述工作机制可以用图6-128所示的时序来描述（图中的OP表示Old P，P的旧值）。

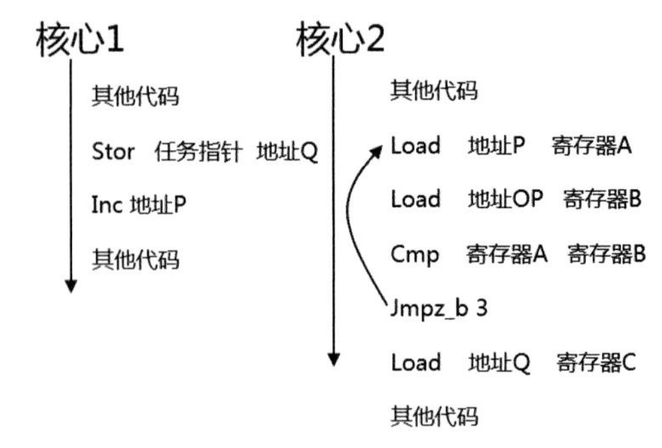

图6-128　分支预测导致的错乱示意图

假设核心2的分支预测单元预测分支为不跳转，则流水线会猜测执行Load 地址Q 寄存器C语句。假设此时核心1还没有执行到Stor 任务指针 地址Q这一行上，Q处还是旧值，那么核心2提前猜测分支并执行了代码，拿到了Q的旧值，存入保留站。假设此时核心2还没有执行到Load 地址P 寄存器A语句，而核心1已经执行到了Inc 地址P语句，并且及时将P的新值传送到了核心2的缓存，然后核心2执行了Load 地址P 寄存器A语句拿到了P的新值，经过Cmp语句判断之后发现的确不需要跳转，之前的分支预测是正确的，那么已经提前载入的Q就不会被作废，将被继续使用，从而产生了错误。

如果分支预测被证明是错误的，那么这个错乱就不会发生，因为流水线冲刷会将之前载入的Q值删掉，不会再使用。

可以看到，这个问题其实是跨核心产生了RAW相关：Load 地址Q 寄存器C语句属于Read，运行在核心2；Stor 任务指针 地址Q语句属于Write，运行在核心1。而每个核心只能判断运行在自己内部的代码序列是否有RAW相关，哪能管得到其他核心上的某个指令与自己是否有RAW相关呢？这就是产生问题的原因。这个问题的解决办法同样放在下文中一起介绍。可以想象的是，如果把核心2的上述这段代码整体延迟到核心1代码执行完了再执行，并增加一些细节处理，让它们在不同的核心上也实现有先有后的串行化执行，是不是就可以保证时序了呢？

6.7.2.4　乱序执行导致的错乱

核心1：其他代码；**Stor_i 100 地址a；** Load 地址b 寄存器A；其他代码；

核心2：其他代码；Stor_i 200 地址b；**Load 地址a 寄存器A；** 其他代码；

看一下上述指令序列。对于核心1和核心2来讲，它们各自的两条指令之间完全没有RAW关系，所以可以乱序执行，假设核心1先执行了Load 地址b 寄存器A指令，而此时核心2尚未执行到Stor_i 200 地址b这条指令，那么核心1会拿到地址b处存放的旧数据。可以看到，相同颜色的指令之间是存在RAW相关的，不幸的是，相关的指令被分布在了不同的核心上，而核心之间又没有对应的机制来保证跨核心的RAW相关。

乱序执行导致的错乱问题与分支预测提前执行导致的错乱，其实是一回事，其本质都是乱序执行：本不该被执行的指令被提前执行，只不过分支预测一旦发现预测错误就会取消已经执行的指令的结果。但是一旦预测正确了呢？就不会回退。而乱序执行则根本没有回退机制，流水线只要判断出非RAW相关，即可提前执行。所以，正确预测的分支、乱序执行，都跌倒在“无法跨核心解决RAW问题”上。即便是每个核心不乱序执行、不预测分支、不提前执行，只要跨核心的相关性不解决，就都会导致程序执行结果发生逻辑错乱。

6.8 解决多核心访存时间一致性问题

如果能有某种机制让线程1访问共享变量时，其他线程都不可以访问；而且在线程1更新完变量之后，仅当对应的新数据已经同步到其他核心之后，其他核心上的线程才能访问这个变量，这就可以比较好地实现精确的时序一致性了。这类在多个线程之间做到时序保证的方法，被称为**线程同步**。

可以想象，仅靠线程之间各自自觉是不可能完成这个任务的，因为在多个核心上运行的线程之间是完全异步的，哪个线程什么时候运行到哪了，要访问哪里了，其他线程是根本不知道的。线程间可以通过共享变量来通告各自的状态，但是访问共享变量过程本身也存在时序问题和冲突问题。所以，这个任务必须依靠硬件的辅助来完成。

6.8.1 互斥访问

硬件可以提供一种锁定的机制：当某个线程要访问某个地址时，可以通过先执行一条特殊的指令，比如Lock指令或者携带Lock控制位的访存指令，让运行该线程的核心向总线上发出Lock信号，尝试锁定整个总线而不让其他核心继续访问；如果此时总线已经被其他核心锁定了，那么该Lock请求会在下一个时钟周期内重新发出，直到成功将总线锁定为止。对于早期的共享总线来讲，实现锁定机制比较简单，即通过一根单独的信号线，收到Lock指令则先检测该导线是不是处于高电平，如果是，说明没有其他核心正在锁定中，则拉低该导线电平，这样其他核心的总线控制器就会知道总线被锁定了，下一个周期不再发出任何请求，但是依然会对Lock信号采样以判断是否依然被其他核心锁定中。

总线是有仲裁器的，任何一个核心想操作总线上的任何信号（包括Lock信号）之前，都必须先获得仲裁。仲裁器的原理前文中已经描述过。正是这个仲裁器充当了最原始最底层的绝对的串行化控制点，保证即便是有多个核心同时试图争抢Lock信号，也只有一个核心抢到总线控制权，从而抢到Lock信号。Lock信号再去保证只有一个核心发起访存操作，从而保障对共享变量的串行访问。当然，该不该用Lock信号，是需要由程序控制的，访问共享变量时就要用，访问非共享变量就不用。具体的，硬件可以暴露对应的指令，即不同的CPU对锁功能所暴露的操作方式不同：有些是用单独的指令加锁，先锁，再执行指令，再解锁；有些是随着访存指令一起附带上锁信号，执行该访存指令时顺带尝试加锁，当写入数据后，自动解锁。

锁定整个总线无疑是非常浪费的，因为有些非访存请求以及访问非共享变量区域的访存请求也需要利用总线来传输，这就好比大炮虽然可以打死蚊子但是误伤范围太大。早期的CPU的确是锁定整个总线的，后来逐步优化，新的商用CPU几乎都增加了一些细粒度控制访问的硬件模块，可以记录精细的需要锁定的起始内存地址+长度范围，只有落入这些地址的访存请求，才会被检查是否有权限访问，这样性能就不会降低太多了。一旦某段地址被加锁，谁加的锁谁才被允许写入该区域（通过访存请求中的核心标识符来区分），其他核心针对该地址段的加锁请求或者不带锁的写请求都会被阻塞，暂时不发送到总线，一直到总线被解锁之后。

提示 ▶▶▶

共享变量是需要被所有核心都看得到的，所以编译器不能像非共享变量一样直接把对应的数值放到某寄存器中来计算、更新，每次更新时，必须用Stor指令存储到外部存储器中，这样其他核心才看得到。具体的，编译器不会自动去检查某个变量是不是共享变量，而是要让程序员通过一些编译制导关键字来告诉编译器应该怎么做，比如volatile int a=0，其中volatile关键字就是用来告知编译器不要把变量a存储到寄存器中，而是要写到外部存储器。如果程序员忘记加制导关键字，程序会产生潜在bug。同理，对于 volatile关键字的变量，每次访问也必须从内存地址而不是寄存器中访问，这样才能保证访问到其他核心已经改动过（而后被存储到内存地址中）的值。

如果多核心之间是通过Crossbar/Ring等多级跳网络来连接的话，底层机制就需要考虑得更多一些。如果某时刻，某核心发出了一个Lock请求，该Lock请求会被与该核心连接的那个Crossbar/Ring控制器广播到与其他核心连接的每个Crossbar/Ring控制器上，通告

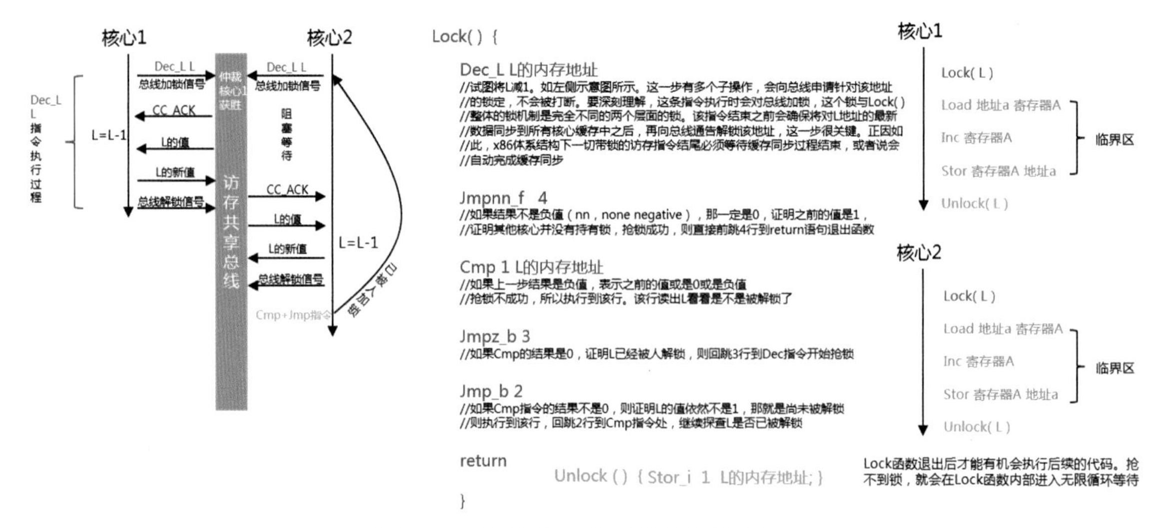

图6-129 采用自旋互斥锁的程序逻辑示意图

它们“凡是访问这段地址的请求，你们都暂时阻塞不发出”，对方再返回一个Lock Response来确认加锁成功。看似也简单，但是如果有多个核心同时发出Lock请求，最终如何判定谁获胜呢，这就得有个仲裁机制，如果不用仲裁，谁先来的谁获胜。对于这种分布式网络就会有死锁的问题，比如A->B->C->D->A这个Ring，A和C同时发出一个锁定请求，B先收到的是A的锁定请求，而D先收到的是C的请求，这样B认为A获胜，D认为C获胜，产生了分歧，这是不允许的。解决死锁的办法有多种，比如每个节点均根据节点ID小或大者获胜。再或者，在网络上寻找一个独立裁决者来集中裁决，既然都是为了访问内存，那么就干脆让挂接到Ring/Crossbar上的MC控制器（SDRAM控制器）来充当这个角色好了。实际设计中不一而同。

提示

Intel的CPU实现了一种更高效的手段，叫作Cache Lock。如果要锁定的地址对应的数据恰好在当前CPU缓存中且为M或者E态（修改态或独占态，详见6.9.2一节），则对该缓存行做锁定标记。这样，当有其他核心要访问这行数据时，本核心会接收到对应的缓存一致性消息，此时本核心只要不回复该消息，对方CPU就拿不到数据，这就成功实现了锁定，而且不需要锁定总线。关于缓存一致性的具体实现详见下文介绍。

有了上面机制的支撑，我们就可以设计一个用于多线程共享访问一个或者多个变量的串行化无冲突机制。比如，有A、B两个整型变量需要被多线程共享访问，初始时A=B=0。我们再单独初始化另外一个整型变量L=1，L也可以被多个核心共享访问。我们把变量L当成A和B的锁，值为1表示锁被打开了，值为0或者负值则表示被某个核心上了锁，正在独占访问A和B。当某个核心上的线程要访问共享变量A和B之前，必须先获取L这把锁，获取成功才能访问A和B，不成功就继续尝试获取。具体可以这样做：使用带锁的自减指令，假设名为Dec_L（Decrese with Lock）指令，Dec_L L的地址，该指令会从内存中把L读回来并减1，然后将结果再写回到L所在的地址上，同时还会将结果的属性（0？正值？负值？）更新到CPU内部的状态寄存器中以供下面的条件跳转指令参考（事实上不仅仅是Dec指令，任何算术运算都会把结果的属性更新到状态寄存器）。如果L的值原本为1，则指令执行结果将为0，内存中的L也被更新为0，顺利上了锁，可以自由访问A和B；如果L的值原本已经为0（已经被其他核心上了锁），则本核心本次的执行结果会为负值，L也被更新为该负值（负值同样表示被上了锁），那么就证明本核心本次没有抢到锁，需要跳转到开头处，也就是Dec_L指令处执行，继续尝试抢锁动作。

多个核心可能在不停地试图抢锁（虽然在解锁前是抢不到的）。如果L已经被上了锁，那么再有核心去更新L，会使L变成负值。每次试图执行Dec L都会将L的值-1，L的值不断减小，直到被解锁后才重新变成1，然后再次被某个核心抢到，变为0。其后其他核心再次不断争抢，L继续减小。这种抢不到锁就一直循环检测锁变量然后伺机继续抢锁的方式，被称为**自旋锁**（spinlock）。意即抢不到就不断循环重试。

图6-129为按照Linux操作系统在Intel x86指令集CPU平台下所实现的加锁和解锁的伪代码流程逻辑示意图。实际的函数名称为__raw_spin_lock()以及__raw_spin_unlock()。如果运行在ARM CPU平台上，这两个函数内部的逻辑就会有变化，会使用ARM指令集中LDREX和STREX指令（带锁的Load和Stor指令，EX表示Exclusive）的组合来对锁变量进行原子变更。LDREX指令会让外部网络对指定地址的访问加上锁，只有当时加锁的那个核心才能针对该地址执行STREX指令。具体机制和步骤可以自行研究。

提示

实际中，如果某个核心持续抢不到锁，持续跳转到Dec_L指令不断执行的话，会非常耗费CPU；而且最关键的一点是，Dec_L是带锁的指令，会尝试锁定整个总线（老CPU）或者对应的区域（新CPU），拖累其他核心的性能。这相当于在4个业务窗口前办理业务，没轮到你，但是你却不停地循环大喊“到我了没！”，结果4个业务窗口中的服务人员与客户的对话完全被你的大嗓门盖掉了，不得不暂停。所以如果没抢到锁，也不用发疯一般地去重试，而是可以先用不带锁的Load指令或者Cmp指令，尝试读取L所在地址的值（读取操作是可以的），然后看一下其是否依然还是0或者负值（被上了锁），如果不再是，证明已经被其他核心解锁了（解锁过程就是把L改为1），此时再跳转到Dec_L带锁的指令去抢锁，这样就可以不降低太多的性能。或者在第一次没抢到锁之后，等待一段时间再继续。

上述这种做法被称为**互斥锁**，意即多个人共享访问某些资源，但是同一时刻只能由一个人对共享资源做变更操作，多个线程互相排斥对共享资源的访问。抢到锁之后，线程在解锁之前所做的事情以及操作的内存区域，被称为**临界区**（critical section）。上述的Dec 内存地址、Inc 内存地址等类似指令，属于**Read-Modify-Write**类指令，从内存中读出原来的值，利用ALU运算出新值，再写回到原来的内存地址。

Dec_L将L的值减1这个动作，是由3个更小的步骤组成的：从L地址取回L的值、将L减1、将结果写回到L所在的内存地址以及更新结果属性到内部状态寄存器。在这3步操作期间，如果不锁定住整个总线或者L的内存地址的话，其他线程就有可能乱入，将L的值更新。这样就错乱了，所以一定要带锁。如果有多个步骤共同组成一个完整的大步骤，而且这些步骤执行期间不能被其他人乱入，这些步骤被称为一个**事务**（transaction），或者**原子操作**（atomic operation）。

提示

对于事务/原子操作，还有另外一种定义。一个事务内部牵扯到的全部动作，要么全被执行完，要么全没有执行，像没发生一样。也就是说，事务/原子操作应该是可以支持回退到发生该事务之前状态的。但是显然CPU内的带锁指令的执行轨迹是无法回退的，因为这些指令的执行结果不仅仅影响了本核心内部的状态，也影响了网络上其他部件的状态。虽然单个核心内部是有提交队列的，可以设计为把事务牵扯到的变更操作先记录到提交队列中，都执行完毕后再更改对应的流水线寄存器，但是这些指令的执行不需要回退，也不存在被回退的机会。

这里面一定要深刻理解，访问临界区内部的资源（比如A和B）是不需要使用带锁访存指令的，临界区的锁L的值如果为0/负值表示临界区被上了锁，谁上的锁谁就可以肆无忌惮地访问临界区而不用担心会有人乱入——除非程序有bug，在不检查自己是否抢到锁的前提下践踏了临界区中的数据。

提示

锁，其本身也是一个共享变量，只不过访问它的时候是使用带着锁的指令来访问。既然这样，访问整个临界区里所有共享变量都用带锁的指令，不就不需要锁变量了么？不行，因为带锁指令只保证访问单个变量时无人乱入，但是并不保证访问临界区里多个变量时无人乱入。假设，Inc A; Inc B; C=A+B;这三条语句是线程1内的一个原子操作/事务，Dec A; Dec B; C=A-B这三条语句是线程2内的一个原子操作/事务。现在这两个线程访问A和B时都只对每条语句对应的底层指令用带锁指令的话，那么到底谁能抢到每个变量的访问权是不一定的，最后依然是乱套。

当然，如果你特别在意这种风险，可以连临界区中的变量一起加锁，但是这会导致潜在的性能问题。抢到锁变量L的更改权的过程，是需要对L所在的地址的访问加锁独占才可以的，而且访问L时所携带的锁信号只在该指令执行期间有效，执行完就释放了。但是在抢到L的那个线程访问临界区期间，L恒等于0/负值，正因如此，在该线程不主动释放L前，其他核心谁也抢不到L，从而自觉地不去访问临界区资源，如果程序出现了bug，或者有意为之，即便没有抢到锁也可以访问临界区共享变量，因为这些变量没有被加锁。这里面有好几个锁字，而且概念不同，需要来回反复深刻理解。

提示

如果在单个核心上轮流运行多个线程，是否也需要加锁呢？依然需要。比如线程1读入某个共享变量，将其+1，假设结果为A，但是结果还在寄存器中没写回到缓存/内存之前，该核心被外部中断打断了。该核心在执行完中断服务程序及其下游的附带程序之后，开始运行线程调度程序，而后者调度了线程2运行，线程2对该变量+2，假设结果为B。线程2比较幸运，直到将该结果写到缓存/内存之前都没有被打断，此时缓存/RAM中该变量的值为B。然后，线程1得到了执行机会，继续之前的操作，将A写回到缓存，这就误覆盖了B，而线程2却并不知道它辛苦算出来的结果就这么被覆盖掉了。所以，不加锁不行。

现在思考一个问题。前文中说过，最强的时序一致性，也就是0延迟同步，或者称之为**终极一致性**（ultimate consistency），其在当前的理论下是无法实现的，因为违反了现阶段的光速有限原理。既然这样，当自旋锁解锁时，所有针对临界区共享变量的更改，就无法保证被立即瞬时地同步到了其他核心的缓存中。假设这些更新的数据需要延迟*m*时间才能完成缓存的同步，那么，其他核心如果在*m*时间之内成功地获取了锁并读入了共享变量，读到的就是旧值，程序会输出带有逻辑错误的结果，除非程序原本就被设计为可以忍受这种不一致（那就不用互斥锁了）。所以，加锁的原子操作只能保证多核心之间不会同时更改某个变量，但是保证不了共享变量的最新值还没同步到对方缓存之前，锁变量却先被同步过去了，而对方拿到锁后，共享变量依然没同步过来，结果对方读到了旧数据。

让子弹飞 ▶▶▶

有了，你看这样行不行，每个线程在获取到锁之后，先不急着去访问共享变量，而是先让子弹在访存网络上飞一会，估摸着差不多都命中目标了，再去访问。嗯，这的确是个很豪爽的野路子，但是大侠的这套方法略显粗糙，不够儒雅，什么时候子弹飞到了，完全凭您的经验，判断早了程序出错，判断晚了，等得太久又影响了性能。大侠是体面人，是否可以构建一套既不需要CPU每一条访存指令都保障0延迟，又可以随时控制CPU仅当同步完成之后再往下走的机制呢？兄弟们，放枪！（噼啪噼啪）大哥，怎么还不解锁？别急，让子弹飞一会！一共几节车厢？四节！听见几声响了？3声了！第4声也响了！兄弟们，解锁！让友军一睁眼就能看到那些铿锵的弹痕吧！

6.8.2 让子弹飞

CPU核心虽然不会对所有访存指令都保证完全同步（因为并不是所有访存指令访问的都是多核心共享的变量），但是可以被设计为通过一些指令的控制，让程序告诉CPU“等待所有未同步到其他核心的所有访存结果都同步了，再执行后续的访存指令”，看上去非常合理。假设有这样一条指令：CPU只要收到这条指令，便暂停执行该指令后面的、已经被载入流水线中的所有访存指令（注意，仅仅针对访存指令，运算指令依然可以继续执行，把性能影响降到最低），然后开始等待所有位于该指令前面的、已经执行完但是还没有同步完的、正在执行中的访存指令的结果全部同步到其他核心缓存，即确保这些变更结果对系统内所有核心都可见之后（可见就是其他核心若读写这些地址，读到的一定是最新同步过来的数据），再开始执行该指令之后的访存指令。流水线控制电路中需要增加对上述逻辑的判断和执行控制，可以想象出这些逻辑电路的复杂程度。

那么，核心又是怎么判断更新的数据已经完全同步到了其他核心缓存中了呢？在缓存一致性的缓存同步过程中，收到同步广播的核心都需要向发出广播的核心返回一个应答消息，以证明自己的确收到了该同步数据并且能够保证下次访问时就会应用最新的数据（6.9节会详细介绍这些消息）。也正因如此，能够让CPU核心明确知道同步的结果，只要所有其他核心都返回了确认消息，发出同步的核心就可以判断某个访存指令已经彻底被同步到了其他核心了。这里面的具体机制和过程，会在下一节介绍。

这种能让某个核心一执行它就停下等待直到子弹飞到目的地的指令，叫做**访存屏障**（memory barrier，或者简称barrier）指令。Intel x86平台CPU给出了如下几种访存屏障指令，实际中可择机使用。

Mfence：Memory Fence，不管是读还是写，位于Mfence指令之前的所有访存指令的执行结果一定全部同步完毕之后，才会执行Mfence后面的访存指令。

Lfence：Load Fence，位于Lfence指令之前的全部Load指令都同步之后，再执行Lfence后面的访存指令。

Sfence：Stor Fence，位于Sfence指令之前的全部Stor指令都同步之后，再执行Sfence后面的访存指令。

ARM平台CPU提供的则是如下的访存屏障指令。

DMB：Data Memory Barrier，仅当位于它之前的所有访存指令（不管是Load还是Stor）结果都同步完毕后，才执行它后面的访存指令（不管是Load还是Stor）。

DSB：Data Synchronous Barrier，仅当位于它前面的所有访存指令（不管Load还是Stor）都同步完毕后，才执行它在后面的所有指令（所有指令，不仅是访存指令）。比DMB的时序屏障要更加严格。

ISB：Instruction Synchronous Barrier，仅当位于该指令前面的所有指令（所有指令，不仅是访存指令）都执行并且同步完毕之后，才执行该指令后面的所有指令（所有指令，不仅是访存指令）。属于最为严格时序屏障。

有些指令在执行完自身功能之后会捎带一起实现最严格的访存屏障，比如Intel x86体系里所有带Lock信号的访存指令（如Inc_L 地址A），以及一些对控制寄存器（如页表基地址寄存器等）的更改操作指令，以及一些冲刷流水线、冲刷缓存脏数据的指令（如WBINVD等），等等，CPUID指令也会捎带实现访存屏障。也就是说，当核心开始执行带锁的指令之前，会等待所有其之前的Load/Stor类指令全部完成，再执行该带锁指令。这种捎带实现屏障的方式称为**隐式屏障**。

上述x86体系下的fence指令，是在Intel后期的

CPU中才开始支持的，早期的Intel CPU只能采用带Lock的指令来实现屏障。虽然最终也可以达到屏障目的，但是代价太高，一刀切，所有访存指令都给屏障了。

上述的各种fence指令一般会被封装为各种Barrier函数，用户在合适的地方调用这些函数就可以实现屏障。比如smp_mb()、smp_rmb()、smp_smb()分别封装着Mfence、Lfence、Sfence指令。对于不支持fence的老Intel CPU，这些函数则可以封装一条不会对整个程序执行产生什么影响的隐式屏障指令，比如CPUID。

6.8.3 硬件原生保证的基本时序

有些CPU在执行访存指令的时候会原生地保证一些时序，不需要执行屏障指令，即原生地保障一些最基本的序。如果程序可以在这些基本的保障之上运行而没有逻辑问题的话，那么程序员就可以不再使用这些拥有更高代价的显式或者隐式屏障指令了。

上文中所述的终极一致性是很难实现的，也没有任何CPU实现。有些CPU原生提供的时序保障比终极一致性弱一些。比如，有些保证所有的访存指令都按照程序代码中的顺序依次执行，不会重排序执行，但对运算指令依然会重排序以实现乱序执行提升效率。这种时序一致性保障被称为**程序一致性**（programm consistency）。

比程序一致性再弱一些的，则是要求所有核心的Stor访存操作的结果被同步到其他核心时必须按照程序原有的顺序被其他核心看到。也就是说，可以允许所有Stor类访存指令（或者包含在诸如Inc 地址A这种运算指令中的访存操作）整体都被其他任何一个核心延迟看到，但是不可以乱序看到，每个核心的延迟也可以不同，但是看到的顺序都相同。这种时序保障被称为**顺序一致性**（sequential consistency）。

比顺序一致性再弱一些的，则是只保证每个核心发出的那一批Stor类访存指令对其他所有核心所见的时序与程序中相同，这一批次内顺序有保障，但是多个核心的多批写访存指令之间就没有时序保障了，可以是相互穿插乱序的。具体如图6-130所示。图中的A/B/C表示地址，1/2/3表示是哪个核心的访存指令。这种时序保障被称为处理器一致性（processor consistency）。

还有更多其他的时序保障方式，后文中再介绍。还有一些非常细碎的时序规则，无法简单地被归类成某种类别，比如图6-131所示的Intel CPU中的一些细碎的时序规则。

有些CPU甚至可以通过用特殊的指令将一些参数写入对应的控制寄存器，从而动态改变核心执行访存指令时原生保障的时序方式。

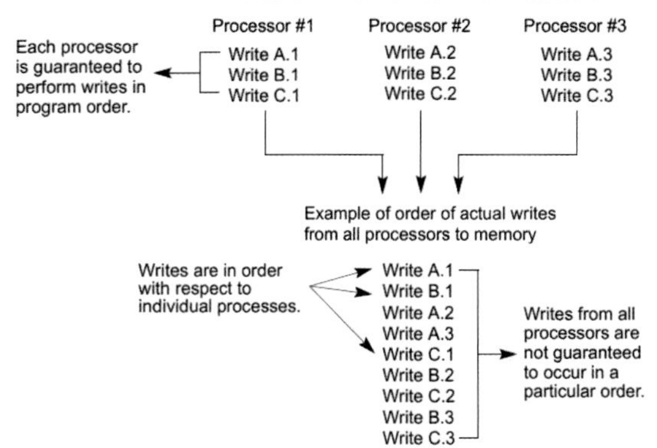

图6-130 Processor Consistency/Order示意图

Neither Loads Nor Stores Are Reordered with Like Operations
Stores Are Not Reordered With Earlier Loads
Loads May Be Reordered with Earlier Stores to Different Locations
Intra-Processor Forwarding Is Allowed
Stores Are Transitively Visible
Stores Are Seen in a Consistent Order by Other Processors
Locked Instructions Have a Total Order
Loads and Stores Are Not Reordered with Locked Instructions

图6-131 Intel CPU中的一些细碎的时序规则

有一点可以肯定的是，时序越弱，整体性能越好，因为受到的约束更少，就可以更加自由地乱序重排，也就可以更加充分地利用流水线资源。但是对程序的要求也就越高，需要程序员时刻注意在适当位置插入对应的屏障。

有些CPU可以支持对不同内存地址区域采用不同的时序保障。比如，对于一些I/O设备控制器寄存器的地址区域，对其访问几乎都是有时序关联的。因为这些寄存器后端直接与I/O控制器内部的逻辑电路相连，其作用并不是为了存储数据，它们多数存储的都是一些控制信号。有些I/O寄存器一旦读出数据，后面的I/O控制器都会感知到，从而做出不同的反应，所以并不是所有的寄存器读操作都不会产生影响的。那么，对这些I/O地址区域的访问就需要保证其程序一致性，不要擅自重排序执行，如图6-132所示。Intel CPU采用MTRR（Memory Type Range Register，内存类型范围寄存器）来专门存放“访问哪些内存区域用什么时序保障方式”“哪些区域不可被缓存”“哪些区域透写/回写”等策略信息。

另外值得一提的是，上述这些CPU内部原生的时序保障，只是保障其他核心在看到了对应的更新时一定是按照对应顺序的（比如顺序一致性保证所有核心的全部更新对所有核心所见时都是按照顺序出现的、处理器一致性仅保证所有核心会看到每一个核心自身所发出的数据更新是按照顺序出现的），但是这些原生时序保障措施并不保障“某个更新会瞬间被看到”，这点需要深刻反复理解。如果任何更新可以瞬间被其他核心看到（比如一个时钟周期内），那就彻底解决了时空一致性问题。

	Loads Reordered After Loads?	Loads Reordered After Stores?	Stores Reordered After Stores?	Stores Reordered After Loads?	Atomic Instructions Reordered With Loads?	Atomic Instructions Reordered With Stores?	Dependent Loads Reordered?	Incoherent Instruction Cache/Pipeline?
Alpha	Y	Y	Y	Y	Y	Y	Y	Y
AMD64	Y			Y				
IA64	Y	Y	Y	Y	Y	Y		Y
(PA-RISC)	Y	Y	Y	Y				
PA-RISC CPUs								
POWER	Y	Y	Y	Y	Y	Y		Y
SPARC RMO	Y	Y	Y	Y	Y	Y		Y
(SPARC PSO)			Y	Y		Y		Y
SPARC TSO				Y				Y
x86	Y	Y		Y				Y
(x86 OOStore)	Y	Y	Y	Y				Y

图6-132 一些CPU的细碎时序规则一览

提示▶▶▶

具体实现上，核心只要告诉访存网络控制器某些请求不能被乱序传输即可。可以将这种严格时序作为一个标志写入到网络数据包的包头控制字段中，网络上的所有传送/交换部件凡是遇到带有该标志的数据包，全部按照FIFO方式先进先出。如果网络中有多条路径可以达到目标，那么必须保证带有这些标志的数据包只沿着同一条路径传送，否则可能引起乱序。由于每个核心只能控制它自己发出来的所有访存请求按序发送到网络上，而多个核心会同时发送访存请求到网络上，这样无法分清谁先谁后，当然，最终这些同时到达的请求还是会被访存网络硬件Mux/Demux串行化存放到FIFO中的。跨核心保序是无法做到的。

CPU提供的这些时序保障只是最基本的，有些程序只利用这个基本保障就可实现同步。比如下面这个例子。

需求：线程1不断向A/B/C三个地址按A->B->C顺序写入新数据，但是这是间歇性写入，能够保证一旦开始更新A，那么后续必定更新B和C，这一轮更新结束后，可能经过不定的时间后又开始更新一轮。线程2不断地读入A/B/C的值并做后续处理。**运行环境：**支持处理器一致性的多核心处理器。**实现思路：**线程2不断地读出C并与上一次的C进行比较，如果有变化，则证明C已经被更新了。由于该处理器可以保证单个核心发出的所有写更新都按序到达，所以C被更新了，由此可以证明A和B也早已被更新了，则线程2再读出A和B，完成这一轮的数据接收和处理。可以看到，这两个线程既没有使用互斥锁，也没有使用访存屏障就可以保证时空一致性。

当然，上述程序的实用性不大。比如，如果线程2还没来得及将某轮更新值全部读出之前，线程1再次更新，此时就会产生漏读而导致错乱，所以在实际的程序中，面对共享访问几乎都要使用锁机制。在锁住了临界区变量之后，就可以利用CPU提供的原生保序规则，决定是否有必要再使用访存屏障。比如上述设计思路中，如果线程2决定读数据之前先加锁，再来测试C是否已变化，线程1那边就可以不用访存屏障来向线程2同步数据了。但是这样依然不实用，因为一旦线程1更新了数据，线程2抢到锁之前，又被线程1抢到锁，数据又被更新了，那么线程2就会漏读整个这轮数据，导致丢数据错乱。解决办法是采用**轮询调度锁**（Round Robin Lock），如果上次是线程1加的锁，那么这次线程1就不能加锁，必须让线程2加锁，这样就可以实现一收一发步调一致了。具体实现是额外设置一个也位于临界区内（也是要加锁才能访问）的标志变量M，专门记录上一次是谁加的锁，比如M=0表示上一次线程1加的锁，M=1表示上一次是线程2加的锁。每次某个线程加锁之后，首先检查M的值判断上一次谁加的锁，如果是自己加的，证明根本没有给对方机会自己就又接着抢到了锁，则立即解锁，然后再择机加锁；如果M的值表示上一次是对方加的锁，则本次可以放心使用临界区，处理完后，将M值更改为自己，然后解锁。显然，利用这个思路，可以实现多个线程按照任意给定的顺序抢到锁、进入临界区、解锁退出，只要在标志M上下功夫就可以了。比如让M中的多个位表示某种序列，如线程编号，如果4个线程必须按照1→3→2→4的顺序进入临界区的话，每个线程加锁后根据M的值以及自己线程的值，就可以判断自己这次进来是否合适，不合适就说声“抱歉，不是时候，回见！”。

这又引出一个问题，互斥锁是大家一锅粥乱抢，完全无序地争抢来决定谁挤进临界区。而上述做法显然要求每个线程按照一定的顺序，比如轮流或其他某种顺序进入临界区，这种能够实现有序进入临界区的锁机制，称为**同步锁/同步机制**。互斥锁只解决线程无冲突进入临界区，也就是不会有两个人挤进同一个门，而同步锁在保证无冲突前提下，还解决了谁应该先进门，谁后进门，这就叫**线程同步**。同步的方式有很多，有兴趣自行学习。不管是什么锁，什么同步机制，它们底层多数都是使用硬件提供的基本的带锁定信号的指令来实现的。

下面我们就来看一下，利用带锁指令以及访存屏障这两大武器如何去解决前文中提出的那些时序错乱问题。

6.8.4 解决延迟到达错乱问题

如果要求某个核心做的变更能够被其他核心瞬间（即0延迟）看到的话，从人类现有的理论物理和工程上来讲都是做不到的。

但是，数字电路状态的改变周期是一个时钟周期，只要能够在一个核心时钟周期内将数据同步到对方，那么，在下一个时钟周期边沿到来时，对方锁定住的就是最新的数据了。而对于当前的数字电路而言，如果CPU核心频率为吉赫兹级别，那么一个时钟周期为纳秒级别，远高于信息同步所需要的时间；也就是说，理论上，仅仅是理论上，在一个时钟周期内将数据同步到其他核心的寄存器是可行的。我们将能够实现这种单时钟周期内完成CC（缓存一致性）同步的访存时序模型称之为**严格一致性**（Strict Consistency）。其与最终一致性的区别在于：后者要求0时延，而这违反当前宇宙的时间观；前者将时延要求在一个时钟周期内，理论上可行，但是不得不降低时钟频率，拉长时钟周期以便数据完成同步，所以实际中并没有商用意义。

这在工程上也是无意义的，因为多个核心之间的互联网络如果做到一个周期内同步数据，那么用于数据同步的所有电路都需要做在同一块超大型组合逻辑电路中，那么其运行频率就会非常低。比如，极端地说，任何数字电路对于1 Hz的频率而言，做到一秒内数据同步都不是问题，但是你不可能去购买运行频率只有1 Hz的CPU。电路规模越大，距离越大，越复杂，频率越做不高，也就失去了意义。另外，如果是多个CPU芯片同时运行，每个CPU的时钟相位是不同的，运行频率也可能有所不同，要在它们之间做到时钟级同步，更是难上加难。所以，瞬间同步数据是无法满足的，这是一个无法逾越的限制。

不排除将来采用光逻辑门器件时或许可以缓解这个限制。迄今为止也没有任何商用CPU可以从硬件层面保证这种多CPU核心之间在内部寄存器级别的、与新数据生成过程处在同一个时钟周期内完成同步到所有目标核心的、严格的访存时序一致性。这种基于目前数字电路工程难以实现，或者说实现了也没有实用意义的最完美的时序一致性，由于要求数据同步在单个时钟周期内完成，所以，要想实现严格一致性，没门儿；达到0延迟，无解。

但是，延迟到达无可大惊小怪，关键看你的程序是如何访问共享变量的。如果要做到线程1写入某个地址新数据，线程2再次访问时一定要看到最新的，那么首先你得使用上文中介绍过的互斥锁来让这两个线程共享访问临界区中的共享资源，其次你需要使用一个访存屏障，在抢到锁的线程解锁时，加上一个Barrier函数让核心执行屏障指令确保同步，这就可以了。

现在我们来解决图6-126中提出的那个延迟到达的问题。如图6-133所示，左上角为原图照搬过来作为参考。右上角所示为增加访存屏障指令，妄图解决这个问题，但是仔细推敲发现难以实现，因为fence类指令只能约束到自己，约束不了别人。如图左下角所示，纵使加上了屏障，也还必须要让这三个线程按照这种时间线时序来运行，才能保障拿到最新的数据。但是多个核心之间什么时候运行哪个线程根本是不可控的，所以，还需要再加上一个同步点，也就是利用锁的机制来让三个线程达到时序同步，图右下角所示为最终的解决方案。

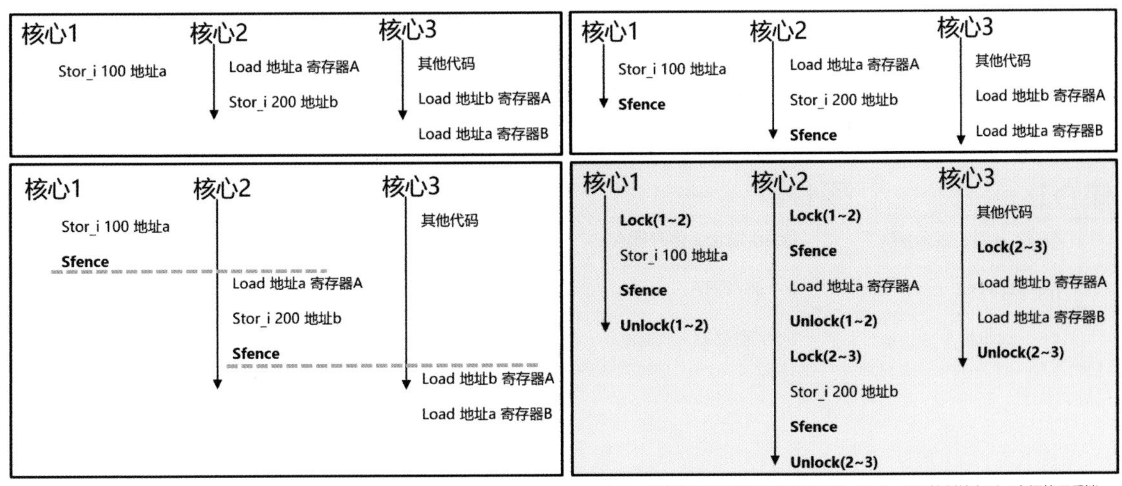

图6-133 利用锁和屏障解决同步问题示意图

思考一个问题，Sfence指令能否放到Unlock后面？也就是先把解锁（把锁变量改成1），再等待同步完成？这样是不可以的。从图6-129左侧你可以看到，其他核心正在虎视眈眈，一旦解了锁，它们可能会立即抢到锁，即刻访问临界区。如果先解锁再执行Sfence，对方核心对临界区的访问若赶在了Sfence执行完之前，那么就不能保证对方拿到的是最新数据了。所以，Sfence不执行完，锁不能解，药不能停。

6.8.5 解决访问冲突错乱问题

访问冲突与时序并无本质联系。就算实现了理想的严格一致性，依然阻止不了两个核心同时发起针对同一个地址的Stor访存请求。嗯？这种场景不是要加锁以避免多核心同时写入同一个地址么？是的。但是如果程序出了bug忘了加锁，愣是同时发出了同一个地址的写入或者读取请求呢？难不成硬件电路会被烧掉不成？所以，硬件从基本上要支持这种情况的发生。前文中说过，不管是共享总线还是Ring/Crossbar，也不管是用集中仲裁器或者分布式各自仲裁，这些仲裁过程都会把冲突的访存请求绝对串行化，多个请求会被有先后地发送到接收访存请求节点的前置FIFO队列中缓冲。然而，硬件在仲裁的时候可能会随机选择一个请求排在队列前面，这样就会乱序。所以，依然需要在上层对临界区中的共享资源进行互斥访问。

现在我们来解决图6-127中的那个访问冲突问题。原图照搬到图6-134左侧。有了上面的经验，你应该可以较快地判断出应该在哪里插入对应的同步点了。其实，加锁就足以解决访问冲突问题，但是想进一步解决时序一致性问题还是得靠访存屏障。

如果CPU提供原生的Stor指令按序执行的话，上面的Sfence指令其实是没必要的。比如，Stor 寄存器A 地址a，以及Unlock函数中对锁变量的更新，都是Stor类指令，所以Stor 寄存器A 地址a指令的结果一定先于Unlock的结果到达对方并让对方看到，这样，在对方执行Lock()的时候，如果Unlock的结果已到达，那么Load进来的一定是锁变量的最新数据（已解锁），此时就会执行Load 地址a 寄存器A指令，加载到的地址a也必然是最新数据，因为排在Stor 寄存器A 地址a之后的指令结果都到达了，之前的一定也到达了。幸好，多数CPU都原生提供Stor指令结果的按序到达。

6.8.6 解决提前执行测错乱问题

这里建议先到6.7.2.3节中回顾一下这个程序的目的。

图6-135右侧为分支预测提前执行导致的错乱的解决方案。锁，一定要用，这是防止访问冲突的唯一办法了。

线程2中增加多个Noop指令的目的是刚刚Unlock()又Lock()，这可能会导致线程1抢到锁的概率大大降低，所以加几条Noop指令无聊地呆视一会以便给线程1抢到锁的机会。这里也可以定个闹钟，比如调用Sleep()函数等待10 ms时间，到了点再来执行后续代码。可以看到在线程2中的Load 地址Q 寄存器C指令之前，加了一条Mfence屏障，确保就算是分支预测指令提前载入Jmpz_b指令之后的指令执行，当执行到Mfence指令的时候，也会强行等待其之前的所有访存指令全部执行完毕和缓存同步完毕，这样，Load 地址Q 寄存器C指令就不会被预先执行。如果之前的指令已经执行完毕，Load 地址Q 寄存器C指令才继续得以执行，那么在其执行时地址Q中已经被放入了线程1写入的最新数据，从而保证了同步。

思考一下，这个场景中，如果把线程2中的Mfence换成Sfence是否可以？本例中是可以的，但是如履薄冰。这里面与CPU提供的原生时序保障有非常大的关系。假设，CPU允许将Stor指令提前到Load指令之前执行（当然，必须没有RAW相关性），再假设Stor 寄存器A 地址OP指令被提前到了Lock()之前执行，执行完毕后，Sfence指令被取指令译码和执行（假设它前面的那两条Load指令尚未执行完毕，比如缓存Miss等原因），Sfence执行过程中会检测到它之前所有的Stor已经执行完了，所以开始执行其后的Load 地址Q 寄存器C指令，此时由于线程1可能还尚

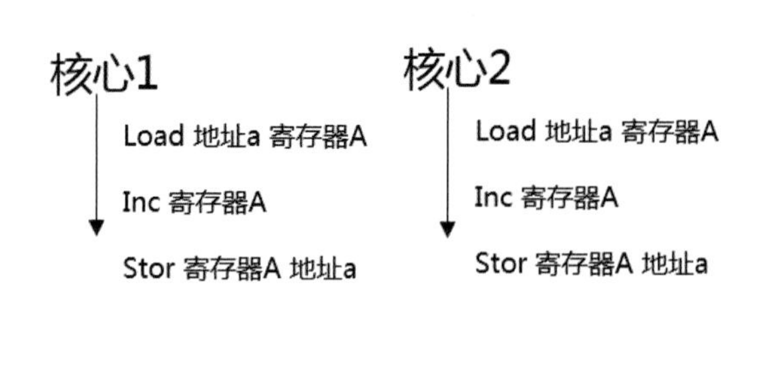

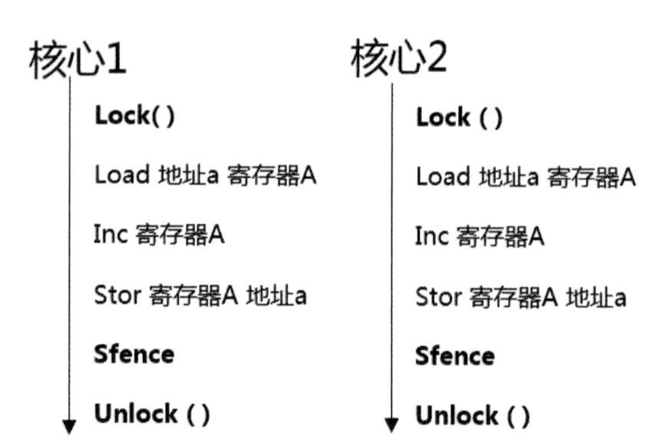

图6-134 利用锁和屏障解决访问冲突问题示意图

核心1
其他代码
Stor 任务指针 地址Q
Inc 地址P
其他代码

核心2
其他代码
Load 地址P 寄存器A
Load 地址OP 寄存器B
Cmp 寄存器A 寄存器B
Jmpz_b 3
Load 地址Q 寄存器C
其他代码

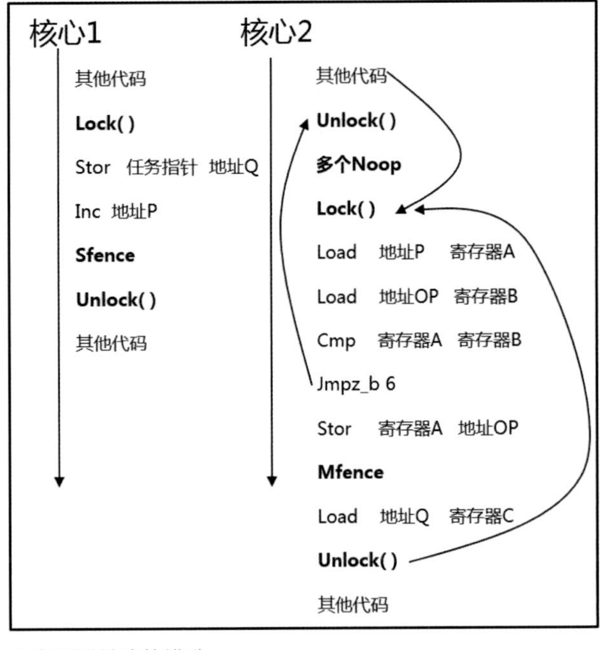

图6-135 解决分支预测导致的错乱

未把Q值更新，从而线程2可能预先载入Q的旧值，虽然这个概率微乎其微，因为核心2的流水线几乎不可能超前这么多步把Q值载入了寄存器C，但是只要概率不为零，就必须解决。如果是这样，那就不能换成Sfence，必须使用Mfence，因为Mfence会等上面那两条Load也执行完，而这两条Load对于后面的判断跳转很关键，这样就不会有问题。

但是幸运的是本例中的Stor 寄存器A 地址OP指令是不会被提前到Load 地址P 寄存器A指令之前的，因为它们在寄存器A产生了RAW相关。所以本例中是可以替换为Sfence的。但是假设我们把Stor 寄存器A 地址OP这条指令挪到Load 地址Q 寄存器C下方，程序逻辑没有影响，但是此时就无论如何也不能把Mfence换成Sfence了。

实际中，程序员之神编译器会综合根据程序逻辑、CPU的原生时序模型等因素判定具体使用什么指令代价最小，性能最高。

6.8.7 解决乱序执行错乱问题

核心1：其他代码；Stor_i 100 地址a；Load 地址b 寄存器A；其他代码；

核心2：其他代码；Stor_i 200 地址b；Load 地址a 寄存器A；其他代码；

很明显，上述代码中需要防止乱序执行，而且要防止访问冲突，还得用到锁和屏障这两员大将，只是存在将它们放置在哪里的问题。需要改为：

核心1：其他代码；Lock( )；Stor_i 100 地址a；Sfence；Unlock( )；Load 地址b 寄存器A；其他代码；

核心2：其他代码；Lock( )；Stor_i 200 地址b；Sfence；Unlock( )；Load 地址a 寄存器A；其他代码；

6.8.8 小结

只要变量是共享的，除非经过6.8.3节中所描述的精确设计，几乎都需要加锁来保证访问不冲突。解锁前，别忘了下一剂访存屏障的猛药确保对方拿到锁之后看到的是最新内容，至于要多猛，又得看具体场景了。自旋锁非常耗费资源，因为会不断读出锁变量来判断是否已经被其他人解锁，此时CPU会全速循环执行。有很多其他的更高效的实现方式，在此不再过多介绍，可自行研究。但不管是怎么封装和实现的锁，其底层都是利用那些基本的CPU锁指令制成的。此外，还有一些更高层面的优化，比如多个线程无序争抢锁，可能某个或者某几个线程抢到锁的次数总是比其他线程多，这由很多因素决定，如核心处于访存网络拓扑中的位置、访存网络的仲裁策略，等等。为了保证公平性，人们设计了一些辅助流程，比如抢不到锁的线程排个队，有序地抢锁，在队列中做一些QoS让某些线程具有抢锁优先级。这就像火车上的洗手间跟前估计总有几个人在倚靠着等开门，他们之间就形成了一个先来先进的队列。

之前我们展示的都是汇编代码加上函数名混合的伪代码，但是编写代码时总不能总是用汇编语言，还是要过渡到高级语言。最后我们来综合地看一小段C语言伪代码，如图6-136所示。线程2使用new_job_arrived()函数判断是否有新的工作要做，如果有，把q

变量+1指向新工作需要处理的数据所在的位置，然后把变量ok置为1。线程1循环判断ok的值是否为1，如果为1，调用execute()函数处理q指向的数据，处理完后，将ok置为0。这个程序的目的很简单，属于一个由线程2担任生产者，线程1担任消费者的模型，它们通过ok这个变量来相互通告新工作是否存在、是否完成。这个程序看上去挺好，但是问题多多。如果这两个线程运行在两个不同的核心上，对于变量ok，两个线程可能同时发起访问，会导致访问冲突。现在你可以锻炼一下，看看如何将锁和屏障插入到代码中的正确位置来保证这个程序的时空一致性。

如图6-136所示，左侧为没有考虑访存冲突时的实现，右侧则是完整实现。嗯？这里为什么没有用到Barrier函数呢？难道不担心解锁后对方拿到旧数据么？说对了，的确不担心。因为ok这个变量中存储的内容仅仅用于控制，而不是数据（如存款余额等）。比如线程1将ok变为0之后，即便这个值还没有同步到线程2，线程1就又开始执行后续代码了，也就是跳到循环开始检测ok是不是为1。当然，对于核心1自己来讲，此时ok=0，所以会进入sleep()休息一段时间，然后又跳回到循环开始，对程序逻辑并无影响。而在一段延迟之内，线程2依然会认为ok=1，因为0还没同步过来，所以会进入Unlock()、Sleep()然后跳回开头继续，直到0被传过来，才会让线程进入后续逻辑，整个过程也没有逻辑错误。所以根本不需要用到Barrier操作，Barrier操作会拖累性能，能不用就不用，锁也是。那么有人问了，不加Barrier没问题，但是加了Barrier，对方难道不会更快地看到新数据么？

有必要郑重严肃地提醒一下：Barrier做的并不是“赶紧同步，加速同步过去”。当更改某个数据之后，后台的缓存同步已经是在全速进行了，并不会被所谓“加速”，人家从来就没懒过。Barrier做的仅仅是在新数据尚未完全同步到其他核心之前，自己不会再执行后续访存指令。其做的是被动等待，而不是主动鞭策；其只约束自己的执行行为，而不是去管他人闲事的。切记！所以别动不动就想加个Barrier妄图“驱赶”一下数据的同步，加Barrier要看自己后续的访存指令是否会影响一致性。本例中，加不加Barrier，线程2都会在一个固定延迟之后看到ok变为了0，起不到任何加速效果。

既然如此，仔细观察图6-135右侧的线程1，Unlock()上方的Sfence是不是也可以拿掉？咱们那时候说，解锁之前药不能停啊。但是如果假设拿掉它，那么你看地址P上的内容就算在Unlock执行之后一个延迟内才被同步到核心2，也不会影响核心2的程序逻辑，因为P也是用来存储控制信号的，而非实际数据。那就拿掉它？慢着。你再仔细看看，线程1临界区内还更新了一个变量，地址Q，这里存的可是任务指针，这就算数据了，因为线程2会用这个指针去读对应的数据做运算。那么你现在拿掉了屏障，如果解锁之后，P没同步过去还好，线程2不会认为有新任务到来了，而如果P同步过去了，Q却还没有同步过去，线程2通过P判断有新任务，于是读Q，结果读到了旧值，执行错乱。所以，还是不能拿掉屏障？非也，你再仔细想想，线程1的程序步骤中，更新Q早于更新P，按照主流CPU原生提供的时序保障，同一个核心发出的Stor类访存指令结果不会被乱序地被其他核心看到（见上文中提到的处理器一致性的解释），那么只要P的新值被核心2看到，Q的新值一定也会被其看到，所以，最终结论是这里的确可以拿掉Sfence指令。再仔细想想，如果把Inc 地址P和Stor 任务指针 地址Q这两条指令互换一下，程序逻辑无影响，但是此时就一定不能拿掉Sfence。所以，如何编写最优的代码，真是个细致活。

推论

对于原生支持Stor指令按序执行的CPU而言，在使用锁的情况下，锁定了临界区之后，对临界区的所有更改，在对方抢到锁之前，一定可以保证已经同步到了对方，不需要使用屏障。但是并不是所有CPU都支持Load或者Load/Stor整体按序访问，所以如果有Load时序问题，还是要用屏障。

线程1：	线程2：
while (1){	while(1){
If (ok=1) {	If(ok=1) {sleep( ) ; continue;}
execute(q);	else If (new_job_arrived( )) {
ok=0; }	q = q+1;
else （sleep( ); continue;) }	ok = 1;} }

线程1：	线程2：
while (1){	while(1){
Lock( );	**Lock( )**
If (ok=1) {	If(ok=1) {**Unlock( );** sleep( ); continue;}
execute(q);	else If (new_job_arrived( )) {
ok=0;	q = q+1;
Unlock( ); }	ok = 1;
else continue; }	**Unlock( );**} }

图6-136 生产者-消费者简单模型

啃完了锁和屏障这两块硬骨头之后，咱们要来看看空间一致性问题是怎么解决的了。不过，空间一致性本身不难理解，但是要解决它，最终方案简直复杂得让你不忍直视。不过，冬瓜哥还是决定将这团乱麻一根根解开来给你看。

6.9　解决多核心访存空间一致性问题

有了锁和屏障这两大武器，缓存空间一致性要做的事情反而看上去相对简单了一些，那就是，把更新的数据同步给所有其他核心，让它们看到就可以了。至于过多久才会被看到，并不是问题，关键是，最终能看到就可以，把延迟问题交给锁和屏障来解决就好。不过，一万年太久，只争朝夕。如果真的一万年以后才同步完成，那么一条fence指令就得等一万年，没人愿意用这种产品的，除非你真爱它一万年。

所以，缓存一致性同步基本上就是努力去降低同步延迟，努力去降低发送到外部网络中的数据包数量和频次。这两个方向看似简单，其实为了实现它们，不得不引入了一些新机制，而这些新机制又会再次产生时序问题，可以说是没完没了。本节，冬瓜哥就带领大家去啃下这块硬骨头。

6.9.1　基于总线监听的缓存一致性实现

共享总线，除了它速度慢、效率低、耗电大、接入节点数量少之外，其他全是优点。其中一个优点就是，总线是无隐私的，任何核心发出了什么样的访存指令，访问哪个地址，对其他核心都暴露无疑。但是咱们说了，其他核心只能干瞪眼看着，因为它们是仲裁失败者，无权向总线发数据，但是它们可以接收啊，因为共享总线其实就是并联在一起的导线，你不让人说话，人家听还是可以的。既然这样，如果有多个核心同时缓存了地址A中的数据a，当某个核心将a更改为b时，它只要冲着总线喊上一嗓子：“兄弟们！地址A的数据现在是b了啊！”其他核心听到这个消息之后，就可以各自将自己的缓存中对应地址A的内容替换为b。SDRAM控制器也挂接在总线上，SDRAM听到消息，也会将其同步到RAM中，当然也可以选择不同步，就让自己这里是旧的，再有人读自己就不响应了，谁有新数据谁响应。具体怎么判断自己该不该响应？或者是其他某些机制？这个咱们一步步往下看你就知道了。另外，拥有最新数据的那个核心是不是也可以吆喝一声：“地址A的最新数据在我这呢，你们那里之前的版本都作废吧！”貌似也是可以的。

这里你心底里可能流过一个问题然后又转瞬即逝了：如果其他核心尚未收到b之前就需要读取地址A怎么办？如果其他核心也更新了地址A怎么办？答案上文中已经给出了，只要用锁，同步完之前不解锁（靠Barrier保证这一点，当然也可以用特殊程序设计来避免用Barrier，上文中也给出过例子），那么其他核心是不可能同时发起对地址A的更新的，也是读不到旧数据的，到此你应该先暂时放下时序一致性的思想包袱。不过，你会看到在下文中我们不得不又一次背上这个包袱。

提示

缓存的同步也是以缓存行而不是单个地址为粒度的。那意味着，只要某个缓存行中哪怕有一个字节的变化，那么这个缓存行必须整体被同步到其他核心缓存中。这也是为了降低硬件电路的成本。

其他核心的这种监听最新内容并同步各自缓存的行为被称为嗅探（snoop）。那么，具体应该由谁来负责广播和嗅探，又由谁在嗅探到对应的信息之后将新的缓存行数据更新到缓存中或者从缓存中作废对应的缓存行呢？显然，需要设立一个新的部件，我们称之为ccAgent，cc表示缓存一致性（Cache Coherency）。ccAgent需要与最后一层私有缓存控制器直接相连，或者直接被包含在缓存控制器内部。因为全局共享的LLC（Last Level Cache）不会产生缓存一致性问题，因此ccAgent要去更新/作废的是每个核心的私有缓存。

下面我们具体介绍上述的这两种机制：Snarfing/Write Sync和Write Invalidate。

6.9.1.1　Snarfing/Write Sync方式

该方式的思路就是任何一个核心只要发生了Stor类操作，数据被从流水线寄存器写到了Stor Buffer或者L1缓存中，ccAgent就要立即将这份数据传送到核心外部访存总线上。如果是多个物理CPU芯片组成的系统，那么除了要发送到芯片内部多核心间的访存总线上，也还要发送到片外的访存总线上广播到其他CPU芯片，而后者从片外总线收到该数据，会向片内总线传送，从而让每个片内核心都收到。收到该数据的所有核心的ccAgent都要去查找各自的L2、L1缓存以及Stor Buffer中是否有数据落入了该缓存行地址范围内：有，则将新数据更新进去并发送应答消息；没有，则只发送应答消息即可。

提示

对于缓存来讲，不管是从其他核心广播同步过来的数据还是本地核心对缓存的写入请求，这些都是请求，它们会按照一定的优先级策略（通常是优先满足其他核心过来的外来同步数据）被写入到缓存。

“Snarf”（贪婪地吃）就是指这个意思，每一份新数据都直接同步给所有人，送到它们跟前：给我吃！这种思路又被称为Write Sync，或者Write Update。

此外，发出数据更新同步的ccAgent必须要知道所有核心的同步是否已经完成。这是必须的，因为此为各种屏障指令的执行基础。既然如此，每个核心上的ccAgent在完成对自己处的缓存的更新/作废之后，就必须向总线上发出一个Acknowledgement（简称ACK）消息，其中携带有发送者的网络ID、对应的缓存行地址、完成状态等信息。发送更新的ccAgent要维护一个表，记录那些已经发出去但是还没收到应答的缓存行地址索引，以及都有哪些核心已经送回了ACK（可以用一个bitmap来记录这个）。这个表被存在ccAgent内部的一个叫作TSHR（Transaction Status Handling/Holding Register）的寄存器组中。还记得前文中介绍过的MSHR么？和那个类似，但是MSHR保存的是Miss的请求记录和状态，TSHR保存的是尚未完成的缓存同步操作记录和状态，具体的机制和原理也都是类似的，都用状态字段的信号来控制电路做出不同动作，在此不再赘述。

提示

每一笔同步消息都必须等待所有核心回应。收到同步消息的核心需要忙活好一阵子，包括查询、更新缓存，这个时间会比较长。所以，ccAgent可以把需要广播的消息队列化异步处理，接收方ccAgent也设置一个接收队列，所有的CC请求先缓冲下来，再处理。

RAM控制器也是连接在共享总线上的一个部件，会收到其他核心同步过来的信号和数据，所以它可以一并将RAM中对应该地址的数据副本更新，所有数据都是最新的。既然这样，那就不需要给缓存行保存“Dirty”这个状态了，因为所有更新都会同步到RAM，都是干净的。但是一般来讲，不会这么设计，因为这会浪费RAM的带宽。RAM平时还要接受其他的读写请求，每次还得从总线上同步新数据进来的话显得没有必要，既然有Write Back模式的缓存在前方顶着，自己就没必要时刻与前方同步了。

但是Write Sync方式无疑是非常耗费总线流量的，不太划算。

6.9.1.2 Write Invalidate方式

拥有最新数据的核心如果仅仅发出作废通知而不是把新数据传过去，其他核心的缓存控制器会判断广播过来的消息并查询自己缓存内是否存在对应的缓存行：有则将其置为Invalid状态，也就是清空该行；如果没有，则无动作。在接收到作废通知的ccAgent作废其本地的对应缓存行之后，当该核心后续真的要读取或更改该行的时候，自然就会不命中，此时该核心就会发出一条请求，拥有最新数据的核心对应的ccAgent收到请求之后就会把最新数据传过去。这样显然更节省总线流量，降低了霸占总线的时间，性能也会更高。

这样一来，其他核心在各自缓存中删除对应的数据，必然会导致下次再访问该数据时产生不命中。不命中，就得向总线发送读请求将数据拿过来。那么，谁来响应这个读请求？当然是谁有该行最新的数据谁响应。谁有最新数据？这个当然是刚才把其他核心对应缓存行作废的那个核心。那么，刚才是谁把其他核心作废了的？就刚才那个啊，告诉你，再问我就真不耐烦了！刚才那个是哪个？额~~~这还真是个问题！你知道是哪个，那是因为你脑子里刚才暂存了它，记住了。核心的ccAgent也必须记住“我都发过哪些缓存行的作废广播”，形成一个Invalidation List，存储在一组寄存器中。每次，每个核心从总线上嗅探到任何读请求，都要查自己的这个表，如果命中，则到缓存中将数据读出送回总线。同理，接收到其他核心发来的作废请求之后，本地ccAgent除了去缓存中作废对应行之外，还得查一下这个表，将对应的条目删掉。如果单独设置一组寄存器用于存放这个表，表中得存储对应缓存行的地址Tag，太浪费。缓存中的每一行都有各自的元数据，其中包含状态字段以及Tag字段，Tag字段已经有了，所以，不如干脆在每个行的状态字段中增加一个状态以表示：“告诉你，就我这行缓存，其他核心对应的这行都被我作废了。瞧见没，最新的！独一份！”我们给这个状态起个名字，不如叫它Exclusive状态，独占的意思。

提示1

ccAgent需要来查缓存的元数据，而本核心内部的访存请求也要来读写缓存，也要来查元数据，这两者冲突了怎么办？对性能影响很大啊！其实不然，我们说，写必须排队串行化，但是查询操作是读操作，人家ccAgent只是去看看而已，所以可以使用带有多个读端口的寄存器组来存储缓存行元数据，这样可以并行操作，如图6-137所示。

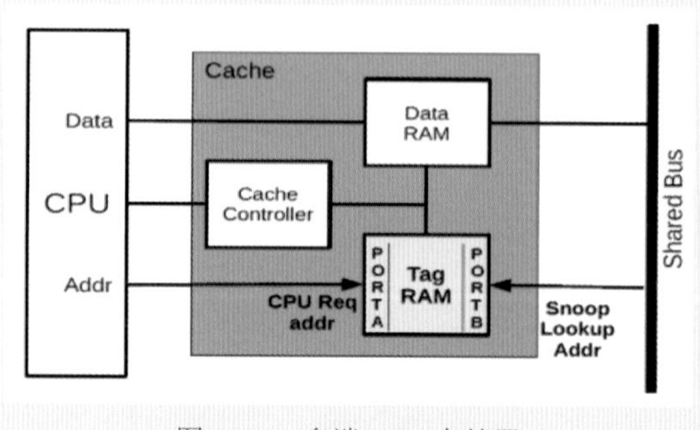

图6-137 多端口Tag存储器

提示2

核心发出的写请求，与核心发出的数据同步请求，好像看上去都是写，没区别，但是实际上必须分开对待。常规的写请求，是写给SDRAM的，比如某个核心将缓存中的脏数据写回到RAM，这些数据可能之前早已被同步到其他核心缓存了，此时其他核心的ccAgent如果收到这些数据又去做一遍同步，就浪费了。具体操作是靠在总线上设置单独的“访存类型”信号线，比如用2根线，可以表示4个类型：常规读、常规写、CC同步写、Invalidate，等等。这样，接收方就可以判断这个信号从而做出相应动作。

嗯，有点意思。慢着！如果其他核心发起读请求，而你应答了该请求，传递了这份你之前独占的数据给对方，那么此时这份数据就不是你独占了，而是你和对方都持有一份副本。那么，如果再有核心向总线上请求读这个行，到底该谁响应呢？额~~，这问题还真是越来越复杂了！

本节作为一个开场，是不是颇具代入感，可以看到要实现缓存一致性，并不是“只要同步过去就可以了啊”这么简单的。下面我们就来思考一下除了上面说的“独一份”状态之外，缓存行到底还应该有哪些状态以及在什么情况下会变为什么状态，也就是所谓的**状态机**。

6.9.2　推导MESIF状态机

我们从头彻底演绎一下。共享总线架构下，共有4个核心/CPU，采用Write Invalidate方式做CC同步。缓存采用Write Allocate + Write Back模式。加电之后所有CPU缓存皆空。

T_1时刻。CPU 1发起访存请求，由于缓存不命中，缓存控制器向总线发出读入缓存行A的读请求。

T_2时刻。该请求被所有其他核心上的ccAgent收到，由于其他核心的缓存也都是空的，所以数据一定要从RAM中被读出并返回，也就是说挂接在总线上的MC必须接受这个读请求。但是，MC又怎么知道当前其他核心缓存里是空的而必须由自己来响应呢？所有这些部件之间根本不知道彼此的状态。所以，最终的机制必须是这样：MC不得已只好每次都做好准备响应，也就是去SDRAM中读出数据，但是暂时先不把数据传递回总线；与此同时，如果真的命中了其他核心的缓存，那么对方的ccAgent也会从其缓存读出并返回数据到总线。通常，从其他核心的缓存返回数据总是快于从SDRAM返回，因为核心间的缓存访问的速度远高于RAM，一旦对方ccAgent返回数据，那么MC嗅探到之后，便会丢弃刚刚读出的数据或者取消本次读RAM的操作。但是偶然情况下，RAM先读出来准备好了，但是对方ccAgent虽然命中了其后的缓存，但是迟迟未将数据返回，那么此时MC应该怎么办呢？设定一个超时机制？还是只要数据从RAM读出就返回到总线？这两个都不行，只要命中在其他核心的缓存，就必须从缓存里把数据发出来，因为RAM中的数据可能是旧的。所以，机制必须是这样的：所有核心的ccAgent不管是否命中，都需要给出应答，不命中就应答不命中，命中就给出数据，MC在后台默默地收集所有的应答并分析：如果发现所有核心都应答“我这没命中”，那么MC才会跳出来把准备好的数据传送到总线上应答本次请求；如果有某个核心应答了数据，那么MC就静默，并删掉从RAM读出的数据或者取消读RAM（如果来得及的话）。

提示

有些设计采用如下的方式完成上述步骤：当收到其他核心发出的总线读请求而且发现在自己的缓存命中之后，该核心抢到总线仲裁，将ARTRY#（Abort and Retry）以及SHI#（Shared Indicator）这两个信号放置在总线上，也将缓存行地址放到总线的地址信号上：前者表示“针对该地址的读请求请先放弃然后重试”，后者表示“我缓存里有你所请求的数据副本”。总线上所有节点都收到这个信号，所有核心都向后空等待一个总线周期，同时发起读请求的核心撤回总线读信号，然后该核心再次抢到仲裁，将最新的数据副本广播到总线上，请求方嗅探接收。可以看到，整个流程中接收方用特殊的控制信号通知其他核心“我知道了，你先等等，数据马上就到”。

话说，原来MC要做这么多事情呢？本以为MC无非就是接受访存请求，读写RAM而已。MC原本的确不复杂，但是一掺和上CC就不一样了，所以，咱得给MC也配备一个ccAgent。但是MC比较特殊，因为RAM是所有数据的大本营和发源地，缓存是前方临时根据地，所以咱把处理MC一侧CC事务的模块称为**源代理**（home agent，简称HA）（参见图6-47），MC就是本地。相应地，我们将核心缓存处的ccAgent改名称为**缓存代理**（cache agent，简称CA）。

至此我们总结一下，至少有如图6-138所示的这几种请求和返回类型。

T_3时刻。再回来看一下CPU_1收到这些消息之后的动作。CPU_1的Cache Agent也需要默默地期待所有核心给出应答消息，并数着是不是所有的核心都返回了应答，返回了什么应答。如果其他核心返回的都是RdRspNdC，那么它下一步要期望Home Agent返回一个**RdRspDH**携带数据的应答消息。当收到**RdRspDH**类型的消息之后，CPU_1就会知道这样一个事实：其他核心中并无该数据。这就证明目前只有它自己这独一份了？没错，本地的Cache Agent会将这行缓存设置为

名称	简称	用途
Read_Probe	RdPrb	核心发出访存请求到总线尝试读取对应缓存行
Read_Response_Data_Home	RdRspDH	MC针对读请求的应答（携带有数据）
Read_Response_No_Data_Cache	RdRspNdC	其他核心针对读请求的应答（未命中无数据）
Read_Response_Data_Cache	RdRspDC	其他核心针对读请求的应答（命中，携带数据）

图6-138　目前推导出来的所需要的各种消息类型一览

Exclusive（E）状态。但是如果收到的是RdRspDC，则证明某个核心拥有该数据的最新副本，并且传给了CPU_1，那么本地的Cache Agent会将这行缓存设置为Shared状态。同时，提供数据的那个核心（假设为CPU_2）的Cache Agent也知道了这样一个事实：现在我把我这里的数据分享给另外一个核心了，我这里的这行缓存也得变成Shared（S）状态。

T_4时刻。CPU_1和CPU_2上的程序各自访问缓存行A，假设在一段时间内，程序只是读取该行内的数据，此时这两个核心都会命中在其各自的私有缓存，并且缓存行状态无变化，都还是S状态，也不会向核外总线上发出任何请求，因为缓存命中了。这就达到了过滤CC广播的效果，并不是所有访存请求都得发送广播。

T_5时刻。CPU_3也发起了针对缓存行A的访问请求，未命中缓存后将请求发到了总线上。此时，CPU_1和CPU_2会分别应答给CPU_3一条RdRspDC带数据的消息，CPU_3只会接收第一个到达的那份数据，后面到达的会被丢弃，因为很显然，多个人同时回复了数据，证明这份数据有多个人持有，而且CPU_3上的Cache Agent也会将这行缓存置为S态。有没有一种机制可以在有多个副本时只让其中一个核心返回数据即可？的确可以做到，这样还可以节省总线流量。比如在T3时刻，当CPU 2把数据传送给CPU 1后，CPU 1可以将自己的该行缓存设置为Forward（F）状态，其表示：后续谁再要这份数据，我负责转发，其他持有该数据并处于S状态的核心不需要转发。并规定：数据被传给了哪个核心，哪个核心就接力变为F态，之前处于F态的核心将数据传给他人后，自己变为S态。这就进一步降低了不必要的CC流量。

总结一下，截至目前，缓存行A在各个CPU缓存内的状态如图6-139所示。

核心	缓存行	状态
CPU 1	缓存行A	Shared
CPU 2	缓存行A	Shared
CPU 3	缓存行A	Forward
CPU 4		

图6-139　缓存行A当前状态

T_6时刻。CPU_3上的程序打算更新缓存行A中的某数据，发出了Stor指令，将新数据存入了Stor Buffer/Queue，这个动作被电路通知给了CPU_3的Cache Agent，后者立即在其TSHR寄存器组中生成一条任务，要把这份新数据广播出去，因为本例中咱们采用的是Write Invalidate方式，所以其广播的是作废消息而不是新数据。首先Cache Agent在其TSHR对应中断中填入缓存行A的Tag，以及状态“Invalidate Pending”，这个状态字段的信号被输送给了下游专门用于生成对应消息的电路。该电路只要一收到这个信号，就会向总线发送Write Invalidate消息，其中携带缓存行A的Tag，当然，总线的“消息类型”信号也要被设置为**WrtIvld**（Write_Invalidate）。发送完毕之后，该电路将TSHR中该条目的状态变为“Wait Response”，进入等待其他核心应答的状态。

T_7时刻。$CPU_{1/2/4}$上的Cache Agent嗅探到这个WrtIndt消息，从中提取了缓存Tag，并拿着这个Tag去查询自己的L1、L2私有缓存。CPU_1和CPU_2都命中了，所以都被各自的Cache Agent给置为了Invalid（I）状态；同时，各自向总线回送一条**IvldRspF**（Invalid_Response_Finished）消息，表明已成功作废对应的缓存行。CPU_4的缓存一直都是空的，未命中，所以其Cache Agent会返回一条**IvldRspN**（Invalid_Response_Negative）表明自己没有该缓存行，没啥好作废的。这3条应答消息可能同时产生，但是由于共享总线的原因，它们只能仲裁之后被先后发出来。每个应答消息中都必须包含各自的网络ID，以便让接收方区分是谁发出的。自此CPU_1和CPU_2上的缓存空了。

T_8时刻。CPU_3先后收到了其他3个核心的应答，其Cache Agent每收到某个核心的应答，就在TSHR寄存器中对应的追踪条目中的bitmap（一串位，每一位描述一个状态，共有3个其他核心，所以共3位组成该bitmap）将对应的位置为1，表示该核心已应答。当3个位全被置为1之后，会触发电路将该条目的状态变为Invalidating Finished，这个状态信号继而触发Cache Agent中其他电路，将本地私有缓存中的缓存行A的状态变为**Modified**（M），并从TSHR中删掉该条追踪记录。

提示

如果为了完成某个任务，需要执行多个不同的动作，那么在做完第一步之后，硬件如何知道下一步应该做什么事情？我们只给了硬件一条指令，比如上述的WrtIvld指令，而硬件需要先后做：向下游电路输出Invalidate Pending状态，然后转变为Wait Response状态，在接收到所有应答之后，再转变为Invalidating Finished。硬件是如何知道执行该WrtIvld指令需要按照顺序执行上述这3步呢？如图6-140所示，设置一个译码器，给其输入一个初始状态，其会自动译出下一个状态，将下一个状态反馈回去，再加上上一步的一些结果状态一同作为输入，它会自动译出下下个状态，周而复始，一直到结束时，其会译出最后一个状态，导致下游电路将TSHR中整个条目删掉。我们将本例中的WrtInld这种上层指令称之为**宏指令**（macro instruction）；而执行该宏指令时的一些子步骤，我们称之为**微指令**（micro instruction）。我们可以认为这些子状态被写死在了译码器的逻辑电路中，也就是所谓的**微码**。我们把图中所示的这种能够把宏指令自动翻译出其第一个状态，然后得出第二个、第三个一直到最后一个状态的逻辑电路模块，称为**微序列器**（micro sequencer）。微序列器属于一种**硬状态机**，状态机本质上就是一种译码器，根据输入信号算出输出信号。除了上述做法之外，还可以将这些状态的控制字直接存储到ROM的每一行中（这是名副其实的**微码**，而且有些产品甚至可以更新微码），然后利用计数器和译码器，根据接收到的不同宏指令，设置计数器的初值，再从ROM中一次一次地选出对应的状态控制字输出到下游寄存器，这也是一种微序列器的设计方法。宏指令和微指令的故事其实在第2章中已经涉猎过，读到这里不妨翻回去回顾一下，CPU指令集中的多周期指令、宏指令，也是靠某种设计实现的微序列器来控制执行的。一般来讲，复杂的CPU内部微码都是采用上述第二种实现思路，因为存储到ROM中的微码可被更新以优化性能或者屏蔽硬件Bug。

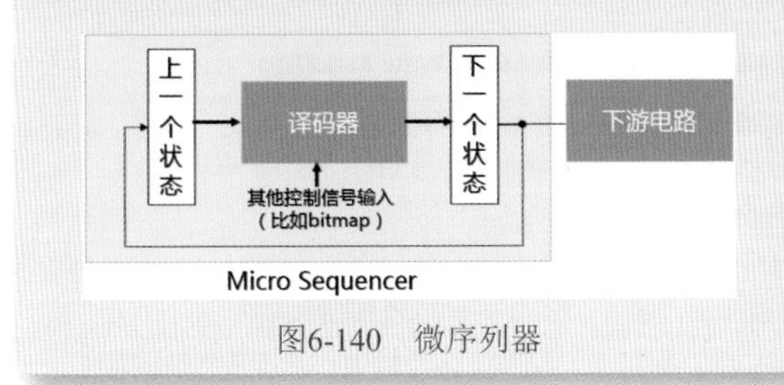

图6-140　微序列器

M态表示该行已经被自己更改了，而且已经作废了其他核心中的数据。其与E态的不同之处在于，E态的缓存行的内容与SDRAM中存储的是一致的，未经更改。M态也是独一份，其必然包含了E态，但是E态并不能表示和包含M态。Home Agent接收到WrtIvld消息后无动作，毕竟这是大本营嘛，无所谓作废与否。如果CPU_3上的程序执行了WBIVLD等将脏数据显式写回RAM的CPU指令，或者CPU_3上的该缓存行需要被其他行挤占，那么缓存控制器也会将其写回RAM，此时该核心要发出一条**WrtBck**（Write Back，写回数据）消息。该消息只会被MC响应，MC接收数据然后写入RAM。

T_9时刻。CPU_4上的程序终于按捺不住了，直接放了个大招儿，把所有核心弄了个趔趄。其程序在没有读入任何数据的前提下，直接发出Stor指令向缓存行A中某处写入数据，这份数据会被保存到CPU_4的Stor Buffer/Queue中暂存。鬼知道这个程序在干什么，但是没有规定说程序必须先读入再改写的。假设该CPU使用了Write Allocate + Write Back设计。这个Stor指令会未命中缓存，则CPU_4的Cache Agent立即在TSHR中创建一条追踪条目，并将其状态置为Write Allocate Pending，这个状态将触发下游电路向核外总线发起**RdPrb**请求试图读回该行（Write Allocate的行为就是如此，详见6.2.14节）。很显然，CPU_3需要应答这个请求，将最新数据传回。那么CPU_3是不是应答以RdRspDC带数据的消息并将自己的缓存行A变为Shared态呢？有问题，S表示多个人持有与RAM中数据一致的多个副本，而CPU_3的缓存行A数据尚未被写入RAM，所以，需要增加一个新的消息类型，我们称之为**RdRspWbDC**（Read_Response_Writeback_Data_Cache），其作用是返回最新的、已更改的数据给请求方，但是同时也要求总线上的MC将这份数据一同拿到并写入到RAM中。这样CPU_3就可以安心地将自己的这行缓存状态改为S态了。

CPU_4的Cache Agent收到数据之后，将其写入缓存，并同时将TSHR中的追踪条目状态改为Write Allocate Finished，该状态触发电路将刚得到的缓存行A的状态改为F态。然后，别忘了，该行被读入只是为了让Stor指令将数据更新进来，更新数据需要发送作废通知。所以，TSHR中的追踪条目还没有被删除，其状态为Write Allocate Finished，该状态并不是最终状态，其同时会触发电路发送一个WrtIvld作废通知给所有其他核心。好么，这纯属过河拆桥啊！刚从别人那拿到数据，就要去作废人家。此后的步骤与上文中相同，最终TSHR追踪条目状态变为Write Invalidate Finished，这个状态将触发电路将缓存行A改变为M态，并删除这个追踪条目（当然，是在下一个时钟周期来删除）。

思考一下，在上述步骤中，CPU_4发起了两轮CC操作，先读入，再立即作废，能否将其合并为一步？缓存行A是因为要被更改，但是缓存不命中，才不得不先读入的。如果能够这样一次性通知其他核心会更好："把你的缓存行A（如有）传送给我，然后顺便自废。"瞧瞧这口气，牛啊。这个消息我们称之为**RdIvldPrb**（Read_Invalidating_Probe）。这样，CPU_4

只要发起一轮CC操作，即可在拿到数据的同时作废其他核心中的该行数据。CPU_4拿到数据之后，缓存行A将直接变为M态，因为Stor的数据早已在Stor Buffer里了，算是完成存储了。

总结一下。截至目前，我们推导出的所需的消息类型、缓存行状态以及当前的各核心状态如图6-141所示。

我们将上述这种缓存一致性的状态机称为**MESIF**状态机，这5个字母分别表示了缓存行可能的5个状态，缓存行元数据中需要至少3位的字段来表示这5种状态。图6-142为这5个状态之间的迁移条件和对应的动作，以及对应的总线消息类型一览。

提示▶

snoop（嗅探）和probe（探询）这两个词是有区别的。probe是指核心发出请求询问或者通知其他核心/MC的过程，比如RdPrb、WrtIvld等消息都是probe。snoop则是指其他核心接收这些probe消息并处理的过程；而又特指在共享总线方式下，所有核心时刻都在监听总线消息的过程，这就是所谓嗅的含义。但是，后来人们并没有特别地严格区分这两者，有些体系结构中把所有的CC消息统称为snoop，但是自己一定要清楚。后文中冬瓜哥某些时候也会沿用这个习俗。

消息类型	简称	用途
Read_Probe	RdPrb	核心发出访存读请求到总线探查所有核心缓存是否有该数据
Read_Response_Data_Home	RdRspDH	MC针对读请求的应答（携带有数据）
Read_Response_No_Data_Cache	RdRspNdC	其他核心针对读请求的应答（未命中无数据）
Read_Response_Data_Cache	RdRspDC	其他核心针对读请求的应答（命中，携带数据）
Read_Response_Writeback_Data_Cache	RdRspWbDC	从本核心缓存中返回数据给请求方顺带要求MC写回RAM（M->S时）
Write_Invalidating	WrtIvld	核心更新缓存行之后发出的作废通知消息
Invalidating_Response_Finished	IvldRspF	核心收到作废通知之后应答说作废成功
Invalidating_Response_Negative	IvldRspN	核心收到作废通知之后应答说没啥可作废的
Read_Invalidating_Probe	RdIvldPrb	核心更新缓存行但未命中缓存时发出
Write_Back	WrtBck	当核心主动将脏数据写入RAM时（当从M->E变化时）
Request_for_Write_Back	WrtBckRqst	MC主动要求核心将脏数据写回主存

状态	简称	含义
Invalid	I	被作废或者原本就是空行
Exclusive	E	从RAM得到的缓存行
Shared	S	多个核心持有同一个缓存行
Forward	F	最近拿到的共享缓存行副本
Modified	M	刚刚更改并通知他人作废的缓存行

核心	缓存行	状态
CPU1		I
CPU2		I
CPU3		I
CPU4	缓存行A	M

图6-141　目前为止推导出的所需的消息类型、缓存行状态以及当前的各核心状态

缓存行状态	被自己怎样访问	发出什么总线操作（假设缓存体系结构为Write Allocate + Write Back模式）
M	读	独占，肆无忌惮的读，无操作
	写	独占，肆无忌惮的改，无操作
	写回到RAM	独占，肆无忌惮写回，发出WrtBck消息和数据，然后自己变为E态
E	读	独占，肆无忌惮的读，无操作
	写	独占，肆无忌惮的改，改完自己变为M态
S	读	共同持有，肆无忌惮的读，无操作
	写	发出WrtIvld作废通知，然后自己变为M态
I	读	不命中，发出RdPrb消息，然后根据应答消息判定，自己可能变为F/E态之一
	写	发出RdIvldPrb读顺带作废消息，然后自己变为M态
F	读	共同持有，肆无忌惮的读，无操作
	写	发出WrtIvld作废通知，然后自己变为M态

缓存行状态	被别人怎样访问	发出什么总线操作（假设缓存体系结构为Write Allocate + Write Back模式）
M	读	会收到RdPrb消息，然后发出RdRspWbDC带数据捎带写回消息，然后将自己改为S态
	写	会收到RdIvldPrb消息，变为I态，返回RdRspDC带数据消息，无须写回RAM，因为对方立即会变为M，没必要
E	读	会收到RdPrb消息，然后发出RdRspDC带数据消息，然后将自己改为S态
	写	会收到RdIvldPrb消息，变为I态，返回IvldRspF
S	读	会收到RdPrb消息，向总线返回RdRspNdC，因为S态不能转发，期待处于F态的那个核心转发数据
	写	可能会收到WrtIvld（对方命中）或者RdIvldPrb（对方未命中），变为I态，返回IvldRspF，期待F态节点转发数据
I	读	会收到RdPrb消息，向总线返回RdRspNdC
	写	可能会收到WrtIvld（对方命中）或者RdIvldPrb（对方未命中），返回IvldRspN
F	读	会收到RdPrb消息，然后发出RdRspDC带数据消息，然后将自己改为S态
	写	可能会收到WrtIvld（对方命中）或者RdIvldPrb（对方未命中），然后发出RdRspDC带数据消息，自己变为I态

图6-142　MESIF状态机迁移条件和动作一览表

怎么样，是不是比较复杂，但是只要顺藤摸瓜，有了这套状态机，每个核心都可以感知到自己以及他人的状态。虽然无法做到全面量化感知（比如Shared状态，并不知道到底有几个核心、各是谁持有该行），但是每个核心依然可以根据自身缓存行的状态来决定自己的动作，在保证了一致性的同时，还能避免不必要的总线流量。

我们用另外一种图示来展示上述的整个变迁过程，如图6-143所示。观此图时，脑海中可以构建一副场景：这些CC消息在访存网络上错综复杂地高速流动着，每个核心的状态不停闪烁变化着，但是闪烁的速度低于消息流动速度；核心之上，程序的代码一条条地被载入，程序执行的速度又慢于核心状态变化的速度。这就犹如现实世界的场景，最底层的基本构建单元不停地振荡，多个单元通过某种关系耦合起来形成基本粒子，再加上反馈，让这些单元感知到时间的存在，基本粒子再耦合成更高级的机构。底层的基本单元振荡速度为世界最高速度，越往上层速度逐渐降低。上层的一个小变化，对应着底层的大量变化的堆积叠加和反馈。

另外可以看到，从S到E是没有变更路径的，这是因为CPU核心无法感知到自己是否应该从S变更到E。比如，某时刻多个CPU持有处于S态的缓存行，然后其他CPU陆续将该行从缓存中换出，只剩下一个CPU拥有该行，那么该CPU对应的该行状态依然是S。虽然从旁观者视角而言它现在就是E态了，但是由于CPU在换出S态缓存行时为了节省流量并不广播消息通告，所以该CPU的该缓存行因为无法感知到这一点，仍为S态。

提示

如果核心把缓存剔除/淘汰的动作也使用消息广播出去，那么就可以实现从S态到E态的状态转换了。但是，这种实现代价太高。因为每个CA均需要一个bitmap来追踪到底哪个核心把这一行换出了（把相应位置为0），以及哪个核心又读入这一行了（把相应位置为1）。如果系统内有4个核心，则需要3位来表示，当3位都置为1后，便可以过渡到E态了。E态的好处是自己要改的话直接更改，不需要发送WrtIvld消息，但是为了节省这一次消息，平时却要做更多工作，得不偿失。

Intel的主流商用CPU使用的就是MESIF缓存一致性协议。

提示

假设缓存行容量为64字节，两个核心持有S态的同一行缓存，核心1更改了该行的前8字节，它会将核心2的该行整行作废，即便核心2上的程序只访

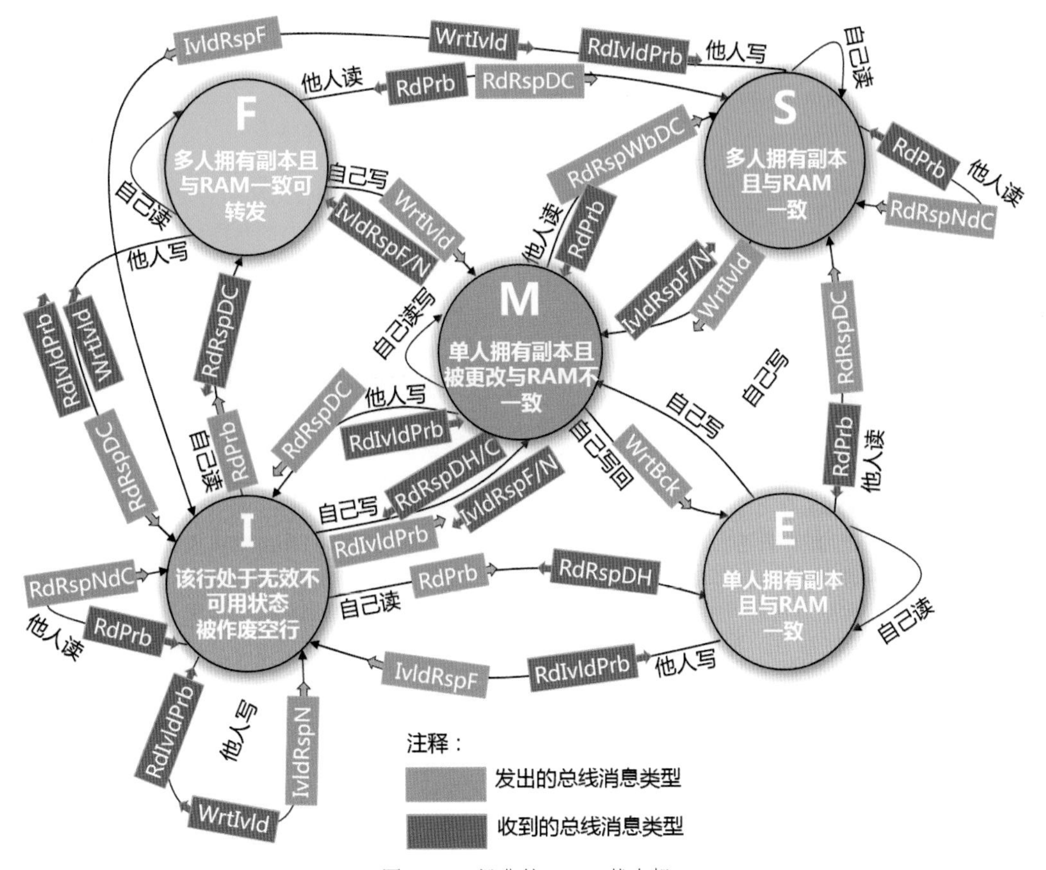

图6-143 经典的MESIF状态机

问该行的后8字节，也会被作废，因为核心1并不知道也无法控制其他核心到底访问该行的哪个部分。如果按照字节级精度管理，硬件开销太大。正因如此，6.2.19节介绍的伪共享会严重影响性能。

现在你再去理解一下，硬件原生保证的时序具体是如何实现的。比如，我们前文中提到过的多数的商用CPU都可以原生保证任何一个核心的Stor指令的结果会被其他核心顺序地看到，即在Stor Buffer这个位置确保不会乱序执行，然后利用TSHR寄存器来追踪每一笔由于Stor操作而引发的底层CC消息的发送和应答接收状态。每个Stor指令都会发出WrtIvld消息（对M态和E态的缓存行除外），TSHR需要收集到全部核心的IvldRspF/N应答消息，该Stor指令的结果才算是“被其他核心看到”。如果采用的是Write Sync方式，则数据同步到对方核心，对方核心返回对应消息表示“我已收到并成功覆盖”（WrtRspF）或者“我已收到但是我这没缓存过该行所以忽略”（WrtRspN）。CA也需要收集全部核心的返回确认消息，从而判断该Stor指令是否执行完成。如果Stor Buffer中有多条Stor指令，第一条Stor指令被CA发出WrtIvld消息之后，可以不用等其他核心返回消息而紧接着发送第二条Stor指令对应的WrtIvld消息（前提是CA又抢到了仲裁），然后，针对这两条WrtIvld消息的回应可能会穿插乱序到达，但是这并不影响其他核心感知到这两条Stor结果的顺序，因为其他核心接连收到两条WrtIvld消息，会将其压入FIFO队列中顺序处理，只要其他核心处理Invalidat请求时不乱序即可。下文中会介绍Invalidat Queue。

M态与脏态的区别和联系

前文中提到过每个缓存行有一位来表示其是否是脏的，即是否被改写过。其实“是否被改写过”这个说法并不准确，应该是“该级缓存内的该缓存行相对于其下级缓存内的对应缓存行是否不一致”。如果L1缓存从下级缓存读入某M状态的缓存行，那么该缓存行在被读入之后在L1里面是Clean状态而不是Dirty状态，但是其的确为M状态，意味着该缓存行相对于RAM主存一定是不一致的，那么也就意味着位于RAM主存之上的那层缓存也就是LLC里，该行一定是Dirty状态，但是L2缓存中对应的该行不见得就是Dirty状态，可能是Clean状态。上级缓存的Dirty行被写回到下级缓存后，上级缓存中该行便是Clean状态了，直到它被LLC写入RAM后，其M态才会被改变为其他态，比如可以是E态、S态。同理可推得，如果某缓存行是E态或者S态，那么证明其内容与RAM一致，则其一定也是Clean状态的。在Inclusive模式的缓存中，如果缓存全满，有新的访存请求未命中L1和L2，那么LLC就需要读入该缓存行，同时淘汰一条现存缓存行，此时LLC不能根据自己保存的状态位来判断该行是Clean还是Dirty，还必须向所有上级缓存发出探询。如果该行都是Clean的，才可以直接丢弃从而读入新请求的缓存行，如果至少有一个层缓存中该行是Dirty的，那么就需要上级缓存将该行写回下级，下级再写回，一直到写回RAM主存，然后将其设置为I态，从而可以被新读入缓存行占用。

6.9.3 MOESI状态机

思考一个现象，从M态到S态的迁移，会伴随着一个脏数据写回动作，只因为S态的定义是数据没有脏。但是，很显然，如果我改了一个数据，你问我要，我把我改的发给你，那么咱们俩就都持有改过的数据，我们俩后续对其进行的读操作时是不会有一致性问题的，如果要写，再发作废通知也不晚。这样可以节省一次对RAM的访问操作，省掉不必要的总线流量和RAM带宽耗费。

正因如此，AMD的CPU广泛使用了改进版的缓存一致性协议，称为MOESI。其中引入了Owner（O）这个缓存行状态。当数据只在一个核心上持有并且处于已更改状态时，此时状态为M；当其他核心发起RdPrb消息请求读取该行时，该核心将发出RdRspDMC（Read_Response_Data_Modified_Cache）带数据消息以告知对方“数据在这，是已经被我更改过的了”，然后该核心将自己的该行缓存状态变为S，收到数据的核心将该行缓存状态变为O。注意，MOESI里的Shared状态并不表示其是干净的，也可以是脏的。O状态一定是脏的，而且当其他核心要求访问该行时，由O状态的核心负责转发数据，充当了MESIF协议中F态核心的角色。O如果存在，那证明其他核心上一定有S存在。

在下文中还是以MESIF作为样本来介绍。

6.9.4 结合MESIF协议进一步理解锁和屏障

锁变量本质上也是个共享变量，争抢它要靠带锁指令，将其值更改为某个数值。至于哪个数值表示已上锁，哪个数值表示已开锁，完全由程序决定，后续完全靠检查该数值以判断是否已被加锁。后续的动作中不需要带锁指令，甚至解锁都不需要用带锁指令。一定要深刻理解这一点。既然锁也是一个共享变量，那么它就有可能被缓存。多个核心在抢锁时会访问锁变量，这就意味着其会随着程序的执行在不同核心的缓存上不停来回游走，居无定所。锁变量并不表示某个节点加锁后就将其放在自己缓存里归为已有不让别人访问，如果你还是潜意识里觉得如此，那么就需要跳到6.8一节开头再体会一下。

图6-144所示为两个线程争抢锁的过程。这个过

程被高级语言完全封装了起来，从高级语言上看，其无非就是一个Lock()函数调用，而在底层机器指令角度去看就是如图6-129所示的序列。如果单单拿出其中Dec_L L指令来看的话，其执行过程又可以被分解为更细的多个子步骤（如图6-129左上角所示）。在每个子步骤执行时，又可能伴随着触发Cache Agent向总线发出对应的消息来实现CC。

假设初始时，核心2已经持有该锁，但是该锁变量L一开始却位于核心1的缓存中，处于M态。这是最概率的存在状态：核心2抢了锁之后就去临界区办事了，不会再去碰锁变量，然而核心1却一直在那里循环地检测是否已解锁。这个过程需要将L读入核心1的缓存，所以锁变量当然会一直待在核心1缓存里，被核心1不停地肆虐（说！到底给不给我锁！不

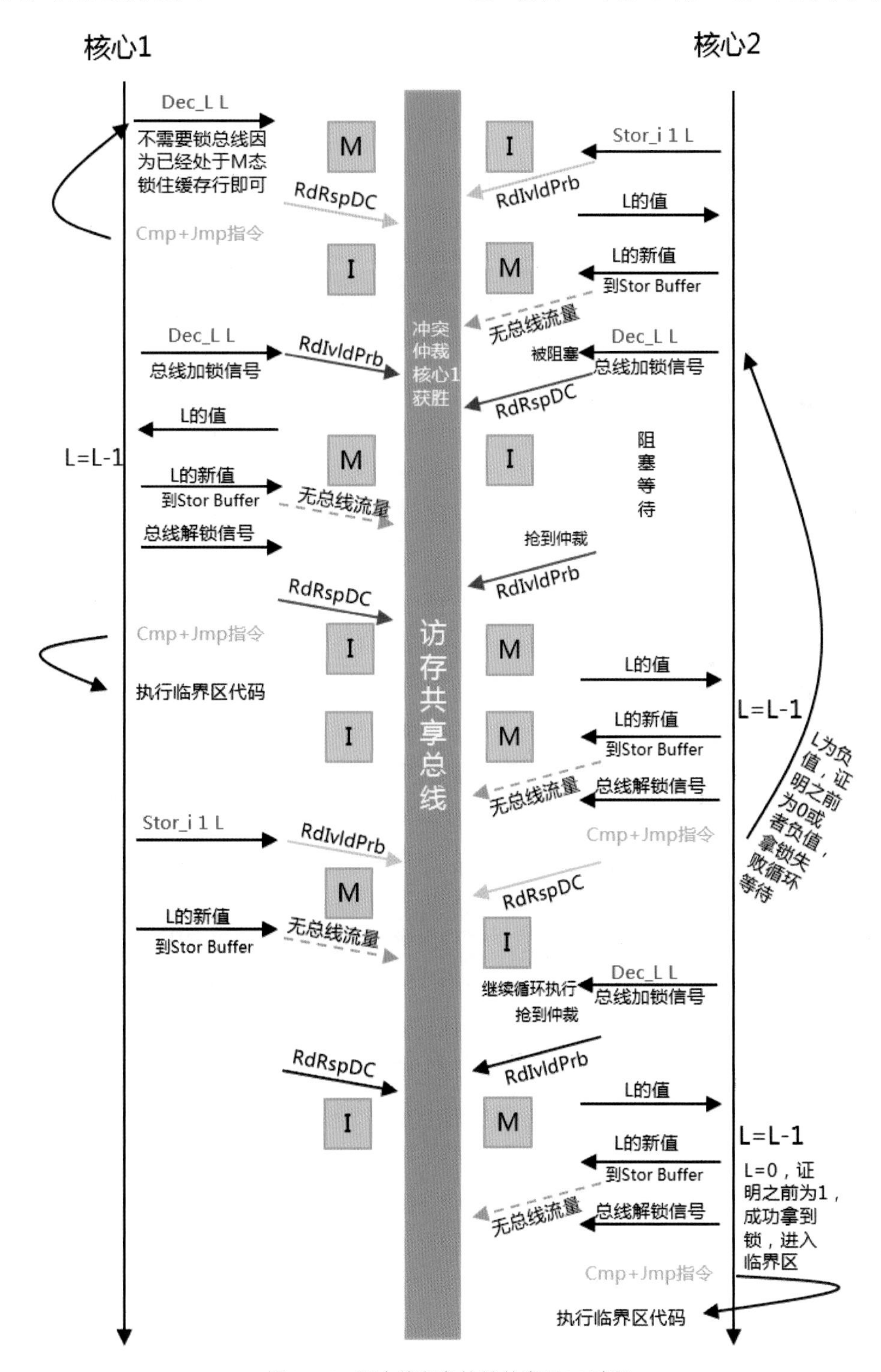

图6-144　两个线程争抢锁的底层CC过程

给！）。可是核心1就是抢不到锁，因为它不停地对锁变量进行-1操作，越减越负，根本就是越陷越深。不过，这正是我们需要的逻辑。

核心2是持有该锁的人，其执行完临界区代码后打算解锁，即图中右上角的第一步。其发送了一个Stor_i 1 L的指令，把1写到L中，就是解锁。由于此为一个Stor操作，但是L所在的行目前正核心1的缓存中处于M态而且被核心1不断肆虐着，因此核心2缓存不命中，所以发出RdIvldPrb消息。核心1收到此消息，只能乖乖地把这行缓存交出来，并将自己的该行作废，此时核心1上的Cmp+Jmp由于已经得到了之前的L值，不忘肆虐最后一遍，但依然得不到锁，跳到Lock()继续执行Dec_L L指令。

再来说拿到了L所在缓存行的核心2，其直接将L的新值存储到该行中，并标记该行为M。从现在开始，L的新值为1，已经被解锁了，核心2不再碰临界区。回到刚才的核心1，其依然不死心，继续执行Dec_L L指令。但是不知为何，此时核心2又要抢锁。核心2不是刚解锁了么？是的，但是人家又要抢一次，也无可厚非。但是核心2的Dec_L指令刚好与核心1的Dec_L指令发生了底层硬件级的冲突，此时需要靠底层仲裁来决定先执行谁。总之，谁快谁就能抢到总线。这里假设核心1抢到了总线。此时它会遇到缓存不命中，于是，发出RdIvldPrb消息试图得到该行并作废其他核心的该行。现在轮到核心2交出该行了，于是核心2将带有L最新值的缓存行发送给核心1，并作废自己的该行。核心1终于拿到了L，这次拿到的L值=1。核心1顺利地拿到了锁，其Cmp+Jmp指令不再回跳到Lock()执行，转为跳转到临界区代码执行。这期间，核心2可能经历过多次抢锁，但是都未遂。随后，核心1执行完了临界区，解锁，随后核心2抢到了锁，继续执行。

最后再提一下，持有锁并不表示把锁变量据为己有；恰恰相反，要让其他核心看到该锁已被别人抢到，那就需要让其他核心读入该锁变量。互斥锁，是靠每个核心上运行的代码共同遵守的，靠的是自觉二字，硬件只提供抢锁时更新锁变量的带锁指令的原子性，剩下的就不会管了，全靠各核心上的程序代码自行检测、自觉遵守配合。

提示

Intel CPU的带锁指令为何被设计为隐式屏障？考虑到加锁一般用于临界区访问，所以加锁之前等待前面的所有访存指令执行完成，让其他核心看到结果，完成同步，再加锁，这样能够更好地保证时序。另外，假设带锁指令Dec_L要对L变量原子地减1，但是在这之前，核心4有一条Stor指令更改了L，而该Stor指令期待的IvldRspF/N回应还没有全部收集完——假设核心1/2已经回应而核心3尚未回应，此时发生了Dec_L指令再次操作L，该指令底层会再次发出WrtIvld消息，期望其他核心都回应IvldRspF/N。而后，核心4收到了核心3发出的IvldRspF消息，那么它如何判断该应答是针对尚未完成的Stor指令所回应的，还是针对Dec_L指令所回应的？如果要区分，不是不可以，但是代价太高，比如为每一轮交互都设置一个Transaction ID，利用ID来区分，这就非常复杂了。如果让带锁指令做隐式屏障，那就简单多了。

如图6-145所示的程序例子。线程1用变量a向线程2传递可开始执行do()函数的信号，同时用变量b向线

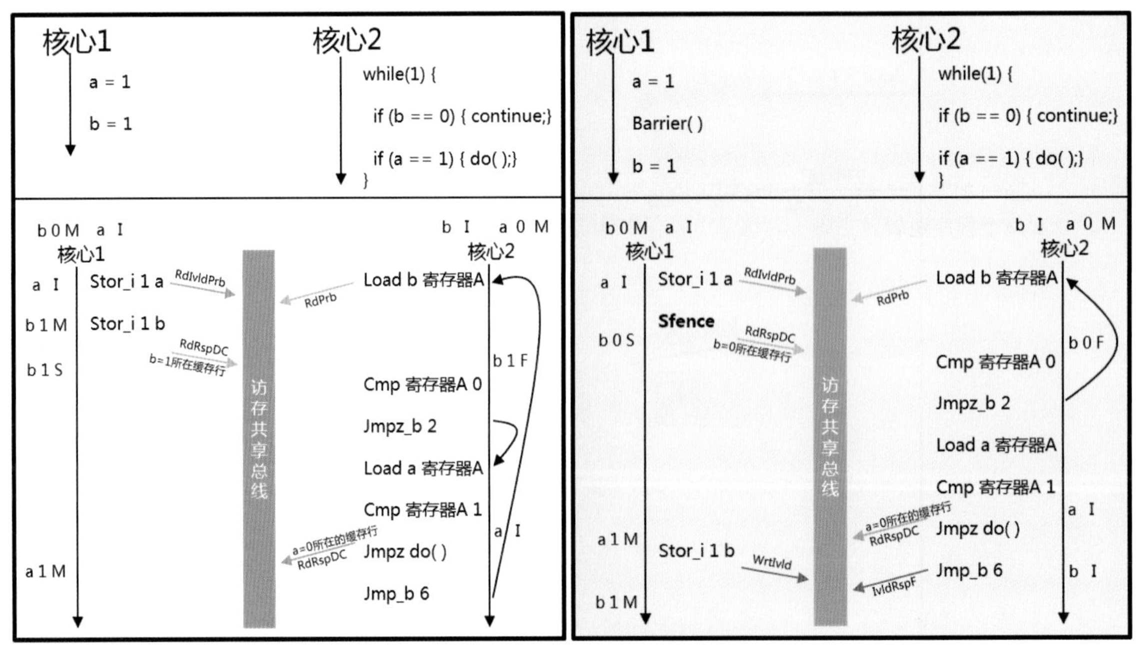

图6-145 结合MESIF协议理解访存屏障

程2传递可开始检查是否执行do()的条件已满足。线程2只有看到b=1，才会进入判断是否可以执行do()函数的语句中，同时只有a=1时，才会真的去执行do()。a和b的初始值都为0。当核心1执行b=1之前，核心2永远在不停地循环执行if(b==0) {continue;}这句代码，一旦核心1执行了b=1，且被核心2看到之后，核心2便去判断是否a也等于1。假设该CPU提供原生的Stor指令按序执行，那么上述逻辑不会有问题。

但是如果该CPU不提供Stor指令原生按序执行，那么可能出现这种情况：假设初始时b在核心1中处于M态，且b=0；a在核心2中处于M态，且a=0。核心1执行a=1，不命中缓存，于是向核心2要求返回a所在的缓存行并自废，但是核心2由于某些原因，比如缓存前方队列已满，暂时无法执行该请求，于是迟迟不给核心1返回数据，但是，由于该CPU并不支持Stor保序，所以它将Stor_i 1 b指令提前执行，又由于b已经是M态，该指令成功执行；与此同时，核心2也没停下脚步，其要将b载入以便与0做比较，但是它不命中缓存，于是向核心1要b，恰好此时b已经被更改为1，于是核心1返回b=1给核心2，核心2拿到了b之后与1做比较一看条件成熟了，于是载入a，假设此时核心2还没来得及将a返回给核心1并自废，那么Load a 寄存器A指令载入的依然是a=0，所以不会执行do()。这里就产生了逻辑错乱，因为对于核心1而言，a=1在b=1之前执行，然而对于核心2却先看到了b的结果，a的结果很晚之后才看到。这里思考一下，如果核心2能够保证在将a作废掉之后，再执行Load，则会产生不命中，那么它就会问核心1要，再拿到的就是最新的a了。所以这里核心2自身也有问题，也就是其并没有保证针对同一个地址的访存操作严格按序执行，明明是作废请求先到达的，但是核心2依然放任Load指令在核心1发出作废请求之前就执行了。

但是，不管该CPU多么不靠谱，多么乱序执行，我们依然可以用屏障来解决时序问题。如图6-145右侧所示，只要在核心1的两条指令之间加一个访存屏障，保证a=1的结果被核心2彻底看到之后再执行b=1，那么整个程序逻辑就正确了。这里可以仔细体会一下加入访存屏障之后，底层的CC逻辑是怎么变化的。可以看到该过程中并没有使用锁，其原因是一写一读，可以回顾一下第1章中关于异步FIFO队列的一些理论，就能了解到一端写另一端读的话不会产生一致性问题，至多空等一轮。但是如果多个核心共同向同一个地址写入数据，那就必须使用锁了。

提示▶▶

需要注意的一点是，屏障并不会阻塞后台CC同步流量。图6-145右侧黄色箭头表示的CC流量，即便是在Stor_i 1 a产生的RdIvldPrb消息还没有得到任何应答之前，依然可以在后台默默地发生。

正常来讲，当某个核心收到WrtIvld、RdIvldPrb等Invalidate类消息之后，都会在将对应的缓存行真的作废之后，再发出IvldRspF/N消息。这样，发出Invalid消息的核心就需要等待很久才能够收到应答并将位于TSHR中的追踪条目清除，紧接着更改自身的缓存行状态。能否这样：核心只要收到Invalidate请求之后，就把这个请求直接追加保存到一个队列中，然后立即答复IvldRspF消息给对方，后台再慢慢地去将对应的缓存行作废，如果没有命中就忽略，命中了就作废。该队列被称为**失效队列**（invalidating queue，IQ）。

这样做可以保证性能，但是要付出的代价是每次加载（Load）读操作时都要并行查询一下IQ是否命中，如果命中则证明本次加载的目标缓存行已经被别人给作废了，就算缓存中依然存在尚未来得及被置为I的缓存行，也依然直接认为不命中，进入缓存不命中处理流程，向总线发起RdPrb消息请求读入数据。如果加载没有命中IQ，那就再去缓存中查找对应行看看是什么状态（有可能也是I态），然后做出对应动作。这样就不会对CC逻辑产生任何影响。还可以进一步优化，也就是在加载时根本不查询IQ，达到省电升频目的。因为在多数场景下，程序之间是不访问共享变量的，如果为了少数情况而不得不每次访存都来查一下IQ，就不划算了。但是毫无疑问，如果每次访存都不查询IQ，一定会对一致性产生影响：我说让你作废某行，你告诉我你作废成功了，然后我更改了该行，你那边由于还没来得及实施作废动作，结果又去读入该行，读入的是旧的，这会产生时序上的逻辑错乱。举个例子，如图6-146所示，还是同一个程序，但是初始时a=0，且同时被这两个核心持有，为S态；b=0，只被核心1持有，为M态。

如图6-146左半部分所示，由于a迟迟没有被真的作废，一直到Load a 寄存器A语句执行时都没有被作废，而为了性能，加载时不查询IQ，所以读到了旧值，导致执行到了Jmp_b 6处时跳回到了开头，而程序员期待的则是执行do()函数。从核心1的视角看的话，条件都满足了，核心2既然返回了IvldRspF消息就证明a的Stor操作已经到达并被核心2知晓了，但到头来却产生了逻辑错误。该逻辑错误的根源就在于IQ的存在以及不提供原生保序而导致的先回应后作废。

解决办法如图6-146右侧所示，只要在Load a 寄存器A语句之前增加一条Lfence指令来保证在这之前的所有Load指令都执行完毕。而为了保证Lfence后面的Load指令的执行结果正确，其必须先将IQ中的那些作废请求挨个落实到缓存中，也就是刷空IQ，然后才继续执行。此时，执行Load a 寄存器A语句时便会发生不命中，继而从核心1处获得a的最新数值，成功地执行了do()。由于两边的CC都有延迟，所以发送消息方主动等待消息全都落地有声，同时接收消息方也等待所有消息被落实之后，再从一个没有交叠的时序上继续运行，就会得到正确的逻辑。所以，发送方让子弹飞，接收方等响声来，方可一致。

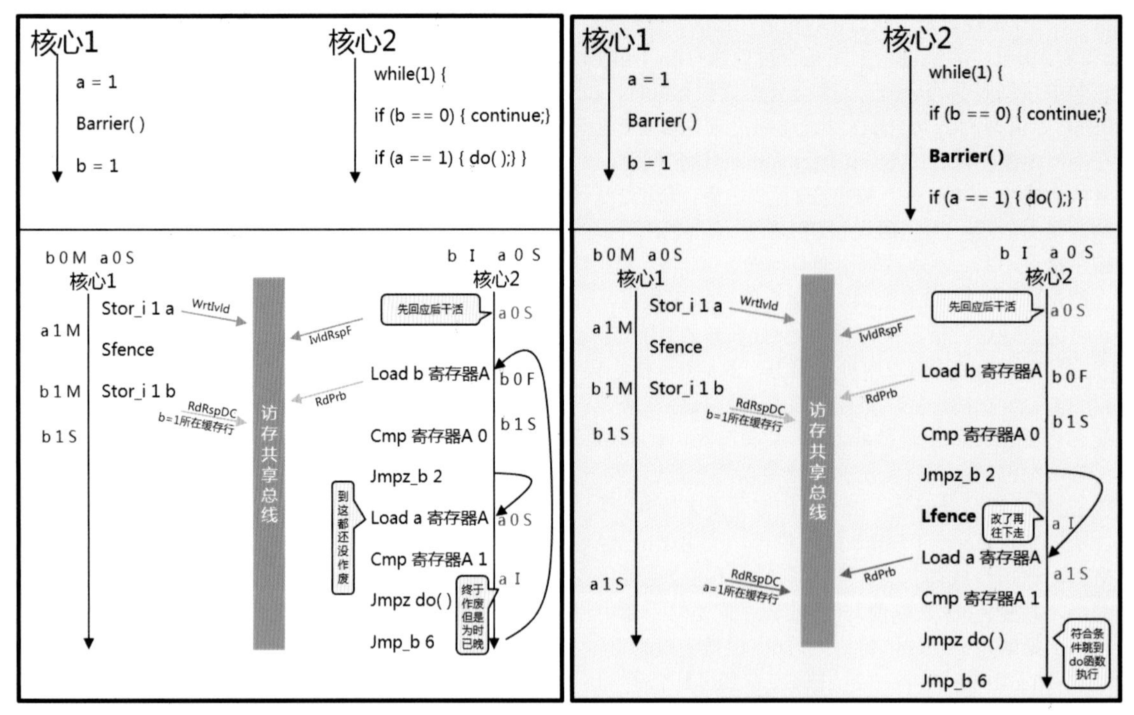

图6-146 由于Load指令不同步查询IQ而导致的时序问题

提示▶▶

Sfence等待的Stor Queue（SQ）变空，即等待SQ中那些暂挂的Stor请求都完成，也就是所有的WrtIvld请求都收到，对应缓存行置为M态，才视为Sfence指令执行完毕。可想而知，屏障指令对性能的影响是很大的。另外，如果取指令单元不断地取指位于Sfence之后的指令并载入流水线，那么可能会有更多Stor类指令被载入流水线，SQ就永远不会空，Sfence也永远执行不完；但是如果完全阻塞取指令以防止更多Stor流入，又会把不相关指令阻塞在门外，浪费流水线资源。所以另一种优化做法是给SQ中最尾部的条目做标记，当这条Stor执行完毕就视为Sfence指令执行完毕，后续的Stor指令可以继续流入。Lfence等待的则是Invalidation Queue（IQ）变空，或者以给尾部条目做标记的方法来判定Lfence指令是否已经完成。与Stor场景不同的是，Load Queue（LQ）和IQ是两个独立的队列，不能只把IQ做标记，LQ也得做标记，因为IQ里的条目对缓存行做Invalidate操作，LQ则是读取缓存行，这两路动作独立执行没有沟通，就会产生问题。当执行Lfence指令时，在同一个时钟周期内同时对IQ和LQ的尾部条目做标记，然后通过电路检测出LQ和IQ内部的冲突条目，IQ标记点之后的与LQ标记点之后的，这两者之间必须保证完全的同步，才能视Lfence指令完成。具体的同步方法，是通过比较器比较出两个队列中是否有针对相同缓存行地址的访问条目，然后对LQ中的这些条目做标记。对于做了标记的LQ条目，电路会暂不执行它们，IQ中的条目会被全速落实到缓存中，只是LQ中的相关条目阻塞不被执行。每个时钟周期都会做对应检测，一旦发现之前做了标记的LQ条目现在没有与任何IQ中的条目相关，就解除其标记，继续执行之（当然可以判断其再执行时一定会发生不命中从而发广播拿到最新数值，这正是我们期望的）。一直到所有标记过的条目都被处理完毕，则视Lfence执行完毕。其实，上面的冲突检测、阻塞、接触阻塞继续执行的过程，如果不是通过Sfence指令触发，而是底层电路在每个时钟周期都去这么做的话，那就是完全对程序透明的硬件原生时序保障了，可以节省软件的复杂度，但是却增加了硬件复杂度和功耗，也不利于提升频率。加之程序并不是时刻都要求屏障的，只有在利用共享变量相互交换数据的多线程同步场景才会有这个要求，而硬件又无法感知哪个变量是共享的，什么时候要传递什么数据，所以如果要让硬件透明的实现保序，只能是用高射炮打蚊子了。但是更多的实现是硬件不提供实时保序，而要求用屏障指令来临时手动触发保序，这样就很划算了。注意，这里不能说“硬件不提供保序”，硬件依然是提供比如上述的标记、同步机制的，只是平时根本不会去触发这些电路模块，仅在收到屏障指令时才会触发。不能误认为硬件完全无法保序，只能靠软件代码，那是不可能的，比如总线仲裁过程，如果没有仲裁，只靠加锁指令代码解决访问冲突是不可能的。很多东西硬件帮你做好了，有些对你透明，有些则需要你来用机器指令触发。当然，一些商用产品做得更加灵活，可以通过特殊指令将控制字写入到内部控制寄存器，动态地改变电路当前的执行模式，比如改为强一致性模式，那每个时钟周期就都会动态检测冲突，按序执行；或者被设置为每当访问某些设定好的地址区域时，自动变为强按序执行或者弱按序执行等。

6.9.5 结合MESIF深刻理解时序一致性模型

在对空间一致性有了充分了解和体会之后，现在该是我们背上那个沉重的时序一致性包袱，来重新体会时空合体的一致性的时候了。一个完整的系统，时空必须一致，不管是原生硬件保证，还是通过软件向硬件主动触发临时保证。

图6-147为各种访存时序一览，我们下面就来详细介绍每个模型。

保序强度 ↓

一致性模型	简称	中文名称	硬件除Cache Coherency之外还保证什么	软件要做什么	可实现
Ultimate Consistency	UC	终极一致性	原生支持所有核心所有访存全局按序，CC零延迟完成	互斥锁	否
Strict Consistency	SC	严格一致性	原生支持所有核心所有访存全局按序，CC单周期内完成	互斥锁	可
Sequential Consistency	SEC	顺序一致性	原生支持所有核心的Stor操作按全局序执行	互斥锁、微量屏障	可
Processor Consistency	PC	处理器一致性	原生支持本核心的所有Stor操作按局部序执行	互斥锁、少量屏障	可
Weak Consistency	WC	弱一致性	原生不保序，仅当指令触发的同步操作时保序	互斥锁、大量屏障	可

图6-147 各种访存时序模型一览

6.9.5.1 终极一致性（UC）

终极一致性（Ultimate Consistency）描绘了这样一种时序模型：所有核心上执行的指令，在全局范围内完全按照时间先后执行完毕；同时，所有的CC流量瞬间就可以抵达目的地并产生影响（比如Invalidate对应的缓存行），就像没有缓存一样，完全透明，如图6-148所示。

为了防止多个核心同时发起针对同一个地址的访问，软件上依然需要互斥锁才能保证软件逻辑上正确。

实现全局按序，只需要保证每个核心都不乱序执行，每个访存指令必须完成CC同步之后再执行后续指令，就可以了。而且，必须要求CC零延迟同步，比如我加载一个处于M态的变量，如果你之前已经对其做了变更，且在全局时间线上，你的变更是先发生的，那么在加载之前，我必须知道这个变更，所以必须保证零延迟。

然而由于CC同步不可能做到零延迟，所以该模型属于纯理想化模型，所以称之为终极一致性。

6.9.5.2 严格一致性（SC）

严格一致性（Strict Consistency）模型描绘的是一个可以实现的终极一致性模型。依然是全局按序执行，但是变得可以实现。硬件依然保证在软件加锁的前提下保证全局按序执行同时逻辑正确，虽然CC无法做到零延迟同步，但是工程上是可以做到在一个时钟周期内同步完成，只不过该时钟周期必须足够长以等待CC流量完成同步，那么电路的整体运行频率就会很低，无法被实际应用。严格一致性的时序保障比终极一致性弱了一些，因为它把本来是无限小的连续时间量子化成一个个的时钟周期了，这原本也就是计算机世界的基本规律。至于现实世界的时间是不是也是量子化行进的，就不得而知了。

终极一致性和严格一致性的性能都非常差，因为不允许指令乱序执行，而且必须等待当前指令CC同步完成才能执行后续指令。

6.9.5.3 顺序一致性（SEC）

如图6-149所示。顺序一致性（Sequential

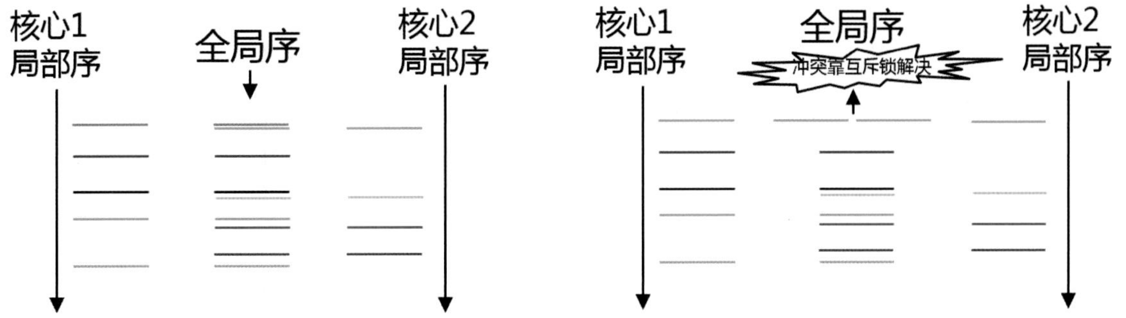

图6-148 全局按序模型

Consistency）的模型是由硬件来保障所有核心的所有Stor类指令在全局时间线上是按序完成的，但是并不保证其他指令也按序。图中其他颜色的横线表示某条指令，其可能由于各种原因被重排序执行，比如有些指令正在等待CC，有些指令由于没有RAW相关而被提前执行，等等，最终导致全局执行序并非与程序代码中原生的序一致。

图6-149 顺序一致性模型

要做到顺序一致性，每个核心需要保证自己的Stor类指令是按序执行的，同时，还需要加上互斥锁的护航。另外，只要IQ中有尚未落实的Invalidate消息，就不能执行下一条Stor类指令，因为IQ不空意味着有其他核心的Stor指令的结果尚未真的落实到本地缓存中。这样，就可以做到全局Stor类指令的序。这样做放松了对序的要求，使得一些指令可以提前执行，所以提升了性能。正因如此，放松的序一定会导致一致性问题，所以该模型需要程序采用访存屏障指令来显式地告诉核心，什么时候应该等待一下再执行。该模型由于支持Stor类指令原生全局序，所以可以降低程序中屏障点的数量。

6.9.5.4 处理器一致性（PC）

可以看到，对于上述的顺序一致性模型，如果Stor#0与Stor#1完全不相关的话，比如它们不但访问的是不同的缓存行，而且从程序上看也毫无关联关系的话，那么强行要求按序就会影响性能。于是，对顺序一致性模型的序再放松一些，便有了处理器一致性模型。处理器一致性（Processor Consistency）模型仅要求同一个核心内部的Stor类指令按序执行即可。

如图6-150以及图6-130所示。做到处理器一致性，要求每个核心保证自己的Stor类指令按序执行，同时程序依然需要利用互斥锁防止访问冲突，可以不用关心IQ中未落实但是已经回应的条目。处理器一致性会产生时序问题，所以程序需要显式地告诉核心什么时候等待什么操作完成再执行后续操作，也就是屏障。相比顺序一致性模型来讲，由于多个核心之间不再与IQ同步联动，那就会在更多场合导致时序问题，程序中自然也就需要更多的屏障点，以及更多类型的屏障，比如Sfence、Lfence甚至Mfence，来保证程序的时序逻辑正确性。当然，在没有屏障的时候，由于序被更加放松了，其性能也比顺序一致性高。

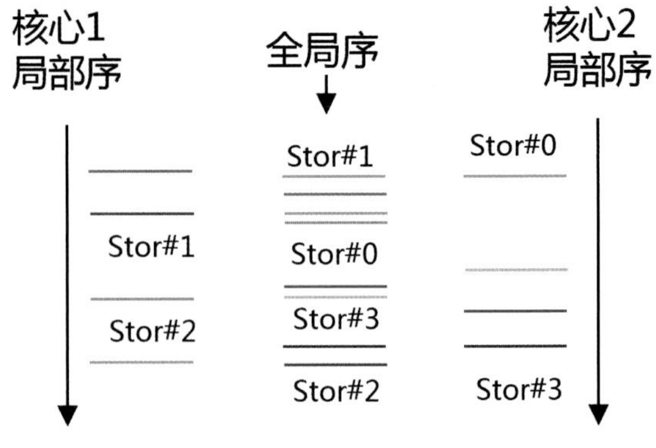

图6-150 顺序一致性模型

6.9.5.5 弱一致性（WC）

比处理器一致性更放松的序，那就是连处理器内部的Stor指令顺序都不再要求了，此时，任何指令都可以被乱序执行，性能得到最大的释放，可以说是完全没有了限制。所以我们称之为**弱一致性模型**。而上述那几种序的模型，总在某个方面对序做了限制，所以统称为**强一致性模型**。弱一致性模型就像脱了缰的野马，任意驰骋。当然，软件中也需要使用大量的屏障、互斥锁来保证程序的时序正确性了。目前多数商用CPU上运行的多数程序，都是在弱一致性模型下运行的。

6.9.6 缓存行并发写优化

单个核心内的各级缓存之间、单个CPU片内各核心的缓存与主存RAM之间、一个核心的私有缓存和另一个核心的私有缓存之间、不同CPU芯片的缓存之间，它们交换数据的粒度都是缓存行粒度，并不是字节粒度。那就意味着，如果有一条指令Stor_i 1 地址a，其只更新了1个字节，但是该地址所在的缓存行整体会变为M态，如果其他核心需要读取地址a的内容，本核心也必须把整个缓存行传递给对方，这样做会浪费大量的总线流量。传递1字节，相比传递整个缓存行（比如64字节），延迟当然是前者小。但是如果以字节为粒度来管理缓存并追踪状态，又需要大量的用于记录状态的内部存储器，以及更加精细粒度的控制电路，在工程上没有实现价值。以缓存行为粒度管理则会引发伪共享问题，导致乒乓效应，这也增加了无谓的总线流量。

对于这种浪费，业界也有一些技术来应对，叫作缓存行并发写。其实现思路是，对于那些不共享的变量，多个核心上的线程都是各访问各的，没有冲突和交叠，虽然这些访问都落到同一个缓存行，同时依然依靠加解锁来防止针对共享变量的访问冲突。然后，修改底层的CC一致性协议（也就是修改CA硬件电路模块），让每个核心更新数据之后，暂时先不发出WrtIvld消息，让多个线程依然认为自己独占该行。一直到某个线程解锁之前，需要使用特殊的硬件指令向所有核心发出一个信号，要求所有核心将自己变更过的数据向所有其他核心广播同步。每个核心在更新某个缓存行之前，先将其做一个备份存储在某处，当收到同步要求之后，将当前缓存行与备份的缓存行做比较，就可以知道哪些区域变化了，从而广播出去。

可以看到，这种机制对底层硬件要求相当多，增加新的指令、总线增加新的控制信号、CA也需要修改，所以并没有得到广泛应用。从编译器优化的角度去避免伪共享问题会更加灵活和直接。

6.9.7 Cache Agent的位置

Cache Agent，后续简称CA，是实现CC的关键角色。那么，CA是如何连接到整个系统拓扑中的，这是需要仔细研究的一个问题。初步一想，CA起码要与用于存储各缓存行元数据的存储器阵列有连接，因为针对每个Stor请求，CA都要根据该缓存行目前的状态来判断该发出什么样的消息，在接收到外界的各种Invalidation消息后，CA还需要将对应的MESIF状态更新为目标值。同时，CA起码要与Load/Stor Queue有连接，因为从这里CA才能获取到核心Load/Stor单元访问了哪些地址。同时，CA还要与缓存控制器连接，因为缓存控制器负责判断某个请求是命中还是不命中，并将该信号传递给CA，CA做出相应判断发出对应消息。CA还需要将自己接入到核心之间的总线/网络上，从这里接收来自其他核心CA的广播消息。

在CPU芯片内的每个核心前端都会有一个CA，每个芯片的MC前端有一个HA。总体来说，CA需要从Load/Stor Queue获取当前的操作以及地址、从缓存控制器获知是否命中、从缓存元数据存储器中获取对应的状态或者向其中更新对应的状态、从核外总线上获得外界的CC同步消息。CA内部除了有一块总控电路模块之外，还维护着比如IQ、Micro Sequencer、TSHR等结构，这些结构的作用我们在前文中已经进行了充分介绍。

但是，一般来讲，每个核心内部都有L1和L2两个缓存，CA是不是要同时与之连接？一定是的。访存操作并不一定都命中L1，一旦命中了L2，那么CA就需要查找L2缓存的元数据以获取对应信息；同理，接收到Invalidate消息之后，目标缓存行也可能位于L2而不是L1。那么，是不是每一笔写入L2缓存的流量都会引发CC操作呢？也不是，前文中说到过各级缓存之间会有预读、换出操作，这些操作并非直接由核心的Load/Stor单元发出的访存请求触发，而是由缓存控制器自行决定和触发。对于这些流量，需要与访存流量区分开，所以各级缓存之间的总线/网络上都需要增加对应的控制信号用于描述当前的请求是什么类型的，以便CA做出合理判断。

一般来讲，CPU内部的LLC（Last Level Cache）缓存都是多个核心共享的，比如在多数商用CPU中，L3缓存就是LLC。CA是否需要与L3连接？假设本核心向L3缓存写入了某个数据，由于L3缓存只有全局统一的一份，该被写入的缓存行也只存在一份，其他核心会直接从唯一的一个位置访问到该行，所以天然就是一致的，你也可以理解为“瞬间就同步了”，因为只有一个副本。从这一点来看，似乎CA不需要与L3缓存连接。

但是，一旦L1和L2都不命中，而是命中了L3缓存，那么CA就要去L3缓存中获取该缓存行的状态。另外，对于多个CPU芯片通过外部访存网络而组成的更大的系统来讲，L3缓存是被每个CPU芯片独享的，那么多个CPU芯片上的多份L3缓存又可能针对同一个RAM行缓存多个副本，那就会有一致性问题。所以，CA也需要与L3缓存连接。

图6-151为CA在系统中的位置示意图。该图描绘了一个4核心CPU内部的架构，CA作为直接与核外访存总线打交道的角色，直接挂接到总线上，负责本核心的CC事务。L3缓存分片控制器也需要挂接到总线上以供其他核心直接访问，同时还与本地核心、本地CA紧密连接以支撑核心的访问和CA处理CC事务。当然，如果你把CA看作是L3缓存分片控制器内部的一部分，也未尝不可。

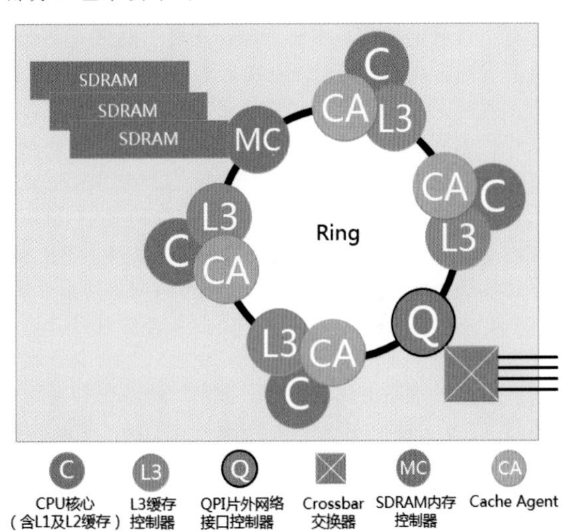

图6-151　CA在系统中的位置

假设系统中只有一个CPU芯片，那么从L2换出到L3的缓存行，在L3缓存中就不需要存储MESIF状态了。但是如果系统中存在多个CPU，也就是多份独享的L3缓存，那么L3缓存中也需要存储对应的MESIF状态，不能丢。

存储位置

MESIF状态位到底被保存在什么位置？如果是Exclusive模式（见本书前文），多级缓存各干各的而且不缓存冗余的条目，那么各级缓存控制器就需要各自维护一个状态表，这个表到底放在哪，就看设计者了。比如，完全可以放在各级缓存内缓存行数据的旁边，多开辟一堆位；当然，也可以使用单独的Tag存储区；还可以同时在缓存内和Tag区并行存储状态位并保持同步，这样有利于并发查询。对于Inclusive模式的多级缓存设计，同一个缓存行可能在LLC、L2/L1中都有一份副本，此时，当更改L1/L2中的副本时，也需要一并透写入L3缓存来保证一致。同理，当CA更新该行的MESIF状态时，需要同时更改该行在LLC、L1/L2缓存中的副本。

6.9.8 基于共享总线的嗅探过滤机制

从MESIF状态机中可以看到，针对某个缓存行，对于处于S态的CPU核心，其仅仅能判断出“一定有其他人和我共享这份数据”，但是却不可能知道是哪个CPU与自己共享；对于处于I态的CPU核心要读取或写入该缓存行时，缓存控制器会向总线上发送RdIvldPrb消息，但是如果此时其他所有CPU里面恰好也都没有该行的数据副本，那么这个消息就没有必要被其他核心收到并查询，这样是很耗费对方性能的。但是前文中提到过，所有CPU核心是在半盲状态下通信，只能去广播和嗅探。如果提前知道谁那里有数据，就不用广播嗅探了，直接点对点过去要就可以了。

每个CPU核心的CA不会错过对任何一笔总线上的广播信号的嗅探和处理，每一笔都必须搜索Tag表才能判断出该如何响应。盲性通信直接导致了两个问题：一个是很多不必要的总线广播流量，浪费电能；第二个是所有CPU核心嗅探到消息之后，多数情况下都需要搜索自己的缓存，严重影响性能，同样也浪费电。

总线功耗及三态缓冲器

总线能耗为何如此之大？首先，内部总线几乎都是并行总线，动辄上千上万根导线，其寄生电容是很大的；其次，既然是总线，那就证明很多电路模块都接到这条总线上各取所需，每个器件都通过某种关口电路来将数据输送到总线，或者从总线收入。如果是广播流量，那么总线上所有节点都会打开关口让总线信号流入，不管是高电平还是低电平信号，都伴随着电流流入和流出连接总线的所有器件。总线是低电平信号，会吸引连接到总线的电路模块的电流流向信号源内部某接地端，所以需要加电阻来降低电流，否则功耗将会非常大，这种电阻称为下拉电阻；反之，总线是高电平信号，则信号源只需要将总线以及连接到总线的电路模块的有限区域充电到对应电压即可。不管如何，总线将会耗费较大功耗，而且需要强力的电流驱动力。

同时，那些暂时不需要使用总线的电路模块，比如在仲裁过程中未获胜，其连接总线的电路就需要被阻塞掉，不要从总线上吸电或者放电，也就是不能把总线直接连接到逻辑门上，否则功耗会非常高。因为逻辑门里只有通和断两个状态，1和0状态都会导致电流从该处流出或者流入，产生不必要功耗；而且会影响总线上其他各点的信号，比如信号源传输低电平，接收端的电流会被吸引到信号源从而对地放电，如果此时其他某暂时不使用总线的电路没关好门，在其电路上不小心放了1也就是高电平，那么这个电路便会跟着放电到总线，导致总线电位下降不那么迅速，这个周期内的信号便产生了干扰，无法分辨是0还是1，而且徒增了功耗。

有一种门电路专门负责“关门”，这就是三态驱动门。所谓三态，就是该门除了可以表示0或者1之外，还可以处于“高阻态”，也就是电流流不进来也流不出去，相当于电阻无穷大，这就算是关门了。开门的时候，则输入端给出什么信号，输出端就给出什么信号，相当于把门后的信号透过门传出去。图6-152为一个三态门。EN’端为0时，T1和T2都截止，输出Y为高阻关门态。

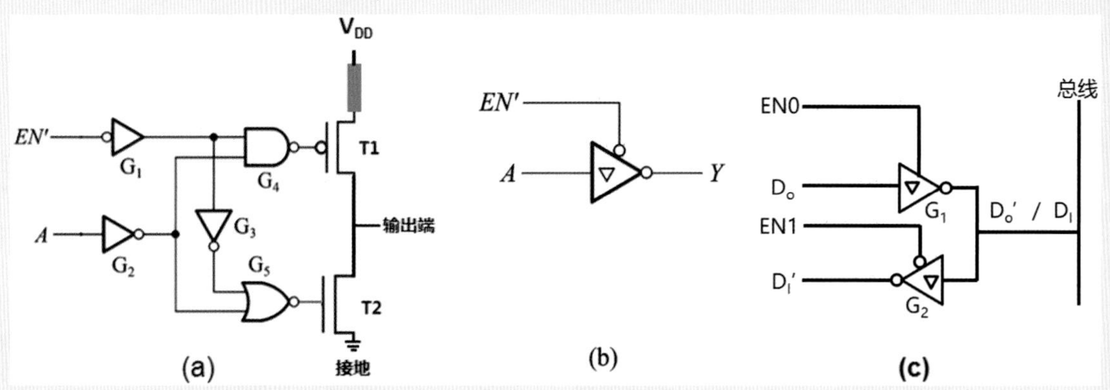

图6-152　三态缓冲器

所谓三态驱动门中的“驱动”是指该门可以增强输入信号。比如输入信号为1，则表明总线接通后该点电流将会持续流出。如果输入端的电流不够大，比如由于挂接了太多的门导致电阻电容都很大，那么就需要有个强力的电源输送足够的电流。图中的V_{DD}就是直接从电源引过来的，当输入A为1时，T1管导通，V_{DD}对总线放电，电流足够大，所以能够在规定的时间内将总线及接收端一部分电路充电到电压足够高，从而让接收端感知到高电平1状态。这便是所谓“三态驱动门”。图右侧所示为双向驱动电路，也就是可以向总线发送数据，也可以从总线接收数据。这种三态驱动门经常被放置在总线边缘上，以及板内距离较长的导线传输场景，又被称为“三态缓冲器”。

然而，由于基于共享总线的Snoop机制要求那些不发送数据的节点也需要时时刻刻嗅探总线信号，所以该场景下所有节点都不能使用三态门接入总线，那意味着功耗会大增，这也是人们为何会想尽办法来避免不必要的总线广播的原因。

根据上述分析，如果能够从源头杜绝不必要的广播，那是最有效果的，但是MESIF状态机中只有M态和E态能够做到自己读写访问时完全不需要广播，也就是对广播的**源过滤**；而S态可以做到本地读访问时的源过滤，I态则读写都无法做到。如果能够在目的端过滤掉不必要的广播，不让它们去引发查询缓存的动作，就可以节省功耗和提升性能。

我们需要为后端挡子弹，不让不必要的广播穿透到缓存端去查Tag表。这里就有个矛盾了，要想识别出“不必要”的广播，那势必要有个判断过程，要判断，就免不了查表。这不还得查表么？是的，但是如果这个表查起来：第一，很快；第二，容量远小于根正苗红的缓存Tag表；第三，很省电；第四，能滤掉大部分查询，那么便可以获得收益。这种装置被称为**嗅探过滤器**（snoop filter）。

6.9.8.1　bitmap粗略过滤

能够满足上面条件的，我们首先想到的就是bitmap，这是最精简的数据结构。比如，某缓存可存储1K个缓存行，则使用一个1024位的SRAM阵列形成一个bitmap，其每一位对应缓存中的一行，如果该行有效则对应位为1，无效则为0。第1位就对应缓存内的第一行，以此类推。一开始所有位都为0，也就是缓存内是空的，当缓存控制器发出读请求将某地址数据从RAM（或者其他CPU缓存）中读入时，如果缓存采用组关联设计，那么该地址一定会落入某个特定行，电路只要将行号信号传递给译码器，翻译成bitmap阵列的Mux/Demux的控制信号，将对应的位进行置1，则随着数据不断地被读入，就有越来越多的位被置为1。如果某行缓存被换出了，那就将对应位置0。这个bitmap的本质就是将所有缓存行的Invalid状态位复制了一份出来。

现在，假设CA嗅探到总线上针对某个缓存行的Invalidate广播的话，如果没有这个bitmap，那么就需要使用缓存行地址中的Index段去索引到对应的缓存行，然后读出Tag，比对看看是否命中，命中则将该行状态改为Invalid态，这个过程耗费太多资源。现在有了这个前置bitmap，就相当于有了一个初次粗略筛查表，收到Invalidat请求后，先根据地址索引定位到bitmap中表示该行状态的位，如果是1，则表示要检索的行确实在缓存中，但是并不保证Tag也相同（还记得吗？直接关联或者组关联模式下RAM中可能有多个行会共享一个缓存行），所以此时算是一次过滤失败，需要真的去查询缓存行元数据中的Tag字段以最终决定是否命中，命中则将该行状态改为I态，并返回IvldRspF。如果bitmap的对应位是0，则过滤成功，表示要检索的行在缓存的任何一路中都是I态，此时就不用到后端去查Tag表了，直接返回IvldRspN。

所以，用这个前置bitmap可以保证：如果对应位为0则表示一定不命中，位为1则表示可能命中也可能不命中，必须把炮火传到后方查询了。它不能精准过滤，只能猜测性过滤，这也正是其简单、查询快速的原因。如果能够精准过滤，那其实现代价基本就与直接去后端查询Tag一样了。

所以bitmap方式一旦过滤失败，就会徒增时延，影响性能，后方会说：“要你何用，帮倒忙，还不如走开直接让炮弹打过来！”可能你会反驳说：“那我过滤掉的那些炮火你咋不表扬一下呢？”所以，要看总体上对性能提升了多少，多功耗降低了多少，是否划算。

6.9.8.2　向量bitmap精确过滤

有没有办法更加精准点？办法是有，就看代价了。比如，大家可以自行推导一下，假设缓存为4MB，RAM为4GB，后者除以前者等于1K，也就是说这4GB的RAM里，每1K个位置就会争抢同一个缓存行。好，你不是有1K个共享么，那么我就用1024 位来表征这1K个共享同一个缓存位置的RAM行，记录这1K行里到底哪一个目前占据了该行。每个缓存行都配备1024位来追踪记录，哪个行占据了缓存，就将对应的位置为1。显然，每1024位中只会有一位为1，其他都为0。

每次CA收到访存请求或者作废请求时，通过对访存地址的Index译码找出对应的缓存行号，再查询对应该行号的那1024位到底哪个是1，这样就知道是哪个RAM中的行位于缓存中，便可直接算出（而不是去Tag表中查出）该行的Tag。然后，与访存请求中的Tag比较以判断是否命中，如果命中就去查询该行的MESIF状态然后做出相应动作，如果不命中则直接返回对应的总线消息。

向量

可以看到，上述思路给出了一种设想，为了精确比对，每个缓存行对应一个1024位组成的位阵列，至于其使用何种形式，比如SRAM、D触发器等，暂不关心。这种表示方式就是“向量”。所谓向量，就是同一件事物在某个维度上的多个延伸、衍生、副本、快照、关联等。纵向上的多个点可能是无关联的，每个点又在其横向上衍生出或者脱了一条长尾巴，这条尾巴里的每一个点与其都是相关的。

不过，上述思路耗费资源太多。首先，如果缓存行大小为64字节，则一个4MB的缓存会包含64k个缓存行，每一行需要对应一个1024位的阵列，1024位=128字节，竟然比该行存储的实际数据（64字节）都大，这显然是不能接受的。其次，上述的设计也是很笨拙的。既然同一个缓存位置只可能被一个人占用，也就是说，这1024位里只可能有一个位为1，那又何苦用1024位去表示这种状态呢？2^{10}便可以表示1024个数值，如果用10位来表示，可以节省很大的存储空间，比如表示“这1024位中的第8位为1”，那么就让这10位=0000000111即可。这样的话，每个缓存行对应一个10位的寄存器，共有64k个行，总共只需要80K字节的容量就可以了。但是相应的是需要增加运算电路，能够直接根据这10位的值算出其表示的RAM行的地址，需要一个大译码器。

且慢，天下有这等好事么？这和正常缓存查询流程中比对Tag的效果差不多了。在上述场景中，你会发现Tag也是10位长度，而且内容与上述设想中的10位也最终会是一模一样的。那么，上述的设计，本质上等效于将缓存Tag阵列复制一份前置，这不能算是“过滤”，而应该算一种“分担”，比如该复制的阵列专门承担外部访存网络上的CC查询，正牌的Tag表则承担本核心自己发出的访问查询。有不少嗅探过滤器其实就是这么做的。

上述推演过程，绕了一个大圈回到了原地。通过这个弯路我们至少明白了一个道理，那就是要保持强精确性这个前提是换不来时间和效率的。所以只能降低精确性，但是纯bitmap方式精准度太低，向量bitmap耗费空间又太大，所以我们需要一种折中的设计，也就是能够区分那些纠缠在一起的元素，但是又不需要区分到每一个，最好是以组的粒度来区分，就像组关联缓存的设计思路一样。

6.9.8.3 布隆过滤器与散列采样

布隆过滤器（bloom filter）是常用的一种过滤算法，其基本思想是对数据进行“采样”，然后将采样数据写入一个数据结构中保存。待比对数据经过相同采样处理之后得到采样数据，然后与之前保存的采样数据进行比对：如果一致则证明可能命中；如果不一致，则证明一定不命中。

所谓“采样”，就是提取出某份数据的特征，比如某份数据为“13579”，假设你的采样算法为函数*F*()，如*F*（数据）{ 如果数据中所有位都是奇数；return 奇数；else if 所有位都是偶数；return 偶数；else return 混合数；}。这个采样非常简单粗暴。显然，*F*（13579）的输出值为“奇数”，我们把“奇数”二字保存起来，作为13579这份数据的特征码。后来，又有一份数据到来，为97531，我们需要判断97531与13579是否相同，怎么办？那就用程序一个字节一个字节地比较，全一样，那么结果就是相同的，否则不同。但是这样做开销太大了，如果要比对的数据量很大，速度就会很慢。此时，如果我们先将这份收到的数据用*F*()函数处理之后得出其特征，再拿着这个特征与13579的特征码逐字比对，或许就能看出它们到底是否相同。*F*(13579)=*F*(97531)=奇数，但是这并不能证明这两个原文是相同的。

也可以这样：*F*(数据){对数据除以7取余数，return 余数}。这样的话，24和52的特征码都是3，产生了冲突，这种取余数操作产生的冲突概率太高了。这种现象被称为**碰撞**。由于采样函数*F*()太简单粗暴，其无法提炼出数据更深层次的不同，而这是产生冲突碰撞的根本原因。

实际中所使用的函数有MD5散列算法函数、SHA-1散列算法函数等，它们对数据原文按照某种形式进行反复迭代抽样，能够将微小的不同迭代放大，最后输出的特征码结果会有很大的不同。比如有两份数据原文分别是00000000和00000001，看上去它们只有1位不同，但是经过散列函数处理之后，其输出的特征码可能分别为1101和0110，变得完全不同了。这种可以将微小差距超级放大然后体现到特征码中的采样方法，俗称为散列（hash，又译为哈希）算法，意即散布排列的意思。但是散列算法仍然会导致冲突，只不过冲突概率大大降低了。可以让函数输出不同的特征码长度，特征码长度越长，冲突的概率就越低。

散列函数处理输入的数据是需要一定时间的，这个时间如果与原文间直接比较差不多的话，那么就不划算了。如果只与一份数据比较，当然不划算，但是算出一份特征码，可以与大量其他待比较数据的特征码比较，这样就省下了与所有其他数据都进行逐字节比较的开销，特征码只算一次，多次使用，速度上就体现出了差别。可见，特征码的长度必须远小于原文长度，才有意义。如果尺寸与原文差不多，那速度就没有提升了。

综上所述，利用哈希散列算法把数据原文哈一下，哈出一个远小于原文的特征码保存起来，能够节省存储空间，同时保证在足够低的冲突概率下，判断出某两份数据是否是相同的，这就是一种资源耗费较小的快速匹配算法。假设共有2^{32}份数据，散列的特征码长度为16位，那么要做到上述匹配方式，就必须准备一个能够容纳4G*16=8GB的存储空间来存放散列结果，而且每次比对均需要从这8GB里面读出对应的16位来与待比对数据计算出的16位 比较，这个开销依然太大。

布隆（Burton Howard Bloom）使用了一种巧妙的方法大大缩小了占用的空间，而且查找起来也非常迅速。其特殊之处在于，并不保存特征码结果，而是将这16位的特征码再次进行采样，其采样函数是：把这16位当作一个索引，然后用这个索引去将某个长度至少为2^{16}个位的bitmap（共占用8KB空间）中对应该索引位置的位置1。比如某数据A，采样结果为0000 0000 0000 0001，则就把bitmap中的第2位置1（因为2^1=2）；同理，比如数据B的采样结果为0000 0000 0000 0110，则对bitmap中的第7位置1，如果结果为1111 1111 1111 1111，则将bitmap中最后一位置1，经过这样处理之后，每一份数据的特征码只占用1位。待比对数据到来后，采用同样的采样方法计算出结果，再用结果索引bitmap，读出对应偏移量处的位。如果对应的位为1，则表明现有的数据中已经存储过同样的数据，也就是命中了bitmap。

但是正如上文那个对7 取余数的操作一样，如果给出一个结果“3”，则会有10、24、52等无限多的结果，除以7取余数都等于3。所以，如果预先存入一个数，比如52，然后假设算出其散列值=3，将bitmap的第3位（从0开始算）置1；而后，欲查找8888这个值是否已经被存入，则除以7取余数等于5，查找bitmap中的第5位，发现未被置1，则一定证明当前集合中没有“8888”这个数据；如果欲比对59这个值是否已经存入当前集合，则除以7取余数等于3，查找bitmap中第3位发现为1，则表示之前已经存入“59”了么？其实根本没有存入过59，之前存入的52和59发生了碰撞，这就得到了错误的结论，也就是误判。**也就是说，该算法结果如果为不命中，则100%不命中；如果结果为命中，则可能是假命中。**

如何降低误判率？52和59除以7 都余3，但是除以5却是一个余2一个余4，除以9则一个余7一个余5。所以，针对存储在集合中的值，如果我们对每个值使用多个不同的散列算法，分别算出多个结果来，然后对应成多个索引，再对应到bitmap中将多个位都置1，则可以很大程度上降低碰撞概率。如图6-153所示，分别除以5/7/9取余数，已存入的两个值52和59只有1位碰撞，但是其他2位有效；欲查询88是否在集合中，将其分别除以5、7、9，发现余数对应的索引位置上都为1，则判断88在集合中，发生了误判。77除以7余数为0，则对应到第0位，而第0位=0，所以不命中，66、99均未命中。

提示▸▸▸

细心的读者会从上图中发现一个小规律，偶数值的余数是按照5、7、9渐增的；奇数值则是按照7、5、9排列的。当然这可能只是特殊或者没什么大不了的。不过，我们需要敏感、发现、思考，这是基本素养。不过，冬瓜哥并不打算研究这个规律，否则本书恐怕就完不成了。

发生了误判后该如何处理？当然，该设计是无法知道“误判”这个结果的，但却能精准判断不命中，也就是所谓的True Miss和False Hit。

如果将该设计用作缓存命中查询过滤器，则较为契合。令集合中值为32位的内存地址，生成一个足够容量的bitmap，选择三种或者更多种散列算法，将某个地址散列成三个或者多个散列值，然后映射到bitmap中的三个或者多个位置1，就生成了一个精简的过滤装置：那些未命中的是一定未命中，被过滤掉；那些命中或者误判的，穿透到缓存做精确匹配。这样便可以过滤大量不必要的广播穿透到缓存控制器。

但是这种设计存在一个问题，那就是只能向集合中追加元素，而不能删除某个元素，比如图6-153中的52和59在第3位产生了碰撞，它们共享该位。如果删除52，正常应该将该位置0，但是不能，因为59还在用之，而系统又没有一个数据结构来追踪某个位当前正在被谁使用，所以不能删。如果不能删，那就是一锤子买卖，也就是说随着数据的不断写入和删除，bitmap中会逐渐被填满1而从来不会回收那些理应被置0的位，过滤网一次性用完即废。如此，所有位会逐渐变成1，误判率也会越来越高，最后就是100%命中，广播全穿透，过滤效率降为0。

解决的办法也很直接，那就是增加一个数据结构来追踪某个位的使用状态，很自然会想到计数器。为bitmap中的每个位设置一个单独的计数器，集合内每增加一个元素，该元素所对应的位在被置1的同时，其对应的计数器也被加1，当删掉某元素时，对应的位计数器减1,当计数器的值降为0时，证明确实没有任何元素再使用该位，则将该位置为0。这种目的的计数器也被称为Reference Tag，它记录当前有多少元素正在支撑着该位。计数器的上限是通过概率模型分析确定的，4位长也就是16个数值的计数器，其发生溢出的概率小于10^{-15}，所以大部分场景下4位的计数器完全够用。

如果将布隆过滤器用硬件数字电路实现，那就是硬加速；如果用软件来实现（靠CPU写入/读出/判断），那就是软实现。布隆过滤器目前被广泛用于软搜索加速，如图6-154所示。

6.9.8.4 JETTY filter

布隆过滤器需要对目标元素计算多个散列，这显然影响了速度。2001年，多伦多大学的Moshovos等人给出了一个比布隆过滤器速度更快、耗费更多电路但是仍在可接受范围内的设计，可以执行通用嗅探过滤。其不需要进行散列计算。

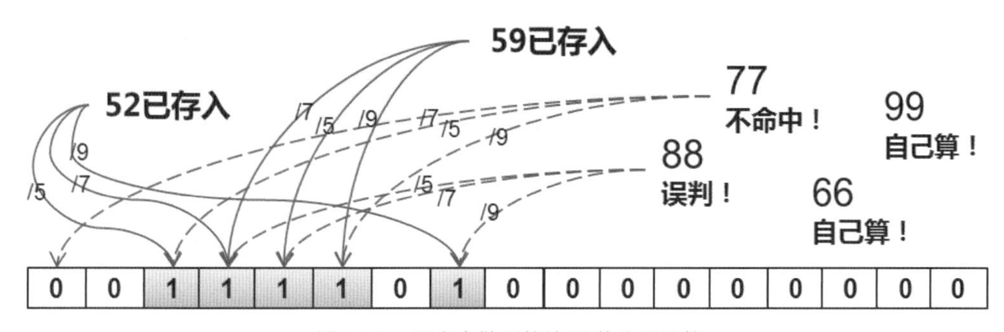

图6-153　用多个散列算法/函数分别计算

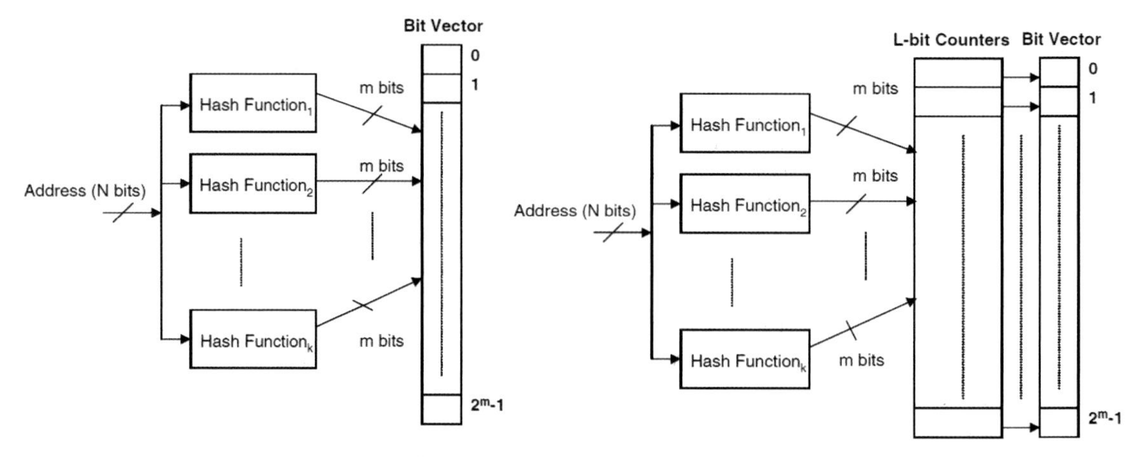

图6-154 传统（左）及可以删除元素的（右）布隆过滤器

设访存地址为40位长，缓存行大小为256字节（占用8位），那就意味着整个40位存储空间包含2^{32}（40-8=32）个256字节的行，也就是剩余的32位其实可以看作对每一行的索引序号，直接用该索引来作为每一行的特征码，不需要单独算出特征码。

如果生成一个含有2^{32}位的bitmap，某位为0表示该位对应的行并没有被缓存，为1则表示其被缓存了。每次收到某个访存地址，取其高32位作为索引，直接定位该bitmap中对应的位，判断其值就可以精确判断该行是否在缓存中。但是，这个bitmap的容量将为512MB，根本就不可接受。其实这种做法与6.9.8.1节中的bitmap是一样的思路，只不过前文中的bitmap只索引缓存中的行，但是由于一个缓存行可能对应多个RAM行，所以误判率很高，而本节的这个bitmap是索引了所有的RAM行，不会有冲突，100%精确，但是又占用了大量空间。

怎么解？Moshovos等人采用了一种巧妙的方式，破除这32位索引的耦合性，将其分割成4个互不关联的段，每段8位，然后针对每个8位段记录2^8=256个计数器（8位可表示256个地址分段，每个地址分段对应一个计数器），这样一共有256×4=1024个计数器。

每当缓存载入某个地址的数据后，该模块先将该地址拆分成4段，分别译码，然后分别索引到对应的计数器上将对应的4个计数器+1。当收到某个CC请求，则将该请求的地址分成4段然后分别索引到对应的计数器上，检查这4个计数器的数值是否都不为0：如果是，则证明该缓存行可能位于缓存中；如果至少有一个计数器的值为0，则证明该缓存行一定不在缓存中，一定不命中。

可以看到，这4段地址段之间的关联性也就随之消失了。比如有两个32位地址，ABCD和ABEF，头两段是相同的，都是A和B，当ABCD被载入时，A和B对应的计数器被+1（C和D也+1但是我们此时并不关心），而后ABEF也被载入，A和B再次被+1，此时便出现了2条根本不存在于缓存内的地址组合：ABCF和ABED，如果真的有CC请求访问这两个地址，该装置会误判为命中，于是穿透到缓存去查询，但是查询最终的结果是Tag不匹配，不命中。也就是说，这种精准耦合性的打破，引来了一定概率的误判。

该过滤器也支持删除某个已经不被缓存的缓存行地址，只要将该地址中的4个分段对应的四个计数器都置为-1即可。此外，将地址分成4段并行译码可以大大提升速度。如果以32位整体译码，除了上述的容量非常大不可行之外，译码器电路也会非常大，时延高，速度慢，所以分成4段并行译码，并行记录，并行比对，使得其速度非常快。

图6-155为该过滤器的作用的示意图。每个计数器旁边还有一个P位，也就是“Present”（存在）的意思：当计数器值为0时，对应的P置为0；当计数器值大于0时，P置为1。比对电路可以直接从P的信号判断是否命中，而无须读出多个位的计数器值比较，降低了电路规模。当该过滤器收到CC广播来的地址，进行译码后索引到对应计数器时，如果4个计数器的P位都为1，4路1经过与非门输出为0，表示命中（可能命中）；如果有任何一路输出为0，与非门输出为则为1，表示不命中（一定不命中）。

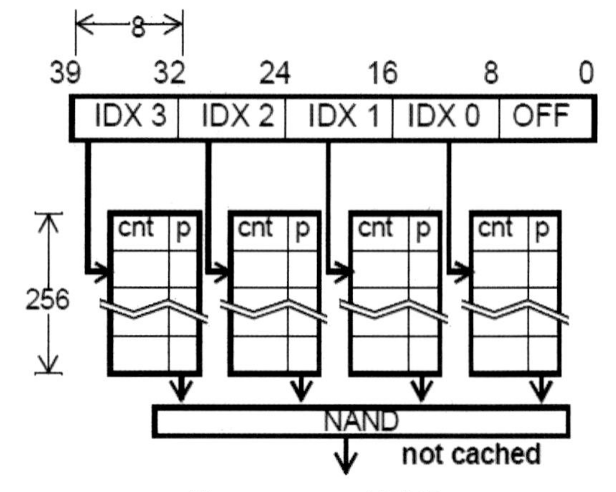

图6-155 JETTY过滤器

该过滤器被Moshovos等人取名为JETTY，被广泛应用于总线架构的CPU缓存设计中。其比简单的

bitmap方式耗费更多的电路但是更精准，而比向量bitmap方式精准度低但是耗费更少的电路。

提示 ▶▷▶

上述JETTY过滤器为Inclusive模式的。还有一类Exclusive模式的过滤器，其仅仅记录那些不命中的事件。比如某缓存行被剔除或者被Invalidate作废了，或者收到其他CPU总线读请求，本地缓存控制器查询后发现未命中，则该地址也被Exclusive模式过滤器记录下来。当被记录的地址后续发生了写入操作（等价于从不命中变为命中），则过滤器将该地址从记录中删掉。过滤器容量有限，当记录塞满之后，再有新的不命中地址进入时，必须替换出老的记录，这样老的记录就不能被过滤了。Exclusive模式过滤器实现简单，但是需要预热过程（积攒足够多的记录），并且需要足够大的容量才能有较好的过滤效果。

6.9.8.5 流寄存器式过滤器

IBM的研究人员在其蓝色基因/P超级计算机的CPU里使用的是流寄存器式过滤器（stream register filter）。其设计更为精简，在当时的工艺制程下，电路面积仅为0.108 mm^2，是JETTY（0.720 mm^2）的六分之一。但是，其过滤效果是不如JETTY的，只有在特定场景下才能体现出很高的效率。其设计思想与布隆过滤器类似，都是一次性的，越用效果越差，一直到整个滤芯失效。其核心是两个地址寄存器。比如当缓存载入某地址A=0x12345678的数据时，地址A被写入其中一个寄存器（被称为基地址寄存器），同时另一个寄存器全为1，也就是0xFFFFFFFF（32个1），这个全为1的寄存器被称为掩码（Mask）寄存器，全为1表示“精确指代”，对应该例，就是“仅仅指代0x12345678本身”；随后，又有B=0x12345679地址的数据被读入缓存，仅仅使用这两个寄存器该如何记录“目前有A和B两个地址的数据在缓存中”这件事？此时你可以闭目思考一下。

办法是：基地址寄存器变为最新进入的地址，即0x12345679，但是要将掩码寄存器变为0xFFFFFFFE，对应的二进制为1111 1111 1111 1111 1111 1111 1111 1110，最后一个0表示其掩蔽的地址在该位可以任意，但是高31位必须与基地址的高31位相同，所以，上述的基地址+掩码组合，所能够表示的地址范围就是0x12345679（基地址，16进制9的二进制是1001）和0x12345678（16进制8的二进制是1000）这两个地址。

为什么不能涵盖0x12345677呢？因为最后一位7的十六进制转二进制后是1110，而基地址最后4位二进制是1001，上面的掩码表示只允许最后一位任意，1110和1001是中间两位不同，所以该掩码不能涵盖0x12345677。同理可举出更多例子，如图6-156所示，该图为一些掩码和基地址组合之后可表示的地址范围，可以看作是部分真值表，难以找到规律，其实有个公式可以很简单地计算出新的掩码：新基地址=新地址；新掩码=新地址 AND （新地址 XOR 新基地址），这样对于电路来讲就非常简单了。

对于广播过来的待过滤地址，利用公式X = ~掩码 OR （基地址 XNOR 待比较地址）算出X（其中~表示取反），只要X中至少有一位是0，则表示不命中（一定不命中），如果全为1则表示命中（可能命中）。

可以看到，假设只有一对儿寄存器（基地址+掩码），如果访存地址的跨度太大，那么掩码就必须同时涵盖所有曾经载入过的地址。最极端的例子，比如第一个载入的地址为0xFFFFFFFF，此时基地址和掩码都是0xFFFFFFFF；紧接着第二个载入的地址为0x00000000，那么此时基地址是0x00000000，掩码就必须涵盖这两个没有任何一位相同的地址，所以只能

范围：0x12345678 到 0x1234567F			
基地址可以是	若掩码为	则表示范围是	地址数量
0x12345678 或 0x12345679	0xFFFFFFFE	0x12345678 与 0x12345679	2
0x12345678 ~ 0x1234567B任意	0xFFFFFFFC	基地址周围4个，例如0x12345678 ~ 0x1234567B	4
0x12345678 ~ 0x1234567F任意	0xFFFFFFF8	基地址周围8个，例如0x12345678 ~ 0x1234567F	8

范围：0x12345670 到 0x1234567F			
基地址可以是	若掩码为	则表示范围是	地址数量
0x12345670 ~ 0x1234567F任意	0xFFFFFFF0	基地址周围16个，例如0x12345670 ~ 0x1234567F	16
0x12345670 ~ 0x1234567F任意	0xFFFFFFFC	基地址周围4个，例如0x12345678 ~ 0x1234567B	4

范围：0x12345670 到 0x1234568F			
基地址可以是	若掩码为	则表示范围是	地址数量
0x12345670 ~ 0x1234568F任意	0xFFFFFF00	基地址周围256个，例如0x12345670 ~ 0x1234567F	16

范围：0x12345668（8不能变）到 0x123456F8（8不能变）			
基地址可以是	若掩码为	则表示范围是	地址数量
0x12345678 或 0x123456F8	0xFFFFFF7F	0x12345678 与 0x123456F8	2
0x12345678/0x12345638/0x123456B8/0x123456F8	0xFFFFFF3F	0x12345678 或 0x12345638 或0x123456B8 或0x123456F8	4

图6-156　一些掩码的掩蔽结果示意图

是0x00000000，也就意味着不掩蔽，全都可以任意，那么这个过滤器此时就完全失效了，不能够过滤任何地址。当然上述例子只是极端情况，实际中，掩码寄存器里为0的位会越来越多，0越多误判率就越高。所以，实际中需要使用多对寄存器，多个滤芯，分别承担不同地址范围的过滤，这样效率会大大提高，失效周期也会拉长。

除了使用多个寄存器对儿之外，还可以在适当时候将已经失效的寄存器重置，原地满状态复活。但是不能随便就重置之，因为重置之后，缓存内已载入的地址过滤器是追踪不到的，会发生False Miss误判而不是Flash Hit误判了，前者是会产生程序逻辑错乱的。但是先贤们的智慧是令人钦佩的，IBM的设计者们想到一个办法，也就是当判断出滤芯效率很低时，将当前滤芯复制一份，然后启用新滤芯，对收到的地址在两个滤芯中做同步查询过滤，其中旧滤芯不再追踪新载入地址，完全由新滤芯追踪，相当于交接期两者并行运行，那么什么时候旧滤芯可以完全退出呢？那一定是其内部追踪的地址范围已经完全不可能被用得到的时候，也就是自从交接开始算，到整个缓存里的缓存行全都被替换了一遍之后，此时，新滤芯里的掩码便会涵盖缓存内所有已载入的地址，此时旧滤芯可以彻底被重置变成新滤芯，然后循环使用。

过滤装置如何判断缓存内的缓存行已经全部被替换了一遍？那一定需要缓存控制器在每次进行缓存行替换的时候，通知该过滤装置。比如，蓝色基因/P的CPU缓存控制器完全是一个挨着一个替换的，也就是Round Robin模式，这就给设计带来了很大的简便性。过滤器只要维护一个计数器，每收到缓存控制器发送来的替换信号，就把计数器+1，当计数器达到与缓存行数相同时，就证明全部被替换了一遍。

图6-157为流寄存器式（SR）过滤器的示意图。其中，Update Logic是主要用来根据新地址计算新掩码的电路逻辑，Cache Wrap Detection就是上述的检测缓存内缓存行被全部替换事件的逻辑，其余就是命中/未命中信号输出以及广播透传逻辑。之所谓被称为“流式”寄存器，就是指其能够使用非常小的空间在非常快的速度下瞬间比对新数据和大量的老数据，随着数据的“流过”，结果立即就出来了。“流式计算”也是类似的含义。

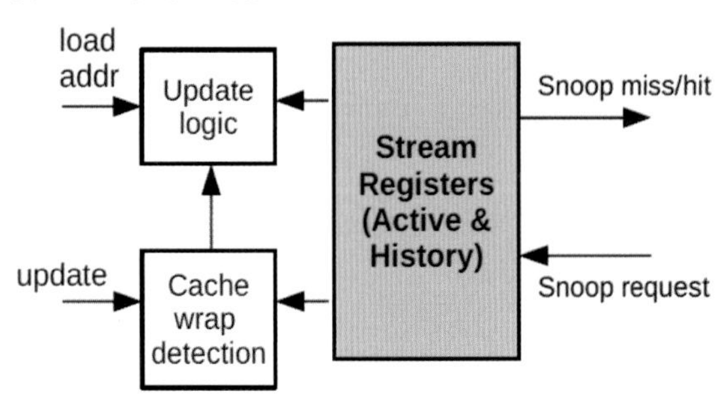

图6-157 流寄存器式过滤器

6.9.8.6 带计数器的SR过滤器

SR过滤器滤芯是一次性的，也就是不能够删除其中某个地址，掩码不可逆回，因为掩码涵盖范围的每一次扩充都会捎带涵盖一些根本不存在于缓存内的缓存行地址，而又无法追踪和记录这些地址，所以无法将掩码范围缩回，最终只能采用不断交替更换滤芯的方式。而带计数器的SR过滤器（Counter SR）则很简单地给这套滤芯增加了计数器来追踪那些被剔除或者Invalidate的地址，从而可以让滤芯实时恢复状态。

图6-158为带计数器的SR过滤器，其综合了JETTY和SR的查询方式，首先将地址分为2段（不算行/页内偏移段）：一段为索引，用来定位到某个SR，追踪和匹配的地址都会落入同一个SR，这样就很好地延长了失效周期，从而提高了效率；另一段是Tag，对于新载入地址，其Tag会被更新到对应的SR里的基地址段，同时计算新掩码，同时计数器+1。

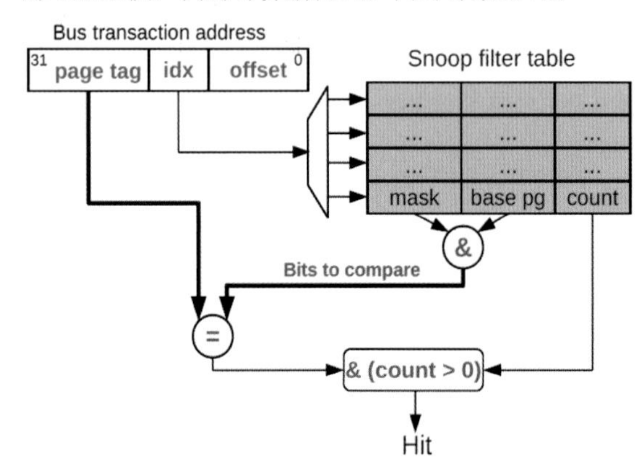

图6-158 带计数器的SR过滤器

对于待比对的地址，使用索引段定位到某SR，读出其基地址和掩码相与，会得出一个融合了掩码和基地址的值，这个值内凡是被掩码掩蔽住（掩码=1）的位必等于基地址对应的数据位，凡是没被掩码掩蔽住（掩码=0）的位必等于0，然后将该值与待比对地址的Tag相比较，只比较掩码=1的那些位。如果所有掩码=1上的位相同，则命中（可能命中）；如果至少有一位不同，则不命中（一定不命中）。当然是否命中还得看一个输入条件，那就是当前SR内的计数器值，如果计数器是0了，证明当前对应SR记录的范围内没有任何地址被追踪并记录，则一定不命中，这也就是图中最下方与门的作用。

实际上，看似简单的任务，也还是被分了多个时钟周期来执行。图6-159为CSR过滤器追踪记录（左）和匹配查询（右）时的基本步骤和周期。

经过这样改进之后的过滤器，其面积比传统SR增加了大概30%，但是仍比JETTY小得多。

6.9.8.7 蓝色基因/P中的嗅探过滤器

IBM在其蓝色基因/P超级计算机的CPU中使用了

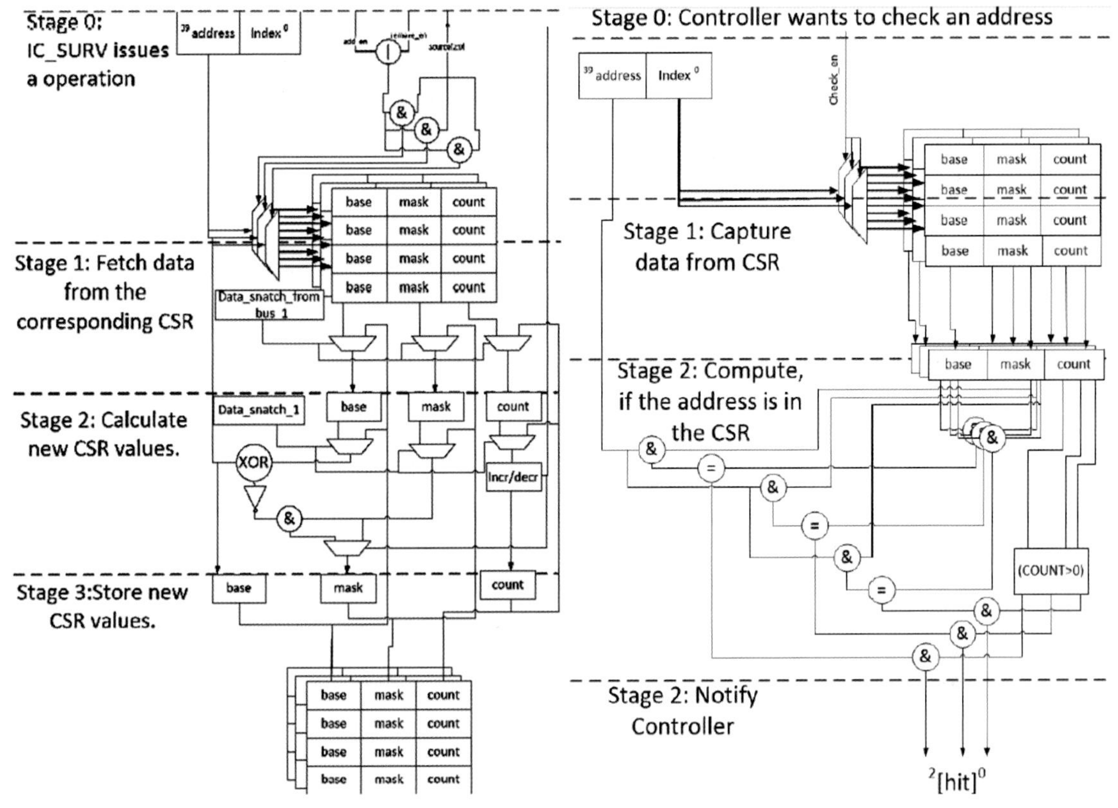

图6-159　CSR过滤器追踪和查询的基本步骤周期

三种嗅探过滤器来过滤广播。

图6-160为蓝色基因CPU的内部架构图。其CPU的L1缓存采用Write Through模式透写到L2缓存及共享的L3缓存，也就是从L1直接穿透到L3，但是L2中也会留存一份。所以不需要在L1而只需要在最后一层私有缓存处，也就是L2缓存控制器前端放置过滤装置即可。

如图6-161上图所示，每个PowerPC 450 CPU核心前方都放置一个L2缓存控制器和一个嗅探过滤器。所有的L2缓存控制器与4个嗅探过滤器采用点对点方式广播CC请求。

可以看到，缓存控制器之间并没有直接通路，所以核心之间无法通过L2缓存直接相互转发数据，但是由于L1是写透到L3的，所以L3里始终都是最新的数据，当某个CPU收到其他CPU的L2缓存控制器发送的Invalidate消息从而作废了其自己L2缓存内某缓存行之后，后续针对该行的读取可直接到L3读取，不需要直通转发。

图6-161下图是该嗅探过滤器的内部架构图。可以看到，4条链路分别对应1个过滤装置，每个过滤装置内包含3个不同种类的过滤器协同工作：一个是Exclusive模式的JETTY过滤器、一个Stream Register过滤器（不带计数器）和一个Range Filter过滤器。4套过滤装置共享同一个Stream Register，可并行查询。每套装置内部的3个过滤器只要有一个判断出某地址可以被滤掉，则滤之。4条链路的广播如果未被过滤，则经过复用器排队输出，输送给L1及L2缓存控制器处理。

提示 ▸▸▸

上述的这些过滤装置的设计思路，是一笔宝贵的财富，其看似用于嗅探过滤器，其实其核心思想完全可以用在各种程序的搜索、匹配算法中，完全可以用软件来实现这些过滤器。MESIF方式可以过滤掉大部分源头不必要广播，嗅探过滤器可以在目的端为后端挡一阵子弹。当前，共享总线结构在高性能CPU中已经被淘汰了，嗅探过滤器这个角色却依然存在，但是是以新的各种形态而存在。

6.9.9　基于分布式访存网络的缓存一致性实现

前文中我们以共享总线为例介绍了缓存一致性实现的全貌。然而，在当前的时代，几乎没有CPU再使用共享总线作为访存网络了，而使用的多为多级分布式网络，比如Ring、分布式Crossbar等网络结构。那么，在这种新式的数据传输方式下，前文中介绍过的那些机制，还适用么？

另外，在牵扯到多层缓存、多个CPU芯片的更大

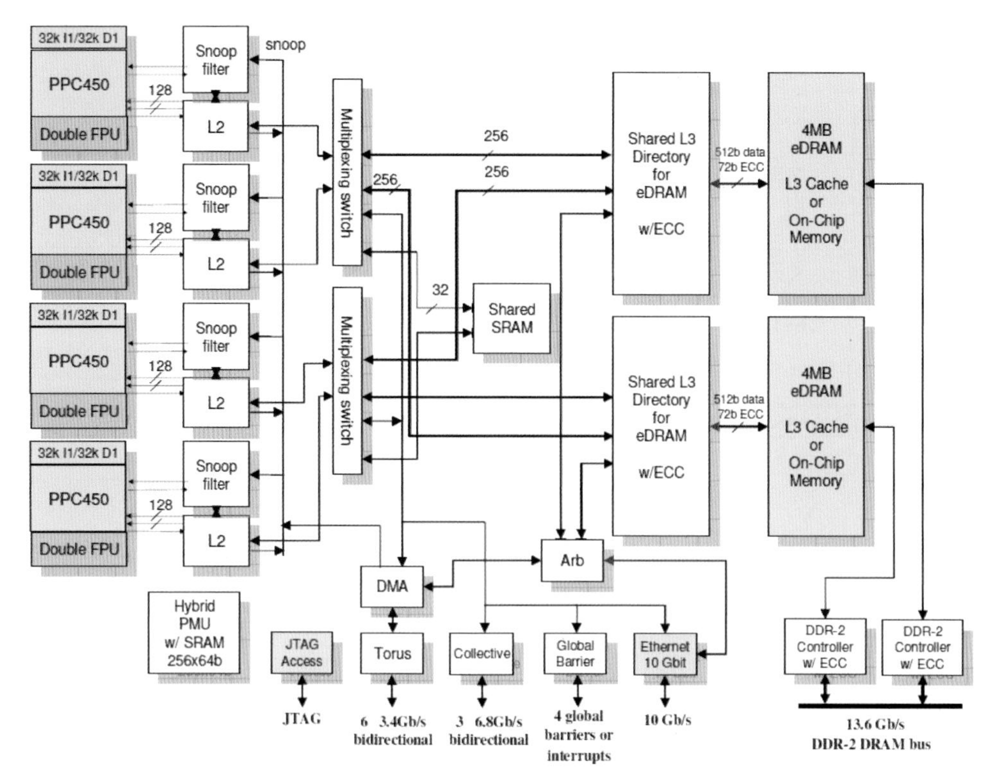

图6-160 蓝色基因CPU内部架构图

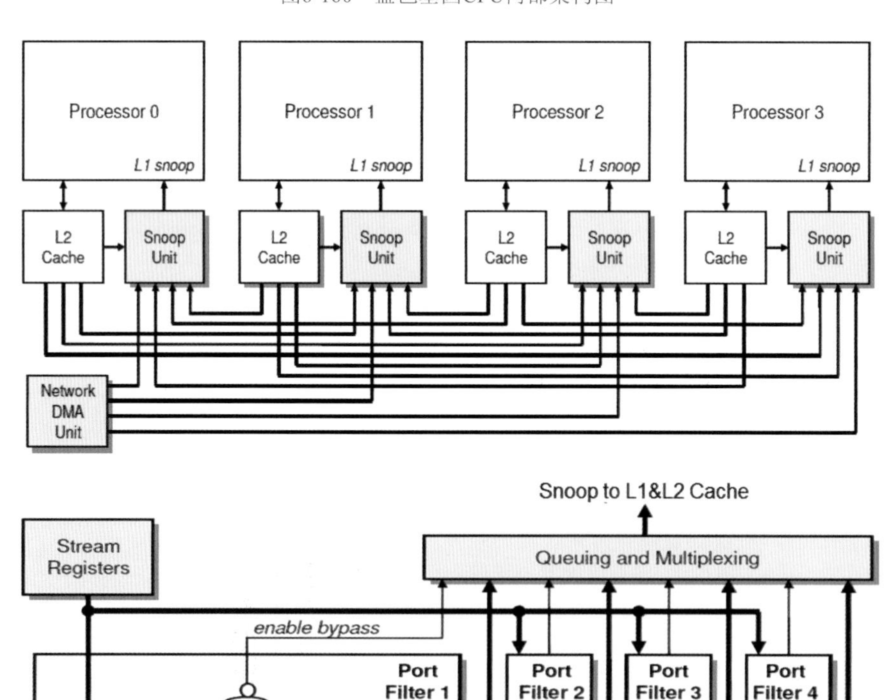

图6-161 蓝色基因CPU内部的嗅探过滤器

的NUMA网络拓扑之下，对缓存一致性的机制又会有什么影响和创新改进？本节就来介绍这两个方面。

6.9.9.1　分布式网络对CC机制的影响

我之前开了个小三轮蹦蹦跑在土路上，现在土路都变成了立交桥和平整大道，我还能开三轮上去么？可以这么说，之前该发送什么消息，现在也依然需要发送，没有什么变化。但是，之前严重依赖共享总线的原生广播特点的那些机制，就得跟着变化。比如加锁过程，带锁的指令Dec_L，其底层实现严重依赖共享总线的排他性，只要我抢着总线锁信号了，其他人绝对不可能乱入。但是，在分布式网络上，任何节点在任意时刻都可以发起任何请求，因为这些网络是分布式多级网络，由多个转发模块负责路由转发。

既然如此，就有可能多个节点同时发起抢锁请求，此时就必须实现一种分布式仲裁机制，来确保只有一个节点加锁成功。具体方式可以是让某个节点承担集中仲裁的角色，所有的**LckRqst**（Lock Request，加锁请求）消息发送到它这里，按照先后顺序放入到FIFO队列中，然后位于队首的请求获胜，仲裁模块需要发送给请求方一个**LckGntd**（Lock Granted，加锁成功）消息。当Dec_L指令执行完毕准备解锁的时候（注意，该解锁并非程序视角的锁变量解锁，是指底层硬件锁），需要发送一个**LckRlsd**（Lock Released，解锁）消息给仲裁模块，这样仲裁模块才能继续处理排在FIFO中的加锁请求。

另外，对于共享总线时代，对总线进行加锁到解锁期间，该节点对总线是完全独占的，无人打断的。但是在分布式网络上，如果一条加锁指令也要阻塞掉整个网络让每个路由器只转发你的请求的话，就不太现实，也很不划算。共享总线每个时刻只能一个节点发、另一个节点收，但是分布式网络中，同一时刻会有多个节点在并行收发数据。不能用老思想走这条新路。那么很自然的，加锁过程并不是要阻塞整个网络，而只需要告诉网络中的所有节点：凡是访问某个地址或者地址段的请求，都暂时阻塞在各位那里，只有我能访问。所以，新时代的LckRqst消息中还必须包含“要锁定哪段地址”的描述，每个节点上的网络控制器将需要被锁定的地址段放置到其内部的一个寄存器中，后续每个访存请求的目标地址都会与该寄存器中的值比较看看是否落入，是则阻塞在队列里先不发送，先转发别的消息。解锁消息也一样，你必须指定你要解锁哪段地址，这样每个节点的网络控制器就会从内部的寄存器中删掉对应的地址值了。这种设计可以同时允许多个锁的存在，只要这些锁锁定的是没有交叠的地址段就可以，彻底释放了并行性，所以其总体性能远高于共享总线。

另一种方案则是采用基于令牌（token）的大众共同裁决方式，预先规定一个顺序，任何一个节点发起的加锁请求必须按照顺序获得所有节点的同意，才算是成功。比如节点2要加锁，先把锁请求发给节点0，节点0上负责锁的硬件电路模块先查询其内部是否有之前的某节点的加锁记录，如果有，是不是与节点2请求的锁的地址段有交叠：如果有交叠，则锁冲突，排在FIFO中等待，不发送回应，这样请求方也无条件继续等待下去；如果没有交叠，那么节点0同意该锁请求，向锁请求数据包中的bitmap向量中加入一个标记以通告节点0同意该锁请求了。假设一共有4个节点，那么这个bitmap向量此时就为0101，最低位的1表示节点0已同意，左数第二位表示节点2，自己当然要先同意自己的请求了。这个请求被节点0暂存在自己的队列中，然后同时转发给节点1一份。由于所有已经成功的加锁请求均会在每个节点的网络控制器内部的寄存器中被记录着，因此既然节点0同意该请求，就证明当前整个网络中并没有其他节点针对这段地址加了锁，那么节点1自然也会同意，将数据包中的bitmap改为0111，然后传递给节点3（节点2是请求节点），以次类推。当所有其他节点都同意之后，最后一个节点将该请求转发给节点0，节点0收到bitmap为1111的锁请求之后，便知道所有人都同意了，那么它会正式发送一个LckGntd消息给请求节点以及其他所有节点，以通告所有节点该锁请求以落实。如果节点2和节点3同时发起针对同一段地址的锁请求给节点0，假设节点3离节点0比较近，先被收到，那么假设该锁请求被节点0和1同意了，轮到节点2审批时，由于节点2也想对该地址段加锁，没成功之前节点2却收到了其他节点的抢锁请求，此时如果节点2和节点3都不同意对方的锁请求，就会死锁。解决死锁的办法，比如可以用定死的策略，节点ID小者获胜，那么节点2就拒绝审批，节点3看到数据包中的bitmap为1011，则知道节点2一定是有锁冲突，则暂时阻塞该锁请求，然后同意节点2的锁请求。基于令牌的共同裁决机制需要多轮交互，所有节点参与，所有节点记录状态。

另外，RdPrb、WrtIvld/RdIvldPrb等广播型消也严重依赖共享总线，之前只要发一次，所有核心都可以收到。在共享总线时代，核心发出该类消息，其他核心同一时刻都会收听到，因为共享总线是个天然的广播域。而在分布式网络时代，每个核心发出的消息只能交给与之连接的那个网络路由器。所以，要么改成由请求节点分别发出多个带有不同目标地址的RdPrb/WrtIvld/RdIvldPrb请求；要么发出一份带有目标地址为广播地址的请求，路由器收到该广播地址请求，自动向所有端口转发，后续的路由器也自动转发，但是一旦网络有环路则会形成广播风暴。杜绝广播风暴需要对网络进行特殊设计，这就增加了复杂性。所以一般都采用第一种方式。但是，随着网络节点数量的增加，比如几十个核心被集成在一片CPU内并互联，多个CPU之间再用外层网络互联，这样就会有大量的广播流量，影响网络性能。对此，有一些嗅探过滤机制依然在分布式网络时代发挥着重要作用，后文再详细介绍。但是由于分布式网络的无阻塞性质，同一时刻会有多个目标网络地址不同的RdPrb/WrtIvld/RdIvldPrb消息在网络上流动着。

与共享总线不同的是，总线一般直接使用不同的导线来分别传递控制位、地址位和数据位。而对于一些分布式网络，由于其采用串行传输机制，控制位、地址位和数据位要形成一串位流，也就是一个数据包，在网络上流动。这个数据包会具有一定的格式。

值得一提的是，上述这些复杂的机制，全部由CA以及网络控制器来处理，负责生成、发送和接收对应的消息以及做出相应的动作以及状态记录。核心、缓存控制器根本不需要知道这些细节，只需要发出访存请求就可以了。

6.9.9.2 多级缓存和多CPU对CC机制的影响

目前多数处理器芯片内部都采用了多层缓存，至少有两层，比如L1和L2，L2缓存是多核心共享的；也有三层的，此时L1和L2缓存一般为各个核心独享，L3缓存（通常是LLC）则为共享的。CPU片外一般是没有缓存的，直接就到DDR SDRAM控制器了。

可以很明确地讲，目前的主流多核心CPU，其L3/LLC缓存都是分布式的而不是集中式的，同时也是共享的，也就是所谓的分布式共享存储系统（Distributed Shared Memory，DSM）。其原因是随着核心数量的增加，比如15核、18核甚至32核，它们会竞争访问同一个L3缓存控制器入口，于是瓶颈凸显，这就必须将L3缓存层拆分成多个分片，每个核心处放置一个。所有核心都可以同时访问所有分片，只不过对于放在本地核心分片中的数据，其他核心来访问时走的路就要长很多，需要经过某些网络来访问，比如Ring、Crossbar等，即便是这样，还是大大增加了并行性。

既然LLC成了分布式的（分片），那么数据怎么分布？是挨着来，你满了后续再有就放我这，我满了再有就放他那？还是按照Round Robin方式，你一个我一个他一个，循环地放？或是通过散列得出一个特征码，然后用特征码来索引分片，从而做到随机平均选择一片来存放？再或是根据地址空间的范围，直接除以分片数量，然后各管各的地址片区？抑或是每个CPU干脆就地存取，读取或者存储任何地址的数据都直接访问离自己最近的LLC？最后一种显然不合适，因为其会引来额外的缓存不一致，因为任何核心都可以将任何地址存储在本地L3缓存中，势必会导致多个核心的LLC分片同时存储同一个地址的数据。另外就近存取的话，就需要记录一张大表来追踪到底谁放在哪，每次访问则必须查表，太慢。

现实中，一般采用散列或者按照缓存行为粒度打散轮流放置在多个L3分片中，这样就不会出现一致性问题，就好像L3依然是集中存储一样。但是这样做会导致一个问题，就是本地访问的某地址数据可能在其他核心的L3缓存分片中，也可能在自己眼前的L3缓存分片中，完全平均而且不能被程序控制（为进程分配对应的物理地址段落入某RAM分片是可以控制的，但是硬件散列结果是不能选择和控制的）。本书前文中介绍过NUMA，当时是以RAM主存的分布式存储作为例子的，而LLC/L3缓存其实在实际设计中也是NUMA的。

提示 ▶▶▶

这里比较容易理解错误。分布式LLC架构下，虽然看上去每个核心“拥有”L1、L2、L3/LLC缓存，但是只有L1和L2缓存是私有的，LLC是共享的。L2缓存控制器依然会请求本地的LLC分片控制器，但是如果访存地址没有落入该核心跟前的LLC，那么本地LLC分片控制器会跨Fabric转发该请求到对应的LLC分片（位于其他核心跟前），读写都如此。或者L2缓存控制器上配有路由表，直接将请求发送给目标LLC分片控制器，一般Exclusive模式的缓存可以这样设计。如果核心0的L1缓存中某行在核心3的LLC分片中存在副本，那么其他核心跟前的LLC分片就不可能存在该行的副本。

在每个CPU芯片内，每个核心都拥有一个CA，其发出的广播消息必须传达到所有的核心，包括本片内的和其他片内的核心，这意味着一个探询广播，比如WrtIvld、RdIvldPrb、RdPrb等消息，不但要复制多份走多条路到多个目的，而且要跋山涉水，穿越片内核外访存网络到达片外网络的关口，比如QPI控制，然后再经历片外网络到达对方QPI关口，再从这里入关到达对方的片内访存网络，最后抵达每个核心的CA进入队列等待处理。

网络上的流量太大了，只要能滤掉一部分不必要的流量，就可以大幅提升整体性能。

6.9.9.3 即便无锁也要保证一致

前文中我们假定运行在多个不同核心上的程序在访问共享变量之前必须先加锁来保证从源头上串行化地访问共享变量。但是，假设，两个不同核心上的程序由于种种原因忘记了加锁，然后同时对某个地址发起某次Stor操作，核心1写入数值a，核心2写入数值b，而且这两个核心各自将a和b放入自己的L1缓存，此时各自的CA都会发出Invalidate广播。那么，这两个核心必须做个了断，也就是有一边必须作废，而绝不可出现同一个地址拥有两个不同副本在两个不同缓存中的情况，至于此时如何仲裁，视设计而异。也就是说，缓存一致性并不能因为上层程序不加锁而自己也破罐子破摔，给程序看到不一致的数据。

6.9.10 分布式网络下的嗅探过滤机制

MESIF协议本身是可以从源头过滤一些流量的，比如读/写访问处于E或M态的缓存行，以及读取处于S或F态的缓存行不需要发出任何消息。但是写处于S/F/I态的缓存行就必须发出WrtIvld或者RdIvldPrb消息给所有其他核心，读处于I态的缓存行也必须发出RdPrb消息给所有其他核心。这些没有被MESIF从源头滤掉的消息，能否再过滤一次呢？于是我们就会想：如果能够让发送方提前知道本次访问的缓存行可能只在某个/些核心的缓存内有副本，或者某些核心内没有副本，那就可以避免广播，而使用点对点单播，只通知那些可能持有副本的核心的CA，从而省掉大量的网络流量，提升性能。

那么之前用在共享总线架构下的那些嗅探过滤器，还管用么？不得不说，6.9.8节中介绍的嗅探过滤器无一例外都是在目的端进行过滤的，它保护的只是位于其后端的缓存不受过多不必要的查询，并不能阻止发送方将消息发过来，也没有必要阻止，因为大家都挂接在同一个共享总线上，你这没有某个缓存行，并不表示其他核心没有，其他核心有没有你是不知道的，那么你就没有理由让发送方不发送消息。另外，共享总线是排他性的，发一次所有人都收到，你不收也得收，你不收别人收，总线还是要费电，那就不用过于担忧是不是我不收就会更节约电。但是对于分布式网络，同一时刻支持多个数据包传递，少一个人接收，就节约下来一部分相应的网络流量资源，所以必须从源头上来过滤，而不是在终点才过滤。

6.9.10.1 在LLC中增设bitmap向量过滤片内广播

所以，如何让本核心的CA只根据本地的某些信息就可以获知某个缓存行在其他核心缓存中的状态，就成为了实现源过滤的关键思路突破点。

所有的核心载入缓存行时，都必须经过LLC。L1缓存不命中则找L2缓存，L2缓存不命中找L3缓存，数据从MC后方的RAM先进入LLC，再发送给L2缓存，再到L1缓存。LLC就是所有数据进出的关口，那么只要在这里记录本CPU内所有核心曾经针对本LLC都做了什么，也就是访问过的缓存行及对应的状态，就可实现源过滤。

所以，在每个LLC缓存行中增加一个bitmap向量，使用n 位来对应本CPU内的全部n个核心。每当LLC控制器从RAM中为某个核心载入某缓存行之后，就顺便将该缓存行对应的bitmap向量中对应该核心的位置1，表示当前缓存行在该核心内部私有缓存中存在副本。

对于Inclusive设计模式的缓存，L2缓存包含所有L1缓存的内容，L3缓存包含所有L1和L2的内容。任何一个核心的CA收到该核心的更改操作，首先依次查询本地L1缓存，没命中则查询L2缓存，再没命中则查L3缓存（当然根据目标地址，其查询的可能并非挂接在本核心处的L3分片，可能是网络上其他L3分片）。如果命中了，则查出该行的MESIF状态，如果是M态，则证明本CPU拥有最新的数据，其他CPU都没有缓存这份数据，直接改。由于是Inclusive模式，因此必须把三级缓存里所有该行的副本都更改，如果只在LLC命中，那么改完LLC之后还要将该行复制到其他两级缓存。这就是Inclusive模式的劣势之一。

如果核心对某个缓存行的更改命中了某级缓存，且该行状态为S或F态，则证明本CPU内部的其他核心或者其他CPU内部的某个/些核心同时持有该行，那么除了更改该级及其下一级缓存中的该行之外，还要复制该行到其上面的所有级缓存。再根据LLC中该行的bitmap判断本片内有哪些核心持有该行，然后定点推送WrtIvld消息。同时，其他CPU片内某个/些核心也可能持有该行缓存，但是本地LLC由于容量要保持精简，就不存放用于追踪其他CPU芯片内的缓存信息了，单独找个地方来放置，后文再介绍。所以，本地CA无法判断出其他持有该缓存行的具体核心是谁以及有多少，只能盲性地将WrtIvld广播委托外部网络控制器（比如QPI控制器）发送给所有CPU。

图6-162为基于Inclusive模式，利用LLC中的bitmap实现源过滤场景下的各种处理流程。下文中还有对该过程的更加详细的图文介绍。

Inclusive模式下，如果某个核心从LLC中将数据复制到上一级缓存之后，又将其换出了，那么此时LLC是不知道的，Inclusive只保证上一级有的下一级一定有，但是不保证上一级没有的下一级也得跟着没有，那就没有意义了。那么LLC的bitmap中为1，也就并不能保证对应核心当前一定持有该行数据，只能表明对应核心曾经持有了该行数据。所以，为了保证更加精准的过滤，每当L2缓存换出某行数据时，一定证明L1中也没有该行数据了，此时L2控制器要通知LLC控制器针对bitmap做对应的变更。每当L1缓存换出某行数据时，L2中依然持有它，则LLC中的bitmap就不需要变更。AMD某代CPU就采用了这种精确过滤，不过有些CPU不保证精确过滤，bitmap为一次性使用，当全为1时就失效了，直到该行直接Invalidate后，下次再访问时从头开始记录。

这种设计的另外一个好处则是，当收到WrtIvld的核心执行作废请求时，其原本需要查询全部的三个级别的缓存来确定是否命中，而有了这个bitmap之后，接收方CA只需要根据接收到的消息中标明要作废的缓存行地址定位到某个LLC分片（注意，该LLC分片并不一定是与该核心临近的那个），然后查询该LLC分片中该行对应的bitmap，就可以精确地知道具体哪个核心持有该缓存。如果bitmap标明恰好是自己（该

核心发出的操作	命中在L1	命中在L2	命中在某LLC分片
读，目标行为M态	无动作	无动作	无动作
写，目标行为M态	同时写入三个副本	同时写入L2和L3，并拷贝该行到L1	写入LLC，同时拷贝该行到L2和L1
读，目标行为E态	无动作	无动作	无动作
写，目标行为E态	同时写入三个副本并变为M	同时写入L2和L3，变为M，并拷贝该行到L1	写入LLC，变为M，同时拷贝该行到L2和L1
读，目标行为S/F态	无动作	无动作	无动作
写，目标行为S/F态	同时写入三个副本并变为M，检查LLC该行的bitmap查出哪个核心持有该行副本，向对应核心的CA发出WrtIvld消息，对方收到后依次查询自己的LLC/L2/L1缓存进行作废处理。如果为多CPU系统，则CA同时向片外网络控制器发出WrtIvld广播消息，作废其他CPU内部核心中的缓存副本	同时写入L2和L3并变为M，并拷贝该行到L1。然后检查LLC该行的bitmap查出哪个核心持有该行副本，向对应核心的CA发出WrtIvld消息，对方收到后依次查询自己的LLC/L2/L1缓存进行作废处理。如果为多CPU系统，则CA同时向片外网络控制器发出WrtIvld广播消息，作废其他CPU内部核心中的缓存副本	写入LLC，变为M，同时拷贝该行到L1和L2，同时检查LLC该行的bitmap查出哪个核心持有该行副本，向对应核心的CA发出WrtIvld消息，对方收到后依次查询自己的LLC/L2/L1缓存进行作废处理。如果为多CPU系统，则CA同时向片外网络控制器发出WrtIvld广播消息，作废其他CPU内部核心中的缓存副本
读，目标行为I态	不命中L1则去L2查询	不命中L2则再去L3查询	不命中L3证明本CPU片内所有缓存都未持有该行。如果为多CPU系统，则CA向片外总线发起RdPrb探询消息或许数据；如果是单CPU系统，则CA向MC发起读请求从RAM中获取数据。数据获取到之后填入三级缓存并变为E
写，目标行为I态	不命中L1则去L2查询	不命中L2则再去L3查询	不命中L3证明本CPU片内所有缓存都未持有该行。如果为多CPU系统，则CA向片外总线发起RdIvldPrb探询消息获取数据；如果是单CPU系统，则CA向MC发起读请求从RAM中获取数据。数据获取后填入三级缓存并变为M

图6-162　基于Inclusive模式，利用LLC中的bitmap实现源过滤场景下的各种处理流程

CA所在的核心）持有，该CA再去自己的L1/L2中查询并作废对应条目，同时更新bitmap；如果bitmap显示本核心不持有该行，则直接返回IvldRspN消息给发送方，避免了去查询L1/L2缓存的操作。所以这个bitmap同时起到了源过滤和目的端过滤的作用。

图6-163为一个4核心CPU缓存一致性示意图，其使用了MESI协议（没有F状态），4种状态可用2位表示，另外在LLC中的每一行使用额外的4位向量（对应4个核心）来过滤，缓存之间为Inclusive模式，其LLC包含多个分片（Bank），每个Bank位于一个核心之前，使用按照地址静态分段的方式分割。图中给出了A和B两个缓存行在不同位置的状态，其中Block就是指缓存行，有些人习惯叫Block，有些人习惯叫Cache Line。

可以看到，上述机制还是比较复杂的，为了实现广播过滤，增加了复杂性。那会不会反过来又压制了性能？这是很有可能的，假设核心数量比较少，比如4核心场景，某个核心写入操作，命中L1缓存，产生了一个WrtIvld消息，此时你是选择直接广播给其他3个核心的CA各自处理呢，还是选择先查看本地LLC中的bitmap，过滤之后，发现其中2个核心并未持有该行，所以只发出一条消息给持有该行的核心呢？假设网络很闲，基本没有什么太多流量，此时就算不过滤直接发给所有人，所有人并行查询各自缓存，也并不会降低太多性能，网络不就是走流量的么，不用也是浪费。倒是先去访问本地LLC拿到bitmap，这个延

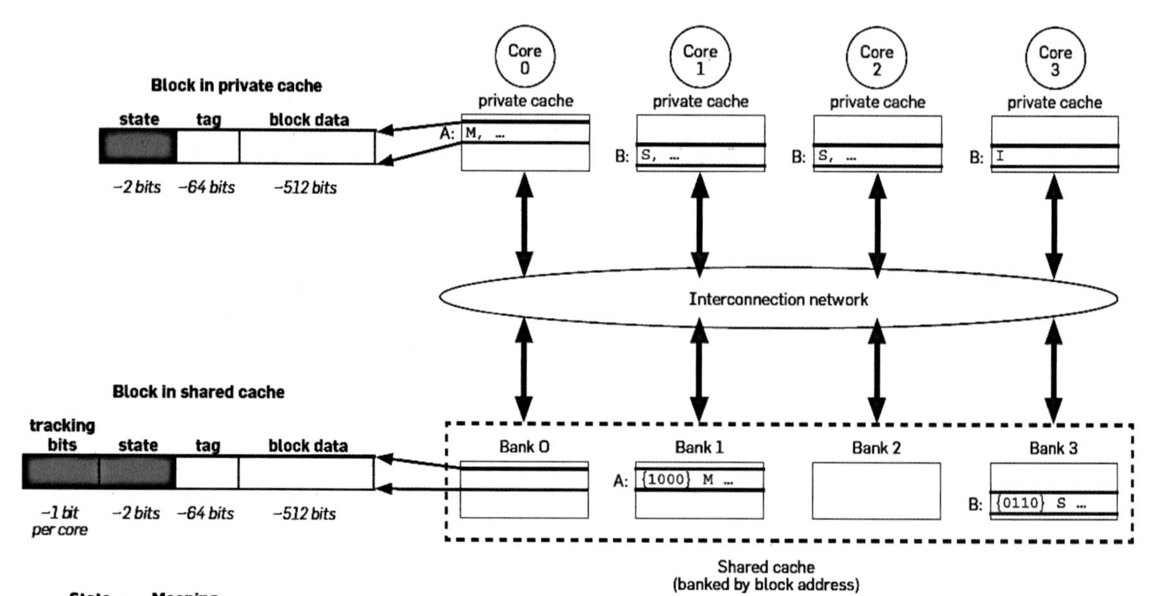

图6-163　片内Inclusive模式CC全局示意图

迟可能要高不少，相比节省的广播而言，反而可能压制性能。相反，如果核心数量较多，比如16核心，加之网络流量已经比较大，此时，前期花点时间过滤一下，后期便会得到更好的性能了。具体选择哪种策略，就看各个CPU厂商综合评判之后的决断了。

如果各级缓存之间是Exclusive模式，LLC中有的，L1和L2中一定没有，所以只能将追踪bitmap存储到L1、L2和LLC缓存的每个缓存行中，命中在哪一级缓存，就将对应行的bitmap读出并判断该向哪个节点发送消息。可以看到，这个过程相比Inclusive模式要快，因为Inclusive模式下每次都要从LLC读出bitmap，访问LLC的速度相比L1、L2缓存来讲是比较慢的。但是，其劣势是当CA接收到其他核心CA发来的WrtIvld等消息时，不得不去再次查询L1和L2缓存以决定是否命中，也就是说Exclusive模式下追踪bitmap只能起到源过滤（而且是比Inclusive模式更快速的源过滤）作用，无法起到目的端过滤的效果。

图6-164为AMD某代CPU缓存中的元数据示意图，其采用了Exclusive模式。每一条元数据记录占用4字节，其中包含了Tag、State（MESIF）以及bitmap向量（图中的Owner字段）。

在缓存一致性研究领域，人们把这种用于描述哪个缓存行在哪个核心的缓存中可能存在的数据结构称为目录（directory）。上述的追踪bitmap本质上也是一种目录方式，只不过非常简单。

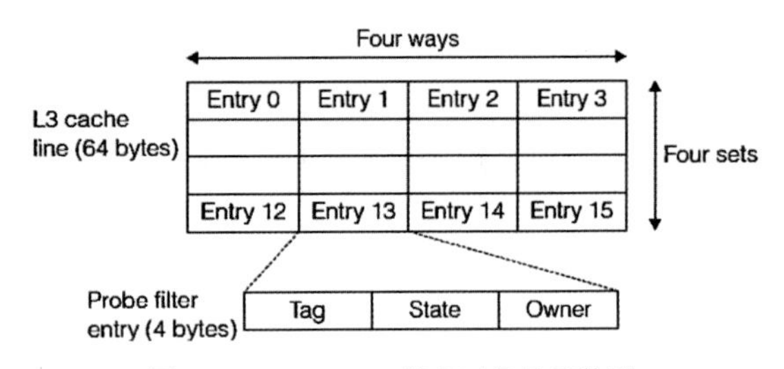

图6-164　Exclusive模式下目录元数据

6.9.10.2　Ring网络的三种嗅探方式

图6-165为一个环路的基本构造的示意图。左侧所示为一个承载4核心的Ring网络，可以看到它其实有多个独立的Ring组成，分别承载不同的流量，这样做是为了增加并行度，提升性能。

中间所示为16个核心组成的环，右侧为每个节点内部框架的示意图。基本部件是FIFO寄存器、环路接口控制器，接口控制器根据地址译码，如果收到的消息不是给自己的，那么下一个时钟周期就将消息转发出去，这会使消息产生一个时钟周期的时延。如果是广播以及组播消息且自己不是最后一跳，则节点在收入消息处理的同时转发给下一跳。环路接口控制器和FIFO队列的详细示意图可见图6-48。

与共享总线一样，环路也有多种优化效率的设计。如图6-166所示，Lazy模式就是在消息被一个节点收到之后，内部探寻，如果没有命中，则继续向前

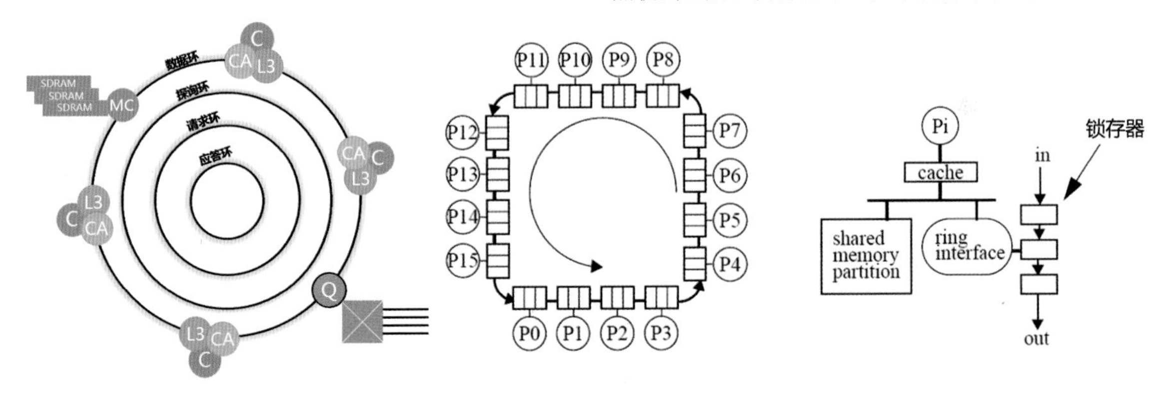

图6-165　环路的基本构造

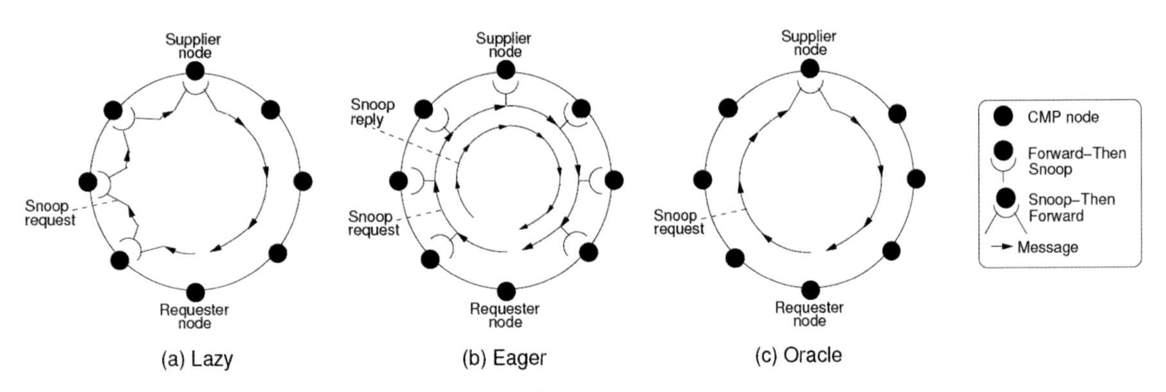

图6-166　三种环路的探询方式示意图

转发；Eager模式则是节点在收到消息之后就立即转发出去，同时后台做异步查询，直到环路上所有节点都收到且转发一次之后回到请求节点，这种方式浪费了链路带宽，却能够提升探询速度，与广播无异。这两种方式都是没有过滤目录的，也就是说每个探询消息必须所有人都轮一圈，免不了，除非某个节点判断出最新数据就在我这，没必要往下转发了（比如Lazy模式）。第三种方法称为“Oracle”（先知），之所以先知，当然是因为每个节点都实现了精确的过滤目录，可以点对点推送消息。

6.9.10.3 增设远程目录过滤片外广播

上文中介绍了单CPU芯片内部在Inclusive的LLC缓存行或者Exclusive的所有缓存行中存放过滤bitmap目录，以实现片内广播过滤。该bitmap又被称为目录，由于其只能追踪本CPU片内的缓存状况，所以暂且称之为**本地目录**。同时也提到了，由于不知道其他CPU中是否缓存了该行，所以一些作废消息不得不向片外所有核心广播。如果能够存在某种专门用于追踪其他CPU片内可能缓存有哪些行的bitmap的话，这个bitmap就可暂且称之为**远程目录**，那样就可以避免广播而使用单播，节省网络流量，提升性能。下面我们用一些流程图来帮助大家梳理清楚本地目录和远程目录在访存操作时的过滤作用全景。本系统采用Inclusive模式的缓存设计，直接在LLC缓存行中存储本地目录bitmap。

图6-167为一个在没有远程过滤目录情况下的CC案例示意图。C_0核心发出一个Stor请求，C_0的CA通过查询本地目录成功地发现C_2核心的私有缓存中不会命中，那就不需要向其发送WrtIvld消息了。但是C_0的CA无法判断右侧的CPU内都有哪些缓存行，所以发送了个目标地址为广播地址的WrtIvld消息到QPI控制器。右侧CPU的QPI控制器收到该广播，便会生成四条独立的消息分别发给它的4个核心，后者各自查询本地目录（假设该访存访问的地址会被分配到C_7核心的L3缓存分片）以判断自己的私有缓存里是否有该行。

如图6-168所示，C_4和C_6通过读取本地目录bitmap后发现自己对应的位为1，表明自己的私有缓存内命中该行，于是去将对应行作废处理，然后返回IvldRspF消息；C_5和C_7通过bitmap发现自己核心里并没有缓存该地址，所以直接返回IvldRspN消息。同时，C_0还从其他CPU收到了C_8核心返回的IvldRspF消息。然后，右侧CPU的本地过滤目录需要被更新，因为对应的行已经被作废，不存在于该CPU内了。那么，该由哪个CA来更新目录呢？这是个问题，如果像图示中这样由这两个CA都去更新一遍，那会做无用功，降低性能，而且还会带来潜在的一致性问题。这个问题下文中再来解释。

可见，上述过程发送了太多广播，我们强烈需要源过滤机制。为了实现远程过滤目录，首先思考一下，本地CPU如何知道远程CPU到底缓存了哪些行了呢？一开始，所有CPU的缓存都是空的，一旦任意一个CPU发生Load操作，那么必然会发出RdPrb消息。由于发送RdPrb消息的CPU的本地目录是空的，其必定将该消息广播到全网，那么本地CPU就可以收到该广播，很自然地就知道了“哪个CPU读取了这一行并缓存了”。如果是Stor指令，一旦未命中缓存，也会发起RdIvldPrb消息广播到全网，这样，其他CPU也就知道“这个CPU缓存了这行”。只要经过足够长的时

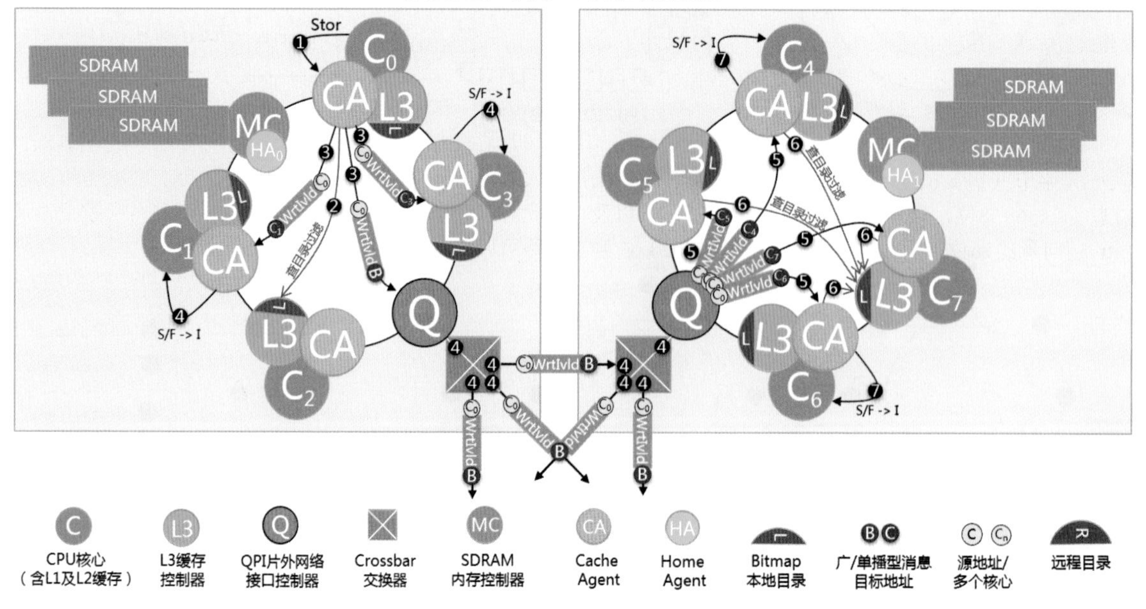

图6-167 没有远程过滤目录时的CC示意图（1）

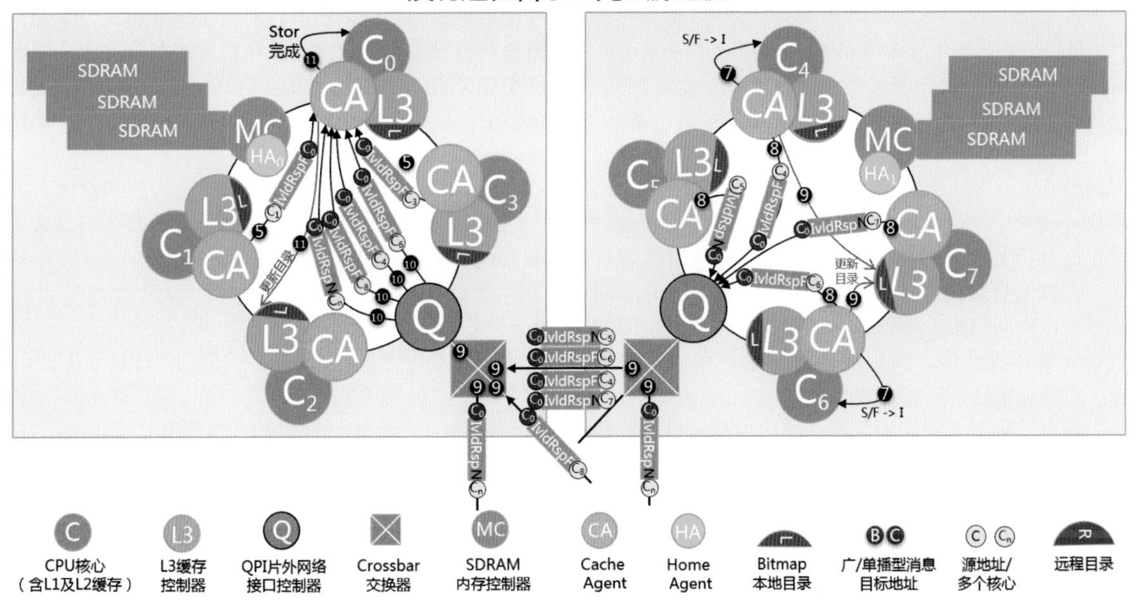

图6-168 没有远程过滤目录时的CC示意图（2）

间，就可以积累足够多的追踪记录，从而逐渐实现过滤的目的。这个过程，称之为目录的**预热**过程。

那么，这个远程追踪目录需要存储什么信息呢？一个bitmap向量是必须的，bitmap中位的数量就是系统中所有远程核心的数量（本地核心就不需要在远程目录里追踪了，有本地LLC目录）。另外，由于追踪的是远程CPU内部可能缓存的行，对应的行可能在本地并没有缓存在LLC中，所以欲将bitmap存在本地LLC对应行中就不可能了。必须单独开辟一块高速存储器空间，存储对应行的地址、对应行的bitmap向量。如果要更加精细的记录，比如不仅仅要记录对应行是否存在于某个核心缓存里，还想知道对应行目前的MESIF状态，那就还必须记录一个状态字段，比如，只要收到对方的WrtIvld消息，那么本地就可以判断对方缓存中的该行一定处于M态了。

缓存行地址需要几十位，比如64位地址，缓存行大小64字节（需要6位来编址），那么缓存行地址长度就为64-6=58位，再加上3位的MESIF状态位，以及bitmap向量的16位（假设系统为4个4核心CPU），则这一条追踪记录就得至少78位大小。如果要追踪所有的缓存行，也就是2^{58}条记录，再乘以78位，其容量将会非常大。所以，该追踪目录势必要做出类似缓存和RAM之间无法全包含时一样的处理，比如直接相连方式，能省掉一些地址位，这样多条追踪记录会相互挤占同一个位置，还需要再次比对缓存行的物理地址Tag才能判断是否该记录有效，如果发现不匹配，则认为未过滤成功，对应的广播必须发出。

图6-169为一条记录项的示意图。思考一下，某个变量并不是任何时候都会被系统中所有核心缓存的。假设系统共有4个核心，那么，某个变量被缓存的场景共可分为：只被1个核心缓存（共4种组合）、被2个核心缓存（共6种情况）、被3个核心缓存（共4种情况）、被全部4个核心缓存（共1种情况），总共15种状态。系统运行的时候，根据不同程序场景而定，在这15种情况中，出现比例最大的可能只有少数几种，我们假设为8种，分别为：被核心1缓存、被核心2缓存、被核心3缓存、被核心4缓存、被核心2/4缓存、被核心1/3缓存、被核心1/2/3缓存、被核心2/3/4缓存。那么，我们只需要存储3位就可以描述这8种状态。每次CA根据接收到的CC消息需要更新该条目时，电路先将当前存储的3位根据上述8种规定译码展开之后输入到一个4位逻辑电路，然后再把本次需要修改的位合入到这4位中，再通过收缩译码器将这4位译码成上述8种情况中的一种。如果本次修改的位恰好没有匹配上述8种场景中的任何一种，比如本次合入之后结果是“被核心3/4缓存”，我们称之为**溢出**。此时，译码器被设计为输出一个溢出信号，然后，电路可以决定，是将该条目直接作废（因为它已经无法反映真实情况了），还是动态在线地变更译码策略。后者这种做法更加智能，但是其需要该译码器是可配置的，可以根据寄存器中的控制字决定如何译码。比如在上述情况中，可以通过变更控制器寄存器内的控制位，让译码器改为可以将“被核心3/4缓存”（对应4位展开bitmap值0011）翻译成比如“010”，从而替代上述规定中的一种。下次如果又变化了，那就再替代一种。

Tag	Status	b	b	b	b	b	b	b	b	b	b	b	b	b	b	b	b

图6-169 目录记录项的示意图

提示

这个过程就像可配置的软件一样，比如Word软件默认Ctrl+=键是将某个字作为下标，这是默认的译码方式，但是你也可以改成其他按键组合来当作下标的热键，当然你也可以让Ctrl+=组合做其他动作。

这种用更少的位存储更加有限的信息的追踪目录，被称为**有限指针目录**，其相对全展开的bitmap向量而言，会漏记录一些信息，但是换来了存储空间的节省。具体设计中，可以灵活选择最常用的那些组合，实践证明还是比较有效的。

还有一种节省空间的方式，被称为**稀疏目录**。其用一个全bitmap向量条目同时表示多个缓存行的追踪记录，比如某个缓存行的bitmap为0011，另一个缓存行的bitmap为1000，那么这个条目里存储的是1011，也就是0011 OR 1000，两个bitmap做OR运算。这样会产生误判，也就是实际上是不命中的，但是根据记录显示却是命中的，这不会影响正确性，因为对于CC来讲，误判为命中的，则会发送CC消息到对方，对方真的去查询自己L1/L2缓存时就会发现其实是不命中的。当核心数量较少时以及用同一行表示太多的缓存行时，稀疏目录方式有较大的误判率，比如bitmap可能时刻都是1111，根本无法过滤任何广播。

那么，这个远程追踪目录放在哪里合适呢？在早期的一些CPU设计中，该目录被保存在RAM的某固定区域中，也就是查目录之前要先访问RAM把目录读出来，速度会比较慢。为了提速这个过程，那时候还专门设置了一个目录缓存（Directory Cache），其作用与dCache/iCache以及TLB Cache是一样的。但是在后来的CPU中，由于LLC缓存越来越大，于是干脆直接将目录整体存储到某个LLC缓存分片中，或者每个LLC分片各存一部分。下文中的设计是针对每个CPU，只在其一个LLC分片内开辟一块空间存追踪目录。

图6-170为AMD旗下某代CPU架构的示意图。其在6MB的LLC中开辟了1MB作为目录，每条目录项大小为4字节，则可容纳256K条目录项。

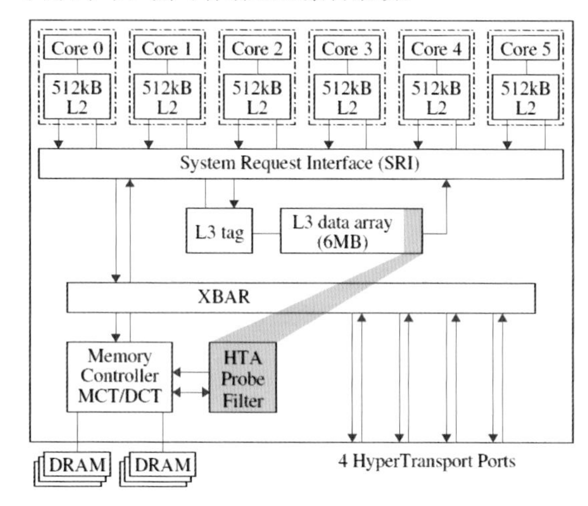

图6-170　在LLC中存储全局过滤目录

如图6-171所示的设计，在每个CPU的一个L3缓存分片内开辟一块空间，专门用于存储远程目录。一开始所有缓存、目录都是空的。C_4发起Load操作，C_4的CA首先查询本地目录，结果不命中，证明本地CPU并没有缓存该行，那么它需要问一下远程CPU有没有，所以它再查询远程目录。当然，可以

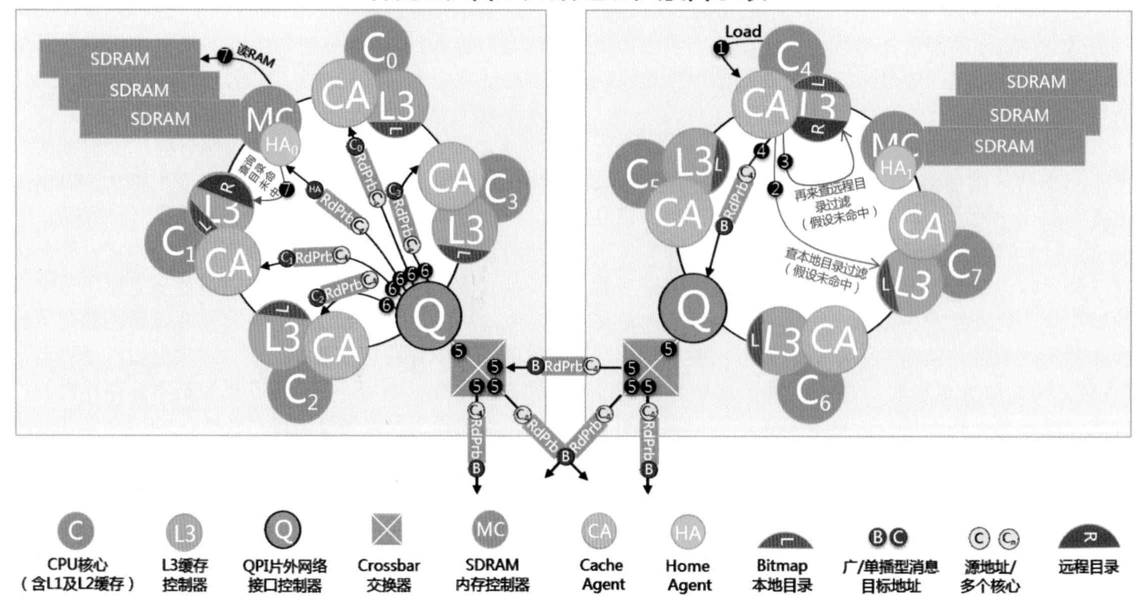

图6-171　远程过滤目录的预热过程（1）

做一些优化设计，比如并行查询本地和远程目录，本地如果命中，则忽略远程目录的查询结果。本例中，本地目录没有命中，则其无须向本CPU内的核心发送RdPrb消息；同时，由于远程目录也没有命中，所以其必须发出目标地址为广播地址的RdPrb消息给外部网络。

这里需要注意的一点是，该访存请求的地址落入了哪个MC后面的RAM，则对应的RdPrb消息也必须发送给对应MC前端的HA，该HA即刻做三件事：从后端RAM读出该行数据、查询远程目录看看远程CPU是否已经缓存过该行、查询本地目录看看本地CPU是否缓存了该行，如果本地和远程都没有缓存该行，那么HA必须负责返回刚才从RAM中读出的数据。

如图6-172所示，收到RdPrb广播的HA和核心都要查询本地目录，HA还需要查询远程目录。假设本例中全都没有命中，则左侧CPU的四个核心以及其他CPU的各个核心也各自返回RdRspNdC消息，HA_0返回RdRspDH消息携带了数据。然后，左侧CPU的远程目录必须被更新，以便记录“该缓存行已被C_4缓存了”，那么，该由谁去更新目录呢？看上去HA和CA都知道“该缓存行已被C_4缓存了”这件事，它们都可以去更新。类似问题上文中已经遇到过，我们下文再来解释。C_4的CA收到数据以及一堆其他核心发来的RdRspNdC消息，将数据反馈给核心Load/Stor单元，并将C_4内的私有缓存状态改为E态，同时更新本地目录以记录该行目前在C_4缓存。

下面我们看一下远程目录究竟是怎么在源头过滤广播的。如图6-173所示，C_0发起Stor请求，C_0的CA同时向本地目录和远程目录发起查询，本地目录显示C_1中缓存了该行，远程目录中显示$C_{4/6/8}$缓存了该行，于是CA封装出对应目标地址的WrtIvld消息分别发送给这些核心。收到作废消息的核心各自分头去查询本地目录看看自己有没有缓存该行，如果有，则作废之并发出IvldRspF消息；如果没有则直接发出IvldRspN消息。这里有个疑问，既然左侧CPU的远程目录显示$C_{4/6/8}$缓存了该行，$C_{4/6/8}$收到了WrtIvld消息为什么还得查一遍它们各自的本地目录呢？因为远程目录中的结果可能是错误的，也就是远程目录说命中，不一定真命中（比如远程CPU将数据读入之后，又默默地换出了，这个过程是不会通知其他CPU的），本例中C_4其实并没有缓存该行，但是左侧CPU的远程目录却认为其缓存了该行。远程目录说不命中，必须一定是真的不命中，下文中会看到，当前的设计是无法保证后者的，所以需要变更设计。

如图6-174所示，C_6发出IvldRspF之后更新本地目录以清掉自己缓存中该行的记录。C_0的CA根据接收到的结果，在收集了对应核心的所有回应之后，向核心通告Stor完成，核心在将对应数据写入缓存之后删掉Stor Queue中的记录。此时C_0的CA需要更新本地目录以体现该行由S/F到M的状态变化，同时更新远程目录以体现其他核心中的该行都被作废了。

6.9.10.4　利用HA代理片内CC事务

上文中，初步梳理了一下本地目录和远程目录在滤除不必要流量时所发挥的作用。但是上述设计存在一个致命逻辑问题，同时性能也不够优化。

【问题1：逻辑错误】假设某个CPU拥有处于S

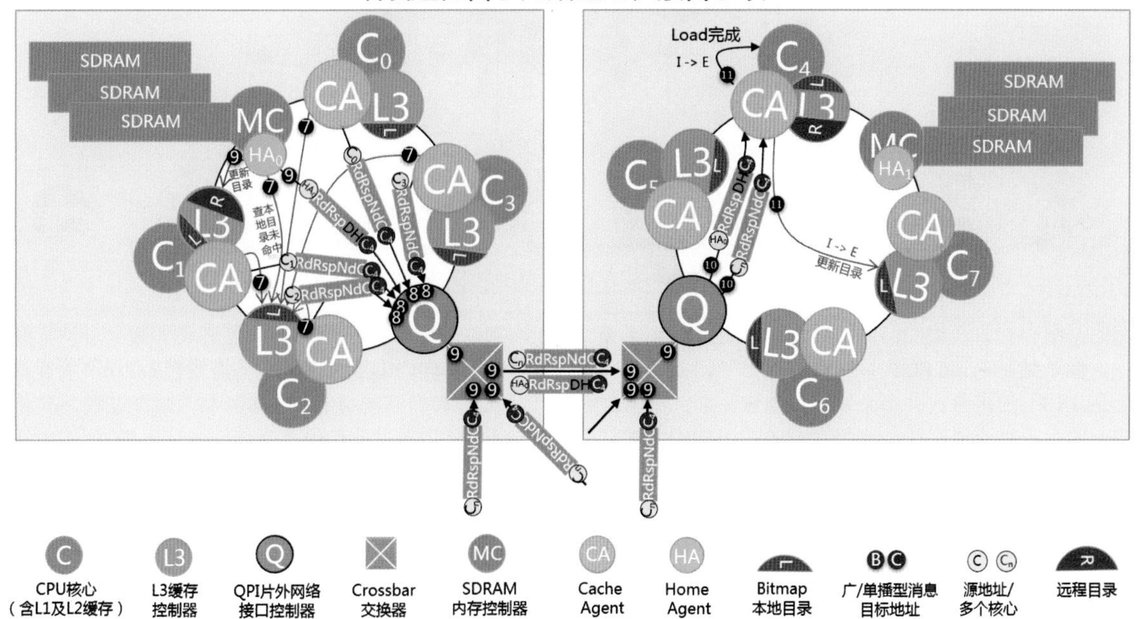

图6-172　远程过滤目录的预热过程（2）

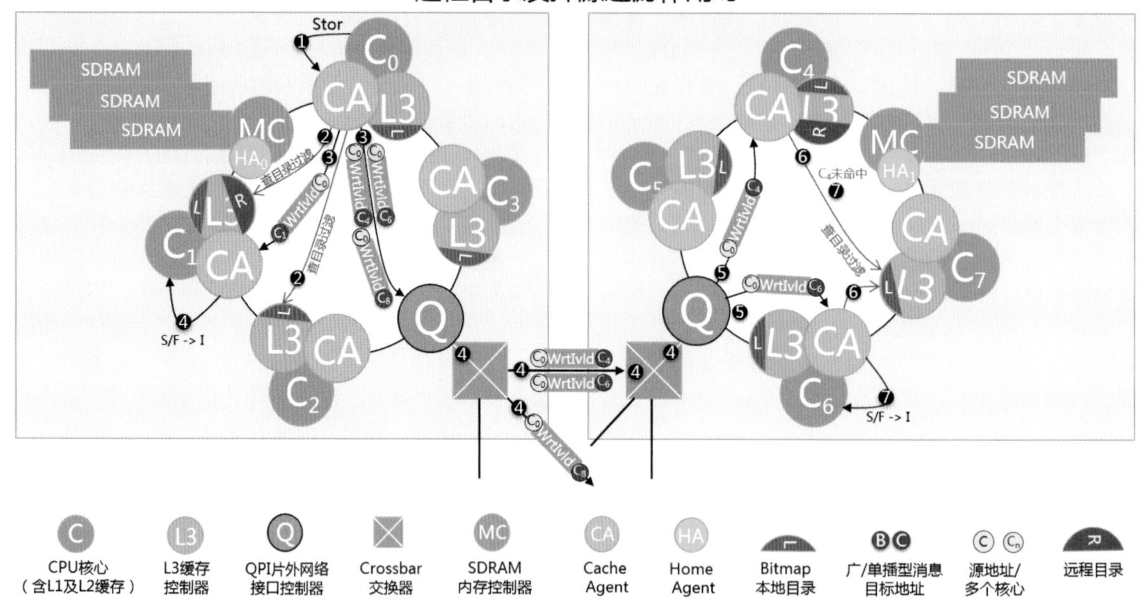

图6-173　远程过滤目录发挥作用时的流程（1）

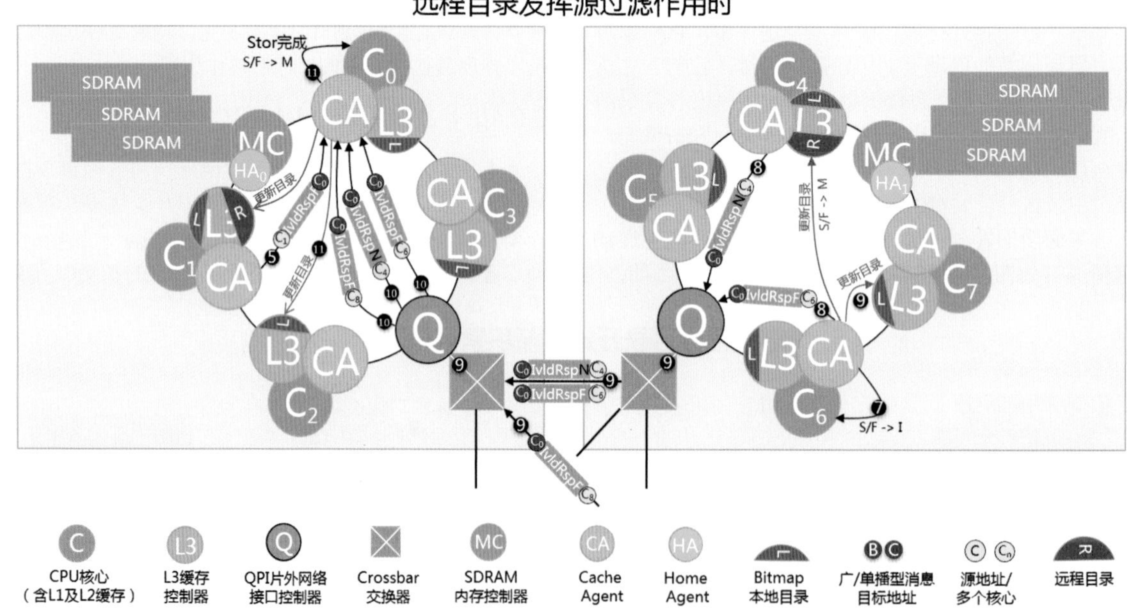

图6-174　远程过滤目录发挥作用时的流程（2）

态的某缓存行，其他CPU的远程目录中也追踪到了该行。但是某时刻该CPU将该缓存行换出了，此事件完全是本CPU的内务，并不会发广播通告，而此时其他CPU的远程目录依然认为该缓存行还在该CPU中被持有。这并不会产生逻辑问题，当作废通知发到该CPU时，该CPU会查询本地目录再过滤一遍，就算不查询本地目录，直接查询L1/L2私有缓存，最终会发现缓存中并没有该行，返回IvldRspN消息，充其量也就是影响了性能，并不会产生逻辑问题。但是下面的情况就不同了。假设某行在CPU 2中的某核心缓存中处于M态，CPU 1的远程目录中也记录了这一点。某时刻，CPU 1向CPU 2的该核心单播发起RdPrb请求读该行，然后它们共同持有该S态副本。这个过程，其他CPU是不知道的，它们误认为该行依然只在CPU 2中持有唯一的一份且为M态，这样，一旦其他某个CPU发起写该行的操作，那么CPU 1就不会收到WrtIvld或者RdIvldPrb操作，导致CPU 1上该行未作废，产生逻辑错误。也就是说，上述设计并不能保证“远程目录说不命中就一定不命中”，只能做到“远程目录说命中但是实际可能不命中”。很显然，并不是所有事件都通告给所有人，导致沟通不同步，就会产生该问题。

【问题2：浪费资源】另外，上述设计比较浪费资源的一点是，一旦源头过滤未命中，必须发送给广播消息，那么这个消息会跨越片外网络被所有的CA收到，这个过程的延迟相比片内网络要高，代价较高。收到之后，所有CA都去查询同一份本地目录以判断是否命中在自己的私有缓存。其实，大家看的都是同一条记录，为什么不能只看一次，然后把结果告诉对应的CA呢，只告诉那些命中的CA让它们查询缓存并做出作废等动作即可，对于那些不命中的CA，根本就不需要收到该广播。也就是说，是否可以将广播先发给一个CPU片内的代理/助理角色，让这个代理查目录，然后将广播消息发给命中的CA？同时，如果需要对目录做更改，也由这个代理来完成，这样就不需要每次收到广播都触发所有CA乱哄哄地齐上阵了。

上述设计中我们忽略了一个角色，HA（源代理），也就是MC前端的CA。显然，对于问题2，HA担任这个代理的角色最适合不过的。对于问题1，如果所有的请求消息全都先发送给HA，由HA代理执行，那么HA就会通晓整个系统全局事件，从而做到向对应的CA通知对应的消息。在QPI控制器上做设置，凡是收到入方向上的广播流量，全部发给HA，由HA先查一遍目录过滤，滤不掉的，发送给对应CA处理；对应CA不需要再去查bitmap，而是相信HA的判断，直接去搜自己的L1、L2缓存，返回结果后，回应消息发给HA；HA再将L3中的局部目录bitmap做对应变更，同时对全局目录也进行变更，同时将回应消息传送给请求方。

更进一步思考，如果在每个CPU上都保存一份独立的远程目录，比如CPU 1上保存有某缓存行的bitmap向量，而CPU 2/3/4上也存有一份一模一样的，这意味着，在一个4核心CPU的系统中，CPU 1上的目录存有CPU 2/3/4中缓存的记录，CPU 2上的目录存有CPU 1/3/4上缓存的记录，有四分之三是重复的。很显然，更好的办法则是CPU 1上只保存CPU 1的MC挂接的RAM所承载的地址空间的缓存行记录，其他CPU也一样。这样的话，任何一个RdPrb请求，不需要广播，而直接发给承载对应地址的那个HA，因为对应的远程目录也归该HA来管理和查询。这样的话，也不需要本地目录了，只有独立的全局目录，交给各CPU上各自的HA来管理。

下面我们将设计变更一下以满足上面这几个思路。如图6-175所示，初始时所有缓存和目录为空。C_0发起Load操作未命中LLC（这一步图中未标出），CA_0根据访存地址判断该地址落入和HA_0的范围内，遂向HA_0发起RdPrb请求。HA_0发起对RAM的读取操作，同时，并行地查询全局目录结果未命中，证明系统内无人缓存该数据，遂将从RAM读出的数据用RdRspDH消息返回给CA_0，并更新全局目录记录该行已被缓存在了C_0中，状态为E。CA_0将数据返回给核心的Load/Stor单元，同时将C_0内部私有缓存的该行状态改为E，这样核心后续就可以针对它自由访问，无须CA接入。如果为Inclusive模式，CA还需要将该行数据一并写入对应的LLC分片（并不一定是本地LLC分片，视地址而定）。

基于上面的状态，如图6-176所示。某时刻，C_4发起了针对该行的Load操作也未命中LLC，于是CA_4根据访存地址判断该地址落入了HA_0的管辖范围，于是向HA_0发起RdPrb消息。HA_0收到该消息，查询全局目录（为了优化，HA可能也会命令MC从后端读RAM，以防万一目录不命中，视具体设计而定），结果命

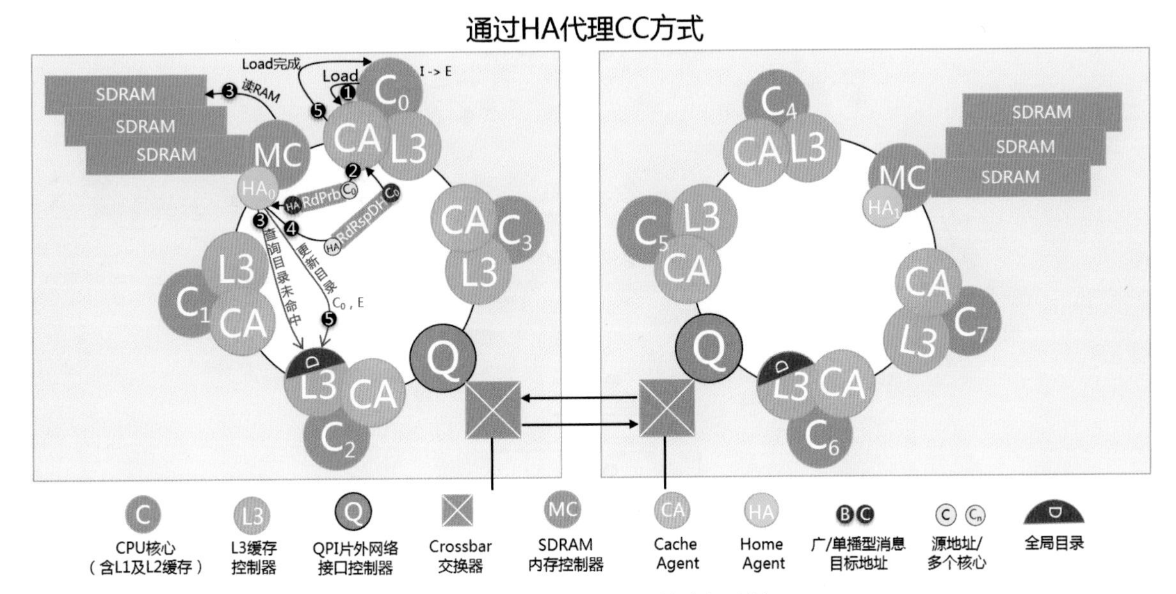

图6-175 利用HA全局代理CC的流程示例（1）

中，显示C_0拥有该行且为E态，遂向CA_0发起RdPrb请求，在请求中明确给出“是C_4找你要的”。所以该请求中会有两个源地址，第一个源地址HA_0是给片内访存网络路由用的，第二个内层的源地址C_4是给CA_0看的，让它知道是C_4要数据。同时，HA_0更新全局目录。CA_0收到该消息，读出数据，用内层嵌入HA_0源地址的RdRspDC消息返回给C_4，C_4收到消息会同时得知：HA_0已经成功代理该笔CC请求，数据是从C_0过来的，那我就放心了（并不是C_0无端给我发了个消息）。CA_4将数据发给核心Load/Stor单元，同时将缓存中的该行状态改为F，因为它知道自己是最后一个拿到该数据的，而且C_0也持有一份。

接着上一步的状态，如图6-177所示。C_7针对该缓存行发起了Stor操作，未命中LLC，则CA_7直接向HA_0发出RdIvldPrb消息，尝试从其他核心获取最新数据顺便让对方作废。HA_0收到该消息，查询目录发现C_0拥有S态的该行、C_4拥有F态的该行，于是向C_0发起WrtIvld请求（不需要C_0提供数据，直接作废即可），同时向C_4发出内层嵌有C_7源地址的RdIvldPrb消息（需要C_4先提供数据给C_7，再作废）。CA_4收到该消息，得知三个信息：HA代理了该轮CC请求、C_7要该数据、顺便作废。CA_4读出数据准备发送给C_7，然后作废，未完待续。

紧接上一步的状态，如图6-178所示。CA_4将读出的数据用内层嵌有HA_0源地址的RdRspDC消息返回给C_7，C_7知道了两件事：HA_0代理了本轮CC流程（所

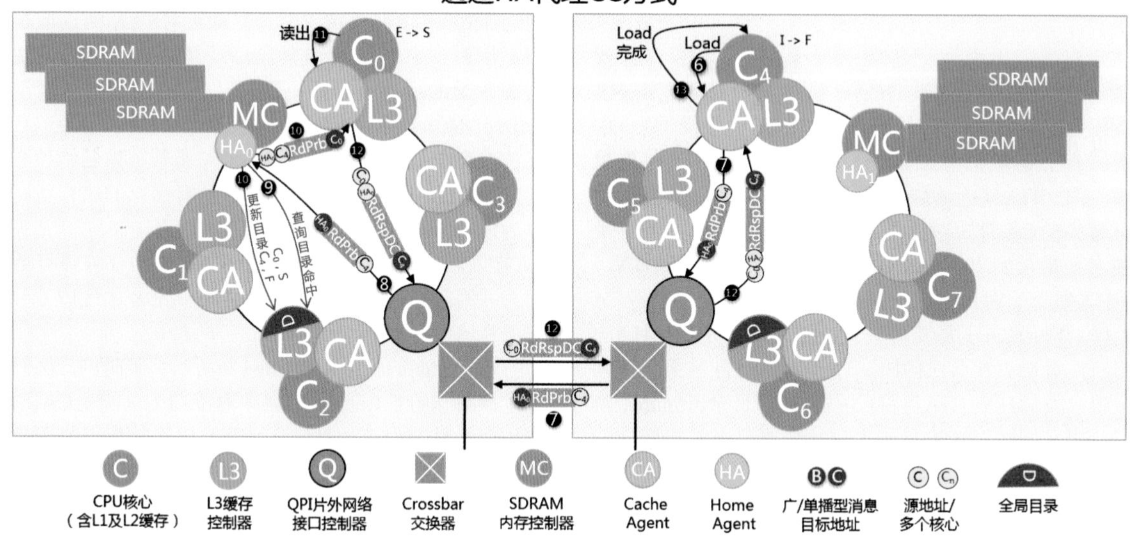

图6-176 利用HA全局代理CC的流程示例（2）

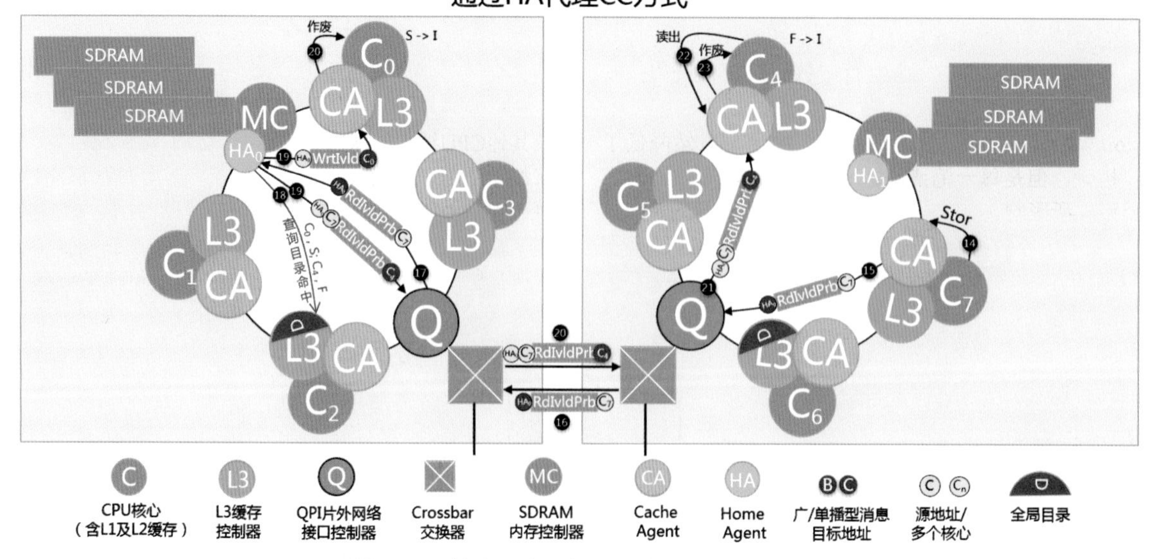

图6-177 利用HA全局代理CC的流程示例（3）

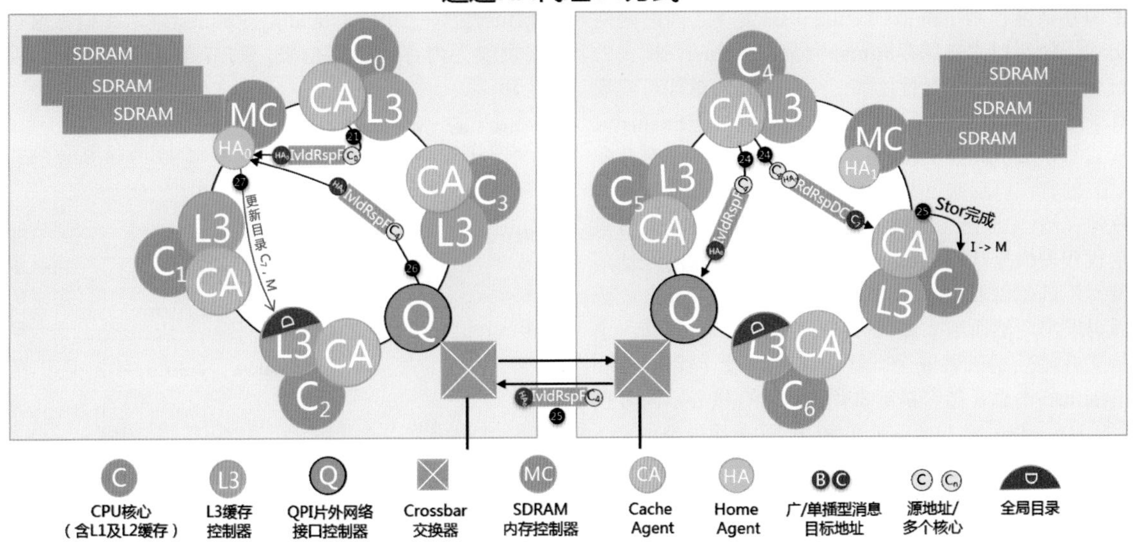

图6-178 利用HA全局代理CC的流程示例（4）

以可以确保其他持有者已经作废）、自己拿到了最新的数据而且是从C_4发过来的。CA_7拿到数据写入缓存，并将状态设置为M态。这还没完，CA_4和CA_0必须向HA_0返回IvldRspF消息。HA_0收到之后，更新全局目录。

6.9.10.5 小结

至此介绍了在Inclusive模式下将本地bitmap向量嵌入到LLC每一行中的记录作为本地目录，同时辅以每个CPU独立记录的远程目录；又介绍了统一的全局目录，每个HA只保存自己所承载的地址空间的缓存行目录，每个核心的访问均要去HA探询（根据访存地址确定其落入的HA），由HA统一代理执行CC操作。实际的商用CPU产品中所使用的CC方式不一而同。有些CPU同时支持上述两种方式，比如Intel的Xeon系列CPU支持**Home Probe**（转发给HA统一探询）与**Source Probe**（亲自直接探询）两种模式。对于核心数量较少的情况，如果每次访存请求都发给Home节点，后者过滤之后再转发的话，虽然降低了广播量，但是每一笔请求都要增加一跳，对性能其实反而有所影响。

Intel在8路CPU以下的系统中的推荐做法是直接由请求节点发出广播探询（也就是Source Probe），然后所有节点处理该探询，并返回应答，但是应答并不是返回给请求节点，而是返回给Home节点；与此同时，拥有最新数据副本的节点直接将数据返回给请求节点，该节点也会同步向Home节点应答；最后，Home节点向请求节点发出应答，表示该操作结束。这个过程被称为Source Probe，也就是谁发起请求，谁直接广播Probe。Home Probe方式下必须由Home节点过滤之后再转发Probe，AMD某代CPU使用的就是Home Probe。当节点（核心或者CPU芯片）数量较少的时候，Source Probe效率较高；而核心数量较多时，由于源广播量太大，源直接广播探询就不合适了。Intel的CPU可以配置成使用Source Probe或者Home Probe，通过在BIOS中设定，如果在系统初始化时对CA配置了对应的bitmap向量，而Home Agent的全局目录为空，那么系统就进入Source Probe模式，反之则是Home Probe模式。关于Intel QPI体系下的CC流程详见后文。

现在你就知道了CA和HA被起名为Agent的原因，其做的事情就是代理。多CPU之间俨然已经是一个复杂的网络通信系统了，牵扯到极高的时序复杂度。由于每一条访存指令的执行，都与CC流量呈紧耦合关系，谁做得更优化，谁每秒执行的指令数就多，性能就越好。

基于嗅探的CC和基于目录的CC，是两大CC方案。最早期，节点间使用共享总线连接，每一笔操作的探询和嗅探无代价，此时源和目的不需要目录来记录其他CPU缓存的状态，因为其他CPU做了什么事大家都知道，每次跟着同步就可以了。但是每次都同步也不划算，所以出现了各种嗅探过滤器，比如JETTY之类的，但是这些过滤机制没有形成一个成形的广泛使用的标准，而且都是在目的端过滤，且JETTY等过滤器由于只是非精准过滤，所以不称之为“目录”。后来因为总线扩展性太差，出现了Crossbar、Ring等访存网络拓扑。在这类网络里，嗅探广播的代价是很高的，广播必须被所有节点转发，极大浪费。节点数量较少时，尚可使用广播方式，而节点数量超过8个以后，广播方式就不行了，流量太大，所以没有远端过滤和精确目录过滤的原始嗅探方式彻底被淘汰了，必须使用基于目录追踪的源端过滤的探询过滤器（probe filter）。然而分级的缓存又给CC带来了更大的复杂度，为了降低L1、L2、L3缓存之间的两两交互，使用LLC来保存bitmap向量，Inclusive模式的LLC直接在每个缓存行追加一个bitmap向量即可实现目录过滤，而且每次只查询LLC就可以，但Exclusive模式每次收到Invalidate消息就得查询L1和L2缓存找对应的行。再后来，分布式的LLC和越来越大的网络规模又给CC提出了新挑战，从而不得不让Home节点全权代理CC，每个Home节点维护本地承载的地址范围对应的追踪目录，所有探询交给Home节点来过滤后再发出，然而这么做代价就是绕远路，时延高，于是又开始反过来做取舍。比如，有些设计针对Write Invalidate消息直接广播给本片内的所有核心，同时也发给HA一份，对方再负责其他CPU的作废处理。

在目前广泛使用的基于大规模多级交换/Ring互联场景下，又不少人也在研究如何优化消息传递效率，比如将目录分布到整个网络中的每个交换器/Ring站点中去，动态路由消息，可以降低流到Home节点的流量，这种方案就是下文会介绍的In-Network CC过滤器。而多芯片之间的CC更是雪上加霜，探询流量必须经过片外网络转发到其他芯片继续CC，没完没了。如果网络规模继续扩大，比如几万个CPU互联，所谓High Performance Computing（HPC）场景，此时由于片外网络时延更高，靠硬件保证CC的代价和效果都不行了，所以得靠软件自己去保证了，甚至每个节点不再采用共享内存架构，而采用另外一种数据同步的范式，比如MPI等消息通信方式，将会在第9章中介绍。

6.9.10.6 在网络路径上实施嗅探过滤

传统的基于目录过滤方式下，探询消息先单播发送给Home节点，然后由Home节点过滤后重新单播/广播发起探询。鉴于目前片内NoC网络的使用越来越广泛，比如2D Full Mesh类型的网络，消息需要一跳一跳地传递到对方，于是有一撮计算机科学家就对其动起了心思。他们心想：消息经过这么多路由节点，千辛万苦达到Home节点，只为了过滤一下然后还得再发出来？为何不干脆把所有Home节点的目录，分布式的存储到网络的每个路由节点中？而且动态创建条目、推送/学习/删除条目？然后由节点路由器来决定将流量导向给对应的节点以及应答？的确是的，设计者们利用一切可以利用的地方存取目录条目。该设计的本质就是把原本由HA代理的CC，转给由网络路由器来代理，由于网络路由器的数量相比HA的数量更多，不同CC流量就可以更加均衡地被处理。

如图6-179所示，这是一个在2D Full Mesh网络中的4向路由器/交换机的结构。普通的路由器只做地址译码路由，但是在这个路由器结构中，除了节点地址表之外，还增加了一个新的路由表，就是图中的“Tree Cache”，其中的每个条目包含一个内存地址，NSEW（北南东西）四个位，2个Root位，一个Busy位，一个Outstanding Request位，我们称这个路由表为内存地址路由表，与节点地址路由表加以区分。

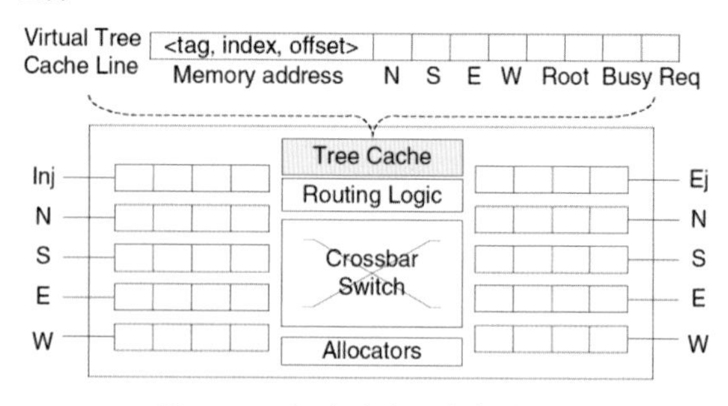

图6-179　在4向路由器中存储目录

如图6-180所示。每当路由器收到一条针对某内存地址的消息，如果该地址未在内存地址路由表中命中的话，则生成一条记录，录入该内存地址。然后根据消息的节点地址将消息从对应的NSEW端口之一发送到目的节点。假设该笔请求是一个读请求，发起节点为R1，目标是该内存地址的Home节点H。Home节点收到消息之后，假设其他节点内均无该内存地址的最新副本，则Home节点返回数据给该节点。在Home节点到请求节点之间存在一条由多个路由器组成的数据路径，设计者称之为“Virtual Tree”，这条路径上的所有节点均参与了该笔数据的转发，在转发的过程中，每个参与转发的路由器均在其内存地址路由表中生成一条记录，记录该内存地址的最新数据副本目前正存储在R_1节点，R_1节点从哪个方向端口才能到达，则就在该条目中东西南北四个位中将对应端口位置1。R_1直连的节点就像是这个Virtual Tree的根，所以与R_1直连的那个节点路由器的该内存地址的路由条目中的Root位需要表示该Root节点连接在该路由器的哪个方向端口（一共4个方向，所以需要2位来表示）。

后续如果这条Virtual Tree上的任意路由器接收到其他节点，比如R_2，针对该地址发送的读请求，则无须按照R_2给出的目标节点地址（H节点）路由到H，而是首先查询内存地址路由表，直接路由消息到R_1，R_1直接返回数据给R_2，同时做一步很关键的动作，即将R_2所在的方向对应的位置1。此时该内存地址条目中有两个端口被置1，所有该Virtual Tree的路过路由器都针对自己到R_1和R_2方向的端口置1。

随后，另外一个节点W_1发起针对该地址的写操作，需要先作废现存的所有缓存副本，该消息同样先转发到H节点，如果恰好W_1发出的消息被当前针对该地址的Virtual Tree中的某个路由器收到（Full Mesh网络路由规则根据设计不同而不同，多数是横平竖直转发，所以某个消息到底走哪条路，碰到哪个节点路由器，完全取决于发送节点和目标节点的位置，不确定），则该路由器由于预先知道当前R_1和R_2包含该地址最新副本，所以主动向R_1和R_2转发该作废请求，

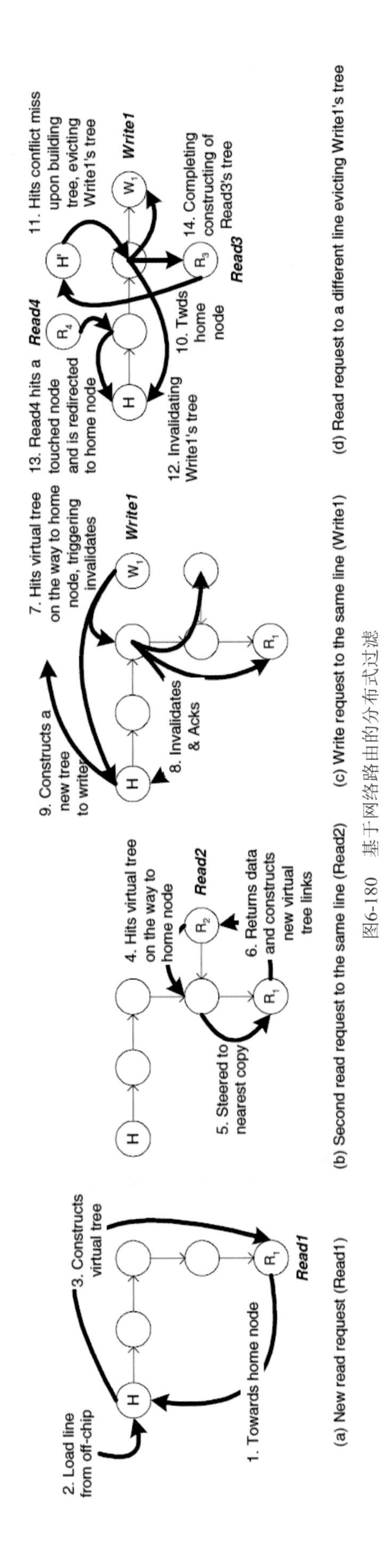

2. Load line from off-chip
3. Constructs virtual tree
1. Towards home node
Read1
4. Hits virtual tree on the way to home node
Read2
5. Steered to nearest copy
6. Returns data and constructs new virtual tree links
7. Hits virtual tree on the way to home node, triggering invalidates
Write1
9. Constructs a new tree to writer
8. Invalidates & Acks
13. Read4 hits a touched node and is redirected to home node
Read4
11. Hits conflict miss upon building tree, evicting Write1's tree
Write1
14. Completing constructing of Read3's tree
Read3
10. Twds home node
12. Invalidating Write1's tree

(a) New read request (Read1)　(b) Second read request to the same line (Read2)　(c) Write request to the same line (Write1)　(d) Read request to a different line evicting Write1's tree

图6-180　基于网络路由的分布式过滤

同时需要作废R_1和R_2节点的转发路径Tree。因为W_1节点此时知道R_1和R_2已经作废了，后续针对该地址的访问与R_1/R_2无关，所以这条Virtual Tree需要将从W_1到R_1/R_2节点之间的这条路径坍塌掉，新的Root变为W_1节点，因为此时W_1节点持有该地址最新副本。R_1/R_2节点收到作废及坍塌消息之后，发出应答，应答消息沿着尚未被作废的路径向H节点源头传递，路径上收到坍塌应答消息的节点便将该地址路由表中对应的收到坍塌消息的端口从东西南北biemap向量中删除，如果某个节点存在分支而分支下游的所有节点都需要被坍塌的话，那么该节点必须等待分支下游节点各自返回应答，从而将各自的位置0，如果东西南北四个位都为0，该条目整体可以被从路由表中删除。虽然W_1到H之间的路径看上去不需要坍塌，但是机器是无法预见的，所以还是需要先坍塌掉。H节点收到其下游针对该Virtual Tree的节点都已坍塌之后，会发出针对该笔写请求的应答，比如返回数据，则该消息又会在其经过的路径上重新建立起一个新Virtual Tree。经过这种机制处理之后，如图中第四幅所示，整条Virtual Tree从之前的4个节点坍塌掉又重新生成之后，变为3个节点，Root为W_1节点。

当W_1节点路由器中的内存地址路由表已满之后，如果再有新内存的地址访问经过该点被路由，则必须弹出一条现有路由，从而为当前请求创立新的路由。比如图中的第四幅所示，R_3节点发起一条针对其他地址的读访问，该地址的Home节点为H'，其路径与W_1到H的路径经过同一个节点，而该节点路由表已满，则该节点主动发起Tree坍塌过程，将整条Virtual Tree坍塌。W_1节点收到坍塌消息后会将脏数据写回到RAM，然后应答，最终以W_1为Root的Virtual Tree被收回，然后H'返回R_3请求的数据，同时从R_3到H'的Virtual Tree则被生成。在讲述CPU内部缓存行替换优化设计时，曾经提到过无辜者缓存（Victim Cache）的概念，也提到过只要设置哪怕几条容量的无辜者缓存就会极大增加性能，由于缓存已满导致的条目弹出同样也有性能问题，所以一样可以考虑使用无辜者缓存来增加系统性能。

In-Network CC过滤器是一种嵌入式路径过滤，其本质上是一种7层交换/路由，而且是自学习自组织的7层路由。这种过滤方式被认为是实现更大规模ccNUMA系统的下一代设计优良方案。的确，流量过滤、转发等，一向都是网络设备的原生角色和强项。

6.9.11　缓存一致性实现实际案例

前文中基本是基于目前最新的互联形式，也就是片外或者片内多级交换网络/Ring来介绍CC的基本流程。本节中基于一些实际的产品，分别介绍一下在独立北桥时代、点对点直连网络时代以及基于外部路由器的更大规模网络时代的多CPU系统的缓存一致性实现机制。

6.9.11.1 Intel Blackford北桥CC实现

Intel Blackford North Bridge（BNB）是Intel 5000 CPU平台（对应Intel 5100/5300酷睿2 CPU）配套的独立北桥芯片。关于北桥的作用在本章前文中已经初步介绍过，可以回顾一下。这里着重介绍北桥在参与CC方面的具体作用和机制。

图6-181为BNB桥的架构示意图。Intel 5000平台最多支持2颗CPU组成SMP系统。虽然定位在桌面级工作站，但是其仍然支持目录过滤，作为可选项，在BIOS中可Enable之。BNB片内针对每个CPU各准备了8MB容量的追踪目录存储空间（图中的每个Interleave分片为8MB），共16MB（两个分片）。为了加速目录查找，每个分片使用了16路组关联的方式与主存映射。每条记录中包含4段内容，一份ECC校验，一份

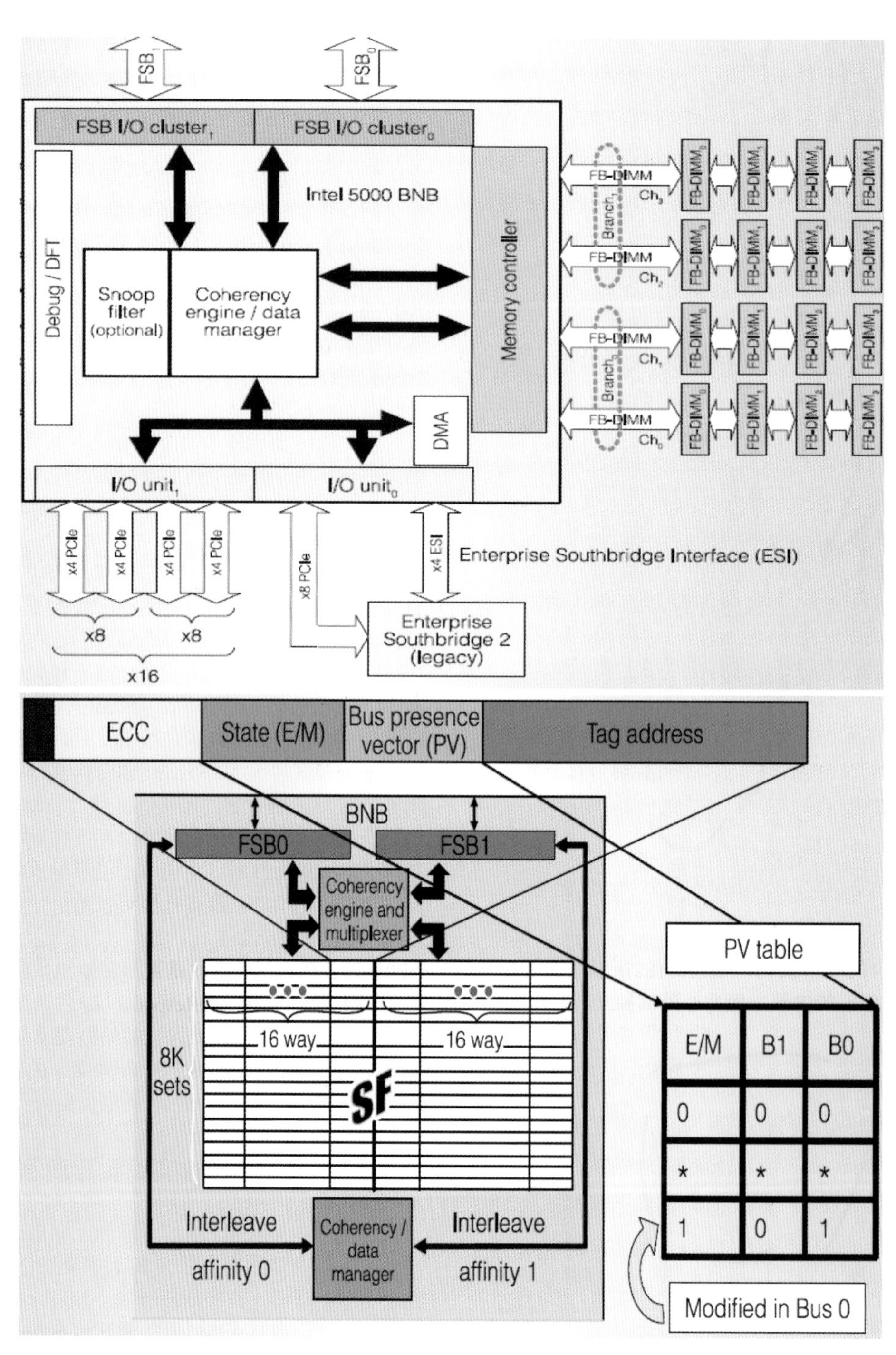

图6-181　Intel Blackford北桥架构示意图

状态位（1位，表示E或M态），一份Presence Vector向量（2位）以及Tag地址段。

每当某个CPU核心读不命中缓存从而被透传到北桥时，Coherency Engine在发送读命令给RAM控制器的同时，通过Snoop Filter模块查找目录看是否命中：如果不命中，说明另一颗CPU缓存内不存在该地址的内容，则直接向发起者核心的LLC控制器返回RAM主存中的数据副本；如果命中了目录中某条目，则根据该条目PV Table中对应的B0（BUS0）和B1（BUS1）位判断该行在哪个BUS后面的CPU里存在副本，而且该副本在该CPU内是否处于E或者M状态。如果在另一颗CPU内存在状态为E/M的副本，则向其发送请求，让其将该行写回RAM主存，同时Coherency Data Manager将该数据发送给请求者，并且Coherency Engine将目录中该条目的E/M状态位清零，并将B0和B1位都改为1，此时便表示该行状态为S态（这样就不用把Status字段改为3位了，节省了1位）。

提示

为了使得读操作尽量少地麻烦北桥，CPU内部的缓存可以保存对应MESI状态位，并与目录中的状态保持一致。对于那些不在CPU内部缓存存储状态位的设计，每一笔操作都需要访问目录，这样做会引起更高的访问时延。由于目录访问所引发的访问时延被称为间接时延（indirect latency）。

当某个CPU（假设为CPU 0）发出写请求时，如果缓存内该行的状态位不是M态，则该写信号必须被传递到北桥，北桥通过判断目录中对应的状态位来生成后续动作。比如如果该行在CPU 0内为S态，则CPU 0会将该写信号传递给北桥，北桥需要对B1总线后的CPU 1发起作废探询，CPU 1收到探询后将该行状态设置为I，北桥也在目录中将CPU 1中的该行Presence位设置为0。

6.9.11.2 AMD Opteron 800平台CC实现

我们先来回顾一下6.4.2.4节中介绍过的AMD Opteron平台的北桥架构，如图6-182所示。该北桥直接被集成到CPU的内部，而并非外部独立芯片。

AMD Opteron 800芯片在片内多核心之间采用MOESI协议过滤，在片间并没有使用目录过滤，而是采用了全广播方式。所有探询由Home节点发起，所有访存请求CC流程由Home节点代理执行。

图6-183给出了一个读访存请求的例子，该例中P3（Processor3）节点发起读访存请求，所请求的地址位于P0节点处的RAM中，该过程的典型步骤如下。

（1）P3内部某个核心的访存请求在本地缓存未命中之后，其CA会将访存请求发送到SRQ（System Request Queue）处理，SRQ通过查找MAP表得出对应的访存地址位于哪个范围，假设本例中该地址位于P0的RAM中，然后SRQ通过查询Crossbar的路由表，得知发向P0节点的流量要从哪个端口转发（假设本例中到达P0的路由的下一跳是P2），然后通过控制Crossbar电路将该读访存请求（RD）发送到连接P2的HT输出端口。

（2）P2收到该消息之后，通过解析目的地址发现是发给P0的，则通过其路由表查询到P0连接到HT输出端口从而通过该端口将消息转发给P0。

（3）P0的XBAR认领该消息并根据消息类型判断应该转发到XBAR上连接的对应的模块，这里是内存控制器MCT模块。MCT认领该消息之后做了两件事：向DDR-RAM控制器（DCT）发出针对所请求地址的读操作，该请求会进入MCQ然后发送到DCT处理；同时，P0的MCT向自己、P1和P2节点发出Broadcast Probe（BP）探询广播（该北桥并未采用目录过滤），该请求会被路由到各个节点的SRI（System Request Interface），然后进入SRQ从而发送给核心的HA处理。由于一个CPU节点上可能存在多个核心，所以SRI需要将探询消息同时发送给每个核心的CA，并等待每个CA的查询结果，然后汇总，比如，如果都不命中，则SRI汇总出一条未命中消息；如果某个或者多个核心都命中，则SRI汇总出一条Read Response（RP）消息发送给P3。

（4）接下来会并行发生三件事。第一，P1（也可以由P2转发，具体需要根据所选择的广播路径算法决定）需要转发来自P0的BP广播给P3，这里可能有点迷惑，P3既然发出了RD请求，那不就是说P3的缓存中不包含该地址的数据么？非也，P3包含多个核心，RD请求只是某个核心发出的，只说明未命中该核心的L1/L2，而AMD Opteron CPU的LLC都是Exclusive模式，并且不包含该节点内的追踪目录，所以CA也拿不定主意，才会发出RD请求给Home节点。Home节点一视同仁，向所有节点发送BP，也包括P3节点（Source节点）本身。第二，P0的MCT将RAM中对应该地址的数据返回给P0。第三，各个节点（包括P3自己）各自返回探询应答消息给P3（而不是P0）以表明自己缓存内是否存在该地址的副本，如果存在则直接发送Read Response（RP）而不是Probe Response，RP中包含了该地址的数据副本内容。对于P0节点，如果缓存内存在该地址副本，则也返回RP给P3，否则返回之前从RAM中读出的数据给P3。

（5）RAM副本先从P0被转发到P2，因为该例中路由表里走的就是这条路。

（6）RAM副本再从P2被转发到P0。

（7）P3的判断逻辑比较简单，针对一个或者多个节点发送过来的数据副本，如果只有P0反馈了（实际上P0至少会反馈一个数据副本，也就是RAM中的副本，不管缓存是否命中），不管是从P0内部缓存返回的数据，还是从P0处DRAM返回的数据，P3都

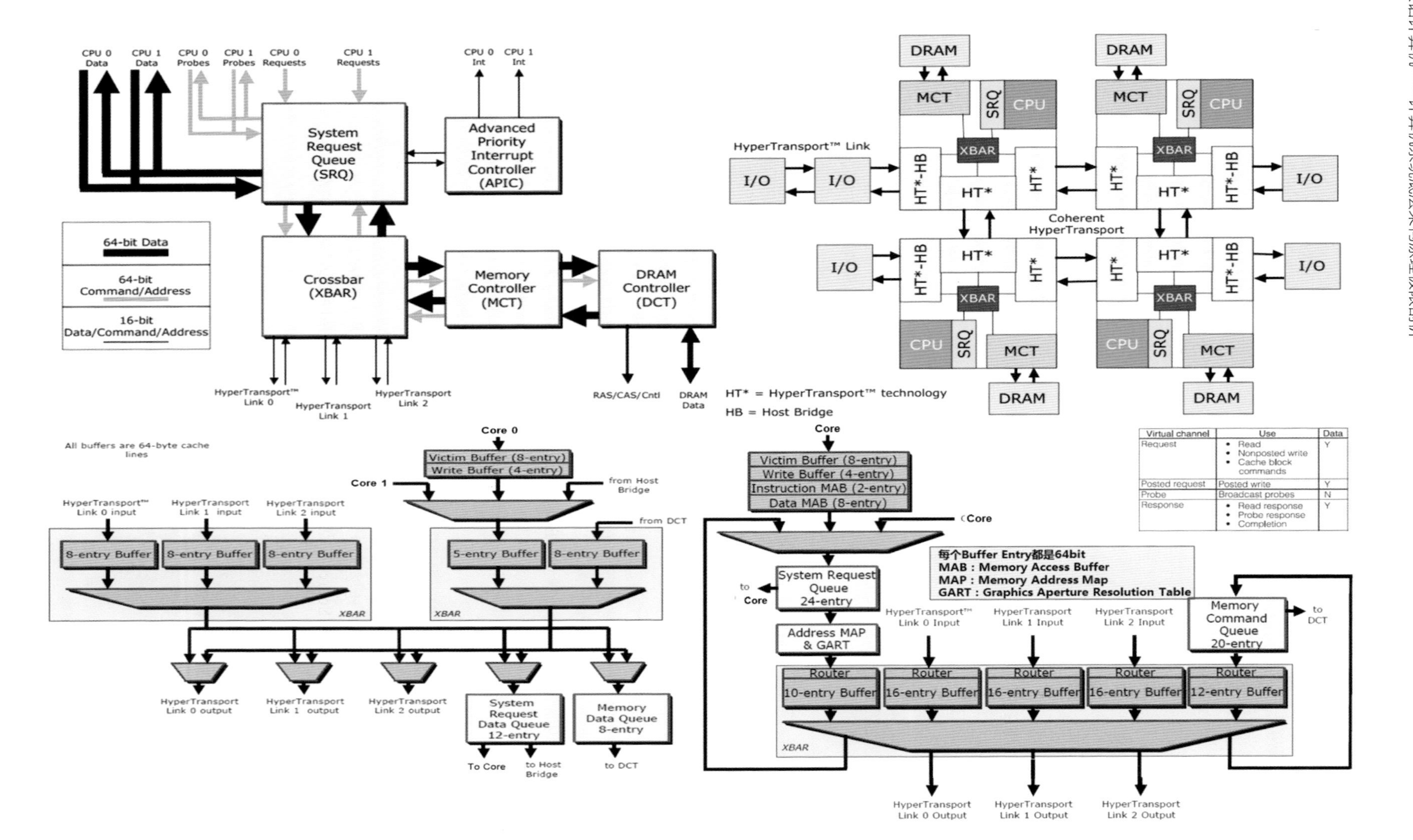

图6-182　AMD Opteron 800 CPU片内北桥部分架构图

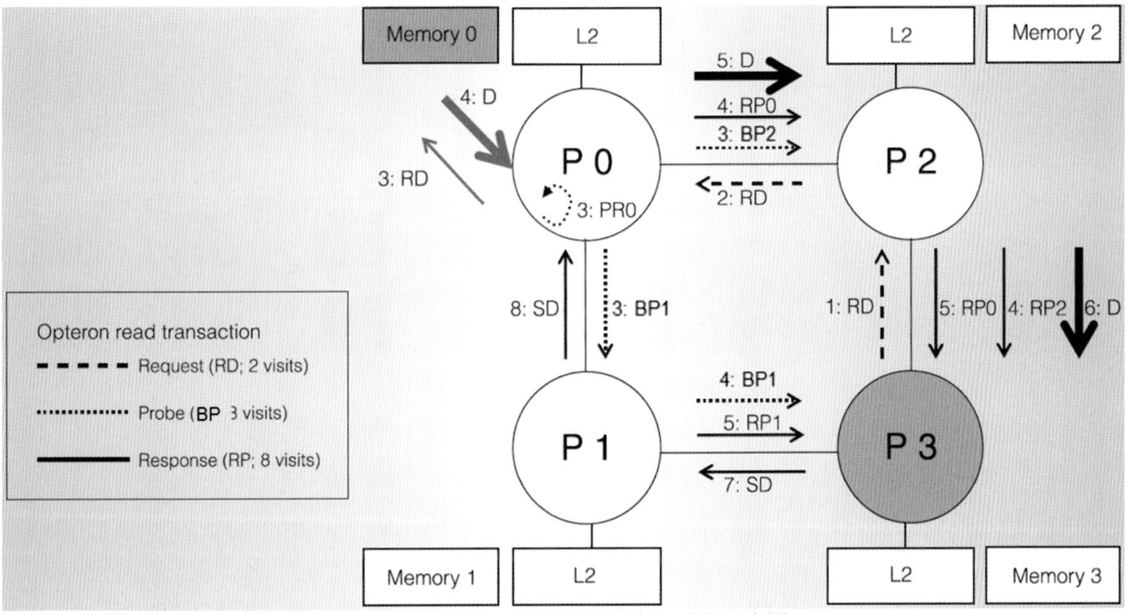

图6-183　AMD Opteron 800芯片CC流程示意图

会判断出当前地址的最新副本在P0中，P0发送的数据有效；如果多个节点同时反馈数据副本，则P3会抛弃P0发来的RAM副本，因为此时RAM副本可能不是最新的，只有处于O+S、E、M和S态的副本才会被发出，如果有多个核心/节点针对该地址拥有S态的多份副本，那么这些副本的内容是一样的而且与RAM副本一致，但是O、E、M态的缓存行只在一个核心上有副本，所以P3只会收到一份副本，外加一份不可避免会被抛弃的RAM副本。

（8）成功得到数据之后，P3向Home节点也就是P0发出Source Done（SD）消息以告知P0本次请求处理结束。

上述是读操作的流程，对于写操作，过程类似，区别是核心内的缓存控制器会将写信号发送给Home节点，后者则发送BP给所有节点，拥有最新副本的节点将最新的缓存行发送给Source节点（因为Source节点可能只是写入该行的某个部分），同时作废自己的该行副本。Source节点收到最新的缓存行之后将自己要写入的部分融入后保存在本地缓存中，在上述作废动作完成之后，Home节点向Source节点发送Target Done（TD）消息。

6.9.11.3 北桥与NC（Node Controller）

目前Intel的CPU每一路只出4条QPI链路，如果所有4条链路都用作CPU之间互联而且任意两个CPU之间最多经过一跳的话，这样最多只能有8路CPU用QPI直连，CPU之间的连线在三维空间上形成一个立方体，立方体8个顶点各代表一个CPU，每个顶点与其他4个顶点直连。当然如果组成Full Mesh网格也没问题，网格中每个节点需要东西南北4个方向的链路各一条即可，但是网格虽然大大增加了扩展性，却不能保证任意两个CPU之间一定只有一跳，最差的结果可能有N跳，这最大的N跳学术上被称为该Mesh网格的直径。但是，扩展性增强后的代价，就是时延的增加（跳数增多）和不可控，这就意味着在这些节点之间共享内存地址空间的可行性越来越小，不得不转为其他体系结构，比如MPP（Massive Parallel Processing，更大规模的CPU之间不共享内存的互联在一起）。

为了保持通用性，商用计算机依然期望更大范围的共享内存系统。IBM Power系列CPU其互联链路数量要多一些，Power7是每个CPU出5条，Power8则是6条。正如本书前文所述，这种方式被称为无黏合（glueless）直连方式，如图6-184所示。

然而，Power系列一向以高规格著称，并不是所有CPU体系都走上这条路的。其他一些CPU体系结构几乎都走上了分布式交换+路由结合的道路。PC之间都希望在一个大的交换网络内直接点对点交换，但是规模增加以后，物理上是做不到成千上万台机器在一个交换芯片上直接交换的，对应的做法是采用路由器将几个交换网络黏合起来，然后用IP地址人为地割开不同的IP子网，每个交换网络将发向对应子网的流量发送给路由器，路由器再将流量转发到目标子网，这样就可以避免同样多的机器在一个大网中各自两两交换导致的高成本和开销，尤其是广播开销，同时增加了可管理性，比如在路由器上做一些策略，可以让某些机器不能相互通信等。

CPU之间的互联，与PC机之间的互联是一个道理，节点数量太多，就得考虑使用黏合方式在多个子网之间路由和优化通信流量，那么，也就需要一个路由器的角色来将多个CPU网黏合起来，这个路由器被称为**节点控制器**（node controller，NC），其物理形

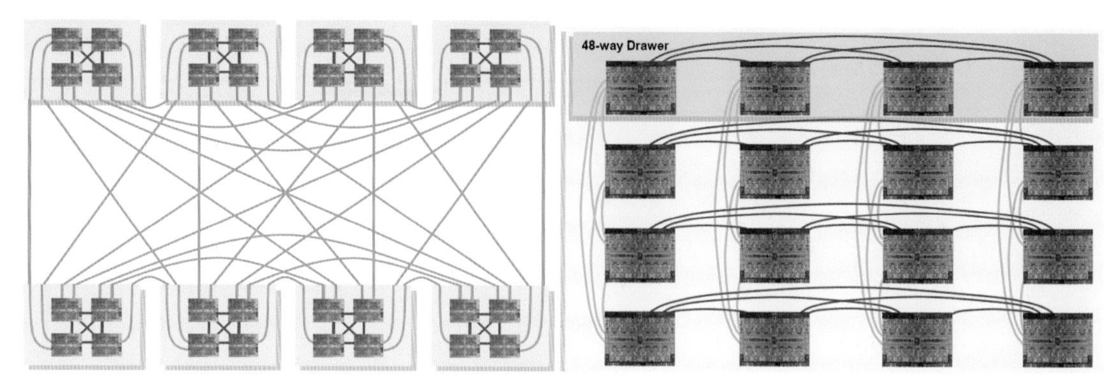

图6-184　Power7/8 CPU互联示意图

态就是一颗芯片。

只有规模较大的ccNUMA系统中才会出现NC的身影，典型的比如16路/32路NUMA服务器，国内某厂商还使用了两层路由器，产品细节详见6.6.1节。有些8路CPU的服务器系统也使用了NC。NC的作用不仅是用于扩展更多的CPU，其一个更大的作用，就类似于早期以太网体系中的网桥的作用，通过记录网桥两边的MAC表来隔离不必要的广播转发，增强性能。多CPU也组成了一个网络，NC便是这个网络中的网桥，也就是其还可以起到嗅探过滤器的作用，其本质上属于一种In-Network CC Agent with Filter。当然，8路CPU系统内使用NC，其成本也是相对较高的，所以只在一些高端品牌服务器中出现。

6.9.11.4　Horus NC实现

Horus是Newisys公司专门为AMD Opteron Magny-Cours平台打造的一款NC。Opteron Magny-Cours平台CPU相对于Opteron 800平台来讲在CC方面增加了全局目录，其被存放在6MB LLC中，占用1MB空间。如图6-185所示，在MCT（Memory Controller）旁边增加了一个过滤器（HT Assisted Probe Filter），也就是HA的角色，所以其能够实现源探询过滤了。

该CPU芯片内嵌了4条HT互联链路，与Intel QPI一致，后者也是每CPU出4条。如果采用无黏合互联方式，则在保证跳数不多的前提下，一般可互联8路CPU。

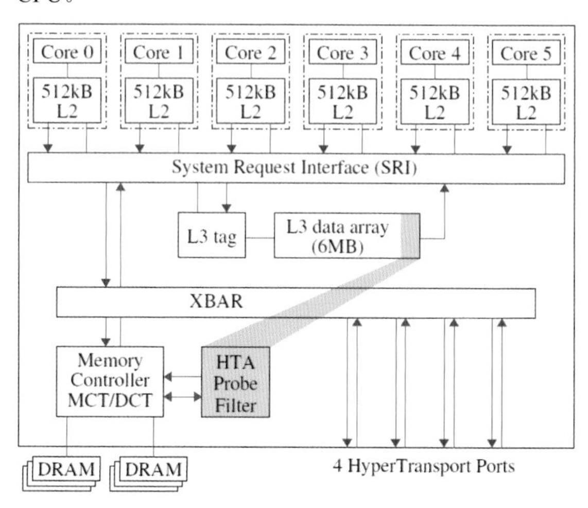

图6-185　Magny-Cours平台CC目录

要想扩展到更大规模的节点数量，就得使用NC来做黏合。图6-186所示为Horus NC加入之后的系统连接拓扑。Horus也输出4条HT链路，分别和4颗CPU连接，4颗CPU和一颗NC组成一个逻辑单位，Quad，4人小队。多个这样的单元之间可以通过Horus芯片提供的外连链路以各种不同的网络拓扑连接起来，从而组成单Quad（4路）、双Quad（8路）、三Quad（12路）、四Quad（16路）、八Quad（32路）的ccNUMA系统。图中右侧所示的拓扑中就包括了2D Torus、P2P

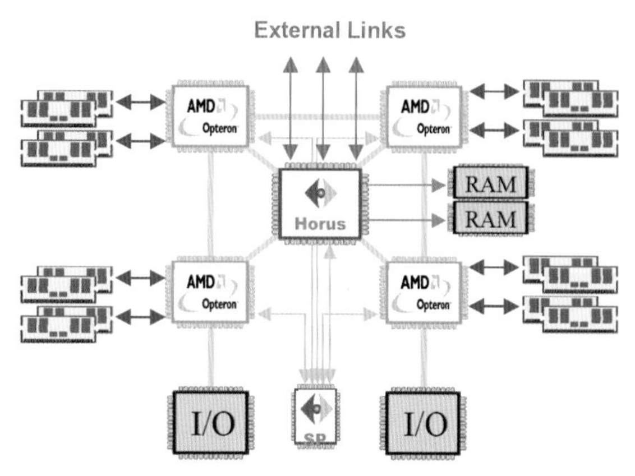

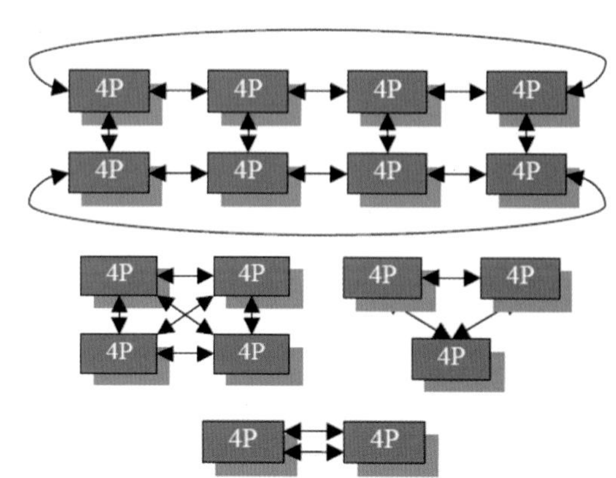

图6-186　使用NC来黏合多个CPU子网

直连，Ring在内的三种二级拓扑。Horus芯片的外连链路采用的是标准的Infiniband通道。左图下方所示的SP为Service Processor，泛指BMC管理模块，由于BMC掌管整个服务器的电源、配置及监控，所以其会使用各种信号通道与多数部件相连，BMC前文中也介绍过。

提示 ▶▶▶

要理解，NC内侧与CPU互联的通道必须遵循CPU一侧的标准，比如HT/QPI等。NC之间的互联协议就比较复杂了，并不一定要像Horus一样使用IB，完全可以是其他任何符合条件的标准链路或者私有链路。实际上，Horus使用IB也只是封装了AMD制定的协议（HNC HT协议，High Node Count HT）。这与大家最熟悉的IP网络道理是一样的，以太网封装的IP包经过路由器之后可能被转换为其他链路帧格式，但是封装的同样是IP包。当然，NC上行链路也可以是以太网，我相信在共享内存系统里暂时没人这么干，因为以太网丢包不会告诉你。

CPU看NC，就如同PC机看路由器一样，看到的就是一个网关的角色，NC向内与CPU之间的互联通道保持一致，也有自己的链路地址。也正如在PC上配置网关IP地址一样，CPU内也需要使用相应寄存器（见上文的MAP表）来保存内存地址的路由映射，比如，某段地址范围及其Home节点 的ID之间的映射记录，Crossbar路由表中则保存了节点ID与Crossbar端口号之间的映射关系，经过这两次映射便可以将针对某个地址的请求从对应的端口发送出去。

这些路由表都是依靠BIOS来设置的，也就是主板厂商会根据自己的设计（比如每个CPU最大支持多少容量的DRAM），将这些信息写死在BIOS里。系统初始化时，BIOS里的初始化代码会将对应的路由信息写入到对应寄存器里。对于一个Quad来讲，其他Quad里内存地址范围的路由出口，便是本地的NC了。NC上也需要被配置好对应的路由。

图6-187为该NC作用流程原理示意图，其中各个角色的说明见表6-2。

表6-2　Horus NC体系各角色说明

CPU	发起访存请求的 CPU 核心
Rd	读请求
Rq	请求（读、写、Probe Write、作废等）
MC	Memory Controller 主存控制器
L	Local，本地 Quad 中的其他 CPU 芯片
RR	Read Response，命中其他缓存后返回的数据
P	Probe，探询请求
PR	Probe Response，探询应答
H	Horus，NC 桥片
SD	Source Done 消息

如图6-187所示，在一个多Quad组成的NUMA系统中，某CPU核心发出一个访存请求，未命中缓存，其CA控制器会将请求发送到SRI（见上文）。SRI通过查询MAP表得知该地址所落入的Home节点的ID，本例中该地址对应的Home节点恰好就是该CPU自身，则SRI通过查询Crossbar路由表，将请求发送给本地MC（其实就是指代HA，下文中都统一用MC），假设MC上没有启用目录过滤功能，则MC需要向所有其他CPU发出探询广播（P1），其被各自同时发送到本Quad内其他三个CPU（L）以及Horus NC（H1桥片）；与此同时为了节约时间，MC从RAM中将对应副本也读取出来，形成RR消息传递给请求者CPU。Quad内其他三个CPU查询了自己的缓存之后，如果有

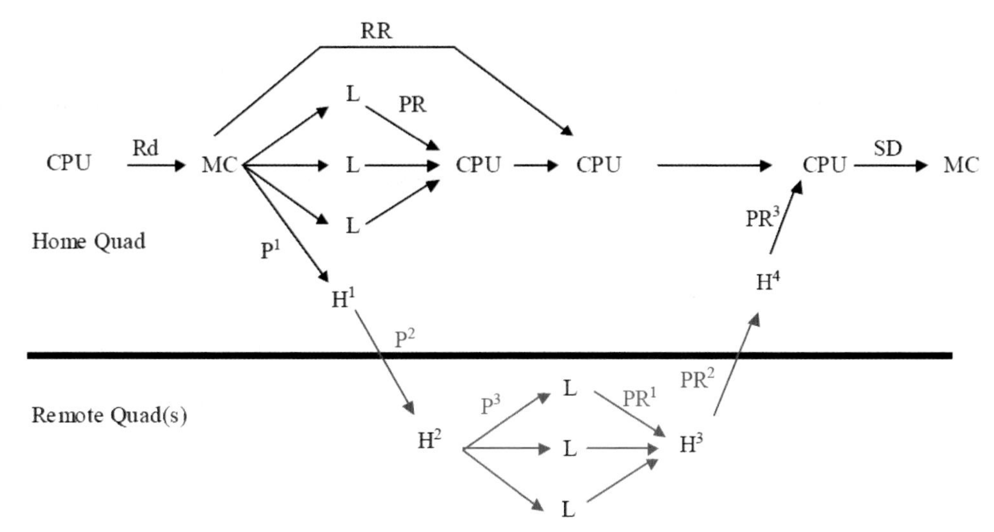

图6-187　Home节点恰好就是请求节点

最新的副本，则也形成RR消息发送给请求者；如果没有对应副本，则生成对应的PR消息传递给请求者，这是本地发生的事情。

在远程，H1桥片将P1探询封装成外置链路的数据帧（P2），然后向所有其他桥片（图中的H2泛指其他Quad内的NC桥片）广播。每个桥片收到消息之后，便向自己Quad内的所有CPU（L）转发此探询消息（P3）。这里从P1变成P3，是因为两个Quad内的节点ID可能有重名冲突（比如Quad0内的CPU0的ID是0，而Quad1内的CPU0的ID可能也是0）。因为Quad之间是互不感知对方的，如果一个Quad发出的P1不加更改直接发送到其他Quad，该消息的源和目的地址将不能在目标Quad内继续使用，所以H2需要重新设定该消息的源地址为H2自己，目的地址为各CPU节点的ID，然后发出对应数量的P3消息给目标Quad内的CPU（L）。目标Quad内的CPU各自查询缓存是否命中，执行与源Quad内CPU相同的动作，有数据副本则发送RR，无数据副本则发送PR，给目标Quad的桥片（H3），H2与H3是同一个桥片，只不过处于不同状态，H2是发送态，发送完PR之后成为接收态。H3会执行一步比较特殊的动作，就是将目标Quad内的所有PR进行汇总，形成一条PR，返回给源Quad内桥片（H4，与H1是同一个桥片的不同状态阶段），后者再将消息传递给请求CPU。请求者CPU收集到所有应答或者数据副本之后，保留最新的副本（CPU返回的RR一定比MC返回的RR新，如果所有CPU都返回不携带数据副本的PR则MC返回的RR一定是最新副本），然后发送SD消息通知MC，完成本次CC。

图6-188的场景要复杂一些，所请求的地址对应的Home节点位于其他Quad，但是基本流程都是类似的。请求者CPU针对某地址发出请求，该请求未命中缓存，进入SRI。SRI通过查询地址映射表路由表，发现该地址的Home节点是本Quad内的NC桥，所以通过HT链路将请求发送给NC桥（H5），H5上也保存有地址映射表，它发现该地址在桥H6所在的Quad内，于是通过外部链路将请求（Rq1，需要改变源和目的地址）发送给H6。后者收到消息后，查询地址表和路由表，将请求（需要做地址翻译映射，改变源和目的地址，生成Rq2）发送给Home Quad内对应CPU节点上的MC处理。该MC收到这笔请求之后，从RAM中读取对应的数据副本然后用RR的方式返回给Home Quad桥（H9状态），H9再返回给Request Quad的桥（H10状态），同时Home Quad的MC开始广播探询消息（P）给所有Home Quad内的节点，包括CPU（L）和桥（H7）。H7收到探询广播之后，必须转发到系统内所有桥片上继续广播，所以它将广播转发给其他所有Quad，也包括请求者所在的Quad，然后所有桥开始在对应的各自Quad内转发探询广播。所有的CPU返回PR消息给各自的桥，后者汇总消息然后发送给Home Quad的桥（H9状态），H9再将消息发送给Request Quad桥（H10状态），H10再将PR以及RR返回给请求者CPU，后者做汇总判断之后拿到最新数据然后发送SD给自己的桥（H11状态）。此时尚未结束，因为Home Quad域内的H6态桥曾经向其内部Home节点CPU上的MC发送过Rq请求，所以H6欠着该MC一个SD，因而当请求者CPU向H11态桥发送SD（SD）之后，H11桥应当向Home Quad的桥（此时是H12态）也发送SD（SD1）通知表明该交易结束，H12收到之后则向之前的MC发送SD（SD2），最终完成整个请求。

然而，NC并不只是完成子网路由地址转换这么简单的动作，其有技术含量的地方，是针对NUMA体系的优化，主要体现在增加了过滤目录，以及增加了远端数据的本地缓存，其角色和位置相当于位网络路径上的LLC/L4缓存了。由于NC连接了多个CPU子网，可以接收所有子网的探询广播，所以它可以针对每个子网记录过滤目录，经过充分预热之后就可以有效的过滤掉不必要的广播了。从图6-186中可以看到，NC上也挂接了SDRAM，目录容量较大，可以被放置在这些SDRAM里，远端的数据缓存也可以放在这里面，当然也可以放到片内的更高速的SDRAM中，甚至如果容量不大的话可以放到SRAM中，具体看最终设计而定。6.6.1节中可以看到对应的NC旁边也挂接了一些SDRAM。

如图6-189左侧所示，如果桥H1通过查询目录判

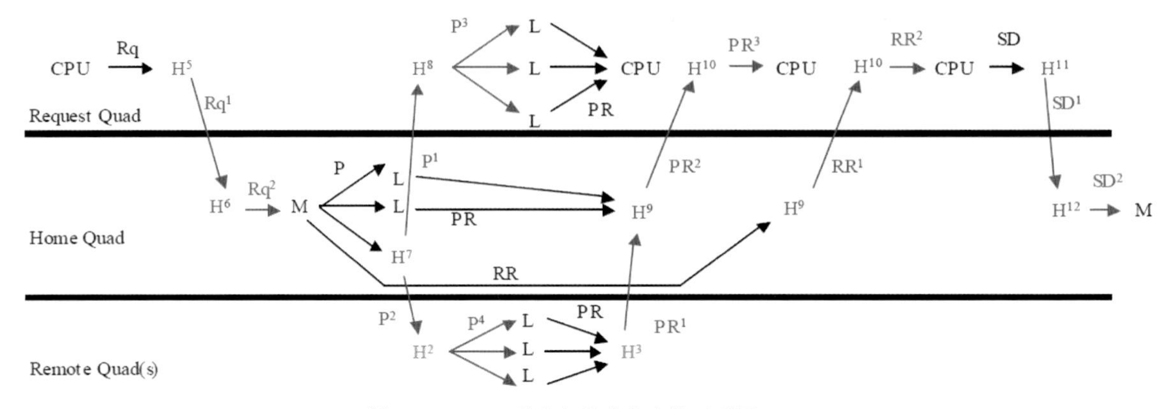

图6-188 Home节点与请求节点位于不同Quad

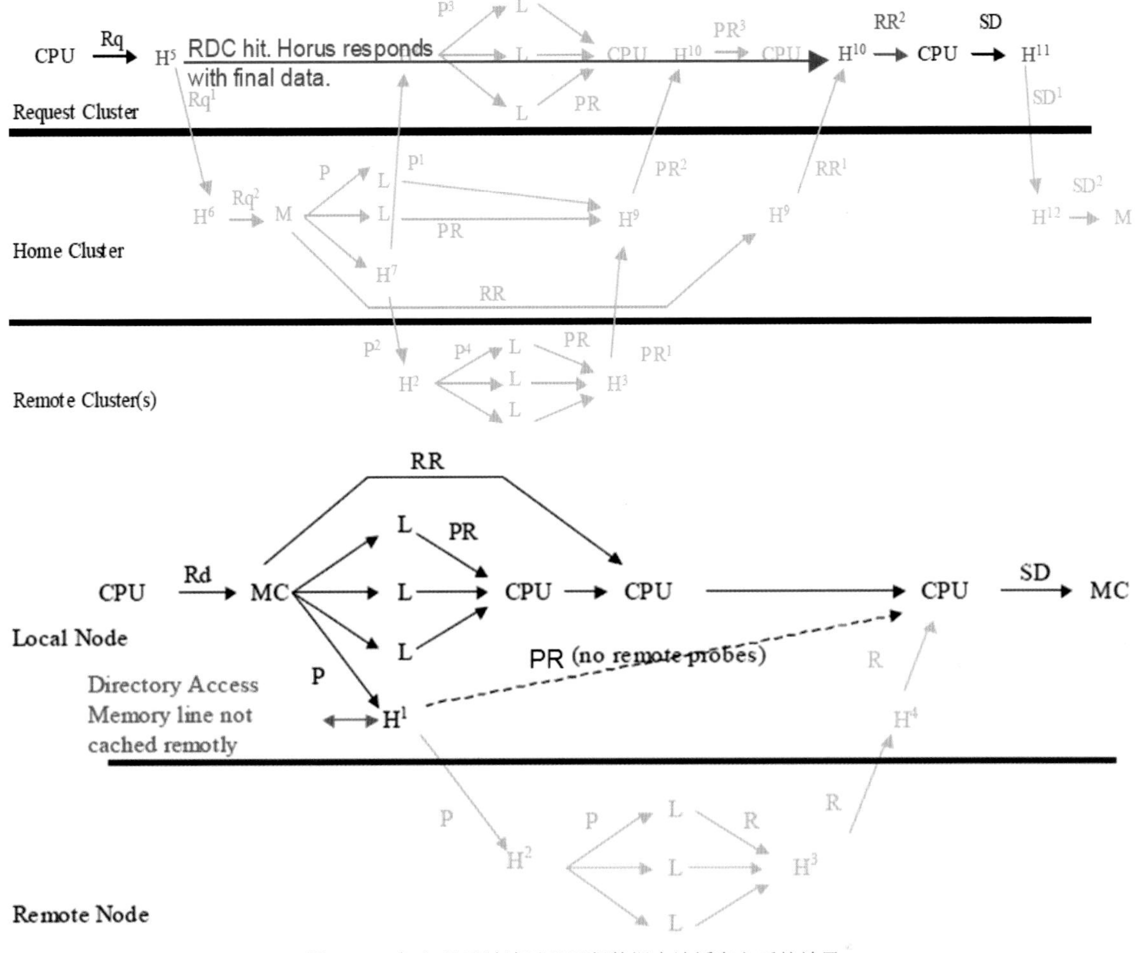

图6-189　加入目录过滤以及远程数据本地缓存之后的效果

断出该地址在远端Quad内不存在副本，那么就根本无须发出探询广播，而直接返回PR给请求CPU完成本次操作，省掉了原本需要发生的灰色部分的流程，这就大大增加了性能。

由于将大量的Quad黏合起来之后，消息和数据在这么大一张网络里穿行，时延是个很大问题，这也正是目录过滤变得必须的原因。然而，如果能将请求有效地终结在本地，那么不管网络多大，时延都不是问题，想做到这一点就必须增加缓存。Horus桥片带有64MB的DRAM作为远程数据的本地缓存（Remote Data Cache，RDC），当本地节点向远程节点发起读请求之后，远程节点返回数据，该数据会被RDC顺手存一份，当本Quad内其他CPU再访问该数据而未缓存命中时，RDC将直接返回数据。另外，当本地缓存控制器淘汰出缓存行的时候，RDC也可以被设计作为一个Victim Cache的角色，对应的CA可以将淘汰的缓存暂存在这里。RDC使用LRU算法淘汰RDC内的缓存行。图6-189中右侧所示为使用了远端数据的本地缓存（Remote Data Cache，RDC）之后的效果，如果请求命中在RDC，则根本不需要向远端发起请求。

图6-190为基于Horu NC桥片方案的系统及对应的主板实物图。可以回忆一下本章前文中所介绍的一些带有NC桥的服务器产品，比如6.6.1节里的NC和NR，以及HP Supmerdome主机里的NC芯片，这两者也都是携带RDC缓存的，前者使用DIMM槽上的DDR RAM，而Superdome使用嵌入到NC片中的eDRAM。此外，IBM服务器中的EXA芯片也是一款NC，其不但支持过滤目录和RDC缓存，而且还可以直接将自己的SDRAM空间融入系统的全局地址空间中。

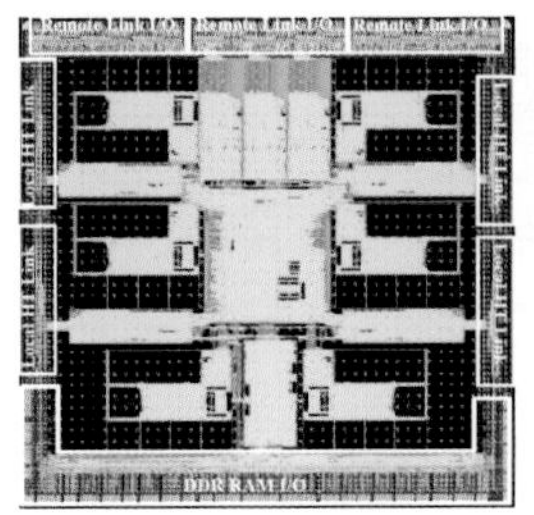

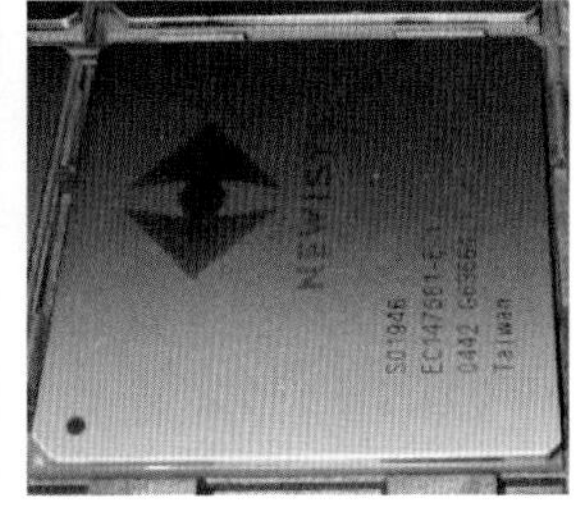

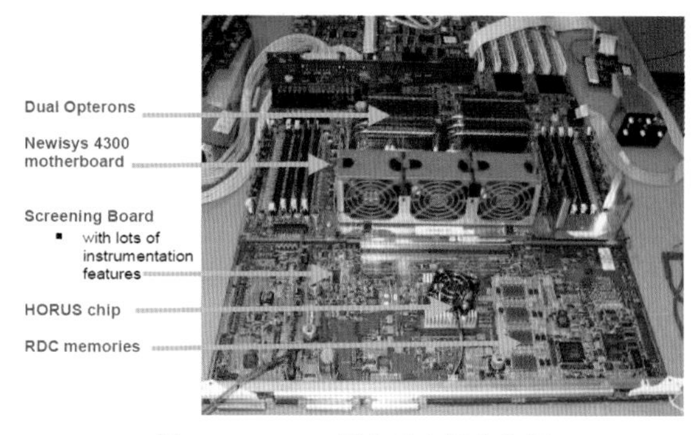

图6-190 Horus桥片及主板实物图

本书前文中也提到过，不管是QPI/HT直连还是通过NC粘连，其都是可以支持硬分区的。Horus NC桥同样也支持硬分区，如图6-191所示，其可以支持灵活粒度的节点分区，而某些其他NC桥的分区粒度很大，比如最小粒度为一个单板/Quad，也就是不能将Quad内的节点分割。

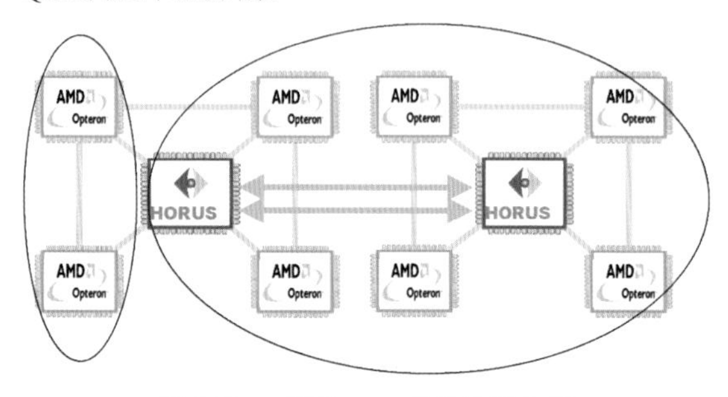

图6-191 基于Horus芯片的硬分区

NC，其本质上属于前文中介绍的In-Network CC的范畴。图6-192为Horus NC内部的模块原理图，其中包含三大主控模块：2个Remote Memory Protocal Engine（RMPE）、2个Local Memory Protocol Engine（LMPE）以及1个Special Protocol Engine（SPE）。这些Protocol Engine的硬件构造都相同的，只是执行的功能不同，系统在初始化时，BIOS负责将对应的PE初始化成上述三种PE中的一种。LMPE负责处理所有本Quad内节点上MC发送的探询以及访存请求，CC过滤目录就在LMPE中保存和维护。RMPE负责处理所有远程节点发送到本地的访存、应答及探询请求，由于需要抓取远程返回的数据副本并放入RDC，所以用于查询是否命中RDC的地址Tag阵列以及访问RDC的RAM控制器在RMPE上实现。H2H意为“Horus to Horus”。各个PE只负责控制，实际数据的转发是在发送和接收端口之间直通的。所有的PE引擎都是流水线化运作，各自拥有32队列深度的Pending Buffer队列。

6.9.11.5 SGI Origin 2000 NC实现

SGI Origin 2000是20世纪的一款较为经典的大规模ccNUMA分布式共享内存系统，其最大可以支持512个节点（每节点2颗CPU）通过5D-Hypercube网络拓扑互联，而且支持全系统内的缓存一致性，这么大规模的ccNUMA系统，在整个计算机发展史上都是少见的。

首先来看一下其所使用的网络路由器的体系结构。Origin2K并没有将节点路由器集成到CPU或者桥片中，而是在一个单独的板子上放置了多片路由器芯片，其芯片代号为“SPIDER”，意即织网者，形成如图6-193上图所示的蜘蛛网似的网络拓扑。下图所示为该路由器芯片的架构示意图。其包含6个端口，其中两个端口各连接一个节点，剩余4个用于与其他路由器互联。每个端口模块由几个主要部件组成，SSD（Source Synchronous Driver，同步发送器）和SSR （Source Synchronous Receiver，同步接收器）

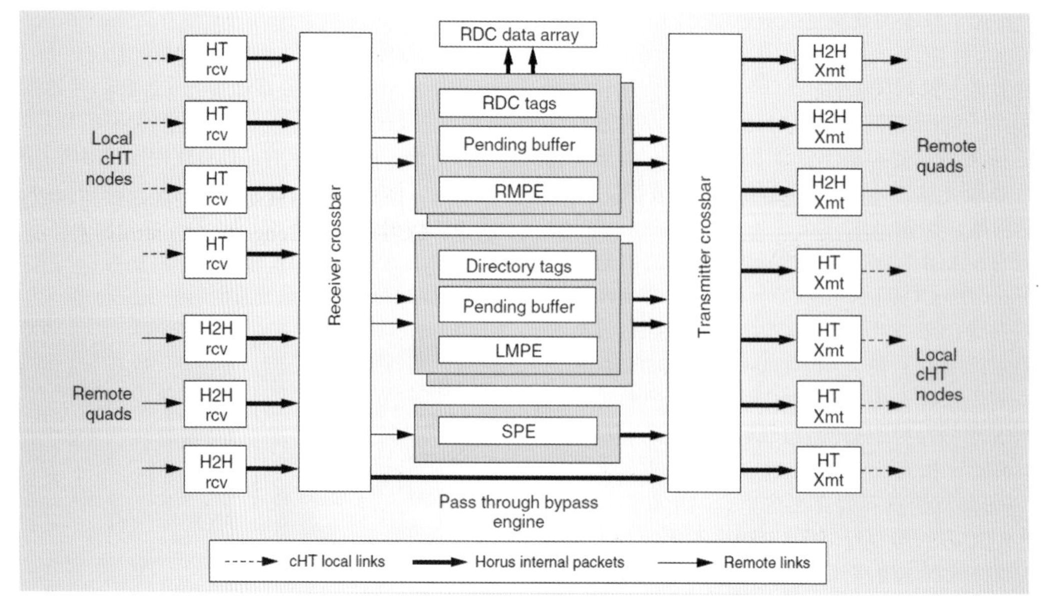

图6-192 Horus NC桥内部架构图

的作用包括链路协商、串并转换、锁相等于最底层的数据编码、传送及信号相关的功能；LLP（Link Layer Protocol）的作用是将上层发送的各种请求封装成数据帧，或者为了维持链路控制（比如拥塞避免、QoS等而自行发送的数据），然后通过SSD发送出去，以及接收SSR收到的消息数据帧，并负责CRC数据校验。Message Control模块担任传输层的角色，在这个模块中会实现QoS和虚拟通道控制以及路由控制。每个物理端口中包含4个虚拟通道（VC），或者说队列，由Message Control模块管理。

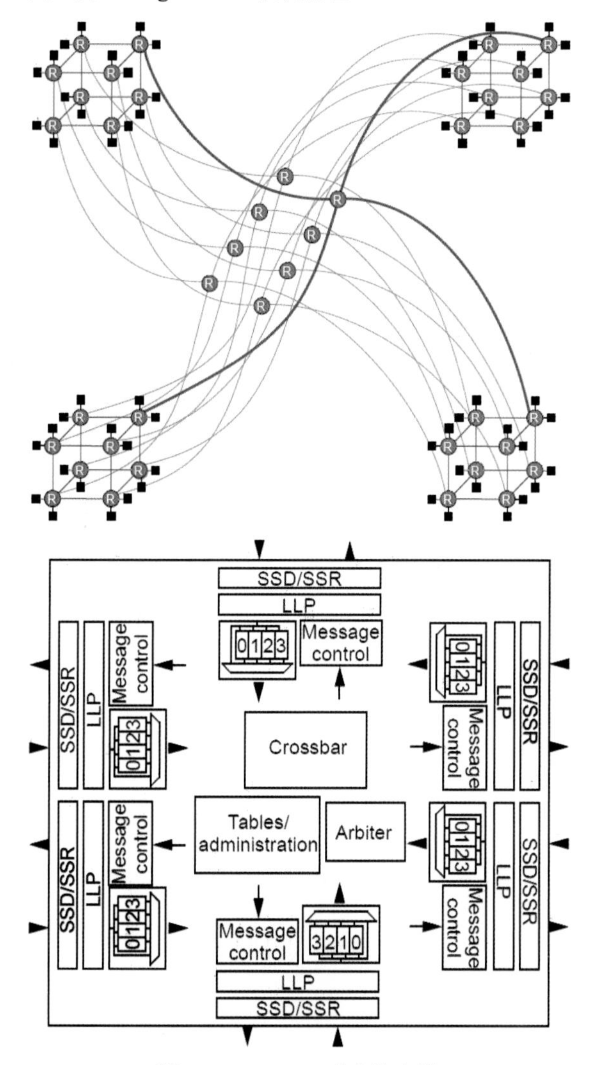

图6-193　SPIDER节点路由器

路由表和管理模块负责对整个芯片进行配置、初始化以及路由表的生成和维护，系统软件可以根据规则注入路由条目，也就是路由表是可编程的。仲裁模块（Arbiter）负责控制这6个端口之间的数据交换，控制Crossbar的交换电路的通断，以及负责在多个虚拟通道队列中选举出合适的数据帧进行发送，从而将Crossbar的利用率提升到最高。

队首阻塞和虚拟队列/通道

HoQ（Head of Queue Blocking）的意思是在一个交换系统中，每个端口都积压了很多等待被交换的数据帧，但是如果某个排在队列最前面的数据帧由于其目的端口正在被其他交换操作占用，导致其必须等待的话，那么该队列后面排着的数据帧，即使其目的端口空闲，那么由于排在队列前面的数据帧堵住了整个队列不让路，导致Crossbar的交换资源被限制，效率大大降低。解决办法很简单，在每个端口，为每个目标端口设置一个单独的队列，所有欲将从该端口发出的数据帧，按照其目标端口排入对应的队列中，仲裁模块根据当前系统资源的状态，如果某个端口没有流量流入，而又存在以该端口为目标端口的数据帧，且Crossbar内部有足够的交换通路时，仲裁模块便从对应队列中引出一个数据帧进行交换，这样就可以保证资源的最高利用率。但是这种做法有个缺点，就是内部寄存器/队列占用的空间太大，需要为此维护的队列数量为$N*(N-1)$，关键是如果某个端口长期没有数据包收发，那么这些队列就是浪费。为此，又有很多其他设计来解决这个问题，比如，数据帧不加区分地一起放在一个共享队列中，但是使用链表来把其中属于某个目标端口的数据帧串起来，只记录这个链表，占用空间就少很多，而且可以快速查找到对应的数据包在队列中的位置从而将其提取出来发送，每个链表也就描述了一个虚拟队列或者虚拟通道。

图6-194给出了传输层数据包以及链路层数据帧的格式。传输层数据包封装了应用层发出的Payload，也就是图中的Data字段，Dest.ID则是目标节点的ID，长度9位，刚好表示512个节点，管理模块会初始化节点ID与出方向端口的映射关系，也就是路由表；Dir字段意为Direction，4位，给出了该数据包应该从路由器的哪个端口转发出去，比如路由器0发给路由器1一个数据包，路由器1通过判断其Dir字段来判断从自己的哪个端口转发出去，仅当采用源路由时该字段才有用，所谓源路由就是可以由源端来控制数据包怎么走。CC字段用于Congestion Control拥塞控制；Age

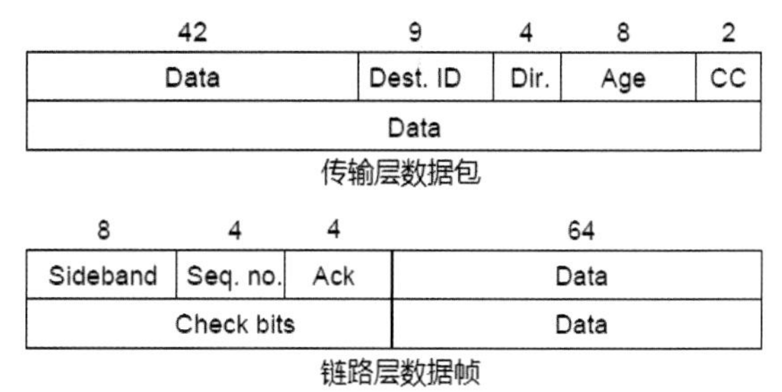

图6-194　传输层数据包及链路层数据帧

字段用于控制器数据帧的优先级，8位共256级，如果Age处于239～255之间，则表示其在网络中已经游荡了很久没到达目的地了，则会被很快处理，随着路由跳数的增加，Age字段计数也被增加。链路层帧中，Check bits字段为CRC校验字段；Ack字段为应答确认字段；Seq.no字段为帧序号字段，便于接收方按照序号将数据帧重新排序。Data字段为Payload。Sideband为边带控制位字段，用于流量控制。各种缓存一致性消息，比如WrtIvld、RdPrb等，被封装到Data字段中，这些具体的缓存一致性消息属于应用层的内容。

如图6-195所示，整个系统内，每个节点包含2颗MIPS架构的R10000 CPU、一颗NC芯片（图中的HUB）以及一对RAM内存，这三者在一张板子上。NC芯片出两股信号连接到中板，一股是Origin2K专用的I/O链路——XIO Link（并非PCIE/PCI），Origin提供了很多常用的XIO接口的适配卡，比如FC、以太网、SCSI卡等，而如果要使用PCI接口的设备，则需要在XBOW交换芯片后挂接一个XIO转PCI的桥片。

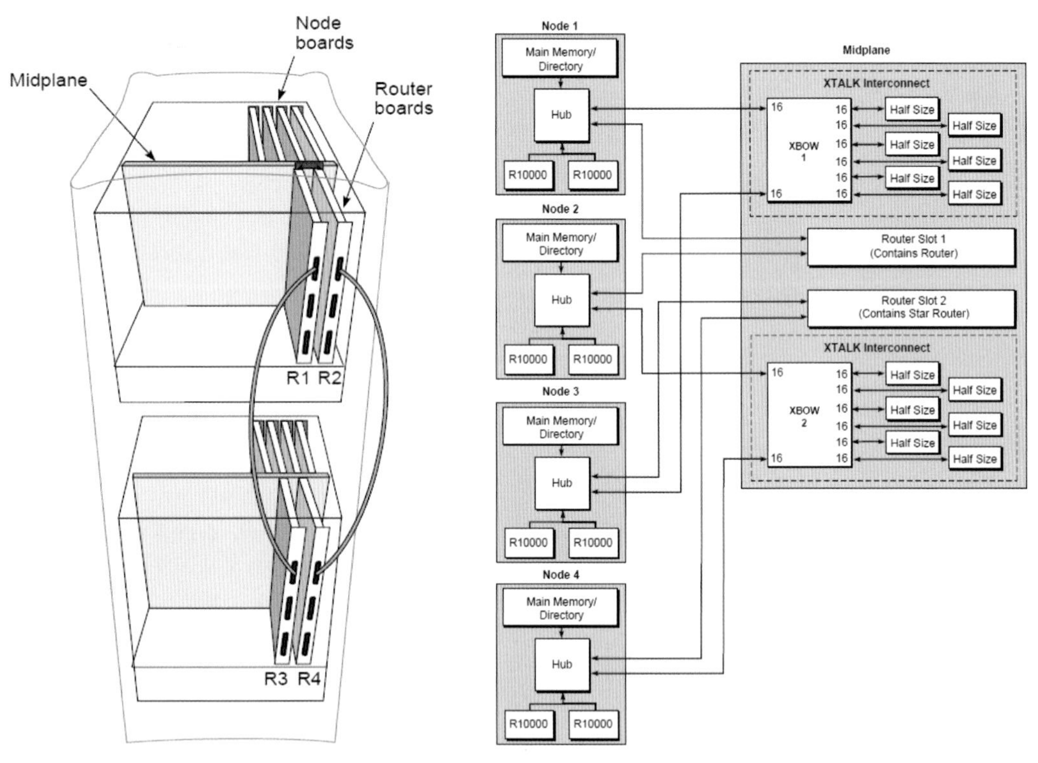

图6-195　Origin2K的整机架构示意图

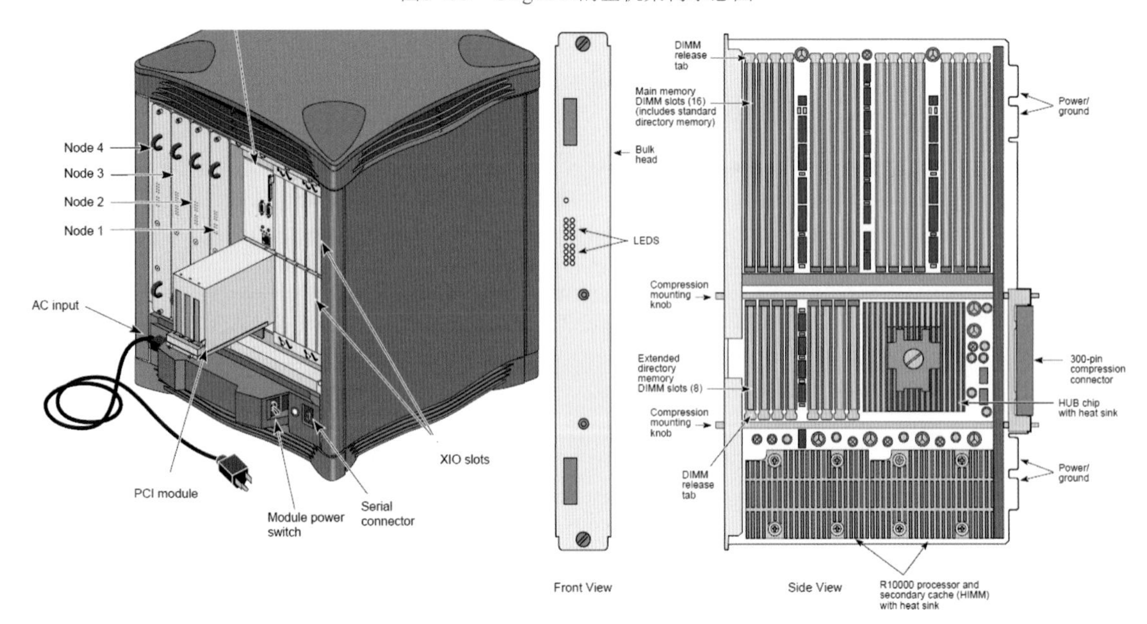

图6-196　Origin2K的机箱及节点单板示意图

NC的另一路通道则是NUMA Link（也称Craylink，Cray是SGI收购的做大型计算机体系的公司），专用于CPU之间的互联，这路通道连接到Router板上。每个中板上有两片板载的Crossbar（XBOW），以及两个Router槽位，每个槽位各插一块Router板。Router板上就是一堆上文中所述的SPIDER Router芯片，每两个节点接入一片SPIDER芯片，这些芯片再使用5D-Hypercube的方式互联起来，多个Router板之间则使用前置接口采用专用线缆按照5D-Hypercube方式级联。各个单板之间采用特殊的可插拔连接器连接。

图6-196为Origin2K的机箱和节点单板实物的示意图。图中右侧最下方是两颗CPU，其上是NC芯片以及用于存放过滤目录的RAM内存条。再往上是供CPU访问的RAM主存。

图6-197为NC桥片的内部架构示意图。其由几大部分组成，位于中央的是一个Crossbar矩阵，围绕在其旁边的是4个模块，分别为PI（Processor Interface）、MD（Memory&Directory）、II（I/O Interface）以及NI（Network Interface），所有模块通过Crossbar交换数据，Crossbar的每个端口使用FIFO队列。

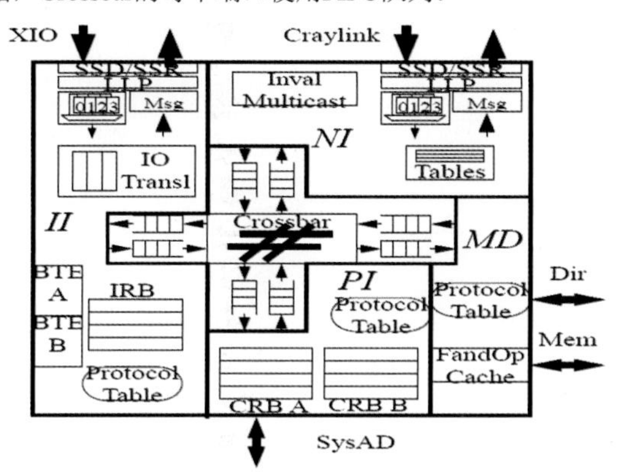

图6-197　Origin2K NC芯片内部架构图

先说II。II相当于x86体系里的PCIE控制器，负责将设备驱动封装好的I/O请求/应答数据包从RAM主存读出然后发送到对应的设备，以及将设备返回的数据写入RAM主存并发出中断信号。其中BTE为Block Transfer Engine，其实就是DMA控制器，有A和B两个。IRB为I/O Request Buffer，其作用是提供一个缓冲队列，供缓存一致性协议分析每条I/O请求是否需要协议一致性逻辑的介入和处理。Protocol Table就是缓存一致性过滤目录。I/O Transl为I/O Translation Module，其作用是将设备驱动封装好的I/O数据包再次封装成底层链路协议所要求的格式、大小、顺序和范式等。经过处理之后的数据包，经链路接口被发送出去。II使用的链路接口与上文中的SPIDER路由器中的链路接口是一样的。

再来看PI。PI前方连接的是CPU。其中CRB为Coherent Request Buffer，其作用与上面的IRB类似。Protocol Table也是缓存一致性过滤目录。

6.9.11.6　IBM PERCS超级计算机中的NC

再来看MD。缓存一致性体系里的Home节点的逻辑，就在这里处理，也有对应的过滤目录。最后看一下NI，NI中的PHY与Router板上的SPIDER路由器芯片连接，形成多个节点的NUMA系统。

IBM PERCS超级计算机基于POWER7 CPU构建，每4个POWER7 CPU形成紧耦合的ccNUMA系统，然后通过NC，将多个四CPU的紧耦合系统黏合起来，形成一个松耦合的超级计算机集群。图6-198为POWER7 CPU内部框图以及4CPU+1Hub组成的紧耦合NUMA系统。由于POWER7 CPU芯片提供了用于互联的高速通道，所以即便是不加Hub芯片（NC）也一样可组成NUMA。但是PERCS超级计算机可以有成千上万的CPU，所以需要NC芯片。NC与4个CPU之间使用POWER7 Bus互联（对应Intel体系中的QPI）。

NC芯片内部可就是另一个天地了。图6-199为NC内部模块示意图。北向接口为与4个CPU的互联接口，共4条链路，连接到一个Crossbar（POWER7 Coherency Bus）上，西向接口有7条与北向接口同类型的链路，7条并行链路分别与另外7个NC相连，这样8个系统可以实现点对点两两直连。NC的东向接口为PCIE，可连

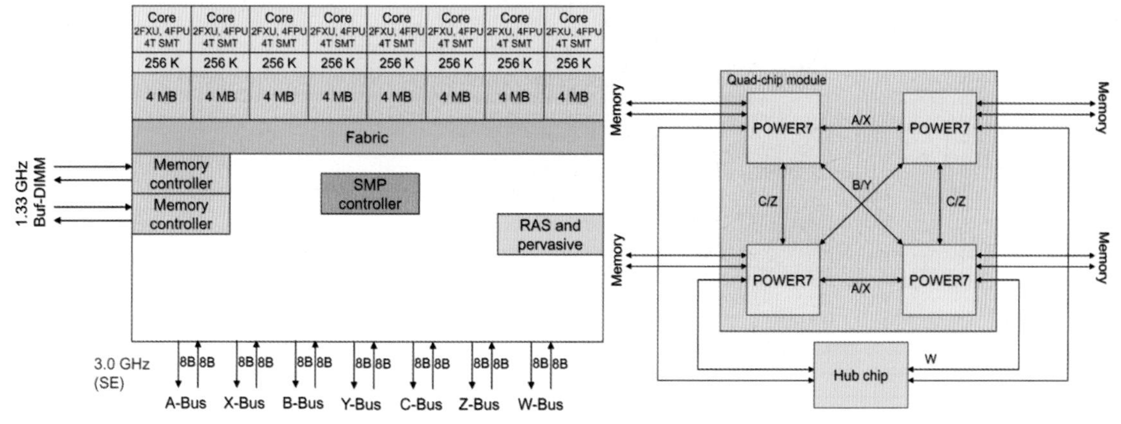

图6-198　POWER7 CPU及PERCS系统内的最小耦合单元（4CPU+1NC）

接PCIE设备。南向接口，首先通过两个HFI（Host Fabric Interface）控制器，连接到ISR（Integrated Switch Router），ISR是一个56×56的Crossbar交换矩阵，用于系统间的流量交换，ISR南向分别出24和16条并行链路，连接到其他NC对应的链路上。

HFI模块扮演的角色相当于一个特殊的网络控制器（想想以太网卡的作用），其前端通过POWER7 Bus连接到CPU（常见以太网卡通过PCIE接口连接到CPU），其后端则使用高速并行通道连接到ISR（常见以太网卡的后端则是以太网链路连接到以太网交换机）。程序若想通过HFI发送各种请求消息，比如内存访问消息，则需要通过HFI驱动来进行，其机制与本书前文中蓝色基因Q芯片中的MU驱动层序的机制类似，MU与HFI角色是一样的，不再赘述。几乎所有的网卡，包括以太网卡、Infiniband网卡和存储相关的网卡（FC卡、SAS卡），以及PCIE Flash卡或者NVMe标准的PCIE Flash卡，都使用循环队列及其对应的机制来完成I/O操作。

整个PERCS系统的组成和连接方式如图6-200所示。4颗POWER7 CPU+1颗NC组成的系统被称为一个Quad POWER7 Module（QPM），8个QPM被置入一个2U高的机箱中（Drawer/Node），这8个QPM之间通过NC的西向的7条链路（Local L-Link）进行点对点两两直连，连接并不需要线缆，由于在同一个2U

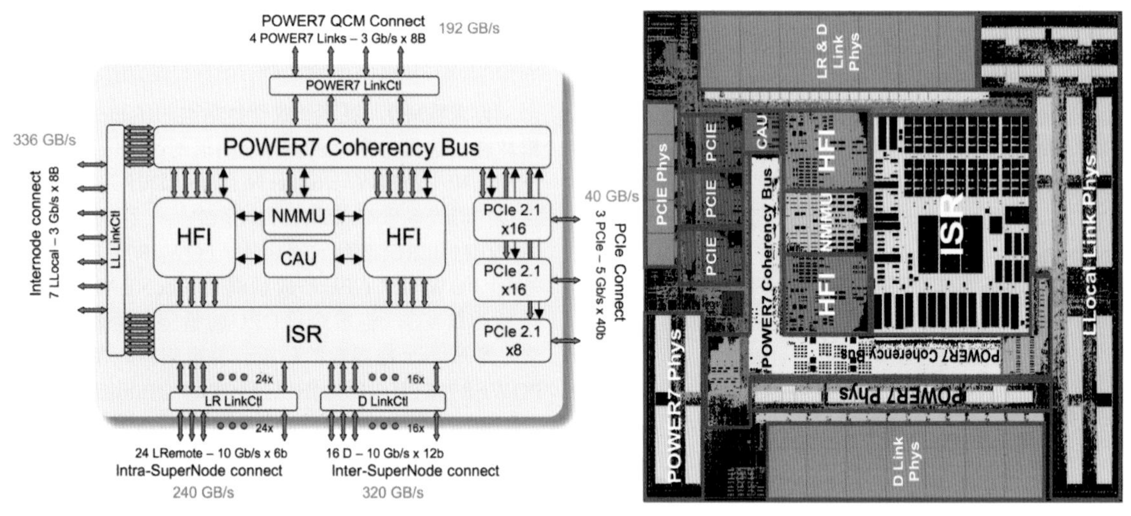

图6-199 NC芯片内部架构及芯片布局图

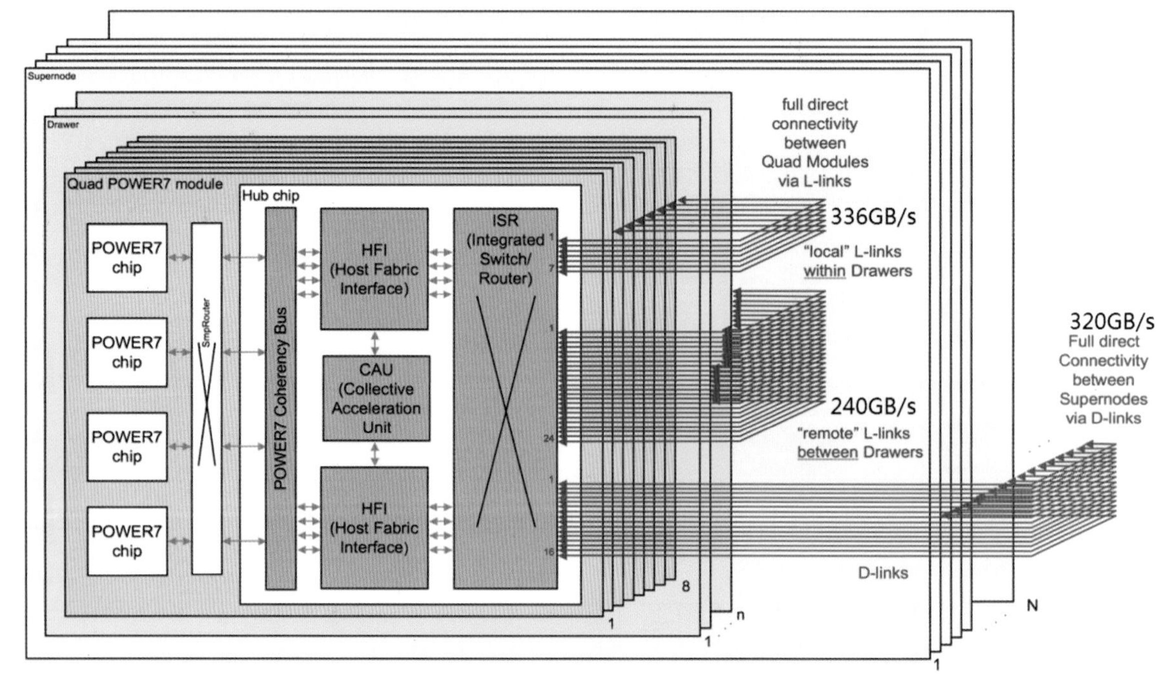

图6-200 PERCS系统物理拓扑连接示意图

机箱Drawer中，可以在主板上走线，成本较低。4个Drawer/Node堆叠，组成一个Supernode，在Supernode之内的4个Drawer之间的互联，是通过Remote L-Link实现的，也是点对点两两直连，连线物理形态是外置电缆。多个Supernode之间，则通过D-Link两两直连，或者通过独立的ISR芯片级联，由于距离较远，连线物理形态则是光纤。整个系统如果通过ISR中心路由的话，可以最多连接512个Supernode。图6-201为Node和Supernode的物理形态图。

每个机柜可以放置3个Supernode，如图6-202所示。

图6-203为整个系统数据路由的路径示意图。可以使用独立的ISR芯片作为中心交换，从而接入更多的Supernode。图中右侧所示为集中交换路由板，其核心为2片NC芯片（只使用其中的ISR模块），可以看到其提供了56个接口的输出，每个接口都使用光模块。

整个PERCS系统是将多个QPM紧耦合系统拼接成一个松耦合系统。由于经过外部网络路由之后，消息的时延相比POWER7 CPU原生互联Fabric还是较大，所以这类超级计算机一般都不提供全局平滑的地址空间，要提供其实也不是难事，就看系统对NUMA（QPM是个ccNUMA域）之上再次NUMA（通过NC黏合）产生的时延差异的耐受度了。PERCS是一个分布式共享内存系统，意味着程序可以使用访存的方式与其他程序交换数据。NC中的NMMU模块便是负责将程序的虚拟地址映射到远端物理地址的加速模块，其内含了TLB，并且与QPM中CPU内的TLB保持一致和联动，这样可以简化程序的设计。

6.9.11.7　Intel CPU在QPI网络下的CC实现

下面我们来介绍一下基于Intel QPI网络下的CC实现。不同CPU厂商在CC方面的细节机制各不相同。

如图6-204所示，我们假设某ccNUMA系统由A、B、C、H这4颗CPU组成。某时刻C欲读取某缓存行操作并且本地缓存未命中（C的缓存中该行处于I态），C需要先根据该缓存行的内存地址来判断该地址的Home节点是谁，该映射关系是系统设计时候被主板和BIOS厂商定死的，每个CPU内部都有个SAD（Source Address Decoder，源地址解码器）硬件电路模块专门负责根据所发出的请求的目的地址来查找其归属的Node ID（QPI Fabric中的节点地址）。SAD虽然是根据请求的目的地址来查寻映射关系，但是由于其工作在请求发起的源端，所以才被称为SAD。

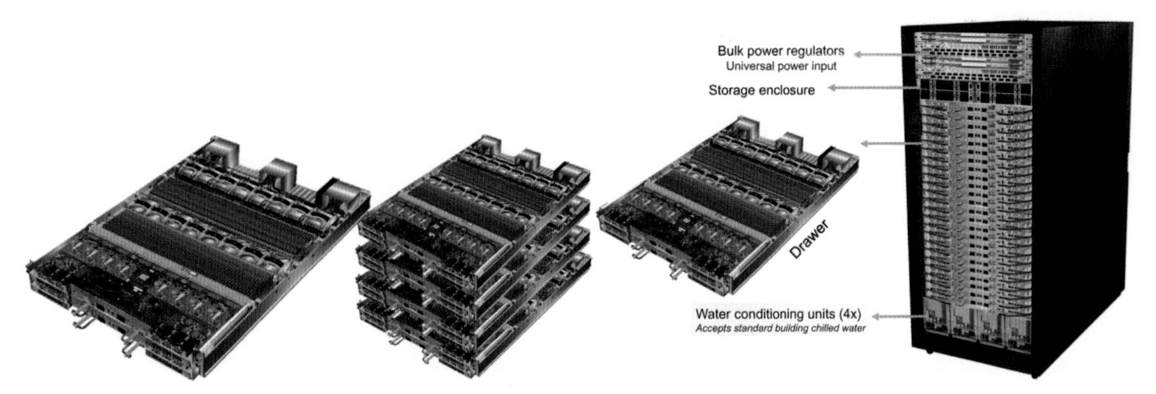

图6-201　PERCS系统的Drawer/Node和Supernode实物图

图6-202　PERCS系统的机柜实物图

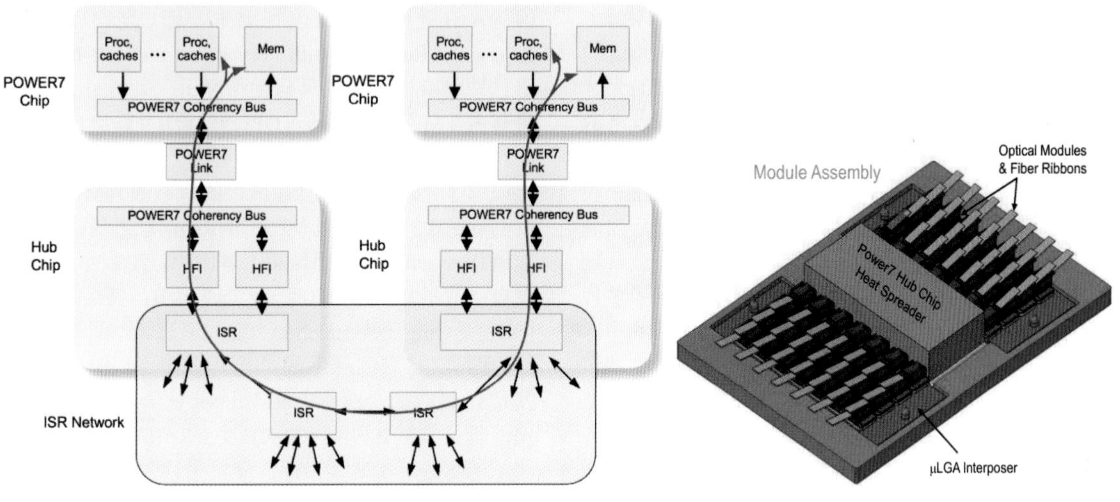

图6-203　独立ISR集中交换板

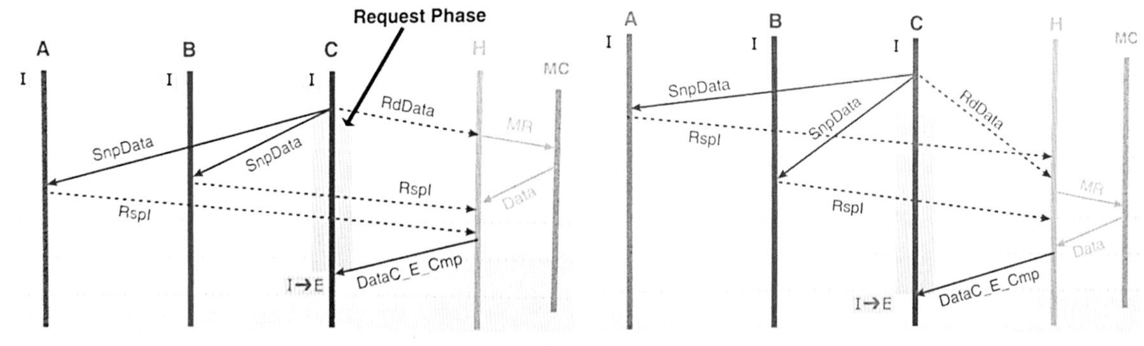

图6-204 读请求的CC流程

经过SAD译码查找之后，C将该读请求（RdData）发送至H节点，目的地址为刚才所查到的Home节点的Node ID，QPI则根据Node ID将该请求路由到H节点。C节点同时会发出探询（SnpData）给A和B来询问一下它们那里是否有该地址最新的缓存行。H节点收到这个请求后立即向其后端的内存控制器（MC）发起内存读取过程（图中的MR，Memory Read）并接收RAM返回的数据，并且H节点此时准备接收系统内除了C之外其他所有CPU返回的探询响应消息（Rsp），因为H知道，C发出了读请求，那么C一定会自己发出探询请求给所有其他CPU。

由于A和B中该行的状态为I，所以A和B会发送RspI（Response with Invalid）消息给H节点（注意，虽然是C发出的探询，但是探询响应是直接发给H节点）。H节点收到所有CPU（发起请求的节点C除外）的探询响应之后，做综合判断，H一看A和B的Rsp消息中都声明了它们内部缓存该行都是Invalid态，那么H节点当然要将之前从RAM中读出并缓存着的该行的数据发送给C，并且同时告诉C“该行在你这可以是E态”（DataC_E_Cmp，Data_Coherency_Exclusive_Completion），因为H知道目前其他CPU都没有缓存该行的数据。C收到数据和这个指示之后，将自己缓存中该行的状态设置为E态。

在图中右侧所示的过程中，A的RspI消息先于C的RdData消息到达了H，这很有可能发生，比如C的RdData消息由于校验错误而被重传，或者C离H太远而A离H很近，都有可能。但是没关系，H节点上的Snoop Agent的状态机是考虑了这种情况的，如果先收到Rsp消息，则其一定会知道有一个读请求还未收到，而且还会知道其他CPU会有更多Rsp消息后面到达，其后所发生的逻辑流程和结果与左侧图一致。图中虚线表示使用的是保序传输通道（QPI提供了多种传输机制，有的保证消息在该通道传输的先后顺序，有的则不保证），而实线表示非保序通道。探询请求由于没有先后依赖关系，所以可以在非保序通道上传输。整个过程中牵扯的多轮交互，同属于一个事务（Transaction），拥有同一个Transaction ID，系统中同一时刻可能有针对多个地址请求的多个Transaction在进行中，所有节点根据消息的Transaction ID来区分彼此。

图6-205为写请求的逻辑流程。假设A、B、C的某缓存行的初始状态分别是I、I、M，而此时B发起针对该行的写操作（RdInvOwn）。这里可能有些迷惑，前文也提到过，B不一定是整行写入，可能只写入该行的某些字节，所以不能简单地作废其他节点缓存里的该行，而必须先假设其他节点存在M态尚未刷入RAM的该行副本，所以需要先拿到它然后顺便作废其他节点的副本，所以B才会先发出这个特殊的“读并顺手作废之”请求（Read Invalid Own），该请求与本书前文中提到的RdIvldPrb，或者有些CPU体系结构中的名词Read Modified（Get Modified，GetM）请求是同一回事。

该读请求被发送到请求目的内存地址所归属的Home节点，H节点收到后依然是向MC发起针对对应地址的RAM读操作（图中的MR，Memory Read）并将读到的数据缓存在本地。H节点之所以去读RAM是因为它并不知道其他CPU缓存里是否真的有该行的M态副本存在，如果不存在，再去读RAM就浪费时间了，所以预先读出来，如果最终结果是真不存在M态副本，则H节点会将从RAM读出的数据返回给B，这也顺便完成了Write Allocation，因为B可能只写一部分字节，而其他部分需要填充。B同时向A和C发起探询请求（SnpInvOwn），结果A向H节点返回了RspI，因为A的缓存不存在该行副本，而C则向H返回了RspFwdI（Response with Forwarding and self-Invalid，“已转发给请求者并且自觉作废了”）消息。C同时将其内部M态的副本通过QPI转发给B并作废自己的该行，B收到后则可以判断出其他节点目前已经没有该行缓存了，所以将自己处该行的状态改为M。H节点收到除了B之外所有其他CPU的Rsp消息之后，做出判断该Transaction是否已结束。本例中，A返回了RspI说没自己啥事儿，C也声明了已转发给B，搞定，所以H向B发送Cmp（Completion）完成消息。

图6-205右侧展示的是当两个节点同时向H节点发送针对同一个缓存行的写请求导致冲突之后的处理流程。首先B和A同时向H发出RdInvOwn，证明B和A同时要写入某缓存行，需要先读入该行的最新副本，在向H发出读请求的同时，也会向其他节点（本

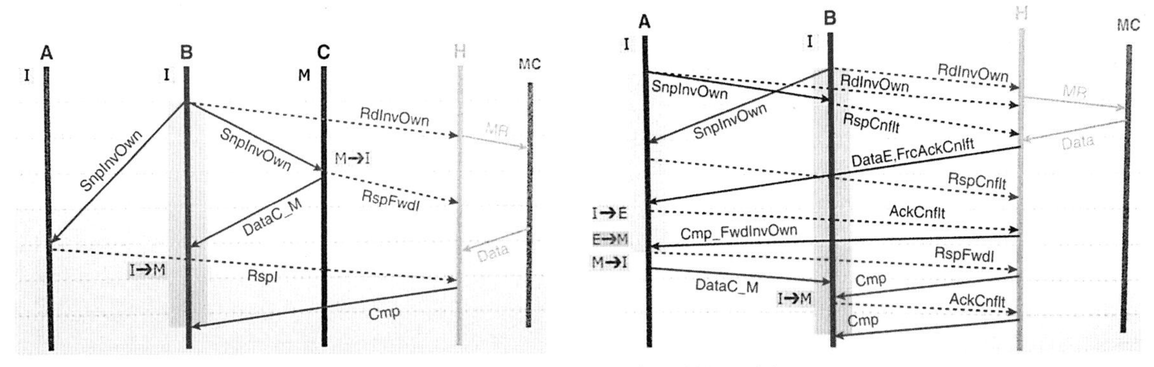

图6-205 写请求以及访问冲突时的CC流程

例对于A来讲“其他”只是B，对于B来讲则是A）同步发出SnpInvOwn探询。B距离H较近，所以B的读请求先到达H，H立即发出RAM读操作MR。A的探询达到B之后，B将返回一个RspCnflt消息给H，说明这探寻操作与其正在访问的缓存行是冲突的，也就是他人（A）正试图访问同一个缓存行。同时A收到B的探询之后，也会向H返回一个RspCnflt消息。但是由于A离H较远，所以B发出的RspCnflt先达到H。当H收到B发出的RspCnflt之后，则意味着A已向B完成了探询操作，所以H会将读出的数据发送给A并告诉A该数据在A中可以是E态（DataE），同时告诉A还有其他人其实也在请求该行并要求A必须确认已知晓该冲突（FrcAckCnflt，Frc=Force）。H此时虽然已经接收到A和B的读请求，但是还不确定A针对B的探询会返回什么消息，但是至少H知道将数据先传递给A是正确的。A收到H发送的数据之后，将该行状态改为E态，并按照H的要求发出一个AckCnflt消息告知H它已经知道了。在这之前，H也收到了A针对B的探询而向H发出的RspCnflt，所以H在向A发出数据之后，也还需要向B返回最新的数据，而由于H之前已经向A提供了数据，此时A中该缓存行一定是最新的，所以H会向A发出Cmp_FwdInvOwn，告诉A该次交易完成，并转发该数据给B，并将自己的这条缓存行副本作废。A收到H之前所提供的数据之后，更改该数据（由E态到M态），之后收到了H发出的转发数据给B的请求，则向H返回RspFwdI表明已收到该指令，同时使用DataC_M消息将数据转发给B，H此时才向B发出一个Cmp消息来应答B之前向H发出的RspCnflt。而B在收到A转发的数据之后，向H发送一个AckCnflt，H向B发送Cmp以表明整个交易完成。

图6-206所示为另外一种CC机制，其多用于I/O设备，比如DMA控制器（我们称之为I/O Agent吧），在读写主机内存时通知其他缓存从而实现CC。而且不少I/O设备在读写数据时并不遵循“每次读写一行”这个规则，可能会读写8字节、24字节，等等，但是缓存行可能是64字节。所以为了提升性能，这个场景下就不采用RdInvOwn（GetM）这种机制了，也就是不用把完整缓存行先读过来，然后融入改写的部分，再写回去。取而代之的是，I/O Agent首先通知所有人将对应的副本写回到RAM并自行作废缓存中的副本，然后自己再将需要改写的字节写回到RAM并自行作废缓存中的副本。如图中左侧所示，A就是I/O Agent，其采用Invalidating Write（IW），也就是上文中所描述的方式来实现CC。左侧图中的B和C都不包含I/O目标地址的缓存副本，所以无须写回。而右侧图中，B包含了一个处于M态的副本，所以其需要写回。

图6-207所示为冲突检测和处理模块。其使用一个CAM矩阵来存储当前进行中的每一笔交易的目标地址、处于哪个阶段、是否有冲突以及与其相冲突的消息在Snoop Buffer中所处的位置索引。其使用一系列的硬件化的状态机（图中未显示）来处理冲突。这个模块位于HA中。

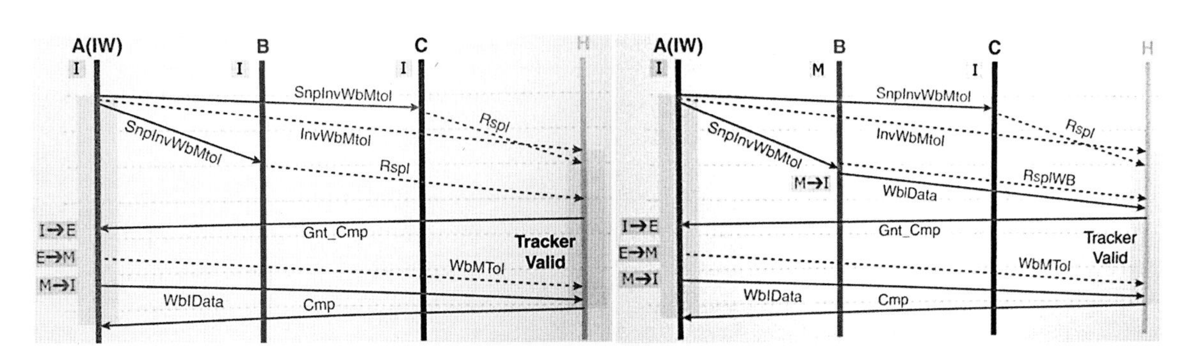

图6-206 更加复杂的冲突检测和处理流程

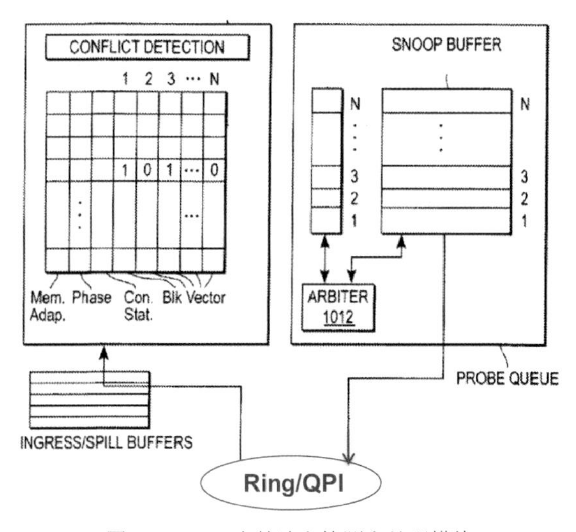

图6-207 HA中的冲突检测和处理模块

6.9.11.8 小结

本章的主体部分到此告一段落。我们稍微回顾一下本章走过的路。为了充分利用流水线，塞满那些空泡，多线程机制被广泛采用。用同一个核心同时执行多个线程叫作超线程。多线程机制给硬件设计带来的极大的复杂性，包括时序一致性问题和空间一致性问题。为了实现缓存的时空一致性，需要将所有核心全部互联起来，出现了各种网络拓扑。

为了实现缓存一致性而又要避免不必要的广播，MESI/MESIF/MOESI等各种源过滤协议出现。共享总线拓扑实现CC比较便捷，但是总线的性能是很差的，后来过渡到分布式多级交换/Ring网络，失去了天然嗅探的便捷性，任何CC同步必须靠一条一条的消息，要么广播，要么单播。为了进一步提速，消除不必要的广播，出现了各种过滤机制。随着网络规模的不断扩大，HA代理CC的机制被广泛采用，在网络路径上，比如NC上，也做了过滤。

本章中介绍的缓存一致性实现机制，只是介绍了一个大框架，至于其中的各处细节，远比你所看到的复杂。图6-208为Intel目前体系结构之下的各种CC消息类型一览。其不仅有大量的消息类型，而且有复杂的时序模型，这些对应到底层电路设计中，其难度可想而知。

Opcode	SNP Class	HOM Class - Requests	HOM Class - Responses	DRS Class	NDR Class	NCB Class
Primary Format	SA/EA	SA/EA	SCA/ECA or SCC/ECC (C)	SDR/EDR or SDW/EDW (W) or EBDW	SCC/ECC or SCD/ECD (D)	Several
0000	SnpCur	RdCur	RspI	DataC_(X)	Gnt_Cmp	NcWr (W)
0001	SnpCode	RdCode	RspS	DataC (X) FrcAckCnflt	Gnt_ FrcAckCnflt	WcWr (W)
0010	SnpData	RdData		DataC_(X)_Cmp		
0011		NonSnpRd		DataNc		
0100	SnpInvOwn	RdInvOwn	RspCnflt (C)	WbIData (W)	CmpD (D)	
0101	SnpInvXtoI	InvXtoI		WbSData (W)	AbortTO (D)	
0110		EvctCln	RspCnfltOwn (C)	WbEData (W)		
0111		NonSnpWr		NonSnpWrData (W)		
1000	SnpInvItoE	InvItoE	RspFwd	WbIDataPtl (EBDW)	Cmp	NcMsgB (NCM)
1001		AckCnfltWbI	RspFwdI		FrcAckCnflt	IntLogical (EBDW)
1010			RspFwdS	WbEDataPtl (EBDW)	Cmp_ FwdCode	IntPhysical (EBDW)
1011			RspFwdIWb	NonSnpWrDataPtl (EBDW)	Cmp_ FwdInvOwn	IntPrioUpd (EBDW)
1100		WbMtoI	RspFwdSWb		Cmp_ FwdInvItoE	NcWrPtl (EBDW)
1101		WbMtoE	RspIWb			WcWrPtl (EBDW)
1110		WbMtoS	RspSWb			NcP2PB (PtPT)
1111		AckCnflt				

图6-208 Intel体系结构下实际的CC消息类型一览

降低CC广播流量，除了采用纯硬件优化之外，还可以向软件方面寻求“帮助”。假设系统内共有4个8核CPU，如果能够将多个线程尽量地安排在同一个物理CPU片内的多核心上执行，而不是在全局范围内分散，那么这些线程即便是有共享变量，也会紧凑在同一个CPU片内的核心。本CPU内的HA记录中会只显示某条数据仅被缓存在本CPU内部的核心内并处于S态，那么当这些线程访问这个共享变量时，该CPU就不会向片外进行广播，自然过滤掉了广播。所以，这种多CPU的NUMA架构，必须让负责线程调度的程序所感知到，才能更好地配合。目前，Linux操作系统下的线程调度管理已经可以对NUMA架构有比较灵活和优化的适配，很多参数可以让用户来指定。另外，Intel在其22核心Xeon CPU上支持Cluster-on-Die模式。该模式下，单颗CPU内部的22个核心可以体现为两个NUMA Node，如图6-209所示，这22个核心物理上位于两个Ring上，如果有太多的跨Ring数据或者CC广播流量，两个Ring之间的通道会产生瓶颈。而如果让这两个Ring体现为两个独立的NUMA节点的话，线程调度模块可以有意地将比如同一个进程中的几个线程（有高概率访问共享变量）调度到某个Ring内部的11个核心上执行，这样就更进一步地缩小CC广播的范围。

流水线和缓存的存在把大量的时间和空间复杂度带给了整个系统，缓存更甚。比如，在中国自主研发的龙芯3A1000四核心通用CPU中，就曾经遇到过一个让人连年都过不好的问题。2010年前后，当采用几十片龙芯3A1000搭建大规模计算机集群时，会出现偶发程序错误，大概一天一次。该问题在单芯片运行时并不会出现。经过大量测试，最终确定的原因是在缓存这个环节由于设计失误产生了时序问题。当核心访存不命中时，龙芯3A被设计为将获取到的缓存行同时填入到L1和L2缓存，但是如果L2缓存比较忙，没来得及将该行写入缓存之前，L1缓存先被写入了，然后核心立即又改写了L1缓存中的该行，再后又由于该行在L1缓存处发生了被挤占，必须写回L2缓存，而此时

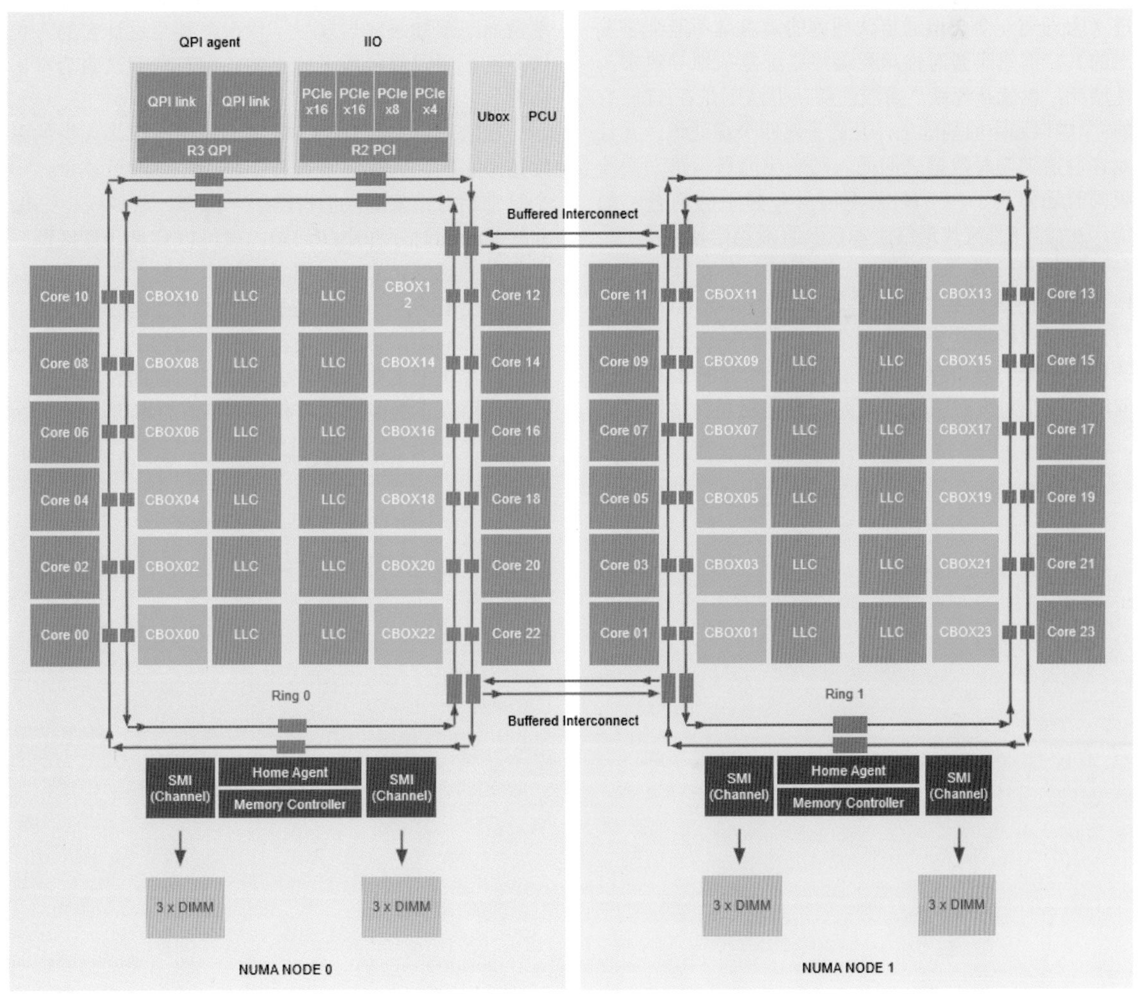

图6-209　Cluster-on-Die模式示意图

之前的那条旧缓存行尚未被写入L2缓存，而被改写的新数据却先被写入了，而后，旧数据得到了机会被写入，覆盖了新数据，导致数据丢失。后来在改版的芯片中修复了这个问题。

2012年前后，龙芯片3A1000进行了第二次改版，这次修正的依然是时序问题。在双路CPU直连组成的系统中，在一些特定的程序访存序列场景下，导致了片外访存网络死锁。龙芯3A采用的是AMD公司的片外HT网络体系结构，HT提供了3个虚拟通道（本章前文中介绍过虚拟通道的概念），分别为POST、NONPOST和RESPONSE。而龙芯片内访存网络采用的ARM体系结构中的AXI网络，其提供5个实通道（5套独立的队列），分别为读请求、写请求、写数据、读响应、写响应。于是，从片内到片外，不得不将一些流量合并到一个HT虚通道中传输，龙芯将写请求和写数据这两种消息合并在一起。然而，龙芯3A的缓存一致性协议要求写响应不能被堵，而读响应通道发出的L2缓存给L1缓存的一致性写请求有时会因为L1缓存处理不过来而暂时堵住，这时就会顺带堵死写响应通道（因为同一个虚拟通道队列内的请求是不能乱序发出的），而这个暂时性堵死最终错综复杂地导致永久性堵死，也就是死锁。对应的解决办法则是在HT原有的3个虚拟通道的基础上，开辟了第四个虚通道，并且允许写请求与写数据之间插入写响应消息。第二次改版同时还修正了一个HT互联时异步握手的问题。最终，2012年8月流片最终版本，一直被稳定使用中。

2011年，龙芯3B1000八核心CPU在设计上又出现了死锁问题。某个核心写访问其他节点RAM时，写地址和写数据是分开成两个消息传送的，结果另外的核心也来访问内存，同时又有几十个这样的相互访问时，写地址发过去了，但是写数据相互封堵导致死锁。对应的解决办法则是让写地址和写数据消息原子地被发送和执行。2012年4月龙芯3B流片发布第二版，至今稳定。

如果是事后诸葛的话，可以看出这个问题显而易见，为什么当初设计的时候却被忽略了呢？或者当初为什么不把所有的访存请求都完全排队在FIFO中呢？因为人脑对各种场景的思索总归是有限的，难免出错。同时为了提升性能，各种动作尽量被异步执行，如果全局都使用FIFO倒是一了百了，但是性能会很差。所以，设计一款CPU体系结构是个持久坚持总结踩坑和提高的过程，这个过程也正像本书的写作过程，不知道经历了多少返工、全部推倒重写的痛楚。删掉电子文档中的字容易，无非就是多付出几天、几周的脑力，但是修正一个已经做好的机械、芯片电路中的差错，其成本可就不可估量了。事后审视这些问题，谁能通过表面现象立即就想到是缓存时序问题导致的呢？单芯片不出现，几十片多芯片才出现，与缓存有何关系？一天出现一次，为什么不高频率出现？CPU的复杂度已经无法让人直接通过这些上层发生的现象而迅速知悉底层发生了什么，甚至设计它的人也做不到，所以只能用无休止的各种黑盒测试来穷举出问题。

在浩瀚宇宙时空下，在物理规律面前，人类的思维是渺小的，人类思考数百年可能才参透一点点。一个时空相对论就把人们折腾了一百年，从多核心/CPU并行执行的时序和空序问题，就可以窥见计算机世界之复杂。感叹之余，想想宇宙这个大时空内，在“同时”发生着多少事件，这些事件之间又是否有什么内在关联和同步，这就不是我等能想通的了，不过可以利用计算机的工作原理，去揣测造物者的设计逻辑，甚至利用人工智能来思考和参透宇宙的本质。

第7章 计算机I/O子系统

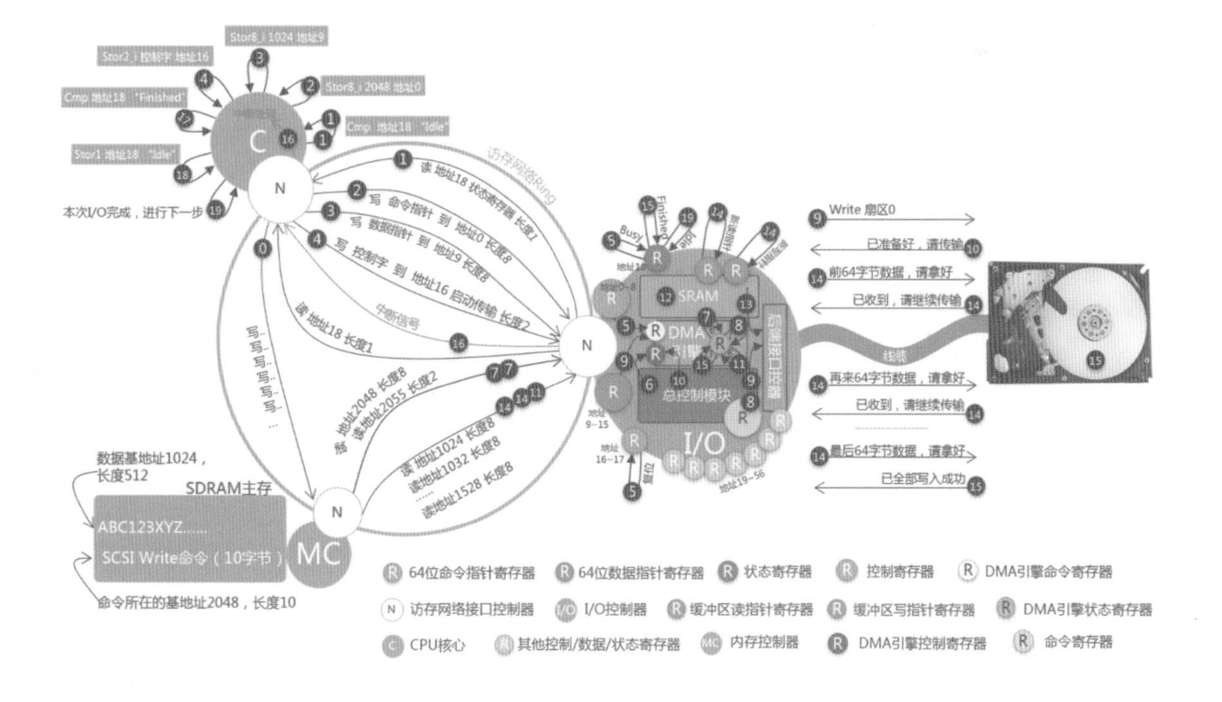

在本书前几章中，冬瓜哥穿插着简要地向大家介绍了I/O系统相关的内容。所谓I/O系统是指Input和Output，即输入输出系统。该称谓有别于访存操作。访存操作是访问CPU的全局地址空间中的存储器中所存储的数据，这些数据可以存放于MC后挂的SDRAM、系统桥的配置寄存器（包括CPU片内访存网络中的一些配置寄存器、南桥的配置寄存器等）、BIOS ROM、I/O控制器前端的寄存器中。

注意，访问CPU内部的某些控制寄存器的操作，并不是访存操作。这些寄存器并没有被划入全局地址空间里，而是使用特殊的指令来访问，比如LDPTB（Load Page Table Base Address，加载页表基址）等，无须用Load/Stor指令来访问。那么，为什么不将这些控制寄存器，或者把所有可配置的寄存器全部纳入到地址空间中去访问呢？比如LDPTB是把页表基地址载入到专门的寄存器中，这个寄存器本身就在核心内部，因为该寄存器的信号会被直接输送给MMU电路模块查页表，如果该寄存器用寻址的方式访问，它就要被放置到寻址电路的下游，而其信号却需要与上游的MMU连接，这样完全没有意义。而I/O桥片、片内/外访存网络控制器、交换器上的一些配置寄存器，本身就处于核心外面，这些处于核心外部的寄存器只能用地址寻址来访问，所以它们就被纳入了全局地址空间。反过来讲，为什么不把针对外部的配置寄存器的访问做成独立指令呢？显然，这不划算。因为外部的配置寄存器太多，如果访问这些寄存器中的每一个的过程都使用特定的指令的话，指令译码器的电路规模就会增加，而且就算做成了指令，到头来还得翻译成Load/Stor指令通过访存网络来访问这些外部寄存器。这何苦呢。

对于一台计算机来讲，它必须有大容量硬盘、能够接入网络、能够发声、能够显示图像。当然，能够连接键盘和鼠标，是最基本的要求。那么计算机具体如何访问硬盘中所存储的数据，如何从网络上接收数据或者向网络发送数据，如何发声、显示图像？读取/接收、写入/发送上述这些外部的数据的过程，被统称为**I/O（Input/Output）**。CPU并不能用也不适合用Load/Stor指令来直接访问硬盘上的数据。虽然你可以设计一个这样的系统，把比如一块1 TB容量的机械硬盘中所有的字节纳入整个地址空间，那么必须在整个访存网络上的所有节点路由表中设置对应的路由，从而让负责控制硬盘的控制器电路收到并认领CPU核心发出的针对这个地址区间的Load/Stor指令，并转发给硬盘执行，硬盘收到Load/Stor指令，读写对应的数据区域。这个过程的延迟太高，可达10 ms级别，而Load指令会导致CPU流水线整体被阻塞10 ms，这个时间对于时钟周期在GHz级别的CPU而言是极大的浪费。

有一个解决办法是在外部设备前置一个高速缓存，比如用32MB的SDRAM来充当该缓存，并将该区域纳入全局地址空间，程序将要写入外部设备的数据写入到该缓冲中即可，外部设备I/O控制器从这里再将数据拿走并发送给后端。由于访问SDRAM的速度较快，所以核心流水线被阻塞等待的概率就会比较低。但是，由于外部的存储介质速度慢，CPU向缓存中存入数据的速度很快，那么一旦缓冲区满了怎么办？另外，从外部设备中获取数据时，缓冲区起不到任何作用，访问速度依然很慢。

理论上，向网络发送数据，也可以用Load/Stor指令来实现。比如我要把一份数据发送给你，需要你预先告诉我要把这份数据存到哪里，也就是给我一个你方的存储器地址。我方程序获知这个地址，然后用Stor指令向该地址发起写入操作，同理，访存网络需要把该地址路由到网络控制器，网络控制器也需要被提前设置为认领所有你方所通告的地址段的访问。网络控制器接收到该数据之后，需要把该数据要被写入的你方的地址追加到数据尾部，然后将这份带有你方目标存储器地址的数据尾部再追加上一个“用于区分该数据包是要发送给网络上哪台机器的”地址，或者说机器地址。网络上的路由器根据机器地址将数据包发送给对应的端口，接收方收到之后，根据数据包中的存储器地址，将数据写入自身的存储器，并需要返回一个ACK信号给发送方，发送方接收到ACK信号，该Stor请求才算成功结束。可想而知，由于外部网络速度很慢，该操作也会阻塞核心流水线。

提示 ▶▶▶

如果数据包不带有机器地址，那么网络上的交换/路由设备将不知道该数据到底要发到哪里。网络上的交换路由设备无法识别“存储器地址”这个东西。除非，我们把整个网络上的所有机器的存储器地址都统一编址，比如机器A和B上各自有1GB SDRAM可供访问，网络中的所有路由交换设备上的路由表可以这样配置：凡是访问存储器地址0～1GB区间的，统一发送给端口A；访问

1GB～2GB区间的统一发送给端口B。这样，如果我要访问机器B上的第500MB，数据包中的目标地址应为1.5GB。这样的话，整个网络上的所有CPU和SDRAM本质上就构成了一台全局共享内存的NUMA系统。由于外部网络速度较慢，不管是用全局存储器地址寻址，还是用机器地址+存储器地址寻址，上述这种直接用L/S指令访问其他计算机存储器的操作，都会严重影响性能。

所以，为了从根本上解决外部设备I/O拖累核心流水线执行这个问题，我们需要一套精细设计的I/O控制流程。硬盘、网络等外部设备并非简单的存储器，而是由很多复杂模块和部件组成的精密系统。比如硬盘包含盘片、磁头、电机等很多部件，有很多运行模式，比如全转速运行、低转速运行。另外，将数据传送给硬盘，硬盘是否写入成功，还不一定，这个过程中有可能会有各式各样的错误，比如盘片介质错误、数据校验错误，等等。所以硬盘写入成功后必须返回一个ACK状态码告诉程序一侧到底是成功还是失败了，如果失败了程序一侧可以重新再写一遍。还有，如果将数据发送给硬盘，硬盘可以在尚未写入盘片之前就发送ACK信号（性能高，但一旦突然掉电则数据会丢失），也可以在写入盘片之后才发送ACK信号（安全性高，但性能差）。

而对于SDRAM/SRAM等存储器，由于其工作机制相对简单，错误率极低，纵使有错误也可以通过附带的校验码来纠正，加上内部没有什么机械部件，没有复杂的访问方式，所以这些存储器也就没有什么可管理的地方，可以用简单的L/S指令直接读写，甚至不需要返回成功与否的信号。而硬盘等外部复杂设备，由于上面那些因素考量，其不能够仅仅被作为简单的Load/Stor指令访问的存储器来对待，而必须设置一套独立的指令系统。每条指令要设计对应的格式、相关的字段以及编码，还要规定交互方式，比如写指令每次传送的最大数据量，ACK信号什么时候发送，是批量写完了发送一次，还是每次传送一份数据就发送一次，等等。除了普通的读、写指令，还需要设置其他的管理方面的指令，比如读取硬盘内部的各种信息/状态的各种指令。这些指令复杂、冗长。历史上出现过多种用于访问硬盘的指令集，比如**ATA指令集**、**SCSI指令集**以及**NVMe指令集**（专用于固态硬盘）。硬盘内部的控制电路或者程序需要识别和执行这些命令，需要对命令译码，并生成对应的控制信号，比如控制磁头的摆动和对磁头加电信号读写盘片等，其本质上与CPU译码机器指令执行的过程类似，只不过CPU内部控制的是电路，而硬盘内部除了控制电路之外还要控制各种机械装置。

那么，这些针对外部设备的操作命令，是如何生成的，如何传送给外部设备的？外部设备又是如何具体执行这些命令的？此外，需要传送给外部设备的数据，又是如何组织、放置、传送给外部设备的？本章中，冬瓜哥就以硬盘（存储系统）、网卡（网络系统）、声卡（声音系统）、显卡（图像系统）这4个典型的外部I/O系统为例，向大家展示一个全局的流程框架。

7.1 计算机I/O的基本套路

如上文所述，外部设备中的数据访问，一定要与CPU的Load/Stor访存松耦合起来，异步地执行。访问硬盘设备的基本思路是：程序首先把要发送给外部设备的数据在主存SDRAM中准备好，然后把发送给硬盘的命令字用Stor指令写入到I/O控制器的命令寄存器中，接着再把这些数据从SDRAM中用Load/Stor指令移动到I/O控制器的某个缓冲存储器中（该缓冲存储器也被纳入全局地址空间），之后就可以做其他事情了。I/O控制器根据收到的命令与硬盘沟通，得到硬盘的准许之后，再将缓冲器中的这些数据发送给硬盘，这个过程也可以与CPU核心并行执行。而外部I/O控制器成功地将数据存入外部存储介质之后，需要在状态寄存器中更新状态为“Finished”，比如对应某种编码1111，程序可以不断地或者每隔一定时间来使用Load指令读出该寄存器值到核心内部数据寄存器，并在这里与1111作比较以判断是否上次I/O操作已经完成，或者等待I/O控制器发起一个中断信号，然后读出该寄存器以判断I/O是否完成。网络、声音、图像的I/O过程本质上都是类似的，但是有一些区别。本节中，我们先利用硬盘和网卡为例粗略介绍一些I/O基本套路和名词概念，在后文中，再详细介绍个中的流程细节。

7.1.1 Programmed IO+Polling模式

看一下图7-1，我们将一个专门用于硬盘访问的I/O控制器直接挂接到CPU片内访存网络上。该I/O控制器向全局地址空间中暴露了若干个寄存器，以及一个用于接收数据的SRAM存储器。这些存储器的地址被预先写入到访存网络控制器的路由表中，CPU可以直接通过L/S指令访问这些寄存器和存储器。I/O控制器内部也有对应的地址译码器，能够将收到的全局地址翻译成对内部的寄存器、SRAM存储器地址的读写信号。I/O控制器内含有一个总控模块，各个寄存器与之相连，总控模块根据寄存器中的内容来做出各种动作。该I/O控制器中还包含有一个专门负责与硬盘沟通的后端接口控制器，该控制器按照硬盘所能接受的访问方式，发出各种访问请求和数据消息，它接受总控制模块的控制。下面我们就来看一下要将一份512字节的数据写入硬盘0号扇区的全过程。

如图7-1所示。首先，程序生成要存储的512字节的数据（目前商用硬盘的每个扇区大小为512字节），使用Stor操作将其存入了主存中的某段地址，

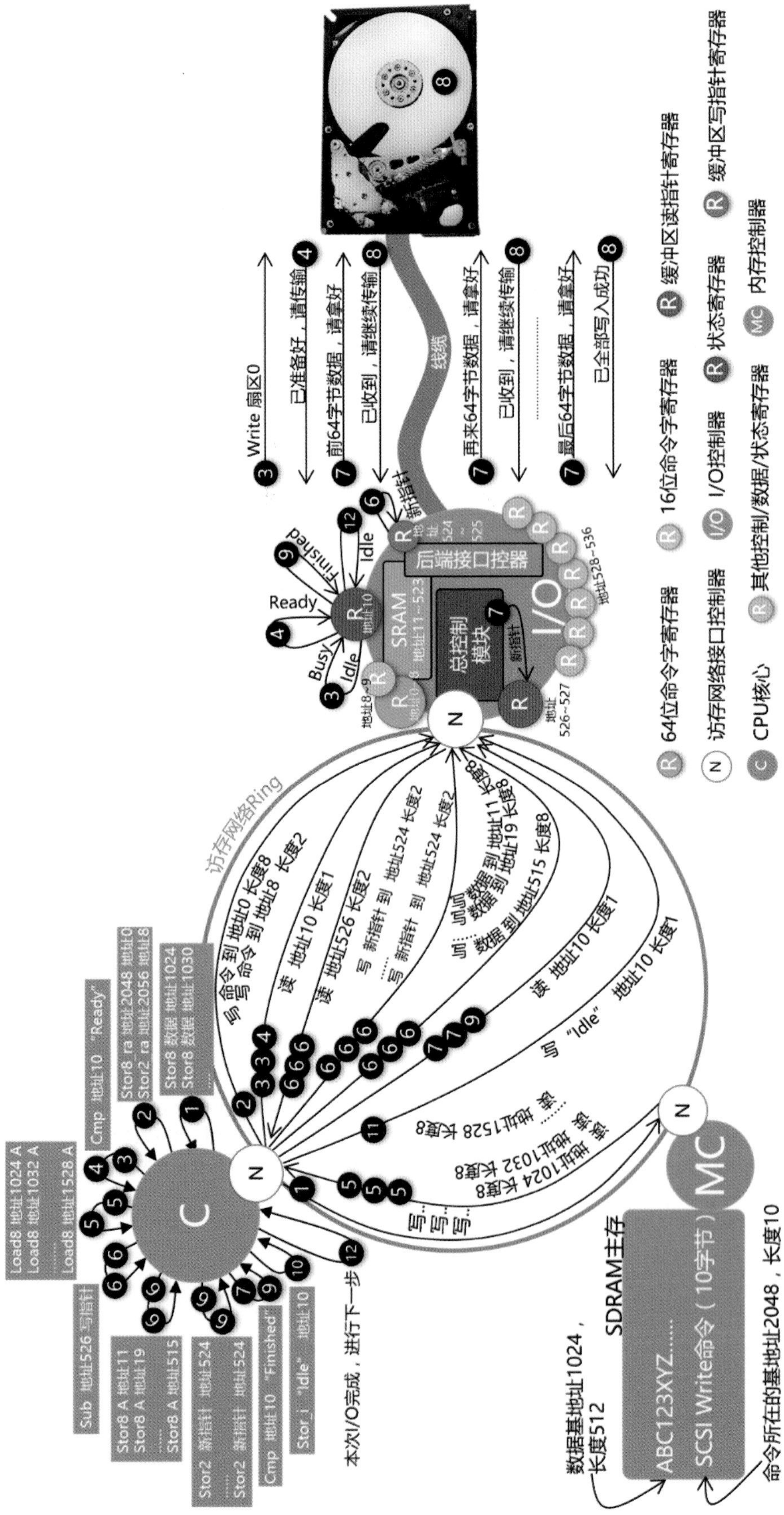

图7-1 向硬盘写入数据（Programed I/O+Polling模式）的过程示意图

假设为1024地址开始的512字节长的这段地址。同时，程序还需要生成一个能够被硬盘识别的操作命令。本例中生成了一条写命令，并将其放在了地址2048处的主存中，其长度为10字节。

提示▶▶

硬盘本身作为一个独立的小计算机，有自己的CPU、RAM和外部I/O控制器，以及配套的软件程序。下文会详细介绍硬盘架构原理。硬盘上运行的程序，从其前端的接口控制器中接收到命令，解析该命令，从而判断下一步动作，比如准备好接收数据。这套命令体系，也就是指令集，必须预先定义好，比如写用什么编码、读怎么编码，以及其他一系列的状态查询、控制等近上百条命令。历史上，主流的指令集有ATA指令集和SCSI指令集，以及当前针对PCIE接口的固态硬盘单独派生的NVMe指令集。外部存储设备指令集不但定义了每个指令的作用、编码、参数，还定义了应该怎么交互。比如，要向硬盘存一份数据，应该先发送什么消息，再发什么消息，硬盘需要先回复什么消息，再回复什么消息，最后结束回复什么消息等，这非常复杂。这些存储指令集又被称为存储访问协议，而目前说的指令集一般特指CPU执行的机器指令的集合。

我们看看SCSI命令集中的Read10和Write10命令，如图7-2所示。可以看到每条命令由10字节组成，这也是命令之后的“10”的含义。其中1字节用于描述操作码（读、写等），4字节用于描述扇区号（图中的Logical Block Address，最大能描述2^{32}个扇区，也就是总容量2 TB的存储空间。容量大于2 TB的硬盘，就得用更多字节来描述扇区号，用Read16/Write16命令，其会用8字节来描述扇区号），1字节用于描述长度，其他字段用于一些精细化控制。一条指令的基本三要件包括**操作码、目标起始扇区号和长度**，比如读出从1024扇区开始的8个扇区。本例中的命令，则是写入从0扇区开始的1个扇区。

程序准备好数据和命令之后，需要先将命令发送给硬盘，让硬盘做好接收数据的准备。但是硬盘和CPU之间隔着一道I/O控制器，所有的命令和数据都需要先发送给I/O控制器。所以需要用Stor指令将命令写入到I/O控制器上的专门用于接收命令的命令寄存器。在这之前，程序还必须先检查I/O控制器的状态寄存器是否为Idle状态，如果状态寄存器不为Idle状态，则说明I/O控制器正在执行任务，此时新命令不应该被再次写入命令寄存器。

由于该命令有10字节，所以需要一个80位的命令寄存器来存放，需要在地址空间中映射10个地址。但是CPU内部的数据寄存器目前一般为64位，那就意味着需要Stor两次才能把一条命令写入I/O控制器，第一条用Stor8指令写出去8字节，第二次再用Stor2指令把剩下的2字节写出去。本例中假设I/O控制器内部的80位的命令寄存器在物理上被分成了两部分：一个64位的，一个16位的。当然，整体上做成一个80位的寄存器也一样，这里并没有什么本质区别。

I/O控制器必须知道哪个基地址和地址段对应着哪个内部寄存器，I/O控制器内部需要一个地址译码器将全局地址翻译成Mux/Demux信号导向对应寄存器。显然，这个译码器可以写死也可以写活，比如图7-1所示的I/O控制器内部总共有5个寄存器（可能有不同位数的，如64位的、16 位的，等等）。如果译码器写死，比如这5个寄存器（假设共24字节容量）必须被映射到全局地址空间的1024～1048地址上，那么设备管理程序就会默认在设备信息描述表中记录这些定死的地址。如果译码器写活，那么设备管理器可以任意分配这24字节到地址空间的任意区域，比如被分配到512～536字节处，那么，设备管理器就必须把这个映射关系通告给I/O控制器（将基地址也就是512告诉I/O寄存器即可），I/O控制器中的地址译码器会根据这个映射关系对地址做译码。具体的过程其实就是在译码器内部增加一个减法器，第一个输入就是设备管理通告给I/O控制器的动态分配到的基地址，第二个输入则来自每次访存操作的目标地址。假设CPU核心访问514号地址，译码器用514 – 512 = 2，证明该地址访问的是自己内部的第2号地址，于是找到对应的寄存器，将数据读出或者写入。这种I/O控制器被称为**支持动态分配地址资源**的I/O控制器。或者称之为可**灵活配置**的I/O控制器。

I/O控制器接收到Write10命令之后，需要对命令的操作码字段进行译码，看看到底是读还是写，或者其他操作。本例中为写入操作，那么I/O控制器便要做下面这一系列动作：先将状态寄存器从Idle变为Busy以表明不要再发新的命令给我了，我忙着呢；然后，我要将数据发送给硬盘，而且按照SCSI协议的交互方式，需要先收到硬盘发过来一个“已准备

Byte\Bit	7	6	5	4	3	2	1	0
0	OPERATION CODE (28h)							
1	RDPROTECT			DPO	FUA	Reserved	FUA_NV	Obsolete
2	(MSB)							
5	LOGICAL BLOCK ADDRESS							(LSB)
6	Reserved			GROUP NUMBER				
7	(MSB)							
8	TRANSFER LENGTH							(LSB)
9	CONTROL							

Byte\Bit	7	6	5	4	3	2	1	0
0	OPERATION CODE (2Ah)							
1	WRPROTECT			DPO	FUA	Reserved	FUA_NV	Obsolete
2	(MSB)							
5	LOGICAL BLOCK ADDRESS							(LSB)
6	Reserved			GROUP NUMBER				
7	(MSB)							
8	TRANSFER LENGTH							(LSB)
9	CONTROL							

图7-2　SCSI命令集中的Read10（左）和Write10（右）命令

好”（Ready for Transfer，XFER_RDY）的消息，才可以发送数据，每次最多连续发64字节之后，再等待对方说“已准备好”才能继续发送；后端与硬盘连接的线路上最大每次可以发送16字节数据，数据需要由CPU核心写入到我的SRAM缓冲存储器中，只要收到硬盘的XFER_RDY消息，我就立刻将状态寄存器变为“Ready”状态，从而表示我做好接收数据的准备了；CPU看到这个状态，就可以向缓冲区中写入数据，只要攒够了16字节，我就赶紧发送一个数据包到对方，发送4次，等待一个应答消息，再发送4次，一直到发完为止，硬盘会发送一个最终的写成功消息；只要收到这个消息，我就需要将状态寄存器更新为Finished状态。上述的这些逻辑，必须被预先写死在I/O控制器内部的总控制模块和后端接口控制模块中。还记得第6章中介绍过的Micro Sequencer/硬状态机么？I/O控制器内部其实就是一个大的硬状态机，其根据输出的结果决定下一步要做什么，而这个判断过程是不需要执行程序指令代码的，或者说程序已经被固化到状态机硬件逻辑电路中了。

再说回来，I/O控制器收到写命令之后，除译码、状态机就位之外，还需要将该指令发送给后端接口控制器，后者则将该命令整体向与硬盘连接的链路上发送。硬盘收到该命令之后，其内部的程序代码分析该指令（为什么硬盘不使用硬状态机来处理命令呢？因为硬盘里要运行的程序逻辑实在是非常复杂，所以为了灵活性，不得不用CPU+程序代码的方式来处理命令和读写盘片上的数据），并在其内部的缓冲存储器中分配对应的空间，然后返回一个XFER_RDY消息给I/O控制器。XFER_RDY消息输入到I/O控制器译码电路后，便触发I/O控制器的硬状态机进入“准备从SRAM中读出CPU发来的数据然后发送给硬盘”这个状态。读出多少数据，当然是由Write10命令中的Transfer Length字段决定，该字段会被I/O控制器提取并保存在内部的控制寄存器中用于持续向状态机输送信号。

再来看CPU核心里的程序，其将命令写入到命令寄存器之后，就会持续不断或者间隔一定时间地去查询I/O控制器的状态寄存器，看看其是否处于Ready态。一旦发现状态寄存器处于Ready态，则开始从主存中存储数据的区域源源不断地把数据移动到I/O控制器的SRAM缓冲区中，我们假设该缓冲区的大小刚好容纳一个扇区，也就是512字节的数据。我们假设该程序先把数据从主存使用Load指令装载到内部寄存器A，再从寄存器A将数据使用Stor指令存储到SRAM缓冲区所对应的地址上。

那么，I/O控制器如何判断SRAM中已经存储了多少数据了呢？显然，需要有个写指针来记录当前的缓冲区水位线，回顾一下第1章介绍过的FIFO，这里又用到了相关知识。图中位于地址524～525的16 位寄存器（紫色）便是用于存储写指针的寄存器，描述512字节需要9位（$2^9 = 512$），1 字节只有8位，放不下，所以只好用2字节了。程序每写入缓冲区一批数据，就将对应的写指针也算出来，并且用Stor指令存储到该寄存器。同时，I/O控制器由于不断地读取缓冲区将数据取走并发送到硬盘接口控制器，显然也需要一个读指针来记录它读取的位置。另外，为了防止缓冲区溢出，I/O控制器是否需要一个缓冲区空满标识寄存器用于记录缓冲区的状态呢？该寄存器由I/O控制器总控模块负责、根据读指针和写指针来计算，并在每个时钟周期都更新，程序一侧则在每次存入数据之前都检查该标识寄存器以确保缓冲区不溢出。但是如果仅仅记录空和满，这并不足以让程序一侧知道本次可以存入多少数据到缓冲区中。缓冲区如果为空，则问题好解决，程序可以存入任意小于缓冲区容量的数据；缓冲区如果为满，问题也好解决，程序暂停发送就是了。但是多数时候缓冲区都是非空未满状态，此时程序一侧必须明确知道缓冲区还剩下多少空余空间可供存入。程序一侧可以通过读取读指针寄存器，来与上一次的写指针做比较，从而决定本次存入多少数据。所以，我们不需要设置独立的空满标记寄存器，程序自行计算判断就可以。

提问▶

思考一下，I/O控制器上的控制寄存器，如读指针、写指针、空满标识寄存器等，都位于全局地址空间中可被核心直接寻址访问，那么核心是否可以缓存这些地址上的数据呢？

显然不可以！绝对不可以。比如某时刻核心将空满标识寄存器读入并判断缓冲区未满，过了一段时间，I/O控制器更新了空满标识寄存器为满，但是核心缓存中的这个地址的数据依然是未满，则核心做出了错误的判断，继续写入了新数据到缓冲区，于是错误地覆盖了数据，后果非常严重。另外，很显然，针对I/O地址区域的访问也必须保证顺序，不能乱序执行，因为这些外部I/O控制器的寄存器之间本身就是有时序依赖性的。比如只有当状态寄存器为Idle时，才可以将命令写入到命令寄存器。那么，如何控制对这些地址上的数据不做缓存？在第6章中也提到过，CPU提供了MTRR寄存器，在这里可以设置针对哪一段地址空间不允许缓存，以及保持什么样的时序一致性。那么核心再做访存请求时，缓存控制器就不会缓存这些数据了，每次访问都不会命中，那请求都会发送到外部访存网络上，于是核心也就可以访问到最新数据了。同时，流水线发射控制单元也会根据访存的目标地址是否要求保持强时序一致性，从而判断当前指令是否可以提前执行。

假设后端的硬盘接口控制器每次最大可以连续传输64字节内容，那么，I/O控制器总控模块在每个时钟周期都会将写指针与读指针相减，判断结果是否大于64：如果结果为是，同时上一份数据如果已经发送完毕，则再读出64字节发送到后端硬盘接口控制器；如果结果为否，则I/O控制器需要等待更多的数据积攒，这样可以增加后端的吞吐量。

当硬盘成功接收了全部512字节之后（硬盘是知道本次I/O的长度的，因为一开始就把Write10命令发送给硬盘了），硬盘中的程序一看本次数据全部传送完毕，则在后台将数据写入到盘片（硬盘必须积攒至少一个扇区的数据之后才能开始写入盘片，否则如果写到一半断电了，该扇区就会一半新一半旧，这是不允许的），成功之后，向I/O控制器返回一个写入成功消息。I/O控制器收到该消息，则将状态寄存器变为Finished状态。

当程序发送完所有512字节之后，开始不断地检测I/O控制器上的状态寄存器，看看有没有变成Finished状态。如果状态寄存器变成Finished状态，则本次I/O操作完成，于是将Idle状态码Stor到状态寄存器，I/O寄存器内部的状态机复原归位，等待下一次I/O请求的到来。

后端硬盘接口控制器其实是一个SCSI协议硬状态机，其根据SCSI协议的交互规则，每当发出或者收入一个SCSI数据/请求/应答消息，自己的状态就做相应改变，以进行下一步操作。后端硬盘接口控制器可以在I/O控制器总控模块的控制之下，直接读写SRAM缓冲区。所以，这个专门用于在后端与硬盘打交道的、具有SCSI协议识别和交互执行能力的控制器，称之为**SCSI通道控制器**。后文中你会看到，该控制器不仅可以用线缆直连一个硬盘，也可以同时接入多个硬盘。其被包含在I/O控制器这个大角色之内，作为后者的一部分。I/O控制器的前端采用Ring网络控制器（图7-1中的Ⓝ，或者可以称为Ring通道控制器、Ring控制器等）直接与CPU片内访存网络挂接，直接接受核心的地址访问请求。I/O控制器总控模块根据状态机更新自己的状态寄存器，同时操纵后端SCSI通道控制器与硬盘收发数据，实现全局协调。所以，整个I/O控制器在这里的角色又被称为一种**协议转换器**，其前端接受访存协议，后端与硬盘之间却以SCSI协议通信，SCSI协议中已经不包含任何内存地址信息了，只有扇区地址/号和数据以及其他状态信息。所以，I/O控制器就是访存网络的边界。如果I/O控制器后端的接口控制器与硬盘之间采用ATA协议规定的命令格式和交互方式，前端与核心和MC的交互方式不变，那么该I/O控制器就被称为**ATA通道控制器**。同理，存储系统中还有FC、SAS控制器，它们的套路都是类似的。

有了写I/O的执行过程分析，我们再来看看读I/O的执行过程，应该理解起来会比较顺畅了。比如要读出扇区100的内容，同样，先将读命令生成在主存中，然后向I/O控制器发送该命令。I/O控制器拿到命令，状态机就位，向后端硬盘发送该命令，并将自己的状态寄存器更新为Reading状态。硬盘不断将数据返回，后端接口控制器将数据收到之后写入缓冲区并更新写指针，程序一侧则不断根据写指针和读指针的差值来判断目前缓冲区内的数据量，并不断地将数据读出并写入主存中预先分配好的空间。当硬盘传输完所有数据之后，发送一个传输完成信号给I/O控制器，后者更新自身的状态寄存器到Finished状态。程序一侧则继续将缓冲区数据全部拿走，本次I/O结束。

提示

I/O控制器上的SRAM缓冲区也位于全局地址空间中可被直接寻址，那么这块存储器空间是否允许缓存呢？

答案是，可以允许缓存，但是这样没有意义，而且拖慢性能。试想，既然要往硬盘写数据，结果数据都被缓存在核心里了，I/O控制器缓冲区反而没有数据进来，那么硬盘那一侧就迟迟收不到数据，本次I/O就会一直处于未完成状态，I/O控制器的状态寄存器一直处于Ready状态等待数据到来，硬盘一侧的程序也在不断循环尝试接收数据，因为for循环代码中的i值尚未达到命令中的长度值，这样极大浪费资源。而且，这些缓存起来的数据是根本没有任何加速效果的，因为这些数据的大本营是I/O控制器上的缓冲区，这些数据是准备发给硬盘的，不会有其他任何程序闲来无事访问这块空间中的数据。就算有程序要访问该扇区的数据，那么那个程序也会发一条SCSI命令给硬盘读出数据，而不是直接用访存指令访问缓冲区，所以对这块数据进行缓存毫无意义。

在上述过程中，程序可谓是操碎了心，什么都得管：I/O控制器的状态，得盯着；缓冲区还剩多少空间，得算着；数据得一点一点地往那传着；I/O是否已完成，得试着。CPU也累散了架，为了传点数据过去，自己得先从SDRAM把数据读到内部寄存器，再从内部寄存器把数据存到缓冲区里。

人们将这种由CPU亲手从内存中拿出数据写入外部I/O控制器，或者从I/O控制器中取出再写入SDRAM的过程，叫作**Programmed I/O（PIO）**过程，也就是数据移动是靠程序代码中一条一条的Load/Stor指令来完成的。同时，人们将这种由程序来不断地读取状态寄存器来判断I/O完成状态的方式称为**轮询**（Polling），也就是不断地探询。这两个手段非常低效。如果是单核心CPU，那么核心在挪动数据的时候，就不能做其他任务。虽然单核心也是可以多线程轮流执行的，但是每次执行到发出I/O请求的这个线程，该线程都会把时间片全部用完，再加上需要不断读取状态寄存器来判断I/O完成状态，这对CPU的消耗非常高。

于是，人们自然地想到，如果能够把命令和数据所在的SDRAM中的地址指针告诉I/O控制器，后者自行到主存中取数据，缓冲区还剩多少数据，程序根本不管，爱剩多少就多少，完全由I/O控制器自行解决：剩多少，I/O控制器就从主存读多少，满了就暂停，完全自治。I/O控制器拿到数据之后将其写入后端硬盘，硬盘完成写入数据之后，能够用中断的方式告诉CPU“完成了！”，然后触发后续的程序逻辑，这显然效率会高很多。当然，这样做也自然会增加I/O控制器内部的控制逻辑的复杂度。总而言之，这些事，哪一样也省不掉，程序不去做，那就只有让I/O控制器自己去做；软件不做，那就交给硬件多做一些，软件就简单一些。

Programmed I/O就像大人一勺一勺地喂婴儿一样，有时候勺子到嘴边，婴儿就是不张嘴，那就一直等，有必要还得哄着，大人要眼睛不离婴儿，察言观色，一有机会就喂上一口。为人父母的读者都体会过这个过程。你希望什么？当然是把饭摆在婴儿面前，告诉他/她，这是饭，那是汤，勺子在这里，任婴儿自己吃。

7.1.2 DMA+中断模式

为了实现上述愿望，我们在I/O控制器中增加一个模块，这个模块叫作**直接内存存取**（DMA，Direct Memory Access）**引擎**，或者**DMA控制器**（叫引擎听着更有格调），如图7-3所示。顾名思义，正是由该模块负责主动从主存中取回数据（写I/O时）或者将数据写入主存（读I/O时）。该模块内部有对应的计数电路，只要给其一个基地址指针和对应的长度（字节数）写入其命令寄存器，然后按一下按钮（向其控制寄存器中对应位写1。该控制寄存器又被称为Doorbell Register），它就开始工作，不断地直接向MC发出访存请求，从主存中将数据读出并写入SRAM缓冲区，或者从SRAM缓冲区将数据读出并写入主存。每完成一次访存，电路就将基地址与上次访存的长度相加再输入到计数器中，并将该值与待访问数据的结束地址做比较，如果还没有达到，则继续发出访存请求，直到结束为止。此时DMA控制器会更新自己的状态寄存器为Finished状态，以告诉I/O控制器总控模块访存操作结束。DMA控制器访存时，CPU核心可以继续执行其他线程，这个过程不会阻塞核心流水线，也不用核心亲自去移动数据，这样就降低了CPU的耗费。我们将这种帮助CPU处理一些事情从而解脱CPU的运算资源的方法称为**Offload**（**卸载/减负**），比如“DMA引擎卸载了 CPU的移动数据的过程”。下面我们来详细地介绍一下利用DMA+中断模式处理硬盘写I/O时候的流程。

首先，程序将要写入的数据以及SCSI命令在主存中准备好。然后，程序先读取I/O控制器的状态寄存器的值，看一下其是否为Idle状态。如果状态寄存器的值不是Idle状态，程序可以循环检测或者隔一段时间检测，或者把自己设置为休眠/挂起状态（也就是通知线程调度器，我暂时不想运行了，你先调度别的线程运行吧，下次调度我的时候我再来尝试读该状态寄存器看看是不是Idle态）。直到状态寄存器的值检测到为Idle态时，则将SCSI命令所在的基地址，也就是2048，写入到I/O控制器的命令指针寄存器中。对于一个64位的地址空间，任何地址都是64位长的，所以命令指针寄存器只需要64位就够了。相比把整个命令存入寄存器而言，只把命令所在的地址指针存入寄存器可以节约2字节的寄存器空间。接着，程序继续把数据所在的基地址写入到数据指针寄存器中。

然后，程序需要告诉I/O控制器“命令和数据的位置已经给你了，现在你需要自己去主存中把命令和数据取回然后执行”，当然，程序只需要将I/O控制器的控制寄存器中的对应的“开始执行”控制位置1就可以了。置1之后，程序可以选择两种模式来监控这个I/O的完成。一种是上文中的Polling模式，也就是从此开始不断读取I/O控制器的状态寄存器，直到状态寄存器已经是Finished状态，但这样很浪费CPU性能。另一种办法则是，程序直接将自己休眠或者说挂起，也就是调用线程调度程序所提供的函数，比如Suspend()，该函数会修改线程调度控制数据结构，标记该线程下次不再被调度运行。当然，该线程不能永远被休眠，仅当I/O完成之后再运行该线程。所以Suspend()函数要向线程调度程序通告“当I/O完成这个事件时请把我唤醒”，所谓唤醒就是将该线程设置为可被调度执行状态，一有机会便会再次被执行。Suspend()函数下游需要将每个线程的唤醒条件都记录在一些数据结构中以追踪。同时该线程需要在Suspend()函数调用之后紧接着安排一句读取状态寄存器的代码，因为被唤醒之后，该线程会继续从Suspend()函数之后的下一行代码开始执行。此时状态寄存器可能会是Finished状态，但也有可能遇到了某种错误从而显示为其他状态，所以被唤醒的线程需要自行判断状态寄存器的状态然后做出不同的响应。因为I/O完成触发了该线程继续执行，该线程就可以继续做其他事情了。那么又是谁在I/O完成之后将该线程唤醒的呢？下文中将会介绍。

再说回来。I/O控制器总控模块的电路会在这个高电压的驱使之下，开始做下一步动作。首先，I/O控制器自行将自己的状态寄存器设置为Busy状态，这相当于在门口挂了个请勿打扰的牌子。然后，I/O控制器将控制寄存器复位，这就相当于在飞机上你按下了呼叫乘务员（I/O控制器）的按钮指示灯，乘务员过来时顺手把灯按灭，I/O控制器也是这么做的。下一步动作则是将命令指针从命令指针寄存器中取出，接着把该指针、访存长度（本例中所使用的SCSI命令为10字节长）、访存源（MC控制器）、访存目标（I/O控制器的命令寄存器）这4大信息一同写入到DMA引擎上的命令寄存器中。然后，程序向DMA引擎的控制寄存器中对应的位写1（启动传输），在该高电压驱使之下，DMA引擎将自己的状态寄存器更新为Busy态（图中的B），同时立刻拿着该指针向MC控

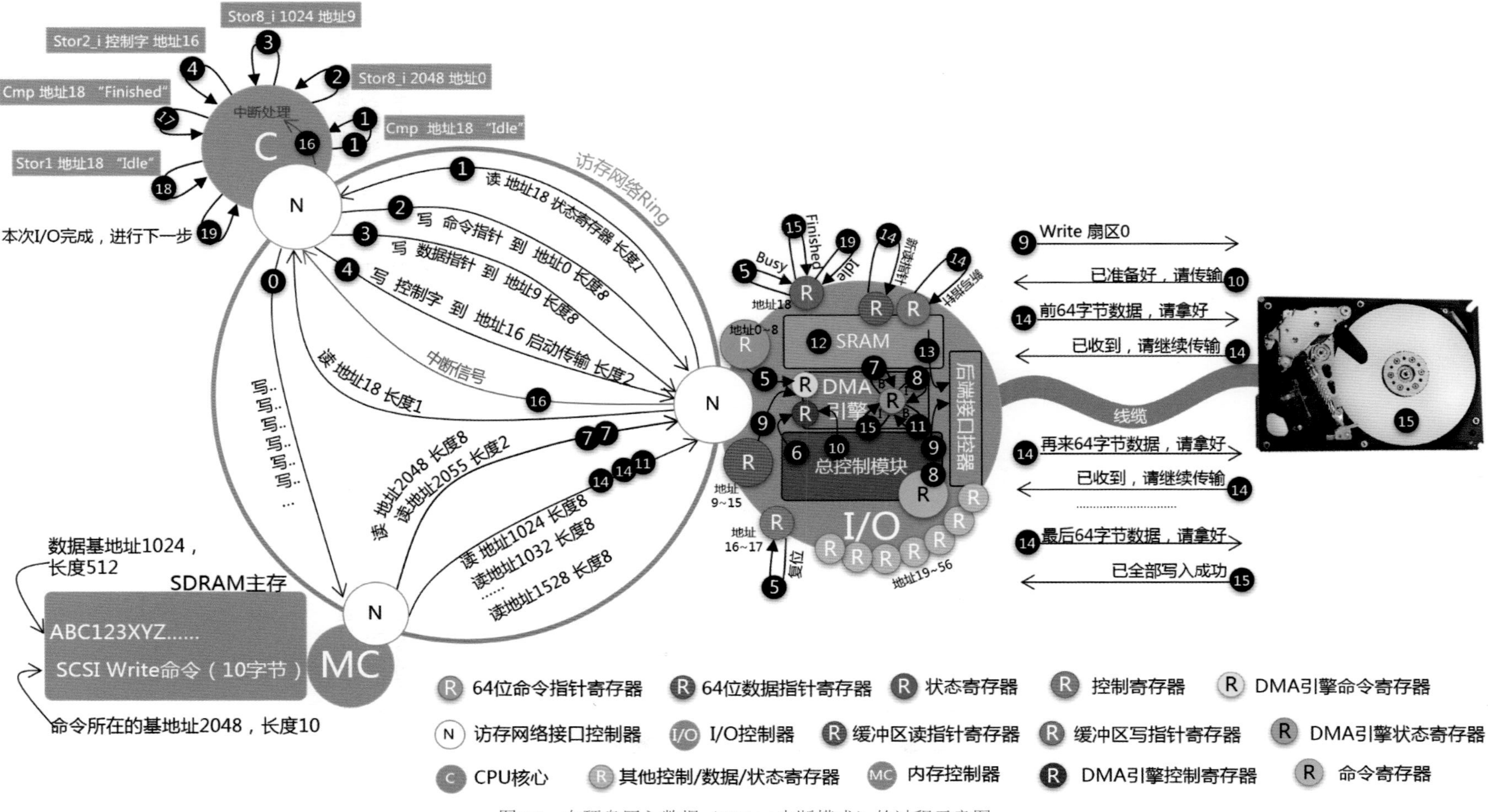

图7-3　向硬盘写入数据（DMA+中断模式）的过程示意图

制器发起访存读请求，每次请求的长度看访存网络能够接受的最大长度而定，比如最大长度是8字节，那么这10字节的内容要发出两轮请求才可以获取到。MC返回的数据由DMA引擎在访存目标字段的控制之下，被写入I/O控制器的命令寄存器中，然后DMA引擎更新自己的状态寄存器为Idle态（图中的I）。该状态寄存器的值会输入给I/O总控模块，一旦发现从Busy变为Idle，则证明上一次传输任务已经完成，命令已经到达了命令寄存器。

然后，I/O控制器开始解析该命令，发现该指令是让硬盘写入扇区0，长度为1，也就是只写一个扇区，则将数据指针寄存器中的指针、访存长度（512字节，因为本次I/O只写一个扇区）、访存类型（读）、访存源（MC控制器）、访存目标（SRAM缓冲区指针）再次写入到DMA引擎的命令寄存器中，同时，把接收到的SCSI指令委托后端硬盘接口控制器向硬盘发出，并等待硬盘回复XFER_RDY信号。I/O控制器主控模块将启动传输控制位写入到DMA引擎控制寄存器，启动传输，DMA再次更新自身状态寄存器为Busy态，同时从MC源源不断分多次地将数据复制到SRAM缓冲区指定的区域存放，之后更新自己的状态寄存器为Idle态，通知I/O总控模块。

随着数据从MC不断流向SRAM缓冲区，I/O总控模块开始委托后端硬盘接口控制器从SRAM中指定区域读出数据，并用SCSI协议的交互方式传送给硬盘。数据从MC写入SRAM，与从SRAM读出发送给硬盘，这两个过程并行执行，这样会节约时间，提升性能。随着对SRAM的写入和读出，SRAM缓冲区的读写指针寄存器不断地被更新，以便读写双方保持一致性。经过多轮传送之后，硬盘将数据写入并回复写入成功消息。I/O控制器接收到该消息，将SRAM缓冲区清空，同时更新自己的状态寄存器为Finished状态。

I/O控制器发出一个中断信号，该中断信号中包含一个标识号用于辨别中断信号到底是哪个I/O控制器发来的，因为系统可以接入不同的I/O控制器，比如键盘I/O控制器、硬盘I/O控制器、网络I/O控制器、显示I/O控制器等。该信号被发送到CPU核心内部专门负责中断的电路模块，该模块中断CPU的代码执行，触发CPU自动保护现场（将当前线程的PC等各种指针记录保存到专门的数据结构中，并将各数据寄存器压入该线程当前的栈中），然后查找中断向量表找到对应的中断服务程序。该I/O控制器对应着硬盘I/O控制器中断服务程序，CPU跳转到该中断服务程序执行。该中断服务程序开始与I/O控制器通信，读取其状态寄存器看看到底为什么发中断。如果状态寄存器已经是Finished状态，证明上一次I/O完成导致了该中断，于是该中断服务程序将Idel状态码更新到状态寄存器中，复位I/O控制器以便后续任何一个线程可以发送I/O请求给它执行。中断服务程序还必须将由于等待这个I/O完成而被挂起的线程置于可被运行状态，这个事件可以由中断服务程序亲自来修改对应的线程调度数据结构。或者更加优雅的方式是，中断服务程序只将该I/O完成状态记录到某个数据结构中，然后由线程调度程序每次运行时检查该数据结构，将其与线程的唤醒事件匹配，谁当时登记了这个事件，谁就被唤醒。中断服务程序完成该执行的逻辑之后，最后执行一条特殊的指令iret（Interrupt Return），CPU收到该指令之后，则将中断信号到来之前正在运行的线程的上下文继续载入执行。

程序如果要从硬盘读扇区0，则需要将命令准备好，并预先找内存管理程序申请一块内存空间用于存放硬盘返回的数据。然后，将命令的基地址以及该内存空间基地址，分别写入到I/O控制器的命令指针寄存器和数据指针寄存器，并向控制寄存器中写入对应的控制位启动I/O。I/O控制器解析命令，并将命令发往硬盘，从硬盘获取数据并写入SRAM缓冲区，然后I/O控制器启动DMA引擎，后者将数据从SRAM搬移到主存中刚才申请的空间中。然后将状态寄存器置为Finished，发起中断，程序处理中断，I/O结束。

可以看到，采用DMA+中断的方式来执行I/O操作，程序做的事情少了，CPU耗费更低了，CPU可以有更多的时间载入其他的线程继续执行。I/O控制器变得更智能了，做了更多的事情。另外，I/O控制器向地址空间中暴露的寄存器更少了，SRAM缓冲区不需要暴露了。一些之前被暴露的寄存器，现在也变成内部私有寄存器了，仅供I/O控制器自己访问，不需要被CPU核心看到。

提示

DMA控制器将数据写入主存的过程被称为DMA写，DMA从主存读出数据的过程则是DMA读。

上述的程序读写硬盘的例子展示的都是由程序主动发起I/O。而有些I/O过程并非由程序而是由设备主动触发，比如网卡接收到网络数据包，这完全是个异步过程，根本无法预测什么时候会发生。此时可以使用另外一种机制：网卡如果有数据要主动写入主存，可以先更新自己的状态寄存器以表示收到了数据，然后发送一个中断；中断处理程序前来读取状态寄存器值检查中断原因，之后向内存管理程序申请一块空闲空间，然后将该空间的基地址指针告诉I/O控制器，并启动DMA过程，完成本次I/O。

7.1.3 DMA与缓存一致性

上文中我们介绍了I/O数据的流动过程，但却忽略了一个问题，那就是缓存一致性问题。试想一下，假设程序要将512字节的数据写入硬盘扇区0，程序首先将该数据写入地址1024～1535处，这个动作对应了一批Stor指令。由于缓存的存在，这些数据被经过Stor指令操作之后，可能在L1或者L2、L3缓存中，也可能部分在缓存、部分在SDRAM中。此时如果程序启动I/O过程，那么DMA引擎从1024地址拿数据，如果数据在缓存中，就必须确保把缓存中的数据发送给DMA引擎，这个过程只有靠第6章所述的Cache Coherency（CC）过程来保证。

所以，访存网络上流动的其实并不是简单的“读某地址 长度”消息，而是附带有CC标签的访存消息，比如RdPrb等CC标签。那么，I/O控制器前端也必须有一个Cache Agent负责发出RdPrb请求，并接收处理对应的CC回应消息。程序向硬盘写数据时，DMA发出请求从主存中读出数据，此时I/O控制器前端的CA接收该请求，并附带以RdPrb标签来将该请求广播给所有核心（如果采用Source Probe模式），或者单播发送给MC前端的HA，HA过滤之后再发给对应的核心，从而保证缓存一致性。

当程序从硬盘读数据时，DMA引擎需要向MC写入数据，此时，MC的HA收到该请求后，需要发出WrtBckRqst消息给所有核心，让它们把对应地址的脏数据先写入主存，然后把DMA传送来的数据写入主存并同时WrtIvld对应核心上的缓存数据。

上述方法要求I/O控制器一侧提供CA并且在CA的硬状态机中实现对应的CC协议，对于I/O控制器而言，这样做的成本较高。I/O控制器自身并不会缓存主存中的数据（SRAM算是缓冲，并不是缓存），所以增加CA的必要性就更低了。还有一种办法，则是由核心一侧的程序控制，在通知I/O控制器来做DMA读之前，先用WrtBckRqst消息通知所有核心中对应该地址区间的缓存WrtBck到主存，然后再通知DMA读操作。DMA读操作期间，其他核心不应该再次访问DMA读的地址区域，这一点需要用互斥锁来保证。

另一种解决办法是，将主存中被DMA引擎访问的地址区间禁止缓存。这可以通过配置MTRR寄存器来实现，然后将对应的控制位写入到I/O控制器的控制寄存器，通知其后续DMA访存时不必发送CC流量，只需直接访问即可。但是这样做的代价则是，主存中用于DMA访问的区域必须是固定的，如果每次都由负责I/O的程序模块动态分配的话，指不定分配到哪个地址区段，也就无法在MTRR中预先配置禁止缓存。

实际中，具体得看不同CPU型号、不同底层系统软件的实现方式，可能各不相同。

7.1.4 Scatter/Gather List（SGL）

第5章曾经提到过，程序所看到的连续的虚拟地址空间的数据，在物理地址空间中的分布极有可能是不连续的，也正因如此才催生了虚拟地址和页表，用于将物理上不连续的页面对上层体现为连续。如果某份数据被分布在了物理内存中的多个碎片上，那么程序就需要分多次将每个碎片的基地址都通告给I/O控制器，启动多轮I/O过程，不妥不妥！

有没有什么办法能够让程序一次性向I/O控制器通告多个碎片的基地址，I/O控制器批量将这些数据拿到呢？显然，我们需要一个清单来列出这些基地址，并将清单本身所在的基地址告诉I/O控制器，然后由I/O控制器自行将清单取回，按照清单列出的各碎片基地址再来挨个把数据拿到。

这个清单叫作Scatter/Gather List，简称SGL。当程序要向外部设备写入数据时，则准备一个Gather List，将要传送的数据在内存中的各个碎片的基地址填入Gather List，并将Gather List的指针通告给I/O控制器，I/O控制器拿到Gather List，将所有碎片收集起来形成一份完整的数据。当程序要从外部设备读数据的时候，分配好相应大小的主存缓冲区空间，这块空间也可能是碎片化的，那么程序将所有碎片基地址填入Scatter List，并将Scatter List所在的指针通告给I/O控制器，后者拿到Scatter List，将读出的数据分散存放到这些碎片中。Gather List与Scatter List的本质没有区别，它们只是用于不同的I/O方向上。

如图7-4所示为一种最简单的SGL设计。不同的产品有不同的实现模式，SGL长成啥样完全取决于开发I/O控制器的厂商。有些SGL设计非常复杂，比如先用指针指向一个内存区域，在这里存放另一些指针（二级指针），二级指针最终指向一条SGL记录（基地址+长度），这条SGL记录才最终指向数据所在的区域。搞成这样复杂完全是出于更加灵活和可扩展性的考量。当然，业界也有一些标准可循，篇幅所限，这里就不展开介绍实际SGL的例子了。

项数
基地址#0
长度#0
基地址#1
长度#1
基地址#2
长度#2
基地址#3
长度#3

图7-4　SGL示意图

7.1.5 使用队列提升I/O性能

在第4章中，我们全面了解了流水线相关理论以及CPU中的流水线设计模式。那么思考一下，上述的I/O过程是流水线化的么？并不是。假设有两份数据等待写入硬盘，程序先发送了第一个I/O请求，将SGL发送给I/O控制器，I/O控制器解析SGL，取数据到内部缓冲区，然后向后端硬盘写入数据，这一切都结束之后，才能接受下一条I/O请求，不妥不妥！

在向后端硬盘写数据的时候，如果程序能够见缝插针的再向I/O控制器发送一个I/O请求，I/O控制器就可以一边与硬盘交互，一边解析这个新收到的I/O请求中的SGL，然后从主存中取下一份数据，不断填满缓冲区。硬盘返回上一个命令的成功响应之后，I/O

控制器马上再发一个新指令给硬盘接着执行。这样的话，整个过程没有浪费任何时间，资源全部被利用了起来，性能也就上来了。

如果将I/O控制器内部也做成流水线方式来处理I/O请求的话，那么将会有这样几个大步骤：取命令和取SGL、解析命令生成对后端硬盘接口控制器的控制信号、解析SGL生成对DMA引擎的控制信号、从主存取数据到缓冲区、从缓冲区传送数据给硬盘。这样可以形成5级流水线，那就意味着理论上可以并行执行5个I/O请求。

那么程序在发出第一条I/O请求（将命令和SGL的基地址分别写入I/O控制器上对应的寄存器并写入控制寄存器触发执行）之后，是如何知道I/O控制器什么时候可以再次接收一条新I/O请求的呢？如果所有步骤的时间都是确定的、固定的，那么这两个模块可以完全同步地按照既定步调执行，也就是程序按照固定的时间间隔向I/O控制器发送I/O请求，但是很显然这不现实。首先，硬盘的响应速度是不确定、不固定的，可能某个请求只需5 ms就执行完毕（目标区域离磁头位置较近），而有的则需要20 ms左右（目标区域离磁头较远）；其次，程序的执行也是不确定、不固定的，可能CPU此时正在运行其他线程，根本没有轮到发送I/O的这个线程执行。那么，对于流水线中速率不匹配的步骤，我们在第5章也介绍过，可以使用队列来充当缓冲。试想一下，指令是如何进入CPU流水线的呢？程序可执行文件先被Loader载入存储器，然后就待在那，等待CPU的取指令单元来读取执行，内存中的程序指令天然形成一个指令队列，所以CPU内部的流水线才能充分利用起来。

那么，I/O命令及配套的SGL，是否也可以预先被程序放置到SDRAM存储器中，形成一个I/O请求的FIFO队列，然后等待I/O控制器不断来取I/O请求、执行呢？是的，这样最合理。这样更加减轻程序一侧的负担，程序只需要源源不断将I/O请求压入队列即可。我们不妨将该队列称为**提交队列**（Submission Queue，SQ）。慢着，那么完成的I/O怎么追踪呢？程序必须知道哪个I/O完成了，或者哪个I/O出现了执行错误等状态，从而做出相应动作，比如清空之前分配的各种资源，或者重新发送I/O。需要再设置一个队列，专门用于盛放已经完成的I/O的序号，或者说Tag。I/O请求在入队的时候，需要被编上一个序号/Tag，这样我们就可以知道具体是哪个I/O完成，哪个I/O出错等。我们不妨将该队列称为**完成队列**（Completion Queue，CQ）。程序只要不断从完成队列中取出消息判断每个I/O的状态即可。这种场景非常适合使用环形队列。在第1章中已经详细介绍过环形队列，环形队列又被称为Circular Queue、Ring Buffer、Ring Queue等。SQ和CQ一起又被称为（Queue Pair，QP）。

在第4章介绍流水线的时候，是我们第一次应用环形队列，将其作为RoB，如图4-66所示。而对于I/O处理过程，只需要将队列中的每项记录更换为I/O命令、SGL、其他控制信息即可，如图7-5所示。将队列中的每个项目称为I/O Descriptor（I/O请求描述符），又有人称之为Work Element，我们大可不必拘泥于这些名词。从这个角度而言，SQ和CQ又被统称为Descriptor Queue，或者Work Element Queue。

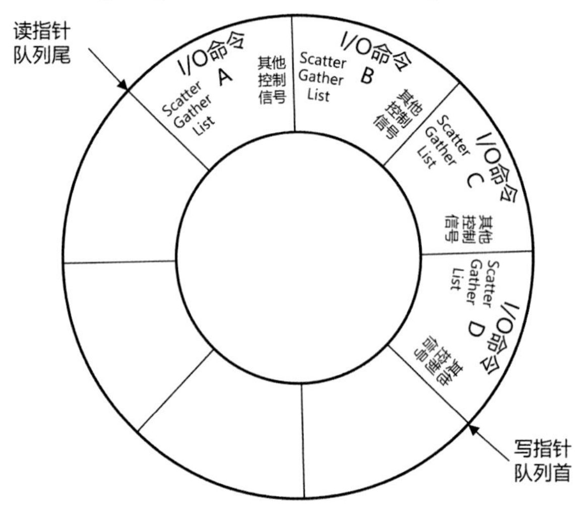

图7-5 环形FIFO队列示意图

对于FIFO环形队列，写入者或者说生产者一侧，需要对写指针进行更新；读出者或者说消费者一侧，需要对读指针进行更新。生产者需要了解读指针的位置，以免生成超量的请求覆盖掉尚未处理的请求；同样，消费者也要了解写指针的位置，以防超越了写指针的位置读出了无效数据。

就I/O场景来说，对于SQ而言，程序一侧是生产者，其需要不断更新SQ的写指针，但是在更新写指针之前需要检查SQ的读指针，I/O控制器一侧则是消费者，其不断地更新读指针，但是在读取数据之前需要检查SQ的写指针；对于CQ而言，I/O控制器一侧是生产者，程序一侧是消费者。那么这两对儿指针应该放置在哪里呢？如果生产者和消费者都是纯数字电路逻辑而不是靠CPU运行的程序的话，那么毫无疑问这4个指针都放在FIFO队列配套的寄存器中，以供两边访问。但是现在的场景是一个程序和一个I/O控制器数字逻辑电路来通信，我们依然可以将这4个指针放到I/O控制器的前置寄存器中并暴露给全局地址空间。但是I/O控制器一般是通过I/O桥再接入核间访存网络的，图7-5中并没有给出I/O桥这个角色，但是实际上，大部分I/O控制器都先与I/O桥链接，再由I/O桥挂接到核间访存网络上，如图7-6所示。

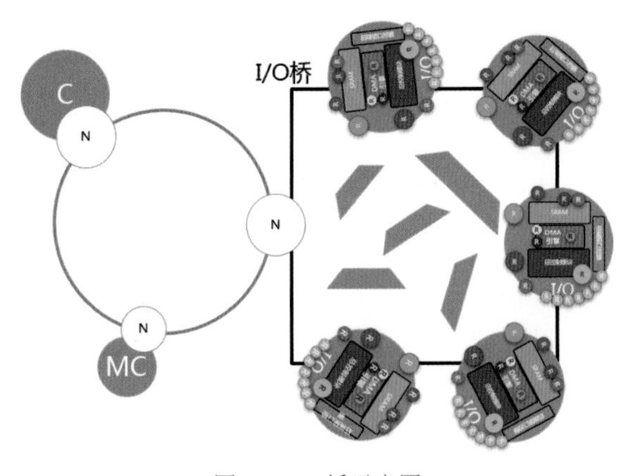

图7-6 I/O桥示意图

而I/O桥本身的运行频率相比核间访存网络的频率要低，I/O控制器的运行频率通常比I/O自身更低。所以，如果将所有的指针都放到I/O控制器的寄存器中，程序访问它们时的速度将比较慢。更合适的方法是，将程序需要随时检测的指针放到SDRAM中而不是I/O寄存器中，将I/O控制器需要随时检测的指针放到I/O控制器自己这里。我们不妨给读写指针各自起个名字。

我们将写指针称为Producer Index（PI），读指针称为Consumer Index（CI）。那么，SQ的PI应该位于I/O控制器的寄存器上，每次程序下发一个I/O，就更新PI的值（并将该值保存在主存中一份备查），这样I/O控制器检测PI寄存器就知道目前的任务已经挤压到哪里了。SQ的CI则位于主存中，I/O控制器每取走一条任务，就更新主存中的CI值。程序一侧则在每次下发I/O之前检测CI值，看看其是否与上一次的PI值接近了，如果值接近证明队列快满了。

对于CQ来说，PI位于主存中，I/O控制器每完成一笔I/O操作，就更新该值；CI则位于I/O控制器的CI寄存器上，以便让I/O控制器快速查询到程序一侧已经消耗到哪里了、是不是快压满了。

显然，I/O控制器也必须知道SQ-CI和CQ-PI所在的主存地址，才能访问它们。所以程序必须将这两个指针的指针写入到I/O控制器相应的盛放这两个指针的寄存器中。此外，I/O控制器还需要知道：队列的项目数量/队列深度、每个项目的大小、队列第一个项目所在的主存基地址（队列自身的位置指针），程序在发起I/O之前，需要预先将这些信息写入到I/O控制器对应的寄存器中，这个过程是对I/O控制器进行初始化的其中一步。我们在第5章中也提到过，这些针对底层设备的操作和控制，不需要用户程序来操心，而可以交由专门的程序，也就是由对应I/O控制器的驱动程序来操心。上述初始化过程，也是由驱动程序去完成的，而用户程序只需要调用驱动程序提供的接口函数，将要发送的I/O信息告诉驱动，剩下的由驱动来完成。后文中我们再详细介绍。

如图7-7所示是为了支持环形队列方式I/O而增加的各个寄存器，以及位于主存中的SQ、CQ、SQ-CI和CQ-PI等数据结构。I/O控制器内部不但需要保存SQ-CI和CQ-PI的指针，而且还需要保存上一个SQ-CI和CQ-PI的值。因为I/O控制器下一次从主存中的SQ取I/O Descriptor时，只需要在当前保存的SQ-CI的值之上，加一下Item Size寄存器中的值，就可以得出队列中下一个I/O Descriptor的地址指针，然后拿着这个指针访存，取回I/O Descriptor，最后更新主存中的SQ-CI变量（该变量位于SQ-CI PT寄存器中的值所指向的主存地址）以及I/O控制器中的SQ-CI寄存器值。在这里一定不要将“指针”和“值”搞混。

当下发一个I/O时，程序将对应的I/O命令、SGL和其他一些控制信息（比如I/O的序号、方式等），写入到SQ队列中的首部位置，然后更新SQ的PI（向I/O控制器上的SQ-PI寄存器写入队首的位置），这就成功下发了一个I/O请求。I/O控制器中的硬件电路需要感知到SQ-PI寄存器的值发生了变化（比如利用比较器与上一次的值进行比较），一旦值有变化，则I/O控制器内部相应逻辑电路会被触发从而操纵DMA引擎到SQ-PI指向的地址取回I/O Descriptor并设置对应的状态机控制器信号，解析并执行命令。当I/O完成后，I/O控制器将完成状态等信息分装成一个Descriptor/Element，写入主存中的CQ，并更新CQ-PI，之后，发出中断信号给CPU，CPU跳转到I/O处理程序执行进行收尾工作。

为了进一步提升性能，可以在I/O控制器内部增设一个FIFO队列，其专门用于缓冲从主存中取回的I/O Descriptor，如图7-8所示。综上所述，在整个I/O路径中增加队列，可以极大提升I/O性能。

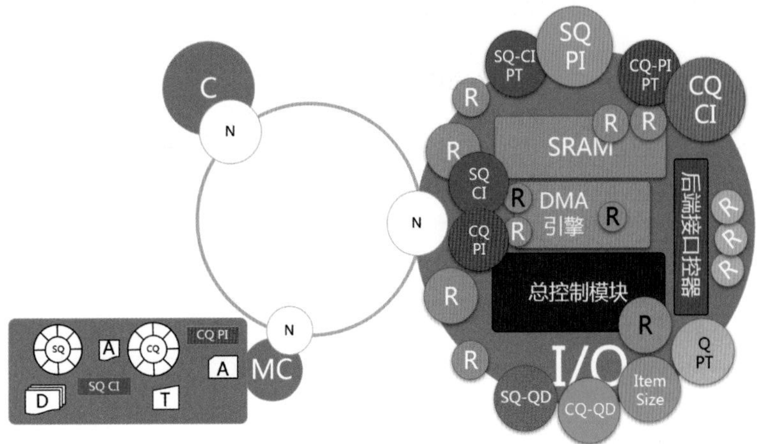

图7-7 将环形队列用于I/O处理过程

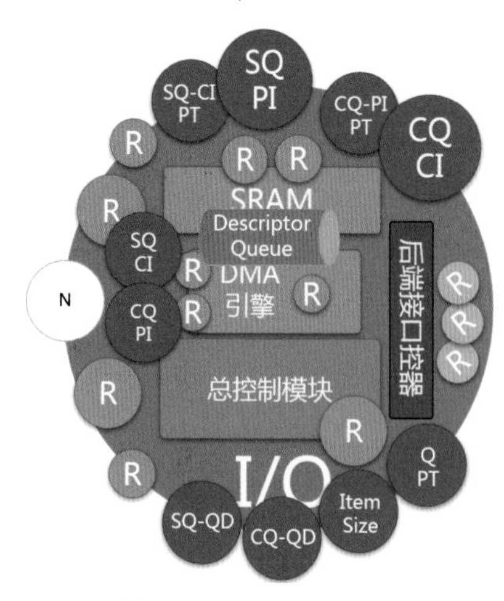

图7-8 Descriptor Queue

提示

通常，程序一侧会设置一对特殊的队列，叫作Admin Queue。程序有时候会向I/O控制器发出一些特殊的消息，比如探测一下设备的内部状态，让设备切换到省电模式，等等。这些消息比较重要，有些需要及时处理，如果将它们与常规的数据类请求混杂到同一个队列中下发给I/O控制器，这可能会导致信息无法及时处理。所以我们采用单独的Admin Queue来给这些消息提供一个快速VIP通道。程序在初始化时，将Admin Queue的位置指针写入到I/O控制器内部相应寄存器，即可让后者知晓该队列的位置，从而用与常规队列相同的方式下发管理类命令。

使用队列之后，程序一侧只需要预先配置好对应的寄存器，后续下发I/O时变得非常简单，程序根本不用亲力亲为地控制I/O控制器做每一步动作。这就相当于我们把手动挡变成了自动挡，踩油门车跑，踩刹车车停，而不需要关心换挡和离合器等这些内部部件及其操作。付出的代价则是I/O控制器内部的电路状态机越发复杂，一旦I/O方式有变化，或者做了一些优化，那么就必须改动I/O控制器的电路以适配这种优化。比如，I/O控制器一开始不采用队列方式，后来采用队列方式，再后来采用多个并行队列的方式，等等。如果每次优化都要重新做I/O控制器电路，这样很不灵活，成本也太过高昂。

从一开始的程序负责大多数控制、程序轮询（Poll）状态寄存器，到后来的DMA模式、SGL、环形队列的引入，程序在不断减负，程序甚至根本不用关心I/O控制器目前所处的状态。正常I/O过程根本无须去读取其状态寄存器，只需要不断处理CQ中的条目即可。由于I/O控制器的逻辑越来越复杂、多变，所以人们自然想到，能否将I/O控制器变为可编程的，也就是在I/O控制器中内嵌CPU+程序代码来处理I/O请求，而不是靠一开始就设计好而不能改变的硬件电路模块来执行I/O请求呢？于是，固件（Firmware）应此而生。

7.1.6 固件/Firmware

为了可编程，我们将之前的“I/O控制器总控模块”电路，替换成一个低端的CPU，辅之以SDRAM存储器与一片ROM，在ROM中放置好提前编写好的I/O处理代码，加电之后，CPU将ROM中的代码装载到RAM中运行，如图7-9所示。

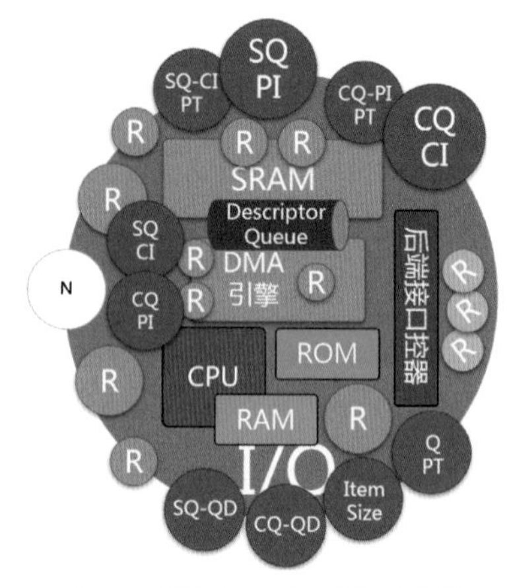

图7-9 可编程I/O控制器示意图

I/O控制器内部的所有寄存器，均被编址在该低端CPU的全局地址空间中。也就是说，诸如SQ-PI这种寄存器，可以被运行用户程序的CPU访问，同时也可以被I/O控制器内部的CPU访问，是一个双端口寄存器。一些内部私有寄存器比如SQ-CI，则只需要被内部CPU访问。

此时，I/O控制器自身变成了一部小电脑。那么ROM中的代码又是如何完成之前总控模块电路该完成的事情的呢？试想一下，I/O控制器总控模块的任务，无非就是读取对应寄存器、判断、执行、写入对应寄存器/主存地址，这么几大步骤。这几个步骤用CPU+代码一样可以完成，任何数字逻辑电路都可以用CPU+代码来完成。在第5章中其实我们就举过例子，用程序来实现一个电子表，和直接用逻辑电路实现电子表，殊途同归。

由于目前系统中存在两个电脑，所以有必要加以概念区分。对于运行用户程序的CPU，我们称之为**Host端（主机端）**，对于I/O控制器，我们称之为**外部设备端/外设/设备端**。

当Host端程序下发I/O时，会更新设备端的SQ-PI寄存器值。设备端的程序可以不停轮询（Poll）该寄存器以判断是否有变化，或者将电路设计为只要该寄存器的值发生了变化（利用比较器来判断）就触发一个中断信号给设备端CPU（注意，不是中断Host端CPU，而是设备端CPU）。后者跳转到I/O处理程序进行处理，也就是读入SQ-PI的值并用该值从主存中读回I/O Descriptor，然后判断其中的指令部分，向后端硬盘发起命令，同时从主存中取回SGL中所描述的数据碎片到内部SRAM缓冲区，将数据写入硬盘。这一切，都可以靠设备端内部的程序代码来驱动，程序代码无非也是驱动着CPU做计算和访存两大任务，这与纯硬件数字逻辑本质上相同。

当I/O流程由于各种原因（比如优化）发生了变化时，只要简单地将ROM中存储的程序代码替换为新编写的代码即可，不需要重新制作一版芯片。人们将这种运行在外部设备控制器内部的程序代码称为**固件（Firmware）**。有些人又称之为“韧体”。所谓“韧”，有种不软不硬的意思。因为传统意义上的“软件”应该是运行在Host端CPU上的，外部设备“就应该是”纯数字逻辑才对。一开始的确如此，后来由于CPU成本降低，CPU得到了广泛使用，外部设备也可以使用CPU运行自身的处理逻辑，所以硬中带着软，此所谓韧。

提示

从本质上讲，外部设备与Host端，是两台完全独立的电脑，它俩之间通过I/O桥、访存网络进行通信，通信的方式是直接地址访问的方式，通过寄存器来传递命令和控制信号、通过主存来传递数据。这个模式的本质是两台计算机的网络通信过程。广义上讲，MC内存控制器其实也是一台小电脑，同时也可以算作一个I/O设备，其接收的是存储器地址读写指令，只不过CPU核心亲手把数据送给它，而不是像I/O设备那样用DMA方式去自取。MC和CPU核心之间通过访存网络互相连接。再深入理解的话，CPU核心内部各个模块之间，其实也是各自独立的“计算”单元。比如译码器负责译码机器指令，译码的过程本身就是一种计算，而且是逻辑运算；而ALU将数据进行算术运算（也可以逻辑运算）；保留站、分支预测等流水线优化单元，进行的也主要是逻辑运算（也有算术运算）。这些独立的“小电脑”之间通过内部寄存器直连方式连接，运行在同一个时钟域，只不过CPU核心内部的这多台小电脑合力共同完成单条机器指令的执行。而CPU核心与I/O控制器这两台电脑合力完成单条I/O命令的执行，而为了完成一条I/O命令，CPU核心一侧可能需要执行大量的（上百万条）机器指令（准备缓冲区、复制数据、读写I/O寄存器、处理I/O完成消息等步骤）。所以，计算机内部各个部件都拥有相同的最终本质：接收数据、处理数据、输出数据。

7.1.6.1　固件与OS的区别与联系

如果负责某种过程（比如I/O过程）控制逻辑的程序复杂度较低的话，可以在没有底层系统软件提供支撑的情况下直接将其放置到CPU上运行（俗称裸奔/裸跑）。其实，控制逻辑本身就已经算是底层软件了。或者，如果逻辑比较复杂，甚至需要多线程运行的话，那么可以将控制逻辑代码运行在用户态，依靠底层软件提供一些支撑，那这就成了OS+应用程序的常规方式。

那么固件到底是不是一种OS呢？它可以是，也可以不是。没人规定CPU一定要运行OS，运行的完全可以是一段简单或者复杂的代码，可以直接在实模式单任务运行，甚至可以直接不使用时钟中断，以获取最高效的运行效率。

7.1.6.2　固件的层次

一个芯片内有多个子部件，每个部件可能都是由CPU+逻辑电路+代码组合起来的，可能都需要各自的固件，而所有这些子部件的全局协调控制又需要一个总控固件。所以固件基本是分两层的。一层是总控固件，其多数为实时操作系统，比如VxWorks/ThreadX以及之上运行的控制程序（一般为多线程的），这些实时操作系统提供多线程管理、内存管理等基本的底层系统级程序。这也是ThreadX名称的由来，其本质上可以近似看作是一个线程管理器。

另一层是各个子部件的固件，由于逻辑更加简单高效，其基本都为代码裸跑形态，不需要OS程序支撑。下文中会介绍一款实际的I/O控制器，届时大家会对整个控制器内部的构造和流程有更深一步的认识，会深刻体会到各个子部件中的CPU和程序代码的角色和作用。I/O控制器本质上是一台看似独立的计算机，内部又是由多台独立小计算机网络通信相互协作。

7.1.6.3　固件的格式

固件作为程序，当然为二进制机器码的格式了。但是如果从源代码角度来描述的话，代码最前面一部分是一个Loader程序，用汇编程序编写，负责将固件主程序装载到SDRAM并跳转到主程序执行。主程序代码的第一部分是硬件初始化代码，直接用汇编语言编写；第二部分是准备运行环境、堆和栈、中断向量表等；第三部分是业务逻辑的main函数。整个代码被编译成二进制image。有些固件主程序被封装成elf或者exe格式，以供Loader程序对其进行基地址重定向等操作。

7.1.6.4　固件存在哪

固件一般都存储在Flash闪存或者ROM中，一款芯片可以集成数MB的Flash/ROM，也可以使用外部Flash来存储固件。而且一般在Flash中会保存多个版本的固件的多个备份。固件的Flash存储空间被至少分为两份，第一份为当前活动固件，第二份为备份固件。升级其实升的就是备份固件，将新版本固件通过特定协议传输并覆盖写入到该备份固件存储空间，并标记该最新固件为活动固件，在将芯片重启之后，便会从活动固件启动了。如果芯片尝试从当前固件无法启动，则会自动尝试从旧版本固件启动。

7.1.6.5 固件如何加载运行

I/O控制器芯片启动时，主控CPU开始运行，其他子部件上的通用CPU被持续发送reset信号，从而不能执行任何代码。主控CPU会从Flash中读入POST代码来检测各硬件器件的存在并对其测试及设置（向对应的寄存器地址读写数据），最后执行Boot Loader代码，Boot Loader负责将主控CPU以及其他各通用CPU的固件载入到各自的内存空间，最后跳转到主固件的入口处执行。随着主固件的执行，主控CPU最终会按照顺序释放其他子器件中通用CPU的reset信号，从而让这些CPU执行它们各自的固件，完成整个芯片的启动，进入等待I/O状态。

7.1.7 网络I/O基本套路

对于网络I/O控制器而言，其硬件架构与存储I/O控制器基本架构是类似的，最大的不同就是后端接口控制器从SCSI/SAS/SATA/FC通道控制器改为以太网通道控制器，而前端部分基本一致。然而，在软件架构上和访问流程上，网络I/O与存储I/O有一些较大区别。

访问网络的过程与访问硬盘又有所不同。对硬盘的读和写，都是由程序主动发起的，硬盘永远不会擅自向Host端返回什么数据。对于网络，什么时候发送数据、发送什么数据，当然是Host端程序说了算，这与存储I/O无异。但是接收数据的过程可就由不得程序控制了，网络上的其他计算机任何时候都可以主动向你发送任何数据。网络控制器一旦接收到数据包，先将其缓存在自己内部缓冲区，然后必须尽可能快地写入主存，否则内部缓冲区满了之后，就无法再接收数据包了，这就会导致丢包。那么，数据写到主存哪里？总不能乱放一气盖掉其他数据吧。为此，Host端程序必须预先在主存中开辟一块缓冲区，并将缓冲区基地址告诉网络控制器，每次新数据收到后就往这里放，Host程序从这里取走。显然，这块缓冲空间也需要被循环使用，本质上也应该是个大的环形队列。

网络控制器每次向主存中写入、从主存中读出的数据单位最小为一个网络包，如果是以太网控制器，那么每个数据包大小为64～1522 字节（以太网标准规定常规数据包尺寸不得大于1522字节）。每次接收到的数据包大小是不可预测的。所以，普遍做法是，Host端程序预先向内存管理程序申请好若干个大小为2KB左右的（必须大于最大数据包的尺寸）的主存地址段碎片（因为这些区段在物理地址空间可能并不连续），每个碎片可以容纳一个数据包，所以其被称为数据包缓冲区。然后，Host端程序为每个碎片生成对应的地址指针，再申请一定量的内存，将这些指针放置到这块内存中，使其形成一个FIFO队列，再生成两个变量分别容纳该FIFO的读和写指针（队尾和队首指针）。该FIFO队列被称为网络I/O Descriptor Queue。

Host端程序只要将该FIFO队列的基地址告诉网络I/O控制器，那么后者便知道了“主存中哪些区域是可以让我写入数据包的”。网络I/O控制器接收到第一个数据包，就写入队列中的第一个指针（也就是队列基地址所指向的那个条目）指向的缓冲区，并更新队首指针（将其+1行），然后发出中断信号，让Host端程序来处理接收到的数据包。Host端程序根据队尾指针，将队列尾部的数据包从缓冲区取走到别处，并将队尾指针也+1行，然后分析数据包中的内容以判断数据是谁发来的，又该传送给哪个Host端程序来处理。

提示▶▶

盛放数据包的区段可以不连续，但是Descriptor Queue自身必须在主存中物理上连续存放，因为I/O控制器写入一个数据包之后，只需要将队首指针+1行就可以得出下一个Descriptor的地址。

且慢，既然每个数据包的大小都不一样（但是都小于2KB），那么Host端程序又怎么知道接收到的数据包是多长呢？2KB的缓冲区容纳的有效数据长度必须给出。所以，当网络I/O控制器将数据包写入缓冲区时，要一并带有该数据包的长度值。除了长度值之外，其实还有其他一些属性必须通告给Host端程序，包括数据包的校验码、状态、错误码和VLAN标识。这些都属于该数据包的属性，可以一并写入2KB缓冲区内，但是如果将其写入到Descriptor Queue中对应的指针旁边，这样似乎更分明，数据区就存数据，元数据区就存指针和属性。如图7-10所示为一个网络I/O Descriptor条目中所包含的内容。

提示▶▶

如果对网络知识不是很了解的话，图7-10中的很多名词可能会暂时让你感觉困惑。没有关系，我们会在后文中介绍一些计算机网络的基本知识，届时你可以返回来重新理解。另外值得一提的是，不同的网络I/O控制器的设计不同，Descriptor中包含的内容也可能不尽相同，本例只是给出众多实现方法中的典型的一种。

图7-11为网络I/O Descriptor Queue示意图。本例中，Host端程序开辟了一个指向了8个数据包缓冲区的队列，每个缓冲区2KB大小，每个Descriptor大小为16字节，#2号Descriptor作为队首及整个队列自身的基地址。实际中，Host端程序一般开辟128～256个缓冲区。网络I/O控制器上需要设置对应的寄存器来

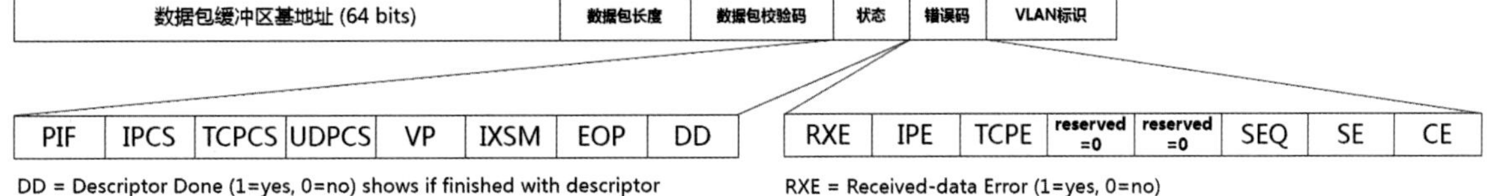

DD = Descriptor Done (1=yes, 0=no) shows if finished with descriptor
EOP = End Of Packet (1=yes, 0=no) shows if this packet is logically last
IXSM = Ignore Checksum Indications (1=yes, 0=no)
VP = VLAN Packet match (1=yes, 0=no)
USPCS = UDP Checksum calculated in packet (1=yes, 0=no)
TCPCS = TCP Checksum calculated in packet (1=yes, 0=no)
IPCS = IPv4 Checksum calculated on packet (1=yes, 0=no)
PIF = Passed In exact Filter (1=yes, 0=no) shows if software must check

RXE = Received-data Error (1=yes, 0=no)
IPE = IPv4-checksum error
TCPE = TCP/UDP checksum error (1=yes, 0=no)
SEQ = Sequence error (1=yes, 0=no)
SE = Symbol Error (1=yes, 0=no)
CE = CRC Error or alignment error (1=yes, 0=no)

图7-10　网络I/O Descriptor条目中的内容一览

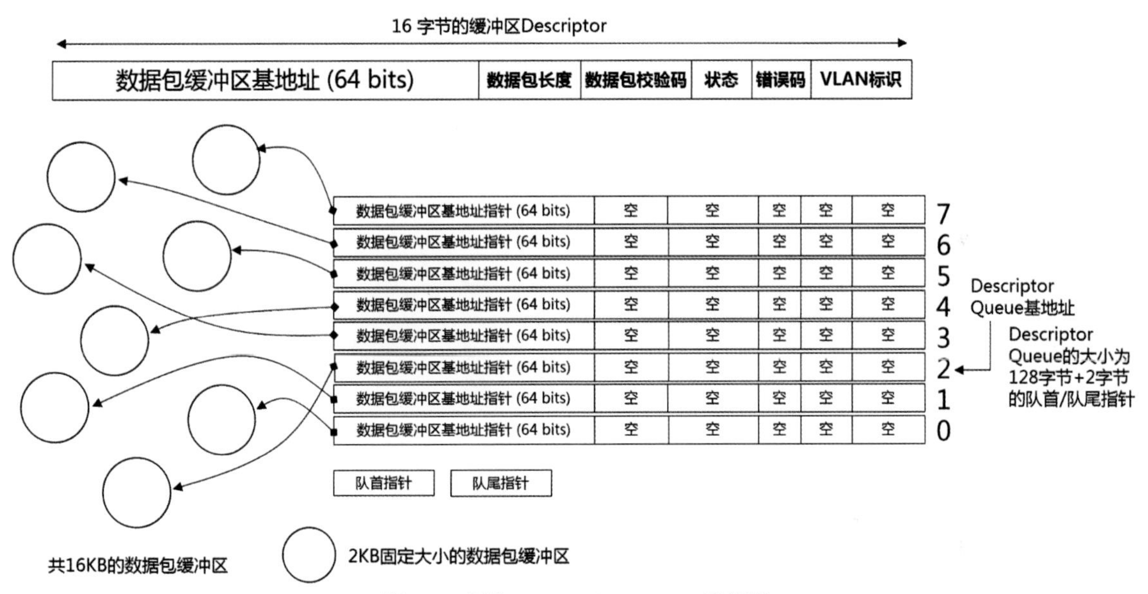

图7-11　网络I/O Descriptor Queue示意图

存储这些信息，包括队列项数（队列深度）、每个Descriptor的大小、队列基地址、队尾指针、队首指针的指针等。为了方便制图，环形队列就不用真的画出个环形来了。元数据区初始时是空的，因为此时尚未接收到任何数据包。

图7-12描述了网络I/O控制器接收数据包并写入主存中缓冲区的过程。网络I/O控制器会预先将接收队列中的Descriptor从队首开始取回若干条放入自身内部的缓冲队列中。当网络I/O控制器接收到第一个数据包之后，取队首处的Descriptor，根据其中的缓冲区基地址指针，操纵DMA引擎将数据包的内容传送到对应缓冲区中（图7-12中左上角部分中的紫色立方体），然后将该数据包的元数据写回到接收队列中的对应条目的对应位置（图中绿色区块）。然后，网络I/O控制器发出中断信号，Host端程序对该数据包进行后续处理，并更新队尾指针。至于“后续处理”都处理什么东西，流程怎么样，我们会在后文中的网络协议栈相关章节详细介绍。

我们假设Host端程序还没有来得及处理接收到的数据包，结果网络控制器又接收到了多个数据包。如图7-12中右上角、左下角、右下角所示。此时接收队列一共积压了4个数据包。

网络控制器又接收到一个新数据包，元数据和指针位于#6位置，如图7-13左上角所示。同时，Host端程序处理了位于#2位置上的数据包，Host端程序将数据包内容以及对应的元数据复制走并做后续处理，并更新队尾指针为#3。#2条目将来会被重用，其中的指针并无变化，依然指向原来的那个2KB缓冲区，被复制的数据内容依然留在缓冲区以及元数据区上，但是并不影响后续使用，因为新的条目会原地覆盖这些旧内容。如图7-13右上角所示，又有两个数据包被接收，队首指针变为0，这一步Host端程序并未处理任何数据包。如图7-13左下角所示，一个新数据包又接收到，同时Host端程序也处理了#3号数据包。如图7-13右下角所示，Host端程序处理了#4号数据包，同时又接收到一个新数据包。

就这样，Host端程序预先初始化好的接收队列，将对应的指针信息通告给网络I/O控制器，后者每次

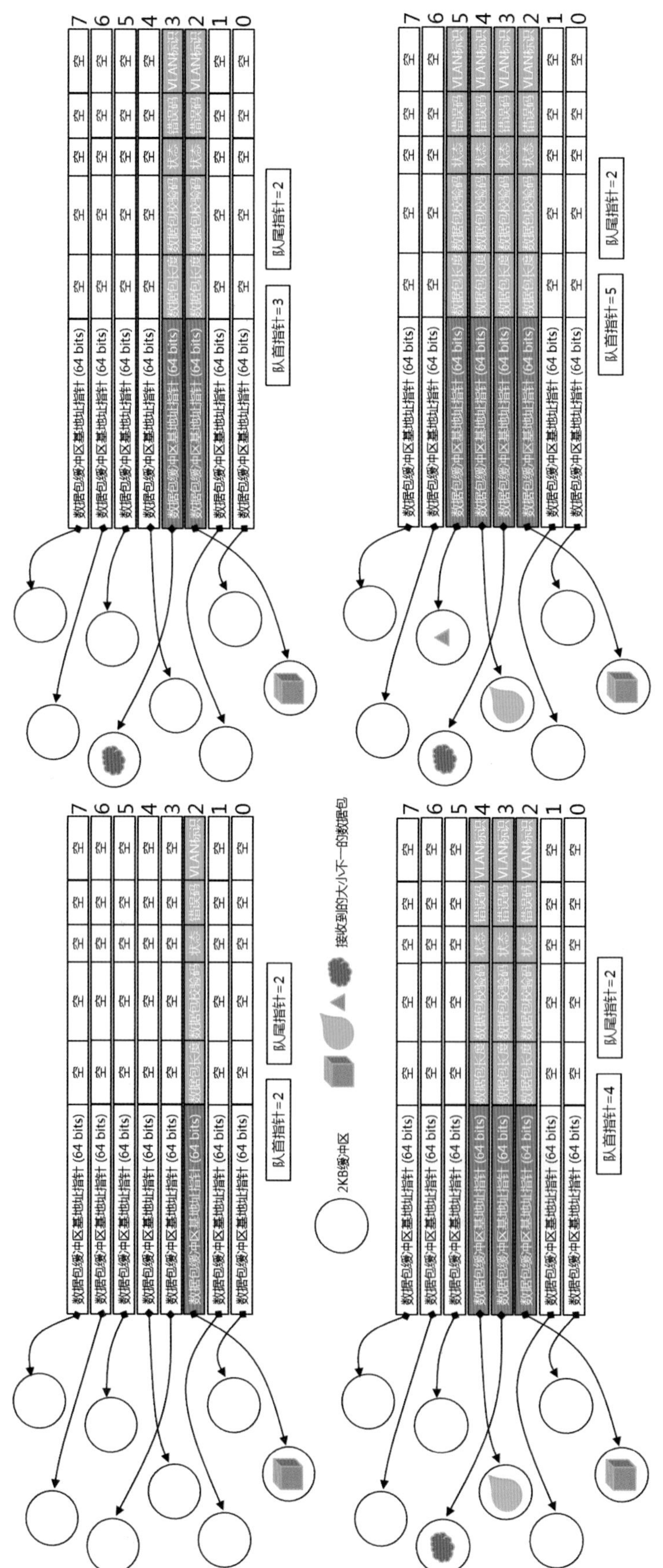

图7-12 网络I/O控制器接收数据包并写入主存中缓冲区的过程（1）

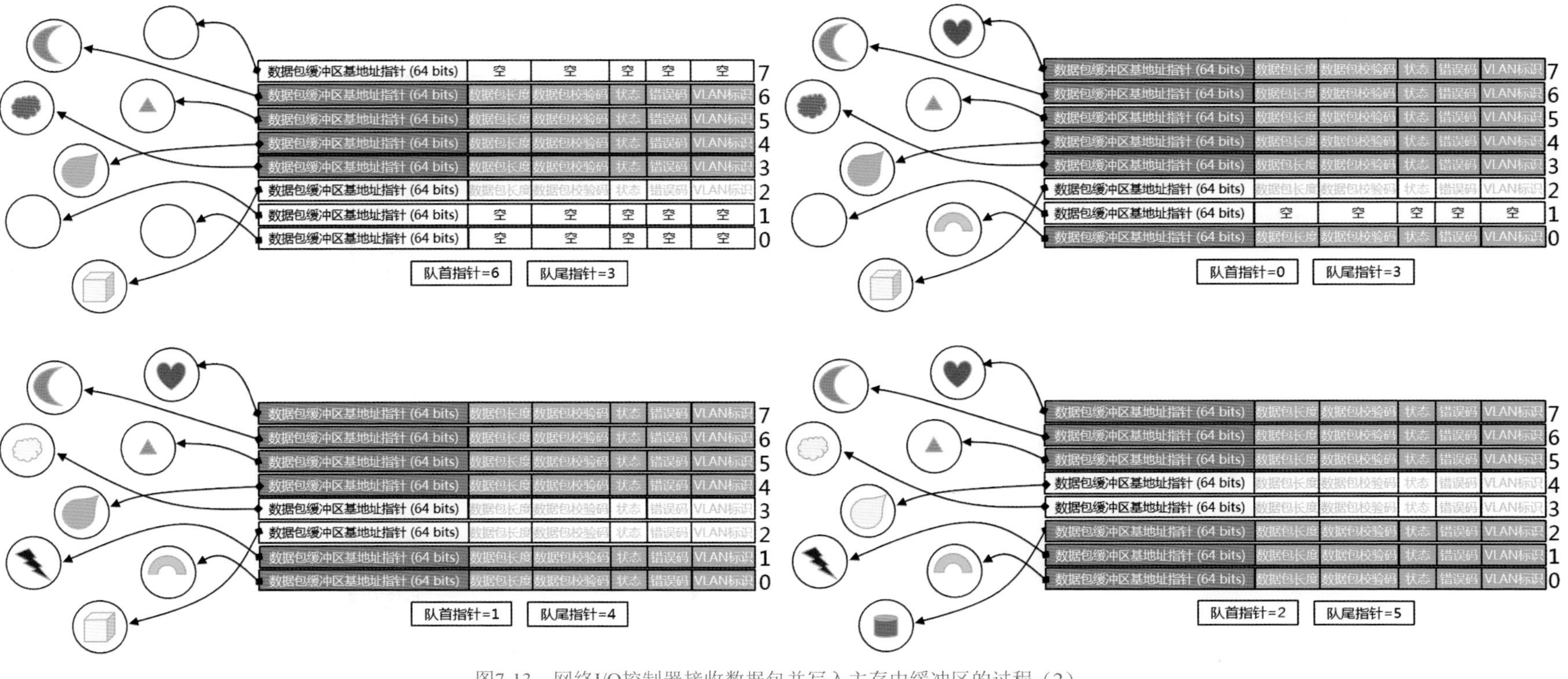

图7-13　网络I/O控制器接收数据包并写入主存中缓冲区的过程（2）

接收到新数据包就顺序写入到空闲的槽位上，等待Host端程序处理。接收Descriptor队列其在形式上与上文中介绍过的存储I/O Descriptor Queue是一样的（每个Descriptor中也有命令、SGL指针等元数据），只不过存储的I/O Descriptor Queue中的空闲项是完全没有用处的，因为每次接收、发送，Host端程序都会临时才给出缓冲区指针。而网络I/O Descriptor Queue中的空闲项是有用的，其内部的指针恒定指向对应的缓冲区，整个运行过程中这些缓冲区恒定不变，被轮流重用。

提示 ▶▶▶

由于底层内存管理程序是有可能把内存中的数据换出到硬盘中的（见之前章节介绍），这些被腾出的地址段可能会被其他进程的数据占用。这个换出动作是无法被感知到的，如果I/O控制器继续从这些物理地址上取数据或者将接收到的数据写入这里，那就会错乱。所以Host端的程序在分配好对应的队列和缓冲区之后，还必须通知内存管理程序不要对这些地址进行换出操作，这个操作被俗称为“Pin”，也就是钉住的意思。

请思考一个问题。网络I/O的数据包通常比较小， 只有64～1522字节，很细碎，不像存储系统的I/O那样每次传送的内容大概在几十上百KB级别。如果每收到一个数据包就中断CPU，那就太不划算了。为了降低中断的频度，网络I/O控制器可以被设计为积攒一定量的数据包之后，则发一次中断，Host端程序每次处理尽可能多的数据包。这样我们需要对网络I/O控制器内部的固件做一定的修改，增加对应的计数器变量，固件检查该计数器，当数据包达到一定数量则触发中断。那么，这样每次I/O都会多检查一步，势必增加网络时延。另外，积攒的数据包得不到及时处理，也会增加网络延迟。

这样设计更合理：网络I/O控制器只要收到数据包并将其写入主存缓冲区，就触发中断；中断之后，Host端程序做的第一件事情则是把I/O控制器的中断关掉（向对应的寄存器写入对应的控制字），然后从队尾指针位置开始不断处理数据包；处理多少数据包根据Host端程序自身的设计考量，可以一股脑处理到队首，也可以处理一定时间或者一定个数的数据包；之后，Host端程序再打开网络I/O控制器的中断，继续这个流程。I/O控制器被关闭中断期间，其他工作并不受影响，数据包照样接收、写入主存，更新对应指针，只不过不再发中断而已。当网络流量突然到来时，第一个数据包触发一个中断，Host端程序运行起来，临时关闭中断，然后处理数据包。这期间，又会有后续的数据包接连到来，此时Host端程序批量多处理一些数据包之后，再打开中断，可能一瞬间又会触发中断，那就再次进入这个流程。这种方法，既不耽误对每个数据包的及时处理，又能降低中断的频度（由Host端程序主动关闭中断再打开）。对于高速收发数据的I/O控制器来讲，这种方式最为高效，其又被称为中断+轮询混合处理方式。Host端程序主动去处理接收队列中的条目，这种方式就属于轮询；被中断触发时才去处理的方式，就叫作受中断驱动（Interrupt Driven）。

向网络I/O控制器发送数据包的过程，依然利用与接收Descriptor Queue类似的发送Descriptor Queue，只不过每个Descriptor中的缓冲区基地址指针可能随时变化，因为要发送的数据的位置每次都可能不固定。当然，也可以像接收队列一样，Host端程序预先申请固定大小、固定位置的缓冲区，每次发送数据包之前，将要发送的数据包复制到缓冲区中。实际产品的实现方式多种多样，不一而同。

至此我们对I/O操作有了一个基本认识。不仅仅对存储和网络，对其他方式的I/O操作，整个处理过程的套路都是类似的。

7.1.8 接入更多外部设备

对于一台计算机来讲，它会有很多I/O设备，如网络控制器、存储控制器、声音和显示控制器。高端一些的计算机，可能还需要多个网络控制器。如果将所有的I/O控制器全都接入核间访存网络上，理论上这样做可以，但是会拖慢访存网络，因为这样接入了太多节点，为了接入I/O控制器而拖慢了核心对存储器的访问。不妥不妥。因此，要想办法把所有的I/O控制器全部从核间访存网络，甚至片间访存网络上移出去，在核间或者片间访存网络上设置一个代理模块，并设置好路由，将所有的I/O请求全部发送给该代理，然后由其转发给后面的I/O控制器。这个代理便是I/O桥芯片。

这样做的确解决了访存网络过于臃肿的问题。但是，由于不同的场景对计算机配置规格的要求也不同，有些根本不需要网络、声音，甚至图像显示都不需要，有些则需要大量的网络接口、存储接口。I/O桥芯片本身是固定配置的，自身无法容纳太多I/O控制器，如果I/O桥能一下子提供10个网络控制器、10个存储I/O控制器，满足所有场景，这倒也痛快。但是不会有人这样做，成本太高。为了实现更加灵活的I/O接口扩展性，需要另想办法。

可以确定的是必须采用复用技术，让多个I/O控制器可以共享同一个I/O总控制通路与核心及主存之间互传数据，或者这样，I/O桥上只需要保留这个总控通路控制器即可。所有其他I/O控制器，不管数量如何、种类如何，都与该单个通路控制器通信，后者再将I/O控制器的数据传送到片间、核间访存网络上，与MC和CPU核心交互。I/O桥上只保留那些最为常用的I/O控制器，比如SATA I/O控制器、声音和显示I/O控制器等。至于那些不太常用的，比如摄像头I/O控制器、10GB以太网控制器、SAS控制器、高端显示控制器等，就不集成到I/O桥内部了，否则成本太高。如果想用上面这些设备，可将它们统一接入到I/O总控制器上。那么，I/O控制器又是怎么与I/O总控制器连接起来的呢？

I/O总控制器通过单独的总线或者某种形式的网络与后面这些I/O控制器连接起来，如图7-14所示。这些连接I/O总控制器与I/O控制器的总线/网络有多种，比如PCI、PCI-X、PCI-E，以及ARM CPU平台常用的AXI等。其中，PCI、PCI-X属于共享总线类型，PCI-E属于交换网络类型。

要做到外部设备的灵活增添，一个合理的办法就是将I/O控制器做成可插拔的单独的硬件单板，采用物理连接器（比如插槽形式）与I/O桥输出的连接器进行对接。I/O总控制器预留一定数量的插槽，就可以让用户灵活添置各种I/O控制器单板。图7-14右上角所示为一片SAS I/O控制卡，其采用PCIE连接器插入I/O总控制输出的PCIE插槽。散热片之下是一片SAS I/O控制器芯片，其前端通过与I/O总控制器相同的总线/网络类型对接，后端则利用SAS接口控制器与其他SAS设备连接，比如SAS硬盘。图7-14中右下角所示为SAS体系的逻辑示意图。通常，服务器类计算机的制造商会在机器箱体内放一块**背板**（图中右上角所示，正反面），背板上焊有一片SAS交换器，所有SAS硬盘先连接到SAS交换器，再通过SAS线缆上连到SAS I/O控制器。从这一点上讲，SAS这个网络也是利用复用的方式将多个SAS设备连接到同一个SAS I/O总控上。

如果抛开实际的物理实体，抽象来看的话，计算机I/O系统在本质上其实是多个不同网络之间的互联，如图7-15所示。图中的每种颜色覆盖的区域都各成一派，是各自独立运行的网络/总线。而各个I/O控制器充当了路由器的角色，其从后端端口上利用后端口所在的网络所使用的交互方式（协议）将数据接收到，然后再从前端端口利用前端口网络所使用的协议将数据发送给上游部件，从前端口接收数据发送到后端口的过程也类似。当然，这些I/O控制器比单纯的

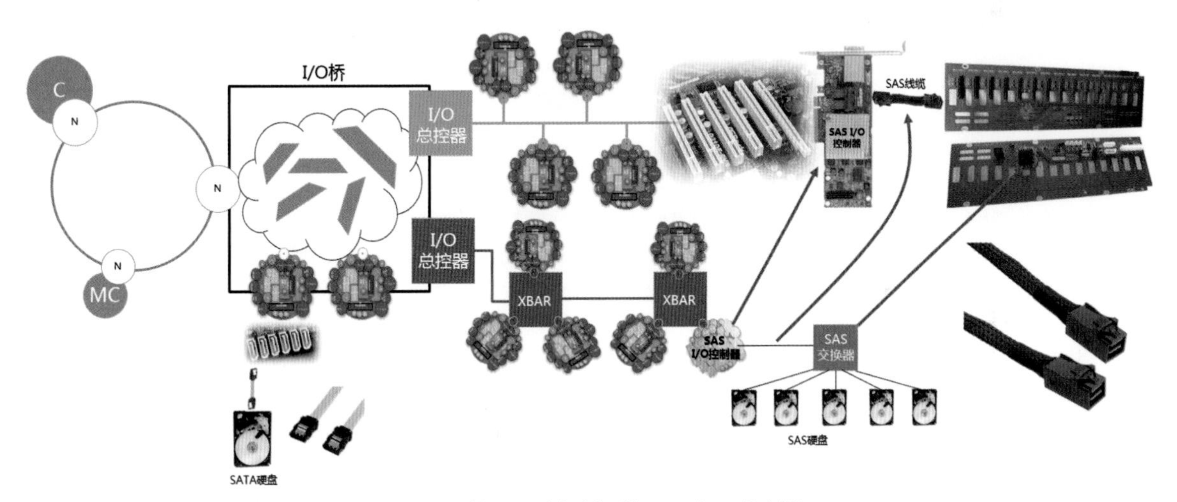

图7-14 利用I/O总控制器接入更多I/O控制器

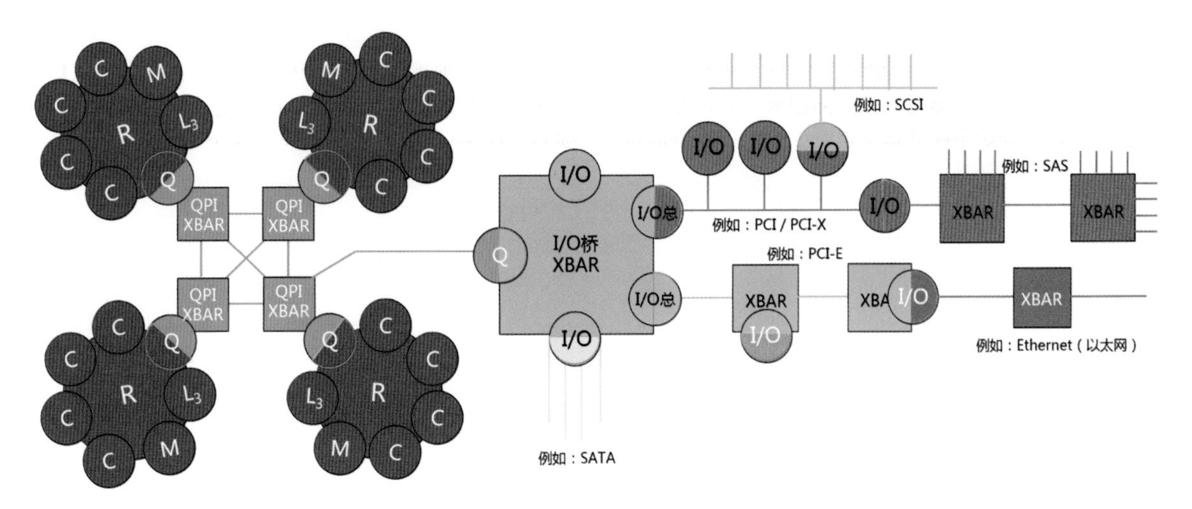

图7-15 计算机I/O本质上是不同网络的互联和协议的转换

网络路由器的处理要稍微复杂一些，其并不仅仅只是按照两边协议相互转发数据，还需要做一些处理。比如前文中介绍的一个SCSI写命令从主存到SCSI I/O控制器再到硬盘的过程。SCSI I/O控制器从前端的访存网络上遵循存储器读写协议接收到了Host程序发来的写命令，它的确是按照后端SCSI协议的交互方式和数据包格式将该命令又传递给了SCSI硬盘，SCSI硬盘返回数据。SCSI I/O控制器需要根据SGL中的指针，将这些数据发送到对应的主存地址，而并不仅仅是像单纯网络路由器那样找到目标端口简单地发出去就完了，其“张罗”的东西更多更杂一些。

我们在前文中假定的场景是把I/O控制器接入到片内访存网络，所以I/O控制器前端的接口为Ring网络接口，所以I/O控制器需要一个Ring控制器接入Ring网。而现在把这些I/O控制器拿到外面，接入到I/O总控制器上，假设使用PCIE与总控连接，那么这些I/O控制器的前端就必须都从Ring控制器更换为PCIE控制器。如图7-16所示，不管后端是什么通道，比如SCSI、SAS、以太网，或者SATA，前端统一使用PCIE控制器与总控连接。

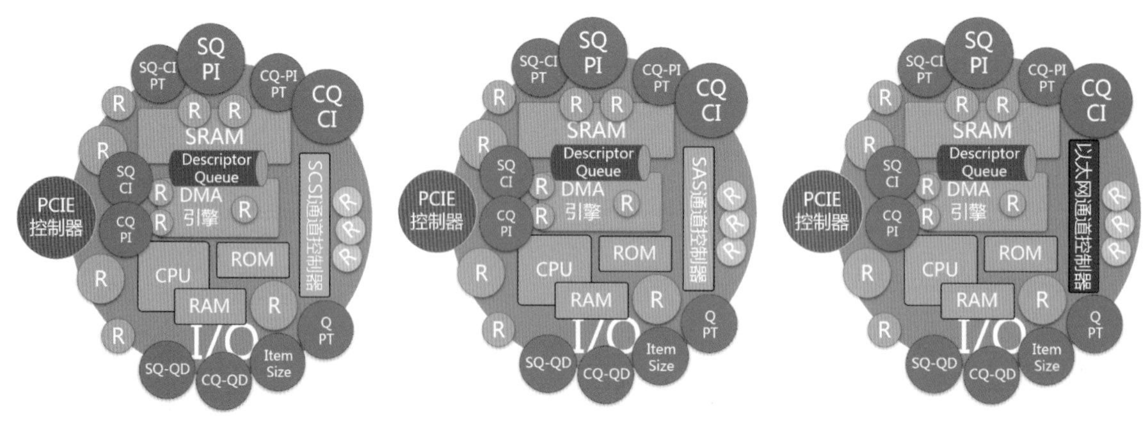

图7-16　前端为PCIE接口的SCSI/SAS/以太网 I/O控制器示意图

按理说，“SAS控制器”的说法，并不精确，应该称图7-16中对应的控制器为“前端PCIE后端XXX的I/O控制器”才足够精确。那么，难道还有前端非PCIE的以太网控制器？当然有。你认为图7-17所示的这个USB接口的以太网适配器（不能叫它“卡”了）内部的控制器是什么架构呢？其前端接口控制器并不是PCIE，而是USB。其前端采用USB控制器接入USB总线，上连到位于I/O桥上的USB I/O总控制器。同理，大家可能都有移动硬盘，其控制电路板上就是一个前端USB接口、后端SATA接口的I/O控制器。

图7-17　可编程I/O控制器示意图

如图7-18所示，对于I/O总控制器，其也有后端和前端。对于PCIE网络总控制器/主控，其前端为Crossbar控制器，后端则推出PCIE网络形式，那么我们称该I/O总控为**PCIE主控制器**，而不是Crossbar主控制器。也就是说，叫**“某某I/O控制器”，是取决于它后端挂接的网络类型**。同理，图中淡紫色为SCSI I/O总控制器/主控，其前端为PCIE接口控制器，后端为SAS接口控制器。这里要充分理解I/O主控制器和I/O接口控制器的区别。前者一般拥有前端、后端两个不同种类的接口控制器，其本质是一个网络路由器；而后者则是单纯的协议交互控制器，其后端就是它所控制的网络通道，前端则是纯寄存器，直接与I/O主控制器内部的控制电路模块相连。

而如果某个角色的前端接口为PCIE接口，比如图7-18中的SAS I/O主控制器，那么我们将该主控制器称为PCI设备。也就是说，**称呼“某某设备”，是取决于它前端所连接的网络类型的**。同理，图中的SAS接口硬盘则应被称为“SAS设备”，因为它前端连接到了SAS网络。而图中的SCSI接口硬盘则被称为SCSI设备，以太网I/O主控则是一个PCIE设备，因为它的前端与PCIE网络相连。**任何一个I/O控制器，对其上游网络而言是网络上挂接的一个设备，对其下游网络而言，则是该网络的总控。**

通过同一个网络通信的双方必须采用符合该网络协议的、相同的网络接口控制器，比如都是PCIE，或者都是USB、都是SAS，SAS接口控制器不可能与USB接口控制器直接连起来。但是I/O控制器内部的前后端网络控制器可以不一样，因为它们中间隔了个处理模块，处理模块与不同的接口控制器都采用寄存器直连模式连接。该处理模块终结和屏蔽了两端的协

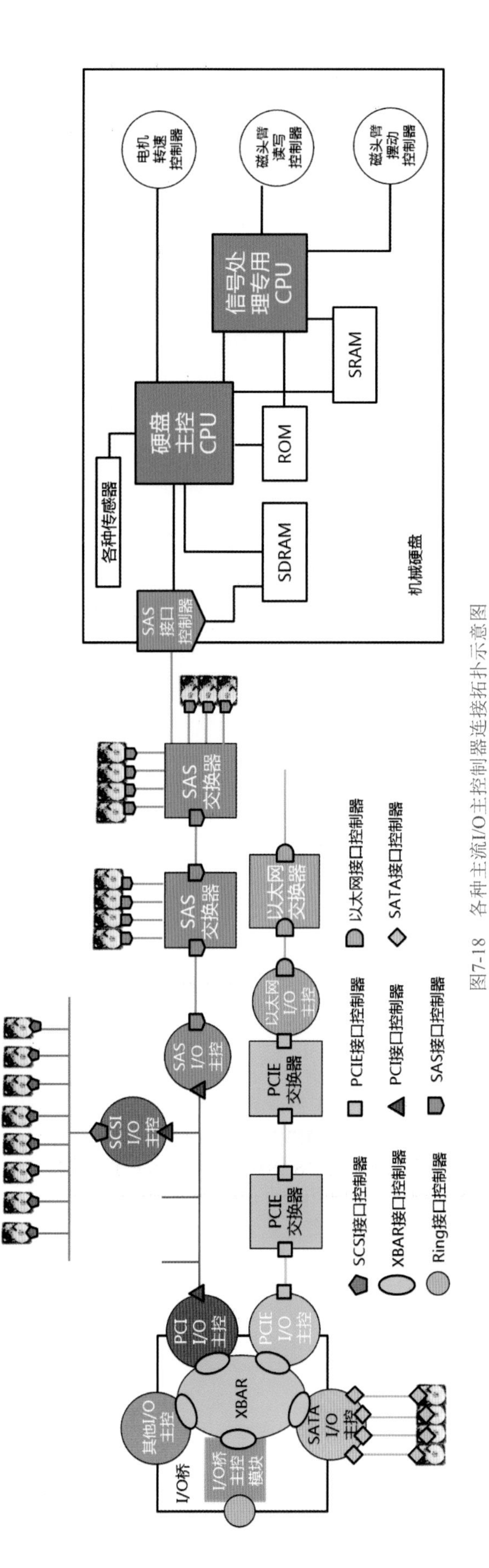

图7-18　各种主流I/O主控制器连接拓扑示意图

议，所以任何通信通路的打通，其底层本质上其实都是被最终回归和统一在寄存器～寄存器（R～R）之间了，R～R其实是通信的最初始形态。

以太网是这些I/O控制器中稍微特殊的一个，以太网后端一般会与其他的计算机而不是设备连接。如果你将计算机也称为一种设备的话，本质上也是对的。以太网接口的打印机，其顺理成章地被认为是“设备”，但是其本质上也是一台计算机。同理，用USB或者PCIE接口和某台计算机连接起来的，也并不一定是设备，也可能是一台计算机。所以，目前来讲，设备本质上就是计算机。

提示

有没有以太网接口的硬盘设备？比如，以太网接口的硬盘？截至目前，市场上的确存在一款以太网接口的硬盘产品（用SATA的连接器承载了以太网交互协议和数据包格式），但是其本质上是一台独立的机器，并不接收SCSI或者ATA指令，而是用了其他协议来访问其上的数据，所以其并不能算是一款“以太网接口的硬盘”。真正的以太网接口的、接受并执行SCSI指令的设备，是基于iSCSI协议的存储系统。有兴趣者可参阅冬瓜哥另一部著作《大话存储终极版》。

我们不妨再回过头来想一下，为什么会存在这么多的网络。其实人们并不想使用如此多不同规格的网络来连接各类设备，人们恨不得所有设备都享受高速度，都直接连接到片外甚至片内访存网络，也就是与CPU核心靠得足够近。没有金刚钻，别揽瓷器活。靠近CPU核心意味着I/O主控的前端接口控制器必须与核间访存网络同频率运行，这种电路模块的成本比较高。所以才有了I/O桥等这些缓冲地带，I/O桥可谓是个各路不同风格的I/O主控的集散地。不同的场景，催生了不同的I/O路数门派。有些用总线即可，有些则必须用交换。有些也使用Ring方式，但是其速率比核间Ring网络低得多。有些接入一两个设备就觉得满足了，远够用了，有些则设计为最大可接入2^{24}个设备，比如SAS。有些总线传输速率每秒几千比特就够了，比如串口，有些则每秒数十吉字节，比如PCIE。归根结底，都是需求导致了这些花样繁多的I/O总线。比如两台计算机之间，如果只为了传送一些命令字符，即键盘敲字符，再传送到另一台机器，这速度用Kbit/s的串口就够了，没必要非要用以太网来传递。

早期，PCIE主控制器的确是接在I/O桥上的，但是PCIE这个标准体系也是在不断发展的。到了PCIE 2.0/3.0时代，链路速率翻倍提升，此时I/O桥的存在便会体现出瓶颈，所以业界相关厂商直接将PCIE主控连接到了CPU片内的核间Ring上，使其直接与核心、MC等平起平坐。截至目前，几乎所有的商用高端

CPU都是这样设计的。

对于计算机I/O，业界还有一些称谓。一般将核间Ring、片外QPI以及PCIE称为**系统I/O总线**，而将挂在PCIE后面的I/O控制器，比如SAS、SCSI、SATA、以太网等，称为**外部设备I/O总线**。总之，越靠近CPU核心的越“系统”，越远离的越“外部”，而它们的本质都相同，都是用于传送数据的某种网络。

7.1.9 一台完整计算机的全貌

是时候给出一台计算机的全貌了。本书截至此处，之前介绍的都是电路、芯片，它们集中在CPU内部。现在，大家已经对I/O系统有了初步认识，咱们就来看看人们是如何将这些芯片、导线、连接器整合到一起成为一台完整计算机的。各个芯片的管脚信号需要用导线连接起来，这些导线被印刷在一块塑料板材上。当然，塑料板材并不是普通的塑料，而是具有耐高温、耐腐蚀、抗干扰等对电信号友好特性的特殊材料。在第3章中我们也介绍过电路板的制造过程，其与芯片制造工艺本质上类似，但是它由于尺寸大，所以简单得多，成本也低得多。

先用一块大板子将CPU、内存、PCI/PCIE等各种访存网络、I/O网络的相关导线和连接器布置好、安插好。这块板子称为主板/母板（Motherboard），叫**主板**更接地气。

图7-19为一块个人电脑的主板。右侧为CPU插座，下方的触点用于与CPU芯片背面的触点接触。这些触点下方被接到了嵌入到电路板中的大量金属导线上，这样信号就可以被输出到PCIE插槽等各处。CPU下方的插槽可以插入SDRAM内存条，SDRAM的控制器位于CPU片内。主板左下角可以看到一个散热片，下方就是I/O桥芯片，其周围有SATA接口、PCIE插槽等。

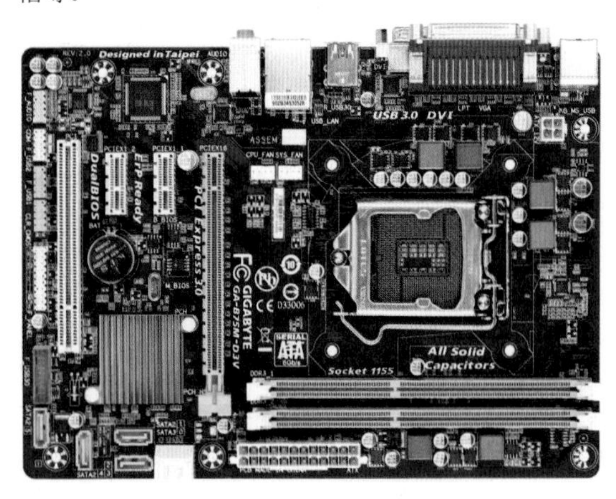

图7-19　普通个人电脑的主板

图7-20为2路和4路服务器的主板。“路”指的是CPU数量。服务器也是一台计算机，只不过比个人电脑在规格配置和可靠性上要高很多，专门作为那些对外服务的计算机。比如各种互联网App运行时需要从服务器上获取对应的信息，由于同时有大量的用户从服务器上获得数据，服务器需要运行大量的线程，需要更大的内存、更高的可靠性。CPU之间的访存网络所使用的导线，都被嵌入到了电路板内部，肉眼是看不到它们的。

那么，可增添的独立I/O控制器，是怎么与主板相连的呢？图7-21为一块焊有SAS I/O控制器的板卡（简称SAS卡），它利用PCIE连接器（俗称金手指，因为其上并排很多根铜金属片）插入主板上的PCIE插槽，插槽中的金属与SAS卡的金手指接触上后，也就连接上了。由于服务器需要大量硬盘存储空间，比如假设有12个SAS接口的硬盘，这些硬盘先插入到一个背板上，背板的背面有一片SAS交换芯片，所有硬盘SAS接口连接到SAS交换器，然后再从交换器的上行端口，用专用的SAS线缆，连接到SAS卡的SAS接口上。

同理，以太网络I/O控制器所在的板卡被称为**以太网卡**，声音I/O控制器卡就是**声卡**，显卡也如此。这些卡都插在PCIE插槽上，前端利用PCIE接口控制器与CPU上的PCIE网络总控制器相连，后端推出各自的接口。以太网推出以太网口，声卡推出3.5 mm声音模拟信号插孔，显卡推出HDMI/VGA等承载屏幕像素显示信号的接口。整个计算机I/O实物全景如图7-22所示。这些声卡、显卡、网卡、SAS卡，又被称为**HBA（Host Bus Adapter，主机总线适配器）**，即将各种外部I/O总线/网络，连接、对接、适配到主机端的I/O总线/网络比如PCIE上。所以，下面这些俗称都是指同一类设备：网卡声卡显卡SAS卡、PCIE卡、I/O卡、I/O通道卡、I/O控制器、I/O扩展卡、网络适配器、显示适配器。

然而，网络、声音、图像、存储是计算机的四肢。一台基本的计算机，尤其是个人电脑，必须有这4大件。如果买一块主板，还得同时去买4张HBA卡回来插上的话，这太费劲了。于是几乎所有生产主板的厂商，都直接把对应的声音I/O控制器、SATA I/O控制器、以太网I/O控制器芯片焊接到主板上，导线直连CPU上的PCIE控制器。这种方式被称为“**板载I/O控制器**”。网卡的以太网口直接在主板侧面放置，SATA硬盘接口则在主板表面放置。I/O控制器也有众多厂商在设计制造，至于选择哪一款I/O控制器，主板厂商直接替用户做了选择。由于精细的图像显示需要较大的计算量，在早期，几乎都需要一个独立的显示I/O控制器来完成这些计算，但显示I/O控制器价格较贵，所以一般鲜有主板厂商集成显示控制器

图7-20　2路和4路服务器主板

图7-21　服务器内SAS卡与硬盘的连接方式

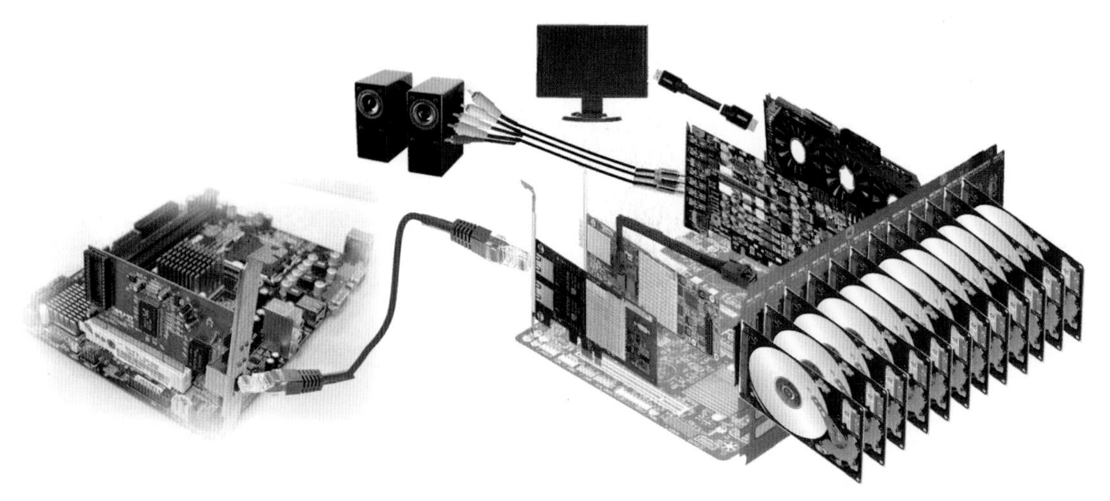

图7-22　计算机I/O实物全景图

到主板上，但是仍有一些这样做。图7-23中从左到右分别为板载显示I/O控制器、板载以太网I/O控制器、板载声音I/O控制器的主板。

SATA I/O控制器哪里去了？SATA I/O控制器由于太过常用，也就轮不到主板厂商操心了，做I/O桥芯片的厂商直接将SATA I/O控制器集成到桥片内部了，SATA连接器也直接安放在主板上。上文图7-22中的用SAS HBA接入十几块SAS硬盘的场景，多用于服务器

图7-23　板载显卡/网卡/声卡

场景，以提供更好的性能和容量。

做芯片的厂商在业界被视为**上游厂商**，而做主板、HBA等产品的厂商相对就是**下游厂商**。集成和板载是有区别的。集成是指被集成在某个芯片（I/O桥或者CPU）内部，而板载指的是I/O控制器芯片依然是独立的一片，只不过被直接焊接到主板上，不用通过连接器再插到主板上。所以，“集成声卡/网卡/显卡”的说法与“板载声卡/网卡/显卡”是不同的意思。

如果对画面有更高的要求，尤其是3D实时渲染要求，有些用户需要更加高端的独立显卡，那么可以购买并插入PCIE插槽。声卡也类似。不过高端独立声卡对音质的提升并没有显卡那样明显，只有一些合金耳用户青睐它们，所以高端独立声卡比较冷门。冬瓜哥是个3D游戏画面党，先后购买过NVDIA公司的多款旗舰高端显卡。后文将全面介绍3D图象的的渲染过程，以及声卡发声控制过程。

7.2　中断处理

我们前文中介绍过利用中断方式来处理I/O，也介绍过CPU核心内部有一个专门接收中断信号并负责内部状态切换的专用模块（核心内中断控制器）。那么，在CPU外部，中断在物理上是怎么实现的？设备的中断信号又是如何跨越PCI/PCI网络到达CPU核心的？本节就试图解释这个问题。

我们先来看一下中断体系的全貌。在你的最原始认知里，可能中断就是如图7-24左侧所示的一根信号线的事情。如果整个计算机只有一个外部设备，那中断的确这么简单。可是，计算机的外部设备太多了，有通过PCI总线/PCIE网络接入系统的，也有通过其他方式接入的比如P/S2、串口等，这些设备控制器也需要发出中断信号，所以一根线恐怕是不够的。

为此，人们搞出一个**中断中继器**，如图7-24中间部分所示。该中继器推出多个中断信号线，也就是图中的IRQ#（Interrupt Request，中断请求），比如Intel早期的8259A PIC（Programable Interrupt Controller，可编程中断控制器）有8个中断信号线。但是该中继器与CPU仍然只通过一根信号线相连。当任何一个设备产生中断信号时，该中继器便也向CPU发出一个中断信号。这种多对一映射的方式，如何让CPU分清楚到底是哪个设备产生的中断呢？

该中继器在IRQ#上接收到中断信号之后，将生成一个编码并存储到中断向量寄存器中，比如收到IRQ#8信号则生成01000010串码。具体的生成规则，可以静态固定，也可以动态配置。8259A芯片提供了

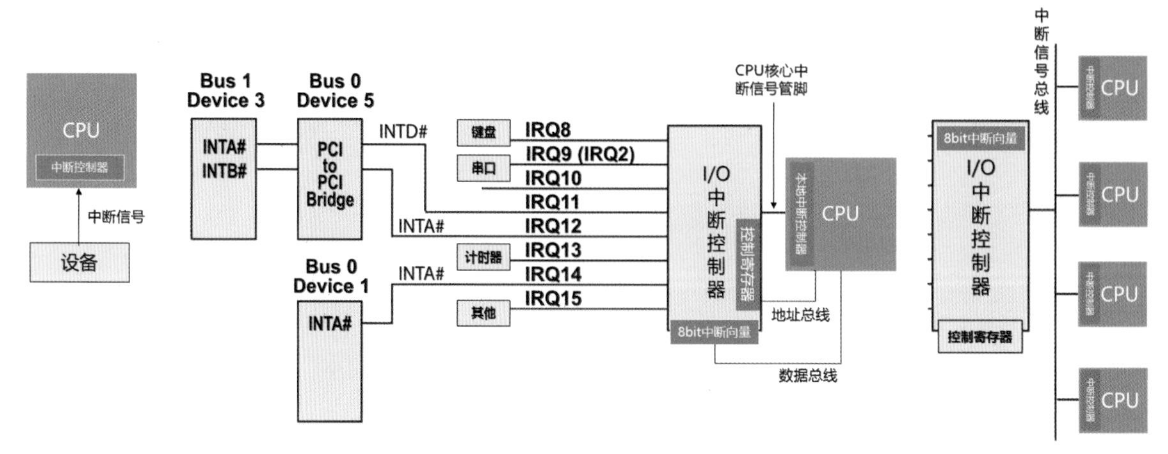

图7-24　外部设备的中断体系架构变迁

对应的寄存器，程序可以将对应的配置规则写入到该寄存器来改变IRQ#与该串码的映射规则。

如果中断控制器同时收到多个IRQ#信号，则根据优先级（优先级策略也是可以通过片内控制寄存器来配置的，所以其称为可编程中断控制器），生成对应的串码。这个串码被称为**中断向量**，存储它的寄存器就是中断向量寄存器。正是利用这个串码，CPU可以区分目前的中断到底是哪个IRQ#发来的。

提示

为什么不直接把IRQ#号码作为中断向量存储到中断向量寄存器中呢？为什么需要将其变成别的编码？因为不仅仅只有外部设备会发出中断，有时候软件也可以主动触发中断CPU，让CPU跳转到某个中断服务程序上执行，这就是所谓的软中断，具体执行“Int 中断向量号”机器指令。而有些内部的运行异常也会中断CPU，比如代码中出现了除以0时，此时CPU自己中断自己，也就是电路会产生一个固定的中断向量号，然后CPU跳转到该向量号对应的错误处理程序上去运行，从而向用户报告这个错误。所以你可以看到，外部设备的中断号只是一部分，所以你不能说外部设备的1号中断就是所有中断号中的1号，不能刻舟求剑。所以需要将外部设备中断号融入系统全局中断号，一般来讲对应的策略是直接加上一个基础号码，这个基础号码会被设备管理程序在配置中断控制器时写入到其对应的控制寄存器中，这样每次中断控制器就可以用中断号+基础号码，得出最终的中断向量号。

我们下文中不再使用“中断中继器”这个词，转为使用“中断控制器”，或者简称PIC。系统加电之后，需要对PIC上的这些控制寄存器进行初始化配置，必须中断向量与IRQ#的映射策略、中断优先级策略等，需要写入对应的值，这个工作由PIC驱动程序完成。PIC驱动程序如何访问PIC的控制寄存器呢？

如图7-25左侧所示，PIC的这些控制寄存器，会被BIOS提前映射到CPU的地址空间中（BIOS会配置系统底层的地址路由表，凡是访问对应物理地址的请求均被路由到连接着PIC的总线接口上），程序直接访问即可。如图7-25所示为该中断控制器的控制寄存器地址。仔细观察的话会发现其中蹊跷，这些寄存器地址在左图中显示为“I/O范围”，而右图中的高精度时间计时器设备的寄存器地址却显示为“内存范围”。两者的区别何在？

实际上，在很早期的时候，CPU并不是采用访存地址来访问外部I/O设备的寄存器的，而是采用所谓“I/O地址”。这相当于CPU除了有内存地址和数据总线、控制总线之外，还增加了一套I/O地址和数据总线，后者专门用于访问I/O设备的寄存器，而访问内存时才走内存地址/数据总线，一直到后来，内存和外部I/O设备寄存器才被统一到同一个地址/数据总线上。早期访问I/O寄存器也并不是使用Load/Stor指令，而是采用In/Out指令，这样，CPU内的电路收到这个指令便知道本次需要访问I/O总线而不是内存总线。由于兼容性原因，I/O访问方式被保留了下来，多数设备已经不采用I/O地址了。而图7-25所示的PIC依然采用了I/O地址。

中断到来后，CPU内部的中断处理模块临时将正在执行的线程的现场保护好之后，首先要做开门应答的动作，也就是告诉PIC“收到中断了马上开始处理，你也别按门铃了松手吧”，具体也是通过发送一个Interrupt Acknowledge总线信号给PIC，后者则设置内部的相关控制寄存器以清除中断触发状态。注意，此时外部IRQ#上依然持续地在被对应的I/O设备按着门铃，只不过此时PIC不再当它是新来的门铃（如何从源头上消除对应设备的按门铃信号见下文）。然后CPU的中断处理模块会接着再发送一个总线信号给PIC，要求其将中断向量寄存器中的数值发到总线上。CPU拿到这个值，到位于内存中的中断向量表中查询对应该值的中断服务程序入口指针，然后跳转到该中断服务程序执行。上述这个过程完全由CPU内的中断处理模块处理，不需要运行任何机器指令。

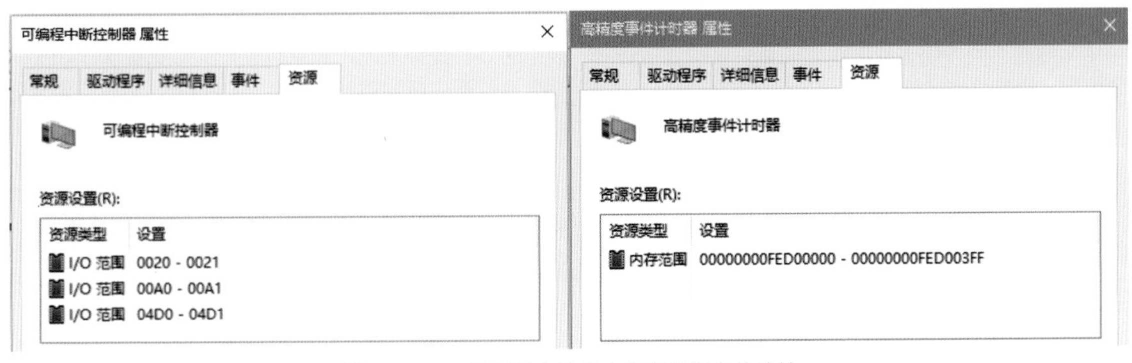

图7-25　PIC控制器中的各个寄存器所在的地址

提示

还记得内存中的中断向量表是如何生成的么？本书之前章节中提到过，BIOS很关键。BIOS程序首先发现系统中的所有设备，根据对应规则（有些定死，有些则动态分配）为这些设备的寄存器分配物理地址（或I/O地址，见上文）；然后配置底层访存网络的路由表，让CPU能够用访存或者I/O地址访问到这些寄存器，在内存中生成一张设备信息描述表；然后初始化配置PIC中断控制器，向PIC对应的控制寄存器中写入对应的IRQ#号～中断向量号映射规则控制字；然后在内存中生成中断向量表，将设备驱动程序所注册的中断服务程序的入口指针与相应的中断向量号对应起来（其实是直接使用中断向量号作为序号，比如00001100号中断向量对应表中的第12行上放置的入口程序指针）。

然后，CPU开始执行中断服务程序的指令。中断服务程序所做的第一件事就是与对应的I/O设备进行直接通信，也就是直接访问对应I/O设备的对应控制寄存器（驱动程序会从BIOS生成的设备配置信息表中获取到自己所驱动设备的寄存器或者I/O地址），告诉它“别按门铃了俺来啦”。要知道，PIC之所以发中断给CPU，是因为其某个IRQ#上有设备正在按门铃，源头在I/O设备端，只有驱动程序能够对其消音。然后，驱动程序继续访问设备的寄存器，以获取该设备发出中断的原因，并做后续处理。如果是I/O设备完成了一个I/O，将完成消息写入了主存中的完成队列，那么中断服务程序还需要继续处理一下这个已经完成的I/O。

如果之前是有多个IRQ#同时发生的话，按照优先级，CPU只处理了其中一个。但是此时，CPU告诉PIC“我已经在处理了，请松开按门铃的手”之后，由于其他IRQ#的门铃依然被按着，所以在下一个时钟周期，PIC依然会继续产生中断信号，也就是再次生成新的中断向量，再次中断CPU，CPU再次进入中断响应流程。如果上一个中断还没有被处理完之前下一个中断就到来的话，这就产生了中断嵌套，不过这没有什么问题，因为CPU被中断之前都会保护之前任务的现场，恢复后继续处理。

图7-26中为冬瓜哥电脑上存在的一些外部I/O设备所使用的IRQ号，以及对应的寄存器地址。

提示

人们通常将用于中继所有I/O设备的中断信号的外部中断控制器称为**I/O中断控制器**，而将位于CPU内部的处理中断请求的模块称为**CPU本地中断控制器**。值得一提的是，不仅外部I/O设备可以向CPU发出中断，多个CPU之间也可以互相发起中断，后者被称为处理器间中断（Inter Processor Interruption，IPI）。在第6章中我们在讲述多核心CPU体系结构、系统启动初始化过程的时候，曾经介绍过IPI的实际使用场景。IPI就是通过CPU的本地中断控制器发出的。一个CPU可以将自己收到的外部中断请求通过IPI转手给其他CPU处理，IPI物理上对应着一个在CPU/核心互联访存总线上传递的消息，其中包含要跳转到的程序入口地址以及其他参数，其他CPU/核心拿到信息之后可以直接执行对应的中断服务程序。理论上，IPI还可以用来传递其他任何类型的消息。I/O中断控制器和CPU本地中断控制器都会暴露一些控制寄存器到物理地址空间，系统BIOS会负责将它们映射到对应地址，程序通过访问这些地址，向其中写入对应的控制信息，达到控制它们工作的目的。比如向本地中断控制器对应控制寄存器中写入对应的值，触发其发出IPI中断消息。这个底层写寄存器的操作，会被封装成一些函数，比如send_ipi()。当你阅读一些源代码的时候，可以不断追踪这些函数的具体实现，发现最后一步总是将某个值写入到某个寄存器地址。

我们再来看图7-24的最右侧部分。在一个多CPU场景下，I/O中断控制器应该如何与CPU相连？实际上，当时人们新设了一个单独的总线，叫作**中断信号总线**，也就是将I/O中断控制器的中断信号与所有CPU的中断接收线连接在同一个总线上，并设置单独的总线信号以便让I/O中断控制器可以选择将中断信号发送给哪个CPU。这可有点犯难啊！因为任何一个CPU都可以处理任何中断，每个CPU都可以根据内存中的中断向量表找到中断服务程序来执行，谁执行都是一样的（有些许不同，如果待处理的数据在某个CPU缓存内，而中断却被发送到其他CPU上，其他CPU恰好要访问这些数据，此时会产生CC同步流量，从而影

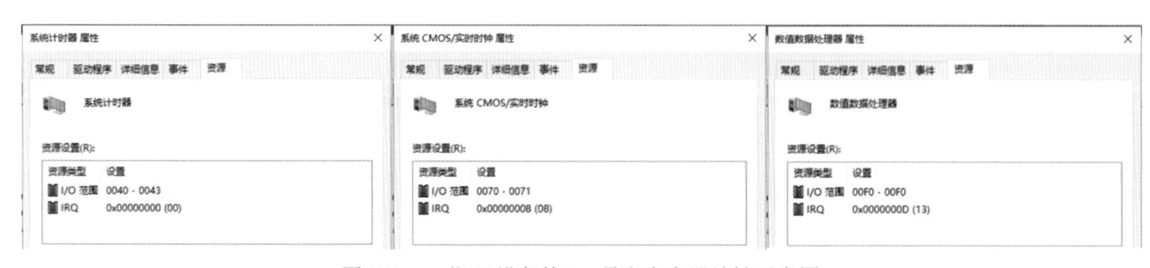

图7-26　一些I/O设备的IRQ号和寄存器地址示意图

响性能）。早期，在这种场景下，中断控制器将中断默认只发送给某个固定CPU，当然，这会导致该CPU的负载较高。后来做了一些优化，I/O中断控制器上也做了一些改进，比如可以根据不同的中断向量，均衡地轮流向多个CPU发起中断请求，这种技术叫作**IRQ Balance**。IRQ Balance也可以通过不依赖I/O PIC提供的均衡能力，而是利用软件来处理，先接收I/O PIC的中断，然后根据系统当前的CPU负载状况，动态地利用IPI中断将收到的外部中断转手给其他CPU处理，也可以使用轮询的方式，比如可以在中断控制器上设置一个32位寄存器，该寄存器中的每个位与系统中的一个CPU核心相对应。当收到外部中断时，中断控制器检查该寄存器，发现哪个位是1，就将该中断导向哪个CPU核心。该CPU核心执行中断服务程序时，中断服务程序会执行额外的一步操作，就是将该寄存器中的下一个位置1，之前为1的位置0。这样，再次发生中断后，该中断将会被导向到下一个CPU核心，周而复始循环，这样就可以实现轮询了。其他的一些具体实现方法就不多介绍了。

这个改进版的I/O中断控制器内部的功能也更加强大和复杂，也就需要提供更多的控制寄存器以供配置其工作模式，包括IRQ Balance策略等。Intel平台将改进版的PIC称为APIC（A表示Advanced），APIC依然分为I/O APIC和CPU本地的Local APIC。由于采用了单独的APIC总线与多个CPU互联，这就使得APIC可以直接将中断向量主动告诉CPU，而不是再像之前那样只能通过一根导线的电平信号来中断CPU，后者再来主动获取中断向量。

再后来，每个CPU芯片变成了多核心，每个核心都配有一个Local APIC，整个系统依然配有单独的一个IO APIC（一般位于I/O桥上），如图7-27所示。对于一个规模变得更大的系统来讲，单独设立一个中断信号总线就不太合适了。为何不能将中断信号封装成消息，载入核间、CPU片间的访存网络上传递呢？是的，目前的主流多核CPU就是这么做的。关于中断就先介绍到这里，在7.4节中我们会结合PCI/PCIE更深入了解中断。在那之前我们需要先对网络系统有个基本认识，打一下基础，因为计算机内部其实是一个大网络。

7.3 网络通信系统

大家在思考时请抓住下面三个本质。

（1）I/O设备接收的只有三种信息：数据操作命令（比如SCSI命令）和对应的辅助描述信息（比如数据所在的位置指针等）、数据、控制字/信息。

（2）你可以用任何可能的方式传送上面这些信息。

直接将命令及其描述、数据、控制字写入到I/O控制器，暴露在全局地址空间中的寄存器中，后者收到执行，返回的数据和状态也都放置到寄存器中，Host端程序不断读取这些寄存器从而拿到数据和状态。

也可以先用Stor指令将各种队列指针等控制字写入I/O控制器的相应寄存器，从而对I/O设备进行配置（比如通告给I/O控制器队列指针，设置运行模式，禁止/使能中断等），然后将命令和数据在主存中准备好，将队首指针写入寄存器，触发I/O控制器自己去主存中取回命令、描述和数据。

I/O控制器甚至可以不暴露任何寄存器给全局地址空间，Host端程序也不用任何存储器读写来访问I/O控制器，而是把控制、数据、元数据通过总线/网络控制器直接发送给I/O控制器，I/O控制器接收到这些信息之后放在哪里，Host端并不用关心。I/O控制器处理完命令之后，如果是读命令，则将读出的数据缓存在内部缓冲中，Host端主动通过总线/网络控制器发一个“把数据给我”的请求，I/O控制器便将数据返回给Host端的总线/控制器，后者再将数据写入主存。这种方式与前文介绍过的方式都不同。下面要介绍的USB协议，就是这种交互方式。

（3）你也可以利用不同的总线/介质，跨越多个不同的总线/网络，来传递这些信息，比如直接使用片内Ring网络，或者先经过Ring，再转手给I/O桥，再转手给PCI I/O总控制器，或者还会转手到某个网络中，

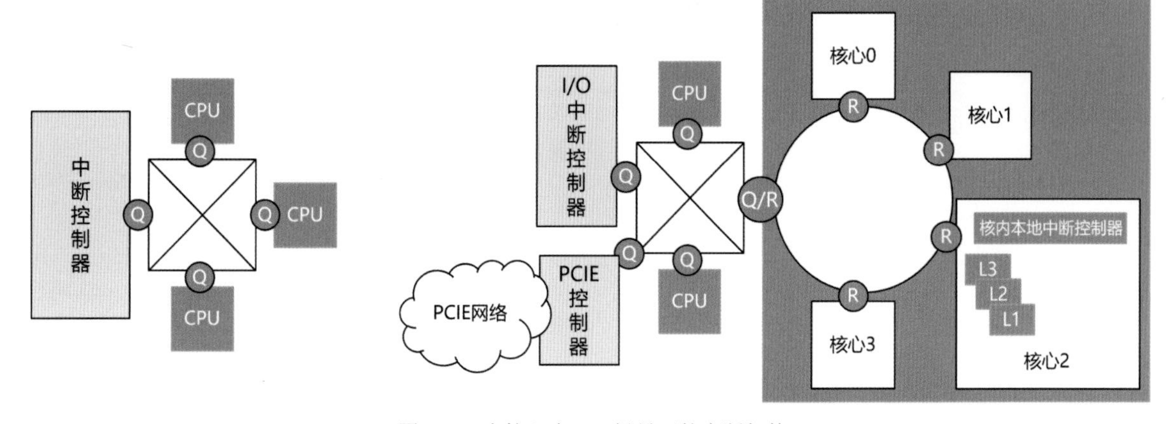

图7-27　多核心多CPU场景下的中断架构

最终转手给最后一级I/O控制器。

要充分理解上述过程的本质：其目标就是CPU核心要将数据发送给I/O控制器或者从其得到数据。为了实现这个目标，我们现有的材料有不同的访存网络（可以承载存储器地址读写请求的，比如Ring等）若干、不同的非访存网络（通常或者设计之初并不是为了承载存储器地址读写请求的网络，比如SCSI、SATA、SAS、以太网等）若干、在这些网络边界上进行协议转换和路由的控制器（I/O总控器或者边缘的I/O控制器）若干、导线若干。大家可以先自行思考一下如何实现该目标。前文已经给出了一些例子，大家此刻也可以回忆和总结一下可能的几种方式。

下面就来介绍两种最为常用的、最典型的I/O网络/总线：PCIE和USB。PCIE属于系统级I/O网络，USB属于外部设备I/O网络，那就意味着USB I/O总控制器可以挂接到PCIE网络中成为一个PCIE设备，再将各种USB终端设备挂接到USB网络上。还记得吗，越靠近CPU核心的越“系统”。另外，越靠近CPU核心的也越“访存”，也就是越倾向于采用存储器地址读写的方式与核心交互数据。越远离CPU核心的越不访存，越倾向于采用消息的方式来传送信息，比如SAS网络上传送的是SCSI命令及对应的数据。

PCIE属于访存网络，直接承载存储器地址读写请求；USB属于非访存网络，通信的两端根本看不到对方的寄存器数量和地址。然而，如上文所述，看不到寄存器、不能寻址，并不妨碍命令及其描述、数据和元数据的传送。我们将承载存储器地址读写请求的网络称为**访存网络**，而将非访存网络称为**消息网络**。USB、SAS、以太网就属于消息网络。

在详细介绍这些网络之前，我们需要先介绍一些背景知识，也就是通信的双方交互数据的一些基本方式和术语。不管什么方式的网络、通信，有线或者无线的、模拟或者数字的、机械的电子的、电脑间的、两人用嗓子喊话的等，这些形式的底层机制、步骤都是类似的。人们根据这些通信方式，总结出一套描述模型，叫作开放系统互联（Open System Interconnection，OSI），该标准由国际标准组织制定。

7.3.1 OSI七层标准模型

思考一下，通信的意义是一方将某种“意识”“表达”并“传递”给另一方。刚生下来的婴儿在头脑中已经产生了“意识”，但是不能够用语言表达，但是可以用肢体动作表达，比如不停哭可能是饿了，小嘴不停地噘或者手在嘴巴上蹭那一定是饿了。这个肢体运动现象，通过光线的变化，被你的视神经感受到了，然后传递给大脑，大脑解析该运动，只要不缺心眼的都知道，该喂宝宝了。于是本次通信达到了目的。

对于成人而言，其表达方式更加体系化，而且更加优雅化。比如你迷路了找人问路，你此时已经可以用标准语言来表达意图，并且要表达的信息可以通过声带震动传递给空气，并让对方的耳膜产生跟随震动。但是如果此时你看到对面走过来一个人，上去就说“二愣子大街100号怎么走”，那人的回复可能是：“你不就是二愣子么？不用找了！”为什么？因为你太没礼貌，仍然保持着婴儿时代的“噘嘴就赶紧给我喂奶”的思维模式。此时，显然，你应该先向对方表达这样一个意思：“你好，抱歉打扰一下，我能问个路么？”对方会说：“啊，去哪儿？”或者直接用肢体语言，点个头。当然，如果对方也没礼貌或者没听到，可能会直接不理你。这个过程，视为一种建立握手或者说建立会话的过程，即先和对方打个招呼让他集中精力应对你。

总结一下，上述通信过程基本概括为：先把“会话/握手”这个意思表达成语言，然后输送到传递单元上，比如声带、肌肉，通过介质（比如真空电磁波、空气等）传递到对方，对方从介质中接收信号，将信号输送到大脑中的逻辑单元进行译码/解析，做出反应。做出的反应也是一种“意思”，也要被表达成语言，并传递回通信发起方。这就建立了一个会话，然后再传递真正想要表达的核心意思。

计算机也是这样通信的，不管是同一台计算机上运行的多个线程，还是不同计算机上运行的多个线程，它们之间的通信方式都有着上述类似过程，只不过每一步的形式有差别，比如，声带输出的是模拟信号，而网卡输出的是数字信号，等等。

7.3.1.1 应用层

你要表达的意图，就是所谓应用层（Application Layer）。对于动物来讲，“意图”可能就那么几样：饿了要找食物，受到入侵要攻击或者逃跑，等等。对于人类而言，“意图”可就太多了，每天的生活、工作、娱乐、休息等过程中存在大量的意思。对于计算机来讲，“意图”涵盖的内容同样很多，比如在一个网页上包含各种各样的含义，比如图片、文本、表格、视频，以及所有这些元素的组成形式、排布在屏幕的哪个位置，等等。

应用层，指的就是“含义”本身，以及生成这些意思的程序。

7.3.1.2 表示层

上述这些意思的实际表达形式，就是表示层，比如编码成ASCII码的字母、字母组成的单词、单词组成的句子、句子组成的文章、文章被保存为txt格式的文件，或者被编码好的声音，并被保存为wav格式的文件。意思仅仅是你大脑中产生的原始诉求，要将其翻译成语言，要有一定的语法、主谓宾。另外，还有标点符号用于断句，否则不知道哪里是一句的开始和结束，比如视频文件的每一幅画面帧都有开始和结束标识。同理，上面这些文件格式都遵循对应的编码规则。一个网页上的所有元素，也都遵循相应的编码规则，比如HTML格式，或者说HTML语言。下面的HTML格式描述的意思就是用对应的字体、字号显示对应的文字“这就是表示层”。

```
<html>
<title>HTML</title>
<style type="text/css">
<!--
.STYLE1 {
 font-family: "宋体";
 font-size: 4;
}
.body1{text-decoration: underline;}
-->
</style>
</head>
<body>
<p class="STYLE1"><strong>这</strong><em>就</em><strong><font class="body1">是</font></strong><br/>表示层
</p>
</body>
</html>
```

表示层，就是指对应意思的表达形式，以及将意思转换为对应表达形式的处理模块/程序。OSI模型虽然是一个标准，但是该标准仅仅是一个大框架总结，并没有规定某种场景必须用某种表示层格式。你完全可以发明自己的表示层格式语言，但是不管你发明了什么格式，它都属于表示层。

7.3.1.3 会话层

有了要表达的意思，并且也使用对应的格式表达了出来，下一步当然是要将这封装好的信息传递给对方。这些封装好的、拥有表示层完整格式的数据信息，被称为消息（Message）。消息可以是各种格式、长度的数据，比如你在QQ上输入100字的中文句子，点击发送按钮，这句话就是一条消息；你访问一个网页，网页上的数据量非常庞大，可能会分为多个消息分批次传送，至于每个消息多大，完全由收发双方的程序预先定义。正如上文中所示，你不能毫无征兆就直接跟对方传递你最终的消息，必须先寒暄一下。正如人和人之间一样，计算机之间也需要做这件事。首先应该传递“打招呼”的意思，将其表示成对应格式的消息。

冬瓜哥是个直截了当的实在人，但是直截了当并不意味着就可以直接说主题，除非在特定场景下。那么，计算机之间为什么也需要寒暄？计算机没有感情，不管你是二愣子还是三横子，本不应嫌弃。但是，和人脑一样，计算机内部也需要对应资源来处理外界发来的信息。比如计算机正在做其他事情，没有对应的存储空间来接收外界的消息，结果突然就来了一个消息，弄得计算机措手不及，现去分配缓冲区会手忙脚乱、效率低下。更好的做法是，向计算机发送消息之前，先发送一个“你好，我要给你发消息了啊”的消息，对方收到这个消息，预先准备对应的资源，比如缓冲区，甚至创建新线程来单独处理接收到的数据，做完这些工作之后，对方返回一个“请讲”消息，本地收到后，才发送对应的消息。所以，计算机也需要寒暄。这个过程又叫会话握手过程。

打完招呼，就开始说话，那么，具体的交谈方式又是怎样的？是一问一答型？还是各说各话型？抑或是一方说话另一方只听不回型？根据不同应用场景，这些方式都存在。打招呼及之后的交谈形式，就是所谓的会话层。

应用层、表示层和会话层，这三层是紧耦合关系，需要由用户应用程序来实现。要表达什么意思、怎么表达、怎么打招呼、怎么交谈，完全由应用程序说了算，每个应用程序的这三层可能千差万别。大家耳熟能详的Web、HTTP、FTP、SMTP、Telnet等，其实都是对应的应用程序及对应的表示方式。比如Web浏览器是一个应用程序，其能够解析并展示在网页上的数据格式为HTML格式，而HTML格式的数据在浏览器和网页服务器之间的交互/交谈方式为HTTP方式/协议。俗称的“FTP协议”，其实指的就是用FTP的数据包格式和交谈方式来传输文件。

但是不管怎样，这三层最终都体现为数据流。打招呼消息、交谈中“我说完了，该你说了”等控制消息都是一串比特流，只要将其发送给接收方程序，对方就可以解析出其中的含义，从而做出相应的动作。

7.3.1.4 传输层

不管是打招呼的信息、交谈控制消息，还是最终谈话的内容消息，都需要传递给对方。有时候，你和对方打招呼，对方可能没听到，你不得不再次打招呼，直到他听到为止。为什么听不到呢？可能有多种原因。要么是由于距离太远，你发出的声波根本没有效传递过去，中途就被其他噪声干扰了，而人脑又做不到像模拟电路一样降噪和滤波。要么他的耳朵鼓膜的确被打招呼消息声波震动了，但是他的大脑此时由于正在专心处理其他事情，而没有感受到耳神经传递过去的信号，或者感受到了被潜意识自动忽略了。或者，他的大脑中枢的确收到了该信号，并且进入了中断服务程序处理，但是处理的结果是：现在忙，先忽略之。或者，处理结果是：可能是听错了，先忽略一次，如果再打招呼，再应答。除了第一条原因之外，后面这些原因是发送方无法控制的。

好了，我们可以看到，通信是两厢情愿的事情。你向对方打了招呼，对方不管出于什么原因，有可能不应答，而此时你不能直接就开始说正事，否则你就是二愣子，当然，特殊场合下除外，比如你没收到应答，可能会认为“架子挺大啊，我可不吃你这套，继续说我的”，此时你已升级到了三横子，因为你并没有多想想，对方可能真的没听到呢？所以，正常的通信过程一定是，发送方发出一条消息，消息不管是招呼、控制，还是内容，接收方必须发出一个应答消息**“收到”**（Acknowledge，ACK）。因为通信介质是不稳定的，不管是空气震动，真空电磁波，铜线/光纤上的信号，它们都时刻受到外界干扰。所以发送的消息还需要进行校验计算并将校验码附在数据包包头中一并发送，接收方收到之后对消息重新校验并与附属的校验码比对。如果不同，证明消息传输过程中受到了干扰产生了乱码，则该消息直接丢弃，同时回复一个**“请重复刚才的消息”**（Negative Acknowledge，NAK）。此外，网络上的交换机等设备，也有可能由于内部缓冲区满（溢出）而丢掉后续传来的数据包。发送方收到应答消息之后才会继续发送下一条/批消息。如果经过预设时间还未收到应答，则尝试重新传输对应消息，如果还未收到，则采取其他更强硬措施比如强行中断会话过程。对方可能并不知道发送方已经不管它了，如果此时才发送“收到”，则发送方可以回答一个“什么收到，说什么呢”的消息，则接收方就知道了“看来对方是强行结束了之前的会话过程了”，然后将自己内部原先分配的资源清除。发送方可以重新尝试发起一轮会话过程。

另外，还有个问题需要考虑。如果每发送一条消息，就期待对方一个“收到”，这样是不是太低效了。假设每条消息需要1 s的时间传送到对方，那么对方应答消息回来也需要1 s，这样，每两秒才能传送一条消息。如果能够改一改规则，发送若干条消息之后，接收方用一条应答消息把之前发送的所有消息都应答了，这就高效多了。然而这样的设计却带来了另外的问题。首先，发送方必须将那些对方还没有应答确认的数据包暂存在一个缓冲区里，一旦对方无应答超时或者由于乱码导致发送NAK消息，则发送方会尝试重传对应的消息。而如果是一条一条传送、应答，那么发送方缓冲区只需要保留一条消息空间的缓冲区即可。所以，批量传输、应答方式需要耗费更多内存空间。

此外，批量传输、应答方式还会导致接收消息乱序问题。网络上可能存在大量的交换机路由器设备，网络拓扑可能非常复杂而且灵活，通信双方之间可能存在多条网络路径，有时候一条路上比较拥挤（比如缓冲队列近满），而另一条路很通畅，那么网络设备可能会动态将数据包从通畅的路上转发出去。带来的一个后果：发送方后发送的消息可能先抵达了接收方，此时接收方如果不将收到的数据消息按序重排，那就会导致逻辑错误。比如发送方发送“你”“好”“冬”“瓜”“哥”，接收方的接收顺序变为了“好”“你”“冬”“瓜”“哥”，那么冬瓜哥收到可能会回复“哎呀，咋啦，好害怕啊”。

相比所有消息都走固定路径而保证消息的顺序，充分利用网络链路带宽资源显然更加重要，因为花了高昂成本在地球上部署的光纤，如果不能充分利用的话，是极大浪费。为了解决消息乱序到达的问题，发送方必须为每个消息打上一个标签，该标签内含有消息序号，以及其他一些传送控制信息。接收方收到数据包之后，按序重排，缺了哪个消息，就等待哪个到来，直到有连续序号的消息到来，再将其传送到上游缓冲区，等待后续程序的处理。同时，接收方在应答消息中，也应该带有“我已经收到xx号数据包之前的所有数据包”的信息，这样，发送方就可以将这些已经应答的消息从发送缓冲区中删除（缓冲区其实是一个Ring Buffer，直接修改对应的队列指针即可），以腾出空间给后续的消息。

难道只能一个字一个字地发么，一次发一整句是否可以？引申一下，直接将100MB的数据作为一条消息发送出去可以么？这牵扯到另外一个问题，即消息数据包尺寸限制问题。每条消息数据包的尺寸不能超过某个值，原因有几点。首先，底层网络I/O控制器是按照一帧一帧向网线上传送数据的，该帧有一定大小限制（比如以太网的一帧通常最大为1500字节），这取决于传送链路的性质，有些链路连续传送大量用户数据之后，通信双方的时钟会变得不同步而导致问题。其次，对于上行链路，会有多个计算机的数据帧排队等待传输，如果某个数据帧太大的话，那么其他数据帧等待的时间就会加长，导致体验变差，这就像一个十字路口的红绿灯，你可以让绿灯持续亮一小时，但是等红灯的人一定不愿意，所以，公平是限制帧长度的一个最重要原因。再者，网络I/O控制器需要从Host端主存缓冲区中取数据，缓冲区的大小是有限制的，Host主存资源有限，一般无法分配太大的缓冲区，数据只能碎片化，一小份一小份放置，并用环形队列追踪组织起来。网络帧的尺寸限制被称为**最大传输单元**（Maximum Transfer Unit，MTU），不同的网络MTU值不同，MTU值是根据综合考虑而敲定的。

另外，如果一次传送太大量的数据，一旦该数据中有一小部分被干扰，那么出于速度效率考虑，双方采用的是只能验错而不能纠错的算法，就无法判断具体是哪里产生了错误以及如何修复错误，所以只能将这份数据全部丢弃，并通知发送方重传，这极度浪费了网络带宽资源。还有，如果一份数据太大，则接收方必须将该数据全部接收完之后，才会通知上游程序“有新数据到了请来处理”，这个延迟太大了。如果数据能切片，一小片一小片传递，那么接收方的处理程序可以更快拿到数据，虽然数据本身并不完整，但是程序可以经过设计，也跟着一点一点处理数据，这样形成类似流水线的过程，反而能够提高最终数据处理速度。从这个角度考虑而敲定最大传输单元，称为**最大分段长度**（Maximum Segment Size，MSS）。与MTU不同的是，MSS并不是被网络I/O控制器及对应网络架构而限制住的。可以这样理解：假设存在某种网络，其MTU可达1GB，即便如此，MSS也不敢达到1GB。为什么？因为上述的传输错误和延迟方面的原因。一般来讲，MSS的值原生是大于MTU的，但是通常MSS的值设置为与MTU相等。

但是，因为这个限制就禁止程序发出大于MTU的消息，这是不现实的，会极大增加用户程序的复杂性。这样的话会出现这种尴尬：QQ程序本想发出“走，一起吃饭去”，结果由于MSS和MTU限制，不得不先发出“走，一起”，再发出“吃饭去”。接收端程序每收到一个帧，就解析其中编码，显示在屏幕上，那么会先显示出“走，一起”。如果下一个网络帧由于各种原因迟迟不到达，那么接收方会感到非常迷惑，一起去干什么？所以，针对这种情况，表示层要做好预先的处理，比如在每条消息头部加上头部标识，尾部也加上标识。这样，就算这条信息被拆分发送，接收方仅当在全部接收到头部标识和尾部标识之后，才将这条消息显示出来，就不会产生上述问题了。这相当于给表达的信息加上标点符号等定界信息。

但是，解决了上述问题，依然无法避免必须由程序主动将待发送的数据进行切片，如图7-28所示。假设应用程序有两条消息要发送，每一条都是一个独立的含义，不能拆分来阅读理解。那么，程序必须给这两条消息加上头尾标识。然后，为了满足MSS的限制，程序需要将制作好的消息数据进行切片，并按照顺序将这些切片数据包附上对应的序号。第一个切片的序号为0，第二个切片的序号为第一个数据切片的长度，第三个切片的序号为第二个切片的序号+第二个切片的数据长度，以此类推。图中假设头尾标识占1字节。

然而，MSS切片数据包只是满足了数据校验粒度、延迟等方面的要求，其并不一定符合底层网络I/O控制器的MTU要求。所以，一旦MSS的值大于MTU的值，那么这些数据包还需要再被切片一次，生成MTU切片。如图7-28最后一行所示，一个长度大于MTU值的MSS切片被切成两份，实际上如果MSS切片长度很大的话，很可能被切成更多片。为了让接收方能够重新组合这些切片，势必要对MTU切片继续编上序号。这些序号与MSS切片中的序号并不相同，MTU切片中的序号描述的是“该MTU切片在MSS切片内部的字节偏移量”，那就意味着，如果有多个MSS切片被切分为多个MTU切片，那么势必会有偏移量相同的两个MTU切片出现。比如图中标识绿色的#0号MTU切片以及标识蓝色的#0号MTU切片，它俩偏移量相同，这样接收方就无法分辨该切片到底属于哪个MSS切片。所以还需要再增加一层区分机制，也就是图中的彩色块字段。凡是从同一个MSS切片上切下来的MTU切片，该字段的值都相同，这样，接收方利用该标识，再利用序号标识，就可以进行重排序了。对于该标识字段，发送方每发送一个MSS切片，就在上一个标识的基础上+1，用到下一个MSS切片所切出来的MTU切片上。

一个MSS切片中的任何一个MTU切片只要丢失，整个MSS切片就得被重传。因为接收方是以MSS切片作为接收和重传单位的。正因如此，为了避免二次切片，MSS的值通常被设计为与MTU值匹配。

再思考一个问题，如果两个人同时和一个人说话，A和你谈生意，B和你拉家常，可以么？必须可以。一台计算机必须能够同时接受和处理多台计算机的通信请求和数据，以及能够处理某台计算机上的两个独立程序分别发来的通信请求和数据。那么，是不是需要开发一个能够同时处理生意和家常的程序，而且能够根据发送过来的数据包自动感知到某个数据包是来谈生意的？这不现实。最好的办法是，对数据包再次加以区分，谈生意和拉家常的数据包自成一路或者说数据流，该数据流中所有数据包独立编号，不与其他数据流混淆。同时，谈生意的程序与拉家常的程序各自独立互不干扰。假设A和B是两个位于其他计算机上的独立程序，使用同一个网络I/O控制器收发数据，C和D是本地计算机上的两个独立程序，这种情况下，如何让C和D两个程序分别接受A、B发来的数据？显然，需要在数据包上增加一个数据流区

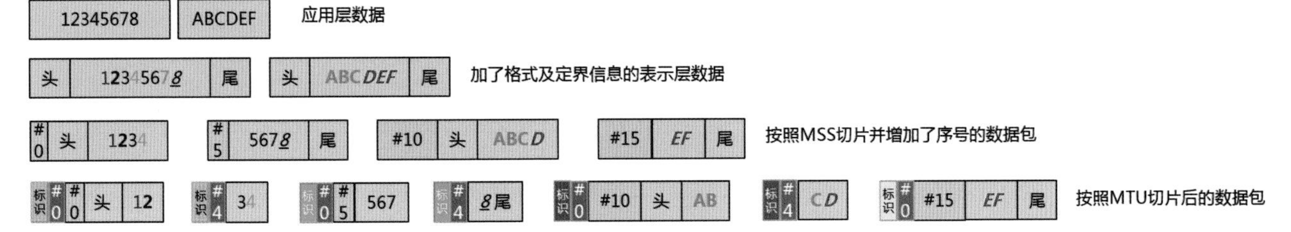

图7-28 数据从应用层到表示层然后被切分的过程

分号，比如A<->C采用数据流#0，B<->D采用数据流#1，这两个数据流中的MSS切片数据包独立编号，就算有相同的编号，它们也不冲突，井水不犯河水。这个数据流编号被称为**端口号**。发送方程序与接收方程序必须事先约定好使用哪个端口号通信，发送方在每个发出的数据包头中附带该端口号，接收方程序也只接收带有该端口号标识的数据包。实际上，发送方和接收方的Host端都运行着一套专门处理传输控制过程的程序，通信双方只要委托该程序，发送方调用该程序提供的函数告诉它“我要用端口号6666与对方通信”，接收方也用对应函数告诉它“我要接收端口号6666的所有数据，放到指针A指向的缓冲区，有数据来了请调用函数B通知我”。这样，接收方的传输控制程序就可以将对应端口号的数据放置到对应的缓冲区，然后调用对应的函数。

总结一下，发消息的整体方式和规则、ACK/NAK/Retry控制、对消息的校验、乱序重排控制、缓冲区管理、消息的切分打包、端口号管理这些步骤和控制过程规范，属于传输层要负责的部分。对应的处理步骤和规则，被称为**传输控制协议**（Transportation Control Protocol，**TCP**）。目前最为常用的网络传输控制协议是**TCP**协议。当然还有很多其他传输控制协议，不过它们要么被淘汰了，要么只用于一些专用封闭网络上或者封闭系统里。传输控制协议根本不关心上层让它传送什么格式的消息，就像快递员根本不关心包裹里的内容一样。这些传输控制协议一般运行在Host端，其物理体现形式就是一堆驻留在Host端主存中的函数，等着上游用户程序（发送数据时）或者中断服务程序（收到数据时）来调用。

上文所述被附加到实际数据之前的序号、端口号等控制信息，称为数据包的**包头**，而数据包中实际的数据部分称为**有效载荷**（Payload）。

应用程序想要发起与其他计算机上程序的通信，可以调用TCP传输控制协议处理程序所提供的API接口，比如Send()。而上文中一大堆复杂的逻辑，全部交给TCP处理程序来处理即可。

那么，带有各种包头的MTU切片最终是怎么传递给对方计算机呢，当然是网络I/O控制器，网络可以是以太网、SAS、SATA、SCSI、FC、Infiniband等，网络I/O的基本套路前文已经介绍过了。但是，会有大量计算机接入到网络上，发送方的MTU切片到底是发给哪台计算机的？这是个问题。这就好比：“给你介绍个对象，请于明天下午2点准时相亲！”一样，缺了什么信息？看出来了么？

7.3.1.5 网络层

消息发送方必须将另外一个信息附加到数据包的包头上，那就是**网络地址**信息。网络上的每台计算机必须有一个区分标识，也就是网络地址。每个数据包必须携带网络地址，以便让网络路由器区分该数据包到底是发给谁的。网络路由器不需要关心包头内的序号等信息，只关心和检查网络地址。这就像快递公司的分拨中心一样，哪管你包裹里面是什么，只看收件人城市名，连收件人都不看的。目前最常用而且几乎统治了整个计算机网络的地址格式为**IP**地址。

网络上的计算机是如何获得自己的IP地址的呢？可以静态分配，也可以动态获取（比如通过DHCP协议）。那么通信发起方如何知道哪台计算机拥有哪个IP地址？可以用电话、邮件等互相通告一下，不过这样太低效。于是人们用一串可读性强的字符（网址/域名）来指代某个IP地址，比如www.bing.com，其对应着某个IP地址。为了获取该域名对应的IP地址，先将该域名封装成一条消息，发送给DNS（Domain Name System，域名解析）服务器（DNS服务器的IP地址必须在本机预先设定好），DNS服务器负责在其内部数据库中查询该网址对应的IP地址，然后通过网络返回给本机。本机程序就可以将该IP地址附加到每个发送到谷歌网页服务器的数据包上，从而被网络路由器路由到谷歌的服务器上。那么为什么每次打开谷歌总是失败呢？这是防火墙在作祟，防火墙相当于网络上的过滤器，设定一些规则，比如凡是访问谷歌服务器对应的IP地址的数据包，一律丢弃。

每个数据包除了必须携带接收方的IP地址之外，还必须带有发送方IP地址，否则接收方无法区分这个数据包到底是哪台计算机发来的。如图7-29所示，S表示Source（发送方），D表示Destination（接收方）。

那么，网络上的路由器到底是怎么知道某个IP地址的数据包应该路由到哪个端口呢？可以静态配置（静态路由表），指定比如到IP1的数据包转发给端口B。但是网络上的地址数十亿，靠手工管理是不现实的。于是人们发明了各种动态路由机制（比如RIP、OSPF、BGP等），让路由器能够动态检测、学习、抓取网络上现有的以及新加入的计算机IP地址，并动态更新自己的路由表。

网络层包含网络地址格式标准、网络地址的分配（动态/静态）、网络所支持的拓扑结构、数据包的路由（静态/动态）、网址域名的DNS解析，包过滤等协议和处理模块、设备。上文所述的地址格式、编制方式、路由过程以及对应的程序处理模块，都位于网络层。对应的协议、程序处理模块，被称为**网络控制协议**。上文中提到过的传输控制协议，负责如何将数据正确有序传输到对方，而网络控制协议负责的是如何找到并且到达对方、走哪条路到达对方。网络层或者

图7-29　给每个数据包附上IP地址标签

说网络控制协议，一般都运行在Host端的程序一侧，当然其不需要是用户应用程序，而是单独的程序，就像驱动程序一样，驻留在Host主存中发挥作用。

另外，将MSS切片再次切成MTU切片的工作，也由网络层程序负责。切片要附上IP包头。当然，IP包头中除了包含源和目的IP地址之外，还有其他用于网络控制的信息。

世界上所有的计算机是不是都身处一个单一的超大规模交换网络中？并非如此。计算机外部网络发展初期存在各种网络，这些网络都是各大研究机构各自设计开发的，非常不统一。如图7-30左侧所示，这些早期网络有各种拓扑结构、各种传输层、网络层协议规范和数据包格式。这些用于连接数量较少、小范围内的各种计算机网络被称为**局域网**（Local Area Network，LAN）。

第一代以太网的速率为10Mbit/s串行，但是其拓扑结构采用的是总线型拓扑，所有节点仲裁获取使用权，然后开始传送数据。早期的环形网络的代表是IBM所使用的令牌环网，其利用特殊的令牌数据包来进行仲裁，保证同一时刻只有一个节点在发送数据，环上所有计算机接力传递该数据包，数据包到达目的地便被目标计算机拿走。100Mbit/s速率的以太网则采用了交换式拓扑。那么，如何将不同网络中的计算机互联互通起来？这就需要一个中介角色，从一个网络接收数据包，剥掉该网络的包头，附上目标网络的包头，发送到目标网络。相当于从快递公司A物流网收到信件并拆开，再将信件装到快递公司B的信封中通过后者的物流网送达目的地，这个过程叫作在两个网络之间进行**数据路由**。该中介角色就叫作**网络路由器**，其本质上就是一台计算机，同时连接着两个不同类型的网络I/O控制器，从一边收数据，往另外一边发数据。同理，路由器也可以同时在多个网络之间相互路由数据，只需要增加对应网络的I/O控制器即可。只不过，由于数据包到达的频率非常高，早期的路由器内部并不是依靠当时的通用CPU+代码来收发数据的，而是采用专用硬件电路状态机来做数据包分析和转发，CPU+代码（固件）只用于管理工作，比如接收外界的命令配置、向内部的Crossbar写入路由表、向对应的寄存器写入控制速率等工作模式的控制字等工作。然而从2015年开始，业界兴起了用通用CPU+代码来做数据包路由的工作，因为当时的CPU性能已经比较强悍，再加上精简的代码，其性能也是可以接受的。以至于人们纷纷利用CPU+软件来实现以往由专用硬件电路完成的网络控制任务，这种思路被称为**网络功能虚拟化**（Network Function Virtualization，NFV）。

到了21世纪初，以太网逐渐统治了局域网，成为目前唯一的通用场景局域网形态。其他形式的网络要么被淘汰，要么被限定在特殊场景使用，比如专门用于连接存储I/O控制器和存储设备之间的网络（Fibre Channel、SAS等）。既然如此，几乎所有网络都采用以太网，那么世界上为何还存在路由器，难道所有以太网交换机不能连接成一个大网络么？可以，但是不现实。因为几乎所有类型网络都支持广播，比如规定某个地址为广播地址，向该地址发送的数据包，交换机收到之后会向所有端口转发，如果大量计算机接入同一个网络，广播流量可能会让整个网络瘫痪（交换机上所有端口的接收/发送缓冲区瞬间被这些广播流量塞满）。因此，即便各个子网的类型都相同，这些子网也还是要用路由器隔离起来。底层广播流量到达路由器端口就截停了，路由器隔离了底层广播，可以提升网络效率，更有利于管理。

先前每种网络都有自己的地址格式，比如以太网使用MAC地址格式，而点对点网络根本没有地址这一说，因为一个点对点网络上只有两个人，不需要指定地址，发出去的数据一定被对方收到。现在多个网

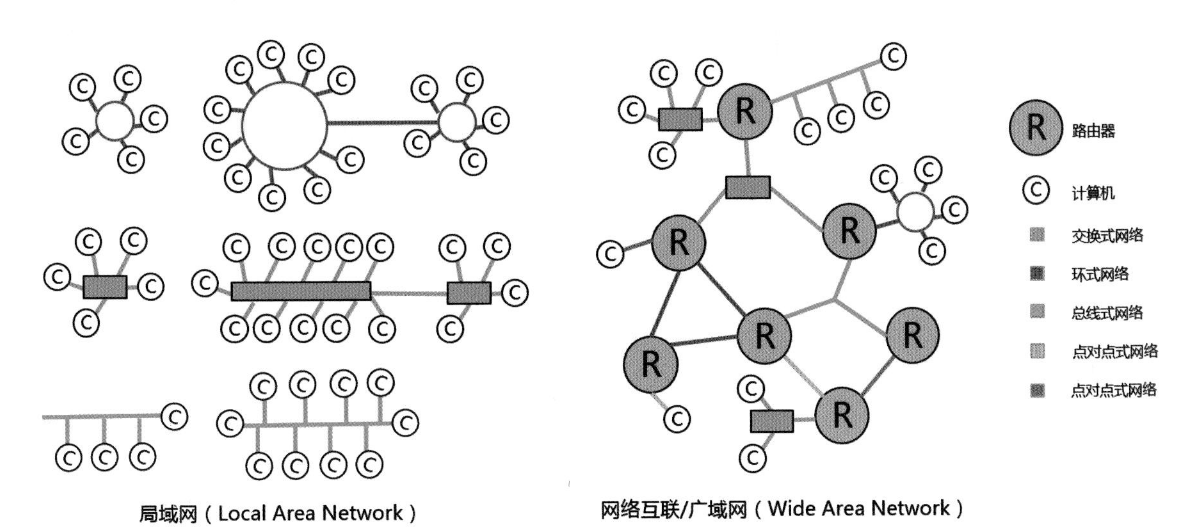

图7-30　路由器将多个不同或者相同类型的物理网络互联起来

络被路由器互联起来，就得统一地址格式，IP地址应此而生，计算机可以用各种网络接入路由器，但是其数据包中必须携带IP地址。计算机与路由器之间的网络，必须采用该网络定义的地址格式来通信。所以数据先被贴上IP包头，再在外层贴上所在网络的地址包头，发送到该网络的交换机，交换机根据外层地址来决定将数据发送到哪个端口。拿以太网来讲，所有发送到其他网络的数据包，其MAC地址必须被设置为与本网络连接的路由器接口的MAC地址，IP地址被设置为接收方IP地址。与本地网络连接的路由器俗称为网关（Gateway），因为所有访问其他子网的流量都必须经过网关的转发。那么计算机如何知道网关的MAC地址呢？地址可以人为配置，但是不灵活。更好的方式是，在计算机上指定网关的IP地址，为了获得该IP地址对应的MAC地址，向本网络发送广播消息询问“IP地址为xx节点的MAC地址是多少”，路由器收到之后，将自己的MAC地址返回。这种发现对应IP地址的节点的MAC地址的过程控制协议被称为地址解析协议（Address Resolution Protocol，ARP）。

此外还有因特网控制消息协议（Internet Control Message Protocol，ICMP），其作用是发出一个数据包到对方，对方的ICMP协议处理程序根据收到的包，返回一个应答包。发送方根据是否在一定时间内接收到应答包，就可以知道到某个IP地址的通信是否正常。根据应答包中更加细节的信息，发送方可以获知网络上更多详细信息。我们经常使用的Ping命令程序，其底层就是调用了ICMP协议处理程序发出对应的ICMP包。当然，ICMP需要委托IP处理程序对ICMP数据包进行打包、切片，最后发送。

关于IP地址、路由器等更详细的机制介绍，可以参考下面的7.3.3节。

7.3.1.6 链路层

附上了IP包头、TCP包头的表示层信息+最终数据的数据包，会被放入网络I/O控制器在Host端主存中的Send Queue中，等待网络I/O控制器取走并发送到外部网络链路上，最终到达路由器。外部链路有一些规则。首先，发送的数据必须是一帧一帧的，如同MSS切片一样，每一帧不大于对应链路的MTU值。MTU存在的原因上文中已经介绍过。

由于发送方和接收方的SERDES电路是连续发送和接收以太网帧，导线上的信号就是一连串不间断的1和0比特流。接收方以太网I/O控制器不停地将比特流从SERDES收入并放入内部的缓冲区，然后由专用的电路模块对收到的数据进行解析，看看从哪里到哪里是一帧数据，并将这帧数据写入Host端主存的FIFO写指针指向的缓冲区中。为了让接收方确定导线上的信号从哪里到哪里是一帧，必须给每个MTU切片附上1字节的标识，其称为**起始帧**（Start of Frame，SoF）。电路只要在接收到的比特流中搜索该字节，就可以定界一帧地开始了。帧的长度是不固定的，所以MTU切片还必须附上描述帧长度的信息。接收方电路定界了一帧的起始位置之后，再通过读取长度信息，就可以完整定界整个帧了。至于如何用数字电路在接收缓冲区中搜索对应的字节，无非就是使用并行比较器来实现，这里不再赘述。

有个问题需要考虑，程序可以发送任意数据，那么，经过MTU切片的有效载荷数据中一旦出现与SoF相同的字节怎么办？这个问题需要另辟蹊径来解决。人们采用的办法是，在将数据发送到线路之前，整个MTU切片按照一定算法进行重新编码，比如插入一些bit，或者完全变成另一串bit，这种算法能够保证编码之后的数据中不可能出现SoF字节。接收方定界帧之后，按照相同算法解码，复原出之前的原始数据。

当发送方没有数据帧要传递时，I/O控制器会自动发送特殊格式的Idel帧（共10位），接收方接收到Idel帧则不触发任何动作。其次，双方设备加电之后，链路两端需要发送一些特殊的帧，用于相互通告各自的参数、状态等信息，最终双方运行在相同的参数下。这些用于链路控制目的而发送的帧，被称为**链路控制帧**（ Data Link Layer Packet，DLLP）。而上层带有有效载荷的帧，则被统称为**事务层帧**（Transaction Layer Packet，TLP）。对于这两种类型帧的称谓，不同协议规范可能有不同的名字。

提示

帧和包这两个词本质含义相同。但是一般链路控制信息的包称为帧，而仅由网络层处理之后的数据称为包。但是将帧说成是包也无伤大雅，不过没有人把网络层的包说成是帧。

链路层指的就是，帧头帧尾格式、链路握手协商等控制规则，以及对应的帧格式协议。链路层并不关心MTU切片内部到底是什么，正如网络层也根本不关心MSS切片中到底是什么。链路层控制程序一般都运行在I/O控制器内部，有些是以I/O控制器上的嵌入式CPU+代码方式存在，有些直接通过硬件电路状态机方式存在。比如对帧的定界这种操作，由于涉及大量搜索过程，必须使用硬件并行方式，靠代码一点一点比对，这样速度太慢。而一些链路初始化握手协商过程，一般是靠软件来综合判定并作出回应的。比如双方协商某个链路速率，这个可以由用户来控制；将对应控制字写入I/O控制器的控制寄存器中，在链路协商过程中根据控制字中的信号决定通告对方什么速率，这些由软件来控制更加灵活。

> **提示**
>
> 源和目的MAC地址应由发送方的Host端程序附在MTU切片头部，并放置到缓冲区中等待I/O控制器取走。因为只有Host端程序知道某个MTU切片应该发送给哪个MAC地址，I/O控制器并不知道此事。

7.3.1.7 物理层

I/O控制器从Host主存取回生成好的原始帧，其内部的链路层处理模块对原始帧再附加一些其他控制信号头部比如SoF等，然后重新编码，并对整个帧进行校验，将校验码放到帧尾部，最终生成链路帧，并将其放置到后端网络SERDES的发送缓冲区内。最终，SERDES将缓冲区中的数据一位一位传送出去。SERDES根本不管缓冲区内部都是些什么，它持续地发送数据，所以缓冲区内部必须保证有足够的数据，就算没有数据要发送，也要填充上Idel帧来喂饱SERDES。当然，有些网络也采用诸如串口的方式进行异步传送，利用一个信号下沿或者一串前导同步码，通告对方有一帧数据要来了，对方则启动信号采样过程。

外部网络的线缆有各种形态，比如针形的、RJ-45接头形等。RJ-45是最为常用的以太网物理接口形态，但是并不意味着以太网必须用RJ-45接口，也不意味着RJ-45接口只能用于以太网。RS232串行通信协议也可以使用RJ-45接口的网线来承载信号。可以承载高速信号的接口也可以承载低速信号，但是反之则不成立。

物理层就是指，对数据重新编解码、双方时钟的同步、网络的线缆规格、连接器形态、传输距离、信号衰减、光电转换等这些规范。

7.3.1.8 传送层

用路由器将多个不同类型网络互联起来形成更大范围的网络。如果网络范围较小，比如不超过数百米距离，其依然属于LAN范畴。但是如果身处两个城市之间的计算机连接起来的话，其就是**广域网**（Wide Area Network，WAN）。如图7-31左侧所示，我们将图中的网络分割成两半，上半部分在城市A，下半部分在城市B。对于地面传输，不管距离多远，使用光纤都能解决问题。我们是不是只需要用光纤（图中的虚线）将两地的路由器连接起来就可以了呢？是的。但是在早期，光纤并没有广泛部署到城市的每个角落，而电话线或者有线电视线路早已布满了城市，其上已经承载了电话和有线电视信号。如果路由器发出的数据包数字信号直接输送到线路上，其与电话电视信号会相互干扰。要想对这些线路进行复用，可以将路由器发出的数字信号调制到相比电话/电视信号频段更高的模拟信号载波上，第1章中我们就介绍过，可以使用滤波器分解出不同频段的信号。ADSL调制解调器（ADSL Modem）就是用来做这件事的。我们只要在本端和远端安装一对儿ADSL调制解调器，就可以通过电话/电视同轴线缆同时承载多路信号，达到信号传输的目的。后来，以太网交换机被直接部署到城市各处，家庭可以直接使用以太网线与路由器连接。随着有线电话网逐渐淡出，ADSL也逐渐被淘汰了。

然而，城市中遍布各处的路由器，都是谁部署的呢？网络运营商。是免费使用么？当然不是。用户想接入运营商部署的大网与世界上所有计算机通信，必须按照运营商提供的方式接入，比如ADSL、EPON/GPON等方式。这些用于将本地路由器与运营商一侧路由器连接起来的设备，被称为**接入设备**，对应的网络（比如电话网、有线电视网或者以太网）被称为**接入网**。而且每个接入点需要一种认证、计费手段来管理和监控。运营商大网中包含数十万台分布在各处的路由器。假设北京和上海各有一万台路由器，那么它们之间应该怎么互联起来？通过什么拓扑？不管采用什么拓扑，由于每台路由器端口数量有限，而且两地之间的地下光缆管道资源有限，所以光纤数量

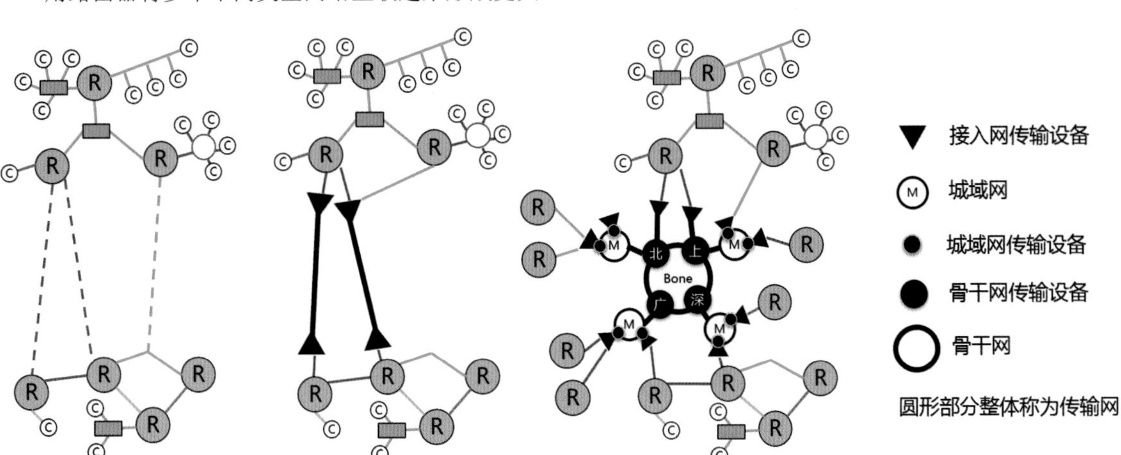

图7-31 广域网以及底层传输网示意图

是有限的。于是人们想出了一些办法能够将多根光纤的信号复用到一根光纤上传递，这就是**波分复用**（Wavelength Division Multiplexing，WDM）技术。光是一种模拟信号，我们在第1章中介绍过模拟信号相关知识，多路不同频率的模拟信号可以叠加并且在同一介质上传输，到达目的端可以用对应的滤波装置还原出每一路信号。太阳光中的多种颜/频率色成分可以通过三棱镜或者光栅被分解开来。道理是一样的。WDM技术将多路不同波长的光从多根光纤中射入一根光纤，目的端的WDM设备再利用精密光栅将其分解、偏转、射入各自的光纤。但是由于技术限制，目前的WDM设备每根光纤最多复用80路光，正因如此，其成本自然很高，只有少数企业用户才会购买网络运营商提供的WDM服务。

与WDM相比，另一种成本更低的方式是，用某种特殊设备先将多路用户侧光纤/导线上的数据帧通过对应的网络I/O控制器接收进来，放入内部缓冲区，然后将所有这些大大小小的数据帧打上对应的标签，比如这是用户A的，那是用户B的，然后再将它们从一根光纤上传递到远端，接收方的传输设备收到数据之后，将数据封包解开，根据不同的标签标识转发给对应路由器，从而实现了复用。与WDM目前的80路相比，上述这种方式可以复用更多路。可以明显看到，这种复用方式下，数据帧必须排队从出口发送出去。这一排队，就会产生时延（参考第4章流水线和队列内容），如果用户侧发送的数据帧量非常大，还会导致队列被压满、阻塞。正因如此，这种复用方式成本比WDM要低不少。

利用WDM来复用，相比光纤直连两端设备场景，并不会增加时延。不管复用多少路，这些光信号都是同时在介质中传递的，不会排队。这种方式，我们称为**空分复用**，也就是多路信号在多个毫无干扰牵连的介质（空间）中齐头并进。当然，对于模拟信号，多路模拟信号可以在同一个介质内齐头并进传输，也叫空分复用。上述第二种复用方式，我们称为**时分复用**。同一时刻，同一根光纤的某个截面上只有一路信号在传递，多路用户的所有数据帧是先后循环被发送到光纤上的。

两者能否结合起来？我们先将多路信号时分复用，对新来的一批信号时分复用，然后将这两批信号空分复用？没错，网络运营商都是这么干的，只要能省下长距离传输的光纤数量，最终成本就能降低。

时分复用要求传输设备先将用户侧的数据信号收入进来，那么这就要求接入设备面向用户侧的接口和协议必须与用户所使用的网络接口一致，比如，都是以太网。接入设备采用与用户侧相同的网络I/O控制器来从链路上收入数据，因为只有对应的I/O控制器才能够从线路上的连串比特流中定界出每一帧。所以，你如果自创了一个链路层格式，那就无法享用时分复用了，必须得用高成本的WDM（或者OTN设备）来满足。所以，你即便是有自己的私有协议，也尽量不要改变底层格式，完全可以将其封装在以太网帧内部，借用以太网将你要表达的信息传递给对方。将一种协议打包在另一种协议中传递的方式，被称为**隧道**（Tunnel）。一般来讲，网络运营商的时分复用设备都会支持以太网和FC（Fibre Channel）网，因为这两种网络在目前企业数据中最为常用。

时分复用传输方式下，又有多种不同的具体的打包方式和规范、不同的硬件传输速率和编码规范又有不同。比如接入网使用的EPON/GPON，城域网/骨干网使用的PDH、SDH以及OTN（当前主流）的规范都不同，它们在底层也都使用了DWDM空分复用。传统的基于交换机的以太网形态本身也是时分复用。比如在一个以太网交换机上，多个连接着计算机的端口会将数据包统一发向连接着网关的接口，在网关上行接口上的数据就是时分复用排队传送的。既然如此，将多个不同以太网的流量复用到同一个以太网接口上，理论上也是可以的，只要把其他子网的以太网帧当成有效载荷并加上帧头帧尾就可以了。其实，任何网络输出的数据都是一堆带有某种帧格式的比特流，大家底层采用的SERDES电路甚至都有可能是同一个型号。以太网不适合作为多子网流量复用传输的原因还是在于，其网络管理方面的特性满足不了大范围传输网的要求。以太网帧头中并没有定义更加精细区分不同子网流量的标识，也没有强有力的数据校验和重传机制，存在丢包问题（依赖传输层协议做丢包检测和重传），且无法提供带宽保证、优先级保证等QoS（Quality of Service）机制，其广播机制容易导致处在同一以太网内部的多个节点相互影响，不具备隔离性。所以总体来说，以太网无法满足网络运营商的运营需求。

WDM可以承载任何链路层协议。假设你自创了一套链路层帧格式和交互方式，并将信号通过光电转换器转成光信号，然后接入WDM（首先需要将光信号转换为符合WDM波长要求的波段，有对应的前置波长转换设备）。WDM并不关心这路光波被调制后是什么样的信号。对于WDM来讲，它感受到的就是某种频率的波在不断震荡，其可能忽明忽暗（振幅调制），可能相位忽远忽近（相位调制），可能颜色不断变换（频率调制），或者这三者同时兼具（混合调制），WDM只感受到模拟信号层面。而对于时分复用技术，对应设备必须感受到bit这一层信息，所以其需要感受到数字信号而非模拟信号。所以如果使用了ADSL作为接入线路，在信号上到时分复用设备之前，还需要将模拟信号解调成数字信号，然后再被时分复用设备打包发送到上行链路。

一般来讲，全国各大城市之间的主干传输设备形成的传输网络被称为**骨干网**。每个城市内部各个区之间的传输设备形成了**城域网**，其带宽相比骨干网要低一些。城域网、骨干网统称为**传输网**。目前主流的城域网和骨干网传输方式为时分复用的**光传输网络**（Optical Transport Network，OTN）和空分复用的WDM，在OTN之前，则是SDH/PDH等。而ADSL、GPON/EPON、E1、T1等用于将用户数据收集并载入传输网传输的所谓“最后一公里”的网络，被称为**接入网**。

在传输网上为某对儿源和目的流量保证一定带宽，这种方式被称为**专线**。由于传输网承载了所有通信流量，包括有线电视、座机手机、以太网络、IP网络等，如果不对对应的流量进行隔离、限速、带宽保障等处理，那么这个网络将一片混乱，随时瘫痪。每个传输设备上都可以做QoS管理，将对应标签的数据包放置到某个独立缓冲区，或者利用指针队列来追踪，然后按照一定的策略和顺序将不同标签的数据包发送到上行接口的缓冲区中，在这些算法中，就可以实现各种QoS功能。这与之前章节中介绍过的Virtual Channel的思想是一样的。实际上，在传输网设备领域，对应的名词也叫**虚通道**（Virtual Channel，VC）。比如采用E1专线方式接入的流量，被统一映射到OTN的VC12号管道中，当然，VC12管道还被细分了更多子管道。

传输网是位于路由器、交换机等下层的一张专门用于传输各类信号的底层网络，移动通信基站也是通过传输网来传输电话、短信、数据等业务的。这相当于前文中介绍过的，在计算机I/O网络中，数据可以先从SAS/SCSI等网络进入SAS/SCSI I/O控制器，再从I/O控制器进入PCIE网络，再从PCIE I/O控制器进入前端访存网络，最后进入主存。PCIE相当于骨干网，不管是以太网、SAS还是SCSI，其数据包统一被打包成PCIE格式在PCIE网络上传输；而SAS/FC/SCSI/以太网相比之下就是接入网，直接接入硬盘（通过SAS/FC/SCSI）或者接入整台计算机（通过以太网）。传输网这个角色在OSI模型中其实处于物理层之下，相当于第0层，其会将上层发送的任何信号都打包传递到对方，这样，通信双方根本感觉不到传输网的存在。OSI七层模型其实并不包含该层，因为传输网内部又有自己的OSI七层，用一个OSI去承载另一个OSI。上层的网络相对于底层的传输网就属于**用户网**了。

当然，跨越地理位置非常远的传送才有可能借用传输网，如果距离很近，而且有条件（比如一个园区内）用光纤来直连，信号传送就不需要经过传输网转手。关于计算机网络的更多细节就不展开了。为了区别TCP等传输保障层，底层传输网这一层暂且称为传送层吧。

7.3.1.9 小结

应用程序生成带有表示层信息的数据，调用Host端传输层控制协议程序提供的API接口，告诉传输控制程序要发送的数据指针、端口号等信息，将这些数据交给后者处理。传输层控制协议程序对这些数据进行MSS切片，并附加以对应的序号、端口号等信息，调用网络控制协议提供的接口，将数据包交由网络控制协议处理。后者根据底层链路的MTU，将MSS切片二次切片，并附加以对应的包头内容，最后附上源和目的网络地址，以及本地网络的局部地址（比如用以太网的话，那就是MAC地址），生成原始帧，并调用网络I/O控制器驱动程序提供的API接口。网络I/O控制器驱动程序将原始帧复制到发送缓冲区中，并通知I/O控制器。I/O控制器将原始帧取入自己的缓冲区，并对其进行最终处理，生成链路帧，通过物理接口发送到网络线缆上。

本地网络交换设备收到该链路帧，根据目标MAC地址将该帧交换到对应端口。该端口后面的计算机就可以收到该帧了。网络I/O控制器收数据到缓冲区的过程前文已经描述，这里不再赘述。如果接收方是计算机而不是路由器，那么该计算机中的IP处理程序会从缓冲区中将数据拿走并做分析，其首先将MTU切片根据包头中的偏移量、标识等内容重新组合成MSS包，并调用TCP处理程序的函数做后续处理。TCP处理程序根据传输控制包头内的序号等信息将数据包重新按序排列，并根据包头中端口号的信息，决定放入哪个应用程序的缓冲区。应用程序从该缓冲区内将数据不断取走。后续的处理就是应用程序根据有效载荷数据中的表示层信息来提取最终的含义，并做分析、计算和输出。

当然，并不一定所有数据都是由TCP协议栈下发的。与TCP协议同时存在的还有UDP协议、ICMP协议等等多种协议，它们都可以委托IP协议栈打包数据并发送。这些协议都有自己的格式，当然，TCP协议在这些成员中是最复杂的一个。那么，IP协议处理程序如何区分接收到的数据包应该传给哪个协议栈来处理？所以IP包头中应该含有“该数据包是哪个上层协议栈发出的”区分标识，或者说**协议号**。

另外，ARP协议其实运行在IP协议下层，因为通信双方都还不知道对方的局部网络地址之前，需要依靠ARP协议，而ARP协议本身并不依赖于IP协议，它不会委托IP协议去做什么，只是在协助IP协议。那么如何区分某个以太网帧是应该给IP协议处理模块还是ARP协议处理模块来处理呢？以太网帧头部也需要有个协议号标识用来区分。

图7-32所示为各种利用以太网来传输的协议，可以看到除了IP协议之外，还有其他协议，而且还可以手动加载（点击图中的“安装”按钮）其他协议。

大家可以看到，到此有太多的区分标识存在了，因为网络上有多台计算机，一台计算机内部又有多个协议处理模块，TCP协议处理模块上方又有多个应用在同时收发数据。如果按接收端处理顺序排序的话是：标识某个计算机的IP地址、标识MTU切片的标识、以太网帧头内的协议号标识、IP包头内的协议标识号、TCP协议端口号标识。

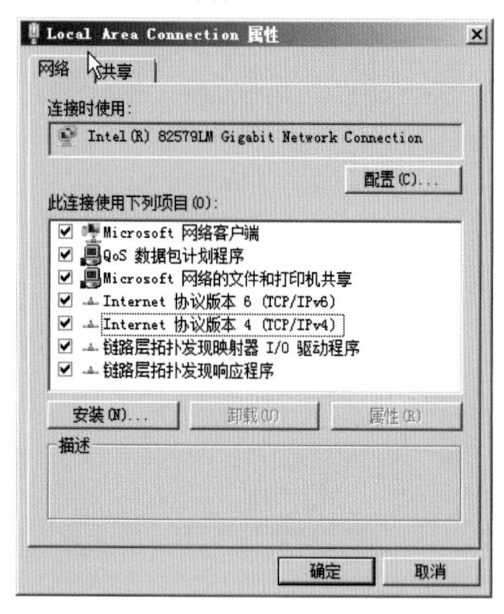

图7-32　各种利用以太网传输的协议

如果该端口后面为网关设备，则该设备从该入端口收到该帧，检测帧内的全局网络地址（比如IP地址），并决定从哪个出端口转发，遂将该帧的局部网络源地址（比如MAC地址）替换为自己的，将局部网络目的MAC地址替换为出端口所连接的那个局部网络中下一跳路由器的MAC地址，从而将该数据帧转发给下一个路由器。以此类推，一直到数据帧抵达最终目的为止。路由器转发数据包过程中，源和目的IP地址不变，局部网络地址比如MAC地址则不断变化。

运行在Host端的传输控制协议和网络控制协议，被统称为**网络协议栈**。所谓栈，就是指一层一层的模块。TCP位于应用程序下方，IP位于TCP下方。数据一层层地从上往下流动、处理，一层层地转手，并被附上对应的传输、网络、链路控制信息包头，到达目的地反方向转手，一层层剥开去掉包头，最终露出有效载荷。这就是所谓协议栈，或者说处理层次。目前最为常用的传输层和网络层协议栈是TCP/IP协议栈、TCP/UDP控制传输层，以及ARP/ICMP/IP控制网络层。这些协议被统称为TCP/IP协议栈，它包含了TCP/UDP/ARP/ICMP/IP协议栈。

整个网络收发数据的过程与寄送快递的过程有很多雷同，这也正是OSI这个框架的通用之处。只要是通信，就逃不开这个模型中描述的七个层次。不管是连接多台计算机的外部网络，还是一台计算机内用于连接多个部件的内部网络，它们在本质上都是类似的，只是其传递的内容、数据包格式、传输控制方式、协议栈运行的位置以及速率不同。

图7-33所示为应用数据被发送到网络的流程示意图。为了给应用程序一个更加统一、简洁的API接口，人们将底层这些协议栈提供的各种接口函数封装起来形成一层接口函数，人们称之为**Socket**（套接字）。Socket本意为插口、插座的意思，其含义是应用只需要将对应的插头插到对应插孔上，就可以与网络联通了，即Socket非常统一、便捷。应用程序不需要去理解底层网络的实现原理，只需要调用诸如socket()、bind()、listen()、connect()、accept()、send()、sendto()、recv()、recvfrom()、close()、shutdown()等函数即可。比如调用connect()函数之后，应用程序底层会自动按照底层网络对应的握手方式，发出对应格式的打招呼数据包，这完全不需要应用程序来操心。接收方则调用listen()和accept()来获取这个打招呼消息，并决定是接受还是拒绝这次会话。

网络系统的错综复杂，各种名词协议、层叠嵌套的关系，会让人眼花缭乱摸不着头脑。看到这里可能大家依然有些迷茫，这是正常的。随着本书内容的行进，你会越发深刻体会到，计算机的本质其实也是用网络将运算器和存储器互联起来，网络无处不在。随着经验不断积累，你定会在某个时刻茅塞顿开，思维一马平川。

7.3.2　底层信号处理系统

如果你认为物理层无非就是用一根导线把发送和接收端的触点连接起来，高电压传1，低电压传0，那就大错特错了。物理层自身也是个非常复杂的层次，其自身甚至又分了多层，需要对导线上的信号进行多个步骤的处理。本节就介绍一下底层的信号处理系统。

7.3.2.1　AC耦合电容及N/Mbit编码

如图7-34所示，虚线框中有两个器件，它们分别为发送方和接收方。如图中左侧部分所示，两个器件的基准电压相同，都为2 V，如果要表示二进制1，则发送方将电压提升2 V到4 V，表示0则电压降低2 V到0 V。4 V-0 V=4 V，发送方的电压摆动范围为4V。我们把发送或者接收方电压的摆动范围称为**摆幅**，将2V的基准电压称为**中心工作点电压**。这样，由于接收方的中心电压也为2 V（或者说接收方和发送方**共地**，也就是连接到相同电位的负极上），所以电路如果探测到电阻两端电压变为2 V，那就说明发送方将电压提升到了4 V，证明发送方发送了二进制1；如果接收方探测到电阻两端电压变为-2 V，那证明发送方发送了0V电压，与本地中心电压相减后为-2 V，则说明发送了二进制0。但是对于图中右侧所示的情况，就完全乱套了。假设发送方的中心工作电压为6V，则发送方不需要改变电压，接收方就已经感受到了二进制1，即便发送方将电压变为4 V欲表示二进制0，那么接收方依然会认为是二进制1，接收方会认为发送方永远都在发送二进制1。实际中，不同设备的工作电

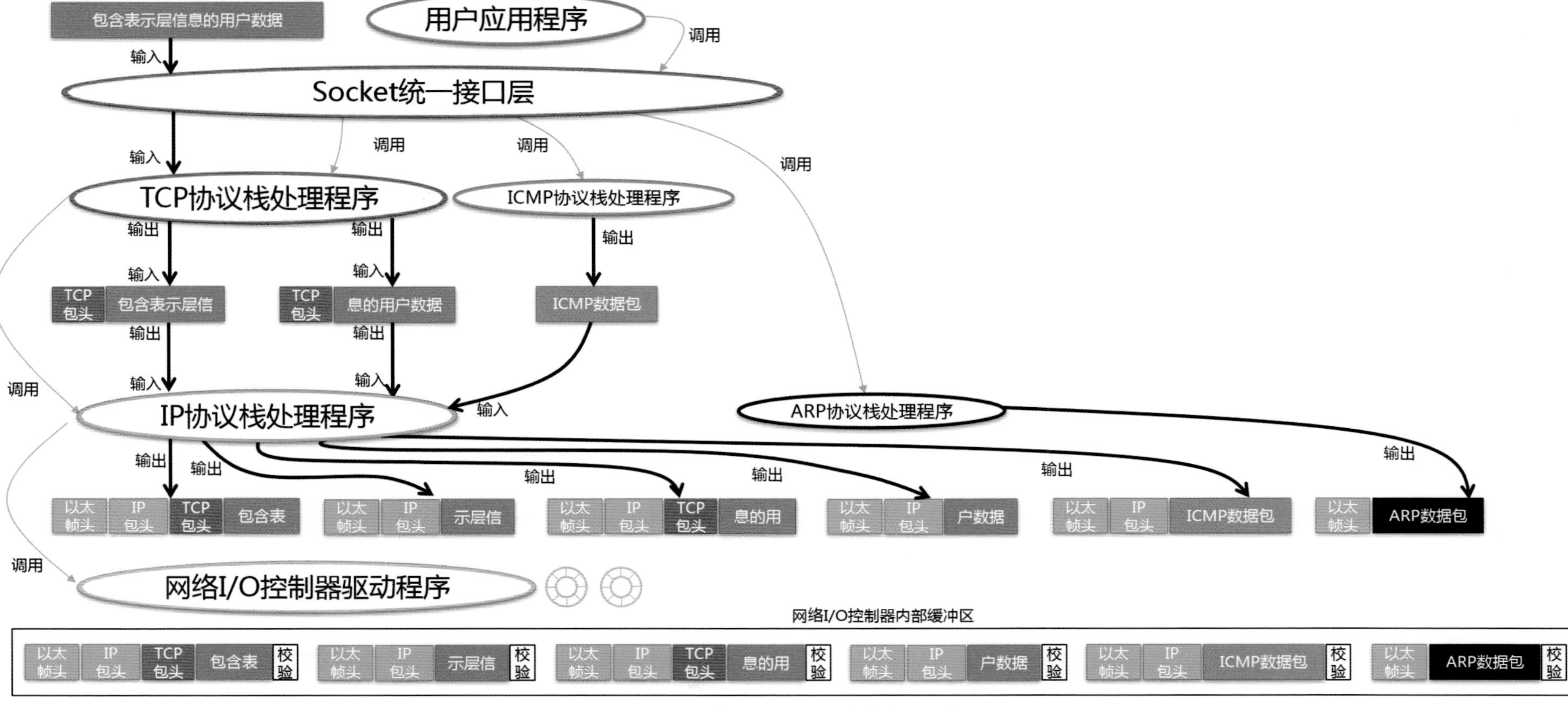

图7-33　应用数据被发送到网络的流程示意图

压都有些差别，因此直连一根导线是行不通的。另外可以看到，线路中会有持续的电流通过，功耗会大大增加。

为此，人们在导线中间串联一个电容来解决这个问题，如图7-35所示。将电容加入导线后，初始时电容会被充电，充电结束之后，电容自身产生压降为4 V。在这个基础上，如果发送方将电压抬升到8 V欲发送二进制1，如果发送方电压抬升的速度足够缓慢，那么电容将跟随着这个逐渐抬升的电压一起同步充电。随着更多的电荷充入电容，电容两端的压差也逐渐增加，一直达到压差为6 V为止，不再充电。此时，接收方一侧导线上的电位与中心电压一致。既然如此，不管发送方发送什么电压，这个讨厌的电容都会充电，提升自己内部的压差，抵消发送方的电位，导致接收方电位永远与接收方中心电压一致。这样接收方岂不是无法接收到信号了么？这电容存在的意义到底是什么？

电容这个兄弟有个特点，像冬瓜哥一样，那就是反应慢。电容需要吸纳足够多的电荷，其内部压差才能上升到目标值，正如同冬瓜哥需要吸纳足够的知识，思考酝酿足够长时间，才能够写出那么一小段的内容。如图7-36所示，如果发送方足够快地将电压抬升到8 V，那么电容开始逐渐充电，由于充电电流有限（被电阻限制住了），再加上电容可容纳相当量的电荷，那么，电阻R越大（充电流越小），电容量C越大（可容纳电荷量越多），其内部压差抬升的也就越缓慢。所以，一开始的瞬间，电容的压差仍保持4 V。那么，发送方的8 V电位，经过4 V的压降，到达了接收方，电位变成4 V，接收方感受到电阻两端电位差为2 V，也就感受到了二进制1。也就是说，在发送方电压改变的一瞬间，发送方的电压相比之前变化了多少，那么接收方电阻两端的电压也会随之变化多少，在这一瞬间，我们可以认为发送方的信号被成功透传到了接收方。

然后呢？电容不断被充电，如果R×C足够大，那么一时半会电容两端压差也提升不了多少，接收方感受到的电阻两端的电压也会在相当一段时间内维持在2V。接收方如果在这个宝贵的黄金时间段内，将该信号成功采样（锁存器锁住），那就成功接收到了信号。所以发送方和接收方的电路运行时钟频率需要匹配起来。当发送方要传递二进制0的时候，发送方会降低电压，电容放电来抵抗外界电压的变化。同理，电容放电也需要时间，所以这个降低的信号也会被接收方及时感受到。

这就是所谓的**“高通”**，只要发送方的电压变化频率足够高（变化足够快），趁着电容这老兄充能到足够抵消你的电压之前，接收方就能够感受到发送方的电位值（信号通过了电容），只是这个电位值会被电容内部不断增加的压差抵消得越来越弱，最后恢复原状。

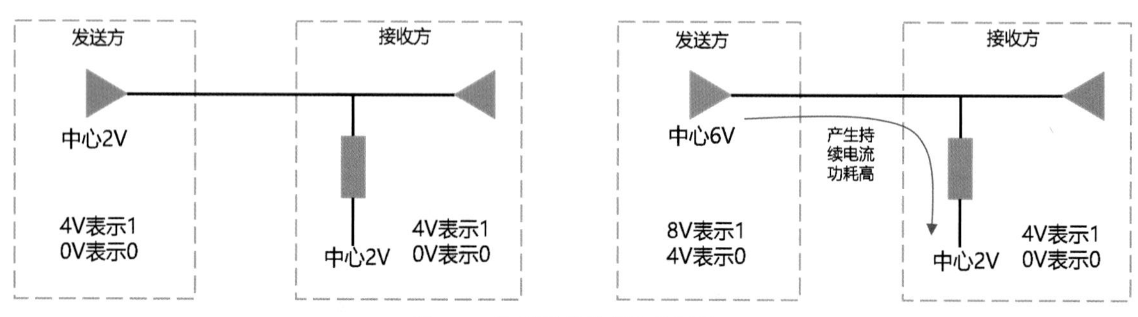

图7-34　物理层导线直连的问题

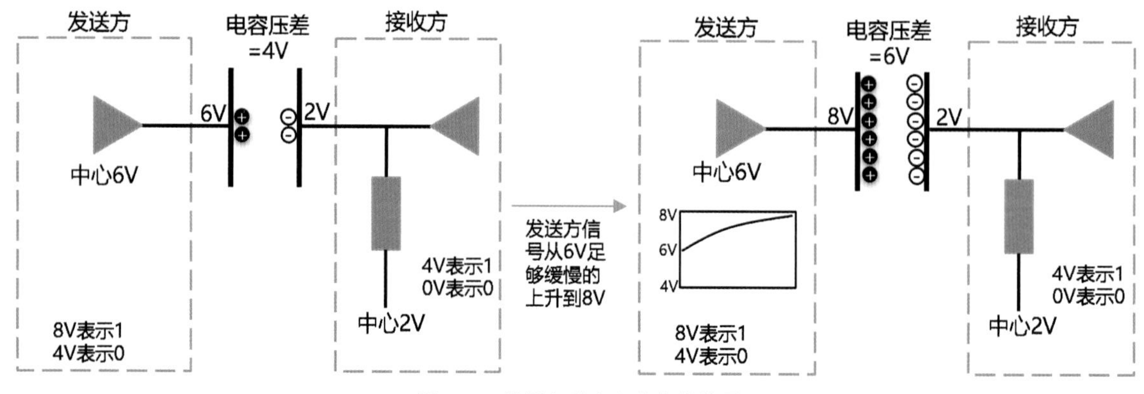

图7-35　利用串联电容来传输信号

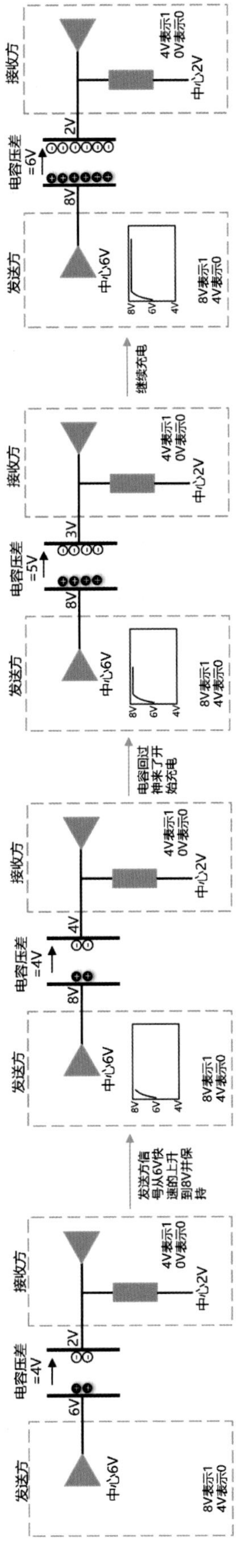

图7-36　只要发送方电压变化足够快，就可以将信号透传过去

注意▶▶▶

注意，接收方必须探测电阻两端的电位差，而不是去探测电容两端的电位差。这很不同！如果是探测电容两端的电位差，则电路会体现出"低通"特性，也即频率越低的信号反而会被探测到。这在第1章中已经介绍过了。

而如果发送方频率过低，怎么办呢？那就没有办法抵抗电容压差提升的速度，发送方信号的振幅会被电容抵消殆尽，这也就是所谓电容将低频信号过滤掉了。所以，人们需要根据发送方的信号频率，调节RC值，让RC电路能够尽可能慢地抵抗发送方信号。图7-37描述了电容内部压差对外部电压的抵消规律，红色线段表示原始信号的振幅随时间的变化，蓝色线段则表示电容内部压差随时间的变化（充电和放电），三个图中蓝色曲线的斜率相同（取自同一个完整曲线上的一小段，由于冬瓜哥作图技术有限，图中无法精确表示这个含义），因为使用的是同一个电容/电阻，而红色曲线斜率不同，因为表示的是三个不同频率、相同振幅的信号。可以看到，频率越高的信号，其振幅被抵消的程度越少，最后保留下来的振幅就相对越多；频率越低的信号，其振幅则被抵消得越彻底，最后保留下来的振幅就越小。如果是频率为0，也就是不变化的直流电压呢？那它就直接被彻底过滤掉。这也是所谓的电容可以**通交隔直**的原理。振幅被抵消，这又被称为**衰减**。

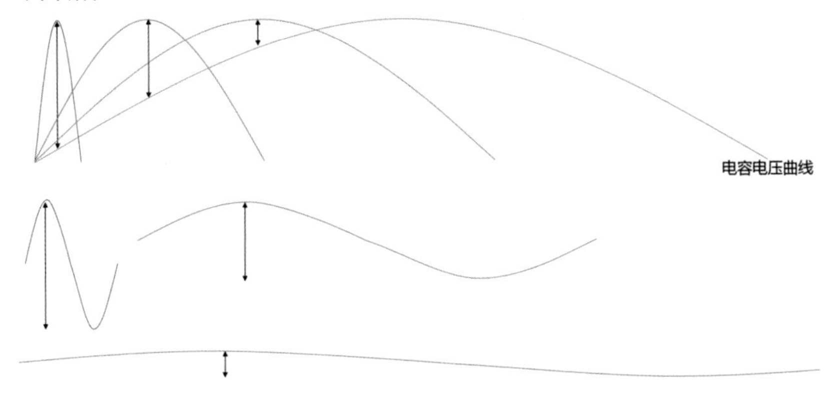

图7-37　RC电路的高通效应

注意▶▶▶

注意，由于电容电压的变化曲线与信号源是有相位差的，所以单一正弦波信号源振幅被削弱之后，其波形就不是正弦波了。图中仅给出示意图，并非体现真正波形。关于真波形，请阅读第1章相关内容。

综上，有了这个电容，发送方和接收方器件就可以各自工作在不同的中心电压上了。通过调节RC值匹配通信双方的信号变化频率，就可以让信号通过电容并且保持住足够的时间供接收方电路将其锁存。同时该电容还阻碍了直流电的通过，纵使发送方的电位高于接收方，也不会有持续的电流通过产生功耗。另外，该电容还可以起到抗干扰的作用，比如环境中充满了50 Hz交流电的辐射信号，由于高速串行通信链路上的信号速率一般在10 GHz以上，50 Hz相比之下属于低频，那么该信号就会被电容阻隔掉，其振幅削弱到可以忽略不计，从而避免了其与其他信号的振幅叠加，能得到更纯的波形。该电容被称为**AC耦合电容**（交流耦合电容），耦合是指将双方的链路通过电容耦合起来。

第1章曾经介绍过电容和滤波。结合上面的过程，你应该可以更加深刻理解电容滤波底层机制了。上述机制的本质其实就是用电容内部的压差来抵消振幅，如果多个波是叠加在一起的，无非也是振幅的相加，而电容可不管这些波是怎么叠加的，电容只管将其总振幅抵消掉（相减）对应的值。如果叠加之后的波形中的某个分量波的振幅变化与电容电压的变化刚好契合，那么该分量对应的振幅就直接被减掉，减出来的波形就好像没有叠加这个分量一样。越与电容电压曲线接近的波形，被减得越彻底。这样，最终那些越接近电容电压抬升曲线变化率的信号，其振幅分量就恰好被抵消到了点儿上，其振幅被削弱得越彻底，可以认为被更彻底地过滤掉。而那些高频段的信号振幅虽然也被削弱，但是相比之下就没有那么彻底了，这样高频波形振幅在叠加波中的比例就会变高，从而实现滤波。由于滤波之后，所有波形分量的振幅都会被削弱，所以还需要一定程度的信号放大处理过程。至此你应该体会到为什么不同频段的信号可以复用在同一根导线上，或者真空里而相互又可分离开了。

思考

既然滤波的本质就是将不想要的频率分量波的振幅抵消掉，那么是不是可以直接向待过滤的信号中叠加注入一个或者一段与待滤除波/波段的反相位的一定振幅的波形？这就是主动降噪的原理。市面上一些产品，比如主动降噪麦克风、主动降噪耳机等，它们的原理都是把采集到的环境声波信号做反相处理，然后将反相之后的声波从耳机发出与外界噪声叠加。仔细听一下就会发现，在打开降噪开关之前，耳机内部不发声，打开开关之后反而发出了很小的嗡嗡声，当你佩戴上它，这个嗡嗡声便与环境噪声抵消了。

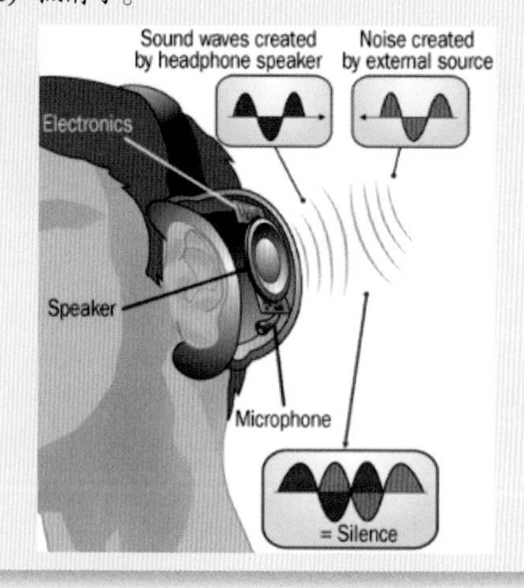

思考一个问题：发送方如果发送连续的二进制1，会发生什么？显然，如果电容充电到足以将接收方感受到的压差抵抗到无法判断其为二进制1时，通信就会出现问题。此时接收方不再感受到电压的变化，收到的既非1也非0，接收端电路可能会随机认为其是1或者0，从而产生乱码。其实，连续发送的1，本质上就是直流电了，会被电容隔掉。

为了解决这个问题，人们不得不将发送端的数据进行强制重新编码，比如高速串行链路常用的**N/M位编码**，如4/5位、8/10位、64/66位等，不同链路速率、类型的编码规格都不同。N/M的含义是N位的原始数据按照一定算法插入（M-N）个位变成M位的数据在线路上传递。对应的算法会确保编码之后的数据不会出现足以让接收方误判的连续的1或者0，其可以平衡比特流中1和0的数量，从而可以让这些数据产生高低电压震荡，这被称为**直流平衡**，也就是尽量避免直流成分。除此之外，N/M位编码产生的足够的振荡还可以被接收方用于时钟同步（接收方电路从这些高低跳变中能够知道发送方的时钟相位，从而调整本地相位与之匹配）。

7.3.2.2 加扰的作用

试想一下，如果发送方连续发送重复的数据（你并不能禁止发送方发送任何形态和内容的数据），这些数据即使被N/M位编码之后的内容也依然是相同的。这看上去没什么问题。但是，线路上总是重复相同的信号，会对周围的电路产生尖锐的**电磁干扰**（Electro Megnatic Interference，EMI）。因为线路上的每种波形对对应着频域频谱图，如果线路上总是持续着同一种波形，那么该线路辐射出去的电磁波就会持续该频谱，而且链路上的能量是恒定的。如果辐射出去的电磁波只有少数频段，那么线路上的所有能量就会在这些频段更集中地辐射，会像尖刀一样刺中其他线路上的相同频段的信号，对后者产生致命干扰。相比之下，如果链路上传递的1和0本身毫无规律，那么对应的波形也就杂乱无章，对应的频段也是杂乱无章，能量平均分布在更宽的频段上，这种链路辐射出去的电磁波就是白噪声，频段变钝，它具有广普杀伤力，但是杀伤力极其微弱。如图7-38所示为两种不同类型的EMI辐射示意图。

提示

这就像某个聒噪的人在你耳朵旁边一直絮叨个没完，如果他每次都说不同的话题也还好，但是他如果不停重复某个句子：“吃了么？吃了么？吃了么？吃了么？……”此时你是否感觉你的脑袋都要爆了呢？同样的道理，如果你长期只吃一样或者某几样食物，这会导致营养不良、产生疾病。如果你长期保持一个姿势不变，这容易导致颈椎腰椎肌肉韧带老化。冬瓜哥饱受颈椎韧带钙化的折磨多年，如果提早深刻理解这个道理，就不至于沦落到今天这个状态了。

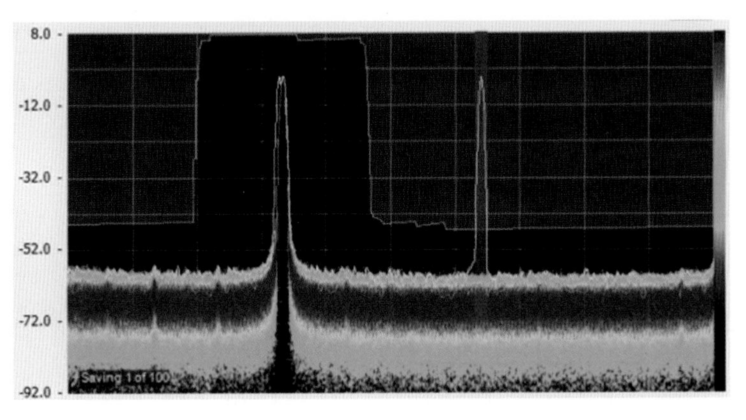

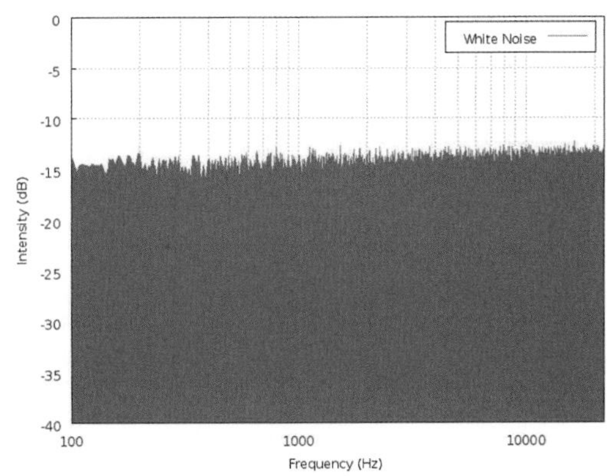

图7-38　尖锐的EMI噪声及平均的白噪声

另外，重复的数据产生重复的波形，一旦其他某个干扰源发出的电磁波对该波形恰好干扰最严重，那么该重复的数据就会大量出错，出现严重的乱码。这会增加通信开销，比如上层传输层会不断重传，但是每次重传依然是错误的。

正如上文所说，你并不能禁止发送方发送重复数据。假如某个文件中保存的就是无数多个“吃了么”字符串，该文件要被传递给另外一台计算机，怎么办呢？N/Mb编码解决不了这个问题，因为即便是N/M编码完之后，待发送的数据中也依然是大量的重复内容，比如可能变成“～吃～@#了%么～”，链路上依然会传送重复的“～吃～@#了%么～”，更揪心。

要解决这个问题，每次发送的数据帧必须进行不同算法的编码，即便原始数据相同，编码完后也必须产生完全不同的数据才可以。那么，接收端就需要知道每个帧到底使用了哪种编码，从而做对应的解码操作，所使用的编码算法代号可以放置到数据帧头某个固定字段中。但是，这些编码算法必须足够多，你不能只给出两种算法轮流使用，这样对信号的打乱力度远远不够。可是，去哪找这么多编码算法呢？就算存在足够多种算法，发送方和接收方的电路需要做进去如此多不同的编码算法电路，那是绝对不现实的。

能不能换一种思路？我们用同一种算法，但是每一帧都使用不同的数据与原始数据做某种可逆运算，比如加、减、乘、异或等，这样就能把相同内容的原始帧编码成不同内容。这个用于与原始帧做运算的值被称为**种子值**（seed）。链路上每传送一段数据，就换一个种子值，继续与下一段的内容做运算。显然，接收方必须知道每一段数据对应的种子值是多少，以便利用它来做逆运算算出原始值。为此，发送方可以将该种子值附加到每一段数据的头部一并传送给对方。种子值每段数据变一次。下一个值相比上一个值必须变化足够大，不能每次只变一两位，否则剩余的那些没变化的位与下一段计算后的内容可能与上一段数据同样偏移量处算出的内容相同，如果下一段数据的内容与上一段相同的话。一段数据，可以是一整帧，也可以是若干个字节，不同的物理层规范的定义不尽相同。

上面的方法看上去不错，但是依然不够彻底。比如，如果某段数据内部存在多个重复相同的码流片段，用相同的种子值来对其运算，结果也是相同的，这样达不到扰乱的目的。为此，人们发明了更加彻底的方式，那就是种子值在每一个位之后就变化一次，这样就可以保证bit级别的扰乱了。

为了在每个传送时钟周期都改变一次种子值，可以采用一个移位寄存器，给它赋以一个初始非全0 的种子值，如图7-39左侧所示。在每个时钟周期，将移位寄存器的最高位输出值与原始数据中待发送的位做异或之后发出到线缆。在下一个时钟周期，移位寄存器的次高位会移动到最高位，然后再与原始数据流的下一位异或之后发出。移位寄存器每次移位，最低位会自动补一个0进来，这样，在多次移位之后，寄存器中的值将会是全0，不再具有效果（A异或0=A）。所以人们想了一个办法，让寄存器中的值永远都不会变成全0而且还能保持足够凌乱。

为了让每次新补入的值不恒定为0，人们在寄存器中挑出几个位置，让这些位置上的值做异或操作，然后把结果反馈回最低位，这样每次补入的值就总会有1，杜绝了全0输出，如图7-39右侧所示。

种子值需要附带到每段/帧数据的头部一并传送到对方。接收方每收到一帧，就从帧头部取出种子值，载入接收方的种子值移位寄存器，做与发送方相同的动作，也就是将种子值与接收到的数据再次进行异或运算，即可得出原始数据。异或算法有个特点就是，A异或B=C，C异或B=A。

上述方式只是众多方式中的一种。还有另外一种方式比较有趣，其不使用移位寄存器，用普通寄存器即可。初始时对该寄存器输入全0值，然后电路将寄存器中的值与待发送的第一个帧的第一个字节做异或运算，将算好的值反馈输入给种子寄存器，然后用该值再与待发送帧的第二个字节做运算，再将算好的值

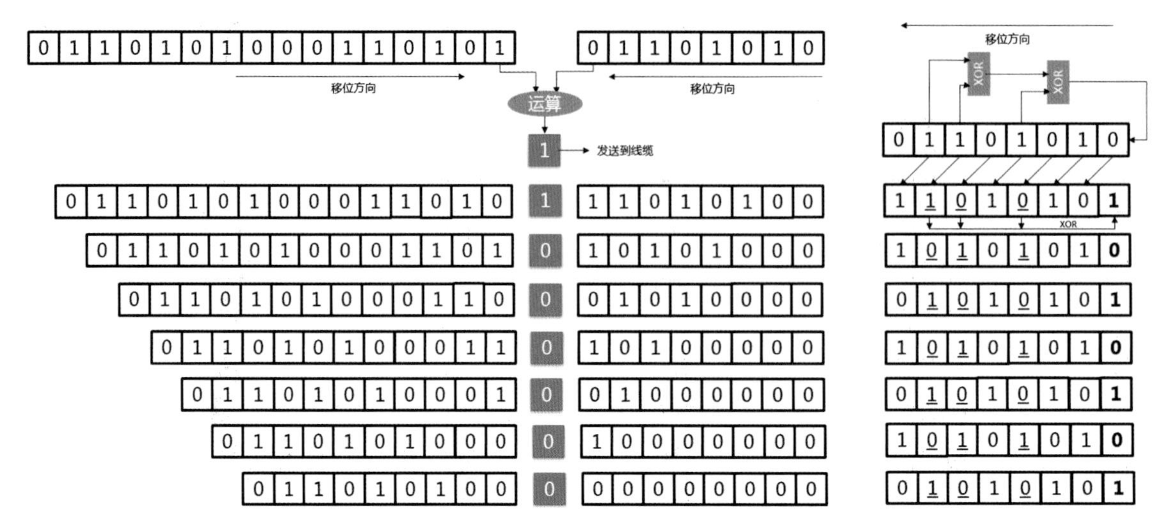

图7-39 利用移位寄存器对种子值进行每周期变更

反馈回去与后续字节运算。也就是直接用上一字节的运算结果与下一字节运算。这样做的好处是，不需要将种子值一并传递给对方，因为对方收到的数据帧里已经包含了种子值（下一个字节的种子值就是上一个字节），接收方接收到的第一个字节将其与全0进行逆运算，然后再用第一个字节与收到的第二个字节进行逆运算，以此类推即可还原出整帧的原始内容。这种自包含式的种子值通告方式可以节省链路带宽。

上述对数据进行打乱的过程，被称为**加扰**，种子值又被称为**扰码**，实现加扰解扰的电路模块被称为**加扰器/解扰器**（Scrambler/Descrambler），由于加扰后的信号的频谱范围被拓宽，这个过程也被称为**扩频**。这里可能会有个疑问：加扰器是否可以一并实现对连续的1或者0中插入一些跳变值，从而省掉N/Mb编解码模块？由于采用异或算法具有较大的随机不可预测性，如果不使用N/Mb编码只使用加扰的话，后者并不能保证加扰后的数据任何情况下都不出现连续的0或者1。由于移位寄存器每次形成的种子值其实是可以预测出来的，如果发送方程序故意发送一串比特流，其与种子值异或之后的结果是全1，这是有可能的。即便采用自包含种子值方式，也可以精确设计数据内容，让上一字节与下一字节的运算值也为全1或者全0。所以黑客就利用这种方式来攻击对方的通信设备，让对方的AC耦合电容充满电，从而失去了响应信号的能力，导致接收方通信链路中断，严重者可能导致大范围网络瘫痪。所以，一般来讲，N/M位编码与加扰要同时存在，先N/M位编码，后加扰。

7.3.2.3 各种线路编码

是不是感觉物理层竟然如此暗流汹涌？还没结束。加完扰之后的数据，依然是比特流。但是这些逻辑比特信号在被加到导线上变成电压信号之前，还需要经过一些线路级编码操作，这些编码将**比特流**（Bit）变成**波特流**（Baud）。所谓波特，正如其名字一样，考查的是导线上的波形的实际变化频率。你可能会有个疑问，难道不是二进制1就是波峰，二进制0就是波谷么？远没这么简单。如图7-40所示为部分类型的线路编码，实际还有更多类型请大家自行了解。

如图7-40所示，RZ编码方式下，每次表示完1或者0，信号都要回归零点电压，我们可以计算出，表示每个二进制位，电压需要跳变2次，那么我们就说该编码方式为2波特/位。相对而言，NRZL编码方式则为最大1波特/位，最小0波特/bit。显然，如果线路为RZ编码方式，那么上层就不需要N/M位编码来保证避免出现过多的连续的1/0，因为RZ模式下信号总会归零，电压总会振荡，直流总会平衡，接收方永不担心时钟恢复问题。而NRZL编码方式则必须依靠上层配套的N/M位编码。RZ方式以及图中的曼彻斯特方式下的**波特率**为**码率**的两倍，所以驱动用于产生波形的电路的时钟频率相应也得是产生二进制码编码电路时钟频率的两倍，设计上增加了复杂度。

图中也给出了NRZI编码的实现原理，可以看到利用一个异或门来判断本次输入信号与上一次线路上信号是否相同，来产生对应的输出信号给触发器。在发送时钟的触发下，触发器将生成的新信号输送到线路上。大家可以自行演绎一下这个过程。

传输信号的介质被称为信道，信道上充满了各种干扰产生的噪声。N/M位编码、各种校验纠错码、扰码以及最终线路编码，都属于**信道编码**。而上层的帧头格式、Payload内部的内容编码，比如ASKII码，属于**信源编码**。传输信息的介质被称为**信道**。

到这里该是最后一层了吧？非也。上述过程把信源码编码成信道码之后，如果底层链路是数字信号链路，则电路会将对应的高低电压信号直接发送到导线上了，还可以加一个光电转换器（如图7-41所示）把

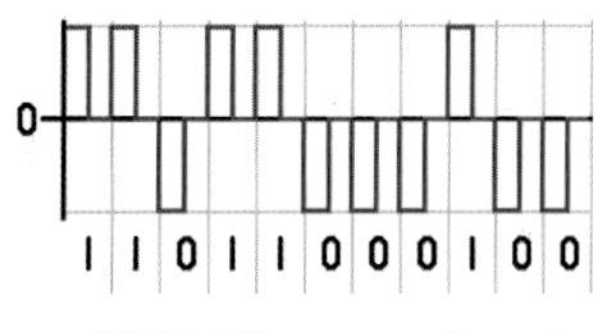

RZ码（Return to Zero）

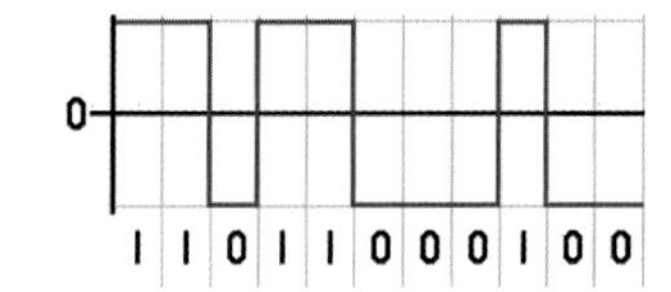

NRZL码（Non-Return to Zero Level）

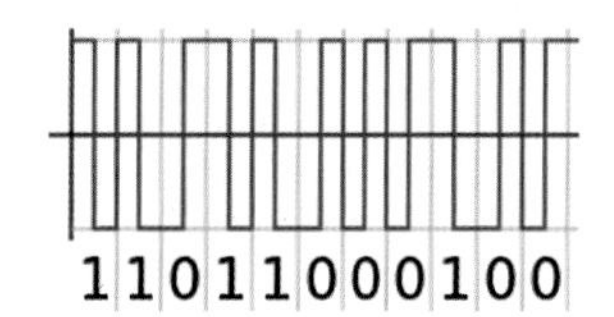

曼彻斯特码（遇1下跳遇0上跳）

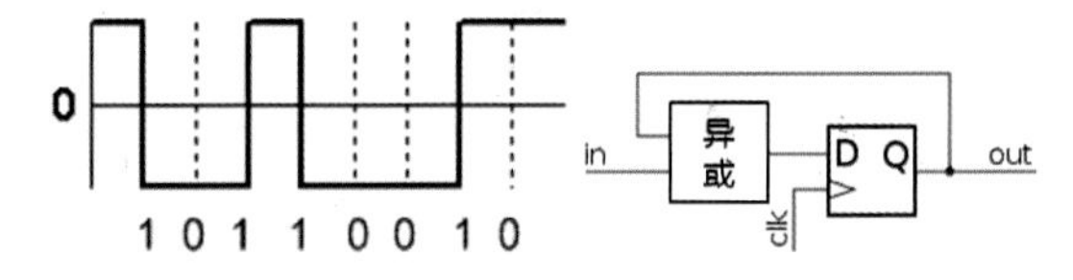

NRZI（I表示Interleave，遇1跳变）

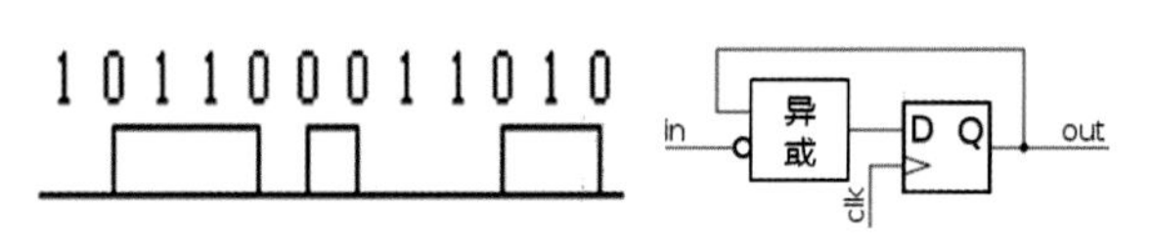

NRZI（遇0跳变）

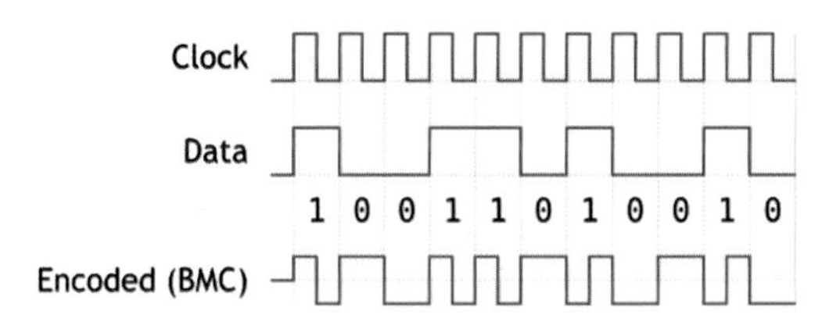

BMC码（Biphase Mark Coding）

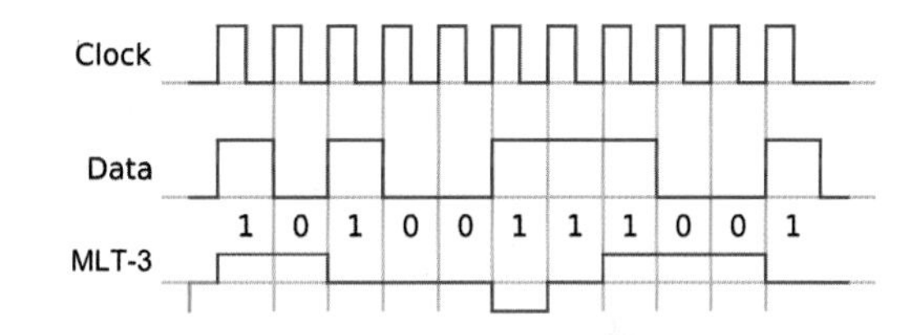

MLT-3码（Multi Level Transmit）

图7-40 部分线路编码方式一览

电信号调制到光信号的强弱上利用光纤传出去。

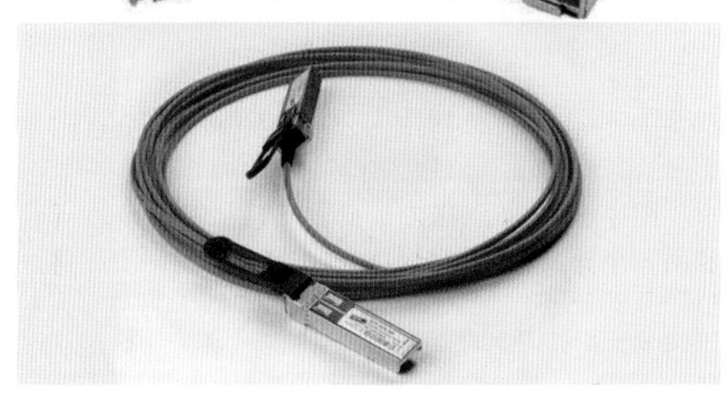

图7-41 光电转换模块

7.3.2.4 各种模拟调制技术

如果采用模拟线路与通信对端连接的话，还需要将数字信号调制到一个高频正弦载波上，那就需要一个调制解调器。调制解调器一端采用与你的设备相同的物理层连接器和I/O控制器，将数据帧收到自己内部的缓冲中，然后对数字信号进行调制。

调制方式有很多，如图7-42左侧所示。比如第1章中介绍过的AM调制，只不过当时介绍的是把模拟信号调制到高频载波上。现在我们要把数字信号调制到载波振幅上，道理其实是一样的，依然是将原始波与载波相乘。可以看到，强弱调幅的波形的包络线对应的就是数字信号的波形。调相调制就是利用载波的相位变化表示数字信号，遇1则产生某个相位的波形，遇0则变换相位。调频调制则是利用频率变化来表示1和0。

混合调制是一种将调幅、调相、调频结合起来调制的方式，如图7-42右侧所示。蓝色波形与黑色波形的相位相差180度。如果人为定义两个频率、两个相位和两个振幅，那么载波的一个周期的波形就可以从这8种不同的状态中选出一种加载到波形上，如果将这8种状态表示成二进制值的话，一个周期的波形就可以表示3 位。只要人为定义一个对应关系，比如，0相位、1/2倍振幅、1倍频率的波形表示000，180度相位、1/2倍振幅、2倍频率的波形表示011等。那么假设发送方要传递某串比特流，只需要将该比特流按照3 位分段，然后对应到对应的波形，控制着对应电路发出该波形到介质上即可。这样，用一个周期的载波就可以表示3位了，传输码率大大提升。或者如图下方所示的，用多个周期的相同波形表示3 位数据，实际中用多少个周期来表示根据信道的频带宽度资源来定，详见下文对频宽、码率、载波频率之间关系的介绍。

那么，能否用2个频率、3个振幅、3个相位来形成18个状态，这样就可以用一个波形来编码4 位的数据，如图7-43所示。可以看到波形中产生了裂痕，这是由于每个前后波形相位不一致导致的，这个裂痕实际中体现为电压的跃变，实际波形图为黑色曲线所表示的样子。如果电压不按照纯单一正弦波的轨迹走，而是发生跃变，那这就意味着更多高频杂波信号的参与，明白这一点至关重要。

实际中的混合调制方式，几乎没有用变频的，都是调幅+调相的组合，因为变频调制的话，接收端解调过程会比较复杂。另外，在信道上传递的数据的载波的频率最好是不变的，尤其是对高速信号而言，这样可以针对信号做各种预处理和后处理来实现抗干扰等特性，如果频率不断变化，那就不好控制了。抛开调频这个维度，只调幅和调相，使用4个振幅和4个相位实现16种波形组合，每个载波周期表示4位，如图7-44所示。

实际中，人们根据实际情况定义出一些固定的振幅和相位，生成了对应的映射关系图来表示二进制码、相位、振幅之间的映射关系。图7-44右侧给出的是这种关系图的伪示意图。右上方的图中，圆环径向距离绝对值表示振幅，每个点的角度表示相位。本例中的波形就是按照这个图定义的。而右下角的这个方形分布图，每个点距离中心的长度绝对值表示振幅，角度表示相位，可以看到其共有12个相位和3个振幅，能够组合出36种不同情况。图中只是给出了一种粗略示意，实际的点位图的横纵坐标含义和单位并非如此简单。感兴趣的读者可自行了解，扫码看

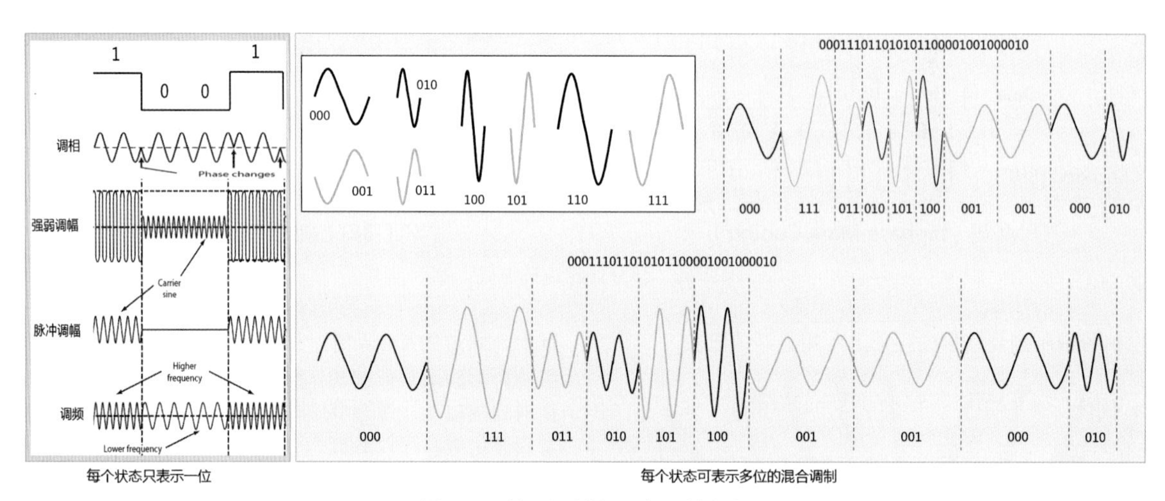

图7-42 单一调制和混合调制方式

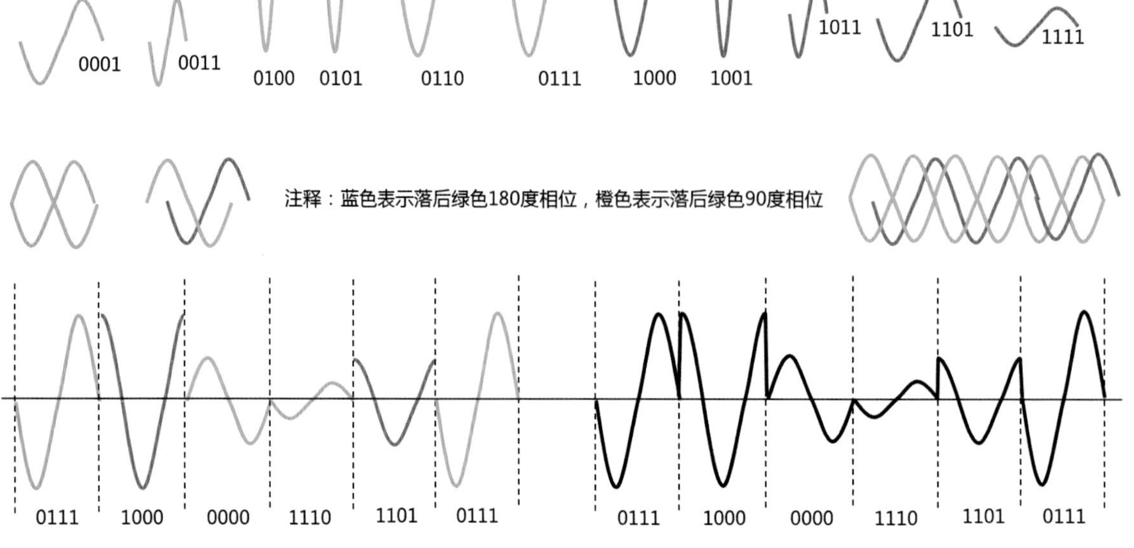

图7-43 2个频率、3个振幅、3个相位组合

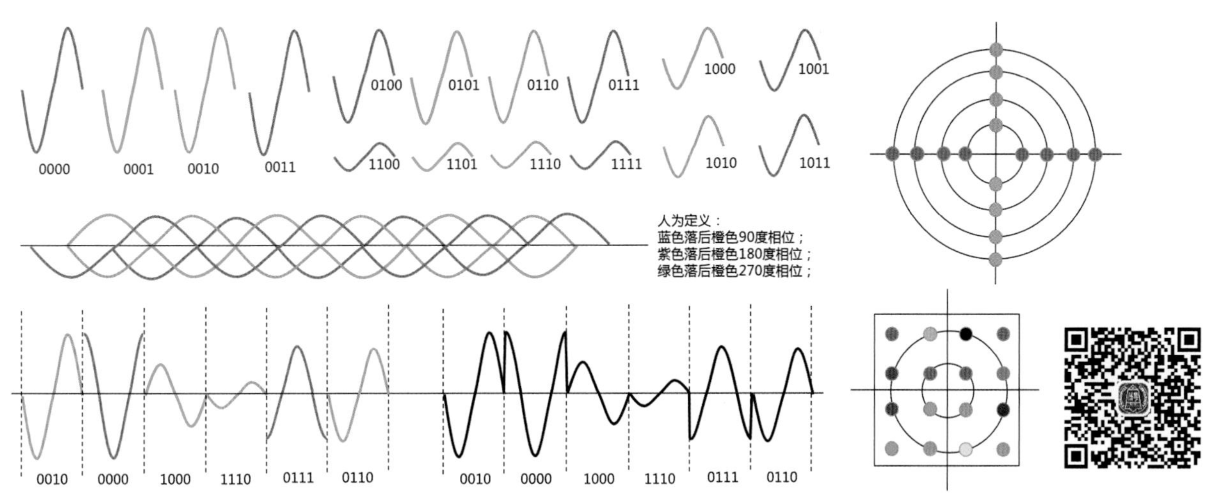

图7-44　振幅相位混合调制方式示意图

动态图。经过探索，人们最终计算出一些能够用简单的方法调制解调的混合调制振幅、相位组合，这称为正交幅度调制（QAM）。8QAM表示利用4个相位和2个振幅组合成8种波形，表示3位；同理，还有16/64/256QAM甚至1024QAM。有兴趣的读者可自行了解。

这种调制方式，本质上其实相当于双方用对暗号的形式，用少量的暗号一次传递更高的密度的信息。比如，双方事先规定好有限数量的句子，每个句子包含大量的字符，这些句子编上号，如1号句子、2号句子。传递信息并不是将这些句子中的字符本身传过去，而是只传递编号。对方收到句子编号后，用本地的码表将对应句子的字符找出来，这样就省掉传字符了。这种方式的一个前提是，所传递的信息必须是有限的而不是无限的，否则编号也会无限，码表也会无限大。这种方式被统称为**高阶调制**。

可能有读者曾经使用过ADSL方式接入网络运营商，第一代速率为512KB/s，后来为1MB/s，再后来升级到2MB/s、8MB。传输码率提升是怎么做到的呢？明白了上述的机制之后，你就知道了，其实就是所使用的调制方式越来越高阶。除了16QAM，还有一个波形周期可表示6位的64QAM，以及表示8 位的256QAM。

混合调制如此划算，那我们干脆都用256QAM，或者继续提升到更高阶数，何乐而不为？收益越大，代价越高。假设我们将振幅细分为八分之一粒度，那么每个振幅级之间的电平值相差就非常小，一旦信道遭受噪声或者其他类型的干扰，某个波形的幅值变化了，那么该幅度值由于与其他波形本身就相差太小，那就无法区分该幅值原来是什么，这会导致乱码。所以，仅当信道质量非常好时，才能采用更高混合度的调制。有些通信设备之间，比如手机和基站之间，可以动态调整调制方式，这就是在高铁上你有时使用数据流量上网而网速非常慢，甚至连不上网的原因。信道质量太差，系统会自动降低调制阶数。

混合调制如此划算，那我们干脆别用数字信号了。数字信号每个波特甚至每两个波特才传1位，这是何苦呢？全都改用混合调制方式怎么样？其实，数字信号利用波峰波谷区分0和1的机制相比模拟信号载波调制而言还是更加健壮的，尤其是能够抗干扰，这也正是其码率和波特率可以达到当前25 GHz的原因。我们再来看看目前的模拟信号通信领域，比如移动通信，其采用的载波波段范围在数百MHz到3 GHz，远低于目前数字通信领域的最高25 GHz。另外，如64QAM这种调制方式，一般用多个载波周期承载6位数据，而数字信号则是每个波形承载1位数据，所以用模拟调制方式相比直接传送数字信号并无收益。用模拟调制更多是为了与其他信号复用同一个信道。

但是也的确有技术先将数字信号用8QAM调制到载波上，然后再将该载波的波形电平值转换为光信号的强弱值，从光纤上发送到对端，在对端转成电信号，再解调制。

那么，将数字信号调制到模拟载波上的调制器是怎样一个作用机制？观察图7-40，导线上的一个个波形，看上去好像是一个个拼接上去的。想象有一只无形的手，这只手根据收到的二进制数据比特判断，将对应的波形载入导线上。在早期，人们的确是这样做的。**频移键控（调频）**调制方式，将原始载波进行变频操作生成多路不同频率的载波，然后通过一个Crossbar开关，根据输入的二进制数据的不同，动态将某路载波输出对应的时间，便实现了调制，如图7-45所示。这种通过开关切换不同波形的做法称为**键控**。然而，目前几乎所有实现都不再采用键控方式，而转为使用乘法器等方式来实现调制。有兴趣的读者可以自行了解。

如图7-46所示为调频解调原理示意图，用4种不同的频率表示2位。在接收端，信号同时输入到多个带通滤波器，滤出相应频段的波形，再进入包络检波得到包络线，然后利用采样电路对多路输入做采样，在哪一路上采到了高电平，则向输出端输出对应的二进制编码，最后就得到了串行二进制数据流，实现了解调。

相移键控（调相）过程及解调过程，用两个相位表示1位，如图7-47所示。使用键控方式在两个波形之间切换，每个位用3个载波周期表示。

解调的过程相比调频而言复杂了一些。需要先将调制波与原始载波相乘，得出如图7-47下方的波形，然后再通过低通滤波/包络检波将波形变为如图7-48下方所示的样子。再通过采样判决电路对波形的电平做采集，最后将电平翻译成二进制码流，完成解调。

如图7-49所示为三相位、三振幅混合调制器的键控实现方式示意图。

首先，原始载波使用对应的模拟电路进行移相和变幅处理，生成并行的8路衍生载波信号。然后，利用一个能够通过模拟信号的Crossbar交换电路来充当这只手，其可以将任何一路衍生载波信号连通到输出端去。最后，添置一个大脑的角色，也就是译码器，其可以根据输入的信号，比如000/001/010/011/100/101/110/111中的一组，生成控制Crossbar的输出信号，将其中一路衍生载波与输出端导通。这就是所谓“键控”的含义，即利用Crossbar中的开关电键来控制输出哪一路波形。这样，输出端的信号就会跟随着输入的数字信号有规律地脉动，输入的数字信号变化越快，输出端的模拟载波波形也变化越快。但是数字信号的变化速度不能大于载波的频率，否则连一个周期的波形都无法完整输出了。比如，如果载波频率为1 Ghz，使用8QAM调制时，比特率不可能大于3Gbit/s。

这就像切蛋糕一样，不同载波波形切出来放到导线上传递。这种方式就是所谓“键控”调制。另外，由于通信的起始点是不可预测的，所以调制波的波形并不总是从零点开始变化，如图7-50所示，上下两个调制波表达的含义其实是一样的。

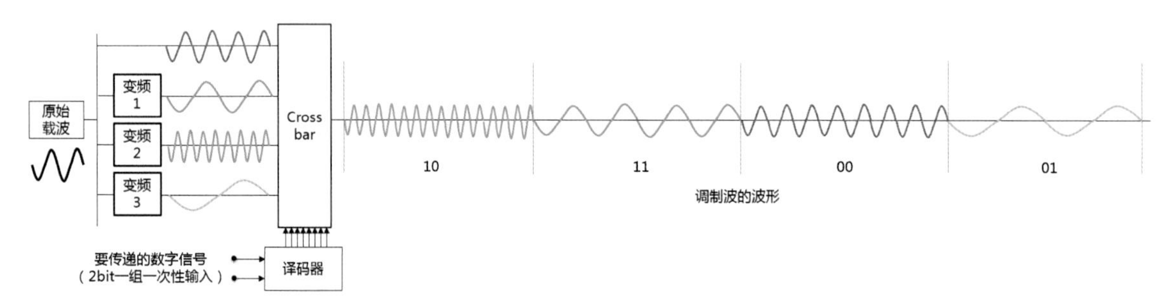

图7-45　频移键控调制方式示意图

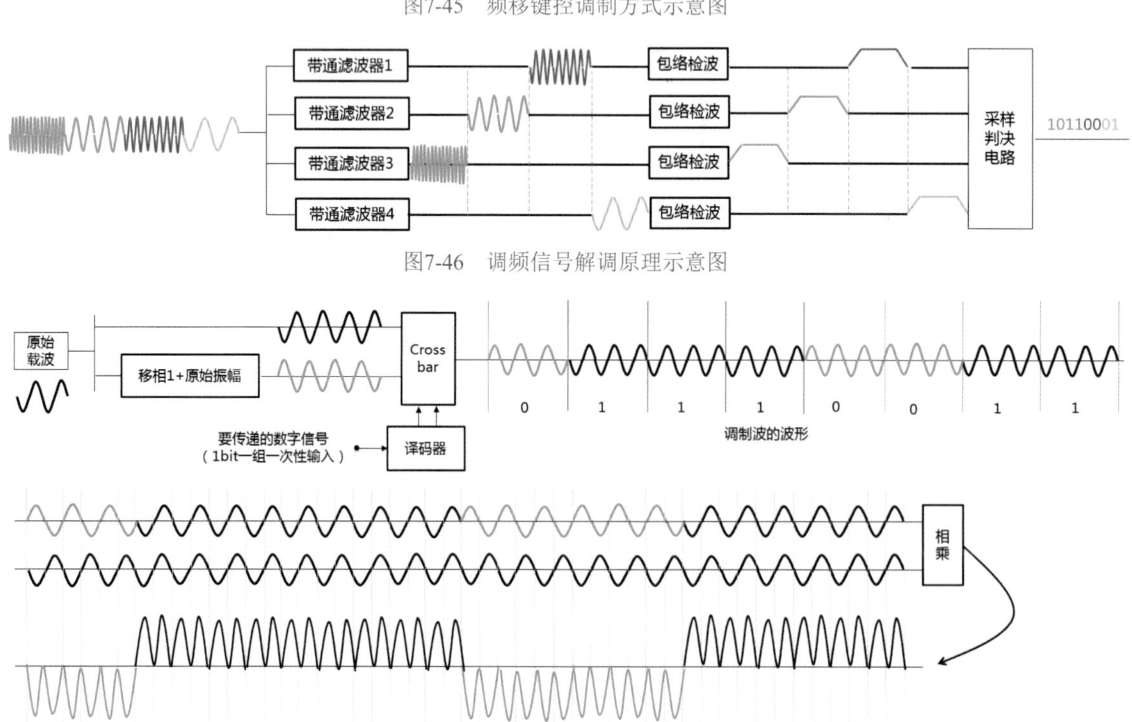

图7-46　调频信号解调原理示意图

图7-47　调相及解调过程示意图（1）

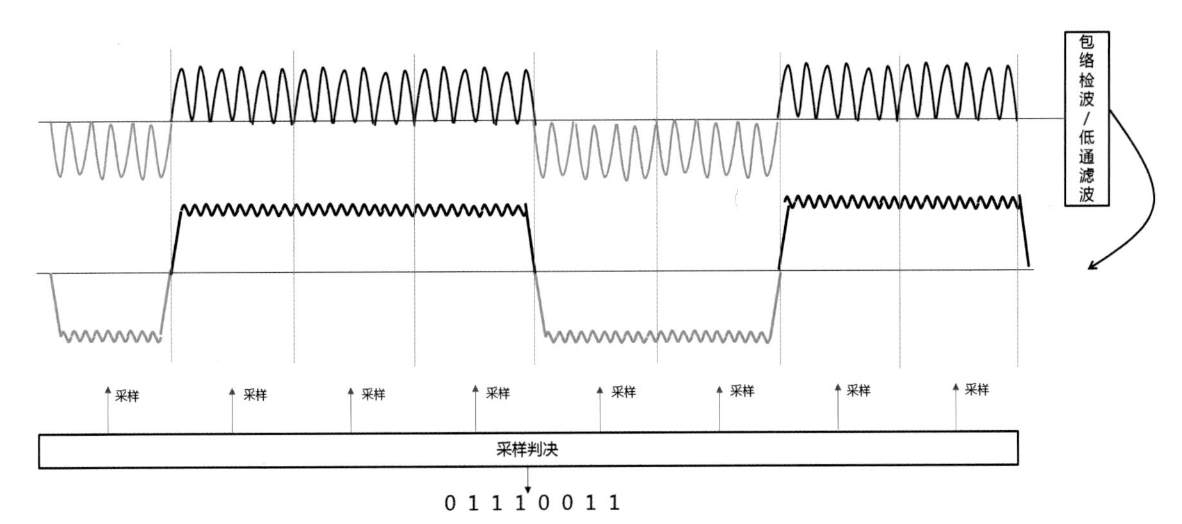

图7-48　调相及解调过程示意图（2）

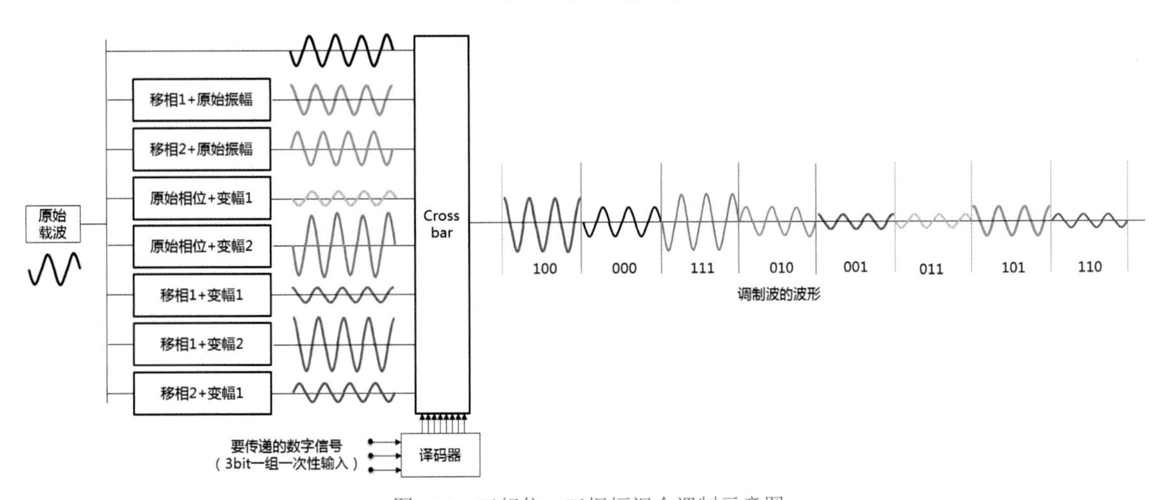

图7-49　三相位、三振幅混合调制示意图

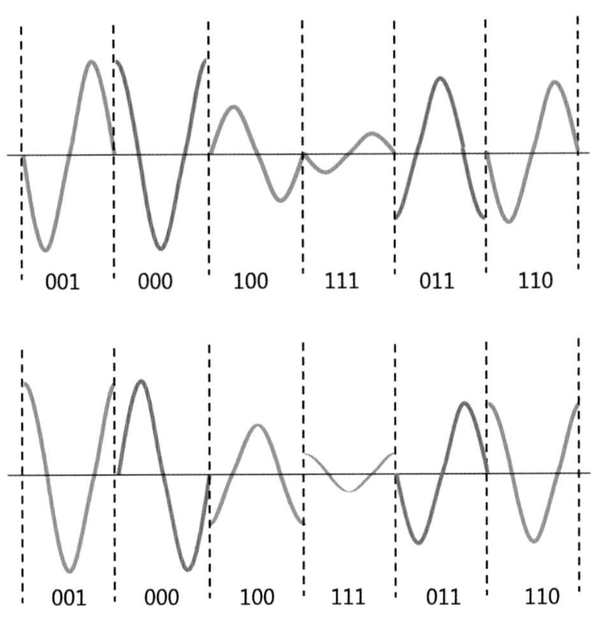

图7-50　调幅调相其实与所见形状无关

提示

上述混合调制的例子只是示意原理，实际中各种级别的QAM调制都是有一定规律的，选择哪些相位、哪些振幅都是固定的，以便让调制和解调可以只用简单的乘法器、低通滤波器等实现。大家有兴趣可以自行学习，这里不再多介绍了。

如图7-51所示为4相位调制后的波形及包络线示意图。

7.3.2.5　频谱宽度与比特率

大家一定会产生一个疑问：载波频率越高，每秒钟流过的波形就越多，自然应该比特率也就越高，为什么移动通信领域的800/900 MHz频段被称为黄金频段，为什么不用高频段比如60 GHz的载波呢？这里有两个原因：一方面，如果每个用户分得的载波带宽一定，那么比特率跟载波频率其实并没有直接的关系（怎么可能？频率越高速率应该越快啊！）；另一

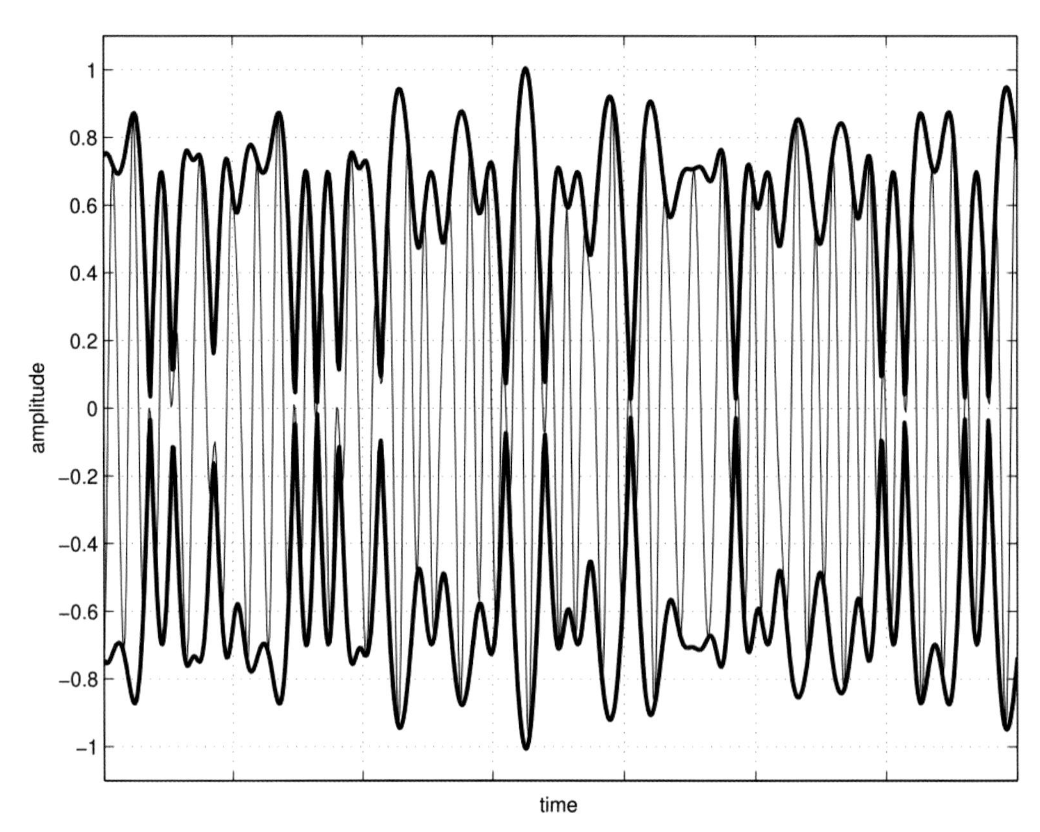

图7-51　4相位调制后的波形及包络线示意图

方面，高频段载波绕射能力差且不宜穿墙，所以通信运营商曾经为了这个黄金频段的占有权互掐得不亦乐乎。第一个原因，且听冬瓜哥慢慢道来。

上文中图7-44里采用一个或者多个载波周期波形表示对应数量的位，我们将每个恒定的波形段称为**符号**（Symbol），或者**码元**。根据调制方式的不同，一个码元/符号携带有多个位的信息。在第1章中我们介绍过，对于那些非正弦波来说，其越杂乱无章、跳变得越频繁，底层就需要更多的高频分量来叠加。当然，这些高频分量并不需要你去算出来要叠加哪几个正弦波上去的，而是模拟电路中的电容等器件天然带入的，这个过程底层的秘密被傅里叶构建了模型来描述。至于底层具体是怎么将近乎无限的高频分量叠加进来的，这是等待人类从量子微观角度继续研究探索的问题。既然如此，我们回到上文中的一个遗留问题，就是到底用几个载波周期来表示一个码元。图7-42中给出了两个例子，分别为用1个和2个载波周期承载一个码元。可以看出，用一个周期承载的话，那么单位时间内，整个线路上会充满更加剧烈的波形变化，也就是那些相位跃变的结合点处，会充斥着大量的高频成分，才能叠加出这样一个形状来。而如果用两个载波周期承载一个码元，一个码元内部的多个载波周期都是纯正的正弦波，无相位、振幅上的跃变，所以频谱线也是单一的。这样，单位时间内，一定是越少的载波周期承载一个码元的方式占用的频带宽度要更高，极限情况就是一个载波周期承载一个码元，如图7-52所示。另外，如果一个码元波形承载的比特数越多，比如从8QAM变到64QAM，前者有8个不同波形，后者则有16个不同波形，后者的调制波将比前者更杂乱无章，产生跃变的结合处更多，那么这是不是就意味着其波形需要被更多频段的高频波叠加出来呢？并非如此。从8QAM到16QAM，虽然后者的波形数量增加了，但是每个波形之间的差别也变小了，这就意味着，从一个波形边沿跃变到另一个波形时的陡峭程度也变低了，所以其对频谱成分的影响还得具体分析，详见下文。

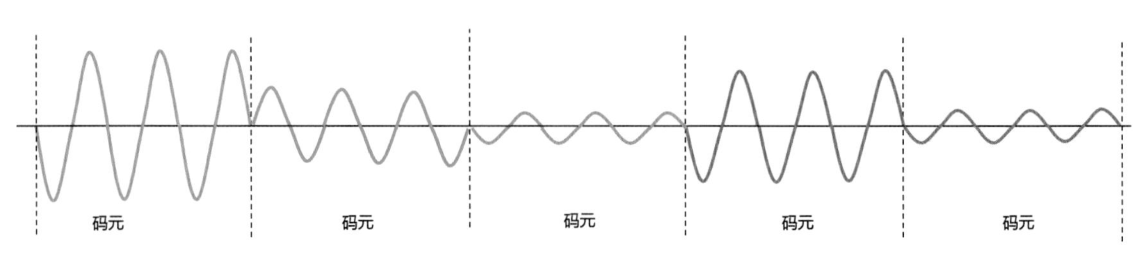

图7-52　用多个周期承载一个码元

那么，如果载波频率增加，而码元周期数不变、调制方式也不变的话，自然的，单位时间内流过的码元数量增加，那么单位时间流过的比特数也随之增加，比特率也就增加了。相应地，由于单位时间内流过的码元增加了，那么波形的变化剧烈程度也就增加了，信号占用的信道频带宽度自然也就增加了。

调制波的频谱都是以载波频率点为中心往两边延展的，调制到载波上的信息会导致载波波形发生各种形式的电平跃变（相比单一正弦波的电平变化而言）。这些跃变，是底层电路引入了高于或者低于载波频率的其他谐波成分叠加而成的，这也是频谱会以载频频点为中心往高低两个方向延展的原因。前文中说过，目前没有人能够从底层解释说明电路是如何引入这些成分的，不过你可以去研究一下。波形从平缓跃变到陡峭会引入高于载波频率的杂波成分，而从陡峭跃变到平缓则会引入低于载波频率的杂波成分，如果陡峭程度不变但是相位跃变，也会引入高频成分。如图7-53给出了对应的示意图。只要波形相比上一个周期的Sin/Cos曲线而言变得更加褶皱，就得引入高频成分；同理波形如果相对变得更加平缓就得引入低频成分。不过从图中也可以发现一个明显的规律，那就是**被引入的高频成分的量远大于低频成分的量**，因为相位跃变一定引入高频成分，只有最右侧的场景引入低频成分。也就是说，假设载频为1000 MHz，采用16QAM调制，比特率100MB/s，最终的调制波的频谱可能会是990 MHz～1090 MHz，而并不可能是950 MHz～1050 MHz这种按照载频为中心对称的频带分布。

如果采用更高的调制密度比如64QAM，则会引入更多的振幅、相位级数，也就在波形上引入了更多的跃变点。正如上文所述，这并不意味着其也一并引入相应倍数的更多高/低频段的分量。如图7-54所示，左侧为低调制密度时的波形组成的调制波，右侧为高调制密度时波形组成的调制波。由于前者波形种类较少，波形之间的振幅、相位梯度级数少，那么波形接合处基本都是大幅跃变；后者由于波形多，有更多的级数，波形间的结合处跃变幅度小的概率更大，但是也不排除有大幅跃变。图中A点比A’或X点、B点比B’点的跃变幅度更大；而C和C’点的跃变幅度相同。

那么，是不是结论就是，高调制密度的调制波相对而言比低调制密度的波形的频谱宽度更窄呢？不能这么讲。试想一下，左侧图中虽然各个波形之间梯度较大，但是总体波形数量少，在相同的载波频率下，如每秒流过100 M个波形，左侧图中可选波形数量少，那么，梯度相差没那么大的两个波形相邻出现的概率，反而要比右侧波形大。反过来说，右侧波形更多时候是梯度相差较大的两个波相邻出现了。那么，还真不好说到底哪个波形最终频谱更宽。于是，为了量化，冬瓜哥建立了一个示意模型来考察。

如图7-55所示，我们假设最大跃变幅度为7，将这个幅度分级为2级、3级、4级和8级，遍历出所有可能的跃变组合（任意两个层级之间都可以相邻，图中红色箭头线所示），然后算出每个情况下跃变的幅度值，将所有可能的情况下的跃变幅值求和，除以所有组合的数量（注意，每个层级可以与自身相邻，比如相邻的两个相同的波形，此种状态也应算入，此时跃变幅度为0），发现幅度不管分为几个层级，最终的

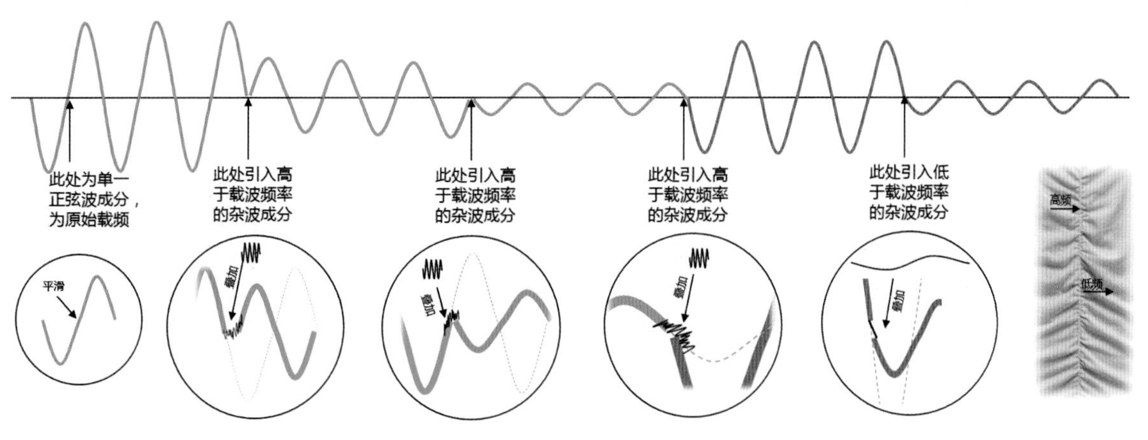

图7-53 电平按照非Sin/Cos轨迹跃变时需要高/低频谐波叠加才行

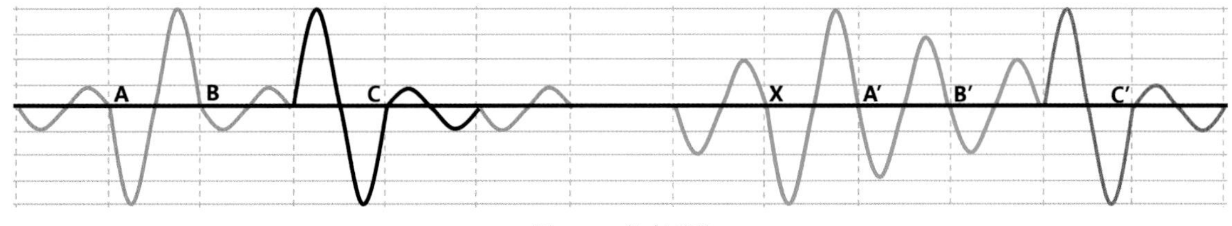

图7-54 各有千秋

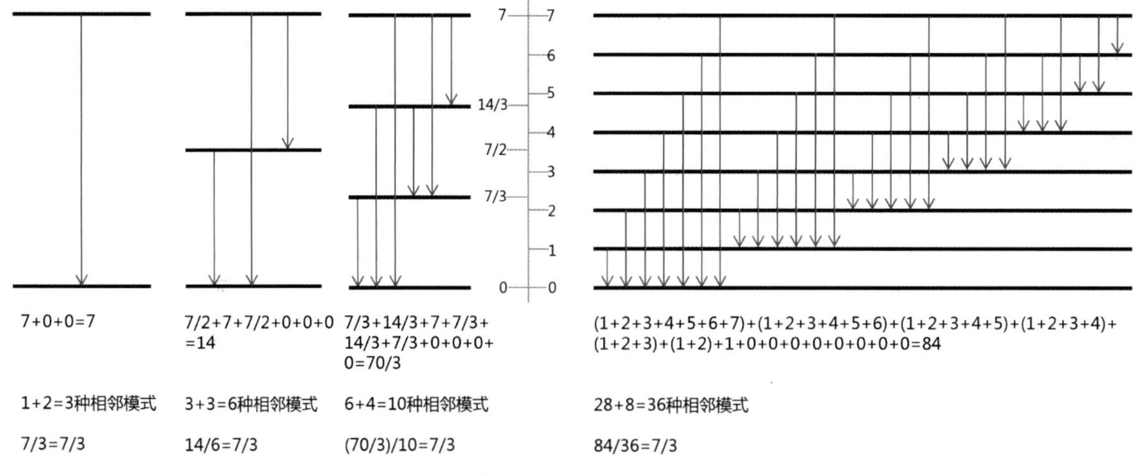

7+0+0=7
7/2+7+7/2+0+0+0=14
7/3+14/3+7+7/3+14/3+7/3+0+0+0+0=70/3
(1+2+3+4+5+6+7)+(1+2+3+4+5+6)+(1+2+3+4+5)+(1+2+3+4)+(1+2+3)+(1+2)+1+0+0+0+0+0+0+0+0=84
1+2=3种相邻模式
3+3=6种相邻模式
6+4=10种相邻模式
28+8=36种相邻模式
7/3=7/3
14/6=7/3
(70/3)/10=7/3
84/36=7/3

图7-55 不同梯度下的平均跃变幅度计算示意图

平均值都相同。结论很明显，不管是什么样的调制方式，分了多少层级，其调制波形的平均跃变幅度都相同，那就意味着频谱宽度也相同。

人们将频带宽度简称带宽，也正是这个词导致了大量的误导。因为常规思维下人们会认为所谓带宽就是每秒比特率，换算成每秒字节数（虽然下文中你会看到比特率与频谱宽度的确有着奇妙的关系），甚至在相关领域专业人士之中也会产生混淆，所以下文中统一用**频宽**这个词。那么，我们至此有个初步结论：载波频率越大，码元周期数越少，则占用的信道频宽也就越大。那么是否可以先写出一个初步的关系式来：**信道频宽=*F*（载波频率 / 码元周期数）=*F*（每秒流过的码元数量）=*F*（码速）=*F*（码率）=*F*（比特率 / 码元比特数）**。

历史上，奈奎斯特求出了*F*，F =*x*/2。也就是，**信道频宽=码率/2**，或者说信道**比特率=2×信道频宽×每码元比特数**。如此神奇的逻辑！信号占用的频谱宽度，只与信号的码率有关，也就是与每秒流过的码元数量有关。注意，一个码元可能由多个载波周期组成。

或者说，信道的比特率竟然只与其占用的频带宽度以及每个码元表示的比特数相关。那就是说，要想增加信道的比特率，或者俗称网速，要么增加信道的带宽，要么增加每个码元表示的比特数（用更高阶的调制方式），或者这两个手段一起上。

按照感性认识来讲，频率越高，速度越快才对。上述关系式也意味着，网速在理论上竟然与载波频率并无直接关系！也就是说，你可以用一个很低频率的载波比如1 Hz来实现100Mbit/s的比特率。这看上去好像是天方夜谭，载波每秒才流过1个周期的波形，怎么可能其携带信息的比特率达到每秒一万万位？根据上面公式，你可以把单码元能够表示的比特数加到一万万位啊！也就是增加调制密度，虽然每秒只传递一个波形，但是这单个波形就能表示100Mbit的信息，这不就达到100Mbit/s了么？也就是说，要将振幅、相位等做更精细的划分，划分为（100 M）^{2}个层级，所以这在实际中已经不可实现了，因为信道噪声会轻易干扰如此精细的振幅差和相位差。这样，载波频率1Hz，每码元周期数为1，则码率=1/1=1Hz/s，该调制波频宽为0.5Hz。这个例子虽然并不合适和不实际，但是不妨碍理解其本质。实际上，信道的最终比特率有一个被称为香农容量的理论极限，大家可以自行了解。

思考 ▶

有个地方可以思考一下。假设如果用一个单一频点的纯正弦波来表示1和0数字信号，波峰表示1，波谷表示0。其频率为100 MHz，那么其用来传递重复交替的1和0时，比特率为100Mbit/s。这里犯了一个理解上的错误，该正弦波只能传递交替的1和0，一成不变，这并不能称为信息，正因如此，其频宽为0 Hz，能够承载的比特率也为0 bit/s。A/E/I/O/U、a/o/e/i/wu/yu的发音口形简单，不需要舌头的辅助，所以它们称为元音，元音声波的频谱窄，因为其声波没有跃变。但是相对而言，诸如T/W/Q等这些发音，需要舌头的辅助，将气体阻碍然后瞬间释放出来，其改变了元音较为单一的频率，引入了更多高频成分，才能让声波产生跃变，这与正弦波到方波的过程是类似的。然而，携带更多信息的却是辅音而不是元音，正是因为引入了更多的变化，所以辅音才能表示更多信息。所以，在一个调制波中，高频段才携带有更多信息。

该公式揭示的道理就是，在调制方式一定时，要想达到某个比特率，就需要占用对应的频谱宽度，而不管该频谱起始于哪个频点。为了达到对应的频谱快递，可以任意调整码元周期数和载波频率这两个参数，或者说调整码率这一个参数，码率/2就是频谱宽度。

提示

比特率/频谱宽度=频谱效率。实际中，频谱效率远达不到理论值。高阶调制虽然是个以一当十的很划算的提升频谱效率的方式，但是信道上的干扰实在是太严重了，很多时候只能运行在低阶调制级别上。一般而言，公共通信系统如果运行在低频段，比如50 kHz中心点频段，那么每个接入设备获得的带宽就捉襟见肘，比如每个接入点分配1 kHz带宽，那么在50 kHz±5 kHz频段内仅可容纳10个接入点；但是公共通信系统如果运行在比如50 GHz频段，带宽就宽松多了，比如每个接入点分配10 MHz带宽，在50 GHz±1 GHz这段带宽内，就可以容纳200个接入点。比例都是50:1，但是后者显然接入点多了，每个接入点获得的带宽也高了，这样，后者就可以利用更低阶的调制方式获得更好质量、更低出错率，或者用相同阶数的调制获得更高的比特率。然而，频率越高，电磁波的覆盖率也就越低，电磁波越容易被阻挡，比如可见光波的频率很高，所以可见光波无法穿墙，或者说也可以微弱穿墙，但是你的眼睛检测不到了。低频段由于波长长，绕射能力好，容易穿越城市建筑，但是带宽稍显拥挤。所以这些频段的选择也需要根据不同的业务类型和场景而定。

明白了上述关系，再回过头来看。对于公共无线通信系统比如手机而言，所有人共享同一个真空来通信，这样每个人就得独占某个频段来通信，否则如果有人用了相同频段，就会相互干扰（当然可以通过一些上层手段来复用，这里暂且不表）。所以运营商会给每个手机用户分配一定的频带宽度用于通信，由于有大量的手机用户，所以频带只能被切割成一段一段地分配给用户，每个用户独占各自的频带与基站通信。这样，每个频带的宽度就被定死了，谁也不能超出，谁也没有特权多占用一些频段，因为你旁边的频带可能正在被他人占用。由于信道载波频率也是定死的（每秒流过的码元波形数即码率也定死了），如果调制方式一定，那么，根据上面的奈奎斯特公式，必然可以算出该信道当前的码元周期数应该是多少。

实际的通信系统普遍使用多载波多频段同时传递数据。比如，80 MHz～120 MHz这40 MHz的频宽可以划分为110 MHz中心载频+20 MHz频宽和90 MHz中心载频+20 MHz频宽这两个独立的**子信道**，而也可以划分为以100 MHz中心载波频率+40 MHz频宽的单个信道。两者看似频宽相同，比特率应该也相同，但是如果考虑实际信道噪声的话，比如附近有个90 MHz左右的强干扰源，如果采用两个独立信道的话，90 MHz的信道质量很差，那就可以不用它。或者通过降低调制密度、增加码元周期数等方式来将调制波的频谱宽度降低一些，或许能碰巧避开干扰源的频段，起码降低出错概率，那自然比特率也降低了。而110 MHz载频依然全速运行不受影响。如果这两个频段合为一体的话，所有数据只能流入该信道，遭受到干扰，每个上层的数据帧可能都会错一定数量的比特，这样上层的网络协议栈就总是重传数据包，导致链路层最终中断。

当然，该公式并没有规定哪个量必须恒定不变。而是意味着你可以任意改变载波频率、码元周期数、调制方式（码元比特数）。对于那些频宽不受限的场景，比如有线专线传输，那就不用考虑频宽，因为此时信道上全部频宽都归通信双方所有，可以同时提升上述三个参数。而真空电磁波环境只能是大家共享的，因为宇宙只有一个，或许吧。

思考

传递电信号的物理介质天生不适合传递高频信号，它是个天然的低通滤波器，因为铜线内部是自由电子的海洋，天生具有电容特性，电流流过电容就会被低通。当频率过高时，导线的 电容会缓冲电流，导致电压提升放缓，信号不能与发送端同步，相位拖后，振幅也被削弱了，导致接收端无法辨识。而无线电波的传递介质是空间场， 这似乎已经是世界最底层的介质了，其并非利用微观粒子的移动、积压一定量（电压）来表示信号，所以很高效，但是依然会遇到比如大气对电磁波的吸收等问题。人类还没有研究透彻空间场是什么，因为人类自身也是一堆空间场波的叠加体，可能是“只缘身在此山中”。唯一可以媲美空间场的信号传输介质是光纤。早期，人们直接将数字信号的电压输送到光电转换电路，转成光波的强弱（振幅），这样，光强可以随着数字信号同步变化；后来，人们也加入了一些高阶调制，比如PAM4技术，用4个光强表示2位，这样调制密度就提升了，比特率也就可以翻翻。同时，人们也发明出能够对光波进行调幅、调相、调频的光调制模块，俗称相干光模块，但是体积大、成本很高。也有人先把数字信号调制成比如64QAM～1024QAM的模拟电信号，然后将其转换为光的强弱，也就是让光强随着电压同步变化，所输出的光信号被俗称为模拟光信号，表示随着模拟电信号同步变化的光信号。而上文的 PAM4技术则是数字光信号，表示光信号随着数字电信号同步变化。

既然使用无线通信，加上高阶调制，可以达到很高的比特率，比如5G无线通信时代，理论比特率可达10Gbit/s（10Gbit/s≈1Gb/s）。这已经相当于万兆以太网的速率了。看来，模拟信号+高阶调制潜力无限，那为什么不在有线网络（比如以太网铜线缆）上也用这种方式来传信号呢？铜线中的电磁环境比无线电环境要好吧？主要原因是功耗过大，高阶调制会耗费额外的电路功耗，当然，成本也是一个问题。

。

7.3.2.6 数字信号处理与数字滤波

对于数字信号的方波，当其被传送到信道链路上之后，到达接收方之后的波形可谓东倒西歪，因为经历了噪声嘈杂的信道，这些波形会被叠加入一些凌乱的波形，到达接收方之后，会导致无法分辨。由于信道可以被看作一个电容，拥有容纳电荷的能力，所以其对高频分量的衰减程度相比低频分量更大。如图7-56左侧图所示，当方波经过信道传输之后，相当于经历了一场电容滤波，到达接收端的信号（蓝色）的棱角已经不再分明，这样势必会影响接收方的判决电路的判决结果，可能会判决错误导致误码。

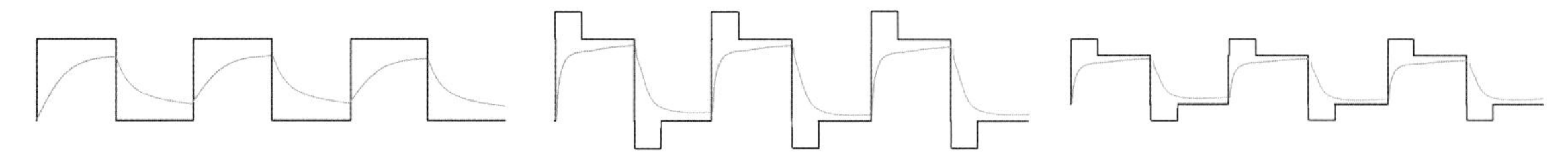

图7-56 发送方使用预加重来对波形进行整形

为了解决该问题，人们在发送方使用特殊的电路，向待发送波形中叠加一个特殊设计的波形，让陡峭的地方变得更高一些，也就是振幅变得更大一些。这样，经过信道的衰减之后，信号波形依然可以保持一定的棱角，如图7-56中间部分所示。这种技术被称为**预加重**（Pre-Empasis）。相反，如果把平缓地方的振幅削弱一下，反衬出陡峭部分的高振幅，这种技术则叫作**去加重**（De-Empasis），如图7-56右侧所示。

对波形的整形可以使用模拟电路实现，一些低频率的波形也可以使用数字方式来实现。比如，先对整个波形进行采样并将样点量化成二进制值，然后根据算法，将需要振幅加强的位置的样点值加上/减去，或者乘以一个预设好的或者根据实际环境动态变化的二进制值，就完成了信号的整形，然后再将这些变更过的样点值输入到DAC中转换成对应的模拟信号发送出去。由于采样点非常多，对这些样点进行上述乘法或者加法计算就需要足够快，起码要跟上采样速率，也就是每采到一个样点，针对上一个样点的计算过程就必须完成（如果该样点需要被整形的话）。但是这样比较不好控制，而且容易导致不稳定，因为运算电路可能出现性能抖动。为此，一般是现将整形前的量化值放入一个缓冲，然后运算电路对这些量化值进行批量并行运算，并行输出到输出缓冲，DAC再从输出缓冲中按照稳定的速率输出模拟波形。这样做会对信号产生一个整体时延，但是对带宽速率并没有影响。负责运算这些样点值的CPU必须足够精简，位宽足够大，并行单元足够多，这样才能跟得上信号的速度。所以人们设计出了专门用于数字信号处理领域的专用CPU，俗称**数字信号处理器**（Digital Signal Processor，DSP）。利用DSP对采样量化后的波形进行整形计算的过程称为**数字滤波**。

数字滤波有多种，有些是人们已经总结好的固定场景的算法，并提供对应的代码。有些则是完全自定义的整形，需要自己编写代码。上述的预加重处理是让波形中某些地方更加尖锐，或者有些场景是需要将波形处理得更加平滑。比如有一段波形的样点量化值为12345678987654321，有一种算法是这样去对其进行平滑处理的：取前5个数值12345，计算其平均值=3，将该值替换第一个数值1；再取23456计算平均值=4，将其替换第二个数值2；取34567计算平均值为5，将其替换第三个数值3；以此类推，计算之后的量化值变为3 4 5 6 7 7.6 7.8 7.6 7 6 5 4 3。将其做成波形图，就可以看出其平滑效果，如图7-57所示。

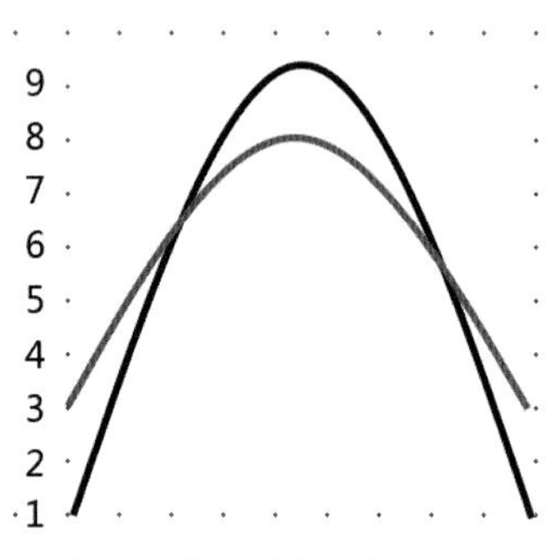

图7-57 数字平滑滤波后效果

还有一类更加精细的波形整形方式，其目的是为了消除码间串扰（Inter Symbol Interfere，ISI）。比如101010这串码流，由于传输信道的低通效应（对高频信号的衰减），导致1和0之间的跳变不能瞬间完成，波形变得平滑。等价于1的高电平会在线路上产生残留，无法瞬间退却，而此时0的低电平被之前的1的残留量抵消了一部分，变得不低了，稍高了一些，这会影响接收端的采样值，产生干扰，导致辨识度降低。为了对收到的波形进行整形处理，人们设计了一种称为**均衡器**的电路，该电路可以根据码流的历史位判断出，下一个位应该如何整形才能消除历史位残留的电平的影响，最终让波形变得更易辨识。其基本原理是在一个码元波形的不同处，根据历史位波形的影响程度，计算出该处需要抬高或者降低多少，并将收到的信号幅值与计算出的放大因子进行相乘处理。对于低速信号，它可以用DSP来进行数字处理，再还原成模拟信号；对于高速信号，由于数字电路在功耗和面积被限定的情况下已经无法跟得上信号的速度，所以需要用模拟电路来搭建均衡器，比如模拟乘法器等，模拟器件的输出值是连续变化的，所以总能跟得上信号的速度。

物理层所有的上述这些信源编解码、加解扰、信道编解码、调制解调、滤波/均衡等操作，都由各自的电路模块负责，并通过内部总线、寄存器～寄存器接口或者某种总线，相互传递数据。所有负责底层物理层的电路模块，被统称为**PHY**（Physical的缩写）。俗称某个物理接口的PHY，就是指上述这些东西的组合，比如以太网PHY、SAS PHY、WiFi PHY、USB PHY、PCIE PHY等。

7.3.3 以太网——高速通用非访存式后端外部网络

大浪淘沙，历史上曾经出现过多种计算机网络，然而人们经常使用而被保留下来的，也只剩了几种。其中，被广泛用在日常通用的计算机互联场景下的，非以太网莫属。当然，有些特殊场景下，比如一些对传输带宽、时延要求很苛刻的场景下，计算机之间的互联可能会使用其他网络，比如Infiniband、PCIE等。

以太网在20世纪七十年代被设计出来，经历了10Mbit以太网、100Mbit快速以太网、1Gbit千兆以太网、10Gbit万兆以太网、25Gbit以太网，一直到目前最新的100Gbit以太网阶段，以及将来的400Gbit以太网。第一代以太网，速率10Mbit/s，采用共享总线组网方式，其并没有采用集中的仲裁器来仲裁，而是采用分布式各自自助仲裁，所有节点采用载波侦听/冲突检测（CSMA/CD）方式来发送数据。当总线上有人发送数据时，其他人不能发送数据，当总线空闲时，其他节点开始发送数据，但是一旦多个节点同时发送数据，那么这些数据信号会相互叠加在总线上导致错误，产生冲突。为了解决这个问题，所有节点在向总线上发送数据的同时，也同时将总线上的信号接收进来与之前自己发送的数据进行对比，如果发现不一样，证明有其他人发送的数据信号叠加了进来，那么本次发送过程宣告失败，所有节点就先静默一段固定的时间，然后再次发送。由于每个节点开始静默的时间点有很大概率是不一样的，所以最终有很大概率某个节点先开始发送数据，这样其他人就会侦听到总线已经被人占了，就不会发送数据。抢到总线发送数据的节点会感知到总线上此时的数据的确与发送的数据相同，则表明自己成功抢到了总线，继续发送数据。

但是随着接入节点的增多，传送数据量的增加，CSMA/CD机制会极大影响效率。后来，百兆以太网抛弃了共享总线，改成了使用交换电路点对点交换方式来相互传递数据，并且接收和发送采用两套独立的线路，每个节点可以同一时刻既发送又接收数据。再往后就是速率不断提升。我们这里也不对第一代以太网做过多介绍了，默认介绍交换式以太网。

对于以太网而言，它只是个用来传输数据的网络，并不关心也没有定义用户可以/不可以传哪类数据。数据只要是比特流，都能传。所以对于以太网而言，它并没有应用层、表示层和会话层这三层与上层应用相关的层次。我们从网络层开始介绍。另外，由于以太网的速率低、时延高，所以人们并不使用以太网来像QPI网那样直接传送CPU的地址访问请求，而只用它来传递其他数据，所以我们称之为非访存网络。

7.3.3.1 以太网的网络层

还记得吗？网络层就是定义该网络的地址格式、拓扑方式等。连接到以太网的每个节点，都必须具有一个48位的MAC（Media Access Control，下文会解释）地址，该MAC地址保存在以太网I/O控制器内部的Flash/ROM中永久不丢失，每个以太网帧都必须携带源和目标MAC地址，以便让交换机知道该帧是谁发来的、要给谁。所以，世界上的每块以太网卡的MAC地址都是唯一的。网卡生产商会向国际业界组织申请对应的MAC地址段。一般来讲，业界的管理机构会分配高24位给某个厂商，该厂商生产的任何一块以太网卡的MAC地址的高24位都必须为该地址，厂商自行决定每块网卡MAC地址的低24位。这意味着地球上最多可存在2^{24}个以太网卡厂商，每个厂商最多可生产2^{24}块以太网卡。当然，实际中，也可以更改某块以太网卡的MAC地址为任意值。

交换式以太网采用交换机来交换数据。发送方的以太网I/O控制器从Host主存拿到带有源和目标MAC地址的原始帧，原始帧稍加处理之后，便发送给以太网交换机。交换机也需要像以太网卡一样从链路上接收连串比特流然后定界每一帧，收到的每个数据帧都放入该端口对应的缓冲区等待下一步处理。针对每个数据帧，交换电路会检查其目的MAC地址，并查找MAC～目标端口对应表（俗称**转发表**），判断该目标MAC地址对应的节点所连接的端口是哪一个。但是一开始，这张表是空的，交换机并不知道连接在交换机上的节点的MAC地址。所以，第一个数据帧，交换机必须广播给所有端口，所有端口后面的网络I/O控制器接收到该帧，由I/O控制器硬件自动检查该帧目标MAC地址，如果发现它并不是发给自己的，则直接丢弃，只有拥有该目标MAC的那个节点将数据帧收入并写入Host主存。

转发表可以人为填充好，但是这样很不灵活，一旦其他节点新加入，表又得更改。所以以太网交换机被设计为自动学习所有端口后面节点的MAC地址。只要该节点发送了数据帧，那么交换机内部电路就从该帧中提取出源MAC，并填入转发表。比如端口1上收到了源MAC地址A的数据帧，那么就填入“端口1～MAC_A”记录。如果某个端口只接收数据，从来不发送数据，那么交换机就永远也不知道该端口后面节点的MAC地址，所有发送到该未知位置的MAC地址的数据，交换机只能广播给所有端口了。但是通信都是双方的，几乎不可能有节点只接收不发送数据，哪怕发送了一个ACK消息，该消息也会被封装为以太网帧，也就是携带了源MAC地址。所以，一段较短的时间内，转发表总是可以被填充好。

在以太网内，发送方必须知道接收方的MAC地址才能组装好原始帧。但是前文中提到过，世界上有大大小小的不同网络，有些并不是以太网，它们使用的地址格式也并不是MAC地址，而且那些网络中的地址可能与本地网络地址相同，在这个全局范围内，谁是谁那就无法区分了。为了统一，人们最终决定，所有网络中的机器全部采用另外一套地址格式——IP地址，IP地址全球范围内唯一。可惜，IPv4地址长度仅有32位，而全球的计算机可远不止2^{32}台，所以又有了IPv6地址，但是至今仍然是IPv4地址为主。有些计算机并不接入全球范围的大网——Internet，所以其IP地址没必要是全球唯一的，只要保证在机器之间需要相互通信的小子网里的IP地址是唯一的即可。这些自己私自使用的IP地址被称为**私网地址**，而那些接入全球互联网的机器的IP地址被称为**公网地址**。当然，为了解决IP地址短缺问题以及安全性问题，人们发明了NAT技术，让多个私网地址机器可以利用同一个公网地址接入互联网，这里具体不多展开。

这样，发送方机器在发送数据之前，首先调用ARP协议栈封装出一个ARP类型的以太网帧并广播到以太网上，所有节点收到之后，根据以太网帧的协议号判断该数据包应该发送给ARP处理模块处理。ARP处理模块解析ARP数据包内容，根据“目标方IP地址”来判断该数据包是不是发给我方的，不是则直接丢弃。如果是，则进一步通过操作码字段判断出这是一个ARP请求消息，对方要求我方通告我方的底层网络地址，通过“底层网络类型”字段判断出对方要求我方提供以太网MAC地址，那么我方就封装出一条ARP回应消息，向“目标方底层网络地址”字段中填入我方（目标方）的MAC地址，一个ARP回应包就组装好了。然后请求方和我方的MAC填入以太网帧头，发送到交换机。交换机接收到这个帧，根据转发表将该帧转发给了请求方端口后面的节点，后者成功获取到对方MAC地址。

如图7-58所示为ARP请求以及对应的以太网帧结构。获取到对应IP地址的MAC地址之后，计算机会将这个对应关系缓存在ARP缓存在本地，这样后续再次向某个IP地址发送数据包时，就可以查找本地缓存来获取对方的MAC地址了。在上述过程中，目标方收到请求方发来的ARP请求，也就天然知道了请求方的IP和MAC，于是也顺便向自己的ARP缓存中追加一条映射记录。如图7-59所示为Windows操作系统底层ARP协议栈维护的ARP缓存记录。

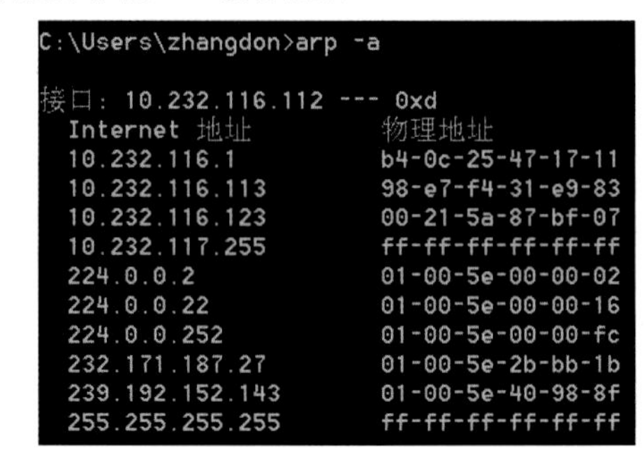

图7-59　ARP缓存中的记录

提示▶ 最小帧长度的由来

图7-58中以太网帧尾部的填充部分是一些全0数据。因为10Mbit以太网帧有个64字节最小长度的限制，由于ARP数据包太小，达不到这个长度，所以它需要被填充到64字节。规定以太网帧的最小长度是由于历史原因。早期的共享总线式以太网场景

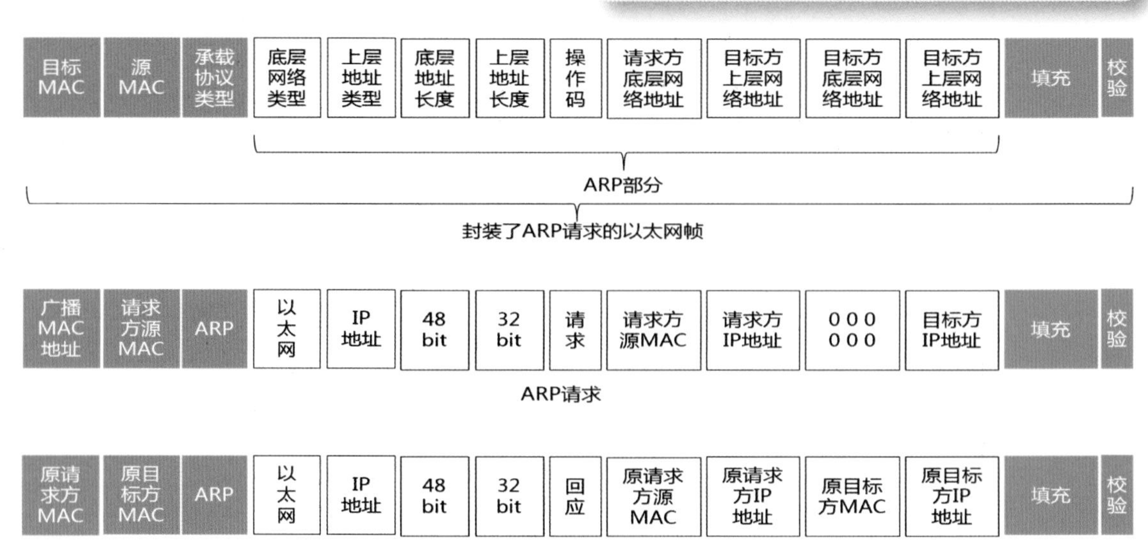

图7-58　ARP请求与回应

下，如果共享总线导线距离过长的话，这会导致A节点发送的数据在经过一段时延之后才会被B节点接收到。而B接收到A的数据之前，认为总线是空闲的，于是也发出数据，于是A和B的数据在导线上相遇并叠加，导致错乱。但是由于A发出的数据帧过于短小，A在收到这份叠加错乱的数据之前已经将这个很小的数据帧发送完毕，A并不知道该数据已经被B发来的数据损毁了。A接收到这份损毁的数据，会认为其是有效数据，因为A已经发完数据了，总线空闲了，A又收到了新数据，并不会认为产生了冲突。这就导致了错误。如果A发送的数据帧足够长，长到B发送的数据到达A之后，A仍未发送完，那么此时A将接收到的错乱数据与本地比对之后就会发现产生了冲突。以太网协议规定，总线最长距离不能超过2.5公里，于是人们根据这个距离，再加上10Mbit/s的速率，保守测算出最小帧长度应为64字节。虽然后续的交换式以太网并不采用CSMA/CD机制，但是仍然保留了这个规定。千兆以太网由于发送速度更快，所以这个值大大增加到了数百字节，以便让数据更慢地发送完毕。当然，千兆以太网可以被配置为采用CSMA/CD机制，也可以被配置为采用点对点方式连接而不是共享总线方式，这样就没有长度限制了。

前文中说过，全球互联网络是由多个小网通过路由器组成的大网，而并不是由以太网交换机组成的大以太网。那么，如果你要通信的目标计算机，位于被路由器隔开的另外一个以太网中，又该怎么通信呢？如果目标计算机根本不在以太网中，而是在另外某种特殊类型的网络中，又该怎么办呢？遇到这种情况，发送方计算机必须将数据帧先发送给网关（也就是路由器），网关再将数据帧传递给对方网络，因为只有网关知道对应IP地址的数据包应该往哪个端口转发。如图7-60所示为一个连接了三个子网的路由器，其中两个为以太网，另外一个为某总线网络，有A～J十台计算机连接在这些网络上。路由器的本质其实就是一张具有多个网络I/O控制器的计算机，比如4口以太网路由器，其本质就是拥有4块网卡的计算机，只不过其直接将以太网I/O控制器焊接到主板上或者干脆集成到同一个芯片内部去了，所以实际中的产品就成了如图7-60中间所示的样子，右边则是以太网交换机的主板。以太网路由器和交换机都是利用以太网I/O控制器将以太网帧收入，但是路由器检查的是数据帧中的目的IP字段，根据目标IP地址查找IP～端口路由表转发，而交换机检查的则是目的MAC字段，查找MAC～端口转发表转发。

本例中的路由器拥有两个以太网I/O控制器（MAC地址分别为MAC_1和MAC_2）和一个某象征性总线网络I/O控制器，其局部网络地址为Address3。

现在，IP地址为A的计算机A要给IP地址为F的计算机F发送数据。如果按照之前的方式，计算机A发送一个ARP广播，向F要它的MAC地址，那么该广播并不会被路由器转发。前文中说过，路由器的存在就是为了将广播限定在子网范围内，从而提升网络的扩展性，其性能不至于被广播拖垮。为了让A与F通信，A的网关，也就是图中的路由器，必须接收目标IP地址为F的数据包。有两种方式实现这个机制。

第一种方式。该机制对A保持透明，也就是当A发出询问F的MAC地址的ARP请求广播，路由器收到该广播之后，查找IP～端口路由表，发现该IP身处与A不同的子网，所以路由器返回一个ARP回应，将路由器上与A所在子网连接的端口的MAC地址告诉A，相当于欺骗A认为“F的MAC地址就是MAC_1”，于是，A对F后续发出的所有请求，都会被交换机交换到路由器的MAC_1端口。路由器拿到了数据包，查找路由表判断需要向MAC_2端口转发，于是路由器将数据包的源MAC替换为MAC_2，目的MAC替换为F的MAC，然后将数据帧发向F所在子网的交换机，交换机再将数据帧交换到F。如果路由器一开始不知道F的MAC地址是多少，那么路由器也会发出ARP广播来询问。我们说了，路由器其实就是一台多网口计算机，其底层行为与计算机是一样的，你可以自己利用PC+网卡+路由软件搭建一个路由器出来。当然，专业路由器用了很多纯数字电路模块来加速对路由表的查询和数据帧的转发过程，DIY的路由器就只能利用通用CPU执行代码的方式来做这件事了。这种方式虽然可以对所有计算机保持透明，但却会增加路由器的负担，而且不便于网络管理，所以最终人们采用的是下面的第二种方式。

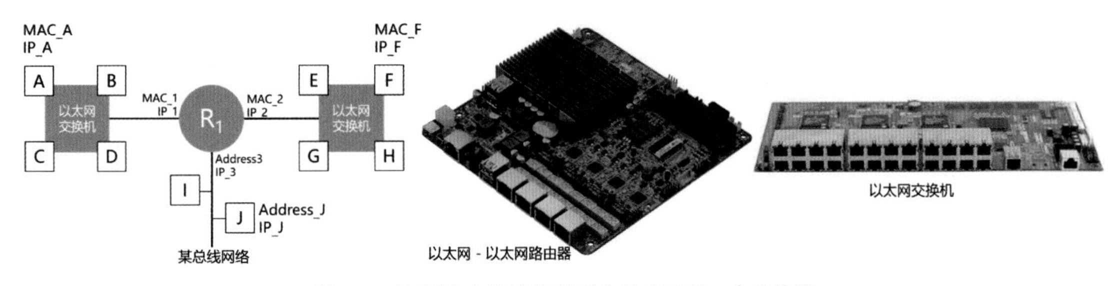

图7-60 利用路由器连接了两个以太网和一个总线网

第二种方式。该机制对A不透明，需要A做一些设计变更。A天然认为任何IP地址对应的计算机都和它处在同一个以太网里，这是不对的。也正因如此，A才会发出ARP广播。如果让A明确知道，某个IP地址与它不在同一个子网，广播ARP是没用的，那么怎么办？找网关啊！一切目标IP地址与自己不在同一个子网的数据包，都发送给网关路由器，路由器自有办法将其路由到目的地。于是，计算机A的网络层协议栈需要做设计变更，明确给出两个信息：某个IP地址是否与自己身处同一个子网的信息，以及网关的MAC地址。A想要和任何一个IP地址通信，首先利用子网信息判断对方与自己是否身处同一个子网。如果是，A则发出ARP广播直接尝试获取对方的MAC地址，然后只利用交换机就可以与对方通信了；如果不是，A则将数据帧的目标MAC地址填上网关路由器的MAC地址，这样，就先利用交换机把该数据帧传送到网关，网关收到之后，再想办法发送到目的地，A就不需要操心了。

网关的MAC地址需要预先被手动配置到网络层协议栈中（注：DHCP方式可以让计算机自动获取包括自身IP地址、网关及DNS等全部所需的地址信息，这里不展开介绍了）。不过，为了统一，人们其实是将网关的IP地址告诉网络层协议栈的。计算机可以发送ARP广播来获取网关的MAC地址。

对于子网区分信息，人们利用子网掩码来给出。在介绍子网掩码之前，首先来看一下IP地址的表示方式。对于一个32位/4字节的IPv4地址，为了便于记忆，人们将每个字节的二进制数值表达成十进制数，也就有了大家常见的诸如192.168.1.1（11000000 10101000 00000001 00000001）这种地址表示方式了。

如图7-61所示为子网掩码示意图，红色字体为子网掩码。如果你想组成一个只有两台机器的子网，机器IP地址分别为192.168.0.0和192.168.0.1。如果这两台机器任何一台要访问其他IP地址，则这些IP地址都会被视为在与这两台机器所在子网不同的其他子网中，那么此时你需要告诉这两台机器的网络层协议栈“你们的子网掩码为255.255.255.254”。这个子网掩码翻译成二进制值之后为11111111 11111111 11111111 11111110，最后一位为0，这表示该掩码所表示的子网中只有2台机器。同理，如果最后两位为0，则表示该掩码所示的子网中有4台机器。以此类推，如果最后8位都为0，则表示该子网有256台机器。这就是所谓“掩”的意思。同理，你也可以让192.168.0.2和192.168.0.3处在同一个子网，子网掩码仍为255.255.255.254。那么是否可以让192.168.0.1和192.168.0.2身处同一个子网呢？不可以。子网划分必须从0开始以2为单位对齐，比如0和1、2和3、4和5，但是不可以是0和2、3和4。当然也可以是0/1/2/3这4个地址组成一个子网，4/5/6/7再组成一个子网，或者0～7组成一个子网，8～15再组成一个子网等。

192.168.0.0 (11000000 10101000 00000000 **00000000**)
192.168.0.1 (11000000 10101000 00000000 **00000001**)
255.255.255.254 (11111111 11111111 11111111 **11111110**)

192.168.0.2 (11000000 10101000 00000000 **00000010**)
192.168.0.3 (11000000 10101000 00000000 **00000011**)
255.255.255.254 (11111111 11111111 11111111 **11111110**)

192.168.0.0 (11000000 10101000 00000000 **00000000**)
192.168.0.1 (11000000 10101000 00000000 **00000001**)
192.168.0.2 (11000000 10101000 00000000 **00000010**)
192.168.0.3 (11000000 10101000 00000000 **00000011**)
255.255.255.252 (11111111 11111111 11111111 **11111100**)

192.168.0.0 (11000000 10101000 00000000 **00000000**)
……
192.168.0.255 (11000000 10101000 00000000 **11111111**)
255.255.255.0 (11111111 11111111 11111111 **00000000**)

192.168.0.0 (11000000 10101000 00000000 **00000000**)
……
192.168.1.255 (11000000 10101000 00000000 **11111111**)
255.255.254.0 (11111111 11111111 1111111**0 00000000**)

图7-61 子网掩码示意图

子网掩码本质上就是给出了某个子网的地址数量，而某个子网的第一个地址是谁，则需要根据具体的IP地址推算出来。如图7-62所示是冬瓜哥的电脑的IP、子网掩码、网关等地址信息。子网掩码为255.255.254.0，翻译成二进制就是11111111 11111111 11111110 00000000，最后9位为0，表明该网络中有2^9也就是512个地址，再根据IP地址10.232.116.112推算，该子网范围要么是10.232.116.0～10.232.117.255，要么是10.232.115.0～10.232.116.255，再根据子网只能以2的幂对齐形式，所以我们用笨办法可以从0/1、2/3、4/5，一直数到116/117，所以本例只能是116和117网段在同一个子网，也就最终确定了自己身处的子网范围。

IPv4 地址	10.232.116.112
IPv4 子网掩码	255.255.254.0
获得租约的时间	2017年5月2日 19:04:57
租约过期的时间	2017年5月3日 19:05:02
IPv4 默认网关	10.232.116.1
IPv4 DHCP 服务器	10.232.116.1
IPv4 DNS 服务器	10.180.112.26

图7-62 网关和子网掩码

还有个规定需要注意：对于一个IP子网范围，第一个地址保留，用作网络号；最后一个地址也保留，用作该子网的广播地址；如果目标地址为本网广播地址，广播MAC地址会被自动加到数据帧上；如果目标IP地址为其他子网的广播地址，路由器路由到最终目标子网时，会将MAC替换为广播地址，对目标子网发出广播。所以掩码为255.255.255.254只有2个地址的子网是没有实际意义的。另外，每个子网如果想要与其他子网连同起来，就需要网关来转发。一个子网的网关的IP地址也就是与本子网相连的路由器端口的IP地址，该IP地址也落入本子网的IP网段内。通常人们习惯将网关地址设置为子网中最后一个或者第一个可用的IP地址。

提示▶

给身处以太网或者其他任意类型网络中的计算机配置IP地址时，要规划好，让处在同一个物理子网中的机器的IP地址也处在同一个IP地址子网中。

经过这样的设计规划，每台计算机都知道自己身处的IP子网范围、网关地址。那么，计算机如果对任何一个IP地址发出数据包的话，如果该IP地址落入了本计算机所在的子网范围，则直接发ARP询问其MAC地址；否则，计算机发送ARP询问网关的MAC地址，然后将数据帧目标MAC设置为网关MAC，从而转发给网关。

路由器的每个端口都具有局部网络地址（比如MAC地址）以及IP地址。而交换机本身则没有MAC地址，或者说不需要有。但是实际产品中，为了对交换机进行远程管理，交换机本身也需要设置一个IP地址以及对应的MAC作为管理用IP地址。你可以认为人们在交换机内部放置了一台小计算机并连入网络，该计算机的IP地址就是管理用IP地址，只是外面看不到该计算机，本质上其实也就是这样的。对于路由器的管理，计算机可以直接与路由器的任何一个端口的IP地址发起通信，路由器收到针对自己IP地址的数据包，就知道这是管理用数据包了。

如果是有多个路由器的场景呢？如图7-63所示为A向M发送数据的过程。可以看到数据包中的源和目的IP地址是不变的，而每经过一个子网，对应的源和目的局部网络地址都会变化。

A是怎么知道M的IP的呢？必须预先知道。比如DNS机制可以将某个域名解析成IP地址，DNS的IP地址需要预先配置好，如果你连DNS的IP地址也不知道，那就只能干瞪眼了。

综上所述，路由器每个端口上的IP地址似乎是没有必要的，因为子网中的计算机只需要知道网关的局部网络地址比如MAC就可以了。事实远非如此简单。路由器需要被远程登录做管理，需要IP地址。一些动态路由协议，用于路由器自动学习整个互联网络上的IP子网范围的位置和拓扑，有些动态路由协议也需要路由器之间相互通信，则也需要路由器自身的IP地址。另外，路由器上每个具有IP地址的端口，也都需要配置一个子网掩码，否则路由器就不会知道这个端口后面的子网IP地址范围，就无法做路由。

不少文章甚至教科书中，都将以太网认为是一个纯二层（链路层及以下）设备，这无可厚非。这就像把传输网整个体系看作物理层的一种距离延伸手段，所以你可以说传输网运行在物理层甚至第0层。但是你看进去之后，会发现传输网整体从物理层到应用层都有自己的一套规范。上文中也说过，一定要深刻理解，用一个网络承载另一个网络时，底层的承载网络整体就变成了上面那个网络中的某一层。但是这并不说明承载网络自身内部就不分层，如果这个网络单独拿出来，我们就要实事求是地按照其层次来分开理解，当要用它承载另一个网络时，它就坍缩成上层网络的某一层了。

很明显，以太网是有自己的网络层的，只不过为了统一，人们利用IP地址和IP路由器，将IP地址盖到了包括以太网在内的各种局部网络的上方，屏蔽和替代了各局部网络的网络层功能。比如，ARP协议用于把各种局部网络地址比如MAC映射成IP地址，IP路由器则充当了这个上层大互联网络上的交换机/总线/Ring的角色。IP协议栈在上层这个虚拟的IP互联网上叱咤风云，其实底层还是依靠各个局部子网将数据做最终的传递。假设两台连接在以太网交换机上的设备不采用IP这一套，而直接就把TCP数据包承载到以太

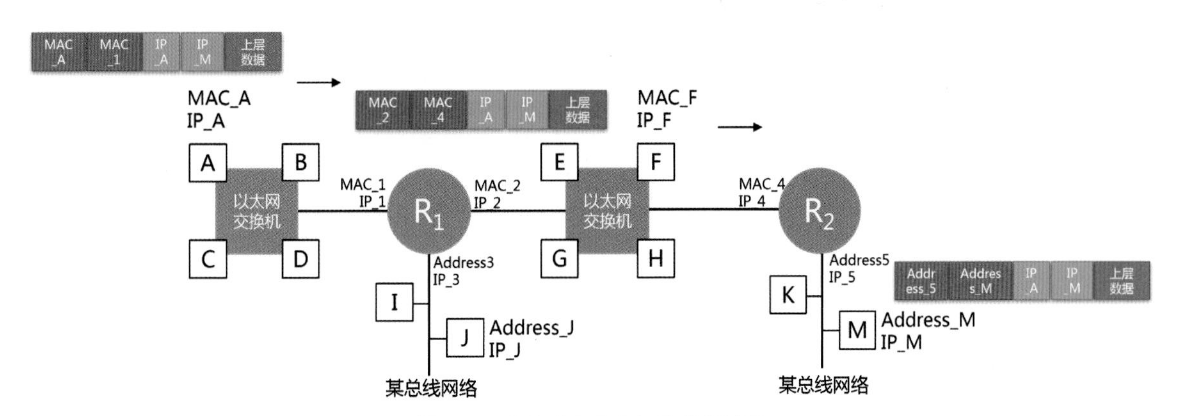

图7-63　多个路由器之间的数据转发

网上，双方直接就用MAC地址通信，这样可以么？当然可以了，必须可以，这里没IP什么事，那么此时以太网的网络层功能就暴露出来了，为人所见，也就不会有人说以太网是个二层设备了。但是IP出现的原因就是为了网络互联，为了统一寻址，所以大范围网络还用以太网MAC直接寻址就不现实了，因为以太网广播的问题，以及并不是所有局部网络都是以太网。IP协议栈出现了，以太网的网络层功能就不可见了。所以准确的说法是：以太网自身是有网络层功能的，但是在IP网络下，以太网的网络层会被映射到IP网络层，但是在局部网络交换时，其依然体现出网络层功能。

查IP～端口路由表转发和查MAC～端口转发表转发，它们的本质都是一样的，条件相同的情况下（比如电路规格和表条目相同），其速度几乎也是一样的，查路由表可能需要多算一下子网掩码。但是IP路由器还要做很多其他工作，比如包过滤等复杂的网络控制工作。所以最终来看，物理条件相同的话，底层交换机的交换速度会高于路由器路由速度。

7.3.3.2 以太网的链路层和物理层

以太网有多种不同的规格，每种规格又有不同的物理接口，比如有些用铜线缆，有些用光纤。用铜导线的又分用了两对儿导线或4对儿导线，用光纤的也有不同波长等规格。每一种子方式的底层的编码格式可能都不同。在这里，限于篇幅，就不介绍具体的以太网分类、各种编码规则了。

第一代以太网在每一帧之前放置一小段特殊的编码（前导码）用于同步接收方的时钟信号，接收方接收到同步码之后，会将本地的时钟按照同步码到达的高低震荡重新同步一下（锁相），然后开始接收数据帧中后续的部分，发送方如果没有数据要发送，则链路为空闲状态。后来从百兆以太网开始，不再使用前导码同步，而转为使用Idle帧保持同步，发送方即便没有数据要发送，底层电路也会不断自动发出Idle帧给接收方，以用于时钟同步。

以太网I/O控制器还会发出一些专门用于链路控制的私有帧，这些帧没有源或者目的地址，专门用于本地I/O控制器和交换机一侧对应端口的I/O控制器之间用来链路运行模式的协商等控制过程。这些私有帧，还记得吗，就是前文提到过的DLLP（Data Link Layer Packet）。具体过程请大家自行查阅。

7.3.3.3 以太网I/O控制器

上文中说过，不管是计算机、交换机，还是路由器，只要它们接入以太网，每个以太网端口的后方都是一个以太网I/O控制器在负责接收和发送以太网帧。所不同的是对于计算机来讲，I/O控制器把数据写入Host主存，剩下的就由Host端程序来处理了，包括一层层的协议栈拆包分析最后露出有效载荷发送给应用程序。对于交换机而言，其每个端口后面的I/O控制器收到以太网帧之后，其实也是将其放置到端口后方的一个缓冲区中，为了保证交换速度，由专用的电路来提取该帧分析帧头并查表匹配，最后交换到出端口方向，对应查表电路的示意原理已经在第1章中做了介绍。

如图7-64所示是一个百兆以太网I/O控制器（兼容10MB以太网）内部电路模块框图。其中MAC模块用介质无关接口MII Interface（Media Independent Interface，MII）与PHY模块相连，PHY模块通过内部总线与Transceiver模块相连。

本章介绍到这里，大家应该可以迅速理解图7-64中的这三个模块各自都是负责什么方面的了。很显然，介质访问控制（Media Accessing Control，MAC）模块负责与Host端程序打交道，属于主控部分，属于整个以太网I/O控制器的大脑，这也是为什么每个以太网I/O控制器的唯一标识被称为MAC地址的原因。PHY模块的责任很明显是各种上层N/Mb编码、加扰、链路协商等链路层的工作。Transceiver模块根据其名称也可以判断出，这个模块一定是负责串并转换、线路编码、锁相、信号处理等物理层的工作。其中Adaptive Equalizer就是上文中所述的均衡器，而且其对信号幅值的改变方式和程度是可以根据线路上的实时情况作出变化的，所以称为Adaptive。另外可以看到3-Level编解码器和MLT-3～NRZI线路编码转换器，线路编码在上文中介绍过。

通常，人们将Transceiver角色与PHY合并，它们统称为PHY。由于百兆和十兆以太网的底层机制不同，所以该PHY中存在两套独立的接收控制电路模块，可以自适应判断出线路上的信号模式并启用对应的电路模块。MAC模块与PHY模块之间通过某种内部总线相连传送数据，实现松耦合，这样是为了适配各种不同规格的以太网。比如底层更换为千兆以太网的PHY/链路/介质，只需要更换PHY模块，原有的MAC模块的大部分可以重用甚至无需改动。这也是为何它们之间的接口被称为“介质无关接口”的原因。MAC模块属于管理者、协调者，PHY则属于具体干活的人，前者与Host端程序打交道，工作多变、复杂，后者的工作没什么变数，重复性高。

7.4 典型I/O网络简介

具备了通用计算机网络方面的知识之后，我们进阶到计算机I/O网络这个领域。向大家介绍一下那些专门用于将外部I/O设备接入到系统中的那些网络，比如PCIE、USB，以及专门用于存储系统的SAS网络。时刻牢记一个宗旨：只要是通信、网络，不管是计算机外部的还是内部的，都离不开上文中介绍过的OSI框架，其收发数据的套路都是一样的。只不过不

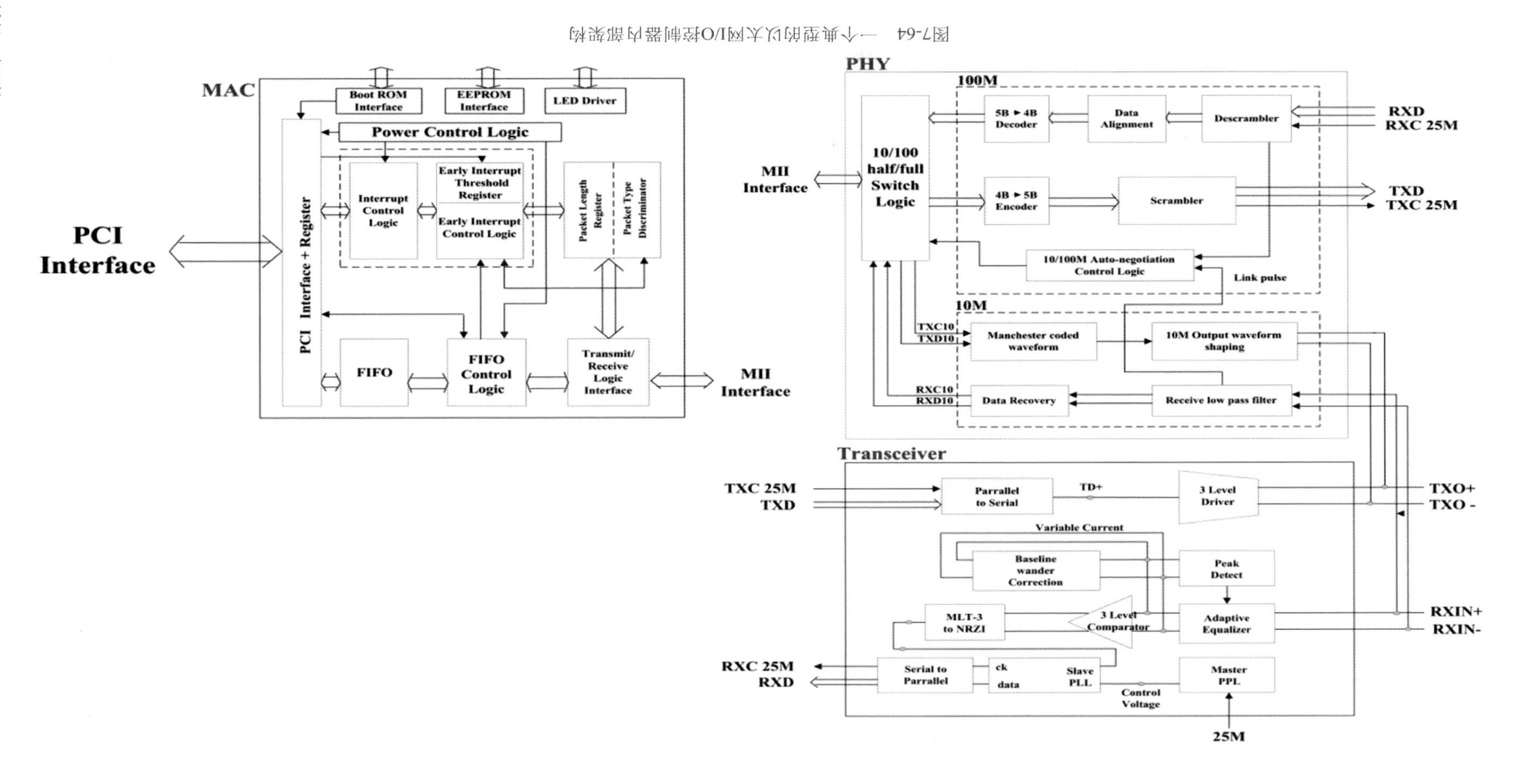

图7-64　一个典型的以太网I/O控制器内部架构

同的网络应用场景很不同，有些是一个网套着另一个网，有些则是一个网挂在另一个网后面，让你眼花缭乱，但是只要时刻牢记上面的宗旨，就不会感到迷茫。

7.4.1 PCIE——高速通用访存式前端I/O网络

现在你开始试想一下，根据前文中介绍过的思路，只要让CPU可以寻址到I/O控制器的相关寄存器，就可以给I/O控制器下发命令以及数据指针了。那么，只要将I/O控制器的操作寄存器映射到CPU地址空间中即可，也就是必须存在某种地址路由机制和器件，其收到针对某个或者某段地址的访问请求，就将请求发送给某个I/O控制器。此外，I/O控制器还需要通过某种高速总线从主存中读数据或者向主存中写入数据。

如果能够设计一个网络，用该网络承载上述的访存请求，那就既可以让CPU访问到I/O控制器的寄存器，也可以让I/O控制器访问到主存。Ring或者QPI网络当然可以做到，但是速率较高，成本高，布线长度短，它们无法支持连接太多的外部设备。目前最为常用的访存式I/O网络是PCIE网络。

PCIE网络的作用是将多个I/O控制器接入到系统中来，其具体形式，是将所有挂接到PCIE网络上的I/O控制器所暴露的寄存器映射到系统全局地址空间中，所以，它是一个承载存储器读写请求的访存网络。为了做到这一点，PCIE网络总控制器需要从前端访存网络，比如Ring（如果PCIE总控被集成到CPU内的话）或者I/O桥（如果PCIE总控被集成到I/O桥的话）上的Crossbar网络中接收对应地址空间的访存请求，并将这些请求转发给后端I/O控制器。

说到访存网络，其实在上一章中已经初步涉猎过Intel的QPI网络的一些相关内容，PCIE网可以说与QPI网络类似度很高，但是其速率更低一些。但是PCIE网络定义了一些与I/O强相关的项目，而QPI则更加注重单纯的访存和CC流量。下面我们从PCIE存在的原因一步一步思考该网络应该具有什么样的特质，如图7-65所示。

- **PCIE网络总控制器如何发现PCIE网络上目前都连接了哪些I/O控制器？**也就是说，PCIE网络的设备发现和扫描机制是怎样的？是人为定死的，还是动态的？每个PCIE网络上的PCIE设备（I/O控制器）的标识是怎样的？
- 假设PCIE网络总控发现了某个I/O控制器，那么PCIE网络总控如何知道该I/O控制器到底暴露了多少容量的寄存器？就当前主流的I/O控制器来看，它们暴露的寄存器容量大概在几KB到几百MB之间，显卡暴露得较多，一般为数百MB或者几十GB。而声卡、存储I/O卡暴露大概几MB。有些特殊的板卡则会暴露数十GB的存储器空间，这么大容量的地址空间，其对应的物理介质就不是寄存器了，而基本上都是DDR SDRAM。**需要有某种方式让PCIE I/O主控明确获知某个I/O控制器暴露的寄存器/存储器容量。**
- **另外，在I/O控制器暴露的存储器中，哪些地址对应了什么寄存器，这个由谁来操心呢？**比如，某个I/O控制器暴露了1MB的寄存器/存储器空间，其中0～8号地址上对应了该I/O控制器内部的状态寄存器，9～16地址上对应了一个数据寄存器，从1MB开始倒数512KB是一小段数据缓冲区，等等。这些对应关系应该由Host端的程序来操心，通常是由该I/O控制器对应的**驱动程序来关心，这些驱动程序必须在编写的时候就设计好，明确知道该I/O控制器的这段地址空间内的哪段对应了哪个寄存器或者缓冲区。**
- 另外一个要解决的问题是，获知了对应I/O控制器上的要暴露的寄存器的容量之后，**还需要将这些地址空间纳入到全局地址空间中，**也就是配置系统前端访存网络上的路由表，凡是访问这些地址的请求全部转发给PCIE网络总控制器。**PCIE网络总控及其后面的PCIE网络也需要知道哪段地址空间对应了哪个后端I/O控制器，从而才能将PCIE网络总控器发出的请求路由给目标I/O控制器。**
- 假设有两个I/O控制器A和B，各有1KB的寄存器需要暴露，其各自被映射到了CPU物理地址空间的0～1023以及1024～2047这两段地址上。那么，**如何让A的驱动程序知道A的地址在0～1023，而让B的驱动程序知道B的在1024～2047呢？**

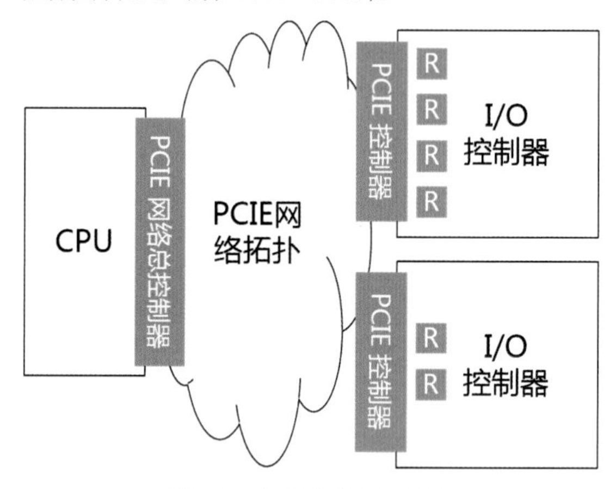

图7-65　设想中的PCIE网络

PCIE网络被设计为按照如下的逻辑来工作，从而解决上面这些问题。下面我们就一步步演绎一下PCIE网络的运作机制。

7.4.1.1 PCI网络拓扑及数据收发过程

PCIE网络到底是一种什么拓扑？我想这是大家看到这里自然闪现在脑海里的一个问题。PCIE是从PCI网络改进而来的，继承了很多PCI的特性。所以我们先看看PCI网络是什么样子。如图7-66所示为PCI网络

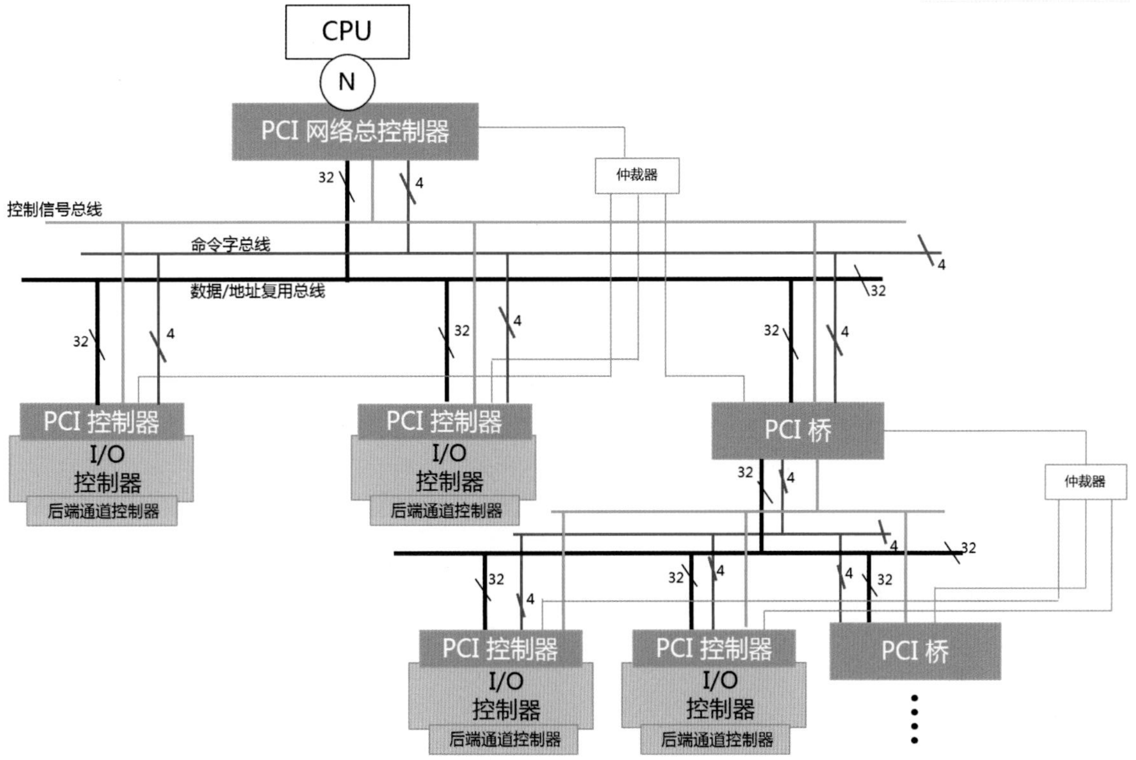

图7-66 PCI网络的基本拓扑

的基本拓扑，其是一个基于并行总线传输的共享总线型的网络。数据与地址复用32位位宽的并行总线，这意味着每个时钟周期可以发送4字节的数据，同时也意味着每个I/O控制器暴露的寄存器容量最大不能超过4GB（32位地址）。PCI网络并设有4位 宽的命令总线，以及其他控制信号总线。假设PCI网络总控制器想要将某32 位的数据写入到某个I/O控制器的寄存器地址空间的从物理地址A（32位）开始往后的32 位这段空间中，其需要先获得仲裁，然后在第一个时钟周期将32位的地址A放置到地址/数据总线上，同时在该周期内将4位的命令信号（这里是“存储器写”指令）编码放置在命令总线上。这里似乎缺少了一点信息。为什么总控制器不把“要写入总线上哪个I/O控制器”的信息广播到总线呢？如果不通告这个信息，总线上的所有I/O控制器怎么会知道该数据是发送给谁的呢？

由于是共享总线，所以总线上的全部I/O控制器都会接收到地址和命令信号。那么，位于同一个总线上的多个I/O控制器，它们又是怎么知道自己的寄存器地址段是否落入了A到A+4这段物理地址区间呢？很显然，只有地址范围落入该地址段的那个I/O控制器才应该接收这个请求。**其实，Host端的程序会把每个I/O控制器暴露的寄存器空间映射到CPU物理地址，并将映射好的物理地址基地址告诉I/O控制器，这样后者自然就知道自己应该响应哪些地址的访问请求了。**这也回答了上面的问题，也就是PCI总控制器不需要通告“该请求是给谁的”，因为所有I/O控制器只需要各自根据地址信号就可以判断自己是否该响应这个请求了。这个过程叫作基于访存地址做路由，其与IP路由器基于IP地址做路由的本质是一样的。IP路由器需要被配置入（或者自学习）IP路由表，同理，PCI网络上的每个节点也需要被配置入对应的地址范围信息。至于给I/O控制器映射物理地址的过程机制的细节，我们下文中再描述。

好，对应的I/O控制器接收到地址信号并做译码判断该请求是发给自己的，而且命令是要写入自己的某段寄存器，则其会在内部准备好用于接收数据的缓冲区，然后使用特殊的控制信号（比如TRDY#信号，低电平为真）放置在控制信号总线上，从而通告发送方可以发送数据了。或者发送方早已将数据放置在了数据总线上，但是发送方一直会等到该信号变为高电平之后的下一个时钟周期，才会认为上一份数据被成功接收，才能继续发送下一份数据。

由于数据/地址总线位宽为32位，所以每个时钟周期最多发送4字节数据，如果发送的数据少于4字节，可以使用另外的控制信号（BE#，共4位，与命令总线复用），来通告接收方本次只发送了1字节（BE#=0001）、2字节（BE#=0011）、3字节（BE#=0111）或4字节（BE#=1111）。接收方根据BE#信号，就知道32位数据信号中哪些才是本次传送的有效数据。

如果总控端想要读取某I/O控制器内部的数据，那么除了在地址总线上放置地址信号之外，还需同时在命令总线上放置“存储器读”指令所对应的编码信号即可。同样，还是只有目标I/O控制器接受该信号，并做处理，从其内部寄存器空间读出对应内容然后放置到数据总线上。

另外也可以看到，为了增强扩展性，PCI网络拓扑中引入了桥接器这个角色，其作用是从一个PCI总线接收数据和命令，然后将它们转发到其后面的PCI总线上继续执行。乍一看，多此一举。为什么不把所有PCI设备挂接到同一个总线上呢？在之前的章节中提到过，共享总线的一个弊端就是总线电容太大，频率做不高，要做高频率就得限制挂接设备的数量。PCI桥相当于一个中继器，将多个容纳设备数量有限的小总线串接起来。桥接器上游的总线对其自身而言属于**Primary Bus**，而下游的总线则属于**Secondary Bus**。桥下游还能继续接更多桥。当PCI网络总控制器发送某个访存请求时，比如读请求，**PCI桥接器一旦感受到该地址落入了其下游的I/O控制器的地址范围（桥接器是怎么知道其下游的I/O控制器的物理地址段的呢？下文介绍）**，则将对应的控制信号（TRDY#）置为高电平状态，通知总控制器先hold住，莫急，然后将该请求收入囊中，然后原封不动的转发到下游总线上，往后面扔。下游总线上的部件继续根据地址判断自己该不该响应，可能会一直扔到最后一层总线，每往下游扔一次，本级的总线就得被hold住一直等到下游返回数据为止。最后，总会有某个I/O设备响应该请求，然后读出数据返回给上一层桥，然后接着往回返，一直返回到最上游的PCI总控制器端。每往上游返回一层数据，本层总线就被释放了。有个单独的控制信号（FRAME#）来标识当前总线是否空闲，抢到仲裁的节点会拉低该电平从而通告其他节点当前总线有人占用。传送结束后，之前使用总线的节点必须拉高这个电平，这样其他人就知道资源被释放了，从而继续抢仲裁。

现在思考一个问题：当数据从I/O控制器返回给最上游的PCI网络总控时，此时只有数据被返回，没有用于路由判断的地址信息，那么此时总线上的各个节点如何判断该数据到底是给谁的呢？无须判断，因为在这时候，当时请求数据的那个节点继续占有总线，并期待着数据的到来。所以，此时返回的数据，一定会被刚才发送请求的那个节点接收到，其他人不会干预。也就是说请求数据的那一方会死等在那里，这样势必太浪费总线资源。后来的一些PCI标准里引入了一些优化的措施，不死等，下发请求之后FRAME#信号就会被释放以便让其他数据传送可以占用总线，数据准备好之后，再返回给请求端。

再思考一个问题，在前文中提到过，I/O控制器可以采用DMA的方式主动去Host端主存中的任何地址读取数据或者写入数据。那么对于那些由I/O控制器主动发起的访问主存的请求，又该怎么被路由到PCI总控制器一端呢？此时，该请求依然会按照PCI总线的定义，向总线放置命令和地址，只不过，该访存请求的目标地址落入了Host端的主存，没有落入任何其他I/O控制器的寄存器空间，所以其他I/O控制器自然不响应。但是PCI桥此时必须响应，虽然它只被配置了“哪些地址的请求必须往下游转发”的地址范围信息，但这也同时意味着“凡是没落入这些地址的统统往上游转发”，这属于一种**默认路由**。或者PCI总控制器直接响应（如果I/O控制器挂接在第一层总线上的话），因为PCI总控制器是精确知道系统全局地址的路由信息的。

那么，一个I/O控制器是否可以访问另外的I/O控制器的寄存器空间呢？当然可以，这对一个网络来讲是最基本的、应该支持的。这种访问方式被称为PCI/PCIE P2P（Peer To Peer）访问。其路由过程与上面是相同，也需要PCI桥接器做默认路由，也就是往上游转发。当然，如果命中在本地总线的访存请求，PCI桥接器是明确知道的，所以它并不会转发，自然有位于本总线的其他I/O控制器响应该请求。

现在该回答遗留问题了，也就是每个I/O控制器、桥接器是怎么知道自己应该响应哪些地址的访存请求的。前文中提到过，有某种机制，将I/O控制器的寄存器映射到CPU物理地址空间，然后再将物理地址的基地址通告给I/O控制器。要做到这一点，前提是必须知道每个I/O控制器上都有多少容量的寄存器。这个当然只有I/O控制器自己知道，所以，它应该先把这个信息通告出去，或者将其暴露出来，等人来检视。I/O控制器要暴露的信息可不止寄存器容量这一点点，而是一大堆。

7.4.1.2 PCI设备的配置空间

那么，I/O控制器都可以向Host端设备管理程序提供哪些基本信息呢？PCI标准将这些信息组织成了如图7-67所示的样子。其中，Vendor ID表示该I/O控制器的生产厂商标识，比如Intel生产的全部PCIE I/O控制卡的Vendor ID全部=0x8086，而Intel生产的基于82571EB芯片的网卡的Device ID为0x105E。但是，同一款型号的网卡，可能其固件版本、外围器件设计的版本也不同，其I/O过程中的操作方式也会有所不同。那么就有必要再做细分，Revision ID就是用来细分这些小版本的。现在你该知道了，每个PCIE设备驱动程序在被装载的时候，会向由设备管理程序生成的数据结构中写入自己所能驱动的Vendor ID、Device ID和Revision ID等用于匹配的信息，同时也会注册一个驱动程序的主入口函数的指针。这样，在设备管理程序发现了PCI网络上的设备并将对应设备的这些ID读出后，通过比对这些预先注册的表中的信息，就知道目前系统中有没有合适的驱动程序来驱动该设备，然后调用当时由该程序注册的入口函数指针，执行该驱动程序，从而与设备建立通信（驱动程序用队列或者其他方式向设备发送各种命令对设备进行控制，以及完成其他工作）。至此我们依然没有解释驱动程序是如何知道对应的I/O控制器的寄存器被映射在CPU物理地址空间的哪里，因为只有获知这个信息，驱动程序才能与设备建立通信。

	31　24	23　16	15　8	7　0
0x000	Device ID		Vendor ID	
0x004	Status		Command	
0x008	Class Code			Revision ID
0x00C	0x00	Header Type	0x00	Cache Line Size
0x010	BAR Registers			
0x014	BAR Registers			
0x018	BAR Registers			
0x01C	BAR Registers			
0x020	BAR Registers			
0x024	BAR Registers			
0x028	Reserved			
0x02C	Subsystem Device ID		Subsystem Vendor ID	
0x030	Expansion ROM Base Address			
0x034	Reserved			Capabilities Pointer
0x038	Reserved			
0x03C	0x00		Interrupt Pin	Interrupt Line

图7-67　用于存放基本信息的寄存器组

Class Code字段表示该设备为哪个大类的设备，比如网络I/O控制类、显示I/O控制类、多媒体I/O控制类、存储I/O控制类等。如果设备管理程序没有找到对应VID/DID/RID的驱动，则比如Windows操作系统的设备管理器中会出现一个带问号的图标，比如“未知网络适配器”。

如果你自己设计了一种PCIE I/O控制器，则需要向PCIE标准组织去注册申请对应的Vendor和Device ID。而Revision ID完全由I/O控制器自身随便根据自定的规则来组织和分配。

Status字段给出了当前该I/O控制器的各种状态信息。Command字段中存储的则是一些与工作模式有关的信息。Command字段是可以被Host端程序更改的，是可写的；而Status字段中几乎所有的位都是只读的。上文中的各种ID字段也是只读的。所以，Command寄存器中的信号是需要被真实连接到I/O控制器前端的PCIE通道控制器相关的硬件电路上的，从而实现对这些电路工作模式的控制。而Status和各种ID寄存器的目的只是让Host端程序来看的，并不需要更改。

提示

读到这里可能比较迷惑的一点是，**上面的这些信息存在于哪里呢？**这些信息原本是被放到I/O控制器内部的ROM里的，加电后I/O控制器内部的固件或者微码将其从ROM读出，并载入一堆寄存器中。这一堆用于放置I/O控制器基本信息的寄存器被称为**配置空间**（Configuration Space），意思是这堆寄存器中的值表示的都是设备的基本信息，有些可以被配置成另外的值从而控制I/O控制器的工作行为。图7-67所示的配置空间只是基本的，其中有一项为Capabilities Pointer，该指针指向的是扩展配置空间。扩展配置空间中会有更多配置参数选项，这里就不再多介绍了。

由于篇幅所限，其他寄存器字段的含义就不多介绍了。最后介绍一下配置空间中最为关键的寄存器：**基址寄存器**（Base Address Register，BAR）。同时也该是时候回答“Host端程序如何知道该I/O控制器暴露了多少寄存器容量”这个问题了。一开始，只有I/O控制器自己知道自己有多少寄存器要暴露，比如，有4KB的寄存器要暴露（12位可以表示4KB的地址空间）。那么它如何让外界知道这个信息呢？答案就是I/O控制器在电路上被设计为将BAR寄存器（假设为32位）中的低12位设置为只读，而且值永远为0，但是高20位可被写入。初始时，BAR寄存器内的32位都为0。Host端设备管理程序尝试向BAR内写入32个1，但是由于低12位只读，所以无法更改为1，但是高20位被成功更改为1。然后，设备管理程序再次尝试读出该BAR的值，就会发现得到一个高20位为1、低12位为0的值。程序此时就可以判断出有几个只读位，本例中为12个，那么就表示该I/O控制器利用该BAR声明了2^{12}=4KB的存储器容量。同理，如果4GB的寄存器空间要暴露，BAR内的32个位都要设置为只读，这样，程序读回的将是32个0，也就可以判断为4GB容量。

在前面的图7-67中，PCI标准规定了I/O控制器可以利用6个BAR来记录6段寄存器空间的容量值。I/O控制器可以灵活地将自己内部的寄存器空间分组并暴露，比如一些用于I/O控制方面的队列指针寄存器、命令寄存器、状态寄存器等可以暴露在BAR#0所记录的容量中，一些数据缓冲区可以暴露在BAR#1所记录的容量中，等等。至于外界如何知道哪个BAR暴露了是什么样的寄存器，那还是得依靠驱动程序来判断，因为驱动程序和I/O控制器本身就是配合关系。每个BAR所声明的容量，后续会被Host端设备管理程序映射到某段物理空间，并将物理地址指针记录在内存相应的数据结构中，I/O控制器驱动程序通过读取这些物理地址指针就知道哪个BAR被映射在了哪里，从而就知道了诸如“队列指针寄存器”位于哪个物理地址，就可以向其中写入指针进行I/O控制了。I/O控制器上的PCI控制器也需要知道这种映射关系，所以Host端在映射了物理地址之后，需要将物理地址指针通告给I/O控制器前端的PCI控制器（其实是将物理地址指针原地写入到对应BAR里，详见下文），行成路由表。这样，I/O控制器前端的PCI控制器接收到任何物理地址访问请求，就知道对应地址落入了哪个BAR所描述的寄存器空间，从而到内部对应的寄存器中访问对应数据。所以，一定要理解，BAR只是用来通告寄存器容量的（并在映射了物理地址之后用于存储物理地址指针），其并不存储任何与I/O相关的数据。所谓“BAR空间”指的是“BAR中的值所声明的这些容量对应的寄存器空间”，至于这些寄存器在哪，I/O控制器硬件设计的时候会定死，并向前端PCI控制器通告“哪个BAR对应那一批内部寄存器”。前端PCI控制器再根据由Host程序通告的每个BAR被映射到的物理地址指针判断该地址落入哪个BAR，然后再根据“哪个BAR对应那一批内部寄存器”映射关系来访问最终的I/O控制器内部的寄存器。**对配置信息（配置空间寄存器）进行访问，和对I/O控制器内部的I/O控制寄存器进行访问，是完全不同的两种访问模式，访问前者是为了获取后者的信息并为后者分配物理地址，最终的目的是访问后者。**

图7-68给出了配置空间寄存器堆，以及其中的BAR寄存器与I/O控制器内部的寄存器之间的角色关系示意图。

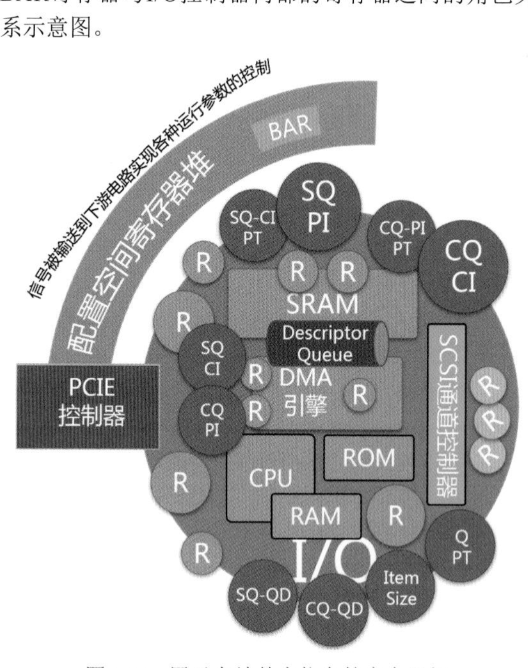

图7-68　用于存放基本信息的寄存器组

提示 ▶▶▶

注意，一个BAR本身只有32位的容量，其作用是记录该I/O控制器暴露的某段寄存器的容量的值。BAR寄存器本身并不暴露在物理地址空间中，也不能用来当作盛放队列指针寄存器或者充当其他控制寄存器。但是人们俗称的“BAR空间”，准确的说法其实是“该BAR所声明的容量所对应的那段寄存器空间”。BAR所声明的寄存器空间在物理上其实是位于I/O控制器内部某处连续的或者不连续的大片寄存器堆，或者SRAM存储器，甚至可以是DDR SDRAM存储器。至于具体在哪、是什么，并不重要，重要的是，BAR声明的这段空间必须支持直接被字节级寻址访问。

至此，我们依然没有解释，驱动程序是如何知道I/O控制器寄存器空间所被映射在的物理地址的，因为只有知道这个，驱动程序才能访问这些寄存器，才能与设备通信。不过，在解释这一点之前，**我们必须先把“设备管理程序是如何访问配置空间寄存器的”这个问题解释清楚**，这是前提。Host端先得能访问配置空间，比如访问BAR，才能知道I/O控制器暴露了几个BAR，以及每个BAR中声明了多少容量的寄存器空间，然后再着手将这些空间映射到CPU的物理地址中去。

7.4.1.3　PCI设备的枚举和配置

本节试图回答Host端的设备管理程序具体是怎么从I/O控制器上读取上述的包括BAR在内的配置信息，以及对这些信息做变更的。比如修改Command寄存器中的值以改变设备的工作模式，向BAR中写入全1以获取该BAR所声明的待暴露的寄存器容量，等等。

人们最先是这样设计的。给每个位于PCI网络上的I/O控制器编号，**Host端的设备发现和管理程序直接向PCI网络总控制器发送指令（向PCI总控制器的CONFIG_ADDRESS控制寄存器写入命令，该控制器寄存器已经被预先映射到了物理地址空间，如Intel平台下一般为0CF8h），要求其返回某编号的设备配置空间中的某寄存器信息**。该指令中携带有命令码（读取还是更改配置）、设备编号、配置空间内的寄存器（见图7-67）偏移量。如果指令的目的是更改某个配置空间寄存器的值，则还需要将更改的新值告诉PCI总控制器，也就是将其写入PCI总控制器的CONFIG_DATA（Intel平台下该寄存器被映射在物理地址0CFCh上）寄存器。下面的事情就由PCI总控制器全权操作了。PCI总控制器将该请求从CONFIG_ADDRESS寄存器中复制出来，然后直接发送给PCI网络上的对应编号的I/O控制器，并等待其返回所需的信息。

那么，PCI总控制器又是怎么知道哪个设备对应哪个编号呢？另外，既然多个I/O控制器都在同一条共享总线上，又怎么确保只有对应编号的I/O控制器接收这条指令呢？实际上，这个映射关系是固定的，PCI网络总控制器是根据I/O设备所连接在的总线上的具体位置来判断该设备的编号，相当于一个坑对应着一个固定的号。

如图 7-69所示，PCI被设计为将数据/地址总线上的一部分信号，比如32位中的21根信号线作为**设备选通信号**，每个I/O控制器与其中的1根导线连接起来，所以一根PCI总线最多连接21个设备（I/O控制器或者桥接器）。**与这堆导线中的第0根连接着的设备为0号设备，与第20根连接着的设备就是20号设备。编号规则就这么简单。**篇幅所限，图中并未真的画出21根线。当PCI总控要从某个编号的I/O设备的配置空间中读出对应寄存器信息的时候，首先会向命令字总线上放置“配置读”命令的编码信号，这样，所有位于该总线的I/O控制器就都知道了“总控要打算读配置信息了”。这一点很重要，因为在下一个时钟周期，总线上的每个I/O控制器或者桥接器都要在第二个时钟周期对上述的这根选通信号进行采样，以判断PCI总控制器是不是点了自己的名字（被选通），比如对应的信号电平被抬高（平时为低），图中PCI总控正在点名左手边第一个I/O控制器。而如果PCI总控在第一个时钟周期发送的并不是配置读命令，而是存储器读写命令，那么在第二个时钟周期内，I/O控制器根本不会理会这根选通信号线，此时整个数据/地址总线上传送的将会是32位完整的地址或者数据。

提示 ▸

怎么理解所谓“第一个”时钟周期？FRAME#信号被抬高，这表示新一轮数据传送结束。在下一个时钟周期，如果FRAME#信号保持为高，则表示暂没有数据发送，各方保持现有状态不变（封闭内部寄存器的写使能信号）。直到FRAME#信号再次被拉低，则这个低电平将触发总线上其他设备在下一个时钟周期内对命令总线采样，进入新一轮数据传送过程，重新开始“第一个周期”。每一轮数据传送被称为一个PCI总线事务，比如配置读事务、配置写事务、存储器读事务、存储器写事务，等等。

也就是说，地址/数据总线在不同的总线事务中的用法是不一样的，它们被复用了。当然，完全可以单独为每个功能设置独立的导线，但是这样做就不划算了。那么，**为什么在这32位复用信号中只有21位被用来连接最多21个I/O设备的选通信号呢？为什么不把32根信号全部连接32个设备呢？**PCI总控还需要用这32位中的另外11个位来传递配置空间寄存器号，也就是告诉I/O控制器“我要读出你的xx号配置寄存器”，以及其他一些控制信息。只有被选通的I/O控制器才会对这11 位的信息采样并锁存，然后执行，也就是根据寄存器号，去自己的配置空间寄存器堆读出对应寄存器的值，然后在后续的时钟周期将数据放置到数据总线上传送给PCI总控制器。后者再将收到的数据值放入自己在CPU物理地址空间中暴露的、专门用于存放配置信息的CONFIG_DATA寄存器中，Host端的程序从这里将数据读走，从而获取到对应配置寄存器的值。

提示 ▸

这里有个问题：当I/O控制器将配置信息传送给PCI总控之后，Host端的程序是如何知道该信息在什么时候经到达PCI总控并被存入了CONFIG_DATA寄存器，从而发起读CONFIG_DATA寄存器的操作？Host端程序根本就不知道。如果I/O控制器还没来得及返回对应数据，Host端程序就来读CONFIG_DATA，读到的将是错误的数据。设计者们是这样解决这个问题的：Host端程序先将配置读命令写入到位于PCI总控上的CONFIG_ADDRESS寄存器，此时PCI总控制器先不向总线发出请求；紧接着，Host端程序会尝试从CONFIG_DATA寄存器读数据（因为程序知道PCI总控会将从I/O控制器拿到的值写入该寄存器）。此时，这个读操作（对应着机器码的Load操作）才会触发PCI总控将CONFIG_

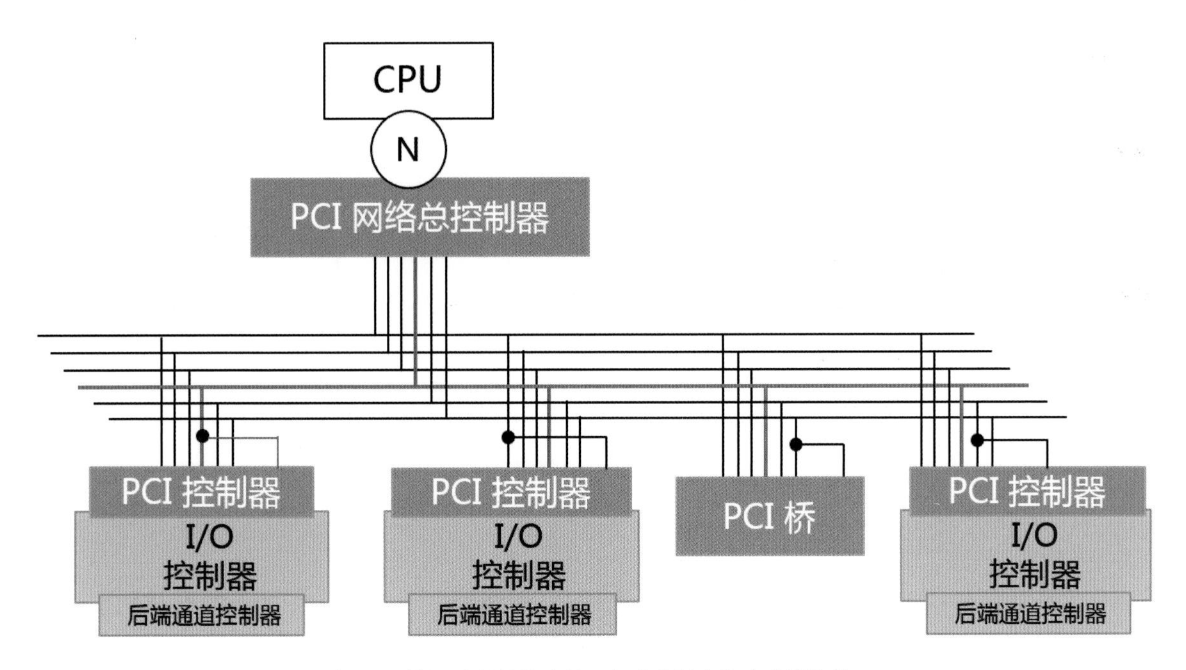

图7-69 数据/地址总线中的一部分位用来作为选通信号

ADDRESS中的命令（包含选通信号和寄存器号等控制信息）发送到数据/地址总线上，这一批信号将引发I/O控制器去读自己的配置空间中对应寄存器的值并返回。这期间内，PCI总控制器不会向CPU核心的L/S单元返回任何响应，所以这条Load请求会一直阻塞在核心的L/S单元中。Host端的程序代码也会一直处于阻塞状态（当然，你应该继续联想到，此时CPU核心上的超线程控制单元会调度其他线程执行，以填补由于这个Load引发的流水线阻塞空泡）。直到数据返回，Host端设备管理程序线程才会继续被载入流水线执行，而此时数据已经被Load到了核心内部的寄存器。这样，就可以保证Host端程序的读操作是一个同步操作，Host端程序拿不到数据就一直等，等到拿到为止。

如图7-70所示为上述过程的一个总结。Host端的程序每次只能读取配置空间中的一个寄存器（一个字节）的值，所以需要循环多次来将整个配置空间全部读入内存，或者有些信息选择不读入，这完全取决于设备管理程序自身的设计想法。下面我们更深入一步思考，如何读出位于PCI桥接器下游总线上某个设备的配置信息？

很显然，我们需要对设备编号进行区分，因为每条总线上都有0号设备。那么很自然，再附加一个总线编号就能区分出整个PCI网络域内的全部设备。我们将总线号称为BUS ID，简称**BID**，设备号则称为Device ID，简称**DID**（注意：该DID与配置空间寄存器中的DID完全是两码事，后者是标识厂商产品型号的），将配置空间寄存器号称为Register ID，**RID**。

如图7-71所示为BID和DID的分配规则。与PCI总控直接相连的总线的BID=0，总线上的第一个（DID最小的，桥接器也有自己的DID）桥接器下挂的总线BID=1，Bus#1上的DID最小的桥接器下挂的总线的BID=2，如果该分支下游还有其他桥接器，那就继续编号，一直到尽头为止，再返回最上层继续穷举。这种方式叫作**深度优先**，也就是碰到一个分支必须沿着该分支走到头，再返回走另一条分支。

那么，现在是不是Host端程序只要在CONFIG_ADDRESS寄存器中写入带有BID的配置读写命令，就可以访问到指定BID和DID的设备上的指定RID中的信息了呢？非也。这个带有BID的请求，必须被转发到下游对应的总线，如图7-71中的场景。假设程序要读出编号为B2D0设备的RID=32中的配置信息，那么B0D1必须接收这个请求，并将请求发送到B1。B1D1必须接收这个请求，将请求发送到B2，然后B2D0接收这个请求，进行配置寄存器访问。很显然，每个桥

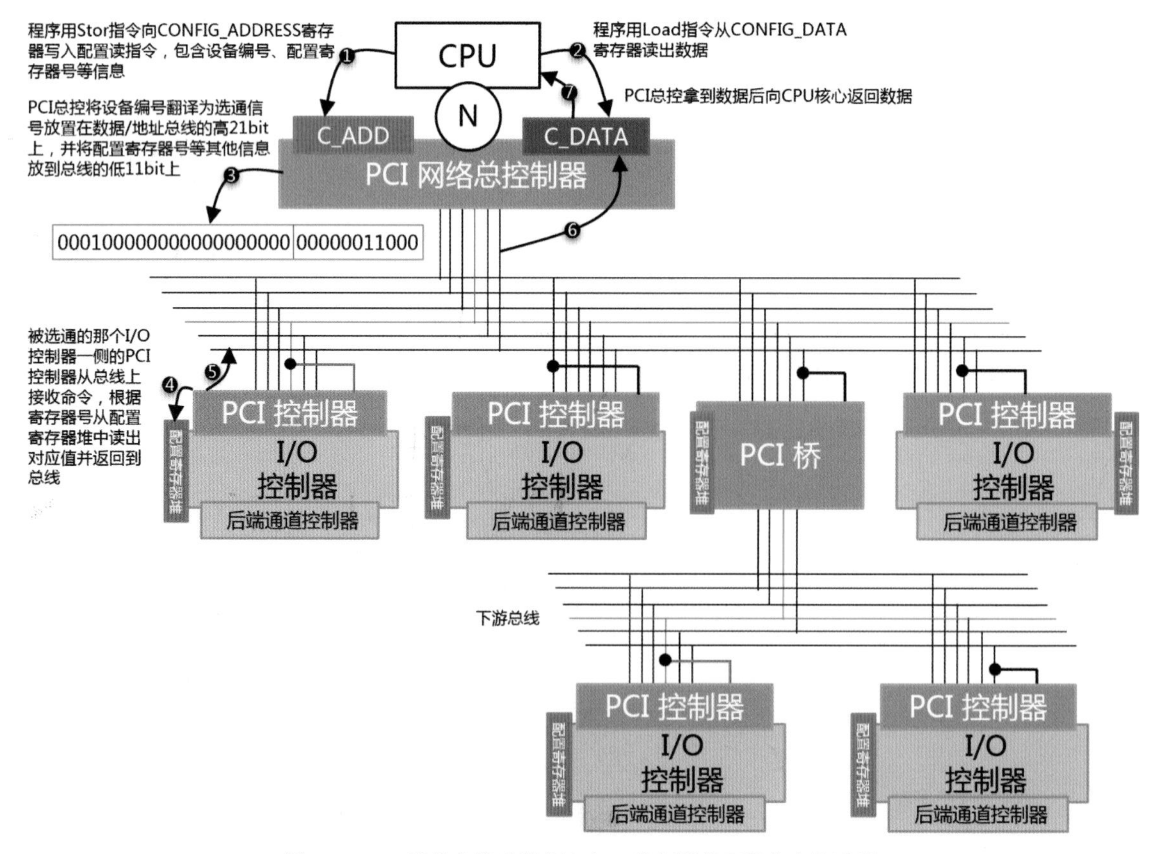

图7-70　Host端设备管理程序读出I/O控制器的配置信息的过程

接器必须知道如下信息才能完成这个命令的转发：自己上游总线的BID、自己下游总线的BID、自己下游尽头最后一个总线的BID。如果接收到针对自己上游总线BID的配置访问请求，桥接器不会将其转发到下游；如果接收到针对自己直连下游总线或者自己所处分支的最尽头总线以及下游分支所有中间级总线的请求，桥接器必须将其接收然后转发到下游总线，下游总线如果不是最后一级，那么下游总线上的PCI桥会做相同的接力传递。

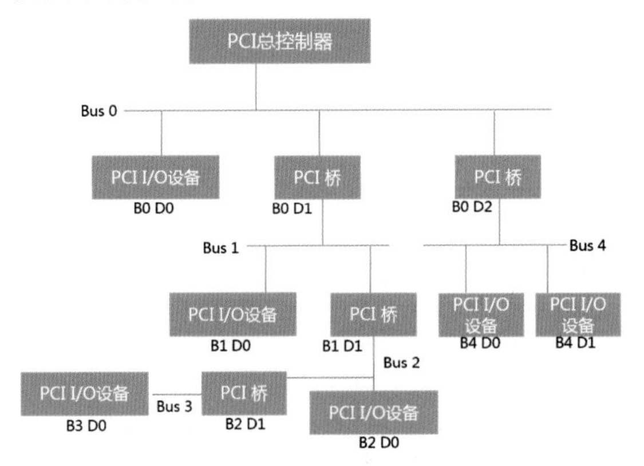

图7-71　BID、DID的分配规则

现在问题变为：如何让PCI桥知道自己的上下游总线ID，以及本分支尽头的总线ID？显然，Host端程序需要将对应的BID告诉PCI桥。如何告诉？将这三个ID写入到PCI桥的配置空间中对应的寄存器。

如图7-72左侧所示为本拓扑中的4个PCI桥接器各自应该知晓的BID，右侧则为PCI桥接器的配置空间，它与PCI I/O设备的配置空间是不同的。其中，Primary Bus Number、Secondary Bus Number和Subordinate Bus Number分别表示上游BID、下游BID和分支尽头的BID。问题好像变得比较简单了，那就是Host端设备管理程序直接将对应的ID号码写入PCI桥配置空间中的这三个寄存器不就可以了么？但是，要向PCI桥发送配置写请求，比如要配置PCI桥B2D1的这三个BID，它上游的所有PCI桥必须先被配置好，没有桥是过不了河的。

所以，Host端设备管理程序必须一层一层地去发现总线和总线上的所有设备（读取它们的配置空间中关键的寄存器比如Class Code、VID/DID等），一旦发现PCI桥设备（Header Type字段为00000001，则表示PCI桥设备），便更新其上游BID寄存器，然后将BID+1的值更新到该桥的下游BID寄存器。

PCI将与PCI网络总控制器直接相连的下游总线固定为BID0，在这个规则之上，Host端设备管理程序开始对整个PCI网络发起设备扫描和配置过程。具体过程如下。

（1）程序首先向C_ADD寄存器地址写入命令，要求PCI总控读出 BID=0、DID=0这个设备的RID=0的寄存器的内容（也就是Vendor ID寄存器）。此时，设备管理程序根本不知道总线0上都有什么设备，甚至有没有设备。

（2）程序向C_DATA寄存器地址发起读操作，要求读出刚才要求的内容。PCI总控制器接收到这个读请求，于是从C_ADD寄存器中取出对应的命令信息，发现其BID是0，而自己下游的总线的BID=0。所以，PCI总控将该命令转化成如图7-70中所示的 [选通信号（0#导线为1）+DID+其他控制信号] 的信号组合，然后拉低FRAME#信号表示一轮新的数据传送开始了，同时在命令总线上放置“配置读”命令码，在数据/地址总线上放置 [选通信号+RID+其他控制信号] 组合。总线上如果真的存在与选0#选通信号相连的设备，那么该设备会感受到选通信号，于是将RID和其他控制信号采样锁存，并读出RID号对应的那个寄存器，也就是Vendor ID寄存器的数据，返回到总线。

（3）PCI总控制器将接收到的内容写入到C_DATA寄存器，同时将FRAME#信号拉高，表示本轮数据传送结束。并将结果返回给CPU核心的L/S单元，设备管理程序成功读取到对应的数值，**同时也知道B0D0设备是存在的，并且其VID是多少**。然后，设备管理器需要继续读出该设备的Header Type配置寄存器的值以判断其是否为PCI桥设备。如果它不是桥设

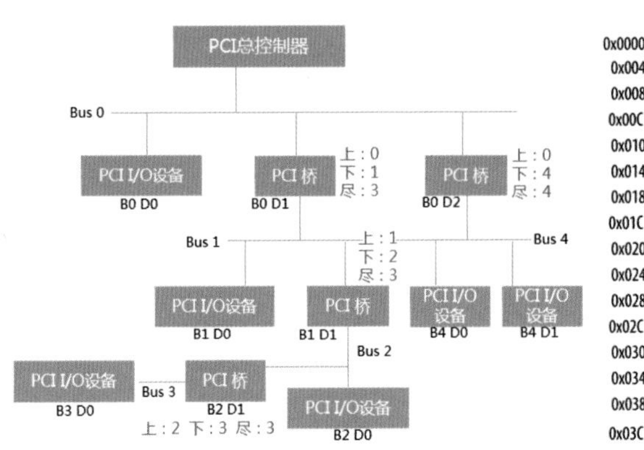

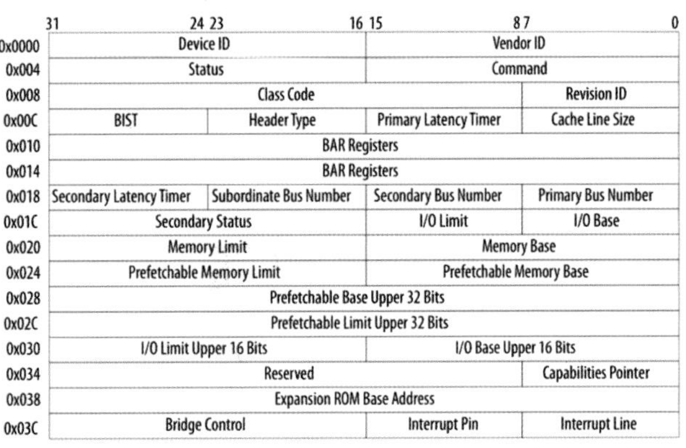

	31–24	23–16	15–8	7–0
0x0000	Device ID		Vendor ID	
0x004	Status		Command	
0x008	Class Code			Revision ID
0x00C	BIST	Header Type	Primary Latency Timer	Cache Line Size
0x010	BAR Registers			
0x014	BAR Registers			
0x018	Secondary Latency Timer	Subordinate Bus Number	Secondary Bus Number	Primary Bus Number
0x01C	Secondary Status		I/O Limit	I/O Base
0x020	Memory Limit		Memory Base	
0x024	Prefetchable Memory Limit		Prefetchable Memory Base	
0x028	Prefetchable Base Upper 32 Bits			
0x02C	Prefetchable Limit Upper 32 Bits			
0x030	I/O Limit Upper 16 Bits		I/O Base Upper 16 Bits	
0x034	Reserved			Capabilities Pointer
0x038	Expansion ROM Base Address			
0x03C	Bridge Control		Interrupt Pin	Interrupt Line

图7-72　将对应的ID写入PCI桥的配置空间寄存器中

备，那么此时设备管理程序可以选择继续读出该设备的其他信息，包括BAR，获得其声明的待暴露寄存器容量，为其映射好物理地址并将物理地址指针写回到该BAR（这个过程下文再介绍）。或者程序可以选择继续发现B0D1这个设备是否存在，重复上述过程即可。

（4）持续上述过程，对每个可能的设备编号逐一尝试读取其配置信息，如果对应编号的设备不存在，那么这请求就会无人响应。超过一定时间之后，程序就会得出"对应编号的设备不存在"的结论，从而继续扫描下一个编号。**一旦程序发现某个设备是一个PCI桥设备时（读取Header Type寄存器值发现为00000001时），那就将当前正在扫描的总线ID（本例到现在依然在扫描BID0中）利用"配置写"命令写入到该桥的Primary Bus Number寄存器中，同时，把当前总线ID+1，得到的值写入到该桥的Secondary Bus Number寄存器中**。此时，由于程序并不知道该桥所在分支的尽头BID是多少，所以Subordinate Bus Number的值暂时保持为全0。此时，该桥至少知道了自己的上下游总线ID了。

（5）**只要发现一个桥设备，那么即便当前总线上还有另外的设备ID没有扫描完，也需要暂停对本总线的扫描，转为扫描该桥下游总线的设备**，因为PCI被设计为深度优先的扫描方式。当然，如果使用广度优先的方式并非不可以，这完全取决于设计者的倾向，并不是因为任何技术壁垒而被迫选择深度优先的。此时，程序会向PCI总控的C_ADD寄存器写入针对B1D0设备的配置读请求。PCI总控制器分析该请求发现其目标总线ID并非与自己相连的BID0，此时，它拉低FRAME#发起总线事务，同时在命令总线放置配置读命令码。按理说，PCI总控应该选通总线0上的PCI桥，让它来响应该请求才对。但是这样的话，21位选通信号+10位的RID及其他信息，将没有位来容纳Bus ID。另外，这样做也需要让PCI总控制器知道PCI桥的DID才可以，但是人们最终并没有这样去设计，而是做了如下的设计。

（6）PCI总控制器原封不动将任何针对非总线0的设备配置读请求转发到总线0上，其中之前用于选通信号的部分现在改为放置BID和DID。那么，没有了选通信号，总线0上的I/O控制器又怎么知道该请求是发给谁的呢？在该命令字的结尾，**使用2位的信息来描述该命令是针对本总线内设备的配置访问请求，还是针对本总线下游总线的访问请求**。如果结尾的2个位为00，则表示是针对本总线的配置访问请求，那么本总线上的所有设备只要判断这两位为00，则就必须对选通信号进行采样，然后根据采样结果选择接收该命令还是不做动作。如果判断出这两位为01，则表示该命令并非是发给本总线上的I/O设备的，那么I/O设备就不做动作，但是本总线的PCI桥则必须接收该命令请求。所以，人们将针对本总线的设备配置访问请求称为**Type00配置请求**，而将针对下游总线上设备的配置访问请求称为**Type01配置请求**，如图7-73所示。Type01配置请求需要由本总线上的PCI桥设备来响应。

> **提示**
>
> 每个I/O设备内部可以分为多个子设备，多个子设备之间可以公用同一个PCI接口收发数据，比如你可以将一个网络控制器和一个声音控制器做到同一张PCI卡上以节省空间。此时，命令中就需要再增加一个编号用来区分该命令似乎发给位于同一个PCI接口后面的哪个子设备的。这个区分编号被称为**Function ID**。网络控制器和声音控制器为同一个设备后面的两个Function，每个Function各自都有自己的配置空间和内部私有寄存器，它们只是单纯地共享同一个PCI物理接口。即便对于一张卡上只有一个控制器的常规PCI设备，其也必须有一个Function0来表示。

（7）PCI桥设备接收到这个请求之后，会根据自己的上下游BID，结合请求中的BID，判断请求中的BID是不是就是自己下游的BID。如果是，则PCI桥将该Type01配置请求根据其中的DID值转换成带有对应选通信号的Type00配置请求发往自己下游的总线，从而将请求转发给目标设备。

（8）Host端的设备管理程序重复上述的动作，当在某个总线上没有发现任何桥设备时，程序便知道这条总线就是尽头的最后一条总线了，那么程序可以算出本分支上的每个之前经过的桥设备的各自的上游、下游和尽头总线ID，然后对这些桥设备重新发起配置写请求将这些ID写入到各自的配置寄存器中，进行收尾工作。此时，该分支上的所有PCI桥设备均知道了自己的上游、下游和尽头ID，可以响应对任何BID/DID的配置访问请求。如果接收到的Type01请求中的BID并非自己下游总线的BID，但是位于下游ID和尽头ID之间，那么就可以判断出目标BID落入了自己所在的分支，所以将该Type01请求直接转发到下游总线，让下游的PCI桥接力传递到目标总线。如果请

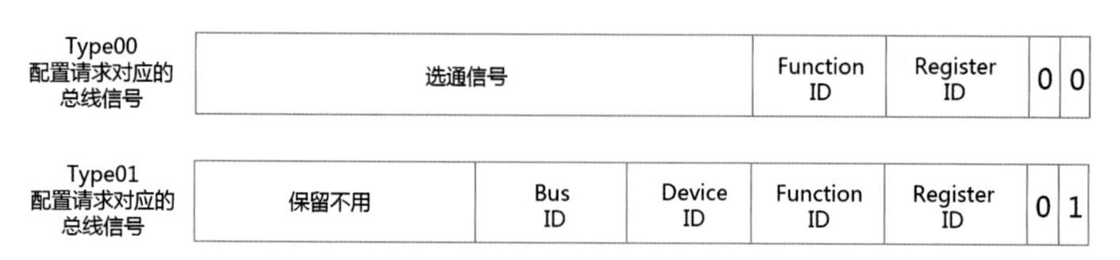

图7-73 Type00和Type01配置请求对应的总线信号不同

求中的BID并没有落入自己所在的分支，则不响应，因为一条总线上可能有多个PCI桥，每个桥位于不同的分支，必定会有某个桥接收这个请求。

（9）扫描达到一条分支尽头之后，再返回该分支的上一级总线继续扫描，一直返回到Bus0。则继续完成Bus0剩下的Device ID的扫描，直到将所有PCI桥设备配置好为止。

上述过程被称为PCI总线的**枚举**和配置过程。整个枚举过程，其实就是Host端设备管理程序向PCI网络上进行“挨个点名”的过程。也就是说Host端程序会向每个编号（不管该编号对应的设备有没有连接到PCI网络上）发起**配置读**请求（先尝试读编号为RID0的寄存器，也就是Vendor ID），如果成功拿到了信息，证明该编号对应的设备在位，如果超时没拿到信息，则表明网络中该编号的设备不存在（实际上，此时由于无人向总线上返回任何数据，所有32根导线上都是高电平，也就是32个1，十六进制则是FFFFh，该值是一个保留不用的Vendor ID，如果程序拿到的是这个值，就证明该设备不存在）。设备管理程序在发现PCI桥设备之后，还会将对应的总线ID信息写入到桥的配置空间中，这些信息相当于总线ID路由表，指导着PCI桥如何转发和转换配置访问请求。

思考▸▸

PCI设备是否需要知道自己的BID和DID？其实不需要。但在后文将要介绍的PCIE网络拓扑下，每个设备必须知道自己的BID和DID是多少，而这个信息是靠设备自己从配置请求中抓取出来的，详见后文。

7.4.1.4　PCI设备寄存器的物理地址分配和路由

好了，至此已经将PCI网络的运行机制解释得差不多了。还剩下最后关键的一点，那就是将每个I/O控制器的寄存器容量映射到CPU的物理地址空间，从而让程序可以直接用Load/Stor指令访问这些寄存器。上文中介绍过，通过对配置空间中的BAR寄存器的操作，可以明确知道其声明了多少容量的寄存器。然后，设备管理器需要先在系统地址分配表中查看哪些物理地址已经被其他存储器占用了，寻找那些空闲的物理地址空间为对应的BAR分配。假设，某BAR声明了64KB的寄存器空间，而设备管理程序发现CPU物理地址空间的从1024GB开始往后的64KB并没有人占用，其决定将这块空间分配给该BAR，则其在系统地址表中生成一条新记录，比如指针1024GB、长度64KB、编号为B0D8的设备上的BAR#1。

然后，设备管理程序还需要将新映射的物理地址指针更新到CPU片内的各种访存网络中的路由表中（通过配置这些访存网络对应部件的寄存器实现，这些寄存器会被默认映射在某些特定物理地址上）。只有这样，这些访存网络才能把CPU发出的落入这段物理地址的访存请求路由到PCI网络总控制器上。

最后，需要将这些物理地址映射到虚拟地址上去，这个动作会由该设备对应的驱动程序来做。驱动程序会调用虚拟内存管理程序提供的接口，比如ioremap()函数将这段物理地址映射到内核虚拟地址空间中去（见第5章图5-81）。该函数会分配页表，在页表中生成新纪录，建立虚拟地址与物理地址的映射关系。这样，程序就可以使用虚拟地址来访问设备上的物理寄存器了。如图7-74所示，在Windows操作系统中，可以看到每个PCI/PCIE设备的寄存器被映射的物理地址，图中所示的设备暴露了两段地址，分别用了两个BAR来描述，所以在设备管理器中可以看到被映射了两段地址。

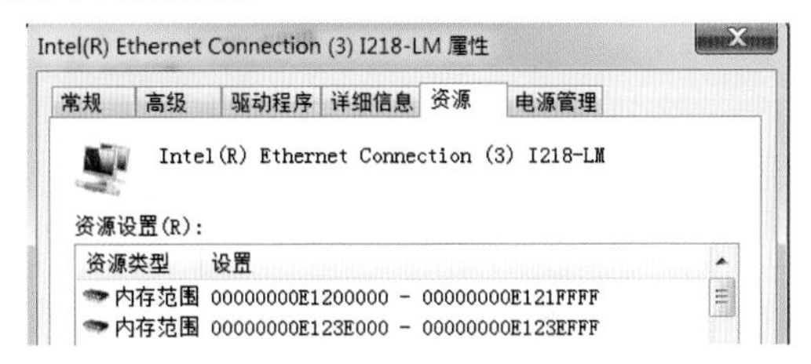

图7-74　暴露了两个BAR的网卡设备

还没结束。CPU的访存请求到达了PCI总控制器之后，PCI总控制器需要向下游总线0发起存储器读/写请求总线事务。那么，总线上的I/O控制器如何知道该地址的访存请求是发送给自己的呢？显然，必须把存储器地址路由表也写入到整个PCI网络上的每个I/O控制器和PCI桥上。

如图7-75所示，PCI网络中每个部件都明确知道自己接受哪段物理地址的访存请求，对应的请求和数据就可以按照正确的路径被转发。比如，假设CPU核心发出针对地址200的访问，PCI总控会从前端网络上接收该请求，然后转发到总线0。总线0上所有的部件对该地址做判断，只有B0D1这个桥接受该请求，因为200落入了它的路由范围内。B0D1向Bus1转发该请求，Bus1上的B1D1桥接受该请求然后将其转发到Bus2，Bus2上的B2D0这个最终设备接受了该请求，并且判断200号落入了其哪个BAR声明的空间，然后到对应的内部寄存器中访问对应的数据。

那么，桥和I/O设备的地址路由信息要被存放在哪里呢？在配置空间寄存器里。在PCI桥的配置空间中有这样一些字段用于存放所接受的地址范围的基地址和长度信息。如图7-72右侧所示的PCI桥配置空间中，Memory Base和Memory Limit分别存储基地址和长度。它们描述了该桥下游所有层级总线上的所有I/O设备的地址范围。非桥接器设备，则直接利用BAR来存放分配好的物理地址指针。也就是BAR具有两个作用，一开始用来声明寄存器容量值，分配好物理地址后又用来盛放物理地址指针。

设备管理程序首先为位于尽头总线上的I/O设备

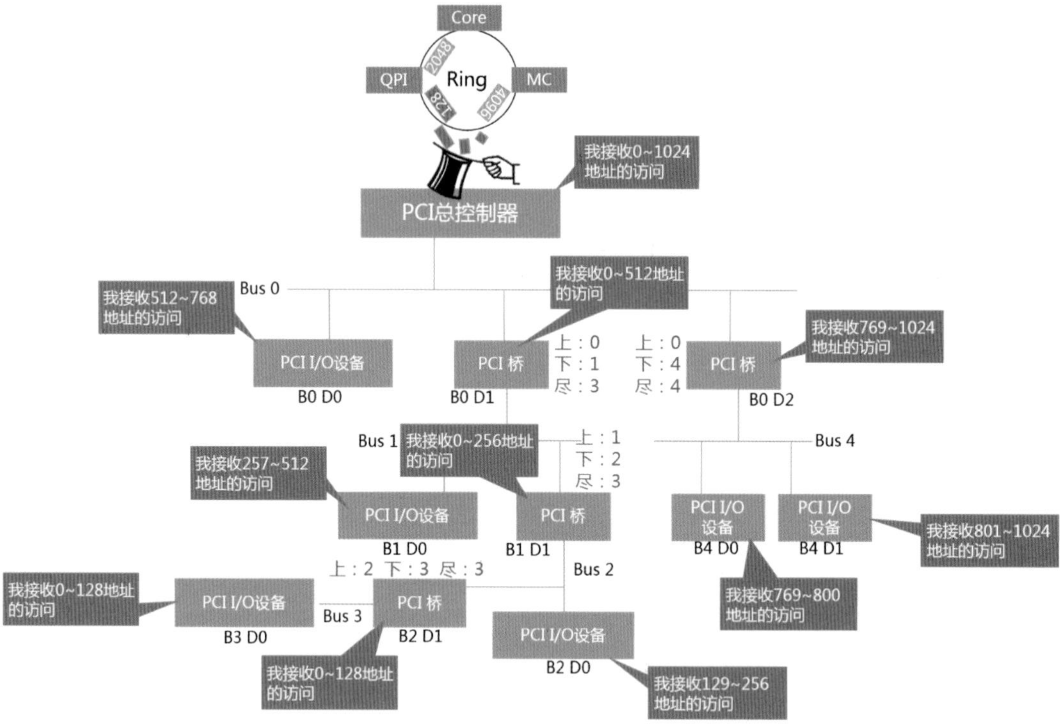

图7-75　PCI网络根据访存地址来路由访存请求

分配物理地址，也就是把分配好的物理地址段的基地址写到对应的BAR中，长度不需要额外记录，因为I/O控制器自己本来就知道这个BAR当时声明了多少长度的容量，自然会根据基地址指针算出来应该接收哪段地址的访问请求。但是PCI桥可并不知道自己所在分支的下游所有I/O控制器的物理地址的起始地址和长度。所以，当完成了每条总线上全部I/O设备的物理地址分配之后，设备管理程序需要将这些物理地址合并成一个大段，取其基地址和总长度，然后将其写入到该总线上游桥的Memory Base和Memory Limit寄存器中。

到此为止，已经成功让PCI网络运行了起来。剩下的事情就是每个I/O设备的驱动程序如何去读写这些设备的寄存器从而实现I/O控制了。

7.4.1.5　中期小结

现在来总结一下整个PCI网络的基本运作机制。PCI网络采用共享总线方式，多个总线之间可以使用桥接器互联，拓扑形式是树形拓扑。每个设备，包括桥接器，都有各自的编号：Bus ID、Device ID和Function ID。每个设备都有各自的配置空间寄存器，用于存放一些基本的状态信息和配置信息，包括最关键的BAR信息。程序采用配置读和配置写命令来读取或者更改配置空间内的寄存器的值。初始时，设备管理程序想要扫描到PCI网络中的所有设备和桥接器的信息，从总线0、设备0、Function 0开始扫描，尝试读取其配置寄存器中的内容。配置读写命令采用ID路由的方式被路由到目标设备，对总线0的扫描会被PCI总控翻译成Type00配置信号，其中包含选通信号直接选通对应ID的设备，如该设备在位，则会返回配置信息。当扫描到桥接器时，会将该桥接器的上下游总线ID通告给它，并转为扫描该桥接器下游的总线。桥接器会将非本地总线扫描的配置请求转化为Type01请求，以便让下游的桥接器不断接力传递，一直扫描到尽头，再返回上一级继续扫描。最后，程序将所有桥接器的上下游、尽头总线ID全都配置好，完成整个PCI网络的ID路由信息配置。然后，程序给每个BAR中声明的寄存器容量分配对应容量的物理地址，将物理地址的基地址指针写入对应的BAR中，并将桥接器的Memory Base和Memory Limit寄存器中配入该桥接器下游所有设备的物理地址总范围的起始地址指针和长度，最终完成整个PCI网络的访存地址路由信息配置。

总的来说，PCI网络被设计为用ID路由方式来访问配置空间寄存器，但是一开始需要在设备扫描枚举期间先建立起ID路由信息，才能访问到对应设备的配置信息。而访问配置空间寄存器的目的又是为了获取最关键的BAR信息，根据BAR来分配物理地址，然后再建立起访存物理地址的路由信息，完成整个PCI网络的初始化工作。访存物理地址路由指针，如果是I/O控制器，则被写入对应的BAR；如果是PCI桥接器，则需要先算出桥下游全部I/O设备的物理地址范围总和，然后将指针和长度值写入Memory Base和Memory Limit寄存器。

> **提示**
>
> 值得一提的是，在有些CPU平台下，并没有将PCI设备的寄存器空间与CPU的物理地址空间融为一体，而是将PCI网络中的存储器空间单独编址。比如，给某个BAR中声明的空间分配了地址0～1024，并将基地址0写入该BAR，此时，这个0表示的其实是PCI网络域内的存储器地址，而非CPU物理地址域中的地址0。那么CPU如何访问到PCI网络内的这0～1024字节呢？需要地址翻译。也就是说，PCI主控制器上实现一个地址翻译器，将0～1024地址段翻译成CPU物理地址比如8192～9216字节，PCI主控制器利用减法器，每次接收到CPU访问8192～9216字节区间的访存请求，就用减法器对收到的物理地址减掉8192，得到的便是PCI网络内的地址，再用这个地址向PCI网络发送请求，便被路由到了0～1024区间。也就是说，Host端的程序需要将0～1024的外部地址映射到CPU物理地址空间中的某处。不过，对于目前常用的Intel CPU平台来说，其地址翻译的规则是“相等”，这在表面上就像PCI网络内的地址与CPU物理地址空间融为一体一样。但是其他一些CPU平台并不是直译，而有一些其他规则。本章默认以Intel平台的实现方式作为介绍根基。可以更深一步理解，硬盘里存储的内容其实理论上也可以做到被CPU直接按照字节粒度寻址，但是由于硬盘速度太慢，不适合直接寻址。另外机械硬盘也不适合一次只读写一字节，这很不划算。所以硬盘上的数据以扇区为单位独立编址，是一个完全独立的存储器空间。而PCIE网络内部的I/O控制器上的存储器空间原本其实也是独立编址的。也就是说，PCIE网络作为一个独立的网络，原本就不关CPU/Host端什么事情，两个PCIE设备本来就可以直接通信，用PCIE网络内的存储器地址路由。但是PCIE既然被作为CPU连接更多的I/O设备，所以为了方便管理和编程，便将PCIE网络地址映射到CPU物理地址空间。

7.4.1.6 PCIE网络拓扑及数据收发过程

本书前面章节中提到过，共享总线是个很低效的架构，在早期电路工艺不发达的时候，我们也只能无奈了。现在我们不妨对PCI网络进行三个大改造：**将共享总线改为Crossbar交换方式；将并行链路通道改为高速串行链路通道（接收和发送各有独立的链路，也就是全双工）；让同步数据收发模式改为异步队列化收发模式（也就是总控制器可以批量发送针对不同目标设备的访存请求，而这些请求可以乱序异步地到来）**，以便大幅提升吞吐量。这就是PCI Express（PCIE）标准的初衷。

并行改串行其实一点问题也没有，其对系统架构并无冲击，因为其完全是物理层的改造。但是共享总线改为交换，这牵扯到了网络层拓扑的改造，会彻底改变网络的运作状态，有些之前依靠共享总线实现的功能，在交换式网络下，需要做很大的变更才能保持表面功能不变。

我们先来思考一下换成交换拓扑之后怎么实现**PCI网络的核心两个关键目标：枚举设备并根据ID路由读取所有设备的配置空间拿到BAR信息；向BAR中配置访存物理基地址信息，建立全网物理地址路由信息**。有人可能会说，既然网络彻底改变了，之前的这种模式是否可以完全抛弃，另立门户创立更灵活、简单、高效的设备枚举和路由信息配置方式？可以。但是这样会给无数的PCI I/O控制器厂商带来麻烦，也会让那些之前针对PCI网络编写设备管理程序、PCI I/O设备驱动程序的人感到头疼，会有很大阻力，导致新标准根本推行不下去。很多设计其实都是被历史的包袱所拖累的。所以，需要尽可能少做变更，能变更底层就不要变更上层。所以需要保留上层的设备编号规则、配置过程规则。如图7-76所示为一个假想中的拓扑，直接使用交换机连接所有部件。下面我们就用这个拓扑重复演绎一下前文中的过程，看看有哪些地方需要变更。

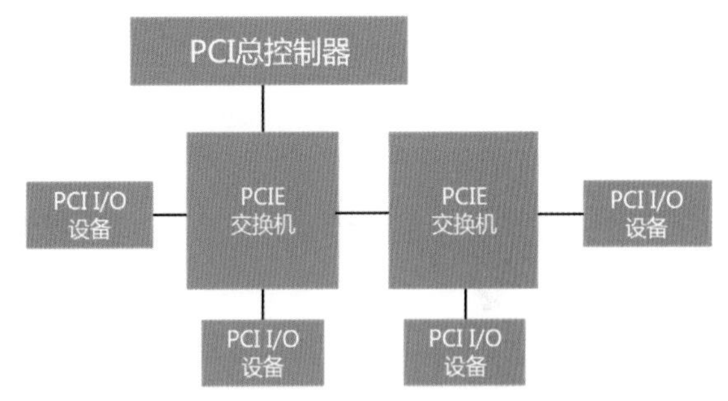

图7-76 假想中的串行、交换式网络

第一步，枚举设备。Host端设备管理程序依然通过操控PCIE总控制器发出Type00配置读请求，尝试读取B0D0F0R0寄存器的内容，也就是总线0、设备0、功能0上的配置空间中的0号寄存器，也就是Vendor ID寄存器的值。PCI总控会使用选通信号来指定对应ID的设备接收该请求，但是PCIE是串行交换网络，无法像上面这样玩，但是却可以这样玩：给每个交换机端口后面挂接的设备映射固定的ID，这与PCI将选通信号线对应成固定设备ID是一样的。那么，假设端口1对应的设备ID就是1，那么交换机收到PCIE主控制器发来的这个请求，可以直接将其转发到端口1上。端口1上如果有设备，则其直接读出对应配置寄存器内容返回。嗯，这样看来很简单嘛！非也！

请问：设备返回数据包，PCIE交换机怎么知道这个数据包要被发送到哪个端口？还有，PCIE总控制器收到这个数据包之后，如何知道这个数据包是哪个设备发送过来的？咦，设备发送的数据包难道不都应该发送给PCIE控制器连接的端口么？非也。PCIE网络既然是个交换拓扑，它是允许多个设备之间P2P传输数据的，并不是所有返回流量都要发给PCIE总控制器。另外，由于PCIE网络属于异步收发模式，PCIE总控可能批量发出一堆的请求，它并不是只给你发送一个请求然后就在那一直等待你回复而不管其他设备，所以，任何设备返回的数据必须标明自己是谁，这样PCIE总控制器才能区分开来。也就是说，PCIE上的任何数据包都需要有目标地址和源地址，这与PCI总线式架构非常不同。如果说PCI是野蛮方式，则PCIE则是高雅方式。

那么，PCIE主控制器自身就需要占用一个设备编号，我们令之为B0D0。所以，设备管理程序也需要从B0D1开始枚举设备。

好，那么我们现在遵循高雅方式。PCIE主控制器发出的Type00配置请求数据包中，会带有PCIE主控自身的BID和DID，这是源地址，并带有目标设备BID/DID/FID/RID，这是目标地址。设备返回的数据包中，接收到的请求中的源地址会被复制过来作为目标地址，请求中的目标地址会被复制过来作为源地址，这些地址会被附在数据包中发送给PCIE交换机。咦，难道每个设备初始时是不知道自己的设备编号的么？必须不知道，因为它根本不知道自己会被连接在哪个端口上，所以只能从接收到的配置读请求中抓取出目标ID。所以配置读请求的作用除了读配置，还能顺带把设备编号通告给对方设备。

提示

在PCIE网络中根本没有总线这个东西，为什么编号中还是有BID呢？为了兼容性维持传统的设备管理习惯，这样可以更便捷地推广新标准。主机端设备管理程序可能依然认为存在某个总线，但这又有什么关系呢？实际的数据收发过程是交换式的，速度提升了。所以我们称之为虚拟总线。

上文中说过PCIE交换机内部直接定死“哪个端口上连接着哪个ID的设备”，所以其天然就存在一张“设备ID～～端口”路由表。所以，交换机接收到数据包之后就可以通过ID判断去向。我们再来看一下两个交换机级连时应该怎么处理，这就像PCI网络中的两个总线通过PCI桥连接一样。由于另外一个PCIE交换机自身也有自己的设备ID～～端口路由表，有自己的Device0，所以，必须让下游的交换机整体作为一个新的Bus，这样才不会导致DID冲突。如图7-77左侧所示，我们需要增加一个桥接器来连接两个PCIE Switch，其运作模式与PCI总线场景相同。但是，桥接器做的事情似乎很简单，就是将配置请求进行转换，并且传送数据。在PCI总线时代，必须使用一个物理上的桥接芯片来桥接两个总线。但是在PCIE时代，如图7-77所示，两个PCIE Switch本身就是通过串行链路连接起来的，没必要在链路中间插入一个桥。桥接器所做的工作，完全可以在PCIE Switch内部通过虚拟出一个桥接器和对应的配置空间寄存器来完成。具体的虚拟方式，可以采用数字逻辑，这就与一个真桥接器无异了，只不过将桥接器集成到了Switch中，但这样做不灵活。另一种虚拟方式是采用软件的方式，在Switch中放置一个微型的低规格嵌入式CPU核心，运行一小段代码，负责接收和转换配置请求，但是并不处理存储器读写请求。

当Host端设备管理程序枚举到与下游交换机级连的端口时，第一级交换机中的CPU接收这个配置请求，做欺骗处理，其并不会把该请求真的转发给下游交换机，而是虚拟出一个配置空间来（该配置空间由于是完全虚拟的，所以可以采用内部的SDRAM或者SRAM来存储，并不需要用真的寄存器，因为这些信号根本无须被输入到电路中做控制），并将对应的配置寄存器内容返回给Host端，让Host端程序误认为这次枚举到的是一个桥接器设备。虚拟的方法很简单，就是一旦收到Host端要求读出Header Type字段的配置读请求，就直接返回00000001（表示该设备是一个桥）就可以了，这就生成了一个**虚拟桥设备**。所有的配置读写请求，均由嵌入式CPU上的程序来负责处理。

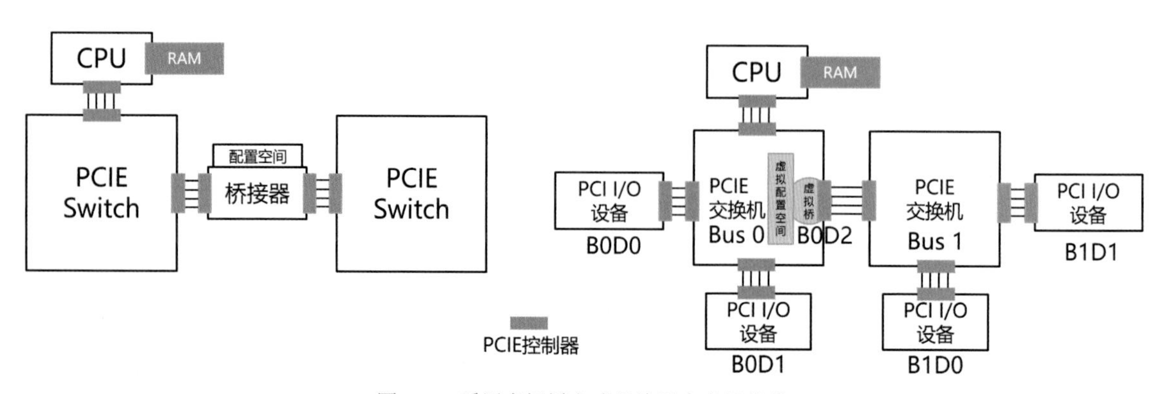

图7-77　采用虚拟桥方式级连两个虚拟总线

这样，Host端程序就会给该桥分配一个上游ID（0）和下游ID（1），当然，这些配置写入请求都会被PCIE交换机中的CPU上运行的程序保存起来备用，交换机完全是在欺骗Host端的程序。然后，Host端程序继续枚举这个桥后面的设备，也就是会发出Type01格式的配置读请求，其中目标设备编号会为B1D0F0R0，尝试读取该桥下游总线（Bus1）上的0号设备。由于刚才Host端程序已经将Secondary Bus Number字段写入了该虚拟桥的虚拟配置空间寄存器，所以，该PCIE交换机至此成功学习到了一条新路由信息“访问总线号1的所有请求，都转发给虚拟桥设备所附属的端口”。这样，针对B1D0F0R0的Type01配置读请求，查询路由表之后发现B1就是该交换机的下一级交换机，所以本交换机即将其转换为Type00配置请求，并发送到下一级交换机上。下一级交换机接收该请求，一看是Type00配置读请求，证明该请求的目标设备就位于自己本地，所以利用它本地的“编号～端口”映射规则，根据请求中的DID字段，发送到对应的端口，完成对应的配置读写访问。如果某端口下面没有连接设备，那么PCIE交换机需要主动返回一个DID=FFFFh的数据包。还记得PCI里针对设备不在位时的处理机制么？PCIE也维持了这个规则。

如果二级交换机下面继续级连更多交换机，那么配置过程也是一样的，这里不再描述。最后，程序依然是将尽头总线号更新到本分支第一个虚拟桥上的Subordinate Bus Number虚拟寄存器中。这样，每一级交换机都会学习到新的路由：凡是收到位于某个虚拟桥的Subordinate总线号与Secondary总线号之间的总线号的访问，其全部发送到该虚拟桥附属的端口。关于PCIE Switch更详细的介绍请参考7.4.1节。

至此，我们先做了一些准备工作，比如定义新的数据包格式，也就是需要在每个数据包中携带有源和目标的设备编号，并且设备会从配置读请求中抓取目标编号字段从而知晓自己的编号，以便在返回数据包中将其用作源地址编号。然后，我们在PCIE网络上模拟出了PCI网络的第一个设计关键点：枚举设备、分配ID、建立全网ID路由信息。其实就是利用了虚拟桥来向Host端程序呈现出虚拟的假象，然后接收Host端程序的路由信息配置，从而学习到对应的路由信息。至此，设备管理程序可以成功读出并写入每个设备的BAR，为其分配物理地址空间。

第二步，我们需要在PCIE网络中建立全网的物理地址路由信息。所幸的是，设备管理程序貌似会搞定大部分的地址分配工作。既然我们现在已经有了虚拟桥这个好东西，程序发送的一切针对虚拟桥上的Memory Base和Memory Limit寄存器的配置写入操作，均会被PCIE交换机保存在虚拟配置空间中。根据这个信息，交换机就可以构建出自己的物理地址路由表了。需要理解的一点是，I/O设备是可以通过PCIE网络访问到连接到CPU芯片上的DDR SDRAM主存的。前文中介绍过的DMA数据传送模式，还记得么？程序将包含有指向主存某处缓冲区的指针的任务书的指针放置在队列中，I/O控制器从队列中根据任务书指针到主存中拿到任务书，然后从中找到该任务需要处理的数据的指针位置，再从主存中将数据读回来。这两次DMA读主存的过程，完全是I/O控制器自行发起的后台过程，Host端程序根本不知道I/O控制器在DMA。I/O控制器发出的访存指令需要被路由到PCIE总控制器，然后进入CPU内部的环网，再被环网路由到SDRAM主存去访存。既然如此，难道PCIE交换器上也需要保存整个CPU物理地址范围的路由么？其实并不需要。前文中提到过“默认路由”的概念，也就是“凡是路由表中找不到的地址访问统统发送到某个端口”，PCIE交换器只需要将默认路由端口指向上游端口即可。

PCIE交换器可以让连接在其上的所有设备形成一个虚拟总线，只在与下游交换器级连的端口上生成一个虚拟桥。此时Host端设备管理程序会感知到一条总线上存在多个设备。这种虚拟方式虽然本质上对性能不会有什么影响，但是由于其让上层仍然感知到一条虚拟的总线，在极少数的时候，上层程序可能会潜在的做一些优化操作。比如，某PCIE网络由两个PCIE交换器级连组成，其中有两个网卡连接在了第一层交换机上，那么设备管理器会感知到这两个网卡处于同一条总线上，那么程序会得出一个不准确的结论“这两个网卡由于共享总线，同时访问会有性能降低”，于是程序可能采取其他一些规避手法主动避免同时对这两个设备的同时访问。其实这是完全没有必要的，PCIE交换器的虚拟总线和虚拟桥的欺骗收发给上层程序传递了不准确的信号，另外，考虑到PCIE设备热插拔等特性的支持，于是目前的PCIE交换器一般采取如图7-78中的设计。既然总线和桥都可以虚拟出来，那么为什么不干脆在每个端口上都虚拟一个桥接器出来呢？这样的效果就是，每个端口（虚拟桥）下面的虚拟总线上只有一个设备，所以PCIE交换机中的虚拟桥**又被称为P2P（Peer to Peer）桥**，即该桥下并不是一个总线，而是直连到唯一的一个设备。

提示▸▸▸

每个端口设置一个虚拟桥设备的另外一个好处是，Host端程序可以对每个桥进行配置以控制该桥收发数据时的行为，这样就可以针对不同桥分别配置，比如对于级连端口处的桥配以不同的优化参数，更有利于系统的整体性能。

至此，好像没有什么问题了吧？关键问题貌似都已经解决了。慢着。假设Host端程序要发出针对某个I/O设备的BAR空间（BAR所描述的存储器空间）寄存器发起读访问，该请求被PCIE总控制器发出后，PCIE交换器会按照物理地址路由表路由到对应的I/O

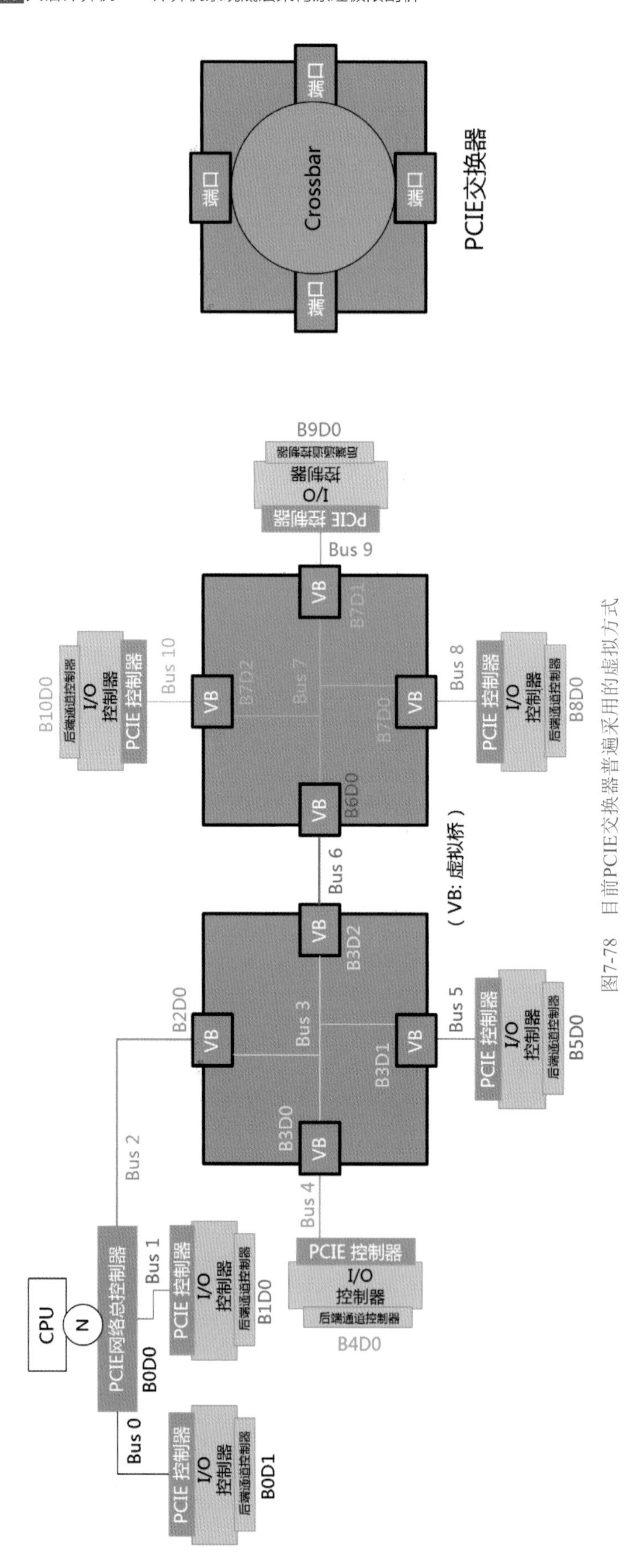

图7-78 目前PCIE交换器普遍采用的虚拟方式

设备，后者读出对应的寄存器内容，并将其封装成数据包传送给PCIE交换器。那么，这个返回数据包应该怎么被路由呢？肯定不能按照地址路由，因为这个数据包是作为应答消息发送给PCIE总控制器的，其不是访问某个地址。显然，该数据包需要采用ID路由，其目标ID应被I/O控制器设置为PCIE总控制器的ID。所以，PCIE网络内的一个规则便是：**配置访问请求采用ID路由，物理地址访问采用地址路由，针对配置访问或者物理地址访问请求的应答数据包均为ID路由方式。**

至此，我们基本上在一个串行链路+交换式网络上模拟了传统PCI网络的大部分关键行为逻辑。至于其他的一些细节，大家可以自行学习，这里不再过多介绍。我们前文中也说过，所有的网络通信系统的本质都是一样的，都可以抽象为7个层次。关键不同在于，不同网络的目的不同，传送的数据种类不同。比如，在PCI/PCIE网络中，配置读写请求与物理地址访存请求就是完全不同的目的和数据包格式、路由方式。前者采用设备ID路由，而对于后者，存储器读写请求采用物理地址路由，而设备一侧针对读请求返回的数据，则必须依然采用设备编号路由的方式。然而，不管是什么消息请求，比如配置访问请求、物理地址访问请求，它们本质上都是一堆数据包而已。这些数据包到了底层，都会被当作“一串数据”同等对待（也有例外，比如PCIE控制器底层会有一些VIP通道队列，让特殊的数据包有限发送），同等地去编解码、加扰、串并转换和传送。

PCIE网络的具体的物理层、链路层、网络层、数据包格式等，都属于PCIE的躯干。上文中所述的那些机制，才是PCIE整个体系结构的灵魂。躯干可以更换，比如使用以太网实现类似的设备发现、ID和物理地址配置、路由，可以吗？完全可以，因为无非就是用以太网来传输对应请求和数据包，这会被称为“PCIE Over Ethernet”。也就是将PCIE的上层逻辑承载到以太网底层躯干上传送，但是原生的PCIE躯干毕竟在速度和其他方面还是要比以太网更适合作为局部I/O总线，所以一般也没有人去搞PCIE Over Ethernet，这没有必要。

7.4.1.7 PCIE网络的层次模型

下面我们还是以OSI模型来作为分层方式，来看一下PCIE这个网络在每一层的做法。这里可以先回顾一下7.3.1节中OSI模型的解析，再结合PCI/PCIE网络深入体会。

- 应用层和表示层

应用层描述的是所传送的数据的业务层意义。对于PCIE这个网络而言，其传送的无非就是几大类数据：配置访问请求、物理地址访问请求、配置访问返回的数据、物理地址访问返回的数据。由于对配置空间的访问的目的是为了最终对设备的寄存器进行访问，所以我们可以认为PCIE网络就是用来访存的，用来把大量I/O设备接入，然后将所有I/O设备的地址空间与CPU物理地址空间融为一体，建立路由信息，最终实现PCIE设备与CPU的地址空间融合，统一访存。这就是PCIE的应用层。按理说，应用层的这些配置读写、物理地址访存请求，都应该由Host端的程序来发起，比如发起配置读请求，则向C_ADD寄存器写入对应命令字，然后从C_DATA寄存器读数据即可。但是，PCIE总控制器收到这个事件之后，向后端的PCIE网络上发出的数据包的格式，可并不是C_ADD寄存器里一个简单的命令字了，而是一套很复杂的包头格式，下文中会详细介绍。那么你此时应该深入思考一下，是什么角色把上游发来的命令字转换为对应的PCIE数据包的，而且还需要根据不同的命令，生成不同的数据包？你可能会说：当然是PCIE总控自己转换的。是的，PCIE总控制器内部有专门的负责组装数据包的电路模块，其内部存有一些固定的包头片段，它根据接收到的命令字，提取所需的各种片段，利用MUX/DEMUX将这些包头输出到数据包寄存器的对应字段位置。不仅如此，该套电路还需要负责数据包的收发匹配，比如，发出一个配置读请求，那么其会期待对应的ID设备返回对应的数据内容，并向上游前端总线返回数据。这套专门用于生成各种不同类型请求数据包以及实现针对各种事务请求的收发控制的电路模块，被称为PCIE的**事务层（Transaction Layer）**。

在前文中的拓扑图中我们可以看到这两个角色：PCIE网络总控制器和PCIE控制器。其实这两个角色在硬件上并没有本质区别，它们被统称为PCIE控制器。只不过前者加上一个“主”，表示其与CPU前端总线（比如Ring）连接（目前普遍是被集成到CPU芯片中），后者则泛指其与外部I/O设备上的主控制器相连接（目前也是普遍被集成到I/O主控芯片中）。业界有多家芯片制造商推出了商用的PCIE控制器电路模块，诸如CPU、各种I/O控制器中集成的PCIE控制器部分，其实都是购自这几家厂商。一片目前的商用芯片，很少是完全由一个厂家自主设计其内部的每一个模块的，都是利用已有模块集成起来的，当然，核心模块是由自己设计的，所以这些模块之间就存在对应的软、硬件接口。典型的硬件接口就是寄存器～寄存器接口（见前文介绍），直接使用并行的、运行在某频率的（比如1 GHz）的直连导线或者总线（比如ARM平台常用AXI总线等）将不同电路模块相互连接起来，每个模块的边缘用寄存器来直接接收和发送数据。多个寄存器可以组成FIFO队列，以便在模块边缘形成缓冲层。再进一步，可以采用工作队列的方式来与其他模块传递信息，其过程就像前文介绍过的基于队列的I/O基本套路那样，不仅两个芯片之间可以采用这种队列控制方式，单个芯片内部的多个模块之间也可以采用。看到这里，你应该很深刻理解到，计算机内部很多东西本质都是相同的，它们不过是在连起来，找目标，发数据，在不同维度上以不同的样式重复着相同的事情。

那么，PCIE控制器与芯片中其他模块之间的对接方式是怎样的呢？先看PCIE主控制器，其直接挂接在CPU内部前端总线上，接收的控制方式只有访存这一种。PCIE主控制器不但在系统加电初期要接受程序发来的针对C_ADD和C_DATA这两个寄存器地址的访存请求，还需要在程序为PCIE网络上所有设备分配了物理地址范围之后，接受针对这些物理地址范围的访存请求。然后根据这些访存请求，生成对应的PCIE数据包发送到后端PCIE网络上。所以，PCIE主控制器与CPU之间的接口，就是访存接口，其前端会再附属上一个Ring网络控制器，从而能够从Ring上接收访存请求，然后输送到一个地址译码器。该译码器根据路由信息判断是否应该执行该访存请求，如果需要执行，则生成对应的PCIE数据包。回顾图7-18中的PCIE总控图示，PCIE总控制器中包含一个上游网络控制器（图中的Crossbar控制器，如果是前端是Ring，则其是Ring控制器），该控制器与PCIE事务层硬件之间的硬件接口则是队列化的寄存器～寄存器接口。

再来看I/O控制器中集成的PCIE控制器，其前端直接连入PCIE网络，所以不需要再增加其他接口控制器；其后端会与I/O控制器内部模块相连接，接收内部模块发来的请求，比如响应配置读写请求的回应信息、响应存储器读请求的回应信息、I/O控制器主动发起的访问主存的DMA读写请求，等等。每种请求/回应均是一种PCIE事务，对应的数据包中也会有不同的事务标识。

I/O控制器从PCIE控制器得到的是由PCIE主控端发送过来的带有事务标识的请求数据包和内容，首先需要接收这些请求并放入FIFO队列等待处理。接收的方式，正如前文中介绍网卡或者存储I/O控制卡时那样，采用队列方式接收，并采用驱动程序来负责向PCIE控制器对应的寄存器写入对应的控制字来控制收发过程。

然后，I/O控制器需要处理这些收到的请求，将这些请求转化为对内部资源的访问，比如对配置空间的访问、对内部存储器空间的读写访问。这个负责将

PCIE事务请求转化为对内部访问的模块，可以由软件来完成，比如通过I/O控制器内部的嵌入式CPU运行一个专门负责解析PCIE事务请求的程序，这个程序可以被称为PCIE控制器的协议处理层驱动程序（与刚才负责写PCIE控制器寄存器实现单纯收发请求的底层驱动程序不同）；或者不采用软件方式，而采用纯数字逻辑电路来解析对应的命令、翻译成对应的内部操作，那么此时这块电路可以被称为PCIE处理器单元（PCIE Processor Unit，PPU），当然，叫什么不重要，不同厂商叫法也不同。由I/O控制器主动发送的诸如读写主存的存储器读写请求、配置访问回应等，也需要由PCIE协议层处理程序（协议层驱动程序）或者PPU硬件逻辑先将对应的数据包实际内容准备好，放入队列中，然后再由PCIE控制器底层驱动程序控制PCIE控制器从队列中将数据拿走，封装成底层PCIE数据包发送到PCIE网络上。

那么自然存在一个问题：I/O控制器内部的PCIE协议处理程序需要将数据包准备到什么程度？实际上，只需要准备实际内容，并将该内容所属的事务类型（比如存储器读写、配置读写回应等）、源和目标设备编号或者访存存储器地址，一并通知给PCIE控制器就可以了。具体就是将数据所在的存储器（I/O控制器内部的存储器）指针以及事务类型描述在Descriptor（见前文介绍）中即可，PCIE控制器底层驱动程序会将队列头/尾指针写入到PCIE控制器对应的寄存器中，从而通知后者从队列中获取Descriptor并从中解析出要做的事情和对应数据所在位置，然后在进行下一步的封包处理。这个过程正是我们前文中介绍过的I/O的基本套路。PCIE也不例外，只不过PCIE传递的数据是访存、配置读写请求等事务；网络I/O控制器传递的是IP、ICMP、ARP等协议事务；SAS存储类I/O控制器传递的是SCSI读写等事务。但是对于网卡I/O场景，上层协议会负责将IP包整个封装好，甚至IP协议栈还需要把以太网帧头也封好，然后再让网卡发送，网卡只需要附上对应的校验信息即可。对于SAS存储类I/O场景，SCSI协议层会准备好对应的SCSI命令描述包，而剩下的则交给SAS I/O控制器来封装，包括SAS帧头的生成等，可见SAS I/O控制器做的事情要比以太网I/O控制器多一些。PCIE网络的方式与SAS类似，PCIE I/O控制器硬件负责大部分的封包工作。下面我们就来看一下一些PCIE网络数据包的典型结构。

负责封包的硬件其实就是表示层对应的物理实体，谁封包，谁就运行在表示层，谁就是表示层。应用层下发的请求首先被位于PCIE控制器内部的表示层硬件封装成TLP（Transaction Layer Packet）。TLP数据包整体被分为三大部分：Header（包头）、Payload（有效载荷）、Digest（校验数据），如图7-79所示，其中“R”表示保留不用。

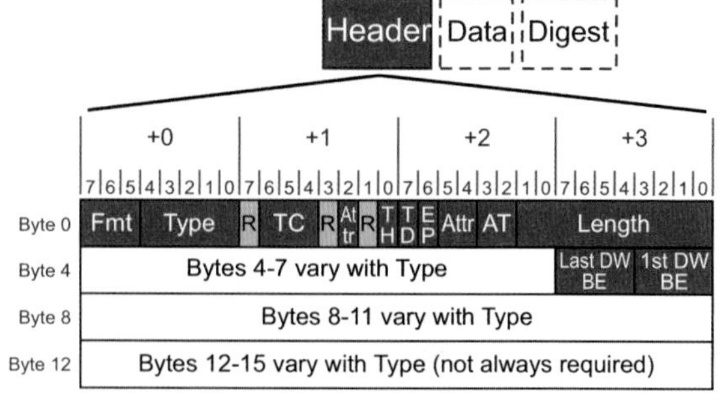

图7-79　TLP数据包头格式

其中最关键的一部分就是包头。包头由PCIE控制器内部的表示层硬件根据应用层下发的命令中给出的参数（被放在队列的Descriptor中，见上文）封装而成。其中主要字段的意义如下。

Fmt：格式，3位长。其是用来描述TLP包头本身的长度，以及该TLP包中是否包含数据。有些TLP中并不包含实际数据，比如从PCIE总控制器一侧发出的配置读请求。有些则包含数据，比如针对配置读请求的回应数据包。

Type：类型，5位长。其描述该TLP的事务类型。实际上，Type与Fmt字段一起组合起来描述TLP的类型、包头长度、有无数据这三种信息，如表7-1所示。其中DW表示双字（Double Word），也就是4个字节。3DW就表示12字节长。

可以看到TLP的事务类型实际上是有很多种的，前文中介绍过的存储器读写、配置空间读写请求只是最主要最关键的两种而已。其他类型主要是一些访存方面的增强功能，比如带锁的访存、原子方式（原子操作这个概念前文中介绍过）的访存等。这里就不做过多介绍了，请大家自行了解。

TC：流量类别（Traffic Class），3位长。由于PCIE控制器被设计为队列化异步数据收发，同时可以有多个请求在队列中等待发送，而应用层可能会要求某些TLP请求比较关键需要优先处理，所以PCIE控制器在底层硬件中维护了一些独立的虚拟队列（将一个大的物理队列中的流量做统计划分成不同的组，每个组就是一个**虚拟队列**，或者使用多个物理队列，但是一般前者方式更灵活），或者又被称为**虚拟通道**（Virtual Channel，VC）。这些VC有着不同的优先级，只要有请求位于这些通道里，就按照优先级顺序优先，或者在多个VC都有请求积压时，优先级更高的请求有更多机会被发送到PCIE网络上。PCIE标准中最高支持8个VC，但是真实的设备出于成本考虑通常只支持两三个VC。至于这些VC的优先发送策略，有多种方式，比如**严格优先级仲裁方式**，该方式非常严格，编号最高的VC优先级最高，只要VC7中有请求积压，就永远轮不到VC0～6中的请求被发送。此外还有**VC组仲裁**方式。某种PCIE控制器具体支持哪一种VC仲裁方式，需要在配置空间对应的寄存器中声

表7-1　各种TLP类型、包头长度、有无数据及其对应的Fmt和Type字段编码

TLP事务类型	对应的Fmt字段	对应的Type字段
Memory Read Request (MRd)	000 = 3DW, no data; 001 = 4DW, no data	0 0000
Memory Read Lock Request (MRdLk)	000 = 3DW, no data; 001 = 4DW, no data	0 0001
Memory Write Request (MWr)	010 = 3DW, w/ data; 011 = 4DW, w/ data	0 0000
IO Read Request (IORd)	000 = 3DW, no data	0 0010
IO Write Request (IOWr)	010 = 3DW, w/ data	0 0010
Config Type 0 Read Request (CfgRd0)	000 = 3DW, no data	0 0100
Config Type 0 Write Request (CfgWr0)	010 = 3DW, w/ data	0 0100
Config Type 1 Read Request (CfgRd1)	000 = 3DW, no data	0 0101
Config Type 1 Write Request (CfgWr1)	010 = 3DW, w/ data	0 0101
Message Request (Msg)	001 = 4DW, no data	1 0 r r r
Message Request W/Data (MsgD)	011 = 4DW, w/ data	1 0 r r r
Completion (Cpl)	000 = 3DW, no data	0 1010
Completion W/Data (CplD)	010 = 3DW, w/ data	0 1010
Completion Locked (CplLk)	000 = 3DW, no data	0 1011
Completion W/Data (CplDLk)	010 = 3DW, w/ data	0 1011
Fetch and Add AtomicOp Request	010 = 3DW, w/ data; 011 = 4DW, w/ data	0 1100
Unconditional Swap AtomicOp Request	010 = 3DW, w/ data; 011 = 4DW, w/ data	0 1101
Compare and Swap AtomicOp Request	010 = 3DW, w/ data; 011 = 4DW, w/ data	0 1110
Local TLP Prefix	100 = TLP Prefix	$0\ L_3\ L_2\ L_1\ L_0$
End to End TLP Prefix	100 = TLP Prefix	$1\ E_3\ E_2\ E_1\ E_0$

明出来，以供设备管理程序读出并知晓，程序也可以通过配置这些寄存器来设置具体的仲裁策略和参数。具体不过多介绍。

那么，哪些/哪类流量该使用哪些VC呢？这里就需要一种定义和映射方式，先定义流量类别，也就是TC，再将对应TC映射到对应VC。对TC的定义完全取决于应用层，比如程序向PCIE控制器发送一个事务请求，比如存储器读请求，其在Descriptor中的参数段可以明确指出本事务的TC值是多少，TC值可以任意指定，PICE标准中最多支持8个TC，也就是TLP包头中的TC字段长度为3位（2^3=8）。假设，我们指定了TC4，而系统设计者要求，TC4类别的流量全部采用最高优先级发送，那么，程序就需要预先读出该PCIE控制器的配置空间寄存器中相应的用于控制优先级策略的寄存器值，判断其支持哪一种策略控制模式，以及支持多少个VC。假设，其支持严格优先级仲裁方式，共支持3个VC，也就说，VC3拥有最高优先级，那么，程序就再对控制TC～VC映射的寄存器写入新值，从而告诉它“TC4被映射到了VC3”（如图7-80所示），这样，PCIE控制器根据TLP中的TC字段的值就可以将其放入对应的VC虚拟队列中了。

提示▶

用于记录和控制TC～VC映射关系的寄存器并不一定必须放到配置空间寄存器中，它也可以被放置在BAR所表述的寄存器空间中。这样，设备管理程序就无法控制TC映射了，因为设备管理程序并不知道这个映射寄存器在BAR描述空间中的哪个地址上，甚至不知道BAR空间里有没有这个寄存器。此时，该设备的驱动程序需要来控制TC映射，而这也是更好、更有针对性的方式。

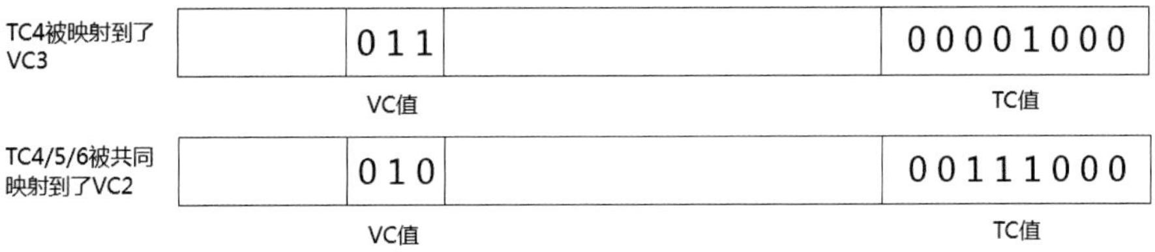

TC4被映射到了VC3　|　011　|　00001000
VC值　TC值

TC4/5/6被共同映射到了VC2　|　010　|　00111000
VC值　TC值

图7-80　记录有TC～VC映射关系的寄存器

图7-80所示为配置空间中记录TC～VC映射关系的寄存器，图中隐去了其他字段，只展示了VC和TC字段，程序可以向TC字段写入对应的值来控制映射关系。PCIE控制器支持几个VC，就会有几个映射关系寄存器，程序只需要向对应VC值的寄存器写入要映射的TC值就可以了。PCIE并没有规定哪些流量必须使用哪个TC、别映射到哪个VC，这完全取决于应用层程序的决定。PCIE只管按照映射关系把标识有对应TC的TLP放置到对应VC中。

注意，TLP包头中的TC值采用3位表示（000表示TC0，111表示TC7），而映射寄存器中的TC值采用8位表示，因为PCIE标准中允许将多个TC映射到同一个VC。

虚通道的概念在介绍QPI网络的时候也介绍过，PCIE和QPI在这方面属于同一种路数。这种对流量做优先级传送控制的方式被称为**服务质量控制**（Quality of Service，QoS）。一些IP路由器也支持QoS，其使用的路数与PCIE/QPI等网络别无二致，甚至连使用的名词也都类似，比如Traffic Class，等等。

Attr：Attribute，属性。该字段控制是否该TLP可以被用基于ID的乱序形式发送，这里不多介绍。

TH：TLP Processing Hint。该字段表示该TLP是否包含有用于辅助控制TLP处理时的额外信息，比如预读等。这里不多介绍。

TD：TLP Digest。该字段用于表示该TLP尾部是否包含4字节长度的校验信息。

EP：Poisoned Data，有毒数据。该字段是一个比较有趣的控制字段，用于通知接收方该TLP中的数据存在错误，比如校验错误等。但是错误的数据为何还会被发出或者接收呢？因为有些场景下，设备就需要接收到这个错误的数据包，比如设备需要知道数据具体是怎么错的，或者设备可以将其载入更强的纠错模块来纠正这个错误，或者设备本身原本就可以容忍这个错误，等等，总之你不能一发现错误就擅自丢弃这个数据包。

Attr：又一个Attribute字段，2位长。其中1个位用于控制该TLP是否可以用Relax Ordering模式乱序发送，具体不多介绍了。另一个位用来控制该TLP请求访存时，是否需要考虑向CPU 前端访存网络上广播对应的Snoop以保证与CPU Cache中的数据的一缓存致性。如果该位为1，则表示PCIE总控制器收到该TLP，可以无须发送CC广播，直接访存，这样可以提升性能。

AT：Address Type。对于虚拟机场景，访存地址需要翻译，该字段用于控制该TLP中出现的访存地址是否是经过翻译的，或者该TLP的目的就是让对方翻译该地址。具体不多介绍了。

Length：长度。该字段是关键的一个字段，描述了该TLP中数据有效载荷的长度值，以DW（4字节）为单位，其值描述的是“多少个4字节”，有效载荷最长为4KB（1024个DW）。

Last/First DW Byte Enable：BE信号，4位长。在介绍PCI网络时，曾经提到过BE#信号。由于应用层传递的数据并不都是DW的整数倍，假设最后一个DW中只有其中1、2、3或者全部4字节有效，则使用Last DW Byte Enable信号中的4个位，将对应位置为1，表示该字节有效。Last和First DW Byte Eable信号组合起来可以表示多种不同场景的有效字节形式，比如图7-81所示的场景。更多细节请大家自行查阅PCIE标准。

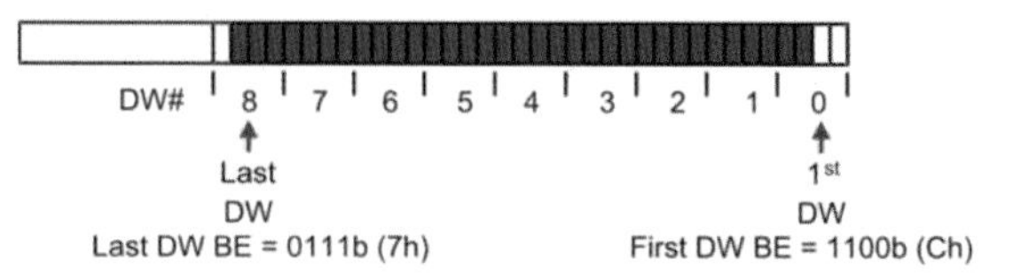

图7-81　TLP数据包头格式

图7-79中所示的是一个通用包头格式，其中的关键控制字段集中在0～3字节。而其他字节的内容，根据TLP类型（Fmt+Type）的不同，会有不同的组合变化。下面我们就来介绍一些最为常用的TLP的包头格式。

Configuration TLP。图7-82所示为配置读写请求的TLP数据包格式。其中Fmt为000，则表示配置读请求（不带数据），Fmt为010，则表示配置写请求（带数据）。Type字段为00100的话，则表示Type00配置请求，Type字段为00101的话，则表示Type01配置请求。配置读写请求的TC字段恒为0，因为配置访问TLP属于低访问优先级流量。Length字段恒为1。配置读写请求中关键的一个字段是Requester ID，其描述的是发起请求一侧的BID、DID和FID。Tag字段也是比较关键的一个字段，由于PCIE总控制器可以批量发出多个事务请求给不同的I/O设备，那么就需要一种机制来追踪每个事务的完成情况。PCIE控制器每发出一个事务请求，就为其附上一个Tag编号，对方收到该请求并回应时也需要使用相同的Tag，这样发送方就可以完成这轮事务并释放这个Tag（该Tag可以给后续发出的事务使用）。Requester ID+Tag共同被称为Transaction ID。有时候针对某个请求可能会产生多个Completion TLP。比如请求方发起存储器读请求，读取长度为4KB的数据，请求执行方返回数据的时候，可能并不会将这4KB的数据封装到单一的一个TLP中，一次性接收更多的数据意味着要准备更大的缓冲存储器，会增加成本和设计难度，而是会将其拆分成诸如8个512 字节的数据分片（目前多数PCIE设备的TLP Payload长度为512 字节，也有长一些的），用8个TLP返回，那么这8个TLP的Transaction ID是相同的。虽然传输这8个TLP的过程中，可能还会有其他Transaction的TLP乱入，但是由于ID不同，所以这些数据包收到后依然可以分清。那么，这8个TLP如果乱序到达，接收端会怎样？答案是，PCIE不会乱序发送和路由TLP。下文中你会看到每个TLP其实是有一个序号的，接收方会严格按照序号来接收TLP。

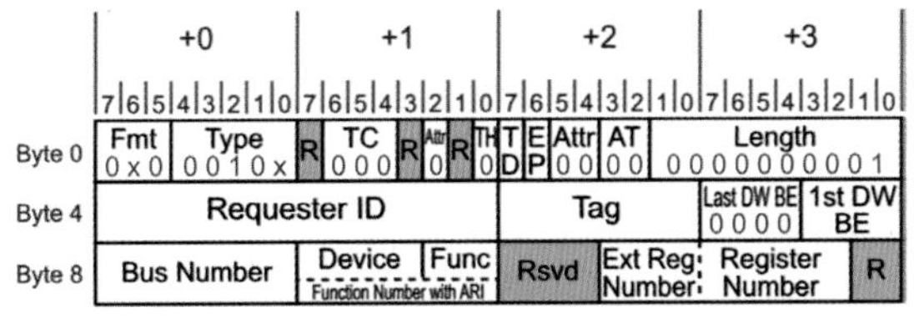

图7-82　Configuration TLP数据包头格式

那么，通信双方的PCIE控制器又是如何知道对方的最大可接受有效载荷长度值是多少呢？PCIE设备会在其扩展配置空间寄存器中准备一组Maximum_Payload_Size_Supported寄存器，用于保存该设备锁支持的全部有效载荷长度值。这些值是由设备本身原生携带的，也就是由设备本身加电初始化过程中从其ROM中读出然后写入到该组寄存器中的，Host端的设备管理程序读出这组寄存器值，便知道该设备支持哪些Payload值以及对应的最大值是多少。设备还会在配置空间中准备一个Maximum_Payload_Size寄存器，该寄存器初始值为空，需要由Host端设备管理程序负责填入。也就是说，设备管理程序在获知了相邻的两个PCIE控制器各自的Max_Payload_Size_Supported值之后，将两者中最小值分别写入两者的Maximum_Payload_Size寄存器，这样就让双方知道了自己该用多少Payload值来封装数据包了。值得一提的是，这个参数并不是一个端到端的参数。也就是说，如果有A-B-C-D四个PCIE控制器级连，A要将数据发送给D，A对B发送可能以512字节粒度发送，因为B的Max_Payload_Size为512 字节，但是B对C可能以4KB发送，因为C的Max_Payload_Size为4KB。

最后的字节8～11四个字节中，保存了配置读写请求的另外一个关键信息，也就是目标设备的BID/DID/FID/RID这四元组，PCIE网络正式利用这个目标ID对配置读写请求进行路由的。

Completion TLP。接收请求的一方完成了请求中所要求的事务之后，需要返回完成响应，也就是Completion TLP，如图7-83所示。该数据包需要包含Completer ID，也就是回应方自身的BID/DID/FID，以及携带Requester ID，也就是当初发送请求的那一侧的BID/DID/FID，同时，需要将当初接收到的请求中的Tag字段附到Completion TLP中，这样请求方就知道该响应是针对哪个Tag的请求了。另外一个关键字段是Completion Status字段，其给出了该响应的状态。其中，000表示Successful Completion（SC），001表示Unsupported Request（UR），010表示Config Request Retry Status（CRS），100表示Completer Abort（CA）。正常情况下接收方会返回SC状态码；但是如果接收方解析该请求时发现该请求非法/无法识别，则会返回UR状态码；如果接收方由于某种原因暂时没有资源来执行对应的请求，则返回CRS状态码，发送方应该重新发送请求；如果接收方在执行该事务请求时发生了一些错误导致无法执行成功，则返回CA状态码。

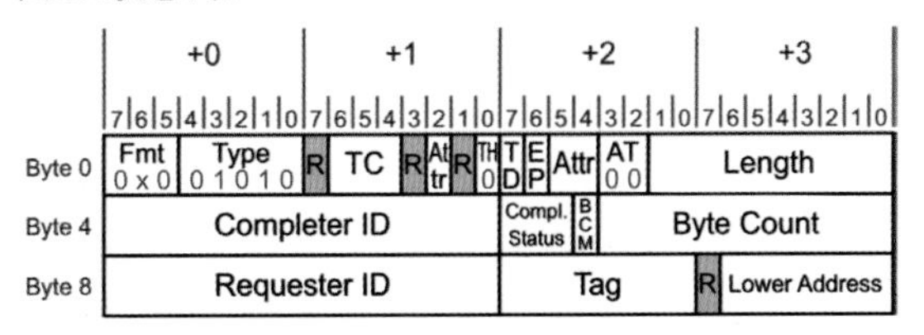

图7-83　Completion TLP数据包头格式

提示

配置读、配置写、存储器读请求，接收方必须返回Completion TLP，其中配置读和存储器读对应完成TLP携带数据Payload，配置写请求对应完成TLP不携带数据。存储器写请求不需要返回Completion TLP，只要请求方将写请求TLP发送完毕（被接收方的PCIE控制器收入本地缓冲区），发送方即视为该存储器写已完成，就可以继续发送队列中其他的TLP了。那么，**存储器写请求为什么不要求返回Completion TLP呢**？为了性能考虑。因为如果每次写入都需要对方返回回应的话，这样会产生较大时延，影响吞吐量。那么有人就担心了，收不到回应，发送方如何确定对方是否已经成功写入数据？这笔数据到底是否已经被写入了存储器？是否写入正确？发送方根本都不知道。执行该请求的PCIE控制器尝试写入存储器时如果真的出现错误，那么该PCIE控制器会发送中断信号给本侧的主控CPU来处理，但是此时能做的事情不多，发送请求的一方并无影响，该干啥还是干啥。那么这笔丢失的数据如何处理？这只能依靠上层的机制来处理。如果当前系统是存储系统，则需要采用各种Raid冗余机制将丢失的数据找回；如果是外部网络场景，那么以太网卡以及TCP传输协议会校验每个数据包，这笔丢失的存储器写，一定会导致该数据包校验不一致，TCP就会发现这个不一致，那么发送方便会重传该数据。人们将不需要期待Completion TLP的请求称为Posted Request，将期待Completion TLP的请求称为None-Posted Request。Posted意思就是“已妥投”的意思。

Memory Read/Write TLP。图7-84所示为存储器读/写TLP。除了那些必需的字段比如Requester ID、Tag、Length之外，存储器读写TLP中必须携带要访问的存储器地址。如果该地址是64位地址，则需要16字节的包头，如果该地址是32位地址，则需要12字节的包头。

值得一提的是，可以看到TLP中的地址位只有30位和62位，而并非32位和64位。其原因是PCIE标准中规定存储器读写请求访问的存储器必须是以4字节

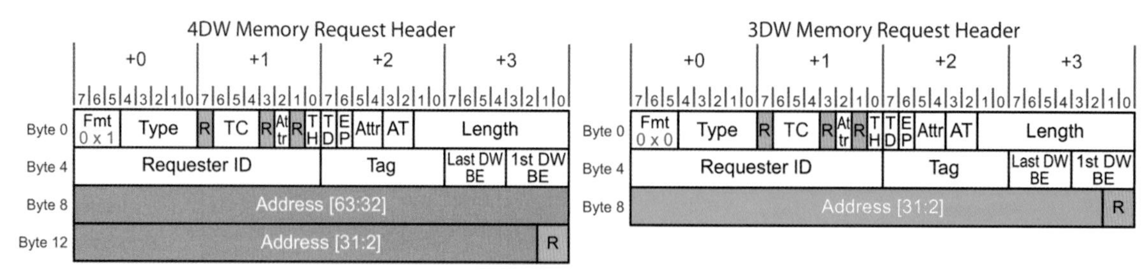

图7-84　存储器读写TLP数据包头格式

（一个双字）为一个单位，也就是访问的必须是4字节的整数倍，所以TLP中的地址描述的并不是“起始字节地址”而是“起始双字地址”，低2位就不需要了。TLP中的长度字段用来描述本次访存的双字的数量值，而不是字节数。

PCIE网络的应用层和表示层被统称为**事务层**（Transaction Layer），是PCIE体系中最重要的一层，是其核心灵魂所在。这样的话，应用层（Application Layer）这个词便泛指利用PCIE网络传送数据的那些器件/程序了。应用层和事务层之间的接口方式上文中也介绍过了。

- 会话层和网络层

会话层是通信双方在上层打招呼的一种形式。对于PCIE网络本身而言，这一层并没有什么对应角色存在。这一层更取决于利用PCIE网络传递信息的通信最终端，比如Host端程序和I/O控制器之间，可能存在会话过程。PCIE网络的网络层，就是指网络拓扑、编址、寻址、路由、桥、交换机等这些角色概念。这些内容咱们前文中已经介绍过了，这里就不过多介绍了。

- 传输层和链路层

对于PCIE网络来讲，其并没有将传输层和链路层严格地区分开来，因为PCIE的链路层做的事情非常多而强大，其包含了传输层的错误重传等机制，所以PCIE体系中并没有单独定义传输层，而只定义了链路层这个角色。相对而言，以太网+TCP/IP的区分则很明显，以太网不保障数据被正确送到目的地，所以需要TCP/IP。人们之所以不将TCP/IP传输控制协议逻辑一同做到网络I/O控制器内部的原因，还是为了更加灵活可控，因为TCPIP网络毕竟是全球性质的大互联网，而PCIE毕竟多数情况下出不了计算机的主板。

PCIE事务层的各种TLP，到了链路层之后，会被统一打包，形成链路层帧，然后发送到物理层那一堆的编解码器、加解扰器、均衡器等，最后进入物理信道上传输。下面我们就来看一下链路层打包之后的TLP是什么样子。

如图7-85所示，Device Core指的就是利用PCIE传输数据的器件/程序，属于应用层。事务层负责将应用层发来的数据和请求、参数封装为TLP包（HDR表示Header，包头），也就是红色部分。这些TLP被压入PCIE控制器内部的队列中，然后由链路层硬件对每个待发送的TLP包前面加上一段序列号，用于接收方区分每个TLP以及它们的发送顺序，此外还需要在整个TLP尾部加上CRC校验信息（连序列号一起校验）。那么，PCIE链路层的传输保障体现在哪里？这就得让链路层的悍将——ACK/NAK应答/重传协议出马了。

如图7-86所示，左侧为TLP发送方，右侧为接收方。我们先来看发送方。TLP从事务层的VC缓冲中被

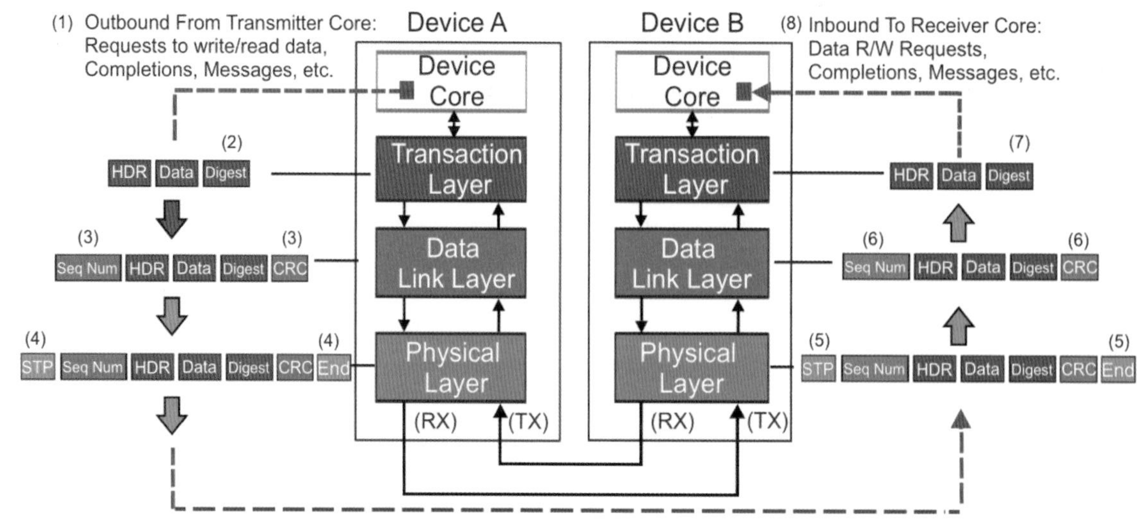

图7-85　PCIE网络的4大层次架构示意图

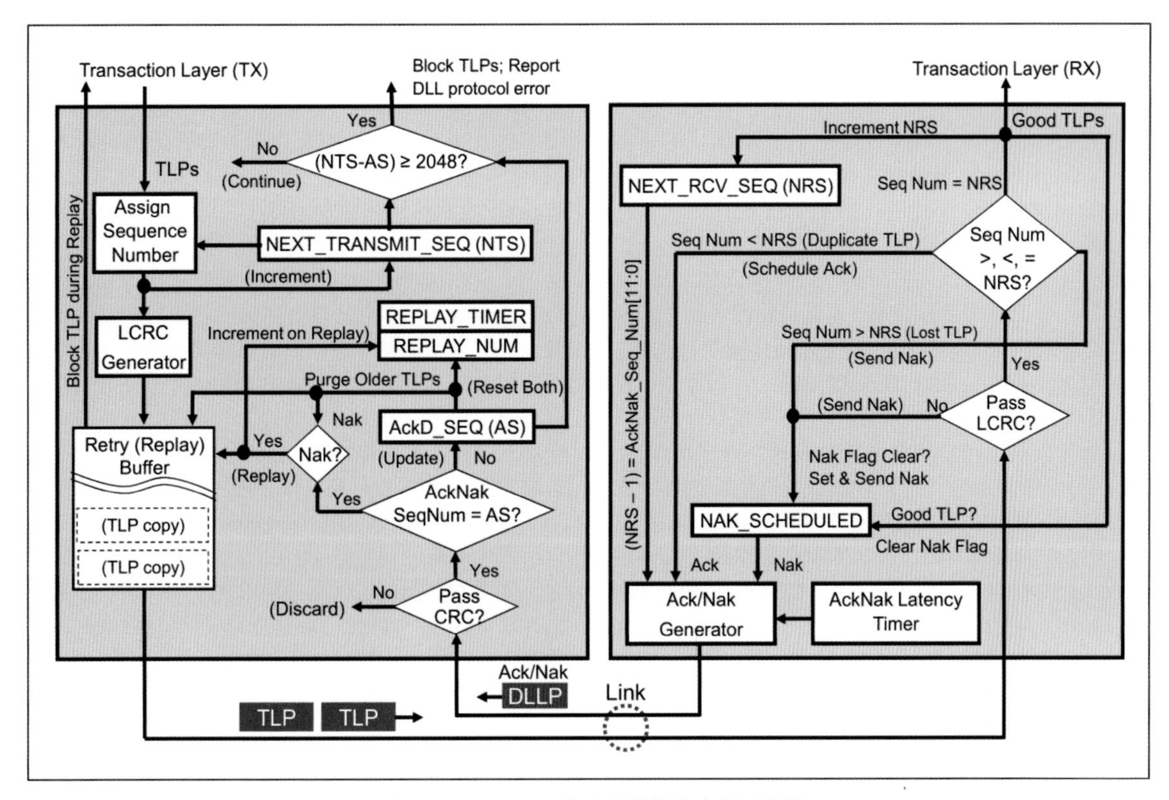

图7-86　ACK/NAK协议硬件模块流程示意图

发送到链路层中的ACK/NAK控制模块，首先会被载入一个叫作Assign Sequence Number的硬件模块。在这里，TLP被附加上一个序列号，序列号初始为全0，被存放在一个叫作NEXT_TRANSMIT_SEQ（NTS）的12位计数器中，每发送一个TLP，该计数器就被+1，加到最大值再返回0继续自增。加上了序列号的TLP会被发送到LCRC（Link CRC）计算模块，对带有序列号的TLP整体做CRC校验，并将4字节的校验信息附加到TLP尾部。到此，TLP就被打包好了，然后会被放入一个较大的FIFO缓冲区（Retry/Replay Buffer）排队发送。之所以被称为Retry Buffer是因为TLP从这里被发送出去之后还不能立即就删掉，必须等一会，等待接收方发送一个ACK（Acknowledgment）通知，证明确实已收到某个序列号之前的全部数据包（ACK通知中包含接收方接收到的最后一条无误的TLP中的序列号），本地暂存的TLP才能被删掉。为此，发送方需要记录明确的指针指向下一个将要发送出去的TLP，因为它不一定位于队列头部，队列头部可能被那些还没收到应答回执的TLP继续占用了。

再来看接收端。发送方从Retry Buffer中发出一条TLP之后，该TLP经过链路，被接后方收到后，第一件事就是做CRC校验。如果校验成功，则进入第二个判断步骤，判断该TLP的序列号是不是自己想接收的那个序列号。有个规则必须明确：一个PCIE链路的两端的PCIE控制器，必须按照序列号的顺序一个一个传送TLP。比如，接收方如果接收到序号为1的TLP，那么它会将1再加上1，将结果存到一个名为NEXT_RCV_SEQ（NRS）的寄存器中。如果再接收到一个TLP，那么就将该新TLP的序号与NRS寄存器中的值相比较。如果比较结果相等，那该TLP正是想要的，会被直接发送到接收方事务层缓冲中，后者再向应用层传递，同时将NRS的值+1。如果比较结果小于NRS中的值，那证明发送方之前发送过该TLP，本次又尝试发送，其原因可能是接收方给发送方的ACK通知本身并没有被接收方收到，所以接收方超时后重新传送了对应的TLP。接收方此时应该直接丢弃该TLP，并且向发送方再发送一个ACK通知，该通知中将包含NRS当前的序列号值。发送方接收到后便会知道“所有该序列号之前的TLP都已经收到了”，那么就将Retry Buffer中暂存的、序列号小于该值的所有TLP删掉。如果接收到的TLP中的序列号大于NRS中的值，这证明什么？比如接收方认为下一个应该收到5号包（也就是说5号包从来没被接收到过），而却收到了7号包，这违背了TLP必须按照顺序发送的原则，所以接收方此时会发送一个NAK（Negative Acknowledgment）消息，该消息中会包含接收方最后接收到的无误的TLP序列号，也就是5-1=4。发送方收到该消息，便会知道“4和4之前的都收到了”，将对应TLP删除，然后重新从5号包开始发送。也就是说，NAK一举两得，既通知了发送方已经收到几号包了，又告诉了发送方重新发送这个号之后的包。如果接收方对收到的TLP校验失败，则接收方会发送一条

NAK消息给发送方，发送方便会重新从断点继续发送数据。

TLP的接收方并不一定每接收到一个TLP就必须得返回一个ACK（无误的话）或者NAK（有误的话），这样非常浪费链路带宽。它完全可以积攒一定量的TLP之后，只发送一次ACK便把这些积攒的TLP都给ACK了，因为ACK中的序列号本来的意思就是“这个序列号及之前序列号的所有TLP均已成功收到”。那么积攒多少TLP，或者说积攒多长时间之后，必须发出一个ACK呢？这个限制体现在TLP接收方的ACK/NAK Latency Timer计数器中。接收方每发出一个ACK/NAK，该Timer就被重置并重新计数，一直到计数到达上限，则触发接收端再发送一个ACK/NAK。PCIE体系规范中有对该计数器值的描述，大家可自行了解。

图7-87所示为ACK/NAK数据包的结构，其并没有较大尺寸的包头，而只有1字节的标识，00000000标识ACK，00010000表示NAK，中间3个字节中的高12位保留不同，后12位用来承载序列号，末尾2字节用来CRC校验。

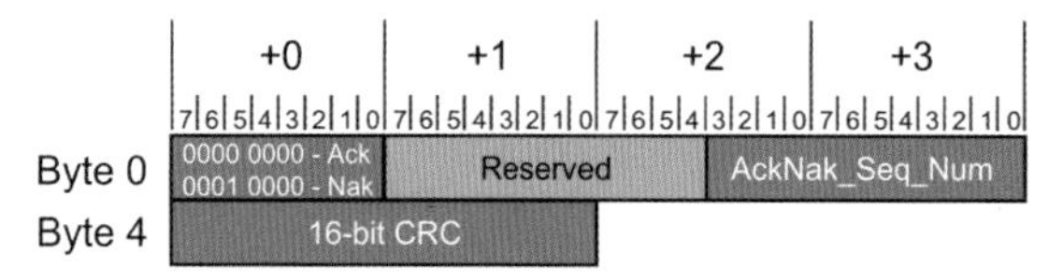

图7-87　ACK/NAK数据包结构

再来看发送方接收到接收方的ACK/NAK通知后的动作。由于ACK/NAK数据包自身也有CRC校验，所以接收到包的第一步便是计算校验，如果校验不通过，该ACK会被直接丢弃。这样会导致一个结果，比如TLP接收端认为已经发出了针对5号包的ACK，但是TLP发送端依然认为比如3号包到5号包这三个数据包还没有被对方确认，TLP接收端不会再次主动发出该ACK了。所以，TLP发送方应该设置一个ACK接收超时计时器，也就是图7-86中的REPLAY_TIMER，只要Replay Buffer中存在已发出但是尚未被删除的TLP副本，这个计时器就一直在计数。如果接收方收到针对Replay Buffer中任意数量的TLP的ACK/NAK，则在删除这些TLP副本的同时，将该计数器清零，但是只要Replay Buffer中依然有未被应答的TLP存在，那么该计时器会继续开始计数。最终，如果计数超过计数器上限还未收到ACK/NAK，则发送方将尝试发送所有位于Replay Buffer中的TLP。同时，每次超时重传后，REPLAY_NUM计数器将被+1，该计数器用于记录重传的次数，如果次数超过了4次，则表明很有可能底层链路出现了问题，则链路层会通知物理层重新对链路进行重置，并重新与对方协商链路参数以让链路在新参数下重新工作。

TLP发送方会记录“最后一个接收到的ACK的序列号”在AckD_SEQ寄存器中。TLP发送方如果接收到了无误的ACK/NAK，则开始下一步判断。如果发现其中的序列号与本地记录的AckD_SEQ值相同，则再判断其为ACK还是NAK。如果其是ACK，则说明，自从上一次接收到无误TLP之后，再也没有新TLP被接收到，则接收方依然会在ACK/NAK Latency Timer计数器的超时触发下再次发送ACK。既然没有任何新TLP收到，那么接收方发出的ACK中依然会包括与上次ACK中相同的序列号，此时，TLP发送方接收到该ACK之后，无动作。如果接收到的是NAK，而且包含与ACKd_SEQ寄存器中相同序列号的话，那证明接收方自从上次无误接收到最后一个TLP之后，又有新TLP到来。但是这些新TLP一个正确的都没有，全都有问题，那么电路在ACK/NAK Latency Timer超时触发下，会发送NAK，TLP发送方接收到该NAK，则必须触发将Replay Buffer中的全部未确认TLP副本再次发送一遍。

如果接收到的ACK/NAK中的序列号不等于ACKd_SEQ值（那就证明其一定是大于ACKd_SEQ值，因为只能大于等于，不可能小于），则证明有一批新的TLP被确认了，则该序列号会被更新到ACKd_SEQ寄存器中，同时REPLAY_TIMER和REPLAY_NUM寄存器会被清零，Replay Buffer中本次被确认的TLP副本会被删掉。同时，还需要计算下一次即将发出的新TLP的序列号，与接收方确认无误的最后一个TLP之间积攒了多少个未确认的TLP，如果大于等于2048个，则TLP发送方暂停从事务层接收新TLP，因为本地的Replay Buffer不可能被设计成无限大。

上述便是ACK/NAK协议的精髓所在。其实，TCP传输协议中也广泛使用了ACK/NAK协议，其作用原理是类似的，只不过其并没有通过纯数字逻辑来实现，而是采用了在Host端运行软件代码的方式实现，以太网卡将所有以太网帧都DMA到Host端的内存，然后程序来分析序列号、来重传对应的TCP包。PCIE控制器硬件ACK/NAK模块中的各个相关寄存器，就相当于TCP协议在内存中生成的各个变量和数据结构。ACK/NAK模块中的那些判断、比较逻辑，就相当于TCP协议代码中的那些if, else if语句，必须被载入CPU中的逻辑运算单元去计算出结果，然后再决定下一步，而ACK/NAK硬件模块则是直接用数字逻辑来实现这些判断。这里可以再次体会一下，硬件执行和软件执行的区别和本质。

这里会有个疑问。一条链路两端的PCIE控制器，由于采用全双工链路，收发链路独立，所以每个PCIE控制器既在发送数据，又在接收数据。那么这就意味着，任何一个PCIE控制器从其接收电路上可能会收到TLP数据包，同时也会收到ACK/NAK数据包，那么电路是如何判断出这两种数据包的异同，从而将其载入给不同的电路模块进行后续处理的呢？观察图7-87和表7-1后发现，TLP数据包的第一个字节可能会与ACK/NAK的第一个字节00000000/00010000二进制码有重复。既然如此，电路是如何区分TLP数据包和ACK/NAK数据包呢？难道要把TLP全部包头中的字节分析一遍？这不现实。

实际上，链路层会通知物理层将TLP数据包头部再附上一个1字节的帧头，叫作“Start of TLP，STP”，而给ACK/NAK数据包头部附上一个1字节的“Start of DLLP，SDP”帧头，并且将任何上层数据包尾部附上1字节的END帧尾。这样，电路只要判断帧头的格式就可以知道该帧是TLP还是ACK/NAK了。拥有SDP帧头的除了ACK/NAK之外，还有其他一些帧，这些帧均由链路层自身生成（应用层、事务层均感知不到）并在链路上传递。每个帧都有不同的作用。比如有的用于做流量控制，将本方的缓冲区状态通告给对方，对方判断后决定以什么样的频度发送TLP；有的则用来做电源管理，已达到节省功耗的目的；ACK/NAK也属于其中的一员。**这些由链路层为了传输控制、流量控制、电源管理而自行生成和发送的数据帧，被称为DLLP（Data Link Layer Packet）。**如图7-88所示为各种DLLP一览。上文已经介绍了ACK/NAK，而流量控制DLLP是另一块非常重要的内容。由于篇幅所限，其机制请大家自行了解，本书不做介绍，如图7-89所示。

DLLP Type	Type Field Encoding	Purpose
Ack (TLP Acknowledge)	0000 0000b	TLP transmission integrity
Nak (TLP Negative Acknowledge)	0001 0000b	TLP transmission integrity
PM_Enter_L1	0010 0000b	Power Management
PM_Enter_L23	0010 0001b	Power Management
PM_Active_State_Request_L1	0010 0011b	Power Management
PM_Request_Ack	0010 0100b	Power Management
Vendor Specific	0011 0000b	Vendor Defined
InitFC1-P	0100 0xxxb	TLP Flow Control (xxx = VC number)
InitFC1-NP	0101 0xxxb	TLP Flow Control
InitFC1-Cpl	0110 0xxxb	TLP Flow Control
InitFC2-P	1100 0xxxb	TLP Flow Control
InitFC2-NP	1101 0xxxb	TLP Flow Control
InitFC2-Cpl	1110 0xxxb	TLP Flow Control
UpdateFC-P	1000 0xxxb	TLP Flow Control
UpdateFC-NP	1001 0xxxb	TLP Flow Control
UpdateFC-Cpl	1010 0xxxb	TLP Flow Control
Reserved	Others	Reserved

图7-88 各种DLLP一览

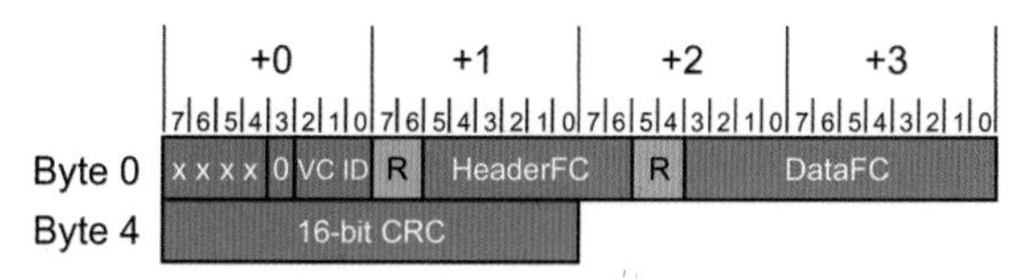

Field Name	Header Byte/Bit	DLLP Function
DLLP Type	Byte 0, [7:4]	This code indicates the type of FC DLLP: 0100b = InitFC1-P (Posted Requests) 0101b = InitFC1-NP (Non-Posted Requests) 0110b = InitFC1-Cpl (Completions) 0101b = InitFC2-P (Posted Requests) 1101b = InitFC2-NP (Non-Posted Requests) 1110b = InitFC2-Cpl (Completions) 1000b = UpdateFC-P (Posted Requests) 1001b = UpdateFC-NP (Non-Posted Requests) 1010b = UpdateFC-Cpl (Completions)
	Byte 0, [3]	Must be 0b as part of flow control encoding.
	Byte 0, [2:0]	VC ID. Indicates the Virtual Channel (VC 0-7) to be updated with these credits.
HdrFC	Byte 1, [5:0] Byte 2, [7:6]	Contains the credit count for header storage for the specified Virtual Channel. Each credit represents space for 1 header + the optional TLP Digest (ECRC).
DataFC	Byte 2, [3:0] Byte 3, [7:0]	Contains the credit count for data storage for the specified Virtual Channel. Each credit represents 16 bytes.

图7-89 流量控制DLLP

如图7-90所示为电源管理相关的DLLP，用来协调控制两端的PCIE控制器工作在何种电源模式下，细节就不多介绍了。

DLLP数据帧的帧头为SDP，而TLP数据帧的帧头为STP，它们的帧尾都是END，如图7-91所示。DLLP的活动范围只在一条链路的两端之间，其不会跨越桥/交换机被路由到其他链路上，因为其目的就是服务于本链路两端的两个PCIE控制器之间的数据收发。而TLP则可能跨越整个PCIE网络被路由。

+0 +1 +2 +3

Byte 0: 0 0 1 0 0 x x x | Reserved

Byte 4: 16-bit CRC

Field Name	Header Byte/Bit	DLLP Function
DLLP Type	Byte 0, [7:0]	Indicates DLLP type. For Power Management DLLPs: 0010 0000b = PM_Enter_L1 0010 0001b = PM_Enter_L23 0010 0011b = PM_Active_State_Request_L1 0010 0100b = PM_Request_Ack
16-bit CRC	Byte 4, [7:0] Byte 5, [7:0]	A 16-Bit CRC used to protect DLLP contents. Calculation is based on Bytes 0-3, regardless of whether fields are used.

图7-90 电源管理相关的DLLP

图7-91 DLLP的生成和封包

图7-92展示并总结了PCIE事务层到链路层的整体过程。上层程序或者硬件，采用某种接口方式将上层发来的请求传送给PCIE控制器的事务层硬件，一般来讲商用的PCIE控制器模块都采用队列的方式来获取访存、配置读写等各种请求。PCIE事务层硬件接收到对应的请求信号和参数，便生成对应的TLP数据包，并根据上层下发的参数将TLP放入对应的VC队列中。PCIE链路层硬件从对应的队列中取出TLP，载入ACK/NAK模块加上序列号，然后加入CRC校验，向物理层发送该数据包。同时，链路层也会发送一些DLLP进行传输控制、流量控制和电源控制等，其中流量控制DLLP是由事务层来决策，然后通知链路层发出的，并不是由链路层自主决策发出的。TLP在未被确认之前会暂存在Replay Buffer中，而DLLP并不需要确认即可直接发送，发送控制电路利用MUX来进行选择发送。不管是TLP还是DLLP，它们均被发送到物理层加上对应的起始帧头和结束帧尾，然后进入后续的N/Mb编码、扰码等物理层电路模块处理和发送。

现在我们将PCIE控制器接入前端访存网络中。如图7-93所示，挂接在PCIE网络前端的Ring网络控制器从Ring上接收所有访存请求，然后通过队列发送到地址路由部件。该部件经过BIOS或者操作系统底层程序的配置，只接收PCIE网络中所有设备所被分配的那些物理地址的访问请求，然后将其转发给访存请求～PCIE事务请求转换模块处理，转换成对应的针对后端PCIE事务层硬件模块的操作信号，并放入队列中等待后续模块执行。反之亦然，将PCIE设备发

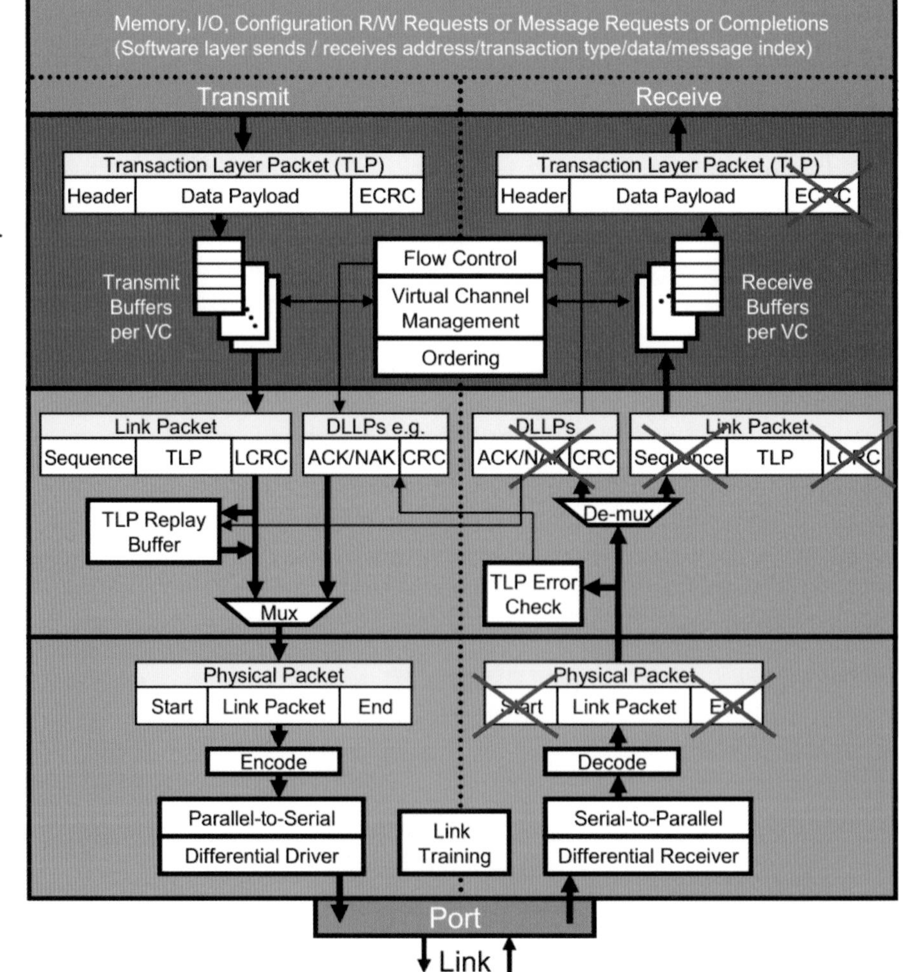

图7-92 PCIE数据生成和发送整体流程

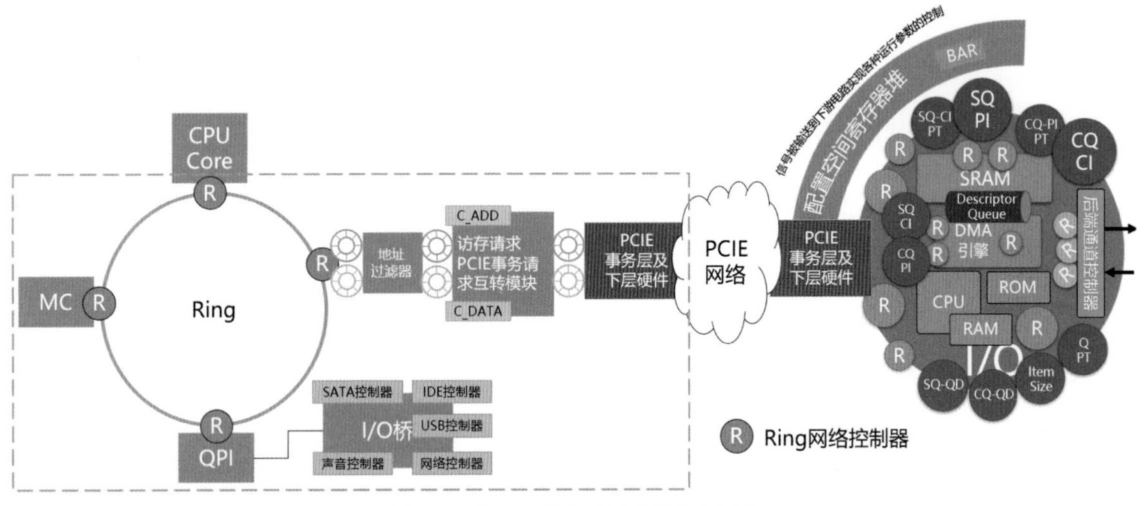

图7-93 将PCIE接入系统前端访存网络

起的DMA访存TLP请求转换为向上游的访存请求并放入上游队列中。该模块内部需要将PCIE设备DMA读主存所返回的数据与请求该数据的请求做对应，也就是将TLP中的BDF ID与该TLP转换成的访存请求所在队列的位置序号做对应。上下游模块返回针对该队列位置请求的数据时，该模块将该数据的指针放入下游队列，并将对应的BDF ID也放入队列中的Descriptor中，然后由PCIE控制器通过将其封装成Completion with Data的TLP请求发送到PCIE网络上。请注意，该转换模块输出的并非是TLP数据包，而只是描述信息，比如请求类型、目标地址等，具体的TLP由PCIE事务层硬件来封装生成。Intel将图中虚线框的部分称为RC（Root Complex）。

提示

大家现在可以回顾一下6.5节介绍的QPI网络相关内容，你会发现它与PCIE在各层次上是极度相似的，只是有些描述方式和概念名词不同，比如QPI的VN其实就是PCIE中的VC，等等。QPI中也划分了一些消息类型（PCIE将其称为事务），也有TC和VC的对应关系，等等。但是由于QPI属于封闭的私有协议，其内部具体实现鲜为人知，但是可以从PCIE的实现中略见一斑。

现在大家可以打开电脑，进入设备管理器中，会发现一些匪夷所思的现象。如图7-94所示，为何位于I/O桥上的SATA控制器也有PCIE网络的BDF（Bus/Device/Function） ID地址？难道SATA控制器是先连接到PCIE I/O总控制器上，作为一个PCIE设备而存在么？并非如此。实际上，这是Intel CPU平台上的特殊处理。

图7-95左侧所示为Intel平台早期时候南北桥分离时的场景。其中，MCH为Memory Control Hub，也就是北桥；ICH为I/O Control Hub，也就是南桥。为了方便管理，实现统一的概念和视图，南北桥上所有的控制器设备都采用设备编号来管理，所以Intel决定直接沿用PCI/PCIE体系中的BDF方式给这些设备编号，并且也拥有自己的配置空间。只不过其配置空间并不细分为用配置读写请求访问的部分和直接寻址的BAR中描述的空间，而是直接使用一段可直接寻址的地址空间来同时承载配置信息和寄存器/缓冲区。这其中，又有些I/O控制器的地址是完全定死的（见图7-96左侧），桥内也携带这些地址的默认路由条目，这些地址被映射在CPU物理地址空间固定的地方。这些被映射的寄存器空间内包含该I/O控制器的配置寄存器、各种控制寄存器等，由对应的驱动程序负责操作这些寄存器。不过，由于Intel是常用平台，主流的操作系统都已经自带了这些I/O控制器的驱动，这些驱动把这些定死的地址也直接写死在代码里。而有些I/O控制器的地址空间也并未定死，可以由程序（通常为BIOS）来配置内部的路由表，将对应设备的地址映射到某段CPU物理地址空间上（见图7-96右侧），具体映射到哪里就取决于BIOS设计者了。

图7-95中可以看到，所有南北桥内部集成的I/O控制器身处一个大的虚拟的Bus 0中，在B0虚拟总线内存在多个虚拟的PCI/PCIE设备，这些虚拟设备中的某个Function便对应着一个物理上的I/O控制器。当然，其实每个物理I/O控制器可以对应成一个Device ID，但是这样会消耗较多的DID，用少量DID加FID则更划算。

值得一提的是，就连Memory Controller也会作为一个虚拟的PCIE设备而存在，对MC的配置也是通过PCIE配置读写请求完成的。

图7-95右侧所示为目前最新的Intel平台的I/O桥（Platform Control Hub，PCH）上的I/O控制器的BDF编号。虽然每个被集成到南北桥的I/O控制器拥有自己的BDF ID，但是这并不说明这些南北桥上的控制器身处一个PCI/PCIE网络中，它们实际上身处在南北桥

图7-94　SATA控制器也具有PCIE网络的BDF ID

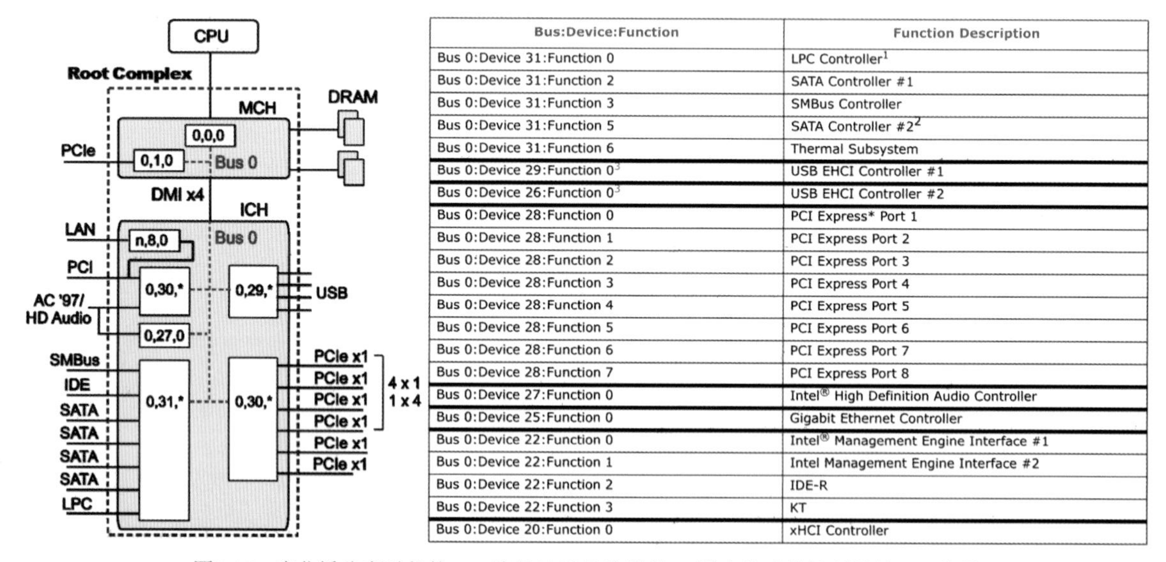

Bus:Device:Function	Function Description
Bus 0:Device 31:Function 0	LPC Controller[1]
Bus 0:Device 31:Function 2	SATA Controller #1
Bus 0:Device 31:Function 3	SMBus Controller
Bus 0:Device 31:Function 5	SATA Controller #2[2]
Bus 0:Device 31:Function 6	Thermal Subsystem
Bus 0:Device 29:Function 0[3]	USB EHCI Controller #1
Bus 0:Device 26:Function 0[3]	USB EHCI Controller #2
Bus 0:Device 28:Function 0	PCI Express* Port 1
Bus 0:Device 28:Function 1	PCI Express Port 2
Bus 0:Device 28:Function 2	PCI Express Port 3
Bus 0:Device 28:Function 3	PCI Express Port 4
Bus 0:Device 28:Function 4	PCI Express Port 5
Bus 0:Device 28:Function 5	PCI Express Port 6
Bus 0:Device 28:Function 6	PCI Express Port 7
Bus 0:Device 28:Function 7	PCI Express Port 8
Bus 0:Device 27:Function 0	Intel® High Definition Audio Controller
Bus 0:Device 25:Function 0	Gigabit Ethernet Controller
Bus 0:Device 22:Function 0	Intel® Management Engine Interface #1
Bus 0:Device 22:Function 1	Intel Management Engine Interface #2
Bus 0:Device 22:Function 2	IDE-R
Bus 0:Device 22:Function 3	KT
Bus 0:Device 20:Function 0	xHCI Controller

图7-95　南北桥分离时代的BDF编号以及目前最新I/O桥上集成的控制器的BDF编号

内部的特殊总线/Crossbar网络中，其也采用存储器地址路由方式。返回包也有可能采用基于ID路由的方式，而且很有可能直接使用了与PCIE类似的BDF ID方式。所以，虽然这些控制器在底层物理层上与PCIE不同，但是其上层逻辑很有可能是类似甚至相同的。由于冬瓜哥对PCH桥内部的设计并不了解，所以只能猜测如此。

我们来验证一下。请大家打开自己的电脑（截至当前，多数笔记本都使用Intel的9系列I/O桥片），打开设备管理器，在其中寻找如图7-96中列出的这些设备，查看其所占用（被分配）的地址空间状况。如图7-97所示，冬瓜哥的电脑上的“受信任的平台模块”，便是图7-96中右侧所示的TPM on LPC，该模块的作用是提供安全认证。在BIOS里设置的开机密码、访问硬盘的密码等，都由该TPM模块来管理。可以看到，TPM模块的寄存器空间的确被映射到了固定的FED4 0000h～FED4 FFFFh地址段中。再看一下高精度时间计时器（一种高精度计数器，可设置对应的时间用于倒计时、计时等用途，达到对应时间便触发中断）的地址范围，其也的确落入了图7-96右侧所示的地址范围内。

提示 ▶▶▶

图7-97所示的地址范围都是CPU物理地址。实际上，这些设备的驱动程序会将这些物理地址映射到操作系统内核的虚拟地址空间区域，然后用虚拟地址来访问对应的寄存器。

下面是某台服务器上的部分PCIE设备一览。可以在Linux操作系统下通过lspci命令查看所有的PCI/PCIE设备，由于名单太长，冬瓜哥只列出一部分比较有

Memory Range	Target	Dependency/Comments
0000 0000h-000D FFFFh 0010 0000h-TOM (Top of Memory)	Main Memory	TOM registers in Host controller
000E 0000h-000E FFFFh	LPC or SPI	Bit 6 in BIOS Decode Enable register is set
000F 0000h-000F FFFFh	LPC or SPI	Bit 7 in BIOS Decode Enable register is set
FEC_ _000h-FEC_ _040h	IO(x) APIC inside PCH	_ _is controlled using APIC Range Select (ASEL) field and APIC Enable (AEN) bit
FEC1 0000h-FEC1 7FFF	PCI Express* Port 1	PCI Express* Root Port 1 I/OxAPIC Enable (PAE) set
FEC1 8000h-FEC1 FFFFh	PCI Express* Port 2	PCI Express* Root Port 2 I/OxAPIC Enable (PAE) set
FEC2 0000h-FEC2 7FFFh	PCI Express* Port 3	PCI Express* Root Port 3 I/OxAPIC Enable (PAE) set
FEC2 8000h-FEC2 FFFFh	PCI Express* Port 4	PCI Express* Root Port 4 I/OxAPIC Enable (PAE) set
FEC3 0000h-FEC3 7FFFh	PCI Express* Port 5	PCI Express* Root Port 5 I/OxAPIC Enable (PAE) set
FEC3 8000h-FEC3 FFFFh	PCI Express* Port 6	PCI Express* Root Port 6 I/OxAPIC Enable (PAE) set
FEC4 0000h-FEC4 7FFF	PCI Express* Port 7	PCI Express* Root Port 7 I/OxAPIC Enable (PAE) set
FEC4 8000h-FEC4 FFFF	PCI Express* Port 8	PCI Express* Root Port 8 I/OxAPIC Enable (PAE) set

Memory Range	Target	Dependency/Comments
FFC0 0000h-FFC7 FFFFh FF80 0000h-FF87 FFFFh	LPC or SPI (or PCI)[2]	Bit 8 in BIOS Decode Enable register is set
FFC8 0000h-FFCF FFFFh FF88 0000h-FF8F FFFFh	LPC or SPI (or PCI)[2]	Bit 9 in BIOS Decode Enable register is set
FFD0 0000h-FFD7 FFFFh FF90 0000h-FF97 FFFFh	LPC or SPI (or PCI)[2]	Bit 10 in BIOS Decode Enable register is set
FFD8 0000h-FFDF FFFFh FF98 0000h-FF9F FFFFh	LPC or SPI (or PCI)[2]	Bit 11 in BIOS Decode Enable register is set
FFE0 000h-FFE7 FFFFh FFA0 0000h-FFA7 FFFFh	LPC or SPI (or PCI)[2]	Bit 12 in BIOS Decode Enable register is set
FFE8 0000h-FFEF FFFFh FFA8 0000h-FFAF FFFFh	LPC or SPI (or PCI)[2]	Bit 13 in BIOS Decode Enable register is set
FFF0 0000h-FFF7 FFFFh FFB0 0000h-FFB7 FFFFh	LPC or SPI (or PCI)[2]	Bit 14 in BIOS Decode Enable register is set
FFF8 0000h-FFFF FFFFh FFB8 0000h-FFBF FFFFh	LPC or SPI (or PCI)[2]	Always enabled. The top two 64 KB blocks of this range can be swapped, as described in Section 9.4.1.
FF70 0000h-FF7F FFFFh FF30 0000h-FF3F FFFFh	LPC or SPI (or PCI)[2]	Bit 3 in BIOS Decode Enable register is set
FF60 0000h-FF6F FFFFh FF20 0000h-FF2F FFFFh	LPC or SPI (or PCI)[2]	Bit 2 in BIOS Decode Enable register is set
FF50 0000h-FF5F FFFFh FF10 0000h-FF1F FFFFh	LPC or SPI (or PCI)[2]	Bit 1 in BIOS Decode Enable register is set
FF40 0000h-FF4F FFFFh FF00 0000h-FF0F FFFFh	LPC or SPI (or PCI)[2]	Bit 0 in BIOS Decode Enable register is set
128 KB anywhere in 4 GB range	Integrated LAN Controller	Enable using BAR in D25:F0 (Integrated LAN Controller MBARA)
4 KB anywhere in 4 GB range	Integrated LAN Controller	Enable using BAR in D25:F0 (Integrated LAN Controller MBARB)
1 KB anywhere in 4 GB range	USB EHCI Controller #1[1]	Enable using standard PCI mechanism (D29:F0)
1 KB anywhere in 4 GB range	USB EHCI Controller #2[1]	Enable using standard PCI mechanism (D26:F0)
64 KB anywhere in 4 GB range	USB xHCI Controller	Enable using standard PCI mechanism (D20:F0)
16 KB anywhere in 64-bit addressing space	Intel® High Definition Audio Host Controller	Enable using standard PCI mechanism (D27:F0)
FED0 X000h-FED0 X3FFh	High Precision Event Timers [1]	BIOS determines the "fixed" location which is one of four, 1-KB ranges where X (in the first column) is 0h, 1h, 2h, or 3h.
FED4 0000h-FED4 FFFFh	TPM on LPC	None
Memory Base/Limit anywhere in 4 GB range	PCI Bridge	Enable using standard PCI mechanism (D30:F0)
Prefetchable Memory Base/Limit anywhere in 64-bit address range	PCI Bridge	Enable using standard PCI mechanism (D30:F0)
64 KB anywhere in 4 GB range	LPC	LPC Generic Memory Range. Enable using setting bit[0] of the LPC Generic Memory Range register (D31:F0:offset 98h).
32 Bytes anywhere in 64-bit address range	SMBus	Enable using standard PCI mechanism (D31:F3)
2 KB anywhere above 64 KB to 4 GB range	SATA Host Controller #1	AHCI memory-mapped registers. Enable using standard PCI mechanism (D31:F2)

Memory Range	Target	Dependency/Comments
Memory Base/Limit anywhere in 4 GB range	PCI Express* Root Ports 1-8	Enable using standard PCI mechanism (D28: F 0-7)
Prefetchable Memory Base/Limit anywhere in 64-bit address range	PCI Express Root Ports 1-8	Enable using standard PCI mechanism (D28:F 0-7)
4 KB anywhere in 64-bit address range	Thermal Reporting	Enable using standard PCI mechanism (D31:F6 TBAR/TBARH)
4 KB anywhere in 64-bit address range	Thermal Reporting	Enable using standard PCI mechanism (D31:F6 TBARB/TBARBH)
16 Bytes anywhere in 64-bit address range	Intel® MEI #1, #2	Enable using standard PCI mechanism (D22:F 1:0)
4 KB anywhere in 4 GB range	KT	Enable using standard PCI mechanism (D22:F3)
16 KB anywhere in 4 GB range	Root Complex Register Block (RCRB)	Enable using setting bit[0] of the Root Complex Base Address register (D31:F0:offset F0h).

图7-96　Intel 9系列I/O桥（PCH）上各种I/O控制器的寄存器被映射到的物理地址范围一览

图7-97 固定地址的I/O控制器一例

意思的条目，如Home Agent、Ring to PCIE、Ring to QuickPath。不知道大家对这些角色是否还有印象，这些都是我们在第6章介绍过的多核心处理器网络中的关键角色。

Intel Corporation Xeon E5/Core i7 Integrated Memory Controller System Address Decoder 0
Intel Corporation Xeon E5/Core i7 System Address Decoder (rev 06)
Intel Corporation Xeon E5/Core i7 Integrated Memory Controller System Address Decoder 1
Intel Corporation Xeon E5/Core i7 Processor Home Agent (rev 06)
Intel Corporation Xeon E5/Core i7 Processor Home Agent Performance Monitoring (rev 06)
Intel Corporation Xeon E5/Core i7 Integrated Memory Controller Target Address Decoder 0
Intel Corporation Xeon E5/Core i7 Integrated Memory Controller Target Address Decoder 1
Intel Corporation Xeon E5/Core i7 Integrated Memory Controller Target Address Decoder 2
Intel Corporation Xeon E5/Core i7 Integrated Memory Controller Target Address Decoder 3
Intel Corporation Xeon E5/Core i7 Integrated Memory Controller Target Address Decoder 4
Intel Corporation Xeon E5/Core i7 Ring to PCI Express Performance Monitor
Intel Corporation Xeon E5/Core i7 QuickPath Interconnect Agent Ring Registers
Intel Corporation Xeon E5/Core i7 Ring to QuickPath Interconnect Link 0 Performance Monitor
Intel Corporation Xeon E5/Core i7 Ring to QuickPath Interconnect Link 1 Performance Monitor

● 物理层

TLP和DLLP被链路层下发到由物理层维护的一个FIFO缓冲中暂存，物理层的电路模块会识别FIFO中的数据包是DLLP还是TLP，然后选择将STP或者SDP帧头加入到数据包之前。STP/SDP本身长度为一字节，其又被称为符号（Character，Symbol）。这些符号被存储在物理层电路中的固定值寄存器中，使用时从中抽取然后输出。那么，帧头符号是怎么与TLP/DLLP合起来的呢？实际上，电路并不是现将两者合起来存入某个寄存器，然后再发送到链路上的，而是头身分离分别发送，通过控制Mux开关，帧头先被传送下去，然后切换开关，TLP/DLLP的包身再被传送下去。

PCIE底层采用串行传输线路，每根线路被称为一个通道（Lane）。通道的速率在PCIE 1.0/2.0/3.0时代各有不同，每进化一代，速率翻翻。目前最新的PCIE 3.0规范下每根线路的速率为1GB/s。PCIE规范允许一个PCIE控制器使用多个通道同时发送数据，其规则是将数据包按照1个字节的粒度轮流依次载入每个通道上传输到对端，如图7-98所示。目前主流的CPU芯片会提供大约40个以上的通道，2/4/6/8/16个通道可以被绑定成一个PCIE端口（Port）。比如，如果8个通道形成一个端口，那么一个数据包中的字节会被打散在这8个通道上传输，我们俗称该端口为x8端口。前文的图7-19中左侧竖着的插槽就是PCI/PCIE接口的物理形态，长度短一些的插槽可能是x4甚至x2端口，长度长一些的可能是x8或者x16端口，具体还得看主板上的标识或者主板手册。

提示

目前主流的PCIE控制器内部最多支持每个端口有16个通道，也就是x16端口。其实理论上可以支持到更高，但是这样会增加硬件电路的规模从而增加成本。在图7-107中，你会看到PCIE器件相关厂商是如何组织所有通道的。

再回到图7-98，可以看到顶部蓝色的TLP共有30个字节，其中2个序列号字节以及尾部的4个LCRC字节是由链路层产生的。而TLP头部的STP字节/字符和尾部的END字符，是由物理层附加上的。STP-TLP-END作为一个完整的数据帧，被打散在8个通道上并行传输，STP字节必须被放置在该x8端口的第一个通道上，而END字节并不一定能保证刚好放置在第8个通道上，因为TLP的长度是不定的。一旦长度无法匹配，那么物理层需要将该数据帧补齐，也就是在帧尾部填充PAD字符一直到第8个通道，如图下方的TLP所示。对DLLP也是一样的处理方式，不过图中所示的DLLP长度刚好匹配通道的数量。

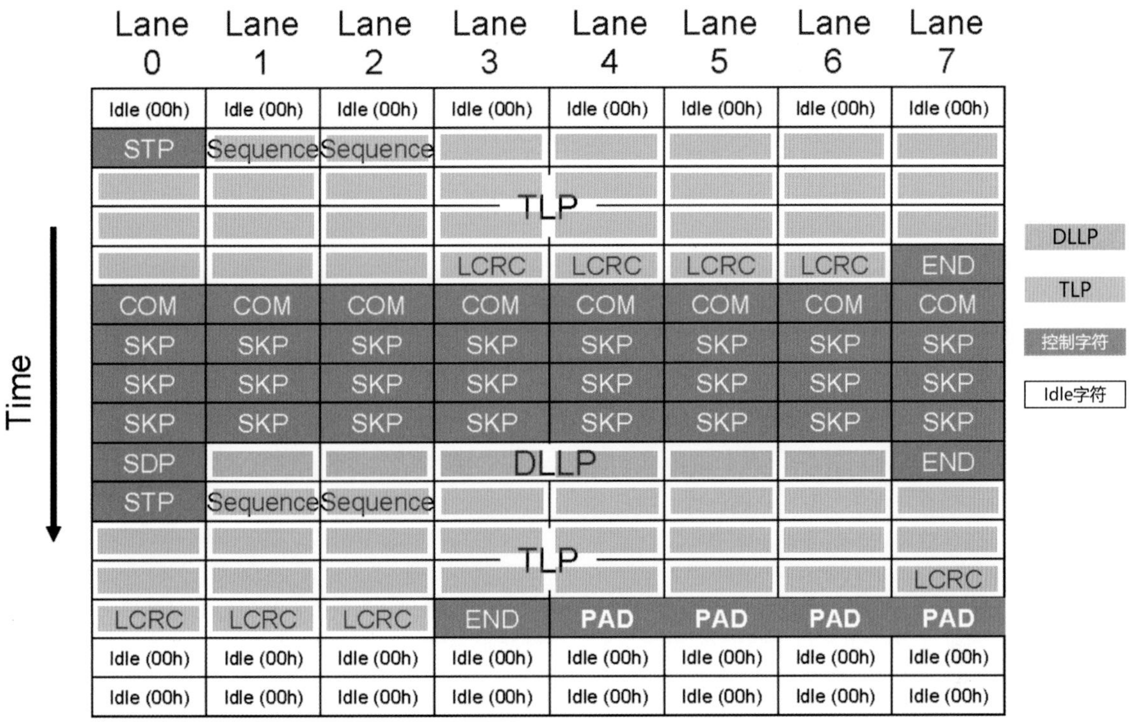

图7-98 数据包中的字节在x8通道上的排布方式

图中还有一些其他控制字符，比如COM、SKP，而且可以看到 COM-SKP-SKP-SKP这种组合同时在8个通道上传递了一次。这组字符集被称为**有续字符集**（Ordered Set）。**有续字符集**又可以被称为**物理层数据包**（Physical Layer Packet，PLP），相对于TLP和DLLP。其作用是为了实现物理层的各种动态参数调节、状态变更等。图7-99所示为PCIE物理层的控制字符一览，其中有些字符可以单独存在，比如STP、SDP、END、EDB、PAD，而另一些字符必须抱团存在，比如COM必须与SKP/FTS/IDL中的一种组成有续集，才能在链路上发送。所有的有续集都以COM字符开头。

Character Name	8b/10b Name	Description
COM	K28.5	First character in any ordered set. Also used by Rx to achieve Symbol lock during training.
PAD	K23.7	Packet filler
SKP	K28.0	Used in SKIP ordered set for Clock Tolerance Compensation
STP	K27.7	Start of a TLP
SDP	K28.2	Start of a DLLP
END	K29.7	End of Good Packet
EDB	K30.7	End of a bad or 'nullified' TLP.
FTS	K28.1	Used to exit from L0s low power state to L0
IDL	K28.3	Used to place Link into Electrical Idle state
EIE	K28.7	Part of the Electrical Idle Exit Ordered Set sent prior to bringing the Link back to full power for speeds higher than 2.5 GT/s

图7-99 由物理层生成并插入的控制字符一览

COM-SKP-SKP-SKP有续集的作用是进行时钟补偿，避免由于收发双方的电路运行时钟频率的微小差异积累之后导致接收端缓冲区Overrun/Underrun。比如发送端时钟频率稍高于接收端，那么接收端对数据包的消耗速度赶不上接收速度，则导致缓冲区溢出，如果在链路上定时插入COM-SKP-SKP-SKP字符组合，其被送入缓冲区占位，一旦由于接收端时钟频率差异的积累导致缓冲区接近满了，接收端可以直接将这些占位字符从缓冲区中删掉，这样就腾出了空间继续接收新数据包。这个思路就像你现在硬盘上创建一些垃圾大文件占位，以防一些零散程序后台默默把空间消耗光你才知道，这样当硬盘已满时，你可以删除这些占位空泡释放一些空间出来继续使用，而不是坐等系统崩溃。SKP的意思你现在应该可以理解了，就是Skip的意思。而COM字符的意思是Comma，也就是逗号的意思。接收方的电路需要识别COM和SKP字符，这样才能从接收缓冲区中删掉它们释放空间。

除了COM-SKP-SKP-SKP有续集外，还存在用于让接收方进入节电模式的COM-IDL-IDL-IDL有续集（IDL表示Idle），以及用于通知接收方从节电模式恢复到正常模式的COM-FTS-FTS-FTS有续集（FTS字符中的0和1组合会被接收方用来重新提取发送方的时钟频率并与本地时钟进行同步，然后重新恢复到正常接收模式，FTS表示Fast Training Sequence）。有续集在链路上传送时，并不像DLLP/TLP那样被按照字横向打散在多个通道上传输，而是必须每个通道上都同时传递一次同一份有续集。这便产生了如图7-98中的8路COM-SKP-SKP-SKP有续集分别在8个通道上传递一次的景象。

如图7-100左侧所示，如果底层端口只采用一个PCIE通道来传送数据，那么数据包的字节就是一个接一个在这条单一通道上传递的。如果采用4个通道组成一个端口，那么就如图7-100右侧所示。

图7-98中另外的一个字符是Idle字符（二进制00000000），注意，其区别于IDL字符。IDL字符与COM字符组成COM-IDL-IDL-IDL有续集，被接收方收到之后，接收方会直接进入节电模式，也就是链路上不再有数据包传递。而Idle字符的作用是，当链路两端都在正常收发模式时，发送方缓冲区已空，没有任何上层数据包要发送的情况下，为了维持链路的连通性，发送方必须自行找东西发送给接收方，接收方收到之后丢弃它。难道这不是多此一举么？发送方不发送任何数据不可以么？我们在第1章中提到过，电路是可以处于高阻态的。难道发送方或者接收方不可以将电路置于高阻态么？不可以。我们在第6章介绍QPI时介绍过同步/异步通信的机制，同步通信要求双方的时钟频率是严格同步的（纵然可以允许极小的频率差异，见上文对SKP的介绍），PCIE接收端需要从发送端发送的数据中提取时钟频率和相位用于同步到接收端前端的电路频率和相位。如果链路上长时间没有数据，或者始终是0或者1，那么接收方就无法提取出发送端使用的频率，最后导致时钟同步丢失，链路故障。这个故障与上面所说的通过COM-IDL-IDL-IDL有续集将链路有目的断开是有区别的，后者的场景是比如设备长时间处于节电状态，就没必要接通链路，而前者是双方都在正常收发，只不过由于短时间内没有东西要发而已。Idle字符的作用就是填充这些时间空泡的，接收端接收它们之后仅仅用它们来同步本地的时钟，然后就将它们丢掉了。COM-IDL-IDL-IDL被称为**电气层空闲**（Electronic Idle），而Idle字符被称为**逻辑空闲**（Logical Idle）。

这里会产生一个疑问：Idle字符的编码为二进制00000000，在导线上传输全0，那如何提取时钟频率呢？实际上，上述所有的这些字符、数据帧等，被载入导线传输之前还需要经过很多关卡，其中一个就是N/Mb编码模块。该模块的作用前文7.3.2节中已经介绍过了，它会在数据流中强行插入冗余位，让其保持足够的信号跃变。

有了上述基本知识框架，我们再来看一下图7-101。该图展示了PCIE整个物理层的框架全貌，最顶层有4个数据源连接在一个Mux上。这4个数据源分别是：上层的数据包缓冲区Tx Buffer（Transfering Buffer）、存储着各种可单独发送的控制字符的固定值寄存器（Control/Token Character）、存储着Idle字符的固定值寄存器（Logical Idle）、存储着各种有续集（多个控制字符组成，每个字符不能单独发送）的固定值寄存器。

当Tx Buffer为空时，物理层的发送控制电路会控制Mux将Idle字符输出到下游发送，该Mux的切换频率应为每个通道的发送速率乘上通道的数量。该Mux就像左轮枪上的左轮，扳机就是该Mux的控制信号，后端的多个通道就像枪管，系统必须保持所有枪管恒定地发射出子弹。这些子弹可以是上述任何字符，比如空闲时的Idle，STP/SDP帧头、PAD填充、有续集等，当然，必须按照一定的规则（比如有续集必须同时在多个通道上串行发出而不能被打散）排布。

然而，左轮只是从4个数据源中以字节为粒度将数据选出，前面排着一排枪管，选出的数据由谁负责发射到对应的枪管中呢？当然还得有个DEMUX来做这件事了，这个套路我们在之前章节中的一些电路中，比如Crossbar交换机中，已经用得非常熟练了，这里就不再赘述了。该DEMUX便是图中的Byte Striping控制单元。每从上层收到一个字节，该单元就切换到下一个枪管将该字节发射出去，其切换速度也

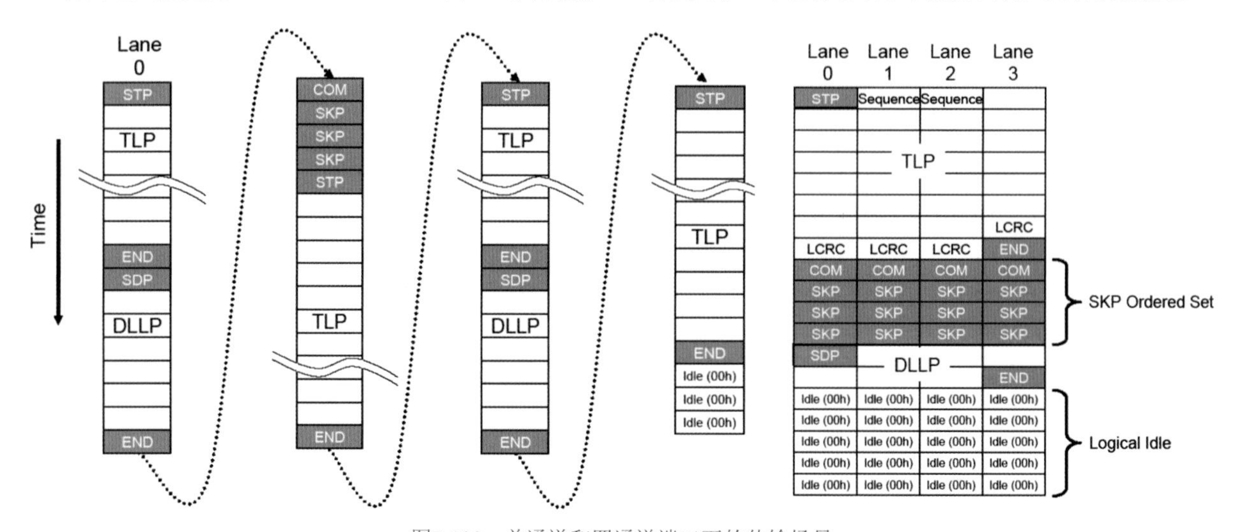

图7-100　单通道和四通道端口下的传输场景

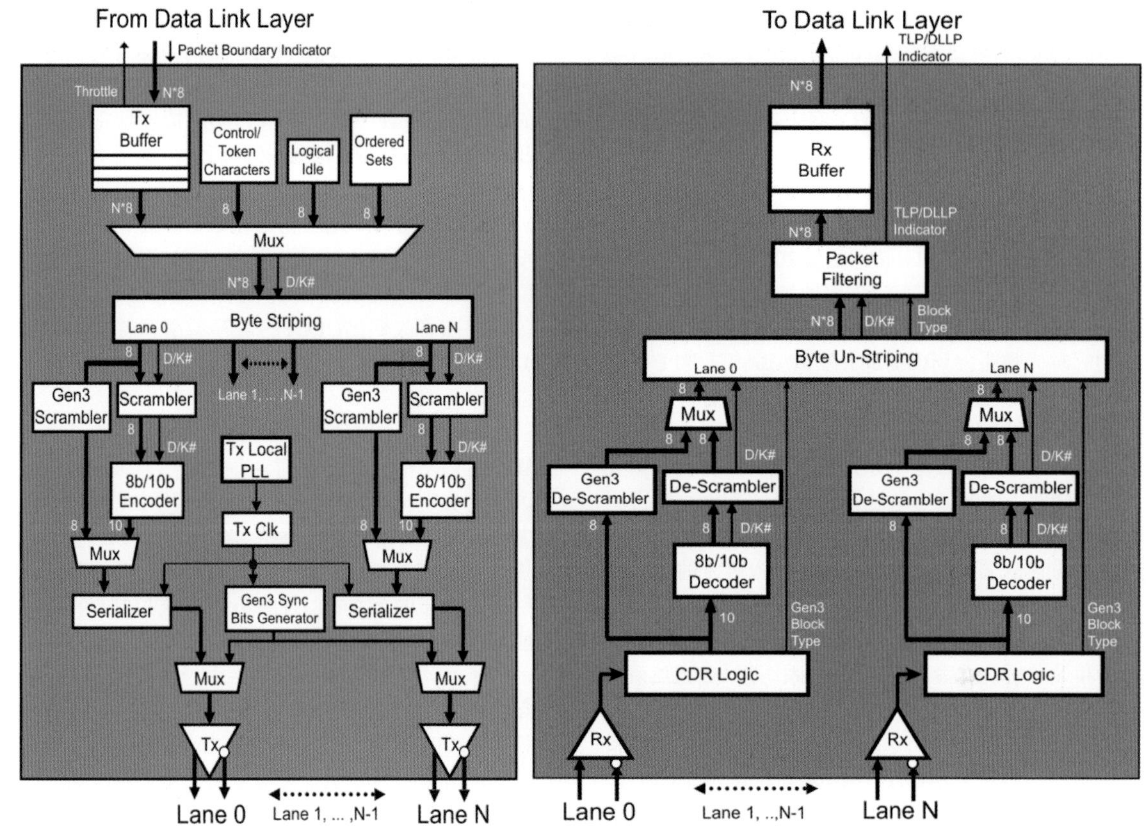

图7-101 PCIE物理层流程全貌

为单通道速率x通道数量。

再来看每个枪管。上层的字节不断塞入枪管，进入枪管后第一关便是经过加扰模块对数据进行加扰处理，加扰的目的和原理详见7.3.2节。当然，PCIE的加扰机制与前文中介绍的有些许区别，那就是PCIE通信双方并不需要传递种子值，而是按照既定的种子值和变化规则各自加解扰，然后在一定时间重置种子值重新开始。而PCIE 1.0/2.0规范和PCIE 3.0规范中的加扰算法又有些不同，所以为了前向兼容，该模块其实同时拥有针对1.0/2.0版本和3.0版本的两套加扰模块，并根据当前所采用的链路模式通过Mux来控制数据通路。对于1.0/2.0版本规范，数据加扰之后会进入8/10b编码模块编码，然后发送到Serdes串并转换模块，最终经过一些线路编码模块以及均衡器、信号缓冲器等模块，最终的波形发送到线路上。这些物理层器件要么在第1章，要么在本章前部，都介绍过，如果印象生疏了建议温故知新。对于3.0版本的规范，其采用128/130位编码，图中并没有画出这部分，而是用Gen3 Scrambler涵盖了加扰和N/M编码模块。

PCIE的接收方做上述步骤的逆操作，其中还有重要的一步叫作**De-Skew**。因为每个数据包是被打散在多个通道上传递的，每个通道的导线长度并不能保证严格相等，如果信号频率非常高，这会导致一个通道收到了信号而另一个通道的信号却还没有到来。此时这个数据包就无法被接收完整，所以需要用特殊电路模块对信号进行延迟等待，这个过程就叫作De-Skew。PCIE物理层其实还有很多细节，PCIE 1.0/2.0与3.0标准之间又有很大的不同。由于篇幅所限，请大家自行了解。

7.4.1.8 NTB非透明桥

至此，我们一直都是假设整个PCIE网络中只有一个Host端，其他的就是一堆PCIE设备。Host端通过存储器地址访问PCIE设备的寄存器，PCIE设备也通过存储器地址访问Host端的主存，从而实现将I/O命令和数据发送给PCIE设备。那么，有没有想过，在同一个PCIE网络域内，是否可以接入多个Host端，然后允许任何一个Host端直接访问其他任何一个Host的主存？

PCIE网络本身就是访存网络，做到这个有什么难度么？如果说，多个Host端本身是一个多CPU的单一系统，那么这就没问题。因为单一系统的地址空间只有一个，虽然CPU有多个，每个CPU各自都有64根地址线，各自都能寻址单独的2^{64}字节的地址空间，但是系统路由却会将任何一个CPU发出的相同地址路由到唯一的物理地址处，运行在这个单一系统里的软件会负责对共享资源访问时的锁的控制，以及由硬件保障的缓存一致性。这就是所谓的单一地址空间，或者说共享地址空间。在这种场景下，假设地址1000位于

CPU1所连接的主存，而地址2000位于CPU2所连接的主存，CPU1如果访问地址2000，会被PCIE网络自动路由到CPU2连接到主存上。反之如果CPU2访问地址1000则被路由到CPU1连接的主存上，CPU1访问地址1000的话则直接访问到自己连接的主存上。

但是，如果这些CPU各自独立，那它们就是多台独立的计算机了，它们有各自独立的地址空间。相同的例子下，如果CPU1访问地址2000，其会落在自己所连接的主存中；CPU2访问地址1000也会落在自己所连接的主存中。要想做到依然让CPU1访问地址2000的时候被路由到CPU2的主存，那就需要PCIE网络接管CPU1发出的2000地址的请求，然后将请求路由到CPU2的哪里？也是2000号地址么？不一定。既然此时CPU1和CPU2是两台完全不同的计算机，你并不能预知对方的2000号地址是否已经被其他程序占用了，你并不能霸道地认为"我访问的是2000号地址，对应的访存请求到了对方也必须是访问对方的2000号地址"。这好像陷入一个困局了。

我们先来设定一个具体的应用场景，然后一步步思考和设计解决方案。假设CPU1系统想与CPU2系统进行通信，CPU1希望在CPU2的主存中开辟一块1MB大小的存储器空间，用于向其中写入数据供CPU2系统使用，并希望采用PCIE网络来互联这两个CPU，要求CPU1可以通过直接访存的方式就可以访问到这1MB的空间。需求提完了，开始思考解决方案。首先，当CPU1访问这1MB空间时，对应的访存请求必须被转发到PCIE网络，这是前提。所以， 必须让PCIE网络声明这1MB的地址，然后让CPU1系统分配这1MB的物理地址给PCIE网络，这样，CPU1访问这1MB地址空间时产生的访存请求就可以被路由到PCIE网络中。至于PCIE网络怎么把请求再路由到CPU2主存，下面再思考。我们先看怎么让CPU1分配这1MB物理空间。要让CPU分配物理地址空间，必须要在PCIE网络中某个设备上声明这段空间。那么，我们可以实现一个PCIE设备，该设备在其BAR中声明1MB的地址空间，当CPU1系统枚举出该设备之后，便将这1MB空间映射到CPU1物理地址空间中，并将物理地址指针记录到CPU1系统的设备信息描述表中保存。之后，CPU1系统的程序就可以直接访问该物理地址空间，对应的请求便被路由给该设备。

再来看该设备收到针对这1MB空间的访存请求之后，应该怎么把其路由到CPU2的主存中。首先，必须先在CPU2系统上，向CPU2系统的内存管理程序申请一段1MB的物理地址空间出来，可以采用一些函数比如malloc()函数（返回申请到的虚拟地址指针），以及get_physical_add()函数（返回虚拟地址对应的物理地址指针）来获取申请到的物理基地址指针。然后，需要将该物理基地址指针通告给该设备。这样，该设备同时知道了：该1MB地址段在CPU1地址空间的位置，以及其被映射在CPU2地址空间的位置。该设备就可以将收到的CPU1的访存请求，转换为针对CPU2主存中的这1MB的物理地址区间中对应的偏移量进行访问了。

也就是说，CPU1上的程序认为它访问的是这个PCIE设备内部的存储器空间。而实际上，该设备接收到访存请求后却是去另外一个PCIE网络中的Host端主存空间来访问数据，该设备相当于一个代理。

这个PCIE设备极其简单，其只需要声明一段寄存器空间，将接收到的CPU1的访存请求TLP中的目标地址改成CPU2中对应地址，然后再发回到PCIE网络上。这样，PCIE网络根据默认路由，将该请求路由到CPU2的RC上从而访问CPU2的主存。且慢，这里有些不对劲。该PCIE网络有两个Host端连接着，此时无法使用默认路由，因为系统无法分清某个主存地址到底是CPU1的还是CPU2的主存，这产生了**路由冲突**。另外，两个Host系统中的设备管理程序在枚举PCIE网络时，都会发现该设备，都会尝试对其分配物理地址，这会导致冲突。比如CPU1系统分配了CPU1地址域中的1000号基地址给它，试图向BAR中写入该基地址指针，而CPU2系统却分配了500号地址给它，也向BAR中写入基地址指针，这样便产生了**配置冲突**。

所以，我们似乎只能这么办：准备两个PCIE网络，比如最小配置规格，每个PCIE网络只包含一个PCIE Switch，然后这个设备的两端各接到这两个PCIE网络中。嗯，这不就是个桥接器了么？

图7-102左侧所示为前文中介绍过的场景。一个Host端，级联了两个PCIE Switch，采用桥接器级联，图中给出的是物理桥，实际上都采用的是虚拟桥，但是其本质上是相同的。图中左侧，也就是前文中介绍的桥接器，其身处同一个地址空间内部，它并不会做地址的转换，只做路由转发，而且会将配置请求（可能会将其从Type01转换为Type00）也转发到后级网络

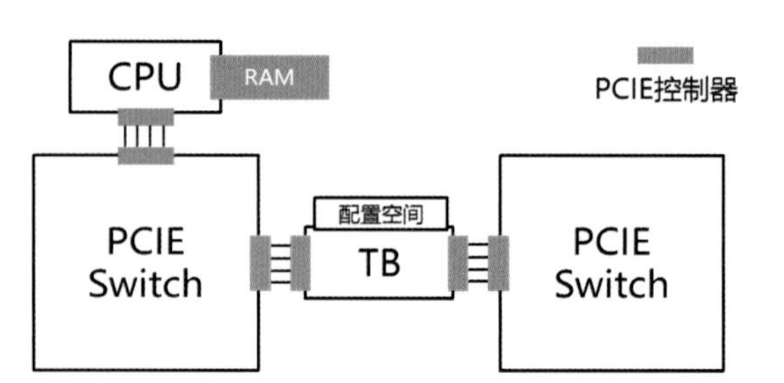

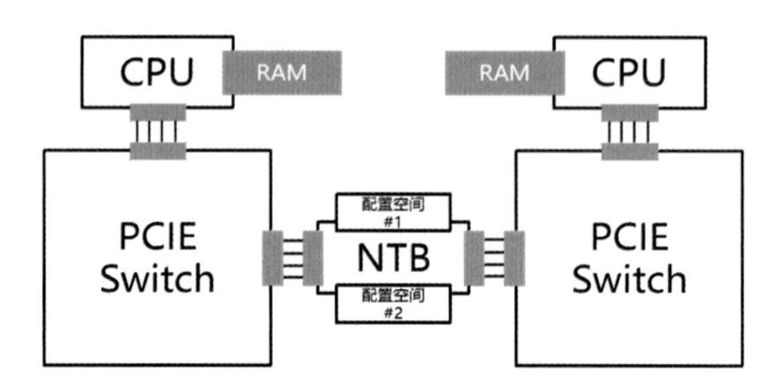

图7-102　单个PCIE域和多个PCIE域

中，所以称为**透明桥**（**Transparent Bridge**）。而我们现在需要一个可以做地址转换的桥接器，同时不会把配置请求转给另一边网络的桥接器（因为我们不想让一边的网络发现另一边的设备），如图7-102右侧所示，这种桥接器就被称为非透明桥（**None Transparent Bridge，NTB**）。虽然图中左侧和右侧的场景都是两个PCIE Switch级联，但是左侧它俩身处同一个地址空间，或者说同一个PCIE域，而右侧则是位于两个不同的PCIE域。

再思考一下，既然我们不想让配置请求越过这个桥泄露到后面的网络，那么这个看上去像个桥的东西，就必须不能被Host端真的识别成一个桥，否则Host端会尝试扫描这个桥后面的东西。为了防止Host端总是惦记着桥后面有啥，NTB必须表现成是一个最终的I/O设备，也就是所谓的**端点**（End Point，EP），而不能是桥，之所以称之为桥只是其表面上起到了桥接作用。

提示▶

EP的概念前文中没有介绍过，前文都是用“I/O控制器”或者“PCIE设备”这种词向大家介绍的。PCIE网络共存在RC、PCIE Switch、虚拟桥和EP这四种元素。

NTB会在其配置空间的一个或者多个BAR中声明对应的存储器容量。还是拿上面的例子，比如1MB的容量，虽然NTB本身可能根本就没有这些存储器，其目的就是为了从Host端吸收针对所声明存储器地址空间的访问，然后再做地址翻译，将这1MB区段翻译成对方的PCIE网络内的1MB区段地址，然后向对方网络发出翻译后地址的访存请求。

NTB另外一个特殊的地方在于，其连接着两个（或者多个）网络域，那么其需要在每个连接的网络域内都表现为一个EP，那这就意味着其需要有多份配置空间，以供每个网络域内的Host端设备管理程序来配置。

下面我们思考一下：是谁告诉NTB需要声明多少存储器容量的？以及要翻译成的目标地址又是谁告诉它的，这个地址被保存在它的哪里？这两个问题已经算是实际工程设计问题了，往往会有很多种答案组合。

对于上述第一个问题，目前实际产品中常用的办法是在PCIE Switch的ROM中保存对应的配置信息，静态指定要声明的存储器容量等。PCIE Switch加电启动之后，由内部的嵌入式CPU运行固件，从ROM中读出对应的信息然后写入到配置空间相关寄存器中，供Host端程序查询和配置。这种方式很不灵活，更灵活的方式是利用BMC（见图6-92），在计算机加电但是还没有启动主CPU之前，用户通过BMC控制器上的诸如以太网、i2c、UART串口等各种接口方式，向PCIE Switch发送对应的配置信息，PCIE Switch内部的嵌入式CPU收到这些信息之后，将其更新到配置空间中。这样就非常灵活了，可以直接在BMC上通过Web界面或者命令行直接做初始化配置，然后再启动计算机。

解决上述第二个问题，有点麻烦。因为要翻译到的目标地址，在计算机启动之前是不知道的，因为这块地址需要是对方网络的某个地址区间，这段区间必须是被对方网络中的Host端分配好的，当对方网络Host启动之后，对方Host才会做枚举和配置。如果本方要访问对方网络里的某个EP，那就需要知道这个EP在对方网络被分配的物理地址。如果本方要访问对方网络的Host端的主存，那么就需要对方网络Host端上的某程序先申请一块主存，获取到其物理基地址指针，然后将这个指针用某种方式让本方知晓，然后本方将这个指针告诉NTB，以便地址翻译时使用。并且对方网络的Host程序还必须知道本方NTB声明了多少容量，所以需要本方程序采用某种方式将这个容量告诉对方，对方再去申请内存。所以，不管是要访问对方某个EP还是主存，似乎都需要Host端的程序来获取对应的物理地址指针（分别通过读取EP的BAR、申请主存空间）然后通告给本方。上文中说过，NTB必须是一个EP设备，那么Host端自然需要加载该设备的驱动程序，所以，NTB的驱动程序自然应该担负起上述责任。

另外，TLP中是包含有ID的，其也需要被翻译。因为这两个网络是分别被各自独立的Host端枚举并分配ID的，会存在相同的ID，不翻译就会错乱。下面我们就来看一个真实的NTB设计是如何实现上述这些机制的，如图7-103所示。

程序员先确定本方要访问对方主存的多少段存储器（最多5段，因为NTB最多有6个BAR，其中BAR#0指向的空间用来放配置参数和各种映射表，因为PCIE标准规范中规定的配置空间的大小可能不够承载这些映射表，所以实际中的设备一般将这些表放在BAR#0指向的内部存储器中，不过也有一部分内容直接放在扩展配置空间中，因产品设计而异），以及每段的容量。然后，通过对应手段预先将每个BAR要声明的存储器容量值写入PCIE Switch的ROM的配置文件中，加电后由Switch内部的嵌入式CPU负责将其读出并载入到对应BAR中。

两边Host端枚举各自的网络并为NTB的BAR中声明的容量分配左边网络的物理地址，再将分配好的指针写入对应的BAR。配置请求不会穿透到右边，因为NTB在两边网络中各体现为一个EP。我们假设右边的网络并不主动访问左边的网络。

两边Host端的NTB驱动程序被设备管理程序加载并运行，驱动程序开始对NTB的具体运作参数进行配置。它首先从设备信息描述表中获取所有的BAR空间对应的容量值，然后发送消息给右侧网络Host端的NTB驱动程序，让它在右侧申请对应的5段主存空间，并将指针传回来。那么这两个NTB是具体如何利用PCIE网络传递这些信息的呢？具体可以这样做：每个NTB EP均在自己的BAR#0空间里开辟一小段地址

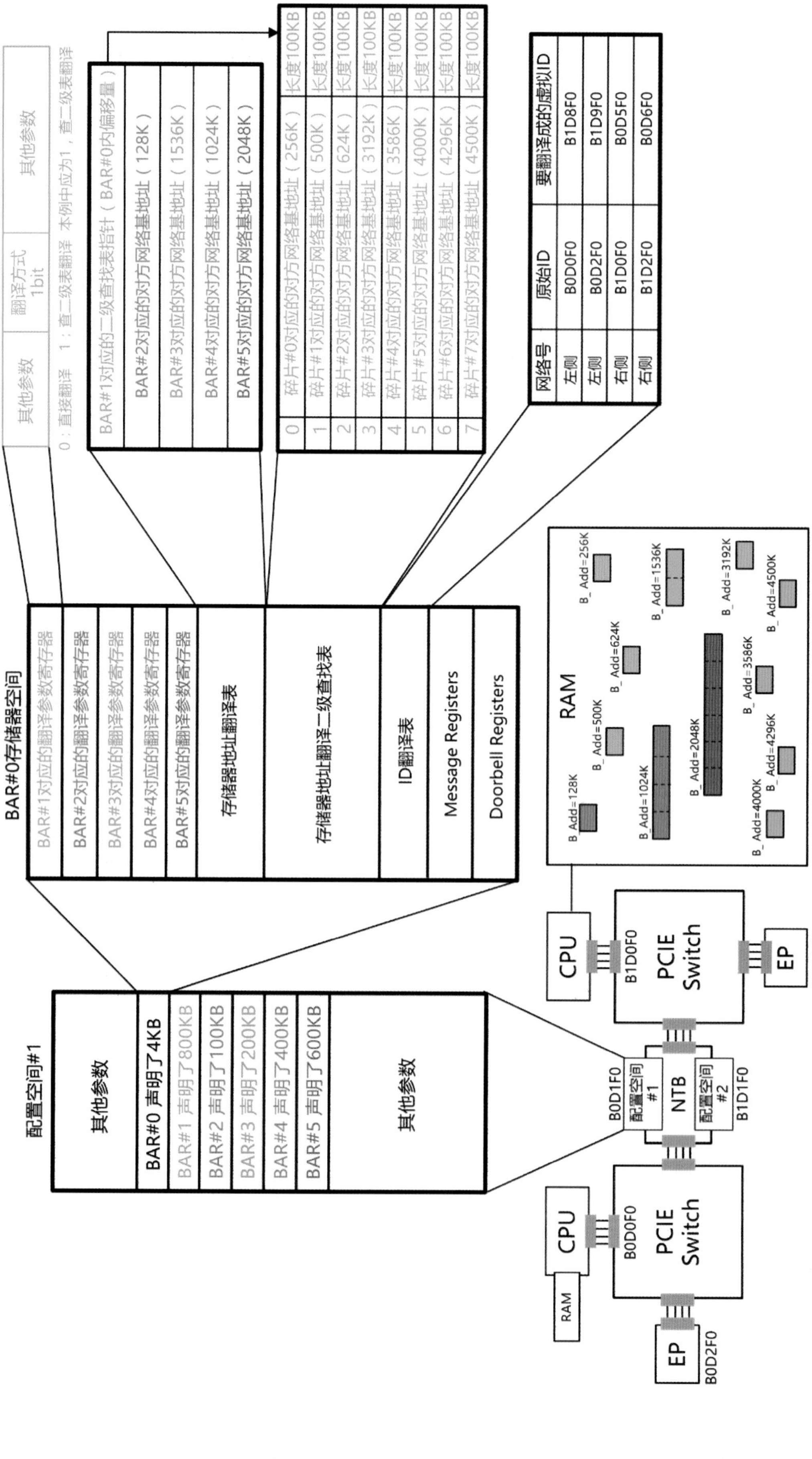

配置空间#1

配置空间#1
其他参数
BAR#0 声明了4KB
BAR#1 声明了800KB
BAR#2 声明了100KB
BAR#3 声明了200KB
BAR#4 声明了400KB
BAR#5 声明了600KB
其他参数

BAR#0存储器空间

BAR#0存储器空间
BAR#1对应的翻译参数寄存器
BAR#2对应的翻译参数寄存器
BAR#3对应的翻译参数寄存器
BAR#4对应的翻译参数寄存器
BAR#5对应的翻译参数寄存器
存储器地址翻译表
存储器地址翻译二级查找表
ID翻译表
Message Registers
Doorbell Registers

其他参数	翻译方式 1bit	其他参数

0：直接翻译　1：查二级表翻译　本例中应为1，查二级表翻译

存储器地址翻译表
BAR#1对应的二级查找表指针（BAR#0内偏移量）
BAR#2对应的对方网络基地址（128K）
BAR#3对应的对方网络基地址（1536K）
BAR#4对应的对方网络基地址（1024K）
BAR#5对应的对方网络基地址（2048K）

0	碎片#0对应的对方网络基地址（256K）	长度100KB
1	碎片#1对应的对方网络基地址（500K）	长度100KB
2	碎片#2对应的对方网络基地址（624K）	长度100KB
3	碎片#3对应的对方网络基地址（3192K）	长度100KB
4	碎片#4对应的对方网络基地址（3586K）	长度100KB
5	碎片#5对应的对方网络基地址（4000K）	长度100KB
6	碎片#6对应的对方网络基地址（4296K）	长度100KB
7	碎片#7对应的对方网络基地址（4500K）	长度100KB

网络号	原始ID	要翻译成的虚拟ID
左侧	B0D0F0	B1D8F0
左侧	B0D2F0	B1D9F0
右侧	B1D0F0	B0D5F0
右侧	B1D2F0	B0D6F0

RAM
CPU
B0D0F0
PCIE Switch
EP
B0D2F0
B0D1F0
配置空间 #1
NTB
配置空间 #2
B1D1F0
CPU
B1D0F0
PCIE Switch
EP
B1D2F0

RAM
B_Add=128K
B_Add=500K
B_Add=624K
B_Add=256K
B_Add=1024K
B_Add=1536K
B_Add=2048K
B_Add=3192K
B_Add=4000K
B_Add=3586K
B_Add=4296K
B_Add=4500K

图7-103　NTB场景全局架构

空间用于存放消息，并与其他NTB EP的存放消息的空间预先配置好映射关系，比如左侧NTB驱动向左侧NTB EP的BAR#0中的Message Register#0写入一个消息（该消息比如为请求对方申请物理地址，至于该请求如何编码和表示，因产品而异），然后NTB根据映射关系，将该消息写入到右侧NTB EP的比如Message Register#1中。右侧的NTB驱动程序如何知道左侧已经将消息传过来了呢？右侧的NTB驱动可以定时轮询这个寄存器以获取消息并执行，或者左侧的NTB驱动将消息写入之后，主动通知右侧的NTB EP“产生个中断吧”，从而让右侧的NTB EP发出一个中断请求给右侧网络的RC（如何利用PCIE网络传递中断请求详见下文），触发NTB驱动中断服务程序的运行，以读取该寄存器获取消息。如何让对方的NTB EP产生中断信号呢？实际中，可以在本侧NTB EP的BAR#0空间内部设置一个特殊的寄存器（Doorbell Register），向该寄存器内写入对应的值，NTB桥通过判断这个值，触发对方网络的NTB EP发出中断请求。后文中你会看到不止两个独立网络相互通信的场景，Doorbell Register中的值用于判断该中断请求应当向哪个网络中的NTB EP发送。右侧向左侧发送消息的流程类似，只不过是将申请好的物理地址指针作为消息内容传送到右侧的Message Register中。

右边NTB驱动程序在右边申请的主存物理地址不一定是连续的，比如，针对左边提出的申请800KB的要求，假设右边申请了8个不连续的100KB区段，那么右边会将这8个指针告诉左边。左边的NTB驱动程序将收到的指针，写入到BAR#0指向的位于NTB内部的存储器中，这些存储器专门用来存放NTB的各种配置。其中包含参数寄存器以及地址翻译表，这些指针会被分别写入到每个BAR对应的条目中。对于物理地址不连续的，则采用二级查找表方式来追踪这些不连续的区块指针。

左边NTB驱动将指针写入对应的翻译表之后，向NTB各个BAR的参数寄存器中写入对应的使能位，这就宣告该NTB可以针对该BAR正式做地址翻译了，也意味着Host端（或者本方其他EP）就可以访问NTB上的BAR对应的地址区间了。Host端程序的访存请求如果落入NTB上BAR声明的地址空间内，那么本方Switch会将该请求路由到NTB。NTB收到该请求，提取其访存地址并同时与BAR1～5中保存的基地址指针相匹配（NTB自己知道该BAR容量/长度是多少）看看具体是落入了哪个区间，从而查找地址翻译表找出对应BAR的翻译目标基地址。NTB如果发现需要查二级表则继续查询二级表，找到本地址需要翻译成的目标地址，然后替换TLP中的目标地址，将该修改过的TLP发送到右侧网络进行路由，最终被路由到右侧网络的主存处访问。

这样好像就可以了？且慢。我们忘了翻译ID。由于每个TLP都携带有ID，当然，Switch针对访存请求TLP只会根据其存储器地址进行路由，但是存储器读请求的返回内容需要根据ID来路由。我们追踪一下，当左侧网络将翻译好目标存储器地址的TLP发送到右侧网络之前，该TLP的Requester ID应该是什么？看上去，它应该是右侧NTB EP的ID才对，因为右侧的网络并不知道该EP左边是什么，任何该EP发过来的TLP，其源ID理应为其自身ID，所以NTB还需要将该TLP的Requester ID替换为右侧NTB EP的ID。如果不替换，则会产生错乱，因为右侧网络中很有可能存在某个与左侧发送请求的设备相同的ID。既然如此，针对该请求的返回包的Requester ID自然也是右侧NTB EP，这样Switch就会根据内部ID～端口路由表将该Completion TLP转发给NTB了。

NTB收到该Completion TLP，面临着两个问题需要解决。第一个问题是，该返回包的Completer ID是右侧网络中的某个ID，其不能被透传到左侧，因为左侧也可能存在一个相同的ID，所以Completer ID需要被替换为左侧NTB EP的ID，让左侧网络认为该返回包就是它自己发送的。这也是自然的，因为之前本网络的Host端一直认为自己是在向NTB EP发送请求，那么返回包的ID也必须是该EP的，否则就错乱了。第二个问题是，该返回包的Requester ID目前是右侧网络的NTB EP的ID，这显然也需要被替换，但是它替换为谁？当然是谁当初发送的请求就替换为谁的ID啊。那么左侧NTB又怎么知道某个返回包是针对当初哪个请求的呢？NTB甚至都不知道之前发送过什么请求，它只是转发请求，而并不记录请求的完成状态。有人问了，返回包当然要发送给左侧的Host端口啊，因为之前是它发出的请求啊！无此一说！左侧网络任何角色，包括Host端RC、任何一个EP，都可以向右侧网络发送请求，也就是说，PCIE设备（EP）是可以主动发起请求的，这是当然的。还记得前文介绍过的I/O基本流程吗？EP有数据要传送的时候，它是可以直接将数据DMA到Host端主存的，那它也一样可以将数据发送给本方的NTB EP，不一定非得发送给Host端RC。

那么，为了区分哪个返回包是响应哪个端口当初发送的请求，难道需要在NTB上记录状态吗？这样做可以解决问题，但是成本太高。更好的办法是，为每个本方的发送请求者，在右侧网络中虚拟出一个虚拟ID来，如图7-103右下角的ID翻译表所示。左侧的RC的ID为B0D0F0，其发送的访问本侧NTB EP BAR1～5空间的所有TLP的Requester ID均会被替换为B1D8F0（本例中右侧网络的总线号被右侧Host指定为1，这里仅为举例，右侧的Bus ID可以被分配为任意值，包括0，右侧并不知道左侧网络的存在）。这个ID在右侧网络中根本是不存在的，因为右侧Host端枚举设备时并没有分配这个ID，该ID是凭空被虚拟出来的（必须保证这些ID中的Bus ID与要访问的目标网络设备的Bus ID相同，而且DID/FID在该Bus内无人占用）。同理，左侧的EP的原ID为B0D2F0，其发送的访问本侧NTB EP BAR1～5空间的所有TLP中的Requester ID均会被替换为B1D9F0。同时，右侧的Switch会在其ID～端口路由表中增加两个条目：凡是目标ID为B1D8F0、B1D9F0的TLP均发送到右侧NTB EP所在的端口。这一步很重要，这样右侧的RC/EP的返回包就会被NTB接收到。收到该返回包之后，NTB查询ID翻译表，找出该虚拟ID对应的左侧网络的原始ID，从而用原始ID替换虚拟ID，进入左侧网络路由，最终被路由到目的地。

ID翻译表也需要由两边的NTB驱动程序配合，各自将本方的所有ID通告给对方，然后各自生成对方ID在本方的虚拟ID，将其写入ID翻译表。右侧NTB EP的配置空间与左侧类似，如果右侧要访问左侧网络中的存储器，步骤和机制也是与上述过程类似的。

整个过程相当于两个世界，一个世界的人在另一个世界拥有虚拟身份，并通过世界底层的路由来欺骗，从而将内容返回到另一个世界，返回之前，改头换面脱掉伪装。这样，每个世界的人都认为自己正在和本世界的角色通信。而NTB则是连通这两个世界的管道，管道里充斥着各种翻译表和帮你做翻译的人，进管道，换衣服，出管道。

思考

NTB的本质其实是个地址翻译器，其在硬件上对应着一堆存放各种映射表的存储器，以及配套的查表电路模块，以及用于替换新地址的TLP编辑模块。

综上所述，NTB做的事情就是负责地址和ID的翻译。而为此就把NTB做成一个单独的物理PCIE设备的话，这很不划算，用起来也不方便。最好的办法是，将NTB直接集成到PCIE Switch中去，也就是说，数据包走出Switch之前就换好衣服，而不是在Switch之间的管道里换，这样做的效果是一样的。然而，如果每个PCIE Switch中只集成一个NTB地址翻译模块，多个端口同时访问对方网络内的存储器的话，该NTB就会成为瓶颈，因为地址翻译是需要查表的。实际产品中，设计者会给每个PCIE端口附属一个NTB地址翻译模块，从而形成分布式翻译。

如图7-104所示，直接在PCIE Switch内部的每个端口旁边实现一个地址翻译模块，我们也不再称之为NTB，因为此时它在物理上已经不是桥的样子了，而直接称之为Address Translation EP（注意，实际产品的一些手册中会依然沿用NTB这个词）。这些模块直接被挂接在Switch内部的虚拟PCI总线上，也就是说Host端会识别到这些EP。当然，如果不打算访问对方网络的话，可以通过预先对Switch做配置不使能该设备，这样Host端就识别不到。哪个端口上的设备需要跨网络访问，就使能哪个端口附近的翻译器。

不管是RC还是EP尝试访问其他网络中的地址，它们都需要预先将这些远端地址纳入到请求方跟前的AT EP的BAR空间里（方法上文中介绍过），这样就好比是这些请求方在访问本侧的EP一样。我们再来按照图中给出的序号梳理一遍在这种分布式翻译场景下的翻译流程。

（1）本方EP发出存储器读TLP给本方AT EP，后者查询地址翻译表和ID翻译表，将TLP中的访存地址和Requester ID分别编辑更改为对方网络中对应的存储器地址以及虚拟ID。

（2）本方AT EP将编辑好的TLP载入Crossbar交换矩阵的发送缓冲，并明确告诉Crossbar：该TLP的目标端口为与对方Switch的级联端口。请注意，这里与上文中介绍的物理NTB场景下的运作机制有些差别，上文中是本方Switch现将原始未经翻译的TLP路由到NTB EP上，后者再对地址进行翻译，所以本方Switch是直接根据本方地址～端口路由表中的条目路由的。但是本例分布式NTB场景下，一个TLP需要经过两次路由才能被发送出去。第一次是本方EP将原始TLP发

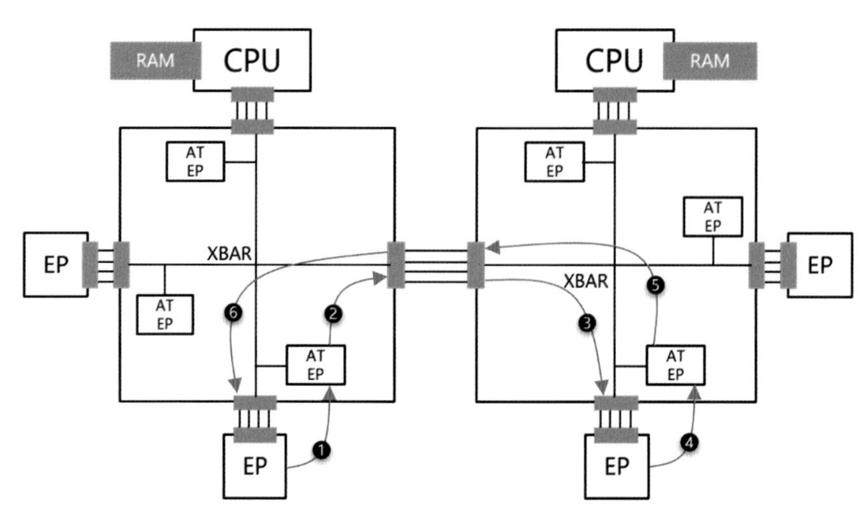

图7-104 在PCIE Switch内部集成分布式NTB

送到附属的AT EP，但是这个路由过程实际上不需要经过Crossbar，因为每个端口上附属的AT EP是与该端口事务层硬件直接相连的，只要启用了地址翻译，那么Switch一侧端口上的电路会先对地址做个筛选，只要是落入AT EP BAR空间的数据包就将其放入AT EP翻译器进行翻译，否则直接载入Crossbar做常规查表路由。第二次路由，则是AT EP将翻译完的TLP发送到对方网络时必须经过Crossbar的路由，但是此时TLP中的目标地址已经是另外网络中的地址，所以当然不能用作本方网络的路由表查找，所以AT EP会直接告诉Crossbar“别查表了，直接路由到xx端口”。

（3）对方网络Switch收到该TLP，由于是存储器读请求，采用地址路由，所以查表将其路由到目标EP。目标EP执行对应的存储器读，然后将读出的内容封装成Completion With Data TLP包。

（4）该Completion TLP包的Requester ID将是右侧网络的虚拟ID，因为目标EP收到的存储器读请求TLP中的Requester ID已经被左侧发送方AT EP翻译成虚拟ID了，目标EP会提取出这个ID作为Completion TLP的Requester ID。Computer ID则是右侧网络目标EP自身的、在右侧网络中的ID。该TLP会被右侧Switch用Requester ID来路由到目的地，但是其Requester ID为右侧网络中的虚拟ID，Crossbar矩阵上根本不存在这个设备，该怎么路由呢？道理与上面介绍的是一样的。第一次路由会被强行路由到右侧目标EP端口上附属的AT EP模块先进行地址翻译，AT EP通过查表找出对应该虚拟ID的左侧网络的原始Requester ID，Completer ID则替换为该左侧网络中的原始Requester ID对应的AT EP的ID。

（5）目标AT EP将翻译好的TLP载入Crossbar并告诉它“直接路由到与左侧网络级联的端口”。

（6）左侧网络收到该数据包，由于其是Completion TLP类型，所以按照Requester ID路由，查表得知需要被路由到图示的发送方EP。后者收到该包。至于整个过程，发送方EP一直被蒙在鼓里，它认为所访问的是本端口附属的AT EP的BAR空间存储器。

可以看到，在分布式地址翻译场景下，发送方的AT和接收方的AT分别处理地址翻译，相当于把之前的物理NTB上分别位于两个网络中的EP分开。每个端口上的AT EP可以与对方网络中的任何一个AT EP形成一个虚拟的桥管道。另外，由于NTB的两个EP被分开，那么每个AT EP上就得都存放相同的地址翻译表。而且ID翻译表中还需要增加一列记录原始网络中AT EP的ID，形成类似这样的记录“原始网络号～原始Requester ID号～该Requester ID附属的AT EP的ID～该Requester ID对应的目标网络的虚拟ID～与该原始网络级联的端口号”。而在前文中每个网络只有一个总NTB的时候，每个网络中只有一个唯一的AT EP的ID，它无须记录。现在由于一个网络中每个端口都有一个AT EP ID，所以在翻译Completion TLP中的Computer ID时，必须用Requester ID来查出对应的AT EP ID，从而做替换。

再进一步，是否可以直接在一个Switch上分隔出多个独立网络来？这样就可以用一片Switch芯片来接入多个不同的独立Host，并且实现相互访存了。目前主流的PCIE Switch（比如PMC公司的PFX/PSX/PAX等系列PCIE Switch）都支持片内虚拟分区技术，每个分区相互独立，连接在一个分区内部的Host端只能枚举出处于同一个分区里的设备，如图7-105所示。这是如何做到的呢？其实，所有的配置读写请求，都会被Crossbar擅自路由到与Switch内部嵌入式CPU所连接的端口上了，由这个CPU上运行的固件程序来决定给Host呈现出一副什么样的网络拓扑，有多少个EP、多少个桥，等等，程序返回对应的配置响应数据包来欺骗Host端。这样就自然可以做到逻辑分区了。实际中，有些产品手册又称逻辑分区为Virtual Switch。

可以看到，在PCIE网络中，PCIE Switch起到了至关重要的作用。PCIE Switch这么能干，那么它的内部到底是一番什么景象呢？

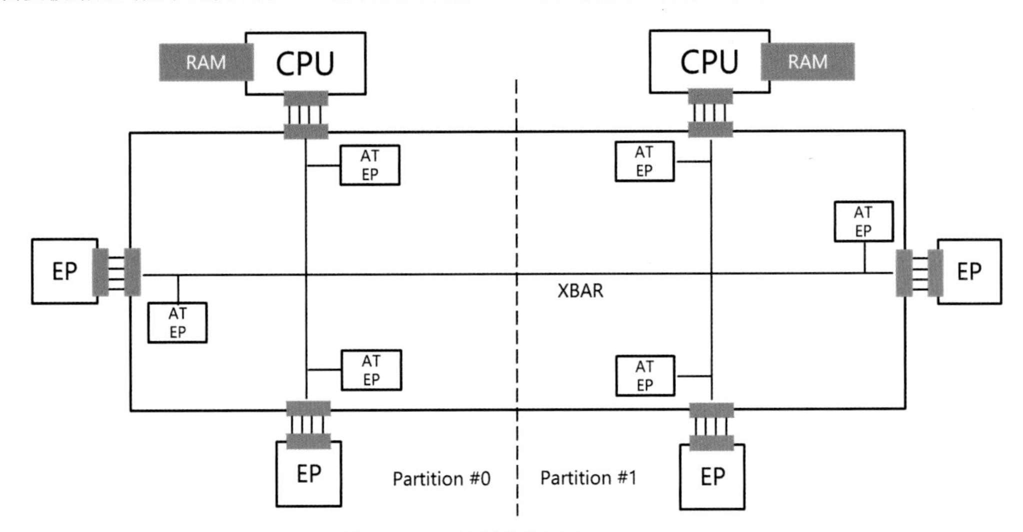

图7-105 支持逻辑分区的PCIE Switch

7.4.1.9 PCIE Switch内部

我们在本书前文中提到过，任何Switch的核心，其实都是Crossbar，也就是一堆MUX/DEMUX。不同领域的Switch，比如以太网的、PCIE的、Infiniband的、Fibre Channel的、SAS的，它们的核心可以说都是类似的。之所以有这么多不同的网络，是因为这些网络定义的数据帧/包的格式不一样、地址不一样，物理层链路层运行模式不一样。但是在最底层，都无非是一串比特流从一个端口交换到另一个端口，“交换”的方式和过程都类似。

那么你就可以想象出来，不同网络的交换机，基本上就可以认为是图7-106中的灰色部分所示。图中的C表示Controller，也就是对应的网络控制器。如果是以太网交换机，设备端安装一块以太网卡（或者说一端用PCIE控制器与CPU相连，另一端出以太网端口的I/O控制器），该网卡用以太网端口和线缆与以太网交换机上的以太网I/O控制器相连，后者接收到以太网帧后，载入内部Crossbar交换到其他以太网I/O控制器上去。同理，如果是PCIE网络交换器，那么图中的C就表示PCIE控制器了。

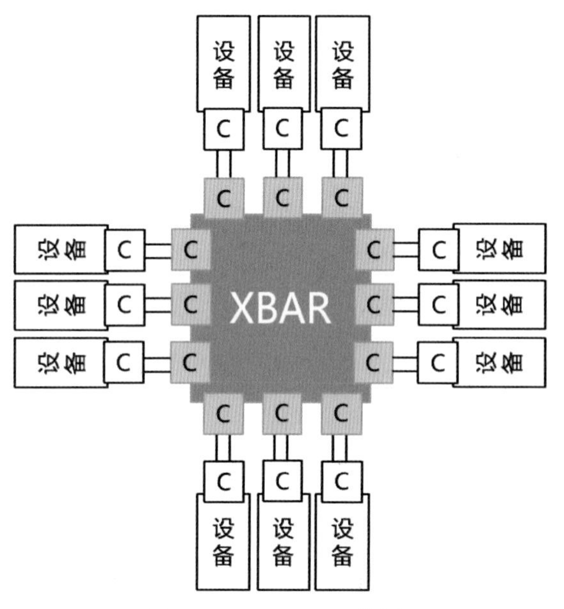

图7-106 PCIE Switch示意图

图7-107所示为一款典型PCIE Switch的内部架构图。“PCIE控制器”是个大模块，按照图中所示，它是包括PHY和PCIE Stack在内的一大块电路。其中的PHY部分泛指的是物理层，也就是图7-101中所示的部分；而Stack部分泛指链路层和事务层相关部件以及一些附加的部件，比如错误处理逻辑、各种运行参数寄存器、运行时性能数据相关的记录存储器等，当然，还包括特别角色AT EP翻译器。这一大坨的东西很复杂，所以称之为Stack（堆）。

一个Stack下面的PHY层可以挂接16个通道，其中这16个通道又可以细分为多个端口，每个端口至少包含2个通道（至少几个通道每端口，因产品而异，目前来看做到x2已经是极致了）。这样，多个端口其实是共享PHY和Stack中的资源的。从图7-101中可以看到，每个通道独占的资源是加解扰模块、N/Mb编码模块以及线路编码器和均衡器等模块，每通道有一套。但是物理层有续集存储器、控制字符固定值存储器、上层TLP/DLLP缓冲器等资源，它们是Stack内所有通道共享的。假设该Stack下的16个通道被划分成8个x2的端口，那么PHY中的TLP/DLLP缓冲器就会被切分为8份，或者通过增加一些内部标识来区分哪个TLP/DLLP是发向哪个端口的，具体情况因设计而异。

提示

这也是为什么不能将任意多个通道组成一个端口的原因，目前主流产品最大支持到x16 端口。就是因为厂商在器件内部选择以16个通道为一组共享相关的资源，这是设计决定的。目前看来x16 端口的带宽已经足以满足大部分设备的需求。但是，在使用PCIE Switch的时候，其与CPU之间的上行端口会成为瓶颈，此处可以有更宽的端口，比如x32。不幸的是，目前市场上不管是CPU一侧还是PCIE Switch一侧，它们最大仍然只支持到x16 端口。

对于链路层中的ACK/NAK处理模块，由于其逻辑比较复杂，虽然也可以在各种存储器中使用标识，但是这样依然会增加逻辑判断电路的负担，因为需要根据标识来区分每个端口的数据流。但是也可以人为分隔出多个不同的Replay Buffer，这样就可能浪费资源，比如如果将x16通道分割为2个x8的端口，那么剩余的8个Replay Buffer就被闲置了。具体情况也是因设计而异。至于AT EP翻译器中的映射表等存储器，其更是在一大片存储器中通过端口标识来共享的。

思考

在网络领域，大家经常说“以太网交换机运行在链路层，只检查到链路层MAC地址就可以知道交换目的了，根本不需要拆开以太网上层的包头”。对于以太网来说，这句话其实有问题。我们前文中说过，以太网的MAC地址的概念其实已经算是网络层的概念了，你当时如果没理解，看完了PCIE这个网络的全貌，也至少应该理解了。PCIE的链路层才真的是链路层。什么叫链路层？链路层就是“只管一条线路两端”，比如DLLP，只在导线两端存在。而PCIE是没有所谓链路层地址的，链路层就不需要地址，因为我发出去的数据只有链路对端一个人接收，锁就不需要什么地址。但如果链路是总线拓扑，数据发出去可能有多个人接收，那么自然需要地址，但是这时已经是网络层概念了，总线就是

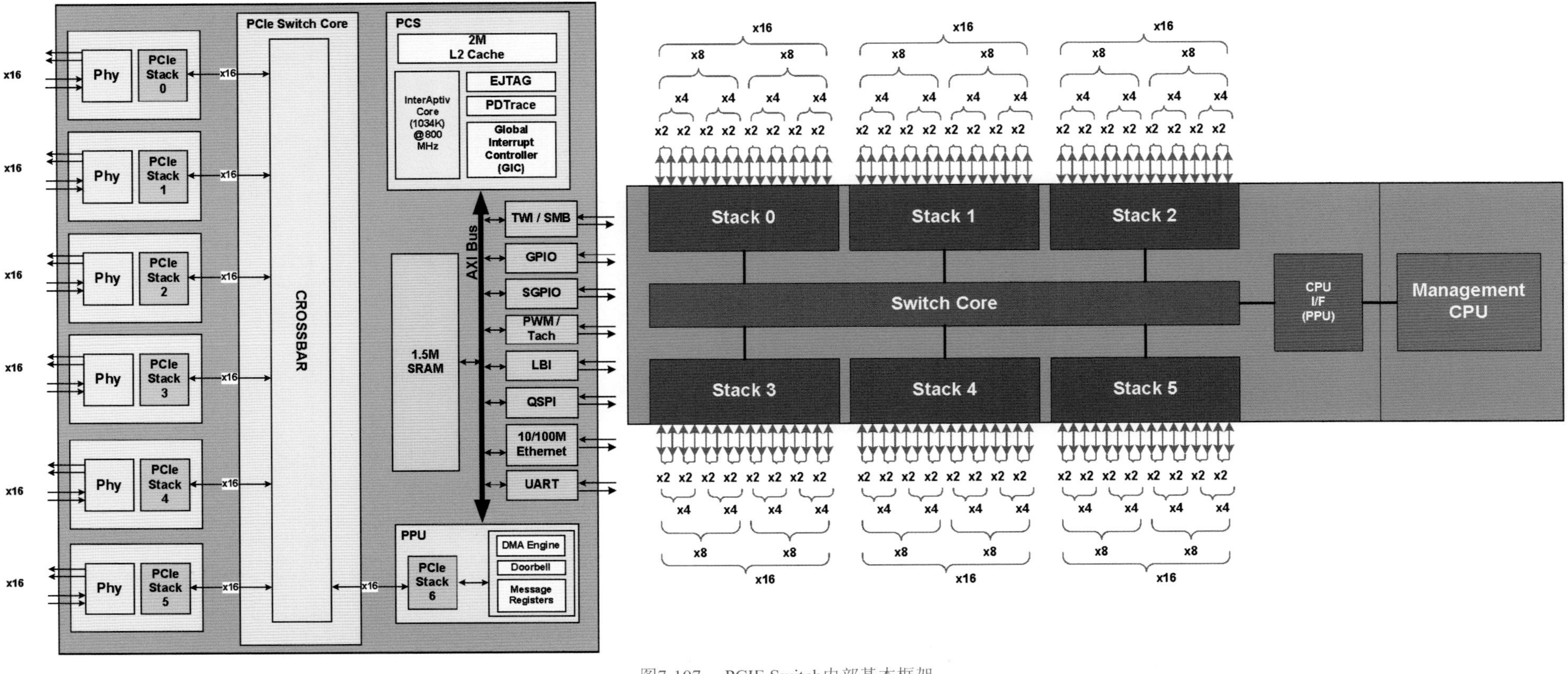

图7-107　PCIE Switch内部基本框架

个网络。所以，交换机和路由器并无本质区别，你可以把交换机叫作路由器，但是由于IP地址取代了以太网MAC地址，导致网络中出现两层路由器，也就是以太网交换机上面有一层“IP交换机”这种根据IP转发数据包的设备，但是为了区分，其就称为IP路由器了。我们再来看PCIE交换机，其需要根据TLP中的目标地址来路由，所以其必须能够识别最上层的数据包类型。如果数据包是DLLP则根本不需要交换，如果是TLP，还得看是哪种类型；如果是根据ID路由的类型（比如Completion TLP、Configuration TLP等），那么就去查ID～端口映射表，如果是存储器地址路由的类型，那就得去地址～端口路由表。所以，PCIE Switch在层次上其实与IP网络中的路由器是同等角色，PCIE Switch其实工作在网络层上。总之，不要再被这些概念误导了，理清楚网络交换的本质和来龙去脉。

现在该引入另一个关键角色了——Switch中的嵌入式CPU。其实不管什么交换机，其内部往往都集成有一个小CPU核心来对Switch做管理，以及实现一些高级功能（比如前文中多次提到的如何欺骗Host端程序，靠的就是这个CPU上运行的固件程序）。该产品采用了MIPS CPU（图中的PCS模块，Processor Subsystem），并使用芯片内常用的高速总线AXI总线，连接了一批外围I/O控制器，比如UART串口控制器、以太网I/O控制器、IIC控制器、GPIO等。这些外围的I/O控制器是用来让该CPU与外界沟通的，从而接收各种外界发来的配置参数变更、状态获取命令。AXI总线上还连接了一定容量的SRAM存储器，程序固件就存在这个存储器中，核心直接访存SRAM执行固件程序。

前文中我们提到过，PCIE Switch中的每端口的P2P虚拟桥、AT EP其实都是由嵌入式CPU上的程序虚拟出来的。PCIE Switch每个端口收到的TLP，均会被端口Stack内部位于PCIE事务层硬件上层的判断逻辑进行判断，如果发现其为配置读写类型的请求，则一律将该TLP通过Crossbar发送给嵌入式CPU上的程序来处理，由后者决定给请求方返回什么内容。也正是通过这种方法，程序中可以指定比如“收到针对BDF为某某的配置读请求就将其转发给某号端口”，这样就相当于将该端口连接的EP映射到该BDF上了。还记得前文中我们提到过PCI/PCIE网络中的设备ID是根据位置定死的么？PCIE网络其实是可以用上述方法灵活配置的。程序甚至可以擅自返回配置读请求的应答，这样就完全虚拟了一个EP出来。程序甚至可以虚拟一个RC出来，也就是自己发出配置请求给某个EP，甚至擅自分配地址以及读写EP的BAR空间，这些都是可以做的。固件还要负责比如路由表的写入等关键步骤。但是该CPU并不会介入存储器读写以及Completion TLP的处理过程（常规的存储器读写请求不会被Crossbar转发给该CPU），它们均由硬件直接路由转发或者经AT EP翻译之后转发，转发和翻译过程都是纯数字逻辑执行的，固件程序只是将对应的映射表、路由表写入到这些硬件中而已。

那么，CPU是如何从Crossbar上接收或者向其发送TLP的呢？要接入PCIE Crossbar收发TLP必须用一个PCIE控制器。Host端的CPU一般都比较高端，都是自带PCIE控制器的。但是有不少嵌入式CPU并不自带PCIE控制器，其中就包括该产品使用的MIPS 核心。所以，我们必须增加一个额外的PCIE控制器，这也就是图7-107中所示的PPU（PCIE Processing Unit）。PPU内部的细节架构如图7-108所示。可以看到其基本是通过队列+DMA控制器来从PCS的地址空间中拿到命令和数据，利用其内部的TLP Generator（以及DLLP Generator等链路层和物理层部件）根据命令和参数封装出TLP/DLLP，然后将它们发送到Crossbar进行路由。接收的数据也做类似处理，只不过方向相反。

下面我们来看一下Stack内部的细节。图7-109所示为PCIE控制器Stack架构图以及其与周边角色的关系示意图。Switch中的PCIE Stack基本上由两大部分组成。第一部分是物理层、链路层和事务层对应的硬件模块，这三个模块在图7-92/图7-101中已有详细介绍。另一大部分则是错误检测与处理模块、NTB地址/ID翻译表和TLP编辑模块、性能/健康统计模块。这三个大模块从事务层接收并处理TLP，只不过处理的结果是交换出去，而不是打开TLP内部的有效载荷去看看发送方发来的是什么内容，后者往往是Host主CPU上运行的程序去处理的。

接收到的TLP经过错误处理之后被放置在包缓冲中，然后被并行输送到地址翻译和地址路由模块。如果NTB功能被启用，则地址翻译模块输出的信号将会被予以采纳并输送到TLP编辑器进行地址/ID修改。如果NTB功能没有启用，则封闭各类地址翻译表的写使能信号禁止其发挥作用，其输出的结果也不予采纳。地址翻译和地址路由可以并行同时进行，因为它们都需要查表，前者查询地址翻译表，后者查询地址～端口路由表。这里可能产生的一个疑问是，在没有翻译出目标网络地址之前，用原始地址来查路由表是对的么？对的。我们前文中提到过，凡是落入AT EP的BAR空间的访存请求TLP，先不管其目标网络地址会是什么（正在查），但是该TLP一定需要被路由到对应的目标网络，那么目标网络与本网络的级联端口是哪个？通过查路由表得出。所以，地址翻译表和路由表没有依赖关系，它们可以并行查找。

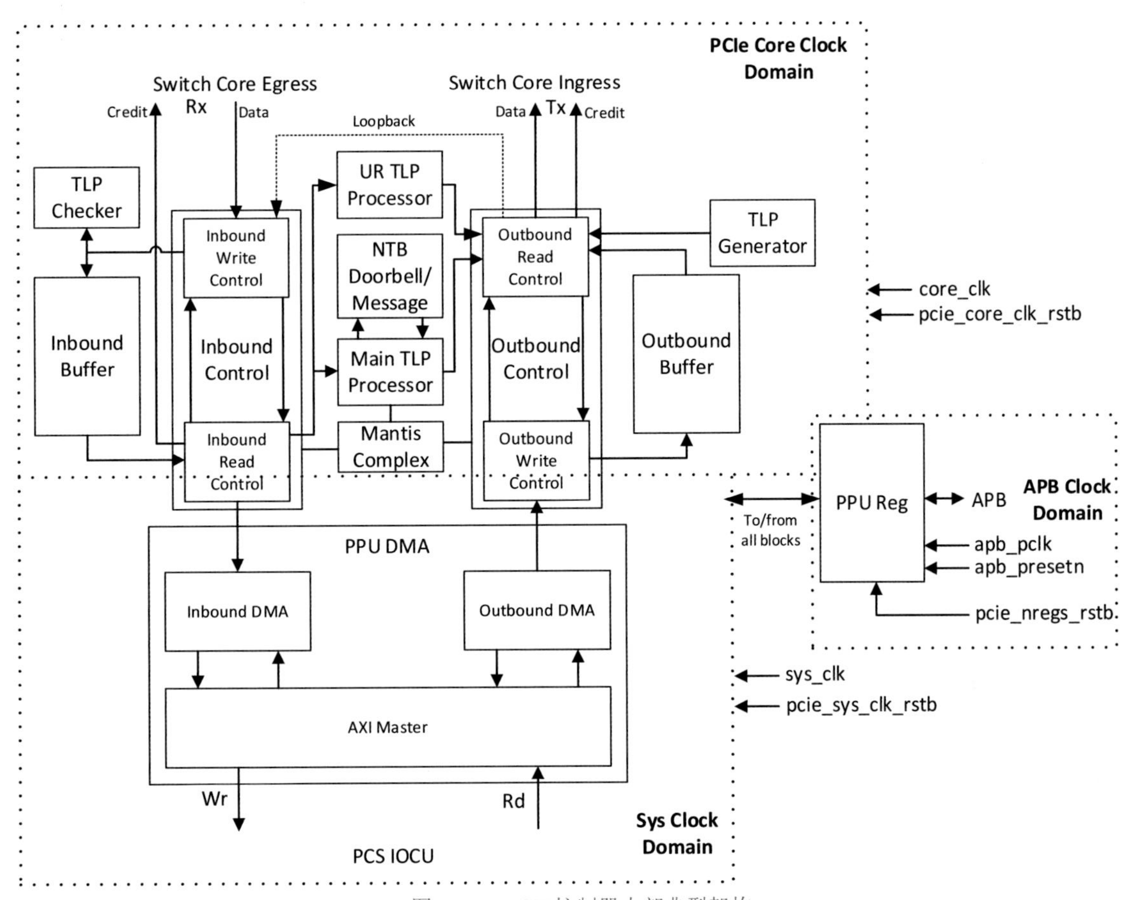

图7-108　PCIE控制器内部典型架构

提示

前文中提到过的AT EP的BAR#0存储器空间中存放着各种地址/ID翻译表，那么这些存储器物理上处于什么位置？是的，它们在物理上其实就是处于如图7-109所示的对应的位置。那么，NTB驱动程序向AT EP的BAR#0空间某地址写入映射表指针条目时，Host CPU/RC其实是向该地址区域发出访存写请求TLP，该TLP必须先被路由到嵌入式主控CPU所连接的端口（路由过程需要查路由表，而路由表在一开始就被设置好了，因为Host端设备管理程序将分配好的BAR#0的物理基地址写入BAR#0的时候，这个配置写请求会被路由到PPU端口从而转发给主控CPU，后者收到该指针，就会更新地址～端口路由表，才会导致所有访问BAR#0空间的TLP也被路由到主控CPU）。然后端口上的PPU将整个TLP数据包DMA到主控CPU可寻址的地址空间（比如AXI总线上的SRAM），然后发出中断，触发固件中对应的程序运行处理该TLP。固件分析该TLP的包头，发现其是访问虚拟AT EP的的对应地址，通过分析获知该地址对应着某某映射表中某某条目，所以主控CPU在将TLP中的Payload通过Switch内部的数据通路，写入到这些存放着映射表的存储器中。所以，向AT EP的BAR#0中写入消息，其实是与固件在沟通，因为AT EP是固件虚拟出来的，并且固件也设置好了对应的路由通路。

路由表又包含多类，前文中介绍过的场景都是走常规路由表。还有一类是组播路由表。组播是PCIE Switch提供的一个特殊功能，其可以将一份相同的数据Payload（TLP），复制多份并写入到多个不同网络中的不同设备/RC的存储器的不同地址上。这对一些需要做数据冗余保护的场景比较有用。比如Host端程序想同时向两个EP设备中写入相同的数据，当一个EP故障后，另一个EP可以继续提供服务，此时Host程序可以分别发起两笔I/O请求各发向其中一个EP，但是如果PCIE Switch支持组播功能，经过配置之后，Host端可以只发送一个I/O请求，产生的存储器写TLP会被Switch自动复制给另一个EP。组播路由表中保存的就是组播组（Multicast Group）描述信息。比如哪些端口在同一个组里，在同一个组里的所有EP会接收

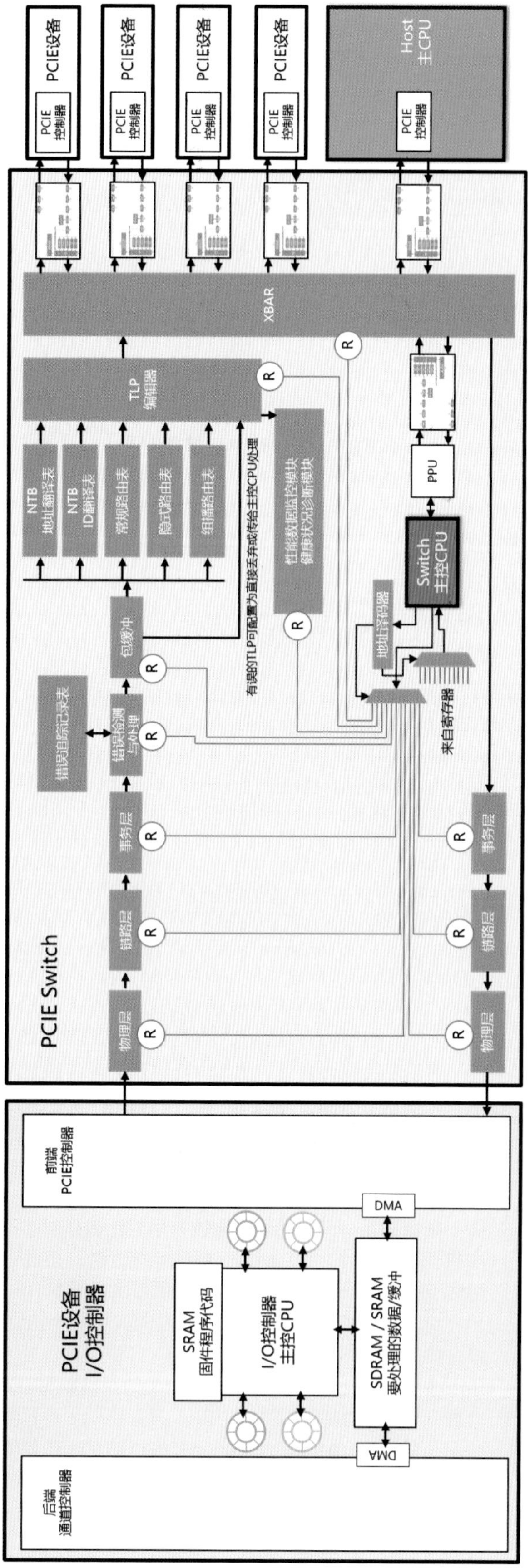

图7-109 PCIE控制器Stack架构图以及其与周边角色的关系

到相同的存储器写TLP，或者可以配置更精细的粒度，比如只有访问某某地址的TLP才会被组播，等等。通过查询组播路由表，PCIE Switch就能知道一个TLP到底应该复制给哪些EP。隐式路由表相当于默认路由表，其中记录了默认出方向端口的端口号。有些特殊的TLP必须被转发给本网络的RC端，也就是总是往上行端口转发。那么凡是收到这类TLP，PCIE Switch就查询隐式路由表找到哪个端口是上行端口。

TLP经过地址/ID翻译表+TLP编辑器之后，变成了带有目标网络地址/ID的新TLP，同时经过路由表的查找，也找到了该新TLP应该被转发到的目标端口号。然后TLP编辑器将TLP以及端口号信息输送给Crossbar交换矩阵，控制对应的电路将TLP发送到对应的端口。

PCIE Switch内部的各个模块电路，都会有各种保存参数和运行状态的寄存器，前者可读可写，后者一般只读。Switch内部的嵌入式主控CPU上运行的固件可以通过向这些寄存器写入对应的参数，从而控制各模块的运行模式，通过读取状态寄存器的值来获取各种运行时信息，继而可以生成运行日志。

在PCIE Switch虚拟分区和虚拟NTB（AT EP）场景下，位于不同分区的AT EP之间要想传递一些指针等消息时，依然是通过访问本侧BAR#0中对应的Message Register实现的，只不过现在，所有针对BAR#0空间的访问都会被路由到嵌入式CPU处理。由于这些虚拟的AT EP的BAR#0存储器空间其实是位于嵌入式CPU上挂接的SRAM中的（地址翻译表等除外，其被直接映射到物理上的真映射表中），这就更好办了。固件程序只要看到是写入Message Register的内容，则根据映射关系，直接将该内容写入到被映射到的目标AT EP的对应Message Register中，然后固件再直接发送一个中断消息给目标分区的Host端，让其NTB驱动程序来读取出消息。NTB驱动读消息时，发送的其实是针对目标分区AT EP的BAR#0空间里的Message Register，而它其实位于嵌入式CPU的SRAM中，加之所有针对AT EP的BAR#0的存储器读写访问都会被路由给嵌入式CPU，那么固件就可以将对应的消息从SRAM中读出并封装成TLP返回给请求方，完成了消息传递的任务。

这种在不同分区的EP之间传递消息的过程，其本质上还是利用了存储器读写TLP来实现，也就是在各自EP的BAR#0空间内开辟对应的Message Register寄存器作为中转，然后在NTB上（如果是物理NTB桥的话）或者在固件中（如果是虚拟分区虚拟NTB桥的话）建立好源EP的Message Register和目标EP的Message Register的映射关系。这样，源EP写入源Message Register的数据，便会被物理NTB或者虚拟NTB（固件）复制到目标EP的Message Register中，然后再通过触发中断来通知对方消息已经发送到。我们将本方用于传送消息给对方的Message Register称为Outbound Message Register（OBMR），意即该寄存器中的内容将会被复制到对方；而将对方用于接收发送方的消息的Message Register称为Inbound Message Register（IBMR），意即其存放从远端接收到的消息。每个AT EP既有OBMR又有IBMR，因为数据传送是双向的。如果一个PCIE Switch上有多个分区，那么每个AT EP上就可能有多个OBMR和多个IBMR，分别对应每个分区。

其实，PCIE网络的设计者一开始是为大家准备好一个消息传送框架的。

7.4.1.10 在PCIE网络中传递消息

前文中给出的场景都是存储器读写和配置读写的场景，这些场景只是PCIE网络事务中的一部分，但是却是关键部分，也是最常用的场景。表7-1中列出了全部事务类型，其中有两种用于传递消息的事务类型：Message Request或者Message Request with Data。前文中介绍过的PCI总线，并不只有数据/地址信号线，还有一堆控制信号线、状态信号线，以及中断信号线。这些**边带信号**（Side Band Signal，意即位于传递数据/地址主干通道旁边的控制、状态等辅助信号，虽然是辅助，但是也是必需的），在PCIE网络中，有些被直接嵌入到了TLP包头中，比如CRC校验字段。在PCI总线时代，接收方是直接使用单独的信号线告诉发送方“收到的数据包是否有误”的。而另外一些则无法嵌入到TLP中跟随每个数据包传送，比如中断信号，因为设备并不是无时无刻都在发中断的，所以没必要将其嵌入每个TLP作为包头中固定字段。更好的方式是，设备要发出中断请求时，能够用某种机制将这个中断请求封装到一个数据包里路由给RC，相当于存在一条虚拟的中断线一样，用来顶替PCI时代的物理上真实存在的中断信号线。除了中断信号之外，其他一些PCI总线时代的边带信号也被转化为对应的Message请求了。

Message请求TLP的格式如图7-110所示。消息TLP在包头中采用Format字段的001或者011来表示上述两种不同的消息TLP大类。用Type字段的低3位来表示该TLP的可选的8种路由方式。交换器根据这个字段来决定到底采用什么路由方式，比如是根据TLP中给出的地址来路由，还是ID路由，抑或是隐式路由到RC，甚至可以隐式路由该TLP广播到所有下行端口。消息TLP也可以包含目标存储器地址。既然可以包含存储器地址，为什么还算作消息TLP而不是访存TLP呢？你可以在一个消息TLP的8～12字节中给出存储器地址，然后在路由方式字段设置为按照地址路由，那么Switch端口前端的Stack中负责路由的电路就会拿着这个地址去匹配路由表，然后将该消息转发给对应端口。目标设备收到该消息之后，并不一定真的去对其中所包含的这个存储器地址做什么读写操作，因为接收端首先判断该TLP是什么类型，只要其是消息类型，那证明其中包含的存储器地址并不是真的想让自己去访存，而仅仅用作路由而已。这就给通过PCIE传递消息提供了最灵活的路由方式。

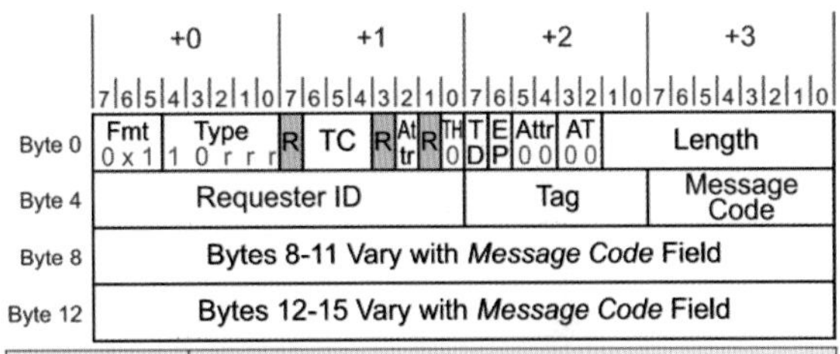

Type Field Bits	Description
Bit 4:3	Defines the type of transaction: 10b = Message TLP
Bit 2:0	Message Routing Subfield R[2:0] • 000b = Implicit - Route to the Root Complex • 001b = Route by Address (bytes 8-15 of header contain address) • 010b = Route by ID (bytes 8-9 of header contain ID) • 011b = Implicit - Broadcast downstream • 100b = Implicit - Local: terminate at receiver • 101b = Implicit - Gather & route to the Root Complex • 110b - 111b = Reserved: terminate at receiver

Message Code [7:0]	Byte 7 Bit 7:0	This field contains the code indicating the type of message being sent. 0000 0000b = Unlock Message 0001 0000b = Lat. Tolerance Reporting 0001 0010b = Optimized Buffer Flush/Fill 0001 xxxxb = Power Mgt. Message 0010 0xxxb = INTx Message 0011 00xxb = Error Message 0100 xxxxb = Ignored Messages 0101 0000b = Set Slot Power Message 0111 111xb = Vendor-Defined Messages

图7-110 消息请求TLP的格式

至于用消息类TLP传递一些什么消息，PCIE定义了一些标准消息格式，通过Message Code字段来区分，其中INTx消息就是用来传递中断信号的标准消息格式。如果想传递一些自定义的信息，就得使用其中的Vendor Defined Message。比如前文中所述的两个网络/分区中的NTB驱动程序之间传递申请内存的请求和返回的指针，这个其实就可以利用消息TLP来传递。但是不幸的是，目前商用CPU中集成的PCIE控制器并不会处理接收到的自定义消息TLP。想一下，RC接收到访存TLP，就去主存中访存；RC收到INTx消息，就去中断CPU核心；RC收到配置读请求的Completion返回TLP，就将数据放置在前端总线上从而让访问CONFIG_DATA寄存器的访存请求拿到数据。但是，RC如果接收到自定义类型的消息TLP，它该怎么办呢？它并不知道该怎么办，既然消息是自定义的类型，那么该TLP一定要被转发给Host端上的程序来处理。但是似乎转发无路，除非是经过特殊设计过的PCIE控制器（比如上文中提到过的PPU），后者可以将消息放入队列中，然后Host端程序从队列中取走该消息。但是目前CPU中的RC并不提供这种与Host端程序的对接形式。Host端程序只能通过访存的形式控制RC，比如读写RC上的CONFIG_ADD和CONFIG_DATA寄存器来触发RC发出配置读写TLP，但是无法触发RC发出消息类TLP，除非RC也提供对应的寄存器比如MSG_SEND寄存器。

正因如此，前文中介绍的两个NTB驱动程序之间的消息传递并没有使用PCIE提供的消息框架，而是采用了访存方式，也就是将消息利用存储器写TLP（程序直接访问该地址，RC会自动转换成TLP数据包faculty）直接写入本方对应的AT EP上的BAR#0中的OBMR（Outbound Message Register）。由于该TLP会被路由到Switch主控CPU，然后再由固件负责写入到目标设备的IBMR（Inbound Message Register），然后本方NTB驱动程序再用同样的方式写入Doorbell寄存器一个值，告诉主控CPU发出一个中断信号给目标RC，触发对方的NTB驱动程序从其对应的AT EP的BAR#0中的IBMR中读出之前写入的Message，这样便完成了通信。上述中断过程类似于7.2节中介绍过的IPI中断。

当然，对于Switch内部的端口上的PCIE控制器或者PPU，它们都是可以被触发发出各种TLP的。因为作为一个Switch，其需要保证各种场景下的兼容性，但是实际场景下的程序是否使用，就另当别论了。更多时候大家都倾向于用访存方式来传递消息，因为这样更加统一。

既然这样的话，是不是INTx消息也可以使用访存的方式来替代？比如，向RC的某个存储器地址写入某个值，RC收到该存储器写TLP，便去向CPU核心发出中断信号？这样完全可以，而且这也是目前主流的PCIE中断方式。下面我们就来看一下中断信号在PCI/PCIE网络中的传递和处理方式。

7.4.1.11 在PCI网络中传递中断信号

每个PCI设备最多可以出4个中断信号，分别为INT A/B/C/D，不过多数设备只出一个INTA信号。一个设备为什么需要4个中断信号？因为前文中我们提到过，一个PCI设备是可以细分为最多8个子设备的（也就是Function），每个Function都需要一个中断信号，有各自的中断向量，各自对应的中断服务程序和驱动程序互不干涉，它们只是不得已共享同一个PCI端口而已。那每个PCI设备应该出8个中断信号线才对。为何只有4个？这里有个有趣的历史原因。早期，由于Intel 8259A PIC可供输入的IRQ#信号只有8个，而形形色色的I/O设备却有很多，人们当时普遍采用将两个8259A PIC级联起来的方案。即便如此，除去那些必需的I/O设备所占用的信号线，剩余的信号线所剩无几，最多还剩4个，于是PCI规范不得已就只为PCIE设备定义了4个中断信号。

摆在眼前的一个问题就是，如果有一个PCI设备真的被设计上了8个Function（虽然几乎不存在这种产品），那么这4根中断线就不够它们用。另外，系统中总不可能只有一个PCI设备，如果有多个物理PCI设备，4根线更不够用。人们想出了一些办法来让PCI Function/设备之间共享着4根线。

如图7-111所示，如果把所有Function/设备的中断线并联起来的话（其实应该是相OR起来），那么，任何一个设备从其哪个信号线发出中断信号，这都会被PIC感知到并中断CPU，也就是所谓的多个设备共享同一个中断信号。问题是，当某个信号到来时，CPU如何分清到底是哪个设备发送的信号？这种情况下，就连中断控制器都无法分清，更别提CPU了。于是，人们不得不这样来处理多个设备共享中断信号的场景：当收到某个中断向量时，对应的中断服务程序首先根据中断向量判断出IRQ#号，再根据IRQ#号判断出目前有几个设备共享该IRQ#，然后依次执行对应设备的中断服务程序，挨个试，权当共享该信号的所有设备都被按了门铃。如果第一个设备并没有发出中断，其中断服务程序运行之后会无事可做。然后再运行第二个设备的中断服务程序，如果该设备的确发出了中断，那么会得到处理。然后再运行第三个设备的中断服务程序，如果该设备也发出了中断，则会得到处理。当共享同一个信号的设备发出的所有中断都处理完之后，该信号线上就没有中断信号了。

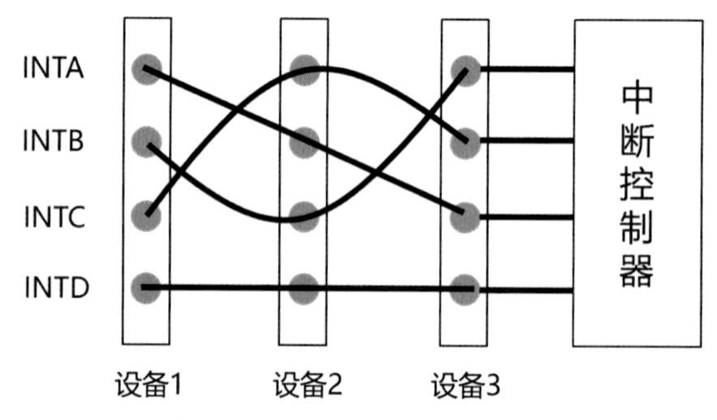

图7-111 多设备共享中断信号

对于PCI总线，所有PCI设备的中断信号线与中断控制器直接相连（也可以通过PCI桥接器的中转，但是后者不会对4根线做任何交叉重定向改变输出路径，4输入对着4输出，一对一直接中转信号，与直连相同，只不过是要把信号中继一下），共享使用4根中断线。让我们来看看PCI规范里推荐的中断号共享映射关系，如图7-112左侧所示。所有设备的4个中断信号（最大4个，一般只有1个，但是要按照最大来设计）可以按照这个映射关系被共享的并联（说并联不准确，多路独立的数字信号是不能并联的，必须是用逻辑门来相或处理）到一起并汇总到中断控制器的4根IRQ#输入线上。其次，BIOS也需要知晓这个映射关系，这样也就能够让底层中断服务程序知晓收到哪个中断信号，需要去遍历执行哪些ID对应的设备的中断服务程序（可能有些ID对应的设备不在位，那程序

设备的Device ID	INTx信号	被映射到的PCI总线的INT信x号
0,4,8,12,16,20,24,28	INTA#	INTA#
	INTB#	INTB#
	INTC#	INTC#
	INTD#	INTD#
1,5,9,13,17,21,25,29	INTA#	INTB#
	INTB#	INTC#
	INTC#	INTD#
	INTD#	INTA#
2,6,10,14,18,22,26,30	INTA#	INTC#
	INTB#	INTD#
	INTC#	INTA#
	INTD#	INTB#
3,7,11,15,19,23,27,31	INTA#	INTD#
	INTB#	INTA#
	INTC#	INTB#
	INTD#	INTC#

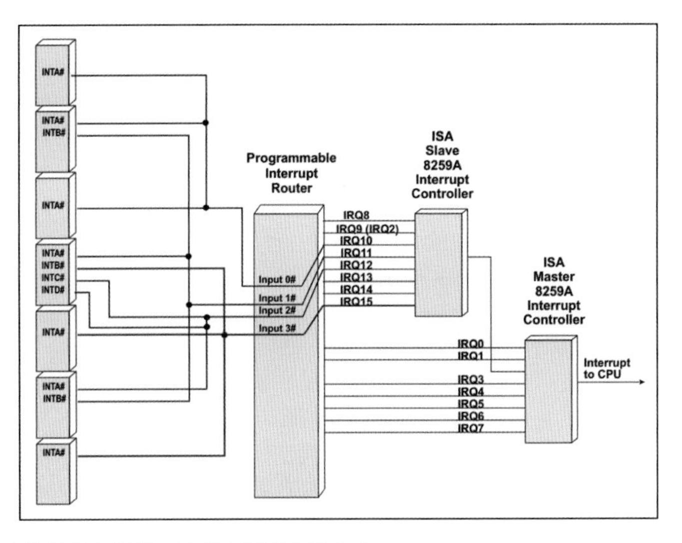

图7-112　PCI总线内的设备中断线与总线中断线映射关系

就不需要执行）。

程序是通过PCI设备的配置空间寄存器中的固定位置查询到该设备采用哪个INT引脚发送中断信号，如图7-67最下方的Interrupt Pin字段所示。PCI设备加电之后，其内部的固件需要主动将该寄存器更新为对应的值，以便将这个信息展示给Host端的设备管理程序以及驱动程序。用哪个INT引脚发送中断是由设备硬件和固件决定的，多数PCI设备只使用INTA。

图7-112左侧所示的关系为PCI标准中推荐的映射关系。如果所有PCI设备的中断线就是用这种固定映射与中断控制器的IRQ引脚相连的话，那么Host端设备管理程序会直接用这个关系计算出对应Device ID的设备的中端线被映射在中断控制器上的引脚IRQ号，从而将IRQ号写入到对应PCI设备配置空间寄存器中的Interrupt Line字段中，以供后续加载的设备驱动程序读出并知晓，如图7-113所示。

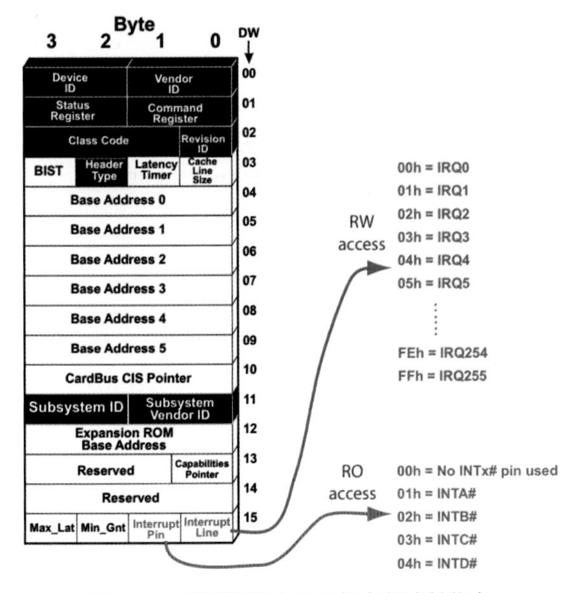

图7-113　配置空间中记录的中断映射信息

实际也可以不使用默认的映射关系，而是如图7-112右侧所示的那样，用一个中断信号交叉连接器来自定义地将输入导向到输出。这个设备相当于一个INTx#信号路由器，可以是出厂就定死的映射关系的、不可编程的器件，也可以是可编程的、可动态改变映射关系的器件。不管方式怎样，最终都需要由设备管理程序将最终映射到的中断控制器上的中断线号写入PCI设备的配置空间中记录。被分配的IRQ号被BIOS记录在设备信息表中，同时也被用于生成中断向量表。当设备驱动程序注册到系统时，设备管理程序会根据该设备驱动程序所声明的能够驱动哪些Vendor ID、Revision ID的设备，到设备信息表中查找对应VID/RID的设备的中断向量号，然后将设备驱动程序所声明的中断服务程序入口指针写入到中断向量表中该向量对应的条目中，这就完成了驱动程序的**中断挂接**步骤。

提示▶

从图7-113中可以得出的一个结论是，每个ID（BDF）最多只能有一个中断号。如果每个设备只能有一个中断向量，那么不管发生哪个事件，都是用相同的中断号触发相同的中断服务程序运行，中断服务程序就不得不读取设备的相关寄存器，再去进一步判断到底发生了什么事件，然后再跳转到对应的处理逻辑中处理。这个过程的时延会很高。如果能够让一个设备ID拥有多个中断、占据多个中断向量，每个中断向量各有一个中断服务程序来处理，这样可以让设备的运行更加灵活，不同事件出现时发出不同的中断，使用不同的中断服务程序做不同的处理，不需要先判断再跳转。但是在PCI规范的限制下，这一点无法做到。而下文中我们将要介绍的MSI和MSI-X中断模式，则可以轻易做到这一点。

至此我们可以结合上述介绍回顾一下7.2节中介绍过的中断流程。PCI设备在其中断引脚上拉高电平，该电平被传送到中断控制器的某个引脚上，中断控制器按照对应规则生成中断向量（不能用中断控制器上的IRQ号直接作为中断向量号的原因请见7.2节中的介绍），同时对CPU上的中断引脚发出信号。CPU被中断后从中断控制器获取到中断向量，查中断向量表，跳转到对应的中断服务程序执行。

提示

设备管理程序或者PCI设备的驱动程序可以通过写入设备配置寄存器中的Command Register中的Interrupt Disable位来关闭该设备的中断，只要其被置位，该设备就不会发出中断。关中断在有些场景下是必须的，比如当驱动程序正在做一些关键操作而不能被打断的时候，驱动程序会首先关掉设备中断，做完之后再打开。而如果要关闭全局的中断，比如某个CPU上运行的程序不想被打断，则我们可以采用特殊的关中断机器指令，将该CPU上的Local APIC中断控制器设置为不发出中断。这样，APIC即便持续接收到外部设备的中断请求，也不会中断CPU的运行，直到中断被打开为止。

7.4.1.12 在PCIE网络中传递中断信号

PCIE Switch采用消息方式传递任何信号，取消了所有边带信号。那么，PCI时代的中断线的方式，就需要转化成INTx中断消息的方式来传递给上行端口（RC）。RC解析这个消息，从中提取出是谁、哪个信号发来的中断，然后将其转换成中断向量，中断CPU进入后续处理。

如图7-114所示，在PCIE网络下，PCIE设备由于没有边带信号，所以直接发出INTx消息TLP给上游端口。传统的PCI设备可以通过PCIE～PCI桥接器接入PCIE网络，这个桥需要接收PCI中断线信号并将其翻译成INTx消息发往上行端口。由于PCI时代的INTx信号有两个状态来表示是否有请求中断，再加上每个设备有4个中断信号（为了兼容PCI时代的遗留规则，虽然PCIE设备没有边带信号了，但是依然保持了这4个INT标识），每个线两个状态，一共有8种状态需要描述。这8个状态被描述在INTx消息包中的Message Code字段。

由于中断控制器只提供4根IRQ线，而PCIE网络中的所有设备发出的中断信号依然要共享这4根线，对应的共享映射关系依然遵循（推荐遵循）图7-112所示。这样的话，**RC接收到INTx消息，需要根据Message Code字段里表明的INT号和Requester ID号，根据映射关系表计算出该INT消息最终对应哪根IRQ线，然后向中断控制器对应的IRQ线发送中断信号。**同理，Host端的中断服务程序也要根据这个共享映射关系来判断，该IRQ号（与中断向量号一对一）都有哪些ID的PCIE/PCI设备共享，而当前系统里又有哪些ID的设备在位，然后就轮流执行这些ID设备对应的中断服务程序来处理（这个过程上文中介绍过）。

提示

你禁不住会问，都PCIE时代了，难道中断控制器依然只余出4个IRQ#引脚给PCI/PCIE设备用么？其实完全可以设计出拥有更多IRQ引脚的中断控制器，但是规则已经这样定了，连INTx消息中的字段也都规定好了，就4个，而且所有PCI/PCIE设备共享，所以这些规则想要彻底改变，还是比较难的。而且增加中断控制器的引脚的方式也略显笨拙，1用一表示，2用二表示，表示100难不成划100根横线？笨就笨在这。下一节我们再来看更高效的方式。

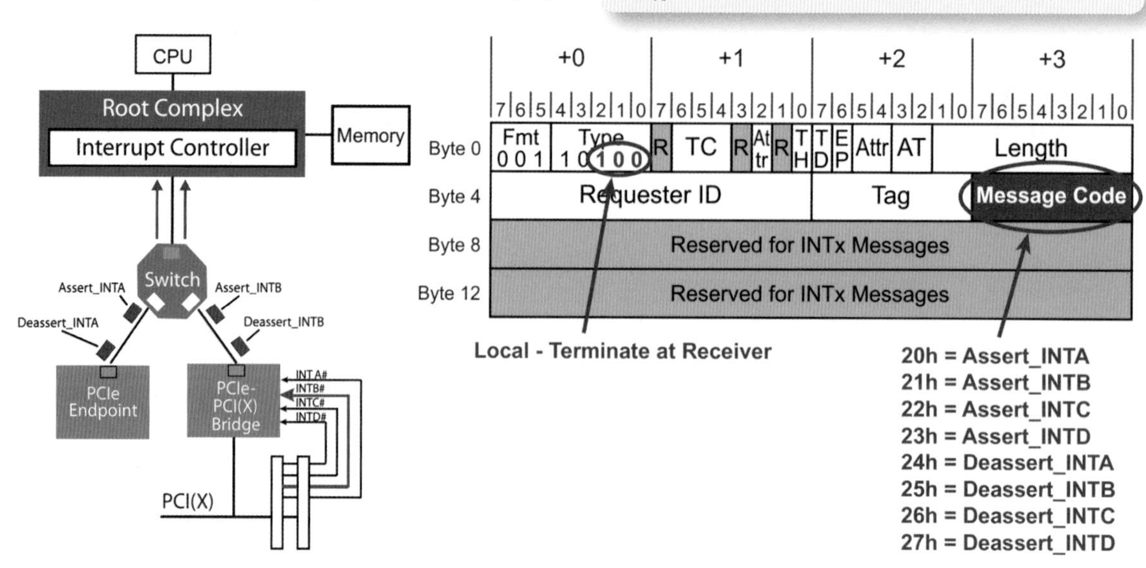

图7-114　PCIE网络下的中断示意图及INTx消息格式

仔细观察INTx消息的包头会发现，其路由模式字段被设置为“接收端收到该消息就不再路由”的模式，这是为何呢？INTx消息理应路由到RC上才对。其原因是由于PCIE网络中可能会存在多个Switch或者PCIE～PCI桥接器，这些角色可能会将收到的INTx消息中的INT表示重新映射成其他标识，这个场景会发生在那些不按照推荐映射关系运作的系统中。那么，INTx消息的路由目标就不能被设置为RC，而是要先交给上游的桥/Switch，由它们做相应处理，再继续往上游发送。

7.4.1.13 MSI/MIS-X中断方式

面对众多的PCI/PCIE设备，就给4根线，于心何忍？每个设备ID只能拥有一个中断向量，这个限制太死。所以，人们创造出更高效的方法，也就是**消息信号中断**（Message Signaled Interrupt，MSI）以及其升级版MSI-X中断方式。

如上文所述，传统的中断方式至少面临两个问题：I/O APIC提供的中断线数量太少，导致外部设备不得不共享中断，这样效率很低；外部设备先要提交中断信号给I/O APIC，后者再将中断提交给CPU内部的Local APIC，这样多此一举。

为什么不能让外部设备直接与CPU的Local APIC通信直接提交中断呢？这里可以回顾一下图7-27。显然，外部PCI/PCIE设备与CPU之间本身就是有通路的。什么通路？访存通路。前文中提到过，在前端总线上，任何两点间的通信其实都可以转化为访存方式来获取通信。那么，如果每个CPU的Local APIC控制器各自暴露一些寄存器地址并纳入全局路由表，PCI设备只要将中断信号通过访存请求（存储器写TLP）写入到该寄存器里，不就可以直接让CPU的Local APIC收到了吗？后者再触发CPU进入中断处理流程，这样做非常高效。这就是所谓的消息触发式中断的含义。再想一下，这种方式传递中断，还会受到中断线数量不够的限制吗？完全不会了。因为此时CPU并不是根据中断线#号来区分是谁了，而完全是通过设备写入到寄存器中的信息来区分，只要这个信息字段长度够长，就可以区分出足够量的不同设备，而且同一个设备也可以拥有多个中断号了。

好，基于上述这个思路，要解决如下几个问题。

- 如何让PCIE设备知道Local APIC的寄存器地址是多少？如果有多个CPU，那么要把哪个/些CPU的APIC的寄存器地址告诉哪个PCIE设备？PCIE收到这些指针之后将它们保存在哪里？
- PCIE设备往APIC寄存器地址中都写些什么内容？有什么讲究？APIC控制器如何区分是哪个设备发来了哪个中断向量？如何做到同一个ID的设备可以向APIC发出不同的中断标识？

带着上述的问题，我们看一下PCIE规范制定者给出的设计思路。如果你深刻理解PCIE网络的全貌以及上述目标，我相信你能想出的办法与PCIE规范制定者能想出的类似，只不过规范制定者会考虑更多细节，而你和我往往只能理解大框架罢了。

针对第一个问题，在每个PCIE设备/Function的配置空间寄存器中开辟一个新寄存器。设备管理程序枚举到该设备后，将任何一个CPU（至于怎么选择CPU，取决于设备管理程序自己的决定，比如尽量均衡，给每个设备映射不同CPU上的APIC寄存器）的APIC暴露的寄存器地址指针写入到该寄存器中，这样就可以让PCIE设备知道APIC的地址。设备只需要向该地址写入一串值，即可通知APIC控制器“哎！开门，是我！”你是谁啊？“是我啊！”尴尬了吧。“我”表示不了任何人。不同的PCIE设备如果都向该APIC控制器写入相同的值，那就跟说“我”一样了，APIC将无法区分到底是谁发的中断。如果回答改成“我是B0D1F2啊！”就可以了，也就是向APIC寄存器中写入自己的BDF ID。没问题，但是，如前文中所说，有些设备/Function 希望单个Function ID就可以拥有多个中断号，想发哪个就发哪个，想点Host端哪个中断服务程序来处理就点哪个。那只说“我是B0D1F2”显然不够。所以，必须由设备管理程序来分配给设备对应数量的暗号，比如“@%#&”拿好，这就是你能用的中断标识号，APIC收到对应的暗号，就去找对应的中断服务程序来处理。这样，设备管理程序给每个PCIE设备都分配一定数量的暗号，比如B0D1F2被分配了“@%#&”，而设备B0D1F0则被分配了“！*￥^”。整个PCIE网络内的每个设备ID的暗号都不同，这样就可以区分每一个设备发来的每一个中断标识了。设备管理程序如何知道某个ID的设备需要分配多少个暗号？解题思路想到这一步，大家已经清楚了，每个设备将自己要申请的暗号数量预先声明在配置空间中对应的某个控制寄存器中，设备管理程序先读出这个声明，然后将暗号写入到专门放暗号的配置寄存器，不就行了吗。这和对BAR的分配如出一辙。这样，第二个问题也解决了。

这就是所谓的MSI机制，设备采用存储器写的访存方式将一个消息（暗号/中断标识）写入到APIC的寄存器中，从而达到通知APIC中断到来的目的。所以，基本思路已经清晰了：每个设备ID的配置空间寄存器中增设一个新寄存器，其用于声明自己申请多少个中断标识，以及用于盛放分配的APIC的寄存器指针、分配的中断标识。这个位于设备配置空间中的用于存放上述信息的寄存器被称为MSI Capability Register。但如果仔细观察图7-113所示的设备配置空间寄存器分布图，其中并没有这个寄存器。但是你会发现一个叫作Capability Pointer的寄存器，这个寄存器正如其名，它是本设备的“技能树”指针，其值指向的是本设备所有“技能”的描述结构所在的配置空间存储器中的位置。图7-113所示的这堆寄存器只是每个PCI/PCIE设备锁必须持有并展示的标准配置空间，一共只有64字节大小。而对于一些功能强悍的设备，其有更多技能以及参数可供展示，64字节根本不够用。所以PCI/PCIE规范规定，凡是想展示更多技能的，则可以用标准配置空间中的Capability Pointer寄存器盛放指向更多技能描述结构的指针，以指向一个技能树结构，技能树结构最大可以支持容纳192字节的信息。然而，即便如此还是很多参数没有空间放置。到了PCIE时代，PCIE规范又开辟出一大段空间称为**扩展配置空间**，来盛放更多参数和一些PCIE特有的技能描述结构，使得整个配置空间（包含标准部分、技能树部分、扩展部分）最大到4KB容量，如图7-115所示。

其实，我们前文中提到过的Max_Payload_Size参数、Max_Request_Size等参数，都被放在了扩展配置空间中，其他参数，比如虚拟通道的支持情况和参数、电源管理方面的参数等，也都被放到了扩展配置空间里。大部分技能并不是强制要求支持的，但是规范规定PCIE设备必须实现PCI Express Capability、Power Management Capability以及MSI/MSI-X Capability这三个特殊技能。

下面我们就来看看这个技能树结构真的是一棵树么？差不多。如图7-116所示，特殊技能的组织形式是以一个链表的形式组织的，形成一个技能树，从根指针顺着往下指。设备并不要求支持所有的技能，可以选择性支持，支持哪个技能，就在技能树中放置对应的技能描述项。描述项中含有项目ID，项目ID并不是序号的意思。此ID全局唯一，比如降龙十八掌技能的ID为8，乾坤大挪移的ID为9，如果该设备的技能根指针指向的第一个技能是乾坤大挪移，则第一个描述项的ID就是9，而不是1（第一个）。这样，设备管理程序才能根据ID判断该设备支持的技能。由于每个描述项的大小不一，再加上设备指不定支持哪个、支持多少个技能项，所以无法用固定长度的表格来存放这些技能项，而是每个技能项中利用一个指针指向下一个技能项所在的配置空间中的偏移量，以便让设备管理程序顺藤摸瓜。最后一个技能项的指针为全0，以提示这是最后一个技能了。

当然，你一定迫不及待想知道，技能项里都是些什么东西？本节阐释的主要技能——MSI相关的技能，就是该技能树中的一项，其项ID为05h（16进制的05）。至于其位于每个设备的技能树中的第几项，这个并不一定是固定的，如图7-117所示。值得一提的是，虽然项目ID都为05h，但是该技能却有4个变种。

其中左上角的变种为原始种，其工作在32位的地址空间，但是目前的CPU都已经是64位了，所以该变种目前已经没有设备在使用了。左边第二个变种是

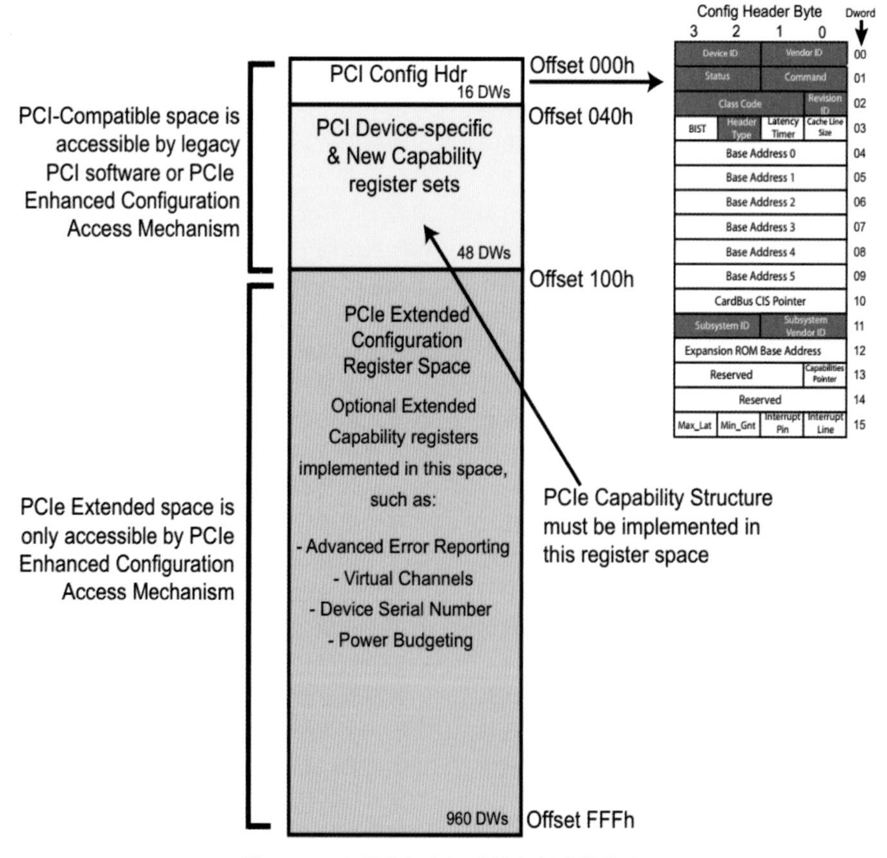

图7-115　配置空间中记录的中断映射信息

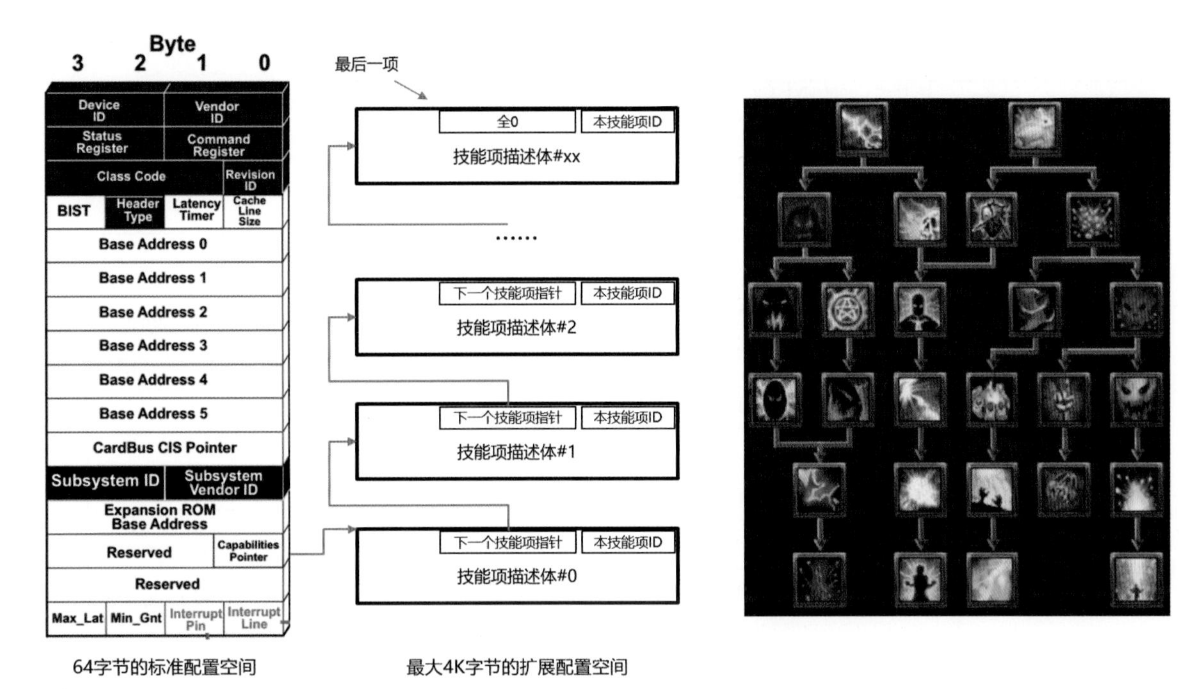

图7-116 扩展配置空间中的Capability技能树结构

64位地址空间版本，其中的Next Capability Pointer和Capability ID上文中已经介绍过了，这是用于技能树连接用的，这里不再多说。

关键看其中的Message Address字段，其用8字节组成了可容纳64位的存储器，其含义是“消息要发送到的目标地址”。它存放的就是APIC控制器的寄存器地址，会由Host端设备管理程序负责写入。Message Data字段长32位，它的高16位恒为0，低16位存放的就是上文中提到过的暗号/中断标识，也由设备管理程序负责分配和写入，设备管理程序会负责每个中断标识全局唯一。嗯？不是说MSI方式可以支持单设备可以拥有多个中断标识么？这里为什么只有一个Message Data寄存器？下文会解释。

再来看看Message Control寄存器。顾名思义，该寄存器存放的是该MSI技能项的参数，如图7-117左下角所示，MSI Enable位为1标识允许该设备使用MSI中断方式，如果程序写入0到该位，那么该设备不能使用MSI方式，而只能使用其他方式（或者是传统方式或者是升级版的MSI-X方式）。Multiple Message Capable字段为3位长，用于设备声明自己需要多少个中断标识，其存放的是对应的数值。Multiple Message Enable字段长3位，该字段需要由设备管理程序来写入，其含义是“设备管理程序最终分配了多少中断标识”，3位最多表示到数值111，但是规范规定110和111保留不用，所以最高到101，即十进制的32，也就是说设备最大允许获得32个中断标识。Multiple Message Capable字段也是3位长，同样最大可申请的数量也被限制在32。也就是说Multiple Message Capable字段用于设备一厢情愿申请对应数量的中断标识，而Multiple Message Enable字段则是设备管理器最终批准的中断标识的数量。由于Host端的各种资源是有限的，比如中断向量表有限，并不是设备要多少Host就必须得给多少。那么，如果Host少给了怎么办？少给了也得认。嗯？难道少给了不会影响设备工作么？见下文提示框内的解释。64-bit Address Capable标识该寄存器是不是64位地址模式，如果该位为0则表示为32位模式，这也是为何MSI Capable寄存器会产生32位和64位两个变种的原因。Per-Vector Masking Capable位长1位，如果该位为1，则MSI Capability技能项寄存器会额外附带两个新字段：Mask Bits Register和Pending Bits Register。这也是产生另外两个变种的原因。这两个额外字段的作用下文再介绍。

下面我们先来解释如何只用一个Message Data字段盛放多个中断向量。其实，设备管理程序分配好对应数量的中断标识之后，写入Message Data寄存器低16位的只是一个基序号，比如写入的是0110001010110100，则表示Host端分配了4个中断标识，分别为0110001010110100，0110001010110101，0110001010110110以及0110001010110111。同理，如果Host端写入的是0110001010110000，则表示分配了8个中断标识。至于设备欲发出中断时选用哪个标识，这取决于设备自己。但是要注意，每次启动机器，Host端写入的中断向量是无规律的，每次可能都不同，比如某次写入的是0110001010110100，而下一次可能写入的则是1100101111010100。

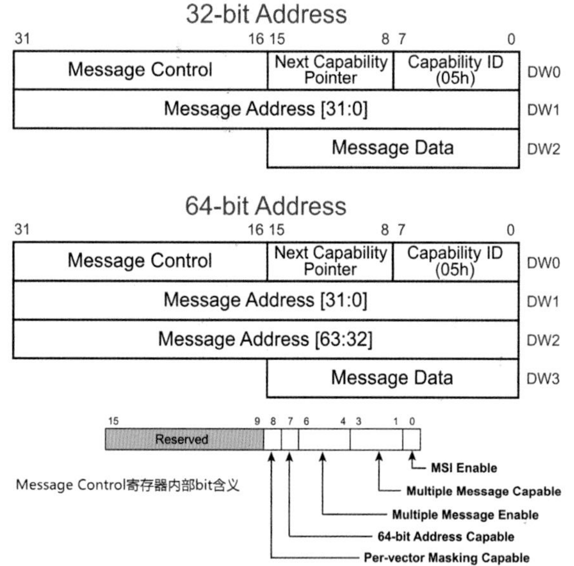

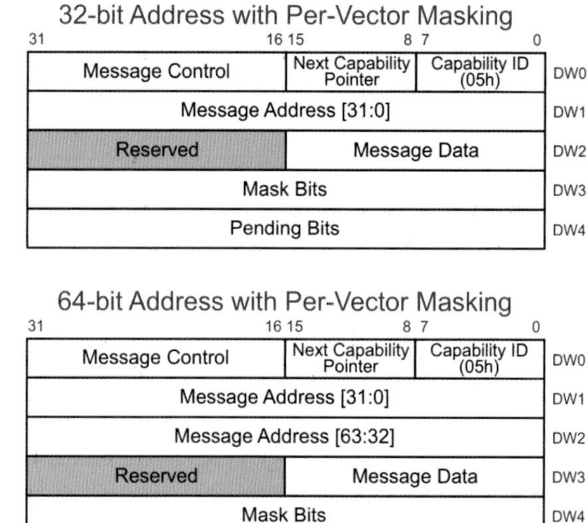

图7-117 MSI Capability寄存器内容一览

提示▶▶

之前每个设备只能有一个中断标识，所以，设备ID、Vendor ID/Revision ID、中断向量、中断服务程序是一一对应的。而现在，同一个设备ID的中断向量却有多个，那就得为每个中断向量提供对应的中断服务程序。这就产生一个问题，到底哪个中断服务程序对应着哪个中断向量呢？要知道，中断向量可能每次开机后都不同，并不是固定的，这样就没有一个对应规则了。其实仔细想想，规则还是有的。也就是纯粹按照中断标识的序号来对应中断服务程序，比如假设中断向量被分配为0110001010110100，那么设备的固件可以这样规定：当遇到事件1（比如一个I/O完成）时发出基序号开始的第一个序号0110001010110100号中断，当遇到事件2（比如后端通道接口故障）则发出第二个序号也就是0110001010110101号中断，这样，不管Host端实际分配的基序号是多少，凡是事件1发生则发送基序号+1号中断，依此类推。显然，Host端的设备驱动也需要按照相同的规则来挂接对应的中断服务程序到对应的中断向量上，即设备驱动程序可以从MSI Capable寄存器中读出被分配好的基序号，然后按照对应的顺序，将对应的中断服务程序的入口指针注册到中断向量表中对应的中断向量条目中。

如图7-118所示，当设备决定发出某个中断向量号的中断时，其利用MSI Capability寄存器中的信息，将Message Address字段直接复制到待发送的存储器写TLP的目标地址字段，然后将Message Data字段的中的基序号复制出来，将对应的位改为对应的中断向量号，并填入到TLP的Payload中。这样，该中断也就被写入到了目标APIC，从而引发对应的CPU处理中断。

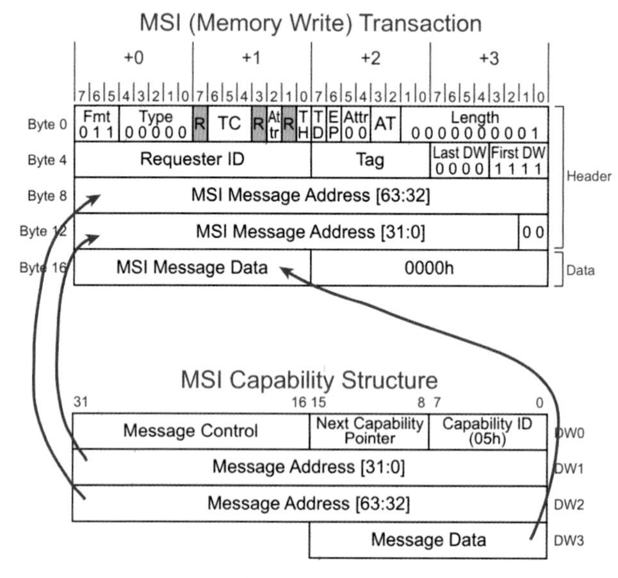

图7-118 发送MSI中断的过程

再来看看Mask Bits Register的作用。该寄存器长度32位，而每个设备可获得的最大中断标识数量也是32，这样刚好每一个位对应一个中断标识。如果该寄存器中的某个位被Host程序置为1，则表示Host程序打算屏蔽掉对应的这个中断信号，也就是说设备不能够发出对应的中断标识，这相当于关掉了该中断。至于Host端程序（比如驱动程序或者中断服务程序）为何要屏蔽掉对应的中断，取决于具体设计考虑，MSI体系只是提供了这个功能。不过，原因可能是Host端的程序此时不希望再次被打断。

如果某个中断标识被屏蔽了，这并不表示设备就不能说话了，但是由于嘴被封住了，那么只好将要发送但是临时发不出去的中断号对应的序号写入到Pending Bits Register中。比如，设备要发送0110001010110101号中断向量给APIC寄存器，但是由于此时Mask Bits Register为00000000 00100000 00000000 00000000，也就是第22个位被置了1，而要发送的中断号刚好是第22个中断号（二进制10101=十进制21），则该中断不能发送出去，而要转为临时暂挂（Pending就是临时暂挂的意思）在Pending Bits Register中的第22个位上。所以此时设备需要将Pending Bits Register更改为00000000 00100000 00000000 00000000，如果还有其他中断号也被封闭了但是要发送，那就继续将Pending Bits Register中的对应位置1。当对应的位被Host端程序从Mask Bits Register中解除封闭后，设备便根据Pending Bits Register暂挂的记录，依次发出对应的中断信号，中断发出后，暂挂解除。

综上所述，MSI方式需要设备（硬件+固件）、驱动程序、设备管理程序、CPU同时来支持才可以。怎么样，用上MSI中断模式之后，是不是感觉生产力被释放了？不过，MSI还是有较大的限制。最大的限制就是，一个设备只能将中断发送给一个CPU/核心的APIC，也就是只能中断一个CPU，因为MSI Capability寄存器中只有一个用于存放APIC寄存器地址的寄存器（Message Address寄存器）。设备虽然可以发送不同的中断向量，点出不同的中断服务程序处理中断，但是它们都发生在一个CPU/核心上，对于那些高吞吐量的I/O设备来讲，如果只有一个CPU处理中断，会产生瓶颈。于是人们又设计了MSI的升级版MSI-X（Extended MSI）来解决上述问题。

很显然，要想解决上述问题，就得设置多个用于存放APIC地址的寄存器，这样设备管理程序可以写入多个不同CPU上的APIC的寄存器地址给设备。没错，设计师们也是这样想的。设计师们决定，每个设备ID最大可以申请2048个中断向量！并且，这2048个向量并不一定只能往一个CPU发送，系统最大可以支持每个向量各自往一个不同的CPU/核心上发送，这样，最大支持2048个不同的APIC寄存器地址被记录在设备侧，当然也可以多个中断向量都往同一个CPU上发。看来，这2048条记录是没法在配置空间甚至扩展配置空间中放得开了，它们得另找地方放置。放在哪好呢？当然我们一贯使用的路数是，找个BAR指向的空间来存放。

如图7-119所示，干脆把这个最大2048行记录的表格存储在设备某个BAR指向的内部存储器空间吧。那么，放在哪个BAR的哪个偏移量处？放哪都行，但是必须将位置记下来，包括BAR号、BAR内偏移量。所以，需要生成一个新的叫作MSI-X Capability技能项，技能 ID为11h，区别于MSI的05h。在其Message Control字段中记录的内容与MSI方式下有较大的不同。图中左侧所示的Table BIR字段和MSI-X Table Offset字段所记录的内容就是用于表示上述的“哪个BAR”和“BAR内的哪里”。Function Mask位如果被置1，则该设备所有的中断向量会被在全局范围内屏蔽掉，这会导致该设备发不出任何向量的中断，此位是一个全局控制位。如果要屏蔽具体的某个中断向量，见下文。Table Size字段记录的是中断向量映射表的尺寸（最大值2048），也就是有多少条目。

如图7-120左侧所示为MSI-X Table的结构，最大2048行，每一行上有3大字段，分别为记录目标APIC地址的字段（划分为高32位和低32位）、对应的中断向量字段（Message Data）、记录该向量是否被屏蔽的字段（Vector Control字段，只使用该字段的低1位来控制该行中断向量是否被屏蔽，其他位不使用）。值得一提的是，Message Data字段所保存的中断向量不再是最后几位为0的基础序号，而是每个位都有效的最终序号，而且这些序号可以是任意跳跃不连续的。如果一个设备申请了多个中断向量，那么它就需要占用该表中多个条目，而不是像MSI那样在单个Message Data字段中记录一个基础序号+多个0来表示多个连续的中断号。所以MSI-X方式是比较浪费设备一侧的存储器资源的，不过设备一侧可以选择支持任意大小的MSI-X表。

另外，Pending Bit也是少不了的（上文中刚刚介绍过它的作用，没忘了吧）。由于系统最大有2048个中断向量，所以需要准备最大2048位的Pending Bits Register，或者叫Pending Bits Array。Pending Bit Array所在

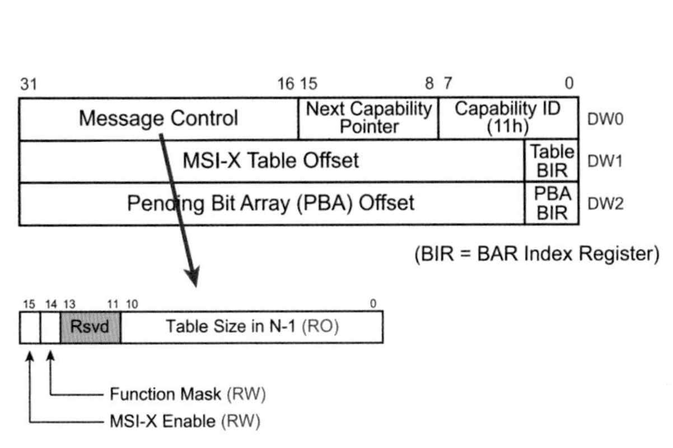

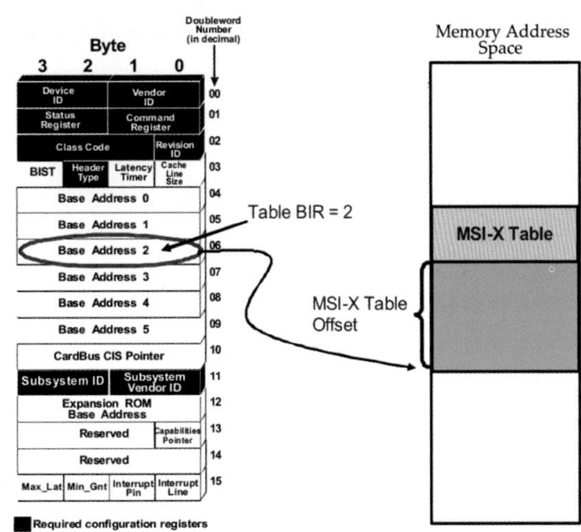

图7-119 MSI-X Capability寄存器的结构

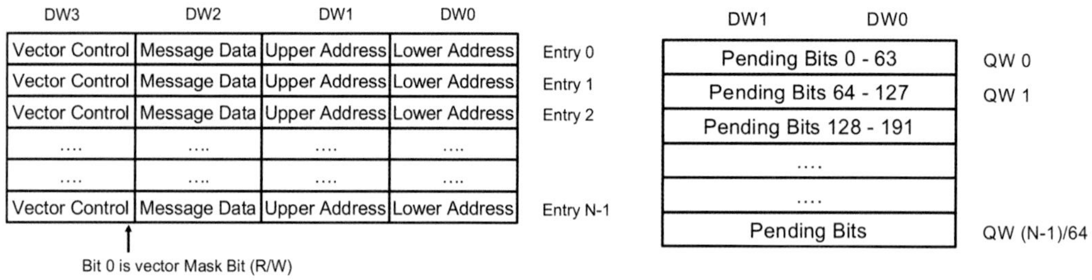

DW3	DW2	DW1	DW0	
Vector Control	Message Data	Upper Address	Lower Address	Entry 0
Vector Control	Message Data	Upper Address	Lower Address	Entry 1
Vector Control	Message Data	Upper Address	Lower Address	Entry 2
....	....	....	....	
....	....	....	....	
Vector Control	Message Data	Upper Address	Lower Address	Entry N-1

Bit 0 is vector Mask Bit (R/W)

DW1 DW0	
Pending Bits 0 - 63	QW 0
Pending Bits 64 - 127	QW 1
Pending Bits 128 - 191	
....	
....	
Pending Bits	QW (N-1)/64

图7-120 MSI-X Table以及Pending Bit Array

的位置也由对应的PBA BIR字段和PBA Offset字段记录。

这样，设备管理程序就可以将一个设备上的多个中断向量均衡到多个CPU处理了，这消除了瓶颈。另外，设备驱动程序依然需要通过某些固定规则来将对应的中断服务程序挂接到对应的中断向量上，这就是设备和驱动程序具体设计时考量的事情了。

MSI Capability寄存器中的Message Data Capable字段中给出了该设备所需的中断向量的数量。对于使用MSI-X方式的设备，MSI-X寄存器中的Table Size字段用来标明该设备所需的中断向量个数。那么，设备管理程序可以直接给设备分配对应数量的中断向量。然而，为设备分配中断向量这件事，并不是由设备管理程序主动去做的，虽然它可以去做。实际上，多数实现都是在设备驱动程序加载起来之后，由驱动程序获取这些寄存器的信息，然后调用设备管理程序提供的专门函数来分配对应的中断向量的。驱动程序加载之后，可以与设备进行更深层次的沟通。在获取一些更实时的信息之后，再决定分配多少个中断向量，或者用什么细节参数（比如分配到多少个CPU上，如何均衡，等等）去分配，这样更加合适。设备声明的数量并不一定是最终分配的数量。所以，设备管理程序自身并不知道这些深层次考量，也就不适合擅自给人家分配中断向量。那么，如果一个设备连中断都还没被设置好，此时设备驱动程序加载之后能与设备进行沟通么？没有问题，驱动程序与设备进行沟通，不一定非得在中断运行正常后。只要设备的配置空间寄存器可以访问，对应的BAR空间的物理地址被分配好，此时就可以加载驱动程序了。一些深层次的配置信息要么包含在标准/扩展配置空间中，用配置访问TLP来访问，或者包含在BAR空间中，用存储器读写TLP来访问。当然，只有驱动程序自己才知道BAR空间里都是些什么参数/数据。

截至当前，几乎所有的PCIE设备都采用了MSI-X中断方式，有些为了兼容性考虑，也一并支持传统INTx信号模式和MSI模式。PCIE设备至少要支持MSI模式，传统和MSI-X作为可选支持。驱动程序通过配置空间中对应的寄存器中的使能控制位来控制设备运行在何种中断模式下。

7.4.1.14 PCIE体系中的驱动程序层次

现在来回顾一下，为了让PCIE网络、PCIE设备工作起来，Host端都需要运行一些什么样的程序。系统加电之后，PCIE网络中的各个控制器，包括PCIE总控制器和各个PCIE设备主控制器前端的PCIE控制器，各自开始初始化。其中，设备端主控中的嵌入式CPU会负责将配置空间中的全部信息初始化好，从ROM中读出写入到配置空间寄存器堆中，等待着Host端程序的访问和配置。

Host端首先要存在一个这样的程序：其对PCIE网络进行枚举（枚举的过程见前文），然后在主存中生成一个数据结构来记录当前PCIE网络中所有的设备的基本信息。然后，对于每一个识别到的设备，根据其BAR申请的地址容量分配对应的物理地址，然后将物理基地址指针写入对应的BAR。这个负责枚举PCIE网络以及分配对应物理地址的程序，被称为**PCIE Bus Driver，简称Bus Driver（总线驱动）**。这里Bus Driver可不是开公交车的司机，而是开PCIE网络的司机。Bus Driver对应的实体其实就是一堆函数，我们在第5章中介绍过，函数只是被动等待着被人调用的一堆代码，而真正主动去干活的是进程/线程，其从某个函数入口进入执行，然后将一堆待执行的函数串起来执行。而线程本身其实是个虚拟的东西，真正把所有函数串起来执行的物理实体是CPU内部取指令单元的PC指针寄存器，因为归根结底是它的数值自增导致的代码不断被载入执行，当然，程序可以控制让其数值发生跳转。那么，线程的物理实体，其实就是CPU内部的各种关键寄存器的值，也就是当前的执行状态，或者说执行现场。只要这些东西从CPU对应寄存器中拿下来，那么这个线程就暂停执行了，如果这些寄存器再安上去，那该线程就继续执行了，多线程调度也是这么干的。

那么，Bus Driver这一堆函数，是在哪个线程中被执行的呢？看看现实中的实例，比如在Linux操作系统下，kernel_init线程负责整个系统的初始化配置工作，其中有一步就是对所有I/O设备进行初始化枚举和配置，包括对PCIE设备枚举和配置，以及对USB网络和设备进行枚举和配置（下文中将介绍USB网络）。其实，你还可以继续问，kernel_init线程又是怎么被创建出来的呢？kernel_init线程也是由其他线程创建出来的。如果要追踪到线程的源头的话，第一个线程其实就是每个CPU加电之后，PC寄存器中的默认地址所指向的代码，从这里开始往后的执行，也算一条执行线，也是一个线程，只不过此时并没有其他的线程存在。你可能不知道的是，这个最初始的线程

（也就是BIOS代码），便会对PCIE网络进行枚举和物理地址分配的动作了，只是，在Linux操作系统的代码被运行之后，Linux操作系统可能还会再次枚举PCIE网络和分配物理地址（可以通过一些参数来控制Linux是否沿用由BIOS初始化好的PCIE资源，还是抛弃之自己重头做一遍）。

kernel_init进程中有一步是调用do_basic_setup()，继而调用do_initcalls()对所有的I/O设备进行初始化操作。整个过程会调用诸如pci_arch_init()、pci_direct_probe()、pci_slot_init()、pci_sybsys_init()、pci_legacy_init()、pcibios_scan_root()、pci_bus_add_devices()等函数，这些函数错综复杂。看似枚举PCIE网络是比较简单的事情，其实追究细节来说，要做的事情太多，这些函数具体所做的工作，这里就不多介绍了。这些函数共同组成了“Bus Driver”实体。

至此，所有PCIE设备均已发现，其BAR也被分配了物理地址，设备的信息被记录在主存中对应的PCIE设备数据结构中。现在该是加载PCIE设备驱动程序的时候了。如果说Bus Driver是一个PCIE交通规划维护者的话，那么利用PCIE网络传送数据的各个PCIE设备就是这个交通体系中的车辆，它们虽然遵循着同样的交通规则，但是它们的驾驶方式却是不一样的。虽然每辆车基本上都有大灯尾灯雾灯、反光镜、方向盘、刹车/油门、挂挡操纵杆，这就像每个PCIE设备都有各自标准的配置寄存器，基本上都利用队列指针方式从主存收发数据，但是其细节还是有很大不同。比如每个设备用于存放主存中队列指针的寄存器在其BAR空间内的偏移量各不相同，不同设备的各种状态寄存器的位置也不同，寄存器内部的值所表示的含义各不相同。这些差异化的操控，只能由该车的司机来负责操控，也就是每个PCIE设备的**PCIE Device Driver，简称Device Driver（设备驱动）**来负责。

设备驱动需要由开发该设备的厂商一并提供，设备驱动其实也是一个可执行文件，需要提前执行一下，注册对应的函数入口到对应的Vendor ID/Revision ID（这个对应关系会被保存在配置文件中，比如Windows操作系统会将其保存在注册表这个大配置文件中，或者其他一些数据结构中，这取决于不同系统的设计差异）。这个注册过程，是由驱动程序可执行文件中的pci_register_driver()函数完成的。该函数除了会将自己所能够驱动的RID/VID设备号注册到配置文件中之外，还会将一个名为xxxx_probe（x为任意字符和数量，不成文规定，并不必须为此名）的函数入口指针注册进去，而所有针对该设备的操作、控制、初始化等步骤，都是在这个xxxx_probe()函数中实现的，这个函数其实才是设备驱动真正意义上的主程序函数。

这样，根据Bus Driver枚举PCIE设备时从其配置空间中所获取到的信息，根据Vendor ID、Revision ID等以及配置文件中之前注册的函数入口指针，kernel_init线程就可以按图索骥，找到对应VID/RID的驱动程序入口函数地址，跳转执行xxxx_probe()函数对设备进行进一步的初始化工作。

probe函数基本上做了如下的关键操作：从Bus Driver准备好的设备信息描述结构中获取设备的配置信息做各种判断（先看看车是什么牌子什么型号）；设置设备配置空间寄存器内的各种基本的参数调整其运行模式（上车，做各种准备和检查工作，检查油量表、刹车、方向盘，调整反光镜后视镜等）；调用ioremap()函数将BAR寄存器内的物理地址映射到内核的虚拟地址空间，从而后续可以用直接访存的方式访问这些物理地址；调用request_irq()函数为该设备分配对应的中断向量，并挂接对应的中断服务函数入口地址，当然在这之前还需要设置设备的中断方式，设备可能支持多种中断方式。

上述的关键步骤做完之后，才算完成一半的初始化工作，设备还不能正式使用。为什么？因为设备驱动程序还没有搞定Host端这一侧的初始化工作呢。记得么，Host端是通过队列与设备之间进行数据传输的，所以设备驱动还需要向Host端设备管理程序申请好对应的内存空间当作发送/接收队列、缓冲区等，并将对应的队列指针写入到设备一侧的相关寄存器（位于BAR地址空间中某处）。这样就好了吗？似乎还是缺少什么。也就是上层的程序如何知道刚才由设备驱动程序申请的缓冲区的位置呢？数据如何从上层程序接收过来？所以，设备驱动程序需要将一些信息注册/挂接/对接到上层程序。

如果该设备是一块PCIE接口的以太网卡，那么，为了接收上层TCP/IP协议栈下发的封装好的以太网帧，设备驱动就需要将一个负责接收上层下发数据的函数入口指针注册到TCP/IP协议栈维护的对应的数据结构中，比如使用io_handler__register()函数来注册，该函数也可以将用于接收从外部网络发来的以太网帧的处理函数的入口指针一并注册。这样，TCP/IP协议栈就知道了：凡是有数据要发出，就调用负责发送的handler函数，接收数据则调用接收handler函数，或者采用中断触发的接收过程，在卡中断信号的触发下，调用中断服务程序，继而调用比如frame_receive()函数继续处理接收到的以太网帧，进入后续流程。这些发送/接收handler函数会负责操纵网卡的发送、接收队列，以及操纵网卡的对应寄存器通知网卡新的数据已到来，触发网卡完成DMA操作拿到数据。

如果网卡有多个，那么每个网卡可能会被配置一个IP地址（一个网卡也可以配置为多个IP地址），这个信息也会被记录到由TCP/IP协议栈维护的对应的数据结构中，这样TCP/IP协议栈就知道了。比如，IP1对应网卡1，网卡1的发送handler函数入口为A，那么，凡是IP地址为IP1的以太网帧，全部调用入口A处的函数进行发送处理。

当设备驱动与Host端上层的协议栈程序注册挂接好之后，设备驱动程序才能去使能网卡。比如通过写入某个控制寄存器，打开网卡的物理层，这样网卡就会收到数据包，从而知道向主存的哪些缓冲区位置写入这些数据，同理上层下发的数据也就会被发送给网卡了。这也是为何你会发现有些计算机开机之后需要过一段时间，网卡的接口指示灯才会亮起的原因，网卡指示灯并不是通了电就会立即亮的，其端口的打开/关闭最终都是由Host端驱动程序来控制的。当然，网卡固件也可以强制打开，这就完全是固件、驱动程序之间的设计配合考量的问题了。

7.4.1.15 小结

大家不妨回再想一下计算机I/O的初衷。计算机I/O是Input和Output的简称。Output时，程序委托I/O控制器来做一些事情；Input时，I/O控制器想要把信息传递给程序。当然，这种抽象的教科书式描述，让我自己反感到捶胸顿足。我们还是用实际的例子。两台计算机网络聊天，A计算机要把“你好”传递给B计算机的程序，B程序接收并将其显示。那么，首先A程序要做Output，将这两个字输出给以太网I/O控制器。但是如前文所说，该信息需要先做个包装，加上表示层头，比如“QQ=122567712发出 | 消息本体=[你好] | 消息编码=汉字”，一个“你好”被附加了这么多信息，而却又是必须的，这一步必须由A程序自己来做。然后需要将这个信息包装成TCP包，加上TCP头用于传输保障控制，包上IP头用于让IP路由器找到对方机器，最后还得加上以太网MAC帧头用于以太网交换机交换到对应端口上。目的MAC地址会由A机的网络协议栈根据IP地址和子网掩码判断，是打入网关的MAC还是对方IP地址对应的MAC，当然这一步之前还得用ARP协议寻找到目标IP或者网关IP对应的MAC地址。当然，加TCP、IP、以太网MAC头的工作，不用A程序自己做，而是由A程序调用A机器上的Socket API总接口把要传递的信息指针传递给后者，后者再一层层调用网络协议栈提供的各种接口来做的。被协议栈打包好的以太网帧，依然待在A机的主存里某处。

怎么把这个数据包发送给网卡？7.1节的内容就是回答这个问题的。比如在网卡I/O控制器前端暴露一定数量的寄存器用于接收数据指针，然后进化成只接收队列指针，I/O控制器自己去主存中取信息，I/O任务执行成功后，用完成队列、中断等方式通知程序做后续处理。具体的细节可以重新回顾这段内容。

那么，计算机中不仅仅有网卡，还有显卡，声卡等各种I/O控制器，它们虽然在I/O方式上都基于上述套路，但是在物理拓扑上，它们是怎么连接到CPU的，数据在物理上是怎么传递给它们的，它们又是怎么向主存中读写数据的？7.4.1节就在尝试回答这个问题，介绍了目前最常用的将多个I/O控制器连接到CPU的网络形态：PCIE。深入进去你会发现，要做的事很多。比如，怎么发现网络上的设备，怎么发现每个设备有多少寄存器要暴露，又怎么分配每个设备寄存器的物理地址，怎么分配中断向量？其中每个主题再次深入进去又有更多的细节。但是正如目前为止所使用的介绍方式，只要你知道了源头、目的，抓住脉络，就很容易理清楚整个体系中的各种关系。如果不了解前因后果，只想截取某块内容单独阅读，理解就会不深刻，因为这样获取到的知识是孤立的，它并没有融入你现有的知识体系中，没有联结，也就无法用于迭代升华。

在理解了事务的前因后果和脉络之后，我们要开始比对和思考，来更加深刻地挖掘出事物的本质和关联。比如，PCIE和以太网都是网络，为什么我们要有两个网络，它们的区别和联系是什么？这个问题俨然是教科书般的道貌岸然，但是放到这里，又的确掩盖不住它的深刻。

的确，利用PCIE网络也可以传递任何信息，比如把“你好”传递给以太网卡，步骤就是RC传递“你好”所在的主存指针通过存储器写TLP发送给网卡，网卡发出以该指针为目标地址的存储器读TLP，RC将内容读出用Completion TLP返回给网卡，网卡收到后将其放入内部缓冲。然后就结束了，这就是利用PCIE网络进行通信。嗯？难道网卡拿到“你好”之后不需要传到以太网上么？可以传也可以不传，这完全取决于系统设计者要干什么。那么为什么不直接用PCIE网络连接两台计算机来网聊呢？这是可以的。7.4.1节中介绍的NTB其实就是这个目的，A程序直接将“你好”写入到B程序的主存，B程序将其显示到显示器上，这也是网聊，或者更精确说法是PCIE网聊，而常用的是以太网+TCP/IP网聊。那么看来以太网也可能替代PCIE了？如果单纯为了实现功能，理论上以太网完全可以替代PCIE，只不过需要加上传输保障方面的处理，比如PCIE在链路层上拥有ACK/NAK处理模块，而以太网是没有的，TCP却有。所以你可以设计一套系统利用以太网+TCPIP模块，当然要把TCP/IP模块做成硬件逻辑电路，然后用这个网路来接入其他的I/O控制器，用它来承载访存事务、消息事务等。但是如果你真的这么去做了，你会发现，自己重新做了个PCIE网络出来，PCIE网络里的设计都避免不了。有多少世间的事，都是类似的结局。

所以说，不同网络的区别，就是各自的应用场景不同，这决定了对应网络的设计思路不同。以太网作为一个通用的外部网络而存在，而PCIE则作为专门将多个I/O控制器接入系统前端访存网络中的次级、局部网络而存在，后者要处理如设备发现、寄存器容量发现、物理地址分配、中断向量分配等诸多事情。但是这些其实都是Host端程序以及设备端PCIE控制器和固件关心的。如果单纯从“网络”来看的话，那么PCIE和以太网交换机中的Crossbar交换矩阵其实也有可能是完全相同的，其端口上使用的Serdes也可能根本都是同一个厂商设计的相同信号的逻辑器件。两个不同的网络，在越底层可能越接近，而在越上层则相差越远。这与人和人之间也是一样的，论人体器官，大家差不多，但是如果论脑袋里的神经元联结的够不够奇葩的话，每个人真的很不一样。

好的，至此我们回答了刚才那个道貌岸然的问题。上述回答应该可以给100分，当然也有可能是0分，因为可能不符合标准答案。再来看看7.4节的节题：高速通用访存式前端I/O网络。

至此你该知道所谓访存式I/O的含义了。访存，是为了将“要干什么，数据在哪，怎么干，各种参数”这个任务单（I/O Descriptor）所在的指针传递给I/O控制器。通过什么传递？通过将该指针写入到I/O控制器的寄存器中传递。这就完成了一个I/O？早呢。I/O控制器拿到该指针，然后发出针对该地址的存储器读命令，把这个任务书拿回来，这又是在访存。拿到任务书以后，才能知道自己要干什么，才能去向后端部件（比如硬盘、网络、声卡显卡）发送信号执行I/O。期间，还需要直接采用地址请求的方式将数据从主存中读过来然后写入后端部件，抑或者从后端部件收到数据直接采用存储器地址访问请求写入主存，而这又是在访存。所以你看到，访存的目的是为了I/O，所以这种网络称为**访存式I/O网络**。而由于PCIE属于目前常用的主流网络，而且其底层物理层的速率还算比较高，所以称为**高速通用访存式I/O网络**。

至于“前端”是什么意思？前端是指贴近CPU的那一端。那么后端自然就是远离CPU的那一端。那么难道还有后端I/O网络？没错。存储子系统中使用的SAS I/O控制器，其前端采用PCIE与CPU相连，后端则挂接了一个SAS网络，SAS网络上布满了各种SAS接口的设备，SAS I/O控制器与后端这些SAS设备之间的SAS网络，就属于后端I/O网络了。可以猜到的是，后端I/O网络一般都不是访存式的。猜对了。我们后文中再介绍SAS。

一个明确的结论是，如果想要和CPU核心直接相连，那么该I/O控制器必须采用访存方式，暴露一堆寄存器，用存储器读写请求来与CPU和主存打交道。PCIE只是在CPU前端的访存网络上开了个口，将访存网络的边界扩大了一些，用一个RC就可以接入更多访存式I/O控制器。访存式I/O比较高效，但是实现起来也比较复杂。PCIE网络速率比较高，成本也比较高，扩展性不强，毕竟速率较高，而且每个I/O设备都在地址空间中占有一定数量的地址，如果某个设备想来去自如的话（热插拔），比较困难，一开始PCIE的热插拔直接不被支持，一直到近期才逐渐成熟，而且需要做很多的工作才能支持。访存式I/O控制器内部还必须实现DMA控制器来访问主存，同时也必须实现中断处理模块，与中断控制器打交道。总之，想接入前端访存网络获得高效高速的数据传输，上述就是必须付出的代价。

那么，有没有一种网络，其离CPU稍微远一点，不采用访存方式，速度低一些，也能接入多个I/O控制器，但是不需要每个I/O控制器暴露寄存器以及拥有中断向量？热插拔友好，接口小巧，成本更低……慢着！我怎么觉得你说得这么像USB呢？

7.4.2 USB——中速通用非访存式后端I/O网络

首先，不访存，就一定发不出I/O请求么？是的。因为不管CPU核心执行什么程序，其发出的信号一定要么是从某个地址读出数据，要么就是向某个地址写入数据，这是当前任何一台数字计算机中所发生的一切事情的源头。但是，把一个I/O请求传送给执行I/O的部件，一定要用访存的方式（用存储器写请求写入对方的寄存器）么？这次答案是否定的。要理解I/O的本质：执行I/O的部件只要能拿到I/O请求和数据，然后执行I/O后能把数据和状态返回，就可以了。也就是说，发送I/O的一方只要把这个I/O的命令和数据封装到数据包里，用某种网络传给对方，也能发出这笔I/O请求。

这两个问题的答案似乎是自相矛盾的。实际上，为了发出一笔I/O请求，访存是源头，这是必须的。但是可以用某个角色，先采用访存的方式，与CPU核心前端打交道，通过DMA方式拿到该请求，然后在其后端，将该请求用非访存方式发送给目标I/O控制器（比如封装成一个以太网包发送给对方）。**USB主I/O控制器**（USB Host Controller）就是这样一个角色，我们将其简称为**USB主控**。USB主控从前端拿到I/O请求，然后将请求封装成USB网络上的对应的数据包，向USB网络上的目标设备传送，数据包中含有对应的设备编号信息，从而可以被路由到目标设备。

如果这样讲的话，看上去以太网+TCP/IP协议栈也可以做到这件事啊，只不过是把I/O请求封装成TCP/IP包再封到以太网帧中传递给目标设备，任何网络都可以用来传递I/O请求，不管其是访存式的还是非访存式的。你说对了，有一个叫作iSCSI（SCSI over TCP/IP）的协议规范，其就是把一种专门用于访问硬盘的I/O请求（SCSI请求）包装成TCP/IP包和以太网帧，然后利用以太网来传递给执行I/O的部件的。有兴趣者可以阅读冬瓜哥的《大话存储终极版》一书。不过，这种方式需要TCP/IP来处理，而TCP/IP协议栈是运行在Host端CPU上，每一笔I/O还得耗费CPU来封装成TCP/IP包。而USB方式对Host端的耗费更低，因为它的传输保障层与PCIE一样，都运行在主控内部硬件逻辑中，所以它对上层软件更加透明，也就更加方便。前文中提到过，一种接口/网络/协议的流行，有时候并不只取决于它“理论上”是否可以满足需求，而是和许多外围因素有关。

USB的全称为Universal Serial Bus，但是不要被它的名字骗了。USB并不是想把全宇宙的串行传输通道都Universal了，但是其的确是目前计算机最为常用的一种串行I/O总线。在USB之前，还曾存在过诸如P/S 2串口、IEEE1394火线口，不过它们都淘汰了。图7-121所示为老一代的接口，其中有些依然宝刀未老，不过多数都已经阵亡了。

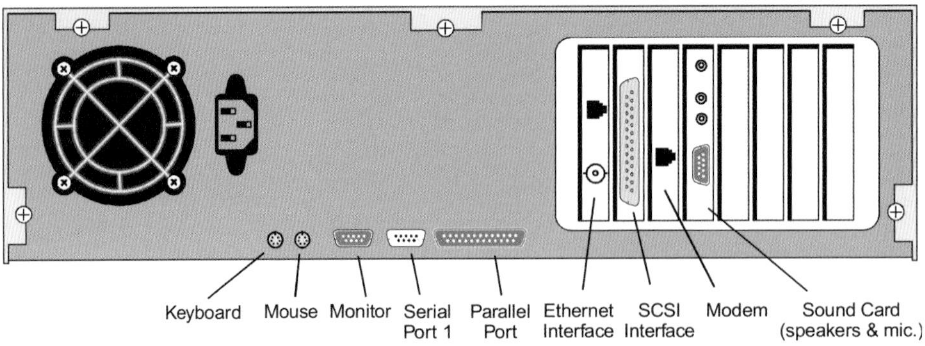

Keyboard Mouse Monitor Serial Port 1 Parallel Port Ethernet Interface SCSI Interface Modem Sound Card (speakers & mic.)

图7-121　早期计算机所使用的一些I/O端口类型

值得一提的是USB主控在其前端接入访存网络，其接入方式可以是直接采用Ring/Mesh等控制器接入核间Ring/Mesh网络，直接与CPU核心以及主存进行面对面通信，当然，鲜有人这么做。更多做法是先接入I/O桥片，在利用I/O桥上的访存网络（比如可以是PCIE网络或者其QPI网络等），再与CPU核心和主存进行沟通，其间隔着一个RC上PCIE总控制器或者QPI控制器。对于目前的多数计算机，USB主控一般都是被集成到I/O桥中的，桥内的网络属于访存网络，I/O桥与CPU再通过比如QPI连接起来，QPI也是访存网络。

如图7-122所示的产品，是一个USB～PCIE转接卡。可以看到其上有一个USB主控芯片，该芯片前端采用PCIE控制器接入PCIE网络，后端则出4个USB接口。不过，随着USB主控制器逐渐被集成到I/O桥中，这种产品也就淡出市场了。这种转接卡一般是在某种I/O接口刚刚推出、I/O桥上还没有集成它的时候出现。

图7-122　USB～PCI适配卡

不管怎样，前端接入访存网络，后端接入USB网络，这就是USB主控制器。图7-123所示为冬瓜哥电脑上的USB主控制器的信息。该USB主控制器是接入到I/O桥上的，本章前文中也提到过，在Intel CPU平台下，I/O桥内部的所有I/O控制器几乎都被作为PCIE设备来对待，有自己的BDF ID和配置空间，集成在I/O内的USB主控制器也不例外。尽管USB主控制器与I/O桥内部的通道在物理层、链路层甚至网络层上根本没有使用PCIE，但是这并不妨碍其在应用层、总线事务层使用类似PCIE的方式，也并不妨碍其在设备发现、配置信息的管理（配置空间等）上也使用PCIE相同的方式。可以看到其BDF分别为0/20/0。右侧所示为其暴露的寄存器被分配到的物理地址范围和被分配的中断向量信息。所以，USB主控制器，在系统内是一个单独的PCIE设备，其地位和角色，与一块以太网卡、显卡、声卡等没有区别。它们唯一的区别就在于，以太网卡把以太网帧传出去，而USB主控传递到后端USB网络的则是USB帧。所以，你完全可以把USB主控制器称为“USB网卡”（图7-122不就是么），只不过I/O桥内已经集成了USB主控，所以直接在主板上出USB接口。一样的，有些I/O桥也集成了以太网主控，那就直接出以太网口。

USB主控后端连接着USB网络，有很多USB设备连接到这个网络上，比如USB鼠标键盘、USB打印机、USB摄像头等。每个USB设备中都包含对应的I/O主控制器，该I/O主控制器使用USB控制器连接到其前端的USB网络，USB网络再通过USB主控制器连接到CPU前端访存网络。USB主控作为PCIE网络中的一个PCIE设备而存在，而USB鼠标则作为USB网络中的USB设备而存在。这么看来，这些I/O网络怎么似乎从一个转到另一个，没完没了？这里可以回顾一下图7-18。的确，整个计算机内部其实就是一个网络，以访存网络为核心，周围围绕着非访存网络。另外，USB设备也并非这个层层网络的最后一个节点。如图7-124所示，USB后面还可以再转成以太网或者串口网，当然，串口已经不是真正意义的网了，因为它只支持点对点直连拓扑。

这么说，I/O命令和数据，就是在这些网络中被层层路由转发的，在源头，用访存方式获取I/O数据，然后通过不同网络时，转换为对应网络的数据包格式？是的，其本质就是这样的。带着上述对I/O网络本质的认知，我们下面再来看USB主控是如何具体将I/O请求发送给后端USB网络上的USB设备的。

下面干脆以图7-124中所示的USB以太网卡为例，来思考一下Host端的程序应该怎么把一个以太网帧最终传送到连接到USB网络中的以太网I/O主控中去。在这里先假设我们不知道USB网络的具体拓扑。它是像PCI那样的共享总线型的，抑或是像PCIE那样的交换式的？这些我们先暂且不关心，也更不用先去关心USB网络底层的物理层速率是多少，并行还是串行，

Intel(R) USB 3.0 可扩展主机控制器 - 1.0 (Microsoft) 属性

常规　驱动程序　详细信息　事件　资源　电源管理

Intel(R) USB 3.0 可扩展主机控制器 - 1.0 (Microsoft)

设备类型:　通用串行总线控制器

制造商:　通用 USB xHCI 主机控制器

位置:　PCI 总线 0、设备 20、功能 0

Intel(R) USB 3.0 可扩展主机控制器 - 1.0 (Microsoft) 属性

常规　驱动程序　详细信息　事件　资源　电源管理

Intel(R) USB 3.0 可扩展主机控制器 - 1.0 (Microsoft)

资源设置(R):

资源类型	设置
内存范围	00000000E1220000 - 00000000E122FFFF
IRQ	0xFFFFFFF8 (-8)

图7-123　USB主控制器在系统中的设备信息

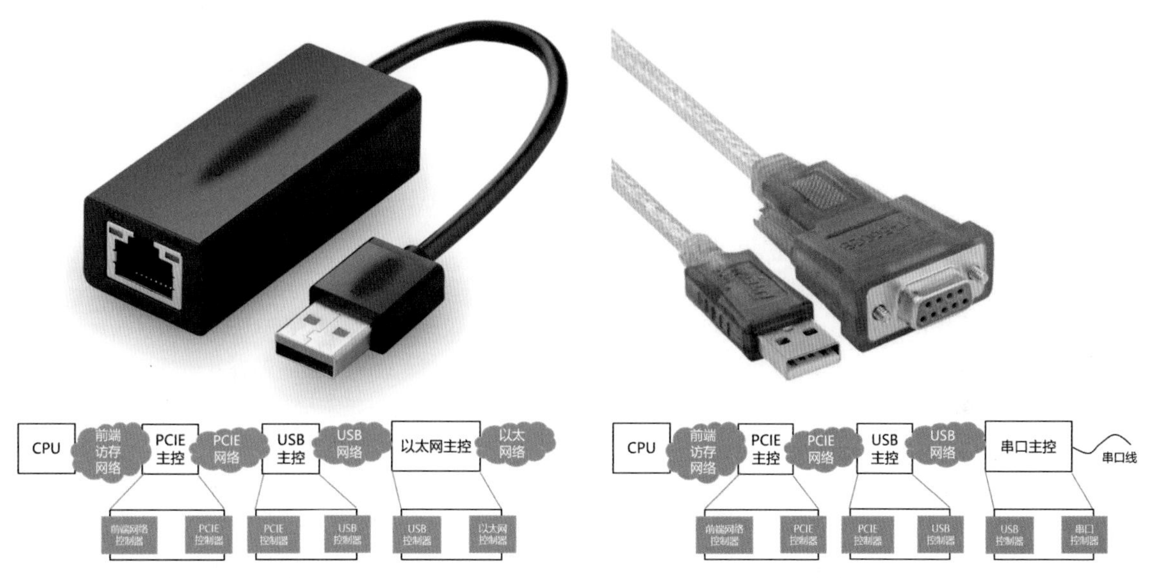

图7-124　最终的设备可以通过多个网络层层中转接入系统中

也不用去管它的链路层、传输保障层是怎么运作的。出了错怎么办？正如前文中所叙述的，上述这些东西，每个网络都有，而且基本上本质都类似。不同网络的区别，主要在于全局运作机制，这是根本。

我们已知的条件是：USB主控可以从前端网络访存、USB主控后面是连接有很多USB设备的USB网络。**我们要达到的目标是：**将程序封装好的以太网帧发送给USB网卡中的以太网控制器。那我们就开始推演了。

- 毫无疑问，以太网帧必须由程序预先在主存中生成，即便是PCIE接口的以太网卡，这一步也是相同的和必须的。至于Host程序如何调用TCP/IP协议栈一直到最终封装出对应的以太网帧的过程，前文中已经介绍过多次了，如果没印象了，请翻阅前面内容以温故知新。
- 既然本质上作为一个PCIE设备而存在的USB主控暴露了自己的寄存器地址，也有自己的中断向量，那么其就可以被设计为使用与7.1.5节介绍过的队列的方式，从主存中先获取I/O Descriptor任务书，然后根据其内含的SGL指针，从主存中对应地址将数据取回。所以，Host端的程序在准备好以太网帧之后，还需要填好一个I/O Descriptor将其放到USB主控在主存中的Send Queue中，并将Send Queue队列最新的首指针通知给USB主控（写入后者的存放SQ首指针的寄存器）新的I/O又来了。
- USB主控根据Descriptor中的信息，将该以太网帧从主存取回到自己内部的缓冲区中。然后呢？如果是PCIE接口的以太网卡拿到了这个以太网帧，那么它一定是要向后发出去，发到以太网线路上。但是现在是USB主控拿到了该以太网帧，它必须将该帧发送到后端的USB网络上，发给连接在USB网络上的USB网卡。**那么，USB主控如何知道USB网卡的USB网络地址？目标USB网卡又怎么知道这个数据要传送给自己？显然，与PCIE一样，需要给每个USB设备编上一个地址（与PCIE网络的BDF ID类似），Host端设备管理程序也一样需要先枚举出USB网络上的所有设备以及设备的基本信息（配置信息）**。程序在I/O Descriptor中也必须给出本次传送的数据的目标USB地址以及一些其他传送参数，以便让USB主控按照既定的传送规则将数据传送给目标USB设备。
- USB网卡利用其芯片前端的USB控制器从USB网络上接收了这份数据（一个以太网帧）到其内部缓冲区，至此，后续的行为和步骤与前文中介绍的PCIE接口网卡类似。
- 如果USB网卡从后端的以太网上接收到了数据包，那么它需要将该数据包经过USB网络传送到USB主控，USB主控再将这个数据包DMA到主存，然后中断CPU，运行中断服务程序来处理该数据包。上文介绍过，USB设备被设计为不能发出中断，所以USB主控要代替其后端的所有USB设备向前端网络发出中断请求，然后由中断服务程序来处理数据。这相当于PCI时代的共享中断信号的处理方式，只不过PCI的共享中断方式是中断服务程序必须挨个对共享中断的所有PCIE设备进行查询（比如PCIE设备可以暴露一个中断状态寄存器，其中存放本次发生中断的事件ID，这样其驱动程序就可以根据这个ID来决定如何处理），依次调用这些设备对应的中断服务程序执行。其实还有更好的方法，那就是USB主控将USB设备发来的数据，连同该USB设备的地址一同写入到主存，触发中断，然后由USB主控的中断服务程序判断本次待处理数据对应的USB设备的地址，再去将该地址对应的USB设备对应的中断服务程序调用起来处理数据。当然，这只是我们的猜想，至于实际实现是否如此，还得看最终事实。

上面这个思路基本上能够让这个体系运作起来。但是总感觉相比PCIE方式下，简直少了太多东西。比如，PCIE设备的主控可以暴露大量的各式寄存器，用于盛放配置、盛放参数、缓冲数据等，而且还可以字节级直接寻址。而在USB网络中，只有USB主控制器暴露了这些寄存器，其后端位于USB网络上的USB设备的I/O控制器好像什么也没暴露，就暴露了一个USB网络的地址。数据传到这个地址上，然后呢？好像就石沉大海了。但是仔细一想，PCIE设备从主存中拿到数据包之后，不也是石沉大海了么？至此Host端程序就再也不知道拿到的数据后续是被怎么处理的。所以，两者结果其实都一样，只是拿数据的方式不一样。PCIE是通过Host端传来的指针直接到主存中取DMA获取，而USB设备则是由USB主控从主存DMA拿到之后再用USB网络的传送方式传过来，两者没什么不同。

思考一下，USB设备难道不需要像Host端的程序来展示自己的信息么？必须要展示，否则Host端的程序就根本不知道某个USB设备到底是什么类型、哪个厂商的，也就无法决定该设备识别的数据包是以太网帧（USB网卡），还是SCSI指令包（USB存储设备/U盘），抑或是其他。所以，像PCIE设备一样，USB也需要有自己的配置信息。那么这是否也就意味着，在USB网络体系中需要定义一个与PCIE配置读写请求类似的USB数据包格式呢？这应该是有必要的。不管采用什么方式，必须对发向USB设备的数据包进行区分，起码配置访问和数据访问得分开。

上面是我们初步推演的一些结论。带着这些思考和疑问，再来看一下USB网络实际是怎么设计的。

7.4.2.1 USB网络的基本拓扑

USB网络采用的是共享总线方式，总线上的每个USB设备都会接收到同样的数据，这一点与PCI总线是类似的。每个USB设备拥有一个**7位长度的USB网络地址**，该地址由Host端设备管理程序在枚举USB网络时动态分配。还记得PCIE设备是如何知道自己的BDF的么？当其收到配置读请求时，会从配置读TLP中提取出目标ID，这就是自己的地址。而USB主控是通过传送特定的数据包来通告地址的，我们下文中再介绍。

USB网络中也可以存在类似PCI桥接器的角色，被称为**USB Hub**。但是USB Hub与PCI桥接器有本质不同，后者只是极其简单地将上游入方向的数据广播到所有出方向端口上，但是回程数据只会被转发给上游端口而不是广播给所有端口，所以其本身就相当于一根单向广播的导线，否则这个角色也不需要了，大家都连接到同一个总线就可以了。另外Hub内部有对应的信号中继器，也就是Repeater电路，负责将接收的信号重新增强再发出，这样可以使得USB网络的范围和举例变得更大。相对而言，PCI桥接器做的工作可就精细多了，其本质上是一个地址路由器，只会将匹配了下游地址路由的TLP转发给下游。PCI桥接器是要做精确的TLP过滤的，**而USB Hub则是一概转发**。

Hub内部会有一个小控制器，能够接收和执行简单的控制命令，比如对下游端口的供电控制以及打开和关闭等。如果有新USB设备插入的话，也是由Hub的控制器负责记录这些事件，上层程序可以读取这些信息。Hub还需要通过响应配置读写请求向外展示自己的设备属性信息，并负责监视其所连接的下游端口的状态等信息，以供上层程序查询。与PCI桥接器一样，**Hub上的微控制器本身也作为USB网络中的一个USB设备而存在，也有自己的USB地址和配置信息**。图7-125所示为Hub内部结构。

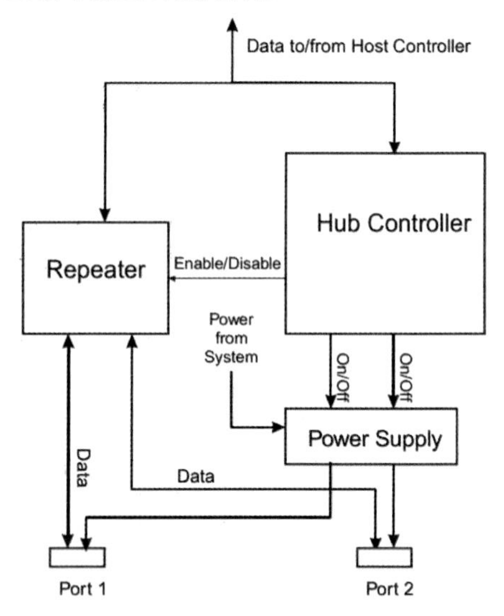

图7-125 USB Hub内部结构

提示 ▶▶

USB 2.0规范中，由于为了兼容更多不同速率类型的设备，Hub需要做更多的工作，包括将一些数据包的传送方式在不同速率模式之间做匹配转换。所以这样会多增加一个叫作Transaction Translator（简称TT）的部件，在此就不多介绍了。

图7-126左侧所示为USB网络的整体拓扑结构。每个USB主控制器必须配有一个**Root Hub**，因为每个主控至少要推出多个USB端口。Root Hub就是把从USB主控

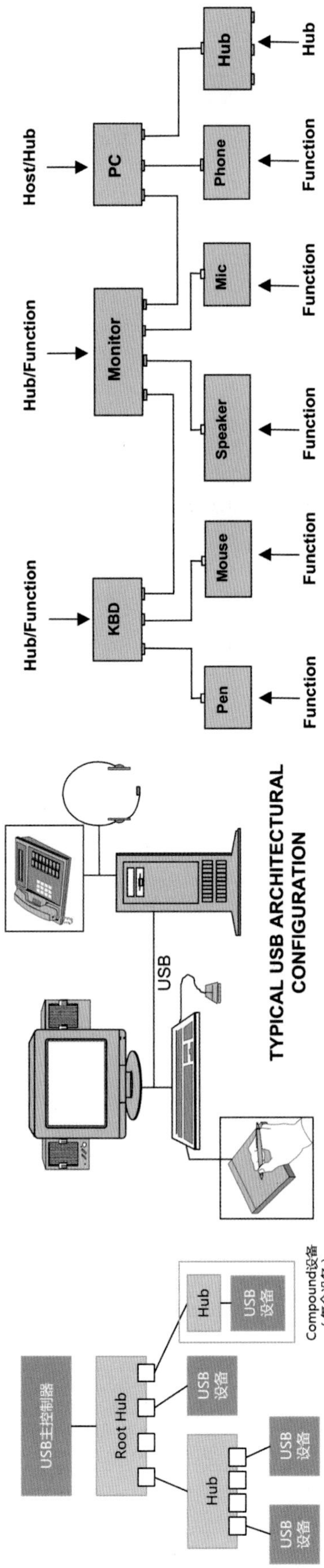

输出的一路信号，扩展广播成多路信号的Hub。

在Root Hub下面可以级联更多级Hub，这与PCI网络的树形拓扑是相同的。只不过整个USB网络身处一个大共享总线，USB主控发出的信息会被所有USB设备接收到，大家各自根据信息中的地址字段判断自己是不是该收入并处理对应的数据包。

如果某个设备中集成了USB Hub，则该设备称为**Compound Device（USB复合设备）**，意即其内含了一个Hub。图7-126中间所示为一个常用的个人电脑设备连接图。主机上采用一个USB主控制器，连接了一个3端口的Root Hub，分别连接着另一个独立的Hub、一个USB多功能电话和一台显示器。其中显示器为一个复合USB设备，其内含了一个Hub，额外接了一个USB耳麦、一个USB声卡+一对音响和一个多功能键盘。其中多功能键盘又是一个复合设备，内置了一个Hub，额外连接了USB鼠标和USB手写板。

提示▶▶

很多场合下，人们混用Compound和Composite这两个词。

图7-126 USB整体网络拓扑

USB网络中以USB主控制器为根，Root Hub将根扩充为多个端口，然后可以用Hub继续扩充。所以共存在USB主控、Hub和最终的USB设备这三种角色。其实，Hub也算一种USB设备，也可以用USB地址寻址，比较特殊。为了与Hub区分，**那些实现最终用户功能的USB设备称为Function**，其与PCI/PCIE体系中的设备的Function是有区别的。一个PCIE Device中最大可包含8个Function。对于单个USB Device/Function来说，其内部其实也可以有多个子设备。

比如对于一个鼠标+手写板二合一的USB设备，其可以采用上述的Hub+两个USB设备（各自只有一个Interface）的方式组成一个复合设备，也可以采用在同一个USB设备内部放置两个Interface的方式来实现。后者这种方式被称为**USB Composite Device，或者USB混合设备**，其与复合设备的区别在于前者内部并不集成Hub。USB混合设备只有一个USB地址，而USB复合设备内部的每个USB设备都有自己的USB地址。**混合设备中的多个子设备通过同一个USB端口地址接收数据，通过不同的EP号（见下文）来区分数据包是发给哪个子设备的。**

图7-127所示为冬瓜哥的笔记本电脑上的USB主控制器和Hub以及Composite Device一览。可以看到其中有两个USB主控，它们分别为USB 3.0可扩展主机控制器以及Enhanced PCI to USB主控制器；其中还有每个主控制器各自对应的Root Hub，以及一个接入到Root Hub上的二级Hub（图中的Generic USB Hub）。

通用串行总线控制器
- Generic USB Hub
- Intel(R) USB 3.0 可扩展主机控制器 - 1.0 (Microsoft)
- Standard Enhanced PCI to USB Host Controller
- USB Composite Device
- USB Composite Device
- USB Root Hub
- USB 根集线器(xHCI)

图7-127 一台PC中的USB设备

USB体系中引入了一个被称为Configuration的新概念。首先，一个USB Device/Function内部可以包含多个Configuration，每个Configuration下面又可以包含多个Interface。Interface并不是指物理上端口的意思，每个Interface其实相当于一个子设备。这么看来Configuration这个东西好像毫无意义。其实，USB为了让设备体现出更高的灵活性以适应更多场景，允许一个USB设备中维护多套配置信

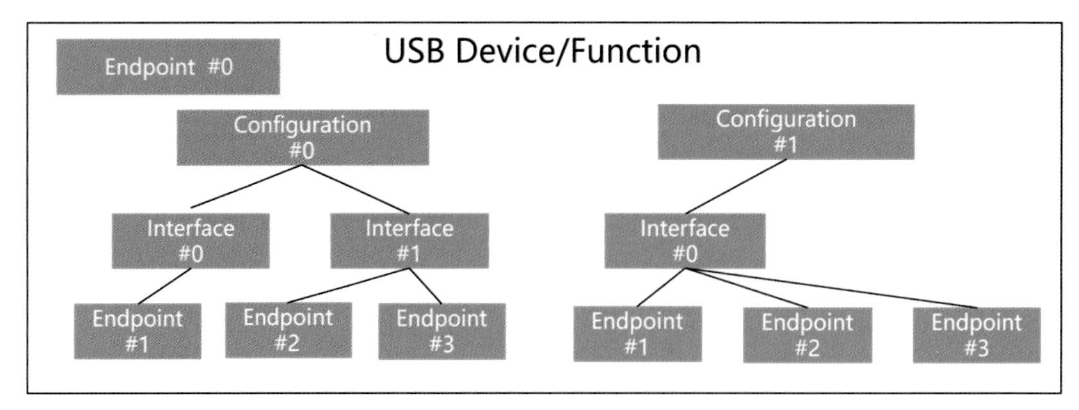

图7-128　USB设备内部的子设备层次示意图

息，Host端程序可以从中选择一套给USB设备穿上。选择了哪套，USB设备就按照这套配置参数所描述的运行模式来运行（比如运行在什么速率下等等）。这其实是一个很有趣的做法。至于选择哪一套，需要看该配置对应的各种参数是否可以被当前的系统条件所满足，比如运行速率、功耗等。如果第一套配置无法满足，程序就选择第二套配置。

图7-128所示为USB设备内部的子设备层次示意图。可以看到该USB设备内部有两套可选配置。右侧这套配置规定了该设备内只有一个Interface，三个端点（Endpoint，EP）都归该Interface所有；而左侧那套配置则将该设备分隔成两个子设备Interface，Interface#0拥有一个EP，Interface#1拥有两个EP。具体选用哪套配置，Host端设备管理程序以及设备的驱动程序需要参与决定。那么，图中的EP又是什么东西？

回顾PCIE，每个PCIE设备I/O控制器内部会有一些寄存器或者缓冲区，可以将这些寄存器/缓冲区暴露出来供Host端程序直接寻址。每个PCIE设备可以通过6个BAR暴露6大段地址空间。这里思考一下，其实只用一个BAR暴露1大段空间就完全可以，放置6个BAR就是为了让上层程序更加方便地访问这些缓冲区，就像将一个大柜子分隔成多个小空间一样，这样用起来方便且容易记忆和编程。那么对于一个USB Device或者Interface子设备来讲，其内部的缓冲区是没有暴露出来可供直接寻址的，于是人们用这样一个方法来提供类似多个BAR的效果：**为每个Interface设置一个或者多个EP**，每个EP对应着子设备内部的某段缓冲区或者某个接收电路模块，至于其物理上是什么，都可以。**USB主控要向子设备发送数据的时候，需要指定对应的EP号**，这样，USB Device的USB控制器收到对应数据就知道将数据放置到内部哪个缓冲区了。**EP号在一个USB Device配置内部是全局编号的，所以USB主控发送信息时不需要指定Interface号，只需要给出**USB设备地址+本设备内的EP号即可。当然，**给哪个EP发送信息还是由上层程序决定的，USB主控只是传送者而已。至于每个子设备中的EP是怎么规划的、各用来接收什么数据，这完全取决于其自身，并且要由该设备的驱动程序来负责将对应的命令/数据写到对应的EP。**就像PCIE设备在BAR#0中放哪些寄存器，BAR#1中又放哪些，完全取决于设备自身。

EP可以让设备内的资源被更细粒度地划分，比如接收缓冲区作为一个EP，发送缓冲区作为另一个EP。只不过，EP是无法被直接寻址的，而只能是把数据封装到数据包中，打上EP号和USB地址，发送给USB设备。后者收到之后根据EP号将内容放置到对应的缓冲区中，然后由内部的处理逻辑做后续处理。发送方将数据发给对应EP之后，就再也不知道这个数据被放到哪里以及后续是怎么处理的。发送方也并不知道每个EP对应的存储器容量，甚至根本不知道“EP”是什么意思。EP本质上就是一个地址号，与IP、MAC地址等一样，用来区分某个接收端。通常来讲，每个EP对应的物理实体就是一段FIFO缓冲区，新收到的数据被放置到队尾。

提示▶

每个USB设备必须至少有一个EP0，EP0不隶属于任何Interface，其直接隶属于整个USB设备，专供接收配置读写命令。一个USB设备最多可以有16个EP，具体实现多少个看设备具体设计，多数设备仅有1个或则几个EP（除EP0之外）。

USB设备内部的所谓Configuration、Interface都是虚的东西，只有EP有物理实体的对应。Interface可以说是一堆EP的逻辑分组，Configuration又是一堆Interface的逻辑分组。

7.4.2.2　USB设备的枚举和配置

与PCI网络直接把每个设备的ID与其连接的端口位置做固定绑定的方式不同的是，USB网络中每个设备的USB地址是动态分配的，Host端设备管理程序需要动态给每个设备分配一个地址。要分配地址，首先要发现设备。由于USB网络是一个共享总线型的网络，在所有设备还没有地址的时候，如果尝试给某个设备分配地址，所有设备都会接收到这个分配地址的命令，导致无法区分。如果换了你，你怎么给在同一个屋子里一群人分发证件呢？那就是让他们一个一个地排队接受。所以，USB网络强烈依赖Hub来迫使连接在所有Hub上的USB设备排队接受地址分配。

系统加电之后，Hub内的微控制器启动，其默认会把所有下游端口Disable（但是Hub是可以通过导线信号获知哪个端口是连接了设备的），只Enable上游端口。Hub也是一个USB设备， 所以其也需要被分配USB地址，当加电初始时，**Hub会默认自己的USB地址为7个0**。Host端负责枚举USB网络的设备管理程序直接向USB主控制器**发出针对USB地址0、EP0的配置信息读取命令**（Get_Device_Descriptor命令，相当于PCI体系中的配置读TLP），要求读出该Hub的设备配置描述信息。**每个USB设备必须将自己的各种配置信息映射到EP0下面**，配置读命令也必须发送到EP0。设备从EP0的命令FIFO中接收到配置读命令后，从其内部保存配置信息的存储器中读出对应的信息返回给上游。**设备管理程序需要先拿到对应设备的设备信息描述，之后也就知道了该设备的存在以及它是谁，然后给该设备分配一个非0地址**，具体方式是通过向其EP0（此时该USB地址依然为全0）使用Set_Address命令写入对应的地址，设备收到之后，取出地址备用。

提示

这里需要充分理解一点，设备管理程序并不知道此时它所发送的USB地址0、EP0的配置读请求到底被发送给了谁，这个完全由Hub说了算。加电之初，Hub把所有下游端口Disable，那么，Host端发来的配置读请求自然就只能被自己收到，而不会被广播到下游端口，那么自然Host端首先会识别到的是Hub这个USB设备，分配的地址也被Hub抢了先。之后怎么办？可以自己先想一下，用什么办法来将Hub下游的USB设备一个一个依次呈现给Host端并最终获得地址？你可能猜到了：Hub可以依次Enable每个端口，一次一个。具体过程下文再介绍。

USB体系将设备的各种配置信息称为**Descriptor**（描述体），其本质与PCI设备的配置空间一样。每个USB设备包含多种描述体：Device Descriptor、Configuration Descriptor、Interface Descriptor和Endpoint Descriptor。可以看到与上文中介绍的USB设备内部的资源分层相匹配，每个逻辑分层都有各自的描述体，用于声明本层的各种信息。图7-129和图7-130所示为Hub设备的对应的描述体中的项目和介绍。USB Function设备也一样具有这几个配置描述体，如图7-131、图7-132和图7-133所示。至于其中每一条的含义，可以先走马观花而不必细究，当清楚了整个体系框架之后再重温即会自然理解。

设备管理程序先拿到Device Descriptor，就可以为USB设备分配地址了，然后便通过该地址与该设备通信，读出该设备的其他描述体，从而获知该设备的全部信息，然后对该USB进行参数配置，然后再去根据获取到的Vendor ID等信息加载该设备对应的驱动程序。当然，Hub由于并非一个Function设备，其本身不需要驱动程序，亦或者说负责枚举USB网络的程序本身已经是Hub的驱动程序了。

给Hub分配了地址之后，就需要解决被Hub藏起来的下游USB设备的地址分配问题了。其实，Hub会将

Hub's Device Descriptor

Offset	Field	Size	Value	Description
0	Length	1	Number	Size of this descriptor in bytes.
1	DescriptorType	1	01h	DEVICE Descriptor Type.
2	USB	2	BCD	USB Specification Release Number in Binary-Coded Decimal (i.e., 2.00 is 200). This field identifies the release of the USB specification that the device and its descriptors are compliant with.
4	DeviceClass	1	09	Hub Class code = 09h.
5	DeviceSubclass	1	0	Hub Subclass code (assigned by USB). These codes are qualified by the value of the DeviceClass field. If the DeviceClass field is reset to zero, this field must also be reset to zero.
6	DeviceProtocol	1	0	Protocol code (assigned by USB). These codes are qualified by the value of the DeviceClass and the DeviceSubClass fields. If a device supports class-specific protocols on a device basis as opposed to an interface basis, this code identifies the protocols that the device uses as defined by the specification of the device class. If this field is reset to zero, the device does not use class-specific protocols on a device basis. However, it my use class -specific protocols on an interface basis. If this field is set to 0xFF, the device uses a vendor-specific protocol on a device basis.
7	MaxPacketSize0	1	08h	Maximum packet size for endpoint zero.
8	Vendor	2	ID	Vendor ID (assigned by USB).
10	Product	2	ID	Product ID (assigned by manufacturer).
12	Device	2	BCD	Device release number in binary-coded decimal.
14	Manufacturer	1	Index	Index of string descriptor describing manufacturer.
15	Product	1	Index	Index of string descriptor describing product.
16	SerialNumber	1	Index	Index of string descriptor describing the device's serial number.
17	NumConfigurations	1	Number	Number of possible configurations.

Hub Configuration Descriptor

Offset	Field	Size	Value	Description
0	Length	1	Number	Size of this descriptor in bytes.
1	Descriptor-Type	1	02h	CONFIGURATION.
2	TotalLength	2	Number	Total length of data returned for this configuration. Includes the combined length of all descriptors (configuration, interface, endpoint, and class or vendor specific) returned for this configuration.
4	NumInterfaces	1	Number	Number of interfaces supported by this configuration.
5	ConfigurationValue	1	Number	Value to use as an argument to Set Configuration to select this configuration.
6	Configuration	1	Index	Index of string descriptor describing this configuration.
7	Attributes	1	Bitmap	Configuration characteristics D7 Bus Powered D6 Self Powered D5 Remote Wakeup (not used by hub) D4:0 Reserved (reset to 0) A device configuration that uses power from the bus and a local source at runtime may be determined using the Get Status device request.
8	MaxPower	1	X 2ma	Maximum amount of bus power this hub will consume in this configuration. This value includes the hub controller, all embedded devices, and all ports (value based on 2ma increments).

图7-129 Hub设备的对应的描述体中的项目和介绍（1）

下游端口的状态记录到内部的寄存器中，它叫作Port Status Register，每个端口对应一个。主机端设备管理程序可以通过向Hub的EP0端点发送Get_Port_Status命令来获取其中某个端口状态（Hub内部控制器接收并解析该命令然后返回对应的内容），然后对Hub的EP0发送Port_Reset命令来Enable这个端口（Hub中的控制器接收且解析该命令，并利用控制通路向对应端口硬件发出信号Enable对应端口）。这样就放开了一个连接在Hub上的USB设备，该被放开的USB设备此时尚没有被分配地址，所以其依然会使用全0的默认地址。然后Host端的软件就可以向全0的USB地址的EP0继续发送Get_Device_Descriptor命令尝试读取其描述体，此时该信

Hub Interface Descriptor

Offset	Field	Size	Value	Description
0	Length	1	Number	Size of this descriptor in bytes.
1	Descriptor-Type	1	04	INTERFACE Descriptor Type = 4.
2	Interface-Number	1	Number	Number of interface. Zero-based value identifying the index in the array of concurrent interfaces supported by this configuration.
3	Alternate-Setting	1	Number	Value used to select alternate setting for the interface identified in the prior field.
4	NumEnd-points	1	Number	Number of endpoints used by this interface (excluding endpoint zero). Hub must implement a status change endpoint. (Hubs must implement a status change endpoint, but may also include additional endpoints.)
5	Interface-Class	1	Class	Class code (assigned by USB). If this field is reset to zero, the interface does not belong to any USB specified device class.
6	Interface-Subclass	1	Subclass	Subclass code (assigned by USB). These codes are qualified by the value of the InterfaceClass field.
7	Interface Protocol	1	Protocol	Protocol code (assigned by USB). If this field is reset to zero, the device does not use a class-specific protocol on this interface. If this field is set to 0xFF, the device uses a vendor-specific protocol for this interface.
8	Interface	1	01h	Index of string descriptor.

Hub Status Endpoint Descriptor

Offset	Field	Size	Value	Description
0	Length	1	Number	Size of this descriptor in bytes.
1	DescriptorType	1	Constant	ENDPOINT Descriptor Type
2	EndpointAddress	1	Endpoint	The address of the endpoint on the USB device described by this descriptor. The address is encoded as follows: Bits 0:3 the endpoint number Bits 4:6 reserved, reset to zero Bits 7 must be "1" — IN endpoint
3	Attributes	1	Bitmap	This field describes the endpoint's attributes when it is configured using the ConfigurationValue: Bits 0:1 Transfer Type: 11 Interrupt only All other bits are reserved
4	MaxPacketSize	2	Number	Maximum packet size this endpoint is capable of sending or receiving when this configuration is selected. For interrupt endpoints smaller data payloads may be sent, but these will terminate the transfer, which may or may not require intervention to restart.
6	Interval	1	FF	Interval for polling endpoint for data transfers. Expressed in milliseconds. For interrupt endpoints, this field may range from 1 to 255.

图7-130　Hub设备的对应的描述体中的项目和介绍（2）

Device Descriptor Definition

Offset	Field	Size (bytes)	Value	Description
0	Length	1	Number	Size of this descriptor in bytes
1	DescriptorType	1	01	DEVICE Descriptor Type = 01h
2	USB	2	BCD	USB Specification Release Number in Binary-Coded Decimal (i.e., 2.00 is 0x200). This field identifies the release of the USB specification with which the device and its descriptors are compliant.
4	Device-Class	1	Class	Class code (assigned by USB). If this field is reset to zero, each interface within a configuration specifies its own class information and the various interfaces operate independently. Values between 1 and FEh specify the class definition for an aggregate interface. This means that the device supports different class specifications on different interfaces and the interfaces may not operate independently (i.e., a CD-ROM device with audio and digital data interfaces that require transport control to eject CDs or start them spinning). If this field is set to FFh, the device class is vendor specific.
5	Device-Subclass	1	Subclass	Subclass code (assigned by USB) if the field does not have a value of FFh These codes are qualified by the value of the DeviceClass field. If the DeviceClass field is reset to zero, this field must also be reset to zero.

Device Descriptor Definition

Offset	Field	Size (bytes)	Value	Description
6	Device-Protocol	1	Protocol	Protocol code (assigned by USB) These codes are qualified by the value of the DeviceClass and the DeviceSubClass fields. If a device supports class-specific protocols on a device basis as opposed to an interface basis, this code identifies the protocols that the device uses as defined by the specification of the device class. If this field is reset to zero, the device does not use class-specific protocols on a device basis. However, it may use class-specific protocols on an interface basis. If this field is set to FF, the device uses a vendor-specific protocol.
7	Max-Packet-Size0	1	Number	Maximum packet size for endpoint zero. (Only 8, 16, 32, and 64 are valid.)
8	Vendor	2	ID	Vendor ID (assigned by USB).
10	Product	2	ID	Product ID (assigned by manufacturer).
12	Device	2	BCD	Device release number in binary-coded decimal.
14	Manu-facturer	1	Index	Index of string descriptor describing manufacturer.
15	Product	1	Index	Index of product string descriptor.
16	Serial-Number	1	Index	Index of string descriptor describing the device's serial number.
17	Num-Configu-rations	1	Number	Number of possible configurations.

图7-131　USB Function设备的对应的描述体中的项目和介绍（1）

号会被Hub发向所有已经Enable的端口，由于此时Hub本身的地址已经不是全0，所以Hub知道本消息并不是发给自己的，自然会忽略。这样，被放开的那个端口就会接收到该信息，从而重复上述的步骤，完成设备的地址分配和配置过程。然后，Host端程序再放开一个端口，向全0的USB地址的EP0发送配置读请求，此时Hub和刚才那个USB Function设备都可以接收到该信号，但是它俩的地址已经不是全0了，所以忽略。就这样，Host端给整个USB网络中的所有设备一个一个分配好地址并配置好。

Configuration Descriptor Definition

Offset	Field Name	Size (bytes)	Value	Description
0	Length	1	Number	Size of this descriptor in bytes.
1	DescriptorType	1	02	Configuration value = 02h.
2	TotalLength	2	Number	Total length of data returned for this configuration. Includes the combined length of all descriptors (configuration, interface, endpoint, and class or vendor specific) returned for this configuration.
4	NumInterfaces	1	Number	Number of interfaces supported by this configuration.
5	Configuration-Value	1	Number	Value to use as an argument to Set Configuration to select this configuration.
6	Configuration	1	Index	Index of string descriptor describing this configuration.
7	Attributes	1	Bitmap	Configuration characteristics D7 Reserved (must be set to 1) (Bus Powered in 1.x) D6 Self Powered D5 Remote Wakeup D4:0 Reserved (reset to 0) A device configuration that uses power from the bus and a local source must have a non-zero value in the MaxPower field. If a device configuration supports remote wakeup, D5 is set to one (1).
8	MaxPower	1	X2 ma	Maximum power consumption of USB device from the bus in this specific configuration when the device is fully operational. Expressed in 2 ma units (i.e., 50 = 100 ma).

Interface Descriptor Definition

Offset	Field	Size (bytes)	Value	Description
0	Length	1	Number	Size of this descriptor in bytes.
1	Descriptor-Type	1	Constant	Interface descriptor type = 04h.
2	Interface-Number	1	Number	Number of interface. Zero-based value identifying the index in the array of concurrent interfaces supported by this configuration.
3	Alternate-Setting	1	Number	Value used to select alternate setting for the interface identified in the prior field.
4	NumEnd-points	1	Number	Number of endpoints used by this interface (excluding endpoint zero). If this value is zero, this interface only uses endpoint zero.
5	Interface-Class	1	Class	Class code (assigned by USB). If this field is reset to zero, the interface does not belong to any USB specified device class. If this field is set to 0xFF, the interface class is vendor specific. All other values are reserved for assignment by USB.
6	Interface-Subclass	1	Subclass	Subclass code (assigned by USB). These codes are qualified by the value of the InterfaceClass field. If the InterfaceClass field is reset to zero, this field must also be reset to zero. If the InterfaceClass field is not set to 0xFF, all values are reserved for assignment by USB.
7	Interface Protocol	1	Protocol	Protocol code (assigned by USB). These codes are qualified by the value of the InterfaceClass and the InterfaceSubClass fields. If an interface supports class-specific requests, this code identifies the protocols that the device uses as defined by the specification of the device class. If this field is reset to zero, the device does not use a class-specific protocol on this interface. If this field is set to 0xFF, the device uses a vendor-specific protocol for this interface.
8	Interface	1	Index	Index of string descriptor.

图7-132　USB Function设备的对应的描述体中的项目和介绍（2）

Endpoint Descriptor Definition

Offset	Field	Size	Value	Description
0	Length	1	Number	Size of this descriptor in bytes.
1	DescriptorType	1	Constant	Endpoint descriptor type = 05h.
2	EndpointAd-dress	1	Endpoint	The address of the endpoint on the USB device described by this descriptor. The address is encoded as follows: Bit 0:3 the endpoint number Bit 4:6 reserved, reset to zero Bit 7 direction, ignored for Control endpoints 0 = OUT endpoint 1 = IN endpoint
3	Attributes	1	Bitmap	This field describes the endpoint's attributes when it is configured using the ConfigurationValue. **Bits 0:1 Transfer Type** 00 Control 01 Isochronous 10 Bulk 11 Interrupt **Bits 3:2 Synchronization Type** 00 No Synchronization 01 Asynchronous 10 Adaptive 11 Synchronous **Bits 5:4 Usage Type** 00 Data endpoint 01 Feedback endpoint 10 Implicit feedback data EP 11 Reserved **Bits 7:6 Reserved (must be zero)**

Endpoint Descriptor Definition

Offset	Field	Size	Value	Description
	MaxPacketSize	2	Number	Maximum packet size this endpoint is capable of sending or receiving when this configuration is selected. For isochronous endpoints, this value is used to reserve the bus time required for the per frame data payload. The pipe may use less bandwidth than reserved. The device reports, if necessary, the actual bandwidth used via its normal, non-USB defined mechanisms. Definition of bits: Bits 10:0 Maximum packet size Bits 12:11 Add transactions/μframe 00 None (1 transaction/μframe) 01 1 additional transaction 10 2 additional transactions 11 Reserved Bits 15:13 Reserved (must be zero)
6	bInterval	1	Number	Interval for polling endpoint for data transfers. Expressed in 1 millisecond or 125μsecond units. (Used for 1.x devices and 2.0 devices except as defined below.) **FS/HS isochronous** endpoints define polling intervals via the formula: $2^{bInterval-1}$ where bInterval is a value of 1-16, yielding a polling interval of 1 to 32,768ms. **LS interrupt** endpoints: the polling interval is any integer value from 1 to 255ms. **HS interrupt** endpoints use the formula: $2^{bInterval-1}$ where bInterval = 1 to 16 **HS bulk and control OUT** endpoints define bInterval as the maximum NAK rate of the endpoint. bInterval specifies the number of μframes/NAK (0-255). A value of 0 means the EP never issues a NAK handshake.

图7-133　USB Function设备的对应的描述体中的项目和介绍（3）

那么，假设有一个新的USB设备被热插入到了系统中，Host端程序如何知道这件事？USB设备无法向上游部件发送中断信号，因为为了降低系统硬件设计复杂度，USB网络中不存在中断这个概念。不使用中断，就必须在Host端采用程序不断来轮询方式（在7.1.1节中介绍过）。那么，Host端设备管理程序定时就要把USB网络中所有Hub上的所有Port Status寄存器都读出并探测其状态，这样做不现实，会浪费大量总线带宽。人们采用另外一种方法来做这件事。

如图7-134所示，在Hub内部，新设置一个称谓Status Change Register，该寄存器本质上是一个位图（Bitmap），每一位对应一个端口状态。然而该寄存器并不记录所有端口的具体状态，而仅仅记录所有端口的变化情况，只要一个端口的状态发生了变化，比如热插入、热拔出、电流过载等，那么Hub在感知到变化后，将对应的信息记录在该端口对应的Port Status寄存器中，然后再将该端口在Status Change Register中对应的位置为1。Host端设备管理程序只需要不断定时来扫描该寄存器的值，就可以知道具体是哪个端口变化了，从而再向EP0发请求读出对应的Port Status寄存器即可。这样，Host端读出的数据量会变得很小。

实际中，Hub将这个Status Change Register映射到了一个新的EP上（如图7-134中的EP1）。其实，理论上可以通过EP0来访问该寄存器。之所以新设置一个EP1，是因为Host端访问这个寄存器的频度比较高，而且要求实时性比较强，插入一个USB设备之后要求尽快被系统发现到。而前文中提到过，由于Host端程序发送的数据包是争抢同一个USB主控制器来发送的，这就会产生一个均衡问题。如果某个USB设备占用的流量非常高，USB主控制器忙于传输这些数据，那么轮询每个Hub上的Status Change Register的请求可能就会迟迟得不到发送。为此，需要有区别地对待访问每个USB设备上的每个EP的请求，那就需要区分不同的EP流量。

USB将EP划分为了4大类：用于传输控制命令/数据的EP（Control EP，固定为EP0，每个设备有且只有一个）、用于传输需要快速响应的命令/数据的EP（Interrupt EP）、用于传输大批量数据的EP（Bulk EP）、用于传输流媒体等实时性强且允许丢数据或者数据校验出错的EP（Isochronous EP）。或者更抽象地将上述几个EP类型称为：控制传输通道、中断传输通道、批量传输通道以及同步传输通道。其中同步传输通道又被称为等时传输通道，对应英文为isochronous。不要被“中断”二字所迷惑，其之所以称为中断通道，就是要意味着凡是发往该EP的命令/数据都必须得到快速响应，就如同传统的中断处理过程一样，而该EP实际上并不发出中断信号。同理，凡是发往同步/等时传输通道EP的数据，必须保证其享有均衡的被USB主控从主存中取出并发送到USB网络中的概率。

USB主控遇到发往中断EP的数据包，必须尽快发出去不能耽误太久；遇到发往同步EP的数据包则需要尽量均衡（比如每隔等长的一段时间，即等时）发送出去，这样流媒体用户才不会感觉时断时续。这种流量区分技术被统称为服务质量（Quality of Service，QoS）。那么，如何保证USB主控针对不同类型的EP的流量采用不同的发送QoS保障呢？下一节中再详细介绍。

除了控制通道必须固定为EP0之外，其他类型的通道可以任意绑定，比如EP1/5/8为批量通道，EP2/3/7为中断通道，EP9为同步通道。另外，EP0为双向的通道，其他类型的EP均为单向通道。也就是说，Host端程序可以向EP0写入数据，也可以发送命令要求EP0返回数据。而对于其他类型的某个EP，比如EP1，Host端要么只能向其写入数据，要么只能要求它返回数据，而不能一会向其写入数据，完成后又让它读出数据返回。也就是说，EP0为半双工模式，其他EP均为单工模式。

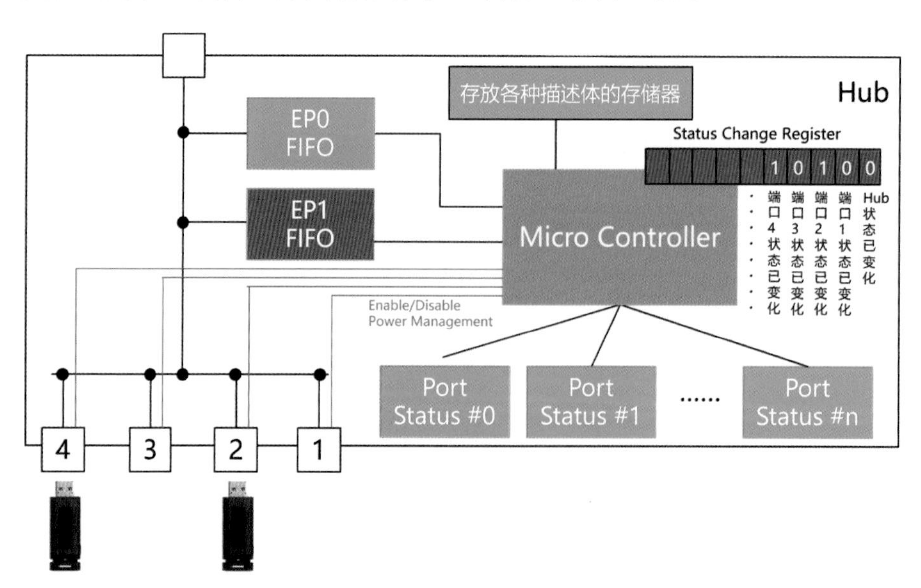

图7-134 Hub内部模块结构和作用

提示▶

单工模式，即数据只能从一个方向发送到另一个方向。双工模式下，数据可以从任何一方发向另一方。双工又分两种。同一个时刻只能够往一个方向发送，此为半双工。同一个时刻双方可以既接收又发送（意味着至少有两个链路一收一发），此为全双工。

既然EP0之外的所有EP都是单向的，那为何一个U盘可以同时读出和写入数据？你可以在设计该U盘内部控制器时放置两个批量传输EP，但是让一个只读出数据，让另一个只写入数据啊。在USB设备的Endpoint Descriptor描述体中，对应的字段记录了对应EP的类型以及数据传输的方向，请参考图7-133中对应字段的描述。每个EP可选方向有3种，EP0只能是双向的，其他EP的方向可以为OUT（数据从Host写入设备）或者IN（数据从设备读出发向Host）。

USB设备可以根据自身需要设立任意数量（不超过16个）、任意类型的EP。比如USB大容量存储设备（U盘、USB移动硬盘等）内部必然会有OUT方向的Bulk EP和IN方向的Bulk EP至少各一个，USB摄像头设备至少会有一个IN方向的Isochronous EP，当然如果你的摄像头是高图像质量的，也可以不采用Isochronous EP。鼠标、键盘这种人机交互设备，要求快速响应，那必须至少有一个IN方向的Interrupt EP，这样，USB设备驱动程序不断地轮询这个EP，从而获取对应寄存器中的状态信息。

提示▶

那么说，目前的USB接口的鼠标和键盘设备，都无法使用中断触发的方式来传送数据，而都是依赖USB设备主控不断轮询来获取数据的？是的。不仅是鼠标和键盘，任何USB设备无法主动发出中断信号/请求，USB并没有定义类似PCIE使用的INTx中断消息。但是这并不意味着Host端的USB主控制器也无法发出中断。USB鼠标驱动会向USB主控制器驱动下发一个请求，USB Bus Driver（USB Core Driver）与USB主控驱动会根据这个请求中所定义的轮询时间间隔将这个请求转换为USB网络底层消息并按照精细算出的策略将这些USB消息派发到主控对应的不同发送队列中等待执行。这样就可以定期拿到鼠标的相对坐标等数据传送给USB主控制器。USB主控制器向主存中的Completion Queue中写入一笔I/O请求的结果后，依然需要中断CPU，跳转到中断服务程序处理，调用对应USB设备的驱动程序的中断Handler来处理（该Handler的指针其实被登记在了当初下发的请求里），中断handler此时需要再次下发一个请求，这样就可以源源不断的让USB主控按照对应间隔向鼠标发送USB消息。

我们再回到上一层思维中，Hub中的EP1的类型为中断型，方向是IN方向，其后方对应的是Status Change Register。具体的，Host端的程序对该USB设备的EP1发送读指令，该指令被EP1接收，Hub中的微控制器处理该指令，并将Status Change Register中的内容返回。请注意，虽然该EP方向为IN（只能由设备发送给Host），但这并不意味着Host不能给该EP发送命令，命令是可以发送的，但是数据是不会发送的。下面我们来深究一下USB网络中具体的数据传送方式。

7.4.2.3　USB网络协议栈

与PCIE设备类似的是，**针对每个USB设备，必须开发对应的设备驱动程序**，该驱动程序向上层协议栈注册对应的handler函数以便从上层接收对应的数据。比如，USB网卡的Device Driver一样需要向TCP/IP协议栈的下层接口对应的数据结构中写入自己这边的handler函数的入口地址，从而上层每产生对应的以太网帧后，便可以调用该handler，将以太网帧的指针或者盛放以太网帧的队列队首指针传递给handler，handler自己去队列中取出数据，然后发往下层。

但是，拿到数据的handler在把数据往下层发送时，USB与PCIE有了较大的区别。PCIE设备的Device Driver会直将该数据指针记录到I/O Descriptor中，并附上一些其他的命令控制信息，然后将I/O Descriptor压入Send Queue中，并将新的队首指针直接写入PCIE设备的寄存器。而USB设备的Device Driver，由于无法直接看到USB设备，所以只能委托USB主控制器来传送数据，委托书的内容应该是这样的：“请帮忙把这段数据，用某某方式，传递到地址为某某的USB设备的某某端点上。”该委托书，也会被描述在一个I/O Descriptor中，但是该Descriptor需要被传送到USB主控制器而不是USB设备。USB主控拿到委托书，根据委托书用DMA的方式拿到数据，然后再将数据通过USB网络传送给对应地址的USB设备。那么，USB Device Driver是不是可以直接像PCIE Device Driver那样把Descriptor队列的队首指针写入到USB主控制器的相关寄存器中，来通知后者从主存中获取委托书呢？不妥！这也不妥？事情的复杂性可能超过了你的想象。

每个PCIE设备只有一个设备驱动和它通信，而USB主控则代表了它后面多个USB设备和多个不同的USB设备驱动来通信，如果任何一个USB设备驱动都去直接操控USB主控的寄存器，这就乱套了。这就像两个司机驾驶一个车一样，你踩油门时候他踩了刹车，你没踩离合他却在尝试换挡。可能传送一笔I/O请求需要多步操作，且不能被打断，结果现在多个设备驱动同时尝试写入USB主控寄存器，那就有可能相互乱入最终出错。

即便可以采用一些互斥锁的方式来防止不同设备驱动同时操作USB主控，但是性能将会变差。而且这也不利于松耦合的开发方式，因为每个开发USB设备驱动的程序员还要顺带了解USB主控制器的寄存器操作方式，花大量时间阅读学习USB主控制器的寄存器手册、编程手册。这是完全没必要的。**操作USB主控的寄存器，交给一个单独的程序来完成就好，所有的USB设备驱动，都使用统一的接口与这单个程序进行对接就好。这个程序，毫无疑问，应该是USB主控制器的驱动程序，我们称其为USB Host Controller Driver，简称Host Driver**。这里，Host并不是主机、服务器的意思，而是承接人、总包人、拥有者、主管人的意思，意即USB主控制器将其后面一堆USB设备接入了系统中。

也就是说，让上层的多个不同USB设备的Device Driver，与Host Driver对接传递Descriptor就可以了。对接的方式可以是各种形式，比如每个Device Driver将各自的I/O Descriptor委托书写入各自的队列，然后Host Driver从所有这些队列中取出委托书并执行。还稍有不妥！事情远比你想象的要更复杂一些。多个USB设备共用一个USB主控接入，这需要考虑QoS问题。前文中提到过，之所以搞出4种不同的EP，就是为了实现QoS，要求实时响应的鼠标和键盘、要求大数据量传输的U盘移动硬盘、要求不卡顿恒定数据流传输的流媒体设备，它们共同争抢同一个USB主控制器传输数据，而且USB设备不能主动发起数据传输，而只能等待上层驱动程序主动发命令读写对应的EP，那么就要求USB主控制器能够均等地、各取所需地轮流发送针对每个USB设备的访问请求。这是如何做到的呢？

解决QoS问题的关键，就是队列。如果队列只有一个，所有请求都塞向其中，而又没有重排列机制的话，那QoS就无法实现，比如某个中断类EP传输请求被排到了队尾，那你会感觉到键盘打字响应速度无法忍受。所以，对队列中的请求按照特定的QoS算法重排列，是实现QoS的一种方式。另外，还记得前文中多次介绍过的VC（虚拟通道）概念么？每个VC其实就是一个单独的队列，也就是说，将所有请求分拨到多个不同队列中，给每个队列设置一个优先级，执行请求的时候，按照一定的权重比例，花费更多的时间到高优先级队列中提取请求执行，这就是所谓加权多队列。VC之所以称为VC，是因为所有的请求在物理上可以使用同一片存储器来存储，但不是真的物理上放置多片存储器作为多个队列分别存储，而在存储器中开辟一块空间用于放置多个指针队列，高优先级指针队列中的指针指向的都是高优先级的请求，想发送一条高优先级请求，先到指针队列中队首提取指针，到指针指向的地方拿到请求并发送。这就是所谓虚拟通道的含义。

而USB主控制器的做法，也是在Host主存中开辟多个指针对列，但是却并没有将这些队列分三六九等，所有队列一视同仁。每个队列中的请求，只执行1 ms的时间，时间到了其中尚未执行完的请求便不再执行，而是转到下一个队列继续执行1 ms的时间，所有的队列轮流执行。那么，这样与所有请求都在一个队列中依次执行有什么区别么？的确没有区别，它们是一样的。但是，**如果上层的程序能够得到机会将某个USB设备的请求，或者将某个EP类型（比如中断型EP）的请求，往每个队列中多放一些，那么其占用通道带宽的比例就会增大，也就能得到更多传输机会。这个请求调度的工作，由USB主控制器的Host Driver来负责。**

提示

USB主控制器内部会使用计时器来精确控制，每隔1 ms便触发其内部的固件程序跳转到从Host主存中的下一个队列中取出请求传送，上一个队列中未执行完的请求会放弃执行，等待再轮回到该队列时，重新执行之前未执行完的请求。通常可以这么做：每个队列的首地址指针、每个队列当前执行到的请求指针，都将记录在USB主控制器相关的寄存器中，前者用于让USB主控知道每个队列在Host主存中的基地址位置，后者让USB主控知道上一次执行到该队列中的哪一条请求了。USB主控制器的驱动程序（Host Driver）在初始化USB主控时，需要向内存管理程序申请对应的空间用于存放这些队列，申请好之后再将这些队列指针写入到USB主控相关寄存器中保存。用队列方式执行I/O请求的细节我们在7.1.5节中已经详细介绍过。然而，实际上人们采用了另外一种方式，将队列中所有的I/O Descriptor形成一个链表（Linked List，见PCIE Capability结构，那就是个链表），也就是在当前I/O Descriptor中给出下一个I/O Descriptor的指针，这样，USB主控拿到了当前I/O Descriptor自然就会知道下一个Descriptor要去哪里拿，USB主控制器会从当前I/O Descriptor中提取出这个指针保留在内部寄存器中以便下次使用。

看来，上述机制已经可以支撑整个数据路径了。我们来梳理一下：USB Function设备的驱动程序（Device Driver）负责从系统上层的协议栈或者应用程序接收要传送的数据，比如以太网帧、SCSI指令、音频视频等，然后调用USB主控制器的驱动程序（Host Driver）的对应API函数，调用时给出本次传送的USB设备地址、EP号、要传送数据在主存中的位置指针和长度，以及其他参数。Host Driver判断该请求的EP类型、传送长度等信息，然后按照对应的QoS规则，将该请求压入某个发送队列中，并更新该队列的队首指针到USB主控制器的相关寄存器。不妥不妥！又不妥！

一个可靠可控的通信系统，无一例外底层都是要将数据分隔成小片来传递的，也就是有一个链路MTU的概念，其原因在7.3.1节已经介绍过了。如果上层发送的数据包尺寸过大，其就需要被切分成合适的切片。**USB体系规定，控制型（传往EP0的）数据包最长为64字节，批量型数据包最长512字节，中断型**

数据包最长1024字节，同步/等时型数据包最长1024字节。而且，每一个数据切片必然要附上一些包头控制信息，这在一切可靠通信中都已经是基本路数了。那就意味着，上层数据必须被切分好成对应的切片之后，才能让USB主控发送。这与以太网的做法是类似的，也就是先准备好以太网帧，贴上源和目标MAC头，才能让PCIE接口的以太网控制器直接到主存中DMA拿走要发送的帧。对于USB网卡，准备以太网帧这件事由上层协议栈负责，生成的以太网帧长度在1.5KB左右，这显然大于上述的USB数据包尺寸，所以其必须切片。

切片的动作该由谁来做呢？谁做都可以，USB Device Driver做也是比较合适的。但是请注意，计算机中可能有大量的USB设备，比如笔记本电脑的键盘、触摸板、摄像头、蓝牙等设备其实都是接入USB总线的。如果所有这些设备的驱动程序都各自负责切片，那驱动程序开发者的负担将会加重，需要学习对应的规则。另外一个更加重要的原因是，如果上层Device Driver负责切片的话，这不容易受控制，也就是这些程序员估计都会按照USB规定的最大数据包长度来切片，谁不想自己的设备在系统中多占用一些带宽呢？或者，数据被切得乱七八糟，毫无章法，这样就不利于灵活地进行QoS带宽均衡分配了。所以，这件事还得交给额外单独的一个角色统一进行，即交给USB主控的Host Driver驱动来处理。既然它同时负责将这些数据包调度到不同的队列中，那顺手把切片的事情也做了吧。不妥不妥！这也不行！

USB主控的Host Driver会说：不好意思，这事情我不擅长啊，我只是个收发员而已，也就是上层给我什么我就负责发送什么，以我的智商，充其量也就能设置好邮箱（在主存中申请队列空间）并管理它们，负责与快递员（I/O主控制器）沟通好每个信箱的位置、信封的数量和位置，提醒快递员过来拿信，等等。USB让我顺带做调度工作，将不同人的信件调度到不同信箱中，并且保持每个信箱内部的信件不会被一个人全给占了，单单这件事就已经是难为我了，现在还要让我再负责切片，我抗议啊！

好吧，还有其他合适的角色么？难道我们要新招一个人专门负责切片？仔细想一下，设备加电之后的设备枚举和配置其实也是需要有一个独立的程序来完成的。我们前文中一直在抽象地说“设备管理程序”。其实，设备管理程序并不是一个单一程序，而是由多个程序组成的，比如枚举PCIE网络的程序、枚举USB网络的程序等，当然，会有一个总的入口将这些子部分串接成一个大的设备管理模块。所以，USB网络枚举是由单独的程序负责的。那么是否可以将切片的工作也交给这个角色呢？妥！我们将这个角色命名为**USB Bus Driver**，将每个切片命名为**USB事务（USB Transaction）**。

如此一来，由三个角色组成的USB网络协议栈，就在Host主存中成型了。

- USB Device Driver。位于最上层的就是USB设备驱动，每个USB网络上的设备对应一个Device Driver，其负责向上层协议栈注册挂接对应的I/O处理函数（将自己一侧函数的指针填入上层准备好的数据结构中）。收到上层下发的数据后，其还需要负责生成一个描述结构，也就是任务书，被称为**USB Request Block（URB）**，其中包含该数据发向的USB设备地址、EP号、数据的位置指针等信息。USB设备驱动会调用USB Bus Driver相关函数生成URB并传递给后者。URB在物理上是位于主存中的结构体，结构体相当于一个小数据库，内中记录有各种信息。
- USB Bus Driver。该驱动位于USB设备驱动下方，其负责USB总线枚举和热插拔管理、USB设备属性维护和管理（通过EP0读出设备中的各种Descriptor）、与上层USB设备驱动之间对接（比如提供usb_alloc_urb()函数供上层调用以生成URB，以及usb_submit_urb()函数用于提交URB给自己）、将上层下发的I/O请求做进一步切片处理，切片成事务。还负责与USB主控制器驱动对接，将描述事务的Descriptor压入USB主控的发送队列中。
- USB主控制器驱动（Host Driver）。其位于最下层，其提供对应的接口比如urb_enqueue()函数供上层调用，将上层USB Bus Driver下发的、切分好的I/O请求（Transaction Descriptor），按照一定调度算法（被固化在activate_qh()函数中）调度到对应的队列中。另外还负责对USB主控进行初始化配置、USB主控运行时管理。USB主控从队列中取出这些描述结构，然后按图索骥，去主存中拿到数据，在自己内部的缓冲区将对应的I/O请求转化为真正的USB网络数据包，发向USB网络。

图7-135左侧所示为上述三层USB驱动构成的USB协议栈的全貌。假设USB主控本身是一个PCIE设备，用PCIE网络连接到系统。加电后，首先PCI Bus Driver对PCIE总线进行枚举，发现USB主控这个设备，便加载USB主控制器的驱动（Host Driver）对USB主控制器进行初始化操作，生成对应的队列并将队列位置指针写入USB主控寄存器，以及完成更多其他初始化操作。初始化完成之后，Host Driver调用相关函数加载USB Bus Driver，后者便开始扫描枚举USB网络（方法上文中介绍过），并将所有发现的USB设备及其对应的各种Descriptor记录到一张大的设备信息表中。USB Bus Driver调用相关函数，为每一个发现的USB设备加载对应的USB设备驱动，后者向系统上层的相关协议栈注册一些接口handler函数用于接收上层下发的I/O请求，同时向系统中注册对应的设备。

整个过程可以简要描述为：先枚举PCIE网络认到一个PCIE设备，一看是USB主控，证明其后方还挂接着一个USB网络，那就继续枚举USB网络，最终发现一堆USB设备，然后加载每个USB设备的驱动。那么，如果某个USB设备的后方又连接着另一个某种网络（比如还是USB，或者SAS、以太网等），想继续发现连接在这些网络上的设备，那就得再加载对应的Bus Driver对这些网络进行枚举，然后加载这些网络中的设备驱动程序。

图7-135中右侧所示的SAS通道卡及其上层的协议栈，与USB本质上是相同的。只不过，SAS是专用于存储设备的网络，而USB则是一个通用设备网络，从它们的名字也可以看出来。SAS设备驱动接收的是SCSI Request Block （SRB），其与URB本质相同。SAS网络是高速（12Gbit/s）交换式网络，所以其性能要远高于USB网络。但是运作模式上两者有着本质的相同之处，只在一些细微处有些差别。我们将在下文中介绍SAS网络的全貌。

7.4.2.4 USB网络上的数据包传送

如果把每个数据包作为Payload，然后贴上个目标地址帧头一并传出去，这是高速交换式网络的惯用路数。可是咱们USB体系是个共享总线，大家不分你我，在同一个广播域中，如果每个数据包都带上USB地址、EP号等，这样太浪费资源了。一点小东西都得找个盒子包装的像模像样那是所谓“高雅”人士的做法。咱们一般就用接地气的方法：在网络上喊一嗓子 “哎！xx地址xxEP！准备接收数据”或者“哎！xx地址xxEP！把数据传过来”，这一嗓子，所有人都听到了，但是无关人员会自动忽略后面的数据，因为数据根本不是给自己的。只有被喊到的人准备接收数据或者向外发送数据。发完数据之后，接收方喊一嗓子：“收到了，妥妥的！”这样会节省带宽，地址信息在这次会话中只传送了一次，而不是占用每个数据包都贴上一份。

上述过程被称为一个会话或者事务。其与PCI体系中的事务是类似的。**一次USB事务包含三个阶段：令牌阶段（喊人阶段）、数据阶段、握手阶段（接收方确认）。这三个阶段，各自对应了一种数据包，分别为令牌包、数据包和握手包。**所以请注意，发送一次数据算作一次事务，一次事务至少需要至少三个数据包来完成。那么是不是只要定义两种事务就可以了：从某个端点读数据和向某个端点写数据？其实USB定义了更多种类型的事务，对应着不同的令牌包，这相当于，喊人的时候要这么喊：“xx地址xxEP请准备接收我的控制！”“xx地址xxEP请准备接收我的数据！”不同的事务类型，在令牌包中采用PID（Packet ID）字段的不同值加以区分。事务类型共有4种：用于Host发起配置读写请求的SETUP事务、用于Host发起读设备数据的IN请求、用于Host发起向设备写入数据的OUT请求，以及Start of Frame（SoF）请求。SoF请求后文中介绍。

如图7-136所示为一个典型事务中的三个数据包示意图。令牌包中包含本次事务的类型PID字段（8位）、目标USB设备地址（7位）、目标EP号（4位），以及结尾的CRC校验字段（5位）。数据包中包含本次数据包的奇偶性（如果只发一个数据包那PID字段为DATA0，如果发送多个数据包则数据包的PID以DATA0和DATA1交替出现）字段（8位）、实际数据字段（0～1024字节）以及CRC字段（16位）。握手包只包含一个PID字段（8位）。

这些事务对应的数据包，是由USB主控制器从主存队列中拿到Transaction Descriptor分析并从主存中取回对应的数据之后，在主控硬件内部拼接生成的。USB Bus Driver生成的是每个事务的Descriptor，而不是事务数据包本身，这个一定要注意。

下面我们就来看一下四大类传输方式下具体的数据包交互流程。

- **控制类传输。**

该类传输的目标EP恒定为EP0，其用于从设备获取基本信息、配置信息以及用于向设备写入对应的配置以及设备的USB地址等信息。如图7-137所示。完成一次控制传输需要三个阶段。第一阶段是SETUP阶段。该阶段内，Host端会发起一个SETUP事务，该事务中包含一个发向设备的SETUP类型的令牌包、一个发向设备的DATA0类型的数据包，以及设备返回的握手包。DATA0数据包中包含Host在本次向设备发送的命令，这些命令如图7-138所示。有些命令（比如GET开头的）在被EP0收到之后，EP需要返回对应的数据，由于设备端不能主动发送数据，所以此时配置传输过程进入第二阶段也就是数据阶段。Host端可以发起若干个数据读事务，每个事务以IN类型的令牌包开头。EP0收到该令牌包之后，便将准备好的回复刚才收到的命令的数据打包在DATA0/1数据包中发送给Host，图7-139所示为设备返回的对命令的响应数据的例子。

Host收到数据包后返回一个握手包。握手包的类型视情况而定，如果数据无误，则为ACK类型，如果有误则不返回任何握手包，静候设备端重传。由于设备端返回的数据长度不定，USB是这样来让接收方知道发送方已经发送完毕所有数据的：发送方每次传输按照数据包最大允许长度来打包数据，比如64字节，当发送到最后一个数据包时，该数据包如果小于64字节，则接收方就认为这是最后一份了；但是要发送的数据如果刚好是64字节的倍数，则最后一个数据包长度也为64，接收方无法判别是否已经全部发送完毕，所以发送方一旦遇到最后一个包也是64字节，则需要额外发送一个长度为0的DATA类型数据包，这样接收方就知道本次传送已经结束。Host端每发送一次IN令牌包，紧跟着的DATA数据包中的PID字段就需要从DATA0切换到DATA1或者相反，保证一个DATA0和1轮换。所以，Host端一开始并不知道设备端有多少数据要返回，会不断发起IN读数据事务，直到收到最后一个长度小于数据包最大允许长度的数据包为止。**IN和OUT令牌发出后，后续会有多少数据发出/收到完全取决于发送数据的一方。**

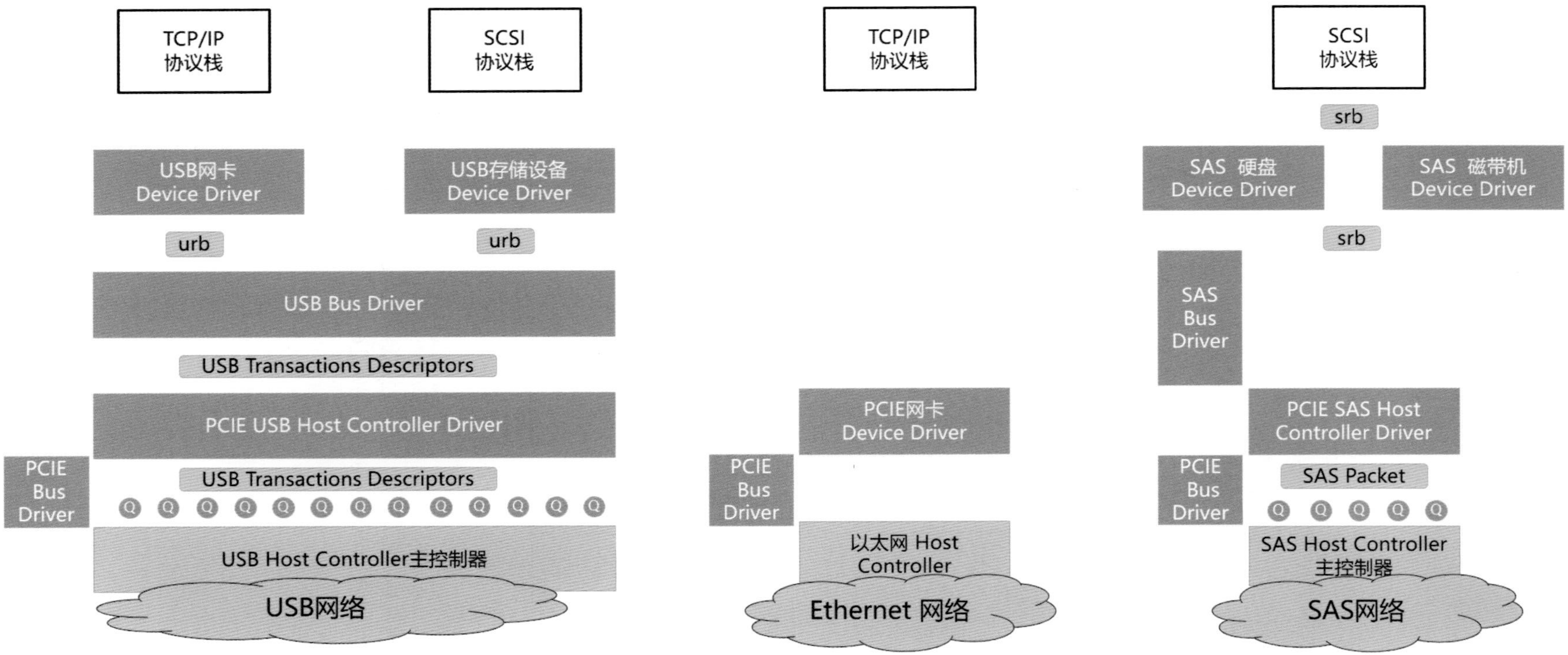

TCP/IP 协议栈
SCSI 协议栈
TCP/IP 协议栈
SCSI 协议栈
srb
USB网卡 Device Driver
USB存储设备 Device Driver
SAS 硬盘 Device Driver
SAS 磁带机 Device Driver
urb
urb
srb
USB Bus Driver
SAS Bus Driver
USB Transactions Descriptors
PCIE USB Host Controller Driver
PCIE网卡 Device Driver
PCIE SAS Host Controller Driver
PCIE Bus Driver
USB Transactions Descriptors
PCIE Bus Driver
PCIE Bus Driver
SAS Packet
USB Host Controller主控制器
以太网 Host Controller
SAS Host Controller 主控制器
USB网络
Ethernet 网络
SAS网络

图7-135　USB协议栈、PCIE网卡、SAS协议栈

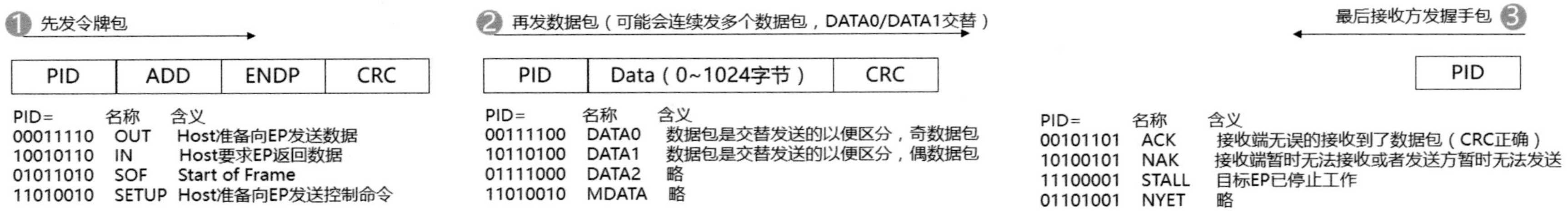

① 先发令牌包

PID	ADD	ENDP	CRC

PID=	名称	含义
00011110	OUT	Host准备向EP发送数据
10010110	IN	Host要求EP返回数据
01011010	SOF	Start of Frame
11010010	SETUP	Host准备向EP发送控制命令

② 再发数据包（可能会连续发多个数据包，DATA0/DATA1交替）

PID	Data（0~1024字节）	CRC

PID=	名称	含义
00111100	DATA0	数据包是交替发送的以便区分，奇数据包
10110100	DATA1	数据包是交替发送的以便区分，偶数据包
01111000	DATA2	略
11010010	MDATA	略

最后接收方发握手包 ③

PID

PID=	名称	含义
00101101	ACK	接收端无误的接收到了数据包（CRC正确）
10100101	NAK	接收端暂时无法接收或者发送方暂时无法发送
11100001	STALL	目标EP已停止工作
01101001	NYET	略

图7-136　USB网络上的数据传送模式

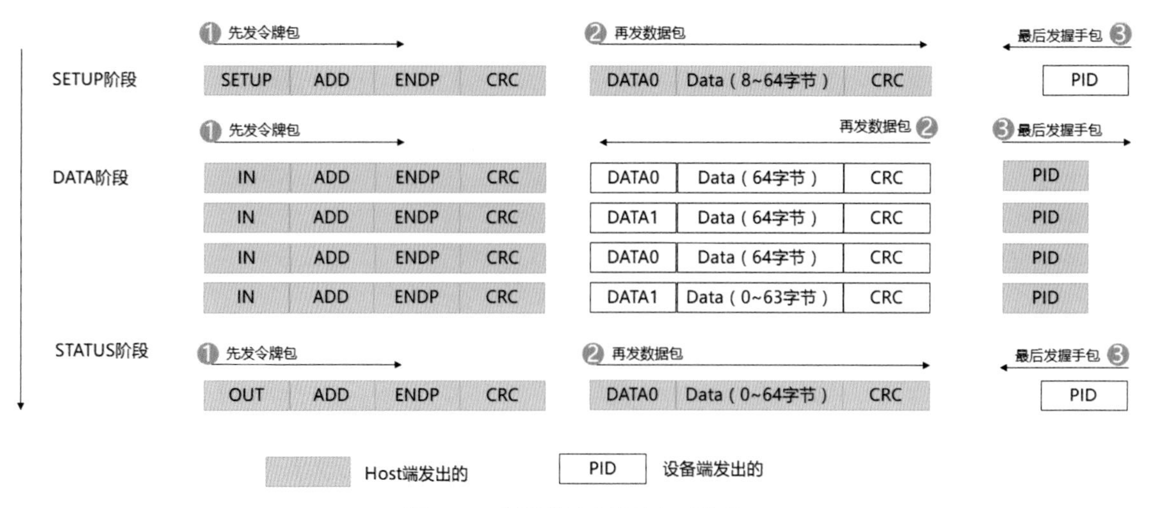

图7-137　配置传输典型的交互流程

bmRequestType	bRequest	wValue	wIndex	wLength	Data
00000000B 00000001B 00000010B	CLEAR_FEATURE	Feature Selector	Zero Interface Endpoint	Zero	None
10000000B	GET_CONFIGURATION	Zero	Zero	One	Configuration Value
10000000B	GET_DESCRIPTOR	Descriptor Type and Descriptor Index	Zero or Language ID	Descriptor Length	Descriptor
10000001B	GET_INTERFACE	Zero	Interface	One	Alternate Interface
10000000B 10000001B 10000010B	GET_STATUS	Zero	Zero Interface Endpoint	Two	Device, Interface, or Endpoint Status
00000000B	SET_ADDRESS	Device Address	Zero	Zero	None
00000000B	SET_CONFIGURATION	Configuration Value	Zero	Zero	None
00000000B	SET_DESCRIPTOR	Descriptor Type and Descriptor Index	Zero or Language ID	Descriptor Length	Descriptor
00000000B 00000001B 00000010B	SET_FEATURE	Feature Selector	Zero Interface Endpoint	Zero	None
00000001B	SET_INTERFACE	Alternate Setting	Interface	Zero	None
10000010B	SYNCH_FRAME	Zero	Endpoint	Two	Frame Number

Get Configuration Request

bmRequestType	bRequest	wValue	wIndex	wLength	Data
10000000B	GET_CONFIGURATION	Zero	Zero	One	Configuration Value

Get Descriptor Request

bmRequestType	bRequest	wValue	wIndex	wLength	Data
10000000B	GET_DESCRIPTOR	Descriptor Type and Descriptor Index	Zero or Language ID (refer to Section 9.6.7)	Descriptor Length	Descriptor

Get Status Request

bmRequestType	bRequest	wValue	wIndex	wLength	Data
10000000B 10000001B 10000010B	GET_STATUS	Zero	Zero Interface Endpoint	Two	Device, Interface, or Endpoint Status

Set Address Request

bmRequestType	bRequest	wValue	wIndex	wLength	Data
00000000B	SET_ADDRESS	Device Address	Zero	Zero	None

图7-138　各种控制命令一览和例子

Device Status Information Returned During Get Status Request

7	6	5	4	3	2	1	0
Reserved (reset to zeros)					Port Test	Remote Wakeup	Self Powered

15	14	13	12	11	10	9	8
Reserved (reset to zeros)							

Endpoint Status Information Returned During Get Status Request

7	6	5	4	3	2	1	0
Reserved (reset to zeros)							Stall

15	14	13	12	11	10	9	8
Reserved (reset to zeros)							

图7-139　设备返回的数据中所包含的内容举例

提示▶

IN/OUT令牌包、DATA数据包中并不包含用于描述本次传输的数据长度的信息，数据长度不定。既然长度无法预知，那么接收方又怎么知道导线上的信号到哪里截止算是一个数据包呢？是的，必须有一个“包结束”标识才对。实际上，不但包结束标识有，包开始标识也有。USB主控制器自动为每个数据包之前加上一个SYNC字段（00000001，被底层的线路编码后变为01010100，有足够的电平翻转，用于接收方同步时钟信号），在尾部附上一个EOP（End of Packet）信号（同时拉低USB接口两根数据线的电压）。

有时候Host发送一个配置传输过程是为了向EP0写入信息，比如典型的将设备的USB地址告诉设备，此时第一个事务依然是SETUP事务令牌包，然后发DATA0包（长度固定为8字节）。DATA0包中含的是图7-138中右下角所示的Set Address Request命令，其中就包含了该设备的新USB地址，收到这个消息之后设备端按理说不需要返回任何消息了。但是USB协议规定，配置传输过程中必须包含一个状态阶段，在状态阶段，刚才最后接收数据的一方需要返回一个数据包来通告本次控制传输的状态。如图7-137中所示，Host用IN收集完设备端的数据后，需要向设备发送一个数据包，所以其再发起一个OUT事务，也就是发送一个OUT令牌包，然后跟着一个长度为0的DATA0数据包，送给设备端。设备端收到后则发送一个握手包，如果该握手包是NAK则表明设备端依然在处理本次控制传输产生的后续下游动作，如果该握手包是ACK则表明本次控制传输正常接收并处理完毕，如果该握手包是STALL则表示设备端内部的处理产生异常。

如果本次控制传输为配置信息写入，那么在状态阶段Host会发送IN令牌包让设备端返回数据，设备端此时可以直接返回握手数据包，也可以返回一个长度为0的数据包。如果返回NAK握手包则表明设备端仍然在处理过程中（处理Host端写入的配置信息，比如将它们导入到内部的各个寄存器），如果返回的是0长度数据包则表明本次处理已经完成，如果返回的是STALL握手包则表明设备端处理异常。如果设备端返回的是0长度数据包，则Host端还需要返回一个ACK确认握手包，如果设备端直接返回的是握手包，则Host端不需要返回任何包，本次传输结束。

有时候，Host端发起配置传输是为了向设备写入一些配置信息，比如Set Address Request，但是由于地址信息很短只有7位，所以不需要额外数据包，只需要一次SETUP事务即可完成。但是有时候，Host端可能需要向设备端写入很多配置信息，此时设备端在SETUP事务中的数据包封装一条对应的命令（比如SET xxx）发给设备之后，Host可能会发起多论OUT事务，将要写入的数据写入，多个OUT事务之间也需要轮流使用DATA0和DATA1。此时，状态阶段的事务就应该是Host端要发起IN事务，向设备收取一个数据包，以结束本轮控制传输过程。

控制传输的过程理解起来可能让人有点晕，所以这里再梳理一下。首先，一次配置传输包含三个阶段：SETUP阶段、数据阶段、状态阶段。SETUP阶段只包含一个SETUP事务；DATA阶段可以包含多个DATA数据包，视要传递的数据多少而定；状态阶段只包含一个OUT或者IN事务。而每个事务都由三个令牌包组成，每个令牌包又由多个字段组成。正是由于这么多的层次、这么多的交互规则（比如DATA0和DATA1轮流用，最后一个小于最大包长度的包表明没有更多数据了，需要一个状态阶段回敬一个数据包等）才会让你感觉稍许混乱。

提示▶

DATA0和DATA 1这两个PID轮流用是有原因的。假设发送方发送了DATA0数据包，接收方也成功并且无误接收到了DATA0，但是在将ACK握手包返回给发送方的时候，链路上出现了错误导致该数据包出错丢弃，发送方期待接收ACK超时之后，会再次发起之前的DATA0数据包，此时接收方会知道这样一件事：上一次对方发送的是DATA0，这次接收方应该接收DATA1才对，但却又接收到了DATA0，表明发送方未收到上一次的握手包，这次收到的依然是上一次的包，所以发送方会再次补发一个ACK握手包。

- **中断类和批量类传输。**

中断类和批量类传输的模式相同，如图7-140所示。Host端会发出IN或者OUT令牌包，但是紧接着可以允许连续发送多个DATA0/1数据包（每个都要返回握手包），而不是像控制传输时那样用多轮IN/OUT事务每个事务只传一个数据包。有个专业术语来描述这种下发一个令牌之后紧跟着大量连续的数据包的过程，叫**作突发传输（Burst）**。很多高速总线都支持突发传输。

可能有个疑问：既然中断类和批量类传输模式完全相同，那为何还要设置这两个不同的类别呢？它们到底区别在哪？区别在于这两类传输的数据包最大允许占用的链路带宽。发向中断类EP的事务的I/O请求会被Host Driver以更多的机会放入发送队列，只要有就优先被放入队列，在有多个I/O请求等待下发时，这会确保中断类请求最大占用90%的比例被下发。而批量类传输并不保证优先传输，只是尽量被传送。

- **同步等时类传输。**

同步型EP发送的同步类传输的特点是不需要ACK应答，一个IN/OUT令牌就可以号令连续多个DATA0（不需要DATA1，因为出了错也不会重发）数据包。所以，其传送模式与图7-140中所示的场景类似，只是没有了DATA1而全是DATA0，以及不再需要在每个数据包之后跟着返回握手包了。依然是当接收到一个长度小于最大允许包长度的数据包后意味着传送结束。

中断类和同步等时类传输，必须保障最大可拥有90%的带宽，控制类（发往EP0的）请求必须保障最大可10%的带宽，批量类则可占用剩余的带宽。然而这并不是说任意时刻均有90%的带宽保留给中断类和同步类，而是说如果当前上层下发的请求真的存在90%比例的中断类/同步类，那么就必须保证它们真的最大占据90%带宽，也就是说在某个时刻所有队列中现存的中断/同步类I/O请求Descriptor总量最大占比不超过90%。

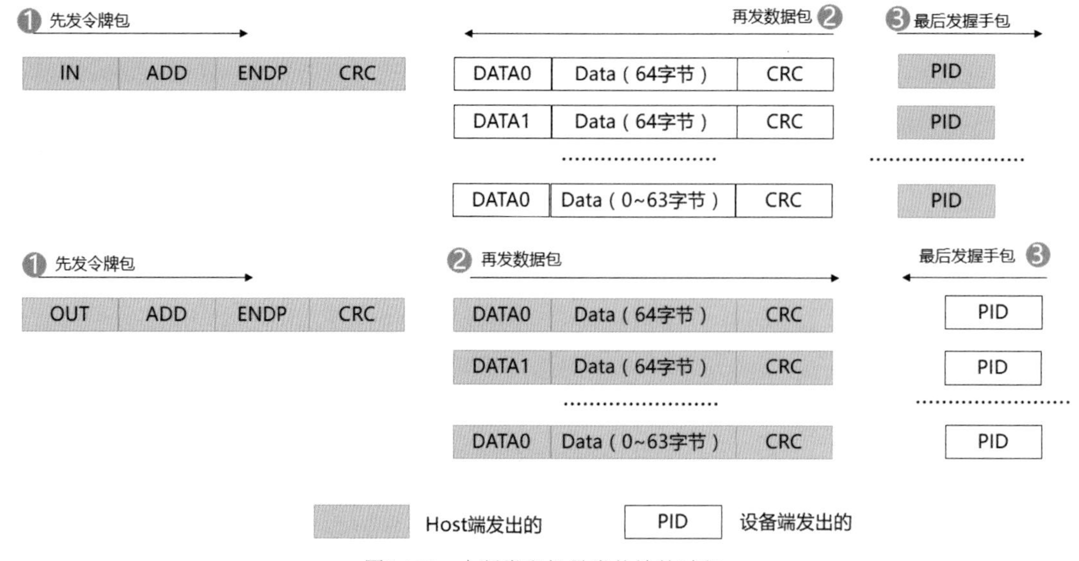

图7-140　中断类和批量类传输的过程

提示

如果当前链路带宽非常充裕，则任意流量均可占用任意比例的带宽。90%的限制仅在有多种类请求同时存在时生效。

前文中提到过，Host Driver按照一定规则负责将对应的I/O Descriptor调度到发送队列中。那么这里的“规则”具体是怎么样的？Host Driver并不会自己去制定规则，而是完全根据每个USB设备自身的要求来调度各自的I/O请求。我们返回去看图7-133，这是一个设备的Endpoint Descriptor，可以看到其中有一项是bInterval，USB设备就是用这一项来向上层的驱动程序声明自己需要多少带宽资源的。该项的含义其实是在告诉上层的Host Driver：“既然我无法主动收发数据，只能等待IN/OUT令牌包来轮询我，我需要你至少每隔多少毫秒就轮询我一下收发数据，否则我会被内部缓冲区中爆满的数据给撑死。”当然bInterval值的单位并不一定是毫秒，根据不同场景还略有不同，具体大家可以自行了解。还可以看到端点描述符中还有另一项：Max Packet Size。根据轮询间隔和最大包长度，就可以估算出该设备对带宽的需求。USB Bus Driver会根据当前已经连接的USB设备算出一个已占用带宽，如果此时再有新设备插入，Bus Driver通过读出其各种描述符，算出其对带宽的需求，如果需求小于剩余带宽，则可以接入，否则该设备就无法使用。

提示

值得一提的是，只有中断类、同步等时类以及控制类的事务需要保障QoS。而EP0不需要声明自己所需的带宽，因为Host Driver会恒定将其保持为10%。而中断类和同步等时类由于每个设备要求的都或多或少不同，所以中断类和同步等时类EP的描述符中需要使用bInterval字段来描述。

精度比较高的鼠标（说白了就是比较贵的鼠标）的Endpoint Descriptor中声明的bInterval值越低，那就意味着其需要Host端的鼠标驱动程序以更快的速度来轮询这个EP（驱动程序将该请求转换之后的USB 消息用相比其他USB设备EP对应的请求更高概率的派发机会派发到主控的发送队列中），也就是向该EP发起数据读操作，最终Host端发起IN令牌包，EP返回DATA数据包。因为精度更高的鼠标在同样的时间内会有更多的位置采样点被生成而缓存在其内部缓冲器内，所以要求更频繁来获取数据，这样鼠标的图形在屏幕上移动就会更加精准和平滑。

提示

鼠标移动一次，底层其实对应了多次更加细致的位移量上报，这与该鼠标的两个参数有关，也就是CPI（Counter Per Inch）和DPI（Dot Per Inch）。DPI决定了鼠标底下的位移传感器能够识别出的最小距离粒度，假设某鼠标DPI=5000，那么它能够侦测到1/5000英寸的位移量。CPI决定了鼠标每移动一英寸向Host端上报（小心，Host端鼠标驱动是不断轮询鼠标来拿到样点的，而不是靠鼠标或者USB主控主动中断）多少个采样点的位移量，也就是说如果某个鼠标的DPI=5000，CPI=1000，那么该鼠标每移动1/1000英寸，鼠标就会生成一个位移量采样。鼠标怎么知道移动了1/1000英寸的呢？靠的就是5000 DPI的分辨率。当底层检测到移动了5个1/5000英寸时，换句话说，鼠标传感器向鼠标内部的电路某计数器中更新了5次，鼠标内部的CPU就知道发生了1/1000的位移，便生成对应的位移值，如果CPI也为5000，那么计数器每次更新都会生成一次位移量值。所以，CPI值一定是被设计为小于等于DPI的，否则没有意义。DPI和CPI都是可以调节的，DPI如果大于CPI是没有实际效果的，所以DPI决定了一款鼠标的最高精度，而CPI决定了鼠标的实际体现出的精度。在Windows鼠标设置界面中调节的鼠标移动速度，其实是系统将鼠标的移动距离翻译成鼠标图形在屏幕像素上移动距离的过程，速度调节得高，鼠标每移动一次（每次上报位移量），鼠标图形就会被移动更多的像素。高CPI的鼠标可以检测到更精细的移动，从而让鼠标移动对应的像素。而低CPI的鼠标，可能鼠标动了，却并没有检测到移动，屏幕上的鼠标也不会移动，就会感觉到定位很不精准。当然，高CPI的USB鼠标一定要在其EP属性中声明更低的轮询间隔，其Host端驱动就会以更高的频率轮询鼠标，从而才能及时取回新位移量。

前文中提到过，Host Driver会在主存中初始化多个队列，用于调度上层下发的I/O请求Descriptor。USB主控硬件内部会有一个11位的计数器，该计数器每隔1 ms就+1，该计数器会触发主控内部的电路切换到主存中的下一个队列取I/O Descriptor执行。这样的话 Host Driver需要初始化2^{11}=2048个队列。切换队列执行I/O时，上一个队列中未执行完的I/O会被暂停，等下次轮到时重新执行。

每当切换到一个新队列，USB主控制器会主动向USB网络上广播一个帧起始（Start of Frame）数据包，SOF数据包由一个8位的SOF PID、11位的帧号和5位的CRC组成。其中11位的帧号就是上文中提到的USB主控内部的计数器值。USB体系将这些发送队列称为帧（Frame），其在物理上就是一个队列（由多个I/O Descriptor形成的单向链表，前文介绍过）。USB设备收到这个数据包之后，不需要回应任何数据，但是却可以知道USB主控开始执行新队列中的I/O请求了，那么自己上一次未执行完的事务就需要作废（当然，数据不能丢），等待下一次重新再与Host交互，继续执行。USB主控定时切换队列执行是为了保证公平性，同时也为了配合Host Driver向队列中按照带宽规则调度对应事务的这种方式。发完SOF数据包之后，USB主控就开始从新队列取I/O Descriptor，然后生成对应的数据包发向USB网络了。

USB主控会在其内部硬件模块中自动为每一个数据包（包括SOF包）头部加上SYNC字段，尾部加上EOP字段。SYNC字段是为了让USB设备一侧的接收电路对表（时钟同步）使用，以便对后续数据包的信号接收。

图7-141所示为USB体系中的URB（图中的I/O Request Packet）、事务、帧、数据包、字段之间的整体关系示意图。图7-142所示为USB协议栈运作全流程示意图。

图7-142中给出了USB键盘、USB鼠标、USB以太网卡和U盘这4种最为常用的USB设备。其中USB鼠标和键盘的设备驱动程序需要不断轮询各自设备的相关EP来获取鼠标的最新位置坐标信息和按键点击信息，以及键盘盘按下的键码。其以多高的频率来读取对应EP中的内容取决于设备端该EP的配置信息Descriptor中的bInterval字段的值，该值会被USB Bus Driver在枚举和配置设备时读出并保存。获取到的鼠标位置、按键点击事件，会被传递给负责管理图形界面的程序，后者根据鼠标位置来移动鼠标的图形或者触发当前点击的按钮、图标对应的程序的执行。键盘驱动接收到的键盘码会被放入一段缓冲区内，然后其他专用程序负责将这些键码传递给需要的程序。比如当前冬瓜哥正在用Word程序打字，Word程序内部会调用一个叫scanf()的函数，f表示Formatted。该函数会从存放键码的缓冲区中将键码读出来解码成对应的字符，然后传送给Word程序后续的流程。当然，这期间还少不了各种汉字输入法程序预先对收到的键码做分析，将其转换为汉字码。

对于USB以太网卡和USB存储设备，它们的设备驱动程序需要从上层的网络协议栈（TCP/IP）和存储协议栈（SCSI协议栈）接收对应的I/O任务书（I/O Descriptor）。在Linux操作系统中，网络协议栈调用dev_queue_xmit()函数下发任务书，所下发的任务书为sk_buff结构体（sk表示Socket）；存储协议栈调用queuecommand()函数下发任务书，所下发的任务书称为SCSI Request Block（SRB）。设备驱动会将上层下发的任务书通过调用usb_alloc_urb()函数转换为对应EP的读写请求，形成一份新的I/O任务书，也就是USB Request Block（URB），最终调用usb_submit_urb()函数传递给USB Bus Driver。Bus Driver将EP的读写请求拆分、转换为USB总线事务（比如IN/OUT等），将这些事务请求描述在新的URB中，然后调用urb_enqueue()函数将其加入到URB队列中（每个EP一个）并引发USB主控的Host Driver对其进行一系列处理，最终调用active_qh()函数将队列中的URB描述符按照一定的带宽分配策略（按照EP的polling interval算出来）压入到对应的底层发送队列中的合适位置，并将对应的队首指针写入到USB主控相关寄存器以通知对方来拿描述符。

USB主控每隔一定时间（比如USB 1.x规范中是1 ms）就切换到一个新队列中取描述符，根据描述符中的各种指针信息，到主存中取回本次要发送的事务对应的数据和各种发送参数。USB主控在其内部的缓冲区封装好对应的数据包，加上各种包头和CRC字段，然后下发到底层的发送电路，将这些数据包按照USB网络规定的传输方式、时序发送到USB网络上。

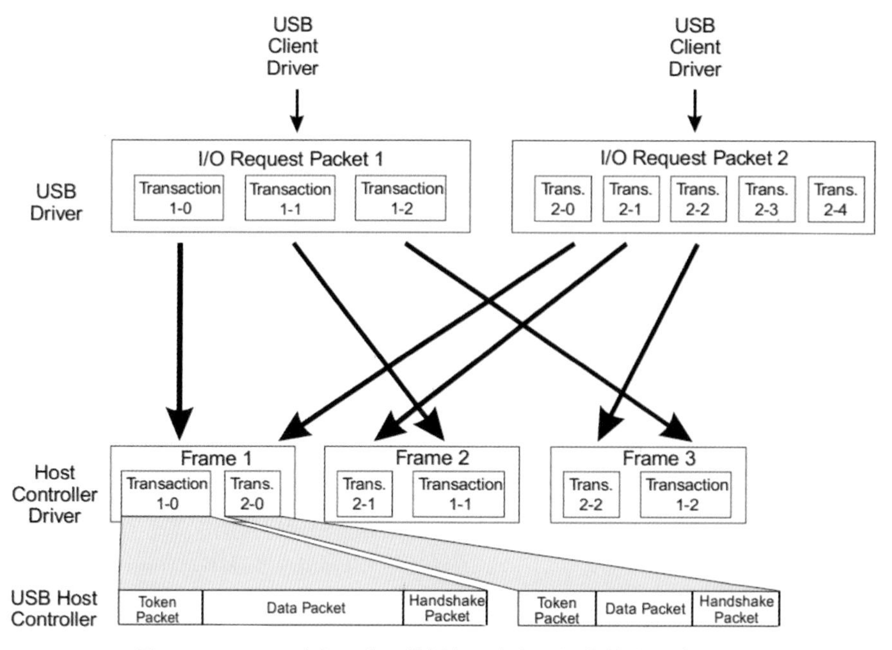

图7-141　URB、事务、帧、数据包、字段之间的整体关系示意图

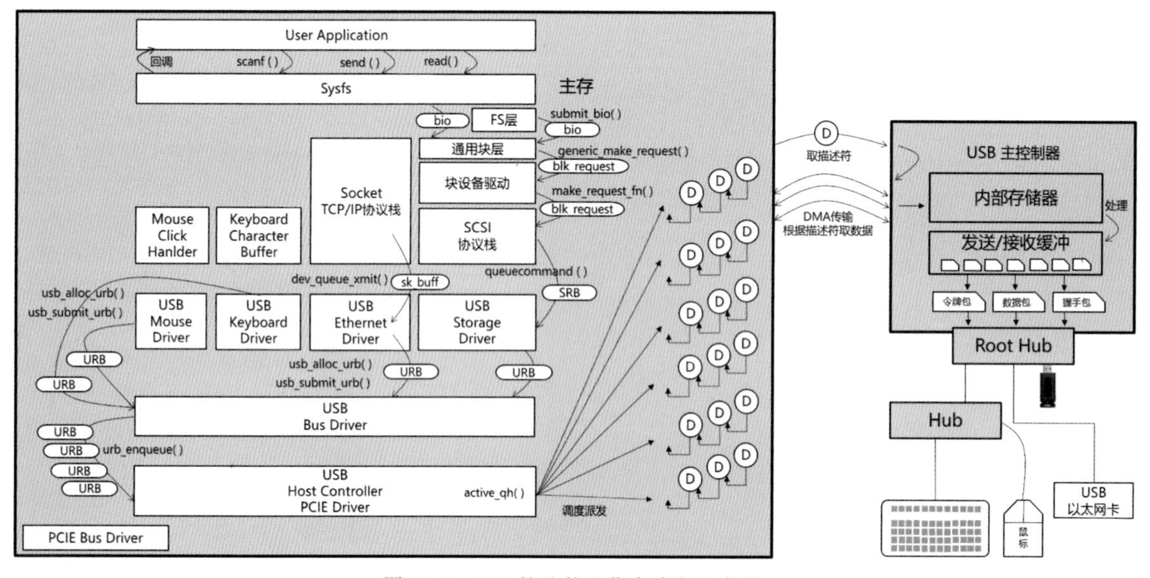

图7-142　USB协议栈运作全流程示意图

7.4.2.5　USB网络的层次模型

应用层和表示层这两个角色是由Host端的应用程序扮演的，其生成对应的数据，比如“Hello World！”及其字体格式颜色等格式化信息。如果想把它发送到使用一块USB网卡连接着的以太网上，那么应用还需要调用Socket接口相关API函数，将该数据指针、传送方式、目标IP地址、目标TCP端口号等信息传递给Socket层。Socket层则负责调用TCP/IP相关协议栈对该数据包进行切片、封装、打IP和以太网MAC包头标签等操作，然后Socket层需要将封装好的以太网帧，传递给USB以太网卡的设备驱动。

从这一点上来看，对于USB网络而言，Socket传下来的封装好的数据包，本身又变成了应用层数据包，而这个数据包如果从Socket视角来看的话，是包含了传输层、网络层的信息的。只不过，访问以太网要先通过USB网，这就形成了嵌套关系。所以对于USB来讲，整个以太网帧再次变成应用层数据，它将被附以USB网络的包头标签传送到USB网络，最终被写入到USB网卡内部。此时该数据包会露出其内层的网络层和传输层信息，这个包得以继续在以太网+TCP/IP协议的网络上继续传送。USB在这里起到了隧道的作用。

- USB的应用层还体现在其对几种总线事务的

定义，也可以称为事务层。

- USB的会话层机制体现在其令牌、数据、握手的过程中，这是典型的会话机制，即令牌包先通告对方本次要聊的类型，数据包则传递聊天内容，握手包则向对方点头示意。
- USB的传输层机制体现在其错误重传方面，比如若检测到数据包错误则不返回任何握手信息。
- USB的网络层机制体现在其共享总线的网络类型、树形的网络拓扑，以及对USB设备的编址和地址分配方式。
- USB的链路层体现在其对数据包的控制字段格式、DATA0/DATA1交替等设计模式。
- USB的物理层则采用两根导线作为差分数据线，将其分别标识为D+和D-。其中一根的信号与另一根的相位完全相反，以此来抗干扰。所以实际上可以认为USB只采用一根数据线传输信号，所以其为半双工传递方式。USB支持热插拔，当Hub/Root Hub检测到某个USB端口上的D+或者D-信号线上产生一个2.5 V、持续2.5 μs的电压时，则认为有USB设备插入。Host端的USB Bus Driver平时会以一定时间间隔来轮询Hub中的Status Change Register（被映射到一个中断型EP），如果距离上次轮询之后并没有设备的状态发生变化，则Hub会回复NAK握手包；如果有设备的状态发生了变化比如热插拔等，则Hub会将对应端口在Status Change Register中的对应位置1，并在Host端下次轮询的时候返回整个Status Change Register的内容，如图7-134所示。USB Bus Driver再根据其中被置1的位，向Hub的EP0发出Get_Port_Status控制传输命令从而读取对应端口的具体状态信息，然后向EP0发出Port_Reset控制命令（发送Port_Reset之前要确保从检测到设备被插入到发出Port_Reset之间至少过去100 ms的时间，为了给设备内部的控制器充分的初始化时间，有些USB设备内部的控制器是有固件的，需要一定的初始化时间）。Hub收到Port_Reset命令后，会将对应端口的D+和D-信号同时拉低持续10 ms。然后，Bus Driver便为新插入的设备分配地址并读出其各种配置描述符，然后加载对应的设备驱动。

7.4.2.6 小结

USB作为一种中速非访存式后端I/O网络，其采用单独的USB主控制器接入访存网络，用直接访存的方式来拿取URB描述符，然后采用USB网络的寻址方式和事务方式将对应数据发送给对应的USB设备。相比于传统的基于PCI/PCIE接口和协议的设备而言，USB体系中多了两层驱动程序，分别为USB Bus Driver和USB Device Driver。这两层驱动程序用于透过USB主控制器来操控USB网络，枚举、发现和驱动USB网络上的设备。

USB设备采用EP号作为一个接收数据的端点，其物理上对应着一个缓冲区。设置多少EP完全由设备开发者决定。由于USB是一个共享总线型网络，多个设备要竞争其带宽资源。为了实现QoS，EP被分为控制型（只能是EP0）、中断型、批量型、同步等时型4大类，每一种的访问方式各不相同。其中中断型和同步等时型EP在其Descriptor中给出bInterval用于声明本设备最小要被保证的带宽分配，USB主控的Host Driver按照这个频度来调度对应的事务到队列中从而保障带宽。

图7-143所示为USB设备内部的物理实现示意图。USB接口控制器负责从/向USB网络上接收/发送数据，并根据令牌包中的EP号，将收到的数据写入到对应的FIFO中存储起来。USB设备的核心控制模块（图中的Device Core）从这些FIFO缓冲区中提取对应的数据，执行其中包含的命令（如果数据为SCSI指令）或者将其传递到后端网络上（如果数据为以太网帧）。图中右侧所示为一个U盘内部控制器的架构示意图。其采用了4个批量型EP（2个IN方向和2个OUT方向）分别用于存放发给U盘的指令（比如SCSI）、待写

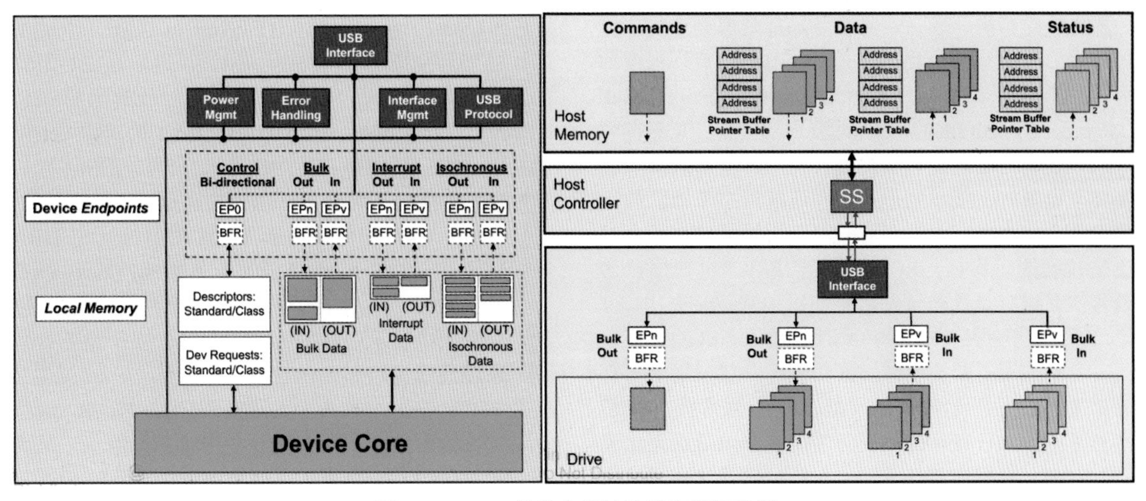

图7-143 USB设备内部的物理实现示意图

入U盘的数据、已从U盘读出的数据以及命令的执行状态。

网络上可以找到一些所谓USB万能驱动，比如USB网卡万能驱动、U盘万能驱动等（实际上由于太过常用，U盘的驱动早已集成到操作系统内部，而U盘的开发者为了兼容性考虑也都遵循OS内嵌驱动的设计）。USB比PCIE设备的驱动更加简单，因为USB设备驱动操作的只是EP，而不是去操作一堆的寄存器地址。USB设备的EP可能只有几个，而PCIE设备的寄存器地址却是一大堆，要考虑到事情也很多。所以，USB设备万能驱动只需要在安装时声明自己所能支持的Vendor ID等匹配信息，把与其兼容的设备型号都纳入进来即可。当然，万能驱动并不是真的万能，那些没有在其声明中的型号的设备依然无法被匹配上，从而无法加载万能驱动。

这里还是要深刻理解，USB主控是一个PCIE设备，要操纵一堆寄存器，但是其Host Driver都是被主流操作系统集成好的，USB设备驱动开发者不需要关心USB主控的驱动。再加上，主流USB设备端的设计套路基本一致，也用不了太多的EP。还有，诸如U盘、USB网卡等接收的也都是标准的数据包，比如SCSI命令、以太网帧，一般不会有太多特殊的私有数据格式，所以开发一款万能驱动并不算复杂。

USB 1.0/2.0/3.0的运作方式有很大变化。上文介绍主要是以USB 1.x版本运作原理为蓝本，而USB体系中存在低速、全速、高速、超高速等不同的规格，不同规格所使用的传输参数又各不相同、甚是复杂。USB 3.0标准基本上采用了与PCIE几乎相同的下层体系，只是速率不同。至于更多细节，请大家自行学习。

7.4.3 SAS——高速专用非访存式后端I/O网络

USB今天大行其道。殊不知，在上世纪末并没有出现USB。那么当时的各种外部设备，比如打印机、扫描机、磁带机、硬盘、光驱等，都是怎么接入计算机的呢？当时有一个犹如今天的USB一样流行程度的后端通用I/O网络，叫作小型计算机系统接口（Small Computer System Interface，SCSI）。当然，SCSI在今天简直让人不忍直视，其扩展性差（一条总线最多连接15个设备）、接口物理形态和线缆形态笨拙臃肿，关键是，成本在同时期相对较高，因为其速率在当时还是较高的。那么，SCSI用于连接打印机扫描仪等设备就显得有点性能过剩，打印机后来逐步采用LPT接口，再后来就是USB接口大行其道了。SCSI这个曾经王者的阵地不断被侵蚀，最后收缩到仅仅用于与存储相关的设备，比如SCSI硬盘、SCSI磁带机、SCSI光驱等，因为只有存储系统对性能的要求是永无止境的。SCSI一直固守着该阵地，也就彻底演化成了一个后端专用I/O网络。

SCSI为各种存储设备定义了一套标准的指令集，图7-2所示就是SCSI体系为块访问设备（硬盘类设备）定义的两种指令格式，此外还有针对磁带设备定义的指令集。除了定义指令集之外，SCSI体系还定义了底层的数据传输通道接口，也就是SCSI并行接口（SCSI Parallel Interface，SPI），以及后续的SPI 2～5共5代的并行总线标准（每一代的速率都会提升）。SPI定义了一套并行共享总线标准以及数据交互方式。共享总线效率很低，速率提升到一定程度就上不去了，所以总线必然需要转换为串行方式，SCSI体系也是这样发展的。

如图7-144为SCSI体系结构的全貌。可以看到SCSI针对多种不同种类设备定义了对应的指令集。这些指令集被写入SCSI协议栈的代码中，并内置到目前的主流操作系统中。该协议栈接收上层的I/O请求描述结构体（I/O Descriptor任务书），然后将其转换为标准的SCSI指令描述体（SCSI Command Descriptor Block，CDB），将其发送给底层的网络接口控制器传送到后端网络上。协议栈可以使用多种不同的网络接口来传递CDB。

左下角的SPI便是SCSI体系原生定义的并行共享总线型通道接口。**后来人们不断尝试采用更加便捷、高速的接口来传递SCSI指令**，也就产生了诸如SBP（利用IEEE 1394火线接口）、FCP（利用Fabre Channel接口）、SSA（利用IBM独占的Serial Storage Architecture接口）、SRP（利用RDMA over Infiniband接口）、iSCSI（利用以太网接口）以及SAS（利用Serial Attached SCSI接口）这些规范。其中，SAS一度成为企业级硬盘的唯一接口形式（直到2016年之后才被PCIE接口的固态硬盘逐渐侵蚀了一部分市场份额）。

这些网络接口对应的物理实体就是前端采用PCIE连接到系统前端，后端输出对应网络通道接口的Host Controller芯片。该芯片可能会被集成到I/O桥片中，也可能作为单独的芯片被焊接到主板上再与I/O桥或者直接与CPU相连接，或者被做成一张HBA（Host Bus Adapter）或者又称AIC（Add in Card）卡的形态，插入到主板上的PCIE插槽中。不过，这三种形式的本质都是一样的。图7-145所示为已经淘汰的SCSI HBA卡与目前市场上主流的SAS HBA卡的实物图，可以看到这块SAS HBA在后端推出了2个内置的SAS接口和2个外置的SAS接口，每个接口可运行在48GBit/s（12Gbit/s x 4）的传输速率上。而图中的SCSI HBA卡采用了当时在SCSI卡市场处于垄断地位的Adapter公司的主控芯片，推出2个内置和2个外置的SCSI接口，采用图中所示的多抽头SCSI线缆（由于是并行总线，所以线缆比较宽，内含数十根排线），一头连接SCSI端口，在多个抽头上可连接多个SCSI设备。这些抽头连接器中的金手指直接并联在SCSI线缆上，是真真实实可见的共享总线了。图中还可以看到SCSI接口的硬盘。

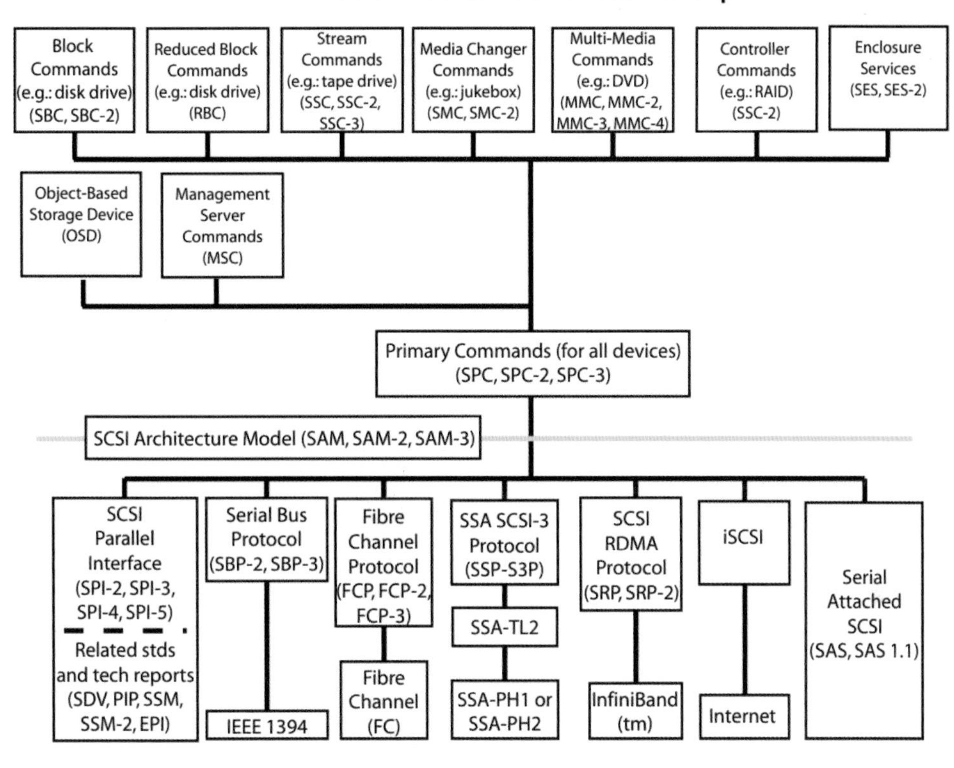

图7-144　SCSI体系结构

图7-145　SCSI HBA卡与SAS HBA卡

图7-146所示为SCSI并行共享总线网络的基本拓扑。每个SCSI主控制器可以推出一个或者多个端口，每个端口后面可以挂接一整根总线，**每个端口+后端总线又被称为一个通道（Channel）**。可以推出多个通道的SCSI卡的售价必然也高（图7-145中的SCSI卡有2个外置通道和2个内置通道）。每个通道上最多只能连接15个SCSI设备（受限于总线上的地址线只有4根，最大编码16个设备，SCSI主控端占据一个地址编号，剩下15个给为其他设备所用）。每个设备的地址由设备电路板上的跳线帽（本书前面章节介绍过）来控制，也就是需要手工指定，很笨拙。

在SCSI体系中，SCSI主控被称为**Initiator**端（简称**Init**端），而挂接在总线上的SCSI设备被称为**Target**端（简称**Tgt**端），Init和Tgt这两个名词

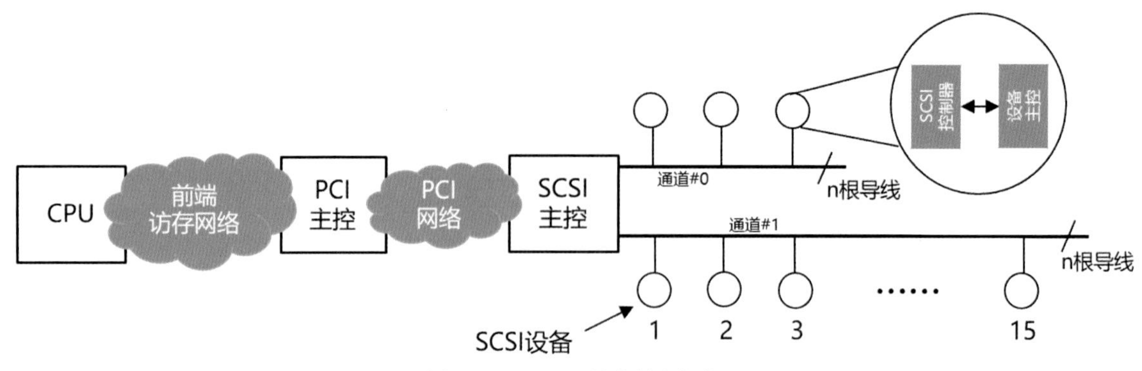

图7-146 SCSI网络的基本拓扑

概念在存储系统领域内经常使用。主控或者设备的SCSI地址分别称为**Initiator ID**和**Target ID**。由于是共享总线，主控或者设备想要发起通信之前必须先发起仲裁过程进入仲裁阶段。赢得仲裁的节点再向地址总线上放置本次要通信的目标ID，来通知对方准备接收数据，这个阶段称为选择阶段。这样，在Init和Tgt端之间就建立起一次会话连接，Init或者Tgt可以向对方发送对应的数据（命令、响应、传输控制包等）。由于SCSI时代的硬盘都是机械盘，速度非常慢，当Init将读写指令发送给Tgt之后，Tgt需要耗费大概10 ms当量的时间来执行该请求。而这期间Tgt如果依然占着总线不放，这很浪费资源。所以Tgt在接收到命令之后，一般会选择释放总线让Init与其他Tgt获得通信的机会，而自己在后台执行I/O请求，当数据准备好之后，Tgt会再次主动发起与Init端通信。这样，一段时间内，**Init端可以将多个I/O请求发送给多个Tgt端，而这些Tgt端可以并行执行这些I/O，以获取较大的吞吐量**。所以Init端和Tgt端需要记录一些状态信息，被称为**Nexus**（拉丁文，连接的意思）。

SCSI和SAS各自只是一种网络形式，一种被人们设计出来专门用于传递SCSI指令的网络。原生的SCSI并行总线通道方式属于SCSI体系的原配，而SAS则是后来引进的新式底层通道形式，其速率非常高，所以我们称之为高速专用I/O网络。然而，这并不意味着SAS只能传递SCSI指令。SAS完全可以作为一种通用网络而传递任何数据，只要重新设计SAS Host Controller的Host Driver让其与上层对应的协议栈对接即可，比如与Socket TCP/IP协议栈对接，接收以太网帧并通过SAS网络传送到对端，此时SAS主控制器会表现出以太网主控的行为。为了保持对上层接口的透明性，SAS Host Driver可以向系统中注册一个以太网设备，并向上层协议栈接口注册对应的handler函数用于接收上层的数据，以及向上层发送接收到的数据。此时系统内会多出一个虚拟的以太网卡设备。然而，SAS并不适合大规模网络场景，因为其底层采用的是基于连接的交换技术，我们后文中再细表。

那么，SAS网络有没有可能像USB网络一样，作为一种I/O扩充网络呢？比如利用一个SAS主控（HBA）挂接多种SAS接口的设备，比如SAS接口的以太网卡、SAS接口的闪存盘、SAS接口的摄像头打印机等？理论上是没有问题的。阅读本书到此，你应该能够充分理解计算机I/O与网络的关系，那就是计算机本身就是通过某种网络来接入各种外部设备的，计算机I/O的本质就是网络通信系统，局部网络通信系统。你还应该能够理解，**计算机I/O就是将命令、数据通过某种类型的网络以某种方式（访存/非访存）传递给目标设备去执行**，目标设备执行完后，返回执行状态。所以，它只要是个网络，就可以作为I/O网络。

提示▶▶

某个网络是否是访存网络，并不取决于它的技术限制，而是取决于设计者的决定。也就是说，SAS网络也可以用于访存网络，只需要在其内部设置一个按照访存地址区间而不是SAS地址（见下文）来路由的路由模块就可以了。这样的话，SAS帧中封装的就可以是存储器地址、读写动作编码等了。

然而，并没有人去设计一款前端SAS、后端以太网的，也就是SAS接口的以太网卡。然而的确有人做出了USB接口的以太网卡、声卡，因为USB比SAS更加通用，而且最关键的是USB I/O总控制器已经被集成到了地球上的几乎任何一台在用的电脑主板的I/O桥片上。而SAS却没有，就算有人开发了SAS口的以太网卡，那也得先把以太网卡接到SAS卡上，SAS卡再接到PCIE插槽上与PCIE网络总控制器相连。这样多此一举，直接用PCIE接口的以太网卡就可以了。同理，你也可以开发一款PCIE接口的硬盘，比如目前的**NVMe协议的SSD几乎都采用PCIE接口连接到系统**。你也可以开发一款PCIE接口的摄像头，不过可以肯定的是，没有人会买的。目前采用SAS作为接口的设备，几乎只有硬盘和磁带机。这也是称之为专用I/O网络的原因。

另外，**SAS被设计为兼容SATA接口**，SATA盘可以采用SAS转SATA线缆（图7-145左半部分的右下角），或者背板上的SAS/SATA通用连接器（图7-147右下角）连接到SAS HBA上，但是SAS盘无法连接到SATA接口/连接器上。如图7-147所示，**目前市场上的SAS盘都被设计上了两个独立的SAS数据接口**，从图中右上角可以看到，SAS硬盘连接器的背面还有7根金手指用于传递SAS数据信号。这两个端口是用来做冗余的，我们会在下一章介绍存储系统是如何利用双端口SAS盘实现冗余的。

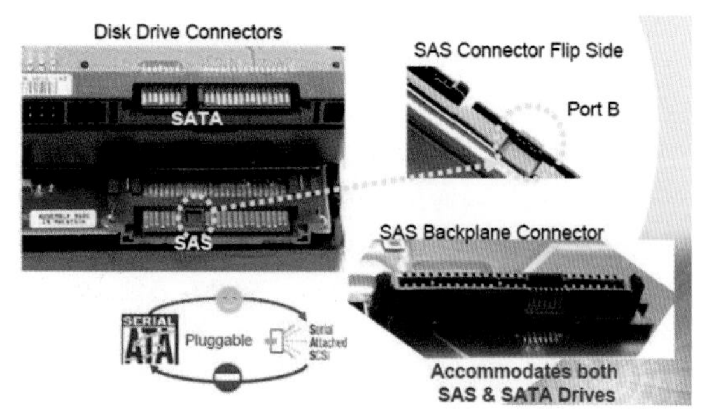

图7-147　SAS和SATA接口连接器

7.4.3.1　SAS网络拓扑及设备编号规则

SAS是一个高规格的网络，**其采用与PCIE类似的交换式拓扑和树形/星形拓扑，意味着交换机之间不能成环**，只能从一个根逐渐向下延伸，如图7-148所示为SAS网络的拓扑结构。SAS主控制器一般会出若干个SAS端口，可以直连SAS设备，也可以连接SAS交换器从而扩充更多设备。**SAS体系中将交换器称为扩展器（Expander，简称SXP）。其本质与交换器无异，叫法不同而已。**

与PCIE一样，**SAS也支持利用多个PHY（对应着PCIE体系中的通道，本质上是同一种事物）绑定成一个端口，SAS给这种多PHY联合组成的端口起名为宽端口（Wide Port），而只由1个PHY组成的端口为窄端口（Narrow Port）。目前市场上的SAS设备端一般只支持x1 PHY的窄端口**。用多少个PHY组成一个宽端口并没有技术限制，只是受限于实际产品器件设计考量，**目前的SAS HBA产品最低至少支持1个x4端口，最多支持多个x8 端口，而SAS SXP芯片则比较灵活，可以支持任意PHY数量的端口。**

图7-145中的SAS HBA卡上有2个x4的内置宽端口和2个x4的外置宽端口。图7-149所示为采用1分4的线缆将x4宽端口中的4个PHY分开，分别连接到4个窄端

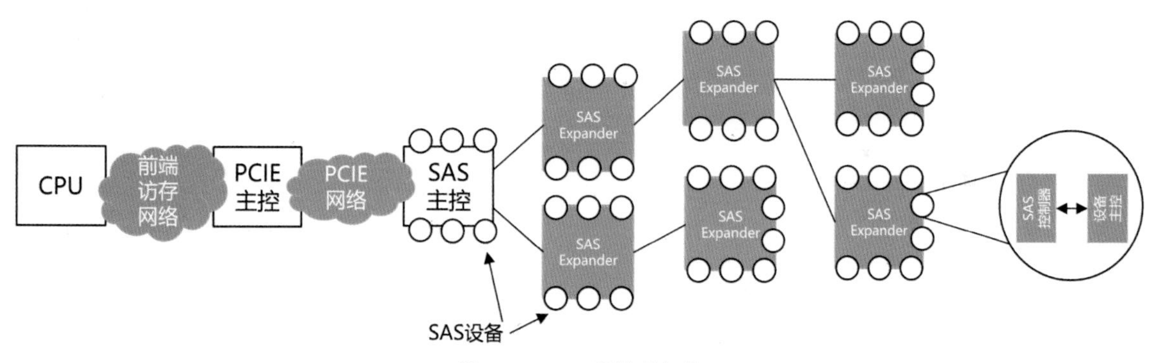

图7-148　SAS网络的拓扑

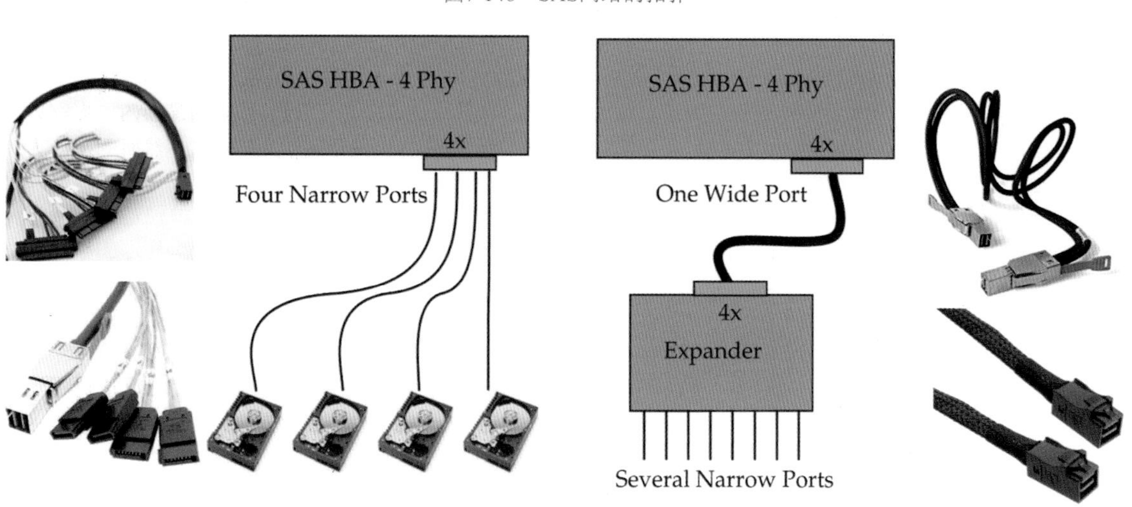

图7-149　SAS宽端口和窄端口连接形态

口SAS硬盘；以及用x4对x4的线缆将HBA上的一个x4宽端口与SXP上的x4宽端口连接起来。

每个SAS端口均有一个64位长的SAS地址，该地址并非由程序动态分配的，而是硬件在出厂之前就已经固化在芯片内部的ROM存储器中的，这一点SAS与以太网的MAC地址的做法是相同的。每个PHY原生都被固定一个SAS地址，如果多个PHY组成宽端口，则该端口只有一个SAS地址（根据厂商自定义的策略，可以选用其中某个PHY的地址作为本端口地址）。64位中的低4位为地址类别码（比如SAS和FC网络的地址中该4位相同），世界上所有SAS 端口的地址的该4位都相同；其中24位为IEEE标准组织分配的厂商ID，同一个厂商出产的所有SAS设备端口的地址该24位都相同；高36位为厂商自定义字段，同一个厂商的所有SAS设备的端口地址该字段都不同。SAS网络中的每个SXP根据数据包中的SAS地址来将数据包路由到目标端口。

一个SAS设备内部可以存在多个子设备，子设备的概念在PCIE和USB体系中都存在，分别被称为Function和Interface，而SAS体系将子设备称为逻辑单元（**Logical Unit，LU**）。每个LU对应的编号被称为**LU Number（LUN）**，这就意味着，数据包中需要携带LUN以便目标设备区分该数据包应该发给哪个LU处理。**如果某个设备内部没有其他子设备，那么该设备自身就为LUN0**。

值得一提的是，SAS SXP采用的是基于连接的交换而非包交换机制。那就意味着，通信发起方需要先向SXP发送一个建立连接的请求，SXP内部的Crossbar控制电路会将对应MUX/DEMUX的控制信号切换到对应状态，从而打通一条通路，供双方在一段时间内独占该通路进行通信。之所以不采用包交换的原因是为了降低成本，因为包交换模式需要在每个端口上维护大量的包缓冲区，以及对缓冲区的QoS管理模块，比如实现虚拟通道等。这就是为什么规格接近的以太网交换芯片的价格要比SXP贵的原因。然而，基于连接的交换机制也有它的优势所在，那就是数据包传送的时延会降低。在建立连接之后，发送的数据包中就可以不携带SAS地址了（实际上数据包中会携带有经过Hash散列计算处理的SAS地址，把64位散列成24位，其存在的目的是：有些接收方设备不放心，会对每个数据包的目标地址做检查，看看其到底是不是发送给自己的），因为经过本连接传送的数据包一定会到达目标地址设备，这样节省了链路带宽。同时，交换电路也不需要每个包都去比较地址、入队、出队了，这样节省了大量电路处理开销。当然，其劣势就是连接被独占，就算该连接上一段时间内没有数据包发送，其他通信端口也无法用这条连接传送数据，从而浪费了资源。因此，设备当临时没有数据要返回时，需要主动断开连接，当积攒了一定量数据之后，再重新发起连接传送数据。整个过程就是在建立连接的时候，创建连接请求的数据包会被路由一次，连接建立之后，后续数据包不需要路由查表。具体的连接建立过程和数据传输过程我们下文中介绍。

7.4.3.2 SAS网络中的Order Set一览

还记得PCIE网络中的有续集（Order Set）的概念么？**SAS也定义了一系列的**有续集，下文中会经常出现。所以在这里预先给出每一种有续集对应的编码，如图7-150所示，至于其中每一种有续集的含义和作用，我们会在下文中陆续碰到，届时一并介绍。SAS体系中并不称之为有续集，而改称其为**原语**（Primitive），不过本质上都相同。

SAS的有续集由4个字节组成，比如ALIGN（0）这个有续集（用于速率协商和匹配），由K28.5、D10.2、D10.2、D27.3这4个字节组成。由于SAS采用8/10bit编码技术，而在N/Mb编码体系场景下，人们习惯用Kx.y/Dx.y的形式来表示每个字节，其中x表示该字节8位中的低5位所表示的10进制值，y则为高3位所表示的10进制值。比如，对于8位数据101 10101，x=10101（10进制21），y=101（10进制5），那么10110101便对应了D21.5。至于K开头的字符，是人们从8位编码组合中精心挑选出来的、其0和1的组合有利于电路迅速识别的那些编码组合，共有12种。每个有续集的4个字节中的第一个字节总是以K字符开头，后面跟着3个D字符，这一点从图7-150中可以看出来。

提示

ALIGN（0）有续集中有两个连续的D10.2字符，D10.2对应的10位编码为0101010101，很显然，这个位序列非常有利于接收方用于时钟同步，这也是其ALIGN名称的由来。ALIGN有续集还有其他作用，比如用作与PCIE体系中类似的SKIP有续集，SAS在物理层也需要时钟补偿，其基本原理见PCIE相关章节。

图7-151和图7-152所示为D和K字符的码表，其展示了每个D字符在编码前的8位的值以及编码后的10的位值。其中10位的值又分为两种，一种是10位中0比1多的编码方式，用RD-表示，另一种则是1比0多的方式，用RD+表示。电路会根据上一个传送的字节中的1和0的个数，动态采用RD-或者RD+方式来编码下一个字节，以平衡线路上1和0的个数。N/Mbit编码的目的我们在本章前文中已经充分介绍过了。8/10bit编码表以及D/K字符的定义不仅适用于SAS，也适用其他任何链路，所以贴在这里备查。

7.4.3.3 SAS的链路初始化和速率协商

由于SAS兼容SATA接口，而SATA链路的设备发

Primitive	Character			
	1st	2nd	3rd	4th (last)
AIP (NORMAL)	K28.5	D27.4	D27.4	D27.4
AIP (RESERVED 0)	K28.5	D27.4	D31.4	D16.7
AIP (RESERVED 1)	K28.5	D27.4	D16.7	D30.0
AIP (RESERVED 2)	K28.5	D27.4	D29.7	D01.4
AIP (RESERVED WAITING ON PARTIAL)	K28.5	D27.4	D01.4	D07.3
AIP (WAITING ON CONNECTION)	K28.5	D27.4	D07.3	D24.0
AIP (WAITING ON DEVICE)	K28.5	D27.4	D30.0	D29.7
AIP (WAITING ON PARTIAL)	K28.5	D27.4	D24.0	D04.7
ALIGN (0)	K28.5	D10.2	D10.2	D27.3
ALIGN (1)	K28.5	D07.0	D07.0	D07.0
ALIGN (2)	K28.5	D01.3	D01.3	D01.3
ALIGN (3)	K28.5	D27.3	D27.3	D27.3
BREAK	K28.5	D02.0	D24.0	D07.3
BROADCAST (CHANGE)	K28.5	D04.7	D02.0	D01.4
BROADCAST (SES)	K28.5	D04.7	D07.3	D29.7
BROADCAST (EXPANDER)	K28.5	D04.7	D01.4	D24.0
BROADCAST (RESERVED 2)	K28.5	D04.7	D04.7	D04.7
BROADCAST (RESERVED 3)	K28.5	D04.7	D16.7	D02.0
BROADCAST (RESERVED 4)	K28.5	D04.7	D29.7	D30.0
BROADCAST (RESERVED CHANGE 0)	K28.5	D04.7	D24.0	D31.4
BROADCAST (RESERVED CHANGE 1)	K28.5	D04.7	D27.4	D07.3
CLOSE (CLEAR AFFILIATION)	K28.5	D02.0	D07.3	D04.7
CLOSE (NORMAL)	K28.5	D02.0	D30.0	D27.4
CLOSE (RESERVED 0)	K28.5	D02.0	D31.4	D30.0
CLOSE (RESERVED 1)	K28.5	D02.0	D04.7	D01.4
EOAF	K28.5	D24.0	D07.3	D31.4
ERROR	K28.5	D02.0	D01.4	D29.7
HARD_RESET	K28.5	D02.0	D02.0	D02.0
NOTIFY (ENABLE SPINUP)	K28.5	D31.3	D31.3	D31.3

Primitive	Character			
	1st	2nd	3rd	4th (last)
NOTIFY (RESERVED 0)	K28.5	D31.3	D07.0	D01.3
NOTIFY (RESERVED 1)	K28.5	D31.3	D01.3	D07.0
NOTIFY (RESERVED 2)	K28.5	D31.3	D10.2	D10.2
OPEN_ACCEPT	K28.5	D16.7	D16.7	D16.7
OPEN_REJECT (BAD DESTINATION)	K28.5	D31.4	D31.4	D31.4
OPEN_REJECT (CONNECTION RATE NOT SUPPORTED)	K28.5	D31.4	D04.7	D29.7
OPEN_REJECT (NO DESTINATION)	K28.5	D29.7	D29.7	D29.7
OPEN_REJECT (PATHWAY BLOCKED)	K28.5	D29.7	D16.7	D04.7
OPEN_REJECT (PROTOCOL NOT SUPPORTED)	K28.5	D31.4	D29.7	D07.3
OPEN_REJECT (RESERVED ABANDON 0)	K28.5	D31.4	D02.0	D27.4
OPEN_REJECT (RESERVED ABANDON 1)	K28.5	D31.4	D30.0	D16.7
OPEN_REJECT (RESERVED ABANDON 2)	K28.5	D31.4	D07.3	D02.0
OPEN_REJECT (RESERVED ABANDON 3)	K28.5	D31.4	D01.4	D30.0
OPEN_REJECT (RESERVED CONTINUE 0)	K28.5	D29.7	D02.0	D30.0
OPEN_REJECT (RESERVED CONTINUE 1)	K28.5	D29.7	D24.0	D01.4
OPEN_REJECT (RESERVED INITIALIZE 0)	K28.5	D29.7	D30.0	D31.4
OPEN_REJECT (RESERVED INITIALIZE 1)	K28.5	D29.7	D07.3	D16.7
OPEN_REJECT (RESERVED STOP 0)	K28.5	D29.7	D31.4	D07.3
OPEN_REJECT (RESERVED STOP 1)	K28.5	D29.7	D04.7	D27.4
OPEN_REJECT (RETRY)	K28.5	D29.7	D27.4	D24.0
OPEN_REJECT (STP RESOURCES BUSY)	K28.5	D31.4	D27.4	D01.4
OPEN_REJECT (WRONG DESTINATION)	K28.5	D31.4	D16.7	D24.0
SOAF	K28.5	D24.0	D30.0	D01.4
ACK	K28.5	D01.4	D01.4	D01.4
CREDIT_BLOCKED	K28.5	D01.4	D07.3	D30.0
DONE (ACK/NAK TIMEOUT)	K28.5	D30.0	D01.4	D04.7
DONE (CREDIT TIMEOUT)	K28.5	D30.0	D07.3	D27.4
DONE (NORMAL)	K28.5	D30.0	D30.0	D30.0
DONE (RESERVED 0)	K28.5	D30.0	D16.7	D01.4
DONE (RESERVED 1)	K28.5	D30.0	D29.7	D31.4
DONE (RESERVED TIMEOUT 0)	K28.5	D30.0	D27.4	D29.7
DONE (RESERVED TIMEOUT 1)	K28.5	D30.0	D31.4	D24.0
EOF	K28.5	D24.0	D16.7	D27.4
NAK (CRC ERROR)	K28.5	D01.4	D27.4	D04.7
NAK (RESERVED 0)	K28.5	D01.4	D31.4	D29.7
NAK (RESERVED 1)	K28.5	D01.4	D04.7	D24.0
NAK (RESERVED 2)	K28.5	D01.4	D16.7	D07.3
RRDY (NORMAL)	K28.5	D01.4	D24.0	D16.7
RRDY (RESERVED 0)	K28.5	D01.4	D02.0	D31.4
RRDY (RESERVED 1)	K28.5	D01.4	D30.0	D02.0
SOF	K28.5	D24.0	D04.7	D07.3

图7-150 SAS体系定义的有续集编码一览表

现过程与PCIE和USB都不同。在加电之后，SATA链路的双方会相互发送ALIGN（0）有续集信号，来相互探测链路对方的设备是否存在并且已经开始工作。SATA有多代，G1代SATA速率只有1.5Gbit/s，G2代为3Gbit/s，G3代则为6Gbit/s。截至当前，SATA最高速率截止在了6Gbit/s，而且暂时没有演化到G4的迹象（SAS已经演化到了G4代），因为SATA机械硬盘的性能增长已经达到了瓶颈。加之SATA固态硬盘有被PCIE接口的NVMe协议（相对于SCSI协议）的固态盘所替代的趋势，所以SATA G4标准暂时处于观望态势。

而SATA体系是后向兼容的，意味着G3兼容G1和G2，所以当SATA链路加电之后，双方并不知道对方运行在何种速率上，不能直接发送业务层数据，而要先探知对方是否存在，也就是按照一定的时间间隔发送一批ALIGH（0）有续集（4字节）。接收方此时由于并不知道对方的链路速率，但是这并不妨碍其电路探测到线路上有一堆脉冲电压出现，这相当于高度近视者即便没有戴眼镜（双方速率和相位尚未同步），但是并不妨碍其能够分辨眼前是否有物品在晃动（线路上有间歇性信号脉冲）。双方并不知道这批脉冲是ALIGN（0）有续集，也不需要知道，因为总要发送点信号过去，所以规范制定者就直接拿ALIGN（0）有续集来充当信号源了。

SATA链路加电后，SATA主控，也就是Initiator端会发送COMRESET序列。该序列由6组间隔时间（Idle Time）为320 ns的脉冲信号组成，每组脉冲持续时间（Burst Time）160.67 ns，也就是每隔320 ns就发送160.67 ns的信号，信号就是ALIGN（0）有续集信号（共40位），所以在160 ns的时间内会发送多个ALIGN（0）有续集。SATA的Target端，也就是SATA设备端，加电之后处于静默监听状态，不会发出任何信号。当它接收到Init端发送的这种形式的脉冲后，便回复以同样的序列给Init端，只不过Tgt发送给Init的序列被称为COMINIT，其与COMRESET完全相同，只不过由于方向不同而被附以不同的名称罢了。然后，Init端便知道了Tgt端的存在，然后回复以COMWAKE序列。COMWAKE序列则是每隔106.67 ns发送106.67 ns的ALIGN（0）信号。Tgt端接收到COMWAKE脉冲序列之后，回应以6个COMWAKE序列。如果Tgt端是机械硬盘，在这期间后台会开始控制盘片电机开始旋转（SATA机械盘加电后并不会自动开始旋转盘片，而是受到COMWAKE序列控制的），同时SATA接口物理层电路会进入链路速率协商过程，相当于双方不断更换眼镜的镜片（从G1代的最低速率开始发送ALIGN（0）有续集，双方进行时

字符	8b	10b (RD-)	10b (RD+)	字符	8b	10b (RD-)	10b (RD+)	字符	8b	10b (RD-)	10b (RD+)	字符	8b	10b (RD-)	10b (RD+)
D00.0	0	0B9	346	D00.1	20	279	246	D00.2	40	2B9	286	D00.3	60	339	0C6
D01.0	1	0AE	351	D01.1	21	26E	251	D01.2	41	2AE	291	D01.3	61	32E	0D1
D02.0	2	0AD	352	D02.1	22	26D	252	D02.2	42	2AD	292	D02.3	62	32D	0D2
D03.0	3	363	0A3	D03.1	23	263	263	D03.2	43	2A3	2A3	D03.3	63	0E3	323
D04.0	4	0AB	354	D04.1	24	26B	254	D04.2	44	2AB	294	D04.3	64	32B	0D4
D05.0	5	365	0A5	D05.1	25	265	265	D05.2	45	2A5	2A5	D05.3	65	0E5	325
D06.0	6	366	0A6	D06.1	26	266	266	D06.2	46	2A6	2A6	D06.3	66	0E6	326
D07.0	7	347	0B8	D07.1	27	247	278	D07.2	47	287	2B8	D07.3	67	0C7	338
D08.0	8	0A7	358	D08.1	28	267	258	D08.2	48	2A7	298	D08.3	68	327	0D8
D09.0	9	369	0A9	D09.1	29	269	269	D09.2	49	2A9	2A9	D09.3	69	0E9	329
D10.0	A	36A	0AA	D10.1	2A	26A	26A	D10.2	4A	2AA	2AA	D10.3	6A	0EA	32A
D11.0	B	34B	08B	D11.1	2B	24B	24B	D11.2	4B	28B	28B	D11.3	6B	0CB	30B
D12.0	C	36C	0AC	D12.1	2C	26C	26C	D12.2	4C	2AC	2AC	D12.3	6C	0EC	32C
D13.0	D	34D	08D	D13.1	2D	24D	24D	D13.2	4D	28D	28D	D13.3	6D	0CD	30D
D14.0	E	34E	08E	D14.1	2E	24E	24E	D14.2	4E	28E	28E	D14.3	6E	0CE	30E
D15.0	F	0BA	345	D15.1	2F	27A	245	D15.2	4F	2BA	285	D15.3	6F	33A	0C5
D16.0	10	0B6	349	D16.1	30	276	249	D16.2	50	2B6	289	D16.3	70	336	0C9
D17.0	11	371	0B1	D17.1	31	271	271	D17.2	51	2B1	2B1	D17.3	71	0F1	331
D18.0	12	372	0B2	D18.1	32	272	272	D18.2	52	2B2	2B2	D18.3	72	0F2	332
D19.0	13	353	093	D19.1	33	253	253	D19.2	53	293	293	D19.3	73	0D3	313
D20.0	14	374	0B4	D20.1	34	274	274	D20.2	54	2B4	2B4	D20.3	74	0F4	334
D21.0	15	355	095	D21.1	35	255	255	D21.2	55	295	295	D21.3	75	0D5	315
D22.0	16	356	096	D22.1	36	256	256	D22.2	56	296	296	D22.3	76	0D6	316
D23.0	17	097	368	D23.1	37	257	268	D23.2	57	297	2A8	D23.3	77	317	0E8
D24.0	18	0B3	34C	D24.1	38	273	24C	D24.2	58	2B3	28C	D24.3	78	333	0CC
D25.0	19	359	099	D25.1	39	259	259	D25.2	59	299	299	D25.3	79	0D9	319
D26.0	1A	35A	09A	D26.1	3A	25A	25A	D26.2	5A	29A	29A	D26.3	7A	0DA	31A
D27.0	1B	09B	364	D27.1	3B	25B	264	D27.2	5B	29B	2A4	D27.3	7B	31B	0E4
D28.0	1C	35C	09C	D28.1	3C	25C	25C	D28.2	5C	29C	29C	D28.3	7C	0DC	31C
D29.0	1D	09D	362	D29.1	3D	25D	262	D29.2	5D	29D	2A2	D29.3	7D	31D	0E2
D30.0	1E	09E	361	D30.1	3E	25E	261	D30.2	5E	29E	2A1	D30.3	7E	31E	0E1
D31.0	1F	0B5	34A	D31.1	3F	275	24A	D31.2	5F	2B5	28A	D31.3	7F	335	0CA
D00.4	80	139	2C6	D00.5	A0	179	146	D00.6	C0	1B9	186	D00.7	E0	239	1C6
D01.4	81	12E	2D1	D01.5	A1	16E	151	D01.6	C1	1AE	191	D01.7	E1	22E	1D1
D02.4	82	12D	2D2	D02.5	A2	16D	152	D02.6	C2	1AD	192	D02.7	E2	22D	1D2
D03.4	83	2E3	123	D03.5	A3	163	163	D03.6	C3	1A3	1A3	D03.7	E3	1E3	223
D04.4	84	12B	2D4	D04.5	A4	16B	154	D04.6	C4	1AB	194	D04.7	E4	22B	1D4
D05.4	85	2E5	125	D05.5	A5	165	165	D05.6	C5	1A5	1A5	D05.7	E5	1E5	225
D06.4	86	2E6	126	D06.5	A6	166	166	D06.6	C6	1A6	1A6	D06.7	E6	1E6	226
D07.4	87	2C7	138	D07.5	A7	147	178	D07.6	C7	187	1B8	D07.7	E7	1C7	238
D08.4	88	127	2D8	D08.5	A8	167	158	D08.6	C8	1A7	198	D08.7	E8	227	1D8
D09.4	89	2E9	129	D09.5	A9	169	169	D09.6	C9	1A9	1A9	D09.7	E9	1E9	229
D10.4	8A	2EA	12A	D10.5	AA	16A	16A	D10.6	CA	1AA	1AA	D10.7	EA	1EA	22A
D11.4	8B	2CB	10B	D11.5	AB	14B	14B	D11.6	CB	18B	18B	D11.7	EB	1CB	04B
D12.4	8C	2EC	12C	D12.5	AC	16C	16C	D12.6	CC	1AC	1AC	D12.7	EC	1EC	22C
D13.4	8D	2CD	10D	D13.5	AD	14D	14D	D13.6	CD	18D	18D	D13.7	ED	1CD	04D
D14.4	8E	2CE	10E	D14.5	AE	14E	14E	D14.6	CE	18E	18E	D14.7	EE	1CE	04E
D15.4	8F	13A	2C5	D15.5	AF	17A	145	D15.6	CF	1BA	185	D15.7	EF	23A	1C5
D16.4	90	136	2C9	D16.5	B0	176	149	D16.6	D0	1B6	189	D16.7	F0	236	1C9
D17.4	91	2F1	131	D17.5	B1	171	171	D17.6	D1	1B1	1B1	D17.7	F1	3B1	231
D18.4	92	2F2	132	D18.5	B2	172	172	D18.6	D2	1B2	1B2	D18.7	F2	3B2	232
D19.4	93	2D3	113	D19.5	B3	153	153	D19.6	D3	193	193	D19.7	F3	1D3	213
D20.4	94	2F4	134	D20.5	B4	174	174	D20.6	D4	1B4	1B4	D20.7	F4	3B4	234
D21.4	95	2D5	115	D21.5	B5	155	155	D21.6	D5	195	195	D21.7	F5	1D5	215
D22.4	96	2D6	116	D22.5	B6	156	156	D22.6	D6	196	196	D22.7	F6	1D6	216
D23.4	97	117	2E8	D23.5	B7	157	168	D23.6	D7	197	1A8	D23.7	F7	217	1E8
D24.4	98	133	2CC	D24.5	B8	173	14C	D24.6	D8	1B3	18C	D24.7	F8	233	1CC
D25.4	99	2D9	119	D25.5	B9	159	159	D25.6	D9	199	199	D25.7	F9	1D9	219
D26.4	9A	2DA	11A	D26.5	BA	15A	15A	D26.6	DA	19A	19A	D26.7	FA	1DA	21A
D27.4	9B	11B	2E4	D27.5	BB	15B	164	D27.6	DB	19B	1A4	D27.7	FB	21B	1E4
D28.4	9C	2DC	11C	D28.5	BC	15C	15C	D28.6	DC	19C	19C	D28.7	FC	1DC	21C
D29.4	9D	11D	2E2	D29.5	BD	15D	162	D29.6	DD	19D	1A2	D29.7	FD	21D	1E2
D30.4	9E	11E	2E1	D30.5	BE	15E	161	D30.6	DE	19E	1A1	D30.7	FE	21E	1E1
D31.4	9F	135	2CA	D31.5	BF	175	14A	D31.6	DF	1B5	18A	D31.7	FF	235	1CA

图7-151　D字符编码表（1）

钟同步，确认后发送ALIGN（1）有续集通知对方，然后继续测试下一档速率，一直测试到任何一方所支持的最大速率为止），直到对焦准确为止。具体协商过程在我们下文结合SAS场景一并介绍，这里就不再单独介绍了。

特殊字符名称	RD-取值 16进制	RD+取值 16进制
K28.0（1C）	0BC	343
K28.1（3C）	27C	183
K28.2（5C）	2BC	143
K28.3（7C）	33C	0C3
K28.4（9C）	13C	2C3
K28.5（BC）	17C	283
K28.6（DC）	1BC	243
K28.7（FC）	07C	383
K23.7（F7）	057	3A8
K27.7（FB）	05B	3A4
K29.7（FD）	05D	3A2
K30.7（FE）	05E	3A1

图7-152 D字符编码表（2）

提示

任何时候Init端控制器发送COMRESET序列，接收方的PHY必须对自己内部的状态进行清除操作，也就是真的会发生Reset操作。之后双方需要重新探测对方的存在以及执行速率协商过程。PHY Reset可以是Init端电路自行发出，比如检测到链路信号质量变得很差，错误率异常增加等，也可以是由Init端主控制器固件在检测到一些特定输入因素后触发，比如用户主动要求Reset某个PHY等。单纯的PHY Reset并不会丢失上层未发送完毕的业务数据，PHY Ready后上层会继续发送。

图7-153所示为COMINIT/COMRESET、COMWAKE和COMSAS序列的脉冲间隔时间一览。其中COMSAS是专门为SAS链路准备的序列。Negation Time指的是这串脉冲发送完后的静默时间，如果对方没有任何回应，则Init端需要不断以Negation Time为间隔发送COMRESET序列。图7-154所示为三种序列的脉冲方式可视化示意图。

我们再来看一下SAS主控连接SAS设备时的设备发现过程。与SATA不同的是，不管是Init端还是Tgt端，双方的SAS PHY都会主动发出COMINIT序列。收到对方的序列之后，本方会发出COMSAS序列，收到之后，双方便各自开始进入速率协商过程（下文介绍）。SAS Tgt端只会发出一次COMINIT序列，如果对方加电迟缓导致未发出序列信号，那么Tgt端会静默。所以SAS Init端和SXP上的PHY加电后如果没有收到对端的序列信号，会持续以一定时间间隔发送COMINIT序列以等待对端设备的回应。

再来看一下使用SAS Init主控连接SATA Tgt端时的设备发现过程。如图7-156所示，SATA Tgt端的PHY初始时静默，SAS Init端的PHY先发出COMINIT序列（或者说COMRESET序列），SATA Tgt端收到后回应以COMINIT序列，但是此时SAS Init端的PHY并不知道对端是SAS还是SATA设备，因为SAS设备初始时也会发送COMINIT序列，无法区分。所以SAS Init端先假设对端是一个SAS设备，所以它开始发送COMSAS序列。SATA Tgt端的PHY无法识别COMSAS序列，所以静默不回应（有些SATA Tgt端PHY针对COMSAS会回应COMINIT序列，如图右侧所示）。SAS Init端的PHY等待超时后，便知道了：对方很有可能是SATA设备，亦或者，对方是个SAS设备但是由于某种异常原因，没有继续响应。所以SAS Init被设计为发送一个COMWAKE序列来试探对方。如果对方真的是一个SATA设备，那么其会返回6个COMWAKE，这下SAS Init端就知道了真相。如果对方是一个SAS设备，那么不会响应COMWAKE，继续静默，此时SAS Init端会

Signal	Burst time (ns)	Idle time (ns)	Negation time (ns)
COMWAKE	106.65 min 106.67 nom 106.68 max	106.65 min 106.67 nom 106.68 max	186.65 min 186.67 nom 186.68 max
COMINIT/RESET	106.65 min 106.67 nom 106.68 max	319.97 min 320.00 nom 320.03 max	533.28 min 533.33nom 533.37 max
COMSAS	106.65 min 106.67 nom 106.68 max	959.90 min 960.00 nom 960.10 max	1599.84 min 1600.00 nom 1600.16 max

nom：nominal的缩写，意思是“标称”

图7-153 三种序列的脉冲间隔时间一览

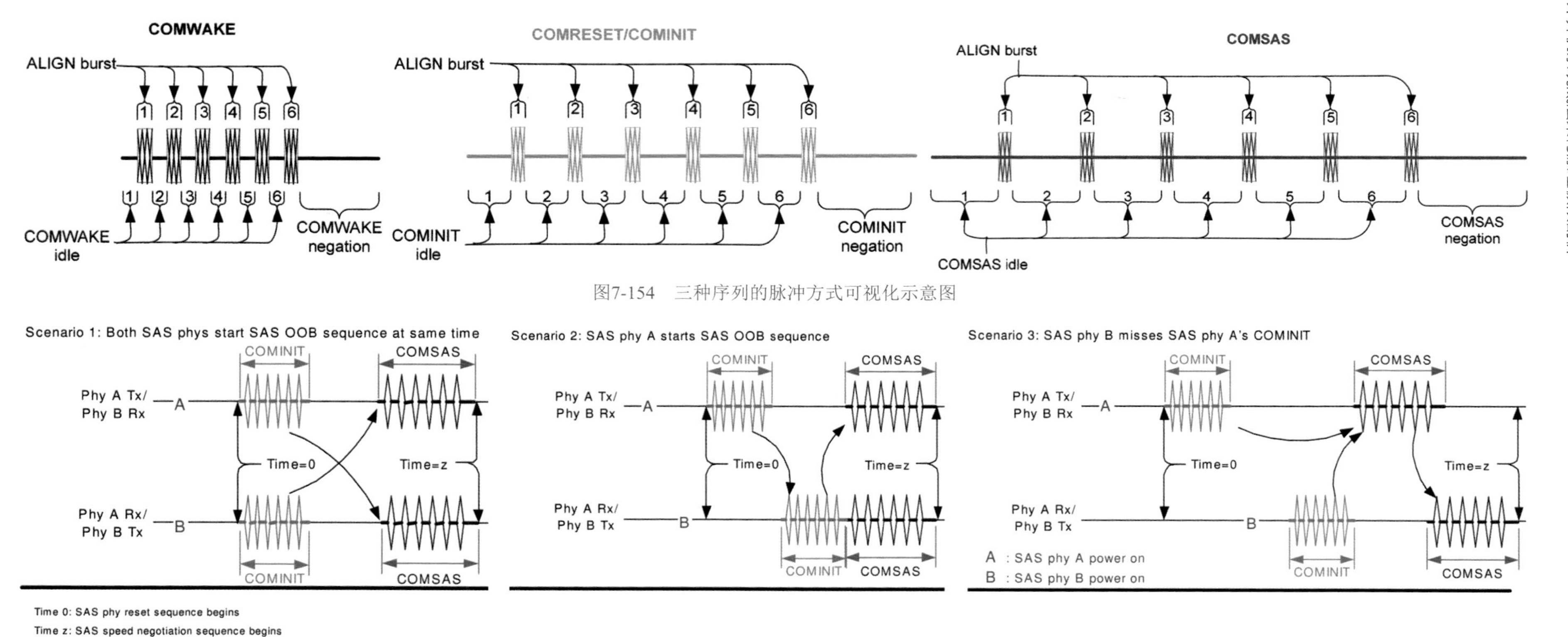

图7-154　三种序列的脉冲方式可视化示意图

图7-155　SAS链路的设备探测过程

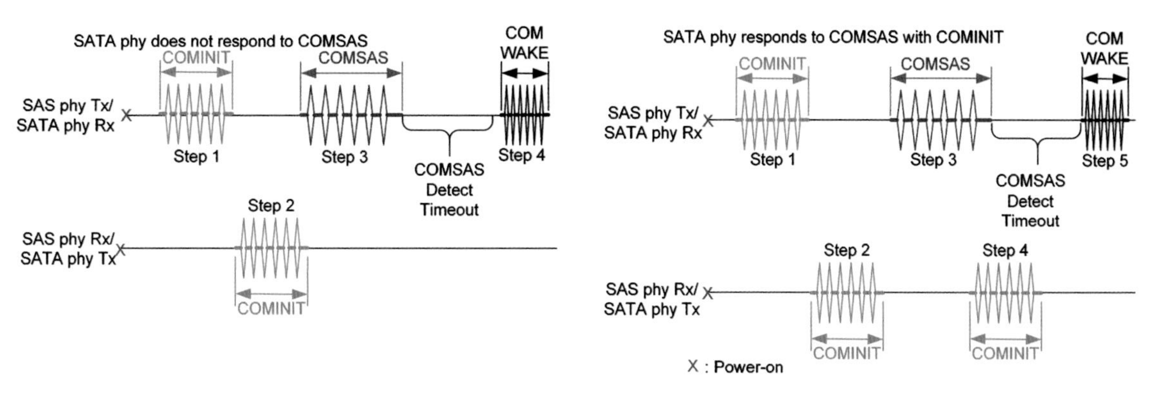

图7-156　SAS主控连接SATA设备时的设备探查过程

继续按照一定时间间隔不断地重新发送COMINIT序列直到对端设备响应为止。

完成了设备探测，主控端知道了对方的设备类型是SAS还是SATA，之后双方立即进入速率协商过程。我们先来看一下纯SATA场景（SATA主控+SATA设备），如图7-157所示。SATA的速率协商以Tgt端为主导，Tgt端向Init端发送完COMWAKE序列之后，便开始以其所能支持的最高速率连续发送54.6μs的ALIGN（0）有续集（如果是G1代速率1.5Gbit/s的话，这54.6μs会发送2048个ALIGN（0））。同时，SATA主控收到SATA Tgt端发来的COMWAKE序列之后，也开始以主控所支持的最低速率连续不断发送D10.2字符（前文中已经提到过该字符的特殊性）。**Init端一侧的接收端PHY必须被设计为在54.6 μs周期内把其所支持的所有速率都轮流切换一遍，然后从线路上采样信号、同步时钟并解析出ALIGN（0）有续集，因为Init端并不知道Tgt端支持的最高速率会是多少。**

所以，Tgt按照它自己最高速率发送给Init端的ALIGN（0），总能被Init端在某个时间内扫描到，对上焦，然后看清楚其中的有续集，一旦Init看清之后，立即以该速率向Tgt发送连续的ALIGN（0）。Tgt收到Init端发来的ALIGN（0），证明两端的速率终于对上了。于是Tgt端开始发送SATA_SYNC字符集（图中绿色部分，相当于Idle码），Init端收到后也开始发送SATA_SYNC，至此速率协商成功。成功信号会被电路通告给上层电路模块，上层就可以下发一些业务层的帧下来了。

我们再来看一下纯SAS场景，如图7-158所示。进入速率协商阶段之后，SAS Init和Tgt端同时以各自所支持的最低速率开始发送ALIGN（0），并且以相同的速率尝试接收信号（这一点与SATA Host Init端不同，后者会不断地以各档位速率切换扫描）。如果双方各自都在SNLT（Speed Negotiation Lock Time）时间内收到对方发来的ALIGN（0），那么它们各自转为开始发送ALIGN（1）有续集，一直到SNTT（Speed Negotiation Transmit Time）时间到达为止。如果双方各自接收到了对方的ALIGN（1），也就是说如果自己既在发送ALIGN（1）也同时接收到ALIGN（1），则表示该速率双方是共同支持的，双方各自记录下这个结论到各自的状态寄存器中。然

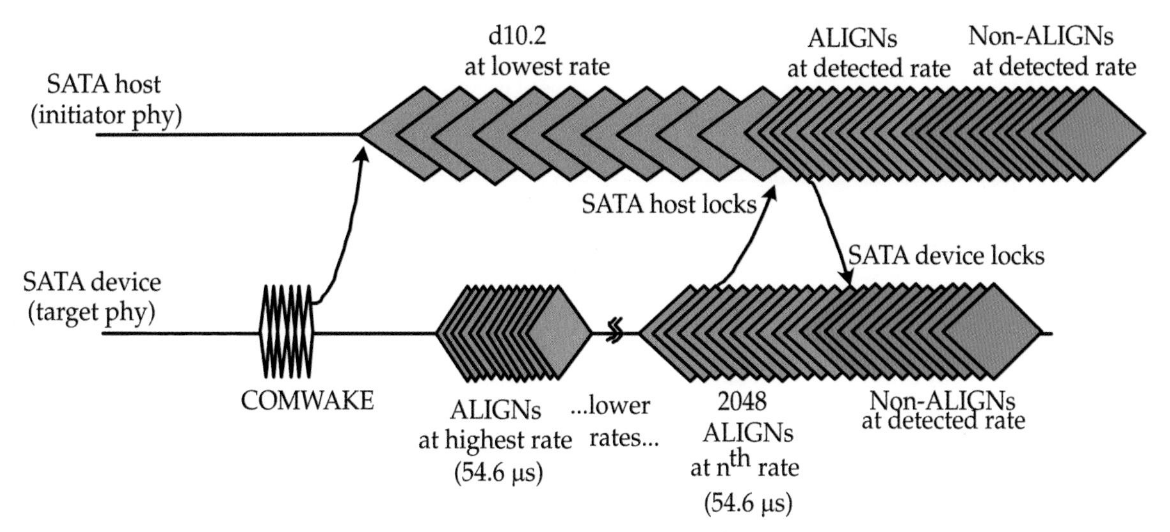

图7-157　纯SATA场景下的速率协商过程

后，经过500 μs的RCD（Rate Change Delay）时间，双方各自将自己的速率提升到下一档自己支持的速率上，重新开始上述过程，一直到其中一方达到了自己最高速率档位为止。

图7-159所示为一个实际的协商过程。PHY A同时支持G1、G2和G3档位的速率，而PHY B只支持G2（3Gb/s）而不支持G1或者G3速率。SAS双方自觉开始以G1、G2、G3档位轮流切换执行速率匹配。值得一提的是，双方是在相同的时刻开始进入速率协商过程的。这一点见图7-155右侧的time z处，较晚发出COMSAS序列的一方会知道自己相比对方晚发出了COMSAS序列，所以，在自己发送完COMSAS序列之后就立即进入速率协商过程，而接收方接收到COMSAS序列之后也立即进入，这样双方就可以保证几乎同时进入速率协商阶段。说几乎同时，是因为本方发出的COMSAS序列到达对方也需要一定的时间，

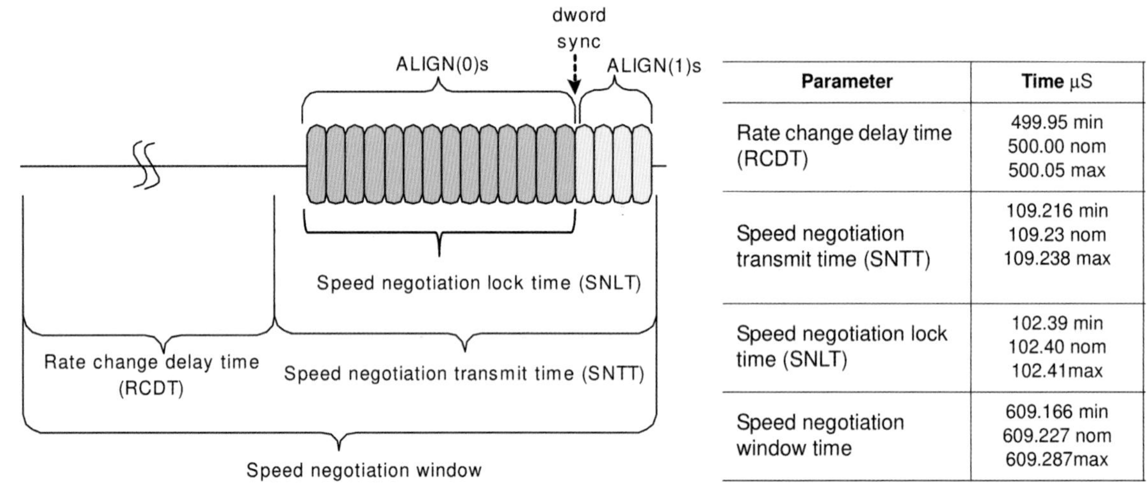

Parameter	Time μS
Rate change delay time (RCDT)	499.95 min 500.00 nom 500.05 max
Speed negotiation transmit time (SNTT)	109.216 min 109.23 nom 109.238 max
Speed negotiation lock time (SNLT)	102.39 min 102.40 nom 102.41max
Speed negotiation window time	609.166 min 609.227 nom 609.287max

图7-158　SAS链路速率协商示意图

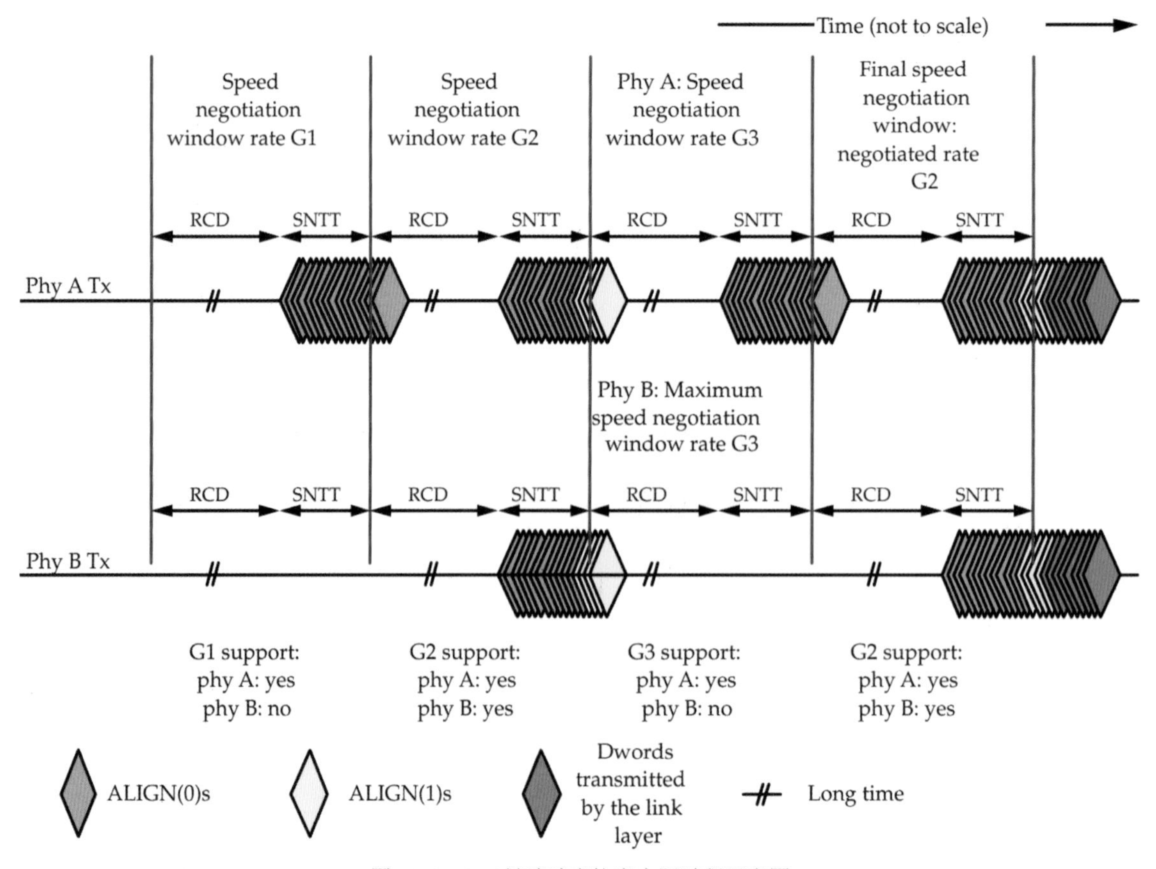

图7-159　SAS链路速率协商实际过程示意图

但是这个时间相比速率协商过程的时间窗口而言可以忽略。双方齐头并进走入协商过程，这个前提很重要，因为双方会各自掐表计算G1、G2、G3协商的时间窗口。

双方先进入G1档位协商阶段。由于PHY A支持G1档，所以其先以G1速率发送ALIGN（0）并以G1速率接收。而PHY B不支持G1档，所以在G1时间窗口内PHY B保持静默。PHY A接收端并没有接收到任何信号，时间窗过了，所以PHY A知道了一个事实就是对方不支持G1档位。

然后，时间到达了G2档位协商时间窗，由于PHY B支持G2速率，所以其开始以G2档位发送ALIGN（0）并同时以G2速率接收，PHY A也以G2档位发送和接收。这次双方终于对上了眼，并在SNLT时间内检测到对方发送的ALIGN（0），并立即向对方发送ALIGN（1）一直持续到SNTT时间的末尾。双方收到对方的ALIGN（1），便知道G2速率双方都支持。然后时间流逝到了G3档位窗口，由于PHY B不支持G3，所以其在G3协商窗口期间保持静默，这样，PHY A收不到PHY B的任何信息，所以PHY A在G3档位协商失败。PHY A知道了一个事实那就是PHY B不支持G3以及更高速率档位，所以PHY A降速到上一个协商成功的最高档位，也就是G2，继续发送ALIGN（0）序列。同时PHY B也发出ALIGN（0），并可以接收而且成功解析出PHY A发出的ALIGN（0），于是双方在SNLT时限前发出ALIGN（1），协商成功，并最终以该速率运行。总结一下，双方从最低档位的速率开始按照固定时间窗协商，每协商成功一个就跳到下一个时间窗继续协商，直到达到其中一方的最大支持档位为止。双方互相记住那些协商成功的档位，并在链路质量下降时可以自动或者由上层控制将速率降下来重新建链。

思考

如果你仔细思考了，会发现上面这个过程中有个很大的坑。当然，冬瓜哥很少挖坑，就算挖个坑也绝对会填上。PHY B既然只支持G2档位，那么它怎么会知道还存在G3或者更高的档位呢？PHY B对应的设备出厂时，可能G3标准还没被制定出来呢。SAS规范制定者早已想到了这一点。所以规范中规定：任何SAS PHY电路在协商时，如果遇到比自己支持的档位低的协商时间窗，PHY必须在这段时间内保持静默；同时，在自己支持的档位协商完毕之后，继续在下一个时间窗内保持静默（如果在接收端采样不到ALIGN（0/1）的话）；虽然自己并不知道对方是否会支持到更高档位，也不知道再高一级的档位速率是多少，但是只要自己多保持静默一个时间窗，那么对方一看无人响应，自然会回退到上一个档位。反观本例即可发现，PHY B只支持G2，那么它会明确知道G2的上一代是G1，那么它会在第一个协商时间窗保持静默而让G1协商失败。G2时间窗协商成功后，它按照规范，多保持一个时间窗的静默，所以最终PHY A回退到了G2档位重新协商。如果PHY A最高支持到G2而不是G3，那么在G2协商成功后，PHY A就不会切换到G3速率，而会继续在G2档位上发送上层业务层数据帧，使得PHY B在其接收端能够采样到有意义的数据帧，则PHY B也就不会认为对端还在继续协商，而是认为当前链路已经最终以G2速率运行了。

当然，在PHY A最终回退到G2速率档位重新协商时，也有可能因为各种原因PHY B没有能够成功采样出PHY A发送的有续集并及时回复ALIGN（1）。此时双方都会感知到链路协商失败，会重新发起COMINIT序列重新开始协商过程，如图7-160所示。

对于那些端口上没有连接任何设备的PHY，如果该PHY隶属于SAS Init端，比如SAS HBA，或者隶属于SXP，那么其底层会每隔一段时间就发出COMINIT序列。这样，一旦有SAS设备被动态插入这个PHY，那么新插入设备就会检测到该COMINIT序列从而进入设备探查和速率协商过程。

SAS规范将SAS链路在初始化时使用的COMINIT、COMAWAKE、COMSAS等序列，以及速率协商时采用的序列，统称为带外（Out-of-Band，OOB）信号。这样的称呼其实并不准确，带外信号一般指与数据信号位于不同链路上的带外控制信号。而SAS体系里的带外信号显然也是利用SAS链路发送的，但是COMINIT这些序列的作用仅仅提供类似电报似的脉冲供对方识别，并不是精确识别序列中的1和0，所以从这个意义上说，称之为带外信号也算合理。

思考

SAS 3.0以上的规范中，链路初始化时在执行速率协商过程之后，还需要执行链路训练过程。由于3.0标准下单PHY速率已经达到12Gbit/s，4.0规范下则到了24Gbit/s，如此高的速率，紧靠预加重/去加重已经无法满足信号完整性要求，还必须采用均衡器来对线路上的信号进行重新整形增强。均衡器可以根据线路上历史的信号对后续信号的影响程度，计算出应该对后续信号进行怎样的波形增强，而且参数是可以动态变更的。链路训练的目的，就是双方各自发送一批设定好的1和0的信号组合，然后让双方各自校准本地的均衡器参数以达到最佳的信号质量，该过程又被称为Back Channel Training。训练过程中固件可以根据对方的反馈信息动态改变用于训练的信号流，来让对方调节到更加合适的参数。

双方成功对焦之后，就可以看清并解析对方发送的精确到位的各种数据包了。速率协商结束之后，双方PHY的物理层会向上层返回一个协商成功信号，这样上层就可以下发数据包了。然而，上层并不会立即就下发数据包，那么在这段空白期中，如果链路保持

图7-160　最后一步异常导致协商失败

静默，双方的通信就会出问题，因为两边的时钟会逐渐不同步。我们前文中也多次提到了，为了保证通信双方的时钟同步，即便上层没有任何数据可传递，也要传递Idle序列，SAS物理层也是这么做的。所以，速率协商结束的一段时间内物理层会立即相互传递Idle序列。Idle序列就像空间中的空气一样，只要是没有被物体占据的地方，全要被Idle占据；Idle和上层数据包就像水也鱼的关系。

提示

对于SATA链路，其Idle码（也就是SATA_SYNC有续集）为K28.3 D21.4 D21.5 D21.5。而对于SAS链路，标准中并没有规定Idle码。实际上，链路双方的PHY在空闲时可以发送任意字节，只要这些字节被8/10bit编码之后不与其他有效续字符相同即可。由于底层电路会对这些字符加扰处理以保持足够多的跳变，所以接收方依然可以从这些杂乱的数据中提取出时钟用于同步本地时钟。在实际的产品实现中，厂商一般直接发送全0的字节作为Idle码，即便如此，底层加扰之后依然会保证其产生足够的信号跃变，所以通信的一方仍然可以用它来同步对方的时钟。

上层下发的第一个数据包，或者说数据帧（SAS规范制定者的口味是帧，下文就入乡随俗）为Identify Address Frame，双方各自向对方发送。当双方各自戴上了眼睛，视线变得清晰之后，要做的当然是先看清楚对方的样子了。Identify Address Frame的目的就是向对方做自我简介：设备大类型（最终设备还是交换器），如果是最终设备那么是哪种小类型（比如是Init端还是Tgt端），SAS地址和PHY ID。Identify Address Frame只在链路两端之间有效，其并不会被路由，如图7-161所示。

	Bit 7	6	5	4	3	2	1	0
Byte 0	Restricted	Device Type			Address Frame Type = 0			
1	Restricted							
2	Reserved				SSP Initiator	STP Initiator	SMP Initiator	Restricted
3	Reserved				SSP Target	STP Target	SMP Target	Restricted
4 - 11	Restricted							
12 -19	SAS Address							
20	PHY Identifier							
21 - 27	Reserved							
28 - 31	CRC							

图7-161　Identify Address Frame结构

提示

Identify Address Frame是由SAS Init端比如SAS HBA底层PHY中的硬件逻辑发出的。不过SAS HBA的固件可以预先将一些配置字写入到该硬件相关寄存器中，比如SAS地址、PHY ID、支持的业务类型等，这些都是可配置的（可编程的）。底层硬件会维护许多硬状态机，根据链路上当前的状况来决定下一步的动作。比如当速率协商成功后，底层硬件会用一根导线向上层硬件模块通报成功信号（比如拉高电平），上层硬件逻辑只要看到该信号为高电平，那么就自动进入“待发送Identify Address Frame”状态，并尝试发出该帧后进入“等待对方的Identify帧”状态，当接收到对方的Identify帧后，状态进入“已完成链路初始化”状态，并向上层反馈该信号。在任何高速通信链路底层的PHY逻辑中，这些状态机普遍存在着，其对应的物理形态就是硬件逻辑电路，如果其是可编程的，则还需要配以用于存放各种参数的寄存器。

其中，Device Type字段用于表示设备大类型。Address Frame Type为0表示该帧为Identify Address Frame，为1则表示Open Address Frame（SAS是基于连接的交换，Open帧用来和对方建立连接，详见下文）。PHY ID字段表示的是该PHY在设备内部的序号，一个设备上可以有多个PHY，PHY ID从0开始顺序编号，PHY ID为局部概念，不同设备上的PHY可能具有相同的PHY ID。

SSP/STP/SMP为SAS网络目前可支持的三种业务类型。SSP表示Serial SCSI Protocol，承载SCSI指令和数据，这也是SAS服务的主流上层业务。STP表示SATA Tunneling Protocol，承载SATA命令和数据，按照SATA的交互方式执行，这是SAS为了兼容SATA而设立的。SMP表示SAS/SCSI Management Protocol，其用于SAS网络的管理。这三种业务各自有不同的交互方式以及数据帧格式，设备可以根据应用场景被设计为只支持其中一种或者几种。比如SAS硬盘就不可能是一个STP Tgt，只能是SSP Target。而SAS HBA为了兼容SATA，目前的商业产品实现中同时支持SSP Initiator和STP Initiator，同时为了管理整个SAS网络还必须支持SMP Initiator。SAS HBA也可以在同一个端口上既支持Init模式和Tgt模式。而SAS SXP只是一个交换器，所以其只支持SMP Target，或者最多还支持SMP Initiator（比如有些高级的SXP可以行使一些网络管理功能）。任何SAS设备都可以选择支持SMP Target，只不过实际产品中一般只有SXP支持SMP Target。

这里的所谓“支持”，就是指其能够处理对应格式的数据帧，解析其中的内容并执行，而且返回携带有所需内容的数据帧。比如支持SMP Tgt，证明该设备内部能够解析SMP数据帧并执行其中的SMP命令（比如Report General命令，见下文）。Identify Address Frame中的6个SMP/STP/SSP相关字段就是为了向对方表示自己支持哪几种上层业务协议的。

Identify帧类似于USB体系中的Device Descriptor，描述设备的基本信息，但是前者携带的信息更加基本。双方都会向对方发送Identify帧，接收到Identify帧之后，会将对端的这些信息保存在本地的寄存器中备用。

Identify过程结束之后，整个SAS链路的初始化工作就完成了。整个过程始于COMINIT有续集，终于Identify Address Frame的发送，让链路的双方各自知道对方的底细。

7.4.3.4 SAS网络的初始化与设备枚举

如图7-162所示，我们设定一个典型拓扑来介绍整个网络的枚举过程。一块PCIE接口的SAS HBA后端级联了两级SAS SXP。每个SXP连接一个SAS硬盘。系统加电之后，SXP就开始在每个PHY上进行链路初始化动作。当然，器件是有一定响应时间的，比如某个SAS硬盘可能响应比较慢，但是没关系，SXP会不停尝试发送COMINIT，硬盘什么时候响应都可以。我们假设所有器件同时开始响应。值得一提的是，SAS HBA加电之后可能并不自动进入链路初始化过程，而是要等待其驱动程序发送明确的指令给SAS HBA，让它来使能某个或者全部PHY。具体过程不同，产品实现可能不同，比如有些产品分批次使能PHY，一次使能一个x4宽端口上的全部PHY。

驱动可以通过将私有的命令用Admin Queue（7.1.5节中介绍过）传递给HBA的方式，也可能采用直接写寄存器的方式，不同产品实现不同。所以，图中将HBA与SXP#1之间的PHY的初始化操作标识成了第②步。

我们假定HBA被配置为所有PHY使用同样的SAS地址的模式。SXP则必须给所有PHY使用相同的SAS地址。所以，HBA与SXP、SXP之间的级联PHY会自动组成x2的宽端口（实际部署中一般采用x4或者x8宽端口，此处为了简略）。

提示

SXP内部是有嵌入式CPU核心在运行固件的，固件会将SXP上的所有PHY在Identify过程中识别到的对端设备的信息保存在内部存储器中备用。

当HBA检测到对应的端口已经完成了所有初始化动作之后，其会向Host端发出中断信号，触发Host端的中断服务程序运行从而与HBA进行通信，获取到最新的事件信息PHY RDY（PHY Ready），并将HBA识别到的所连接的设备的信息（比如SXP#1的SAS地址等）读取出来备用。后续的动作，需要交给Host端的SAS Bus Driver了。

我们在上一节介绍USB网络时，曾经介绍过USB Bus Driver（有些场合又被称为USB Core）这个角色。其一个作用就是负责对USB网络的设备枚举。而SAS的做法如出一辙。

提示

有些高级的SAS HBA卡可以完全脱离Host端的SAS Bus Driver，而利用自己固件中的枚举程序对后端SAS网络进行枚举。本例中我们假设使用Host端的SAS Bus Driver进行枚举。Host端的SAS Bus Driver对应的物理实体是比如Linux操作系统中的libsas这个运行库，其中包含了用于SAS网络管理的很多函数。SAS HBA Host Driver调用这些函数来实现对SAS网络的管理，包括枚举。

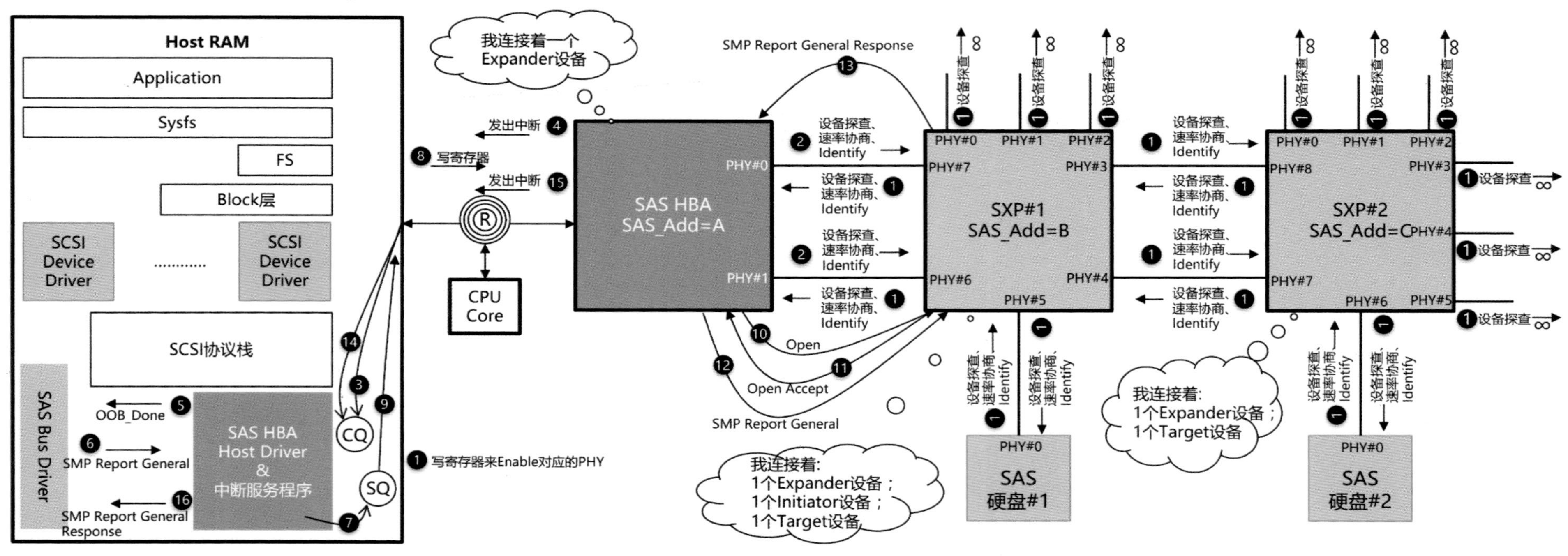

图7-162　链路初始化完毕之后所发生的事情

SAS HBA Host Driver通过对应的函数接口将OOB_Done/PHY RDY这个事件以及所识别到的SXP#1的设备信息告诉SAS Bus Driver（比如对端的SAS地址、链路速率等）。后者经过分析发现，该SAS设备（SXP#1）为一个SXP，而且支持SMP Target。那么，Bus Driver接着要做的就是询问SXP#1："把你的基本信息报上来，把你所识别到的你连接的设备的基本信息也报上来。"

为此，Bus Driver需要发送一条SMP命令：SMP Report General给SXP#1。所以Bus Driver需要生成一个任务书，也就是Descriptor。Descriptor中包含有SXP#1的SAS地址以及命令码。并且该Descriptor发送给HBA Host Driver，后者控制HBA取回该Descriptor并执行。HBA主控执行I/O请求的过程在前文中已经不厌其烦介绍过了。这里，SMP命令本身也相当于一个I/O请求，并不是说只有Read和Write才算I/O的。

图7-163所示为SMP Report General的帧结构，以及其回应帧的结构。值得一提的是，Bus Driver并不需要将整个帧结构在Host RAM中组装出来，帧生成是由HBA内部的硬件完成的。Bus Driver要做的只是告诉HBA要发送哪个命令，以及命令中的一些可变字段的值以及其他一些参数即可。

SMP Report General Request

Byte	Field(s)
0	SMP Frame Type (40h)
1	Function (00h)
2 to 3	Reserved

Report General Response

Byte	Field(s)		
0	SMP Frame Type (41h)		
1	Function (00h)		
2	Function Result		
3	Reserved		
4 to 5	Expander Change Count		
6 to 7	Expander Route Indexes		
8	Reserved		
9	Number of Phys		
10	Reserved	Configuring	Configurable
11	Reserved		
12 to 19	Enclosure Logical Identifier		
20 to 27	Reserved		
28 to 31	CRC		

图7-163 SMP Report General/Response帧结构

SMP Report General帧中的一些字段的含义如下。

Frame Type：该字段表示SMP帧类型，40h表示该帧为SMP Request类帧，41h则表示SMP Response帧。

Function：该字段表示该帧是哪一类SMP请求/回应。SMP命令种类繁多，Report General只是其中一种。更多种类如图7-164所示（下页），其中包含信息读取类命令（Input类）和控制类命令（Output类），多的吓人。冬瓜哥并不打算把所有条目都解释一遍，否则本书就成了协议手册了，再说冬瓜哥也没有这个能力把SAS协议的边边角角都吃透，这个活还是留给各位比较合适。

SMP Report General的回应帧中的关键字段含义如下。

Function Result：SMP Request的执行结果。冬瓜哥也算是服了SAS这个协议了，定义的太细了，图7-165所示为各种可能的结果一览。

Value	Function Result	Description
00h	SMP Function Accepted	Good result
01h	Unknown SMP Function	Target doesn't support the request
02h	SMP Function Failed	Request failed for some reason
03h	Invalid Request Frame Length	Request frame length was invalid
10h	Phy Does Not Exist	Phy Identifier was out of range, for functions including a Phy Identifier field
11h	Index Does Not Exist	Expander Route Index was out of range (or the specified Phy doesn't have a routing table at all), for functions including an Expander Route Index field
12h	Phy Does Not Support	REPORT PHY SATA requested, but no SATA device attached
13h	Unknown Phy Operation	Unknown PHY CONTROL Phy Operation request

图7-165 Function Result Code一览

Expander Change Count：该值给出了该SXP上的PHY的状态变化次数，不管哪个PHY的状态有变化，SXP的固件都会对该值+1。其物理上对应了一个16位的计数器。SAS协议被设计为只要SXP上的任何PHY状态发生了变化，SXP便会向所有除本PHY之外的其他PHY发送一个广播消息（Broadcast Change，BC）。BC广播是一个有续集/原语（见图7-150），所以其是由底层PHY自动发出的，并不需要Host端程序控制发出。该广播的目的是为了告诉Init端该事件，并让Init端做相应处理。比如如果是新插入了设备导致链路初始化完毕，那么Init端就需要获取新插入设备的信息（使用SMP Discovery命令）并向Host端系统中进行注册和驱动加载过程；如果是拔出了设备或者链路故障，则Init端需要从系统中卸载该设备的驱动等相关资源。SXP为何不使用单播来通知Init端而必须是广播呢？很简单，因为整个SAS网络内可能有多个SXP，Init端可能并不与自己直接连接，SXP并不知道网络中的Init端在何处（并不知道哪个SAS地址是Init端设备），所以只能广播了。这也是为什么SAS网络不能成环的原因，因为每个SXP收到其他SXP的广播后，会接力转发，这产生广播风暴。

正因如此，SXP将"自己到底触发了多少次广播"这个值告诉Bus Driver的意义在于，Bus Driver可

Function code	SMP function	Description
SMP input functions (00h to 7Fh)		
General SMP input functions (00h to 0Fh)		
00h	REPORT GENERAL	Return general information about the SMP target device
01h	REPORT MANUFACTURER INFORMATION	Return vendor and product identification
02h	Obsolete	
03h	REPORT SELF-CONFIGURATION STATUS	Return status of the discover process in a self-configuring expander device
04h	REPORT ZONE PERMISSION TABLE	Return zone permission table values
05h	REPORT ZONE MANAGER PASSWORD	Return the zone manager password
06h	REPORT BROADCAST	Return information about Broadcast counters
07h	Restricted for SFF	
08h to 0Fh	Reserved	
Phy-based SMP input functions (10h to 1Fh)		
10h	DISCOVER	Return information about the specified phy
11h	REPORT PHY ERROR LOG	Return error logging information about the specified phy
12h	REPORT PHY SATA	Return information about a phy currently attached to a SATA phy
13h	REPORT ROUTE INFORMATION	Return phy-based expander route table information
14h	REPORT PHY EVENT	Return phy events for the specified phy
Descriptor list-based SMP input functions (20h to 2Fh)		
20h	DISCOVER LIST	Return information about the specified phys
21h	REPORT PHY EVENT LIST	Return phy events
22h	REPORT EXPANDER ROUTE TABLE LIST	Return contents of the expander-based expander route table
23h to 2Fh	Reserved	
Other SMP input functions (30h to 7Fh)		
30h to 3Fh	Reserved	
40h to 7Fh	Vendor specific	
SMP output functions (80h to FFh)		
General SMP output functions (80h to 8Fh)		
80h	CONFIGURE GENERAL	Configure the SMP target device
81h	ENABLE DISABLE ZONING	Enable or disable zoning
82h	Obsolete	
83h	Restricted for SFF	
84h	Reserved	
85h	ZONED BROADCAST	Transmit the specified Broadcast on the expander ports in the specified zone groups
86h	ZONE LOCK	Lock a zoning expander device
87h	ZONE ACTIVATE	Set the zoning expander current values equal to the zoning expander shadow values
88h	ZONE UNLOCK	Unlock a zoning expander device
89h	CONFIGURE ZONE MANAGER PASSWORD	Configure the zone manager password
8Ah	CONFIGURE ZONE PHY INFORMATION	Configure zone phy information
8Bh	CONFIGURE ZONE PERMISSION TABLE	Configure the zone permission table
8Ch to 8Fh	Reserved	
Phy-based SMP output functions (90h to 9Fh)		
90h	CONFIGURE ROUTE INFORMATION	Change phy-based expander route table information
91h	PHY CONTROL	Request actions by the specified phy
92h	PHY TEST FUNCTION	Request a test function by the specified phy
93h	CONFIGURE PHY EVENT	Configure phy events for the specified phy
94h to 9Fh	Reserved	
Other SMP output functions (A0h to FFh)		
A0h to BFh	Reserved	
C0h to FFh	Vendor specific	

图7-164　SMP命令一览

以用该值与其之前保存的值比较，如果发现没有变化，那么证明该SXP上的PHY状态并没有发生变化，广播的源头并不是该SXP，那么Bus Driver也就不需要去针对其上的每个PHY发一遍SMP Discover命令了，这样节省了时间。

Expander Route Indexes：该值表示该SXP路由表中的路由条目的最大值。

Number of PHYs：此字段给出该SXP的PHY ID的最大值。

Configurable：如果该值为1则表示该SXP的路由表是可以被Init端的Bus Driver更改的，如果为0则表示不可更改。一般来讲，为1的话表示该SXP比较傻，它并不会根据所识别到的设备信息更新自己的路由表，只能依靠Init端来更新。而如果为0则表示该SXP比较智能，可以自己学习路由。

Configuring：该值为1表示该SXP正在配置自己的路由表过程中。

Enclosure Logical Identifier：该值给出了该SXP所在的机箱序号。实际产品中，人们一般把SXP芯片和硬盘做在一个独立的硬盘箱中，这个箱子叫作JBOD（Just a Bunch of Disks），或称Disk Enclosure。为了管理方便，每个箱子都有自己的编号。

细心的人看到了，为什么SMP Report General帧中没有给出SAS地址？这样HBA如何知道该帧是发送给谁的？还记得我们在上文中提到过，SAS是基于连接的通信方式么？在发送SMP Report General帧之前，HBA必须先建立与目标设备上的SMP Tgt的连接。同理，如果想给设备发送SCSI指令了（封装在SSP帧里），那必须先与对方的SSP Target建立连接。如果对方是SATA盘，想给其发送SATA指令了（封装在STP帧里），那先得与对方的STP Target建立连接。这与TCP协议的做法是类似的，SMP、STP和SSP相当于对方的三个程序，只不过TCP的做法是给每个TCP包都附上一个端口号用于区分这些程序，这就是基于包的传输和基于连接传输的不同。

所幸的是，建立连接这个工作并不需要Host端程序下发一个比如Open Connection的I/O命令给HBA，Host端程序比如Bus Driver根本无需关心底层的连接建立过程，其依然是直接发送SMP命令I/O请求给HBA，请求中包含目标SAS地址。HBA会检查是否与该SAS地址存在已建立的连接，如果有则直接用该连接发送，如果没有则HBA硬件会主动发出一个Open Address帧给对应的SAS地址。对方回应Open Accept有续集后，则利用该连接发出SMP命令。图7-166所示为Open Address Frame的结构。建链过程对Host端透明。

关键字段含义如下。

INITIATOR PORT：此字段为1表明本Open请求是从Init端发送到Tgt端的；为0则表示从Tgt端发出到Init端。

PROTOCOL：此字段给出本Open请求是想连接对方的哪个处理模块，是SSP、STP，还是SMP。连接了哪个模块，后续发送的数据帧就会被导入到对应的处理模块处理，也就是说后续数据帧中不需要再用单独的字段区分每个帧的大协议类型了。这是基于连接的交换的一个优势，包交换则需要在每个数据包中都给出诸如TCP端口号这种区分字段。Tgt设备不允许发起

OPEN address frame format

Byte\Bit	7	6	5	4	3	2	1	0
0	INITIATOR PORT	PROTOCOL			ADDRESS FRAME TYPE (1h)			
1	FEATURES				CONNECTION RATE			
2	(MSB)	INITIATOR CONNECTION TAG						
3								(LSB)
4	DESTINATION SAS ADDRESS							
11								
12	SOURCE SAS ADDRESS							
19								
20	COMPATIBLE FEATURES							
21	PATHWAY BLOCKED COUNT							
22	(MSB)	ARBITRATION WAIT TIME						
23								(LSB)
24	MORE COMPATIBLE FEATURES							
27								
28	(MSB)	CRC						
31								(LSB)

Arbitration wait time

Code	Description
0000h	0 μs
0001h	1 μs
...	...
7FFFh	32,767 μs
8000h	0 ms + 32,768 μs
8001h	1 ms + 32,768 μs
...	...
FFFFh	32,767 ms + 3,768 μs

Protocol

Code	Description
000b	SMP
001b	SSP
010b	STP
All others	Reserved

Connection rate

Code	Description
8h	1.5 Gbps
9h	3.0 Gbps
All others	Reserved

图7-166 Open Address Frame的结构

SMP Open，但是可以发起SSP/STP Open（比如，要向Init端返回数据但是之前的连接已断开时）。

ADDRESS FRAME TYPE：前文中介绍过Identify Address Frame，所以Address Frame共有两种，一种是Identify，一种是Open。该字段为1则表示为Open，为0则为Identify。

FEATURES/COMPATIBLE FEATURES：此字段保留将来用。

CONNECTION RATE：值得一提的是，Init端可以选择让PHY以比链路运行速率低的速率发送数据，也就是在Open Address帧中明确给出希望使用的收发速率。比如，一个协商在3Gbit/s速率的PHY，如果Init端想要以1.5Gbit/s速率收发数据，这是被允许的。但是链路物理层速率依然会运行在3Gbit/s。SAS的做法是，在每4字节数据之间插入ALIGN有续集（也是4字节），接收方收到信号之后自动剔除ALIGN序列即可。同理，如果想在物理速率为6Gbit/s的链路上以1.5Gbit/s速率传数据，那么底层硬件应该每隔3个双字就插入一个ALIGN，如图7-167左侧所示。当然，这种方式比较浪费资源，但又是的确有可能发生的场景，因为SAS支持前向兼容，所以网络上就可能存在各种速率的设备，每条链路的速率可能都不同。

这样做会浪费资源，所以SAS支持图中右侧所示的连接方式，如果某个连接要求的速率低于PHY物理层速率，则该PHY可以被多个连接复用，表面上相当于一个物理PHY切分成了多个逻辑PHY。但是实际产品是否支持这种方式就不一定了。

所以，如图7-167中的拓扑，如果左侧的Init端以3Gbit/s速率向右侧的设备发起Open，则左边的SXP会返回一个Open Reject（Connection Rate Not Supported）有续集/原语，因为两个SXP之间的链路只有1.5Gb/s的速率。此时Init端的PHY硬件电路应该自动降低速率发起连接。

Destination/Source SAS Address：这个就不用多说了，建立连接一定需要给出源和目标SAS地址。**因此，Open之后，后续的数据帧中就可以不用携带目标和源SAS地址了**，因为通信双方只有这一条路可走，而且都知道双方各自的SAS地址（Open时已经给出了）。

Initiator Connection Tag：连接建立之后，是可以被临时断开的，比如双方可以主动发起Close断开，或者链路空闲达到一定时间超时后断开。而此时Tgt端可能正在执行Init端发送的某个命令，所以Tgt端会择时重新发起Open请求给Init端。这就意味着，一个Init端可能与多个Tgt端保持着会话关系，如果Init端的端口只有一个PHY，那么这多个会话关系会轮流占用这个PHY，如果是宽端口，则每个会话关系可以独占一个PHY。当某个Tgt与Init重新Open时，Init端依靠Open中的源SAS地址来判断是哪个Tgt又连上了，然后就将内部的数据/命令路径切换到针对该Tgt会话的队列上，向其发送或者从其接收后续的命令/数据。但是由于SAS地址为64位长，需要用64位的比较器和周边电路，这会增加电路资源。所以设计者附加了一个Initiator Connection Tag字段，长16位，发起连接的一方初始时指定这个值用作和某个Tgt的对接暗号，替代SAS地址，这样可以节省电路资源。接受Open的一方会将这个值记录下来，后续向本方发起Open的时候只要也携带这个值，本方也只检测该值而不检测源SAS地址，本方已经知道该将本连接映射到内部的哪个会话队列了。

Pathway Blocked Count：由于SAS网络基于连接的设计，SXP之间的主干道上的端口宽度决定了可同时容纳的连接数量（一般为每个PHY同一时刻承载一个连接，如果支持逻辑PHY则单个物理PHY可支持多个连接）。如果该干道上所有PHY都已经各自承载了某个连接，那么如果有新的连接也需要经过这个干道，SXP会返回Open Reject（Pathway Blocked）有续

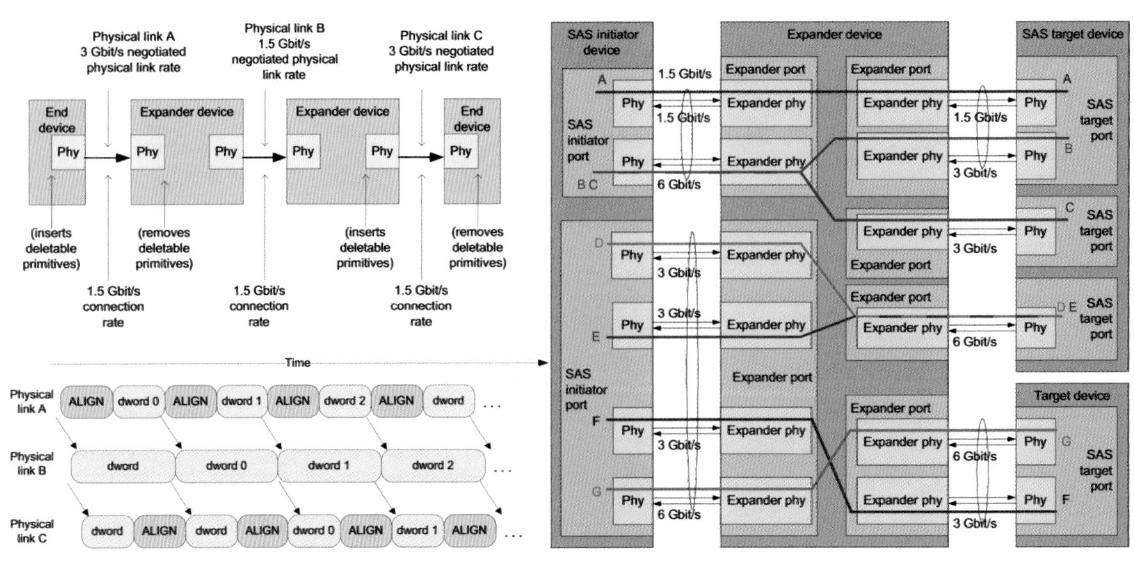

图7-167 速率匹配方式以及物理PHY可以拆成逻辑PHY

集/原语。新连接发起后，Init端每次收到这个回应便记录到计数器中，下次重试Open时便携带这个数值。SXP可能会从多个Init/Tgt端收到多个Open请求，SXP会根据这个值将那些等待了太长时间的Open请求优先予以通过。

Arbitration Wait Time（AWT）：该字段给出的是发送Open的一方当前已经等待了多长时间而没有接收到Open Accept或者Reject原语了。由于同一个时刻可能会有多个Open请求争抢同一个SAS端口（比如两个SXP之间的干道端口），如果端口不够宽，那么就必然有请求被阻塞等待。这个值，用来给SXP判断是不是该给某个请求开个绿灯了。

如果Init端与Tgt端或者SXP端是直连的，则Open发出之后不需要经过转发交换即可到达Tgt端，也不需要和其他人争抢。但是如果Open的目标端位于多级SXP之后，那么就存在争抢的问题，有争抢就有仲裁，谁胜出是靠SXP根据各种参数（上文中也提到过）判决的。而且某个Open请求即便是赢得了本SXP的仲裁被转发到了下一级SXP，在那里依然会再次仲裁一轮，最终获胜才能到达目标端，得到Open Accept回应。

整个过程如图7-168所示。第一级SXP忙于仲裁时，会向发起端返回AIP（Normal）原语，AIP表示Arbitration In Progress。发起端发出Open之后期望在1 ms之内接收到有效回应，如果超时没接收到任何回应，则发起端（比如SAS HBA底层电路状态机）自动发起BREAK原语来取消本次连接请求。

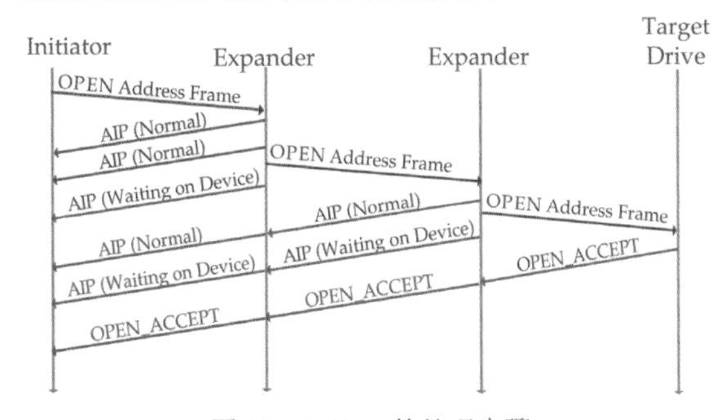

图7-168　Open的处理步骤

SXP收到Open请求之后，会以AIP（Normal）原语响应，如果没有仲裁获胜而不得不等其他连接断开后再仲裁，则SXP要不停回复AIP（Normal），每128个双字（4字节）就得回复一个以防止请求端等待超时。如果本次请求仲裁失败，被其他人抢了，那么就继续等待，一直到仲裁成功为止。成功后，SXP将本Open帧按照路由表转发到目标端口给下一级SXP，然后向请求端回复AIP（Waiting on Device）原语。下一级SXP做相同动作，第一级SXP则转发第二级SXP的回应原语给请求端。该请求最终被转发给目标终端设备，目标终端设备如果接受请求，就返回Open Accept原语，该原语最终会被转发给请求端，连接成功建立。

当然，Open过程可能并不是一帆风顺的，会遇到各种情况，请求端可能收到各种异常回应。如图7-169所示，左侧为SXP可能的回应，右侧则为目标设备可能的回应。图中所示的各种可能的回应就不多介绍了。

Response	Description
AIP (NORMAL)	Expander has accepted the connection request (the request is making progress).
AIP (Reserved 0)	Reserved, but processed the same as AIP (Normal).
AIP (Reserved 1)	Reserved, but processed the same as AIP (Normal).
AIP (Reserved 2)	Reserved, but processed the same as AIP (Normal).
AIP (WAITING ON CONNECTION)	Expander has determined the routing, but either the destination phys are all in use, or there are insufficient resources to complete the request.
AIP (WAITING ON DEVICE)	Expander has determined the routing and forwarded the request to the output phy. This is only sent once.
AIP (WAITING ON PARTIAL)	Expander has determined the routing, but the destination phys are all busy with other partial pathways (connection requests that have not yet reached the destination phy). This may indicate a deadlock condition; see the Link Layer chapter on Arbitration for more information about resolving potential deadlock conditions.
AIP (Reserved WAITING ON PARTIAL)	Reserved, but processed the same as AIP (Waiting on Partial).
OPEN_REJECT (BAD DESTINATION)	If the request would have to be routed back to the same expander port on which it arrived, and the expander has not chosen to return OPEN_REJECT (No Destination), then this would be the response. This is the only OPEN_REJECT by an expander that conveys the meaning that this request should be abandoned rather than retried.
OPEN_REJECT (NO DESTINATION)	Either: a) No such destination Phy exists, or b) The request would have to be routed back to the same expander port on which it arrived, and the expander has not chosen to return OPEN_REJECT (Bad Destination), or c) An STP device is targeted, but it's initial Register - Device to Host FIS has not yet been received.
OPEN_REJECT (CONNECTION RATE NOT SUPPORTED)	If none of the destination phys support the rate requested, an expander reports it with this response.
OPEN_REJECT (PATHWAY BLOCKED)	The expander reports that the pathway was blocked by higher-priority requests.
OPEN_REJECT (WAITING FOR BREAK)	Indicates the expander is waiting to receive a BREAK response from the requesting Phy and will not accept a new request until then.
OPEN_ACCEPT	Phy supports and accepts the requested connection.
OPEN_REJECT (CONNECTION RATE NOT SUPPORTED)	Phy doesn't support the requested rate.
OPEN_REJECT (PROTOCOL NOT SUPPORTED)	Phy doesn't support the requested initiator/target role, protocol, initiator connection tag, or features specified in the request.
OPEN_REJECT (WRONG DESTINATION)	The destination address in the OPEN address frame doesn't match the SAS address of the port that received the request.
OPEN_REJECT (STP RESOURCES BUSY)	This STP target port has an affiliation with another initiator, or all the task file registers have been allocated to other STP initiator ports. If this request was routed to an STP device by mistake, this response will be understood by the requester as OPEN_REJECT (Wrong Destination).
OPEN_REJECT (RETRY)	Either: a) The Phy is unable to accept connections, or b) The Phy is currently waiting on a response to a BREAK. Note that this is the only reject from a destination Phy that can be retried. All of the other rejections mean the request is to be abandoned.

图7-169　SXP和目标设备针对Open帧可能返回的各种回应一览

提示

SAS协议有个比较奇葩的地方是，帧和原语对于初次了解这个协议的人来讲有点难以分辨。有些原语看着像帧。比如Open Address是个帧，但是它的回应却都是原语。而与Open同属一类帧的Identify Address也是个帧，但是它的回应也是帧，而不是原语。SAS的原语相比PCIE的Order Set/PLLP而言具有更多的上层业务意义，更像是帧。

SXP收到Open请求之后，先查路由表看一下其需要从哪个端口被转发出去，然后再判断当前出方向端口是否有空闲的PHY，如果没有，等待。同时判断是否存在其他Open请求也要从该端口走，如果是，在等待的同时执行仲裁过程，根据各种参数选出一个获胜的Open请求。当有PHY空闲之后（其他连接被关闭），SXP控制其内部的MUX/DEMUX通路打通从源端口PHY到出方向PHY的通路，连接在该SXP内部建立了起来。就这样，一直在通往目标设备的路径上的所有SXP上都建立起连接，路径最终被打通。如果第一级SXP建立了连接，但是如果后级SXP发送了Open Reject（Pathway Blocked）等异常回应的话，则上一级SXP收到该回应后向请求端转发的同时，断开之前建立好的连接，这相当于工作白费了。所以，对于一个SAS网络，如果连接的设备太多，通信量很大的话，这种浪费会更多，从而影响性能。

提示

SAS与PCIE虽然都是将多个通道绑定成一个端口，但是PCIE是将每个数据包都按字节拆分到多个通道上发送，可以说PCIE端口上同一个时刻只有一个数据包在发送，相当于单个数据包的发送速度增加了对应的倍数。而SAS这种方式，同一时刻在多个PHY上可以有多个数据包并行传送，但是每个数据包的传送速度并没有加倍，SAS和PCIE的多通道技术都可以将总体吞吐量加倍。但是仔细思索一下的话，这两种方式在某些场景下的性能还是会有区别。SAS这种多连接并发模式可以更加充分地让多个SAS设备同时接收和执行命令。如果是SAS机械盘，那么这种多并发是非常理想的提升性能的方式，如果命令排队先后发送，即便每条命令/数据可以拆分到多个通道并行发送，但是这似乎对机械盘意义不大，机械盘执行的时候会非常慢。此时需要的是多个设备并行执行，而不是单个指令/数据更快被发送，硬盘如果给不出数据，通道只能闲置，也就谈不上加速与否。而PCIE属于访存网络，TLP下发之后目标设备会在极短的时间内返回数据，因为访问的地址要么是寄存器，要么就是存储器，这些介质的响应速度远比机械硬盘快得多，所以基本不会有链路浪费的时候。同时，访存请求可能并不会积压太多，很多时候有可能上层队列中只有一条或者几条访存请求，此时反而将一个数据包拆分到多通道能够更好地利用链路。而硬盘I/O很多时候会排队在上层队列中，这样可以保证有多个I/O同时并行执行，所以SAS的多连接并发方式就更加合适。不过，在固态硬盘时代，这个准则又会受到更多因素的影响，变得更加难以评判。

至此，Bus Driver起码成功获取到了与HBA连接的SXP#1的基本信息，其中最重要的信息是，其上有多少个PHY，最大的PHY ID是几。显然，Bus Driver如果想探知到挂接在SXP#1的这些PHY对端的设备是什么的话，就只能问SXP#1：“请告诉我，你从你的PHY#0上看到了什么？”**这对应了另一条SMP命令：SMP Discovery**。注意，这里并不是去询问该PHY对端的设备，而是询问SXP#1。SXP#1怎么会知道它连接的对端设备的信息呢？还记得吗，SXP#1之前在链路初始化过程中已经接收到了其直连的所有设备的Identify帧，从中可以获知对端的SAS地址以及设备类型、所支持的协议等。Bus Driver要的就是这些信息，尤其是要到对方的SAS地址，这样Bus后续就可以与它们通信了。

图7-170所示为SMP Discovery命令帧结构。其中关键字段就是PHY ID。Bus Driver会根据上一步使用SMP Report General获得的SXP上的最大PHY ID号码，从PHY#0开始，依次发起SMP Discovery命令给SXP。SXP针对该命令的返回结果如图7-171所示。

Discover Request

Byte	Field(s)
0	SMP Frame Type (40h)
1	Function (10h)
2 to 8	Reserved
9	Phy Identifier
10 to 11	Reserved

图7-170　SMP Discovery命令帧结构

图7-171中左侧的大部分字段我想大家都知道其含义。**Attached Device Type**字段有三种值：最终设备、SXP或者无设备连接。

Attached Initiator/Target Port Bits字段的内容其实就是照搬图7-161中的从Identify帧中获取的那6位，用于表示对端设备支持哪类业务的控制位。SAS Address字段表示发送该回应帧设备（本例中为SXP#1）自身的SAS地址。

Attached SAS Address和**Attached Phy Identifier**字段给出的是该SXP上的PHY对端设备PHY的SAS地址，以及对端PHY在它那边的PHY ID，这些也都是SXP#1当初从Identify帧中获取到的，不足为奇。

Hardware Min/Max Rate给出的是该SXP上的PHY的硬件能够支持的最大和最低速率。

Discover Response

Byte	Field(s)		
0	SMP Frame Type (41h)		
1	Function (10h)		
2	Function Result		
3to 8	Reserved		
9	Phy Identifier		
10 to 11	Reserved		
12		Attached Device Type	Reserved
13	Reserved		Negotiated Physical Link Rate
14	Reserved		Attached Initiator Port bits
15	Attached SATA Port Selector	Reserved	Attached Target Port bits
16 to 55	见右侧		

Byte	Field(s)		
16 to 23	SAS Address		
24 to 31	Attached SAS Address		
32	Attached Phy Identifier		
33 to 39	Reserved		
40	Programmed Min Rate		Hardware Min Rate
41	Programmed Max Rate		Hardware Max Rate
42	Phy Change Count		
43	Virtual Phy	Reserved	Partial Pathway Timeout Value
44	Reserved		Routing Attribute
45	Reserved	Connector Type	
46	Connector Element Index		
47	Connector Physical Link		
48 to 49	Reserved		
50 to 51	Vendor specific		
52 to 55	CRC		

图7-171 SMP Discovery Response帧结构

Programmed Min/Max Rate给出的则是该PHY被人为设置运行的速率，比如某个3Gbit/s的PHY被SXP固件或者其他角色设置以1.5Gbit/s半速运行。

Phy Change Count表示该PHY发生状态改变的次数，与Report General Response中的Expander Change Count的目的和作用相同，只不过这个是针对单个PHY的计数值。

Virtual PHY字段为1则表示该PHY是一个由SXP固件虚拟出来的虚拟PHY，其对端连接了一个虚拟Tgt设备，发送给该虚拟PHY的数据其实是发送给了SXP内部的嵌入式CPU中运行的程序（虚拟Tgt）。这个虚拟Tgt的一个最典型的用处是可以作为带内管理，Host端的程序直接将数据发送给这个Tgt，就可以控制SXP。SES（SCSI Enclosure Service）也需要用到这个虚拟Tgt设备来发送一些控制JBOD硬盘箱的LED闪烁、各种传感器数据采集、设置等。

其他字段就不多介绍了，大家可以自行参阅SAS协议规范手册。

可以看到，Init端通过SXP获取到了SXP的下游所连接设备的信息，这就算枚举出了设备。我们来看如图7-172所示的拓扑。Bus Driver在SMP Discovery SXP#0时，会发现其中有三个端口对端连接的仍然是SXP设备（如果该端口为宽端口，那么Bus Driver会判断出有多个PHY的对端设备有相同的SAS地址，则知道这几个PHY组成了宽端口），并可以获知这三个SXP的SAS地址。于是，Bus Driver继续向这三个端口依次发送SMP Report General分别获取SXP#1/2/3的基本信息（当然，HBA底层硬件会自动先向目标SAS地址进行Open操作），然后再用SMP Discovery去扫描这三个SXP上的每个PHY，从而获知到网络中第二层SXP上的所有设备信息。其中在SXP#2的某个PHY上又获知到其对端又接了一个SXP，那么就继续枚举这个SXP，一直到没有发现更多的SXP为止。整个过程采用广度优先方式进行，这与PCIE的枚举方式完全相反。

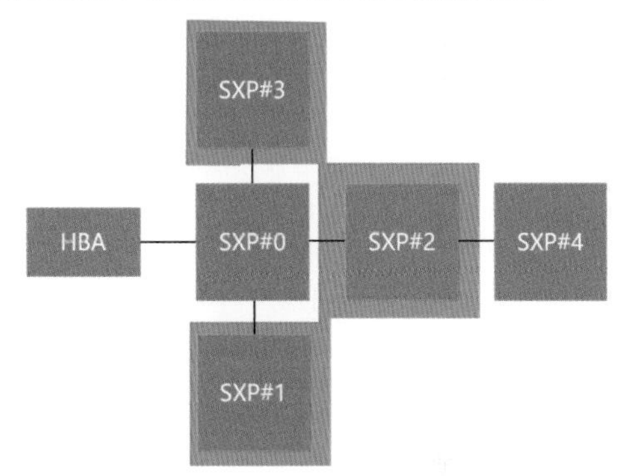

图7-172 广度优先的扫描模式

思考一下，当Bus Driver枚举SXP#4的时候，HBA底层会发送Open Address帧与SXP#4建立连接，那么，SXP#0是如何知道SXP#4的这个SAS地址位于哪个端口后面的？也就是说，SXP#0上并不存在SXP#4地址的路由信息，那它针对这个Open请求会返回Open Reject（No Destination）原语拒绝连接。SXP之间并不存在相互推送学习路由的机制（不过IP网络中的路由器就具有这种动态路由学习功能，而且还有多种不同的动态路由协议）。显然，至此，网络中只有一个角色知晓全局的网络拓扑、设备和SAS地址，这个角色就是Bus Driver，**看来只有靠它把路由信息写入到每个SXP里了。这个过程对应了一个SMP命令：SMP Configure Route Information**，发现一层SXP就写好一层的路由表，逐层推进，最终枚举完整个SAS网络。我们先来看看SXP路由表的样子。

如图7-173所示，SAS定义了两种路由表结构，SXP可以选择支持任意一种。第一种（左侧）称为PHY Based Route Table，其基本组织形式是一个表格，第一列为路由条目序号列，后面几列为PHY ID列，最大支持多少个PHY就设置几列。假设该SXP的

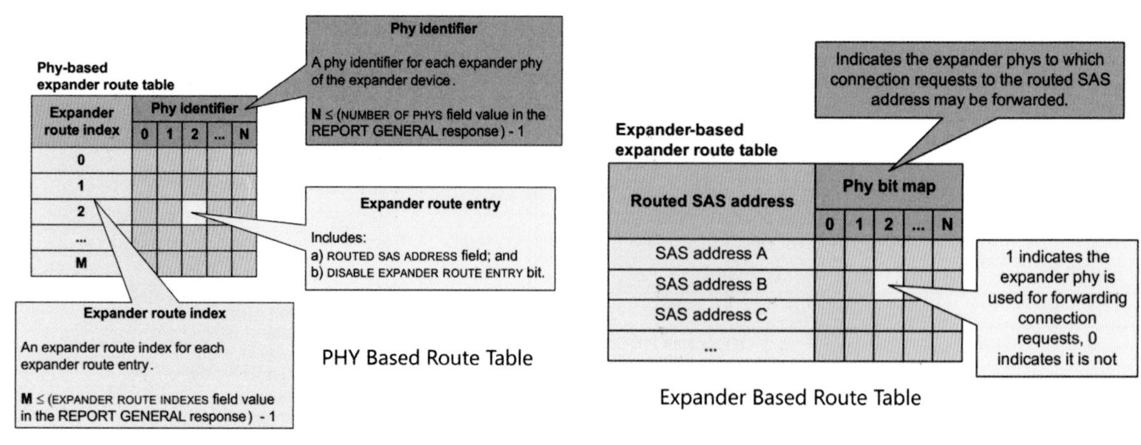

图7-173　Expander内两种可选路由表结构

PHY#2下游连接着SAS地址分别为A/B/C的三个SAS设备，则在这个表中需要占用三个条目，比如Index 0/1/2这三行，然后在PHY#2对应的那一列的第一行写入SAS地址A，第二行写入SAS地址B，第三行写入SAS地址C。假设PHY#4后面还有SAS地址X和Y，那么就要再开辟两行新的，然后在PHY#4列的这两行的交叉点分别写入SAS地址X和Y。另外，每个交叉点上增设1位用来表示该条目是否被禁用。

另一种实现方式（右侧）称为Expander Based Route Table，其设计更易理解、易查找。该表的第一列放置目标SAS地址，后面几列则每个PHY ID一列，该SAS地址对应的设备位于哪个PHY的下游（从哪个PHY下面认到的），就在该PHY、该行的交叉点上写入1，不是1的地方都写入0。收到Open请求时，电路将请求中的目标SAS地址与路由表中的地址进行匹配，找到对应的行，然后再查找该行里PHY ID阵列位图中哪一位是1，便可以确定本次转发的出方向端口了。

可以看到，后一种实现方式耗费更少的电路资源，更规整、更简易。实际中，存放SAS地址的这一列存储器可以采用CAM（见本书第3章）来提高查找速度。不过，由于SAS仅在Open的时候查找路由表，并不是每个数据帧都要查表转发，所以也不见得必须用CAM，毕竟CAM成本和功耗还是很高的。

在Report General Response中，如果Expander Route Indexes字段为全0，表示该SXP支持的是Expander Based Route Table，如果不为0，则表示其支持的是PHY Based Route Table。

有些SXP产品可以进行所谓Self-Configuration，其内置了一个Virtual Initiator（位于Virtual PHY之后的虚拟设备），固件中运行一个小型Bus Driver，可以自行枚举SAS网络（枚举其所有下游端口之后所有层级的所有设备），并获知路由信息，更新自己的路由表。对于这种设备，Host端的Bus Driver在Report General的时候会根据Response中的Configurable字段的值来判断该SXP是不是Self-Configurable的。Self-Configurable的SXP一般都采用Expander Based Route Table。而External Configuration Expander多采用PHY Based Route Table，需要Host端的Bus Driver发起SMP Configure Route Information请求配置其路由表。对于Self-Configuration Expander自行发现的路由表，Host端可以采用SMP Report Expander Table List命令来获取。

图7-174所示为SMP Configure Route Information帧的结构。其中的字段含义很明显，就不再介绍了。Host端每次发送该请求，SXP就写入一条路由表项，如果有多个表项需要配置就必须先后发送多条该请求。

Configure Route Information Request

Byte	Field(s)	
0	SMP Frame Type (40h)	
1	Function (90h)	
2 to 5	Reserved	
6 to 7	Expander Route Index	
8	Reserved	
9	Phy Identifier	
10 to 11	Reserved	
12	Disable Expander Route Entry	Reserved
13 to 15	Reserved	
16 to 23	Routed SAS Address	
24 to 39	Reserved	

图7-174　SMP Configure Route Information帧

至此，SAS网络的初始化过程就结束了。但是这并不意味着SAS网络从此就平静了。SAS是支持热插拔的，设备可以动态插入和拔出。SXP会向那些没有设备连接的PHY持续发出用于设备探查的COMINIT OOB脉冲信号。如果有新设备响应，SXP向设备发送

Identify Address的同时，还会发出BC原语广播。Init端的Bus Driver收到该广播之后，需要重新对网络中所有的SXP上的PHY进行重新SMP Discovery获取其信息，然后与自己之前保存的信息进行比对，发现到底是哪个PHY/端口发生了状态变化。然后再专门针对这个PHY做增量的后续处理，比如写入对应SXP的路由表、向系统中注册新发现的设备、加载驱动等动作，这些增量的动作对已有设备的I/O是没有影响的，但是会导致网络流量瞬间增从而短暂影响性能。Host端后续发生的事情我们下文再介绍。

可以看到，只要网络有风吹草动，Init端就要重新枚举一遍网络，这太不划算。由于BC只是4字节的原语，其并不能让Init知道是哪个SXP的哪个PHY的状态发生了变化，虽然理论上可以将这个信息放在可承载更加丰富信息的帧中广播出去，但是这样会耗费大量网络资源，广播是很浪费网络性能的。所以最终设计为只发送BC原语广播，节省网络资源，然后依靠Init端向每个SXP发送Discovery自己去比对从而发现新设备。

终端设备一般不支持SMP Tgt模式，但是理论上可以支持（在Identify Address帧中给出对应位置位即可），这样Bus Driver就会继续对该设备发送SMP Discovery。目前商用的SAS最终设备比如SAS硬盘，都不支持SMP Tgt，它们的各种参数、配置，是采用其他方式被读出和配置的，我们下文中再介绍。

至此，SAS设备就可以接收I/O请求了，但是在接收真正的上层应用层下发的请求之前，还有很多事情要做。图7-175、图7-176、图7-177所示为SAS网络中所有原语的含义一览，放在这里备查。

7.4.3.5 SAS和SCSI的Host端协议栈

现在，Host端的Bus Driver已经可以识别到SAS网络上的所有SAS设备，并知道了它们的SAS地址、可承载的业务类型（SSP/SMP/STP），但是却并不知道这些SAS设备各是哪种类别的设备（是硬盘类，还是磁带机类），更不知道这些设备的厂商ID等信息。SAS设备并不将自己的Vendor ID、设备类别（比如硬盘、磁带机等）通告在SAS相关的帧中（比如Identify帧），这一点与USB和PCIE有很大区别。还记得吗，PCIE设备直接在其配置空间中给出所有信息，USB设备则在其Device Descriptor中给出这些信息。不知道这些具体信息，就无法在Host端为该SAS设备加载对应的驱动程序。嗯？难道知道一个SAS设备支持SSP Target模式，可以接收并执行SCSI指令，还不够吗？既然SCSI指令都是标准指令，那么，只要能够将上层下发的SCSI指令收到并通过SAS HBA发送给该设备，这个程序不就是驱动程序了么？问题是，SCSI指令是分多种的，返回图7-144最上方就可以看到，虽然SCSI设备都支持SSP Target，但是不同类别设备所能执行的SCSI命令种类不同。另外，仅靠SAS无法获取到更深层次的设备信息。

这完全归根于历史原因。SCSI规范是采用SCSI指令来获取这些信息的（注意，是SCSI而不是SAS命令），对应的指令为SCSI Inquiry Command，设备接收到该指令便返回对应的信息。由于篇幅所限，这里就不介绍SCSI指令和回应的具体细节了，如图7-178所示。

原来，SAS一直生活在SCSI的阴影之下，SAS不过是SCSI的马前卒和车夫，SAS的作用是将SCSI指令传递到目标，而不是去取代SCSI指令以及SCSI交互方式本身。SCSI并没有把读取设备深层次具体配置的工作移交给SAS。可以发现SAS通过Identify帧获取的只是设备的SAS方面的配置，比如SAS地址等，与SCSI几乎不直接相关。也就是说，如果SAS承载的不是SCSI指令而是其他某种指令，比如A协议/命令，也一样没问题。

SAS负责用Open帧打通与对方SSP Tgt处理模块的连接，好让SCSI命令能够溜过去，剩下的就是SCSI协议范畴内的事情了。那么，上述SCSI Inquiry指令又是由谁发出的呢？我们不得不先全局了解一下Host端都有哪些程序组件。

如图7-179所示，我们先看一下浅灰色部分，其为SCSI体系最原始的脉络。从现在开始，请你忘掉一切关于SAS的介绍，纯正的SCSI时代还没有诞生SAS协议。我们需要先回归到史前来看一看历史，然后再一路走到SAS。

位于中间的是SCSI协议栈的核心部分，其接收上层下发的I/O请求并转换为标准SCSI命令，并将命令下发到SCSI主控制器然后传递给后端SCSI设备。该层又可以被称为SCSI Middle Layer，或者SCSI Core，因为SCSI的核心逻辑就在这里。

位于最底层的则是SCSI主控制器（Host Controller）的驱动程序。由于SCSI主控制器/卡有不同的厂商产品，它们对SCSI指令的打包（I/O Descriptor）和运输（从Host RAM传到主控内部的过程）方式虽然类似但是细节又各不相同，所以它们的驱动程序也是不同的，各家有各自的驱动。比如，它们接收上层发来的SCSI命令的方式不同，这样上层就得为每一种SCSI HBA控制器各自开发一套接口，并通过判断当前是在和谁通信而动态调用不同的函数去下发SCSI命令。还有很多其他接口也都要实现多套，比如获取设备信息、获取后端SCSI总线上的信息、Reset主控、Reset后端SCSI总线等，这些控制接口，每家产品的操作码和接口也可能都不一样。

于是，SCSI核心层便这样处理：规定一些要处理的事件，比如“下发SCSI命令”“Reset主控制器”“扫描SCSI总线上所有设备”等，而这些事件的具体执行函数，由HBA驱动开发者来开发，然后由HBA驱动程序将对应函数的指针写入到一张叫作scsi_host_template的表里（实际上是一个结构体），这样，SCSI核心层想要干什么事，就来这个表里找到对

Primitive	Description
AIP (NORMAL)	Expander device has just accepted the connection request.
AIP (RESERVED 0)	Reserved. Processed the same as AIP (NORMAL).
AIP (RESERVED 1)	Reserved. Processed the same as AIP (NORMAL).
AIP (RESERVED 2)	Reserved. Processed the same as AIP (NORMAL).
AIP (WAITING ON CONNECTION)	Expander device has determined the routing for the connection request, but the destination phys are all being used for connections.
AIP (WAITING ON DEVICE)	Expander device has determined the routing for the connection request and forwarded it to the output physical link.
AIP (WAITING ON PARTIAL)	Expander device has determined the routing for the connection request, but the destination phys are all busy with other partial pathways (i.e., connection requests that have not reached the destination phy).
AIP (RESERVED WAITING ON PARTIAL)	Reserved. Processed the same as AIP (WAITING ON PARTIAL).

Primitive	Description
CLOSE (CLEAR AFFILIATION)	Close an open STP connection and clear the affiliation. Processed the same as CLOSE (NORMAL) if: a. the connection is not an STP connection; b. the connection is an STP connection, but affiliations are not implemented by the STP target port; or c. the connection is an STP connection, but an affiliation is not present.
CLOSE (NORMAL)	Close a connection.
CLOSE (RESERVED 0)	Reserved. Processed the same as CLOSE (NORMAL).
CLOSE (RESERVED 1)	Reserved. Processed the same as CLOSE (NORMAL).

Primitive	Description
BROADCAST (CHANGE)	Notification of a configuration change.
BROADCAST (RESERVED CHANGE 0)	Reserved. Processed the same as BROADCAST (CHANGE) by SAS ports (i.e, SAS initiator ports and SAS target ports).
BROADCAST (RESERVED CHANGE 1)	Reserved. Processed the same as BROADCAST (CHANGE) by SAS ports (i.e., SAS initiator ports and SAS target ports).
BROADCAST (SES))	Notification of an asynchronous event from a logical unit with a peripheral device type set to 0Dh (i.e., enclosure services device) (see SPC-3 and SES-2) in the SAS domain.
BROADCAST (EXPANDER)	Notification of an expander event, including: a) a phy event information peak value detector reaching its threshold value; and b) a phy event information peak value detector being cleared. These expander events do not include SAS domain changes.
BROADCAST (RESERVED 2)	Reserved.
BROADCAST (RESERVED 3)	Reserved.
BROADCAST (RESERVED 4)	Reserved.

Primitive	Description
ALIGN (0)	Used for OOB signals, the speed negotiation sequence, clock skew management and rate matching.
ALIGN (1)	Used for the speed negotiation sequence, clock skew management and rate matching.
ALIGN (2)	Used for clock skew management and rate matching.
ALIGN (3)	Used for clock skew management and rate matching.

图7-175　SAS网络中所有原语的含义一览（1）

Primitive	Description
DONE (ACK/NAK TIMEOUT)	A timed out occurred waiting for an ACK or NAK and the transmitter is going to transmit BREAK in 1 ms unless DONE is received within 1 ms of transmitting the DONE (ACK/NAK TIMEOUT).
DONE (RESERVED TIMEOUT 0)	Reserved. Processed the same as DONE (ACK/NAK TIMEOUT).
DONE (RESERVED TIMEOUT 1)	Reserved. Processed the same as DONE (ACK/NAK TIMEOUT).
DONE (NORMAL)	Finished transmitting all frames.
DONE (RESERVED 0)	Reserved. Processed the same as DONE (NORMAL).
DONE (RESERVED 1)	Reserved. Processed the same as DONE (NORMAL).
DONE (CREDIT TIMEOUT)	A timed out occurred waiting for an RRDY or received a CREDIT BLOCKED and the transmitter is going to transmit BREAK if credit is extended for 1 ms without receiving a frame or a DONE.

Primitive	Description
RRDY (NORMAL)	Increase transmit frame credit by one.
RRDY (RESERVED 0)	Reserved. Processed the same as RRDY (NORMAL).
RRDY (RESERVED 1)	Reserved. Processed the same as RRDY (NORMAL).

Primitive	Description
NAK (CRC ERROR)	The frame had a bad CRC.

Primitive	Description
NAK (RESERVED 0)	Reserved. Processed the same as NAK (CRC ERROR).
NAK (RESERVED 1)	Reserved. Processed the same as NAK (CRC ERROR).
NAK (RESERVED 2)	Reserved. Processed the same as NAK (CRC ERROR).

Primitive	Description
NOTIFY (ENABLE SPINUP)	Specify to an SAS target device that it may temporarily consume additional power while transitioning into the active or idle power condition state.
NOTIFY (RESERVED 0)	Reserved.
NOTIFY (RESERVED 1)	Reserved.
NOTIFY (RESERVED 2)	Reserved.

图7-176　SAS网络中所有原语的含义一览（2）

Primitive	Originator	Description
OPEN_REJECT (BAD DESTINATION)	Expander phy	An expander device receives a request in which the destination SAS address equals the source SAS address, or a connection request arrives through an expander phy using the direct routing or table routing method and the expander device determines the connection request would have to be routed to the same expander port as the expander port through which the connection request arrived.
OPEN_REJECT (CONNECTION RATE NOT SUPPORTED)	Any phy	The requested connection rate is not supported on some physical link on the pathway between the source phy and destination phy. When a SAS initiator phy is directly attached to a SAS target phy, the requested connection rate is not supported by the destination phy. The connection request may be modified and reattempted as described in 4.9.1.2.2.
OPEN_REJECT (PROTOCOL NOT SUPPORTED)	Destination phy	Device with destination SAS address exists but the destination device does not support the requested initiator/target role, protocol, initiator connection tag, or features (i.e., the values in the INITIATOR PORT bit, the PROTOCOL field, the INITIATOR CONNECTION TAG field, and/or the FEATURES field in the OPEN address frame are not supported).
OPEN_REJECT (RESERVED ABANDON 0)	Unknown	Reserved. Process the same as OPEN_REJECT (WRONG DESTINATION).
OPEN_REJECT (RESERVED ABANDON 1)	Unknown	Reserved. Process the same as OPEN_REJECT (WRONG DESTINATION).
OPEN_REJECT (RESERVED ABANDON 2)	Unknown	Reserved. Process the same as OPEN_REJECT (WRONG DESTINATION).
OPEN_REJECT (RESERVED ABANDON 3)	Unknown	Reserved. Process the same as OPEN_REJECT (WRONG DESTINATION).
OPEN_REJECT (STP RESOURCES BUSY)	Destination phy	STP target port with destination SAS address exists but the STP target port has an affiliation with another STP initiator port or all of the available task file registers have been allocated to other STP initiator ports. Process the same as OPEN_REJECT (WRONG DESTINATION) for non-STP connection requests.
OPEN_REJECT (WRONG DESTINATION)	Destination phy	The destination SAS address does not match the SAS address of the SAS port to which the connection request was delivered.

Primitive	Originator	Description
OPEN_REJECT (NO DESTINATION) [c]	Expander phy	Either: a) No such destination device; b) a connection request arrives through an expander phy using the subtractive routing method and the expander device determines the connection request would have to be routed to the same expander port as the expander port through which the connection request arrived; or c) the SAS address is valid for an STP target port in an STP/SATA bridge, but the initial Register - Device to Host FIS has not been successfully received.
OPEN_REJECT (PATHWAY BLOCKED) [b]	Expander phy	An expander device determined the pathway was blocked by higher priority connection requests.
OPEN_REJECT (RESERVED CONTINUE 0) [a]	Unknown	Reserved. Process the same as OPEN_REJECT (RETRY).
OPEN_REJECT (RESERVED CONTINUE 1) [a]	Unknown	Reserved. Process the same as OPEN_REJECT (RETRY).
OPEN_REJECT (RESERVED INITIALIZE 0) [c]	Unknown	Reserved. Process the same as OPEN_REJECT (NO DESTINATION).
OPEN_REJECT (RESERVED INITIALIZE 1) [c]	Unknown	Reserved. Process the same as OPEN_REJECT (NO DESTINATION).
OPEN_REJECT (RESERVED STOP 0) [b]	Unknown	Reserved. Process the same as OPEN_REJECT (PATHWAY BLOCKED)
OPEN_REJECT (RESERVED STOP 1) [b]	Unknown	Reserved. Process the same as OPEN_REJECT (PATHWAY BLOCKED).
OPEN_REJECT (RETRY) [a]	Destination phy	Device with destination SAS address exists but is not able to accept connections.

[a] If the I_T Nexus Loss timer is already running, it is stopped.
[b] If the I_T Nexus Loss timer is already running, it continues running. Stop retrying the connection request if the I_T Nexus Loss timer expires.
[c] If the I_T Nexus Loss timer is already running, it continues running; if it is not already running, it is initialized and started. Stop retrying the connection request if the I_T Nexus Loss timer expires.

图7-177　SAS网络中所有原语的含义一览（3）

INQUIRY command

Bit / Byte	7	6	5	4	3	2	1	0
0	OPERATION CODE (12h)							
1	Reserved						Obsolete Formerly CMDDT	EVPD
2	PAGE CODE							
3	(MSB) ALLOCATION LENGTH							
4								(LSB)
5	CONTROL							

Standard INQUIRY data format

Bit / Byte	7	6	5	4	3	2	1	0
0	PERIPHERAL QUALIFIER			PERIPHERAL DEVICE TYPE				
1	RMB	Reserved						
2	VERSION							
3	Obsolete	Obsolete	NORMACA	HISUP	RESPONSE DATA FORMAT			
4	ADDITIONAL LENGTH (N-4)							
5	SCCS	ACC	TPGS		3PC	Reserved		PROTECT
6	BQUE	ENCSERV	VS	MULTIP	MCHNGR	Obsolete	Obsolete	ADDR16 [a]
7	Obsolete	Obsolete	WBUS16 [a]	SYNC [a]	LINKED	Obsolete	CMDQUE	VS
8	(MSB)	T10 VENDOR IDENTIFICATION						
15								(LSB)
16	(MSB)	PRODUCT IDENTIFICATION						
31								(LSB)
32	(MSB)	PRODUCT REVISION LEVEL						
35								(LSB)
36	DRIVE SERIAL NUMBER							
43								
44	Vendor Unique Seagate fills this field with 00h.							
55								
56	Reserved				CLOCKING [a]		QAS [a]	IUS [a]
57	Reserved							
58	(MSB)	VERSION DESCRIPTOR 1						
59								(LSB)
	⋮							
72	(MSB)	VERSION DESCRIPTOR 8						
73								(LSB)
74	Reserved							
95								
Bit / Byte	**7**	**6**	**5**	**4**	**3**	**2**	**1**	**0**
96	Copyright Notice (Vendor specific)							
n								

图7-178 SCSI Inquiry命令及其响应

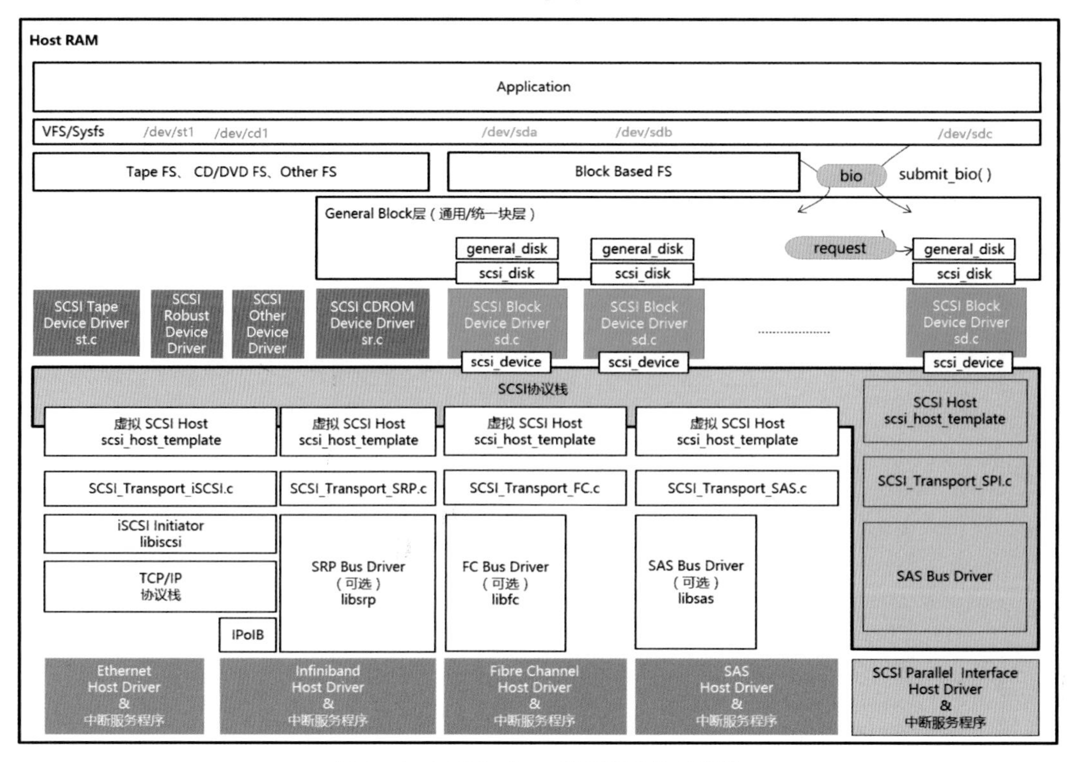

图7-179 SCSI体系Host端程序组件示意图

应的干事的函数，调用它就可以了。通过这种方式，SCSI核心层把具体的实现细节甩给了HBA厂商来开发，而不是自己来开发。SCSI HBA的驱动程序加载运行时会调用SCSI核心层提供的scsi_host_alloc()函数生成一个scsi_host表，并对该表里的各种参数进行初始化赋值，其中就包括对scsi_host_template中的对应项目赋值（将驱动实现好的相关函数指针写入）。然后再调用scsi_host_add()向SCSI核心层注册这张填好的表，也就是注册，或者说对接上了该SCSI HBA。如果系统中有多块HBA存在，那每块HBA的驱动都会做上面的事情，最终向核心层注册上多个scsi_host表。

准备工作做好之后，HBA驱动程序会发起针对后端网络的设备扫描动作。这个扫描过程被封装在了scsi_scan_host()函数中。该函数是由SCSI核心层开发者亲手炮制的，但是却并不是由SCSI核心层主动调用从而发起扫描的，而是由HBA驱动程序加载之后，将对应的数据结构表初始化好之后调用的。但是该函数却并不能说是HBA驱动的一部分，驱动只是调用了它，它属于SCSI核心层。

scsi_scan_host()函数具体过程酷似前文介绍过的PCI共享总线所采用的方式，也就是直接从Bus0、Device0、Function0开始挨个ID发送配置读请求TLP，有响应则发现设备，没响应则继续下一个ID。同理，SCSI总线的扫描则是挨个向Channel0（相当于Bus）、Target0（相当于Device）、Lun0（相当于Function）发起SCSI Inquiry命令（发送给HBA驱动然后发送给HBA，HBA再按照SAS地址与C/T/L ID的映射关系将其发送给目标SAS设备）， 有响应则发现设备，没响应则向下一个ID继续发送，只不过PCI是逐个以Function ID为粒度向前推进的。而SCSI体系中，如果Lun0没有响应则证明整个Tgt就不存在，如果Lun0响应了，Lun1不响应，则表示该Tgt只有一个Lun，而并不像PCI/PCIE那样每个Function独立存在。怎么样，是不是感觉这些计算机内部I/O协议基本思想都差不多？实际上也是这样，这些协议规范制定者在制定协议时其实都是在相互参考的。

后来人们觉得这种扫描方式太笨拙了，便历经数次完善修改，提出了多种不同的设备扫描方式，可以根据参数来选择使用不同方式。比如，Host端首先给Cx/Tx/L0发起SCSI Inquiry指令，如果有回应，则向Lun0直接发起一个SCSI Report Lun指令作为回应，设备可以直接告诉Host端自己到底有多少个Lun，然后Host分别对每个Lun进行Inquiry即可。

另外，也有一些HBA驱动开发者开发了自己的扫描函数，不依赖SCSI原生提供的笨拙方式，比如melon_scsi_scan()。那么，驱动也并不能直接调用该函数扫描，因为扫描出来的设备需要呈献给SCSI核心层，单独调用自行开发的函数，扫描出来之后的结果还是无法与核心层对接上。所以，SCSI核心层在scsi_host_template表中定义了两项：scsi_scan_start和scsi_scan_finished。驱动程序如果有自己的扫描函数，需要按照接口定义实现一个扫描函数以及扫描结束的处理函数，然后需要将函数指针在调用scsi_host_alloc()时写入这两个条目中。SCSI核心层也需要在scsi_scan_host()函数中判断当前HBA到底是使用原生扫描方式还是它自行注册的扫描方式。然后，HBA驱动扫描时依然统一调用scsi_scan_host()函数，这样既可使用自己注册的扫描方式了。如果不注册自定义扫描方式，那么scsi_scan_host()会用原生默认的方式扫描。

所以，回答前文中的问题，SCSI Inquiry指令是由scsi_scan_host()函数为源头触发的，当然，该函数底层一定会调用到HBA驱动注册的用于下发SCSI命令的函数，比如melon_queuecommand()，SCSI核心层将SCSI命令封装到SCSI Request Block（SRB）中，其相当于一个I/O Descriptor，其中除了携带命令本身之外还有返回的数据应该放到哪里等信息。然后调用melon_queuecommand()从而传递给它，后者则将该请求进一步处理、转换之后压入驱动程序维护的Send Queue里，最后写寄存器通知HBA，HBA从主存中将命令取走、执行，并返回数据。至于SCSI HBA发送命令式需要先获取仲裁、处理对应的SCSI总线信号等过程，Host端的程序就完全不知道而且也不关心了。

SCSI核心层根据每个所发现设备的Inquiry命令的回应消息中的Device Type字段判断其属于哪一类设备以及厂商ID等，加载对应的设备驱动程序。**这一层驱动程序被称为SCSI Device Driver，或者Upper Layer Device Driver（ULDD/ULD），而SCSI HBA的驱动程序则被称为Low Layer Device Driver（LLDD/LLD）**。这个层次模型与USB体系是类似的。那么USB体系中的Bus Driver，在SCSI体系中是否有对应角色？在SCSI体系早期，Host端的程序模块基本上只有ULDD、LLDD和SCSI Core这三层，Bus Driver并没有分化成一个独立的细胞，但并不能认为其就不存在，只不过是被紧耦合在SCSI Core这个大细胞之内了。比如scsi_scan_host()函数本身就起到了Bus Driver众多作用中的一个，也就是扫描和发现总线设备，并在内存中维护所有SCSI设备的各种信息表。

一直到后来，多种不同的物理链路通道形式被用于承载SCSI协议，比如Fibre Channel、SAS、以太网、Infiniband等，这些底层网络协议各不相同。而此时scsi_scan_host()函数中针对Channel、Target、Lun发送的SCSI Inquiry命令喊话方式，是根本喊不到这些网络上的。比如，SAS HBA收到了针对C0、T1、L0的Inquiry命令，它怎么知道这个设备到底是SAS网络中的哪个设备呢？没错，与PCI/PCIE体系的做法相同，做个映射关系就可以了，比如让SAS地址为A的设备的SCSI ID=C0 T1 L0，以此类推。

不过我们也看到，SAS网络的设备发现过程是完全自成一派的，这与传统的SCSI截然不同。对于传统SCSI总线，多个SCSI设备挂接在总线上，然后每个SCSI设备在其电路板上采用跳线的方式手工设置其SCSI地址，SCSI HBA完全不知道SCSI网络上有没有、都有哪些设备，完全靠将scsi_scan_host()生成的SCSI Inquiry命令广播到SCSI总线上，谁回应了，方才知道有这个设备。而SAS网络的机制既然与SCSI完全不同，SAS是自成一派的独立网络，其设备发现方式是主动式的，而且采用的是SMP而不是SCSI命令，平时还需要对该网络进行管理，比如某个PHY有个风吹草动的，处理BC、Enable/Disable某个端口/PHY等，必须有一个角色来负责这个过程，这也就是前文中提到过的SAS Bus Driver，其源代码对应着Linux操作系统源码下的/drivers/scsi/libsas/这个目录。同理，Fibre Channel网络环境下也有FC Bus Driver（/drivers/scsi/libfc目录）处理类似过程，然而我们就不过多介绍FC相关的内容了。SAS协议其实是FC协议的一个变种，其在一些帧格式、交互方式上都与FC类似。FC协议中定义了包交换和基于连接的交换，以及带ACK和不带ACK的通信方式，灵活可选，但是SAS为了降低成本，只保留了带ACK且基于连接的交换方式，并相对FC提升了链路速率。

然而，图7-179中所示的各种Bus Driver都是可选的，也就是说，HBA开发者可以开发自己的Bus Driver实现SAS网络扫描，并将得到的设备拓扑信息保存在内存中。为了保持对上层透明，驱动依然调用scsi_scan_host()函数，但是之前驱动必须注册自己的scan_start和scan_finished函数，这样，扫描请求就会被引流到自己手里。此时驱动可以按照某种映射关系将某个SAS地址映射到某个C/T/L ID，然后自行对该SAS地址上的设备发送SCSI Inquiry命令获取该设备的具体设备类型等信息，然后将该设备作为SCSI设备注册到SCSI Core层的设备表中。后者根据设备类型和厂商ID加载对应的ULDD驱动。

具体产品采用什么样的方式，得看对应开发者的设计思路了，不一而同。甚至，目前市场上的主流SAS HBA产品其实是直接在其控制器内部固件中实现一个Bus Driver用于设备发现过程和后端网络管理，然后将发现整理好的设备拓扑信息表留在控制器内部备用。这种场景下，HBA驱动不需要注册自己的scan_start或者scan_finished函数，而是直接走史前的scsi_scan_host()原生流程，逐一针对每个C/T/L发送SCSI Inquiry命令。驱动则负责将命令打包后传递给HBA，HBA接收命令并解析，然后根据自己内部定义好的（或固定的或可编程的）C/T/L和SAS地址的映射关系，将该命令发送到指定的SAS地址的设备上执行。设备返回Inquiry的响应给Host端驱动，驱动再将数据返回scsi_scan_host()下游步骤，也就是根据回应匹配ULDD，加载ULDD。ULDD会将该SCSI设备继续向上层的通用块层注册成一个块设备，最终在系统中生成一个盘符，比如/dev/sda。

所以，如果HBA使用了非原生的SCSI通道接口（SCSI Parallel Interface）的话，HBA驱动依然需要向系统申请并填充好一个scsi_host_template。此时该Host由于并不是原生SCSI通道，所以称为虚拟SCSI Host。SCSI核心层本身并不关心HBA底层到底使用了什么通道，SCSI核心层看到的永远是Channel、Target、Lun，HBA驱动或者固件负责将这些ID的I/O请求根据映射关系发到对应SAS地址上的设备。

然而，纸里包不住火，底层已经发生了天翻地覆的变化。为了对上层透明，这些底层设备对上层都呈现为SCSI设备， SCSI核心层也依然使用原始的SCSI命令和交互方式与这些设备通信。在数据路径上保持透明，这样做的理由很充分，但是在管理方面如果也这样做，就不合适了，比如，显示每个SCSI设备的SAS地址等。用户既然知道底层设备其实是SAS接口的设备，SCSI核心层就不能真的把它们看作是SCSI设备，否则会引起混淆和管理不便。

为此，SCSI核心层分离出一个单独的层次，叫作SCSI传输层（Transport Layer）。底层网络是用来传输SCSI命令和数据的，所以称为传输层。不同的底层网络，有不同的传输层。比如Linux下的源码scsi_transport_sas.c、scsi_transport_fc.c等，甚至原始的并行SCSI通道也有对应的scsi_transport_spi.c。传输层还负责向操作系统的设备管理模块中注册底层网络和设备相关的信息到Linux操作系统的一些特定目录下面，比如/proc/sas/expander、/proc/sas/hba等，用户程序可以通过cat等命令直接将该路径下的信息显示出来。

如图7-180所示，冬瓜哥画了图来展示与SCSI体系相关的一些组件之间的关系。这三个图分别对应了三种不同的HBA的实现方式：最左侧是HBA和驱动都不负责网络管理，完全交给Bus Driver；中间则是通过HBA驱动自行实现网络管理功能；最右侧则是在HBA固件内部实现网络管理。

如果说SMP Discovery只获取到了SAS设备在SAS网络上相关的基本信息，那么SCSI Inquiry指令拿到的则是关于SAS设备在SCSI体系中的基本属性，用这些属性充其量够加载对应设备驱动的。难道还有隐藏的更深的信息？是的，这最后一层信息，就是该设备的更加细节的参数，比如：设备的写缓存是否打开、读缓存是否开启等等。这些深层次信息，会由设备驱动加载之后由设备驱动亲自发出对应的SCSI命令给设备来获取到，然后把这些信息放置到内存中的另一个专门描述每个SCSI设备的数据结构中，比如scsi_disk结构体中。

SCSI体系在这最后一层参数中定义了4个大类别的参数，分别为Diagnostic Parameters、Log Parameter、Mode Parameters以及Vital Product Data（VPD） Parameters。这4大类参数分别使用下面的SCSI命令来获取或者配置：SCSI Send Diagnostic/

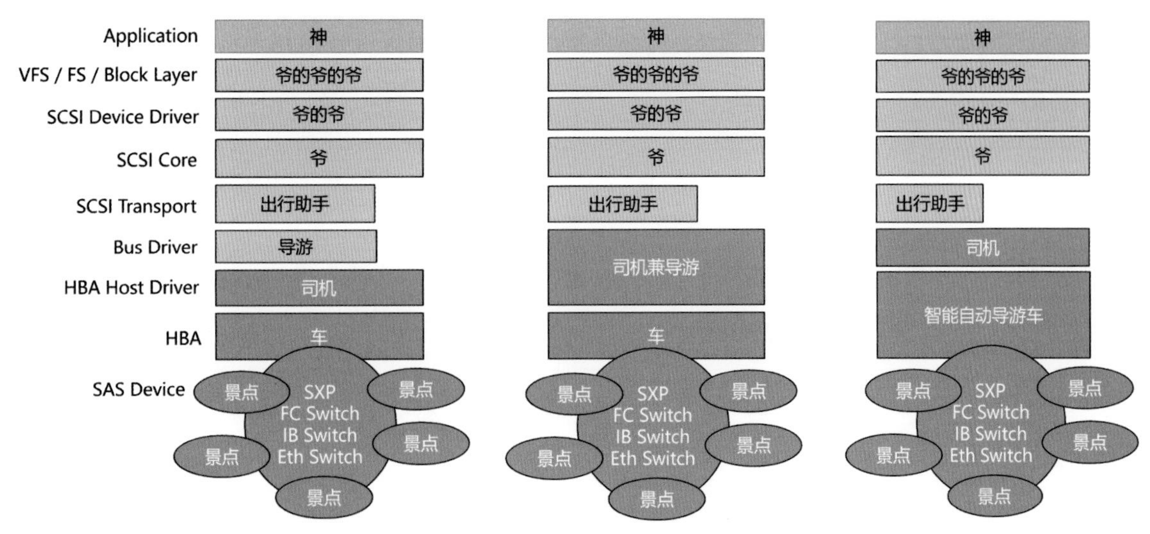

图7-180 SCSI体系Host端程序组件示意图

SCSI Receive Diagnostic Results、SCSI Log Sense/SCSI Log Select、SCSI Mode Sense/SCSI Mode Select、SCSI Inquiry (With EVPD bit set to 1)。

如图7-181所示，4大类参数每一类中的每一项都具有一个Page号，在诸如SCSI Mode Sense指令中给出要读出的Page号，设备端即可将该Page号对应的参数回复回来。

图7-182所示为Mode和Log参数的Page号和对应含义一览，可以看到一个Page内部还可能有多个子Page号，相当于一级参数下面的二级子参数。

图7-183所示为Diagnostic和VPD参数的Page号和对应含义一览。

图7-184所示为10字节的SCSI Mode Sense命令及其响应，以及SCSI Mode Select命令。本例中假设Mode Sense给出的Page号为08h，也就是试图读出与设备缓存相关的配置参数。右侧所示为返回的参数，其中可以看到WCE（Write Cache Enabled）位，其为1表示该设备当前是启用了写缓存的，可以用Mode Select命令将其设置为0，也就关闭了设备的写缓存。由于SCSI体系定义了太多参数，篇幅所限，在这里就不逐个列举了，请大家自行参阅。

另外还有个比较重要的SCSI指令，那就是SCSI Read Capacity，如图7-185所示。设备驱动程序就是通过这个指令获知到SCSI硬盘的容量的。在其回应数据中，Returned Logical Block Address字段给出了该设备的扇区（Logical Block，俗称Sector）数量。Block Length in Byte表示每个扇区的字节数。

图7-186所示为常用的SCSI命令一览，括号中的数值为对应命令的字节数。同一条命令之所以有多个不同长度的版本是因为历史原因，后续的SCSI版本中增加了命令中的字段数量或者扩充了同一个字段的长度，比如LBA的长度（可寻址更大容量的硬盘）。篇幅所限，这里就不介绍每一种命令的含义和用法了。所有SCSI指令都是由SCSI核心层的代码生成的。

最终，SCSI设备驱动将对应的SCSI设备与通用块层对接，从而接收块层下发的blk_request请求。那么，这些不同层次之间到底是怎么“对接”的？我们在前文中经常提到如挂接、对接等词。不同层次之间的API到底表现为什么形式？不同函数之间是怎么传递信息的？本书前面章节介绍过，函数之间通过参数传递信息，那么，上文中你也看到了，使用SMP以及SCSI命令读出的各层级的参数数不胜数。如果某个函数要更改设备上的大量设置参数，比如几十个，那么这种代码写起来就很费劲，而且不利于阅读和理解。我们可以这样做：把这一大堆参数放到一个数组，或者结构体中，我们一般采用结构体，因为不同参数的

Diagnostic parameters
- Supported diagnostic pages (00h)
- Translate Address page (40h)
- SCSI Enclosure Services pages (01h - 2Fh)

Vital product data parameters
- ASCII Information VPD page (01h - 7Fh)
- Date Code page (C1h)
- Device Behavior page (C3h)
- Extended INQUIRY Data VPD page (86h)
- Firmware Numbers page (C0h)
- Device Identification VPD page (83h)
- Jumper Settings page (C2h)
- Supported Vital Product Data pages (00h)
  - Unit Serial Number page (80h)

Mode parameters
- Background Control mode page (1Ch)
- Caching Parameters page (08h)
- Control mode page (0Ah)
  - Control Extension mode page (0Ah)
  - Disconnect-Reconnect mode page (02h)
  - Format Parameters page (03h)
  - Informational Exceptions Control mode page (1Ch)
  - Notch page (0Ch)
  - Power Condition mode page (1Ah)
  - Read-Write Error Recovery mode page (01h)
  - Protocol Specific Logical Unit mode page (18h)
  - Protocol Specific Port mode page (19h)
  - Rigid Drive Geometry Parameters page (04h)
  - Unit Attention parameters page (00h)
  - Verify Error Recovery mode page (07h)

Log parameters
- Application Client log page (0Fh)
- Background Scan Results log page (15h)
- Cache Statistics page (37h)
- Error counter log pages (WRITE, READ, and VERIFY, 02h, 03h, and 05h)
- Factory Log page (3Eh)
- Informational Exceptions log page (2Fh)
- Non-Medium Error log page (06h)
- Self-Test Results log page (10h)
  - Start-Stop Cycle Counter log page (0Eh)
  - Supported Log Pages log page (00h)
  - Temperature log page (0Dh)

图7-181 4大类参数每一类又分为多个Page

Mode page codes and subpage codes

Page code	Subpage code	Mode Page Name
0Ah	00h	Control
0Ah	01h	Control Extension
02h	00h	Disconnect-Reconnect
15h	00h	Extended
16h	00h	Extended Device-Type Specific
1Ch	00h	Informational Exceptions Control
09h	00h	Obsolete
1Ah	00h	Power Condition
18h	00h	Protocol Specific LUN
18h	01h - FEh	(See specific SCSI transport protocol)
19h	00h	Protocol Specific Port
19h	01h - FEh	(See specific SCSI transport protocol)
01h	00h - FEh	(See specific device type)
03h	00h	Format Device mode page (Obsolete)
04h - 08h	00h - FEh	(See specific device type)
0Bh - 14h	00h - FEh	(See specific device type)
1Bh	00h - FEh	(See specific device type)
1Dh - 1Fh	00h - FEh	(See specific device type)
20h - 3Eh	00h - FEh	(See specific device type)
00h	not applicable	Vendor specific (does not require page format)
3Fh	00h	Return all pages [a]
3Fh	FFh	Return all pages and subpages [a]
00h - 3Eh	FFh	Return all subpages [a]

Log page codes

Page Code	Log Page Name
0Fh	Application Client
01h	Buffer Over-Run/Under-Run
2Fh	Informational Exceptions
0Bh	Last *n* Deferred Errors or Asynchronous Events
07h	Last *n* Error Events
06h	Non-Medium Error
18h	Protocol Specific Port
03h	Read Error Counter
04h	Read Reverse Error Counter
10h	Self-Test Results
0Eh	Start-Stop Cycle Counter
00h	Supported Log Pages
0Dh	Temperature
05h	Verify Error Counter
02h	Write Error Counter
08h - 0Ah	Reserved (may be used by specific device types)
0Ch	Reserved (may be used by specific device types)
11h - 17h	Reserved (may be used by specific device types)
19h - 2Eh	Reserved (may be used by specific device types)
3Fh	Reserved
30h - 3Eh	Vendor specific

图7-182 Mode和Log参数的Page号和对应含义一览

Diagnostic page codes

Page Code	Diagnostic Page Name
00h	Supported Diagnostic Pages
01h - 2Fh	Defined by SES-2 for: a Enclosure services devices (i.e., SCSI devices with the PERIPHERAL DEVICE TYPE field set to 0Dh in standard INQUIRY data); and b SCSI devices with the ENCSERV bit set to one in standard INQUIRY data (see 3.6.2). Note. These pages are described in SES-2 these pages are passed along to any attached enclosure services device.
30h - 3Eh	Reserved
3Fh	See specific SCSI transport protocol for definition
40h - 7Fh	See specific device type for definition
80h - FFh	Vendor specific

Vital product data page codes

Page code	VPD Page Name	Reference	Support Requirements
01h - 7Fh	ASCII Information	4.4.2	Optional
83h	Device Identification	4.4.7	Mandatory
86h	Extended INQUIRY Data		Optional
85h	Management Network Addresses		Optional
87h	Mode Page Policy		Optional
81h	Obsolete		
82h	Obsolete		
88h	SCSI Ports		Optional
84h	Software Interface Identification		Optional
00h	Supported VPD Pages	4.4.9	Mandatory
80h	Unit Serial Number	4.4.10	Optional
89h - AFh	Reserved		
B0h - BFh	(See specific device type)		
C0h - FFh	Vendor specific	4.4.3 - 4.4.8	

图7-183 Diagnostic和VPD参数的Page号和对应含义一览

MODE SENSE(10) command

Bit / Byte	7	6	5	4	3	2	1	0
0	OPERATION CODE (5Ah)							
1	Reserved			LLBAA	DBD	Reserved		
2	PC		PAGE CODE					
3	SUBPAGE CODE							
4	Reserved							
6								
7	(MSB)	ALLOCATION LENGTH						
8								(LSB)
9	CONTROL							

MODE SELECT(10) command

Bit / Byte	7	6	5	4	3	2	1	0
0	OPERATION CODE (55h)							
1	Reserved			PF	Reserved			SP
2	Reserved							
3								
4	(MSB)	PARAMETER LIST LENGTH						
5								(LSB)
6	CONTROL							

Caching Parameters page (08h)

Bit / Byte	7	6	5	4	3	2	1	0
0	PS	Reserved	PAGE CODE (08h)					
1	PAGE LENGTH (12h)							
2	IC	ABPF	CAP	DISC	SIZE	WCE	MF	RCD
3	DEMAND READ RETENTION PRIORITY				WRITE RETENTION PRIORITY			
4	(MSB)	DISABLE PREFETCH TRANSFER LENGTH						
5								(LSB)
6	(MSB)	MINIMUM PREFETCH						
7								(LSB)
8	(MSB)	MAXIMUM PREFETCH						
9								(LSB)
10	(MSB)	MAXIMUM PREFETCH CEILING						
11								(LSB)
12	FSW	LBCSS	DRA	Reserved				
13	NUMBER OF CACHE SEGMENTS							
14	(MSB)	CACHE SEGMENT SIZE						
15								(LSB)
16	Reserved							
17 : 19	(MSB)	NON-CACHE SEGMENT SIZE						(LSB)

图7-184 10字节的SCSI Mode Sense命令极其响应

READ CAPACITY (10) command

Bit / Byte	7	6	5	4	3	2	1	0
0	OPERATION CODE (25h)							
1	Reserved							Obsolete
2	(MSB)	LOGICAL BLOCK ADDRESS						
5								(LSB)
6	Reserved							
7								
8	Reserved							PMI
9	CONTROL							

READ CAPACITY (10) parameter data

Bit / Byte	7	6	5	4	3	2	1	0
0	(MSB)	RETURNED LOGICAL BLOCK ADDRESS						
3								(LSB)
4	(MSB)	BLOCK LENGTH IN BYTES						
7								(LSB)

图7-185 SCSI Read Capacity指令及其响应

READ CAPACITY (10) command
READ CAPACITY (16) command
READ DEFECT DATA (10) command
READ DEFECT DATA (12) command
READ LONG (10) command
READ LONG (16) command
REASSIGN BLOCKS command
RECEIVE DIAGNOSTIC RESULTS command
RELEASE(6) command
RELEASE (10) command
REPORT DEVICE IDENTIFIER command
REPORT LUNS command
REQUEST SENSE command
WRITE AND VERIFY (10) command
WRITE AND VERIFY (12) command
WRITE AND VERIFY (16) command
WRITE AND VERIFY (32) command
WRITE BUFFER command
WRITE LONG (10) command
WRITE LONG (16) command
WRITE SAME (10) command
WRITE SAME (16) command
WRITE SAME (32) command

CHANGE DEFINITION command
COMPARE command
COPY command
COPY AND VERIFY command
FORMAT UNIT command
INQUIRY command
LOCK-UNLOCK Cache (10) command
LOCK-UNLOCK Cache (16) command
LOG SELECT command
RESERVE(6) command
RESERVE (10) command
REZERO UNIT command
SEEK command
SEEK EXTENDED command
SEND DIAGNOSTIC command
SET DEVICE IDENTIFIER command
START STOP UNIT command
SYNCHRONIZE CACHE (10) command
SYNCHRONIZE CACHE (16) command

LOG SENSE command
MODE SELECT(6) command
MODE SELECT(10) command
MODE SENSE(6) command
MODE SENSE(10) command
PERSISTENT RESERVE IN command
PERSISTENT RESERVE OUT command
PRE-FETCH (10) command, PRE-FETCH (16) command
PREVENT ALLOW MEDIUM REMOVAL command
READ (6) command
READ (10) command
READ (12) command
READ (16) command
READ (32) command
READ BUFFER command
TEST UNIT READY command
VERIFY (10) command
VERIFY (12) command
VERIFY (16) command
VERIFY (32) command
WRITE (6) command
WRITE (10) command
WRITE (12) command
WRITE (16) command
WRITE (32) command

图7-186 常用的SCSI命令一览

长度、数据类型都不同，那必须用结构体来作为这个表的承载体。然后将这个表自身的指针作为单一参数，传递给函数，这样函数就可以用指针+偏移量的方式来操作这个表中任何一个项目了。比如将其中某个项目改为对应的值，然后再将这个表指针传递给后续负责将该参数写入设备的函数，后者调用SCSI核心层函数封装出对应SCSI命令，命令中的字段取自该表对应的条目即可。

多数时候表中还有二级表。当然，有些表项可以不用填，这就像你去一些机构登记办事时，会碰到表格中一些根本不知道怎么填的奇葩条目，此时留空也并不是不可以。利用这些表格做事情的其他函数会判断对应表项是否是空的（比如类似这种语法：if (!table->entry)或者if (!table.entry)，表table中的entry项目如果是全0）以决定后续逻辑。

提示▶▶

在C语言中，table->entry = xxx与table.entry = xxx，这两种对结构体中项目进行赋值的方式的区别在于，前者table是个指针型数据，也就是其存储的是table这个结构体在内存中的首地址，而后者table直接指代的就是table结构体本身。所以针对这两种使用方式，需要分别用->和.的方式来引用对应的项目。如果entry中存放的是一个函数指针，那么只要代码中出现比如table->entry（如果table为指针）或者table.entry，便执行了entry指针指向的函数。如果你实现了自定义的函数，就可以用这种方式将自己的函数挂接到表中，也就是用上述的赋值方式，这个过程又被俗称钩子（hook）。

表中大致存放了两大类信息。一种是各种独立的参数，比如一个设备的写缓存是否已被打开、运行速率等。另一种是记录了对应处理函数的指针，比如有I/O发给了这个设备，应该调用哪个函数来接收处理这笔I/O请求，该设备的驱动程序必须将自己实现的I/O Handler函数的指针写入到对应条目中。

不同的设备都对应着一份表格，虽然同类设备的表格形式都是一样的，但是填入的内容可能不一样。一般来说，驱动程序会先调用xxx_alloc_xxx()函数向协议栈申请一份形式空表格，给该表格起一个名字，这份表就是自己的了，后续会填入对应内容，这个过程叫作**实例化**一份表格。

用结构体来在函数之间传递大量信息，是实际程序编写时常用的一种思路。

7.4.3.6 形形色色的登记表

PCI/PCIE的Bus Driver在枚举PCIE网络时，会把所有发现的与PCI/PCIE总线相关的信息填入到struct pci_bus结构体中，而将发现的PCI/PCIE设备的相关信息填入到struct pci_dev结构体中。

图7-187所示为Linux操作系统中的PCI/PCIE Bus Driver模块（pci.h源文件中）定义的pci_bus结构体。

```
struct pci_bus {
        struct list_head node;          /* node in list of buses */
        struct pci_bus  *parent;        /* parent bus this bridge is on */
        struct list_head children;      /* list of child buses */
        struct list_head devices;       /* list of devices on this bus */
        struct pci_dev  *self;          /* bridge device as seen by parent */
        struct list_head slots;         /* list of slots on this bus;
                                           protected by pci_slot_mutex */
        struct resource *resource[PCI_BRIDGE_RESOURCE_NUM];
        struct list_head resources;     /* address space routed to this bus */
        struct resource busn_res;       /* bus numbers routed to this bus */

        struct pci_ops  *ops;           /* configuration access functions */
        struct msi_controller *msi;     /* MSI controller */
        void            *sysdata;       /* hook for sys-specific extension */
        struct proc_dir_entry *procdir; /* directory entry in /proc/bus/pci */

        unsigned char   number;         /* bus number */
        unsigned char   primary;        /* number of primary bridge */
        unsigned char   max_bus_speed;  /* enum pci_bus_speed */
        unsigned char   cur_bus_speed;  /* enum pci_bus_speed */
#ifdef CONFIG_PCI_DOMAINS_GENERIC
        int             domain_nr;
#endif

        char            name[48];

        unsigned short  bridge_ctl;     /* manage NO_ISA/FBB/et al behaviors */
        pci_bus_flags_t bus_flags;      /* inherited by child buses */
        struct device           *bridge;
        struct device           dev;
        struct bin_attribute    *legacy_io; /* legacy I/O for this bus */
        struct bin_attribute    *legacy_mem; /* legacy mem */
        unsigned int            is_added:1;
};
```

图7-187　pci_bus结构体

PCI/PCIE Bus Driver在枚举PCIE网络时，会把所有发现的信息填入这个表中对应项目。每发现一条PCI总线，就申请一个新pci_bus表并填充内容。篇幅所限，这里仅列举几条，其他请大家自行了解。

例如unsigned char number，unsigned char指的是number这项的数据类型为无符号字符型，number记录着该总线的总线号。怎么得到总线号？如果忘记了，请回顾本章前文内容。

再比如primary这一项，记录了推出该总线对应的桥的上游总线号。

图7-188和图7-189所示为PCI/PCIE Bus Driver每发现一个PCI/PCIE设备时要填的表：struct pci_dev。

发现了设备之后，设备管理模块会加载对应PCI/PCIE设备的pci_driver，加载过程也是通过从对应的表，也就是struct pci_driver结构体中获取信息并判断的。PCI/PCIE设备的驱动程序负责填充struct pci_driver表，其中填充了一些关键信息用于设备管理模块判断该driver到底能驱动哪些Vendor ID的产品，从而做出加载与否的判断（记录在其内部的二级结构体struct pci_device_id *id_table中），以及该驱动程序加载之后运行的入口函数在哪里（记录在int (*probe)指针中）。

该结构体如图7-190左侧所示，该结构体中记录的几乎都是用于各种流程处理的函数指针。图7-190右侧所示为某个PCI/PCIE设备驱动程序中的代码片段示意图。PCI/PCIE设备的驱动程序代码中需要按照该结构体的定义，实例化一个属于自己的表，并填入自己实现好的各种处理函数指针，之后调用设备管理器提供的函数pci_register_driver()，将刚才填好的名为my_pci_driver的结构体实例表的指针作为参数传递给它。pci_register_driver()会拿着这份填好的表格，走内部流程，将信息注册到设备管理模块中。至于内部流程都是哪些流程，大家可以自行阅读源码学习。

PCI/PCIE设备驱动程序被安装到系统中时，就会执行上述的注册过程。当PCI/PCIE Bus Driver发现某个PCI/PCIE设备后，设备管理模块就通过调查所有PCI/PCIE驱动程序当初注册进来的struct pci_device_id *id_table中的Vendor ID来判断有没有匹配的。如果有，则执行对应驱动当时注册进来的*.probe函数进行后续流程；如果没有，则该设备（比如Windows中会提示“未知某类设备”）无法使用。

在PCI/PCIE设备驱动的probe函数下游，做了大量的后续步骤，是个超级大函数，比如其会对底层PCIE/PCI设备做各种配置初始化。对于SAS HBA，其驱动程序对下要对HBA各种参数做初始化，对上，则需要申请一份struct scsi_host表格并填写，从而尝试与上层的SCSI协议栈对接上。如图7-191和图7-192所示为struct scsi_host结构体。

```
struct pci_dev {
	struct list_head bus_list;	/* node in per-bus list */
	struct pci_bus	*bus;		/* bus this device is on */
	struct pci_bus	*subordinate;	/* bus this device bridges to */

	void		*sysdata;	/* hook for sys-specific extension */
	struct proc_dir_entry *procent;	/* device entry in /proc/bus/pci */
	struct pci_slot	*slot;		/* Physical slot this device is in */

	unsigned int	devfn;		/* encoded device & function index */
	unsigned short	vendor;
	unsigned short	device;
	unsigned short	subsystem_vendor;
	unsigned short	subsystem_device;
	unsigned int	class;		/* 3 bytes: (base,sub,prog-if) */
	u8		revision;	/* PCI revision, low byte of class word */
	u8		hdr_type;	/* PCI header type (`multi' flag masked out) */
#ifdef CONFIG_PCIEAER
	u16		aer_cap;	/* AER capability offset */
#endif
	u8		pcie_cap;	/* PCIe capability offset */
	u8		msi_cap;	/* MSI capability offset */
	u8		msix_cap;	/* MSI-X capability offset */
	u8		pcie_mpss:3;	/* PCIe Max Payload Size Supported */
	u8		rom_base_reg;	/* which config register controls the ROM */
	u8		pin;		/* which interrupt pin this device uses */
	u16		pcie_flags_reg;	/* cached PCIe Capabilities Register */
	unsigned long	*dma_alias_mask;/* mask of enabled devfn aliases */

	struct pci_driver *driver;	/* which driver has allocated this device */
	u64		dma_mask;	/* Mask of the bits of bus address this
					   device implements.  Normally this is
					   0xffffffff.  You only need to change
					   this if your device has broken DMA
					   or supports 64-bit transfers.  */

	struct device_dma_parameters dma_parms;

	pci_power_t	current_state;	/* Current operating state. In ACPI-speak,
					   this is D0-D3, D0 being fully functional,
					   and D3 being off. */
	u8		pm_cap;		/* PM capability offset */
	unsigned int	pme_support:5;	/* Bitmask of states from which PME#
					   can be generated */
	unsigned int	pme_interrupt:1;
	unsigned int	pme_poll:1;	/* Poll device's PME status bit */
	unsigned int	d1_support:1;	/* Low power state D1 is supported */
	unsigned int	d2_support:1;	/* Low power state D2 is supported */
	unsigned int	no_d1d2:1;	/* D1 and D2 are forbidden */
	unsigned int	no_d3cold:1;	/* D3cold is forbidden */
	unsigned int	bridge_d3:1;	/* Allow D3 for bridge */
	unsigned int	d3cold_allowed:1;	/* D3cold is allowed by user */
	unsigned int	mmio_always_on:1;	/* disallow turning off io/mem
						   decoding during bar sizing */
	unsigned int	wakeup_prepared:1;
	unsigned int	runtime_d3cold:1;	/* whether go through runtime
						   D3cold, not set for devices
						   powered on/off by the
						   corresponding bridge */
	unsigned int	ignore_hotplug:1;	/* Ignore hotplug events */
	unsigned int	hotplug_user_indicators:1; /* SlotCtl indicators
						      controlled exclusively by
						      user sysfs */
	unsigned int	d3_delay;	/* D3->D0 transition time in ms */
	unsigned int	d3cold_delay;	/* D3cold->D0 transition time in ms */

#ifdef CONFIG_PCIEASPM
	struct pcie_link_state	*link_state;	/* ASPM link state */
#endif

	pci_channel_state_t error_state;	/* current connectivity state */
	struct	device	dev;		/* Generic device interface */

	int		cfg_size;	/* Size of configuration space */

	/*
	 * Instead of touching interrupt line and base address registers
	 * directly, use the values stored here. They might be different!
	 */
	unsigned int	irq;
	struct resource resource[DEVICE_COUNT_RESOURCE]; /* I/O and memory regions + expansion ROMs */
```

图7-188　PCI/PCIE设备信息表（1）

```
	bool match_driver;		/* Skip attaching driver */
	/* These fields are used by common fixups */
	unsigned int	transparent:1;	/* Subtractive decode PCI bridge */
	unsigned int	multifunction:1;/* Part of multi-function device */
	/* keep track of device state */
	unsigned int	is_added:1;
	unsigned int	is_busmaster:1; /* device is busmaster */
	unsigned int	no_msi:1;	/* device may not use msi */
	unsigned int	no_64bit_msi:1; /* device may only use 32-bit MSIs */
	unsigned int	block_cfg_access:1;	/* config space access is blocked */
	unsigned int	broken_parity_status:1;	/* Device generates false positive parity */
	unsigned int	irq_reroute_variant:2;	/* device needs IRQ rerouting variant */
	unsigned int	msi_enabled:1;
	unsigned int	msix_enabled:1;
	unsigned int	ari_enabled:1;	/* ARI forwarding */
	unsigned int	ats_enabled:1;	/* Address Translation Service */
	unsigned int	is_managed:1;
	unsigned int	needs_freset:1; /* Dev requires fundamental reset */
	unsigned int	state_saved:1;
	unsigned int	is_physfn:1;
	unsigned int	is_virtfn:1;
	unsigned int	reset_fn:1;
	unsigned int	is_hotplug_bridge:1;
	unsigned int	is_thunderbolt:1; /* Thunderbolt controller */
	unsigned int	__aer_firmware_first_valid:1;
	unsigned int	__aer_firmware_first:1;
	unsigned int	broken_intx_masking:1;
	unsigned int	io_window_1k:1;	/* Intel P2P bridge 1K I/O windows */
	unsigned int	irq_managed:1;
	unsigned int	has_secondary_link:1;
	unsigned int	non_compliant_bars:1;	/* broken BARs; ignore them */
	pci_dev_flags_t dev_flags;
	atomic_t	enable_cnt;	/* pci_enable_device has been called */

	u32		saved_config_space[16]; /* config space saved at suspend time */
	struct hlist_head saved_cap_space;
	struct bin_attribute *rom_attr; /* attribute descriptor for sysfs ROM entry */
	int rom_attr_enabled;		/* has display of the rom attribute been enabled? */
	struct bin_attribute *res_attr[DEVICE_COUNT_RESOURCE]; /* sysfs file for resources */
	struct bin_attribute *res_attr_wc[DEVICE_COUNT_RESOURCE]; /* sysfs file for WC mapping of resources */

#ifdef CONFIG_PCIE_PTM
	unsigned int	ptm_root:1;
	unsigned int	ptm_enabled:1;
	u8		ptm_granularity;
#endif
#ifdef CONFIG_PCI_MSI
	const struct attribute_group **msi_irq_groups;
#endif
	struct pci_vpd *vpd;
#ifdef CONFIG_PCI_ATS
	union {
		struct pci_sriov *sriov;	/* SR-IOV capability related */
		struct pci_dev *physfn; /* the PF this VF is associated with */
	};
	u16		ats_cap;	/* ATS Capability offset */
	u8		ats_stu;	/* ATS Smallest Translation Unit */
	atomic_t	ats_ref_cnt;	/* number of VFs with ATS enabled */
#endif
	phys_addr_t rom; /* Physical address of ROM if it's not from the BAR */
	size_t romlen; /* Length of ROM if it's not from the BAR */
	char *driver_override; /* Driver name to force a match */

	unsigned long priv_flags; /* Private flags for the pci driver */
};
```

图7-189　PCI/PCIE设备信息表（2）

```
struct pci_driver {
        struct list_head node;
        const char *name;
        const struct pci_device_id *id_table;   /* must be non-NULL for probe to be called */
        int  (*probe)  (struct pci_dev *dev, const struct pci_device_id *id);   /* New device inserted */
        void (*remove) (struct pci_dev *dev);   /* Device removed (NULL if not a hot-plug capable driver) */
        int  (*suspend) (struct pci_dev *dev, pm_message_t state);      /* Device suspended */
        int  (*suspend_late) (struct pci_dev *dev, pm_message_t state);
        int  (*resume_early) (struct pci_dev *dev);
        int  (*resume) (struct pci_dev *dev);                   /* Device woken up */
        void (*shutdown) (struct pci_dev *dev);
        int (*sriov_configure) (struct pci_dev *dev, int num_vfs); /* PF pdev */
        const struct pci_error_handlers *err_handler;
        struct device_driver    driver;
        struct pci_dynids dynids;
};

static struct pci_driver my_pci_driver = {
    .name        = my_DRIVERNAME,
    .id_table    = my_pci_tbl,
    .probe       = my_probe_one,
    .remove      = my_remove_one,
    .suspend     = my_suspend,
    .resume      = my_resume,
    .shutdown    = my_shutdown,
    .err_handler     = &my_pci_err_handler,
};

//其他代码省略

pci_register_driver(&my_pci_driver)

//其他代码省略
```

图7-190 pci_driver结构体

```
1   struct Scsi_Host {
2       struct list_head      __devices; //设备链表
3       struct list_head      __targets; //目标节点链表
4
5       struct scsi_host_cmd_pool *cmd_pool; //scsi命令缓冲池
6       spinlock_t        free_list_lock;    //保护free_list
7       struct list_head      free_list; /* backup store of cmd structs, scsi命令预先分配的备用命令链表 */
8       struct list_head      starved_list; //scsi命令的饥饿链表
9
10      spinlock_t        default_lock;
11      spinlock_t        *host_lock;
12
13      struct mutex          scan_mutex;/* serialize scanning activity */
14
15      struct list_head      eh_cmd_q; //执行错误的scsi命令的链表
16      struct task_struct     * ehandler;  /* Error recovery thread. 错误恢复线程 */
17      struct completion      * eh_action; /* Wait for specific actions on the
18                  host. */
19      wait_queue_head_t         host_wait; //scsi设备恢复等待队列
20      struct scsi_host_template *hostt;   //主机适配器模板
21      struct scsi_transport_template *transportt; //指向SCSI传输层模板
22
23      /*
24    * Area to keep a shared tag map (if needed, will be
25    * NULL if not).
26    */
27     union {
28          struct blk_queue_tag     *bqt;
29          struct blk_mq_tag_set    tag_set; //SCSI支持多队列时使用
30     };
31     //已经派发给主机适配器(低层驱动)的scsi命令数
32     atomic_t host_busy;          /* commands actually active on low-level */
33     atomic_t host_blocked;    //阻塞的scsi命令数
34
35     unsigned int host_failed;         /* commands that failed.
36                 protected by host_lock */
37     unsigned int host_eh_scheduled;      /* EH scheduled without command */
38
39     unsigned int host_no;   /* Used for IOCTL_GET_IDLUN, /proc/scsi et al. 系统内唯一标识 */
40
41     /* next two fields are used to bound the time spent in error handling */
42     int eh_deadline;
43     unsigned long last_reset; //记录上次reset时间
44
45
46
47     /*
48    * These three parameters can be used to allow for wide scsi,
49    * and for host adapters that support multiple busses
50    * The last two should be set to 1 more than the actual max id
51    * or lun (e.g. 8 for SCSI parallel systems).
52    */
53     unsigned int max_channel; //主机适配器的最大通道编号
54     unsigned int max_id;        //主机适配器目标节点最大编号
55     u64 max_lun;                 //主机适配器lun最大编号
56
57     unsigned int unique_id;
58
59     /*
60    * The maximum length of SCSI commands that this host can accept.
61    * Probably 12 for most host adapters, but could be 16 for others.
62    * or 260 if the driver supports variable length cdbs.
63    * For drivers that don't set this field, a value of 12 is
64    * assumed.
65    */
66     unsigned short max_cmd_len;  //主机适配器可以接受的最长的SCSI命令
67     //下面这段在scsi_host_template中也有，由template中的字段赋值
68     int this_id;
69     int can_queue;
70     short cmd_per_lun;
71     short unsigned int sg_tablesize;
72     short unsigned int sg_prot_tablesize;
73     unsigned int max_sectors;
74     unsigned long dma_boundary;
75     /*
76    * In scsi-mq mode, the number of hardware queues supported by the LLD.
77    *
78    * Note: it is assumed that each hardware queue has a queue depth of
79    * can_queue. In other words, the total queue depth per host
80    * is nr_hw_queues * can_queue.
81    */
82     unsigned nr_hw_queues; //在scsi-mq模式中，低层驱动所支持的硬件队列的数
83     /*
84    * Used to assign serial numbers to the cmds.
85    * Protected by the host lock.
86    */
87     unsigned long cmd_serial_number;  //指向命令序列号
88
89     unsigned active_mode:2;           //标识是initiator或target
90     unsigned unchecked_isa_dma:1;
91     unsigned use_clustering:1;
92
93     /*
94    * Host has requested that no further requests come through for the
95    * time being.
96    */
97     unsigned host_self_blocked:1; //表示低层驱动要求阻塞该主机适配器，
              此时中间层不会继续派发命令到主机适配器队列中
98
99     /*
100   * Host uses correct SCSI ordering not PC ordering. The bit is
101   * set for the minority of drivers whose authors actually read
102   * the spec ;).
103   */
104    unsigned reverse_ordering:1;
105
106    /* Task mgmt function in progress */
107    unsigned tmf_in_progress:1;  //任务管理函数正在执行
108
109    /* Asynchronous scan in progress */
110    unsigned async_scan:1;        //异步扫描正在执行
111
112    /* Don't resume host in EH */
113    unsigned eh_noresume:1;       //在错误处理过程不恢复主机适配器
114
115    /* The controller does not support WRITE SAME */
116    unsigned no_write_same:1;
117
118    unsigned use_blk_mq:1;        //是否使用SCSI多队列模式
119    unsigned use_cmd_list:1;
120
121    /* Host responded with short (<36 bytes) INQUIRY result */
```

图7-191　struct scsi_host结构体（1）

```
127	unsigned short_inquiry:1;
128
129	/*
130	* Optional work queue to be utilized by the transport
131	*/
132	char work_q_name[20];  //被scsi传输层使用的工作队列
133	struct workqueue_struct *work_q;
134
135	/*
136	* Task management function work queue
137	*/
138	struct workqueue_struct *tmf_work_q; //任务管理函数工作队列
139
140	/* The transport requires the LUN bits NOT to be stored in CDB[1] */
141	unsigned no_scsi2_lun_in_cdb:1;
142
143	/*
144	* Value host_blocked counts down from
145	*/
146	unsigned int max_host_blocked; //在派发队列中累计命令达到这个数值，才开始唤醒主机适配器
147
148	/* Protection Information */
149	unsigned int prot_capabilities;
150	unsigned char prot_guard_type;
151
152	/*
153	* q used for scsi_tgt msgs, async events or any other requests that
154	* need to be processed in userspace
155	*/
156	struct request_queue *uspace_req_q; //需要在用户空间处理的scsi_tgt消息、异步事件或其他请求的请求队列
157
158	/* legacy crap */
159	unsigned long base;
160	unsigned long io_port;    //I/O端口编号
161	unsigned char n_io_port;
162	unsigned char dma_channel;
163	unsigned int irq;
164
165
166
167	enum scsi_host_state shost_state; //状态
168
169	/* ldm bits */ //shost_gendev: 内嵌通用设备，SCSI设备通过这个域链入SCSI总线类型(scsi_bus_type)的设备链表
170	struct device    shost_gendev, shost_dev;
171	//shost_dev: 内嵌类设备, SCSI设备通过这个域链入SCSI主机适配器类型(shost_class)的设备链表
172	/*
173	* List of hosts per template.
174	*
175	* This is only for use by scsi_module.c for legacy templates.
176	* For these access to it is synchronized implicitly by
177	* module_init/module_exit.
178	*/
179	struct list_head sht_legacy_list;
180
181	/*
182	* Points to the transport data (if any) which is allocated
183	* separately
184	*/
185	void *shost_data; //指向独立分配的传输层数据，由SCSI传输层使用
186
187	/*
188	* Points to the physical bus device we'd use to do DMA
189	* Needed just in case we have virtual hosts.
190	*/
191	struct device *dma_dev;
192
193	/*
	* We should ensure that this is aligned, both for better performance
	* and also because some compilers (m68k) don't automatically force
	* alignment to a long boundary.
	*/ //主机适配器专有数据
	unsigned long hostdata[0]  /* Used for storage of host specific stuff */
		__attribute__ ((aligned (sizeof(unsigned long))));
};
```

图7-192　struct scsi_host结构体（2）

SAS HBA的LLDD驱动程序需要实现自己的针对SCSI体系I/O方面的处理函数，比如最关键的queuecommand函数，以及一些错误处理方面的函数和SCSI设备扫描方面的函数等。驱动程序将函数填入一个scsi_host_template结构体中，再申请一个scsi_host结构体，将scsi_host_template结构体指针注册到scsi_host结构体中用于记录该template结构体指针的项目中，相当于在scsi_host表中嵌入一个scsi_host_template自表。这样做是为了降低scsi_host结构体的尺寸，显得更有条理，虽然理论上所有条目完全可以被放到一个大表中。

LLDD调用SCSI协议栈提供的scsi_scan_host()函数完成对SCSI设备的枚举过程。准确地说是，底层先采用SMP Discovery发现SAS设备，然后连接到对方的SSP Tgt，发送SCSI Inquiry命令获取隐藏在SAS端口之后的SCSI设备的信息。然而这一切都对SCSI协议栈隐藏起来了。LLDD虚拟出一堆通道、Tgt的ID，用某种方式将这些ID与设备的SAS地址映射起来，Lun ID则与每个SAS设备内部的SSP Tgt后方的Lun一一对应。

至于扫描过程中发现的每个Tgt，则由SCSI Bus Driver生成并记录在一个struct scsi_target结构体中，如图7-193所示。

对于发现的每个Lun，SCSI Bus Driver会生成并填充到一个struct scsi_device结构体中，如图7-194和图7-195所示。

Bus Driver会将SCSI Inquiry指令得到的Lun的设备类型、厂商ID等信息填入该表中，并按照厂商ID加载对应的SCSI上层设备驱动程序ULDD（如果是SCSI硬盘类设备就加载sd驱动，对应Linux操作系统源码文件sd.c）。

```
1  struct scsi_target {
2       struct scsi_device   *starget_sdev_user; //指向正在进行I/O的scsi设备，没有IO则指向NULL
3       struct list_head     siblings;   //链入主机适配器target链表中
4       struct list_head     devices;    //属于该target的device链表
5       struct device        dev;        //通用设备,用于加入设备驱动模型
6       struct kref       reap_ref; /* last put renders target invisible 本结构的引用计数 */
7       unsigned int         channel;    //该target所在的channel号
8       unsigned int         id; /* target id ... replace
9               * scsi_device.id eventually */
10      unsigned int         create:1; /* signal that it needs to be added */
11      unsigned int         single_lun:1;    /* Indicates we should only
12                * allow I/O to one of the luns
13                * for the device at a time. */
14      unsigned int         pdt_1f_for_no_lun:1;     /* PDT = 0x1f
15                * means no lun present. */
16      unsigned int         no_report_luns:1;    /* Don't use
17                * REPORT LUNS for scanning. */
18      unsigned int         expecting_lun_change:1; /* A device has reported
19                * a 3F/0E UA, other devices on
20                * the same target will also. */
21      /* commands actually active on LLD. */
22      atomic_t          target_busy;
23      atomic_t          target_blocked;              //当前阻塞的命令数
24
25
26      /*
27    * LLDs should set this in the slave_alloc host template callout.
28    * If set to zero then there is not limit.
29    */
30      unsigned int         can_queue;                //同时处理的命令数
31      unsigned int         max_target_blocked;       //阻塞命令数阈值
32 #define SCSI_DEFAULT_TARGET_BLOCKED 3
33
34      char              scsi_level;                  //支持的SCSI规范级别
35      enum scsi_target_state  state;                 //target状态
36      void              *hostdata; /* available to low-level driver */
37      unsigned long          starget_data[0]; /* for the transport SCSI传输层(中间层)使用 */
38      /* starget_data must be the last element!!!! */
   } __attribute__((aligned(sizeof(unsigned long))));
```

图7-193 struct scsi_target结构体

```
1  struct scsi_device {
2      struct Scsi_Host *host;   //所归属的主机总线适配器
3      struct request_queue *request_queue; //请求队列
4
5      /* the next two are protected by the host->host_lock */
6      struct list_head    siblings;    /* list of all devices on this host */ //链入主机总线适配器i
7      struct list_head    same_target_siblings; /* just the devices sharing same target id */
8
9      atomic_t device_busy;          /* commands actually active on LLDD */
10     atomic_t device_blocked;       /* Device returned QUEUE_FULL. */
11
12     spinlock_t list_lock;
13     struct list_head cmd_list;   /* queue of in use SCSI Command structures */
14     struct list_head starved_entry; //链入主机适配器的"饥饿"链表
15     struct scsi_cmnd *current_cmnd; /* currently active command */ //当前正在执行的命令
16     unsigned short queue_depth; /* How deep of a queue we want */
17     unsigned short max_queue_depth; /* max queue depth */
18     unsigned short last_queue_full_depth; /* These two are used by */
19     unsigned short last_queue_full_count; /* scsi_track_queue_full() */
20     unsigned long last_queue_full_time; /* last queue full time */
21     unsigned long queue_ramp_up_period; /* ramp up period in jiffies */
22 #define SCSI_DEFAULT_RAMP_UP_PERIOD (120 * HZ)
23
24     unsigned long last_queue_ramp_up;     /* last queue ramp up time */
25
26     unsigned int id, channel; //scsi_device所属的target id和所在channel通道号
27     u64 lun;   //该设备的lun编号
28     unsigned int manufacturer;    /* Manufacturer of device, for using 制造商
29             * vendor-specific cmd's */
30     unsigned sector_size;     /* size in bytes 硬件的扇区大小 */
31
32     void *hostdata;        /* available to low-level driver 专有数据 */
33     char type;             //SCSI设备类型
34     char scsi_level;       //所支持SCSI规范的版本号，由INQUIRY命令获得
35     char inq_periph_qual;     /* PQ from INQUIRY data */
36     unsigned char inquiry_len;    /* valid bytes in 'inquiry' */
37     unsigned char * inquiry;      /* INQUIRY response data */
38     const char * vendor;          /* [back_compat] point into 'inquiry' ... */
39     const char * model;       /* ... after scan; point to static string */
40     const char * rev;         /* ... "nullnullnullnull" before scan */
41
42 #define SCSI_VPD_PG_LEN          255
43     int vpd_pg83_len;               //sense命令 0x83
44     unsigned char *vpd_pg83;
45     int vpd_pg80_len;               //sense命令 0x80
46     unsigned char *vpd_pg80;
47     unsigned char current_tag;   /* current tag */
48     struct scsi_target        *sdev_target;     /* used only for single_lun */
49
50     unsigned int      sdev_bflags; /* black/white flags as also found in
51             * scsi_devinfo.[hc]. For now used only to
52             * pass settings from slave_alloc to scsi
53             * core. */
54     unsigned int eh_timeout; /* Error handling timeout */
55     unsigned removable:1;
56     unsigned changed:1; /* Data invalid due to media change */
57     unsigned busy:1;      /* Used to prevent races */
58     unsigned lockable:1;       /* Able to prevent media removal */
59     unsigned locked:1;         /* Media removal disabled */
60     unsigned borken:1;    /* Tell the Seagate driver to be
61             * painfully slow on this device */
62     unsigned disconnect:1;    /* can disconnect */
63     unsigned soft_reset:1;    /* Uses soft reset option */
64     unsigned sdtr:1;      /* Device supports SDTR messages 支持同步数据传输 */
65     unsigned wdtr:1;      /* Device supports WDTR messages 支持16位宽数据传输*/
66     unsigned ppr:1;       /* Device supports PPR messages 支持PPR(并行协议请求)消息*/
67     unsigned tagged_supported:1;      /* Supports SCSI-II tagged queuing */
```

图7-194　struct scsi_device结构体（1）

```
73      unsigned simple_tags:1; /* simple queue tag messages are enabled */
74      unsigned was_reset:1;     /* There was a bus reset on the bus for
75              * this device */
76      unsigned expecting_cc_ua:1; /* Expecting a CHECK_CONDITION/UNIT_ATTN
77                * because we did a bus reset. */
78      unsigned use_10_for_rw:1; /* first try 10-byte read / write */
79      unsigned use_10_for_ms:1; /* first try 10-byte mode sense/select */
80      unsigned no_report_opcodes:1;     /* no REPORT SUPPORTED OPERATION CODES */
81      unsigned no_write_same:1;     /* no WRITE SAME command */
82      unsigned use_16_for_rw:1; /* Use read/write(16) over read/write(10) */
83      unsigned skip_ms_page_8:1;    /* do not use MODE SENSE page 0x08 */
84      unsigned skip_ms_page_3f:1; /* do not use MODE SENSE page 0x3f */
85      unsigned skip_vpd_pages:1;    /* do not read VPD pages */
86      unsigned try_vpd_pages:1;     /* attempt to read VPD pages */
87      unsigned use_192_bytes_for_3f:1; /* ask for 192 bytes from page 0x3f */
88      unsigned no_start_on_add:1; /* do not issue start on add */
89      unsigned allow_restart:1; /* issue START_UNIT in error handler */
90      unsigned manage_start_stop:1;     /* Let HLD (sd) manage start/stop */
91      unsigned start_stop_pwr_cond:1; /* Set power cond. in START_STOP_UNIT */
92      unsigned no_uld_attach:1; /* disable connecting to upper level drivers */
93      unsigned select_no_atn:1;
94      unsigned fix_capacity:1;      /* READ_CAPACITY is too high by 1 */
95      unsigned guess_capacity:1;    /* READ_CAPACITY might be too high by 1 */
96      unsigned retry_hwerror:1;     /* Retry HARDWARE_ERROR */
97      unsigned last_sector_bug:1; /* do not use multisector accesses on
98                SD_LAST_BUGGY_SECTORS */
99      unsigned no_read_disc_info:1;     /* Avoid READ_DISC_INFO cmds */
100     unsigned no_read_capacity_16:1; /* Avoid READ_CAPACITY_16 cmds */
101     unsigned try_rc_10_first:1; /* Try READ_CAPACACITY_10 first */
102     unsigned is_visible:1;   /* is the device visible in sysfs */
103     unsigned wce_default_on:1;    /* Cache is ON by default */
104     unsigned no_dif:1;   /* T10 PI (DIF) should be disabled */
105     unsigned broken_fua:1;        /* Don't set FUA bit */
106     unsigned lun_in_cdb:1;        /* Store LUN bits in CDB[1] */
107
108
109
110     atomic_t disk_events_disable_depth; /* disable depth for disk events */
111
112     DECLARE_BITMAP(supported_events, SDEV_EVT_MAXBITS); /* supported events */
113     DECLARE_BITMAP(pending_events, SDEV_EVT_MAXBITS); /* pending events */
114     struct list_head event_list;     /* asserted events */
115     struct work_struct event_work;
116
117     unsigned int max_device_blocked; /* what device_blocked counts down from */
118 #define SCSI_DEFAULT_DEVICE_BLOCKED 3
119
120     atomic_t iorequest_cnt;
121     atomic_t iodone_cnt;
122     atomic_t ioerr_cnt;
123
124     struct device       sdev_gendev, //内嵌通用设备, 链入scsi总线类型(scsi_bus_type)的设备链表
125                 sdev_dev; //内嵌类设备，链入scsi设备类(sdev_class)的设备链表
126
127     struct execute_work ew; /* used to get process context on put */
128     struct work_struct  requeue_work;

    struct scsi_device_handler *handler; //自定义设备处理函数
    void              *handler_data;

    enum scsi_device_state sdev_state;   //scsi设备状态
    unsigned long         sdev_data[0];    //scsi传输层使用
} __attribute__((aligned(sizeof(unsigned long))));
```

图7-195 struct scsi_device结构体（2）

提示▶▶

> SAS硬盘的SCSI Device Driver已经内置到了几乎所有操作系统中，SCSI/SAS硬盘的操作接口比USB设备还要简单，而且所有SAS硬盘接收的都是标准的SCSI指令，交互方式也是SCSI交互方式，并不像USB设备那样，内含多少个EP、每个EP的作用、命令的格式等信息只有对应的设备驱动才知道。所以所有操作系统都自带了通用标准的SCSI块设备驱动（比如Linux下就是sd.c）。

sd驱动加载之后，会向硬盘发送比如SCSI Mode Sense/Select等更进一步的设备信息探查命令，获取到一个SCSI硬盘设备应该具有的配置参数，然后申请并填充到struct scsi_disk表格中，如图7-196左侧所示。

可能有个疑惑在于，为什么要为一个SAS硬盘准备这么多份描述表格？这是因为其层次太多，SAS硬盘首先是SAS网络中的一个SAS设备，同时也是一个SSP Tgt，它还是一个SCSI设备。SCSI设备种类繁多，它属于哪种呢？它同时是一个SCSI硬盘设备。就像同一个人具有多种角色，比如冬瓜哥同时是一个儿子、丈夫和父亲，也是一个作者、同事、男人。每一种角色，都需要一份表格来描述其在该角色之下的各种参数和属性。

你在家里陪孩子的时候，你是一个父亲，要贴上父亲的标签和行为准则。当你进入社会，你就是一个社会人，所有的社会人遵循社会公则，不管你是男人还是女人，是丈夫还是父亲。比如在某公共窗口办事，你不能说：“我是一个爸爸！”你需要说：“我的身份证号是……”这些形形色色的登记表，就是你与社会各个模块接触时所使用的说明书。

在操作系统中，比如Linux，也有这样一个用于约束所有块设备的社会，其被称为通用块层（General Block Layer）。这个模块向上层（比如文件系统层）提供统一的I/O接口，比如submit_bio()函数，它本身又可以对底层的硬盘设备做各种附加处理，比如实现多个盘的数据镜像、远程数据复制、软Raid功能、多路径功能等，以及提供I/O Scheduler调度器对多线程发送的给同一个盘的I/O请求做QoS处理等。其向下层则为不同种类的块设备提供统一的接口，接口形式就是规定一系列表格（struct gendisk、struct block_device和struct request_queue等），让对应块设备的驱动程序来填写。

块层之所以需要再填一个gendisk表，其原因就是因为块层不想去关注带有scsi字样的任何表格。比如，你去某公共事业窗口办理业务，根本用不着告诉对方“你好，我是乘107路公交过来的！（我是通过SAS通道被认到的）”或者“告诉你，我会说英文哟（底层是用SCSI指令通信）”，否则人家会认

```c
struct scsi_disk {
	struct scsi_driver *driver;	/* always &sd_template */
	struct scsi_device *device;
	struct device	dev;
	struct gendisk	*disk;
#ifdef CONFIG_BLK_DEV_ZONED
	unsigned int	nr_zones;
	unsigned int	zone_blocks;
	unsigned int	zone_shift;
	unsigned long	*zones_wlock;
	unsigned int	zones_optimal_open;
	unsigned int	zones_optimal_nonseq;
	unsigned int	zones_max_open;
#endif
	atomic_t	openers;
	sector_t	capacity;	/* size in logical blocks */
	u32		max_xfer_blocks;
	u32		opt_xfer_blocks;
	u32		max_ws_blocks;
	u32		max_unmap_blocks;
	u32		unmap_granularity;
	u32		unmap_alignment;
	u32		index;
	unsigned int	physical_block_size;
	unsigned int	max_medium_access_timeouts;
	unsigned int	medium_access_timed_out;
	u8		media_present;
	u8		write_prot;
	u8		protection_type;/* Data Integrity Field */
	u8		provisioning_mode;
	u8		zeroing_mode;
	unsigned	ATO : 1;	/* state of disk ATO bit */
	unsigned	cache_override : 1; /* temp override of WCE,RCD */
	unsigned	WCE : 1;	/* state of disk WCE bit */
	unsigned	RCD : 1;	/* state of disk RCD bit, unused */
	unsigned	DPOFUA : 1;	/* state of disk DPOFUA bit */
	unsigned	first_scan : 1;
	unsigned	lbpme : 1;
	unsigned	lbprz : 1;
	unsigned	lbpu : 1;
	unsigned	lbpws : 1;
	unsigned	lbpws10 : 1;
	unsigned	lbpvpd : 1;
	unsigned	ws10 : 1;
	unsigned	ws16 : 1;
	unsigned	rc_basis: 2;
	unsigned	zoned: 2;
	unsigned	urswrz : 1;
	unsigned	ignore_medium_access_errors : 1;
};
```

```c
struct

		gendisk {
		/* major, first_minor and minors are input parameters only,
		 * don't use directly.  Use disk_devt() and disk_max_parts().
		 */
		int major;			/* major number of driver */
		int first_minor;
		int minors;			/* maximum number of minors, =1 for
						 * disks that can't be partitioned. '

		char disk_name[DISK_NAME_LEN];	/* name of major driver */
		char *(*devnode)(struct gendisk *gd, umode_t *mode);

		unsigned int events;		/* supported events */
		unsigned int async_events;	/* async events, subset of all */

		/* Array of pointers to partitions indexed by partno.
		 * Protected with matching bdev lock but stat and other
		 * non-critical accesses use RCU.  Always access through
		 * helpers.
		 */
		struct disk_part_tbl __rcu *part_tbl;
		struct hd_struct part0;

		const struct block_device_operations *fops;
		struct request_queue *queue;
		void *private_data;

		int flags;
		struct kobject *slave_dir;

		struct timer_rand_state *random;
#ifdef		atomic_t sync_io;		/* RAID */
		struct disk_events *ev;
		CONFIG_BLK_DEV_INTEGRITY
#endif		struct kobject integrity_kobj;
		/* CONFIG_BLK_DEV_INTEGRITY */
		int node_id;
		struct badblocks *bb;
};
```

图7-196　struct scsi_disk和struct gendisk结构体

为你脑袋有问题。要对块层隐藏掉更多底层细节，而只暴露“硬盘”的更通用的本质属性。也就是把struct gendisk信息表拿出来，不管是scsi_disk、ide_disk、usb_disk，还是其他不管用什么链路通道连接的硬盘，甚至由RAM虚拟出来的ram_disk，它们都是硬盘，所以称为gendisk（Generic Disk）。不管什么类型的硬盘，通过什么链路通道被识别到，其设备驱动程序都会向块层申请并填充一个gendisk表来表明自己作为“硬盘”这个角色的基本属性。

同理，SCSI协议栈其实也不想去看与SAS有关的东西，所以前文介绍过的scsi_device表中并没有与SAS相关的条目。同理，SCSI设备驱动加载以后，会填好scsi_disk表，表中则更是隐去了与scsi_device底层相关的条目，而更加注重“能用SCSI协议访问的disk”的本质，主语变成了disk，scsi变成了修饰词。从struct scsi_disk中的条目也可以看出这一点，比如其中的max_xfer_blocks、physical_block_size等字段，这些与SCSI总线Channel/Target/Lun等毫无关系。所以，scsi_device、scsi_disk以及gendisk描述了同一事物作为不同角色时候所暴露出来的不同属性。

提示▶

很多表项是冗余的，有时候在多张表里会出现同样的表项，或者某张表中的某个项目其实就是另一张表的指针。这样做纯粹是为了方便。这就像你去办事机构填表，办理一件事务过程中使用的多个表可能都会让你填身份证号一样。

图7-196右侧所示为gendisk表的结构。其中比较关键的表项是struct block_device_operations *fops，该项保存的是一个指向名为fops的block_device_operations形式的结构体的指针，是一个二级结构体。还有struct request_queue *queue，其也是一个指针，指向的是名为queue的request_queue形式的结构体，也是gendisk结构体包含的二级结构体。

其中struct block_device_operations结构如图7-197所示。SCSI硬盘设备驱动会向其中填入用于操作这块硬盘的具体函数指针，供上层调用。

图7-198和图7-199所示为request_queue结构体。该结构体描述的是设备的请求队列以及处理队列中I/O请求的相关函数和参数的一个汇总表。

request_queue结构体中比较关键的几个项目名称是*make_request_fn、*prep_rq_fn、*request_fn。设备驱动需要向这三个项目中填入自己实现的对应函数，如果不填入，则会使用默认的函数。make_request_fn对应函数的作用是将上层下发的bio请求进行合并等处理，之后将bio转换为request（用struct request结构体来描述，如图7-200所示）。prep_rq_fn对应函数的作用则是将request转换为标准的SCSI命令CDB（Command Descriptor Block，使用struct scsi_cmnd描述，见图7-201），request_fn对应函数（比如scsi_request_fn()）的作用则是将准备好的标准SCSI Request下发给下游的I/O Handler，最终到达SAS HBA Host Driver注册的queuecommand函数中，下发给HBA。

填的表够多了吧？抽象的层次够多了吧？其实还没有最终抽象完毕。通用块层会对所有的块设备，不管是gendisk，还是cdrom、dvdrom（都属于块设备），做最后一次抽象为块设备，用struct block_device来描述，如图7-202左侧所示。块设备可以存在分区，用struct hd_struct表示，如图7-202左侧所示。

上层下发的bio请求发给块层之后，块层首先要查询的就是struct block_device这张表，然后从这张表中对应项目顺藤摸瓜，一直找到与该块设备相关的所有的I/O Handler函数入口，当然，这些入口都是在设备被发现之后由各个模块填充好的。

struct block_deivce{}中有一项叫作 struct inode，这一项记录的是该块设备的设备符号，比如/dev/sda，该符号都是上述各个驱动在加载的时候，调用相关的协议栈函数生成的。每个设备必须对应一个符号，应用程序在访问设备的时候，代码中会将设备符号作为一个参数放入。图7-179中的VFS层起到一个总调度员的作用，该层根据应用层传入的设备符号参

```
struct block_device_operations {
        int (*open) (struct block_device *, fmode_t);
        void (*release) (struct gendisk *, fmode_t);
        int (*rw_page)(struct block_device *, sector_t, struct page *, bool);
        int (*ioctl) (struct block_device *, fmode_t, unsigned, unsigned long);
        int (*compat_ioctl) (struct block_device *, fmode_t, unsigned, unsigned long);
        unsigned int (*check_events) (struct gendisk *disk,
                                      unsigned int clearing);
        /* ->media_changed() is DEPRECATED, use ->check_events() instead */
        int (*media_changed) (struct gendisk *);
        void (*unlock_native_capacity) (struct gendisk *);
        int (*revalidate_disk) (struct gendisk *);
        int (*getgeo)(struct block_device *, struct hd_geometry *);
        /* this callback is with swap_lock and sometimes page table lock held */
        void (*swap_slot_free_notify) (struct block_device *, unsigned long);
        struct module *owner;
        const struct pr_ops *pr_ops;
};
```

图7-197 struct block_device_operations结构体

```
struct request_queue {
	/*
	 * Together with queue_head for cacheline sharing
	 */
	struct list_head	queue_head;
	struct request		*last_merge;
	struct elevator_queue	*elevator;
	int			nr_rqs[2];	/* # allocated [a]sync rqs */
	int			nr_rqs_elvpriv;	/* # allocated rqs w/ elvpriv */

	atomic_t		shared_hctx_restart;

	struct blk_queue_stats	*stats;
	struct rq_wb		*rq_wb;

	/*
	 * If blkcg is not used, @q->root_rl serves all requests.  If blkcg
	 * is used, root blkg allocates from @q->root_rl and all other
	 * blkgs from their own blkg->rl.  Which one to use should be
	 * determined using bio_request_list().
	 */
	struct request_list	root_rl;

	request_fn_proc		*request_fn;
	make_request_fn		*make_request_fn;
	prep_rq_fn		*prep_rq_fn;
	unprep_rq_fn		*unprep_rq_fn;
	softirq_done_fn		*softirq_done_fn;
	rq_timed_out_fn		*rq_timed_out_fn;
	dma_drain_needed_fn	*dma_drain_needed;
	lld_busy_fn		*lld_busy_fn;
	init_rq_fn		*init_rq_fn;
	exit_rq_fn		*exit_rq_fn;

	unsigned int		*mq_map;

	/* sw queues */
	struct blk_mq_ctx __percpu	*queue_ctx;
	unsigned int		nr_queues;

	unsigned int		queue_depth;

	/* hw dispatch queues */
	struct blk_mq_hw_ctx	**queue_hw_ctx;
	unsigned int		nr_hw_queues;

	/*
	 * Dispatch queue sorting
	 */
	sector_t		end_sector;
	struct request		*boundary_rq;

	/*
	 * Delayed queue handling
	 */
	struct delayed_work	delay_work;

	struct backing_dev_info	*backing_dev_info;

	/*
	 * The queue owner gets to use this for whatever
	 * ll_rw_blk doesn't touch it.
	 */
	void			*queuedata;

	/*
	 * various queue flags, see QUEUE_* below
	 */
	unsigned long		queue_flags;

	/*
	 * ida allocated id for this queue.  Us
	 * ioctx.
	 */
	int			id;

	/*
	 * queue needs bounce pages for pages a
	 */
	gfp_t			bounce_gfp;

	/*
	 * protects queue structures from reent
	 * _never_ be used directly, it is queu
	 * ->queue_lock.
	 */
	spinlock_t		__queue_lock;
	spinlock_t		*queue_lock;

	/*
	 * queue kobject
	 */
	struct kobject kobj;

	/*
	 * mq queue kobject
	 */
	struct kobject mq_kobj;

#ifdef  CONFIG_BLK_DEV_INTEGRITY
	struct blk_integrity integrity;
#endif	/* CONFIG_BLK_DEV_INTEGRITY */
```

图7-198　struct request_queue结构体（1）

```
#ifdef CONFIG_PM
	struct device		*dev;
	int			rpm_status;
	unsigned int		nr_pending;
#endif

	/*
	 * queue settings
	 */
	unsigned long		nr_requests;	/* Max # of requests */
	unsigned int		nr_congestion_on;
	unsigned int		nr_congestion_off;
	unsigned int		nr_batching;

	unsigned int		dma_drain_size;
	void			*dma_drain_buffer;
	unsigned int		dma_pad_mask;
	unsigned int		dma_alignment;

	struct blk_queue_tag	*queue_tags;
	struct list_head	tag_busy_list;

	unsigned int		nr_sorted;
	unsigned int		in_flight[2];

	/*
	 * Number of active block driver functions for which blk_drain_qu
	 * must wait. Must be incremented around functions that unlock th
	 * queue_lock internally, e.g. scsi_request_fn().
	 */
	unsigned int		request_fn_active;

	unsigned int		rq_timeout;
	int			poll_nsec;

	struct blk_stat_callback	*poll_cb;
	struct blk_rq_stat	poll_stat[BLK_MQ_POLL_STATS_BKTS];

	struct timer_list	timeout;
	struct work_struct	timeout_work;
	struct list_head	timeout_list;

	struct list_head	icq_list;
#ifdef CONFIG_BLK_CGROUP
	DECLARE_BITMAP		(blkcg_pols, BLKCG_MAX_POLS);
	struct blkcg_gq		*root_blkg;
	struct list_head	blkg_list;
#endif

	struct queue_limits	limits;

	/*
	 * sg stuff
	 */
	unsigned int		sg_timeout;
	unsigned int		sg_reserved_size;
	int			node;
#ifdef CONFIG_BLK_DEV_IO_TRACE
	struct blk_trace	*blk_trace;
#endif
	/*
	 * for flush operations
	 */
	struct blk_flush_queue	*fq;

	struct list_head	requeue_list;
	spinlock_t		requeue_lock;
	struct delayed_work	requeue_work;

	struct mutex		sysfs_lock;

	int			bypass_depth;
	atomic_t		mq_freeze_depth;

#if defined(CONFIG_BLK_DEV_BSG)
	bsg_job_fn		*bsg_job_fn;
	int			bsg_job_size;
	struct bsg_class_device bsg_dev;
#endif

#ifdef CONFIG_BLK_DEV_THROTTLING
	/* Throttle data */
	struct throtl_data *td;
#endif
	struct rcu_head		rcu_head;
	wait_queue_head_t	mq_freeze_wq;
	struct percpu_ref	q_usage_counter;
	struct list_head	all_q_node;

	struct blk_mq_tag_set	*tag_set;
	struct list_head	tag_set_list;
	struct bio_set		*bio_split;

#ifdef CONFIG_BLK_DEBUG_FS
	struct dentry		*debugfs_dir;
	struct dentry		*sched_debugfs_dir;
#endif

	bool			mq_sysfs_init_done;

	size_t			cmd_size;
	void			*rq_alloc_data;

	struct work_struct	release_work;
};
```

图7-199　struct request_queue结构体（2）

```
struct request {
	struct list_head queuelist;
	union {
		struct call_single_data csd;
		u64 fifo_time;
	};

	struct request_queue *q;
	struct blk_mq_ctx *mq_ctx;

	int cpu;
	unsigned int cmd_flags;		/* op and common flags */
	req_flags_t rq_flags;

	int internal_tag;

	unsigned long atomic_flags;

	/* the following two fields are internal, NEVER access dir
	unsigned int __data_len;	/* total data len */
	int tag;
	sector_t __sector;		/* sector cursor */

	struct bio *bio;
	struct bio *biotail;

	/*
	 * The hash is used inside the scheduler, and killed once
	 * request reaches the dispatch list. The ipi_list is only
	 * to queue the request for softirq completion, which is l
	 * after the request has been unhashed (and even removed f
	 * the dispatch list).
	 */
	union {
		struct hlist_node hash;	/* merge hash */
		struct list_head ipi_list;
	};

	union {
		struct hlist_node hash;	/* merge hash */
		struct list_head ipi_list;
	};

	/*
	 * The rb_node is only used inside the io scheduler, requests
	 * are pruned when moved to the dispatch queue. So let the
	 * completion_data share space with the rb_node.
	 */
	union {
		struct rb_node rb_node;	/* sort/lookup */
		struct bio_vec special_vec;
		void *completion_data;
		int error_count; /* for legacy drivers, don't use */
	};

	/*
	 * Three pointers are available for the IO schedulers, if they n
	 * more they have to dynamically allocate it.  Flush requests ar
	 * never put on the IO scheduler. So let the flush fields share
	 * space with the elevator data.
	 */
	union {
		struct {
			struct io_cq		*icq;
			void			*priv[2];
		} elv;

		struct {
			unsigned int		seq;
			struct list_head	list;
			rq_end_io_fn		*saved_end_io;
		} flush;
	};

	struct gendisk *rq_disk;
	struct hd_struct *part;
	unsigned long start_time;
	struct blk_issue_stat issue_stat;
#ifdef CONFIG_BLK_CGROUP
	struct request_list *rl;		/* rl this rq is al
	unsigned long long start_time_ns;
	unsigned long long io_start_time_ns;	/* when passed to h
#endif
	/* Number of scatter-gather DMA addr+len pairs after
	 * physical address coalescing is performed.
	 */
	unsigned short nr_phys_segments;
#if defined(CONFIG_BLK_DEV_INTEGRITY)
	unsigned short nr_integrity_segments;
#endif

	unsigned short ioprio;

	unsigned int timeout;

	void *special;		/* opaque pointer available for LLL

	unsigned int extra_len;	/* length of alignment and padding

	unsigned long deadline;
	struct list_head timeout_list;

	/*
	 * completion callback.
	 */
	rq_end_io_fn *end_io;
	void *end_io_data;

	/* for bidi */
	struct request *next_rq;
};
```

图7-200　struct request结构体示意图

```
1  struct scsi_cmnd {
2      struct scsi_device *device;   //指向命令所属SCSI设备的描述符的指针
3      struct list_head list;   /* scsi_cmnd participates in queue lists 链入scsi设备的命令链表 */
4      struct list_head eh_entry; /* entry for the host eh_cmd_q */
5      struct delayed_work abort_work;
6      int eh_eflags;          /* Used by error handlr */
7
8      /*
9    * A SCSI Command is assigned a nonzero serial_number before passed
10   * to the driver's queue command function.  The serial_number is
11   * cleared when scsi_done is entered indicating that the command
12   * has been completed.  It is a bug for LLDDs to use this number
13   * for purposes other than printk (and even that is only useful
14   * for debugging).
15   */
16     unsigned long serial_number; //scsi命令的唯一序号
17
18     /*
19   * This is set to jiffies as it was when the command was first
20   * allocated.  It is used to time how long the command has
21   * been outstanding
22   */
23     unsigned long jiffies_at_alloc; //分配时的jiffies, 用于计算命令处理时间
24
25     int retries;   //命令重试次数
26     int allowed;   //允许的重试次数
27
28     unsigned char prot_op;      //保护操作(DIF和DIX)
29     unsigned char prot_type;   //DIF保护类型
30     unsigned char prot_flags;
31
32     unsigned short cmd_len;    //命令长度
33     enum dma_data_direction sc_data_direction;   //命令传输方向
34
35     /* These elements define the operation we are about to perform */
36     unsigned char *cmnd;   //scsi规范格式的命令字符串
37
38
39
40     /* These elements define the operation we ultimately want to perform */
41     struct scsi_data_buffer sdb;          //scsi命令数据缓冲区
42
43     struct scsi_data_buffer *prot_sdb;   //scsi命令保护信息缓冲区
44
45     unsigned underflow; /* Return error if less than
46             this amount is transferred */
47
48     unsigned transfersize;   /* How much we are guaranteed to  //传输单位
49             transfer with each SCSI transfer
50             (ie, between disconnect /
51             reconnects.   Probably == sector
52             size */
53
54     struct request *request;       /* The command we are  通用块层的请求描述符
55              working on */
56
57 #define SCSI_SENSE_BUFFERSIZE   96
58     unsigned char *sense_buffer;       //scsi命令感测数据缓冲区
59                 /* obtained by REQUEST SENSE when
60           * CHECK CONDITION is received on original
61           * command (auto-sense) */
62
63     /* Low-level done function - can be used by low-level driver to point
64   *       to completion function.  Not used by mid/upper level code. */
65     void (*scsi_done) (struct scsi_cmnd *); //scsi命令在低层驱动完成时，回调
66
67     /*
68   * The following fields can be written to by the host specific code.
69   * Everything else should be left alone.
70   */
71     struct scsi_pointer SCp;       /* Scratchpad used by some host adapters */
72
73     unsigned char *host_scribble;      /* The host adapter is allowed to
74             * call scsi_malloc and get some memory
75             * and hang it here.  The host adapter
76             * is also expected to call scsi_free
77             * to release this memory.  (The memory
78             * obtained by scsi_malloc is guaranteed
79             * to be at an address < 16Mb). */
80
81
82     int result;        /* Status code from lower level driver */
83     int flags;         /* Command flags */
```

图7-201　struct scsi_cmd示意图

```c
struct block_device {
    dev_t          bd_dev;  /* not a kdev_t - it's a search key */ //块设备的设备号
    int        bd_openers;
    struct inode *      bd_inode;  /* will die */  //指向这个设备在bdev文件系统中的inode
    struct super_block *    bd_super;   //指向超级块实例
    struct mutex        bd_mutex;  /* open/close mutex */
    struct list_head    bd_inodes;  //这个块设备的slave inode链表的表头
    void *          bd_claiming;
    void *          bd_holder;
    int        bd_holders;
    bool           bd_write_holder;
#ifdef CONFIG_SYSFS
    struct list_head    bd_holder_disks;
#endif
    struct block_device *    bd_contains;    //如果块设备代表一个分区，指向代表整个磁盘的块设备描述符
    unsigned         bd_block_size;  //块设备的逻辑块长度
    struct hd_struct *  bd_part;    //指向块设备代表的分区对象，如果块设备代表磁盘，指向part0
    /* number of times partitions within this device have been opened. */
    unsigned         bd_part_count;
    int        bd_invalidated;      //如果为1，表示需要重新读入分区表
    struct gendisk *    bd_disk;    //指向这个块设备所在磁盘的gendisk描述符
    struct list_head    bd_list;
    /*
     * Private data.  You must have bd_claim'ed the block_device
     * to use this.  NOTE:  bd_claim allows an owner to claim
     * the same device multiple times, the owner must take special
     * care to not mess up bd_private for that case.
     */
    unsigned long       bd_private;

    /* The counter of freeze processes */
    int        bd_fsfreeze_count;
    /* Mutex for freeze */
    struct mutex        bd_fsfreeze_mutex;
};
```

```c
struct hd_struct {
    sector_t start_sect;    //分区在磁盘内的起始扇区编号
    sector_t nr_sects;      //分区的长度
    sector_t alignment_offset;
    unsigned int discard_alignment;
    struct device __dev;    //内嵌的设备描述符
    struct kobject *holder_dir;
    int policy, partno;
    struct partition_meta_info *info;
#ifdef CONFIG_FAIL_MAKE_REQUEST
    int make_it_fail;
#endif
    unsigned long stamp;
    atomic_t in_flight[2];
#ifdef  CONFIG_SMP
    struct disk_stats __percpu *dkstats;
#else
    struct disk_stats dkstats;  //磁盘统计信息
#endif
    atomic_t ref;
    struct rcu_head rcu_head;
};
```

图7-202　struct block_device与struct hd_struct结构体示意图

数，找到对应该设备的struct表，从中查出应该调用什么函数来响应应用程序的I/O请求。就这样，协议栈通过一层层记录表来按图索骥，调用相应的函数处理I/O请求。

上文中仅仅介绍了一些关键的表格，而这些表格具体由哪个函数初始化、填充，I/O请求是怎么一步步根据这些表格中的信息被下发到HBA，请大家自行学习了解。下面我们介绍，当SAS网络初始化完成，HBA拿到上层下发的I/O请求之后如何把请求发送给SAS目标设备。

7.4.3.7 SAS网络的数据传输方式

只是链路初始化和网络初始化设备枚举就复杂得让人感觉头晕，而且上文也只介绍了一个大框架，还有一些细枝末节的内容更加复杂。要知道SAS标准规范合起来可是有一千多页。相信有了这个大框架和全局观，有兴趣继续钻研的读者后续应该可以顺畅不少，冬瓜哥就不奉陪了。我们继续进入下一步，用SAS网络传递正儿八经的数据。说道正儿八经，那意思是说Open请求、SMP请求都不正经？也不是，其实SMP已经是正经的I/O请求了。

我们现在来看看上层对SAS硬盘的数据块读写过程。读数据块，必定要与SAS Tgt上的SSP Tgt通信。不过，HBA在从Host主存拿到I/O请求Descriptor后，会分析其中的命令以及目标设备地址，然后自动向目标SAS设备发起Open操作，连接成功后，开始向对方发送SSP类型的SAS 帧。接下来要介绍的内容就从此处开始。

HBA从Host端拿到的I/O Descriptor中除了包含SCSI指令CDB之外，还包含要访问的SCSI设备的C/T/L ID、数据在Host RAM中的位置信息（比如用SGL描述）以及其他参数。而HBA的固件（或者驱动程序，看具体设计）会将SCSI设备的C/T/L ID翻译成SAS地址，然后向对应地址发起Open。之后，HBA固件会从Host RAM中取回数据（假设当前I/O为SCSI写入操作）放入内部缓冲，同时将SCSI命令CDB封装到SAS SSP帧中，在刚才建立的SSP连接上发出给SAS目标设备。然而，SSP规定了一些固定的帧类型和交互方式。

图7-203所示为SSP的5种常用的帧类型，分别为封装有SCSI命令的SSP Command帧、封装有返回数据的SSP Data帧、用于Tgt端提示Init端请发送多少数据过来的SSP XFER_RDY帧、针对不带数据命令与带数据命令交互结束之后发送的SSP Response帧，以及用于任务管理（比如取消I/O）的SSP Task帧。每一种类型的帧均携带有一个信息单元（Information Unit，IU）字段，整个IU字段就是SSP帧的Payload部分。所以，IU相应也有5种不同类型，如图7-203右侧所示。

SSP frame format

Byte\Bit	7	6	5	4	3	2	1	0
0	FRAME TYPE							
1	(MSB) HASHED DESTINATION SAS ADDRESS							
•••								
3								(LSB)
4	Reserved							
5	(MSB) HASHED SOURCE SAS ADDRESS							
•••								
7								(LSB)
8	Reserved							
9	Reserved							
10	Reserved			TLR CONTROL		RETRY DATA FRAMES	RETRANSMIT	CHANGING DATA POINTER
11	Reserved						NUMBER OF FILL BYTES	
12	Reserved							
13	Reserved							
•••								
15								
16	(MSB) INITIATOR PORT TRANSFER TAG							
17								(LSB)
18	(MSB) TARGET PORT TRANSFER TAG							
19								(LSB)
20	(MSB) DATA OFFSET							
•••								
23								(LSB)
24	INFORMATION UNIT							
•••								
m								
	Fill bytes, if needed							
n - 3	(MSB) CRC							
•••								
n								(LSB)

Table 207 – FRAME TYPE field

Code	Name of frame	Type of information unit	Originator	Information unit size (bytes)
01h	DATA frame (i.e., write DATA frame or read DATA frame)	Data information unit (i.e., write Data information unit or read Data information unit)	SSP initiator port or SSP target port	1 to 1 024
05h	XFER_RDY frame	Transfer Ready information unit	SSP target port	12
06h	COMMAND frame	Command information unit	SSP initiator port	28 to 280
07h	RESPONSE frame	Response information unit	SSP target port	24 to 1 024
16h	TASK frame	Task Management Function information unit	SSP initiator port	28
F0h to FFh	Vendor specific			
All others	Reserved			

图7-203　SSP的5种帧类型

图7-204所示为SSP的4种常用的交互方式：任务管理交互方式、不带数据的SCSI命令交互方式、带数据的SCSI读（Data In）交互方式，以及带数据的SCSI写（Data Out）交互方式。

其中，任务管理交互方式和不带数据的SCSI命令交互方式各自只有一轮交互，Init端发送命令，Tgt端返回响应，各自对应一个SSP帧。典型的不带数据的SCSI命令比如SCSI Test Unit Ready命令，Tgt端只需要返回一个状态信息即可。

对于带数据的SCSI 写命令场景， Init端首先发出一个封装有SCSI 写命令的SSP Command帧，Tgt端在其内部准备好一定长度（长度多少完全由Tgt端决定）的接收缓冲，然后将期望接收的数据的起始扇区号和扇区长度放置到XFER_RDY帧中返回给Init端，Init端将对应数据封装到SSP Data帧中发送给Tgt端。由于SSP Data帧最大可携带1KB的Data IU，所以，如果Tgt端在XFER_RDY中向Init端通告发送大于1KB的数据，那么Init端就需要连续不间断发送多个SSP Data帧给Tgt端。Tgt端收到数据之后，择时再准备好新的缓冲区，然后将XFER_RDY帧中的数据起始地址字段的值加上上一次发送的长度，对长度字段赋以本次新空出的缓冲区长度，将该XFER_RDY帧返回给Init端。重复上述过程，直到数据被发送完毕为止（本次要发送多少数据一开始在SSP Command帧的SCSI命令IU中就已经给出了）。当所有数据发送完毕后，Tgt最后返回一个SSP Response帧总结报告本轮交互的状态。

对于带数据的SCSI读命令场景，Init向Tgt端发送Command帧后，Tgt端择时将本次要读的数据封装在一个或者多个（看数据量多少）SSP Data帧中，连续不断（指中途无其他帧乱入，并不是时间上的连续）返回给Init端。当所有数据发送完毕后，Tgt最后返回一个SSP Response帧总结报告本轮交互的状态。

有个疑问，为什么对于SCSI读场景，Init端不用XFER_RDY帧向Tgt端请求数据呢？因为SAS协议被设计为默认Init端永远拥有足够的缓冲区，而默认Tgt端的处理能力有限、缓冲区资源有限，需要不断处理、回收、重利用。所以这里才会有XFER_RDY帧的存在。当然，如果Tgt端的缓冲区真的足够的话，Tgt端完全可以在第一个XFER_RDY帧里直接把Data Offset设置为全0，然后将长度设置为本次SCSI 写命令中给出的数据量总长度。这样，Init端会直接不断发送SSP Data帧直到所有数据发送完毕为止，期间Tgt端不会发送额外的XFER_RDY帧了，这会让链路带宽被利用得更加有效。

这种交互方式可以让Tgt端的设计变得更加简单。相对来讲，PCIE和USB体系中，任何一方都可以不经对方同意擅自发送数据，而对方也必须做好在任何时候都能够接收突然到来的数据的准备，包括缓冲区等资源必须足够宽裕，这也无形中增加了设计成本。

了解了基本的交互方式之后，再来细究一下SSP帧中的一些字段的具体作用。注意，并不是5种类型的SSP帧都会用到所有字段，有些字段只给特定种类的帧使用。

Frame Type字段。该字段给出了不同的帧类型码，对所有SSP帧都有效。

Hashed Destination/Source SAS Address字段。该字段给出了该帧要发向的SAS目标设备的SAS地址。按理说，既然在发送SSP帧之前，SSP连接已经与目标SAS地址建立起来了，SSP帧中可以不携带任何地址信息，但是有些Tgt端设备保险起见需要检查每个

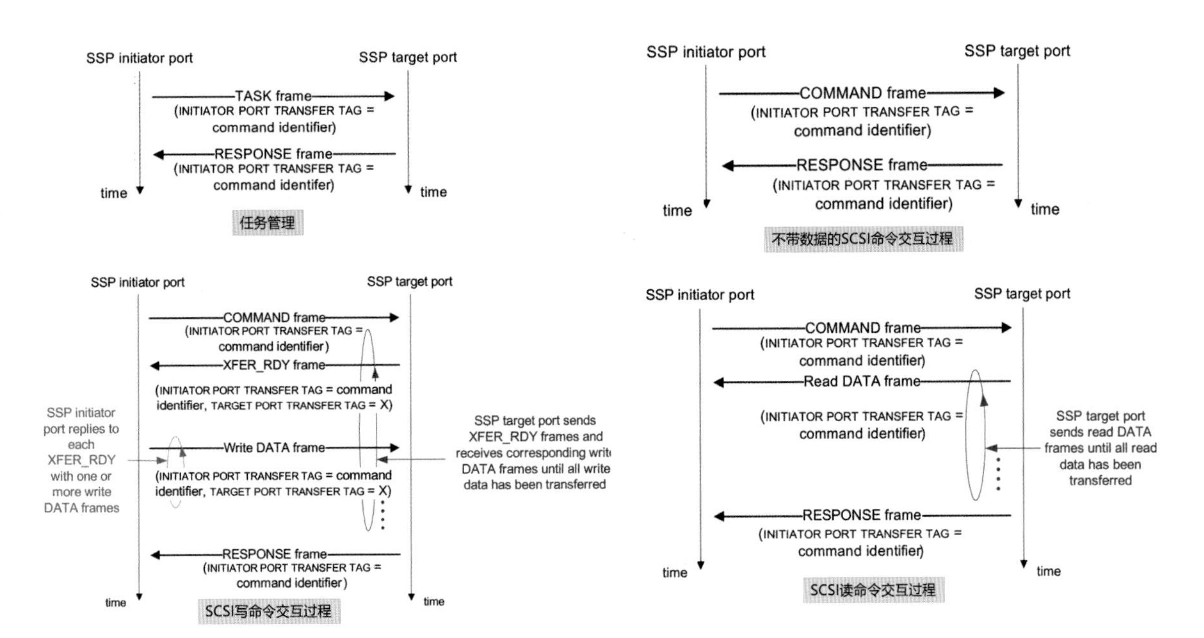

图7-204　SSP的4种典型交互方式

帧的SAS地址是不是真的与自己匹配，所以最终还是携带了SAS地址。但是携带64位太浪费，最终只携带一个64位散列成24位的值，Tgt端可以将自己的SAS地址也散列成24位并与接收到的SSP帧中的该字段做比对。不过，大部分Tgt端设备根本忽略该字段。该字段对所有SSP帧都有效。

TLR Control（Transport Layer Retry）字段。还记得PCIE链路层的Retry Buffer功能吗？SAS也有类似功能，被称为TLR，只不过SAS认为这个功能是传输层的功能，不过这都不重要，因为本来不同协议体系对每一层的称谓就有些许差别。该字段仅对SSP Command类型帧有效，用于表明双方是否支持TLR，以便让双方电路运行在匹配的模式上，如图7-205所示。

Retry Data Frames字段。该字段与TLR Control字段配合一起使用。

Retransmit字段。该字段被设置为1则表示该帧为Retry帧，暗示上一次传输时该帧在接收方发生了错误（收到了接收方的NAK消息）。

Changing Data Pointer字段。该字段被置为1则表示该帧为一个Retry的SSP Data帧，同时表示该帧的Data Offset字段可能并不与上一帧接续。

Number of Fill Bytes字段。与PCIE相同，SAS也要求所有帧中的数据必须以双字（4字节）为单位，这是由接收端的数据寄存器宽度决定的，以确保每次都与寄存器位宽对齐，可以节省电路的复杂度。但是对于Data和Response类型的SSP帧，Tgt端有可能返回任意长度（精确到单字节）的数据，可能不能整除4，所以，必须在尾部填充相应的1、2或者3字节的无效数据。这个字段就是告诉接收方该帧最后一个双字中有几个字节的填充数据，从而让接收方接收之后丢弃它们。

Initiator/Target Port Transfer Tag（IPTT/TPTT）字段。该字段用于双方区分不同的命令～响应会话，因为同一个连接可以承载多个会话（Transaction）。Init端Open了连接之后，可以批量向Tgt端发送多个SSP Command帧，每个Command帧的IPTT必须不同，否则Init端就无法区分Tgt返回的帧到底是在响应哪个Command。IPTT的取值一般为Init端用于存储本轮交互所有数据所存储的缓冲区指针，这样，Init端收到对应Tag的数据之后就可以直接根据这个值到缓冲区内读出或者写入对应数据，加快了数据处理速度。按理说，Init和Tgt双方只需要用统一的Tag就可以标识唯一一个会话，但是，Init端向Tgt端写入数据时，SSP帧中的IPTT就无法被Tgt端用于快速获知本次数据要写入的Tgt端缓冲区的位置。这样Tgt就需要将IPTT翻译成本地的指针，增加了处理开销，所以SSP帧中又增加了一个TPTT与IPTT配套，用来让Tgt端快速匹配其内部缓冲区位置。

图7-206为IPTT/TPTT的作用原理示意图。如图右侧所示，Tgt端允许在每个XFER_RDY帧中改变自己的TPTT，因为Tgt端的缓冲区可能比较紧张，需要来回见缝插针，可能会频繁更换，所以Init端就需要在每次接收到XFER_RDY帧时将其中的TPTT字段保存下来，后续发送的数据中附上该Tag，直到下次Tgt再次改变Tag为止。

Data Offset字段。还记得PCIE链路层的Sequence Number么？SAS中的这个概念就是这个字段了。该字段仅对SSP Data帧有效。每次传送一定量的数据之后，就将该值加上上次传送的数据量，这样双方就知道本次的数据发送/接收到哪里了、还剩多少、有没有丢失等。

Information Unit字段。IU是SSP帧的有效载荷和包裹物，也是最关键的信息载体。SSP帧中前面的字段是信封，是给传输层看的，就像是给快递公司的快递员看的，为的是将IU送达对方。

先看一下Command帧的IU，其当然包裹的是

TLR CONTROL field for COMMAND frames

Code [a]	Description
00b or 11b	The SSP target port shall use the TRANSPORT LAYER RETRIES bit in the Protocol Specific Logical Unit mode page（见前文相关内容）to enable or disable transport layer retries for this command as follows if the TRANSPORT LAYER RETRIES bit is set to: a) one, then the SSP target port shall set the RETRY DATA FRAMES bit to one in any XFER_RDY frames that the SSP target port transmits for this command; or b) zero, then the SSP target port shall set the RETRY DATA FRAMES bit to zero in any XFER_RDY frames that the SSP target port transmits for this command.
01b	The SSP target port may enable transport layer retries for this command. If the SSP target port enables transport layer retries, then it shall set the RETRY DATA FRAMES bit to one in any XFER_RDY frames that it transmits for this command. If the SSP target port does not enable transport layer retries, then it shall set the RETRY DATA FRAMES bit to zero in any XFER_RDY frames that it transmits for this command.
10b	The SSP target port shall: a) disable transport layer retries for this command; and b) set the RETRY DATA FRAMES bit to zero in any XFER_RDY frames that it transmits for this command.

[a] If the SSP target port receives a non-zero value in the TLR CONTROL field and does not support non-zero values in the TLR CONTROL field, then the SSP target port shall reply with a RESPONSE frame with the DATAPRES field set to RESPONSE_DATA and the RESPONSE CODE field set to 02h (i.e., INVALID FRAME).

图7-205 TLR Control字段不同编码的含义

SCSI命令了。SCSI命令分了好几类，比如所有SCSI设备都要支持的SCSI Primary Command（SPC），以及只有块类型的SCSI设备（硬盘等）需要额外支持的SCSI Block Command（SBC）等。不管什么样的SCSI指令，SSP帧通吃，并没有再为每类SCSI指令单独设置不同的信封。SCSI指令被描述在CDB（Command Descriptor Block）中。图7-207左侧所示为Command帧中包含的IU字段的结构。左下角所示为一条10字节长的SCSI Read指令CDB。可以看到IU本身其实又是一层小信封，最终的信纸才是CDB，被层层包裹。

Command IU中的**Logical Unit Number（Lun）**字段给出了该命令是发给SAS Tgt中哪个Lun的。Enable First Burst字段如果被设置为1，则表示Init端可以不必等待Tgt端发送XFER_RDY帧，就擅自传送一批长度不超过某固定长度的数据给Tgt端（突发传送），该机制用于延迟比较大的链路，比如通过以太网+TCP/IP协议栈访问远端的Tgt设备时。每次最大的突发量，在Tgt设备的Disconnect-Reconnect Mode Page中的First Bust Size字段中给出。**Task Attribute**字段给出了该命令的QoS优先级策略。如图7-207右侧所示，常用策略有4种，每一种策略的具体含义请大家自行阅读，篇幅所限不再解释。

Command Priority字段。当Task Attribute字段被设置为000b时，该字段有效，其给出了Init端希望Tgt端用怎样的优先级来处理该命令。

Additional CDB Length字段。SCSI体系中定义了多种不同长度的CDB，如果16字节的CDB不够，则需要用到该字段来扩充CDB字段的长度。

图7-208所示为Task Management IU结构及关键字段含义，篇幅所限就不多解释了。

图7-209所示为XFER_RDY IU与Data IU的结构。

图7-210所示为Response IU的结构及相关字段含义。**Datapres**（Data Presented）字段表示该Response IU中是否包含Response Data，右上角为对应编码表示的含义。**Status**字段给出了该轮交互的总体的状态码，如图7-210右侧所示。如果Status字段为02h，也就是Check Condition，则表明执行出现了一些大大小小的问题或者瑕疵，此时该Response IU中会携带**Sense Data**字段，用于存储更具体的异常/瑕疵信息，并在**Sense Data Length**字段给出Sense Data字段的长度。在

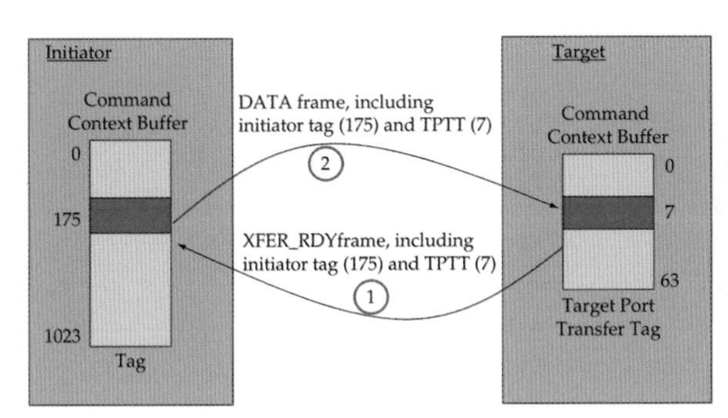

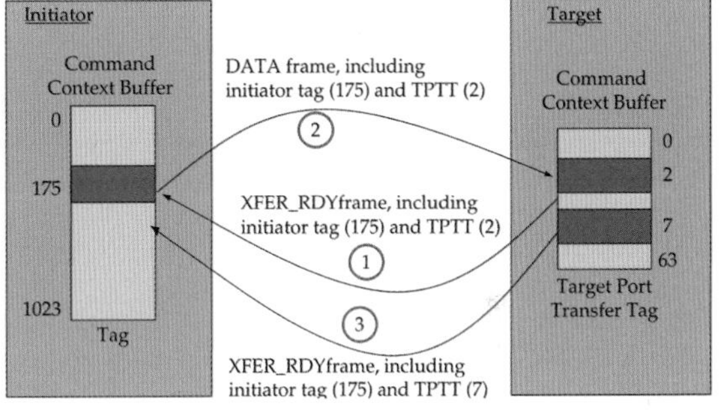

图7-206 IPTT/TPTT的作用原理示意图

COMMAND frame - Command information unit

Byte\Bit	7	6	5	4	3	2	1	0
0 ••• 7	LOGICAL UNIT NUMBER							
8	Reserved							
9	ENABLE FIRST BURST	COMMAND PRIORITY				TASK ATTRIBUTE		
10	Reserved							
11	ADDITIONAL CDB LENGTH (n dwords)						Reserved	
12 ••• 27	CDB							
28 ••• 27+n×4	ADDITIONAL CDB BYTES							

READ (10) command

Byte\Bit	7	6	5	4	3	2	1	0
0	OPERATION CODE (28h)							
1	RDPROTECT			DPO	FUA	Reserved	FUA_NV	Obsolete
2	(MSB) LOGICAL BLOCK ADDRESS							
5								(LSB)
6	Reserved			GROUP NUMBER				
7	(MSB) TRANSFER LENGTH							
8								(LSB)
9	CONTROL							

Task Attributes

Code	Task Attribute	Description
000b	SIMPLE	This task is to be managed according to the SAM rules for simple task attribute. Basically, the target determines the ordering based on what will give best performance overall.
001b	HEAD OF QUEUE	This task is to be managed according to the SAM rules for a head of queue task. This command should become the next one executed regardless of other queued simple commands.
010b	ORDERED	This task is to be managed according to the SAM rules for an ordered task. In this case, it is the initiator who determines the order of execution.
011b	RESERVED	
100b	ACA	This task is to be managed according to the SAM-3 rules for *Auto Contingent Allegiance*. In earlier SCSI designs if a failure occurred the device would only hold on to the sense data for that failure until another command was received. If several commands were queued up, the failure data could be lost. The solution was ACA, which meant that if the target saw a failure it would refuse any other commands from the initiator until the initiator received the Check Condition and sent a CDB with the ACA task attribute. It is ***not needed for SAS***, because the target automatically sends any sense data with the RESPONSE frame.
101b - 111b	RESERVED	

图7-207 Command IU的结构

Code	Task management function	Support [a]	Uses LOGICAL UNIT NUMBER field	Uses INITIATOR PORT TRANSFER TAG TO MANAGE field	Description [b]
01h	ABORT TASK	M	yes	yes	The task manager shall perform the ABORT TASK task management function with the L of the I_T_L nexus set to the value of the LOGICAL UNIT NUMBER field and the command identifier set to the value of the INITIATOR PORT TRANSFER TAG TO MANAGE field (see SAM-5).
02h	ABORT TASK SET	M	yes	no	The task manager shall perform the ABORT TASK SET task management function with the L of the I_T_L nexus set to the value of the LOGICAL UNIT NUMBER field (see SAM-5).
04h	CLEAR TASK SET	M	yes	no	The task manager shall perform the CLEAR TASK SET task management function with the L of the I_T_L nexus set to the value of the LOGICAL UNIT NUMBER field (see SAM-5).
08h	LOGICAL UNIT RESET	M	yes	no	The task manager for the selected logical unit shall perform the LOGICAL UNIT RESET task management function with the L of the I_T_L nexus set to the value of the LOGICAL UNIT NUMBER field (see SAM-5).
10h	I_T NEXUS RESET	M	no	no	The task manager shall perform the I_T NEXUS RESET task management function (see SAM-5).
20h	Reserved				
40h	CLEAR ACA	X	yes	no	The task manager shall perform the CLEAR ACA task management function with the L of the I_T_L nexus set to the value of the LOGICAL UNIT NUMBER field (see SAM-5).
80h	QUERY TASK	M	yes	yes	The task manager shall perform the QUERY TASK task management function with L set to the value of the LOGICAL UNIT NUMBER field and command identifier set to the value of the INITIATOR PORT TRANSFER TAG TO MANAGE field (see SAM-5).
81h	QUERY TASK SET	M	yes	no	The task manager shall perform the QUERY TASK SET task management function with L set to the value of the LOGICAL UNIT NUMBER field (see SAM-5).
82h	QUERY ASYNCHRONOUS EVENT	M	yes	no	The task manager shall perform the QUERY ASYNCHRONOUS EVENT task management function with L set to the value of the LOGICAL UNIT NUMBER field (see SAM-5).
All others	Reserved				

[a] M = implementation is mandatory, X = implementation requirements are specified by SAM-5.
[b] The task manager or device server shall perform the specified task management function with the I and T arguments set to the SSP initiator port and SSP target port involved in the connection used to deliver the TASK frame.

TASK frame - Task Management Function information unit

Byte\Bit	7	6	5	4	3	2	1	0
0 … 7	LOGICAL UNIT NUMBER							
8	Reserved							
9	Reserved							
10	TASK MANAGEMENT FUNCTION							
11	Reserved							
12 … 13	(MSB) INITIATOR PORT TRANSFER TAG TO MANAGE (LSB)							
14 … 27	Reserved							

图7-208　Task Management IU结构及关键字段

XFER_RDY frame - Transfer Ready information unit

Byte\Bit	7	6	5	4	3	2	1	0
0 … 3	(MSB) REQUESTED OFFSET (LSB)							
4 … 7	(MSB) WRITE DATA LENGTH (LSB)							
8 … 11	Reserved							

DATA frame - Data information unit

Byte\Bit	7	6	5	4	3	2	1	0
0 … n	DATA							

图7-209　XFER_RDY IU与Data IU的结构

RESPONSE frame - Response information unit

Byte\Bit	7	6	5	4	3	2	1	0
0 … 7	Reserved							
8 … 9	STATUS QUALIFIER							
10	Reserved						DATAPRES	
11	STATUS							
12 … 15	Reserved							
16 … 19	(MSB) SENSE DATA LENGTH (n bytes) (LSB)							
20 … 23	(MSB) RESPONSE DATA LENGTH (m bytes) (LSB)							
24 … 23+m	RESPONSE DATA							
24+m … 23+m+n	SENSE DATA (if any)							

Response Data Field

Byte\bit	7	6	5	4	3	2	1	0
0 to 2	Reserved							
3	Response Code							

DataPres Values

Value	Description
00b	No sense or response data
01b	Response data included - this is sent for every TASK frame and in response to errors in the Transport Layer handling of a COMMAND frame.
10b	Sense data included - for commands that complete with sense data to return, such as a CHECK CONDITION status.
11b	Reserved - not legal to have both Response data and Sense data at the same time. RESPONSE frame with this setting will be discarded.

Common Status Codes

Status Code	Status	Description
00h	GOOD	Device server successfully completed the task
02h	CHECK CONDITION	Indicates that sense data has been delivered
08h	BUSY	Logical Unit is temporarily unable to accept a command. Recommended that the application client try the command again later.
28h	TASK SET FULL	Logical Unit has at least one task in progress and insufficient resources to accept another.

Response Data Field Response Codes

Status Code	Status
00h	Task Management Function Complete
02h	Invalid Frame
04h	Task Management Function Not Supported
05h	Task Management Function Failed
08h	Task Management Function Succeeded
09h	Invalid Logical Unit Number

图7-210　Response IU结构及相关字段含义

其他时候，Init端也可以主动发送SCSI Request Sense命令来向Tgt索要Sense Data。

7.4.3.8　SAS网络的层次模型

上文中介绍了HBA从Host端拿到I/O任务书，也介绍了SAS链路上出现的SSP帧的交互逻辑。本节我们就来深究一下HBA内部的层次细节，从HBA拿到I/O任务书，一直到对应的SSP帧出现在链路上，介绍其间的过程是怎样的。

与其他通信协议一样，SAS体系也是分层的模型，如图7-211所示。最顶层依然是应用层，应用层涵盖了很多角色，比如最顶可以到Host端运行的用户程序，最底可以到SCSI协议栈，以及SAS HBA的Host Driver。Host Driver负责生成最终的I/O任务书。

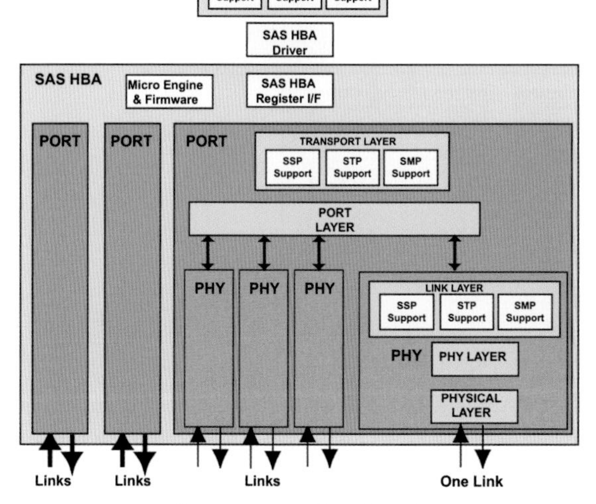

图7-211　SAS体系的层次

HBA从前端PCIE接口拿到任务书之后，放置到一个临时缓冲区存储器中。然后由在其内部嵌入式CPU核心上运行着的固件程序对收到的任务书进行分析，看看这个I/O请求到底是要做什么，比如是向某个目标设备发送一条SMP命令进行SAS网络管理，还是发送SSP命令读写目标设备上的数据。这些信息都被描述在I/O Descriptor任务书中。

分析完之后，固件会生成一系列的内部控制命令，发送给位于SAS端口硬件电路模块中的一个首当其冲的子模块：SAS 传输层。当然，固件首先要判断本次I/O的目标SAS设备位于哪个端口下，这个信息已经在SAS网络初始化时得到了。每个端口可以由多个PHY组成，每个端口只有一个传输层控制模块，位于其下方的是一个Port Layer控制模块。由于端口中可以有多个PHY，所以每个PHY各自有一套自己的：链路层、PHY Layer和物理层控制模块。每个层次模块的作用总结如下。

（1）传输层。

这一层的功能就是成帧和传输控制。这一层接收固件发过来的控制命令，比如“请把位于缓冲区某某地址处长度为某某的数据写入SAS地址为某某的目标设备，CDB位于缓冲区某某处，传输类型为SSP类型，方向为Data Out”，这个命令也会被描述在一个结构体Descriptor中并放入缓冲区的Descriptor Queue中。端口电路中的传输层模块会不断从Descriptor Queue中取出命令执行，并把任务书中的相关字段（比如CDB）取出，加上一些自己加入的字段，组装成标准的SAS SSP帧，然后放入Port Layer的发送队列中，等待Port Layer取出并发送。然而，正如我们在上文中介绍的那些SSP帧的交互过程一样，实际的过程中并不是发送一个帧就高枕无忧了，还得时刻关注Tgt端返回来的XFER-RDY，分析里面所声明的本次待传输的数据长度，查看里面的TPTT保存备用，安排缓冲区等一系列动作，这些都需要传输层来处理。这也是其名称的由来，传输控制即对传输过程中的零碎步骤的协调和控制。正因如此，在实际产品中，有些设计会采用一个简易的CPU核心运行一小段微码来处理上述流程，但是也有直接使用硬件逻辑状态机的设计，我们会在7.4.3节中介绍一个实际产品中的传输层对应的硬件模块架构。所有传输层下发的帧，都要放入Port Layer的发送队列中。

（2）Port Layer。

每个SAS 端口有一个Port Layer模组，如图7-212所示。该模组包含一个Port Layer Overall Control（PL-OC）硬件状态机负责总体控制，同时在每个PHY模块的前端还安插了Port Layer PHY Manager（PL-PM）硬件状态机分管对每个PHY的对接控制。PL-OC模块会将传输层下发的帧按照目标SAS地址进行分类，存放到独立的FIFO队列中。当然，具体实现时是用一个物理上的总队列然后用链表的方式在其中实现虚拟队列，还是真的安排多个物理上独立的队列，完全看设计而定。PL-OC会向PL-PM传送控制信号，要求后者与目标SAS设备Open一条对应的连接（是SMP/STP/SSP中的哪种得看对应的帧类型）。连接建立之后，PL-PM会从FIFO队列中取出对应的帧下发给下层的链路层。由于PL-PM有多份，PL-OC可以命令其中任何一个来干活。由于下游可能连接很多SAS设备，而PHY的数量有限，所以连接请求可能存在竞争。PL-OC模块需要维护对应数量的数据结构，来追踪每个PHY是否已被某个连接占用，也就是图中的Pending Tx Open Slot，当有Slot空闲时，新的连接请求才能够被下发，否则只能等待。SAS目标方可能会以各种理由拒绝连接请求（链路层会收到对应的原语），此时链路层会返回对应的信号给PL-PM，后者再反馈给PL-OC，PL-OC需要进一步判断该怎么做，比如重新发起连接请求，还是过一段时间重试、报错等。

PL-OC与上层的传输层之间的控制信号包括并不限于：传递帧、取消传递、断开连接、接受/拒绝对方的连接请求、传输状态反馈（成功/错误等）、

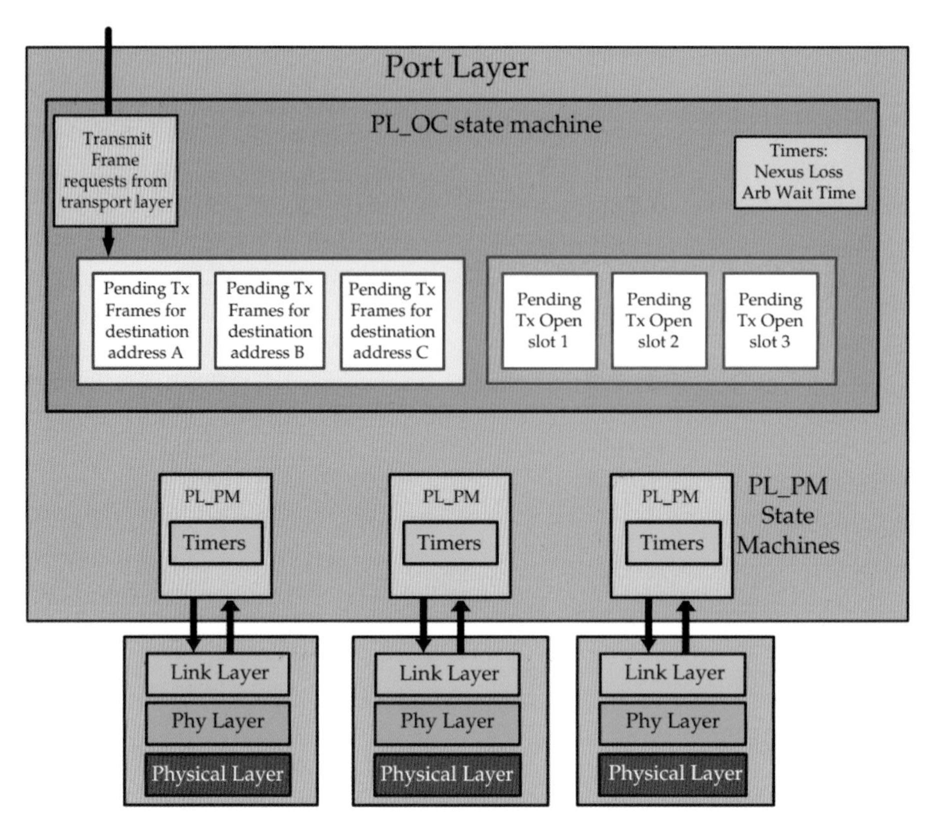

图7-212 Port Layer架构示意图

HARD_REST PHY等。PL-OC与下层的链路层传递的控制信号包括：接受/拒绝对方的连接请求、PHY Ready（底层已完成初始化）、PHY HARD_REST。对应模块收到对应控制信号后就得做出对应的反应，比如当PL-OC模块收到来自传输层发来的取消传递信号之后，PL-OC就得从对应的队列中删除还未发出的帧。如果该帧已经被下发到了PL-PM一侧，那么PL-OC就得向PL-PM模块发送信号要求取消传送该帧，而如果此时底层连接还未建立，那么PL-PM模块会给下层的链路层发送停止建连接信号。如果连接已经建立了，则PL-PM只丢弃一切待发送的帧。

Port Layer还有个工作要做，那就是"掐表"。Port Layer维护着多个定时器：用于忍受Init和Tgt端连接请求超时的I_T Nexus Lose Timer、用于忍受连接请求仲裁超时的Arbitration Wait Timer、用于追踪总线空闲时间的Bus Inactive Timer（到时则PL-OC会发送连接关闭请求给下层，这个超时值会在SAS目标设备的Disconnect-Reconnect Mode Page参数中给出，PL-OC可以按照这个参数来设置该Timer），以及用于追踪连接持续时间的Maximum Connect Time Limit Timer（不管链路有无空闲，该时间到达则强行断开连接，以让其他连接利用链路，保持公平）。

（3）链路层。

传输层和Port Layer主要是负责管理协调，而链路层干的则是具体的重活。比如PL-PM只是命令链路层与某个SAS地址去Open一个连接，而具体的仲裁、Open帧的封装和发送、AIP等原语的接收处理，都由链路层具体负责，SAS的链路层是整个SAS体系的核心。链路层主要负责下列具体工作：链路初始化时负责发出和接收Identify Address帧将自己的信息发送给对方以及获取对方的信息，响应上层的连接请求向下层发出具体的Open Address帧并进行连接仲裁管理，对上层下发的所有帧计算并加入CRC字段，生成并发送对应的SAS链路原语比如ACK/NAK，利用RRDY机制进行链路层帧流控，利用ACK/NAK机制进行传输保障和错误恢复，接收并分析对方发来的原语并判断当前的链路状态，对发出的数据进行加扰处理，以及自动插入ALIGN原语进行速率匹配等。SAS协议中的最重和最关键的任务都交给了链路层。

当然，不管什么通信协议，链路层要解决的先决问题都是帧的定界问题，也就是接收端电路如何从导线上的信号判断出当前传递的是什么帧或者原语。SAS链路上传递的任何信号都是以双字/4字节为一组的，每个原语都是4字节，任何帧的长度也都是4字节的整数倍，所以接收电路也是按照双字粒度来判断当前传递的帧/原语。所有原语都以K28.5字节开始，电路比较容易区分；而针对不同的帧，链路层需要为其增加帧头和帧尾以供电路区分，其中Identify/Open Address帧会被加上SOAF（Start of Address Frame）帧头和EOAF（End of Address Frame）帧尾，SOAF/

EOAF本身也是原语。而针对SSP和SMP帧，链路层会加上SOF/EOF帧头/尾原语。

图7-213所示为展示出底层原语和Idle码的Open过程。我们前文中给出的那些交互只是站在高层看到的，而底层比你想象的更加波涛汹涌。线路上会充斥大量的原语和Idle，帧不过是原语海洋中的一叶扁舟罢了。

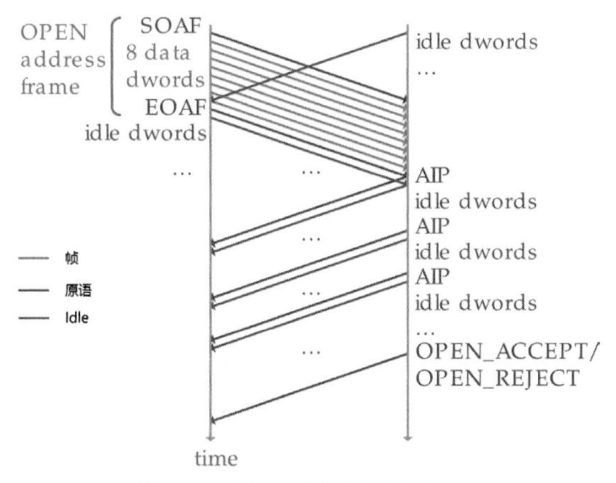

图7-213　链路层基本架构示意图

图7-214左侧所示为SAS 链路层的基本框架图。其内部有若干状态机模块用于对链路上的帧、原语进行分析然后做出相应动作。图中右侧所示为链路层的所有状态机列表。

在SAS Link（SL） Transmitter模块中保存了链路层原语比如Identify、ALIGN等，Open Address帧也是在这里生成的。其输出三个关键的控制信号，控制三处关键的MUX选路器。

Connected MUX。在连接没有建立之前，主状态机控制SL_Transmitter模块将Connected信号置为0，对应的MUX会将输入路径切换到与SL_Transmitter相连接的专门传送Open、Close等控制连接的原语/帧的通路上，连接建立之后，切换到与Port Layer模块相连接的通路上从而将上层的帧下发到链路层。

Rate Matching MUX。如果当前连接跨越的链路通道的速率有高有低的话，那么链路层需要做速率适配，比如前方是低速链路，那么本方的链路层需要以固定的时间间隔插入ALIGN原语（如图7-167所示的机制）。Rate Matching MUX的作用就是以固定的间隔不断切换，从而向链路上输出以对应频率出现的ALIGN原语。

Link Reset MUX。如果需要Reset链路，那么需要切换到SL_Transmitter输出HARD_RESET原语和之后的Identify帧的通路上。

如图7-215所示，链路层的另外一项工作是准备Elastic Buffer以配合时钟补偿，与PCIE的做法完全相同。关于时钟频率差异补偿方面的背景原理我们在PCIE部分已经介绍过了，可以回顾一下PCIE体系中定义的COM-SKP-SKP-SKP有续集的作用。而发送方的PHY Layer的电路会定时插入ALIGN原语来补偿时钟差异，这些ALIGN进入接收端的链路层维护的Elastic Buffer之后，如果因为时钟频率差异导致该

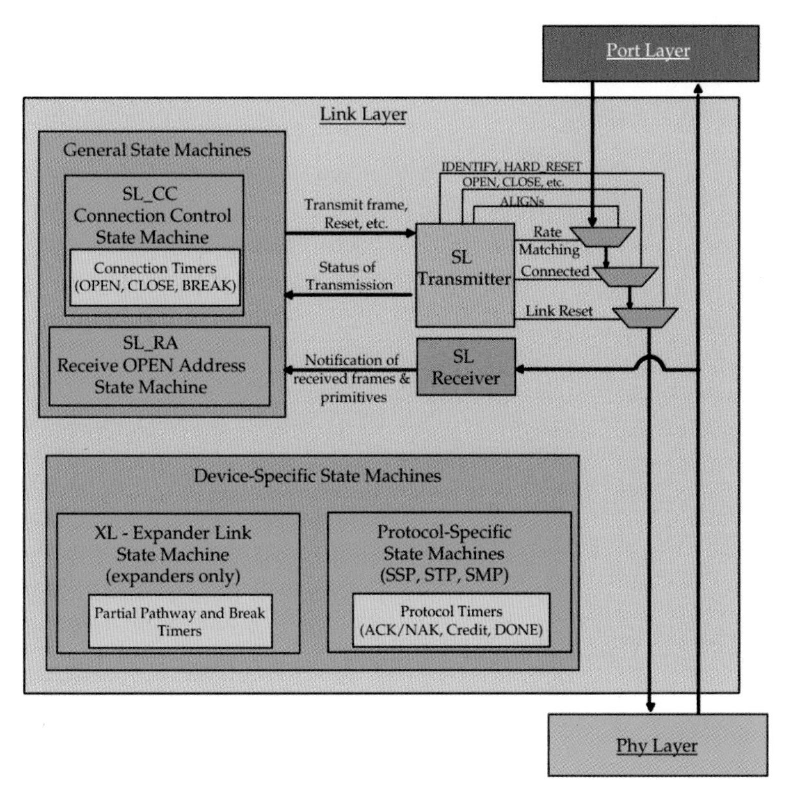

Link Layer的所有状态机模块一览：

- XL (eXpander Link Layer)
- SL_IR (SAS Link Identification and Reset)
- SL_RA (SAS Link Receive open Address frame)
- SL_CC (SAS Link Connection Control)
- SSP_TF (Transmit Frame control)
- SSP Receive - there are 5 state machines associated with frame reception:
  1. SSP_RF (Receive Frame control)
  2. SSP_RCM (Receive frame Credit Monitor)
  3. SSP_RIM (Receive Interlocked frame Monitor)
  4. SSP_TC (Transmit Credit control)
  5. SSP_TAN (Transmit ACK/NAK control)
- SMP_IP (SMP Initiator Port)
- SMP_TP (SMP Target Port)

图7-214　链路层基本架构示意图

Buffer几近满时，接收方可以删除其中的ALIGN占位从而腾出空间接收新数据。Elastic Buffer的本质是一个异步FIFO，其输入端采用从接收线路上提取出来的时钟频率入队，其输出端按照接收方本地的晶振产生的频率出队。线路时钟与本地时钟存在的些许差异，用队列中的填充物ALIGN原语来补偿。异步FIFO这个模块在本书第1章就已经介绍过了，当时如果理解起来有难度，那么现在结合实践，就可以更加深刻理解FIFO的重要性了。

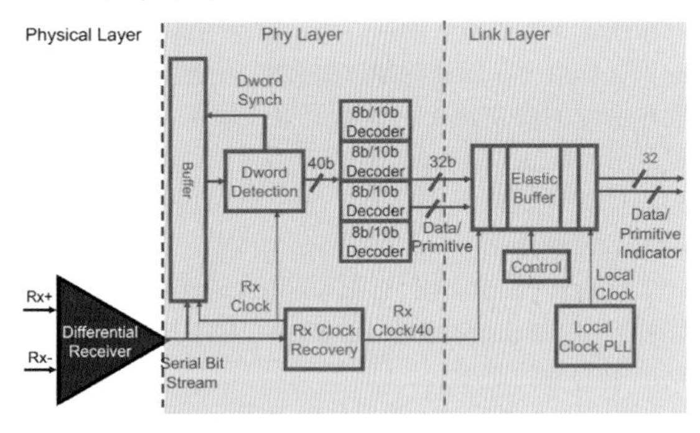

图7-215 Elastic Buffer示意图

SAS的链路层还做了一件似乎有点低效的事情，那就是，不管是Init还是Tgt端，想要向对方发送任何类型的SSP帧之前，都必须得到对方发送的许可才可以。80后的朋友们可能知道上世纪末期国内的情况，粮食是按照每家的人口数量限量供应的，每月发放固定数量的粮票，买粮食不仅要用钱，还得一并交上对应数额的粮票。

如图7-216所示，Init端想要发起一个SSP Command帧，封装了一条SCSI写命令，长度为4KB。但是，Init端一开始并不能擅自发送这个帧给Tgt端，一直到它接收到Tgt端发送过来的RRDY（Receive Ready）原语为止。一般来讲，Open建立之后，Init和Tgt端各自会向对方发送至少一个RRDY原语。RRDY原语的作用是告诉对方“我已做好了接收一帧的准备”。嗯？难道说向对方发送一个RRDY原语，就证明自己这边能够接收1KB的帧一个？这也太抠门了吧？是的。如果本侧的接收帧缓冲区中空出了多个1KB的位置，那么本方就向对方接连发送对应数量的RRDY原语，相当于向对方派发一张粮票。对方会准备一个计数器，每接收到对应数量的RRDY原语，就将计数器加上对应个数，每发送一帧则将计数器-1。所以，本质上就是双方将向对方通告对应数量RRDY原语的方式作为流控手段，向对方通告本侧的帧缓冲的空闲位置。再回到图7-216，一开始双方各自发送了一个RRDY，这样Init端就可以发送SSP Command帧给Tgt端了。由于Tgt端刚才也收到了Init端发来的RRDY，所以Tgt端的计数器值为1，证明可以向对方发送一个帧。刚好Tgt端接收到了SSP Command帧，Tgt端处理该帧，分配了2KB的内部数据缓冲区，所以向Init端返回一个SSP XFER_RDY帧，并将计数器-1，计数器变为0，Tgt端不能再向Init端发送SSP帧。但是Tgt端又向Init端发送了2个RRDY原语，因为刚才已经准备好了2KB的数据缓冲区，那么也需要准备相应容量的帧缓冲区，所以发送了两张票给Init端。Init端则接连发送了2个SSP Data帧后，自己的计数器也变为0了，没票了。但是Init端知道Tgt端必须要再次发送XFER_RDY帧给自己继续通告下一次要传的数据量，所以Init端腾出一条帧缓冲，并给Tgt端发送一张票。Tgt端返回一个XFER_RDY帧和两张票，Init端继续返回2个SSP Data帧和一张票，最后一张票用于让Tgt端返回最后的SSP Response帧。

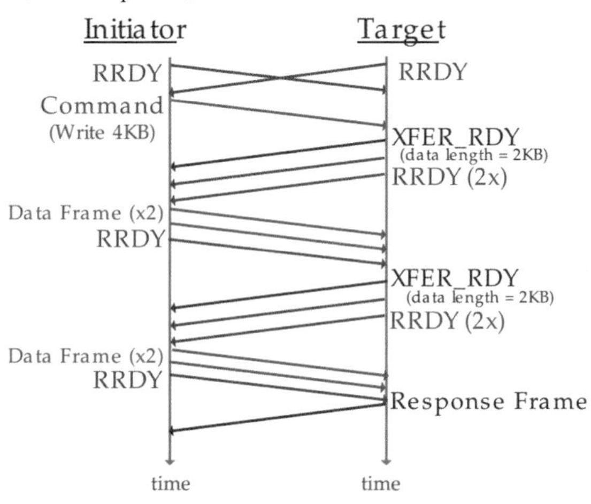

图7-216 RRDY原语的带数据的SCSI写命令交互过程

上面的案例比较特殊，好像本方预先就知道对方需要几张票一样。其实不是的，任何一方都可以腾出任意数量的帧缓冲，从而发送任意数量的RRDY给对方。最终，链路上任何时刻发送的RRDY的总量一定是大于等于所发送的SSP帧的总量的。怎么样？这种方式冬瓜哥个人感觉还是比较奇葩，属于懒人做法。如果使用流控专业术语，粮票应被称为Credit，也就是信用积分。SAS是一分一分地发放，而诸如PCIE、TCP/IP等流控机制中，积分用一张Credit就可以批量发放，但是限于篇幅冬瓜哥并没有在PCIE一节中介绍PCIE的流控机制。在明白了SAS的流控机制之后，相信再去学习PCIE的流控机制并非难事，这个留给大家自行去探索吧。

为什么有了XFER_RDY还需要RRDY？因为用于接收SCSI数据的缓冲区，与用于接收SAS帧的缓冲区，根本就是两个层面的东西。SAS相当于快递公司，而你相当于SSP Tgt模块，你为了接收对方的货物，需要在自己家里腾出地方并用XFER_RDY通知对方腾出了多少地方。对方发送的货物到达你处之前，先要放置到快递公司的库房里，本方快递集散点会通知上一站快递集散点本方库房还能接收多少货物，有多少个空位就发送多少个RRDY给对方。所以，XFER_RDY是端到端的SCSI数据缓冲的流控机制，XFER_RDY帧是要被路由到目标SAS设备的，而RRDY则是一条连接上的器件之间链路层局部范围内针对帧缓冲的流控机制（如图7-217所示），RRDY原语不会被路由。

为何不能像XFER_RDY那样一次性通告可用缓冲区空间呢？这就像为何不能一次发放一张50市斤的粮票而非得发放50张1市斤的粮票呢？其实，这是为了电路设计简化考虑的。如果在底层帧层面可以发送任意空闲缓冲区声明给对方，那就要新设立一个帧类型，其中可以携带更多的信息，那么势必要设计解析该帧并执行的电路模块，成本就会提升。但不管怎样，SAS链路层流控的这套玩法，总体来说还是略显懒惰。

提示

SAS链路是全双工的，这意味着一个PHY包含了发送端和接收端两组模块，各自都能以对应速率运行。但是很不幸的是，SAS是基于连接的网络，每个连接只能承载一个方向的数据I/O。也就是说，在同一个时刻，一个PHY上的数据流向总是单向的，SAS并不支持对一个Tgt设备同一时刻既读又写。所以，在两个SXP连接的主干道上也将会有大量空闲带宽无法得到利用，因为Init和Tgt端的连接是跨网络节点独占的。但是SAS领域厂商将会在它们的SAS 4.0（24Gbit/s）产品中推出可以将主干道带宽充分利用的特有技术，也就是可以在一个PHT上对多个连接以帧为粒度时分复用，从而做到多连接共享同一个PHY资源。

我们又一次看到了之前没看到的链路上的底层暗流。前文中你只看到了高层的交互，哪还知道底层如此复杂？就像发快递一样，你只看到了快递员从你手中拿走货，而看不到货物在运输过程中都经历了什么。如果图7-216是一个多层透视图的话，那么红色的RRDY原语部分应该位于最底层。然而，RRDY只是暗流中的一股，还有另一股常见的暗流，那就是ACK和NAK原语。

SAS协议规定接收方必须针对每一个接收到的帧回复ACK或者NAK，如果帧校验无误则回复ACK，校验有误则回复NAK。发送帧的一方会维护一个计时器，超过1 ms没有收到任何应答（不管是ACK还是NAK）的话，则会发送DONE（ACK/NAK TIMEOUT）原语尝试关闭连接。而且，在收到针对上一个发出的帧的ACK/NAK之前，发送方不会再发出下一个帧（SSP Data帧不受该限制），这属于一种完全同步的交互方式。

这与PCIE的设计不同。还记得吗，PCIE可以用一个ACK批量确认之前发送的一堆数据，TCP/IP传输协议也是可以批量确认，PCIE和TCP/IP属于异步的交互方式。只不过，它们都不允许无限制地在没收到ACK之前发送大量数据，它们都有一个发送窗口的限制，超出这个限制也需要停止发送，等待ACK/NAK到来才能继续发送后续数据。所幸的是，对于SSP Data帧，一方在没有得到对方的ACK/NAK之前可以连续发送若干个SSP Data帧（必须为相同的Tag）。发送方会记录那些没有得到ACK应答的已发出Data帧的个数，接收方可以异步返回ACK/NAK。但是由于ACK/NAK只是4字节的原语，其不携带任何信息，无法做到PCIE或者TCP/IP那样批量ACK。所以接收方欠发送方几个ACK，后续就都得补上对应数量的ACK/NAK，发送方收到一个ACK/NAK就将计数器-1，一直减到0为止，证明接收方不欠自己ACK/NAK了。图7-218中可以看到，Tgt端在最后针对Init端之前连续发送的4个SSP Data帧批量返回了4个ACK给Init端。

但是，这种方式也带来了一些麻烦。Init端如果超时之后还没有收到对应数量的欠款，则根本无法判断是哪个Data帧对方没有收到或者有问题需要重传，所以Init端只能重传距上一次收回所有欠款的那个时间往后的所有Data帧，并将帧中的Changing Data Pointer字段置为1，从而告知对方“我也不知道你哪些收到哪些没收到了，全部再发送一遍，你根据帧中的Data Offset字段值自行判断吧”。

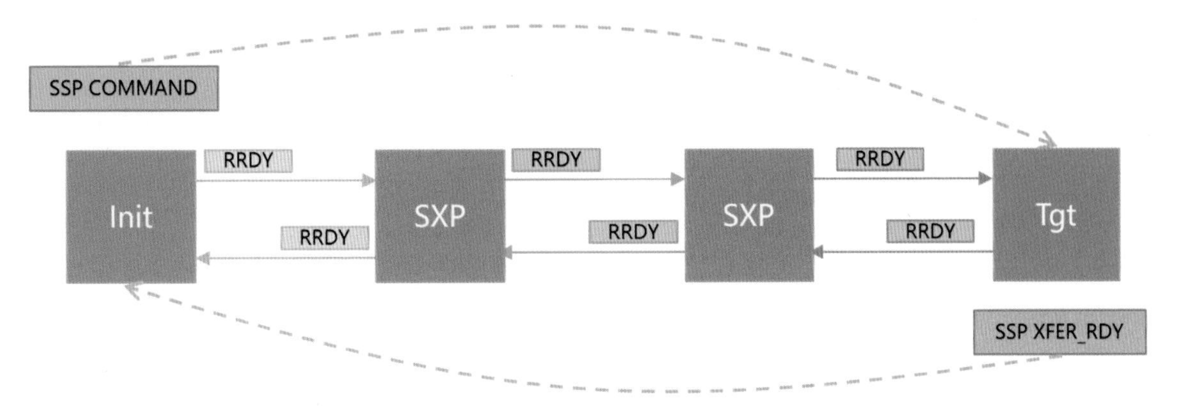

图7-217 端到端的流控与局部链路流控示意图

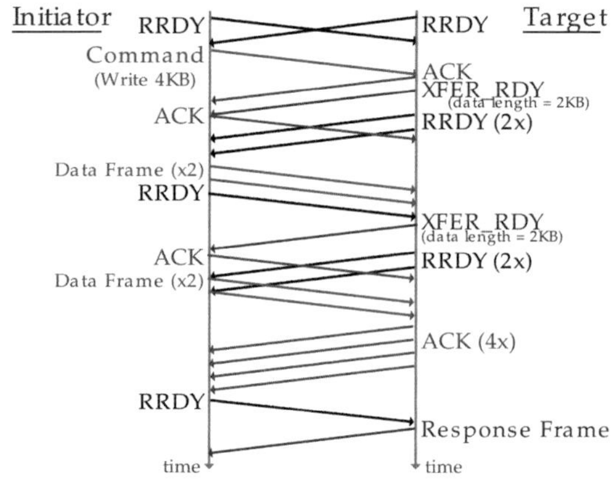

图7-218　展示了ACK/NAK原语的带数据的SCSI写命令交互过程

（4）PHY Layer。

这一层主要工作包括：N/Mb编码，自动插入ALIGN原语进行时钟差异补偿（前文中介绍过），负责生成OOB信号以及相关原语执行链路初始化和速率协商过程，负责从接收的信号中提取时钟以及进行双字检测和同步，负责节能管理。

图7-219所示为链路层和物理层的全局视图。物理层中也维护着几个状态机用于追踪当前的状态，以便生成对应的控制信号。比如当链路上传递的双字数量达到2048时，物理层状态机强行插入一个ALIGN用于时钟补偿。

提示

物理层按照固定间隔插入ALIGN进行时钟补偿，而链路层也按照固定间隔插入ALIGN进行速率匹配。这两个动作看上去是重叠的，其实两者都是必须的，位于不同作用层面。

SAS PHY在收到PHY Reset信号时则进入Reset流程，重新发出OOB并重新速率协商（如图7-220所示，PHY Reset与Link Reset的结果是不同的）。如图中右侧所示，PHY层从链路上接收了双字之后，会同时广播给链路层上多个不同的接收模块，因为PHY层并不判断接收到的双字到底属于哪种业务流量从而点对点发送给对应接收器，这样做成本太高。这些接收模块相当于处在一个共享总线上，但是链路层会按照当前的连接类型，比如是SSP/SMP/STP，来关闭其中不必要的接收器（关闭其总线前端的三态缓冲门）。

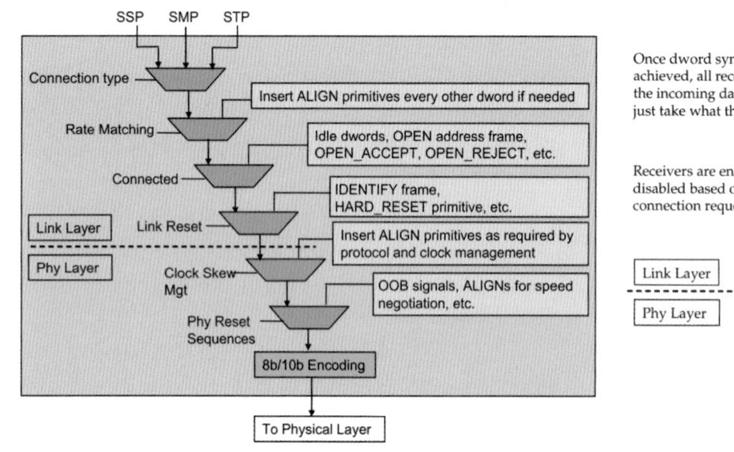

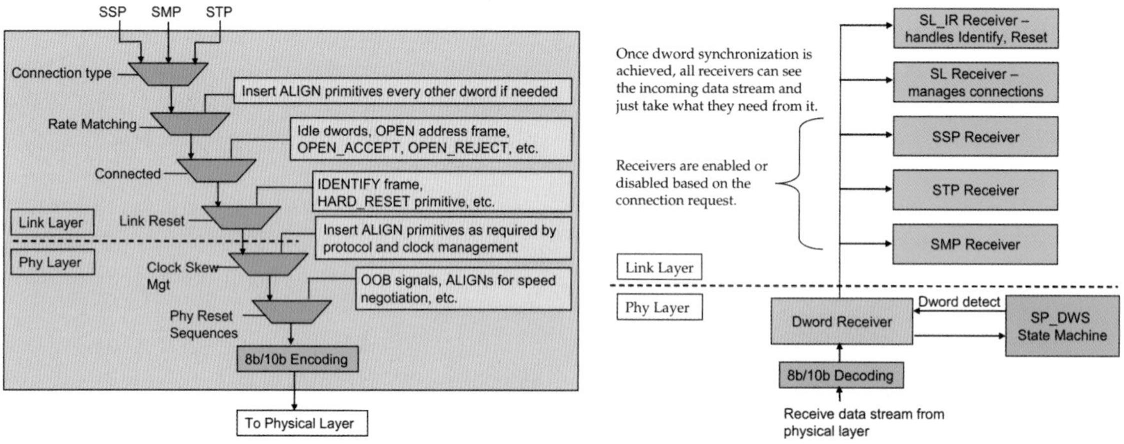

图7-219　PHY功能层架构一览

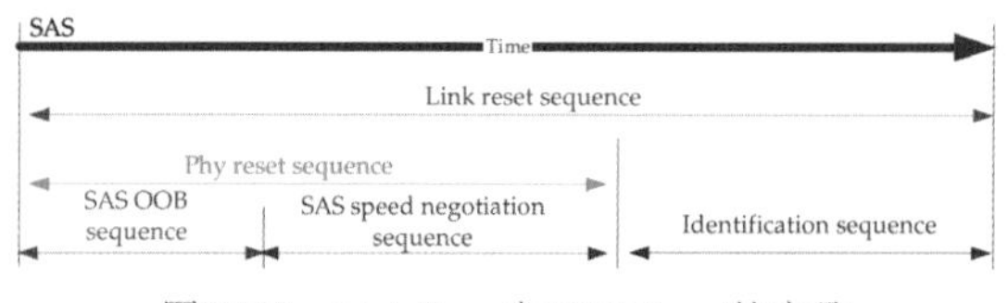

图7-220　Link Reset与PHY Reset的步骤

最后，PHY层还需要做一件非常重要的工作，那就是从线路上凌乱信号中检测到双字的边界。我们说SAS线路上的信号粒度是以双字，也就是40位（8/10bit编码后）为一组，不管是原语（1个双字）还是帧（多个双字）。这就像情报员打开无线电，听到的无非是一堆嘀嘀嘀，谁知道从哪里开始的几个嘀嘀嘀表示了一个摩尔斯电码或者自定义的加密电码？情报员必须练就一副迅速判断的本领，只要知道了一个电码的边界，那么后续的电码只要按照每40位为一组切分就可以了。这个过程被称为双字同步（dword Synchronization，DWS）过程。有一个专门的检测器来做这件事。

在链路初始化过程中，当OOB阶段结束之后，双方开始各自发送ALIGN原语。也就是在此时，底层电路开始进行时钟提取和同步，以便让接收端能够感受到bit，这是前提，然后再进入双字同步检测过程，如图7-221所示。由于ALIGN属于原语，其第一个字节为K28.5，所以检测器通过检测并锁定该字符的高7位（俗称为comma，逗号），然后检查其后3位，来判断K28.5的边界。由于8/10b编码机制，多出来的2位可以引入大量冗余字符，K28.5字符的码形在所有编码之后的字节中是唯一的，也就是说，上层数据字节被编码之后不可能出现与K28.5重叠的码形。所以，只要找到了K28.5，就相当于找到了一个原语的第一个字符，那么之后就可以按照4字符为一组对信号进行切分，也就做到了双字同步。

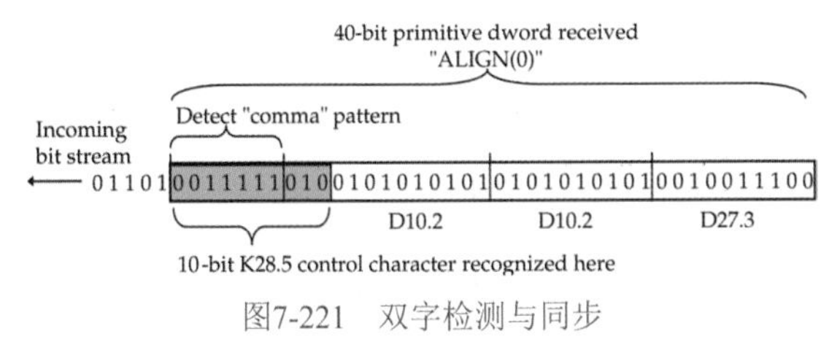

图7-221 双字检测与同步

（5）物理层。

到了物理层这一层，一切复杂的上层逻辑的作用结果都体现为一个个双字，然后就是一个个位。这就像现实世界中的一切物质，大到日月星辰，小到沙子细胞，它们最底层不过都是一个个分子原子，最终都是空间场的1和0两个状态的振动。物理层将上层下发的编码好的并行双字流用Serdes转换为串行位流，再经过线路编码器（比如SAS 2.0规范采用NRZ线路编码），输送到均衡和预加重处理模块，最终通过差分电路输出到线路上。

图7-222所示为差分电路信号抗干扰原理。差分电路会将原始信号输送到一个反相器，然后将所得的反相位信号从另一根导线上一并输送到接收端。这样，一旦链路上有某种干扰，如图7-222右侧所示，该干扰将线路电平下压了一定的值，那么由于差分信号线是并行排列的，那么其有很大概率同时收到干扰，但是两者的电平差值却可以维持不变，达到了抗干扰的目的，接收方只要采用一个模拟信号减法器就可以还原出原始信号。

本章前文中也介绍过，由于传输线路的电容性，其整体体现为一个低通滤波器。而方波的棱角处是由大量高频模拟信号成分叠加而成的，经过低通线路之后，这些高频分量会被滤除从而导致波形失真。如图7-223左侧所示，接收端的波形变得圆滑而无棱角，这样不利于接收方采样点路的判断。图7-223右侧为在发送方经过预加重处理之后的波形，棱角上的电平值被增强了。信号到达接收方后，波形仍能够保持一定的棱角。

波形棱角更加分明，更像方波，就更有利于接收端的采样判决电路采样到正确信号。如图7-224所示，如果波形过于圆滑，则采到的电平值就不够高或者不够低。实际信号质量可能远比图中所示的要差。

图7-225所示为SAS整个体系的层次模型一览，其中Device侧的架构与SXP侧的架构又稍有不同。其中SL表示SAS Link，SL_IR表示SAS Link Layer Identification and Reset的意思。图7-225右侧给出了更多的SAS系统内的状态机名称。

7.4.3.9 SAS控制器内部架构

前文给出的I/O控制器内部架构都是概要的示意图。是时候向大家展示一款实际的SAS I/O控制器的架构，以及梳理其I/O处理流程了。

图7-226所示为PMC-Sierra公司早年的一款SAS I/O控制器内部架构图。可以看到其包含几大组件：负责运行固件的主控CPU（双MIPS核心）、负责与Host端对接的PCIE控制器、负责读写Host RAM数据的Block DMA控制器、负责与后端SAS网络交互的SAS

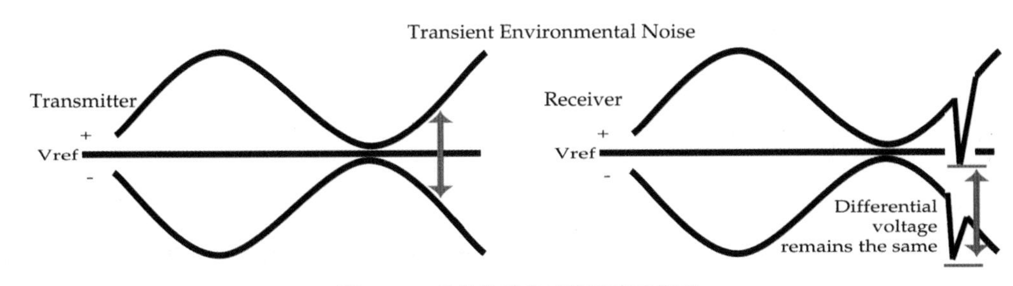

图7-222 差分信号抗干扰原理示意图

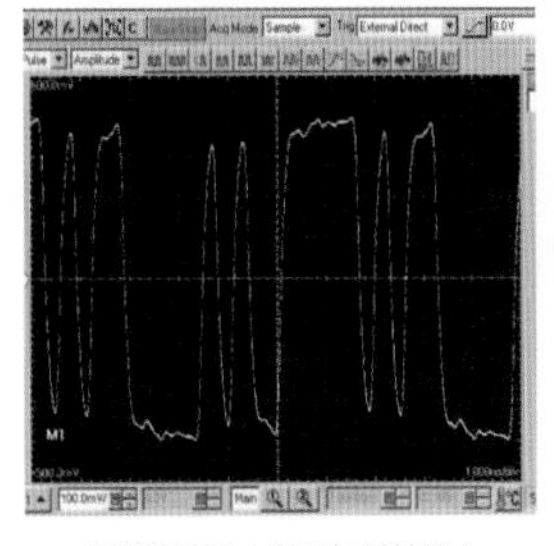
发送端波形（无预加重处理）

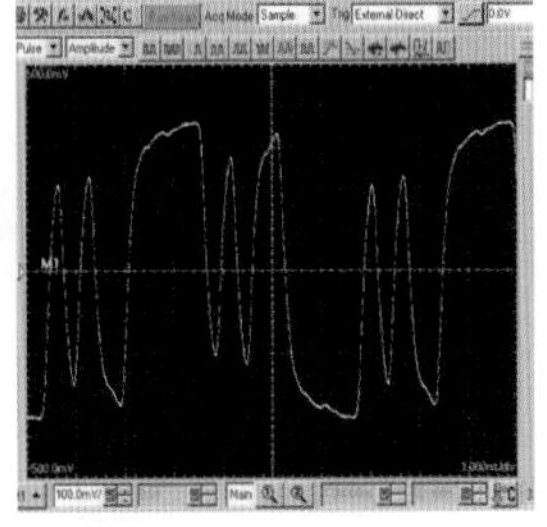
接收端的波形（无预加重处理）

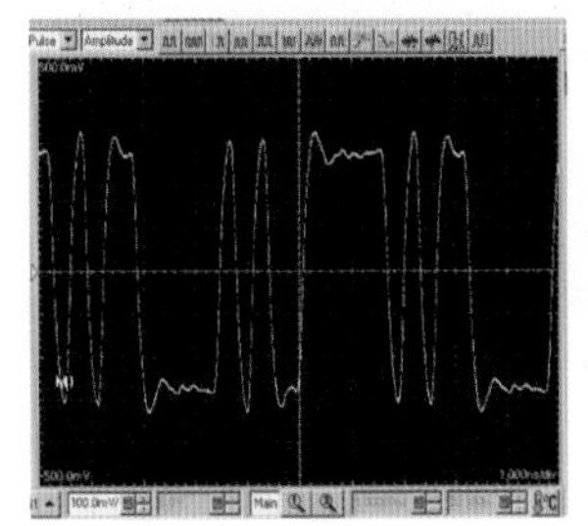
发送端波形（有预加重处理）

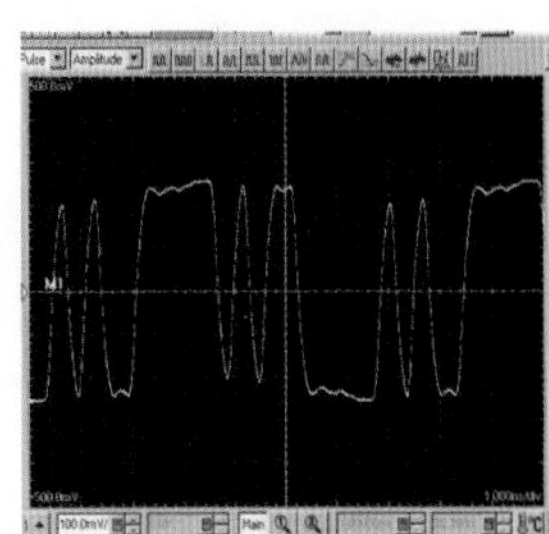
接收端的波形（有预加重处理）

图7-223 预加重处理示意图

通道控制器模组、负责一些重复量较大运算的硬加速模块（可选），以及用于所有上述角色之间相互传递命令和数据的GSM（Global Shared Memory，本质上是一大片SRAM）模块。各个角色采用AXI总线访问GSM。图7-225所示为厂商手册中更加专业的（含有更多专业名词的）架构图。

如何将厂商定义的名词一眼看透，并转换为通用的概念和角色定义，是一名计算机从业者的基本技能。其中IOP和MSGU分别表示I/O处理器（I/O Processor）和消息单元（Message Unit），它俩本质上就是主控CPU中的两个MIPS核心。其中一个专门处理并分析从PCIE控制器接收过来的I/O任务书，并生成对应的后端命令任务书，所以该核心称为消息单元；另外一个则专门接收并处理由MSGU下发的任务书，将它们发往后端的SAS通道控制器去执行，所以这个核心称为I/O 处理器。后端的SAS通道控制模块被称为Octal SAS/SATA Processor（OSSP）。Octal是说该模块共可推出8个PHY，所以为Octal，但是由于每4个PHY共享同一份控制逻辑，所以其只能形成x4宽端口，而不能形成x8的宽端口。

图7-228所示为BDMA模块内部架构图。其可以在Host RAM、I/O控制器内部的GSM、I/O控制器内部的DDR RAM三者之间相互移动数据。BDMA模块从位于GSM中的特定FIFO队列中取出任务书，从而根据任务书中描述的复制数据的源地址、目标地址、长度等信息来执行任务，所以BDMA模块内部有一个Descriptor Fetching Engine，其作用就是从GSM中的BDMA任务书队列中取回任务执行，并返回执行结果状态。

图7-229所示为OSSP内部架构图。整个OSSP由8根枪管和一个SAS传输层总控制模块组成。每根枪管中包含：与GSM交互信息的FIFO队列、用于SAS传输层和Port层控制的HSST（Hardened SAS/

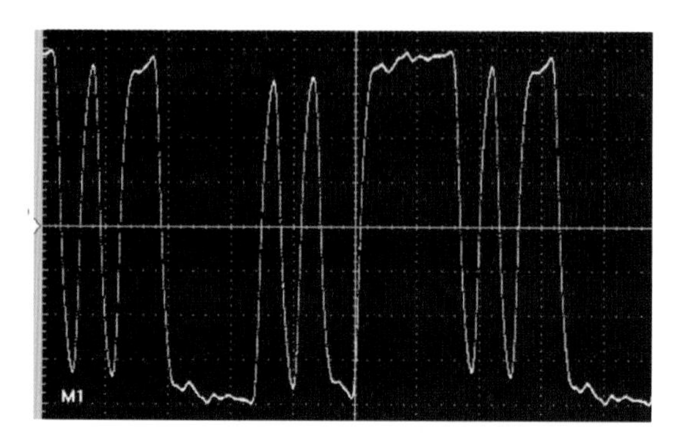

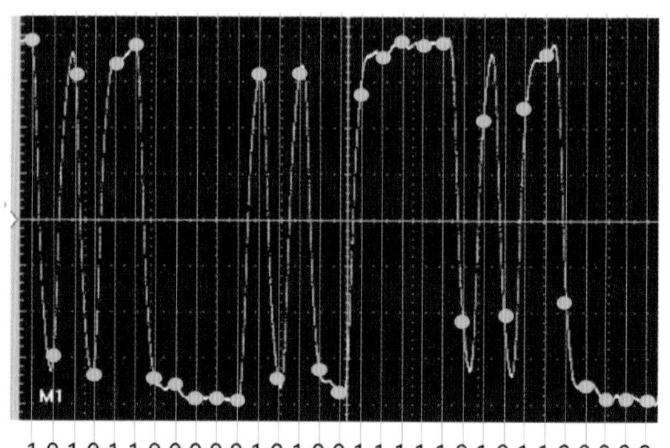

图7-224 接收端的采样判决过程

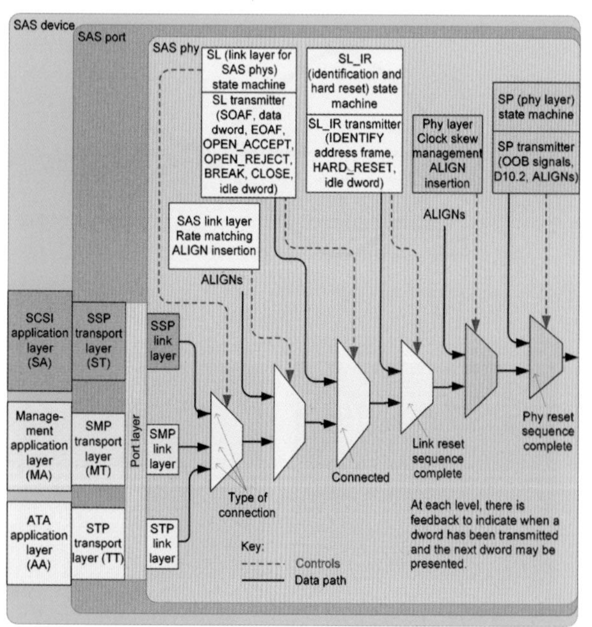

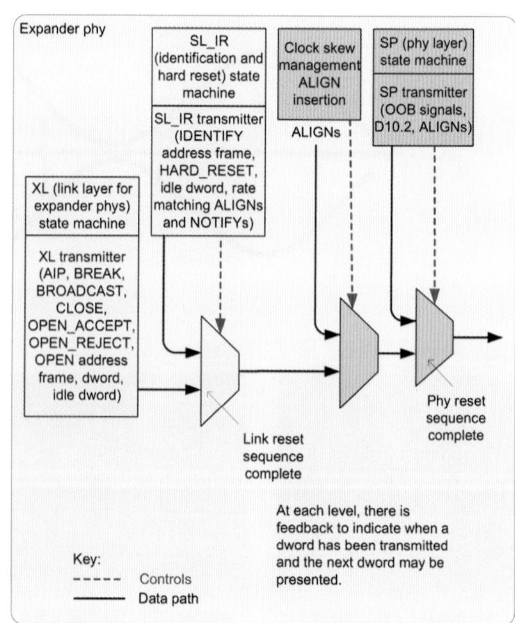

图7-225 SAS体系全局框架示意图

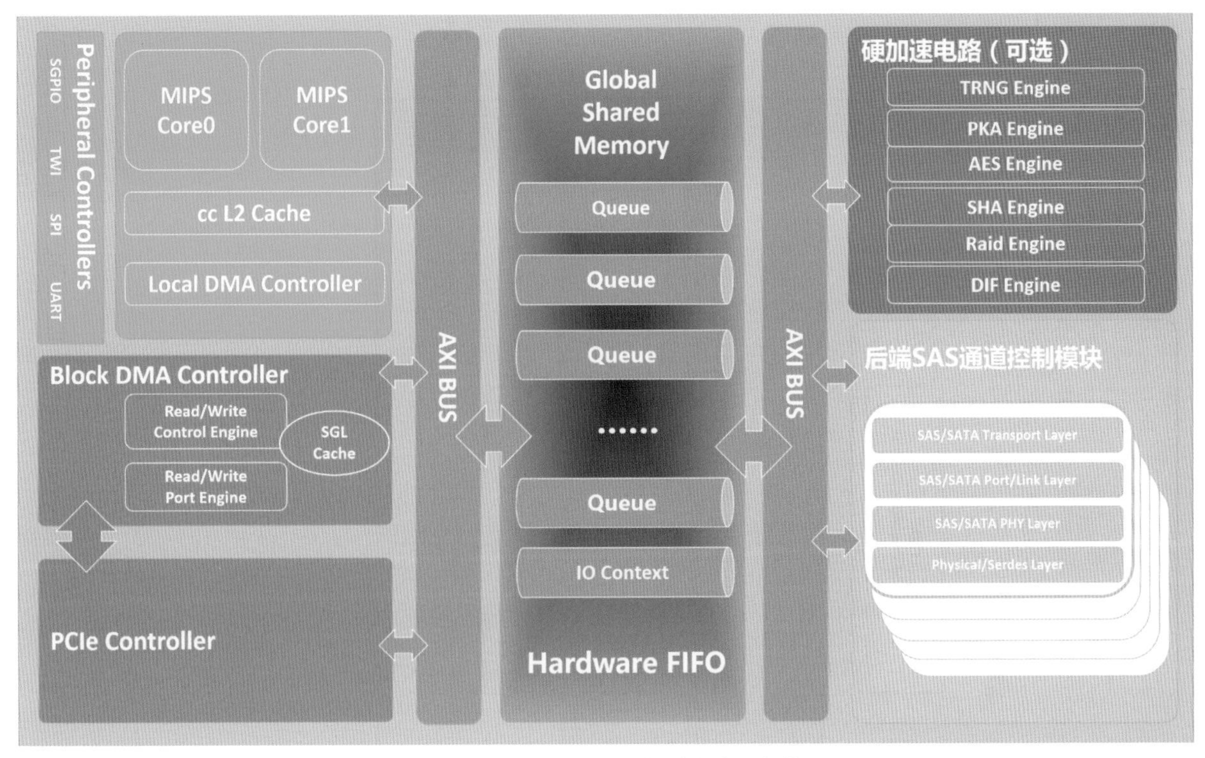

图7-226 某SAS I/O控制器内部实际架构

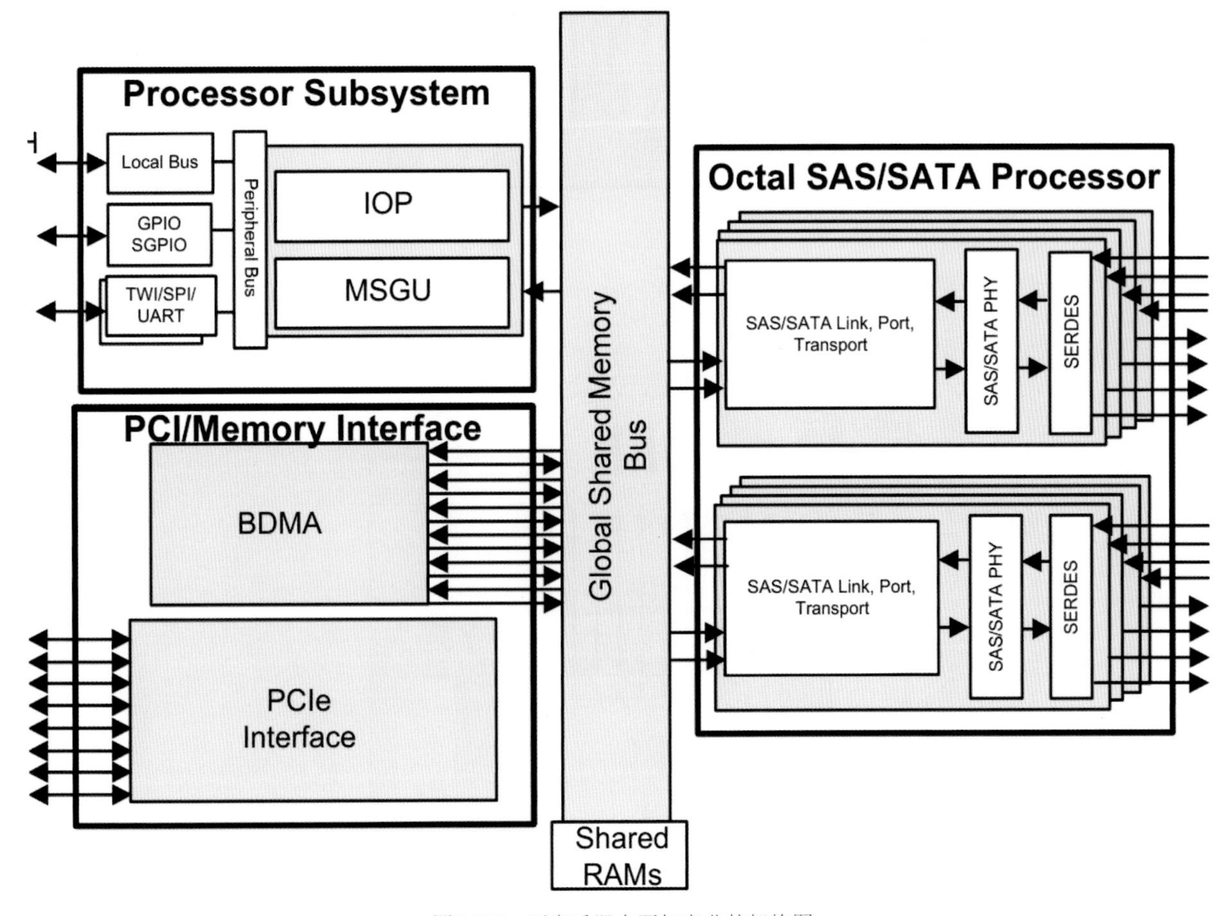

图7-227 厂商手册中更加专业的架构图

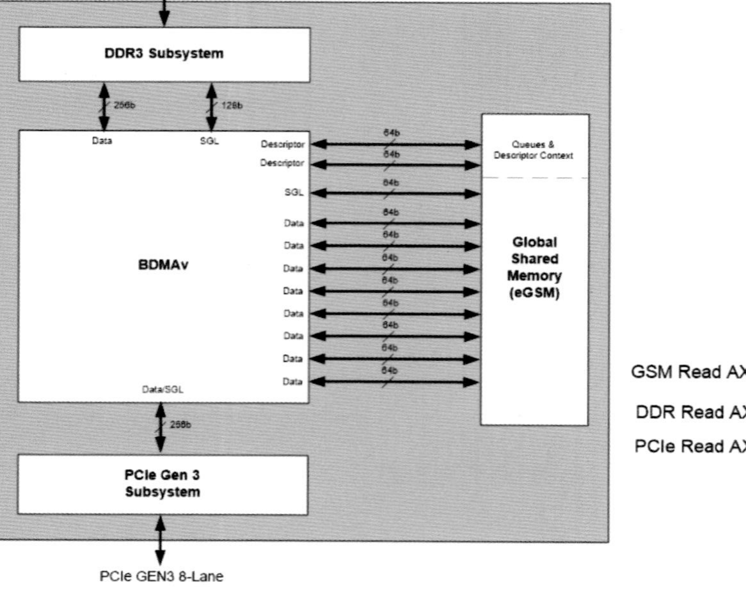

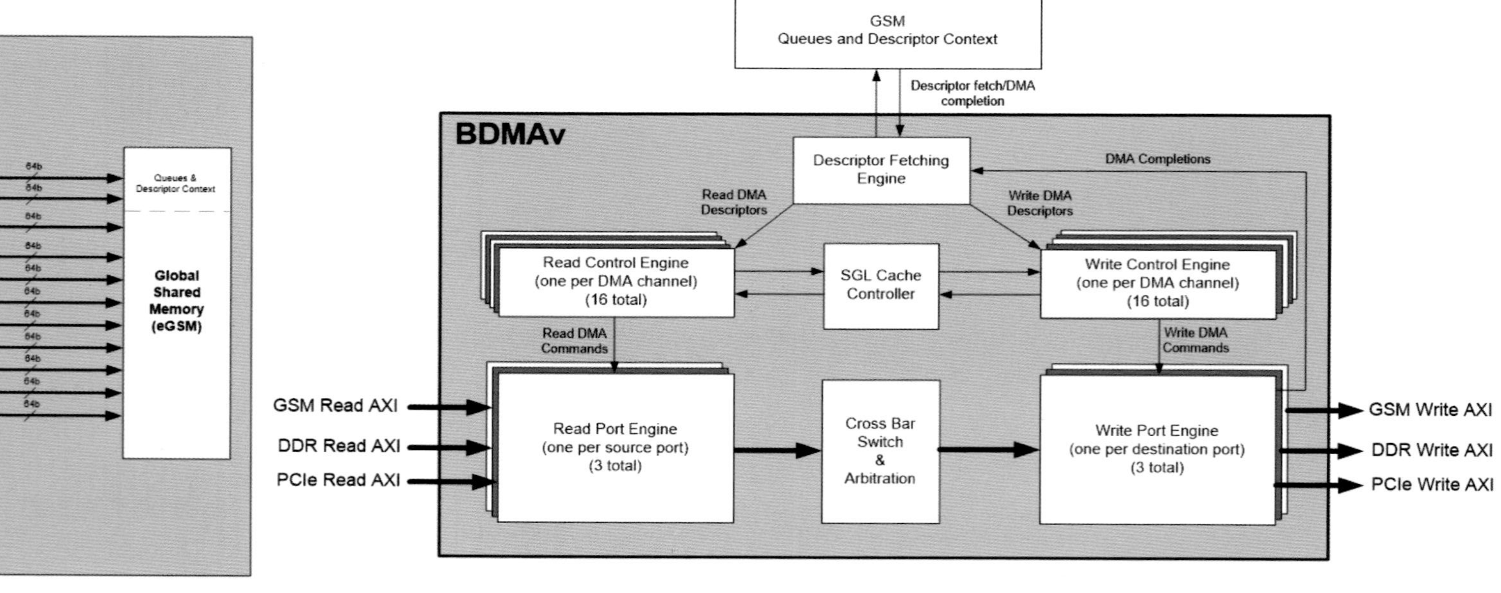

图7-228　BDMA引擎内部架构示意图

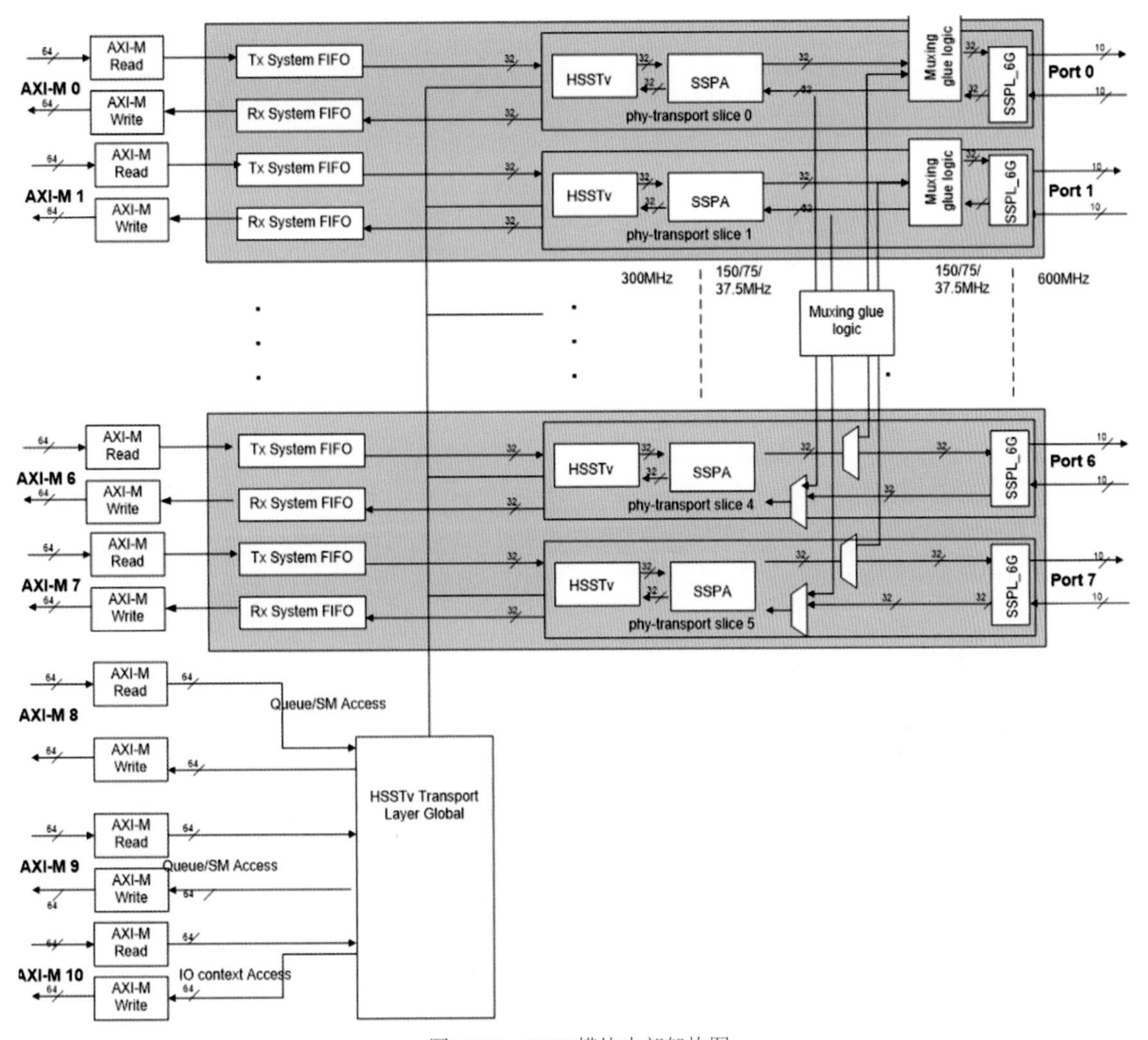

图7-229 OSSP模块内部架构图

SATA Transport）模块、用于SAS 链路层控制的SSPA（SAS/SATA Port and Link Accessing）模块以及用于SAS PHY和物理层控制的SSPL（SAS/SATA PHY/Physical Layer）模块。正如我们前文中图7-212介绍过的一样，HSST有一个全局状态机主控和位于各个PHY前端的HSST分布式控制模块。

其中，HSST、SSPA、SSPL各自又包含更加复杂的架构。图7-230所示为SSPL模块的内部架构图。篇幅所限，这里就不具体介绍细节了，请大家自行参悟。

可以看到，SAS I/O控制器内部是一个极度复杂的结构，越往后端越复杂，越往前端越发简单。因为前端更多是由通用CPU核心+固件+共享存储器实现的，复杂的逻辑被隐藏在了固件的代码中。而后端对速率要求既高又稳定，所以后端需要将处理逻辑展开为数字逻辑硬件，那必然看上去就复杂得多了。

图7-231所示为上述各个部件之间的沟通关系示意图。左侧的灰色框为Host端部分，可以看到包含Host Driver以及其初始化好的Send Queue（图中的Inbound Queue，IQ）和Completion Queue（图中的Outbound Queue，OQ），以及由I/O控制器一侧负责更新的IQ-CI（IQ Consumer Index）指针变量和OQ-PI（OQ Producer Index）指针变量，这些角色都被存储在Host端的RAM中。

右侧灰色框中表示I/O控制器一侧的软硬件角色，包含用于缓存从Host端取回来的I/O任务书（这里称为I/O Message Block，IOMB）的IN-IOMB Buffer Pool以及缓存要向Host端写入的I/O状态或其他信息的OUT-IOMB Buffer Pool。，以及由Host端驱动程序负责更新的IQ-PI和OQ-CI指针寄存器。关于用于I/O场景下的队列及其对应的指针在本章之初已经介绍过了。I/O控制器一侧还包括映射到PCIE各个BAR的地址空间，比如配置参数寄存器、内部缓冲器等角色。图中的MPI Configuration Table（MPI是该产品定义的名词，指的是Host Driver与I/O控制器之间的接口，全

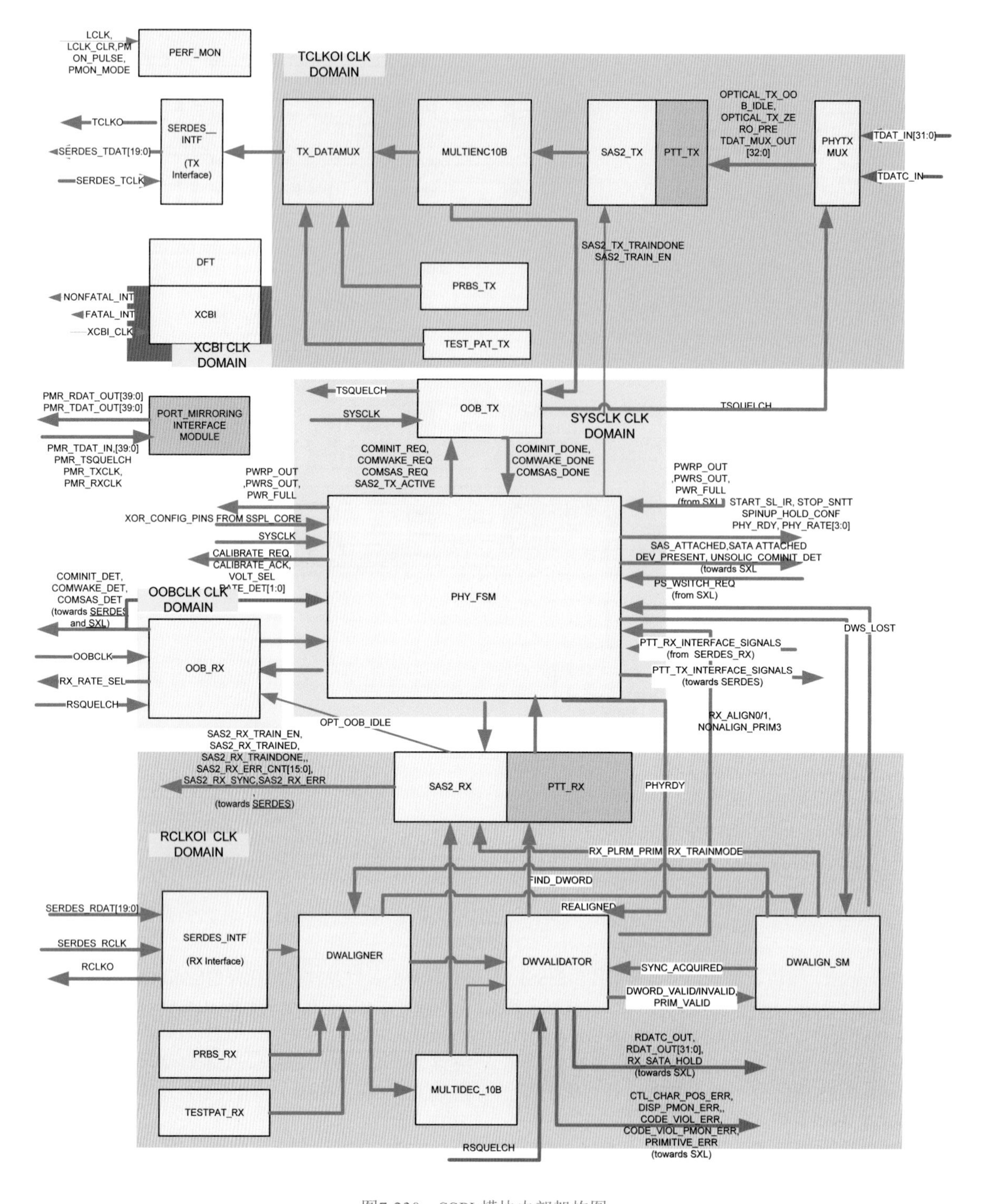

图7-230　SSPL模块内部架构图

称Message Passing Interface）用来存放的就是各种配置参数，其被映射到该I/O控制器的BAR#0空间内，可以直接被Host端程序访问。这一侧还包括用于存放给OSSP下发的任务书的I/O State Table、IOST与IT Context Table（Initiator/Target Context Table）、用于OSSP缓存SAS帧的SAS Frame Buffer，以及用于各个角色之间传递信息的其他FIFO队列。上述这些角色都存在于GSM中。

下面就来看一下，Host端发送的读写命令是怎么被I/O控制器中这些角色协作执行的，如图7-232和图7-233所示。

下面的英文给出了一条Host端发出的SCSI读命令在HSST中的执行过程，作为计算机从业者读懂专业英文是基本素养，所以冬瓜哥就不翻译了。

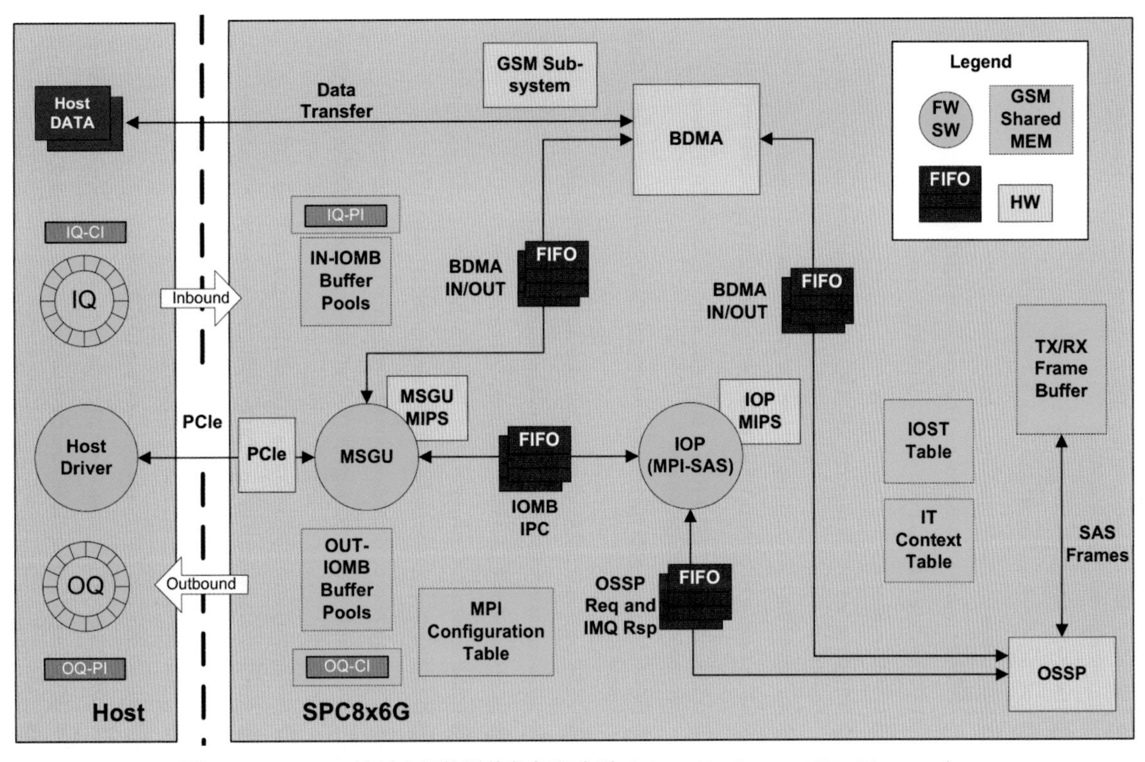

图7-231 SAS I/O控制内部的固件角色和队列（HW：Hardware；FW：Firmware）

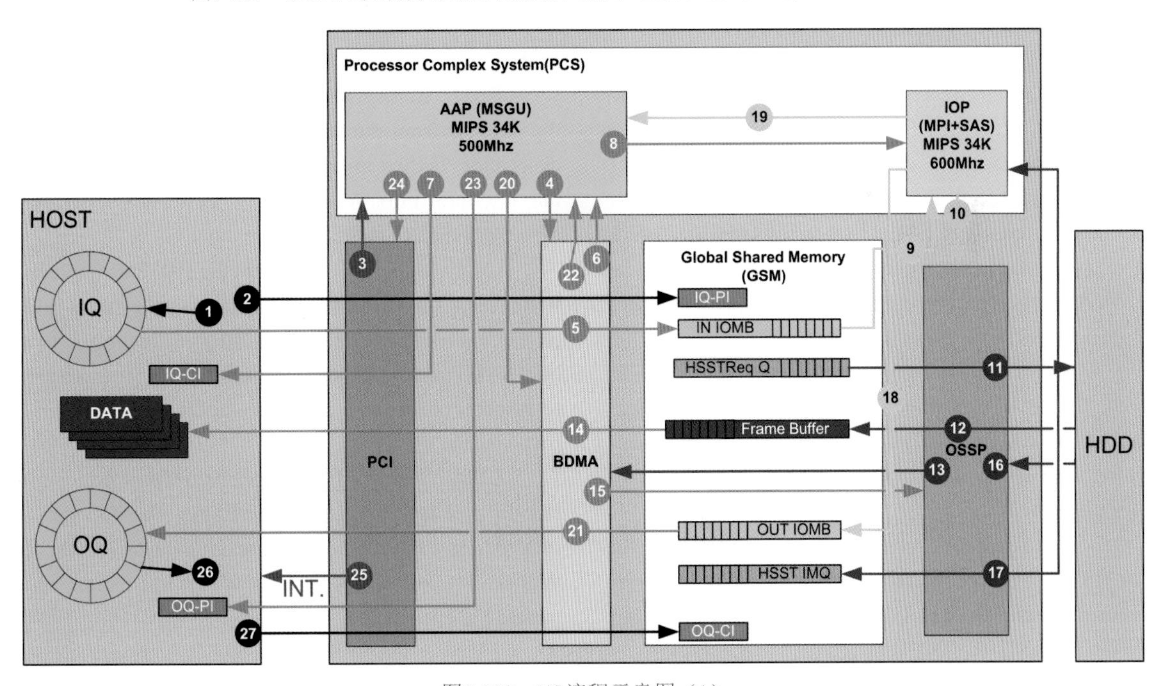

图7-232 I/O流程示意图（1）

（1） CPU setup the IO State Table entry by setting up fields like transfer size, IT context index. CPU needs to keep track of this tag assignment to know what addresses are available for IOST. This field is referenced in the field of the Request entry called Own TAG.

（2） CPU gets a free address from free FIFO of request queue (the request queue for the port it wants to send the command). It then constructs a request entry, setting up fields like protocol, IT context index tags, etc. The tag assigned to the IOST entry is used to index the IOST.

（3） CPU writes the request entry to the address it got from free FIFO.

1. The HOST driver generates a new IOMB with the command request in the next available inbound queue element
2. The HOST driver updates the IQ-PI inside SPC
3. SPC PCI block notifies MSGU about the IQ-PI change
4. MSGU sets up a DMA operation to retrieve the IOMB
5. BDMA moves the IOMB from host memory to **IN IOMB GSM**
6. BDMA notifies MSGU that the DMA operation is complete
7. MSGU updates IQ-CI in host memory
8. MSGU notifies IOP (through IN IOMB RB interrupt) about the new command request
9. IOP reads the command request from **IN IOMB GSM** and process it
10. IOP allocates IO context, HSST Req Q entry and sends IO request to OSSP
11. OSSP consumes HSST Req Q entry and sends SAS/SATA IO Request command to the target device
12. OSSP receives data frames from the target device and stores them in **GSM** Frame Buffer
13. OSSP sets up a DMA operation to move data to **HOST** memory
14. BDMA transfers data from **GSM** to host memory
15. BDMA notifies OSSP of DMA operation is complete
16. OSSP receives IO response from the target device
17. OSSP notifies IO completion to IOP through HSST IMQ
18. IOP generates command response message in **OUT IOMB GSM**
19. IOP notifies MSGU (through OUT IOMB RB interrupt) about the command response
20. MSGU sets up a DMA operation to send the response IOMB
21. BDMA moves the IOMB from **OUT IOMB GSM** to the OQ in **HOST** memory
22. BDMA notifies MSGU that the DMA operation is complete
23. MSGU updates the OQ-PI in host memory
24. MSGU sets up interrupt generation in the SPC PCI block
25. SPC PCI block generates interrupt to the HOST to notify completion message
26. HOST reads and processes the command response outbound IOMB
27. HOST updates the OQ-CI inside SPC

图7-233 I/O流程示意图（2）

（4） Independent to the above steps, HSSTx port will try to acquire receive frame buffer pointers (GSM address) from the free FIFO of receive/transmit buffer queue.

（5） Global Transport starts to process the command. It assigns a HSSTx port to send the frame. The port decodes the request entry, opens a connection, constructs the command frame and sends a command frame whose tag value points to the IOST entry.

（6） After the command frame is sent, HSSTx waits for the ACK/NAK for the frame. Upon receiving of the ACK/NAK, Global Transport will free up the request entry. It writes to the completion FIFO of request queue (for the command).

（7） The connection may be closed. Eventually, the HSSTx port receives the data frames for the command from the target device. It pulls the IOST entry for the command (using the Tag value returned in the frame)

（8） The HSSTx port then writes the data frames into the receive buffer entries it was allocated in step 5. In the meantime, Global Transport gets a free address from one of the BDMA inbound queue.

（9） When a frame is received (1K bytes or less) and is written into GSM, Global Transport writes up the BDMAA descriptor and posts to the BDMA inbound queue. In addition, Global Transport updates the IO context entry. (current RPM behavior)

（10） BDMA sees inbound queue, dereference the address from the post FIFO and reads the BDMA descriptor. It then moves the data frame according to the descriptor info. When done, it writes to the BDMA inbound completion queue.

（11） Global Transport sees the BDMA completes, writes back the GSM address back into the free FIFO. (It can also write other BDMA inbound request before one is completed). Note that only Global Transport is responsible to write back the free addresses into receive frame buffer, not CPU.

（12） When all the data transfer is done, the HSSTx port receives a response frame. The port gets a free address from the inbound message queue, writes up the message, and writes to the post FIFO of the inbound message queue.

CPU reads the post FIFO of inbound message queue. It then dereferences the message entry pointed by the posted address. Depending on the status of the command, CPU act accordingly.

下面的英文给出了一条Host端发出的SCSI写命令在HSST中的执行过程。

（1） CPU sets up data to be written. Data can come from different places, such as DDR or PCI.

（2） CPU setup the IO State Table entry by setting

up fields like transfer size, IT context index, address of data etc. CPU needs to keep track of this tag assignment to know what addresses are available for IOST. This field is referenced in the field of the Request entry called Own TAG.

（3） CPU gets a free address from free FIFO of request queue (the request queue for the port it wants to send the command). It then constructs a request entry, setting up fields like protocol, IT context index tags, etc. The tag assigned to the IOST entry is used to index the IOST.

（4） CPU writes the request entry to the address it got from free FIFO.

（5） Independent to the above steps, HSSTx port will try to acquire receive/transmit frame buffer pointers (GSM address) from the free FIFO of receive/transmit buffer queue.

（6） Global Transport starts to process the command. It assigns a HSSTx port to send the write command frame. The port decodes the request entry, opens a connection, constructs the command frame and sends a command frame whose tag value points to the IOST entry.

（7） After the command frame is sent, HSSTx waits for the ACK/NAK for the frame. Upon receiving of the ACK/NAK, Global Transport will free up the request entry. It writes to the completion FIFO of the request queue (for the command).

（8） Sometime later, the port receives the XFER_RDY frame for the command from the target device. It queues up the XFER_RDY frame by getting address from free FIFO of the proper XFER_RDY queue, writes the XFER_RDY frame (plus some control info) into the message, and then posts the XFER_RDY requests.

（9） Global Transport sees non-empty the XFER_RDY queue, checks whether the port is available. If so, it pulls out the XFER_RDY frame and starts processing.

（10） Global Transport reads the IOST entry for the command (using the Tag value returned in the XFER_RDY frame. Global Transport assigns a link to send the frame.

（11） The HSSTx port reads the free FIFO of BDMA outbound queue (select the correct type of queue by looking at settings in IOST entry). It then writes up the BMDA descriptor (putting transmit free buffer address in it). It then posts the BDMA request.

（12） When BDMA is done moving the data into the GSM buffer, it writes to the completion FIFO of the BDMA outbound queue.

（13） HSSTx port sees the completion of BDMA transfer and starts reading the frame. In the meantime, it opens up a connection to the target. The port then starts sending the frame, and BDMA in more data when needed.

（14） When a data frame is sent, Global Transport updates the IO context. In addition, it writes back address of current frame back to the transmit buffer queue.

（15） When all the data transfer is done, the HSSTx port receives a response frame. The port gets a free address from the inbound message queue, writes up the message, and writes to the post FIFO of the inbound message queue.

（16） CPU reads the post FIFO of inbound message queue. It then dereferences the message entry pointed by the posted address. Depending on the status of the command, CPU act accordingly.

可以看到，一切交互都是将任务书放到队列中而进行的。

7.4.3.10 SAS SXP内部架构

图7-234所示为一款48 PHY的SAS SXP的内部架构，其上有48根枪管，内含物理层和SSPL PHY模块、SSSF（SAS/SATA Stor-Forwarding）缓冲加速模块、SXL链路层控制模块。SXP不需要传输层控制模块，因为它只负责到建立连接这一层，后续只做交换转发。

所有枪管连接到一个转盘上，这就是核心的Crossbar交换矩阵，也就是图中的ECR模块。ECM模块是ECR的实际控制者，ECR模块会将所有Open请求路由给ECM模块进行仲裁等管理，ECM将控制信号发送给ECR的电路MUX/DEMUX，从而控制对应连接的连通。BPP（Broadcast Primitive Processor）负责所有广播消息的接收和转发。为了对上述所有部件的运行参数进行配置和管理、监控，SXP内部集成了一个CPU核心以及一些外围接口用于对整个SXP进行管理。CPU运行固件程序，所有上述器件的控制寄存器都被映射到该CPU的物理地址空间，固件程序通过访问这些地址对寄存器进行配置。PACK模块相当于一个与内部CPU相连接的SAS I/O控制器，其作用是充当SSP Tgt端，用于接收SES（SCSI Enclosure Service）命令，以便对整个SXP+硬盘+机箱组成的系统做整体控制，比如LED指示灯的亮灭控制、各种传感器参数获取等。

7.5 本章小结

本章我们介绍了计算机I/O的方式和几种基本的I/O网络，你应深刻理解下面两点。

- 任何外部设备都是一个单独的微型计算机，它们通过某种网络连接到主计算机的某种网络控制器上。
- 任何I/O的源头是将要发送给外部设备的命令和数据指针，利用访存的方式发送给连接着外部设

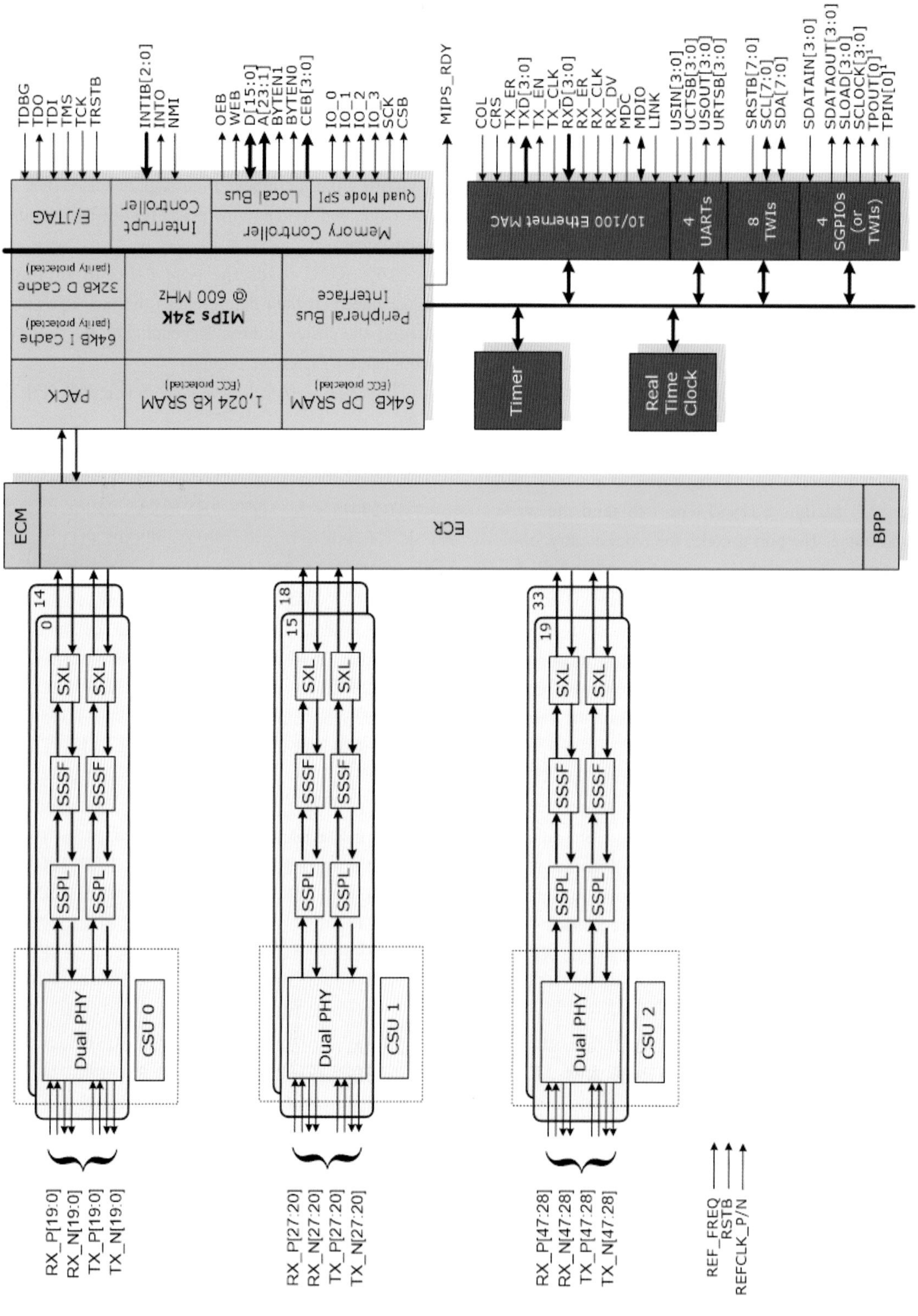

图7-234　SAS SXP内部架构图

备的网络控制器，然后再由该控制器按照某种方式将信息传送给外部设备。

那么，网络和I/O的区别和联系是什么？从广义上来讲，I/O的承载者是网络系统，网络通信过程本身就是一种I/O过程。从狭义上讲，I/O的一种特性是必须让计算机通过该网络识别到某种“设备”，那么该网络才能算是I/O网络。而有些网络，比如以太网，多数时候计算机通过该网络并没有识别到什么设备， 此计算机虽然可以连接到另一台计算机，但是计算机中并不会出现“设备”，而是可以列出一堆目前正在通信的目标IP地址，每个IP地址就对应着一台计算机。这些计算机也可以算作是该主计算机的设备，但是并不是附属于该计算机的设备，而是对等设备。

正因如此，本章先介绍了网络通信系统的原理和本质，然后才介绍了PCIE、USB和SAS这三种典型的用于不同场景、目前主流的I/O网络，其本质上与以太网类似。那么，有通过以太网识别到设备的方案么？必须有，iSCSI就是其中一种机制，该机制通过以太网识别到一块虚拟的SCSI设备，其被广泛应用于外部存储系统中。

PCIE、USB和SAS网络一般都被局限在单个计算机系统内部，不用于多个计算机之间的连接，虽然你可以这样做，也的确有人这样做，比如用PCIE、SAS或者USB来互联多台计算机。但是这种方式并不通用。这些网络我们可以称为系统内部网络/总线。更加通用的用于计算机间互联的网络，还是诸如以太网、FC、Infiniband等外部网络。后面这些网络之所以在外部得到广泛使用，原因一方面是由于其硬件简单、成本低廉，另一方面也因为其抓住了历史机遇，建立了强大的生态，大量的人习惯了使用它们，先入为主。

纵然有iSCSI这种方案，但是人们并没有广泛将以太网算作一种I/O网络。同理，以太网也可以承载访存流量，比如RDMA over Ethernet，但是人们并没有将以太网用作广谱的访存网络。一方面以太网一开始的速率并不高，一直到近几年才出现10Gbit、40Gbit、100Gbit，甚至将来的400Gbit以太网；而同时期的PCIE网络x16通道的话，速率还是远高于以太网，而且成本也都算在了CPU里；以太网则需要外接独立芯片，而且也通过PCIE接入系统，即便是以太网在将来速率可能超过PCIE，也照样受限于PCIE。另一方面以太网在传输保障、流控方面缺乏完善机制，其并不具备PCIE、SAS那样比较完整的机制，虽然以太网标准也在逐渐发展当中。

如果再深入思考一下的话，可以体会到计算机的本质其实是路由网络。另外，分布在网络上的节点，可能是计算节点（比如ALU）、存储节点（比如RAM、Cache）或者控制节点。所以，计算机系统就是将计算部件、存储部件、控制部件用网络传送部件连接起来的一个集合体。

本章后面的部分我们零零散散介绍了一些上层I/O协议栈方面的内容。I/O控制器本身并不负责生成对应的命令和数据，它只负责将上层协议栈生成的命令和数据从Host RAM获取到、分析并传送给后端设备。最原始未分化的形态是，每种设备都有自己的驱动程序，由驱动程序负责提供该设备的上层访问接口，供应用程序调用。假设该设备为硬盘，而且其接收的是非标准指令，则该设备驱动程序需要提供诸如readdisk()、writedisk()、controldisk()、cleardisk()等函数，并将应用传递过来的参数，转化为硬盘所接收指令的程序模块，供上述函数在其下游某个位置调用。进化之后的状态则是，整个程序社会的分工越来越明确，接口越来越标准，外部设备的接口越来越标准，沟通的语言越来越标准。这与人类社会的城市化进程是相同的，城市中人的行为标准也类似，都说普通话，各种分工明显。SCSI协议栈被分工用于转化上层的命令为SCSI标准指令，硬盘也都改为支持SCSI指令语言，硬盘的驱动程序要做的事情就更少了。I/O控制器相当于城市中的快递系统，给外部设备发送任何信息都要经过快递系统的转发。而如何填写快递单、如何通知快递公司来取货，这些就是底层设备驱动要操心的事情。

最后，图7-235给出一张现代计算机I/O全局图，大家可以观察此图，以回忆本章的全部内容框架。

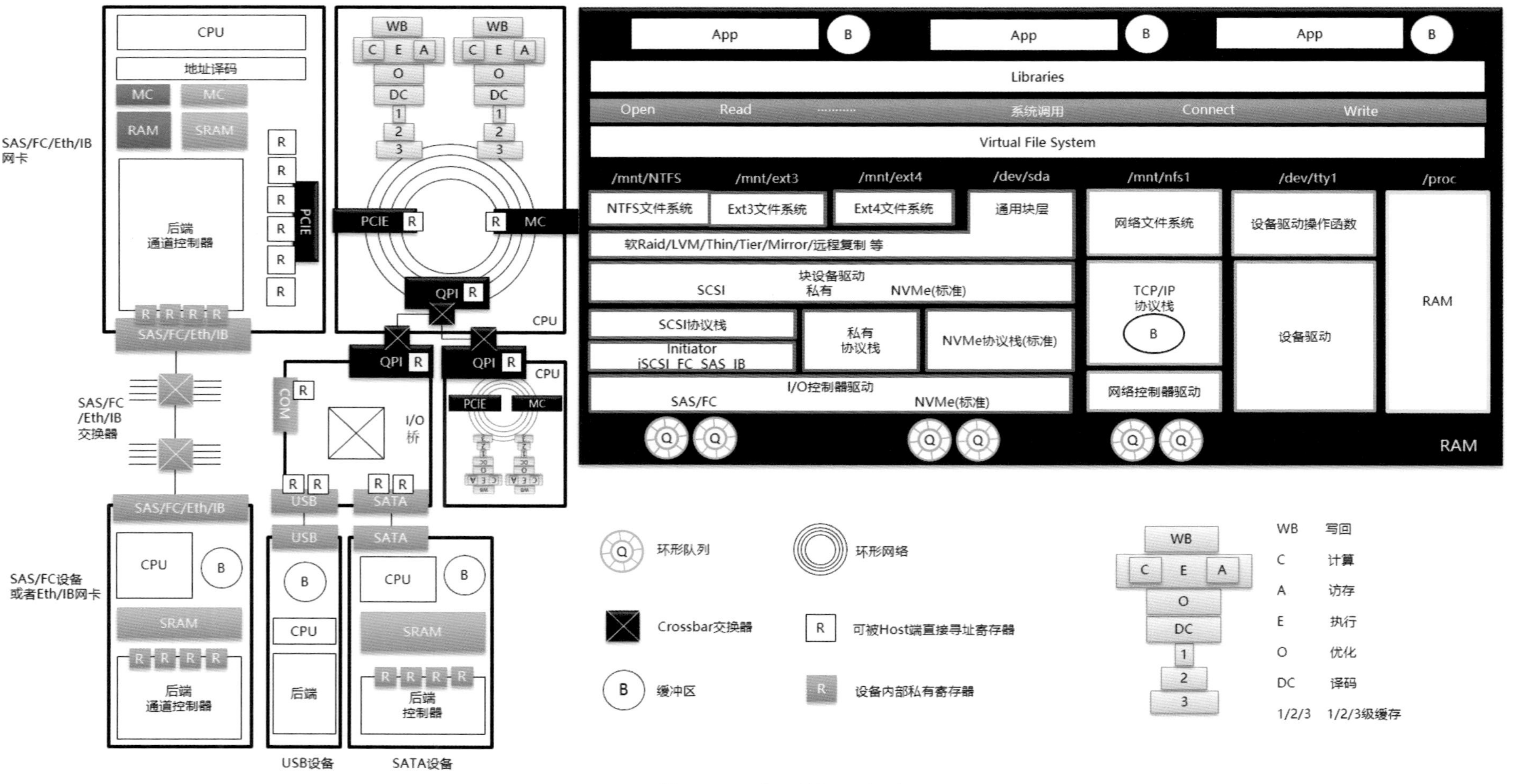

图7-235 现代计算机I/O全局图

第8章

绘声绘色

计算机如何处理声音和图像

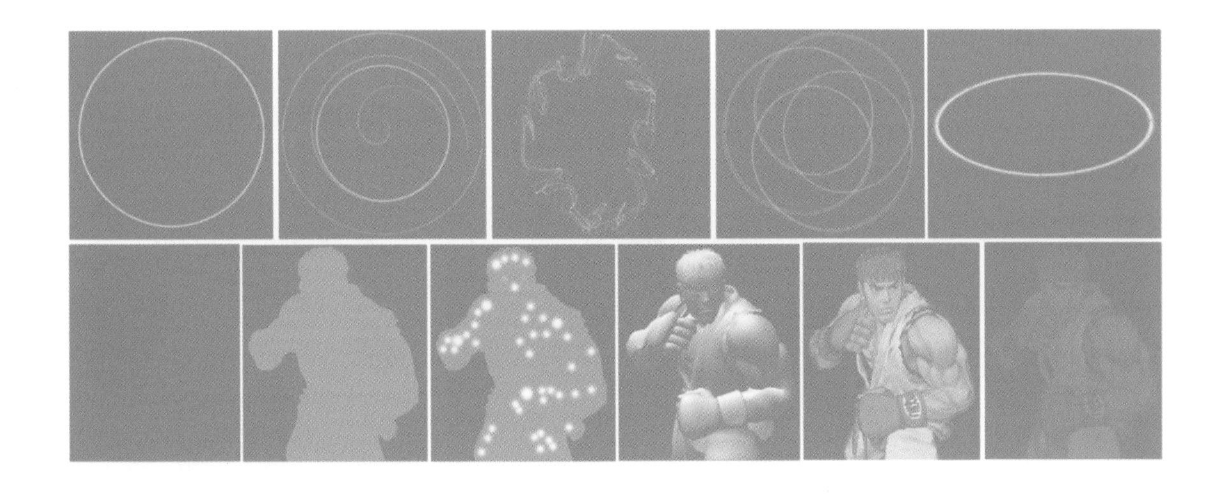

如果说网络和存储系统是计算机的四肢，那么声音和图像系统就是计算机的五官。没有存储和网络，计算机会失去基本的行动能力，而没有图像和声音的话，计算机则会失去活力。

我们已经在5.4.7和5.4.8两节中分别介绍了发声控制和图像显示控制方面的基本原理，本章会向大家详细地介绍其细节。

8.1 声音处理系统

在5.4.7节中，我们假设了一种可以响应一定频率范围电信号而随之震动产生声响的蜂鸣器，以及一个可以从Host端接收命令并翻译成对应频率交变电流向蜂鸣器输送，从而触发后者发出多种音调的蜂鸣器控制器。在很早期的计算机中，所使用的蜂鸣器只能响应很窄范围的频率，只能发出近乎一种声调的响声，最多能够控制其发声的长短，无法控制其声调。其多被用于报警使用，比如BIOS检测到系统没有插内存条，则会控制蜂鸣器发出“嘀嘀嘀”三声急促的声响，用户根据不同长短的声响来判断系统出现了何种错误。

8.1.1 让蜂鸣器说话

后来，个人计算机上逐渐使用了频响范围较宽的蜂鸣器，这使得其发声时可以带有更多谐振频率，让音质变得相对更柔润了一些。这样就可以驱动蜂鸣器发出任意单一频率或者任意频率叠加之后的杂波了，这意味着，其可以发出人声！

第一个用PC蜂鸣器发出中文语音的游戏程序，是1991年智冠科技开发的《三国演义》，如图8-1所示。张飞：“匹夫，出来与我决一死战！”吕布：“汝何人也，不配与吾交手！”在这之前的一两年内，国外的一些游戏已经开始可以用PC喇叭发出语音了。要知道在25年前，多数PC电脑用户是根本没体验过电脑发出人声的。那时候能够看到电脑屏幕上出现图形，而不是一串串的字符，就已经让人兴奋满足不已了，何况能听到声音？不过，当时已经出现了独立声卡，只不过独立声卡非常昂贵，一般只有发烧友级别的消费者才会去购买，所以能用任何PC都有的蜂鸣器发出声音便是当时让人难忘的记忆。用PC蜂鸣器发出人声，是前人们使用非常聪明的做法完成的。

当时IBM的PC兼容机广为流行，其中使用了Intel生产的时钟发生器，比如Intel 8253/8254型时钟发生器。该发生器的架构如图8-2所示。其中内含三个计数器，程序可以将一个数值写入到计数器中，然后计数器就开始自动倒计时，当数值降低到1之后，便会将对应的Out#信号置为高电平。利用这个时钟发生器，可以定时产生中断，从而让系统记录时间以及实现其他功能。时钟发生器可以被配置为多种模式，程序可以向Control Word Register中写入对应的控制字来切换其实现各种模式。这些寄存器中的信号会控制下游电路中的逻辑从而切换到对应模式。比如其中一种模式就是，程序向Counter2中写入一个初始值，倒计

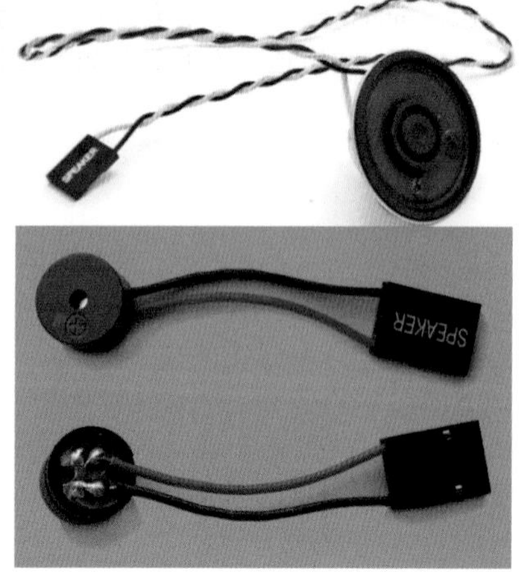

图8-1 蜂鸣器、宽频响喇叭以及第一个利用其发出中文语音的游戏

时结束后电路会向Out2发出一个高电平，然后回到低电平，接着继续载入（电路自动保存和载入）使用刚才的初始值继续倒计时，继续向Out2发出高电平，这样便会在Out2上产生一个恒定周期的方波脉冲，周期的大小可以通过Counter2的初始值来给定。

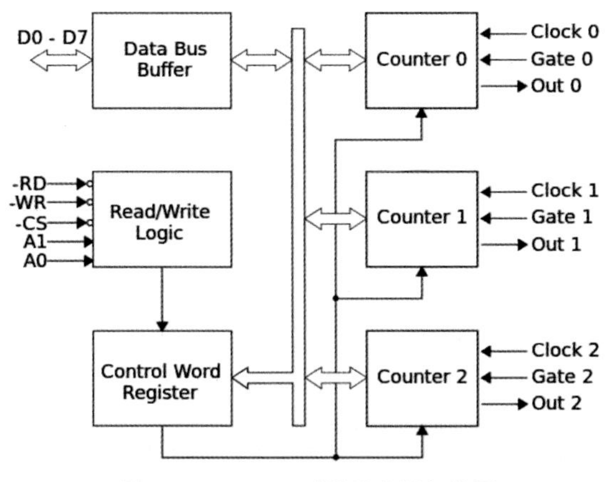

图8-2　Intel 8235时钟发生器架构图

那么，这个时钟发生器与PC蜂鸣器又有何关系呢？原来，当时IBM PC普遍被设计为使用时钟发生器的Counter2的Out2输出端来驱动蜂鸣器发声，比如遇到了内存没有插，需要间隔0.2 ms发出3声嘀声，每一声持续0.5 ms。这个过程怎么做到？根据上述原理，可以先向Counter1中写入一个初始值，只要按照该时钟发生器的运行频率，精确计算出经过0.2 ms时间该计数器会变化多少次，那就写入对应的数值进去，计数器到了时间自然就会触发一次高电平，该高电平会触发一次中断。中断服务程序运行之后，可以向Counter1再写入一个能够持续计数0.7 ms的值，让Counter1开始倒计时，然后立即向Counter2中写入一个能够持续极短时间的值，比如0.001 ms。这样，Counter2每隔0.001 ms便会发出一个高电平，让蜂鸣器振动一下，在0.5 ms内，蜂鸣器会振动500次，那么其振动频率也就是1 kHz，这就能够让人耳感受到声响了，所以人耳听到的就是一声持续0.5 ms的长鸣。然后Counter1会发出中断，程序可以继续这个过程。

那么，利用这种方波又是如何模拟语声杂波的呢？利用PWM （Pulse Width Modulation，脉冲宽度调制）这个技巧就可以。如图8-3所示，Out信号发出的脉冲在PC蜂鸣器的输入线路上其实是有电平残留的，因为任何导线天然都是一个低通滤波器，其电容性会让线路的电平缓慢地降低和提升。那么，只要精确控制发出脉冲的时间间隔，就可以让导线上的电平实现任意波动变化，只要能够保证足够多、足够精细地发出脉冲，也就当然可以产生近似形状的波形了。这也是其被称为脉冲宽度调制的原因。得益于Intel 8235的运行频率还是较高的，其可以产生足够高频率的脉冲来模拟整个波形。

所以，只要将语音录制下来然后采样量化，然后再经过计算将其转换为发出脉冲的时间间隔点数据，将这些数据写入到程序中，按照这个时间间隔去控制Intel 8235发出对应脉冲就可以了。至于如何计算，这就是程序员需要做的事情和程序员的价值所在，程序员总能找到某种算法方式。不过，由于这种调制方式在电平的下降沿是让电平自由降落，而不是主动输出某个电平，因为Intel 8235输出的电平值是恒定不可变的，所以下降沿时的波形必定无法做到足够精细。再加上PC蜂鸣器的频率响应范围不佳，所以最终产生的语音毫无音质可言，最多能听懂罢了。

思考 ▶▶▶

思考一下。PWM调制方式，是不是很像对模拟信号采样过程的逆过程？也就是DAC（Digital Analog Converting）的过程？也就是将样点电平一个个放回到线路上？只不过PWM顺手利用了线路电平的残留效应，下降时让电平自由下降。而DAC则可以放置任意电平值的样点到线路上，所以能够更加精确地还原出原始波形。

后来，外置独立声卡广泛应用于PC，大家终于都可以听上高品质音乐了。在进一步研究独立声卡之前，我们先看看另一种发声装置。

8.1.2 音乐是可以被勾兑出来的

珍珠奶茶里真的有奶和茶么？果冻真的是水果做的么？呵呵。人类既然拥有将化工原料做成食物的智慧并且乐此不疲，那么也自然也可以享受那些非天然的、勾兑而成的音乐。勾兑，指的是将各种原料按照一定比例、时序调和起来，形成最终的调和物的过程。人类创造的音乐都是用各种乐器演奏出来的，而

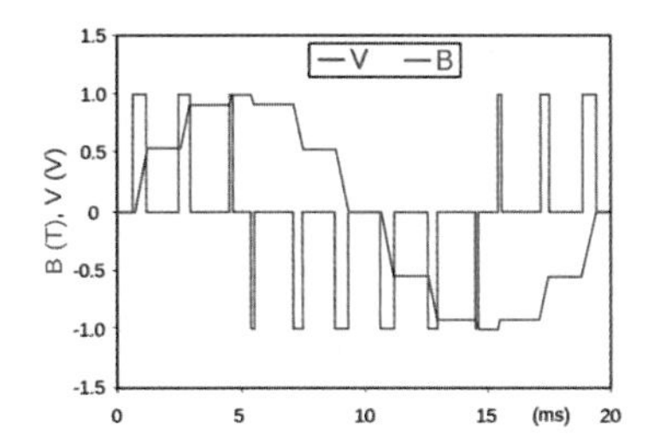

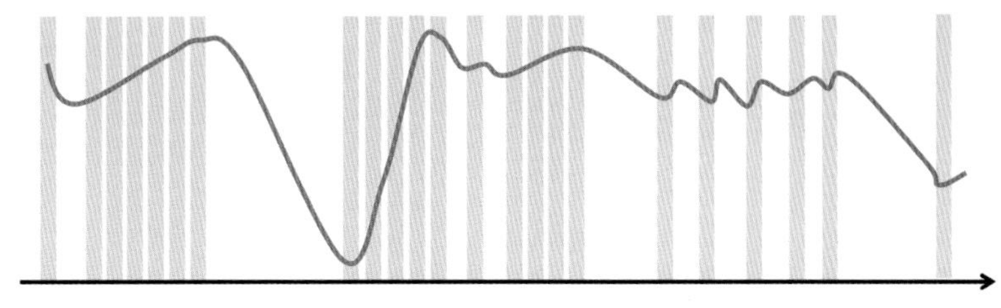

图8-3　PWM脉冲宽度调制示意图

各种乐器发出的声音本质上都是各种频率的正弦波的叠加。如果能够用电路来生成对应的波形，而不是用乐器的振动来生成，那么就可以用电路取代任何乐器。也就是说，今后学习弹吉他，就不需要饱受左手手指头按压琴弦时的痛苦，而是轻轻点一下鼠标，或者轻按一下虚拟吉他上的象征性琴弦就可以发出吉他的声音。当然，最好的办法是通过编程直接发出信号而不是通过按鼠标/键盘，从而更流畅地演奏虚拟吉他。此时演奏出来的乐曲的难度，会让所有吉他大师顿感汗颜，毕竟一只手只有5根手指，其中只有4根用于按压琴弦，而虚拟吉他则无此限制，甚至可以突破吉他6根琴弦的限制，同时演奏60根也不是问题。

同时演奏多个音符，可以形成和弦。比如钢琴、吉他、古筝等都可以同时按/拨多个琴键/琴弦产生和弦。那么对应的电路也需要具有这种能力，才能演奏出更悦耳的音乐。

8.1.2.1 可编程音符生成器PSG

早期，曾经出现过一种被称为PSG（Programable Sound Generator，可编程音符生成器）的独立芯片器件，其能够实现单一音色但是多个不同音调的同时播放。早期的电视游戏机发出的声音就是用这种PSG生成的。如图8-4所示为早期游戏机内部电路板，其上就有一块PSG芯片。

如图8-5所示为某PSG芯片内部架构图。位于最左侧的Register地址译码器，上位程序（比如从主控CPU）会将对应的参数写入到对应地址的配置寄存器中，从而控制下游电路的运行模式。比如Channel A

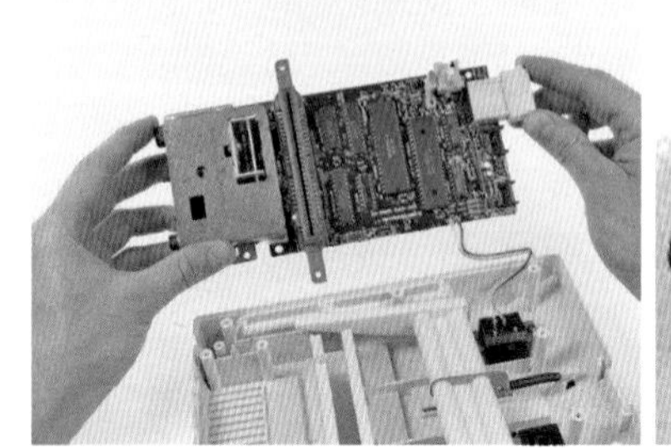

图8-4　早期的电视游戏机极其内部的PSG

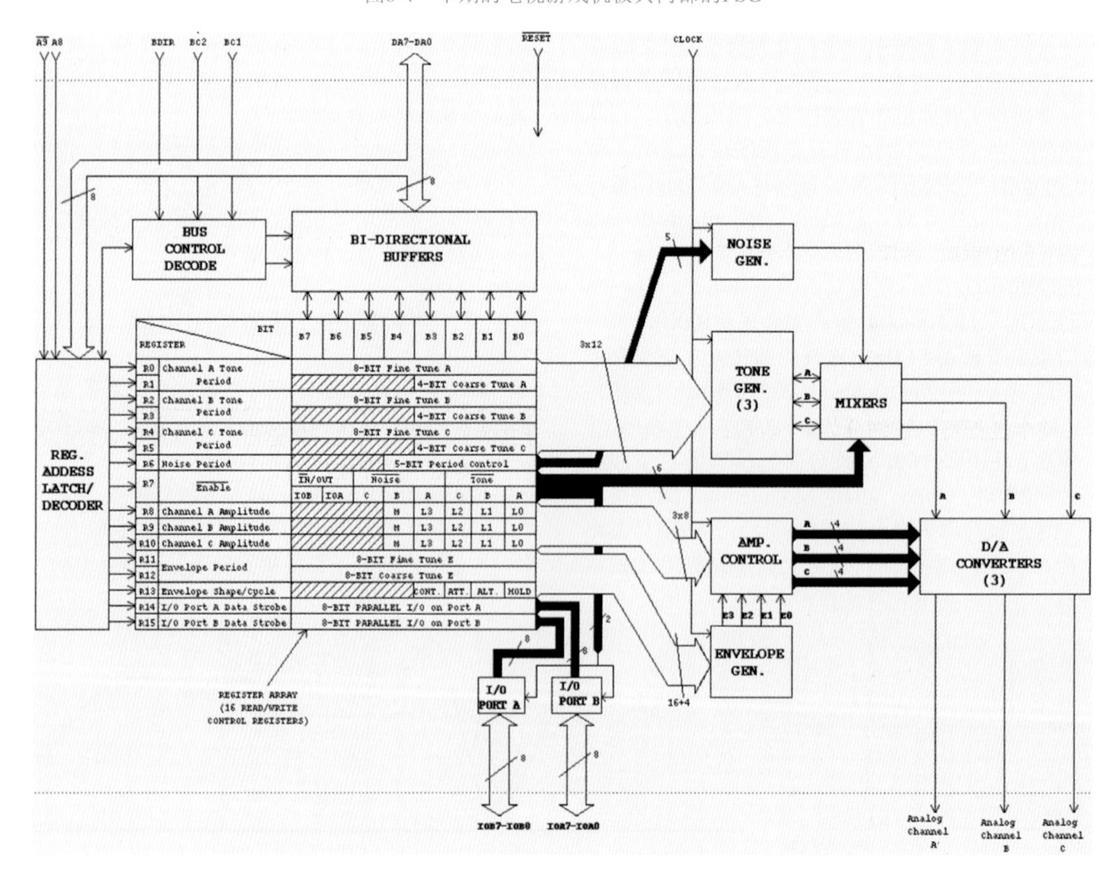

图8-5　某PSG芯片内部架构图

Tone Period寄存器，用于控制A通道生成的波形的周期，也就可以控制该通道输出的音调。它可以同时出输出3路通道的波形形成和弦，每一个通道的波频率/周期都可以配置。此外该期间还可以生成白噪声，比如游戏中有些场景为了更加贴合实际，需要生成底噪，或者风、雨等模拟声音。此外，还有Amplitude寄存器，用于控制各个通道的振幅值，幅值最终体现为音量的大小。一些背景伴奏的音量可能会被配置得小一些。

再来看图8-5右侧。Tone Generator和Noise Generator分别负责生成对应频率/音调的波形以及白噪声波形，它们生成的都是数字信号。最终所有的波形都需要被叠加起来。Mixer就是做这种叠加的模块，其本质上是一个加法器，俗称**混音器**。用于控制振幅值的寄存器的信号被输送给振幅调节器，该调节器根据寄存器中的值，向DAC输送对应的控制信号从而改变对应通道上波形的振幅。还有一个包络生成器（Envelop Generator），这个模块对音符持续的长短和强弱的调节起到了关键的作用。

我们知道，实际的乐器在弹奏时，其发出的声音都有一定的抑扬顿挫、强弱交替，比如拨动一根吉他弦，一开始音量非常大，然后逐渐降低，其响声并不是戛然而止的，正因如此才能体现出吉他那种行云流水般的流畅和浪漫。而数字电路的非通即断，如果吉他的声音和敲鼓一样砰砰的话，就会非常怪异。当然，有些音乐演奏中确实用到吉他的切音技巧，让声音戛然而止，然后再放开回响，让声音又戛然而止，利用这种方式产生一张一弛的节奏感，比如羽泉演唱的《彩虹》配乐中的吉他弹奏全程就是这种效果。为了实现上述抑扬顿挫的效果，包络生成器可以按照一定参数生成一个跟随时间而变化的电平值，将这个电平值作为调节最终待输出信号的振幅的控制信号，将待输出信号的振幅，按照包络线做对应的变化，即可产生对应的效果。

如图8-6所示，一般来讲，多数乐器在弹奏时，一开始的一瞬间振幅会达到最大值，然后迅速下降到一定的值，这个值会持续一段时间缓慢下降，最后消逝。这整个过程可以被细分为4个阶段：**Attack（初始）阶段、Decay（下降）阶段、Sustain（保持）阶段和Release（消逝）阶段，俗称ADSR**。

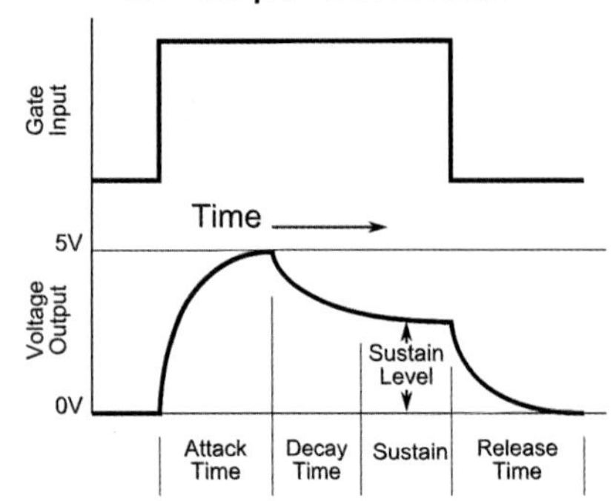

图8-6 包络生成器产生的包络电平线

比如，如果想给吉他做个切音效果，那么就需要将这个Envelop波形变化为迅速上升，迅速下降，并把保持阶段和释放阶段的时间缩短，这样就可以了。对于鼓声来说，其更是要铿锵有力，如果鼓声拉长，那就成了钟声了，感觉会非常怪异。而对于风铃声，则其必须拉长才能有意境，否则就成了碎玻璃声了，让人听了浑身发麻。

提示▶▶▶

为什么现场演唱，相比CD/录音带中的演唱大相径庭？就是因为后者其实是有后期处理的，包括拖长某些声音、变弱某些背景伴奏。而对于现场演奏，由于多数时候没有调音师负责实时处理，所有乐器声音强度都一样，或者原本不该强的却过强过头了，所以现场演奏听起来就像一锅粥一样层次感大幅降低，质量也就变差了。

上位程序就是通过写入控制Envelop各阶段电平值的寄存器，来控制待输出波形的振幅值在时域上的持续时间的。

8.1.2.2 音乐合成器

在PSG芯片出现之前，集成电路技术还不发达、集成度不高，但是在那时候人们就已经可以利用多个分立的独立芯片模块，搭建出上述单片PSG类似的功能了，对应的产品被称为**合成器（Synthesizer）**。如图8-7所示为当时众多商用产品中的某个代表，其可

图8-7 音乐合成器

以模拟出单调音色的各种声调，而且可以通过其上的旋钮来叠加各种特效进去。

如图8-8所示为该仪器内部的模块架构图。其中VCO（Voltage Controlled Oscillator，压控振荡器）可以根据外界输入的不同电压值产生不同频率的波形。VCO可以产生多种波形，比如锯齿波、方波、正弦波、三角波等，可以通过旋钮/开关来切换其输出的波形，不同波形产生的音色是不同的（下文中可以扫码收听对应波形的音色）。而键盘的每个按键按下之后会产生不同的电压值，VCO便会产生不同频率的波形，从而体现出不同的音调。LFO（Low Frequency Oscillator，低频振荡器）可以发出比VCO频率更低的波形，比如周期可以达到秒级，它的存在是为了引入更多声音特效。VCF（Voltage Controlled Filter，压控滤波器），其可以根据输入的电压来控制器滤波行为，比如实现高通、低通、带通等模式，从而引入更多声音特效。滤波之后的波形会被输入VCA（Voltage Controlled Amplifier，压控放大器），对波形进行振幅放大从而驱动喇叭发声。EG（Envelop Generator）的作用与上一节介绍的相同。

如图8-9所示为合成器内部具体电路模块架构图。该合成器支持VCO1和VCO2的两路波形同时输出，其与白噪声发生器同时接入到Audio Mixer上做波形叠加操作，然后输出给VCF滤波，最终输出给VCA模块放大输出到音箱。图中的AD Gen指的是Attach/Decay Generator，也就是Envelop Generator，出于成本考虑，其只提供了Attack和Decay两级调节，并没有提供更精细的ADSR四级调节。Sample&Hold模块的作用是对其输入端信号的电压值按照一定频率采样下来之后保持一段时间并持续输出，当下一个采样到来之后则输出新采样电压值，其输出的波形就是一条条的直线，其作用是为了实现一些特殊声效，下文中你会了解到。

图中的锯齿+箭头图样表示该处物理上为一个可调旋钮，可以调节对应的参数。比如可以调节VCO的波形频率，也就是升降调，因为VCO中的模拟电路对温度比较敏感，温度会影响最终电路输出的频率，所以导致音准出现问题，可以利用Coarse旋钮粗调和Fine旋钮精调。

图8-10左侧所示为VCO模块的输入信号和输出波形。输入端共有4个，其接收的都是电压值。其中，Exponential Control Voltage（Exp. cv）输入的值控制

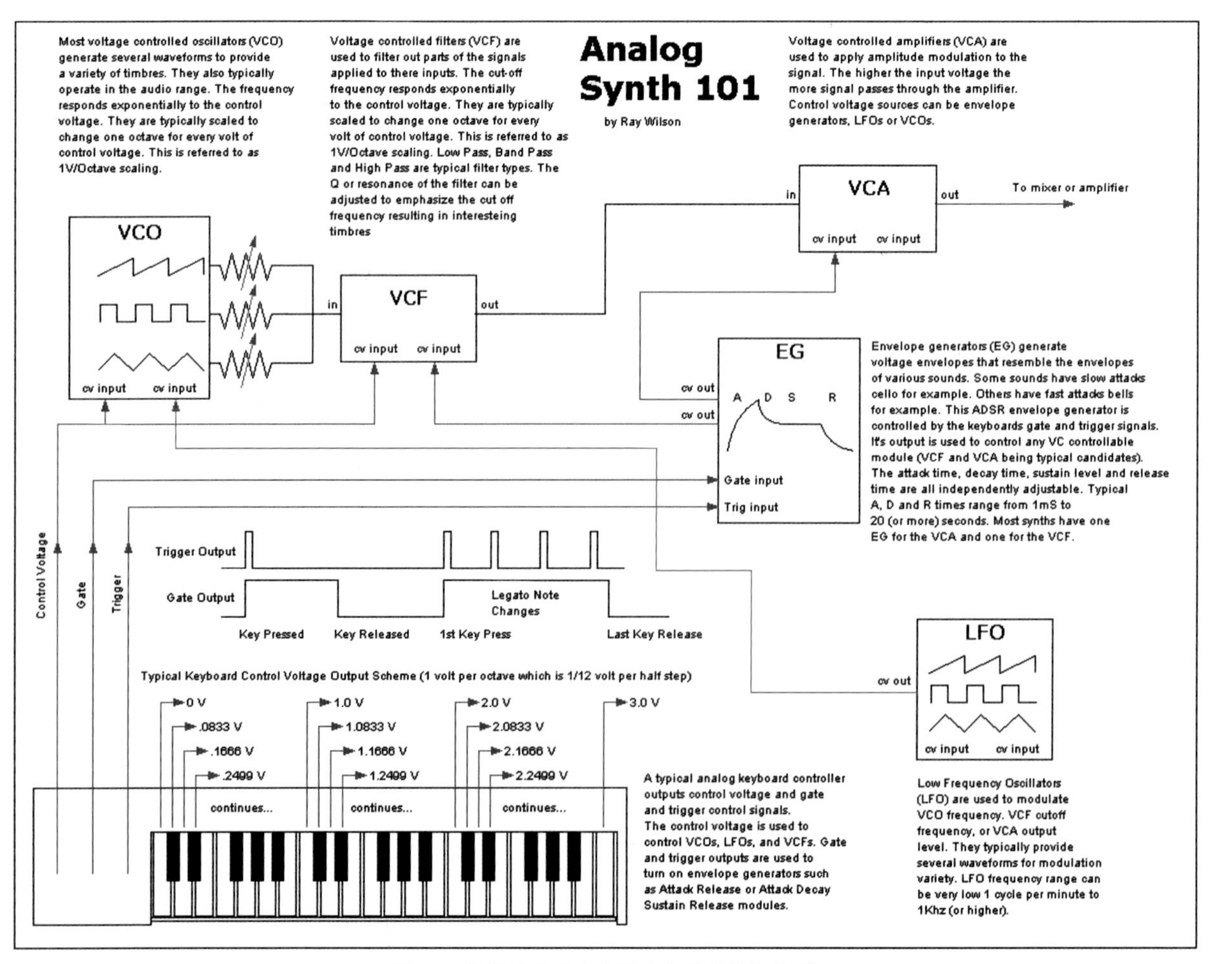

图8-8 早期的音乐合成器内部的模块架构图

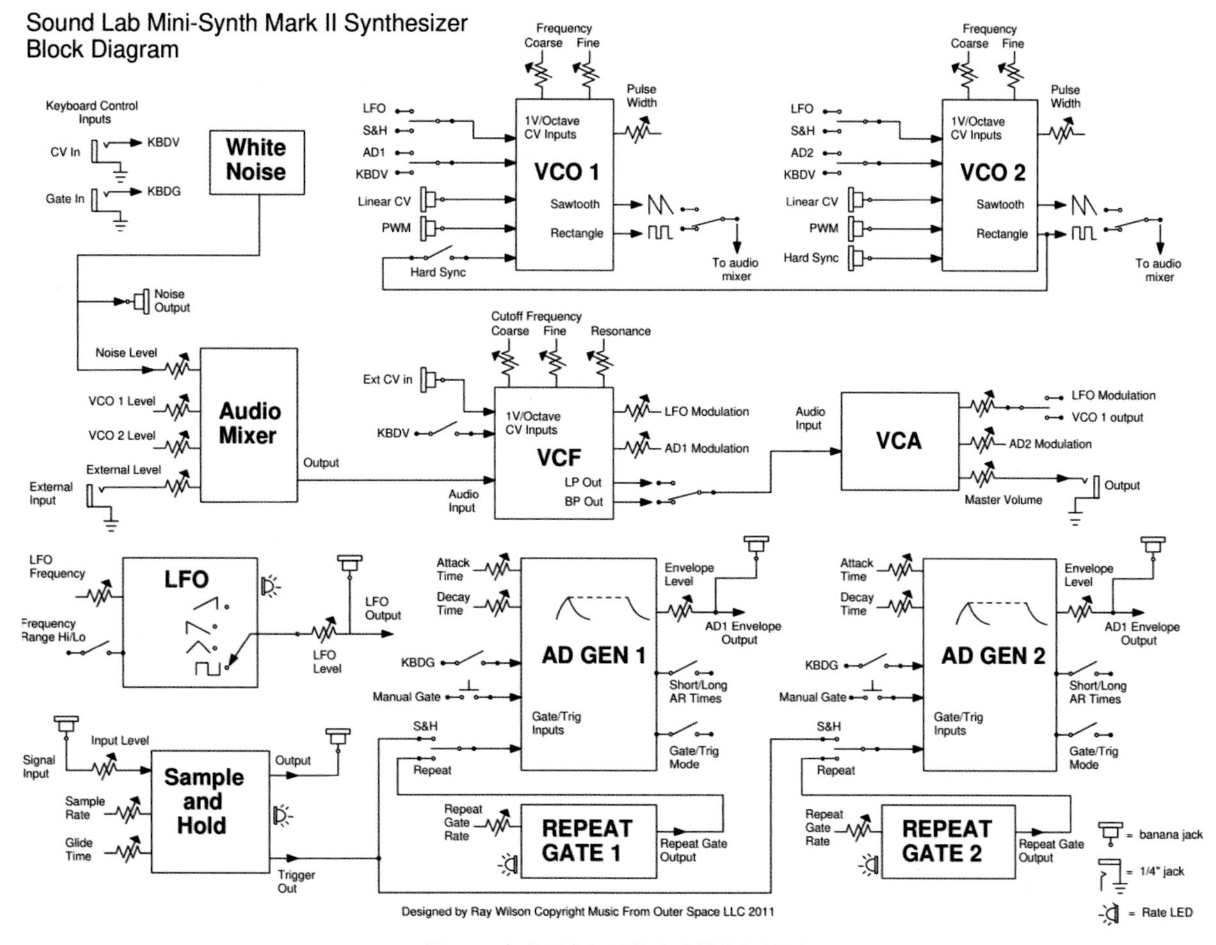

图8-9　合成器内部具体电路模块架构图

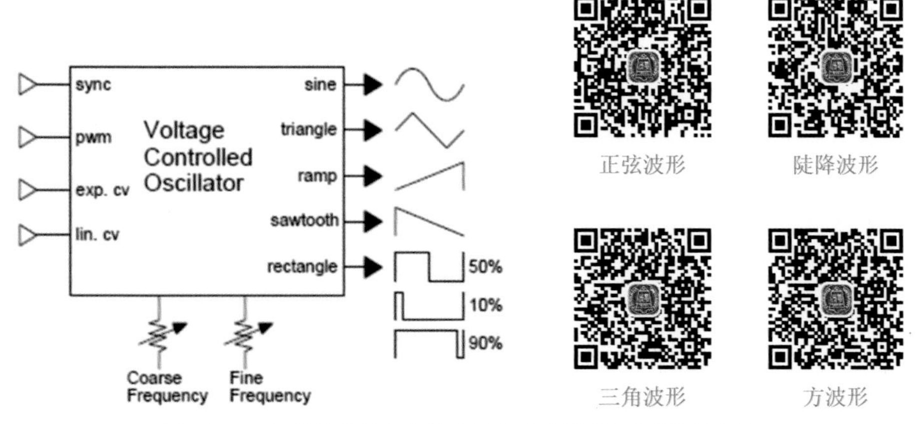

图8-10　VCO模块的输入和输出以及对应波形的音调收听地址

着VCO输出不同的音调（本书第5章曾经给出过不同音调对应的波形频率），该电平值每增加1 V，VCO输出的波形就提升一个音调，增加少于1 V时则提升半个音调。Linear Control Voltage（Lin. cv）输入的电压值则会对VCO输出的频率呈线性关系，也就是提升Lin.cv的值，音调会平滑上升。PWM脉冲宽度调制输入的电压值则控制着VCO所输出的方波的波峰占比，共有三档比例：50%、10%和90%，不同的波形体现出来的音色是不同的。Sync输入电压则会直接导致VCO输出的Ramp波形的振幅瞬间降为0。这些输入器目的都是在对VCO输出波形的调制，Exp.cv和Lin.cv调制的是声调，其他调制的是特效。图8-10右侧所示为各种波形下的音色收听地址，大家可以扫码收听。

不知道大家收听后感觉如何，冬瓜哥感觉，正弦波和三角波在低频时比较细腻，而其他波形在低频时就表现出很强的颗粒感，这与其波峰形状有很大关系。在低频时，这些波形表现出来的音效就是俗称的“交流声”，将一些劣质音响的声音开大之后，你就会听到这种嗡嗡声，其没被过滤干净。

如图8-11所示为连接了键盘之后，向VCO的Exp. cv端输入每个按键对应的电压值从而触发其产生不同声调的音符。右侧扫码收听对应的音效。其中键盘内部可以实现滑音和连音，这取决于弹奏技巧。并且提供了Glide Time调节旋钮来定制滑音特效。滑音和连音体现在对VCO输出波形频率（也就是声调）的调制而产生瞬间的连续变化。

如图8-12所示为将低频振荡器LFO生成的三角波信号输入到VCO的PWM端，并将VCO切换到输出方波。这就意味着VCO输出的方波的波峰比例，会随着PWM端的电压值而不停变化，最终体现为输出信号的音调不变，但是音色按照LFO的三角波的变化频率而变化。难以言表，还是扫码收听吧。听完了么？是不是似曾相识，在一些锅炉机房、配电机房里，是不是曾经听到过这种忽强忽弱的嗡嗡声？这也是为什么要设立LFO这个模块让其输出超低频信号的原因，原来是为了用其输出的信号去调制VCO的信号产生特种特效。

如图8-13所示，用另一个VCO产生的高频方波信

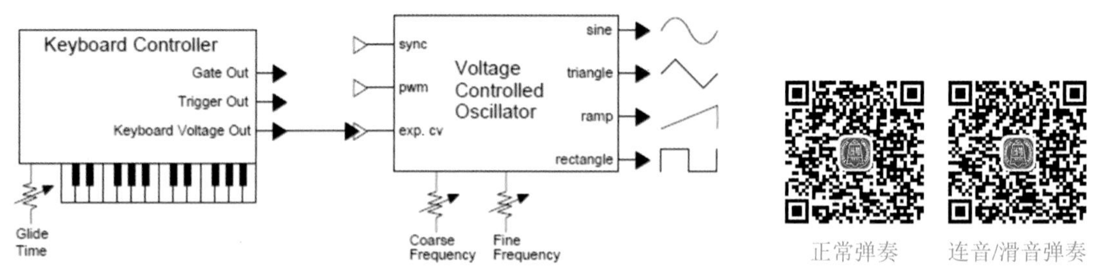

图8-11　连接键盘控制音调

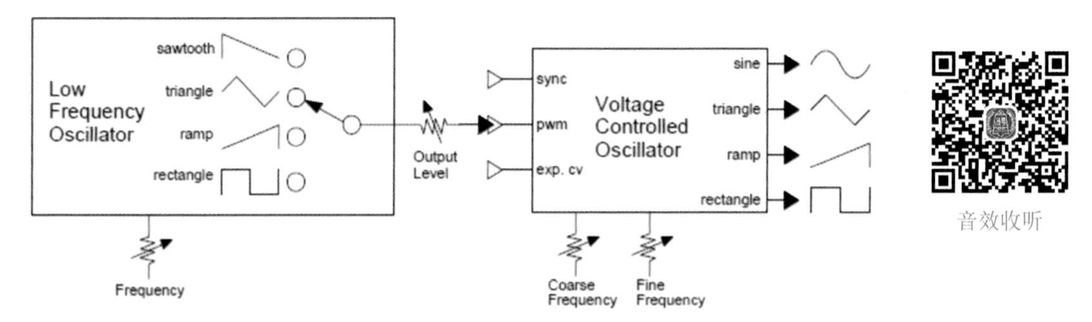

图8-12　用LFO的三角波信号调制VCO的方波信号

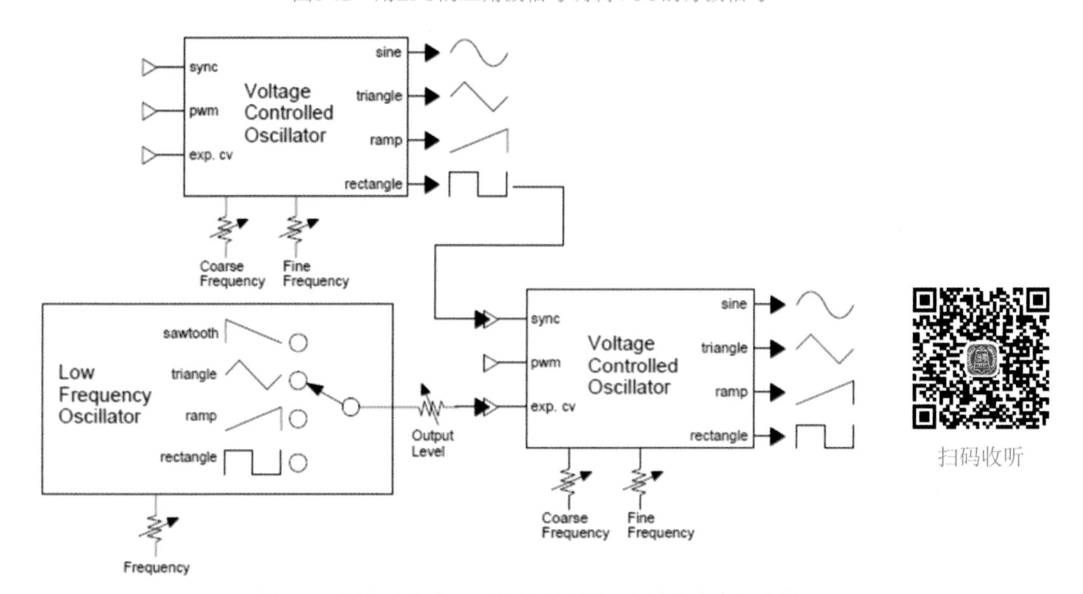

图8-13　用方波产生Sync信号同时用三角波产生变调信号

号作为右侧另一路VCO的Sync信号，同时用LFO的超低频三角波信号输入到右侧VCO的音调信号。会发生什么？先不要扫码，先自己分析：首先LFO的变调信号由于频率非常低，所以音调会出现犹如刮阵风般的忽高忽低，同时，由于Sync信号不断到来，而且频率很高，每次Sync时振幅会变为0，那就是变得无声，而由于频率很高，所以整个声音又被加入一种断断续续的效果。听一下吧。这个音效，感觉似曾相识么？老一辈经常用的燎壶，知道吗，其壶嘴上套个哨子，水开了就发出吱吱响。这个音效大概就是这个效果。

如图8-14所示为将白噪声作为原始信号输入给一个压控调幅低通滤波器，该滤波器可以根据Exp.cv端的电压值调节Input端信号的振幅。分析一下，忽强忽弱的白噪声呈现什么效果？风声！

如图8-15所示，将LFO生成的三角波信号输送给采样保持器，后者会将前者的连续电平值变为间断的恒定脉冲。那么用这种脉冲去改变VCO输出声音的音调，会产生什么奇怪效果呢？哈哈！

如图8-16所示为将白噪声间断化处理之后，再去影响VCO的声调。哎呦！快喝杯82年的雪碧压压惊！

嗯？要这么多声音特效作甚？问出这个问题，证明你太年轻，没玩过上世纪的游戏。但是你可能听过一些电声摇滚乐里面那些乱七八糟的效果，你觉得那些是用真实乐器演奏的还是电子合成器合成的呢？

早期的电子合成器以及PSG芯片由于只能发出数量较少的音色的波形，而且由于直接使用方波、锯齿波、正弦波等比较规整的波形来发生，所以其声音具有强烈的“电子味”，非常干净纯粹，但是缺乏次级谐波的润色，听上去很不自然。为此，人们通过一些其他方法来增加这些谐波以让声音变得更悦耳。

8.1.2.3 FM合成及波表合成

增加谐波可以怎么实现？在第1章中就介绍过模拟信号方面的知识，只要向基波中叠加更高频分量的

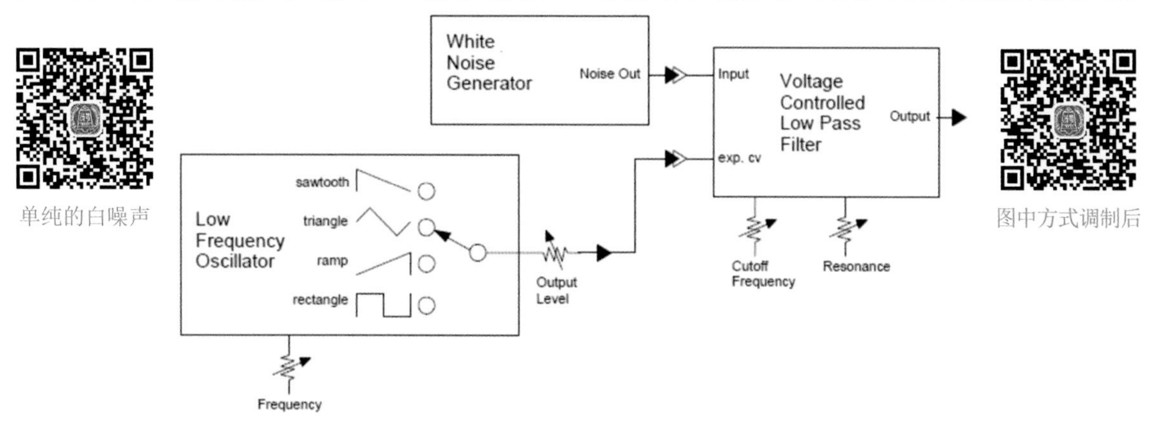

图8-14 用LFO输出信号调制白噪声的振幅

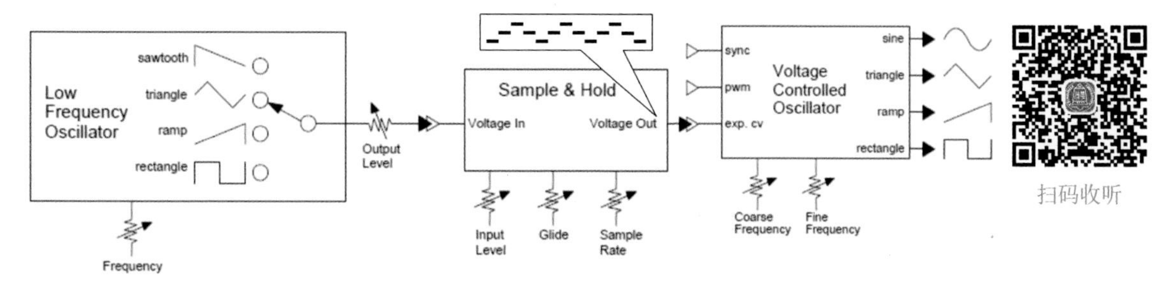

图8-15 利用采样保持器输出的信号调制VCO的信号

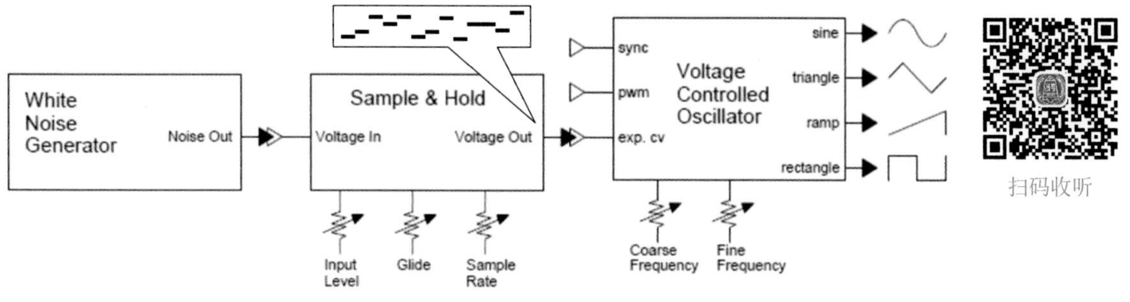

图8-16 利用间断的白噪声调制VCO的信号

次级谐波，就可以模拟出不同音色。其实VCO生成的三角波、方波等，也都是在正弦波基础上通过模拟电路而生成的。只不过，现实中的物理乐器是无法发出纯粹单一正弦波的，也不可能有天然物理乐器能发出方波和三角波，它们发出的声波都叠加了大量高频谐波成分，但是每种乐器的谐波成分又各不相同。那么，怎么获取到每种乐器、每个音符的谐波信息呢？

实际上，人们先对乐器声音进行录音采集，然后，有两种方法可以保存下这个音符的信息。第一种方法是，将采集到的声波在频域上做傅里叶变换分解为基波和有限多个谐波（谐波数量越多，模拟得越真实），然后振幅按照比例，记录基波和谐波（谐波有无限多个，只记录影响最大的一部分）的频率、振幅。第二种方法是，直接对采集到的波形在时域上进行精度足够高的采样和数字量化，将量化值记录下来。后一种方法根本不管这个波形在频域上是由多少个波叠加的，而是简单粗暴地记录时域上的振幅信息。这两种方式，前一种像是学院派，后一种则是市井派野路子（往往野路子更有效，是的）。

历史上，人们先是按照学院派做法来推出了对应的产品。试想一下，某个乐器的某个音调由一个基波和近似50个谐波叠加而成，那么是不是必须准备50套正弦波发生器？这个成本太高了！而且每套发生器必须可以产生不同频率的波形，因为不同乐器不同音调的谐波的频率也不同，近似模拟所需要的谐波数量也不同，50个也只能是折中的数量。不过，在20世纪70年代，国外科学家发明了利用一个波形发生器去调制另一个波形发生器从而引入近似的不同成分谐波的方法，这样只需要两个波形发生器级联就可以了，但是，其调制出来的效果由于太过近似，还是无法更加精确模拟乐器声音本来的频谱成分。这种模拟方式被称为**FM（Frequency Modulation，调频）合成**。想要用FM合成方法来演奏音乐的话，必须将音乐的乐谱先翻译成每个音符的音调、音色、长短、响度，将音调翻译成基波频率作用到基波发生器上，再将音色翻译成调制波的各种参数作用到调制波上，电路用调制波来调制基波，最后通过发声时间来控制音符发出的长短，用放大器来控制发声的振幅，用包络生成器来控制响度随时间的变化。程序对乐谱中的每个音符不停地做这种处理，然后将对应的信息写入到对应电路的前端寄存器中，就可以连续播放出音乐。只要电路中安置多套上述部件，就可以形成多个发声通道（Track，音轨），从而形成和弦，就可以模拟出多乐器多重奏的效果。

所以，对于电子音乐的演奏，前端的程序非常重要，电路并不会自动演奏，而是要靠程序告诉它如何演奏。那么，程序该用什么方式、格式将要演奏的乐谱保存下来呢？这里势必要形成一个格式，从而将乐谱信息按照这个标准写入文件中，并为该文件起一个对应的扩展名。这方面的标准有多个，比如MIDI、FM等。目前最流行的当属**MIDI（Musical Instrument Digital Interface，乐器数字接口）**格式。然而，程序首先需要解析MIDI格式的乐谱文件，然后将其中内容翻译成与电路之间的沟通信息信号，后者可以有各自不同的实现，但是前者则必须为标准方式，否则就无法标准化推行了。

演奏程序可以用计算机代码来辅助实现，也可以干脆就用人脑人手来实现，比如用电吉他、电钢琴等，人手拨动其上的琴弦或者按动按键，每次拨动/按键只能发出一个音符。你通过刻苦的练习，终于掌握了某首曲子的全部按键/拨动顺序和技巧，将这段“程序”通过键盘/琴弦输入到电路，从而演奏出对应的音乐。而电钢琴和电吉他根本不需要庞大的共鸣腔体，因为此时它们并不依靠物理发声，而是靠电脑运算来模拟发声。那么，这些电子乐器是如何将琴弦的振动和按键翻译成对应音调、长短和响度信号的呢？电吉他上在琴弦下方有一个拾音器，如图8-17所示。其原理是通过电磁铁来感受琴弦的振动，琴弦切割了磁铁上方的磁感线，从而产生了按照对应频率、强度变化的电流，再用电路将这些电流翻译成音调、长度和响度的值输入给吉他内部的合成器，合成器加入一些基本的效果比如回响、共鸣等，来模拟木吉他的共鸣腔效果，然后输出最终的模拟信号给功放放大后输出到音响发声。当然，一般吉他内部不会带有较强功能的合成器，所以输出的音色比较单调，如果想要更多的音色和后期处理，需要另外制备独立合成器/效果器。

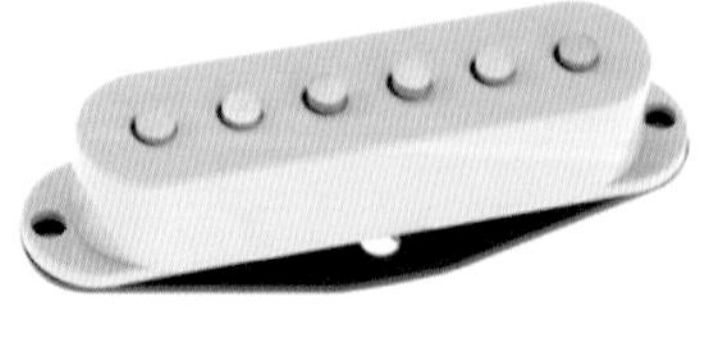

图8-17 电吉他上的拾音器

有些高级产品利用两组拾音器产生方向相反、大小相等的两路电流，从而防止各种电磁干扰，这就与第6章中介绍的高速通信PHY底层的差分信号的本质是类似的。

后来，人们采用了野路子，直接对各种乐器的声波采样并保存采样值，采样只要精度够高，就可以还原出原始波形。采样时只需要针对乐器发出的每个音调的一个大周期采样即可。所有乐器的所有音调的采样值被保存在一张表中，这个表被称为**波表**。波表保存在合成电路旁边一片ROM存储器中，当然也可以保存在计算机硬盘中，前者被称为**硬波表**，后者则为**软波表**。早期，由于存储器的成本非常高，人们只能降低采样精度来节省波表占用空间，带来的损失则是音质不高，后来一些合成器逐渐采用大容量存储器，随之而来的音质也就非常高了。有些合成器可以在运行时实时地通过PCI接口直接访问被载入Host端主存中的波表信息，从而节省卡上的ROM。

现实中的乐器发出音调的频率并不是恒定的。比如你拨动一根吉他弦，它的振动频率/音调可能是随着时间有小幅变化的，也就是说其在整个发声周期内的波形是随着时间变化的，这叫作**时变系统**。反之，频率恒定不随时间变化的系统被称为**时不变系统**。正是因为这种时变，导致真实乐器的声音充满了更多的朦胧音色，而上文中利用电子方式模拟出来的信号是时不变的，音色也就显得生硬纯粹，容易让人产生听觉疲劳。这与我们在第6章介绍利用扰码降低EMI电磁辐射的道理是类似的。显然，要想让声音更加饱满，也需要对声音信号加入一些“扰码”。实际中，人们对录制下来的乐器波形进行了仔细分析，并总结出一些规律，然后将每个波形进行衍生，衍生出多个子波形，也放置到波表中。在合成时，电路根据时间的变化，将这些子波形按照一定的振幅叠加到主波形上去，从而实现对音色的处理。

图8-18所示为前人发明的两种润色方式。左边这种方式是直接将所有子波形同时叠加到主波形上去。子波形的幅度通过包络生成器生成的包络电平来控制，比如音符一开始，叠加较多的主波形成分，随着时间推进，主波形成分的振幅越来越小，而其他波形成分的振幅越来越大，这就能体现出乐器的这种时变效果了。而图中右侧所示的方法，包络生成器生成的是三角波，其边沿增加陡峭，可以看到图中所示的包络变化，随着时间推进，波峰向后推移，由于三角波的边沿更陡峭，所以上一个波形对下一个波形的影响就更小了，那就意味着整个音符的演奏过程中，基本上是这一整列波形依次被输出一段时间。相比之下，在左侧的方式下，上一个波形对下一个波形的影响是缓慢消除的（因为包络生成器生成的用于控制对应子波形振幅的波形为圆滑的类似正弦波，并不像三角波那样高低分明）。

提示 ▸▸▸

扰码、波表子波叠加，你可以体会到其本质的相似性。其实还有一个地方也非常类似，那就是在第6章我们提到过的高速信号通信链路底层的Serdes模块中存在的均衡器模块，其为了消除码间串扰，会对波形做一些整形，其也是通过叠加多个子波形到当前波形上从而实现消除干扰的，其本质与上述过程类似。

事实证明，市井派的波表合成方法输出的音色更好。FM合成方式无法很好地处理这种时变，所以其模拟出来的音质相比波表合成法而言就有很大欠缺。利用波表合成音乐的过程，同样是上位程序将乐谱比如MIDI格式的文件，进行解析，然后生成对应的控制和参数信号，驱动合成电路进行查表取出对应的波形然后进行合成，这样可以生成连续演奏的音乐。抑或者手动利用电子乐器弹奏生成，生成的音乐的流畅性就完全取决于演奏者的技巧了。

在具体实现上，FM和波表这两种模式的差异体现在合成器内部的VCO模块内部的实现变得不同。

wavetable
envelope scaler
envelope function
summer
Σ
output
...

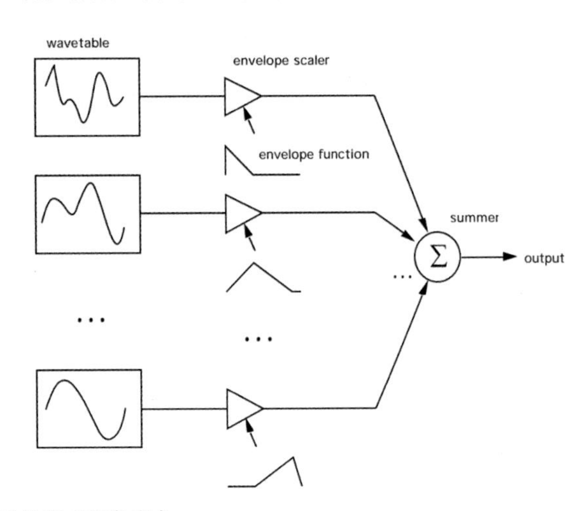

图8-18　通过叠加子波形来润色音色

但是VCO外部依然需要LFO、Sample&Hold等模块，对VCO输出的声音进行后期效果处理。外围这些增效部分可以单独称为**效果器**，而VCO可以单独称为**合成器**，不过人们还是习惯将这一整套系统统称为合成器。

目前，利用波表合成模拟出来的声乐已经可以达到以假乱真的程度。如图8-19所示，左侧为传统的各种物理乐器，中间所示为电子乐器。各种电子乐器层出不穷，钢琴、吉他自不用说，就连小提琴和萨克斯都可以被电子化。至于电萨克斯等电子管状乐器是如何将吹气转换为电流信号的，有待大家自行研究。现代的专业录音棚中也摆满了各种合成器，以在歌曲中加入用物理乐器难以演奏出来的各种声音和效果。有时候为了节省成本，只要能用电子模拟的，绝不用真人演奏。

提示 ▶▶▶

MIDI不仅可用于描述乐符流，还被广泛用于舞台灯光控制，也就是用来描述灯光的颜色、亮度、持续时间等。其实，声光电等这些信号，本质上是相同的。MIDI甚至可以被用来在4D/5D影院中控制座椅的振动模式。

8.1.3 声卡发展史及架构简析

上述合成器和电子乐器，在20世纪中期晶体管大行其道之后就逐渐出现了。眨眼间到了现代，数字计算机大行其道。芯片越做越小，很自然的，人们就在想能否把合成器做成一个计算机I/O设备，比如，一张PCI/PCIE卡的形式，或者一个USB设备的形式，就叫它**声卡**吧。这样，计算机程序可以直接解析MIDI文件并且输出到声卡，由后者合成然后输出声音。由Ad Lib公司在1987年正式推出的AdLib声卡是最早期的声卡之一，如图8-20所示。

该声卡的主芯片（最大的那块）采用雅马哈公司在1985年生产的YM3812型PSG芯片。右侧旋钮可以直接调节音量。该声卡与系统前端采用ISA（比PCI更古老的一种访存式I/O总线）总线连接。其只支持单声道输出，可以看到其只有一个模拟音频信号输出端口（蓝色的旋钮调节器下方）。

其功能非常单一，其本质就是将一片PSG通过ISA前端总线接入到系统中罢了。该PSG支持9个和弦通道，可以同时模拟9种音色并同时输出。其合成方式为上文中所述的FM合成。其只能支持播放其自身的特殊乐谱文件。而像我们耳熟能详的MP3或者WAV

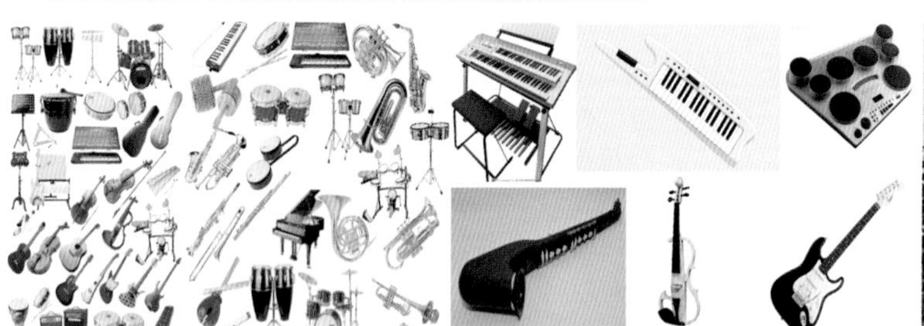

图8-19　各种物理乐器和电子乐器

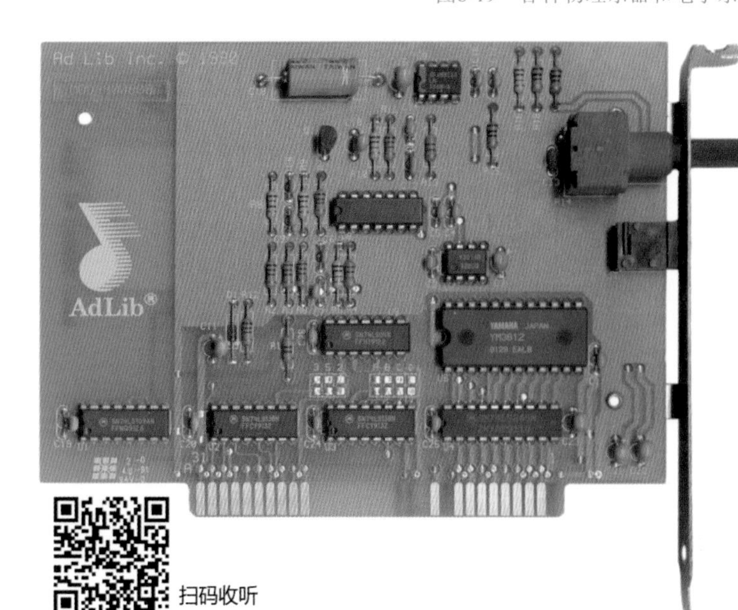

扫码收听

图8-20　早期知名的AdLib声卡

文件，或者MIDI格式的文件，其并不支持。我们下文中会介绍当前的MP3/WAV音频文件是怎么被播放的。

1988年，AdLib与游戏公司Sierra On-Line（雪乐山）谈成了紧密商业合作关系，后者承诺在其开发的《国王密使4》解密游戏中支持AdLib的声卡，将该声卡选项排在游戏安装界面的声卡选择兼容列表中的第一位给消费者以暗示，并且随游戏捆绑销售AdLib声卡。至此，AdLib声卡名声大噪，如图8-21所示。

同期其实也存在其他厂商的声卡，比如在该游戏安装界面声卡选择列表中排名第二的Creative（创新）公司的一款与AdLib在1987年同年推出的Creative Music System（CMS，1988年改名为Game Blaster）声卡，该声卡如图8-22左侧所示。该声卡的特性相比AdLib声卡来讲的一个硬伤是不支持FM合成。

其利用两片（图中右上角）Philips SAA1099型PSG芯片支持了12通道和弦（每片6通道），该芯片支持双声道（俗称立体声）输出，通过程序可以选择将哪一路声音输出到哪一路音箱，从而形成左右分离的立体声效果。但是Philips的这款芯片并不支持FM合成，所以其音色只是非常单调的电子音，而且其只支持方波一种波形，虽然可以通过调制实现各种效果，但是方波生成的声音，我们在前文中已经体验过了，低频时会有颗粒感。当然，不比较不知好坏，听习惯了其实都差不多，这就是音响发烧友的悲催之处，今天听这样好，明天听着那样其实也觉得好。可以扫描图8-20和图8-22左下角的二维码来收听FM合成音乐与单音色基波+简单效果调制音乐的区别。而AdLib的声卡上的雅马哈YM3812是支持FM合成的。所以创新在其后一代声卡中果断也转向了使用YM3812，其目的除了实现更好的音色之外，还有就是为了直接使用AdLib的驱动程序从而做到无缝兼容，以抢夺市场份额。采用的芯片相同，芯片上的寄存器就相同，驱动程序也就可以兼容。

次年，也就是1989年，创新公司推出了一款同样利用YM3812芯片方案的声卡，名为Sound Blaster，如图8-22右侧所示。该声卡除了支持AdLib声卡的全部功能外，还增加了一个数字处理芯片（卡上最大的那片），名为Digital Sound Processor（注意，并非Digital Signal Processor）。其作用是可以直接将Host端的数字音频流**PCM（Pulse Code Modulation，脉冲编码调制）格式的数据**读取到声卡中然后进行回放。PCM格式就是指按照一定的精度和采样频率对模拟信号进行采样、量化之后生成的裸样点数据。

提示

MP3、WMV、FLAC等音频格式，其实都是经过各种压缩运算之后的PCM数据流。PCM的尺寸很大，一首4分钟的曲子如果按照44.1 kHz、16位采样精度的话，PCM数据流会有大概40多兆字节，而MP3则可以压缩成十分之一大小，当然，会损失一部分音频信息。Host端在播放这些音频文件时，对应的播放器需要先对这些以音频格式解压缩，由于音频压缩格式众多，所以一款播放器支持多少格

图8-21　《国王密使4》及其安装界面中的声卡兼容列表

图8-22　创新公司的Game Blaster（左侧）以及Sound Blaster 1.0（右侧）声卡

式，就看它内部集成了多少个解码器程序了。这些解码器解压对应的音频文件生成对应的原始PCM码流，然后将PCM码流发送给声卡进行数模转换从而发声。播放器是一个总控角色，其为用户展现出一个操作界面和各种图形效果，底层其实是调用各种解码器生成PCM数据流，然后传送给专门的声音协议栈程序，最后通过声卡驱动程序传送给声卡。关于Host端的声音处理协议栈详见下文介绍。这些音乐文件的头部都会按照对应的格式给出该乐曲的采样率和采样精度，这样，播放器根据这些信息才能够决定以对应的参数将PCM数据流传递给后端角色，声卡也会按照对应的参数去配置DAC从而按照对应速率回放。

其实我们之前一直都忽略了一个问题，那就是声卡并不一定必须包含合成器。如果Host端可以直接把PCM数据流发送给声卡的话，那么声卡中仅需包含一个用于将PCM样点值转化为模拟信号电平值的DAC模块即可，当然，还得包含与Host端相连接的I/O接口控制器模块。如图8-23所示，可以说是历史上出现过的最为简单的用于PC的“声卡”——Covox Speech Thing，其由Covox公司于1986年推出。其前端采用LPT并行接口与Host端相连接收8位采样精度的PCM数据，然后输送给它内部的DAC模块。LPT接口早已被淘汰，其当时主要用于连接打印机，所以说这款声卡非常奇葩。Host端的程序只需要将PCM数据流发送到LPT并口，该声卡上连接着的音箱就可以发出声音了，程序以什么样的速率向并口上输出数据，那么其就以什么速率播放这些数据。在当时，这款极简声卡售价在70美元左右，而同时代的支持合成器的声卡都在200美元上下。图8-23右侧为其拆机图，可以看到只有一片DAC。

图8-23 最原始形态的数字回放声卡Covox Speech Thing

声卡如果要支持录音的话，还需要加上一块ADC，如果要与Host端用更方便、常用的I/O端口相连接的话，还需要加上一些用于控制从Host端取数据然后输送到DAC，以及把ADC产生的采样量化数据写回到Host端RAM的外围电路。如图8-24所示是一款极简单的支持录放音的USB接口的声卡的功能架构图。其前端采用USB接口与Host连接。内部含有一个**MCU（Micro Control Unit，微控制单元）**，具体型号为Intel 8051（也就是俗称的**51单片机**，直到如今依然被广泛用于比如程控电子玩具等产品中），其本质上是一个可以运行程序代码的功能非常简单的小CPU核心，成本相当低（两三块人民币每片）。其上运行的固件程序主要负责操纵USB接口控制器从Host端取数据或者发送数据，以及负责向DAC发送数字音频采样点量化数据流，或者从ADC接收量化数据流。

Sound Blaster声卡的这片DSP芯片，就是Intel 8051 CPU。其支持8位采样精度、23 kHz采样频率的单声道PCM数据流的回放，以及可以用8位采样精度+12 KHz采样频率进行录音操作。DSP芯片中的固件还可以对采样到的数据进行ADPCM（Adaptive Differential Pulse-Code Modulation，自适应差分脉冲调制）编码，其实就是对PCM编码的一种压缩。此外，其固件还支持解码MIDI乐谱流，从而根据乐谱利用YM3812合成器奏乐。

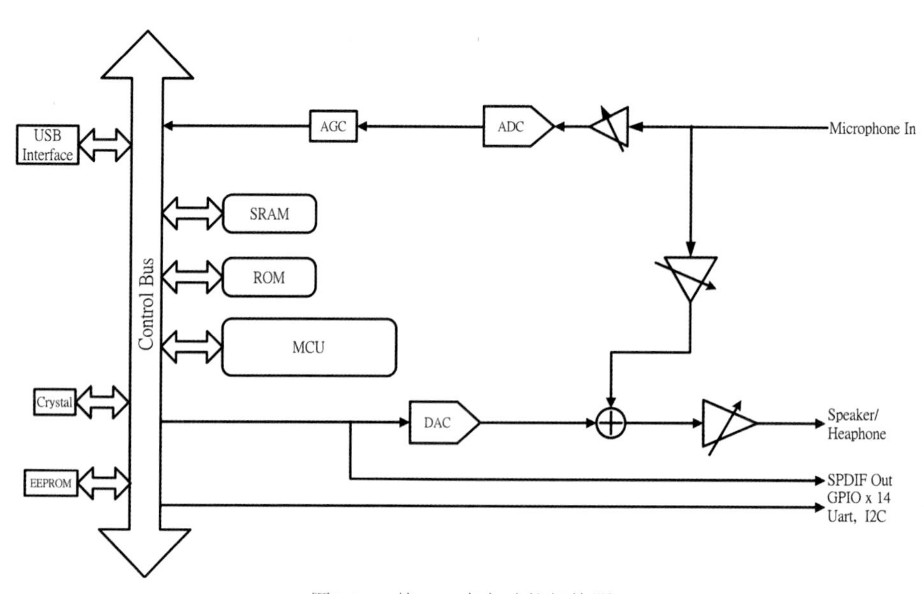

图8-24 某USB声卡功能架构图

而早在1984年，Roland公司就推出了专门接收MIDI乐谱流奏乐的声卡MPU-104（Midi Processing Unit），如图8-25所示。但是其只支持MIDI乐谱流的输入，MIDI乐谱流可以从Host端由程序连续输入从而连续奏乐，也可以从外置的电子乐器上利用特制的串行接口（卡右侧面）输入。MPU-401的串行接口在传输MIDI乐谱流时在物理层和链路层的信号形式在当时已经成为MIDI串口的事实标准，一些专业的电子乐器都采用MPU-401的串口信号格式传输MIDI乐谱流。

Sound Blaster 1.0声卡提供了一个Game Port，该端口可用于连接游戏手柄/摇杆从而接收手柄上的各种按键/摇杆信号，并向Host发起中断从而响应按键，同时也可以用于连接电子乐器从而接收MIDI乐谱流然后利用内部合成器奏乐。但是，这个Game Port在物理上是一个15针串口，其利用了其中的两针用来传输MIDI流，而且这两针的信号格式与MPU-401不兼容。

可以看到，Sound Blaster 1.0声卡的功能如此强悍，其支持PCM数据流回放、支持FM合成奏乐、支持MIDI乐谱流格式、支持Game Port可连接手柄和MIDI电子乐器、支持立体声、支持录音。而且，之前能利用AdLib声卡发声的游戏，也能用Sound Blaster 1.0发声（如图8-26所示），其价格还比AdLib声卡低一些。所以，其一发而不可收，彻底赢得了市场，“Sound Blaster（声霸）”这个词成了声卡的代名词，人们直接将“声卡”改称“声霸卡”。一直到今天，PC独立声卡市场依然几乎都是创新公司的产品。

AdLib在1992年推出了新一代声卡AdLib Gold，合成器部分采用了YM3812的升级版YMF262，其支持18和弦和4声道输出，以及降低了Host端访问其寄存器时的响应时间。如图8-27所示为AdLib声卡及其主控制器和YMF262芯片，其主控芯片也支持PCM数据流回放。其还支持环绕声效果处理模块，不过该模块作为一个可选的子卡模块，购买后插入到母卡的特定插槽上即可。另外，它也支持了Game Port。

不过，AdLib Gold的推出并没有改变AdLib的命运，由于Sound Blaster已经彻底扬名立万并占领了市场，再加上生产AdLib Gold声卡时，AdLib遇到了一些技术问题，导致芯片信号出现不稳定问题，这拖慢了其推出产品的速度。注意到，AdLib和创新这两家公司的产品，在短短一两年之内便出现了戏剧性的剧

图8-25 MPU-401 MIDI专用声卡

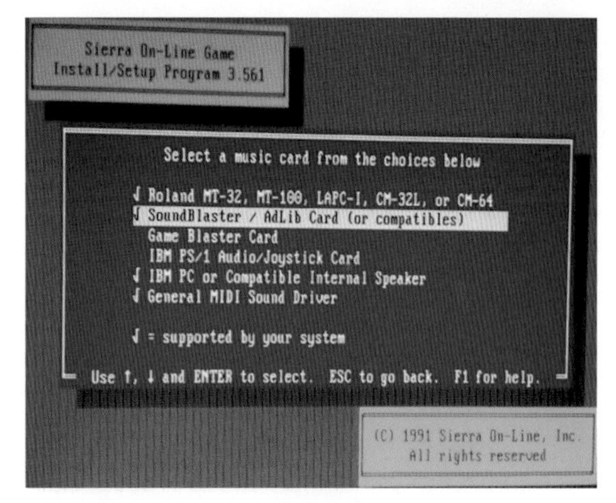

图8-26 游戏兼容列表体现出的变化

图8-27 AdLib Gold声卡

情翻转，这最终导致1992年AdLib申请破产。可见那个时代是计算机发展的黄金时代，充满了各种机会和挑战，因为各种标准、生态都还没有成型，谁的技术实力强就更容易成为既定标准。

1991年10月，创新公司推出了Sound Blaster（简称SB）2.0声卡，如图8-28所示。其主要改进是，使用DMA引擎（利用Intel 8237芯片）与Host交换数据，节省Host端CPU资源；回放支持的采样率提升到44.1 kHz，录音则支持到15 kHz。采用了更高集成度的芯片，所以降低了整个单板的尺寸。SB 2.0的主控芯片内部封装了主控+DMA引擎两个芯片，用户可以购买这个新主控芯片，然后替换SB 1.0声卡上的主控，由于这些芯片采用的都是DIP插针模式，从而可以实现方便的升级。但是采样率无法通过这种方式升级，因为该功能需要板上其他芯片配合实现。

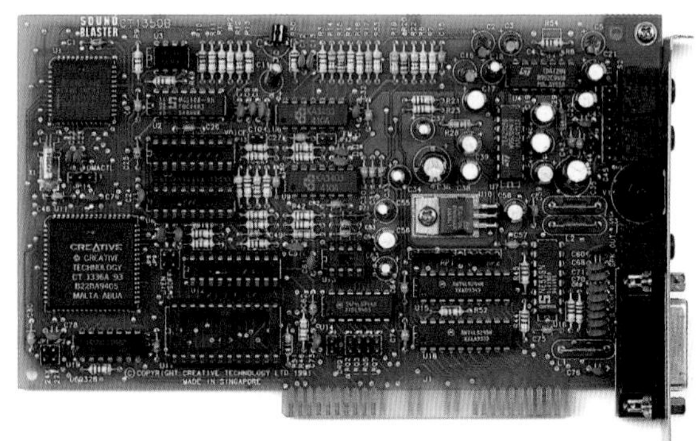

图8-28　SB 2.0声卡

1992年6月，创新公司推出了SB16型声卡，如图8-29所示。其中第一次引入了波表合成模式。具体是通过在母卡上插一块专门用于储存和处理波表合成的WaveBlasterII子卡（图中右侧）的方式实现的，该子卡上集成了从E-Mu公司收购而来的EMU8000合成器芯片（图中面积最大的那块）和2MB容量的波表ROM。虽然SB16母卡上也板载了雅马哈的FM合成器YMF262，Host端程序可以选择使用哪个设备来播放MIDI音乐。该卡也首次兼容了MPU-401的串口信号格式。该卡推出之后非常受欢迎，后续又推出了PCI接口的版本。

1994年3月，创新公司推出了Sound Blaster AWE32型声卡，AWE表示Advanced Wave Effects，32表示其支持32和弦合成。其将原本只在WaveBlasterII子卡上配备的EMU8000合成器芯片集成到了声卡母板上，同时集成有1MB的波表ROM，可模拟128种乐器音色，如图8-30所示。

1998年，创新公司推出了SB Live!型声卡，这是一款具有跨时代意义的声卡，如图8-31所示。首先，其前端I/O接口从ISA变为了PCI。其次，其采用了收购E-Mu公司之后新研发的EMU10K1数字音频处理芯片，其本质是一片DSP（Digital Signal Processor，数字信号处理器），运行固件和算法程序，对数字化后的音频进行数字处理，从而实现各种音效。其完全在数字域对音效进行处理，完全抛弃了之前那种利用LFO产生波形然后调制基波的模拟做法。任何声音信号，不管是从Host端传过来的PCM数据流信号，还是从波表中读出的音符信号，它们原本都是数字信号，会直接输送到DSP中进行处理。DSP芯片承担了几乎所有的音频处理任务。这也是得益于芯片制造工艺方面的提升，以及数字信号处理算法领域的发展。从此，PC声卡完全转向了集中数字处理方式。用模拟的方式处理，需要众多分立模块，还需要放置各种参数寄存器等控制它们，还得给每个模块准备对应数量的单独输入输出端，这样实现起来比较麻烦，而且，模拟电路的稳定度不好，容易受到比如温度、湿度等各种干扰，所以一些模拟设备上都配备有校正旋钮（前

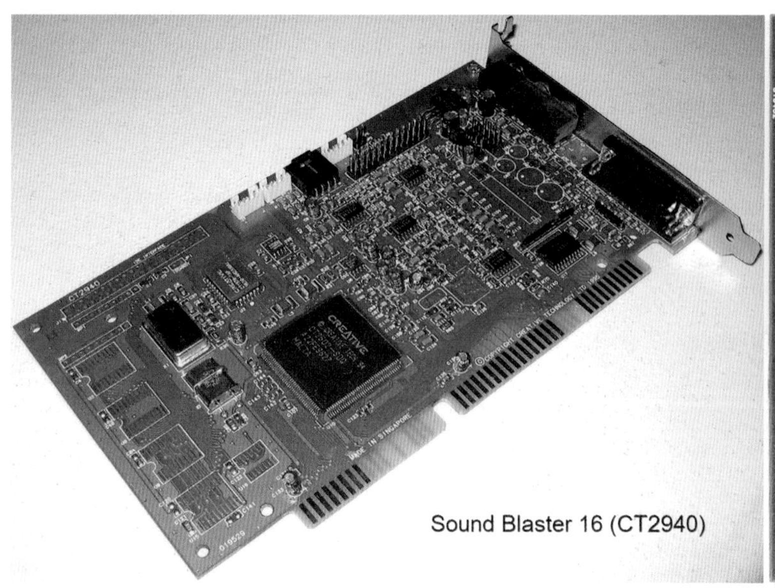

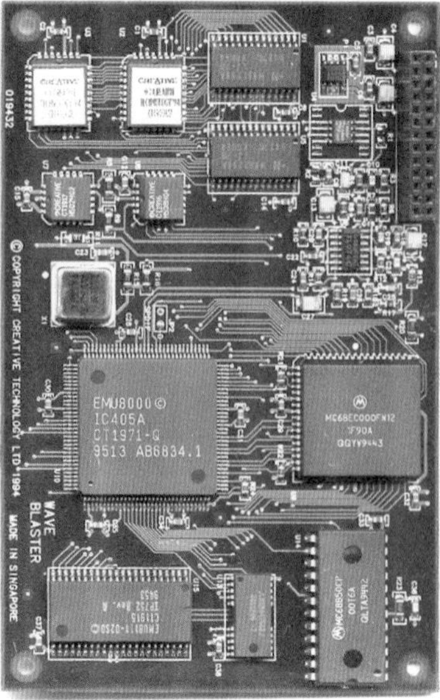

图8-29　SB16型声卡

图8-30　Sound Blaster AWE32型声卡

文中提到过）。而数字处理则方便、统一得多。所以看到该卡上的芯片数量明显变少了，单薄了许多。

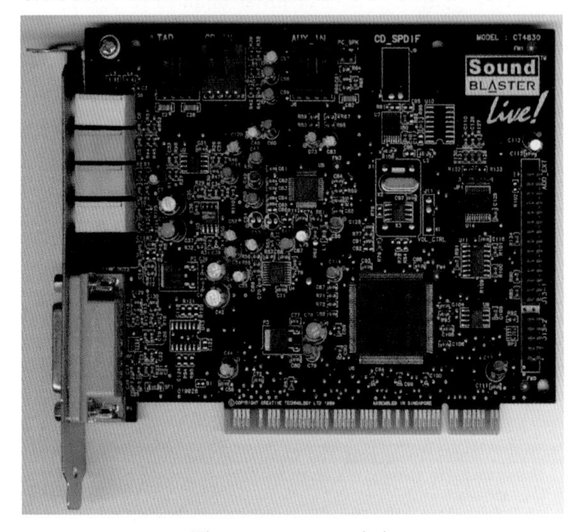

图8-31　SB Live!声卡

高集成度带来的副作用就是“玩头”没了，更多复杂逻辑都被集成到了芯片内部，外观极其简单，导致发烧友们没得可玩了，也没得可研究了，没得烧了。比如，花了大价钱，就买回来一个单一芯片+程序，一切花哨功能都被写入到了程序算法中，看不见摸不着，那就没什么意思了。这就像那些烧手表的人一样，都烧机械表，而少有烧电子表的，虽然电子表又准又方便。相机也是烧单反而不烧微单。其实，总结来讲，发烧友们烧的本质上是一种可见可感觉的精妙结构。冬瓜哥烧的可能比较奇葩，曾经烧过细胞和蛋白质分子（见第9章开场以及尾声部分），烧过存储系统架构，现在烧的是整个计算机体系结构。冬瓜哥比较穷，还好，这些都不用钱，用脑子就行了。

图8-32所示为另一款采用DSP处理音效的USB接口的声卡架构图。图8-33所示为SB Live!声卡的特性一览。其支持48和弦MIDI演奏，64内置波表音色，可通过PCI访存方式读取Host RAM中载入的1024个波表音色，支持用户自定义音色的SoundFont技术，支持创新独创的EAX环境音效计算处理等特性（后来创新将EAX的标准公开了，这使得其他厂商也可以按照各自的算法实现EAX音效）。

2001年，创新推出了SB Audigy声卡，其DSP型号升级为EMU10K2。声卡发展到这个阶段，其实已经没有什么重大革新加入了，基本上都是一些规格方面的增强，比如采样率、采样精度、DMA引擎的速度、MIDI合成的和弦数、波表容量、各种特殊音效处理等。其实，就像上文中所说的，16位采样精度对于多数人早已足够，至于24位精度，相信除了用仪器来分析，人耳人脑已经无法分辨了，只剩下给发烧友烧着用了。但是对于专业的作曲家、音乐家来讲，这些功能和规格还是需要的。创新后续又推出了SB X-Fi、SB Recon3D、SB Z等型号的声卡，这里就不多介绍了。

8.1.4　与发声控制相关的Host端角色

本节我们要来看看Host端的程序都需要做些什么事情，才能最终让声卡发声。首先可以想到的是，声卡起码需要暴露下面这几种交互方式。

（1）PCM数字音频数据流接口。接收PCM数据流并进行D/A转换然后发声，这种场景不需要声卡对数据流做任何处理，除非用户手动指定让声卡以某特效来播放该声音。所以声卡还必须提供控制接口以便让用户下发这些参数。

（2）控制接口。接收用户下发的控制信号，比如“将环境音场景改为大厅场景”，或者“采用某某环绕声播放”，或者“将均衡器设置为古典音色”等。这些参数并非实际的音频流数据，所以需要用单独的接口告诉声卡。

（3）原始MIDI（Raw MIDI）乐谱流接口。支持MIDI播放的声卡必须提供Raw MIDI接口，也就是提供对应的Handler函数来接收单个音符的奏乐信息。这意味着，需要在Host端运行一个MIDI解析器（俗称Sequencer），或者接地气点说，MIDI播放器。该播放器解析MIDI乐谱文件，然后将对应的演奏音符

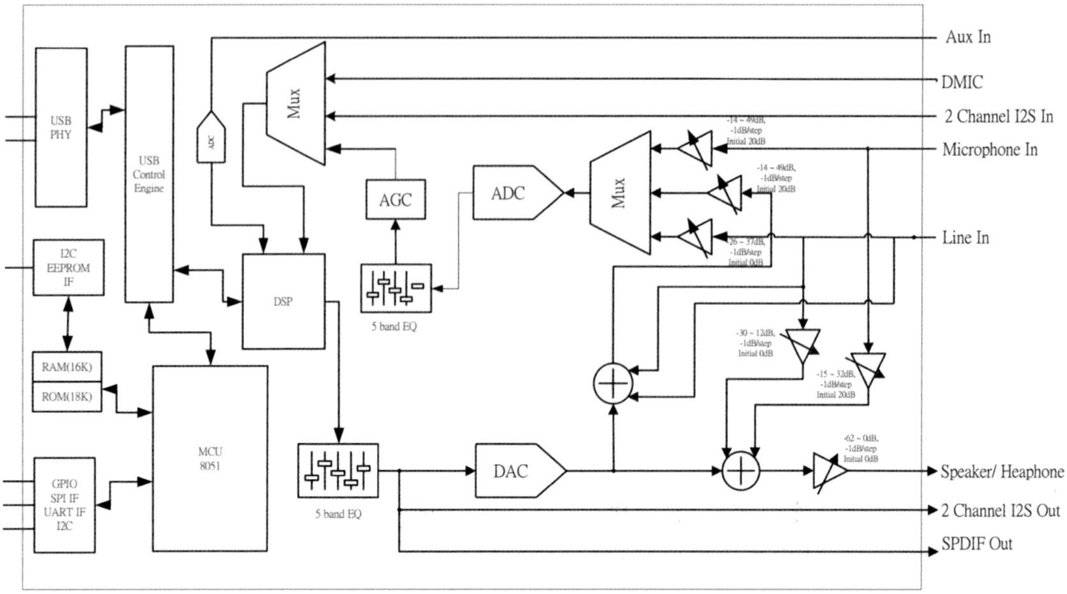

图8-32　另一款采用DSP处理音效的USB接口的声卡架构图

Playback and Recording Sources

Digitized Sounds

- Sound Blaster 16 Emulation in DOS box and real mode DOS.
- Playback of 64 audio channels each at an arbituary sample rate. Each audio channel can function as a WaveTable Synthesizer voice.
- Each audio channel can playback either 8 bit or 16 bit data from host memory.
- Pairs of audio channel can be programmed to play 8 or 16 bit interleaved data from host memory.
- 48kHz recording from AC97 sample rate converted to 8 common rates to host memory.
- Playback Sources: CD_IN, CD_SPDIF, AUX_IN, LINE_IN, MIC_IN, TAD, MIDI and Wave.
- Recording Sources: CD_IN, CD_SPDIF, AUX_IN, LINE_IN, MIC_IN, TAD, MIDI and Wave.
- Full duplex recording and playback.

Wave Table Synthesis

- E-mu® Systems EMU10K1™ music synthesis engine.
- 64-voice hardware polyphony with E-mu's patented 8-point interpolation algorithm for excellent fidelity.
- 64 hardware and 1024 PCI wave-table synthesis
- 48 MIDI channels with 128 GM & GS-.compatible instruments and 10 drum kits
- Uses SoundFont® technology for user-definable wave-table sample sets; includes 2MB, 4MB and 8MB sets.
- Loads up to 32MB of samples into host memory for professional music reproduction.

Effects Engine

- E-mu® Systems EMU10K1™ patented effects processor.
- Supports real-time digital effects like reverb, chorus, echo, flanger, pitch shifting, vocal morpher, ring modulator, auto-wah or distortion across any audio source.
- Capable of processing, mixing and positioning audio streams using up to 131 available hardware channels.
- Customizable effects architecture allows audio effects and channel control.
- Full digital mixer maintains all sound mixing in the digital domain, eliminating noise from the signal.
- Full bass, treble, and effects controls available for all audio.

Environmental Audio and 3D Audio Technology

- User-selectable settings are optimized for headphones and two or four speakers.
- Accelerates Microsoft® DirectSound® and DirectSound3D.
- Support for Environmental Audio™ property set extensions.
- Creative Multi Speaker Surround™ (CMSS™) technology allows real time panning and mixing of multiple sound sources using two or more speakers.
- Creative Environments – user-selectable DSP modes that simulate acoustic environments like concert hall, cave, underwater, and many more environments to any audio source.

图8-33　SB Live!声卡的特性一览

按照文件中说明的节拍长度（为什么叫Sequencer的原因），传送给声卡上的合成器，当然，是先传递给声卡驱动注册的专门用于接收奏乐信息的Handler函数，后者再发送给声卡。

（4）Sequencer音序器访问接口。有些声卡支持将MIDI乐谱流从Host端拿到以后转发给其MIDI输出端口，或者反之。比如，有一台外置专业合成器（或者叫Sequencer），通过15针Game Port串口接收MIDI乐谱流，它怎么接入系统？比如我们前文中介绍的声卡，其在Game Port上提供了MIDI Input和Output针，外置电子乐器需要连接到Input，而外置合成器需要连接到Output。用户演奏电子乐器，乐器将生成的MIDI音符流通过Input针传递给声卡，声卡将接收到的MIDI乐谱流通过Sequencer访问接口传送给Host端程序，由Host端程序决定后续怎么处理这个音符的演奏，比如可以通过Raw MIDI接口再发送回该声卡用该声卡内置合成器演奏，也可以发送给系统内的其他声卡的Raw MIDI接口用其他声卡演奏，用哪个声卡演奏，完全取决于用户选择了哪个MIDI设备作为默认输出设备或者强行指定哪个设备。或者，甚至有一些软MIDI合成器，软合成器也会注册Raw MIDI接口函数，其完全用Host端CPU运行程序的方式来读取软波表中的码流，然后合成出PCM码流，然后将PCM发送给声卡播放，所以程序可以将收到的MIDI乐谱流发送给该软合成器。而外置合成器需要接收MIDI乐谱流，所以其连接到声卡的MIDI接口Output上。假设，同一个声卡分别通过MIDI Input和Output连接了一台电子键盘和一台外置合成器，那么可以做到这种效果：电子键盘发出的MIDI流被直接传递给外置合成器来合成。这里压根没声卡什么事，声卡只是将键盘生成的MIDI乐谱流转发给外置合成器而已，有些声卡可以被配置为擅自转发，而不经过Host，或者被配置为现将键盘的MIDI流通过音序器接口先发送给Host，Host再将其通过音序器接口发送给声卡，声卡再将其转发给外置合成器。所以，Sequencer音序器接口的作用就是用来转发MIDI乐谱流的，而不是回放。

（5）其他接口。比如定时器接口（访问声卡上的定时器，因为让声卡演奏音符是需要按照一定节拍的，程序只能利用定时器来打拍子，然后决定在什么时候发送下一个音符给声卡演奏，所以声卡必须自带一个定时器来做这件事，虽然计算机主板上或者I/O桥芯片内已经有高精度定时器，但是声卡设计者并不能保证所有计算机都自备了定时器）、Mixer接口（访问声卡上的Mixer用于控制音量、选择输入端等）。

那么，这几种访问接口具体以什么形式展现呢？每个声卡驱动可以直接提供对应的函数就可以了，比如mycard_play_rawmidi()、mycard_xfer_seq()、mycard_play_pcm()、mycard_ioctrl()、mycard_timer()、mycard_mixer_ctrl()。问题在于，不同声卡的函数的参数不同，用法不同，暴露的接口也不同。有些说我不喜欢mycard_xfer_seq()这个名字，我想用mycard_event_xfer()，而且我想把一个函数拆分多个细分函数，我就这风格，你怎样？最终结果将是各家的声卡提供不同的API接口，导致上层应用学习成本增加。如图8-21右侧所示，当年DOS游戏程序需要为每个声卡的接口对接，对应在代码中就是一堆的switch/case语句，判断用户选择了哪个声卡，就调用哪个声卡的API函数。为此，现代操作系统的一个作用就是去统一接口，不管底层用怎样奇葩的处理方式，OS自己加一层协议栈将底层盖掉，然后暴露统一的接口函数给应用程序，这就是一种抽象封装过程。比如，对于Linux系统，其最顶层的抽象就是设备符号，任何设备都体现为一个符号路径，比如/dev/sda表示SCSI硬盘a，/dev/snd/seq表示声卡上的MIDI解析器。不管你是什么厂商的硬盘或者声卡，如果有多个硬盘或者声卡，那么就用多个符号来区分，比如/dev/sda、/dev/sdb、/dev/snd/seq0、/dev/snd/seq1等。程序访问这些设备，不需要直接调用该设备驱动注册的各式各样的handler函数，而是利用统一的接口，比如open()、read()、write()等，打开设备，从设备中获取（不要狭隘地理解为读）数据，向设备发送（不要狭隘地理解为写）数据。不管是盘、网卡、声卡，通过何种I/O网络被接入，程序根本毫不知情，都用这些函数来访问设备，这就极大降低了应用程序的开发成本。当然，给应用省出来的麻烦，操作系统要自己承担，各个设备驱动将自己的各种handler注册到这些设备对应的struct登记表中，当然，为了实现统一，操作系统也会规定一些必需的接口和一些可选的接口。如果超出了这个范围，比如某声卡设计者要实现另一种奇葩功能，但是OS没有在登记表中提供该功能的实现接口，那么该声卡就无法通过统一接口来实现这个功能，但是依然可以通过自己暴露的私有接口来实现。

我们以Linux操作系统下的声音协议栈ALSA（Advanced Linux Sound Architecture）为例来介绍。我们在第7章中曾经介绍过，在Linux操作系统下每个设备都有各自的盘符路径，应用程序要访问这些设备，可以直接在代码中指定对应的路径，然后由VFS通过查表来调用对应该设备的I/O Handler函数（驱动加载时由底层驱动注册到系统中的）。这是OS对I/O设备所做的最顶层的抽象。ALSA致力于屏蔽底层声卡的差异性，向应用程序提供统一的接口，它选择了釜底抽薪的方式，也就是直接向系统中注册虚拟设备的方式。上文中列出的那5大类接口，被ALSA直接注册成对应的设备符号，至于访问这些设备的handler函数，先挂接ALSA自己的函数，这些函数在做一些基本判断、准备、封装工作之后，再调用声卡驱动注册的handler函数，当然，ALSA也会准备一堆表格让声卡驱动去填写注册。ALSA体系对应的设备符号样例如下（只列出常用的设备符号，实际上还有更多其他设备接口）：

/dev/snd/controlC0　用于声卡的控制，例如通道选择、混音、麦克风的控制等的设备符号。

/dev/snd/midiC0D0　用于接收原始MIDI乐谱流的设备符号。

/dev/snd/pcmC0D0c　用于录音的PCM设备符号，c表示recorder。

/dev/snd/pcmC0D0p　用于接收PCM数字音频流的设备符号，p表示playback。

/dev/snd/seq　接收解析之后的MIDI演奏事件的音序器，ALSA设计者习惯把合成器叫作Sequencer/音序器，的确也有这么叫的。

/dev/snd/timer　定时器。

这样，应用程序访问对应的符号，比如伪代码：write(/dev/snd/pcmC0D0p, *buf, int length)，将PCM音频流发送给/dev/snd/pcmC0D0p这个设备，而该设备其实是由ALSA Driver注册的。所以数据流其实是先传递给了ALSA Driver，经过一系列处理之后，ALSA Driver再调用由声卡底层驱动当初注册的handler函数比如mycard_play_pcm()函数，该函数底层继续调用其他函数，最终调用到声卡的LLDD驱动将数据流压入Send Queue，声卡DMA引擎从Host端取出对应数据然后进行播放。同理，访问其他设备符号也是类似过程。下面我们就来看一下整个ALSA框架的架构细节，如图8-34所示。

整个ALSA体系在最顶端是位于用户态的ALSA Lib库，其将上述的那些诸如/dev/pcmC0D0p等设备再次进行了封装，输出更加上层的函数比如snd_pcm_open()、snd_pcm_write()等函数供应用层调用来发声。ALSA Lib向下则访问由ALSA内核态Driver生成的设备符号，从而将请求传递给后者对应的handler函数，这些handler函数包括比如snd_open()、snd_read()等。这些函数继而调用snd_pcm_playback_open()等更加具体的函数，并最终调用到hw_open()这些位于ALSA Driver最底层的函数，后者则开始调用由Device Driver注册的与硬件相关的函数，最终将请求传递给硬件。其中，Device Driver需要由每个声卡厂商自行开发，其他组件都是Linux操作系统自带的。

下面我们就来看一下一个应用程序是如何将数据发送给声卡的底层细节过程。以下代码分析取自2010年东软商用软件事业部，孟晓坤、刘沛君团队实训资料。该过程分为两大步：第一步是先要打开对应设备，第二步则是将数据写入对应设备，也就是向声卡发送数据。图8-35所示为打开一个PCM设备的过程，aplay是一个ALSA库自带的播放器程序。当然，也可以使用其他程序，调用过程是一样的。

图8-36～图8-42所示为图8-35中的各个步骤的细节描述。图8-43所示为程序向声卡写入数据的过程。图8-44～图8-46所示为过程中不同步骤的细节描述。

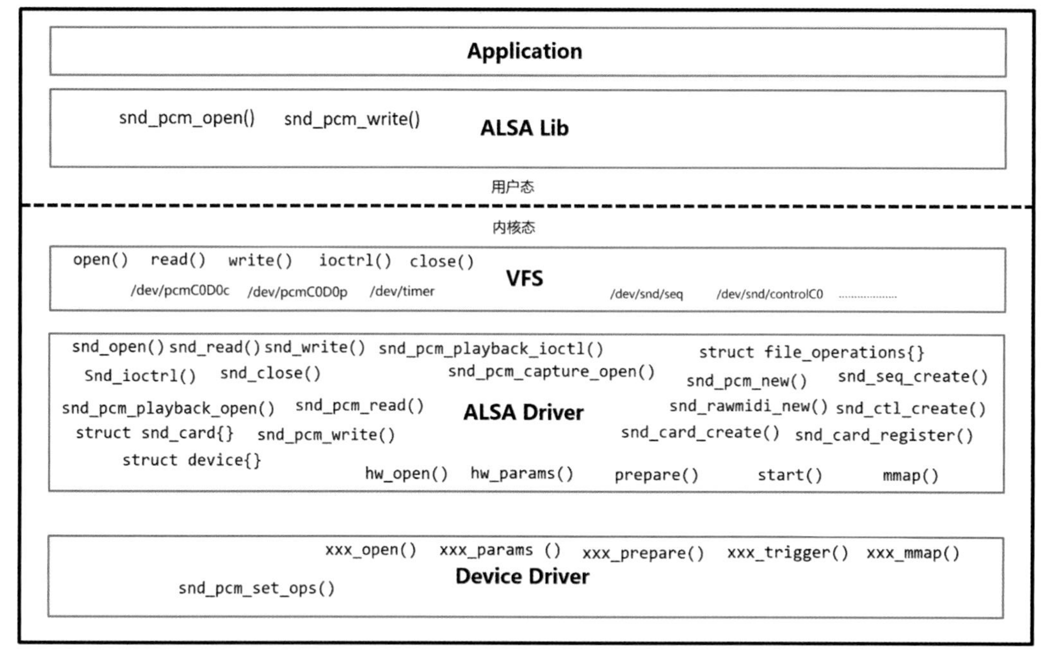

图8-34　ALSA总体架构

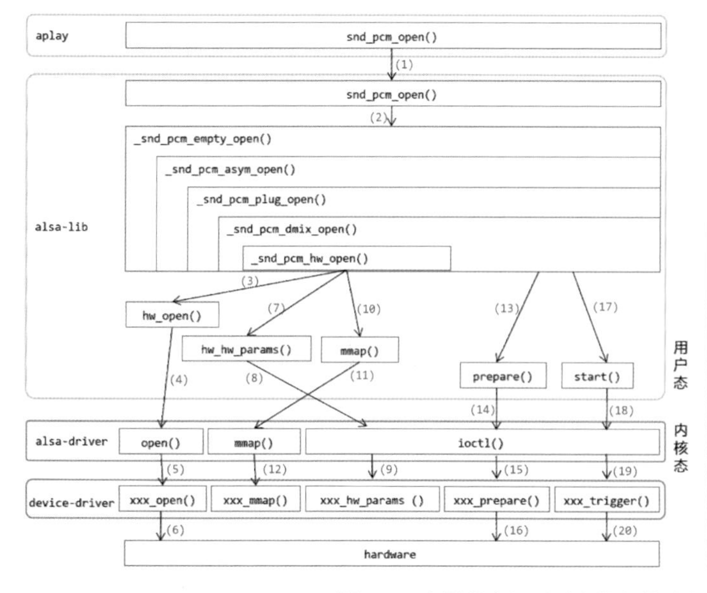

(3)(4)(5)(6) hw打开函数调用snd_pcm_hw_open()函数通过alsa-driver层和设备驱动open硬件设备。

(7)(8)(9)打开hw后，设置硬件相关参数。

(10)(11)(12)调用snd_pcm_mmap()函数通过alsa-driver层建立内存映射。

(13)(14)(15)(16) dmix调用snd_pcm_prepare ()函数通过alsa-driver层和设备驱动向硬件中写入参数。

(17)(18)(19)(20) 参数设定后，dmix调用snd_pcm_start ()函数通过alsa-driver层和设备驱动向启动硬件进入工作状态。

图8-35　应用程序打开对应设备的过程（1）

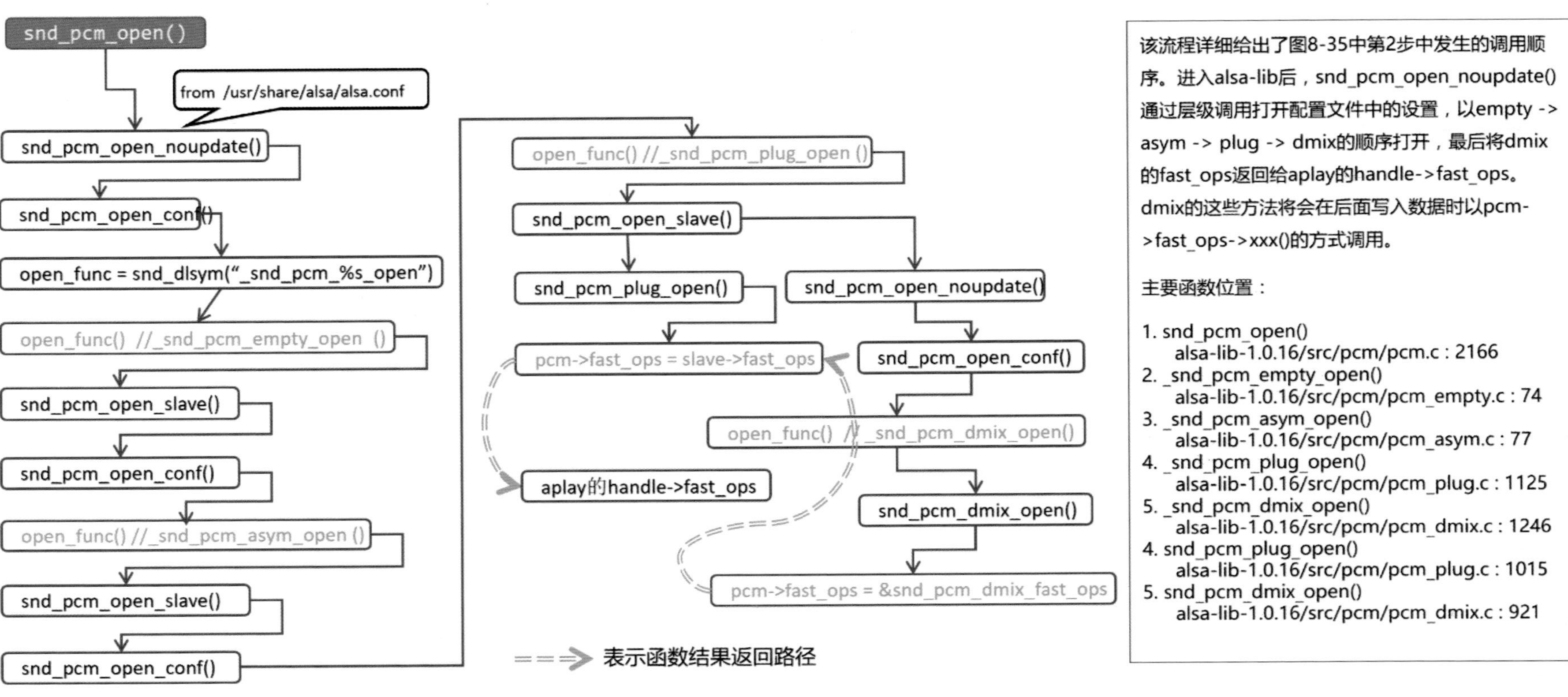

图8-36　应用程序打开对应设备的过程（2）

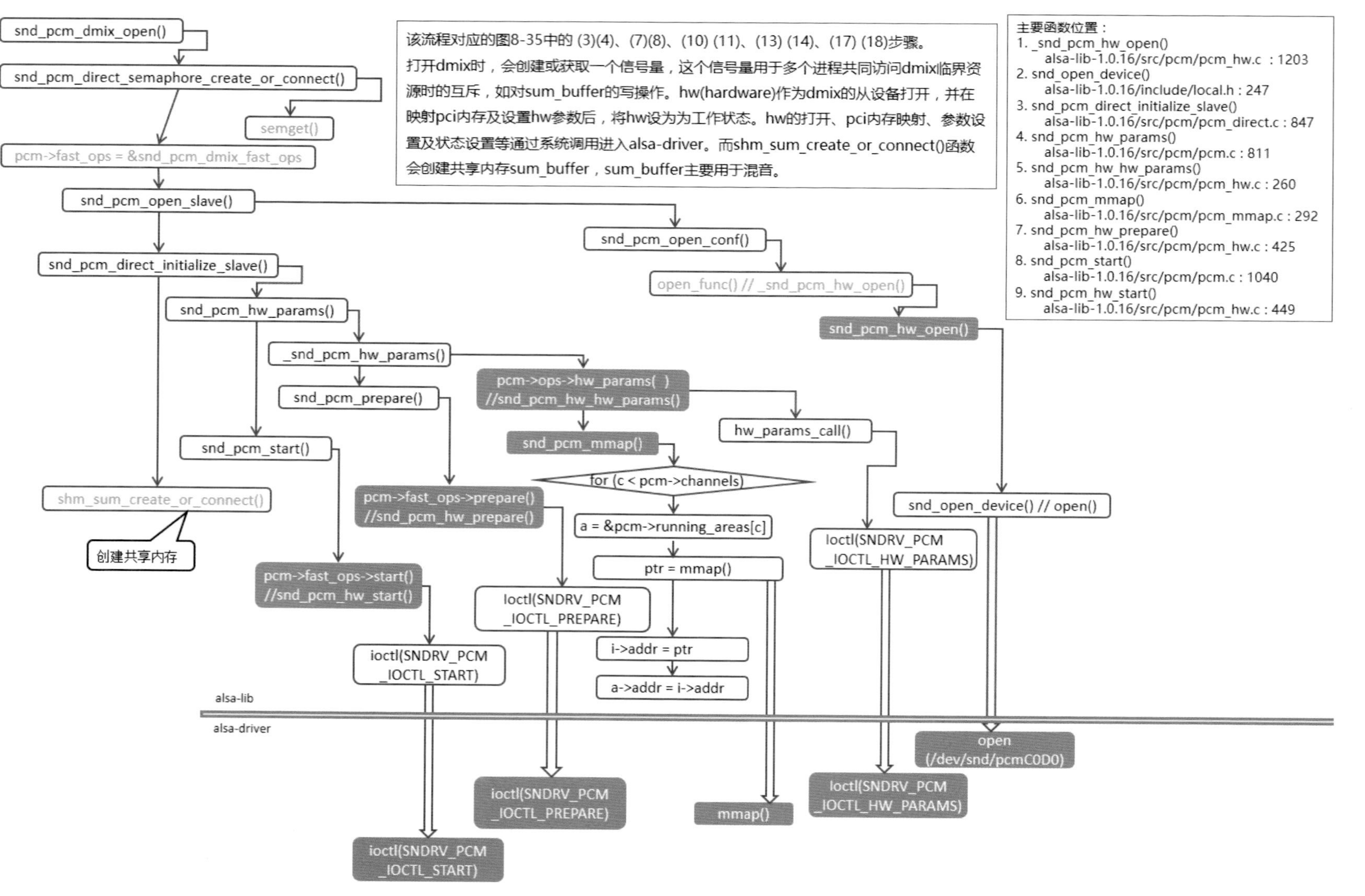

图8-37 应用程序打开对应设备的过程（3）

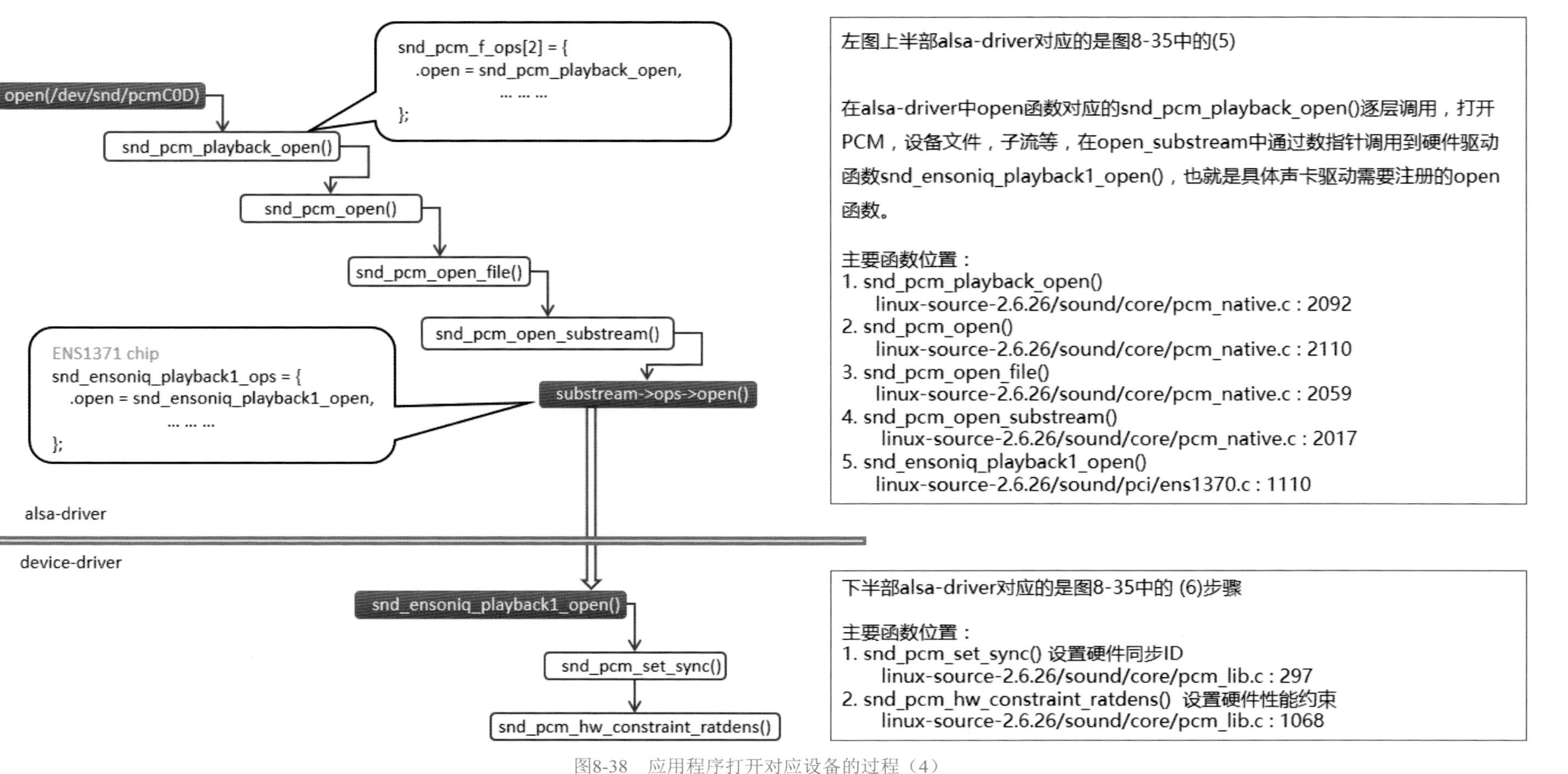

图8-38　应用程序打开对应设备的过程（4）

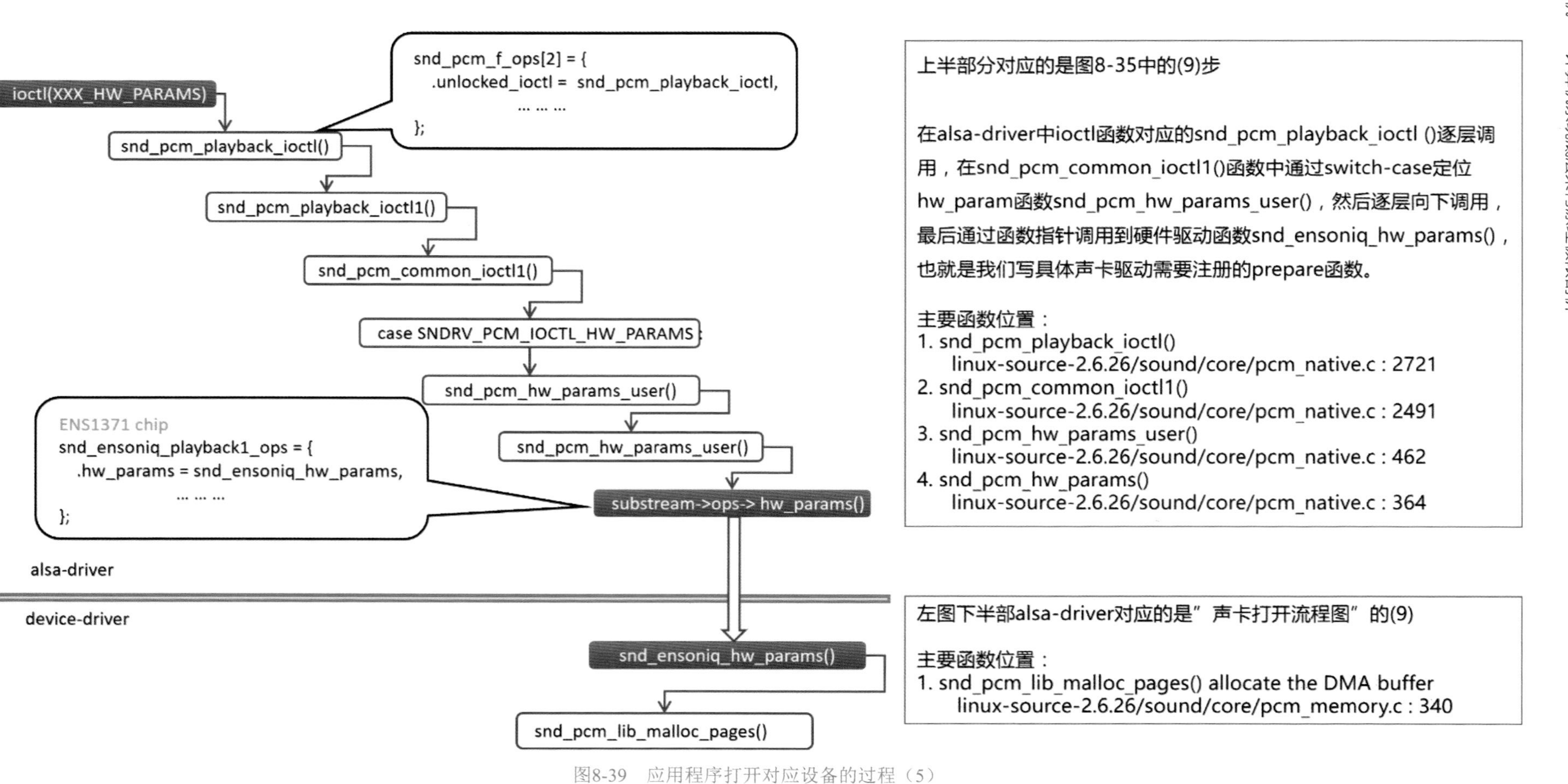

图8-39　应用程序打开对应设备的过程（5）

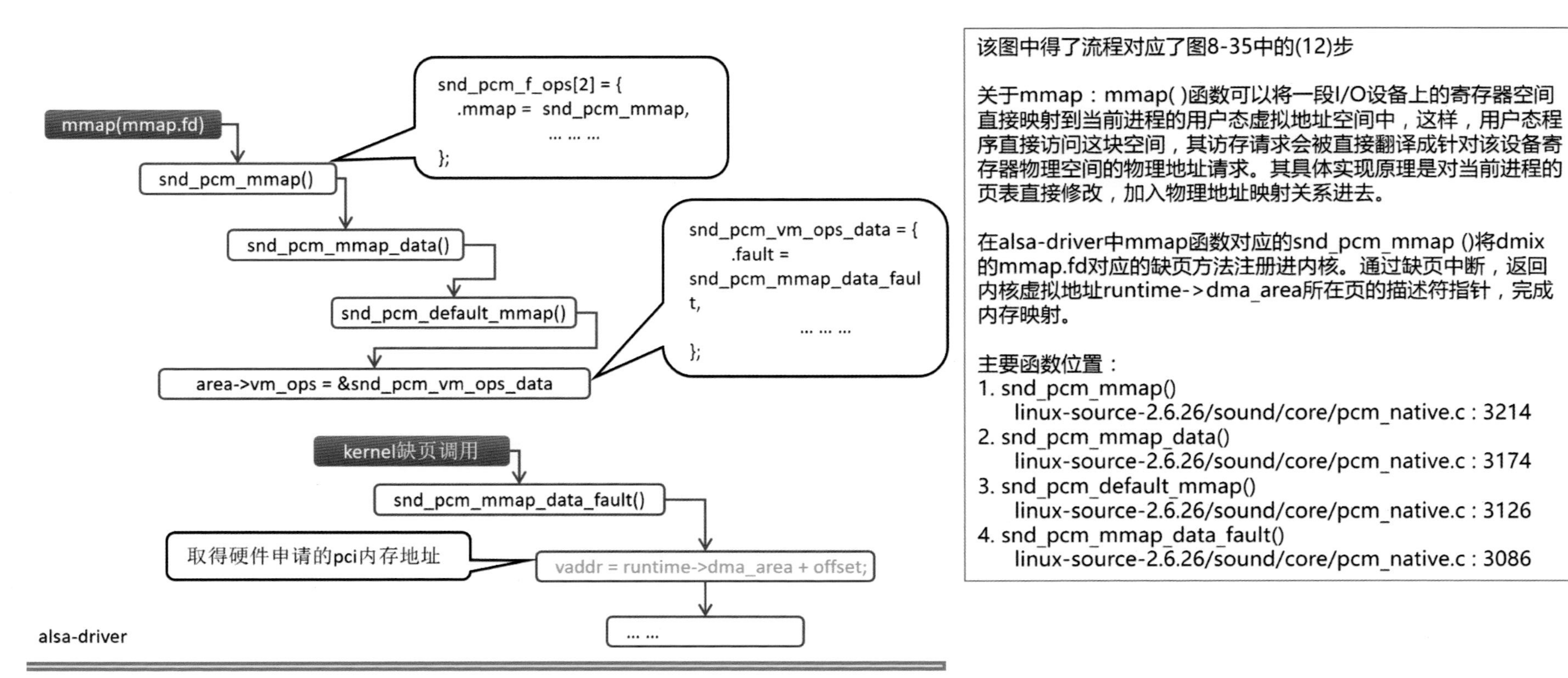

mmap(mmap.fd)
snd_pcm_mmap()
snd_pcm_f_ops[2] = {
.mmap = snd_pcm_mmap,
… … …
};
snd_pcm_mmap_data()
snd_pcm_default_mmap()
area->vm_ops = &snd_pcm_vm_ops_data
snd_pcm_vm_ops_data = {
.fault =
snd_pcm_mmap_data_faul
t,
… … …
};
kernel缺页调用
snd_pcm_mmap_data_fault()
取得硬件申请的pci内存地址
vaddr = runtime->dma_area + offset;
… …
alsa-driver
device-driver
该图中得了流程对应了图8-35中的(12)步
关于mmap：mmap( )函数可以将一段I/O设备上的寄存器空间直接映射到当前进程的用户态虚拟地址空间中，这样，用户态程序直接访问这块空间，其访存请求会被直接翻译成针对该设备寄存器物理空间的物理地址请求。其具体实现原理是对当前进程的页表直接修改，加入物理地址映射关系进去。
在alsa-driver中mmap函数对应的snd_pcm_mmap ()将dmix的mmap.fd对应的缺页方法注册进内核。通过缺页中断，返回内核虚拟地址runtime->dma_area所在页的描述符指针，完成内存映射。
主要函数位置：
1. snd_pcm_mmap()
linux-source-2.6.26/sound/core/pcm_native.c：3214
2. snd_pcm_mmap_data()
linux-source-2.6.26/sound/core/pcm_native.c：3174
3. snd_pcm_default_mmap()
linux-source-2.6.26/sound/core/pcm_native.c：3126
4. snd_pcm_mmap_data_fault()
linux-source-2.6.26/sound/core/pcm_native.c：3086

图8-40　应用程序打开对应设备的过程（6）

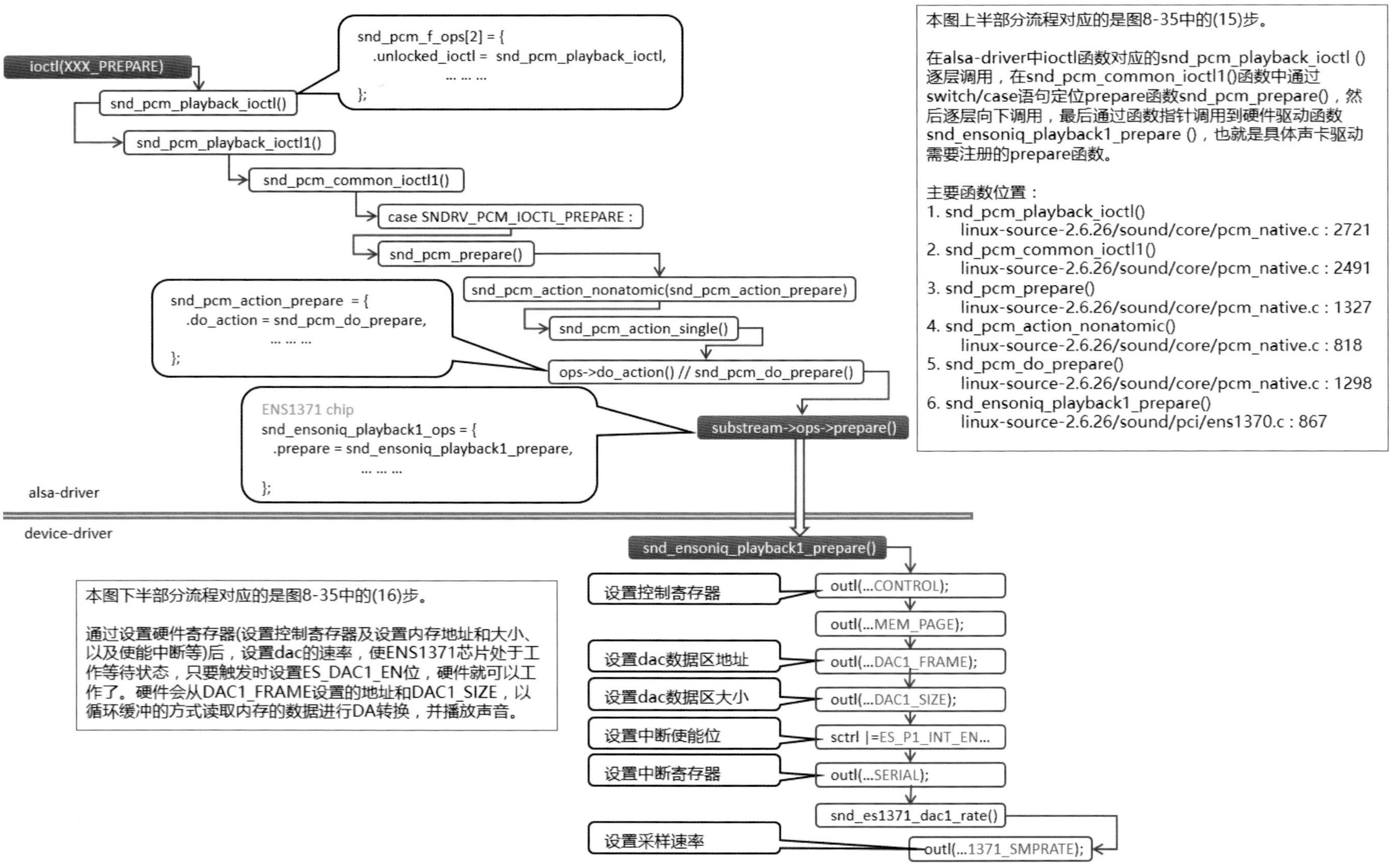
ioctl(XXX_PREPARE)
snd_pcm_playback_ioctl()
snd_pcm_f_ops[2] = {
.unlocked_ioctl = snd_pcm_playback_ioctl,
... ...
};
snd_pcm_playback_ioctl1()
snd_pcm_common_ioctl1()
case SNDRV_PCM_IOCTL_PREPARE :
snd_pcm_prepare()
snd_pcm_action_nonatomic(snd_pcm_action_prepare)
snd_pcm_action_prepare = {
.do_action = snd_pcm_do_prepare,
... ...
};
snd_pcm_action_single()
ops->do_action() // snd_pcm_do_prepare()
ENS1371 chip
snd_ensoniq_playback1_ops = {
.prepare = snd_ensoniq_playback1_prepare,
... ...
};
substream->ops->prepare()
alsa-driver
device-driver
snd_ensoniq_playback1_prepare()
设置控制寄存器
outl(...CONTROL);
outl(...MEM_PAGE);
设置dac数据区地址
outl(...DAC1_FRAME);
设置dac数据区大小
outl(...DAC1_SIZE);
设置中断使能位
sctrl |=ES_P1_INT_EN...
设置中断寄存器
outl(...SERIAL);
snd_es1371_dac1_rate()
设置采样速率
outl(...1371_SMPRATE);
本图上半部分流程对应的是图8-35中的(15)步。
在alsa-driver中ioctl函数对应的snd_pcm_playback_ioctl ()逐层调用，在snd_pcm_common_ioctl1()函数中通过switch/case语句定位prepare函数snd_pcm_prepare()，然后逐层向下调用，最后通过函数指针调用到硬件驱动函数snd_ensoniq_playback1_prepare ()，也就是具体声卡驱动需要注册的prepare函数。
主要函数位置：
1. snd_pcm_playback_ioctl()
linux-source-2.6.26/sound/core/pcm_native.c : 2721
2. snd_pcm_common_ioctl1()
linux-source-2.6.26/sound/core/pcm_native.c : 2491
3. snd_pcm_prepare()
linux-source-2.6.26/sound/core/pcm_native.c : 1327
4. snd_pcm_action_nonatomic()
linux-source-2.6.26/sound/core/pcm_native.c : 818
5. snd_pcm_do_prepare()
linux-source-2.6.26/sound/core/pcm_native.c : 1298
6. snd_ensoniq_playback1_prepare()
linux-source-2.6.26/sound/pci/ens1370.c : 867
本图下半部分流程对应的是图8-35中的(16)步。
通过设置硬件寄存器(设置控制寄存器及设置内存地址和大小、以及使能中断等)后，设置dac的速率，使ENS1371芯片处于工作等待状态，只要触发时设置ES_DAC1_EN位，硬件就可以工作了。硬件会从DAC1_FRAME设置的地址和DAC1_SIZE，以循环缓冲的方式读取内存的数据进行DA转换，并播放声音。

图8-41　应用程序打开对应设备的过程（7）

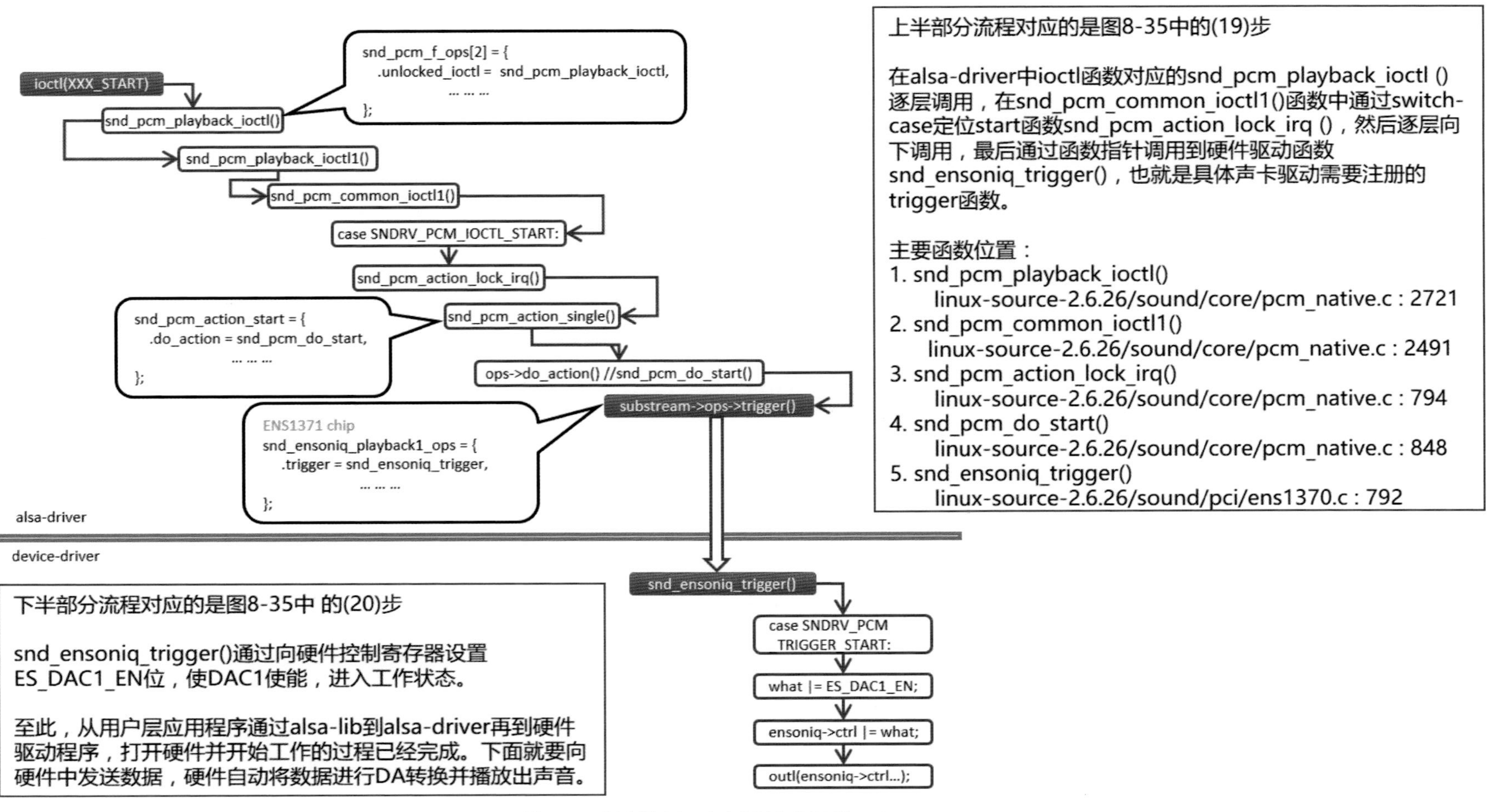

图8-42　应用程序打开对应设备的过程（8）

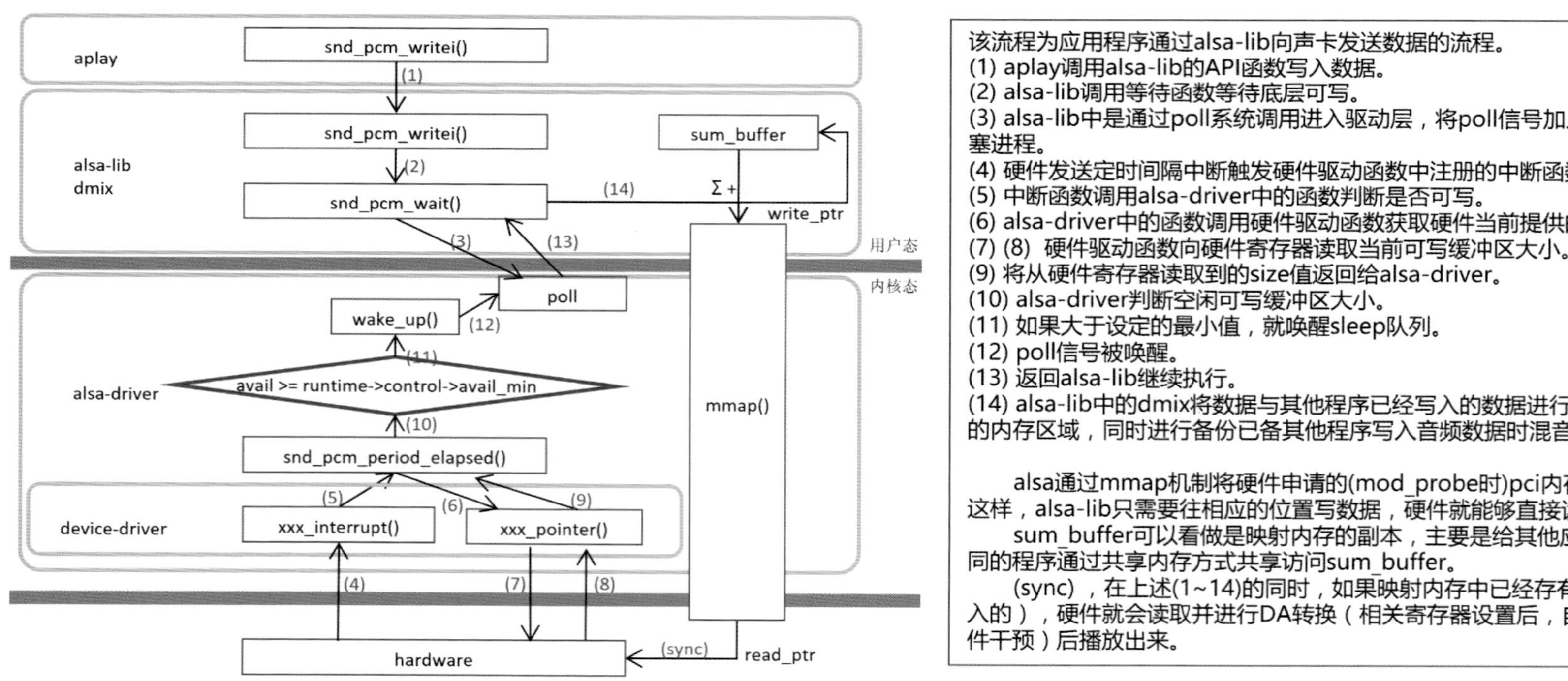
aplay
snd_pcm_writei()
(1)
alsa-lib
dmix
snd_pcm_writei()
(2)
snd_pcm_wait()
sum_buffer
(14)
Σ +
write_ptr
(3)
(13)
用户态
内核态
poll
wake_up()
(12)
(11)
alsa-driver
avail >= runtime->control->avail_min
(10)
snd_pcm_period_elapsed()
(5)
(6)
(9)
device-driver
xxx_interrupt()
xxx_pointer()
mmap()
(4)
(7)
(8)
hardware
(sync)
read_ptr
该流程为应用程序通过alsa-lib向声卡发送数据的流程。
(1) aplay调用alsa-lib的API函数写入数据。
(2) alsa-lib调用等待函数等待底层可写。
(3) alsa-lib中是通过poll系统调用进入驱动层，将poll信号加入到sleep队列，阻塞进程。
(4) 硬件发送定时间隔中断触发硬件驱动函数中注册的中断函数。
(5) 中断函数调用alsa-driver中的函数判断是否可写。
(6) alsa-driver中的函数调用硬件驱动函数获取硬件当前提供的可写缓冲区大小。
(7) (8) 硬件驱动函数向硬件寄存器读取当前可写缓冲区大小。
(9) 将从硬件寄存器读取到的size值返回给alsa-driver。
(10) alsa-driver判断空闲可写缓冲区大小。
(11) 如果大于设定的最小值，就唤醒sleep队列。
(12) poll信号被唤醒。
(13) 返回alsa-lib继续执行。
(14) alsa-lib中的dmix将数据与其他程序已经写入的数据进行混合后，写入映射的内存区域，同时进行备份已备其他程序写入音频数据时混音。
alsa通过mmap机制将硬件申请的(mod_probe时)pci内存区映射到用户空间，这样，alsa-lib只需要往相应的位置写数据，硬件就能够直接读取了。
sum_buffer可以看做是映射内存的副本，主要是给其他应用程序混音用，不同的程序通过共享内存方式共享访问sum_buffer。
(sync)，在上述(1~14)的同时，如果映射内存中已经存有数据（比如上次写入的），硬件就会读取并进行DA转换（相关寄存器设置后，自动进行，不需要软件干预）后播放出来。

图8-43 程序向声卡写入数据的过程（1）

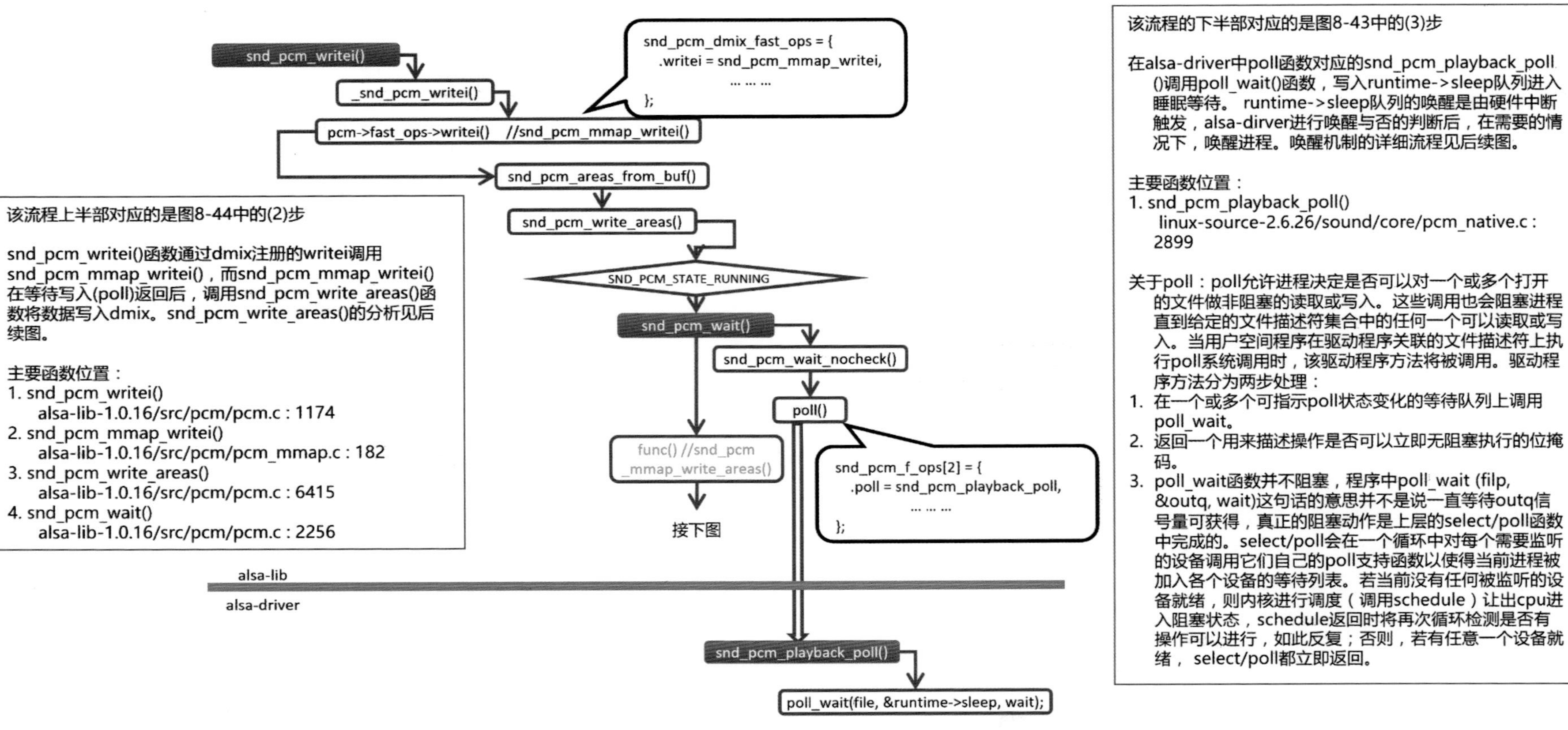

图8-44　程序向声卡写入数据的过程（2）

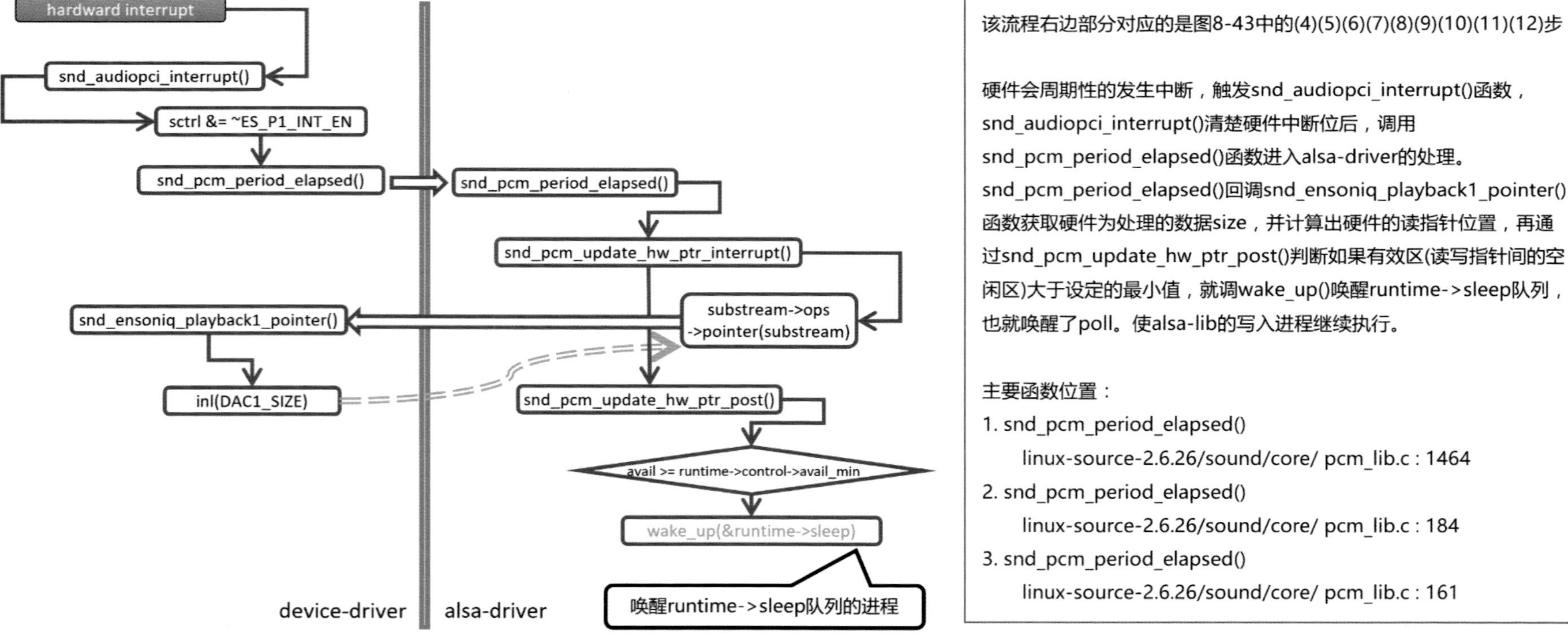
hardward interrupt
snd_audiopci_interrupt()
sctrl &= ~ES_P1_INT_EN
snd_pcm_period_elapsed()
snd_pcm_period_elapsed()
snd_pcm_update_hw_ptr_interrupt()
snd_ensoniq_playback1_pointer()
substream->ops
->pointer(substream)
inl(DAC1_SIZE)
snd_pcm_update_hw_ptr_post()
avail >= runtime->control->avail_min
wake_up(&runtime->sleep)
唤醒runtime->sleep队列的进程
device-driver
alsa-driver
该流程右边部分对应的是图8-43中的(4)(5)(6)(7)(8)(9)(10)(11)(12)步
硬件会周期性的发生中断，触发snd_audiopci_interrupt()函数，snd_audiopci_interrupt()清楚硬件中断位后，调用snd_pcm_period_elapsed()函数进入alsa-driver的处理。snd_pcm_period_elapsed()回调snd_ensoniq_playback1_pointer()函数获取硬件为处理的数据size，并计算出硬件的读指针位置，再通过snd_pcm_update_hw_ptr_post()判断如果有效区(读写指针间的空闲区)大于设定的最小值，就调wake_up()唤醒runtime->sleep队列，也就唤醒了poll。使alsa-lib的写入进程继续执行。
主要函数位置：
1. snd_pcm_period_elapsed()
linux-source-2.6.26/sound/core/ pcm_lib.c : 1464
2. snd_pcm_period_elapsed()
linux-source-2.6.26/sound/core/ pcm_lib.c : 184
3. snd_pcm_period_elapsed()
linux-source-2.6.26/sound/core/ pcm_lib.c : 161

图8-45　程序向声卡写入数据的过程（3）

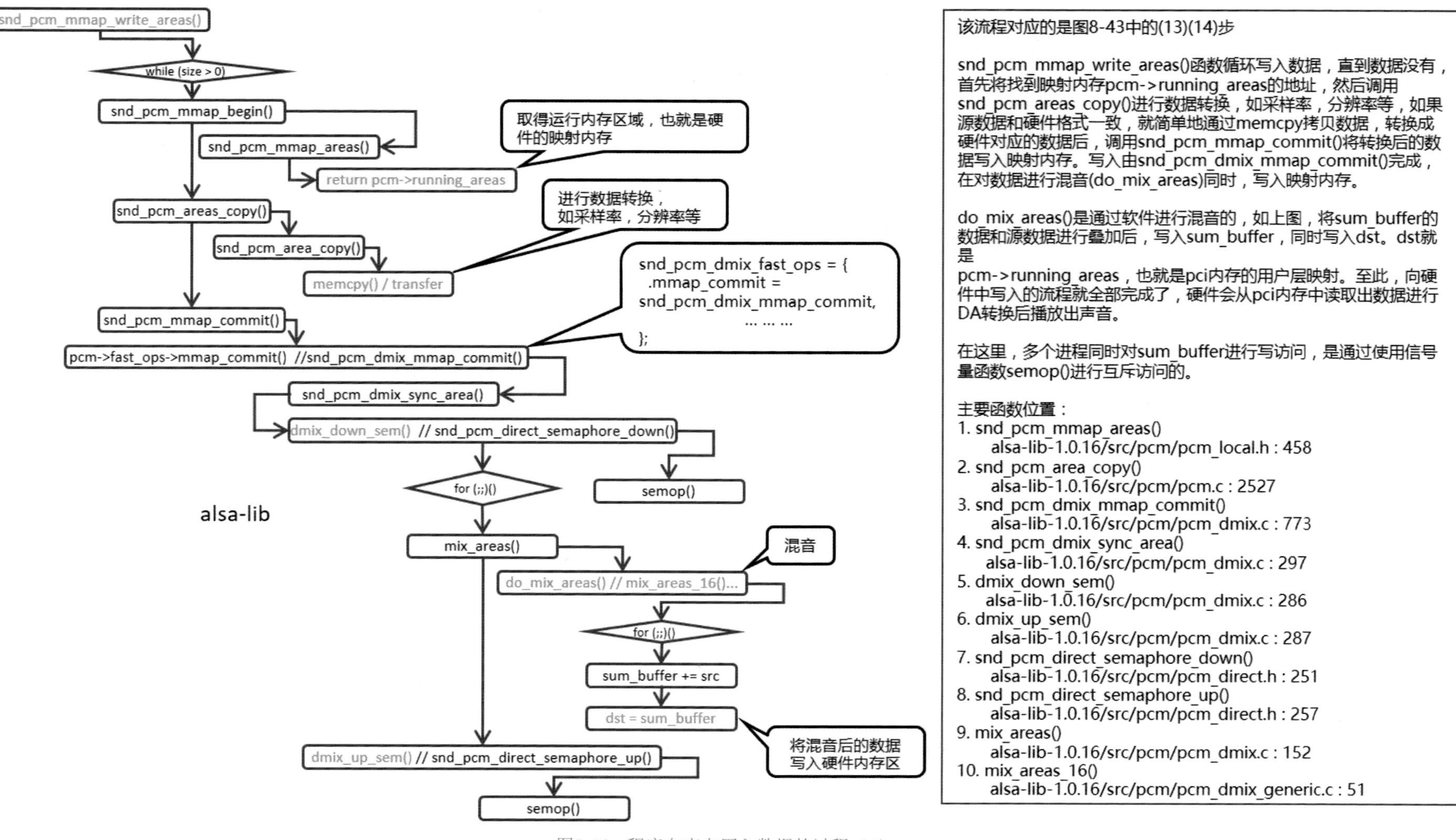
snd_pcm_mmap_write_areas()
while (size > 0)
snd_pcm_mmap_begin()
snd_pcm_mmap_areas()
return pcm->running_areas
取得运行内存区域，也就是硬件的映射内存
snd_pcm_areas_copy()
snd_pcm_area_copy()
memcpy() / transfer
进行数据转换，如采样率，分辨率等
snd_pcm_mmap_commit()
pcm->fast_ops->mmap_commit() //snd_pcm_dmix_mmap_commit()
snd_pcm_dmix_fast_ops = {
.mmap_commit =
snd_pcm_dmix_mmap_commit,
… … …
};
snd_pcm_dmix_sync_area()
dmix_down_sem() // snd_pcm_direct_semaphore_down()
semop()
for (;;)()
alsa-lib
mix_areas()
do_mix_areas() // mix_areas_16()...
混音
for (;;)()
sum_buffer += src
dst = sum_buffer
将混音后的数据写入硬件内存区
dmix_up_sem() // snd_pcm_direct_semaphore_up()
semop()
该流程对应的是图8-43中的(13)(14)步
snd_pcm_mmap_write_areas()函数循环写入数据，直到数据没有，首先将找到映射内存pcm->running_areas的地址，然后调用snd_pcm_areas_copy()进行数据转换，如采样率，分辨率等，如果源数据和硬件格式一致，就简单地通过memcpy拷贝数据，转换成硬件对应的数据后，调用snd_pcm_mmap_commit()将转换后的数据写入映射内存。写入由snd_pcm_dmix_mmap_commit()完成，在对数据进行混音(do_mix_areas)同时，写入映射内存。
do_mix_areas()是通过软件进行混音的，如上图，将sum_buffer的数据和源数据进行叠加后，写入sum_buffer，同时写入dst。dst就是
pcm->running_areas，也就是pci内存的用户层映射。至此，向硬件中写入的流程就全部完成了，硬件会从pci内存中读取出数据进行DA转换后播放出声音。
在这里，多个进程同时对sum_buffer进行写访问，是通过使用信号量函数semop()进行互斥访问的。
主要函数位置：
1. snd_pcm_mmap_areas()
alsa-lib-1.0.16/src/pcm/pcm_local.h : 458
2. snd_pcm_area_copy()
alsa-lib-1.0.16/src/pcm/pcm.c : 2527
3. snd_pcm_dmix_mmap_commit()
alsa-lib-1.0.16/src/pcm/pcm_dmix.c : 773
4. snd_pcm_dmix_sync_area()
alsa-lib-1.0.16/src/pcm/pcm_dmix.c : 297
5. dmix_down_sem()
alsa-lib-1.0.16/src/pcm/pcm_dmix.c : 286
6. dmix_up_sem()
alsa-lib-1.0.16/src/pcm/pcm_dmix.c : 287
7. snd_pcm_direct_semaphore_down()
alsa-lib-1.0.16/src/pcm/pcm_direct.h : 251
8. snd_pcm_direct_semaphore_up()
alsa-lib-1.0.16/src/pcm/pcm_direct.h : 257
9. mix_areas()
alsa-lib-1.0.16/src/pcm/pcm_dmix.c : 152
10. mix_areas_16()
alsa-lib-1.0.16/src/pcm/pcm_dmix_generic.c : 51

图8-46 程序向声卡写入数据的过程（4）

8.1.5 让计算机成为演奏家

现在的计算机有声阅读程序可以阅读文本文件中的文字然后转换成语音播放出来，它们是怎么做到的？其实就是把每个字/单词的发声录下来，根据句子的主谓宾语分析出重音、间隔的位置，调用这些录好的每个字的音频并拼接起来，加上后期处理，然后播放出来，效果与真人说的非常接近。同理，任何音乐都是由对应音调/音色的一个个音符组成的，既然声卡中的合成器可以演奏各种音色的音符，那么只要准备一份乐谱文件，按照一定格式描述这首音乐中每个声部、每个音符、每个节拍等信息，然后用对应的程序阅读之，调用声卡/ALSA库提供的Raw MIDI接口API，就可以实现让计算机按照乐谱奏乐。目前比较流行的是MIDI格式的乐谱文件，这正如文本文件的流行格式是txt一样。篇幅所限，我们这里就不介绍MIDI格式具体内容了，请大家自行了解。不过，有必要列一下MIDI格式中规定的一些乐器的编码。图8-47所示为基本乐器编码表，左侧一列的序号唯一，对应了每一种乐器。

有了乐谱，还需要有对应的乐手。计算机乐手程序有很多，比如图8-48所示的名为SynthFont的软件，其就可以解析MIDI文件。

我们用它打开一首最简单的民谣——虫儿飞.mid文件。其会在主界面中显示出该乐谱的乐器数量以及在什么时候播放哪个乐器、持续多少时间，将这些信息图形化展示出来。

该工具功能非常强悍。在另外的窗口部分中，可以看到该乐曲一共包含了哪些乐器/声道的演奏。可以看到该乐曲使用了音乐盒、贝斯、伴奏钢琴、电颤琴和主钢琴这5种音色，如图8-49所示。用户可以勾选其中一种或者几种乐器，然后播放，这样就可以听到该乐器在整个乐曲中单独演奏时的过程。

在另外的窗口中，可以看到每种乐器的乐谱中包含的内容，比如时间点、音调、长度等。音乐播放时，这个窗口中的条目会跟着滑动告诉你当前该乐器正在演奏哪个条目。“条目”的专业说法其实应该是“MIDI Event”，如图8-50所示。

有了乐谱、乐手之后，必然还需要有乐器，才能演奏出对应的曲目。可以使用外置的专业合成器，用MIDI接口连接到声卡，程序通过ALSA的Seq接口传送解析好的MIDI Event流。也可以使用声卡内置的合成器（或使用软/硬波表合成或使用FM合成），此时程序需要使用ALSA暴露的Raw MIDI接口来访问，也就是程序需要在代码中对比如/dev/snd/midiC0D0设备进行Open和Write。那么，如果声卡不支持合成器，只支持最基本的PCM数字音频流播放（如果连PCM都不支持那就没有声卡了，声卡必须支持某种播放方式），难道我们就无法欣赏MIDI音乐了？非也。可以利用软件方式来合成出对应的音符，也就是所谓的**软合成器**（更多人习惯称之为软波表，其实应该是软合成器更准确）。软合成器也可以接收乐手（MIDI解析程序，比如上文的SynthFont软件）发来的MIDI Event流，然后用软件的方式，从软波表中调取对应的音符采样值，按照MIDI乐曲的音符流，将这些采样值拼接起来，再加上一些后期处理运算，生成对应的PCM数字音频流，然后调用ALSA的PCM接口发送给声卡播放，一样可以实现MIDI奏乐。

如图8-51左侧所示，微软Windows操作系统自带了一个软合成器，称为Microsoft GS Wavetable Synth，该名称意味着该合成器通过读取软波表来合成音符。当然，有些电脑音乐从业者认为系统自带的软合成器的软波表音色不给力，合成器程序的后期处理也不给力。想用其他厂商编写的软合成器，比如YAMAHA、Roland等，那就可以安装它们的程序包。这些程序会向系统中安装对应的驱动程序，后者注册对应的设备，从而在系统的声音配置界面下拉框中就会出现多个选择，从而可以选择默认的MIDI输出设备，如图8-51右侧所示。

在SynthFont软件的配置界面中，可以选择用哪个合成器来播放MIDI。如图8-52所示，初始时只有系统自带合成器可选。但是冬瓜哥安装了一个叫作Yoke的MIDI软合成器之后，再次进入配置界面就会看到多出了很多MIDI输出设备可选。至于Yoke为什么要向系统中注册8个设备，这个是由与其配套的乐手程序的设计而决定的，具体不得而知。这就像有的乐手喜欢用某个品牌合成器，用其他的也可以，只是不顺手而已。Yoke合成器是配合Roland乐手程序和对应的软波表一同使用的，但是SynthFont一样可以通过Yoke播放MIDI乐曲。不过说实话，如果只听虫儿飞.mid的话，音色几乎没区别。MIDI音乐的效果，更多取决于采用的软波表中的音色采样的质量。软波表的格式并不是标准格式，不同软合成器附带的波表格式可能都不同，毕竟，谁也不想让自己的成果免费让别人用。

智能手机上有一些钢琴即时演奏程序，其本质上就是将乐谱展示出来，让用户随着乐谱按键，然后触发对应的合成器合成出对应声音，将手机变成了一个以触摸屏为人机交互接口的电子乐器。

8.1.6 独立声卡的没落

一些软合成器+软波表方案生成的音乐质量，可以赶上专业的外置合成器，因为目前Host端的主CPU的算力越来越强，用来合成音符耗费的运算对主流CPU来讲简直不值一提。

不仅如此，一些软的效果器也层出不穷。我们前文中介绍过，声卡上的DSP芯片的作用就是将数字音频信号进行重新计算生成各种音效，比如调整音频频谱中各种频率成分的比重（均衡器）、实现3D临场音效（EAX、A3D等标准）、环绕声等。那么这些计算

Piano（钢琴）		
1	Acoustic Grand Piano	大钢琴
2	Bright Acoustic Piano	亮音钢琴
3	Electric Grand Piano	大电钢琴
4	Honky-tonk Piano	酒吧钢琴
5	Electric Piano 1	电钢琴1
6	Electric Piano 2	电钢琴2
7	Harpsichord	大键琴
8	Clavinet	电翼琴

Chromatic Percussion（固定音高敲击乐器）		
9	Celesta	钢片琴
10	Glockenspiel	钟琴
11	Musical box	音乐盒
12	Vibraphone	颤音琴
13	Marimba	马林巴琴
14	Xylophone	木琴
15	Tubular Bell	管钟
16	Dulcimer	洋琴

Organ（风琴）		
17	Drawbar Organ	音栓风琴
18	Percussive Organ	敲击风琴
19	Rock Organ	摇滚风琴
20	Church organ	教堂管风琴
21	Reed organ	簧风琴
22	Accordion	手风琴
23	Harmonica	口琴
24	Tango Accordion	探戈手风琴

Guitar（吉他）		
25	Acoustic Guitar(nylon)	木吉他（尼龙弦）
26	Acoustic Guitar(steel)	木吉他（钢弦）
27	Electric Guitar(jazz)	电吉他（爵士）
28	Electric Guitar(clean)	电吉他（清音）
29	Electric Guitar(muted)	电吉他（闷音）
30	Overdriven Guitar	电吉他（驱动音效）
31	Distortion Guitar	电吉他（失真音效）
32	Guitar harmonics	吉他泛音

Bass（贝斯）		
33	Acoustic Bass	贝斯
34	Electric Bass(finger)	电贝斯（指奏）
35	Electric Bass(pick)	电贝斯（拨奏）
36	Fretless Bass	无品贝斯
37	Slap Bass 1	捶鈎贝斯
38	Slap Bass 2	捶鈎贝斯
39	Synth Bass 1	合成贝斯1
40	Synth Bass 2	合成贝斯2

Strings（弦乐 器）		
41	Violin	小提琴
42	Viola	中提琴
43	Cello	大提琴
44	Contrabass	低音大提琴
45	Tremolo Strings	颤弓弦乐
46	Pizzicato Strings	弹拨弦乐
47	Orchestral Harp	竖琴
48	Timpani	定音鼓

Ensemble（合奏）		
49	String Ensemble	弦乐合奏1
50	String Ensemble	弦乐合奏2
51	Synth Strings 1	合成弦乐1
52	Synth Strings 2	合成弦乐2
53	Voice Aahs	人声“啊”
54	Voice Oohs	人声“喔”
55	Synth Voice	合成人声
56	Orchestra Hit	交响打击乐

Brass（铜管 乐器）		
57	Trumpet	小号
58	Trombone	长号
59	Tuba	大号（吐巴号、低音号）
60	Muted Trumpet	闷音小号
61	French horn	法国号（圆号）
62	Brass Section	铜管乐
63	Synth Brass 1	合成铜管1
64	Synth Brass 2	合成铜管2

Reed（簧乐 器）		
65	Soprano Sax	高音萨克斯风
66	Alto Sax	中音萨克斯风
67	Tenor Sax	次中音萨克斯风
68	Baritone Sax	上低音萨克斯风
69	Oboe	双簧管
70	English Horn	英国管
71	Bassoon	低音管（巴颂管）
72	Clarinet	单簧管（黑管、竖笛）

Pipe（吹管 乐器）		
73	Piccolo	短笛
74	Flute	长笛
75	Recorder	竖笛
76	Pan Flute	排笛
77	Blown Bottle	瓶笛
78	Shakuhachi	尺八
79	Whistle	哨子
80	Ocarina	陶笛

Synth Lead（合成音主旋律）		
81	Lead 1(square)	方波
82	Lead 2(sawtooth)	锯齿波
83	Lead 3(calliope)	汽笛风琴
84	Lead 4(chiff)	合成吹管
85	Lead 5(charang)	合成电吉他
86	Lead 6(voice)	人声键盘
87	Lead 7(fifths)	五度音
88	Lead 8(bass + lead)	贝斯吉他合奏

Synth Pad（合成音和弦衬底）		
89	Pad 1(new age)	新世纪
90	Pad 2(warm)	温暖
91	Pad 3(polysynth)	多重合音
92	Pad 4(choir)	人声合唱
93	Pad 5(bowed)	玻璃
94	Pad 6(metallic)	金属
95	Pad 7(halo)	光华
96	Pad 8(sweep)	扫掠

Synth Effects（合成音效果）		
97	FX 1(rain)	雨
98	FX 2(soundtrack)	电影音效
99	FX 3(crystal)	水晶
100	FX 4(atmosphere)	气氛
101	FX 5(brightness)	明亮
102	FX 6(goblins)	魅影
103	FX 7(echoes)	回音
104	FX 8(sci-fi)	科幻

Ethnic（民族 乐器）		
105	Sitar	西塔琴
106	Banjo	五弦琴（斑鸠琴）
107	Shamisen	三味线
108	Koto	十三弦琴（古筝）
109	Kalimba	卡林巴铁片琴
110	Bagpipe	苏格兰风笛
111	Fiddle	古提琴
112	Shanai	兽笛，发声机制类似唢呐

Percussive（打击 乐器）		
113	Tinkle Bell	叮当铃
114	Agogo	阿哥哥鼓
115	Steel Drums	钢鼓
116	Woodblock	木鱼
117	Taiko Drum	太鼓
118	Melodic Tom	定音筒鼓
119	Synth Drum	合成鼓
120	Reverse Cymbal	逆转钹声

Sound effects（特殊 音效）		
121	Guitar Fret Noise	吉他滑弦杂音
122	Breath Noise	呼吸杂音
123	Seashore	海岸
124	Bird Tweet	鸟鸣
125	Telephone Ring	电话铃声
126	Helicopter	直升机
127	Applause	拍手
128	Gunshot	枪声

图8-47　MIDI乐器编码表

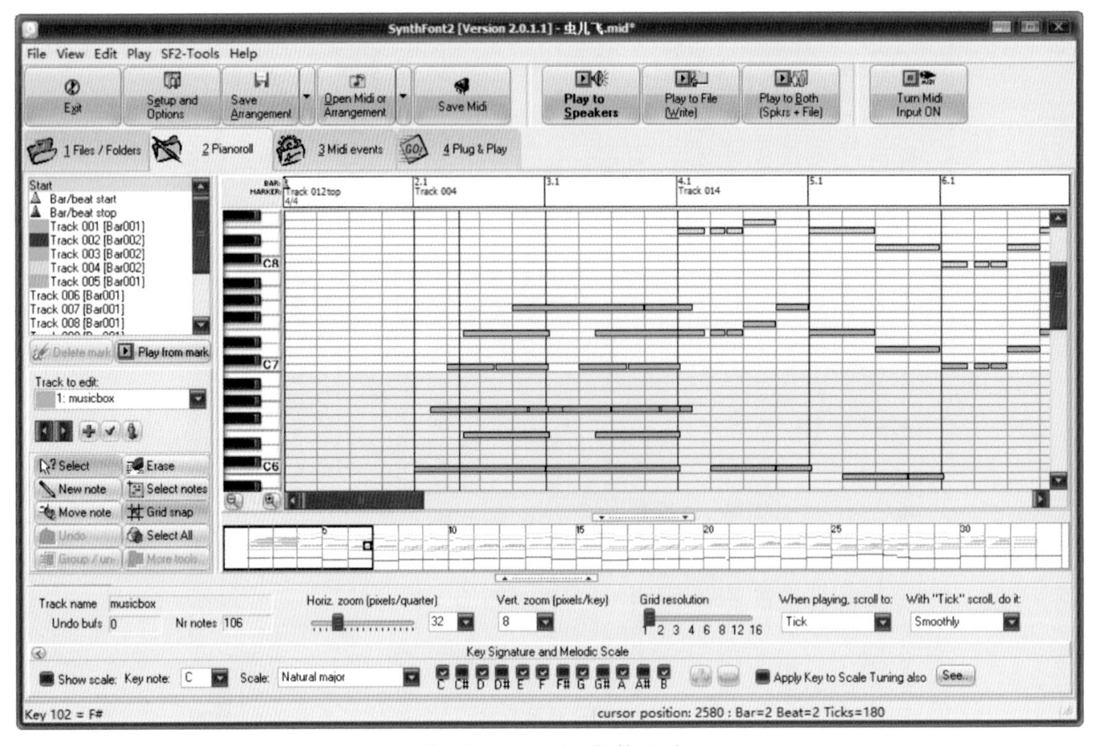

图8-48 SynthFont软件界面

Track	Color	Name	Num Notes	CHN	BANK	MIDI Program	VOL	PAN	SF2 File	VSTi	MIDI Out	SF2 Preset	FxBus	PSM
01		musicbox	106	0	0	010=Music Box	79	15	GMGSx.sf2			Music Box	XMain	STD
02		bass	40	1	0	035=Fretless Bass	108	0	GMGSx.sf2			Fretless Bs.	XMain	STD
03		accompany e.piano	233	2	0	004=Electric Piano 1	99	-26	GMGSx.sf2			E.Piano 1	XMain	STD
04		vibes	90	3	0	011=Vibraphone	80	-10	GMGSx.sf2			Vibraphone	XMain	STD
05		e.piano	217	4	0	002=Electric Grand	59	26	GMGSx.sf2			Piano 3	XMain	STD

图8-49 5种乐器演奏出虫儿飞

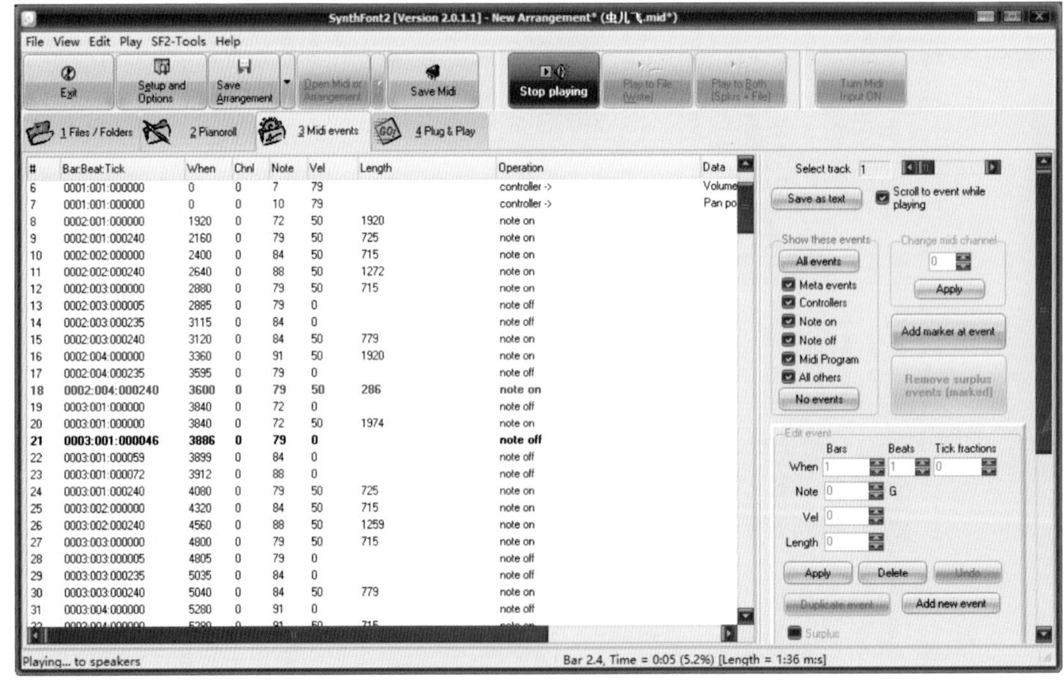

#	Bar:Beat:Tick	When	Chnl	Note	Vel	Length	Operation	Data
6	0001:001:000000	0	0	7	79		controller ->	Volume
7	0001:001:000000	0	0	10	79		controller ->	Pan po
8	0002:001:000000	1920	0	72	50	1920	note on	
9	0002:001:000240	2160	0	79	50	725	note on	
10	0002:002:000000	2400	0	84	50	715	note on	
11	0002:002:000240	2640	0	88	50	1272	note on	
12	0002:003:000000	2880	0	79	50	715	note on	
13	0002:003:000005	2885	0	79	0		note off	
14	0002:003:000235	3115	0	84	0		note off	
15	0002:003:000240	3120	0	84	50	779	note on	
16	0002:004:000000	3360	0	91	50	1920	note on	
17	0002:004:000235	3595	0	79	0		note off	
18	0002:004:000240	3600	0	79	50	286	note on	
19	0003:001:000000	3840	0	72	0		note off	
20	0003:001:000000	3840	0	72	50	1974	note on	
21	**0003:001:000046**	**3886**	**0**	**79**	**0**		**note off**	
22	0003:001:000059	3899	0	84	0		note off	
23	0003:001:000072	3912	0	88	0		note off	
24	0003:001:000240	4080	0	79	50	725	note on	
25	0003:002:000000	4320	0	84	50	715	note on	
26	0003:002:000240	4560	0	88	50	1259	note on	
27	0003:003:000000	4800	0	79	50	715	note on	
28	0003:003:000005	4805	0	79	0		note off	
29	0003:003:000235	5035	0	84	0		note off	
30	0003:003:000240	5040	0	84	50	779	note on	
31	0003:004:000000	5280	0	91	0		note off	

图8-50 乐器的MIDI Event流窗口

图8-51　软合成器示意图

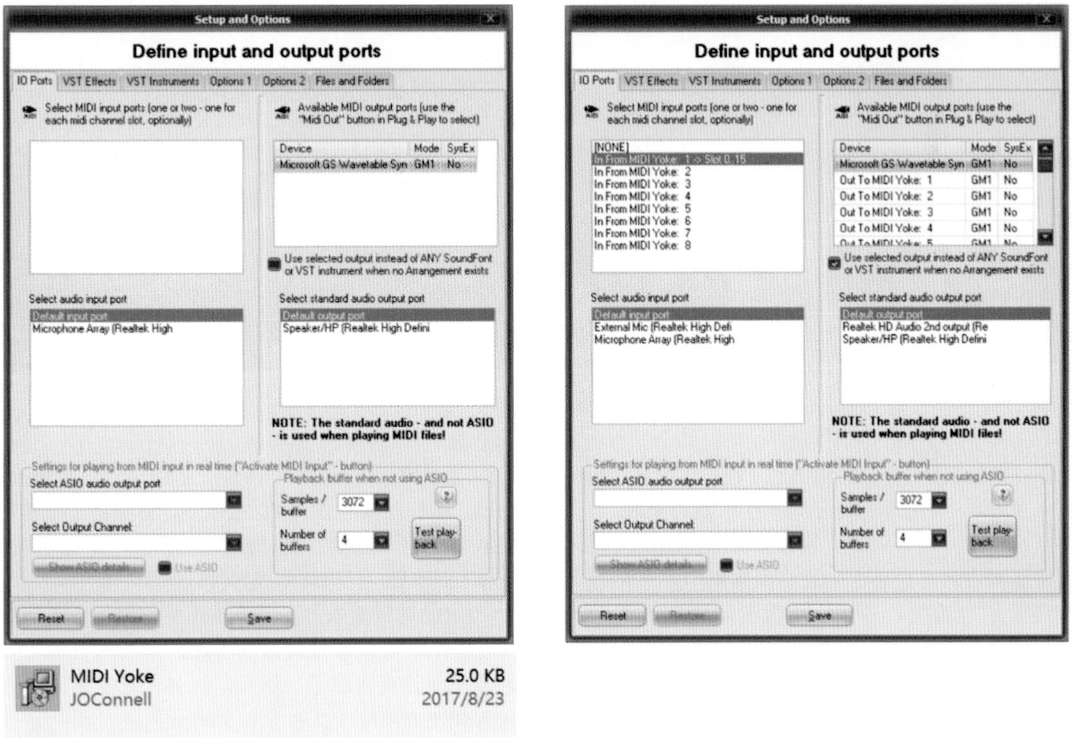

图8-52　安装第三方软合成器后SynthFont界面中多出的选项

是否也可以放在Host端，由软件来完成呢？一样是可以的，其可以放在应用程序中完成。

比如现在几乎所有音乐播放器都支持均衡器，实际上，它们几乎都是软均衡器。均衡器处理模块也可以被放置在声卡驱动程序中执行，然后提供配置工具（如图8-53所示），此时这款声卡也可以堂而皇之地说：“我支持硬均衡！”其实此时该均衡器本质还是软的，只不过换了个地方来计算，总之都是靠Host CPU来计算的。但是你一眼无法分辨某声卡是软均衡还是硬均衡。有个办法可以初步验证，那就是看播放音乐时的CPU利用率。开启均衡器和不开启均衡器，观察其CPU利用率即可。在驱动中实现均衡的另一个好处是让用户一劳永逸地调整均衡参数，因为所有音频都会有相同的效果。如果在播放器程序中来均衡的话，就不会影响其他音源信号的效果。看一下物理硬均衡器和软均衡器界面，如图8-54所示。

声卡内置的硬均衡器可能是模拟均衡器，比如早期声卡的FM合成时代，那时的声卡中内置的均衡器一般都是模拟均衡器，也就是直接用电容等器件进行滤波。现代声卡内置的均衡器都是数字均衡器，利用内置DSP直接计算数字信号。而软均衡器则必须是数字均衡器，因为Host端的程序处理的一定是数字信号。也存在物理上的外置的独立均衡器也有可能是数字的（先将模拟信号采样成数字信号，再用DSP运算，

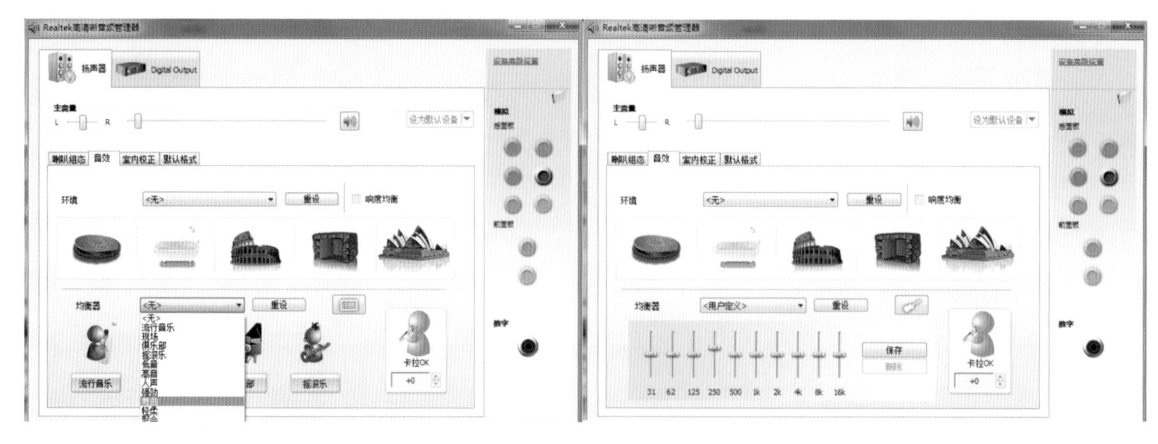
图8-53　在声卡配置工具中调节均衡选项

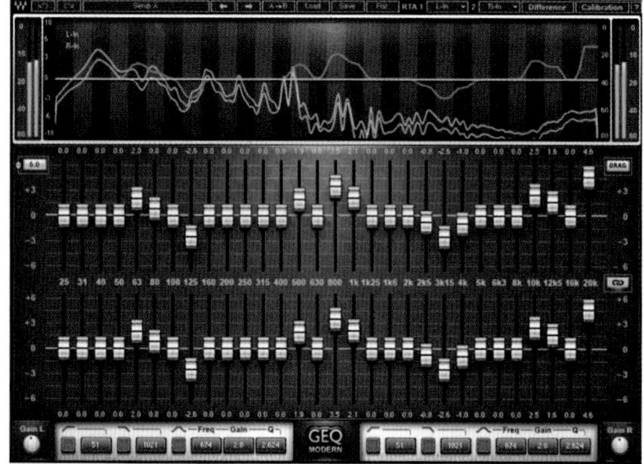
图8-54　物理硬均衡器（左）和程序实现的数字软均衡器界面（右）

然后转成模拟信号），或者模拟的（直接用电容等模拟电路来滤波）。如图8-55所示为一些乐器的频段。

这么说来，软合成器、软效果器都如此给力了，还用得着声卡这个设备么？直接用软声卡是否可以？声卡还是用得着的，毕竟，将数字量化值转换为模拟信号，这种运算还是需要做。CPU是否可以连这个A/D和D/A转换的任务也承担了？理论上是可以的。因为声音信号属于低频信号，频率在几十kHz级别，只要采样频率和精度不是太夸张的话，主CPU也可以在可接受的时间内直接把PCM数字量化值通过计算转换为模拟信号的电平值。这些电平值，需要输送给外置的信号放大器，然后驱动喇叭发声。把放大器也集成到CPU内部可以么？不可以，放大器电流较大，与CPU集成到一起不好控制和调校。其实，将A/D和D/A转换模块放到CPU内部也是不合适的，因为整个CPU运行频率太高，其输出的管脚信号都应该运行在数字域，而不要做成数字、模拟混布方式，因为模拟信号会受到很大的干扰导致音质下降。所以，起码要将A/D和D/A以及放大电路单独做成一个模块，也就是声卡。所以，声卡就算再简单，还是需要存在，而不可能直接用CPU+软件就能发出声音来。人们将A/D和D/A模块以及放大模块统称为Coder/Decoder部分（CODEC），而将声卡的其他部分，比如前段I/O控制器、运行固件的嵌入式CPU核心、音频信号处理专用DSP（如有）等统称为Digital Controller部分。倒是Digital Controller部分，可以被集成到CPU或者I/O桥中。

MIDI这种奏乐方式，更多还是获得了音乐制作人等专业从业者或者发烧友的青睐，因为用它奏乐编曲太方便而且有意思了。然而，社会上有多少比例的音乐人和发烧友呢？太少了。大部分人还是要听直接录音采样的音频文件的。正因如此，独立声卡从早期的兴盛，到目前越来越惨淡走向了没落。

大部分电脑上的声卡都非常简单，简单到只有：前端I/O接口控制器（PCIE/USB）、CODEC、多声道Mixer、放大电路。前文中介绍的那些DSP、合成器模块等，都是高端声卡才会加入的模块。那么，如此简单的声卡，就没有必要做成一张单独的PCIE AIC（Add-In Card）了，干脆把它直接焊到主板上（板载）算了，或者干脆把声卡的Digital Controller部分集成到I/O桥中算了，这样有利于降低成本，但是的确对声卡厂商来讲是个利空。

纵观声卡发展史，板载阶段转瞬即逝，“板载创新声卡”的主板昙花一现。当时基本的发展轨迹是直接从独立声卡过渡到了集成声卡阶段。

小提琴 200Hz~400Hz影响音色的丰满度；1~2KHz是拨弦声频带；6~10KHz是音色明亮度。
中提琴 150Hz~300Hz影响音色的力度；3~6KHz影响音色表现力。
大提琴 100Hz~250Hz影响音色的丰满度；3KHz是影响音色音色明亮度。
贝斯提琴 50Hz~150Hz影响音色的丰满度；1~2KHz影响音色的明亮度。
双簧管 300Hz~1KHz影响音色的丰满度；5~6KHz影响音色明亮度；1~5KHz提升使音色明亮华丽。
钢琴 27.5~4.86KHz是音域频段。音色随频率增加而变的单薄；20Hz~50Hz是共振峰频率。
竖琴 32.7Hz~3.136KHz是音域频率。小力度拨弹音色柔和；大力度拨弹音色丰满。
萨克斯管bB 100Hz~300Hz是影响音色的淳厚感，提升此频段可使音色的始振特性更加细腻。
吉它 100Hz~300Hz提升增加音色的丰满度；2~5KHz提升增强音色的表现力
低音吉它 60Hz~100Hz低音丰满；60Hz~1KHz影响音色的力度；2.5KHz是拨弦声频。
电吉它 240Hz是丰满度频率；2.5KHz是明亮度频率3~4KHz拨弹乐器的性格表现的更充分。
电贝司 80Hz~240Hz是丰满度频率；600Hz~1KHz影响音色的力度；2.5KHz是拨弦声频。
小军鼓（响弦鼓） 240Hz影响饱满度；2KHz影响力度（响度）；5KHz是响弦音频（泛音区）。
低音鼓 60Hz~100Hz为低音力度频率；2.5KHz是敲击声频率；8KHz是鼓皮泛音声频。
地鼓（大鼓） 60Hz~150Hz是力度音频，影响音色的丰满度；5~6KHz是泛音声频。
镲 250Hz强劲、坚韧、锐利；7.5~10KHz音色尖利；1.2~15KHz镲边泛音“金光四溅”。
歌声（男） 150Hz~600Hz影响歌声力度，提升此频段可以使歌声共鸣感强，增强力度。
歌声（女） 1.6~3.6KHz影响音色的明亮度，提升此段频率可以使音色鲜明通透。
语音 800Hz是“危险”频率，过于提升会使音色发“硬”、发“楞”
沙哑声 提升64Hz~261Hz会使音色得到改善
喉音重 衰减600Hz~800Hz会使音色得到改善
鼻音重 衰减60Hz~260Hz，提升1~2.4KHz可以改善音色。
齿音重 6KHz过高会产生严重齿音。
咳音重 4KHz过高会产生咳音严重现象
大管 100Hz~200Hz音色丰满、深沉感强；2~5KHz影响音色的明亮度。
小号 150Hz~250Hz影响音色的丰满度；5~7.5KHz是明亮清脆感频带。
圆号 60Hz~600Hz提升会使音色和谐自然；强吹音色光辉，1~2KHz明显增强。
长号 100Hz~240Hz提升音色的丰满度；500Hz~2KHz提升使音色变辉煌。
大号 30Hz~200Hz影响音色的丰满度；100Hz~500Hz提升使音色深沉、厚实。
长笛 250Hz~1KHz影响音色的丰满度；5~6KHz影响的音色明亮度。
黑管 150Hz~600Hz影响音色的丰满度；3KHz影响音色的明亮度。
手鼓 200Hz~240Hz共鸣声频；5KHz影响临场感。
通通鼓 360Hz影响丰满度；8KHz为硬度频率；泛音可达10~15KHz。
萨克斯管 600Hz~2KHz影响明亮度；提升此频率可使音色华彩清透。

图8-55　各个乐器的各个频段对音色的影响

提示▶▶

2001年6月，Nvidia发布了nForce主板I/O芯片组，其竟然集成了音频处理专用DSP，相当于一款集成了高规格声卡的I/O芯片组。Nvidia称之为APU（Audio Processing Unit）。

集成声卡方式的推手非CPU厂商Intel莫属。因为芯片的集成度越来越高，这方面，CPU厂商拥有很强的生态控制权。当然，Intel的动作在一开始并没有那么大、那么明显。

1997年，Intel联合几个声卡厂商，推出了Audio Codec’97（AC'97）声卡架构标准。其将声卡的数字控制器部分和CODEC部分物理上分离并隔离，并提出了数字控制器和CODEC之间的物理连接方式标准：AC-Link（Audio Codec Link），以及对应的数据传输格式等。也就是说，在数字控制器和CODEC之间形成了一个标准化的I/O网络，其名字是AC-Link。因为物理上分开了，就必然出现专注于做数字控制器的厂商，它们研究各种算法，创造各种新的声效模式等；以及出现专门做CODEC的厂商，它们专门研究如何更好提升信号质量，实现更高的采样精度和采样率等。那么这两个部分之间必然需要一种标准交互方式。

将数字控制器与CODEC部分分开的初衷是，将数字部分和模拟部分分隔以保证更好的信号质量。当然，这只是技术上的考量，暗含的目的其实是将角色拆分之后，对整个生态的操控力就更强了。Intel制定了这个标准，让所有角色来遵守，这样这个生态也就失去了活力。

但是，AC'97标准并没有堂而皇之地说："以后声卡厂商就做CODEC就行了，别做数字控制器了，I/O桥直接集成一个差不多的就行了，通用CPU算力逐年提升，用软件/驱动计算声效、均衡、MIDI合成也不在话下。至于数字控制内部实现嘛，嘿嘿，放个前端I/O控制器和后端的AC-Link控制器，中间加点Buffer缓冲器和一个运行固件的CPU核心，或者核心都不用，一个简单的硬件状态机就行啦！"其实大家都心知肚明。

如图8-56所示为AC'97标准下的声卡架构示意图。有一点需要强调的是，**AC'97标准并不意味着声卡品质的降低**，其只是在试图将声卡控制器和CODEC拆分。不过，这种拆分的确有一定影响，主要体现在AC-Link链路的带宽以及数据格式上的限制，比如其限制了采样率和采样精度，以及声道数。其支持16或者20-bit采样精度和 5.1 环绕声道，支持96 kHz 采样率下的20-bit 立体声采样精度，不过，对于多数声卡来讲，这个规格在当时甚至现在也已经足够了。**AC'97标准也并不意味着独立声卡就此消失**。独立声卡一样可以遵循AC'97标准，只要其在卡上将数字部分和CODEC部分分开，之间采用AC-Link标准连接，传送的也是AC-Link格式的数据，按照AC-Link的物理层、链路层、网络层、传输层、事务层来交互数据，那么这款独立声卡就是一款AC'97标准的声卡，但是其功能照样可以很丰富，比如可以在数字控制器内加入DSP来计算各种声效、实现MIDI数字合成器等。而在AC'97标准之前，有些独立声卡厂商也的确已经将数字控制器和CODEC分离了，只不过没有使用AC-Link连接，而采用了I²S（Inter-IC Sound）标准来连接。I²S是由飞利浦公司制定的片间音频信号传输标准。如图8-57所示为历史上的一些知名独立声卡上使用的符合AC'97标准的CODEC芯片。

AC'97标准也定义了一些标准的控制寄存器功能和偏移量，符合AC'97标准的数字控制器和CODEC芯片就需要实现这些寄存器以及对应的控制功能。

最终该标准取得了广泛应用，声卡厂商广泛响应。当然，AC'97标准随着时间的推移，变成了司马昭之心路人皆知。市场上出现了"AC'97声卡"，而不再说"创新声卡""帝盟声卡""雅马哈声卡"了。"AC'97声卡"听上去好像就是被集成在I/O桥芯片组中的"一般声卡"一样。声卡厂商的声誉，全都变成了"一般声卡"，没了名分，生意就更不好做了。主板上就算板载了创新的声卡数字控制器+CODEC芯片，数字控制器前端用PCI与系统相连，但也被说成是"AC'97声卡"，只因为它遵循了AC'97架构标准。这样的话，好东西被说成了一般产品，而用户也是一头雾水。就这样，板载独立声卡在这种混乱的称谓下，逐渐淡出了市场。大浪淘沙，剩下的则是成本极低、简化的声音数字控制器，所有附加音效等处理都在驱动程序中完成。因此，最终市场上的

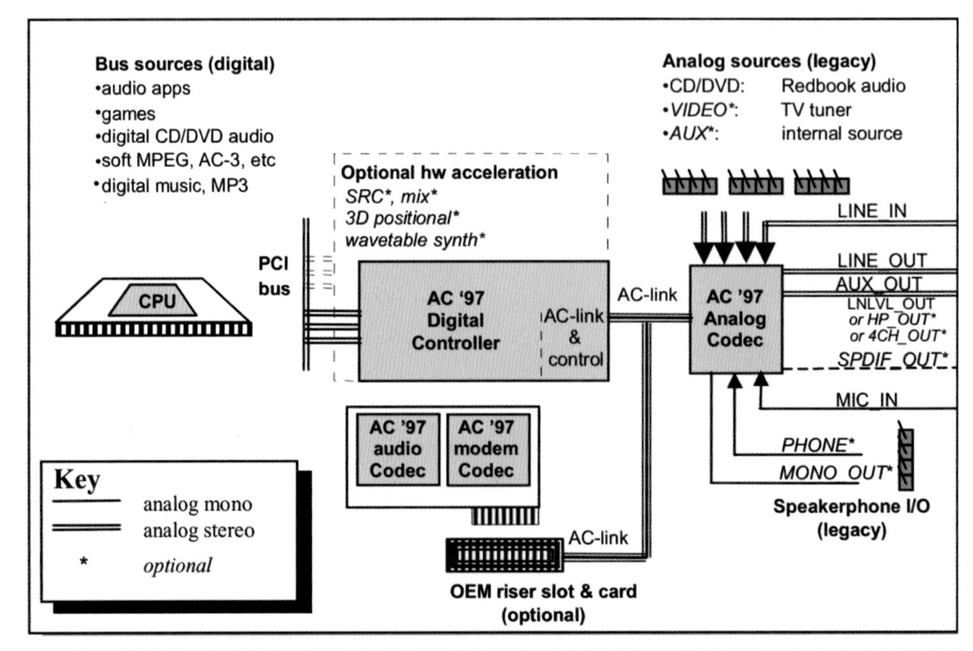

图8-56　AC'97标准下的声卡架构示意图（冬瓜哥设计旁白：你干脆把声卡包圆了吧，CODEC也自己做行了。不妥不妥，我怎么好意思都拿过来呢，怎么也留点给你啊！来来，吃点吃点！）

Diamond 帝盟 Monster Sound MX400声卡
ESS ES1921S AC'97 Codec

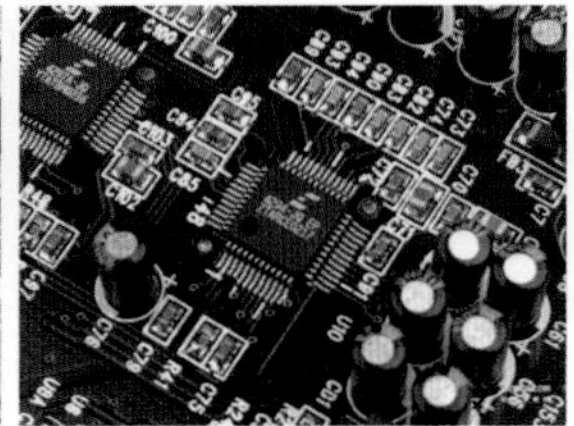
德国坦克 TerraTec SixPack 5.1 声卡-CS4294
Crystal CS4294 AC'97 四声道 Codec

乐之邦 Musiland 莫邪 M-Sword Digital 2010 声卡
VIA AC'97 Codec

Creative 创新 Sound Blaster Live! CT4620
Sigmatel STAC9721T Codec

图8-57　独立声卡上使用的AC'97标准CODEC芯片

印象就是，“AC'97声卡”就是“**软声卡**”。有些功能很强的硬声卡由于采用了AC'97标准设计，用户一看：“啊！AC'97的！还这么贵？！”呵呵，你说声卡厂商被这AC'97标准坑得该有多苦。

顺理成章，终于，Intel在其南桥中集成了AC'97 Audio Controller。此时，市场上已经有大量的专门做CODEC的公司，主板设计厂商有大量CODEC选择，成本自然降低了很多。从此千家万户都用上了声卡，加上软件合成器、软件效果器等，也都能获得不错的效果。Intel是希望看到越来越多的功能使用CPU来运算而不是用外置芯片来运算，直到今天也是如此。所以，这段历史就是一部CPU与外置专用芯片之间的血泪发展史。

目前主流的各品牌PC主板上集成的Codec芯片几乎都是Realtek公司的产品，其标志是一个举着双爪的螃蟹，象征集成电路的四通八达。如图8-58所示，放眼望去全是螃蟹。Realtek公司总部位于台湾，由于PC主板品牌中有很大一部分都是台湾厂商，近水楼台先得月，Realtek的芯片也就占据了很大的市场份额了。

如图8-59左侧所示，Intel当时在其ICH南桥芯片组内置了AC'97 Audio Controller，采用AC-Link连接外置的CODEC芯片。在Windows系统中，可以看到“Realtek AC97 Audio”这个音频设备，其指的是CODEC，而不是Audio Controller。而Audio Controller这个设备，可以在设备管理器中发现，如图8-59右侧的箭头所示。此时，这个系统相当于这样一种结构：Realtek的AC'97 CODEC通过Intel的AC'97 Audio Controller接入系统，是不是眼熟呢？其与“SAS硬盘通过SAS I/O Controller接入系统”一样，根本就是同一种架构了。所以，Audio I/O Controller需要有LLDD驱动，而CODEC作为一个使用AC-Link挂接在其后的设备，也需要有自己的Device Driver。于是，系统中便会出现两个设备，一个是PCI设备，一个是AC'97 AC-Link Audio设备，或者直接说AC'97 Audio设备。

下面我们来看看一款2声道的Realtek公司的AC'97 CODEC产品的部分产品说明。这里直接引用了官方的英文描述。The ALC250 CODEC supports host/soft audio from Intel ICHx chipsets as well as audio controller based VIA/SIS/ALI/AMD/nVIDIA/ ATI chipsets. Bundled Windows series drivers (Windows 98/ ME/NT/2000/XP), EAX/ Direct Sound 3D/ I3DL2/ A3D compatible sound effect utilities (supporting Karaoke, 26 types of environment sound emulation, 10-band software equalizer), HRTF 3D positional audio and Sensaura™ 3DPA (optional) provide an excellent entertainment package and game experience for PC users. In addition, the ALC250 is embedded with a 7-band digital hardware equalizer to optimize speaker frequency response for mobile PCs. 可以看到，其大部分功能都是靠CODEC的驱动程序来完成的，这就是所谓软声卡的含义。不过，其的确也提供了内置的7-band digital hardware equalizer均衡器，因为其可以被用于手机移动终端，手机上的CPU的算力不如PC，所以其提供了一定的硬加速功能。手机上的音频设置或者播放器内的均

图8-58　Realtek公司的各种Codec芯片

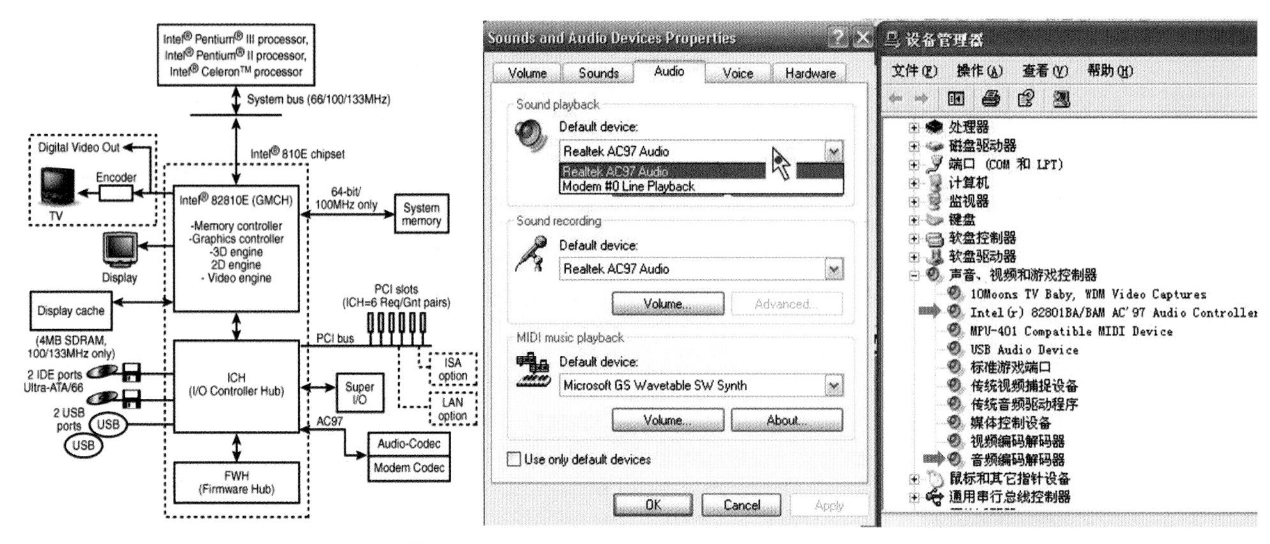

图8-59　Intel早期ICH南桥上集成了AC'97控制器

衡器，调用的都是CODEC内部的硬件，也就是通过向对应的寄存器写入对应值来控制的。CODEC上有一堆参数配置寄存器，这些寄存器会被关联到Audio Controller前端暴露在系统地址空间中的寄存器地址上，这样驱动程序通过写入这些地址就可以控制硬件的各种行为和参数。

如图8-60所示为某AC'97控制器内部架构图，篇幅所限，请大家自行观赏体会。

2004年，Intel推出了HD（High Definition） Audio标准，其架构类似，还是Audio Controller与CODEC分离的模式，但是两者之间的接口由AC-Link变为HD Audio Link，与AC-Link没有任何相关性，是一套全新的自底向上大幅变化的接口，从物理层到事务层全都发生了变化。而且这套架构变得与第7章中

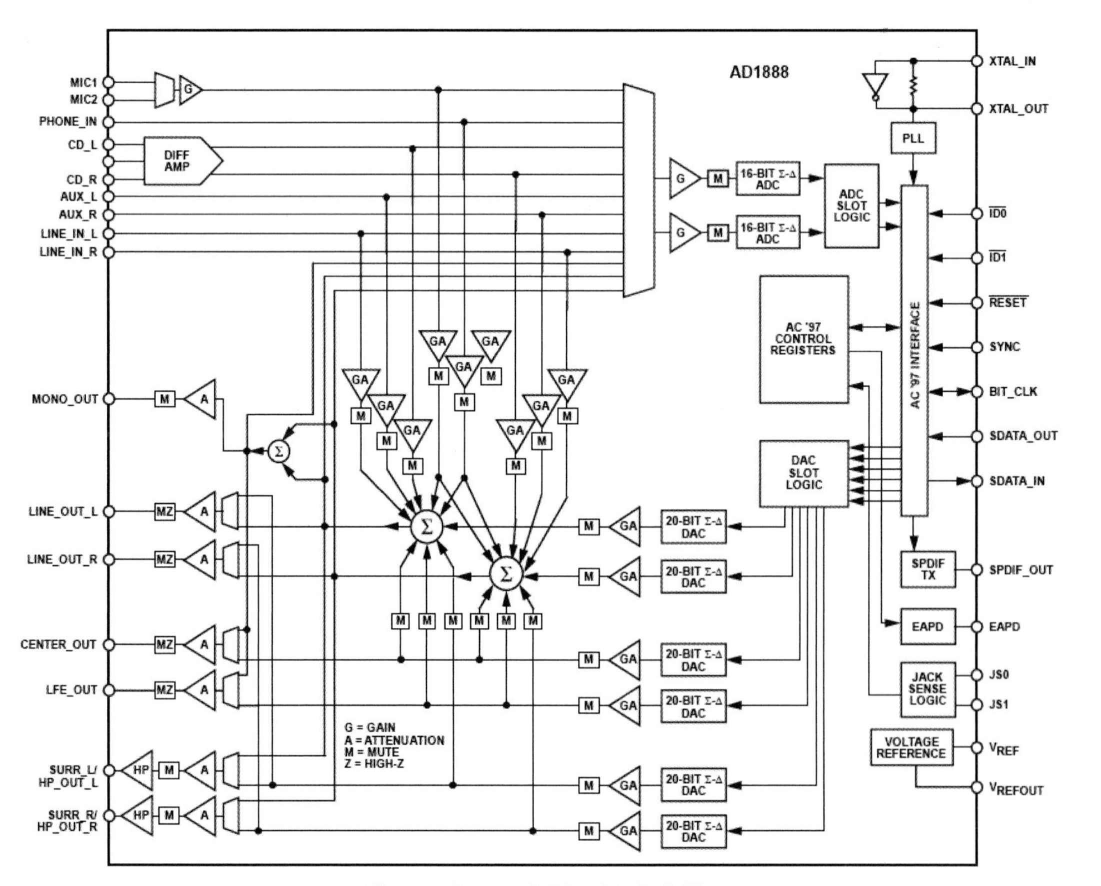

图8-60　某AC'97控制器内部架构图

介绍的存储网络I/O架构越发类似。比如从Intel HD Audio Spec中截取的一段：After link reset, and during initialization, the link protocol provides each codec on the link a unique ID. This process is described in Section 5.5.3 After the controller has been initialized and the software driver loaded, the software queries each ID on the link to determine the capabilities of the corresponding codec. Hot plugging of codec is supported for docking solution.

在HD Audio Link上传递的数据也是有特定格式的，其复杂度不逊于USB等I/O网络。HD Audio Controller在前端与Host RAM之间的数据交互方式也全面转向了与存储或者网络I/O类似的环形队列+I/O Descriptor的手法。Intel HD Audio标准将前端HD Audio Controller以及后端CODEC的寄存器和编程方式做了严格规范，规定了一些必须实现的寄存器接口功能。这样就更有利于形成标准的通用驱动程序。

如图8-61所示为Intel I/O桥中集成的各种I/O控制器，其中就有HD Audio Controller。

如图8-62所示为在Windows10操作系统中看到的HD Audio Controller设备以及Realtek HD Audio CODEC设备。这与SAS卡和SAS硬盘的显示方式相同，SAS卡会被显示到存储控制器类别中，而通过SAS卡识别到的SAS硬盘则会被显示在硬盘驱动器类别中，一个是I/O控制器，一个是控制器后挂的最终设备。

HD Audio Controller和CODEC的各方面规格要高不少，但是一些对声音特效的处理，依然采用软件方式。比如Windows操作系统下，采用Audio Processing Objects（APO）驱动来实现声音处理，驱动程序开发者按照APO提供的接口和编程方式，可以实现自己的APO。这些APO可以利用Host CPU来运算处理声效，也可以发送特定命令和数据给声卡中（如有）的DSP处理器来处理，后者这种APO被称为Proxy APO。

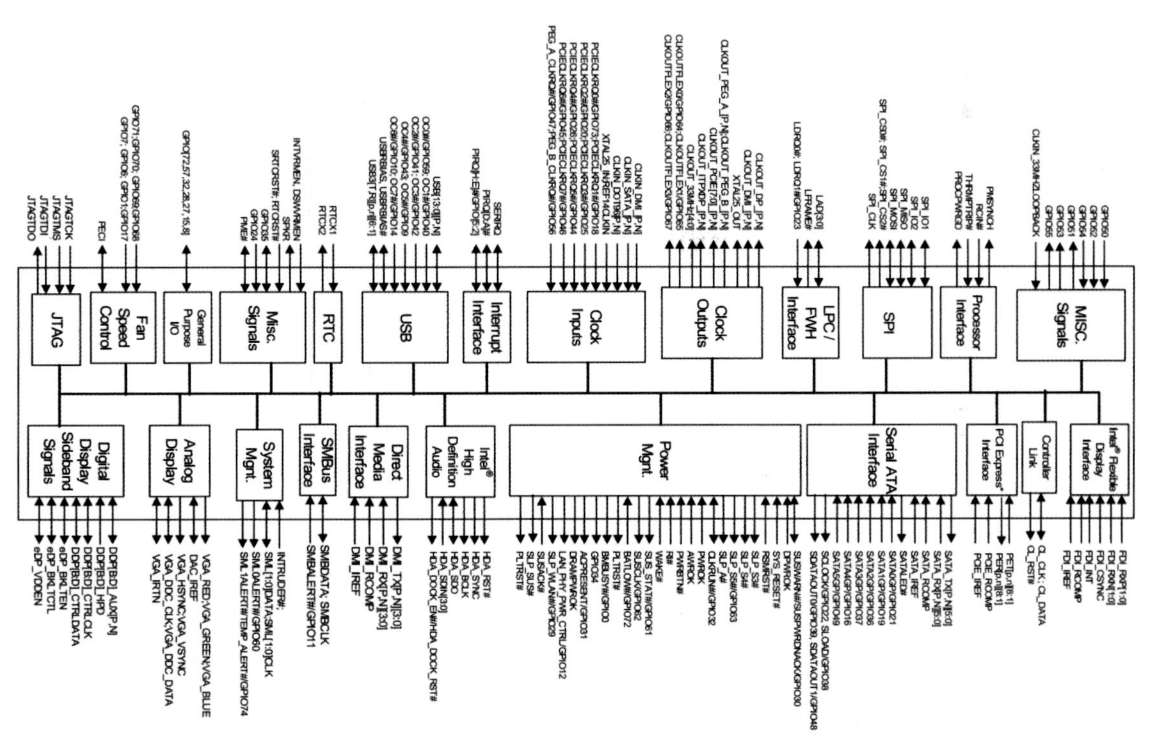

图8-61　Intel I/O桥中集成的HD Audio Controller（自己找）

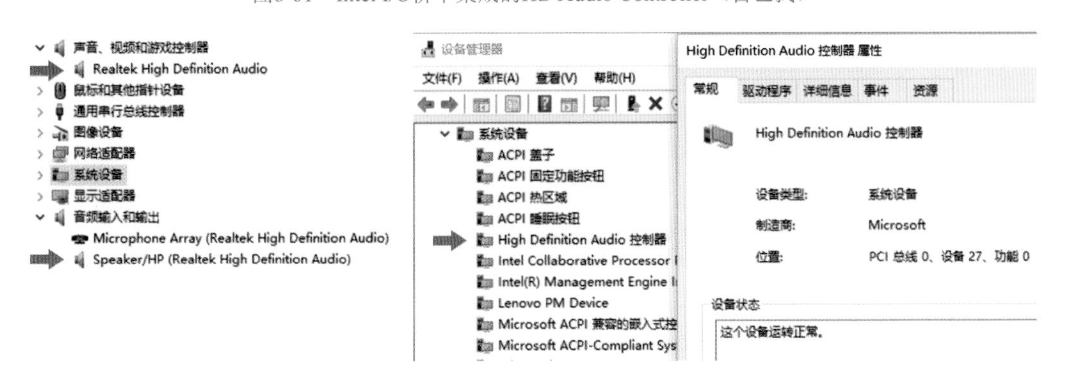

图8-62　HD Audio Controller和CODEC在Windows10设备管理器中的展示方式

8.2 图形处理系统

说到计算机图形处理，冬瓜哥就有种克制不住的兴奋。为何？冬瓜哥是一个3D游戏的画面党，沉醉于欣赏诸如《孤岛危机》系列、《神秘海域》系列、《地铁》系列等游戏中展现出来的极为精细真实的实时渲染的画面。这也算是冬瓜哥烧的另一种东西吧，不过这个真得花不少钱，一块消费级顶级显卡当前市场价为5000～6000元，而冬瓜哥为了省钱，一般是隔一代甚至三代烧一次，然后重玩一遍之前最高特效下无法流畅执行的游戏。冬瓜哥的一个梦想就是有朝一日一定要组装一台4路顶级显卡交火（SLI/CrossFire）的机器，以最高特效、4k分辨率，流畅运行所有游戏。

然而，在欣赏这些画面的同时，冬瓜哥心底一直藏着的那个大大的问号，也终于忍不住爆发了：计算机到底是怎么生成这些栩栩如生、视角能够跟随鼠标移动而动态变化的3D图像的？本节，欢迎与冬瓜哥共同探索计算机图形学这个奇妙的领域。

首先，请大家翻回到第2章的图2-10及其下方的文字，以及第5章的5.4.8节回顾一下。我们的旅程就从这里开始，从如何向1920×1080个液晶发光体（一个1080P分辨率的液晶显示器）上发送信号让每个发光体都显示出对应的颜色和灰度值开始。

在第2章中，我们异想天开地将一个数码管直接接到了CPU内部的某个数据寄存器上，只要向该寄存器写入对应的值，数码管译码之后就显示对应的字形，而且还专门设计了一条指令：Disp。执行这条指令其实就是将数据写入到这个挂接着数码管的数据寄存器。其实，这并非异想天开，计算机显示图形的机制在最底层其实就是这样的，只不过更精妙更高雅一些。所以，一定要记住这个本质：将要显示的数据写入某个暂存处，由某种机制将其译码，然后翻译成能让发光体发光的信号，输送到发光体发光，就是这样一个过程。我们不妨将这个数据暂存处称为显示存储器，或者干脆叫**显存**（Video RAM）。显然，将不同的数值写入该存储器，就会得到不同的显示形状/颜色，如果按照一定的速率有规律地向其中写入不同的值，那么就可以得到动态变化的图像，也就是**动画**。

那么，现在思考一下，想让一个有1920×1080个发光体（俗称**像素**）的发光体阵列（显示屏）显示对应颜色的话，每个发光体的颜色+灰度采用32位来量化表示，那么就需要一块8MB的显存来存放一屏幕的信息。只要将对应的颜色+灰度编码值写入这8MB的Video RAM中，就可以改变屏幕上的对应位置的发光体的颜色和灰度，只要以足够的速度写入对应位置，改变这些像素的颜色值，就可以生成动态的图像了，如图8-63所示。

然后呢？然后，你得思考一下。在上一节介绍声音播放时，曾经提到过DAC这个模块，其将数字信号翻译成电平值。同理，要显示图像，也必须有一个能够将数字信号翻译成红、绿、蓝（RGB）三原色比例值以及灰度值的DAC模块。

提示 ▶▶▶

在早期的时候，程序向显存中写入的并不是RGB三原色的分量二进制值，而仅仅是一个序号，这些序号的长度从1位到12位不等。每个序号表示了一种颜色，1位只能表示一种颜色，也就是单色模式。如果这个值是8位长，那么可以表示256种颜色，俗称**256色**。DAC模块内部需要保存像素的颜色序号与对应的RGB分量成分比例值的对应关系，RGB分量值被存储在其内部集成的一小片SRAM中。实际上，控制模块直接利用像素点的序号值来索引该SRAM存储器的对应行，该行中存储的就是对应该序号的RGB分量的比例信息，这种映射关系被称为**色谱**，或者说**调色板**。那么，色谱在所有厂商的产品中是固定值么？并不见得，因为颜色相对声音来讲，有较强的主观性，声音的频率一定，声调就是一定的，而对于颜色而言，多红算是“红”，这比较主观，虽然有一些标准的比色卡。自然界的色谱是连续的，不同厂商可能会在色谱中选取各自认为正确的颜色，从而生成对应的色谱RGB比例，存储到DAC的SRAM中。正因如此，人们将其称为**RAMDAC**（带有SRAM存储色谱的DAC）。

如图8-63右侧就是早期的独立RAMDAC芯片，当然，在当代的显示系统中，该角色依然存在，只不过

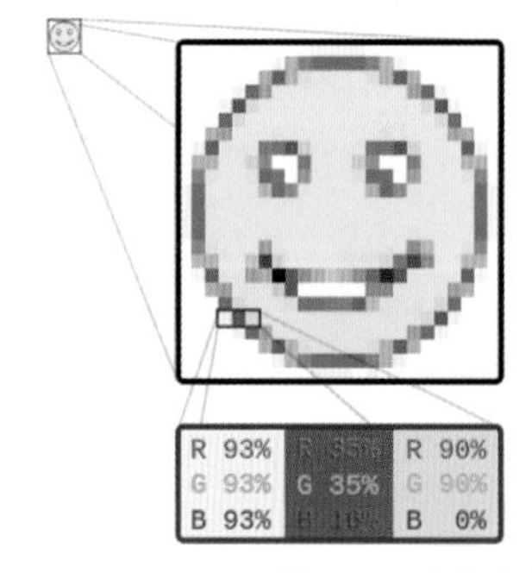

图8-63　大量像素可以组成任意图形（左）以及RAMDAC（右）

早已被集成到显示控制芯片内部的某个不起眼的角落中了，而且也不再使用调色板方式来显示颜色（但是仍然保留了调色板以保持兼容性），而是直接接收显存中已经被程序写好的颜色值。比如16位高彩色或者32位真彩色，是指这16位或者32位中会直接给出RGB的分量值，DAC直接根据其中的RGB字段的二进制值翻译成模拟电压值，不用查调色板。具体采用哪种色彩编码方式，可以在显示设置界面中调节，不过现在的最新操作系统已经不让你调节了，没有人愿意看到只有256种色彩组成的图片。按照序号查色谱输出颜色被称为**索引色**，程序直接给出颜色值则称为**直接色**，目前几乎所有系统都采用直接色方式运作。使用索引色有个麻烦之处在于，不同系统的调色板是不同的，一旦有不匹配和兼容性问题，则会导致如图8-64最右侧所示的调色混乱的情况出现。

然后呢？RAMDAC输出的模拟信号，怎么输出给显示屏？那当然是要将每个像素点的RGB分量的模拟信号直接输送给每个发光体前端的电路，后者按照比例值生成对应的电流去点亮单个发光体上红绿蓝色片背后的微型LED灯（具体见第5章5.4.8节），从而生成对应的颜色。

提示 ▶▶▶

LED显示屏有一个总的照明灯，照亮整个屏幕。每个像素格上有红绿蓝三个色片，通过用不同强度的电流来刺激每个色片后面所充入的液晶体，从而控制液晶体的偏振角度以控制其透光度，最终控制该像素格的红绿蓝亮度比例，而控制该像素对外显示的颜色。这个过程可参见第5章的图5-43所示。

那么，1920×1080=2 073 600，每个像素格还需要3根线来给出RGB的成分相对值，那么总共需要6 220 800根线。这些导线如果放到芯片内部，并不会有什么问题，但是如果是芯片之间，或者RAMDAC与独立显示屏之间通过线缆连接的话，这将会是梦魇。显然不能这么搞，必须得将这些信号串行而不是并行地传输到显示屏前端电路中，为此有一些显示信号传输标准出炉，比如VGA、DVI、HDMI等。

图8-65所示为VGA接口的信号定义。可以看到红绿蓝三种信号的强度值分别从#1、#2、#3针孔输出。那么，按照什么速度来输出每个像素的RGB值呢？这取决于显示屏的分辨率（像素数量）以及刷新率。早期的CRT显示器由于电子枪不断扫描，扫过去的像素就不再发光了，利用每秒扫描几十次（这个次数就被称为**刷新率**）全屏幕而产生视觉暂留效果来成像，所以你能够感觉到屏幕很“晃眼”。冬瓜哥的眼睛就是小时候离着CRT电视太近导致长期视觉疲劳，最后发展为600度的近视。LED显示器高级了许多，其内部可以锁住每个像素的上一时刻的值，从而保持每个像素点的颜色不变，所以看LED显示器没有任何闪烁，就是这个道理。但是LED显示器依然需要一定的刷新率，因为图像是在不断变化中的，比如动了一下鼠标，这个变化需要尽快传送到显示器，所以目前的LED显示器刷新率基本都在60 Hz（也有为游戏发烧友准备的超过140Hz刷新率的产品），只要你动鼠标的频度不超过每60次/秒，就能够保证鼠标的图形不会在屏幕上产生虚影。

所以，根据刷新率和分辨率（每行/列的像素值，PC设置如图8-66所示），就可以计算出每隔多长时

图8-64　不同颜色数对应的图片效果对比

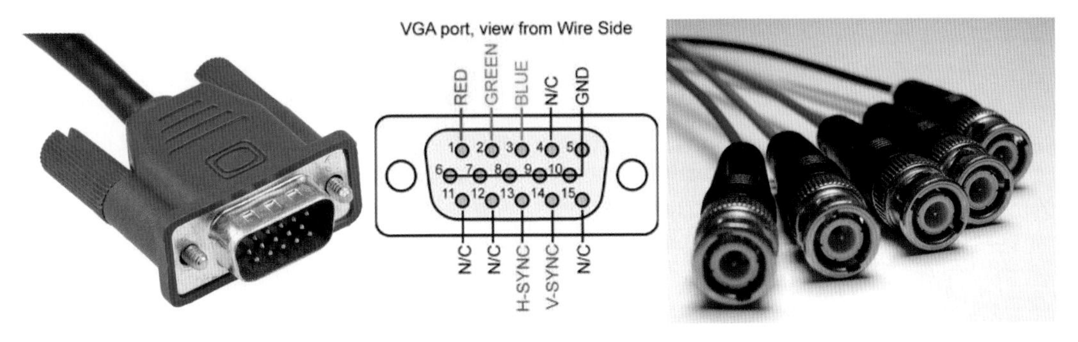

图8-65　VGA接口的信号定义

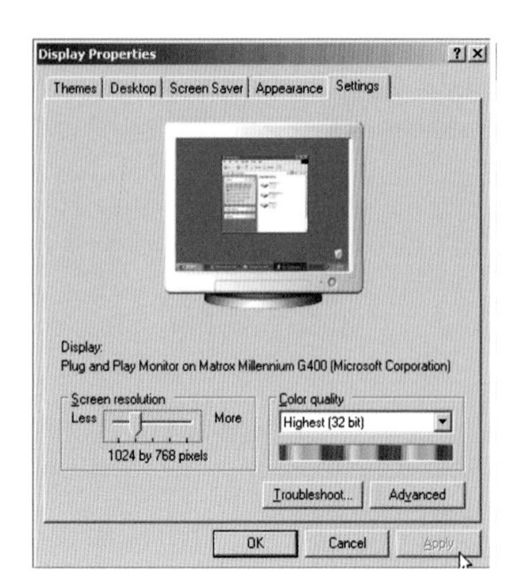

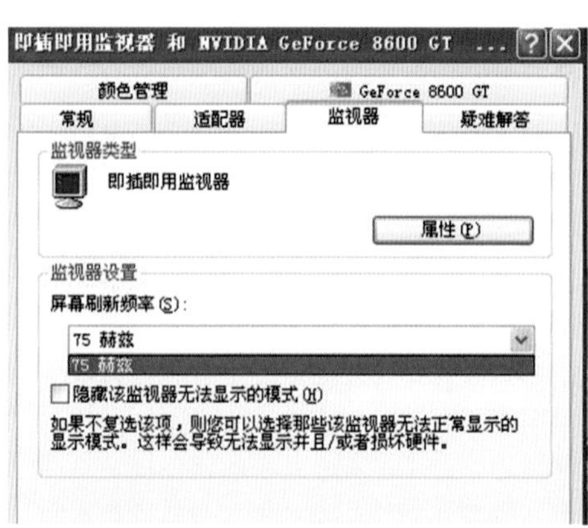

图8-66　刷新率和分辨率设置

间传送下一个像素点的RGB值。比如每行1920个像素点，每列1080个像素点，刷新率60 Hz，那么，扫描每一行的时间=(1/60)/1080=1.54×10^{5}秒，那么扫描每个像素的时间就是$1.54\times10^{-5}/1920=8.04\times10^{-9}$秒。等价于RGB信号每秒要变化124416000次，也就是124.416百万次。发送信号的一方就需要用这个时钟频率来驱动发送电路从RAMDAC中依次读取每个像素的RGB值输送到VGA接口对应针孔上。接收端（显示器端）也需要按照相同的频率对RGB针孔上的电平值进行采样，然后输送到LED控制电路来改变每个像素点的颜色。那么，接收端是怎么知道当前正在发送的RGB值是哪个位置上的像素的呢？如何定界？为此，VGA接口上给出两个信号：H-SYNC和V-SYNC，也就是**行同步信号**和**场同步信号**。发送方每开始传送一行像素的首个像素之前，先要将H-SYNC信号从低电平变为高电平，持续对应的一段时间（不同分辨率和刷新率下该时间不同，该时间被称为**行消隐**）之后，开始按照对应频率传送该行每个像素的RGB值，整行像素传送完毕后，H-SYNC再持续一段时间，然后被拉低，持续这个过程。这样，接收端通过检测H-SYNC信号的步调，就知道从什么时候开始要传送一整行像素了。那么，接收方又是怎么知道当前传送的这行像素，是位于屏幕的第几列上的呢？这就该V-SYNC信号发挥作用了。你应该想到了，每次传送一整屏信号之后，就将该信号拉低，然后再次从屏幕的第一行的第一个像素开始传。所以，H-SYNC信号每传一行变一次，CRT（显示器）接收到该信号就需要将电子枪在Y竖直轴方向偏转一行；V-SYNC每传一屏变一次，接收方只要看到V-SYNC变化了，就知道一屏结束、新的一屏开始了，就需要将电子枪在Y轴方向大跨越归位返回，重新开始扫描，同时重新开始数数（利用各种计数器），每接收一行的数据，相应的计数器就+1，电子枪换行，一直达到对应的列数，就需要准备去采样V-SYNC信号，从而做到帧同步了。人们将每一整屏的信号称为一**帧**。V_SYNC信号又可以被称为**帧同步信号**，或者**垂直同步**（因为其每传完一列/一屏就变一次）信号。至于“场同步”中“场”字的意思，英文叫作Field SYNC，Field就是指整个屏幕区域的意思，就是指帧同步。帧、屏幕、区域、列，在这里是同一个意思。

提示 ▸▸▸

*显示器每秒扫描过的行数被称为**行频**，每秒扫描过的屏幕数被称为**场频**，或者**帧频**。每秒扫描过的像素数则被称为**点频**。*

由于老式CRT电子枪显示器早已被淘汰，那么像显示器传递模拟信号的必要性就没有了。新式的视频接口有多种，比如DVI、HDMI、Display Port、Type-C等，让人眼花缭乱。但是它们传递的都是数字信号了，当然，不是像素颜色量化值信号，而是翻译成RGB分量信息（还有一些其他用于描述颜色的方式比如YCbCr方式，请自行了解）的数字信号。至于这些视频接口的运作方式、时序等，由于篇幅所限就不多介绍了。

再然后呢？将显存、RAMDAC/DAC、视频接口模块这三个部件，或者安置到计算机主板上，或者先将它们集成到一张单独的I/O卡上，然后让这张卡再通过某种总线，比如ISA、PCI、PCIE，接入到系统总线。卡上的显存通过ISA或者PCI/PCIE映射到系统全局地址空间，程序向该空间写入对应颜色值，DAC不断地从显存中读取颜色数据翻译成模拟信号值然后向视频端口输出，整个过程循环进行，显示屏上就可以持续显示出动态的图形变化了。这张独立的卡，被称为**显示控制器**，或者**显示卡**，或者俗称**显卡**。

嗯？难道冬瓜哥砸锅卖铁要买的就是这样一张东西，竟然价值数千块？非也，这只是最初等的显卡，程序写入什么值它就显示什么颜色，其他啥都不干。

有些显卡可以加速图形的生成过程，后续你就会知道了。

在20世纪早期，人们并不叫它们为显卡，而是称之为**帧缓冲器（Frame Buffer）**，如图8-67所示。的确，其作用也就是如此。帧缓冲器的确是历史上的第一个显卡形态。后续的显卡，就是在其上增加各式各样的功能。

图8-67　早期的Sun TGX帧缓冲器

画板（显示屏）准备好了，画笔（电子枪）也准备好了，笔杆子（视频接口）也有了。然后呢？然后就需要你来当画家作画啊！难不成你想告诉显示器“帮我画只鸟！”你咋不上天呢？

哦，怎么画画？你在纸上怎么画的？我就是找个坐标，画个点，画个线，画个方框，涂上颜色什么的。一样，你想在屏幕的哪个像素上画个点，就计算出该点或者该区域（一个像素太小，一片像素组成一个点好一些）的屏幕坐标，映射成显存在系统中被映射的地址，然后直接向该地址写入颜色值就可以了。比如类似代码Load_i 颜色值寄存器A，Stor 寄存器A 地址1。由于DAC不断循环扫描显存取数据，这个写入操作可能并不会立即就被显示到屏幕上，但是好在我们每秒有足够的刷新率，所以你的眼睛会表示这应足够快了，只有拥有超人眼睛的发烧友才会去要求更高的刷新率。当然，为了效率考虑，最好是在Host端RAM中将画画好，然后用memcpy()函数将画好的画批量复制到显存中，这样效率最高。当然，这样也会影响画面的实时性。实际上，这需要综合权衡，不过内存复制的速度其实远高于屏幕刷新速度，所以一般来讲不用担心。

然后呢？怎么画出高质量的画来？这就像在问“怎么变成一名画家”一样。从头自己画，自己琢磨。当然，有个比较懒的办法，大自然是最好的画师，直接拍照，用感光电路（CMOS/CCD）将外界的光源翻译成红绿蓝三原色模拟信号，然后经过ADC转换成数字量之后的格式，这就是位图（bitmap）图像文件格式，也就是大家所熟知的BMP格式的文件，其经过压缩之后可以变成其他类型的文件，比如JPG等。直接将这个BMP文件复制到显存。唰！屏幕上就会出现一幅栩栩如生的画作！这是当然，将大自然天然的画作加工处理，就可以生成后期可以利用的素材了。

很多图片素材，都是前人们一点点辛苦制作并传播出去，然后其他人再次加工，再次传播，逐渐积少成多，于是有了今天互联网上唾手可得的大量图片素材。比如某个画作，你说其作者怎么就知道某个地方用什么配色，某个地方用什么线条，让人看了就那么舒服呢？这些都要一点点地调节、尝试、思考。或者偷个懒，拍照、印刷。这就是为什么手工画作要几千块，印刷品才几十块。

一些经典的2D游戏，比如《暗黑破坏神II》，那也是当年冬瓜哥为之投入了大量时间的游戏。为何？就是因为其画面、特效让人叹为观止。里面的图片素材都是以大量的人力一点点设计、制作出来的。

自然而然，有人就在想，画一根直线，需要计算出这根直线跨越的所有像素点的坐标，然后依次填入对应的颜色值，这个过程是不是太麻烦。一个画作中可能有大量的直线，每次画直线都走一遍这个过程，这没必要。所以，干脆封装一个函数出来吧，比如draw_line（起始屏幕位置、结束屏幕位置、画笔风格、粗细、特效以及其他参数），而且屏幕位置参数也不需要是存储器地址了，给出相对坐标就可以了，这就简单多了。可以封装出各种函数。比如，微软开发的GDI和GDI+就是这样封装出来的2D绘图函数库，还有DirectDraw和Direct2D以及其他一些第三方2D绘图库。

此时你真的可以实现“帮我画只鸟”了——直接开发一个draw_bird()函数就行了。这并不是笑话，目前有一些商用的素材生成工具，比如著名的SpeedTree工具，就是专门用来生成各种类型的植物的，如图8-68所示。只要点几下鼠标，调一些个性化参数，就可以生成对应的模型，只不过其生成的是3D模型。我们后文中再介绍3D绘图原理。

这就是现代显示器的成像基本原理。然后呢？别然后了，然前吧。上面只是做了个开场，开场不算火爆。上述这些看似顺理成章的显示原理，在20世纪中后期，其实还没有被发明出来，那时候，人们利用一些更加奇葩、原始的方法来显示图像。现在，镜头一

图8-68　利用SpeedTree工具生成的植物

转，冬瓜哥还是先带领大家穿越到20世纪，去看看当时人们是怎么用计算机画图的。

8.2.1 用声音来画图

示波器！冬瓜哥当年如果知道示波器还可以像下面这么玩，那么大学物理实验课上就一定不会开小差了。示波器是什么东西？如图8-69所示，示波器本质上就是利用电磁场力，将电子流以任意角度方向偏转，喷射到荧光屏上形成对应轨迹的亮线，来显示外界信号的波形。嗯？看上去它好像与老的荧光屏电视并没有什么区别。CRT电视的电子流是在电磁场驱动下不停地逐行（或者隔行）扫描的，它不能走任意路线，它永远在做重复的往复逐行扫描运动。其从天线或者有线电视线缆上接收按照对应速率调制的红绿蓝三原色信息，然后将这些信息翻译成驱动电子枪中三股电子流强度的信号，这样就可以将荧光屏上的光点轰击出对应的颜色。只要信号中的信息流速率与电子枪移动的速率匹配起来，荧光屏上就可以呈现出稳定的图像。具体的原理可以参考第5章中的内容。

而示波器的电场力是万向的，电子流可以走任意路线，其由X轴和Y轴两个磁场来驱动，只要在X轴和Y轴磁场加上对应的电场力，就可以将电子流定位到整个屏幕视场二维坐标中的任意位置。这就像做抛物线运动的物体，如果没有重力，它会一直走X轴，正因为有了重力，它一边走X轴同时还一边沿着Y轴向下走，所以其路径形成了抛物线。假设X轴和Y轴上受到的力的大小和方向是可以改变的，那么抛物线就可以变成任意曲线，比如一个圆圈。而如果给X轴和Y轴上施加的电场力的大小是按照某种波形来变化的，那么这两股波形叠加之后，奇妙的事情将会发生，电子流此时分明就是一支优良的画笔！画家只要给其X轴和Y轴输入对应的力量，就可以用它画出美妙画作了。

先用它画个正弦波。把一个正弦波源接到其Y轴上，那么Y轴上的电压将按照正弦波而周期变化，其将会驱动着Y轴电场力也按照正弦方式变化，屏幕上将会出现一条竖线，这是光点在竖直方向上做往复运动而生成的。如果正弦波频率足够低，你会看到一个往复运动的光点，光点没有拖尾，因为光点移动得很慢，之前的屏幕荧光位置会迅速熄灭，从而无法形成视觉暂留效应；如果正弦波频率过高，由于光点的余辉效应产生视觉暂留，曲线就会变成一条直线。

那么，如何将这个正弦波形随着时间的变化展示出来（也就是在X轴上将其拉开）呢？那就得利用抛物线的原理，在X轴上产生一个力，让光点在X轴上匀速运动就可以了。这个过程你甚至可以自己用一支笔和一张纸模拟出来：用笔上下往复画线，纸不动，会得到一根竖线；如果用另一只手匀速将纸拉向一方，就会得到三角波；如果竖直方向的往复运动忽快忽慢，按照正弦方式，就会得到正弦波了，当然由于技巧的限制，很难得到标准正弦波。

由于屏幕在X轴上的长度是有限的，所以X轴的电场力将电子流移动到屏幕尽头之后需要归零，然后再次升高，本质上，X轴上加的是一个锯齿波。这样就不断地让电子流在X轴方向持续运动，从而在时间上将Y轴的波形拉开，让人们容易分辨，这个过程也是一种扫描过程。如果在Y轴上加上任意波形，比如声波，那就是如图8-70中间的仪器所示的波形了。如何将声波加到Y轴上？把一副旧耳机拆掉，露出音频里的导线，将其接到示波器Y轴触点上，然后用你的音乐播放器播放任意音乐，就可以了。

现在我们把玩一下，让X轴上不再安安分分地加锯齿波，而是加上正弦波或者方波等，让屏幕内的这个波形世界的时间不再匀速流逝，而是扭曲着流逝，甚至可以回退！看看会发生什么？你可以先冥想一下。如图8-70右侧的仪器所示的波形，嗯？这镜头好像也不算火爆啊，冬瓜哥这个导演一般啊！

但是下面的剧情不会让你失望。图8-71所示为一名高手打算用示波器+声波信号画出蘑菇的图案。建议先不要扫码观看视频，先看完文字。

如图8-70所示，将双声道立体声的人语声模拟信

图8-69 示波器显示屏作用原理

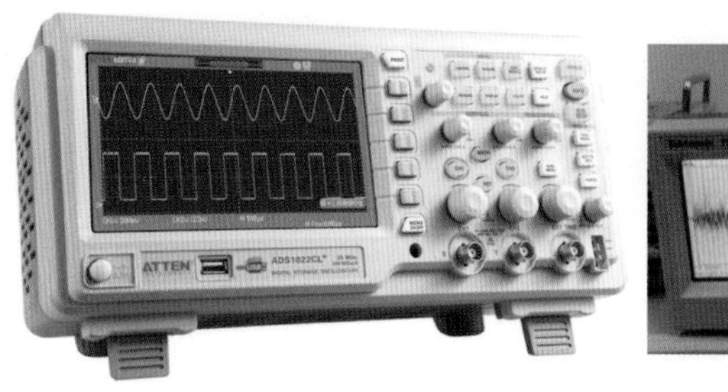
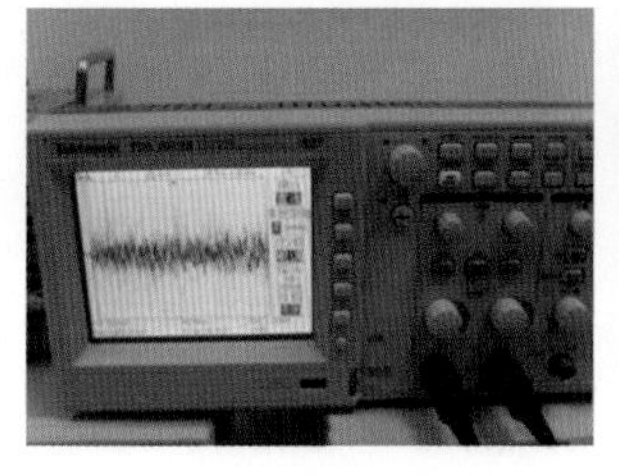
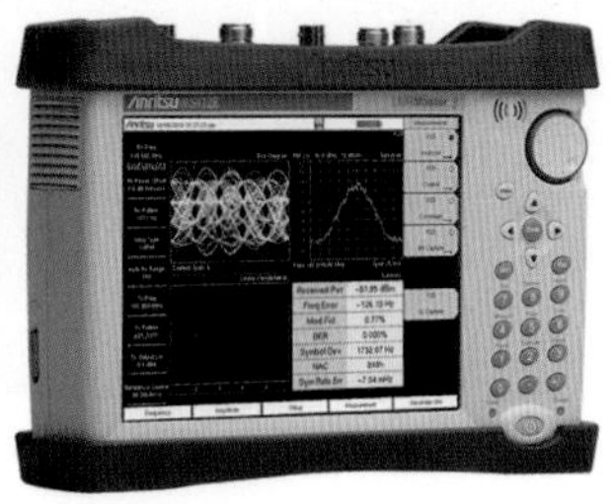

图8-70 用示波器展示任意波形

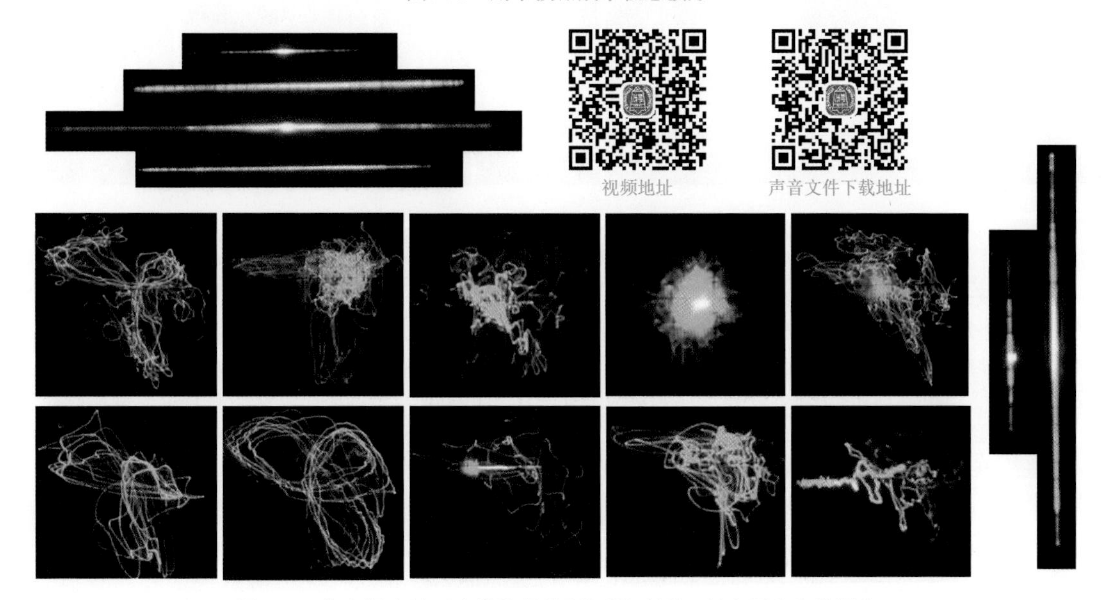

图8-71 将人语声的双声道信号分别加到Y轴和X轴之后产生的图案

号加到示波器的Y轴和X轴输入信号上。如果只加左声道到X轴，由于Y轴没有电场力，所以电子流只在横向上根据声音振幅左右往复运动。同理，如果只把右声道加到Y轴，那么电子流就只在竖直往复运动。信号拖尾余辉会根据声音的频率和振幅，显示出不同的拖尾长度。当把左右声道都连接上去之后，便形成了图中这些奇妙的图案，其实这都是两个波形叠加之后的结果，只不过是呈90度垂直叠加，而不是平行叠加。眼熟么？一些播放器软件中的视觉特效，就是这样做出来的，如图8-72所示。

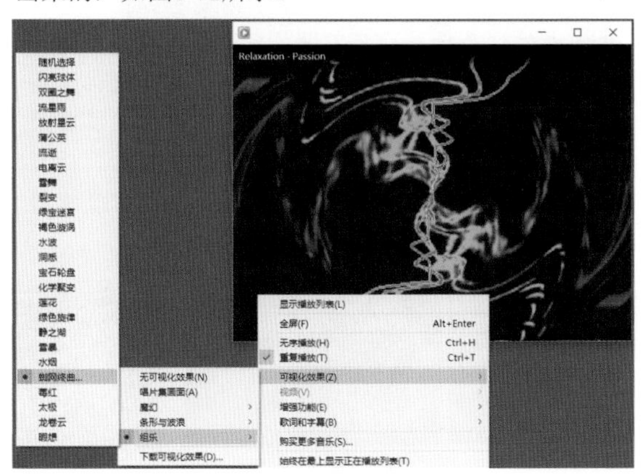

图8-72 Windows自带播放器中的视觉效果

那么，如果在X轴上加一个正弦波，Y轴上加一个余弦波，两者频率相等、振幅相等，会叠加出什么形状？是个圆。如图8-73所示，如果引入一些杂波，或者改变左右声道的音量，就会在这个圆之上调制入其他形状成分，从而生成各种图案。在这个圆的基础上，再在Y轴上额外叠加一个锯齿波，会怎样？毫无疑问，这个圆会在Y轴上被“拉开”，最终形成一个弹簧，如图8-74最左图所示。

在这个弹簧的基础上，将X轴的信号乘以一个低频正弦波，则得到了图8-74左侧第二个图案。提升这个正弦波的频率与Y轴刚才叠加上的锯齿波相同会得到左三的图案。如果将该正弦波前四分之三的周期的振幅变为0，只保留最后四分之一周期的振幅，则产生左四的蘑菇图形。再在X轴上叠加上一个低频正弦波，则整个波形会按照该波的频率扭动起来，如图8-74右三所示。如果在Y轴上加入方波，则可以将X轴上的图案整体位置进行对应的搬移，只要方波频率足够高，那么形成的视觉暂留效果，就可以让大脑误认为同时存在多份不同的图案。其实，屏幕上的光点只有一个，其他地方都是屏幕余辉，这相当于用往复运动的波形来实现屏幕的刷新。

现在大家可以扫图8-71中的码观赏一下该视频。

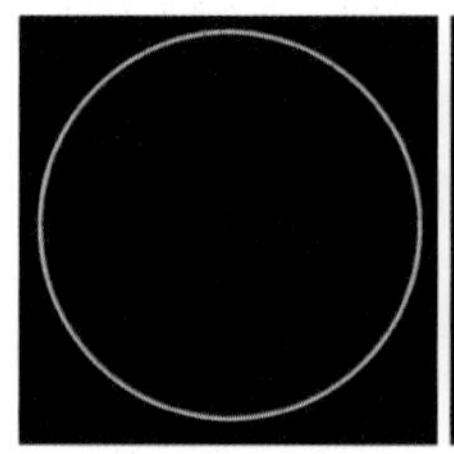 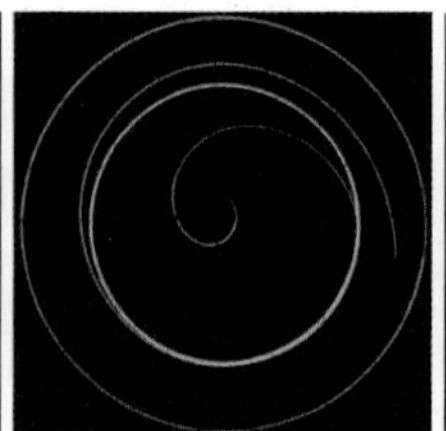 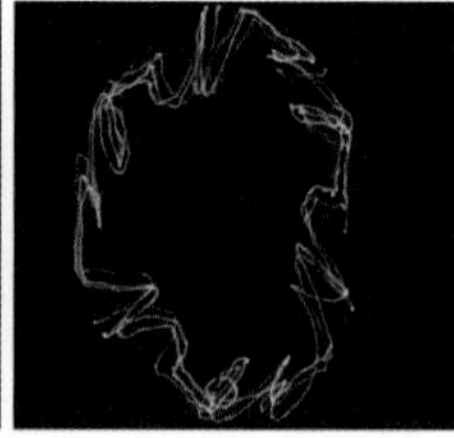 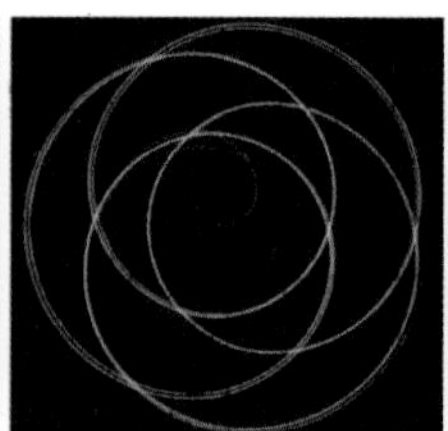 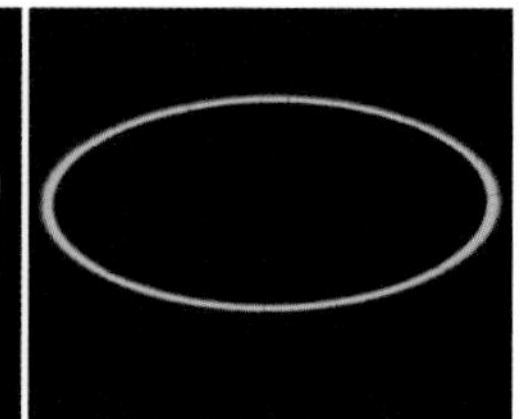

图8-73　X轴加正弦波Y轴加余弦波后的效果

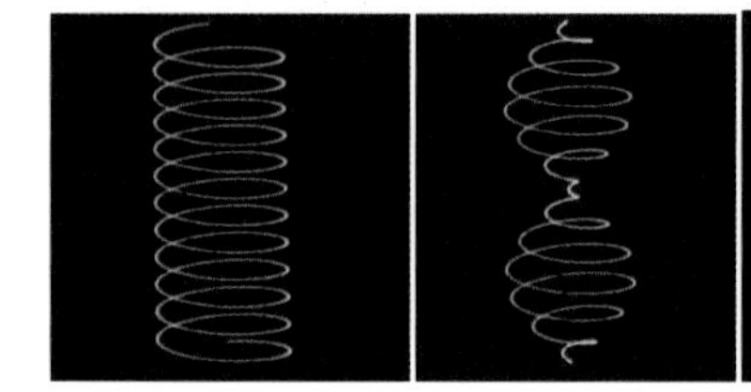 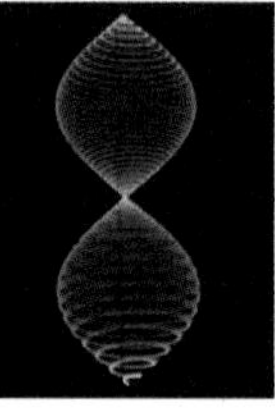 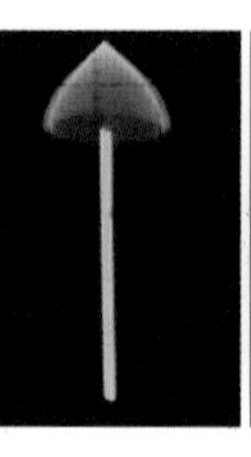 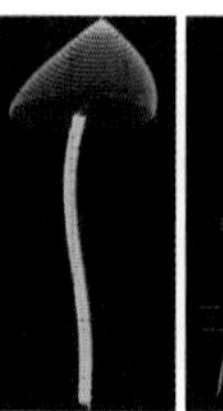 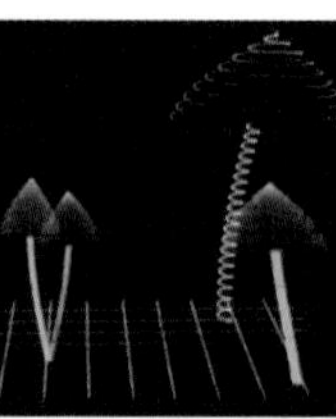 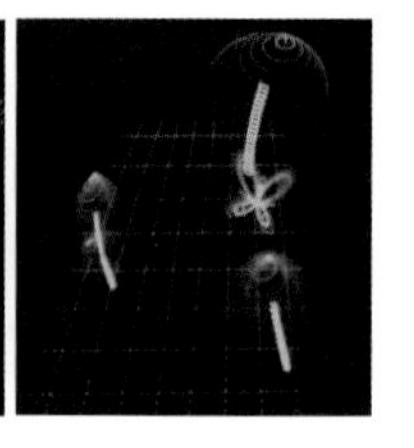

图8-74　通过叠加不同的波形实现不同的图案

一定要记得戴上耳机，因为耳机中的左右声道声音就是输入到示波器中X轴和Y轴的信号，可以感知到声波是怎么叠加到一起形成图形的。另外也可以扫码下载对应的声音文件，只要将这个文件播放出来，将音频线接入到示波器的X轴和Y轴输入，即可得到对应波形。手头有示波器的还不赶紧试试！

一些简单的图形图案，可以直接用周期性波直接叠加来合成，比如正弦波、余弦波、锯齿波、方波等。甚至一些看上去不可思议的图形，比如图8-75中的蝴蝶，其实也可以通过调节这些波形的叠加来生成，图中下方的波形公式就可以生成这只蝴蝶。但是如果想画出一些更不规则的形状，比如图8-75所示的文字，那就真不是通过简单叠加现成的周期性波形来形成的了，而是要直接驱动光点沿着字形的边沿走。所以需要计算一下这些字形的屏幕坐标，然后将坐标翻译成对应的X轴和Y轴电平值量化样点，还需要算出在声音波形文件中哪个位置插入这些量化样点。

当然，这些图形都是利用余辉生成的，那么就需要在声音文件中持续重复播放相同的帧，实现一定的刷新率。可以注意到图8-75中英文字母之间其实是有衔接余辉的（图中黄色箭头指向处），因为光点不可能灭掉然后跳跃到目标坐标再亮起，光点是连续在屏幕上滑动的，只不过，X轴和Y轴的输入信号会控制光点的轨迹，保证不会把太多的光点放置在这些衔接处，大部分的时间是光点滑到字母本体上不停地反复描绘该字母，形成较亮的余辉，然后接着滑动到下一个字母，再反复描绘。这样，衔接处由于只滑过一次，而字母本体余辉较亮，衔接处也就无法引人注目了。如果让闪电侠在屏幕上用手作画，也可以达到一样的效果。

这整个过程，相当于把一幅用连续的一根线条勾勒出的图案（有些地方重复描绘多次），在时间上重复多次重新勾勒，从而高速刷新整个屏幕形成视觉暂留，这相当于放了快镜头。图8-75是另外一个样例，大家可以扫码观看。

思考

看了这两个视频之后，你是不是感觉我们这个世界是可以由底层基本的波组成的，至于我们所见的“物质”，还有所谓的“微观粒子”，可能其本质上都是某种波形以及波形的叠加。到了世界最底层，很有可能是某种波形生成器（比如排布在空间中的某种场）在生成原始波形，这些波形经过各种变频处理，然后叠加，最后生成各种上层“物质”，并相互在高维度上作用。当然，这只是一种想象，至于真实情况还需要人们继续探索。但是冬瓜哥对此是深信不疑。由图8-75中的视频，甚至可以感受到宇宙的演化过程，从一开始屏幕中央的亮点，逐渐形成丰富的“物质”，最后又回到了亮点。对于图中的这只蝴蝶，它自身是否知道，它所生活在的这个世界，只不过是底层的两只手绘制出来的呢？蝴蝶脑部的波形不断叠加演化，进化出高级智慧，竟然发现了其生活在的这个屏幕底层有某种成分的锯齿波，其给它起名为“质子”。然后又发现，还有更加底层的波形——正弦波，这个波形

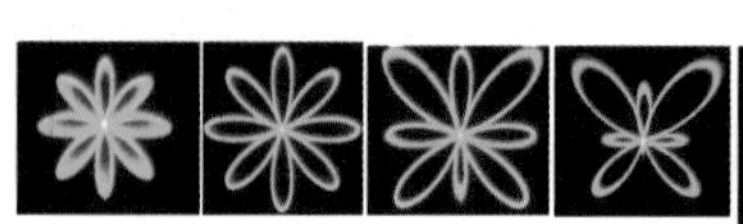

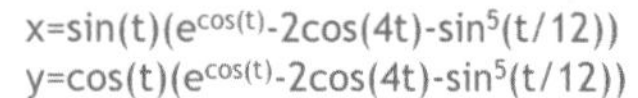

$x=\sin(t)(e^{\cos(t)}-2\cos(4t)-\sin^5(t/12))$
$y=\cos(t)(e^{\cos(t)}-2\cos(4t)-\sin^5(t/12))$

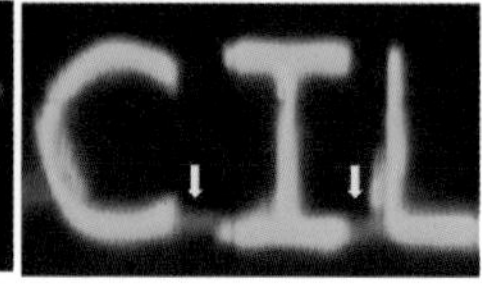

图8-75　蝴蝶和文字

似乎是最原始的，一切波形都是由它叠加出来的，于是给它起名“玻色子”。蝴蝶可能已经在冥冥中感受到，底层存在更加原始的东西在驱动着它的世界的运行。当然，这只是冬瓜哥的异想天开。别当真，当真的话你下半辈子的奋斗目标就找不到了。比如，冬瓜哥如果下半辈子致力成为一名民科，那么冬瓜哥会思考和研究，到底什么样的两个波或者波的叠加体怎么也叠加不到一起去（斥力现象）等。

20世纪早期的显示器，就是像示波器一样可以任意画线的显示器，直到后来才出现按照一定速度逐行扫描生成整个屏幕上的所有像素点的显示器。前者这种可以任意画线的显示器被称为向量显示器（Vector Displayer）或者Stroke Graphic Displayer（笔画显示器）。后者则被称为All Point Addressable（APA）显示器，或者Pixel Displayer（像素显示器），还有人称之为Raster Scanning Displayer（光栅格扫描显示器）。CRT既可以做成向量显示方式，又可以做成像素/栅格扫描模式，这完全取决于电子流如何在磁场中被偏转。

有些向量显示器的余辉效应持久，可以持续长达数分钟。这相当于在一块黑板上用水作画的画家，其画完一次，可以欣赏好几分钟，当余辉灭了（水分蒸发）以后，再重画一遍。这类显示器无法实现快速动画，所以应用场景很窄，只适用于图像隔很长时间才变化一次的场景。

APA类型的显示器可以显示更加丰富的图案，操作起来也更加简单，直接向对应像素存储器写入对应值即可。其麻烦之处在于如何将图片映射成一个个不同颜色的像素，也就是图形设计阶段比较复杂。而向量显示器则在图形绘制阶段比较复杂，因为需要根据要显示的内容，动态地将信号翻译成X轴和Y轴的输入值，而且需要将要显示的内容本体重复描绘多遍以加强余辉，这些都需要一定的计算量。同时向量显示器能够方便实现简单线条堆砌的图案，而无法生成丰盈的、连续过渡的图形。理论上，只要刷新率足够高，就可以让光点在一个范围内重复涂抹，但是这样对应的输入信号数据量就太大了。向量作图完全是顺序地勾勒出一帧，而不是用像素堆砌出一帧，图案越复杂，这一帧中光点需要走过的路径就越长，其刷新率/帧率就要降低，从而也就失去了动画的连贯性。但是向量显示方式在图形设计阶段则比较简单，因为只需要记录光点走过的位置坐标即可。甚至可以发明一种人机交互设备，能够根据鼠标或者电子画笔在画板上的移动轨迹，直接生成对应的坐标，勾勒出对应的图案。然后将这些坐标分解成X轴和Y轴方向的电平值样点，复制整个帧为多份，持续输送到示波器，就可以显示出该图。

向量显示器最终被像素显示器取代，这也是必然的。不过，一些特种行业，依然使用向量显示器，比如航空仪表，其要求非常清晰明亮地显示一些比较简单的字符、线框等。而向量显示器的线条是直接画出来的，不会产生像素显示器在显示斜线时由多个方块拼接产生的边缘锯齿，效果会更好。

8.2.2　文字模式

在计算机显示器刚出现时，人们根本不敢奢望其还能显示图形，能显示文字就不错了。那么，如何用向量显示器显示文字？

8.2.2.1　向量文本模式显示

人们是这样做的，如图8-76所示。比如对于字符“A”，人们先将其抽象地放入一个栅格中，然后将该字形跨越的栅格节点的坐标位置记录下来，取其中

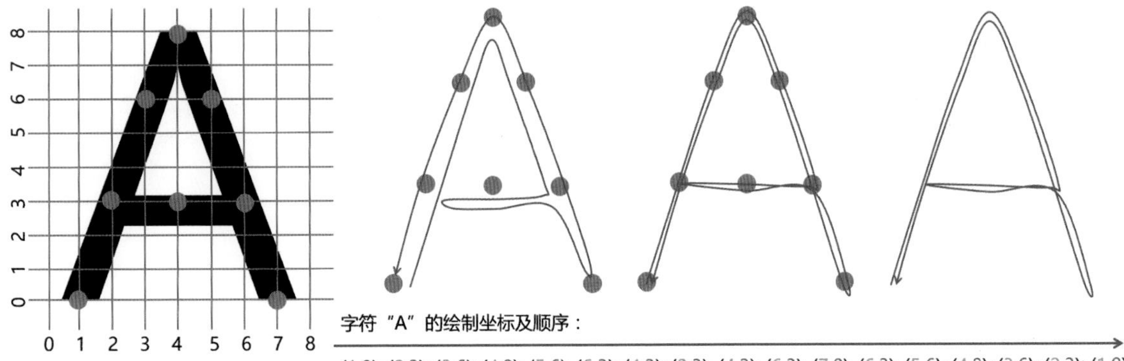

向量显示器X轴的信号顺序：1,2,3,4,5,6,4,2,4,6,7,6,5,4,3,2,1

向量显示器Y轴的信号顺序：0,3,6,8,6,3,3,3,3,3,0,3,6,8,6,3,0

图8-76　向量模式的字符“A”所需要保存的字形信息

可以组成直线或者近似直线的若干个点，将这些点在栅格中的**相对坐标值**记录下来，并保存到某个地方，比如某个文件中。所有可能的、常用的字符，都这样处理一番，最后形成的所有字符的形状样点坐标值所保存到的文件，被称为**字库**，或者**字符集**。字库/字符集可以有不同的设计风格，就像每个人写出来的字体都不一样，有些人写的看上去就那么的端庄，而冬瓜哥写出来就无法让人直视。用户可以替换字库文件以实现装载不同风格字体的字库。字形库，就犹如声音波表一样，它们俩的本质目的是相同的。图8-76所示为需要为向量显示器保存的字形库中的A字符的字形信息。

让向量显示器绘制该字形时，比如printf()函数需要显示出A这个字符，那么该函数需要从字库文件中读出A对应的形状样点值，并按照顺序将其X轴的坐标值和Y轴的坐标值，分别写入显卡的显存，后者将对应的值转换为电平值信号，然后按照顺序输送到显示器X轴和Y轴，这样便在屏幕上绘制出字符A来了。问题是，图中所示的序列只是将字符A来回描绘了两次，这么短的时间内，人眼无法形成视觉暂留。所以，为了产生余辉的视觉暂留，每个字形需要反复描绘，这就像在纸上画画一样，字符主体总要多画几笔。那么反复多少次呢？这个需要根据当时的显示器的具体规格来确定，可以让显卡暴露一些配置寄存器，从而可以让程序将需要反复的次数写入寄存器，显卡则根据该寄存器的值反复描绘每个字形一定的次数，然后再描绘下一个字符。

既然交给显卡自己来反复描绘字形，那么图8-76中所示的一去一回的两次描绘路径还有必要吗？是否只需要记录描绘一次所需走过的坐标点就可以呢？这样还可以节省显存容量。如图8-77所示，我们只记录去程经过坐标点，然后让显卡自动触发描绘多次。结果发现，光点描绘到字形右下角的时候，由于显卡需要触发反复描绘，会让光点走到字形左下角重复描绘，要知道，光点是不会灭的，它走到左下角也会产生轨迹，这样，最后描绘出来的字形底部会产生一条亮线，导致描绘错误。所以，每个字形都必须有去程和回程，回到原始坐标点才可以。

思考▶▶▶

有些示波器有Z轴输入，其作用是增辉，也就是光点的亮度会随着Z轴上的电压变化而变化，这就会让作图更加方便，可以在光点滑过两个图形之间时，将Z轴电压降低，而让光点涂抹图形本体时，给Z轴加一个稍高的电压让光点更亮一些，这样就可以将一些之前不得已的过渡线消掉（消隐），使画面更干净。此时图8-77所示的方法就变得可以实现，在光点回程时利用Z轴信号消隐，最底下的横线就看不出来了。但是此时需要一个三通道波形发生器，这样很不方便。

仔细思考上述过程，疏忽了一个地方。字符A到底被显示在屏幕的哪个地方？上文中直接把A形状中样点的相对坐标发送给显卡，这是不对的，应该发送的是屏幕绝对坐标。实际上，早期计算机显示屏上总会有个**光标**在闪动，这意味着下一个输出的字符就会被显示在这个位置。当然，光标的闪烁，也是由程序来驱动显示器完成的。底层程序必须记录当前屏幕的光标的绝对坐标，当上层程序需要在当前位置显示A时，程序从字库中读出A的字形相对坐标，只要与光标的绝对坐标做一个相加操作，就可得出A即将被显示的绝对坐标了。显示出A之后，负责显示的程序还需要将光标的位置向后移动一个字符的间距，等待下一次的字符显示。

并且，所有之前输入到屏幕上的字符，必须留在屏幕上，这符合日常使用习惯，除非用户要求清屏。所以，曾经写入到显存中的字符坐标，显卡都要将它们依次追加保存到显存中，并且自动按照对应的刷新率重复不停地重新绘制显存中所有的字符到屏幕上。当用户按下回车键将屏幕上的字符整体向上挪动了一行，或者某程序需要实现这种屏幕整体滚动效果时，程序需要重新计算显存中所有字符的新坐标值，并将新坐标值传送给显卡，显卡用新坐标值绘制字符。这个过程运算量相对较大，相当

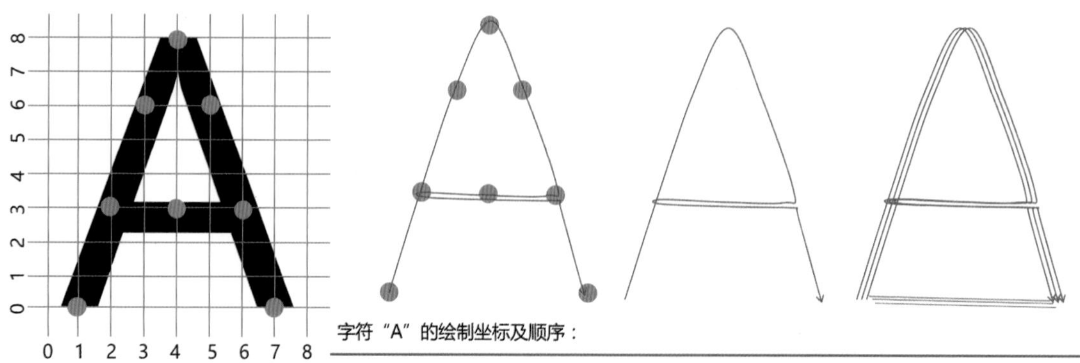

图8-77　如果只记录去程坐标点则会产生描绘错误

于每个字符的每个坐标都要加上或者减去某个固定值，不过，由于每个字形只有少数的样点，屏幕上的字符数量整体也不算多。比如一个能够显示80列、25行，共80×25=2000个字符的显示器，其上每个字符假设有20个样点，该场景也不过需要区区4万次加/减法运算，这对于一般的CPU毫不费力，所以屏幕滚动时几乎可以保持流畅。

要显示的字符坐标可以在显存中顺序存放，不管这个字符将要被显示在屏幕的哪个位置上，这样光点画完一个字符会接着画它相邻的那个字符。比如字符A被显示在屏幕左上角，而B被显示在右下角，A和B之间没有其他字符，那么此时A和B的坐标值也需要在显存中连续相邻存放，显示完A之后，光点会跨越比较大的轨迹从A字符直线跨越到字符B，屏幕上会显示出一道连接着A和B的轨迹，但是由于比较暗，速度也比较快，所以该轨迹不易分辨。那些屏幕上不显示字符的空区域对应的显存中不存放任何信息，Host可以在显存中所有字符结尾加上一个结束符，从而告诉显卡的扫描电路模块扫描到这里就结束返回开头继续扫描。这样设计的话，如果要显示的字符很少，那么显示器的帧频/场频会非常高，图像更加稳定不闪烁，而如果要显示的字符占满了显存，满屏都是字符的话，那么绘制完一屏幕耗费的时间就增加了，场频自然降低，人眼会感受到闪烁。如果要避免这种不均衡，就需要恒定点频、行频、场频。可以将要显示的字符按照在屏幕上的位置放置到对应的显存地址，屏幕空白处对应的显存地址上则放置对应数量的上一个字符结尾处的坐标值，也就是让光点原地不动，等待对应的周期数之后，电路扫描到显存的有效字符处，读出了对应的新坐标值，于是光点再跳过去继续描绘。

每个字形的复杂度不同，绘制时也有快有慢，怎么解决？如图8-78所示。一样，也需要让光点原地等待对应的时间。比如W这个字形需要4个笔画，而I只需要一笔，为了保证描绘时间相同，此时可将I字形的仅需的两个描绘样点复制多份存放，这样保持每个字形所需的样点数量相同，便于存储和管理。但是这种做法会导致光点等待的地方形成较高的视觉残留，影响字体美观程度。另一种做法是让笔画少的字形反复描绘多次，但是一样会导致该字形的浓度高于复杂字形，整个屏幕的美观度也会下降。看来，要想美观，必须采用带有Z轴的示波器了，在光点等待时或者额外重复描绘时，同时让光点的辉度减弱，以削弱由此带来的叠加效应。现实中的向量显示器一般不做这些优化，显示的内容越复杂，刷新率也就越低。

如果要插入一个字符，那么它后续的字符就必须跟着向后移动一个字符的距离。此时Host端的程序必须重新把受到影响的字符向后挪动，也就是把最后一个字符的坐标值从显存中读出来，然后写入该字符原来所在位置的下一个显存位置，读出倒数第二个字符坐标，再将它写入倒数第一个字符之前所在的显存位置，以此类推。此时也需要较大的运算量。

我们再来看看向量显示器需要多少显存。假设还是上面这个2000个字符容量的屏幕，假设每个字符需要记录20个样点（包括绘制路径的去程和返程），共4万个样点，每个样点的X/Y坐标量化值为3位整数位，共6位，那么总共需要29KB的显存，这个数值够低了吧？非也。在当时，电脑主机上也不过才4KB主存，即便这样，一台电脑竟然能卖到数千美金。还想用29KB做显存？这放在当时是很夸张的，不敢想象。你可知道，兆这个字，也就是一百万，对于20世纪的人来讲，可真的是一百万！那时候，1KB已经是奢侈，存储器都是按照字节粒度来省吃俭用的，以至于有了比尔盖茨当年的“640KB内存对于用户而言远远够用了”的言论。为此，人们想了另一种办法来存储这些字形的坐标样点。

去程：(0,7); (1,4); (2,0); (3,4); (4,7); (5,4); (6,0); (7,4); (8,7);
回程：(7,4); (6,0); (5,4); (4,7); (3,4); (2,0); (1,4); (0,7);

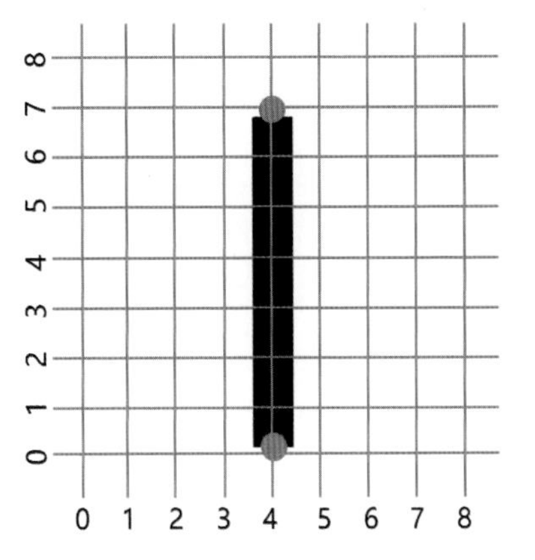

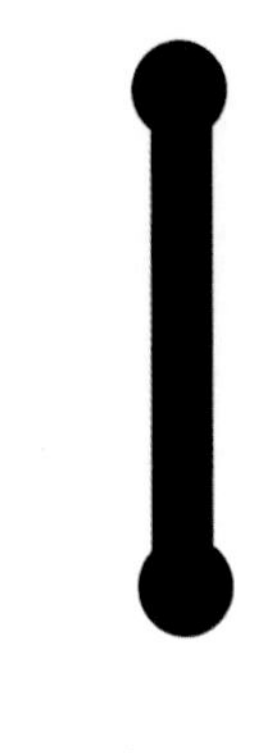

去程：(4,7); (4,7); (4,7); (4,7); (4,7); (4,7); (4,7); (4,7); (4,0);
回程：(4,0); (4,0); (4,0); (4,0); (4,0); (4,0); (4,0); (4,0);

图8-78　让笔画少的字形描绘时光点原地等待对应的时间

提示

多数现实中的向量显示器接收的除了坐标值之外，还需要告诉它对应的指令操作码，比如“移动”“画点”“画线”“画字符”等命令，在结束一帧的绘制之后，程序利用跳转指令告诉显示器重新从头开始继续绘制，从而实现一定Hz的刷新率。这意味着，这种显示器内部需要有对应的指令译码器，或者说微型CPU来做这个工作。Host端将这些命令连同坐标信息一起放置到显存，然后由显示器内部的CPU来负责解析指令和控制CRT来绘图。

8.2.2.2 用ROM存放字形库

在当时，RAM是非常昂贵的，但是另一种存储器却相对廉价得多，那就是ROM。ROM存储器的原理我们在第1章中就为大家介绍过，其不允许写入，只读，但是读取速度却可以做到与SRAM相同的级别。

提示

请不要拿PROM、EEPROM等可擦写ROM与RAM或者SRAM比性能。可擦写ROM由于使用了特殊的可充放电晶体管来搭建，所以其读取、写入速度都比较慢。只不过，现代计算机中的ROM普遍使用可擦写ROM，因为其允许修改，更加方便，所以“ROM读写很慢”的印象就被造成了。早期的时候，人们普遍使用纯Crossbar搭建的不可擦写ROM，其读取速度可与当时的SRAM相媲美。

我们将整个利用向量显示器显示过程改成这样：Host端将要显示的字符直接使用ASCII码的形式写入到显卡上的显存中，该显存容纳80行25列共2000个字符，这样总共才需要2000×8位=2KB的显存，这个容量变得可以接受。然后，显卡必须按照一定频率不断地将显存中的字符ASCII码一个个地顺序读出来并翻译成顺序排列的字形坐标，用这些坐标信息驱动着光点勾勒出对应的线段（每个字符反复勾勒多次），只要画得足够快，每秒画出比如30屏的字体，就可以形成比较稳定的图形。所有字符的字形坐标值共29KB的字形库被放置在ROM而不是RAM中，再使用前置的翻译电路，根据ASCII码译码，从ROM中选出对应字符的若干个顺序排列的坐标，然后依次输出给前端的X和Y轴信号驱动电路。

所以，利用这种方式，Host端甚至也不需要存放字形文件了，Host端只需要将要显示的字符ASCII码写入到显卡的显存中，剩下的事情全部交给显卡完成。这种架构下的显存又被称为Text Buffer，或者Screen Buffer、Text Matrix等。带有这种字库ROM的显卡也可以被称为文字加速显示卡。

显存

从现在开始，我们需要严格区分“Frame Buffer”和“显存”这两个概念了。我们之前认为Frame Buffer就是显存，显存就是Frame Buffer。早期的简陋显卡是这样的。但是随着显卡的功能越来越强，比如识别文字编码并显示文字对应的图形，用于接收Host端发来的文字编码的存储器也位于显卡上，也算是显存，但它绝不是Frame Buffer。我们在后文中将严格区分这两者。

8.2.2.3 点阵文字显示模式

那么，如果使用APA模式/Raster Scan模式的像素显示器的话，字形库里放的就不是字形的描绘坐标点信息了，而是要放置整个字形在屏幕上跨越的每个像素点的坐标。注意这两者的区别：描绘坐标、占据坐标。像素模式下，需要为每个字形记录组成它的所有像素点的值，而不能只记录少量的描绘坐标值。假设每个字形采用7×9=63个像素点组成，此时2000个字形共需耗费15KB的存储器，所以，也可以将这些像素点值放到ROM中。

如图8-79所示为一个包含128个字形的点阵字形库。每个字形由7×9=63个点组成，正因如此人们才称之为“点阵”，或者说位图。字体本体跨过的点为黑色，其他点为白色，或者反过来。所以，需要为每个字形记录63位的信息，黑色部分用1表示，白色部分用0表示，即可。图中可以看出字形明显的颗粒感，字形要想更加细腻，那就需要增加点的密度，比如16×16，但是相应地也需要记录更多的信息。

提示

在基于像素显示器上显示文字和图形，相比向量方式有个天然的劣势，就是文字/图形会存在锯齿和颗粒感。在图形的斜边、转角、曲线等处，由于字形以像素为基本单位来拼接，像素的方形边缘不对齐，就会产生锯齿。而向量显示器是任意路径直接勾勒，边缘非常干净无锯齿。

如图8-80所示为早期的利用字形库ROM向像素显示器播放字形信号的显卡电路模块示意图。其中最左侧的Screen Memory就是该显卡的显存。Host端的程序将对应的字符ASCII码根据该字符要被放置在的屏幕坐标值，写入到对应的显存地址。显卡中的Scanning扫描电路模块不断地从显存的第一个地址一次扫描到最后一个地址，然后再回来继续，其将读出的每一个字符的ASCII码输送到图中的Character Generator（字形生成器）电路模块处理（内含字形库ROM）。该字形生成器译码ASCII码然后从字形ROM中选出对应的点阵值输送到Shift Register（移位寄存器）。还记得

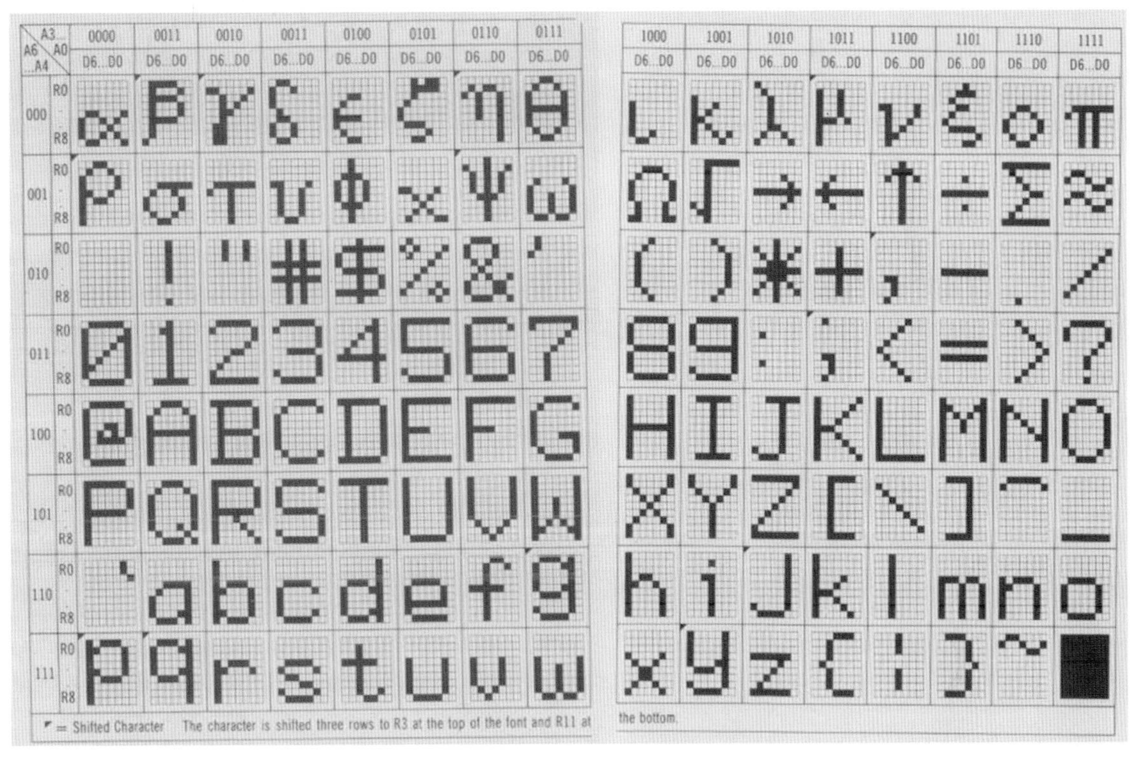

图8-79　点阵字形库

其他章节介绍过的移位寄存器的作用吗？它可以作为一个并转串的转换器，将其中存储的数据一位一位地呈现出去，这样就可以将点阵像素点的值一个一个输送到像素显示器的输入信号上，只要将移位寄存器的频率与显示器的点频匹配起来即可。

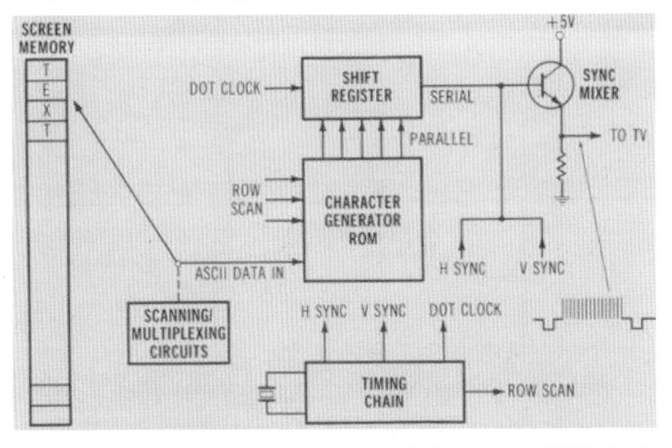

图8-80　利用ROM存放字形像素并向像素显示器播放字形

提示

在20世纪70年代左右，普通消费级用户根本负担不起Frame Buffer的价格，Frame Buffer哪怕只有几KB大小，也要花费数百美金。但是当时依然可以显示图像，人们是这样去解决的：在显卡上只保存能够让显示器扫描一行所需要的像素点的值，比如128字节，Host端每次从主存中搬运128字节到这个缓冲器内，这样做出的当时的游戏机，价格可以控制在200美金左右。但是这种做法也只适用于游戏机这种运行单一专用程序的设备。如果是PC的话，由于Host端CPU需要不停地将数据输送给这个缓冲器以保证足够的屏幕刷新率，那么CPU就没有其他时间做其他事情了。当时的这种显卡或者显示控制模块被称为Video Shifter，也就是基本上只是一个带有128字节左右缓冲器的串并转换模块了。

思考一下，如图8-81所示。一个字形是由方形点阵组成的，而像素显示器扫描一阵行的过程中，需要按照一定步调，将多个字形的对应行的像素值输出出去，这显然需要一个控制电路不断地从字形ROM中提取该行字符中的每一个轮流上阵。该电路需要在显示器换行扫描之前，告诉ROM也换行输出，而且在扫描同一行时，每当跨越的字形变化之前，该电路需要将对应的下一个字形的ASCII码输送给ROM控制电路译码。显示器扫描的每行像素被称为Scan Line（扫描线）。每个字符所占的方形位置又被称为一个Cell，一横行Cell组成一个Character Line。

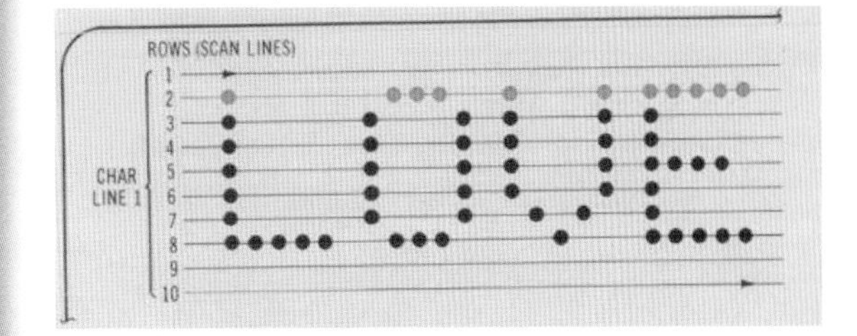

图8-81　扫描一行会跨过多个字形

如图8-82所示为一个可以向像素显示器播放字形

的完整的显卡架构实现。且看它的字形生成器，有两个主要输入，分别为从显存（图中Display RAM）传送来的用于控制字形选择的ASCII码输入，以及从Cell Line Counter发来的用于控制让ROM输出对应字形的对应的Scan Line上的像素的Row Address信号。Cell Line Counter又被称为Scanline Counter，每扫过一行该Counter+1，扫到最后一行则重置为0。

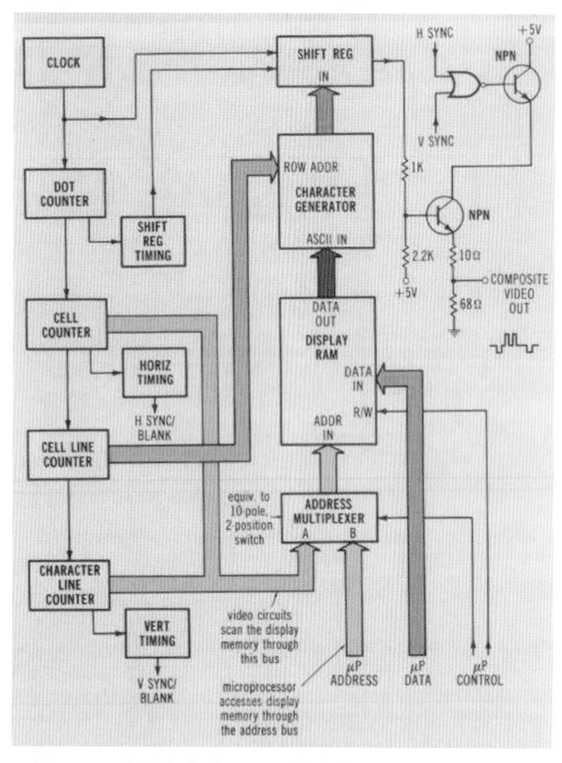

图8-82 能够向像素显示器播放字形的完整显卡架构

Dot Counter相当于把系统的主时钟Clock频率变频为显示器的点频，从而输送到移位寄存器上。

移位寄存器从字形生成器拿到当前需要播放的像素点，然后串行地按照点频速率发送到显示器的信号输入端。

在单个Scanline扫描期间，谁来控制显存在每个字形扫描结束后更换下一个字形输出呢？就是Cell Counter来负责。其输入信号为Dot Counter。本例中每个字形点阵由7列组成，那么Dot Counter每数完7个点，就向Cell Counter发送一个信号表示上一个字形扫描完毕。然后Cell Counter便会将自己的数值（地址）+1，然后将+1之后的新的地址将信号输送给显存控制电路的地址译码器上，从而让显存切换输出下一个字形的ASCII码给ROM控制电路，最终将下一个字形的对应Scanline行（由Row Address信号控制当前的Scanline值）的像素输出到移位寄存器。

图中的μP表示Micro Processor，泛指Host端CPU。Host端需要向显存中写入对应的ASCII值来改变屏幕上显示的字符，其通过地址总线、数据总线向显存传递数据，至于采用什么样的总线，就形形色色了，比如早期的ISA、PCI或者PCIX，当代的PCIE等。当然，那时候基本上采用8位 ISA总线。

如果将该显卡改造为能够驱动向量显示器的显卡的话，那么需要将字形库ROM中存入字形的绘制坐标值，而且需要用两个移位寄存器分别输出X和Y坐标值，其前端还需要加上对应的DAC电路转换为电平值。同时需要将外部接口从像素显示器常用的VGA接口更换为向量显示器的X和Y信号对应的物理接口。

对于空格字符，其应该在屏幕上显示一个真的“空格”，什么都没有，也就是该格子内的像素应该都是背景色，也就是如图8-79中的第三行第一个字符。

总结一下，最早期RAM非常昂贵，人们普遍只可以接受几KB的显存容量。那时如果想用显示器显示任意图形就只能通过价值数千美元（第一块商用Frame Buffer售价一万五千美金，可存储512×512个8位色彩的像素）的Frame Buffer和像素显示器实现。为此，多数场景都是只显示字形。字符的形状比较简单，只用少数像素就可以描述，而且就算使用带颜色的字符，同一个字符的颜色一般只有一种，而不会出现一个字形中不同像素点有不同颜色的需求，所以显示一整屏幕字符需要几十KB量级的显存即可，但是这仍然超出了“几KB”的限制。为此，人们将字形的像素信息放到更廉价的ROM中，显存RAM中改为存储字形的ASCII码，用硬件电路根据ASCII码选取ROM中对应的像素播放到像素显示器，或者从ROM中选出对应的描绘坐标信息播放到向量显示器。如图8-83所示为文字模式的最终实现效果。

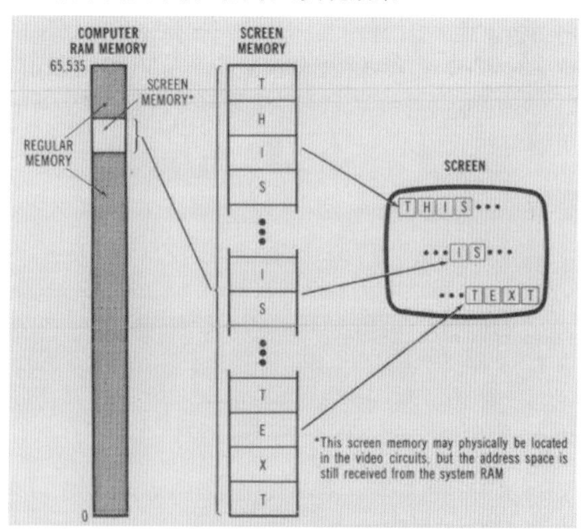

图8-83 文字模式最终的实现效果

试想一下，如果只显示一个静态的字符，这是不是很没活力？是的。如果能够给文字加上闪烁、加下画线、加粗、删除线等特效，这是不是会更好？有些文字模式的显卡就支持这种特效。Host端只需要将每个文字对应的特效控制位随着文字的ASCII码一同写入显存，显卡的译码电路就会根据这些特效控制位，控制着电路将这些特效叠加到对应的输出信号中。注意，所谓特效，就是后期加入的，而不是预先定义好的。比如，将每个字形都生成一份带删除线的副本，以及一份带下画线的副本，这样需要的存储容量将会翻倍。这些特效都是在移位寄存器前端放置一个专门生成对应像素的电路，自行生成器输出的还是标准字形。比如这些特效电路会计算删除线的位置，然后到达对应的Scanline之后，这些电路将删除线对应的像素点强行塞入移位寄存器（利用MUX来抢路），从而输出删除线以及其他任意特效。删除线、下画线很好处理，但是加粗就很不好处理，可能需要引入较大量计算。

8.2.2.4　单色显示适配器

如图8-84上方所示为IBM在1981年推出的单色显示适配器（Monochrome Display Adapter，MDA）文字加速显示卡。其为一张文字模式的显卡。其支持像素显示器，80×25=2000字符的屏幕显示，每字符9×14像素，拥有256字符的字形库。可以看到其卡上中间横着的主控芯片以及主控左边面积最大的那块字形库ROM芯片。

MDA有4KB的显存。仔细算一下，2000个字符每个8位的ASCII编码的话，2KB显存就足够了，MDA为何需要4KB？MDA支持对显示的字符添加各种上述的特效，那么就必然为每个字符增加对应的信息来描述这些特效。所以，MDA在显存中为每个字符额外添加了1字节的属性描述，就变成4KB了。Host端在向显存中写入字符ASCII编码时也要一同带有这个字节额外的属性信息。另外。MDA对字符编码进行了扩充，除了包含标准ASCII编码的字符之外，还扩充了一些其他字符，整个码表被称为“Code page 437”，这也是当年IBM PC机显卡广泛使用的文字模式显示时的字符编码。

图8-84下方所示为联想当年推出的带有汉字字形库的“汉卡”。汉卡的原理其实就是把汉字的字形像素信息（如图8-85所示）记录到ROM中，同时Host端也需要使用对应的汉字字符编（比如**区位码**）码来控制显卡显示对应的字形。中文字形库的容量会比英文字母字形库大得多。

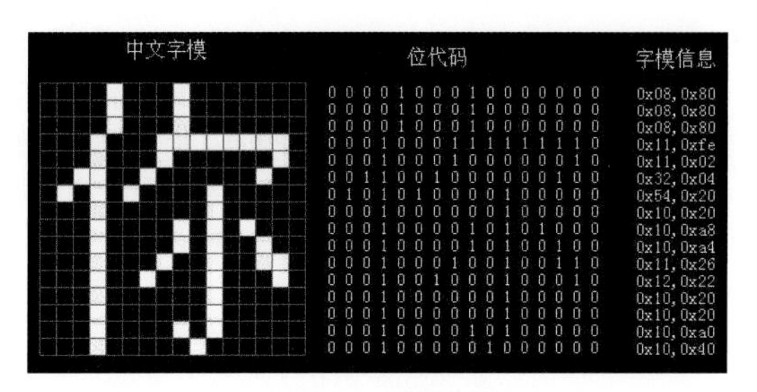

图8-85　汉字字形库

如图8-86所示，MDA采用DE-9针接口，其中7#针传送像素数据，6#传送灰度信息。MDA卡还提供了一个打印接口，可以将字符信息转换为驱动打印头运动的信号，从而实现打印。仔细想来，显示器和打印机的本质其实是相同的。

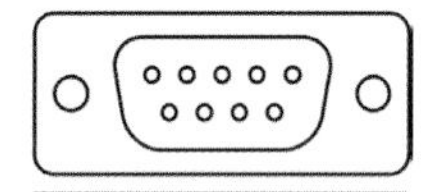

Pin	Function
1	Ground
2	Ground
3	Not Used
4	Not Used
5	Not Used
6	Intensity
7	Video
8	Horizontal Sync (+)
9	Vertical Sync (-)

图8-86　DE-9接口

这种可以将字形生成的工作从Host端解脱出来，利用显卡从硬字形库中提取字形并显示的方式，称为文字显示加速，对应的像MDA这样的文字模式显卡，则被称为**文字加速卡**。

MDA的4KB显存被映射到系统全局地址空间中的0xB0000处，Host端程序只要向从这里开始的4KB中写入对应的字符描述信息，就可以动态在显示器上显示出对应的内容。

如图8-87所示，将对应字符的ASCII码（1字节）

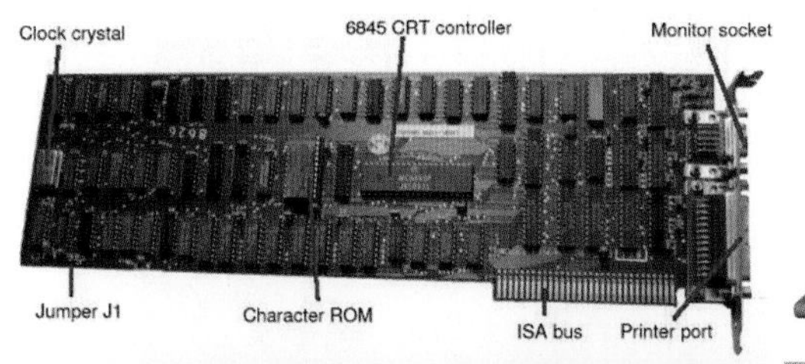

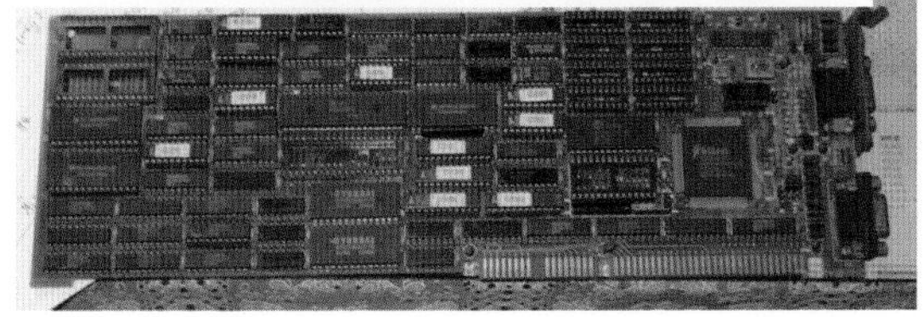

图8-84　IBM在1981年推出的MDA文字模式显卡

和描述闪烁等特效的属性信息（1字节）放置到显存中对应的位置，显卡就在屏幕对应位置上显示对应的字符。图中的显存被映射到了0xB8000，而不是上述的0xB0000，原因是该图表述的是比MDA显卡更高级的VGA显卡采用的映射方式，我们下文中再介绍VGA。

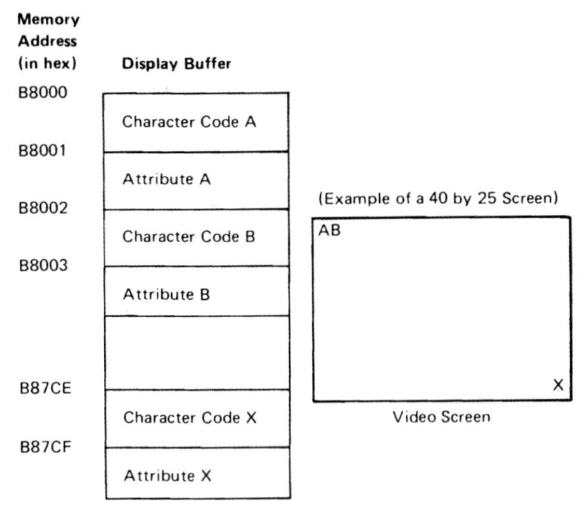

图8-87 显存中的字符ASCII码和属性

8.2.2.5 点阵作图与ASCII Art

计算机领域的20世纪，是个奇妙、时刻产生着新变化的时代。那时候的人总在想，到底怎么在不花大钱的情况下用电脑显示图片，甚至运行图形游戏。试想一下，如果每个像素为双（黑白色）色而不是任意颜色的话，那么每个像素只需要1位来表示其是黑色还是白色。这样是不是可以在不耗费太多显存的情况下，形成任意像素图形？

终于，Matrox公司后来推出了一款名为ALT-256**2的显卡。该显卡支持像素显示器，采用了8KB（65536位）的RAM作为显存。这65536位形成了一个像素矩阵，Host端只需要将对应的1或者0写入显存中对应bit，就可以用黑白色做出任意图形了。该显卡本质上就是一个Frame Buffer，只不过是只有65536像素低分辨率的黑白双色图形显卡。如图8-88所示为该显卡的架构示意图以及用它生成的图像。Host端处理器可以通过地址总线将X和Y（行和列）地址写入到显卡内部控制读写显存的模块的对应寄存器中，这样就可以选通内存阵列中的1个bit，然后可以向该bit写入1或者0来控制它的颜色。该显卡不支持文本模式，但是可以通过Host端加载软字形库，将提取出的像素利用上述方式写入显存，一样可以显示文字。或者该卡支持用其他文字卡生成的像素信号与自己的像素信号叠加，从而将其他显卡生成的文字像素与自己生成的图像像素混叠起来，形成更好的效果。

看上去不错，但是分辨率实在是太低。下图那张蒙娜丽莎的图片，其实是在当代使用数码相机拍摄的照片，翻译成低分辨率像素值，然后使用3块ALT-256**2显卡共同生成的。另一张图片则是当时的真实场景。全是RAM太贵惹的祸。

难道不能将图形像素也放到大容量ROM中么？ROM中其实什么像素形状都可以放，关键问题是，你能保证任意图形都可以分解为可接受数量的、有限的、最基本的形状么？肯定不能。那你看这样行不行：我把65536种颜色的像素点放到ROM中，然后用类似ASCII码的方式从中选出对应的像素输出给

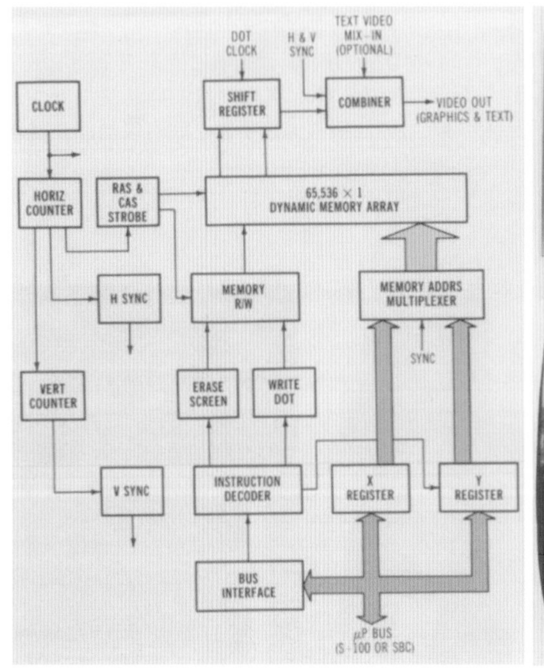

图8-88 ALT-256**2黑白图形显卡

显示器？可以。但是这样根本节省不了任何存储空间，反而多耗费了，因为每个像素的颜色你也得用16位描述，在RAM显存中要为每个像素分配16位，相反ASCII只需要8位描述每个字符。同时，在ROM中记录每个像素的颜色也需要16位/颜色，因为DAC需要根据这16位值来生成对应的三原色电压值输送给像素显示器。这样的话，还不如直接用RAM来存储每个像素。

但是，是不是可以通过牺牲图片质量，用一些基本图形近似的拼接出任意图形？这个就可以了。ASCII Art其实就是我们常见的字符画。如图8-89所示，人们的智慧是无穷的。当然，这种画属于抽象的表达，算是一种艺术表达形式，其分辨率只够让人看出个大致轮廓。

使用ASCII Art一样可以制作出游戏。虽然这种游戏在今天看来很不入流，但是对于20世纪的人们来讲，只要电脑能够“自动”演示一些东西，而不是几行字母加一个闪动的光标，那就会让人极度兴奋，比如当运行一个游戏之后电脑屏幕短暂的黑屏，然后出现设计好的图形/文本的那一刹那的时候。

8.2.3 图形模式

要想实现更高分辨率更细腻的图片，必须用大容量的Frame Buffer。所以，一直到Frame Buffer成本降低到几乎成了所有显卡的标配之后，计算机图形领域才逐步进入蓬勃发展期。当然，这时的Frame Buffer的形态也随着芯片制造工艺的提升发生了很大变化，RAM芯片面积更小了，可以直接被集成到显卡母板上，而不需要用单独的像图8-67那样的Frame Buffer卡了。在20世纪末的计算机图形领域，IBM公司开创并引领了业界标准，其接连推出了CGA、MCGA、PGC、EGA、VGA等一系列图形显示规格标准。

8.2.3.1 Color Graphics Adapter（CGA）

在推出MDA之后，IBM又在1981年推出了带有16KB显存的CGA显卡，其为IBM PC机上的第一块图形卡，所以非常流行。如图8-90所示为CGA显卡的实物图。其依然是由中央的一片显示主控，加上左边那片面积最大的字形ROM芯片，再加上一堆外围的显存、时序、译码等芯片组成，采用ISA前端I/O接口与计算机主板相连。

如图8-91所示为CGA显卡内部架构框图，其基本运作流程与前文中介绍的类似。其使用DE-9针接口连接显示器，由于支持多颜色显示，所以图8-86中的3#、4#、5#针被用来传递R/G/B三原色的电平值。

MDA用4KB显存来存放字符的ASCII码和显示特效属性，而CGA则使用16KB显存作为Frame Buffer来直接存放像素数据，这16KB的存储器空间被映射到当时的CPU全局地址空间中的0xB8000处。一直到今天，当代的最新显卡都可以模拟兼容CGA卡，也就是目前最新的显卡的确会映射一块显存到这个地址上，并且接收与CGA相同的寄存器控制信息和字符格式/属性信息并显示文本。

CGA显卡支持最高16种颜色的显示。它同时兼容MDA的文本显示模式，也就是说，它在显卡上依然集成了与MDA相同的字形库ROM，以及依然可以支持向显存中写入对应格式的字符编码和属性信息，通过ROM字形生成器向显示器上输出字符。当CGA卡被配置为运行在文字模式下时，其16KB存储器会用4KB作为存放文字ASCII码的显存，其余部分作为Frame Buffer，这两部分显存会被分别映射到Host端地址空间的对应位置，其中显存被映射的位置与MDA

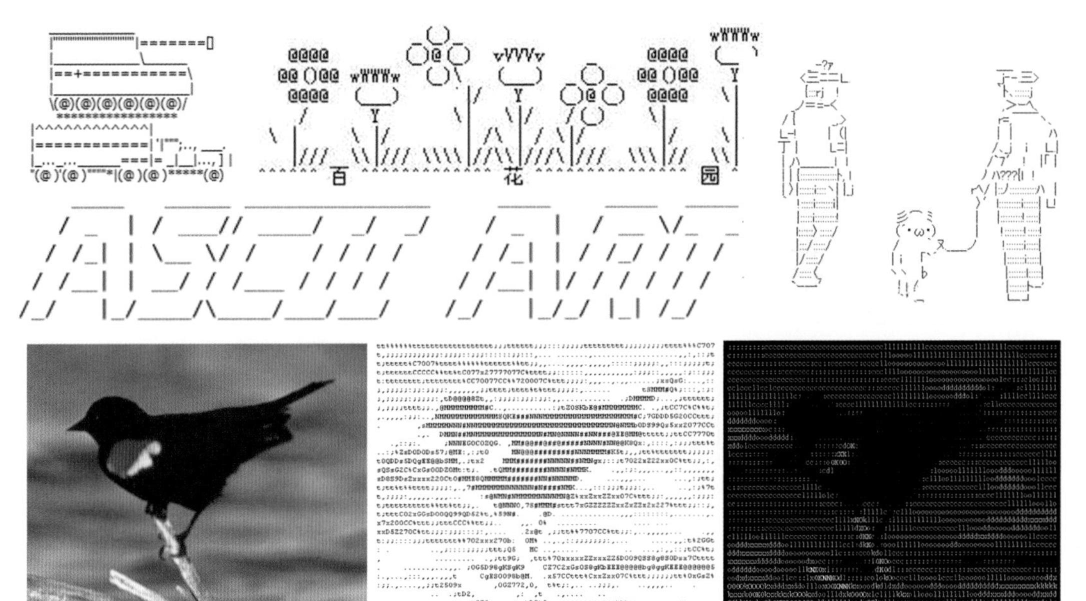

图8-89 ASCII Art（字符画）

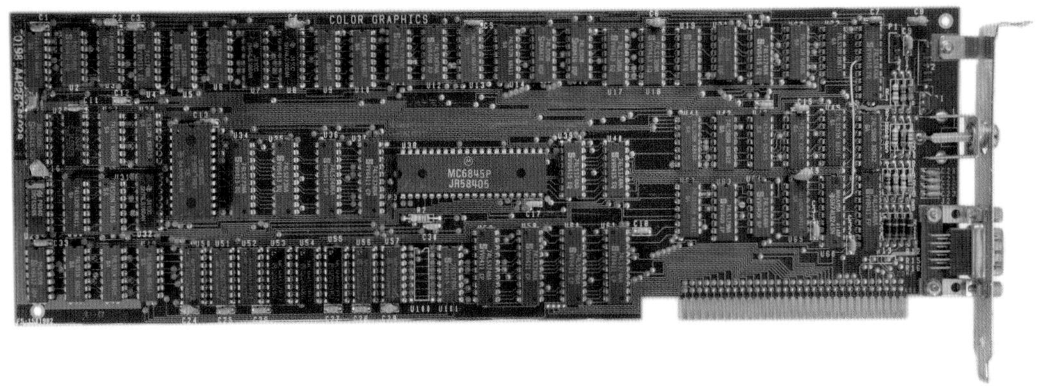

图8-90　IBM推出的CGA显卡实物图

卡保持一致，从而兼容MDA。

CGA支持彩色输出，所以可以支持显示彩色字符，所以属性信息中需要携带字符色彩，包括指定本体颜色（前景色）和背景颜色信息。如图8-92所示为CGA字符模式下显存中存放的针对每个字符的2字节的描述信息格式。

CGA显卡支持如下几种图形显示模式：320×200像素分辨率每像素4色（可选取16种颜色中的4种，通过寄存器控制）；640×200像素分辨率每像素2色；160×100像素分辨率每像素16色。CGA显卡也支持下面两种文字显示模式：40×25 字符数每字符8×8 像素 （共320×200像素）；80×25 字符数每字符8×8像素 （共640×200像素）。

可以通过CGA的相关寄存器来让显卡工作在任何一种图形模式或者文本兼容模式下。比如位于地址03D8h的Mode Control Register，其中不同的bit控制着显卡运行在上述几种显示模式下；位于地址03D9h的Color Control Register，其中的bit用于控制各种颜色选择。位于地址03DAh的Status Register。

CGA只支持16色显示，其利用4位来控制颜色，也就是说图形模式下Frame Buffer中每个像素点最高可以占据4位。但是如果运行在320×200分辨率下，每个像素只能用2位表示，因为320×200×2位=16KB，CGA一共只有16KB的Frame Buffer。所以，分辨率和颜色数量是此消彼长的关系。16色下的分辨率只能做到160×100，按理说应该可以做到160×200，或者320×100，但是后两者的画面比例比较奇怪，为了保持画面比例不变，所以最终支持到160×100。此时Frame Buffer中会有8KB的空余，可以存储两屏的像素，此时Host端可以将新显示的数据写入到第二屏幕Frame Buffer，显卡扫描完第一个8KB，随即扫描第二个8KB，Host再向第一个8KB写入新像素值，这样会让画面更加流畅。这个技术在第5章中其实预先介绍过。

如图8-93所示为CGA显卡的16色色谱以及在不同色彩模式下的显示效果。图8-94为16色160×100分辨率的显示。

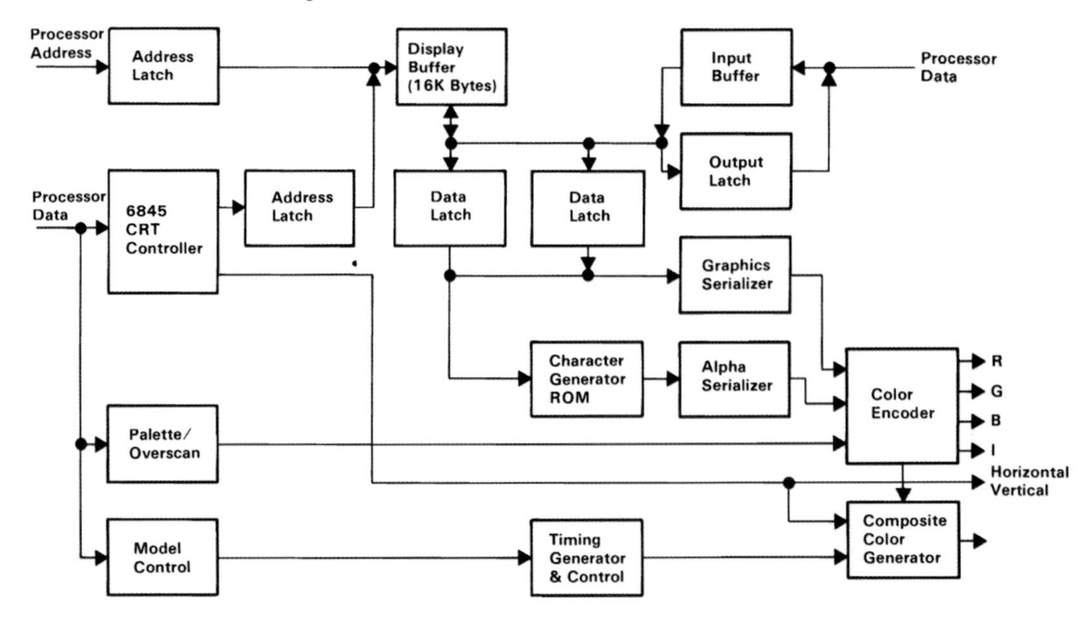

图8-91　CGA显卡内部架构框图

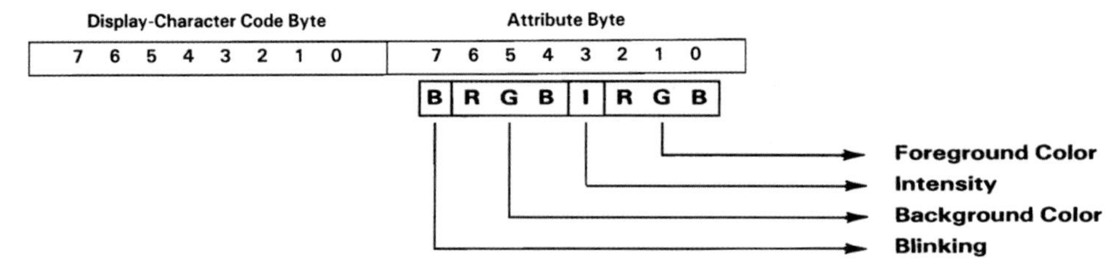

图8-92　字符模式下显存中的字符描述信息

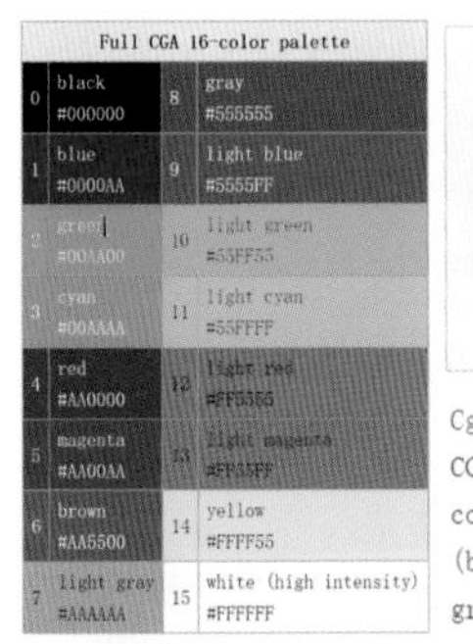

Full CGA 16-color palette

0	black #000000	8	gray #555555
1	blue #0000AA	9	light blue #5555FF
2	green #00AA00	10	light green #55FF55
3	cyan #00AAAA	11	light cyan #55FFFF
4	red #AA0000	12	light red #FF5555
5	magenta #AA00AA	13	light magenta #FF55FF
6	brown #AA5500	14	yellow #FFFF55
7	light gray #AAAAAA	15	white (high intensity) #FFFFFF

Cga p0.png
CGA 320×200 in 4 colors palette 0 (black, red, yellow, green)

Cga p1.png
CGA 320×200 in 4 colors palette 1 (black, cyan, magenta, white)

Cga p3.png
CGA 320×200 in 4 colors 3rd palette (tweaked), (black, cyan, red, and white

Cga 640x200.png
CGA 640×200 in 2 colors(1-bit)

Cga 150x100.png
CGA 160×100 16 color mode(4-bit

图8-93　CGA显卡的16色色谱以及在不同色彩模式下的显示效果

图8-94　16色160×100分辨率图样

其用于描述颜色的4位的值中，有3位是描述R/G/B分量值，1位用于给出灰度值。也就是说R/G/B三个值只能是000（全黑）、111（全白）、001（纯蓝）、010（纯绿）、011（绿+蓝=纯青）、100（纯红）、101（红+蓝=纯紫）、110（红+绿=纯黄），在这8种颜色基础上，再用1位的灰度来调和，最终上述每种颜色产生一明一暗两个变种，最终产生如图8-93左侧所示的16色的色谱。之所以要产生同一种色调的暗色，是因为这样可以做出更加有层次感的图片，比如阴影、轮廓等处，这些地方都需要使用暗色来调和。如果屏幕上所有像素都是同一种灰度，那么纵使色调数量很多，也无法产生明暗相间有层次感的图形。

对于那些只能以4色显示的分辨率模式，这4种颜色要从16色中的哪4种选出来呢？为此CGA给出了两种调色板选择，如图8-95所示。如何选择使用哪种调色板？通过设置CGA显卡的Color Control Register中的第5位为1还是0来控制。如何设置该寄存器？当然是通过ISA总线发起访存操作访问该寄存器被映射在系统全局地址空间中的对应地址，我想对于这个问题，如果你仔细阅读了第7章，自会胸有成竹。在640×200分辨率下，系统只能显示黑白两色，所以就不需要调色板了。

#	Palette 1	Palette 1 in high intensity
0	default	default
1	3 — cyan	11 — light cyan
2	5 — magenta	13 — light magenta
3	7 — light gray	15 — white (high intensity)

#	Palette 0	Palette 0 in high intensity
0	default	default
1	2 — green	10 — light green
2	4 — red	12 — light red
3	6 — brown	14 — yellow

图8-95　CGA给出的两种调色板选择

那么，所谓调色板（Pallet），其物理实体是什么？还记得上文中介绍过的RAMDAC么？其利用一小片SRAM存放调色信息，然后向DAC输出R/G/B三路信号的模拟量。这个RAMDAC可以被配置为当收到比如R/G/B=0/1/1的数字量时，将其翻译为另一套数字量，比如R/G/B=00/11/10，或者比如R/G/B=11/01/10等，也就是将原本3位的颜色值转换为6位输出。DAC再将6位色值翻译成对应的模拟量输出给RGB线路。SRAM中存放的其实就是原始色值～扩充色值的映射表，这个表被称为Color Lookup Table（CLUT）。只要存放多套映射表，就可以产生多套调色方案。这样，Frame Buffer中只需要存储原始低位数色值，只在调色板SRAM中存储比较小的映射关系即可。假设某显卡共可生成64种颜色，有2套调色板，每个像素在Frame Buffer中占用4位（RGBI/红绿蓝和灰度），第一套调色方案是将R/G/B=0/0/0映射为R/G/B=10/10/10，R/G/B=1/1/1映射为R/G/B=11/11/11；第二套方案则是将R/G/B=0/0/0映射为R/G/B=01/01/01，R/G/B=1/1/1映射为R/G/B=10/10/10。只要改变SRAM中的映射信息，然后用寄存器切换调色方案，就可以切换任意色调。当然，多数产品不允许改变RAMDAC中的映射信息，只提供固定的几套调色板可切换。一般来讲，每个像素原始色值通道（R/G/B通道）被映射到的扩充色值中起码要有1位来表示该色值通道的灰度值，这样才能产生明暗相间有层次感的图形。

对于像素原始色值位数与色库中的颜色色值位数为1：1的场景下，像素原始色值相当于一个索引，系统去色库中对应的行读出对应的R/G/B色值位，然后输出颜色。有些显卡支持程序改变色库中某一行的R/G/B色值，从而可以让像素原始色值映射成任意其他颜色。通过这种方式可以做成动画。

提示 ▶▶▶

早期的Windows系统比如Win98、WinXP的启动界面中的屏幕滚动条，其实就是通过改变不同的调色板寄存器来实现的动画效果。滚动期间根本不需要重新写入新值，只利用不同的调色参数，显卡就会动态改变相同原始色值的实际输出颜色，经过仔细调校后，形成了滚动效果的动画。

在DOS操作系统下，可以使用对应的命令改变CGA显卡的显示模式，这些命令底层都是向显卡的控制寄存器地址写入对应的位来实现的。具体的命令大家可以自行查询。在图形模式下显示字符，Host端程序需要自行搞定每个字符的像素，所以需要用软字形库。一般来讲，在现代操作系统下，这些软字形库会被存储到对应的字体文件中。而主板BIOS运行时操作系统还没有启动，没有文件系统的支持，这些软字形库就只能存放在主板BIOS ROM中，字形库的地址被映射到0xFFA6E处，其存放了127个基本字符的字形库，显示字符的过程需要BIOS内的程序将字符像素值读出然后写入到Frame Buffer中。CGA的Frame Buffer被映射在全局地址空间的0xB8000处。

MDA的文本模式只需要4KB显存，那么如果让CGA运行在MDA文本兼容模式下，其16KB的显存其实可以存储4个（80×25字符数）甚至8个屏幕（40×25字符数）容量的信息，每个屏幕被称为一个Page，或者Text Page。人们利用这一点实现了一些高级功能，比如在屏幕滚动时，需要重新计算所有字符的位置，重新将所有字符写入显存的对应的新位置，这将产生较大的计算量和I/O量。试想一下，如果能够让字符在显存中待着不动，但是改变扫描的起始行（通过向显卡对应的寄存器中写入对应的值来控制），也就是之前将显存的第一行扫描并显示在显示器的第一行，现在改为从第二行开始扫描并显示在显示器的第一行，这样不就可以做到将后续所有行的数据往前“挪动”一行了么？是的。但是最后一行超出了之前的显存边界怎么办？可以利用余出来的额外显存来存放。用这种方式倒换，最终就可以实现在不重写显存的前提下的连续的屏幕滚动。这样，通过多份显存Page，在滚屏时只需要写一个显存扫描基地址寄存器值就可以了，这避免了Host端的运算量和I/O量。这个技术被称为Smooth Scrolling。

8.2.3.2 Enhanced Graphics Adapter（EGA）

1984年，IBM推出了相比CGA规格更高的EGA显卡，其支持的显示规格如图8-96所示。

MODE #	TYPE	COLORS	ALPHA FORMAT	BUFFER START	BOX SIZE	MAX. PAGES	RESOLUTION
0	A/N	16	40x25	B8000	8x8	8	320x200
1	A/N	16	40x25	B8000	8x8	8	320x200
2	A/N	16	80x25	B8000	8x8	8	640x200
3	A/N	16	80x25	B8000	8x8	8	640x200
4	APA	4	40x25	B8000	8x8	1	320x200
5	APA	4	40x25	B8000	8x8	1	320x200
6	APA	2	80x25	B8000	8x8	1	640x200
D	APA	16	40x25	A0000	8x8	2/4/8	320x200
E	APA	16	80x25	A0000	8x8	1/2/4	640x200

图8-96 EGA显卡支持的显示规格

EGA显卡支持16色显示，具体做法是从64种原色中利用调色板实现多套不同搭配的16色色谱。为什么不直接支持64色呢？因为这样每个像素需要使用6位来描述，显存不够用。调色板的作用就是可以将少量的像素bit对应成多个RGB值，这与我们之前章节中介绍过的Cache和RAM之间的映射思想有相似之处。调色板具体原理已经在上文中介绍过了。如图8-97所示为EGA显卡的实物图。

EGA显卡拥有64KB显存，可通过板载连接器扩充到128KB或者256KB。EGA显卡依然使用DE-9接口连接显示器。如图8-98所示为DE-9接口上的信号一览（左下图），以及当时采用的彩色显示器实物图（右

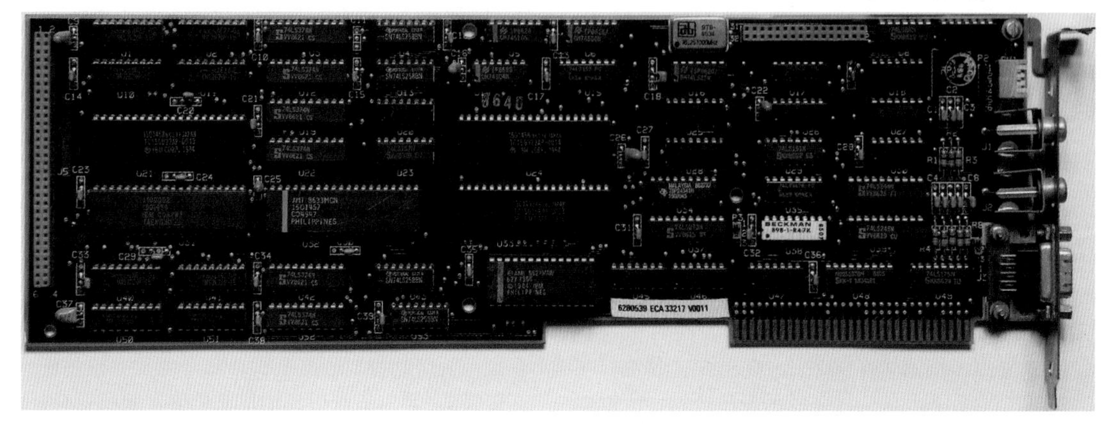

图8-97 EGA显卡实物图

下两图）。

如图8-99所示为EGA显卡的64色色谱以及运行在640×350@16色时的效果。

8.2.3.3　Video BIOS ROM的引入

EGA显卡拥有16KB的ROM，其中存放有两套各256个字符的字形bitmap。另外，这片ROM中还存有着大量的汇编代码程序，这些程序可以协助Host端程序完成一些字符/光标显示和控制、显卡运行模式配置、寄存器读写等操作。也就是说Host端程序只需要调用ROM中的这些程序，就可以完成图像的显示工作，极大降低了Host端程序代码的编写负担，不过并没有降低Host CPU的负担，因为CPU一样需要运行这些代码，只不过这些代码被存放在了显卡上的ROM中。至于这些代码具体如何实现的我们就不多介绍了，不过最终它们也都是去更新显存。

那么，Host端程序该如何调用这些代码呢？显卡会将整个16KB ROM映射到Host端全局地址空间的C0000h处开始的16KB区段，程序只要知道ROM中这些不同程序入口所在的偏移量，就可以直接以函数调用的方式直接调用相应地址上的这些代码。但是这样做需要程序了解所有程序入口地址，很不方便。所以，人们使用另外一种方式来调用这些代码。

先在这段ROM中实现一个中断服务程序，将它放到ROM中固定的地址。在系统的中断向量表中将该程序地址挂接映射到中断号10h（由操作系统比如DOS启动时自动完成）上，然后在CPU上实现一条能够让程序主动触发中断（被称为**软中断**）的指令，比如“Int”指令。程序执行Int 10h后，会触发CPU主动去中断向量表中查找到10h号中断对应的中断服务程序指针地址，执行该地址的代码，就可以调用中断服务程序代码了，然后再用中断服务程序去统一调用各个功能函数，所以程序不需要知道各个功能函数的地址。程序发出Int指令后，会被CPU挂起暂停执行，之后CPU并没有闲着，而是去对应的指针执行了后续各种位于显卡ROM中的代码。再次重申，这些ROM中的代码是被Host端CPU执行的，而不是显卡自身执行的。

那么，程序要让显卡做事情，就得把做指令和数据传递给显卡，程序可以将对应的操作码和数据预先载入Host CPU上的规定的寄存器，这样，中断服务程序运行的时候从这些寄存器中就可以拿到对应的信息。如果这些程序有需要返回的内容，也需要将其放入到规定的Host CPU寄存器中，返回之后，Host端的程序从这些寄存器中就可以拿到数据。如表8-1所示为Int 10h调用时需要在其他寄存器中给出的部分参数值一览，其中AH、AL、BH、BL、DX、CX等指的都

Pin	Name	Function
1	GND	Ground
2	SR	Secondary Red (Intensity)
3	PR	Primary Red
4	PG	Primary Green
5	PB	Primary Blue
6	SG	Secondary Green (Intensity)
7	SB	Secondary Blue (Intensity)
8	H	Horizontal Sync
9	V	Vertical Sync

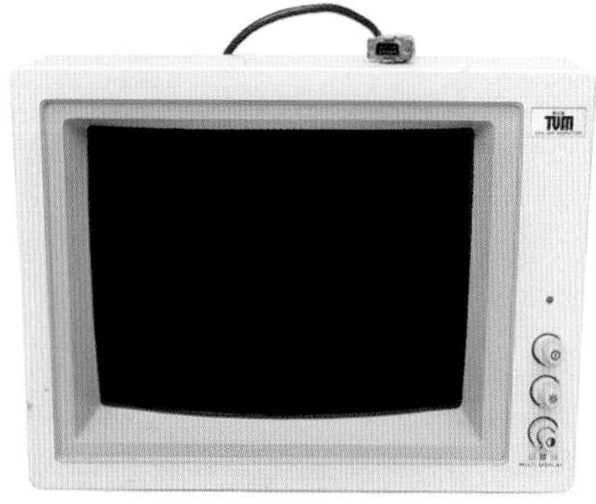

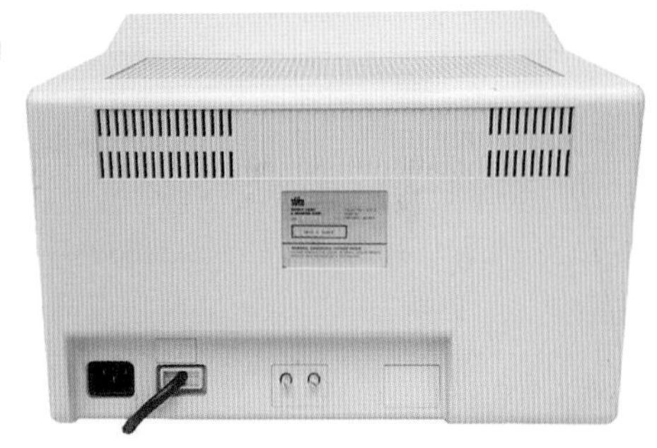

图8-98　EGA显卡DE-9信号一览及当时采用的彩色显示器实物图

图8-99　EGA显卡的64色色谱以及运行在640×350@16色时的效果

表8-1 Int 10h调用时需要在其他寄存器中给出的部分参数值一览

AH值	功能	调用参数	返回参数 / 注释
0	配置显卡显示模式	AL=0：40×25@2色文字模式 AL=1：40×25@16色文字模式 AL=2：80×25@2色文字模式 AL=3：80×25@16色文字模式 AL=4：320×200@2色图形模式 AL=5：320×200@4色图形模式 AL=6：640×200@2色图形模式	
1	置光标类型	（CH）0-3 = 光标开始行 （CL）0-3 = 光标结束行	
2	置光标位置	BH = 页号；DH = 行；DL = 列	
3	读光标位置	BH = 页号	CH = 光标开始行；CL = 光标结束行；DH = 行；DL = 列
4	读光笔位置		AH=0 光笔未触发，=1 光笔触发；CH=象素行，BX=象素列；DH=字符行；DL=字符列
5	显示页	AL = 显示页号	
6	屏幕初始化或上卷	AL = 上卷行数；AL =0全屏幕为空白； BH = 卷入行属性；CH = 左上角行号；CL = 左上角列号；DH = 右下角行号；DL = 右下角列号	
7	屏幕初始化或下卷	AL = 下卷行数；AL = 0全屏幕为空白；BH = 卷入行属性；CH = 左上角行号；CL = 左上角列号；DH = 右下角行号；DL = 右下角列号	
8	读光标位置的属性和字符	BH = 显示页	AH = 属性 AL = 字符
9	在光标位置显示字符及其属性	BH = 显示页；AL = 字符；BL = 属性；CX = 字符重复次数；	
A	在光标位置显示字符	BH = 显示页；AL = 字符；CX = 字符重复次数；	
AH=B BH=0	设置背景色	BL=背景颜色值	
AH=B BH = 1	设置调色板	BL=调色板ID	
C	写/改变像素颜色	AL=颜色值；BH=页号；CX=X坐标；DX=Y坐标；	
D	读像素颜色值	BH=页号；CX=X坐标；CY=坐标	AL=颜色值
E	显示字符(光标前移)	AL = 字符；BL = 前景色；	光标跟随字符移动
F	获取当前的显示模式		AL=显示模式；AH = 字符列数
13	显示字符串	ES:BP = 串地址 CX = 串长度 DH，DL = 起始行列 BH = 页号 AL = 0，BL = 属性 串：Char，char，……，char AL = 1，BL = 属性 串：Char，char，……，char AL = 2 串：Char，attr，……，char，attr AL = 3 串：Char，attr，……，char，attr	 光标返回起始位置 光标跟随移动 光标返回起始位置 光标跟随串移动

是Host CPU上的寄存器名称。

同理，也可以把一些用于读写硬盘的程序代码放置到ROM中，当然是主板的ROM，也就是BIOS中。用同样的方式，向程序提供一个Int 13h软中断接口，从而操作硬盘。那么为什么不把显卡ROM中的这些程序放置到主板BIOS ROM中呢？或者说为什么主板BIOS中不集成这些文字显示/光标控制程序呢？理论上这完全可以，但是由于显卡的型号众多，不可能用同样一套程序控制所有显卡。如果为多种显卡各自开发各自的操作程序（驱动程序），那么主板BIOS的容量将会非常大，这也不现实。

正因如此，显卡厂商自行开发控制自己显卡的各种功能函数并将其放置到显卡自身ROM（或者俗称显卡BIOS，Video BIOS）中，并使用为唯一的一个中断服务程序来统一提供调用接口，中断服务程序再去调用各个功能函数。显卡厂商与早期的操作系统比如DOS进行联合适配，DOS操作系统将显卡的ROM映射到全局地址空间中C0000区段上（通过对系统的访存路由表硬件寄存器进行设定，让所有访问该区段的访存请求通过ISA总线传递给显卡），并将中断服务程序挂接到Int 10h向量上，为Host程序提供显示服务。而硬盘则由于是通用设备，不同厂商的硬盘接收的其实都是标准的SCSI/ATA指令，所以可以做成通用的控制程序（通用块设备驱动），直接放置到主板BIOS ROM中，并提供Int 13h调用。还记得本书前文中介绍过的么，主板BIOS一般会被映射到系统全局地址空间中的最高2MB地址范围。

而主板BIOS ROM和显卡BIOS ROM几乎都使用了可擦写ROM，读取速度比较慢。为了加快这些代码的执行速度，主板BIOS自身可以将自己的代码直接复制到系统的RAM主存中某处存放，并修改中断向量表的对应指针指向RAM中的代码位置，而主板BIOS占用的最高2MB依然还在那里被映射着，访问这段地址的请求依然会被路由到ROM硬件中执行。所以，当BIOS把自己复制到RAM中之后，同一份BIOS代码在全局地址空间中会有两个副本，一个在RAM，一个在ROM，在ROM中的这份副本后续就不会再被访问了，所以ROM占用的高2MB空间会被废掉。对于那些地址线数量很少的CPU，比如16位、32位 CPU，这块地址空间原本可以被映射给RAM，但由于被ROM占用了，RAM的可用容量就会变少（比如4GB的RAM会被少映射2MB，纵使物理上真的有4GB），这样造成浪费。这块被浪费的空间被俗称为Hole。

同理，主板BIOS主程序可以将显卡的BIOS ROM复制到RAM，加快显示服务调用的执行速度。这种将主板ROM中的代码和显卡ROM代码复制到RAM后续在RAM中执行的方式被分别称为BIOS Shadow和Video BIOS Shadow。当然，用户可以让主板BIOS不复制自身或者显卡ROM（可以分别设置）到RAM，通过在启动时的BIOS配置界面中选择对应参数即可。这些参数会被保存在主板上的一片CMOS存储器中，BIOS ROM代码会读取其中内容决定执行方式。对于现代计算机来讲，Shadow对性能的提升几乎没有，因为现代的操作系统几乎不调用主板BIOS或者Video BIOS内部提供的代码，而都是自己实现了更高效的代码。Shadow还会占用额外的RAM空间，这不划算。

既然如此，是不是显卡就不需要把显存/Frame Buffer映射到全局地址空间供程序直接读写了？可以不映射，但是，通过Video BIOS中的程序来显示图形，性能比较差，因为程序每次发出Int软中断指令，就相当于一次函数调用。试想，为了显示一点点像素值，就要去调用一次函数，这个效率相比直接向显存/Frame Buffer中写入对应的值要慢得多。所以显卡依然会将显存/Frame Buffer映射出去，程序依然可以选择直接操作显存/Frame Buffer的方式来显示图像，而不是通过调用Video BIOS中的程序。实际上，很多游戏程序也的确是直接操作显存/Frame Buffer。只有那些对图形性能要求不高的程序，为了追求便捷，才去调用Video BIOS。另外，设置显卡的工作模式、分辨率、颜色等步骤，也可以通过调用Video BIOS来完成，而且可能必须调用，因为显卡可能并不会把其内部的各种配置寄存器都映射到系统全局地址空间中供程序直接读写。因为这样风险比较高，一旦程序bug乱写寄存器，就会导致问题。所以，这些任务也被统一挂到了Int 10h中。

有些极客/骇客/黑客们利用程序直接将Video ROM中的所有字节读出来，可以发现里面会包含有对应的字形bitmap，然后把玩一番。比如其中一种玩法就是在图形模式下显示字符，为了节省工作量，可以直接将对应字形从ROM中取出然后直接填充到图形模式的Frame Buffer中。因为字形本来就在ROM中实现好了，没必要自己去编写一套字形bitmap。同理，有些显卡支持升级Video BIOS ROM中的代码或者字形库，比如通过某些Int调用开启ROM的写权限，然后利用程序直接向ROM被映射的地址空间写入对应的新数据，这样就完成了升级。

EGA显卡将Frame Buffer整体映射到从系统全局地址A0000h处开始的128KB，同时为了兼容之前的MDA/CGA显卡，会将一部分专门用于存储CGA像素值和MDA字符ASCII码和属性值的显存分别映射到B0000h和B8000h处，各自有32KB。使用CGA和MDA的老程序依然可以写入这些显存位置实现图形、文字显示。

EGA显卡是第一个引入Video BIOS ROM的显卡。后续的显卡，乃至当代最先进的显卡，为了兼容主板BIOS在系统启动时的行为和显示字符/图形的方式，也都包含Video BIOS ROM，也都继续提供Int 10h的中断服务程序，当然，也继续提供兼容CGA、EGA等显卡的显存映射位置，以及继续兼容（也就是可以解析）程序写入的字符ASCII码和属性信息。具体情况可以参考8.2.4节。

8.2.3.4 Video Graphics Array（VGA）

VGA显卡是IBM在1987年推出的，用于其PS/2电脑上。由于当时的集成电路工艺已经可以将显卡所需的主要电路模块集成到一颗芯片上，所以当时其形态并非是一张独立显卡，而是被集成到了电脑的主板上，如图8-100所示。之所以被称为“Array”，是因为其芯片内集成度很高，各个模块在其内部排布成了阵列。如图8-100左侧所示，只需要晶振、RAMDAC、显存以及主芯片，便可组成一张板载显卡了。VGA显卡第一次采用了DE-9的升级版DE-15针接口来传送数据，如图8-100所示。

该VGA显卡板载256KB显存，最高可以到800×600分辨率，640×480@16色，最低可以支持320×200@256色。调色板色库支持262144种颜色（共18位，每个R/G/B分量占6位，各自允许2^6=64个色阶，整体组成所谓26万色色谱）。CGA只支持固定的16种色谱，而EGA支持64种色谱但是依然只支持同时显示16色，只不过可以改变调色板中的每个条目的颜色。而VGA则可以同时从26万色色谱中同时显示256色，而且色谱中的每个颜色也可以被灵活配置。即便如此，它的规格依然赶不上IBM早于它4年推出的PGC的规格。

该VGA显卡支持的分辨率比较灵活，包括：512到800列像素（比如640、704、720、736、768等）@16色，或者256到400 列像素（比如320、360、480等）@256色。对应的，200或350一直到 410行像素@70 Hz刷新率，或者224到256或者448到512行像素@60 Hz刷新率。512到600行像素时刷新率会降低到50 Hz。

VGA显卡依然支持文本模式，支持80×25@16色@9×16点阵，以及80×50@16色@8×8点阵模式，最高可以支持到100×80字符。

VGA显卡兼容MDA、CGA、EGA的显示模式，会向对应的全局地址空间中暴露对应的显存，并可以接收之前格式的字符ASCII码和属性值并解析和显示，以及提供对应的Video BIOS ROM支持。

VGA显卡将它的显存映射在了系统全局地址

图8-100　板载VGA显卡芯片

的0xA0000到0xBFFFF这128KB区段中。其中，从0xA0000开始的64KB区段属于Frame Buffer，是为VGA模式自己的图形模式设置的，同时利用这段区域兼容EGA显卡的图形显示模式；从0xB0000开始的32KB是为了兼容MDA的文字显示模式而设置的；从0xB8000开始的32KB是为了VGA自身的文本模式以及兼容CGA图形模式而设置的。

VGA在当时得到了非常广泛应用和响应，20世纪90年代末的电脑都普遍配备了VGA显卡和气对应的DE-15针接口。DE-15针接口依然被沿用到今天，所以人们习惯将一切使用DE-15针的显示器都称为VGA显示器、VGA接口。其实，VGA之后还经历过多代演变，而它们的名字并不叫VGA，但依然使用DE-15帧接口。直到2015年后的几年内，HDMI等数字接口普遍替换掉了VGA接口。

VGA显卡时代，有大量的品牌和厂商生产了各种规格的显卡。包括：ATI（已被AMD收购）、S3 Graphics、Matrox、Plantronics、Paradise Systems、Tseng Labs、Cirrus Logic、Trident Microsystems、IIT、NEC、Chips and Technologies、SiS（矽统科技，冬瓜哥第一台电脑上所用的显卡就是SiS300型，还是一块3D图形加速卡）、Tamerack、Realtek、Oak Technology、LSI、Hualon、Cornerstone Imaging、Winbond、AMD、Western Digital、Intergraph、Texas Instruments、Gemini、Genoa等。而如今，显卡市场只剩下了区区三家：NVidia、AMD和Intel。

8.2.3.5 VGA的后续

在VGA之后，各种更高分辨率的显示器、显卡被不断推出，由于分辨率各式各样，人们为每一种规格起了对应的名字。如图8-101所示为屏幕分辨率、尺寸比例以及对应名称示意图。这些名字中的W表示Wide，S表示Super，X表示Extended，Q表示Quad，HD表示High Density，U表示Ultra。总之它们都是形容词，分辨率越来越高。

DE-15针接口最高可以支持到4k分辨率@60 Hz刷新率，不过目前的主流4k显示器几乎都去掉了DE-15接口而转为采用HDMI、DP等数字传输接口了。纵使DE-15可以传送xxGA显示模式，但是人们依然习惯称之为VGA。

8.2.3.6 当代显卡的图形和文字模式

当代独立显卡动辄具有数GB甚至十几GB的显存容量，当然，这并不表示其能够在天幕上显示宇宙级分辨率的图像。这些显存几乎都被用来存放一些待运算的数据，因为当代的显卡都支持3D加速计算功能，Host端的程序只需要使用比较简单的接口告诉显卡需要算的东西，然后显卡计算并输出像素的颜色值。截至目前，4k分辨率的显示器逐渐普及，但是其像素值也只不过占用数十MB的Frame Buffer容量而已。所以，当代的3D图形加速显卡可以看做一台专门计算图像像素值的计算机+一块xxVGA显示规格的或者xxHD显示规格的显卡，但是它俩被集成进了一个单一芯片中。

当代的显卡如此强悍，但是它们依然要支持古老的文字模式和图形模式，比如兼容CGA/EGA/VGA时代的操作方式。现在请打开你的电脑看一看，如图8-101所示为冬瓜哥电脑上的Intel集成显卡的显存映射情况示意图。如图8-102左侧所示，其的确在0xA0000～0xBFFFF之间映射了VGA规定的128KB显存。程序可以采用与CGA/MDA/VGA相同的直写显存以及Video BIOS方式来显示图像和文字。

至于当代的显卡依然是将字形库放在ROM中同时配备一个字形生成控制电路模块，还是通过其内部的嵌入式CPU核心通过运行固件代码加载软字形库然后从中提取像素，不得而知。不管通过什么方式，提取出来的字形像素也都是被统一输出到一个专门用于存放像素点值的Frame Buffer（原始意义上的显存），然后通过RAMDAC输出到显示器。

再来看图8-102右侧所示，该显卡同时还额外映射了一个大概268MB大小的区段和一个大概16MB大小的区段。这些空间内都存放了什么东西呢？16MB大小这块区域很有可能对应着显卡内部的各种控制寄存器，以及一些缓冲区。这些寄存器的配置方法，以及缓冲区的使用方法，只有该显卡及其驱动程序的开发者才知道。

268MB左右的那块区间，其实就是该显卡的Frame Buffer直接被映射进来的，其作用是让程序可以直接写入这块空间从而直接显示对应的像素。由于CGA/EGA/VGA模式下的分辨率很低，目前显卡已经可以支持8 K分辨率，所以要在这种高分辨率模式下直接写屏幕像素值的话，那就得把Frame Buffer部分映射到全局地址空间。上文中说过，4k分辨率也不过需要几十MB的Frame Buffer，至于为何要映射268MB左右，冬瓜哥并不了解，不过猜测很有可能其Frame Buffer空间弄成了多个Page，用于分屏显示或者轮流扫描（上文中介绍过）。

但是，在现代操作系统下面，用户程序运行在保护模式，CPU使用虚拟地址访存，无法直接访问Frame Buffer。为此，Linux操作系统将显卡映射的这段Frame Buffer地址区段虚拟成了一个设备，叫作/dev/fb，用户程序可以像访问文件一样来读写这个设备，当然，用户程序应该向其写入像素点色值数据。该虚拟设备的驱动程序负责将用户程序写入的数值写入到显卡的Frame Buffer，从而实现多用户线程可以共同显示图像。这个过程就像ALSA框架中的/dev/pcmC0D0设备一样，只不过后者是流式访问，前者是随机访问。

8.2.4 2D图形及其渲染流程

如果将时间放慢，你会看到显示器上的像素其实

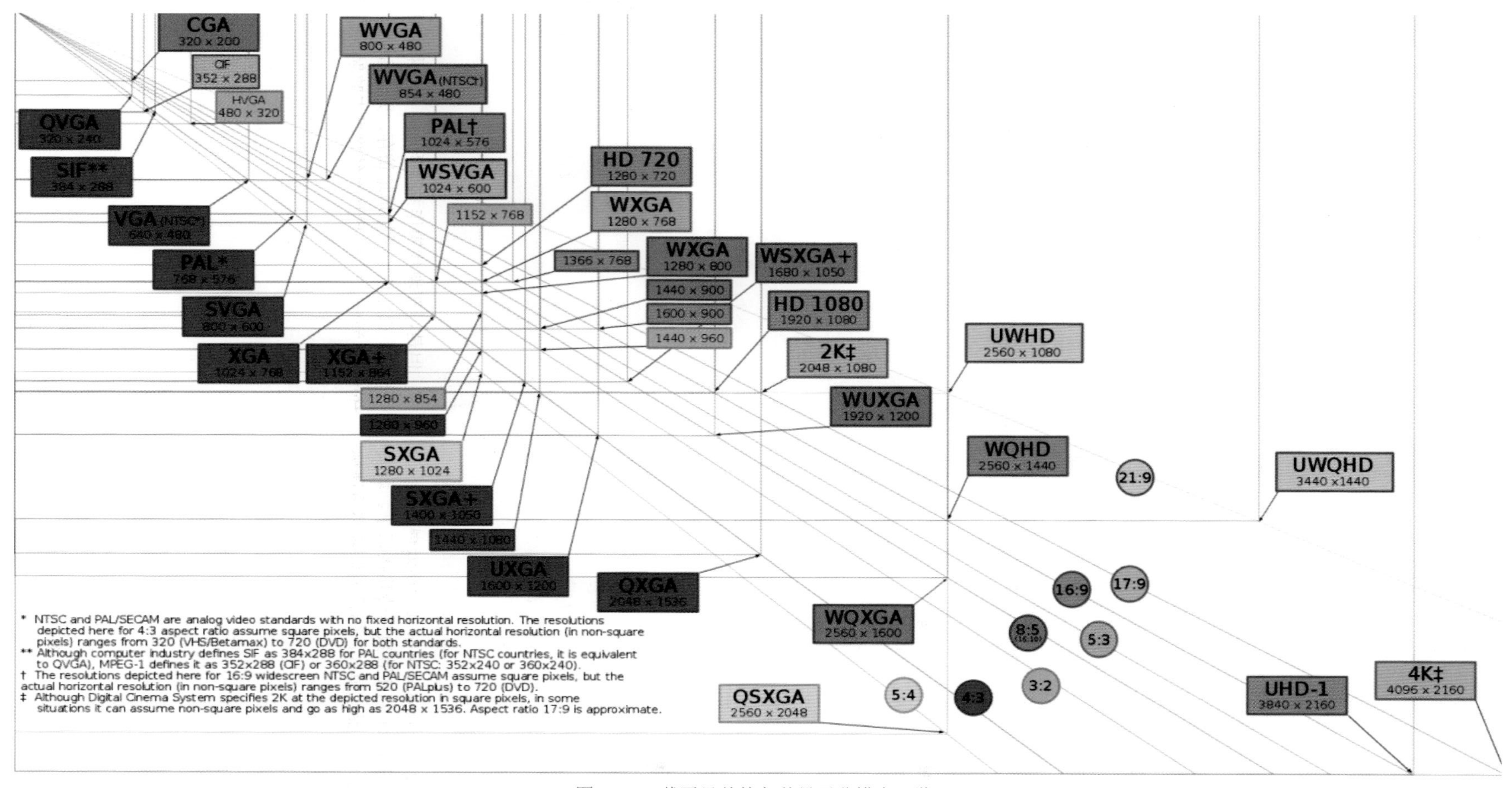

图8-101　截至目前的各种显示分辨率一览

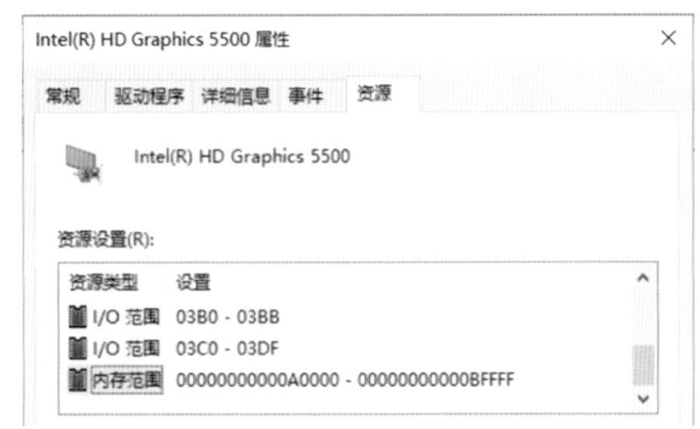

图8-102　当代显卡的显存映射区段

是一个接着一个被刷新出来的。我们平时已经习惯了屏幕上的连贯流畅的图像显示，那是因为显卡以非常快的速度重复播放着每个像素点，这个速度超过了人眼对前后时序的辨识能力，所以才会有流畅的感觉。人们将显卡根据Host端给出的指示（比如文字ASCII码和属性）生成像素的过程称为渲染。将文字信息翻译成像素，属于文字渲染。而对于图形渲染，前文中所述的显卡完全依靠Host端给出的像素值来播放到屏幕上，可以说，图形渲染过程是Host端的程序完成的，而不是显卡完成的。所以，前文中的显卡只提供了文字显示加速功能，而并没有提供图形加速功能。

试想一下，如果能够让Host端的程序只告诉显卡“帮我画个鸟”，显卡就自动在屏幕上输出一个鸟形，这就算图形加速了。Host端程序向显存中约定的位置写入对应的命令操作码，比如画鸟为00，画山为01，画地球为02等，以及写入对应的参数，比如鸟的类型、颜色等。这看着怎么像是在做梦？的确是。图形有无数种，显卡不可能全都实现，至少目前不可能。所以，更加现实的方式是，让显卡完成一些基本线条、形状的作图过程，比如线段（直线、曲线）、多边形、圆等，Host端可以重复地让显卡在对应位置画出这些形状，这些形状组合起来之后，再加上对一些空白处的颜色填充，就可以形成任意图样。这就是2D图形加速渲染的基本过程，其本质上与声卡在波表中将每种乐器每种音符的采样值保存下来，然后拼接成音乐的做法是类似的。

当然，手工画出来的图，终究不如现实中的图的精细和自然。要得到最自然的图，那必须用数码相机直接从现实中取景，取到的直接是被大自然勾勒好的像素值。然而人们总是想勾勒出理想中的画面，而这些是大自然无法生成的。这就像利用波表合成的人工乐曲与通过自然录音生成的乐曲在听觉上的差异一样。计算机的声音和图像处理，似乎本质类似，连路数也是差不多的。

很显然，要实现加速渲染，就必须在显卡内部实现一套能够解析Host传递过来的画图命令和参数并生成对应像素的逻辑。这套逻辑如果用纯数字电路实现的话，完全可以，但是却失去了灵活性，比如想增加新指令，想让显卡画新的元素，之前的数字逻辑就无法满足。最灵活的方式无外乎利用可编程的方式，也就是用CPU+代码的方式。这意味着，在显卡中要放置一个CPU来接收指令和参数并直接向Frame Buffer中输出画好的像素值，不再需要Host端通过ISA/PCI/PCIE等总线直接写入像素值。如果一个CPU无法满足画图时的运算要求，那就放置多个CPU，当代显卡中包含有数千个小型CPU，正因如此，才能计算出本节开头所示的绚丽的3D图像效果。

1982年，NEC公司推出了μPD7220显示控制芯片，如图8-103所示。其不仅支持传统的图形模式和文字模式显示，还支持2D图形加速，画图速度可达800 ns每像素。但是，其太过高端，不接地气。依然还是以当时流行的IBM兼容机PC上出现的显卡为蓝本来介绍。

图8-103　NEC μPD7220显示控制器芯片

8.2.4.1　2D图形加速卡PGC

1984年，IBM推出了一块面向CAD（Computer Assisted Design）场景的专业显卡Professional Graphics Controller（PGC）。说它专业，是因为它能够协助程序来加速图形绘制过程，具备这种功能的图形卡称为图形加速卡，同时，也因为它能够以超出当时主流的标准提供更加精细的分辨率和颜色数量。

PGC最高支持60 Hz刷新率下以640×480分辨率和256色显示。其总共可支持4096种色彩，通过选择不同调色板配置来支持多种不同搭配组合的256色。

板载存储器容量320KB（300KB用做Frame

Buffer，20KB留做它用）。集成有一片运行在8 MHz频率下的Intel 8088 CPU，并附以8KB的微码RAM。也就是利用该CPU运行微码，实现一些原本需要由Host端CPU来完成的计算，Host端程序只需要告诉这个CPU“要怎么画图，数据位于Host RAM的什么地方”即可，不再需要向显卡传送像素值了。当然，其兼容CGA模式，也就是说，其依然会将额外的32KB的Frame Buffer以及显存映射到0xB8000～0xBFFFF处，提供传统的Host端直写像素模式，但是此时分辨率最高只能到320×200了。

如图8-104所示，PGC显卡由3块子卡组成，母板上含有Intel 8088 CPU运行固件程序、存储固件程序的ROM以及显示器接口部分；其中一张子卡上含有CGA型显卡所需的各个部件比如字形库ROM等；另一张子卡上含有大量的RAM芯片作为显存。由于其厚度变厚，其会占用两个主板上的插槽。

如图8-105所示为PGC架构图。其中System Bus Interface负责与Host端的主CPU打交道，传递数据（CGA兼容模式下传递像素或者文本信息；加速渲染模式下传递渲染命令及参数）；Micro Processor模块负责全局总控并解析及执行渲染命令生成像素；Emulator模块负责模拟CGA卡（其基本上就是一块集成的CGA显卡模块）；Video Control Generator模块负责控制与现实有关的各种同步信号和时序等；Display Memory为显存和Frame Buffer、Look-Up Table以及Video Output模块负责调色板配色以及最终的DAC输出（其本质上就是RAMDAC模块）。

渲染命令与我们在第7章中介绍的SCSI命令有什么本质区别么？从最本质上它们其实没有区别，硬盘解析SCSI指令，然后操纵着磁头臂摆动读写数据；支持图形加速渲染的显卡解析渲染指令然后生成对应像素值写入Frame Buffer对应位置。它们的套路是一致的。那么，必然地，渲染命令和参数从主机端传递给显卡的过程也是基本一致的，那就是，利用循环队列、指针寄存器等来实现，详见本书第7章相关内容。

如图8-106和图8-107所示为PGC显卡的渲染命令一览。

如图8-108所示为采用这些指令编写的程序来实现对应的绘图过程的样例程序。

如图8-109所示为System Bus Interface模块中的2KB内存中所存放的各种配置参数，这2KB内存会被映射到Host端全局地址空间中，Host程序（比如显卡驱动）通过写入该空间内对应偏移量的对应值，即可控制显卡的各种运行参数。这2KB空间相当于承载了显卡的外部控制寄存器，但是物理上其并不是寄存器，而是SRAM，甚至DRAM。这些DRAM外围附带有一个中断触发电路，依然检测到写入了其中某个地址，则会触发一个中断信号给PGC显卡的Micro Processor（Intel 8088 CPU），从而运行中断服务程序，然后改变显卡的各种运行模式（通过配置显卡内部模块的私有寄存器值实现，这些私有寄存器并没有

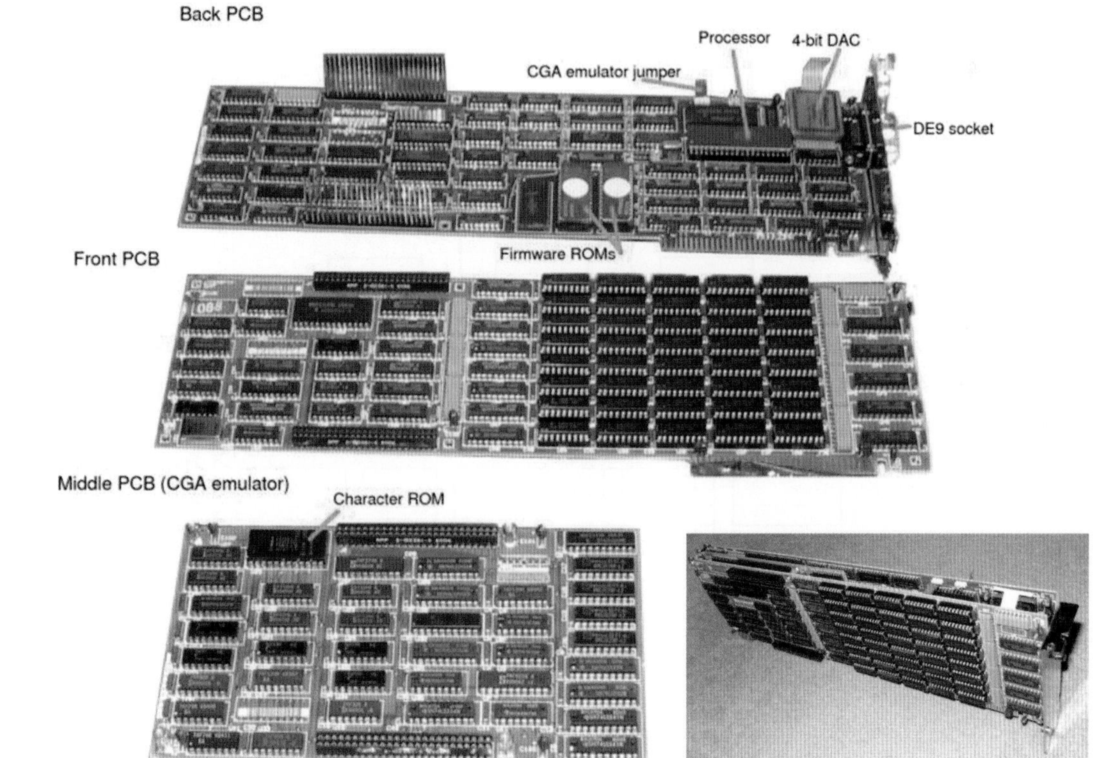

图8-104　IBM PGC卡的实物图

被映射到Host端地址空间，只映射到了Micro Processor自己的地址空间，而这2KB的空间同时被映射在了Host端CPU和显卡内的Micro Processor CPU的地址空间中，两者使用共享内存的方式进行信息交互）。

该2KB的配置空间被映射在Host端的0xC6000处。其内部的各个参数如图8-109所示。可以明确看到，开始几处存放的就是用于与Host端交互数据的循环队列的对应信息，包括队列基地址、各个追踪指针地址等。

那么，这些渲染指令是如何让Host端的画图程序调用的呢？程序可以直接按照显卡的要求将对应命令封装到一个固定格式的数据包中，然后写入对应的队列，然后查询对应的完成状态。这样做对应用程序员来讲是一笔很重的学习负担。正如我们前文中介绍过的计算机I/O的通用路数一样，显卡厂商可以封装出一套API来供上层程序调用，比如画圆函数draw_circle（圆心坐标），程序调用该函数即可画圆。该函数底层生成对应的渲染命令，比如对于IBM PGC显卡来讲，会生成这样两条命令：MOVE 50,80；CIRCLE 100。其含义是将当前坐标点移动到横坐标50和纵坐标80处，然后以此为圆心，以100为半径，画一个圆。当然，我们前文中说过，将数据指针压入队列、更新外部I/O控制器的指针寄存器、接收I/O完成消息等步骤，应该是由该I/O设备的LLDD驱动程序来完成，所以，该函数底层其实会调用由显卡的LLDD驱动暴露的底层入队函数比如假想名称：queuecommand()，剩下的交给底层驱动来做即可。

然而，如果不同厂商的显卡提供不同的绘图函数，比如同样是画圆，你叫draw_circle()，我叫circle_draw()，他叫circle()，还有人叫huayuan()，这样，绘图程序就要为不同显卡调用不同函数，开发成本太高。为此，可以再封装一层统一函数库，统一名称，然后各厂商的显卡驱动自行将自己的对应函数挂接到一个登记表中，然后根据用户程序所选择的绘图显卡来决定调用哪个底层Handler函数。另外，这个统一封装库，还可以利用底层显卡的基本绘图函数，封装出更高层的绘图功能，供用户程序调用。对于一些显卡无法或者尚未提供加速以及没有安装图形加速显卡的系统，这个绘图库还需要提供利用Host CPU进行计算的对应功能代码，也就是软实现。

所以，利用显卡图形加速绘图的整个路径上，基本上会有这几个角色：负责决定画什么图的用户程序、负责封装更高层的绘图函数供用户调用而其自身再调用显卡注册的各种基本绘图函数的图形库、将图形库下发的绘图请求封装成只有显卡才能够识别的指令包的显卡厂商提供的基本绘图函数、负责将指令包传递给显卡的显卡底层驱动程序。可以看到这一系列过程，与第7章中介绍的针对存储、网络等系统的Host端协议栈以及I/O流程基本类似。

PGC卡由于太过高端，而且编程接口产生了变化，因为并不需要由程序直接将像素写入Frame Buffer，而是程序要先将画图命令、数据发送到显卡上显存，然后由Intel 8088 CPU进行分析和计算，后者帮忙生成像素并写入Frame Buffer，所以当时只有少数应用支持该显卡，比如IBM Graphical Kernel System、P-CAD 4.5、Canyon State Systems CompuShow以及AutoCAD 2.5。**IBM的PGC可以算做PC兼容机历史上第一块2D图形加速卡，同时其也带有一部分3D加速功能**。不过，由于其太高端，没多久就停产了。但是图形加速卡这个概念，却给早期计算机图形产业开创了一个全新的领域，一直到今天，图形加速卡依然在市场上叱咤风云。

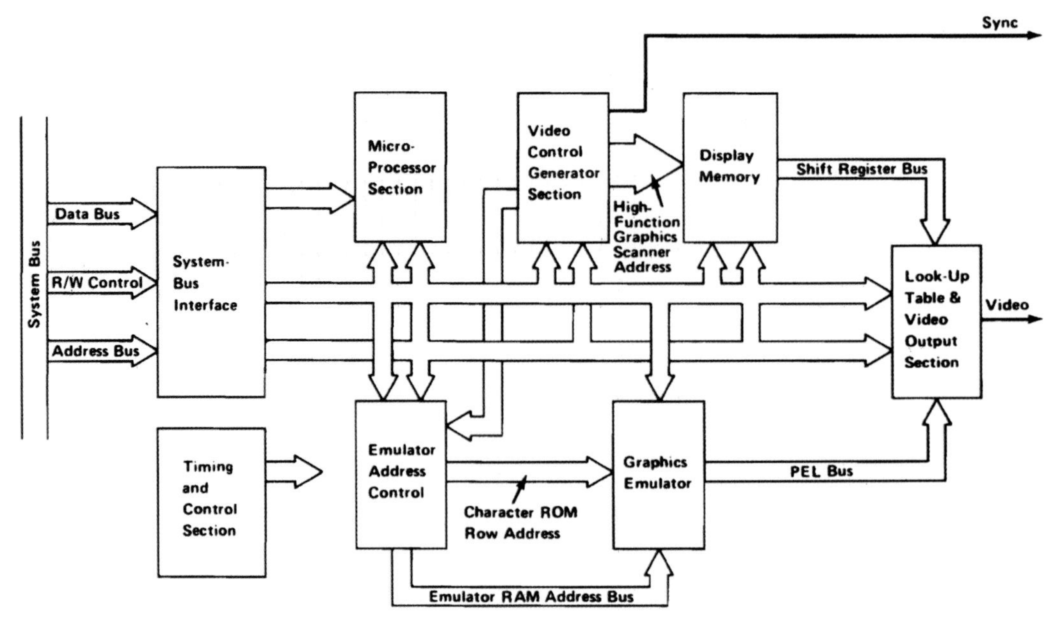

图8-105　PGC显卡的内部架构图

Command (ASCII)	Command byte (HEX)	Parameters	Behaviour
ARC (AR)	3C	radius,angle1,angle2 (1 coord, 2 words)	Draws an arc, centred on the current drawing position, starting at the first angle from and continuing to the second. If radius is negative angles are measured from the negative X-axis.
AREA (A)	C0	none	Flood fill, starting at the current drawing position, in the current colour.
AREABC (AB)	C1	colour (1 byte)	As AREA, but only stops when it reaches a pixel of the specified colour.
AREAPT (AP)	E7	word,word... (16 words)	Set the fill pattern (defaults to solid colour). The first word gives the bottom row of a 16x16 bitmap, the second gives the next, and so on. Within each word, bit 0 is the leftmost pixel and bit 15 the rightmost.
BUFFER (BU)	4F	p, q (2 bytes)	Not mentioned in the IBM article. The two bytes are each 0-3, and affect the internal display flags.
CA	D2 (or 43 41)	none	Switch to ASCII mode. All commands are human-readable.
CIRCLE (CI)	38	radius (1 coord)	Draws a circle centred on the current drawing position.
CLBEG (CB)	70	id (1 byte)	Store a command list for later execution. Commands up to the next CLEND will be stored in the named list rather than executed.
CLDEL (CD)	74	id (1 byte)	Delete the specified command list.
CLEARS (CLS)	0F	colour (1 byte)	Clear the screen to the specified colour.
CLEND (CE)	71	none	End of command list.
CLIPH (CH)	AA	mode (1 byte)	Set 'Hither' clip mode. Mode is 0 (disable) or 1 (enable).
CLIPY (CY)	AB	mode (1 byte)	Set 'Yon' clip mode. Mode is 0 (disable) or 1 (enable).
CLOOP (CL)	73	id, repeats (1 byte, 1 word)	Execute the specified command list a number of times.
CLRD (CRD)	75	id (1 byte)	Read back the specified command list. Returns the list as hex bytes, preceded by a word giving the length of the list.
CLRUN (CR)	72	id (1 byte)	Execute the specified command list.
COLOR (C)	06	colour (1 byte)	Select the current drawing colour, 0 to 255.
CONVRT (CV)	AF	none	Maps the current 3D drawing position to 2D, and sets the current 2D drawing position to the result.
CX	D1 (or 43 58)	none	Switch to Hex mode. All commands are one byte long. Note that the ASCII CA/CX still work in this mode, so you can select a mode without knowing what the current one is.
DISPLA (DI)	D0	mode (1 byte)	Select display mode - 0 for 640x480, 1 for emulated CGA.
DISTAN (DS)	B1	distance (1 coord)	Set the 3D viewing distance. This is the distance from the eye to the viewing reference point.
DISTH (DH)	A8	distance (1 coord)	Set the distance from the viewing reference point to the "hither" clip plane. Any points further away from the viewer than the hither clip plane aren't displayed.
DISTY (DY)	A9	distance (1 coord)	Set the "yon" clip distance. Any points closer to the viewer than the yon clip plane aren't displayed.
DRAW (D)	28	x,y (2 coords)	Draw from the current position to the specified position.
DRAWR (DR)	29	dx,dy (2 coords)	Draw a line relative to the current position.
DRAW3 (D3)	2A	x,y,z (3 coords)	Draw from the current 3D position to the specified 3D position.
DRAWR3 (DR3)	2B	dx,dy,dz (3 coords)	Draw a line relative to the current 3D position.
ELIPSE (EL)	39	Width,Height (2 coords)	Draws an ellipse centred on the current drawing position.
FILMSK (FM)	EF	mask (1 byte)	Set the fill mask. This is similar to the draw mask set by MASK, but is only used in area fills.
FLAGRD (FRD)	51	Flag no. (1 byte)	Read a PGC flag (flag numbers are 1-26). See below for what the values mean.
FLOOD (F)	7	colour (1 byte)	As CLEARS, but only in the area covered by the viewport.
IMAGER (IR)	D8	row,col1,col2 (3 words)	Read some or all of a line of pixels. Returns an IMAGEW command that can be used to redraw this pixel line.
IMAGEW (IW)	D9	row,col1,col2, data (3 words, then data as bytes)	Plot some or all of a row of pixels between the specified columns. The row is 0-479, with 0 at the bottom and 479 at the top; the columns are 0-639. In Hex mode, the bytes are run-length compressed. The sequence [nn][xx] (where nn < 80h) means '[nn+1] repetitions of [xx]'. The sequence [nn][xx][xx][xx]... (where nn >= 80h) means 'sequence of uncompressed bytes, [nn-7Fh] bytes long'.
LINFUN (LF)	EB	mode (1 byte)	Select drawing mode. Mode 0 (the default) sets pixels to the currently selected colour. Mode 1 inverts pixels.
LINPAT (LP)	EA	pattern (1 word)	Select line pattern (for dotted or dashed lines). The parameter word is treated as a bitmap pattern.
LUT (L)	EE	ink, r, g, b (4 bytes)	Set the palette for colour c. (0 to 255). R/G/B values are 0-15.
LUTINT (LI)	EC	palette (1 byte)	Select a standard palette (0-5 or 255). See below for the list of palettes.
LUTRD (LRD)	50	ink (1 byte)	Read the palette values for colour c (0 to 255). Returns the Red/Green/Blue values in the output buffer.
LUTSAV (LS)	ED	none	Save current palette. It can be restored with LUTINT 255.
MASK (MK)	E8	mask (1 byte)	Set drawing mask. All pixels written will be affect only the bits set in this mask. See pages 3 and 4 of the IBM paper for why you would do this.
MATXRD (MRD)	52	id (1 byte)	Read 3D model matrix. id can be 1 (Model matrix) or 2 (Viewing matrix). Returns 16 bytes, giving a 4x4 matrix.
MDIDEN (MDI)	90	none	Reset 3D model matrix to the identity.
MDMATX (MDM)	97	16 coords.	Set 3D model matrix: a 4x4 array of coordinates.

图8-106　PGC显卡的渲染命令一览（1）

Command (ASCII)	Command(HEX)	Parameters	Behaviour
MDORG (MDO)	91	x,y,z (3 coords).	Set origin of 3D model matrix.
MDROTX (MDX)	93	angle (1 word)	Rotate 3D model about the X axis.
MDROTY (MDY)	94	angle (1 word)	Rotate 3D model about the Y axis.
MDROTZ (MDZ)	95	angle (1 word)	Rotate 3D model about the Z axis.
MDSCAL (MDS)	92	xscale, yscale, zscale (3 coords)	Scale 3D model.
MDTRAN (MDT)	92	dx, dy, dz (3 coords)	Translate 3D model.
MOVE (M)	10	x,y (2 coords)	Set the current drawing position.
MOVER (MR)	11	dx,dy (2 coords)	Add the supplied values to the current drawing position.
MOVE3 (M3)	12	x,y,z (3 coords)	Set the current 3D drawing position.
MOVER3 (MR3)	13	dx,dy,dz (3 coords)	Add the supplied values to the current 3D drawing position.
POINT (PT)	8	none	Put a dot, of the current colour, at the current drawing position.
POINT3 (PT3)	9	none	Put a dot, of the current colour, at the current 3D drawing position.
POLY (P)	30	count, x1,y1,x2,y2,... (1 byte, followed by 2*count coords)	The first parameter is the number of points. The second and subsequent parameters are their coordinates.
POLYR (PR)	31	count, x1,y1,x2,y2,... (1 byte, followed by 2*count coords)	As POLY, but coordinates are relative to the current drawing position.
POLY3 (P3)	32	count, x1,y1,z1,... (1 byte, followed by 3*count coords)	As POLY, but each point is drawn in 3D space and has x,y,z coordinates.
POLYR3 (PR3)	33	count, x1,y1,z1,... (1 byte, followed by 3*count coords)	As POLY3, but coordinates are relevant to the current 3D drawing position.
PRMFIL (PF)	E9	fill (1 byte)	Set polygon fill mode (0-2). If 0, polygons are drawn as outlines; if 1, they are drawn filled with the current fill pattern. If it is 2, performance is improved by not checking for degenerate polygons.
PROJCT (PRO)	B0	angle (1 word)	Set the type of projection used in 3D to 2D transformations. 0 selects orthographic projection; 1 to 179 select perspective projection with the specified viewing angle.
RECT (R)	34	x,y (2 coords)	Draw a rectangle, one corner at the current drawing position and the opposite corner at the specified coordinates.
RECTR (RR)	35	dx,dy (2 coords)	As RECT, but coordinates are relative to the current drawing position.
RESETF (RF)	4	none	Reset the PGC to default settings.
SCAN	5F	search (1 byte)	This command (not mentioned in the article) returns 1 if the specified byte is found (in the framebuffer?), 0 if it is not.
SECTOR (S)	3D	radius,angle1,angle2 (1 coord, 2 words)	As ARC, but joins the centre point to the ends.
TANGLE (TA)	82	angle (1 word)	Set the angle of the baseline used to draw text. This does not change the angle at which the letters themselves are drawn.
TDEFIN (TD)	84	char id, width, height, bits... (bytes)	Define a custom character shape.
TEXT (T)	80	"txt" or 'txt'	Draw the specified text, with its bottom left corner at the current position.
TEXTP (TP)	83	"txt" or 'txt'	Draw the specified text using the characters defined by TDEFIN.
TJUST (TJ)	85	(2 bytes)	Set text positioning relative to the current point. The first byte specifies horizontal alignment (1=left 2=centre 3=right) and the second specifies vertical alignment (1=bottom 2=centre 3=top).
TSIZE (TS)	81	size (1 coord)	Set the horizontal spacing of characters.
VWIDEN (VWI)	A0	none	Reset 3D view matrix to the identity.
VWMATX (VWM)	A7	16 coords.	Set 3D view matrix.
VWPORT (VWP)	A1	x1, x2, y1, y2 (words)	Define the viewport area.
VWRPT (VWR)	A1	x,y,z (3 coords).	Set 3D view reference point: the point that the viewer is looking at.
VWROTX (VWX)	A3	angle (1 word)	Rotate 3D view (X).
VWROTY (VWY)	A4	angle (1 word)	Rotate 3D view (Y).
VWROTZ (VWZ)	A5	angle (1 word)	Rotate 3D view (Z).
WAIT (W)	5	delay (1 word)	Wait for the specified number of frames.
WINDOW (WI)	B3	4 words	x1, x2, y1, y2 (words)

图8-107　PGC显卡的渲染命令一览（2）

1987年IBM又推出了8514显卡，其定义了一个新分辨率和刷新率：1024×768@43.5Hz刷新率。其也支持2D加速，主要用于PS/2电脑上。相比PGC，8514更广为人知，但是依然销量不佳，因为其43.5 Hz的刷新率纵使是对那个年代的人来讲，也会让人抓狂。但是IBM 8514却被人们普遍认为是PC领域的第一块消费级图形加速卡。后来的8514显卡多基于Texas Instruments（德州仪器）公司的 TMS34010芯片构建。如图8-110所示，右侧为利用该芯片渲染出的图像质量示意图（请不要诧异那时候就能画出如此精细复杂的图。其实，目前没有任何游戏是真的往屏幕上一点点画点、线、面而生成图像的，多数时候都是直接将一张照片背景复制到Frame Buffer中对应位置，接下来你就知道了）。

TI的TMS340xx系列芯片为一款集成了图形处理指令的32位CPU，于1986年推出。不同之处在于，其绘图指令是直接被硬件化的CPU指令，而不是靠队列传递以及解析的高层命令数据包。如图8-111所示为TMS34020芯片实物图以及TMS34080芯片内部电路照片。其运行频率50 MHz左右，为一款RISC架构处

下面一段程序创建了全黑色背景上的一条白色直线：

LuT	5, 0, 0, 0	查找表第5项为黑色
LuT	6, Z'F', Z'F', Z'F'	查找表第6项为白色
WMode	replace	
AreaFill	true	打开FILL标志
Pattern	32Z'FF'	32个全1的字节，实心图案
Mask	Z'FF'	使能够写入到所有平面
PixelValue	5	使用像素值5进行扫描转换
Move	0, 0	
Rect	1023, 767	帧缓存中可视的部分现在是黑色
PixelValue	6	使用像素值6进行扫描转换
Move	100, 100	
LineR	500, 400	画直线

下一段程序创建黑色背景上与蓝色三角形交迭的红色圆：

LuT	5, 0, 0, 0	查找表第5项为黑色
LuT	7, Z'F', 0, 0	查找表第7项为红色
LuT	8, 0, 0, Z'F'	查找表第8项为蓝色
WMode	replace	
AreaFill	Z'FF'	打开
Pattern	32Z'FF'	32个全1的字节，实心图案
Mask	Z'FF'	使能够写入到所有平面
PixelValue	5	准备好画黑色的矩形
Move	0, 0	
Rect	1023, 767	现在帧缓存中可视部分为黑色
PixelValue	8	接下来画蓝色三角形，把三角形当成三个顶点的多边形
Polygon	3, A(200, 200, 800, 200, 500, 700)	
PixelValue	7	把圆画在三角形的上面
Move	511, 383	把CP移动到显示器的中心
Circle	100	以CP为圆心画半径100的圆

图8-108　利用显卡内的图形加速器指令来绘图

C6000-C60FF: Host-to-PGC ring buffer.
C6100-C61FF: PGC-to-host results ring buffer.
C6200-C62FF: PGC-to-host errors ring buffer.

C6300-C63FF: Other data, including:

C6300: Write pointer in buffer at C6000.
C6301: Read pointer in buffer at C6000.
C6302: Write pointer in buffer at C6100.
C6303: Read pointer in buffer at C6100.
C6304: Write pointer in buffer at C6200.
C6305: Read pointer in buffer at C6200.
C6306: Cold start flag.
C6307: Warm start flag.
C6308: Set to nonzero to report errors.
C6309: Set at the same time as the warm start flag; not changed thereafter.
C630A: Not used by the PGC.
The diagnostic utility loads itself into PGC RAM and uses this byte to store its result.
C630B: Nonzero if CGA mode can be selected.
C630C: Display request. Set this to 1 (CGA mode) or 0 (normal mode) and the PGC will change to that mode and set the "Display acknowledge " flag to the requested value. This is an alternative to sending DI commands to the PGC.
C630D: Display acknowledge.
C630E: CGA framebuffer request.
C630F: CGA framebuffer acknowledge.

C6310-C6321: Register values - these get set if the PGC processor jumps to a breakpoint at 0FFF:0008h. Registers are AX,BX,CX,DX,BP,SI,DI,DS and ES.

C6322: CGA vertical total
C6323: CGA vertical displayed
C6324: CGA vertical adjust
C6325: CGA vertical sync
C6326: Unused
C6327-C6328: CGA cursor size
C6329-C632A: CGA cursor address
C632B-C632C: CGA screen start address
C63D8: Last value written to port 03D8h.
C63D9: Last value written to port 03D9h.
C63DB: "Presence test byte"
C63E0-C63F3 Last values written to the emulated CGA CRTC.
C63F8-C63F9 PGC firmware version.
C63FB: 0A5h if PGC processor has passed tests.
C63FC: 0FFh if PGC ROM (low 32k) has failed; else 5Ah.
C63FD: 0FFh if PGC ROM (high 32k) has failed; else 55h.
C63FE: 0FFh if PGC RAM has failed; else AAh.
C63FF: To reboot the PGC, write 50h into this byte, wait a bit (IBM's diagnostic program waits 2 system clock ticks) and then write 0A0h. While at the 50h stage, the PGC's processor is in a tight loop; you can access the remainder of the transfer RAM without upsetting it (or it upsetting you).

C6400-C67FF Reserved. The top part of this contains the PGC's stack; the rest contains PGC state. Whether this area appears in memory or not appears to be up to the discretion of the host PC; it showed up on an XT, but not an XT/286.

图8-109　PGC显卡的2KB配置空间中的各配置值一览

图8-110　基于TI TMS34010芯片构建的8514显卡

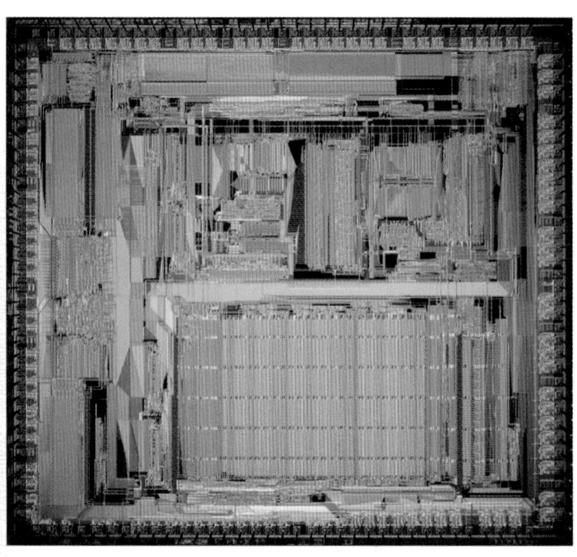

图8-111 TMS34020芯片实物图以及TMS34080芯片内部电路照片

理器。

所谓图形“加速”，其实是将原本需要由Host CPU计算的过程下放到外部硬件中来计算，外部硬件不是神，它也需要按照同样的算法来计算，只不过其具有比Host CPU更丰富的专用硬件资源，比如数千个微型核心，这些微型核心不需要Host CPU中那些额外的执行优化过程比如乱序重排、分支预测等逻辑，但是拥有较宽的寄存器位宽。另外，外部显卡中的计算资源在距离上更接近显存，可以以更高的速度访问显存，而Host CPU通过层层总线才将算好的数据写入显存。通过这些处理方式，绘图性能自然被加速。

所以，我们探索的路径变得很明显，先弄清楚纵使没有外部图形加速显卡，Host CPU是怎么生成图形的，然后再去弄清楚外部设备中是怎么加速这些计算过程的。从现在开始，除非提及，请先忘掉所谓“图形加速”这个概念，我们假设一切都是靠Host端CPU+软件来完成的，显卡只是简单地将显存中的像素播放到显示器。

下面，就邀请大家跟着冬瓜哥一起来探索一下2D图形渲染的基本原理。

8.2.4.2 2D图形模型的准备

要画一幅静态的2D图形，就需要把图片中包含的各种元素描述出来，比如从哪个坐标到哪个坐标之间是一条直线，线形（虚线、实线等）、线宽、颜色如何；以哪个坐标为圆心半径多少是个圆，线宽多少，线形如何，填充什么颜色等。哪几个坐标点组成了多边形，线宽线形、填充的颜色等。此外还有椭圆、二次曲线等。将所有这些能够用固定公式表示的曲线在图片中的位置和参数记录在一个文件中。编写一个程序，分析这个文件，然后按照其中给出的绘制描述，调用诸如huaxian()、huayuan()、huatuoyuan()等函数将对应曲线绘制出来。这些函数直接根据绘制参数将绘制好的像素颜色值写入到Frame Buffer的对应坐标上，从而直接在显示器中输出对应的图形。当然，也可以调用上层经过封装的统一API比如Directdraw、GDI等。

还记得初中时学习过的平面几何么？那时候每逢考试，最后一道大题恐怕脱不了就是椭圆+三角函数的难题。还记得椭圆的Y与X之间的函数关系式么？冬瓜哥反正是已经忘了。所有这些可以表达成固定公式的曲线，都可以封装成对应的函数。那些不规则图形怎么处理？比如一些无规则的曲线，可以用无限多个短的直线段来模拟，用大量的画直线函数拼接起来，线段的数量取决于对图形质量的要求。不过，另一种质量更高的实现方式是：**贝塞尔曲线**。

如图8-112所示，从左到右、从上到下一步步观看。其中线段的比例AD：AB=BE：BC=DF：DE。对线段AB上的每个点都求出对应的F点，F点划过的曲线，这就是贝塞尔曲线。只要给定三个点，就可以确定唯一的一条贝塞尔曲线，A/C点被称为锚点，B点被称为控制点。显然，通过随意控制A/B/C三个点的坐标，就可以随意控制得到的曲线的样子。这就是一些图形处理软件比如PhotoShop等选取物体边缘时所采用的技术，通过调整控制点来实现各种曲率的曲线。

图8-112中显示的是二次贝塞尔曲线，因为其利用第二次取的点来画曲线。图8-113所示则为三次曲线，可以实现更高的曲率。通过组合多个曲线的线段，可以实现任意形状曲线。其如果在3D坐标系下，还可以生成贝塞尔曲面。

贝塞尔曲线由法国工程师贝塞尔在1962年前后

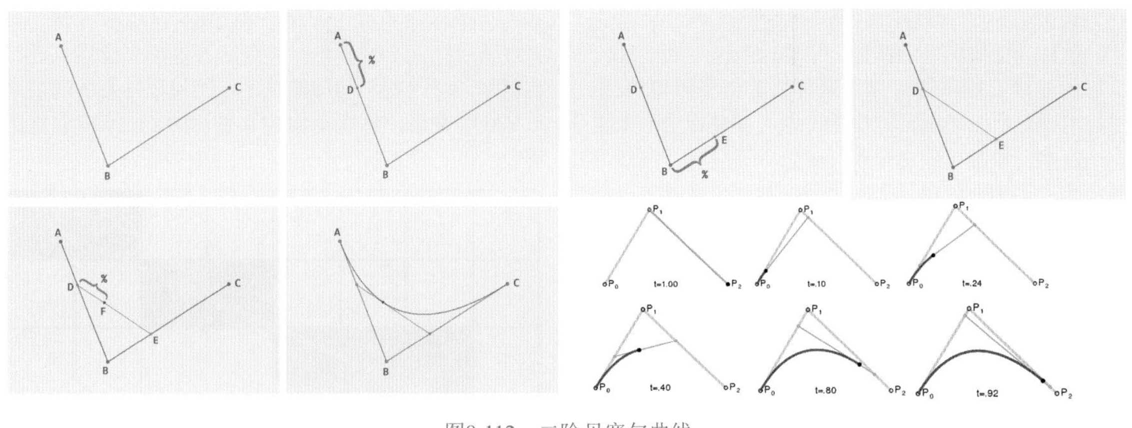

图8-112　二阶贝塞尔曲线

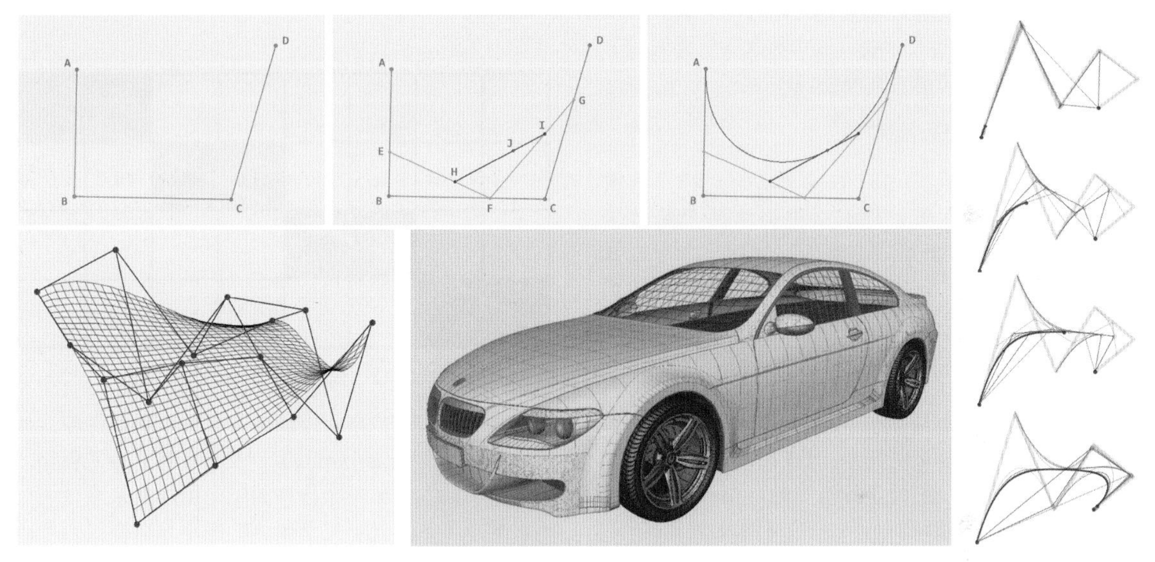

图8-113　三阶贝塞尔曲线和贝塞尔曲面

系统性阐释，所以以其名字命名。贝塞尔曲线被广泛应用在计算机图形领域。利用对应的贝塞尔曲线公式，带入给出的三个点坐标，即可求得曲线上对应点的坐标。二阶贝塞尔曲线的计算公式为：$B(t)=(1-t)^2A+2t(1-t)B+t^2C$，其中t为连接两个锚点线段上的相对位置坐标。三阶贝塞尔曲线公式为：$B(t)=(1-t)^3A+3t(1-t)^2B+3t^2(1-t)C+t^3D$。除了贝塞尔曲线，人们还发明了多种其他方式来生成不规则曲线，大家可以自行了解。

对于有限数量的文字，比如26个英文字母，还可以编写对应的函数利用规则曲线来叠加出对应的字形，比如封装出一个draw_char（中心坐标，待显示字符ASCII码、颜色、字体 ）函数。Windows操作系统下的TrueType字体字形就大量采用了贝塞尔曲线来描绘。或者封装出一些更高级的基本形状，比如各种表情、交通工具、动物植物等。当然，你愿意的话可以继续封装出“帮我画个鸟”函数，但是这样就本末倒置了，因为别人可能并不喜欢你的鸟，你也可能不喜欢别人的鸟。

那么，单凭程序员脑子的想象，来定位各种线段、曲线、文字等元素的坐标，这也是不现实的。因为程序员毕竟只是程序员，不是画家。专业的事情还得要让画师来做。但是画师可压根不管什么坐标、函数。画师是笔墨侠，而不是键盘侠。即便某个程序员同时也是画家，那么让他在屏幕上不同位置生成一万条直线段来模拟一个不规则曲线，在代码中填写这么多参数，这也真是难为他了。为此，人们发明了电子画笔+触摸板/触摸屏。触摸板/屏控制器直接对当前的压力点的坐标和力度进行高频采样，然后将样点传输到Host端，Host端的程序将这些样点直接存储到文件中，即可记录画师作画的笔迹和压力时序信息。这样，作图程序直接根据这些样点生成对应的直线段，就可以模拟出任何曲线，根据力度信息，可决定线段的粗细。

这个记录了一幅图形画作中各个元素信息的文件，被称为这幅图像的**模型**，生成这个模型的过程，被称为**建模**。程序员可以用鼠标或者电子画笔/板来进行可视化所见即所得的建模，也可以进行空想来建模，直接向模型文件中写入对应坐标等信息，当然后者需要一定功力。图形程序员手中总是积累有大量的模型素材，在前人的基础上修补增改，形成自己的增强版素材，有些情怀的图形设计者也会从头设计自己的模型素材。

模型就像一道菜谱。而绘图程序就像厨师，它读取模型文件，根据其中的描述，调用对应的函数生成像素颜色值并输出。**所谓图像的"渲染"（Rendering）过程，其实就在这些具体的函数中**。模型只是画师的构思记录，渲染则是画师的笔墨和手。当然，冬瓜哥必须向大家展示这些函数底层到底是怎么渲染图形的，否则就不能原谅自己。

8.2.4.3 对模型进行渲染

现在想象你就是draw_line（起始坐标，结束坐标）函数的编写者，你怎么根据这两个参数来确定屏幕上哪个像素组成这条线，然后写入对应像素颜色值到Frame Buffer对应该坐标的字节？还记得初中学过的，给出两点坐标，求该直线的表达式么？冬瓜哥反正已经忘了。如果早知道今天要研究计算机作图，当年一定不会忘。不过，自己推导一下也能知道，那就是先算出这个直线的斜率，也就是m=tg θ=两点纵坐标差/两点横坐标差，然后y=mx+a。**这样，以起始坐标点开始，for（x=起始坐标点，x<结束坐标点+1，x++）{ 求y=mx+b }，即可求出该直线的所有纵坐标像素，将其写入到对应的数组中，也就确定了该直线的所有像素点。这算是真正的图形"渲染"过程中最重要的一步，相当于将图形的骨架勾勒出来，然后就是对每个像素点上色和各种后期特效的加入。**

给出顶点，根据顶点位置计算连接顶点的线段所跨越的像素点的过程，称为**插值**（Interpolation）。

提示

实际上，按照上述公式来计算的话，底层函数需要做乘法，而对数字电路来讲，乘法的代价要高于加法。为此，人们使用加法来计算Y坐标点。X每次+1，y每次增加的其实是m，那只需要将上一次计算所得的y值+m即可，而不需要用当前的x去乘以m，这就大大节省了计算量。这些函数底层做了大量的这类优化操作。当然，对上层而言，这些底层机制可能很少有人去关心了。

且慢！由于我们使用的并非向量显示器而是像素/栅格显示器，其每个像素是占有一定面积的，所以直线跨越的像素点并不平滑，如图8-114所示。当一条直线跨越了两个像素点时，到底该选哪个像素点呢？这就对应了一些不同的算法了，比如根据某种规则来对Y值取整数，看哪个像素取整后的Y坐标接近就选哪个。

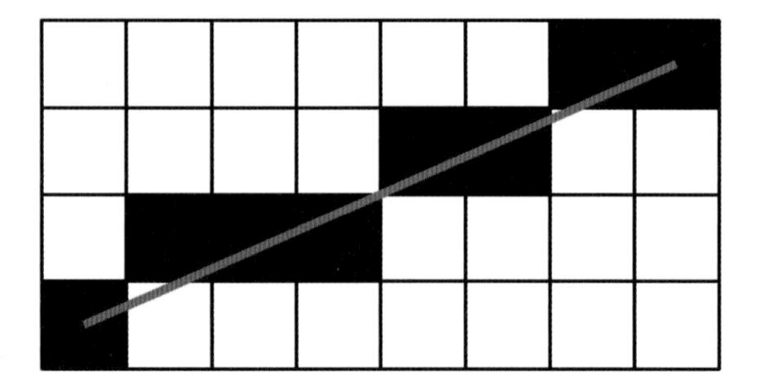

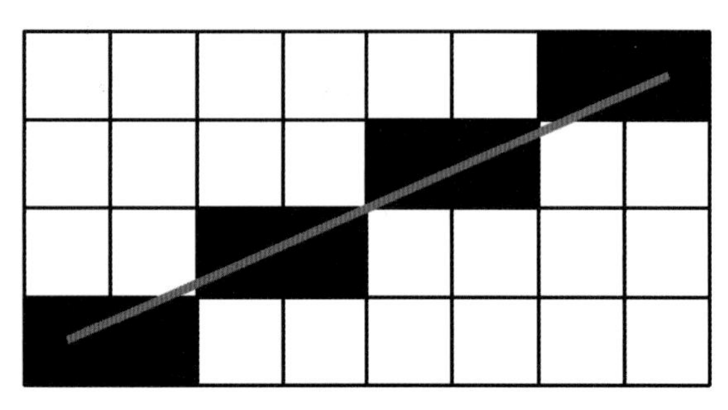

图8-114　跨越像素时的不同选择

确认对应图形所占用的所有像素坐标的过程，被称为**栅格化**（Rasterization）。又有人称之为光栅化，因为目前的显示器每个栅格的确是用灯光来照亮的，不过冬瓜哥认为光栅化这个词的确不怎么样。为什么不称之为像素化（更贴切）呢？一个像素就是一个栅格，但是像素包含另外两个信息，那就是颜色值、透明度。在没有确定该栅格的颜色之前，该栅格就不能叫作像素，只能叫栅格。内存中需要为生成的数据准备对应的结构体表格来存放。

栅格化的下一步，则是填充每个像素的颜色，也被称为**着色**（Shading）。当然也要根据函数调用时给出的颜色参数，然后将对应的颜色值写入到Frame Buffer中对应字节，也就完成了渲染过程。这一步的确可以被称为**像素化**，对栅格填上颜色。

总结来说，人工绘制的2D图片的渲染过程，就是绘图程序根据模型中的描述，调用相关函数最终确定图形占用的像素（栅格化），以及填充像素颜色（着色）的过程。渲染其他图形，比如椭圆，其过程也都类似。根据公式求Y，然后着色，当然，人们针对不同图形的绘制也都各自发明了很多优化的算法。

用户程序可能会要求将一个封闭形状内部涂满某种颜色，这个过程被称为**填充**。这个过程也需要计算该图形封闭起来的所有像素的坐标，然后直接对每个像素写入对应颜色值。

提示 ▶▶▶

试想一下，渲染具有固定曲线公式的线段时，如何可以做到加速？假设一根直线跨越了一万个横坐标，那么是不是可以用100个线程，每个线程用同样的算式只计算其中各100个横坐标点的纵坐标值，然后将结果汇总到某个线程，然后统一着色即可？这样，理论性能提升100倍。没错，其实当代的这些显卡，基本也就是这种思路。在本书10.2.2节中介绍的OpenMP可以自动做到这种并行化处理。再思考一下，上述的渲染过程中所需的计算步骤，是否可以依靠Host端CPU运行Host端程序来执行？是否可以将坐标和颜色信息发送给显卡，然后让显卡上的CPU/专用电路来执行？都可以，后者属于用图形加速卡进行图形加速渲染。

8.2.4.4 矢量图和bitmap

上述这种人工绘制的2D图形模型，被称为矢量图（Vector Map），也就是说，其记录的其实是图形中每个线段/多边形等元素的几何坐标和绘制信息。矢量图文件相当于计算机声音领域中的MIDI音乐文件。声卡接收MIDI中对应的乐谱指令流来合成出音乐最终的波形，而显卡接收矢量图中的描绘信息渲染出最终的图像像素。Host端可以利用软MIDI合成器来合成音乐，Host端也可以利用软的渲染器来渲染图形。声卡和显卡在信息处理的本质方式上有惊人类似。

程序打开一个矢量图文件，其实是根据其中的描述实时渲染图片的过程。将一幅打开的矢量图放大/缩小的过程，其实是对其重新渲染的过程。放大之后，其跨越的像素点的数量和位置都会发生变化，对应的函数会重新根据绘制信息和当前的图形尺寸计算其所跨越屏幕上的每一个像素点的位置和颜色，只要屏幕分辨率足够高，我们就很难分辨出矢量图边缘上的锯齿。

还有另一类图片文件格式，也就是bitmap格式及其被压缩之后的各种衍生格式。其本质是通过屏幕截图程序直接将显存中的像素颜色值复制下来或者直接通过数码相机感光器件生成颜色值（这也是其被称为bitmap的原因），然后将它们直接保存为文件而生成的，其中完全没有图形的几何信息。显示bitmap及其压缩衍生格式的图片时，程序只是简单地将整个bitmap按照像素一对一复制到显存即可，根本不需要计算。同理可得，一般矢量图文件的尺寸远小于bitmap。这就像向量显示器场景对显存占用远小于像素显示器场景。

对bitmap图片进行放大时，负责显示图片的程序只是简单地将图中的每个像素点根据放大比例复制成多份显示在屏幕上而已，这当然就会产生一块块突兀的具有相同颜色的色斑，也就是马赛克，如图8-115所示。

图8-115 矢量图与bitmap放大后对比

bitmap由于取自现成的景色/图片，所以其可以包含更多复杂的几何特征和颜色信息。而矢量图由于是靠人工合成绘制的，一般不包含丰富的色彩信息和几何信息，因为其被建模和填充的时候基本都是以线、多边形等为单位，颜色单调，过度较为明显，纵使也带有很强的人工味道。当然，矢量图也可以做到极限精细巧夺天工的程度，但是那样的话必将耗费更长时间进行计算和渲染，也会失去实用价值。如图8-116所示，你很容易分辨出矢量图和bitmap。一些2D游戏和卡通动画中的图形也都是用矢量图方式制作的，当然不排除将一些拍摄的照片bitmap嵌入到画面中以增加真实感，这种处理手法被称为贴图。

图8-116 bitmap位图（左侧）与矢量图（右侧）对比

提示 ▶▶▶

智能手机上的地图程序使用的地图文件目前也广泛采用矢量图形式以节省空间占用。早期的智能手机CPU较弱，为了节省手机CPU利用率，所以一开始并没有使用矢量图，而直接是压缩过的bitmap，所以下载的地图尺寸非常大。后来手机CPU的处理能力日新月异的发展，最终这些电子地图程序转为使用矢量图格式，靠CPU（或者手机中集成的GPU）来实时渲染。目前，Windows/MacOS以及Linux操作系统中的各类字体也是采用矢量图方式存储并渲染出来的，正因如此，将Word或者PPT文档中的字体放大时，很难看到锯齿。在目前的传统BIOS下以及早期的一些简陋系统中使用的依然是点阵bitmap字库（或者用自己存的软字库，或者直接用显卡上的硬字库，也就是显卡的文字模式），这样最简单，也节省代码量。

bitmap图片文件就相当于计算机声音领域中的记录音频采样点的PCM文件，比如.wav，以及压缩过的.mp3等。同理bitmap文件被压缩后也有多种格式，比如.jpg等。图像和声音的本质都是一种信息，计算机对信息的表示和处理过程本质上类似也就不足为奇了。

当然，并不是每个图形设计者的情怀都满到发誓自己从头设计2D游戏或者图片的，多数实现都是先利用现成的bitmap作为画布，然后在它上方生成自定义的图形和颜色，来修饰这个画布，甚至可以把另外一些bitmap覆盖进来，这就形成了多个图层。甚至可以将摞在一起的每个bitmap或者矢量图形图层中同一个位置像素的颜色进行混合（直接覆盖下层颜色，或者对多个颜色值做诸如Add以及OR、AND等的逻辑运算操作），有些像素可以被设置为带有透明度的属性（阿尔法值），那么位于它下层的像素颜色就会有一定程度被透上来与上层的像素颜色混合（阿尔法Blending，阿尔法混合，具体做法是将叠加图层部分的像素颜色值与阿尔法值相乘后再相加，具体请自行了解）。

提示

用彩笔画过画的朋友都知道，不同的颜色涂抹到一起真的可以变成另一种颜色。这个过程对应到计算机中，其本质就是相加，加法，把两个颜色值载入ALU相加，得出的颜色值，与用彩笔得出来的是一致的。前提是需要使用真彩色值而不是索引色值（见前文）来相加，后者是没有物理意义的。真彩色值中会包含R/G/B三原色各自的分量，假设使用12位真彩色，则111100000000表示纯红色，000000001111表示纯蓝色。那么两者相加应该是纯紫色，也就是111100001111，的确是这样。那么将两个像素值相乘会有什么意义呢？一般来讲没有意义，这会改变像素的整体色调，因为RGB分量的比例会变化。但是将一个像素值与一个固定系数相乘是有意义的，这会改变该像素的整体亮度，RGB分量的比例并无变化。光照处理就是这样来计算的，反光高的地方亮度高，详见后文。

上述这些针对像素的处理操作被统称为光栅化操作（Rasterization Operation，ROP）。将不同图层叠加起来的过程被俗称为bitblt（bit block），底层过程其实就是将bitmap复制到存放像素的缓冲区的过程，复制的同时也可以将待复制的像素与目标同样位置像素做各种ROP操作。

8.2.4.5 顶点、索引和图元

思考一下，矢量图中所记录的绘图信息，每个图形的顶点（Vertex）坐标非常重要。对于线段，其具有起始和结束的两个顶点坐标。对于多边形，其具有对应数量的顶点坐标。对于圆和椭圆，其具有圆心坐标和半径信息。可以看到，线段、多边形都离不开顶点这个非常重要的信息。任何形状，都可以利用无限细分的线段堆砌出来，而描述一个线段只需要两个顶点。那么，是不是只需要记录所有的顶点坐标就可以了呢？显然不行。如图8-117所示，同样的6个顶点，不同的连接方式，会产生不同的二维图形。

所以，一份2D矢量图的基本模型信息除了顶点坐标之外，还需要包含描述哪几个顶点要被连接起来的信息，后者被称为索引。由顶点组成的基本图形被称为图元（Primitive）。还记得Primitive这个词么，其在通信领域中被翻译为“原语”，可以参考第7章中内容。

8.2.4.6 2D图形动画

制作好的2D图形，多半是为了实现2D游戏用的。游戏的画面是动态的，而且其运动的单元一般是画面中的某个物品或者人物。

提示

当然，我们不能总把计算机图形与游戏挂钩。一些工程设计领域一样需要2D作图，你经常用的PowerPoint，也是一个典型的2D作图软件，它们都是用矢量图方式。

假设，某个物体/人物图形需要在屏幕上以每秒1000像素的速度沿X轴向前匀速运动，也就是平移运动。这个场景大家一定很熟悉，比如一些横版过关游戏，用键盘操纵着人物向前走。要实现这个效果，首先，游戏程序需要接收键盘发来的键盘码，比如向右走为持续按“D”键，键盘会按照一定频率连续发出

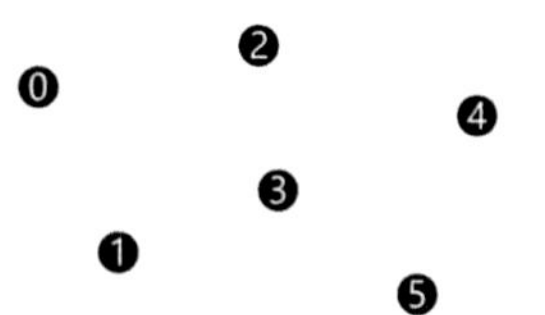

顶点0 坐标（x_0，y_0）
顶点1 坐标（x_1，y_1）
顶点2 坐标（x_2，y_2）
顶点3 坐标（x_3，y_3）
顶点4 坐标（x_4，y_4）
顶点5 坐标（x_5，y_5）

顶点0 坐标（x_0，y_0）
顶点1 坐标（x_1，y_1）
顶点2 坐标（x_2，y_2）
顶点3 坐标（x_3，y_3）
顶点4 坐标（x_4，y_4）
顶点5 坐标（x_5，y_5）

三角形0 顶点顺序（0，1，2）
贝塞尔曲线0 顶点顺序（3，5，4）

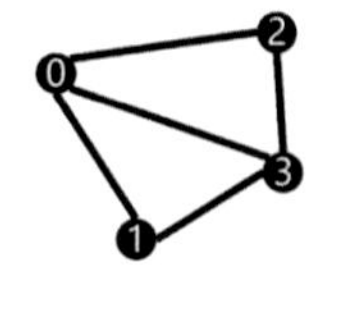

顶点0 坐标（x_0，y_0）
顶点1 坐标（x_1，y_1）
顶点2 坐标（x_2，y_2）
顶点3 坐标（x_3，y_3）
顶点4 坐标（x_4，y_4）
顶点5 坐标（x_5，y_5）

三角形0 顶点顺序（0，3，2）
三角形1 顶点顺序（0，1，3）
直线0 顶点顺序（5，4）

图8-117 顶点可以连接成不同图形

脉冲，程序每接收到一次D键的脉冲，就将人物向前移动一段距离，为了让玩家感觉到连续流畅，每次移动比如8个像素。

有两种手段来平移。第一种手段是将之前渲染好的整个物体占用的所有像素坐标的X值统一+8，将算好的数据记录到数组中，然后将该图形占用的每个像素的像素值直接从Frame Buffer中原来的位置，复制到该数组指向的新位置。这种处理方式不需要重新绘制图形（不需要根据矢量信息重新计算图形跨越的像素点），但是需要为每个图形保存该图形所占用的所有像素的位置坐标，会耗费很多的显存。另外一个不可逾越的壁垒是，该人物向前移动之后，人物原来位置的像素怎么处理？对于游戏而言，其一定是要露出画面的原始背景才对。怎么补上这块背景？显然，2D图形动画/游戏/工程设计根本就不能用上面这种手段，除非背景是黑色的，画面上只有这一个物体，但是这样不具备通用性。

第二种手段，也是最通用的方式，也就是只将该图形对应的矢量信息中的所有坐标X值+8，之后在新的位置重新绘制该图形。不仅如此，**整个屏幕上的其他图形元素也需要全部重新渲染**，这样，整个背景图形也会重新被生成，自然就填补了那个所谓的空洞，所以，这个空洞从一开始就不存在，因为所有元素都重新绘制。

思考一下，人物图形一定要位于背景图形的前方，也就意味着，背景要先被渲染，人物后渲染。如果不按照顺序渲染，将会出现错误的覆盖。所以，一**幅由矢量模型描绘的2D图像，必须还要包含图层顺序信息**，渲染时先渲染底层图层，再依次渲染上层图层。带有多个图层的2D模型有时又被称为**2.5D**图像。

再思考一下，游戏中的人物向前运动，移动到屏幕边缘怎么办？显然，实际游戏中并不是人物在动，而是背景在动，人物始终固定在屏幕某个位置。所以，需要将背景图层中的顶点整体向后方移动然后重新绘制，可以用多个不同运动速度的图层叠加起来营造出透视立体效果（Parallax Scrolling技术），如图8-118所示。可以将最底层的图层直接更换为bitmap，移动bitmap底层对应着直接显存复制，从而省掉了计算资源。具体如何设计完全取决于游戏设计者了。

当然，游戏中移动的人物图形，除非是僵尸，否则怎么也都得有一些动作比如甩手、摇摆等，这些都需要对该图形的矢量坐标点的相对位置进行改变，不但要平移，还要相对位移，这些都需要程序计算好，每次移动，每个坐标点的新位置是多少。

对图形内部的某些顶点进行相对位移，会产生一些奇妙的效果，比如海浪效果。我们假设海面上各点的振幅符合正弦波的变化方式。那么，只要将一条直线上各点的纵坐标按照正弦方式随着时间变化就可以了。这个效果对应着什么计算呢？直接将每个点纵坐标与一个正弦函数比如$y=\sin(\phi t)$相乘即可，其中t为系统时间，对t的采样可以认为调节，采样率越高，动画变化频率越高，当然消耗资源也越大，如图8-119所示。如果要让波形更加平滑，那就需要增加模型中的顶点数量，当然运算量也就越大。

利用这种技术渲染出来的画面如图8-120所示。其中海面的渲染可以采用背景bitmap+上层矢量图+矢量图动画方式来渲染，这个背景图bitmap通常被称为**画布（Canvas）**。或者也可以在后期直接对整幅渲染好的bitmap图形用另一幅调制图形做某种ROP，比如XOR等来改变目标位置（比如海浪线处）的颜色，从

图8-118 用多个不同运动速度的图层模拟立体效果

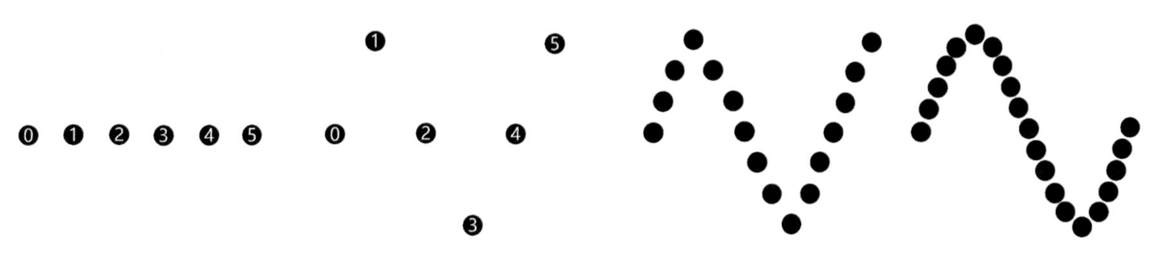

图8-119 用正弦函数调制模型的顶点坐标

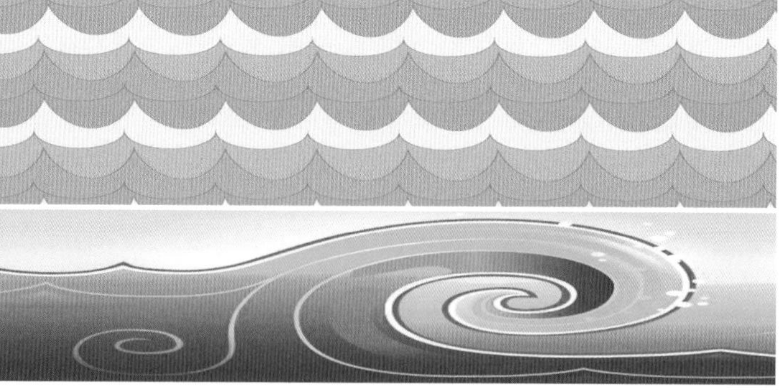

图8-120　利用顶点坐标动态调制来生成动画

而生成动态海浪效果。后者耗费资源更小，因为不牵扯矢量运算，只是简单的bitblt+ROP，但是程序尺寸也会大，因为要保存bitmap，运行时占用的Host端内存也会增加，所以最终需要权衡存储和计算这两种资源。实际工程中有大量不同的渲染方式和组合，效果也是千差万别。

如果只能平移，动画效果就不够丰富。还可以有另外两种基本坐标变化方式，那就是旋转和缩放。将一个图形的坐标点统一与对应的三角函数相乘即可做到旋转；统一与一个定值相乘即可做到放大或者缩小。

能够根据用户的键盘/鼠标等设备的输入信号或者时间信号来触发的画面持续渲染过程，被称为**实时渲染**。而有时候人们只需要渲染唯一的一张静态图片，那就是**离线渲染**。前者一般无法将图像质量做得太好（不引入过多的模型顶点和后期处理动画特效，分辨率也不会设置的太高），因为硬件的渲染速度无法跟上人眼的30帧每秒的最低流畅度要求。而后者则没有实时性要求，完全以最终图片效果为导向，有时候可能渲染耗时长达几十秒甚至几分钟。

8.2.4.7　坐标变换及矩阵运算

每个2D矢量图形中记录的顶点坐标值，都是以自己为宇宙中心而确定的，因为这些图形并不知道自己将会被放置在哪个世界中，就暂时以自己为中心了。但是，绘图程序要将多个2D图形放到一个由众多图形

精灵 ▸▸▸

动画还可以采用将一个bitmap图标在画面中移来移去的方式形成。也可以将该图标的不同形态（帧）各自生成一个bitmap，当触发动画时按照一定帧率连续将图标显示出来，这种方式叫作**帧动画**。对应的图标被称为**Sprite（精灵）**。如图8-121所示，图中分别为旋转的小熊、行走的人物和爆炸特效对应的精灵图片。GIF图片格式就是一种帧动画方式。通过改变顶点坐标然后重新实时渲染生成动画的方式被称为**顶点动画**。也可以预先用改变顶点的方式得到多个变形的的模型，渲染出多个帧，再组成帧动画。将图片中的一些像素与一些定值做ROP操作来改变颜色的动画方式，以及前文中介绍过的通过改变调色板颜色来生成的动画，则是**ROP动画**。

利用改变顶点位置生成动画需要重新渲染模型，但是灵活性也高，比如通过某些算法实现真实物理特效。而帧动画则都是预先确定好的无法改变。在20世纪70年代末，一些计算机利用硬件来存储Sprite，而且可以接收对应的指令来移动这些Sprite，利用这些特性来生成比如乒乓球等需要有一些固定物体在屏幕上运动的游戏。当然，这些Sprite起初颜色和像素都很简陋，后来逐渐有多色、可动画的（如图8-121）硬件Sprite出现。而在当代，由于各种处理芯片以及数据总线的能力大大提升了，硬件Sprite也就没有人再用了。

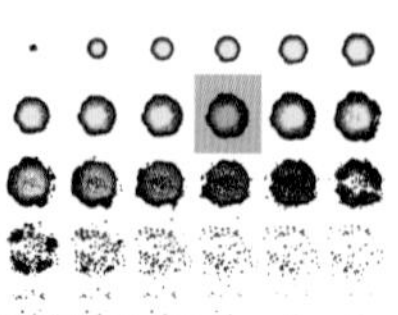

图8-121　利用Sprite做动画

组成的大场景下的话，就需要将所有图形原本的相对坐标转换为该场景下的绝对坐标。人们将图形模型中的相对坐标值称为**模型坐标系**，而将当前绘制的整体场景称为**世界坐标系**。

可以想象，绘图程序载入每个矢量图形文件时，都需要对该图形中所有顶点的坐标进行坐标变换计算。这个计算过程并不复杂，无非就是将该图形将要被放置到的世界坐标系的坐标值，与该图形顶点原有坐标值做一个加法即可，这也就相当于**平移**运算。但是，如果图形中的顶点数量很多的话，还是需要一定的运算量。

提示

可以想象，从模型坐标转换到世界坐标之后，所有位于世界坐标系中的图形的顶点坐标，会被保存在内存中某段区域内，这个区域被称为**顶点缓存（Vertex Buffer）**。当然，也需要将索引记录到缓存中，以知道哪些顶点组成了什么图形，也就是**索引缓存（Index Buffer）**；同理，颜色填充信息也需要放置在**Color Buffer**中了。

为了方便计算，人们采用矩阵相乘的方式来对顶点进行坐标变换。如图8-122所示分别为旋转（Rotation）、缩放（Scaling）和平移（Translation）所对应的运算矩阵。先看右下角的平移矩阵。矩阵运算的规则是右边的矩阵列中的每一个值与中间矩阵中每一行的值分别相乘，得出的值放入左边矩阵列。也就是：$x' = x\cdot1+y\cdot0+z\cdot0+1\cdot t_x$；$y' = x\cdot0+y\cdot1+z\cdot0+1\cdot t_y$；$z' = x\cdot0+y\cdot0+z\cdot1+1\cdot t_z$。

同理，旋转和缩放矩阵的运算规则也都如上述所言，这样就可以统一运算，实现各种组合，比如同时平移、旋转和缩放，那就分别依次与对应的矩阵相乘即可。

另外，在世界坐标系中，有时候设计者需要表示范围差别非常大的坐标点，比如将某个图形放置到相距某个图形3.14159处，再将另外一个物体放置到离该物体$1\text{x}10^6$处。对于屏幕上的像素点来讲，这两个值根本是无意义的，因为屏幕像素点坐标都是整数，不可能存在x=3.14坐标处的像素，要么是x=3，要么是x=4。这样的话，对于图形设计者来讲，就需要在整数坐标系中放置图形，这会产生很大的局限性，影响图形设计者的几何观。也就是说人脑还是习惯在一个更大更灵活的、无限连续的坐标系中摆放图形，或者最起码应该是在一个浮点数坐标系中来摆放（关于浮点数的范围和精度的介绍请参考本书第5章），这样将会非常方便。比如你在整数坐标0和3的正中间放置一个图形，但是这个图形的宽度为2，但是，你怎么也摆放不到正中间，因为整数坐标系中没有1.5这个坐标，那么，你只能把场景中其他所有物体整体平移一个值，原来的0和3变成了0和4，然后再把这个图形放到坐标2上，就是在正中间了。如果利用浮点数，就没有任何问题。当然，最终物体展现在屏幕上一定是整数坐标的像素，此时可以批量做取整操作即可。如果设计之初就用整数坐标，不是不可以，而是太不方便。如图8-123所示，将整个位于浮点坐标系中的图形先进行等比例缩放，然后将浮点数坐标进行取整操作。实际过程就是将坐标先后与两个运算矩阵相乘。

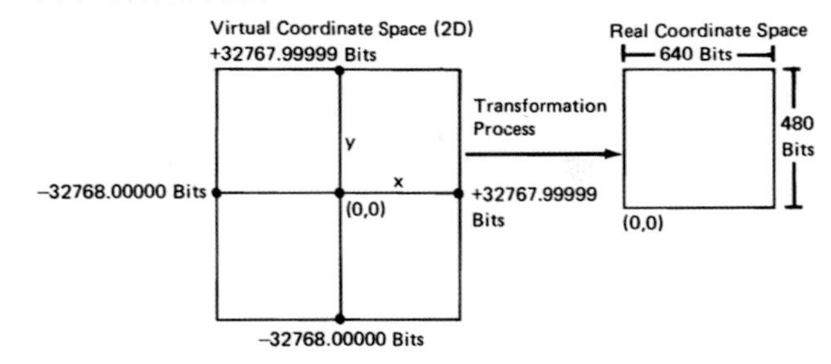

图8-123 将浮点数坐标系转换为屏幕坐标系

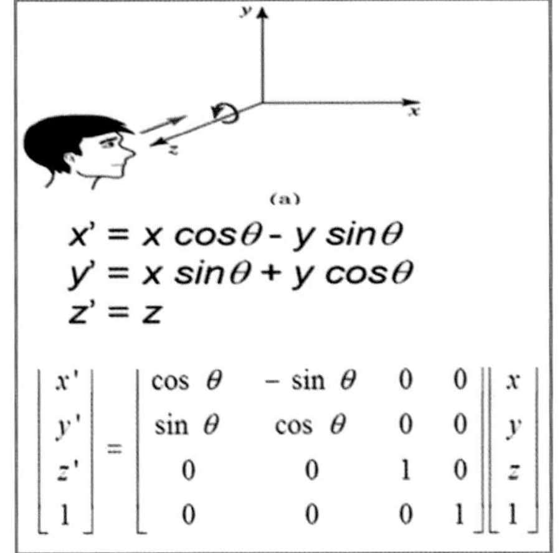

$$\begin{bmatrix} x' \\ y' \\ z' \\ 1 \end{bmatrix} = \begin{bmatrix} \cos\theta & -\sin\theta & 0 & 0 \\ \sin\theta & \cos\theta & 0 & 0 \\ 0 & 0 & 1 & 0 \\ 0 & 0 & 0 & 1 \end{bmatrix} \begin{bmatrix} x \\ y \\ z \\ 1 \end{bmatrix}$$

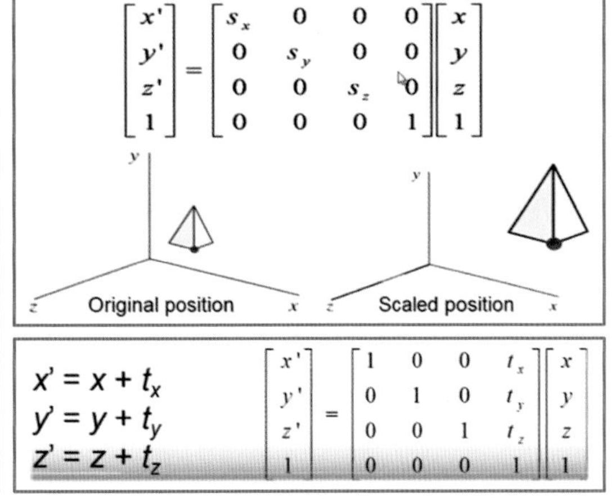

$$\begin{bmatrix} x' \\ y' \\ z' \\ 1 \end{bmatrix} = \begin{bmatrix} s_x & 0 & 0 & 0 \\ 0 & s_y & 0 & 0 \\ 0 & 0 & s_z & 0 \\ 0 & 0 & 0 & 1 \end{bmatrix} \begin{bmatrix} x \\ y \\ z \\ 1 \end{bmatrix}$$

$$\begin{bmatrix} x' \\ y' \\ z' \\ 1 \end{bmatrix} = \begin{bmatrix} 1 & 0 & 0 & t_x \\ 0 & 1 & 0 & t_y \\ 0 & 0 & 1 & t_z \\ 0 & 0 & 0 & 1 \end{bmatrix} \begin{bmatrix} x \\ y \\ z \\ 1 \end{bmatrix}$$

图8-122 利用矩阵相乘进行坐标变换

8.2.4.8 2D图形渲染流程小结

根据我们上文所述，渲染2D图形的制作和渲染基本流程如下。

（1）**前期素材制作阶段**。设计制作2D模型。这一步可以手工一点点做，也可以依靠一些制图建模工具来生成，将制作好的图形信息打包到矢量图中。至于矢量图文件内部的具体记录格式请大家自行了解。这一步主要是由图形设计师依靠图形建模工具比如CorelDraw、3ds Max、Maya等建模工具来完成。

（2）**模型载入阶段**。主程序从2D模型文件（矢量图）中载入图形的图元信息，包括顶点信息、索引信息、颜色信息等。将它们载入内存中的对应Buffer中。这一步由渲染程序（比如游戏）主程序负责。

（3）**顶点动画特效生成阶段**。根据对应的动画算法，改变已载入图形顶点的位置，比如按照最基本的平移、缩放、旋转方式，再比如按照正弦等更复杂的方式波动等，甚至可以响应外部键盘的键码，对图形顶点位置做交互式实时计算，实现各种符合物理规律的特效。比如用户用鼠标来戳某个图形，按照鼠标戳的角度和当时鼠标的移动速度，将对应图形的相关顶点位置做凹陷处理。这里的关键字是：相关。哪些顶点会跟随本次戳动一起运动？各自运动到哪里？这个过程可以根据经验值给出一些固定算法，也就是固定的平移矩阵。当然，如果考虑力矩，这个图形还可以发生旋转，那么根据经验值设置一个平移矩阵和一个旋转矩阵，将图形顶点与这两个矩阵做乘法即可得出图形的新位置。如果想模拟得更加真实，那就需要计算出受影响的顶点以及其最终位置。这里面又牵扯到该图形是刚体、黏体还是流体。需要引入相应的力学公式来处理，运算量将会增加。最简单的方式则可以将每个顶点当作相互连接着的小球，然后计算其中一个小球向内运动后，其他小球在一段时间之后的移动位置。这一步由渲染程序（比如游戏）主程序全程负责，或者由主程序负责下发任务到外部的图形加速器，后者负责具体的运算。

（4）**坐标转换阶段**。将上一步得出的所有顶点坐标从浮点数坐标空间转换到屏幕整数坐标空间。这一步由渲染程序（比如游戏）主程序全程负责，或者由主程序负责下发任务到外部的图形加速器，后者负责具体的运算。

（5）**栅格化和着色填充阶段**。从索引缓存中读出每个图元的顶点序号和顺序信息，再从顶点缓存中读出对应顶点，然后读出色彩信息和图层等信息，按照对应的方法，比如直线就按照直线方程、曲线按照曲线方程，计算出图形所跨越的屏幕像素并填充入对应的颜色值。下方图层中的图形先渲染，上层的后渲染。这一步由渲染程序（比如游戏）主程序全程负责，或者由主程序负责下发任务到外部的图形加速器，后者负责具体的运算。

（6）**后期像素效果处理阶段**。对渲染好的图形进行后期特效处理，比如在此时可以引入后期动画特效，比如修改图像的整体色调，与一些bitmap进行ROP操作等。这一步由渲染程序（比如游戏）主程序全程负责，或者由主程序负责下发任务到外部的图形加速器，后者负责具体的运算。

那么，绘图库和外部图形加速卡在这个过程中是怎么发挥作用的呢？

8.2.4.9 2D绘图库以及渲染加速

上述所有步骤，可以全程由Host端程序来完成，然后直接将生成的像素写入到Frame Buffer，这样就只能依靠Host端CPU来负责所有计算。其中一部分功能又可以被封装为绘图库，这些功能就可以由绘图库函数全权负责，但是依然由Host CPU完成计算。而如果使用了带有图形加速功能的显卡，比如8.2.4节中介绍的PGC，那么图形库可以将图形绘制请求转化为加速卡能够接收的绘图指令。**绘图库需要把待绘制的顶点、索引、绘制类型（三角形、线段、圆还是矩形？）等信息发送给显卡，具体方式是采用Host端内存中创建队列的方式，采用任务描述结构传递命令和数据指针等信息。显卡则从队列中取出任务然后进行渲染。**支持利用图形卡进行硬件加速的图形库，除了实现软算法之外，还需要实现与外部图形加速卡之间的API接口函数，比如如何下发任务，任务描述结构应该是什么具体格式和规则，设置多少个缓冲区，各存放什么类型数据等烦琐的细节。另外它也需要实现与绘图主程序之间的接口函数，如图8-124～图8-127所示。

对于顶点动画所需要的计算，理论上也可以采用图形卡来运算，但是早期的图形卡只支持有限的运算模式，比如对顶点的常规平移、旋转和缩放操作。对于一些稍微复杂一些的运算，这几种固定操作就显得不够了，虽然可以在Host端计算一部分，将那些能够加速卡内固定算法的部分下放到加速卡计算，但是这样编程很不方便。不过，**当代的图形加速卡都已经支持可编程计算，也就是Host端将一个自定义的程序下发到显卡上运行。**

如图8-124～图8-127所示为GDI（Graphic Device Interface）2D图形库所提供的一些函数，具体就不多介绍了，大家可以感性认识一下。微软后来又推出了GDI+、DirectDraw/Direct2D等2D图形库，有兴趣者可以自行了解细节。

AddFontResource 在Windows系统中添加一种字体资源
CreateFont 用指定的属性创建一种逻辑字体
CreateFontIndirect 用指定的属性创建一种逻辑字体
CreateScalableFontResource 为一种TureType字体创建一个资源文件
DrawText 将文本描绘到指定的矩形中
DrawTextEx 与DrawText相似，只是加入了更多的功能
EnumFontFamilies 列举指定设备可用的字体
EnumFontFamiliesEx 列举指定设备可用的字体
EnumFonts 列举指定设备可用的字体
ExtTextOut 经过扩展的文本描绘函数。也请参考SetTextAlign函数
GetAspectRatioFilterEx 用SetMapperFlags要求Windows只选择与设备当前纵横比相符的光栅字体时，本函数可判断纵横比大小

GetCharABCWidths 判断TureType字体中一个或多个字符的A-B-C大小
GetCharABCWidthsFloat 查询一种字体中一个或多个字符的A-B-C尺寸
GetCharacterPlacement 该函数用于了解如何用一个给定的字符显示一个字串
GetCharWidth 调查字体中一个或多个字符的宽度
GetFontData 接收一种可缩放字体文件的数据
GetFontLanguageInfo 返回目前选入指定设备场景中的字体的信息
GetGlyphOutline 取得TureType字体中构成一个字符的曲线信息
GetKerningPairs 取得指定字体的字距信息
GetOutlineTextMetrics 接收与TureType字体内部特征有关的详细信息
GetRasterizerCaps 了解系统是否有能力支持可缩放的字体
GetTabbedTextExtent 判断一个字串占据的范围，同时考虑制表站扩充的因素
GetTextAlign 接收一个设备场景当前的文本对齐标志
GetTextCharacterExtra 判断额外字符间距的当前值
GetTextCharset 接收当前选入指定设备场景的字体的字符集标识符
GetTextCharsetInfo 获取与当前选定字体的字符集有关的详细信息
GetTextExtentPoint 判断一个字串的大小（范围）

GetTextFace 获取一种字体的字样名
GetTextMetrics 获取与选入一种设备场景的物理字体有关的信息
GrayString 描绘一个以灰色显示的字串。通常由Windows用于标识禁止状态
PolyTextOut 描绘一系列字串
RemoveFontResource 从Windows系统中删除一种字体资源
SetMapperFlags Windows对字体进行映射时，可用该函数选择与目标设备的纵横比相符的光栅字体
SetTextAlign 设置文本对齐方式，并指定在文本输出过程中使用设备场景的当前位置
SetTextCharacterExtra 描绘文本的时候，指定要在字符间插入的额外间距
SetTextColor 设置当前文本颜色。这种颜色也称为“前景色”
SetTextJustification 通过指定一个文本行应占据的额外空间，可用这个函数对文本进行两端对齐处理
TabbedTextOut 支持制表站的一个文本描绘函数
TextOut 文本绘图函数

GetTextExtentPoint 判断一个字串的大小（范围）
GetTextFace 获取一种字体的字样名
GetTextMetrics 获取与选入一种设备场景的物理字体有关的信息
GrayString 描绘一个以灰色显示的字串。通常由Windows用于标识禁止状态
PolyTextOut 描绘一系列字串
RemoveFontResource 从Windows系统中删除一种字体资源
SetMapperFlags Windows对字体进行映射时，可用该函数选择与目标设备的纵横比相符的光栅字体
SetTextAlign 设置文本对齐方式，并指定在文本输出过程中使用设备场景的当前位置
SetTextCharacterExtra 描绘文本的时候，指定要在字符间插入的额外间距
SetTextColor 设置当前文本颜色。这种颜色也称为“前景色”
SetTextJustification 通过指定一个文本行应占据的额外空间，可用这个函数对文本进行两端对齐处理
TabbedTextOut 支持制表站的一个文本描绘函数
TextOut 文本绘图函数
GetTextColor 判断当前字体颜色。通常也称为“前景色”
GetTextExtentExPoint 判断要填入指定区域的字符数量。也用一个数组装载每个字符的范围信息
SetMenuItemInfo 为一个菜单条目设置指定的信息
TrackPopupMenu 在屏幕的任意地方显示一个弹出式菜单
TrackPopupMenuEx 与TrackPopupMenu相似，只是它提供了额外的功能

图8-124　GDI图形库函数一览（1）

BitBlt 将一幅位图从一个设备场景复制到另一个
CopyIcon 制作指定图标或鼠标指针的一个副本。这个副本从属于发出调用的应用程序
CopyImage 复制位图、图标或指针，同时在复制过程中进行一些转换工作
CreateBitmap 按照规定的格式创建一幅与设备有关位图
CreateBitmapIndirect 创建一幅与设备有关位图
CreateCompatibleBitmap 创建一幅与设备有关位图，它与指定的设备场景兼容
CreateCursor 创建一个鼠标指针
CreateDIBitmap 根据一幅与设备无关的位图创建一幅与设备有关的位图
CreateDIBSection 创建一个DIBSection
CreateIcon 创建一个图标
CreateIconIndirect 创建一个图标
DestroyCursor 清除指定的鼠标指针，并释放它占用的所有系统资源
DestroyIcon 清除图标
DrawIcon 在指定的位置画一个图标
DrawIconEx 描绘一个图标或鼠标指针。与DrawIcon相比，这个函数提供了更多的功能
ExtractIcon 判断一个可执行文件或DLL中是否有图标存在，并将其提取出来
GetBitmapBits 将来自位图的二进制位复制到一个缓冲区
GetBitmapDimensionEx 取得一幅位图的宽度和高度
GetDIBColorTable 从选入设备场景的DIBSection中取得颜色表信息
GetDIBits 将来自一幅位图的二进制位复制到一幅与设备无关的位图里
GetIconInfo 取得与图标有关的信息
GetStretchBltMode 判断StretchBlt 和 StretchDIBits函数采用的伸缩模式
LoadBitmap 从指定的模块或应用程序实例中载入一幅位图
LoadCursor 从指定的模块或应用程序实例中载入一个鼠标指针
LoadCursorFromFile 在一个指针文件或一个动画指针文件的基础上创建一个指针
LoadIcon 从指定的模块或应用程序实例中载入一个图标
LoadImage 载入一个位图、图标或指针
MaskBlt 执行复杂的图象传输，同时进行掩模（MASK）处理
PatBlt 在当前选定的刷子的基础上，用一个图案填充指定的设备场景
PlgBlt 复制一幅位图，同时将其转换成一个平行四边形。利用它可对位图进行旋转处理
SetBitmapBits 将来自缓冲区的二进制位复制到一幅位图
SetBitmapDimensionEx 设置一幅位图的宽度。以一毫米的十分之一为单位
SetDIBColorTable 设置选入设备场景的一个DIBSection的颜色表信息
SetDIBits 将来自与设备无关位图的二进制位复制到一幅与设备有关的位图里
SetDIBitsToDevice 将一幅与设备无关位图的全部或部分数据直接复制到一个设备
SetStretchBltMode 指定StretchBlt 和 StretchDIBits函数的伸缩模式
StretchBlt 将一幅位图从一个设备场景复制到另一个
StretchDIBits 将一幅与设备无关位图的全部或部分数据直接复制到指定的设备场景
AbortPath 抛弃选入指定设备场景中的所有路径。也取消目前正在进行的任何路径的创建工作
AngleArc 用一个连接弧画一条线
Arc 画一个圆弧
BeginPath 启动一个路径分支
CancelDC 取消另一个线程里的长时间绘图操作
Chord 画一个弦
CloseEnhMetaFile 关闭指定的增强型图元文件设备场景，并将新建的图元文件返回一个句柄
CloseFigure 描绘到一个路径时，关闭当前打开的图形
CloseMetaFile 关闭指定的图元文件设备场景，并向新建的图元文件返回一个句柄
CopyEnhMetaFile 制作指定增强型图元文件的一个副本（拷贝）
CopyMetaFile 制作指定（标准）图元文件的一个副本
CreateBrushIndirect 在一个LOGBRUSH数据结构的基础上创建一个刷子
CreateDIBPatternBrush 用一幅与设备无关的位图创建一个刷子，以便指定刷子

图8-125　GDI图形库函数一览（2）

CreateEnhMetaFile 创建一个增强型的图元文件设备场景
CreateHatchBrush 创建带有阴影图案的一个刷子
CreateMetaFile 创建一个图元文件设备场景
CreatePatternBrush 用指定了刷子图案的一幅位图创建一个刷子
CreatePen 用指定的样式、宽度和颜色创建一个画笔
CreatePenIndirect 根据指定的LOGPEN结构创建一个画笔
CreateSolidBrush 用纯色创建一个刷子
DeleteEnhMetaFile 删除指定的增强型图元文件
DeleteMetaFile 删除指定的图元文件
DeleteObject 删除GDI对象，对象使用的所有系统资源都会被释放
DrawEdge 用指定的样式描绘一个矩形的边框
DrawEscape 换码（Escape）函数将数据直接发至显示设备驱动程序
DrawFocusRect 画一个焦点矩形
DrawFrameControl 描绘一个标准控件
DrawState 为一幅图象或绘图操作应用各式各样的效果
Ellipse 描绘一个椭圆，由指定的矩形围绕
EndPath 停止定义一个路径
EnumEnhMetaFile 针对一个增强型图元文件，列举其中单独的图元文件记录
EnumMetaFile 为一个标准的windows图元文件枚举单独的图元文件记录
EnumObjects 枚举可随同指定设备场景使用的画笔和刷子
ExtCreatePen 创建一个扩展画笔（装饰或几何）
ExtFloodFill 在指定的设备场景里，用当前选择的刷子填充一个区域
FillPath 关闭路径中任何打开的图形，并用当前刷子填充
FillRect 用指定的刷子填充一个矩形
FlattenPath 将一个路径中的所有曲线都转换成线段
FloodFill 用当前选定的刷子在指定的设备场景中填充一个区域
FrameRect 用指定的刷子围绕一个矩形画一个边框
GdiComment 为指定的增强型图元文件设备场景添加一条注释信息
GdiFlush 执行任何未决的绘图操作
GdiGetBatchLimit 判断有多少个GDI绘图命令位于队列中
GdiSetBatchLimit 指定有多少个GDI绘图命令能够进入队列
GetArcDirection 画圆弧的时候，判断当前采用的绘图方向
GetBkColor 取得指定设备场景当前的背景颜色
GetBkMode 针对指定的设备场景，取得当前的背景填充模式
GetBrushOrgEx 判断指定设备场景中当前选定刷子起点
GetCurrentObject 获得指定类型的当前选定对象

GetCurrentPositionEx 在指定的设备场景中取得当前的画笔位置
GetEnhMetaFile 取得磁盘文件中包含的一个增强型图元文件的图元文件句柄
GetEnhMetaFileBits 将指定的增强型图元文件复制到一个内存缓冲区里
GetEnhMetaFileDescription 返回对一个增强型图元文件的说明
GetEnhMetaFileHeader 取得增强型图元文件的图元文件头
GetEnhMetaFilePaletteEntries 取得增强型图元文件的全部或部分调色板
GetMetaFile 取得包含在一个磁盘文件中的图元文件的图元文件句柄
GetMetaFileBitsEx 将指定的图元文件复制到一个内存缓冲区
GetMiterLimit 取得设备场景的斜率限制（Miter）设置
GetNearestColor 根据设备的显示能力，取得与指定颜色最接近的一种纯色
GetObjectAPI 取得对指定对象进行说明的一个结构
GetObjectType 判断由指定句柄引用的GDI对象的类型
GetPath 取得对当前路径进行定义的一系列数据
GetPixel 在指定的设备场景中取得一个像素的RGB值
GetPolyFillMode 针对指定的设备场景，获得多边形填充模式
GetROP2 针对指定的设备场景，取得当前的绘图模式
GetStockObject 取得一个固有对象（Stock）
GetSysColorBrush 为任何一种标准系统颜色取得一个刷子
InvertRect 通过反转每个像素的值，从而反转一个设备场景中指定的矩形
LineDDA 枚举指定线段中的所有点
LineTo 用当前画笔画一条线，从当前位置连到一个指定的点
MoveToEx 为指定的设备场景指定一个新的当前画笔位置
PaintDesk 在指定的设备场景中描绘桌面墙纸图案
PathToRegion 将当前选定的路径转换到一个区域里
Pie 画一个饼图
PlayEnhMetaFile 在指定的设备场景中画一个增强型图元文件
PlayEnhMetaFileRecord 回放单独一条增强型图元文件记录
PlayMetaFile 在指定的设备场景中回放一个图元文件
PlayMetaFileRecord 回放来自图元文件的单条记录
PolyBezier 描绘一条或多条贝塞尔（Bezier）曲线
PolyDraw 描绘一条复杂的曲线，由线段及贝塞尔曲线组成
Polygon 描绘一个多边形
Polyline 用当前画笔描绘一系列线段
PolyPolygon 用当前选定画笔描绘两个或多个多边形
PolyPolyline 用当前选定画笔描绘两个或多个多边形
Rectangle 用当前选定的画笔描绘矩形，并用当前选定的刷子填充
RoundRect 用当前选定的画笔画一个圆角矩形，并用当前选定的刷子在其中填充

SelectClipPath 将设备场景当前的路径合并到剪切区域里
SelectObject 为当前设备场景选择图形对象
SetArcDirection 设置圆弧的描绘方向
SetBkColor 为指定的设备场景设置背景颜色
SetBkMode 指定阴影刷子、虚线画笔以及字符中的空隙的填充方式
SetBrushOrgEx 为指定的设备场景设置当前选定刷子的起点
SetEnhMetaFileBits 用指定内存缓冲区内包含的数据创建一个增强型图元文件
SetMetaFileBitsEx 用包含在指定内存缓冲区内的数据结构创建一个图元文件
SetMiterLimit 设置设备场景当前的斜率限制
SetPixel 在指定的设备场景中设置一个像素的RGB值
SetPixelV 在指定的设备场景中设置一个像素的RGB值
SetPolyFillMode 设置多边形的填充模式
SetROP2 设置指定设备场景的绘图模式。与vb的DrawMode属性完全一致
SetWinMetaFileBits 将一个标准Windows图元文件转换成增强型图元文件
StrokeAndFillPath 针对指定的设备场景，关闭路径上打开的所有区域
StrokePath 用当前画笔描绘一个路径的轮廓。打开的图形不会被这个函数关闭
UnrealizeObject 将一个刷子对象选入设备场景之前，如刷子的起点准备用
SetBrushOrgEx修改，则必须先调用本函数
WidenPath 根据选定画笔的宽度，重新定义当前选定的路径
CombineRgn 将两个区域组合为一个新区域
CombineTransform 驱动世界转换。它相当于依顺序进行两次转换
CreateCompatibleDC 创建一个与特定设备场景一致的内存设备场景
CreateDC 为专门设备创建设备场景
CreateEllipticRgn 创建一个椭圆
CreateEllipticRgnIndirect 创建一个内切于特定矩形的椭圆区域
CreateIC 为专用设备创建一个信息场景
CreatePolygonRgn 创建一个由一系列点围成的区域
CreatePolyPolygonRgn 创建由多个多边形构成的区域。每个多边形都应是封闭的
CreateRectRgn 创建一个矩形区域
CreateRectRgnIndirect 创建一个矩形区域
CreateRoundRectRgn 创建一个圆角矩形
DeleteDC 删除专用设备场景或信息场景，释放所有相关窗口资源
DPtoLP 将点阵从设备坐标转换到专用设备场景逻辑坐标
EqualRgn 确定两个区域是否相等
ExcludeClipRect 从专用设备场景的剪裁区中去掉一个矩形区。矩形内不能进行绘图

图8-126 GDI图形库函数一览（3）

ExcludeUpdateRgn 从专用设备场景剪裁区去掉指定窗口的刷新区域
ExtCreateRegion 根据世界转换修改区域
ExtSelectClipRgn 将指定区域组合到设备场景的当前剪裁区
FillRgn 用指定刷子填充指定区域
FrameRgn 用指定刷子围绕指定区域画一个外框
GetBoundsRect 获取指定设备场景的边界矩形
GetClipBox 获取完全包含指定设备场景剪裁区的最小矩形
GetClipRgn 获取设备场景当前剪裁区
GetDC 获取指定窗口的设备场景
GetDCEx 为指定窗口获取设备场景。相比GetDC，本函数提供了更多的选项
GetDCOrgEx 获取指定设备场景起点位置（以屏幕坐标表示）
GetDeviceCaps 根据指定设备场景代表的设备的功能返回信息
GetGraphicsMode 确定是否允许增强图形模式（世界转换）
GetMapMode 为特定设备场景调入映象模式
GetRegionData 装入描述一个区域信息的RgnData结构或缓冲区
GetRgnBox 获取完全包含指定区域的最小矩形
GetUpdateRgn 确定指定窗口的刷新区域。该区域当前无效，需要刷新
GetViewportExtEx 获取设备场景视口（viewport）范围
GetViewportOrgEx 获取设备场景视口起点
GetWindowDC 获取整个窗口（包括边框、滚动条、标题栏、菜单等）的设备场景

GetWindowExtEx 获取指定设备场景的窗口范围
GetWindowOrgEx 获取指定设备场景的逻辑窗口的起点
GetWindowRgn 获取窗口区域
GetWorldTransform 如果有世界转换，为设备场景获取当前世界转换
IntersectClipRect 为指定设备定义一个新的剪裁区
InvalidateRgn 使窗口指定区域不活动，并将它加入窗口刷新区，使之可随后被
InvertRgn 通过颠倒每个像素值反转设备场景指定区域
LPtoDP 将点阵从指定设备场景逻辑坐标转换为设备坐标

ModifyWorldTransform 根据指定的模式修改世界转换
OffsetClipRgn 按指定量平移设备场景剪裁区
OffsetRgn 按指定偏移量平移指定区域
OffsetViewportOrgEx 平移设备场景视口区域
OffsetWindowOrgEx 平移指定设备场景窗口起点
PaintRgn 用当前刷子背景色填充指定区域
PtInRegion 确定点是否在指定区域内
PtVisible 确定指定点是否可见（即，点是否在设备场景剪裁区内）
RectInRegion 确定矩形是否有部分在指定区域内
RectVisible 确定指定矩形是否有部分可见（是否在设备场景剪裁区内）
ReleaseDC 释放由调用GetDC或GetWindowDC函数获取的指定设备场景
RestoreDC 从设备场景堆栈恢复一个原先保存的设备场景
SaveDC 将指定设备场景状态保存到Windows设备场景堆栈
ScaleViewportExtEx 缩放设备场景视口的范围
ScaleWindowExtEx 缩放指定设备场景窗口范围
ScrollDC 在窗口（由设备场景代表）中水平和（或）垂直滚动矩形
SelectClipRgn 为指定设备场景选择新的剪裁区
SetBoundsRect 设置指定设备场景的边界矩形
SetGraphicsMode 允许或禁止增强图形模式，以提供某些支持（包括世界转换）

SetMapMode 设置指定设备场景的映射模式
SetRectRgn 设置区域为指定的矩形
SetViewportExtEx 设置设备场景视口范围
SetViewportOrgEx 设置设备场景视口起点
SetWindowExtEx 设置指定设备场景窗口范围
SetWindowOrgEx 设置指定设备场景窗口起点
SetWindowRgn 设置窗口区域
SetWorldTransform 设置世界转换
ValidateRgn 激活窗口中指定区域，把它从刷新区移走
WindowFromDC 取回与某一设备场景相关的窗口的句柄

图8-127 GDI图形库函数一览（4）

8.2.5 3D图形模型和表示方法

试想一下，人脑是如何感知三维世界的？如图8-128上方所示，如果挡住2/3/4号图形，只观察1号，你能判定它是个三维正方体么？不能。2号图形，多了三条线，产生了三个面，根据经验，这已经可以让你判断出大概了。对于3号图形，不同的面的亮度不同，已经基本可以确定其意义了。4号就更不用说了，左上角的光照和右下角的阴影说明了一切。其实，这四个图形在显示器平面上占用的像素面积、形状，是完全一样的。

如果仔细思考一下就能体会到，人脑接受的视神经的输入永远都是2D的图像，也就是3D世界在人脑中的2D投影。人脑之所以理解了3D，是因为观察一个物体的视角是可以变化的，你可以绕到该物体的侧面重新观察该物体，发现其2D投影也会跟着变化，经过对不同视角的投影进行组合识别分析，最终形成3D图形的立体感观。所以人自从出生起就不断地接受周围事物的各种角度投影的训练，形成了经验，才产生了理解3D世界的能力。

而对于3/4号图形，即便你不去绕到它侧面去观察，只通过观察其不同位置对光线的反射率/明暗程度，根据经验，也可以判断出明显有一个z轴方向的存在，光线就是大自然赐予的参照物和测量尺。但是，设想一下，如果你从来没有尝试过绕到物体侧面观察，假设你生来就是静止的，动弹不得，连眼珠都转动不了，你有可能只会认为该图形左上角的亮度高一些，右下角有个暗色斑而已，并不会认为该图形存在一个z轴方向，你根本不理解阴影为何会存在，产生不了立体感观，所以4号图形在你眼中只是一个正方形、两个菱形，以及一个一角被挡住的“躺着”的菱形的组合罢了。

提示▶▶▶

看一看你眼前的景象，放弃你的经验，重新思考你眼前的图像。物体的反射光将物体投影在你的视网膜上，当你移动视角时，原先被遮挡的部分逐渐露出来，或者之前暴露的被遮挡，以及物体轮廓的形状、大小发生了变化。这些都是投影变化的结果。世界的景象就像是一个拥有无限分辨率的显示器，而你就是观察者。至于宇宙牌显示器的分辨率到底是不是无限的，很难说。冬瓜哥坚信其每一个像素尺寸是有限的，也就是一个空间场。至于这个场中有没有红绿蓝三个色片，这很难说。

所以，总结一下，人脑理解三维图形的依据是：不同视角的投影形状不同、图形上的轮廓线的暗示，以及光照明暗度不同的暗示。正因为图形的这些层次感官，让人们能够理解三维世界。那么，一张静态的3D图片，必须包含轮廓以及不同表面的明暗或者说颜色的层次差异，否则它就成了图8-128中1号图形那样。

再来看图8-128下半部分3D鱿鱼的照片，就像把一条真的鱿鱼放在纸上一样。而当你知道这张图片是纯手绘时是否会震惊？但如果你看到了它被绘制的过程，你也许就明白了。所谓3D图像，都是用2D图像加上对应的障眼法处理。尤其是对光照和投影的处理，可以看到右数第二张鱿鱼身下有一条细细的阴影，就是它让你有了3D的感觉，再加上最后一步对鱿鱼身上反光部分直接涂抹白色，这部分反光效果强烈与你在现实中看到的鱿鱼产生了共鸣，逼迫你的大脑不得不认为这就是3D图案。但是你如果长时间观察，并且强迫让大脑认为这些光斑无非就是一些白色斑点，整个图像就是2D的，那么大脑习惯之后后续可能

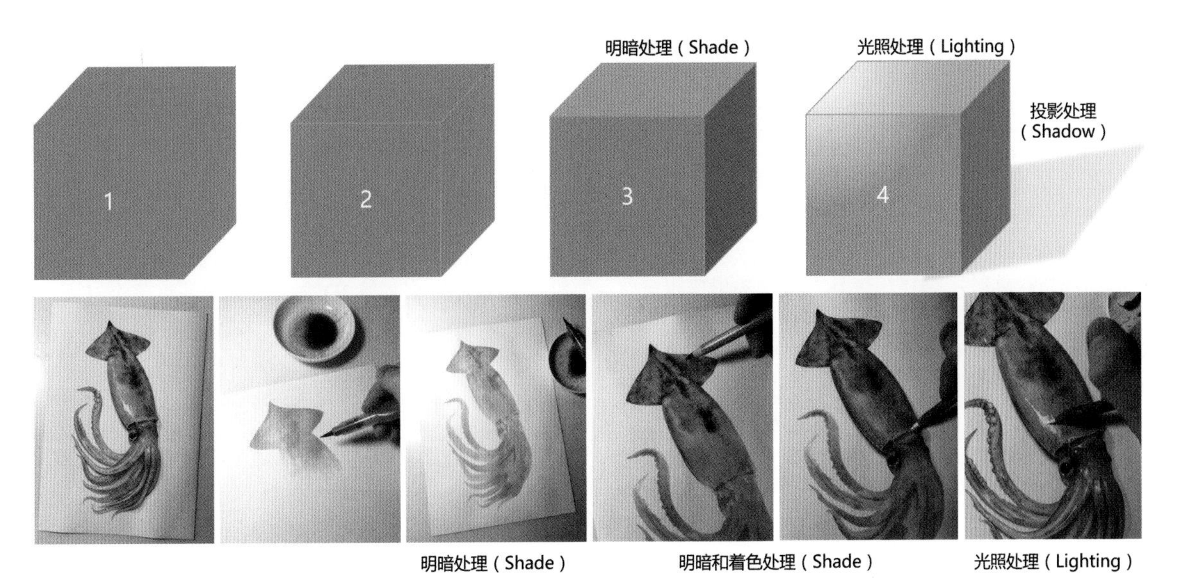

图8-128　人脑对三维的理解

就会切换到2D认知模式了。

而对于3D游戏而言，整个3D场景必须可以让玩家沿着z轴纵深方向移动，即视角可以在360°范围内自由旋转和平移以及镜头拉远拉近（缩放）。也可以这样说：你不动，但是整个3D场景可以围着你以360°任意旋转平移和缩放。

然而，显示屏上永远都是2D画面，那怎么实现视角的纵深移动呢？答案当然是根据观察者所处的新视角位置，将场景内所有的3D模型重新按照新的角度投影到屏幕（你的眼睛）上，用2D投影的变化刺激你的大脑，只要所有模型的投影能够更加平滑地变化，那么大脑根据经验判断投影当前的移动方向和角度，就可以感知到这个投影其实是立体的、有z轴的。现在你就可以做个实验，拿着一个物体，想象它永远都是只将一个投影面朝向你，很快你的感观就会麻木，一段时间后你可能会对这个物体感到异常陌生，看到的只是一个轮廓，但是你只要稍微变换一下角度观察一下它的侧面，大脑便会根据之前保存在大脑中的认知积累，根据两个投影之间的关联分析出这是个什么物体，如图8-129所示。

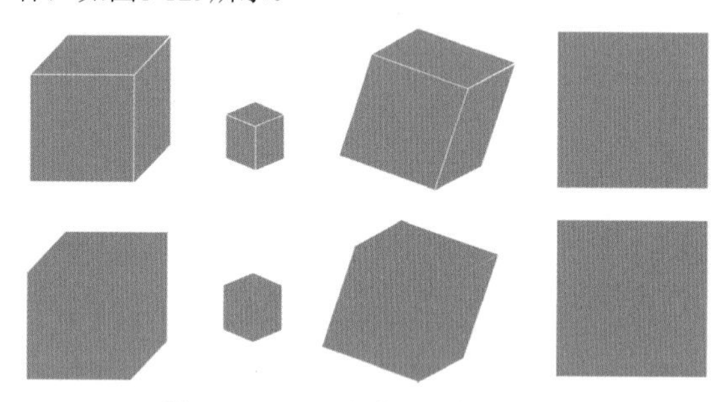

图8-129　不同视角下的投影不同

所以，对于那些平时没有积累过这种感官经验的人，可能就无法体会到视角的移动方向和速度。这也正是为何有些人玩3D游戏会有眩晕感的原因，他的大脑并不理解当前空间中的2D投影图形为什么会变大变小，形状也在变，他无法或者说难以将这个变化翻译成z轴纵深移动，于是大脑产生了认知疲劳。

能够想象，绘图程序需要根据当前观察者所处的相对之前状态的新视角下，对整个场景中所有3D模型的顶点坐标重新进行三维的坐标变换处理，重新将新的3D坐标投射到屏幕坐标空间，消掉z轴坐标。同时，当视角拉远时，物体在屏幕上的投影也要跟着变小，这牵扯到某种缩放规则，也就是透视规则，需要套用透视公式来运算。所以，这整个坐标变换的过程相比2D坐标变换场景需要更多的计算量。

实际上，可以使用另一种方式来生成3D图像，那就是把每个模型的从各个角度、各个距离观察到的投影2D图像全部保存下来，形成一张表，然后根据当前视角来查表找到与该视角对应的投影然后将它显示出来即可。这样只需要消耗很少的运算量，但是却会大大增加存储量。“各个角度”，到底精细到什么程度？360°细分一万份？再说了，模型距观察者的距离也不同，最大和最小距离之间细分多少份，就得保存多少个投影。还需要加入角度、距离的组合，这样保存的投影数量需要相乘。另外还需要考虑场景中光线的不同，等等，多种组合数量又得相乘，最终需要保存的投影数量太过庞大。所以这种方法不可行，除非将来发明出来某种科幻级别的超级存储器。当然，如果场景并不是自由视角场景，而只是一些固定角度的，只给出有限数量的视角、距离、光照、模型，而且对流畅度没什么要求的话，完全可以利用这种方式来生成3D图像。一些2D游戏中就大量使用这种技术。比如早期《街霸》系列中的背景动画，以一秒钟两帧的速度，用有限数量的投影走马灯似地播放出来，就可以让人感受到3D立体图像。

然而，现代3D游戏的效果已经无与伦比。当前的主流3D渲染形式就是根据角度、距离、光照等输入条件，现场计算出对应模型上每个表面、顶点的新位置。具体怎么算，我们下文再介绍。

思考另外一个基本问题：3D图形的顶点需要增加一个z坐标。但是一些复杂形状的物体并不是用少量几个顶点+描绘方式就可以描述的，而2D场景下只需要知道少量的顶点坐标即可描述出点、线、面了。

8.2.5.1　3D模型的表示

与2D模型文件类似，为了生成3D图像，也需要将对应图形/体的各种信息描述和和记录下来，形成3D模型文件。我们说，任何图形其实都可以看作是点的集合，把一个图形分隔成大量且有限可接受数量的点，也可以近似描述出该物体的形状。但是这不就成了bitmap了么？bitmap是2D场景下的图片，3D场景下一个物体占据的所有点可以组成**体bitmap（Volume Bitmap）**，但是这样的话记录的信息量就太大了。那么，用线段来描述是否可以？当然可以，但是一样会记录大量线段的顶点坐标。其实，由于3D图像最终是通过投影来展现的，所以其物体内部的点坐标（又被称为**体素**（voxel），相对于2D场景下的像素（pixel）而言）根本无须记录，我们要的只是它的表面信息。那是不是记录物体每个表面上的每个点就可以了？这样需要记录的信息量仍然太大。

如图8-130所示，最终，人们选择**面元**（或者又可以说**面片**）来描述3D物体。也就是将整个3D物体的包裹表面细分成多个面片，只要记录每个面片的顶点坐标以及哪几个坐标组成了一个面片（也就是索引）即可。图中的正方形可以被细分为12个三角形面片，如果分成6个矩形/正方形，或者说四边形面片是否可以？可以，但是四边形可以被进一步细分为两个三角形，这两个三角形可以不在同一个面上，能够表示更丰富的物体表面凹凸细节，而四边形的面元只能表示一个面。所以人们采用三角形来描述3D物体的表面。人们将由三角形组成的表面称为**Mesh（网格）**。

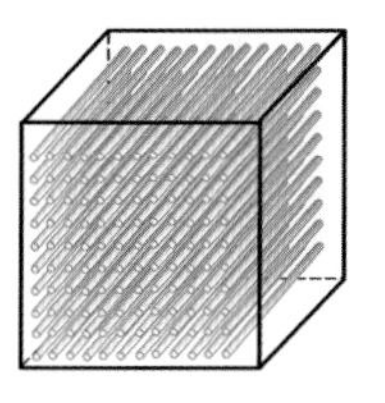
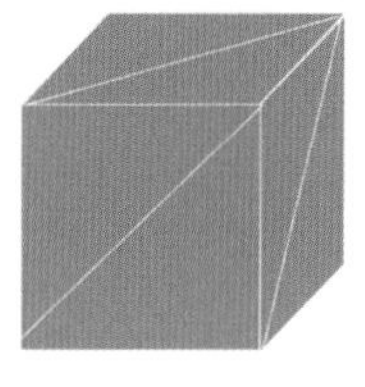

图8-130　只要表面信息而不需要体信息

如图8-132所示，那些更加复杂、弯曲的表面就需要使用更多数量的三角形拼接起来，曲率越高的地方，三角形的密度也就越高。这就像一个杂波形越陡峭的地方就需要越高频率的正弦波来叠加形成一样。

任何3D物体表面都可以被细分为有限数量的三角形面元。有时候一些3D建模软件并不给出三角形，而只展示出四边形，如图8-133左侧所示。这样做的目的是为了不让画面太繁杂无法分辨，实际上模型文件还是以三角形为粒度描述的。

然而，在什么位置生成多少三角形，是要根据模型的曲率一点点搭建出来的，并不是说把一个图形分隔成三角形，其就成了3D模型了。如图8-133右侧所

提示

体素模型是目前计算机图形学研究的前沿课题。该模型真的用一个个的小立方体而不是面元来堆砌出各种3D模型。由于冬瓜哥并不专业，所以其具体原理留给大家自行了解学习，如图8-131所示。

图8-131　使用体素模型的游戏搭建的场景

图8-132　三角形数量越多模型就越逼真和平滑

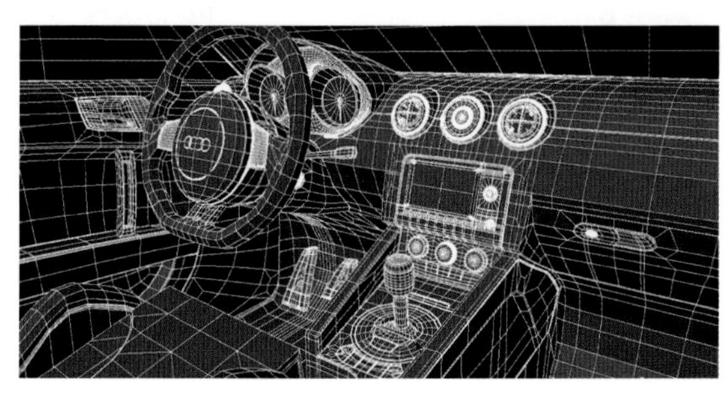
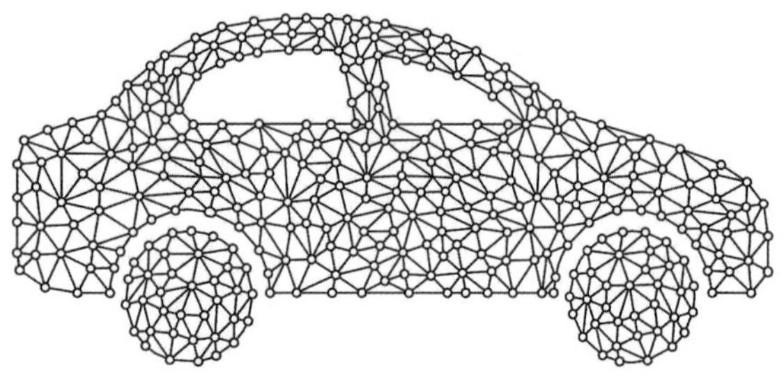

图8-133　展示为四边形Mesh以及看不出3D感觉的Mesh

示，你根本不会觉得这个图形是三维的，就是因为其三角形的分布没有梯度，密度均匀，这证明它根本就是一个平整的2D图形。这世界上永远都有能工巧匠，他们能将一根萝卜雕刻得巧夺天工，他们总知道在什么地方下多少力度，模型会变成什么样。然而，并不能要求每个计算机3D模型设计师都做到如此程度。所以，建模的过程也需要计算机来辅助才可以。

如图8-134和图8-135所示为某3D辅助建模软件所提供的一些建模功能。设计师只需要点鼠标就可以编辑模型上的顶点，从而实现各种表面形状，创建出栩栩如生的3D模型。

创建好的3D模型文件，会包含一堆顶点坐标数组、索引数组，以及其他一些为了加速搜索而创建的次级索引的组合。如图8-136所示，图中左侧为原始的记录方式，也就是顶点坐标和针对每个三角形都记录索引项目的方式。这样做会占用较大的空间。图中右侧给出了两种另外的记录方式：Fan（扇）和Strip（带）方式。可以发现在Mesh中会包含这两种亚结构。如果用点阵（0,1,2,3,4,5）来表示图中的扇状Mesh片段，用点阵（0,1,2,3,4,5,6,7）来表示右侧的带状Mesh片段，这样，当某个模型三角形数量庞大时，就可以节省大量的存储空间。

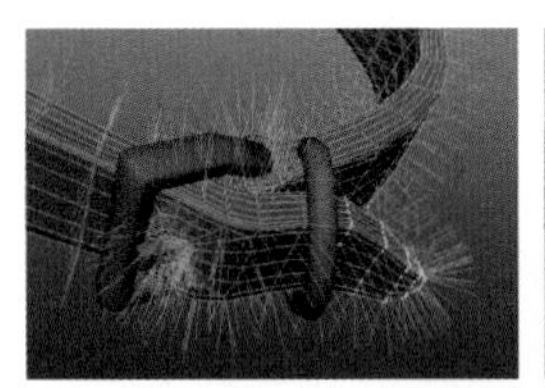

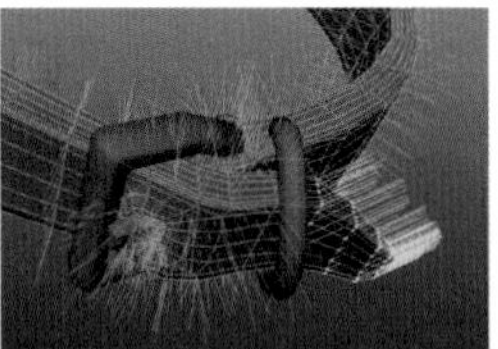

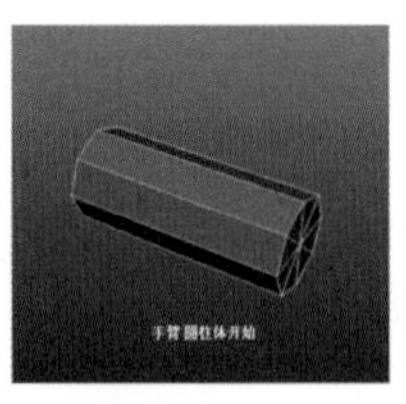

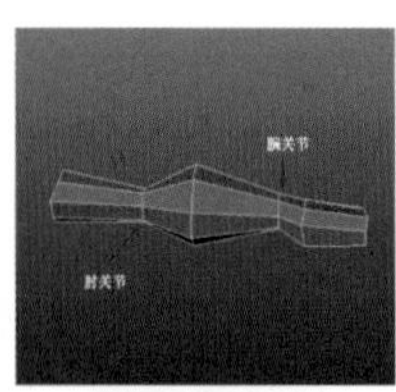

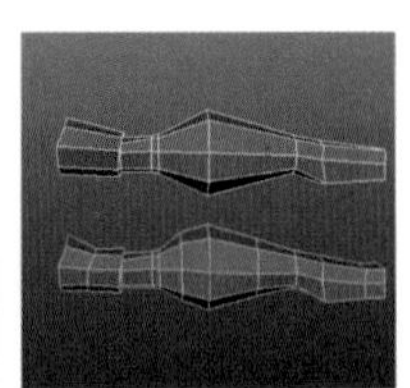

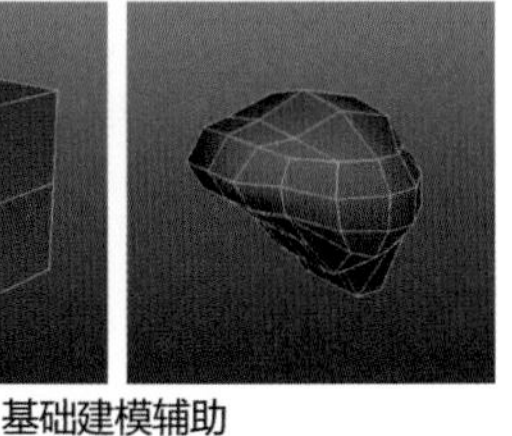

图8-134　3D建模辅助（1）

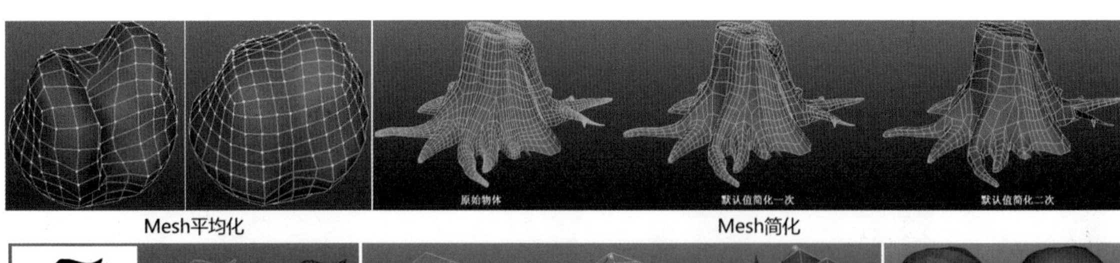

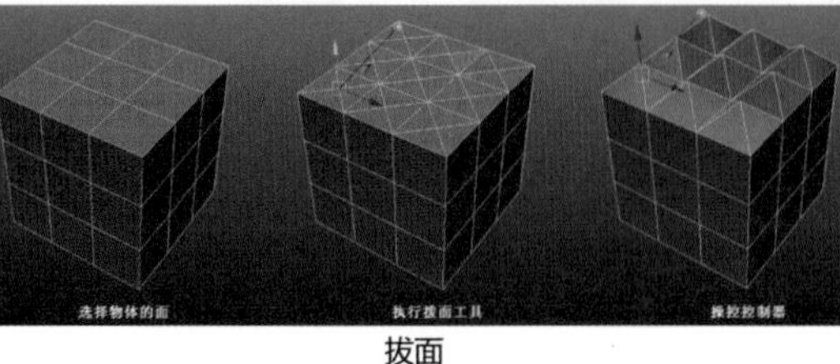

图8-135　3D建模辅助（2）

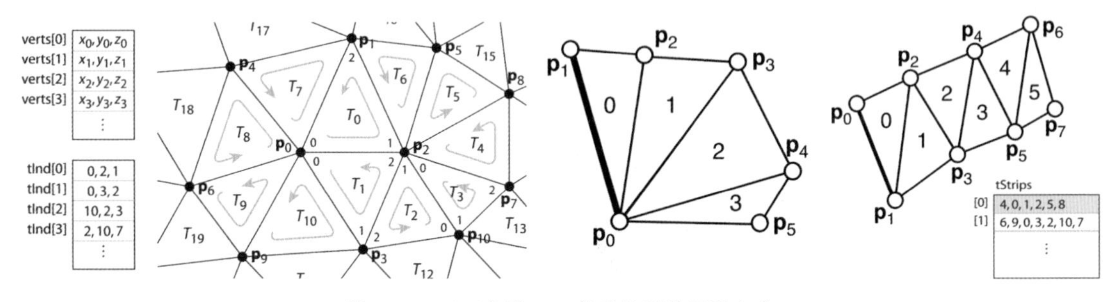

图8-136　对三角形Mesh的另外两种记录方式

提示

描述每个面片的索引必须按照顺时针或者逆时针顺序来记录该面元的顶点。虽然不按照顺序也一样可以描述一个面元，但是在后文中大家会看到系统可以根据面元顶点是逆时针还是顺时针，判断出面元当前是朝向屏幕还是背对屏幕，从而将背面被挡住的面元直接删除掉，不渲染。

当然，模型中还可以一同附带上（也可以单独用其他文件存储）物体表面的图案，比如皮肤图片、金属图片、树叶图片、木纹图片等，以及附着在这些图案上的用于对物体表面的光照效果产生影响的信息。这些图案被称为**颜色纹理（Color Texture）**、**Color Map**，或者**Diffuse Map**，或者又被俗称为**贴图（Map）**。贴图其实是一个动词，其不仅指将一个bitmap图案附着在物体表面的过程，还指将一些光照处理效果（被称为**几何纹理，Geometry Texture**）应用到物体表面，从而让物体表面产生逼真的细节比如凹凸、明暗分离等效果。所以，附着颜色纹理和几何纹理的过程称为**Map（映射）**，或者说**纹理映射（Texture Mapping）**，继而被俗称为贴图。颜色纹理（也被俗称贴图，名词）、几何纹理被统称为**材质（Material）**。其中“材”体现为bitmap图案，也就是原始素材，泛指颜色纹理；“质”体现为各种不同的凹凸对光纤的反射效果，体现为物体表面体现出来的各种质感，泛指几何纹理。几何纹理又包含一种叫作**过程纹理（Procedure Texture）**的技术。我们会在下文中详细介绍各种不同的纹理映射方式和效果，下文中也用贴图来指代颜色纹理。

不同建模工具生成的模型文件所包含的信息可能也各不相同，那些没有包含的信息就需要程序载入模型之后动态计算出来。有些模型文件甚至包含了本模型的动画信息。绘图主程序需要采用对应的模型载入程序来载入、分析模型文件中所描述的信息，并最终将顶点、材质等数据载入对应的缓冲区，完成对模型的载入工作，然后进入渲染流程。3D模型文件的具体格式和记录组织方式大家可以自行了解。

8.2.5.2　顶点的4个基本属性

每个顶点有坐标、颜色、法向量和纹理坐标4种属性信息，其都被放置在Vertex Buffer中。如果采用CPU来渲染，则Vertex Buffer位于Host RAM中；如果采用外部图形加速卡来运算，那Vertex Buffer就放在显存中。

顶点坐标（Vertex Coordinate）。即每个顶点的三维坐标，这个没什么好说的。

颜色（Vertex Color）。即每个顶点的颜色。这个有点怪异，顶点为什么需要有颜色？这是为了那些比较简单的渲染场景准备的。有些时候并不想指定每个像素的颜色，因为这样会耗费很多资源，比如将一张bitmap贴到面元上，会耗费用于存放贴图的存储器。人们开始的设想是，既然由无限的点组成的表面都可以简化为三角形面片来描述，为什么不能把每个点的颜色也简化为只用面片的顶点颜色来近似描述呢？所以，只要指定三角形三个顶点的颜色，然后由程序根据顶点颜色算出每个像素的过渡色，具体就是根据三角形内部每一条线跨过的像素数量，以及该线两个端点处的颜色值，算出一个梯度，然后向对应像素写入算好的颜色值即可。还记得这种处理方式么？这叫作**插值处理**。如图8-137所示为三个顶点颜色分别为红黄绿时，插值之后的各像素颜色。实际中程序可以根据美术/美工人员的原画颜色翻译成顶点颜色。比如某个面元为纯红色，那三个顶点的颜色就都需要被指定为红色。与2D图形渲染时类似，2D矢量图渲染之后对颜色的表现力太单调，3D插值着色也面临同样的感观。要想表达更加真实的世界，那就必须为每个像素单独着色，最简单的莫过于直接使用bitmap贴图着色了。

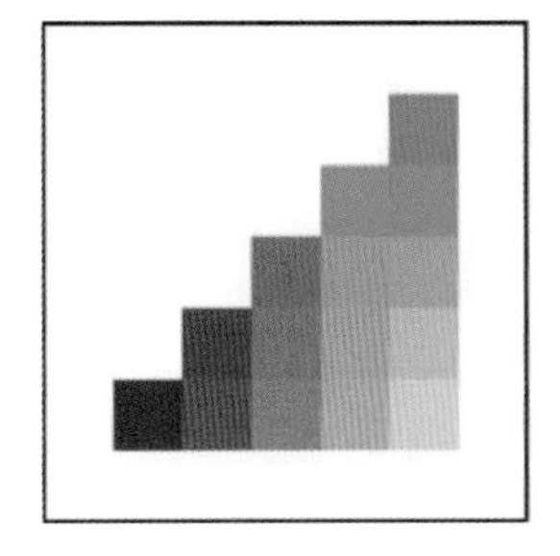
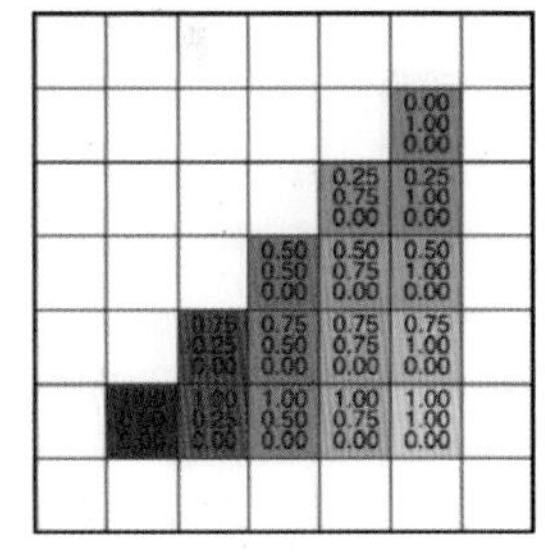

图8-137　面元中像素的颜色可以由顶点颜色插值过渡得到

法向量（Normal）。模型中每个三角形的每个面的朝向可能各不相同，这样，在进行光照处理时，每个面朝向光源的角度不同，其对光线的反射率和反射角度也就各不相同，反射到观察者视角处的光线，会导致观察者会认为这个面是发亮的，表面正对着观察者时是最亮的，而表面斜对着一定角度时则亮度越来越低。光照计算就是利用观察者、光源方向、模型的面元朝向这三者共同作为输入，按照一定的规则计算出每个面甚至每个点的亮度系数，并将该系数与对应像素的颜色值相乘得出新的像素值，新像素会体现出不同的亮度，这样就可以让人分辨出物体表面的3D感了。面片的朝向使用**面片法向量**来表示，法向量可以根据该面的三个顶点坐标很容易地计算出来。然而，如果一个模型制作得比较粗糙，三角形数量较少，那么模型表面就是大块的面元，此时光照计算完成之后，整个模型如感官会很差，如图8-132左侧的贝多芬头像所示。

为了实现更平滑的物体表面效果，要么提升模型精细度，比如弄上他一百万个三角形，然后依然根据面法线来处理光照，但是这样开销太大；**人们想出另一种方式，也就是以顶点为基准点，计算顶点自身的**

亮度，然后通过插值梯度来算出顶点周围的像素的亮度，这样会在一定程度上掩盖每个面的方向大幅起落导致的亮度差异，从而让物体表面看上去更平缓。所以，需要为每个顶点算出一个法向量，顶点的法向量是它所处的所有平面的法向量之和。虽然我们可能已经忘记了高中数学课上所学的向量计算规则，但是至少还记得初中物理课程中的合力计算规则吧，原理是一样的，如图8-138所示。

使用面法向量和顶点法向量针对同一个模型计算的光照效果如图8-139所示。可以明显看到左侧的模型面片的棱角比较明显，而右侧则很圆滑。感觉有点不可思议，通过光照处理就能让一个模型看上去像是用更多三角形精细拼接的。是的，这一切其实都是假的，属于一种障眼法。还记得上文中介绍过的么，如果没有光照信息，投影到2D平面上的3D模型看上去只是一个轮廓而已（见图8-128左侧），完全分辨不出表面的位置不同，纵使该模型表面拥有百万个三角形。那么，只要能够把看上去像是光滑表面的光照处理方式应用到该表面，谁又能分清楚或者在乎这个模型在3D世界中到底是由多少个三角形拼接而成的呢？

这样说来，不用3D模型，只在一个平面上，只要投出不同的光照效果，也可以让人感觉该面是个3D图形？没错。如图8-140所示，图左侧为真模型，图右侧为对应的在一个平面上通过光照障眼法实现的效果，该效果被称为**法向纹理映射（俗称法向贴图）**。如果左侧的模型没有被投出阴影的话，那你基本上无法分辨两者的区别（当然，还是有所区别的，可以看到真模型中每个物体的反射光会局部照亮其他物体，如图中括号指向的部分所示。这个效果可以用**光线追踪**技术做到）。也正是由于阴影的产生，让人脑更加坚信左侧相比右侧更像是具有z轴的3D模型。我们下文中将要介绍的那些将不同的纹理映射方式应用在模型表面的过程，其实都是一种障眼法。可以说整个3D图形的后期处理全都是障眼法。

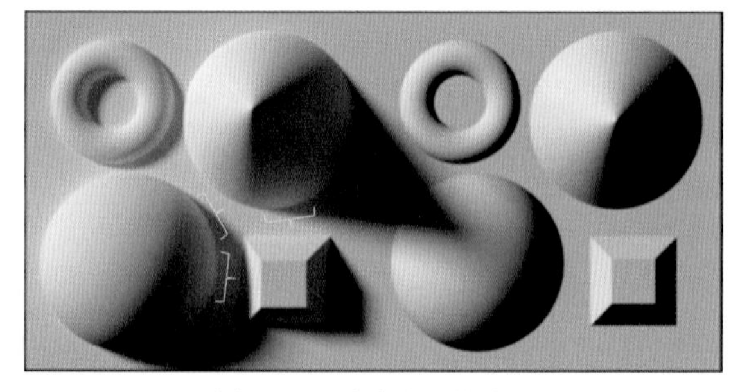

图8-140　法线贴图的效果

跑题了，我们再说回来。所以，法向量是顶点具有的一个属性，在3D模型文件中可以预先算好法向量并保存到文件中。如果没有预先算好法向量，那么需要由绘图程序载入模型之后，根据顶点坐标位置算出顶点法向量。

纹理坐标。前文中提到过，给面片上色的最便捷方法就是直接贴图，也就是直接贴上别人已经画好的墙纸，而不是去找画家来徒手作画，虽然后者格调更高。贴墙纸，自然要量好墙面的尺寸，然后定做相同尺寸的墙纸，贴图也是一样。但是一个模型有太多的面元，如果要为每个面元裁剪出刚好贴合尺寸的bitmap贴图，这也不现实。为此，人们直接使用一张方形的bitmap，上面存有一种或者多种不同的图案，要为哪个面元贴上哪个图案，就从中将图案剪切出来贴上即可。

道理说得挺容易，但是针对每个待贴图的面元，要从bitmap中的哪里开始剪，或者说截取呢？所以，每个顶点属性中需要记录该顶点对应着贴图/纹理

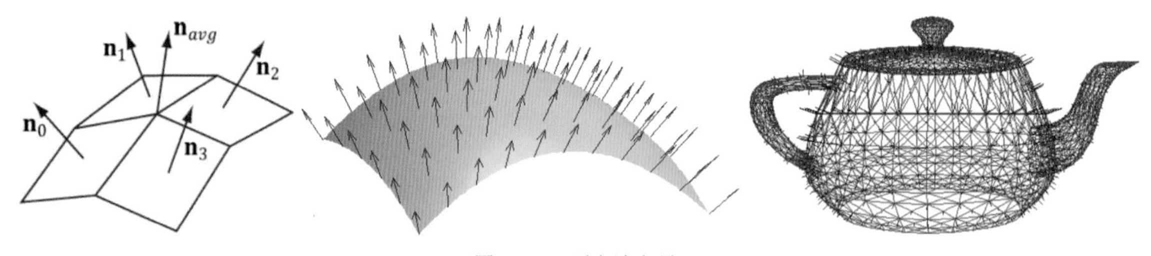

图8-138　顶点法向量

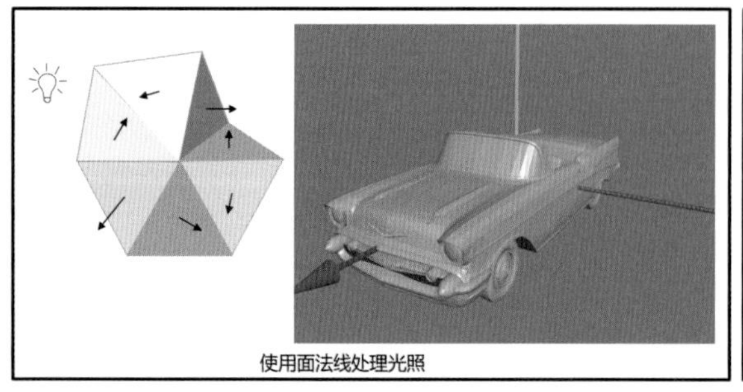

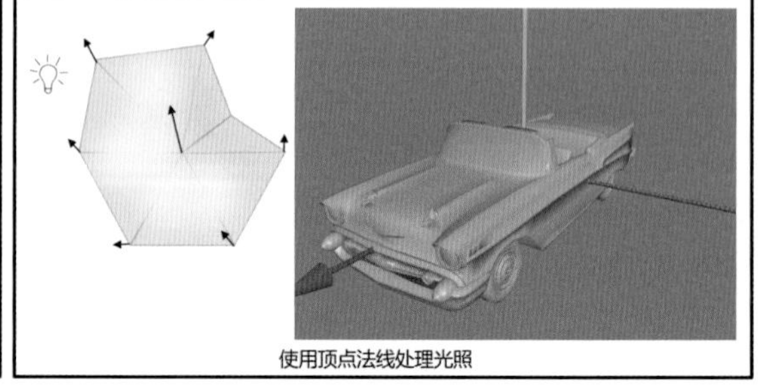

图8-139　使用面法向量和顶点法向量光照处理的效果差异

bitmap中的哪个坐标（称为**纹理坐标**，为了与模型坐标空间进行区分，人们将纹理坐标空间的横纵坐标轴定义为U和V）。对于一个三角形，三个顶点各自映射到bitmap中的三个坐标，那么bitmap中的这三个坐标点组成的面元，就是要被贴到模型表面的部分了。如图8-141所示，只要根据顶点属性中保存的纹理坐标，到纹理bitmap中对应的纹理坐标处将对应的**纹素**（**Texel**，相对Pixel而言，或又称**图素**）颜色值复制出来，到Frame Buffer中对应模型面元的像素位置即可。这个过程被称为**纹理采样**。面元中其他像素点对应的纹理坐标无须记录，可以根据顶点坐标计算出来。

图中的纹理bitmap左下角的浅黄色图案，被贴到了模型左上角的面元上，纹理右下角图案被贴到了模型最顶端的面元。可以明显看到这两个被贴到模型上的图案要比纹理bitmap原始图案更亮，为什么呢？别忘了，该模型是有光照的。上文中介绍过，程序需要根据顶点或者面法向量以及光源的种类和所处位置计算出每个面元像素的亮度系数，那么，贴图的过程其实是纹理采样的过程，也就是将纹理坐标处对应的纹素颜色值复制到对应的像素所在的显存地址上，这个过程中**需要将像素值与该像素的亮度系数进行调制，也就是相乘，最终的效果就相当于灯光照亮了贴有这个图案的像素**。同理可得，背对光源方向上的面元的像素亮度就要更暗一些，如图中水滴图案所示。

那么，现实中的模型和贴图是什么样，又是怎么制作出来的呢？如图8-142所示为一个人物头部模型和贴图，以及一个人物的全身模型及贴图。可以看到贴图尺寸一般都是方形的。图中最左侧贴图中的Mesh格线是为了示意而加上去的，真实贴图中并不存在。那么，设计师们最终是怎么把纹理图片坐标精确映射到顶点坐标上的呢？换句话说，裁缝到底是怎么根据身体模型做出严丝合缝的衣服来的呢？

观察图8-142左侧可以看出，最左边图中的Mesh网格，其实就是将模型的3D网格展开到2D平面上的结果，相当于把模型的外表皮揭下来平铺到桌面上。这个过程被称为模型的**UV展开**。这个过程当然是需要计算的，该计算并非简单地将3D曲面投影到2D面上，这就像你把一个曲面纸片按平到桌面上，它的轮廓会被延展开变大，而并非简单的投影。

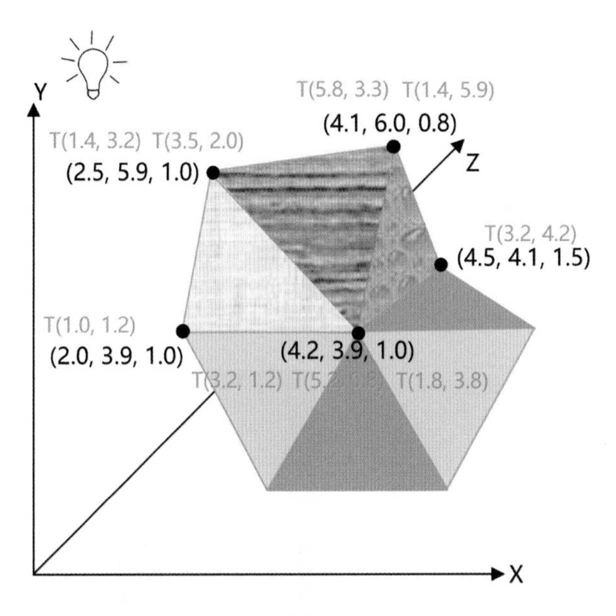

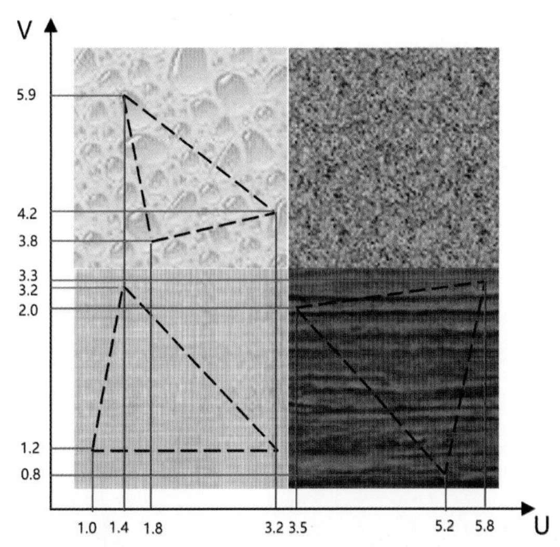

图8-141 贴图过程示意图

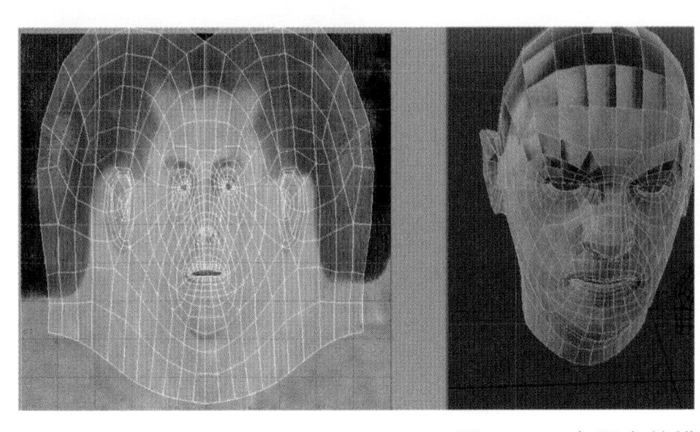

图8-142 实际中的模型和纹理贴图（1）

然后美工设计人员会在2D平面内绘制对应的图案，将这些图案严格按照UV坐标位置对准，制作好之后，记录下模型顶点坐标（已被平铺在平面上）下方的图案UV坐标，也就完成了顶点纹理坐标的映射。如图8-143所示为在UV展开后的Mesh网格参考线下严格绘制图片。

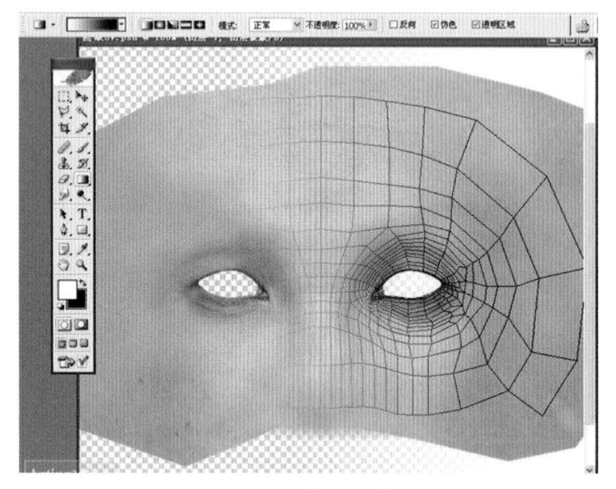

图8-143　UV展开以及严格按照模型Mesh贴合贴图

如图8-144所示为一个人物模型和一个人物脸部模型以及对应的纹理图案。这些图案口味都比较重，不过，这正是设计师们天天面对的东西。右侧脸部纹理有些歪曲不对称，是因为在UV铺开的时候设定了一些角度。

现在思考一个问题。如图8-145所示模型或者说面元，在屏幕上的投影是跟随观察视角不断变化的，比如将视角镜头拉远，那么一个模型的面元会不断等比例缩小，一直到8个点、4个点，最后缩小成一个像素点。那么在缩小过程中，到底将图案中的哪些纹素点选出来或者勾兑出来复制到屏幕像素点上？如果将视角拉近，那么此时整个屏幕都会布满该图案。如果该图案自身的分辨率低于屏幕分辨率，此时应该怎么办？将视角进行旋转，该面元或者直接被挡住，或者被转到侧面，这个过程中，其形状也会不断地、不成比例地（因为视角现在是在旋转）缩小直到成为一条直线，然后被挡住，消失在视野中。显然，贴图也需要跟随着一起变形、扭曲、放大、缩小，而这个过程中如果不加处理，这会导致贴图严重失真。我们将在着色和纹理映射一节中给出详细介绍。

提示

在明白了顶点的各种属性之后，我们再来看一下3D模型文件中都有些什么。下文为一个obj格式的模型文件中记录内容，其为一个正方体模型。其中v表示Vertex，也就是顶点坐标，每个坐标以v字符开头，跟着三个坐标值。vt表示Vertex Texture Coordinate，记录对应顶点的纹理坐标值。Vn表示Vertex Normal，即顶点法向量。Usemtl表示Use Material，给出了对应的纹理图片文件名。F表示Fragment，即面元，记录了哪几个顶点组成了三角形，相当于索引。这样看来，3D模型文件中无非就是一些坐标值罢了。但是就这样一个文件，需要用3D建模软件进行大量的调节和优化而得到。

```
v 1.000000 -1.000000 -1.000000 v
1.000000 -1.000000 1.000000 v -1.000000
-1.000000 1.000000 v -1.000000 -1.000000
-1.000000 v 1.000000 1.000000 -1.000000
```

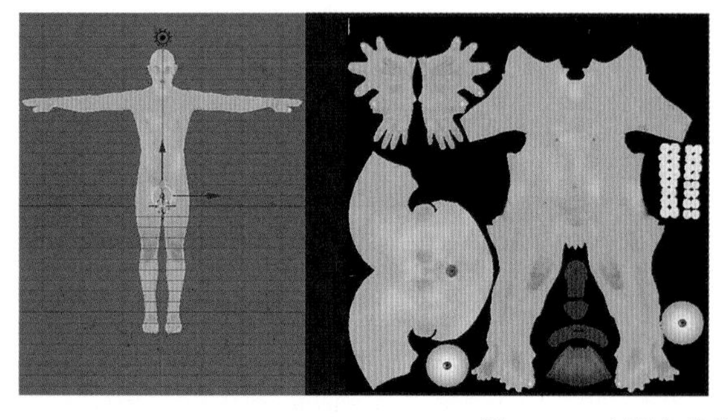

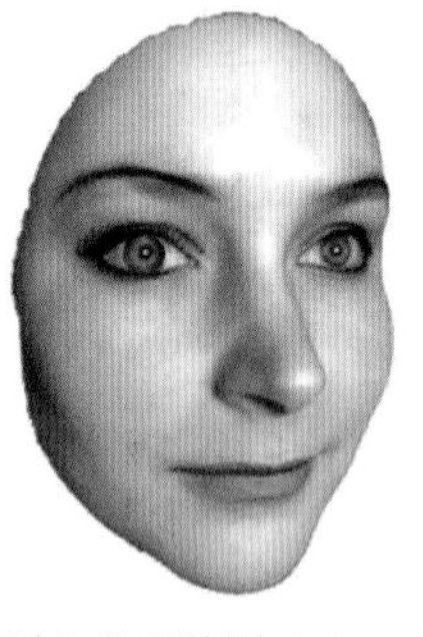

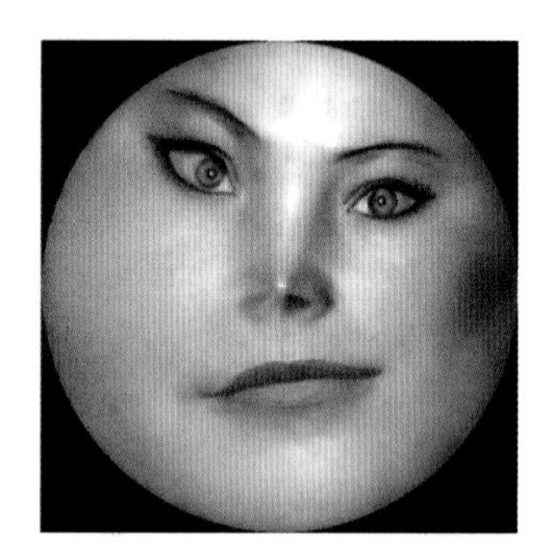

图8-144　实际中的模型和纹理贴图（2）

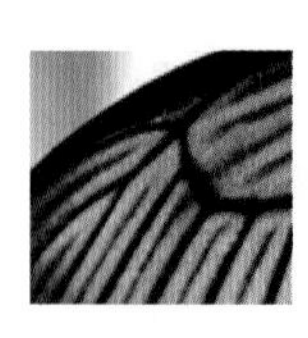

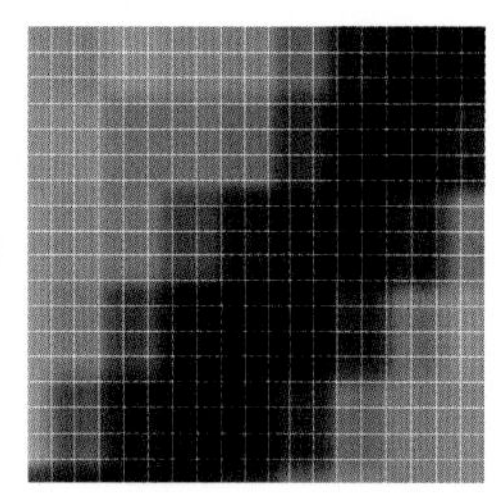

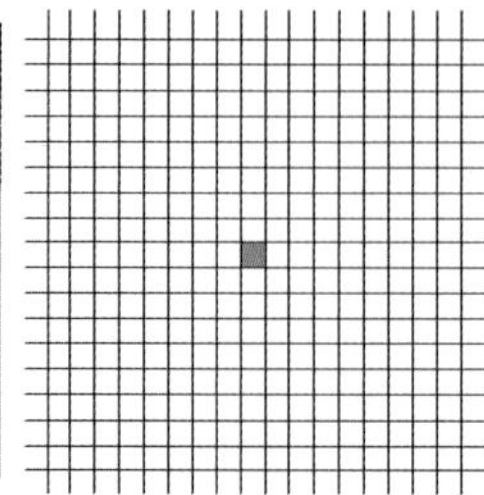

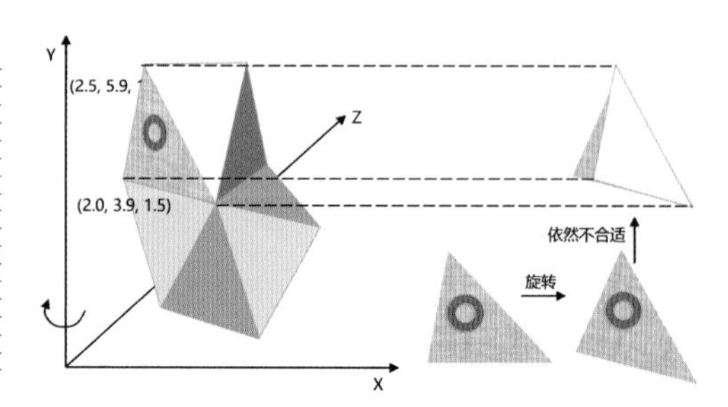

图8-145　模型位置变化后贴图应该如何处理

```
v 0.999999 1.000000 1.000001 v -1.000000
1.000000 1.000000 v -1.000000 1.000000
-1.000000
    vt 0.748573 0.750412 vt 0.749279 0.501284
vt 0.999110 0.501077 vt 0.999455 0.750380
vt 0.250471 0.500702 vt 0.249682 0.749677
vt 0.001085 0.750380 vt 0.001517 0.499994 vt
0.499422 0.500239 vt 0.500149 0.750166 vt
0.748355 0.998230 vt 0.500193 0.998728 vt
0.498993 0.250415 vt 0.748953 0.250920
    vn 0.000000 0.000000 -1.000000 vn
-1.000000 -0.000000 -0.000000 vn -0.000000
-0.000000 1.000000 vn -0.000001 0.000000
1.000000 vn 1.000000 -0.000000 0.000000
vn 1.000000 0.000000 0.000001 vn 0.000000
1.000000 -0.000000 vn -0.000000 -1.000000
0.000000
    usemtl Material_ray.png
    s off
    f 5/1/1 1/2/1 4/3/1 f 5/1/1 4/3/1 8/4/1
f 3/5/2 7/6/2 8/7/2 f 3/5/2 8/7/2 4/8/2 f
2/9/3 6/10/3 3/5/3 f 6/10/4 7/6/4 3/5/4 f
1/2/5 5/1/5 2/9/5 f 5/1/6 6/10/6 2/9/6 f
5/1/7 8/11/7 6/10/7 f 8/11/7 7/12/7 6/10/7 f
1/2/8 2/9/8 3/13/8 f 1/2/8 3/13/8 4/14/8
```

试想，在玩FPS（First Point Shooting，第一人称射击）3D游戏时，鼠标旋转了一下，或者角色向前移动了一下，整个场景中的模型都要跟随变化。所以，场景每变化一次，就是一帧，每一帧都要重新贴图。那么，当视角变化之后，模型应该做怎样的变化呢？我们就带着这个问题，来探索3D图形从模型到像素的整条处理路径。

8.2.6 3D图形渲染流程

思考上面的那个问题，隐约会觉得模型的全部顶点坐标一定要跟着一起变化，之后，贴图也按照对应比例缩放、旋转、扭曲，贴到模型表面，还得计算一下光照从而给不同像素以不同的亮度，新一帧的图像就可以出炉了。这个过程看似简单，其实每一步都牵扯复杂的考虑和计算。下面我们就来一步步介绍。

8.2.6.1 顶点坐标变换阶段/Vertex Transform

顶点坐标变换的过程共分为6步。

第1步：模型坐标空间到世界坐标空间的转换。每个模型都是以自己为中心给出所有顶点在自己坐标空间中的坐标值的。而绘图程序载入多个模型的顶点到缓冲区中时，根据场景设计，每个模型在这个统一的世界坐标空间中所处的位置不同、角度不同，有些模型可能要整体旋转一定角度被放置进去，或者需要整体缩小到某个比例，如图8-146所示。所以，绘图程序需要将每个模型的顶点，相对于该世界坐标空间的原点，分别做（如果需要的话）平移转换、旋转转换、缩放转换。这一步需要将每个顶点坐标与一个转换矩阵相乘（详见下文），如图8-146所示。这些矩阵中的值需要根据当前的场景设计以及模型将要被摆放的位置精确设定好。这些用于从模型坐标空间到世界坐标空间转换的矩阵被称为世界空间坐标矩阵（**World Matrix**）。

第2步：世界坐标空间到观察坐标空间的转换。既然FPS游戏允许玩家游走于世界坐标空间的任意位置和角度，那么当玩家以某个角度观察场景中的模型时，绘图程序就需要按照观察者的视角来为观察者重新摆放这些物体到它的坐标空间中，如图8-147所示。这个重新"摆放"的过程其实就是将世界坐标中所有的顶点坐标再次与一组相对世界坐标原点的平移、旋转矩阵相乘的过程。这些用于从世界坐标空间到观察坐标空间转换的矩阵被称为观察坐标矩阵（**View Matrix**）。单纯的观察坐标空间转换不牵扯对模型进行缩放，除非有意为之，比如当玩家越远离某个物体时，故意让该物体变大或者变小，以实现一些游戏设计的特殊效果。

然而，玩家的视野总是有限的，有些游戏中可以让玩家调节在屏幕上显示的整个场景的视野，也就是**Field of View**（**FoV**）。FoV调节得越高，屏幕上要纳入渲染的模型也就越多，当然，远处的模型也会越小，如图8-148所示。

那么，在观察者坐标系中，就没有必要把那些位于视野之外的物体顶点坐标放入顶点缓冲中，因为根本不需要渲染这些物体。此外，离观察者太近的物

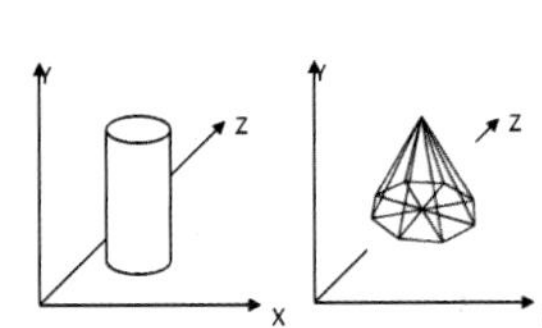
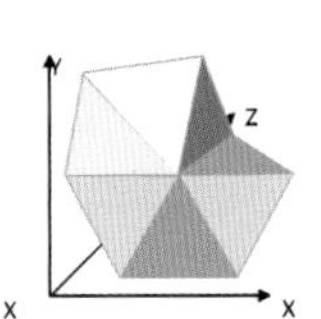
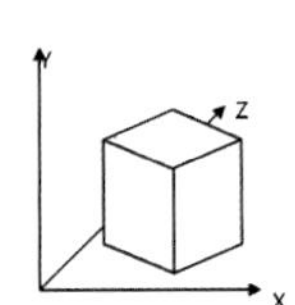
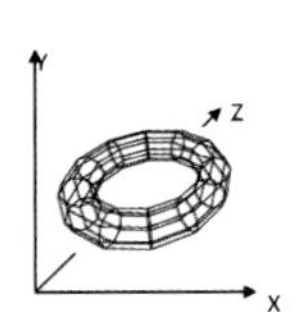
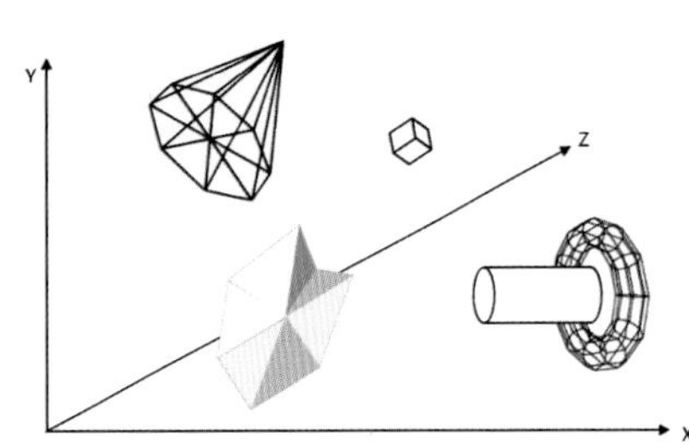

图8-146 模型坐标空间到世界坐标空间的转换

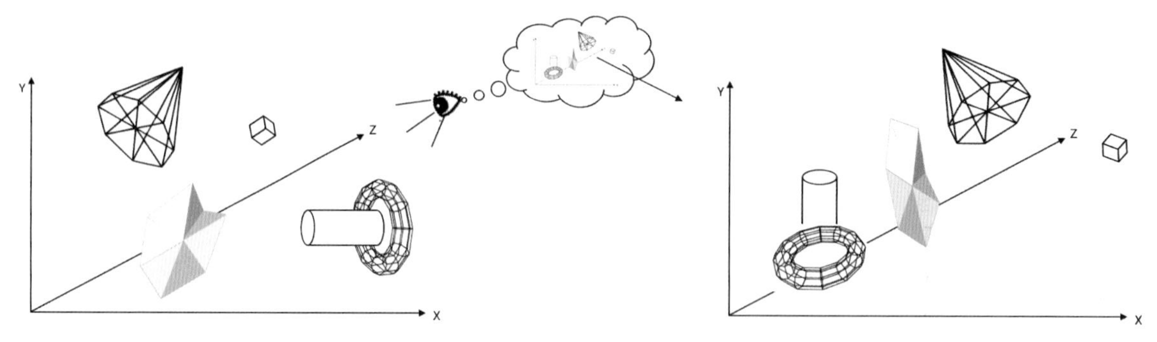

图8-147　世界坐标空间到观察坐标空间的转换

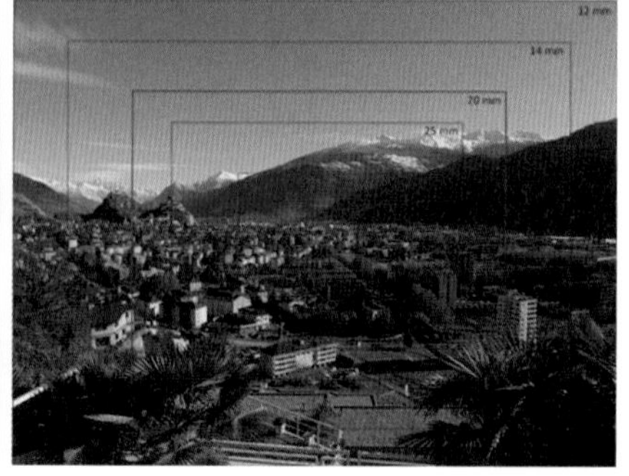

图8-148　Field of View

体会无限大，所以要将其去除掉。虽然在游戏中你也曾遇到过走向一堵墙，这堵墙占满了你的屏幕，但这并不是无限大，在观察者坐标空间中，这堵墙模型离观察者其实是有一段距离的。而太过远离观察者的物体，也需要被去除，因为它们已经看不见了。

这样，整个坐标空间中只有一部分距离范围内的物体会被渲染。如图8-149所示，由于视野是个锥形空间，这个可视空间被称为**视锥体**（**View Frustrum**）。距离小于视锥体近平面或者超过视锥体远平面的物体都会被去除。有些模型会有一部分位于椎体内部，这些模型不能被去除，对于这些物体位于视野外的部分，后续再做处理。这个将不需要渲染的模型顶点从顶点缓冲区去除的过程，被称为**剔除/拣选**（**Culling**）。视锥体的近平面就是屏幕，所有视锥体内部的模型最终都会投影到屏幕上的x、y坐标系中，但是注意，其并不是沿z轴垂直投影，而是要进行透视校正投影，见下文第三步的描述。

那么你可能自然会想到，既然观察者视角在这一步中已经确定，那么那些被前面物体挡住的面元，也无须渲染。是的。假设某个模型的表面是完全封闭的，没有开放空间，比如镂空之类，那么程序可以通过与每个面的法向量的夹角来获知该面是朝向观察者还是背对观察者。也就是说，如果一个面元的顶点顺序为顺时针，则该面朝向观察者，如果是逆时针，则该面背对观察者（到底是顺时针还是逆时针被判断为朝向观察者，需要程序根据模型中的索引信息来设定

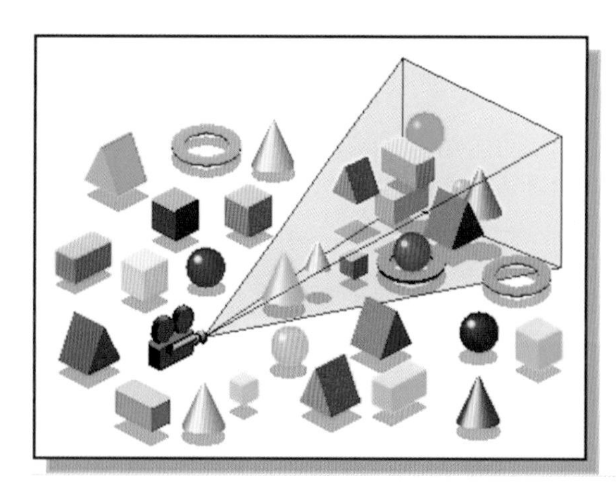

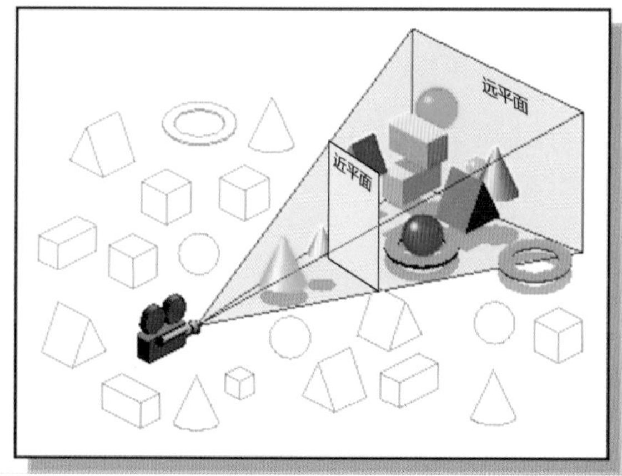

图8-149　视锥体

好，这一点并无强制规定），如图8-150左侧正方体所示。

但是对于那些非全封闭物体，或者由多个子物体组合起来的物体，如图中右侧的三个物体所示，它们的其中某个表面并不算是“背面”，但是仍然被遮挡住了全部或者部分。要想消除这种表面，就需要用其他的一些算法，比如Depth Sort、Binary Space Partition、Z-buffer、Warnock、Scan Line等，这里具体不多介绍了。

另外，如果该模型将要被加以透明效果，也就是位于其前表面后方的物体会透过来的话，就不能使用背面消除，否则观察者将会看到该物体缺了后表面，这不真实。

位于视锥体之外的模型剔除的过程被称为View Culling，模型的背面消除则被称为Backface Culling。

第3步：归一化坐标空间转换。物体模型坐标使用的都是浮点数，为了统一，将整个3D世界坐标系缩放到一个坐落在坐标原点、边长为1的正方体内，任何模型的顶点坐标值都小于1。这个过程被称为归一化（Normalizing）。

第4步：观察坐标空间到透视坐标空间的转换。观察者观察一个场景的时候，透视原理会产生作用，远离观察者的物体会缩小，靠近的则会相对较大。如图8-151左侧所示为透视原理作用之后的画面。而右侧所示则为没有应用透视原理，这导致所有模型按照之前的大小被放置在眼前，非常突兀，无法让人脑产生这几个物体是位于不同距离的感觉。

所以，这一步需要对观察者坐标系中所有的模型，按照透视原理的计算方式做对应的缩放，最终体现为将所有模型的顶点坐标与一个根据当前观察者视角视锥体而设定好的透视矩阵（Projection Matrix）相乘，如图8-152和图8-153所示。至于透视矩阵中各参数的值，不多介绍，大家可以自行了解透视原理背后的数学描述。

这一步结束之后，整个3D空间的模型将被以透视算法校正之后的方式投影到视锥体近平面，也就是2D坐标系中。所谓“投影”，对应着计算机的哪一步动作？换句话说，**投影，对应到底层，就是把所有模型顶点坐标的x和y的值计算成符合人脑对透视的感观认知的值，也就是进行透视比例变换，而z值也同样。**所以，并没有所谓“投影”这个动作，存在的只是合适的x和y坐标值。真正的“投影”，是给屏幕像素着色的过程，也就是向Frame Buffer写入最终像素颜色的过程。

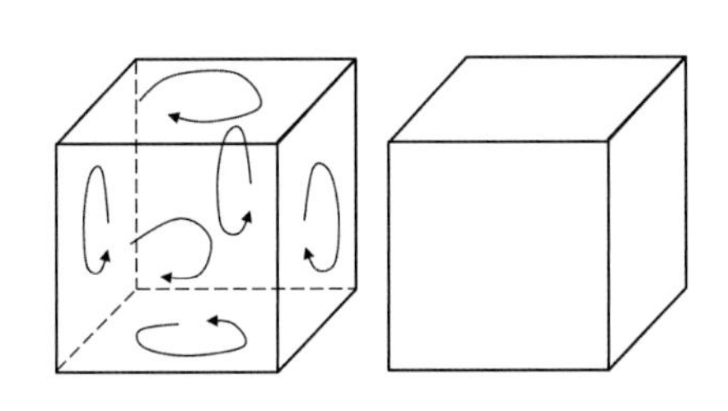
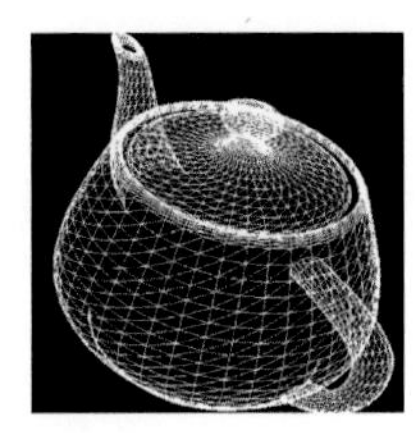
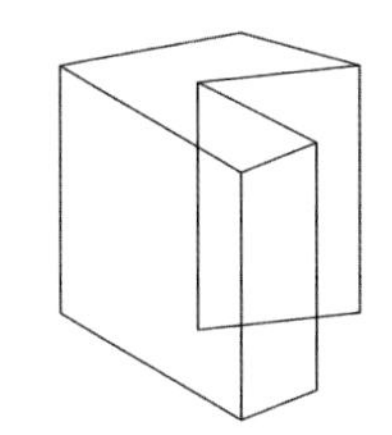
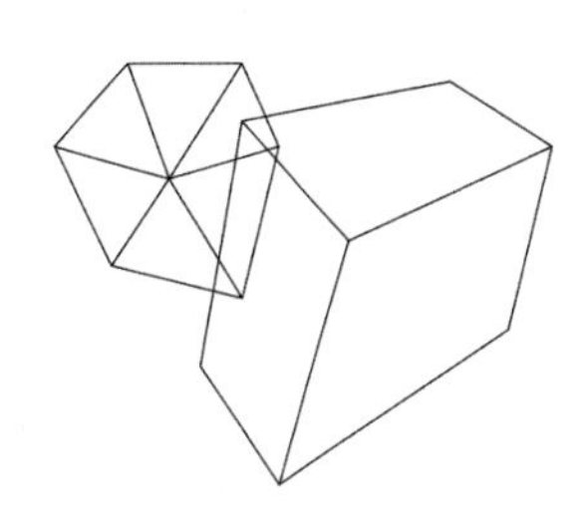

图8-150　背面剔除示意图

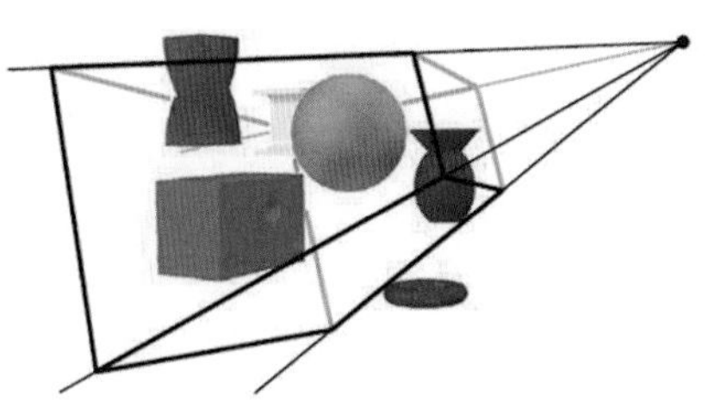
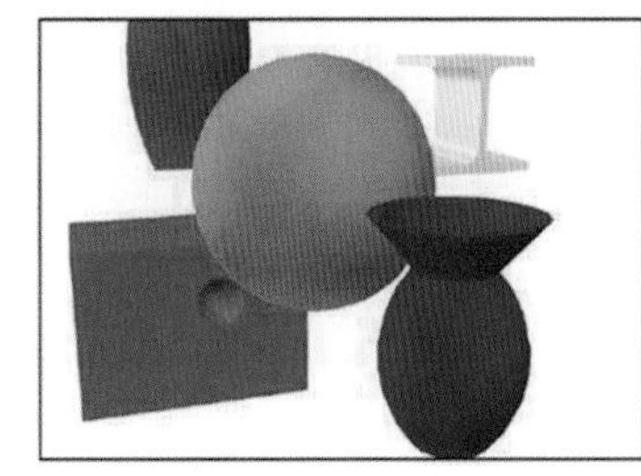

图8-151　没有根据透视原理进行缩放的场景

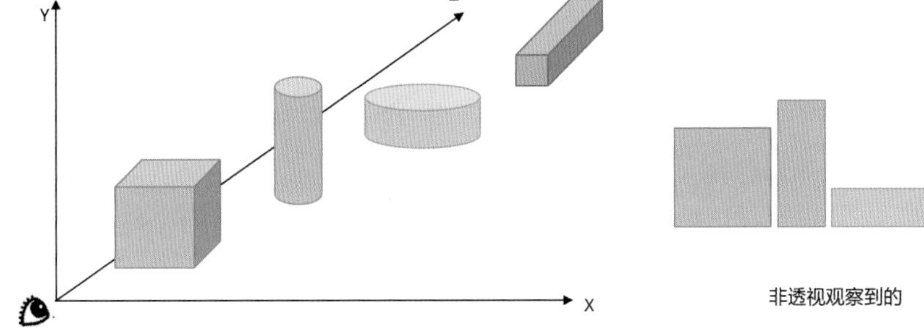

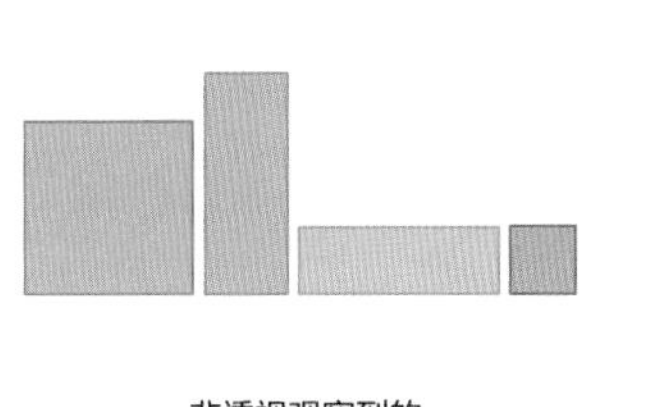

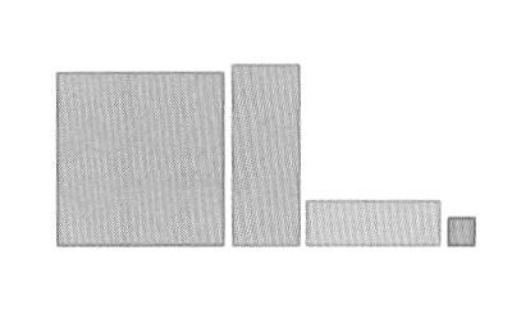

图8-152　遵循透视原理进行缩放的场景（1）

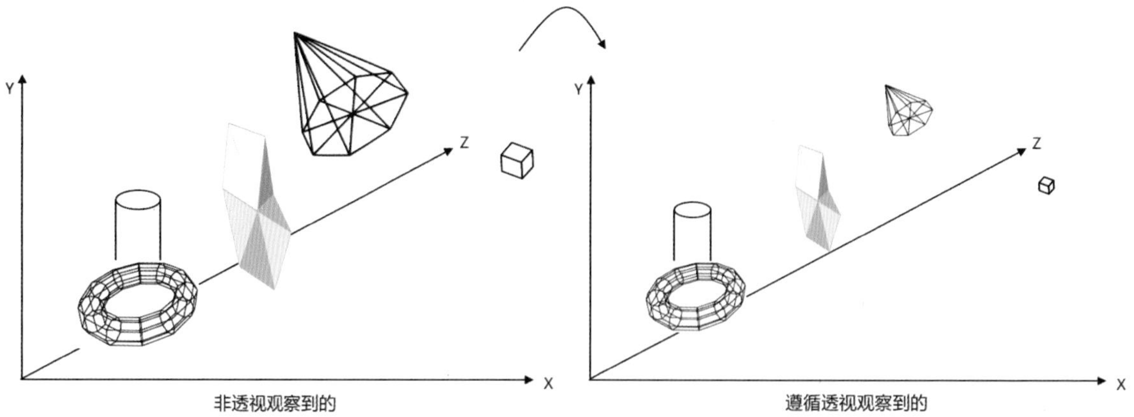

非透视观察到的　　遵循透视观察到的

图8-153　遵循透视原理进行缩放的场景（2）

只不过人脑其实一直都无法直接理解z值。**z值的存在是为了计算出更符合人脑认知的x和y值**，从而间接理解z值。那么此时z值既然已经毫无用处，是不是可以从顶点缓冲区中删除了？非也。还记得2D图像中图层的概念么？要知道在这一步我们还没有对整个图像的所有像素进行着色操作，如果现在就把z值删除，着色的时候就无法知道每个模型位于z轴的位置，也就无法做到顶层像素颜色一定要覆盖底层像素的颜色，而产生错误结果，如图8-154所示。实际上，z坐标值一直会被保留到接近图像生成过程的最后一刻。

第5步：透视坐标空间到剪裁坐标空间的转换。还记得图8-149右侧所示的蓝色圆环一部分被纳入视锥体么？视锥体外面的模型不被渲染，需要被裁掉。这样的话，在剪裁线上就需要生成新的顶点和面元，需要将新生成的顶点记录到顶点缓冲区中，如图8-155所示。该过程被称为**Clipping（剪裁）**。

完成这一步，应该就可以了吧？此时所有顶点的x和y已经完全按照透视比例呈现在眼前。非也。

第6步：剪裁坐标空间到视窗坐标空间的转换。我们知道电脑屏幕是有不同分辨率的，如640×480、4096×2160等，甚至还可以将图形只显示在屏幕的某个部分，也就是窗口中。所以，还需要将最终的x和y值变换为屏幕空间坐标值。如果图形是全屏幕显示，

图8-154　没有了z值的后果

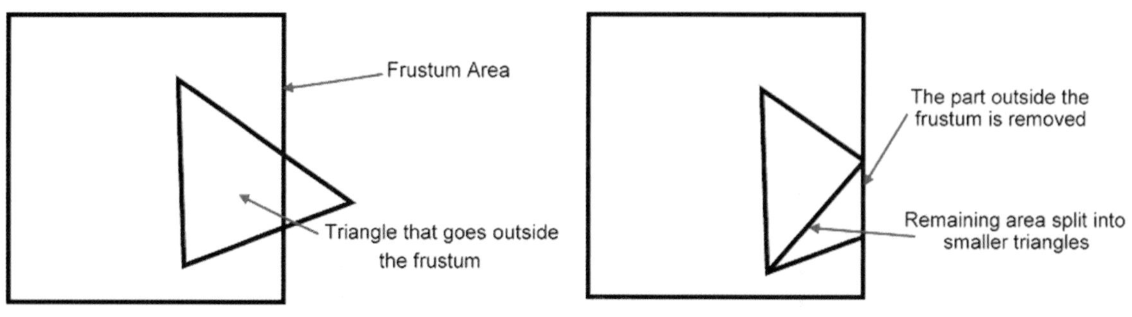

图8-155　剪裁生成新的顶点

则需要将x、y坐标值从浮点数翻译成与屏幕分辨率相对应的整数数值，也就是按比例缩放然后取整。如果在某个窗口中显示图形，那么需要以这个窗口占用的像素分辨率值做同样的缩放取整，之后还需要做一次相对屏幕原点的平移操作。最终，顶点缓冲区中的x和y坐标值会以屏幕原点为基准点，与屏幕上的像素点的坐标值精确对应，如图8-156所示。

图8-156　窗口坐标空间转换

值得一提的是，顶点的法向量值也会跟随着这5步转换一起做变换计算，但是顶点的纹理坐标并不跟随变换。绘图主程序，比如游戏，需要为每个模型准备各自的变换矩阵，因为不同模型在世界坐标空间中的位置和朝向都不同。

到这一步我们要渲染的3D图形依然只是内存中的一堆顶点坐标值而已。前文中说过，模型的顶点是可以具有颜色值的，对于一些不希望通过贴图给模型着色的场景，可以指定顶点颜色然后通过插值将平均过渡色涂满模型覆盖的所有像素点。对于具有顶点颜色的模型，此时的确可以在屏幕上显示出这些颜色（不会自动显示，因为没有渲染完工的图形不会被输送到当前正在播放的Frame Buffer，所以必须手动让它显示）。如图8-157所示，左侧为顶点不具备颜色时的情景，也就是黑屏，什么都没有；右侧是具有顶点颜色的模型，其显示效果如图所示。当然，由于顶点只是一个像素，如果模型的精细度不够，顶点数量较少的话，你可能根本就分辨不出屏幕上的点，屏幕依然接近黑屏状态。我们假设该模型不采用顶点颜色插值着色，而采用后期贴图方式。

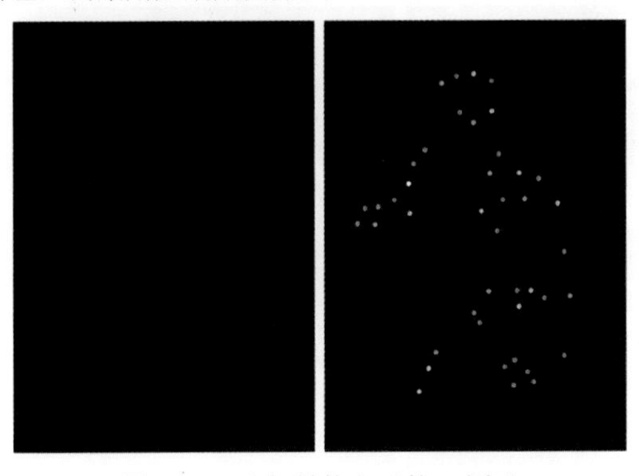

图8-157　坐标转换之后的3D图形

至此，顶点坐标变换阶段就完成了。**该阶段的输入材料为顶点坐标、顶点颜色、顶点法向量，输出值则为转换之后的顶点坐标、顶点法向量，以及无变化的顶点颜色值。前三者放到Vertex Buffer中，颜色值放到Color Buffer中**。Color Buffer用于保存模型所有像素的颜色值，其并非当前正在播放的Frame Buffer，但是可以看作是后台即将登场亮相的第二份Frame Buffer。当程序将整个图形渲染完毕之后，将会命令显卡切换到该Color Buffer作为当前激活的Frame Buffer，从这里读取颜色值播放到显示器。而之前的Frame Buffer会变成Color Buffer。两者轮流切换。当然，实际中不止两份在切换，而是有多份，因为整个渲染流程中会有多个角色同时使用Color Buffer，这样可以做到充分的并行处理。这个阶段又被称为**几何阶段**，意思就是将顶点进行几何坐标变换的过程。

前文中说过，光照是让人感受到该模型是3D的一个重要途径也是必要条件，所以，任何3D模型如果没有光照的障眼法，人脑就会认为其只是2D图形。所以，下一步，需要对该模型进行光照处理。

8.2.6.2　顶点光照计算阶段/Vertex Lighting

前文中对光照的概念已经做了基本介绍。常规的光照方式分为环境光、漫反射和镜面高光三种。**环境光（Ambient）**指的是方向均匀、强度也均匀、从四面八方均匀照射到物体表面的光。物体表面接受这种光照射之后理想状态下不会产生任何明暗差异，物体表面的亮度会整体被提升到某个值，所以其看上去就像一副2D图片一样，如图8-158左侧所示。第二种光照形态则是物体接受来自远处某处的平行或者近似平行光照射，这些光照在物体表面产生了**漫反射（Diffuse）**，如图8-158中间所示的效果。一方面由于远处平行光线是有方向的，背对着光源的地方的亮度就会变暗；另一方面由于物体表面并非完全平整，会向各个方向以不同强度反射光线，物体表面挡住光的微表面会在后方留下微投影的暗区，这样，离远观察该物体时就会感受到漫反射的效果。第三种形态则是**镜面高光（Specular）**，有些物体表面比较光滑，对光线的反射效果如图8-158右侧所示。

实际中，这三种形态的光照一般会叠加在一起进行，或者至少前两者叠加在一起，光照效果与物体表面材质类型息息相关，中间这个看上去更像是泥茶壶，右侧的更像是陶瓷茶壶。还有更多高级的光照模型，在此就不多介绍了。

如图8-159所示为光强度基本计算方式。物体表面的反射光强度与入射光和法线的夹角成反比。根据这个规则，模型表面每个点的法线我们也可以算出来，光源的位置、光强度、光色已知，那么我们就可以算出每个点的反射光强度，也就是该点体现出的亮度了，将该点原有的颜色乘以这个亮度系数，就可以得出光照之下该点的新颜色值。如果光线本身带有颜

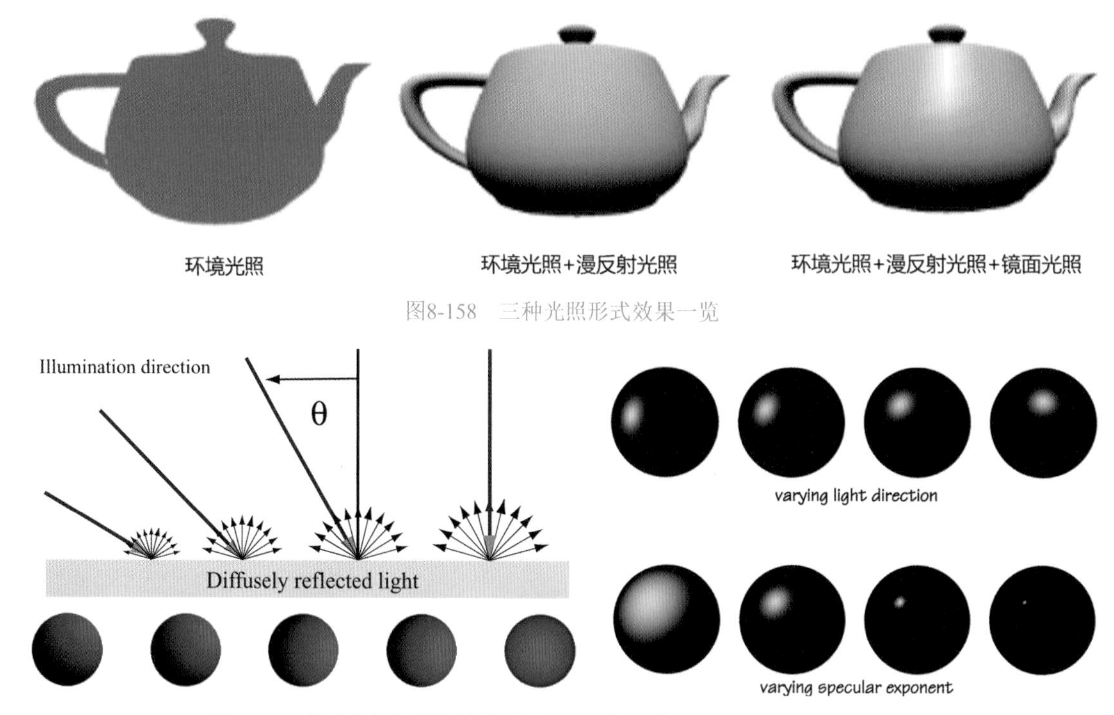

图8-158　三种光照形式效果一览

图8-159　光强度与入射角的关系以及漫反射和镜面反射的不同亮度和角度

色，则需要将光线颜色色调值RGB与该点原有颜色RGB分量进行各自相加调和，然后乘以亮度系数即可。如果场景下同时设置了上述三种形态的光照类型，那么需要算出每一种光照类型影响下每个点的颜色，然后将三个颜色值相加即可。当然，颜色值如果多次叠加之后会溢出，毕竟RGB每个分量只有8位也就是256这么大，如果溢出，则需要按比例降低亮度以防止溢出。

那么，这个计算过程，与顶点又有什么关系呢？如果针对每个点都计算上述的光照过程，将要耗费大量的算力。其次，每个面元上所有像素点的法线是相同方向的，那意味着这个面整体的亮度也会相同，这样一些低面元精度的物体看上去就像用玻璃片黏合起来一样（前文中已经介绍过）。为此人们利用另一种方式来对物体表面进行更均匀的光照亮度处理，那就是根据每个顶点的法线算出每个顶点的亮度，然后再通过插值求出平均亮度，如图8-160所示。受限于绘图技能和精力，冬瓜哥并没有将亮斑表示为不同的亮度，实际上应该这么做，大家只能脑补了。

图8-160是理解光照过程的关键所在。这个图展示了程序是如何一点一点地在一个空屏幕上涂抹出栩栩如生的3D图形的。我们跟随着程序过程来深刻理解一下。

程序是如何知道要在屏幕的哪些地方涂上亮斑的？那当然是从已经被转换到屏幕空间顶点的X和Y坐标值获知的。这些顶点的坐标值被放在哪里了？放在顶点缓冲区Vertex Buffer中了。这些顶点从哪里来？从3D模型文件中来。3D模型文件是怎么来的？人们利用3D建模软件精确制作出来的。抢答一个，3D建模软件是人们精心开发出来的，谢谢。那么，程序在点亮顶点之后，又是怎么点亮模型上其他点的？通过插值求平均（根据三角形中心原则），混合双方顶点的颜色值，如图8-160中三角形所示，品红+绿=

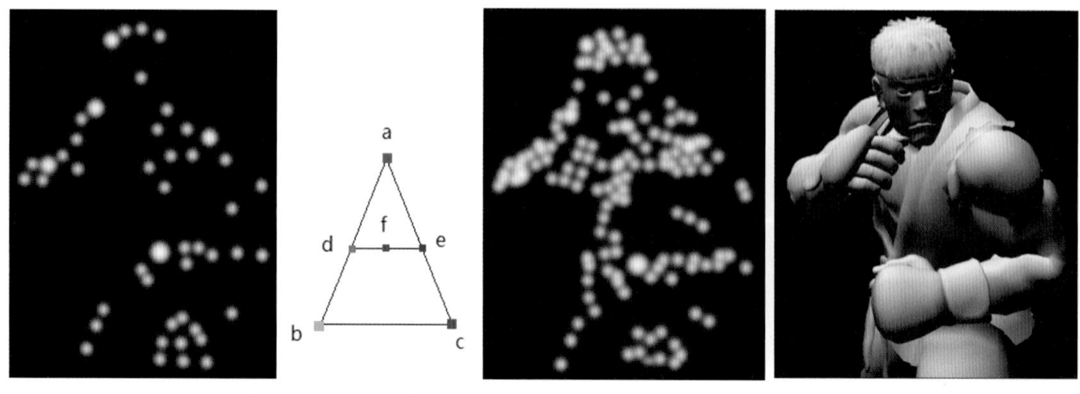

图8-160　根据顶点亮度插值涂抹整个模型表面所有像素的亮度

墨绿，品红+蓝=紫，墨绿+紫=棕色，就这样对每个像素点求出其颜色。当然，我们这个模型顶点不具有颜色，假设光源颜色为白光。程序是怎么知道哪里应该是暗的而不去点亮或者亮度降低？根据光源和顶点法线夹角算出来的，与光源夹角大的地方自然亮度就低了，自然形成暗带。所以，程序并不是天然就会做什么，而都是由算法算出来的。程序怎么知道每个顶点法向量的？利用顶点坐标算出来的，或者直接在3D建模时提前算出记录到3D模型文件中，并在坐标转换时一同被转换到屏幕坐标空间。所以，z轴信息不能扔。

经过了上述的思路梳理，现在你应该更深一步理解了之前所说的“z轴信息的存在是为了产生更加符合人脑认知的x和y轴坐标”这个道理了。2D模型与3D模型之间就差了一个z轴信息，虽然最终的3D图形看上去依然是2D，但是z轴信息在后台默默影响着你的感观认知。现在不妨再增加一句“z轴信息在光照阶段可以产生符合人脑认知的3D模型对应位置的像素亮度”。从图8-160中可以体会到，光是视觉感知的唯一支撑者，没有光，一切都是黑的，有了光，才有了亮度，你才能观察到事物表面。

至此，光照处理这一步就完成了。其输入材料是Vertex Buffer中上一步变换好的顶点坐标、法向量等信息，以及Color Buffer中的顶点颜色信息。其输出值是计算好的亮度增加到一定值的（取决于用了哪种光照方式）顶点颜色，更新到Color Buffer中。

要涂抹整个模型表面的每一个点的颜色，前提是先知道模型面元跨过的每个像素点的坐标。图8-160最右侧图形生成的前提，是程序先要对模型面元做栅格化处理。

8.2.6.3　栅格化阶段/Rasterization

在介绍2D图形渲染时，我们其实已经介绍过栅格化的基本过程。对于3D图形的栅格化过程，在本质上其实已经是在2D平面内操作了，与2D栅格化的原理完全相同。栅格化具体的算法有多种，在此不多介绍了。如图8-161所示为Scan Line方式，也就是一行一行地将三角形两个边跨越的像素坐标记录下来，保存在**Position Buffer**中。

如图8-162所示为栅格化过程中可以做的一些优化，比如扫描方向以及将内部的方形区域点坐标直接批量记录等方式。正如我们介绍2D图形的栅格化时所说的，由于像素有一定的面积，一个边可能同时跨越了两个像素，如何选择有不同的算法和规定，这里不多介绍了。

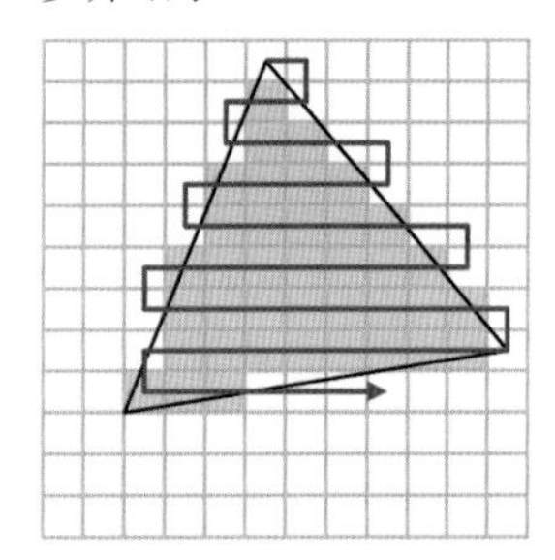
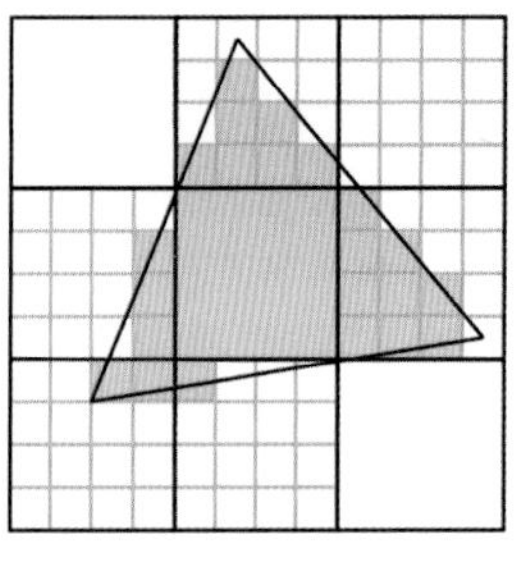

图8-162　栅格化过程优化

思考一下，如果只想把模型所有面元的边显示出来，比如在那些3D辅助建模软件中，此时无须渲染模型的面片。那么栅格化的时候只需要对边进行栅格化即可。这种模式被称为**线框渲染模式（Wireframe Mode）**，效果如图8-150中的茶壶所示。同理，顶点模式就是指只渲染顶点出来，效果就是如图8-157右侧所示。

再思考一个问题：假设一个场景中有多个模型，在z轴方向上，前面的模型挡住了后面某个模型，那么是否有必要将被挡住的部分也栅格化出来？其实完全没有必要，因为被挡住的像素就不应该被显示出来，这种处理被称为**Early Z-Culling（早期Z剔除）**。这与背面消隐（Backface Culling）做的事情类似，但又不完全相同。后者是在投影视锥体时就直接将对应的顶点从Vertex Buffer中干掉；而前者顶点依然存在只是并不对其栅格化处理。后者是单个模型的背面被消隐，而前者则是不同模型场景下被挡住的后面模型的整体不被栅格化。

思考 ▸▸▸

那些被背面消隐以及早期Z剔除的面元，难道当视角转到模型身后的时候，也不存在了么？那样岂不是看到模型表面全是破洞？非也。要知道，当视角变换的时候（你绕到模型后面时），程序需要重新计算出当前场景下的模型坐标新位置（重新进行一整套坐标变换），重新计算背面消隐，重新渲染。所以程序一定会让你看到你该看到的，面对着你的模型表面一样也不会少。所以，每次鼠标移动/键盘按动，都会导致整个场景重新绘制。哦？那计算机工作负载也太重了吧，我都不敢动鼠标了。是的，而且每秒还要至少渲染30帧才能骗过你的眼睛。不过别担心，该用还是得用，目前数字电路的

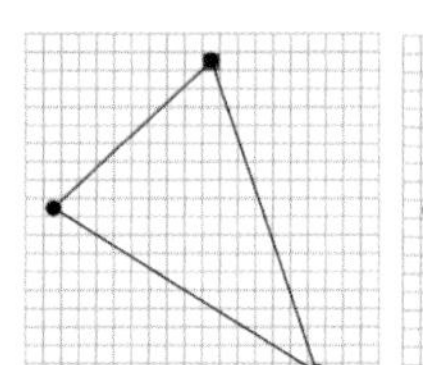
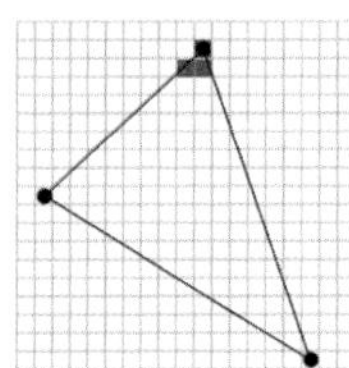
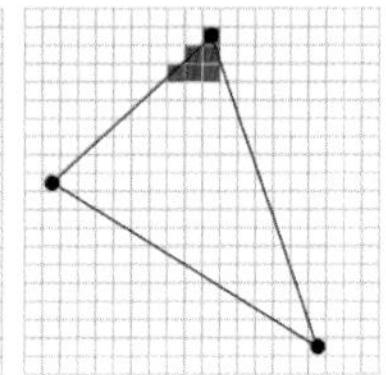
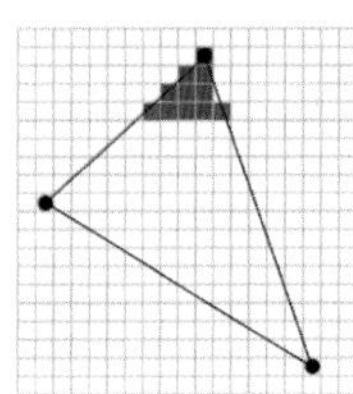
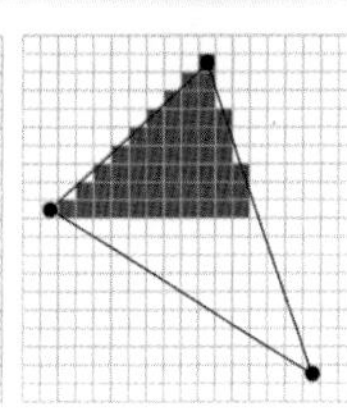
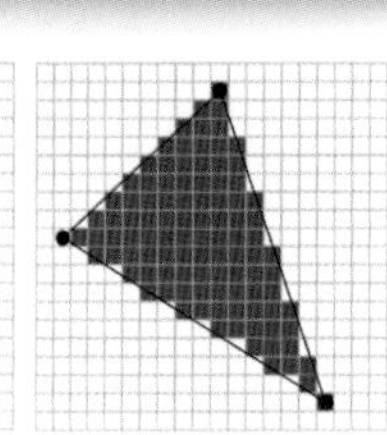

图8-161　对面元进行栅格化的过程

处理能力远大于你的想象。如果你去看看汽车发动机，它也是一样的道理，纵使汽车以很低的速度行驶，发动机活塞也是在以很高的速度不停往复运动。你可能会担心它给磨坏了，一旦车散架了，活塞蹦出来砸着人怎么办？然而事实却是安全得很。

然而，如果场景中有需要做透明特效处理的模型，那么背面消隐和早期Z剔除技术都不能被使能，因为在栅格化阶段根本无法判断挡在某个物体前面的物体是否是透明的，只有到后面的像素着色阶段才会知道。如果模型有透明部分，则后面物体被剔除的表面就会被观察到。我们假设不启用背面消隐和早期Z剔除。

场景中的模型被栅格化之后，模型前面、侧面和背面，或者其顶面和底面，总之，每个面的每个像素点的坐标值，包括x/y/z，都被记录到**Position Buffer**中。其中点的x和y坐标值就是屏幕坐标空间中的值，而z坐标值则根据该点所在面元的三个顶点坐标插值得到，这类数学题高中立体几何估计也曾遇到过。

至此，栅格化阶段就结束了。**该阶段接受的输入材料是Vertex Buffer中的顶点坐标值，输出的则是模型表面所有像素点的x/y/z坐标值，将它们放置到Position Buffer中**。到这一步，图形还没有渲染完，但是如果将此步的结果显示在屏幕上的话，将会是如图8-160最左侧所示的图形，因为此时虽然模型每个像素的坐标已经确定，但是像素还没有被涂上颜色，只有顶点具有颜色。

不得不介绍的一个背景是，视模型的顶点数量。程序可能并不是一次将整个模型作为渲染粒度来渲染的，而可能只是读出该模型中的某64个（或者其他数量）顶点，然后对其做坐标变换、光照计算、栅格化，然后再载入一批顶点继续处理。前文以及下文中提到的比如“给整个模型的像素着色”等，其实在底层也都是对像素一批批执行的。至于每一批处理多少顶点，取决于多种因素，比如CPU处理能力，如果采用专用的硬件芯片来加速计算的话，那就取决于该芯片内部的并行粒度、规模等因素。

8.2.6.4 像素着色阶段/Pixel Shading

在上一步，栅格化模块输出了模型在屏幕上所跨越的像素坐标值，但是却没有为每个像素着色。像素着色阶段的任务，就是最关键的一步，即为每个像素涂上颜色。首先，把模型做成石膏像。也就是说，先用顶点的颜色（由光照阶段计算好的）做插值，涂布到整个模型表面，形成图8-160最右侧所示的样子。由于我们没有使能背面消隐或者早期Z剔除，所以模型背面的像素点（存在于Color Buffer中）也会被涂上颜色（可能是很黑的颜色，因为根据图中的光源位置来看光线几乎到达不了背面）。这就产生了一个问题，如何决定该模型的前表面还是后表面对应同一根z轴上的像素颜色被显示在屏幕上？当然是前表面（除非物体是透明的），**那就是说，当程序看到两个像素的x、y坐标相同时，它需要判断z轴的值来决定将哪个颜色写入Color Buffer**。具体做法下文再介绍。

不过，先别急，像素的颜色不仅仅取决于光照颜色，还取决于顶点的颜色。前文中介绍过，程序可以根据顶点的颜色来插值求平均，生成过渡色，或者直接用同一种颜色涂抹整个面元。这种简陋的着色处理方式被称为**Flat Shading**模式。一些比较简约风格的游戏使用这种方式来渲染，如图8-163左侧所示。

如果不使用Flat Shading，直接采用贴图，就可以直接忽略顶点的颜色，因为它原生是为了给Flat Shading提供参考的。那么像素的颜色最终就取决于模型表面的贴图。只有早期简陋的游戏采用Flat Shading模式。所以，需要对石膏像进行贴图着色，或者叫作**纹理映射**（8.2.5节中提到过）。相比之下，对模型表面进行光照处理的过程则可以称为**光照映射（Light Mapping）**。纹理映射的过程中先要对纹理进行**纹理**

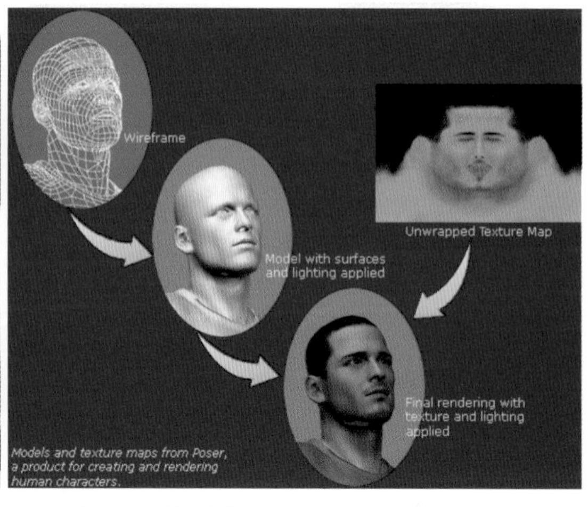

图8-163　Flat Shading着色与贴图/纹理映射示意图

采样，见8.2.5节中的描述。贴图纹理映射会耗费比较大的存储资源，因为要将贴图放到存储器中。

如图8-163右侧所示，将颜色纹理贴图到石膏像表面之后，之前没有任何光照明暗效果而只有颜色的纹理图片，在石膏像表面立即栩栩如生了起来。为什么？因为程序在将纹理图片中的纹素颜色值写入到对应像素的Color Buffer中时，会与该像素的光照亮度系数做乘法操作，最终就生成了明暗分离带有光照效果的模型表面像素了。

如图8-164所示为一直到纹理映射阶段的图形生成过程一览。可以看到该卡通风格人物模型表面并没有应用比较真实的光照效果处理，所以看上去更像是2D模型。

由于要根据模型顶点的纹理坐标对纹理图样进行采样（见8.2.5节中的介绍），为了提升速度，程序会预先将渲染要用到的纹理图样载入到**纹理缓冲区**（**Texture Buffer**）中。模型的顶点属性中保存有纹理坐标，程序按照这个坐标，到纹理图案中对应位置拿取纹素颜色值，然后填充到像素Color Buffer中即可完成贴图，或者说纹理映射。如图8-165所示，程序也可以不根据顶点纹理坐标而直接从纹理图案中任选出一块，甚至一个文素，贴到模型中任意像素上。

不过，由于图形投射到屏幕上之后多数时候并非展现为原先预定的正视图形状，贴图会从各种角度呈现出透视形状，此时如果不加处理，会导致如图8-166所示的情形。透视会导致原本平行的线不再平行，导致图形被扭曲和撕裂。所以，在进行纹理映射时需要先对纹理坐标做**透视修正**计算出修正后的纹素坐标，然后再去纹理中采样对应的纹素。透视修正具体的计算请大家自行了解，可以通过解一下几何体推导出来。

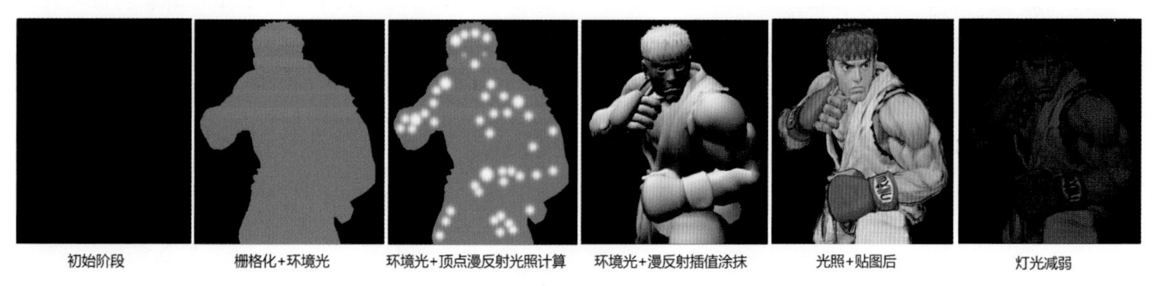

图8-164　一直到纹理映射阶段的图形生成过程一览

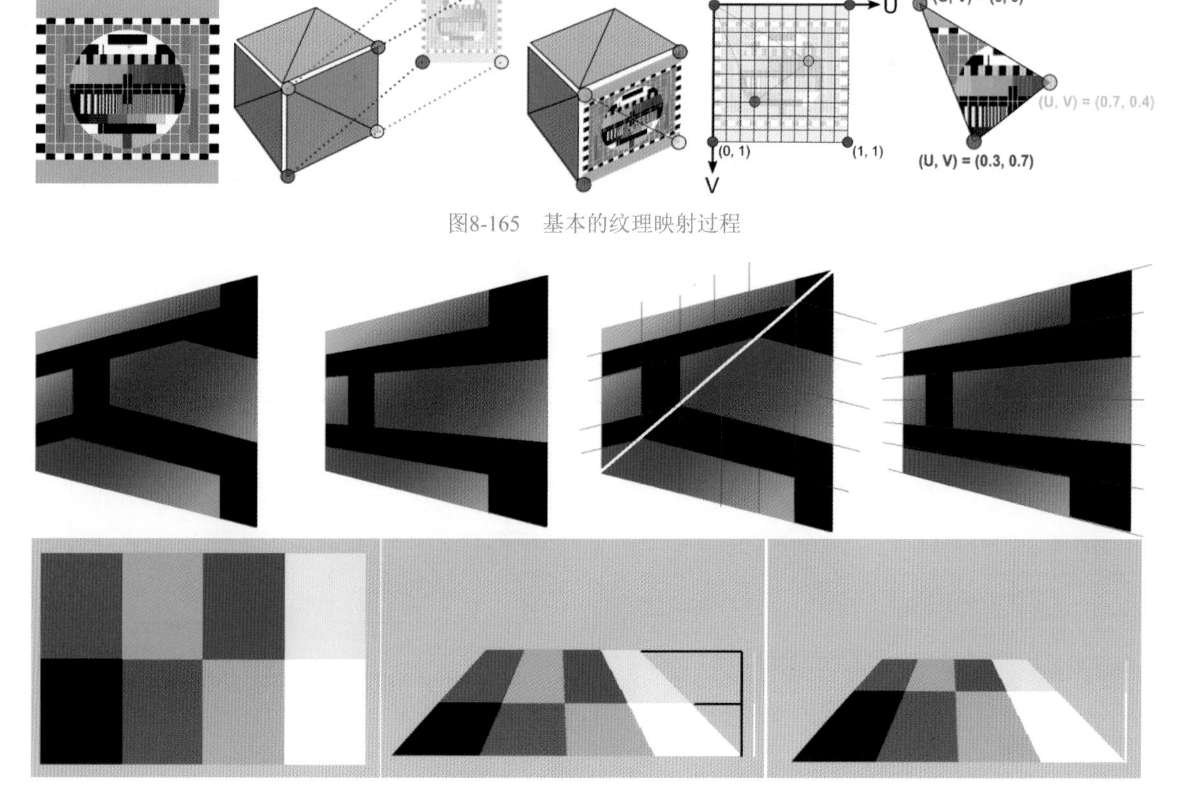

图8-165　基本的纹理映射过程

图8-166　没有进行透视修正和进行了透视修正后的贴图对比

贴图在透视模式下被撕裂的原因如图8-167所示。透视投影采用的是从一点发出的发散线而不是平行线来投射的，这就会导致模型表面中心的位置透视投影之后不再位于投影的中心。或者说，程序如果按照投影之后的像素坐标来按比例寻址纹素的话，会寻址到错误的纹素。如果贴图上的图案很复杂而且变化很大，那么人眼就能够分辨出这种错误导致视觉质量下降，而如果贴图上的图案不算复杂，则错误的纹素与正确纹素之间的颜色差异就不会很大，也就不容易察觉。

在实际中，透视效应产生的扭曲只有在使用比如方格图这种带有强烈对比暗示的时候才能让人眼容易察觉，在一些其他图形下也不容易察觉，比如图8-168右侧所示的圆形图案，程序即便寻址到错误的纹素，也不易发觉。

现在来思考另外一个问题。模型在屏幕上的投影形状是会变化的，模型面元的原本形状，在经过层坐标空间变换之后，投影在屏幕上的形状会与原来的大相径庭。很简单的例子，比如图8-165中，纹理图案原有视角是正对的正方形，而模型的视角发生了旋转，该正方形在屏幕上变换为菱形。除了视角旋转导致的形变之外，视角的拉远拉近也会导致面元的放大缩小，这体现为在屏幕上占用的像素数量的变化，如图8-169所示。视角拉远之后，由同样的顶点组成的面元就需要跟着缩小，占用屏幕上的像素范围也会缩小，那么之前合适的纹理图案面积就相对显得大了，所以称该场景为Magnification（放大）。这种情况下，纹理图案中有相对更多的纹素点可供挑选，图形的像素点少于纹素点，纹素点过剩，所以又被称为Oversampling（过采样）。反之，则称为Minification（缩小），此时纹理图案显得小了，不合身了，衣不遮体，纹素点数量不够了，捉襟见肘，图形的像素点多于纹素点，所以又被称为Undersampling（欠采样）。这里只要记住：Magnification指的是原始纹理

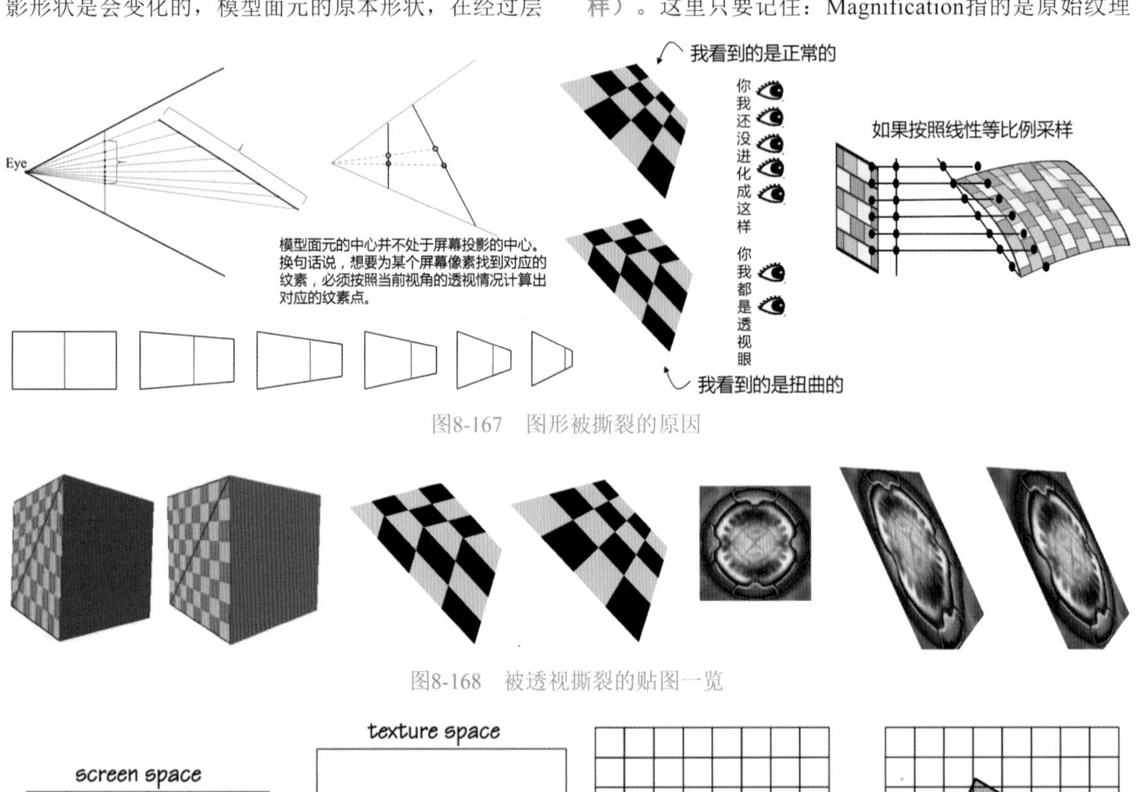

图8-167　图形被撕裂的原因

图8-168　被透视撕裂的贴图一览

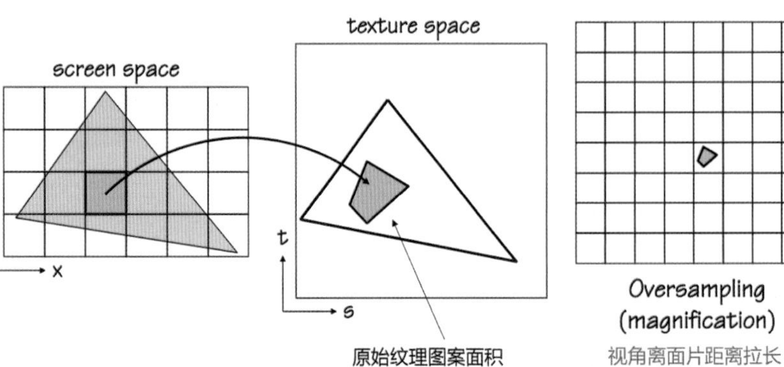

图8-169　视角远近导致的面元占用像素的数量变化

相对大了，而不是屏幕上的图形大了，图形其实是变小了；Minification则指原始纹理相对小了，图形变大了。当然，不同的人有不同的叫法，有些材料里把面元屏幕空间变大称为Magnification，反之亦然。

很显然，衣服大了，揉吧揉吧也能穿；衣服小了，扯吧扯吧也凑合。所以，只要将纹理图案进行对应比例的扩缩，就能照样给模型贴图，如图8-170所示。说起来很容易，但是具体应该怎么做呢？

对于Magnification过采样场景，由于针对图形中某个像素，有多个纹素可供选择，所以只能挑出其中合适的纹素来贴图。选哪个？可以这样来计算，针对图形中的某个像素，计算其在图形中的相对位置，然后到纹理图案中以相同的相对位置取出纹理中对应纹素，也就是说，我们使用刻舟求剑的方式来取纹素，或者说采样纹素，如图8-171所示。针对该面元在不同视角下体现出的不同形状，其覆盖的像素点也不同，视角为正视时其面积最大，其他时候都会不同程度地变小，而它的衣服大小一直是不变的。所以，如果产生了过采样，程序就要挑出合适的像素。

图8-171中直接采用比例计算图形中某像素落入了纹理中的哪个点，比例计算需要使用除法，会产生浮点小数，只要将结果取整即可得出纹素坐标。如果算出的值假设为（2.34, 4.78），那就取（2, 4）这个坐标上的纹素。这个过程叫作**单点采样（Point Sampling），或者Nearest Neighbor Sampling**。这种采样方式有个问题，一旦模型视角发生变化，那么采样点会变来变去，每次采到的样点都不同，颜色也随之变来变去，随着视角的移动，画面上会出现严重的颗粒感，就像有一堆砂粒在屏幕上跟随视角游走一样，感觉很差。还有，单点采样会导致图形产生锯齿，并且在视角的远端图形处产生严重的波纹，导致图形失真。如图8-172所示为颗粒感、锯齿、波纹示意图。

如图8-172左侧所示，由于视角可以任意变换，面元图形的变化不是线性的，导致不同视角下，面元内的同一个位置可能会采集到与之前视角相同的像素，也可能采集到不同的像素，这样，随着视角的移动，像素不断变化，这就是导致颗粒感和闪烁的原因。这过程如图8-173所示。至于波纹和锯齿，从图8-172左侧所示可以体会到，由于单点采样的随机性，在原本平行的两条线上采样可能会发生相互串扰，边缘一开始是形成锯齿，随着远处面元形状的透视变化，这种锯齿逐渐堆积成波纹。

为了改进这个不足，人们想了个办法，虽然不同视角可能会采到不同纹素，但是这些纹素不会相隔太远，视视角变换的程度而定，一般四面八方不超过1个像素。那么，干脆，在计算出像素点落入的纹理图案中的位置之后，根据当前位置读出该位置四周的四个纹素的颜色值，将这4个颜色值按照与该点的距离接近程度做线性插值求平均色，然后将得出的颜色填充到对应的像素中。这个过程如图8-174所示，对

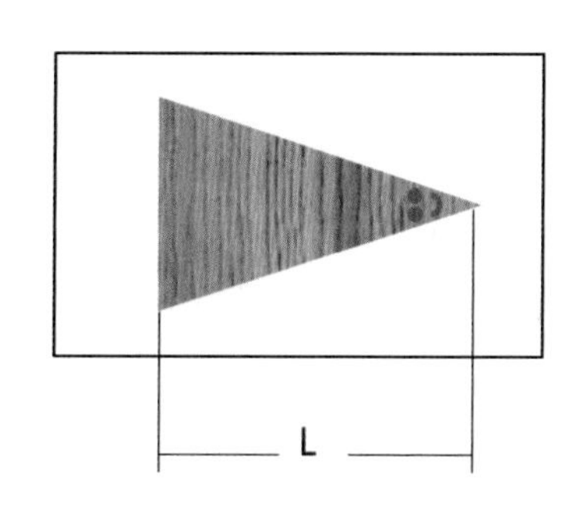

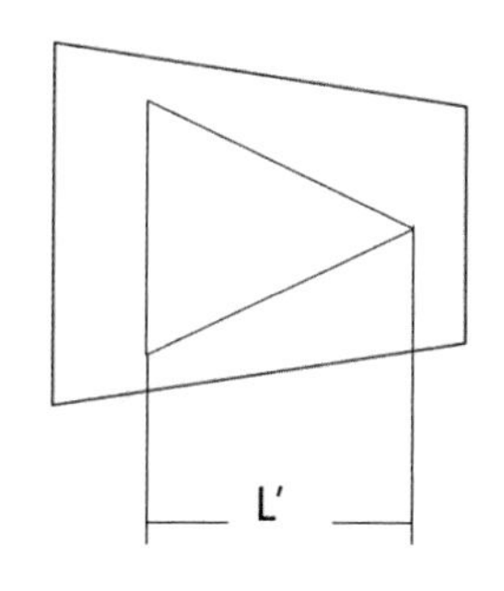

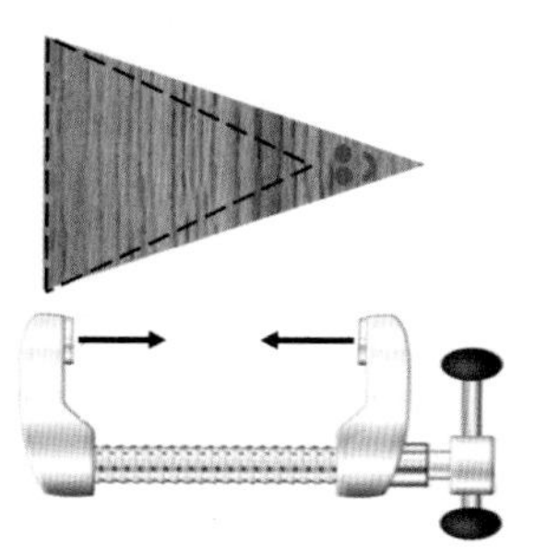
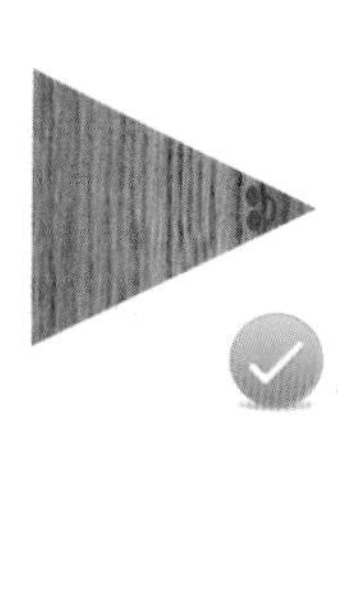

图8-170　将贴图按照等比例变化即可

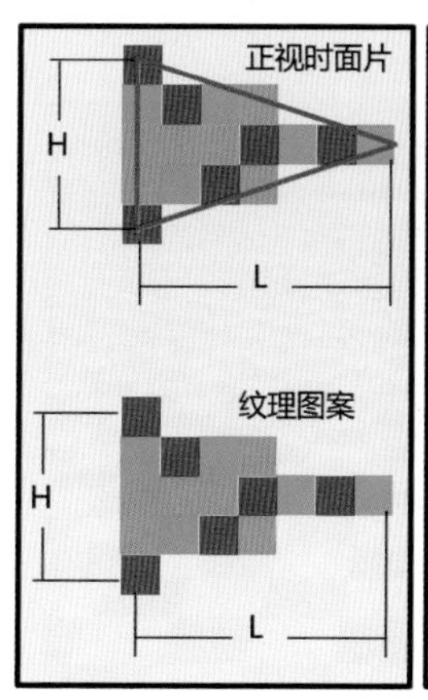

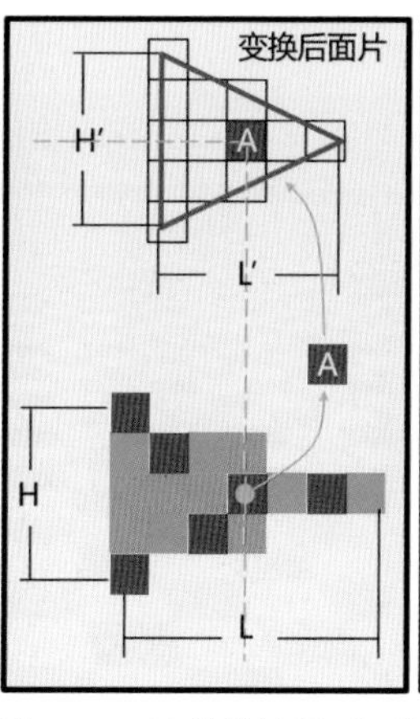

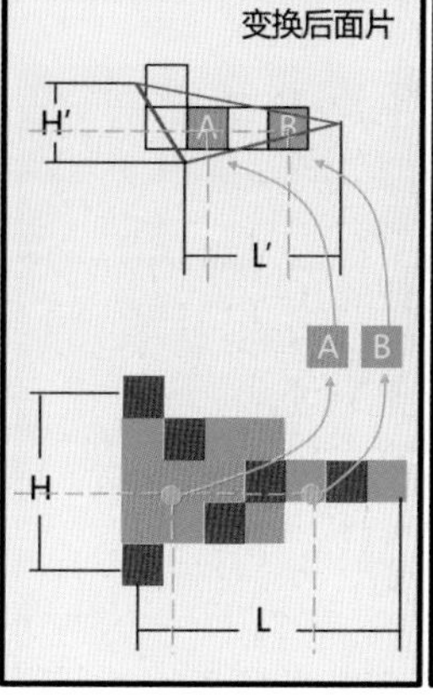

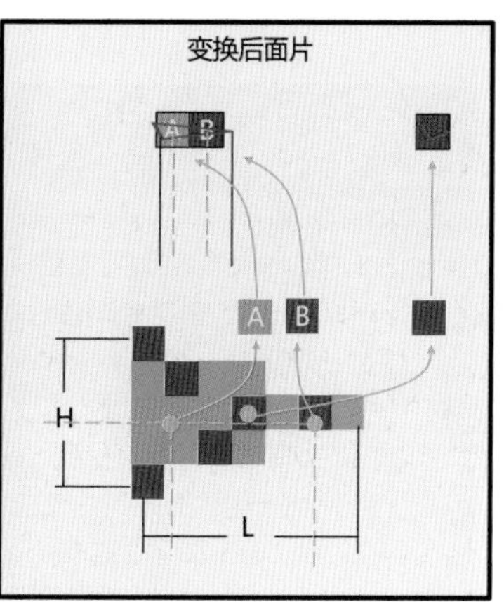

图8-171　过采样情况下可根据相对位置进行单点采样来挑选纹素

视角变换导致采到不同纹素

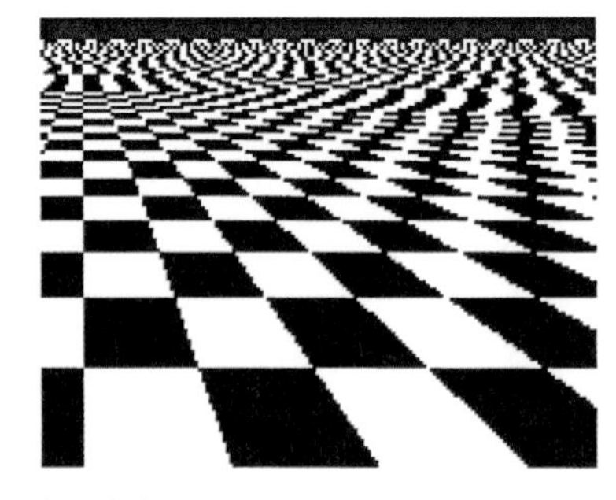

图8-172　单点采样导致的图形颗粒感、锯齿和波纹失真

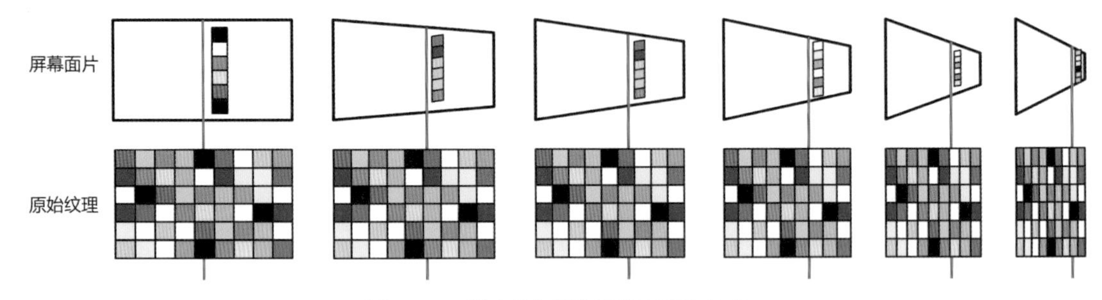

图8-173　不同视角导致采到不同的纹素

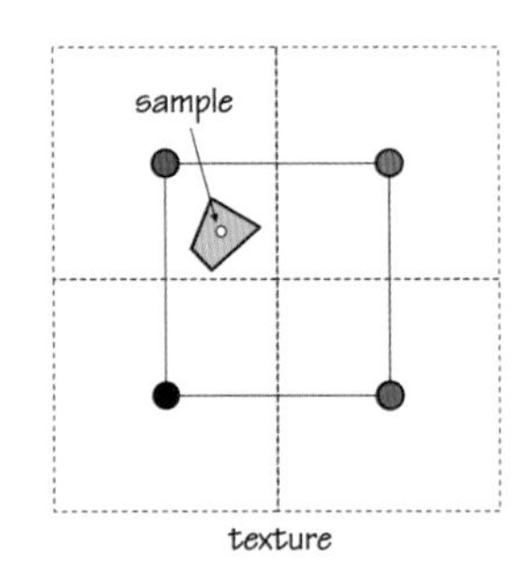

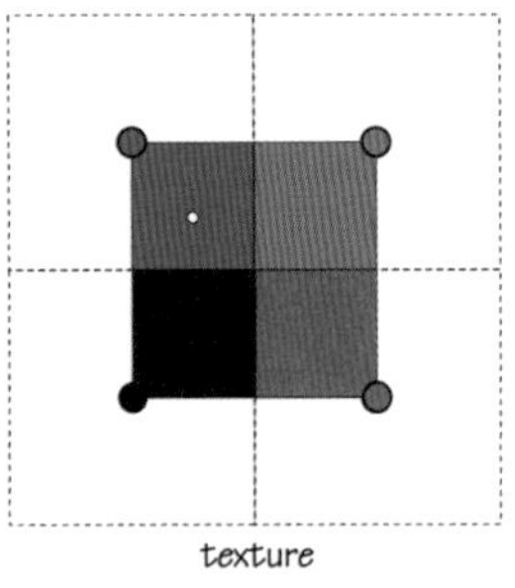

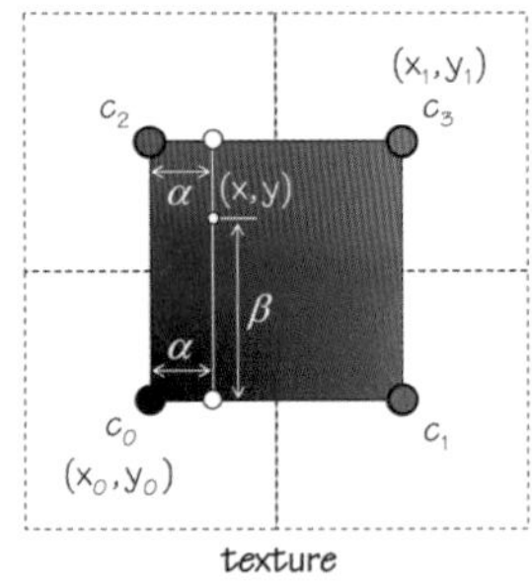

$$\alpha=\frac{x-x_0}{x_1-x_0}\quad \beta=\frac{y-y_0}{y_1-y_0}$$

$$c=((1-\alpha)c_0+\alpha c_1)(1-\beta)+((1-\alpha)c_2+\alpha c_3)\beta$$

图8-174　利用落点周围的4个像素插值求平均色

应的计算公式如图右侧所示。**注意，平均的方式并不是4颜色求和再除以4，而是根据每个纹素中心相距该点的距离，算出对应纹素对该点的颜色贡献权重，然后相乘，再将4个值叠加然后除以4，这个过程又叫作加权平均**。如果将单点采样方式称为线性插值采样，或者**线性采样（Linear Sampling）**，或者线性插值采样，那么这种将周围4个像素平均化的方式就被称为**双线性采样（Bilinear Sampling）**，或者双线性插值采样。

这种平均化处理，可以缓解（但不能完全消除）画面中的颗粒、锯齿和波纹，但是毫无疑问，也会让画面会变得模糊，因为原本分离清晰的纹素被平均化了。对应的效果如图8-175所示。

不仅是3D图形和贴图，就算是2D图形，在缩放

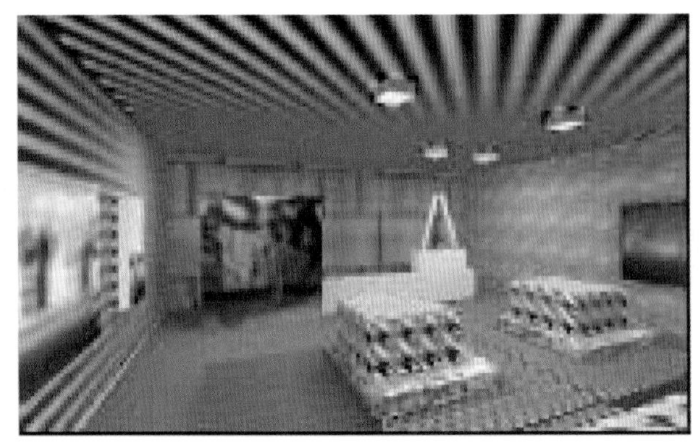

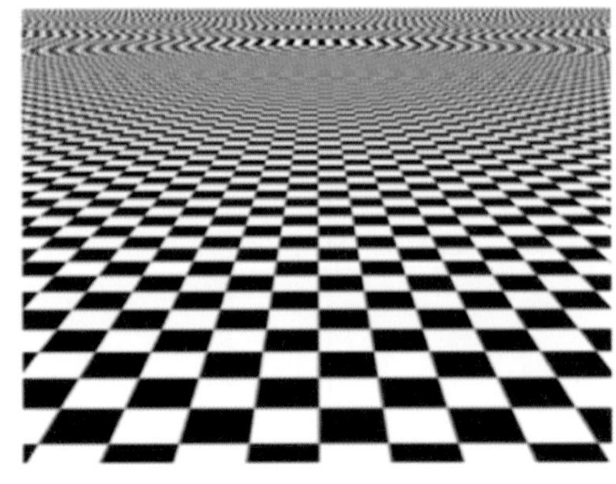

图8-175　采用了双线性纹理采样后的图形效果

过程中也会产生失真。比如图片缩小，由于占用屏幕像素少了，产生了过采样，就要对图片重新进行采样，将挑出来的像素重新进行组合，这期间就会丢失一部分像素，导致图片失真。如图8-176所示，将一幅图像缩小后，右上表示使用双线性采样之后的效果，可以看到文字依然可以分清，但是显然变得模糊了一些。而右下图的文字已经很难分辨了。

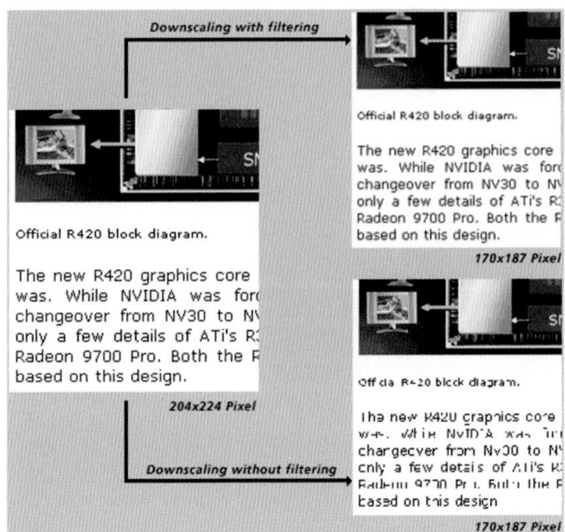

图8-176 贴图/纹理映射示意图

这种双线性采样，思考一下，是不是与低通滤波的本质是相同的？将快速变化的事物缓和、平均化成缓慢变化的事物，这个过程中会丢失高频部分的信息。

所以，这种处理方式又被称为对**图像的滤波处理**。图像中的"波"也有频率和振幅，频率就是指像素之间的变化频率，像素颜色越纷杂的地方，频率越高，振幅则是指像素的颜色饱和度。

为了增强图像的清晰度，人们想尽了各种方法。其中一种比较流行的方式，就是将纹理图案预先进行缩放。如图8-177所示，程序可以预先使用更好的插值算法（比如采样更多的周围样点进行插值平均，最精准的方式应该是，对任何一个落点采样整个图案中所有纹素，根据每个纹素距离该点的距离做加权平均，但是这样做会耗费太大的运算资源，但是如果预先准备好，就不存在运算资源的问题了）对原始图案进行高质量缩小，然后生成各种缩小比例的图案，形成一个组合套图，这份套图被称为**Mipmap**。每个分辨率层级被称为一个**LOD（Level of Detail）**，LOD#0级的纹素分辨率最高。

有了大小不同的衣服，当面元变为不同形状的时候，可以**计算出面元在x和y方向的变形比，进行取整，然后从套图中选出合适的图案去采样**，这样就会更加精准。Mipmap的代价就是需要用更多的内存/显存空间来存储整套图案。

套图只是提供了更加精准的纹理图案模板可供选择，但是如何在选出的模板上采样，依然是可以选择的，比如继续采用单点采样，或者采用双线性采样。如图8-178所示为采用Mipmap+单点采样的方式生成的图形效果对比。可以看到左侧明显的颗粒感，而右侧颗粒感被大大缓解。当然，画面变得稍微模糊一些也是在所难免的。

图8-178 Mipmap+单点采样

一种比较流行的做法是，根据当前面元视角从套图中选出两个层级的LOD套图（根据变形比落入的

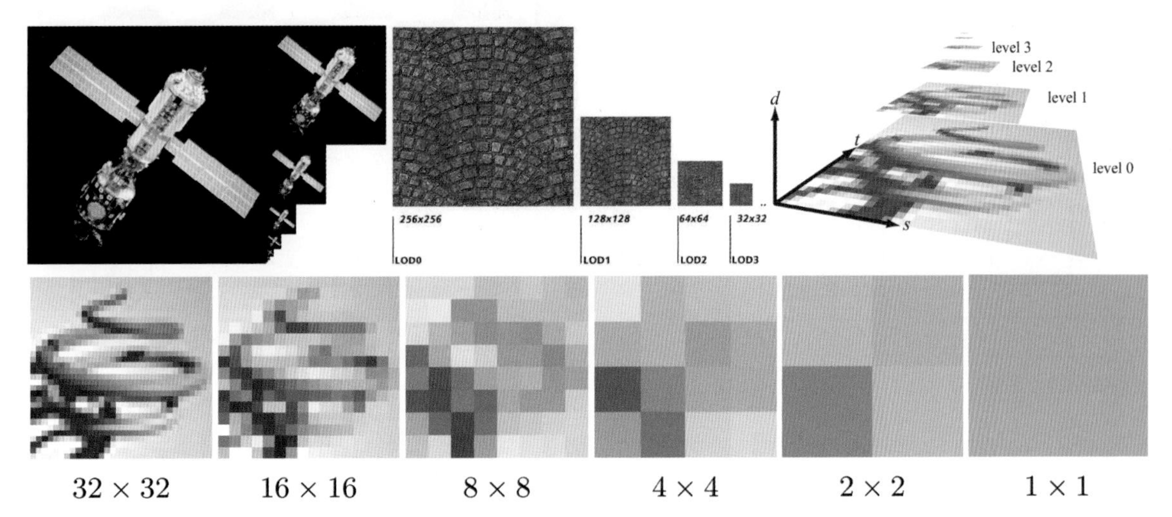

图8-177 对图案进行预先缩放形成Mipmap套图

范围，比如落入了两个LOD层级套图之间），然后对每个LOD图分别进行双线性采样（采该图中落点周围的4个点进行加权插值）；然后将得出的两个值再次进行加权平均采样，得出最终的颜色。比如变形比=3.2，那就取LOD#3和LOD#4这两幅图案，得出的两个颜色A和B再做Ax(4-3.2)+Bx(3.2-3)运算，得出最终颜色值。这种同时采样相邻的两个LOD层、每层双线性插值的做法被称为**三线性插值采样（Trilinear Sampling）**。如图8-179所示为前文中的场景使用三线性采样处理后的效果，可以看到图清晰了一些，远处的波纹也减少了。

至此，至少可以有下列组合：单个Mipmap+单点采样、单个Mipmap+双线线性采样、相邻两个Mipmap+每个单点采样，以及相邻两个Mipmap+每个双线性采样（该组合等价于三线性采样）。除了最后这种，人们并没有给每种组合再起一个名字，而且其他组合也并不常用。当然，对每个点周围的8个纹素进行插值平均也可以，效果也更好，但是耗费的运算资源也就越多，性能也就越差。

Mipmap的方式丢失的信息更少，因为在套图预处理阶段已经做了损失尽可能小的缩小处理，通过空间来换取对实时渲染运算时的资源耗费要求，自然也就有更好的效果。其实，如果不使用Mipmap，让程序实时以更好的算法来采样，也能做到类似效果，但是性能就会变差。

上文中介绍的场景其实都是假定面元的形状是相对于纹理图案的形状呈线性缩放的，也就是不带有透视或者旋转角度的，只在x和y轴平面上缩放，如图8-180所示。左半部分，假设采样落点落入图中黑框正中央，如果以双线性采样方式，则该点的颜色受到黑框中4个纹素的平均（权重相同）影响，最终采样到的颜色值为该4个纹素颜色值的平均值，假设为淡紫色。现在，该面元在x、y平面上被等比例缩小，缩小之后，毫无疑问，该点仍然受同样这4个纹素的影响，采样到的色彩值不变。但是如果该图形受到了透视挤压，比如在x轴方向上的长度由L变为了L'，那么，这个方向上的纹素就会更加被挤压到一起，导致其他纹素与该点的相对距离更近了，于是，该落点的颜色原本只受到4个纹素的贡献，现在就不得不考虑x轴方向上的其他纹素的影响了。于是，最终的采样插值范围，应该如图8-180最右侧所示，进行加权插值后，最终采样到的颜色也会变化，但是更加精准了。

同理，如图8-181所示，该面元在x和y轴方向上均被透视扭曲成一定比例，所以采样范围需要在两个方向上都增加相应的比例。

如果假设某面元最终被缩小成一个屏幕像素，那么

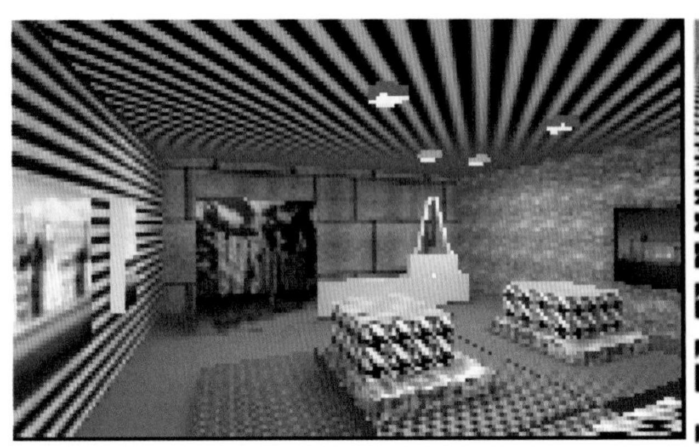
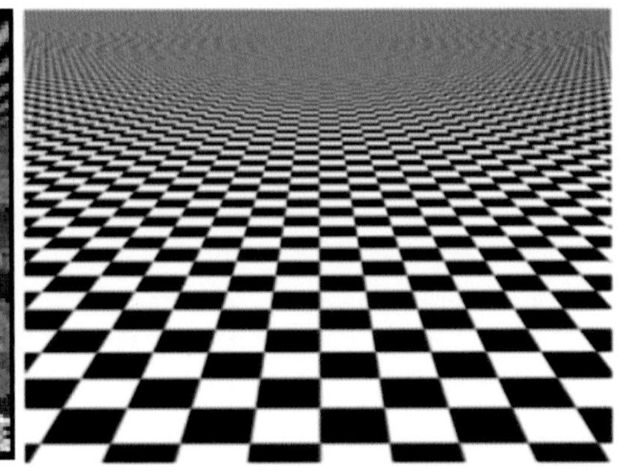

图8-179　三线性采样效果示意图

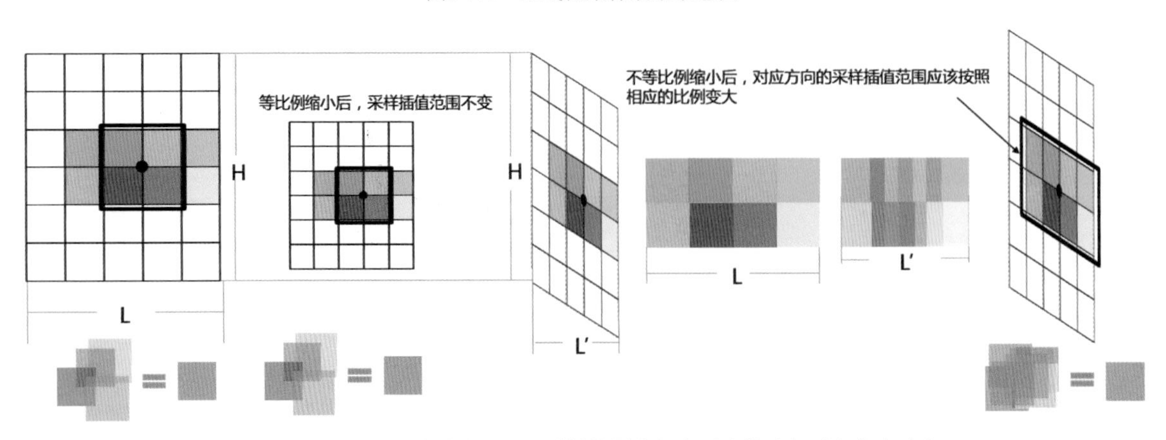

图8-180　不成比例缩放时需要对采样范围进行变更才能避免更多信息丢失

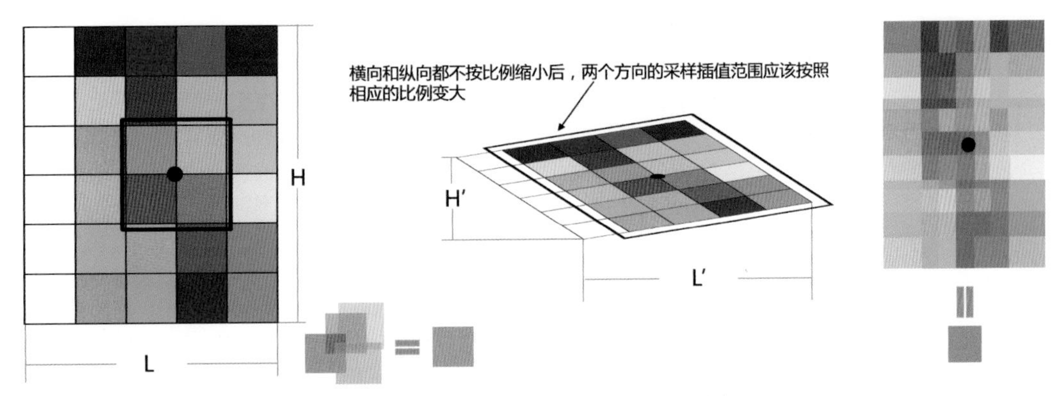

图8-181　在两个方向上均增加采样范围

请问，该像素最准确的颜色应该是？答案就是把该面元对应纹理中的所有纹素按各自权重求平均值，得到的值就是所有纹素颜色的混叠值，这样才能反映真实的感观，当然，运算量也非常大。正因如此，实际的运算都是只从像素落点周围取一定范围的纹素进行计算。这种更合理的采样方式就是将透视后的面元在x和y轴上不成比例的距离考虑进去，然后将采样范围的形状也跟着这个透视形状做改变，得到更精准的采样值。而代价则是由于采样范围增加，运算量也增加了。

上述的这种将不等比例缩放以及透视旋转角度的影响因素考虑进去的采样方式被称为**各向异性采样**（**Anisotropic Sampling**）。相比之下，之前假设面元都是等比例缩小的固定采样方式，则属于**各向同性采样**。各向异性指的就是当面元被透视成不同角度的时候，采样范围也需要跟着变化，不同视角下的范围是不同的。如图8-182所示为采用各向异性采样之后的图形效果，可以看到视角远处的纹理变得更加清晰了。

图8-182　各向异性采样与三线性采样的效果对比

图8-180中的场景，采用各向异性采样方式的话，需要处理相比双线性采样2倍数量的采样点，称之为**2× 各向异性采样**。而图8-181中的场景，由于在两个方向上各自不等比例缩小了，所以其采样数量变成了6倍于之前的量，那就称之为6× 各向异性采样。在一般的实现中，用户可以选择2×、4×、8×和最高到16×倍率的各向异性采样。可以看到，当面元被压扭曲得越厉害，采样范围也就越大，x倍数就越大，耗费的运算量也就越大。所以，各向异性采样倍率是动态变化的，而并不是任何时候都以比如16×倍率采样，设定的倍率只表示最高采样倍率。

这也就是为什么如果不采用各向异性采样时，图形视角最远端失真最厉害的原因。如果仔细观察一下图8-179左侧的场景会发现，位于视角正前方的天花板失真不算严重，而位于视角左上方的墙角处天花板失真最厉害，其原因是因为这里被透视扭曲得最严重，而三线性过滤根本没考虑跟随透视形状来变化采样范围，依然用落点周围4个纹素来采样，这样就丢失了更多信息，导致失真。

如图8-183所示，如同三线性采样一样，各向异性采样也可以在相邻的两个Mipmap的LOD层上分别进行，比如各以4×倍率采样一个LOD层，然后将得到的值进行加权平均。具体按照什么方式来采样，程序可以灵活选择，方式各不相同。

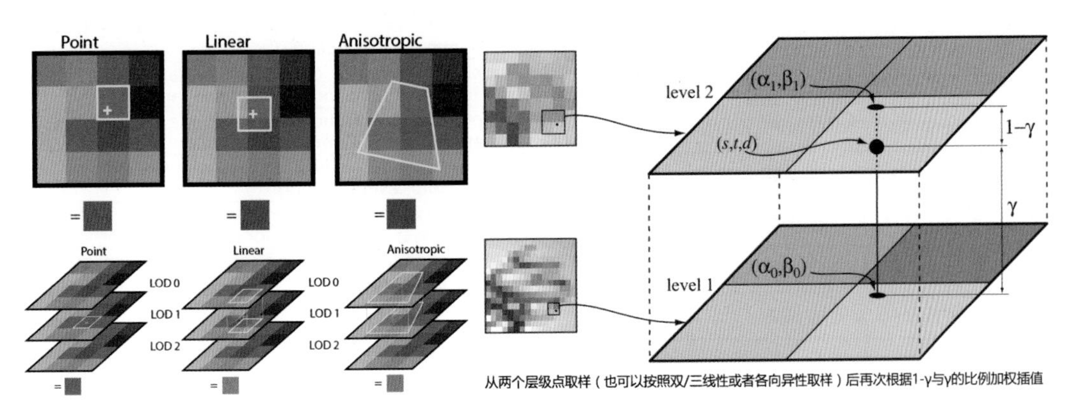

图8-183　各向异性采样原理示意图

提示 ▶▶▶

实际上，采样范围并不是严格的正方形或者长方形，而是跟随透视图形的变化，越靠近观察者的地方会采样更多的纹素，因为近处的这些纹素对最终落点的影响更大。在实际的工程实现中，存在诸多的简化版本，至于每一种图形渲染程序、产品具体怎么用，还得具体分析。

各向异性采样的具体实现方式由多种。图8-183中依然使用了方形的Mipmap，在采样的时候再去改变采样范围的形状。而如图8-184所示，为何不在一开始直接生成不同角度透视扭曲之后的Mipmap呢？这样的话，采样的时候，算出当前视角扭曲到了什么程度，然后从套图中选择对应角度的图案，然后依然使用方形区域来采样选出的图案就可以，因为Mipmap中的纹素已经按照对应的角度扭曲过了，殊途同归。这样可以节省一部分计算资源。这种被称为Rip-Mapping，但是目前很少有这样的实现，因为固定的扭曲角度图片用起来不灵活，还是现场计算更灵活。

图8-184 Rip-Mapping

对于Minification场景，也就是原始纹理相对屏幕面元而言小了，或者说欠采样的场景，此时情况刚好反过来了，会有多个像素不得不共享使用同一个纹素的颜色，多个像素值会落到同一个纹素，那就相当于该纹素被复制了多份到多个像素中，结果就是产生了马赛克。也就是说，当镜头拉近一个表面之后，表面上的贴图就产生了马赛克模糊，不精细。这种场景下，依然可以采用双线性插值的方式取平均颜色来补偿，让相邻的马赛克的边缘不那么明显，没有什么好办法，因为无论什么算法都不可能精确的生成更多信息，而只能猜出可能的信息（插值）。要彻底解决这个问题，就需要增加原始贴图的纹素分辨率，比如假设屏幕最大分辨率为4k，则纹素至少也得是4k分辨率，这样就算让整个面元拉近到布满屏幕，也能获得精细的贴图。

人们将上述这些不同的纹理采样方式，统称为纹理过滤（Texture Filtering），或者材质过滤。所以对应的有这些名词：双线性过滤、三线性过滤、各向异性过滤等。执行纹理过滤的程序模块则叫作Filter。上文中介绍的这些是比较常用的，当然，人们还研究出很多其他类型的过滤器，不过，最终都是在算力需求、存储器空间耗费和最终画面质量这三者之间取得平衡。在DirectX 3D 11版本的绘图API中提供了如下几个选项，如图8-185所示。

纹理映射过程会耗费大量的计算资源。系统能够以多快的速率进行纹理映射，这个速率被称为像素填充率/纹理填充率。

纹理映射过程是整个像素着色阶段中很关键的一步。除此之外，在这一步中还可以对每个像素进行后期处理，比如可以进一步增强光照效果。此时对像素的处理更像是对2D图像的后处理了，只不过，我们此时依然保留了每个像素的z轴信息，在处理时可以根据z轴信息做出光影方面的计算。比如投影，无非就是将一堆像素亮度变暗。那么把哪些像素变暗？当然就要参考z轴的信息，来计算影子。

选项名称	具体描述
D3D11_FILTER_MIN_MAG_MIP_POINT	Use point sampling for minification, magnification, and mip-level sampling.
D3D11_FILTER_MIN_MAG_POINT_MIP_LINEAR	Use point sampling for minification and magnification; use linear interpolation for mip-level sampling.
D3D11_FILTER_MIN_POINT_MAG_LINEAR_MIP_POINT	Use point sampling for minification; use linear interpolation for magnification; use point sampling for mip-level sampling.
D3D11_FILTER_MIN_POINT_MAG_MIP_LINEAR	Use point sampling for minification; use linear interpolation for magnification and mip-level sampling.
D3D11_FILTER_MIN_LINEAR_MAG_MIP_POINT	Use linear interpolation for minification; use point sampling for magnification and mip-level sampling.
D3D11_FILTER_MIN_LINEAR_MAG_POINT_MIP_LINEAR	Use linear interpolation for minification; use point sampling for magnification; use linear interpolation for mip-level sampling.
D3D11_FILTER_MIN_MAG_LINEAR_MIP_POINT	Use linear interpolation for minification and magnification; use point sampling for mip-level sampling.
D3D11_FILTER_MIN_MAG_MIP_LINEAR	Use linear interpolation for minification, magnification, and mip-level sampling.
D3D11_FILTER_ANISOTROPIC	Use anisotropic interpolation for minification, magnification, and mip-level sampling.

图8-185 DirectX3D 11 API中提供的几种纹理过滤选项

整个像素着色阶段被称为Pixel Shading。Shade的意思是“影子”，泛指明暗分离有层次感。模型从一个2D轮廓，到Vertex Lighting处理完后的石膏像，再到表面具有丰富色彩，这整个过程就是一个Shading的过程，Coloring也被统称为Shading。所以说，Vertex Lighting其实也可以被称为Vertex Shading，实际上人们也的确是按照后者方式来叫的。负责给石膏像上色的程序模块，就叫作Shader了。那么，在Vertex处理阶段计算光照的程序模块就可以被称为**Vertex Shader**，其只负责计算每个顶点的光照；而在Pixel阶段针对每个像素做纹理映射、后期光照等其他特效，从而计算各自像素颜色的程序模块就叫作**Pixel Shader**。人们并没有将Shader翻译成“阴影器”，而是统一翻译成了“着色器”，于是有了“**顶点着色器**”和“**像素着色器**”。这也是合理的，因为阴影也属于颜色，最终像素只有颜色，其他名词只是人为封装而已，比如阴影、亮度、饱和度、透明度，等等。

上文中只是做了简单的纹理映射过程，或者说贴图过程。实际上，Shader还可以做更多的后期特效处理，我们后文中再介绍。

思考▶▶▶

程序将3D模型栅格化之后，后续的一切处理其实都是对2D平面图的处理，其与2D图片处理几乎没有区别了。也就是说，2D游戏画面的渲染其实也需要经过栅格化及后续的步骤，包括光照效果、纹理映射、阴影处理等。可能你会有疑问，2D图片哪来的光照和阴影？这些不都是应该在3D世界中才存在的么？问出这个问题，证明你还需要继续闭目仔细体会。前文中说过，人脑感知到的一切影像只不过是3D世界在2D世界（或者说你的视网膜）上的投影。而2D游戏画面与3D画面相比，唯一区别就是其并不是从3D模型投影出来的，而可以天然就是一幅2D图片，从这里开始，3D和2D变得一样了。那么，在2D图片上如何产生光照？方法与3D的做法相同，记录法线即可。比如将2D图片内需要光照地方的法线信息记录到一个文件内，渲染的时候，程序根据光源位置和法线信息算出哪个点的亮度需要提升即可。其实3D画面也是这样处理的。既然如此，3D的意义何在？为何不直接做成2D游戏？这个问题终于触碰到了本质。2D游戏中你是无法将视角进行任意角度旋转而观察整个游戏世界全貌的，2D永远只给你一个视角来观察，因为，2D游戏没有z轴信息，也不需要计计算一系列与z轴相关的各种几何坐标变换。为了实现任意视角旋转，3D游戏需要保存模型的z轴坐标，并根据当前视角，重新将**3D域**投影到**2D域**，也就是做从模型空间到视窗空间的一整套坐标变换，生成当前视角下的2D画面，后续再进行与2D游戏类似的后处理过程。所以，如果将你的理解角度转换到一切都是2D图像展现出来的3D假象的话，你会从本质上理解计算机图形处理的世界。如果你能够像冬瓜哥一样，看到一幅图像时，禁不住把眼睛靠近到显示器上去分辨出它的每个像素的颜色，并把整个像素着色的执行过程在你脑子里转几圈，导致旁边围观群众认为怎么有个傻子在亲吻显示器，那你真的已经得道了。

8.2.6.5 遮挡判断阶段/Testing

至此，所有模型已经有了颜色和对应的光照明暗层次，这一帧画面看上去已经很完美了，是不是应该直接将Color Buffer转换为Frame Buffer（直接让RAMDAC模块转为扫描当前的Color Buffer，这个过程被称为**Swap Buffer**）播放到屏幕上了呢？这里还缺了一些操作步骤，整个画面尚未完工。

1. 剪裁遮蔽测试（Scissor Test）

有时候，游戏设计师需要把画面加上一个遮罩孔，只让用户看到这个遮罩孔后面的图像，被遮罩的地方不做显示。典型的比如有些游戏中，在屏幕下方一般会有一些小窗口，里面是一些3D人物角色的头像，而且头像还在不断摇头晃脑地运动，运动到遮罩外面的部分就会被挡住，给人的感觉就像是在通过这个小孔来观察内部的角色模型一样。如图8-186下方的人物头像所示。

图8-186 下方人物头像是会动的3D模型

这相当于画中画的效果，要实现这种效果，可以先计算好模型哪个部分将移动到孔外，然后直接将对应的顶点剔除掉，也就是直接在模型周围上切一刀，只渲染留下的部分。或者，直接在角色前面做一个遮罩孔的3D模型，比如一张带有圆孔的平板模型，然后把角色模型放置到这个孔后面去渲染，这样该模型周围的不想让人看到的部分自然会被遮罩挡住。但是这样做耗费资源太大，遮罩孔每次还要绘制出来，原本很简单的需求被复杂化了。为此，人们直接在2D域处理这个问题，也就是直接生成一张遮罩，物理上无非就是记录这个孔的四角坐标值，渲染好的模型像素点坐标如果落入这个区域，就被写入屏幕像素中显示，如果没有落入这个区域，就直接不显示。这个过程就是所谓的**测试**过程，针对每个欲显示的像素，到这个遮罩上测试过滤一遍。这个过程就相当于：你要求你所看到的世界不是全景的，而是要看到一个圆形的世界，但是你并不是要求这个世界本身变成圆形的，而是戴上一副黑眼镜，然后在眼镜上面开个孔。如图8-187所示为剪裁遮挡测试的示意图。

值得一提的是，剪裁遮罩的作用域并非整个屏幕，也就是说并非整个屏幕上只露出这一个孔。其作用域是一个或者几个模型，由程序指定。所以，如图8-187右侧所示，被遮罩的这个小场景可以在大场景中存在，形成画中画感观。

剪裁遮挡方式只支持矩形窗口，如果要做更复杂的遮挡，需要使用下文中介绍的筛板遮挡方式来处理。

2. Alpha透明测试（Alpha Test）

还有些时候，人们需要让一个面元的一部分变得透明，能通过它看到后面模型的表面。这样，需要首先对纹理需要被透明化处理的纹素部分的RGBA（红/绿/蓝/透明度）值中的A（Alpha）值进行修改，比如，改为全1。然后在程序中定义：凡是Alpha值大于0.5的像素点不写入Color Buffer。这样，当程序在将任何像素值写入Color Buffer之前，都对该像素的Alpha值与0.5比对一下，那些被视为透明的像素也就不会写入到屏幕上，这样自然就保留并露出了这些像素后方的像素。如图8-188所示，先将窗户纹理中白色的部分的纹素的Alpha值改为全1，其他不透明的地方为0。然后启用Alpha测试，并规定当欲写入像素的Alpha值大于0.5时，则不写入该像素，否则写入。然后渲染背景，再渲染窗户，最终可以获得透明效果。

值得一提的是，利用Alpha测试不仅可以实现透明，还可以有其他判断结果组合。比如3D绘图库OpenGL就提供了如下的Alpha测试函数和参数：通过glEnable（GL_ALPHA_TEST）启用Alpha测试；通过GLDisable（GL_ALPHA_TEST）禁用Alpha测试。设置Alpha测试条件的函数：glAlphaFunc（GLenum_func，GLclampf ref），其中func是参数的比较方式，ref是参数。可以取的参数以及含义如下：GL_ALWAYS（始终通过）、GL_NEVER（始终不通过）、GL_LESS（小于则通过）、GL_LEQUAL（小于等于则通过）、GL_EQUAL（等于则通过）、GL_GEQUAL（大于等于则通过），以及GL_NOTEQUAL（不等于则通过）。比如glAlphaFunc（GL_LESS, 0.5f）表示当检测到当前处理的像素Alpha值小于0.5f（f表示浮点数的意思）时则通过测试，绘制到Color Buffer中，也就是说，窗户纹理中不透明的地方会被绘制，透明的地方不被绘制。

3. Z遮挡测试

在z轴上被遮挡的像素，是必须不能显示出来的（前方透明除外）。Z测试就是用来保证这一点的。

现在来思考图8-154中所示的场景。一个3D场景世界中可能包含有众多模型，比如起伏的山峦或者地面，地面上茂盛的植物以及建筑、人物等物品。试想一下，如果你是一个画家，你在画布上作画，你会怎么处理物体遮挡问题？回答：当然是先把背景画好，

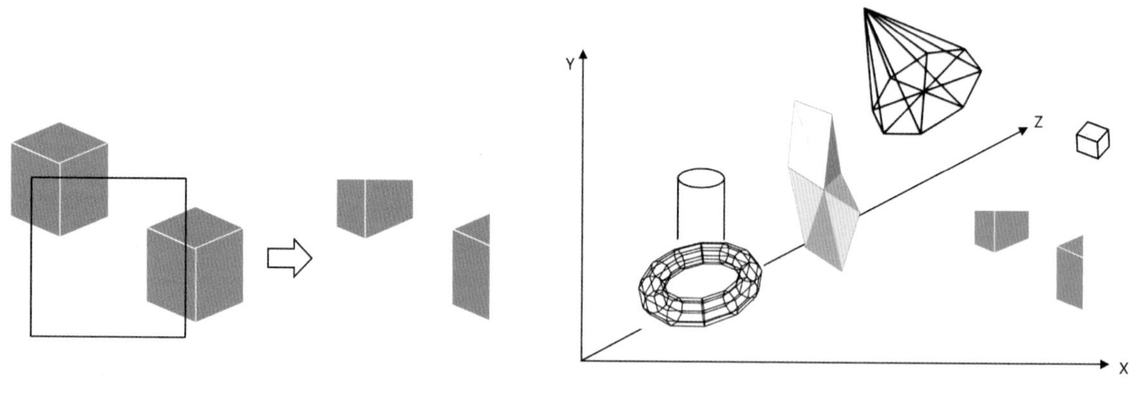

图8-187　剪裁遮挡测试结果示意图

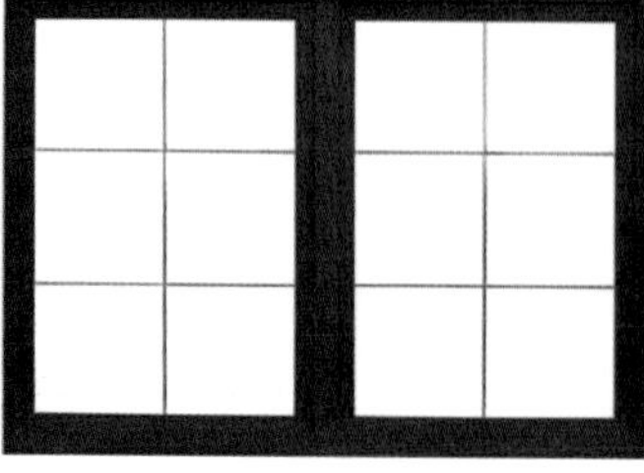

图8-188　利用Alpha透明测试实现透明处理

比如蓝天白云和远处的群山，最后画离视角距离最近的物体，这些物体的颜色会将背景颜色覆盖掉，自然就挡住了背景，也就是按照图层的先后来绘制，这与2D图形渲染时采用的方式是一样的。是的，这是最简单的办法。在这个方法基础上，可以进行优化，比如根本不需要画出原本就需要被遮挡的背景部分，这样就节省了笔墨。所以才有了早期Z剔除这个处理方法（见前文）。但是你后续突然决定在这块空画布上画一个透明物体，这样就不行了，早期没画出来的空缺部分就会被看到。

如果必须按照顺z轴坐标的远近顺序来渲染的话，有个不方便的地方，就是一旦画好了上面的图层模型，那么位于远处（下方）图层中的模型对应的像素想要再改动的话（比如加一些后处理效果）的话，就得预先算好该模型到底哪些地方被遮挡了，被遮挡的部分的像素决不能改动，否则就破坏了上层模型的颜色了。再者，严格按照图层顺序来渲染，不利于实现并行性。另外，即使是同一个模型，也有正面和背面，必须保证模型的背面先渲染，再渲染正面，这一点做起来也很费劲。更好的方式是，可以让多个模型乱序并行渲染，同一个模型的正面和背面并行乱序渲染，而最终还可以实现前面的像素挡住后面的。

如果为每个屏幕上的像素记录一个“当前已被写入像素对应的z轴坐标值”的话，就可以解决这个问题，这个用于保存所有像素当前z轴坐标值的地方被称为**z-buffer（深度缓冲，或者Z缓冲）**。该缓冲记录的所有像素的z坐标值在初始时被全部设置为无穷大，比如全1。

这样之后，我们允许模型被乱序渲染，第一个被渲染好的像素点再被写入Color Buffer中之前，先读出z-buffer中与之对应的记录项，发现其是无穷大，证明该像素尚无颜色，则直接将渲染好的像素颜色写到屏幕上对应位置，并在 z-buffer中对应的位置将该像素点在模型中对应的z坐标记录下来（覆盖上一个记录的z坐标值）。后续任意位置模型的任意像素点被渲染好之后，也都不能直接不加判断地写入屏幕上，而是每次都要先读取z-buffer中对应位置已经被保存的上一个z坐标的值，并与当前欲写入像素的z坐标比对。如果当前欲写入像素的z坐标值大于上一个被记录的z坐标值，则可以判断出欲写入像素位于后方，被遮挡，则放弃写入，保留当前屏幕像素颜色不变；如果欲写入像素的z坐标值大于上一次记录的z坐标值，则表明欲写入像素位于上一个像素的前方，则直接将其颜色覆盖之前的颜色。针对每一个欲写入像素，都做这种判断，最终就可以维持所有模型的遮挡关系。

z-buffer的运作过程如图8-189所示。蓝色模型由于正对视角，其面元中所有像素的z坐标值假设都为5，其被渲染时，每生成一个像素点颜色，便读出对应像素在z-buffer中记录的z坐标，读出的坐标如果为1，5>1，所以丢弃该像素点颜色，保留已写入的上一个颜色（绿色），读出的坐标如果为6或者7或者无穷大，则用蓝色覆盖该像素颜色。

其实整个判断过程很简单，用这个伪代码就可以实现：if z(x,y)<zbuffer[x][y]；write to pixel at (x,y)；zbuffer[x][y]=z(x,y)。这个利用z-buffer来判断物体遮挡关系的过程，被称为**z-testing（深度测试）**。不过，冬瓜哥认为其叫作遮挡判断，更直观，当然，也更俗。

试想一下，如果读出z-buffer发现上一次记录的z坐标也为5，怎么办？那证明有另外一个模型与该模型发生了部分重叠合体。一般情况下，这属于bug，不应该发生，也有可能是故意为之，此时需要按照先后顺序来渲染，后渲染的覆盖先渲染的。或许还有一种情况，z轴坐标的精度不够高。比如z轴坐标为整数坐标，范围从0～63（精度为$Log_2 64=6$位），那就意味着最多可以放置64个图层，假设每个模型平均占用8个z坐标，也就是相对厚度不能超过8，那么整个场景在同样的x/y坐标位置上，沿着纵深方向最大可放置64/8=8个这样的模型。如果要放置第9个模型，由于两个整数之间无法再被分隔，所以其坐标就会与其他模型重叠。这个现象被俗称为**z-fighting**。而如果z坐标轴精度足够高，比如为24位，那就能够足够灵活展示更丰富的场景层次了。目前实现中一般z坐标精度为24位。

每渲染一帧之前，必须将z-buffer清空，否则本帧的内容会与上一帧重叠。用户可以选择打开或者关闭Z遮挡测试，关闭之后，程序必须自行控制渲染顺序才能得到正确结果，否则会出现如图8-190左侧所示的情况。

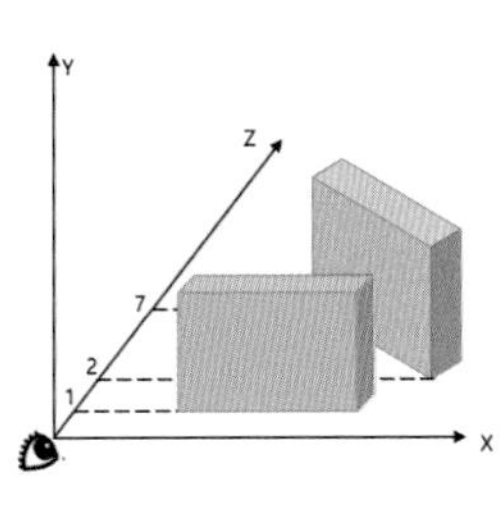

∞	∞	∞	∞	∞	∞	∞	∞	∞	∞	∞	∞
∞	∞	∞	∞	∞	∞	∞	∞	∞	∞	∞	∞
∞	∞	∞	∞	∞	7	6	5	4	3	2	∞
∞	∞	∞	∞	∞	7	6	5	4	3	2	∞
∞	1	1	1	1	1	1	1	4	3	2	∞
∞	1	1	1	1	1	1	1	4	3	2	∞
∞	1	1	1	1	1	1	1	4	3	2	∞
∞	1	1	1	1	1	1	1	4	3	2	∞
∞	∞	∞	∞	∞	∞	∞	∞	∞	∞	∞	∞
∞	∞	∞	∞	∞	∞	∞	∞	∞	∞	∞	∞

Z-Buffer

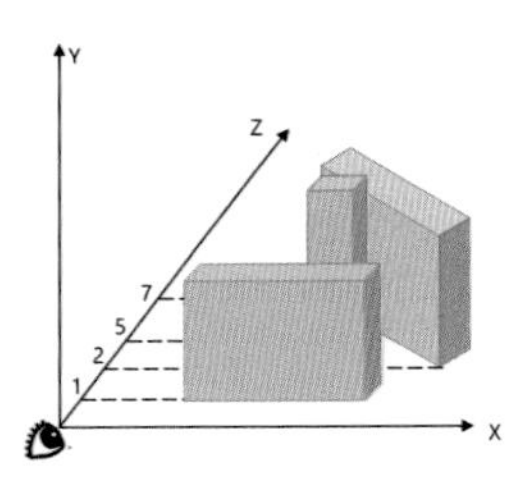

∞	∞	∞	∞	∞	∞	∞	∞	∞	∞	∞	∞
∞	∞	∞	∞	∞	5	5	∞	∞	∞	∞	∞
∞	∞	∞	∞	∞	5	5	5	4	3	2	∞
∞	∞	∞	∞	∞	5	5	5	4	3	2	∞
∞	1	1	1	1	1	1	1	4	3	2	∞
∞	1	1	1	1	1	1	1	4	3	2	∞
∞	1	1	1	1	1	1	1	4	3	2	∞
∞	1	1	1	1	1	1	1	4	3	2	∞
∞	∞	∞	∞	∞	∞	∞	∞	∞	∞	∞	∞
∞	∞	∞	∞	∞	∞	∞	∞	∞	∞	∞	∞

Z-Buffer

图8-189　z-buffer的运作原理示意图

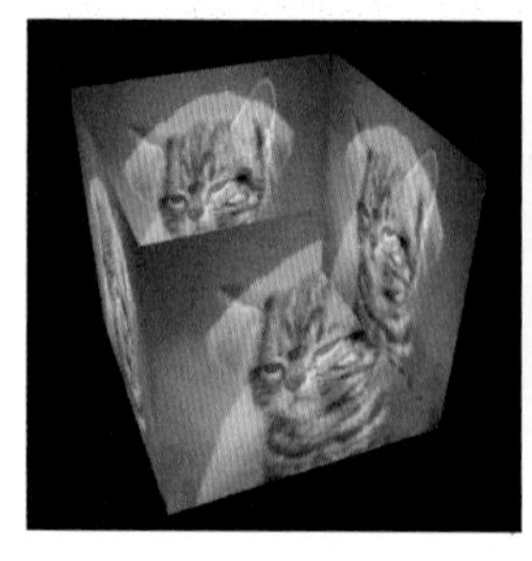

图8-190　关闭和打开Z遮挡测试

至此，被挡住的那些像素的z坐标是不是就再也不知道了？非也，所有已渲染好的像素的z坐标依然被保存在Position Buffer中。

4. 筛板遮蔽测试（Stensil Test）

上文中介绍的剪裁遮蔽，其粒度太大，不够精细，而且它只支持矩形区域。有些时候，人们需要对图形进行更加精细的遮蔽，比如，要将图形多个不同地方进行不同形状的遮蔽。**筛板遮蔽**的方式可以以单个像素为粒度进行遮蔽，满足上述需求。

毫无疑问，要达到单个像素粒度的遮蔽，就必须为屏幕上的每个像素维护一个数值，比如1或者0。所有像素的数值形成一张筛网，新渲染出来的像素全都与这个筛网比对，比如筛网中对应该像素的位置如果是1，那就绘制到屏幕上，如果是0，就不绘制，如图8-191所示。这个像素筛网被称为**Stencil Buffer**。这也是为何其称为"筛板"的原因。更多的人习惯将其翻译为"模板"。

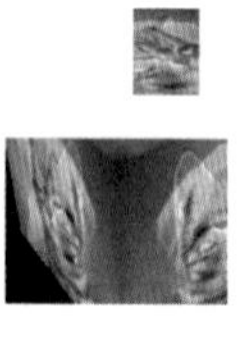

图8-191　使用筛板遮蔽实现的效果

图8-191所示的效果似乎毫无用处，在实际中有谁会把图像弄得这样支离破碎呢？不过，我们来举一个更接地气的例子。如图8-192左侧所示，我们要实现一个正方体在一个黑色镜面上，镜面产生了该正方体的反射图形。这幅图片应该怎么渲染？假设，我们先渲染镜面，然后渲染上方正方体，再渲染正方体的反射正方体，此时，该正方体必须位于镜面上方，而不是被镜面挡住。但是，Z遮挡测试一定会将该正方体放置到镜面的后面，这样就无法形成反射效果了。**为此，我们需要做一步关键的操作，也就是，当渲染黑色镜面的时候，仍然做Z遮挡测试，但是，却不将镜面对应像素的Z坐标值写入z-buffer**。这样做产生的效果就是，当下方正方体被渲染时，其做Z遮挡测试时，不会察觉到黑色镜面的存在，所以程序会将该正方体渲染到镜面上方，成功挡住了镜面，形成图8-192中左三所示的效果。

至此，还需要将下方正方体位于镜面外面的部分遮蔽掉。可以看到，这块区域是个不规则形状，剪裁遮蔽是做不到的，只能用筛板遮蔽手段。也就是说，如果能够生成一张筛板，让镜面内的反射区域占用的像素值都为1，而其他部分全部为0，那么当再次渲染反射正方体时，执行筛板测试比对，这个正方体就只会留下镜面内部区域的像素，然后再对这些像素做亮度调暗处理，就能成功实现图8-192中最右侧所示的最终效果。现在的关键问题是，**如何确定镜面内部的反射区域都占用了哪些像素，从而将Stencil Buffer中对应的值置为1**。

换个角度思考，镜面整体都会反射其上方物体，如果把整个镜面占用的像素遮蔽值都设置为1（被上方正方体挡住的部分除外），而不用去细分当前的反射区域位于哪里，一样可以实现上述效果。这样，问**题就变成了：如何确定镜面未被上方正方体挡住的那些像素的位置**。这样，问题一下子变得简单了。

可以通过这种办法解决：禁用筛板测试，并清空之前筛板缓冲中所有值，然后渲染上方的正方体，再启用筛板测试，初始化一张全0的Stencil Buffer表，然后开始绘制镜面。由于已经启用了筛板测试而且筛板值全为0（全不透过），那么镜面就不可能显示在屏幕上，所以，此时要做特殊处理，绘制镜面的时候忽略筛板值。镜面被渲染时，虽然不更新Z缓冲了，但是依然要执行Z遮挡测试（与当前Z缓冲中的Z坐标值相比较），从而使被上方正方体挡住的部分不被显示。我们顺手利用一把Z遮挡测试的过程，加一些逻辑进去，让程序针对每个镜面像素这样去处理：如果该像素的Z测试不通过，也就是被挡住了，则保持筛板缓冲中对应像素的值不变，对应像素的值还是0；而如果该像素通过了Z测试，证明没被挡住，则顺手将筛板缓冲中对应该像素的值变成1。最终，就可以实现如图8-193所示的情形。

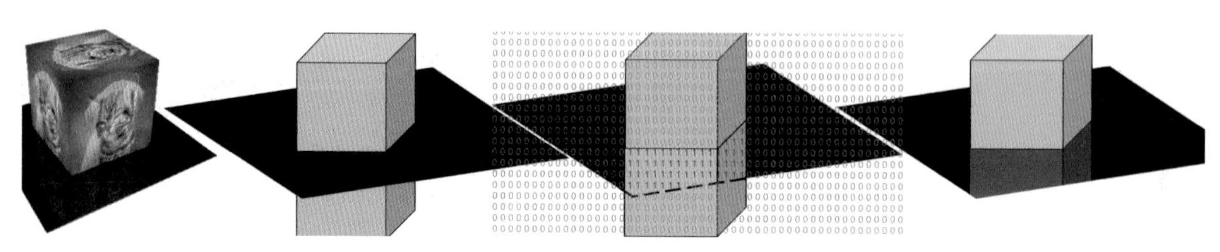

图8-192　渲染镜面反射的过程示意图

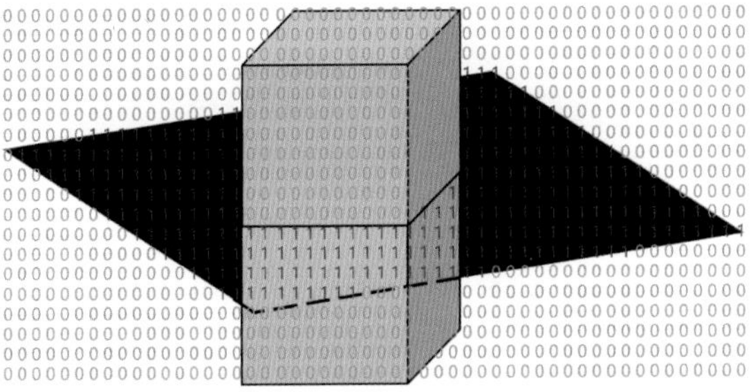

图8-193　将整个镜面像素的遮蔽值设置为1

然后，开始绘制下方的反射正方体，并规定：渲染每个像素时，凡是发现筛板缓冲中对应该像素的值为1，此像素通过，显示到屏幕，如果缓冲中对应该像素的值为0则不通过。最终，就可以实现如图8-192最右侧的效果了。当然，别忘了给这批像素做点颜色处理，比如可以将正方体颜色与镜面颜色做对应的混合操作，这样对应区域的颜色就变得更黑一些了。所以，混合操作将是整个像素着色的最后一步，我们下文中再介绍。

提示

筛板缓冲中的值一般并非只有1位，而是有8位。其与Z缓冲中的24位刚好合起来为32位，如果采用外置3D加速卡进行绘图，这两个缓冲也是被放在一起的。

对上述这个过程，3D绘图库OpenGL中使用下面这些函数和参数来实现：

```
glEnable(GL_STENCIL_TEST);
//告诉OpenGL启用筛板测试 ;
glDisable(GL_STENCIL_TEST);
//告诉OpenGL禁用筛板测试;
glStencilFunc(GL_LESS, 3, mask);
//告诉OpenGL筛板缓冲中当前像素值小于3则通过。
```

其中，mask参数的作用是，比如某个像素筛板值为5（二进制101），而mask的二进制值为00000011，表明只比较最后两位，5的最后两位为01，所以，筛板值只要小于3而不是5，就通过。除了GL_LESS之外，还有其他参数，比如上文中要实现强制通过测试，则对应参数为GL_ALWAYS。此外还有GL_ALWAYS（始终通过）、GL_NEVER（始终不通过）、GL_LESS（小于则通过）、GL_LEQUAL（小于等于则通过）、GL_EQUAL（等于则通过）、GL_GEQUAL（大于等于则通过），以及GL_NOTEQUAL（不等于则通过）。上文中介绍的Alpha测试也是用这些参数。

glStencilOp(fail, zfail, zpass); //该函数指定了在三种情况下，该像素的筛板值应该被改成什么。

其中，fail表示筛板测试未通过时该如何变化；zfail表示筛板测试通过但深度测试未通过时该如何变化；zpass表示筛板测试和深度测试均通过时该如何变化（上文中的镜面符合这一条）。如果没有起用筛板测试，则认为筛板测试总是通过；如果没有启用深度测试，则认为深度测试总是通过。这三个参数可以取如下的值：GL_KEEP（不改变，这也是默认值）、GL_ZERO（改成0）、GL_REPLACE（使用glStencilFunc函数中给出的测试条件中的设定值来代替当前筛板值）、GL_INCR（增加1，但如果已经是最大值，则保持不变）、GL_INCR_WRAP（增加1，但如果已经是最大值，则从0重新开始）、GL_DECR（减少1，但如果已经是0，则保持不变）、GL_DECR_WRAP（减少1，但如果已经是0，则重新设定为最大值），以及GL_INVERT（按位取反）。

上述镜面效果的基本流程用OpenGL伪代码表示则是：

```
glDisable(GL_STENCIL_TEST);
//告诉OpenGL禁用筛板测试;
绘制上方正方体( );
glEnable(GL_STENCIL_TEST);
//告诉OpenGL启用筛板测试 ;
glClear( );
//清空筛板缓冲为全0;
glStencilFunc(GL_ALWAYS, 1, 1);
//告诉OpenGL接下来要画的东西强制通过筛板测试;
glStencilOp(GL_KEEP, GL_KEEP, GL_REPLACE);
//告诉OpenGL在画下面的东西时如果对应像素的筛板和Z
//都通过，则筛板缓冲中对应该像素的值改为1;
glDepthMask(GL_FALSE);
//告诉OpenGL渲染接下来的模型时不更新Z缓冲;
绘制镜面( );
//绘制过程中，屏幕上对应像素的筛板值会跟着更新;
glDepthMask(GL_TRUE);
//告诉OpenGL渲染后续模型时更新Z缓冲;
glStencilFunc(GL_EQUAL, 1, 1);
//告诉OpenGL接下来要画的东西仅当对应筛板值为1是才
//通过并显示在屏幕上;
glStencilOp(GL_KEEP, GL_KEEP, GL_KEEP);
//告诉OpenGL在画下面的东西时不管发生什么，保持当
//前屏幕筛板值不变;
绘制下方的倒影正方体( );
//实现最终的遮蔽效果;
glDisable(GL_STENCIL_TEST);
//告诉OpenGL禁用筛板测试; 这一步可选，看接下来要
//干什么而定;
```

同理，其实在Z遮挡测试时，OpenGL也提供了类似函数，包括：

```
glDepthMask(GL_FALSE/TRUE);
//禁止或者允许写入Z缓冲;
glEnable(GL_DEPTH_TEST)/glDisable(GL_DEPTH_TEST);  //开启或者关闭Z测试;
```

```
glDepthFunc( );
//设置测试通过的条件参数（同上）;
glClearDepth( ); //清空Z缓冲等;
```

关于OpenGL和DirectX3D我们会在后文中介绍。

上述4大遮蔽过滤机制被统称为**Visibility测试**。其发生的顺序，在不同的绘图库中各有不同，比如有些在最后一步做Z遮挡测试，而有些则把筛板测试放到最后一步。所有通过了可见性测试的像素就是最终要被显示在屏幕上的像素，然而这些像素还需要完成额外一步的运算处理，也是整个渲染流程中的最后一步，即混合及后处理阶段。

8.2.6.6 混合及后处理阶段/Blending

渲染好的像素还需要经过Alpha Blending过程，与Color Buffer中对应位置的像素进行透明混合操作。比如，当前要渲染的像素是一个半透明像素，其Alpha值=0.5。渲染该像素点时，需要禁止对z-buffer的写入，否则，一旦将其z值写入z-buffer，如果想要在它的远处重叠处再次渲染其他像素时，后者将直接不予显示，这就出现了问题。正确方式是，该像素应该被显示，只不过需要与其前方的半透明像素进行透明度混合，将该像素的颜色与半透明像素的颜色进行相应的透明度处理，也就是与半透明像素的Alpha值进行乘加运算处理，比如（透明度x被挡住像素的颜色）+透明像素自身的颜色。实际上有各种不同的Alpha混合算法，这里不多介绍了。

Alpha混合操作与上文中介绍的Alpha透明测试操作，看上去好像是重复的，Alpha透明测试完全多余。因为Alpha混合阶段一样可以完成Alpha透明测试，比如某个像素如果是完全透明的，那么它后面被挡住的像素的颜色一样会被完全透过来，效果一样。但是，Alpha透明测试阶段仅仅是做比较，也就是减法操作，而Alpha混合阶段做的则是乘法，虽然最终乘的是1，但是依然要载入乘法器运算，性能就会相对下降。

Alpha混合阶段并不是必需的，它也可以被使能或者禁止，如果当前场景内完全不存在半透明物体，则可以直接禁止这一步流程。或者严格按照顺序来渲染，需要做透明化处理的模型放到最后渲染，这样就只需要在渲染透明物体时临时开启Alpha混合输出。

混合之后，还可以对整个画面再做一些后期处理，比如整体改变色调、亮度，或者一些逻辑操作，实现后期特效。这些统称为ROP（Rasterization Operation）。

最终处理完的像素都会被放到Color Buffer中，或者又被称为Back Buffer、Backup Framebuffer、Second Framebuffer、Dual Buffer、Dual Framebuffer等，不管被称为什么，你应该知道存在这样一个专门用于存放尚未渲染好的帧像素的缓冲区。当一帧中包含的所有模型像素全部被渲染完毕之后，程序需要执行切换Framebuffer的过程，让负责视频DAC转换的硬件模块（比如RAMDAC模块）转为从Backup Framebuffer读出并向显示器播放像素，而之前的Framebuffer变为Backup Framebuffer，接受新一帧像素的缓冲存储。

8.2.6.7 3D渲染流程小结

在明白了上文中介绍的3D图形渲染基本流程之后，现在你应该闭上眼睛，仔细回想这样一个场景：当你玩游戏的时候，旋转了一下鼠标，整个场景跟着你旋转到另一个角度，这期间都发生了什么？

上文中介绍的顶点坐标变换阶段、顶点光照计算阶段、栅格化阶段、像素着色阶段、遮蔽测试阶段，以及混合及后处理阶段，只是3D渲染的基本步骤。随着硬件规格的不断提升，以及3D图形加速卡的使用，这些流程中又嵌入了更多的子步骤，比如，在处理顶点时，可以将顶点位置按照设计好的程序进行改变，从而在模型表面生成更细致的凹凸效果，比如下文中将要介绍的曲面细分技术。在像素着色阶段，除了基本的纹理映射贴图之外，人们还可以进行更加细化的光照和纹理特效处理。正因如此，人们对3D图形渲染流程每个步骤的叫法也不尽相同。

通过上文的内容已经可以隐约体会到，程序并不是要先把一整帧中所有模型的顶点、纹理贴图等信息准备好，再执行渲染流程，而是准备一点就往下一步传递一点，下一步就渲染一点。具体来说，过程可以是一个模型一个模型的（Mesh）向下传递，也可以是一个模型内部的一小部分（Submesh）为一个批量处理单元向下传递，比如以64个面元为一组，算出其覆盖的像素坐标，然后再给这些面元计算光照、纹理贴图、着色、混合等。整个过程采用多线程流水线化处理，可提升吞吐量。

在8.2.6节结尾的伪代码中，可以体会到3D绘制的一些基本套路。也就是，在渲染某个图形之前，先要设定好一些状态，比如是否开启筛板/Z/Alpha/剪裁测试？测试参数是什么？纹理是哪个/些？这些预先设定的渲染参数，被称为**Render State（渲染状态）**。设定好渲染状态之后，则发起真正的图形绘制请求，比如OpenGL绘图库中绘制请求所使用的函数是glDrawArrays()或者glDrawElements()。人们将最终的绘制请求俗称为**Draw Call**。

假设一个场景中包含1万个图元、5万个顶点，那么，该如何向显卡发出Draw Call呢？如果程序每读出一个图元就向显卡发一个Draw Call来渲染。这样可以，但是会非常慢。为何不将一大批图元信息先复制给显卡，然后让显卡批量渲染呢？这样能节省很多轮Host与显卡之间的交互，可以提升性能，不过会产生延迟。但是，只要能够满足人眼的视觉暂留，也就是每秒至少约30帧的图像变化刷新率，也就是每帧只要33 ms内渲染出来，就可以了（当然发烧玩家会追求无限高的帧率）。在这33 ms内，你是先花了10 ms来复制待渲染的数据，剩下23 ms渲染出这些数据；还是每0.5 ms复制一点数据，再用0.5 ms渲染，循环一直到33 ms渲染完所有数据；抑或是每次复制一点点数据，但是在渲染时，你继续复制数据，形成流水线化（见本书第4章）的工作模式。任何一种方式都可以。但是30帧率对于有些人来讲远不够，60帧才够。此时就得缩短渲染时间，必然需要优化提升效率，流水线化同时复制尽可能多的数据，这是优化的必然目标。

符合同一个渲染状态条件的模型，可以用一个Draw Call统一批量绘制。但是如果条件不同，模型就只能拆成多个Draw Call分别绘制。8.2.6节末尾，正方体、镜面、倒影这三个模型各自要求不同的条件状态，所以只能分开绘制。可以想象，Draw Call越多，开销越大，因为每次Draw Call之前都要传递一堆的参数条件以及待渲染的数据指针给渲染模块，这些都要耗费时间。

每个Draw Call执行完后，显卡会发出中断，绘图程序判断如果该Draw Call为本帧的最后一个，则需要调用一下OpenGL库的glSwapBuffer( )函数或者DirectX 3D库的present( )函数来切换Frame Buffer，最终将渲染好的这一帧播放到屏幕上。

如图8-194所示为整个渲染流程的示意图。该流程使用了3D图形加速卡来加速渲染过程，当然，如果不使用图形加速卡，也可以用纯软件靠CPU运算来渲染，也就是软渲染器，但是受限于CPU的性能，有些特效就无法被支持了。不管是软还是硬渲染，其流程都是类似的，每个步骤该有还得有。

8.2.7　典型的3D渲染特效简介

在介绍完基本的图形渲染流程后，冬瓜哥再给大家介绍一些高级视觉特效的原理。如图8-195所示，增加了特效之后的游戏会有天壤之别的感觉。

自从20世纪90年代起，计算机图形学发展到现在，人们已经发明了不计其数的视觉特效，其中有记载总结的（截至2002年）如图8-196所示。

下面冬瓜哥就为大家介绍一些主流的视觉特效原理。

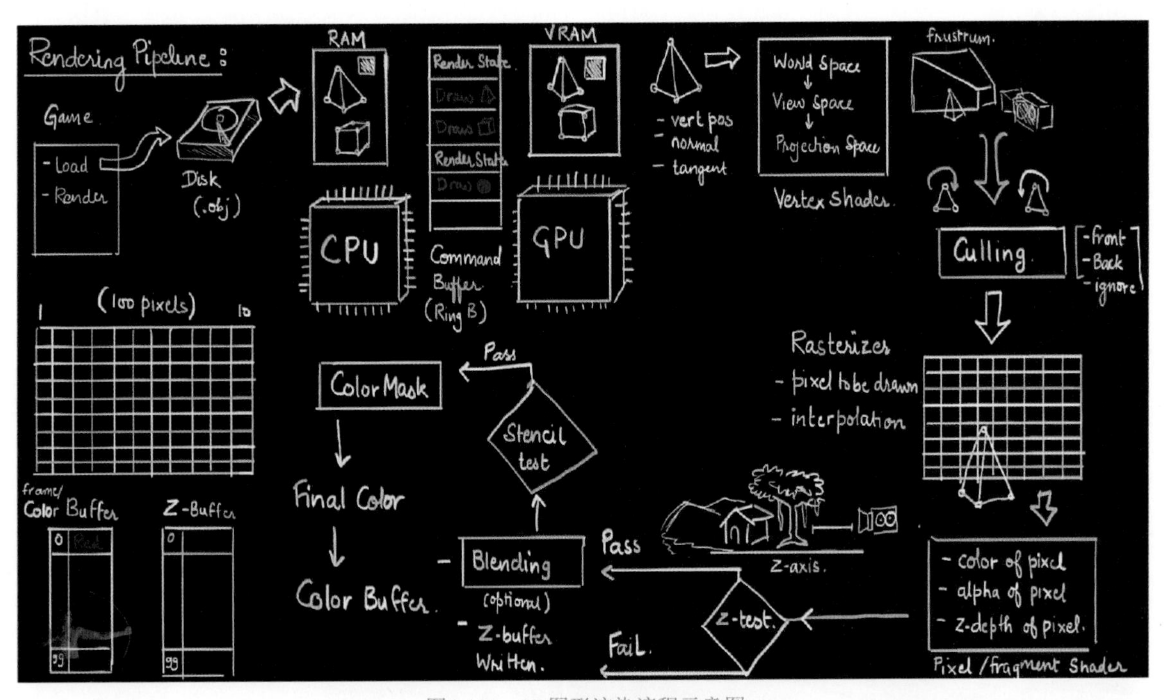

图8-194　3D图形渲染流程示意图

图8-195　低特效和高特效游戏的视觉对比

1968 Ray casting
1970 Scanline rendering
1971 Gouraud shading
1973 Phong shading
1973 Phong reflection
1973 Diffuse reflection
1973 Specular highlight
1973 Specular reflection
1974 Sprites
1974 Scrolling
1974 Texture mapping[
1974 Z-buffering[
1976 Environment mapping
1977 Blinn shading
1977 Side-scrolling
1977 Shadow volumes
1978 Shadow mapping
1978 Bump mapping
1979 Tile map
1980 BSP trees
1980 Ray tracing
1981 Parallax scrolling
1981 Sprite zooming
1981 Cook shader
1983 MIP maps
1984 Octree ray tracing
1984 Alpha compositing
1984 Distributed ray tracing
1984 Radiosity
1985 Row/column scrolling
1985 Hemicube radiosity
1986 Light source tracing
1986 Rendering equation
1987 Reyes rendering
1988 Depth cue
1988 Distance fog
1988 Tiled rendering
1991 Xiaolin Wu line anti-aliasing
1991 Hierarchical radiosity
1993 Texture filtering
1993 Perspective correction
1993 Transform, clipping, and lighting
1993 Directional lighting
1993 Trilinear interpolation
1993 Z-culling
1993 Oren–Nayar reflectance
1993 Tone mapping
1993 Subsurface scattering
1994 Ambient Occlusion
1995 Hidden surface determination
1995 Photon mapping[45]
1996 Multisample anti-aliasing
1997 Metropolis light transport
1997 Instant Radiosity[48]
1998 Hidden surface removal
2000 Pose space deformation
2002 Precomputed Radiance Transfer

图8-196　视觉特效一览

8.2.7.1　法线贴图（Normal Map）

在8.2.5节中我们介绍了顶点具有的法向量属性，根据顶点法向量可以算出面元上每一个像素点的法向量。当时也介绍过法线贴图的概念。其基本原理是把真实凹凸表面对应的复杂法线，强加到一个平坦表面上，强制在平坦表面上生成与凹凸表面接近的明暗效果，这是不折不扣的障眼法，可以节省模型表面顶点的数量，提升性能，同时不损失太多表面光照明暗效果。

如图8-197所示，左侧是平坦表面的法线，最终效果就像镜面拼接起来一样难看；中间是更精细的凹凸表面的法线，会产生更加真实的效果。最右侧所示为将中间真实的法线强加到平坦表面，可以实现接近的明暗效果。那么，所谓“强加”到底在物理上对应着什么操作呢？其实，无非就是程序在计算光照时按照对应的法线计算，而根本不管实际表面是否是平坦的。这相当于，一个光罩上面有一些按照法线向量和光源位置计算好的孔洞，程序计算出哪些透光哪些不透光，透光的程度也各不相同，然后直接罩在一个平坦的表面，也就投下了明暗分离的效果，你把光罩罩在任何模型上，模型表面都会出现相同样式的明暗斑，让人误认为这是表面本身就是凹凸不平的。所以，需要按照将要被贴到模型表面纹理中的纹路，精心构造每个点的法线。比如8-198所示的纹理中，需要在石头缝隙处放置倾斜角度较大的法线，在石头表面起伏较大的地方也需要安置一定倾斜角的法线，最终才能实现如图右侧所示的效果。实际中可以先制作一张高精细度表面的模型（**高模**），然后利用程序抓取其每个点的法向量，将法向量保存到一个被称为**法线纹理**的数据结构中，然后再降低模型表面的顶点数量（**低模**）用于实际渲染。

毫无疑问，需要将这些做好的假法线保存在某个数据结构中，每个像素保存各自的法线。法线怎么表示？法线是个向量，它没有长度，只有角度。利用初中物理知识，角度其实可以用长度来表示，比如sin θ =三角形底边长度/三角形斜边长度。所以，只要根据空间中某个点的法向量角度，就可以计算出该点在x、y、z轴方向上的三个标量长度的比例应该是多少，我们强制将这三个沿x/y/z轴的向量的最大绝对值限定为1，也就是法向量值被限定在-1和1之间。后续，只要根据这三个标量的长度，利用初中物理力的合成原理，即可计算出这三个标量的合力的角度。如图8-199所示为针对某个点所保存的法向量（-0.5，

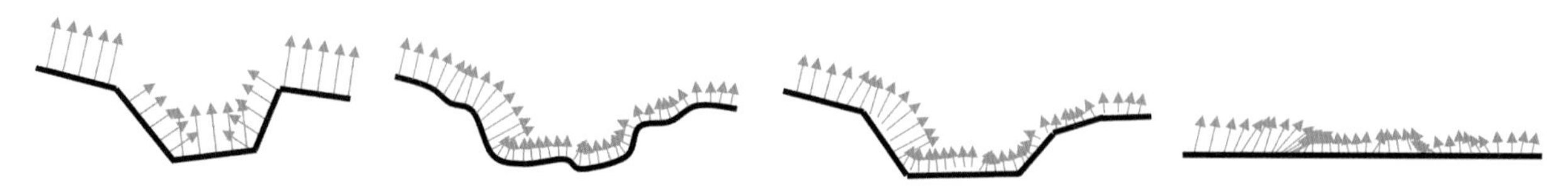

图8-197　把法线强加到平面上

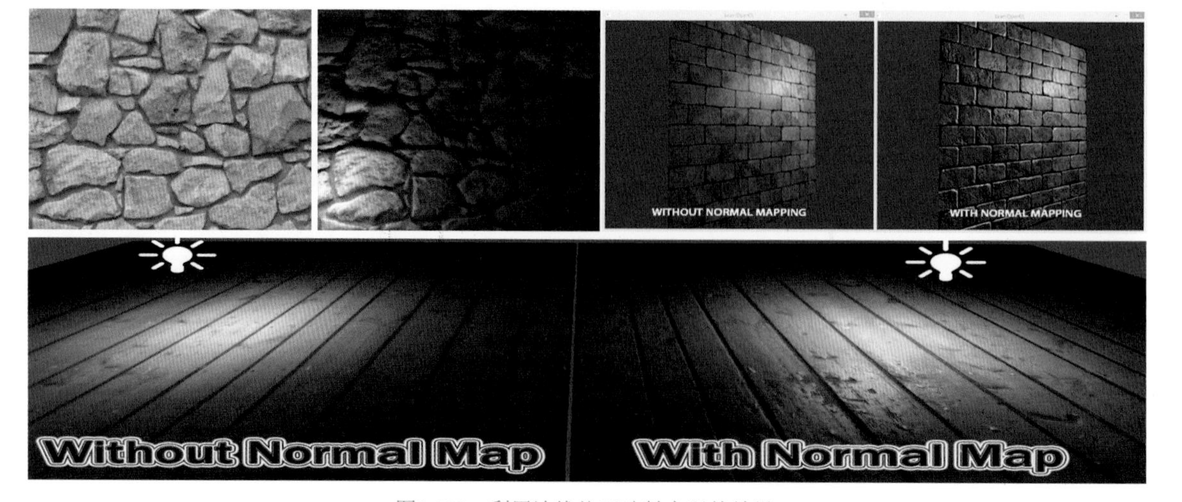

图8-198　利用法线纹理映射实现的效果

1.0，-1.0）的最终角度求出过程示意图。

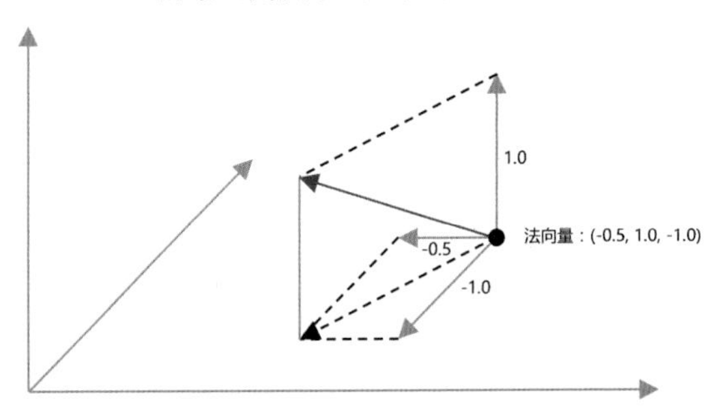

图8-199　法向量表示方式

可以看到，每个像素点需要记录x/y/z方向上的各自三个长度值，而每个像素点的颜色值也是RGB三段式存储的，如果将法向量的值认为是该像素点的颜色的话，那么该模型上的所有像素点将组成一张由其法向量充当颜色值的bitmap。但是，由于法向量中有负值存在，而颜色都是正值，所以，人们采用这个公式来将法向量值转换为RGB颜色值：**颜色值=（法向量值+1）/ 2**。这样，最终生成的RGB中每个分量的绝对值都不会大于1.0，而是位于0和1之间。所以，模型每个点的法向量值，最终被保存在这张bitmap中，这张用于保存模型中每个点法向量值的bitmap，被称为**法线纹理**。为模型表面附以法线纹理的过程被称为**法线纹理映射**或者**法线贴图**。

注意，给一个模型贴图，只有法线纹理并不够，还需要有**颜色纹理**，也就是一幅图案，除非你的模型原本就像弄成一幅石膏像。法线纹理仅仅用于计算模型表面的明暗光照，也就是说，程序读出法线纹理中的RGB值，将其转换为x/y/z值去计算法向量，然后算出对应点的亮度，而不是拿着该RGB值直接去赋予对应像素以颜色，后者是颜色纹理要做的事情。

既然法线纹理本质上也是一副bitmap，它长什么样呢？如图8-200左侧所示，它就是这副模样，你竟然可以分辨出它大概是个什么模型。至于右边的图，冬瓜哥马上解释。

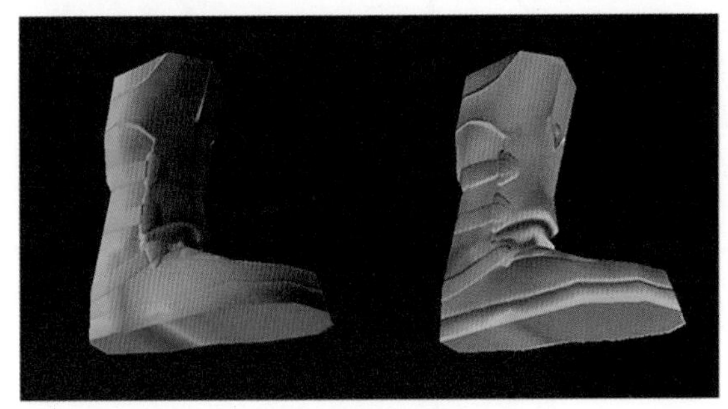

图8-200　法线纹理

思考一下，一个模型在一个3D场景中可能被摆放到各种角度上，法线纹理中的x/y/z值在当初被记录保存下来的时候，其模型所处角度与当前角度是不同的，那么这些值就不能被直接使用，否则就是刻舟求剑了，光照的角度就会发生错误，产生不可预知甚至搞笑的结果。

既然如此，那就要对法线纹理中的值跟随着当前世界坐标到视窗坐标这整套的坐标变换步骤一起做变换，之后纹理才可以最终被使用。那么问题就来了，谁知道某个模型法线纹理中的法向量值当时是以哪个角度记录下来的呢？这简单，可以将当时生成法线纹理时的模型摆放角度记下到纹理中一同保存。但是，如果想要把这个纹理贴到不同模型表面，或者同一个模型不同角度的表面，那就做不到了。因为不同模型表面的形状、角度大不相同，按照同一个角度记录下来的点法线，只能适配当初对应角度的面元，并且随着该面元被放入世界坐标系的同时，与坐标变换矩阵一同变换，但是变换之后的法线也依然只适用于该面元。要解决这个问题，就要给每个模型各自准备一张纹理，哪怕这些纹理的样式都是一样的。举个最简单的例子，给一个正方体的6个面贴上相同的法线纹理，由于6个面的朝向都不同，就需要准备6张按照各自角度生成的法线纹理，这太浪费资源。

显然，我们需要找到一种方法，让法线纹理与模型表面所处的角度无关，也就是说，让刻舟求剑成为可能。思考一下，不同模型不同角度的面元，其面法向量各不相同，那么，如果能够记录该面元内任何一点法向量相对于该面法向量之间的相对关系的话，比如“偏离了所在面法向量的夹角”，那么，不管这份法线纹理被贴到处于什么角度（法向量）的面元，只要在当前法向量上调节对应夹角就可以求得该点在当前世界坐标中的法向量了，这样就做到了刻舟求剑。当然，我们不能记录夹角，需要将夹角转换为长度信息。

既然要记录与所在面法向量的相对信息，那就需要把描述点法向量所需要的x/y/z三个向量中的z轴与所在面的法向量强制贴合，让点法向量的z轴与面法向量的夹角为0，然后记录x/y/z三个值，这样记录下来的值就可以放之四海皆准了，如图8-201所示。每个点都以所在面的法向量为z轴形成一个局部私有的虚拟坐标系，点法向量记录的是这个私有坐标系中的值。这个私有坐标系被称为该点的**切线空间坐标系**。

如图8-201右侧所示，针对某个点的法向量，似乎有多种x/y/z组合都可以合成，可以看到图中右侧的4个组合中红色的法向量方向不变，但是不同x和y轴方向组合下，x/y轴上的值却可以各不相同。换句话说，如果不知道x和y轴的方向，仅通过记录下来的x和y轴坐标值来求法向量，这是无固定解的，会有多个可能值。所以，必须将x和y轴的方向也固定住，那就得有个参照物。

试想，每个三角形的顶点都有各自的纹理坐标，U和V就是良好的参照物。取该点所在三角形的三个顶点P1、P2、P3（还记得顶点是有排列顺序的么？见前文）的纹理坐标，然后令P3指向P1的方向为x轴，又称T（Tangent）轴，令P3指向P2的方向为y轴，又称B（Binormal，副法线）轴。所以，T和B两个轴可能并不是相互垂直的，但是它们都与面法向量垂直，面法向量对应的轴被称为N轴（Normal，法线），所以整体组成了一个TBN坐标系，也就是切线空间坐标系。点法向量的x和y的值就按照T和B轴的方向来计算确定并记录，纵使x和y轴不垂直，但这并不影响利用TBN三个值来合成出任意方向的法向量。现在回顾图8-194中Host端交给渲染模块数据中的一项被标记为“tangent”，其意思就是将顶点的切线纹理法向量传递给渲染模块。

经过这样记录下来的法向量，不管被贴到哪个表面，都统一按照当前表面的法向量和纹理坐标，计算出该点法向量在世界坐标空间中的值，然后计算光照就可以了。

现在你就理解图8-200中右侧所示的法线纹理为什么有大片蓝色了。由于点的法向量基本不会偏移其所在面法向量太多，也就是点的凹凸程度一般不会太夸张，所以最终的法向量值中，z值总是比x和y值大一些，用（法向量值+1）/ 2算式转换为RGB后，整个纹理图案就成了蓝色为主的色调了。如果某个点没有凹凸，那么它的法向量与其所在面的法向量是一致的，此时其在法线纹理中的（0.0，0.0，1.0）转换为RGB之后就是（0.5，0.5，1.0），这个色调就是法线纹理中基础的淡蓝色调。对于一般法线纹理来说，其中有较多部分点的法向量与面法向量是一致的，没有凹凸，所以法线纹理一般呈现为淡蓝色调为主，其他色调作为点缀，尤其是那些凹凸边缘会有一些绿、红、白色调，这也是为何能够从法线纹理中辨识出其对应模型样式的原因。

那么，同一份法线纹理贴到不同模型表面，难道不需要精调么？比如原本模型为砖墙，另一个模型为石块墙，砖头缝和石头缝显然不同，其凹凸的位置也不同。是的，这种情况必须各自生成一份法线纹理。但是如果是类似水泥、石头、沙子、木纹、水面等，没有固定位置的裂缝，位置完全随机，那么这些法线纹理就可以贴到这些模型表面从而体现出类似的效果。如图8-202左侧所示的蛇皮效果法线纹理，以及右侧所示的水面法线纹理，它们并不像砖墙一样有固定裂缝或者纹路，而只有完全随机的纹路。

试想一下，游戏中那些波光粼粼的水面是如何生成的？其中一个方法就是利用法线纹理来模拟水面的凹凸不平。我们说过法线纹理的一个价值就在于，其可以动态响应光照，跟随光源位置动态生成明暗区域。如果直接拍一张现实中的照片作为颜色纹理贴上去，这样一样可以有明暗的光影效果，但是此时其不能响应光源的变化，其暗处总是固定不变的，整个画面看上去就非常假。

如果光源不动，如何实现水面上波光粼粼的动态效果？那就必须让水面法线纹理动起来。如何实现？按照时间对法线纹理中对应位置的值进行变化即可。比如水面波动频率被设置为一秒两次，那就设置定时器，每0.5秒对法线纹理中的对应位置的法线值做扰动。具体方式可以随机噪声调制，或者使用傅里叶变换等方式，这里不多介绍了。这种动态改变法线的过程被称为**扰动（Disturbing）**，其本质就是调制（Modulation）。

颜色纹理用于赋予模型图案，而法线纹理赋予模型表面凹凸的光照感观，而不管该模型表面的平坦程度如何，即使使用精度很低的模型也可以得到与高模接近的效果。然而，当你绕到模型侧面去观察的时候，会发现一个几乎平整的表面（如图8-203右侧的

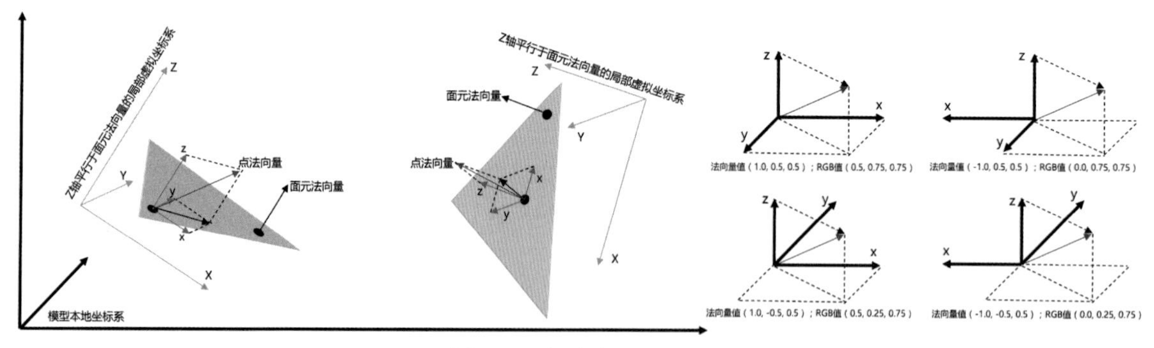

图8-201　切线空间坐标系

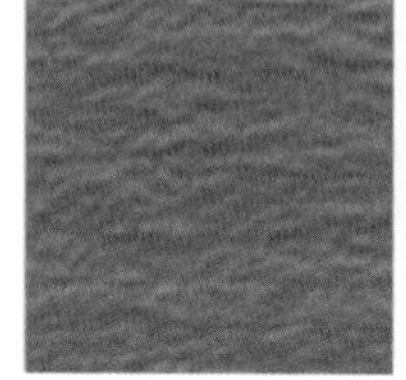
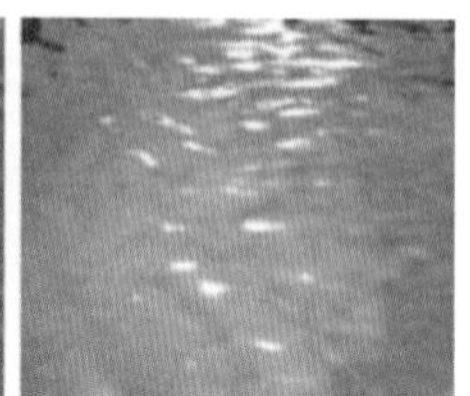

图8-202　蛇皮和水面法线纹理

墙壁尽头所示），此时画面就很假了；而且，当角度几乎平行时，凹凸表面凸出来的地方应该挡住视线更远处的像素，但是由于模型表面的真实凹凸程度不够，导致原本需要被挡住的却依然可以看到，画面也很假。但是当你正对着它时，画面上的模型就和真的凹凸一样，而且随着光源的动态变化，其上阴暗部分的角度竟然也可以随之变化。这就是这种障眼法的魅力所在。法线贴图是目前应用最广泛的贴图技术。图8-204和8-205给出了法线贴图的其他应用效果。

在法线纹理被发明出来之前，人们采用随机的方式对法线进行扰动，而不是用精确调校的法线纹理。这种方式被称为**Bump Mapping（凹凸贴图）**。其效果自然与法线贴图没法比，但是其常用在一些大片单一的图案贴图场景中，比如水泥墙，由于这些模型表面上没有什么复杂纹路，各方向上都是单一纹理，使用Bump Mapping就非常划算。

上文中说到，法线贴图在观察角度接近平行于物体表面时，会穿帮，让观察者看出整个模型其实只是一个平坦的表面。另外，视角近处凸出来的物体却无法挡住视角远处低矮的物体，这样看上去太假。那为

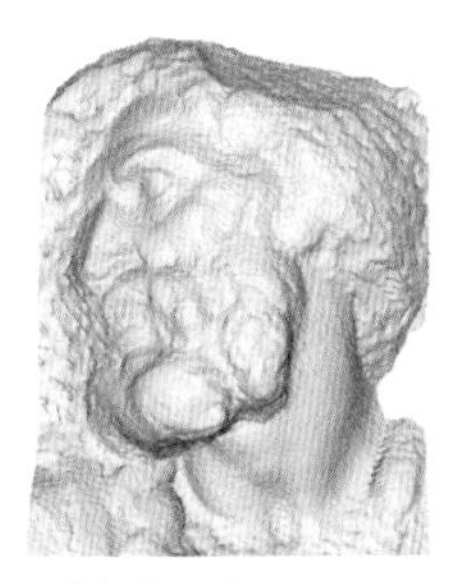

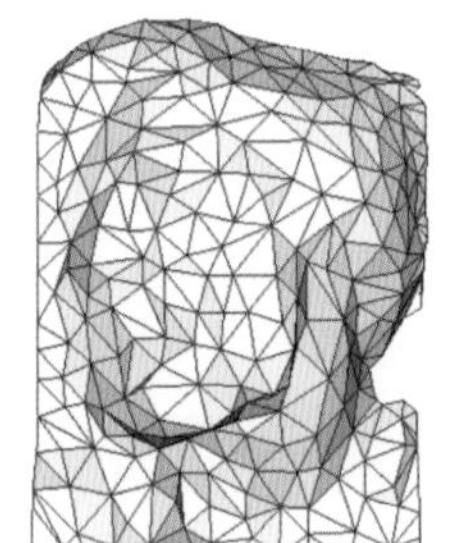

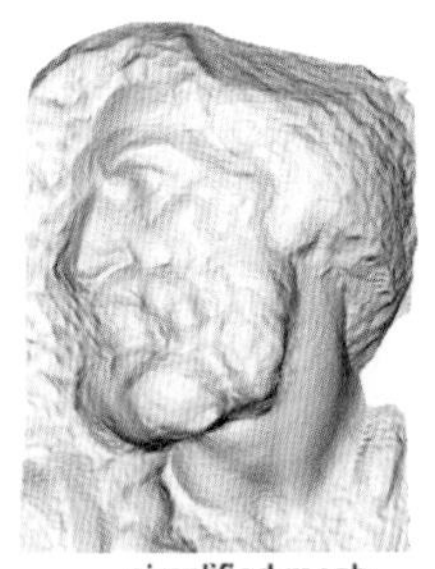

图8-203　法线纹理障眼法用于低模表面以及识破障眼法的角度

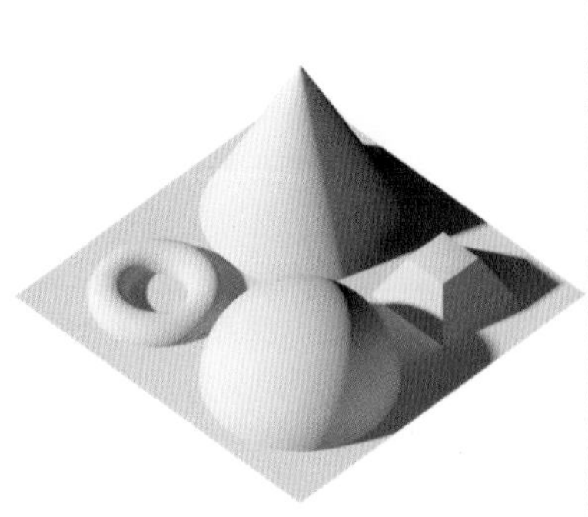
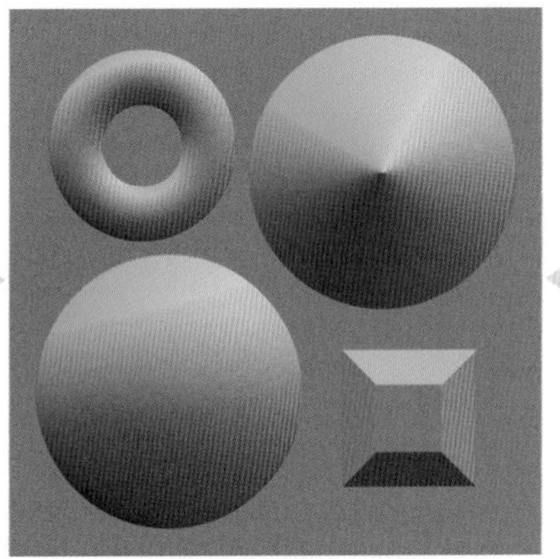
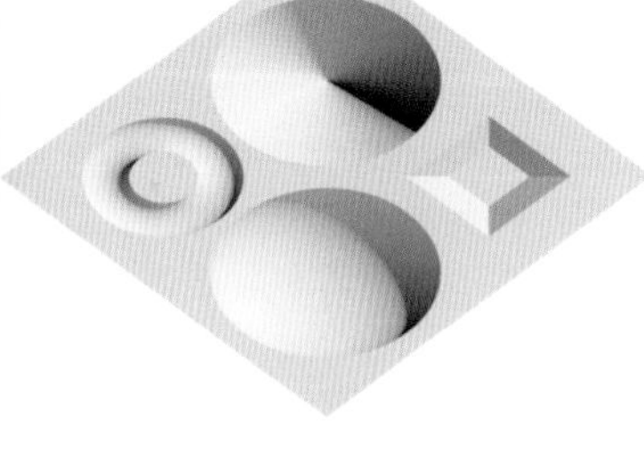

图8-204　法线纹理贴图效果示意图

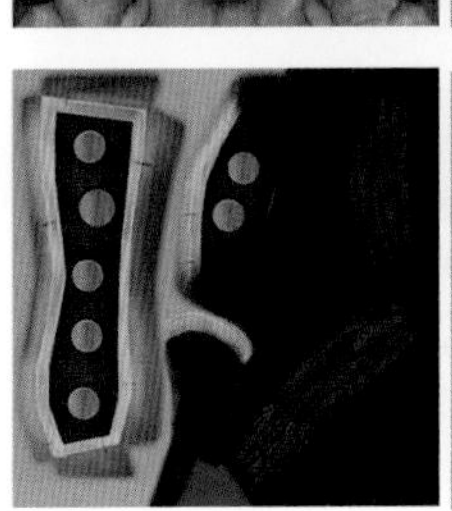
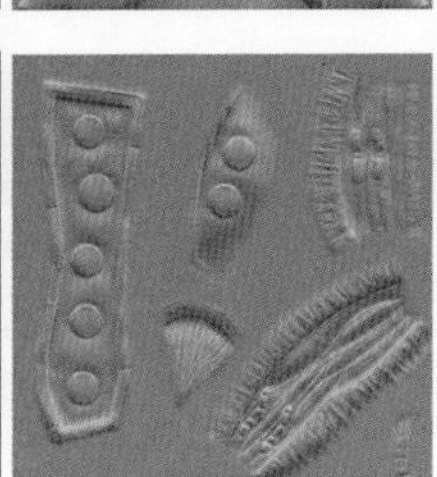
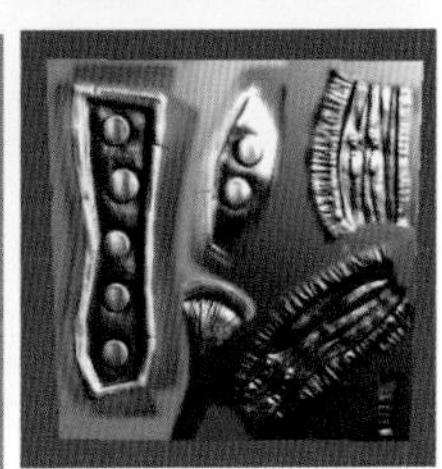

图8-205　颜色纹理和法线纹理共同作用生成表面凹凸效果

何不干脆把模型表面顶点真的做凸起和凹陷呢？

8.2.7.2 曲面细分与置换贴图（Tessellation）

为了避免穿帮，让玩家即便以很刁钻的角度观察模型也能看出凹凸效果。一个做法就是直接改变模型表面，把该凸出的地方揪出来，也就是直接改变模型顶点坐标，将法向量方向的坐标值数值加大。如图8-206所示，将球面上对应顶点沿着法向方向向外拉伸一段距离，这样就形成了更加凹凸的表面。如图中右侧，可以将原本平缓的水面也进行这种操作，从而形成比法线贴图感观更加真实的凹凸表面。游戏《孤岛危机3》中水坝关卡中有一棵树的表面就使用了该技术来形成树皮表面的凹凸感。不过，开启这个技术之后帧数的确降低不少。

那么，是不是可以直接在初期建模的时候就直接把模型形状定义成这样呢？这固然可以，但是很不灵活。比如，水面是在不断波动中的，有些水面可以与物体互动，比如丢一个物体到水里，会产生水波，波纹的力度、方向等与投掷物体的入水角度相关，这是需要实时计算的，3D建模时是无法预知到这一点的。另外，如果场景中某个模型远离观察者，导致其尺寸变得非常小，那么就没有必要用精细的模型来渲染，如果一开始就建立精细模型，那么即使该模型被放置的很远，也必须渲染该模型所有的顶点。

所以，必须用某种方法来根据当前的渲染条件来动态改变物体表面的顶点，这就是所谓实时计算/渲染的含义。当然也可以静态的改变模型顶点坐标，比如，可以将模型表面各个点要被移动的距离记录下来，比如以0～255为范围，记录每个点需要沿法向移动多少距离，也就是高度值。那么，这个信息存放在哪里比较合适？法线纹理中保存了每个点的法向量转换成RGB之后的值形成的一张bitmap文件，由于bitmap中还会为每个点保存Alpha透明度值，所以人们干脆将每个点的高度值存储在法线纹理bitmap中的Alpha通道中（法线纹理的RGB通道保存点法向量，而贴图图案颜色值则保存到单独的一张颜色纹理bitmap中）。如果将Alpha通道的值提取出来，用灰度来表示，则形成一张灰度图，这个图又被称为**高度图（Height Map）**，越白的地方越高。只要改变高度图中的值，就可以让玩家自定义模型的凹凸程度，达到动态可配置的效果。

如图8-207所示，使用中间的高度图中的值作用于模型顶点，改变顶点的位置，就可以将原本位于一个平面的模型变为凹凸有致的模型。这种利用高度图来调制模型表面顶点位置的贴图方式被称为**Displacement Mapping（置换贴图）**，对应的高度图又被称为**置换纹理**。“置换”的意思就是用新的顶点坐标替换了原有的顶点坐标。置换纹理一般与法线纹理存在于同一张bitmap中，其中RGB通道存放法线信息，Alpha通道存放高度信息。

提示 ▸ ▸

法线纹理、置换纹理被统称为**控制纹理**。也就是说其中存储的RGB颜色值并非作为颜色贴到模型表面像素，而是作为一种控制信息（法线、高度）来解码，然后应用到光照以及其他计算过程中去。既然保存的是一些控制信息，那么是否有可能不将每个点的控制信息保存到bitmap中，而是直接写到某个代码中？尤其是对于一些有明确重复结构的纹理，比如正弦、贝塞尔曲线、随机噪声类等，完全可以用一个公式函数，根据当前点坐标直接算出该点的法线以及高度。这种控制纹理被称为**过程纹理（Procedure Texture）**，其物理上对应着一个或者几个固定算法。贴图时，调用这些算法即可获得对应像素的控制信息，无须事先保存所有像素的信息。这样可以节省用于存储纹理bitmap的存储器空间。如图8-208所示为利用过程纹理生成的图案。更深一步思考，纹理中存储的原本就是控制信息，即便

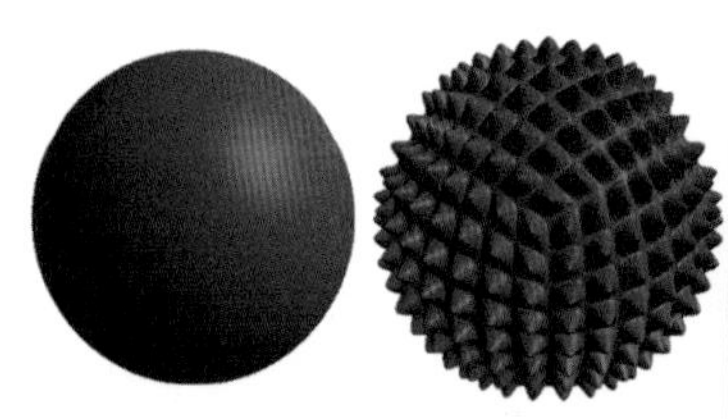

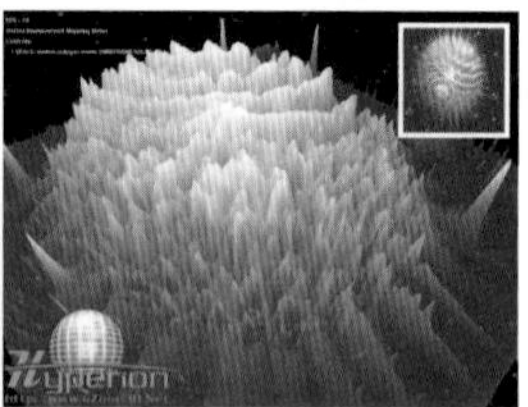

图8-206　改变顶点位置以实现模型表面的凹凸

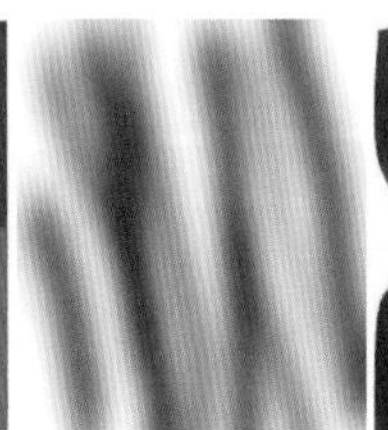
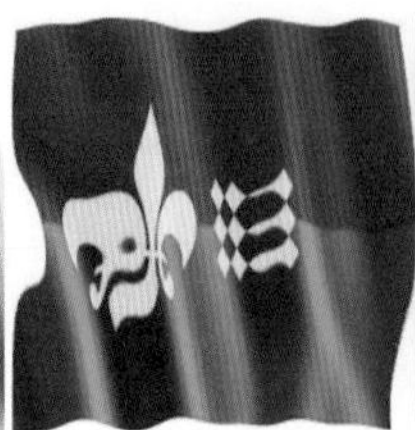
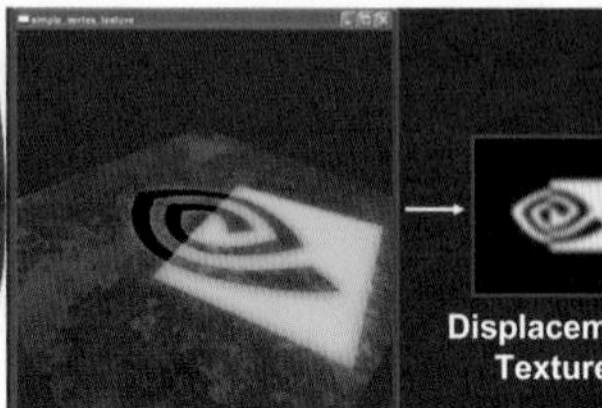
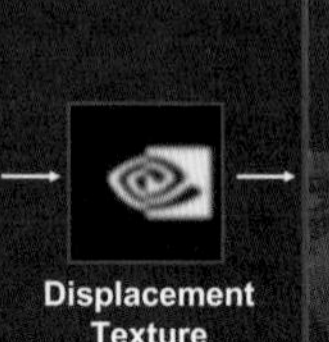

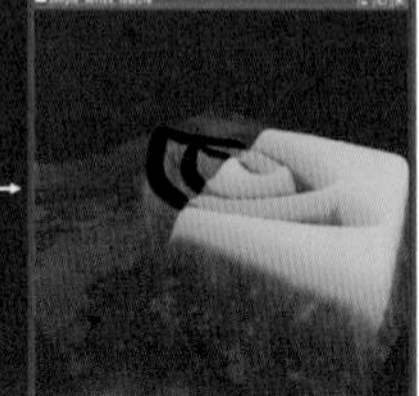

图8-207　用高度图来调制模型的顶点坐标位置

是颜色纹理，也可以认为存储的是RGB颜色控制信息，只不过RGB信息可以直接被人脑更直观辨识罢了。如果将纹理中的信息认为是声音编码呢，也就是直接用播放器来播放一幅bitmap？理论上这样也是可以的，只要把bitmap的头部信息更换为mp3头部，播放器就可以播放，只不过播出来是什么东西就得自己体会了。同理，用看图软件打开一首mp3音乐也是可以的，把mp3头部改为bitmap头部，只不过显示出来什么颜色，也得自己体会。网络上有π的值改编成的音乐，即将π值作为主旋律，引入和弦和变奏，也可以谱成一首美妙的音乐。请读者自己感受。我们前文中介绍了用声音来画图，现在又介绍了用颜色来播放声音，它们的本质是相同的，都是对信息编码和解码的过程。

钢琴独奏

四重奏

图8-208 利用过程纹理生成的图案

这里有个问题，图8-207中这张旗帜的模型平面由个三角形组成，共6个顶点。那么，纵使再怎么改变顶点的位置，也不会出现图中右侧所示的曲面效果。所以，我们需要将原本的一个大面元，细化成多个小面元，然后再去调整小面元的顶点的法向高度。这种技术被称为**曲面细分（Tesselation，镶嵌）**，其含义就像给一个空白表面镶嵌上细节一样。

如图8-209所示，具体的镶嵌过程是先根据面元的顶点、顶点法向量，以及程序希望实现的效果（如图8-210所示），生成该面元内部的控制点，也就是那些能够揪一下就显著改变表面形状的关键点（就像前文中介绍过的贝塞尔曲线中的控制点），这些控制点被称为**Patch**。同时，还需要生成镶嵌参数，也就是具体以什么样式来镶嵌。这一步被称为**Hull Shading（外壳定型）**阶段，对应的程序模块则被称为**Hull Shader**。然后基于Hull Shader传来的镶嵌模式参数，生成其他顶点的U/V纹理坐标，这一步被称为Tesselleting，对应的程序模块被称为**Tesselletor**。最终，针对Tesselletor传来的顶点纹理坐标，生成每个顶点的法向量以及位于当前视窗坐标系中的坐标，以及最终使用置换贴图的高度图将对应顶点的位置坐标值进行变更，这一步被称为**Domain Shading（区域定型）**，对应的程序模块则被称为**Domain Shader**。整个Tessellation曲面细分/镶嵌过程在Vertex Shading之后进行，也就是已经将场景转换为视窗坐标系之后。曲面细分与置换贴图是配套使用的，如果只细分了曲面而不进行顶点位置调整的话，就不会产生任何效果，因为所有镶嵌上去的微表面依然与之前的表面处于同一个平面，没有凹凸效果。

如图8-211所示为开启曲面细分机制前后的效果图对比。左侧图片是应用了法线贴图但是没有使用曲面

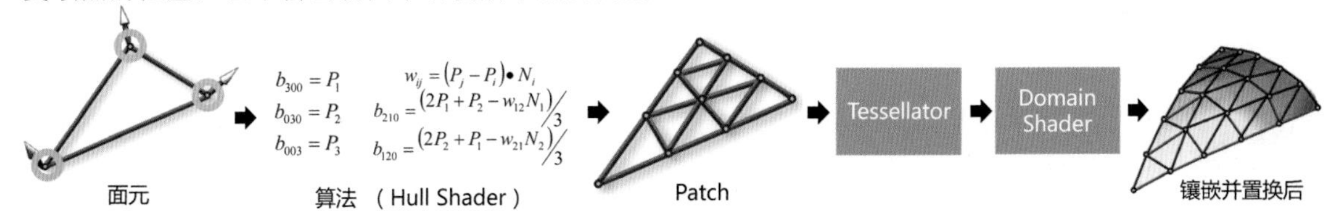

图8-209 Tessellation过程示意图

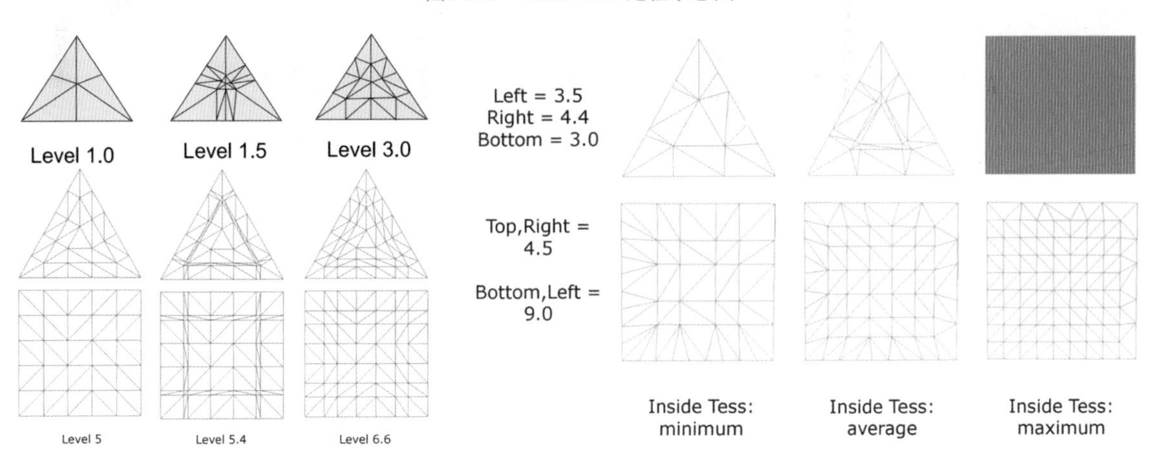

图8-210 部分镶嵌模式参数一览

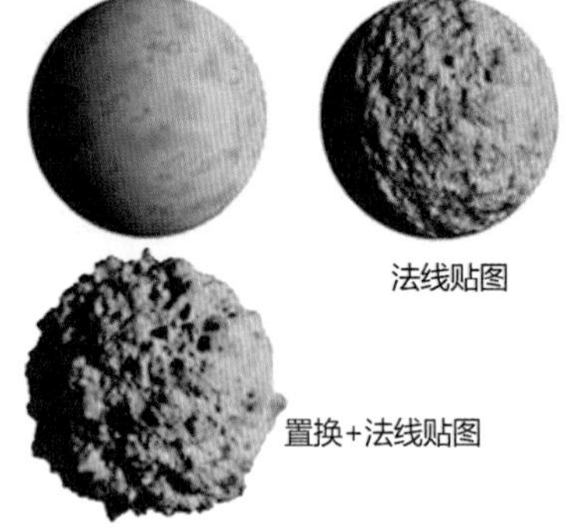

图8-211　开启曲面细分之后的效果对比

细分，可以发现屋顶上瓦片的凹凸感明显增强。曲面细分的代价是需要引入较大的额外运算量。

实际中，应用曲面细分+置换贴图之后，一般还需要应用一下法线贴图。这三者其实并不矛盾。前者致力于增加和改变模型的顶点，后者则致力于改变模型表面的光照细节。如图8-212所示，左侧为应用了曲面细分和置换贴图之后的效果，可以看到海面上的细节并不够丰富，额外应用了法线贴图之后，右侧所示的画面有更多的细节。

如图8-213所示为曲面细分+置换贴图+法线贴图总过程示意图。图中Diffuse Texture指的是带有原生漫反射（Diffuse）光照效果的一副颜色纹理。

8.2.7.3　视差/位移贴图（Parallax Map）

由于曲面细分+置换贴图需要较大的运算量，所以人们又发明了一种运算量相对较小，但是效果却非常震撼的贴图方式：视差贴图（Parallax Mapping），或者又被称为位移贴图（Offset Mapping）。也有人将Displacement Mapping置换贴图称为位移贴图。不过冬瓜哥个人认为视差贴图和位移贴图可以指同一个技术。

先来看看效果。如图8-214所示，左侧为只使用法线贴图时，从平行角度观察纹理表面，丝毫感觉不出凹凸感；而右侧是使用了视差贴图后的效果，有很强的凹凸感，让人感觉这根本就是用了置换贴图将模型的顶点掀起来了。其实，视差贴图根本没有改变模型的顶点坐标，这一点从地平线处依然是平坦的就可以判断出来。

视差贴图的机制是，首先在法线贴图的基础上，像置换贴图一样引入高度图，但是并不用高度图去调制顶点坐标，再利用高度信息，求出观察者在当前视角下应当观察到的是哪个纹素，然后将相应纹素值写到对应的屏幕像素中，从而形成对应位置上纹素被抬高的假象，如图8-215所示。

先假设表面平整，没有高度信息，那么当观察者观察Ⓐ点的时候，就需要对其呈现Ⓐ点纹理坐标对应的纹素，这也是前文中所有贴图方式的做法。但是如果要让观察者感觉到高度，当观察者以同样的视角θ

图8-212　先应用置换贴图增加模型的真实凹凸细节，再应用法线贴图增加光照细节

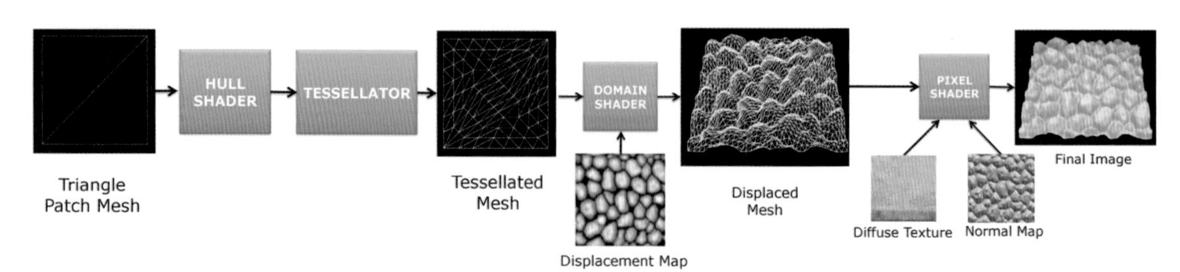

图8-213　曲面细分+置换贴图+法线贴图总过程示意图

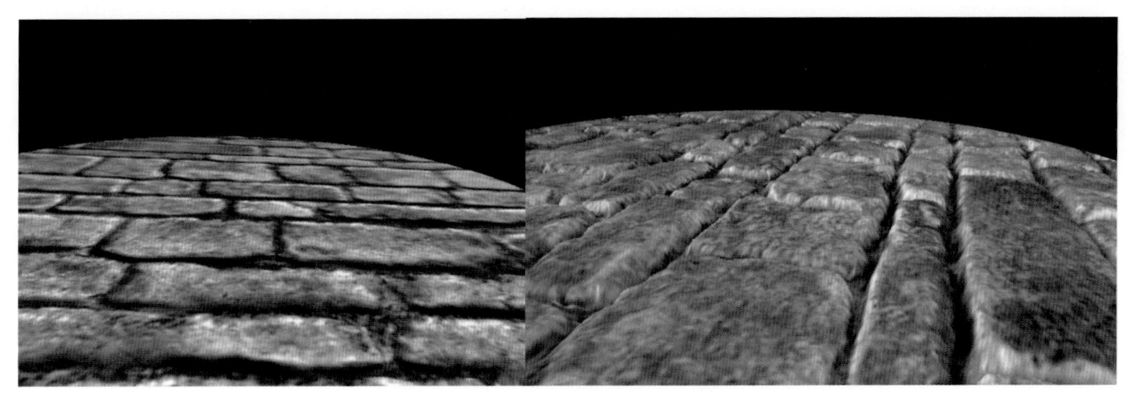

图8-214　视差贴图效果示意图

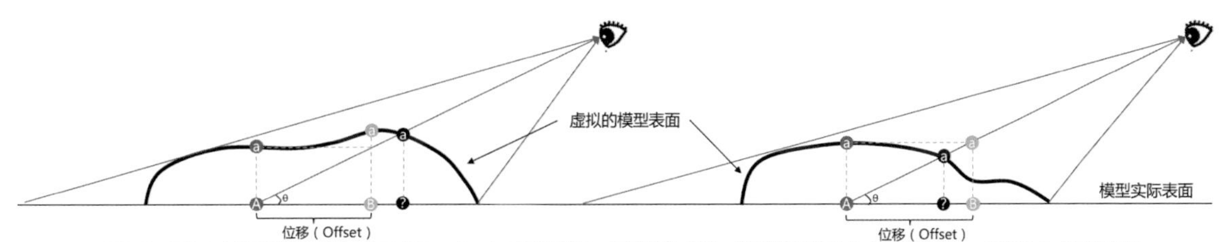

图8-215　视差贴图基本原理示意图

观察物体时，其应当观察到的是物体表面的ⓐ点，该点对应的纹素坐标在❓点。**显然，我们需要求出❓点的位置，然后读出对应纹素写入到屏幕的Ⓐ点，因为观察者最终还是看到屏幕上的Ⓐ点，ⓐ是虚拟出来的，实际上不存在，但是只要将❓的纹素帖到Ⓐ点，观察者就会误认为ⓐ点被抬高了。**这就是视差贴图的奇妙之处。这也是为何称之为视差/位移贴图的原因。

问题是，❓点的坐标无法直接迅速求出。给定任意一点Ⓐ，其与观察者的连线与物体表面的交点位置，看似是固定的，一定能求出，但是，由于物体表面曲线是无法用方程来描述的，其完全没有规律，被高度图中的值控制着。高度图是美工人员使用2D图像编辑软件，在屏幕上用鼠标刷出来的，就像往脸上抹粉一样，你不可能把某次抹的粉的分布状况用一个公式描述出来。如图8-215中右侧所示，如果物体表面高度变化了，那么❓点位置也会变化，你根本不知道ⓐ点在哪里。找到光线与表面的交点位置的过程，被称为**求交**，对不规则表面求交的过程非常复杂。

多数时候，纵使表面被抬高了，但是被抬高的地方有相当比例的位置依然是平坦的。那么这些位置就可以用公式来描述，那就是直线公式，当然，我们抛开晦涩的数学表示法不谈，转看图8-216所示。如果被抬高的表面平坦，那么求交操作的结果很容易计算出来。用ⓐ点高度（直接用Ⓐ点坐标从高度图中读出）除以tag θ，可得出❓点与Ⓐ点之间的Offset位移，再用Ⓐ点坐标+Offset就可得出❓点的纹理坐标，然后将对应纹素读出贴入像素即可。

所以，对于图8-215中所示的不规则表面，只要不是太不规则，都可以直接把它当成平坦的处理，找到一个近似交点ⓐ，也就是直接用ⓐ的高度除以tag θ求出对应Ⓑ点的纹理坐标，读纹素贴入像素即可。当然，由于只是近似处理，所以最终效果无法真实还原高度图中规定的高度，其高度不是高了就是矮了。但是即便如此，整体看上去仍然会有被抬高的凹凸感，只是仔细观察的话才会发现破绽。不过，对于一般玩家来讲，这已经足以以假乱真了。然而冬瓜哥是图形发烧友，是追求极致的，虽然没能力开发游戏，只会玩。

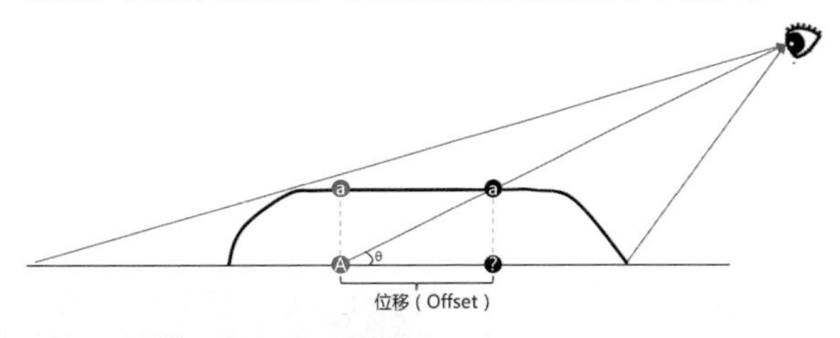

图8-216　假设表面仍然是平坦的

如图8-217所示为使用了视差贴图之后的效果。图中左侧所示为纯法线贴图，视角远方会穿帮，因为无法感觉到高度差。图中间所示为使用了抬高程度中等的视差贴图，右侧所示为抬高程度较大的视差贴图效果。仔细看的话，图也会穿帮，很不自然，近处的像素并没有完全遮挡远处像素，其根本原因就是对纹理采样时的近似程度太低了。我们得想办法提升精度。

虽然光线与假表面的交点无法直接求出，但是可以用笨办法来更近似求出。如图8-218所示，在假表面与真表面之间将整个高度切分为多个层级，然后

图8-217　使用了视差贴图之后的效果

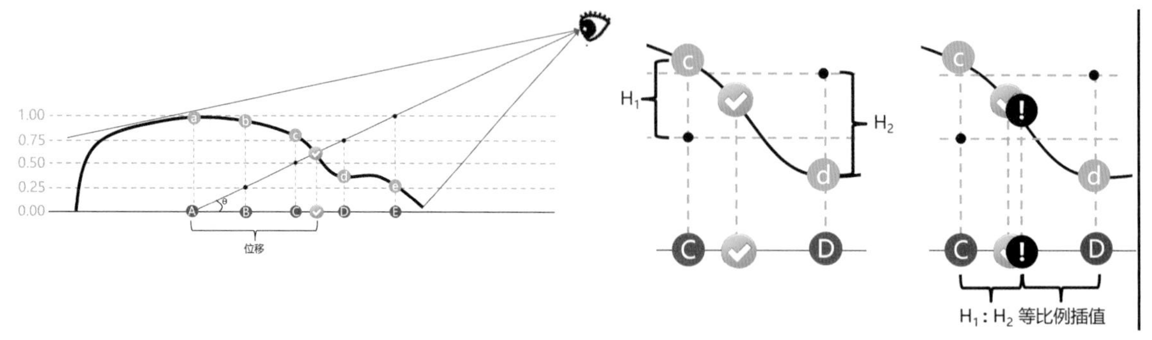

图8-218　逐次逼近法求交示意图

将Ⓐ点到观察者的光线分别与每一层的等高线进行求交，由于等高线为直线，所以很容易求得ⒶⒷⒸⒹⒺ各点的纹理坐标，然后从高度图中对应纹理坐标处读出这些纹素对应的假表面高度ⓐⓑⓒⓓⓔ。显而易见的一个规律是，光线穿越表面交点两边的点，也就是本例中的ⓒ和ⓓ，它们的表面高度值和层级高度值是相反的，也就是说，ⓒ点的表面高度值大于其对应的层级高度值，而ⓓ点的表面高度值小于其对应的层级高度值。**交点一定位于被这样两个点夹住的表面区间内**。所以，具体计算时并不需要将所有等高线对应的交点全求出，而是可以先求最高层级的点，考察其对应的表面高度值与层级高度值的关系，如果表面高度值小于层级高度值，则其继续与下一个层级高度求交并做相同比较，直到找到发生反转（表面高度值大于层级高度值）的那个点，也就可以确定两个关键点了。或者采用二分法，先从中间层级高度开始求交计算，如果发现表面高度大于层级高度，则从再高一层的层级求交并计算、比较。

然后，利用这两个点各自的表面高度与层级高度之间的差值，用两者的比例去插值Ⓒ和Ⓓ两点间的距离，最终得到❗点的纹理坐标值。❗点与理想值并不完全重合，只是更加接近了，如图8-218右侧所示。

这种利用寻找两个相邻且发生高度比例反转的等高线交点，并在其之间水平距离上插值寻找光线与假表面交点的视差贴图技术，被称为**陡峭视差贴图**（**Steep Parallax Mapping**）。如图8-219所示为SPM视差贴图效果，可以看到其凹凸得更加真实，失真度更小，而且其精度已经高到足以实现近处像素遮挡远处的像素的真实效果了。看上去很难想象这个模型的表面原本是平坦的，不过，可以观察其平坦的边缘，表明其一定是障眼法，而没有使用置换贴图。

要提升陡峭视差贴图的近似度，就需要将高度

图8-219　陡峭视差贴图效果示意图

层级切分得更细，这必然也需要更大的运算量。有一个优化是，当观察者视角与表面夹角较小时，也就是越发正对着表面观察时，由于此时误差较小，所以可以动态降低高度层级的级数，以节省运算量。在陡峭视差贴图的基础上，人们又发明了精度更高的**视差遮蔽贴图**（Parallax Occlusion Mapping），以及迄今为止精度最高的**浮雕视差贴图**（Relief Parallax Mapping）。其中Occlusion的意思是其精度高到可以实现遮挡效果，其实陡峭视差贴图精度在视角不太大时已经可以实现遮挡。Relief（浮雕）的意思是说这个贴图已经可以达到以假乱真的地步了。这两个算法在确定两个反转点之前的算法与陡峭视差贴图一致，但是在这两个点之间寻找最终交点的过程中，两者使用了更精确的算法，篇幅所限这里就不多介绍了，大家可以自行了解。

最后，如图8-220所示，游戏《孤岛危机》当年直接把3D游戏的画面抬升了一大截，当时可谓是震撼无比。其中就使用了视差贴图。总结一下上述的贴图技术出现的年代：凹凸贴图（1978年）、置换贴图（1984年）、法线贴图（1996年）、视差贴图（2001年）、浮雕贴图（2005年）。

8.2.7.4 物体投影（Shadow）

我们前文中介绍的光照效果，都是致力于生成模型的表面凹凸细节明暗区域，虽然表面可能是平的，投不出影子，但是通过法线贴图处理依然可以算出哪里应该是暗的。利用强制赋予平坦表面以不同的法线，只要愣说这个地方是歪的，那它就是歪的，只要让观察者看上去其像歪的，就可以了，不用真歪。当然，曲面细分+置换贴图是真把模型给弄歪了，或者说更细致了。

然而，现实中的场景，物体都会在光源下产生整体的投影（Shadow），如图8-221左侧所示。在现实世界中，其实只存在Shadow，而Shade的本质也是Shadow，只不过是物体表面上微小凸起在表面上投出的Shadow。但是如果为每个小凸起都计算精确的阴影，将会耗费太大的资源，所以人们最终选择利用法向量与光源的夹角，近似估算一个顶点的亮度值，然后再近似插值生成表面上周围像素点的亮度来模拟Shadow。但是在大尺度上，这种模拟就不真实了，必须精确计算投影。当然，早期的游戏或者一些简化游戏中的阴影的确是模拟的，比如每个角色脚底下踩着一个黑色圆盘来充当阴影，如图8-221最右侧所示。

如果能够计算出场景中哪些像素处在阴影中，就可以将其亮度调低到对应的级别，从而实现阴影效果。有多种方式来计算阴影。试想一下，被光源光线照射到的地方一定是亮的，照射不到的地方一定是暗的，只要能判断出当前场景中哪些面元是光线达不到的，或者说哪些面元前面有遮挡物，那么这些区域就是暗的。换句话说，如果把一个观察者的眼睛放置到光源位置上，观察者能够看到的面元都应该是亮的，看不到的（被z值小的面元遮挡住的）面元都是

图8-220 游戏《孤岛危机》中的视差贴图与现实照片对比

图8-221 Shadow和Shade的区别

暗的。这就好办了，还记得z-buffer么？渲染的时候，如果开启了z遮挡测试，程序会将每个像素位置最靠近视角的像素的z值写入z-buffer，z-buffer中保存的其实就是我们想要的，也就是观察者最终能够看到的那些像素的z值。所以，可以先假设我们站在光源的位置上来观察这个场景，渲染出该场景，但是我们只为了得到该场景下的z-buffer，可以略过光照、纹理贴图、混合等一系列无关的处理步骤，只开启z测试和z-buffer写入就可以，所以这对算力要求并不算高。经过这一步处理之后的z-buffer会被保存起来，并被称为Depth Map，或者Shadow Map。Shadow Map准确记录了以光源为观察视角时屏幕上各像素位置上最前方纹素的z轴位置。

如图8-222所示的场景，A视角为以光源为观察者的视角场景，先以该视角渲染得到对应的z-buffer/Shadow Map。此时，真正的观察者位于A场景下的x轴上，望向y/z轴组成的平面。然后切换到观察者视角，也就是B场景，此时的x轴就是A场景下的z轴，z轴则是A场景下的x轴。那么，对于图中标识为蓝色的像素，在B场景下如何判断其是否处于阴影中？显然，在B场景下，蓝色像素在x轴上的坐标就等于A场景下该点在z轴上的坐标，将该坐标值与Shadow Map中对应像素位置记录的z值相比较，如果其大于Shadow Map中记录的值，证明该点在光源视角下时前方有遮挡物，所以该点应该是暗的。如果其小于Shadow Map中记录的值呢？该坐标值不可能小于，最多只能等于，自己思考一下，此时该点就是亮的。

所以，判断的关键一步是，计算出真正观察者视角场景中的某点在光源视角场景下的z轴坐标值。要计算之，只要知道光源和真正观察者的位置就可以了，使用变换矩阵，将观察者视角坐标系变换为光源坐标系，求出该点在光源坐标系下的z轴值，将其与Shadow Map中保存的z值比较即可。在图8-222中我们举了一个比较容易理解的例子，其变换算式就是光源视角下的z=观察者视角下的x，更复杂的场景下，变换算式也会变得复杂。

如果将Shadow Map用灰度解码（z值越小越亮）显示出来的话，其就是如图8-223左二所示的图片了。

可以看得出来，对于某个3D场景，只要光源位置恒定不变，不管观察者如何移动，区域中的亮暗部分也总是不变。这意味着，可以只渲染一次得到Shadow Map，这份Shadow Map可以留给该场景后续全部的渲染过程使用。然而，很多场景下有动态光源，比如被风吹动的吊灯，此时物体的投影也会不断变化，此时就必须每一帧都渲染出一副Shadow Map出来，这样开销就增加了。

为此，人们开发出更多的投影计算方式，篇幅所限这里就不多介绍了。

8.2.7.5 抗锯齿（Anti-Aliasing）

Anti-Aliasing，俗称AA（抗锯齿）。由于屏幕上每个像素都是四四方方的，而且排列得横平竖直，所以，两个贴图的缝合交界处就会产生锯齿，而一份贴图内部不会产生锯齿，因为贴图是经过预先处理的，一份贴图内部的不同色块间的边缘已经经过了抗锯齿处理。所以，图形边缘部分难免会有与屏幕的x/y轴不平行的曲线存在，产生锯齿就在所难免了。锯齿产生的另外一个原因是纹理采样精度太低（见前文），如图8-224所示。

如图8-225左侧所示，满屏锯齿的体验非常差。有个办法可以降低锯齿程度，那就是提高屏幕分辨率，让每个像素更小，这样锯齿就更不容易分辨，如图右侧所示为提升了1倍分辨率后的锯齿情况。但是带来的代价是你显示器的价格更高，而且需要渲染成倍增加的像素点，比如从1280×720（1 k）分辨率提升到2560×1440分辨率（2 k），要渲染的像素点其实是原来的4倍，最终的帧率会大幅降低。

为此，拿出我们的超级通用武器：插值。有锯齿，补上不就完了吗。如图8-226所示，在图形的边缘处根据某像素四周的像素颜色做插值平均，将颜色写入该像素。图中间所示的是各个场景插值平均之后的颜色。图8-227所示为画面对比。

上述做法固然可以，但是不够准确，因为完全依靠现有的周边像素信息来做插值，其最终效果是虽然锯齿程度降低了，但是画面也变得模糊了，图形不锐利，有朦胧感。当然，这完全取决于每个人不同的审美观，冬瓜哥更喜欢既锐利又无锯齿的画面。不过冬瓜哥至今也没有体验过4 k显示器呈现的几乎看不出锯齿的效果，用的依然是1080P的显示器。

要想更精准的做插值，就需要更加准确的周围像素的信息。唯一的办法，就是先用高分辨率渲染出对应的纹理，被渲染出的纹理包含更精确的信息，然后再对高分辨率的纹理进行插值求平均，得到低分辨率的纹理。如图8-228所示，提高了一倍分辨率之后，红框中包含的信息显然更丰富了，因为此时一个红框中其实包含了4个纹素，对这4个纹素进行插值之后，可以生成更精准的边缘补偿。有人会问了，这样不还是相当于提升了分辨率来抗锯齿吗？是的，只是不需要使用分辨率显示器就能享受到近似抗锯齿效果。

如果原始纹素分辨率非常高，而屏幕分辨率远低于纹素分辨率，那么可供采样的纹素非常多，此时该如何选择呢？如图8-229所示，将一张高分辨率图片在屏幕上进行缩小的过程，其实就是将诸多纹素采样平均成一个像素的过程。

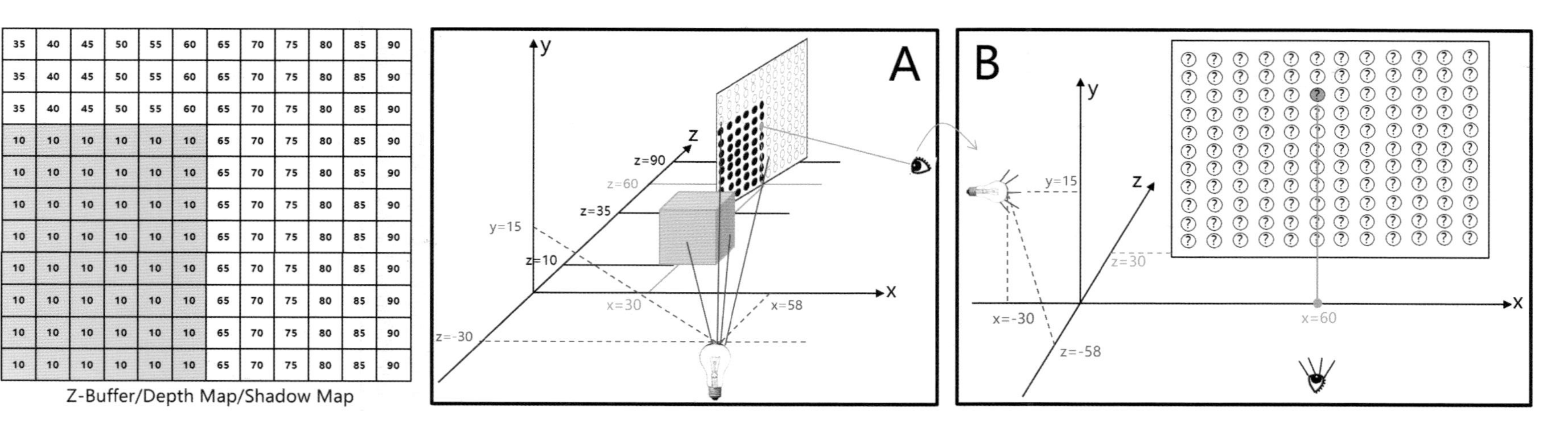

35	40	45	50	55	60	65	70	75	80	85	90
35	40	45	50	55	60	65	70	75	80	85	90
35	40	45	50	55	60	65	70	75	80	85	90
10	10	10	10	10	10	65	70	75	80	85	90
10	10	10	10	10	10	65	70	75	80	85	90
10	10	10	10	10	10	65	70	75	80	85	90
10	10	10	10	10	10	65	70	75	80	85	90
10	10	10	10	10	10	65	70	75	80	85	90
10	10	10	10	10	10	65	70	75	80	85	90
10	10	10	10	10	10	65	70	75	80	85	90
10	10	10	10	10	10	65	70	75	80	85	90

图8-222　Shadow Map示意图

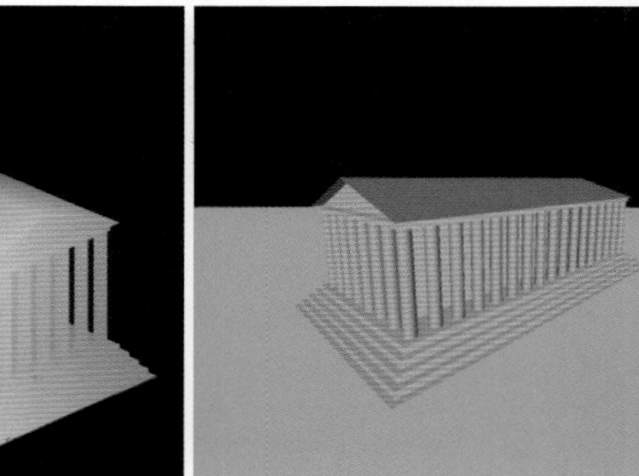

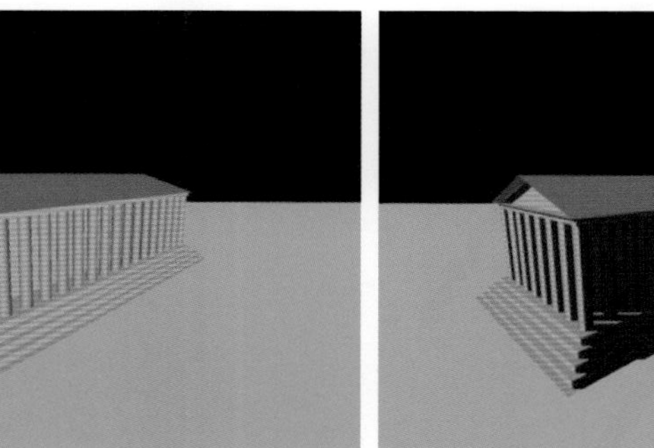

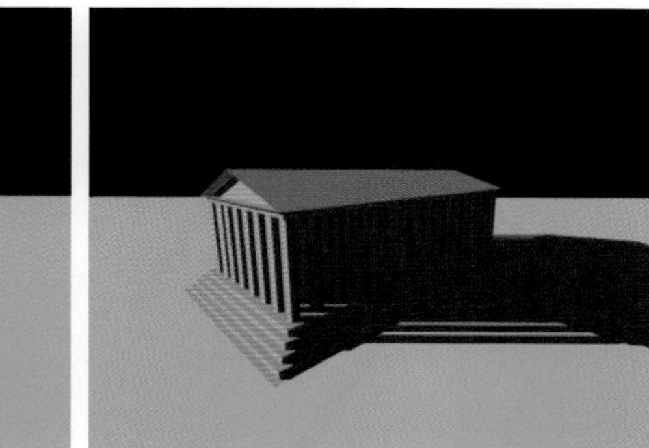

图8-223　Shadow Map作用流程

最精准的无非是将该像素涵盖的所有纹素都求加权平均，但是运算量太大。为此，程序会按照一定算法（见下文）从这些纹素中取出若干个而不是全部，来做插值平均。其本质上其实是对Over Sampling（见前文）的纹理进行Down Sampling处理。人们发明了多种不同的采样算法，如图8-230所示，灰色框表示当前像素的面积，蓝色点表示要采样求平均的位置。

图8-231所示为上述各种采样方式的效果示意图。

由于该方式的采样点范围大，样点数量多，

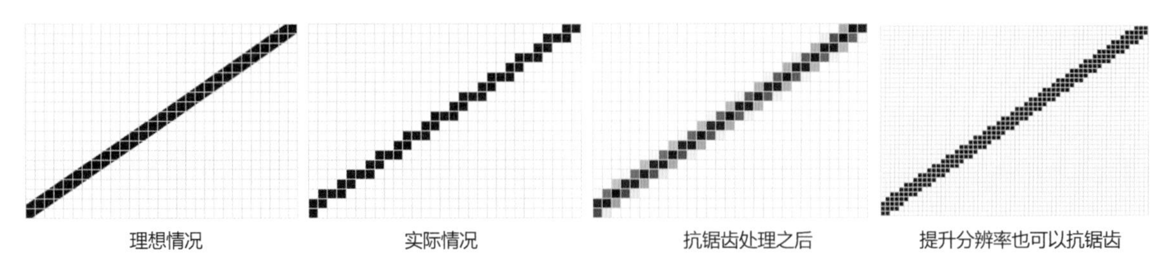

图8-224 锯齿的产生

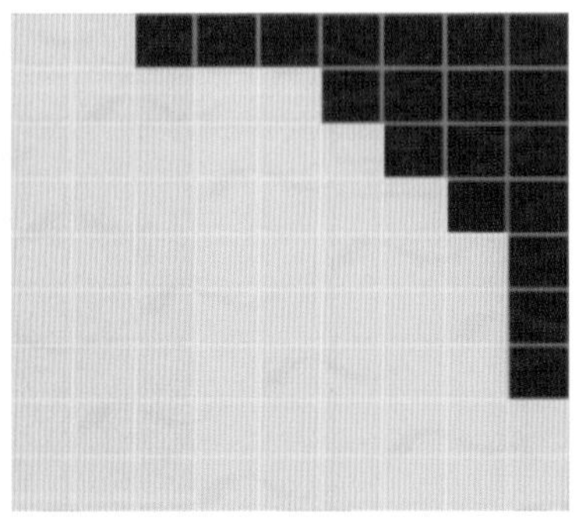
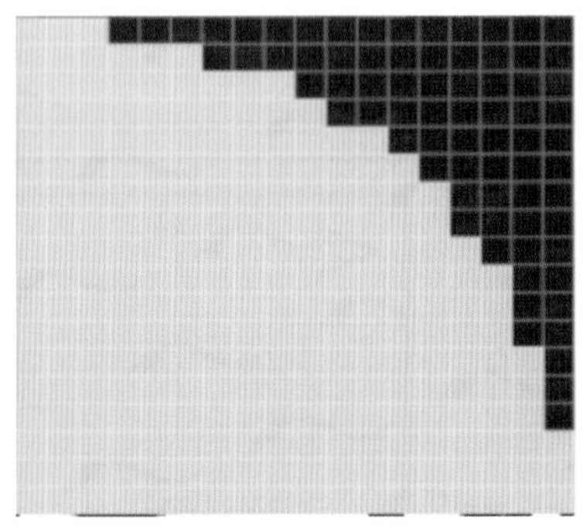

图8-225 提高屏幕分辨率可以抗锯齿

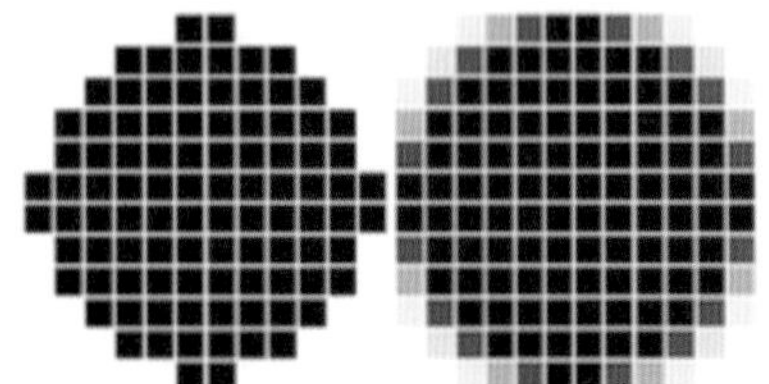
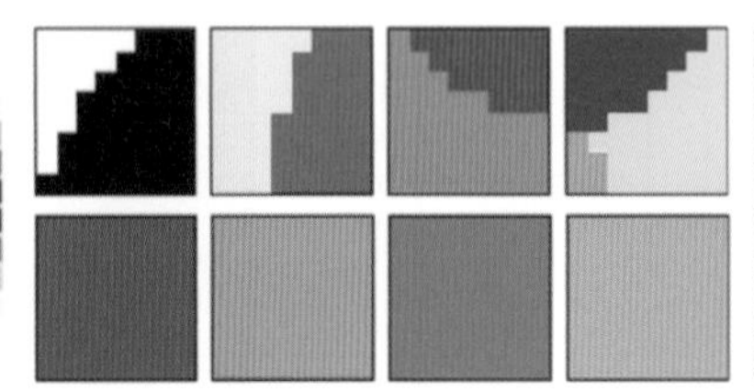

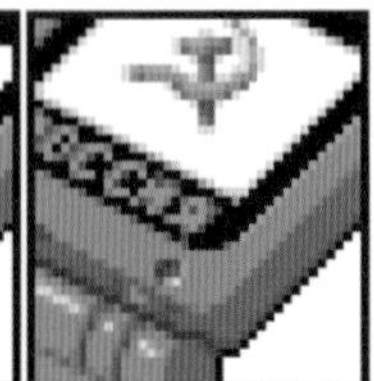

图8-226 利用像素周边的颜色值插值平均

图8-227 抗锯齿处理之后的画面对比

所以被称为超级采样抗锯齿（Super-Sampling Anti-aliasing，SSAA）。SSAA对屏幕上所有像素点（不仅仅是边缘）都进行插值采样，相当于对整个图形上所有像素又做了一次纹理采样过滤，顺便把边缘锯齿也消除了。正因如此，其又被称为FSAA（Full Screen Anti Aliasing）。其运算量非常大，每个样点都要按照常规流畅渲染一遍，然后再做插值平均，所以其需要的纹素缓冲区也要对应倍数的提升。但是它的效果也是目前最好的，没有之一，它也是最原始最精准的抗锯齿方式。

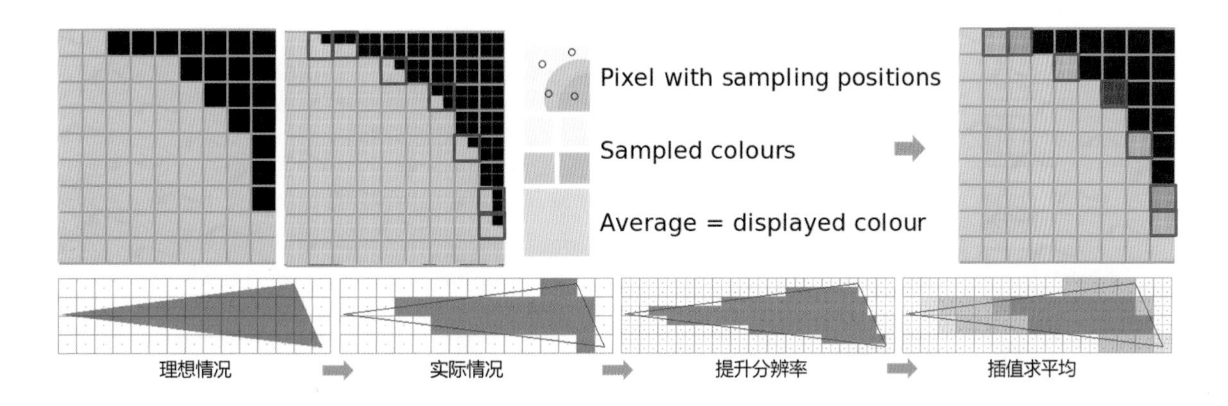

图8-228 对高分辨率纹素插值采样

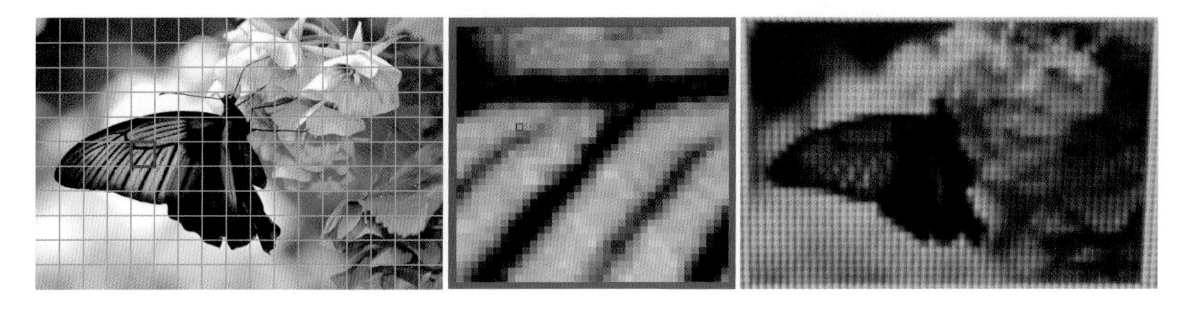

图8-229 纹素分辨率远高于屏幕分辨率时

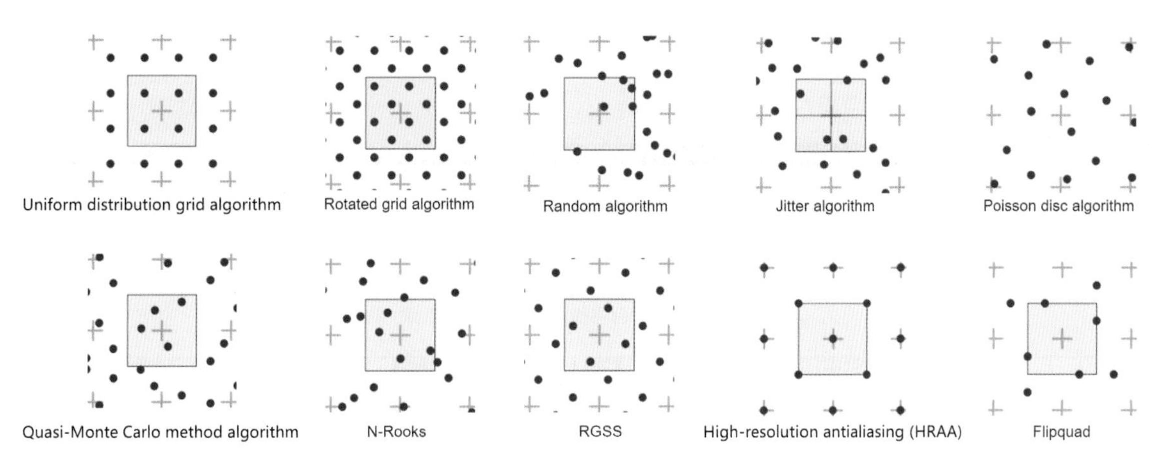

图8-230 各种加权插值采样方式一览

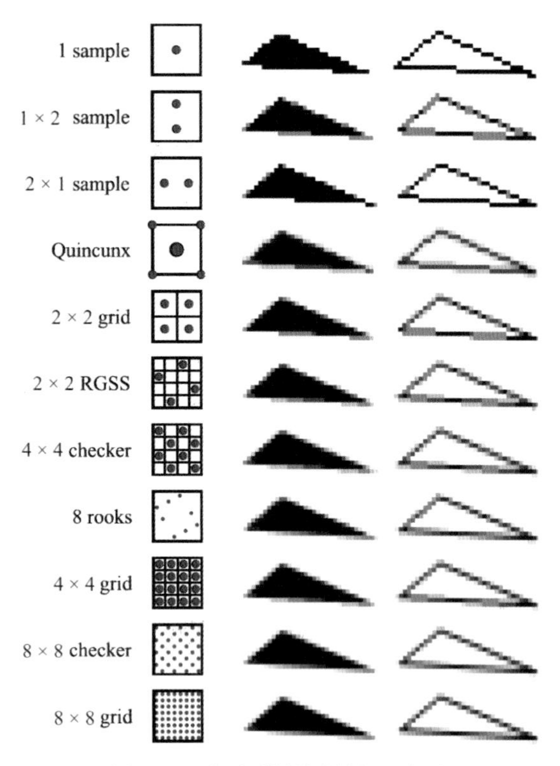

图8-231 各种采样样式效果示意图

在一些3D游戏中，在图形选项界面中，会给出一个选项，比如叫作SSAA力度：1×、2×、4×，其指的就是采样范围和样点的数量，范围越高数量越多，就相当于原始分辨率提升得越高。

SSAA对资源耗费过大，导致人们发明出了众多的其他AA方式。SSAA对全屏幕所有像素进行超级采样固然好，但是多数时候，锯齿都产生在三角形的边缘地带，如果仅仅对这些地方做抗锯齿，那就会省下大量运算资源。

仔细端详图8-232。三角形边缘处产生锯齿的根本原因，是在栅格化时候使用的一刀切方式。程序根据两个顶点之间的直线方程，判断某个像素的中心点是否落入了直线靠近三角形内部的一侧，中心点落入了则认为该三角形覆盖了该像素，中心点没落入，哪怕差一点，就认为该像素不属于该三角形。模型表面的两个三角形面元如果采用不同的纹理，纹素颜色值差异很大，那么它们的边界处颜色过渡将会非常明显，形成严重的锯齿感，如图8-232中间所示。

如果能够只栅格化半个像素就好了，然后只给栅格中的一半填入蓝色，另一半填入粉色。可是，做不到。一个像素只能有一个唯一的颜色（下文中将介绍SubPixel Rendering技术采取了巧妙的思想缓解这个问题）。那么，是否可以将这两个颜色进行调和取一个中间色，这样过渡就不突兀，从而缓解锯齿感呢？没错，这就是关键思路所在。

如图8-232左侧所示，对于交界处的像素，理想情况是该像素的颜色应当根据每个三角形中的纹理颜色在该像素中所占面积的比例来进行调和，这样才最精准，锯齿也就大为缓解了，如图右侧所示。

如果有某种方式能够计算出某个像素中各颜色比例的面积，就可以加权平均出理想的颜色。然而如果要对每个像素求面积，需要耗费大量的运算资源，不可取。于是，人们想出另一种方法来解决这个问题。在做栅格化处理时，如果能够在一个像素格子内部放置多个参考点，而不是以中心点来一刀切的话，考察每个三角形到底跨越了多少个参考点，利用参考点个数的比例，就可以达到与精确计算面积比例接近的效果。

如图8-233中间所示，假设我们在一个像素格子中放置了16个参考点，在栅格化计算时，算出共有多少个参考点落入了某三角形内部，然后用对应的比例来调和各自采样回来的纹理颜色。我们假设每个三角形的纹理为单一色彩——红绿蓝粉，最终调和之后的效果如图最右侧所示。这种抗锯齿方式被称为**多重采样抗锯齿（Multi-Sampling Anti Aliasing，MSAA）**。可以看到这种方式不需要为一个像素内每个样点都计算颜色，这些样点仅作为参考点，就像一堆传感器一样，其作用是近似考察到底每个三角形跨越了一个像素的多少面积，从而调和三角形接壤处的颜色。如果同一个像素有多个三角形跨越，那么就读出该像素在各自三角形对应纹理中的纹素，然后进行按比例调

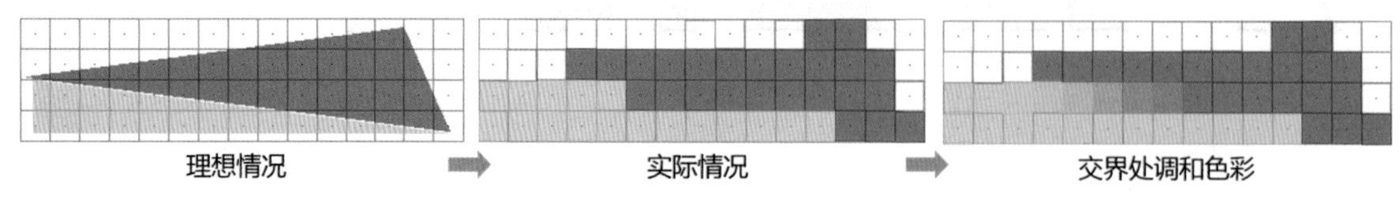

图8-232 三角形的边缘是锯齿最严重的地方

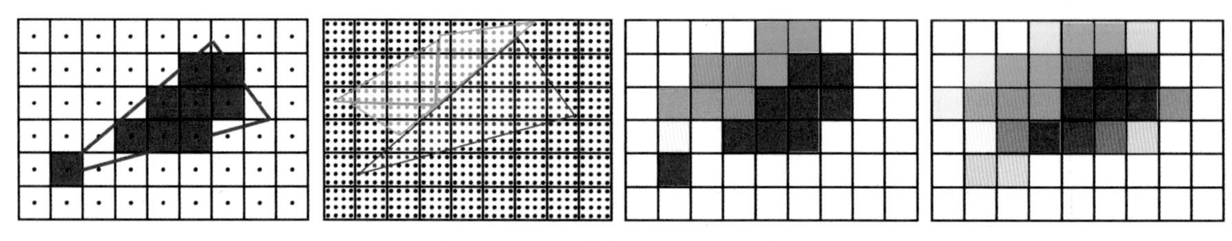

图8-233 多重采样抗锯齿原理示意图

和。如果有16个参考点，最差的情况可能会有16个三角形各跨越一个点，此时就需要准备16个用于存放各自纹素的缓冲区，所以其对纹素缓冲区的需求为原来的16倍，这样耗费太高。实际中，人们常在一个像素中放置4个参考点探针。探针在像素格子内的排列方式也有多种，基本上与图8-230中所示的各种方式类似。

MSAA对那些只被单个三角形跨越的像素（比如那些处在三角形中央完全被包裹的）并不进行任何采样插值，因为此时该像素内的探针全部被同一个三角形跨越，其对应的纹素颜色依然是从该三角形顶点对应的纹理坐标插值后从纹理中读出来并填充的，并无变化。仅对那些接壤处做插值处理，这就是MSAA可以识别模型边缘的原因。

MSAA能够用比SSAA少得多的资源得到不错的效果，但是依然要为每个样点读取对应的纹理并调和，如果样点数量过多，性能损耗也较大。于是，有人又发明了新式的AA算法，比如，ATI/AMD开发的**Enhanced Quality Anti-Aliasing（EQAA）**以及Nvidia开发的**Coverage Sampling Anti-Aliasing（CSAA）**，这两种技术的原理是一致的，只是叫法不同。

如图8-234所示，与MSAA不同的是，EQAA/CSAA将探针划分为两类：**面积探针**和**颜色探针**。图中所示的黄点为面积探针（Coverage Sample），红色圈为颜色探针（Color Sample）。每个颜色探针也须兼做面积探针。面积探针毫无疑问是用于探测该像素被三角形触碰与否，以及被哪个三角形触碰，这样就可以算出每个三角形跨越该像素面积的比例权重。如果某三角形只跨越了面积探针，而没有跨越颜色探针，那么该三角形就不能贡献其纹理给该像素。只有同时跨越了面积探针和颜色探针的三角形，才会按照面积比例贡献对应比例的纹理颜色。这样，该方式可以用同样的探针数量，但只耗费一半的纹理读取和填充以及调和的运算量。

上述的AA算法只是诸多算法中的典型的几种。在性能和效果的矛盾之间，人们开发出了大量的AA算法，包括并不仅限于：FXAA、TXAA、Edge AA、MLAA、SMAA、DLAA、SRAA、GPAA等。由于篇幅所限，这里不再多介绍了。

最后，再介绍一种比较巧妙的处理方法：**SubPixel渲染**。从上文的介绍中可以体会到，一个像素只能拥有一个颜色，如果多个纹素都对同一个像素有贡献，那就得插值求平均出来一个颜色，一个像素无法拥有多个颜色。然而，对于目前的显示器来讲，其每个像素是由红绿蓝三个光源组成的，那么“一个像素只能拥有一个颜色”似乎又不太对。像素颜色是由这三个颜色光源混合而来的。那么，对于一些细小的锯齿缝隙，能否只用一个像素三分之一的面积塞到这个缝隙中做补偿？这样是不是会更加精准？

是的。通过突出某个像素中的红色、绿色或者蓝色光源的亮度值，能够以三分之一像素的粒度来补偿锯齿，让人眼感受到更精细的边缘，如图8-235中间的S字体所示。当然，如果对这个屏幕进行系统内部截图，截图出来之后，用于补偿锯齿的像素依然会是某个单一色值的色块纹素，如图最右侧所示。但是这个纹素在屏幕上显示的时候，隔近了仔细看的确会是对应颜色，但是隔远了看就会看出更细腻的边缘，因为这个像素中只有三分之一或者三分之二的部分更亮，这种机制对边缘补偿得更加精细。而且此时也基本上看不出该补偿像素的颜色，会认为整个字体都是黑色的。不信？把书本的这一页离远了看看，感受一下。图中下方所示为冬瓜哥对着屏幕拍摄所得图片，可以看一下该字体是怎么渲染的，似乎并没有使用Sub-Pixel技术，而只是将边缘部分做灰度处理。另外一个发现是每个像素格子中似乎并不是纯正的红绿蓝三色，好像还有一些更丰富的过渡色。不知道是该显示器用了更精细的色板，还是拍摄感光产生的效应，这就留给大家去研究吧。

8.2.7.6　光照控制纹理（Light Mapping）

前文中我们介绍过利用顶点的法线计算光照，

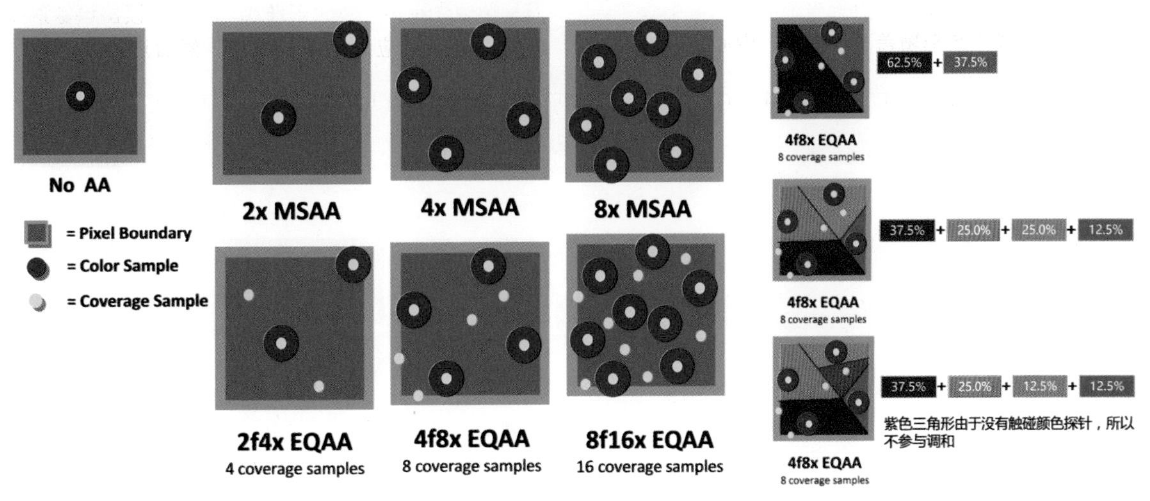

图8-234　EQAA/CSAA原理示意图

可以使用漫反射、高光等方式来产生不同的光照效果。也介绍了直接利用法线纹理方式，强制欺骗负责光照处理的程序“某个地方就是歪向哪里的”，然后强行在平坦表面上生成看上去凹凸的画面。法线纹理属于一种光照控制纹理（Light Map）。除了法线纹理之外，我们还介绍过用于控制置换贴图时顶点移动距离的高度图（Height Map），其属于几何控制纹理（Geometry Map）。而在使用Shadow Map方式生成物体投影时，使用z-buffer生成的深度图（Depth Map）或者就叫Shadow Map，其也是用于控制光照明暗的，所以也属于光照控制纹理。

如果用纹理来表示对应区域的亮度，则可以称之为亮度图（Intensity Map）。直接把一幅亮度图调制到颜色纹理上，就相当于在场景中强制增加了光源，实际上场景中并没有光源，一切都是假的，但是看上去就像真的。亮度图也是Light Map的一类。如图8-236所示为当年流行的第一人称视角设计游戏《Quake》所使用的亮度图，效果牛得非常无耻！当然，由于光源是假的，所以它无法投出动态的影子，一切只能是静态展示。

除此之外，还有其他一些光照控制纹理，比如高光控制纹理（Specular Map）以及光泽控制纹理（Gloss Map）。高光控制纹理相当于利用一张bitmap来控制模型表面哪些地方对光线有较高的反射率（较为平坦），虽然也可以利用点法线计算出来，但终究不如直接用一张预设置好的控制纹理作用到程序中来得便捷和快速，只是需要多占用一些存储空间。如图8-237所示为高光控制纹理作用原理示意图。在高光纹理中，也是利用灰度来控制反射率，越白的地方，反射率越高，比如木桶的金属包边拥有较高的反射率。如图中右侧所示的磨光石头墙面，石头表面反射率较高，而用于粘合石头的水泥反射率较低。

除了高光控制，还有另一种常见的效果，即光泽（Gloss）效果。光泽这个词很难形容该效果，还是亲眼看一下比较好，如图8-238所示。有些物体表面上同时具有漫反射较强的质地和镜面反射质地。比如一个地球模型中的海洋和湖泊拥有镜面反射效果，而陆地则只有漫反射。再比如表面的水渍、玻璃表面的大片污渍等，都会产生这种效果。程序利用一张Gloss Map控制纹理，越白的地方表示该处有镜面反射，作用于物体表面之后就产生了对应的光照效果。

在实际中，多种纹理往往会同时使用，如图8-239和图8-240所示。飞行员的眼镜表面具有相对最高程度的高光反射，这一点也体现在了Specular Map中的白色最亮部分。同时，眼球的眼白部分使用了光泽纹理。

还有其他一些控制纹理，比如Alpha Map，你应该能体会到它的作用了。利用Alpha Map纹理中的亮度来控制物体表面的透明度，从而体现Alpha测试阶段的结果，如图8-241所示。

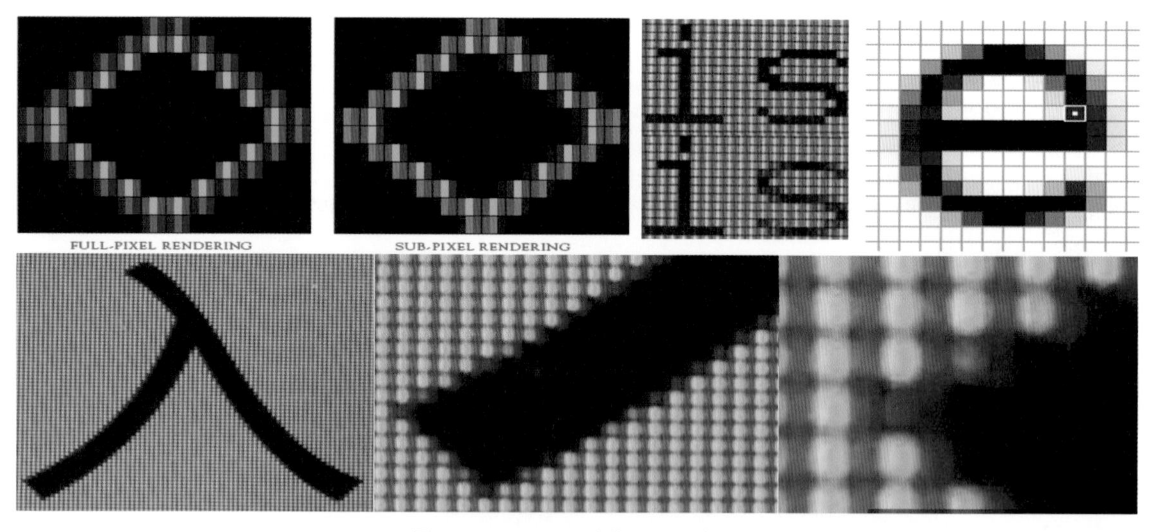

图8-235　SubPixel渲染原理示意图

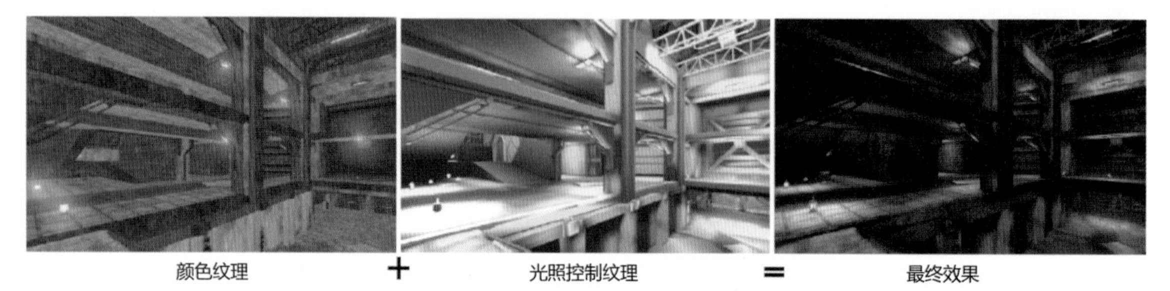

图8-236　《Quake》所使用的Light Map效果

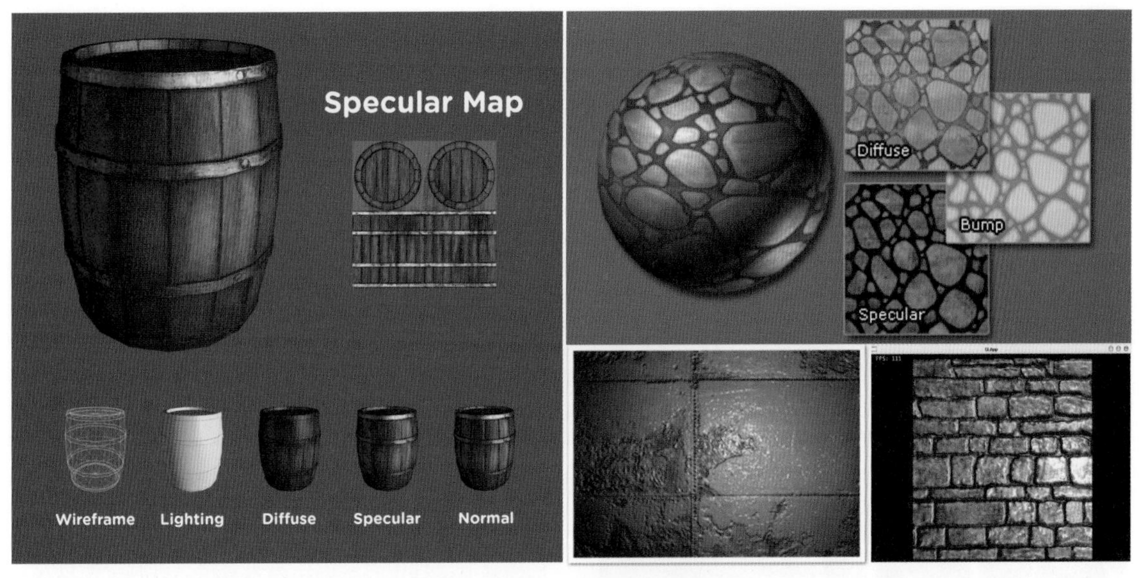

图8-237　高光控制纹理作用原理示意图

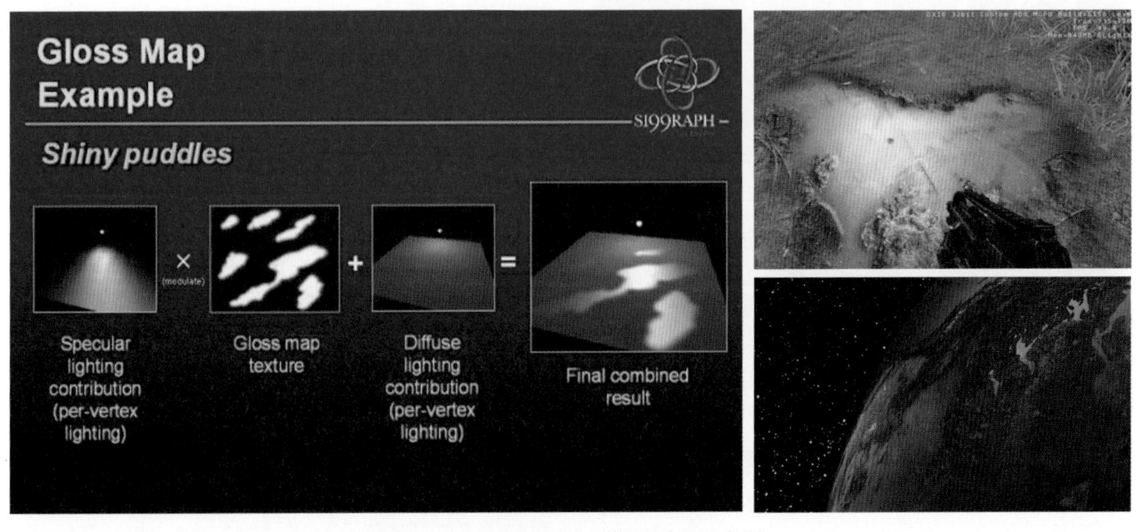

图8-238　光泽控制纹理作用原理示意图

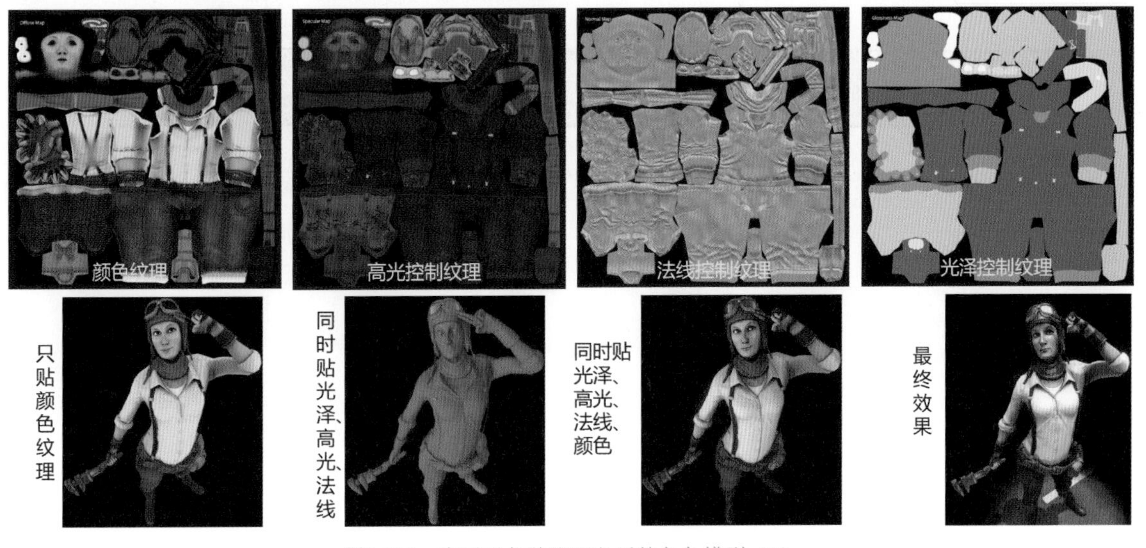

图8-239　应用了各种纹理之后的角色模型（1）

图8-240　应用了各种纹理之后的角色模型（2）

图8-241　Alpha Map控制纹理

总之，前文以及上文中所述的纹理映射，本质上都相当于给模型表面化妆，多种技术可以同时使用，一层加一层，每一层的效果都是叠加发挥作用的。比如还有一类纹理专门负责给表面增加颗粒感以及脏兮兮的感觉以体现更加真实的场景。目前有些游戏中甚至采用了十几层不同纹理。这种将多种纹理作用于模型表面的方式被称为Multi Texturing（多重材质）。

8.2.7.7　纹理动画（Texture Animation）

上文中介绍了诸多纹理，可见，纹理的确是非常有用的东西，可以实现很多特效。更深一步理解，纹理其实已经不仅仅指“图案”了，它的本质是一种控制信息，它与定点的颜色、坐标、纹理坐标等属性一样，只不过存储的位置不同罢了。同理，定点的颜色也是一种控制信息，如果我们根本不使用顶点颜色值来为面元着色，而直接采用颜色纹理来贴图着色，那么存储定点的颜色值还有什么用处呢？比如，可以把用于实现顶点移动从而产生动画的变形坐标值以及控制信息存储在顶点的颜色值中，在顶点的坐标变换阶段，根据存储的这些控制信息和坐标值，将顶点改变到对应的位置，以实现与置换贴图类似的效果。

甚至，可以将一些预先设定好的顶点坐标位置动画信息存储到纹理bitmap中，坐标位置的x/y/z值可以被表示为RGB颜色值。旋转坐标系信息可以被保存为一个四元数，保存到带有Alpha通道的bitmap纹理中。在顶点坐标变换阶段，在计时器的控制下，程序可以直接读取纹理中对应的信息来对顶点进行变换以及实时渲染。在一张4096×4096的纹理里，如果使用RGB信息来存储顶点的位置信息，就可以容纳十几万个顶点的信息，如果按照每秒30帧来生成动画，就可以容纳120帧的动画信息，也就是4秒的动画。如果场景中有2048个顶点，动画长度可以延长至8192帧，动画可持续大约4.5分钟。由于顶点位置是提前计算好的，而不是实时计算，所以可以零成本实现很强的物理真实模拟效果，比如图8-242中的碰撞效果。虽然顶点位置是提前运算好的，但是图形生成时依然是实时渲染的，这种动画被称为实时渲染动画。如果将动画提前录制成视频格式，触发时播放出来，那就并非实时渲染了。

如图8-243所示为利用两张纹理来存储一个人物脸部的动画。左边的纹理存储了随时间变化的旋转信息（每一行对应着特定的一帧，每一列对应脸部一根骨骼的旋转信息）；右边的纹理存储了随时间变化的坐标位置信息（每一行对应着特定的一帧，每一列对应一根骨骼的位置信息）。通过纹理动画技术，可以使用两张4096x4096的纹理来保存166分钟的人脸动画（共56根骨骼），动画速度每秒30帧。

提示

游戏动画帧率、渲染帧率以及显示器刷新率，看上去比较容易混淆。动画帧率是绘图程序每秒主动尝试渲染多少帧，比如鼠标移动了1英寸导致场景视角旋转了3英寸，而绘图程序被设计为每0.05英寸就渲染一帧，那么如果该移动持续了1秒，那么程序输出的原始帧率为20帧。但是受限于系统硬件的性能，如果程序每秒只能渲染15帧，此时底层任务队列会被压满，这会导致程序丢弃其中5帧，不得不取消渲染。而此时，显示器的刷新率是恒定不变的，比如恒定为每秒60帧，

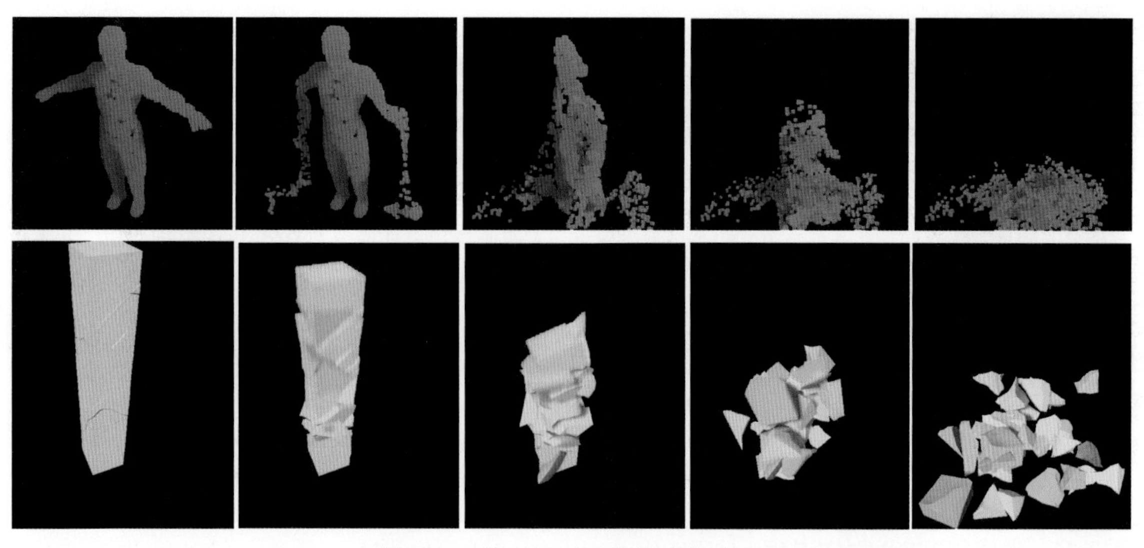

图8-242 利用纹理来存储动画播放信息

图8-243 利用纹理保存人物脸部的动画信息

这意味着显卡依然是每秒播放60次Frame Buffer中的全部像素，但是由于Frame Buffer中的像素每秒只变化了15次，所以纵使显示器刷新60次，其实是每刷新4次屏幕像素才会产生一次变化，而用户的感观就是15帧的帧率。如果显卡的算力足以支撑到更高的帧率比如每秒90帧，那么显示器的刷新率就是瓶颈了，此时虽然显卡真的会以每秒90次来更新Frame Buffer，但是RAMDAC却依然以60帧的频率去播放，那么这期间会有三分之一的帧成为无效帧。这样除了浪费电之外，还会导致画面撕裂，比如在扭转视角的时候，你会发现屏幕的上半部分与下半部分可能被撕成两半，其原因就是RAMDAC还没播放完上一整帧图像时，显卡就把下一帧图像塞入Frame Buffer了，而当RAMDAC继续播放下半屏的图像时，播放的是下一帧的下半部分。不过这个效应持续时间较短，基本不影响体验，而且多数人也体验不到。为什么？因为多数人的显卡算力根本达不到高于60帧的帧率。于是你会在很多游戏中看到一个选项叫作“垂直同步（VSync）”，其含义就是让显卡根据当前RAMDAC的刷新率来决定渲染的帧率，保持同步，不做无用功。这个效应还可以使用多份Frame Buffer来彻底解决。比如采用双FB方式，在RAMDAC不断扫描其FB#1时，上层程序先渲染到FB#2，然后使用对应命令让显卡RAMDAC切换到 FB#2扫描，此时程序将新渲染的图像写入到FB#1，循环往复。目前主流显卡最大支持三份FB，此时已经基本上消除了画面撕裂效应。

仔细体会一下光照控制纹理、纹理动画的机制，其实它们本质上都是将需要运算的信息存入纹理中然后运算。对于一些通用计算（并非图像类的），那是不是也可以将待运算的数据转换成RGBA写入到纹理中，然后载入运算呢？没问题，因为执行运算的程序根本就不管纹理中是什么，你的数据转换为bitmap之后，可能恰巧是一幅很好看的抽象画，也有可能是随机噪声，也有可能是很丑陋的图形，但是，谁又在乎这些图片是否好看呢，我们要的是计算结果。这就是让绘图程序执行通用计算的原理，如果使用外部3D图形加速卡，那么通用计算的速度相比CPU计算速度而言就会大幅提升。我们将在其他章节介绍利用显卡执行通用计算加速的方法。

我们对3D渲染特效的介绍就到此为止。篇幅及精力所限，有兴趣的读者可以自行了解下面这些主流特效技术：环境光遮蔽、延迟渲染、光线追踪、粒子效果、环境光贴图、全局光照与次表面散射等，以及图8-196中所示的各种技术。这些特效的组合可以渲染出令人叹为观止、接近甚至超越真实的画面。

8.2.8 当代3D游戏制作过程

当代，3D游戏已经发展到了惊人的程度，其画面表现力达到了照片级以假乱真的程度。首先，设定游戏的题材和风格，比如是解密题材、战争射击题材、策略题材、动作冒险题材等，以及FPS第一人称视角射击或是第三人称视角射击/动作游戏等。接着，设定剧情和文化背景，导演构思宏观场景和剧情发展。然后就是具体场景设计，出概念图，美术设计师使用高精度电子画板直接描绘2D电子图片素材。然后就是素材设计人员根据概念图来3D建模和制作材质纹理，然后是后期的动作捕捉及动画制作，以及游戏中其他角色的行为设计等。最后将这些素材全部串接起来，形成最终的游戏程序。一个大型游戏，可能需要数百人/年的制作周期。其本质上与电影拍摄类似，只不过场景和角色完全是用电脑制作出来的。

图8-244所示为场景和角色概念图，这些图看上去是3D渲染出来的，其实是美术人员亲手在2D平面上画出来的，因为3D设计人员需要根据美术人员的概念图来设计3D场景。图8-245所示为美工人员利用电子画板来描绘场景和角色概念图、修饰各个角色以及制作材质。

图8-246～图8-250展示了一个人物角色从建模到最终渲染的过程。

图8-251所示为动作捕捉现场。因为要给角色加入动画，比如当点击鼠标时，角色做出某个动作，其举手投足都需要非常真实。通过给真人的关键身体部位贴上传感器，然后真人做出对应的动作，将传感器信号捕捉下来，就可以精确知道做这个动作的时候，3D模型角色中的哪些顶点坐标位置需要被牵动。将这

图8-244 场景和角色概念图

图8-245 美工制作过程

图8-246　角色建模阶段

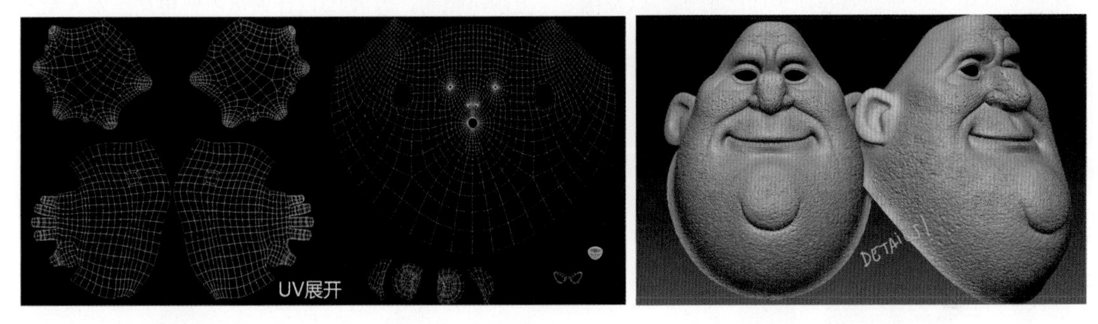

图8-247　UV展开以及细节处理阶段

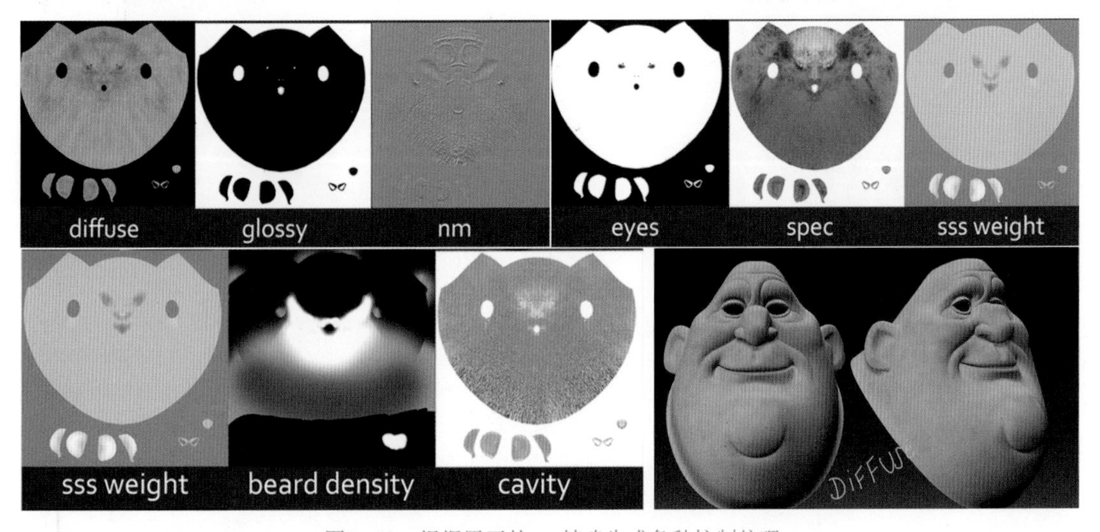

图8-248　根据展开的UV精确生成各种控制纹理

些信息记录到动画文件中，游戏运行时跟随动画触发条件，载入这些信息，在顶点坐标变换阶段根据这些信息来改变顶点位置，就可以形成动画。

8.2.9　3D图形加速渲染

回顾上文中介绍过的图像渲染过程。每一帧图像，从一开始只有顶点，到最后丰富的细节，这期间需要对其做十几种特效处理，而且是针对每个顶点、每个像素都要做对应的计算。想一下，这其实就像用PhotoShop处理2D图片一样，而且，每秒需要能够处理几十甚至上百张图片（至少30帧才能感觉流畅），如此大的运算量，如果仅仅靠CPU的话，是无法做到的。除非需要渲染的场景非常简单，比如一个单一颜色的正方体，此时即便是CPU处理，也可以达到每秒一千帧以上的帧率。但是对于一个大型复杂3D游戏场景而言，如果其利用CPU来计算，恐怕每秒只能输出几帧甚至一帧都不到。

用CPU来处理图像效率比较低的关键原因就是，高分辨率的图像包含的像素数量非常庞大，每个像素

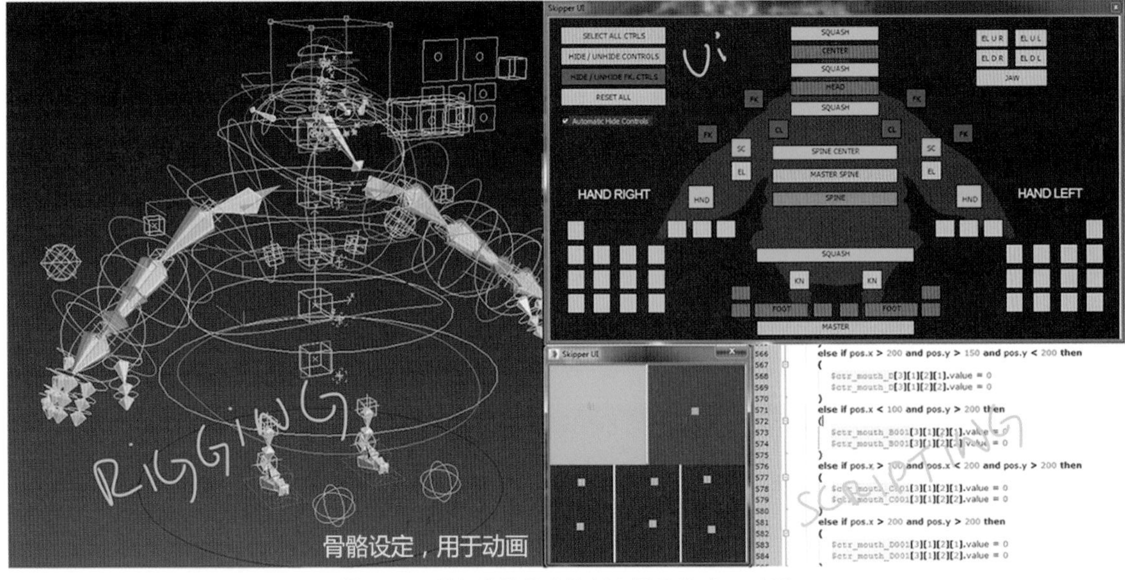

图8-249　增加骨骼关节控制点用于生成3D动画

图8-250　应用各种渲染特效渲染最终角色（SSS表示Sub Surface Scattering，次表面散射技术）

图8-251　动作捕捉现场

需要做的运算步骤也较多，两者相乘，输出一幅/帧图像耗费的时间也就很长。要提升帧率，就需要将这个处理过程并行化。图形的处理非常容易并行化，因为每个顶点/像素执行的运算基本都相同。比如在做坐标矩阵变换的时候，所有顶点坐标都与同一个变换矩阵相乘，每个顶点之间毫无依赖关系，此时就可以采用多核心多线程来将所有要计算的顶点均分计算。针对同一个像素有多个计算步骤，看上去只能串行计算，无法并行。但是还记得本书第4章介绍的流水线技术么？某个计算有多个步骤，这正好符合流水线的规律，只要有大量的原材料需要被处理，也可以并行。这样，在两个维度行可以充分对图像处理过程进行并行化。这也就意味着，需要大量的硬件核心数量来支撑这种并行化。或者使用更加高效的SIMD（本书前文中介绍过）核心来用一条指令同时处理多份数据，这也是一种并行方式；或者使用专门的纯数字逻辑运算电路，免去载入指令、译码、运算的冗长过程，提升执行速度，同时加大寄存器位宽，这样也可以做到加速。至于具体使用什么方式或者混合方式，随产品而不同。

我们在8.2.4节中介绍过1984年由IBM推出的PGC图形加速卡，其虽然可以加速3D图形的绘制，但是其只是将一部分绘制任务（主要是几何坐标变换和栅格化阶段任务）从原本的Host端的CPU上Offload到它自己的内置的Intel 8088 CPU上，速度其实并无质的飞跃，只不过由于其内置的CPU离Frame Buffer更近，可以避免很多Host总线流量，从而提升了性能。而且PGC通过提供特定的绘图命令，方便了开发。然而，PGC并不支持直接用一张颜色纹理bitmap进行纹理采样和填充到图形，Host端必须先载入bitmap，抽取像素，然后通过Areafill命令控制PGC将像素写到对应位置。即便如此，PGC在当时已经是非常超前的高端概念型产品了。尤其是其使用队列接收渲染命令的设计，在现代看来司空见惯，但是在当时却很超前，甚至在一些后期的其他产品中也没有这样去实现。那时候人们普遍的想法是，将一切控制选项通过暴露寄存器来实现，比如下文中将介绍的S3 ViRGE显卡。

8.2.9.1 3D图形渲染管线回顾

不管加速与否，整个3D图形的渲染流程，一样都不能少，只是由谁来做的问题，做得快与慢的问题。所以，我们先梳理一下整个3D图形渲染流水线，或者有人称之为**渲染管线**（Rendering Pipleline）。称谓并不重要。我们将前文中介绍过的流程以及各种特效结合到一起来展示，如图8-252所示为3D渲染流水线各步骤作用、称谓以及各特效作用的位置示意图。这张图可谓是对整个图形渲染流程的归纳。大家不妨按照这个步骤闭目冥想，再次结合在游戏中移动了一下鼠标，视角发生了旋转，思考系统底层都发生了什么，从鼠标将新位置坐标返回给Host端开始。鼠标的底层原理我们在本书第7章USB节中介绍过。

上文中介绍过的一些渲染特效各自发生在某些阶段，有些特效需要多个阶段共同完成，比如MSAA和SSAA。MSAA/CSAA/EQAA在栅格化时需要引入更多探针用于判断面积比例，而真正将多个颜色混合会发生在ROP阶段。

提示

值得一提的是，有人将像素着色阶段对应的处理程序称为Fragment Shader而不是Pxiel Shader，其原因是此时像素还没有被最终生成，存在的只是一个栅格，直到最后一步混合输出阶段才会最终确定栅格的颜色，带有颜色的栅格才是像素。但是Fragment（片元）看上去很容易与Primitive（面元）相混淆，所以冬瓜哥还是用Pixel Shader吧。在下文中的一些图示中的Fragment，也都是指Pixel。Geometry（几何）这个词在图形学领域出现的频度也比较高，其泛指顶点几何处理阶段。熟悉这些词汇对后续的学习大有裨益。比如你再看一些架构图或者流程图的时候，看到诸如Geometry Processor、Geometry Stage、Geometry Pipeline等的时候就能够迅速理解其意思和背景。

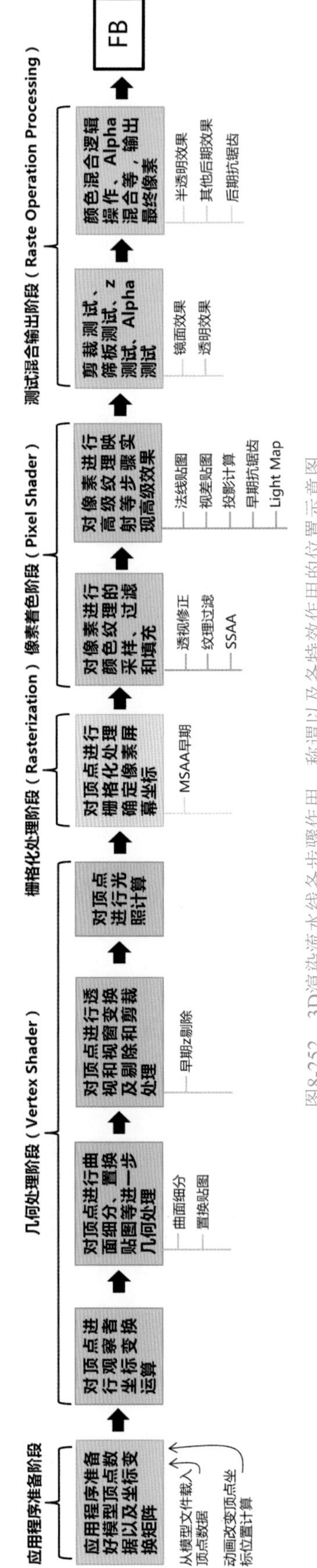

图8-252 3D渲染流水线各步骤作用、称谓以及各特效作用的位置示意图

8.2.9.2 固定渲染管线3D图形加速

如图8-253所示为渲染管线各部分的处理吞吐量示意图。即便是让CPU不处理数据，而仅仅是复制数据，达到如此大的吞吐量也需要耗费大量CPU资源，当然，CPU可以使用DMA引擎来作弊，这要另当别论了。

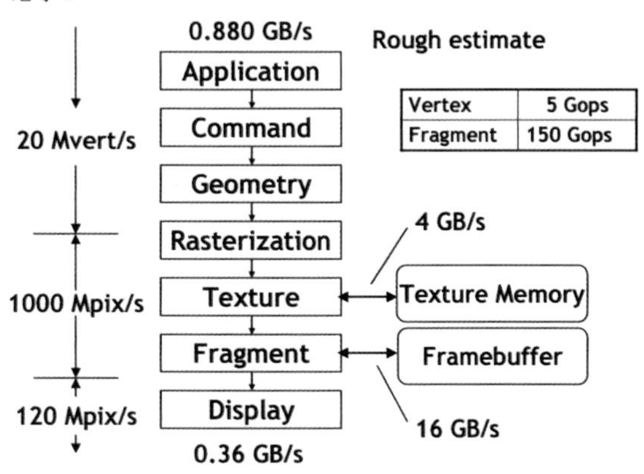

图8-253 渲染管线各部分的处理吞吐量示意图

现在该是审视加速渲染的时候了。要加速，当然要先挑选那些实现简单而且加速效果又好的步骤，这样立竿见影。纵观上述流水线步骤，似乎哪个都有被大幅加速的潜力，比如坐标变换过程，对于1280×72≈92万像素每一个都要做多轮乘法和加法，用多核心并行加速效果非常好。再比如栅格化处理，用多线程中的每个线程处理一部分面元的计算，这也很好。再比如颜色纹理采样和过滤、高级纹理映射，牵扯到成倍数量的纹素值采样以及颜色调和求平均值计算，多核心并行处理更是如鱼得水。

提示 ▶▶▶

2D图形渲染过程耗费的运算量要低于3D渲染，因为2D图形动画多数场景是图元的平移、旋转坐标变换和颜色/贴图的重新填充，很少有图元扭曲发生，因为不牵扯到z轴旋转和透视，所以很少牵扯到纹理过滤、抗锯齿等额外运算处理。但是鉴于屏幕上像素数量非常大，CPU的执行单元数量不够多，所以渲染2D图像也会耗费较高CPU资源，性能不理想。

人们采用经过并行优化的专门的外置加速芯片，将其通过某种总线，比如PCI/PCIE与Host端的CPU前端总线相连，一般会把该加速器做到一张PCI/PCIE卡上插到主板插槽，也就形成了所谓的3D图形加速卡。后来Nvidia把这种图形加速器称为Graphic Processing Unit（GPU）。

最好是将所有步骤全都卸载到专用加速芯片中执行，但是这样成本就会很高。如果让冬瓜哥来选，自然会先选择离着Frame Buffer比较近的那些步骤来加速，由远及近地卸载，比如按照先卸载ROP过程、卸载纹理贴图过程，然后卸载栅格化步骤等。这也是常规思维。历史上实际的确也是这样实现的。

在20世纪90年代中后期出现的面向PC消费市场的GPU，其仅仅对栅格化、像素采样填充、ROP这三个阶段做加速，而并没有加速几何处理阶段。如图8-254所示，对于这种GPU，应用端的绘图程序需要自行负责将顶点的几何处理阶段、2D化之后的顶点坐标以及纹理信息传递给GPU，GPU内部的栅格化器、像素/纹理处理器和ROP处理器分别负责对剩下的三个阶段进行并行加速计算处理，并直接输出到Frame Buffer中显示。

不同GPU对这三个角色的实现也略有不同，但是本质上的路数都类似。Rasterizer栅格化器相对比较简单，是个纯粹的计算密集型角色，其读取顶点坐标，乘以变换矩阵，仅此而已。当然，如果使用了MSAA，其还需要根据MSAA力度参数使用对应的探针多计算一些步骤，不过那时候的显卡几乎都不支持抗锯齿。更复杂的处理其实都落在了Pixel Shader上，也就是图中的Texture Unit，或者又被称为Texture Mapping Unit（TMU）。TMU的任务最为繁重，其需要执行Rasterizer传递过来的每个像素，为像素着色，执行Pixiel Shader的功能。其需要读取纹理，并按照对应参数（比如双线性、三线性、各向异性、是否用Mipmap等）做纹理映射、透视修正等。

如图8-255左侧和右侧所示分别为某产品使用的TMU和ROP示意图。图中所示的TMU单元由上方的负责读取纹理的Texture Address Unit（TAU）以及下方的负责做纹理过滤计算的Texture Filtering Unit（TFU）组成。TAU和TFU在物理上可能是专用的数字电路模块，也可能是经过优化的通用CPU核心或者DSP核心，不过在早期时一般多使用专用数字逻辑来实现。像素着色步骤相比栅格化步骤的计算要复杂和慢得多。比如图8-255中所示的场景下，其支持对压缩过的纹理进行解压缩处理，然后进入采样和过滤阶段。图中所示的ROP单元在物理上也是专用芯片，其内部会形成一个处理流水线来处理对应的步骤。

PC上的第一代3D图形加速卡的TMU算力较弱，无法增加太多功能进去。其并不支持Multi Texturing多重材质映射，诸如一些Light Map、法线贴图等，都无法做到。那就意味着游戏只能贴一层基本的颜色纹理。要想实现较好的效果，游戏必须将颜色纹理预先设计好，比如加入一些预定义的假光照明暗效果进去（这个预处理过程被称为烘焙，Baking）。

如图8-256所示，到了20世纪90年代末期，GPU

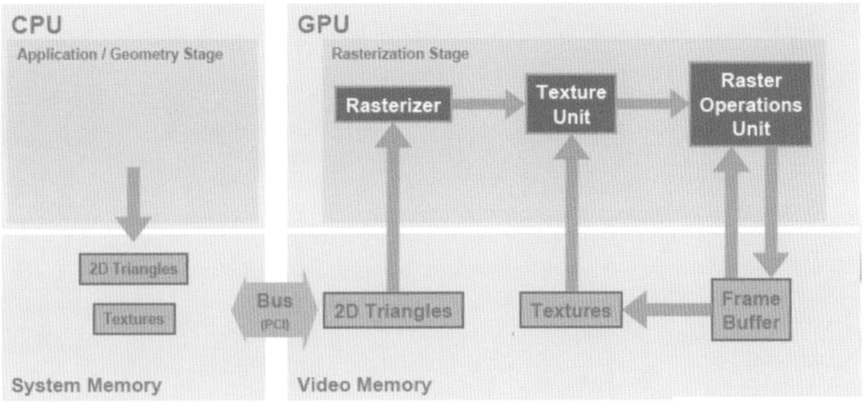

图8-254　第1代消费类GPU功能示意图

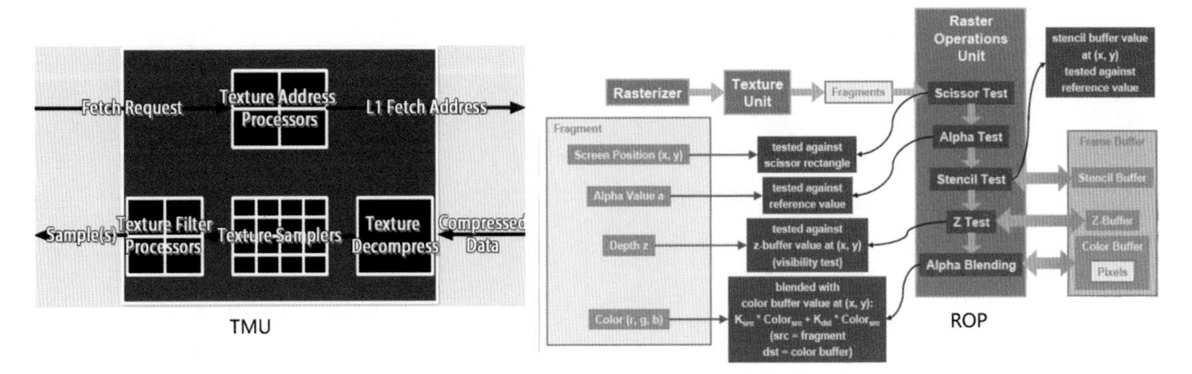

图8-255　TMU与ROP

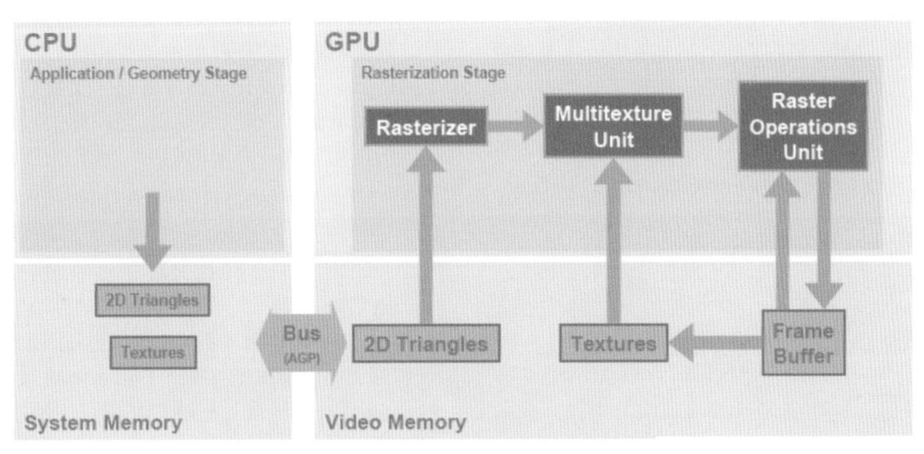

图8-256　支持多重纹理映射处理的第2代GPU

进化为采用AGP（Accelerated Graphic Port）总线与前端总线相连。AGP是PCI总线的进化版，其优势请大家自行了解。另外，这一代GPU内部的TMU开始支持多重纹理映射，比如支持凹凸贴图等，从而使得画面的质量更高了。

如图8-257所示，21世纪初，GPU迎来了一个重大变革，那就是将几何计算阶段的运算任务也加进来了，对应的硬件单元被称为Transform and Lighting（T&L），又有人称之为TCL（Transform、Clipping、Lighting）。这样，Host端的绘图程序就可以直接发送3D模型顶点坐标给GPU（将需要绘制的所有面元对应的顶点坐标和其他属性放置到Vertex Buffer中），GPU自动取顶点坐标和属性然后完成计算。同时，这一代GPU中对像素着色阶段也提供了更多可选的模式和参数的组合，这些参数会被放置到内部寄存器中（图中的Register Combiner），从而直接影响TMU着色单元，后者按照对应参数来计算。

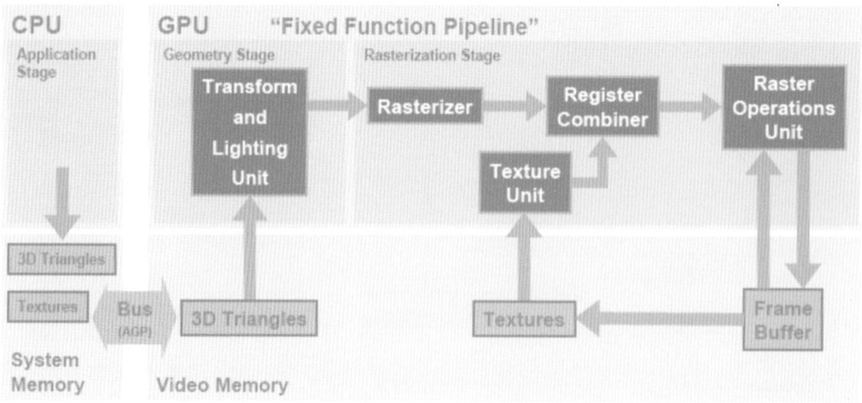

图8-257　支持硬件T&L单元的第3代GPU

提示 ▶▶▶

GPU这个词也正是从这一代图形处理器开始，被Nvidia正式提出。因为只有这一代的图形处理器真的将几乎全部图形渲染工作卸载到内部全程实现了。而在这之前，人们对图形处理器的更普遍称呼是Graphic Accelerator。

如图8-258所示为硬件T&L电路内部流程示意图。可以看到其执行的步骤与前文中介绍过的3D图形渲染流水线中的步骤完全一致。此时你也应该深刻理解，不管是用软件+CPU来执行还是硬件执行，这每一步的步骤就在那里，少不了。我们在第5章的图5-36中也介绍过用软件实现一个电子年历，以及如何用纯数字逻辑去实现相同的功能。任何软件都可以被翻译成数字电路逻辑，任何数字逻辑也可以被翻译成程序代码用通用CPU来执行。

提示 ▶▶▶

其实，8.2.4节中介绍的PGC显卡，就已经可以在硬件中完成坐标变换了。可以查看图8-107，其中有一条POLY3命令，count为1字节，表示一条命令最大可以画255个三角形。只不过，PGC其实是使用其内部的Intel 8088 CPU来完成计算的，并非使用纯数字逻辑电路。POLY3命令并非x86机器指令，所以需要运行在Intel 8088 CPU上的程序来解析并执行。

虽然这第三代GPU加入了硬件几何和光照运算单元，但是对于前文中介绍的那些花哨的渲染特效，第三代GPU也仅能做有限的支持。因为每实现一种特效，就要对内部的硬件电路进行相应的设计，增加对应的逻辑，这个设计周期非常长。支持的特效越多，电路密度就越大，功耗越高，面积越大，成本也就越高。所以第三代及之前的GPU，被称为**固定渲染管线**

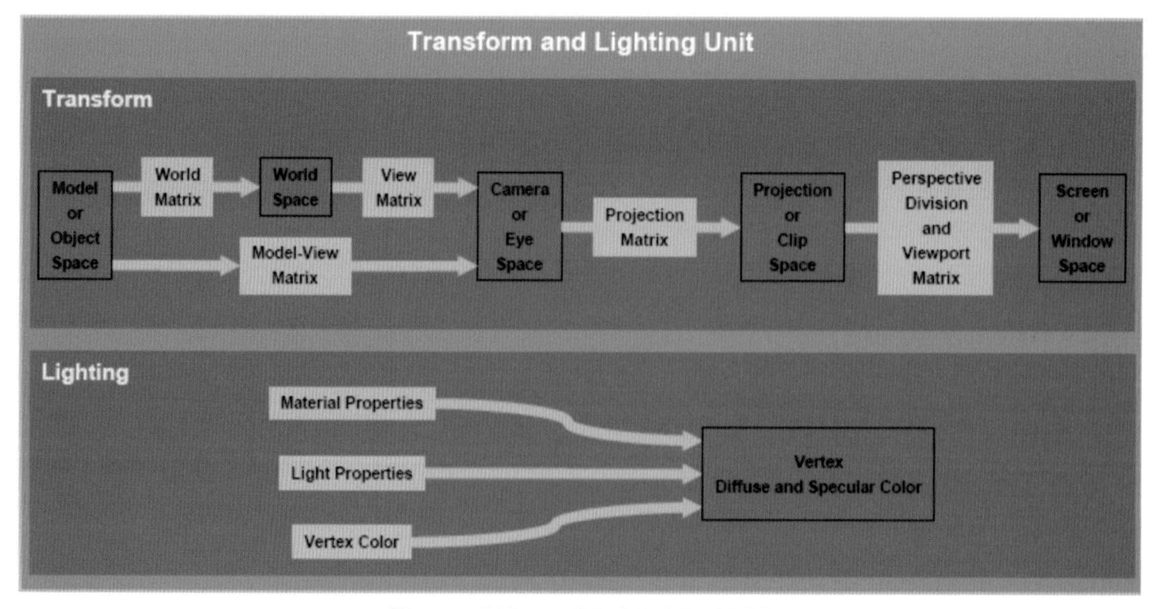

图8-258　硬件T&L电路内部流程示意图

GPU，你无法向其中加入新功能，最多可以通过给出不同的参数来改变其渲染模式或者特效模式，但无法从根本上实现你自己想要自定义的特效。比如前文中提到过的，将模型的顶点位置按照正弦波方式变化来模拟飘动的旗帜或者水面，这个特效固定管线的GPU并不支持。GPU要支持也可以，将T&L硬件单元中作为一个功能特效，并暴露配置接口，比如用某个寄存器来控制使能或禁止这个功能，以及正弦波振幅值设置，抑或者定义一条新的绘图命令等。该功能起个花哨的名字比如叫作waving vertex（波动顶点技术）。但是特效太多了，GPU不可能都支持。

GPU厂商也深刻认识到了这个问题，既然现在GPU已经将几乎全部图形绘制任务卸载到了GPU内部，那么下一步必将面临的就是增加更多渲染特效了。然而，特效有太多种，而且每个玩家、每个游戏设计者、每个美术师的口味都不同，GPU厂商无法代表所有人的审美口味而私自定义某种特效的实现程度和效果。

8.2.9.3　可编程渲染管线3D图形加速

于是，GPU厂商再次做出了一个重大变革，那就是，**从由纯数字逻辑来处理各种特效，转为采用软件+优化过的通用CPU核心**（而且是大量CPU核心并行）的方式来实现。软件可以由GPU厂商来编写，并且提供多种不同选择，比如可以升级GPU的微码来灌入不同风格的渲染代码，但是这样做也不够灵活，GPU厂商的负担也会加重。最终，**GPU厂商选择让游戏程序员自己来编写对应的渲染程序**，并将这些程序下发给GPU，后者载入其内部的CPU核心执行、处理图形数据。这种GPU被称为**可编程渲染管线GPU**。

然而，程序员并没有精力去学习市场上众多的GPU的指令集、寄存器以及编程规则。于是，人们发明了通用的汇编语言——**汇编着色语言（Assembly Shading Language）**。学习这种汇编语言不需要了解底层GPU的指令集。该语言中定义的机器指令、寄存器都是假的，只是一种样式，或者说伪代码，其虚拟了一个GPU核心和一堆寄存器，虚拟了一堆机器指令，因为它并不知道底层将要运行这些代码的GPU到底用的是什么样的机器指令和寄存器。所以，每个**GPU厂商需要提供各自的编译器，将这种通用汇编语言转换成各自GPU对应的机器指令汇编语言**。后来，由于汇编语言依然是底层语言，其直接面向寄存器，很不方便，人们又设计出了用于GPU程序的**高级着色语言**。目前有三大主流的高级着色语言：微软Direct3D体系中的**HLSL（High Level Shader Language）**、OpenGL体系中的**GLSL（OpenGL Shader Language）**，以及Nvidia和微软联合开发的**CG（C for Graphic）**。它们各自也都有各自的汇编级语言。

梳理一下，现在有了三个角色：高级着色语言、汇编着色语言，以及GPU机器指令汇编语言。高级着色语言一般都提供能够将其翻译成汇编着色语言的编译器，却无法提供将高级语言编译成GPU机器指令的编译器，后者要靠GPU厂商来完成。对于OpenGL体系下的GLSL语言，其依赖底层GPU厂商提供的编译器，直接将GLSL高级语言翻译成GPU硬件机器语言。而对于Direct3D体系下的HLSL语言，其自身提供了从HLSL语言到汇编着色语言的编译器，先由该编译器编译成汇编着色语言，后者再被由GPU厂商提供的编译器编译成GPU硬件指令语言。

如图8-259所示为HLSL高级着色语言到HLSL Assembly汇编语言，再到GPU（基于AMD某代GPU）机器指令语言的实际例子。虽然你可能看不懂这些代码到底在干什么，不过不重要，冬瓜哥其实也看不懂，我们可以猜到，左侧的代码是在对纹理坐标（从图中TEXCOORD可以判断）做某种变换，比如是为了做透视修正、各向异性采样等。右侧的代码则是在做与Alpha混合有关的计算。

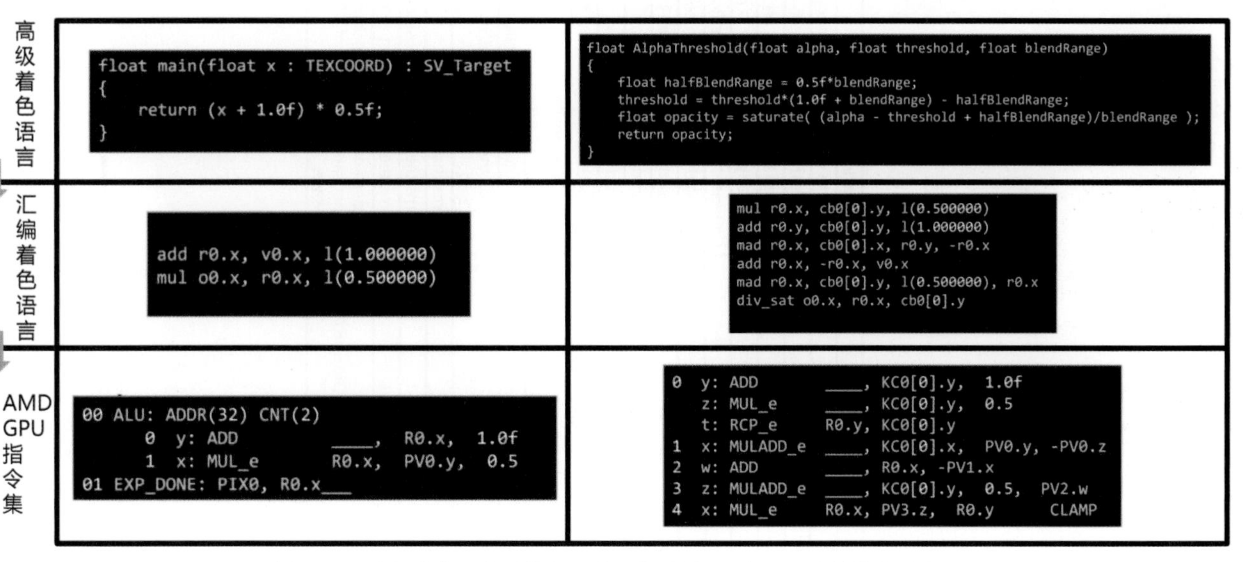

图8-259　高级着色语言到着色汇编语言再到GPU机器语言的转换过程

如图8-260和图8-261所示为HLSL高级着色语言提供的一些函数名称及说明。

如图8-262所示为GLSL某版本高级着色语言对应的汇编级语言指令一览。

如图8-263所示为HLSL某版本高级着色语言对应的汇编级语言指令一览。

如图8-264～图8-266所示为AMD R700系列GPU对应的机器指令集一览。

Name	Syntax	Description
abs	abs(x)	Absolute value (per component).
acos	acos(x)	Returns the arccosine of each component of x.
all	all(x)	Test if all components of x are nonzero.
any	any(x)	Test if any component of x is nonzero.
asfloat	asfloat(x)	Convert the input type to a float.
asin	asin(x)	Returns the arcsine of each component of x.
asint	asint(x)	Convert the input type to an integer.
asuint	asuint(x)	Convert the input type to an unsigned integer.
atan	atan(x)	Returns the arctangent of x.
atan2	atan2(y, x)	Returns the arctangent of of two values (x,y).
ceil	ceil(x)	Returns the smallest integer which is greater than or equal to x.
clamp	clamp(x, min, max)	Clamps x to the range [min, max].
clip	clip(x)	Discards the current pixel, if any component of x is less than zero.
cos	cos(x)	Returns the cosine of x.
cosh	cosh(x)	Returns the hyperbolic cosine of x.
cross	cross(x, y)	Returns the cross product of two 3D vectors.
D3DCOLORtoUBYTE4	D3DCOLORtoUBYTE4(x)	Swizzles and scales components of the 4D vector x to compensate for the lack of UBYTE4 support in some hardware.

Name	Syntax	Description
ddx	ddx(x)	Returns the partial derivative of x with respect to the screen-space x-coordinate.
ddy	ddy(x)	Returns the partial derivative of x with respect to the screen-space y-coordinate.
degrees	degrees(x)	Converts x from radians to degrees.
determinant	determinant(m)	Returns the determinant of the square matrix m.
distance	distance(x, y)	Returns the distance between two points.
dot	dot(x, y)	Returns the dot product of two vectors.
exp	exp(x)	Returns the base-e exponent.
exp2	exp2(x)	Base 2 exponent (per component).
faceforward	faceforward(n, i, ng)	Returns -n * sign(•(i, ng)).
floor	floor(x)	Returns the greatest integer which is less than or equal to x.
fmod	fmod(x, y)	Returns the floating point remainder of x/y.
frac	frac(x)	Returns the fractional part of x.
frexp	frexp(x, exp)	Returns the mantissa and exponent of x.
fwidth	fwidth(x)	Returns abs(ddx(x)) + abs(ddy(x))
GetRenderTargetSampleCount	GetRenderTargetSampleCount()	Returns the number of render-target samples.
GetRenderTargetSamplePosition	GetRenderTargetSamplePosition(x)	Returns a sample position (x,y) for a given sample index.
isfinite	isfinite(x)	Returns true if x is finite, false otherwise.
isinf	isinf(x)	Returns true if x is +INF or -INF, false otherwise.
isnan	isnan(x)	Returns true if x is NAN or QNAN, false otherwise.
ldexp	ldexp(x, exp)	Returns x * 2exp

图8-260　HLSL高级着色语言提供的一些函数名称及说明（1）

Name	Syntax	Description
length	length(v)	Returns the length of the vector v.
lerp	lerp(x, y, s)	Returns x + s(y – x).
lit	lit(n • l, n • h, m)	Returns a lighting vector (ambient, diffuse, specular, 1)
log	log(x)	Returns the base-e logarithm of x.
log10	log10(x)	Returns the base-10 logarithm of x.
log2	log2(x)	Returns the base-2 logarithm of x.
max	max(x, y)	Selects the greater of x and y.
min	min(x, y)	Selects the lesser of x and y.
modf	modf(x, out ip)	Splits the value x into fractional and integer parts.
mul	mul(x, y)	Performs matrix multiplication using x and y.
noise	noise(x)	Generates a random value using the Perlin-noise algorithm.
normalize	normalize(x)	Returns a normalized vector.
pow	pow(x, y)	Returns x^y.
radians	radians(x)	Converts x from degrees to radians.
reflect	reflect(i, n)	Returns a reflection vector.
refract	refract(i, n, R)	Returns the refraction vector.
round	round(x)	Rounds x to the nearest integer
rsqrt	rsqrt(x)	Returns 1 / sqrt(x)
saturate	saturate(x)	Clamps x to the range [0, 1]
sign	sign(x)	Computes the sign of x.
sin	sin(x)	Returns the sine of x
sincos	sincos(x, out s, out c)	Returns the sine and cosine of x.
sinh	sinh(x)	Returns the hyperbolic sine of x
smoothstep	smoothstep(min, max, x)	Returns a smooth Hermite interpolation between 0 and 1.
sqrt	sqrt(x)	Square root (per component)
step	step(a, x)	Returns (x >= a) ? 1 : 0
tan	tan(x)	Returns the tangent of x
tanh	tanh(x)	Returns the hyperbolic tangent of x
tex1D	tex1D(s, t)	1D texture lookup.

Name	Syntax	Description
tex1Dbias	tex1Dbias(s, t)	1D texture lookup with bias.
tex1Dgrad	tex1Dgrad(s, t, ddx, ddy)	1D texture lookup with a gradient.
tex1Dlod	tex1Dlod(s, t)	1D texture lookup with LOD.
tex1Dproj	tex1Dproj(s, t)	1D texture lookup with projective divide.
tex2D	tex2D(s, t)	2D texture lookup.
tex2Dbias	tex2Dbias(s, t)	2D texture lookup with bias.
tex2Dgrad	tex2Dgrad(s, t, ddx, ddy)	2D texture lookup with a gradient.
tex2Dlod	tex2Dlod(s, t)	2D texture lookup with LOD.
tex2Dproj	tex2Dproj(s, t)	2D texture lookup with projective divide.
tex3D	tex3D(s, t)	3D texture lookup.
tex3Dbias	tex3Dbias(s, t)	3D texture lookup with bias.
tex3Dgrad	tex3Dgrad(s, t, ddx, ddy)	3D texture lookup with a gradient.
tex3Dlod	tex3Dlod(s, t)	3D texture lookup with LOD.
tex3Dproj	tex3Dproj(s, t)	3D texture lookup with projective divide.
texCUBE	texCUBE(s, t)	Cube texture lookup.
texCUBEbias	texCUBEbias(s, t)	Cube texture lookup with bias.
texCUBEgrad	texCUBEgrad(s, t, ddx, ddy)	Cube texture lookup with a gradient.
texCUBElod	tex3Dlod(s, t)	Cube texture lookup with LOD.
texCUBEproj	texCUBEproj(s, t)	Cube texture lookup with projective divide.
transpose	transpose(m)	Returns the transpose of the matrix m.
trunc	trunc(x)	Truncates floating-point value(s) to integer value(s)

图8-261　HLSL高级着色语言提供的一些函数名称及说明（2）

Instruction	Description
ABS	absolute value
ADD	add
AND	bitwise and
BRK	break out of loop instruction
CAL	subroutine call
CEIL	ceiling
CMP	compare
CONT	continue with next loop interation
COS	cosine with reduction to [-PI,PI]
DIV	divide vector components by scalar
DP2	2-component dot product
DP2A	2-comp. dot product w/scalar add
DP3	3-component dot product
DP4	4-component dot product
DPH	homogeneous dot product
DST	distance vector
ELSE	start if test else block
ENDIF	end if test block
ENDREP	end of repeat block
EX2	exponential base 2
FLR	floor
FRC	fraction
I2F	integer to float
IF	start of if test block
KIL	kill fragment

Instruction	Description
LG2	logarithm base 2
LIT	compute lighting coefficients
LRP	linear interpolation
MAD	multiply and add
MAX	maximum
MIN	minimum
MOD	modulus vector components by scalar
MOV	move
MUL	multiply
NOT	bitwise not
NRM	normalize 3-component vector
OR	bitwise or
PK2H	pack two 16-bit floats
PK2US	pack two floats as unsigned 16-bit
PK4B	pack four floats as signed 8-bit
PK4UB	pack four floats as unsigned 8-bit
POW	exponentiate
RCC	reciprocal (clamped)
RCP	reciprocal
REP	start of repeat block
RET	subroutine return
RFL	reflection vector
ROUND	round to nearest integer
RSQ	reciprocal square root
SAD	sum of absolute differences
SCS	sine/cosine without reduction
SEQ	set on equal
SFL	set on false
SGE	set on greater than or equal
SGT	set on greater than

Instruction	Description
SHL	shift left
SHR	shift right
SIN	sine with reduction to [-PI,PI]
SLE	set on less than or equal
SLT	set on less than
SNE	set on not equal
SSG	set sign
STR	set on true
SUB	subtract
SWZ	extended swizzle
TEX	texture sample
TRUNC	truncate (round toward zero)
TXB	texture sample with bias
TXD	texture sample w/partials
TXF	texel fetch
TXL	texture sample w/LOD
TXP	texture sample w/projection
TXQ	texture info query
UP2H	unpack two 16-bit floats
UP2US	unpack two unsigned 16-bit ints
UP4B	unpack four signed 8-bit ints
UP4UB	unpack four unsigned 8-bit ints
X2D	2D coordinate transformation
XOR	exclusive or
XPD	cross product

图8-262　GLSL某版本高级着色语言对应的汇编级语言指令一览

add	dcl_constantBuffer	dcl_output oMask	deriv_rty_coarse	eq	imin	log	sample_c_lz
and	dcl_function_body	dcl_output_control_point_count	deriv_rty_fine	exp	imm_atomic_alloc	loop	sample_d
atomic_and	dcl_function_table	dcl_output_sgv	dfma	f16tof32	imm_atomic_and	lt	sample_l
atomic_cmp_store	dcl_globalFlags	dcl_output_siv	dge	f32tof16	imm_atomic_cmp_exch	mad	sampleinfo
atomic_iadd	dcl_hs_fork_phase_instance_count	dcl_outputTopology	discard	fcall	imm_atomic_consume	max	samplepos
atomic_imax	dcl_hs_join_phase_instance_count	dcl_resource	div	firstbit	imm_atomic_exch	min	sincos
atomic_imin	dcl_hs_max_tessfactor	dcl_resource raw	dlt	frc	imm_atomic_iadd	mov	sqrt
atomic_or	dcl_immediateConstantBuffer	dcl_resource structured	dmax	ftod	imm_atomic_imax	movc	**store_raw**
atomic_umax	dcl_indexableTemp	dcl_sampler	dmin	ftoi	imm_atomic_imin	mul	store_structured
atomic_umin	dcl_indexRange	dcl_stream	dmov	ftou	imm_atomic_or	ne	store_uav_typed
atomic_xor	dcl_input	dcl_temps	dmovc	gather4	imm_atomic_umax	nop	swapc
bfi	dcl_input vForkInstanceID	dcl_tessellator_domain	dmul	gather4_c	imm_atomic_umin	not	switch
bfrev	dcl_input vGSInstanceID	dcl_tessellator_output_primitve	dne	gather4_po	imm_atomic_xor	or	sync
break	dcl_input vJoinInstanceID	dcl_tessellator_partitioning	dp2	gather4_po_c	imul	rcp	uaddc
breakc	dcl_input vOutputControlPointID	dcl_tgsm_raw	dp3	ge	ine	resinfo	ubfe
bufinfo	dcl_input vPrim	dcl_tgsm_structured	dp4	hs_control_point_phase	ineg	ret	udiv
call	dcl_input vThread	dcl_thread_group	drcp	hs_decls	ishl	retc	uge
callc	dcl_input_control_point_count	dcl_uav_raw	else	hs_fork_phase	ishr	round_ne	ult
case	dcl_input_sv	dcl_uav_structured	emit	hs_join_phase	itof	round_ni	umad
continue	dcl_inputPrimitive	dcl_uav_typed	emit_stream	iadd	label	round_pi	umax
continuec	dcl_interface	ddiv	emitThenCut	ibfe	ld	round_z	umin
countbits	dcl_interface_dynamicindexed	default	emitThenCut_stream	ieq	ld_raw	rsq	umul
cut	dcl_maxOutputVertexCount	deq	endif	if	ld_structured	sample	ushr
cut_stream	dcl_output	deriv_rtx_coarse	endloop	ige	ld_uav_typed	sample_b	usubb
dadd	dcl_output oDepth	deriv_rtx_fine	endswitch	ilt	ld2dms	sample_c	utof
				imad	lod		xor

图8-263 HLSL某版本高级着色语言对应的汇编级语言指令一览

Instruction	Description
	Control Flow (CF) Instructions
ALU	Initiate ALU Clause
ALU_BREAK	Initiate ALU Clause, Loop Break
ALU_CONTINUE	Initiate ALU Clause, Continue Unmasked Pixels
ALU_ELSE_AFTER	Initiate ALU Clause, Stack Push and Else After
ALU_POP_AFTER	Initiate ALU Clause, Pop Stack After
ALU_POP2_AFTER	Initiate ALU Clause, Pop Stack Twice After
ALU_PUSH_BEFORE	Initiate ALU Clause, Stack Push Before
CALL	Call Subroutine
CALL_FS	Call Fetch Subroutine
CUT_VERTEX	End Primitive Strip, Start New Primitive Strip
ELSE	Else
EMIT_CUT_VERTEX	Emit Vertex, End Primitive Strip
EMIT_VERTEX	Vertex Exported to Memory
EXPORT	Export from VS or PS
EXPORT_DONE	Export Last Data
JUMP	Jump to Address
KILL	Kill Pixels Conditional
LOOP_BREAK	Break Out Of Innermost Loop
LOOP_CONTINUE	Continue Loop
LOOP_END	End Loop
LOOP_START	Start Loop
LOOP_START_DX10	Start Loop (DirectX 10)
LOOP_START_NO_AL	Enter Loop If Zero, No Push
MEM_EXPORT	Access Scatter Buffer

Instruction	Description
MEM_REDUCTION	Access Reduction Buffer
MEM_RING	Write Ring Buffer
MEM_SCRATCH	Access Scratch Buffer
MEM_STREAM0	Write Steam Buffer 0
MEM_STREAM1	Write Steam Buffer 1
MEM_STREAM2	Write Steam Buffer 2
MEM_STREAM3	Write Steam Buffer 3
NOP	No Operation
POP	Pop From Stack
PUSH	Push State To Stack
PUSH_ELSE	Push State To Stack and Invert State
RETURN	Return From Subroutine
TEX	Initiate Texture-Fetch Clause
VTX	Initiate Vertex-Fetch Clause
VTX_TC	Initiate Vertex-Fetch Clause Through Texture Cache
WAIT_ACK	Wait for Write or Fetch-Read ACKs
	ALU Instructions
ADD	Add Floating-Point
ADD_64	Add Floating-Point, 64-Bit
ADD_INT	Add Integer
AND_INT	AND Bitwise
ASHR_INT	Scalar Arithmetic Shift Right
CEIL	Floating-Point Ceiling
CMOVE	Floating-Point Conditional Move If Equal
CMOVE_INT	Integer Conditional Move If Equal
CMOVGE	Floating-Point Conditional Move If Greater Than Or Equal
CMOVGE_INT	Integer Conditional Move If Greater Than Or Equal
CMOVGT	Floating-Point Conditional Move If Greater Than
CMOVGT_INT	Integer Conditional Move If Greater Than
COS	Scalar Cosine
CUBE	Cube Map
DOT4	Four-Element Dot Product

Instruction	Description
DOT4_IEEE	Four-Element Dot Product, IEEE
EXP_IEEE	Scalar Base-2 Exponent, IEEE
FLOOR	Floating-Point Floor
FLT_TO_INT	Floating-Point To Integer
FLT32_TO_FLT64	Floating-Point 32-Bit To Floating-Point 64-Bit
FLT64_TO_FLT32	Floating-Point 64-Bit To Floating-Point 32-Bit
FRACT	Floating-Point Fractional
FRACT_64	Floating-Point Fractional, 64-Bit
FREXP_64	Split Double-Precision Floating_Point Into Fraction and Exponent
INT_TO_FLT	Integer To Floating-Point
KILLE	Floating-Point Pixel Kill If Equal
KILLGE	Floating-Point Pixel Kill If Greater Than Or Equal
KILLGT	Floating-Point Pixel Kill If Greater Than
KILLNE	Floating-Point Pixel Kill If Not Equal
LDEXP_64	Combine Separate Fraction and Exponent into Double-precision
LOG_CLAMPED	Scalar Base-2 Log
LOG_IEEE	Scalar Base-2 IEEE Log
LSHL_INT	Scalar Logical Shift Left
LSHR_INT	Scalar Logical Shift Right
MAX	Floating-Point Maximum
MAX_DX10	Floating-Point Maximum, DirectX 10
MAX_INT	Integer Maximum
MAX_UINT	Unsigned Integer Maximum
MAX4	Four-Element Maximum
MIN	Floating-Point Minimum
MIN_DX10	Floating-Point Minimum, DirectX 10
MIN_INT	Signed Integer Minimum
MIN_UINT	Unsigned Integer Minimum
MOV	Copy To GPR
MOVA	Copy Rounded Floating-Point To Integer in AR and GPR
MOVA_FLOOR	Copy Truncated Floating-Point To Integer in AR and GPR
MOVA_INT	Copy Signed Integer To Integer in AR and GPR

图8-264　AMD R700系列GPU对应的机器指令集一览（1）

着色语言也是不断发展的，有不同版本，其包含的指令也不尽相同。汇编着色语言中的指令与GPU指令集中的指令已经基本接近了，有些连名称甚至都是一样的。有些则有较大不同，比如一条着色汇编指令可能会被翻译成多条GPU机器指令，或者相反。

这种由程序员编写的专门运行在GPU上的图形渲染程序代码，被称为Shader（着色器）。如果某个Shader是专门用于处理几何变换运算的，比如坐标变换、置换贴图、曲面细分等，那么称为Vertex Shader（顶点着色器）；如果Shader是用于处理像素着色阶段的，比如各种纹理映射、反锯齿处理、高级光照处理等，那么就称为Pixel Shader（或者Fragment Shader，像素着色器）。对应的高级编程语言，则被称为高级着色语言。

我们会在8.2.10节中介绍，Host端到底是如何利用诸如Direct3D以及OpenGL等3D图形库把这一整套流程控制得井井有条的，包括数据的准备、Shader程序的准备和编译、绘图命令的下发等。

仔细想一下，这与在Host端执行渲染程序有什么区别？其实本质上毫无区别。Shader这个词我们前文中就介绍过，如果没有GPU，全靠Host端CPU来渲染，它原本指的就是Host端的顶点着色器/像素着色器程序模块。只不过现在这两个角色被放置到GPU上运行，因为后者比Host端CPU执行的速度要快得多。

GPU内部的通用CPU与Host端的通用CPU有什么不同么？的确不同。GPU内部使用的这些CPU，其内部的寄存器位宽、指令集、执行流水线都经过了特殊的简化和优化，这些CPU并没有像Host端通用CPU那样增加大量的诸如分支预测、乱序执行、缓存一致性等执行优化部件，因为它要计算的东西很简单，只是数据量有些大，其几乎不需要做逻辑判断，更不需要预测。这样它就可以被做得比较简单，频率就可以提升到更高，电路面积也就更小，就可以放置更多数量的核心，形成更大规模的并行性。而Host端的CPU需要运行各种过去的、现在的以及将来可能会出现的各式各样的程序，其中会包含大量的逻辑判断控制类运算，其不得不被设计为提升这类场景下的运算性能。

Instruction	Description
MUL	Floating-Point Multiply
MUL_64	Floating-Point Multiply, 64-Bit
MUL_IEEE	Floating-Point Multiply, IEEE
MUL_LIT	Scalar Multiply Emulating LIT Operation
MUL_LIT_D2	Scalar Multiply Emulating LIT, Divide By 2
MUL_LIT_M2	Scalar Multiply Emulating LIT, Multiply By 2
MUL_LIT_M4	Scalar Multiply Emulating LIT, Multiply By 4
MULADD	Floating-Point Multiply-Add
MULADD_64	Floating-Point Multiply-Add, 64-Bit
MULADD_D2	Floating-Point Multiply-Add, Divide by 2
MULADD_M2	Floating-Point Multiply-Add, Multiply by 2
MULADD_M4	Floating-Point Multiply-Add, Multiply by 4
MULADD_IEEE	IEEE Floating-Point Multiply-Add
MULADD_IEEE_D2	IEEE Floating-Point Multiply-Add, Divide by 2
MULADD_IEEE_M2	IEEE Floating-Point Multiply-Add, Multiply by 2
MULADD_IEEE_M4	IEEE Floating-Point Multiply-Add, Multiply by 4
MULHI_INT	Signed Scalar Multiply, High-Order 32 Bits
MULHI_UINT	Unsigned Scalar Multiply, High-Order 32 Bits
MULLO_INT	Signed Scalar Multiply, Low-Order 32-Bits
MULLO_UINT	Unsigned Scalar Multiply, Low-Order 32-Bits
NOP	No Operation
NOT_INT	Bit-Wise NOT
OR_INT	Bit-Wise OR
PRED_SET_CLR	Predicate Counter Clear
PRED_SET_INV	Predicate Counter Invert
PRED_SET_POP	Predicate Counter Pop
PRED_SET_RESTORE	Predicate Counter Restore
PRED_SETE	Floating-Point Predicate Set If Equal
PRED_SETE_64	Floating-Point Predicate Set If Equal, 64-Bit
PRED_SETE_INT	Integer Predicate Set If Equal
PRED_SETE_PUSH	Floating-Point Predicate Counter Increment If Equal
PRED_SETE_PUSH_INT	Integer Predicate Counter Increment If Equal

Instruction	Description
PRED_SETGE	Floating-Point Predicate Set If Greater Than Or Equal
PRED_SETGE_64	Floating-Point Predicate Set If Greater Than Or Equal, 64-Bit
PRED_SETGE_INT	Integer Predicate Set If Greater Than Or Equal
PRED_SETGE_PUSH	Predicate Counter Increment If Greater Than Or Equal
PRED_SETGE_PUSH_INT	Integer Predicate Counter Increment If Greater Than Or Equal
PRED_SETGT	Floating-Point Predicate Set If Greater Than
PRED_SETGT_64	Floating-Point Predicate Set If Greater Than, 64-Bit
PRED_SETGT_INT	Integer Predicate Set If Greater Than
PRED_SETGT_PUSH	Predicate Counter Increment If Greater Than
PRED_SETGT_PUSH_INT	Integer Predicate Counter Increment If Greater Than
PRED_SETLE_INT	Integer Predicate Set If Less Than Or Equal
PRED_SETLE_PUSH_INT	Predicate Counter Increment If Less Than Or Equal
PRED_SETLT_INT	Integer Predicate Set If Less Than Or Equal
PRED_SETLT_PUSH_INT	Predicate Counter Increment If Less Than
PRED_SETNE	Floating-Point Predicate Set If Not Equal
PRED_SETNE_INT	Scalar Predicate Set If Not Equal
PRED_SETNE_PUSH	Predicate Counter Increment If Not Equal
PRED_SETNE_PUSH_INT	Predicate Counter Increment If Not Equal
RECIP_CLAMPED	Scalar Reciprocal, Clamp to Maximum
RECIP_FF	Scalar Reciprocal, Clamp to Zero
RECIP_IEEE	Scalar Reciprocal, IEEE Approximation
RECIP_INT	Signed Integer Scalar Reciprocal
RECIP_UINT	Unsigned Integer Scalar Reciprocal
RECIPSQRT_CLAMPED	Scalar Reciprocal Square Root, Clamp to Maximum
RECIPSQRT_FF	Scalar Reciprocal Square Root, Clamp to Zero
RECIPSQRT_IEEE	Scalar Reciprocal Square Root, IEEE Approximation
RNDNE	Floating-Point Round To Nearest Even Integer
SETE	Floating-Point Set If Equal
SETE_DX10	Floating-Point Set If Equal DirectX 10
SETE_INT	Integer Set If Equal
SETGE	Floating-Point Set If Greater Than Or Equal
SETGE_DX10	Floating-Point Set If Greater Than Or Equal, DirectX 10

图8-265 AMD R700系列GPU对应的机器指令集一览（2）

Instruction	Description
SETGE_INT	Signed Integer Set If Greater Than Or Equal
SETGE_UINT	Unsigned Integer Set If Greater Than Or Equal
SETGT	Floating-Point Set If Greater Than
SETGT_DX10	Floating-Point Set If Greater Than, DirectX 10
SETGT_INT	Signed Integer Set If Greater Than
SETGT_UINT	Unsigned Integer Set If Greater Than
SETNE	Floating-Point Set If Not Equal
SETNE_DX10	Floating-Point Set If Not Equal, DirectX 10
SETNE_INT	Integer Set If Not Equal
SIN	Scalar Sine
SQRT_IEEE	Scalar Square Root, IEEE Approximation
SUB_INT	Integer Subtract
TRUNC	Floating-Point Truncate
UINT_TO_FLT	Unsigned Integer To Floating-point
XOR_INT	Bit-Wise XOR
Vertex-Fetch Instructions	
FETCH	Vertex Fetch
SEMANTIC	Semantic Vertex Fetch
Texture-Fetch Instructions	
GET_COMP_TEX_LOD	Get Computed Level of Detail For Pixels
GET_GRADIENTS_H	Get Slopes Relative To Horizontal
GET_GRADIENTS_V	Get Slopes Relative To Vertical
GET_LERP_FACTORS	Get Linear-Interpolation Weights
GET_NUMBER_OF_SAMPLES	Get Number of Samples
GET_TEXTURE_RESINFO	Get Texture Resolution
KEEP_GRADIENTS	Keep Gradients
LD	Load Texture Elements
MEM	Memory Read
PASS	Return Memory Address
SAMPLE	Sample Texture
SAMPLE_C	Sample Texture with Comparison
SAMPLE_C_G	Sample Texture with Comparison and Gradient

Instruction	Description
SAMPLE_C_G_L	Sample Texture with Comparison, Gradient, and LOD
SAMPLE_C_G_LB	Sample Texture with Comparison, Gradient, and LOD Bias
SAMPLE_C_G_LZ	Sample Texture with Comparison, Gradient, and LOD Zero
SAMPLE_C_L	Sample Texture with LOD
SAMPLE_C_LB	Sample Texture with LOD Bias
SAMPLE_C_LZ	Sample Texture with LOD Zero
SAMPLE_G	Sample Texture with Gradient
SAMPLE_G_L	Sample Texture with Gradient and LOD
SAMPLE_G_LB	Sample Texture with Gradient and LOD Bias
SAMPLE_G_LZ	Sample Texture with Gradient and LOD Zero
SAMPLE_L	Sample Texture with LOD
SAMPLE_LB	Sample Texture with LOD Bias
SAMPLE_LZ	Sample Texture with LOD Zero
SET_CUBEMAP_INDEX	Set Cubemap Index
SET_GRADIENTS_H	Set Horizontal Gradients
SET_GRADIENTS_V	Set Vertical Gradients
Memory Read Instructions	
SCRATCH	Read Scratch Buffer
REDUCTION	Read Reduction Buffer
SCATTER	Read Scatter Buffer
Local Data Share Read/Write	
LOCAL_DS_WRITE	Local Data Share Write
LOCAL_DS_READ	Local Data Share Read

图8-266　AMD R700系列GPU对应的机器指令集一览（3）

提示 ▶▶▶

如果单纯考察目前主流GPU内部的单个核心性能，其性能恐怕是赶不上目前主流通用CPU核心的。

所以，从第四代GPU开始，GPU的架构全面转向使用大量的、专门优化过的、高效率的微型CPU核心+由游戏程序员编写代码的方式来渲染图形。图8-267所示为某GPU内使用的Vertex Processor以及Pixel/Fragment Processor内部架构图。其内部基本上由若干个向量/标量（向量运算原理见第4章图4-68）运算核心以及一些简单的分支处理部件和一些固定运算功能的部件组成。当然，还有比较关键的纹理读取和处理单元，该单元其实就是原来的TMU单元，其作为一个专用硬件，不可编程，专门负责读取并处理纹理，因为纹理比较大，放置在慢速SDRAM中，虽然其配备了纹理缓存，但是读取依然相对慢。所以该单元相当于一个纹理I/O控制器，核心执行Shader程序，向该单元发起纹理读取请求，后台异步执行，当纹理读取正在进行时，Shader程序可以继续做其他事情。该单元看似只是简单读取纹理，其实为了读取纹理，它需要事先做不少工作，包括选择Mipmap级别、计算各向异性等，最终才能知道自己要读取的是哪个纹素。读取回纹理之后还需要对纹理进行过滤并最终确认颜色，然后把对应颜色移交给Pixel Shader程序继续处理，所以TMU内部有相当的运算量。

提示 ▶▶▶

纹理填充是个累活。纹理bitmap往往很大，存在SDRAM慢速存储器中，所以要增加一层Texture Cache。但是由于读取纹素时并不是去读取bitmap中的一横行，而是要读取面元大小的一块，所以如果不加特殊处理，缓存命中率将会很低，会导致缓存行频繁换出。为了提高命中率，在将纹理载入缓存时一般是以Tile（一小块的意思）为单位载入，这样，程序在下一次读取时会有较大概率命中在同一个Tile上，如图8-268所示。纹理缓存的这种特殊组

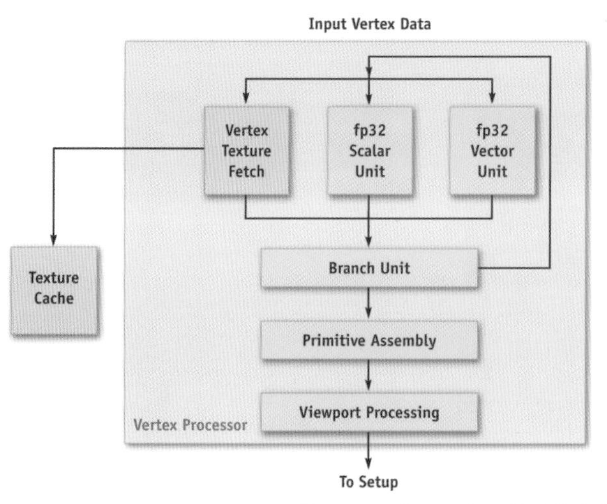

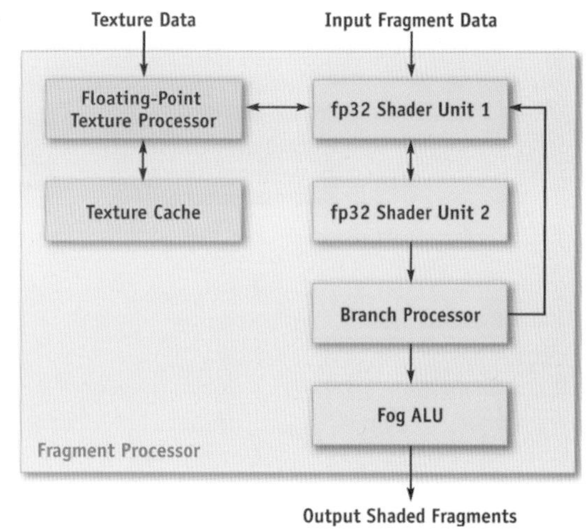

图8-267　某GPU内部的顶点和像素处理器内部架构示意图

织方式，特别适用于一些特殊数据的处理，有人直接将待计算的数据存入纹理中，然后利用纹理处理单元来计算这些数据，实现了相比传统CPU计算而言大幅提升的缓存命中率。GPU不仅可以用来计算图形，也可以做通用计算。

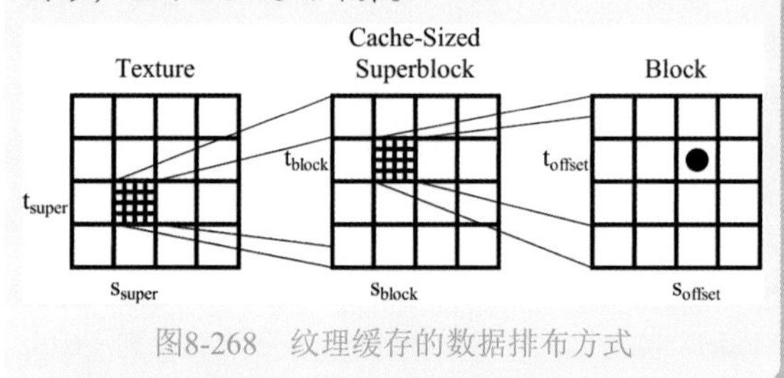

图8-268　纹理缓存的数据排布方式

如图8-269所示，2001年出现的第4代GPU，首先将顶点几何处理阶段迁移到了通用计算核心上，提供了可编程的Vertex Shader处理器核心，同时依然保留硬件T&L。程序可以选择使用之前固定的、硬件定义的管线，也可以选择使用下发自己编写好的Shader代码给软件定义的Vertex Shader执行单元来执行。像素着色部分依然保留之前的纯数字逻辑实现。

不过，第4代GPU中的Vertex Shader程序并不支持分支语句，比如if else, while, loop，call/ret等控制逻辑，也就是图8-269中所示的No Flow Control。

同时支持可编程Vertex Shader和Pixel Shader的GPU出现在2002年。如图8-270所示，此时Vertex Shader程序支持静态或者动态的分支，而Pixel Shader只支持静态分支。

使用可编程的GPU，游戏程序可以非常灵活地实现各种特效，程序员可以自定义各种特效的力度。之前的固定管线GPU可能为了均衡考虑，对某个特效的力度支持是有上限的，而采用可编程方式之后，上限完全由程序员来决定。比如，如果游戏场景非常简单，那么程序员可以选择将其他特效力度提升到更高，如果遇到复杂场景，那么可以选择动态降低某些

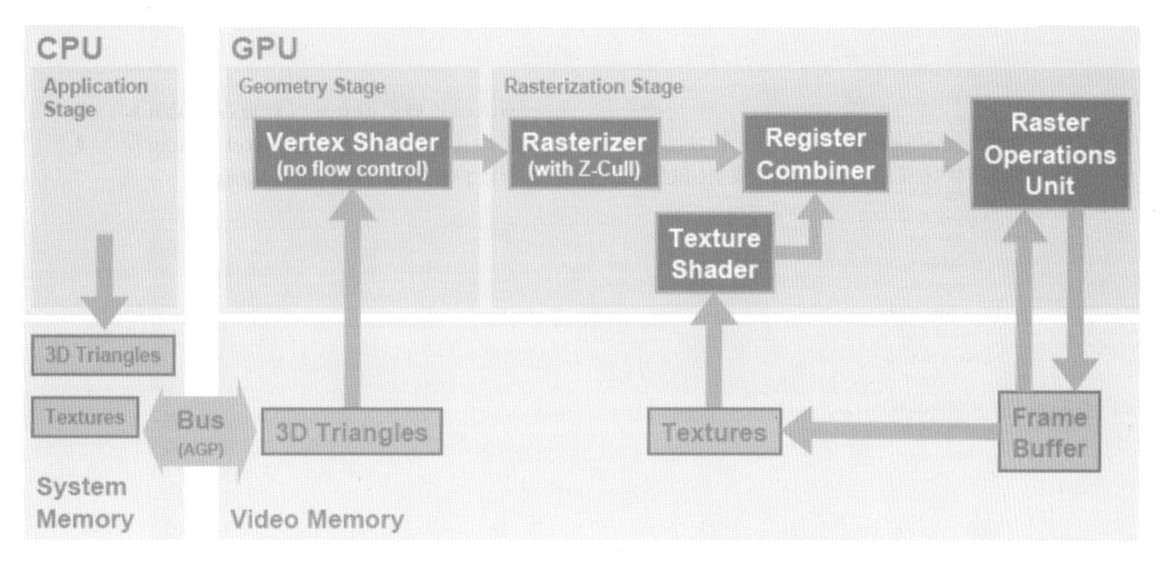

图8-269　支持可编程Vertex Shader的可编程渲染管线的第4代GPU

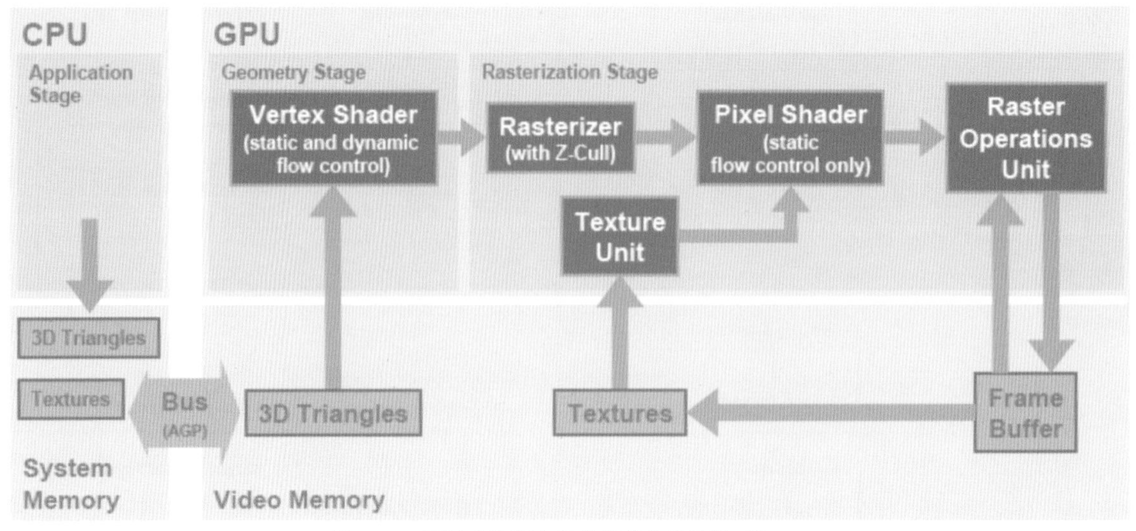

图8-270　同时支持顶点和像素着色器的第5代GPU

特效的力度，而这种灵活性是固定管线无法做到的。人们可以发明全新的特效和算法，可以完全脱离GPU厂商自行实现。

提示 ▶▶▶

可以看到，栅格化器和ROP处理器部分，并没有被设计成可编程的，目前最新的GPU在这两个步骤上依然是使用固定硬件来处理的。因为这两个步骤中几乎没有什么值得定制化的东西，它们处理的方式本身就是很固定的，比如根据顶点算出三角形跨越了哪些像素点，没有程序员想去把这块算法也改成自定义的。或者说，在顶点和像素着色器的可编程潜力被挖掘殆尽之前，不会有人去琢磨把栅格化和ROP也搞成可编程的。

要知道，GPU内部的处理核心一开始是非常简化的，但是随着程序员开发出越来越复杂的Shader程序，实现更高级的特效，处理核心也就得跟着加入更多复杂的功能、更多的寄存器、更多的指令集、更先进的编程方式，才能满足日益增长的Shader复杂度和灵活度需求。于是也就有了一代一代更迭的**Shader Model**。如图8-271所示为微软Direct3D体系的Shader Model功能对比。目前最新的Shader版本已经到了6.0。至于其中的各项功能含义，大家就自行了解学习吧。

Vertex shader version	VS 1.1	VS 2.0	VS 2.0a	VS 3.0	VS 4.0 VS 4.1 VS 5.0
# of instruction slots	128	256	256	≥ 512	4096
Max # of instructions executed	128	1024	65536	65536	65536
Instruction predication	No	No	Yes	Yes	Yes
Temp registers	12	12	16	32	4096
# constant registers	≥ 96	≥ 256	256	≥ 256	16×4096
Static flow control	No	Yes	Yes	Yes	Yes
Dynamic flow control	No	No	Yes	Yes	Yes
Dynamic flow control depth	No	No	24	24	Yes
Vertex texture fetch	No	No	No	Yes	Yes
# of texture samplers	N/A	N/A	N/A	4	128
Geometry instancing support	No	No	No	Yes	Yes
Bitwise operators	No	No	No	No	Yes
Native integers	No	No	No	No	Yes

图8-271　微软Direct3D体系的Shader Model功能对比

Pixel shader version	1.0 to 1.3	1.4	2.0	2.0a	2.0b	3.0	PS 4.0 PS 4.1 PS 5.0
Dependent texture limit	4	6	8	Unlimited	8	Unlimited	Unlimited
Texture instruction limit	4	6*2	32	Unlimited	Unlimited	Unlimited	Unlimited
Position register	No	No	No	No	No	Yes	Yes
Instruction slots	8+4	8+4	32 + 64	512	512	≥ 512	≥ 65536
Executed instructions	8+4	6*2+8*2	32 + 64	512	512	65536	Unlimited
Texture indirections	4	4	4	Unlimited	4	Unlimited	Unlimited
Interpolated registers	2 + 8	2 + 8	2 + 8	2 + 8	2 + 8	10	32
Instruction predication	No	No	No	Yes	No	Yes	No
Index input registers	No	No	No	No	No	Yes	Yes
Temp registers	2	6	12 to 32	22	32	32	4096
Constant registers	8	8	32	32	32	224	16×4096
Arbitrary Swizzling	No	No	No	Yes	No	Yes	Yes
Gradient instructions	No	No	No	Yes	No	Yes	Yes
Loop count register	No	No	No	No	No	Yes	Yes
Face register (2-sided lighting)	No	No	No	No	Yes	Yes	Yes
Dynamic flow control	No	No	No	No	No	24	Yes
Bitwise Operators	No	No	No	No	No	No	Yes
Native Integers	No	No	No	No	No	No	Yes

续图8-271

2004年出现了支持Shader Model 3.0的GPU，其支持64位颜色，以及总线接口从AGP过渡到PCIE。如图8-272所示，两个Shader都支持动态和静态分支。

这一代GPU的典型代表是Nvidia GeForce 6800系列显卡使用的GPU。如图8-273所示为其架构示意图。其采用了6个顶点处理器并行运行顶点Shader程序对顶点进行基本处理（坐标变换等）和高级处理（变形计算等），在经过了剔除、剪裁和三角形装配以及栅格化阶段处理（固定功能数字逻辑处理，不可编程）之后，进入16个像素处理器并行运行像素Shader程序处理每一个像素。然后进入16个ROP处理器（固定功能数字逻辑）进行最终处理，最后图像会被输出到Frame Buffer。

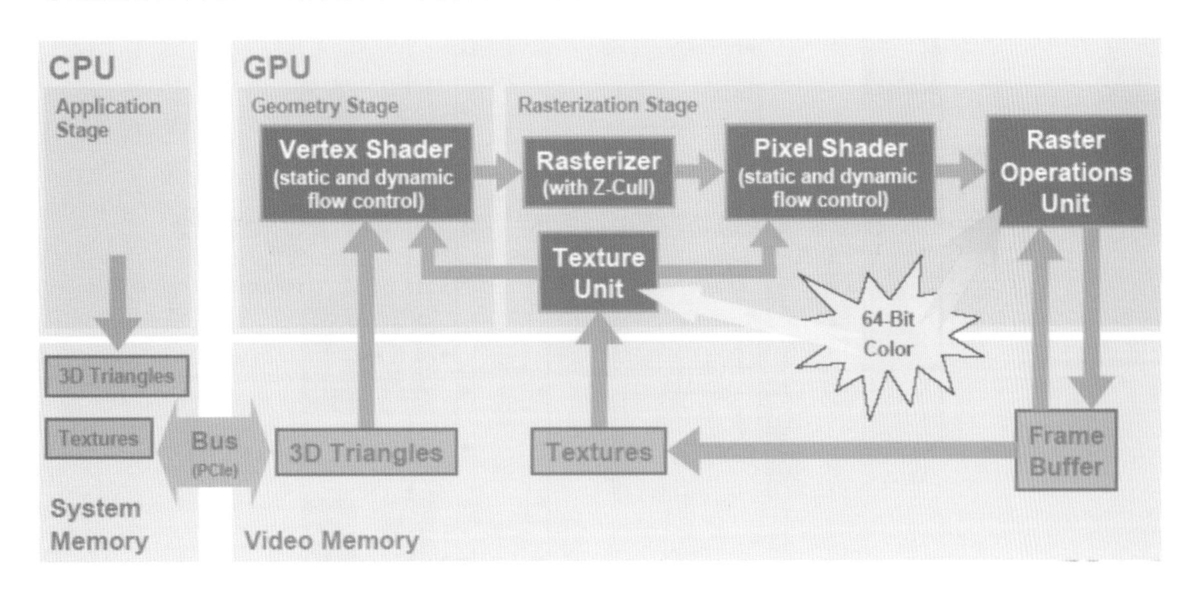

图8-272　采用PCIE总线、支持64位颜色的可编程渲染管线的第6代GPU

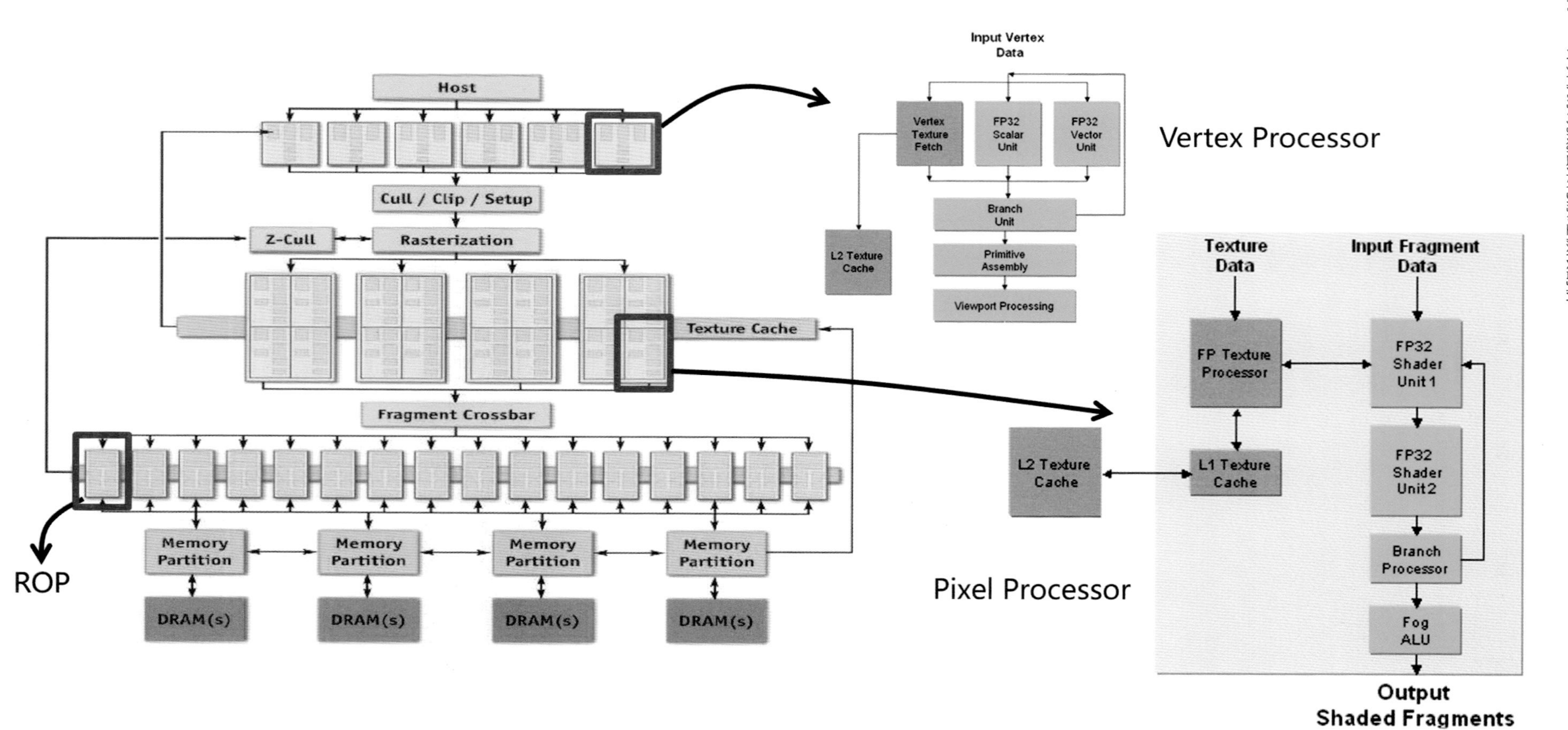

图8-273 Nvidia GeForce 6800系列显卡GPU内部架构示意图

8.2.9.4 Unified可编程3D图形加速

在Shader Model 1.0～3.0时代，GPU内部为顶点着色器和像素着色器程序分别提供了各自不同架构的处理核心，其指令集也有所不同，维护和开发起来就不够方便。另外，如果某个程序在顶点阶段计算量不大，而像素着色阶段计算量很大，那么会导致顶点着色器处理核心的资源无法得到充分利用，会浪费资源。于是，GPU厂商与微软联合做了改进，GPU厂商将处理核心统一成只有一种，即既可以执行顶点着色程序又可以执行像素着色程序，GPU机器指令集也被统一成一种。与之对应，微软也发布了Shader Model 4.0版本规范，定义对应的高级着色语言、着色汇编语言指令集以及其他相关规范。一直到今天的SM 6.0，路数相同。统一之后的Shader模型被称为Unifed Shader，但是顶点着色以及像素着色这两个步骤依然是独立存在的，只是它们底层的指令集以及所运行在的处理器核心都是一样的了。

从此，GPU的发展就步入了高速轨道，路数基本不再变化了，也就是全面转向为Shader程序提供更优化的通用处理核心，包括寄存器和指令集等方面，以及疯狂开始集成入大量的ALU运算单元。到目前为止，消费级高端显卡上的GPU已经集成4096个ALU运算单元。也正因如此，人们才能以4 K的分辨率、最高特效畅玩3D游戏大作。本质上讲，GPU越来越演变成一个通用计算平台，程序员可以用GPU来计算图形，也可以计算其他任何能够并行化处理的程序。只不过GPU内部对图形渲染流程是有特定优化的，比如纹理TMU单元、Texture Cache、向量运算形式等，在指令集上也有一些专门为图形计算设置的指令。正因如此，Nvidia后来将其GPU内部架构称为CUDA（Compute Unified Device Architecture），对应的处理核心称为CUDA Core。

提示 ▶▶▶

核心泛指由ALU、取指令、译码、执行流水线控制等所有部件组成的一套完整电路模块。但是GPU厂商习惯将每个ALU运算单元称为一个核心。实际上，在GPU内部，多个ALU是共享同一套控制模块的。

如图8-274所示为Nvidia GF100（代号Fermi）GPU核心架构图，其中包含了1920个可编程的Unified统一Shader执行ALU，以及大量的固定功能处理单元。

图8-275所示为GPC局部放大图。SM为GPU内部的亚单元，其总体上而言就相当于一个多ALU的CPU核心，只不过Nvidia将其内部每个ALU称为一个Core。SM内部的组织与CPU类似，拥有指令缓存、一个较大的Register File寄存器堆（相当于数据缓存）、若干个ALU（CUDA Core，每个Core各包含一个浮点运算单元和整数运算单元）单元、若干个Load/Stor单元、若干个SFU（用于log/exp、sin/cos、rcp/rsqrt等特殊计算的专用运算器）、64KB的L1指令数据共享缓存、4个纹理处理单元（TMU，每单元每周期可取4个样点）、纹理缓存，以及用于线程调度的Warp Scheduler和分派单元（这些流水线执行管理方面的概念我们在本书第4章中已经详细介绍过）。当需要读取纹理时，由于纹理读取较慢（而且还要进行过滤计算，都在TMU内完成），Warp Scheduler可以切换到其他线程来运行，从而屏蔽纹理读取的时延。每个SM还配备一个PolyMorph（多边形变形）单元，其实就是几何运算单元。PolyMorph单元不可编程，负责从顶点缓冲区取回顶点、对顶点进行基本坐标变换、对顶点进行三角形装配、曲面细分中的Tessellater步骤。最后，所有部件之间采用内部的互联网络相连（Crossbar、Ring或是Mesh）。

如图8-276所示为AMD于2017年推出的Radeon Vega GPU架构示意图，其最大支持4096个运算核心。如图8-277所示为一些GPU芯片的Die图。

8.2.9.5 深入AMD R600 GPU内部执行流程

在介绍完GPU架构的发展史之后，我们深入地走进一款GPU内部，来探索其内部具体的渲染流程框架。我们以AMD的R600系列GPU为蓝本。

是的，GPU可以将顶点和贴图处理成最终的图形。但是，GPU到底是怎么得到数据的，又怎么知道如何渲染对应的数据？巧妇难为无米之炊，我们的探索之路就以这个问题开始。显然，在Host端的主存中需要有个地方来存放数据核命令，GPU到这里来自取、执行，这个地方就是Ring Buffer，或者Circular Queue、Send Queue。这个过程与第7章介绍的I/O过程是一样的。当前的GPU都是通过PCIE接口和协议连接到CPU上的，其与Host端的交互方式与网卡、SAS卡、声卡等没有本质区别，只是交互的数据和命令有区别。Host端只提供命令还不行，还得有原材料和菜谱，所以Host端还要将所需的数据准备在Host端对应的缓冲区里，包括Vertex、Texture、待运行的着色器程序（菜谱）以及其他一些控制信息，并将这些信息都记录到Ring Buffer中的命令描述Descriptor中。有时这些Descriptor又被称为Work Queue Element（WQE），其叫什么真的不重要。

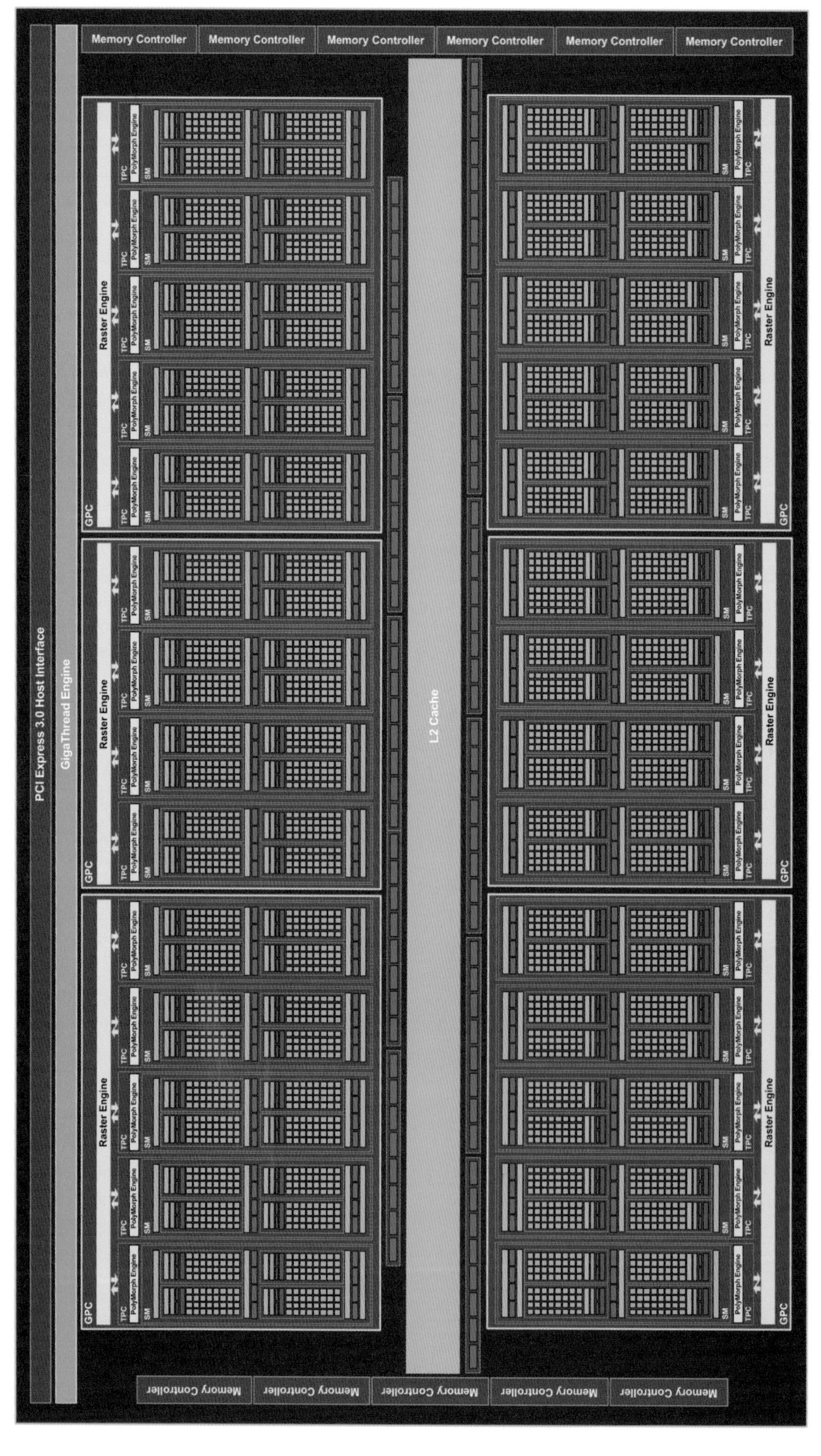

图8-274　Nvidia GF100（代号Fermi）GPU核心架构图

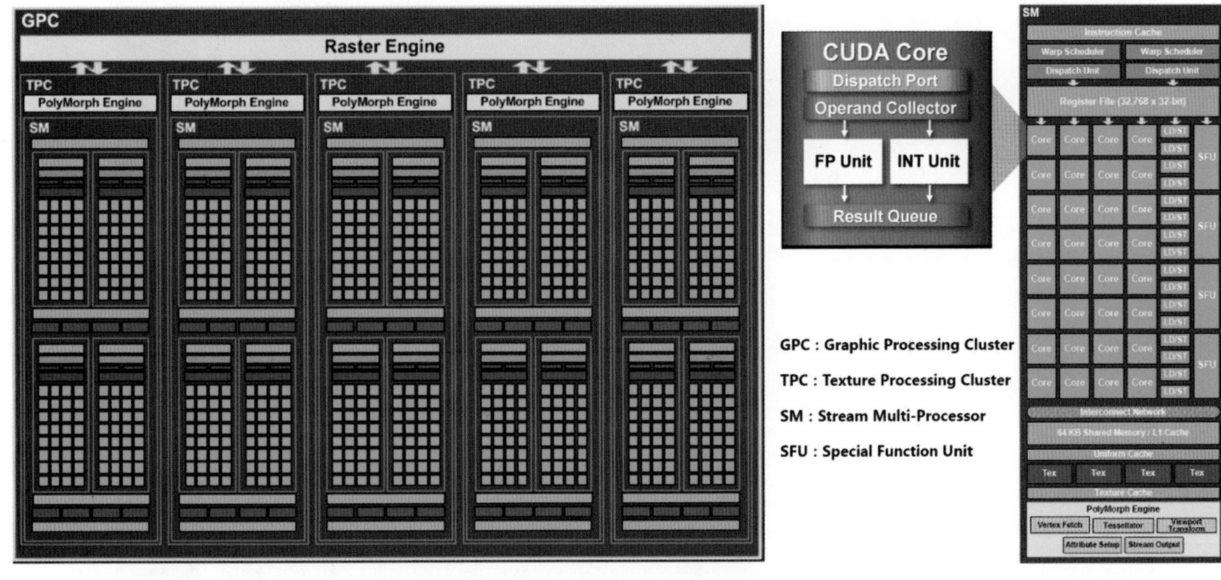

图8-275　一个GPC内部的架构图

重要的是，GPU内部一定需要某个器件来解析拿到的命令，这个器件被称为Command Processor（CP）。这个器件或是一个通用CPU核心运行某种固件，或是纯数字逻辑译码器，不过当你知道了所有可能的做法之后，它具体是怎么做的其实也不重要。重要的是，解析命令之后如何执行。AMD R600/700的CP的确是运行微码的，也必须运行微码，因为只有这样才足够灵活。其他GPU厂商对这个角色可能有不同叫法，比如Intel的集成GPU称为Command Streamer（CS）。GPU内部可以并行存在多个CP，驱动程序初始化多个Ring Buffer Queue，每个CP负责从各自的Queue中提取任务执行，以及负责在执行任务过程中访问Host主存以及显存中准备的各种资源，此时需要考虑同步问题，因为多个CP之间是没有沟通的，如果将同一份资源让多个CP执行，就无法保证顺序。

我们先来看一下图8-278。根据目前所掌握的知识，你应该可以完全理解图中大部分角色存在的目的。有些名称可能比较有迷惑性，比如Scan Converter，如果你知道Rasterization的具体过程（在一个面元中按照Scanline计算跨越的像素），便会知道其实它就是Rasterizer。VGT就是负责顶点几何运算的，如果Host端没有使用顶点着色程序，那就直接走到PA这一步，PA就是负责根据顶点Index识别哪些顶点组成了三角形的，渲染流程完成栅格化之后便进入Pixel Shader继续处理。如果Host端使用了顶点着色器，则VGT将顶点信息输送到Vertex Shader处理，处理完输送到PA，然后继续走到像素着色器。SPI的作用是调度器，每次调度64个顶点/像素，这64个顶点/像素被称为一个wavefront（波前），Nvidia对其则有另外的称呼，即Warp（包裹），每个Warp中处理32个顶点/像素。SX表示Shader Export的意思，其实就是FIFO Buffer用于存放处理完的结果的。渲染流程最后进入ROP的地盘执行各种测试，然后输出到颜色缓冲，通过Frame Buffer切换播放到显示器。

Shader程序在运行的时候需要访问Register File，AMD将Register File称为General Purpose Registers（GPR）。GPR在Shader运行之前会被SPI动态分配，同时SPI还会向GPR中预先载入该Shader运行所需的控制信息，比如顶点缓存的地址等，然后，SPI会直接让Shader处理核心跳转到Shader程序的第一行代码上运行。其实这整个过程就相当于函数调用一样，调用了Shader这个大函数。Shader会根据GPR中的顶点缓存地址，取出顶点进行对应的处理，然后将结果写入到SX中。

Pixel着色器的运行也是同样的过程，也需要被SPI统一调度。Pixel着色器运行过程中会牵扯到纹理贴图处理，此时可以利用系统中的专用TMU来完成纹理映射计算，或者如果没有TMU则直接用Shader处理核心来访问纹理缓存并完成各种过滤计算，不过一般GPU内部都有专门的硬件TMU。Pixel着色器运行的时候可能会保存一些结果到一个叫作Shared Memory Buffer的特殊缓冲区，也就是图中的SMX，其作用是在Shader之间快速共享数据。

SPI每次调度一个wavefront，也就是64个顶点/像素到顶点/像素着色器执行，其本质上其实是开了64个线程，每个线程运行相同的Shader代码来处理

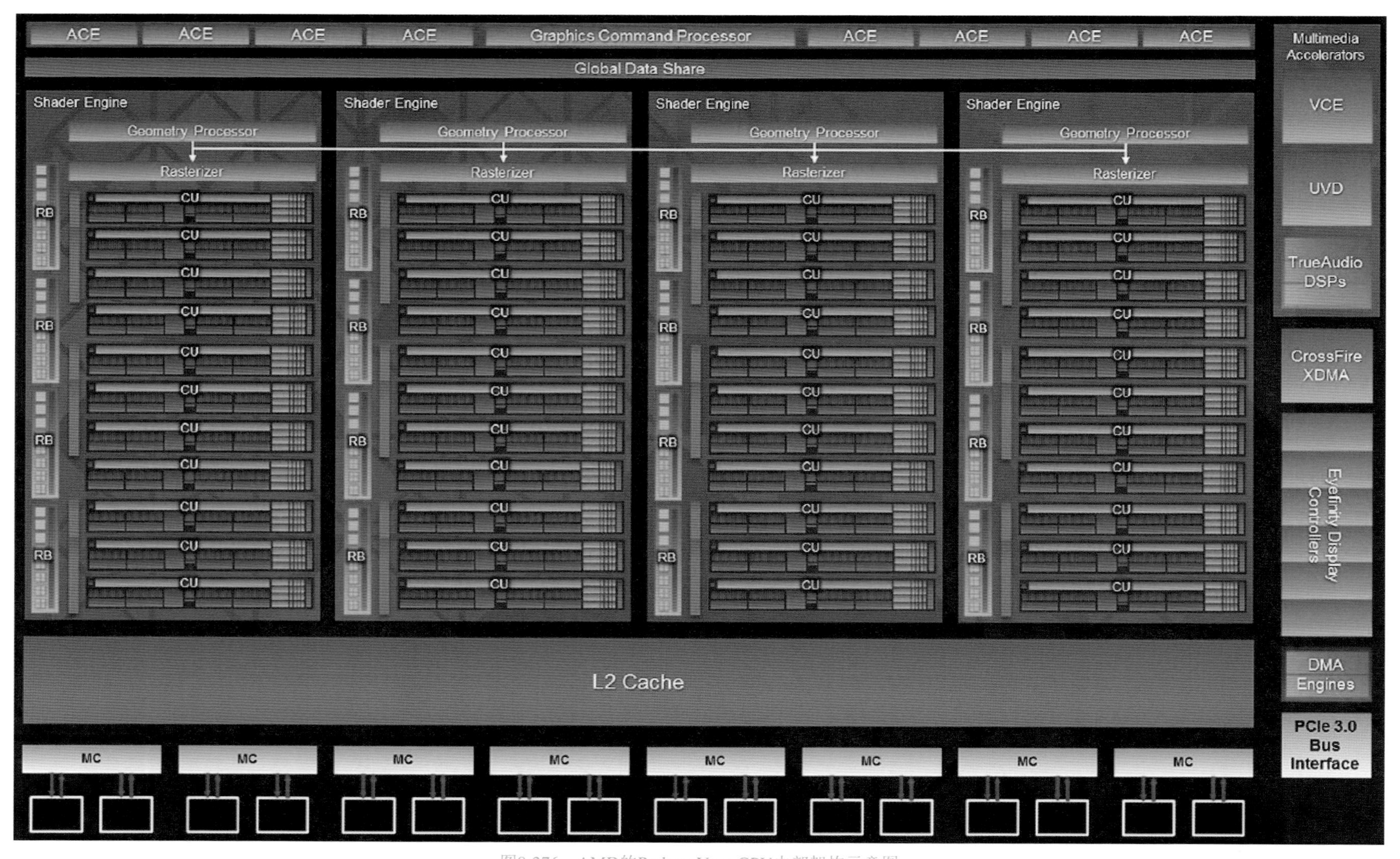

图8-276　AMD的Radeon Vega GPU内部架构示意图

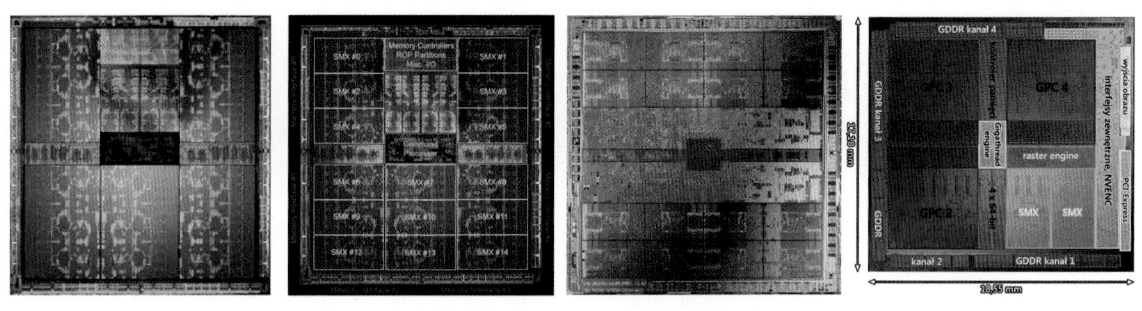

图8-277 一些GPU芯片的Die图

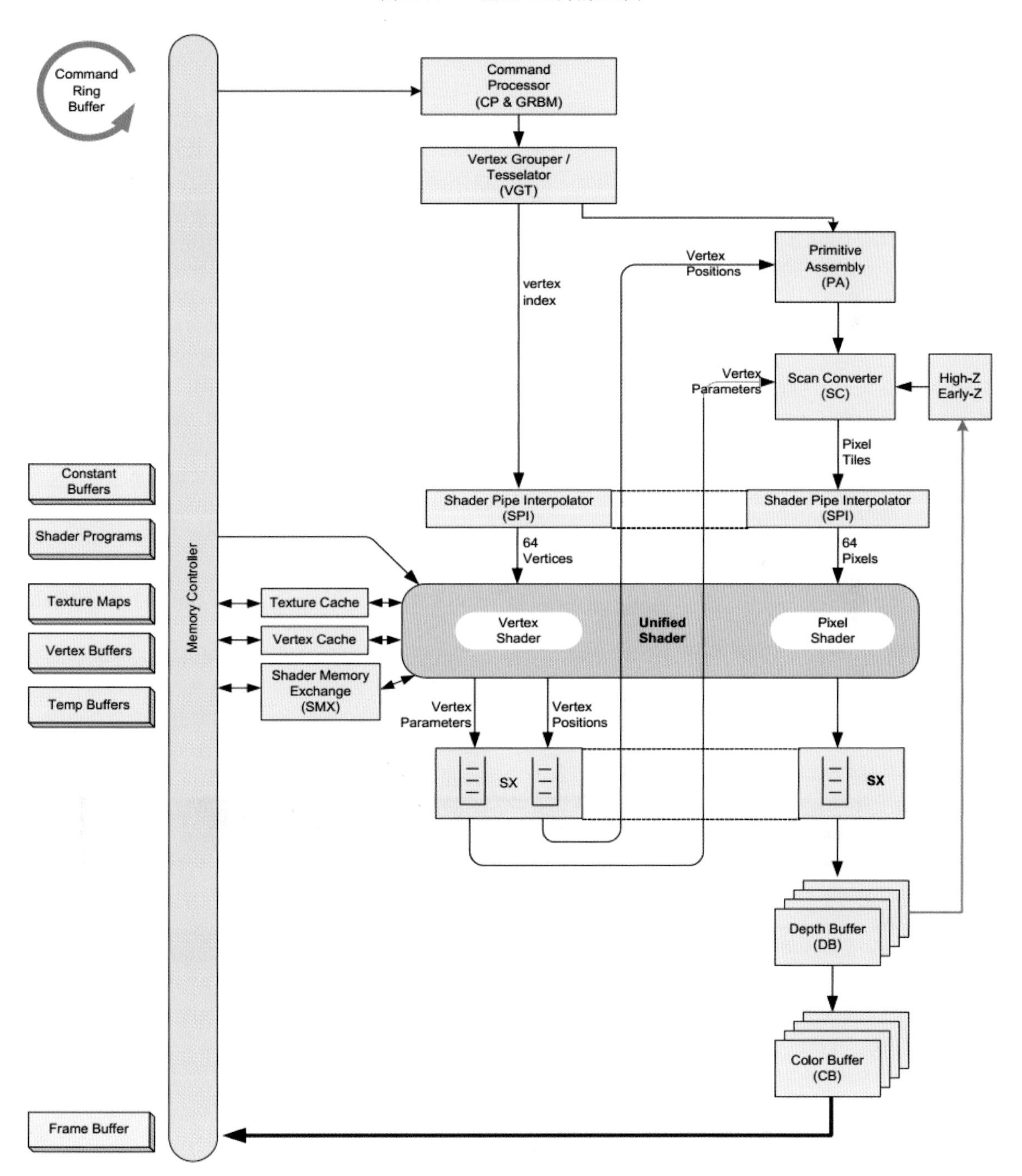

图8-278 AMD R600/700内部运作流程示意图

不同的顶点/像素，代码根据自己的线程ID来处理不同的数据。这种处理方式被Nvidia称为**SIMT（Single Instruction Multi Thread）**。其与SIMD（本书第4章结尾）的区别在于，SIMD泛指单个线程中的某个指令运行时同时处理了多份数据，也就是用向量方式来处理，而SIMT则是指多个处理核心上的多个线程运行完全相同的代码，这些线程中同一个位置上的相同指令各自处理不同的数据，而这条指令本身可能同时也是向量指令，那么这就相当于用多个线程同时用向量运算的方式处理多份不同数据，在SIMD基础上吞吐量再次提升对应线程数量的倍数。

有时候，Shader程序中可能存在条件分支操作。如果没有分支操作，所有ALU上流过的代码逻辑完全相同，执行的指令都是相同的，只是处理的数据不同。一旦出现分支，如图8-279所示，不同的像素/顶点值会走入不同的处理逻辑（图中黄色和浅蓝色）处理，那么，就必须一个分支一个分支轮流处理。如图所示，ALU1/2/4走入了黄色分支，运行黄色区域代码，此时其他ALU必须阻塞，不执行任何指令。等待这三个ALU执行完后，其他ALU开始执行浅蓝色区域代码，而ALU1/2/4阻塞等待，当浅蓝色区域代码执行完后，这个分支结束了，大家再同步开始运行后续的非分支代码。可见，SIMT模式下，如果所有的ALU都进入同一个分支，那么性能不会有影响，就怕一部分ALU进入一个分支，其他ALU进入另一个分支，此时这两批ALU之间就是串行关系。

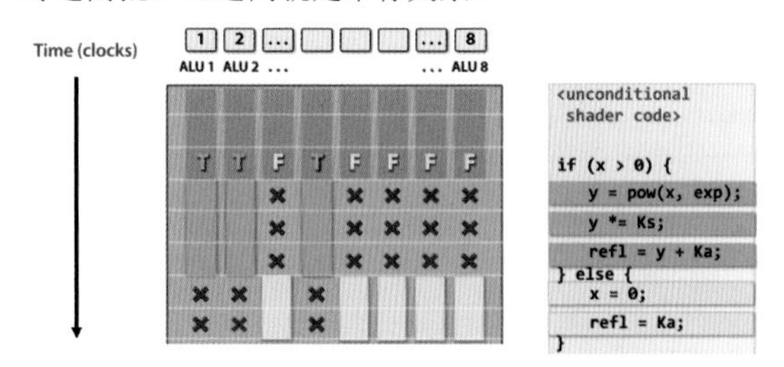

图8-279 分支操作将极大降低SIMT的性能

Shader在被调度运行之前，SPI必须将控制信息比如顶点索引等载入GPR寄存器堆。GPR物理上其实是SRAM，并不是触发器，后者占用晶体管太过庞大，这不划算。顶点着色器运行时，根据顶点索引，要么自己亲自执行Vertex Fetch类的指令取回顶点坐标和其他属性到GPR，要么可以执行call指令调用一个专门执行Vertex Fetch步骤的函数，从而由后者帮忙取回顶点数据到GPR。Vertex着色器开始处理取回的顶点（比如执行坐标转换步骤，期间可以使用置换贴图来改变坐标位置，或者执行一些傅里叶变换、Sin函数之类形成波浪效果等，这就完全取决于Shader怎么写的了），然后到SX FIFO中分配一个位置（这个位置被称为Position Buffer，因为其是用来存储运算完的顶点坐标位置的），然后将处理完后的顶点坐标写入到SX中对应的Position Buffer。

Shader程序执行结束之后，SPI释放之前为该wavefront分配的GPR空间，然后调度下一轮wavefront继续执行，这也是为何AMD称之为wavefront的原因，真的是一波一波地来袭和执行。

经由顶点着色器处理完毕的数据，通过SX传递给了PA，在这里做图元装配，把三角形先确定下来，然后输送给栅格化器确定最终这一批顶点组成的面元所跨越的所有像素坐标。PA和SC都是纯数字逻辑硬件完成计算，所以速度也是飞快的。然后，像素坐标又被输送到SPI调度，SPI用老套路，再生成64个线程的wavefront，分配GPR，然后在对应数量的Shader处理核心上运行这64个线程，并按照老套路结束运行并释放资源。

流程图中还有一个Constant Buffers角色，其又被称为**Constant Cache**。由于Shader程序执行时以访问GPR为主（Shader被编译的时候就尽量把数据放到寄存器中，GPU内处理核心的通用寄存器容量相比一般的通用CPU中寄存器容量要大得多），但是由于GPR的容量毕竟还是有限的，一些数据，尤其是常量数据，在程序运行时也经常会访问，比如一些固定参数、地址指针等，对于这些数据，需要再开辟一块缓冲区来存放。GPU内部使用**Constant Memory**来存放上述这些数据，Constant Memory其实就是GPU在显存SDRAM中开辟的某块空间，但是访问SDRAM很慢，所以GPU在其内部又加了一层物理上用SRAM并且离核心距离较近的Constant Cache。其实GPU芯片内部会将SRAM集中放置到一起，然后在逻辑上切分SRAM的空间作为不同角色的Cache。

我们再回到源头上，看一下Command Processor到底接收的是什么样的命令，命令里面都有些什么内容和格式。如图8-280所示为该GPU接收的命令中的一类，其被称为Type-0 Packet。Type0类命令的作用是写对应的值到GPU上对应的寄存器，结合图中各字段，意思就是：写从Base_Index开始的数量为Count个连续的寄存器值，这些值是Reg_Data_1～n。至于Host端程序（一般是GPU的驱动程序）为什么要写寄存器，写哪些寄存器，就完全取决于程序的逻辑了。

提示

其实Host端程序完全可以直接写入GPU对应寄存器所在的地址来更新或者读取寄存器，但是这样会比较低效。把要写入的值和地址封装到命令里，让GPU自行更新，效率更高。

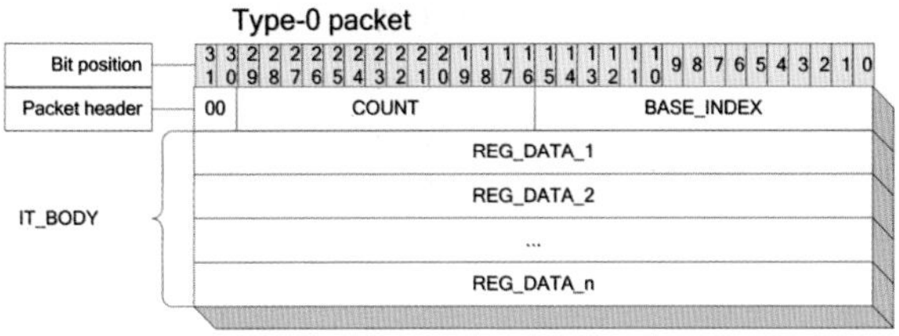

Type-0 packet

Bit position | 31 30 29 28 27 26 25 24 23 22 21 20 19 18 17 16 15 14 13 12 11 10 9 8 7 6 5 4 3 2 1 0

Packet header | 00 | COUNT | BASE_INDEX

IT_BODY | REG_DATA_1 | REG_DATA_2 | ... | REG_DATA_n

Bit(s)	Field Name	Description
15:0	BASE_INDEX	The BASE_INDEX[15:0] correspond to byte address bits [17:2]. The BASE_INDEX is the DWORD Memory-mapped address. This field width supports a memory map up to 64K DWORDs (256K Bytes).
29:16	COUNT	Count of DWORDs in the information body. Its value should be N-1 if there are N DWORDs in the information body.
31:30	TYPE	Packet identifier. It should be zero.

Bit(s)	Field Name	Description
31:0	REG_DATA _x	The bits correspond to those defined for the relevant register. Note the suffix x of REG_DATA_x stands for an integer ranging from 1 to N.

图8-280　Type0类写寄存器命令

该GPU内部的一些关键寄存器及其含义如图8-281所示，你一定会表示看不懂，没关系，冬瓜哥也看不懂。我们只知道有一堆的寄存器用来设置各种运行模式、参数就可以了。不过还是看一下图中右下角的Vertex Shader Info Setup类寄存器。其中的SQ_PGM_START_VS寄存器，存储的是Vertex Shader程序代码位于显存中的位置。这个总该懂吧。要让GPU执行Shader程序，程序的入口地址总得知道吧。这个寄存器保存的就是。同理，Pixel Shader的入口地址就被保存在SQ_PGM_START_PS寄存器中。如果Host端绘图程序决定改用其他Shader程序来渲染新的帧/场景，那就得把Shader程序复制到显存中某个位置，然后更新对应寄存器为新值即可。如果不使用Shader程序来渲染，也需要设置对应的控制寄存器来声明，那么GPU渲染就会采用默认的固定管线来渲染。其实，当代的GPU内部已经早就没有了所谓固定管线数字逻辑硬件模块了，固定管线也都是使用一个按照固定管线的图形质量标准开发的简陋Shader程序模拟出来的，当然，这个白送的简陋Shader的质量可能就参差不齐了。

如图8-282所示为Type3类命令，该类命令并不是单纯为了写寄存器，而是真地为了向GPU发送某种具体操作命令了，命令参数和描述被放置在命令包中的Data字段中，命令的Opcode操作码被放到包头中。不过，**GPU收到这类名令包之后，其实还是将Data字段中的值写入到对应寄存器，只不过命令包中哪个Data字段对应哪个寄存器是按照该命令的Opcode严格设计匹配的**。这样可以让Host端的程序不需要记忆众多寄存器地址了，而是由GPU内部的Command Processor来解析Opcode，然后将对应的Data字段写到对应的内部寄存器中。那如果Host端程序员是个奇葩愣是想写寄存器以实现直接控制的快感呢？没人拦着，要么直接写对应地址，要么用Type0类命令来批量写寄存器。

如图8-283所示为一些关键的命令一览。我们第一眼就看到了最重要的各种DRAW命令。正是利用DRAW命令，Host端程序将顶点等信息发送给GPU从而让其绘图。如果在Host端将这些命令封装为某个函数，比如Draw_with_parameter_xxx()，就是所谓的Draw Call了。

另外还有用于控制渲染状态的命令，即图中的State Management Packets。渲染状态这个概念我们在8.2.6节中介绍过。其中有一条SET_RESOURCE命令，比如Host端程序需要将Shader所在的位置指针、顶点缓冲位置等一系列资源性质的信息写入该命令中然后下发到GPU，后者就会将这些指针信息保存在自己本地对应寄存器中备用。

同理，SET_CONFIG_REG命令中携带的则是一些控制参数信息。

SQ_TEX_SAMPLER_WORD0_0
- *CLAMP_X*
- *CLAMP_Y*
- *CLAMP_Z*
- *XY_MAG_FILTER*
- *XY_MIN_FILTER*
- *Z_FILTER*
- *MIP_FILTER*
- *BORDER_COLOR_TYPE*
- *POINT_SAMPLING_CLAMP*
- *TEX_ARRAY_OVERRIDE*
- *DEPTH_COMPARE_FUNCTION*
- *CHROMA_KEY*
- *LOD_USES_MINOR_AXIS*

SQ_TEX_SAMPLER_WORD1_0
- *MIN_LOD*
- *MAX_LOD*
- *LOD_BIAS*

SQ_TEX_SAMPLER_WORD2_0
- *LOD_BIAS_SEC*
- *MC_COORD_TRUNCATE*
- *FORCE_DEGAMMA*
- *HIGH_PRECISION_FILTER*
- *PERF_MIP*
- *PERF_Z*
- *FETCH_4*
- *SAMPLE_IS_PCF*
- *TYPE*

SPI (Shader Processor Interpolator) Fixed Setup
- Turn on/off fog, inputZ, flat shading and point sprites.
  - SPI_CONFIG_CNTL
  - SPI_INTERP_CONTROL_0
  - SPI_FOG_CNTL
  - SPI_INPUT_Z
  - SPI_FOG_FUNC_SCALE
  - SPI_FOG_FUNC_BIAS

Vertex resource setup
- SQ_VTX_CONSTANT_WORD0_0
  - BASE_ADDRESS: dwDevAddr
- SQ_VTX_CONSTANT_WORD0_1
  - SIZE: (dwNumEntries << 2) - 1
- SQ_VTX_CONSTANT_WORD0_2
  - STRIDE: dwVtxSize << 2
  - CLAMP_X: 1
- SQ_VTX_CONSTANT_WORD0_3
- SQ_VTX_CONSTANT_WORD0_6
  - TYPE: 3

Vertex Shader info setup:
- SQ_PGM_START_VS: Base video memory address for the vertex shader
- SQ_PGM_RESOURCES_VS: Info about the resources used by this shader

图8-281　一些关键寄存器一览

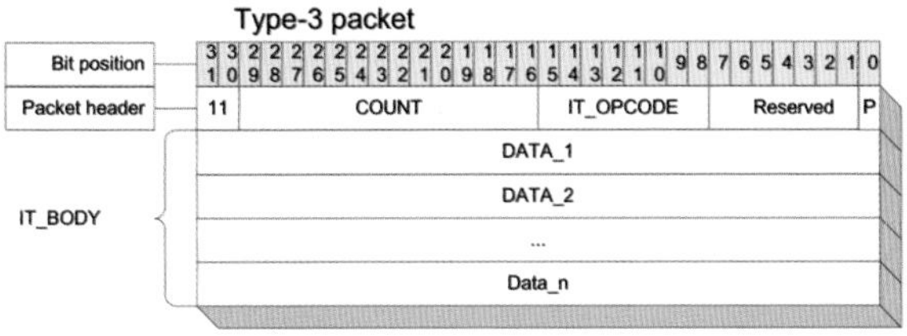

Type-3 packet

Bit position | 31 30 29 28 27 26 25 24 23 22 21 20 19 18 17 16 15 14 13 12 11 10 9 8 7 6 5 4 3 2 1 0

Packet header | 11 | COUNT | IT_OPCODE | Reserved | P

IT_BODY | DATA_1 | DATA_2 | ... | Data_n

Bit(s)	Field Name	Description
0	PREDICATE	Predicated version of packet when bit 0 is set.
7:1	Reserved	This field is undefined, and is set to zero by default.
15:8	IT_OPCODE	Operation to be carried out. Bit 15 is the GMC bit. See section 4 for details.
29:16	COUNT	Number of DWORDs -1 in the information body. It is N-1 if the information body contains N DWORDs.
31:30	TYPE	Packet identifier. It should be 3.

图8-282　Type3类命令包格式

Packet Name	IT_OPCODE	Description
Draw Packets		
DRAW_INDEX_IMMD_BE	0x29	Draw packet used with big endian (BE) immediate (embedded) 16 bit index data in the packet
INDEX_TYPE	0x2A	Sends the current index type to the VGT
DRAW_INDEX	0x2B	Draw packet used when fetching indices from memory is required
DRAW_INDEX_AUTO	0x2D	Draw packet used when auto-index generation is required
DRAW_INDEX_IMMD	0x2E	Draw packet used with immediate (embedded) index data in the packet
NUM_INSTANCES	0x2F	Sends the number of instances to the VGT
MPEG_INDEX	0x3A	MPEG Packed Register Writes and Index Generation
State Management Packets		
SET_CONFIG_REG	0x68	Write Register Data (single context) to a Location on Chip.
SET_CONTEXT_REG	0x69	Write Render State Data (multi context) to a Location on Chip.
SET_ALU_CONST	0x6A	Write ALU Constants to a Location on Chip.
SET_BOOL_CONST	0x6B	Write Boolean Constants to a Location on Chip.
SET_LOOP_CONST	0x6C	Write Loop Constants to a Location on Chip.
SET_RESOURCE	0x6D	Write Resource Constants to a Location on Chip.
SET_SAMPLER	0x6E	Write Sampler Constants to a Location on Chip.
SET_CTL_CONST	0x6F	Write Control Constants to a Location on Chip.
SURFACE_BASE_UPDATE	0x73	Inform the CP which base register has been updated. (work around for CP on RV6xx).
Wait/Synchronization Packets		
MEM_SEMAPHORE	0x39	Sends Signal & Wait semaphores to the Semaphore Block.
WAIT_REG_MEM	0x3C	Wait Until a Register or Memory Location is a Specific Value.
MEM_WRITE	0x3D	Write DWORD to Memory For Synchronization
CP_INTERRUPT	0x40	Generate Interrupt from the Command Stream
SURFACE_SYNC	0x43	Synchronize Surface or Cache
COND_WRITE	0x45	Conditional Write to Memory or to a Register
EVENT_WRITE	0x46	Generate an Event write to the VGT Event Initiator

图8-283 Type3类命令一览

如图8-284所示为DRAW_INDEX命令（Opcode=0x2B）的具体格式。在这个命令中，将顶点缓冲区基地址放置在了前两个字段，将需要让GPU绘制的顶点索引数量放到第三个字段，将绘制方式控制信息放入第四个字段。GPU拿到该命令包之后，还是将对应字段的值写入到对应的寄存器，从而控制内部模块的运行。比如该命令被Command Processor解码后，会将对应值写入到VGT模块对应的寄存器中，VGT模块便开始调用GPU内部的DMA引擎硬件模块从Host主存中取回顶点值，然后开始绘制过程。

此外，还有DRAW_INDEX_IMMD_BE命令，其直接将顶点信息封装到命令的DATA字段中，发送给GPU渲染。这就像CPU指令集中的add_i指令一样，其直接将立即数嵌入到指令中计算，而不是通过访存先拿到数据再来计算，这也是IMMD（Immediately）的含义。

提示 ▶▶▶

这些命令最终由GPU的驱动程序负责生成并塞入到Ring Queue中。至于在驱动程序之前发生了什么，又是谁提供了什么信息给驱动程序促使其生成这些命令，下文中再介绍。可以设计一条比如“EXE_BATCH”命令，驱动程序可以将多个命令打成一个包放在某个缓冲区中，将这个缓冲区指针作为EXE_BATCH命令的参数写入该命令，然后再将EXE_BATCH命令写入到Ring Queue。GPU取该命令时，根据指针将整个命令包取回，然后批量执行包中的命令，这样可以提高效率。

如图8-285为S3公司当年发布的ViRGE显卡（号称第一块3D加速卡）的寄存器一览，可以看到其可供配置的各种绘图参数。但是其并不支持可编程，所以并没有用于记录“Shader被放在哪了”的寄存器。

Ordinal	Field Name	Description
1	[HEADER]	Header of the packet
2	[INDEX_BASE_LO]	Base Address [31:1] of Index Buffer (Word-Aligned). *Written to the VGT_DMA_BASE register.*
3	[INDEX_BASE_HI]	Bits [7:0] Base Address Hi [39:32] of Index Buffer. *Written to the VGT_DMA_BASE_HI register.*
4	[INDEX_COUNT]	INDEX_COUNT [31:0] – Number of indices in the Index Buffer. *Written to the VGT_DMA_SIZE register.* *Written to the VGT_NUM_INDICES register for the assigned context.*
5	[DRAW_INITIATOR]	Draw Initiator Register in the R6xx. *Written to the VGT_DRAW_INITIATOR register for the assigned context.*

图8-284　DRAW_INDEX命令的具体格式

至于ViRGE GPU是否可以接收类似AMD R600那种命令，还是说只能通过在Host端用Stor指令写寄存器方式来控制GPU干活，冬瓜哥就不得而知了，但是基本上逃不出这两种方式。

提示 ▸▸▸

隆重强调一下，GPU渲染指令与GPU内部Shader处理核心的机器指令，完全是两码事。后者是硬件级别的指令集，牵扯到非常细节的最底层运算指令，比如加减乘除、开方取整求绝对值等，而前者是由GPU内部的CP运行固件代码（或者说微码）来解析并执行的甚至可以是ASCII编码形式的字符串。Shader程序代码中包含的是GPU机器指令，而绘图程序下发的渲染命令并不是最终的机器码。

如图8-286所示为GPU内部的执行状态机示意图。Ring Queue的首尾指针相等表示没有可执行的命令，GPU处于空闲状态，Frame Buffer无变化，屏幕显示内容也就无变化。当发现有命令进入时（如何发现有新条目被加入Ring Queue？具体回顾第7章中给出的具体过程），GPU开始取命令、解析、执行，执行过程中可能会读取更多数据比如顶点、纹理等，执行结束后进入空闲状态。

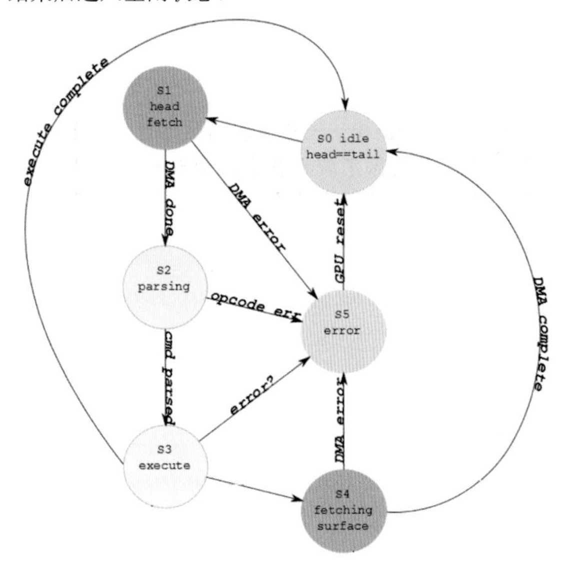

图8-286　GPU内部执行状态机

计算机图形学真是门博大精深的学问。到现在为止，冬瓜哥基本上已经给大家展示了计算机图像渲染以及渲染加速的基本原理，然而，还有太多的细节等待大家去发掘。大家不妨再次回顾一下，你在玩游戏时，移动鼠标导致视角旋转之后，GPU会发生什么？这次可以将我们在第7章介绍的PCIE I/O方面的知识也融合进来一起思考。相信不少人在思考这条路径的时候，思维基本都中断在了“游戏程序应该按照什么规则/格式来生成数据及命令并传递给GPU”这个地方。是的，这将是我们最后需要探索的一处了。

8.2.10　3D绘图API 及软件栈

在前文中，我们了解了GPU内部对命令的执行过程，也知道了Host端程序需要准备对应的数据和命令，并将命令通过Ring Queue发送给GPU。那么，所谓“Host端程序”，是指绘图程序/游戏程序，还是GPU驱动程序，或是其他？这些程序之间又是怎么相互合作的？本节就试图带领大家探索在图形渲染流程中Host端这一侧所发生的事情。

我们从GPU/显卡驱动程序说起。显卡是个PCIE设备，Host端的PCIE Bus Driver扫描PCIE网络发现该设备之后，加载该设备的驱动。驱动程序首先得对显卡进行各种初始化操作，包括分配中断向量，将显卡申请的BAR空间映射到系统的全局地址空间中，经过这一步，就可以向对应BAR中对应地址（对应着各种控制寄存器）写入对应的控制信息了。这些控制信息包括设置各种运行参数、显示模式等。同时，驱动程序还要为GPU向Host端的内存管理程序模块申请位于Host端内存中的Ring Buffer（Ring Queue），然后将Ring Buffer的基地址指针和队列深度值写入到GPU对应的寄存器中，让GPU知晓。这些步骤几乎是每一个PCIE设备（不仅仅是显卡）所必需的。

Ring Buffer建立好之后，就可以向其中填充各种命令了。这些命令可以是上层程序模块下发下来的绘图命令以及顶点、纹理等数据指针（一同包含在命中描述体中），也可以是GPU驱动程序自行生成的用于随时调整GPU工作状态参数和模式的一些控制命令，这些控制命令大到直接reset显卡，改变显示分辨率，小到降低显卡上的散热风扇转速，无所不包。在实际

		Z-Buffer Base Address
2-0	R/W	Reserved = 0
21-3	R/W	Z-buffer base address
31-22	R/W	Reserved
		Destination Base Address
2-0	R/W	Reserved = 0
21-3	R/W	Destination base address
31-22	R/W	Reserved
		Left/Right Clipping
10-0	R/W	Left clipping limit
15-11	R/W	Reserved
26-16	R/W	Right clipping limit
31-27	R/W	Reserved
		Top/Bottom Clipping
10-0	R/W	Bottom clipping limit
15-11	R/W	Reserved
26-16	R/W	Top clipping limit
31-27	R/W	Reserved
		Destination/Source Stride
11-0	R/W	Source stride
15-12	R/W	Reserved
27-16	R/W	Destination stride
31-28	R/W	Reserved
		Z-Stride
11-0	R/W	Z stride
31-12	R/W	Reserved
		Texture Base Address
2-0	R/W	Reserved = 0
21-3	R/W	Texture base address
31-22	R/W	Reserved
		Texture Border Color
7-0	R/W	Blue color index
15-8	R/W	Green color index
23-16	R/W	Red color index
31-24	R/W	Reserved

		Fog Color
7-0	R/W	Blue color index
15-8	R/W	Green color index
23-16	R/W	Red color index
31-24	R/W	Reserved
		Color0
7-0	R/W	Blue color index
15-8	R/W	Green color index
23-16	R/W	Red color index
31-24	R/W	Reserved
		Color1
7-0	R/W	Data 1
15-8	R/W	Data 2
23-16	R/W	Data 3
31-24	R/W	Reserved
		Command Set
0	R/W	Enable autoexecute
1	R/W	Enable hardware clipping
4-2	R/W	Destination color format
7-5	R/W	Texel color format
11-8	R/W	MIPMAP level size
14-12	R/W	Texture filtering mode
16-15	R/W	Texture blending mode
17	R/W	Enable fogging
19-18	R/W	Alpha blending control
22-20	R/W	Z-buffer compare mode
23	R/W	Update z-buffer
25-24	R/W	Z-buffering mode
26	R/W	Enable texture wrapping
30-27	R/W	3D command
31	R/W	Select 2D or 3D command

		3D Line Draw GB Delta
15-0	R/W	Blue delta
31-16	R/W	Green delta
		3D Line Draw AR Delta
15-0	R/W	Red delta
31-16	R/W	Alpha delta
		3D Line Draw GB Start
15-0	R/W	Blue start
31-16	R/W	Green start
		3D Line Draw AR Start
15-0	R/W	Red start
31-16	R/W	Alpha start
		3D Line Draw Z Delta
31-0	R/W	Z delta
		3D Line Draw Z Start
31-0	R/W	Z start
		3D Line Draw Endpoints
15-0	R/W	End 1
31-16	R/W	End 2
		3D Line Draw X Delta
31-0	R/W	X delta
		3D Line Draw X Start
31-0	R/W	X start
		3d Line Draw Y Start
10-0	R/W	Y start
31-11	R/W	Reserved
		3d Line Draw Y Count
10-0	R/W	Scan line count
30-11	R/W	Reserved
31	R/W	Drawing direction is left to right

		Triangle Base V
19-0	R/W	Base V
31-20	R/W	Reserved
		Triangle Base U
19-0	R/W	Base U
31-20	R/W	Reserved
		Triangle WX Delta
31-0	R/W	WX delta
		Triangle WY Delta
31-0	R/W	WY delta
		Triangle W Start
31-0	R/W	W start
		Triangle DX Delta
31-0	R/W	DX delta
		Triangle VX Delta
31-0	R/W	VX delta
		Triangle UX Delta
31-0	R/W	UX delta
		Triangle DY Delta
31-0	R/W	DY delta
		Triangle VY Delta
31-0	R/W	VY delta
		Triangle UY Delta
31-0	R/W	UY delta
		Triangle D Start
31-0	R/W	D start
		Triangle V Start
31-0	R/W	V start
		Triangle U Start
31-0	R/W	U start
		Triangle GBX Delta
15-0	R/W	Blue X delta
31-16	R/W	Green X delta
		Triangle ARX Delta
15-0	R/W	Red X delta
31-16	R/W	Alpha X delta

		Triangle GBY Delta
15-0	R/W	Blue Y delta
31-16	R/W	Green Y delta
		Triangle ARY Delta
15-0	R/W	Red Y delta
31-16	R/W	Alpha Y delta
		Triangle GB Start
15-0	R/W	Blue start
31-16	R/W	Green start
		Triangle AR Start
15-0	R/W	Red start
31-16	R/W	Alpha start
		Triangle ZX Delta
31-0	R/W	ZX delta
		Triangle ZY Delta
31-0	R/W	ZY delta
		Triangle Z Start
31-0	R/W	Z start
		Triangle XY12 Delta
31-0	R/W	XY12 delta
		Triangle X12 End
31-0	R/W	X12 end
		Triangle XY01 Delta
31-0	R/W	XY01 delta
		Triangle X01 End
31-0	R/W	X01 end
		Triangle XY02 Delta
31-0	R/W	XY02 delta
		Triangle X Start
31-0	R/W	X start
		Triangle Y Start
31-0	R/W	Y start
		Triangle Y Count
10-0	R/W	Scan line count 12
15-11	R/W	Reserved
26-16	R/W	Scan line count 01
30-27	R/W	Reserved
31	R/W	Render the triangle from right to left

图8-285　S3 ViRGE图形加速卡的寄存器一览

实现中，可能会将这两类命令分开走不同的Ring Buffer（回顾第7章中介绍过的Admin Queue的概念）。

至于这些命令是什么格式，我们已经在8.2.9节给出了AMD R600 GPU的命令格式样例，其他GPU的命令以及格式会不同，但本质类似。那么目前似乎只剩下一个问题你可能迫不及待要问：上层程序模块是谁？我们下文中再回答，但是其一定与绘图程序脱不了关系。先来了解一下这些命令是如何被组织并下发给GPU的。

8.2.10.1　GPU内核态驱动及命令的下发

下面以比较老的Intel i915系列南北桥芯片组中的集成图形处理器（集成到南桥芯片中）为例。我们假设上层绘图程序将要下发的命令先打包到一个缓冲（batchbuffer）中，然后批量下发这些命令；同时假设这些被打包的命令全部都是MI_NOOP命令（该命令被CP解码后不会有任何动作，所以叫作No Operation）。batchbuffer中的最后一条命令必须为MI_BATCH_BUFFER_END命令，这样CP就知道该batchbuffer命令包执行结束了。这里建议再回顾一下上文中介绍过的样例命令格式，把你的思维漏洞填补踏实然后再继续前进。这里你可能会产生一个疑问：如果这些命令是由上层绘图程序生成的，那么上层绘图程序编写者需要熟知每个厂商GPU的每个命令吗？这是不现实的，所以此处可以有一个猜测：在下层某处，一定有某个角色，将上层绘图程序发出的、统一格式/方式/流程的标准命令，或者说函数调用，转换成底层GPU能够识别的命令，而且这个角色由每个GPU厂商开发的。嗯，下文再说。先来看图8-287。

第1步。上层绘图程序首先创建一个batchbuffer，在Host端，程序的一切行为都要符合规范，申请任何内存空间都要像内存管理程序模块申请，可以将这个过程封装成函数，每次申请时调用即可。这个函数，GPU厂商为你开发。实际上Intel开发了一整套Graphic Execution Management（GEM）函数库，就是为你提供方便的。申请batchbuffer的函数名为gem_create()，向该buffer中填入命令时，你可以调用gem_write()。这里创建一个名为gem_exec的batchbuffer，并向其中填入大批MI_NOOP命令，其结尾跟着一条MI_BATCH_BUFFER_END命令。我们的最终目标是把这个batchbuffer的指针通告给GPU并让它读取执行。

第2步。任何命令，不管是单条，还是一批，都必须被放入一个Descriptor中，这个套路我们在第7章已经介绍得足够充分了。所以，在这一步中，绘图程序需要填个表，把这个Descriptor描述出来。GEM函数库中，该描述表的格式遵循execbuffer2结构体（至于为什么会带一个2，冬瓜哥真的不知道）。程序只需要复印这张表，给其命名为execbuf，并向其中填入需要执行的命令。如果是批量命令则要将上一步生成的batchbuffer（名为gem_exec）填入，然后填入一些其他的控制信息，比如从batchbuffer中的哪个位置开始执行指令（batch_start_offset）等。最终这张样式为execbuffer2、名称为execbuf的表，需要被传送给GPU的驱动程序。

第3步。上层绘图程序调用drmioctl()将刚才填好的&execbuf（还记得&符号的作用么？在C语言中它表示某个对象所在位置的地址指针）表传递给位于内核态的GPU驱动程序。drmioctl()函数等其实是执行了ioctl系统调用（回顾第5章的5.5.6节，系统调用的更多细节我们将在第11章中介绍），从而将信息传入内核态。

第4步。位于操作系统内核态的i915显卡驱动（i915.ko程序模块，Linux操作系统下的内核态的设备驱动程序扩展名为.ko）对应的代码i915_gem_do_execbuffer()被系统调用激活，从而将第2步生成的execbuf表格拿到手。

第5步。驱动程序将该命令描述表整理好之后直接派发到Ring Buffer中。当然，派发过程其实对应着很多细节步骤，比如修改Ring Buffer的控制指针，以及更新GPU一侧用于记录Ring Buffer首尾指针的寄存器等，这些都由驱动自动完成。整个命令下发过程宣告完成，后续就是GPU的渲染流程了。

> **提示 ▶▶▶**
>
> 我们的Shader程序哪去了？在上述示例中，假设所有的命令都是MI_NOOP。如果要真的渲染点什么东西的话，命令就可能是如图8-284所示的

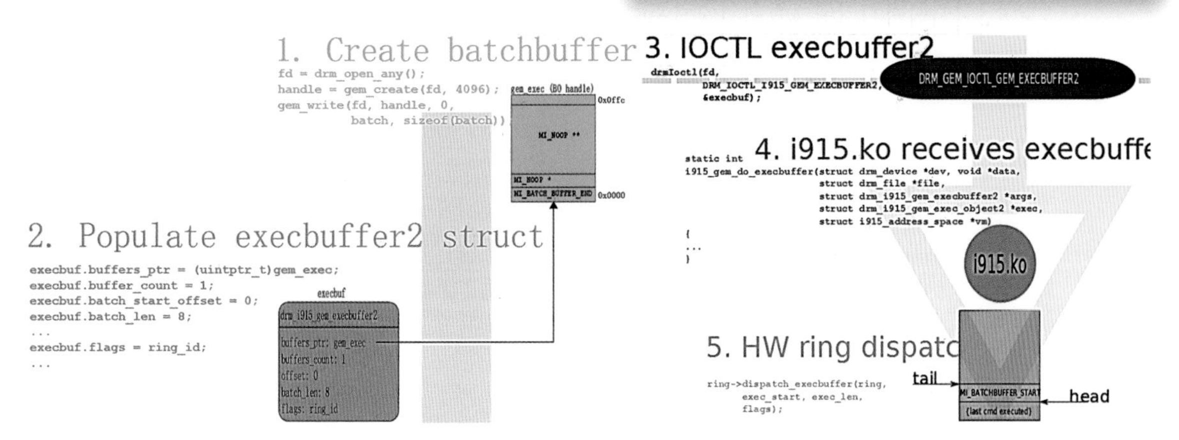

图8-287　Intel i915芯片组内集成显卡的驱动下发命令流程图

DRAW_INDEX命令（当然，这是AMD而不是Intel i915的命令）。我们的Shader程序的指针，需要被绘图程序提前更新到图8-281右下角所示的寄存器中，这样GPU在渲染的时候就可以载入Shader程序去处理。当然，不同的GPU有不同的设计，比如冬瓜哥可以自己做一款GPU，然后设计这样一条命令：DRAW_WITH_SHADER，凡是需要用Shader来处理的数据全都使用这条命令。不过，目前几乎所有的3D绘图程序，没有不用Shader的，于是乎GPU也没必要加入这种指令，默认都要使用Shader。如果你不提供Shader，系统也会（OpenGL/Direct3D，下文详细介绍）给你提供一个默认Shader下发给GPU执行，其性能和效果就可能达不到你的要求了。

从上面几个步骤可以看出，渲染指令是由上层程序生成的，而不是GPU位于内核态的驱动程序，后者只是负责将上层的任务书拿到并派发到队列中而已。当然，内核态驱动程序还需要负责初始化GPU和管理底层硬件层面的控制，比如PCIE方面等。

那么，如果让游戏程序来生成这些渲染命令，是很不方便的。如果世界上只有一个厂商一种型号的GPU，那么什么问题都不存在，上层绘图程序只需要学习该种GPU的接口就可以了。或者，如果世界上只有一个绘图程序，那也好办，所有的GPU厂商可以按照该程序的口味来修改自己的绘图命令格式，将其变成统一标准化的。可是，市场上的绘图程序和GPU都有很多种。上层绘图程序不可能单独学习并支持众多不同的命令格式。

解决这个问题的办法似乎只有一种，那就是加一层中间件（Middleware）函数库。该函数库对上层提供统一的绘图命令函数，比如DrawPrimitive()，对下层，翻译成众多不同GPU能识别的渲染指令或者GPU的寄存器写入（如果GPU不支持命令解析的话），然后通过类似图2-284所示的过程发送给GPU的内核态驱动压入队列执行。

这类图形渲染中间件目前主流的有两种：OpenGL与Direct3D（下文简称OGL和D3D）。图形渲染中间件又被称为图形渲染API或者绘图语言。OGL和D3D这两个名字，可谓是宅里寻常见堂前几度闻了。然而，在引荐这两位大侠正式出场之前，我们还得再深入思考一下这个问题：纵使有了OGL和D3D这两位大侠，纵使其在江湖颇有声望，上层绘图程序纷纷调用它们提供的统一绘图函数，但是下层却很不好办，因为让江湖上众多派系统一渲染命令也不现实，如果下层也都统一了，也就没这两位大侠什么事了。这两位存在的价值就是对上统一，对下按照各自派系的命令执行。不过，如果让这两位大侠亲自学习每一种GPU的渲染命令，熟读手册，指哪打哪，这恐怕也不现实。如何解决这个问题？

8.2.10.2 GPU用户态驱动及命令的翻译

不如干脆这样，各大派系自己来开发一个翻译模块，因为只有各自厂商了解自己的GPU渲染命令格式以及控制方式是什么样的。然后，各个派系安插翻译，与这两位大侠之间再次统一接口。OGL和D3D经过详细周密的分析，最终抽象出一套几乎所有GPU都必须实现的渲染命令名称、方式、参数。最后由各家翻译官负责实现各自对应的函数，这些函数的名称和参数以及返回值严格按照OGL和D3D的定义，但是其内部具体实现过程可能很不相同。比如D3D大侠定义了一个函数名为：PsSetShader()，并定义了两个参数：hDevice和hShader，分别指代GPU设备标识以及Shader程序描述对象所在的指针，如图8-288所示。

这个函数的意思是向GPU通告后续渲染应该使用的Pixel Shder程序的位置，所有支持D3D的GPU对应的翻译官必须实现这个函数。至于该函数内部将这个动作翻译成了各家GPU使用的什么命令、什么寄存器读写操作，D3D毫不关心。那么，上层绘图程序与D3D之间的接口又是什么样的呢？就拿设置顶点着色器程序这个过程来讲，D3D为上层程序提供的接口是SetVertexShader(pShader)。也就是说，游戏程序首先生成和编译好Shader程序，然后调用由D3D定义并提供实现的SetVertexShader(pShader)函数，将Shader程序指针传递给D3D，之后D3D调用由D3D定义但是由GPU翻译官实现的pfnPsSetShader()函数将Shader指针通报给后者，后者生成对应的操作方式（比如更新图8-281右下角的寄存器，或者采用如图8-283所示的高

C++

```
PFND3D10DDI_SETSHADER PsSetShader;

VOID APIENTRY PsSetShader(
  _In_ D3D10DDI_HDEVICE hDevice,
  _In_ D3D10DDI_HSHADER hShader
)
{ ... }
```

Parameters

hDevice [in]
A handle to the display device (graphics context).

hShader [in]
A handle to the pixel shader code object.

The *PsSetShader* function sets a pixel shader to be used in all drawing operations. After the PsSetShader function completes, all subsequent drawing operations use the given shader until another is selected.

图8-288 Direct3D定义的PsSetShader()函数

级命令方式）并控制GPU执行该动作。

这个由GPU安插的翻译官，被称为**GPU的用户态驱动程序**。GPU的用户态驱动程序和内核态驱动程序共同被称为**HAL（Hardware Abstraction Layer，硬件抽象层）**。还记得8.2.9节介绍过的高级着色语言么？**GPU用户态驱动程序同时也负责将高级着色语言或者汇编着色语言翻译成GPU机器指令**，并将翻译好的Shader程序下发给GPU，后者在渲染管线中对应步骤将调用这些程序对顶点和像素进行处理。如图8-289所示为渲染流程中的关键角色和流程示意图。

如图8-290和图8-291所示为微软在其Direct3D 11版本中定义的、必须由GPU用户态驱动程序实现的函数一览，从这些函数字面的意思可以大致理解其作用。

这倒有点意思了，这两位大侠成了专门传话的了，实际干活的都是这帮翻译官们。这两位大侠靠的是威望、承上启下的管理协调能力，以及对事物精

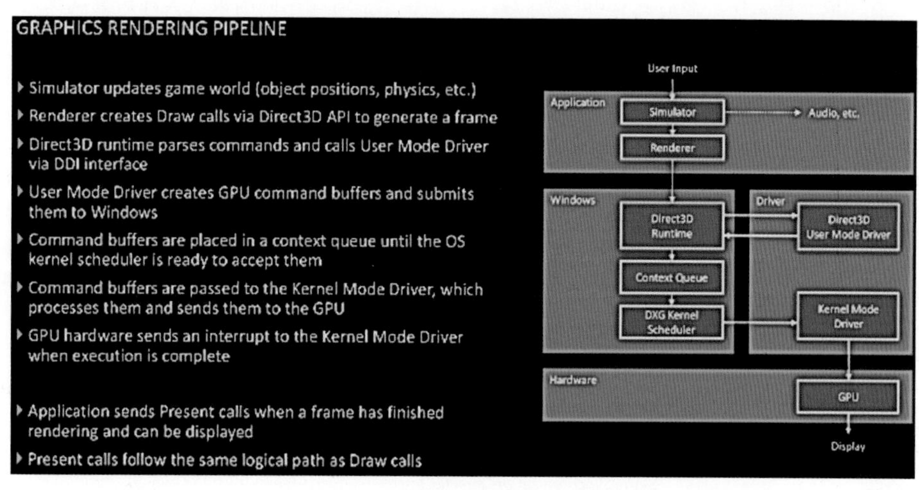

图8-289　渲染流程中的关键角色示意图

VsSetConstantBuffers;
PsSetShaderResources;
PsSetShader;
PsSetSamplers;
VsSetShader;
DrawIndexed;
Draw;
DynamicIABufferMapNoOverwrite;
DynamicIABufferUnmap;
DynamicConstantBufferMapDiscard;
DynamicIABufferMapDiscard;
DynamicConstantBufferUnmap;
PsSetConstantBuffers;
IaSetInputLayout;
IaSetVertexBuffers;
IaSetIndexBuffer;
DrawIndexedInstanced;
DrawInstanced;
DynamicResourceMapDiscard;
DynamicResourceUnmap;
GsSetConstantBuffers;
GsSetShader;
IaSetTopology;
StagingResourceMap;
StagingResourceUnmap;
VsSetShaderResources;
VsSetSamplers;
GsSetShaderResources;
GsSetSamplers;
SetRenderTargets;
ShaderResourceViewReadAfterWriteHazard;
ResourceReadAfterWriteHazard;
SetBlendState;
SetDepthStencilState;
SetRasterizerState;
QueryEnd;
QueryBegin;
ResourceCopyRegion;
ResourceUpdateSubresourceUP;
SoSetTargets;
DrawAuto;
SetViewports;
SetScissorRects;
ClearRenderTargetView;
ClearDepthStencilView;
SetPredication;
QueryGetData;
Flush;
GenMips;
ResourceCopy;
ResourceResolveSubresource;
ResourceMap;
ResourceUnmap;
ResourceIsStagingBusy;
RelocateDeviceFuncs;
CalcPrivateResourceSize;
CalcPrivateOpenedResourceSize;
CreateResource;
OpenResource;

图8-290　Direct3D 11版本中定义的必须由GPU用户态驱动程序实现的函数一览（1）

DestroyResource;
CalcPrivateShaderResourceViewSize;
CreateShaderResourceView;
DestroyShaderResourceView;
CalcPrivateRenderTargetViewSize;
CreateRenderTargetView;
DestroyRenderTargetView;
CalcPrivateDepthStencilViewSize;
CreateDepthStencilView;
DestroyDepthStencilView;
CalcPrivateElementLayoutSize;
CreateElementLayout;
DestroyElementLayout;
CalcPrivateBlendStateSize;
CreateBlendState;
DestroyBlendState;
CalcPrivateDepthStencilStateSize;
CreateDepthStencilState;
DestroyDepthStencilState;
CalcPrivateRasterizerStateSize;
CreateCommandList;
DestroyCommandList;
CreateRasterizerState;
DestroyRasterizerState;
CalcPrivateShaderSize;
CreateVertexShader;
CreateGeometryShader;
CreatePixelShader;
CalcPrivateGeometryShaderWithStreamOutput;
CreateGeometryShaderWithStreamOutput;
DestroyShader;
CalcPrivateSamplerSize;
CreateSampler;
DestroySampler;
CalcPrivateQuerySize;
CreateQuery;
DestroyQuery;
CheckFormatSupport;
CheckMultisampleQualityLevels;
CheckCounterInfo;
CheckCounter;
DestroyDevice;
CalcPrivateCommandListSize;
RecycleCreateDeferredContext;
SetTextFilterSize;
ResourceConvert;
ResourceConvertRegion;
DrawIndexedInstancedIndirect;
DrawInstancedIndirect;
CommandListExecute;
HsSetShaderResources;
HsSetShader;
HsSetSamplers;
HsSetConstantBuffers;
DsSetShaderResources;
DsSetShader;
DsSetSamplers;
DsSetConstantBuffers;
CreateHullShader;
CreateDomainShader;
CheckDeferredContextHandleSizes;
CalcDeferredContextHandleSize;
CalcPrivateDeferredContextSize;
CreateDeferredContext;
AbandonCommandList;
RecycleCommandList;
RecycleCreateCommandList;
CalcPrivateTessellationShaderSize;
PsSetShaderWithIfaces;
VsSetShaderWithIfaces;
GsSetShaderWithIfaces;
HsSetShaderWithIfaces;
DsSetShaderWithIfaces;
CsSetShaderWithIfaces;
CreateComputeShader;
CsSetShader;
CsSetShaderResources;
CsSetSamplers;
CsSetConstantBuffers;
CalcPrivateUnorderedAccessViewSize;
CreateUnorderedAccessView;
DestroyUnorderedAccessView;
ClearUnorderedAccessViewUint;
ClearUnorderedAccessViewFloat;
CsSetUnorderedAccessViews;
Dispatch;
DispatchIndirect;
SetResourceMinLOD;
CopyStructureCount;
RecycleDestroyCommandList;

图8-291　Direct3D 11版本中定义的必须由GPU用户态驱动程序实现的函数一览（2）

确、标准的描述能力，面对这样一个复杂的生态，能做到这些就已经是大功劳了。

D3D/OGL与GPU用户态驱动之间的接口其实是双向的，前者也为后者准备了一些可供调用的函数。这些函数中有些可以让GPU用户态驱动查询当前D3D/OGL中的一些状态（比如有Query字样的）；有些则是让GPU驱动来告诉前者其所希望的运行模式（比如有Set字样的）；有些则是礼尚往来，前者先调用后者某个函数让后者完成一些工作，然后后者再调用前者提供的函数来通告完成结果或者将结果作用到前者的程序逻辑中。如图8-292所示为Direct3D 11版本向GPU用户态驱动提供的回调函数一览。

Direct3D与GPU用户态驱动之间的对接过程大致是如下流程：首先D3D将GPU用户态驱动对应的dll文件（动态链接库，见第5章相关内容）载入，并调用其内部的OpenAdapter10_2(*pOpenData)函数，该函数将向GPU发送一些配置命令或者寄存器读写操作，通告GPU有程序准备使用该GPU，GPU内部的CP将会做一系列初步准备工作。至于这些准备工作的细节，就与各GPU内部设计有关了。

OpenAdapter10_2()函数以及参数如图8-293所示。该函数还会在D3D和GPU用户态驱动之间交互两个重要信息，也就是前者提供给后者的回调函数表指针*pAdapterCallbacks（前者调用该函数时在参数pOpenData指针对应的数据结构中给出），以及后者提供给前者调用的函数表（该函数执行过程中填充到pOpenData数据结构中的由*pAdapterFuncs指向的二级数据结构中）。然后，双方就可以相互调用对方提供的函数实现后续步骤了。这两个数据结构如图8-294所示。

通过OpenAdapter10_2()函数，D3D一侧获知了GPU驱动一侧提供的pfnCreateDevice()函数的地址。随后，D3D一侧调用pfnCreateDevice()函数来向GPU通告程序即将准备利用该GPU做渲染。D3D调用该函数时会将其提供给GPU驱动的所有相关回调函数指针

```
AllocateCb;                     WaitForSynchronizationObjectCb;            DestroyPagingQueueCb;
DeallocateCb;                   SignalSynchronizationObjectCb;             Lock2Cb;
SetPriorityCb;                  SetAsyncCallbacksCb;                       Unlock2Cb;
QueryResidencyCb;               SetDisplayPrivateDriverFormatCb;           InvalidateCacheCb;
SetDisplayModeCb;               OfferAllocationsCb;                        ReserveGpuVirtualAddressCb;
PresentCb;                      ReclaimAllocationsCb;                      MapGpuVirtualAddressCb;
RenderCb;                       CreateSynchronizationObject2Cb;            FreeGpuVirtualAddressCb;
LockCb;                         WaitForSynchronizationObject2Cb;           UpdateGpuVirtualAddressCb;
UnlockCb;                       SignalSynchronizationObject2Cb;            CreateContextVirtualCb;
EscapeCb;                       PresentMultiPlaneOverlayCb;                SubmitCommandCb;
CreateOverlayCb;                LogUMDMarkerCb;                            Deallocate2Cb;
UpdateOverlayCb;                MakeResidentCb;                            SignalSynchronizationObjectFromGpu2Cb;
FlipOverlayCb;                  EvictCb;                                   ReclaimAllocations2Cb;
DestroyOverlayCb;               WaitForSynchronizationObjectFromCpuCb;     GetResourcePresentPrivateDriverDataCb;
CreateContextCb;                SignalSynchronizationObjectFromCpuCb;      UpdateAllocationPropertyCb;
DestroyContextCb;               WaitForSynchronizationObjectFromGpuCb;     OfferAllocations2Cb;
CreateSynchronizationObjectCb;  SignalSynchronizationObjectFromGpuCb;      ReclaimAllocations3Cb;
DestroySynchronizationObjectCb; CreatePagingQueueCb;
```

图8-292　Direct3D 11为GPU用户态驱动提供的回调函数一览

```C++
PFND3D10DDI_OPENADAPTER OpenAdapter10_2;

HRESULT APIENTRY OpenAdapter10_2(
  _Inout_ D3D10DDIARG_OPENADAPTER *pOpenData
)
{ ... }
```

```C++
typedef struct D3D10DDIARG_OPENADAPTER {
  D3D10DDI_HRTADAPTER                 hRTAdapter;
  D3D10DDI_HADAPTER                   hAdapter;
  UINT                                Interface;
  UINT                                Version;
  const D3DDDI_ADAPTERCALLBACKS *pAdapterCallbacks;
  union {
    D3D10DDI_ADAPTERFUNCS    *pAdapterFuncs;
#if D3D10DDI_MINOR_HEADER_VERSION >= 2 || D3D11DDI_MINOR_HEADER_VERSION >= 1
    D3D10_2DDI_ADAPTERFUNCS *pAdapterFuncs_2;
#endif
  };
} D3D10DDIARG_OPENADAPTER;
```

图8-293　OpenAdapter10_2()函数及参数

```C++
typedef struct D3D10_2DDI_ADAPTERFUNCS {
  PFND3D10DDI_CALCPRIVATEDEVICESIZE   pfnCalcPrivateDeviceSize;
  PFND3D10DDI_CREATEDEVICE            pfnCreateDevice;
  PFND3D10DDI_CLOSEADAPTER            pfnCloseAdapter;
  PFND3D10_2DDI_GETSUPPORTEDVERSIONS  pfnGetSupportedVersions;
  PFND3D10_2DDI_GETCAPS               pfnGetCaps;
} D3D10_2DDI_ADAPTERFUNCS;
```

```C++
typedef struct _D3DDDI_ADAPTERCALLBACKS {
  PFND3DDDI_QUERYADAPTERINFOCB           pfnQueryAdapterInfoCb;
  PFND3DDDI_GETMULTISAMPLEMETHODLISTCB   pfnGetMultisampleMethodListCb;
} D3DDDI_ADAPTERCALLBACKS;
```

图8-294　AdapterFuncs以及AdapterCallbacks函数表

填入数据结构*pKTCallbacks中，同时GPU驱动执行该函数时也会使用数据结构*pDeviceFuncs来填充所有GPU驱动实现的、用于D3D调用的渲染函数（如图8-290、图8-291所示）指针。

通过pfnCreateDevice()函数，D3D和GPU用户态驱动之间还会交换其他一些控制信息。之后，D3D就可以调用*pDeviceFuncs中对应的渲染函数来驱动GPU完成对应动作了。

可以说，D3D和OGL向上层抽象了GPU的操作命令为对应的函数。既然如此，如果某个GPU开发出某种新功能并有了新命令，而且这个命令无法利用之前的命令组合来模拟实现，而在D3D/OGL中也没有实现对应的抽象并向上层提供新接口，那么这项新功能就无法得到应用，所以GPU厂商有求于D3D/OGL。反之，如果D3D/OGL想实现一些高级绘图功能，其可以利用现有的底层渲染命令接口模拟出来，如果不行，那么就需要求助于GPU厂商直接在芯片/固件内提供该项功能并封装新的命令，然后D3D/OGL也增加新接口，以供上层程序使用。所以，D3D/OGL与GPU厂商之间深度合作共同推进图形渲染接口的发展。

8.2.10.3 久违了OpenGL与Direct3D

直到现在，冬瓜哥才引荐这两位与大家见面，实属精细布置。之前不方便露面，或者说遮遮掩掩的原因在于，在你没有理解整个图形渲染流程，以及GPU内部、用户态驱动程序、内核态驱动程序、渲染命令格式、下发方式细节等种种细节之前，它们登场对你可能是根本没有任何触动的。

这些绘图API的作用不仅仅是将GPU的指令做二次封装呈现，其还需要负责对渲染状态进行管理，对各种数据结构进行定义、对Host端内存的分配和管理、对DMA内存的管理，以及对上层的调用、任务派发进行优化处理，其是一个图形渲染过程的综合管理者。所以其实现方式和效率会对渲染性能造成一定的影响，不过相比GPU渲染图形所耗费的时间来看，绘图API导致的开销占比较少。

Direct3D为微软所开发，不开源，为Windows操作系统所独占。在PC游戏唱主角的年代，D3D势头远远盖过了OGL。但是如今手机游戏大行其道，在安卓操作系统下，则OGL独领风骚。不过，受限于手机的机能，如果玩家追求高质量画面，还得PC游戏的画面表现力更胜一筹。

先来看看OpenGL v4.6版本中对上层绘图程序提供的API函数，如图8-295、图8-296所示。篇幅所限，这些API接口的用法就留给大家自行探索吧。此外OpenGL和Direct3D各自还定义了大量的数据结构，也不在此列举了。

图8-297左侧所示为两个极其简单的OpenGL程序示意，至于更复杂的渲染代码，大家可以自行了解。大致上的流程是执行各种设置，然后发出Draw Call。这些设置包括：Texture Setup、Material Property、Render State、Blend Setup、Pixel Shader、Vertex Shader、Render Target Setup等。图8-297右侧所示为在使用Shader程序时的关键API接口及流程一览。

OpenGL对上层提供的这些操作函数又被称为OpenGL命令。如图8-298所示为Host端绘图程序、OpenGL API、GPU驱动（OpenGL Driver）、GPU这四者间的关系示意图。

如图8-299和图8-300所示为Direct3D 11版本中对上层提供的API一览。

图8-301所示为Direct3D体系下Command Buffer组织示意图。可以看到其中主要包含两类命令：一类是用于设置渲染状态的命令（Render State），另一类则是具体的绘图命令（bCommand）及其对应参数。

glActiveShaderProgram
glActiveTexture
glAttachShader
glBeginConditionalRender
glBeginQuery
glBeginQueryIndexed
glBeginTransformFeedback
glBindAttribLocation
glBindBuffer
glBindBufferBase
glBindBufferRange
glBindBuffersBase
glBindBuffersRange
glBindFragDataLocation
glBindFragDataLocationIndexed
glBindFramebuffer
glBindImageTexture
glBindImageTextures
glBindProgramPipeline
glBindRenderbuffer
glBindSampler
glBindSamplers
glBindTexture
glBindTextures
glBindTransformFeedback
glBindVertexArray
glBindVertexBuffer
glBlendColor
glBlendEquation
glBlendEquationSeparate
glBlendFunc
glBlendFuncSeparate
glBlendFuncSeparatei
glBlitFramebuffer
glBufferData
glBufferStorage
glBufferSubData
glCheckFramebufferStatus
glClampColor
glClear
glClearBuffer
glClearBufferData
glClearBufferSubData
glClearColor
glClearDepth
glClearStencil
glClearTexImage
glClearTexSubImage
glClientWaitSync
glColorMask
glCompileShader
glCompressedTexImage1D
glCompressedTexImage2D
glCompressedTexImage3D
glCompressedTexSubImage1D
glCompressedTexSubImage2D
glCompressedTexSubImage3D
glCopyBufferSubData
glCopyImageSubData
glCopyTexImage1D
glCopyTexImage2D
glCopyTexSubImage1D
glCopyTexSubImage2D
glCopyTexSubImage3D
glBindVertexBuffers
glCreateProgram
glCreateShader
glCreateShaderProgram
glCreateShaderProgramv
glCullFace
glDebugMessageCallback
glDebugMessageControl
glDebugMessageInsert
glDeleteBuffers
glDeleteFramebuffers
glDeleteProgram
glDeleteProgramPipelines
glDeleteQueries
glDeleteRenderbuffers
glDeleteSamplers
glDeleteShader
glDeleteSync
glDeleteTextures
glDeleteTransformFeedbacks
glDeleteVertexArrays
glDepthFunc
glDepthMask
glDepthRange
glDepthRangeArray
glDepthRangeIndexed
glDetachShader
glDisable
glDisablei
glDisableVertexAttribArray
glDispatchCompute
glDispatchComputeIndirect
glDrawArrays
glDrawArraysIndirect
glDrawArraysInstanced
glDrawArraysInstancedBaseInstance
glDrawBuffer
glDrawBuffers
glDrawElements
glDrawElementsBaseVertex
glDrawElementsIndirect
glDrawElementsInstanced
glDrawElementsInstancedBaseInstance
glDrawElementsInstancedBaseVertex
glDrawElementsInstancedBaseVertexBaseInstance
glDrawRangeElements
glDrawRangeElementsBaseVertex
glDrawTransformFeedback
glDrawTransformFeedbackInstanced
glDrawTransformFeedbackStream
glDrawTransformFeedbackStreamInstanced
glEnable
glEnablei
glEnableVertexAttribArray
glEndConditionalRender
glEndQuery
glEndQueryIndexed
glEndTransformFeedback
glFenceSync
glFinish
glFlush
glFlushMappedBufferRange
glFramebufferParameter
glFramebufferParameteri
glFramebufferRenderbuffer
glFramebufferTexture
glFramebufferTexture1D
glFramebufferTexture2D
glFramebufferTexture3D
glFramebufferTextureLayer
glFrontFace
glGenBuffers
glGenerateMipmap
glGenFramebuffers
glGenProgramPipelines
glGenQueries
glGenRenderbuffers
glGenSamplers
glGenTextures
glGenTransformFeedbacks
glGenVertexArrays
glGet
glGetBooleanv
glGetDoublev
glGetFloatv
glGetInteger64v
glGetIntegerv
glGetActiveAtomicCounterBuffer
glGetActiveAtomicCounterBufferiv
glGetActiveAttrib
glGetActiveSubroutineName
glGetActiveSubroutineUniform
glGetActiveSubroutineUniformName
glGetActiveUniform
glGetActiveUniformBlock
glGetActiveUniformBlockName
glGetActiveUniformName
glGetActiveUniforms
glGetActiveUniformsiv
glGetAttachedShaders
glGetAttribLocation
glGetBufferParameter
glGetBufferPointer
glGetBufferSubData
glGetCompressedTexImage
glGetDebugMessageLog
glGetError
glGetFragDataIndex
glGetFragDataLocation
glGetFramebufferAttachmentParameter
glGetFramebufferParameter
glGetFramebufferParameteriv
glGetInternalformat
glGetMultisample
glGetObjectLabel
glGetObjectPtrLabel
glGetProgram
glGetProgramBinary

图8-295 OpenGL 4.6版对上层程序的API函数一览（1）

glGetProgramInfoLog
glGetProgramInterface
glGetProgramPipeline
glGetProgramPipelineInfoLog
glGetProgramResource
glGetProgramResourceLocation
glGetProgramResourceLocationIndex
glGetProgramResourceIndex
glGetProgramResourceName
glGetProgramStage
glGetQuery
glGetQueryIndexed
glGetQueryObject
glGetRenderbufferParameter
glGetSamplerParameter
glGetShader
glGetShaderInfoLog
glGetShaderPrecisionFormat
glGetShaderSource
glGetString
glGetStringi
glGetSubroutineIndex
glGetSubroutineUniformLocation
glGetSync
glGetTexImage
glGetTexLevelParameter
glGetTexParameter
glGetTransformFeedbackVarying
glGetUniform
glGetUniformBlockIndex
glGetUniformIndices
glGetUniformLocation
glGetUniformSubroutine
glGetVertexAttrib
glGetVertexAttribPointer
glHint
glInvalidateBufferData
glInvalidateBufferSubData
glInvalidateFramebuffer
glInvalidateSubFramebuffer
glInvalidateTexImage
glInvalidateTexSubImage
glIsBuffer
glIsEnabled
glIsFramebuffer
glIsProgram
glIsProgramPipeline
glIsQuery
glIsRenderbuffer
glIsSampler
glIsShader
glIsSync
glIsTexture
glIsTransformFeedback
glIsVertexArray
glLineWidth
glLinkProgram
glLogicOp
glMapBuffer
glMapBufferRange
glMemoryBarrier
glMinSampleShading
glMultiDrawArrays
glMultiDrawArraysIndirect
glMultiDrawElements
glMultiDrawElementsBaseVertex
glMultiDrawElementsIndirect
glObjectLabel
glObjectPtrLabel
glPatchParameter
glPauseTransformFeedback
glPixelStore
glPointParameter
glPointSize
glPolygonMode
glPolygonOffset
glPopDebugGroup
glPrimitiveRestartIndex
glProgramBinary
glProgramParameter
glProgramUniform
glProgramUniformMatrix
glProvokingVertex
glPushDebugGroup
glQueryCounter
glReadBuffer
glReadPixels
glReleaseShaderCompiler
glRenderbufferStorage
glRenderbufferStorageMultisample
glResumeTransformFeedback
glSampleCoverage
glSampleMask
glSamplerParameter
glScissor
glScissorArray
glScissorIndexed
glShaderBinary
glShaderSource
glShaderStorageBlockBinding
glStencilFunc
glStencilFuncSeparate
glStencilMask
glStencilMaskSeparate
glStencilOp
glStencilOpSeparate
glTexBuffer
glTexBufferRange
glTexImage1D
glTexImage2D
glTexImage2DMultisample
glTexImage3D
glTexImage3DMultisample
glTexParameter
glTexStorage1D
glTexStorage2D
glTexStorage2DMultisample
glTexStorage3D
glTexStorage3DMultisample
glTexSubImage1D
glTexSubImage2D
glTexSubImage3D
glTextureView
glTransformFeedbackVaryings
glUniform
glUniformBlockBinding
glUniformMatrix
glUniformSubroutines
glUnmapBuffer
glUseProgram
glUseProgramStages
glValidateProgram
glValidateProgramPipeline
glVertexAttrib
glVertexAttribBinding
glVertexAttribDivisor
glVertexAttribFormat
glVertexAttribIFormat
glVertexAttribIPointer
glVertexAttribLFormat
glVertexAttribLPointer
glVertexAttribPointer
glVertexBindingDivisor
glViewport
glViewportArray
glViewportIndexed
glWaitSync

图8-296 OpenGL 4.6版对上层程序的API函数一览（2）

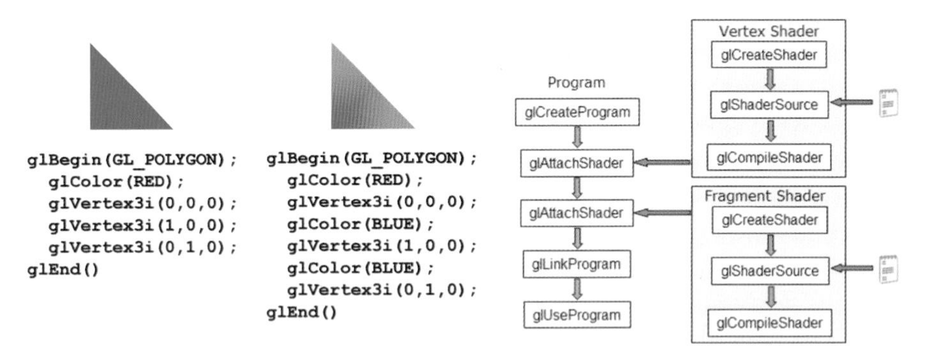

图8-297 OpenGL简单程序示意以及Shader相关的关键主干接口流程

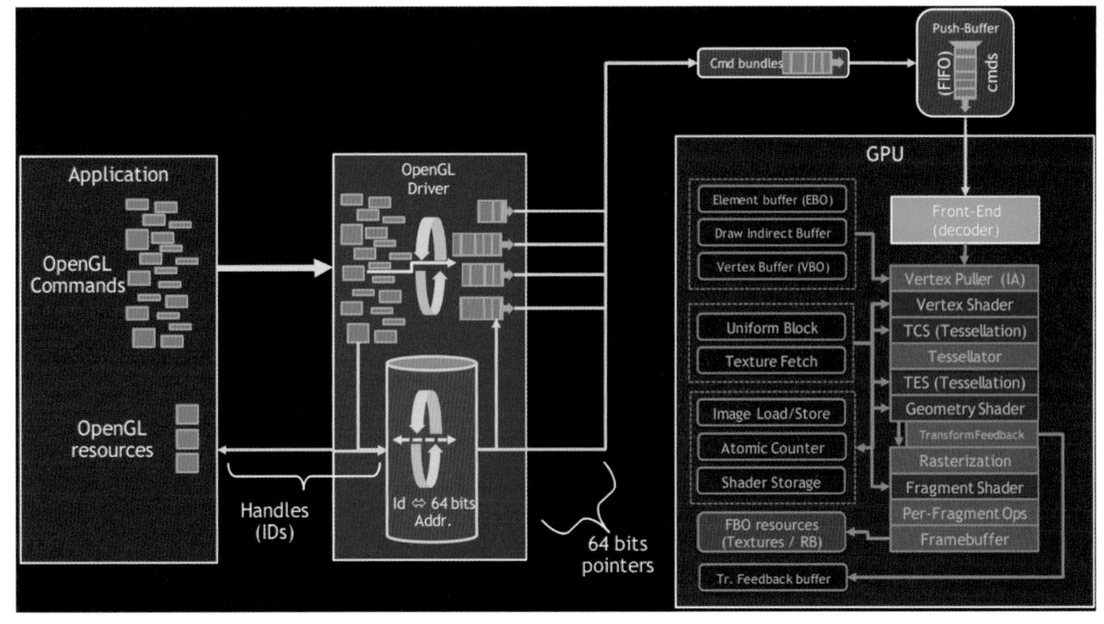

图8-298 OpenGL体系中各角色位置和流程示意图

GetDataSize
GetDesc
GetDesc1
GetDesc2
GetContextFlags
CheckCounter
CheckCounterInfo
CheckFeatureSupport
CheckFormatSupport
CheckMultisampleQualityLevels
CreateBlendState
CreateBuffer
CreateClassLinkage
CreateComputeShader
CreateCounter
CreateDeferredContext
CreateDepthStencilState
CreateDepthStencilView
CreateDomainShader
CreateGeometryShader
CreateGeometryShaderWithStreamOutput
CreateHullShader
CreateInputLayout
CreatePixelShader
CreatePredicate
CreateQuery
CreateRasterizerState
CreateRenderTargetView
CreateSamplerState
CreateShaderResourceView
CreateTexture1D
CreateTexture2D
CreateTexture3D
CreateUnorderedAccessView
CreateVertexShader
GetCreationFlags
GetDeviceRemovedReason
GetExceptionMode

GetFeatureLevel
GetImmediateContext
GetPrivateData
OpenSharedResource
SetExceptionMode
SetPrivateData
SetPrivateDataInterface
CreateBlendState1
CreateDeferredContext1
CreateDeviceContextState
CreateRasterizerState1
GetImmediateContext1
OpenSharedResource1
OpenSharedResourceByName
CheckMultisampleQualityLevels1
CreateDeferredContext2
GetImmediateContext2
GetResourceTiling
CreateDeferredContext3
CreateQuery1
CreateRasterizerState2
CreateRenderTargetView1
CreateShaderResourceView1
CreateTexture2D1
CreateTexture3D1
CreateUnorderedAccessView1
GetImmediateContext3
ReadFromSubresource
WriteToSubresource
RegisterDeviceRemovedEvent
UnregisterDeviceRemoved
CreateFence
OpenSharedFence
GetDevice
GetPrivateData
SetPrivateData
SetPrivateDataInterface

Begin
ClearDepthStencilView
ClearRenderTargetView
ClearState
ClearUnorderedAccessViewUint
ClearUnorderedAccessViewFloat
CopyResource
CopyStructureCount
CopySubresourceRegion
CSGetConstantBuffers
CSGetSamplers
CSGetShader
CSGetShaderResources
CSGetUnorderedAccessViews
CSSetConstantBuffers
CSSetSamplers
CSSetShader
CSSetShaderResources
CSSetUnorderedAccessViews
Dispatch
DispatchIndirect
Draw
DrawAuto
DrawIndexed
DrawIndexedInstanced
DrawIndexedInstancedIndirect
DrawInstanced
DrawInstancedIndirect
DSGetConstantBuffers
DSGetSamplers
DSGetShader
DSGetShaderResources
DSSetConstantBuffers
DSSetSamplers
DSSetShader
DSSetShaderResources
End
ExecuteCommandList

FinishCommandList
Flush
GenerateMips
GetContextFlags
GetData
GetPredication
GetResourceMinLOD
GetType
GSGetConstantBuffers
GSGetSamplers
GSGetShader
GSGetShaderResources
GSSetConstantBuffers
GSSetSamplers
GSSetShader
GSSetShaderResources
HSGetConstantBuffers
HSGetSamplers
HSGetShader
HSGetShaderResources
HSSetConstantBuffers
HSSetSamplers
HSSetShader
HSSetShaderResources
IAGetIndexBuffer
IAGetInputLayout
IAGetPrimitiveTopology
IAGetVertexBuffers
IASetIndexBuffer
IASetInputLayout
IASetPrimitiveTopology
IASetVertexBuffers
Map
OMGetBlendState
OMGetDepthStencilState
OMGetRenderTargets
OMGetRenderTargetsAndUnorderedAccessViews
OMSetBlendState

OMSetDepthStencilState
OMSetRenderTargets
OMSetRenderTargetsAndUnorderedAccessViews
PSGetConstantBuffers
PSGetSamplers
PSGetShader
PSGetShaderResources
PSSetConstantBuffers
PSSetSamplers
PSSetShader
PSSetShaderResources
ResolveSubresource
RSGetScissorRects
RSGetState
RSGetViewports
RSSetScissorRects
RSSetState
RSSetViewports
SetPredication
SetResourceMinLOD
SOGetTargets
SOSetTargets
Unmap
UpdateSubresource
VSGetConstantBuffers
VSGetSamplers
VSGetShader
VSGetShaderResources
VSSetConstantBuffers
VSSetSamplers
VSSetShader
VSSetShaderResources
ClearView
CopySubresourceRegion1
CSGetConstantBuffers1
CSSetConstantBuffers1

Leave
SetMultithreadProtected
DiscardResource
DiscardView
DiscardView1
DSGetConstantBuffers1
DSSetConstantBuffers1
GSGetConstantBuffers1
GSSetConstantBuffers1
HSGetConstantBuffers1
HSSetConstantBuffers1
PSGetConstantBuffers1
PSSetConstantBuffers1
VSGetConstantBuffers1
VSSetConstantBuffers1
SwapDeviceContextState
UpdateSubresource1
BeginEventInt
CopyTiles
CopyTileMappings
EndEvent
IsAnnotationEnabled
ResizeTilePool
SetMarkerInt
TiledResourceBarrier
UpdateTileMappings
UpdateTiles
Flush1
GetHardwareProtectionState
SetHardwareProtectionState
Signal
Wait
CreateSharedHandle
GetCompletedValue
SetEventOnCompletion
Enter
GetMultithreadProtected

图8-299 Direct3D 11版本中对上层提供的API一览（1）

AddApplicationMessage
AddMessage
AddRetrievalFilterEntries
AddStorageFilterEntries
ClearRetrievalFilter
ClearStorageFilter
ClearStoredMessages
GetBreakOnCategory
GetBreakOnID
GetBreakOnSeverity
GetMessage
GetMessageCountLimit
GetMuteDebugOutput
GetNumMessagesAllowedByStorageFilter
GetNumMessagesDeniedByStorageFilter
GetNumMessagesDiscardedByMessageCountLimit
GetNumStoredMessages
GetNumStoredMessagesAllowedByRetrievalFilter
GetRetrievalFilter
GetRetrievalFilterStackSize
GetStorageFilter
GetStorageFilterStackSize
PopRetrievalFilter
PopStorageFilter
PushCopyOfRetrievalFilter
PushCopyOfStorageFilter
PushEmptyRetrievalFilter
PushEmptyStorageFilter
PushRetrievalFilter
PushStorageFilter
SetBreakOnCategory
SetBreakOnID
SetBreakOnSeverity
SetMessageCountLimit
SetMuteDebugOutput
SetTrackingOptions

GetFeatureMask
GetPresentPerRenderOpDelay
GetSwapChain
ReportLiveDeviceObjects
SetFeatureMask
SetPresentPerRenderOpDelay
SetSwapChain
ValidateContext
ValidateContextForDispatch
GetUseRef
SetUseRef
SetShaderTrackingOptions
SetShaderTrackingOptionsByType
GetEvictionPriority
GetType
SetEvictionPriority
GetResource
D3D11CalcSubresource
GetClassLinkage
GetDesc
GetInstanceName
GetTypeName
CreateClassInstance
GetClassInstance
D3D11CreateDevice
D3D11CreateDeviceAndSwapChain
CallFunction
CreateModuleInstance
GenerateHlsl
GetLastError
PassValue method
PassValueWithSwizzle
SetInputSignature
SetOutputSignature
GetConstantBufferByIndex
GetConstantBufferByName

GetDesc
GetFunctionParameter
GetResourceBindingDesc
GetResourceBindingDescByName
GetVariableByName
GetFunctionByIndex
AddClipPlaneFromCBuffer
Link
UseLibrary
CreateInstance
BindConstantBuffer
BindConstantBufferByName
BindResource
BindResourceAsUnorderedAccessView
BindResourceAsUnorderedAccessViewByName
BindResourceByName
BindSampler
BindSamplerByName
BindUnorderedAccessView method
BindUnorderedAccessViewByName method
GetBitwiseInstructionCount
GetConstantBufferByIndex
GetConstantBufferByName
GetConversionInstructionCount
GetDesc
GetGSInputPrimitive
GetInputParameterDesc
GetMinFeatureLevel
GetMovInstructionCount
GetMovcInstructionCount
GetNumInterfaceSlots
GetOutputParameterDesc
GetPatchConstantParameterDesc
GetRequiresFlags method
GetResourceBindingDesc
GetResourceBindingDescByName

GetThreadGroupSize
GetVariableByName
IsSampleFrequencyShader
GetVariableByIndex
GetVariableByName
GetBaseClass
GetDesc
GetInterfaceByIndex
GetMemberTypeByIndex
GetMemberTypeByName
GetMemberTypeName
GetNumInterfaces
GetSubType
ImplementsInterface
IsEqual
IsOfType
GetBuffer
GetInterfaceSlot
GetType
GetInitialRegisterContents
GetReadRegister
GetStep
GetTraceStats
GetWrittenRegister
PSSelectStamp
ResetTrace
TraceReady
CreateShaderTrace
D3DDisassemble11Trace

图8-300 Direct3D 11版本中对上层提供的API一览（2）

1995年，微软收购了于1992年成立的RenderMorphics公司的名为RealityLab的3D绘图API（当时已经是2.0版本），基于该产品做后续开发，并在1996年将其集成到了Windows95操作系统中，推出Direct3D 2.0以及3.0版本。1997年微软推出Direct3D 5.0版本。

1998年，微软发布了Direct3D 6.0接口。其支持Multitexturing和Stencil Buffer，针对Intel的x87、SSE以及AMD的3DNow!指令集优化，从而在顶点运算方面获得性能提升（Direct3D 6.0时代的显卡还不支持硬件T&L，只能在CPU一端进行顶点运算。这也是AMD的3DNow!指令集命名的含义。这些指令集本质上都是一些向量运算和增强的浮点运算类指令），引入对纹理压缩和凹凸贴图功能的支持。

1999年微软发布了Direct3D 7.0接口。该接口支持了当时显卡上的硬件T&L功能，同时支持将Vertex Buffer分配到显存中，这一特性让Direct3D API的性能第一次超越了OpenGL。

lpDDCommands->lpGbl->fpVidMem

Sample Command Buffer

dwCommandOffset bytes	⋮	
First D3DHAL_DP2COMMAND Structure	bCommand	= D3DDP2OP_RENDERSTATE
	wStateCount	= 2
Two D3DHAL_DP2RENDERSTATE Structures	RenderState	= D3DRENDERSTATE_FILLMODE
	dwState	= D3DFILL_SOLID
	RenderState	= D3DRENDERSTATE_SHADEMODE
	dwState	= D3DSHADE_GOURAUD
Second D3DHAL_DP2COMMAND Structure	bCommand	= D3DDP2OP_TRIANGLELIST
	wPrimitiveCount	= 2
One D3DHAL_DP2TRIANGLELIST Structure. Vertex data for two triangles is in the vertex buffer.	wVStart	= 0
Third D3DHAL_DP2COMMAND Structure	bCommand	= D3DDP2OP_RENDERSTATE
	wStateCount	= 1
One D3DHAL_DP2RENDERSTATE Structure	RenderState	= D3DRENDERSTATE_FILLMODE
	dwState	= D3DFILL_POINT
Fourth D3DHAL_DP2COMMAND Structure	bCommand	= D3DDP2OP_LINELIST_IMM
	wPrimitive	= 3
Vertex data for "IMM" commands immediately follows the command structure in the command buffer. The size of each vertex's data depends on the FVF passed to D3dDrawPrimitives2.	v[0]	
	v[1]	
	v[2]	
	v[3]	
	v[4]	
	v[5]	
	⋮ <end of valid command data>	
	⋮ <end of command buffer>	

图8-301 Direct3D体系下Command Buffer组织示意图

2000年微软发布了Direct3D 8.0版本。该版本第一次对GPU内部可编程的渲染管线进行了支持，也就是支持对Shader程序的编译、管理和下发。不过，只能用汇编着色语言来编写Shader，当时还没有发布高级着色语言。Direct3D 8.0版本对应着Pixel Shader 1.1以及Vertex Shader 1.1，两者合称Shader Model 1.1。支持可编程管线让D3D又一次超越了OpenGL，同时期的OpenGL版本只支持固定管线渲染。

2002年微软发布了Direct3D 9.0版本。该版本中第一次引入了高级着色语言HLSL，释放了程序员编写更强Shader的生产力。该版本对GPU在顶点运算阶段访问纹理和纹理缓存提供了支持。在这之前，GPU在处理顶点时无法访问纹理，我们在8.2.7节中介绍过的纹理动画也就无法实现。该版本中对应了Shader Model 2.0。在随后的Direct3D 9.0c版本中，Shader Model升级到3.0版本。不同的Shader Model的规格见图8-271所示。

目前最新版本为Direct3D 12，对应的Shader Model版本为6.0。如图8-302所示为不同时代的DirectX版本体现出来的画质对比。值得一提的是，Direct3D API只是释放了GPU的渲染能力和命令接口，其本身并不负责实际的渲染工作。所以，画质提升的本质并不取决于Direct3D，而取决于可提供更高算力和拥有更多功能特性的GPU，以及程序员编写的功能更丰富效率更高的Shader程序，Direct3D API只是为这些流程提供了方便，让程序员开发起来更容易。

基于Direct3D以及OpenGL的原始API，人们封装出了一些函数库，以及实现了一些常用的功能。这些函数被俗称为Utility（工具箱），那些以D3DX以及glut（OpenGL Unitility）开头的函数名都是由该函数库封装出来的。比如D3DXCreateTeapot( )函数，其直接创建一个茶壶模型，而Direct3D原始API中并不会包含这种上层功能。当然，你可以亲自输入茶壶模型各个顶点的坐标来生成茶壶。

如图8-303所示，D3DX11版本工具箱中提供了HLSL语言编译器，并提供了D3DX11CompileFromFile()接口。绘图程序调用该接口先将HLSL翻译成汇编着色语言，然后将编译好的汇编语言文件通过D3D11原始API中用于创建Shader程序的接口比如CreatePixelShader()传递给D3D。D3D则会调用GPU用户态驱动提供的对应接口将该Shader程序传递给GPU用户态驱动后者再编译成GPU机器指令语言。如前文所述，Direct3D 8.0版本不提供HLSL语言支持，用户只能自己手动写汇编着色语言。

在历史的大潮中，曾经出现过多种3D绘图API，它们包括：S3d (S3)、Matrox Simple Interface、Creative Graphics Library、C Interface (ATI)、SGL (PowerVR)、NVLIB (Nvidia)、Redline (Rendition)，以及曾经的王者Glide（3dfx），但它们都早已陨落。

Quake2 Direct3D 5.0 1997

GIANTS:CITIZEN KABUTO Direct3D 7.0 2000

图8-302 不同时代的DirectX版本体现出来的画质对比

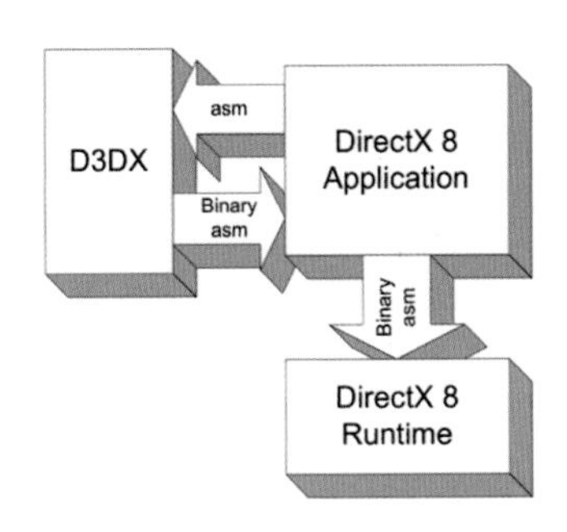

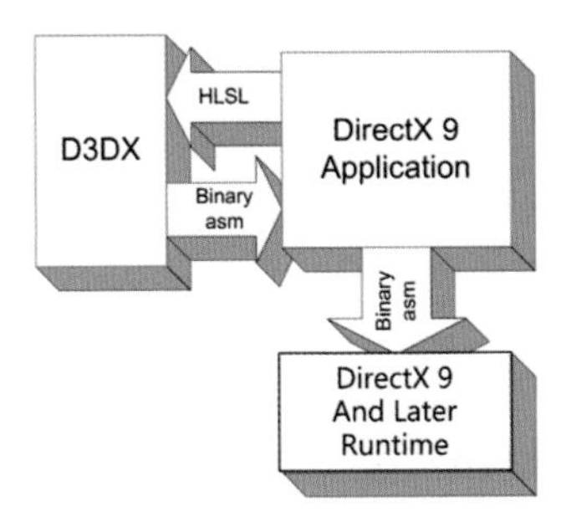

```C++
HRESULT D3DX11CompileFromFile(
  _In_        LPCTSTR              pSrcFile,
  _In_  const D3D10_SHADER_MACRO   *pDefines,
  _In_        LPD3D10INCLUDE       pInclude,
  _In_        LPCSTR               pFunctionName,
  _In_        LPCSTR               pProfile,
  _In_        UINT                 Flags1,
  _In_        UINT                 Flags2,
  _In_        ID3DX11ThreadPump    *pPump,
  _Out_       ID3D10Blob           **ppShader,
  _Out_       ID3D10Blob           **ppErrorMsgs,
  _Out_       HRESULT              *pHResult
);
```

```C++
HRESULT CreatePixelShader(
  [in]             const void           *pShaderBytecode,
  [in]                   SIZE_T         BytecodeLength,
  [in, optional]         ID3D11ClassLinkage *pClassLinkage,
  [out, optional]        ID3D11PixelShader  **ppPixelShader
);
```

图8-303　D3DX工具库提供了HLSL编译器

提示 ▸▸▸

在D3D 7.0版本之前，其性能和易用性都广受诟病，那时候游戏开发者钟情于Glide API和OpenGL，虽然那时候OGL也不怎么样。当时著名的游戏Quake系列只支持OGL，其原因就是当时的D3D太差劲。而Quake又被广泛作为显卡的评测跑分游戏。所以D3D以及D3D阵营的显卡厂商都比较郁闷。一直到D3D 7.0出现，配套支持硬件T&L概念，加上自身也的确给力，局势发生了扭转。到了D3D 8.0时代，D3D 8.0支持可编程Shader，OGL便开始没落了，后者直到3年后的OGL 2.0版本才支持该功能。OGL发展缓慢的原因，主要是因为OGL为公开的标准，早期由ARB（OpenGL Architecture Review Board）组织（由Nvidia、ATI、Intel、IBM、SGI、微软等组成）共同维护。每个厂商GPU硬件的新特性被作为OGL Extension扩展指令库功能加入到OGL中，所以只有当所有厂商达成一致，比如多数厂商都已经实现类似功能后，该功能才会被加入到下一个版本的OGL正式核心库中，众口难调，自然发展缓慢。后来微软退出了这个坑，自己搞了Direct3D API，并在自家的Windows 95操作系统中选择不支持OGL（之前的WinNT 3.51中集成了OGL库），只支持自家的D3D 3.0，导致业界怨声载道。同时由于当时著名游戏DOOM、Quake系列的开发者公开对D3D的性能和易用性表示强烈不满，导致游戏开发界毫不待见D3D，微软被迫在Win95 OSR2版本中重新支持OGL。1999年OGL的创始者SGI宣布与微软合作开发Ferihant API，该API的初衷是在Windows系统中将D3D和OGL统一，吸收各自的优点并加入新功能。然而实际上，在合作过程中，微软的做法让SGI感觉到它只是想把OGL的优点并入D3D从而过河拆桥，SGI遂撤出了该项目。不过，木已成舟，吸收了OGL功力的D3D发布了7.0版本，开始腾飞。一直到2006年，OGL被转交给Khronos Group独立维护，才逐渐追赶了上来。但是这已经无力回天，多数图形开发者都用惯了D3D，而且就目前来看，OGL在易用性和兼容性方面还是有所欠缺，并且在开发配套工具的支持上远不及D3D。

另外，D3D和OGL并没有规定必须采用GPU硬件来加速渲染，人们完全可以实现一个**软渲染器**，其提供与GPU用户态驱动同样功能的角色，将OGL和D3D的所有绘制请求接手之后，并不翻译成GPU命令，而是直接利用CPU来运算，并直接将渲染好的像素值写入显卡映射到Host全局地址空间中的Frame Buffer中。在渲染简单的图形时，这种方式的速度还可以接受，但是在渲染复杂图形和特效时就会非常慢。

D3D与OpenGL的一个最大架构差别是，D3D体系下，D3D运行库负责响应并安排上层应用的绘制请求调用，然后再与GPU用户态驱动程序通信；而在OGL体系下，上层程序的绘图请求全部由GPU内核态驱动负责响应，由于不同厂商的GPU驱动行为不同，所以OGL在兼容性方面并不如D3D。

8.2.10.4　Windows图形软件栈

如图8-304所示，Windows的WDDM（Windows Display Driver Model）驱动架构引入了更多的中间层。GPU的用户态驱动不再使用ioctl方式与GPU内核态驱动通信，而是只与Direct3D Runtime库通信。后者再与位于内核中的Microsoft DirectX graphics kernel subsystem (Dxgkrnl.sys)模块通信，Dxgkrnl.sys模块再与GPU内核态驱动通信。Direct3D 10版本又引入了DXGI层，该层的目的是将一些多个版本Direct3D中底层公共功能抽取出来单独实现。

图8-305所示为GPU内核态驱动必须实现并向Dxgkrnl.sys模块注册的函数一览。

图8-306所示为Dxgkrnl.sys模块向GPU内核态驱动提供的回调函数一览。

图8-307所示为WDDM驱动模式下一个基本交互过程实例。

8.2.11 3D图形加速卡的辉煌时代

本节我们简要介绍一下计算机图形加速硬件的发展历史。

8.2.11.1 街机/家用机/手机上的GPU

20世纪七八十年代，家用电脑还没有广泛普及，但是出现了投币的街机游戏机（Arcade Game Machine），供人们娱乐，运行3D游戏无疑是街机在当时的一大吸引力，如图8-308所示。

当时这些街机游戏机内部使用了分立的单板，包括CPU板、ROM板（用于存放游戏程序）、显卡板等。如图8-309所示为SEGA Model 2街机系统单板实物图。其“显卡”单板采用了5片Fujitsu的TGPMB86233 DSP运行固件渲染程序来进行顶点、栅格化和像素计算。其实这个显卡本身是可编程的，只不过各种接口、API都是私有的。

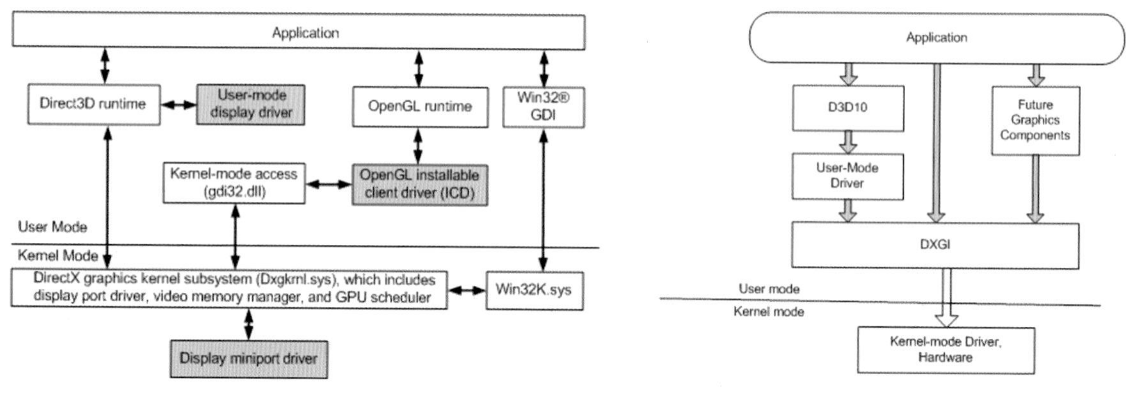

图8-304 WDDM驱动架构以及DXGI

DxgkDdiAcquireSwizzlingRange
DxgkDdiAddDevice
DxgkDdiBuildPagingBuffer
DxgkDdiCalibrateGpuClock
DxgkDdiCancelCommand
DxgkDdiCloseAllocation
DxgkDdiCollectDbgInfo
DxgkDdiCommitVidPn
DxgkDdiControlEtwLogging
DxgkDdiControlInterrupt
DxgkDdiCreateAllocation
DxgkDdiCreateContext
DxgkDdiCreateDevice
DxgkDdiCreateOverlay
DxgkDdiCreateProcess
DxgkDdiDescribeAllocation
DxgkDdiDestroyAllocation
DxgkDdiDestroyContext
DxgkDdiDestroyDevice
DxgkDdiDestroyOverlay
DxgkDdiDestroyProcess
DxgkDdiDispatchIoRequest
DxgkDdiDpcRoutine
DxgkDdiEnumVidPnCofuncModality
DxgkDdiEscape
DxgkDdiFlipOverlay
DxgkDdiFormatHistoryBuffer
DxgkDdiGetChildContainerId
DxgkDdiGetNodeMetadata
DxgkDdiGetRootPageTableSize
DxgkDdiGetScanLine
DxgkDdiGetStandardAllocationDriverData
DxgkDdiInterruptRoutine
DxgkDdiIsSupportedVidPn
DxgkDdiLinkDevice
DxgkDdiMapCpuHostAperture
DxgkDdiNotifyAcpiEvent
DxgkDdiNotifySurpriseRemoval
DxgkDdiOpenAllocation
DxgkDdiPatch
DxgkDdiPowerRuntimeControlRequest
DxgkDdiPreemptCommand
DxgkDdiPresent
DxgkDdiQueryAdapterInfo
DxgkDdiQueryChildRelations
DxgkDdiQueryChildStatus
DxgkDdiQueryCurrentFence
DxgkDdiQueryDependentEngineGroup
DxgkDdiQueryDeviceDescriptor
DxgkDdiQueryEngineStatus
DxgkDdiQueryInterface
DxgkDdiQueryVidPnHWCapability
DxgkDdiRecommendFunctionalVidPn
DxgkDdiRecommendMonitorModes
DxgkDdiRecommendVidPnTopology
DxgkDdiReleaseSwizzlingRange
DxgkDdiRemoveDevice
DxgkDdiRender
DxgkDdiRenderGdi
DxgkDdiRenderKm
DxgkDdiResetDevice
DxgkDdiResetEngine
DxgkDdiResetFromTimeout
DxgkDdiSetPointerPosition
DxgkDdiSetPointerShape
DxgkDdiSetPowerComponentFState
DxgkDdiSetPowerState
DxgkDdiSetRootPageTable
DxgkDdiSetVidPnSourceAddress
DxgkDdiSetVidPnSourceVisibility
DxgkDdiStartDevice
DxgkDdiStopCapture
DxgkDdiStopDevice
DxgkDdiStopDeviceAndReleasePostDisplayOwnership
DxgkDdiSubmitCommand
DxgkDdiSubmitCommandVirtual
DxgkDdiSystemDisplayEnable
DxgkDdiSystemDisplayWrite
DxgkDdiUnload
DxgkDdiUnmapCpuHostAperture
DxgkDdiUpdateActiveVidPnPresentPath
DxgkDdiUpdateOverlay
DxgkDdiRestartFromTimeout
DxgkDdiSetDisplayPrivateDriverFormat
DxgkDdiSetPalette

图8-305 GPU内核态驱动必须实现并向Dxgkrnl.sys模块注册的函数一览

DxgkInitialize
DxgkInitializeDisplayOnlyDriver
DxgkCbAcquirePostDisplayOwnership
DxgkCbCompleteFStateTransition
DxgkCbCreateContextAllocation
DxgkCbDestroyContextAllocation
DxgkCbEnumHandleChildren
DxgkCbEvalAcpiMethod
DxgkCbExcludeAdapterAccess
DxgkCbGetCaptureAddress
DxgkCbGetDeviceInformation
DxgkCbGetHandleData
DxgkCbGetHandleParent
DxgkCbIndicateChildStatus
DxgkCbIsDevicePresent
DxgkCbLogEtwEvent
DxgkCbMapMemory
DxgkCbNotifyDpc
DxgkCbNotifyInterrupt
DxgkCbPowerRuntimeControlRequest
DxgkCbPresentDisplayOnlyProgress
DxgkCbQueryMonitorInterface
DxgkCbQueryServices
DxgkCbQueryVidPnInterface
DxgkCbQueueDpc
DxgkCbReadDeviceSpace
DxgkCbSetPowerComponentActive
DxgkCbSetPowerComponentIdle
DxgkCbSetPowerComponentLatency
DxgkCbSetPowerComponentResidency
DxgkCbSynchronizeExecution
DxgkCbUnmapMemory
DxgkCbWriteDeviceSpace
DxgkCbIsDevicePresent
DxgkCbGetHandleData
DxgkCbGetHandleParent
DxgkCbEnumHandleChildren
DxgkCbNotifyInterrupt
DxgkCbNotifyDpc
DxgkCbQueryVidPnInterface
DxgkCbQueryMonitorInterface
DxgkCbGetCaptureAddress
DxgkCbLogEtwEvent
DxgkCbExcludeAdapterAccess
DxgkCbCreateContextAllocation
DxgkCbDestroyContextAllocation
DxgkCbSetPowerComponentActive
DxgkCbSetPowerComponentIdle
DxgkCbPowerRuntimeControlRequest

图8-306 Dxgkrnl.sys模块向GPU内核态驱动提供的回调函数一览

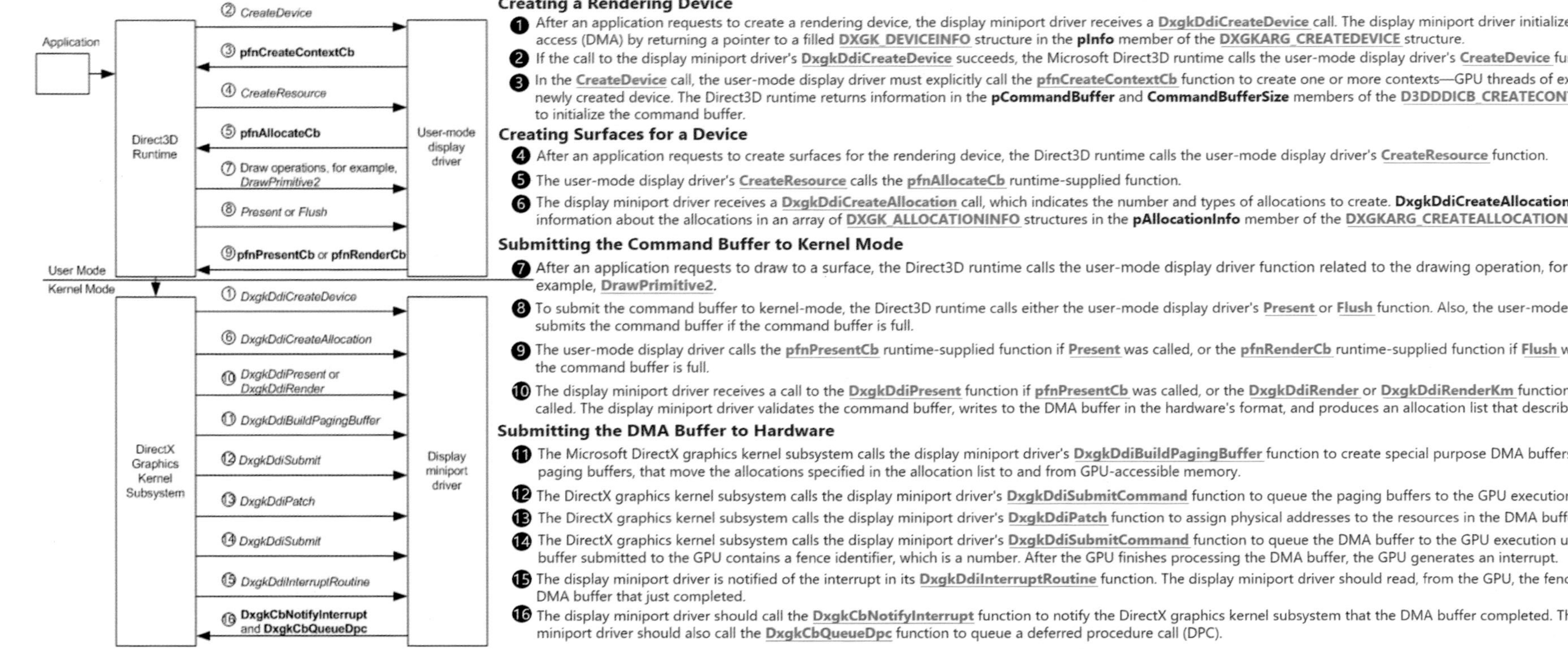

Application
Direct3D Runtime
User-mode display driver
② CreateDevice
③ pfnCreateContextCb
④ CreateResource
⑤ pfnAllocateCb
⑦ Draw operations, for example, DrawPrimitive2
⑧ Present or Flush
⑨ pfnPresentCb or pfnRenderCb
User Mode
Kernel Mode
DirectX Graphics Kernel Subsystem
Display miniport driver
① DxgkDdiCreateDevice
⑥ DxgkDdiCreateAllocation
⑩ DxgkDdiPresent or DxgkDdiRender
⑪ DxgkDdiBuildPagingBuffer
⑫ DxgkDdiSubmit
⑬ DxgkDdiPatch
⑭ DxgkDdiSubmit
⑮ DxgkDdiInterruptRoutine
⑯ DxgkCbNotifyInterrupt and DxgkCbQueueDpc
Creating a Rendering Device
1 After an application requests to create a rendering device, the display miniport driver receives a DxgkDdiCreateDevice call. The display miniport driver initializes direct memory access (DMA) by returning a pointer to a filled DXGK_DEVICEINFO structure in the pInfo member of the DXGKARG_CREATEDEVICE structure.
2 If the call to the display miniport driver's DxgkDdiCreateDevice succeeds, the Microsoft Direct3D runtime calls the user-mode display driver's CreateDevice function.
3 In the CreateDevice call, the user-mode display driver must explicitly call the pfnCreateContextCb function to create one or more contexts—GPU threads of execution on the newly created device. The Direct3D runtime returns information in the pCommandBuffer and CommandBufferSize members of the D3DDDICB_CREATECONTEXT structure to initialize the command buffer.
Creating Surfaces for a Device
4 After an application requests to create surfaces for the rendering device, the Direct3D runtime calls the user-mode display driver's CreateResource function.
5 The user-mode display driver's CreateResource calls the pfnAllocateCb runtime-supplied function.
6 The display miniport driver receives a DxgkDdiCreateAllocation call, which indicates the number and types of allocations to create. DxgkDdiCreateAllocation returns information about the allocations in an array of DXGK_ALLOCATIONINFO structures in the pAllocationInfo member of the DXGKARG_CREATEALLOCATION structure.
Submitting the Command Buffer to Kernel Mode
7 After an application requests to draw to a surface, the Direct3D runtime calls the user-mode display driver function related to the drawing operation, for example, DrawPrimitive2.
8 To submit the command buffer to kernel-mode, the Direct3D runtime calls either the user-mode display driver's Present or Flush function. Also, the user-mode display driver submits the command buffer if the command buffer is full.
9 The user-mode display driver calls the pfnPresentCb runtime-supplied function if Present was called, or the pfnRenderCb runtime-supplied function if Flush was called or the command buffer is full.
10 The display miniport driver receives a call to the DxgkDdiPresent function if pfnPresentCb was called, or the DxgkDdiRender or DxgkDdiRenderKm function if pfnRenderCb was called. The display miniport driver validates the command buffer, writes to the DMA buffer in the hardware's format, and produces an allocation list that describes the surfaces used.
Submitting the DMA Buffer to Hardware
11 The Microsoft DirectX graphics kernel subsystem calls the display miniport driver's DxgkDdiBuildPagingBuffer function to create special purpose DMA buffers, known as paging buffers, that move the allocations specified in the allocation list to and from GPU-accessible memory.
12 The DirectX graphics kernel subsystem calls the display miniport driver's DxgkDdiSubmitCommand function to queue the paging buffers to the GPU execution unit.
13 The DirectX graphics kernel subsystem calls the display miniport driver's DxgkDdiPatch function to assign physical addresses to the resources in the DMA buffer.
14 The DirectX graphics kernel subsystem calls the display miniport driver's DxgkDdiSubmitCommand function to queue the DMA buffer to the GPU execution unit. Each DMA buffer submitted to the GPU contains a fence identifier, which is a number. After the GPU finishes processing the DMA buffer, the GPU generates an interrupt.
15 The display miniport driver is notified of the interrupt in its DxgkDdiInterruptRoutine function. The display miniport driver should read, from the GPU, the fence identifier of the DMA buffer that just completed.
16 The display miniport driver should call the DxgkCbNotifyInterrupt function to notify the DirectX graphics kernel subsystem that the DMA buffer completed. The display miniport driver should also call the DxgkCbQueueDpc function to queue a deferred procedure call (DPC).

图8-307　WDDM驱动模式下一个基本交互过程实例

提示 ▶▶▶

街机的显卡比PC显卡发展得早。SEGA Model 1系统在1992年推出，届时其已经支持了图形渲染全卸载，而PC领域在1999年才实现硬件T&L。

看完了街机，再来看看家用游戏机（Console Game Machine）。截至当前，市场上最流行的家用游戏机为微软出品的XboxOne、索尼出品的PlayStation4，以及任天堂的Wii。如图8-310所示为XboxOne的单板架构及其主芯片的架构示意图。

如图8-311所示为XboxOne主芯片的架构详图。该芯片集成了两颗AMD Jaguar架构CPU以及一片AMD的定制GPU，为全AMD方案。

如图8-312所示为早期的N64家用戏机的架构示意图。其CPU使用了NEC的某款型号。图中的RCP为Fujitsu在1997年推出的 Pinolite型GPU（该GPU也是个人电脑领域第一款支持硬件T&L的GPU，只不过没有被广泛用于PC显卡中，所以鲜为人知，PC领域则是在两年后才在GeForce 256、ATI Radeon 7500以及S3 Savage3D显卡中支持），其架构如图右侧所示。

我们再来看看手机。如图8-313所示为某用于手

图8-308　街机和街机游戏

CPU Board

ROM Board

Video Board

图8-309　SEGA Model 2街机系统单板实物图

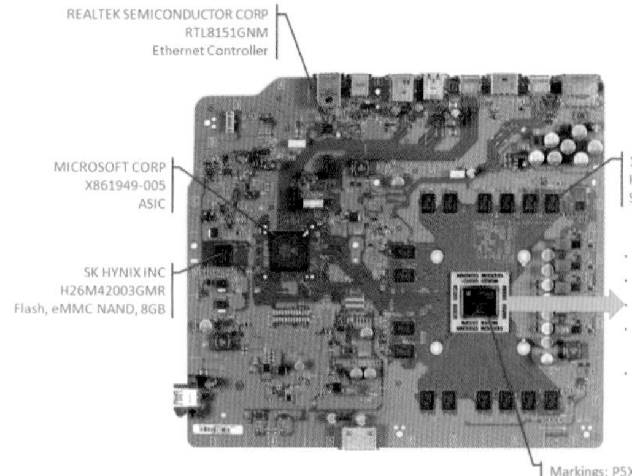

图8-310　XboxOne的单板架构及其主芯片的架构示意图

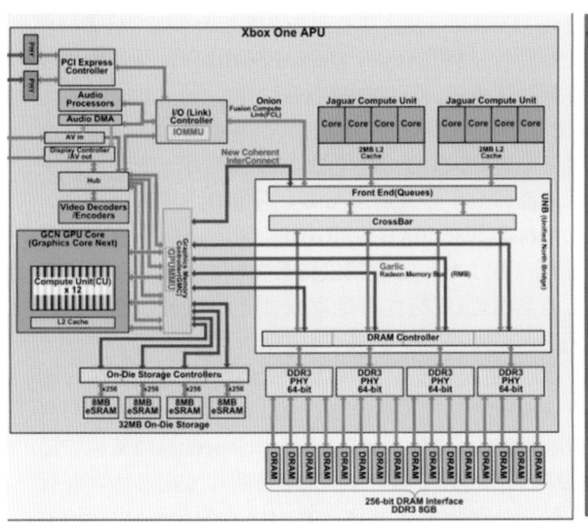

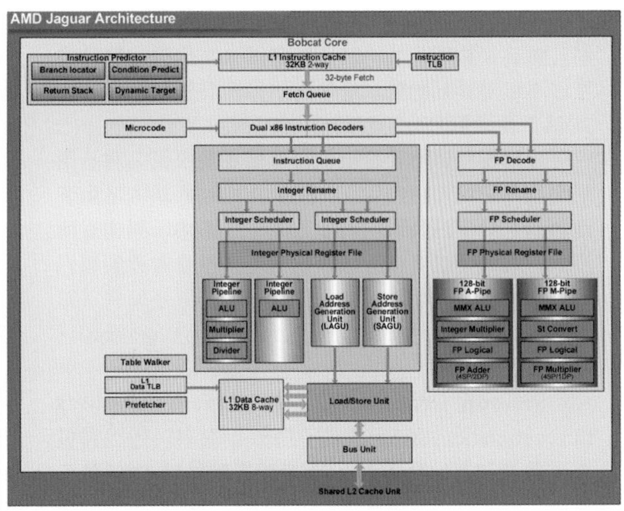

图8-311　XboxOne主芯片的架构详图

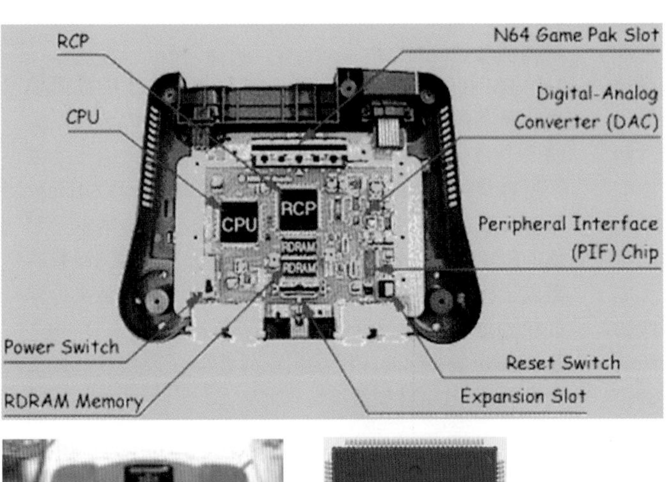

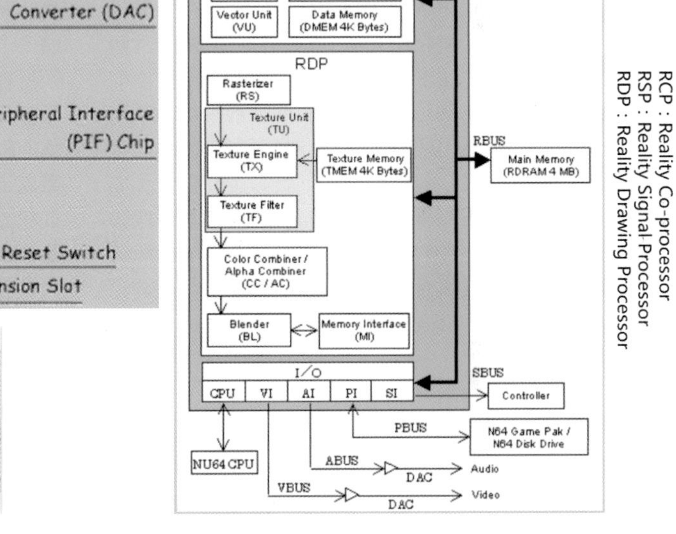

图8-312　早期的N64掌上游戏机的架构示意图

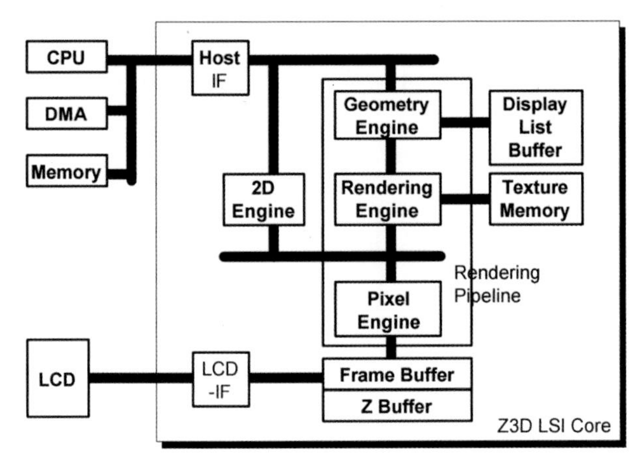

Power Consumption

Sample Applications

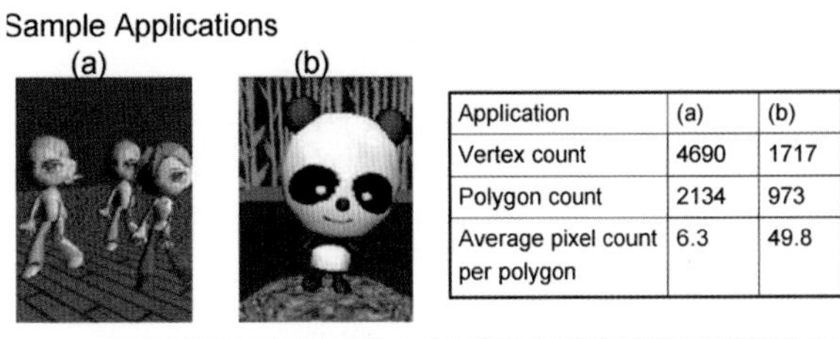

Application	(a)	(b)
Vertex count	4690	1717
Polygon count	2134	973
Average pixel count per polygon	6.3	49.8

	Power Consumption		Performance	
	(a)	(b)	(a)	(b)
Pipeline mode	66 mW	66 mW	8.5 fps	19.1 fps
Step mode	38 mW	38 mW	8.0 fps	17.3 fps

图8-313　某用于手机的GPU架构图

机的GPU（三菱 Z3D）架构图，相信大家一眼就能够理解该架构了，其中对应的名词大家已经足够熟悉了。手机对功耗的要求非常高，如图右侧所示为一些3D渲染场景下的功耗测试。

可以看到，不管是街机家用机还是手机，对于图形渲染，它们都遵循我们前文中介绍过的基本渲染管线流程，只不过具体实现的方式有所不同，架构有所不同。看完了游戏机领域，我们再来看看专业领域以及PC领域的图形渲染系统。

8.2.11.2 SGI Onyx超级图形加速工作站

Silicon Graphics（后名Silicon Graphics Internationale，SGI）公司于1981年创立，为计算机图形领域知名厂商，著名的3D建模软件Maya就是该公司杰作。该公司主要提供针对图形渲染加速领域的高端整体系统（图形工作站，用于建筑、广告动画等专业绘图领域），后续也推出了用于通用计算的超级计算机平台（第6章介绍过的Origin 2000系统）。可以体会到，图形计算本身的确已经是一种超级计算了，它需要庞大的ALU单元/核心数量并行计算。我们在第9章会详细介绍超级计算/并行计算以及超级计算机。我们先来看一下SGI公司在1996年推出的InfiniteReality运算单元，从名字就可以判断出，其用于表现真实世界的3D图形，也就是一套3D图形渲染加速系统。

如图8-314左侧所示，SGI InfiniteReality由三大模块组成：含有Geometry Engine（GE）的Geometry Board、含有1个Fragment Generator和80个Image Engine以及大量存储器的Raster Memory Board（RM），以及Display Generator Board。每个模块单板可以存在多份以增加并行性。

图8-314中间上部所示为一个GE内部的结构，内含三个SIMD核心，每个核心内部又有一个浮点乘法运算器和一个浮点通用ALU，共享1KB的寄存器堆。三个核心共享80KB的SRAM存储器，每个核心出口还有一个浮点～定点数值转换器（取整）和Merge单元。显然，GE的作用是用来处理顶点的，包括坐标变换、剪裁和光照等。

经GE处理完毕的顶点数据会经由内部总线（图中Vertex Bus）传递给多个RM并行进行栅格化和纹理映射处理。RM中的Fragment Generator的架构如图8-314右侧所示。其中TA和SC是两片专用芯片，并行执行，处理栅格化具体计算、像素颜色和z坐标值的插值计算、纹素地址的插值生成、对纹素地址进行透视修正，以及对Mipmap层级进行计算判断，其每时钟周期处理4个像素。

TM也是专用芯片，其根据上一步输出的纹素地址，从其附带的SDRAM中提取纹素，并传送到下游的多个TF专用芯片进行纹理过滤计算，最终给每个像素附以最终的颜色值。图8-314中间下部所示为Image Engine架构示意图，其含有一个专用芯片，附带一定量的SDRAM，所有Image Engine附带的SDRAM共同组成了Frame Buffer。Image Engine的作用就是执行像素级处理，包括抗锯齿等。如图8-315所示，Display Generator Board的作用是生成最终的视频信号，包括色彩处理、DA转换等。

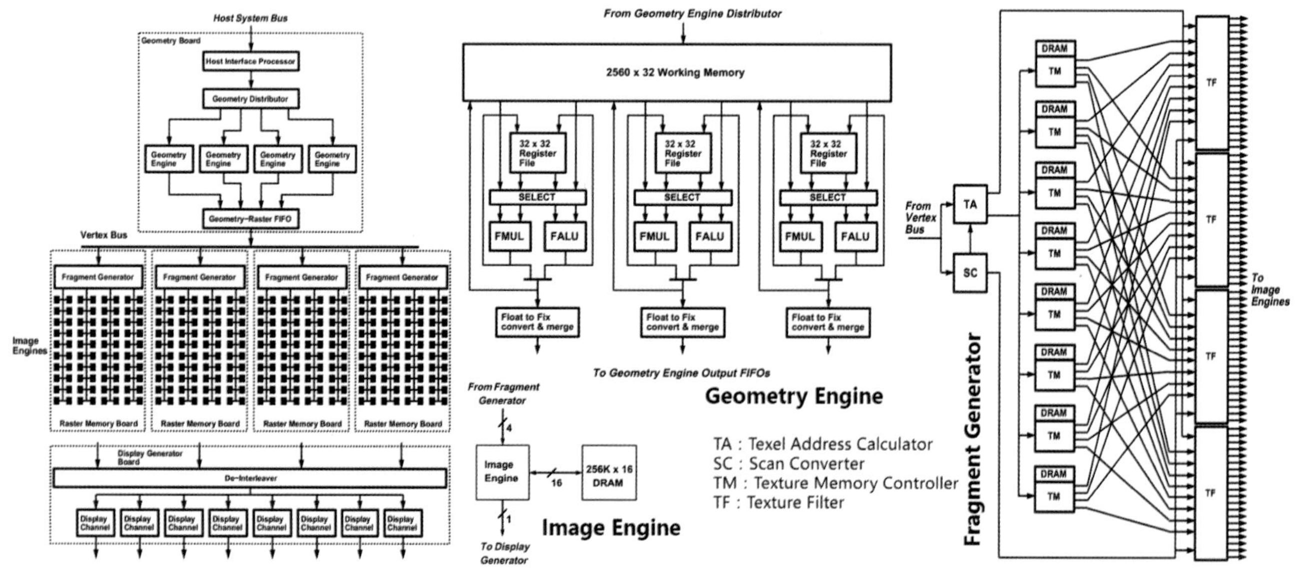

图8-314 SGI InfiniteReality模块架构示意图

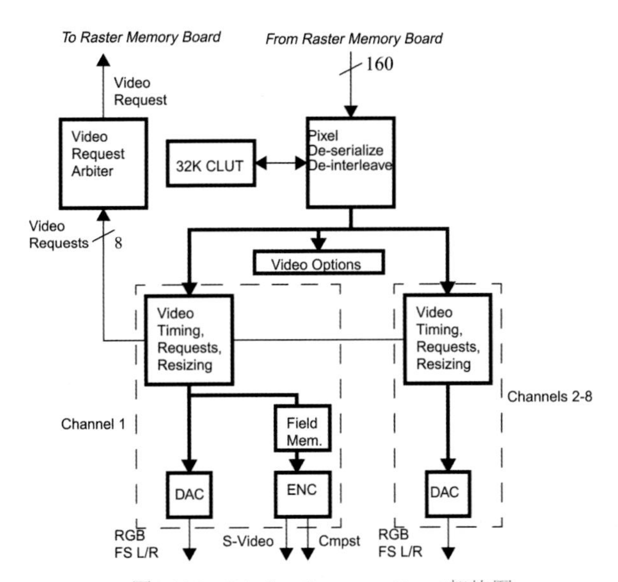

图8-315 Display Generator Board架构图

如图8-316所示为上述几个单板的实物图。这些硕大的单板共同组成了“显卡”这个角色。好马配好鞍，支撑该显卡运行的Host主机系统为SGI设计的Onyx工作站计算机，运行UNIX操作系统，整个系统如图左上角所示。图左下角所示为工作站机箱内用于承载这些单板的背板。这些图形处理单板共同组成了InfiniteReality处理单元。Onyx机箱内部还需要配备CPU和内存单板，用于运行Host端的操作系统以及绘图软件/程序。

SGI的这套InfiniteReality引擎的架构放在现在来看其实也不过时，其与图8-273所示的NVidia的GeForce 6000系列GPU的内部架构如出一辙，后者只是将这整个引擎集成到了一个芯片中。

思考 ▸▸▸

SGI的系统稳定性极佳，但是后来还是走向了衰败。SGI衰败的原因业界普遍认为有以下几点：高昂的价格、封闭的生态与高调的姿态。这也是其他与SGI图形工作站类似的通用计算机系统比如IBM/Unisys/Sun等小型机系统走向衰败的原因。PC市场蓬勃发展，使得采用通用CPU+通用显卡+第三方图形软件就可以DIY一套图形工作站。你可能没想到的是，OpenGL API的前身就是SGI公司的IRIS GL（Integrated Raster Imaging System Graphics Library）。IRIS是SGI公司曾经的一款图形工作站系统。后来SGI将IRIS GL开源，后形成了OpenGL标准，而且跨平台通用。OpenGL 1.0标准于1992年发布。

PC市场是个开放、竞争激烈、英雄辈出的市场。我们下面就来历数一下PC显卡市场上曾经和现在的代表性选手们。我们前文中已经介绍过20世纪80年代时的景象，并提到了IBM的PGC显卡。在20世纪80～90年代初，市场上一度出现过多家图形加速芯片厂商、数十个品牌的显卡制造商。一直到九十年代中后期，GPU芯片逐渐被几家厂商所垄断。如图8-317所示为PC市场3D显卡和API发展关键路标。

8.2.11.3 S3 ViRGE时代

1996年，S3公司推出了ViRGE芯片，其原本是一款2D图形加速芯片（型号Trio64v+，几乎垄断了当时的2D显卡芯片），但是通过新的固件，支持了3D加速功能。不过，由于只是通过固件升级，利用内部的计算核心来计算3D渲染，其性能非常一般，甚至有些时候还不如利用Host端CPU进行软渲染。同时代与该产品类似路数的其他产品有ATI Rage以及Matrox Mystique显卡等。

如图8-318左侧所示为当时的基于S3 Trio64v+芯片的2D加速显卡，右侧为基于S3 ViRGE芯片的显卡实物图。

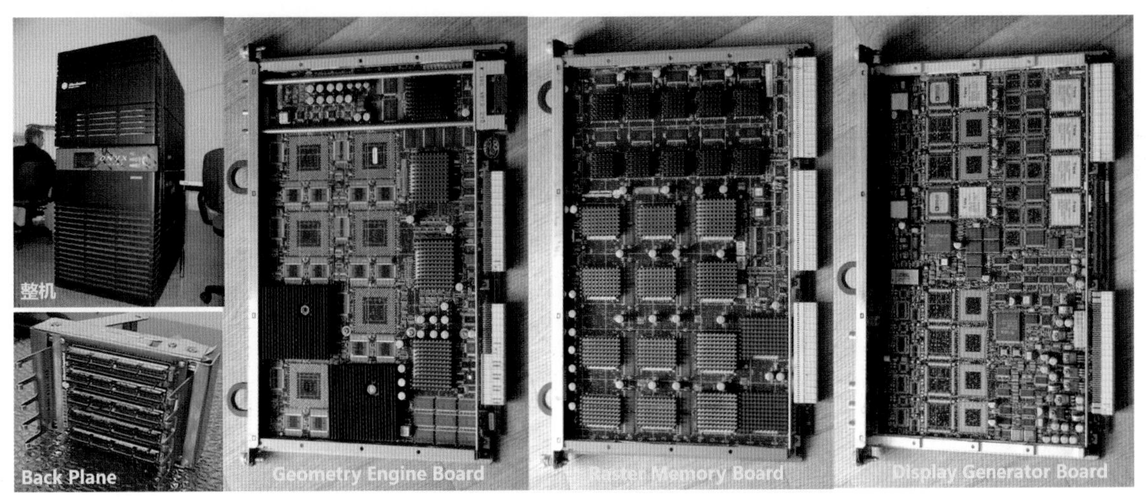

图8-316 上述图形处理单板的实物图

Weak 3D Accelerator for home PC
- 1995 S3 ViRGE
- 1996 ATI Rage

1st 3D Accelerator for home PC
- 1996: 3Dfx Voodoo 1
- Graphic coprocessor（"pass-through"）
- Glide API

1st SLI card (Scan Line Interleave)
- 1998: 3Dfx Voodoo2（Multi Texturing Supported）

NVIDIA/ATI
- Multi Texturing
- 1997：NVIDIA Riva 128
- 1998：NVIDIA Riva TNT（"TwiN `Texel"）
- 1998：ATI 3D Rage Pro

1st HW T&L（"transform & lighting"）
- 1999：NVIDIA GeForce 256
- 1999：ATI Redeon 7500
- 1999：S3 Savage3D

2000
- NVIDIA GeForce2
- ATI Radeon

2001: GPU became programmable
- DirectX 8.0 (vertex shaders, fragment shaders, 1.0, 1.1)
- NVIDIA GeForce3, GeForce3 Titanium
- DirectX 8.1 (PS 1.2, 1.3, 1.4)
- ATI Radeon 8500 (TruForm)

2002: Advanced GPU programming
- DirectX 9.0 – VS, PS 2.0
- NVIDIA GeForce4 Titanium
- ATI Radeon 9000, 9700 [Pro]

2003: Affordable DX9
- Cheap DirectX 9.0 – compatible cards (VS, PS 2.0)
- NVIDIA GeForce FX 5200-5800
- ATI Radeon 9800

2004: Extended shader programming
- DirectX 9.0c (VS, PS 3.0), OpenGL 2.0 (at last!)
- NVIDIA GeForce 6800, 6200, 6600
- ATI Radeon X800

2005: HW advances
- PCI-Express bus
- Twin GPU systems – NVIDIA: SLI, ATI: CrossFire
- NVIDIA GeForce 7800
- ATI Radeon X550, X850

2006
- DirectX 10 (Windows Vista) .. geometry shaders
- NVIDIA GeForce 7600, 7900
- ATI Radeon X1800, X1900

2007
- CUDA (NVIDIA) – GPGPU programming in C
- NVIDIA GeForce 8600, 8800
- ATI Radeon R600 (HD 2400, 3850)

2009
- OpenGL 3.2, DirectX 11
- GPU support Tesselation
- NVIDIA Fermi

2010
- OpenGL 4
- OpenCL: General computing on GPU

2011 – 至今
- Computing servers using many GPU cards (NVIDIA Tesla architecture)
- OpenGL 4.6
- DirectX 12 (Windows 10, Xbox One)
- OpenGL ES for mobile platforms (GLES 3.2)

图8-317　PC市场3D显卡和API发展关键路标

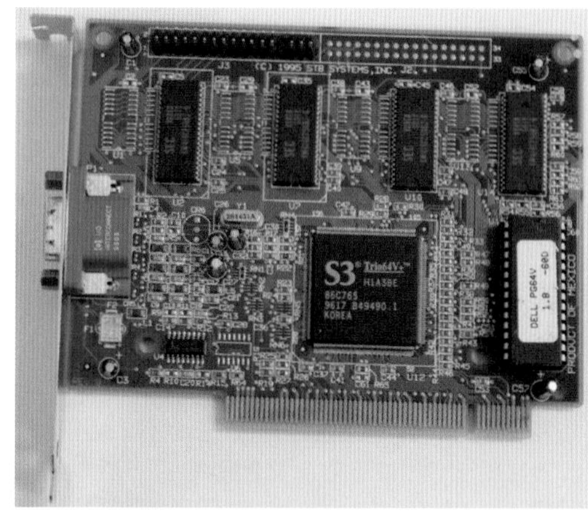

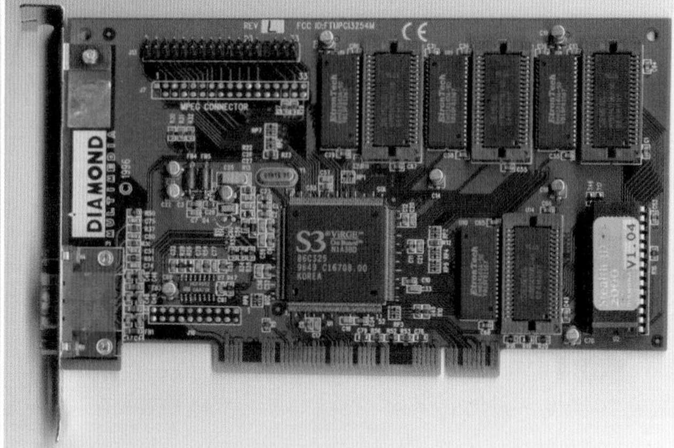

图8-318　基于S3 Trio64v+的2D显卡以及S3 ViGRE芯片的3D显卡实物图

不过，S3 ViRGE芯片对3D功能的支持在当时非常全面，再加上其较全面的特性支持及其在2D领域的垄断地位，ViRGE芯片在3D显卡市场上的占有率也一度突破了50%。如图8-319所示为ViRGE芯片内部架构图和所支持的特性一览（可以看到其3D特性基本上是对几何运算后面的步骤进行加速，当时几何运算还是依靠CPU来完成）。其中S3D模块就是用于2D和3D加速计算的芯片，其很有可能是类似DSP的处理器。

不过，当市场上的新秀3dfx的Voodoo芯片崛起之后，S3遍逐渐陨落，虽然在1998年及之后也推出了Savage3/4/2000系列显卡，但是未能扭转局势。S3在2001年被VIA收购，在2011年又被VIA卖给了HTC，转向专攻移动终端GPU市场。

3dfx Voodoo是何方神圣？

8.11.2.4 3dfx Voodoo时代

3dfx公司由SGI公司出来的三位工程师创立于1994年初，获得550万美元的初始资金，并命名其加速芯片为Voodoo（巫术）。公司的第五位雇员Brian Hook亲手设计了3dfx专用的绘图API——Glide API，这个高性能、易用的API是让3dfx的产品走向了广泛应用的原因之一。不过Brian Hook在3dfx未辉煌之前就离开并加入了id software（著名的早期3D游戏Quake、DOOM系列的开发商）。

Voodoo芯片只提供3D加速能力，不提供2D加速，这就意味着，以往那些利用2D加速能力进行渲染的软件GUI、Windows操作系统窗口、按钮、特效等，就无法利用Voodoo显卡进行渲染。因此，Voodoo必须配套一张2D显卡使用，先将2D显卡的VGA输出信号输入到Voodoo，在不进行3D渲染时，Voodoo对该信号进行透传并输出到显示器，一旦程序开始进行3D渲染，则Voodoo显卡切换到自己的显示信号上输出。这意味着Voodoo无法进行窗口化游戏（同时显示桌面菜单以及游戏窗口），只能运行在全屏3D模式。如图8-320所示为Voodoo显卡及其连接方式。Voodoo显卡采用一颗像素处理芯片（Frame Buffer Interface，FBI，负责栅格化、z缓冲、混合）和一颗纹理填充处理芯片（TMU，负责纹理填充，支持双线性/三线性过滤，最高支持256×256分辨率纹理）共同组成，核心和显存的运行频率都是50 MHz。Voodoo团队的创

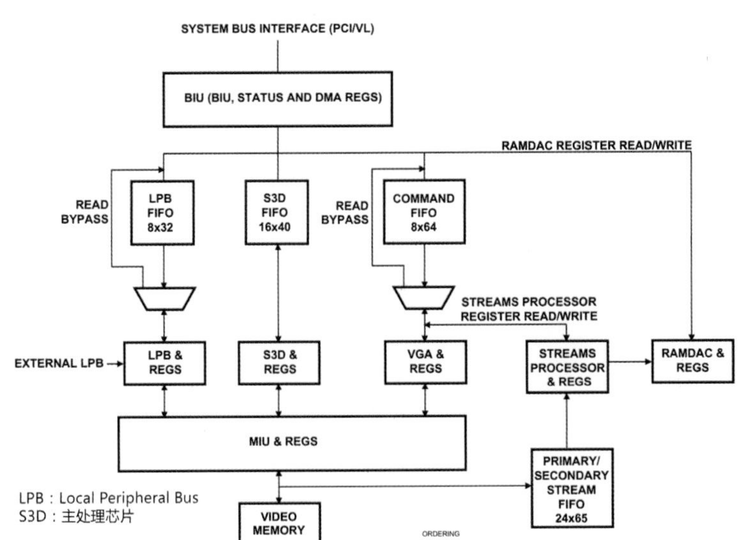

S3d Graphics Engine Features

- High performance 2D Windows acceleration
- Flat and Gouraud shading for 3D
- High quality/performance 3D texture mapping
  - Perspective correction
  - Bi-linear and tri-linear texture filtering
  - MIP-Mapping
  - Depth cueing and fogging
  - Alpha blending
  - Video texture mapping
  - Z-buffering

Full Software Support

- Drivers for major operating systems and APIs: [Windows© 95, Windows© 3.11, Windows© NT, OS/2© 2.1 and 3.0 (Warp), ADI 4.2]. Direct 3D™ BRender™, RenderWare™ and OpenGL™

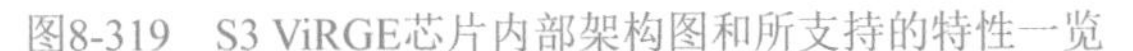
图8-319　S3 ViRGE芯片内部架构图和所支持的特性一览

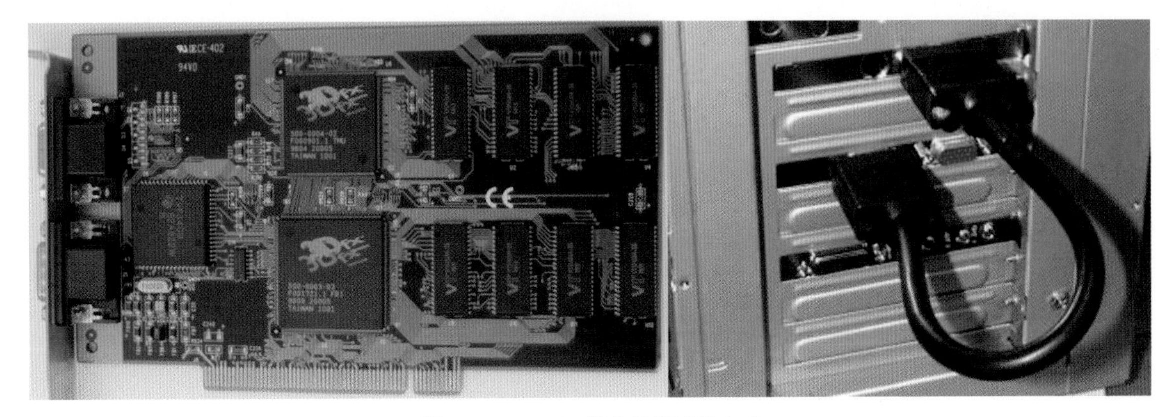
图8-320　Voodoo显卡及其连接方式

始人源自SGI，Voodoo在一定程度上可以认为是高端专业渲染领域的技术下放到了PC市场的结果。

Voodoo必须配合另一张2D加速显卡这个限制，增加了用户的购置成本。但是凭借其优秀的3D加速性能，以及3dfx公司在游戏开发者领域的原有良好关系和对Glide API大力的推广，使得众多游戏开发者开发了基于Glide API的游戏。在1996年E3游戏展上，有15个游戏利用Voodoo实现了当时与上一代3D加速显卡相比明显提升的画质，这个结果非常令人震撼，3dfx及其Voodoo一举成名，并获得了第二轮投资。

3dfx一开始的策略是自己生产自己品牌的Voodoo芯片的显卡，其价格昂贵。1996年，3dfx开放了让其他第三方显卡制造商生产基于Voodoo芯片显卡的授权。随着SDRAM存储器的价格下降，第三方制造商觉得Voodoo芯片方案的显卡性价比可以让消费市场接受，所以市场上大量涌现出了Orchid、Diamond、Elsa、Creative Labs等一系列品牌的基于Voodoo芯片的显卡。

同时支持Glide/D3D/OpenGL更增加了该卡的受欢迎程度，虽然D3D在当时的性能与OpenGL无法媲美。支持Glide API的游戏Tomb Rider（古墓丽影）以及NFSII（极品飞车2）中表现出来的与其他显卡差异巨大的效果，也造就了Voodoo的辉煌，成为当时PC机3D实时渲染加速卡领域的标杆，当时谈3D必Voodoo。

那么，Voodoo对画面的表现力到底强在哪里呢？如图8-321所示为古墓丽影以及Quake游戏的画面对比。两幅画面左侧马赛克严重的画面为采用软件渲染或者其他3D加速卡在可接受的帧率下所能达到的最高画质，而右侧所示则为Voodoo以同样或者更高帧率渲染能达到的画质。可以明显看到，左侧画面由于无法采用更高级别的纹理采样过滤计算，导致严重的马赛克。而Voodoo使用更强的算力，可以应用更高的采样过滤级别（其实只是双线性过滤），实现更平滑的画质。

可能会感觉经过Voodoo处理后的画质稍显模糊不锐利（部分原因是Voodoo采用有损压缩的方式来存放纹理，导致纹理变模糊），但这只是静态画面。真实游戏时，随着视角不断移动，我们前文中介绍过，纹理过滤不充分会导致画面产生游走的颗粒，这个感觉非常难以忍受，而Voodoo的出现让画质得到了飞跃。除了纹理过滤方面可以开到更高的力度之外，在特效方面，针对Voodoo开发的游戏引入了更多特效，

图8-321　古墓丽影和Quake游戏画面

比如Quake中枪械射出的火球会照亮隧道内表面、极品飞车2游戏中的轮胎摩擦产生的烟雾、蜂群撞击到玻璃上等，这些特效都需要引入更高的算力，而只有Voodoo有这种算力。

所以，Voodoo本身并不会凭空增加什么画面特效，而只是由于其强大的算力和高性能的API，相同帧率下相比软件或者其他3D加速卡而言让用户敢开到最高特效畅玩。或者游戏本身只针对Voodoo卡提供更高特效的选项，如果针对其他卡或者软渲染也提供对应高特效选项，则游戏帧率将不可接受，所以游戏开发商干脆直接砍掉对应的配置选项。这也是Voodoo被神话的原因之一，让大众认为Voodoo本身有某种黑科技可以凭空增加特效。

在那个全民普遍发烧的年代，拥有一个比其他产品支持更多显而易见特效的产品，无疑给发烧友提供了强劲的能量，广大3D图形发烧友们把Voodoo推上了神坛。当时3D显卡市场上80%～85%的份额都是Voodoo的。

然而，只提供3D加速无疑是Voodoo的一大痛点，大家都期盼3dfx能够推出一款2D/3D统一的Voodoo加速卡。1997年，Voodoo直接与Alliance公司合作，将后者的AT3D芯片（也是一款3D加速器）与Voodoo芯片集成到同一张卡上，并将该产品命名为Voodoo Rush，实现2D和3D统一。如图8-322右侧所示为当时由第三方制造商制造的Hercules品牌的Voodoo Rush显卡，其将3D部分作为子卡扣在2D母卡上。左侧所示为单板卡版本。

的确，如其名字所言，该产品的确太仓促。Voodoo芯片组与AT3D芯片之间在内存管理和访问方面没有优化好，导致效率低下；另外对游戏的兼容性也出现了问题，之前可以跑在Voodoo上的游戏竟然在Voodoo Rush上无法开启3D硬件加速。就这样，这一代产品以失败告终。

1998年3月，3dfx推出了Voodoo2芯片组，其核心频率90 MHz，显存频率100 MHz，使用了3个独立芯片组成，相比Voodoo增加了一片TMU芯片，这样可以在一次Draw Call中同时处理两个纹理（比如一个颜色纹理和一个法线纹理）。如图8-323所示为帝盟生产的Voodoo2显卡实物图。Voodoo2仍然只支持3D加速。然而，Voodoo2相比Voodoo1的性能提升并非透明的，而是需要游戏针对Voodoo2的第二个TMU并行特性进行定制化开发，在一次Draw Call中引入两个纹理处理才可以。然而，由于Voodoo2的核心和显存频率都高于Voodoo1，所以其针对老游戏还是有一定程度的透明提速的。游戏Quake2和Unreal针对Voodoo2做了定制开发，能够显著提升性能。

Voodoo2的另一个特性是引入了SLI（Scan Line Interleave，扫描线交叠）技术，该技术可以在一台PC上插两张Voodoo2卡，让两块卡分别对屏幕像素区域的上半部分和下半部分进行渲染，双卡并行，理论上渲染一帧的速度会提升一倍。双卡之间需要通过特殊的SLI线缆进行数据和控制信息的同步。双卡SLI模式

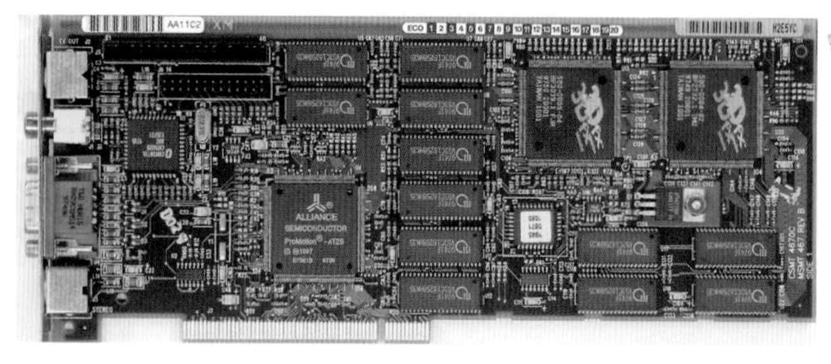

图8-322　基于Voodoo Rush芯片组方案的显卡

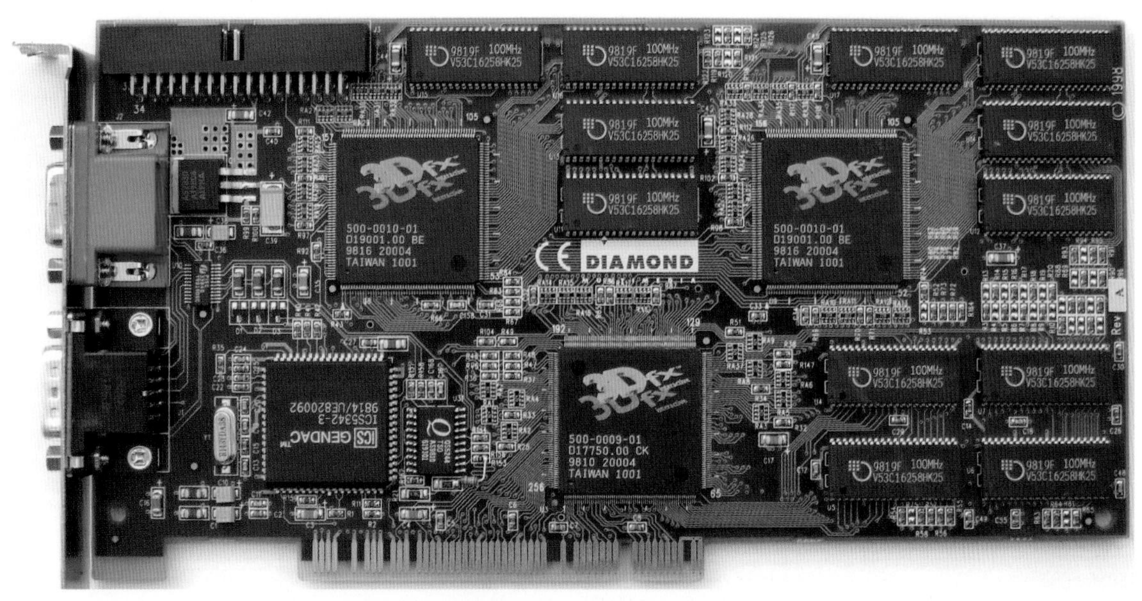

图8-323　Voodoo2显卡

不仅增加了渲染性能，而且还增加了Frame Buffer的容量，使得可以支持更高分辨率。如图8-324所示为双Voodoo2卡利用SLI连接的拓扑示意图和实物图。

提示 ▶▶▶

其实第一代Voodoo已经支持SLI技术，只不过由于太高端，其多被用于街机以及专业绘图领域。而Voodoo2选择将这个技术下放到PC市场。3dfx被Nvidia收购之后，后者在2004年重启了对SLI的支持，只不过那时的SLI被改称为Scalable Link Interface，中文商用名“速力”。速力可以支持双卡到四卡并行渲染。其采用AFR（Alternate Frame Rendering，帧间交错）以及SFR（Scissor Frame Rendering，帧内交错）两种方式在双卡甚至多卡之间分割渲染任务。前者以帧为单位在卡间分割任务，而后者将一帧屏幕的1/N区域分配给N块卡中的一块来渲染（与Voodoo时代的SLI方式相同）。ATI也发布了类似技术，其被称为CrossFire。

Voodoo2再次成就了3dfx的辉煌，应该是该公司处于辉煌顶峰的产品。不过，也是在1998年，竞争对手Nvidia推出了TNT（TwiNTexel），ATI推出了3D Rage Pro，它们各自也都支持多个并行的TMU单元。TNT在某些场景下（未使用多纹理并行渲染的游戏）的性能上其实已经超过了Voodoo2。

1998年6月，3dfx推出了Voodoo Banshee（女妖），其将2D加速器以及去掉了一个TMU的Voodoo2芯片组，共3个芯片模块，集成到了一个芯片中，其形态与竞争对手的产品开始变得一样，如图8-325所示。由于Banshee的运行频率两倍于Voodoo2，而相比后者仅仅少了一个TMU，所以对于那些未使用多纹理并行渲染的游戏，其性能反而高于Voodoo2，但是其市场定位在中端显卡位置，售价也低于Voodoo2。Banshee的2D性能也非常优异，曾经在一些性能测试中排名第一。然而，其市场反应并未达到预期，Voodoo的粉丝们好像对纯粹的Voodoo更感兴趣，而不是衍生出来的Banshee。另外一个原因是竞争对手Nvidia和ATI的显卡已经在一些品牌PC厂商中成功称为标配卡，而Voodoo Banshee在品牌PC厂商中只占有少量份额。不过即便如此，Banshee也为3dfx带来了可

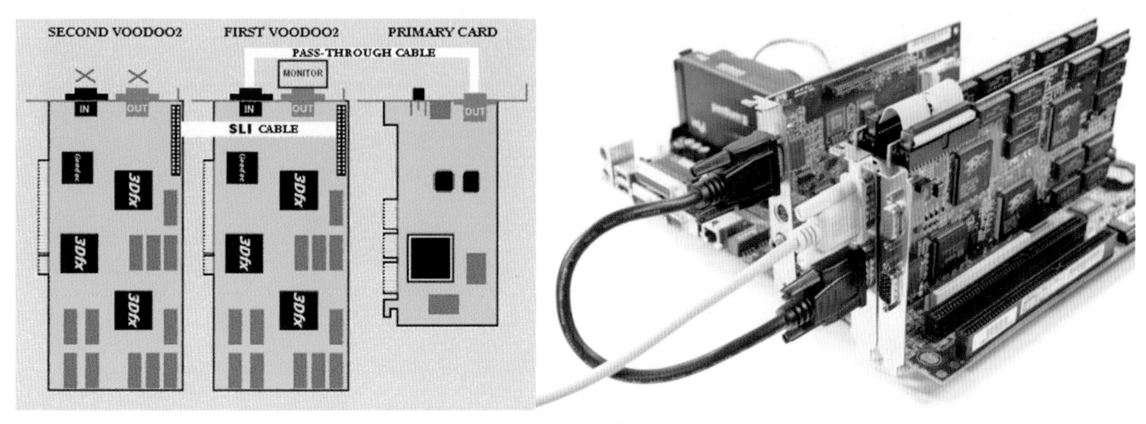

图8-324　支持双卡SLI的Voodoo2显卡

观的收益，毕竟品牌底蕴还在。

然而，3dfx并未意识到其即将从顶峰一路下滑，其仿佛被短暂的胜利冲昏了头脑，走出了自我毁灭的一步，想着有钱自个儿全捞，决定从Voodoo3代开始，自产自销。3dfx于1998年末收购了显卡制造商STB，并收回了原本给予其他第三方制造商的芯片授权，做自己品牌的显卡。这一招基本上断绝了3dfx的前途。制造容易，销售难，第三方显卡制造商都拥有各自广泛的营销、销售渠道，单凭3dfx一家根本无法抗衡。加之第三方制造商们没有了Voodoo芯片使用授权，以及Voodoo坚挺的价格，制造商和用户逐渐全面转投当时已经崛起的NVidia和ATI，而此时N和A司的产品其实已经迎头赶上了。

1999年3月，3dfx推出了用自家STB工厂生产的Voodoo3显卡，如图8-326所示。

Voodoo3只支持16位色彩，而同时期竞争对手早已支持了24位，并且性能上的差距已经不相伯仲，除了那些专门针对Voodoo优化过的游戏比如Quake系列以及Unreal系列之外，Voodoo3在其他游戏中的性能表现已经没有Voodoo一代时那样令人震撼。在Nvidia推出TNT2显卡后，3dfx的颓势基本已成定局。冬瓜哥还记得当年大学对门宿舍用的就是TNT2显卡，与对方联机玩CS时总被爆。当时冬瓜哥的电脑是SIS300显卡，流畅度要弱于TNT2一截。

3dfx在2000年又发布了Voodoo5和Voodoo4显卡。其中Voodoo5 6000型显卡上采用了4芯片，并且支持4

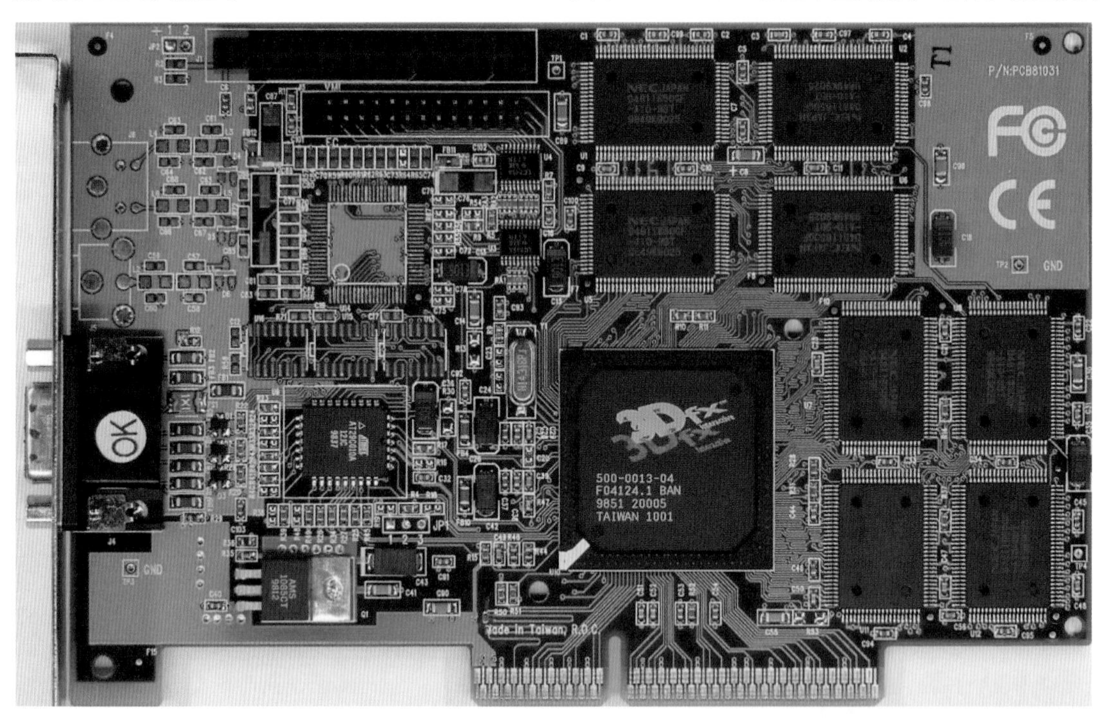

图8-325　Voodoo Banshee显卡

图8-326　Voodoo3显卡实物图

卡SLI，如图8-327所示。3dfx仿佛更加倾心于高端产品，但是大众已经有了更经济的选择，所以高不成低不就的定位，导致该卡全球生产仅千片左右，如今已成了发烧友们收藏品。

综上，3dfx未能抓住市场机遇，加上自己决策失误，同时由于3dfx对D3D API长期的不懈，没有站到正确的队伍。最终3dfx在2001年被NVidia收购。后来，NVidia和ATI/AMD双雄逐鹿一直到今天。

8.2.11.5　Nvidia和ATI时代

Nvidia和ATI（后被AMD收购）是目前仅存的两家PC市场GPU厂商。也正是这两个厂商彻底终结了Voodoo时代。Nvidia公司成立于1993年，其第一款产品于1995年推出，比较奇特。该产品将显卡、声卡集成到一张卡上，同时提供声音和2D/3D加速功能，该芯片组项目代号为STG2000。如图8-328所示为帝盟基于该STG2000芯片组制造的商品名Edge 3D的显卡，其还提供了15针的游戏手柄接口。

该芯片组的3D渲染部分比较特殊，其采用了二次曲面而不是三角形作为图元，这虽然可以让模型更加平滑，但是在其他方面比如纹理映射计算时会导致很多不便。当微软于1996年在Windows 95操作系统中集

图8-327　4路Voodoo5 6000 SLI

图8-328　帝盟制造的Edge 3D显卡

成了Direct3D 2.0 API后，该卡也就彻底没了市场，因为D3D都是以三角形作为面图元的。该卡由于属于All-In-One设计，其成本必然较高，再加上其MIDI合成部分的兼容性也不太好，这两样也是其销售不佳的原因。

该卡的推出与游戏开发厂商SEGA有密切关系，其游戏手柄接口是按照SEGA Saturn家用游戏机手柄相兼容而设计的，SEGA也将其开发的多款原本只运行在家用机上的游戏做了移植开发，支持该卡。但是SEGA当时的家用机与索尼的PlayStation系列竞争败下阵来，一系列的因素导致该卡没有获得成功。该卡在历史上被另称为NV1。

在随后的产品中，Nvidia依然傍着SEGA，为其开发用于SEGA Dreamcast家用游戏机的显示芯片组，也就是NV2。但是鉴于NV1的惨淡经历，SEGA决定不再采用基于二次曲面图元的渲染架构，转为采用三角形图元架构，最终选择使用了NEC/VideoLogic的PowerVR2 3D加速芯片组，于是NV2项目夭折。当时Nvidia可谓是非常落魄了，工资发不出，也裁了员。Nvidia认清了形势，将架构转为三角形图元渲染，以及全力支持D3D、OpenGL API，于是有了项目NV3，重新聘回被裁的员工，重起炉灶。

NV3项目对应的产品为Riva 128芯片，于1997年推出，其全称为Real-time Interactive Video and Animation accelerator。如图8-329所示为帝盟制造的基于Riva 128芯片的显卡。

Riva 128芯片集成有350万晶体管，制程350 nm，核心频率100 MHz，显存4MB（承载Frame Buffer和纹理），12KB片内存储器用于像素和顶点缓冲区，支持16位色，支持16位 z-buffer，RAMDAC频率206 MHz，AGP ×2接口。其内含一条像素处理管线，每时钟周期处理一个像素，则像素填充率为每秒10亿像素，如果按照每个三角形占25像素的话，每秒三角形生成数为150万。这些指标就是那个时代衡量一个显卡的关键指标，当时选购显卡通常看的就是像素填充率和三角形生成数。

Riva 128的推出让Nvidia这家公司迅速引起人们的注意，因为同时期Voodoo卡只提供3D加速功能，人们更希望有2D/3D统一的加速卡，而Riva 128在2D性能和画质方面非常强悍。在3D方面，Riva 128一开始的驱动程序在游戏测试中产生了一些瑕疵，比如当切换使用不同层级的Mipmap纹理时太过突然，导致画面过度不均匀；再就是驱动程序使用了自动生成Mipmap纹理的方式，这使得一些游戏在运行时产生不可预见的瑕疵。不过，**后来的改进版驱动程序下的测试性能和画面质量，已经可以与Voodoo并驾齐驱**，关键是Riva 128支持比Voodoo更高的分辨率，这一点很重要，提升分辨率是提高画质的直截了当的做法。

1998年，Nvidia推出Riva 128升级版芯片Riva 128 ZX，显存升级到8MB，RAMDAC频率升级到250 MHz，可以支持更高的分辨率和刷新率。

Riva 128支持D3D和OpenGL，但是当时绝大多数3D游戏基于3dfx的Glide API开发，Voodoo的余晖异常耀眼。比较流行的游戏Unreal（虚幻）虽然也支持D3D和OpenGL，但是由于Riva 128在D3D方面缺乏一些硬件特性而无法对Unreal提供加速，且当时的OpenGL API的兼容性和性能也不佳，所以Riva 128并未能征服流行的Unreal游戏，这使得Voodoo仍有喘息的机会。而真正让Voodoo开始感觉压力的，则是1998年中推出的Riva TNT（TwiN Texel），代号NV4，如图8-330所示。

TNT的推出让Nvidia彻底成名。TNT的设计目标是与Voodoo2直接竞争，其增加了一个纹理处理单元，与Voodoo2类似，同时使用了更快的显存，支持32位色彩、24位 z-buffer、8位 stencil buffer，支持1024×1024分辨率的纹理，支持三线性纹理过滤，显存容量16MB，实际核心频率90 MHz（设计频率为110 MHz）。

虽然TNT在性能上已经足以媲美Voodoo2，但是由于Voodoo的光辉实在是太过耀眼，加上Glide API的根深蒂固，很多游戏甚至只支持Glide，再加上微软的Direct3D API在当时与Glide API无论是性能还是易用性上都没法比，所以TNT仍然未能撼动3dfx建

图8-329　帝盟制造的基于Riva 128芯片的显卡

图8-330　ELSA制造的Riva TNT显卡

立起来的生态壁垒。而Nvidia依然铁了心跟随D3D和OpenGL，而不是去自行开发一套API，坚持到底就是胜利。TNT的推出让业界看到了新的力量，而1998年3dfx的决策失误则又将市场拱手让人。Nvidia稍后推出了阉割版的TNT：TNT Vanta，其就是降频版的TNT芯片（晶元上品质差一些的Die）。TNT Vanta在一些品牌PC机上获得了较大的份额，而当时的3dfx则还在梦想着自产自销。

提示

Nvidia对显卡驱动非常重视，TNT显卡的驱动代号为Detonator（雷管）。其针对AMD的3D Now！指令集进行优化之后，在运行Quake2基准测试时性能竟然激增30%，这一现象让诸多3D发烧友们欢呼，更坚定了Nvidia在市场上的名气和地位，更让它成为了DIY领域AMD平台的显卡流行的标配。发烧者们的一个毛病就是，总是为了一丁点的性能提升而付出不成比例的努力和金钱，更别提30%了，发烧友们最想看到的是性能测试分数的提升，而似乎根本不去关心性能提升的背后原因。这本质上有点类似于饥饿营销，何况这30%是真实压榨出来的。

真正让Voodoo系列开始沦陷的，则是1999年Riva TNT2（NV5）的推出，如图8-331所示。

TNT2相比TNT，其芯片架构相同，但是制程由0.35 μm提升到了0.25 μm，直接使其运行频率从90 MHz飞奔到150 MHz，同时Host接口升级到了AGP x4，显存提升到32MB。由于显存容量提升，可以支持2048×2048（2 k）分辨率的纹理。同时推出了阉割版的TNT2 M64，其显存位宽减半，面向品牌机市场。同时也陆续推出了默认超频版和支持更高频率显存版的芯片，包括TNT2 Pro和TNT2 Ultra，这个产品营销手段很迎合市场。

TNT2在性能上与当时的Voodoo3持平，而且Voodoo3依然只支持16位色彩，这个硬伤被支持32位真彩色的TNT2狂轰滥炸（如图8-332所示）。这些原因使得Voodoo之前的神话彻底破灭。但是Voodoo依然靠Glide API对生态的把控惯性继续生存着，一些游戏在Glide模式下会有更多特效被展现，这个优势仍然吸引着大批Voodoo的死忠们。不过此时TNT2的粉丝群已经壮大，新入的PC机拥有者们似乎已经根本不知道TNT之前还有个叫作Voodoo的曾经王者。

提示

掌握用户的心态其实很关键。当年冬瓜哥DIY的第一台PC游戏机，选用了Nvidia的GTX580显

图8-331　Riva TNT2显卡

卡，虽然同时期的AMD显卡的性价比更高一些，但是仍然看中了Nvidia卡的PhysX物理特效加速这个优势，因为当时冬瓜哥正沉浸在《圣域2》游戏当中，享受那华丽的物理特效。

如图8-333所示，1999年10月份，具有划时代意义的3D加速芯片横空出世：GeForce 256，其增加了纹理处理单元的数量，同时将硬件T&L模块加入芯片，让显卡可以完全从CPU一侧卸载渲染流程。GPU这个词就是Nvidia在发布该芯片时正式提出的。其三角形生成速率达到了一千万每秒。其代号也直接被命名为NV10（上一代为NV5）。

而微软也早就做好了铺垫，在同年发布的Direct3D 7.0版本中提供了对硬件T&L的支持，其经过不断的完善，性能终于超越了OpenGL，步入了发展正轨。从此，微软的D3D与Nvidia的GPU，开始逐渐垄断市场。3dfx彻底出局，游戏开发商全面导向D3D和OpenGL。

提示

其实早在1997年，Rendition公司与Fujitsu合作研发名为“Thriller Conspiracy”的项目，其将Fujitsu的FXG-1 Pinolite几何处理加速芯片与其自身的Vérité V2200 3D处理核心整合，实现硬件级T&L，但是该项目并未推向商用市场。

硬件T&L在一些场景下可以提升50%的性能，同时，由于CPU一侧不再负责顶点几何运算，所以即便是性能差一些的CPU，也依然可以获得良好的帧率，这一点让发烧友们沸腾了。但是，T&L特性被发挥的前提是，游戏开发商需要针对这个特性来开发，其并不能透明加速之前的老游戏，而这一点对发烧友而言并不是问题，发烧的本质就是一种拥有感，有时追求的是“能干什么”而不是“正在干什么”。一直到几年之后，一些游戏才陆续支持该特性。

在那个角逐异常激烈的年代，厂商甚至同一年会接连发布多个产品。那同时也是个辉煌的年代，PC市场的发展和风起云涌简直让人回味无穷，这情形正如当今的智能手机市场一样。

2000年，Nvidia推出了GeForce2系列显卡，从此，Nvidia进入高发展时期。其又陆续推出了GeForce3（开始支持可编程渲染管线）、GeForce4、GeForce FX (5xxx)、GeForce 6 (6xxx)、GeForce 7 (7xxx)、GeForce 8 (8xxx)、GeForce 9 (9xxx)、GeForce 100、GeForce 200、GeForce 300、GeForce 400、GeForce 500、GeForce 600、GeForce 700、

图8-332　32位色彩与16位色彩的画质对比

图8-333　GeForce 256显卡

GeForce 900、GeForce 10（10xx） 系列显卡，每个系列均有多种子型号。每一代GPU的关键提升就是增加处理核心单元的数量、提升核心和显存频率、增加显存容量和位宽、优化内部架构，以及与新版本的Direct3D API配合支持，如图8-334所示。

冬瓜哥在2011年入手了第一块NV的显卡，GTX580，4500人民币，发热大户，还记得夏天大汗淋漓的玩游戏的场景，机箱内风扇狂转。后又升级到GTX980卡。后来NV陆续推出980Ti、1080/1080Ti，冬瓜哥均未为所动（主要是因为穷）。截至目前，NV在消费级市场的卡皇为GTX1080Ti，如图8-335所示。但是冬瓜哥想再多等几代再升级，或许到4080Ti的时候，能以8 k分辨率畅玩游戏。

我们再来看看ATI的发展之路。ATI公司于1985年成立，其在推出Wonder和Mach两个系列的2D加速显卡后，于1996年推出名为3D Rage的3D加速卡，其GPU芯片其实是基于Mach芯片通过升级固件而支持3D栅格化和纹理填充计算的，与S3 ViRGE做法类似。同年，ATI公司又推出了3D Rage II芯片，该芯片基于第一代Rage做了一些增强，并提升了核心和显存运行频率，使得3D性能获得大概50%的提升。不过，Rage和Rage II都不支持Windows操作系统下的OpenGL API，但支持Direct3D 5.0、QuickDraw 3D Rave、Criterion RenderWare，以及Argonaut BRender这些非主流API。

1997年，也就是NV发布Riva 128的那一年，ATI发布了Rage Pro，制程从500 nm升级到350 nm。其在硬件上对Rage II做了增强，包括新设计的三角形栅格化引擎、增强的透视修正计算、雾化和透明度的支持、高光光照支持等。该卡支持Direct3D 6.0，其性能可与NV的Riva 128以及Voodoo一争高下，但是由于不支持OGL API，市场反响很一般。

1998年，ATI推出Rage 128芯片，与Riva TNT一样，它内含双像素处理单元，其级别与Riva TNT和Voodoo3持平，性能也相当。1999年ATI又推出了Rage 128 Pro和Ultra型号，其对标NV的Riva TNT2 Pro/Ultra，增强了栅格化单元和纹理过滤单元，支持AGP x4接口。但是由于其核心和显存运行频率略低于TNT2，在对比测试时处于劣势。如图8-336所示为ATI的Rage 128、Rage 128 Pro显卡以及Rage 128芯片架构示意图。

ATI Rage 128通过使用更大容量的显存以及纹理压缩技术支持更大的纹理分辨率。纹理分辨率对游戏体验至关重要，如图8-337所示，清晰锐利的纹理感觉很不一样。利用有限的显存，对纹理进行压缩，提取时解压缩，也能变相增加纹理分辨率，如图右侧所示为开启和关闭纹理压缩后的效果对比。

对标NV GeForce256显卡的，是ATI于2000年推出的Radeon芯片，其支持硬件T&L，支持Direct3D 7.0，如图8-338所示。

如图8-339所示为奠定ATI市场地位的早期产品一览。至此，ATI与Nvidia这两大GPU厂商就开始了双雄逐鹿的生涯。

Model	Launch	Code name	Fab (nm)	Interface	Core clock (MHz)	Memory clock (MHz)
STG-2000	September 1995	NV1	500	PCI	12	75
Riva128	April 1997	NV3	350	AGP 2×, PCI	100	100
Riva128ZX	February 23, 1998	NV3	350	AGP 2×, PCI	100	100
Riva TNT	March 23, 1998	NV4	350	AGP 2×, PCI	90	110
Vanta	March 22, 1999	NV6	250	AGP 4×	100	125
Vanta LT	March 2000	NV6	250	AGP 4×	80	100
Riva TNT2 M64	October 1999	NV6	250	AGP 4×, PCI	125	150
Riva TNT2	March 15, 1999	NV5	250	AGP 4×, PCI	125	150
Riva TNT2 Pro	October 12, 1999	NV5	220	AGP 4×	143	166
Riva TNT2 Ultra	March 15, 1999	NV5	250	AGP 4×	150	183
GeForce 256 SDR	October 11, 1999	NV10	??	AGP 4×PCI	120	166
GeForce 256 DDR	February 1, 2000	NV10	??	AGP 4×PCI	120	150

图8-334 奠定Nvidia地位的早期产品一览

图8-335 Nvidia GeForce GTX1080Ti显卡实物图

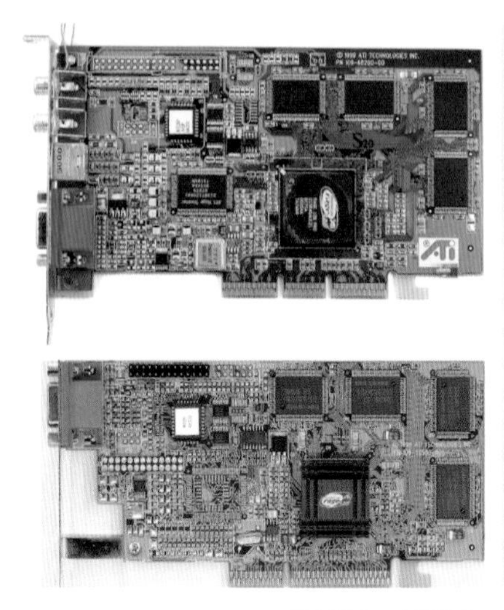

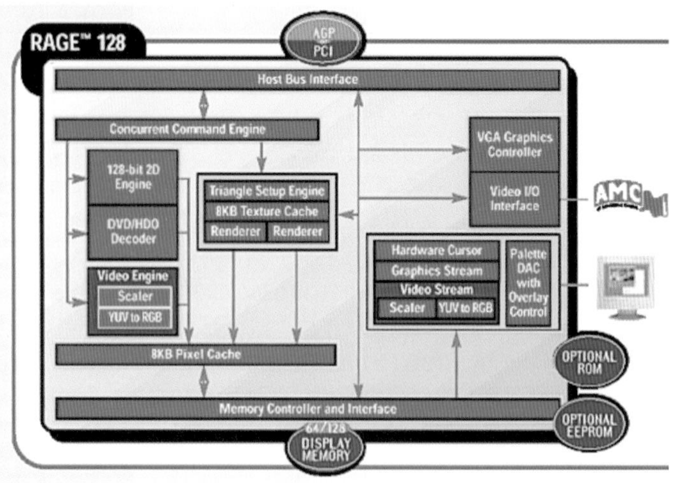

图8-336　ATI的Rage 128、Rage 128 Pro显卡以及Rage 128芯片架构

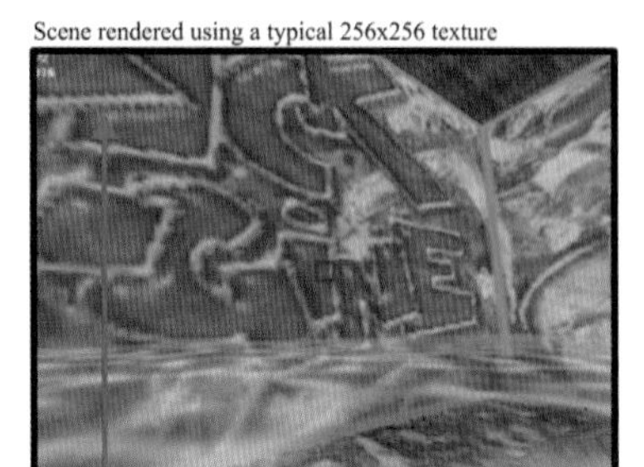

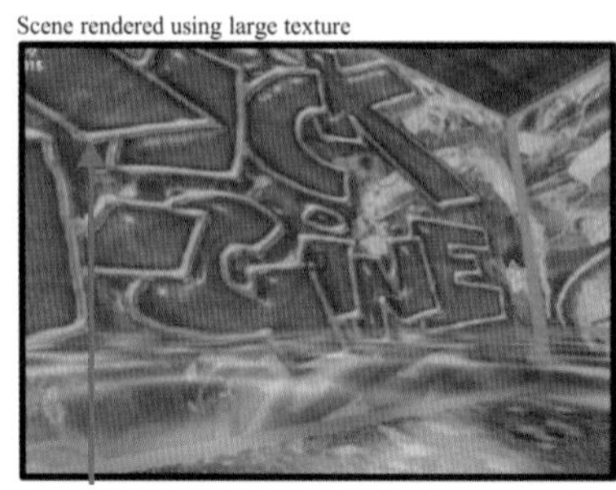

图8-337　高分辨率纹理效果对比图

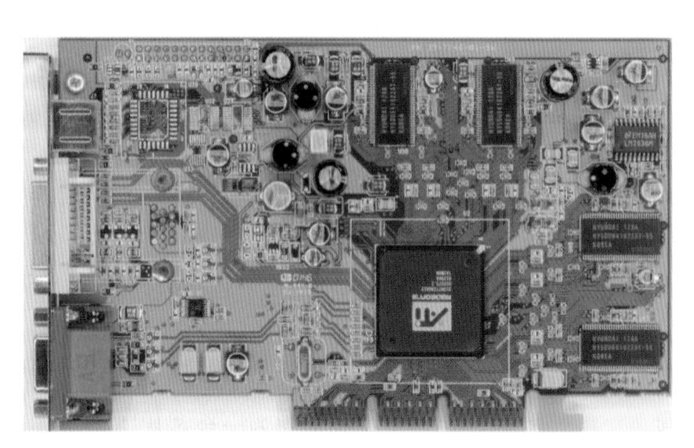

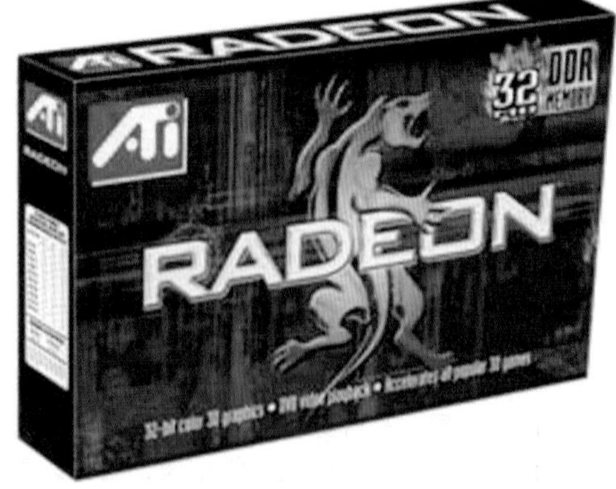

图8-338　ATI的Radeon 7500显卡

Model	Launch	Fab (nm)	Bus Interface	Core clock (MHz)	Memory clock (MHz)
3D Rage	April 1996[9]	500	PCI	40	40
3D Rage II	September 1996	500	AGP 1x (Rage IIc only), PCI	60	83 (66 MHz with EDO)
Rage Pro	March 1997	350	AGP 1x, AGP 2x, PCI	75	75
Rage XL	August 1998	350	AGP 2x, PCI	125	83
Rage 128 VR	August 1998	250	AGP 2x, PCI	80	120
Rage 128 GL	August 1998	250	AGP 2x, PCI	103	103
Rage 128 Pro	August 1999	250	AGP 4x, PCI	125	143
Rage 128 Ultra	August 1999	250	AGP 4x, PCI	130	130
Rage Fury MAXX	October 1999	250	AGP 4x, PCI	125	143

Model	Launch	Code name	Fab (nm)	Bus interface	Core clock (MHz)	Memory clock (MHz)
Radeon VE/7000	Feb 19, 2001	RV100 (piglet)	180	AGP 4x, PCI	183	366
Radeon LE/7100 (OEM)	May 1, 2001	Rage 6 / R100	180	AGP 4x	150	300
Radeon SDR/7200	June 2000	Rage 6 / R100	180	AGP 4x	166	166
Radeon DDR/7200	April 2000	Rage 6 / R100	180	AGP 4x	166/183[A]	333/366[A]
Radeon DDR/7500 VIVO	2001	Rage 6 / R100	180	AGP 4x, PCI	166/183[B]	333/366[B]
Radeon DDR/7500 VIVO "SE"	2001	Rage 6 / R100	180	AGP 4x, PCI	200	400
Radeon 7500 LE	N/A	RV200 (morpheus)	150	AGP 4x, PCI	250	350
Radeon 7500	Aug 14, 2001	RV200 (morpheus)	150	AGP 4x, PCI	290	460

图8-339　奠定ATI市场地位的早期产品一览

ATI后来陆续推出了如下系列显卡：Radeon 8000（开始支持可编程渲染管线）、Radeon 9000、Radeon R300、Radeon X700 & X800、Radeon X1000、Radeon HD 2000、Radeon HD 3000、All-in-Wonder、Radeon HD 4000、Radeon HD 5000、Radeon HD 6000、Radeon HD 7000、Radeon HD 8000、Radeon R5/R7/R9 200、Radeon R5/R7/R9 300、Radeon RX 400、Radeon RX 500，以及在2017年新推出的Radeon RX Vega系列（如图8-276所示）。

在NV和ATI互怼的这17年中，综合来讲是NV占上风。ATI也曾有超越NV的时候，比如Radeon 9700 Pro被认为是当时的卡皇，Radeon HD4870/5870的销量也非常高。2006年，ATI业绩下滑较大，被当时与Intel竞争处于辉煌时期末的AMD收购。

不过，AMD于2017年推出了EPYC CPU，在性能上已经与Intel持平，而价格却低得多。另外，在GPU方面，AMD也在节节追赶。冬瓜哥也希望AMD尽快推出能够与NVidia抗衡的产品，届时一定毫不犹豫支持！

8.3　结语和期盼

现在回顾如图8-340所示的精细震撼的图形画质，你可能就不会觉得惊讶了，只要提高纹理分辨率，提高模型精细度，利用各种Shader增加后期特效，最重要的是，提升画面分辨率到1 k、2 k甚至4 k，加上现代GPU强大的算力，生成这种稠密精细亮丽的画面也就不足为奇了，而且还是每秒能够生成数十帧。所以，我们应该感叹的，是GPU芯片制程工艺和架构的发展，是数字逻辑的强大力量以及人类的智慧和科学技术水平的高速发展，应该畅想的是未来无限的可能性，应该做的是沉下心来学习积累和总结。

计算机声音和图形两大领域，尤其是图形领域，是非常奇妙、缤纷复杂的世界。然而这两个领域都要牵扯到信号处理、高等数学、几何等方面的知识，而这些知识单拿出来看，的确非常枯燥、难懂。冬瓜哥并不是这两个领域的从业者，只是尝试利用鄙人的情怀和毅力来梳理和用更通俗、更长的篇幅来重新演绎之。对于专业人士而言，一句话就能阐述“明白”，但是对于初学者，可能要用几页才能阐述彻底。冬瓜哥认为，耗费10页纸讲清楚一个问题，相比耗费一段话而让人看了一头雾水，前者更有价值，对得起这10页纸，对得起这木浆和墨水，最关键的，应该对得起读者付出的时间和精力。如果读者阅后能有个大框架，然后有目的地去继续学习信号处理、高等数学等方面的内容，那将是大善之结局。冬瓜哥相信阅读此书的高中生、大学生们一定会有额外、无价的收获。玩网游，手游，单机PC游戏，如果只是被游戏所奴役，那么你真的很失败，如果你玩出了名堂，那你真的是在玩游戏。如图8-341所示为历史上第一个计算机图形游戏。

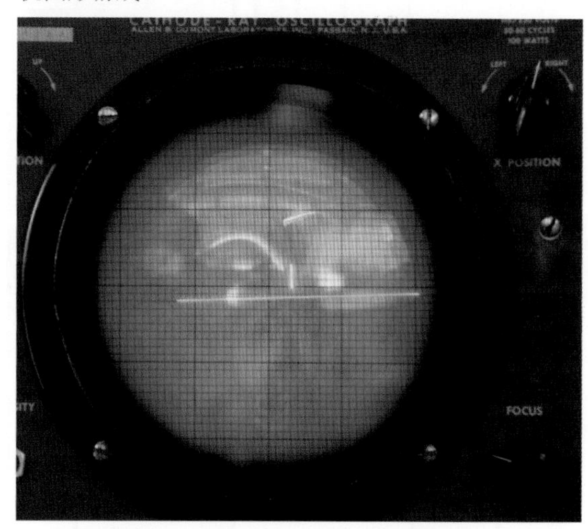

图8-341　世界上第一个计算机图形游戏

本章到此结束，愿意继续沉浸在计算机声音和图形处理领域的朋友可以留下继续耕耘。

下面有请其他朋友跟随冬瓜哥进入下一章的探索：超级计算机。实际上，GPU本身就是一个超级计算机，其内部有数千个ALU运算单元，理论上可以并行数千个线程。而相比之下CPU内部的核心数量就太少了，CPU内部的电路资源更多被用作各级缓存，缓存相比逻辑门而言会占用更大比例的电路面积。同时CPU内部还有复杂的流水线控制模块，以及分支预测、超线程控制等模块。此外，CPU的指令集异常庞大，而GPU指令集则非常精简。

如图8-342所示，GPU作为一台芯片上的超级计算机，其使用PCIE与另一台简单计算机相连。其中Integrated CPU一般采用ARM核心通用CPU，比如Nvidia的GPU内部的总控CPU普遍采用单核心高频ARM。超级计算机的本质，就是大规模并行计算机，就是用成千上万甚至十几万几十万个运算单元来同时计算。

图8-340　令冬瓜哥佩服得五体投地的《巫师3》游戏中的场景画面

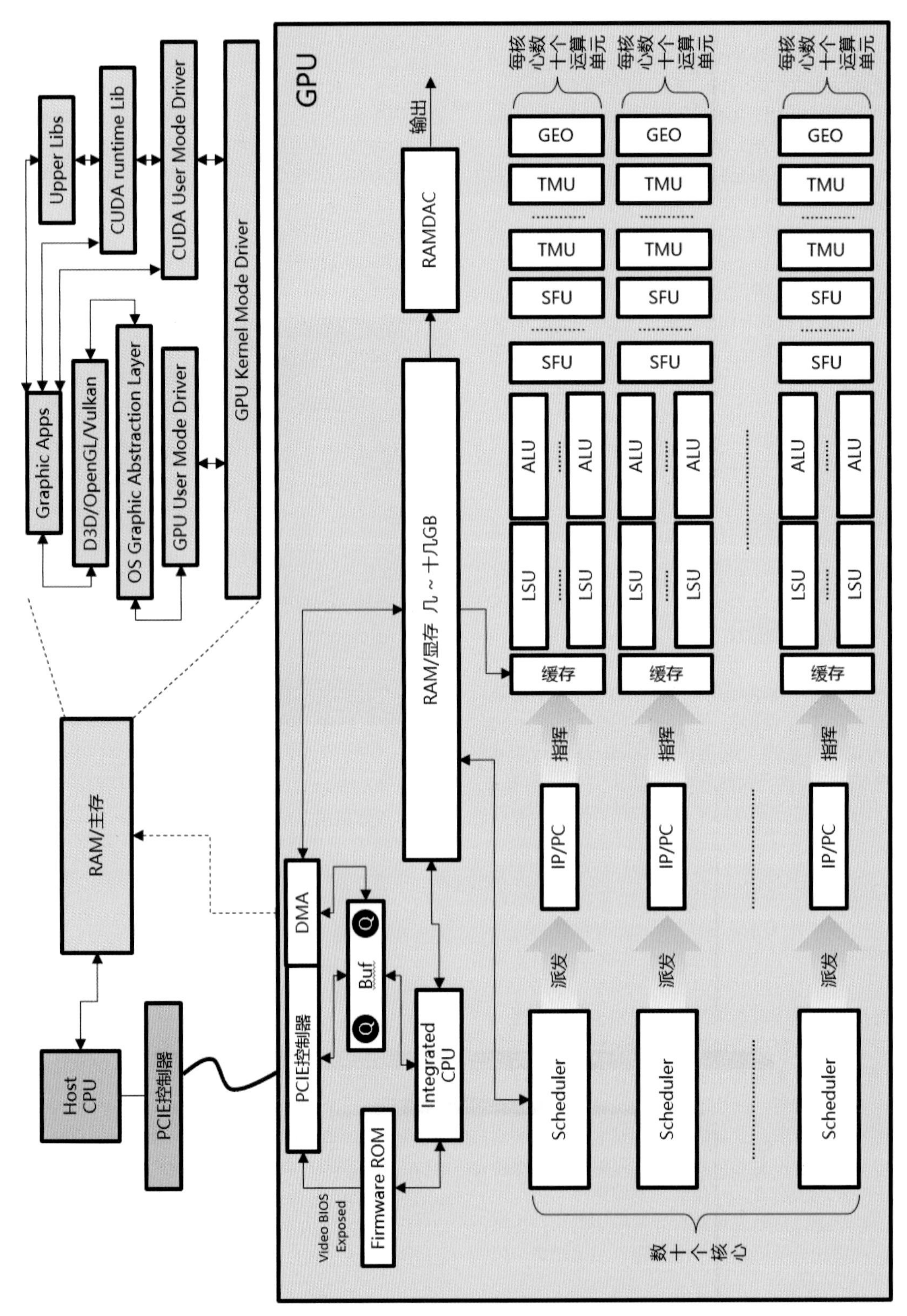

图8-342 GPU架构等效图

前文中提到过，GPU实际上是利用强大的算力来现场生成图像。但是如果存在某种带宽非常高、容量非常大、成本非常低的存储介质，比如全息存储方式如果在将来得到广泛应用，或许那时候可以不再依靠计算来渲染图像，而是将一个场景中所有角度的图像都存储下来，并予以浅加工，进入游戏之后，通过读取这些场图片来对场景进行拼接，将计算需求转换为对存储空间和速度的需求。这样GPU就仅用于前期对游戏场景进行预渲染，以及承担一些科学计算的作用了。或许这一天的到来并不会很慢。

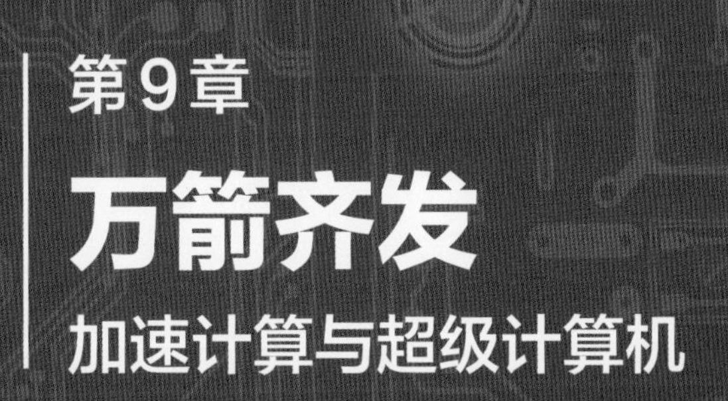

第9章

万箭齐发

加速计算与超级计算机

在第6章中，冬瓜哥向大家全面介绍了多核心CPU、众核心CPU，以及多处理器系统的体系结构。从中大家可以感受到一点，那就是随着核心数量的增加，缓存一致性成为一个制约系统规模的关键限制，如果没有缓存一致性问题，那么理论上可以实现更多核心运行在同一个地址空间中。但是要想避开缓存一致性问题，同时要保证对软件的透明，则需要硬件上完全去除Cache这一层，这样所有的数据统一集中存储在RAM中并且时刻只有唯一的一份副本。这样做会大幅降低性能，尤其是那些不访问共享变量或者共享变量被修改的次数很少的多线程程序，会因此受到无辜牵连。如果保留Cache，同时又想规避缓存一致性问题从而不需要底层硬件来实现CC，则需要修改那些使用共享变量的程序，让程序自行解决一致性问题，比如采用各种Flush Cache类的CPU指令。这样势必也会影响一部分性能，但是却可以提升系统的扩展性，增加核心数量，从而可以有更多的核心来执行那些不必访问共享变量的线程。

人们为何会如此追求核心数量？真的有某种程序需要成千上万甚至几十万个线程同时运行么？对于个人业务（除了挖矿之外），恐怕真的没有这种需求，或者并不必须。比如视频转码可能算是个人业务，如果用一万个核心同时计算可能会在更短时间内完成，但是对你来讲，眨一下眼和眨两下眼，都已经是“非常快”了。而对于一些特殊行业应用，尤其是计算机辅助工程计算类业务场景，核心数量太少的系统的算力还真的是无法满足要求，比如对气象数据进行运算从而生成天气预报，如果运算过程本身需要好几天的话，那就没有任何意义。数据量有这么大？计算过程有这么复杂？需要好几天？是的，如果用你的笔记本电脑CPU计算的话，可能需要几个月也说不定。那么，这些科学计算到底都在算些什么东西？具体是怎么算的？为什么这么慢？

9.1 科学计算到底在算些什么

本节冬瓜哥就用一个分子动力学计算的例子来向大家介绍科学计算到底都算了些什么东西，又是怎么把运算过程用多线程来并行分担的。在这之前，大家需要先了解一些基本知识，也就是蛋白质分子的故事。

9.1.1 蛋白质分子的故事

冬瓜哥在高中的时候就迷上了从分子层面了解生物体底层的运行机制，曾经立志要进入细胞和分子生物研究所搞研究，把这些东西研究透彻。没曾想20年后却去研究了计算机底层的运行机制，而且发现生物分子的作用逻辑与计算机电路和程序的作用逻辑有共通点，不得不感慨这造化的奇妙之处，同时也感慨当年没能如愿进入生物领域耕耘

冬瓜哥当初迷上研究生物大分子，是因为其并不是单纯的分子，而是一部精密的机器，一部似乎拥有智能的机器，比如能将细胞内的钾离子排出胞外同时从胞外吸收钠离子的钠钾泵蛋白质分子、用于驱动微生物鞭毛运动的分子马达、用于免疫系统识别外来大分子的抗体受体蛋白、用于传递生化程序信号的消息类蛋白分子，以及被NK细胞分泌的能在外来细胞表面穿孔的穿孔素管道蛋白分子（于是冬瓜哥后来一度又迷上了研究分子免疫学）。这些蛋白质分子广泛分布于我们的每个细胞中，冬瓜哥瞬间有了一种强烈的满足感，感觉自己的身体本身所蕴含的物质逻辑，比任何身外之物都要沉甸，研究造物者的物质遗产，比获取人造外来物质让人更感觉踏实，我一出生就拥有了最宝贵的财富。

一切故事将从一个细胞开始。如图9-1所示为细胞内部架构示意图。研究细胞，冬瓜哥自感比研究计算机体系结构还要有趣。

高中生物课上想必大家都学过，细胞膜就是由磷脂双分子层构成的海洋，上面漂浮着各种蛋白质分子，如图9-2所示。

那么，细胞膜上的这些蛋白质，到底是些什么东西呢？它们都有什么作用呢？下面从一个氧气运输的故事讲起。

9.1.1.1 氧气运输的故事

血液是红色的，因为其中含铁，如果把血液说成是铁锈水的话，其实也很贴切。为什么要含铁？因为氧气分子可以结合到铁原子上，这就是血液运输氧气的方式，用铁来吸引氧分子。那么为什么不能用锌来吸引氧？如果人工设计一下的话，应该可以，但是铁是宇宙中恒星燃烧之后最终生成物，含量丰富，或许造物者直接顺手就用了铁原子了。那么，铁在血液中以什么形式存在？经过科学家们的不懈努力，用了

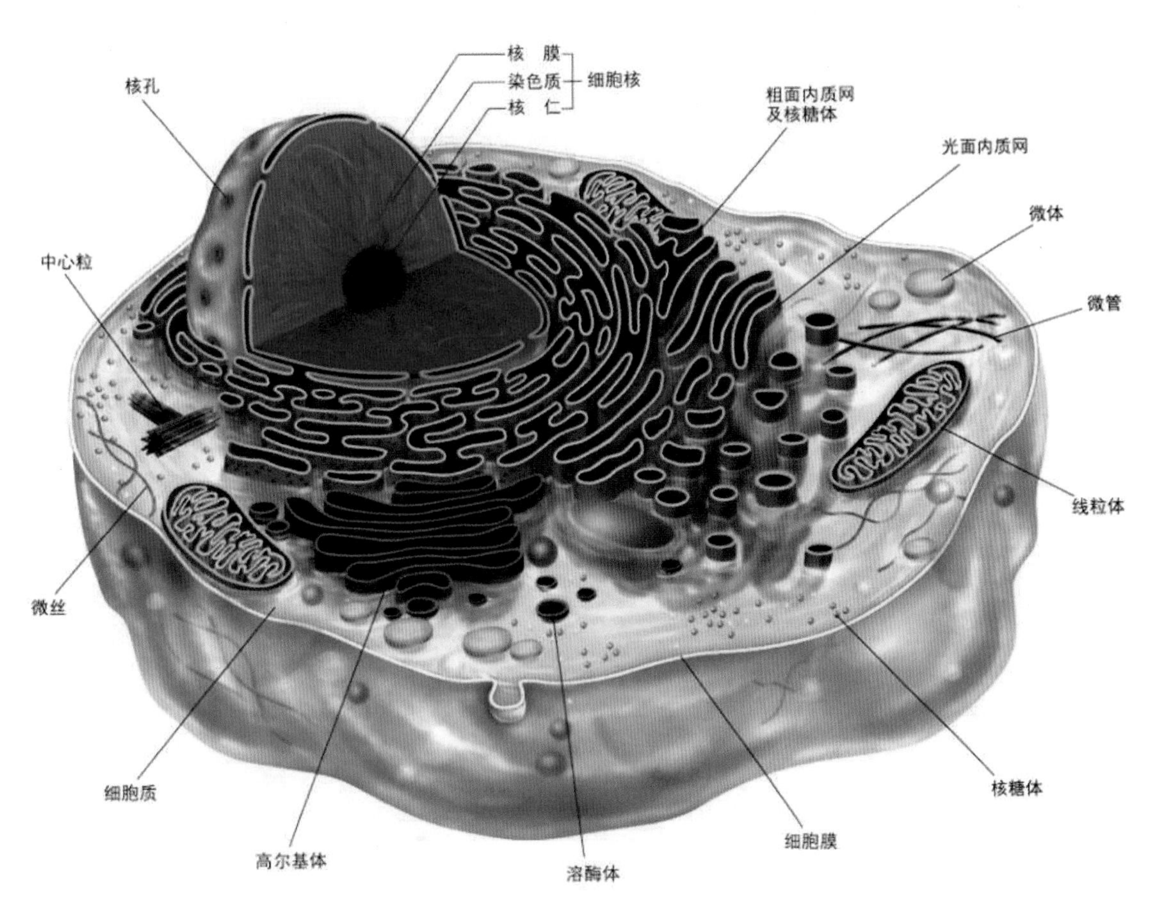

图9-1 生物细胞内部架构示意图

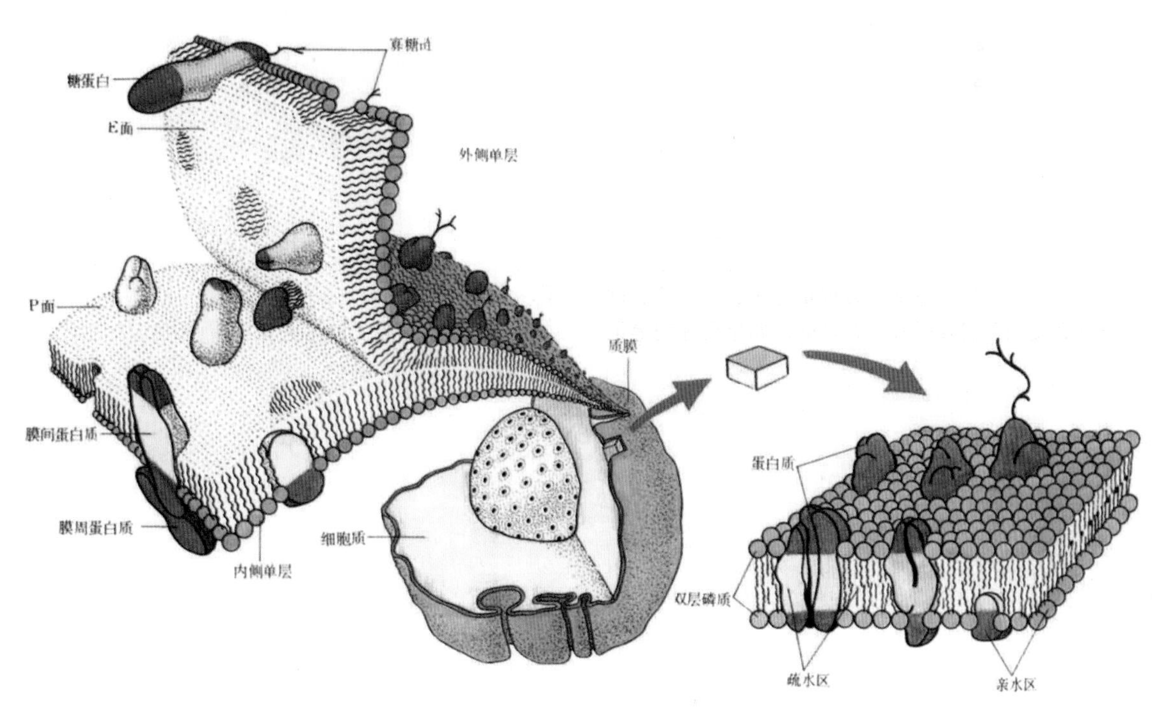

图9-2 细胞膜架构示意图

各种方式，终于确定了，铁存在于血红细胞表面镶嵌着的大量血红蛋白分子内部。后来，科学家们利用X光衍射等手段，确定了血红蛋白分子的空间构象。然而，铁原子到底与这个蛋白分子中的哪个原子结合，存在于哪个位置呢？经过更精细的测定，铁原子首先位于一个卟啉环上，卟啉是一种环状有机分子，其中4个氮原子与铁形成配位关系。卟啉环如图9-3左侧所示，铁原子就待在环中心孔洞内。这个环加上铁原子，就是所谓血红素，简称Heme。缺铁，就意味着没有足够的铁原子配位到血红素上，吸引的氧分子就不够，生化反应强度就不达标，整个人就是萎靡不振，因为物质燃烧不起来，无法提供足够的能量给整个细胞。

提示

大家都知道植物叶片细胞中含有叶绿素，这便是为什么多数植物都体现为绿色的原因。叶绿素的核心成分也是这样一个环（仅有少数几个原子位置不同）夹着一个镁原子。所以，铁红，镁绿。

那么，卟啉环又接在了什么上面了？根据图9-3右侧所示的X光绕射分析，其处于游离状态，不与任何氨基酸残基相连，直接嵌入到血红蛋白大分子内部的一个空隙内，其周围的化学力环境刚好能够把这个环卡住，结结实实的。同时，环的两侧，各有一个组氨酸（简称His）残基夹住这个环，如图9-3右侧所示的Histidine F8和E7。

所有的蛋白质分子，都是由20种氨基酸的全部或者部分合成的。氨基酸分子在生化酶的促进下，按照DNA分子中给出的顺序，一个一个被水合衔接起来，形成肽链，这条肽链就被称为蛋白质的一级结构。肽链形成后，由于肽链上的氨基酸残基中包含的各种原子之间相互作用，这些残基以原子间的各种作用力相吸相斥，最终将整条肽链折叠成各种形状，有的形成α螺旋，有的形成β片，有的则形成无规则loop，这属于二级结构。这些二级结构在空间上再次在化学力作用下相互靠近，形成具有完整三维构象的单体蛋白质分子，这被称为三级结构。多个单体之间还可以依靠化学力组合起来形成多合体，这叫作四级结构。有些蛋白质只是单体，有些则是多合体。上述过程如图9-4所示。

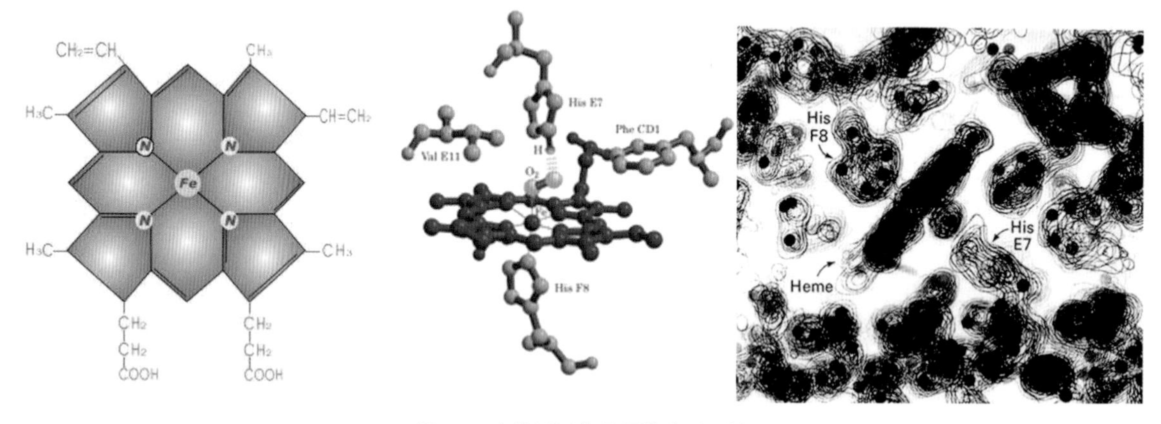

图9-3 卟啉环极其周围的分子环境

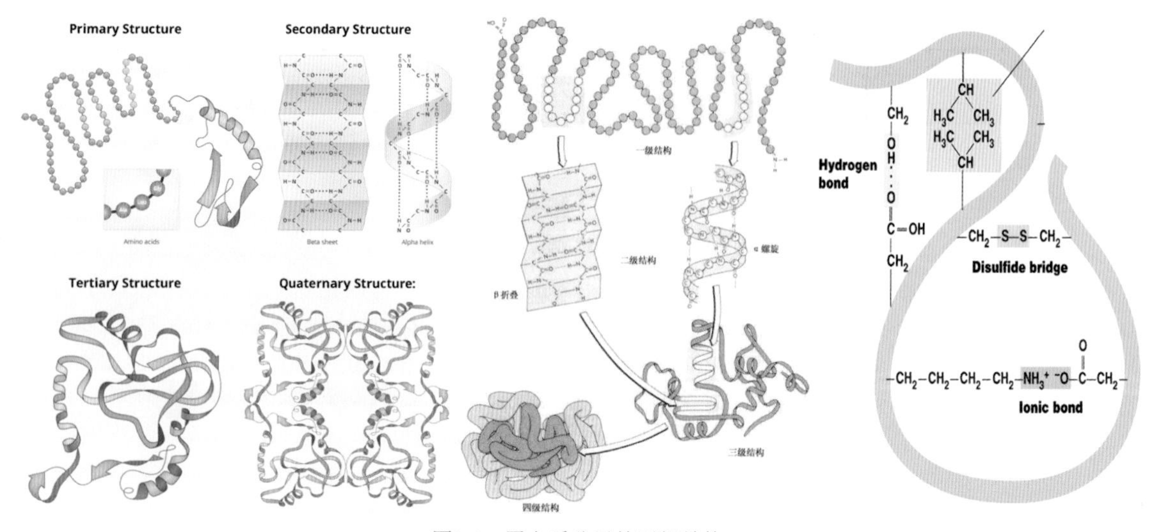

图9-4 蛋白质分子的四级结构

血红蛋白就是一个四合体，如图9-5所示，每个单体内部都含有一个血红素分子被嵌入。

肺泡将呼吸进来的空气传递给毛细血管，在这里，氧气充分与静脉血接触，氧气结合到血红蛋白中血红素的铁原子上，将铁原子氧化成+3价，从而颜色变为鲜红色。那么，吸收了氧气的血红蛋白，下一步要怎样呢？当然是要用氧气去燃烧糖了，或者直接烧葡萄糖，或者去烧一下脂肪，最终形成ATP能量子，这就像变形金刚们总是要储备一定的能量块一样。些能量子用于供给其他蛋白质机器化学能（具体的供给方式见本书尾声部分），从而合成生命所必需的物质，然后各自储备、按需利用。至此，冬瓜哥脑海中产生千万个问号。比如，氧气怎么燃烧糖，在哪里烧（线粒体）？生个炉子么？怎么引燃？烧完了的ATP储存在哪里？怎么被释放？这一系列的问号，激发着冬瓜哥的探索欲望。 可惜冬瓜哥在大学期间把时间浪费在了太多没意义的东西上，没能延续这种探索。

话说回来，吸收了氧气的血红素，会产生形变，如图9-6所示，整个蛋白质分子内部会受到一定的牵拉，构象改变，包括卟啉环本身也受到牵拉。那两个组氨酸残基（His）就是一种探针，氧分子结合之后，化学力环境改变，His受到牵拉或者排斥，将这种变化传递到整个蛋白分子。蛋白分子构象变化之后，便可以导致下游逻辑的触发。

9.1.1.2　更复杂的生化逻辑是如何完成的

各种生化酶，能够加速化学反应，比如磷酸葡萄糖激酶、谷氨酰转肽酶。这些蛋白质大分子，能够主动捕获反应物，利用物理和化学力将这些反应物结合在其内部的凹坑内，使用“能量”克服反应物接触时候产生的阻碍，成功将反应物联结在一起，生成新的物质。ATP作为一种广谱能量子，结合到蛋白质分子上之后，由于反应物A和B之间的强行接触会导致整个蛋白质三维构象产生“挤压”形变，这种形变被传递到ATP分子上，从而将ATP的一个磷酸键压断，相当于ATP将这股力量传递给了反应物分子，从而强行将反应物结合了起来。也就是说，ATP分子将其磷酸键保存的能量，传递给了反应物，这就像汽油在气缸中受压爆炸，将动力传递给车轮一样。有些反应物很强悍，需要更多能量，一分子ATP不足以提供足够能量，所以一些生化酶蛋白分子上具有多个ATP结合点，相当于单缸发动机变成多缸发动机。上述过程可以用如下等式表示：反应物A+反应物B+ATP（能量子）===新反应物+ADP+磷酸，生化酶写在等号上方。可以看到，生化酶这个蛋白质大分子，就像一种CPU一样，有输入，有输出，其内部是有执行逻辑的，然而，它又是一个专用CPU，只能接收特定的输入，给出特定的输出。细胞内存在大量不同的蛋白质分子，各完成不同的功能，比如有促进生化反应的生化酶、有负责肌肉运动的微管蛋白、有负责结合异物的抗体蛋白、有负责传递信号的信使蛋白、有负责在细胞内和细胞外运输各种离子的离子通道蛋白、有免疫调节的干扰素蛋白，等等，数不胜数。每一个蛋白质分子都可以认为是一个专用CPU。而ATP分子，则是所有这些小机器的通用能量子。

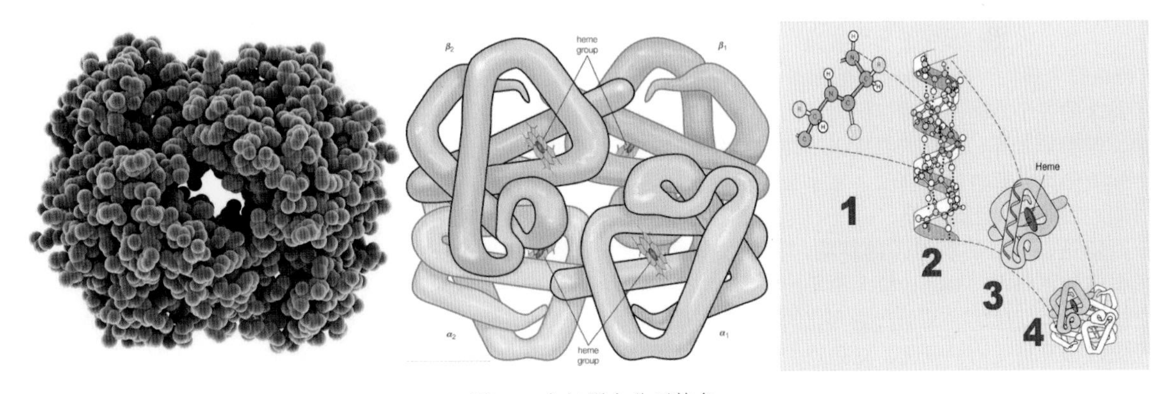

图9-5　血红蛋白分子构象

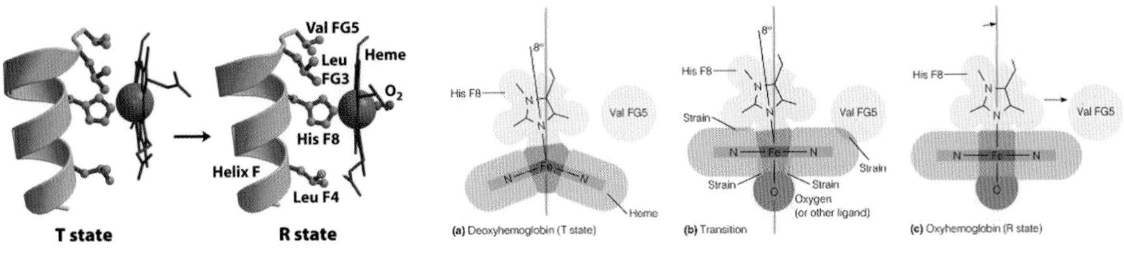

图9-6　氧气结合之后血红素周围的构象变化

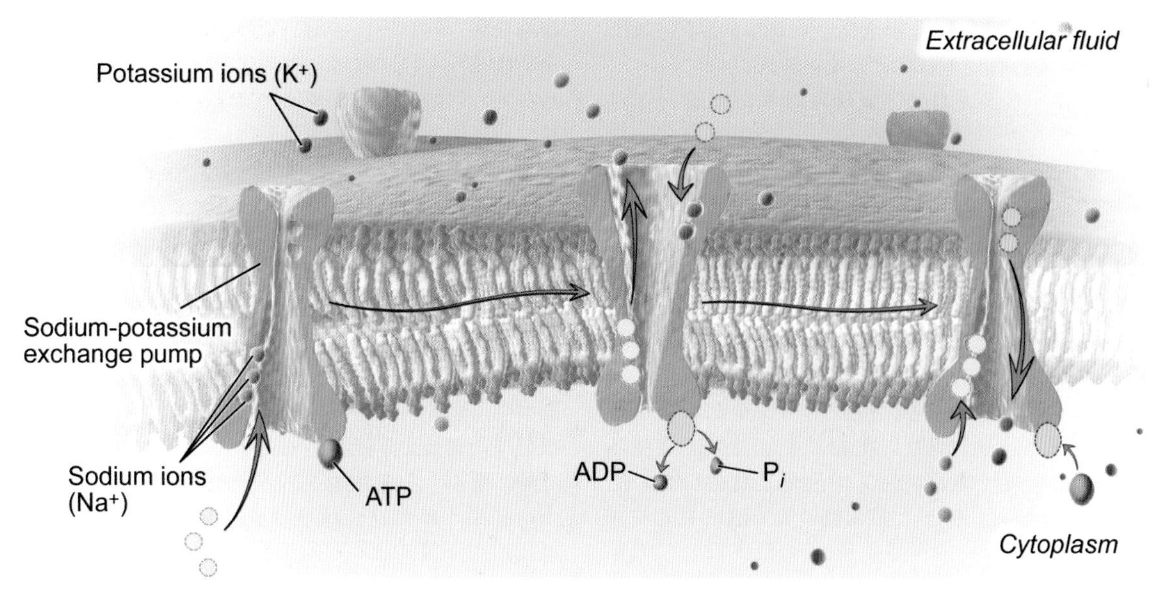

图9-7 钠钾泵架构和作用原理示意图

9.1.2 如何模拟蛋白质分子自折叠过程

一维肽链被核糖体读取DNA中的信息，然后使用氨基酸分子加工而成之后，在原子间相互作用力的影响之下，自然折叠卷曲成三维立体结构。科学家们想看看这个过程到底是怎么运作的，是不是真的可以自行折叠，还是必须依靠其他分子的辅助折叠，于是就想直接根据肽链原子间作用力计算出整个运动过程。

还记得高中物理题最难的部分在哪么？就是那些力和加速度、动量动能冲量的题目。我们随便计算个受力分解的题目，都会捶胸顿足“这题太难了”。可想而知，计算数万个原子之间的相互作用得有多复杂。不过，该过程本质上其实就是牛顿运动力学、对$F=ma$的求解。一个大分子中的原子会受到其周边原子发来的各个方向的各种作用力，比如静电力、化学键、范德华力等。我们只要求出最终的合力方向，就会知道该原子即将向哪移动，加速度为多少，在多长时间之后会达到什么速度。

但是，随着所有原子的移动，有些快有些慢，各自朝着不同方向移动，每个原子的受力状况又会随之改变，而变化的力又会产生变化的加速度，从而又反馈回来使得受力的变化。这种鸡生蛋、蛋生鸡的问题，显然需要使用我们在大学高等数学所学到的技能——微积分的思想来求解。我们在学校中被没有任何目的的学习摧残了太长时间，到了大学依然如此，只知道要学微积分，算一堆公式做一堆题目，却最终不知道学来何用，这一路上，越来越失去了目的性，学习过程成了一种麻木的被动的脑力运动。如果在大学时能被激发并冠以一种目的，比如研究某种能够治疗疾病的蛋白质分子为切入口，然后引出这些理论、技术、手段，冬瓜哥一定会更加深刻掌握微积分这门工具。可惜，现在早已忘光。

在一个连续运动和反馈的系统内，如果能够假设在某段极其微小的时间内，运动的结果不反馈到源头，受力不发生变化，那么这个问题就好求解多了。只要将时间切分得足够小，算出每一小步的结果，然后将它们积累成一大步，每一小步范围内可以近似认为所有原子的受力状况暂且没有变化，就可以得出最终的近似结果。

那么，这一小步精确到多少呢？这个是可以人为定义的，目前一般被定义在飞秒级，也就是10飞秒左右，也就是将合力加在某个原子上10fs（飞秒），计算分子中每个原子移动到的目标位置坐标，这10fs内可以近似认为所有原子的受力仍然不变，F恒定。但是本质上，任何微小的变化都会持续影响受力，但是大自然底层是如何做到极限精确且连续的，这不得而知。量子理论告诉我们，造物者的物质基础其实也不是无限连续的，总有一个最小步进，我们目前还无从知晓，或许积分的思想也正预示着自然底层的确就是有最小移动单位的，比如一个空间场。或者这样理解：反馈过程也是需要一定时间的，在新数值还没有反馈到系统的输入端之前，系统的输入值也的确是恒定的。不管如何，一切蛛丝马迹都预示着世界底层其实也是步进发展的，正如数字电路的状态是按照时钟周期为一个步进向前变化的一样。

模拟完这一小步，然后再次根据各原子的新空间坐标，为每个原子计算出新的合力，再走一小步，最终走到某个稳定的点，引力斥力平衡，不能走为止，整个过程需要庞大的计算量。

假设我们采用单线程来计算上述步骤，这个线程就需要一个原子一个原子地挨个算。假设整个系统含10万个原子，那么整个过程就像推倒一组10万张多米诺骨牌一样，必须串行进行。而如果有10万个线程同时推倒每张骨牌，这个过程将瞬间结束，性能大幅提升。

9.1.3　将模拟过程映射为多线程并行计算

那么上述过程具体应该如何映射到多个线程并行运算？比如，可以以原子为单位，每个线程负责计算每个原子在10fs后将移动到哪个位置，也就是空间坐标。当然，需要先初始化好对应的数据结构，比如每个原子都用一张表来追踪它们的各种属性，包括相邻原子的表的指针、本原子的空间坐标值、初速度、当前速度、当前受力值等。

每个线程的入口函数的输入值是周边原子的作用力，由于原子间力是短程作用力，所以距离较远的原子作用力就可以忽略，一般只考虑其化学键链条上的3个原子对其的作用力，超过3个以后的原子认为其作用力为0。输入值还包括该原子的初始三维坐标位置以及该原子的速度（初始速度为0或者某一既定速度）。输出值则是在牛顿力学公式的作用之下经过10fs加速之后该原子的新的空间坐标和速度矢量，并且这些输出值记录在各自的表中。

每个线程中又会有大量函数相互作用。有的函数会专门根据当前原子的化合价以及与其化合的其他原子的元素类别计算静电力。有的函数则负责计算氢键力、范德华力等，这些力的计算公式有些非常复杂，需要较大的运算量。最后，求合力F，算出初速度为0，合力为F，质量为m，t=10 fs之后的该原子的位置和速度。最后这一步相信高中物理及格的朋友都可以算出来了。

那么，第一个10fs的模拟运算结束之后（注意，并不是说运算过程持续了10fs，而是说算出原子运动10fs后的速度和坐标，这个运算过程耗费的时间远大于10fs），应该怎么办呢？当然是要把计算完的值更新到每个原子对应的结构体表的对应项目中。然后呢？当然是每个线程都需要从本原子相邻的其他原子（不超过3级）的记录表中取出它们各自的空间坐标，根据各种力计算出本原子在新位之下所受的新的合力矢量，然后继续开始运算再一个10fs之后本原子的坐标和速度值了。就这样，以10fs为步进一直向前推进。

这个过程中会产生一个潜在问题，即在多核心计算机系统中，多线程在时间上是物理并发执行的，如果某个线程运算较快，先结束了，而其相邻原子对应的线程运算较慢尚未结束，那么先结束的线程直接去读相邻原子的记录表取出坐标，取出的将会是旧值，从而导致运算错误。必须实现一种方式，让相互依赖的线程之间形成一种等待关系，仅当所有线程都执行到某个步骤之后，才能继续下一步的执行，这种方式被称为屏障（Barrier）。这个概念我们在第6章介绍访存的时空一致性时初步涉及过。互斥锁、屏障，都是多线程同步的方式，各自应用场景也不同。

如图9-8所示，在每个线程的相同位置插入一个线程屏障()函数，该函数内部会维护一个加锁的共享变量，每个线程执行到这个函数之后，就会将该变量的值-1。仅当所有线程都执行了该函数之后，该变量的值就会变为0，仅当该值变为0，才会导致该函数返回，从而继续执行后续逻辑。本例中则是跳转到while循环初始处继续执行，也就是利用新的坐标和速度继续计算10fs之后的坐标和速度。

提示

如果只想看该分子最终折叠之后的样子，那么计算过程中每一小步的数据无须保存，因为如果都保存的话可能可能导致数据量庞大。但是一般来讲保存起来还是更划算的，一旦后续需要，就不用重新算一遍了，或者比如每1000步保存到硬盘一次。被保存下来的中间数据后续还可以用来生成连续的动画，感官效果会更好。

现在你应该知道为什么这些计算场合下要求并发线程数量越多越好了。

那么，科学家们只是想单纯地模拟蛋白质折叠过程么？当然不是。其最终目的是为了研究蛋白质的运动行为，从而为药物开发、疾病治疗等提供参考数据。当然，出于单纯好奇为目的来研究的人一定也有，不过由于进行这种计算需要耗费大量计算资源和电力，这可都需要资金支持，所以，没有能够赚取利润的目标作为支撑，就很难得到机会去研究，除非有老一辈科学家们在纸上进行运算的那股毅力，当然，说不定算着算着还能自己设计出一个新型计算机来。另外一个目的，则是对于一些人工合成的蛋白质分子的属性研究。比如人工合成一段在DNA中没有出现过的序列，或者DNA中存在但是被封存而并没有被表

线程#0：	线程#1：	线程#2：
While（未达到停止计算条件）{	While（未达到停止计算条件）{	While（未达到停止计算条件）{
计算当前速度和坐标()	计算当前速度和坐标()	计算当前速度和坐标()
线程屏障()	线程屏障()	线程屏障()
获取相邻影响原子的数据()	获取相邻影响原子的数据()	获取相邻影响原子的数据()
}	}	}

图9-8　多线程同步屏障示意图

达出来的序列，用其生成对应的蛋白质分子，来研究其潜在的药理作用。但是这个成本过于高昂，如果能先用计算机模拟出这个分子可能的构象，以及分子表面暴露出的残基的电化学环境，那么就有可能筛选出那些看上去更加有药物潜力的候选者，从而再有针对性地着手制备这些分子并进入实验验证，这样就可以节省很大成本。再比如，对于血红蛋白，蛋白分子被合成之后，还需要结合卟啉环，科学家们想看一下这个卟啉环到底会不会被蛋白质分子的电化学环境自动吸引进去并卡入既定位置，还是需要由某种生化酶去主动将两者装配起来。如果模拟的结果发现无论如何也无法自动被卡入，势垒过高，那么预示着可能存在一种“血红蛋白卟啉化酶”，从而可以主动去寻找该酶，或许你会有新发现，比如补氨基酸、补卟啉、补铁对某些贫血患者可能无用，是因为其基因中缺乏该酶的序列信息，或者其基因表达收到了抑制，从而为人类医学做出贡献。当然，冬瓜哥只是在假设。

9.1.4 其他科学计算场景

分子动力学其实是最容易理解的计算过程，上述过程也是一种简化描述，实际工程上会复杂一些。有些更加复杂的科学计算，比如冷冻电镜三维构象重构。其产生的背景是，分子生物界的科学家们有时候不相信用计算机模拟计算出来的分子构象，只相信肉眼所见的实际结构。于是人们想了一种办法，把含有大量某蛋白质分子的浓缩纯溶液用液氮冷却成冰块，然后掰裂，用高分辨率电子显微镜对碎块的横截面拍照，在很大概率上便会拍到处于各种角度呈现在横截面的蛋白质大分子，有竖着的、横着的、躺着的、斜着的等。然后将这幅高清图片输入到计算机进行处理，先将这些轮廓进行采样和描述，然后开始用这些各种角度的样子拼出一幅三维空间构象。至于程序是采用什么算法将二维轮廓重构成三维构象的，其计算过程已经超出了冬瓜哥的理解范围。冬瓜哥的脑子比较笨拙，只能理解$F=ma$，虽说勤能补拙，但是冬瓜哥已经是冬瓜叔了，精力和体能不足。有兴趣的读者可以自行研究，并且欢迎分享。

此外，工程力学、海洋/气象、地质勘探、宇宙演化等领域，也都需要多线程并行运算。可谓：算天算地算人。

9.2 大规模系统共享内存之向往

人们最希望的是有更多的核心运行在同一个地址空间，可以直接访问变量，比如a[5]=9，在同一个地址空间中的线程可以直接采用“a[5]”来引用这个变量。但是正如前文中所述的原因，同一个系统中无法存在太多的核心。

增加核心数量并不是那么容易的事情，除非不使用缓存，所有核心把所有的更新都写到主存里。但是这样做性能将会不可接受。有人问，把缓存也集中共享不就没这么多事了么？的确。但是如果把缓存单独放到某个地方，多个CPU芯片通过某种总线集中访问该缓存，那么其总线速率一定不够高，因为其走到了芯片外面，导线长度变长，信号质量就会变差。这个思路就不现实了。

所以，要使用分布式缓存，又得要求核心数量越来越多的话，就得保证所有核心之间的网络足够高速才行。而核心数量越来越多，网络的直径就会越来越大，即便是采用CC协议比如MESI过滤，效果也是有限的，广播的时延随着网络规模的增大变得越来越高。所以，核心数量达到一定程度之后，缓存一致性问题就变成了整个系统扩展性的瓶颈点所在。对于成百上千个核心的网络来说，用硬件保证透明的缓存一致性得不偿失。

此时，必须抛弃由硬件保证的缓存一致性，改为软件自行解决。NoC（Network on Chip）方案就是在一个芯片中将几十、上百个核心通过高速网络连接起来但是却不一定提供硬件缓存一致性，其网络直径很大。这种架构天然适合每个线程各干各的工作，不访问共享数据。如果不是各干各的，必须传递更新后的变量的话，需要由软件自行向位于每个核心前端的NoC网络控制器发送消息+目标节点地址并传递到对方，对方通过底层驱动+协议栈接收该变量并传递给其本地程序，这已经是赤裸裸的程序控制网络通信了。其实NUMA已经是这样了，只不过其网络通信程序跑在硬件微码或者硬状态机中，且该状态机可直接接收访存请求并将其通过网络发送从而对软件透明，从而可以把上层的访存请求承载到网络消息中。

另外，NoC架构的CPU很少会被设计为共享内存架构，因为此时主存也是通过主存控制器接入NoC。由于NoC时延过大，每一笔访存请求又是同步的，将代码直接放到主存，性能将会非常差，所以NoC上的RAM主要用于所有核心之间的最后一层共享缓存了，只不过是可寻址的缓存，由软件而不是硬件来管理。NoC架构下每个核心内部一般会有几百KB的SRAM可寻址空间，代码则运行在这里。外部主存可以使用虚拟驱动映射成某个带队列的设备，异步读写。不过，的确也有支持直接将RAM空间映射到所有核心的统一全局地址空间，但是其访问性能会很差，所以鲜有这种产品。或者，即便是支持，实际中也很少会开启这种透明的共享内存模式。

Full Mesh NoC网格矩阵带来的一个问题是，如果CPU器件需要直接寻址内存的话，那么必须在CPU侧增加一个地址译码+封包器，也就是要将CPU发出的地址信号打包，并判断该地址对应的数据到底存放在Mesh中哪个节点后面，最后打上源和目的地址（目的地址是连接在这张Mesh网格某交叉点处的DDR

RAM控制器的Mesh节点地址），然后送入Mesh网格路由。这个包最终会被DDR RAM控制器收到，但是DDR控制器也必须增加逻辑才行，普通DDR控制器是直接解码地址信号的。对于Mesh中的DDR控制器，还需要加上一个Mesh包解析模块，先从包头中判断是谁发出的访问请求，然后从包的Payload中提取出内容，也就是一条存储器地址访问请求消息，然后再执行和普通DDR控制器一样的存储器地址译码工作，根据地址判断数据到底存在哪个通道的哪个槽位的哪个内存颗粒上，从而将该地址对应的内容读出并缓存，然后将其封包，打入Mesh地址标签，送入Mesh路由。最终CPU侧的地址译码封包器收到这个包，解包，提取数据，然后送入CPU的数据总线，这才完成一次访问内存请求。这种方式虽然保持了全局内存的透明直接访问，简化了软件操作，但是却给硬件带来了成本，也就是Mesh中的每个节点上需要增加对应的译码器、封包解包器。

如果想降低一点档次，不需要硬件搞定完全透明的内存共享，那么就需要软件上做出改变，所有供CPU运行的代码所存放的地方必须不能在Mesh网格其他节点处，只能放在CPU可直接寻址的存储器中。但是把代码内存集成到CPU核心器件里，容量就不能太大，所以依然还得需要有较大空间的RAM主存，而这些RAM只能处于Mesh的其他节点处。如果程序要用到这些远端大容量RAM的话，CPU访问这些缓存内容时就不能直接放地址信号，而必须要靠专门负责Mesh网络收发包的程序来将数据封包和解包，这个程序本质上其实就是Mesh网络的硬件驱动程序了。也就是说，应用程序代码里不能肆无忌惮地认为“我所用的内存是一个可以自由翱翔的平坦空间”了，而必须有所感知，当需要将某数据存到远端RAM的时候，代码需要显式地调用某特定函数从而将该数据传递给Mesh网络控制器驱动程序从而发出这个I/O请求，也就是将内存访问变成了网络I/O请求了。CPU发出一个数据包，送给位于Mesh其他节点上的DDR RAM控制器，RAM控制器硬件也必须能够解析这个包，过程与上文相同。数据包被CPU收到之后，Mesh驱动负责收包解包，并最终将数据复制到应用程序缓存中去。通过Mesh网络收发数据与通过以太网卡驱动控制以太网卡在以太网络上通信的本质是一样的。这种方案属于松耦合方案，代码内存不能共享，每个CPU必须各有各的代码内存，而数据缓存可以共享但是不能直接寻址，必须使用特殊的驱动程序将访存请求封包发送到远端的内存控制器。这种方案时延高，性能差，但是扩展性却没有问题，几十、上百个器件互联都不成问题。

9.2.1 UMA/NUMA/MPP

共享内存系统，又可以分为UMA和NUMA两种架构。其中NUMA架构我们已经在第6章中介绍过了。UMA（Unified Memory Access）架构是所有CPU对等的访问物理上集中放置的内存，比如，将内存控制器放置在北桥内部，则每个CPU到内存的路径长度是等价的。如图9-9左侧所示，图中没有画出桥片，但是却明确表达了UMA的含义。

中间的图示表示的则是NUMA（None Uniform Memory Access）架构。不管是UMA还是NUMA，它们有个共同点就是所有CPU均可以透明直接寻址所有内存。所谓直接寻址就是指CPU可以直接在其地址信号线上放置对应内存地址信号，1个或者多个时钟周期之后，便会在数据信号线上收到该地址对应的数据内容。所以UMA和NUMA又可以被归类为一种“紧耦合”的系统，也就是CPU和内存之间是直接寻址访问的，耦合很紧，虽然NUMA架构下内存和CPU之间的物理距离上可能隔得较远，但是逻辑上依然是紧耦合。

图9-9中右侧所示的场景，是另一种松耦合的场景，其中的C和M表示CPU和内存，那么它和中间的图有什么本质区别？形态上确实没有本质区别，只不过，右侧图示里CPU之间的互联网络是非访存式I/O网络，而不是访存网络，比如以太网，或者图中所示的“Internet”，即范围更大的互联网。这种架构其实就是多台独立的计算机之间通过某种外置网络组成的一个集群，是一种松耦合方式。距离导致质变，CPU在这种情况下已经不适合直接寻址远端节点内存了，因为时延实在是太高，CPU的时钟周期会被严重浪费

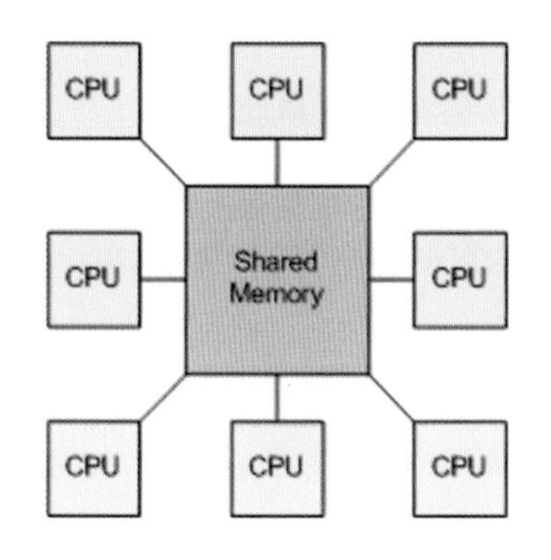

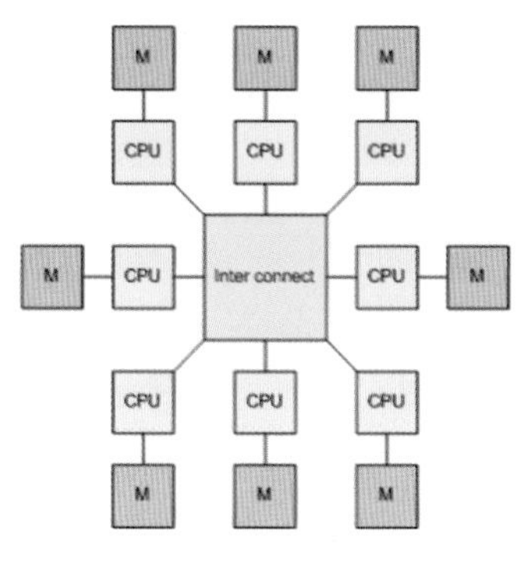

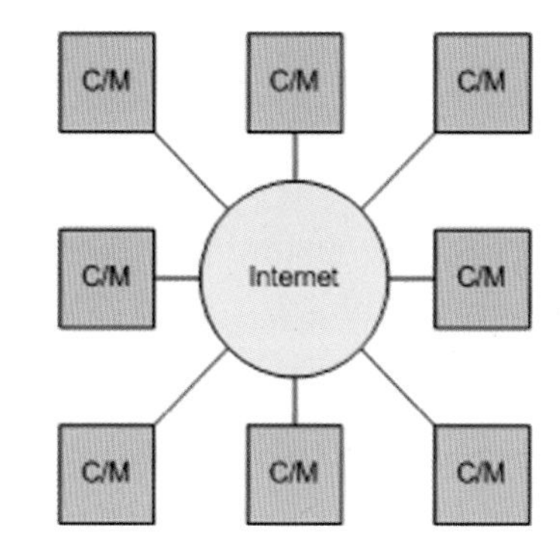

图9-9　UMA/NUMA和MPP

掉。但是这并不意味着不可以通过其他方式来直接读写远端的内存。只要将这个过程变成由程序控制的、异步的就可以，比如将访存请求封装到网络包中传递给对方，由对方的CPU负责访存，再将内容封装到网络包中传递回来，一样可以达到访存的目的。RDMA便是这样一种技术，具体不多叙述了。

先贤将最后这种松耦合形态称为MPP（Massive Parallel Processing，大规模并行处理）。这里要理解一点，比如互联网上的一堆没有任何联系的机器，其实也符合这种架构。但是前提是MPP集群中的机器必须统一协作。一堆互不联系的机器，并不能称为一个独立的MPP系统。整个互联网上的计算机天然组成了一个集群，但是并没有相互配合协作。曾经有个项目叫作SETI@Home（坐在家里寻找外星人）就是利用所有互联网上的计算机各自下载一部分接收到的宇宙射电信号数据，然后用同样的方式去分析计算并返回结果，其将运算程序作为一个屏保程序，在用户离开电脑或者电脑空闲的时候，便后台启动计算，屏保结束则自动停止。当然，目前几乎已经没有人使用屏保程序了。

科学计算场景所需的超大规模系统，只能靠MPP架构来满足。对于这种无法直接共享内存的MPP集群，多线程是如何实现数据共享的呢？我们将在下面的9.3节给出答案。

9.2.2 OpenMP并行编程

目前基于x86平台的共享内存紧耦合系统最大可以扩展到几十路（比如64路）CPU，而基于大型机（比如IBM Z13）的共享内存紧耦合系统可扩展到数百路（768路）CPU。面对如此强悍的计算资源，一个程序该如何更好地利用呢？那必须将程序设计为多线程架构。但是很不幸的是，目前多数程序或者说程序员，更习惯于单线程架构，因为多线程牵扯到复杂的同步问题，比如对共享资源的加锁、屏障等考虑，会增加开发难度，搞不好甚至降低程序性能。

但是对于一些场景下，程序可以很容易转化为多线程处理方式。比如下面的伪代码：

```
for (int i = 0; i < 一千万; i++) { a[i] = b[i] * 0.229 +b[i].g * 0.587 +b[i].b * 0.114}; }。
```

这段代码将数组b[ ]中从第0项开始到第一千万项，每一项分别乘以三个系数然后相加，将结果写入数组a[ ]中相同位置的项。很显然，假设当前系统有100个CPU核心，那么可以运行100个线程，让第1个线程处理b[0]，b[1]，b[2]，…，b[1000000]项的乘法和加法运算，让第2个线程处理b[1000001]、b[1000002]，…，b[2000000]项的计算，以此类推，每个线程分别负责100万个项目的运算。每个线程各自读出数组b[ ]的对应项目，互不干涉，之间也没有任何共享资源，不需要加锁和缓存一致性同步（因为没有其他核心读入共享资源，所以对应数据的缓存行（Cache line）在缓存中会被标记为E状态，访问时不会发出同步广播），性能基本上会随着核心数量的增长而线性提升。

程序员可以手动创建多个线程，手动为每个线程编写对应的代码。比如：if 我是线程#0，那么我就读入b[0]到b[一百万]然后计算；if 我是线程#1，那么我就读入b[一百万零一]到b[二百万]然后计算。或者可以这样设计以便省掉代码中大量的if判断，让线程0运算第0，100，200，300，…，1000000项的计算，线程1运行第1，101，201，301，…，1000001项的计算，以此类推。然后每个线程运行这段相同的伪代码：int y=当前线程ID；for (int i = 0; i < 一千万; i++) {读出b[y]计算；y=y+线程总数}。这样，代码就简洁多了，每个线程判断自己的线程ID，然后读取各自数据运算。

为了节省程序员创建线程、分派数据、关闭线程等步骤，人们开发了一些自动化多线程编译器模块，比如OpenMP。程序员只依然按照单线程模式来编写程序，但是只需要在可被多线程化的代码之前加入对应的编译制导语句，OpenMP编译器就会自动将这段程序转为多线程执行，执行完毕后再返回单线程模式。比如对于上面的代码：

```
……
#pragma omp parallel for
//OpenMP编译器提供的编译制导语句
for (int i = 0; i < 一千万; i++) { a[i] = b[i] * 0.229 +b[i].g * 0.587 +b[i].b * 0.114); }
……
```

编译该程序时，运行gcc编译器时给出对应参数，即可引入OpenMP编译模块对代码进行分析编译了：gcc -fopenmp app.c -o app_omp.exe。

OpenMP编译器会自动分析这个for循环，并确定创建多少个线程，以及每个线程分派哪些数据运算。这整个过程在后台自动进行。程序运行的时候，仅在执行到该for循环时才会动态创建多线程，程序执行结束后会删除这些线程。当然，这只是一个OpenMP的最简单的应用样例，其更多功能和语法请大家自行了解。

可以翻回去看一下8.2.4节末尾，如果利用CPU来渲染图形的话，你认为OpenMP是否会有用武之地？要知道对于一个4 k分辨率的屏幕来说，其像素数量接近900万个。

OpenMP只支持共享内存的紧耦合系统，并不支持通过外部网络相互连接的MPP系统，要在MPP系统上运行多线程程序，需要将程序的架构改为多线程通过网络进行数据交换的方式。

9.3 基于消息传递的非共享内存系统

要想实现万级别的核心数量，单一系统是不现实的，必须是MPP架构的系统，也就是直接用某种高速外部网络将大量独立的计算机互联起来，然后将它们安置到一个大机房中，实现一个并行计算集群。那么，既然使用了外部网络，多个不同机器上的线程之间就不能够共享内存来直接引用或处理某个变量或数据结构。那么，我们上文中的场景，当某个线程运算完毕将结果填入自己对应的数据结构中之后，其他线程该如何获取这个值呢？

9.3.1　采用消息传递方式同步数据

显然，必须通过外部网络来获取，或者说本地线程需要主动将算好的数据封装到网络包中发送给对方，而对方也必须同时主动要求将这个数据接收进来，双方协调一致，一发一收。在单系统内的多线程同步等待问题，在多独立系统内一样会存在。也就是，对方线程如何知道本地线程已经运算完毕，从而去拿数据？为了实现这一点，可以在线程中相同的位置加上一个专门用于发送、接收数据的函数。该函数利用TCP/IP等外部网络通信协议与集群内其他节点交互，接收方收到数据之后必须返回给发送方一个应答消息，发送方只有收到该应答消息才能确保对方已经拿到数据（注意，这里所说的应答消息并非网络协议栈的传输层ACK消息，而是指端到端的应答消息，也就是程序主动发出的消息，因为传输层收到数据并不意味着应用层也收到，传输层只会将数据放到一个临时缓冲区中，并没有将数据转交给应用层），然后才能返回。同理接收方在没有收到数据之前，不会返回，会持续等待。这样，发送/接收函数没有成功返回之前，线程不能执行后续的代码，这样既可以做到数据的同步，又可以做到线程间的步调同步，如图9-10所示。

仔细思考一下上述逻辑，有点不对劲。每个线程在运算完毕之后都会进入数据接收函数，那就意味着所有人都在等待其他人给自己发送数据，而由于数据发送函数排在了接收函数之后执行，此时并没有任何线程发数据，程序就进入了死锁状态，所以上述逻辑是有问题的。我们可以让所有线程先发送数据，然后再接收数据，但是这样依然有问题，因为发送函数需要等接收函数的应答确认信息之后才能返回，而如果所有线程都在发送数据，无人执行接收函数，程序依然会死锁。为此，可以将数据发送函数做成异步返回模式，也就是该函数底层在本地设置一个缓冲区，要发送的数据只要发送到本地的该缓冲区就可以返回，然后在后台启动另外的线程尝试发送这些数据。这样所有线程都会进入接收函数执行，之前被缓冲的待发送数据会在后台陆续被发出，所有线程接收到各自的数据，继续执行后续逻辑。

或者采用另外一种程序逻辑，仔细安排收发过程，让收发的顺序配合起来，避免死锁，如图9-11所示。

思考一下，如果这些线程都运行在一个共享内存的单一系统上的话，那么根本不需要调用这些网络数据收发函数，每个线程直接去引用其他原子对应的表格里上一步算好的数值就可以了。然而，我们为了追求大量的线程而不得不使用MPP系统。那么这就会产生一个矛盾，如果MPP集群所使用的网络速度不够高，那么数据收发耗费的时间就会很长，这段时间

```
线程#0：
While（未达到停止计算条件）{
    计算当前速度和坐标 (原子0，表0)
    从相邻原子线程接收数据 (线程1，线程2)
    将数据发送到相邻原子线程 (线程1，线程2)
}

线程#1：
While（未达到停止计算条件）{
    计算当前速度和坐标 (原子1，表1)
    从相邻原子线程接收数据 (线程0，线程2)
    将数据发送到相邻原子线程（线程0，线程2)
}

线程#2：
While（未达到停止计算条件）{
    计算当前速度和坐标 (原子2，表2)
    从相邻原子线程接收数据 (线程0，线程1)
    将数据发送到相邻原子线程 (线程0，线程1)
}
```

图9-10　多个线程在一轮计算完毕后相互收发数据

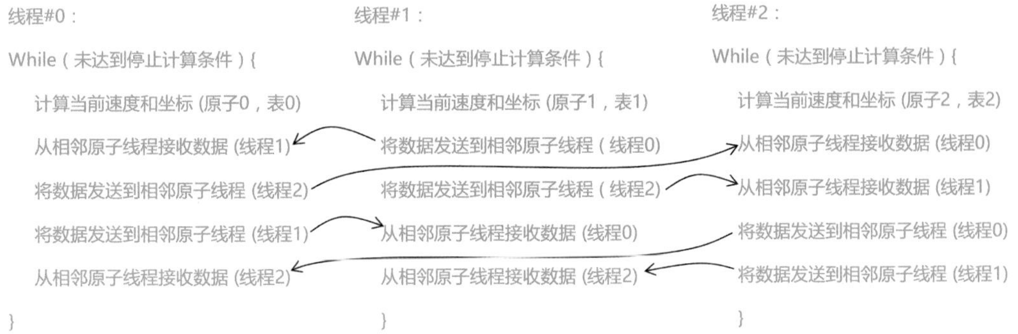

```
线程#0：
While（未达到停止计算条件）{
    计算当前速度和坐标 (原子0，表0)
    从相邻原子线程接收数据 (线程1)
    将数据发送到相邻原子线程 (线程2)
    将数据发送到相邻原子线程 (线程1)
    从相邻原子线程接收数据 (线程2)
}

线程#1：
While（未达到停止计算条件）{
    计算当前速度和坐标 (原子1，表1)
    将数据发送到相邻原子线程（线程0)
    将数据发送到相邻原子线程（线程2)
    从相邻原子线程接收数据 (线程0)
    从相邻原子线程接收数据 (线程2)
}

线程#2：
While（未达到停止计算条件）{
    计算当前速度和坐标 (原子2，表2)
    从相邻原子线程接收数据 (线程0)
    从相邻原子线程接收数据 (线程1)
    将数据发送到相邻原子线程 (线程0)
    将数据发送到相邻原子线程 (线程1)
}
```

图9-11　仔细安排每个线程的收发顺序避免死锁

内，CPU核心的算力无法用满，系统多数时候都在等待数据的发送和到达。相比之下，虽然共享内存的单一系统的核心数量比较少，但是每个线程计算完毕之后的数据，其他线程通过访存就可以获取，访问本地内存的速率比访问外部网络要快得多。那么，综合来讲，总体核心数量很多的MPP系统的整体性能就一定比紧耦合的核心数量相对较少的单系统要高么？真的不见得。所以，对于MPP系统来讲，第一个性能优化的要务，就是要降低网络通信量，让更多的时间被用于计算而不是用于传送数据。那也就意味着，要让CPU核心花在计算上的比例大一些，花在数据传输上的比例小一些，或者让这两者充分的并行。

而反观我们上文中的方式，给每个原子设定一个线程，计算单个原子的速度和坐标，其运算量并不大，计算很快就会完成，我们假设这个过程耗费1 ms，算完之后的数据收发过程，我们假设耗费9 ms。这样，计算只占有10%的比例，而90%的时间被网络开销所占用，这个系统的利用率太低。相比之下，假设某单核心系统的计算比例为90%，取数据开销10%（因为访存速度远高于网络）的话，那么，对于该多核心系统，仅当其核心数量超过9个的时候，才能相对于该单核心系统而言产生加速效果。当然，也得考虑核心数量太多之后网络规模扩大，网络开销会继续提升，最终它们之间会呈现出一定的数学关系，这里不再多描述。

那么如何提升分子动力学计算场景下的计算比例？如图9-12所示，我们可以不必给每个原子设置一个线程，而是将原子分组，给每一组原子（比如100个）设置一个线程。这样，每一组原子利用单节点串行计算，通过本地访存同步数据；每一组原子对应的线程被安置在MPP系统的一个节点上运行，组和组之间会跨网络共享数据。每一组原子与另一组原子之间结合点的那个或者几个原子，处于组与组的边界上，每轮计算完毕之后，相邻组之间需要相互通告这些边界原子的最新位置。如果原本处于边界上的原子发生了较大位移，运动到了其他相邻组的内部，同时其他原子可能运动到了边界上，此时为了避免跨网络流量，需要将进入对方组范围的原子对应的数据结构迁移到对方节点中，后续在对方组进行本地运算和访存。

再想一下，假设有十万个原子的系统需要模拟，而你也创建了10万个线程，即便是原子分组之后，比如每组100个原子，也需要写一千个线程，这就是一千份代码。虽然每个线程的逻辑大致是类似的，但是每个函数的参数是不同的，比如目标节点的IP地址，成千上万个IP地址的对应和填写已经是梦魇了，这非常容易出错。而且，数据收发函数内部，需要调用TCP/IP协议栈的接口，如果底层不使用以太网+TCP/IP，而使用了其他更高速、低时延的网络比如Infiniband，则还需要调用IB网络的API。另外，在本地共享内存的单个系统内部的多个线程之间没有必要通过外部网络收发数据，而需要采用共享内存方式，那就不需要调用数据收发函数了，但是这样会导致代码的组织形式各异、可读性和可维护性变差。最好能在数据收发函数内部根据所处的环境判断到底是采用共享内存还是外部网络来收发数据，而函数的参数能够保持不变。

还有，能否让所有线程都运行同一份代码，而在代码内部根据当前线程的标识来选择处理不同的数据？这就像在第6章中我们介绍过的多CPU核心场景下，程序可以通过CPUID指令判断当前核心的标识，从而选择运行不同的分支一样，所有核心可以执行同一份代码，但是走入不同的分支。这样对于编程来讲就容易多了。

综合来讲，对于大规模并行计算和科学计算领域的上层程序员而言，他们的精力主要在钻研各种算法上，比如从最简单的$F=ma$到更复杂的计算公式，而他们并不希望花费过多精力去处理底层数据同步的事情。他们的诉求可以总结为以下几点。

（1）不想关心哪个线程跑在哪个MPP节点上，也不想知道对方的IP地址是多少，希望有人帮我搞定这些底层对应关系和数据收发流程，我只需要看到线

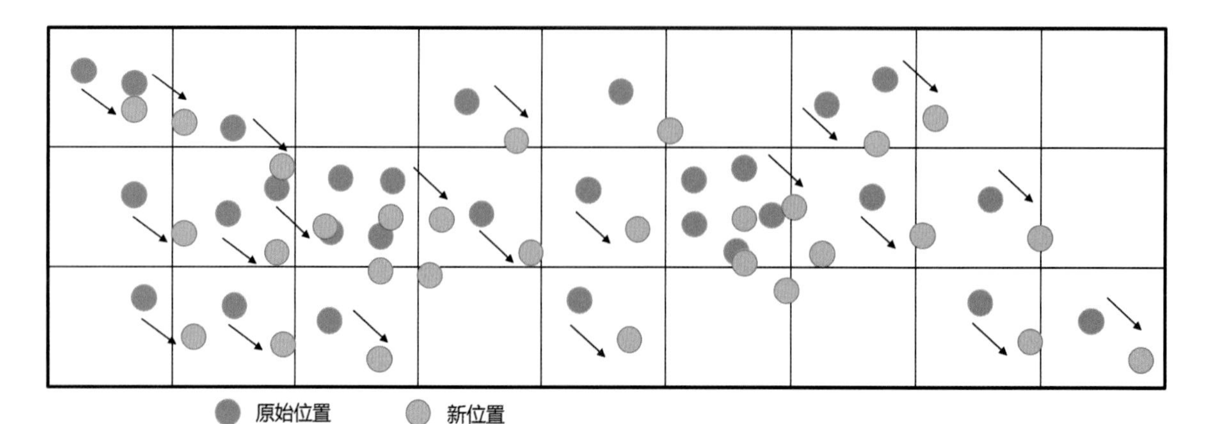

图9-12 每个线程计算一组原子的坐标位置

程ID号就可以了。

（2）我更不想关心程序运行的MPP集群的物理结构、拓扑，使用何种网络，希望有人帮我搞定对应的网络数据收发过程控制，最好是能够适配各种不同类型的网络。

（3）原来我很方便地直接引用某个数据结构中的项目，比如对数组第3项赋值语句a[2]=4，现在虽然做不到透明，但是我可以忍受调用一个函数，将对方的a[2]这一项接收过来，放到我本地的a[2]上，这样也可以。

（4）本地的多线程同步比如屏障，在跨网络环境下也需要实现。

所以，能否有人出来发扬一下风格，编写一下该函数或者一组函数，专门方便上层来调用，实现MPP架构下的多线程间跨网络数据同步管理和步调管理？必须的。终于前人编写了一套叫作MPI（Message Passing Interface）的函数库，满足了MPP架构的并行计算场景下的数据同步和管理需求。

除此之外，好像还缺了点什么。对，那就是如何将编写好的代码复制到MPP集群中所有机器上并启动执行，抑或者只复制到部分节点来执行。总之，需要一个集群总调度器程序，而且MPP集群中所有机器上都需要安装这个调度器程序的接收端。这样，只需要把代码复制到其中一台机器上，然后就可以通过网络将该代码分发到其他节点，然后利用该调度器向其他节点的调度器发送指令，启动对方机器上的程序代码执行。当然，也可以选择将多个线程在同一个节点上（单一系统）执行。

不同组织机构开发了不同的MPI通信库，目前比较常用的两种是MPICH2/3和OpenMPI，其各自都包含MPI函数库以及对应的MPI程序调度器。

9.3.2 MPI库基本函数简介

要向所有线程隐藏底层网络的细节，那就必须自己负责维护线程号和IP地址（或者其他网络地址）的对应关系。要知道对应关系，就必须先发现目前网络上都有哪些线程在准备运行，那就势必需要一种资源发现机制来发现网络上的参与本次并行计算任务的所有节点。一般来讲都是手动将参与运算的所有节点的主机名/IP地址写入到某个配置文件中的静态指定方式，因为实现动态发现的成本太高。此外，还需要生成进程号与网络地址的映射关系，并能够让程序可以通过调用对应的函数来获取到自己的进程号，以及获取到当前任务的总进程数量。当然，还必须提供数据接收、发送等函数。下面我们就来介绍一下MPI这套通信库中的一些基本函数。

MPI_Init()。每个线程一开始都必须调用该函数，该函数底层会做相应的装备工作，包括弄清楚目前有多少个进程/线程在参与执行任务，启动与其他节点的通信通道（比如建立TCP/IP连接等），为每个进程/线程分配对应的进程标识ID等，该函数底层会将一切所需的资源比如各种对应表等保存在内存中供后续使用。至于该函数底层具体是怎么实现的，有兴趣的朋友可以自己去查看MPI库的源代码。MPI也有多种不同的具体实现模式，基本都是开源的，网络上可以获取到。

MPI_Finalize()。每个线程在结束并行化执行任务之前必须调用该函数，以便清理掉在Init阶段生成的资源。

MPI_Comm_Rank(MPI_COMM_WROLD, int *my_rank)。该函数可用于获取到当前线程的ID号，该函数底层会从Init阶段初始化好的表中获取到对应的ID号，并将ID号赋值给my_rank变量（变量名可以任意指定）。不同的线程调用该函数会获取到各自的ID号。线程可以根据my_rank的值决定处理不同的数据或者执行不同的分支。

MPI_Comm_Size(MPI_COMM_WROLD, int *size)。该函数返回总体的线程数量。

MPI_Send(void *buf, int count, MPI_Datatype datatype, int dest, int tag, MPI_COMM_WORLD)。该函数用于线程向其他线程发送数据。其参数的含义是，把位于*buf指针上的缓冲区中的count数量（个数）的、数据类型为datatype的数值（注意，不是字节数），发送给线程标识为dest的线程。tag参数用来区分不同的数据。datatype可以是：MPI_CHAR、MPI_SHORT、MPI_INT、MPI_LONG、MPI_UNSIGNED_CHAR、MPI_ UNSIGNED_SHORT、MPI_UNSIGNED、MPI_UNSIGNED_LONG、MPI_FLOAT、MPI_DOUBLE、MPI_LONG_DOUBLE、MPI_BYTE、MPI_PACKED。

MPI_Recv(void* buf, int count, MPI_Datatype datatype, int source, int tag, MPI_COMM_WORLD, MPI_Status *status)。该函数用于线程接收其他线程发送来的数据。其参数的含义是，将线程标识为source的线程发来的数据类型为datatype的、字节数为count的数值，写入*buf指针指向的缓冲区。

如图9-13所示为MPI接收和发送函数用法的最基本的例子。进程0执行该代码时，其rank变量会被MPI_Comm_rank()函数赋值为0，所以其执行if(rank==0)分支，走入了发送数据流程。进程1执行同样的代码，其会走入接收数据的流程。篇幅所限，我们省略了进程1接收完数据之后的计算过程，其并没有写到代码中。这里再次强调一下，同样的代码会被多个线程同时执行，代码中的各种if判断会将不同线程导向不同分支执行。

如图9-14所示为稍微复杂一些的接收和发送过程，进程0被设计为从其他两个线程先后接收数据，而进程1和进程2被设计为同时向进程0发送数据。

```
#include "mpi.h"
main(int argc, char ** argv) {
  int a[60],rank,size; MPI_status status;
   MPI_Init(&argc,&argv);
   MPI_Comm_size(MPI_COMM_WORLD,&size);
   MPI_Comm_rank((MPI_COMM_WORLD,&rank);
   if(rank==0)
   MPI_Send(a,20,MPI_INT,1,99,MPI_COMM_WORLD);
   if(rank==1)
   MPI_Recv(a,20,MPI_INT,0,99, MPI_COMM_WORLD,&status);
   MPI_Finalize( );
}
```

进程0 → size=2 → rank=0 → 发送消息 → 结束

进程1 → size=2 → rank=1 → 接收消息 → 结束

图9-13　MPI发送和接收函数使用一例（1）

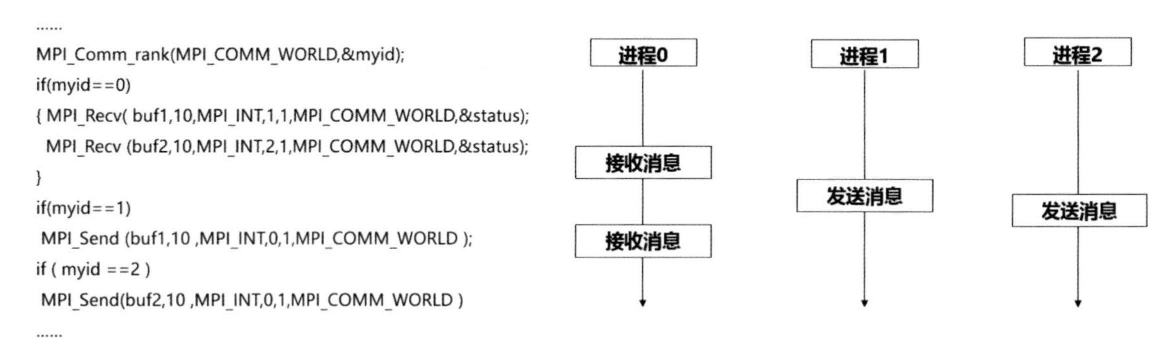

图9-14　MPI发送和接收函数使用一例（2）

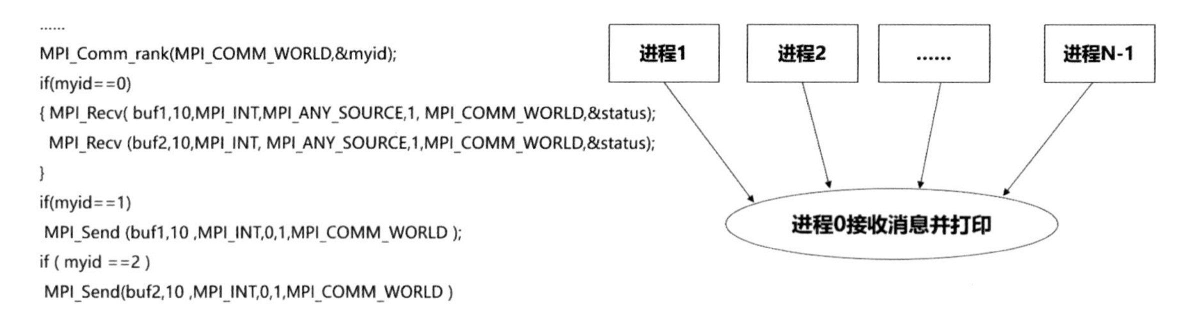

......
MPI_Comm_rank(MPI_COMM_WORLD,&myid);
if(myid==0)
{ MPI_Recv(buf1,10,MPI_INT,MPI_ANY_SOURCE,1, MPI_COMM_WORLD,&status);
MPI_Recv (buf2,10,MPI_INT, MPI_ANY_SOURCE,1,MPI_COMM_WORLD,&status);
}
if(myid==1)
MPI_Send (buf1,10 ,MPI_INT,0,1,MPI_COMM_WORLD);
if (myid ==2)
MPI_Send(buf2,10 ,MPI_INT,0,1,MPI_COMM_WORLD)
......
进程1
进程2
......
进程N-1
进程0接收消息并打印

图9-15　MPI发送和接收函数使用一例（3）

如图9-15所示为使用了一个特殊参数MPI_ANY_SOURCE时的场景，该参数提示接收方可以接收任何线程发来的数据，谁先到就接收谁。这种完全无序的数据接收方式，对应着一种常见的场景，比如聊天室场景，谁登录了，就显示“某某进入聊天室”，而不管顺序和目标是谁。篇幅所限我们并没有在代码中加入printf()函数。实际上，接收到数据之后可以做任何事情，可以对数据进行计算，也可以将其输出到显示器或者发送出去，这完全取决于程序想要做什么。

还有其他一些MPI函数，比如非阻塞式（调用后函数立即返回，数据在后台被传送，线程可以继续后续的运算逻辑，可以让运算与数据传送并行进行，以提升性能）数据传送函数。篇幅所限就不再多介绍了，大家可以自行查阅。

9.3.3 MPI库聚合通信函数简介

上文中介绍的函数都是点对点通信场景下使用，而有不少场景需要广播通信、点对多点通信、多点间同步等操作。MPI也提供了对应的函数来满足这些群组模式的通信，这些场景被统称为群组通信（Collective Communication），或者又被称为聚合通信。

MPI_Bcast(void *buffer,int count,MPI_Datatype datatype,int root,MPI_COMM_WORLD)。该函数用于线程将数据广播给通信域内的所有除了发送方线程之外的节点。参数root表示发送广播的源线程标识。发送方调用MPI_Bcast()，接收方也必须在同一位置调用MPI_Bcast。嗯？接收端为什么也要发起广播？不是这样理解的。接收端调用该函数的作用是为了接收广播，该函数会判断当前调用者线程的标识是否与参数root相同，如果相同，则表明当前线程是发出数据，如果不同，则表明当前线程调用该函数是为了接收root线程发来的广播。这就是MPI编程方式的特点之一，也就是发送方和接收方永远都要配合起来一唱一和。如果有人先唱到了这一段，那就阻塞等待，等对方也唱到这一段之后，继续往下唱。下面的函数如无特殊说明，均为发送方和接收方同时调用。MPI_Bcast()函数底层其实也调用了MPI_Send()和MPI_Recv()函数，其本质就是将向所有节点的单播过程封装为广播。同理，下面介绍的所有聚合通信类函数，都是用基本的MPI_Send()和MPI_Recv()函数封装而成的，你也可以自己封装一个聚合通信类函数出来。如图9-16所示为MPI_Bcast()的执行过程示意图。

MPI_Scatter(void *sendbuf, int sendcount, MPI_Datatype sendtype, void *recvbuf, int recvcount, MPI_Datatype recvtype, int root, MPI_COMM_WORLD)。该函数用于线程将自己保有的数据按照sendcount数量为一组均匀地散发给所有线程（包括自己，线程除了是数据的分发者，同时也是计算者，所以也需要给自己留一份数据）。比如，某线程生成了数组a[100]并初始化填充了其中所有的值，现在想把a[0]到a[100]各自分发给0号线程的a[0]、1号线程的a[0]、2号线程的a[0]、……、100号线程的a[0]处。如果使用MPI_Send()和MPI_Rcev()，一个一个地发送和接收，没问题，但是代码量实在是太大了，发送方线程中要执行101次MPI_Send()函数。为此，MPI封装出一个新函数：MPI_Scatter()。该函数与MPI_Bcast()相比，后者是将同一份数据广播给所有进程，而前者则是将不同的数据顺序依次分发给所有进程。第二个参数sendcount用于控制发送给每个进程的数的个数，比如进程0想把自己的a[0]，a[1]，a[2]，a[3]分发给进程0，把a[4]，a[5] ，a[6]，a[7]分发给进程1，以此类推，则sendcount应该设置为4。该函数一般用于计算前的数据分发，接收方接收到数据之后便开始各自处理收到的数据。在实际的大运算量科学计算例子中，sendcount参数的值可能会是百万级别，我们在这里仅仅是为了举例。那么，自然会想到，处理完之后是不是有必要将结果汇总上报回给某个进程处理呢？MPI考虑到了这一点，封装出了MPI_Gather()函数。如图9-17所示为MPI_Scatter()的执行过程示意图。

MPI_Gather(void* sendbuf,int sendcount,MPI_Datatype sendtype,void* recvbuf,int recvcount,MPI_Datatype recvtype,int root,MPI_COMM_WORLD)。该函数的作用就是所有的进程（包括接收方进程自己）将sendbuf中按照线程编号和sendcount为粒度的数据传递给接收方线程（也就是标识为root的线程，或者说主线程，一般root被设置为0，所以俗称0号线程，当然，可以将root变量的值设定为任何一个ID号。主线程一般做一些计算完毕之后的收尾工作，也就是无法被并行或者不值得并行的部分）。假设共有

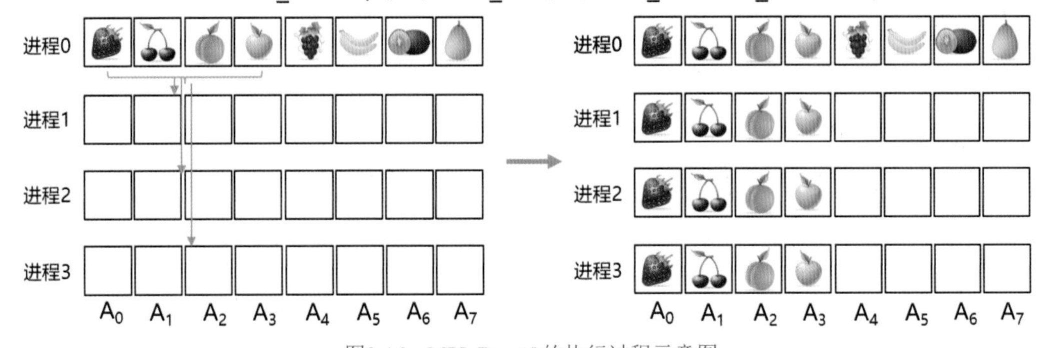

图9-16　MPI_Bcast()的执行过程示意图

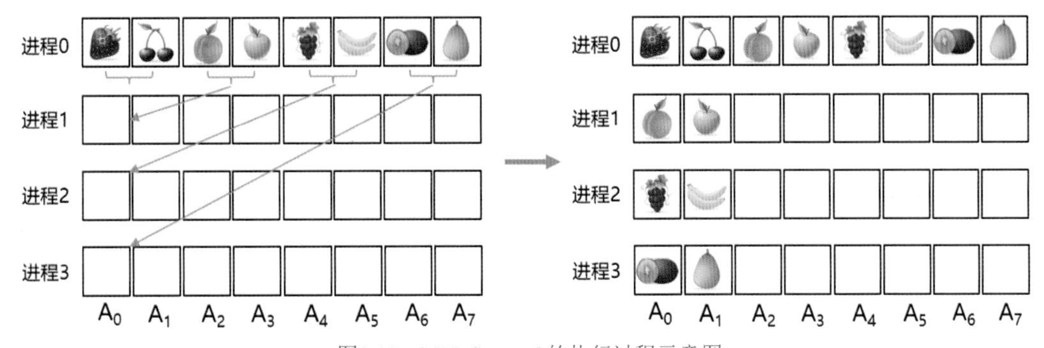

图9-17　MPI_Scatter()的执行过程示意图

0、1、2、3这4个线程，0为主线程，当它们都调用MPI_Gather(A, 8, MPI_INT, A, 8, MPI_INT, 0, MPI_COMM_WORLD)时，0号线程会将它自己的数组A中的A[0]～A[7]项传递给线程0（自己传送给自己，没问题，该函数底层并不会真的与自己通信，而是将自己处理好的数据复制到recvbuf中对应位置即可），1号线程则将它自己数组A中的A[8]～A[15]项传递给线程0，以此类推。线程0接收到数据之后，会将这些数据统一按照线程编号次序放置在recvbuf这个缓冲区中，recvbuf只是一个指针参数的名称，其可以指向线程0所维护的A[ ]数组。同样，多个发送线程和root接收线程要同时调用这个函数来实现这个过程。该函数底层会处理一切网络通信方面的事务。如图9-18所示为MPI_Gather()的执行过程示意图。

MPI_Allgather(void* sendbuf,int sendcount,MPI_Datatype sendtype,void* recvbuf,int recvcount,MPI_Datatype recvtype,MPI_COMM_WORLD)。该函数相当于每个线程都执行一次Gather操作，达到的效果则是数据在所有线程中都存在一份完整的副本。如图9-19所示为MPI_Allgather()的执行过程示意图。

MPI_AlltoAll(void* sendbuf,int sendcount,MPI_Datatype sendtype,void* recvbuf,int recvcount,MPI_Datatype recvtype,MPI_COMM_WORLD)。该函数用于实现多个线程之间的数据交叉交换，如图9-20所示，请大家自行体会。可以看到，AlltoAll通信方式相当于以每个线程作为root线程执行了一次Scatter分发操作。不过要深刻领会一点，这些函数底层无非都是调用了MPI_Send()/MPI_Recv()一步一步实现的。

MPI_Barrier(MPI_COMM_WORLD)。该函数实现的功能就是图9-8中所示的线程屏障功能，其底层的机制与前文中所描述的也是类似的。值得一提的是，MPI_Send()/MPI_Recv()以及所有聚合通信类函数自身已经具有了屏障作用，因为其执行过程都是阻塞式的。但是有些时候，程序执行到一些非通信类函数，比如某些计算类函数，此时可能程序逻辑要求所有线程在计算完某一步之后，才能发起通信，那就需要在通信函数被调用之前，调用MPI_Barrier()屏障函数，保证所有线程都已经计算完毕，然后开始相互同步数据。如果不使用屏障，先计算完成的线程不等待而继续执行，这样可能会基于旧数据在后续的计算中算出错误的结果。

MPI_Reduce(void* sendbuf,void* recvbuf,int count,MPI_Datatype datatype,MPI_Op OP, int root, MPI_COMM_WORLD)。该函数被称为归约函数。其作用是从所有进程的缓冲区中获取数据并将收到的数据做某种运算（由参数OP指定），然后将运算结果写入到root线程的缓冲区内。该函数支持的运算操作为：MPI_MAX（求最大值）、MPI_MIN（求最小值）最小值 、MPI_SUM（求和）、MPI_PROD（求积）、MPI_LAND（逻辑与）、MPI_BAND（按位与）、MPI_LOR（逻辑或）、MPI_BOR（按位或）、MPI_LXOR（逻辑异或）、MPI_BXOR（按

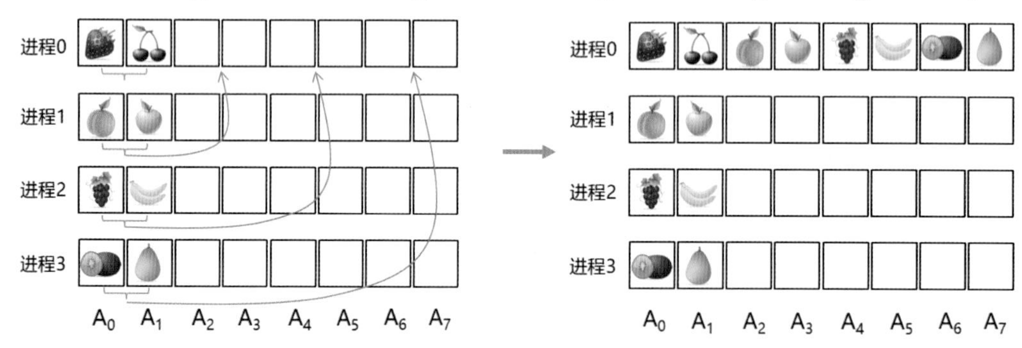

图9-18 MPI_Gather()的执行过程示意图

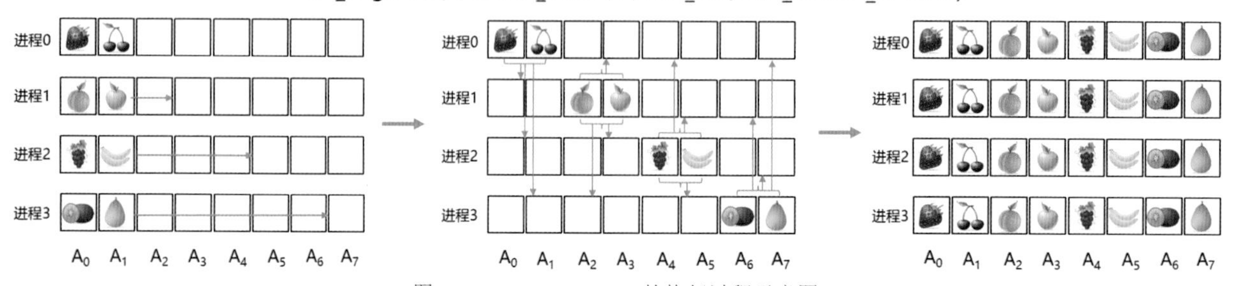

图9-19 MPI_Allgather()的执行过程示意图

位异或）、MPI_MAXLOC（最大值且相应位置）、MPI_MINLOC（最小值且相应位置）。如图9-21所示为MPI_Reduce()函数的执行过程示意图。

同理，**MPI_AllReduce(void* sendbuf,void* recvbuf,int count,MPI_Datatype datatype,MPI_Op OP, MPI_COMM_WORLD)**的执行过程如图9-22所示。

对MPI库中的一些基本函数的介绍就到此，其他函数请大家自行了解。对于MPI编程方式，大家需要深刻了解一点，那就是发送和接收双方执行同样的代码，但是会走入不同的分支。双方调用同样的函数，但是却有不同的行为。这些分支和不同行为，都是根据代码中的if判断以及函数参数中的值与当前执行线程的标识等信息比较而导致的。

提示

值得一提的是，MPI只是一个函数框架库和标准，至于每个标准函数的具体实现细节和方式，是可以自定义的。目前有多个不同的组织开发了自己的MPI库。MPI并非只能用于多机器间的通信，也可以用于单台机器多个线程间，或者是多CPU多核心，抑或是单核心运行多个线程。MPI也可以支持利用共享内存的方式来通信，比如MPI_Send()/MPI_Recv()函数内部并不一定真的要调用到网卡驱动这一层去发送消息，而完全可以利用共享内存方式来实现Send和Receive。

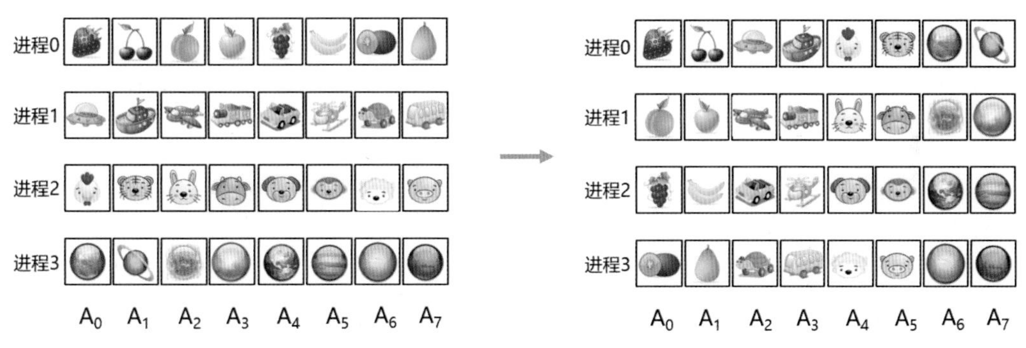

图9-20　MPI_AlltoAll()的执行过程示意图

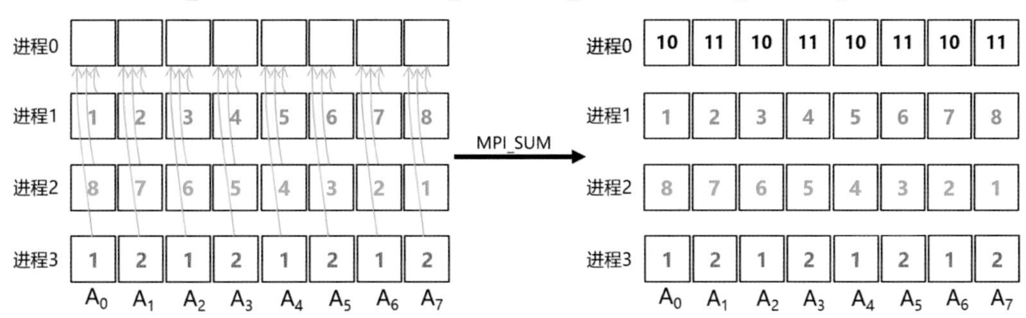

图9-21　MPI_Reduce()的执行过程示意图

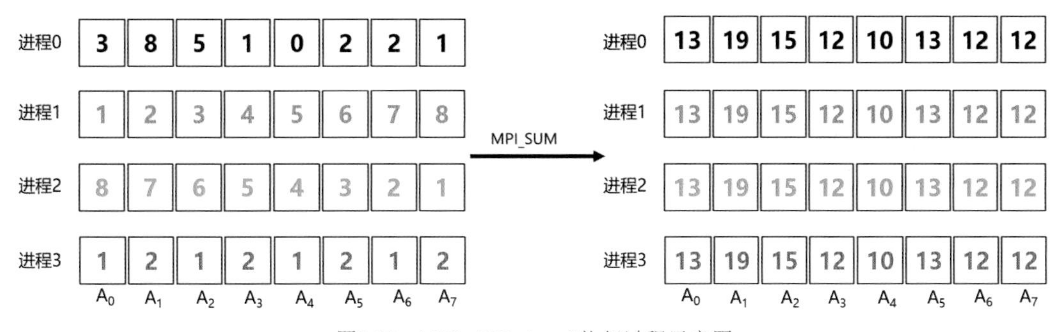

图9-22　MPI_AllReduce()执行过程示意图

9.4 超级计算机

那么，大规模MPP集群在物理上是什么样子的呢，它又应该是什么样的呢？没有应该，你想让它是什么样都可以。比如早期穷苦的时候，它是如图9-23所示这样子的，也就是直接用PC小鞭炮来搭建炮弹。

啧啧，冬瓜哥，你为啥贴这么没“品位”的图呢？哦，你来告诉我一下，什么叫“品位”？穿上好看的衣服打扮打扮就有品位了？那如图9-24所示，这些都是全球知名的超级计算机。嗯？超级计算机不应该是一台硕大无比的科幻一般的机器么？印象中它应该是拥有数万个CPU核心、能够统治人类、让人类无限崇拜的主脑综合体啊！你这就属于科幻综合征了。所以说，什么品位之流，都是骗人的。

穿上好看的衣服，并没有改变大规模MPP集群是多台独立计算机相互连接起来的本质。如图9-25所示为这些所谓超级计算机内部的情况。可以看到它们也都是由一台台独立的小计算机通过网络连接起来的，只不过被扣上一个好看的壳子，加上一些装饰点缀，给人造成了“超级”和“科幻”的假象。嗯？那么为什么图9-24左侧那个IBM 蓝色基因P型超级计算机的外壳要做成斜的呢？一定有原因！告诉你，没有任何原因，四四方方没有“品位”，这就是原因。图中中间的圆柱型外壳，也是为了品位，右侧的Titan超级计算机前面板上的图案，也为了品位，看图右侧，两个人正在给它化妆。

所以，超级计算机其实就是经过定制化的、每个计算节点体积更紧凑的超大规模MPP集群系统。“超算”说白了就是大规模并行计算，将一个计算任务利用诸如MPI等方式并行化，利用同一份代码让大量执行这套代码的线程载入到大量CPU核心上去执行。

如果所有CPU之间是通过比如QPI这种高速低时延网络来共享内存的，那么并行编程将十分方便，线程之间直接访问内存地址就可以读写对应的变量。比如线程1对变量a做了+1操作，线程2要访问变量a的话，就直接访问a所在的内存地址就可以了，线程

图9-23 “大规模”MPP集群的一种物理形态

图9-24 大规模MPP集群在新时代的物理形态

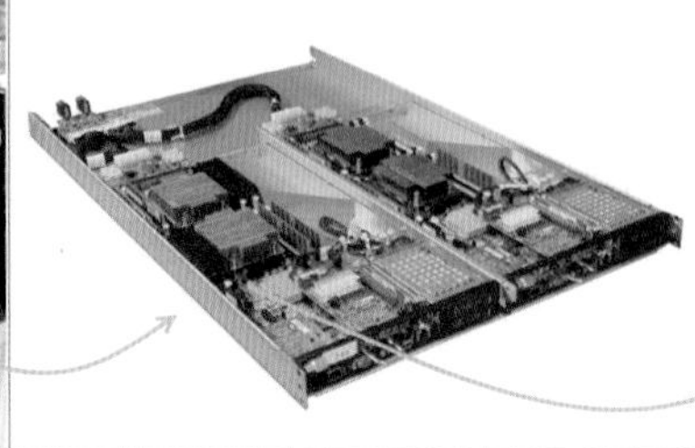

图9-25 卸妆之后的超级计算机

1与线程2在初始化a这个变量的时候，a的地址便固定了，所以线程1和线程2都知道访问a就得去某某内存地址。但是在几万颗CPU的大规模超算场景下，使用QPI这种网络将这么多CPU连接起来是不现实的，因为首先QPI是高速信号，不能传播太远的距离，其次就是成本太高。

人们迫不得已，不得不使用低速网络比如10GB/40GB以太网、Infiniband以及其他一些鲜为人知的专用网络来连接这些CPU。然而这些网络由于速度低于QPI，时延也高于QPI，所以其不适合共享内存方式访问，如果强制在这种高时延网络上共享内存的话，那么CPU访问内存时候会等待很久才能拿到数据，从而阻塞流水线，极大拖累计算性能。所以要将其变为外部系统I/O+中断方式，让数据的传送在后台异步进行，也就是将适配对应网络的网卡接入到比如PCIE总线，然后使用驱动的方式，通过系统I/O来在这些CPU之间相互通信传递数据。用了这种方式之后，程序发出I/O访问请求之后便可以继续执行，这样不浪费CPU时钟周期。这样，这几万颗CPU其实就是从之前的共享内存的紧耦合单系统，变成了通过网络I/O方式相互通信的多个单系统，也就是多台独立的计算机，或者称为节点。

超级计算机所使用的CPU、内存、网络多数时候与普通服务器没什么两样，由于需要提升密度，在一个机房内容纳更多CPU节点，所以其硬件设计有时候会与普通服务器的迥异，设计要点主要是高密度，下文中会看到一些实例。再就是使用的网络一般都是比以太网更高速的网络，起码得是万兆以太甚至Infiniband。而且，连接数千个机箱，需要大量的网络交换机和连线。网络拓扑也很有讲究，比如树形拓扑、Torus拓扑等，这些我们在下文中都会介绍一二。不同拓扑，对广播的处理效率不同，这方面也是众多超算研究者研究的课题。如果是通过有线连接方式的话，一个全网广播，要通过多跳才能完成，时延很高，那是否可以使用无线WiFi方式直接让源节点一跳便可以连接到其他所有节点？

在超算环境下，也并不是所有CPU都不能共享内存。如果整个超算集群中存在一些多CPU紧耦合的服务器节点，比如4路CPU紧耦合服务器节点，那么运行在这4个CPU上的进程/线程之间便可以直接共享内存，而无需通过外部网络互传数据，此时效率会非常高，这种拥有数量较高的紧耦合CPU的节点称为**胖节点**。而相对来讲，只有1颗或者少数几颗CPU的节点就成为**瘦节点**。瘦节点虽然拥有少量的CPU，但是如果这个CPU是多核心的，那么运行在单颗CPU内部多核心上的线程/进程之间也是可以共享内存通信的。当然，胖节点的成本远高于瘦节点。

由于数据需要不断地在超算计算机节点之间的互联网络上传来传去，有些子任务之间依赖比较紧密的计算，比如子任务运算到某个阶段，必须要其他子任务的计算结果，那么其必须等待其他节点算完，并将数据通过网络获取到，才可以继续。有时候其他节点已经算完了，但是由于网络上负载很大，或者时延太高，传过来需要较长的时间，那么该子任务所在的CPU就不得不空转，这是一种严重的浪费。所以，多数场景下，超级计算机的性能瓶颈在于节点间的互联网络，而不是CPU或者RAM，后者有时候是过剩的。

也有些计算任务的子任务之间毫无依赖关系，比如线程1计算x=a+b，线程2计算y=c+d，线程3计算z=x+y，线程1和线程2之间是纯粹并行关系，而线程3则只能等待其他两个线程计算完毕之后才能输出结果，所以线程3对其他线程有依赖关系。但是线程1和线程2之间根本不需要通信，所以对应的超算集群也就不需要这么高速的网络互连，万兆以太可能就够了。而这种子任务之间依赖关系很松的计算的效率最高。

国内几家大型互联网公司每一家的总服务器保有量都在几十万台级别，其本质上也组成了MPP集群。那么这些互联网公司内部是否有大运算量的业务在运行？有的，大数据分析、人工智能等业务的运算量、存储量都很大。但是互联网公司的服务器集群一般不会运行科学计算类业务。

超级计算机的耗电量很大，随着整个集群的节点数量的多少而不同，一般来讲都在10MW功率级别，这意味着每小时将耗费一万度电。那么超级计算机如何启动？超级计算机的操作系统是什么样的？程序是如何运行在超级计算机上的？ 我们下面就来介绍一些比较知名的超级计算机。

9.4.1 IBM蓝色基因

IBM著名的战胜国际象棋大师的那台计算机就是蓝色基因P超级计算机。

9.4.1.1 中央处理器CPU

如图9-26所示为蓝色基因P超级计算机CPU处理器芯片内部架构图，左右两边等价。该处理器是一片专用芯片，其集成了PowerPC 450的CPU核心，以及一些外围关键器件：Multiplexing Switch、Torus（Torus Network）、Collective（Tree Network）、Barrier（Global Interrupt）。每两个CPU核心公用一个复用器，这个复用器分别连接到2片L3缓存、Torus路由器、Collective网络路由器、Barrier网络路由器，形成一个基于复用器的交换矩阵。

图9-27所示为蓝色基因/P处理器晶圆布局图以及蓝色基因/Q型号的处理器架构图。可以看到Torus、Collective、Barrier这三种网络被合并统一到一个5D Torus（详见图6-52）网络里了。另外，基于复用器的交换矩阵也改为了Crossbar。

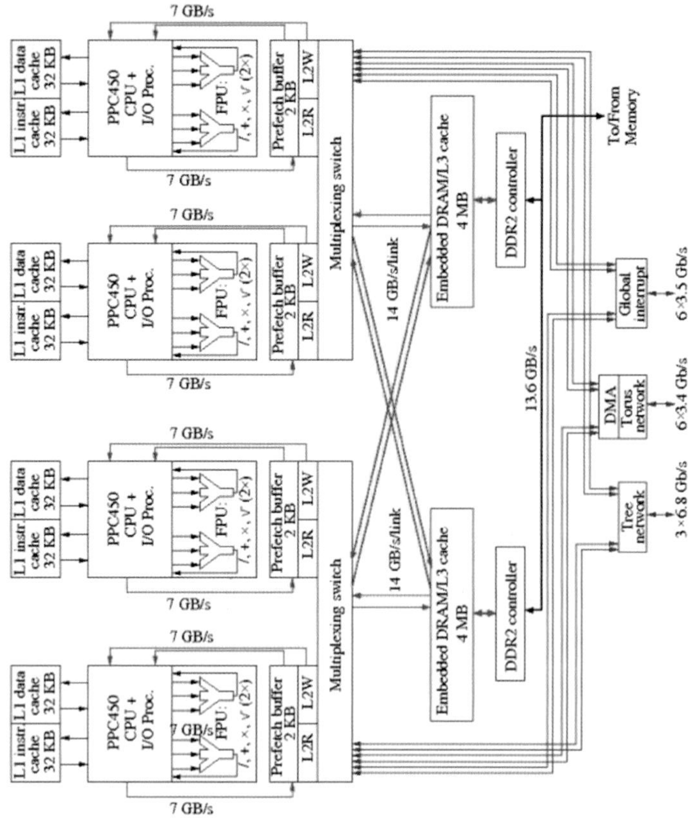

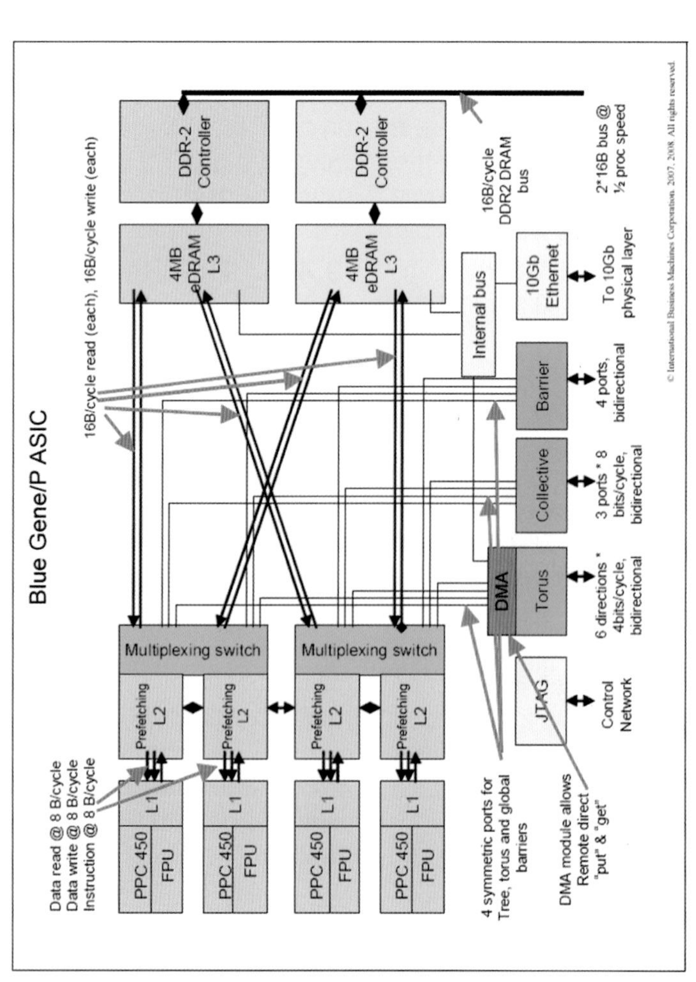

图9-26　蓝色基因/P处理器架构

9.4.1.2　计算节点和I/O节点

CPU和内存被集成到一张如图9-28所示的子卡上。32张子卡，外加2张单独负责数据I/O的子卡，共34张子卡插在一个大单板上，形成一个模块，叫作Node Card，每张子卡叫作一个Node。计算节点如果需要读写文件以及使用TCPIP Socket服务的话，必须将文件I/O以及Socket请求通过Collective Network（见下文）转发给I/O节点，I/O节点再通过10Gb以太网络将I/O请求发送给存储系统（比如一个独立的Lustre分布式文件系统集群）或者TCPIP目标IP设备。计算节点上的OS是个高度精简的Linux内核，其中根本不包含任何文件系统或TCPIP模块，所以从VFS层下来的针对文件的I/O和Socket请求都会被底层模块重定向转发到I/O节点，然后转出到分布式文件存储系统中执行，最后返回结果。

9.4.1.3　三个独立网络同时传递数据

上文中我们看到了每个计算节点上的CPU芯片内部集成了三个独立的网络路由器，分别是Torus网络路由器、Collective网络路由器、Barrier网络路由器。我们PC上的CPU是通过PCIE总线连接以太网卡然后出线缆连接以太网交换机的，这一点没有本质变化。在蓝色基因超级计算机的网络里，CPU同样是通过内部总线（但不是PCIE）连接了网络控制器（相当于网卡），只不过这个控制器连同路由器一起都被集成到了CPU内部，如图9-29所示。三个独立网络共用一个集线板，三种网络的信号、拓扑被捆绑到外置线缆传递到其他集线板。

Torus网络控制器和路由器。该模块在每一片CPU上都集成了一个。其用于计算节点之间的MPI点对点数据通信。其互联结构为3D Torus，数据传输每一跳时延3 μs，最差情况10 μs。Torus网络是通信最为频繁的网络。这个路由器使用的是私有协议，但是本质上和以太网交换机、IB交换机类似。在3D Torus结构中，每个节点需要与其他6个邻居相连，所以被集成到CPU芯片内部的这个Torus路由器至少要有7个端口，1个用于连接CPU本地Torus网络控制器（类似以太网卡，当然，也是被集成到CPU内部的），6个用于连接其他邻居CPU中的Torus路由器。由于这个网络流量负载最高，所以其网络控制器带有一个DMA控制器，用于与本节点的RAM交互数据，以节省CPU核心的开销。

Collective网络控制器和路由器。同样也被集成在每片CPU内。这个网络属于树形网络，连接所有的计算和I/O节点，所承载的流量主要是MPI广播、MPI Reduction（归约通信）等MPI聚合通信类流量，以及

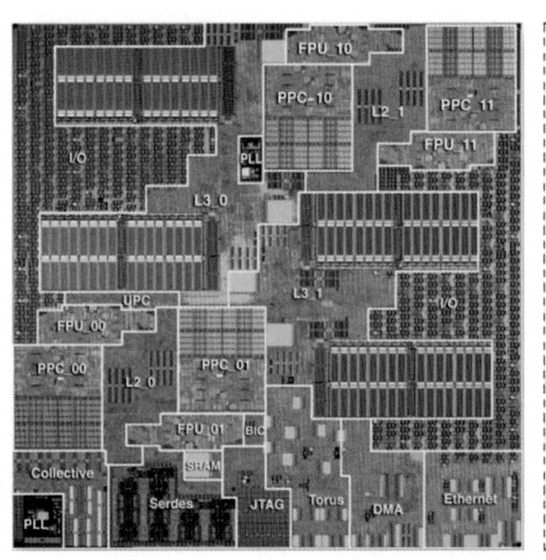

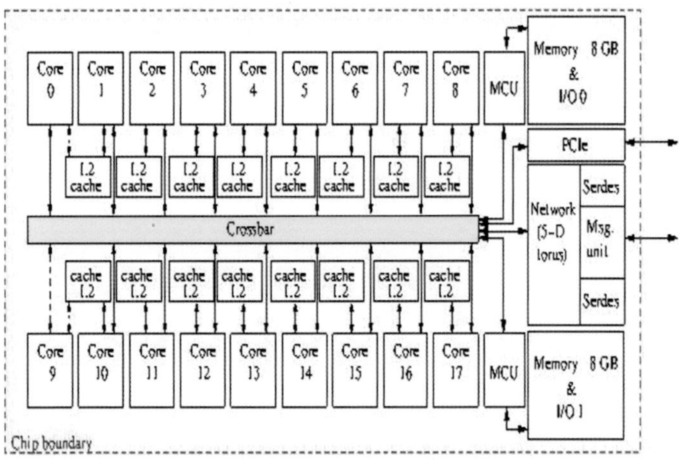

图9-27　蓝色基因/P处理器布局以及蓝色基因/Q处理器架构

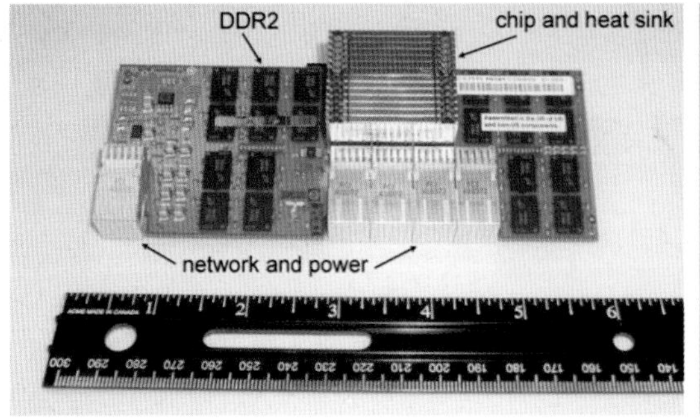

图9-28　蓝色基因/P处理器节点和计算卡（Node Card）

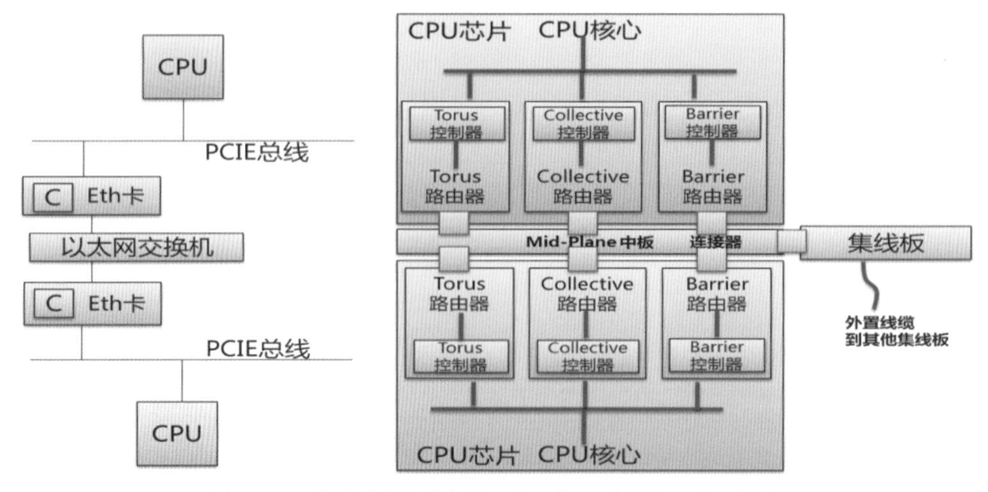

图9-29 开放式系统与蓝色基因在网络互联上的区别示意图

数据I/O流量（计算节点与I/O节点间的I/O请求及数据）。单向树遍历时延5μs。

Barrier网络控制器和路由器。同样被集成在每片CPU内。这个网络同样属于树形网络，连接所有计算节点。这个网络主要用来承载MPI Barrier调用时产生的流量。由于MPI Barrier函数底层需要频繁的通信来追踪每个线程的执行状态，以便让它们达到一致的步调，所以这个网络时延很低，遍历一个由72000个节点组成的树形网络只需要1.3μs。当程序调用了对应的MPI函数时，这些函数底层会自动调用对应的网络接口函数将这些MPI消息传输到对应的节点。

提示 ▶▶▶ 超级计算机的内存管理

除此之外，超级计算机中的这些网络控制器，多数都支持全局内存映射，也就是将其他节点的内存映射到本地内存空间，从而形成一个全局的内存空间池，但是由于远程内存访问时延较大，所以在程序上需要区别对待，这就是所谓分布式共享内存。其不同于纯粹的ccNUMA，后者直接对OS和程序透明（当然也会开放一部分感知接口比如告诉OS某些地址是远端，从而可以让OS进行分配优化）。然而超级计算机中的分布式共享内存需要OS或者程序自行映射和管理及使用，映射完成之后，程序可以直接访问对应的远端内存映射到本地的内存地址，程序很明确知道它在访问远端内存。而ccNUMA系统中的程序可是不知道这一点的，系统的BIOS向OS呈现的就是全局的内存空间，整个系统可以只使用一个OS来管理，程序会认为整个内存空间都像在本地一样没有性能上的区别，其实底层是被OS屏蔽并优化了而已。超级计算机系统规模很大，所以很少有做成全局ccNUMA的，但仍有少数除外，比如第6章中介绍过的SGI Origin系统便是一个全局ccNUMA系统。所以，你应该已了解，耦合最紧的是SMP、NUMA或者ccNUMA系统，其内存地址完全对上层透明。对于NUMA系统，有些多线程编程的库来方便将单线程程序自动转变为多线程程序以便更好利用多CPU系统，比如OpenMP，其必须基于全局透明共享内存体系。耦合稍微松一些的是分布式共享内存，虽然每个节点也可以看到全局的内存空间，但是不对上层透明，需要OS或者程序自行映射管理，程序自己管理虽然灵活，但是不方便。为此，有一些代码库专门负责处理内存映射，封装一层并且暴露一些更易用的接口，比如SHMEM、PGAS、UPC、CAF等。还有些更大规模的超级计算集群，由于时延更不好控制，除非手动操作，一般不宜使用共享内存的方式，这类系统多使用MPI通信方式，程序调用MPI接口主动向其他节点上的程序发送对应的数据，而不是通过读写某内存地址从而底层自动将数据发送到远端或从远端读入。当然如果一些特殊场景必须使用访存方式交换数据，这类系统一般也都支持RDMA，由于这种大规模系统多使用Infiniband、10GE等相对较为开放通用的网络互联方案，实现RDMA的话需要这些网卡的驱动提供支持才可以。综上，从纯NUMA的全局内存空间，到分布式共享内存的有区别的全局内存空间，再到分布式非共享内存的消息传送机制完成数据交换，系统的耦合度一步步变松。系统耦合度的松紧取决于网络的时延和带宽，随着网络时延的增大，体系结构、协议、开放程度、表现形式，也都会跟着变化，但是它们的目的都是一样的，那就是通信和沟通。

9.4.1.4 蓝色基因Q的网络控制和路由实现

上文中提到过，蓝色基因P的处理器中为三种不同的消息实现了不同的控制器和路由器。而蓝色基因Q是P的进化版，为了节省成本，其将多个网络合为一个，并且通过前文中所述的5D Torus将所有处理器互联起来。

如图9-30所示为蓝色基因Q的处理器芯片布局图。位于最下方的便是网络控制器（Msg Unit）部分以及网络路由器（图中的Network）部分。SerDes串并转换和编码部分占据了路由器很大一部分空间。

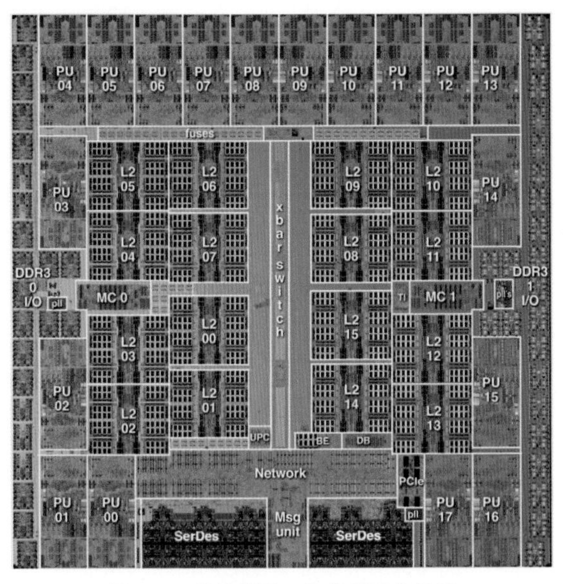

图9-30　蓝色基因/Q的处理器布局图

如图9-31所示分别为Msg Unit（MU）以及路由器（Network Device，ND）的硬件模块示意图。MU（Message Unit），顾名思义，负责控制与其他节点之间的数据互传，本质上就是一款网路I/O控制器。其上行与CPU中央的XBAR（Crossbar交换矩阵）对接，从而可以直接读写RAM甚至Cache。也就是说，该I/O控制器的前端接口是XBAR接口，而并不是我们前文中介绍的在开放式系统中普遍使用的PCIE，毕竟这是一款为超算场景专门设计的处理器芯片。

Slave Port负责接受前端XBAR发来的数据，Master Port负责主动向连接到XBAR的其他部件（比如DDR Memory Controller，MC或者Cache Controller）发起读写请求。DCR是Device Control Register，用于系统初始化或者驱动程序来配置MU的各种参数。Injection Control（IC）模块负责从RAM中取回需要发送的数据包。驱动程序首先在RAM中特定位置处的循环队列尾部生成一个任务描述结构，该描述结构中包含待发送消息在RAM中所存放的起始位置、长度、目的等一系列信息，然后向MU的DCR中的特定寄存器（俗称Doorbell寄存器，很多I/O卡都使用这种机制，详见本书其他章节）写入该任务在循环队列中的序号或者地址。DCR寄存器被写入该信号之后将产生一个中断信号发送给MU中的嵌入式处理器，该处理器会让IC模块操纵Master Port直接从主机RAM中对应地址处取回由驱动程序所描述的任务结构，并存储到MC（Message Control） SRAM中等待处理。而IC SRAM中存储的则是RAM中的任务描述结构循环队列在RAM中的位置、大小、首尾地址等信息，用来追踪循环队列中还剩多少任务没被取回（首地址和尾地址不一致则证明有任务积压）。上述的I/O处理流程与第7章中介绍的类似。

iME（Injection Messaging Engine）则负责从MC SRAM中取出一个任务，根据该任务所描述的消息位置、长度等信息，操纵Master Port通过XBAR从RAM中将消息取回并将其打包（压入源和目的地址以及控制字段等）生成网络Packet，并将该包压入路由器的输入队列（图中的ND Injection FIFOs），这样便发出了一条消息。然后iME通知IC模块，后者则从MC SRAM中删掉该条任务描述结构，修改IC SRAM中所保存的循环队列尾部指针前移一个位置，同时操纵Master Port将RAM中循环队列的尾部指针也前移一个位置，然后通过MU中的Interrupt模块向主CPU发起一个中断。该中断被MU的驱动程序处理，驱动程序从而得知MU消费了（发送了）一条消息，然后驱动程序可以继续向MU发起上述过程，循环往复，因为驱

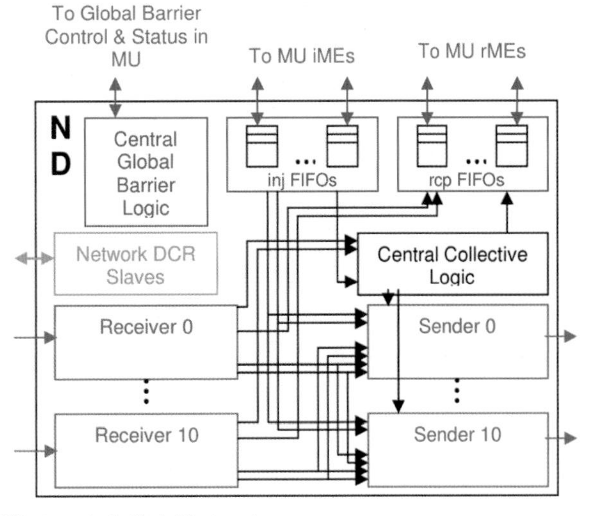

图9-31　网络部分的控制器（MU）和路由器（ND）

动程序在源源不断接收上层程序发来的消息请求。为了增加并行度，RAM中可以有多个循环队列。MU通俗地讲就相当于一块网卡控制器，其连接到网络交换机/路由器上，从而与其他众多节点通信。

接收过程，则执行相反动作。首先，rME（Receiving Messaging Engine）从路由器的Reception FIFO队列中取回一条消息，抛掉网络包头露出Payload后放入RPUT SRAM。Reception Control模块根据RC SRAM中所指示的RAM中接收队列所在位置、收尾地址指针以及新收入消息应该存储的位置，操纵Master Port将该消息写入对应RAM位置，然后向主CPU发出中断，让驱动来处理这条收到的消息，驱动向MU中DCR相关的寄存器写入信号以表示它已收到并处理了该条消息。然后Reception Control模块修改RC SRAM中对应的指针，将尾部指针前移一个位置，从RPUT SRAM中删掉对应的消息Payload。然后继续上述过程。MU中的Universal Performance Counter（UPC）则记录一些性能相关的计数器比如接收和发送的包数量统计、XBAR接口带宽利用率统计等。

系统发出的Barrier消息会通过驱动向MU中DCR中一个专用寄存器写入对应的信息，触发MU通过Global Barrier Control模块向路由器中的Central Global Barrier Logic模块发送消息，从而向网络上其他节点发送Barrier消息。路由器模块内部主要是下面几个部件：与本地MU对接的接收和发送队列、 Barrier处理模块、Collective加速模块以及用于其他节点的过路消息的接收和路由转发部分。

提示

ND内部实现了针对MPI Barrier和Reduce等聚合通信的加速硬件模块，使得一些MPI流量在这些硬件中就得到追踪和执行，而不需要上报到主存然后再用CPU核心运行的代码来处理。比如一些用于追踪线程运行状态的计数器变量以及用于归约操作时的各种运算器，使得这些操作可以由这些专用硬件完成，这样就避免了采用软件操作带来的代码执行和访存开销。所以该计算机使用的MPI库底层的MPI函数也必须是经过修改的，能够调用这些硬件模块对应的驱动程序所提供的API。

以上介绍虽然基于蓝色基因Q，但是蓝色基因P中使用的三个独立网络的本质和流程都是类似的。

9.4.1.5 节点卡及整机架布局

一个计算卡上插的所有CPU/I/O子卡通过板载PCB导线来互联。机架内空间又被划分两半，上下各8个计算卡。上面的8个计算卡之间通过Midplane中板上的导线相互通信，同样下面部分的8个计算卡也通过中板通信，这两个部分之间以及机架之间就必须通过单独的集线器用外置线缆来相互连接了，如图9-32所示。整体上所有CPU按照3D Torus结构互联，但是实现上一定是使用星形连接，集线器上的芯片负责将对应CPU的线路连通到其他CPU的线路上，内部形成一个3D Torus的结构，如果将这个结构投影到二维平面，就可以推测出集线器内芯片的电路布局方式了。采用星形连接有利于布线和维护。由于采用电信号传输，信号完整性方面较差，集线器内部需要有电信号Repeater来中继。每个机架都是前后对插的，每个机架含32个计算卡（32×32个计算节点）、8个集线器，如图9-33所示。

3D Torus的连线还是比较复杂的。系统提供了3种不同颜色的线缆，分别用来连接Z方向、Y方向和X方向，如图9-34所示，具体的连接方式我们就不必去深究了，这个完全要依照产品手册来部署。

9.4.1.6 整体系统拓扑

如图9-35所示，蓝色基因的计算节点和I/O节点机柜是核心，在核心外围，还需要管理、控制和维护计算核心，还有很多工作要做。

9.4.1.7 Service Node

比如针对所有节点的硬件状态监控以及控制，这个就是个不小的活了。需要用一个叫作Service Node的服务器来单独干这个活。其实Service Node是一个用两台IBM P小型机组成的双机热备系统，它非常重要，如果没有了它，就相当于这个系统没了眼睛，但是当前已经在运行的任务不受影响。但是当前任务执行完之后，整个系统便会无法控制和使用了。如图9-35右侧所示为Service Node实物图，也就是两台互为备份的IBM Power小型机HA（High Availability，高可

图9-32 Torus集线器（Link Card）及线缆

用）系统。

那么Service Node通过什么方式来获取和控制所有机架内所有节点的硬件状态信息？那一定要通过某种网络。实际上蓝色基因使用的就是一个独立以太网来获取硬件状态信息的，这个以太网称为Control Ethernet。当然，这个网络在物理形态上略有不同，并不是想象中的大家都连根线到交换机上。具体是这么串起来的：首先Service Node通过普通以太网线确实连接了一台大容量高端口数的交换机，但是为了节省布线，每个节点卡并不出网线，而是一个机架内的所有节点卡（注意，不是节点）和集线板先通过一种私有硬件芯片来传输硬件状态和控制信号给同样插在该机架中板上的一个叫作Service Card的部件，Service Card本身也使用这个芯片来处理针对它自身的硬件状态监控和控制信号；然后Service Card将整个机架内部的硬件状态和控制信号打包到以太网络上，用线缆连接到

图9-33 整机柜正面、侧面无风扇、侧面带风扇与中板实物图

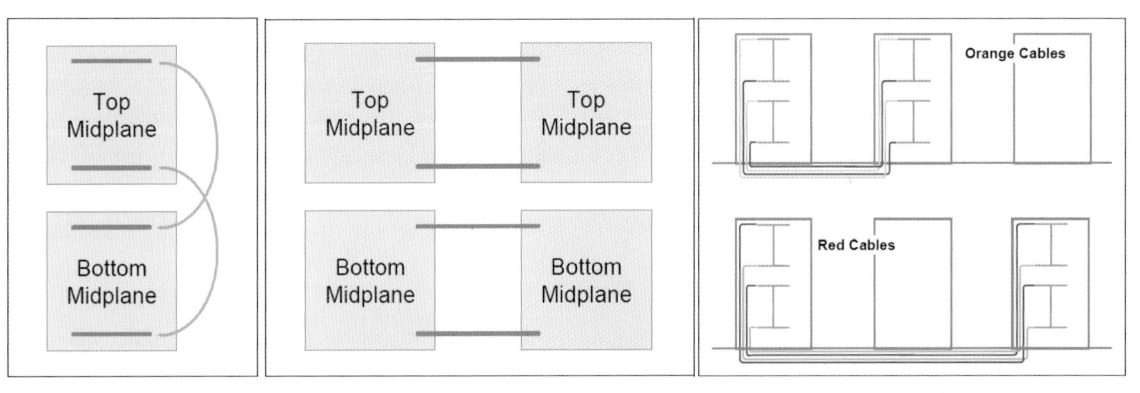

图9-34 Z轴、Y轴、X轴线缆连接示意图

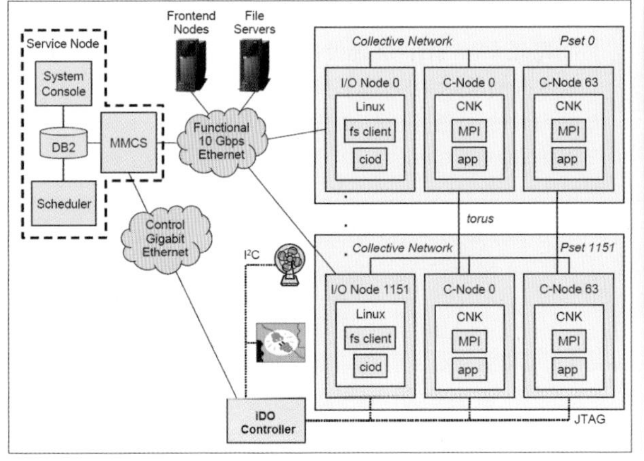

图9-35 蓝色基因/P 系统主要部件整体拓扑及Service Node

外置以太网交换机上，从而与Service Node相互通信，这相当于一个控制代理，这样节约了布线，能走中板的信号都走中板。这个专用芯片除了负责监控和控制硬件板卡上的风扇、电源、电流等之外，还可以控制上文中描述的三种网络路由器，从而实现硬分区。此外，Service Node还控制所有计算和I/O节点的启动、软件安装、任务执行等。用于连接Service Node与所有Service Card的网络就是图9-35中所示的Control Network（控制网络）。关于Service Card的细节详见下文。

Service Node十分重要，下面几节里描述的过程无一不需Service Node参与和控制。Service Node上运行的软件模块主要是4大部分：MMCS（Midplane Management Control System）中板控制系统、System Console控制台界面、DB2数据库和调度器。MMCS通过iDo芯片设备驱动通过以太网直接与各节点上的iDo控制器打交道，从而将上层下发的控制信号发送给iDo控制器，可以通过各种方式，比如脚本、控制台及API向MMCS服务发送命令。System Console控制台界面就不必多说了，是一个基于Web的GUI界面，控制Service Node的业务逻辑及监控系统状态。DB2数据库是关键部件，整个系统的配置数据，比如资源分区数据、用户、任务等数据信息，全部保存在DB2数据库中。调度器则负责整体系统资源和任务的调度及负载均衡，有很多开源的调度器可以直接安装在Service Node上使用。

9.4.1.8 Service Card

Service Card是节点卡与Service Node通信的关键中介部件。每个机架有两个Service Card，每个中板各一个。当所有节点尚未加电启动的时候，Service Card就已经启动了。Service Card是怎么与机架内的节点卡相互连接的？如图9-36所示，当然是通过中板对接到一起。那么上层协议呢？上层协议其实就是以太网。Service Card上其实集成了一个24端口的百兆以太网交换机，其中20个以太口与中板对接分别连通到16个节点卡和4个集线板上，另外4个端口被外置，接口形态是RJ45电口。每个节点卡和集线板上都有一个专用芯片，成为iDo Controller。这个控制器内部集成了一个以太网控制芯片（通俗地说就是集成了网卡）负责与Service Node通信，收发Service Node的各种控制指令信号。这些指令数据会被iDo Controller直接处理，比如“对xx计算节点加电”或者“请告知xx风扇转速”，iDo Controller使用私有信号协议来控制和监控所在节点卡上的所有计算和I/O节点子卡。

观察图9-36可以看到，Service Card外置了5个端口而非4个，那么那个单独的端口是怎么回事呢？原来Service Card本身也是一个重要部件，当然也需要接受Service Node的监控和控制了，也需要有iDo Controller。这单独的一个以太口后面其实直接连接到Service Card本身的iDo Controller。并且，系统内所有的Service Card并不是直接接入外部以太网交换机，而是为了节省布线采用先级联后上联的方式，如图9-37所示。一个Service Card的独立以太口先级联到另一个Service Card的百兆口，然后按照相同方式级联，最后上联到外部交换机。这其实构成了一个Service Card与Service Node之间通信的一个专用网络。

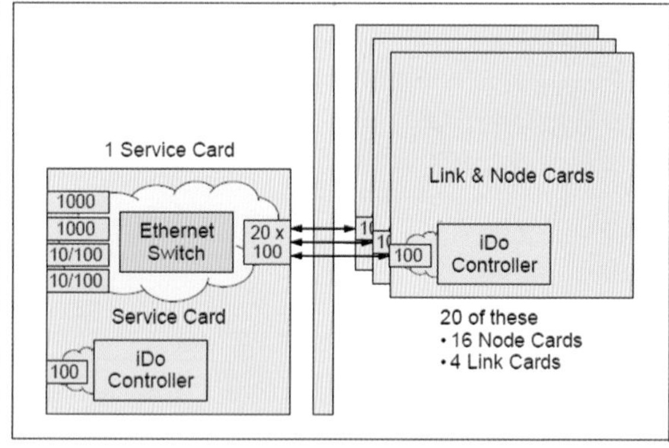

图9-36 蓝色基因/P 系统的Service Card

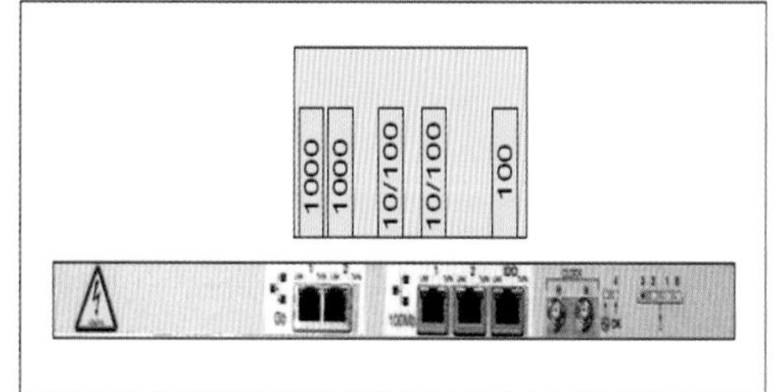

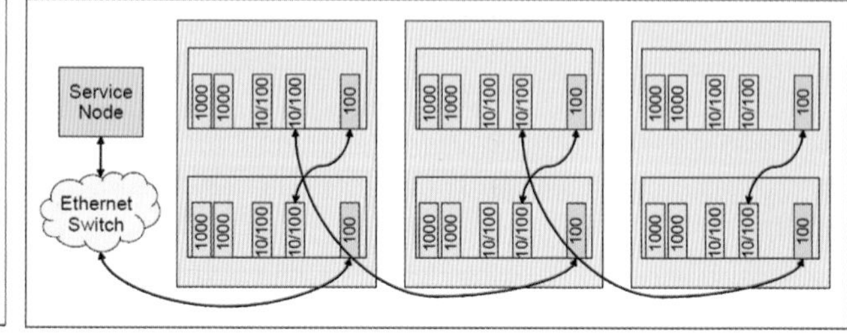

图9-37 Service Card级联示意图

节点卡和集线卡与Service Node之间的通信，则采用星形连接。每个Service Card的一个千兆口都直接连接到外部交换机，这便形成了节点卡/集线板与Service Node之间通信的一个独立网络。这两个网络虽然独立，却都使用同样的外部以太网交换机（不止一台），整体连接拓扑如图9-38所示。

如图9-39所示为蓝色基因另一种L型号的Service Card，外观不太一样，但是原理都是一样的。区别是以太口数量少了，一个端口用于直连iDo，另一个端口用于连接节点卡和集线板，这两个口都直接连接到外部交换机上。图中右侧仔细观察还会发现一条特殊的线缆，这便是“Clock同步”线，以及图9-40左下角的“Clock Card”。

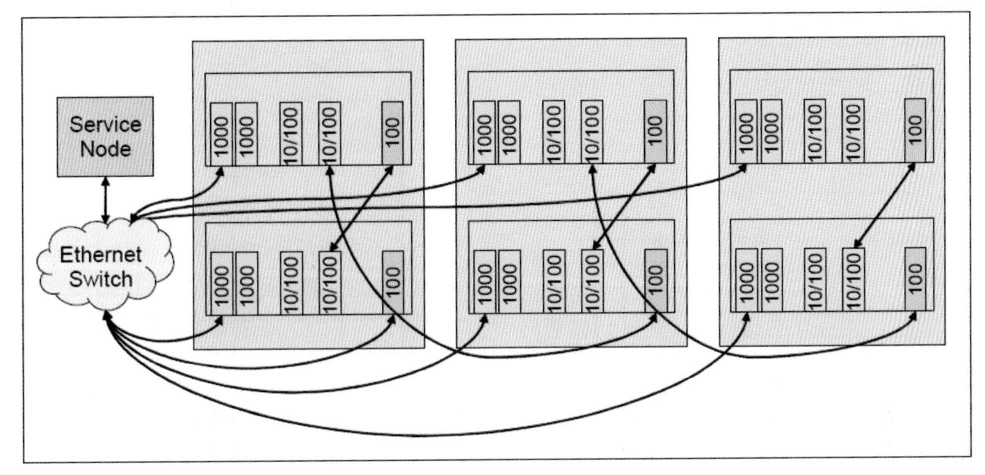

图9-38　整个控制网络的级联示意图

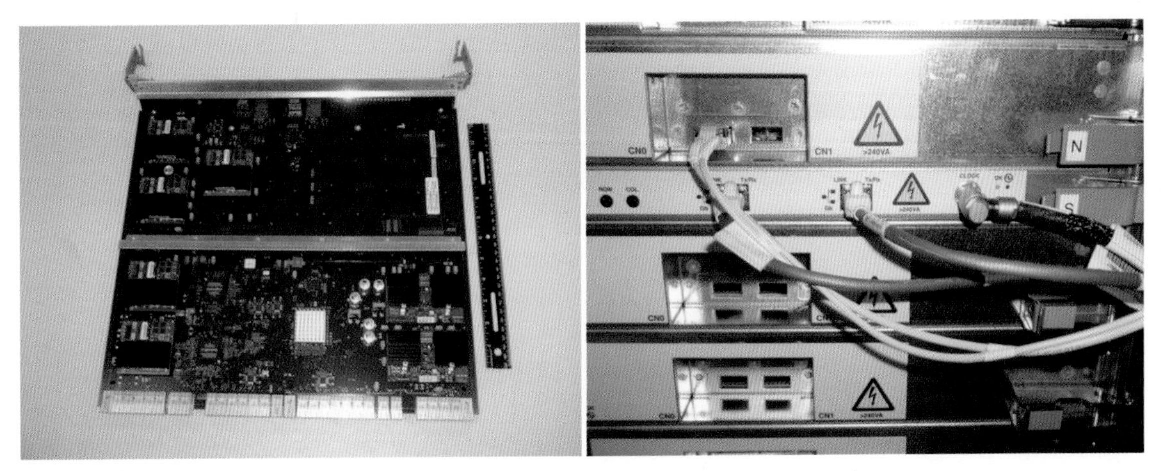

图9-39　蓝色基因/L型号的Service Card

9.4.1.9　时钟同步

对于一个上千节点组成的系统来说，节点之间的时钟同步是个大问题。如果有些程序严重依赖于时钟同步，那么就有必要使用对应的手段了。蓝色基因提供了时钟同步机制。如图9-41所示为时钟同步卡，整个系统要同步时钟，就必须让一个Service Card成为基准时钟，大家都与其保持同步即可。该Service Card将时钟信号通过线缆连接输出给时钟同步卡，其他机架上的Service Card也使用线缆连接该同步卡。但是一张同步卡最多可以连接10个Service Card，也就是5个机架，如果机架很多，就需要多个时钟同步卡级联。可以看到每个时钟同步卡右侧有个开关，其可以用来选择该同步卡是否属于基准时钟信号提供者，也就是是否连接了基准时钟Service Card。右下角的线对是用来级联到其他同步卡的。具体级联方式如图9-42所示，该拓扑属于三级级联，Master基准同步卡级联到Secondary同步卡，Secondary同步卡的接口直接连线到Service Card（Slave端），用一种星形Fanout连接方式就可以同步多个机架上Service Card的时钟，也就意味着Service Card在通过背板去同步该中板上所连接的所有节点的时钟了。注意，该时钟并非用于器件工作的时钟频率，而是时间时钟，两者不要搞混。

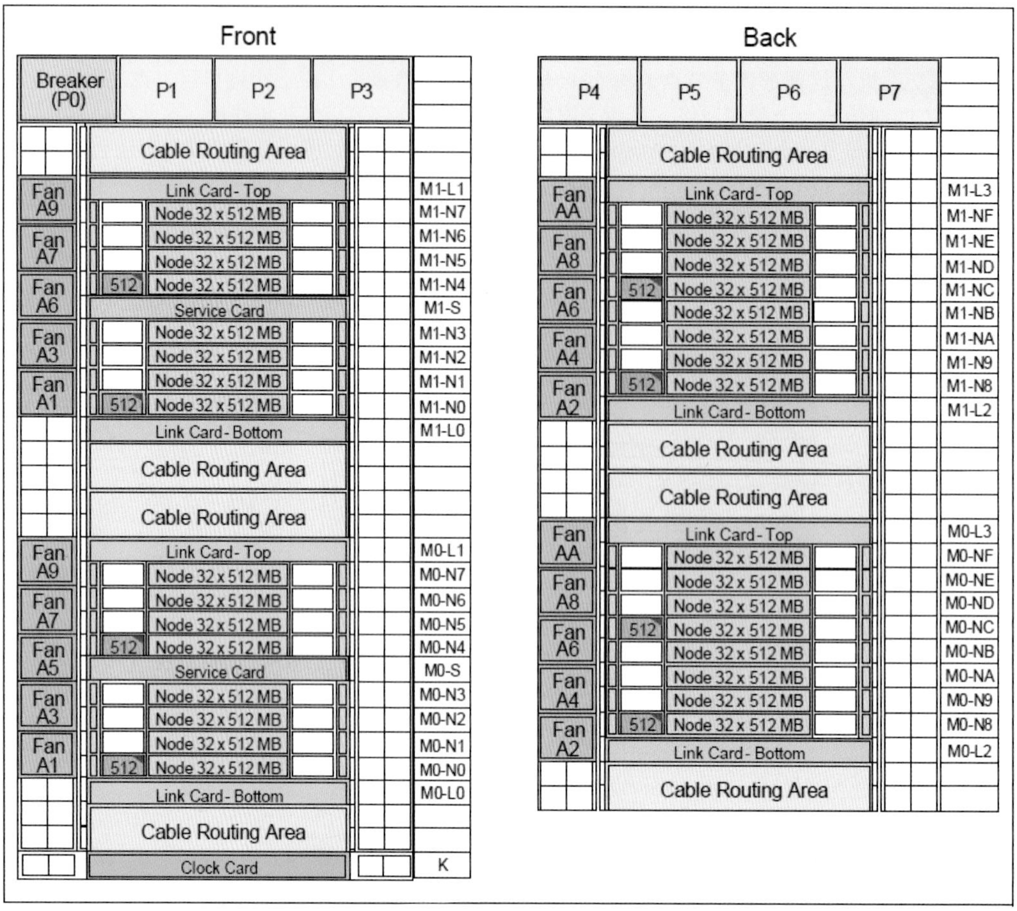

图9-40　蓝色基因/P部件布局图

图9-41　时钟同步卡实物图

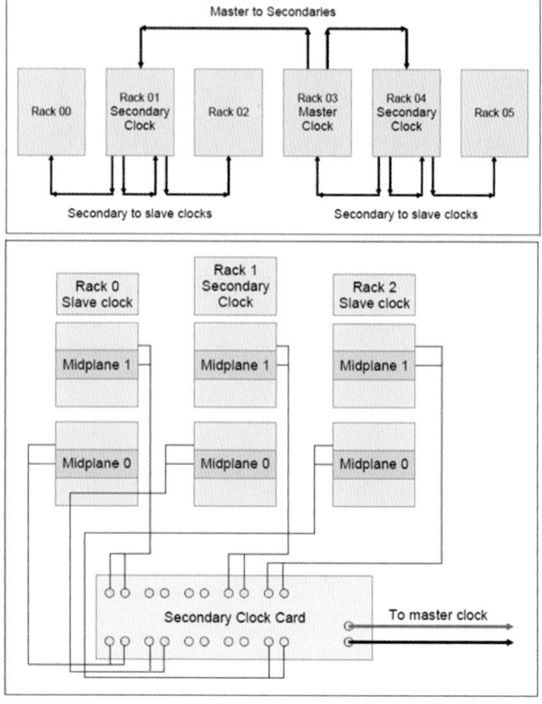

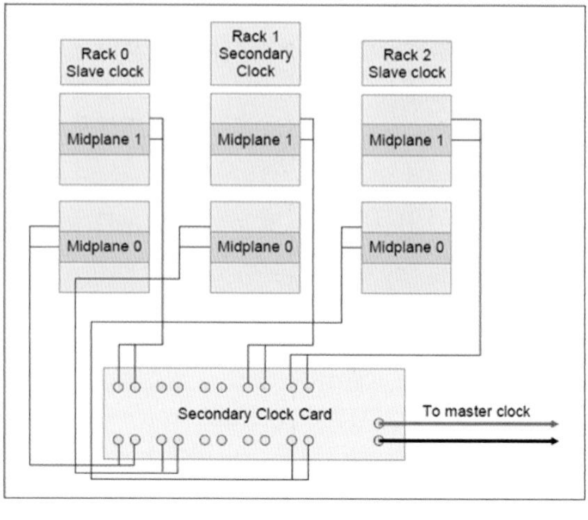

图9-42　时钟同步卡级联示意图

9.4.1.10　系统启动

超级计算机到底是怎么启动的？是否插上电无须干预自己就轰轰作响启动完成了？远非这么简单。

我们知道单机系统主板上存储了BIOS ROM供CPU执行从而一步步加载OS，但是超级计算机不会这么做，计算（含I/O）节点子卡上没有ROM，也没有本地硬盘，所有的Boot ROM和OS Image都存储在Service Node中。整个系统启动过程如下。首先Service Node、Service Card及控制网络必须先启动，因为Service Node必须通过控制网络来向所有节点推送启动数据。控制网络启动之后，Service Node会通过拓扑发现机制自动发现网络上所连接的iDo控制芯片，通过这个芯片就可以控制所有节点上的硬件了。然后，Service Node会控制对应的节点加电启动。这里又有个顺序，就是I/O节点必须先启动，因为计算节点启动之后就要与I/O节点建立连接从而读写文件。

Service Node采用一种野蛮粗暴的方式来为CPU提供启动时的执行代码，那就是直接通过控制网络和iDo控制芯片向对应节点的内存空间的固定地址（这个地址是多少取决于CPU加电之后从哪个地址执行）开始写入Boot Loader启动代码，然后用信号控制解除CPU的reset状态，CPU便开始从这个固定地址执行这段代码。这段代码会用基于TCPIP的Mailbox协议与Service Node建立连接，从而将一小段硬件驱动及初始化代码连通OS Image从Service Node拉取到本地内存空间。然后Boot Loader结束其使命，CPU开始执行硬件初始化代码，完毕之后跳转到OS Image执行从而加载操作系统。

提示▶

计算机系统Boot Loader有两种方式将控制权交给OS。一种方式是Boot Loader将OS Image直接加载到之前Boot Loader占用的内存空间里，因为随着Boot Loader的执行，之前被其占用的内存空间里的代码已经执行完毕，CPU不会再访问这些空间了，所以这些空间可以安全地用新代码覆盖掉，这样最节约内存。这种方式下，Boot Loader最终会对CPU发出reset信号，华丽地结束自己，只留下该留的在内存里，比如系统配置信息表，供OS启动之后参考和使用。CPU被reset之后，依然会从被写死的固定内存地址开始提取代码执行，但是此时处在这个地址的已经不是Boot Loader了，Boot Loader在结束自己之前，已经把OS Image载入了这个地址，所以CPU执行的其实就是OS。OS启动之初会借用Boot Loader留下的有用的东西，包括系统配置信息表以及各类设备的驱动，比如磁盘驱动（当然蓝色基因我们上文说过不是从磁盘启动的）。因为OS启动文件是放在磁盘上的，OS如果不知道怎么与磁盘交互的话，那就无法自己启动自己了。所以Boot Loader/BIOS留下了自带的磁盘驱动在内存里，OS启动时候直接到一个写死的地址调用对应地址的代码，就可以完成磁盘读写动作。最后OS逐渐加载，最终会加载自己的完整的高性能的磁盘驱动，此时BIOS留下的东西便基本没有用处了，除了一些与非常底层硬件相关的代码供OS调用之外。上述启动过程只是一个样例。由于Boot Loader可以任意编写，所以不必拘泥于上述过程设计。比如，有些用户将OS Image保存到外部存储系统中，Boot Loader依然靠Service Node来推送载入执行。但是Boot Loder执行过程中可以从外部存储系统用NFS协议将OS Image载入到本地内存，而非必须从Service Node拉取，这样可以节省Service Node的资源，而且也可以避免经过iDo芯片这种不开放路径来访问数据。

大型机、超级计算机的Service Node作用之一就是提供OS镜像供所有节点启动用。蓝色基因系统的计算节点OS体积非常小，因为高度精简，只有64KB大小。而I/O节点OS体积稍大，有2MB左右，包含了较为完整的内核功能。另外，用于所有计算节点启动用的OS Image是同一个。这就产生一个问题，不同的计算节点的标志都是不一样的，也可能各种个性化配置，比如主机名之类，那么如何将这些配置导入？蓝色基因提供了一种叫作personality的配置文件。对于I/O节点，因为I/O节点是要对外通信的，所以personality中会包含I/O节点需要被配置的IP地址以及自身节点标识、有哪些计算节点被配置与自己组队、这些计算节点在3D Torus网络中的XYZ坐标信息以及到这些计算节点的路由信息等多种信息。对于计算节点，其只与I/O节点通过Collective网络通信，所以不需要配置IP，其他个性化信息与I/O节点类似。通过读取personality配置文件，各个节点便可以完成自身的个性化配置，当然personality配置文件最终是由系统管理员去编写的。

I/O节点要先于计算节点启动，计算节点启动之后会去主动连接自己团队中的I/O节点，如果连不上I/O节点，则会出错。I/O节点启动之后，会主动使用NFS协议从外部存储系统中挂载对应的目录到本地VFS路径中，从而可以访问外部存储系统存取文件。图9-35中所示的“Functional 10GB Ethernet”便是用于连接I/O节点与外部存储系统的。Service Node也通过这个网络连接存储系统，但是其目的是为了监控和控制，并非读写数据。

9.4.1.11　软件安装与用户认证

蓝色基因由于OS内核高度精简，所以做事方法就只能简单粗暴了，粗暴到不可想象。如果需要安装一些必需的软件的话，由于节点都没有本地磁盘，系统会直接用一个Ramdisk Image来虚拟成一个块设备。该块设备上格式化了一个文件系统，并被挂载到某路径下面。当需要安装新软件时，不能在节点OS里用命令安装，而必须在系统外将软件装好到这个Ramdisk Image中，然后重新载入这个Ramdisk，需要重启节点。

用户账户信息保存在Service Node中，Service Node上运行了NIS协议（类似于Windows下的AD域所使用的认证协议）并保存了所有用户账户信息。I/O节点通过NIS来做用户认证，计算节点位于最核心，其根本不管用户这一层，也根本不提供用户登录的功能，它只管计算。

9.4.1.12 状态监控

同样，计算节点被隐藏在后端，计算节点OS运行时产生的各种日志，会被推送到I/O节点上去，然后I/O节点通过控制网络与Service Node通信，从而做到整个系统的状态监控。此外，对应底层硬件的状态监控比如风扇转速、电压等，Service Node直接通过每个节点上的iDo芯片就可以获取了，不需要经过节点上的OS干预。

9.4.1.13 计算任务的执行

一个计算任务的执行需要占用一批计算和I/O资源，所以用户会预先申请该任务所需要的资源配置，然后提交到Service Node。Service Node会选择对应数量的节点，通过控制网络向节点上的网络路由器发送控制信号，将它们形成一个硬分区（见第6章相关内容描述），这个硬分区就好比一个独立的系统一样。随后，Service Node会控制I/O节点将程序通过Collective网络派发到计算节点执行。在任务执行过程中，计算节点之间通过3D Torus网络执行MPI点对点通信，如果需要文件I/O比如存储临时数据等，则通过Collective网络将I/O请求发送给I/O节点，I/O节点再通过NFS访问外部的存储系统。

9.4.1.14 操作系统

计算节点的操作系统是一个定制化的高度精简的类UNIX内核，称为CNK（Compute Node Kernel），其包括一些基本的系统调用以及针对蓝色基因硬件优化过的其他模块。图9-43、图9-44和图9-45给出了CNK的示意图。CNK除了基本的操作系统功能之外，还集成了MPI、OpenMP等并行计算常用的框架，应用程序可以调用这些框架实现并行计算的功能，而且基于这些框架开发的应用是可移植的。除了MPI和OpenMP这两种常用的框架之外，CNK还集成了一些诸如ARMCI、Charm++和Global Array等冷门并行计算库，这三个库致力于将分布式的资源虚拟整合起来为应用提供一个统一的访问视图。另外，CNK也提供了更底层的API，比如应用可以直接调用到DCMF（Deep Computing Messaging Framework）层，这一层其实是将底层的网络DMA层封装得更易使用，但是基于这一层开发的应用就不可移植了，因为这一层是蓝色基因特有的。应用也可以直接调用到更底层，也就是图中的System Program Interface，这一层可以直接高效使用DMA机制在节点间互传数据，但是应用开发难度也提高了。刚才这些组件其实都运行在用户空间，只是对底层逻辑的封装。

再来看看内核层。内核层提供了一些常用的系统调用，比如文件I/O、Socket等，针对文件I/O、MPI，CNK底层会将请求转发给I/O节点上运行的一个叫作CIOD的用户态程序模块（详见下文）。内核层还包含了各种网络器件比如三个网络的网络控制器的驱动程序，它们三个是计算节点唯一对外的出口。

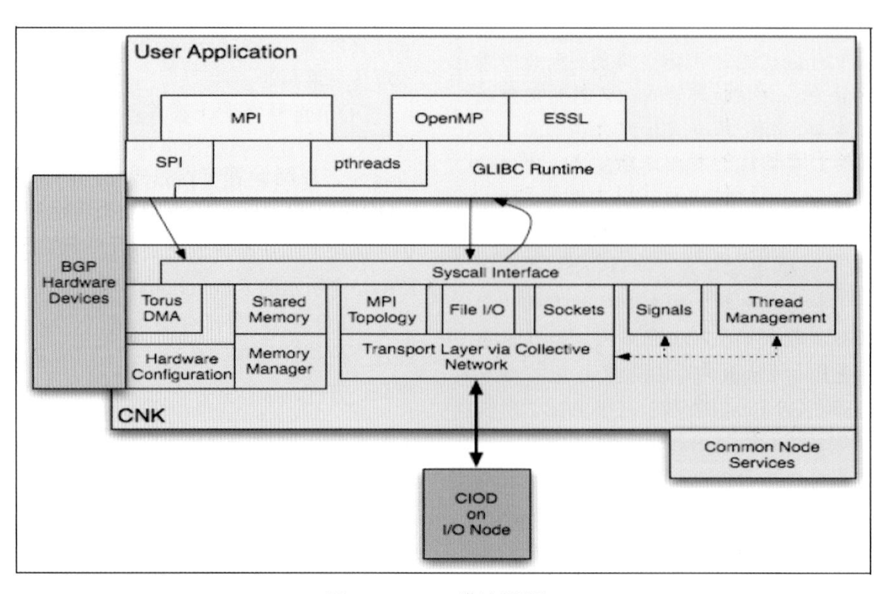

图9-43 CNK模块框图1

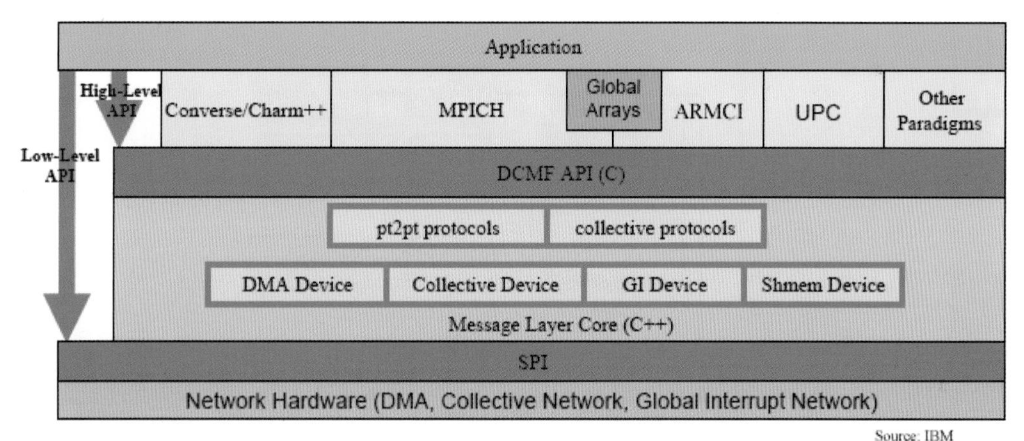

图9-44 CNK模块框图2

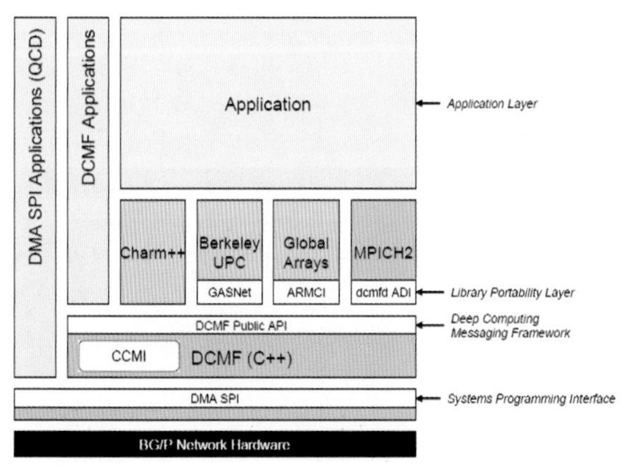

图9-45 CNK模块框图3

位于CNK最底层的Common Node Services其实相当于传统计算机中的BIOS层。这一层与最底层的硬件打交道，负责初始化各种硬件、引导CNK启动，以及在CNK启动之后，响应从Service Node经过控制网络及iDo控制器发送过来的一些指令，比如收集一些特殊的系统日志。

I/O节点上的操作系统则是一个较为完整的OS内核了，如图9-46所示。其一个特点是不使用分页机制，因为其属于定制化的专用系统，为了提高效率，抛弃了灵活性。底层包含万兆以太网驱动，支持TCP Checksum Offload功能，也就是其TCPIP层程序支持把对数据的校验计算下放到以太网芯片里去执行，节约了CPU资源，同时也支持Jumbo Frame也就是9KB的巨型以太网帧。支持4种文件系统客户端用于连接外部独立的存储系统，包括GPFS、PVFS、NFS、Lustre，除了NFS之外，其他三种客户端都是支持并行访问的。关于分布式文件系统的分类和细节大家可以阅读冬瓜哥的《大话存储终极版》及《大话存储后传》。

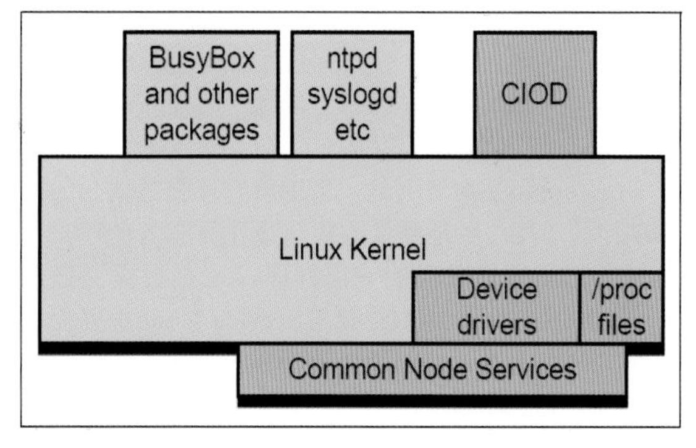

图9-46 I/O节点的OS内核框架

I/O节点OS里的一个最重要的模块是CIOD模块，全称为“Control and I/O Daemon”。正如其名，这个模块主要负责响应和执行计算节点通过内部Collective网络发送的文件I/O和网络Socket连接请求及数据，这是其作为“I/O Daemon”的责任。另外，Service Node上的MMCS程序模块会通过Functional 10Gb Ethernet与I/O节点的CIOD模块通过TCPIP Socket建立两条连接。连接上承载的上层协议分别是CioStream和DataStream这两种私有协议，它们用来控制计算任务的装载和执行（CIOD模块收到Service Node的信号之后会去控制计算节点完成相应动作），以及用于CIOD模块向Service Node模块报告运行状态和日志及错误消息等。此外，其他I/O节点上的工具比如Debug工具，也会使用CioDebug协议来连接CIOD模块从而执行Debug任务。综上，CIOD与三个模块交互，一个是计算节点，另一个是Service Node上的MMCS模块，最后是其他I/O节点上的Debug工具，如图9-47左侧所示。图9-47右侧给出了CIOD模块内部的架构。CIOD为每个计算节点创建对应的指令和数据缓存，以及对应的代理线程。代理线程接受CNK的请求，然后通过本地系统调用访问对应的资源，比如GPFS目录下某个文件。

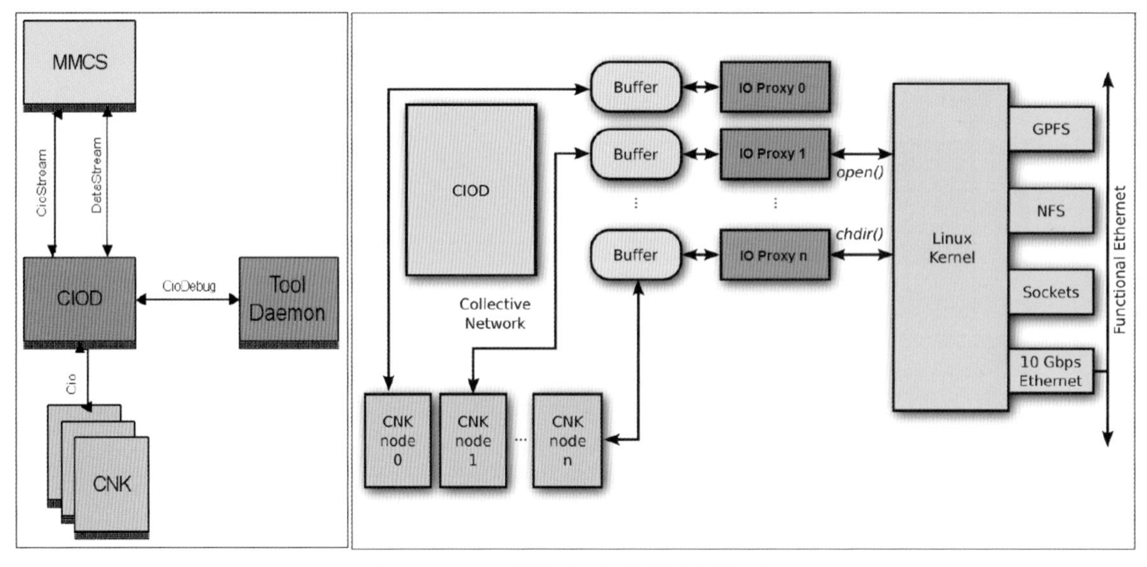

图9-47　CIOD模块的生态关系及内部架构

9.4.1.15　Login Node

Login Node物理上是一组IBM刀片服务器，如图9-48所示。其作用是提供购买超级计算服务的用户登录、创建和编译自己的应用程序，还负责提交任务执行。Login Node对内连接着Service Node用来提交任务，对外连接着外网用于外部用户登录，如图9-49所示。

图9-48　Login Node是一组刀片服务器

```
Last login: Fri May 22 09:09:14 2009 from bcssh.rchland.ibm.com

 IBM Rochester Center                              Blue Gene Solution
   IBM's internal systems must only be used for conducting IBM's
        business or for purposes authorized by IBM management.
        Use is subject to audit at any time by IBM management.

                  Blue Gene /P Frontend Node #1

   COMPILER INFORMATION
     IBM XL Compilers are located in /opt/ibmcmp/
       NOTE: Use compiler commands that begin with "bg"
     GNU Compilers are located in /opt/gnu-linux/
   LIBRARY INFORMATION
     ESSL libraries are located in /opt/ibmmath/
     MPI libraries are located in /bgsys/drivers/ppcfloor/comm/
   NOTES
     Place data and executable below /gpfs/fs2/frontend-1/
     or other top level directory as specified by lab staff.

   Example Job Run: llrun -np <#_of_process_threads> \
                    -cwd /gpfs/fs2/frontend-1/<mydir> \
                    -exe /gpfs/fs2/frontend-1/<mydir>/<myprogram>

   Help for llrun : llrun --help        Show job Queue : lljobq
   Cancel job run : llcancel <job_id>   Status on BG/P : bgstatus

     Type screen to preserve session, screen -r to reattach.

       Questions? Problem Reporting! Special Resource Requests.
            Contact support   e-mail: bgcod@us.ibm.com

            Quidquid latine dictum sit, altum videtur.

cpsosa@frontend-1
pts/2:~:1>
```

图9-49　Login Node登录之后的界面

9.4.1.16　存储系统

蓝色基因的存储系统分为两部分。一部分是外置独立的SAN存储系统，使用IBM DS5000型号，这个存储系统专门为Service Node以及Login Node提供存储空间，满配系统大概需要几十TB的空间。因为Service Node上运行着DB2数据库，所以适合使用块设备作为存储方式。另一部分是外置独立的分布式文件系统比如Lustre，大概需要几PB的存储空间。

其实你可能会感觉到，整个系统就是一台逻辑上的超级计算机（本来就这么叫的）。计算核心集群相当于这台计算机的CPU，I/O节点集群相当于这台计算机的I/O控制器，各种互联网络相当于这台计算机的系统总线，Service Node相当于系统的BIOS，Frontend Node相当于系统的界面，File Servers相当于硬盘。计算机系统的软硬件的本质都是同源的。

9.4.2　圣地亚哥Gordon

美国圣地亚哥超算中心的Gordon超级计算机的模块互联使用的就是基于Infiniband的3D Torus矩阵，如图9-50所示。

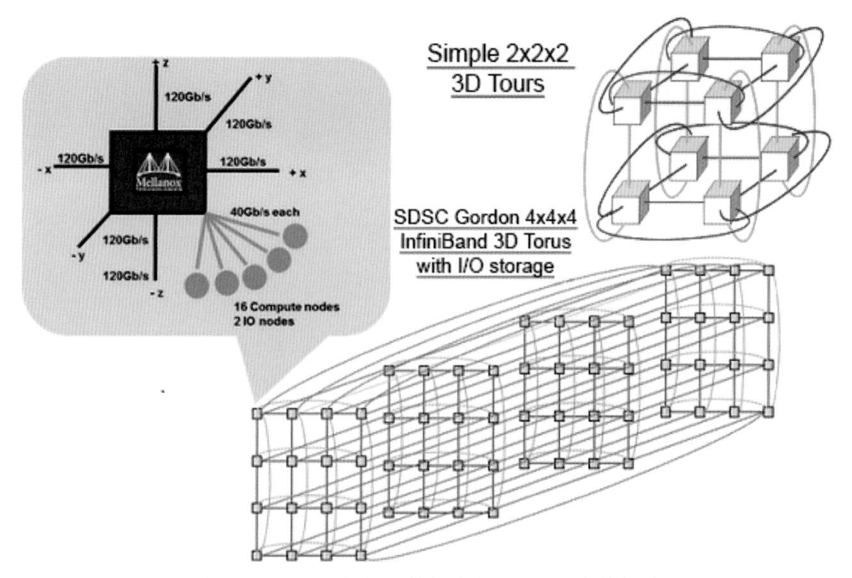

图9-50　Gordon超级计算机内部3D Torus交换矩阵

在Gordon的3D Torus中，每个交叉点就是一台36口IB交换机，每端口40GB/s速率。其中16个计算卡和2个I/O卡共18个节点，每个节点都使用一个IB网络控制芯片通过一路40GB IB链路连接到IB交换机，然后剩下的18个IB端口，每3个一组，共分6组，刚好作为3D Torus中与其他6个方向的邻居交叉点相连，每个交叉点上同样也都是一台36口IB交换机。可以与蓝色基因的Torus实现模式对比一下，Gordon没有把路由器（即IB交换机，这里交换和路由其实都是一个意思了，交换属于一种路由，路由也属于一种交换，请不要生搬硬套概念）集成到每个CPU内部，而是拿出来外置，但是每个路由器端口数量也随着增多了，这相当于用一个网格交叉点接入了更多节点，趋向于集中式路由；而蓝色基因里每个路由器只有7个口，一个内部接口接入CPU内部总线，6个外部接口通过线缆与其他6个邻居互联，这属于一种更加小粒度的分布式路由了。顺便看一下本段文字生成时Gordon机器资源利用率吧，如图9-51所示。

当理解了底层架构和原理之后，你还会被超级计算机（如图9-52所示）这5个字震住么？

9.4.3 Fujitsu PrimeHPC FX10

富士通1977年开始做大型机，也算主机领域的元老了。FX10超级计算机最大支持1024个Rack、98304颗CPU，其基本架构与蓝色基因的类似，这里不多说。这里主要介绍其一些特色技术，如图9-53所示。

9.4.3.1 SPARC64 IXfx CPU

这款CPU是富士通自己在SPARK64 VIIIfx基础上定制的，增加了一倍的核心数量，达到16核心，拥有12MB共享L2缓存，集成了内存控制器，具体规格如图9-54所示。此外，它还集成了硬件Barrier加速单元，该单元可以节省线程同步所耗费的开销。另外，富士通提供的自动化编译器可以直接将串行程序编译成并行程序，保持对开发者透明，还能最大程度利用多核心的并行性。

rack2　rack3　rack4　rack5　rack6　rack7　rack8　rack9

rack13　rack14　rack15　rack16　rack17　rack18　rack19　rack20

Total Nodes			894
Total Cores			14784
Total Jobs			364
Total Ranks			13347
Total Load			11318.6
Total SUs Running			673807
Total SUs Queued			322279
	Current	Max	%
Node Availability	892	898	99.3%
CPU Utilization	11318.6	14784	76.6%
Core Utilization	13347	14784	90.3%
Slot Utilization	13392	14848	90.2%
Avail Slot Util	13392	14752	90.8%
Mem Utilization	4.1TB	58.4TB	7.1%

图9-51　Gordon超级计算机资源利用率

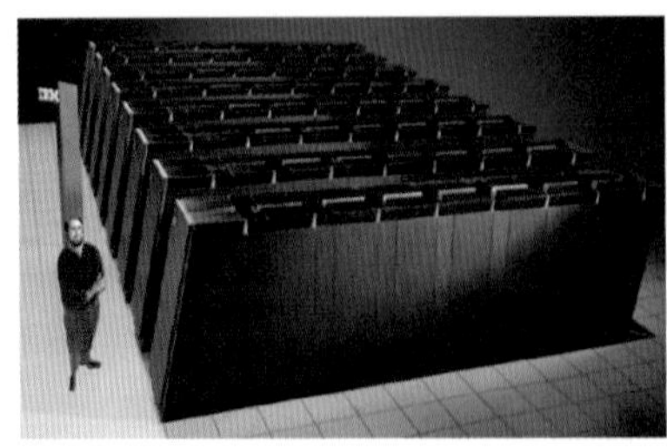

图9-52 超级计算机机房

	64-rack configuration	Maximum configuration
Number of racks	64	1,024
Number of compute nodes	6,144	98,304
Peak performance	1.4 petaflops	23 petaflops
Memory capacity	384 TB	6.0 PB
Memory bandwidth	522 TB/s	8.3 PB/s
Interconnect bandwidth	245 TB/s	3.9 PB/s
Bisection bandwidth	7.6 TB/s	30.7 TB/s
Number of I/O nodes	384	6,144
Number of expansion slots	1,536	24,576
Power consumption	1.4 MW	23 MW

图9-53 PrimeHPC FX10机架及规格表

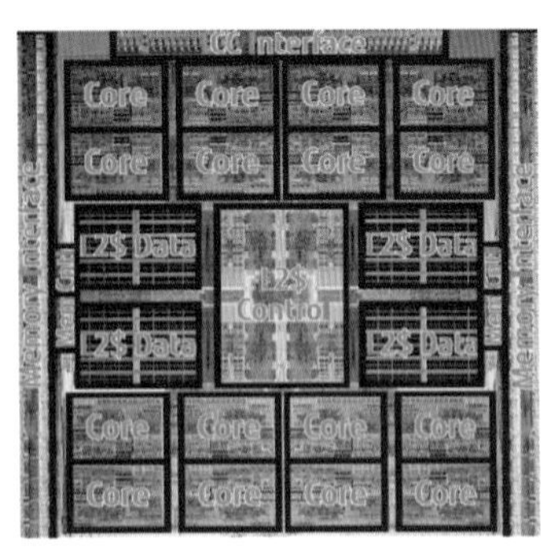

Number of cores	16
Shared L2 cache	12 MB
Operating frequency	1.848 GHz
Peak performance	236 Gflops
Memory bandwidth	85 GB/s (peak value)
Process technology	40 nm CMOS
Die size	21.9 x 22.1 mm
Number of transistors	Approximately 1.87 billion
Number of signals	1,442
Power consumption	110 W (process condition: TYP)

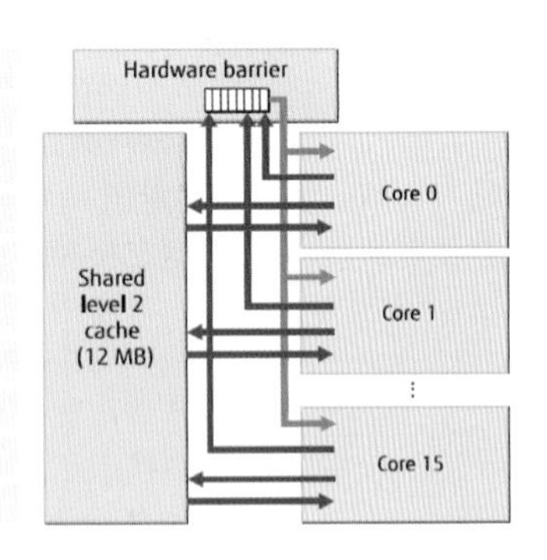

图9-54 SPARK64 IXfx CPU框图、规格表及硬件Barrier示意图

9.4.3.2 水冷主板

水冷一般在大型机这种烧钱的机器上才常用。看来Fujitsu下了血本，高端路线走到底，卖一套就要回本的节奏。当然，水冷只是选配，可配风冷，但是水冷能够比风冷将系统环境温度多下降10～20度。图9-55右侧所示为主板，主板右侧4个散热片下为4颗CPU，左侧竖直排列的4颗芯片为互联芯片，其内部集成了PCIE控制器及Torus控制器，详见下文。

9.4.3.3 Tofu六维网络互联拓扑

研究超级计算机必少不了研究其互联网络。FX10的互联网络称为Torus Fusion，融合Torus，取前两个字母组合就是ToFu，也就是豆腐，但是其内部真不像是一整块豆腐，里面分了很多细粒度。ToFu是一个6D Torus，上文中了解了5D Torus，其实6D无非就是将拓扑进行多个维度上的连接以及多次封装。如图9-56所示为一个大3D Torus拓扑，这个3D Torus中的每个节点又是由多个节点封装而成的，右侧给出了放大图。之所以戏称其为豆腐渣网络，就是因为其节点粒度非常细，细到一个CPU就是一个节点，这在其他超级计算机网络中是没有的。

仔细观察右侧放大图会发现，4个CPU组成一个方形平面，也就是一块主板（刚好有4颗CPU），然后三块主板上中下平行放置，在图示的A方向维度上有6条楞，C方向维度上也有6条楞，B方向维度比较特别，其形成了4个三角平面，共12条楞。A、B、C是三个不同的方向/维度，A和C方向将同一块主板上的4颗CPU在两个方向上连接起来，B方向则将三块主板四个角拎起来，便形成了由三块主板拼合而成的一个Cube，这个Cube再作为一个单元，参与到第二层世界的建立当中，也就是X、Y和Z的世界。图中的每个球泡中容纳一个Cube，多个球泡之间再形成3D Torus拓扑。

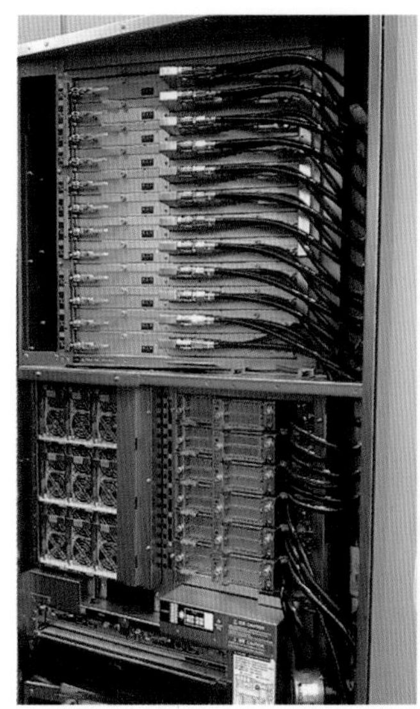

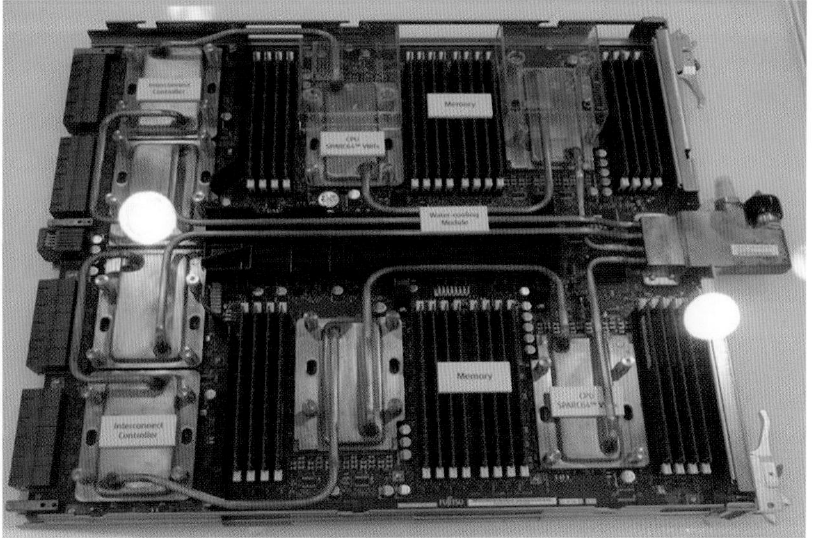

图9-55　水冷主板

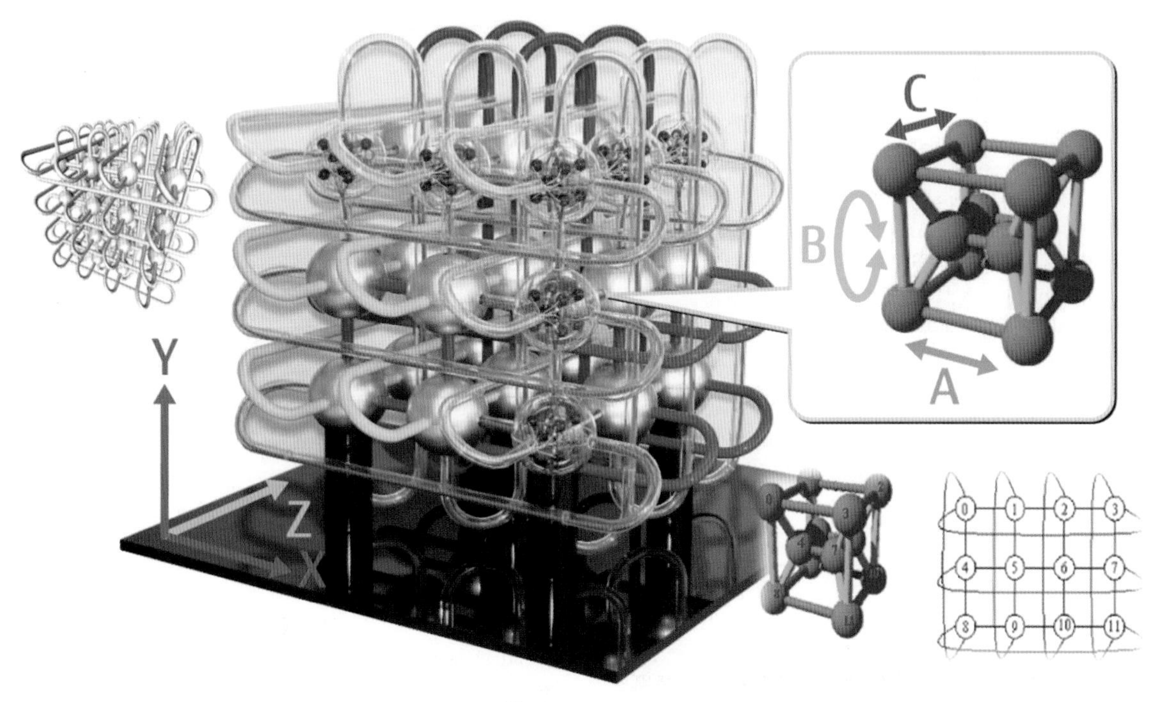

图9-56　6D Torus

一个Cube被称为一个Node Group，是计算任务分配的最小单位。每个CPU除了参与到自身世界的ABC这三个维度中之外，还参与到第二层世界的XYZ轴上。对每个CPU节点来讲，A和C（连接所在主板的另外两颗CPU）各耗费了一条链路，B（连接其他两块主板相同位置的各一颗CPU）因为成环所以耗费2条链路，这一共是4条链路。每个CPU节点在第二层世界的X、Y和Z轴方向（包括上下左右前后6个了方向）上各自再连接一条链路到其他Node Group方块中与自己位置相同的那个CPU Node，这就是6条链路。每个CPU共有10条链路连接到网络中，这么高密度的链路互联在所有超算网络中也是首屈一指的，下了血本！如图9-56右下角所示，本质上每个Node Group等价于一个2D Torus。图9-57更清晰地描绘出了互联拓扑内在的关系。

反观6D Torus，3D Torus中的每个点都是一个全新的3D世界，根据上述推导结论，这可不就是六维空间么？CPU是点，2个CPU组成线，多个CPU组成System Board主板面，三个主板再组成体，体再作为第二层世界中的点，然后在图示Z轴上组成线（机架），多排机架通过图示X轴和Y轴组成面和体，最终形成六维空间。

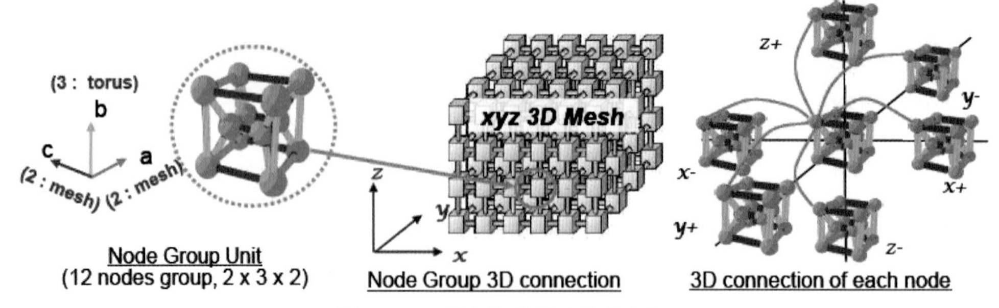

图9-57 三维空间堆叠成六维空间

如图9-58所示为Tofu网络路由规则，即B、C、A、X、Y、Z、A、C、B顺序。同一主板内CPU之间路由不需要走B轴，直接先C后A到目的CPU；Node Group内部跨主板路由则需要走B，然后C、A到目的CPU；跨Node Group就要升维，进入第二层世界，按照顺序走先X、后Y、后Z然后路由到目标Node Group，降维，然后走A、C、B路由到目标CPU。如果遇到链路或者节点本身故障，则路由协议会自动绕路寻找其他路径。

按照图9-56所示拓扑，多个Node Group方格在Z轴方向上组成机架，X轴和Y轴相当于跨机柜将多个Node Group串起来，Z轴和B轴则是跨主板来把同一个机架中多个主板串起来，最后A和C将同一块主板内部的4颗CPU串起来。图9-58最右侧所示为X轴方向上的链路，由于每个节点都需要在一个方向上连接到另一个相同位置节点，所以这里一共有12条链路。由于图示的两个Node Group方格属于不同机架，这12条链路不能被焊在中板上，必须用外置线缆，然而其中一条链路又因为是并行链路，需要多根导线捆绑，所以最终这条线缆会比较粗，而且造价也非常昂贵。最终每个Node Group会出4条这种线缆连接到其他机架上对应的接口，Z轴上的两个方向由于用于机架内部与其他Node Group连接，所以走中板布线即可。

9.4.3.4 ICC互联芯片

通过任何网络发送数据，都需要由对应的网络控制器来控制，有些被集成到了CPU内部，而有些则没有。用于FX10计算机的ICC（Interconnection Chip）互联芯片就是一款外置的网络控制器+交换机，如图9-59所示。每颗CPU都连接到一片ICC芯片，ICC芯片通过Processor Bus连接到CPU。ICC芯片中包含了4个TNI控制器，也就是Tofu Network Interface，其角色就是网络控制器。这4个网络控制器通过Crossbar接到一个TNR，也就是Tofu Network Router，其角色相当于一个网络交换机。

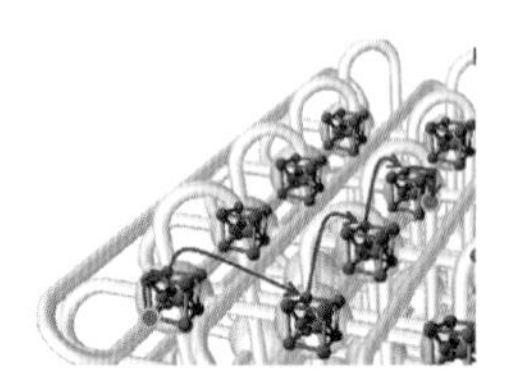
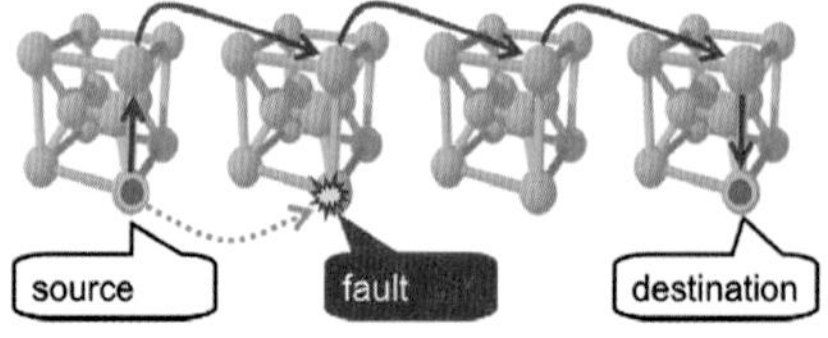

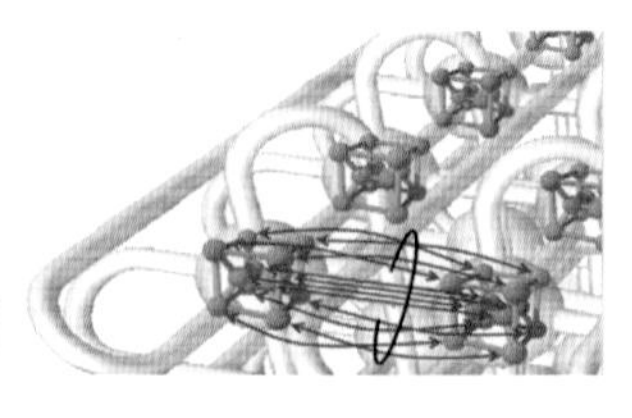

图9-58 ICC互联芯片

Number of concurrent connections	4 transmission + 4 reception
Operating frequency	312.5 MHz
Switching capacity	100 GB/s
(Link speed x number of ports)	5 GB/s x Bidirectional x 10 ports
Process technology	65 nm CMOS
Die size	18.2 x 18.1 mm
Number of logic gates	48 million gates
Number of SRAM cells	12 million bits
Differential I/O signals	
Tofu link	6.25 Gbps, 80 lanes
Processor bus	6.25 Gbps, 32 lanes
PCI Express	5 Gbps, 16 lanes

图9-59 ICC互联芯片

TNR共有10条链路，其中2条分别与位于本主板上另2颗CPU附属的ICC芯片对应链路对接，也就是A和C方向，再拿出2条链路与另外两块主板上相同位置的CPU所附属的ICC芯片对应链路对接，再拿出6条与其他Node Group方格中相同位置的CPU在XYZ轴6个方向上用外置线缆完成对接。

TNI后端与CPU通过私有高速总线连接，前端则与TNR之间通过私有高速Crossbar矩阵相连，TNI可以向任意链路发送数据，也可以从任意链路接收数据。ICC芯片不仅是用来为其所连接的CPU提供数据收发服务的，它更是一个过路中转站。在整个Torus网络中，每个节点都充当消息转发的角色，TNR维护一个路由表，按照固定规则来路由数据包，消息从Node Group方格内部按照B、C、A方向传出到第二层3D Torus，然后再按照X、Y、Z方向顺序传递到目的Node Group方格，进入方格后再按照A、C、B顺序路由到目的节点。TNR自行路由数据包，而不惊动TNI以及TNI后面的CPU，只有那些目的地址是本节点的数据，TNR才会收入并且传递给TNI继而传递给CPU。TNR采用的是低时延转发技术，而非存储转发技术，也就是当一个数据包还未被接收全的时候，TNR就已经开始根据包头中的目的地址译码并且将内部的Crossbar之类交换矩阵的电路连通从而向目标发送数据了，最终效果就是数据包边接收着，另一头就立即发送出去了，这样时延非常低。另外，在软件层面，FX10计算机OS内核中支持RDMA over Tofu，这进一步降低了时延。

ICC芯片中的PCIE Express控制器对于计算节点来讲没有用，只有I/O节点才使用它，I/O节点上会插有很多PCIE设备，计算节点与I/O节点之间的数据也是通过Tofu网络传输的。由于存在4个TNI控制器，所以本地CPU可以同时执行4路数据接收/发送，并且支持错误重传。

TBI为Tofu Barrier Interface，这个东西相当于一个前置的针对MPI Collective/Barrier/Reduce/Broadcase这些操作的专用处理器，这几种操作在MPI框架下很容易出现，如果这些消息使用软件来处理，则需要耗费不少CPU资源而且时延很大。TBI则能够将这些消息的处理大部分逻辑从主CPU中卸载到自己这执行，比如Reduce操作中的针对64位整数的AND、OR、XOR、MAX、SUM操作，以及对浮点数的SUM操作。前置MPI消息专用处理器有降低通信时延之功效。

图9-60所示为富士通上一代“K”（京）超级计算机所使用的CPU与ICC，其架构与FX10类似，不同之处就是CPU不一样，FX10升级了SPARK64 VIIfx为IXfx，核心数量增加一倍。

最适合超级计算机的程序是那些可以冲锋并行化的程序。比如每个人处理一部分数据，然后汇总结果，这类似于Hadoop集群，只不过Hadoop以处理数据为主。比如从1 PB数据中找出某某账号在哪天几点买过什么东西，然后用各种手段向其推送广告，这个过程多数情况下根本没什么计算量，全是在扫描数据。所以它更偏重属于分布式存储集群，追求的是吞吐量而不是时延。

而超级计算机（如图9-61所示）应对的是那些计算超级复杂的业务。比如模拟分析一个蛋白质分子构象作用力原理从而人工设计蛋白质分子机器，成千上万的原子，加上几十种不同原子的组合，再加上几种

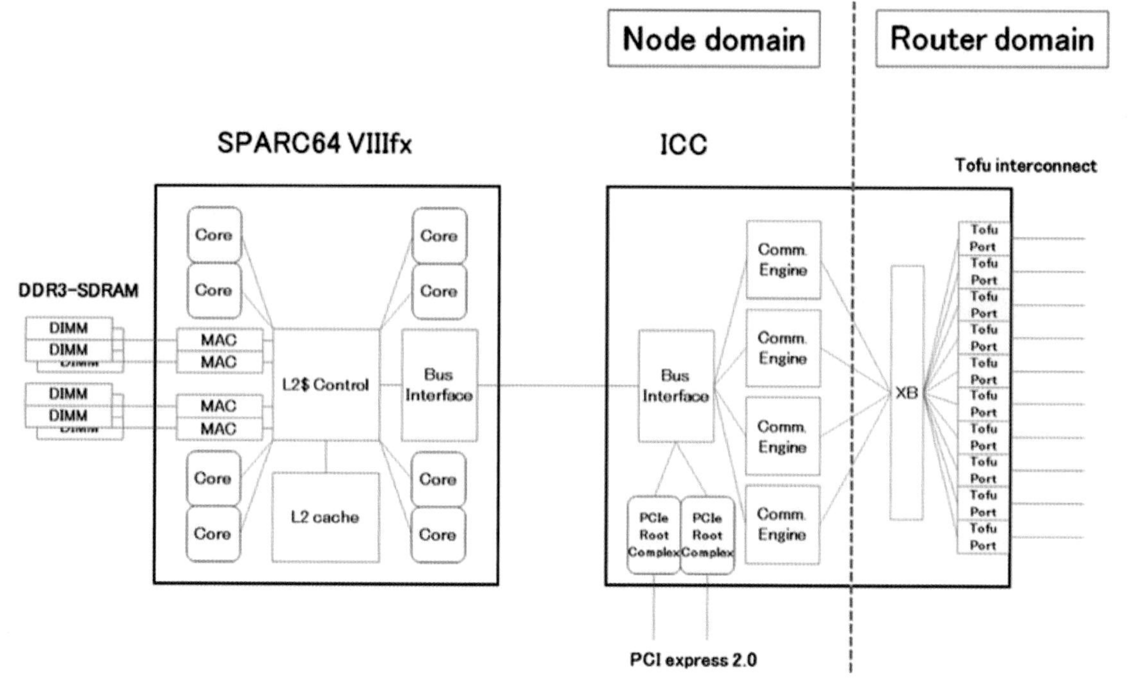

图9-60　ICC互联芯片与CPU互联整体架构

图9-61 MIRA、TITAN、JAGUAR、TERA、K超级计算机

化学价、几种原子力，这几种组合会产生大量计算需求。如果拿PC来计算，可能要算一年，中途或许还内存溢出了，但是如果将其并行化，分摊到一千个核心上，可能半天就算完了，这种场景下对互联时延要求非常高。比如某个节点上的程序执行过程中需要一个数据，但是这个数据躺在其他节点内存里，如果不拿过来，这个节点上的程序就会空等在那挂起，假设某，任务如果需要一千次数据互传，每次传输时延很高比如5ms的话，忽略计算时间，那么计算就需要5秒才能结束，如果需要100万次数据互传，你算算多长时间结束就行了。优化性能需要从占据计算时间比例最大的流程开始，再小的事情乘以13亿人就成了大事。

但是也不排除有些混合场景，比如既需要大吞吐量的批处理场景，动辄几PB数据扫描一遍或者写一遍，又需要大计算量的场景。这个就要综合权衡，大吞吐量不需要低时延的网络。比如某CPU一下子将数百MB的数据推送到另外节点的内存，此时时延不重要了，因为这几百MB的数据底层网络仅仅使用不多的I/O次数就可以传过去。IOPS的量下来了，时延的影响也就下来了，网络硬件的成本也就下来了，可能使用10 GE以太网就够了。

9.5 利用GPU加速计算

某司禁止员工在工作电脑上向USB盘复制数据或者通过网络上传数据，在员工电脑上装有监控软件。于是有人想出这样一种方法：将数据加上一个mp3文件头，然后用播放器进行播放。播放出去的音乐可想而知基本上是杂乱的噪声，监控软件再牛，它不可能禁止你播放mp3，更不会去检查这首mp3是什么内容（也可能某司真会去检查）。只要将这些音乐用录音机录下来，然后再将录下来的音乐重新解码成二进制数据，就成功实现了数据转移。但是这样会很慢，播放一首4MB的mp3，大概4分钟，但是不失为一种奇思妙想。不过，这与GPU加速计算有何干系？还记得在第8章中介绍过的用纹理来存储动画信息么？这也是一种“不务正业”。

GPU中数千个计算单元，如果只用来渲染图像，实在是心有不甘啊。于是把要计算的数据当作顶点或者像素（虽然这些顶点完全是杂乱的、毫无模型可言，纹理看上去也是噪声），把计算过程写到Shader程序中，然后将顶点和纹理数据、Shader程序下发到GPU，而GPU才不管它运算的是一堆什么东西，让GPU就当渲染图像一样去渲染，把中间结果缓存复制到Host主存，就得到了计算完毕的数据。如果让GPU完成渲染流程的其他部分，那么输出到屏幕上的可能是一堆杂乱的像素点组合，但是这些结果中的确包含了有用的信息。使用类似方法，就可以让GPU来加速通用计算，而不仅仅是加速图形渲染。

图9-62 插有多块显卡/GPU的服务器

GPU天然就是一个并行计算机，这台位于一张单板上的计算机，通过PCIE接口与Host主机进行通信，接受Host端下达的任务并完成。假设GPU内部有4k个运算单元，那么其并行度相当于200颗20核的CPU，当然，目前的通用CPU在主频上是高于GPU数倍的（3/4 GHz vs 1 GHz），最终性能可能会与一百或者几十颗CPU持平。即便这样，使用一颗GPU相比使用大量CPU而言也是一笔很大的成本节省，100颗CPU意味着50个主板（双CPU主板的话）、50套机箱电源、50张网卡等辅助组件，以及配套的机柜、机房空间等，这些附带成本非常高。另外一个隐形成本则是功耗，利用GPU可以获得更高的每瓦算力。

近年来市场上出现了一些在2U/4U（1U=4.445 cm）高度服务器机箱内插有8块甚至更多显卡/GPU的

服务器，一台这种服务器就相当于一个小型的超级计算中心了，非常适合一些科研院所科学计算以及小规模人工智能场景使用。

9.5.1 Direct3D中的Compute Shader

2008年微软发布的Direct3D 11版本中引入了支持GPU通用计算的Compute Shader功能（又被俗称为Direct Compute），而在这之前，人们采用一些曲线DIY方式来基于Direct3D 9.0编写Shader程序完成通用计算。Compute Shader对应了一系列封装好的较直观的API函数和数据结构，定义了编程方式，依然采用HLSL高级着色语言来编写通用计算程序。

通用计算Shader程序的执行与Pixel/Vertex Shader流程基本类似，它们都需要被载入GPU内部的运算单元进行计算，只不过图形程序需要经过栅格化、ROP、纹理填充和过滤等纯硬件单元的处理。而通用计算程序则只通过GPU内的Unified Shader计算单元（有些特殊场景也可以利用TMU进行硬件计算），计算完毕之后需要将结果复制回Host端主存，而图形计算的结果需要被输送到Frame Buffer而后播放到显示器上。

利用Compute Shader进行通用计算的基本步骤是：初始化设备和上下文（D3D11CreateDevice(…)）、对编写好的HLSL Shader程序文件进行编译（D3DCompileFromFile(…)）、为Compute Shader创建并初始化资源（CreateBuffer(…), CreateUnorderedAccessView(…)）、设定Shader状态（CSSetShader(...), CSSetConstantBuffers(...), CSSetShaderResources(...), CSSetUnorderedAccessViews(...)、派发到GPU执行（Dispatch ()），以及取回运算结果（CopyResource(…)）。

随后微软封装了Compute Shader，并发布了C++ AMP（Accelerated Massive Parallelism）库。C++ AMP完全屏蔽了底层实现细节，用户根本不需要关心上述这些初始化、准备、Shader编写和编译、派发等步骤。只需要一些简单的语法，C++AMP自动帮你写成Shader并编译，自动完成派发计算。

9.5.2 OpenCL和OpenACC

OpenCL是由Apple发起、Khronos Group维护的一个跨平台的并行计算库，其角色位置和作用与OpenGL类似，但是后者专门用于图形渲染。这意味着，OpenCL这套API，与OpenGL和Direct3D一样，底层也需要GPU厂商（或者其他一些并行计算芯片厂商比如一些DSP等）为其开发底层的驱动程序，从而翻译成对应的GPU命令，来完成任务的管理和派发、执行工作。这就是跨硬件和操作系统平台兼容的一个代价。另外，NVIDIA和AMD各自都有自己的并行计算库，分别名为CUDA和FireStream，也正因如此，底层硬件厂商对于这种通用统一API也并不太上心，基本上一心扑在自己专用的库上。所以OpenCL的性能完全比不上NVIDIA和AMD自家专用的库。不过对于一些通用DSP、众核心CPU等场景，OpenCL应用较广。

另外一个可以利用GPU加速的并行计算库为OpenACC（Open Acceleration）。其像OpenMP一样，通过编译制导关键语句来让编译器自动完成并行优化，其主要面向GPU、众核心CPU等加速芯片。而OpenMP只针对多核心CPU做并行优化。如图9-63所示为OpenACC示意图。目前，OpenACC很少有人使用。

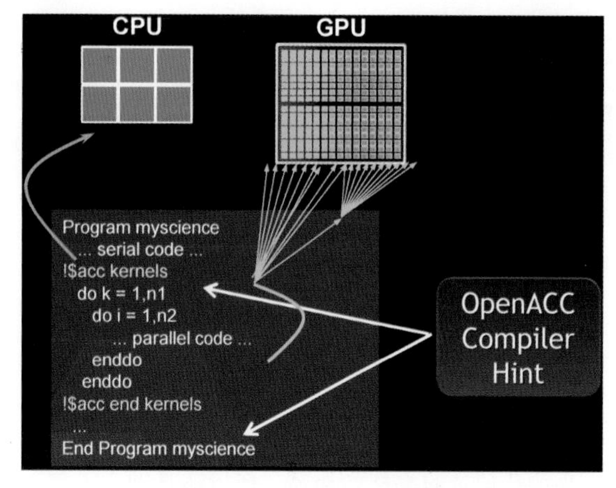

图9-63　OpenACC示意图

9.5.3 NVIDIA的CUDA API

2007年（早于D3D Compute Shader一年），NVIDIA发布了自家的CUDA（Compute Unified Device Architecture）编程语言库。CUDA只支持NVIDIA自家的GPU，但是其无论在性能和易用性上，都是目前最佳的GPU并行计算加速语言库。这也进一步夯实了NVIDIA在通用计算比如科学计算、人工智能等领域的广泛市场基础。

9.5.3.1 CUDA基本架构

与D3D、OGL、OpenCL一样，CUDA也是一套语言、API和库。与D3D和OGL一样，CUDA软件栈也由两部分组成：用户态驱动，在Windows下位于nvcuda.dll文件中；以及上层与应用程序对接的Runtime库，在Windows下位于cudart.dll（动态链接）以及cudart.lib（静态链接）中，在Linux下相应地各自位于libcudart.so以及libcudart.a中。不过，应用程序除了调用cudart.dll，也可以直接调用CUDA用户态驱动的函数实现CUDA全部功能。

如图9-64所示为nvcuda.dll文件的导出函数（还记得导出函数这个概念么？见本书第5章介绍）表一

地址	名称	地址	名称	地址	名称	地址	名称
1001FDAF	GetIAtomString	1000162A	cuEventQuery	1000250B	cuMemcpyAtoD	10001E04	cuParamSetTexRef
10001000	cuArrayCreate	100015C5	cuEventRecord	100020D0	cuMemcpyAtoH	10001D3F	cuParamSetf
1000110E	cuArrayDestroy	10001671	cuEventSynchronize	10002782	cuMemcpyAtoHAsync	10001CE7	cuParamSeti
100010DB	cuArrayGetDescriptor	1000176E	cuFuncSetBlockShape	100025C8	cuMemcpyDtoA	10001D97	cuParamSetv
100012EC	cuCtxAttach	10001808	cuFuncSetSharedSize	10002220	cuMemcpyDtoD	100032D9	cuStreamCreate
1000126F	cuCtxCreate	100018D9	cuGLInit	100021D5	cuMemcpyDtoH	1000330F	cuStreamDestroy
10001331	cuCtxDetach	1000198C	cuGLMapBufferObject	10002922	cuMemcpyDtoHAsync	100033D6	cuStreamQuery
100013AB	cuCtxSynchronize	10001952	cuGLRegisterBufferObject	1000212D	cuMemcpyHtoA	10003356	cuStreamSynchronize
10014FFB	cuD3D9Begin	100019D8	cuGLUnmapBufferObject	10002805	cuMemcpyHtoAAsync	1000341D	cuTexRefCreate
10015033	cuD3D9End	10001A12	cuGLUnregisterBufferObject	1000218A	cuMemcpyHtoD	10003483	cuTexRefDestroy
10015110	cuD3D9GetDevice	10001A4C	cuInit	10002888	cuMemcpyHtoDAsync	10003778	cuTexRefGetAddress
100150B3	cuD3D9MapVertexBuffer	10001A9B	cuLaunch	10002A88	cuMemsetD16	1000388A	cuTexRefGetAddressMode
10015065	cuD3D9RegisterVertexBuffer	10001B69	cuLaunchGrid	10002C46	cuMemsetD2D16	100037D2	cuTexRefGetArray
100150E9	cuD3D9UnmapVertexBuffer	10001BFE	cuLaunchGridAsync	10002D58	cuMemsetD2D32	100038E1	cuTexRefGetFilterMode
1001508C	cuD3D9UnregisterVertexBuffer	10001EBC	cuMemAlloc	10002B3C	cuMemsetD2D8	1000392F	cuTexRefGetFlags
10001463	cuDeviceComputeCapability	10001FFC	cuMemAllocHost	10002AE2	cuMemsetD32	10003826	cuTexRefGetFormat
100013CC	cuDeviceGet	10001EF8	cuMemAllocPitch	10002A37	cuMemsetD8	100034D2	cuTexRefSetAddress
1000150E	cuDeviceGetAttribute	10001FCD	cuMemFree	10001869	cuModuleGetFunction	10003678	cuTexRefSetAddressMode
10001405	cuDeviceGetCount	1000203C	cuMemFreeHost	100030C6	cuModuleGetGlobal	1000359A	cuTexRefSetArray
10001429	cuDeviceGetName	10002068	cuMemGetAddressRange	1000305A	cuModuleGetTexRef	10003547	cuTexRefSetCPUAddress
100014D9	cuDeviceGetProperties	100020A5	cuMemGetInfo	1000316E	cuModuleLoad	100036D1	cuTexRefSetFilterMode
100014A4	cuDeviceTotalMem	10002469	cuMemcpy2D	10002E75	cuModuleLoadData	10003720	cuTexRefSetFlags
10001548	cuEventCreate	100029BC	cuMemcpy2DAsync	10002F9F	cuModuleLoadFatBinary	10003619	cuTexRefSetFormat
1000157E	cuEventDestroy	100024BC	cuMemcpy2DUnaligned	10003014	cuModuleUnload		
100016B8	cuEventElapsedTime	1000268C	cuMemcpyAtoA	10001C96	cuParamSetSize		

图9-64　nvcuda.dll文件中的导入函数表一览

览，其全都是以“cu”开头的函数。上层程序可以直接调用这些函数来实现CUDA计算。该驱动直接与GPU内核态驱动通信完成GPU命令的下发，具体是通过调用Windows操作系统内核提供的kernel32.dll中的设备操作函数与内核驱动通信。

然而直接调用nvcuda.dll驱动中的函数略显烦琐，因为需要关注到设备上下文等方面的底层细节，开发出来的代码读起来比较费劲。所以还是调用上层的cudart.dll（CUDA Runtime）更方便。该库导出函数基本都以“cuda”关键字开头。该函数库在底层通过调用nvcuda.dll完成工作。

如图9-65所示为CUDA软件栈示意图。调用cudart.dll还是nvcuda.dll，取决于用户程序对底层的控制力度和灵活度，调用更底层的nvcuda.dll会实现更高的灵活性以及性能，但是开发起来也难一些。在程序中也可以混合调用这两个库中的函数。

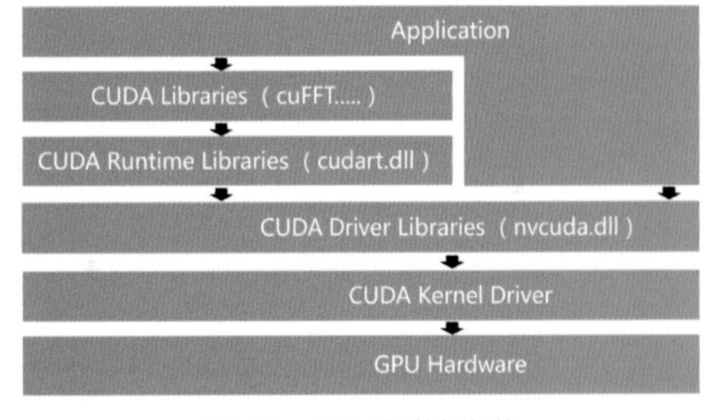

图9-65　CUDA软件栈架构

提示

如果你使用dll分析工具打开cudart.dll的话，会发现其并没有显式导入nvcuda.dll中的函数，似乎并不依赖后者。其实，调用其他dll的函数并不一定必须按照dll格式来声明导入，还有其他多种方式，比如程序运行时可以调用由Windows提供的loadlibrary()函数明确指定将某个dll文件载入并提取其中函数执行，这样也是可以的。cudart.dll内部就采用了这种方式调用nvcuda.dll。

如图9-66所示为cudart.dll中的导出函数一览。

提示

基于cudart.dll库，业界开发了多种更上层的运算加速库，比如NVIDIA自家的PhysX物理特效加速库，再比如cuFFT就是利用GPU做快速傅里叶变换运算的库。其他还有：cuBLAS、cuSPARSE、cuRAND、cuDNN、AmgX、HiPLAR、IMSL、NVBIO、CULA Tools、MAGMA、CUSP、ArrayFire、Sundog、Thrust等。这些库底层都是基于CUDA Runtime API的封装。

如图9-67所示为CUDA程序的运行过程。整个程序中的串行部分仍然在CPU上运行，但是并行部分会被派发到GPU上执行，首先向GPU发命令申请一定数量的显存，然后将要计算的数据复制到申请好的GPU显存中，启动执行。计算完毕之后GPU会将数据复制到Host端主存，然后继续执行其他部分。

地址	名称
10002D90	__cudaGetBlockIdxPtr
10003CEB	__cudaGetSharedMem
10008A30	__cudaRegisterFatBinary
10008FD6	__cudaRegisterFunction
10008DF9	__cudaRegisterShared
10008EE6	__cudaRegisterSharedVar
10008CF9	__cudaRegisterTexture
10008BF1	__cudaRegisterVar
10002D15	__cudaSynchronizeThreads
10003A33	__cudaTextureFetch
10008B1D	__cudaUnregisterFatBinary
1000816A	cudaBindTexture
10008253	cudaBindTextureToArray
10004DEF	cudaChooseDevice
10004ED4	cudaConfigureCall
10003AC9	cudaCreateChannelDesc
10007B5B	cudaD3D9Begin
10007C38	cudaD3D9End
10007D10	cudaD3D9GetDevice
10007280	cudaD3D9GetDirect3DDevice
1000751A	cudaD3D9MapResources
10007FAD	cudaD3D9MapVertexBuffer
1000735D	cudaD3D9RegisterResource
10007DF3	cudaD3D9RegisterVertexBuffer
10007A72	cudaD3D9ResourceGetMappedPitch
10004C28	cudaGetDeviceCount
10004D05	cudaGetDeviceProperties
10003B02	cudaGetErrorString
10004154	cudaGetLastError
100086B3	cudaGetSymbolAddress
10008793	cudaGetSymbolSize
10008413	cudaGetTextureAlignmentOffset
100084F3	cudaGetTextureReference
100050AD	cudaLaunch
1000518A	cudaMalloc
10005432	cudaMalloc3D
100057CB	cudaMalloc3DArray
100056E1	cudaMallocArray
1000526A	cudaMallocHost
1000534A	cudaMallocPitch
10005992	cudaMemcpy
10005F11	cudaMemcpy2D
10006880	cudaMemcpy2DArrayToArray
10006002	cudaMemcpy2DAsync
10006697	cudaMemcpy2DFromArray
1000678B	cudaMemcpy2DFromArrayAsync
100062D1	cudaMemcpy2DToArray
100063C5	cudaMemcpy2DToArrayAsync
10006975	cudaMemcpy3D
10006A54	cudaMemcpy3DAsync

地址	名称
100078A6	cudaD3D9ResourceGetMappedPointer
1000798C	cudaD3D9ResourceGetMappedSize
100077BA	cudaD3D9ResourceGetSurfaceDimensions
100076DA	cudaD3D9ResourceSetMapFlags
10007243	cudaD3D9SetDirect3DDevice
100075FA	cudaD3D9UnmapResources
1000808D	cudaD3D9UnmapVertexBuffer
1000743D	cudaD3D9UnregisterResource
10007ED0	cudaD3D9UnregisterVertexBuffer
100045E2	cudaEventCreate
10004959	cudaEventDestroy
10004A36	cudaEventElapsedTime
1000479F	cudaEventQuery
100046BF	cudaEventRecord
1000487C	cudaEventSynchronize
10005527	cudaFree
100058B5	cudaFreeArray
10005604	cudaFreeHost
10006FA9	cudaGLMapBufferObject
10006ECC	cudaGLRegisterBufferObject
10006DF4	cudaGLSetGLDevice
10007089	cudaGLUnmapBufferObject
10007166	cudaGLUnregisterBufferObject
100085D3	cudaGetChannelDesc
10004BF0	cudaGetDevice
100090D5	cudaMemcpyArrayToArray
10005A7A	cudaMemcpyAsync
100064BA	cudaMemcpyFromArray
100065A8	cudaMemcpyFromArrayAsync
10005D3A	cudaMemcpyFromSymbol
10005E25	cudaMemcpyFromSymbolAsync
100060F4	cudaMemcpyToArray
100061E2	cudaMemcpyToArrayAsync
10005B63	cudaMemcpyToSymbol
10005C4E	cudaMemcpyToSymbolAsync
10006B34	cudaMemset
10006C17	cudaMemset2D
10006D00	cudaMemset3D
10004B19	cudaSetDevice
10008873	cudaSetDoubleForDevice
10008951	cudaSetDoubleForHost
10004FCA	cudaSetupArgument
1000426E	cudaStreamCreate
1000434B	cudaStreamDestroy
10004505	cudaStreamQuery
10004428	cudaStreamSynchronize
10004188	cudaThreadExit
10004196	cudaThreadSynchronize
10008336	cudaUnbindTexture

图9-66 cudart.dll中的导出函数一览

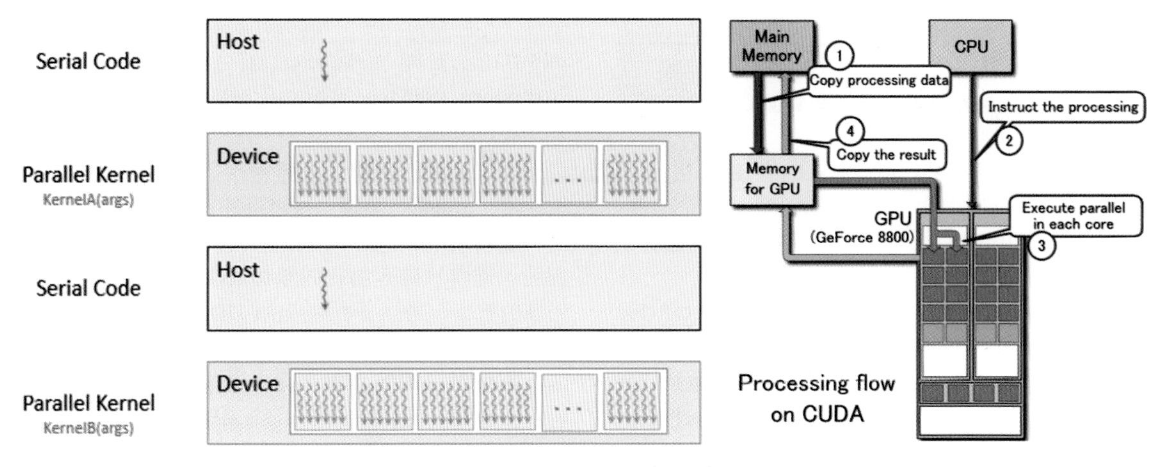

图9-67 CUDA程序的执行过程

9.5.3.2 一个极简的CUDA程序

下面我们通过一个极简单的CUDA程序来向大家展示一下CUDA程序的基本编写方式。

```
1.  #include<stdio.h>
2.  #define N 8                              //代码中以N代替8
3. __global__ void add(int *a,int *b,int *c)      //声明一个函数，该函数逻辑需要在GPU上执行
4. {
5.     int tid=blockIdx.x;
6.     if(tid<N)
7.        c[tid]=a[tid]+b[tid];
8.     }
9. int main()  {
10.     int arr1[N],arr2[N]; int sum[N];          //定义三个数组
11.    for(int i=0;i<N;i++) {arr1[i]=i; arr2[i]=i+1;}  //对数组进行数据填充
12.     int *a; int *b; int *res;                //定义三个指针用于保存下面分配好的显存的指针
13.   cudaMalloc((void**)&res,sizeof(int)*N);     //分配N*4字节显存用于盛放两个数组之和（一个int为32bit）
14.     cudaMalloc((void**)&a,sizeof(int)*N);  //分配N*4字节显存用于盛放数组a
15.     cudaMalloc((void**)&b,sizeof(int)*N); //分配N*4字节显存用于盛放数组b
16.     cudaMemcpy(a,arr1,sizeof(int)*N,cudaMemcpyHostToDevice); //向显存复制数据
17.    cudaMemcpy(b,arr2,sizeof(int)*N,cudaMemcpyHostToDevice);  //向显存复制数据
18.    add<<<N,1>>>(a,b,res); //调用核函数，定义N个Block，每Block包含1个线程，并行执行该函数
19.    cudaMemcpy(sum,res,sizeof(int)*N,cudaMemcpyDeviceToHost); //把结果从res复制回到sum
20.    cudaFree(a);              //通知GPU释放显存
21.    cudaFree(b);              //通知GPU释放显存
22.    for(int i=0;i<N;i++) {printf( "%d\n" ,sum[i]);}          //显示计算结果
23.  }
```

上述代码利用CUDA Runtime API编写而成的C代码，其中红色字体为与CUDA相关的关键地方，其他位置均为传统C代码。对应的这些CUDA相关函数也都可以在图9-66所示的函数中找到。

__global__关键字指出其后面定义的函数中的逻辑，是需要在GPU而不是CPU上执行的。这种函数又被称为**Kernel（核函数）**，意思是该函数为需要被并行执行的核心逻辑，其他函数都是为了该函数的执行而做准备的。如果核函数内部的逻辑比较复杂，可以分隔生成多个子核函数，以**__device__**关键字声明，其表明该函数仅限于GPU（Device）执行时在GPU的代码内部调用，Host端主程序无法直接调用这些子核函数。

blockIdx.x为当前运行这段代码的线程ID，至于其含义下文中再介绍。

cudaMalloc函数的作用是通知GPU分配一定量的显存用于接收即将发过去的数据，其参数含义为：cudaMalloc（用于存放分配好的显存的基地址指针变量，分配显存的大小）。

cudaMemcpy函数的作用是将数据在GPU显存和Host主存之间进行复制，其参数含义为：cudaMemcpy（显存基地址指针，主存基地址指针，复制的数据大小，复制方向），其中复制方向包括：cudaMemcpyHostToDevice、cudaMemcpyDeviceToHost、cudaMemcpuDeviceToDevice。

cudaFree函数的作用是通知GPU释放之前被分配的显存。

add<<<N, 1>>>(a,b,res)表示调用之前定义的名为add的核函数，<<<N, 1>>>关键字表示通知GPU开启N个**线程块（Thread Block）**，每个Block内含1个线程。本例中总共是8个线程来运行上述代码，每个线程运行相同的代码，但是会根据线程ID来处理数组中不同的数据，这样就做到了任务的分割和并行，让各个线程各干各的互不干扰，当然也可能产生线程间相互传递一些结果，但是此时会制约并行性，导致性能下降。这些线程并不必须同时被并行执行，可以先执行其中一批线程，再执行另一批。NVIDIA的GPU每次调度32个线程（一个Warp，第8章提到过）到一个Stream Multiprocessor执行。

可能大家会产生三个迷惑。第一个迷惑：为什么使用__global__关键字就可以让该函数运行在GPU上？底层机制是怎样的？谁将代码派发到GPU上运行的？谁将该函数的代码编译成GPU指令的？这个问题的答案，当然要有对应的CUDA编译器了，因为CUDA不仅仅是一些函数库，其定义了全新的扩展语法，需要对应的编译器来翻译这些额外语句，同时编译核函数，以及将代码编译成GPU指令。如图9-68所示为CUDA程序的编译过程，CUDA程序采用nvcc编译器进行编译，nvcc编译器会调用c编译器编译串

行部分，自己编译并行部分，最后调用链接器进行链接。

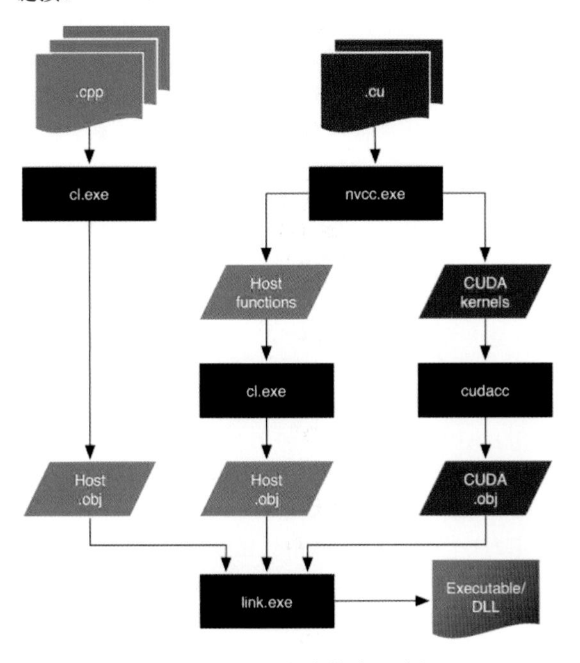

图9-68　CUDA程序的编译过程

第二个迷惑：cudaMalloc、cudaMemcpy以及add<<<N,1>>>(a,b,res)函数被调用之后，GPU内部都发生了什么事件？cudaMalloc函数内部封装了一系列用于让GPU内部分配显存的命令，返回的是分配好的显存指针。cudaMemcpy函数则利用DMA机制（见本书第7章）在GPU显存和Host主存之间复制数据。

在调用核函数之前，程序已经将所有待计算的数据复制到了显存中。对核函数的调用并非像传统函数调用那样直接跳转到该函数入口执行，因为该函数被编译之后其实是GPU一侧的代码，CPU并不能识别。对核函数的调用其实会被nvcc编译器加上一个外壳函数，该函数在CPU一侧执行，其执行的结果是将核函数二进制代码整体复制到GPU显存，并命令GPU开始执行核函数。

这些命令中会带有对应的参数，告诉GPU开启多少个线程来执行核函数。每个线程运行在一个处理单元上，每个单元执行时，根据自己的线程ID来到数组中选择对应的数值进行计算，达到并行目的。

核函数被下发到GPU执行时是异步的，也就是说上述代码中的add函数调用之后立即就返回了，开始执行cudaMemcpy函数，而cudaMemcpy函数是同步阻塞的，也就是该函数会等待GPU完成计算之后，才开始复制内存。

9.5.3.3　CUDA对线程的编排方式

第三个迷惑：blockidx.x、Block到底是什么，怎么定义的？GPU内部怎么按照这些参数执行的？此处建议大家回顾一下本书第8章的图8-274、图8-275所示的NVIDIA GPU典型架构中的Stream Multi-Processor（SM）的概念。图9-69所示为GPU内部对线程的组织方式。如图左侧所示，每个线程运行在一个运算单元ALU上，由于一个SM上有多个运算核心（一般为32个），所以一个SM可以同时运算32个线程。所以多个线程可以组成一个**线程块（Block）**，每个Block内部的线程数量可灵活选择，并不一定是32，可以大于或者小于32，但是为了不浪费资源，最好是运算单元数量的整倍数。大

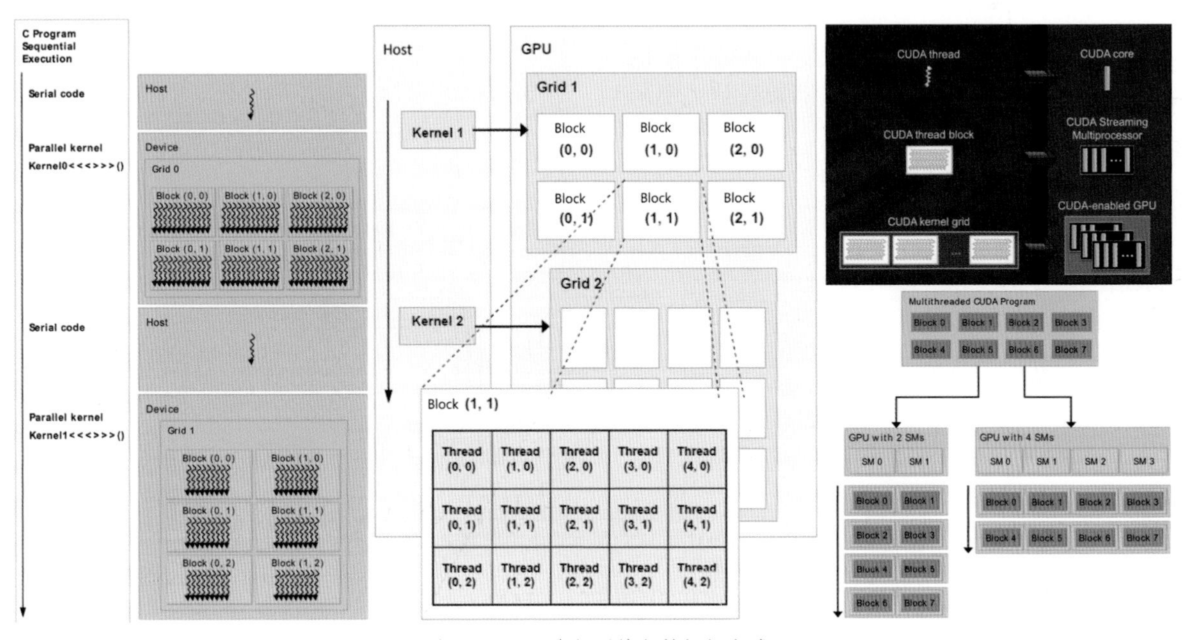

图9-69　GPU内部对线程的组织方式

于32的Block会被拆分成多个Warp（每个Warp含32线程）轮流调度到SM上执行。每个Block只能被分派到一个SM上执行，如果需要更多的并行度，则Host端程序需要分派多个Block来执行核函数，从而可以利用更多SM核心的算力。多个Block组成了一个Grid，每个核函数对应一个Grid。

Grid内部的Block编号以及每个Block内部线程的编号都以三维（行/列/高）方式编排，但是通常省略高度这一维，只使用行列，如图9-70所示。上文中的核函数add<<<N, 1>>>的完整表示其实应该是add<<<Dg, Db, Ns, S>>>。其中Dg和Db为CUDA定义的一种特殊的数据类型dim3（Dimension3），表示方式是：Dim3 Dg(Dg.x, Dg.y, 1)以及Dim3 Db(Dg.x, Dg.y, Db.z)，Grid内的块数量一般省略高度，恒定为1。如果想定义一个包含2行3列共6个Block的Grid，同时每个Block中包含4行4列2层共32个线程的话，那么要定义成这样：Dim3 Dg(2,3,1)，Dim3 Db(4,4,2)。并将Dg和Db这两个变量作为参数输送到核函数的<<<…>>>中。参数Ns可选，用于告诉GPU可以为每个Block动态分配多少额外的Shared Memory（Shared Memory见下文）。参数S用于告诉GPU该核函数在哪个流（Stream）中执行。流概念的引入是为了让程序来精确控制多个核函数的调度方式，尽量让一个核函数在GPU上执行的时候，另一个核函数对应的数据正在从Host主存复制到显存，而不是让这两个核函数同时争用GPU执行，而Host端却在闲置。限于篇幅请大家自行了解更多内容。

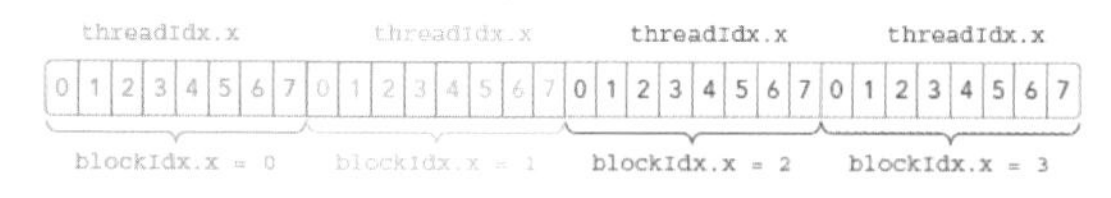

图9-70 三维编号的含义

这里大家一定会产生一个疑惑，那就是为什么不用线性编号的形式，比如某个核函数对应的Grid中包含256个线程，从1编到256不就可以么？为何多此一举按照多维度、多段式方式编排？这是为了编程时更加方便。因为每个线程需要从全部待处理数据（通常是数组）中按照自己的线程ID来切取对应的数据运算。如果按照线性编号，比如256个线程，程序员在分割数据的时候比较难以计算出比如第200个线程需要处理某数组中的哪些数据块。如果按照维度来编号，可以直接按照维度行列号来切分数据，比如4×4×2=32线程，程序员可以很方便地得出第1行、第1列、第2层的那个线程处理的是哪些数据。

现在你该知道blockIdx.x的含义了，其为CUDA的内建变量，表示当前线程对应的Block的二维编号中的行号。由于本例中直接使用了立即数N（N=8）来作为add<<<…>>>(….)的参数，CUDA默认会认为用户只给出了行号，没有给出其他维度信息，则其他维度默认为1，则对应的Grid中包含8行1列Block。而由于add<<<N, 1>>>中的每Block线程数被指定为1，则每个Block中只包含一个线程，则线程ID=blockIdx.x。类似的内建变量还有gridDim.x/y/z、blockDim.x/y/z、threadIdx.x/y/z和warpSize。引用这些变量时，编译器会自动算出对应的数值。

当然，本例给出的代码极简，现实中有更为复杂的映射方式，但是其本质都是相同的。至此，上面提出的几个疑惑就解答完了。

9.5.3.4 GPU对CUDA线程的调度方式

如图9-71所示为线程编排和调度方式示意图。每个Block中的所有线程只能被调度到同一个SM上运行，每个SM中一般含有32个运算单元。如果Block中线程数量大于32，比如为48，则这些线程会被分割为一个32线程的Warp和一个16线程的Warp，轮流被Warp Scheduler调度到SM上执行。当然，执行16线程Warp时，SM中一半的算力会被闲置，如图9-72所示。

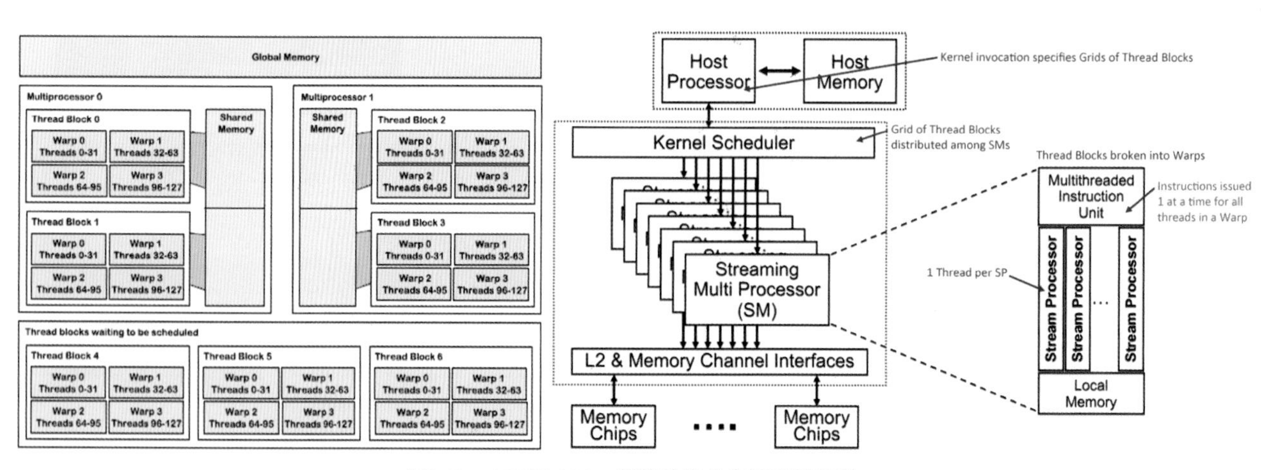

图9-71 GPU对CUDA线程的编排和调度示意图

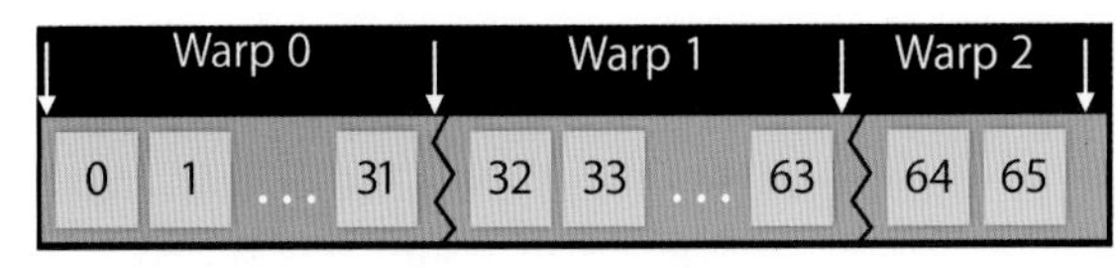

图9-72　Warp的分割

要用满GPU中的所有SM，则可以定义对应数量的Block，每个Block均分一个SM执行。如果总体线程数量大于GPU内部总体运算单元数量，则有些Block会被调度到同一个SM上轮流执行（每个Block依然被拆分为Warp粒度）。所以对Dim3 Dg/Db的数值定义非常关键，这直接影响性能。

如图9-73左侧所示，Block会被均分到多个SM上并行执行。图中右侧所示为同一个Grid内所有线程均运行相同的代码，这也就是SIMT的概念（本书第8章介绍过）。但是这里需要注意一点，由于Grid被分割为Block，Block又被分割为Warp，所以**整个Grid的内的所有线程的执行步调是不一致的，但是同一个Warp内的线程的执行步调是一致的**。有些Warp可能得到的调度机会多一些，则其会先执行完毕，其计算结果也会先被写入到对应的数据结构中，当所有Warp执行完后，整个Grid所表示的核函数才算执行完毕。Grid内产生步调不一致是没办法的事情，因为运算单元的数量是有限的，线程们总要排个先后。而如果假设GPU内部有足够多的运算单元，那么理论上同一个Grid内的全部线程是完全可以齐头并进步调一致的。但是一方面GPU内部单元是有限的，另一方面Host端可以先后下发多个核函数给GPU执行，只要每个核函数对应的Grid中的Block和线程数量没有占满GPU全部资源，多个核函数就可以并行执行，各利用一部分资源，多个Grid会轮流争抢资源，所以最终形成了步调不一致的Warp们。另外，Block及Block内的Warp被调度到SM上执行的时机也是完全不确定的，也就是说Warp间可以乱序执行。

每个Warp被轮流调度到SM上执行，如图9-74所示。 Warp按照单个指令步进粒度的调度方式来调度执行，比如Warp8中线程代码中的第11条和第12条

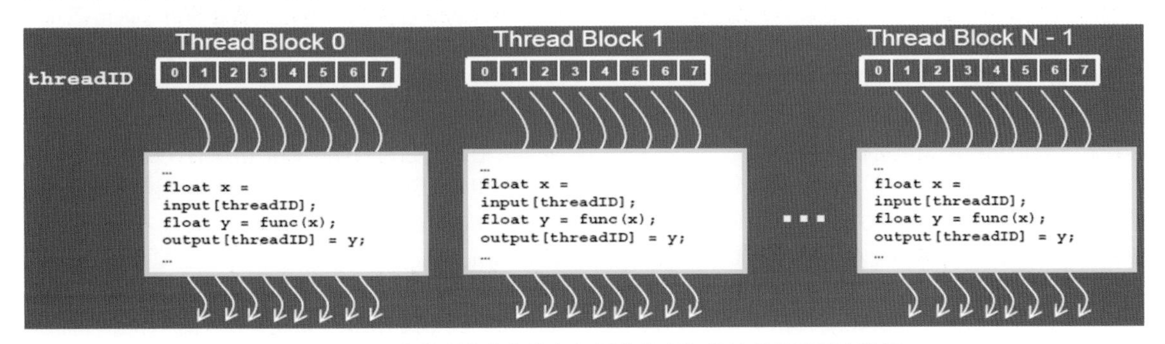

图9-73　Grid内的所有线程执行相同的代码但是处理的不同的数据

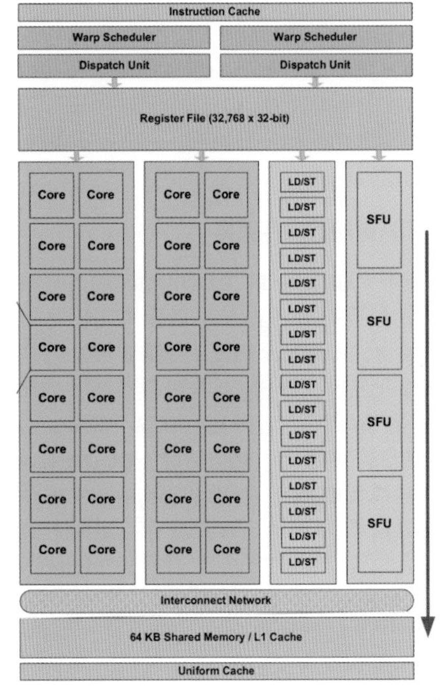

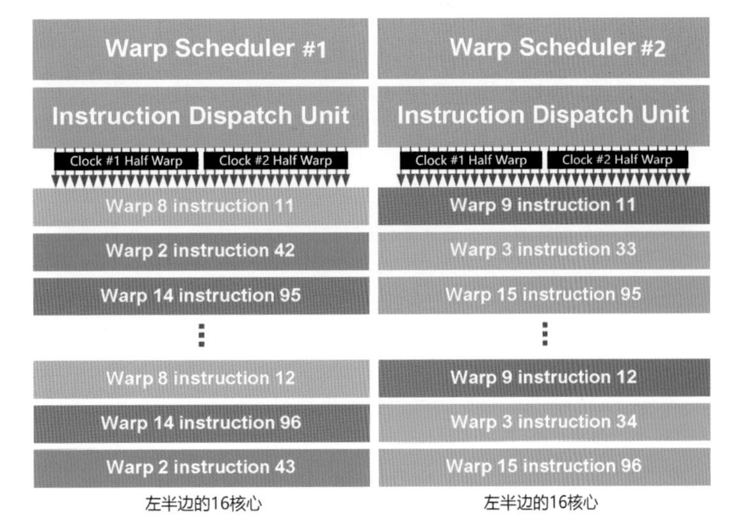

图9-74　Warp在SM内的调度方式

指令分别为一条纹理运算指令（引发Load/Stor单元从纹理缓存中寻址读取纹理并经过TMU单元的计算处理）和一条高精度浮点运算指令，这两个操作耗费时间较长，则这两条指令被Warp Scheduler分别调度到L/S单元和浮点运算单元执行后，由于耗时较长， Warp Scheduler #1将Warp8线程卸下，然后装载Warp2的第42条指令开始运行。在Warp之间切换的代价远低于耗时较长的指令执行过程，所以即便以单条指令为粒度切换Warp，仍然可以充分提升计算吞吐量。

Warp内的线程数量与SM内部运算单元的数量之间并没有直接联系。每个Warp被定义为32线程，并不意味着SM内部的运算单元也必须为32，实际上，后者可以为16、32或者48，这些数量曾经在NVIDIA的多个不同型号的GPU上都出现过。另外，**即便是每个SM恰好为32运算单元的GPU型号，其也并不是将一个Warp内32线程一次性调度到这32个单元上执行的**，而是利用两个时钟周期，在第一个时钟周期调度16个线程（Half Warp）到16个单元上执行，另外16个单元会被第二个Warp Scheduler从另外一个Warp中调度其Half Warp上来运行。在第二个时钟周期内，两个Warp Scheduler各自调度各自Warp的另一半Half Warp的16个线程到各自的16个单元上运行。

这种编排和调度方式看上去让人完全无法理解。这种设计背后的原因主要有3点。

（1）SM内部有多种计算资源，CUDA Core只是其中一种，其他还包括Load/Stor单元、特殊运算单元（SFU）与用于插值计算的SFU，L/S单元以及SFU的数量要少于CUDA Core的数量。而线程中的每个指令只能做一件事情，其要么利用CUDA Core来做通用运算，要么用SFU来做特殊计算，或者访存（访问纹理或者其他存储器）。那么，在这条指令执行期间，其他运算部件就处于闲置状态，这显然不划算。如果能够让一个SM同时并行运行两个线程，那么就可以充分利用这些资源。于是在图9-74中你可以看到两个Warp Scheduler，这相当于一个SM本质上是一个双核心处理器，而每个核心拥有16个ALU运算单元，其他运算部件两个核心共享。这样设计之后，如果两个并行的Half Warp中当前的指令恰好都需要访问CUDA Core，此时相比用一个Warp Scheduler直接一次性调度32线程到所有32运算单元上来讲，没有获得什么增益；但是如果Warp的指令是访问SFU，由于SFU的数量少于CUDA Core，比如只有8个SFU，那么32个线程就需要分4次被调度到8个SFU上执行，而此时，其他单元就闲置了4个周期，如果有第二个Warp Scheduler调度其他Warp到CUDA Core上执行，哪怕只调度Half Warp到16个CUDA Core上执行，这也比全部闲置要强。

（2）运算单元的指令译码器译码一次，运算单元的核心分两次执行两批线程的同一条指令。这样设计可以让指令译码单元运行在1/2运算单元时钟频率下，译码单元就可以使用频率更低、漏电流更小的更低功耗的晶体管，从而节省功耗和成本。

（3）Warp内线程数大于SM内的Core数量，这样可以在访存时节约时间。Half Warp被调度执行后，如果其发出了访存请求，则L/S单元批量取回整个Warp而不是仅取回Half Warp所需的数据，这样在另一半Warp下次被调度时可以直接缓存命中，节约了时间。这种做法叫作**Coalescing（融合）**。

NVIDIA代号GF104的GPU相比GF100在每个SM中多了16个CUDA Core，如图9-75所示。这下有点意思了，如果每个Warp Scheduler每次只能调度Half Warp，那么意味着这多出来的16个Core根本无法被利用。解决这个问题的方法可以是再增加一个Warp Scheduler，但是这样做成本较高。另一种妥协做法是，让一个Warp Scheduler可以并行发射多条指令，也就是多发射技术（此处可以回顾本书第4章内容）。

NVIDIA在GF104架构中设计了类似CPU中的指令多发射的超标量执行功能。这意味着， 即便是同一个线程的先后多个指令，如果这些指令访问不同的运算单元，则Warp Scheduler直接将这些指令并行调度到各自运算单元上执行，从而实现了指令级并行，也就是ILP（Instruction Level Parallel，见本书第6章开头）。而在这之前，GPU内部实现的仅仅是线程级并行。图中左侧所示为GF100架构的调度模型，利用两个Warp Scheduler，每个仅做单发射。而右侧GF104的Warp Scheduler可以判断指令的依赖关系以及当前运算单元是否已被占用，从而做多发射。相应地，GF104的驱动程序或者CUDA编译器在编译Pixel/Vertex/Compute Shader以及CUDA程序时，可以从编译层面对超标量进行进一步优化。这样，GF104的计算资源利用率会从GF100的2/6，提升到最高4/7、最差2/7。

有理由相信，随着GPU被越来越多地用来做通用计算，以及芯片工艺制程的提升，GPU内部的设计思路会越来越多地引入CPU的一些思路，引入一些更复杂、优化的控制逻辑进去。

9.5.3.5 CUDA程序的内存架构

如图9-76所示为GPU内部对CUDA程序的内存组织方式。每个线程运行时独占一个运算单元，每个运算单元拥有各自的**Register File（寄存器堆）**。视不同型号的GPU，通常每个SM上的寄存器堆大小在几十到数百KB容量，同一时刻运行在每个SM上的所有线程均分这个寄存器堆。默认情况下CUDA编译器会尽量把变量或者数据结构分配到寄存器堆中存储，但是如果数据结构太大，或者没有指定元素数量的数组，则这些数据会被放置到的**Local Memory**中存储。Local Memory位于显卡板载显存中，访问速度相对较慢，但是可以被部分缓存到L2以及SM的L1缓存中。每个线程拥有各自的Local Memory，自己独占访问。

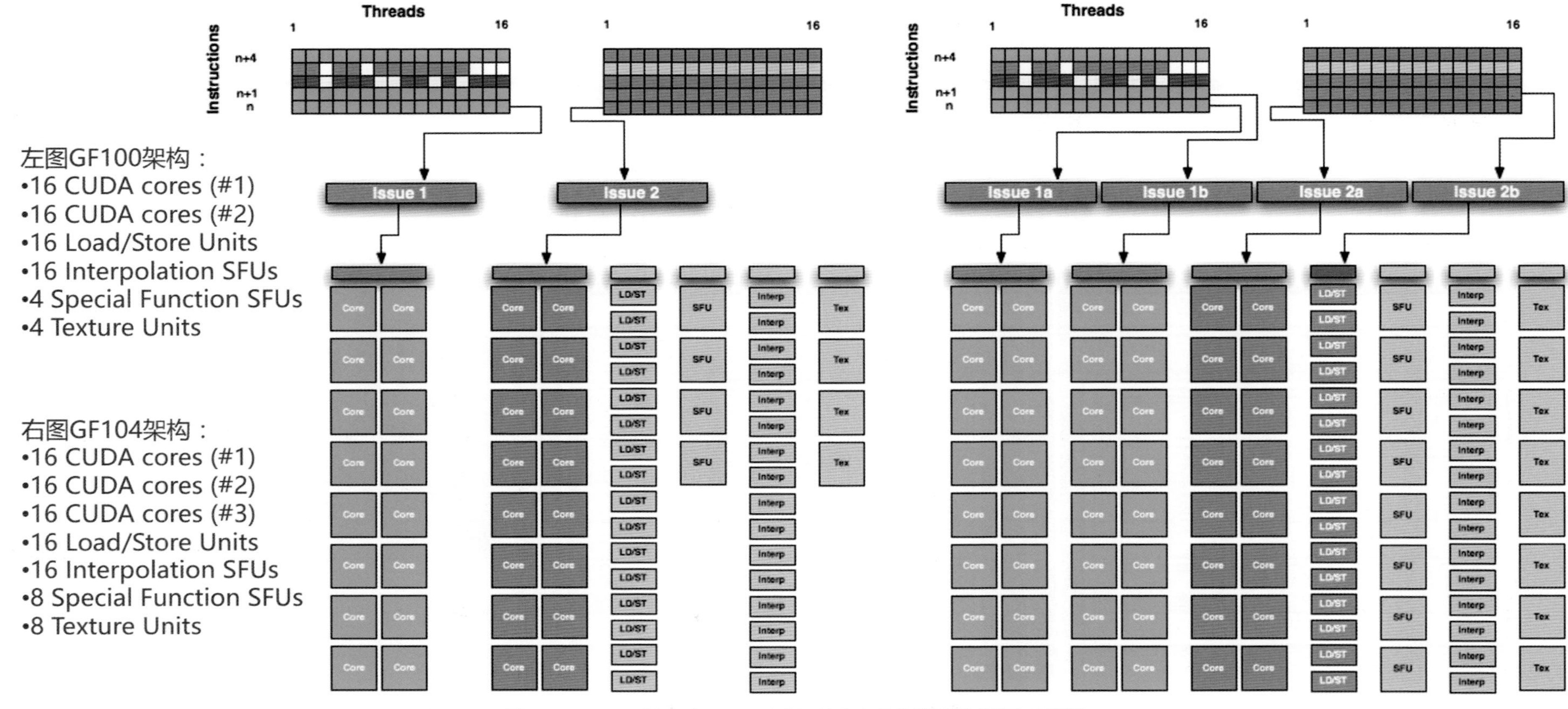
左图GF100架构：
•16 CUDA cores (#1)
•16 CUDA cores (#2)
•16 Load/Store Units
•16 Interpolation SFUs
•4 Special Function SFUs
•4 Texture Units
右图GF104架构：
•16 CUDA cores (#1)
•16 CUDA cores (#2)
•16 CUDA cores (#3)
•16 Load/Store Units
•16 Interpolation SFUs
•8 Special Function SFUs
•8 Texture Units
Threads
Instructions
n+4
n+1
n
1
16
Issue 1
Issue 2
Issue 1a
Issue 1b
Issue 2a
Issue 2b
Core
LD/ST
SFU
Interp
Tex

图9-75　GF100（左）和GF104（右）核心内部的线程调度架构示意图

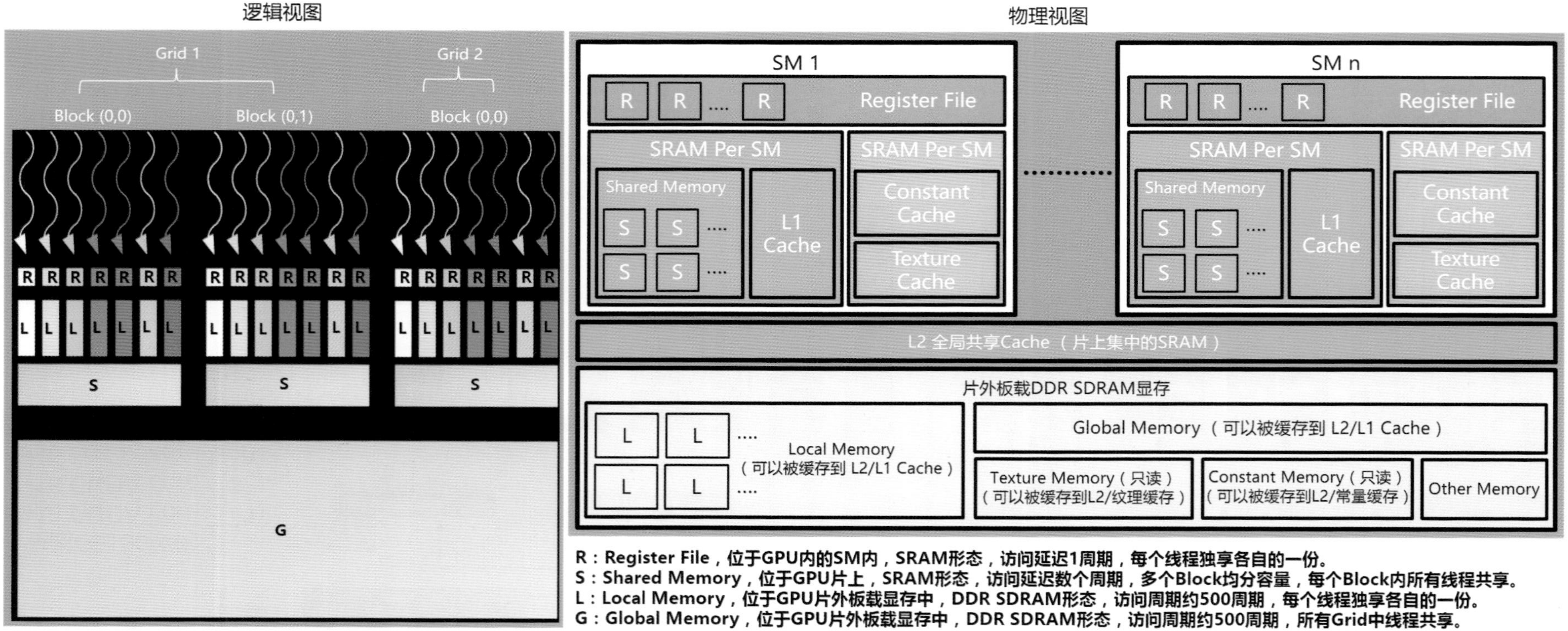

R：Register File，位于GPU内的SM内，SRAM形态，访问延迟1周期，每个线程独享各自的一份。
S：Shared Memory，位于GPU片上，SRAM形态，访问延迟数个周期，多个Block均分容量，每个Block内所有线程共享。
L：Local Memory，位于GPU片外板载显存中，DDR SDRAM形态，访问周期约500周期，每个线程独享各自的一份。
G：Global Memory，位于GPU片外板载显存中，DDR SDRAM形态，访问周期约500周期，所有Grid中线程共享。

图9-76　GPU内部对CUDA程序的内存组织方式

每个SM中还包含几十到上百KB的Shared Memory，其被用于同一个Block内部的所有线程之间通过共享内存方式通信和同步（比如通过__SyncThreads()函数）。由于多个Block可以轮流运行在一个SM上，每个Block均分SM上的Shared Memory，每个Block最大可分得48KB（该数值视CUDA版本和GPU型号不同可能有所不同）。由于Shared Memory位于SM片内的SRAM中，与L1缓存速度相同，所以其访问速度仅次于寄存器堆。Shared Memory还有个天然的优势是其内部采用了多个Bank，这些Bank可以并行访问。所以在向Shared Memory中存放数组时，或者访问Shared Memory时，如果能够遵循这种规律，就可以获得更高的并行性。

Global Memory与Local Memory一样也位于片外板载显存中，被所有线程共享使用，其可以部分被缓存到L2或者L1缓存中。

提示

cudaMalloc函数分配的显存会落入Global Memory区域，多个核函数之间如果需要通信，也利用Global Memory。核函数运行完毕的最终结果也会被写入Global Memory，然后经由cudaMemcpy函数复制到Host主存。核函数运行时如果进行子函数调用，会用到Local Memory，一些局部变量也被放到Local Memory中。

位于板载显存中的还有Texture Memory（纹理存储）和Constant Memory（常量存储），这两部分在SM内分别设有独立的缓存。Texture Memory只读（新GPU和CUDA版本支持可读写），每个SM上的纹理缓存大小在12KB～48KB之间；Constant Memory只读，最大为64KB，每个SM上的常量缓存大小在8KB/10KB。Texture Memory和Constant Memory在显存中的位置并不是固定的，而是动态的，也就是纹理数据复制到哪里，哪里就变成了Texture Memory。程序在复制完数据后还需要调用cudaBindTexture()（该函数用于告诉GPU某块显存存放的是纹理数据，从而触发GPU将其缓存到纹理缓存以提升性能）等函数才能正确使用纹理内存。纹理内存在CUDA中的使用场景见下文介绍。

每个SM上的L1缓存容量在几十KB级别，每个GPU芯片上的集中L2缓存容量大概在几MB左右。不同型号的GPU容量不同。

在程序中可以用_share_、_device_、_constant_关键字修饰从而手动控制将对应数据结构分配到何种存储器类型中。比如__shared__ int a[SIZE]表示将数组a分配到Shared Memory中存放，这样访问该数组的速度将会比较快。_device_、_constant_关键字分别表示让编译器将对应数据结构分配到Global和Constant Memory。一般来讲，存储器的速度排序为：寄存器堆 > Shared Memory > L1/Texture/Constant Cache > L2 Cache > Local/Global/Texture/Constant Memory，如图9-77所示。

纹理内存如果用好了会得到很高的性能。其原因有三个。第一个原因是纹理内存在SM内部有专用纹理缓存，可以提升性能。第二个原因是纹理缓存的组织形式是按照二维块（Tile，见第8章图8-268）来组织，而不是像传统缓存那样按照线性映射编排，这样做是为了适配纹理采样时读取某纹素四周相邻纹素的这种特殊行为。其他类似访存行为的通用计算场景（如图9-78所示）如果使用纹理内存来存放待处理的数据，那么运行时的缓存命中率相比传统缓存（如果将数据放到Global或者Local Memory中，则将会使用SM内的L1缓存，数据为传统线性编排方式）有更高的命中率，这进一步优化了性能。这类场景典型的有自定义图像处理场景，比如缩放、压缩、模糊化、锐化等，其底层行为也是对像素进行双线性、三线性等采样过滤，此时没有必要走Direct3D API，直接走CUDA更直接，此时就可以利用纹理内存来存放待处理数据以获得更高性能。

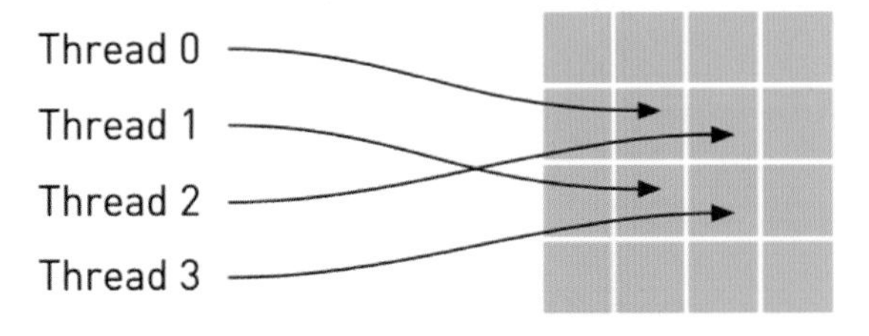

图9-78 有类似访存行为的程序

第三个原因是，CUDA程序并不仅仅可以利用GPU内部的Unified Shader Core来处理数据，其也可以利用TMU纹理单元来硬加速处理数据，此时必须

Memory	Location on/off chip	Cached	Access	Scope	Lifetime
Register	On	n/a	R/W	1 thread	Thread
Local	Off	†	R/W	1 thread	Thread
Shared	On	n/a	R/W	All threads in block	Block
Global	Off	†	R/W	All threads + host	Host allocation
Constant	Off	Yes	R	All threads + host	Host allocation
Texture	Off	Yes	R	All threads + host	Host allocation

† Cached only on devices of compute capability 2.x.

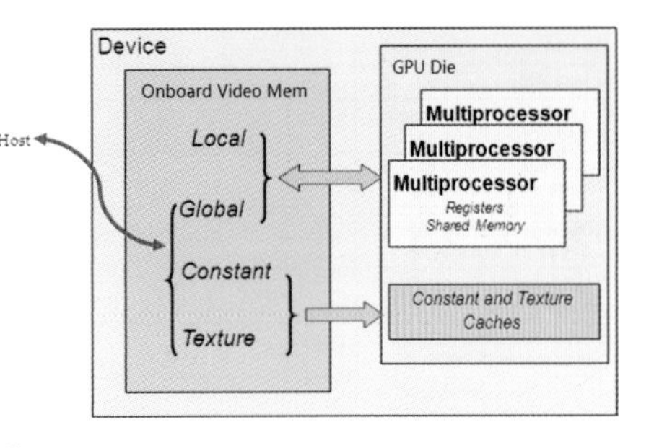

图9-77 各类存储类型综合对比

将待处理的数据放入纹理内存。TMU内的算力也是很强的，不用真的很浪费，比如上面这些图像处理场景，其底层机制基本上与3D渲染管线中期的纹理过滤流程类似，TMU就是这类运算的天然加速器。在CUDA中利用纹理内存，需要调用一些对应函数做准备，比如cudaBindTexture()等。另外，可以通过参数指定让CUDA在取纹理数据时采用何种纹理过滤方式，比如点采样cudaFilterModePoint或者线性采样cudaFilterModeLinear，具体通过下面的粗体代码来指定。此外还可以指定通过mipmap方式来过滤。指定这些参数之后，TMU单元就可以按照参数的要求执行对应的纹理过滤计算并返回数据。

```
// Specify texture object parameters
struct cudaTextureDesc texDesc;
memset(&texDesc, 0, sizeof(texDesc));
texDesc.addressMode[0] = cudaAddressModeWrap;
texDesc.addressMode[1] = cudaAddressModeWrap;
texDesc.filterMode = cudaFilterModeLinear;
texDesc.readMode = cudaReadModeElementType;
texDesc.normalizedCoords = 1;
texDesc.mipmapFilterMode = xxxxx
```

目前，NVIDIA用算力指数来衡量其旗下的GPU的运算能力。如图9-79 和图9-80所示为各种算力指数对应的GPU的资源规格和限制一览。

Compute Capability	1.0	1.1	1.2	1.3	2.0	2.1	3.0	3.5
SM Version	sm_10	sm_11	sm_12	sm_13	sm_20	sm_21	sm_30	sm_35
Threads / Warp	32	32	32	32	32	32	32	32
Warps / Multiprocessor	24	24	32	32	48	48	64	64
Threads / Multiprocessor	768	768	1024	1024	1536	1536	2048	2048
Thread Blocks / Multiprocessor	8	8	8	8	8	8	16	16
Max Shared Memory / Multiprocessor (bytes)	16384	16384	16384	16384	49152	49152	49152	49152
Register File Size	8192	8192	16384	16384	32768	32768	65536	65536
Register Allocation Unit Size	256	256	512	512	64	64	256	256
Allocation Granularity	block	block	block	block	warp	warp	warp	warp
Max Registers / Thread	124	124	124	124	63	63	63	255
Shared Memory Allocation Unit Size	512	512	512	512	128	128	256	256
Warp allocation granularity	2	2	2	2	2	2	4	4
Max Thread Block Size	512	512	512	512	1024	1024	1024	1024
Shared Memory Size Configurations (bytes)	16384	16384	16384	16384	49152	49152	49152	49152
[note: default at top of list]					16384	16384	16384	16384
							32768	32768
Warp register allocation granularities					64	64	256	256
[note: default at top of list]					128	128		

图9-79　各种算力指数对应的GPU的资源规格和限制一览（1）

	Compute Capability										
Technical Specifications	**3.0**	**3.2**	**3.5**	**3.7**	**5.0**	**5.2**	**5.3**	**6.0**	**6.1**	**6.2**	**7.0**
Maximum number of resident grids per device (Concurrent Kernel Execution)	16	4	32				16	128	32	16	128
Maximum dimensionality of grid of thread blocks	3										
Maximum x-dimension of a grid of thread blocks	2^{31}-1										
Maximum y- or z-dimension of a grid of thread blocks	65535										

	Compute Capability										
Technical Specifications	**3.0**	**3.2**	**3.5**	**3.7**	**5.0**	**5.2**	**5.3**	**6.0**	**6.1**	**6.2**	**7.0**
Maximum dimensionality of thread block	3										
Maximum x- or y-dimension of a block	1024										
Maximum z-dimension of a block	64										

	Compute Capability										
Technical Specifications	**3.0**	**3.2**	**3.5**	**3.7**	**5.0**	**5.2**	**5.3**	**6.0**	**6.1**	**6.2**	**7.0**
Maximum number of threads per block	1024										
Warp size	32										
Maximum number of resident blocks per multiprocessor	16				32						
Maximum number of resident warps per multiprocessor	64										
Maximum number of resident threads per multiprocessor	2048										
Number of 32-bit registers per multiprocessor	64 K			128 K	64 K						
Maximum number of 32-bit registers per thread block	64 K	32 K	64 K				32 K	64 K		32 K	64 K
Maximum number of 32-bit registers per thread	63	255									
Maximum amount of shared memory per multiprocessor	48 KB			112 KB	64 KB	96 KB	64 KB		96 KB	64 KB	96 KB

	Compute Capability										
Technical Specifications	**3.0**	**3.2**	**3.5**	**3.7**	**5.0**	**5.2**	**5.3**	**6.0**	**6.1**	**6.2**	**7.0**
Maximum number of threads per block	1024										
Warp size	32										
Maximum number of resident blocks per multiprocessor	16				32						
Maximum number of resident warps per multiprocessor	64										
Maximum number of resident threads per multiprocessor	2048										
Number of 32-bit registers per multiprocessor	64 K			128 K	64 K						
Maximum number of 32-bit registers per thread block	64 K	32 K	64 K				32 K	64 K		32 K	64 K
Maximum number of 32-bit registers per thread	63	255									
Maximum amount of shared memory per multiprocessor	48 KB			112 KB	64 KB	96 KB	64 KB		96 KB	64 KB	96 KB

图9-80　各种算力指数对应的GPU的各种资源规格和限制一览（2）

9.5.3.6 基于CUDA的PhysX库效果

基于NVIDIA GPU的CUDA加速计算越来越流行，在各行各业得到了广泛应用。NVIDIA自家搞的物体碰撞物理计算加速库PhysX本身就是基于CUDA实现的（如图9-81所示）。游戏程序调用PhysX库中的物理碰撞模拟算法，将模型的顶点坐标位置利用CUDA加速计算出来，返回到Host主存，然后游戏再走D3D渲染流程，将物理碰撞变形之后的拥有新顶点位置的模型渲染出来。物理碰撞特效非常适合使用并行计算来加速。比如有一千颗冰晶，游戏中的角色朝某个方向释放后，每颗冰晶都有个初速度和模拟阻力（甚至还可以引入当时的环境风速），然后针对每一颗冰晶计算其下一个时间单位（比如决定该物理特效动画流畅度为每秒30帧，那么每个时间单位就是33 ms）所在的位置，这个过程所使用的算法再简单不过，就是牛顿运动定律，根据合力求时间t后的位移量。如果前方有遮挡物，则根据位移量和遮挡物坐标算出发生碰撞的时间点和位置（这个过程被称为**碰撞检测**），然后在该时间点针对该粒子做反弹计算，至于该过程中所利用的公式，我想任何一个高中毕业的朋友都做过小球以一定入射角撞墙反弹的物理题，不再赘述（其实冬瓜哥已经忘了，尴尬一下）。经过大量运算之后，这些冰晶颗粒就按照物理规律运动，产生震撼的物理模拟特效。至于如何将这个过程写成CUDA程序，大家可以自行思考，无外乎9.5.3节中列出的基本CUDA函数和编程方式。

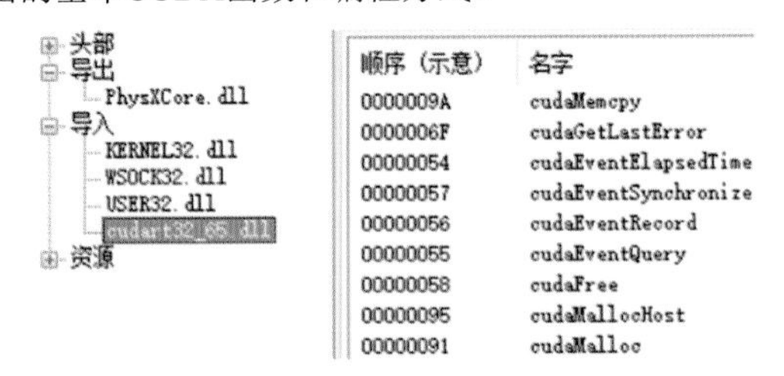

图9-81　PhysX库相关dll文件调用了CUDA库

对于流体、刚体内部的变形模拟，则需要将该物体内部粒子化，将其模拟成用多个小物体来堆出一个大物体。当大物体收到外力时，根据力的大小和方向，计算出这个力会对其内部小物体产生的力的分解传递方向，然后分别计算每一个小物体的运动轨迹，得出下一步的位置。还记得前文9.1.3节中描述的算法么？整个过程如图9-82所示。

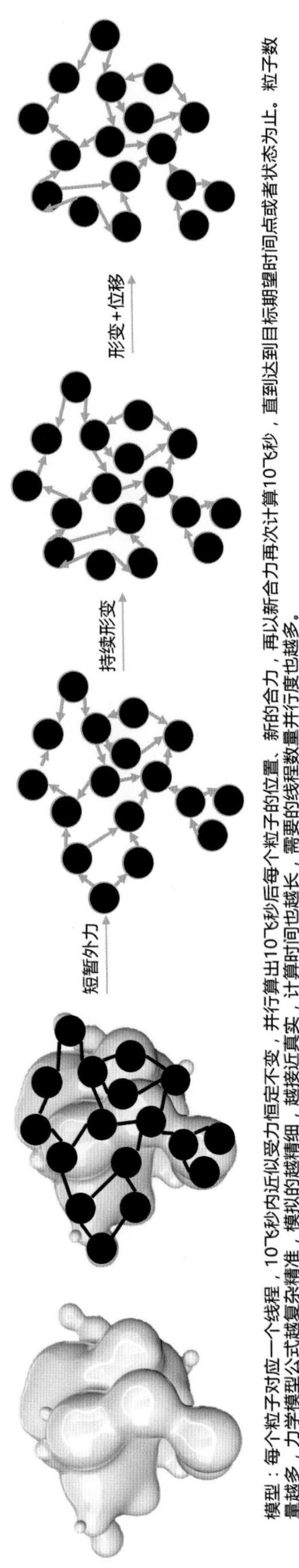

短暂外力
持续形变
形变+位移
模型：每个粒子对应一个线程，10飞秒内近似受力恒定不变，并行算出10飞秒后每个粒子的位置、新的合力，再以新合力再次计算10飞秒，直到达到目标期望时间点或者状态为止。粒子数量越多，力学模型公式越复杂精准，模拟的越精细，越接近真实，计算时间也越长，需要的线程数量并行度也越多。

图9-82　流体力学模拟示意图

如果你想让物理特效更加流畅，比如帧率达到每秒60帧（注意，动画生成的帧数、渲染的帧数、屏幕刷新率的帧数这三者毫无联系，各自独立，详见第8章图8-243下方的提示），那么你需要计算的小物体位移步进就是1/60=0.017秒。剩下的大家利用高中物理知识就可以计算了，利用冲量=ft这个公式，算出一定时间后物体的位置，然后写入顶点坐标，将顶点模型下发到GPU渲染。

提示

如果仔细思考一下会发现，这种对刚体、软体或者流体的作用模拟过程，与蛋白质折叠过程其实是有区别的。蛋白质折叠过程是大分子中所有原子本身同时在遭受各个方向、不平衡的力，而对物体、流体的作用，是不同的过程，该物体本来是静止的，其内部粒子遭受的力原本是平衡的。在其表面的某个或者某些粒子受到外力之后，这个力其实是需要一步步地被传递到其内部各个粒子上的，这个力的传递速度并不是光速，而是需要一定时间的。经过实测，一根5000米的钢制物体，力从一头传递到另一头需要一秒的时间，不同介质力的传递速度也各不相同。但是鉴于游戏中的物体大概都不会超过1米，那么其内部应力的传递时间会在0.0002秒量级上，要做到理论最大流畅度，动画帧率应为1/0.0002=5000帧/s。此时，无法进行并行计算，因为力是一步步串行在内部粒子之间传递的，只能够串行来算，那就没有必要了。如果将帧率限制到60帧，那么力的作用时间为0.017秒，在这个时间范围内，外力可以被等效认为瞬间传递到物体内部所有粒子上，当然，每个粒子受到的力的大小、方向都会不同，越远处的受力越弱，因为力在传递过程中被按照角度分解掉了，可以设置一个最远处的质点并忽略该质点后续的力的传递。这样，就可以预先算出所有粒子受的力，然后让所有粒子一起并行运动，实现并行计算。而对于人脑的辨识率而言，这种精度已经远远足够了。

在游戏历史上，曾经有多款游戏调用了PhysX实现了真实的物理效果，比如《圣域2》（粒子碰撞）《Mafia II》（粒子碰撞）《蝙蝠侠》系列（烟雾和布料互动）《地铁》系列（粒子碰撞）《雪域危机》，以及《爱丽丝梦游仙境》（两款流体物理效果少有的游戏）《镜之边缘》（布料碰撞互动）《幽灵行动》（粒子碰撞）等。其中《圣域2》对PhysX达到了滥用的程度，对于当年的显卡在渲染该游戏时当然会力不从心，但是时隔数年之后的显卡则可以特效全开以2k分辨率下达到70帧以上的渲染性能，冬瓜哥甚是欢欣。写到这里，冬瓜哥不由自主又打开了PC机载入《圣域2》进去享受了一下里面的风景，以及令人心旷神怡的物理特效。如图9-83所示，在GTX980显卡强悍算力的支撑下，人物脚下的火圈在地上留下了按照真实物理相互作用的火星拖尾；火圈发出的热风将地上的石子、火星等向外吹；大量的（据冬瓜哥观察起码有数千个）魔法冰晶颗粒被爆发出来碰到场景中的物体上反弹并相互碰撞，然后按照物理规律运动掉落并堆积在地上；被风刮起的地上数百片落叶随风飘动下落；人物走路驱赶起地上的石子和落叶，所有石子/落叶都会有投影，所有的石子落叶都可以按照物理规律自旋转。而如果关闭PhysX特效，石子、落叶和冰晶都不会出现。《圣域2》一度让冬瓜哥感觉没有物理特效的游戏都索然无味。

值得一提的是，PhysX可以被配置为使用CPU+软件方式来计算。但是在冬瓜哥的Intel酷睿i7 CPU下，使用软计算运行圣域2，当控制游戏角色放出冰晶魔法时，此时画面已经不是每秒几帧的帧率了，而是几秒一帧，此时显卡基本处于闲置状态，CPU使用率100%。然而，CPU就算忙得满头汗也赶不上显卡弹指一挥间的性能，游戏画面帧率成了名副其实的幻灯片速度。而且软算法考虑到CPU的算力，对物理效果做了大幅简化，无论是粒子数量还是排布的凌乱程度上，真实度差了一大截。

目前一些主流3D游戏大作中多少都使用了物理特效，只不过并没有达到像《圣域2》那样的滥用程度，基本都是针对少数物体实现物理特效，比如地上的几个木桶、木棍等，也就是大块物体与主角之间，以及物体相互之间的作用，而并不是数千个小粒子之间相互作用。此时牵扯到的运算量相对较小，因为同一个物体其实只需要对其重心做物理模拟即可，包括平移以及自身旋转力矩的计算，以目前的CPU算力，计算上述物理碰撞模拟过程时的性能还是可以接受的。

可惜，《圣域3》成了快餐游戏，失去了探索的乐趣，也没有了之前的PhysX效果。请问还会有《圣域4》么？期待中，期待滥用PhysX的回归！

这里可能会有个疑惑：既然GPU已经将新的顶点位置计算好了，为何不能直接在GPU内部将其输送给3D渲染流程的入口模块呢？没有必要先把结果复制回主存，然后再次从主存复制到显存。是的，这个过程其实是可以优化的。如图9-84所示就是经过优化之后的流程。Host端有3个队列（只是抽象而言，实际上可能会有很多不同类型、数量的队列）：Copy Queue用于下发数据复制命令，在GPU和Host之间双向复制数据；Compute Queue用于Host对GPU下发通用计算类的任务；3D Queue则用于下发3D渲染类任务。GPU内部也可以抽象成3个工作引擎：复制引擎（物理上就是DMA控制器）、计算引擎（通用计算核心）和3D

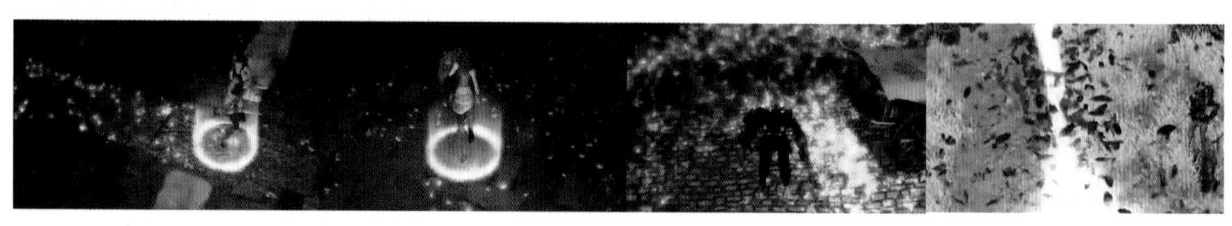

图9-83　PhysX物理加速库以及游戏《圣域2》中的PhysX特效截图

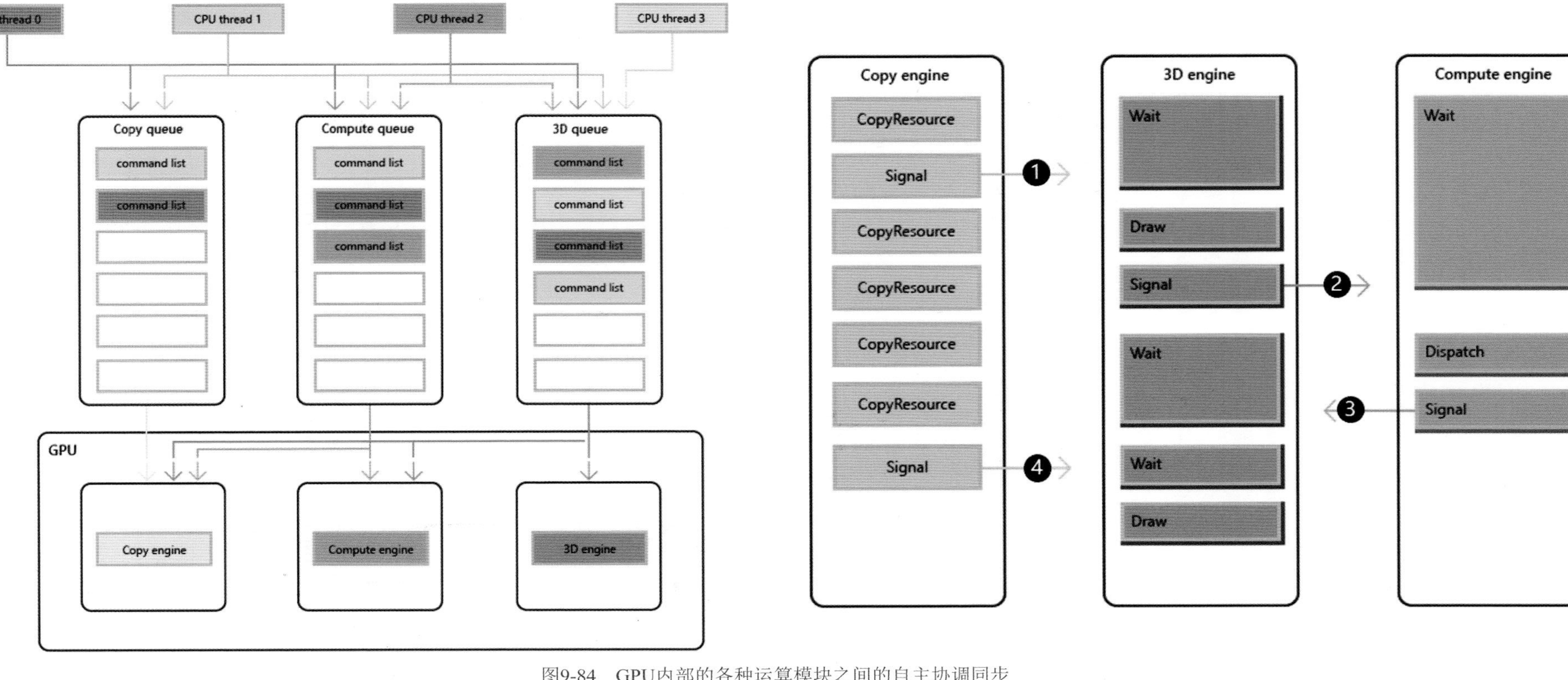

图9-84　GPU内部的各种运算模块之间的自主协调同步

引擎（通用计算核心+纹理/栅格化等硬加速模块）。如图9-84右侧所示为这些引擎在内部相互协作的流程示意图。首先Host端将需要运算和渲染的数据复制到GPU，然后复制引擎在复制完数据之后通知3D引擎做初步的预处理，处理完后3D引擎通知计算引擎开始进一步计算，后者计算完毕之后通知3D引擎，此时数据依然在显存中，无须复制到主存。同时，复制引擎会继续复制一些用于渲染的素材，比如纹理等，复制完毕后，通知3D引擎。3D引擎在拿到了计算引擎的输入数据以及Host端的纹理等数据之后，继续渲染、输出。

9.6 利用PLD和ASIC加速计算

GPU虽然是一种硬件，但是其依然是运行软件来进行计算的。这里的“软件”泛指译码和执行机器指令来处理数据。这样做虽然非常灵活，可以灵活载入任意代码进行计算，但是其性能还是赶不上另一种计算方式：纯数字逻辑运算。

计算A+B的最快速方式是什么？答：Stor_i A 寄存器A，Stor_i B 寄存器B，Add 寄存器A 寄存器B 寄存器C，Disp 寄存器C。错！Stor_i A 寄存器A，Stor_i B 寄存器B。对！嗯？没道理，为什么没有Add指令，这两个数值自己就相加了？也不用Disp指令，难道结果自己就显示出来了？是的！你还挺能的，咋不把Stor_i指令也省了呢？这个真省不了，数据还是要喂进去的，毕竟运算单元不会自己去拿数据，它只是加速了计算过程。

如图9-85所示，左侧的做法是通用CPU的做法，利用机器指令中不同的字段的编码来操控电路不同的部分，产生不同的路径和结果，很灵活。右侧则是专用逻辑的做法，不需要是使用指令，只要给出输入，就得出固定的输出。这样就省掉了取指令和译码的环节，但是也极度不灵活，这个方法只能完成固定模式的计算，比如图中的加法，但是其运算速度是最快的。

可以看出，这种加速计算方式并非通过将数据分割然后用多个核心并行处理来实现加速，而是致力于降低处理时延来提升性能，其代价是失去了灵活度，只能执行预先固定好的算法。而传统走代码的灵活方式本质上是用指令来控制电路将数据导入通用大块逻辑中对应本次运算所需的那个逻辑单元从而完成计算，利用指令来精细挑选可输出。其实我们在第5章的图5-36就介绍过利用纯数字逻辑完成计算的例子，可以回顾一下那个简易计时器的硬件实现。

图9-86右侧的场景其实并不是速度最快的，因为位于其前端的地址译码器、存储器等都是在时钟信号驱动下，最快只能每个时钟周期向加法器输送一对新数值。这意味着该电路的算力受限于其时钟频率，该电路的时钟频率又进一步受限于其所处的芯片模块时钟域的时钟频率，如果该时钟域内有其他一些复杂逻辑限制了整体时钟频率，那么简单快速逻辑就会被拖累，运行在慢速时钟频率下。

显然，最快速的运算，是把时钟信号和寄存器去掉。如图9-86左侧所示，将一块数字逻辑的输出反馈到其输入端，此时该数字逻辑会不停地被自激运算。比如，如果这块逻辑是一个乘法器，那么它会不断累乘一直到全部溢出为止，累乘一遍的时延是这块逻辑内部逻辑门翻转传递信号的时间。但是实际上，由于各路信号反馈到输入端的到达时间有差异，最终在计算几轮之后输出结果就会完全乱掉。这种不受控的计算，是没有实际价值的。引入寄存器和时钟之后，就可以保障所有信号都已稳定后才继续运行，但是难免会引入一些余量，这些余量就产生了额外的时延。

另外，去掉寄存器和时钟会导致逻辑电路无法刹车，它会一路跑到黑，无法拿到中间数值。这就像

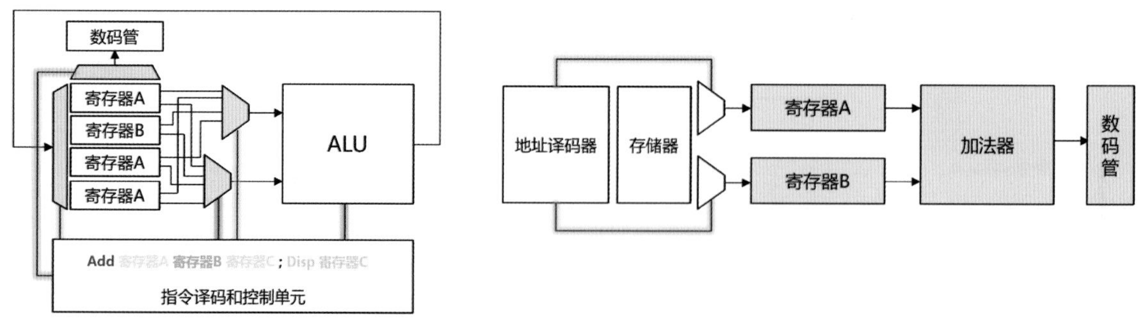

图9-85 走代码和走逻辑计算加法

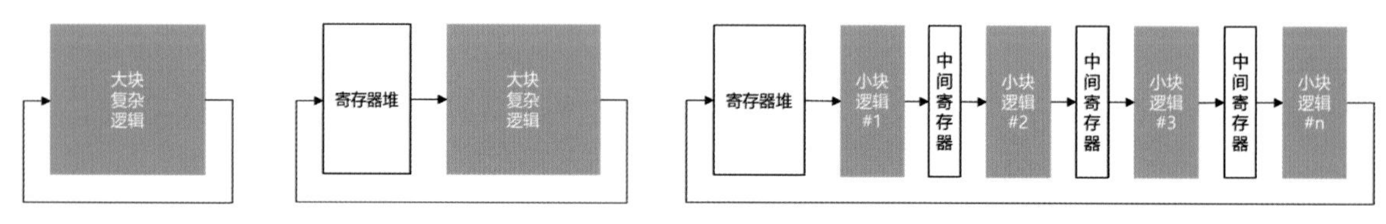

图9-86 对纯数字逻辑的运行控制方式

撤了僵的野马、上紧发条然后突然抽掉擒纵器的机械表，你只能眼看着发条驱动着指针飞快旋转到停，能量被瞬间释放。但这又有什么意义呢？让一箱汽油瞬间爆炸能够获得更高的能量释放速度，但是却没有意义。而如果让汽油在内燃机中受控爆炸然后将推力输送到传统轴同时加上离合装置（时钟+寄存器）控制启停才有意义。所以需要加入寄存器和时钟机制来制约信号的载入、计算和输出过程，用时钟控制寄存器的瞬间透传+瞬间锁定，来一步一步往前走。只有加入寄存器和时钟，才可以随时停止输送新数值信号，将中间值取出进行判断然后继续执行或者重置。

如图9-86右侧所示为将一块大逻辑拆分成多个小逻辑，形成流水线，增加并行度，我们在第4章已经详细介绍过。

上面只是举了一个简单的例子，如果运算逻辑非常复杂，那么可以编写对应的通用代码并将其运行在图9-85中左侧所示的简易CPU上，只需要堆砌（或者说编程）大量的机器指令即可，所以左侧的硬件架构可以保持统一，然后用软件来定义该硬件体现出来的功能，也就是所谓软件定义（可编程）。对于图9-85中右侧的硬件，如果运算逻辑变了，那么图中的加法器就需要被替换成新的运算逻辑，之前做的芯片就废了。

要想有足够的灵活性，有个折中的办法是，将一些常用的逻辑做成分立器件（Discrete Component），比如计数器、比较器、译码器等，如图9-87所示，然后将这些分立器件用导线连接起来就可以搭建逻辑电路。

老板，给称二两计数器！老板：管够称，还多给了两个呢，不谢！别忘了送个电阻电容套装！必须的！如图9-88所示。

于是你开始在**面包板**（早期在美国，人们将大量电子管固定在切面包用的木板上来搭建电路，该名称也就沿袭至今）上对器件进行连线搭建电路。这种做法对于一些极小规模的电路搭建非常方便，其成本也低。但是如果电路规模太大，这种做法则会变得不现实。搭建大规模电路还是要用集成度高的芯片。

那么，有没有可能存在某种芯片，该芯片内部的逻辑门是可以重新被编排的？就像多米诺骨牌，摆放成某种逻辑，运行时推一下，然后静候佳音，这期间不需要任何机器指令，全靠逻辑门自身翻转（骨牌按照既定方向倒下）来体现出计算逻辑。如果要想换成另一种逻辑，只需要重新摆放一下骨牌的位置即可，而不是把整套骨牌扔掉再换一套新的。可以灵活摆放芯片内部的门电路，这听上去根本不可能，但是仔细一想又简单到不可思议。用晶体管来控制芯片内某根导线的开合，这个完全可以做到。虽然这样做无法改变芯片内晶体管的位置，但是，如果预先准备好大量灵活排布的导线，以及设置对应的选路器或者

图9-87 采用分立器件搭建逻辑电路

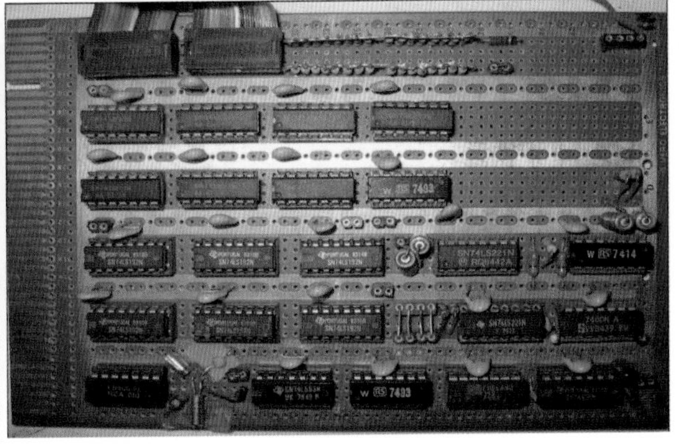

图9-88 在面包板上用分立器件搭建逻辑电路

Crossbar装置，就可以只通过任意改变连线而改变晶体管的连接拓扑从而改变逻辑。

把内容重新翻回到第1章1.3.5节中，为了照顾你的手指，冬瓜哥将对应内容截图贴到了图9-89中。我们重温一下逻辑电路是怎么根据真值表写出来的，但愿在距离本书第1章一千页以后，你还记得这些可能已无人问津而冬瓜哥却在津津乐道的东西。

可以看到，任何逻辑（注意，是“任何”，没有之一也没有例外）都可以表达成把输入值或者反相的输入值相与成乘积项，然后再将多个乘积项相或的方式。根据这个道理，生成如图9-90所示的电路。图中左侧所示为一个4输入1输出的逻辑电路，利用Crossbar矩阵（原理见本书1.3.9节以及6.3.1节），可以灵活选择将ABCD以及A’B’C’D’输送到一个4输入与门中相与成一个乘积项，4路4输入与门形成四个乘积项，再进入4输入或门相或出最终结果。通过开关控制寄存器控制Crossbar上每个交叉点的晶体管通断，从而可以选择将哪个值输入到与门。值得注意的是，每一对开关（图中的一对红绿组合）只能打开一个，如果两个都打开会导致错误。所以，这一对信号其实可以用一根线+一个反相器来承载，这样每个与门只需要配一个4位寄存器即可。如果你的逻辑只有2输入，4输入用不了，没事，把另外两个输入的正值和反值都强制恒定为1就可以了（此时必须用8位寄存器与每个与门对应才能够支持这种用法）。可以看到输入信号先进入**与阵列**，经过与门做乘积（相与，与操作和相乘性质类似，见本书第1章介绍），多个乘积项再被输送到**或阵列**，然后输出。

一个4输入的逻辑会产生16种输入组合，所以，一个完整的4输入1输出的真值表，需要用4套图中左侧所示的逻辑来堆砌，最终形成如图右侧所示的完整逻辑。当然，如果你的逻辑虽然是4输入，但是逻辑比较简单，只用了比如4行真值表，那么此时右侧所示的电路就会很浪费。所以，采用图中左侧的结构，然后在芯片上放置多套同样的结构，如果真值表很大，可以用多个该结构来拼接，一样可以达到效果。

当然，利用乘积项的方式来表达真值表，会有很多浪费，因为表达出来的逻辑里面会有很多重复、不相关的逻辑，这些不相关的冗余逻辑其实是很可以被化简掉的。实际的产品中会有各种不同规格和连接方式的与/或阵列。

Crossbar（与/或阵列）交叉点上的开关（晶体管），可以使用p/nMOS管+控制寄存器来控制，但是这样做需要配套大量的寄存器，成本比较高，而且每次加电需要重新将配置信息写入到寄存器中从而重新打开对应的开关。另一种方式是采用基于浮栅极的

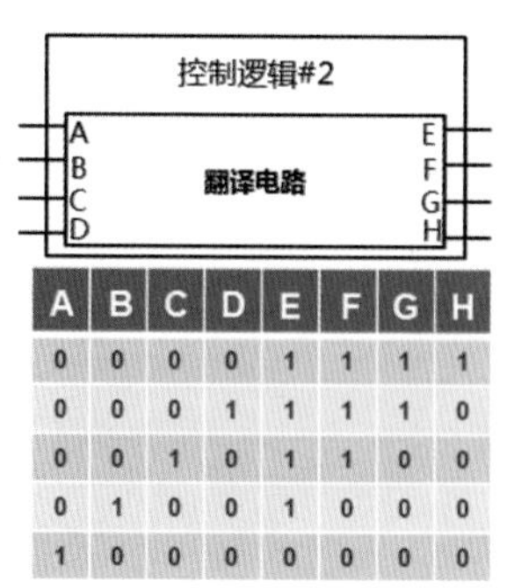

A	B	C	D	E	F	G	H
0	0	0	0	1	1	1	1
0	0	0	1	1	1	1	0
0	0	1	0	1	1	0	0
0	1	0	0	1	0	0	0
1	0	0	0	0	0	0	0

E= A’·B’·C’·D’ 可以描述第一行，那么第二行既然不能用这个式子描述，那肯定也有其对应的表达式，专门为第二行写出来，就是E= A’·B’·C’·D，第三行则是E= A’·B’·C·D’，第四行E= A’·B·C’·D’，第五行由于E=0，不用写表达式。这四行都对，又都不对，那到底是个什么状态？任何一种输入组合，要么匹配第一行，要么第二行，总之总得匹配某一行，这思路就来了，既然是“要么”，那么“或”这个逻辑，是否可以用来表达这个规律？我们把这五个式子或一下，E= A’·B’·C’·D’ + A’·B’·C’·D+ A’·B’·C·D’ + A’·B·C’·D’，这个式子表达了这样一个意思，任何一组输入组合，同时输入到这4个子等式里，一旦某个子等式不匹配，则这个子等式的输出一定是0，但是这4个子等式中总有一个匹配，那么其输出为1，而因为这4个子等式的输出是相或在一起的，所以整个等式的输出就为1，正好匹配了E=1的现实。代入验证发现，这个等式的确是正确的，其的确可以完整描述一个真值表逻辑。同理，我们写出EFGH四个输出的各自的表达式：
E=A’·B’·C’·D’ +A’·B’·C’·D+ A’·B’·C·D’ + A’·B·C’·D’，F= A’·B’·C’·D’ + A’·B’·C’·D+ A’·B’·C·D’，G=A’·B’·C’·D’ + A’·B’·C’·D，H=A’·B’·C’·D’。

所以，根据真值表生成逻辑电路的基本规律是：忽略输出值为0的行，找出输出值为1的行，然后观察该行的所有输入信号的值，若为0，则对信号取反，然后将该行所有输入信号相与，再将所有行相或，即可得出该行输出值。
每一行输入信号的正值或者反值相与形成一个**乘积项**，多个乘积项相或后形成一个输出值。

图9-89 温习根据真值表写逻辑电路表达式的方法

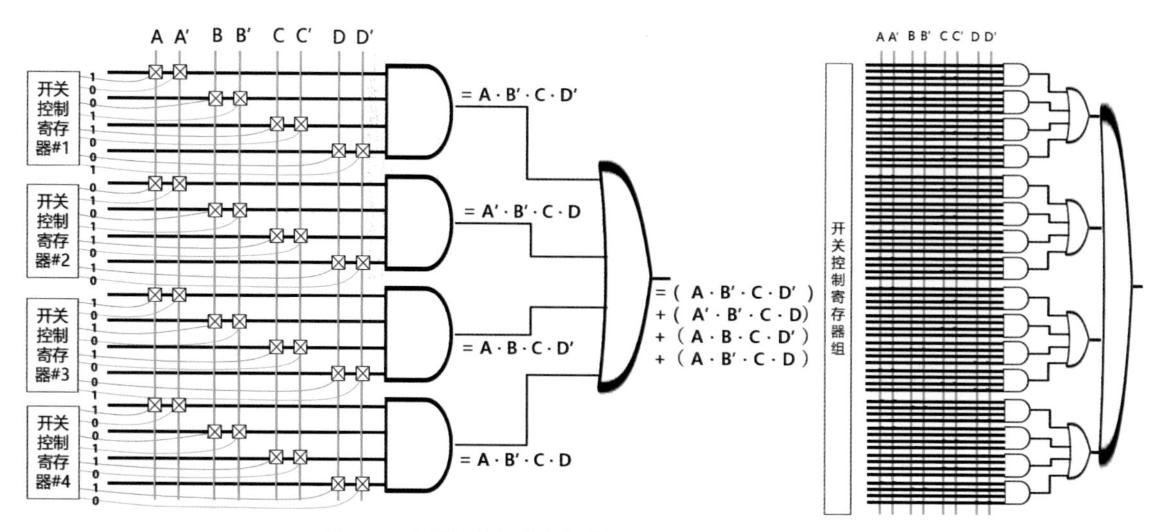

图9-90 实现任意生成多个乘积项及将它们相或的电路

Flash Cell作为开关，通过将其充放电就可以控制开关的通断，而且Flash Cell具有掉电信息不丢的特性，下次加电后，芯片中的逻辑依然存在。也有采用PROM（电可擦除的EEPROM、紫外线照射擦除的EPROM等）来作为开关的，其也可以实现掉电后逻辑不丢，成本更低。其他还有采用熔丝（Fuse）或者反熔丝（Antifuse）的一次性编程逻辑（如图9-91所示）。

遵循上述思路，人们制作出了各种PLD（Programmable Logic Device，**可编程逻辑器件**）。主流的几种PLD形态包括：PAL、PLA、CPLD、FPGA，其中CPLD和FPGA应用最为广泛。

9.6.1 PAL/PLA是如何工作的

如图9-92左侧所示为PAL（Programmable Array Logic）器件基本作用原理，其由可编程的（叉形表示可控开关）**与阵列**与固定连接（黑点表示固定连通）的**或阵列**拼接而成。图中右侧所示为PLA（Programmable Logic Array）器件，其与PAL的区别是其或阵列也是可编程的，更加灵活。图中的与门和或门都是简化表示的，实际上它们都是多输入的。

与阵列和或阵列只是PAL/PLA器件的核心部分，其还需要有外围部分，也就是如何将数据输送到与/或阵列上，计算出来的数据如何保存并输出。所以，还需要加上寄存器、I/O模块等部分。除此之外，还需要保存所有Crossbar控制开关的通断控制值，这些控制值被称为PLD的**配置信息**。配置信息可以被存放在一片外接的非易失性存储器中，每当PAL/PLA加电后，从该存储器中读出然后载入到自己内部用于控制开关的部件，比如寄存器中。如果采用EEPROM、Flash来充当开关，则可以不需要外接的存储器，因为开关本身就是非易失性的。

如图9-93所示为某PAL器件内部架构示意图。

PAL/PLA器件出现于20世纪70年代，由于其集成的逻辑规模比较小，目前已经被淘汰。人们目前广泛使用的是集成有更多逻辑的CPLD（Complex Programmable Logic Device）。

9.6.2 CPLD是如何工作的

CPLD相比PAL/PLA集成了更大量的逻辑，其做法相当于把多个**小规模的PAL逻辑阵列（又被称为Macro Cell，宏单元）**利用更大规模的Crossbar连接起来，可以让多个小逻辑合并成一个大逻辑阵列从而体现更复杂的真值表，也可以将某个逻辑块的输出锁定到结果寄存器中然后作为另一个逻辑块的输入，形成时序逻辑。所以CPLD相比PAL/PLA可以形成更大规模、更复杂的组合逻辑和时序逻辑。另外，CPLD相应地也增加了I/O模块的数量和容量。

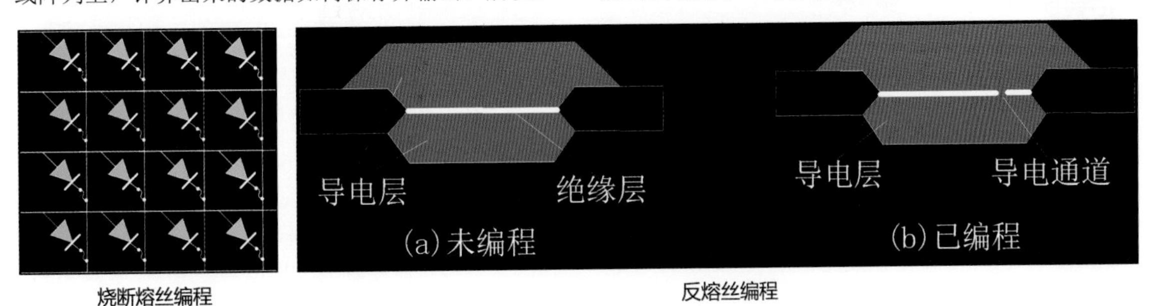

图9-91 熔丝与反熔丝编程方式原理示意图

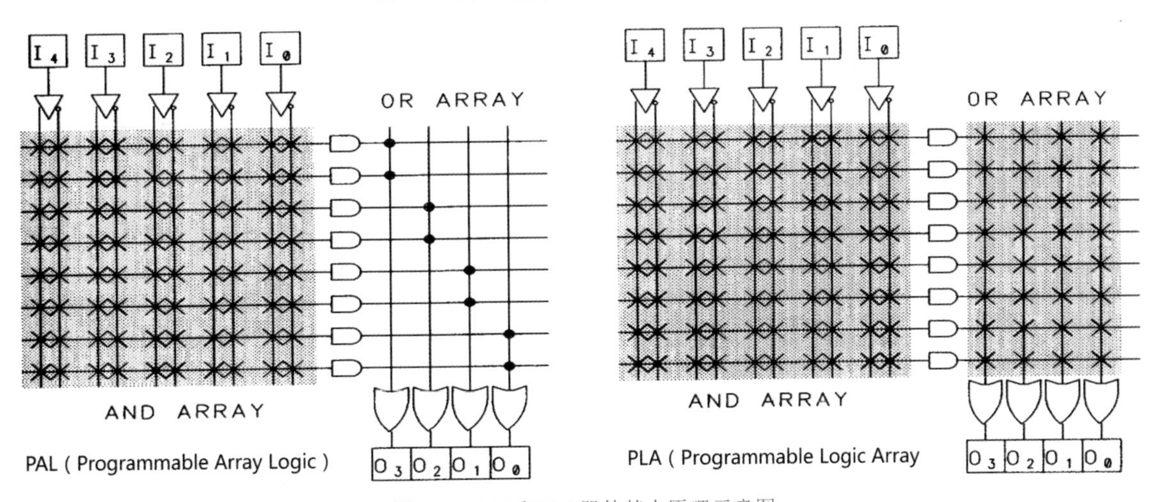

图9-92 PAL和PLA器件基本原理示意图

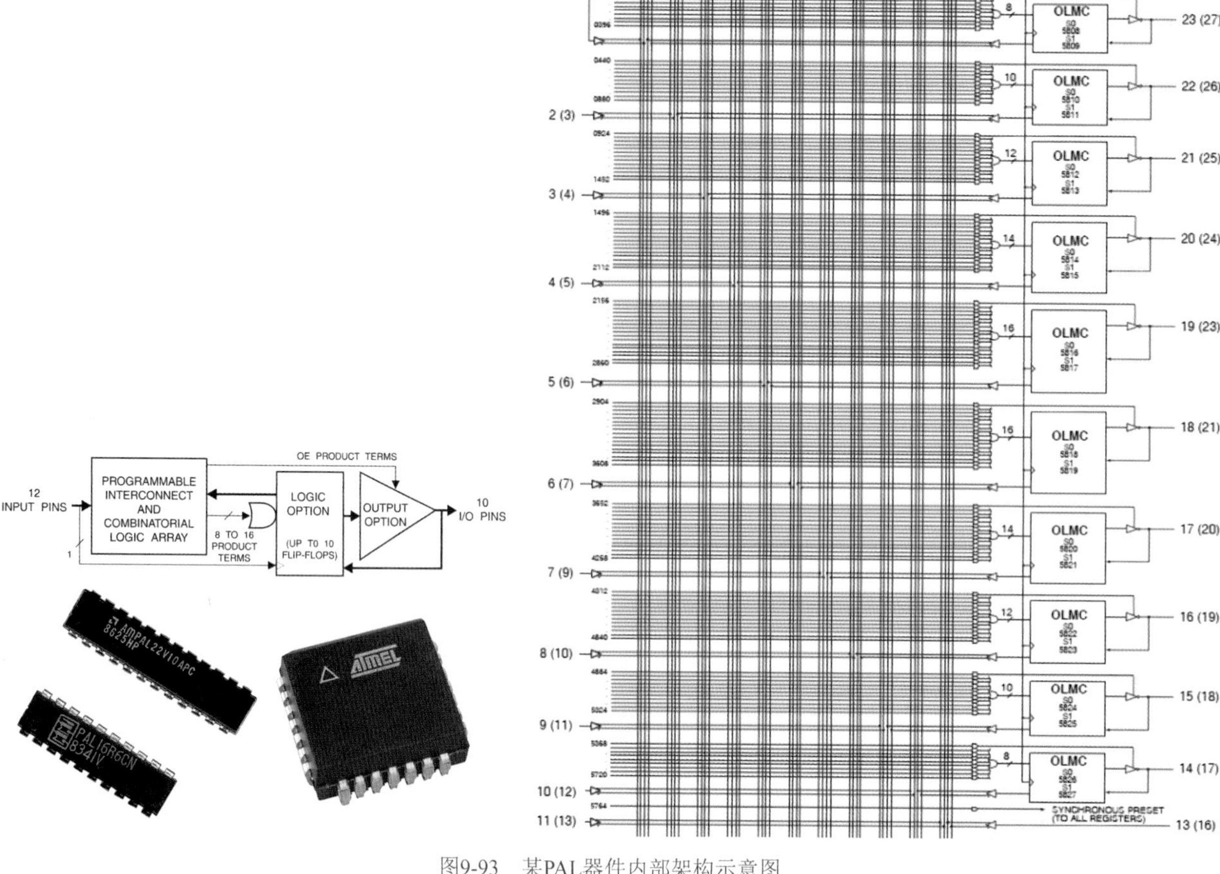

图9-93 某PAL器件内部架构示意图

如图9-94所示为Altera公司（目前已被Intel收购）的MAX 7000型CPLD内部的架构示意图。多个Macro Cell组成了LAB（Logic Array Block），多个LAB又通过PIA（Programmable Interconnect Arrary）连接起来。不同厂商对这些概念会有不同的命名。

提示

CPLD芯片内部一般含有EEPROM或者NAND Flash用于存放配置信息，并向外提供UART、IIC和JTAG等接口。Host端可以通过IIC或者JTAG接口连接CPLD芯片并向其推送配置信息。CPLD内部会有个硬状态机负责对这些外围接口进行响应，并负责将配置信息应用到内部的逻辑阵列中，此外还需要负责对CPLD内部的互联网络矩阵进行配置，将对应的信号导通到CPLD外部的管脚上。CPLD的管脚有很多是复用的，比如可以将一部分管脚配置成与其内部某些逻辑输出值连通，也可以被配置为IIC接口。这些都需要Host端来下发配置信息给CPLD。下发配置信息的过程又被称为烧录。

CPLD出现于20世纪80年代，至今仍然在广泛使用。CPLD的集成度最高大概在几万门（将其中的乘积项数量换算成门电路）左右，而其前身PAL/PLA大概能集成几百门。目前全球两大CPLD厂商为Altera（Intel）以及Xilinx，其他厂商还有Lattice、Actel（Microsemi）等。

目前的CPLD中所集成的逻辑资源已经足够实现一个基本的通用的CPU了。当然，我们一开始的目的是用纯数字逻辑来加速计算，避免采用CPU执行代码的软方式来计算。

CPLD中集成的组合逻辑资源相比寄存器而言比例较高，这些组合逻辑用于控制逻辑很合适（复杂的译码器需要更大块的逻辑），比如一些电路板上的LED控制、加电时序控制等。几乎在每个复杂点的电路板上都可以看到CPLD的身影。

比如，某个单板上有24个LED灯需要控制，这类单板多见于服务器内部用于连接硬盘的背板（见第7章图7-21）以及各类交换板。如图9-95所示的SAS Switch单板（左下角方形芯片就是一块CPLD），单板上需要对每个硬盘或者接口用大量LED来展示硬盘/接口的各种状态。

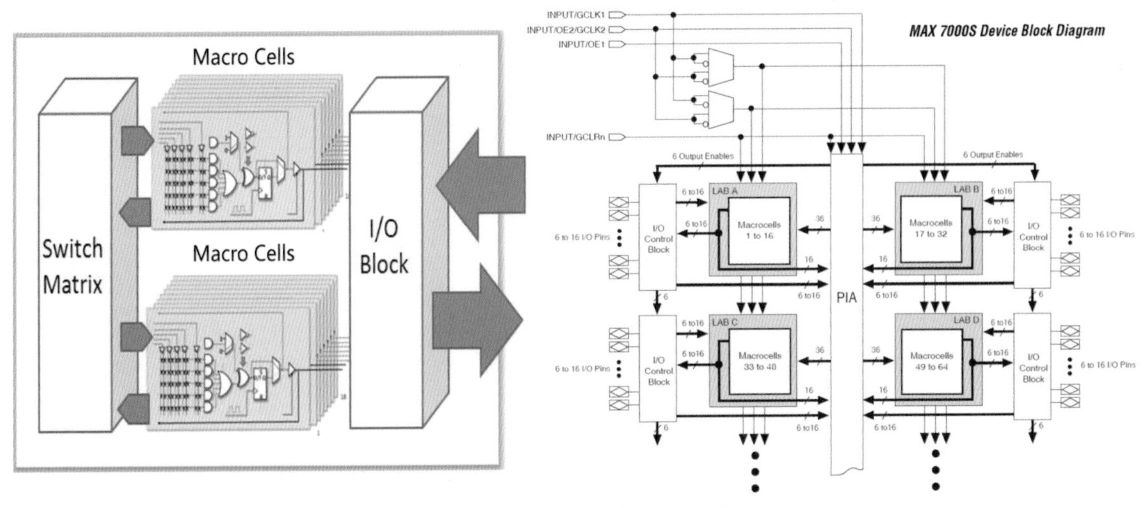

图9-94　CPLD内部架构示意图

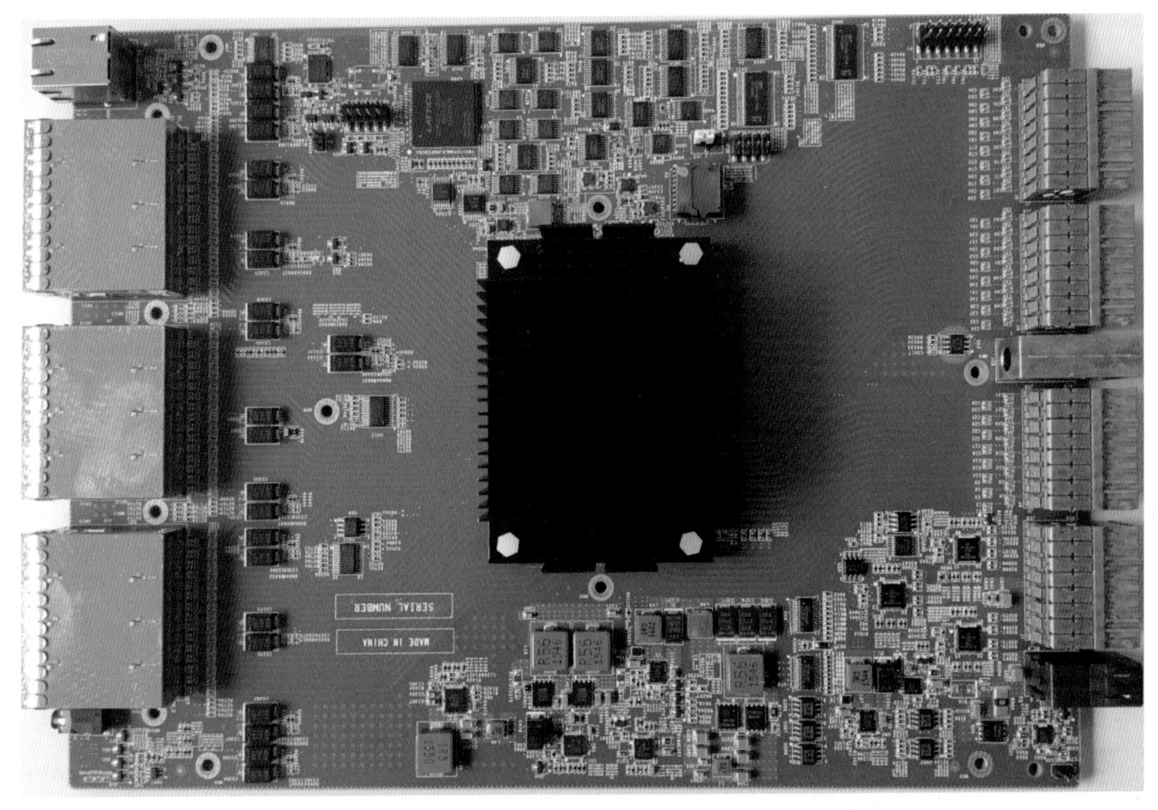

图9-95　某SAS Switch单板上的CPLD

假设现在需要对LED进行闪烁控制，要求针对任何一个LED灯，都可以控制其每隔一定时间自动闪烁一次。如果没有CPLD，那么你就需要准备24个计数器，还得准备一个小CPU用于向这些计数器发送数据和控制信号，这很不方便。有了CPLD之后，直接在其中搭建出24个计数器，然后将其24个输出管脚连接到LED电源控制线路上，就可以完成CPLD自动控制LED的闪烁。这片CPLD还需要负责对整个单板上各种器件的加电时序的控制。

PLD这些可编程器件出现的初衷其实并不是冲着计算加速去的，更多目的是为了避免人们采用分立器件+面包板这种费时费力的方式来开发逻辑电路。在这个需求被满足之后，PLD的任务自然就是下一步的计算加速了。

但是如果想用CPLD来做计算加速，比如实现流水线或者生成大量的并行计算逻辑单元的话，其无论是从集成度上来讲，还是内部的寄存器数量（形成流水线需要将大块逻辑切分成小块逻辑然后增加中间寄存器）来讲，都无法满足这类需求。

于是，20世纪80年代中期，Xilinx公司发布了另一种可编程逻辑架构：**FPGA（Field Programmable Gates Array，现场可编程门阵列）**。该架构可以集成几百万甚至上千万门的等效逻辑资源，这让FPGA成为目前除了GPU之外的唯一一种加速计算主流方案。

9.6.3 FPGA是如何工作的

与CPLD采用与/或门阵列将多个乘积项相或的方式来实现逻辑的方式不同的是，FPGA采用另一个奇妙的解决办法。我们在第1章中介绍过，任何（注意，是任何，没有之一也没有例外）逻辑电路都可以表达成真值表对外进行响应，输入值与输出值严格一一对应。可以这样认为：只要实现了这个真值表，就可以完成该电路的功能，**而实现这个真值表并不一定非要用门电路，可以用存储器。比如，当输入值为0000时输出10，输入为0001时输出11，那么可以准备16行、每行2 bit的存储器，然后用4 bit输入值作为行号索引，将对应行号的输出值保存在该行的2 bit上，每次得到某个输入值，就到对应行号读出输出值并输出，这也可以真实体现真值表中的逻辑，而不需要任何逻辑门电路。**如图9-96所示为使用4字节的存储器实现了一个（a AND b） OR c 的逻辑真值表。当然，可以使用容量更大的存储器实现（或者说存储）更复杂的逻辑。用于存放真值表的存储器被称为**LUT（Lookup Table）**。

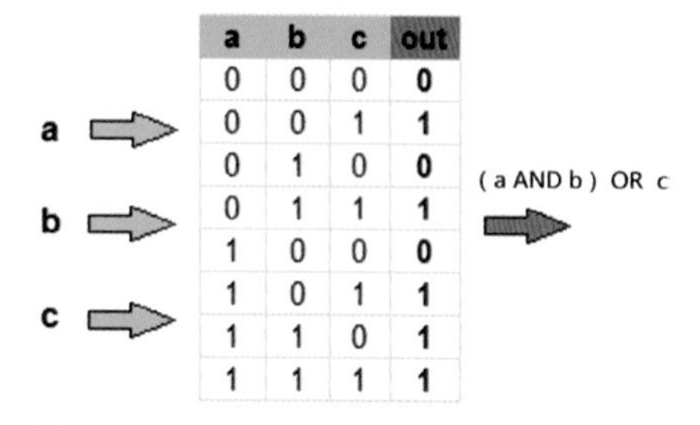

a	b	c	out
0	0	0	0
0	0	1	1
0	1	0	0
0	1	1	1
1	0	0	0
1	0	1	1
1	1	0	1
1	1	1	1

图9-96 用存储器模拟逻辑电路体现真值表

利用LUT查表来“计算”数据时，其过程并不是“计算”，而是“查询”。也就是说，LUT中保存的数据，其实都是预先被计算好的，相当于把一块逻辑电路的所有结果展开到了LUT中。如果使用逻辑电路来搭建这个逻辑，则只需要一个双输入与门加一个双输入或门，如果换算成开关的话（不考虑实际工程设计），只需要与门两个开关和或门两个开关共4个开关即可实现。而LUT实现相同逻辑所耗费的晶体管数量显然要大于逻辑门。

为了实现高速查表，LUT一般使用SRAM型存储器，其计算或者说查找速度相比使用逻辑门而言可能会更快也可能更慢。如果LUT足够大，对应的逻辑电路足够复杂级数也足够深，那么此时用LUT来计算显然更快。但是如果LUT容量较小，体现的逻辑容量有限，则可能需要将多个LUT级联起来形成更大规模的逻辑，此时级联线会产生较大延迟，而且不可预测。

本书前面章节中介绍过SRAM基本构造，其存储1 bit需要6个开关（如图9-97所示），上述逻辑就需要至少192个开关，相比逻辑门只需要4开关这简直让人无法接受。既然计算速度类似，耗费电路资源量显著增加，其意义何在？现在我们需要回归本质问题了，因为**这个LUT中的值，可以随时改变！如果想要实现新的运算逻辑，只需要将新真值表写入该LUT即可。**这就是所谓Field Programmable的含义。

LUT方式相当于用空间换可编程灵活性，其相当于把位于高维度上运作的逻辑门电路进行降维展开。FPGA内部也可以采用NAND Flash来存储真值表，这样会耗费更少的晶体管，但是其查找速度相比SRAM就不敢恭维了。但是Flash相比SRAM的一个好处是其断电之后数据不会丢，所以芯片下次启动时可以立即进入工作状态，而基于SRAM查找表的芯片每次加电之后，需要将真值表即时灌入后才能工作。Flash相比SRAM的另一个好处是前者相对更加抗电磁辐射（电磁场）和电离辐射（粒子流、射线）的干扰，所以航空航天等领域经常使用基于

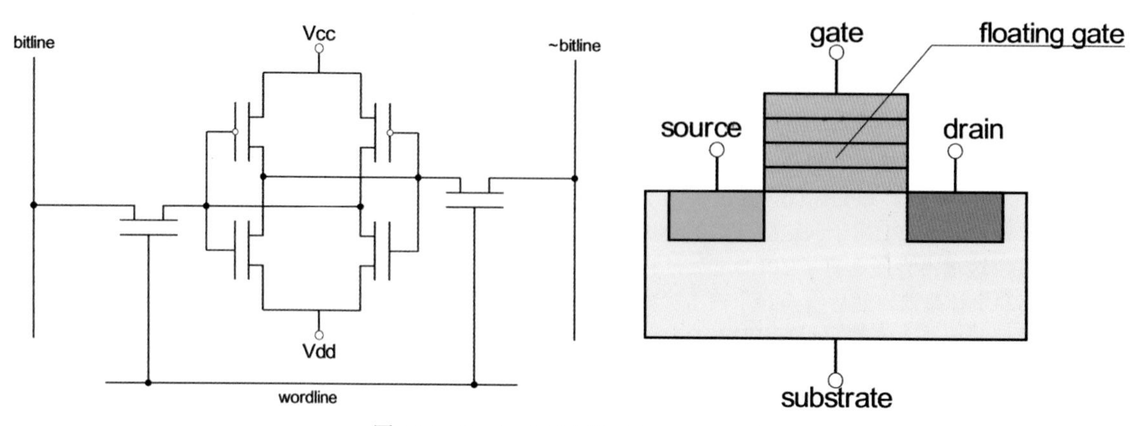

图9-97 SRAM Cell以及NAND Flash Cell

Flash查找表的运算加速芯片。基于SRAM的逻辑由于每次启动需要从外置存储器载入配置信息，所以容易被破解，黑客只要从外部存储器读出这些配置信息就可能分析出最终的逻辑，而基于Flash的则难以破解，因为你根本判断不出来哪个Flash Cell里被充了电。基于熔丝的芯片也可能被破解，需要费点劲，就是利用x光成像、显微镜拍照芯片，甚至对芯片进行打磨，露出下层的电路来分析。目前大部分FPGA都是用SRAM来存放LUT。

与CPLD中的与/或阵列一样，LUT只能顶替一块组合逻辑，而组合逻辑必须配套时序逻辑一同作用才能做到受控，所以，在LUT的输出端，需要加上寄存器来锁住LUT的输出信号。有时可能需要将LUT的计算结果直接作为其他LUT的输入，也就是与其他LUT组成更大的组合逻辑，这样则可以直接将LUT结果输出。需要用MUX来选择从寄存器输出还是直接由LUT输出，这方面与CPLD做法类似。

与CPLD不同的是，由于FPGA集成了超大规模的逻辑资源，其逻辑单元之间的连接无法做成集中式的。这就像在一个芯片内集成了大量的CPU核心一样，此时芯片必须用NoC分布式网络互连方式（见第6章6.3.3节）。如图9-98所示为FPGA内部架构示意图。

图中的PSM就是NoC网络的分布式交换机/路由器，CLB内部含有一个或者多个LUT以及一些寄存器、MUX等逻辑。PSM和CLB是Xilinx命名的概念，其他厂商可能会有不同的名称，但是概念都相同。

有些甚至包含一些计算资源，比如加法器（如图9-99所示）、乘法器，以及含有先行进位（或者说并行进位，详见第1章1.2.11节）的加法器。目前主流的FGPA在每个CLB中一般都会集成加法和乘法器，有些集成了乘加器，也就是可以一个时钟周期直接算出A*B+C。这种乘加运算在大量的信号处理场景下都有广泛的使用，所以干脆集成进去了。

与众核心CPU中的包交换NoC不同的是，FPGA内部的互联网络是透明的、基于连接的交换网络，该网络经过对应的设置之后，直接将导线从源头导通到目的地，因为可变成逻辑器件内的交换网络必须可以承载任意信号、任意编码格式/包格式的信号。

如图9-101所示为FPGA内部常用的三种交换矩阵方式。值得一提的是出于成本考虑，交换矩阵并不能实现任意两点间两两互联，而是给出了几种固定的连通模式。图中所示的Disjoint模式被设计为纵向、横向分别可连通，在对角线方向上则只能与相邻三个方向上对应序号的端口连通，也就是如图所示的1只能连1，2只能连2，其局限性较高。而Wilton模式可以更灵活。此外还有Universal模式。

如图9-102所示为FGPA内部的互联网络示意图，以及一个实际连通后的拓扑。交换矩阵内部由于需要控制各个方向上的连通性，其每个交叉点布置的开关拓扑如图右侧所示。

如图9-103所示为一片FPGA内部真实的连接拓扑示意图，图的右侧为左侧图中对应区域的放大图。灰/红/绿色块内含LUT，也就是CLB。绿/蓝/红色线段就是内部的互联网络，绿色线条部分就是PSM。

分布式NoC给FPGA中的逻辑开发带来了一些困难，这正像NUMA系统给多线程程序带来的性能不一致一样，这也是None Uniform的含义。通过网络连接的多个LUT之间的距离是不同的，有近有远，跨越距离长的信号，其时钟频率就上不去。这种不便会带来设计成本。相反，由于CPLD集成度低，其内部的网络是集中式的，各个逻辑单元连线长度是固定的，所以时延就比较均匀。

如图9-104所示为FFT快速傅里叶变换专用运算电路架构。可以发现这种架构是无法用通用CPU核心满足的。通过将对应的逻辑写入到LUT中，可以拼接出该电路，并且还可以实现多套该电路从而实现并行流水线，进一步提升吞吐量。

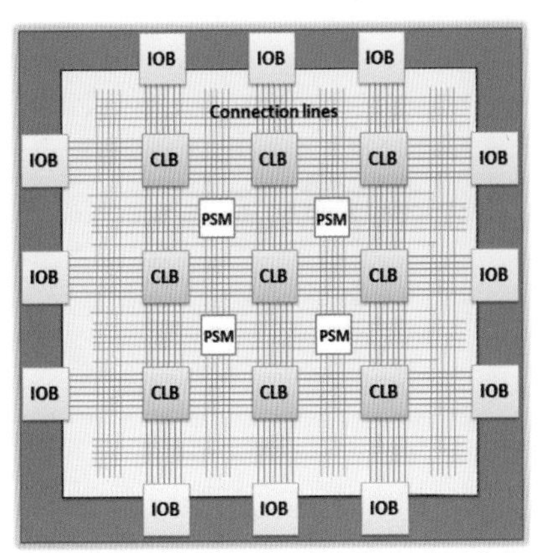

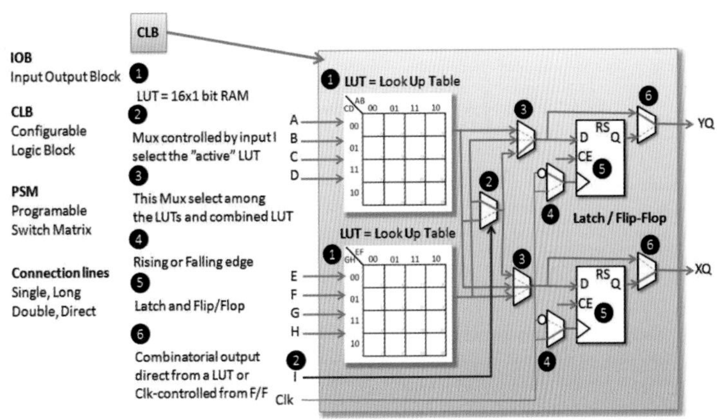

图9-98　FPGA内部架构示意图

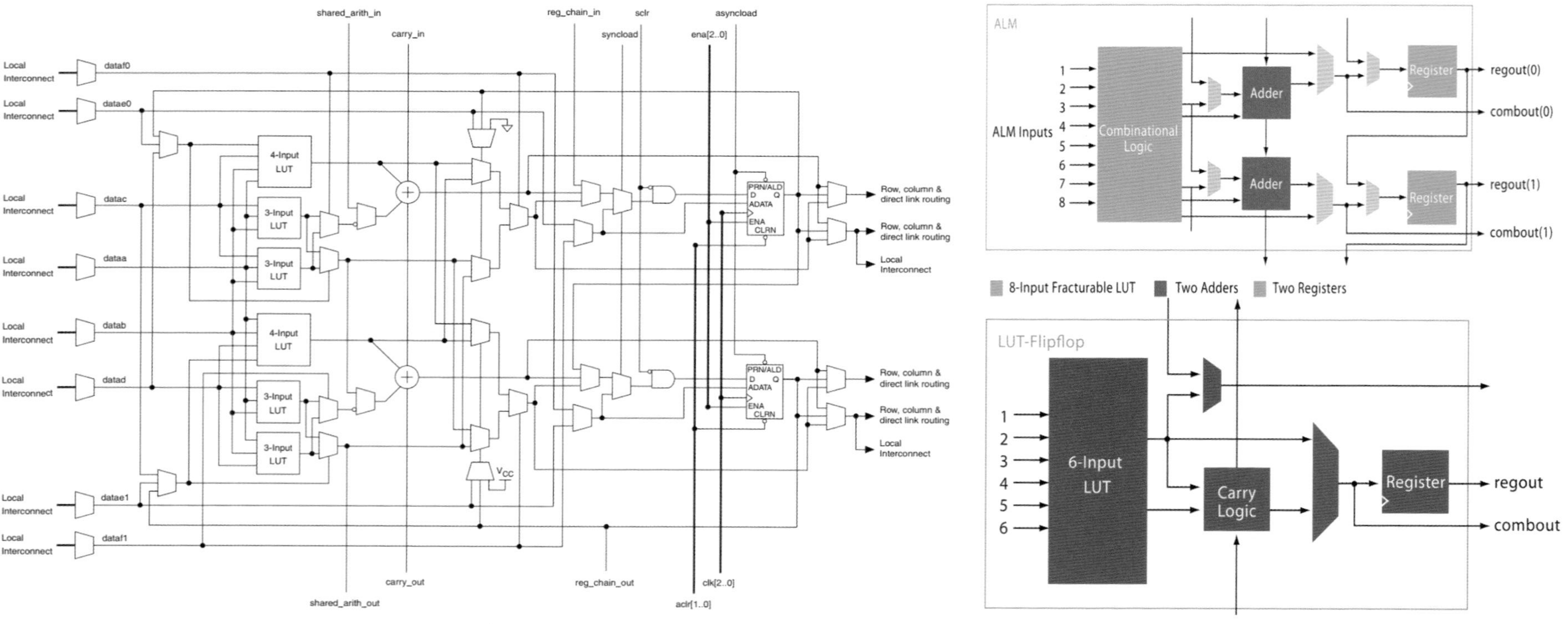

图9-99 含有两个全加器的逻辑单元以及含有并行进位链的逻辑单元

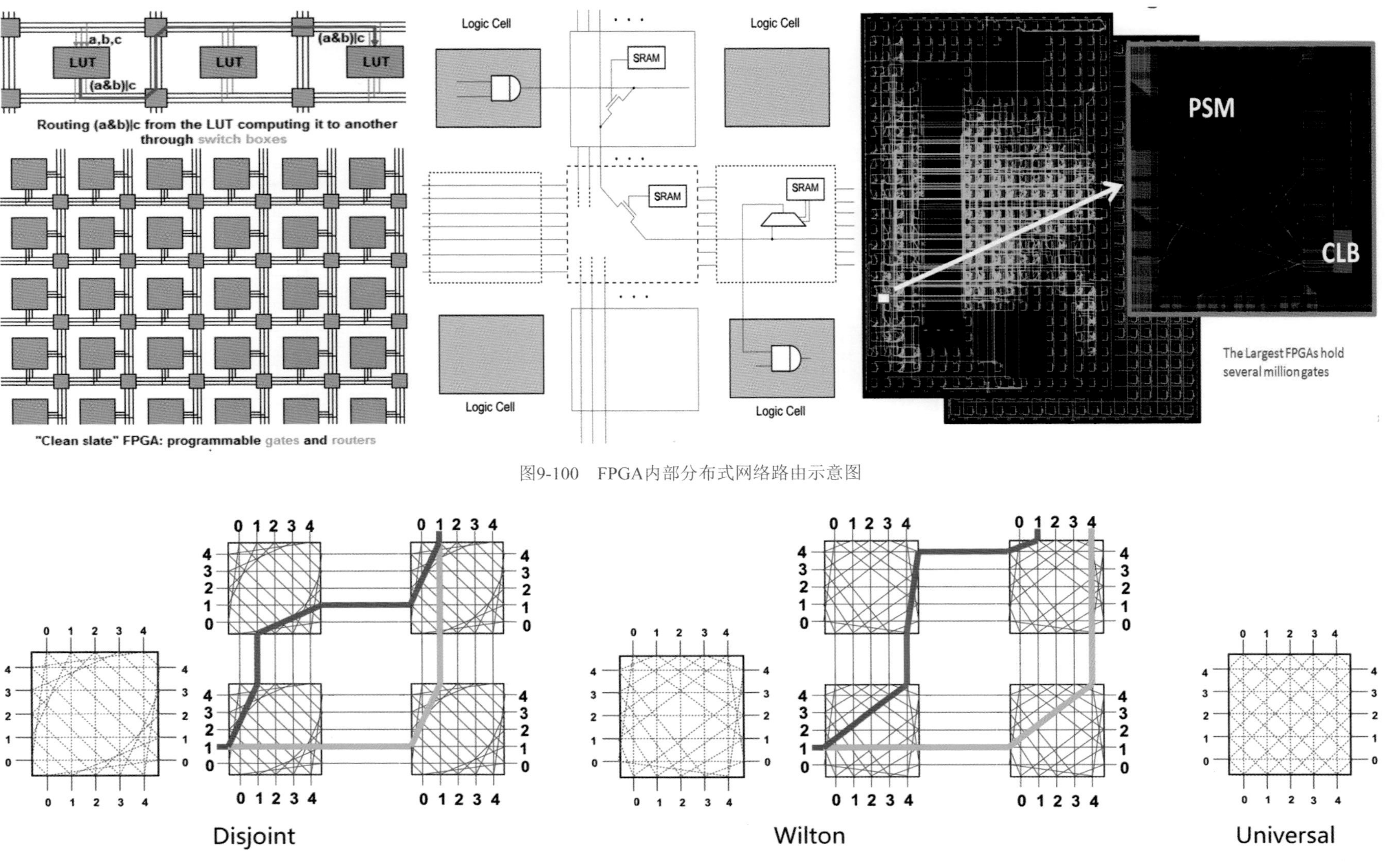

图9-100 FPGA内部分布式网络路由示意图

图9-101 FPGA内部交换矩阵的三种常用连通方式

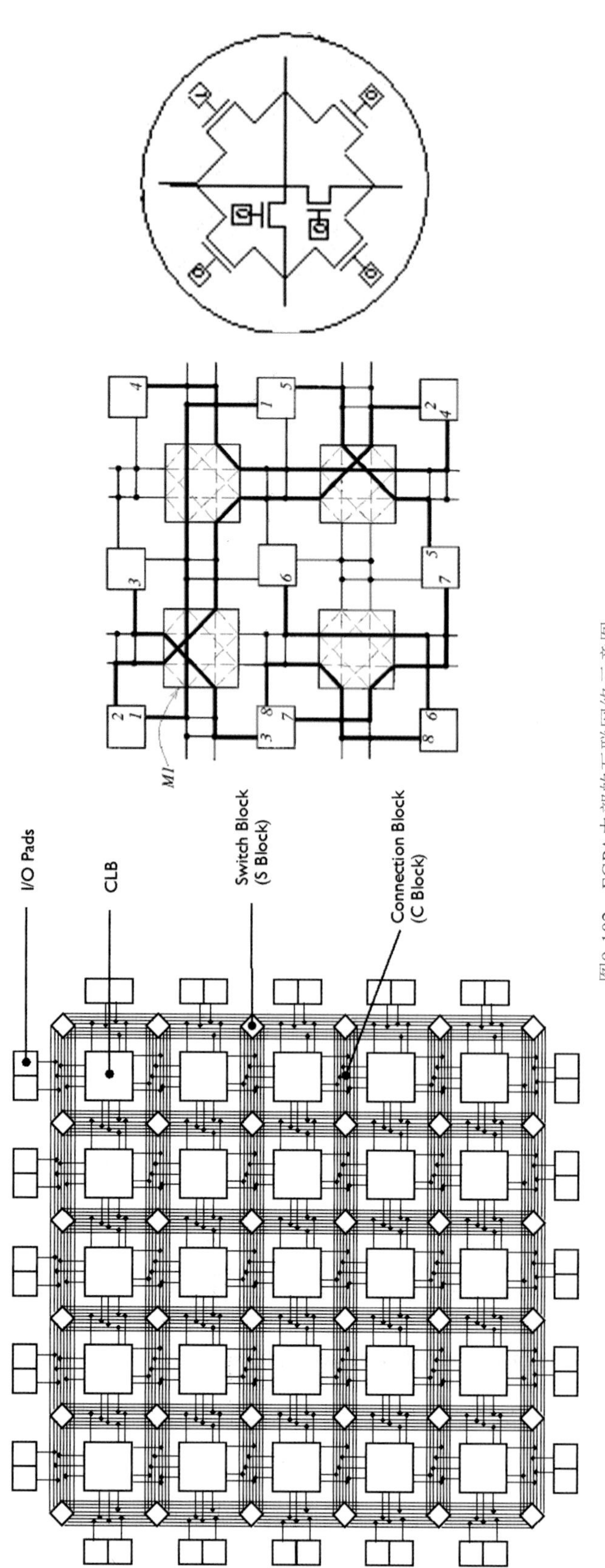

图9-102　FGPA内部的互联网络示意图

图9-103　一片FPGA内部真实的连接拓扑示意图

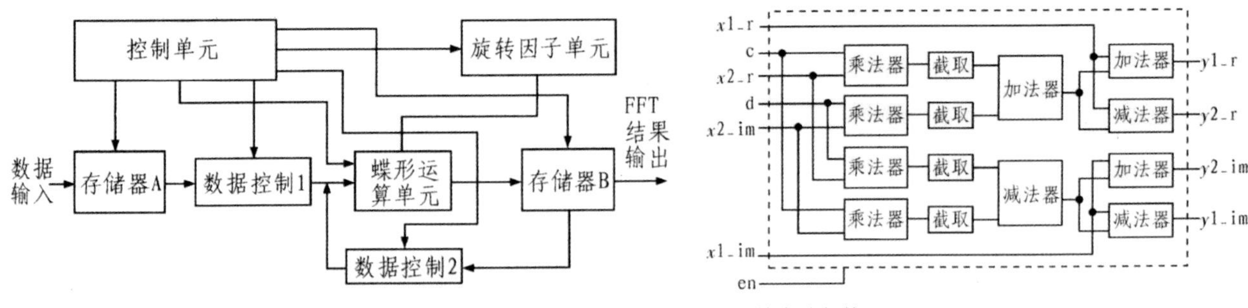

图9-104　FFT快速傅里叶变换专用运算电路架构

FPGA的每个LUT包含的逻辑比较少，LUT一般被设计为4输入1输出，一个逻辑单元CLB内包含1～4个LUT。按理说，可以把LUT做大，一次性写入更复杂的逻辑进去，但是这样做会导致浪费，但如果只想实现一个简单的逻辑，那么该LUT中其他存储器行就被浪费了。SRAM是非常珍贵的资源。所以，利用较小的LUT，加上大规模的互联，可以在更高利用率下实现更灵活的逻辑资源排布和组合，从而实现更细密的流水线，以及提高电路的运行频率。

如图9-105所示为所有PLD器件的分类示意图。Xilinx于 1984 年发明了世界首款 FPGA，当时其并不叫 FPGA。该称呼是1988 年由 Actel 公司提出并流行至今的。到目前为止，FPGA在容量上已经提升了约一万倍，速度提升了约一百倍，每单位功能的成本和能耗降低了约一万倍。首款 FPGA，即Xilinx XC2064，只包含 64 个逻辑模块，每个模块含有两个 3 输入LUT和一个寄存器。按照现在的计算，该器件有 64 个逻辑单元——不足 1000 个逻辑门。尽管容量很小，XC2064 晶片的尺寸却非常大，比当时的微处理器还要大；当年受限于制造工艺，采用 了2.5 微米工艺技术最终勉强制造出这种器件。

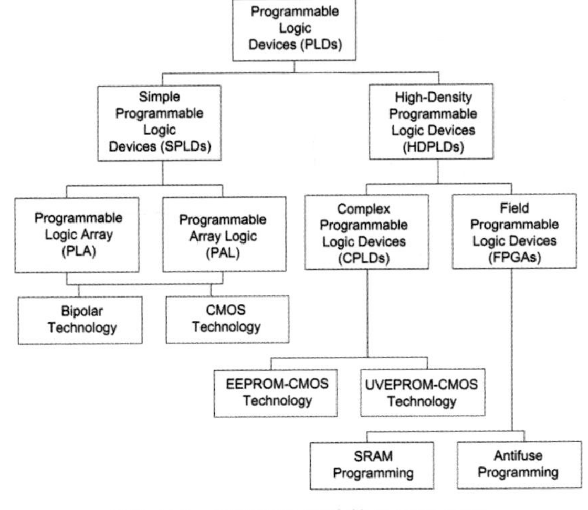

图9-105　所有PLD器件的分类示意图

FPGA的另一个特点是，其LUT可以变身。如果某逻辑需要一些SRAM存储器来存放中间数据，LUT：“我就是啊！变形！”值得庆幸的是，由于LUT遍布各处，哪里有需求，哪里的LUT都能就近被配置成SRAM。

现代的FPGA其实已经不仅仅是纯粹的可编程逻辑器件了，其内部其实集成了大量的固定功能不可编程的模块（直接用逻辑门而不是查找表实现），比如集成了ARM CPU核心用于运行总控固件，从而对FPGA内部的可编程逻辑部分进行配置，以及运行操作系统与一些上层功能，同时为可编程逻辑准备数据和下发执行等。有些FPGA甚至集成了数百个专用DSP（与传统DSP不同，并行度更高，指令集更精简或者不用指令集）处理器核心，以及集成了PCIE控制器、DDR内存控制器、以太网控制器等各种其他I/O控制器，甚至集成了一些不可编程的专用加速电路。现代FPGA已然是一台内部运算、存储和I/O资源丰富的海洋，而且可以通过内部互联矩阵将这些资源灵活地连接起来，形成高维度运算单元，加上其内部集成的通用CPU核心，其整体可以自成一派，其自身就是一台微型超级计算机，有软有硬，软硬通吃，这种思路被称为**SOPC（System on Programmable Chip）**，如图9-106所示。

FPGA内部集成的这些不可编程资源，很多都是由第三方公司开发的使用纯门电路的模块，这些模块被称为**IP（Intellectual Property，知识产权）**。比如ARM的CPU、PCIE的控制器等，这些资源本身功能单一固定，虽然也可以用LUT来搭建一个PCIE控制器出来，但是其性能显然无法与纯逻辑门优化构建的PCIE控制器相比，所以前者也只能运行在低频率下，这就失去了意义。另外，这些IP模块也不需要自定义，因为其完成的事情都是标准化的，根本不需要定制，比如USB控制器等。人们通常把非要自己去制作一款成熟、功能单一、标准化的部件的过程戏称为“造轮子”，意即本末倒置，轮子直接买来就可以了，更需要定制的是上层功能。

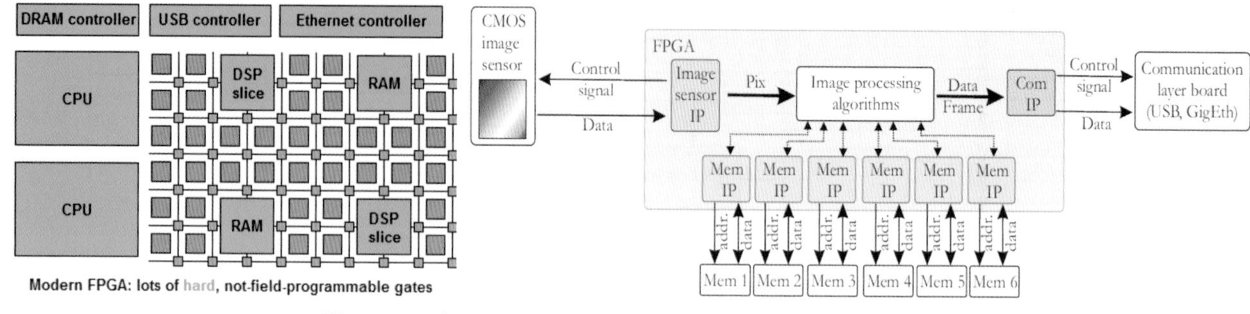

图9-106 现代FPGA内部架构以及图像处理FPGA内部架构示意图

9.6.4 FPGA编程及应用形态

基于PLD器件进行开发逻辑，首先确定该逻辑的功能，然后将其翻译成FPGA LUT内的真值表。这个过程如果全靠人脑，将会非常复杂。为此，人们开发了**硬件描述语言（Hardware Description Language，HDL）**。开发者先把逻辑功能描述成HDL，然后HDL编译器自动分析并将这些逻辑编排落地到FPGA中。

比如，“一个逻辑模块有3输入8输出，当输入为xxx时输出为xxxxxxxx；当输入为xxx时输出为xxxxxxxx；…………”我们知道这是在描述一个3-8译码器。很显然，这种描述方式中并没有出现任何对逻辑门的描述，它只是在描述这个电路的行为是什么。这种HDL描述方式被称为**行为级描述**。

而如果是这样来描述：“有这么个器件，有xxx这些输入和输出信号，其内部有个驱动能力x延迟x的双输入与门连接了x和x及x信号，其内部有个驱动能力x延迟x的双输入异或门连接了x和x及x信号，…………”这被称为**门级描述**。

在行为级和门级之间还存在一种叫作**寄存器传输级描述（Register Transfer Level，RTL）**的中间描述方式。行为级描述层次太高太抽象，代码非常精简，有种你咋不上天的感觉。而门级描述非常底层（其实还有更底层的开关级描述，因为门电路是由开关组成的），代码量非常大，写起来不方便。而RTL级描述则成为比较主流的描述方式，其对行为级描述得更加具体，但是却又避免谈及底层的电路结构，其只聚焦在数据进入组合逻辑和时序逻辑电路时的更具体行为。

上述描述方式都属于HDL。目前有两种比较流行的HDL，分别为VHDL和Verilog HDL。如图9-107～图109所示为一些简单的行为级和门级描述的例子。

如图9-110左侧所示为级与门级描述的基本区别示意图。图中右侧所示为另一种行为级描述方式，也就是直接使用真值表来描述。

从顶层行为级HDL一直到晶元上的开关版图（版图的概念见第3章3.3.4节），需要一步步地进行分析、翻译。

首先需要将顶层行为级描述翻译成RTL级描述，这一步被称为**行为综合（Behavior Synthesis）**，这一步一般靠人工翻译。也有少数工具可以自动翻译，但是局限性比较大。

下一步是将RTL描述翻译成门级描述，这一步被称为**逻辑综合（Logic Synthesis）**，所生成的电路图叫作**网表（netlist）**，如图9-111所示。这一步会由逻辑综合工具自动来完成。在这一步中，用户可以根据自己所采用的底层器件的规格、特性，来控制综合过程中的各种参数，以满足自己所用器件的各方面要求。而这些具体参数限制和要求，在行为综合这一步是不考虑的。正因如此，高层抽象的描述语言具有更好的可移植性。这与基于CPU的软件编程语言场景

```
1 module q_decode_38(data_in,data_out);
2
3    input[2:0] data_in;        //端口声明
4   output[7:0] data_out;
5   reg[7:0] data_out;
6
7 always@(data_in)
8     begin
9       case(data_in)
10              3'd0:data_out = 8'b0000_0001;
11              3'd1:data_out = 8'b0000_0010;
12              3'd2:data_out = 8'b0000_0100;
13              3'd3:data_out = 8'b0000_1000;
14              3'd4:data_out = 8'b0001_0000;
15              3'd5:data_out = 8'b0010_0000;
16              3'd6:data_out = 8'b0100_0000;
17              3'd7:data_out = 8'b1000_0000;
18         endcase
19     end
20
21 endmodule
```
3-8译码器行为级描述

```
1   module ActiveStructure_mux2(datain_A, datain_B, sl, dataout);
2     input datain_A, datain_B;
3     input sl;
4     output dataout;
5     reg dataout;
6
7   always @(datain_A or datain_B or sl)
8     begin
9       if(sl==1)
10          dataout = datain_A;  //控制信号sl为1，输出datain_A
11      else
12          dataout = datain_B;  //控制信号sl为0，输出datain_B
13    end
14
15 endmodule
```
2输入乘法器行为级描述

```
1  moduleTwoMux(datain_A,datain_B,sl,dataout);
2    inputdatain_A,
3     datain_B,
4     sl;
5     outputdataout;
6
7   not U1(nsl,sl);
8   and U2(slA,datain_A,sl);   //sl为1，输出datain_A
9   and U3(slB,datain_B,nsl);  //sl为0，输出datain_B
10  or U4(dataout,slA,slB);
11
12  endmodule
```
2输入乘法器门级描述

图9-107 一些简单的行为级和门级描述的例子（1）

定义和实现1位全加器

```
module
full_add1(a,b,cin,sum,cout);
input a,b,cin;
output sum,cout;
wire s1,m1,m2,m3;

and (m1,a,b),
    (m2,b,cin),
    (m3,a,cin);
xor (s1,a,b),
    (sum,s1,cin);
or  (cout,m1,m2,m3);
endmodule
```

1位全加器门级描述

定义和实现4位全加器（调用）

```
`include "full_add1.v"
module add4_1(sum,cout,a,b,cin);
    output[3:0] sum;
    output cout;
    input[3:0] a,b;
    input cin;
full_add1 f0(a[0],b[0],cin,sum[0],cin1);
full_add1 f1(a[1],b[1],cin1,sum[1],cin2);
full_add1 f2(a[2],b[2],cin2,sum[2],cin3);
full_add1 f3(a[3],b[3],cin3,sum[3],cout);

endmodule
```

4位全加器结构级描述

```
module add4_3(cout,sum,a,b,cin);
    output[3:0] sum;
    output cout;
    input[3:0] a,b;
    input cin;
    reg[3:0] sum;
    reg cout;
always @(a or b or cin)
    begin
    {cout,sum}=a+b+cin;
    end
endmodule
```

4位全加器行为级描述

```
module my_ALU(out,a,b,select);
output [4:0] out;
input [3:0] a,b;
input [2:0] select;
reg [4:0] out;
always @(*)
   case(select)
        3'b000: out=a;
        3'b001: out=a+b;
        3'b010: out=a-b;
        3'b011: out=a/b;
        3'b100: out=a%b;
        3'b101: out=a<<1;
        3'b110: out=a>>1;
        3'b111: out=a>b;
        default: out=5'b00000;
   endcase
endmodule
```

简易ALU行为级描述

图9-108　一些简单的行为级和门级描述的例子（2）

```
module Dff(Q,Qbar,clock,D);
output Q,Qbar;
input clock;
input D;
reg Q,Qbar;
always @(negedge clock)
begin
  Q<=D;
  Qbar<=~D;
end
endmodule
```

1位触发器行为级描述

```
module          flop(data, clock, clear, q, qb);
   input        data, clock, clear;
   output       q, qb;

   nand   #10  nd1(a, data, clock, clear),
               nd2(b, ndata, clock),
               nd4(d, c, b, clear),
               nd5(e, c, nclock),
               nd6(f, d, nclock),
               nd8(qb, q, f, clear);
   nand   #9   nd3(c, a, d),
               nd7(q, e, qb);
   not    #10  iv1(ndata, data),
               iv2(nclock, clock);

endmodule
```

1位触发器门级描述

```
module    hardreg(d, clk, clrb, q);
input           clk, clrb;
input[3:0]      d;
output[3:0]     q;

flop    f1(d[0], clk, clrb, q[0], ),
        f2(d[1], clk, clrb, q[1], ),
        f3(d[2], clk, clrb, q[2], ),
        f4(d[3], clk, clrb, q[3], );

endmodule
```

4位寄存器结构级描述

图9-109　一些简单的行为级和门级描述的例子（3）

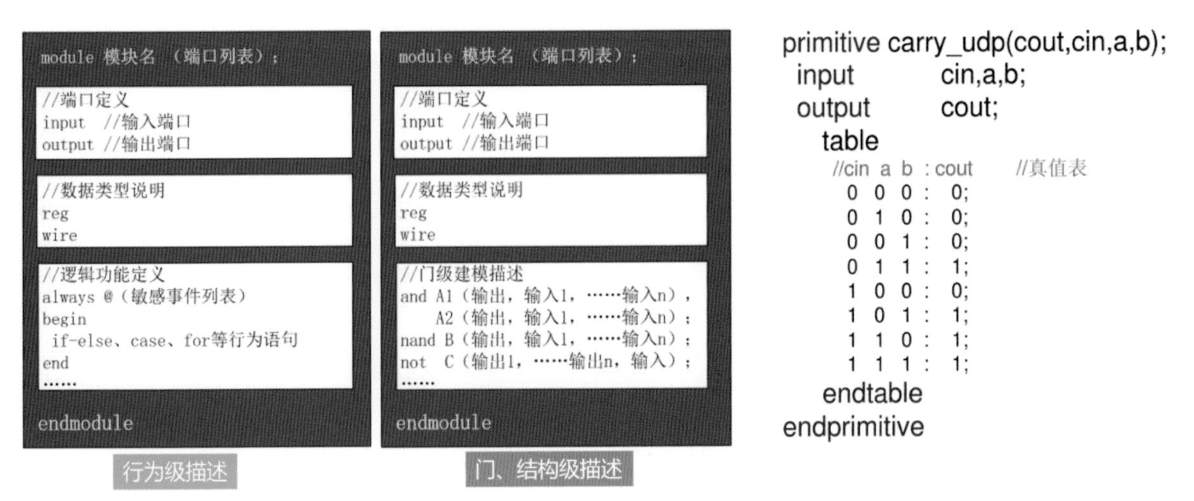

module 模块名 （端口列表）；
//端口定义
input //输入端口
output //输出端口
//数据类型说明
reg
wire
//逻辑功能定义
always @（敏感事件列表）
begin
if-else、case、for等行为语句
end
……
endmodule
行为级描述
module 模块名 （端口列表）；
//端口定义
input //输入端口
output //输出端口
//数据类型说明
reg
wire
//门级建模描述
and A1（输出，输入1，……输入n），
A2（输出，输入1，……输入n）；
nand B（输出，输入1，……输入n）；
not C（输出1，……输出n，输入）；
……
endmodule
门、结构级描述
primitive carry_udp(cout,cin,a,b);
input cin,a,b;
output cout;
table
//cin a b : cout //真值表
0 0 0 : 0;
0 1 0 : 0;
0 0 1 : 0;
0 1 1 : 1;
1 0 0 : 0;
1 0 1 : 1;
1 1 0 : 1;
1 1 1 : 1;
endtable
endprimitive

图9-110　行为级与门级描述的基本区别示意图

是一样的。

下一步则是将网表映射（Map）成底层电路器件的版图。如果底层采用不可编程器件，比如直接采用晶元掩膜来光刻、蚀刻芯片的话，那么对应的软件工具会直接生成开关版图。而如果底层采用PLD可编程器件，那么软件会将网表翻译成对应的CPLD内的与/非阵列开关控制位，或者FPGA内的LUT查找表中所存储的位，最终生成比如.bit文件，用于烧录到对应型号的FPGA中。在这一步中，需要根据时序要求精确编排导线的层数、导线的长度、用什么规格的晶体管、时钟树的布局等，以及考虑FPGA内部到底如何安排LUT、如何连接LUT等。

这一整套的流程每一步都会有对应的软件工具来辅助完成，这些工具形成一个工具链，这些工具由PLD厂商或者第三方共同提供。这一整套工具被统称为EDA（Electronics Design Automation）工具。

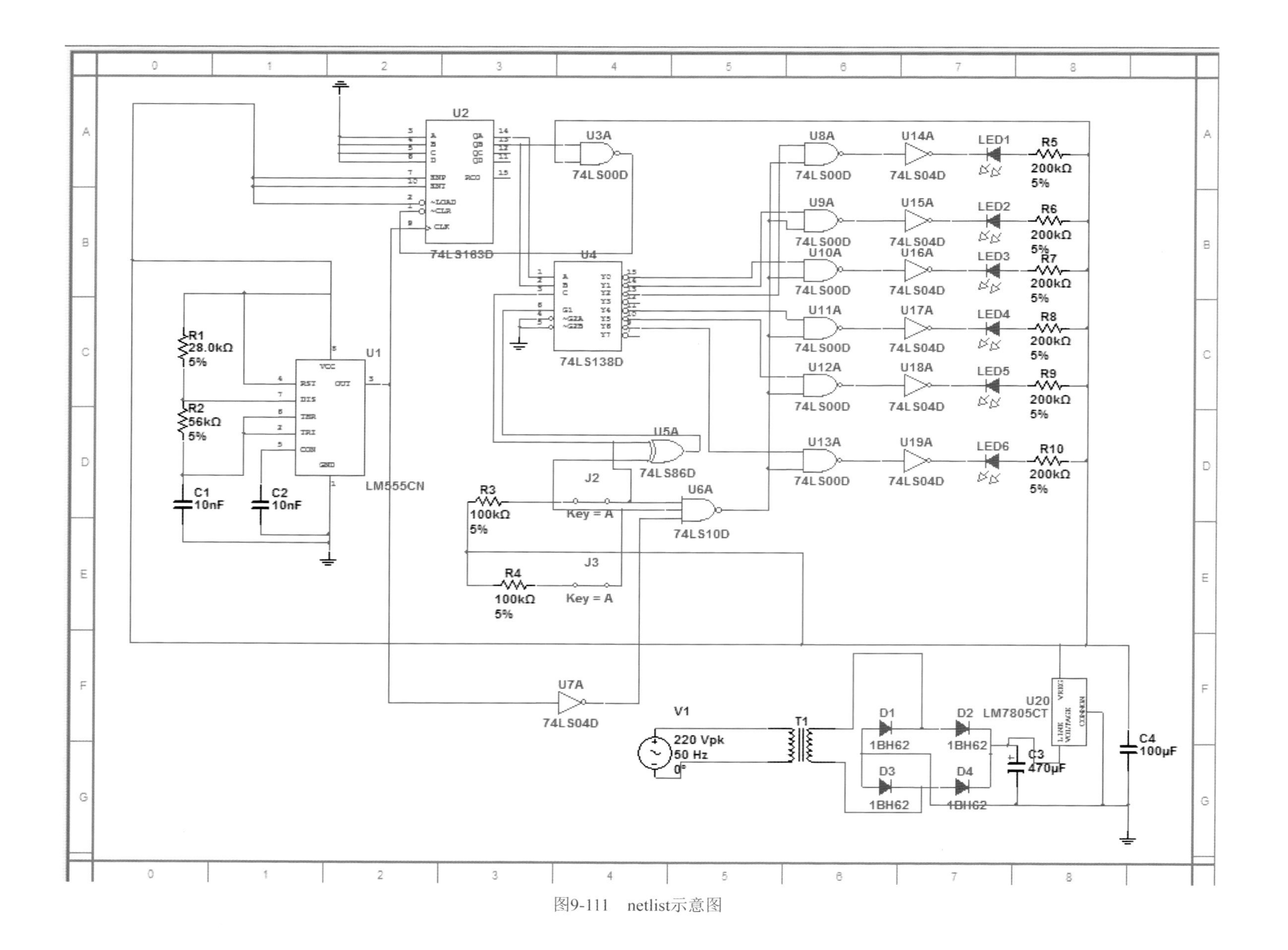

图9-111 netlist示意图

提示▶▶▶

正如利用CPU运行的C语言软件代码一样，任何人都可以利用HDL语言编写硬件代码来描述某个硬件逻辑模块/系统，这些用HDL描述的硬件模块被称为IP核（IP的概念见上文）。采用行为级描述或者RTL级描述来编写的IP模块被称为IP软核（Soft IP Core）；而将IP软核进行逻辑综合生成网表电路图之后所发布的IP核被称为IP固核（Firm IP Core）；将固核映射成最终的版图发布的IP核被称为IP硬核（Hard IP Core）。从软核到硬核的翻译过程，相当于将C代码翻译成CPU机器指令的过程，其对应的代码越来越难以理解，从开源逐渐过渡到闭源。当然，有些高手或者工具也可以直接从版图分析出这个电路模块的高层架构，最终可以理解其中的算法和设计思路，这属于一种逆向工程，或者俗称芯片解密，或者说反编译。互联网上可以找到一些针对简单通用模块的IP软核，比如一些UART控制器、VGA控制器等，这些小模块由于太过常用，其复杂度也不高，所以谁都可以开发、发布，以及随便用它们。不过，由于IP软核描的HDL描述层次较高，你拿到源代码之后还需要根据你自己所使用的PLD器件来重新综合，有时候甚至需要修改其原始设计来适配。IP固核是已经进行逻辑综合之后的模块，其已经经过了一定程度的优化，要调试和修改的地方就会少一些。而IP硬核已经经过了严格的测试，做成芯片就能用，但是也很难修改其中的逻辑，因为你很难根据版图判断到底某个更改要修改哪些晶体管开关，而且牵一发动全身，修改了一个开关，时序可能会变化很大，很多地方都要改，这不现实。现代FPGA中集成的PCIE控制器、CPU/DSP核心、DDR控制器等高速固定功能模块，都是采用IP硬核方式从第三方IP设计厂商买过来并集成进去的。一些FGPA开发工具安装之后会自带一些常用的IP软核，这些IP软核以文件的方式保存。

一般采用FPGA开发板以及配套的软件工具来做FPGA开发，如图9-112左侧所示。一些商用的产品中集成了FPGA。如图右侧所示分别为一个将人手运动映射到机械手运动的控制系统，其利用FPGA内部的逻辑对人手运动采样得到的信号做分析和重建，然后翻译成对机械手的控制信号。图中右下方所示为一个工业信号控制系统架构示意图。

在通用计算加速领域，FGPA的主流应用形态是FPGA加速卡，也就是一片或者多片FPGA做到一张PCIE卡上，然后插到Host端服务器上，Host端运行主程序，通过对应函数来调用FPGA进行运算，然后将运算结果写回到Host主存，其过程本质上与利用CUDA/OpenCL等进行GPU加速运算的过程类似。如图9-113所示为各种FPGA加速卡实物图。

FPGA加速卡相对显卡不太方便的一个地方是，FPGA内的逻辑算法无法做到太实时的变更。因为每次烧录FPGA需要一定时间，烧录后FPGA应用这些配置信息到其内部的LUT然后进入工作状态，又需要一定的时间。而对于GPU，代码中可以随时下发新的Computer Shader、OpenCL或者CUDA程序，因为GPU内部使用的是可编程的通用计算核心，只要把不同的代码载入通用计算核心执行即可提现不同的逻辑。而FGPA内部是硬件逻辑来完成功能，虽然可以对硬逻辑进行改变，但是无法做到灵活实时改变，这一点极大限制了FGPA在当前的应用方便程度。

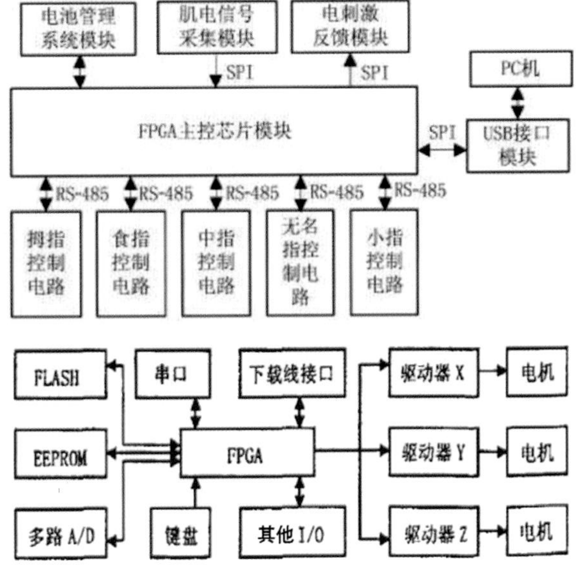

图9-112 FPGA开发板（左）以及FPGA控制系统示意图

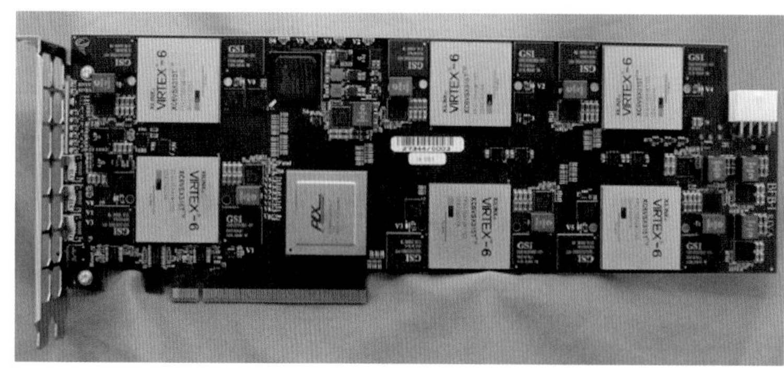
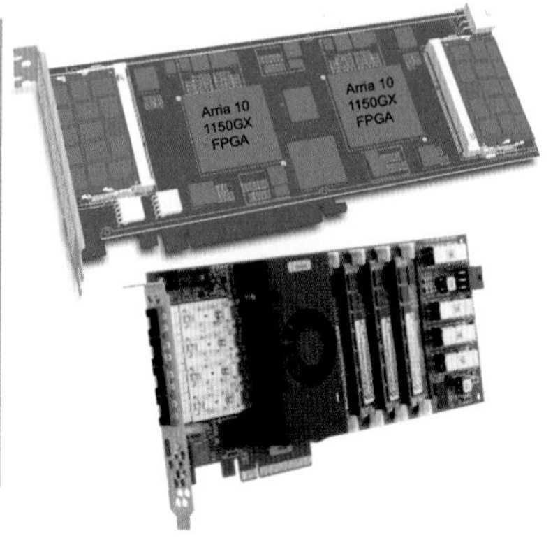

图9-113　FPGA加速卡实物图

FGPA卡需要在Host端安装对应的驱动程序，生成对应的设备符号，暴露对应的API接口，从而接收Host端下发的数据。具体方式可以是第7章介绍过的队列I/O方式，或者其他方式。总之，FGPA要从Host端将数据DMA到自己内部的缓冲区内，然后利用FPGA内部的控制状态机（可以用LUT来生成硬逻辑，也可以用内嵌的CPU核心运行固件来处理，视设计不同而不同）来负责将对应数据通过内部I/O总线导入到其内部的硬件逻辑计算单元，比如FFT快速傅里叶变换计算单元，计算完成后结果将被写回缓冲区，然后硬状态机启动DMA将运算结果数据复制回Host主存，中断Host端CPU。

9.6.5　Xilinx FPGA架构及相关概念

在Xilinx的架构中，每个CLB包含2个或者4个Slice，每个Slice包含多个LUT。如图9-114所示。Slice又有多种不同的规格，包含Slice M、Slice L和Slice X。

如图9-115所示，三种Slice内部的资源各不相同。其中Slice M包含的资源、支持的功能最多，Slice M包括4个6输入LUT、8个寄存器、先行进位链模块、多功能Mux，以及LUT支持被配置成SRAM来使用（分布式SRAM）。Slice L不支持分布式SRAM功能。而Slice X仅仅是LUT+寄存器，作为最基本的可编程逻辑而存在。根据不同的FPGA型号，这三种类型的Slice数量的比例也不同，比如可以是M：L：X=1:1:2。

如图9-116所示为Slice内部的架构示意图。

如图9-117所示为FPGA内部的DSP Slice的架构示意图。FPGA内部集成的DSP其实并非传统的执行代码的DSP，而是简单的乘加单元，并没有取指、译码等，也没有深流水线。一些较高规格的FPGA中集成了数千个DSP乘加单元，实现并行计算。这些乘加单元一般采用硬核方式集成到芯片中。

如图9-118所示为FGPA Die电路结构示意图。

如图9-119所示为其他一些FPGA内部架构示意图。如图右侧所示的FGPA内部集成了大量的DSP乘加单元，其中C表示Combination，也就是组合逻辑，逻辑信息存放在C模块中，R模块表示Register。

9.6.6　ASIC与PLD的关系

不可编程（这里的编程并不是软件编程，而是指硬件编程，也就是去改变电路逻辑）的固定电路被统称为ASIC（Application Specific Integrated Circuit），比如各种商用CPU、显卡上的GPU、内存条上的SDRAM颗粒、U盘和SSD上的NAND Flash颗粒等。ASIC中的逻辑是直接根据版图在晶元上制作电路，一次成型，其电路设计已经足够优化，不存在浪费。

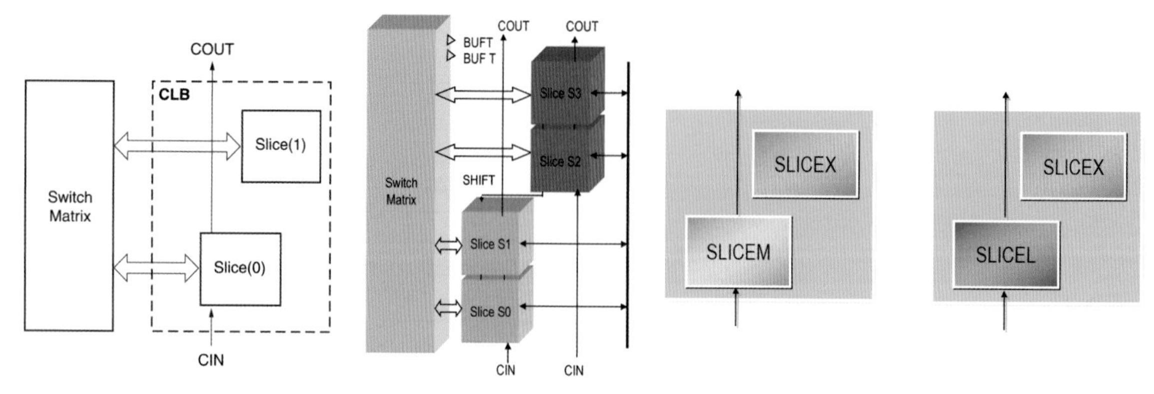

图9-114　CLB与Slice的关系

而由于FPGA内部的互联通路、各种资源的布局是由不得你重新摆放的，所以基于FPGA开发出来的逻辑电路在时序上需要做较大的妥协，最终体现为时钟频率上不去。同样的逻辑，用FPGA实现之后的性能相对于用ASIC方式实现是要慢一大截的，通常在20%～30%量级上。FPGA的相对功耗也会较高，因为会有大量的资源被闲置。

从版图到ASIC的过程被称为流片，或者量产。一般来讲，第一次流片失败的概率会较高，因为难免会产生各种未发现的bug，或者由于时序不达标而不得不降频运行。此时需要改版然后重新流片，于是芯片就会有不同版本流到市场上，比如RevA（Revision A）、RevB等。

在多数时候，ASIC这个词，泛指那些使用纯数字逻辑而不是跑代码来运算的芯片。如果按照这种划分方式，通用CPU就不是一种ASIC，而GPU可以是也可以不是ASIC，因为GPU的确是根据应用场景来专门设计的电路，其中既包含硬逻辑又包含跑代码的运算核心。

如果从广义范围来看，FPGA本身也应该算是ASIC。是不是感觉凌乱了，不可再言表，自己慢慢体会一下。

9.7　小结：软归软 硬归硬

可以看到，所谓超级计算机的本质就是并行计算，只要一个计算机集群的并行度足够大，算力足够强，该集群就可以被称为超级计算机。为了实现并行，首先待处理的数据必须可以支持无关联性的分割。如果无法分割，比如A=B+C，D=A+E，F=D+G，这三个计算就无法分割，因为每一步都依赖上一步的结果，那就只能串行计算。如果将上面的三个步骤强行分派到三个运算核心上，就必须需要实现线程的同步阻塞等待，其本质还是顺序执行，这就作茧自缚了，其性能还不如单核心串行运行。

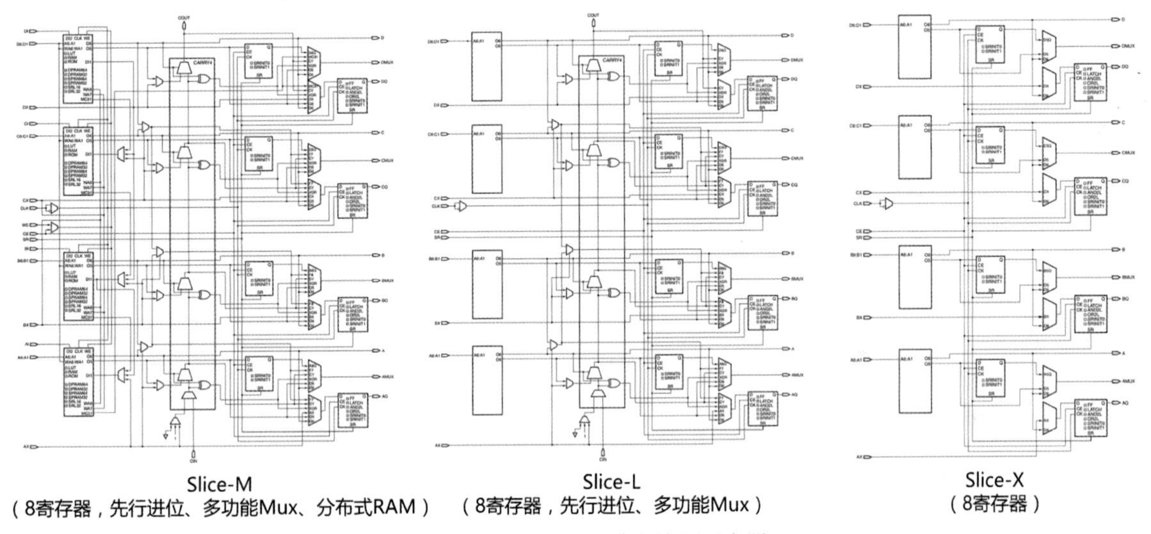

图9-115　三种不同Slice内部资源示意图

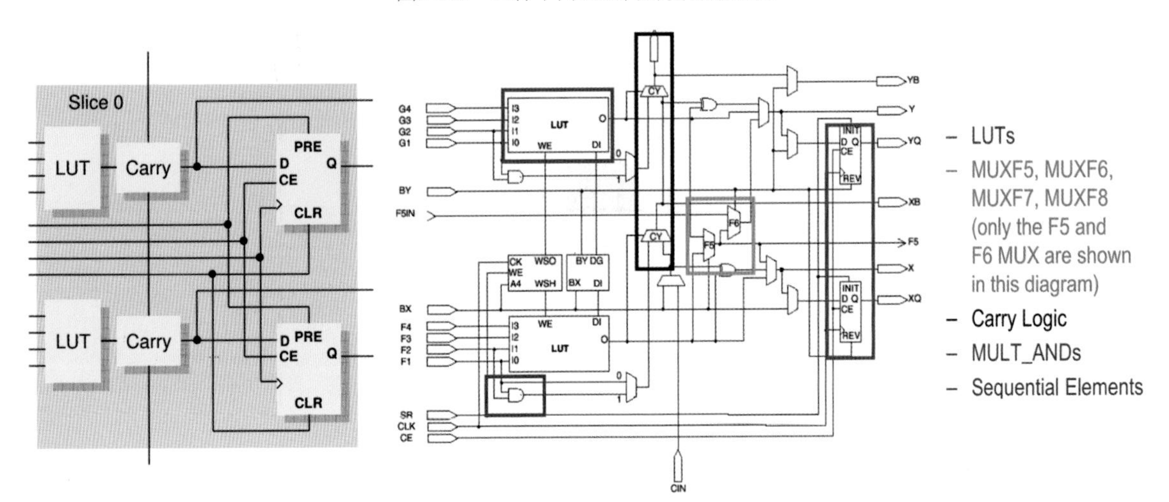

图9-116　Slice内部的架构示意图

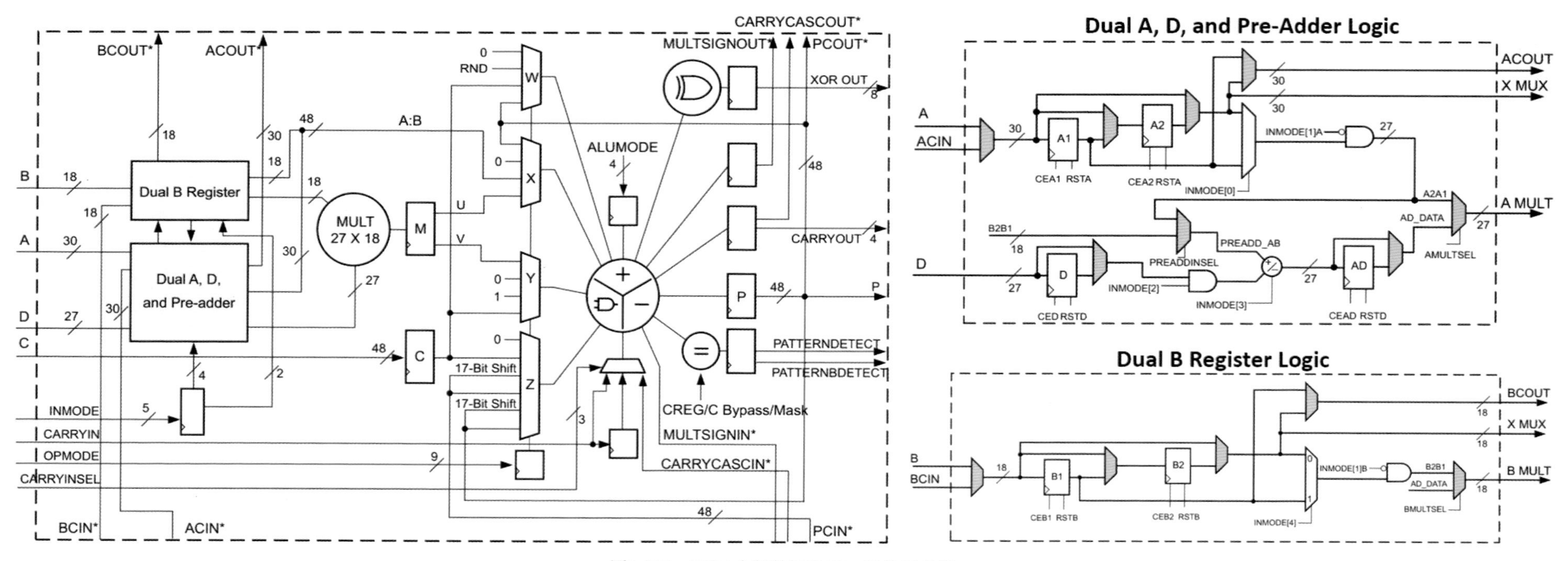

图9-117　FGPA内部的DSP Slice架构示意图

在数据可分割的条件满足之后，超级计算机还需要提供大量的运算核心。而传统的单CPU不具备这个条件，于是人们用一大堆CPU来搭建集群。首先是形成较为理想的（编程方便）的NUMA架构，但是随着集群规模扩大，集群节点只能通过外部网络来互联，这无法满足透明共享内存所需要的低时延访存，所以必须采用网络消息方式在多线程之间同步数据，于是出现了MPI等编程库，如图9-120所示。

如图9-121所示为2017年国内自主研发的高性能计算（HPC，High Performance Computing）Top10榜单。可以看到排名第一的神威太湖之光满配超过一千万个计算核心，其使用了自主研发的Sunway众核心处理器，单芯片内集成了260个运算核心。衡量超级计算机或者说HPC计算机的一个重要指标是Gflops（G float point operation per second），也就是每秒可进行多少G（1G=1000个一百万）次的浮点运算。其中峰值也就是理论值，是当所有核心充分全速运行，流水线无空泡时的最高理论性能。Linpack值为使用线性系统软件包（Linpack，Linear System Package，一种专门计算各类数学问题的软件包，已经成为HPC计

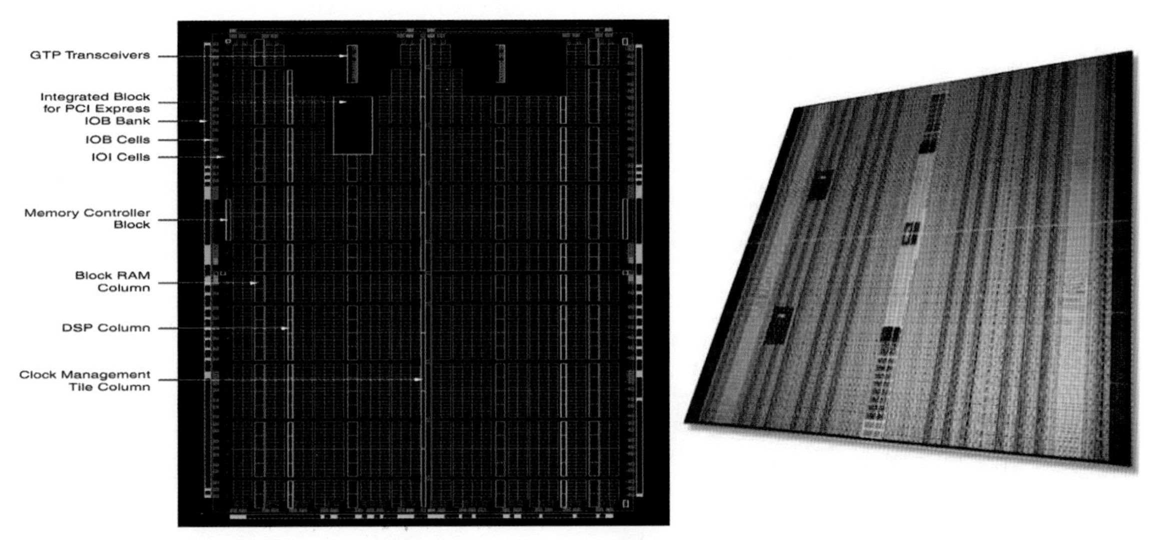

图9-118　FGPA Die电路结构示意图

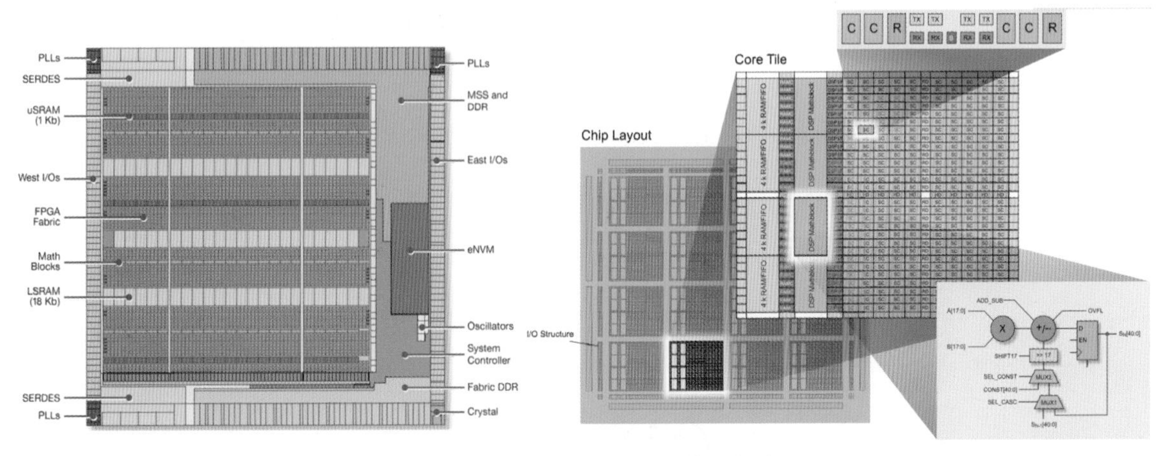

图9-119　两款其他FPGA的架构示意图

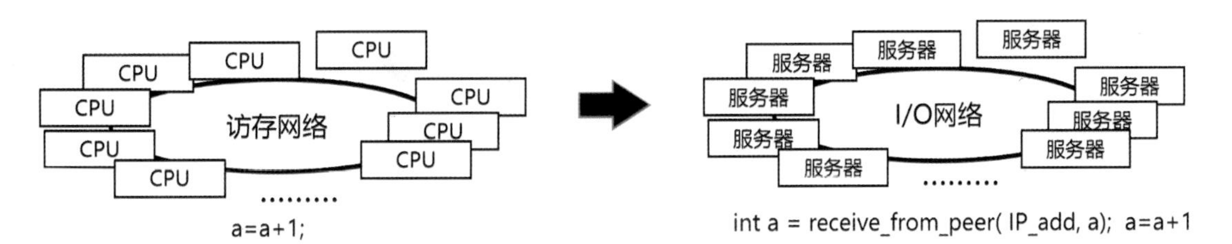

图9-120　透明的访存网络和不透明的I/O网络的不同

算机系统性能测试标准）实际测试之后的性能。由于实际中的程序在运行时牵扯到各种开销，比如从硬盘读数据、缓存不命中、通过网络同步数据等，这些事件会导致运算核心空置。

GPU通用计算的异军突起，给并行计算领域增加了新的活力，让中低端用户也可以用更少的成本获得较强的算力。近年来比特币、以太币等虚拟货币被热炒，其价值一度达到1比特币=数万元人民币。这些虚拟货币的本质是采用固定算法算出来的一串数值，但是运算量非常大，而且随着运算出来的货币量逐渐达到货币总量上限，其需要的运算量会随之增加，这个过程就像淘金和挖矿一样。由于挖矿的运算过程非常适合并行处理，于是，全球出现了大量的矿机和矿场。矿机就是装有GPU/显卡的简化的计算机，矿场就是放置这些计算机的机房，如图9-122所示。除了使用显卡来挖矿，也有一些专用的芯片搭建的矿机（图中最右侧所示），它们比GPU成本更低廉。

天下攘攘，皆为利往。人们对虚拟货币的挖矿在2017年接近疯狂程度，这导致NVIDIA和AMD的显卡持续缺货、价格一路走高，弄得冬瓜哥更不打算入手GTX1080Ti了。再加上2017年末的DDR内存大涨价，恐怕冬瓜哥几年内只能以低特效低分辨率玩游戏了。

另外，在第8章中我们介绍过用GPU来渲染图形。其实GPU不仅仅可以用于玩游戏，游戏只是众多图形图像处理场景中的一种。其他场景比如无人驾驶，需要对环境做出反应。这就牵扯到图像识别处理，图像处理也可以用到GPU，比如做图像的边缘检测、形状判断，等等。当然，FPGA也可以胜任，你可以用FPGA搭建一个GPU出来。

本章告一段落，愿意继续在声音和图形的世界中畅游的读者，祝你顺利。下面冬瓜哥邀请大家随我一起来攀登我们旅程中的最后那座至高峰：计算机操作系统！对于计算机从业者来说，操作系统是必须要掌握的知识，也是最难最复杂的部分。不过，既然本书你已经阅读到此，相信攀登这座高峰对你来讲根本已经不是问题。

HPC TOP100 2017年中国HPC TOP100榜单（1-10）

序号	研制/单位	型号	安装地点	安装年份	应用领域	CPU核数	Linpack值(Gflops)	Linpack来源	峰值(Gflops)	效率	并列
1	国家并行计算机工程技术研究中心	神威太湖之光/Sunway SW26010 260C 1.45GHz*40960/自主网络	国家超级计算无锡中心	2016	超算中心	10649600	93014600	Q	125435900	0.742	
2	国防科大	TH-IVB-FEP Cluster, Intel Xeon E5-2692 12C 2.200GHz, TH Express-2, Intel Xeon Phi 31S1P	国家超级计算广州中心	2013	超算中心	3120000	33862700	Q	54902400	0.617	
3	国防科大	天河一号A/7168x2 Intel Hexa Core Xeon X5670 2.93GHz + 7168 Nvidia Tesla M2050@1.15GHz+2048 Hex Core FT-1000@1GHz/私有高速网络 80Gbps	国家超级计算天津中心	2010	超算中心	202752	2566000	Q	4701000	0.546	
4	国防科大	天河二号A/1792x IntelXeon E5-2692 + 2688 Intel Phi 31S1P/TH Express-2	山西吕梁云计算中心	2014	云计算	21504	2071390	Q	3075000	0.674	
5	浪潮	浪潮 SA5212H5 GPU 集群/Intel Xeon E5 V4 16c 2.5G*310/NVIDIA Tesla P100*620/19.375TB/10GE/CentOS7.2	网络公司A	2017	互联网/大数据	4960	1714000	C	3286000	0.521	
6	曙光	曙光HC2000/200*Intel Xeon E5-2630v4 + 400*NVIDIA Tesla P100/FDR Infiniband	某研究所	2017	科研	24400	1307000	C	1950400	0.670	
7	浪潮	浪潮 SA5212M4 集群/Intel Xeon E5 V4 16c 2.5G*4160/260TB/10GE/CentOS7	网络公司A	2017	互联网/云计算	66560	1276000	C	2662400	0.479	
8	浪潮	浪潮 SA5212M4 集群/Intel Xeon E5 V4 16c 2.5G*4080/255TB/10GE/CentOS7	网络公司A	2017	互联网/云计算	65280	1271000	C	2611200	0.486	
9	浪潮	浪潮 SA5212M4 集群/Intel Xeon E5 V4 16c 2.5G*4000/250TB/10GE/CentOS7	网络公司A	2017	互联网/云计算	64000	1269000	C	2560000	0.495	2
10	曙光	曙光TC6000/6000*Intel Xeon E5-2650v4/10GbE	百度	2017	互联网	72000	1242000	C	2534400	0.490	

图9-121　2017年高性能计算Top10榜单

图9-122　矿场中的矿机